MICRO
BIOLOGIA

M626	Microbiologia / Gerard J. Tortora... [et al.] ; tradução : Danielle Soares de Oliveira Daian e Silva ; revisão técnica : Flávio Guimarães da Fonseca. – 14. ed. – Porto Alegre : Artmed, 2025.
	xxiii, 932 p. : il. color. ; 28 cm.
	ISBN 978-65- 5882-257-8
	1. Microbiologia. I. Tortora, Gerard J.
	CDU 579

Catalogação na publicação: Karin Lorien Menoncin – CRB 10/2147

Gerard J. TORTORA
BERGEN COMMUNITY COLLEGE

Christine L. CASE
SKYLINE COLLEGE

Warner B. BAIR III
LONE STAR COLLEGE CYFAIR

Derek WEBER
RARITAN VALLEY COMMUNITY COLLEGE

Berdell R. FUNKE
NORTH DAKOTA STATE UNIVERSITY

MICRO BIOLOGIA

14ª EDIÇÃO

Tradução:

Danielle Soares de Oliveira Daian e Silva
Mestre em Microbiologia pela Universidade Federal de Minas Gerais (UFMG).
Doutora em Microbiologia pela UFMG.

Revisão técnica:

Flávio Guimarães da Fonseca
Professor titular do Departamento de Microbiologia da UFMG.
Doutor em Microbiologia pela UFMG.

artmed

Porto Alegre
2025

Coordenador editorial: *Alberto Schwanke*

Editora: *Tiele Patricia Machado*

Preparação de originais: *Sandra da Câmara Godoy*

Leitura final: *Marquieli de Oliveira*

Editoração: *Clic Editoração Eletrônica Ltda.*

Arte sobre capa original: *Márcio Monticelli*

Ilustração da capa: *Um fungo emergente resistente a múltiplos fármacos:* Candida auris *(Kateryna Kon/Shutterstock)*

NOTA

As ciências biológicas estão em constante evolução. À medida que novas pesquisas e a própria experiência ampliam o nosso conhecimento, novas descobertas são realizadas. Os autores desta obra consultaram as fontes consideradas confiáveis, num esforço para oferecer informações completas e, geralmente, de acordo com os padrões aceitos à época da sua publicação.

Reservados todos os direitos de publicação, em língua portuguesa, ao
GA EDUCAÇÃO LTDA.
(Artmed é um selo editorial do GA EDUCAÇÃO LTDA.)
Rua Ernesto Alves, 150 – Bairro Floresta
90220-190 – Porto Alegre – RS
Fone: (51) 3027-7000

SAC 0800 703 3444 – www.grupoa.com.br

IMPRESSO NO BRASIL
PRINTED IN BRAZIL

Sobre os autores

Gerard J. Tortora (Capítulos 1-5 e 14-16) Jerry Tortora é professor de biologia e ex-coordenador da área de biologia no Bergen Community College, em Paramus, Nova Jersey. Ele é bacharel em biologia pela Fairleigh Dickinson University e mestre em educação científica pelo Montclair State College. Foi membro de muitas organizações profissionais, incluindo a American Society of Microbiology (ASM), a Human Anatomy and Physiology Society (HAPS), a American Association for the Advancement of Science (AAAS), a National Education Association (NEA) e a Metropolitan Association of College and University Biologists (MACUB).

Acima de tudo, Jerry é dedicado aos seus alunos e às suas respectivas aspirações. Em reconhecimento a esse compromisso, a MACUB presenteou Jerry com o Prêmio Memorial do Presidente em 1992. Em 1995, ele foi escolhido como um dos melhores professores do Bergen Community College, sendo nomeado Distinguished Professor. Em 1996, recebeu o prêmio de excelência do National Institute for Staff and Organizational Development (NISOD) da University of Texas e foi selecionado para representar o Bergen Community College em uma campanha para aumentar a conscientização sobre a contribuição das faculdades comunitárias para o ensino superior.

Jerry é autor de vários livros acadêmicos de ciências e manuais de laboratório que são *best-sellers*, uma dedicação que geralmente exige mais de 40 horas por semana, além de suas responsabilidades de ensino em tempo integral. Mesmo assim, ele ainda encontra tempo para fazer quatro ou cinco exercícios aeróbicos toda semana. Também gosta de ir à ópera na Metropolitan Opera House, a peças da Broadway e a concertos. Passa seu tempo livre em sua casa de praia na costa de Nova Jersey.

Para todos os meus filhos, o presente mais importante que tenho: Lynne, Gerard Jr., Kenneth, Anthony e Drew, cujo amor e apoio têm sido uma parte muito importante da minha vida pessoal e carreira profissional – Jerry Tortora

Christine L. Case (Capítulos 6-13 e 20-28) Chris Case foi professora de microbiologia no Skyline College em San Bruno, Califórnia, por 51 anos. Recebeu seu Ed.D. em currículo e instrução pela Nova Southeastern University, e seu mestrado em microbiologia, pela San Francisco State University. Foi diretora da Society for Industrial Microbiology e é membro ativo da ASM. Recebeu prêmios por excelência em docência da ASM e da California Hayward. Chris recebeu o prêmio SACNAS Distinguished Community College Mentor Award por seu compromisso com seus alunos, vários dos quais se apresentaram em conferências de pesquisa de graduação e ganharam prêmios. Chris contribui regularmente para a literatura profissional, desenvolve metodologias educacionais inovadoras e mantém um compromisso pessoal e profissional com a conservação e a importância da ciência na sociedade. Chris também é uma fotógrafa entusiasta, e muitas de suas fotografias aparecem neste livro.

Devo minha mais profunda gratidão a Don Biederman e nossos três filhos, Daniel, Jonathan e Andrea, por seu amor incondicional e apoio inabalável – Chris Case

Warner B. Bair III (conteúdo digital) Warner Bair é professor de biologia no Lone Star College/CYFAIR em Cypress, Texas. Ele tem os títulos de bacharel em biologia geral e Ph.D. em biologia do câncer, ambos pela University of Arizona. Com mais de 10 anos de experiência em ensino superior, ele ministra aulas de biologia geral e microbiologia. Warner recebeu vários prêmios educacionais, incluindo o prêmio de excelência do National Institute for Staff and Organizational Development (NISOD) da University of Texas e o Prêmio John e Suanne Roueche de Excelência da League for Innovation in the Community College. Warner já produziu vídeos e atividades da Interactive Microbiology® para o *site* Mastering Microbiology e é membro da American Society for Microbiology (ASM). Ele também é um facilitador certificado do Instructional Skill Workshop (ISW), onde auxilia outros professores no desenvolvimento do ensino envolvente e ativo em sala de aula. Quando não está trabalhando, Warner gosta de atividades ao ar livre e de viajar. Warner gostaria de agradecer à sua esposa, Meaghan, e à sua filha, Aisling, pelo apoio e compreensão com as muitas madrugadas e os longos finais de semana que ele passa escrevendo.

Derek Weber (conteúdo digital) Derek Weber é professor de biologia e microbiologia no Raritan Valley Community College em Somerville, Nova Jersey. Ele recebeu seu B.S. em química pelo Moravian College e seu Ph.D. em química biomolecular pela University of Wisconsin-Madison. Seu trabalho acadêmico atual se concentra no uso da tecnologia pedagógica em uma sala de aula invertida para criar um ambiente de aprendizado mais ativo e envolvente. Derek recebeu vários prêmios por esses esforços, incluindo o Prêmio de Excelência e Inovação em Ensino, Aprendizagem e Tecnologia na Conferência Internacional de Ensino e Aprendizagem. Como parte de seu compromisso de promover comunidades de aprendizagem, Derek compartilha seu trabalho em conferências estaduais e nacionais e participa regularmente da American Society for Microbiology Conference for Undergraduate Educators (ASMCUE). Ele é autor dos tutoriais em vídeo do Micro-Booster, disponíveis no Mastering Microbiology, que abordam conceitos básicos de biologia e química que se aplicam à microbiologia. Derek é grato à sua esposa, Lara, e aos filhos, Andrew, James e Lilly, por seu amor e apoio incondicionais.

Berdell R. Funke (1926-2020) Bert Funke recebeu seu Ph.D., MS e B.S. em microbiologia pela Kansas State University. Sua carreira foi como professor de microbiologia na North Dakota State University. Ele ministrava introdução à microbiologia, incluindo aulas de laboratório, microbiologia geral, microbiologia de alimentos, microbiologia do solo, parasitologia clínica e microbiologia patogênica. Como pesquisador na Estação Experimental no estado de Dakota do Norte, ele publicou diversos artigos em microbiologia do solo e microbiologia de alimentos. Em dezembro de 2019, Bert recebeu um doutorado honorário da NDSU. A estátua de bisão que ele recebeu na cerimônia de premiação foi motivo de grande orgulho para ele. Seu nome permanecerá vivo na NDSU através da bolsa Berdell Funke e da Medalha de Excelência em Microbiologia Dr. Berdell Funke, que é concedida anualmente a um graduado excepcional. Agradecemos a Bert e sua família por suas contribuições, nos últimos 30 anos, para a 1ª edição de *Microbiologia* e para as edições subsequentes.

Agradecimentos

Ao preparar este livro, nos beneficiamos da orientação e aconselhamento de um grande número de professores de microbiologia em todo o país. Eles forneceram críticas construtivas e sugestões valiosas em vários estágios da revisão. Reconhecemos com gratidão a ajuda dessas pessoas. Agradecimentos especiais ao epidemiologista aposentado Joel A. Harrison, Ph.D., M.P.H. por sua revisão completa e sugestões editoriais.

Autora

Agradecimentos especiais a Mary Niles, da University of San-Francisco, por seu trabalho nos Capítulos 17, 18 e 19.

Revisores

Barbara Zingg, *Las Positas College*
Camille Paxton, *Asheville-Buncombe Technical Community College*
Cana Ross, *Lee College*
Cathy Hunt, *KCTCS*
Cristy Tower-Gilchrist, *Emory University*
Emily Jackson, *University of Nevada, Reno*
Gabriela Gorelik, *University of South Alabama*
Greg Abel, *Texas State University*
Ines Rauschenbach, *Rutgers University*
Jinghe Mao, *Tougaloo College*
Kim Van Vliet, *St. John River State College*
Lahn Bloodworth, *Florida State College, Jacksonville*
Marissa Stanton, *University of Nebraska-Lincoln*
Michael Leonardo, *Coe College*
Michelle LaPorte, *St. Louis Community College*
Paul Himes, *University of Louisville*
Sheela Huddle, *Harrisburg Area Community College*
Shima Chaudhary, *South Texas College*
Stephanie Burks, *Hinds Community College*
Susan Wang, *Case Western University*
Suzanne Long, *Monroe Community College*

Também agradecemos à equipe da Pearson Education por sua dedicação à excelência. Jennifer McGill Walker, Gerente de Produto Comercial, e Lara Braun, Gerente de Conteúdo, nos ajudaram a entender as necessidades do mercado e como atendê-las. Shagun Verma ajudou a coordenar as revisões para vídeos de "Na Clínica". Serina Beauparlant foi uma parceira excepcional, interna e externamente, garantindo nosso sucesso com a 14ª edição. E um muito obrigado à nossa incrível editora de desenvolvimento, Laura Bonazzoli.

Laura Perry gerenciou a produção do livro do começo ao fim. Ela guiou habilmente a equipe durante a fase editorial e depois supervisionou a equipe e o processo de produção. Mary Tindle coordenou o processo de produção do texto, manejando o fluxo de trabalho diário. A talentosa equipe da Lachina gerenciou com agilidade o alto volume e as atualizações complexas de nosso programa de arte e fotografia. A equipe qualificada da Straive conduziu este livro pelo processo de diagramação.

Courtney Davis, Tim Galligan, Yez Alayan, Kelly Galli, Adam Goldstein, Tim Wilson, Rosemary Morton, Jennifer Key e toda a equipe de vendas da Pearson fizeram um excelente trabalho apresentando este livro para professores e estudantes e garantindo sua posição inabalável como o livro-texto de microbiologia mais vendido. Gostaríamos de agradecer nossos cônjuges e familiares que forneceram um apoio inestimável durante todo o processo de redação.

Por fim, temos um apreço duradouro por nossos alunos, cujos comentários e sugestões nos inspiram e nos lembram de suas necessidades. Este livro é para eles.

Gerard J. Tortora   Christine Case
Warner Bair, III   Derek Weber

Prefácio

Desde a publicação da 1ª edição de *Microbiologia*, quase 30 anos atrás, mais de 1 milhão de estudantes usaram a obra em faculdades e universidades de todo o mundo, fazendo deste o principal livro acadêmico de microbiologia para alunos de graduação. A 14ª edição continua a ser um texto introdutório completo que não necessita de nenhum estudo prévio de biologia ou química. O texto é apropriado para estudantes de uma ampla variedade de cursos, incluindo ciências da saúde, ciências biológicas, ciências ambientais, zootecnia, silvicultura, agricultura, ciências da nutrição e artes liberais.

A 14ª edição mantém as características que tornaram este livro tão popular:

- **Um bom equilíbrio entre fundamentos e aplicações em microbiologia e entre aplicações médicas e outras áreas aplicadas da microbiologia.** Os princípios microbiológicos básicos recebem maior ênfase, e as aplicações relacionadas à saúde são introduzidas.
- **Apresentação objetiva de tópicos complexos.** Todas as seções do texto são escritas com o aluno em mente.
- **Ilustrações e fotografias claras, precisas e didáticas.** Diagramas passo a passo são coordenados com descrições narrativas, auxiliando o aluno na compreensão dos conceitos.
- **Organização flexível.** Organizamos o livro de uma forma que consideramos útil, embora reconheçamos que o material pode ser apresentado de forma eficaz em outras sequências. Caso os professores desejem usar uma ordem diferente, fizemos cada capítulo o mais independente possível e incluímos várias referências cruzadas.
- **Apresentação clara dos dados de incidência das doenças.** Gráficos e outras estatísticas de doenças incluem os dados mais atuais disponíveis.
- **Assuntos importantes no quadro Visão Geral.** Esses quadros de duas páginas abordam tópicos que são desafiadores para os alunos dominarem: metabolismo (Capítulo 5), genética (Capítulo 8) e imunologia (Capítulo 16). Os quadros dividem esses conceitos importantes em etapas manejáveis e oferecem aos alunos uma estrutura de aprendizado clara para os capítulos relacionados.
- **Assuntos de saúde pública no quadro Visão Geral.** Esses quadros de duas páginas aparecem em todos os capítulos da Parte 4: Microrganismos e doenças humanas (Capítulos 21-26), bem como nos Capítulos 18 (Aplicações práticas da imunologia), 19 (Distúrbios do sistema imune) e 27 (Microbiologia ambiental). Cada quadro aborda um aspecto significativo da microbiologia em saúde pública.
- **Diretrizes da ASM.** A American Society for Microbiology (ASM) divulgou seis conceitos subjacentes e 27 tópicos relacionados para fornecer uma estrutura para os principais tópicos em microbiologia, considerados de grande importância para além da sala de aula. A 13ª edição explicou os temas e as competências no início do livro e incorporou textos explicativos quando o conteúdo do capítulo correspondia a um desses 27 tópicos. Assim, foram abordados

dois desafios importantes: auxiliar alunos e professores a se concentrarem nos princípios-chave da disciplina e fornecer outra ferramenta pedagógica para os professores avaliarem a compreensão dos alunos e incentivarem o pensamento crítico.

Novidades da 14ª edição

Nesta edição, são abordados conceitos e temas gerais em microbiologia, incentivando os alunos a visualizarem e sintetizarem tópicos mais difíceis, como metabolismo microbiano, imunologia e genética microbiana.

A 14ª edição atende a todos os alunos em seus respectivos níveis de habilidade e compreensão, ao mesmo tempo em que aborda os maiores desafios que os professores enfrentam. As atualizações da 13ª edição aprimoram a didática e a clareza das explicações do livro. Seguem alguns dos destaques.

- **Explorando o microbioma.** Cada um dos capítulos tem um quadro que trata de um assunto do estudo do microbioma que se relaciona ao respectivo capítulo. Quase todos os quadros abordam o microbioma humano. Essa seção foi pensada para mostrar a relevância dos microrganismos na saúde, sua importância para a vida na Terra e como as pesquisas sobre o microbioma estão sendo realizadas atualmente.
- **Na Clínica.** Os cenários clínicos que aparecem no início de cada capítulo incluem perguntas de pensamento crítico que incentivam os alunos a pensar como os profissionais de saúde pensariam em diferentes cenários clínicos, despertando o interesse pelo conteúdo do capítulo.
- Nomenclatura e taxonomia atualizadas de acordo com o *Bergey's Manual of Systematics of Archaea and Bacteria* e o Comitê Internacional de Taxonomia de Vírus.
- **Quadros Visão Geral.** Esses quadros incluem Doenças preveníveis por vacinas (Capítulo 18), Transmissão vertical: infecção durante a gravidez (Capítulo 22) e Mudanças climáticas (Capítulo 27).
- **Cobertura imunológica reformulada nos Capítulos 17, 18 e 19.** Novas ilustrações e discussões mais diretas tornam esse material desafiador e crítico mais fácil para o entendimento e retenção dos alunos.
- **Terminologia atualizada.** Adotamos as terminologias oficiais de anatomia (*Terminologia Anatomica*) e de citologia e histologia (*Terminologia Histologica*).

Atualizações por capítulo

Foram atualizadas informações no texto, nas tabelas e nas figuras. Outras mudanças importantes em cada capítulo estão resumidas a seguir.

Capítulo 1

- Foram introduzidas contribuições sobre o controle de doenças antes de Semmelweis, Lister e Pasteur.

- A seção "Doenças infecciosas emergentes" foi atualizada para incluir coronavírus e poxvírus.
- A relevância e a importância da microbiologia foram enfatizadas na Terceira Idade de Ouro da Microbiologia.

Capítulo 2

- As fórmulas químicas para grupos funcionais foram incluídas.
- Os aminoácidos alfa e beta foram definidos.

Capítulo 3

- Os diagramas dos caminhos da luz através de vários microscópios foram revisados.

Capítulo 4

- As descrições das inclusões de células procarióticas foram revisadas.

Capítulo 5

- A discussão sobre a produção de ATP durante a respiração aeróbica procariótica foi revisada.
- O quadro Foco Clínico sobre micobactérias não tuberculosas foi atualizado.
- Foi incluída uma breve discussão sobre sequências de eletronegatividade na cadeia de transporte de elétrons.

Capítulo 6

- As discussões sobre meios quimicamente definidos e biofilmes foram revisadas.
- Foi adicionada uma nova fotografia do teste da catalase.

Capítulo 7

- Um novo quadro de Foco Clínico foi incluído.
- As discussões sobre cloraminas e prata foram atualizadas.
- Um novo quadro Explorando o Microbioma discute o efeito do aumento da desinfecção e da higienização durante a pandemia de Covid-19.

Capítulo 8

- A função da metilase foi incluída.
- O circRNA é discutido.
- As funções do miRNA foram atualizadas.

Capítulo 9

- A microbiologia forense foi revisada.
- A lista de produtos agrícolas foi atualizada.

Capítulo 10

- O sequenciamento de nova geração foi incluído.

Capítulo 11

- A classificação e a nomenclatura foram atualizadas de acordo com o *Bergey's Manual of Systematics of Archaea and Bacteria*.

Capítulo 12

- A taxonomia dos euglenoides e dinoflagelados foi atualizada.
- A classificação de Mucoromycota foi atualizada.

Capítulo 13

- Nomes de vírus adotados pelo Comitê Internacional de Taxonomia de Vírus foram atualizados.
- Os Coronoviridae são discutidos.

Capítulo 14

- Uma discussão sobre a gravidade ou duração de uma doença foi incluída.
- O número reprodutivo (R_0) é explicado.

Capítulo 15

- As discussões sobre genotoxinas e toxinas que rompem a membrana foram revisadas.
- A discussão das propriedades patológicas de fungos e algas foi revisada.

Capítulo 16

- A discussão sobre macrófagos em repouso foi revisada.
- O mastócito foi definido.

Capítulo 17

- Capítulo amplamente revisado para atualizar a ciência da imunologia e incluir a discussão sobre SARS-CoV-2 e Covid-19, quando apropriado.

Capítulo 18

- As discussões sobre vacinas de DNA e vacinas recombinantes foram revisadas.
- As vacinas de mRNA são discutidas e uma nova figura foi incluída.
- O quadro Foco Clínico foi atualizado.

Capítulo 19

- O capítulo foi revisado.
- A figura sobre tipagem tecidual foi redesenhada.

Capítulo 20

- Uma nova figura mostrando como determinar a CIM e a CBM foi incluída.
- Os fármacos antivirais incluem agora a quimioterapia contra a Covid-19.

- Uma nova classe de antibióticos, o *acildepsipeptídeo*, foi incluída.
- No quadro Foco Clínico, os dados sobre antibióticos na alimentação animal foram atualizados.

Capítulo 21

- A discussão sobre MPOX foi atualizada.
- Todos os dados foram atualizados.

Capítulo 22

- Uma nova figura mostra a incidência do botulismo infantil e alimentar.
- A discussão sobre doenças causadas por príons foi revisada.
- Todos os dados foram atualizados.

Capítulo 23

- A sepse por *Candida auris* foi incluída.
- Todos os dados foram atualizados.

Capítulo 24

- Todos os dados, exames laboratoriais e tratamentos farmacológicos foram atualizados.

- As linhagens de *Alphacoronavirus* e *Betacoronavirus* foram atualizadas.
- Uma discussão sobre a Covid-19 foi incluída.

Capítulo 25

- Todos os dados, exames laboratoriais e tratamentos farmacológicos foram atualizados.
- A febre paratifoide foi incluída.

Capítulo 26

- Todos os dados, exames laboratoriais e tratamentos farmacológicos foram atualizados.
- Uma nova figura mostra o uso da coloração de Gram para diagnosticar candidíase.

Capítulo 27

- A reciclagem microbiana do lixo eletrônico é discutida.

Capítulo 28

- Uma discussão sobre proteínas unicelulares e substitutos de carne foi adicionada.

Diretrizes curriculares da ASM para o ensino de microbiologia na graduação

A American Society for Microbiology (ASM) endossa um currículo baseado em conceitos para a introdução à microbiologia, enfatizando habilidades e conceitos que permanecem relevantes muito depois que os alunos terminam o curso. As *Diretrizes curriculares da ASM para o ensino de microbiologia na graduação* são uma estrutura com os principais tópicos em microbiologia e estão de acordo com os relatórios de letramento científico da American Association for the Advancement of Science e o Howard Hughes Medical Institute. Este livro faz referência à primeira parte das diretrizes curriculares em todos os capítulos. Quando uma discussão aborda um dos conceitos, os leitores poderão observar o ícone da ASM, junto com um resumo do enunciado pertinente.

ASM:

Conceitos e enunciados das diretrizes da ASM

Evolução

- As células, as organelas (p. ex., mitocôndrias e cloroplastos) e todas as principais vias metabólicas evoluíram a partir das primeiras células procarióticas.
- As mutações e a transferência horizontal de genes, com a enorme variedade de microambientes, selecionaram uma imensa diversidade de microrganismos.
- O impacto humano sobre o meio ambiente influencia a evolução dos microrganismos (p. ex., doenças emergentes e seleção de resistência a antibióticos).
- O conceito tradicional de espécie não é facilmente aplicável aos micróbios devido à reprodução assexuada e à ocorrência frequente de transferência horizontal de genes.
- A relação evolutiva dos organismos é melhor representada nas árvores filogenéticas.

Estrutura e função celular

- A estrutura e função dos microrganismos foram reveladas pelo uso do microscópio (incluindo os de campo claro, contraste de fase, de fluorescência e eletrônicos).
- As bactérias têm estruturas celulares únicas que são alvos de antibióticos, imunidade e fagos.
- Bactérias e arqueias têm estruturas especializadas (p. ex., flagelos, endósporos e *pili*) que geralmente conferem capacidades cruciais.
- Embora os eucariotos microscópicos (p. ex., fungos, protozoários e algas) realizem alguns dos mesmos processos que as bactérias, muitas das propriedades celulares são fundamentalmente diferentes.
- Os ciclos de replicação (lítico e lisogênico) diferem entre os vírus e são determinados por suas estruturas singulares, bem como por seus genomas.

Vias metabólicas

- Bactérias e arqueias exibem uma diversidade metabólica extensa e frequentemente única (p. ex., fixação de nitrogênio, produção de metano, fotossíntese anoxigênica).
- As interações dos microrganismos uns com os outros e com o meio ambiente são determinadas por suas habilidades metabólicas (p. ex., *quorum sensing*, consumo de oxigênio, transformações de nitrogênio).
- A sobrevivência e o crescimento de qualquer microrganismo em um determinado ambiente dependem de suas características metabólicas.
- O crescimento de microrganismos pode ser controlado por métodos físicos, químicos, mecânicos ou biológicos.

Fluxo de informações e genética

- Variações genéticas podem impactar as funções microbianas (p. ex., formação de biofilme, patogenicidade e resistência a antibióticos).
- Embora o dogma central seja universal em todas as células, os processos de replicação, transcrição e tradução diferem em procariotos e eucariotos.
- A regulação da expressão gênica é influenciada por sinais e/ou pistas moleculares internas e externas.
- A síntese de material genético e de proteínas virais é dependente das células hospedeiras.
- Os genomas celulares podem ser manipulados a fim de se alterar a função celular.

Sistemas microbianos

- Os microrganismos são ubíquos e vivem em ecossistemas diversos e dinâmicos.
- A maioria das bactérias na natureza vive em comunidades de biofilmes.
- Os microrganismos e seu ambiente interagem entre si e se modificam.
- Os microrganismos, celulares e virais, podem interagir com hospedeiros humanos e não humanos de formas benéficas, neutras ou prejudiciais.

Impacto dos microrganismos

- Os micróbios são essenciais para a vida como a conhecemos e para os processos que sustentam a vida (p. ex., nos ciclos biogeoquímicos e na microbiota vegetal e/ou animal).
- Os microrganismos fornecem modelos essenciais que fundamentam conhecimentos sobre os processos vitais.
- Os seres humanos utilizam e controlam os microrganismos e seus produtos.
- Como a verdadeira diversidade da vida microbiana é em grande parte desconhecida, seus efeitos e potenciais benefícios ainda não foram completamente explorados.

Sumário

AMERICAN SOCIETY FOR MICROBIOLOGY

Todos os conteúdos dos capítulos estão assoaciados às diretrizes curriculares da ASM para o ensino de microbiologia na graduação.

Sumário detalhado

Lista de quadros e figuras especiais

FOCO CLÍNICO

DOENÇAS EM FOCO

O mundo microbiano e você 1

O tema geral deste livro é a relação entre os micróbios – organismos pequeníssimos que geralmente requerem o auxílio de um microscópio para serem visualizados – e as nossas vidas. Todos já ouvimos falar de epidemias de doenças infecciosas, como a peste ou a varíola, que exterminaram populações inteiras. No entanto, há muitos exemplos positivos de interações entre humanos e micróbios. Por exemplo, a fermentação microbiana é utilizada para garantir a segurança de produtos alimentares, e o microbioma humano, um grupo de micróbios que vivem dentro e na superfície de nossos corpos, nos auxilia na manutenção da saúde. Começaremos este capítulo discutindo como os organismos são nomeados e classificados e, então, prosseguiremos com uma breve história da microbiologia. A seguir, discutiremos a incrível diversidade dos microrganismos e a sua importância ecológica, ponderando como eles reciclam os elementos químicos, como carbono e nitrogênio, entre o solo, os organismos e a atmosfera. Também discutiremos como os micróbios são usados no tratamento do esgoto, na limpeza de poluentes, no controle de pragas e na produção de alimentos, produtos químicos e medicamentos. Finalmente, discutiremos os micróbios como a causa de doenças como Covid-19, gripe aviária, MPOX e diarreia e debateremos o crescente problema de saúde pública das bactérias resistentes a antibióticos.

> **ASM:** Os microrganismos fornecem modelos essenciais que fundamentam conhecimentos sobre os processos vitais.

Bactérias *Staphylococcus aureus* em células epiteliais nasais de seres humanos são mostradas na fotografia. Essas bactérias vivem de forma inofensiva, sem causar danos, sobre a pele ou no interior do nariz. A utilização inadequada de antibióticos, no entanto, possibilita a sobrevivência de bactérias que apresentam genes de resistência a antibióticos, como *S. aureus* resistente à meticilina (MRSA). Como ilustrado no Caso clínico, uma infecção causada por essa bactéria é resistente ao tratamento antibiótico.

◀ *Staphylococcus aureus* **em uma cultura de células da pele.**

Na clínica

Como enfermeiro(a) em um hospital rural, você está revisando uma lâmina de microscópio de um raspado cutâneo de uma menina de 12 anos. A lâmina apresenta hifas ramificadas, nucleadas e entrelaçadas. A menina apresenta placas ressecadas, escamosas e com prurido em seus braços. **O que está causando o seu problema de pele?**

Dica: leia sobre os tipos de microrganismos adiante.

Os micróbios em nossas vidas

OBJETIVOS DE APRENDIZAGEM

1-1 Listar diversas maneiras pelas quais os micróbios afetam as nossas vidas.

1-2 Definir *microbioma*, *microbiota normal* e *microbiota transitória*.

Ao ouvirem as palavras *germe* e *micróbio*, muitas pessoas imaginam um grupo de criaturas minúsculas que não se encaixam muito bem nas categorias da pergunta "É um animal, um vegetal ou um mineral?". *Germe* vem da palavra latina *germen*, que significa brotar ou germinar. Pense no gérmen de trigo, o embrião vegetal a partir do qual a planta cresce. O termo foi usado pela primeira vez em relação aos micróbios no século XIX para explicar as células de crescimento rápido que causavam doenças. Os **micróbios**, também chamados de **microrganismos**, são seres vivos diminutos, geralmente pequenos demais para serem visualizados a olho nu. O grupo inclui bactérias, fungos (leveduras e bolores), protozoários e algas microscópicas (Capítulos 11 e 12). Também são incluídos os vírus, entidades acelulares às vezes consideradas nas margens entre o vivo e o não vivo, e os príons, formas anormais de proteínas que ocorrem naturalmente no cérebro e que causam várias doenças neurodegenerativas em seres humanos e outros animais (Capítulo 13).

Funções dos micróbios

Temos uma tendência de associar microrganismos apenas a infecções e a inconveniências, como alimentos estragados. No entanto, a maioria dos microrganismos na verdade ajuda na manutenção do equilíbrio da vida no nosso meio ambiente. Microrganismos marinhos e de água doce são a base da cadeia alimentar em oceanos, lagos e rios. Os micróbios do solo degradam resíduos e incorporam gás nitrogênio do ar em compostos orgânicos, reciclando, assim, elementos químicos do solo, água, organismos vivos e ar. Certos micróbios têm um papel fundamental na *fotossíntese*, um processo gerador de oxigênio e nutrientes que é crucial para a vida na Terra.

Os microrganismos também apresentam muitas aplicações comerciais. São utilizados na síntese de produtos químicos como vitaminas, ácidos orgânicos, enzimas, álcoois e muitos fármacos. Por exemplo, os micróbios são utilizados na produção de acetona e butanol, e as vitaminas B_2 (riboflavina) e B_{12} (cobalamina) são produzidas bioquimicamente. Os processos pelos quais os micróbios produzem acetona e butanol foram descobertos em 1914 por Chaim Weizmann, um químico nascido na Rússia que trabalhava na Inglaterra. Quando a Primeira Guerra Mundial iniciou, em agosto daquele ano, a produção de acetona foi muito importante para a fabricação de cordite (um tipo de pólvora sem fumaça utilizada em munições). A descoberta de Weizmann teve um papel significativo no resultado da guerra.

A indústria alimentícia também utiliza micróbios na produção, por exemplo, de vinagre, chucrute, picles, molho de soja, queijo, iogurte, pão e bebidas alcoólicas. Além disso, as enzimas dos micróbios podem agora ser manipuladas de forma que esses microrganismos produzam substâncias que normalmente não sintetizam, incluindo celulose, insulina humana e proteínas para vacinas.

Microbioma

Um ser humano adulto é composto de cerca de 30 trilhões de células corporais e abriga outros 40 trilhões de células bacterianas. Os micróbios que vivem de forma estável dentro do corpo humano e na sua superfície são denominados **microbioma** ou **microbiota**. Seres humanos e muitos outros animais dependem desses micróbios para manter uma boa saúde. As bactérias em nossos intestinos, incluindo a *Escherichia coli*, auxiliam a digestão (ver **Explorando o microbioma**) e até sintetizam algumas vitaminas de que nosso corpo necessita, incluindo as vitaminas B para o metabolismo e a vitamina K para a coagulação sanguínea. Elas também evitam o crescimento de espécies **patogênicas** (causadoras de doenças) que, de outra forma, poderiam fixar residência, e parecem ter um papel no treinamento de nosso sistema imune para decidir quais invasores atacar e quais deixar em paz. (Ver no Capítulo 14 mais detalhes sobre as relações entre a microbiota normal e o hospedeiro.)

Mesmo antes do nascimento, nossos corpos começam a ser povoados por bactérias. Quando recém-nascidos, adquirimos vírus, fungos e bactérias (**Figura 1.1**). Por exemplo, a *E. coli* e outras bactérias provenientes de alimentos fixam residência no intestino grosso. Muitos fatores influenciam onde e se um micróbio pode colonizar indefinidamente o corpo como **microbiota normal** benigna ou se será apenas um membro passageiro de sua comunidade (conhecida como **microbiota transitória**). Os micróbios podem colonizar apenas os sítios do corpo que podem supri-los com os nutrientes apropriados. Temperatura, pH e a presença ou ausência de compostos químicos são alguns dos fatores que influenciam os tipos de micróbios que podem se estabelecer.

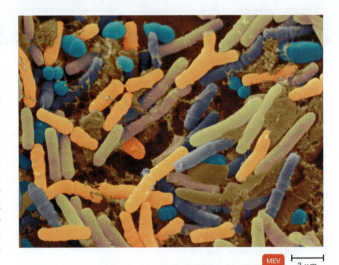

MEV   3 μm

Figura 1.1 Diversos tipos de bactérias encontradas como parte da microbiota normal no intestino de uma criança.

P **De que modo somos beneficiados pela produção de vitamina K pelos micróbios?**

Como o seu microbioma se forma?

As características específicas dos micróbios que residem no intestino humano podem variar bastante, mesmo dentro da mesma espécie microbiana. Tome como exemplo o *Bacteroides*, uma bactéria comumente encontrada no intestino grosso de humanos em todo o mundo. A linhagem residente em japoneses produz enzimas especializadas que quebram o *nori*, a alga vermelha usada como o componente que envolve o *sushi*. Essas enzimas não são produzidas pelos *Bacteroides* encontrados nos intestinos de pessoas da América do Norte.

Como os *Bacteroides* japoneses adquiriram a capacidade de digerir algas? Acredita-se que a habilidade se origina da *Zobellia galactanivorans*, uma bactéria marinha que vive nessa alga. Não é de se surpreender que a *Zobellia* decompõe facilmente o principal carboidrato da alga com enzimas. Como as pessoas que vivem no Japão consomem algas regularmente há milhares de anos, a *Zobellia* se encontrava rotineiramente com os *Bacteroides* que viviam no intestino humano. As bac-

térias podem trocar genes com outras espécies – um processo chamado *transferência horizontal de genes* – e, em algum momento, a *Zobellia* deve ter transferido ao *Bacteroides* os genes para a produção das enzimas que digerem as algas. (Para mais informações sobre a transferência horizontal de genes, ver o Capítulo 8.)

Em uma nação insular onde as algas são um importante componente da dieta, a capacidade de extrair mais nutrição dos carboidratos das algas equipa um micróbio intestinal com uma vantagem competitiva em relação aos outros que não podem usá-lo como fonte de alimento. Com o tempo, essa linhagem de *Bacteroides* tornou-se dominante no intestino grosso das pessoas que viviam no Japão.

Você pode estar se perguntando se outras pessoas no mundo que comem *sushi* também podem esperar que seus próprios *Bacteroides* mudem para a variedade capaz de digerir as algas. Os pesquisadores dizem que isso é improvável. No passado, a dieta japonesa incluía algas cruas, as quais possibilitavam que a *Zobellia* viva alcan-

çasse o intestino grosso. Por outro lado, as algas usadas nos alimentos hoje em dia geralmente são torradas ou desidratadas; esses processos matam qualquer bactéria que possa estar presente na superfície.

***Porphyra*, uma alga muito usada no *sushi*.**

O **Projeto Microbioma Humano** (2007-2016) tinha como objetivo determinar a composição da microbiota típica de várias áreas do corpo e entender a relação entre mudanças no microbioma e doenças humanas. Da mesma forma, a **National Microbiome Initiative** (Iniciativa Nacional do Microbioma, nos Estados Unidos) foi lançada em 2016 para expandir nossa compreensão acerca do papel que os micróbios desempenham em diferentes ecossistemas, incluindo solo, plantas, ambientes aquáticos e o corpo humano. Ao longo deste livro, você encontrará histórias relacionadas ao microbioma humano destacadas no quadro "Explorando o microbioma".

Nossa percepção de que muitos micróbios não só são inofensivos para os humanos, mas também essenciais, substituiu a visão tradicional de que o único micróbio bom era o micróbio morto. Na verdade, apenas uma minoria dos microrganismos é patogênica para humanos. Embora qualquer pessoa que planeje ingressar em uma profissão de saúde necessite saber como prevenir a transmissão e a disseminação de micróbios patogênicos, também é importante reconhecer que a patogenicidade é apenas um aspecto da totalidade do nosso relacionamento com os micróbios.

Hoje, sabemos que os microrganismos são encontrados em quase todos os lugares. Não faz muito tempo, antes da invenção do microscópio, os micróbios eram desconhecidos para os cientistas. Em seguida, discutiremos os principais grupos microbianos e como eles são nomeados e classificados. Após, examinaremos alguns marcos históricos da microbiologia que mudaram nossas vidas.

TESTE SEU CONHECIMENTO

✔ **1-1*** Descreva algumas das atividades prejudiciais e benéficas dos micróbios.

✔ **1-2** Qual porcentagem do total de células do corpo humano são células bacterianas?

CASO CLÍNICO Só uma picada de aranha?

Andrea é uma universitária de 22 anos, com boa saúde, que mora com a mãe e a irmã mais nova, ginasta do ensino médio. Ela está redigindo um artigo para a sua aula de psicologia, porém está tendo dificuldades devido a uma ferida avermelhada e intumescida no punho direito que atrapalha a digitação. "Por que esta picada de aranha não melhora?", ela se pergunta. "Está assim há vários dias!". Ela, então, marca uma consulta médica para mostrar a lesão dolorida. Embora Andrea não apresente febre, sua contagem de leucócitos está elevada, indicativa de infecção bacteriana. O médico de Andrea suspeita que a lesão não seja uma picada de aranha, mas sim uma infecção estafilocócica. Ele prescreve um antibiótico β-lactâmico, a cefalosporina. Aprenda mais sobre o desenvolvimento da doença de Andrea nas páginas seguintes.

A que se refere "estafilocócica"? Continue a leitura para descobrir.

| Parte 1 | Parte 2 | Parte 3 | Parte 4 | Parte 5 |

---

*Os números que precedem as questões em "Teste seu conhecimento" referem-se aos Objetivos de aprendizagem correspondentes.

Denominação e classificação dos microrganismos

OBJETIVOS DE APRENDIZAGEM

1-3   Reconhecer o sistema de nomenclatura científica que utiliza dois nomes: um gênero e um epíteto específico.

1-4   Diferenciar as principais características de cada grupo de microrganismos.

1-5   Listar os três domínios.

Nomenclatura

O sistema de nomenclatura (denominação) de organismos em uso atualmente foi estabelecido em 1735 por Carolus Linnaeus. Os nomes científicos são latinizados, uma vez que o latim era a língua tradicionalmente utilizada pelos estudiosos. A nomenclatura científica designa para cada organismo dois nomes – o **gênero** é o primeiro nome, sendo sempre iniciado por letra maiúscula; o segundo nome é o **epíteto específico** (nome da **espécie**), iniciando sempre por letra minúscula. O organismo é designado pelos dois nomes, o gênero e o epíteto específico, e ambos são escritos em itálico ou sublinhados. Por convenção, após um nome científico ter sido mencionado uma vez, ele pode ser abreviado com a inicial do gênero seguida pelo epíteto específico.

Os nomes científicos podem, entre outras coisas, descrever um organismo, homenagear um pesquisador ou identificar o hábitat de uma espécie. Por exemplo, considere o *S. aureus*, uma bactéria comumente encontrada na pele humana. *Staphylo-* descreve o arranjo em cacho das células dessa bactéria; *-coccus* indica que as células têm forma semelhante a esferas. O epíteto específico, *aureus*, vem do latim para "dourado", a cor de muitas colônias dessa bactéria. O gênero da bactéria *Escherichia coli* recebeu esse nome em homenagem ao cientista Theodor Escherich, ao passo que seu epíteto específico, *coli*,

está relacionado ao fato de *E. coli* habitar o cólon ou intestino grosso. A Tabela 1.1 contém mais exemplos.

TESTE SEU CONHECIMENTO

✔ **1-3**   Diferencie gênero de epíteto específico.

Tipos de microrganismos

Na área da saúde, é importante conhecer os diferentes tipos de microrganismos de forma a tratar as infecções. Por exemplo, os antibióticos podem ser usados para tratar infecções bacterianas, mas não têm efeito em vírus ou outros micróbios. Aqui apresentamos um panorama dos principais tipos de microrganismos. (A classificação e a identificação dos microrganismos são discutidas no Capítulo 10.)

Bactérias

Bactérias são organismos relativamente simples e de uma única célula (unicelulares). Como o seu material genético não está envolto por uma membrana nuclear especial, as células bacterianas são chamadas **procariotas**, termo que vem do grego significando "pré-núcleo". Os procariotos incluem as bactérias e as arqueias.

As células bacterianas podem adquirir diversas formas diferentes. Entre as formas mais comuns, estão os *bacilos* (semelhantes a bastões), ilustrados na **Figura 1.2a**, os *cocos* (esféricos ou ovoides) e os *espirais* (espiralados ou curvados), porém algumas bactérias têm forma de estrela ou quadrado (ver as Figuras 4.1 a 4.5). As bactérias individuais podem formar pares, cadeias, grupos ou outros agrupamentos; essas formações geralmente são características de um gênero ou de uma espécie específicos de bactéria.

As bactérias são envoltas por uma parede celular em grande parte composta por um complexo de carboidrato e proteína chamado *peptideoglicano*. (Em comparação, a celulose é a principal substância das paredes celulares de plantas e algas.)

TABELA 1.1   Familiarizando-se com os nomes científicos

Use o guia de origem das palavras (Apêndice D) para descobrir o que cada nome significa. O nome não parecerá tão estranho depois que você o traduzir. Quando encontrar um novo nome, treine sua pronúncia dizendo-o em voz alta. A pronúncia exata não é tão importante quanto a familiaridade com o termo.

A seguir, são apresentados alguns exemplos de nomes microbianos que você pode encontrar na literatura e no laboratório.

	Origem do nome do gênero	Origem do epíteto específico
Salmonella enterica (bactéria)	Homenagem ao microbiologista de saúde pública Daniel Salmon	Encontrada nos intestinos (*entero-*)
Streptococcus pyogenes (bactéria)	Aparência das células em cadeias (*strepto-*)	Produz pus (*pyo-*)
Saccharomyces cerevisiae (levedura)	Fungo (*-myces*) que utiliza açúcar (*saccharo-*)	Produz cerveja (*cerevisia*)
Penicillium chrysogenum (fungo)	Aparência microscópica semelhante a um penacho ou pincel (*penicill-*)	Produz um pigmento amarelo (*chryso-*)
Trypanosoma cruzi (protozoário)	Espiralado (*trypano-*, broca; *soma-*, corpo)	Homenagem ao epidemiologista Oswaldo Cruz

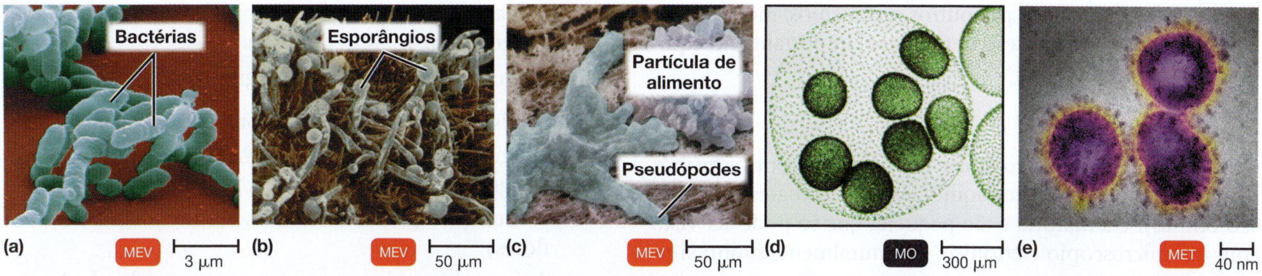

Figura 1.2 Tipos de microrganismos. **(a)** A bactéria em forma de bacilo *Haemophilus influenzae,* uma das bactérias causadoras da pneumonia. **(b)** *Mucor,* um bolor de pão típico, é um tipo de fungo. Quando liberados dos esporângios, os esporos que alcançam uma superfície favorável germinam, formando uma rede de hifas (filamentos) que absorvem nutrientes. **(c)** Ameba, um tipo de protozoário, aproximando-se de uma partícula de alimento. **(d)** A alga de lagoas *Volvox.* **(e)** Coronavírus *SARS-CoV-2* (vírus da Covid-19). *NOTA:* ao longo de todo este livro, um ícone vermelho abaixo de uma micrografia indica que esta foi colorida artificialmente. O MET (microscópio eletrônico de transmissão), o MEV (microscópio eletrônico de varredura) e o MO (microscópio óptico) são discutidos detalhadamente no Capítulo 3.

P Como bactérias, arqueias, fungos, protozoários, algas e vírus podem ser diferenciados com base em suas estruturas?

As bactérias geralmente se reproduzem dividindo-se em duas células iguais; esse processo é chamado *fissão binária.* Para a sua nutrição, a maioria das bactérias usa compostos quími-cos orgânicos, que, na natureza, podem ser derivados de or-ganismos vivos ou mortos. Algumas bactérias podem fabricar o seu próprio alimento por fotossíntese, e algumas obtêm seu alimento a partir de compostos inorgânicos. Muitas bactérias podem "nadar" usando apêndices de movimento chamados *flagelos.* (Para uma discussão completa sobre bactérias, ver o Capítulo 11.)

Arqueias

Como as bactérias, as **arqueias** consistem em células proca-rióticas, porém, quando apresentam paredes celulares, elas carecem de peptideoglicano. As arqueias muitas vezes são en-contradas em ambientes extremos e dividem-se em três grupos principais. As *metanogênicas* produzem metano como produto residual da respiração. As *halófilas extremas* (*halo* = sal; *fila* = amante/que gosta de) vivem em ambientes extremamente sal-gados, como o Grande Lago Salgado e o Mar Morto. As *termófi-las extremas* (*termo* = calor) vivem em águas quentes sulfurosas, como nas fontes termais do Parque Nacional de Yellowstone. Não são conhecidas arqueias que causem doenças em seres humanos.

Fungos

Os **fungos** são **eucariotos**, organismos cujas células possuem um núcleo distinto contendo o material genético celular (DNA), circundado por um envelope especial denominado *membrana nuclear.* Os organismos do Reino Fungi podem ser unicelulares ou multicelulares (ver o Capítulo 12). Grandes fungos multicelulares, como os cogumelos, podem assemelhar--se a plantas, mas, diferentemente da maioria delas, os fungos não conseguem realizar fotossíntese. Os fungos verdadeiros têm paredes celulares compostas principalmente de uma subs-tância denominada *quitina.* As formas unicelulares dos fun-gos, as *leveduras,* são microrganismos ovais maiores do que as bactérias. Os fungos mais comuns são os *bolores* (Figura 1.2b). Os bolores formam massas visíveis, denominadas *micélios,*

compostos de longos filamentos (*hifas*) que se ramificam e se entrelaçam. Os crescimentos algodonosos que algumas ve-zes são vistos sobre o pão e as frutas são micélios de fungos. Os fungos podem se reproduzir sexuada e assexuadamente. Eles obtêm nutrientes pela absorção de materiais orgânicos do ambiente – seja do solo, da água do mar, da água doce ou de um hospedeiro animal ou vegetal. Os organismos chamados *bolores limosos* não são bolores verdadeiros, mas sim protozoá-rios semelhantes a amebas (ver Capítulo 12).

Protozoários

Os **protozoários** são micróbios eucarióticos unicelulares (ver Capítulo 12). Eles se movimentam através de pseudópodes, flagelos ou cílios. As amebas (Figura 1.2c) movem-se por meio de extensões de seu citoplasma chamadas *pseudópodes* (pés fal-sos). Outros protozoários possuem longos *flagelos* ou vários apêndices curtos para a locomoção chamados *cílios.* Os pro-tozoários apresentam uma variedade de formas e vivem como entidades de vida livre ou como *parasitas* (organismos que re-tiram os seus nutrientes de hospedeiros vivos), absorvendo ou ingerindo compostos orgânicos do ambiente. Alguns proto-zoários, como as *Euglena,* são fotossintetizantes; utilizam a luz como fonte de energia e o dióxido de carbono como a prin-cipal fonte de carbono para a produção de açúcares. Os pro-tozoários podem se reproduzir sexuada ou assexuadamente.

Algas

As **algas** são eucariotos fotossintetizantes que apresentam uma ampla variedade de formas, além de ambas as formas de reprodução: sexuada e assexuada (Figura 1.2d). As algas de interesse para os microbiologistas, em geral, são unicelulares (ver o Capítulo 12). As paredes celulares de muitas algas são compostas de um carboidrato chamado *celulose.* As algas são abundantes em água doce e em água salgada, no solo e em associação com plantas. Como fotossintetizantes, as algas ne-cessitam de luz, água e dióxido de carbono para a produção de alimento e para seu crescimento, mas geralmente não re-querem compostos orgânicos do ambiente. Como resultado da fotossíntese, as algas produzem oxigênio e carboidratos, que são então utilizados por outros organismos, incluindo os animais. Dessa forma, exercem um papel importante no equilíbrio da natureza.

Vírus

Os **vírus** (Figura 1.2e) são muito diferentes dos outros grupos microbianos mencionados aqui. Eles são acelulares (i.e., não são células), e a maioria é tão pequena que só pode ser vista com um microscópio eletrônico. Estruturalmente muito simples, os vírus contêm um cerne formado somente por um tipo de ácido nucleico, ou DNA ou RNA. Esse cerne é circundado por uma camada proteica, que é muitas vezes envolta por uma membrana lipídica chamada *envelope*. Todas as células vivas têm *ambos* RNA e DNA, podem conduzir reações químicas e se reproduzir como unidades autossuficientes. Já os vírus só podem se reproduzir usando a maquinaria celular de outros organismos. Assim, por um lado, os vírus são considerados organismos vivos apenas quando se multiplicam no interior das células hospedeiras que infectam; nesse sentido, eles são parasitas de outras formas de vida. Por outro lado, os vírus não são considerados organismos vivos, uma vez que são inertes fora de seus hospedeiros vivos.* (Os vírus serão discutidos em detalhes no Capítulo 13.)

Parasitas multicelulares de animais

Embora os parasitas multicelulares de animais não sejam exclusivamente microrganismos, eles têm importância médica e, portanto, serão discutidos neste texto. Os parasitas de animais são eucariotos. Os dois principais grupos de vermes parasitas são os vermes chatos e os vermes cilíndricos, coletivamente chamados **helmintos** (ver o Capítulo 12). Durante alguns estágios do seu ciclo de vida, os helmintos têm tamanho microscópico. A identificação laboratorial desses organismos inclui muitas das mesmas técnicas utilizadas para a identificação dos micróbios.

> ### TESTE SEU CONHECIMENTO
> ✔ **1-4** Quais grupos de micróbios são procariotos? Quais são eucariotos?

Classificação dos microrganismos

Antes de se saber da existência dos micróbios, todos os organismos eram agrupados no reino animal ou no reino vegetal. Quando organismos microscópicos com características de animais e vegetais foram descobertos no final do século XVII, um novo sistema de classificação se tornou necessário. Ainda assim, os biólogos não conseguiram chegar a um consenso com relação aos critérios de classificação desses novos organismos até o final da década de 1970.

Em 1978, Carl Woese desenvolveu um sistema de classificação com base na organização celular dos organismos. Todos os organismos foram agrupados em três domínios:

1. Bacteria (as paredes celulares contêm um complexo carboidrato-proteína chamado peptideoglicano)

---

*N. de R.T. Hoje, sabe-se que muitos vírus têm atividade metabólica fora das células hospedeiras. Os herpes-vírus e os poxvírus (este último é o grupo que inclui o vírus MPOX), por exemplo, são capazes de produzir mRNAs dentro de seus capsídeos antes mesmo de iniciarem uma infecção.

2. Archaea (as paredes celulares, se presentes, não têm peptideoglicano).
3. Eukarya, que inclui os seguintes grupos:

- Protistas (bolores limosos, protozoários e algas)
- Fungos (leveduras unicelulares, bolores multicelulares e cogumelos)
- Plantas (musgos, samambaias, coníferas e plantas com flores)
- Animais (esponjas, vermes, insetos e vertebrados)

A classificação será discutida em mais detalhes nos Capítulos 10 a 12.

> ### TESTE SEU CONHECIMENTO
> ✔ **1-5** Quais são os três domínios?

Uma breve história da microbiologia

OBJETIVOS DE APRENDIZAGEM

1-6 Explicar a importância das observações realizadas por Hooke e van Leeuwenhoek.

1-7 Comparar geração espontânea e biogênese.

1-8 Identificar as contribuições à microbiologia feitas por Needham, Spallanzani, Virchow e Pasteur.

1-9 Explicar como o trabalho de Pasteur influenciou Lister e Koch.

1-10 Identificar a importância dos postulados de Koch.

1-11 Identificar a importância do trabalho de Jenner.

1-12 Identificar as contribuições para a microbiologia realizadas por Ehrlich e Fleming.

1-13 Definir *bacteriologia, micologia, parasitologia, imunologia* e *virologia*.

1-14 Explicar a importância da genética microbiana, da biologia molecular e da genômica.

Os ancestrais bacterianos foram as primeiras células vivas a surgirem na Terra. Durante muito tempo na história humana, as pessoas sabiam pouco sobre as reais causas, o mecanismo de transmissão e o tratamento efetivo das doenças. Examinaremos agora alguns conhecimentos da microbiologia que impulsionaram o progresso desse campo até o estágio tecnológico atual.

Primeiras observações

Em 1665, após observar uma fina fatia de cortiça em um microscópio rudimentar, o inglês Robert Hooke declarou que as menores unidades estruturais da vida eram "pequenas caixas" ou "células". Posteriormente, utilizando seu microscópio aprimorado, Hooke observou células individuais. A descoberta de Hooke marcou o início da **teoria celular** – a teoria de que *todas as coisas vivas são compostas de células*.

Embora o microscópio de Hooke fosse capaz de mostrar células grandes, não tinha resolução suficiente que lhe permitisse ver claramente os micróbios. O comerciante e cientista amador holandês Anton van Leeuwenhoek foi provavelmente o primeiro a observar microrganismos vivos através das lentes de aumento dos mais de 400 microscópios que ele construiu. Entre 1673 e 1723, ele escreveu sobre os "amículos" que visualizava através de seus microscópios simples de lente única. Van Leeuwenhoek produziu ilustrações detalhadas dos organismos que encontrou na água da chuva, nas fezes e em material de raspado de dentes. Esses desenhos foram depois identificados como representações de bactérias e protozoários (**Figura 1.3**).

> **TESTE SEU CONHECIMENTO**
>
> ✔ **1-6** O que é a teoria celular?

O debate sobre a geração espontânea

Após van Leeuwenhoek descobrir o mundo anteriormente "invisível" dos microrganismos, a comunidade científica interessou-se nas origens desses minúsculos seres vivos. Até a segunda metade do século XIX, muitos cientistas e filósofos acreditavam que algumas formas de vida poderiam surgir espontaneamente da matéria morta; eles chamaram esse processo hipotético de **geração espontânea**. Não mais do que 100 anos atrás, as pessoas costumavam acreditar que sapos, serpentes e ratos poderiam originar-se do solo úmido; que as moscas poderiam surgir a partir de estrume; e que as larvas (que hoje sabemos que são larvas de moscas) poderiam se originar de cadáveres em decomposição.

Em 1668, o médico Francesco Redi decidiu demonstrar que as larvas não eram geradas espontaneamente. Redi encheu duas jarras com carne em decomposição. A primeira foi deixada aberta, permitindo que as moscas depositassem ovos na carne, que posteriormente se desenvolveram em larvas. A segunda jarra foi selada, e, como as moscas não conseguiram atingir o interior do frasco, nenhuma larva apareceu. Ainda assim, os opositores de Redi não se convenceram; eles argumentavam que o ar fresco era necessário para ocorrer a geração espontânea. Então, Redi realizou um segundo experimento, no qual a jarra, em vez de lacrada, foi coberta com uma fina rede. Nenhuma larva apareceu na jarra coberta com a rede, embora o ar estivesse presente.

Os resultados de Redi representaram um forte golpe ao antigo conceito de que as grandes formas de vida poderiam surgir a partir de matéria não viva. Contudo, muitos cientistas ainda acreditavam que organismos pequenos, como os "amículos" de van Leeuwenhoek, eram simples o bastante para serem gerados a partir de materiais não vivos.

A argumentação a favor da geração espontânea dos microrganismos foi reforçada em 1745, quando John Needham descobriu que, mesmo após ter aquecido o caldo de galinha e o caldo de milho antes de armazená-los em frascos cobertos, as soluções resfriadas em pouco tempo ficavam repletas de microrganismos. Needham considerou que os micróbios se desenvolviam espontaneamente a partir dos caldos. Vinte anos depois, Lazzaro Spallanzani sugeriu que os microrganismos do ar provavelmente entraram nas soluções de Needham após elas serem fervidas. Spallanzani demonstrou que os caldos de nutrientes aquecidos após serem lacrados em um frasco não apresentavam desenvolvimento microbiano. Needham respondeu alegando que a "força vital" necessária para a geração espontânea tinha sido destruída pelo calor e foi mantida fora dos frascos pelos lacres.

(a) Van Leeuwenhoek utilizando o seu microscópio

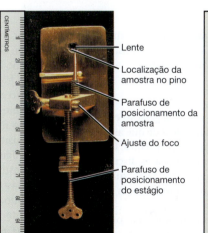

(b) Réplica do microscópio

Lente
Localização da amostra no pino
Parafuso de posicionamento da amostra
Ajuste do foco
Parafuso de posicionamento do estágio

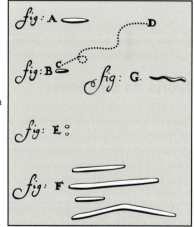

(c) Ilustrações de bactérias

Figura 1.3 Observações microscópicas de Anton van Leeuwenhoek. **(a)** Ao segurar seu microscópio próximo a uma fonte de luz, van Leeuwenhoek conseguiu observar organismos vivos que eram muito pequenos para serem vistos a olho nu. **(b)** A amostra foi colocada na ponta do local ajustável e observada pelo outro lado através da lente pequena e quase esférica. A maior ampliação possível com seu microscópio era de cerca de 300×. **(c)** Algumas das ilustrações de bactérias de van Leeuwenhoek, produzidas em 1683. As letras representam vários formatos de bactérias. C-D representa a trajetória do movimento observado por ele.

P **Por que a descoberta de van Leeuwenhoek foi tão importante?**

| # Refutando a teoria da geração espontânea

De acordo com a teoria da geração espontânea, a vida pode surgir espontaneamente a partir de matéria não viva, como cadáveres e o solo. O experimento de Pasteur, descrito abaixo, demonstra que há micróbios presentes na matéria não viva – ar, líquidos e sólidos.

1 Pasteur primeiramente despejou caldo de carne bovina em um frasco de pescoço comprido.

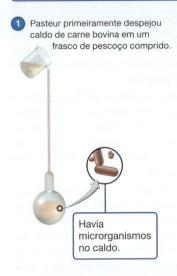

Havia microrganismos no caldo.

2 Em seguida, ele aqueceu o pescoço do frasco e o curvou em formato de S; então, ele ferveu o caldo por alguns minutos.

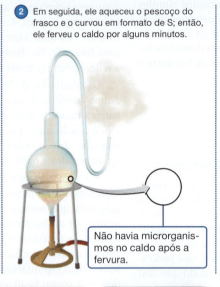

Não havia microrganismos no caldo após a fervura.

3 Não surgiram microrganismos na solução resfriada, mesmo após bastante tempo.

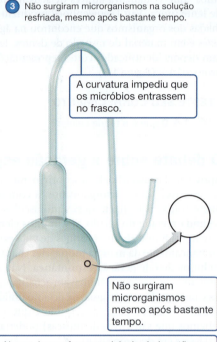

A curvatura impediu que os micróbios entrassem no frasco.

Não surgiram microrganismos mesmo após bastante tempo.

Alguns desses frascos originais ainda estão em exposição no Instituto Pasteur, em Paris. Eles foram selados, mas não apresentam nenhum sinal de contaminação mais de 100 anos depois.

CONCEITOS-CHAVE

- Pasteur demonstrou que os micróbios são responsáveis pela deterioração dos alimentos, levando os pesquisadores à conexão entre micróbios e doenças.

- Seus experimentos e suas observações forneceram a base para as técnicas assépticas, que são usadas para evitar a contaminação microbiana, conforme mostrado na foto à direita.

As observações de Spallanzani foram criticadas com o argumento de que não existia oxigênio suficiente nos frascos lacrados para o desenvolvimento da vida microbiana.

Teoria da biogênese

Em 1858, Rudolf Virchow desafiou a teoria da geração espontânea com o conceito de **biogênese**, a hipótese de que as células vivas surgiriam apenas de células vivas preexistentes. Como ele não podia oferecer nenhuma prova científica, as discussões sobre a geração espontânea continuaram até 1861, quando a questão foi, por fim, elucidada pelo cientista francês Louis Pasteur.

Pasteur demonstrou que os microrganismos estão presentes no ar e podem contaminar soluções estéreis, porém o ar, por si próprio, não origina micróbios. Ele encheu vários frascos, que tinham a abertura em forma de pescoço curto, com caldo de carne e, então, ferveu o conteúdo. Alguns frascos foram deixados abertos para esfriar. Em poucos dias, esses frascos estavam contaminados com micróbios. Os outros frascos, lacrados após a fervura, estavam livres de microrganismos. A partir desses resultados, Pasteur fundamentou que os micróbios do ar eram os agentes responsáveis pela contaminação da matéria não viva.

Pasteur, em seguida, colocou caldo em frascos de pescoço longo, com abertura terminal, e dobrou os pescoços, formando curvas no formato de um S (**Figura 1.4**). Em seguida, o conteúdo dos frascos foi fervido e resfriado. O caldo nos frascos não apodreceu e não apresentou sinais de vida, mesmo após meses. O modelo único criado por Pasteur permitia que o ar entrasse no frasco, mas o pescoço curvado capturava todos os microrganismos do ar que poderiam contaminar o meio de cultura. (Alguns desses frascos originais ainda estão em exposição no Instituto Pasteur, em Paris. Eles foram lacrados, mas, como o frasco mostrado na Figura 1.4, não mostram sinais de contaminação mais de 100 anos depois da realização do experimento.)

Pasteur mostrou que os microrganismos podem estar presentes na matéria não viva – na superfície de sólidos, nos líquidos e no ar. Além disso, ele demonstrou de forma conclusiva que a vida microbiana pode ser destruída pelo calor e que podem ser criados métodos para bloquear o acesso dos microrganismos do ar aos meios nutrientes. Essas descobertas formam a base das **técnicas de assepsia**, procedimentos que previnem a contaminação por microrganismos indesejáveis e que agora são práticas rotineiras em muitos procedimentos médicos e laboratoriais. As técnicas de assepsia modernas são um dos primeiros e mais importantes conceitos que um iniciante em microbiologia aprende.

O trabalho de Pasteur ofereceu provas da biogênese. As evidências de Pasteur mostraram que os microrganismos não podem se originar de forças místicas presentes em materiais não vivos. Ao contrário, qualquer surgimento de vida "espontânea" em soluções não vivas pode ser atribuído a microrganismos que já estavam presentes no ar e nos próprios fluidos. Os cientistas agora acreditam que provavelmente uma forma de geração espontânea ocorreu na Terra primitiva, quando a vida surgiu pela primeira vez, mas concordam que isso não acontece sob as condições ambientais atuais.

TESTE SEU CONHECIMENTO

✔ **1-7** Que evidências sustentavam a geração espontânea?

✔ **1-8** Como a geração espontânea foi refutada?

Primeira Idade de Ouro da Microbiologia

O período de 1857 a 1914 foi apropriadamente denominado como a Primeira Idade de Ouro da Microbiologia. Avanços rápidos, liderados principalmente por Pasteur e Robert Koch, levaram ao estabelecimento da microbiologia. As descobertas incluíram tanto os agentes causadores de muitas doenças quanto o papel da imunidade na prevenção e na cura das enfermidades. Durante esse produtivo período, os microbiologistas estudaram as atividades químicas de microrganismos, melhoraram as técnicas de microscopia e de cultivo de microrganismos e desenvolveram vacinas e técnicas cirúrgicas. Alguns dos principais eventos que ocorreram durante a Primeira Idade de Ouro da Microbiologia estão listados na **Figura 1.5**.

Fermentação e pasteurização

Uma das etapas fundamentais que estabeleceram a relação entre microrganismos e doenças ocorreu quando um grupo de mercadores franceses pediu a Pasteur que descobrisse por que o vinho e a cerveja azedavam. Eles esperavam desenvolver um método que impedisse a deterioração dessas bebidas quando enviadas a longas distâncias. Naquele tempo, muitos cientistas acreditavam que o ar convertia os açúcares desses fluidos em álcool. Contudo, Pasteur descobriu que certos microrganismos chamados leveduras convertiam os açúcares em álcool na ausência de ar. Esse processo, chamado **fermentação** (ver o Capítulo 5), é utilizado na produção de vinho e cerveja. O azedamento e a deterioração são causados por organismos diferentes, chamados bactérias. Na presença de ar, as bactérias transformam o álcool em vinagre (ácido acético).

A solução de Pasteur para o problema da deterioração foi o aquecimento da cerveja e do vinho a uma temperatura suficiente para matar a maioria das bactérias que causavam o estrago. Esse processo, chamado **pasteurização**, é bastante utilizado hoje a fim de reduzir a deterioração e destruir bactérias

Primeira Idade de Ouro da **MICROBIOLOGIA**	1857	**Pasteur** – Fermentação
	1861	**Pasteur** – Geração espontânea refutada
	1864	**Pasteur** – Pasteurização
	1867	**Lister** – Cirurgia asséptica
	1876	**Koch*** – Teoria do germe da doença
	1879	**Neisser** – *Neisseria gonorrhoeae*
	1881	**Koch*** – Culturas puras
		Finlay – Febre amarela
	1882	**Koch*** – *Mycobacterium tuberculosis*
		Hess – Meio ágar (sólido)
	1883	**Koch*** – *Vibrio cholerae*
	1884	**Metchnikoff*** – Fagocitose
		Gram – Técnica da coloração de Gram
		Escherich – *Escherichia coli*
	1887	**Petri** – Placa de Petri
	1889	**Kitasato** – *Clostridium tetani*
	1890	**von Bering*** – Antitoxina diftérica
		Ehrlich* – Teoria da imunidade
	1892	**Winogradsky** – Ciclo do enxofre
	1898	**Shiga** – *Shigella dysenteriae*
	1908	**Ehrlich*** – Tratamento da sífilis
	1910	**Chagas** – *Trypanosoma cruzi*
	1911	**Rous*** – Vírus causadores de tumores (Prêmio Nobel de 1966)

Louis Pasteur (1822–1895)
Demonstrou que a vida não é gerada espontaneamente a partir de matéria não viva.

Joseph Lister (1827–1912)
Realizou cirurgia em condições assépticas utilizando fenol. Provou que os micróbios provocam infecções de feridas cirúrgicas.

Robert Koch (1843–1910)
Estabeleceu as etapas experimentais capazes de relacionar um micróbio específico a uma doença específica.

Figura 1.5 Marcos da Primeira Idade de Ouro da Microbiologia. Um asterisco (*) indica um vencedor do Prêmio Nobel.

🅿 **Por que você acha que a Primeira Idade de Ouro da Microbiologia ocorreu nesse período?**

potencialmente nocivas presentes no leite e em outras bebidas, incluindo algumas bebidas alcoólicas.

Teoria do germe da doença

Antes da época de Pasteur, os tratamentos eficazes para muitas doenças foram descobertos por tentativa e erro, mas as causas das doenças eram desconhecidas. No século X, estudiosos islâmicos escreveram que doenças contagiosas podiam ser transmitidas através da respiração, de alimentos, água e roupas. O mais importante desses estudiosos, Ibn Sina, sugeriu quarentenas de 40 dias a fim de reduzir a propagação de doenças. Ainda assim, séculos se passaram até que a descoberta de Pasteur de que as leveduras desempenham um papel fundamental na fermentação se tornasse a primeira associação entre a atividade de um microrganismo e as mudanças físicas e químicas em matérias orgânicas. Essa descoberta alertou os cientistas para a possibilidade de que os microrganismos pudessem ter relações similares com plantas e animais – especificamente, que os microrganismos pudessem causar doenças. Essa ideia ficou conhecida como **teoria do germe da doença**.

A teoria do germe encontrou grande resistência no começo, tendo em vista que por séculos acreditava-se que as doenças eram punições para um crime ou delito de um indivíduo. Quando os habitantes de toda uma aldeia ficavam doentes, as pessoas frequentemente colocavam a culpa da doença em demônios que apareciam como odores fétidos de esgotos ou nos vapores venenosos dos pântanos. A maioria das pessoas nascidas na época de Pasteur achava inconcebível que micróbios "invisíveis" pudessem viajar pelo ar e infectar plantas e animais, ou permanecer em vestimentas e roupas de cama e serem transmitidos de uma pessoa para outra. Apesar dessas dúvidas, os cientistas acumularam gradualmente as informações necessárias para sustentar a nova teoria do germe.

Em 1865, Pasteur foi chamado para ajudar no combate à doença do bicho-da-seda, que estava arruinando a indústria da seda em toda a Europa. Décadas antes, o microscopista amador Agostino Bassi tinha provado que outra doença do bicho-da-seda era causada por um fungo. Utilizando os dados fornecidos por Bassi, Pasteur descobriu que a infecção mais recente era causada por um protozoário e, então, desenvolveu um método para identificar os bichos-da-seda que estavam contaminados.

Na década de 1860, Joseph Lister, um cirurgião inglês, aplicou a teoria do germe nos procedimentos médicos. Lister estava ciente de que, na década de 1840, o médico húngaro Ignaz Semmelweis tinha demonstrado que os médicos, que naquela época não faziam assepsia das mãos, transmitiam infecções rotineiramente (febre puerperal ou do parto) de uma paciente obstétrica para outra. Lister também tinha conhecimento sobre o trabalho de Pasteur relacionando os micróbios com as doenças em animais. Desinfetantes não eram usados naquela época, mas Lister sabia que o fenol (ácido carbólico) matava as bactérias, então começou a tratar as feridas cirúrgicas com uma solução de fenol. A prática para reduzir a incidência de infecções e morte foi adotada rapidamente por outros cirurgiões. Suas descobertas provaram que os microrganismos provocam infecções em feridas cirúrgicas.

A primeira prova de que as bactérias realmente causam doenças veio de Robert Koch em 1876. Koch, um médico alemão, era rival de Pasteur na corrida para descobrir a causa do antraz, uma doença que estava destruindo os rebanhos de gado e ovelhas na Europa. Koch descobriu bactérias em forma de bacilos, conhecidas atualmente como *Bacillus anthracis*, no sangue de bovinos que haviam morrido de antraz. Ele cultivou a bactéria em meio de cultura e, então, injetou amostras da cultura em animais saudáveis. Quando esses animais adoeceram ou morreram, Koch isolou a bactéria presente no sangue e a comparou com a bactéria originalmente isolada. Ele descobriu que as duas amostras continham a mesma bactéria.

Dessa forma, Koch estabeleceu os **postulados de Koch**, uma sequência de etapas experimentais capazes de relacionar diretamente um micróbio específico a uma doença específica (ver a Figura 14.3). Durante os últimos 100 anos, esses mesmos critérios têm sido extremamente úteis nas investigações para provar que microrganismos específicos causam muitas doenças. Os postulados de Koch, suas limitações e suas aplicações nas doenças serão discutidos em mais detalhes no Capítulo 14.

Vacinação

Com certa frequência, um tratamento ou um procedimento preventivo é desenvolvido antes que os cientistas saibam como funciona. A vacina contra a varíola é um exemplo disso. Quase 70 anos antes de Koch estabelecer que um microrganismo específico causava o antraz, Edward Jenner, um jovem médico inglês, iniciou um experimento para descobrir um modo de proteger as pessoas da varíola. A doença disseminava-se periodicamente pela Europa, matando milhares de pessoas, e foi responsável por eliminar 90% dos povos nativos da Costa Leste dos Estados Unidos quando os colonizadores europeus trouxeram a infecção ao Novo Mundo.

Quando uma jovem que trabalhava na ordenha de vacas informou a Jenner que ela não contraía varíola porque já havia estado doente com a varíola bovina – uma doença muito mais branda –, ele decidiu testar a história da jovem. Primeiro, Jenner coletou raspados das feridas provenientes das vacas. Então, inoculou um voluntário saudável de 8 anos com o material retirado das feridas através de pequenos arranhões no braço do garoto com o auxílio de uma agulha contaminada. Os arranhões deram origem a pústulas. Em poucos dias, o voluntário estava com uma forma leve da doença, mas se recuperou e nunca mais contraiu nem a varíola bovina nem a varíola humana. A proteção contra a doença fornecida pela vacinação (ou pela própria recuperação da doença) é chamada **imunidade**. (Discutiremos os mecanismos da imunidade no Capítulo 17.)

Anos após o experimento de Jenner, Pasteur desvendou por que a vacinação funciona. Ele constatou que a bactéria causadora da cólera aviária perdia a sua capacidade de causar doença (perdia a sua *virulência* ou tornava-se *avirulenta*) após cultivo em laboratório por longos períodos. Contudo, essa bactéria – e outros microrganismos com virulência diminuída – era capaz de induzir imunidade contra infecções subsequentes por suas contrapartes virulentas. A descoberta desse fenômeno forneceu a chave para o sucesso do experimento de Jenner com a varíola bovina. Tanto a varíola humana quanto a bovina são causadas por vírus. Ainda que o vírus da varíola bovina não seja um derivado produzido em laboratório do vírus causador da varíola humana, sua semelhança com o vírus da varíola é tão grande que ele pode induzir imunidade contra ambas as viroses. Pasteur utilizou o termo *vacina* para culturas de microrganismos avirulentos utilizadas para inoculação preventiva. (A palavra em latim *vacca* significa vaca – dessa forma, o termo *vacina* é uma homenagem ao trabalho anterior de Jenner, sobre a inoculação da varíola bovina.)

O experimento de Jenner, na verdade, não foi o primeiro a utilizar um agente viral vivo – nesse caso, o vírus da varíola bovina – para produzir imunidade. Desde 1500, médicos chineses imunizavam pacientes contra a varíola usando raspados de pústulas secas de um indivíduo acometido por um quadro leve da doença; os raspados eram moídos até que se tornassem um pó fino e, após, inoculava-se o pó no nariz da pessoa a ser imunizada.

Algumas vacinas ainda são produzidas a partir de linhagens de microrganismos avirulentos que estimulam a imunidade contra uma linhagem virulenta relacionada. Outras vacinas são feitas a partir de micróbios virulentos mortos, de componentes isolados de microrganismos virulentos ou por técnicas de engenharia genética. No Capítulo 18, discute-se como as diversas vacinas contra a Covid-19 funcionam.

> **TESTE SEU CONHECIMENTO**
>
> ✔ **1-9** Em suas próprias palavras, faça um resumo da teoria do germe da doença.
>
> ✔ **1-10** Qual é a importância dos postulados de Koch?
>
> ✔ **1-11** Qual é o significado da descoberta de Jenner?

Segunda Idade de Ouro da Microbiologia

Após a relação entre microrganismos e doenças ter sido estabelecida, os médicos microbiologistas direcionaram as novas pesquisas para a busca de substâncias que pudessem destruir o microrganismo patogênico sem causar nenhum mal à pessoa ou ao animal infectado.

O tratamento de uma doença utilizando-se substâncias químicas é chamado **quimioterapia**. (O termo se refere também ao tratamento químico de doenças não infecciosas, como o câncer.) Substâncias químicas produzidas naturalmente por bactérias e fungos que atuam contra bactérias são chamadas **antibióticos**. Os agentes quimioterápicos preparados a partir de compostos químicos em laboratório são chamados **medicamentos** (ou **fármacos**) **sintéticos**. O sucesso da quimioterapia baseia-se no fato de que alguns compostos químicos são mais nocivos aos microrganismos do que ao hospedeiro infectado. A terapia antimicrobiana será discutida em detalhes no Capítulo 20.

Os primeiros medicamentos sintéticos

Paul Ehrlich foi o idealizador que deu início à revolução quimioterápica. Como estudante de medicina, Ehrlich especulou sobre uma "bala mágica" que poderia combater e destruir o patógeno sem prejudicar o hospedeiro. Em 1910, após testar centenas de substâncias, ele descobriu um agente quimioterápico chamado *salvarsan*, um derivado de arsênico efetivo contra a sífilis. O agente foi denominado *salvarsan* por ter sido considerado a salvação contra a sífilis e conter arsênio. Antes dessa descoberta, a única substância química conhecida no

arsenal médico europeu era um extrato retirado da casca de uma árvore sul-americana, o *quinino*, que havia sido usado pelos conquistadores espanhóis no tratamento da malária.

No final da década de 1930, os pesquisadores desenvolveram diversos outros medicamentos sintéticos que podiam destruir microrganismos. A maioria desses medicamentos era derivada de corantes. Isso aconteceu porque os corantes sintetizados e produzidos para tecidos eram rotineiramente testados em relação à atividade antimicrobiana pelos microbiologistas, que procuravam a "bala mágica". Além disso, as *sulfonamidas* (medicamentos derivados da sulfa) foram sintetizadas no mesmo período.

Um feliz acidente: os antibióticos

O primeiro antibiótico foi descoberto por acidente. Alexander Fleming, médico e bacteriologista escocês, quase descartou algumas placas de cultura que haviam sido contaminadas por fungos. Felizmente, ele percebeu um curioso padrão de crescimento nas placas – uma área clara, onde o crescimento bacteriano havia sido inibido, apresentava-se ao redor do fungo (**Figura 1.6**). Fleming estava diante de um fungo que inibiu o crescimento de uma bactéria. O fungo ficou conhecido como *Penicillium chrysogenum*, e o inibidor ativo desse fungo foi chamado de *penicilina*. Dessa forma, a penicilina é um antibiótico produzido por um fungo. A Segunda Idade de Ouro da Microbiologia começou na década de 1940, quando a utilidade enorme da penicilina se tornou evidente, e a substância entrou em uso comum.

Desde essas descobertas iniciais, milhares de outros antibióticos foram desenvolvidos. Infelizmente, o uso dos antibióticos e de outros fármacos quimioterápicos não está livre de problemas. Muitos fármacos antimicrobianos matam os micróbios patogênicos, mas também produzem danos ao hospedeiro infectado. Por razões que serão discutidas mais tarde, a toxicidade para seres humanos é um problema específico no desenvolvimento de medicamentos para o tratamento de

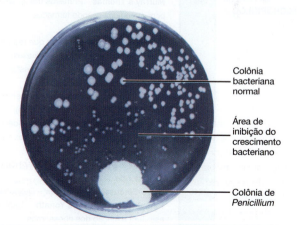

Colônia bacteriana normal

Área de inibição do crescimento bacteriano

Colônia de *Penicillium*

Figura 1.6 A descoberta da penicilina. Alexander Fleming tirou esta fotografia em 1928. A colônia do fungo *Penicillium* acidentalmente contaminou a placa e inibiu o crescimento das bactérias adjacentes.

P Por que você acha que a penicilina não é mais tão eficaz quanto antigamente?

doenças virais. O crescimento viral depende dos processos vitais das células hospedeiras normais. Assim, existem poucos medicamentos antivirais efetivos, pois um medicamento capaz de interferir na reprodução viral também pode afetar as células não infectadas do corpo.

Ao longo dos anos, cada vez mais micróbios também desenvolveram resistência a antibióticos que um dia já foram bastante efetivos contra eles. A resistência aos fármacos resulta de mudanças genéticas nos micróbios, tornando-os capazes de tolerar certas quantidades de um antibiótico que normalmente inibiria o seu crescimento (Ver o quadro "Foco clínico" no Capítulo 26). Por exemplo, um micróbio pode produzir enzimas que inativam os antibióticos, ou um microrganismo pode sofrer alterações em sua superfície que impedem a ligação ou a entrada de um fármaco.

O surgimento recente de *S. aureus* e *Enterococcus faecalis* resistentes à vancomicina deixou em alerta os profissionais da saúde, uma vez que isso indica que algumas infecções bacterianas previamente tratáveis podem, em breve, se tornar impossíveis de serem tratadas com antibióticos.

O desafio de solucionar a resistência aos fármacos, identificar vírus e desenvolver vacinas requer técnicas de pesquisa sofisticadas e estudos correlacionados que nunca foram nem imaginados na época de Koch e Pasteur. Outros microbiologistas também usam essas técnicas para investigar as aplicações industriais e as funções dos microrganismos no meio ambiente.

Bacteriologia, micologia e parasitologia

O trabalho de base realizado durante a Primeira Idade de Ouro da Microbiologia fundamentou as diversas conquistas extraordinárias ocorridas nos anos seguintes (**Figura 1.7**). Novos ramos da microbiologia foram desenvolvidos, incluindo a imunologia e a virologia.

A **bacteriologia**, o estudo das bactérias, teve início com as primeiras observações dos raspados de dentes de van Leeuwenhoek. Novas bactérias patogênicas ainda são descobertas

Segunda Idade de Ouro da MICROBIOLOGIA	**1940** **1950**	**Fleming, Chain e Florey** – Penicilina
		Waksman – Estreptomicina
		H. Krebs – Etapas químicas do ciclo de Krebs
		Enders, Weller e Robbins – Cultivo do poliovírus em culturas de células
		Beadle e Tatum – Controle genético das reações bioquímicas
	1960 **1980**	**Medawar** – Tolerância imune adquirida
		Sanger e Gilbert – Técnicas para sequenciamento do DNA
		Jerne, Köhler e Milstein – Técnica para produção de anticorpos monoclonais
		Tonegawa – Genética e produção de anticorpos
		Bishop e Varmus – Genes causadores de câncer (oncogenes)
Terceira Idade de Ouro da MICROBIOLOGIA	**1990**	**Murray e Thomas** – Primeiros transplantes bem-sucedidos usando fármacos imunossupressores
		Fischer e E. Krebs – Enzimas que regulam o crescimento celular (proteínas-cinases)
		Roberts e Sharp – Genes podem estar presentes em segmentos separados do DNA
		Mullis – Reação em cadeia da polimerase que amplifica o DNA (faz múltiplas cópias)
	2000	**Doherty e Zinkernagel** – Imunidade celular
		Agre e MacKinnon – Canais aquosos e iônicos nas membranas plasmáticas
		Marshall e Warren – *Helicobacter pylori* como causador de úlceras pépticas
	2010	**Barré-Sinoussi e Montagnier** – Descoberta do HIV
		Ramakrishnan, Steitz e Yonath – Detalhes da estrutura e função dos ribossomos
		Beutler, Hoffmann e Steinman – Imunidade inata; células dendríticas na imunidade adaptativa
	2020	**Tu** – Tratamento da malária
		Campbell e Omura – Descoberta da ivermectina
		Charpentier e Doudna – Edição genômica
		Alter, Houghton e Rice – Descoberta do vírus da hepatite C

César Milstein (1927-2002)
Fundiu células cancerosas com células produtoras de anticorpos para gerar uma célula híbrida que cresce continuamente e produz anticorpos terapêuticos.

Françoise Barré-Sinoussi (1947-)
Descobriu um vírus em um paciente com linfonodos aumentados; esse vírus era o HIV.

Youyou Tu (1930-)
Extraiu artemisinina de uma planta chinesa; essa substância inibe a malária.

Emmanuelle Charpentier (1968-) e Jennifer Douda (1964-)
Desenvolveu a técnica de edição gênica CRISPR/Cas9.

Figura 1.7 Segunda e Terceira Idades de Ouro da Microbiologia. Todos os pesquisadores listados são ganhadores do Nobel.

P Quais avanços ocorreram durante a Segunda Idade de Ouro da Microbiologia?

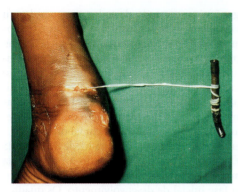

(a) Um verme parasítico da Guiné (*Dracunculus medinensis*) é removido do tecido subcutâneo de um paciente e enrolado em um pedaço de vara. Esse procedimento pode ter sido utilizado como inspiração para o desenho do símbolo apresentado em (b).

(b) Bastão de Asclépio, símbolo da medicina.

Figura 1.8 Parasitologia: o estudo de protozoários e vermes parasitas.

P Como você acredita que os vermes parasitas sobrevivem e vivem a partir do hospedeiro humano?

frequentemente. Muitos bacteriologistas, como Pasteur, estudaram os papéis das bactérias nos alimentos e no meio ambiente. Uma descoberta intrigante ocorreu em 1997, quando Heide Schulz descobriu uma bactéria grande o bastante para ser vista a olho nu (0,2 mm de largura). Essa bactéria, chamada *Thiomargarita namibiensis*, vive no lodo na costa africana. A *Thiomargarita* é incomum devido ao seu tamanho e nicho ecológico. A bactéria consome sulfito de hidrogênio, o qual seria tóxico aos animais que vivem no lodo (Figura 11.28).

A **micologia**, o estudo dos fungos, inclui os ramos da medicina, agricultura e ecologia. As taxas de infecções fúngicas têm aumentado durante a última década, representando 10% das infecções adquiridas em hospitais. Acredita-se que as alterações climáticas e ambientais (seca severa) sejam responsáveis pelo aumento de 10 vezes nas taxas de infecção por *Coccidioides immitis* na Califórnia. Novas técnicas para o diagnóstico e tratamento das infecções fúngicas estão sendo investigadas.

A **parasitologia** é o estudo de protozoários e vermes parasitas. Como muitos vermes parasitas são grandes o suficiente para serem vistos a olho nu, esses organismos são conhecidos há milhares de anos. Especula-se que o símbolo da medicina, o bastão de Asclépio, represente a remoção de vermes parasitas da Guiné (**Figura 1.8**). Asclépio foi um médico grego que praticava o ofício por volta de 1200 a.C. e foi consagrado o deus da medicina.

O desmatamento de florestas pluviais tem exposto os trabalhadores a parasitas antes desconhecidos. Doenças parasitárias desconhecidas até recentemente também são encontradas em pacientes cujos sistemas imunes foram suprimidos por transplantes de órgãos, quimioterapia do câncer ou Aids.

Imunologia

A **imunologia** é o estudo da imunidade. O conhecimento acerca do sistema imune tem se acumulado de forma constante e expande-se rapidamente. Hoje, há vacinas disponíveis para diversas doenças, incluindo sarampo, rubéola (sarampo alemão), caxumba, catapora (varicela), pneumonia pneumocócica, tétano, tuberculose, gripe (influenza), coqueluche (pertússis), poliomielite e hepatite B. A vacina contra a varíola foi tão efetiva que a doença foi eliminada. Os órgãos oficiais de saúde pública estimam que a poliomielite pode ser erradicada dentro de poucos anos devido ao uso da vacina.

Um grande avanço na imunologia ocorreu em 1933, quando Rebecca Lancefield (**Figura 1.9**) propôs que os estreptococos fossem classificados de acordo com sorotipos (variantes dentro de uma espécie) com base em certos componentes presentes nas paredes celulares das bactérias. Isso permitiu a prevenção de uma variedade de doenças causadas pelo *Streptococcus pyogenes*, como a faringite estreptocócica, a febre escarlatina e a septicemia (intoxicação sanguínea).

Em 1960, foram descobertos os interferons, substâncias geradas pelo sistema imune do próprio corpo. Os interferons inibiram a replicação viral e levaram a um número considerável de pesquisas relacionadas ao tratamento das doenças virais e do câncer. Atualmente, um dos maiores desafios para os imunologistas é descobrir como o sistema imune pode ser estimulado para eliminar o vírus responsável pela Aids, uma doença que destrói o sistema imune.

Virologia

O estudo dos vírus, a **virologia**, originou-se durante a Primeira Idade de Ouro da Microbiologia. Em 1892, Dmitri Iwanowski relatou que o organismo que causava a doença do mosaico do tabaco era tão pequeno que podia atravessar filtros finos o suficiente para reter todas as bactérias conhecidas. Naquela época, Iwanowski não estava ciente de que o organismo em questão era um vírus. Em 1935, Wendell Stanley mostrou que esse organismo, chamado vírus do mosaico do tabaco (TMV, de *tobacco mosaic virus*), era fundamentalmente diferente dos

Figura 1.9 Rebecca Lancefield (1895-1981) descobriu diferenças na composição química de um polissacarídeo presente nas paredes celulares de muitos estreptococos patogênicos. Testes laboratoriais rápidos utilizando técnicas imunológicas agora identificam e classificam os estreptococos nos grupos de Lancefield com base nesse carboidrato.

P Por que a rápida identificação de estreptococos é importante?

outros micróbios e tão simples e homogêneo que poderia ser cristalizado como um composto químico. O trabalho de Stanley facilitou o estudo da estrutura e da química viral. Com o desenvolvimento do microscópio eletrônico na década de 1930, os microbiologistas puderam observar a estrutura dos vírus em detalhes, e hoje se conhece muito mais da atividade e da estrutura desses microrganismos.

Genética molecular

Depois que a ciência se voltou para o estudo da vida unicelular, um rápido progresso foi observado no campo da genética. A **genética microbiana** estuda os mecanismos pelos quais os microrganismos herdam características, e a **biologia molecular** analisa como a informação genética é transportada nas moléculas de DNA.

Na década de 1940, George W. Beadle e Edward L. Tatum demonstraram a relação entre genes e enzimas; o DNA foi estabelecido como o material hereditário por Oswald Avery, Colin MacLeod e Maclyn McCarty. Joshua Lederberg e Edward L. Tatum descobriram que o material genético pode ser transferido de uma bactéria para outra por um processo chamado conjugação. Assim, na década de 1950, James Watson e Francis Crick propuseram um modelo para a estrutura e replicação do DNA. No início da década de 1960, François Jacob e Jacques Monod descobriram o RNA (ácido ribonucleico) mensageiro, uma substância química envolvida na síntese de proteínas, e, posteriormente, fizeram as primeiras grandes descobertas sobre a regulação da função gênica em bactérias. Durante o mesmo período, os cientistas conseguiram decodificar o código genético e, assim, compreender como a informação para a síntese proteica no RNA mensageiro é traduzida nas sequências de aminoácidos para produzir as proteínas.

Embora a genética molecular envolva todos os organismos, muito do nosso conhecimento de como os genes determinam características específicas foi revelado por meio de experimentos com bactérias. Organismos unicelulares, principalmente bactérias, têm diversas vantagens para a pesquisa genética e bioquímica. As bactérias são menos complexas do que plantas e animais, e muitas delas podem se reproduzir em menos de 1 hora; dessa forma, os cientistas podem cultivar números muito grandes de bactérias para estudo em um período de tempo relativamente curto.

TESTE SEU CONHECIMENTO

✔ **1-12** Em que consistia a "bala mágica" de Ehrlich?

✔ **1-13** Defina *bacteriologia, micologia, parasitologia, imunologia e virologia.*

Terceira Idade de Ouro da Microbiologia

O biólogo evolucionista Stephen Jay Gould disse uma vez que agora vivemos na "era das bactérias". As bactérias não são uma novidade, mas há uma compreensão renovada acerca de sua importância para a Terra e para a nossa saúde. Novas ferramentas de informática e sequenciamento de DNA permitem que os pesquisadores estudem todo o DNA de um organismo, auxiliando-os a identificar genes e suas funções e a estudar a evolução da resistência aos antibióticos nas bactérias. Além

disso, com a **genômica**, o estudo de todos os genes de um organismo, os cientistas podem classificar bactérias e fungos de acordo com as suas relações genéticas com outras bactérias, fungos e protozoários. Esses microrganismos eram originalmente classificados de acordo com um número limitado de características visíveis. As ferramentas da genômica estão sendo usadas para identificar micróbios no oceano, nas folhas e nos seres humanos, muitos dos quais foram descobertos recentemente e ainda não foram cultivados em laboratórios.

As descobertas feitas durante a Terceira Idade de Ouro da Microbiologia também estão demonstrando a importância dos microbiomas, introduzidos anteriormente. Esses estudos ainda estão em fase inicial de desenvolvimento. Os quadros "Explorando o microbioma" ao longo deste livro discutem as descobertas atuais sobre a relação entre micróbios e a saúde humana. Também foram incluídos alguns estudos de ambientes naturais e artificiais para enfatizar que os microbiomas ambientais são importantes para os ecossistemas da Terra e para os humanos. Esses quadros também apresentam como os micróbios são estudados por meio da genômica e de seu metabolismo. Cada um deles descreve uma descoberta, e geralmente finaliza-se com uma pergunta sobre o que ainda está por ser descoberto para entender se uma mudança no microbioma é a causa ou o resultado de uma doença.

Os microrganismos podem agora ser modificados geneticamente para a fabricação de uma grande quantidade de hormônios humanos e outras substâncias médicas que são extremamente necessárias. Essa descoberta tem sua origem no final da década de 1960, quando Paul Berg mostrou que fragmentos de DNA (genes) de humanos ou animais que codificam proteínas importantes podem ser acoplados ao DNA bacteriano. O híbrido resultante foi o primeiro exemplo de **DNA recombinante**. A **tecnologia do DNA recombinante (rDNA)** insere rDNA em uma bactéria (ou outros micróbios) para a produção de grandes quantidades de uma proteína desejada. O desenvolvimento da tecnologia do DNA recombinante revolucionou as pesquisas e as aplicações práticas em todas as áreas da microbiologia.

TESTE SEU CONHECIMENTO

✔ **1-14** Diferencie genética microbiana, biologia molecular e genômica.

Micróbios e o bem-estar humano

OBJETIVOS DE APRENDIZAGEM

1-15 Listar pelo menos quatro atividades benéficas dos microrganismos.

1-16 Citar dois exemplos de processos em biotecnologia que utilizam a tecnologia do DNA recombinante e dois que não a utilizam.

Como mencionado anteriormente, apenas uma minoria dos microrganismos é patogênica. Os micróbios que causam deterioração de alimentos – como partes amolecidas em frutos e vegetais, decomposição de carnes e ranço de gorduras e óleos – também são uma minoria. A grande maioria dos microrganismos é benéfica ao ser humano, a outros animais e às plantas de múltiplas e diferentes maneiras.

ASM: Os micróbios são essenciais para a vida como a conhecemos e para os processos que sustentam a vida.

Por exemplo, os micróbios produzem metano e etanol, que podem ser utilizados como combustíveis alternativos na geração de eletricidade e para o abastecimento de veículos. As empresas de biotecnologia estão utilizando enzimas bacterianas para degradar a celulose vegetal, de forma que as

ASM: Os seres humanos utilizam e controlam os microrganismos e seus produtos.

leveduras possam metabolizar os açúcares simples resultantes, produzindo etanol. As seções seguintes introduzem algumas dessas atividades benéficas. Nos capítulos finais, discutiremos essas características em mais detalhes.

Reciclagem de elementos vitais

Descobertas feitas por dois microbiologistas na década de 1880 serviram como base para o conhecimento atual dos ciclos biogeoquímicos que sustentam a vida na Terra. Martinus Beijerinck e Sergei Winogradsky foram os primeiros a demonstrar como as bactérias ajudam a reciclar os elementos vitais do solo e da atmosfera. A **ecologia microbiana**, o estudo das relações entre microrganismos e seu ambiente, originou-se com o trabalho desses cientistas. Atualmente, a ecologia microbiana apresenta vários ramos, incluindo estudos sobre como as populações microbianas interagem com plantas e animais nos diferentes ambientes. Entre as preocupações dos ecologistas microbianos estão a poluição das águas e a presença de compostos tóxicos no ambiente.

Os elementos químicos carbono, nitrogênio, oxigênio, enxofre e fósforo são essenciais para a manutenção da vida e são abundantes, mas não necessariamente são acessíveis a plantas e animais. Os microrganismos são os principais responsáveis pela conversão desses elementos em formas que possam ser utilizadas por plantas e animais. Por exemplo, bactérias e fungos devolvem o dióxido de carbono para a atmosfera quando decompõem resíduos orgânicos, bem como animais e vegetais mortos. Algas, cianobactérias e plantas superiores utilizam o dióxido de carbono durante a fotossíntese para produzir carboidratos utilizados por animais, fungos e bactérias. O nitrogênio é abundante na atmosfera, porém em uma forma não utilizável por plantas e animais. Somente as bactérias podem converter naturalmente o nitrogênio atmosférico em formas disponíveis para plantas e animais.

Tratamento do esgoto: utilizando os micróbios para a reciclagem da água

Com a crescente conscientização da sociedade sobre a necessidade de se preservar o meio ambiente, muito mais pessoas estão atentas à responsabilidade de reciclar água e prevenir a poluição de rios e oceanos. Uma das maiores fontes de poluição é o esgoto doméstico, que consiste em excrementos humanos, água residual, resíduos industriais e água de escoamento superficial. O esgoto é constituído por cerca de 99,9% de água, com poucos centésimos de 1% de sólidos em suspensão. O restante é uma variedade de materiais dissolvidos.

As estações de tratamento de esgoto removem os materiais indesejáveis e os microrganismos nocivos. Os tratamentos combinam vários processos físicos com a ação de micróbios benéficos. Os sólidos maiores, como papel, madeira, vidro, cascalho e plástico, são removidos do esgoto; o restante é composto de líquidos e materiais orgânicos que as bactérias convertem em produtos secundários, como dióxido de carbono, nitratos, fosfatos, sulfatos, amônia, sulfeto de hidrogênio e metano. (O tratamento de esgoto será discutido em mais detalhes no Capítulo 27.)

Biorremediação: utilizando os micróbios para a limpeza de poluentes

Em 1988, os cientistas começaram a utilizar micróbios para limpar poluentes e resíduos tóxicos produzidos por vários processos industriais. Por exemplo, algumas bactérias podem utilizar poluentes como fontes de energia; outras podem produzir enzimas que quebram as toxinas em substâncias menos nocivas. Ao utilizar as bactérias dessa forma – um processo conhecido como **biorremediação** –, toxinas podem ser removidas de poços subterrâneos, vazamentos químicos, depósitos de resíduos tóxicos e derramamentos de petróleo, como no caso do derramamento em massa de uma plataforma oceânica de perfuração de petróleo da British Petroleum no Golfo do México em 2010. Além disso, as enzimas bacterianas são usadas no desentupimento de bueiros, sem a necessidade de adicionar químicos nocivos ao ambiente. Em alguns casos, são utilizados microrganismos nativos do ambiente; em outros, são aplicados micróbios modificados geneticamente. Entre os micróbios mais utilizados estão determinadas espécies de bactérias dos gêneros *Pseudomonas* e *Bacillus*. As enzimas de *Bacillus* são usadas em detergentes domésticos para a remoção de manchas das roupas.

Controle de pragas de insetos por microrganismos

Além de espalhar doenças, os insetos podem devastar plantações. O controle de pragas é, portanto, importante para a agricultura e para a prevenção de doenças humanas.

A bactéria *Bacillus thuringiensis* tem sido extensivamente utilizada nos Estados Unidos para o controle de pragas, incluindo lagarta-da-alfafa, lagarta-do-algodoeiro, brocas-do--milho, lagarta-do-repolho, lagarta-do-tabaco e lagarta-enroladeira em folhas de árvores frutíferas. A bactéria é pulverizada sobre as plantações atacadas por esses insetos. Ela produz cristais proteicos que são tóxicos para o sistema digestório dos insetos. O gene da toxina também foi inserido em algumas plantas, a fim de torná-las resistentes a insetos.

Pelo uso de controles microbianos, em vez de produtos químicos, os fazendeiros podem evitar prejuízos ao ambiente. Em contrapartida, muitos inseticidas químicos, como o DDT, permanecem no solo como poluentes tóxicos e acabam sendo por fim incorporados na cadeia alimentar.

Biotecnologia e tecnologia do DNA recombinante

Anteriormente, discutimos sobre o uso comercial de microrganismos na produção de alguns alimentos e compostos químicos comuns. Essas aplicações práticas da microbiologia são chamadas **biotecnologia**. Embora a biotecnologia seja utilizada de uma ou outra forma há séculos, as técnicas se tornaram mais sofisticadas nas últimas décadas. Há alguns anos, a biotecnologia passou por uma revolução com o advento da tecnologia do DNA recombinante, expandindo o potencial de bactérias, vírus e leveduras e outros fungos para serem utilizados como fábricas bioquímicas em miniatura. Culturas de células animais e vegetais, assim como animais e plantas intactos, são utilizados como organismos e células recombinantes.

As aplicações da tecnologia do DNA recombinante aumentam a cada ano. As técnicas de DNA recombinante são utilizadas para produzir um grande número de proteínas naturais, vacinas e enzimas. Tais substâncias têm grande potencial para uso médico; algumas são descritas na Tabela 9.2.

Um resultado muito importante e promissor das técnicas de DNA recombinante é a **terapia gênica** – a inserção de um gene ausente ou a substituição de um gene defeituoso em células humanas. Essa técnica utiliza uma enzima ou um vírus inofensivo para transportar um gene ausente ou um novo gene para o interior de certas células hospedeiras, local onde o gene é inserido no cromossomo apropriado. Desde 1990, a terapia gênica tem sido usada para tratar pacientes com deficiência de adenosina-desaminase (ADA), uma das causas da doença conhecida como imunodeficiência combinada grave (IDCG), em que as células do sistema imune são inativadas ou perdidas; a distrofia muscular de Duchenne, uma doença que destrói os músculos; a fibrose cística, doença das porções secretoras das vias respiratórias, do pâncreas, das glândulas salivares e das glândulas sudoríparas; e a deficiência do receptor LDL, condição em que os receptores da lipoproteína de baixa densidade (LDL, de *low-density lipoprotein*) estão defeituosos, não permitindo a entrada de LDL nas células. O LDL permanece no sangue em altas concentrações e leva à formação de placas de gordura nos vasos sanguíneos, aumentando o risco de aterosclerose e doença cardíaca coronariana. Os resultados da terapia gênica ainda estão sendo avaliados. Outras doenças genéticas futuramente também poderão ser tratadas por meio da terapia gênica, incluindo a hemofilia, uma incapacidade de coagulação normal do sangue; o diabetes, caracterizado por níveis elevados de açúcar no sangue; e a anemia falciforme, causada por um tipo anormal de hemoglobina, uma proteína das hemácias.

As técnicas de DNA recombinante também são utilizadas na agricultura. Por exemplo, linhagens de bactérias alteradas geneticamente foram desenvolvidas para proteger frutos contra os danos por geadas, e bactérias são modificadas para controlar insetos que causam danos às plantações. O DNA recombinante também tem sido usado para melhorar a aparência e o sabor e para aumentar a durabilidade de frutos e vegetais nas prateleiras. Potenciais utilizações da tecnologia do DNA recombinante na agricultura incluem resistência à seca, ao ataque de insetos, a doenças microbianas e ao aumento da tolerância a altas temperaturas nas plantas cultivadas.

TESTE SEU CONHECIMENTO

✔ **1-15** Liste duas formas benéficas de utilização de bactérias.

✔ **1-16** Diferencie biotecnologia de tecnologia do DNA recombinante.

Micróbios e as doenças humanas

OBJETIVOS DE APRENDIZAGEM

1-17 Definir *resistência*.

1-18 Definir *biofilme*.

1-19 Definir *doença infecciosa emergente*.

Quando um micróbio é uma parte bem-vinda de um humano saudável e quando ele é um vetor de doenças? A distinção entre saúde e doença é, em grande parte, um equilíbrio entre as defesas naturais do corpo e as propriedades dos microrganismos de produzir doenças. Se o nosso corpo vai conseguir superar ou não as táticas ofensivas de um micróbio em particular depende da nossa **resistência** – a capacidade de prevenir doenças. Uma resistência importante é fornecida pela barreira da pele, das membranas mucosas e das células de defesa e substâncias químicas do nosso sistema imune (Capítulos 16-19). Algumas vezes, quando nossas defesas naturais não são fortes o bastante para reagir a um invasor, elas podem ser suplementadas com antibióticos e outros fármacos.

Biofilmes

Na natureza, os microrganismos podem existir como células individuais que flutuam ou nadam independentemente em um líquido, ou podem estar ligados uns aos outros e/ou a uma superfície geralmente sólida. Esta última forma é chamada de **biofilme**, uma complexa agregação de micróbios. O limo cobrindo uma rocha em um lago é um biofilme. Com a sua língua, é possível sentir o biofilme sobre os seus dentes. Os biofilmes podem ser benéficos; eles protegem as membranas mucosas de microrganismos nocivos, e os biofilmes em lagos são um alimento importante para os animais aquáticos. Contudo, também podem ser nocivos. Os biofilmes podem entupir os canos de água e, quando crescem sobre implantes médicos, como próteses articulares e cateteres (**Figura 1.10**), têm a capacidade de causar infecções, como as endocardites (inflamação do coração). As bactérias nos biofilmes frequentemente são resistentes a antibióticos, pois os biofilmes oferecem uma barreira protetora contra a ação antibiótica. Biofilmes serão discutidos no Capítulo 6.

CASO CLÍNICO

"Estafilococo" é o nome comum da bactéria S. *aureus*, que faz parte da microbiota cutânea de cerca de 30% da população humana. Embora Andrea seja cuidadosa ao administrar os antibióticos conforme a prescrição, ela não aparenta melhoras em seu quadro. Após 3 dias, a lesão em seu punho encontra-se maior do que anteriormente, e agora está drenando um pus amarelado. Andrea também desenvolveu febre. A mãe da jovem insiste para que ela entre em contato com o seu médico para atualizá-lo sobre os últimos acontecimentos.

Por que a infecção de Andrea persiste mesmo após o tratamento?

Parte 1 **Parte 2** Parte 3 Parte 4 Parte 5

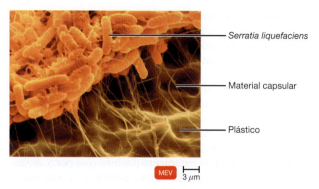

Serratia liquefaciens

Material capsular

Plástico

MEV ⊢⊣ 3 µm

Figura 1.10 Biofilme em um pedaço de plástico.
A bactéria se adere a superfícies sólidas, formando uma camada
limosa. Os filamentos na foto podem ser de material capsular.
As bactérias que saem de biofilmes e entram em contato com
implantes médicos podem causar infecções.

P Como uma barreira protetora de biofilme torna a bactéria
resistente a antibióticos?

Doenças infecciosas

Uma **doença infecciosa** é aquela em que patógenos invadem
um hospedeiro suscetível, como um ser humano ou um animal. Nesse processo, o patógeno efetua pelo menos uma parte
do seu ciclo de vida dentro do hospedeiro, o que, com frequência, resulta em uma doença. No final da Segunda Guerra
Mundial, muitas pessoas acreditavam que as doenças infecciosas estavam sob controle. Elas pensavam que a malária seria
erradicada pelo uso do inseticida DDT para matar os mosquitos transmissores, que uma vacina impediria surtos de sarampo, coqueluche e outras doenças infecciosas da infância e que
as melhorias nas medidas sanitárias impediriam a transmissão
da cólera. As expectativas não corresponderam à realidade: a
malária está longe de ser erradicada; desde 1986, surtos são
identificados nos Estados Unidos, e a doença infecta mais de
200 milhões de pessoas em todo o mundo. A vacinação diminuiu a incidência de sarampo, coqueluche e de muitas outras
doenças preveníveis por vacina, mas a existência de pessoas
não vacinadas ainda permite a ocorrência de surtos. Além disso, surtos de cólera ainda ocorrem em partes do mundo sem
infraestrutura de saneamento adequada.

Doenças infecciosas emergentes

Os surtos recentes de Covid-19 e MPOX apontam para o fato
de que as doenças infecciosas não estão desaparecendo, pelo
contrário, parecem estar emergindo e reemergindo. As **doenças infecciosas emergentes (DIEs)** são aquelas doenças que
são novas ou que estão passando por mudanças, estão aumentando a sua incidência ou apresentam potencial de aumento
em um futuro próximo. Alguns dos fatores que contribuíram
para o desenvolvimento das DIEs são mudanças evolutivas
em organismos existentes (p. ex., bactérias resistentes a antibióticos) e a disseminação de doenças conhecidas para novas
regiões geográficas ou populações por meio dos transportes
modernos. A maioria das DIEs são zoonoses, ou seja, patógenos transmitidos de animais não humanos para humanos. Essas DIEs resultam do aumento da exposição humana a novos

agentes infecciosos incomuns em áreas que estão passando
por mudanças ecológicas, como desmatamento e construções (p. ex., vírus hemorrágico venezuelano). Algumas DIEs
se desenvolvem devido a mudanças na ecologia do patógeno.
Por exemplo, no passado, o vírus Powassan (POWV) era transmitido por carrapatos que geralmente não picam humanos.
No entanto, o vírus se estabeleceu recentemente nos mesmos
carrapatos de cervo que transmitem a doença de Lyme. O aumento do número de ocorrências nos últimos anos ressalta a
extensão do problema.

Doença pelo coronavírus 2019

Os coronavírus são uma grande família de vírus que podem
causar doenças que vão desde o resfriado comum até a insuficiência respiratória. O termo *corona*, que significa coroa,
refere-se às espículas em forma de coroa na superfície do vírus (Figura 1.2e). A **doença pelo coronavírus 2019**, também
conhecida como **Covid-19** (de *coronavirus disease-2019*),
foi reconhecida pela primeira vez em dezembro de 2019 na
China e foi declarada uma *pandemia* (uma doença que afeta
um grande número de pessoas em todo o mundo) em março
de 2020. Ela é causada por um novo coronavírus, chamado
coronavírus 2 da síndrome respiratória aguda grave (SARS-
-CoV-2). No entanto, esta foi na verdade a terceira emergência
de um *Coronavirus* zoonótico no século XXI. Em 2002, um surto de pneumonia ocorreu na China e se espalhou para quase
30 países. A doença foi chamada de **síndrome respiratória
aguda grave** (**SARS**, de *severe acute respiratory syndrome*), e o
patógeno, SARS-*Coronavirus*. Em 2012, uma segunda síndrome respiratória ligada a um coronavírus surgiu na Arábia Saudita. Denominada **síndrome respiratória do Oriente Médio**
(**MERS**, de *Middle East respiratory syndrome*), é causada pelo
MERS-*Coronavirus*. A MERS se espalhou rapidamente para a
Europa e a Ásia, e dois casos associados a viagens ocorreram
nos Estados Unidos. Desde 2014, foram registrados 2.589 casos humanos confirmados e 893 mortes. Em contrapartida,
a Covid-19 causou mais de 6,5 milhões de mortes em todo
o mundo. Como mostra o surgimento desses patógenos relacionados, os vírus mudam constantemente por meio de
mutações. Essas mutações podem resultar no surgimento de
novas variantes que são mais facilmente transmitidas ou causam doenças mais graves. Algumas variantes surgem e desaparecem, enquanto outras persistem.

MPOX (antiga varíola símia)

A MPOX é uma doença viral que causa sintomas semelhantes à gripe e erupções cutâneas dolorosas. O patógeno é um
Orthopoxvirus, um gênero que inclui o vírus da varíola, uma
doença frequentemente fatal que foi erradicada. O vírus MPOX
é encontrado naturalmente em roedores, e a doença é endêmica em 16 países da África Ocidental e Central. Em 2022, a
doença apareceu em mais de 30 mil pessoas em países não endêmicos, incluindo Estados Unidos, Austrália e vários países da
Europa Ocidental, e a Organização Mundial da Saúde (OMS)
a declarou uma emergência global de saúde pública. Essas infecções não foram associadas a viagens; elas foram transmitidas
de pessoa para pessoa através de contato direto prolongado.
Uma vacina e quimioterapia eficaz estão disponíveis.

Doença pelo vírus Zika

Em 2015, o mundo tomou conhecimento da doença causada pelo vírus Zika. O vírus Zika é transmitido pela picada de um mosquito *Aedes* infectado; a transmissão sexual também ocorre. A Zika é uma doença leve que geralmente se apresenta com febre, erupção cutânea e dores nas articulações. No entanto, a infecção pelo Zika durante a gravidez pode causar defeitos congênitos graves no feto. O vírus foi descoberto em 1947 na Floresta Zika da Uganda, mas, até 2007, apenas 14 casos da doença causada pelo vírus Zika eram conhecidos. A primeira epidemia de Zika ocorreu na ilha de Yap, na Micronésia, em 2007, quando 73% das pessoas foram infectadas. Entre 2013 e 2015, epidemias de Zika ocorreram na Polinésia Francesa e no Brasil. Quase 5 mil casos de Zika foram registrados nos Estados Unidos. Até meados de 2016, todos os casos foram adquiridos durante viagens para áreas endêmicas (exceto uma infecção adquirida em laboratório). No entanto, os primeiros casos de transmissão por mosquitos nos Estados Unidos ocorreram durante o verão de 2016, quando 224 pessoas foram infectadas.

Influenza

Os vírus influenza A são encontrados em muitos animais diferentes, incluindo patos, galinhas, porcos, baleias, cavalos e focas. Normalmente, cada subtipo de vírus influenza A é específico para uma determinada espécie. Contudo, vírus influenza A em geral encontrados em uma espécie às vezes podem sofrer transferência cruzada e causar doença em outra espécie, e todos os subtipos de vírus influenza A podem infectar porcos. Embora não seja comum que as pessoas adquiram infecções por influenza diretamente de animais, infecções esporádicas em seres humanos e surtos causados por certos vírus influenza A e influenza suína foram relatados. Felizmente, esses vírus ainda não evoluíram para serem transmitidos com sucesso entre os seres humanos.

Dois vírus influenza A emergiram nas últimas duas décadas como patógenos de interesse. A **influenza H1N1 (gripe)**, também conhecida como *gripe suína*, é causada por uma nova linhagem chamada *influenza H1N1*. Essa linhagem foi detectada pela primeira vez nos Estados Unidos em 2009 e, no mesmo ano, a OMS declarou a gripe H1N1 como uma pandemia. A **influenza A aviária (H5N1)**, ou **gripe aviária**, chamou a atenção do público em 2003, quando matou milhares de aves domésticas e 24 pessoas no sudeste da Ásia. Os vírus da influenza aviária ocorrem em aves no mundo inteiro. Em 2013, uma influenza aviária diferente, a H7N9, acometeu 131 pessoas na China. Em 2015, dois casos de H7N9 foram relatados no Canadá.

Infecções em seres humanos causadas pelos vírus da influenza aviária e suína não resultaram em transmissão sustentada de pessoa para pessoa. Contudo, como os vírus influenza têm o potencial de mudar e ganhar a habilidade de se disseminar facilmente entre as pessoas, o monitoramento das infecções humanas e da transmissão de pessoa para pessoa é importante (ver o quadro "Foco clínico" no Capítulo 13).

Infecções resistentes a antibióticos

Os antibióticos são fundamentais para o tratamento das infecções bacterianas. Contudo, anos de uso intensivo e inadequado desses fármacos criaram ambientes nos quais as bactérias resistentes a antibióticos prosperam. Mutações ao acaso em genes bacterianos podem fazer uma bactéria tornar-se resistente a um antibiótico. Na presença daquele antibiótico, a bactéria tem uma vantagem sobre as outras bactérias susceptíveis, sendo capaz de proliferar-se. As bactérias resistentes a antibióticos se tornaram uma crise de saúde global.

O *S. aureus* causa uma variedade de infecções em seres humanos, desde espinhas e furúnculos até pneumonias, intoxicações alimentares e infecções em feridas cirúrgicas, sendo uma importante causa de infecções hospitalares. Após o sucesso inicial da penicilina no tratamento das infecções por *S. aureus*, linhagens dessa bactéria resistentes à penicilina se tornaram a principal ameaça nos hospitais na década de 1950, requerendo o uso de meticilina. Na década de 1980, *S. aureus* **resistentes à meticilina (MRSA**, de *methicillin-resistant S. aureus*) emergiram e se tornaram endêmicos em muitos hospitais, levando a um aumento no uso da vancomicina. No final da década de 1990, infecções por *S. aureus* que se mostraram menos sensíveis à vancomicina (*S. aureus* **intermediário à vancomicina – VISA**, de *vancomycin-intermediate S. aureus*) foram relatadas. Em 2002, a primeira infecção causada por *S. aureus* **resistentes à vancomicina (VRSA**, de *vancomycin-resistant S. aureus*) foi relatada em um paciente nos Estados Unidos.

Em 2004, a emergência de uma nova linhagem epidêmica de *Clostridioides difficile* foi relatada. A linhagem epidêmica produz mais toxinas dos que as demais e é mais resistente a antibióticos. Nos Estados Unidos, infecções por *C. difficile* matam aproximadamente 29 mil pessoas por ano. Quase todas as infecções por *C. difficile* ocorrem em unidades de saúde, onde a infecção é frequentemente transmitida entre pacientes pelas pessoas responsáveis pelos cuidados de saúde cujas mãos se tornam contaminadas após o contato com pacientes infectados ou seu ambiente circundante.

Em 2021, a OMS relatou que na China, na Índia e na Federação Russa, cerca de 20% de todos os indivíduos com tuberculose (TB) apresentavam a forma de doença resistente a múltiplos fármacos (MDR-TB, de *multidrug-resistant tuberculosis*). A MDR-TB é causada por bactérias que se mostraram resistentes pelo menos aos antibióticos isoniazida e rifampicina, tradicionalmente os fármacos mais efetivos contra a tuberculose.

CASO CLÍNICO

A bactéria *S. aureus* responsável pela infecção de Andrea é resistente ao antibiótico β-lactâmico prescrito pelo médico. Preocupado com o relato da paciente, o médico de Andrea entra em contato com o hospital local para avisá-los de que está enviando a paciente para lá. Na emergência, uma enfermeira coleta uma amostra da ferida de Andrea com o auxílio de um *swab* e a envia para o laboratório do hospital para cultura. A cultura mostra que a infecção de Andrea é causada por um *S. aureus* resistente à meticilina (MRSA). O MRSA produz β-lactamase, uma enzima que destrói os antibióticos β-lactâmicos. Uma médica drena cirurgicamente o pus da ferida do punho de Andrea.

Como a resistência a antibióticos se desenvolve?

Parte 1   Parte 2   Parte 3   Parte 4   Parte 5

As substâncias antibacterianas adicionadas a vários produtos de limpeza doméstica inibem o crescimento bacteriano quando usadas corretamente. Contudo, a limpeza de toda a superfície doméstica com esses agentes antibacterianos produz um ambiente no qual as bactérias resistentes sobrevivem. Infelizmente, quando realmente precisa desinfetar a casa e as mãos – por exemplo, quando um membro da família recebe alta do hospital, volta para casa e ainda está vulnerável a infecções –, você pode encontrar principalmente bactérias resistentes.

A rotina de limpeza doméstica e a lavagem das mãos são necessárias, mas sabão comum e detergentes (sem a adição de antibacterianos) são suficientes para essa finalidade. Além disso, compostos químicos que evaporam rápido, como os alvejantes à base de cloro, álcool, amônia e peróxido de hidrogênio, removem as bactérias potencialmente patogênicas, mas não deixam resíduos que poderiam selecionar o crescimento de bactérias resistentes.

Doença pelo vírus Ebola

Detectada pela primeira vez em 1976 no Sudão e na República Democrática do Congo (antigo Zaire), a **doença pelo vírus Ebola** provoca febre, hemorragia e coagulação sanguínea nos vasos. Esses surtos foram causados por diferentes linhagens do vírus: Sudão *Ebolavirus* e Zaire *Ebolavirus*. Um quarto das pessoas infectadas eram profissionais de saúde. Em 1994, quando ocorreu um surto na Costa do Marfim, o método de transmissão de pessoa para pessoa foi melhor compreendido como sendo o contato pessoal próximo com sangue infeccioso ou outros fluidos ou tecidos corporais (ver o Capítulo 23); assim, essa epidemia foi controlada por meio do uso de equipamentos de proteção e medidas educacionais na comunidade.

Em 2014, ocorreu um novo surto na África Ocidental que se tornou uma epidemia global. Os países Serra Leoa, Guiné e Libéria sofreram os piores impactos, com mais de 28 mil pessoas infectadas ao longo dos 2 anos seguintes. Mais de um terço dos infectados morreram. Um pequeno número de profissionais de saúde dos Estados Unidos e da Europa que trabalhavam com pacientes com Ebola na África trouxeram a doença de volta para seus países de origem, gerando temores de que a doença se estabelecesse em outras partes do mundo; no entanto, a disseminação generalizada da doença não ocorreu. Duas vacinas contra o Ebola estão disponíveis atualmente.

Vírus Marburg

São raros os casos registrados do **vírus Marburg**, outro vírus de febre hemorrágica. Os primeiros casos, em 1967, foram de trabalhadores de laboratório na Europa, que manipulavam macacos-verdes africanos da Uganda. Foram identificados 14 surtos na África entre 1975 e 2021, envolvendo de 1 a 252 pessoas, com uma taxa de mortalidade de 57%. Os morcegos frugívoros africanos são os reservatórios naturais do *Marburgvirus*, e os microbiologistas suspeitam de que os morcegos também sejam os reservatórios do *Ebolavirus*.

Sem dúvida, novas doenças emergirão nas próximas décadas. Além disso, as doenças infecciosas, uma vez controladas ou mesmo erradicadas, podem ressurgir devido à resistência aos antibióticos (ver o quadro "Foco clínico" no Capítulo 26), ao não cumprimento das medidas de saúde pública, como programas de vacinação (ver o quadro "Visão geral" no Capítulo 18) ou ao uso de microrganismos como armas (ver o quadro "Visão geral" no Capítulo 24). Mas, assim como as técnicas microbiológicas ajudaram os cientistas no combate à sífilis e à varíola, elas os auxiliarão no controle da disseminação das doenças infecciosas emergentes no século XXI. As doenças infecciosas emergentes serão discutidas em mais detalhes no Capítulo 14.

CASO CLÍNICO

Mutações se desenvolvem aleatoriamente em bactérias; algumas mutações são letais, outras não apresentam efeito e outras, ainda, podem ser benéficas. Uma vez que essas mutações se desenvolvem, os descendentes da célula parental mutada também carregam a mesma mutação. Como apresentam uma vantagem na presença de antibióticos, as bactérias que são resistentes a fármacos em breve superam em número aquelas que são suscetíveis à terapia antibiótica. O uso disseminado de antibióticos seletivamente permite que a bactéria resistente cresça, ao passo que a bactéria suscetível é morta. Por fim, quase toda a população bacteriana torna-se resistente ao antibiótico em questão.

A médica da emergência prescreve um antibiótico diferente, a vancomicina, que destruirá o MRSA presente no punho de Andrea. Ela também explica à Andrea o que é o MRSA e por que é importante descobrir onde Andrea adquiriu essa bactéria potencialmente letal.

O que a médica do departamento de emergência pode dizer à Andrea sobre o MRSA?

Parte 1   Parte 2   Parte 3   **Parte 4**   Parte 5

TESTE SEU CONHECIMENTO

✔ **1-17** Diferencie a microbiota normal dos micróbios que causam doenças infecciosas.

✔ **1-18** Por que os biofilmes são importantes?

✔ **1-19** Quais fatores contribuem para a emergência de uma doença infecciosa?

* * *

As doenças aqui mencionadas são causadas por vírus, bactérias e protozoários – tipos de microrganismos. Este livro introduz uma enorme variedade de organismos microscópicos. Ele apresenta como os microbiologistas utilizam técnicas e procedimentos específicos para estudar os micróbios que causam doenças como a Covid-19, a Aids e a diarreia e doenças que ainda precisam ser descobertas. Você também aprenderá como o corpo responde às infecções microbianas e como certos fármacos combatem as doenças provocadas por microrganismos. Por fim, você aprenderá sobre os papéis benéficos que os microrganismos apresentam no mundo ao nosso redor.

CASO CLÍNICO Resolvido

O primeiro MRSA foi um MRSA associado aos cuidados de saúde (HA-MRSA, de *healthcare-associated MRSA*), transmitido entre a equipe e os pacientes em unidades de cuidados da saúde. Na década de 1990, infecções causadas por uma linhagem geneticamente diferente, o MRSA associado à comunidade (CA-MRSA, de c*ommunity-associated MRSA*), emergiram como a principal causa de doenças cutâneas nos Estados Unidos. O CA-MRSA penetra em lesões cutâneas a partir de superfícies ambientais ou outros indivíduos. Andrea nunca havia sido hospitalizada até então; assim, os hospitais foram descartados como a fonte da infecção. Seus cursos universitários são todos *online*, por isso ela também não contraiu MRSA na universidade. O departamento de saúde local

envia um agente à casa da família para coletar amostras de *swab* a fim de detectar a presença da bactéria lá.

O MRSA é isolado do sofá da sala de Andrea; mas como ele chegou até lá? Um representante do departamento de saúde, sabendo que grupos de infecções por CA-MRSA foram observados entre os atletas, sugeriu a coleta de amostras por *swab* das esteiras utilizadas pelos ginastas na escola frequentada pela irmã de Andrea. As culturas mostraram-se positivas para MRSA. A irmã de Andrea, embora não infectada, transferiu a bactéria de sua pele ao sofá, onde Andrea repousou o braço. (Uma pessoa pode portar MRSA na pele sem se tornar infectada.) A bactéria penetrou através de um arranhão no punho de Andrea.

Parte 1 | Parte 2 | Parte 3 | Parte 4 | **Parte 5**

Resumo para estudo

Os micróbios em nossas vidas (p. 2-3)

1. Os seres vivos muito pequenos para serem vistos a olho nu são chamados de microrganismos.
2. Os microrganismos são importantes para a manutenção do equilíbrio ecológico da Terra.
3. Todas as pessoas têm microrganismos na superfície e dentro do seu corpo. Eles constituem a microbiota normal ou o microbioma humano. A microbiota normal é necessária para a manutenção de uma boa saúde.
4. Alguns microrganismos são utilizados para produzir alimentos e produtos químicos.
5. Alguns microrganismos causam doenças.

Denominação e classificação dos microrganismos (p. 4-6)

Nomenclatura (p. 4)

1. Em um sistema de nomenclatura descrito por Carolus Linnaeus (1735), cada organismo vivo é identificado por dois nomes.
2. Os dois nomes consistem em um gênero e um epíteto específico, sendo ambos escritos em itálico ou sublinhados.

Tipos de microrganismos (p. 4-6)

3. As bactérias são organismos unicelulares. Por não terem um núcleo, as células são descritas como procarióticas.
4. A maioria das bactérias tem parede celular de peptideoglicano; dividem-se por fissão binária e podem possuir flagelos.
5. As bactérias podem usar uma ampla variedade de compostos químicos para a sua nutrição.
6. As arqueias são células procarióticas, elas não apresentam peptideoglicano em suas paredes celulares.
7. As arqueias incluem as metanogênicas, as halofílicas extremas e as termofílicas extremas.
8. Os fungos (cogumelos, bolores e leveduras) têm células eucarióticas (células com núcleo verdadeiro). A maioria dos fungos é multicelular.
9. Os fungos obtêm os nutrientes pela absorção do material orgânico do ambiente.
10. Os protozoários são eucariotos unicelulares.
11. Os protozoários obtêm seus alimentos pela absorção ou ingestão por meio de estruturas especializadas.
12. As algas são eucariotos unicelulares ou multicelulares que obtêm seus alimentos pela fotossíntese.

13. As algas produzem oxigênio e carboidratos, que são utilizados por outros organismos.
14. Os vírus são entidades acelulares que são parasitas de células.
15. Os vírus consistem em um cerne de ácido nucleico (DNA ou RNA) circundado por uma camada proteica. Um envelope pode circundar essa camada.
16. Os principais grupos de parasitas multicelulares de animais são os vermes chatos e os vermes redondos, coletivamente chamados helmintos.
17. Os estágios microscópicos no ciclo de vida dos helmintos são identificados por procedimentos microbiológicos tradicionais.

Classificação dos microrganismos (p. 6)

18. Todos os organismos são classificados em um de três domínios: Bacteria, Archaea e Eukarya. Eukarya inclui protistas, fungos, plantas e animais.

Uma breve história da microbiologia (p. 6-14)

Primeiras observações (p. 6)

1. As observações de Hooke forneceram a base para o desenvolvimento da teoria celular, o conceito de que todos os seres vivos são compostos de células.
2. Anton van Leeuwenhoek, usando um microscópio simples, foi o primeiro a observar os microrganismos (1673).

O debate sobre a geração espontânea (p. 7-8)

3. Até a metade da década de 1880, muitas pessoas acreditavam na geração espontânea, a ideia de que todos os organismos vivos poderiam surgir a partir de matéria inanimada.
4. Francesco Redi demonstrou que larvas de insetos surgiam na carne em decomposição somente quando moscas depositavam seus ovos sobre a carne (1668).
5. John Needham declarou que os microrganismos poderiam surgir espontaneamente em caldo nutriente fervido (1745).
6. Lazzaro Spallanzani repetiu os experimentos de Needham e sugeriu que os resultados dele se devam à entrada de microrganismos presentes no ar no caldo nutriente (1765).

Teoria da biogênese (p. 8-9)

7. Rudolf Virchow introduziu o conceito de biogênese: células vivas somente podem surgir a partir de células preexistentes (1858).

8. Louis Pasteur demonstrou que os microrganismos estão no ar e em todos os lugares e ofereceu provas para a teoria da biogênese (1861).

9. As descobertas de Pasteur levaram ao desenvolvimento das técnicas de assepsia usadas nos laboratórios e nos procedimentos médicos para prevenir a contaminação por microrganismos.

Primeira Idade de Ouro da Microbiologia (p. 9-11)

10. A ciência da microbiologia avançou rapidamente entre 1857 e 1914.

11. Pasteur descobriu que as leveduras fermentam açúcares a etanol e que as bactérias podem oxidar o álcool a ácido acético.

12. O processo de aquecimento, chamado pasteurização, é usado para matar bactérias em algumas bebidas alcoólicas e no leite.

13. Agostino Bassi (1835) e Pasteur (1865) mostraram uma relação causal entre os microrganismos e as doenças.

14. Joseph Lister introduziu o uso do desinfetante para limpar feridas cirúrgicas, com o objetivo de controlar infecções em seres humanos (década de 1860).

15. Robert Koch provou que os microrganismos causam doenças. Ele usou uma sequência de procedimentos, agora chamados postulados de Koch (1876), que são usados hoje para provar que um determinado microrganismo é o causador de uma doença específica.

16. Em 1798, Edward Jenner demonstrou que a inoculação com material proveniente de lesões da varíola bovina proporciona aos seres humanos imunidade contra a varíola.

17. Por volta de 1880, Pasteur descobriu que bactérias avirulentas podiam ser utilizadas como vacina para a cólera aviária.

18. As vacinas modernas são preparadas a partir de microrganismos vivos avirulentos ou patógenos mortos, a partir de componentes isolados do patógeno e por técnicas de DNA recombinante.

Segunda Idade de Ouro da Microbiologia (p. 11-14)

19. A Segunda Idade de Ouro começou com a descoberta da eficácia da penicilina contra infecções.

20. Dois tipos de agentes quimioterápicos são os fármacos sintéticos (quimicamente preparados em laboratório) e os antibióticos (substâncias produzidas naturalmente por bactérias e fungos que inibem o crescimento de bactérias).

21. Paul Ehrlich introduziu um composto químico contendo arsênio chamado de salvarsan para tratar a sífilis (1910).

22. Alexander Fleming observou que os fungos *Penicillium* inibiam o crescimento de uma cultura bacteriana. Ele chamou o ingrediente ativo de penicilina (1928).

23. Bacteriologia é o estudo das bactérias, micologia é o estudo dos fungos e parasitologia é o estudo dos protozoários e vermes parasitas.

24. O desenvolvimento de uma vacina contra o HIV está entre os atuais interesses de pesquisa em imunologia.

25. As novas técnicas de biologia molecular e microscopia forneceram ferramentas para o avanço do nosso conhecimento em virologia.

26. O desenvolvimento da tecnologia de DNA recombinante tem promovido avanços em todas as áreas da microbiologia.

Terceira Idade de Ouro da Microbiologia (p. 14)

27. Os microbiologistas estão usando a genômica, o estudo de todos os genes de um organismo, para estudar microbiomas em diferentes ambientes e desenvolver novas aplicações da tecnologia do DNA recombinante.

28. Os pesquisadores estão lidando com o problema de microrganismos resistentes a fármacos.

Micróbios e o bem-estar humano (p. 14-16)

1. Os microrganismos degradam plantas e animais mortos para reciclar os elementos químicos a serem utilizados pelas plantas e pelos animais vivos.

2. As bactérias são usadas para decompor a matéria orgânica presente em esgotos.

3. O processo de biorremediação é a utilização de bactérias para limpar resíduos tóxicos.

4. As bactérias que causam doenças em insetos estão sendo utilizadas como agentes de controle biológico de pragas. Os controles biológicos são específicos para determinadas pragas e não prejudicam o meio ambiente.

5. O uso de microrganismos na produção de alimentos e compostos químicos é chamado biotecnologia.

6. Com o auxílio de técnicas de DNA recombinante, as bactérias podem produzir substâncias importantes, como proteínas, vacinas e enzimas.

7. Na terapia gênica, os vírus são usados para transportar substitutos para os genes defeituosos ou ausentes em células humanas.

8. Bactérias geneticamente modificadas são utilizadas na agricultura para proteger as plantas contra insetos e contra o frio, bem como para prolongar o prazo de validade de um produto.

Micróbios e as doenças humanas (p. 16-20)

1. A capacidade de uma determinada espécie de micróbio de causar doença e a resistência do organismo hospedeiro serão fatores importantes para determinar se uma pessoa contrairá ou não uma doença.

2. As comunidades bacterianas que formam as camadas limosas sobre superfícies são chamadas de biofilmes.

3. Uma doença infecciosa é aquela em que o patógeno invade um hospedeiro suscetível.

4. Uma doença infecciosa emergente (DIE) é uma doença nova ou modificada que apresenta um aumento em sua incidência em um passado recente ou um potencial para aumento em um futuro próximo.

Questões para estudo

As respostas das questões de Conhecimento e compreensão estão na seção de Respostas no final deste livro.

Conhecimento e compreensão

Revisão

1. Como surgiu a ideia da geração espontânea?

2. Discuta brevemente o papel dos microrganismos em cada uma das seguintes situações:
   a. controle biológico de pragas
   b. reciclagem de elementos
   c. microbiota normal
   d. tratamento do esgoto
   e. produção de insulina humana
   f. produção de vacinas
   g. biofilmes

3. Em qual campo da microbiologia os seguintes cientistas poderiam ser mais bem classificados?

Cientista que	Campo
_____ **a.** Cultiva micróbios para produzir alimentos fermentados.	**1.** Biotecnologia
_____ **b.** Estuda o agente causador da febre hemorrágica Ebola	**2.** Imunologia **3.** Ecologia microbiana
_____ **c.** Estuda a produção de proteínas humanas por bactérias	**4.** Genética microbiana
_____ **d.** Estuda os sintomas da Aids	**5.** Fisiologia microbiana
_____ **e.** Estuda a produção de toxina por _E. coli_	
_____ **f.** Estuda a biodegradação de poluentes	**6.** Biologia molecular
_____ **g.** Desenvolve terapia gênica para uma doença	**7.** Micologia
_____ **h.** Estuda o fungo _Candida albicans_	**8.** Virologia

4. Correlacione os microrganismos da coluna A com as suas descrições na coluna B.

Coluna A	Coluna B
_____ **a.** Arqueias	**1.** Não são compostos de células
_____ **b.** Algas	**2.** A parede celular é feita de quitina
_____ **c.** Bactérias	**3.** A parede celular é feita de peptideoglicano
_____ **d.** Fungos	**4.** A parede celular é feita de celulose; fotossintetizante
_____ **e.** Helmintos	**5.** Estrutura celular complexa, unicelular e com ausência de uma parede celular
_____ **f.** Protozoários	
_____ **g.** Vírus	**6.** Animais multicelulares
	7. Procarioto com ausência de parede celular de peptideoglicano

5. Associe os cientistas da coluna A às suas contribuições para o avanço da microbiologia na coluna B.

Coluna A	Coluna B
_____ **a.** Avery, MacLeod e McCarty	**1.** Desenvolveu a vacina contra a varíola
	2. Descobriu como o DNA controla a síntese de proteínas em uma célula
_____ **b.** Beadle e Tatum	**3.** Descobriu a penicilina
_____ **c.** Berg	**4.** Descobriu que o DNA pode ser transferido de uma bactéria para outra
_____ **d.** Ehrlich	**5.** Refutou a teoria da geração espontânea
_____ **e.** Fleming	**6.** Primeiro a caracterizar um vírus
_____ **f.** Hooke	**7.** Primeiro a utilizar desinfetantes em procedimentos cirúrgicos
_____ **g.** Iwanowski	
_____ **h.** Jacob e Monod	**8.** Primeiro a observar bactérias
_____ **i.** Jenner	**9.** Primeiro a observar células em material vegetal e nomeá-las
_____ **j.** Koch	**10.** Observou que os vírus são filtráveis
_____ **k.** Lancefield	**11.** Provou que o DNA é o material hereditário
_____ **l.** Lederberg e Tatum	**12.** Provou que os microrganismos podem causar doenças
_____ **m.** Lister	**13.** Disse que as células vivas surgem de células vivas preexistentes
_____ **n.** Pasteur	
_____ **o.** Stanley	**14.** Demonstrou que os genes codificam enzimas
_____ **p.** van Leeuwenhoek	**15.** Misturou DNA animal com DNA bacteriano
_____ **q.** Virchow	**16.** Usou bactérias para produzir acetona
_____ **r.** Weizmann	**17.** Usou o primeiro agente quimioterápico sintético
	18. Propôs um sistema de classificação para os estreptococos com base nos antígenos da parede celular

6. Os seguintes microrganismos podem ser comprados em uma loja. Forneça uma razão para a compra de cada um deles.
   a. _Bacillus thuringiensis_
   b. _Saccharomyces_

7. IDENTIFIQUE Que tipo de microrganismo apresenta uma parede celular de peptideoglicano, DNA que não é circundado por um núcleo e tem flagelos?

8. DESENHE Mostre no desenho para onde os microrganismos do ar se dirigiram no experimento de Pasteur.

Múltipla escolha

1. Qual dos seguintes nomes é um nome científico?
   a. _Mycobacterium tuberculosis_
   b. Bacilo da tuberculose

2. Qual das seguintes características _não_ é típica de bactérias?
   a. são procarióticas
   b. apresentam paredes celulares de peptideoglicano
   c. apresentam a mesma forma
   d. multiplicam-se por fissão binária
   e. têm a habilidade de se mover

3. Qual das seguintes opções consiste no elemento mais importante da teoria do germe da doença de Koch? O animal apresenta sintomas da doença quando...
   a. entra em contato com um animal doente.
   b. tem uma resistência reduzida.
   c. um microrganismo é observado no animal.
   d. um microrganismo é inoculado no animal.
   e. microrganismos podem ser cultivados a partir de amostras do animal.

4. DNA recombinante é:
   a. o DNA em bactérias.
   b. o estudo de como os genes funcionam.
   c. o DNA resultante da mistura de genes de dois organismos diferentes.
   d. a utilização de bactérias na produção de alimentos.
   e. a produção de proteínas por genes.

5. Qual das seguintes opções consiste na melhor definição de _biogênese_?
   a. Matéria inanimada origina organismos vivos.
   b. Células vivas apenas podem surgir a partir de células preexistentes.
   c. Uma força vital é necessária para a vida.
   d. O ar é necessário para os organismos vivos.
   e. Microrganismos podem ser gerados a partir de matéria inanimada.

6. Qual das seguintes opções é uma atividade benéfica de microrganismos?
   a. Alguns microrganismos são utilizados como alimento pelos seres humanos.
   b. Alguns microrganismos utilizam dióxido de carbono.
   c. Alguns microrganismos fornecem nitrogênio para o crescimento de plantas.
   d. Alguns microrganismos são utilizados em processos de tratamento de esgoto.
   e. Todas as alternativas acima

7. Costuma-se dizer que as bactérias são essenciais para a existência da vida na Terra. Qual das seguintes opções consiste na função essencial desempenhada pelas bactérias?
   a. controlar as populações de insetos
   b. fornecer diretamente alimentos para os seres humanos
   c. decompor matéria orgânica e reciclar elementos
   d. provocar doença
   e. produzir hormônios humanos, como a insulina

8. Qual dos seguintes exemplos é um processo de biorremediação?
   a. aplicação de bactérias que degradam óleo em um derramamento de petróleo
   b. aplicação de bactérias em uma colheita para prevenir danos causados pelo frio
   c. fixação de nitrogênio gasoso em nitrogênio utilizável
   d. produção pelas bactérias de uma proteína humana, como o interferon
   e. todas as alternativas acima

9. A conclusão de Spallanzani sobre a geração espontânea foi desafiada porque Antoine Lavoisier havia demonstrado que o oxigênio era um componente vital do ar. Qual das afirmações a seguir é verdadeira?
   a. Todas as formas de vida requerem ar.
   b. Apenas organismos causadores de doenças requerem ar.
   c. Alguns micróbios não requerem ar.
   d. Pasteur manteve o ar ausente em seus experimentos de biogênese.
   e. Lavoisier estava equivocado.

10. Qual das seguintes afirmativas sobre a *E. coli* é *falsa*?
   a. *E. coli* foi a primeira bactéria causadora de doença identificada por Koch.
   b. *E. coli* é parte do microbioma normal de seres humanos.
   c. *E. coli* tem um papel benéfico nos intestinos de seres humanos.
   d. *E. coli* obtém nutrientes do conteúdo intestinal.
   e. Nenhuma das opções acima; todas as afirmações são verdadeiras.

Análise

1. Como a teoria da biogênese abriu caminho para a teoria do germe da doença?

2. Mesmo que a teoria do germe da doença não tenha sido demonstrada até 1876, por que Semmelweis (1840) e Lister (1867) defenderam a utilização de técnicas assépticas?

3. O nome do gênero de uma bactéria é "erwinia" e o epíteto específico é "amylovora". Escreva o nome científico desse microrganismo corretamente. Utilizando esse nome como exemplo, explique como os nomes científicos são escolhidos.

4. Cite pelo menos três produtos encontrados em supermercado feitos por microrganismos. (*Dica*: o rótulo deverá indicar o nome científico do organismo ou incluir as palavras *cultura* ou *fermentado*.)

5. Na década de 1960, muitos médicos e o público acreditavam que as doenças infecciosas estavam recuando e seriam totalmente vencidas. Discuta por que isso não aconteceu e se é possível que aconteça.

Aplicações clínicas e avaliação

1. A ocorrência de artrite nos Estados Unidos é de 1 entre 100 mil crianças. Contudo, 1 entre 10 crianças em Lyme, Connecticut, desenvolveu artrite entre os meses de junho e setembro de 1973. Allen Steere, reumatologista da Universidade de Yale, ao investigar esses casos, verificou que 25% dos pacientes mencionaram a ocorrência de erupções cutâneas durante os episódios de artrite e que a doença fora tratada com penicilina. Steere conclui que se tratava de uma nova doença infecciosa e que não tinha causa imunológica, genética ou ambiental.
   a. O que levou Steere a chegar a essa conclusão?
   b. Qual era a doença?
   c. Por que a doença foi mais prevalente entre os meses de junho e setembro?

2. Em 1864, Lister observou que os pacientes normalmente se recuperavam completamente de fraturas simples, mas que as fraturas compostas, nas quais partes do osso quebrado perfuravam a pele, tinham "consequências desastrosas". Ele sabia que a aplicação de fenol (ácido carbólico) nos campos da cidade de Carlisle prevenia doenças no gado. Lister tratou as fraturas múltiplas com fenol, e os seus pacientes se recuperaram sem complicações. Como Lister foi influenciado pelo trabalho de Pasteur? Por que o trabalho de Koch ainda se faz necessário?

3. Discuta se sabonetes e detergentes antibacterianos devem ser usados em casa.

2 Princípios químicos

Como todos os organismos, os microrganismos utilizam nutrientes para produzir blocos de construção químicos para o crescimento e outras funções essenciais à vida. Para sintetizar esses blocos de construção, a maioria dos microrganismos precisa decompor as substâncias nutritivas e utilizar a energia liberada para reunir os fragmentos moleculares resultantes em novas substâncias.

Rotineiramente, observamos evidências dessas reações químicas microbianas no mundo, desde uma árvore caída em decomposição na floresta até o leite azedando na geladeira. Embora a maioria das pessoas dê pouca atenção a essas coisas, a química dos micróbios é um dos tópicos de maior interesse para os microbiologistas. O conhecimento da química é essencial para entender o papel dos microrganismos na natureza, como eles causam as doenças, como são desenvolvidos os métodos para diagnosticá-las, como as defesas do corpo combatem uma infecção e como as vacinas e os antibióticos são produzidos para combater os efeitos nocivos dos microrganismos.

A bactéria *Bacillus anthracis*, mostrada na fotografia, produz uma cápsula que não é facilmente digerida pelas células animais. Conforme discutido no Caso clínico, essa bactéria é capaz de crescer em mamíferos, evitando as defesas do hospedeiro. A bactéria *B. anthracis* em multiplicação produz uma toxina. Pesquisadores estão investigando maneiras de identificar produtos químicos exclusivos produzidos por *B. anthracis* a fim de detectar a fabricação ou o uso de armas biológicas. Para entender as mudanças que ocorrem nos microrganismos e as mudanças que os micróbios provocam no mundo ao nosso redor, precisamos saber como as moléculas são formadas e como elas interagem.

▶ A bactéria *Bacillus anthracis* produz endósporos resistentes ao calor (em vermelho).

Na clínica

Como enfermeiro(a) consultor(a) de saúde de uma empresa de serviços de saúde, você recebe um telefonema de um homem preocupado com o fato de que seus níveis de açúcar no sangue não diminuíram, embora ele tenha passado a consumir açúcar orgânico.
Como você responderia ao homem?

Dica: leia sobre moléculas biológicas importantes mais adiante neste capítulo.

Estrutura dos átomos

OBJETIVO DE APRENDIZAGEM

2-1 Descrever a estrutura de um átomo e sua relação com as propriedades físicas dos elementos.

Toda a matéria, seja ar, rocha ou organismo vivo, é formada por pequenas unidades chamadas átomos. O **átomo** é o menor componente de uma substância e não pode ser subdividido em substâncias menores sem que perca as suas propriedades. Os átomos se combinam para formar **moléculas**. As células vivas são feitas de moléculas, algumas delas bastante complexas. A ciência da interação entre os átomos e as moléculas é chamada de **química**.

Os átomos são as menores unidades da matéria que se envolvem em reações químicas. Todo átomo possui um **núcleo** de localização central e partículas negativamente (−) carregadas chamadas **elétrons**, que orbitam em torno do núcleo em regiões chamadas *camadas eletrônicas* (**Figura 2.1**). O núcleo é formado por partículas positivamente (+) carregadas, chamadas **prótons**, e partículas não carregadas (neutras), chamadas **nêutrons**. O núcleo, portanto, abriga uma carga global positiva. Todos os átomos contêm quantidades iguais de elétrons e prótons. Como a carga positiva total do núcleo é igual à carga negativa total dos elétrons, todo átomo é eletricamente neutro.

O núcleo da maioria dos átomos é estável – ou seja, ele não muda espontaneamente –, e os núcleos não participam das reações químicas. O número de prótons em um núcleo atômico varia de 1 (no átomo de hidrogênio) a mais de 100 (nos maiores átomos conhecidos). Geralmente os átomos são listados pelo seu **número atômico** – o número de prótons presentes no núcleo. Prótons e nêutrons têm aproximadamente o mesmo peso, o qual corresponde a cerca de 1.840 vezes aquele apresentado por um elétron, e o número total de prótons e nêutrons em um átomo é a sua **massa atômica** aproximada.

Elementos químicos

Todos os átomos com o mesmo número de prótons têm o mesmo comportamento químico e são classificados como o mesmo **elemento químico**. Cada elemento tem o seu próprio nome e um símbolo de uma ou duas letras, geralmente derivado do nome em inglês ou latim para o elemento. Por exemplo, o símbolo para o elemento hidrogênio é H, e o símbolo para o carbono é C. O símbolo para o sódio é Na – as duas primeiras letras de seu nome em latim, *natrium* –, de forma a distingui-lo do nitrogênio, N, e do enxofre, S (de *sulfur*, em inglês). Existem 92 elementos de ocorrência natural. No entanto, apenas cerca de 26 elementos são comumente encontrados nos seres vivos. A **Tabela 2.1** identifica 13 deles.

A maioria dos elementos tem vários **isótopos** – átomos com números diferentes de nêutrons nos seus núcleos. Todos os isótopos de um elemento têm o mesmo número de prótons, mas as suas massas atômicas diferem devido à variação no número de nêutrons. Por exemplo, em uma amostra

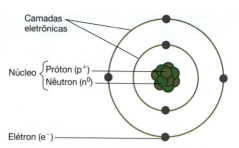

Figura 2.1 Estrutura de um átomo. Neste diagrama simplificado de um átomo de carbono, observe a localização central do núcleo. O núcleo contém seis nêutrons e seis prótons, embora nem todos os nêutrons sejam visíveis nesta representação. Os seis elétrons circundam o núcleo em regiões chamadas camadas eletrônicas, mostradas aqui como círculos.

P Qual é o número atômico desse átomo?

natural de oxigênio, todos os átomos contêm oito prótons. Contudo, 99,76% dos átomos têm oito nêutrons, 0,04% contêm nove nêutrons, e os 0,2% restantes contêm dez nêutrons. Portanto, os três isótopos compondo uma amostra natural de oxigênio têm massas atômicas de 16, 17 e 18, embora todos tenham um número atômico de 8. Os números atômicos são escritos de forma subscrita à esquerda do símbolo de um elemento químico. As massas atômicas são sobrescritas acima do número atômico. Assim, isótopos de oxigênio naturais são representados como $_{8}^{16}O$, $_{8}^{17}O$ e $_{8}^{18}O$. Os isótopos de alguns elementos são extremamente úteis na pesquisa em biologia, no diagnóstico médico, no tratamento de alguns distúrbios e em alguns métodos de esterilização.

CASO CLÍNICO Levantando a poeira

Jonathan, um baterista de 52 anos, está se esforçando ao máximo para ignorar o suor frio que cobre todo o seu corpo. Ele e seus companheiros de banda estão se apresentando em uma boate local na Filadélfia e estão prestes a terminar a segunda música da noite. Jonathan, na verdade, não vem se sentindo bem já há algum tempo; ele tem sentido fraqueza e falta de ar nos últimos 3 dias, aproximadamente. Jonathan chega ao final da canção, porém o som das palmas e dos aplausos do público parece vir de muito longe. Ele se levanta para agradecer e desmaia. Jonathan é levado ao departamento de emergência local apresentando febre leve e tremores intensos. Ele consegue balbuciar à enfermeira responsável que também apresentou tosse seca nos últimos dias. O médico atendente pede uma radiografia do tórax e uma cultura de escarro. Jonathan é diagnosticado com pneumonia bilateral causada por *B. anthracis*. O médico se impressiona com esse diagnóstico.

Como Jonathan foi infectado por *B. anthracis*? Continue lendo para descobrir.

Parte 1   Parte 2   Parte 3   Parte 4

TABELA 2.1 Elementos da vida*

Elemento	Símbolo	Número atômico	Massa atômica aproximada
Hidrogênio	H	1	1
Carbono	C	6	12
Nitrogênio	N	7	14
Oxigênio	O	8	16
Sódio	Na	11	23
Magnésio	Mg	12	24
Fósforo	P	15	31
Enxofre	S	16	32
Cloro	Cl	17	35
Potássio	K	19	39
Cálcio	Ca	20	40
Ferro	Fe	26	56
Iodo	I	53	127

*Hidrogênio, carbono, nitrogênio e oxigênio são os elementos químicos mais abundantes nos organismos vivos.

TABELA 2.2 Configurações eletrônicas dos átomos de alguns elementos encontrados nos organismos vivos

Elemento	Diagrama	Número de elétrons da camada de valência (mais externa)	Número de espaços não preenchidos (círculos vazios)	Número máximo de ligações formadas
Hidrogênio		1	1	1
Carbono		4	4	4
Nitrogênio		5	3	5
Oxigênio		6	2	2
Magnésio		2	6	2
Fósforo		5	3	5
Enxofre		6	2	6

Configurações eletrônicas

Em um átomo, os elétrons são organizados em **camadas eletrônicas**, que são regiões que correspondem a diferentes **níveis de energia**. Esse arranjo é a **configuração eletrônica**. As camadas estão dispostas externamente ao núcleo, e cada camada pode conter um número máximo característico de elétrons – dois elétrons na camada mais interna (menor nível de energia), oito elétrons na segunda camada e oito elétrons na terceira camada, se for a camada mais externa (valência) do átomo. A quarta, a quinta e a sexta camadas podem cada uma acomodar 18 elétrons, embora existam algumas exceções a essa generalização. A Tabela 2.2 mostra as configurações eletrônicas dos átomos de alguns elementos encontrados nos organismos vivos.

O número de elétrons na camada mais externa determina a tendência de um átomo de reagir com outros átomos. Um átomo pode doar, aceitar ou dividir elétrons com outros átomos para preencher a camada mais externa. Quando a sua camada externa está completa, o átomo é quimicamente estável ou inerte: ele tende a não reagir com outros átomos. O hélio (número atômico 2) e o neônio (número atômico 10) são exemplos de átomos de gases inertes cujas camadas externas estão completas.

Quando a camada externa de um átomo está apenas parcialmente preenchida, o átomo é quimicamente instável. Os átomos instáveis reagem com outros átomos, dependendo, em parte, do grau em que os níveis externos de energia são preenchidos. Observe o número de elétrons nos níveis de energia externos dos átomos na Tabela 2.2. Veremos mais tarde como esse número se correlaciona com a reatividade química dos elementos.

TESTE SEU CONHECIMENTO

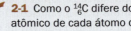 **2-1** Como o $^{14}_{6}$C difere do $^{12}_{6}$C? Qual é o número atômico de cada átomo de carbono? E a massa atômica?

Como os átomos formam moléculas: ligações químicas

OBJETIVO DE APRENDIZAGEM

2-2 Definir *ligação iônica*, *ligação covalente*, *ligação de hidrogênio*, *massa molecular* e *mol*.

Quando o nível mais externo de energia de um átomo não está completamente preenchido por elétrons, pode-se considerar que ele tem espaços não preenchidos ou elétrons extras naquele nível de energia, dependendo do que é mais fácil para o átomo: ganhar ou perder elétrons. Por exemplo, um átomo de oxigênio, com dois elétrons no primeiro nível de energia e seis no segundo, apresenta dois espaços não preenchidos na segunda camada eletrônica; em contrapartida, um átomo de magnésio tem dois elétrons extras em sua camada mais externa. A configuração química mais estável para qualquer átomo é ter a camada mais externa preenchida. Portanto, para os dois átomos atingirem esse estado, o oxigênio deve ganhar dois elétrons, e o magnésio deve perder dois elétrons. Como todos os átomos tendem a se combinar de forma que os elétrons extras na camada mais externa de um átomo preencham os espaços da camada mais externa do outro átomo, prontamente o oxigênio e o magnésio se combinam, de modo que a camada mais externa de cada átomo apresenta o complemento total de oito elétrons.

A **valência**, ou capacidade de combinação, de um átomo corresponde ao número de elétrons extras ou ausentes em sua camada eletrônica mais externa. Por exemplo, o hidrogênio tem valência 1 (1 espaço não preenchido ou 1 elétron extra), o oxigênio tem valência 2 (2 espaços não preenchidos), o carbono tem valência 4 (4 espaços não preenchidos ou 4 elétrons extras) e o magnésio tem valência 2 (2 elétrons extras).

Basicamente, os átomos obtêm um preenchimento total de elétrons em suas camadas de energia mais externas combinando-se para formar moléculas, que são compostas de átomos de um ou mais elementos. Uma molécula que contém pelo menos dois tipos diferentes de átomos, como a H_2O (molécula da água), é chamada de **composto**. Em H_2O, o subscrito 2 indica que existem dois átomos de hidrogênio; a ausência de subscrito indica que só existe 1 átomo de oxigênio. As moléculas permanecem juntas porque os elétrons de valência dos átomos combinados produzem forças atrativas, chamadas **ligações químicas**, entre os núcleos atômicos. Portanto, a valência também pode ser vista como a capacidade de ligação de um elemento.

Em geral, os átomos formam ligações de duas maneiras: ganhando ou perdendo elétrons da sua camada externa, ou compartilhando os elétrons mais externos. Quando os átomos perdem ou ganham elétrons mais externos, a ligação química é chamada *ligação iônica*. Quando os elétrons mais externos são compartilhados, chama-se *ligação covalente*. Embora as ligações iônicas e covalentes sejam descritas separadamente, os tipos de ligações encontradas em moléculas na verdade não pertencem por inteiro a uma categoria. Em vez disso, as ligações variam de altamente iônicas a altamente covalentes.

Ligações iônicas

Os átomos são eletricamente neutros quando o número de cargas positivas (prótons) é igual ao número de cargas negativas (elétrons). Contudo, quando um átomo isolado ganha ou perde elétrons, esse equilíbrio é alterado. Se o átomo ganhar elétrons, ele adquire uma carga global negativa; se o átomo perder elétrons, ele adquire uma carga global positiva. Esse átomo (ou grupo de átomos) carregado negativa ou positivamente é chamado de **íon**.

Considere os exemplos a seguir. O sódio (Na) tem 11 prótons e 11 elétrons, com 1 elétron em sua camada eletrônica externa. O sódio tende a perder o único elétron mais externo; portanto, ele é um *doador de elétrons* (**Figura 2.2a**). Quando o sódio doa um elétron a outro átomo, ele passa a ter 11 prótons e somente 10 elétrons, tendo assim uma carga total de +1. Esse átomo de sódio positivamente carregado é chamado de íon sódio, escrito como Na^+. O cloro (Cl) tem um total de 17 elétrons, 7 deles na camada eletrônica externa. Como essa camada externa pode receber 8 elétrons, o cloro tende a captar um elétron que foi perdido por outro átomo; ele é um *aceptor de elétrons* (ver Figura 2.2a). Aceitando um elétron, o cloro totaliza 18 elétrons. Contudo, ele ainda tem 17 prótons em seu núcleo. O íon cloro, portanto, tem carga de −1 e é escrito como Cl^-.

As cargas opostas do íon sódio (Na^+) e do íon cloro (Cl^-) se atraem. A atração, uma ligação iônica, mantém os dois átomos juntos, e uma molécula é formada (Figura 2.2b). A formação dessa molécula, chamada cloreto de sódio (NaCl) – o sal de cozinha –, é um exemplo comum de ligação iônica. Dessa forma, uma **ligação iônica** é uma atração entre íons de cargas opostas que ocorre a fim de formar uma molécula estável. Em outras palavras: uma ligação iônica é uma atração entre átomos em que um átomo perde elétrons e o outro os ganha. Ligações iônicas fortes, como aquelas que unem o Na^+ e o Cl^- em cristais de sal, têm importância limitada nas células vivas. Contudo, as ligações iônicas mais fracas formadas em soluções aquosas (com água) são importantes para as reações bioquímicas dos micróbios e outros organismos. Por exemplo, as ligações iônicas mais fracas têm uma função em certas reações antígeno-anticorpo – ou seja, reações em que moléculas produzidas pelo sistema imune (anticorpos) se combinam com substâncias estranhas (antígenos) para combater uma infecção.

Em geral, um átomo com menos de metade da camada eletrônica externa preenchida perde elétrons e forma íons carregados positivamente, chamados **cátions**. Exemplos de cátions são o íon potássio (K^+), o íon cálcio (Ca^{2+}) e o íon sódio (Na^+). Quando mais da metade da camada eletrônica externa de um átomo estiver preenchida, ele ganha elétrons e forma íons carregados negativamente, chamados **ânions**. São exemplos o íon iodeto (I^-), o íon cloreto (Cl^-) e o íon sulfeto (S^{2-}).

Ligações covalentes

Uma **ligação covalente** é uma ligação química formada por dois átomos que compartilham um ou mais pares de elétrons.

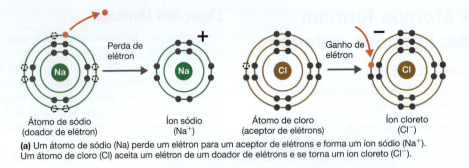

(a) Um átomo de sódio (Na) perde um elétron para um aceptor de elétrons e forma um íon sódio (Na$^+$). Um átomo de cloro (Cl) aceita um elétron de um doador de elétrons e se torna um íon cloreto (Cl$^-$).

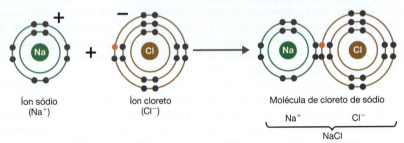

(b) Os íons sódio e cloreto são atraídos devido às suas cargas opostas e unidos por uma ligação iônica, formando uma molécula de cloreto de sódio.

Figura 2.2 Formação de uma ligação iônica.

P O que é uma ligação iônica?

As ligações covalentes são mais fortes e bem mais comuns nos organismos do que as ligações iônicas verdadeiras. Na molécula de hidrogênio, H$_2$, dois átomos de hidrogênio compartilham um par de elétrons. Cada átomo de hidrogênio tem o seu próprio elétron acrescido de um elétron oriundo do outro átomo (**Figura 2.3a**). O par de elétrons compartilhado orbita ao redor dos núcleos dos dois átomos. Portanto, as camadas eletrônicas mais externas de cada átomo estão completas. Os átomos que compartilham somente um par de elétrons formam uma *ligação covalente simples*. Em geral, uma ligação covalente simples é expressa como uma única linha entre os átomos (H—H). Os átomos que compartilham dois pares de elétrons formam uma *ligação covalente dupla*, expressa como duas linhas simples (=). Uma *ligação covalente tripla*, expressa como três linhas simples (≡), ocorre quando os átomos dividem três pares de elétrons.

Os princípios da ligação covalente aplicados aos átomos de um mesmo elemento também se aplicam a elementos diferentes. O metano (CH$_4$) é um exemplo de ligação covalente entre átomos de elementos diferentes (Figura 2.3b). A camada eletrônica mais externa do átomo de carbono pode conter oito elétrons, mas tem somente quatro; um átomo de hidrogênio pode apresentar dois elétrons, porém tem apenas um. Por conseguinte, na molécula de metano, o átomo de carbono ganha quatro elétrons de hidrogênio para completar sua camada externa, e cada átomo de hidrogênio completa seu par compartilhando um elétron do átomo de carbono. Cada elétron externo do átomo de carbono orbita tanto o núcleo do carbono quanto o núcleo do hidrogênio. Cada elétron do hidrogênio orbita seu próprio núcleo e o núcleo do carbono.

Elementos como o hidrogênio e o carbono, cujas camadas eletrônicas externas são preenchidas pela metade, formam ligações covalentes com bastante facilidade. De fato, nos organismos vivos, o carbono quase sempre forma ligações covalentes; ele quase nunca produz um íon. *Lembre-se*: ligações covalentes são formadas pelo *compartilhamento* de elétrons entre átomos. Ligações iônicas são formadas pela *atração* entre os átomos que perderam ou ganharam elétrons e são, portanto, carregados positiva ou negativamente.

Ligações de hidrogênio

Outra ligação química de especial importância para todos os organismos é a **ligação de hidrogênio** (também conhecida como ponte de hidrogênio), na qual um átomo de hidrogênio de uma molécula é atraído por um átomo de oxigênio ou nitrogênio em outra molécula ou em outra parte da mesma molécula. Essas ligações são fracas e não unem os átomos em moléculas. Contudo, elas servem como pontes entre diferentes moléculas ou entre várias porções de uma mesma molécula.

Quando o hidrogênio se combina com átomos de oxigênio ou nitrogênio, o núcleo relativamente grande desses átomos maiores tem mais prótons e atrai o elétron do hidrogênio com mais força que o núcleo pequeno do hidrogênio. Assim, em uma molécula de água (H$_2$O), todos os elétrons tendem a estar mais próximos ao núcleo do oxigênio do que ao núcleo do hidrogênio. Por isso, a porção de oxigênio da molécula tem uma carga levemente negativa, e a porção de hidrogênio da molécula tem uma carga levemente positiva (**Figura 2.4a**). Quando a extremidade positivamente carregada

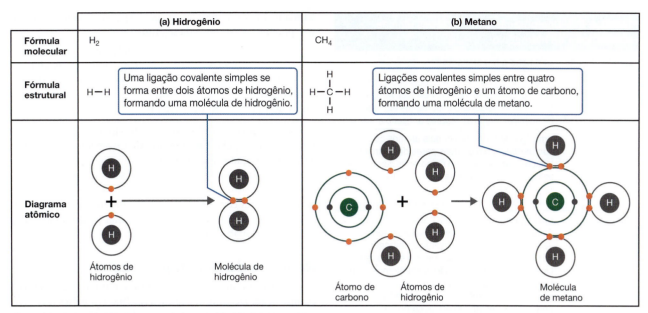

	(a) Hidrogênio	(b) Metano
Fórmula molecular	H₂	CH₄
Fórmula estrutural	H—H	Uma ligação covalente simples se forma entre dois átomos de hidrogênio, formando uma molécula de hidrogênio.	H—C—H	Ligações covalentes simples entre quatro átomos de hidrogênio e um átomo de carbono, formando uma molécula de metano.
Diagrama atômico	Átomos de hidrogênio ... Molécula de hidrogênio	Átomo de carbono ... Átomos de hidrogênio ... Molécula de metano

Figura 2.3 Formação de ligações covalentes. A fórmula molecular apresenta o número e os tipos de átomos presentes em uma molécula. O número de átomos em cada molécula é indicado por subscritos. Nas fórmulas estruturais, cada ligação covalente é representada por um traço reto entre os símbolos dos dois átomos.

P O que é uma ligação covalente?

de uma molécula é atraída para a extremidade negativamente carregada de outra molécula, uma ligação de hidrogênio é formada (Figura 2.4b). Essa atração também pode ocorrer entre o hidrogênio e outros átomos da mesma molécula, sobretudo em moléculas grandes, mas o oxigênio e o nitrogênio são os elementos mais envolvidos nas ligações de hidrogênio.

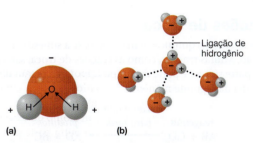

Ligação de hidrogênio

(a)   (b)

Figura 2.4 Formação da ligação de hidrogênio na molécula de água. (a) Em uma molécula de água, os elétrons dos átomos de hidrogênio são fortemente atraídos ao átomo de oxigênio. Portanto, a parte da molécula de água contendo o átomo de oxigênio tem carga levemente negativa, e a parte contendo os átomos de hidrogênio tem carga levemente positiva. **(b)** Em uma ligação de hidrogênio entre moléculas de água, o hidrogênio de uma molécula de água é atraído pelo oxigênio de outra molécula de água. Várias moléculas de água podem ser atraídas umas pelas outras por ligações de hidrogênio (pontilhados pretos).

P Quais elementos químicos geralmente estão envolvidos na ligação de hidrogênio?

As ligações de hidrogênio são consideravelmente mais fracas que as ligações iônicas e covalentes; elas têm apenas cerca de 5% da força das ligações covalentes. Assim, as ligações de hidrogênio são formadas e quebradas com relativa facilidade. Essa propriedade responde pela ligação temporária que ocorre entre certos átomos de moléculas grandes e complexas, como proteínas e ácidos nucleicos. Mesmo que as ligações de hidrogênio sejam relativamente fracas, moléculas grandes contendo várias centenas dessas ligações têm força e estabilidade consideráveis. Um resumo das ligações iônicas, covalentes e de hidrogênio é apresentado na **Tabela 2.3**.

Massa molecular e mols

Estudamos que a formação de uma ligação geralmente resulta na produção de moléculas. As moléculas são frequentemente discutidas em termos de unidades de medida chamadas massa molecular e mols. A **massa molecular** de uma molécula é a soma das massas atômicas de todos os seus átomos. Por exemplo, a massa molecular de H_2O é 18: $(2 \times 1) + 16$. No laboratório, medimos a massa molecular usando uma unidade chamada mol. Um **mol** de uma substância é a sua massa molecular expressa em gramas. A unidade de massa molecular é chamada **dálton (Da)** ou **unidade de massa atômica (amu)**. Por exemplo, 1 mol de água pesa 18 gramas, uma vez que a massa molecular da H_2O é de 18 Da ou 18 amu.

TESTE SEU CONHECIMENTO

✔ **2-2** Diferencie uma ligação iônica de uma ligação covalente.

TABELA 2.3 Comparação entre ligações iônicas, covalentes e de hidrogênio	
Tipo de ligação	**Definição e importância**
Iônica	Uma *atração* entre íons de cargas opostas que os unem e forma uma molécula estável. As ligações iônicas mais fracas são importantes em reações bioquímicas, como as reações antígeno-anticorpo.
Covalente	Uma ligação formada por dois átomos que *compartilham* um ou mais pares de elétrons. Ligações covalentes são o tipo mais comum de ligação química encontrado nos organismos, sendo responsáveis por manter os átomos da maioria das moléculas unidos nos seres vivos.
Hidrogênio	Uma ligação relativamente fraca em que um átomo de hidrogênio que é covalentemente ligado a um átomo de oxigênio ou nitrogênio é atraído a outro átomo de oxigênio ou nitrogênio. Ligações de hidrogênio não ligam átomos para formar moléculas, mas atuam como *pontes entre moléculas diferentes* ou diferentes porções da mesma molécula, como no interior de proteínas e ácidos nucleicos.

Reações químicas

OBJETIVO DE APRENDIZAGEM

2-3   Ilustrar três tipos básicos de reações químicas.

Como discutido anteriormente, as **reações químicas** envolvem a formação e a quebra de ligações entre os átomos. Após uma reação química, o número total de átomos permanece o mesmo, mas há novas moléculas com novas propriedades, pois os átomos foram rearranjados.

Energia nas reações químicas

Todas as ligações químicas requerem energia para se formar ou quebrar. É importante observar que, inicialmente, uma *energia de ativação* é necessária para se quebrar uma ligação. Nas reações químicas do metabolismo, energia é liberada quando novas ligações são formadas após a ligação original se quebrar; essa é a energia que as células utilizam para realizar suas funções. Uma reação química que absorve mais energia do que libera é uma **reação endergônica** (*endo* = dentro), ou seja, a energia é direcionada internamente. Uma reação química que libera mais energia do que absorve é chamada **reação exergônica** (*exo* = fora), ou seja, a energia é direcionada externamente.

Nesta seção, estudaremos três tipos básicos de reações químicas comuns nas células vivas. Familiarizar-se com essas reações é importante para entender as reações químicas específicas que serão discutidas mais adiante (particularmente no Capítulo 5).

Reações de síntese

Quando dois ou mais átomos, íons ou moléculas se combinam para formar moléculas novas e maiores, a reação é chamada **reação de síntese**. Sintetizar significa "montar, combinar", e uma reação de síntese *forma novas ligações*. As reações de síntese podem ser expressas da seguinte forma:

$$\underset{\substack{\text{Átomo, íon}\\\text{ou molécula A}}}{\text{A}} + \underset{\substack{\text{Átomo, íon}\\\text{ou molécula B}}}{\text{B}} \xrightarrow{\substack{combinam\text{-}se\\para\ formar}} \underset{\substack{\text{Nova}\\\text{molécula AB}}}{\text{AB}}$$

As substâncias combinadas, A e B, são os *reagentes*; a substância formada pela combinação, AB, é o *produto*. A *seta* indica a direção em que a reação ocorre.

As vias das reações de síntese nos seres vivos são conjuntamente denominadas reações anabólicas ou simplesmente **anabolismo**. A combinação de moléculas de açúcar para formar amido e de aminoácidos para formar proteínas são dois exemplos de anabolismo.

Reações de decomposição

O contrário de uma reação de síntese é uma **reação de decomposição**. Decompor significa quebrar em partes menores, e em uma reação de decomposição *ligações são quebradas*. Em geral, as reações de decomposição transformam grandes moléculas em moléculas menores, íons ou átomos. A reação de decomposição ocorre da seguinte forma:

$$\underset{\substack{\text{Molécula AB}}}{\underset{reagente}{\text{AB}}} \xrightarrow{é\ quebrado\ em} \underset{\substack{\text{Átomo, íon}\\\text{ou molécula A}}}{\underset{produtos}{\text{A}}} + \underset{\substack{\text{Átomo, íon}\\\text{ou molécula B}}}{\text{B}}$$

As reações de decomposição que ocorrem nos seres vivos são chamadas reações catabólicas ou simplesmente **catabolismo**. Um exemplo de catabolismo é a quebra de sacarose (açúcar de mesa) em açúcares mais simples, glicose e frutose, durante a digestão.

Reações de troca

Todas as reações químicas têm como base a síntese e a decomposição. Muitas reações, como as **reações de troca**, são na verdade parte síntese e parte decomposição. Uma reação de troca funciona da seguinte maneira:

$$\underset{reagentes}{\text{AB} + \text{CD}} \xrightarrow{\substack{recombinam\text{-}se\\para\ formar}} \underset{produtos}{\text{AD} + \text{BC}}$$

Primeiro, as ligações entre A e B e entre C e D são rompidas em um processo de decomposição. Em seguida, novas ligações se formam entre A e D e entre B e C, em um processo de síntese. Por exemplo, uma reação de troca ocorre quando o hidróxido de sódio (NaOH) e o ácido clorídrico (HCl) reagem para formar o sal de cozinha (NaCl) e água (H_2O), da seguinte forma:

$$\text{NaOH} + \text{HCl} \longrightarrow \text{NaCl} + H_2O$$

Reversibilidade das reações químicas

Todas as reações químicas são, em teoria, reversíveis; em outras palavras, podem ocorrer em qualquer direção. Na prática, contudo, algumas reações são mais facilmente reversíveis do que outras. Uma reação química facilmente reversível (quando o produto final pode ser revertido às moléculas originais) é denominada **reação reversível**, sendo indicada por duas setas, como mostrado aqui:

$$\begin{array}{ccc} & \text{combinam-se} & \\ \textit{reagentes} & \text{para formar} & \textit{produto} \\ \text{A} + \text{B} & \rightleftharpoons & \text{AB} \\ & \text{são quebradas em} & \end{array}$$

Algumas reações reversíveis ocorrem porque nem os reagentes nem os produtos finais são muito estáveis. Outras reações serão reversíveis somente em condições especiais:

$$\begin{array}{ccc} \textit{reagentes} & \text{calor} & \textit{produto} \\ \text{A} + \text{B} & \rightleftharpoons & \text{AB} \\ & \text{água} & \end{array}$$

As informações acima ou abaixo das setas indicam a condição especial sob a qual a reação ocorre naquela direção. Nesse caso, A e B reagem para produzir AB somente quando calor é aplicado; e AB é quebrada em A e B somente na presença de água. Outro exemplo é mostrado na Figura 2.8.

No Capítulo 5, examinaremos os muitos fatores que afetam as reações químicas.

TESTE SEU CONHECIMENTO

✔ **2-3** A reação química abaixo é utilizada para a remoção de cloro da água. Que tipo de reação é essa?

$$HClO + Na_2SO_3 \rightarrow Na_2SO_4 + HCl$$

Moléculas biológicas importantes

Os biólogos e os químicos dividem os compostos em duas classes principais: inorgânicos e orgânicos. Os **compostos inorgânicos** são definidos como moléculas geralmente pequenas, estruturalmente simples e sem carbono, nas quais as ligações iônicas podem desempenhar um papel importante. Os compostos inorgânicos incluem água, oxigênio molecular (O_2), dióxido de carbono e muitos sais, ácidos e bases.

Os **compostos orgânicos** sempre contêm carbono e hidrogênio, e sua estrutura típica é complexa. O carbono é um elemento singular, pois apresenta quatro elétrons na camada externa e quatro espaços não preenchidos. Ele pode se combinar com uma grande variedade de átomos, incluindo outros átomos de carbono, para formar cadeias retas ou ramificadas e anéis. As cadeias de carbono formam a base de muitos compostos orgânicos nas células vivas, incluindo açúcares, aminoácidos e vitaminas. Os compostos orgânicos são mantidos unidos em sua maior parte ou inteiramente por ligações covalentes. Algumas moléculas orgânicas, como polissacarídeos, proteínas e ácidos nucleicos, são muito grandes e geralmente contêm milhares de átomos. Essas moléculas gigantes são chamadas *macromoléculas*. Na seção seguinte, apresentaremos os compostos inorgânicos e orgânicos essenciais para as células vivas.

Compostos inorgânicos

OBJETIVOS DE APRENDIZAGEM

2-4 Citar diversas propriedades da água que são importantes para os sistemas vivos.

2-5 Definir *ácido*, *base*, *sal* e *pH*.

Água

Todos os organismos vivos requerem uma ampla variedade de compostos inorgânicos para seu crescimento, reparo, manutenção e reprodução. Entre esses compostos, a água é um dos mais importantes, assim como um dos mais abundantes, sendo particularmente vital aos microrganismos. Fora da célula, os nutrientes estão dissolvidos em água, o que facilita a sua passagem através das membranas celulares. Dentro da célula, a água é o meio para a maioria das reações químicas. De fato, a água é o componente mais abundante na maioria das células vivas. Em média, ela compõe 65 a 75% de todas as células. Em termos simples, nenhum organismo pode sobreviver sem água.

A água tem propriedades estruturais e químicas que a tornam apropriada ao seu papel nas células vivas. Como discutimos, a carga total da molécula de água é neutra, mas a região do oxigênio tem uma carga levemente negativa, ao passo que a região do hidrogênio tem uma carga levemente positiva (ver Figura 2.4a). Qualquer molécula que tenha esse tipo de distribuição desigual de cargas é uma **molécula polar**. A natureza polar da água confere a ela quatro características que a tornam um meio adequado para as células vivas.

Primeiro, cada molécula de água é capaz de formar quatro ligações de hidrogênio com as moléculas de água mais próximas (ver Figura 2.4b). Essa propriedade resulta em uma forte atração entre as moléculas de água, o que torna a água um excelente tampão térmico. É necessária uma grande quantidade de calor para separar as moléculas de água umas das outras e formar vapor de água; dessa forma, a água tem um ponto de ebulição relativamente alto (100 °C) e, por isso, ela encontra-se no estado líquido na maior parte da superfície da Terra. Por outro lado, a temperatura da água precisa diminuir significativamente para que ela possa congelar.

Em segundo lugar, a ligação de hidrogênio entre as suas moléculas afeta a densidade da água conforme o seu estado de gelo ou líquido. Por exemplo, as ligações de hidrogênio na estrutura cristalina da água (gelo) fazem o gelo ocupar mais espaço. Como resultado, o gelo é menos denso – tem menos moléculas – do que o mesmo volume de água líquida. Por essa razão, o gelo flutua e pode servir de camada isolante na superfície de lagos e rios que abrigam organismos vivos.

Em terceiro lugar, a polaridade da água a torna um excelente meio de dissolução ou **solvente**. Muitas substâncias polares sofrem **dissociação**, ou separação, em moléculas individuais na água – ou seja, são dissolvidas. A parte negativa das

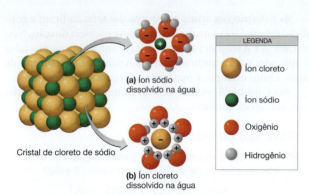

(a) Íon sódio
dissolvido na água

Cristal de cloreto de sódio

(b) Íon cloreto
dissolvido na água

LEGENDA

Íon cloreto

Íon sódio

Oxigênio

Hidrogênio

Figura 2.5 Como a água age como um solvente para o cloreto de sódio (NaCl). (a) O íon sódio positivamente carregado (Na^+) é atraído pela porção negativa da molécula de água. **(b)** O íon cloreto negativamente carregado (Cl^-) é atraído pela porção positiva da molécula de água. Na presença de moléculas de água, as ligações entre Na^+ e Cl^- são desfeitas, e o NaCl se dissolve na água.

P O que ocorre durante a ionização?

moléculas de água é atraída pela parte positiva das moléculas no **soluto**, ou substância dissolvente, e a parte positiva das moléculas de água é atraída pela parte negativa das moléculas do soluto. Substâncias (como os sais) que são compostas de átomos (ou grupos de átomos) unidos por ligações iônicas tendem a se dissociar em cátions e ânions na água. Portanto, a polaridade da água permite que as moléculas de muitas substâncias diferentes se separem e sejam circundadas por moléculas de água (**Figura 2.5**).

Em quarto lugar, a polaridade explica o papel característico da água como reagente ou produto em muitas reações químicas. Sua polaridade facilita a separação das moléculas de água na digestão e a junção dos íons hidrogênio (H^+) e dos íons hidróxido (OH^-). A água é um reagente fundamental nos processos digestivos dos organismos, em que moléculas maiores são quebradas em moléculas menores. As moléculas de água também estão envolvidas nas reações de síntese; a água é uma importante fonte de hidrogênios e oxigênios que são incorporados em inúmeros compostos orgânicos nas células vivas.

Ácidos, bases e sais

Como vimos na Figura 2.5, quando sais inorgânicos, como o cloreto de sódio (NaCl), são dissolvidos em água, eles sofrem **ionização** ou *dissociação*; isto é, eles se quebram em íons. As substâncias chamadas ácidos e bases apresentam comportamento similar.

Um **ácido** pode ser definido como uma substância que se dissocia em um ou mais íons hidrogênio (H^+) e em um ou mais íons negativos (ânions). Assim, um ácido também pode ser definido como um doador de prótons (H^+). Uma **base** se dissocia em um ou mais íons hidróxido negativamente carregados (OH^-) e em um ou mais íons positivos (cátions). Uma base pode ser definida como um aceptor de prótons, pois

pode receber (combinar-se) com prótons. Assim, o hidróxido de sódio (NaOH) é uma base, pois se dissocia para liberar OH^-, que tem uma forte atração por prótons e está entre os mais importantes aceptores de prótons. Um **sal** é uma substância que se dissocia na água em cátions e ânions, sendo que nenhum deles é H^+ ou OH^-. A **Figura 2.6** mostra exemplos comuns de cada tipo de composto e como eles se dissociam na água.

Equilíbrio ácido-base: o conceito de pH

Os organismos devem manter um equilíbrio constante entre ácidos e bases para permanecer saudáveis. Por exemplo, se a concentração de um ácido ou uma base específica estiver muito alta ou muito baixa, as enzimas mudam de forma e não promovem de maneira eficiente as reações químicas dentro de uma célula. No ambiente aquoso encontrado no interior dos organismos, os ácidos se dissociam em íons hidrogênio (H^+) e ânions. As bases, em contrapartida, se dissociam em íons hidróxido (OH^-) e cátions. Quanto mais íons hidrogênio estiverem livres em uma solução, mais ácida será essa solução. Da mesma forma, quanto mais íons hidróxido estiverem livres em uma solução, mais básica, ou alcalina, será essa solução.

As reações bioquímicas – ou seja, as reações químicas em sistemas vivos – são extremamente sensíveis mesmo a pequenas mudanças na acidez ou na alcalinidade do ambiente no qual elas ocorrem. De fato, H^+ e OH^- estão envolvidos em quase todos os processos bioquímicos, e qualquer desvio da faixa estreita de concentrações celulares normais de H^+ e OH^- pode modificar de forma drástica as funções de uma célula. Por essa razão, os ácidos e as bases que são continuamente formados em um organismo devem ser mantidos em equilíbrio.

É conveniente expressar a quantidade de H^+ em uma solução por uma escala de **pH** logarítmica que varia de 0 a 14 (**Figura 2.7**). O termo *pH* significa potencial de hidrogênio. Em uma escala logarítmica, a variação de um número inteiro representa uma mudança de 10 vezes em relação à concentração

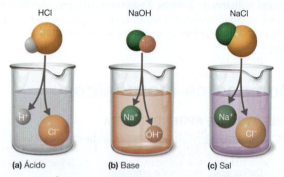

HCl   NaOH   NaCl

(a) Ácido   **(b)** Base   **(c)** Sal

Figura 2.6 Ácidos, bases e sais. (a) Em água, o ácido clorídrico (HCl) se dissocia em H^+ e Cl^-. **(b)** O hidróxido de sódio (NaOH), uma base, se dissocia em OH^- e Na^+ em água. **(c)** Em água, o sal de cozinha (NaCl) se dissocia em íons positivos (Na^+) e íons negativos (Cl^-), e nenhum deles é H^+ ou OH^-.

P Qual é a diferença entre ácido e base?

Escala de pH

- 0
- 1 — Ácido gástrico
- 2 — Suco de limão
- 3 — Suco de toranja
- 4 — Vinho / Suco de tomate
- 5
- 6 — Urina
- 7 — Leite / **Água pura** / Sangue humano
- 8 — Água do mar
- 9
- 10
- 11 — Leite de magnésia
- 12 — Amoníaco doméstico
- 13 — Água sanitária doméstica
- 14 — Limpador de forno / Água de cal

mais ÁCIDO

NEUTRO
[H⁺] = [OH⁻]

mais BÁSICO

Solução ácida

Solução neutra

Solução básica

Figura 2.7 Escala de pH. À medida que os valores de pH diminuem de 14 para 0, a concentração de H⁺ aumenta. Portanto, quanto menor o pH, mais ácida é a solução; quanto maior o pH, mais básica é a solução. Se o valor de pH de uma solução estiver abaixo de 7, a solução é ácida; se o pH estiver acima de 7, a solução é básica (alcalina). Os valores de pH aproximados de alguns líquidos corporais humanos e substâncias comuns são mostrados ao lado da escala de pH.

P Em que pH as concentrações de H⁺ e OH⁻ são iguais?

prévia. Assim, uma solução de pH 1 tem 10 vezes mais íons hidrogênio que uma solução de pH 2, e 100 vezes mais íons hidrogênio que uma solução de pH 3.

O pH de uma solução é calculado como $-\log_{10}[H^+]$, o logaritmo negativo na base 10 da concentração de íon hidrogênio (indicada por colchetes), determinada em mols por litro [H⁺]. Por exemplo, se a concentração de H⁺ de uma solução for $1,0 \times 10^{-4}$ mols/litro, ou 10^{-4}, seu pH será igual a $-\log_{10}10^{-4} = -(-4) = 4$; esse é aproximadamente o valor do pH do vinho (ver o Apêndice B). Os valores de pH de alguns líquidos corporais humanos e de outras substâncias comuns são mostrados na Figura 2.7. No laboratório, normalmente mede-se o pH de uma solução com um medidor de pH ou com fitas para teste químico.

Soluções ácidas contêm mais H⁺ do que OH⁻ e têm pH inferior a 7. Se uma solução tiver mais OH⁻ do que H⁺, é uma solução básica ou alcalina. Em água pura, uma pequena porcentagem de moléculas é dissociada em H⁺ e OH⁻, tendo assim um pH de 7. Como as concentrações de H⁺ e OH⁻ são iguais, diz-se que é o pH de uma solução neutra.

Tenha em mente que o pH de uma solução pode ser alterado. Podemos aumentar sua acidez adicionando substâncias que aumentarão a concentração de íons hidrogênio. À medida que um organismo vivo capta nutrientes, realiza reações químicas e excreta resíduos, seu balanço entre ácidos e bases tende a mudar, e o pH flutua. Felizmente, os organismos têm **tampões** naturais de pH, que são compostos que auxiliam na manutenção do pH para que não ocorram mudanças drásticas. Entretanto, o pH da água ambiental e do solo pode ser alterado por subprodutos de organismos, poluentes industriais ou fertilizantes usados na agricultura ou na jardinagem. Quando as bactérias são cultivadas em um meio laboratorial, elas excretam subprodutos, como ácidos, que podem alterar o pH do meio. Se esse efeito continuasse, o meio se tornaria ácido o suficiente para inibir as enzimas bacterianas e causar a morte das bactérias. Para prevenir esse problema, tampões de pH são adicionados aos meios de cultura. Discutiremos mais sobre meios de cultura e tampões no Capítulo 6.

Diferentes micróbios se desenvolvem em diferentes faixas de pH, mas a maioria dos microrganismos prospera em ambientes com valor de pH entre 6,5 e 8,5. Entre os microrganismos, os fungos são mais capazes de tolerar condições ácidas, ao passo que os procariotos chamados cianobactérias tendem a se comportar melhor em ambientes alcalinos. *Cutibacterium acnes*, uma bactéria que provoca a acne, possui como o seu ambiente natural a pele humana, que tende a ser ligeiramente ácida, com um pH aproximado de 4. *Acidithiobacillus ferrooxidans* é uma bactéria que metaboliza enxofre elementar e produz ácido sulfúrico (H_2SO_4). Sua faixa de pH para crescimento ótimo é de 1 a 3,5. O ácido sulfúrico produzido por essa bactéria em águas subterrâneas é importante para dissolver o urânio e o cobre a partir de minério de baixo teor (ver Capítulo 28).

TESTE SEU CONHECIMENTO

✔ **2-4** Por que a polaridade de uma molécula de água é importante?

✔ **2-5** Os antiácidos neutralizam ácidos pela seguinte reação:

$$Mg(OH_2) + 2HCl \longrightarrow MgCl_2 + H_2O$$

Identifique o ácido, a base e o sal.

Compostos orgânicos

OBJETIVOS DE APRENDIZAGEM

2-6 Diferenciar compostos orgânicos de inorgânicos.

2-7 Definir *grupo funcional*.

2-8 Identificar as unidades que compõem os carboidratos.

2-9 Diferenciar lipídeos simples, lipídeos complexos e esteroides.

2-10 Identificar a estrutura e as unidades que compõem as proteínas.

2-11 Identificar as unidades que compõem os ácidos nucleicos.

2-12 Descrever o papel do ATP nas atividades celulares.

Os compostos inorgânicos, excluindo-se a água, constituem cerca de 1 a 1,5% das células vivas. Esses componentes relativamente simples, cujas moléculas apresentam apenas poucos átomos, não podem ser usados pelas células para realizar funções biológicas complexas. As moléculas orgânicas, cujos átomos de carbono podem combinar-se em uma enorme variedade de formas com outros átomos de carbono e com átomos de outros elementos, são consideradas complexas e, portanto, capazes de funções biológicas mais substanciais.

Estrutura e química

Na formação de moléculas orgânicas, os quatro elétrons externos do carbono podem participar de até quatro ligações covalentes, e os átomos de carbono podem ligar-se uns aos outros para formar cadeias lineares, cadeias ramificadas ou estruturas em anel.

Além do carbono, os elementos mais comuns nos compostos orgânicos são o hidrogênio (que pode formar uma ligação), o oxigênio (duas ligações) e o nitrogênio (três ligações). O enxofre (duas ligações) e o fósforo (cinco ligações) aparecem com menos frequência. Outros elementos são encontrados, mas somente em poucos compostos orgânicos. Os elementos mais abundantes nos organismos vivos são aqueles mais abundantes nos compostos orgânicos (ver Tabela 2.1).

A cadeia de átomos de carbono em uma molécula orgânica é chamada **esqueleto de carbono**; uma grande quantidade de combinações é possível para os esqueletos de carbono. A maioria desses carbonos está ligada a átomos de hidrogênio. A ligação de outros elementos com o carbono e o hidrogênio forma **grupos funcionais** característicos, grupos específicos de átomos que estão mais comumente envolvidos em reações químicas e são responsáveis pela maioria das propriedades químicas características e muitas das propriedades físicas de um composto orgânico em particular (Tabela 2.4).

Grupos funcionais diferentes conferem propriedades diferentes às moléculas orgânicas. Aqui estão alguns exemplos: o grupo hidroxila dos álcoois é hidrofílico (tem afinidade pela água) e, portanto, atrai as moléculas de água para si. Essa atração ajuda a dissolver as moléculas orgânicas contendo grupos hidroxila. Como o grupo carboxila é uma fonte de íons hidrogênio, as moléculas que o contêm apresentam propriedades ácidas. O grupo amino, em contrapartida, funciona como base, pois aceita facilmente íons hidrogênio. O grupo sulfidrila auxilia na estabilização da estrutura complexa de muitas proteínas.

Os grupos funcionais nos ajudam na classificação dos compostos orgânicos. Por exemplo, o grupo —OH está presente nas seguintes moléculas:

Metanol

Etanol

TABELA 2.4 Grupos funcionais representativos e os compostos em que são encontrados

Estrutura	Fórmula	Nome do grupo	Importância biológica
R—O—H	—OH	Álcool (hidroxila)	Lipídeos; carboidratos
R—C(=O)H	—CHO	Aldeído*	Açúcares redutores, como a glicose; polissacarídeos
R—C(=O)—R	—CO	Cetona*	Intermediários metabólicos
R—C(H)(H)—H	—CH₃	Metila	DNA; metabolismo energético
R—C(H)(H)—NH₂	—NH₂	Amino	Proteínas
R—C(=O)—O—R'	—COO—	Éster	Membranas plasmáticas bacterianas e eucarióticas
R—C(H)(H)—O—C(H)(H)—R	—C—O—C—	Éter	Membranas plasmáticas de arqueias
R—C(H)(H)—SH	—SH	Sulfidrila	Metabolismo energético; estrutura proteica
R—C(=O)—OH	—COOH	Carboxila	Ácidos orgânicos; lipídeos; proteínas
R—O—P(=O)(O⁻)(O⁻)	—PO₄⁻	Fosfato	ATP; DNA

*Em um aldeído, um C=O encontra-se no final de uma molécula, em contraste com o C=O interno em uma cetona.

Isopropanol

Como a reatividade característica das moléculas baseia-se em seu grupo —OH, elas são agrupadas em uma classe denominada álcoois. O grupo —OH é chamado *grupo hidroxila* e não deve ser confundido com o *íon hidróxido* (OH^-) das bases. O grupo hidroxila dos álcoois não se ioniza em pH neutro; ele está ligado covalentemente a um átomo de carbono.

Quando uma classe de compostos se caracteriza por certo grupo funcional, a letra *R* pode ser usada para simbolizar o restante da molécula. Por exemplo, os álcoois em geral podem ser escritos como R—OH.

Frequentemente, mais de um grupo funcional é encontrado em uma única molécula. Por exemplo, uma molécula de aminoácido contém ambos os grupos amino e carboxila. O aminoácido glicina tem a seguinte estrutura:

Grupo amino — ... — N — C — C — Grupo carboxila

A maioria dos compostos orgânicos encontrados nos organismos vivos é bastante complexa; um grande número de átomos de carbono forma o esqueleto, e muitos grupos funcionais estão ligados a ele. Em compostos orgânicos, é importante que todas as quatro ligações do carbono sejam ocupadas (ligadas a outro átomo) e que todos os átomos ligados tenham seu número característico de ligações preenchido. Nessa condição, essas moléculas são quimicamente estáveis.

Moléculas orgânicas pequenas podem ser combinadas em moléculas muito grandes chamadas **macromoléculas** (*macro* = grande). As macromoléculas são geralmente **polímeros** (*poli* = muito; *meros* = partes): os polímeros são formados por ligações covalentes de muitas moléculas pequenas repetidas chamadas **monômeros** (*mono* = um). Quando dois monômeros se unem, a reação normalmente envolve a eliminação de um átomo de hidrogênio de um monômero e um grupo hidroxila do outro; o átomo de hidrogênio e o grupo hidroxila se combinam para produzir água:

$$R—OH + OH—R' \rightarrow R—O—R' + H_2O$$

Esse tipo de reação de troca é denominado **síntese por desidratação** (*de* = a partir de; *hidro* = água) ou **reação de condensação**, já que uma molécula de água é liberada (**Figura 2.8a**). Macromoléculas como carboidratos, lipídeos, proteínas e ácidos nucleicos são montadas na célula, essencialmente por meio de síntese por desidratação. Contudo, outras moléculas

também devem participar no fornecimento de energia para a formação da ligação. O ATP, o principal fornecedor de energia, será discutido no final deste capítulo.

Carboidratos

Os **carboidratos** são um grupo grande e diverso de compostos orgânicos que inclui os açúcares e os amidos. Os carboidratos realizam uma série de importantes funções nos sistemas vivos. Por exemplo, um tipo de açúcar (desoxirribose) é um bloco de construção do ácido desoxirribonucleico (DNA), a molécula portadora de informações hereditárias. Outros açúcares são necessários para a formação das paredes celulares. Os carboidratos simples são utilizados na síntese de aminoácidos e gorduras ou substâncias similares, que são utilizadas para construir as membranas celulares e outras estruturas. Os carboidratos macromoleculares funcionam como reservas de alimento. Contudo, a principal função dos carboidratos é fornecer combustível para as atividades celulares, sendo uma fonte imediata de energia.

Os carboidratos são constituídos de átomos de carbono, hidrogênio e oxigênio. A relação entre os átomos de hidrogênio e oxigênio é sempre de 2:1 nos carboidratos simples. Essa proporção pode ser observada nas fórmulas dos carboidratos ribose ($C_5H_{10}O_5$), glicose ($C_6H_{12}O_6$) e sacarose ($C_{12}H_{22}O_{11}$). Embora haja exceções, a fórmula geral para os carboidratos é $(CH_2O)_n$, onde *n* indica que há três ou mais unidades de CH_2O. Os carboidratos podem ser classificados em três grupos principais, com base no tamanho: monossacarídeos, dissacarídeos e polissacarídeos.

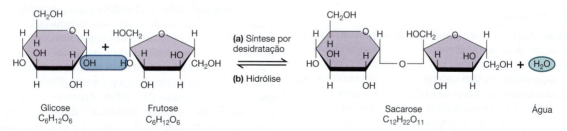

Figura 2.8 Síntese por desidratação e hidrólise. (a) Na síntese por desidratação (da esquerda para a direita), os monossacarídeos glicose e frutose se combinam para formar uma molécula do dissacarídeo sacarose. Uma molécula de água é liberada na reação. **(b)** Na hidrólise (da direita para a esquerda), a molécula de sacarose se quebra em moléculas menores de glicose e frutose. Para que a reação de hidrólise ocorra, deve ser adicionada água à sacarose.

P Qual é a diferença entre um polímero e um monômero?

Monossacarídeos

Os açúcares simples são chamados **monossacarídeos** (*sacar* = açúcar); cada molécula contém 3 a 7 átomos de carbono. O número de átomos de carbono na molécula de um açúcar simples é indicado pelo prefixo em seu nome. Por exemplo, os açúcares simples com três carbonos são as trioses. Existem também tetroses (açúcares com quatro carbonos), pentoses (açúcares com cinco carbonos), hexoses (açúcares com seis carbonos) e heptoses (açúcares com sete carbonos). As pentoses e as hexoses são extremamente importantes para os organismos vivos. A desoxirribose é uma pentose encontrada no DNA. A glicose, uma hexose muito comum, é a principal molécula fornecedora de energia das células vivas.

Dissacarídeos

Os **dissacarídeos** (*di* = dois) são formados quando dois monossacarídeos se ligam por meio de uma reação de síntese por desidratação.* Por exemplo, as moléculas de dois monossacarídeos, glicose e frutose, combinam-se para formar uma molécula do dissacarídeo sacarose (açúcar de mesa) e uma molécula de água (ver Figura 2.8a). De maneira similar, a síntese por desidratação dos monossacarídeos glicose e galactose forma o dissacarídeo lactose (açúcar do leite).

Pode parecer estranho que a glicose e a frutose tenham a mesma fórmula química (ver Figura 2.8), embora sejam dois monossacarídeos diferentes. As posições dos oxigênios e dos carbonos diferem nas duas moléculas e, consequentemente, as moléculas têm propriedades físicas e químicas diferentes. Duas moléculas com a mesma fórmula química, mas estruturas e propriedades diferentes, são denominadas **isômeros** (*iso* = igual).

Os dissacarídeos podem ser decompostos em moléculas mais simples e menores quando se adiciona água. Essa reação química, o inverso da síntese por desidratação, é a **hidrólise** (*hidro* = água; *lise* = quebra) (Figura 2.8b). Uma molécula de sacarose, por exemplo, pode ser hidrolisada (quebrada) em seus componentes glicose e frutose pela reação com o H⁺ e o OH⁻ da água.

Como será visto no Capítulo 4, as paredes celulares das células bacterianas são compostas por dissacarídeos e proteínas, que juntos são um peptideoglicano.

Polissacarídeos

Os carboidratos do terceiro grande grupo, os **polissacarídeos**, consistem em dezenas ou centenas de monossacarídeos unidos por uma reação de síntese por desidratação. Os polissacarídeos frequentemente têm cadeias laterais que ramificam-se a partir da estrutura principal e são classificados como macromoléculas. Como os dissacarídeos, os polissacarídeos podem ser divididos por hidrólise em seus açúcares constituintes. Diferentemente dos monossacarídeos e dissacarídeos, no entanto, os polissacarídeos em geral não apresentam a doçura

característica de açúcares como a frutose e a sacarose e normalmente não são solúveis em água.

Um polissacarídeo importante é o *glicogênio*, constituído de subunidades de glicose e sintetizado como material de reserva por animais e algumas bactérias. A *celulose*, outro polímero de glicose importante, é o principal componente das paredes celulares de plantas e da maioria das algas. Embora a celulose seja o carboidrato mais abundante na Terra, os animais não conseguem digeri-la. A celulose somente pode ser digerida por alguns poucos organismos que têm a enzima adequada. O polissacarídeo *dextrano* é produzido como um limo açucarado por determinadas bactérias, sendo utilizado clinicamente como substituto do plasma sanguíneo. A *quitina* é um polissacarídeo que é parte da parede celular da maioria dos fungos e do exoesqueleto das lagostas, dos caranguejos e dos insetos. O *amido* é um polímero de glicose produzido pelas plantas e usado como alimento por seres humanos. A digestão do amido pelas bactérias intestinais é importante para a saúde humana (ver **Explorando o microbioma**).

Muitos animais, incluindo os seres humanos, produzem enzimas *amilases*, que conseguem quebrar as ligações entre as moléculas de glicose no glicogênio. Contudo, essa enzima não quebra as ligações na celulose. Bactérias e fungos que produzem as enzimas *celulases* podem digerir a celulose. As celulases do fungo *Trichoderma* são utilizadas em uma variedade de processos industriais. Uma das utilizações mais incomuns é na produção de tecido *jeans* lavado ou desgastado. Uma vez que a lavagem do tecido com pedras poderia danificar as máquinas de lavagem, a celulase é utilizada para digerir e amaciar o algodão.

> **TESTE SEU CONHECIMENTO**
>
> ✔ **2-8** Dê um exemplo de monossacarídeo, dissacarídeo e polissacarídeo.

Lipídeos

Se os lipídeos repentinamente desaparecessem da Terra, todas as células vivas entrariam em colapso, se transformando em uma poça de líquido, pois os lipídeos são essenciais para a estrutura e a função das membranas que separam as células vivas do seu ambiente. Os **lipídeos** (*lip[o]* = gordura) são o segundo maior grupo de compostos orgânicos encontrados na matéria viva. Como os carboidratos, são constituídos por átomos de carbono, hidrogênio e oxigênio, mas os lipídeos não apresentam a relação 2:1 entre os átomos de hidrogênio e oxigênio. Embora sejam um grupo muito diverso de compostos, compartilham uma característica comum: os lipídeos são moléculas *apolares* e, então, ao contrário da água, não apresentam uma extremidade (polo) positiva e uma negativa. Dessa forma, a maioria dos lipídeos é insolúvel em água, mas se dissolvem facilmente em solventes apolares, como o éter e o clorofórmio. Os lipídeos fornecem a estrutura das membranas celulares e de algumas paredes celulares e atuam no armazenamento de energia.

---

*Os carboidratos compostos de 2 a cerca de 20 monossacarídeos são chamados **oligossacarídeos** (oligo = *pouco*); os dissacarídeos são os oligossacarídeos mais comuns.

Alimente suas bactérias intestinais, alimente a si mesmo: a história de dois amidos

Estruturalmente falando, o amido encontrado nas plantas se apresenta como uma cadeia de muitas ramificações chamada amilopectina ou como uma cadeia linear chamada amilose. Os alimentos ricos em amilopectina comuns em nossa dieta incluem o arroz glutinoso e variedades cerosas de milho e batata. Os alimentos que contêm altos níveis de amilose incluem o feijão e outras leguminosas e grãos integrais. Embora ambos sejam amidos, eles produzem efeitos muito diferentes quando ingeridos.

No intestino delgado, as enzimas convertem rapidamente a amilopectina em glicose, que é o carboidrato preferido em muitas reações metabólicas essenciais que nossas células conduzem. Em contrapartida, a estrutura da amilose tem menos área de superfície para a ação das enzimas, tornando-a mais resistente à digestão. Como ela não é facilmente degradada em nosso intestino delgado, o amido da amilose percorre o canal digestivo até o cólon, onde fica disponível para a fermentação das bactérias que lá residem.

É possível pressupor que a amilopectina, o amido que é facilmente degradado, deve ser o melhor tipo para a alimentação. No entanto, alimentar nosso microbioma com amilose parece oferecer excelentes benefícios à saúde. Bactérias fermentadoras de amilose, incluindo membros dos gêneros *Prevotella* e *Lachnospira*, produzem ácidos graxos de cadeia curta. Várias dessas moléculas são protagonistas importantes na forma como nossas células intestinais absorvem eletrólitos (íons).

Pesquisas também sugerem que o butirato, um tipo de ácido graxo de cadeia curta ligado ao metabolismo da *Prevotella*, pode nos proteger contra o câncer colorretal. Em outro estudo, camundongos foram tratados com antibióticos e depois inoculados com *a bactéria patogênica Clostridioides difficile*. O que aconteceu com os animais a seguir foi surpreendente: alguns desenvolveram rapidamente infecções letais, enquanto outros foram colonizados pela bactéria, apresentando apenas doença leve. O destino dos camundongos do estudo pareceu estar associado à composição do microbioma antes

da introdução do *C. difficile*. Camundongos com um grande número de bactérias *Lachnospira* apresentaram maior probabilidade de sobreviver, enquanto aqueles com microbiomas intestinais dominados por *Escherichia coli* apresentaram maior probabilidade de morrer.

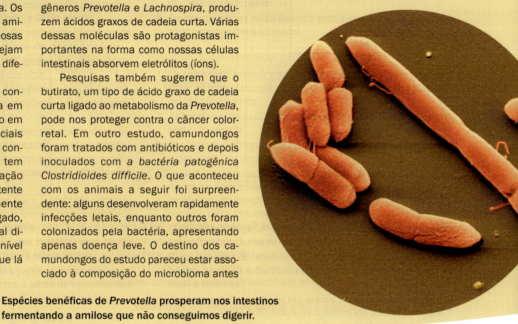

Espécies benéficas de *Prevotella* prosperam nos intestinos fermentando a amilose que não conseguimos digerir.

Lipídeos simples

Os *lipídeos simples* são geralmente referidos como *gorduras*. Os lipídeos simples encontrados com maior frequência nos organismos vivos são os *triglicerídeos*, os quais contêm um álcool chamado *glicerol*, ligado a três compostos conhecidos como *ácidos graxos*. As moléculas de glicerol apresentam três átomos de carbono aos quais são ligados três grupos hidroxila (—OH) (**Figura 2.9a**). Os ácidos graxos são longas cadeias de hidrocarbonetos (compostas apenas de átomos de carbono e hidrogênio) que terminam em um grupo carboxila (—COOH, ácido orgânico) (Figura 2.9b). Os ácidos graxos mais comuns contêm um número par de átomos de carbono.

Diferentes tipos de moléculas de gordura são formados quando uma molécula de glicerol se combina com 1 a 3 moléculas de ácidos graxos. O número de moléculas de ácido graxo determina se a molécula de gordura é um monoglicerídeo, um diglicerídeo ou um triglicerídeo (Figura 2.9c). Nessa reação, 1 a 3 moléculas de água são formadas (desidratação), dependendo do número de moléculas de ácido graxo presentes na reação. A ligação química formada no lugar em que a molécula de água é removida chama-se *ligação éster*. Na reação inversa, a hidrólise, uma molécula de gordura é quebrada em seus componentes ácidos graxos e glicerol.

Como os ácidos graxos que formam os lipídeos têm estruturas diferentes, existe uma ampla variedade de lipídeos. Por exemplo, três moléculas do ácido graxo A podem combinar-se com uma molécula de glicerol. Ou uma molécula de cada um dos ácidos graxos A, B, e C pode unir-se a uma molécula de glicerol (ver Figura 2.9c).

A função primária dos lipídeos é formar as membranas plasmáticas que recobrem as células. A membrana plasmática sustenta a célula e permite o transporte de nutrientes e resíduos para dentro e para fora da célula; portanto, os lipídeos devem manter a mesma viscosidade, independentemente da temperatura circundante. A membrana deve ser viscosa, semelhante à textura do azeite de oliva, mas não pode se tornar muito líquida quando aquecida ou muito espessa quando resfriada. Como todos que já se aventuraram na cozinha sabem, as gorduras animais (como a manteiga) normalmente são sólidas em temperatura ambiente, ao passo que os óleos vegetais, em geral, são líquidos nessa temperatura. A diferença em seus respectivos pontos de fusão se deve aos graus de saturação das cadeias de ácidos graxos. Um ácido graxo é dito *saturado* quando não tem ligações duplas; nesse caso, o esqueleto de carbono contém o seu número máximo de átomos de hidrogênio (observe os ácidos esteárico e palmítico na Figura 2.9c).

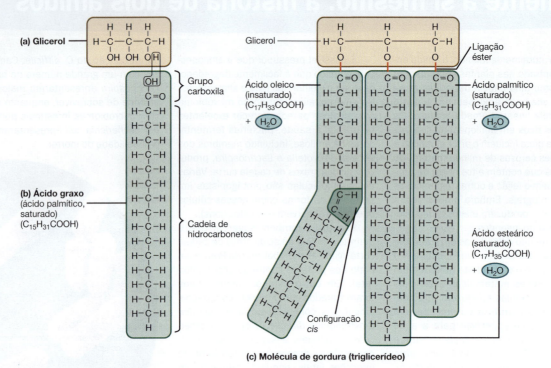

(c) Molécula de gordura (triglicerídeo)

Figura 2.9 Fórmulas estruturais dos lipídeos simples. (a) Glicerol. **(b)** Ácido palmítico, um ácido graxo saturado.
(c) A combinação química de uma molécula de glicerol e três moléculas de ácidos graxos (palmítico, esteárico e oleico, neste exemplo) forma uma molécula de gordura (triglicerídeo) e três moléculas de água em uma reação de síntese por desidratação. O ácido oleico é um ácido graxo *cis*. A ligação entre o glicerol e cada ácido graxo é uma ligação éster. A adição de três moléculas de água a uma gordura forma glicerol e três moléculas de ácidos graxos em uma reação de hidrólise.

P **Qual é a diferença entre ácidos graxos saturados e insaturados?**

As cadeias saturadas solidificam com mais facilidade porque são mais lineares e, portanto, podem ser empacotadas de forma mais próxima do que as cadeias insaturadas. As ligações duplas das cadeias *insaturadas* criam dobras na cadeia, as quais mantêm as cadeias separadas umas das outras (observe o ácido oleico na Figura 2.9c). Percebe-se, na Figura 2.9c, que os dois átomos de H de cada lado da ligação dupla no ácido oleico estão do mesmo lado do ácido graxo insaturado. Esse ácido graxo insaturado é chamado ácido graxo *cis*. Se, por outro lado, os átomos de H estiverem em lados opostos da ligação dupla, o ácido insaturado é chamado ácido graxo *trans*.

Lipídeos complexos

Os *lipídeos complexos* contêm elementos como o fósforo, o nitrogênio e o enxofre, além do carbono, do hidrogênio e do oxigênio encontrados em lipídeos simples. Os lipídeos complexos chamados *fosfolipídeos* são constituídos de glicerol, dois ácidos graxos e, no lugar do terceiro ácido graxo, um grupo fosfato ligado a um dos vários grupos orgânicos (**Figura 2.10a**). Os fosfolipídeos são os lipídeos que compõem as membranas; eles são essenciais para a sobrevivência da célula. Os fosfolipídeos têm regiões polares e apolares (Figura 2.10a e b; ver também Figura 4.14). Quando colocadas em água, as moléculas de fosfolipídeos se dobram, de modo que todas as porções polares (hidrofílicas) se orientam em direção às moléculas de água, com as quais elas formam ligações de hidrogênio. (Lembre-se de que *hidrofílico* significa "que ama a água".) Isso forma a estrutura básica da membrana plasmática (Figura 2.10c). As porções polares consistem em um grupo fosfato e glicerol. Em contraste com as regiões polares, todas as partes apolares (hidrofóbicas) entram em contato com as porções apolares das moléculas vizinhas. (*Hidrofóbico* significa "que teme a água".) As porções apolares consistem em ácidos graxos. Esse comportamento característico torna os fosfolipídeos particularmente adequados para seu papel como principal componente das membranas que envolvem as células. Eles permitem que a membrana atue como uma barreira que separa o conteúdo da célula do ambiente aquoso no qual ela vive.

Alguns lipídeos complexos são úteis para identificar certas bactérias. Por exemplo, a parede celular de *Mycobacterium tuberculosis*, a bactéria que causa a tuberculose, é distinguível pelo seu conteúdo rico em lipídeos. A parede celular contém lipídeos complexos, como ceras e glicolipídeos (lipídeos que possuem carboidratos associados), que fornecem à bactéria características de coloração distintas. Paredes celulares

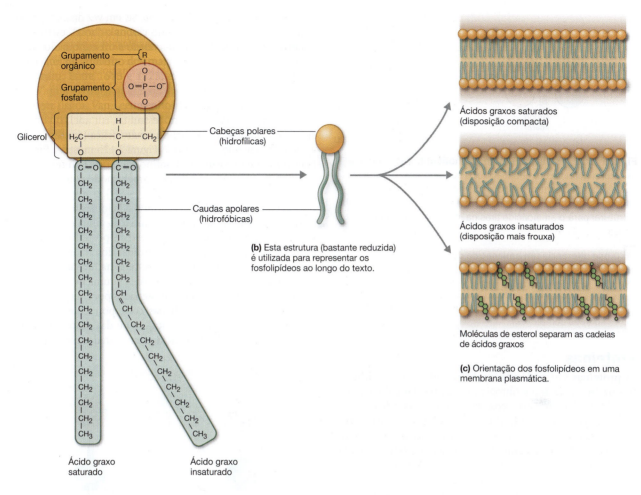

Ácidos graxos saturados
(disposição compacta)

Ácidos graxos insaturados
(disposição mais frouxa)

Moléculas de esterol separam as cadeias
de ácidos graxos

(c) Orientação dos fosfolipídeos em uma
membrana plasmática.

Grupamento
orgânico

Grupamento
fosfato

Glicerol

Cabeças polares
(hidrofílicas)

(b) Esta estrutura (bastante reduzida)
é utilizada para representar os
fosfolipídeos ao longo do texto.

Caudas apolares
(hidrofóbicas)

Ácido graxo
saturado

Ácido graxo
insaturado

(a) Estrutura dos fosfolipídeos.

Figura 2.10 **Estrutura e orientação dos fosfolipídeos, mostrando os ácidos graxos saturados e insaturados e a polaridade das moléculas.**

P **Onde os fosfolipídeos são encontrados nas células?**

ricas desses lipídeos complexos são características de todos os membros do gênero *Mycobacterium*.

Esteroides

Os **esteroides** são estruturalmente muito diferentes dos lipídeos. A **Figura 2.11** mostra a estrutura do esteroide colesterol, com os quatro anéis de carbono interconectados que são característicos dos esteroides. Quando um grupo —OH se encontra ligado a um dos anéis, o esteroide é um *esterol* (um álcool). Os esteróis são constituintes importantes das membranas plasmáticas das células animais e de um grupo de bactérias (micoplasmas), sendo também encontrados em fungos e plantas. Um exemplo é o *ergosterol*, um esteroide encontrado nas membranas plasmáticas dos fungos. Os esteróis separam as cadeias dos ácidos graxos e, assim, impedem o empacotamento que poderia endurecer a membrana plasmática em baixas temperaturas (ver Figura 2.10c).

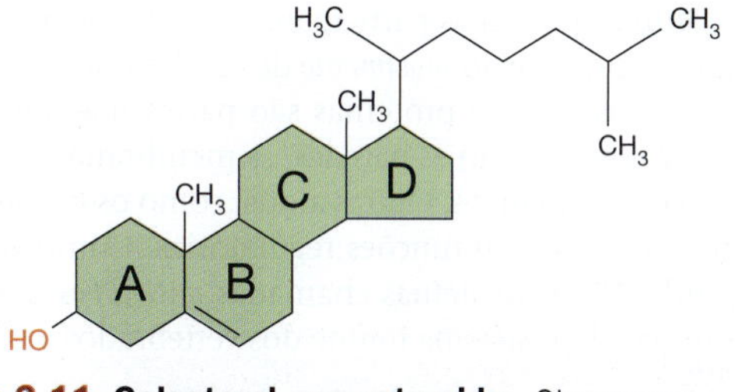

Figura 2.11 **Colesterol, um esteroide.** Observe os quatro anéis de carbono "fundidos" (designados A-D), que são característicos das moléculas de esteroides. Os átomos de hidrogênio ligados aos carbonos nos cantos dos anéis foram omitidos. O grupo —OH (em vermelho) torna essa molécula um esterol.

P **Onde os esteróis são encontrados nas células?**

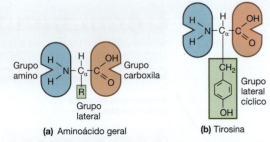

Grupo amino

Grupo carboxila

Grupo lateral

(a) Aminoácido geral

(b) Tirosina

Grupo lateral cíclico

Figura 2.12 Estrutura de um aminoácido. (a) A fórmula estrutural geral de um aminoácido. O carbono alfa (C_α) é apresentado no centro. Aminoácidos diferentes têm grupos R diferentes, também denominados grupos laterais. **(b)** A fórmula estrutural para o aminoácido tirosina, que tem um grupo lateral cíclico.

P O que diferencia um aminoácido de outro?

TESTE SEU CONHECIMENTO

✔ **2-9** De que forma os lipídeos simples se diferem dos lipídeos complexos?

Proteínas

As **proteínas** são moléculas orgânicas que contêm carbono, hidrogênio, oxigênio e nitrogênio; algumas também contêm enxofre. Se fosse possível separar todos os grupos de compostos orgânicos em uma célula viva e pesá-los individualmente, as proteínas seriam as mais pesadas. Centenas de proteínas diferentes podem ser encontradas em uma única célula, e juntas elas constituem 50% ou mais do peso seco de uma célula.

As proteínas são ingredientes essenciais em todos os aspectos da estrutura e função celulares. As *enzimas* são as proteínas que aceleram as reações químicas. Contudo, as proteínas também têm outras funções. As *proteínas transportadoras* auxiliam no transporte de certos compostos químicos para dentro e para fora das células. Outras proteínas, como as *bacteriocinas* produzidas por muitas bactérias, destroem outras bactérias. Certas *toxinas*, denominadas exotoxinas, produzidas por certos microrganismos causadores de doença, também são proteínas. Algumas proteínas participam da *contração* das células musculares animais e do *movimento* de células microbianas ou de outros tipos. Outras proteínas são partes integrantes das *estruturas celulares*, como as paredes, as membranas e os componentes citoplasmáticos. Outras ainda, como os *hormônios* de certos organismos, têm funções regulatórias. Como veremos no Capítulo 17, as proteínas chamadas *anticorpos* desempenham um papel no sistema imune dos vertebrados.

Aminoácidos

Assim como os monossacarídeos são os blocos de construção das moléculas de carboidratos maiores, e da mesma forma que os ácidos graxos e o glicerol são os blocos de construção das gorduras, os **aminoácidos** são os blocos de construção das proteínas. Os aminoácidos contêm pelo menos um grupo carboxila (—COOH) e um grupo amino (—NH_2) ligados ao mesmo átomo de carbono (**Figura 2.12a**). Se o grupo amino estiver ligado ao primeiro átomo de carbono (alfa), escrito C_{α},

o aminoácido é um *alfa-aminoácido*. Se, em vez disso, o grupo amino estiver ligado ao segundo carbono (beta), escrito C_β, então o aminoácido é um *beta-aminoácido*. A maioria dos aminoácidos metabolicamente importantes são alfa-aminoácidos. Também fixado ao carbono α há um grupo lateral (grupo R), que é a característica distintiva do aminoácido. O grupo lateral pode ser um átomo de hidrogênio, uma cadeia linear ou ramificada de átomos ou uma estrutura em anel, que pode ser cíclica (toda de carbono) ou heterocíclica (contendo um átomo diferente do carbono). A Figura 2.12b mostra a fórmula estrutural da tirosina, um aminoácido que tem um grupo lateral cíclico. O grupo lateral também pode conter grupos funcionais, como o grupo sulfidrila (—SH), o grupo hidroxila (—OH) ou grupos carboxila e amino adicionais. Esses grupos laterais e os grupos carboxila e amino α afetam a estrutura total de uma proteína, o que será descrito posteriormente. As estruturas e as abreviações padronizadas dos 20 aminoácidos encontrados nas proteínas são mostradas na Tabela 2.5.

A maioria dos aminoácidos existe em uma de duas configurações, os **estereoisômeros**, designados por D e L. Essas configurações são imagens espelhadas, correspondentes às formas tridimensionais da "mão direita" (D) e da "mão esquerda" (L)* (**Figura 2.13**). Os aminoácidos encontrados nas proteínas

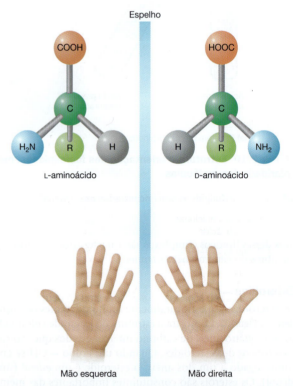

Espelho

COOH

HOOC

L-aminoácido

D-aminoácido

Mão esquerda

Mão direita

Figura 2.13 Isômeros L e D de um aminoácido, mostrados como modelos tridimensionais de esferas e hastes. Os dois isômeros, assim como as mãos esquerda e direita, são imagens espelhadas um do outro e não podem ser sobrepostos. (Tente!)

P Qual isômero é encontrado sempre nas proteínas?

*N. de R.T. D vem de "destrógiro", ou que gira para a direita, ao passo que L vem de "levógiro", ou que gira para a esquerda.

TABELA 2.5 Os 20 aminoácidos encontrados nas proteínas*

Glicina (Gly, G)	Alanina (Ala, A)	Valina (Val, V)	Leucina (Leu, L)	Isoleucina (Ile, I)
Átomo de hidrogênio	Cadeia não ramificada	Cadeia ramificada	Cadeia ramificada	Cadeia ramificada

Serina (Ser, S)	Treonina (Thr, T)	Cisteína (Cys, C)	Metionina (Met, M)	Ácido glutâmico (Glu, E)
Grupo hidroxila (—OH)	Grupo hidroxila (—OH)	Grupo contendo enxofre (—SH)	Grupo tioéter (SC)	Grupo carboxila adicional (—COOH), ácido

Ácido aspártico (Asp, D)	Lisina (Lys, K)	Arginina (Arg, R)	Asparagina (Asn, N)	Glutamina (Gln, Q)
Grupo carboxila adicional (—COOH), ácido	Grupo amino adicional (—NH₂), básico	Grupo amino adicional (—NH₂), básico	Grupo amino adicional (—NH₂), básico	Grupo amino adicional (—NH₂), básico

Fenilalanina (Phe, F)	Tirosina (Tyr, Y)	Histidina (His, H)	Triptofano (Trp, W)	Prolina (Pro, P)
Cíclico	Cíclico	Heterocíclico	Heterocíclico	Heterocíclico

*São mostrados os nomes dos aminoácidos, incluindo as abreviações de 3 letras e de 1 letra entre parênteses (acima), suas fórmulas estruturais (centro) e o grupo R característico (em verde). Observe que a cisteína e a metionina são os únicos aminoácidos que contêm enxofre.

Enquanto Jonathan se encontra em tratamento intensivo, sua esposa, Débora, e a sua filha adulta conversam com o médico e com um pesquisador do Centers for Disease Control and Prevention (CDC) a fim de encontrarem a fonte da infecção de Jonathan por *B. anthracis*. Pesquisas ambientais encontraram *B. anthracis* na casa de Jonathan, em seu veículo e no local de trabalho, mas nem sua esposa nem a filha apresentaram sinais de infecção. Seus colegas de banda também foram testados; todos os resultados foram negativos para *B. anthracis*. O pesquisador do CDC explica à família de Jonathan que o *B. anthracis* forma endósporos que podem sobreviver no solo por mais de 60 anos. É um caso raro em seres humanos; no entanto, animais pastadores e pessoas que lidam com seu couro ou outros subprodutos podem se tornar infectados. As células de *B. anthracis* têm cápsulas que são compostas de ácido poli-D-glutâmico.

Por que as cápsulas são resistentes à digestão pelos fagócitos? (Fagócitos são leucócitos que englobam e destroem bactérias.)

Parte 1 **Parte 2** Parte 3 Parte 4

são sempre L-isômeros (exceto pela glicina, o aminoácido mais simples, que não tem estereoisômeros). Contudo, D-aminoácidos ocorrem eventualmente na natureza – por exemplo, em certas paredes celulares bacterianas e antibióticos.

Embora apenas 20 aminoácidos diferentes ocorram naturalmente nas proteínas, uma única molécula de proteína pode conter desde 50 até algumas milhares de moléculas de aminoácidos, que podem ser combinadas em um número quase infinito de formas para produzir proteínas de comprimentos, composições e estruturas diferentes. O número de proteínas é praticamente infinito, e as células vivas produzem muitas proteínas diferentes.

Ligações peptídicas

Os aminoácidos ligam-se entre o átomo de carbono do grupo carboxila (—COOH) de um aminoácido e o átomo de hidrogênio do grupo amino de outro (—NH$_2$) (**Figura 2.14**). As ligações entre os aminoácidos são chamadas **ligações peptídicas**. Para cada ligação peptídica formada entre dois aminoácidos, uma molécula de água é liberada; assim, ligações peptídicas são formadas por meio de síntese por desidratação. O composto resultante na Figura 2.14 é chamado *dipeptídeo*, uma vez que consiste em dois aminoácidos unidos por uma ligação peptídica. Ao adicionar outro aminoácido a um dipeptídeo, forma-se um *tripeptídeo*. Novas adições de aminoácidos produzem uma

molécula de cadeia longa chamada *peptídeo* (4 a 9 aminoácidos) ou *polipeptídeo* (10 a 2.000 ou mais aminoácidos).

Níveis de estrutura das proteínas

As proteínas variam significativamente em sua estrutura. Diferentes proteínas têm diferentes arquiteturas e diferentes conformações tridimensionais. Essa variação na estrutura está diretamente relacionada às suas diversas funções.

Quando a célula produz uma proteína, a cadeia polipeptídica se dobra de forma espontânea para assumir certa conformação. Uma razão para o dobramento do polipeptídeo é que certas partes de uma proteína são atraídas pela água, ao passo que outras partes são repelidas por ela. Em praticamente todos os casos, a função de uma proteína depende da sua capacidade de reconhecer e se ligar a alguma outra molécula. Por exemplo, uma enzima liga-se especificamente a seu substrato. Uma proteína hormonal se liga a um receptor em uma célula cuja função ela alterará. Um anticorpo se liga a um antígeno (substância estranha) que tenha invadido o corpo. A conformação única de cada proteína possibilita a sua interação com outras moléculas específicas e, dessa forma, a realização de funções específicas.

As proteínas são descritas em termos de quatro níveis de organização: primário, secundário, terciário e quaternário (**Figura 2.15**). ❶ A *estrutura primária* é a sequência única na qual os aminoácidos são unidos para formar uma cadeia polipeptídica. Essa sequência é determinada geneticamente. Alterações na sequência podem ter efeitos metabólicos profundos. Por exemplo, um único aminoácido incorreto em uma proteína do sangue pode produzir a deformação da estrutura da hemoglobina característica da anemia falciforme. Contudo, as proteínas não existem somente como cadeias longas e lineares. Cada cadeia polipeptídica se dobra e se curva de formas específicas em uma estrutura relativamente compacta, com uma conformação tridimensional característica.

❷ A *estrutura secundária* de uma proteína é a torção ou o dobramento localizado e repetitivo da cadeia polipeptídica. Esse aspecto da conformação da proteína resulta de ligações de hidrogênio que unem os átomos das ligações peptídicas em diferentes localizações ao longo da cadeia polipeptídica. Os dois tipos de estruturas secundárias são espirais em sentido horário chamadas *hélices* e folhas pregueadas, que se formam a partir de porções aproximadamente paralelas da cadeia. Ambas as estruturas são unidas por ligações de hidrogênio entre os átomos de oxigênio ou nitrogênio que fazem parte do esqueleto polipeptídico.

❸ A *estrutura terciária* se refere à estrutura tridimensional global de uma cadeia polipeptídica. O dobramento não é repetitivo ou previsível, como na estrutura secundária. Enquanto a estrutura secundária envolve ligações de hidrogênio entre os

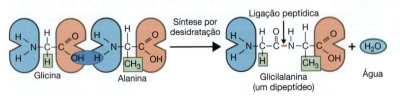

Figura 2.14 Formação da ligação peptídica por síntese por desidratação. Os aminoácidos glicina e alanina se combinam para formar um dipeptídeo. A nova ligação entre o átomo de carbono da glicina e o átomo de nitrogênio da alanina é chamada ligação peptídica.

P Como os aminoácidos são relacionados às proteínas?

① **Estrutura primária:** cadeia polipeptídica (sequência de aminoácidos)

② **Estrutura secundária:** hélice e folha pregueada (com três cadeias polipeptídicas)

③ **Estrutura terciária:** hélice e folha pregueada em formato 3D

④ **Estrutura quaternária:** a relação de várias cadeias polipeptídicas dobradas, formando uma proteína

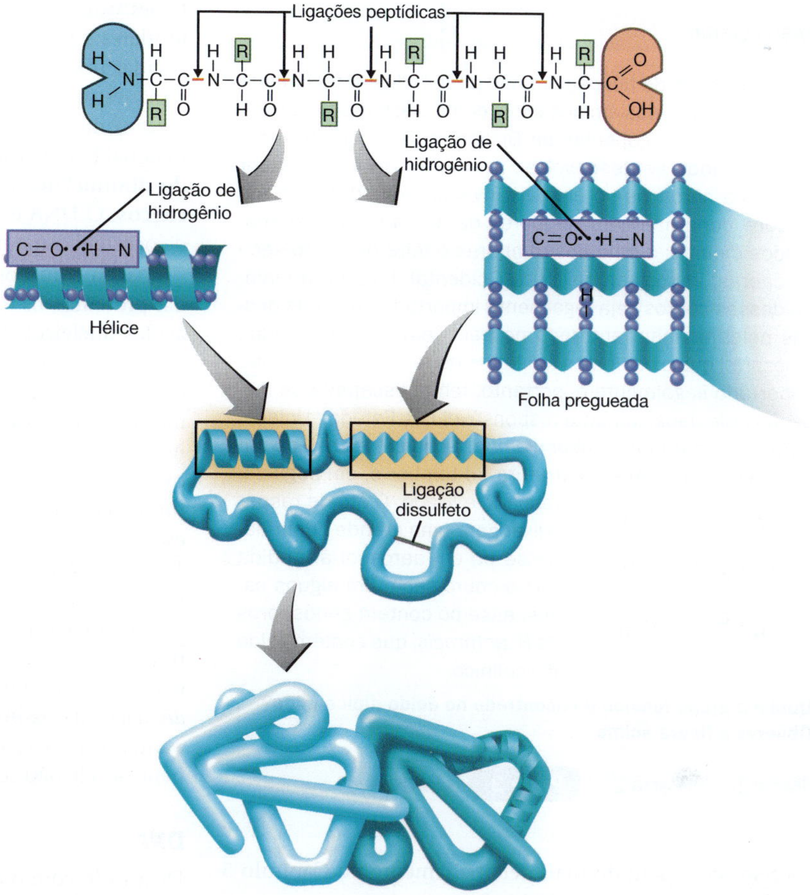

Figura 2.15 Estrutura das proteínas. ① Estrutura primária, a sequência de aminoácidos. **②** Estruturas secundárias: hélice e folha pregueada. **③** Estrutura terciária, o dobramento tridimensional global de uma cadeia polipeptídica. **④** Estrutura quaternária, as relações entre várias cadeias polipeptídicas que compõem a proteína. Aqui, é mostrada a estrutura quaternária de uma proteína hipotética composta por duas cadeias polipeptídicas.

P **Qual é a propriedade que permite à proteína realizar funções específicas?**

átomos dos grupos amino e carboxila envolvidos nas ligações peptídicas, a estrutura terciária envolve diversas interações entre vários grupos laterais de aminoácidos na cadeia polipeptídica. Por exemplo, os aminoácidos com grupos laterais apolares (hidrofóbicos) geralmente interagem no centro da proteína, longe do contato com a água. Essa *interação hidrofóbica* contribui para a estrutura terciária. As ligações de hidrogênio entre os grupos laterais e as ligações iônicas entre grupos laterais de carga oposta também contribuem para a estrutura terciária. As proteínas que contêm o aminoácido cisteína formam ligações covalentes fortes chamadas *pontes dissulfeto.* Essas pontes se formam quando duas moléculas de cisteína são unidas pelo dobramento da proteína. As moléculas de cisteína contêm grupos sulfidrila (—SH), e o enxofre de uma molécula de cisteína se liga ao enxofre de outra, formando (pela remoção de átomos de hidrogênio) uma ponte dissulfeto (S—S) que une partes da proteína.

④ Algumas proteínas possuem uma *estrutura quaternária,* que consiste em uma agregação de duas ou mais cadeias (subunidades) polipeptídicas individuais que operam como uma unidade funcional única. A Figura 2.15 mostra uma proteína hipotética consistindo em duas cadeias polipeptídicas. É mais comum que as proteínas apresentem dois ou mais tipos de subunidades polipeptídicas. As ligações que mantêm a estrutura quaternária são basicamente as mesmas que mantêm a estrutura terciária. A forma geral de uma proteína pode ser globular (compacta e quase esférica) ou fibrosa (em forma de fios). Exemplos de proteínas quaternárias são a hemoglobina (o composto que carrega oxigênio nas hemácias), os microfilamentos (que geram movimento e fornecem suporte mecânico nas células), os microtúbulos (que propiciam movimento às organelas eucarióticos e aos flagelos), o envelope viral e a DNA-polimerase (uma enzima envolvida na síntese das fitas de DNA).

Se uma proteína se encontra em um ambiente hostil em termos de temperatura, pH ou concentrações de sal, ela pode desenrolar-se e perder a sua forma característica. Esse processo é conhecido como **desnaturação** (ver Figura 5.6). Como resultado da desnaturação, a proteína não é mais funcional. Esse

Os fagócitos do hospedeiro não podem digerir facilmente as formas D dos aminoácidos, como o ácido-D-glutâmico encontrado nas cápsulas de *B. anthracis*. Portanto, uma infecção pode se desenvolver. A menção do pesquisador do CDC a carcaças de animais invocou uma memória em Débora. Jonathan toca tambores da África Ocidental chamados *djembe*; a pele dos tambores é feita do couro seco de cabras, importado da África Ocidental. Embora a maioria desses couros seja legalmente importada, algumas dessas peles acabam entrando no país sem controle algum. É possível que o couro nos tambores de Jonathan tenha sido importado ilegalmente e, portanto, tenha escapado da inspeção pelo departamento responsável nos Estados Unidos. Para se produzir um tambor *djembe*, o couro é embebido em água, esticado sobre a estrutura do tambor e, em seguida, raspado e lixado. O ato de raspar e lixar gera uma grande quantidade de pó em aerossol à medida que o couro seca. Em alguns casos, esse pó contém endósporos de *B. anthracis*, que contêm ácido dipicolínico.

Qual é o grupo funcional encontrado no ácido dipicolínico? Observe a figura acima.

Parte 1   Parte 2   **Parte 3**   Parte 4

processo será discutido mais detalhadamente no Capítulo 5 em relação à desnaturação das enzimas.

As proteínas que discutimos são *proteínas simples*, que contêm apenas aminoácidos. As *proteínas conjugadas* são combinações de aminoácidos com outros componentes orgânicos ou inorgânicos. Elas são denominadas de acordo com seu componente não aminoácido. Portanto, as glicoproteínas contêm açúcares, as nucleoproteínas contêm ácidos nucleicos, as metaloproteínas contêm átomos de metal, as lipoproteínas contêm lipídeos e as fosfoproteínas contêm grupos fosfato. As fosfoproteínas são importantes reguladores de atividades nas células eucarióticas. A síntese bacteriana de fosfoproteínas pode ser importante para a sobrevivência de bactérias como a *Legionella pneumophila* que se multiplicam no interior das células hospedeiras.

TESTE SEU CONHECIMENTO

✓ **2-10** Quais são os dois grupos funcionais presentes em todos os aminoácidos?

Ácidos nucleicos

Os **ácidos nucleicos** são compostos orgânicos que carregam informações genéticas; seu nome é derivado do fato de terem sido descobertos pela primeira vez no núcleo da célula. Em 1944, três microbiologistas estadunidenses – Oswald Avery, Colin MacLeod e Maclyn McCarty – descobriram que uma substância chamada **ácido desoxirribonucleico (DNA)** é a substância da qual os genes são feitos. Nove anos mais tarde,

James Watson e Francis Crick, trabalhando com modelos moleculares e informações obtidas por análise com raios X fornecidas por Maurice Wilkins e Rosalind Franklin, identificaram a estrutura física do DNA. Além disso, Crick sugeriu um mecanismo para a replicação do DNA e como ele atua como material hereditário. O DNA e outra substância chamada **ácido ribonucleico (RNA)** juntos são referidos como **ácidos nucleicos**. O DNA e o RNA são os únicos dois ácidos nucleicos de ocorrência natural.

Assim como os aminoácidos são as unidades estruturais das proteínas, os nucleotídeos são as unidades estruturais dos ácidos nucleicos. Um **nucleotídeo** tem três partes: um composto heterocíclico contendo nitrogênio, uma pentose (açúcar de cinco carbonos – **desoxirribose** ou **ribose**) e um grupo fosfato (ácido fosfórico). As bases nitrogenadas são compostos heterocíclicos formados por átomos de carbono, hidrogênio, oxigênio e nitrogênio. As bases são denominadas adenina (A), timina (T), citosina (C), guanina (G) e uracila (U). A e G são estruturas de anel duplo denominadas **purinas**, ao passo que T, C e U são estruturas que apresentam um único anel denominadas **pirimidinas**.

Os nucleotídeos são denominados de acordo com sua base nitrogenada. Portanto, um nucleotídeo contendo timina é um *nucleotídeo timina*, um contendo adenina é um *nucleotídeo adenina* e assim por diante. O termo **nucleosídeo** se refere a uma combinação de purina ou pirimidina mais um açúcar pentose; ele não contém um grupo fosfato.

DNA

De acordo com o modelo proposto por Watson e Crick, uma molécula de DNA consiste em duas fitas longas enoveladas uma em torno da outra para formar uma **dupla-hélice (Figura 2.16)**. A dupla-hélice parece uma escada em espiral, e cada fita é composta de inúmeros nucleotídeos.

Cada fita de DNA que compõe a dupla-hélice tem um "esqueleto" que consiste de açúcar desoxirribose e grupos fosfato alternados. A desoxirribose de um nucleotídeo é unida ao grupo fosfato do nucleotídeo seguinte. As bases nitrogenadas compõem os degraus da escada. Observe que a purina A é sempre pareada com a pirimidina T, e que a purina G é sempre pareada com a pirimidina C. As bases são unidas por ligações de hidrogênio; A e T são unidas por duas ligações de hidrogênio, e G e C são unidas por três. O DNA não contém uracila (U).

A ordem em que os pares de bases nitrogenadas ocorrem ao longo do esqueleto é extremamente específica e, na verdade, contém as instruções genéticas do organismo. Os nucleotídeos formam os genes, e uma única molécula de DNA pode conter milhares de genes. Ao codificar a montagem de aminoácidos em proteínas, os genes determinam todas as características hereditárias e controlam todas as atividades que ocorrem dentro das células.

Há uma consequência importante do pareamento de bases nitrogenadas: se a sequência de bases de uma fita for conhecida, então a sequência da outra fita também é conhecida. Por exemplo, se uma fita tem a sequência . . . ATGC . . ., a outra terá a sequência . . . TACG . . . . Tendo em vista que a sequência de bases de uma fita é determinada tomando-se como base a

FUNDAMENTOS
FIGURA 2.16 | Estrutura do DNA

Adenina, timina, citosina e guanina são bases nitrogenadas, ou nucleobases.

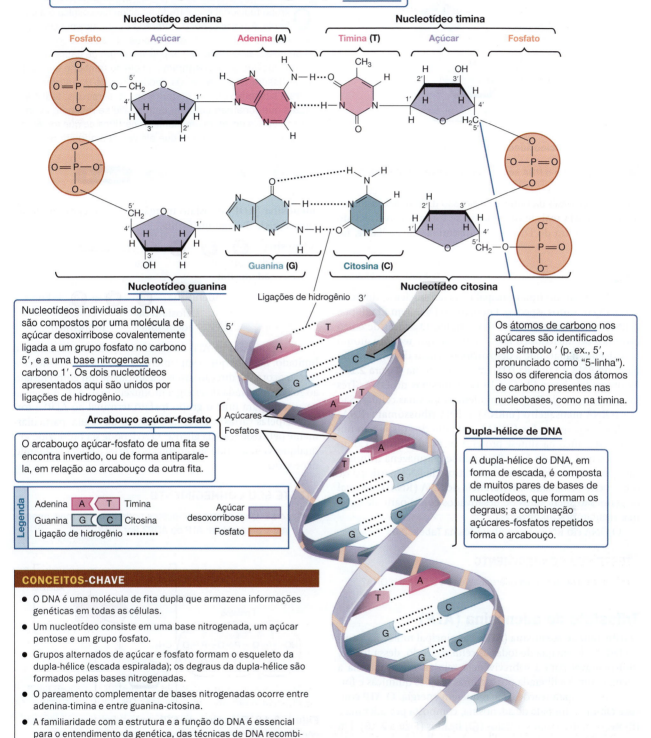

Nucleotídeo adenina

Fosfato | Açúcar | Adenina (A) | Timina (T) | Açúcar | Fosfato

Nucleotídeo timina

Nucleotídeo guanina

Ligações de hidrogênio

Guanina (G) | Citosina (C)

Nucleotídeo citosina

Nucleotídeos individuais do DNA são compostos por uma molécula de açúcar desoxirribose covalentemente ligada a um grupo fosfato no carbono 5′, e a uma base nitrogenada no carbono 1′. Os dois nucleotídeos apresentados aqui são unidos por ligações de hidrogênio.

Os átomos de carbono nos açúcares são identificados pelo símbolo ′ (p. ex., 5′, pronunciado como "5-linha"). Isso os diferencia dos átomos de carbono presentes nas nucleobases, como na timina.

Arcabouço açúcar-fosfato

Açúcares
Fosfatos

O arcabouço açúcar-fosfato de uma fita se encontra invertido, ou de forma antiparalela, em relação ao arcabouço da outra fita.

Dupla-hélice de DNA

A dupla-hélice do DNA, em forma de escada, é composta de muitos pares de bases de nucleotídeos, que formam os degraus; a combinação açúcares-fosfatos repetidos forma o arcabouço.

Legenda

Adenina A — T Timina
Guanina G — C Citosina
Ligação de hidrogênio ••••••••
Açúcar desoxirribose
Fosfato

CONCEITOS-CHAVE

- O DNA é uma molécula de fita dupla que armazena informações genéticas em todas as células.
- Um nucleotídeo consiste em uma base nitrogenada, um açúcar pentose e um grupo fosfato.
- Grupos alternados de açúcar e fosfato formam o esqueleto da dupla-hélice (escada espiralada); os degraus da dupla-hélice são formados pelas bases nitrogenadas.
- O pareamento complementar de bases nitrogenadas ocorre entre adenina-timina e entre guanina-citosina.
- A familiaridade com a estrutura e a função do DNA é essencial para o entendimento da genética, das técnicas de DNA recombinante e do surgimento da resistência aos antibióticos e de novas doenças.

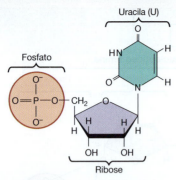

Figura 2.17 Nucleotídeo uracila do RNA.

P Como o DNA e o RNA se assemelham estruturalmente?

sequência de bases da outra, as bases são ditas *complementares*. A transferência real de informação se torna possível devido à estrutura única do DNA e será discutida mais adiante, no Capítulo 8.

RNA

O RNA, o segundo tipo principal de ácido nucleico, difere-se do DNA em vários aspectos. Enquanto o DNA tem fita dupla, o RNA normalmente é uma fita simples. O açúcar de cinco carbonos do nucleotídeo RNA é a ribose, que tem um átomo de oxigênio a mais que a desoxirribose. Além disso, uma das bases do RNA é a uracila (U), em vez da timina (**Figura 2.17**). As outras três bases (A, G, C) são as mesmas do DNA. Três tipos principais de RNA foram identificados nas células. São eles o **RNA mensageiro (mRNA)**, o **RNA ribossomal (rRNA)** e o **RNA transportador (tRNA)**, cada um dos quais tem um papel específico na síntese proteica (ver Capítulo 8). Como veremos no Capítulo 13, o RNA também armazena informação genética em alguns vírus, e um tipo de RNA participa de um processo chamado **interferência de RNA (RNAi)**, no qual os genes são silenciados ou desativados como parte de sistemas regulatórios ou de defesa.

O DNA e o RNA são comparados na Tabela 2.6.

TESTE SEU CONHECIMENTO

✔ **2-11** Quais são as diferenças entre o RNA e o DNA?

Trifosfato de adenosina (ATP)

O **trifosfato de adenosina (ATP)** é a principal molécula transportadora de energia de todas as células, sendo, dessa forma, indispensável para a sobrevivência celular. Ele armazena a energia química liberada por algumas reações químicas e fornece energia para reações que requerem energia. O ATP consiste em uma unidade de adenosina, composta por adenina e ribose, com três grupos fosfatos (**P**) ligados (**Figura 2.18**). Em outras palavras, é um nucleotídeo adenina (também chamado monofosfato de adenosina ou AMP) com dois grupos fosfato extras. O ATP também é chamado de molécula de alta energia, pois libera uma grande quantidade de energia útil quando o terceiro grupo fosfato é hidrolisado, liberando **difosfato de**

adenosina (ADP) e fosfato inorgânico. Essa reação pode ser representada da seguinte forma:

Adenosina — P — P — P + H_2O ⇌
Trifosfato de adenosina   Água

Adenosina — P — P + P$_i$ + Energia
Difosfato de adenosina   Fosfato inorgânico

O suprimento de ATP da célula em qualquer momento é limitado. Sempre que o suprimento necessita de reposição, a reação ocorre na direção inversa; a adição de um grupo fosfato ao ADP e a entrada de energia produzem mais ATP. A energia necessária para unir o grupo fosfato terminal ao ADP é fornecida pelas várias reações de oxidação da célula, particularmente pela oxidação da glicose. O ATP pode ser produzido em qualquer célula, onde sua energia potencial é liberada quando necessário.

TESTE SEU CONHECIMENTO

✔ **2-12** Qual destes compostos pode fornecer mais energia a uma célula: ATP ou ADP? Por quê?

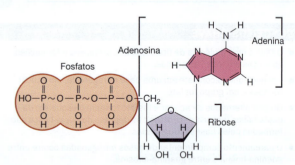

Figura 2.18 Estrutura do ATP. As ligações fosfato ricas em energia são indicadas por linhas onduladas. Quando o ATP se degrada em ADP e fosfato inorgânico, uma grande quantidade de energia é liberada para uso em outras reações químicas.

P De que forma o ATP é similar a um nucleotídeo no RNA? E no DNA?

TABELA 2.6 Comparação entre DNA e RNA		
Ácido nucleico	**DNA**	**RNA**
Fitas	Fita dupla nas células e na maioria dos vírus de DNA, formando uma dupla-hélice; fita simples em alguns vírus (parvovírus).	Fita simples nas células e na maioria dos vírus de RNA; fita dupla em alguns vírus (reovírus).
Composição	O açúcar é a desoxirribose.	O açúcar é a ribose.
	As bases nitrogenadas são citosina (C), guanina (G), adenina (A) e timina (T).	As bases nitrogenadas são citosina (C), guanina (G), adenina (A) e uracila (U).
Função	Síntese de proteínas. Determina todas as características hereditárias.	Síntese de proteínas. Código genético de alguns vírus. Desativação de genes.

Resumo para estudo

Introdução (p. 24)

1. A ciência da interação entre os átomos e as moléculas denomina-se química.
2. As atividades metabólicas dos microrganismos envolvem reações químicas complexas.
3. Os microrganismos quebram os nutrientes para obter energia e produzir novas células.

Estrutura dos átomos (p. 25-26)

1. Os átomos são as menores unidades de um elemento químico que apresentam as propriedades desse elemento.
2. Os átomos consistem em um núcleo, que contém prótons e nêutrons, e elétrons, que movem-se ao redor do núcleo.
3. O número atômico é o número de prótons no núcleo; o número total de prótons e nêutrons é a massa atômica.

Elementos químicos (p. 25-26)

4. Os átomos com o mesmo número de prótons e o mesmo comportamento químico são classificados como o mesmo elemento químico.
5. Os elementos químicos são designados por abreviações denominadas símbolos químicos.
6. Em geral, por volta de 26 elementos são encontrados nas células vivas.
7. Os átomos que têm o mesmo número atômico (são do mesmo elemento), mas com massas atômicas diferentes, são chamados isótopos.

Configurações eletrônicas (p. 26)

8. Em um átomo, os elétrons são distribuídos ao redor do núcleo em camadas eletrônicas.
9. Cada camada pode manter um número máximo característico de elétrons.
10. As propriedades químicas de um átomo são, em grande parte, o resultado do número de elétrons na sua camada mais externa (valência).

Como os átomos formam moléculas: ligações químicas (p. 27-30)

1. As moléculas são compostas por dois ou mais átomos; as moléculas consistindo em pelo menos dois tipos diferentes de átomos são compostos.
2. Os átomos formam moléculas para preencher suas camadas eletrônicas mais externas.
3. As forças de atração que unem dois átomos são chamadas ligações químicas.

4. A capacidade de combinação de um átomo – o número de ligações químicas que o átomo pode formar com outros átomos – é a sua valência.

Ligações iônicas (p. 27-28)

5. Um átomo ou um grupo de átomos carregados positiva ou negativamente é chamado de íon.
6. Uma atração química entre íons de carga oposta é chamada ligação iônica.
7. Para formar uma ligação iônica, um íon é um doador de elétrons, e o outro íon é um aceptor de elétrons.

Ligações covalentes (p. 27-29)

8. Em uma ligação covalente, os átomos compartilham pares de elétrons.
9. As ligações covalentes são mais fortes do que as ligações iônicas e são muito mais comuns nas moléculas orgânicas.

Ligações de hidrogênio (p. 28-30)

10. Uma ligação de hidrogênio existe quando um átomo de hidrogênio ligado covalentemente a um átomo de oxigênio ou nitrogênio é atraído por outro átomo de oxigênio ou nitrogênio.
11. As ligações de hidrogênio formam ligações fracas entre diferentes moléculas ou partes de uma mesma molécula grande.

Massa molecular e mols (p. 29)

12. A massa molecular é a soma das massas atômicas de todos os átomos em uma molécula.
13. Um mol de um átomo, íon ou molécula é igual à sua massa atômica ou molecular expressa em gramas.

Reações químicas (p. 30-31)

1. As reações químicas são a formação ou a quebra de ligações químicas entre os átomos.
2. Uma mudança de energia ocorre durante as reações químicas.
3. As reações endergônicas requerem mais energia do que liberam; as reações exergônicas liberam mais energia.
4. Em uma reação de síntese, átomos, íons ou moléculas são combinados para formar uma molécula maior.
5. Em uma reação de decomposição, uma molécula maior é quebrada em suas moléculas, íons ou átomos componentes.
6. Em uma reação de troca, duas moléculas são decompostas, e suas subunidades são utilizadas para sintetizar duas novas moléculas.
7. Os produtos de reações reversíveis podem ser facilmente revertidos para formar os reagentes originais.

Moléculas biológicas importantes (p. 31-47)

Compostos inorgânicos (p. 31-33)

1. Os compostos inorgânicos normalmente são moléculas pequenas ligadas ionicamente.

Água (p. 31-32)

2. A água é a substância mais abundante nas células.

3. Como a água é uma molécula polar, ela é um excelente solvente.

4. A água é um reagente em muitas reações de decomposição da digestão.

5. A água é um excelente tampão de temperatura.

Ácidos, bases e sais (p. 32)

6. Um ácido se dissocia em H^+ e ânions.

7. Uma base se dissocia em OH^- e cátions.

8. Um sal se dissocia em íons negativos e positivos, nenhum dos quais é H^+ ou OH^-.

Equilíbrio ácido-base: o conceito de pH (p. 32-33)

9. O termo *pH* se refere à concentração de H^+ em uma solução.

10. Uma solução de pH 7 é neutra; um pH abaixo de 7 indica acidez; um pH acima de 7 indica alcalinidade.

11. O pH dentro de uma célula e em meio de cultura pode ser estabilizado com tampões de pH.

Compostos orgânicos (p. 33-47)

1. Os compostos orgânicos sempre contêm carbono e hidrogênio.

2. Os átomos de carbono formam até quatro ligações com outros átomos.

3. Os compostos orgânicos são, em sua maior parte ou inteiramente, ligados covalentemente.

Estrutura e química (p. 34-35)

4. Uma cadeia de átomos de carbono forma um esqueleto de carbono.

5. Os grupos funcionais dos átomos são responsáveis pela maioria das propriedades das moléculas orgânicas.

6. A letra *R* pode ser utilizada para indicar a parte restante de uma molécula orgânica.

7. Classes de moléculas frequentemente encontradas são os R—OH (álcoois) e os R—COOH (ácidos orgânicos).

8. As moléculas orgânicas pequenas podem se combinar para formar moléculas muito grandes – as macromoléculas.

9. Os monômeros normalmente se unem por síntese por desidratação, ou reações de condensação, que formam água e um polímero.

10. As moléculas orgânicas podem ser quebradas por hidrólise, uma reação que envolve a separação das moléculas de água.

Carboidratos (p. 35-36)

11. Os carboidratos são compostos que consistem em átomos de carbono, hidrogênio e oxigênio, com hidrogênio e oxigênio em uma relação de 2:1.

12. Os monossacarídeos contêm entre 3 e 7 átomos de carbono.

13. Isômeros são duas moléculas que apresentam a mesma fórmula química, porém estruturas e propriedades diferentes – por exemplo, glicose ($C_6H_{12}O_6$) e frutose ($C_6H_{12}O_6$).

14. Os monossacarídeos podem formar dissacarídeos e polissacarídeos por síntese por desidratação.

Lipídeos (p. 36-40)

15. Os lipídeos são um grupo de compostos variados que se distinguem por sua insolubilidade em água.

16. Os lipídeos simples consistem em uma molécula de glicerol e três moléculas de ácidos graxos.

17. Um lipídeo saturado não tem ligações duplas entre os átomos de carbono nos ácidos graxos; um lipídeo insaturado tem uma ou mais ligações duplas. Os lipídeos saturados têm um ponto de fusão maior que os lipídeos insaturados.

18. Os fosfolipídeos são lipídeos complexos que consistem em glicerol, dois ácidos graxos e um grupo fosfato.

19. Os esteroides têm quatro estruturas de anel de carbono interconectadas; os esteróis possuem um grupo hidroxila funcional.

Proteínas (p. 40-44)

20. Os aminoácidos são os blocos de construção das proteínas.

21. Os aminoácidos consistem em carbono, hidrogênio, oxigênio, nitrogênio e, às vezes, enxofre.

22. Vinte aminoácidos ocorrem naturalmente nas proteínas.

23. Ao unirem os aminoácidos, as ligações peptídicas (formadas por síntese por desidratação) permitem a formação das cadeias polipeptídicas.

24. As proteínas têm quatro níveis de estrutura: primária (sequência de aminoácidos), secundária (hélices e folhas pregueadas), terciária (estrutura tridimensional geral de um polipeptídeo) e quaternária (duas ou mais cadeias polipeptídicas).

25. Proteínas conjugadas consistem em aminoácidos combinados a compostos inorgânicos ou orgânicos.

Ácidos nucleicos (p. 44-46)

26. Os ácidos nucleicos – DNA e RNA – são macromoléculas formadas por nucleotídeos repetidos.

27. Um nucleotídeo é composto por uma pentose, um grupo fosfato e uma base nitrogenada. Um nucleosídeo é composto por uma pentose e uma base nitrogenada.

28. O nucleotídeo DNA consiste em uma desoxirribose (uma pentose), um grupo fosfato e uma das seguintes bases nitrogenadas: timina ou citosina (pirimidinas) ou adenina ou guanina (purinas).

29. O DNA consiste em duas fitas de nucleotídeos enroladas em uma dupla-hélice. As fitas são unidas por ligações de hidrogênio entre os nucleotídeos purina e pirimidina: A-T e G-C.

30. Os genes consistem em sequências de nucleotídeos.

31. Um nucleotídeo RNA consiste em uma ribose (uma pentose), um grupo fosfato e uma das seguintes bases nitrogenadas: citosina, guanina, adenina ou uracila (pirimidina).

Trifosfato de adenosina (ATP) (p. 46)

32. O ATP armazena energia química para várias atividades celulares.

33. O ATP consiste em uma unidade de adenosina e três grupos fosfato. Quando a ligação do grupo fosfato terminal do ATP é hidrolisada, a energia é liberada.

34. A energia das reações de oxidação é utilizada para regenerar ATP a partir de ADP e fosfato inorgânico.

Questões para estudo

As respostas das questões de Conhecimento e compreensão estão na seção de Respostas no final deste livro.

Conhecimento e compreensão

Revisão

1. O que é um elemento químico?
2. DESENHE Faça um diagrama da configuração eletrônica de um átomo de carbono.
3. Que tipo de ligação une os seguintes átomos?
   a. Li^+ e Cl^- em LiCl
   b. os átomos de carbono e oxigênio no metanol
   c. os átomos de oxigênio no O_2
   d. um átomo de hidrogênio de um nucleotídeo com um átomo de nitrogênio ou oxigênio de outro nucleotídeo em:

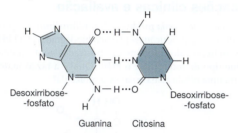

Guanina   Citosina

4. Classifique os seguintes tipos de reações químicas:
   a. glicose + frutose → sacarose + H_2O
   b. lactose → glicose + galactose
   c. $NH_4Cl + H_2O → NH_4OH + HCl$
   d. $ATP \rightleftharpoons ADP + ⓟ_i$
5. As bactérias utilizam a enzima urease para obter nitrogênio em uma forma que elas possam utilizar na reação seguinte:

$$CO(NH_2)_2 \quad + \quad H_2O \quad → \quad 2NH_3 \quad + \quad CO_2$$
Ureia   Amônia   Dióxido
de carbono

Para que serve a enzima nessa reação? Que tipo de reação é essa?

6. Classifique os seguintes compostos como subunidades de um carboidrato, lipídeo, proteína ou ácido nucleico.
   a. $CH3—(CH_2)_7—CH=CH—(CH_2)_7—COOH$
   Ácido oleico
   b.

   Serina
   c. $C_6H_{12}O_6$
   d. Nucleotídeo timina

7. DESENHE O adoçante artificial aspartame é produzido associando-se o ácido aspártico a uma fenilalanina metilada, conforme mostrado abaixo:

   a. Que tipos de moléculas são o ácido aspártico e a fenilalanina?
   b. Em qual direção é a reação de hidrólise (da esquerda para a direita ou da direita para a esquerda)?
   c. Em qual direção é a reação de síntese por desidratação?
   d. Circule os átomos envolvidos na formação da água.
   e. Identifique a ligação peptídica.

8. DESENHE O seguinte diagrama mostra a proteína bacteriorrodopsina. Indique as regiões de estrutura primária, secundária e terciária. Essa proteína tem uma estrutura quaternária?

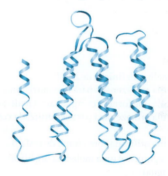

9. DESENHE Desenhe um lipídeo simples e mostre como ele poderia ser modificado em um fosfolipídeo.
10. DESENHE Qual tipo de microrganismo tem uma parede celular de quitina, um DNA circundado por um núcleo e ergosterol em sua membrana plasmática?

Múltipla escolha

Os radioisótopos são frequentemente usados para marcar moléculas em uma célula. O destino dos átomos e moléculas em uma célula pode ser então acompanhado. Esse método é a base das questões 1 a 3.

1. Suponha que bactérias *E. coli* estejam crescendo em um meio nutriente contendo o radioisótopo ^{16}N. Após um período de incubação de 48 horas, os isótopos ^{16}N têm maior probabilidade de serem encontrados em quais moléculas de *E. coli*?
   a. carboidratos
   b. lipídeos
   c. proteínas
   d. água
   e. nenhuma das alternativas acima

2. Se bactérias *Pseudomonas* são supridas com citosina marcada radioativamente, após um período de incubação de 24 horas, em qual substância da célula a maioria dessa citosina deveria ser encontrada?
   a. carboidratos
   b. DNA
   c. lipídeos
   d. água
   e. proteínas

3. Se bactérias *E. coli* estivessem crescendo em um meio contendo o isótopo radioativo ^{32}P, o ^{32}P seria encontrado em todas as moléculas da célula, *exceto* em:
   a. ATP.
   b. carboidratos.
   c. DNA.
   d. membrana plasmática.
   e. lipídeos complexos.

4. O pH ótimo da bactéria *Acidithiobacillus* (pH 3) é quantas vezes mais ácido do que o sangue (pH 7)?
   a. 4
   b. 10
   c. 100
   d. 1.000
   e. 10.000

5. Qual é a melhor definição de ATP?
   a. molécula armazenada para uso nutricional
   b. molécula que fornece energia para a realização de trabalho
   c. molécula armazenada para ser utilizada como reserva energética
   d. molécula utilizada como fonte de fosfato

6. Qual das seguintes é uma molécula orgânica?
   a. H_2O (água)
   b. O_2 (oxigênio)
   c. $C_{18}H_{29}SO_3$ (isopor)
   d. FeO (óxido de ferro)
   e. $F_2C=CF_2$ (Teflon)

Classifique as moléculas mostradas nas questões 7 a 10 como ácido, base ou sal. Os produtos de dissociação das moléculas são mostrados para ajudá-lo.
   a. ácido
   b. base
   c. sal

7. $HNO_3 \rightarrow H^+ + NO_3^-$

8. $H_2SO_4 \rightarrow 2H^+ + SO_4^{2-}$

9. $NaOH \rightarrow Na^+ + OH^-$

10. $MgSO_4 \rightarrow Mg^{2+} + SO_4^{2-}$

Análise

1. Quando você sopra bolhas em um copo de água, as seguintes reações ocorrem:

$$H_2O + CO_2 \overset{A}{\rightleftarrows} H_2CO_3 \overset{B}{\rightleftarrows} H^+ + HCO_3^-$$

   a. Que tipo de reação é a *A*?
   b. O que a reação *B* diz sobre o tipo de molécula que H_2CO_3 é?

2. Quais são as características estruturais comuns das moléculas de ATP e DNA?

3. O que acontece com a quantidade relativa de lipídeos insaturados na membrana plasmática quando a *E. coli* cultivada a 25 °C passa a ser cultivada a 37 °C?

4. Girafas, cupins e coalas ingerem somente vegetais. Já que os animais não podem digerir a celulose, como você supõe que esses animais conseguem se nutrir a partir das folhas e da madeira que eles ingerem?

Aplicações clínicas e avaliação

1. A bactéria *Ralstonia* produz poli-β-hidroxibutirato (PHB), que é utilizado na produção de plástico biodegradável. O PHB consiste em muitos dos monômeros mostrados no diagrama a seguir. Que tipo de molécula é o PHB? Qual é a razão mais provável para uma célula armazenar essa molécula?

2. O *Acidithiobacillus ferrooxidans* foi responsável pela destruição de prédios no Oriente Médio ao causar alterações no solo. A rocha original, que continha carbonato de cálcio ($CaCO_3$) e pirita (FeS_2), expandiu como resultado do metabolismo bacteriano, levando à formação de cristais de gipsita ($CaSO_4$). Como o *A. ferrooxidans* resultou na alteração de carbonato de cálcio para gipsita?

3. Os recém-nascidos são testados para fenilcetonúria (PKU), uma doença hereditária. Indivíduos que apresentam essa doença são carentes de uma enzima que converte a fenilalanina (Phe) em tirosina (Tyr); o acúmulo resultante de Phe pode causar deficiência intelectual, lesão cerebral e convulsões. O teste de Guthrie para PKU envolve a cultura de *Bacillus subtilis*, que requer Phe para o seu crescimento. A bactéria é cultivada em um meio contendo uma gota de sangue do bebê.
   a. Qual tipo de composto químico é a fenilalanina?
   b. O que a "ausência de crescimento" significa no teste de Guthrie?
   c. Por que os indivíduos com PKU devem evitar o adoçante aspartame?

4. O antibiótico anfotericina B causa extravasamento celular ao combinar-se com esteróis da membrana plasmática. Você utilizaria anfotericina B contra uma infecção bacteriana? E contra uma infecção fúngica? Forneça uma razão pela qual a anfotericina B tem efeitos colaterais graves nos seres humanos.

5. Você pode sentir o cheiro de enxofre ao cozinhar ovos. Quais aminoácidos você espera encontrar no ovo?

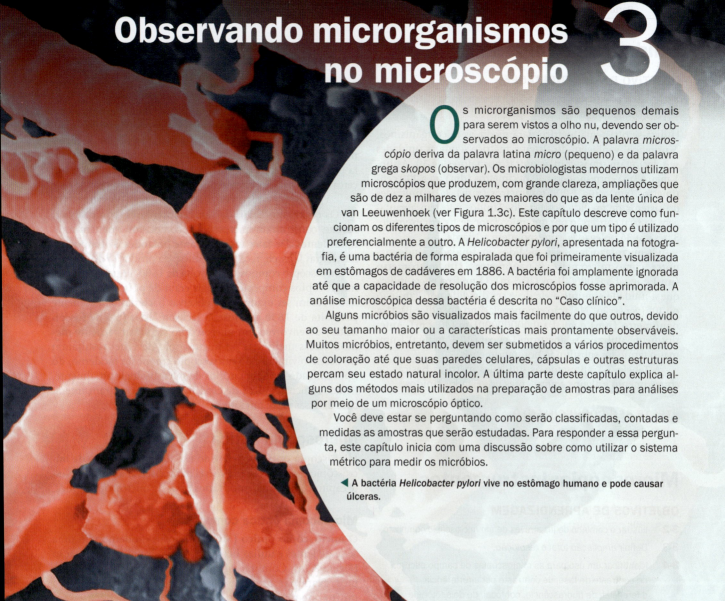

Os microrganismos são pequenos demais para serem vistos a olho nu, devendo ser observados ao microscópio. A palavra *microscópio* deriva da palavra latina *micro* (pequeno) e da palavra grega *skopos* (observar). Os microbiologistas modernos utilizam microscópios que produzem, com grande clareza, ampliações que são de dez a milhares de vezes maiores do que as da lente única de van Leeuwenhoek (ver Figura 1.3c). Este capítulo descreve como funcionam os diferentes tipos de microscópios e por que um tipo é utilizado preferencialmente a outro. A *Helicobacter pylori*, apresentada na fotografia, é uma bactéria de forma espiralada que foi primeiramente visualizada em estômagos de cadáveres em 1886. A bactéria foi amplamente ignorada até que a capacidade de resolução dos microscópios fosse aprimorada. A análise microscópica dessa bactéria é descrita no "Caso clínico".

Alguns micróbios são visualizados mais facilmente do que outros, devido ao seu tamanho maior ou a características mais prontamente observáveis. Muitos micróbios, entretanto, devem ser submetidos a vários procedimentos de coloração até que suas paredes celulares, cápsulas e outras estruturas percam seu estado natural incolor. A última parte deste capítulo explica alguns dos métodos mais utilizados na preparação de amostras para análises por meio de um microscópio óptico.

Você deve estar se perguntando como serão classificadas, contadas e medidas as amostras que serão estudadas. Para responder a essa pergunta, este capítulo inicia com uma discussão sobre como utilizar o sistema métrico para medir os micróbios.

◄ A bactéria *Helicobacter pylori* vive no estômago humano e pode causar úlceras.

Na clínica

Mike é um dos seus pacientes na clínica que atende a população de rua onde você atua como enfermeiro(a) voluntário(a). Ele apresenta tosse intensa e está bastante magro. Na semana anterior, você havia enviado uma amostra do escarro de Mike para o laboratório e pediu que fossem realizadas uma coloração de Gram e uma coloração ácido-resistente. Os resultados das colorações foram acrescentados ao prontuário médico, que dizia "ácido-resistente +". **Qual infecção Mike contraiu?**

Dica: leia a seção sobre coloração ácido-resistente, adiante.

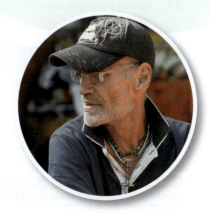

Unidades de medida

OBJETIVO DE APRENDIZAGEM

3-1   Listar as unidades utilizadas na mensuração de microrganismos.

Utiliza-se o sistema métrico para medir os microrganismos. A principal vantagem do sistema métrico é que as unidades se relacionam umas com as outras por fatores de 10. Assim, 1 metro (m) corresponde a 10 decímetros (dm) ou a 100 centímetros (cm) ou a 1.000 milímetros (mm). Já as unidades do sistema de medida dos Estados Unidos não têm a vantagem da fácil conversão por um único fator de 10. Por exemplo, 3 pés, ou 36 polegadas, correspondem a 1 jarda.

Os microrganismos são medidos em unidades ainda menores, como micrômetros e nanômetros. Um **micrômetro (μm)** é igual a 0,000001 m (10^{-6} m). O prefixo *micro* indica que a unidade seguinte a ele deve ser dividida por 1 milhão ou 10^6 (ver seção "Notação exponencial" no Apêndice B). Um **nanômetro (nm)** é igual a 0,000000001 m (10^{-9} m). Anteriormente, utilizava-se angstrom (Å) para 10^{-10} m ou 0,1 nm, mas o termo foi substituído por nanômetros.

A Tabela 3.1 apresenta as unidades métricas básicas de comprimento e alguns equivalentes nos Estados Unidos.

> **TESTE SEU CONHECIMENTO**
>
> ✔ **3-1**   Quantos nanômetros são 10 mm?

Microscopia: instrumentos

OBJETIVOS DE APRENDIZAGEM

3-2   Ilustrar o caminho da luz através de um microscópio composto.

3-3   Definir *ampliação total* e *resolução*.

3-4   Identificar um uso para as microscopias de campo escuro, de contraste de fase, de contraste por interferência diferencial, de fluorescência, confocal, de dois fótons e de varredura acústica e compará-las com a iluminação de campo claro.

3-5   Explicar a diferença entre a microscopia eletrônica e a microscopia óptica.

3-6   Identificar aplicações para o microscópio eletrônico de transmissão (MET), para o microscópio eletrônico de varredura (MEV) e para o microscópio de varredura por sonda.

O microscópio simples utilizado por van Leeuwenhoek no século XVII tinha somente uma lente e era similar a uma lupa. Entretanto, van Leeuwenhoek foi o melhor polidor de lentes no mundo em sua época. Suas lentes eram polidas com tanta precisão que uma única lente podia ampliar um micróbio cerca de 300×. Seus microscópios simples permitiram que ele fosse a primeira pessoa a visualizar as bactérias (ver Figura 1.3).

Os contemporâneos de van Leeuwenhoek, como Robert Hooke, construíram microscópios compostos, que têm múltiplas lentes. De fato, um fabricante holandês de binóculos, Zaccharias Janssen, recebe o crédito pela produção do primeiro microscópio composto, por volta de 1600. Entretanto, esses microscópios compostos iniciais eram de pouca qualidade e não podiam ser usados para observar bactérias. Foi somente por volta de 1830 que Joseph Jackson Lister (pai de Joseph Lister) desenvolveu um microscópio significativamente melhor. Várias melhorias no microscópio de Lister resultaram no desenvolvimento do microscópio composto moderno, do tipo utilizado em laboratórios de microbiologia atualmente. Estudos microscópicos de espécimes vivos revelaram interações diversas entre micróbios.

Microscopia óptica

Microscopia óptica se refere ao uso de qualquer tipo de microscópio que utiliza a luz visível para observar amostras. Neste capítulo, examinaremos vários tipos de microscopia óptica.

Microscopia óptica composta

O **microscópio óptico (MO) composto** moderno tem uma série de lentes e utiliza luz visível como fonte de iluminação (Figura 3.1a). Com um microscópio óptico composto, podemos examinar amostras muito pequenas, bem como parte de seus detalhes. Uma série de lentes finamente polidas (Figura 3.1b) forma uma imagem

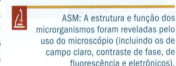

ASM: A estrutura e função dos microrganismos foram reveladas pelo uso do microscópio (incluindo os de campo claro, contraste de fase, de fluorescência e eletrônicos).

Unidade métrica	Significado do prefixo	Equivalente métrico	Equivalente dos Estados Unidos
1 quilômetro (km)	*quilo* = 1.000	1.000 m = 10^3 m	3.280,84 pés ou 0,62 milha; 1 mi = 1,61 km
1 metro (m)		Unidade padrão de comprimento	39,37 polegadas ou 3,28 pés ou 1,09 jarda
1 decímetro (dm)	*deci* = 1/10	0,1 m = 10^{-1} m	3,94 polegadas
1 centímetro (cm)	*centi* = 1/100	0,01 m = 10^{-2} m	0,394 polegadas; 1 polegada = 2,54 cm
1 milímetro (mm)	*mili* = 1/1.000	0,001 m = 10^{-3} m	
1 micrômetro (μm)	*micro* = 1/1.000.000	0,000001 m = 10^{-6} m	
1 nanômetro (nm)	*nano* = 1/1.000.000.000	0,000000001 m = 10^{-9} m	
1 picômetro (pm)	*pico* = 1/1.000.000.000.000	0,000000000001 m = 10^{-12} m	

TABELA 3.1   Unidades métricas de comprimento e equivalentes dos Estados Unidos

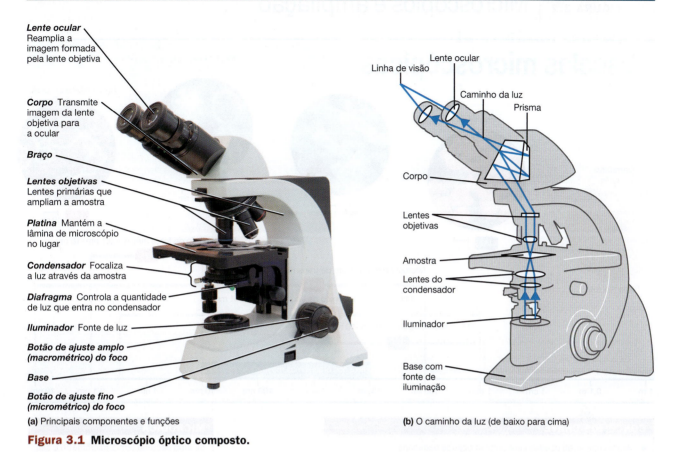

Lente ocular
Reamplia a imagem formada pela lente objetiva

Corpo Transmite imagem da lente objetiva para a ocular

Braço

Lentes objetivas
Lentes primárias que ampliam a amostra

Platina Mantém a lâmina de microscópio no lugar

Condensador Focaliza a luz através da amostra

Diafragma Controla a quantidade de luz que entra no condensador

Iluminador Fonte de luz

Botão de ajuste amplo (macrométrico) do foco

Base

Botão de ajuste fino (micrométrico) do foco

(a) Principais componentes e funções

Linha de visão
Lente ocular
Caminho da luz
Prisma
Corpo
Lentes objetivas
Amostra
Lentes do condensador
Iluminador
Base com fonte de iluminação

(b) O caminho da luz (de baixo para cima)

Figura 3.1 Microscópio óptico composto.

P Qual é a ampliação total de um microscópio óptico composto com lente objetiva de ampliação de 40× e lente ocular de ampliação de 10×?

claramente focada, muitas vezes maior que a amostra em si. Essa ampliação é obtida quando os raios de luz de um **iluminador**, a fonte de luz, passam através de um **condensador**, que possui lentes que direcionam os raios de luz através da amostra. A partir daí, os raios de luz passam para as **lentes objetivas**, as lentes mais próximas da amostra. A imagem da amostra é ampliada novamente pelas **lentes oculares**.

Podemos calcular a **ampliação total** de uma amostra multiplicando a ampliação da lente objetiva (aumento) pela ampliação da lente ocular (aumento). A maioria dos microscópios utilizados em microbiologia tem várias lentes objetivas, incluindo 10× (pequeno aumento), 40× (grande aumento) e 100× (imersão em óleo). A maioria das lentes oculares amplia as amostras por um fator de 10. Multiplicando-se a ampliação de uma lente objetiva específica pela ampliação da ocular, veremos que a ampliação total seria de 100× para as lentes de pequeno aumento, 400× para as lentes de grande aumento e 1.000× para imersão em óleo.

A **resolução** (ou *poder de resolução*) consiste na capacidade das lentes de diferenciar detalhes sutis e estruturas. Especificamente, refere-se à capacidade das lentes de distinguirem dois pontos separados a uma determinada distância. Por exemplo, se um microscópio tem um poder de resolução de 0,4 nm, ele pode distinguir dois pontos se eles estiverem separados

CASO CLÍNICO Caos microscópico

M ariana, uma executiva de 42 anos e mãe de três filhos, tem sofrido de uma dor de estômago recorrente, que parece estar piorando. Ela brinca que deveria virar acionista no fabricante do Pepto-Bismol, já que ela compra muito desse

medicamento. Por insistência do filho, ela marca uma consulta com o médico de atenção primária. Após ouvir de Mariana que ela se sente melhor imediatamente após a administração de Pepto-Bismol, o médico suspeita de uma úlcera péptica associada a *Helicobacter pylori*.

O que é *H. pylori*? Continue lendo para descobrir.

Parte 1   Parte 2   Parte 3   Parte 4

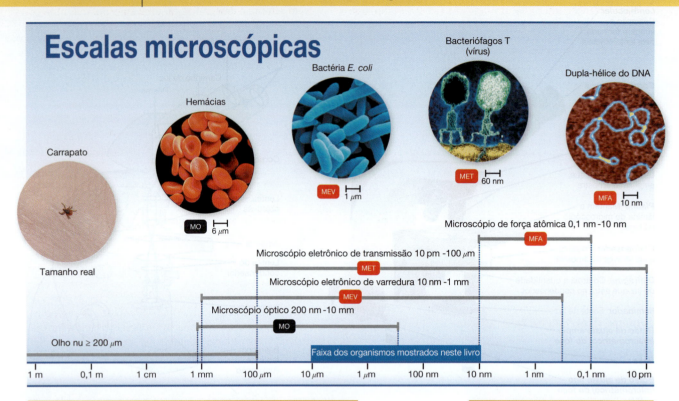

Escalas microscópicas

Carrapato

Tamanho real

Hemácias

MO 6 μm

Bactéria *E. coli*

MEV 1 μm

Bacteriófagos T
(vírus)

MET 60 nm

Dupla-hélice do DNA

MFA 10 nm

Microscópio de força atômica 0,1 nm-10 nm
MFA

Microscópio eletrônico de transmissão 10 pm-100 μm
MET

Microscópio eletrônico de varredura 10 nm-1 mm
MEV

Microscópio óptico 200 nm-10 mm
MO

Olho nu ≥ 200 μm

Faixa dos organismos mostrados neste livro

| 1 m | 0,1 m | 1 cm | 1 mm | 100 μm | 10 μm | 1 μm | 100 nm | 10 nm | 1 nm | 0,1 nm | 10 pm |

CONCEITOS-CHAVE

- Microscópios são usados para ampliar objetos pequenos.
- Como microscópios diferentes têm faixas de resolução diferentes, o tamanho de um microrganismo determina quais microscópios podem ser usados para visualizar a amostra de forma eficaz.
- A maioria das micrografias mostradas neste livro (como as acima) tem barras de tamanho e símbolos para ajudar na identificação do tamanho real da amostra e do tipo de microscópio usado para essa imagem.
- Um ícone vermelho indica que a micrografia foi colorida artificialmente.
- A resolução aumenta com a diminuição do comprimento de onda.

MICRODICA

Se uma bactéria tem 1 micrômetro e seu dedo indicador tem 6,5 cm de comprimento, quantas bactérias você poderia colocar de ponta a ponta sobre ele?

Resposta: 65.000.

---

por uma distância de pelo menos 0,4 nm. Um princípio geral da microscopia é que, quanto mais curto o comprimento de onda da luz utilizada no instrumento, maior a resolução. A luz branca utilizada no microscópio óptico composto tem um comprimento de onda relativamente longo e não pode determinar estruturas menores do que cerca de 0,2 μm. Esta e outras considerações limitam o alcance de ampliação, mesmo pelo melhor microscópio óptico composto, a cerca de 1.500×. Comparativamente, as pequenas lentes esféricas de van Leeuwenhoek tinham uma resolução de 1 μm. A **Figura 3.2** apresenta várias amostras que podem ser visualizadas pelo olho humano e pelos microscópios.

Para se obter uma imagem clara e bastante detalhada em um microscópio óptico composto, as amostras devem contrastar nitidamente com o seu *meio* (a substância na qual elas estão suspensas). Para atingir esse contraste, devemos alterar o índice de refração das amostras em relação ao índice de seu meio. O **índice de refração** é uma medida da capacidade de curvatura da luz de um meio. O índice de refração das amostras é alterado pela coloração, um procedimento que discutiremos em breve. Os raios de luz se movem em uma linha reta através de um meio único. Após a coloração, a amostra e seu meio apresentam diferentes índices de refração. Quando os raios de luz passam através dos dois materiais (a amostra e seu meio), os raios mudam de direção (sofrem refração) a partir de uma linha reta, curvando-se ou mudando o ângulo no limite entre os materiais. Isso aumenta o contraste da imagem entre a amostra e o meio. À medida que os raios de luz seguem para longe das amostras, eles se espalham e entram na lente objetiva, e a imagem é, assim, ampliada.

Para alcançar uma alta ampliação (1.000×) com boa resolução, a lente objetiva deve ser pequena. Embora necessitemos que a luz percorra a amostra e o meio para ser refratada de modo diferente, não desejamos perder os raios de luz após a sua passagem através da amostra corada. Para preservar a direção dos raios de luz na maior ampliação, o óleo de imersão é colocado entre a lâmina de vidro e a lente objetiva de imersão (**Figura 3.3**). O óleo de imersão possui o mesmo índice de refração que o vidro, e, dessa forma, torna-se parte da óptica do vidro do microscópio. A menos que o óleo de imersão seja utilizado, os raios de luz são refratados à medida que penetram no ar sobre a lâmina, e a lente objetiva precisaria ter um diâmetro maior para capturar a maior parte deles. O óleo tem o mesmo efeito que o aumento do diâmetro da lente objetiva; portanto, ele aumenta o poder de resolução das lentes. Se o óleo não for utilizado com uma lente objetiva de imersão, a imagem apresentará uma baixa resolução e se tornará borrada.

Sob condições normais de funcionamento, o campo de visão em um microscópio óptico composto é claramente iluminado. Ao focar a luz, o condensador produz uma **iluminação de campo claro** (**Figura 3.4a**).

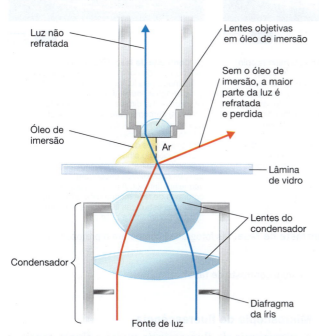

Figura 3.3 Refração no microscópio composto utilizando uma lente objetiva em óleo de imersão. Como os índices de refração da lâmina de vidro e do óleo de imersão são os mesmos, os raios de luz não são refratados quando passam de um meio para o outro se uma lente objetiva em óleo de imersão for utilizada. Essa técnica é necessária em ampliações maiores do que 900×.

P Por que o óleo de imersão é necessário em ampliações de 1.000×, mas não em lentes objetivas de baixo aumento?

Nem sempre é desejável corar uma amostra, mas uma célula não corada apresenta pouco contraste em relação ao seu meio circundante e, dessa forma, é mais difícil de ser visualizada. Células não coradas são mais facilmente observadas com os microscópios compostos modificados, descritos na próxima seção.

TESTE SEU CONHECIMENTO

✔ **3-2** A luz atravessa quais lentes em um microscópio composto?

✔ **3-3** O que significa dizer que um microscópio tem uma resolução de 0,2 nm?

Microscopia de campo escuro

Um **microscópio de campo escuro** é utilizado para a análise de microrganismos vivos que são invisíveis ao microscópio óptico comum, que não podem ser corados pelos métodos tradicionais ou que são tão distorcidos pela coloração que suas características não podem ser identificadas. Um microscópio de campo escuro utiliza um condensador de campo escuro que contém um disco opaco. O disco bloqueia a luz que entraria na lente objetiva diretamente. Somente a luz que é refletida para fora (devolvida) da amostra entra na lente objetiva. Uma vez que não há luz de fundo direta, a amostra aparece iluminada contra um fundo preto – o campo escuro (Figura 3.4b). Essa técnica é frequentemente utilizada para examinar microrganismos não corados suspensos em líquido. Uma aplicação da microscopia de campo escuro é a análise de espiroquetas muito finos, como o *Treponema pallidum*, agente causador da sífilis.

Microscopia de contraste de fase

Outra forma de se observar os microrganismos é com o **microscópio de contraste de fase**. A microscopia de contraste de fase é especialmente útil porque as estruturas internas de uma célula se tornam mais nitidamente definidas, permitindo um exame detalhado dos microrganismos *vivos*. Além disso, não é necessária a fixação (fixar os micróbios à lâmina microscópica) ou a coloração da amostra – procedimentos que poderiam distorcer ou destruir os microrganismos.

Em um microscópio de contraste de fase, um conjunto de raios luminosos sai diretamente da fonte de luz. O outro conjunto é derivado da luz que é refletida, refratada ou difratada de uma estrutura particular na amostra. (*Difração* é a dispersão dos raios luminosos à medida que eles "tocam" a borda de uma amostra. Os raios difratados são curvados para longe dos raios de luz paralelos que passam mais distante da amostra.) Quando todos os conjuntos de raios luminosos – raios diretos, refletidos, refratados ou difratados – se encontram, eles formam uma imagem da amostra na lente ocular, contendo áreas relativamente claras (em fase), que variam de tons de cinza ao preto (fora de fase; Figura 3.4c).

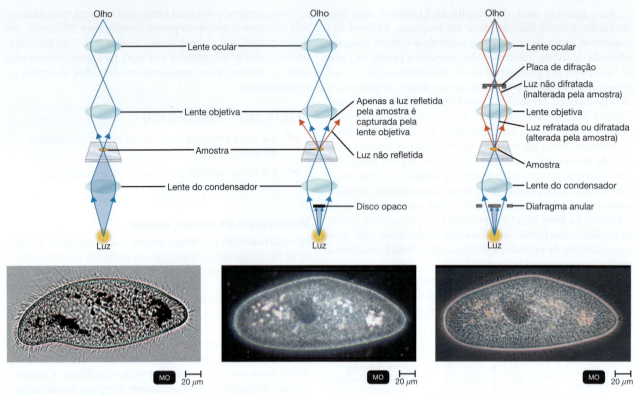

(a) Campo claro. (Superior) O caminho da luz na microscopia de campo claro, o tipo de iluminação produzida pelos microscópios ópticos comuns. (Inferior) A iluminação de campo claro mostra as estruturas internas e o contorno da película transparente (revestimento externo).

(b) Campo escuro. (Superior) O microscópio de campo escuro utiliza um condensador especial com um disco opaco, que elimina toda a luz no centro do feixe. A única luz que atinge a amostra vem em um ângulo; assim, apenas a luz refletida pela amostra (raios azuis) alcança a lente objetiva. (Inferior) Contra o fundo preto, visto na microscopia de campo escuro, as bordas da célula estão brilhantes, algumas estruturas internas parecem brilhar, e a película é quase visível.

(c) Contraste de fase. (Superior) Na microscopia de contraste de fase, a amostra é iluminada pela luz que passa através de um diafragma anular (em forma de anel). Os raios de luz diretos (inalterados pela amostra) percorrem uma trajetória diferente dos raios luminosos, que são refletidos ou difratados à medida que passam através da amostra. Esses dois conjuntos de raios são combinados no olho. Os raios luminosos refletidos ou difratados são indicados em azul; os raios diretos encontram-se em vermelho. (Inferior) A microscopia de contraste de fase mostra uma diferenciação maior das estruturas internas e também mostra claramente a película.

Figura 3.4 **Microscopia de campo claro, campo escuro e contraste de fase.** As fotografias comparam o protozoário *Paramecium* utilizando essas três técnicas diferentes de microscopia.

P Quais são as vantagens da microscopia de campo claro, campo escuro e contraste de fase?

Microscopia de contraste com interferência diferencial

A **microscopia de contraste com interferência diferencial (CID)** é similar à microscopia de contraste de fase, pois utiliza as diferenças nos índices de refração. Entretanto, um microscópio CID utiliza dois feixes de luz em vez de um. Além disso, prismas separam cada feixe de luz, adicionando cores contrastantes à amostra. Assim, a resolução de um microscópio CID é maior que a de um microscópio de contraste de fase padrão. A imagem também apresenta cores vívidas, e parece quase tridimensional (**Figura 3.5**).

Microscopia de fluorescência

A **microscopia de fluorescência** utiliza a **fluorescência**, a capacidade das substâncias de absorverem comprimentos de onda curtos (ultravioleta) e emitirem luz com um comprimento de onda maior (visível). Alguns organismos fluorescem naturalmente sob iluminação ultravioleta; se a amostra que será visualizada não fluorescer naturalmente, ela pode ser corada com um grupo de corantes fluorescentes, os *fluorocromos*. Quando os microrganismos corados com um fluorocromo são examinados sob um microscópio de fluorescência, com uma fonte de luz ultravioleta quase-ultravioleta, eles aparecem como objetos luminosos e brilhantes contra um fundo escuro.

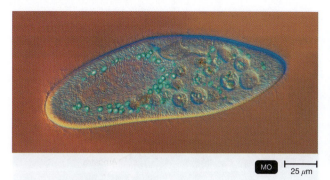

MO | 25 μm

Figura 3.5 Microscopia de contraste com interferência diferencial (CID). Como a microscopia de contraste de fase, a CID utiliza diferenças nos índices de refração para produzir uma imagem, neste caso de um *Paramecium*. As cores na imagem são produzidas por prismas que dividem os dois feixes de luz usados nesse processo.

P Por que uma micrografia feita por CID apresenta coloração vívida?

Os fluorocromos têm atrações especiais por diferentes microrganismos. Por exemplo, o fluorocromo auramina O, que apresenta um brilho amarelo quando exposto à luz ultravioleta, é fortemente absorvido pelo *Mycobacterium tuberculosis*, a bactéria que causa a tuberculose. Quando o corante é aplicado a uma amostra de material com suspeita de conter a bactéria, esta pode ser detectada pelo surgimento de organismos amarelo-brilhantes contra um fundo escuro (**Figura 3.6**). O *Bacillus anthracis*, agente causador do antraz, adquire cor verde brilhante quando corado com outro fluorocromo, o isotiocianato de fluoresceína (FITC).

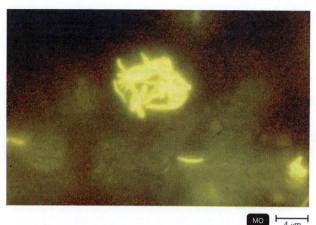

MO | 4 μm

Figura 3.6 Microscopia de fluorescência. A bactéria *M. tuberculosis* aparece como células amarelas em uma amostra de escarro corada com o fluorocromo auramina O.

P Por que as células bacterianas estão fluorescendo?

A principal aplicação da microscopia de fluorescência consiste na **técnica do anticorpo fluorescente (AF)** ou **imunofluorescência**. Os **anticorpos** são moléculas de defesa naturais produzidas pelos seres humanos e outros animais em resposta a uma substância estranha, ou **antígeno**. Os anticorpos fluorescentes para um antígeno específico são obtidos da seguinte forma: um animal é injetado com um antígeno específico, como uma bactéria, e então começa a produzir anticorpos contra aquele antígeno. Após um período suficiente, os anticorpos são removidos do soro do animal. Em seguida, como mostrado na **Figura 3.7a**, um fluorocromo é quimicamente

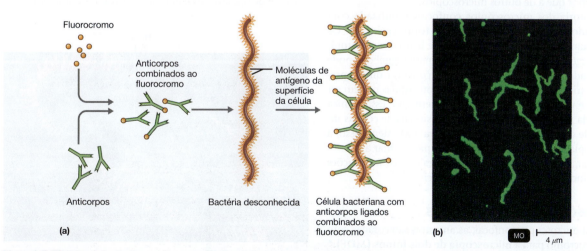

Fluorocromo

Anticorpos combinados ao fluorocromo

Moléculas de antígeno da superfície da célula

Anticorpos

Bactéria desconhecida

Célula bacteriana com anticorpos ligados combinados ao fluorocromo

(a)

(b)

MO | 4 μm

Figura 3.7 Princípio da imunofluorescência. **(a)** Um tipo de fluorocromo é combinado a anticorpos contra um tipo específico de bactéria. As células bacterianas suspeitas de serem do tipo específico são colocadas em uma lâmina de microscópio, e os anticorpos fluorescentes são adicionados. Se as células bacterianas forem do tipo suspeito, os anticorpos se ligarão a elas, e as células fluorescerão quando iluminadas com luz ultravioleta. **(b)** No teste de absorção de anticorpo treponêmico fluorescente (FTA-ABS) para a sífilis mostrado aqui, o *T. pallidum* é evidenciado como células verdes contra um fundo escuro.

P Por que as outras bactérias não fluorescem no teste FTA-ABS?

combinado aos anticorpos. Esses anticorpos fluorescentes são, então, adicionados a uma lâmina de microscópio contendo uma bactéria desconhecida. Se essa bactéria desconhecida for a mesma bactéria que foi injetada no animal, os anticorpos fluorescentes se ligarão aos antígenos na superfície da bactéria, causando a sua fluorescência.

Essa técnica pode detectar bactérias e outros microrganismos patogênicos, mesmo no interior de células, tecidos ou outras amostras clínicas (Figura 3.7b). Outro ponto de extrema importância é que ela pode ser utilizada para identificar um micróbio em minutos. A imunofluorescência é especialmente útil no diagnóstico da sífilis e da raiva. Discutiremos mais sobre as reações antígeno-anticorpo e sobre imunofluorescência no Capítulo 18.

Microscopia confocal

A **microscopia confocal** é uma técnica na microscopia óptica utilizada para reconstruir imagens tridimensionais. Assim como na microscopia de fluorescência, as amostras são coradas com fluorocromos para que emitam, ou devolvam, a luz. Contudo, em vez de iluminar o campo todo, na microscopia confocal um plano de uma pequena região da amostra é iluminado com uma luz de pequeno comprimento de onda (azul), que passa a luz devolvida através de uma abertura alinhada com a região iluminada. Cada plano corresponde a uma imagem de um corte fino, fisicamente seccionado a partir de uma amostra. Planos sucessivos de cerca de 0,5 μm são iluminados até que toda a amostra tenha sido examinada. Uma vez que a microscopia confocal utiliza um orifício pequeno de abertura (*pinhole*), ela elimina o desfoque que ocorre com outros microscópios. Por isso, imagens bidimensionais excepcionalmente claras podem ser obtidas, com uma resolução até 40% melhor que a de outros microscópios.

A maioria dos microscópios confocais é utilizada com computadores para construir imagens tridimensionais. Os planos examinados de uma amostra, que lembram um arquivo de imagens, são convertidos a um formato digital que pode ser utilizado por um computador para construir uma representação tridimensional. As imagens reconstruídas podem ser movidas e visualizadas em qualquer orientação. Essa técnica é utilizada para obter imagens tridimensionais de células inteiras e de componentes celulares (**Figura 3.8**). Além disso, a microscopia confocal pode ser utilizada para avaliar a fisiologia celular, monitorando as distribuições e as concentrações de substâncias, como o ATP e os íons cálcio.

Microscopia de dois fótons

Como na microscopia confocal, as amostras são coradas com um fluorocromo para a **microscopia de dois fótons (MDF)**.* A microscopia de dois fótons utiliza luz de longo comprimento de onda (vermelho extremo) e, portanto, são necessários dois fótons, em vez de um, para estimular o fluorocromo a emitir luz. O comprimento de onda mais longo permite a visualização de imagens de células vivas em tecidos de até 1 mm (1.000 μm) de espessura (**Figura 3.9**). A microscopia confocal pode obter imagens detalhadas de células apenas até uma

*O fóton é a menor unidade de luz.

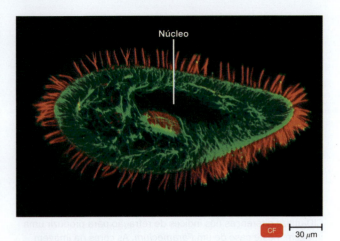

Figura 3.8 Microscopia confocal. A microscopia confocal produz imagens tridimensionais e pode ser usada para examinar o interior de células. É apresentado aqui o núcleo de um *Paramecium*.

P Quais são as vantagens da microscopia confocal?

espessura de menos de 100 μm. Além disso, o comprimento de onda mais longo tem menor probabilidade de gerar oxigênio singleto, que danifica as células. Outra vantagem da MDF é que ela pode rastrear a atividade das células em tempo real. Por exemplo, células do sistema imune foram observadas respondendo a um antígeno.

Microscopia óptica de super-resolução

Até recentemente, a resolução máxima para microscópios ópticos era de 0,2 μm. No entanto, em 2014, o Prêmio Nobel de

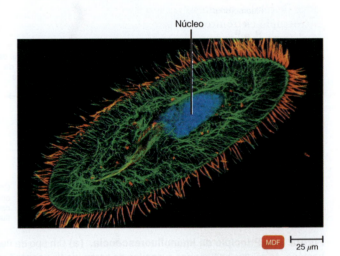

Figura 3.9 Microscopia de dois fótons (MDF). Esse procedimento possibilita obter imagens de células de até 1 mm de espessura em detalhes. Esta imagem mostra um *Paramecium*. A imunofluorescência é utilizada para mostrar os microtúbulos (verde) e o núcleo (azul).

P Quais são as diferenças entre a MDF e a microscopia confocal?

Química foi concedido a Eric Betzig, Stefan Hell e William Moerner pelo desenvolvimento de um microscópio que usa dois feixes de *laser*. Na **microscopia óptica de super-resolução**, um comprimento de onda estimula o brilho das moléculas fluorescentes, e outro comprimento de onda barra toda a fluorescência, exceto aquela em um nanômetro. As células podem ser coradas com corantes fluorescentes específicos para certas moléculas, como DNA ou proteína, permitindo que até mesmo uma única molécula seja rastreada em uma célula. Um computador diz ao microscópio para escanear a amostra nanômetro por nanômetro e, em seguida, reúne as imagens (**Figura 3.10**).

Microscopia acústica de varredura

A **microscopia acústica de varredura (MAV)** basicamente consiste em interpretar a ação de uma onda sonora enviada através de uma amostra. Uma onda sonora de uma frequência específica se propaga através da amostra, e uma parte dessa onda é refletida de volta toda vez que atinge uma interface dentro do material. A resolução é de cerca de 1 μm. A MAV é utilizada para o estudo de células vivas aderidas a outra superfície, como células cancerosas, placas ateroscleróticas e biofilmes bacterianos que obstruem equipamentos (**Figura 3.11**).

> **TESTE SEU CONHECIMENTO**
>
> **3-4** Quais são as semelhanças entre as microscopias de campo claro, campo escuro, contraste de fase e fluorescência?

Microscopia eletrônica

Objetos menores que 0,2 μm, como vírus ou estruturas internas de células, devem ser analisados com o auxílio de um **microscópio eletrônico**. Na microscopia eletrônica, um feixe de elétrons é utilizado no lugar da luz. Como a luz, os elétrons livres se deslocam em ondas. O poder de resolução do

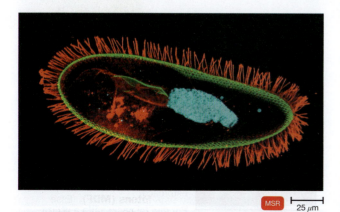

Figura 3.10 **Microscópio óptico de super-resolução.** A microscopia óptica de super-resolução escaneia as células 1 nanômetro por vez para fornecer uma resolução inferior a 0,1 μm.

P Qual é a vantagem da microscopia óptica de super-resolução?

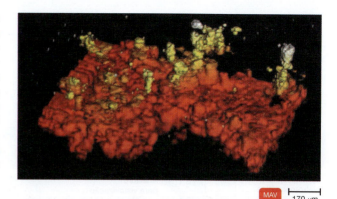

Figura 3.11 **Microscopia acústica de varredura (MAV) de um biofilme bacteriano em uma lâmina.** A microscopia acústica de varredura consiste essencialmente na interpretação da ação de ondas sonoras através da amostra. © 2006 IEEE.

P Qual é o principal uso da MAV?

microscópio eletrônico é muito maior que o dos outros microscópios descritos até agora. A melhor resolução dos microscópios eletrônicos se deve aos comprimentos de onda mais curtos dos elétrons; os comprimentos de onda dos elétrons são cerca de 100 mil vezes menores que os comprimentos de onda da luz visível. Assim, os microscópios eletrônicos são usados para examinar estruturas muito pequenas para serem determinadas com microscópios ópticos. As imagens produzidas por microscópios eletrônicos são sempre em preto e branco, mas podem ser coloridas artificialmente para acentuar certos detalhes.

Em vez de usar lentes de vidro, um microscópio eletrônico utiliza lentes eletromagnéticas para focalizar um feixe de elétrons na amostra. Existem dois tipos: o microscópio eletrônico de transmissão e o microscópio eletrônico de varredura.

Microscopia eletrônica de transmissão

No **microscópio eletrônico de transmissão (MET)**, um feixe de elétrons precisamente focalizado oriundo de um canhão de elétrons passa através de um corte ultrafino da amostra especialmente preparado (**Figura 3.12a**). O feixe é focado em uma pequena área da amostra por uma lente condensadora eletromagnética que realiza uma função aproximadamente igual à do condensador de um microscópio óptico – direcionar o feixe de elétrons em uma linha reta para iluminar a amostra.

Em vez de ser colocada em uma lâmina de vidro, como nos microscópios ópticos, a amostra normalmente é colocada sobre uma tela de cobre. O feixe de elétrons passa através da amostra e, então, através de uma lente objetiva eletromagnética, que amplia a imagem. Por fim, os elétrons são focalizados por uma lente projetora eletromagnética (em vez de uma lente ocular, como no microscópio óptico) para uma tela de visualização, e a imagem é salva digitalmente. A imagem final, uma *micrografia eletrônica de transmissão*, aparece como muitas áreas iluminadas e escuras, dependendo do número de elétrons absorvidos pelas diferentes áreas da amostra.

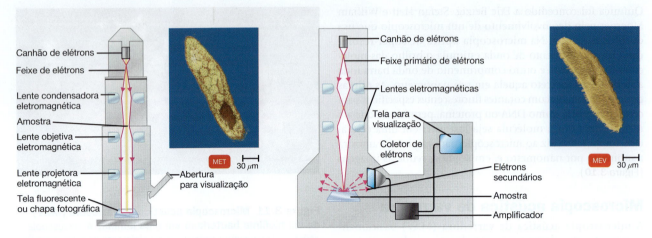

(a) Transmissão. (À esquerda) Em um microscópio eletrônico de transmissão, os elétrons passam através da amostra e são dispersos. Lentes magnéticas focalizam a imagem em uma tela fluorescente ou chapa fotográfica. (À direita) Esta micrografia eletrônica de transmissão (MET) colorida mostra um corte delgado de um *Paramecium*. Nesse tipo de microscopia, as estruturas internas presentes no corte podem ser observadas.

(b) Varredura. (À esquerda) Em um microscópio eletrônico de varredura, os elétrons primários varrem a amostra e arrancam elétrons de sua superfície. Esses elétrons secundários são captados por um coletor, amplificados, e transmitidos a uma tela de visualização ou chapa fotográfica. (À direita) Nesta micrografia eletrônica de varredura (MEV) colorida, as estruturas de superfície de um *Paramecium* podem ser observadas. Observe a aparência tridimensional dessa célula, em contraste com o aspecto bidimensional da micrografia eletrônica de transmissão na parte (a).

Figura 3.12 Microscopia eletrônica de transmissão e de varredura. As figuras mostram um *Paramecium* observado nesses dois tipos de microscópios. Embora as fotomicrografias eletrônicas normalmente sejam em preto e branco, neste livro essas e outras micrografias eletrônicas foram coloridas artificialmente para dar ênfase.

P **Quais são as diferenças entre as imagens de MET e MEV do mesmo organismo?**

O microscópio eletrônico de transmissão pode determinar objetos a distâncias de 0,2 nm, e os objetos são geralmente ampliados de 10.000 a 10.000.000×. Como a maioria das amostras microscópicas é muito fina, o contraste entre as suas ultraestruturas e o fundo é fraco. O contraste pode ser aumentado utilizando-se um "corante" que absorve os elétrons e produz uma imagem mais escura na região corada. Sais de vários metais pesados, como o chumbo, o ósmio, o tungstênio e o urânio, são usados como corantes. Esses metais podem ser fixados à amostra (*coloração positiva*) ou utilizados para aumentar a opacidade eletrônica do campo circundante (*coloração negativa*). A coloração negativa é útil para o estudo de amostras muito pequenas, como as partículas virais, os flagelos bacterianos e as moléculas de proteína.

Além das colorações positiva e negativa, um micróbio pode ser visualizado por uma técnica de MET denominada *projeção de sombras*. Nesse procedimento, um metal pesado, como a platina ou o ouro, é pulverizado em um ângulo de cerca de 45° de modo a atingir o micróbio somente por um lado. O metal se acumula de um lado da amostra, e a área não atingida no lado oposto da amostra deixa uma área clara atrás dela, como uma sombra. Isso fornece uma ideia geral do tamanho e da forma da amostra (ver MET na Figura 11.9a).

A MET tem alta resolução e é extremamente valiosa para o exame de diferentes camadas das amostras. Contudo, tem algumas desvantagens. Como a potência de penetração dos elétrons é limitada, somente um corte muito delgado de uma amostra (cerca de 100 nm) pode ser efetivamente estudado. Desse modo, a amostra não tem aspecto tridimensional. Além disso, as amostras devem ser fixadas, desidratadas e visualizadas em alto vácuo para prevenir a dispersão dos elétrons. Esses tratamentos não somente destroem a amostra como também causam encolhimento e distorção, algumas vezes de forma que pode parecer que há estruturas adicionais em uma célula preparada. As estruturas que aparecem em razão do método de preparação são chamadas *artefatos*.

Microscopia eletrônica de varredura

O **microscópio eletrônico de varredura (MEV)** supera as dificuldades de seccionamento associadas ao microscópio

CASO CLÍNICO

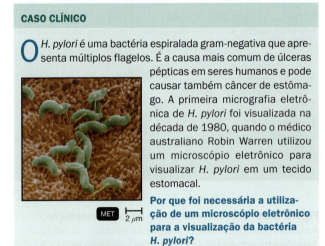

O *H. pylori* é uma bactéria espiralada gram-negativa que apresenta múltiplos flagelos. É a causa mais comum de úlceras pépticas em seres humanos e pode causar também câncer de estômago. A primeira micrografia eletrônica de *H. pylori* foi visualizada na década de 1980, quando o médico australiano Robin Warren utilizou um microscópio eletrônico para visualizar *H. pylori* em um tecido estomacal.

Por que foi necessária a utilização de um microscópio eletrônico para a visualização da bactéria *H. pylori*?

Parte 1   Parte 2   Parte 3   Parte 4

eletrônico de transmissão. Ele fornece imagens tridimensionais surpreendentes (Figura 3.12b). Um canhão de elétrons produz um feixe de elétrons precisamente focado, chamado feixe primário de elétrons. Esses elétrons passam através de lentes eletromagnéticas e são dirigidos à superfície da amostra. O feixe primário de elétrons expulsa os elétrons da superfície da amostra, e os elétrons secundários produzidos são transmitidos a um coletor de elétrons, amplificados e usados para produzir uma imagem sobre uma tela de visualização. Esta é salva como uma imagem digital, a *micrografia eletrônica de varredura*. A MEV é especialmente útil no estudo das estruturas de superfície de células intactas e vírus. Na prática, ela pode determinar objetos a distâncias de 0,5 nm, e a ampliação é geralmente de 1.000 a 500.000×.

TESTE SEU CONHECIMENTO

✔ **3-5** Por que os microscópios eletrônicos têm uma maior resolução do que os microscópios ópticos?

Microscopia de varredura por sonda

Desde o início da década de 1980, vários novos tipos de microscópios, os **microscópios de varredura por sonda**, têm sido desenvolvidos. Eles utilizam vários tipos de sonda para examinar a superfície de uma amostra utilizando corrente elétrica, que não modifica a amostra ou a expõe à radiação nociva de alta energia. Esses microscópios podem ser usados para mapear formas atômicas e moleculares, caracterizar propriedades magnéticas e químicas e determinar as variações de temperatura no interior das células. Entre os novos microscópios de varredura por sonda estão o microscópio de tunelamento e o microscópio de força atômica, discutidos a seguir.

Microscopia de tunelamento por varredura

A **microscopia de tunelamento por varredura (MTV)** utiliza uma sonda fina de tungstênio que varre a amostra e produz uma imagem que revela as protuberâncias e depressões dos átomos na superfície da amostra (**Figura 3.13a**). O poder de resolução de uma MTV é muito maior que o de um microscópio eletrônico, podendo determinar detalhes tão diminutos quanto um átomo. Além disso, não é necessária uma preparação especial da amostra para a observação. As MTVs são usadas para fornecer imagens incrivelmente detalhadas de moléculas como o DNA.

Microscopia de força atômica

Na **microscopia de força atômica (MFA)**, uma sonda de metal e diamante é levemente pressionada na superfície de uma amostra. À medida que a sonda se move ao longo da superfície da amostra, seus movimentos são registrados, e uma imagem tridimensional é produzida (Figura 3.13b). Assim como na MTV, a MFA não requer uma preparação especial da amostra. A MFA é usada para fornecer imagens de substâncias biológicas em detalhes a nível quase atômico e processos moleculares como a montagem da fibrina, um componente do coágulo sanguíneo.

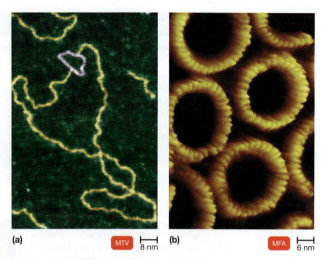

(a) MTV ⊢—⊣ 8 nm (b) MFA ⊢—⊣ 6 nm

Figura 3.13 Microscopia de varredura por sonda.
(a) Imagem de microscopia de tunelamento por varredura (MTV) de uma molécula de DNA dupla-fita. **(b)** Imagem de microscopia de força atômica (MFA) da toxina perfringolisina O de *Clostridium perfringens*. Essa proteína produz buracos nas membranas plasmáticas humanas.

P **Qual é o princípio empregado na microscopia de varredura por sonda?**

Os vários tipos de microscopia que acabamos de descrever estão resumidos na Tabela 3.2.

TESTE SEU CONHECIMENTO

✔ **3-6** Qual é a aplicação da MET? E da MEV? E da microscopia de varredura por sonda?

Preparação de amostras para microscopia óptica

OBJETIVOS DE APRENDIZAGEM

3-7 Diferenciar um corante ácido de um corante básico.

3-8 Explicar a finalidade da coloração simples.

3-9 Listar as etapas da coloração de Gram e descrever a aparência de células gram-positivas e gram-negativas após cada etapa.

3-10 Comparar e diferenciar a coloração de Gram e a coloração ácido-resistente.

3-11 Explicar por que cada uma das seguintes colorações é utilizada: coloração da cápsula, coloração do endósporo e coloração dos flagelos.

Como a maioria dos microrganismos aparece quase incolor quando observada por meio da microscopia de campo claro, devemos prepará-los para a observação. Uma das formas de preparação da amostra é a coloração. A seguir, discutiremos vários procedimentos diferentes de coloração.

TABELA 3.2 Resumo dos vários tipos de microscópios

Tipo de microscópio	Características distintivas	Imagem típica	Principais aplicações
Óptico			
Campo claro	Utiliza luz visível como fonte de iluminação; não pode determinar estruturas menores que 0,2 μm; a amostra aparece contra um fundo claro. De baixo custo e fácil de usar.	*Paramecium* MO 25 μm	Observar diversas amostras coradas e contar micróbios; não define amostras muito pequenas, como os vírus.
Campo escuro	Utiliza um condensador especial, com um disco opaco que impede a entrada de luz diretamente na lente objetiva; a luz refletida por uma amostra entra na lente objetiva, e a amostra aparece clara contra um fundo escuro. Não é necessária coloração.	*Paramecium* MO 25 μm	Examinar microrganismos vivos que são invisíveis na microscopia de campo claro, que não se coram facilmente ou são distorcidos pela coloração; frequentemente utilizado para a detecção de *T. pallidum* no diagnóstico da sífilis.
Contraste de fase	Utiliza um condensador especial contendo um diafragma anular (em forma de anel). O diafragma permite que a luz direta passe através do condensador, focalizando a luz na amostra e em uma placa de difração na lente objetiva. Todos os raios de luz que passam pela amostra são reunidos para produzir a imagem. Não é necessária coloração.	*Paramecium* MO 25 μm	Facilitar o exame detalhado das estruturas internas das amostras vivas.
Contraste com interferência diferencial (CID)	Assim como o contraste de fase, utiliza as diferenças nos índices de refração para produzir imagens. Utiliza dois feixes de luz separados por prismas; a amostra aparece colorida como resultado do efeito do prisma. Não é necessária coloração.	*Paramecium* MO 23 μm	Fornecer imagens tridimensionais.
Fluorescência	Utiliza uma fonte de iluminação ultravioleta, ou quase ultravioleta, que leva à emissão de luz de compostos fluorescentes em uma amostra.	*T. pallidum* MO 2 μm	Para técnicas de anticorpos fluorescentes (imunofluorescência), para detectar e identificar rapidamente micróbios em tecidos ou amostras clínicas.

(continua)

TABELA 3.2 *(Continuação)*

Tipo de microscópio	Características distintivas	Imagem típica	Principais aplicações
Confocal	Utiliza um único fóton de luz ultravioleta para iluminar um plano de 0,5 μm da amostra de cada vez.	*Paramecium* CF ⊢—⊣ 25 μm	Obter imagens bi e tridimensionais das células para aplicações biomédicas.
Dois fótons	Utiliza dois fótons de luz vermelha extrema para iluminar a amostra.	*Paramecium* MDF ⊢—⊣ 22 μm	Formar imagens de células vivas de até 1.000 μm de espessura, reduzir a fototoxicidade e observar a atividade celular em tempo real.
Microscopia óptica de super-resolução	Usa dois *lasers* para iluminar 1 nanômetro por vez.	*Paramecium* MSR ⊢—⊣ 25 μm	Observar a localização das moléculas nas células.
Acústica de varredura	Utiliza uma onda sonora de frequência específica que atravessa a amostra, com uma parte sendo refletida quando ela atinge uma interface dentro do material.	Biofilme MAV ⊢—⊣ 180 μm	Examinar células vivas aderidas a outra superfície, como células cancerosas, placas ateroscleróticas e biofilmes.
Eletrônico			
Transmissão	Utiliza um feixe de elétrons, em vez de luz; os elétrons passam através da amostra; devido ao comprimento de onda mais curto dos elétrons, estruturas menores que 0,2 nm podem ser determinadas. A imagem produzida é bidimensional.	*Paramecium* MET ⊢—⊣ 25 μm	Examinar vírus ou a ultraestrutura interna em cortes delgados de células (normalmente ampliados em 10.000 a 10.000.000×).

(continua)

TABELA 3.2 *(Continuação)*

Tipo de microscópio	Características distintivas	Imagem típica	Principais aplicações
Varredura	Utiliza um feixe de elétrons, em vez de luz; os elétrons são refletidos da amostra; devido ao comprimento de onda mais curto dos elétrons, estruturas menores que 0,5 nm podem ser determinadas. A imagem produzida é tridimensional.	*Paramecium* MEV 25 µm	Estudar as características de superfície das células e dos vírus (normalmente ampliados em 1.000 a 500.000×).
Varredura por sonda			
Tunelamento por varredura	Utiliza uma fina sonda de metal que varre a amostra e produz uma imagem que revela as protuberâncias e depressões dos átomos na superfície da amostra (até 0,1 nm). O poder de resolução é muito maior que o de um microscópio eletrônico. Uma preparação especial não é necessária.	DNA MTV 10 nm	Fornecer imagens muito detalhadas das moléculas no interior das células.
Força atômica	Utiliza uma sonda de metal e diamante que é levemente pressionada ao longo da superfície da amostra. Produz uma imagem tridimensional. Uma preparação especial não é necessária.	Toxina perfringolisina O de *C. perfringens* MFA 9 nm	Fornecer imagens tridimensionais de amostras biológicas em alta resolução em detalhes a um nível quase atômico, podendo avaliar propriedades físicas de amostras biológicas e processos moleculares.

Preparação de esfregaços para coloração

A maioria das observações iniciais dos microrganismos é feita por meio de preparações coradas. **Coloração** significa simplesmente corar (tingir) os microrganismos com um corante que enfatize certas estruturas. Antes que os microrganismos possam ser corados, no entanto, eles precisam ser **fixados** (aderidos) à lâmina microscópica. A fixação simultaneamente destrói os microrganismos e os fixa na lâmina. Ela também preserva várias partes dos micróbios em seu estado natural com apenas um mínimo de distorção.

Quando uma amostra precisa ser fixada, um filme delgado de material contendo os microrganismos é espalhado sobre a superfície da lâmina. Esse filme, denominado **esfregaço**, é deixado para secar ao ar. Na maioria dos procedimentos de coloração, a lâmina é, então, fixada pela passagem múltipla sobre a chama de um bico de Bunsen, com o lado do esfregaço para cima, ou recobrindo a lâmina com metanol por 1 minuto. A coloração é aplicada e, então, lavada com água; a seguir, a lâmina é seca com papel absorvente. Sem a fixação, a coloração poderia lavar os micróbios da lâmina.

Agora, os microrganismos corados estão prontos para o exame microscópio.

Os corantes são sais compostos por um íon positivo e um íon negativo, um dos quais é colorido e conhecido como *cromóforo*. A cor dos chamados **corantes básicos** está no cátion; a dos **corantes ácidos**, no ânion. As bactérias são levemente carregadas negativamente. Assim, o cátion colorido em um corante básico é atraído pela célula bacteriana carregada negativamente. Os corantes básicos, que incluem o cristal violeta, o azul de metileno, o verde de malaquita e a safranina, são mais utilizados que os corantes ácidos. Os corantes ácidos não são atraídos pela maioria dos tipos de bactérias porque os íons negativos do corante são repelidos pela superfície bacteriana carregada negativamente; assim, a coloração cora o fundo. A preparação de bactérias incolores contra um fundo colorido é chamada **coloração negativa**. Ela é útil para a observação geral de formatos, tamanhos e cápsulas celulares, pois as células tornam-se altamente visíveis contra um fundo escuro contrastante (ver Figura 3.16a). As distorções no tamanho e na forma da célula são minimizadas, uma vez que a fixação não é necessária e as células não são coradas. Exemplos de corantes ácidos são a eosina, a fucsina ácida e a nigrosina.

Para aplicar corantes ácidos ou básicos, os microbiologistas utilizam três tipos de técnicas de coloração: simples, diferencial e especial.

Colorações simples

Uma **coloração simples** é uma solução aquosa ou alcoólica de um único corante básico. Embora diferentes corantes se liguem especificamente a diferentes partes das células, o objetivo primário de uma coloração simples é destacar todo o microrganismo, para que as formas celulares e as estruturas básicas fiquem visíveis. Essa coloração é aplicada ao esfregaço fixado por um determinado período e, então, é lavada. A lâmina é seca e examinada. Ocasionalmente, uma substância química é adicionada à solução para intensificar a coloração; esse aditivo é denominado **mordente**. Uma função do mordente é aumentar a afinidade de uma coloração por uma amostra biológica; outra função é revestir uma estrutura (como um flagelo) para torná-la mais espessa e mais fácil de ser vista após ser corada. Alguns dos corantes simples mais utilizados em laboratório são o azul de metileno, a carbolfucsina, o cristal violeta e a safranina.

> **TESTE SEU CONHECIMENTO**
>
> ✔ **3-7** Por que uma coloração negativa não cora uma célula?
>
> ✔ **3-8** Por que a etapa de fixação é necessária na maioria dos procedimentos de coloração?

Colorações diferenciais

Ao contrário das colorações simples, as **colorações diferenciais** reagem de forma diferente com diferentes tipos de bactérias e,
assim, podem ser utilizadas para realizar a distinção entre elas. As colorações diferenciais mais utilizadas para bactérias são a coloração de Gram e a coloração ácido-resistente.

Coloração de Gram

A **coloração de Gram** foi desenvolvida em 1884 pelo bacteriologista dinamarquês Hans Christian Gram. É um dos procedimentos de coloração mais úteis, pois classifica as bactérias em dois grandes grupos: gram-positivas e gram-negativas.

Nesse procedimento (**Figura 3.14a**):

❶ Um esfregaço fixado com calor é coberto com um corante básico púrpura, geralmente cristal violeta. Porque a coloração púrpura tinge todas as células, ela é denominada **coloração primária**.

❷ Após um curto período, o corante púrpura é lavado, e o esfregaço é recoberto com iodo, um mordente. Quando o iodo é lavado, ambas as bactérias gram-positivas e gram-negativas aparecem em cor violeta-escura ou púrpura.

❸ A seguir, a lâmina é lavada com álcool ou com uma solução de álcool-acetona. Essa solução é um **agente descorante**, que remove a coloração púrpura das células de algumas espécies, mas não de outras.

❹ O álcool é lavado, e a lâmina é então corada com safranina, um corante básico vermelho que atua como um contracorante. O esfregaço é lavado novamente, seco com papel e examinado microscopicamente.

O corante púrpura e o iodo se combinam na parede celular de cada bactéria, corando-a de violeta-escuro ou púrpura. As bactérias que retêm essa cor após a tentativa de descoloração com o álcool são **bactérias gram-positivas**; aquelas que perdem a coloração púrpura ou violeta-escura após a descoloração são **bactérias gram-negativas** (Figura 3.14b). Como as bactérias gram-negativas se tornam incolores após a lavagem

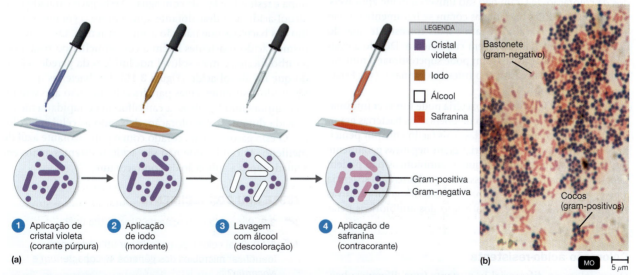

LEGENDA
■ Cristal violeta
■ Iodo
□ Álcool
■ Safranina

Bastonete (gram-negativo)

Gram-positiva
Gram-negativa

Cocos (gram-positivos)

❶ Aplicação de cristal violeta (corante púrpura) ❷ Aplicação de iodo (mordente) ❸ Lavagem com álcool (descoloração) ❹ Aplicação de safranina (contracorante)

(a)

(b)   MO   ⊢—⊣ 5 μm

Figura 3.14 Coloração de Gram. (a) Procedimento. **(b)** Micrografia de bactérias coradas pela coloração de Gram. Os cocos (em púrpura) são gram-positivos, ao passo que os bastonetes (em cor-de-rosa) são gram-negativos.

P Como a reação de Gram pode ser útil na prescrição de um tratamento com antibióticos?

com álcool, elas não são mais visíveis. É por isso que o corante básico safranina é aplicado; ele cora a bactérias gram-negativas de cor-de-rosa. Corantes como a safranina que têm uma cor contrastante com a coloração primária são denominados **contracorantes**. Como as bactérias gram-positivas retêm a cor púrpura original, elas não são afetadas pelo contracorante safranina.

Como veremos no Capítulo 4, os diferentes tipos de bactérias reagem de modo distinto à coloração de Gram porque diferenças estruturais em suas paredes celulares afetam a retenção ou a liberação de uma combinação de cristal violeta e iodo, denominada complexo cristal violeta-iodo (CV-I). Entre outras diferenças, as bactérias gram-positivas têm uma parede celular de peptideoglicano mais espessa (dissacarídeos e aminoácidos) do que as bactérias gram-negativas. Além disso, as bactérias gram-negativas contêm uma camada de lipopolissacarídeo (lipídeos e polissacarídeos) como parte de sua parede celular (ver Figura 4.13). Quando aplicados a células gram-positivas e gram-negativas, o cristal violeta e o iodo penetram facilmente nas células. No interior das paredes celulares, o cristal violeta e o iodo se combinam para formar o complexo CV-I. Isoladas, essas substâncias são solúveis em água e são drenadas para fora da célula. No entanto, o complexo CV-I é insolúvel em água, por isso não é eliminado facilmente da parede celular. Consequentemente, as células gram-positivas retêm a cor do corante cristal violeta. Nas células gram-negativas, contudo, a lavagem com álcool rompe a camada externa de lipopolissacarídeo, e o complexo CV-I é eliminado através da camada delgada de peptideoglicano. Por isso, as células gram-negativas permanecem incolores até serem contracoradas com a safranina, quando se tornam cor-de-rosa.

O método de Gram é uma das mais importantes técnicas de coloração na microbiologia médica. Todavia, os resultados da coloração de Gram não são universalmente aplicáveis, pois algumas células bacterianas coram-se fracamente ou não adquirem cor. A reação de Gram é mais consistente quando utilizada em bactérias jovens em crescimento. Devido a essas limitações, a coloração de Gram pode superestimar o número de bactérias gram-negativas no intestino humano (ver **Explorando o microbioma**).

A reação de Gram de uma bactéria pode fornecer informações valiosas para o tratamento da doença. As bactérias gram-positivas tendem a ser destruídas mais facilmente por penicilinas e cefalosporinas. As bactérias gram-negativas geralmente são mais resistentes, uma vez que os antibióticos não podem penetrar a camada de lipopolissacarídeo. Parte da resistência a esses antibióticos entre ambas as bactérias gram-positivas e gram-negativas se deve à inativação dos antibióticos pelas bactérias.

Coloração ácido-resistente

Outra coloração diferencial importante (que diferencia bactérias em grupos distintos) é a coloração ácido-resistente, que se liga fortemente apenas às bactérias que apresentam um material ceroso em suas paredes celulares. Os microbiologistas usam essa coloração para identificar todas as bactérias do gênero *Mycobacterium*, incluindo os dois patógenos

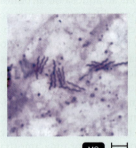
importantes: *M. tuberculosis*, agente causador da tuberculose, e *Mycobacterium leprae*, agente causador da hanseníase. Essa coloração também é utilizada na identificação de cepas patogênicas do gênero *Nocardia*. As bactérias dos gêneros *Mycobacterium* e *Nocardia* são ácido-resistentes.

No procedimento de coloração ácido-resistente, o corante vermelho carbolfucsina é aplicado a um esfregaço fixado, e a lâmina é aquecida levemente por vários minutos. (O calor aumenta a penetração e a retenção do corante.) A seguir, a lâmina é resfriada e lavada com água. O esfregaço é tratado com álcool-ácido, um descolorante, que remove o corante vermelho das bactérias que não são ácido-resistentes. Os microrganismos ácido-resistentes retêm a cor vermelha ou rosa, pois a carbolfucsina é mais solúvel nos lipídeos da parede celular do que no álcool-ácido (**Figura 3.15**). Em bactérias que não são ácido-resistentes, cujas paredes celulares não apresentam os componentes lipídicos, a carbolfucsina é rapidamente removida durante a descoloração, deixando as células incolores. O esfregaço é, então, corado com o contracorante azul de metileno. As células que não são ácido-resistentes aparecem azuladas após a aplicação do contracorante.

Colorações especiais

As **colorações especiais** são utilizadas para corar partes dos microrganismos, como os endósporos, flagelos ou cápsulas.

Obtendo uma representação mais precisa da nossa microbiota

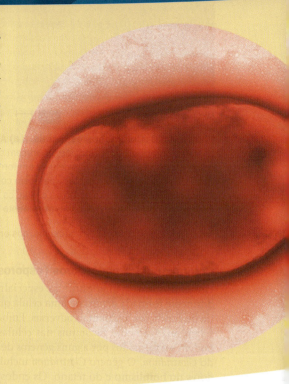

Estudar a relação entre microbiota intestinal, saúde humana e doenças é um desafio. Primeiro, é difícil criar meios de cultura artificiais que possam sustentar o crescimento da variedade de espécies encontradas no corpo. Além disso, muitas espécies que residem no intestino humano são anaeróbias obrigatórias, o que significa que a exposição ao oxigênio do ar as eliminaria. Portanto, embora muitas bactérias sejam eliminadas do corpo rotineiramente nas fezes, não se pode simplesmente inocular um ágar nutritivo com uma amostra fecal e esperar que as células comecem a crescer em laboratório. Existem técnicas de cultura para amostras anaeróbias, mas elas são difíceis e dispendiosas. Dessa forma, alguns pesquisadores tentaram resolver o problema usando a microscopia de novas maneiras.

Em um estudo, as amostras fecais foram diluídas, espalhadas em uma lâmina, fixadas termicamente, coradas pelo Gram e examinadas por microscopia óptica de imersão em óleo. As amostras também foram examinadas por microscopia eletrônica de transmissão (MET). Os cientistas então categorizaram os micróbios que observaram.

Cada técnica de microscopia revelou uma variedade de organismos nas amostras. A microscopia óptica revelou muitos procariotos gram-negativos, que representavam 58 a 68% dos organismos categorizados. No entanto, na MET, as bactérias gram-positivas predominaram, representando 51 a 52% dos organismos observados. Os cientistas concluíram que a coloração de Gram superestimou as bactérias gram-negativas, porque algumas células gram-positivas, as gram-variáveis, são facilmente descoloridas.

A *Microvirga* foi descoberta no intestino humano em 2016 e tem quase o dobro do comprimento de outras bactérias.

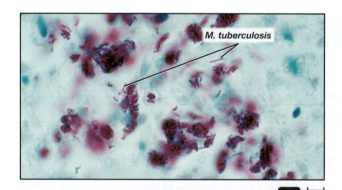

Figura 3.15 Bactérias ácido-resistentes. As bactérias *M. tuberculosis* em uma amostra de pulmão foram coradas de cor-de-rosa ou vermelho pela coloração ácido-resistente.

P Por que *M. tuberculosis* é facilmente identificável pela coloração ácido-resistente?

Coloração negativa para cápsulas

Muitos microrganismos contêm uma cobertura gelatinosa chamada de **cápsula**. (Discutiremos as cápsulas em nosso estudo da célula procariótica no Capítulo 4.) Na microbiologia médica, a demonstração da presença de uma cápsula é um modo de determinar a **virulência** do organismo, ou seja, o grau em que um patógeno pode causar doença.

CASO CLÍNICO Resolvido

A amostra tecidual revelou que o *H. pylori* ainda estava presente no revestimento do estômago de Mariana. Suspeitando que a bactéria fosse resistente à claritromicina, o médico prescreveu agora tetraciclina e metronidazol. Dessa vez, os sintomas de Mariana não retornaram. Pouco tempo depois, ela se recupera e retorna ao seu emprego em tempo integral.

Parte 1   Parte 2   Parte 3   **Parte 4**

A coloração da cápsula é mais difícil do que outros procedimentos de coloração, uma vez que os materiais capsulares são solúveis em água e podem ser desalojados ou removidos durante a lavagem rigorosa. Para demonstrar a presença de cápsulas, um microbiologista pode misturar as bactérias em uma solução contendo uma fina suspensão coloidal* de partículas coradas (geralmente com tinta da Índia ou nigrosina), a fim de fornecer um fundo contrastante e, então, corar as células com uma coloração simples, como a safranina (**Figura 3.16a**). Devido à sua composição química, as cápsulas não reagem com a maioria dos corantes biológicos, como a safranina, de modo que aparecem como halos circundando cada célula bacteriana corada.

---

*Uma suspensão coloidal consiste em material sólido finamente dividido disperso em um líquido.

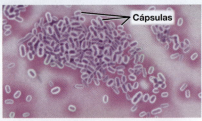

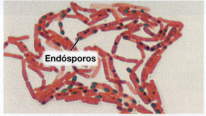

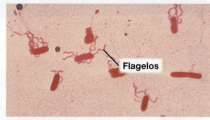

(a) Coloração negativa   MO ⊢ 5 μm   **(b)** Coloração de endósporos   MO ⊢ 5 μm   **(c)** Coloração de flagelos   MO ⊢ 7,5 μm

Figura 3.16 Colorações especiais. (a) A coloração da cápsula fornece um fundo contrastante, de forma que as cápsulas dessas bactérias, *Klebsiella pneumoniae*, aparecem como áreas claras circundando as células coradas. **(b)** Os endósporos são observados como esferas de cor verde nas células em forma de bacilo da bactéria *Bacillus anthracis* utilizando a coloração de endósporo de Schaeffer-Fulton. **(c)** Os flagelos aparecem como extensões onduladas que se projetam das extremidades das células da bactéria *B. pumilus*. Em relação ao corpo da célula, os flagelos encontram-se muito mais espessos que o normal, pois ocorreu um acúmulo de camadas do corante devido ao tratamento da amostra com um mordente.

P Qual é a importância das cápsulas, dos endósporos e dos flagelos para as bactérias?

Coloração para endósporos (esporos)

Um **endósporo** é uma estrutura especialmente resistente e dormente formada dentro de uma célula que protege a bactéria de condições ambientais adversas. Embora os endósporos sejam relativamente incomuns nas células bacterianas, eles podem ser formados por alguns gêneros de bactérias, incluindo *Clostridium*. O gênero *Clostridium* inclui os agentes causadores do botulismo e do tétano. Os endósporos não podem ser corados pelos métodos comuns, como a coloração simples e a coloração de Gram, uma vez que os corantes não conseguem penetrar na parede do endósporo.

A coloração de endósporos mais utilizada é a *coloração de endósporos de Schaeffer-Fulton* (Figura 3.16b). O verde malaquita, a coloração primária, é aplicado a um esfregaço fixado com calor e aquecido em vapor por cerca de 5 minutos. O calor auxilia a coloração a penetrar na parede do endósporo. Então, a preparação é lavada por cerca de 30 segundos com água para a remoção do verde malaquita de todas as partes da célula, exceto dos endósporos. A seguir, a safranina, um contracorante, é aplicada ao esfregaço para corar as porções da célula que não são endósporos. Em um esfregaço corretamente preparado, os endósporos aparecem em verde dentro de células vermelhas

TABELA 3.3 Resumo dos vários tipos de colorações e suas aplicações	
Coloração	**Principais aplicações**
Simples (azul de metileno, carbolfucsina, cristal violeta, safranina)	Utilizada para destacar os microrganismos e para determinar as formas e os arranjos celulares. Uma solução aquosa ou alcoólica de um único corante básico cora as células. (Algumas vezes, um mordente é adicionado para intensificar a coloração.)
Diferencial	Utilizada para distinguir diferentes tipos de bactérias.
Gram	Classifica as bactérias em dois grandes grupos: gram-positivas e gram-negativas. As bactérias gram-positivas retêm o corante cristal violeta e adquirem a cor púrpura. As bactérias gram-negativas não retêm o cristal violeta e permanecem incolores, até serem contracoradas com safranina, quando se tornam cor-de-rosa.
Ácido-resistente	Utilizada para distinguir espécies de *Mycobacterium* e algumas espécies de *Nocardia*. As bactérias ácido-resistentes, uma vez coradas com carbolfucsina e tratadas com álcool-ácido, permanecem coradas em cor-de-rosa ou vermelho, uma vez que retêm a coloração da carbolfucsina. As bactérias que não são ácido-resistentes, quando coradas e tratadas da mesma forma e, em seguida, coradas com azul de metileno, aparecem azuladas, uma vez que perdem a coloração da carbolfucsina e tornam-se aptas a aceitar a coloração do azul de metileno.
Especial	Utilizada para corar e isolar várias estruturas, como cápsulas, endósporos e flagelos; algumas vezes usada como auxiliar de diagnósticos.
Negativa	Utilizada para demonstrar a presença de cápsulas. Como as cápsulas não reagem com a maioria dos corantes, elas apresentam-se como halos incolores em torno das células bacterianas, destacando-se contra um fundo escuro.
Endósporo	Utilizada para detectar a presença de endósporos nas bactérias. Quando o verde malaquita é aplicado a um esfregaço de células bacterianas fixado pelo calor, o corante penetra nos endósporos e os tinge de verde. Quando a safranina (vermelha) é adicionada, cora o restante das células de vermelho ou cor-de-rosa.
Flagelos	Utilizada para demonstrar a presença de flagelos. Um mordente é usado para aumentar os diâmetros dos flagelos até que se tornem visíveis microscopicamente quando corados com carbolfucsina.

ou rosadas. Como os endósporos são altamente refratários, eles podem ser detectados utilizando-se um microscópio óptico quando não corados, porém, sem uma coloração especial, eles não podem ser diferenciados de áreas de material armazenado (inclusões) nas células.

Coloração dos flagelos

Os **flagelos** bacterianos são estruturas de locomoção muito pequenas para serem vistas ao microscópio óptico sem coloração. Um procedimento tedioso e delicado de coloração utiliza um mordente e o corante carbolfucsina para aumentar os diâmetros dos flagelos até que eles se tornem visíveis ao microscópio óptico (Figura 3.16c). Os microbiologistas utilizam o número e o arranjo dos flagelos como auxiliares de diagnóstico.

Você provavelmente já percebeu que a classificação das colorações que acabamos de apresentar tem algum grau de sobreposição. Por exemplo, enquanto a coloração negativa é claramente uma coloração especial usada para demonstrar a presença de uma cápsula, ela também é uma coloração diferencial que distingue os micróbios que apresentam uma cápsula daqueles que não apresentam.

Um resumo das colorações é apresentado na Tabela 3.3. Nos próximos capítulos, examinaremos em detalhes as estruturas dos micróbios e como eles se protegem, nutrem e reproduzem.

> **TESTE SEU CONHECIMENTO**
>
> ✔ **3-11** Como os endósporos não corados se apresentam? E os endósporos corados?

Resumo para estudo

Unidades de medida (p. 52)

1. Os microrganismos são medidos em micrômetros, μm (10^{-6} m), e em nanômetros, nm (10^{-9} m).

Microscopia: instrumentos (p. 52-61)

1. Um microscópio simples possui uma lente; um microscópio composto possui múltiplas lentes.

Microscopia óptica (p. 52-58)

2. O microscópio mais usado em microbiologia é o microscópio óptico composto (MO).

3. A ampliação total de uma amostra é calculada multiplicando-se a ampliação da lente objetiva pela ampliação da lente ocular.

4. O microscópio óptico composto utiliza luz visível.

5. A resolução máxima, ou poder de resolução (a capacidade em distinguir dois pontos) de um microscópio óptico composto é de 0,2 μm; a ampliação máxima é de 1.500×.

6. As amostras são coradas para aumentar a diferença entre os índices de refração da amostra e do meio.

7. O óleo de imersão é utilizado com lentes de imersão para reduzir a perda de luz entre a lâmina e a lente.

8. A iluminação em campo claro é utilizada para esfregaços corados.

9. As células não coradas são observadas de modo mais eficiente utilizando-se a microscopia de campo escuro, contraste de fase ou CID.

10. O microscópio de campo escuro mostra uma silhueta de luz de um organismo contra um fundo escuro. Esse tipo de microscopia apresenta maior utilidade para se detectar a presença de organismos extremamente pequenos.

11. Um microscópio de contraste de fase agrupa os raios de luz que passam pela amostra (em fase) para formar uma imagem na lente ocular. Esse tipo de microscopia permite a observação detalhada de organismos vivos.

12. O microscópio CID fornece uma imagem colorida tridimensional de células vivas.

13. Na microscopia de fluorescência, as amostras são primeiramente marcadas com fluorocromos e, então, visualizadas em um microscópio composto, utilizando-se uma fonte de luz ultravioleta. Os microrganismos aparecem como objetos brilhantes contra um fundo escuro.

14. A microscopia de fluorescência é usada principalmente em um procedimento diagnóstico denominado técnica de anticorpo fluorescente (AF) ou imunofluorescência.

15. Na microscopia confocal, uma amostra é corada com um corante fluorescente, sendo, então, iluminada com raios de luz de curto comprimento de onda (ultravioleta).

Microscopia de dois fótons (p. 58)

16. Na microscopia de dois fótons, uma amostra viva é corada com um corante fluorescente e iluminada com raios de luz de comprimento de onda longo (vermelho extremo).

Microscopia óptica de super-resolução (p. 58-59)

17. A microscopia óptica de super-resolução usa dois *lasers* para excitar moléculas fluorescentes.

18. Utilizando um computador para o processamento das imagens, podem-se obter imagens bi ou tridimensionais das células.

Microscopia acústica de varredura (p. 59)

19. A microscopia acústica de varredura (MAV) tem como base a interpretação de ondas sonoras através de uma amostra.

20. É utilizada para o estudo de células vivas aderidas a superfícies, como biofilmes.

Microscopia eletrônica (p. 59-61)

21. Em vez de luz, um feixe de elétrons é utilizado em um microscópio eletrônico.

22. Em vez de lentes de vidro, eletromagnetos controlam o foco, a iluminação e a ampliação.

23. Cortes delgados de organismos podem ser observados em uma micrografia eletrônica produzida utilizando-se um microscópio eletrônico de transmissão (MET). Ampliação: 10.000-10.000.000×. Poder de resolução: 10 pm.

24. Imagens tridimensionais das superfícies de um microrganismo podem ser obtidas com um microscópio eletrônico de varredura (MEV). Ampliação: 1.000-500.000×. Resolução: 10 nm.

Microscopia de varredura por sonda (p. 61)

25. A microscopia de tunelamento por varredura (MTV) e a microscopia de força atômica (MFA) produzem imagens tridimensionais da superfície de uma molécula.

Preparação de amostras para a microscopia óptica (p. 61-69)

Preparação de esfregaços para coloração (p. 64-65)

1. Realizar uma coloração significa tingir um microrganismo com um corante para tornar algumas de suas estruturas mais visíveis.
2. A fixação utiliza calor ou metanol para matar e aderir os microrganismos a uma lâmina.
3. Um esfregaço é um filme delgado de material utilizado para o exame microscópico.
4. As bactérias são carregadas negativamente, e o íon positivo colorido de um corante básico irá tingir as células bacterianas.
5. O íon negativo colorido de um corante ácido irá tingir o fundo de um esfregaço bacteriano; uma coloração negativa é produzida.

Colorações simples (p. 65)

6. Uma coloração simples é uma solução aquosa ou alcoólica de um único corante básico.
7. Um mordente pode ser usado para aumentar a ligação entre o corante e a amostra.

Colorações diferenciais (p. 65-66)

8. As colorações diferenciais, como a coloração de Gram e a coloração ácido-resistente, diferenciam as bactérias de acordo com suas reações aos corantes.
9. O procedimento de coloração de Gram utiliza um corante púrpura, iodo como mordente, um álcool para a descoloração e um contracorante vermelho.
10. As bactérias gram-positivas permanecem púrpuras após a descoloração. As bactérias gram-negativas são descoradas e parecem rosadas após a contracoloração.
11. Os micróbios ácido-resistentes, como os membros do gênero *Mycobacterium* e *Nocardia*, retêm a carbolfucsina após a etapa de descoloração com álcool-ácido e aparecem vermelhos; os micróbios que não são ácido-resistentes captam o contracorante azul de metileno e aparecem azulados.

Colorações especiais (p. 66-69)

12. A coloração negativa é utilizada para tornar visíveis as cápsulas microbianas.
13. A coloração de endósporos e flagelos são colorações especiais utilizadas para visualizar estruturas específicas nas células bacterianas.

Questões para estudo

As respostas das questões de Conhecimento e compreensão estão na seção de Respostas no final deste livro.

Conhecimento e compreensão

Revisão

1. Preencha as seguintes lacunas:
   a. 1 μm = _____ m
   b. 1_____ = 10^{-9} m
   c. 1 μm = _____ nm
2. Que tipo de microscópio seria o melhor para se observar cada um dos seguintes itens?
   a. um esfregaço bacteriano corado
   b. células bacterianas não coradas quando as células são pequenas e não há necessidade de detalhamento
   c. tecido vivo não corado quando se deseja observar mais detalhes intracelulares
   d. uma amostra que emite luz quando iluminada com luz ultravioleta
   e. detalhes intracelulares de uma célula que possui 1 μm de comprimento
   f. células vivas não coradas em que as estruturas intracelulares são mostradas em cores
3. DESENHE Nomeie as partes de um microscópio óptico composto na figura abaixo e então desenhe a trajetória percorrida pela luz a partir do iluminador até o seu olho.

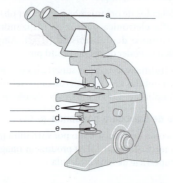

4. Calcule a ampliação total do núcleo de uma célula sendo observada em um microscópio óptico composto com uma lente ocular de 10× e uma lente de imersão em óleo.
5. A ampliação máxima de um microscópio composto é (a) _____; a de um microscópio eletrônico, (b) _____. A resolução máxima de um microscópio composto é (c) _____; a de um microscópio eletrônico, (d) _____. Uma vantagem da microscopia eletrônica de varredura em relação à microscopia eletrônica de transmissão é (e) _____.
6. Por que é utilizado um mordente na coloração de Gram? E na coloração de flagelos?
7. Qual é o propósito do uso de um contracorante na coloração ácido-resistente?
8. Qual é o objetivo do uso de um descolorante na coloração de Gram? E na coloração ácido-resistente?
9. Preencha a tabela abaixo em relação à coloração de Gram:

Etapas	Aparência após essa etapa	
	Células gram-positivas	Células gram-negativas
Cristal violeta	a. _____	e. _____
Iodo	b. _____	f. _____
Álcool-acetona	c. _____	g. _____
Safranina	d. _____	h. _____

10. IDENTIFIQUE Uma amostra de escarro de Calle, um elefante asiático de 30 anos, foi esfregado em uma lâmina e deixado para secar ao ar. O esfregaço foi fixado, coberto com carbolfucsina e aquecido por 5 minutos. Após uma lavagem com água, foi adicionado álcool-ácido ao esfregaço por 30 segundos. Finalmente, o esfregaço foi corado com azul de metileno por 30 segundos, lavado com água e secado. Ao examinar a amostra em uma ampliação de 1.000×, o veterinário do zoológico observou a presença de bastonetes vermelhos na lâmina. Qual micróbio esse resultado sugere?

Múltipla escolha

1. Suponha que você tenha corado uma amostra de *Bacillus* aplicando uma solução de verde malaquita aquecida e, então, contracorou com safranina. Olhando no microscópio, as estruturas verdes são:
   a. paredes celulares.
   b. cápsulas.
   c. endósporos.
   d. flagelos.
   e. impossíveis de serem identificadas.

2. Imagens tridimensionais de células vivas podem ser obtidas com:
   a. microscopia de campo escuro.
   b. microscopia de fluorescência.
   c. microscopia eletrônica de transmissão.
   d. microscopia confocal.
   e. microscopia de contraste de fase.

3. A carbolfucsina pode ser usada como um corante simples e como um corante negativo. Como corante simples, o pH deve ser:
   a. 2.
   b. maior do que a coloração negativa.
   c. menor do que a coloração negativa.
   d. o mesmo da coloração negativa.

4. Examinando a célula de um microrganismo fotossintetizante, você observa que os cloroplastos são verdes na microscopia de campo claro e vermelhos na microscopia de fluorescência. Você conclui que:
   a. a clorofila é fluorescente.
   b. a ampliação distorceu a imagem.
   c. não está observando a mesma estrutura em ambos os microscópios.
   d. a coloração mascarou a cor verde.
   e. nenhuma das alternativas

5. Qual das seguintes opções *não* corresponde a um par funcionalmente análogo de corantes?
   a. nigrosina e verde malaquita
   b. cristal violeta e carbolfucsina
   c. safranina e azul de metileno
   d. etanol-acetona e álcool-ácido
   e. Todos os pares acima são funcionalmente análogos.

6. Em qual das opções a seguir o par está *incorreto*?
   a. cápsula – coloração negativa
   b. arranjo celular – coloração simples
   c. tamanho celular – coloração negativa
   d. coloração de Gram – identificação bacteriana
   e. nenhuma das alternativas

7. Suponha que você esteja corando uma amostra de *Clostridium* aplicando um corante básico, carbolfucsina, utilizando calor, descolorindo com álcool-ácido e contracorando com um corante ácido, nigrosina. Pelo microscópio, os endósporos aparecem __1__, e as células estão coradas de __2__.
   a. 1 – vermelhos; 2 – preto
   b. 1 – pretos; 2 – incolor
   c. 1 – incolores; 2 – preto
   d. 1 – vermelhos; 2 – incolor
   e. 1 – pretos; 2 – vermelho

8. Imagine que você está observando um campo microscópico de uma amostra corada pelo método de Gram, com cocos vermelhos e bacilos azuis. Você pode concluir com segurança que:
   a. houve um erro na coloração.
   b. são duas espécies diferentes.
   c. as células bacterianas estão velhas.
   d. as células bacterianas estão jovens.
   e. nenhuma das alternativas

9. Em 1996, cientistas descreveram uma nova tênia que havia matado ao menos uma pessoa. O exame inicial da massa abdominal do paciente mais provavelmente foi realizado utilizando-se:

   a. microscopia de campo claro.
   b. microscopia de campo escuro.
   c. microscopia eletrônica.
   d. microscopia de contraste de fase.
   e. microscopia de fluorescência.

10. Qual das seguintes alternativas *não* corresponde a uma modificação do microscópio óptico composto?
    a. microscopia de campo claro
    b. microscopia de campo escuro
    c. microscopia eletrônica
    d. microscopia de contraste de fase
    e. microscopia de fluorescência

Análise

1. Durante uma coloração de Gram, uma etapa pode ser omitida e ainda assim permitir a diferenciação entre células gram-positivas e gram-negativas. Qual gênero é esse?

2. Utilizando um microscópio óptico composto, com um poder de resolução de 0,3 µm, uma lente ocular de 10× e uma lente de imersão em óleo de 100×, você seria capaz de discernir dois objetos separados por 3 µm? E 0,3 µm? E 300 nm?

3. Por que a coloração de Gram não é recomendada para uso em bactérias ácido-resistentes? Se você realizasse uma coloração de Gram em bactérias ácido-resistentes, qual seria sua reação de Gram? Qual a reação de Gram para bactérias que não são ácido-resistentes?

4. Os endósporos podem ser vistos como estruturas refráteis em meio a células não coradas e como áreas incolores em meio a células coradas pelo método de Gram. Por que é necessária uma coloração para verificar a presença de endósporos?

Aplicações clínicas e avaliação

1. Em 1882, o bacteriologista alemão Paul Erhlich descreveu um método para corar *Mycobacterium* e observou: "Pode ser que todos os agentes desinfetantes que são ácidos não exerçam nenhum efeito neste bacilo (da tuberculose), e teremos de nos limitar aos agentes alcalinos". Como ele chegou a essa conclusão sem testar os desinfetantes?

2. O diagnóstico laboratorial da infecção por *Neisseria gonorrhoeae* tem como base o exame microscópico de amostras de pus coradas pelo método de Gram. Identifique a bactéria nesta micrografia óptica. Qual é a doença?

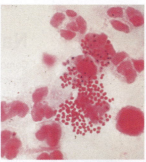

MO ⊢ 5 µm

3. Imagine que você está observando uma amostra de secreção vaginal corada pelo método de Gram. Células vermelhas grandes e nucleadas (10 µm) são recobertas por pequenas células azuis (0,5 µm de largura por 1,5 µm de comprimento) em suas superfícies. Qual é a explicação mais provável para a ocorrência de células vermelhas e azuis?

4 Anatomia funcional das células procarióticas e eucarióticas

A pesar de sua complexidade e variedade, todas as células vivas podem ser classificadas em dois grupos – procarióticas e eucarióticas – com base em certas características funcionais e estruturais. Em geral, os procariotos são estruturalmente mais simples e menores que os eucariotos. Em geral, o DNA (material genético) dos procariotos é arranjado em um cromossomo simples e circular, não estando circundado por uma membrana; o DNA dos eucariotos é encontrado em cromossomos múltiplos em um núcleo circundado por uma membrana.

Plantas e animais são inteiramente compostos por células eucarióticas. No mundo microbiano, as bactérias e as arqueias são procariotos. Outros microrganismos celulares – fungos (leveduras e bolores), protozoários e algas – são eucariotos. As células eucarióticas e procarióticas podem ser circundadas por um glicocálice viscoso. Na natureza, a maioria das bactérias encontra-se aderida a superfícies sólidas, incluindo outras células, em vez de livremente suspensas. O glicocálice é a "cola" que mantém as células no lugar. Em contrapartida, a bactéria *Escherichia coli* usa suas fímbrias – projeções filamentosas das células – para se fixar na bexiga, resultando em infecção, conforme descrito no "Caso clínico".

▶ A bactéria *Serratia* adere-se ao plástico usando fios de glicocálice (amarelo).

Na clínica

Como enfermeiro(a) pediátrico(a), você atende uma paciente de 8 anos, Sofia, que acabou de ser diagnosticada com infecção do trato urinário (ITU). Você explica à mãe de Sofia que as ITUs são bastante comuns em crianças, sobretudo em meninas. Ao entregar à mãe uma prescrição para *nitrofurantoína*, ela questiona por que Sofia simplesmente não pode ser tratada de novo com penicilina – medicamento que ela recebeu no último inverno para tratar uma infecção no tórax. **Como você responderia a essa pergunta?**

Dica: leia sobre a parede celular adiante.

Comparando células procarióticas e eucarióticas: uma visão geral

OBJETIVO DE APRENDIZAGEM

4-1 Comparar a estrutura celular de procariotos e eucariotos.

Tanto procariotos como eucariotos contêm ácidos nucleicos, proteínas, lipídeos e carboidratos. Eles usam os mesmos tipos de reações químicas para metabolizar o alimento, formar proteínas e armazenar energia. É principalmente a estrutura de suas paredes celulares e ribossomos, além da ausência de *organelas* (estruturas celulares especializadas com funções específicas), que distingue procariotos de eucariotos. As principais características diferenciais dos **procariotos** (termo derivado do grego para "pré-núcleo") são as seguintes:

1. Em geral, seu DNA não está envolto por membrana e consiste em um único cromossomo, arranjado de forma circular. *Gemmata obscuriglobus* tem uma membrana dupla circundando o seu núcleo. (Algumas bactérias, como *Vibrio cholerae*, têm dois cromossomos, ao passo que outras têm um cromossomo com arranjo linear.)

2. Seu DNA não está associado a histonas (proteínas cromossômicas especiais encontradas em eucariotos); outras proteínas estão associadas ao DNA.

3. Em geral, não apresentam organelas. Avanços na área de microscopia revelaram a existência de alguns microcompartimentos nas bactérias (p. ex., algumas inclusões). No entanto, essas estruturas são circundadas por membranas compostas de proteínas ou lipídeos, e não por uma bicamada fosfolipídica. Os procariotos não apresentam organelas revestidas por membrana fosfolipídica, como núcleo, mitocôndria e cloroplastos.

4. Suas paredes celulares quase sempre contêm o polissacarídeo complexo peptideoglicano.

5. Normalmente dividem-se por **fissão binária**, de forma que o DNA é copiado, e a célula se divide em duas. Isso envolve menos estruturas e processos do que a divisão celular eucariótica.

Os **eucariotos** (do grego para "núcleo verdadeiro") apresentam as seguintes características:

1. Seu DNA é encontrado no núcleo das células, o qual é separado do citoplasma por uma membrana nuclear; o DNA está em cromossomos múltiplos.

2. Seu DNA está consistentemente associado a proteínas cromossômicas denominadas histonas e a outras proteínas não histonas.

3. Apresentam uma série de organelas envoltas por membranas, incluindo mitocôndria, retículo endoplasmático, complexo de Golgi, lisossomos e, muitas vezes, cloroplastos (todas serão discutidas em breve).

4. Suas paredes celulares, quando presentes, são quimicamente simples.

5. A divisão celular normalmente envolve a mitose, na qual os cromossomos são replicados e um conjunto idêntico é distribuído a cada um dos dois núcleos. A divisão do citoplasma e de outras organelas segue-se a esse processo, de modo que ocorre a produção de duas células idênticas.

TESTE SEU CONHECIMENTO
✔ **4-1** Qual é a principal característica que diferencia procariotos de eucariotos?

Célula procariótica

Os procariotos compõem um vasto grupo de organismos unicelulares muito pequenos, que incluem as bactérias e as arqueias. A maioria dos procariotos faz parte do grupo das bactérias. Embora bactérias e arqueias pareçam semelhantes, a sua composição química é diferente. As milhares de espécies de bactérias são diferenciadas por muitos fatores, incluindo morfologia (forma), composição química, necessidades nutricionais, atividades bioquímicas e fontes de energia. Estima-se que 99% das bactérias na natureza existam na forma de biofilmes (ver Capítulo 6).

Tamanho, forma e arranjo das células bacterianas

OBJETIVO DE APRENDIZAGEM

4-2 Identificar as três formas básicas das bactérias.

A maioria das bactérias varia de 0,2 a 2,0 µm de diâmetro e de 2 a 8 µm de comprimento. Elas podem apresentar formato esférico (**cocos**, que significa baga), de bastão (**bacilos**, que significa pequenos bastonetes ou bengala) ou de **espiral**.

CASO CLÍNICO Detecção de infecção

Irene, a enfermeira responsável pelo controle de infecções, está em um dilema. Três pacientes em seu hospital contraíram septicemia bacteriana pós-procedimento. Todos apresentaram febre e pressão arterial perigosamente baixa. Os pacientes estão em diferentes unidades e foram submetidos a procedimentos distintos. O primeiro paciente, Mateus, um operário de obras de 32 anos, está se recuperando de uma cirurgia no manguito rotador. Sua saúde é relativamente boa. A segunda paciente, Jéssica, uma estudante de 16 anos em tratamento intensivo, está em condição crítica após um acidente de carro. Ela está sob ventilação mecânica e não consegue respirar sem o auxílio de aparelhos. A terceira paciente, Isabela, uma avó de 57 anos, está se recuperando de uma cirurgia de revascularização do miocárdio. A única coisa que Irene conseguiu identificar como ponto comum nesses pacientes é o agente infeccioso: a *Klebsiella pneumoniae*.

De que maneira três pacientes em diferentes unidades de um hospital contraíram *Klebsiella pneumoniae*? Continue lendo para descobrir.

Parte 1   Parte 2   Parte 3   Parte 4   Parte 5

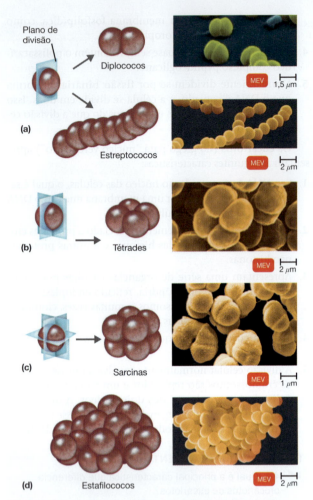

Figura 4.1 Arranjos dos cocos. (a) A divisão em um único plano produz diplococos e estreptococos. **(b)** A divisão em dois planos produz tétrades. **(c)** A divisão em três planos produz sarcinas. **(d)** A divisão em múltiplos planos produz estafilococos.

P Como os planos de divisão determinam o arranjo celular?

Os cocos geralmente são redondos, mas podem ser ovais, alongados ou achatados em uma das extremidades. Quando os cocos se dividem para se reproduzir, as células podem permanecer ligadas umas às outras. Os cocos que permanecem em pares após a divisão são chamados de **diplococos**; aqueles que se dividem e permanecem ligados uns aos outros em forma de cadeia são **estreptococos** (**Figura 4.1a**). Aqueles que se dividem em dois planos e permanecem em grupos de quatro são conhecidos como **tétrades** (Figura 4.1b). Os que se dividem em três planos e permanecem ligados uns aos outros em grupos de oito, em forma de cubo, são chamados de **sarcinas** (Figura 4.1c). Aqueles que se dividem em múltiplos planos e formam agrupamentos em formato de cacho de uva são os **estafilococos** (Figura 4.1d). Muitas vezes, essas características do grupo são úteis na identificação de certos cocos.

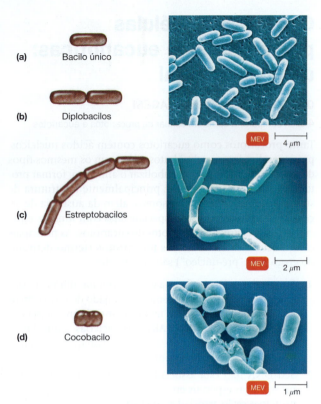

Figura 4.2 Bacilos. (a) Bacilo único. **(b)** Diplobacilos. Na micrografia superior, alguns pares de bacilos unidos servem como exemplo de diplobacilos. **(c)** Estreptobacilos. **(d)** Cocobacilo.

P Por que os bacilos não formam tétrades ou agrupamentos?

Os bacilos se dividem somente ao longo de seu eixo curto; portanto, existe um menor número de agrupamentos de bacilos que de cocos. A maioria dos bacilos se apresenta como bastonetes simples, chamados **bacilos únicos** (**Figura 4.2a**). Os **diplobacilos** se apresentam em pares após a divisão (Figura 4.2b), e os **estreptobacilos** aparecem em cadeias (Figura 4.2c). Alguns bacilos têm a aparência de "canudos". Outros têm extremidades cônicas. Outros ainda são ovais e tão parecidos com os cocos que são chamados de **cocobacilos** (Figura 4.2d).

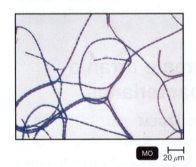

Figura 4.3 *Bacillus anthracis* **coradas pelo método de Gram.** À medida que as células de *Bacillus* envelhecem, suas paredes afinam e sua reação à coloração de Gram torna-se variável.

P Qual é a diferença entre os termos bacilo e *Bacillus*?

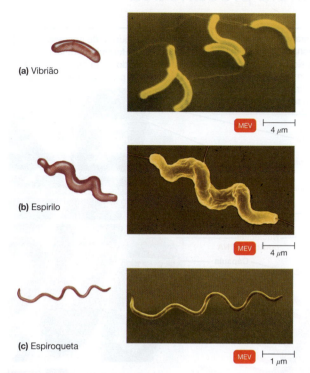

(a) Vibrião

MEV | 4 μm

(b) Espirilo

MEV | 4 μm

(c) Espiroqueta

MEV | 1 μm

Figura 4.4 **Bactérias espirais.**

P Qual é a característica marcante das bactérias espiroquetas?

O termo "bacilo" tem dois significados em microbiologia. Como acabamos de utilizar, a palavra bacilo se refere a uma forma bacteriana. Quando escrita em latim, com a primeira letra maiúscula e em itálico, refere-se a um gênero específico. Por exemplo, a bactéria *Bacillus anthracis* é o agente do antraz. As células bacilares geralmente formam cadeias longas e emboladas (**Figura 4.3**).

As bactérias espirais têm uma ou mais curvaturas; elas nunca são retas. As bactérias que se assemelham a bastões curvos são chamadas de **vibriões** (**Figura 4.4a**). Outras, os **espirilos**, têm forma helicoidal, como um saca-rolhas, e corpos rígidos (Figura 4.4b). Já outro grupo de espirais tem forma helicoidal e flexível – os **espiroquetas** (Figura 4.4c). Ao contrário dos espirilos, que utilizam um apêndice externo semelhante a uma hélice (flagelo) para se mover, os espiroquetas movem-se por meio de filamentos axiais, os quais lembram um flagelo, mas estão

contidos dentro de uma bainha externa flexível. Existem também procariotos em forma de estrela e retangulares (**Figura 4.5**).

O formato de uma bactéria é determinado pela hereditariedade. Geneticamente, a maioria das bactérias é **monomórfica**; ou seja, mantém uma forma única. No entanto, várias condições ambientais podem alterar a sua forma. Se a forma for alterada, a identificação torna-se difícil. Além disso, algumas bactérias, como *Rhizobium* e *Corynebacterium*, são geneticamente **pleomórficas**, ou seja, elas podem apresentar muitas formas, não apenas uma.

A estrutura de uma célula procariótica típica é mostrada na **Figura 4.6**. Discutiremos seus componentes de acordo com a seguinte organização: estruturas externas à parede celular, a parede celular em si e as estruturas internas a ela.

TESTE SEU CONHECIMENTO

4-2 Como é possível identificar estreptococos em um microscópio?

Estruturas externas à parede celular

OBJETIVOS DE APRENDIZAGEM

4-3 Descrever a estrutura e a função do glicocálice.

4-4 Diferenciar flagelos, filamentos axiais, fímbrias e *pili*.

Entre as possíveis estruturas externas da parede extracelular dos procariotos estão o glicocálice, os flagelos, os filamentos axiais, as fímbrias e os *pili*.

Glicocálice

Muitos procariotos secretam na sua superfície uma substância denominada glicocálice. **Glicocálice** (que significa revestimento de açúcar) é o termo geral usado para as substâncias que envolvem as células. O glicocálice bacteriano é um polímero viscoso e gelatinoso que está situado externamente à parede celular, composto por polissacarídeo, polipeptídeo ou ambos. Sua composição química varia amplamente entre as espécies. Em grande parte, ele é produzido dentro da célula e secretado para a superfície celular. Se a

 ASM: As bactérias têm estruturas celulares únicas que são alvos de antibióticos, imunidade e fagos.

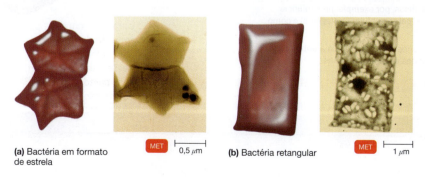

(a) Bactéria em formato de estrela

MET | 0,5 μm

(b) Bactéria retangular

MET | 1 μm

Figura 4.5 **Procariotos em forma de estrela e retangulares.** **(a)** *Stella* (forma de estrela). **(b)** *Haloarcula*, um gênero de arqueia halofílica (células retangulares).

P Quais são as formas comuns das bactérias?

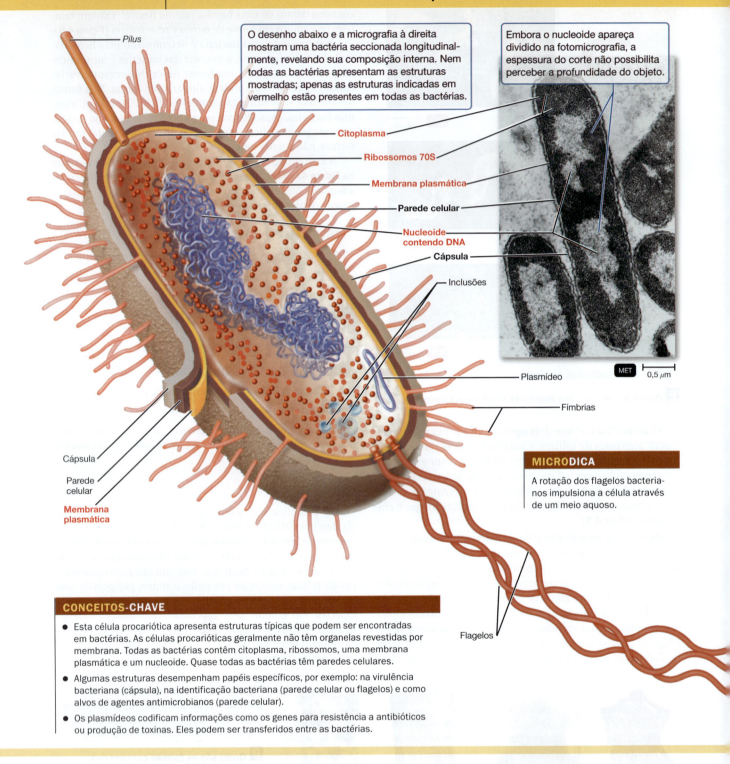

Estrutura de uma célula procariótica

O desenho abaixo e a micrografia à direita mostram uma bactéria seccionada longitudinalmente, revelando sua composição interna. Nem todas as bactérias apresentam as estruturas mostradas; apenas as estruturas indicadas em vermelho estão presentes em todas as bactérias.

Embora o nucleoide apareça dividido na fotomicrografia, a espessura do corte não possibilita perceber a profundidade do objeto.

Pilus

Citoplasma
Ribossomos 70S
Membrana plasmática
Parede celular
Nucleoide contendo DNA
Cápsula
Inclusões

Plasmídeo

Fímbrias

MET   0,5 μm

Cápsula
Parede celular
Membrana plasmática

MICRODICA

A rotação dos flagelos bacterianos impulsiona a célula através de um meio aquoso.

Flagelos

CONCEITOS-CHAVE

- Esta célula procariótica apresenta estruturas típicas que podem ser encontradas em bactérias. As células procarióticas geralmente não têm organelas revestidas por membrana. Todas as bactérias contêm citoplasma, ribossomos, uma membrana plasmática e um nucleoide. Quase todas as bactérias têm paredes celulares.

- Algumas estruturas desempenham papéis específicos, por exemplo: na virulência bacteriana (cápsula), na identificação bacteriana (parede celular ou flagelos) e como alvos de agentes antimicrobianos (parede celular).

- Os plasmídeos codificam informações como os genes para resistência a antibióticos ou produção de toxinas. Eles podem ser transferidos entre as bactérias.

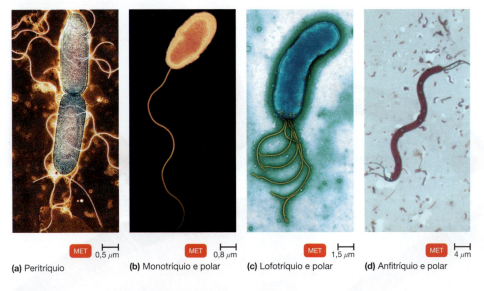

Figura 4.7 **Arranjos dos flagelos bacterianos.**
(a) Peritríquio. **(b)** a **(d)** Polar.

P Nem todas as bactérias têm flagelos. Como uma bactéria que não apresenta flagelos é chamada?

MET 0,5 μm

(a) Peritríquio

MET 0,8 μm

(b) Monotríquio e polar

MET 1,5 μm

(c) Lofotríquio e polar

MET 4 μm

(d) Anfitríquio e polar

substância for organizada e estiver firmemente aderida à parede celular, o glicocálice é descrito como **cápsula**. A presença de uma cápsula pode ser determinada utilizando-se uma coloração negativa, descrita no Capítulo 3 (ver Figura 3.16a). Se a substância não for organizada e estiver fracamente aderida à parede celular, o glicocálice é descrito como uma **camada limosa**.

Em certas espécies, as cápsulas são importantes porque contribuem com a virulência bacteriana (o grau em que um patógeno causa doença). As cápsulas frequentemente protegem as bactérias patogênicas contra a fagocitose pelas células do hospedeiro. (Como veremos adiante, a fagocitose é a ingestão e a digestão de microrganismos e outras partículas sólidas.) Por exemplo, *B. anthracis* produz uma cápsula de ácido D-glutâmico. (Relembre a discussão do Capítulo 2 sobre as formas D dos aminoácidos serem incomuns.) Uma vez que apenas as formas encapsuladas de *B. anthracis* causam antraz, especula-se que a cápsula pode proteger a bactéria da destruição por fagocitose.

Outro exemplo envolve *Streptococcus pneumoniae*, que causa pneumonia apenas quando as células se encontram protegidas por uma cápsula polissacarídica. As células não encapsuladas de *S. pneumoniae* não podem causar pneumonia, sendo rapidamente fagocitadas. A cápsula polissacarídica de *Klebsiella* também previne a fagocitose e permite a adesão e a colonização da bactéria no trato respiratório.

O glicocálice é um componente muito importante dos biofilmes (ver Capítulo 6). Um glicocálice que auxilia as células em um biofilme a se fixarem ao seu ambiente-alvo e umas às outras é denominado **substância polimérica extracelular (SPE)**. A SPE protege as células dentro do glicocálice, facilita a comunicação entre as células e permite a sobrevivência celular pela fixação a várias superfícies em seu ambiente natural.

Por meio da fixação, as bactérias podem crescer em diversas superfícies, como pedras em rios com correnteza rápida, raízes de plantas, dentes humanos, implantes médicos, tubulações e até mesmo em outras bactérias. O *Streptococcus mutans*, uma causa importante de cáries dentárias, adere-se à superfície dos dentes pelo glicocálice. O *S. mutans* pode

usar sua cápsula como fonte de nutrição, degradando-a e utilizando os açúcares quando os estoques de energia estiverem baixos. O *V. cholerae*, que causa a cólera, produz um glicocálice que auxilia na sua adesão às células do intestino delgado. Um glicocálice também pode proteger uma célula contra a desidratação, e sua viscosidade pode inibir o movimento dos nutrientes para fora da célula.

Flagelos e arcaelos

As células bacterianas móveis apresentam flagelos, enquanto as células de arqueia móveis têm arcaelos (ou *archaella*).

Flagelos

Algumas células bacterianas têm **flagelos** que são longos apêndices filamentosos que realizam a propulsão da bactéria. As bactérias que não possuem flagelos são chamadas de **atríquias** (sem projeções). Os flagelos podem ser **peritríquios** (distribuídos ao longo de toda a célula; **Figura 4.7a**) ou **polares** (em uma ou ambas as extremidades da célula). No caso de flagelos polares, eles podem ser **monotríquios** (um único flagelo em um polo da célula; Figura 4.7b), **lofotríquios** (um tufo de flagelos saindo de um polo da célula; Figura 4.7c) ou **anfitríquios** (flagelos em ambos os polos da célula; Figura 4.7d).

Um flagelo é constituído de três porções básicas (**Figura 4.8**). A longa região mais externa, o *filamento*, tem diâmetro constante e contém a proteína globular *flagelina* (grosseiramente esférica), distribuída em várias cadeias, as quais se entrelaçam e formam uma hélice em torno de um centro oco. Na maioria das bactérias, os filamentos não são cobertos por uma membrana ou bainha, como nas células eucarióticas. O filamento está aderido a um *gancho* ligeiramente mais largo, consistindo em uma proteína diferente. A terceira porção do flagelo é o *corpo basal*, que ancora o flagelo à parede celular e à membrana plasmática.

O corpo basal é composto de uma pequena haste central inserida em uma série de anéis. As bactérias gram-negativas

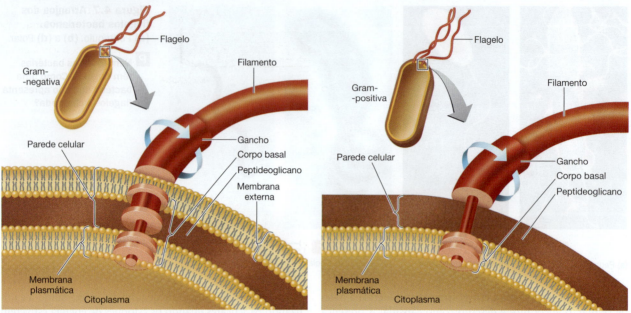

(a) Fixação e partes do flagelo de uma bactéria gram-negativa

(b) Fixação e partes do flagelo de uma bactéria gram-positiva

Figura 4.8 Estrutura de um flagelo bacteriano. As partes e a fixação de um flagelo de uma bactéria gram-negativa e de uma bactéria gram-positiva são mostradas neste diagrama esquemático.

P Como os corpos basais das bactérias gram-negativas e gram-positivas diferem?

contêm dois pares de anéis; o par externo está ancorado a várias porções da parede celular, e o par interno está ancorado à membrana plasmática. Nas bactérias gram-positivas, somente o par interno está presente. Como veremos adiante, os flagelos (e cílios) das células eucarióticas são mais complexos do que os apresentados pelas bactérias.

O flagelo bacteriano é uma estrutura helicoidal semirrígida que move a célula ao girar o corpo basal. A rotação de um flagelo pode ter sentido horário ou anti-horário em torno de seu eixo longo. (Os flagelos eucarióticos, por outro lado, realizam um movimento ondulante.) O movimento de um flagelo bacteriano resulta da rotação de seu corpo basal e é similar ao movimento da haste de um motor elétrico. À medida que os flagelos giram, eles formam um feixe que empurra o líquido circundante e propele a bactéria. A rotação flagelar depende da geração contínua de energia pela célula.

As células bacterianas podem alterar a velocidade e a direção de rotação dos flagelos e, portanto, são capazes de vários padrões de **motilidade** – a capacidade de um organismo de se mover por si próprio. Quando uma bactéria se move em uma direção por um determinado período, o movimento é denominado "corrida" ou "nado". As "corridas" são interrompidas por alterações periódicas, abruptas e aleatórias na direção, denominadas "desvios". Então, a "corrida" recomeça. Os "desvios" são causados por uma inversão da rotação flagelar (**Figura 4.9a**). Algumas espécies de bactérias dotadas de muitos flagelos – *Proteus*, por exemplo (Figura 4.9b) – podem "deslizar" ou apresentar um movimento ondulatório rápido em um meio de cultura sólido (Figura 4.9c).

Uma vantagem da motilidade é que a bactéria pode se mover em direção a um ambiente favorável ou para longe de um ambiente adverso. O movimento de uma bactéria para perto ou para longe de um estímulo é chamado de **taxia**. Esses estímulos podem ser químicos (**quimiotaxia**) e luminosos (**fototaxia**). As bactérias móveis contêm receptores em vários locais do citoplasma e da membrana plasmática. Esses receptores captam estímulos como o oxigênio, a ribose e a galactose. Em resposta aos estímulos, a informação é passada para os flagelos. Se um sinal quimiotático for positivo, ou *atraente*, as bactérias movem-se em direção ao estímulo com muitas corridas e poucos desvios. Se um sinal quimiotático for negativo, ou *repelente*, a frequência de desvios aumenta à medida que a bactéria se move para longe do estímulo.

A proteína flagelar denominada **antígeno H** é útil para diferenciar entre os **sorovares**, ou variações dentro de uma espécie, de bactérias gram-negativas (ver Capítulo 11). Por exemplo, existem no mínimo 50 antígenos H diferentes para a *E. coli*. Os sorovares identificados como *E. coli* O157:H7 estão associados a epidemias de origem alimentar.

Arcaelos

As células de arqueias móveis têm **arcaelos**. Os arcaelos apresentam similaridades com os flagelos e os *pili* bacterianos (discutidos adiante). Uma estrutura em forma de botão ancora os arcaelos nas células. Os arcaelos giram como os flagelos em uma ação que empurra a célula pela água e, como os *pili*, os arcaelos usam ATP para obter energia e não têm um núcleo

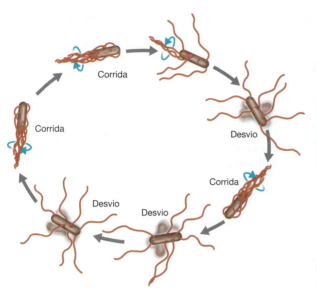

(a) Uma bactéria correndo e se desviando. Observe que a direção da rotação flagelar (setas azuis) determina qual movimento ocorreu. As setas cinzas indicam a direção do movimento do micróbio.

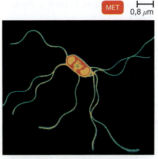

MET ⊢━━⊣ 0,8 μm

Figura 4.9 Flagelos e motilidade bacteriana.

P Os flagelos bacterianos empurram ou puxam as bactérias?

(b) Uma célula de **Proteus** no estágio populoso pode ter mais de mil flagelos peritríquios.

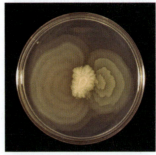

(c) Colônias tipo "enxame" de Proteus mirabilis.

citoplasmático. Os arcaelos consistem em glicoproteínas chamadas arcaelinas.

Filamentos axiais

Os espiroquetas são um grupo de bactérias com estrutura e motilidade singulares. Um dos espiroquetas mais conhecidos é o *Treponema pallidum*, o agente causador da sífilis. Outro espiroqueta é a *Borrelia burgdorferi*, o agente causador da doença de Lyme. Os espiroquetas se movem por meio de **filamentos axiais**, ou **endoflagelos**, feixes de fibrilas que se originam nas extremidades das células sob uma bainha externa e fazem uma espiral em torno da célula (**Figura 4.10**).

Os filamentos axiais, que estão ancorados em uma extremidade do espiroqueta, têm uma estrutura similar à dos flagelos. A rotação dos filamentos produz um movimento da bainha externa, que impulsiona os espiroquetas em um movimento espiral. Esse tipo de movimento é semelhante ao modo como um saca-rolhas se move através da rolha. Esse movimento tipo saca-rolhas provavelmente permite que bactérias como o *T. pallidum* se movam efetivamente pelos fluidos corporais.

Fímbrias e *pili*

Muitas bactérias gram-negativas contêm apêndices semelhantes a pelos, que são mais curtos, retos e finos que os flagelos. Essas estruturas, que consistem em uma proteína denominada *pilina* distribuída de modo helicoidal em torno de um eixo central, são divididas em dois tipos, fímbrias e *pili*, com funções muito diferentes. (Alguns microbiologistas usam os

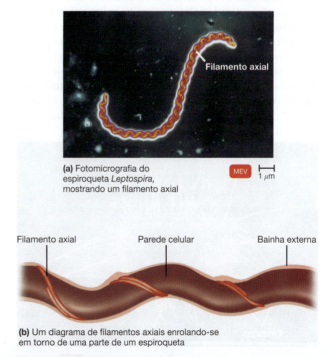

(a) Fotomicrografia do espiroqueta *Leptospira*, mostrando um filamento axial

MEV ⊢━━⊣ 1 μm

Filamento axial

Filamento axial   Parede celular   Bainha externa

(b) Um diagrama de filamentos axiais enrolando-se em torno de uma parte de um espiroqueta

Figura 4.10 Filamentos axiais.

P Como os endoflagelos se diferenciam dos flagelos?

dois termos de maneira indiferenciada para se referir a essas estruturas, mas nós as diferenciamos.)

As **fímbrias** podem ocorrer nos polos da célula bacteriana ou podem estar homogeneamente distribuídas em toda a superfície da célula. Elas podem variar em número desde algumas unidades a muitas centenas por célula (**Figura 4.11**). As fímbrias têm uma tendência a se aderirem umas às outras e às superfícies. Por isso, elas estão envolvidas na formação de biofilmes e outros agregados na superfície de líquidos, vidros e rochas. As fímbrias também auxiliam na adesão da bactéria às superfícies epiteliais do corpo. Por exemplo, as fímbrias da bactéria *Neisseria gonorrhoeae*, o agente causador da gonorreia, auxiliam o micróbio na colonização das membranas mucosas. Uma vez que a colonização ocorre, as bactérias podem causar doença. As fímbrias de *E. coli* O157 permitem a adesão dessa bactéria ao revestimento do intestino delgado, onde causa uma diarreia aquosa grave. Quando as fímbrias estão ausentes (devido a uma mutação genética), a colonização não pode ocorrer, e não surge doença.

> ASM: Bactérias e arqueias têm estruturas especializadas (flagelos, endósporos e *pili*) que geralmente conferem capacidades cruciais.

Os *pili* (singular: *pilus*) normalmente são mais longos que as fímbrias, e há apenas um ou dois por célula. Os *pili* estão envolvidos na motilidade celular e na transferência de DNA. Em um tipo de motilidade, a **motilidade pulsante**, um *pilus* é estendido pela adição de subunidades de pilina, faz contato com uma superfície ou com outra célula e, então, se retrai (força de deslocamento) à medida que as subunidades de pilina vão sendo desmontadas. Esse modelo é denominado *modelo do gancho atracado* da motilidade pulsante e resulta em movimentos curtos, abruptos e intermitentes. A motilidade pulsante é observada em *Pseudomonas aeruginosa*, *N. gonorrhoeae* e em algumas linhagens de *E. coli*. O outro tipo de motilidade associada aos *pili* é a **motilidade por deslizamento**, o movimento suave de deslizamento das mixobactérias. Embora o mecanismo exato seja desconhecido para a maioria das mixobactérias, algumas utilizam a retração do *pilus*. A motilidade por deslizamento

possibilita que os micróbios se movimentem nos ambientes com baixo conteúdo de água, como os biofilmes e o solo.

Alguns *pili* são utilizados para agregar as bactérias e facilitar a transferência de DNA entre elas, um processo denominado conjugação. Esses *pili* são chamados de ***pili* de conjugação (sexuais)** (ver Figura 8.29a). Nesse processo, o *pilus* de conjugação de uma bactéria, a célula F$^+$, conecta-se ao receptor na superfície de outra bactéria de sua própria espécie ou de uma espécie diferente. As duas células estabelecem contato físico, e o DNA da célula F$^+$ é transferido para a outra célula. O DNA compartilhado pode adicionar uma nova função à célula receptora, como a resistência a um antibiótico ou a capacidade de digerir o seu meio com mais eficiência.

> **TESTE SEU CONHECIMENTO**
>
> ✔ **4-3** Por que as cápsulas bacterianas têm importância na medicina?
>
> ✔ **4-4** Como as bactérias se locomovem?

Parede celular

OBJETIVOS DE APRENDIZAGEM

4-5 Comparar e diferenciar as paredes celulares de bactérias gram-positivas, gram-negativas, bactérias ácido-resistentes, arqueias e micoplasmas.

4-6 Comparar e diferenciar arqueias e micoplasmas.

4-7 Diferenciar protoplasto, esferoplasto e forma L.

A **parede celular** da célula bacteriana é uma estrutura complexa e semirrígida responsável pela forma da célula. Quase todos os procariotos têm uma parede celular que circunda a frágil membrana plasmática (citoplasmática) e a protege, bem como ao interior da célula, de alterações adversas no meio externo (ver Figura 4.6).

A principal função da parede celular é prevenir a ruptura das células bacterianas quando a pressão da água dentro da célula for maior do que a externa (ver Figura 4.18d). Ela também ajuda a manter a forma de uma bactéria e serve como ponto de ancoragem para os flagelos. À medida que o volume de uma célula bacteriana aumenta, sua membrana plasmática e parede celular se estendem, conforme necessário. Clinicamente, a parede celular é importante, pois contribui para a capacidade de algumas espécies de causar doenças e também por ser o local de ação de alguns antibióticos. Além disso, a composição química da parede celular é usada para diferenciar os principais tipos de bactérias.

Embora as células de alguns eucariotos, incluindo plantas, algas e fungos, tenham paredes celulares, suas paredes diferem quimicamente daquelas dos procariotos, sendo mais simples estruturalmente e menos rígidas.

Composição e características

A parede celular bacteriana é composta de uma rede macromolecular denominada **peptideoglicano** (também conhecido como *mureína*), que está presente isoladamente ou em combinação com outras substâncias. O peptideoglicano consiste em

Figura 4.11 Fímbrias. As fímbrias parecem cerdas nesta célula de *E. coli*, que está começando a se dividir.

P Por que as fímbrias são necessárias para a colonização?

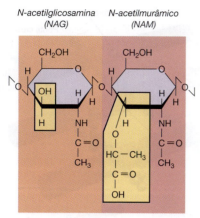

Figura 4.12 *N*-acetilglicosamina (NAG) e ácido *N*-acetilmurâmico (NAM) unidos como no peptideoglicano. As áreas em amarelo mostram as diferenças entre as duas moléculas. A ligação entre elas é chamada de ligação β-1,4.

P Que tipo de moléculas são os carboidratos, os lipídeos e as proteínas?

dissacarídeos repetidos ligados por polipeptídeos para formar uma rede que circunda e protege toda a célula. A porção dissacarídica é composta por monossacarídeos denominados *N*--acetilglicosamina (NAG) e ácido *N*-acetilmurâmico (NAM) (de *murus*, que significa parede), que são relacionados à glicose. As fórmulas estruturais de NAG e NAM são mostradas na **Figura 4.12**.

Os vários componentes do peptideoglicano se organizam e formam a parede celular (**Figura 4.13a**). Moléculas alternadas de NAM e NAG são ligadas em filas de 10 a 65 açúcares para formar um "esqueleto" de carboidratos (a porção glicano do peptideoglicano). As filas adjacentes são ligadas por **polipeptídeos** (a porção peptídica do peptideoglicano). Embora a estrutura da ligação polipeptídica possa variar, ela sempre inclui *cadeias laterais de tetrapeptídeos*, as quais consistem em quatro aminoácidos ligados ao NAM no esqueleto. Os aminoácidos ocorrem em um padrão alternado de formas D e L (ver Figura 2.13). Esse padrão é único, pois os aminoácidos encontrados em outras proteínas exibem formas L. Cadeias laterais paralelas de tetrapeptídeos podem ser ligadas diretamente umas às outras ou unidas por uma *ponte cruzada peptídica*, consistindo em uma cadeia curta de aminoácidos.

A penicilina interfere na ligação final das fileiras de peptideoglicanos pelas pontes cruzadas peptídicas (ver Figura 4.13a). Por isso, a parede celular fica muito enfraquecida, e a célula sofre lise, uma destruição causada pela ruptura da membrana plasmática e pela perda de citoplasma.

Paredes celulares gram-positivas

Na maioria das bactérias gram-positivas, a parede celular consiste em muitas camadas de peptideoglicano, formando uma estrutura rígida e espessa (Figura 4.13b). Em contrapartida, as paredes celulares gram-negativas contêm somente uma camada fina de peptideoglicano (Figura 4.13c). O espaço entre a parede celular e a membrana plasmática de uma bactéria gram-positiva é o espaço periplasmático. Ele contém a camada granular, a qual é composta de ácido lipoteicoico. Além disso, as paredes celulares das bactérias gram-positivas contêm *ácidos teicoicos*, que consistem principalmente em um álcool (como glicerol ou ribitol) e fosfato. Há duas classes de ácidos teicoicos: o *ácido lipoteicoico* que atravessa a camada de peptideoglicano e está ligado à membrana plasmática, e o *ácido teicoico da parede*, o qual está ligado à camada de peptideoglicano. Devido à sua carga negativa (proveniente dos grupos fosfato), os ácidos teicoicos podem se ligar e regular o movimento de cátions (íons positivos) para dentro e para fora da célula. Eles também podem assumir um papel no crescimento celular, impedindo a ruptura extensa da parede e a possível lise celular. Por fim, os ácidos teicoicos fornecem boa parte da especificidade antigênica da parede e, portanto, possibilitam a identificação de bactérias gram-positivas por determinados testes laboratoriais (ver Capítulo 10). Da mesma forma, a parede celular dos estreptococos gram-positivos é recoberta com vários polissacarídeos, os quais permitem que eles sejam agrupados em tipos clinicamente significativos.

Paredes celulares gram-negativas

As paredes celulares das bactérias gram-negativas consistem em uma ou poucas camadas de peptideoglicano e uma membrana externa (ver Figura 4.13c). O peptideoglicano está ligado a lipoproteínas na membrana externa e está localizado no *periplasma* (um fluido semelhante a um gel no espaço periplasmático de bactérias gram-negativas), a região entre a membrana externa e a membrana plasmática. O periplasma contém uma alta concentração de enzimas de degradação e proteínas de transporte. As paredes celulares gram-negativas não contêm ácidos teicoicos. Como as paredes celulares das bactérias gram-negativas contêm somente uma pequena quantidade de peptideoglicano, elas são mais suscetíveis ao rompimento mecânico.

A *membrana externa* da célula gram-negativa consiste em lipopolissacarídeos, lipoproteínas e fosfolipídeos (ver Figura 4.13c). A membrana externa tem várias funções especializadas. Sua forte carga negativa é um fator importante na evasão da fagocitose e nas ações do complemento (o qual causa lise de células e promove a fagocitose), dois componentes das defesas do hospedeiro (discutidos em detalhes no Capítulo 16). A membrana externa também fornece uma barreira contra a ação de detergentes, metais pesados, sais biliares, alguns corantes, antibióticos (p. ex., penicilina) e enzimas digestórias como a lisozima.

No entanto, a membrana externa não fornece uma barreira para todas as substâncias do ambiente, pois os nutrientes devem atravessá-la para garantir o metabolismo celular. Parte da permeabilidade da membrana externa se deve a proteínas na membrana, denominadas **porinas**, que formam canais. As porinas permitem a passagem de moléculas como nucleotídeos, dissacarídeos, peptídeos, aminoácidos, vitamina B_{12} e ferro.

O **lipopolissacarídeo (LPS)** da membrana externa é uma molécula grande e complexa que contém lipídeos e carboidratos, formada por três componentes: (1) lipídeo A, (2) um cerne polissacarídico e (3) um polissacarídeo O. O **lipídeo A** é a porção lipídica do LPS e está embebido na camada superior da membrana externa. Quando bactérias gram-negativas morrem, elas liberam lipídeo A, que funciona como uma endotoxina (Capítulo 15). O lipídeo A é responsável pelos

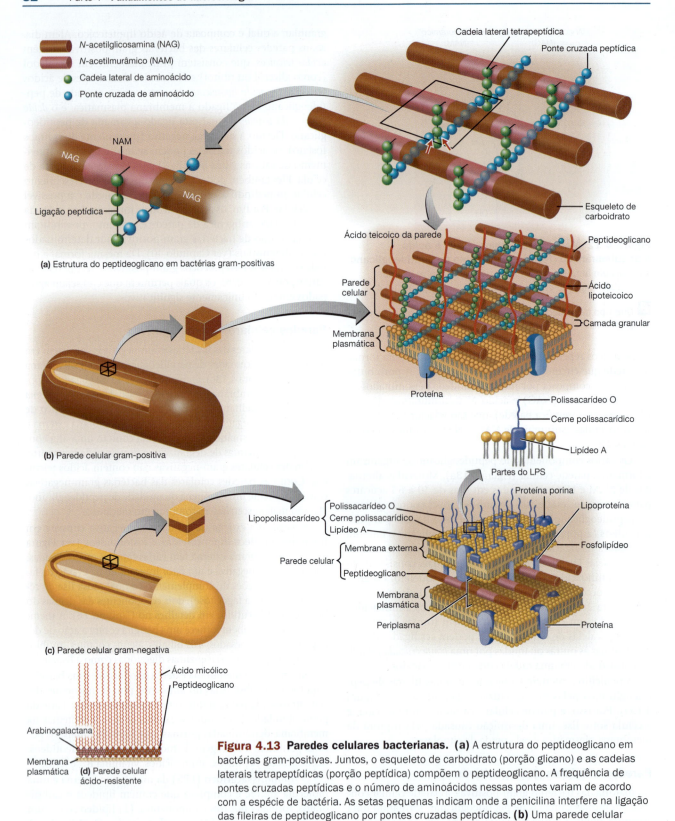

- ▬ *N*-acetilglicosamina (NAG)
- ▬ *N*-acetilmurâmico (NAM)
- ● Cadeia lateral de aminoácido
- ● Ponte cruzada de aminoácido

(a) Estrutura do peptideoglicano em bactérias gram-positivas

NAM
NAG
NAG
Ligação peptídica

Cadeia lateral tetrapeptídica
Ponte cruzada peptídica
Esqueleto de carboidrato

Ácido teicoico da parede
Peptideoglicano
Parede celular
Ácido lipoteicoico
Camada granular
Membrana plasmática
Proteína

(b) Parede celular gram-positiva

Polissacarídeo O
Cerne polissacarídico
Lipídeo A
Partes do LPS

Lipopolissacarídeo
Polissacarídeo O
Cerne polissacarídico
Lipídeo A
Membrana externa
Peptideoglicano
Parede celular
Membrana plasmática
Periplasma

Proteína porina
Lipoproteína
Fosfolipídeo
Proteína

(c) Parede celular gram-negativa

Ácido micólico
Peptideoglicano
Arabinogalactana
Membrana plasmática
(d) Parede celular ácido-resistente

Figura 4.13 Paredes celulares bacterianas. (a) A estrutura do peptideoglicano em bactérias gram-positivas. Juntos, o esqueleto de carboidrato (porção glicano) e as cadeias laterais tetrapeptídicas (porção peptídica) compõem o peptideoglicano. A frequência de pontes cruzadas peptídicas e o número de aminoácidos nessas pontes variam de acordo com a espécie de bactéria. As setas pequenas indicam onde a penicilina interfere na ligação das fileiras de peptideoglicano por pontes cruzadas peptídicas. **(b)** Uma parede celular gram-positiva. **(c)** Uma parede celular gram-negativa. **(d)** Versão simplificada da estrutura de uma parede celular ácido-resistente.

P Quais são as principais diferenças estruturais entre as paredes celulares gram-positivas e gram-negativas?

Irene revisa seus conhecimentos sobre a bactéria gram-negativa *K. pneumoniae*. Embora essa bactéria faça parte da microbiota normal do intestino, fora de seu ambiente natural ela pode causar infecções graves. *K. pneumoniae* é responsável por cerca de 8% de todas as infecções associadas aos cuidados de saúde. Irene supõe que as bactérias tenham se originado de algum lugar do hospital.

O que está causando a febre e a pressão arterial baixa dos pacientes?

Parte 1   **Parte 2**   Parte 3   Parte 4   Parte 5

sintomas associados a infecções por bactérias gram-negativas, como febre, dilatação de vasos sanguíneos, choque e formação de coágulos sanguíneos. O **cerne polissacarídico** é ligado ao lipídeo A e contém açúcares incomuns. Seu papel é estrutural – fornecer estabilidade. O **polissacarídeo O** se estende para fora do cerne polissacarídico e é composto por moléculas de açúcar. O polissacarídeo O funciona como um antígeno, sendo útil para diferenciar os sorovares de bactérias gram-negativas. Por exemplo, o patógeno alimentar *E. coli* O157:H7 é diferenciado dos outros sorovares por exames laboratoriais que procuram por esses antígenos específicos. Esse papel antigênico é comparável ao dos ácidos teicoicos nas células gram-positivas.

Paredes celulares e o mecanismo da coloração de Gram

Agora que já estudamos a coloração de Gram (no Capítulo 3) e a química da parede celular bacteriana (na seção anterior), será mais fácil compreender o mecanismo da coloração de Gram. Esse mecanismo é baseado nas diferenças das estruturas das paredes celulares gram-positivas e gram-negativas e em como cada uma delas reage a vários reagentes (substâncias utilizadas na produção de uma reação química). O cristal violeta, o corante primário, cora ambas as células gram-positivas e gram-negativas de púrpura, pois se combina com o peptideoglicano. Quando o iodo (mordente) é aplicado, ele forma grandes cristais com o corante que não são solúveis em água. A aplicação de álcool dissolve a membrana externa das células gram-negativas, e o complexo cristal violeta-iodo é removido da fina camada de peptideoglicano. Como as bactérias gram-negativas tornam-se incolores após a lavagem com álcool, a adição de safranina (o contracorante) tinge as células de cor-de-rosa ou vermelho. A safranina fornece a cor contrastante à coloração primária (cristal violeta). Embora as células gram-positivas e gram-negativas absorvam a safranina, a coloração cor-de-rosa ou vermelha da safranina é mascarada pelo corante púrpura previamente absorvido pelas células gram-positivas.

Em qualquer população celular, algumas células gram-positivas apresentarão uma resposta gram-negativa. Essas células normalmente estão mortas. Entretanto, há alguns poucos gêneros gram-positivos que apresentam um número crescente de células gram-negativas à medida que a cultura envelhece. *Bacillus* e *Clostridium* são exemplos, sendo frequentemente descritos como *gram-variáveis* (ver Figura 4.3).

A Tabela 4.1 compara algumas características das bactérias gram-positivas e gram-negativas.

Paredes celulares atípicas

Entre os procariotos, certos tipos de células não apresentam paredes, têm muito pouco material de parede ou paredes ácido-resistentes.

Bactérias sem parede celular

As bactérias que não têm parede celular incluem membros do gênero *Mycoplasma* e organismos relacionados (ver Figura 11.24). Os micoplasmas são as menores bactérias conhecidas que podem crescer e se reproduzir fora de células de hospedeiros vivos. Devido ao seu tamanho e por não terem paredes celulares, eles atravessam a maioria dos filtros bacterianos, e foram inicialmente confundidas com vírus. Suas membranas plasmáticas são únicas entre as bactérias porque apresentam lipídeos denominados *esteróis*, os quais podem protegê-las da lise (ruptura).

Arqueias

As arqueias podem não ter paredes ou ter paredes incomuns, compostas de polissacarídeos e proteínas, mas não de peptideoglicano. Essas paredes, entretanto, contêm uma substância similar ao peptideoglicano, denominada *pseudomureína*. A pseudomureína contém ácido *N*-acetiltalosaminurônico em vez de NAM, e não tem os D-aminoácidos encontrados nas paredes celulares bacterianas. As arqueias geralmente não podem ser coradas pelo método de Gram, mas aparentam ser gram-negativas por não conterem peptideoglicano.

Bactérias com uma parede celular ácido-resistente

Como visto no Capítulo 3, a coloração ácido-resistente é utilizada na identificação de todas as bactérias do gênero *Mycobacterium* e espécies patogênicas de *Nocardia*. Essas bactérias contêm alta concentração (60%) de um lipídeo ceroso hidrofóbico (**ácido micólico**) em sua parede que previne a entrada dos corantes, incluindo os utilizados na coloração de Gram. O ácido micólico forma uma parede externa a uma camada fina de peptideoglicano (Figura 4.13d). O ácido micólico e o peptideoglicano são unidos por um polissacarídeo, o arabinogalactana. A parede hidrofóbica cerosa das células induz as culturas de *Mycobacterium* a se agregarem e a se ligarem às paredes do frasco de cultura. Bactérias ácido-resistentes podem ser coradas com carbolfucsina, que penetra de forma mais eficiente nas bactérias quando aquecida. A carbolfucsina penetra na parede celular, liga-se ao citoplasma e resiste à remoção por lavagem com álcool-ácido. Bactérias ácido-resistentes retêm a cor vermelha da carbolfucsina, pois essa substância é mais solúvel no ácido micólico da parede celular do que no álcool-ácido. Se a parede de ácido micólico for removida, essas bactérias irão se corar, pela coloração de Gram, como gram-positivas.

Danos à parede celular

As substâncias químicas que danificam a parede celular bacteriana ou interferem em sua síntese frequentemente não danificam as células de um hospedeiro animal, pois a parede celular bacteriana é composta de substâncias diferentes daquelas presentes

TABELA 4.1 Algumas características comparativas das bactérias gram-positivas e gram-negativas

Característica	Gram-positiva	Gram-negativa
	MO ⊢ 12 μm	MO ⊢ 15 μm
Coloração de Gram	Retém o corante cristal violeta e cora-se de violeta-escuro ou púrpura	Pode ser descorado com álcool-acetona; aparece em vermelho ou cor-de-rosa após a contracoloração (safranina)
Camada de peptideoglicano	Espessa (camadas múltiplas)	Fina (camada única)
Ácidos teicoicos	Presentes em muitas	Ausentes
Espaço periplasmático	Camada granular	Periplasma
Membrana externa	Ausente	Presente
Conteúdo de lipopolissacarídeo (LPS)	Praticamente nenhum	Alto
Conteúdo de lipídeos e lipoproteínas	Baixo (as bactérias ácido-resistentes têm lipídeos ligados ao peptideoglicano)	Alto (devido à presença da membrana externa)
Estrutura flagelar	2 anéis no corpo basal	4 anéis no corpo basal
Toxinas produzidas	Exotoxinas	Endotoxinas e exotoxinas
Resistência à ruptura física	Alta	Baixa
Ruptura da parede celular por lisozimas	Alta	Baixa (requer um pré-tratamento para desestabilizar a membrana externa)
Sensibilidade à penicilina e às sulfonamidas	Alta	Baixa
Sensibilidade à estreptomicina, ao cloranfenicol e à tetraciclina	Baixa	Alta
Inibição por corantes básicos	Alta	Baixa
Sensibilidade a detergentes aniônicos	Alta	Baixa
Resistência à azida sódica (um conservante em reagentes aquosos de laboratório)	Alta	Baixa
Resistência ao ressecamento	Alta	Baixa

nas células eucarióticas. Assim, a síntese da parede celular é alvo de alguns fármacos antimicrobianos. Um meio pelo qual a parede celular pode ser danificada é pela exposição à enzima digestória *lisozima*. Essa enzima ocorre naturalmente em algumas células eucarióticas, sendo um constituinte das lágrimas, do suor, do muco e da saliva. A lisozima é particularmente ativa nos principais componentes da parede celular da maioria das bactérias gram-positivas, tornando-as vulneráveis à lise. A lisozima catalisa a hidrólise das pontes entre os açúcares nos dissacarídeos repetitivos do "esqueleto" de peptideoglicano. Essa ação é análoga a cortar os cabos de aço que suportam uma ponte: a parede celular gram-positiva é destruída quase completamente pela lisozima. O conteúdo celular que permanece circundado pela membrana plasmática pode ficar intacto se a lise não ocorrer; essa célula sem parede é denominada **protoplasto**. Em geral, um protoplasto é esférico e capaz de realizar metabolismo.

Alguns membros do gênero *Proteus*, bem como de outros gêneros, podem perder suas paredes celulares e formar células intumescidas e com formato irregular chamadas **formas L**, nomeadas em homenagem ao Instituto Lister, onde foram descobertas. Elas podem ser formadas espontaneamente ou desenvolvidas em resposta à penicilina (que inibe a formação da parede celular) ou à lisozima (que remove a parede celular). Formas L podem viver e se dividir repetidamente ou retornar ao estado delimitado pela parede.

Quando a lisozima é aplicada a células gram-negativas, normalmente a parede não é destruída na mesma extensão que nas células gram-positivas; parte da membrana externa também permanece. Nesse caso, o conteúdo celular, a membrana plasmática e a camada restante da parede externa são denominados **esferoplasto**, também uma estrutura esférica. Para a lisozima exercer seu efeito nas células gram-negativas, estas devem ser tratadas primeiramente com ácido etilenodiaminotetracético (EDTA). O EDTA enfraquece as ligações iônicas e produz lesões na membrana externa, fornecendo acesso para a lisozima à camada de peptideoglicano.

Os protoplastos, os esferoplastos e as formas L se rompem em água pura ou em soluções muito diluídas de sal ou açúcar, pois as moléculas de água do líquido circundante movem-se rapidamente para o interior e intumescem a célula, que tem

A membrana externa da parede celular gram-negativa de *K. pneumoniae* contém uma endotoxina, o lipídeo A, que causa febre e dilatação capilar.

Irene trabalha juntamente com os médicos de Mateus, Jéssica e Isabela para combater essa infecção potencialmente fatal. Ela está particularmente preocupada com Jéssica, devido à sua condição respiratória enfraquecida. Todos os três pacientes são tratados com um antibiótico β-lactâmico, o imipeném. As bactérias *Klebsiella* são resistentes a muitos antibióticos, contudo o imipeném parece funcionar para Mateus e Isabela. Jéssica, no entanto, apresenta uma piora do quadro.

Por que os sintomas de Jéssica estão piorando se a bactéria está sendo eliminada?

| Parte 1 | Parte 2 | **Parte 3** | Parte 4 | Parte 5 |

uma concentração interna de água muito menor. Essa ruptura, a **lise osmótica**, será discutida em detalhes em breve.

Conforme mencionado anteriormente, certos antibióticos, como a penicilina, destroem as bactérias ao interferir na formação das ligações cruzadas peptídicas do peptideoglicano, impedindo a formação de uma parede celular funcional. A maioria das bactérias gram-negativas não é tão sensível à penicilina quanto as bactérias gram-positivas, pois a membrana externa das bactérias gram-negativas forma uma barreira que inibe a entrada dessa e de outras substâncias, e as bactérias gram-negativas têm menos ligações cruzadas peptídicas. Contudo, as bactérias gram-negativas são suscetíveis a alguns antibióticos β-lactâmicos que têm melhor penetração na membrana externa do que a penicilina. Os antibióticos serão detalhadamente discutidos no Capítulo 20.

As **vesículas da membrana externa (VMEs)** são formadas na membrana externa de bactérias gram-negativas. As VMEs contêm enzimas que podem hidrolisar moléculas grandes, como proteínas, que não conseguem entrar nas células. **Vesículas extracelulares (VEs)** produzidas na membrana plasmática também foram observadas em bactérias gram-positivas. Várias enzimas foram encontradas nessas vesículas, incluindo enzimas que digerem antibióticos β-lactâmicos. O mecanismo pelo qual as VEs passam através da parede celular não é conhecido.

TESTE SEU CONHECIMENTO

✔ **4-5** Por que os fármacos que têm como alvo a síntese da parede celular são eficientes?

✔ **4-6** Por que os micoplasmas são resistentes aos antibióticos que interferem na síntese da parede celular?

✔ **4-7** Como os protoplastos se diferenciam das formas L?

Estruturas internas à parede celular

OBJETIVOS DE APRENDIZAGEM

4-8 Descrever a estrutura, a composição química e as funções da membrana plasmática procariótica.

4-9 Definir *difusão simples, difusão facilitada, osmose, transporte ativo* e *translocação de grupo*.

4-10 Identificar as funções do nucleoide e dos ribossomos.

4-11 Identificar as funções de quatro inclusões.

4-12 Descrever as funções dos endósporos, da esporulação e da germinação do endósporo.

Até este ponto, discutimos a parede celular procariótica e as estruturas externas a ela. Veremos agora o interior da célula procariótica e discutiremos as estruturas e as funções da membrana plasmática e de outros componentes dentro do citoplasma celular.

Membrana plasmática (citoplasmática)

A **membrana plasmática (citoplasmática)** (ou *membrana interna*) é uma estrutura fina situada no interior da parede celular que reveste o citoplasma da célula (ver Figura 4.6). A membrana plasmática dos procariotos consiste principalmente em fosfolipídeos (ver Figura 2.10), que são as substâncias químicas mais abundantes na membrana, e proteínas. As membranas plasmáticas eucarióticas também contêm carboidrato e esteróis, como o colesterol. Como não têm esteróis, as membranas plasmáticas procarióticas são menos rígidas que as membranas eucarióticas. Uma exceção é o procarioto *Mycoplasma*, que não possui parede celular e contém esteróis de membrana.

Estrutura

As membranas plasmáticas procarióticas e eucarióticas (e as membranas externas das bactérias gram-negativas) são estruturas de duas camadas (**Figura 4.14a**). As moléculas de fosfolípideo estão dispostas em duas fileiras paralelas, a chamada *bicamada lipídica* (Figura 4.14b). Cada molécula de fosfolipídeo (ver Capítulo 2) contém uma cabeça polar, composta de um grupo fosfato e glicerol que é hidrofílico (tem afinidade pela água) e solúvel em água, e caudas apolares, compostas de ácidos graxos que são hidrofóbicos (não têm afinidade pela água) e insolúveis em água (Figura 4.14c). As cabeças polares estão nas duas superfícies da bicamada lipídica, e as caudas apolares estão no interior da bicamada.

As moléculas proteicas na membrana podem estar arranjadas em uma variedade de formas. Algumas, as chamadas *proteínas periféricas*, ficam na superfície interna ou externa da membrana e são facilmente removidas da membrana com tratamentos leves. Elas podem funcionar como enzimas que catalisam reações químicas, como um "andaime" para suporte e como mediadoras das alterações na forma da membrana durante o movimento. Outras proteínas, as *proteínas integrais*, só podem ser removidas da membrana após o rompimento da bicamada lipídica (p. ex., pelo uso de detergentes). A maioria das proteínas integrais penetra completamente na membrana e são chamadas de *proteínas transmembrana*. Algumas proteínas integrais são canais que têm um poro, ou um orifício, através do qual as substâncias entram e saem da célula.

Muitas das proteínas e alguns dos lipídeos na superfície externa da membrana plasmática têm carboidratos ligados a eles. Proteínas ligadas a carboidratos são chamadas **glicoproteínas**, e lipídeos ligados a carboidratos são chamados **glicolipídeos**. Ambos ajudam a proteger e lubrificar a célula e estão

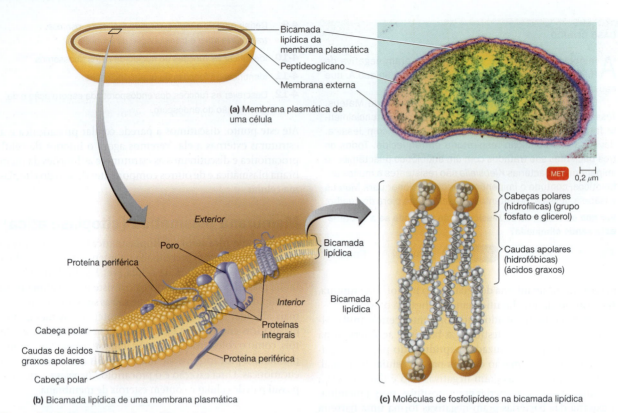

Figura 4.14 Membrana plasmática. (a) Um diagrama e uma micrografia mostrando a bicamada lipídica que forma a membrana plasmática interna da bactéria gram-negativa *V. cholerae*. As camadas da parede celular, incluindo a membrana externa, podem ser vistas fora da membrana interna. **(b)** Uma porção da membrana interna mostrando a bicamada lipídica e as proteínas. A membrana externa das bactérias gram-negativas também é uma camada dupla de fosfolipídeo. **(c)** Modelos espaciais de várias moléculas de fosfolipídeos da forma como são organizadas na bicamada lipídica.

P **Qual é a diferença entre uma proteína periférica e uma integral?**

envolvidos nas interações célula a célula. Por exemplo, as glicoproteínas têm um papel em certas doenças infecciosas. O vírus influenza e as toxinas que causam a cólera e o botulismo penetram em suas células-alvo eucarióticas inicialmente pela ligação às glicoproteínas em suas membranas plasmáticas.

Alguns estudos demonstraram que as moléculas de fosfolipídeo e proteína nas membranas plasmáticas não são estáticas; elas movem-se com certa liberdade na superfície da membrana. É provável que esse movimento esteja associado às muitas funções realizadas pela membrana plasmática. Como as caudas dos ácidos graxos se mantêm aderidas, os fosfolipídeos, na presença de água, formam uma bicamada autosselante; assim, rupturas e fissuras na membrana fecham sozinhas. A membrana deve ter viscosidade semelhante à do azeite de oliva para permitir que as proteínas da membrana se movam de modo livre o suficiente para realizar suas funções sem destruir a estrutura da membrana. A esse arranjo dinâmico dos fosfolipídeos e proteínas denomina-se **modelo do mosaico fluido**.

Funções

A função mais importante da membrana plasmática é servir como barreira seletiva para a entrada e a saída de materiais da célula. Para essa função, as membranas plasmáticas têm **permeabilidade seletiva** (por vezes chamada *semipermeabilidade*).

Essa expressão indica que determinadas moléculas e íons conseguem atravessar a membrana, mas outros são impedidos. A permeabilidade da membrana depende de vários fatores. As moléculas grandes (como as proteínas) não podem passar através da membrana plasmática, possivelmente por serem maiores que os poros nas proteínas integrais, que funcionam como canais. Contudo, as moléculas menores (como a água, o oxigênio, o dióxido de carbono e alguns açúcares simples) em geral conseguem atravessá-la com facilidade. Os íons penetram na membrana muito lentamente. As substâncias que se dissolvem facilmente em lipídeos (como o oxigênio, o dióxido de carbono e as moléculas orgânicas apolares) entram e saem com mais facilidade do que outras substâncias, pois a membrana é composta principalmente de fosfolipídeos. O movimento de materiais através das membranas plasmáticas também depende de moléculas transportadoras, que serão descritas em breve.

As membranas plasmáticas também são importantes na digestão de nutrientes e na produção de energia. As membranas plasmáticas das bactérias contêm enzimas capazes de catalisar as reações químicas que degradam os nutrientes e produzem ATP. Em algumas bactérias, os pigmentos e as enzimas envolvidos na fotossíntese são encontrados em invaginações da membrana plasmática que se estendem ao citoplasma. Essas estruturas membranosas são chamadas **cromatóforos**

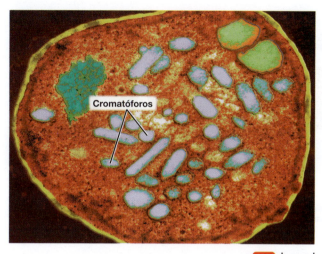

Figura 4.15 **Cromatóforos.** Nesta micrografia de uma bactéria púrpura sulfurosa os cromatóforos são claramente visíveis.

P **Qual é a função dos cromatóforos?**

(**Figura 4.15**). Em contrapartida, as membranas tilacoides fotossintéticas das cianobactérias podem estar completamente separadas da membrana plasmática, assim como as organelas verdadeiras. Essas membranas tilacoides se assemelham às membranas dos cloroplastos (conforme discutido para as células eucarióticas).

Quando examinadas ao microscópio eletrônico, as membranas plasmáticas bacterianas frequentemente parecem conter uma ou mais invaginações grandes e irregulares, denominadas **mesossomos**. Muitas funções foram propostas para os mesossomos. Novas técnicas de microscopia eletrônica sugerem que os mesossomos se formam quando a membrana plasmática é danificada. Os danos podem resultar da preparação para a microscopia ou dos antibióticos.

Destruição da membrana plasmática por agentes antimicrobianos

Uma vez que a membrana plasmática é vital para a célula bacteriana, não é surpreendente que muitos agentes antimicrobianos exerçam seus efeitos nesse sítio. Além das substâncias químicas que danificam a parede celular e, assim, expõem indiretamente a membrana à lesão, muitos compostos danificam especificamente as membranas plasmáticas. Esses compostos incluem certos álcoois e compostos de amônio quaternário (ver Capítulo 7), os quais são usados como desinfetantes. Pela degradação dos fosfolipídeos de membrana, um grupo de antibióticos conhecido como *polimixinas* produz o vazamento do conteúdo intracelular e a posterior morte celular. Esse mecanismo será discutido no Capítulo 20.

Movimento de materiais através das membranas

Os materiais atravessam as membranas plasmáticas de ambas as células procarióticas e eucarióticas por dois tipos de

processos: passivo e ativo. Nos *processos passivos*, as substâncias atravessam a membrana e passam de uma área de alta concentração para uma área de baixa concentração (movem-se de acordo com o gradiente, ou diferença, de concentração), sem qualquer gasto de energia pela célula. Nos *processos ativos*, a célula deve utilizar energia para mover as substâncias das áreas de baixa concentração para as áreas de alta concentração (contra o gradiente de concentração).

Processos passivos

Os processos passivos incluem a difusão simples, a difusão facilitada e a osmose.

A **difusão simples** é o movimento líquido (global) de moléculas ou íons de uma área de alta concentração para uma área de baixa concentração (**Figura 4.16** e **Figura 4.17a**). O movimento continua até que as moléculas ou os íons estejam distribuídos uniformemente. O ponto de distribuição uniforme é denominado *equilíbrio*. As células utilizam a difusão simples para transportar certas moléculas pequenas, como o oxigênio e o dióxido de carbono, através de suas membranas celulares.

Na **difusão facilitada**, as proteínas integrais de membrana funcionam como canais ou carreadores que facilitam o movimento de íons ou grandes moléculas através da membrana plasmática. Essas proteínas integrais são *proteínas transportadoras* ou *permeases*. A difusão facilitada é similar à difusão simples no sentido de que a célula *não* gasta energia, uma vez que a substância se move de uma concentração alta para uma concentração baixa. Esse processo se difere da difusão simples pela utilização de proteínas transportadoras. Alguns transportadores permitem a passagem da maioria dos pequenos íons inorgânicos que são muito hidrofílicos para penetrarem no interior apolar da bicamada lipídica (Figura 4.17b). Esses transportadores, comuns em procariotos, são inespecíficos e permitem a passagem de uma variedade de íons ou moléculas

(a)   (b)

Figura 4.16 **Princípio da difusão simples.** **(a)** Após uma pastilha de corante ser colocada em um recipiente com água, as moléculas de corante na pastilha se difundem na água, de uma área de alta concentração de corante para as áreas de baixa concentração de corante. **(b)** O corante permanganato de potássio passando por um processo de difusão.

P **Por que os processos passivos são importantes para uma célula?**

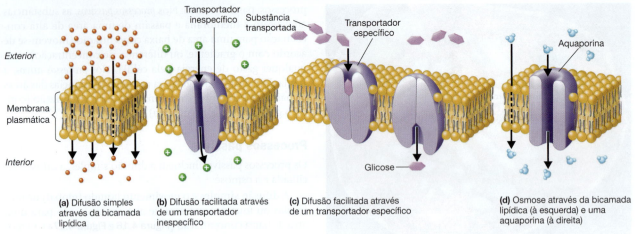

(a) Difusão simples através da bicamada lipídica

(b) Difusão facilitada através de um transportador inespecífico

(c) Difusão facilitada através de um transportador específico

(d) Osmose através da bicamada lipídica (à esquerda) e uma aquaporina (à direita)

Figura 4.17 Processos passivos.

P Como a difusão simples se difere da difusão facilitada?

pequenas através dos canais das proteínas integrais de membrana. Outras proteínas transportadoras, que são comuns em eucariotos, são específicas e transportam somente moléculas específicas, geralmente de grande tamanho, como açúcares simples (glicose, frutose e galactose) e vitaminas. Nesse processo, a substância transportada se liga a uma proteína transportadora específica (proteína de membrana integral) na superfície externa da membrana plasmática, que sofre uma alteração em sua forma; em seguida, a transportadora libera a substância do outro lado da membrana (Figura 4.17c).

Em alguns casos, as moléculas que as bactérias necessitam são muito grandes para serem transportadas para a célula por esses métodos. Todavia, a maioria das bactérias produz enzimas que podem degradar as moléculas grandes em moléculas mais simples (como proteínas em aminoácidos ou polissacarídeos em açúcares simples). Essas enzimas, que são liberadas pelas bactérias no meio circundante, são apropriadamente denominadas *enzimas extracelulares*. Uma vez que as enzimas degradam as moléculas grandes, as subunidades se movem para dentro da célula com o auxílio de transportadores. Por exemplo, carreadores específicos recuperam bases de DNA, como a purina guanina, do meio extracelular (substâncias fora da célula) e as conduzem ao interior do citoplasma celular.

A **osmose** é o movimento líquido de moléculas de água através de uma membrana seletivamente permeável, de uma área de alta concentração de moléculas de água (baixa concentração de moléculas de soluto) para uma área de baixa concentração de moléculas de água (alta concentração de moléculas de soluto). As moléculas de água podem passar pelas membranas plasmáticas movendo-se através da bicamada lipídica por difusão simples ou pelas proteínas integrais de membrana, chamadas *aquaporinas*, que atuam como canais de água (Figura 4.17d).

A osmose pode ser demonstrada com o dispositivo mostrado na **Figura 4.18a**. Um saco de celofane, que é uma membrana seletivamente permeável, é preenchido com uma solução de sacarose (açúcar de mesa) a 20%. O saco de celofane

é colocado em um copo béquer contendo água destilada. Inicialmente, as concentrações de água de cada lado da membrana são diferentes. Devido às moléculas de sacarose, a concentração de água é menor dentro do saco de celofane. Assim, a água se move do béquer (onde sua concentração é maior) para o saco de celofane (onde sua concentração é menor).

O açúcar não se move do saco de celofane para o béquer, uma vez que o celofane é impermeável a moléculas de açúcar – as moléculas de açúcar são muito grandes para atravessar os poros da membrana. À medida que a água se move para o saco de celofane, a solução de açúcar torna-se cada vez mais diluída e, quando o saco de celofane se expande até o limite máximo em razão do volume aumentado de água, a água começa a se mover para cima no tubo de vidro. Com o tempo, a água que se acumulou no saco de celofane e o tubo de vidro exercem uma pressão para baixo, o que força as moléculas de água para fora do saco de celofane e de volta ao béquer. Esse movimento da água através de uma membrana seletivamente permeável produz pressão osmótica. A **pressão osmótica** é a pressão necessária para impedir o movimento de água pura (água sem solutos) para uma solução contendo alguns solutos. Em outras palavras, a pressão osmótica é a pressão necessária para interromper o fluxo de água através da membrana seletivamente permeável (celofane). Quando as moléculas de água saem e entram no saco de celofane na mesma velocidade, o equilíbrio é alcançado (Figura 4.18b).

Uma célula bacteriana pode estar sujeita a qualquer um dos três tipos de soluções osmóticas: isotônica, hipotônica ou hipertônica. Uma **solução isotônica** consiste em um meio no qual a concentração global de solutos é igual àquela encontrada no interior da célula (*iso* = igual). A água sai e entra na célula a uma mesma velocidade (sem alteração líquida); o conteúdo celular encontra-se em equilíbrio com a solução localizada fora da membrana citoplasmática (Figura 4.18c).

Anteriormente, mencionamos que a lisozima e certos antibióticos (como a penicilina) danificam as paredes celulares bacterianas, induzindo o rompimento ou a lise celular.

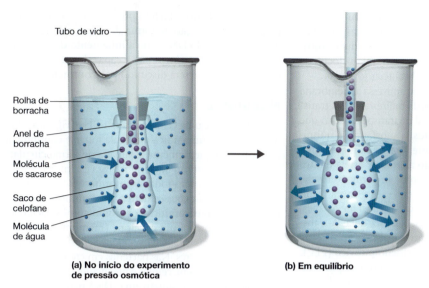

Tubo de vidro

Rolha de borracha

Anel de borracha

Molécula de sacarose

Saco de celofane

Molécula de água

(a) No início do experimento de pressão osmótica

(b) Em equilíbrio

Figura 4.18 Princípio da osmose. (a) Situação no início de um experimento com pressão osmótica. As moléculas de água começam a se mover do béquer para o saco, no sentido do gradiente de concentração. **(b)** Situação em equilíbrio. A pressão osmótica exercida pela solução no saco empurra as moléculas de água do saco para o béquer, de forma a equilibrar a velocidade de entrada de água no saco. A altura da solução no tubo de vidro em equilíbrio é uma medida da pressão osmótica. **(c)** a **(e)** Efeitos de várias soluções nas células bacterianas.

P Por que a osmose é importante?

Citoplasma Soluto Membrana plasmática

Parede celular

Água

(c) Solução isotônica. Sem movimento total de água.

(d) Solução hipotônica. A água se move para dentro da célula. Se a parede celular for forte, ela impede a dilatação. Se a parede celular estiver fraca ou danificada, a célula se rompe (lise osmótica).

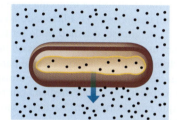

(e) Solução hipertônica. A água se move para fora da célula, causando o encolhimento do citoplasma (plasmólise).

Essa ruptura ocorre porque o citoplasma bacteriano normalmente contém uma concentração tão elevada de solutos que água adicional consegue penetrar na célula por osmose. A parede celular danificada (ou removida) não pode impedir a dilatação da membrana citoplasmática, e ela se rompe. Esse é um exemplo de lise osmótica causada por imersão em solução hipotônica. Uma **solução hipotônica** fora da célula é um meio cuja concentração de solutos é inferior ao interior da célula (*hipo* = abaixo de, menos). A maioria das bactérias vive em soluções hipotônicas e a parede celular protege a célula da lise. As células com paredes celulares mais fracas, como as bactérias gram-negativas, podem se romper ou sofrer lise osmótica, como resultado da entrada excessiva de água (Figura 4.18d).

Uma **solução hipertônica** é um meio que contém uma concentração de solutos mais alta do que aquela encontrada no interior da célula (*hiper* = acima de, mais). A maioria das células bacterianas colocadas em uma solução hipertônica encolhe e entra em colapso, ou sofre *plasmólise*, uma vez que a água deixa a célula por osmose (Figura 4.18e). Tenha em mente que os termos *isotônica*, *hipotônica* e *hipertônica* descrevem a concentração das soluções fora da célula *em relação à* concentração dentro da célula.

Processos ativos

A difusão simples e a difusão facilitada são mecanismos úteis no transporte de substâncias para o interior das células quando as concentrações dessas substâncias forem maiores fora da célula. Contudo, quando uma célula bacteriana está em um ambiente em que há baixa concentração de nutrientes, a célula precisa utilizar processos ativos, como o transporte ativo e a translocação de grupo, a fim de acumular as substâncias necessárias.

Ao realizar um **transporte ativo**, a célula *utiliza energia* na forma de ATP para mover as substâncias através da membrana plasmática. Entre as substâncias que podem ser transportadas ativamente estão os íons (p. ex., Na^+, K^+, H^+, Ca^{2+} e Cl^-), os aminoácidos e os açúcares simples. Embora essas substâncias também possam ser movidas para o interior das células por processos passivos, sua movimentação por processos ativos pode ir contra um gradiente de concentração, permitindo à célula acumular os materiais necessários. O movimento de uma substância por transporte ativo normalmente ocorre de fora para dentro, mesmo que a concentração seja muito maior no interior celular. Da mesma forma que a difusão facilitada, o transporte ativo depende de proteínas transportadoras na membrana plasmática (ver Figura 4.17b, c). Parece haver um transportador diferente para cada substância ou grupo de substâncias intimamente relacionadas que são transportadas. O transporte ativo permite aos microrganismos mover substâncias através da membrana plasmática em uma velocidade constante, mesmo se a oferta dessas substâncias for baixa.

No transporte ativo, a substância que atravessa a membrana não é alterada pelo transporte através da membrana. Na **translocação de grupo**, uma forma especial de transporte ativo que ocorre exclusivamente em procariotos, a substância é quimicamente alterada durante o transporte através da membrana. Uma vez que a substância tenha sido alterada e esteja dentro da célula, a membrana plasmática se torna impermeável a ela, e a substância permanece dentro da célula. Esse mecanismo importante permite à célula acumular várias substâncias, mesmo que estejam em baixas concentrações fora dela. A translocação de grupo requer energia, suprida por compostos de fosfato de alta energia, como o ácido fosfoenolpirúvico (PEP).

Um exemplo de translocação de grupo é o transporte do açúcar glicose, que frequentemente é usado em meios de crescimento para bactérias. Enquanto uma proteína transportadora específica está transportando a molécula de glicose através da membrana, um grupo fosfato é adicionado ao açúcar. Essa forma fosforilada de glicose, que não pode ser transportada para fora, é então usada nas vias metabólicas celulares.

Algumas células eucarióticas (aquelas sem paredes celulares) podem usar três processos adicionais de transporte ativo: fagocitose, pinocitose e endocitose mediada por receptor. Esses processos, que não ocorrem em bactérias, são explicados mais adiante neste capítulo.

> ### TESTE SEU CONHECIMENTO
>
> ✔ **4-8** Quais agentes podem danificar a membrana plasmática bacteriana?
>
> ✔ **4-9** Quais são as semelhanças entre os processos de difusão simples e facilitada? E as diferenças?

Citoplasma

Em uma célula procariótica, o termo **citoplasma** refere-se à substância celular localizada no interior da membrana plasmática (ver Figura 4.6). Cerca de 80% do citoplasma é composto de água, contendo principalmente proteínas (enzimas), carboidratos, lipídeos, íons inorgânicos e muitos compostos de baixa massa molecular. Os íons inorgânicos estão presentes em concentrações muito maiores no citoplasma do que na maioria dos meios. O citoplasma é espesso, aquoso, semitransparente e elástico. As principais estruturas do citoplasma dos procariotos são um nucleoide (contendo DNA), partículas denominadas ribossomos e depósitos de reserva denominados inclusões.

O termo **citoesqueleto** engloba uma série de fibras (pequenos bastonetes e cilindros) no citoplasma. Pouco tempo atrás acreditava-se que a ausência de um citoesqueleto era uma característica distintiva dos procariotos. No entanto, o uso da microscopia de força atômica mostrou que as células procarióticas têm um citoesqueleto similar ao dos eucariotos. Seus componentes incluem MreB/ParM, cresetin e FtsZ, os quais correspondem, respectivamente, aos microfilamentos, filamentos intermediários e microtúbulos do citoesqueleto

eucariótico. O citoesqueleto procariótico atua na divisão celular, na manutenção da forma da célula, no crescimento, na movimentação do DNA e no alinhamento de inclusões. O citoplasma dos procariotos não é capaz de manter um fluxo citoplasmático, que será discutido posteriormente.

Nucleoide

O **nucleoide** de uma célula bacteriana (ver Figura 4.6) normalmente contém uma única molécula longa e contínua de DNA dupla-fita, frequentemente arranjada de forma circular, denominada **cromossomo bacteriano**. Essa é a informação genética da célula, que carrega todas as informações necessárias para as estruturas e as funções celulares. Ao contrário dos cromossomos das células eucarióticas, os cromossomos bacterianos não são circundados por um envelope (membrana) nuclear e não incluem histonas. O nucleoide pode ser esférico, alongado ou em forma de halteres. Nas bactérias em crescimento ativo, cerca de 20% do volume celular é preenchido pelo DNA, uma vez que essas células pré-sintetizam o DNA para as células futuras. O cromossomo está fixado à membrana plasmática. Acredita-se que proteínas na membrana plasmática sejam responsáveis pela replicação do DNA e pela segregação dos novos cromossomos para as células descendentes durante a divisão celular.

Além do cromossomo bacteriano, as bactérias frequentemente contêm pequenas moléculas de DNA dupla-fita geralmente circulares denominadas **plasmídeos** (ver Figura 8.25). Essas moléculas são elementos genéticos extracromossômicos; ou seja, elas não estão conectadas ao cromossomo bacteriano principal e se replicam independentemente do DNA cromossômico. As pesquisas indicam que os plasmídeos estão associados às proteínas da membrana plasmática. Eles normalmente contêm de 5 a 100 genes que, em geral, não são cruciais para a sobrevivência da bactéria em condições ambientais normais; os plasmídeos podem ser adquiridos ou perdidos sem causar dano à célula. Sob certas condições, entretanto, eles são uma vantagem para as células. Os plasmídeos podem transportar genes para atividades como resistência aos antibióticos, tolerância a metais tóxicos, produção de toxinas e síntese de enzimas. Eles podem ser transferidos de uma bactéria para outra. De fato, o DNA plasmidial é utilizado para a manipulação genética em biotecnologia.

Ribossomos

Todas as células eucarióticas e procarióticas contêm **ribossomos**, onde ocorre a síntese de proteínas. As células com altas taxas de síntese proteica, como aquelas que estão crescendo ativamente, apresentam um grande número de ribossomos. O citoplasma de uma célula procariótica contém dezenas de milhares de ribossomos, o que confere a ele uma aparência granular (ver Figura 4.6).

Os ribossomos são compostos de duas subunidades, cada qual consistindo em proteína e um tipo de RNA, o *RNA ribossomal (rRNA)*. Os ribossomos procarióticos diferem dos ribossomos eucarióticos no número de proteínas e de moléculas de rRNA que eles contêm; eles também são um pouco menores e menos densos do que os ribossomos das células eucarióticas. Por isso, os ribossomos procarióticos são denominados ribossomos 70S (**Figura 4.19**), ao passo que aqueles das células eucarióticas são denominados ribossomos 80S. A letra S refere-se a

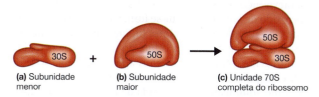

(a) Subunidade menor

(b) Subunidade maior

(c) Unidade 70S completa do ribossomo

Figura 4.19 Ribossomo procariótico. (a) Uma subunidade menor 30S e **(b)** uma subunidade maior 50S constituem **(c)** a unidade 70S completa do ribossomo procariótico.

P Qual é a importância das diferenças entre os ribossomos procarióticos e eucarióticos em relação à antibioticoterapia?

unidades Svedberg, que indicam a velocidade relativa de sedimentação durante a centrifugação em alta velocidade. A velocidade de sedimentação é uma função do tamanho, do peso e da forma de uma partícula. As subunidades de um ribossomo 70S são uma pequena subunidade 30S, contendo uma molécula de rRNA, e uma subunidade maior 50S, contendo duas moléculas de rRNA. (Observe que o "valor" 70S não consiste na soma das unidades 30S e 50S. Esse suposto erro aritmético com frequência confunde os estudantes. No entanto, deve-se pensar em uma unidade Svedberg como uma medida de tamanho, e não de peso. Portanto, a combinação mostrada aqui de 50S e 30S não é a mesma combinação de 50 gramas e 30 gramas.)

Vários antibióticos atuam inibindo a síntese proteica nos ribossomos procarióticos. Antibióticos como a estreptomicina e a gentamicina fixam-se à subunidade 30S e interferem na síntese proteica. Outros antibióticos, como a eritromicina e o cloranfenicol, interferem na síntese proteica pela fixação à subunidade 50S. Devido às diferenças nos ribossomos procarióticos e eucarióticos, a célula microbiana pode ser destruída pelo antibiótico, ao passo que a célula do hospedeiro eucariótico permanece intacta.

Inclusões

No interior do citoplasma das células procarióticas, há vários tipos de depósitos de reserva chamados **inclusões**. As células podem acumular certos nutrientes quando eles são abundantes e usá-los quando estão escassos no ambiente. Evidências sugerem que macromoléculas concentradas nas inclusões evitam o aumento da pressão osmótica que ocorreria se as moléculas estivessem dispersas no citoplasma. Algumas inclusões são comuns a uma ampla variedade de bactérias, ao passo que outras são limitadas a um número pequeno de espécies, servindo, assim, como base para identificação. Algumas inclusões, como os magnetossomos, são envolvidas por uma membrana derivada da membrana plasmática, ao passo que outras inclusões, como os carboxissomos, são envolvidas por complexos proteicos.

Grânulos metacromáticos

Os **grânulos metacromáticos** são grandes inclusões que recebem esse nome porque eventualmente se coram de vermelho com certos corantes azuis, como o azul de metileno. Em conjunto, são conhecidos como **volutina**. A volutina consiste em uma reserva de fosfato inorgânico (polifosfato) que pode ser utilizada na síntese de ATP. É geralmente formada por células

que crescem em ambientes ricos em fosfato. Os grânulos metacromáticos são encontrados em algas, fungos e protozoários, bem como em bactérias. Esses grânulos são característicos de *Corynebacterium diphtheriae*, o agente causador da difteria, apresentando importância diagnóstica.

Grânulos polissacarídicos

As inclusões conhecidas como **grânulos polissacarídicos** são caracteristicamente compostas de glicogênio e amido, e sua presença pode ser demonstrada quando iodo é aplicado às células. Na presença de iodo, os grânulos de glicogênio adquirem uma coloração castanho-avermelhada, e os grânulos de amido se coram de azul.

Inclusões lipídicas

As **inclusões lipídicas** aparecem em várias espécies de *Mycobacterium, Bacillus, Azotobacter, Spirillum* e outros gêneros. Um material de reserva lipídica comum, exclusivo das bactérias, é o polímero *ácido poli-β-hidroxibutírico*. As inclusões lipídicas são reveladas pela coloração das células com corantes lipossolúveis, como os corantes de Sudão.

Grânulos de enxofre

Determinadas bactérias – como as "bactérias sulfurosas" que pertencem ao gênero *Acidithiobacillus* – obtêm energia pela oxidação de enxofre e compostos que contêm enxofre. Essas bactérias podem armazenar **grânulos de enxofre** na célula, onde servem como reserva de energia.

> **CASO CLÍNICO**
>
> O antibiótico eliminou as bactérias, mas foram liberadas endotoxinas quando as células morreram, ocasionando a piora do quadro de Jéssica. O médico de Jéssica prescreveu polimixina, um antibiótico que não provoca a liberação de endotoxinas, e Jéssica respondeu favoravelmente.
>
> Enquanto Irene atende Jéssica, ela observa que outro paciente está consumindo cubos de gelo recebidos de um parente. Irene tem uma ideia e corre de volta ao seu departamento para descobrir se as máquinas de gelo haviam sido testadas. Como não haviam sido feitos testes com as máquinas, ela ordena imediatamente que sejam coletadas amostras para análise em cultura. Seu palpite estava correto: as amostras foram positivas para *K. pneumoniae*. As bactérias que estavam crescendo nas tubulações de água do hospital entraram na máquina de gelo junto com a água.
>
> **Como a *K. pneumoniae* pode crescer em tubulações de água?**
>
> Parte 1   Parte 2   Parte 3   **Parte 4**   Parte 5

Carboxissomos

Os **carboxissomos** são estruturas intracelulares que consistem em uma camada de milhares de subunidades proteicas que envolvem enzimas relacionadas à fixação de dióxido de carbono – o processo de produção de açúcares usando dióxido de carbono. Esse arranjo permite o sequestro de vias metabólicas dentro das células bacterianas e evita o escape de intermediários tóxicos ou voláteis para o citoplasma.

Entre as bactérias que contêm carboxissomos estão as bactérias nitrificantes, as cianobactérias e os aciditiobacilos. Embora as cianobactérias representem apenas cerca de 0,2% da biomassa fotossintética, elas realizam cerca de 35% da fixação global de dióxido de carbono.

Vacúolos de gás

Os **vacúolos de gás** são cavidades preenchidas com ar que consistem em fileiras de várias *vesículas de gás* individuais, as quais são cilindros ocos recobertos por proteína. Eles oferecem flutuabilidade, a fim de que as células possam permanecer na profundidade apropriada de água para receberem quantidades suficientes de oxigênio, luz e nutrientes. As bactérias afundam ao colapsar as vesículas de gás e sobem quando as vesículas de gás se inflam. As bactérias que apresentam vacúolos de gás incluem as cianobactérias, as bactérias fotossintéticas anoxigênicas (que não produzem oxigênio durante a fotossíntese) e as halobactérias (que podem sobreviver em concentrações de sal de mais de 25%). Os vacúolos de gás auxiliam as bactérias fotossintéticas a obter luz e oxigênio em condições ideais, aproximando-as da superfície e ajudando as halobactérias a flutuar na água salgada. A evidência mais notável de flutuação devido a vacúolos de gás é observada nas cianobactérias que formam acumulações massivas (florações) em lagos.

Magnetossomos

Os **magnetossomos** consistem em cristais magnéticos de magnetita ou óxido de ferro (Fe_3O_4) envoltos por uma bicamada fosfolipídica formada por invaginações da membrana plasmática. Eles podem ter formato quadrado, retangular ou de espícula. Organizados em uma cadeia, os magnetossomos agem como ímãs e fazem as bactérias se alinharem passivamente e se movimentarem ao longo das linhas do campo magnético da Terra, como agulhas de bússolas móveis em miniatura (**Figura 4.20**). Supõe-se que os magnetossomos podem auxiliar as bactérias a se moverem para baixo, a fim de localizar e manter um local de fixação adequado para o seu crescimento

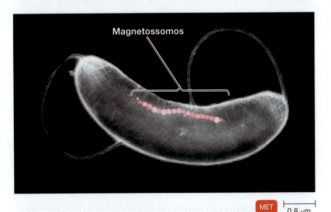

Figura 4.20 Magnetossomos. Esta micrografia de *M. magnetotacticum* mostra uma cadeia de magnetossomos. Essa bactéria é normalmente encontrada no lodo superficial de água doce.

P De que forma os magnetossomos se comportam como ímãs?

e sobrevivência. *In vitro*, os magnetossomos podem decompor o peróxido de hidrogênio, que se forma nas células na presença de oxigênio. Os pesquisadores hipotetizam que os magnetossomos podem proteger a célula do acúmulo de peróxido de hidrogênio. Os magnetossomos apresentam uma série de aplicações potenciais para terapias direcionadas contra o câncer, como administração localizada de medicamentos, hipertermia magnética e monitoramento de tumores. Várias bactérias gram-negativas, como *Magnetospirillum magnetotacticum* (Figura 4.20), produzem magnetossomos.

Endósporos

Quando os nutrientes essenciais se esgotam, determinadas bactérias gram-positivas, como aquelas dos gêneros *Clostridium* e *Bacillus*, formam células "dormentes" especializadas chamadas **endósporos** (**Figura 4.21**). Como veremos mais adiante, alguns membros do gênero *Clostridium* causam doenças como gangrena, tétano, botulismo e intoxicação alimentar. Alguns membros do gênero *Bacillus* causam antraz e intoxicação alimentar. Exclusivos das bactérias, os endósporos são células desidratadas altamente duráveis, com paredes espessas e camadas adicionais. Eles são formados internamente à membrana celular bacteriana.

Quando liberados no ambiente, podem sobreviver a temperaturas extremas, falta de água e exposição a muitas substâncias químicas tóxicas e radiação. Por exemplo, endósporos de 7500 anos de idade de *Thermoactinomyces vulgaris*, derivados do lodo congelado do Lago Elk, no Minnesota, Estados Unidos, germinaram quando reaquecidos e colocados em um meio nutriente, e existem relatos de que endósporos de 25 a 40 milhões de anos de idade encontrados no intestino de uma abelha sem ferrão que estava presa em âmbar (resina de árvore endurecida), na República Dominicana, germinaram quando colocados em meio nutriente. Embora os endósporos verdadeiros sejam encontrados em bactérias gram-positivas, uma espécie gram-negativa, a *Coxiella burnetii*, agente causador da febre Q (normalmente uma doença leve com sintomas semelhantes à gripe), forma estruturas similares a endósporos que resistem ao calor e a substâncias químicas e pode ser corada com corantes para endósporos (ver Figura 24.13).

O processo de formação do endósporo no interior de uma célula vegetativa leva várias horas e é conhecido como **esporulação** ou **esporogênese** (Figura 4.21a). Células vegetativas de bactérias que formam endósporos iniciam a esporulação quando um nutriente essencial, como uma fonte de carbono ou nitrogênio, torna-se escasso ou indisponível. No primeiro estágio observável da esporulação, um cromossomo bacteriano recém-replicado e uma pequena porção de citoplasma são isolados por uma invaginação da membrana plasmática, denominada *septo do esporo*. O septo do esporo se torna uma membrana dupla que circunda o cromossomo e o citoplasma. Essa estrutura, inteiramente fechada dentro da célula original, é denominada *pré-esporo*. Camadas espessas de peptideoglicano são dispostas entre as duas lâminas da membrana. Então, uma espessa *capa* de proteína se forma em torno de toda a membrana externa. Esse revestimento é responsável pela resistência dos endósporos a muitas substâncias químicas agressivas. A célula original é degradada, e o endósporo é liberado.

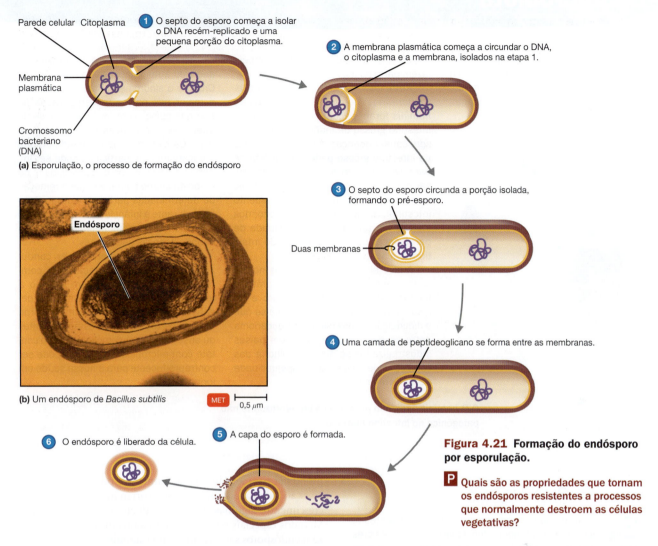

Parede celular Citoplasma

1 O septo do esporo começa a isolar o DNA recém-replicado e uma pequena porção do citoplasma.

Membrana plasmática

Cromossomo bacteriano (DNA)

(a) Esporulação, o processo de formação do endósporo

2 A membrana plasmática começa a circundar o DNA, o citoplasma e a membrana, isolados na etapa 1.

3 O septo do esporo circunda a porção isolada, formando o pré-esporo.

Duas membranas

4 Uma camada de peptideoglicano se forma entre as membranas.

Endósporo

(b) Um endósporo de *Bacillus subtilis*   MET 0,5 µm

5 A capa do esporo é formada.

6 O endósporo é liberado da célula.

Figura 4.21 Formação do endósporo por esporulação.

P Quais são as propriedades que tornam os endósporos resistentes a processos que normalmente destroem as células vegetativas?

O diâmetro do endósporo pode ser o mesmo, menor ou maior que o diâmetro da célula vegetativa. Dependendo da espécie, o endósporo pode estar localizado de maneira *terminal* (em uma extremidade), *subterminal* (próximo a uma extremidade) ou *central* (Figura 4.21b) no interior da célula vegetativa. Quando o endósporo amadurece, a parede celular vegetativa se rompe (lise), matando a célula, e o endósporo é liberado.

A maior parte da água presente no citoplasma do pré-esporo é eliminada no momento em que a esporulação está completa, e os endósporos não realizam reações metabólicas. O endósporo contém uma grande quantidade de um ácido orgânico, o *ácido dipicolínico* (ADP), o qual é acompanhado por um grande número de íons cálcio. Evidências indicam que o ADP protege o DNA do endósporo contra danos. O cerne altamente desidratado do endósporo contém somente DNA, pequenas quantidades de RNA, ribossomos, enzimas e algumas moléculas pequenas importantes. Esses componentes celulares são essenciais para a posterior retomada do metabolismo.

Os endósporos podem permanecer dormentes por milhares de anos. Um endósporo retorna ao seu estado vegetativo pelo processo de **germinação**. A germinação é desencadeada pelo calor alto, como aquele utilizado na produção de conservas, ou

por pequenas moléculas chamadas *germinantes*. Os germinantes identificados até o presente momento são a alanina e a inosina (um nucleotídeo). Então, as enzimas do endósporo rompem as camadas extras que o circundam, a água entra e o metabolismo é retomado. Como uma célula vegetativa forma um único endósporo que, após a germinação, permanece uma célula única, a esporulação em bactérias *não* é um meio de reprodução. Esse processo não aumenta o número de células. Os endósporos bacterianos se diferem dos esporos formados pelos actinomicetos (procariotos) e pelos eucariotos, fungos e algas, os quais se destacam da célula parental e se desenvolvem em um novo organismo, o que representa uma reprodução.

Os endósporos são importantes do ponto de vista clínico e para a indústria alimentícia, pois são resistentes a processos que normalmente destroem as células vegetativas. Esses processos incluem o aquecimento, a dessecação, a utilização de substâncias químicas e a radiação. Enquanto a maioria das células vegetativas é destruída por temperaturas acima de 70 °C, os endósporos podem sobreviver em água fervente por várias horas ou mais. Os endósporos de bactérias termófilas (que têm afinidade pelo calor) podem sobreviver na água fervente por 19 horas. As bactérias formadoras de endósporos são um

Os eucariotos também fazem parte da microbiota

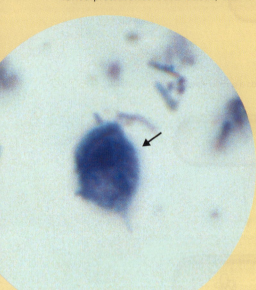

A grande maioria das pesquisas conduzidas sobre o microbioma gira em torno dos procariotos. No entanto, vários protozoários eucarióticos, chamados coletivamente de *eucarioma*, também fazem parte do microbioma humano.

Retortamonas intestinalis, *Pentatrichomonas hominis* e *Enteromonas hominis* foram encontrados habitando o intestino grosso de indivíduos saudáveis sem causar doenças. A localização exata no intestino grosso pode ser importante para a capacidade do protozoário de causar doenças. Os protozoários parasitas, como a *Giardia*, se fixam ao revestimento intestinal, ao passo que os protozoários inofensivos têm maior probabilidade de permanecer no espaço interno do intestino sem se fixarem às células.

A diversidade de organismos no eucarioma é maior nos países com práticas menos rigorosas de saneamento e higiene. Em contrapartida, presume-se que a diminuição da diversidade do eucarioma entre as pessoas que vivem em países industrializados se deva à melhoria das condições de higiene e à disponibilidade de medicamentos.

Ao mesmo tempo, a incidência de doenças autoimunes, como a doença de Crohn e a síndrome do intestino irritável, é maior nos países industrializados do que nos países com maior incidência de infecções eucarióticas (patogênicas ou não). Os cientistas agora acreditam que o eucarioma, em particular, pode ser importante na definição da sensibilidade da resposta imune humana e que a remoção de determinadas partes de nossa microbiota durante a infância pode levar o corpo a "responder exageradamente", desencadeando doenças autoimunes.

Mais estudos precisam ser conduzidos para a caracterização e a compreensão do eucarioma em relação a toda a gama de efeitos, positivos e negativos, que se desencadeiam no corpo quando certos micróbios estão presentes ou ausentes. Evitar completamente o contato com micróbios na infância pode ser contraproducente para a nossa saúde em longo prazo.

O *P. hominis* (indicado pela seta) é um protozoário não patogênico no intestino humano.

CASO CLÍNICO **Resolvido**

É o glicocálice que permite que as bactérias presentes na água se fixem no interior da tubulação. As bactérias crescem lentamente na água da torneira que é pobre em nutrientes, mas não são desalojadas pelo fluxo de água. Assim, uma camada limosa de bactérias pode se acumular no encanamento. Irene descobriu que o desinfetante utilizado no sistema de fornecimento de água do hospital era inadequado para prevenir o crescimento bacteriano. Algumas bactérias podem ser desalojadas pelo fluxo de água, e até mesmo bactérias normalmente inofensivas podem infectar uma incisão cirúrgica ou um hospedeiro debilitado.

Parte 1 Parte 2 Parte 3 Parte 4 **Parte 5**

problema para a indústria de alimentos, pois podem sobreviver ao subprocessamento e, se ocorrerem condições para o crescimento, algumas espécies produzirão toxinas e doença. Métodos especiais para controlar os organismos que produzem endósporos são discutidos no Capítulo 7.

TESTE SEU CONHECIMENTO

✔ **4-10** Onde o DNA está localizado em uma célula procariótica?

✔ **4-11** Qual é a função geral das inclusões?

✔ **4-12** Sob quais condições são formados os endósporos?

* * *

Após termos examinado a anatomia funcional da célula procariótica, veremos agora a anatomia funcional da célula eucariótica.

Célula eucariótica

Como mencionado anteriormente, os organismos eucarióticos incluem algas, protozoários, fungos, plantas e animais. Alguns eucariotos causam doenças, mas outros fazem parte do microbioma humano normal (ver **Explorando o microbioma**). Em geral, a célula eucariótica é maior e estruturalmente mais complexa do que a célula procariótica (**Figura 4.22**). Quando a estrutura da célula procariótica na Figura 4.6 é comparada com a da célula eucariótica, as diferenças entre os dois tipos de células tornam-se aparentes. As principais diferenças entre as células procariótica e eucariótica estão resumidas na Tabela 4.2.

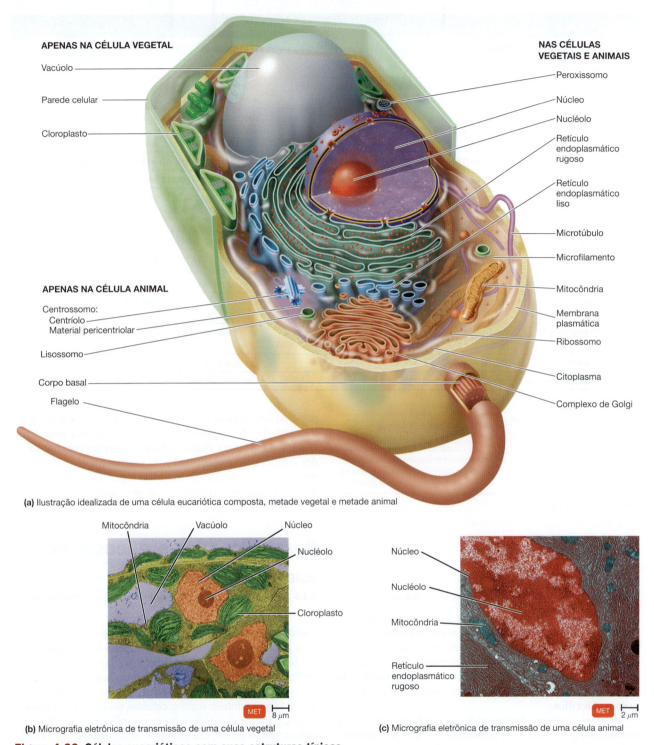

APENAS NA CÉLULA VEGETAL

Vacúolo

Parede celular

Cloroplasto

APENAS NA CÉLULA ANIMAL

Centrossomo:
    Centríolo
    Material pericentriolar

Lisossomo

Corpo basal

Flagelo

NAS CÉLULAS VEGETAIS E ANIMAIS

Peroxissomo

Núcleo

Nucléolo

Retículo endoplasmático rugoso

Retículo endoplasmático liso

Microtúbulo

Microfilamento

Mitocôndria

Membrana plasmática

Ribossomo

Citoplasma

Complexo de Golgi

(a) Ilustração idealizada de uma célula eucariótica composta, metade vegetal e metade animal

Mitocôndria   Vacúolo   Núcleo

Nucléolo

Cloroplasto

MET 8 μm

(b) Micrografia eletrônica de transmissão de uma célula vegetal

Núcleo

Nucléolo

Mitocôndria

Retículo endoplasmático rugoso

MET 2 μm

(c) Micrografia eletrônica de transmissão de uma célula animal

Figura 4.22 Células eucarióticas com suas estruturas típicas.

P Quais reinos contêm organismos eucarióticos?

TABELA 4.2 Principais diferenças entre as células procarióticas e eucarióticas

Característica	Procariótica	Eucariótica
Tamanho da célula	Em geral, 0,2 a 2 μm de diâmetro	Em geral, 10 a 100 μm de diâmetro
Núcleo	Geralmente sem membrana nuclear ou nucléolos, com exceção de *Gemmata* (ver Figura 11.16)	Núcleo verdadeiro, consistindo em membrana nuclear e nucléolos
Organelas envoltas por membrana	Relativamente poucas	Presentes; os exemplos incluem núcleo, lisossomos, complexo de Golgi, retículo endoplasmático, mitocôndrias e cloroplastos
Flagelos	Consistem em dois blocos de construção de proteína	Complexos; consistem em múltiplos microtúbulos
Glicocálice	Presente como cápsula ou camada limosa	Presente em algumas células sem parede celular
Parede celular	Geralmente presente; complexa do ponto de vista químico (a parede celular bacteriana típica inclui peptideoglicano)	Quando presente, quimicamente simples (inclui celulose e quitina)
Membrana plasmática	Carboidratos e geralmente não apresenta esteróis	Esteróis e carboidratos, que servem como receptores
Citoplasma	Citoesqueleto (proteínas MreB e ParM, crescentina e FtsZ); ausência de fluxo citoplasmático	Citoesqueleto (microfilamentos, filamentos intermediários e microtúbulos); presença de fluxo citoplasmático
Ribossomos	Tamanho menor (70S)	Tamanho maior (80S); tamanho menor (70S) nas organelas
Cromossomo (DNA)	Geralmente um único cromossomo circular e sem histonas	Múltiplos cromossomos lineares com histonas
Divisão celular	Fissão binária	Envolve mitose
Recombinação sexual	Nenhuma; somente transferência de DNA	Envolve meiose

A discussão a seguir das células eucarióticas acompanhará em paralelo nossa discussão das células procarióticas, iniciando com as estruturas que se estendem para fora da célula.

ASM: Embora os eucariotos microscópicos (p. ex., fungos, protozoários e algas) realizem alguns dos mesmos processos que as bactérias, muitas das propriedades celulares são fundamentalmente diferentes.

proteína denominada *tubulina*. Um flagelo procariótico gira, mas um flagelo eucariótico se move de forma ondulante (Figura 4.23d). Para ajudar a manter materiais estranhos fora dos pulmões, as células ciliadas do sistema respiratório humano movem os materiais ao longo da superfície das células nos tubos brônquicos e na traqueia em direção à garganta e à boca (ver Figura 16.3).

Flagelos e cílios

OBJETIVO DE APRENDIZAGEM

4-13 Diferenciar os flagelos procarióticos e eucarióticos.

Muitos tipos de células eucarióticas têm projeções que são usadas para a locomoção celular ou para mover substâncias ao longo da superfície celular. Essas projeções contêm citoplasma e são revestidas por membrana plasmática. Se as projeções forem poucas e longas em relação ao tamanho da célula, são denominadas **flagelos**. Se forem numerosas e curtas, são denominadas **cílios**.

As algas do gênero *Euglena* utilizam um flagelo para a sua locomoção, ao passo que os protozoários, como *Tetrahymena*, utilizam cílios para a sua locomoção (**Figura 4.23a** e Figura 4.23b). Os flagelos e os cílios são ancorados à membrana plasmática por um corpo basal e ambos consistem em nove pares (duplicatas) de microtúbulos arranjados em um anel, além de mais outros dois microtúbulos localizados no centro desse anel, um arranjo chamado *arranjo 9 + 2* (Figura 4.23c). Os **microtúbulos** são tubos longos ocos, compostos de uma

Parede celular e glicocálice

OBJETIVO DE APRENDIZAGEM

4-14 Comparar e diferenciar as paredes celulares procarióticas e eucarióticas e os glicocálices.

A maioria das células eucarióticas tem paredes celulares, embora geralmente sejam muito mais simples que as das células procarióticas. As paredes de muitas algas consistem no polissacarídeo *celulose* (como todas as plantas); outras substâncias químicas também podem estar presentes. As paredes celulares de alguns fungos também contêm celulose, porém, na maioria dos fungos, o principal componente estrutural da parede celular é o polissacarídeo *quitina*, um polímero de unidades de *N*-acetilglicosamina (NAG). (A quitina também é o principal componente estrutural do exoesqueleto dos crustáceos e insetos.) As paredes celulares das leveduras contêm os polissacarídeos *glicano* e *manana*. Em eucariotos que não têm parede celular, a membrana plasmática pode ser o revestimento externo; contudo, as células em contato direto com o ambiente podem apresentar revestimentos fora da membrana plasmática. Os protozoários não

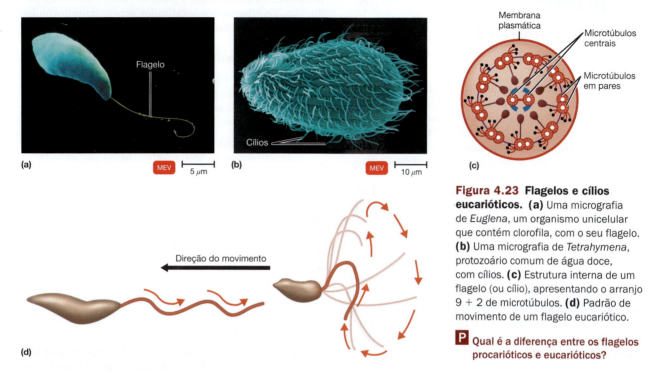

(a)   MEV ⊢——⊣ 5 µm   (b)   MEV ⊢——⊣ 10 µm   (c)

Direção do movimento

(d)

Membrana plasmática
Microtúbulos centrais
Microtúbulos em pares

Figura 4.23   Flagelos e cílios eucarióticos. **(a)** Uma micrografia de *Euglena*, um organismo unicelular que contém clorofila, com o seu flagelo. **(b)** Uma micrografia de *Tetrahymena*, protozoário comum de água doce, com cílios. **(c)** Estrutura interna de um flagelo (ou cílio), apresentando o arranjo 9 + 2 de microtúbulos. **(d)** Padrão de movimento de um flagelo eucariótico.

P Qual é a diferença entre os flagelos procarióticos e eucarióticos?

têm uma parede celular típica; em vez disso, têm uma proteína externa de revestimento flexível denominada *película*.

Em outras células eucarióticas, incluindo as células animais, a membrana plasmática é coberta por um **glicocálice**, uma camada de material contendo quantidades substanciais de carboidratos adesivos. Alguns desses carboidratos são ligados covalentemente a proteínas e lipídeos na membrana plasmática, formando glicoproteínas e glicolipídeos que ancoram o glicocálice à célula. O glicocálice reforça a superfície celular, auxilia na união das células umas às outras e pode contribuir para o reconhecimento entre as células.

As células eucarióticas não contêm peptideoglicano, a estrutura da parede celular procariótica. Isso é clinicamente relevante, pois antibióticos, como as penicilinas e as cefalosporinas, atuam contra o peptideoglicano e, portanto, não afetam as células eucarióticas humanas.

Membrana plasmática (citoplasmática)

OBJETIVO DE APRENDIZAGEM

4-15 Comparar e diferenciar as membranas plasmáticas procarióticas e eucarióticas.

A **membrana plasmática (citoplasmática)** das células eucarióticas e procarióticas é bastante similar em função e em relação à sua estrutura básica. Existem, contudo, diferenças nos tipos de proteínas encontradas nas membranas. As membranas eucarióticas também contêm carboidratos, que servem como

sítios de ligação para as bactérias e como sítios receptores que assumem um papel nas funções de reconhecimento entre as células. As membranas plasmáticas eucarióticas também contêm *esteróis*, lipídeos complexos não encontrados nas membranas plasmáticas procarióticas (com exceção das células de *Mycoplasma*). Os esteróis parecem estar associados à capacidade das membranas de resistirem à lise resultante da elevação da pressão osmótica.

As substâncias podem atravessar as membranas plasmáticas eucarióticas e procarióticas por difusão simples, difusão facilitada, osmose ou transporte ativo. A translocação de grupo não ocorre em células eucarióticas. Contudo, as células eucarióticas podem utilizar um mecanismo chamado **endocitose**. Ele ocorre quando um segmento da membrana plasmática circunda uma partícula ou molécula grande, recobre-a e a conduz para dentro da célula.

Os três tipos de endocitose são a fagocitose, a pinocitose e a endocitose mediada por receptor. Durante a *fagocitose*, projeções celulares chamadas pseudópodes englobam as partículas e as conduzem para o interior da célula. A fagocitose é utilizada pelos leucócitos para destruir bactérias e substâncias estranhas (ver Figura 16.8 e uma discussão mais aprofundada no Capítulo 16). Na *pinocitose*, a membrana plasmática dobra-se para dentro, trazendo o líquido extracelular para o interior da célula, juntamente com qualquer substância que esteja dissolvida nele. Na *endocitose mediada por receptor*, as substâncias (ligantes) ligam-se a receptores na membrana. Quando a ligação ocorre, a membrana dobra-se para dentro. A endocitose mediada por receptor é uma das formas pelas quais os vírus podem entrar em uma célula animal (ver Figura 13.14a).

Citoplasma

OBJETIVO DE APRENDIZAGEM

4-16   Comparar e diferenciar os citoplasmas procarióticos e eucarióticos.

O **citoplasma** das células eucarióticas abrange a substância no interior da membrana plasmática e externa ao núcleo (ver Figura 4.22). O citoplasma é a substância na qual vários componentes celulares são encontrados. (O termo **citosol** se refere à porção líquida do citoplasma.) O **citoesqueleto** dos eucariotos consiste em pequenos bastões (*microfilamentos e filamentos intermediários*) e cilindros (*microtúbulos*). Como vimos anteriormente, eles correspondem, respectivamente, às proteínas MreB e ParM, crescentina e FtsZ do citoesqueleto procariótico. O citoesqueleto dos eucariotos fornece suporte e forma e ajuda no transporte de substâncias pela célula (e até mesmo no movimento de toda a célula, como na fagocitose). O movimento do citoplasma eucariótico de uma parte da célula para outra, que auxilia a distribuir os nutrientes e mover a célula sobre uma superfície, é denominado **fluxo citoplasmático**. Outra diferença entre o citoplasma procariótico e o eucariótico é que muitas das enzimas importantes encontradas no líquido citoplasmático dos procariotos estão contidas nas organelas dos eucariotos.

Ribossomos

OBJETIVO DE APRENDIZAGEM

4-17   Comparar a estrutura e a função dos ribossomos eucarióticos e procarióticos.

Os **ribossomos** são encontrados ligados à superfície externa do retículo endoplasmático rugoso (discutido adiante) e da membrana nuclear, bem como de forma livre no citoplasma (ver Figura 4.19). Como nos procariotos, os ribossomos são locais de síntese proteica na célula.

Os ribossomos das células eucarióticas são, de certa forma, mais largos e mais densos do que aqueles encontrados nas células procarióticas. Os ribossomos eucarióticos são ribossomos 80S, cada um dos quais consistindo em uma subunidade maior 60S contendo três moléculas de rRNA e uma subunidade menor 40S com uma molécula de rRNA. As subunidades são produzidas separadamente no nucléolo (discutido em breve) e, uma vez produzidas, deixam o núcleo e acoplam-se no citosol. Em contrapartida, os ribossomos procarióticos são sintetizados no citoplasma. Os cloroplastos e as mitocôndrias, duas organelas encontradas nas células eucarióticas, contêm ribossomos 70S, o que indica a sua evolução a partir dos procariotos. (Essa teoria será discutida posteriormente neste capítulo.) O papel dos ribossomos na síntese proteica será discutido mais detalhadamente no Capítulo 8.

Alguns ribossomos, os *ribossomos livres*, não estão aderidos à nenhuma estrutura do citoplasma. Os ribossomos livres sintetizam principalmente proteínas utilizadas no *interior* da célula. Outros ribossomos, os *ribossomos ligados à membrana*, aderem-se ao retículo endoplasmático. Esses ribossomos sintetizam as proteínas destinadas à inserção na membrana plasmática ou à exportação a partir da célula onde foram produzidas. Os ribossomos localizados dentro da mitocôndria sintetizam as proteínas mitocondriais.

TESTE SEU CONHECIMENTO

✔ **4-13 a 4-16**   Cite pelo menos uma diferença significativa entre cílios e flagelos, paredes celulares, membranas plasmáticas e citoplasma de células eucarióticas e procarióticas.

✔ **4-17**   O antibiótico eritromicina se liga à porção 50S de um ribossomo. Qual é o efeito dessa ligação na célula procariótica? E na célula eucariótica?

Organelas

OBJETIVOS DE APRENDIZAGEM

4-18   Definir *organelas*.

4-19   Descrever as funções do núcleo, do retículo endoplasmático, do complexo de Golgi, dos lisossomos, dos vacúolos, das mitocôndrias, dos cloroplastos, dos peroxissomos e dos centrossomos.

As **organelas** são estruturas com formatos específicos e funções especializadas, sendo características das células eucarióticas. Elas incluem o núcleo, o retículo endoplasmático, o complexo de Golgi, os lisossomos, os vacúolos, as mitocôndrias, os cloroplastos, os peroxissomos e os centrossomos. Nem todas as organelas descritas podem ser encontradas em todas as células. Determinadas células possuem seu próprio tipo e distribuição de organelas, com base na especialização, na idade e no nível de atividade.

Núcleo

A organela eucariótica mais característica é o núcleo (ver Figura 4.22). O **núcleo** (**Figura 4.24**) costuma ser esférico ou oval e é frequentemente a maior estrutura encontrada na célula, contendo quase toda a informação hereditária (DNA). Algum DNA também é encontrado nas mitocôndrias e nos cloroplastos dos organismos fotossintetizantes.

O núcleo é circundado por uma membrana dupla, o **envelope nuclear**. Ambas as membranas lembram a membrana plasmática em sua estrutura. Pequenos canais na membrana, denominados **poros nucleares**, permitem a comunicação do núcleo com o citoplasma (Figura 4.24b). Os poros nucleares controlam o movimento de substâncias entre o núcleo e o citoplasma. Dentro do envelope nuclear, há um ou mais corpos esféricos denominados **nucléolos**. Eles são, na verdade, regiões condensadas de cromossomos onde o RNA ribossomal é sintetizado. O RNA ribossomal é um componente essencial dos ribossomos.

O núcleo também contém a maior parte do DNA da célula, que é combinado a várias proteínas, incluindo algumas proteínas básicas (as **histonas**) e outras proteínas. A combinação de cerca de 165 pares de bases de DNA e nove moléculas de histonas é referida como um *nucleossomo*. Quando a célula não está se reproduzindo, o DNA e suas proteínas associadas

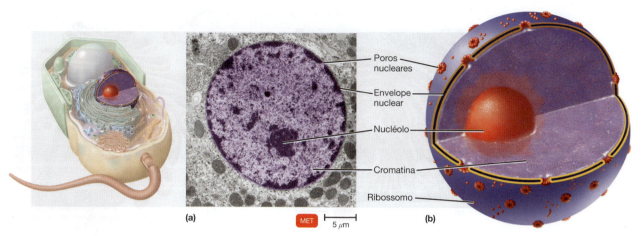

Figura 4.24 Núcleo eucariótico. (a) Micrografia de um núcleo. **(b)** Ilustração dos detalhes de um núcleo.

P O que mantém o núcleo suspenso na célula?

parecem uma massa enovelada, denominada **cromatina**. Durante a divisão nuclear, a cromatina se enovela em corpos semelhantes a bastões curtos e espessos, os **cromossomos**. Os cromossomos procarióticos não sofrem esse processo, não têm histonas e não são revestidos por um envelope nuclear.

As células eucarióticas necessitam de dois mecanismos elaborados, a mitose e a meiose, para segregar os cromossomos antes da divisão celular. Nenhum desses processos ocorre nas células procarióticas.

Retículo endoplasmático

No interior do citoplasma das células eucarióticas está o **retículo endoplasmático**, ou **RE**, uma extensa rede de túbulos ou sacos membranosos achatados chamados **cisternas** (**Figura 4.25**). A rede do RE é contínua ao envelope nuclear (ver Figura 4.22a).

A maioria das células eucarióticas contém duas formas de RE distintas, mas inter-relacionadas, que diferem em estrutura e função. A membrana do **RE rugoso** é contínua à membrana nuclear e, em geral, dobra-se em uma série de sacos achatados. A superfície exterior do RE rugoso é salpicada de ribossomos, os locais da síntese proteica. As proteínas sintetizadas pelos ribossomos que estão aderidas ao RE rugoso penetram nas cisternas dentro do RE para processamento e seleção. Em alguns casos, as enzimas no interior das cisternas acoplam as proteínas a carboidratos para formar glicoproteínas. Em outros casos, as enzimas aderem as proteínas aos fosfolipídeos, também sintetizados pelo RE rugoso. Essas moléculas podem ser incorporadas às membranas das organelas ou à membrana plasmática. Dessa forma, o RE rugoso é uma fábrica para a síntese de proteínas secretoras e moléculas das membranas.

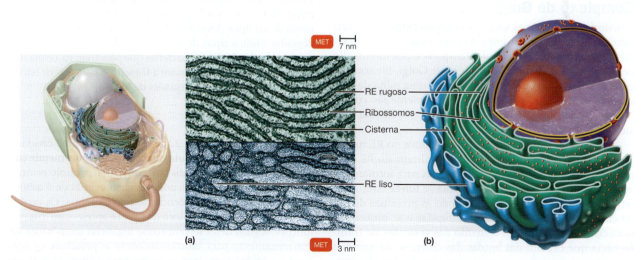

Figura 4.25 Retículo endoplasmático. (a) Micrografia dos retículos endoplasmáticos liso e rugoso e dos ribossomos. **(b)** Ilustração dos detalhes do retículo endoplasmático.

P Quais funções do RE rugoso e do RE liso são similares?

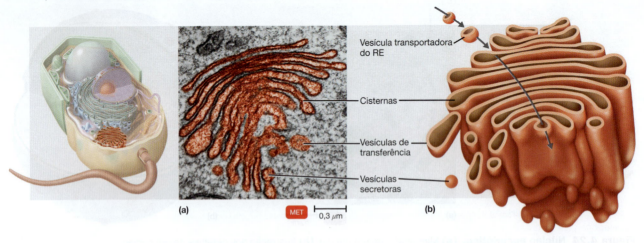

Figura 4.26 Complexo de Golgi. (a) Micrografia do complexo de Golgi. **(b)** Ilustração dos detalhes do complexo de Golgi.

P Qual é a função do complexo de Golgi?

O **RE liso** se estende desde o RE rugoso e forma uma rede de túbulos de membranas (ver Figura 4.25). Diferentemente do RE rugoso, o RE liso não tem ribossomos na superfície externa de sua membrana. Entretanto, o RE liso contém enzimas exclusivas que o tornam funcionalmente mais diverso que o RE rugoso. Embora não sintetize proteínas, o RE liso sintetiza fosfolipídeos, assim como o RE rugoso. O RE liso também sintetiza gorduras e esteroides, como o estrogênio e a testosterona. Nas células hepáticas, as enzimas do RE liso ajudam a liberar a glicose na corrente sanguínea e a inativar ou desintoxicar drogas e outras substâncias potencialmente nocivas (p. ex., o álcool). Nas células musculares, os íons cálcio liberados do retículo sarcoplasmático, uma forma de RE liso, acionam o processo de contração.

Complexo de Golgi

A maioria das proteínas sintetizadas pelos ribossomos aderidos ao RE rugoso é transportada para outras regiões da célula. A primeira etapa da via de transporte é por intermédio de uma organela chamada **complexo de Golgi**. Ele consiste em 3 a 20 cisternas que se assemelham a uma pilha de pães sírios (**Figura 4.26**). As cisternas frequentemente são curvas, dando ao complexo de Golgi um formato que lembra uma xícara.

As proteínas sintetizadas pelos ribossomos no RE rugoso são circundadas por uma porção da membrana do RE, que, por fim, brota da superfície da membrana para formar uma **vesícula transportadora**. Essa vesícula se funde com a cisterna do complexo de Golgi, liberando as proteínas dentro da cisterna. As proteínas são modificadas e se movem de uma cisterna a outra com o auxílio das **vesículas de transferência** que brotam das bordas das cisternas. As enzimas nas cisternas modificam as proteínas para formar glicoproteínas, glicolipídeos e lipoproteínas. Algumas das proteínas

processadas deixam as cisternas em **vesículas secretoras** que se soltam das cisternas e conduzem as proteínas à membrana plasmática, onde são liberadas por exocitose. Outras proteínas processadas deixam as cisternas em vesículas que liberam seu conteúdo para ser incorporado à membrana plasmática. Por fim, algumas proteínas processadas deixam as cisternas em **vesículas de armazenamento**. A principal vesícula de armazenamento é o lisossomo, cuja estrutura e funções serão discutidas a seguir.

Lisossomos

Os **lisossomos** são encontrados apenas em células animais; são formados a partir do complexo de Golgi e parecem esferas revestidas por uma membrana. Ao contrário do núcleo, os lisossomos têm apenas uma única membrana e não apresentam estrutura interna (ver Figura 4.22). Todavia, eles contêm em torno de 40 tipos diferentes de enzimas digestivas capazes de degradar muitos tipos de moléculas. Além disso, essas enzimas podem ainda digerir bactérias que penetram na célula. Os leucócitos humanos, que usam a fagocitose para ingerir bactérias, contêm grandes quantidades de lisossomos.

Vacúolos

Um **vacúolo** (ver Figura 4.22) é um espaço ou uma cavidade no citoplasma de uma célula que é revestido pela membrana *tonoplasto*. As células vegetais têm um grande vacúolo central. Nas células vegetais, os vacúolos podem ocupar de 5 a 90% do volume celular, dependendo do tipo de célula. Os vacúolos são derivados do complexo de Golgi e apresentam diversas funções. Alguns deles servem como organelas temporárias de armazenamento para substâncias como as proteínas, os açúcares, os ácidos orgânicos e os íons inorgânicos. Outros vacúolos se formam durante a endocitose a fim de auxiliar no

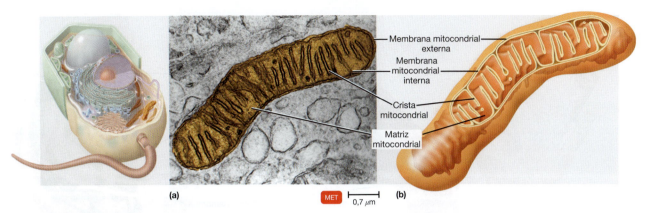

(a)   MET   0,7 µm   (b)

Figura 4.27 Mitocôndria. (a) Micrografia da mitocôndria de uma célula pancreática de rato. **(b)** Ilustração dos detalhes de uma mitocôndria.

P Quais são as semelhanças entre as mitocôndrias e as células procarióticas?

transporte de alimento para dentro da célula. Muitas células também armazenam subprodutos metabólicos e toxinas que, de outro modo, seriam nocivos ao se acumularem no citoplasma. Finalmente, os vacúolos podem absorver e excretar água, evitando a lise osmótica.

Mitocôndrias

As organelas alongadas e de formato irregular conhecidas como **mitocôndrias** aparecem por todo o citoplasma da maioria das células eucarióticas (ver Figura 4.22). O número de mitocôndrias por célula varia muito entre os tipos diferentes de células. Por exemplo, o protozoário *Giardia* não tem mitocôndria, ao passo que as células hepáticas contêm de 1.000 a 2.000 por célula. Uma mitocôndria tem duas membranas similares em estrutura à membrana plasmática (**Figura 4.27**). A membrana mitocondrial externa é lisa, porém a interna está organizada em uma série de dobras chamadas de **cristas mitocondriais**. O centro da mitocôndria é uma substância semifluida denominada **matriz mitocondrial**. Devido à natureza e ao arranjo das cristas, a membrana mitocondrial interna fornece uma enorme área de superfície para a ocorrência de reações químicas. Algumas proteínas que fazem parte da respiração celular, incluindo a enzima que produz o ATP, estão localizadas nas cristas mitocondriais da membrana mitocondrial interna, e muitas das etapas metabólicas envolvidas na respiração celular estão concentradas na matriz (ver Capítulo 5). As mitocôndrias frequentemente são consideradas a "central de energia" da célula, devido ao seu papel central na produção de ATP.

As mitocôndrias contêm ribossomos 70S e algum DNA próprio, bem como a maquinaria necessária para replicar, transcrever e traduzir a informação codificada pelo seu DNA. Uma célula adquire mitocôndrias em seu citoplasma a partir da célula-mãe. Essas mitocôndrias podem se reproduzir mais ou menos por si próprias, aumentando de tamanho e se dividindo em duas.

Cloroplastos

As algas e as plantas verdes contêm uma organela exclusiva chamada **cloroplasto** (**Figura 4.28**), uma estrutura revestida por uma dupla membrana que contém o pigmento clorofila e as enzimas necessárias para a fotossíntese (ver Capítulo 5). A clorofila está contida em sacos membranosos achatados, chamados **tilacoides**; as pilhas de tilacoides são chamadas *grana* (singular: *granum*). O fluido interno de um cloroplasto é o **estroma** (ver Figura 4.28).

Assim como as mitocôndrias, os cloroplastos contêm ribossomos 70S, DNA e enzimas envolvidos na síntese proteica. Eles são capazes de se multiplicar por si próprios dentro da célula. O modo pelo qual os cloroplastos e as mitocôndrias se multiplicam – aumentando de tamanho e, então, dividindo-se em dois – lembra de maneira surpreendente a multiplicação bacteriana (Capítulo 6).

Peroxissomos

Os **peroxissomos** são organelas similares em estrutura aos lisossomos, porém menores (ver Figura 4.22). Os peroxissomos provavelmente se formam a partir de um brotamento do RE. Eles podem aumentar em número pela divisão de peroxissomos preexistentes no citoplasma, os quais foram distribuídos por toda a célula durante a divisão da célula parental.

Os peroxissomos contêm uma ou mais enzimas capazes de oxidar substâncias orgânicas variadas. Por exemplo, substâncias como os aminoácidos e os ácidos graxos são oxidadas nos peroxissomos como parte normal do metabolismo. Além disso, as enzimas nos peroxissomos oxidam substâncias tóxicas, como o álcool. Um subproduto das reações de oxidação é o peróxido de hidrogênio (H_2O_2), um componente potencialmente tóxico. Contudo, os peroxissomos também contêm a enzima *catalase*, que decompõe o H_2O_2 (ver Capítulo 6). Uma vez que a geração e a degradação de H_2O_2 ocorrem na mesma organela, os peroxissomos protegem outras partes da célula dos efeitos tóxicos do H_2O_2.

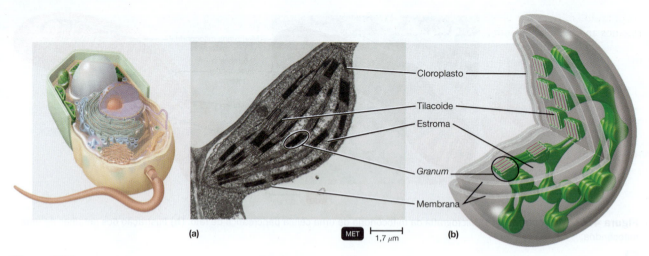

Figura 4.28 Cloroplastos. A fotossíntese ocorre nos cloroplastos; os pigmentos que captam a luz estão localizados nos tilacoides. **(a)** Micrografia dos cloroplastos em uma célula vegetal. **(b)** Uma ilustração dos detalhes de um cloroplasto, mostrando os *grana*.

P Quais são as semelhanças entre os cloroplastos e as células procarióticas?

Centrossomo

O **centrossomo**, localizado próximo ao núcleo nas células animais, consiste em dois componentes: a matriz pericentriolar e os centríolos (ver Figura 4.22). A *matriz pericentriolar* é a região do citosol composta de uma densa rede de pequenas fibras proteicas. No interior da matriz pericentriolar está um par de estruturas cilíndricas, os *centríolos*, e cada um deles é composto por nove grupos de três microtúbulos (trincas) arranjados em um padrão circular, chamado de *arranjo 9 + 0*. O "9" se refere às nove trincas de microtúbulos, e o "0" se refere à ausência de microtúbulos no centro. O eixo longo de um centríolo está em ângulo reto com o eixo longo de outro. O centrossomo é o centro organizacional do fuso mitótico, que desempenha um papel fundamental na divisão celular.

> **TESTE SEU CONHECIMENTO**
>
> ✔ **4-18** Compare a estrutura do núcleo de um eucarioto com o nucleoide de um procarioto.
>
> ✔ **4-19** Como o RE liso e o RE rugoso se comparam estrutural e funcionalmente?

Evolução dos eucariotos

OBJETIVO DE APRENDIZAGEM

4-20 Discutir a evidência que sustenta a teoria endossimbiótica da evolução eucariótica.

Os biólogos geralmente acreditam que a vida surgiu na Terra sob a forma de organismos muito simples, semelhantes às células procarióticas, por volta de 3,5 a 4 bilhões de anos atrás. Há aproximadamente 2,5 bilhões de anos, as primeiras células eucarióticas evoluíram a partir das células procarióticas. Lembre-se de que os procariotos e os eucariotos diferem principalmente porque os eucariotos têm organelas altamente especializadas. A teoria que explica a origem dos eucariotos a partir dos procariotos, apresentada primeiramente por Lynn Margulis, é a **teoria endossimbiótica**. Segundo essa teoria, células bacterianas maiores perderam sua parede celular e englobaram células bacterianas menores. Essa relação, na qual um organismo vive dentro de outro, é chamada *endossimbiose* (*simbiose* = viver junto).

> **ASM:** As células, as organelas (p. ex., mitocôndrias e cloroplastos) e todas as principais vias metabólicas evoluíram a partir das primeiras células procarióticas.

De acordo com a teoria endossimbiótica, o eucarioto ancestral desenvolveu um núcleo rudimentar quando a membrana plasmática se dobrou ao redor do cromossomo (ver Figura 10.2). Essa célula, chamada nucleoplasma, pode ter ingerido bactérias aeróbias. Algumas bactérias ingeridas viveram dentro do nucleoplasma hospedeiro. Essa organização evoluiu para uma relação simbiótica, em que o nucleoplasma hospedeiro fornecia nutrientes e a bactéria endossimbiótica produzia energia que poderia ser usada pelo nucleoplasma. Do mesmo modo, os cloroplastos podem ser descendentes de procariotos fotossintetizantes ingeridos por esse nucleoplasma primitivo.

Estudos comparando as células procarióticas e as eucarióticas fornecem evidências para a teoria endossimbiótica. Por exemplo, tanto as mitocôndrias quanto os cloroplastos se assemelham às bactérias em tamanho e forma. Além disso, essas organelas contêm DNA circular, que é típico de procariotos, e as organelas podem se reproduzir independentemente de suas células hospedeiras. Os ribossomos das mitocôndrias e dos cloroplastos se assemelham àqueles dos procariotos, e seu mecanismo de síntese proteica é mais parecido com o encontrado em bactérias do que em eucariotos. Por fim, os mesmos antibióticos que inibem a síntese proteica nos ribossomos das bactérias também a inibem nos ribossomos das mitocôndrias e dos cloroplastos.

Resumo para estudo

Comparando células procarióticas e eucarióticas: uma visão geral (p. 73)

1. As células procarióticas e eucarióticas são similares em sua composição química e reações químicas.
2. Em geral, as células procarióticas não têm organelas revestidas por membrana (incluindo um núcleo).
3. O peptideoglicano é encontrado nas paredes celulares procarióticas, mas não nas paredes celulares eucarióticas.
4. As células eucarióticas têm um núcleo envolto por uma membrana e outras organelas.

Célula procariótica (p. 73-94)

1. As bactérias são unicelulares, e a maioria delas se multiplica por fissão binária.
2. As espécies de bactérias são diferenciadas por sua morfologia, composição química, necessidades nutricionais, atividades bioquímicas e fontes de energia.

Tamanho, forma e arranjo das células bacterianas (p. 73-75)

1. A maioria das bactérias tem 0,2 a 2 μm de diâmetro e 2 a 8 μm de comprimento.
2. As três formas bacterianas básicas são cocos (esféricas), bacilos (forma de bastão) e espirais (retorcida).
3. As bactérias pleomórficas podem assumir várias formas.

Estruturas externas à parede celular (p. 75-80)

Glicocálice (p. 75-77)

1. O glicocálice (cápsula, camada limosa ou polissacarídeo extracelular) é um revestimento gelatinoso de polissacarídeo e/ou polipeptídeo.
2. As cápsulas podem proteger os patógenos da fagocitose.
3. As cápsulas permitem a adesão a superfícies, impedem a dessecação e podem fornecer nutrientes.

Flagelo e arcaelos (p. 77-79)

4. Os flagelos bacterianos e os arcaelos das arqueias giram a fim de impulsionar a célula.
5. Os flagelos são apêndices filamentosos relativamente longos consistindo em um filamento, um gancho e um corpo basal.
6. As bactérias móveis apresentam taxia; taxia positiva é o movimento em direção a um atraente, ao passo que taxia negativa é o movimento para longe de um repelente.
7. A proteína flagelar chamada antígeno H é útil na distinção de sorovares de bactérias gram-negativas.

Filamentos axiais (p. 79)

8. As células espirais que se movem através de um filamento axial (endoflagelo) são chamadas de espiroquetas.

9. Os filamentos axiais são similares aos flagelos, exceto que eles se enovelam em torno da célula.

Fímbrias e *pili* (p. 79-80)

10. As fímbrias ajudam as células a aderirem às superfícies.
11. Os *pili* estão envolvidos na motilidade pulsante e na transferência de DNA.

Parede celular (p. 80-85)

Composição e características (p. 80-83)

1. A parede celular circunda a membrana plasmática e protege a célula das alterações na pressão de água.
2. A parede celular bacteriana apresenta peptideoglicano, um polímero composto de NAG e NAM e cadeias curtas de aminoácidos.
3. As paredes celulares gram-positivas consistem em muitas camadas de peptideoglicano e também contêm ácidos teicoicos.
4. As bactérias gram-negativas têm uma membrana externa composta de lipopolissacarídeo-lipoproteína-fosfolipídeo circundando uma fina camada de peptideoglicano.
5. A membrana externa protege a célula da fagocitose e da penicilina, da lisozima e de outras substâncias químicas.
6. As porinas são proteínas que permitem a passagem de pequenas moléculas através da membrana externa; canais de proteínas específicas permitem que outras moléculas se movam através da membrana externa.
7. O componente lipopolissacarídico que compõe a membrana externa contém açúcares (polissacarídeos O), que funcionam como antígenos, e lipídeo A, que é uma endotoxina.

Paredes celulares e o mecanismo da coloração de Gram (p. 83-84)

8. O complexo cristal violeta-iodo se combina ao peptideoglicano.
9. O agente descorante retira a membrana lipídica externa das bactérias gram-negativas e remove o cristal violeta.

Paredes celulares atípicas (p. 83)

10. O *Mycoplasma* é um gênero bacteriano que não apresenta paredes celulares naturalmente.
11. As arqueias possuem pseudomureína; elas não apresentam peptideoglicano.
12. Paredes celulares ácido-resistentes têm uma camada de ácido micólico externa a uma fina camada de peptideoglicano.

Danos à parede celular (p. 83-85)

13. Na presença de lisozima, as paredes celulares gram-positivas são destruídas, e o conteúdo celular restante é denominado protoplasto.
14. Na presença de lisozima, as paredes celulares gram-negativas não são completamente destruídas, e o conteúdo celular restante é denominado esferoplasto.
15. As formas L são bactérias gram-positivas ou gram-negativas que não apresentam uma parede celular.
16. Antibióticos como a penicilina interferem na síntese da parede celular.

Estruturas internas à parede celular (p. 85-94)

Membrana plasmática (citoplasmática) (p. 85-87)

1. A membrana plasmática reveste o citoplasma e é uma bicamada lipídica com proteínas integrais periféricas (modelo do mosaico fluido).
2. A membrana plasmática é seletivamente permeável.
3. As membranas plasmáticas contêm enzimas para reações metabólicas, como a degradação dos nutrientes, a produção de energia e a fotossíntese.
4. Os mesossomos, dobras irregulares da membrana plasmática, são artefatos, não estruturas celulares verdadeiras.
5. As membranas plasmáticas podem ser destruídas por determinados álcoois e polimixinas.

Movimento de materiais através das membranas (p. 87-90)

6. O movimento através da membrana pode ocorrer por processos passivos, em que os materiais se movem de áreas de alta concentração para áreas de baixa concentração, e nenhuma energia é gasta pela célula.
7. Na difusão simples, as moléculas e os íons se movem até o equilíbrio ser atingido.
8. Na difusão facilitada, as substâncias são carregadas por proteínas transportadoras através das membranas, de áreas de alta concentração para áreas de baixa concentração.
9. Osmose é o movimento de água de áreas de baixa concentração para áreas de alta concentração de soluto através de uma membrana seletivamente permeável até o equilíbrio ser atingido.
10. No transporte ativo, os materiais se movem das áreas de baixa concentração para as áreas de alta concentração através das proteínas transportadoras, e a célula precisa gastar energia.
11. Na translocação de grupo, energia é gasta para modificar as substâncias químicas e transportá-las através da membrana.

Citoplasma (p. 90)

12. O citoplasma é o componente fluido dentro da membrana plasmática.
13. O citoplasma é constituído principalmente de água, com moléculas orgânicas e inorgânicas, DNA, ribossomos, inclusões e proteínas do citoesqueleto.
14. Um citoesqueleto está presente, mas não ocorre fluxo citoplasmático.

Nucleoide (p. 90)

15. O nucleoide contém o DNA do cromossomo bacteriano.
16. As bactérias também podem conter plasmídeos, que são moléculas circulares de DNA extracromossômico.

Ribossomos (p. 90-91)

17. O citoplasma de um procarioto contém diversos ribossomos 70S; os ribossomos são constituídos de rRNA e proteína.
18. A síntese proteica ocorre nos ribossomos; ela pode ser inibida por certos antibióticos.

Inclusões (p. 91-92)

19. Inclusões são depósitos de reserva encontrados nas células procarióticas e eucarióticas.
20. Entre as inclusões encontradas em bactérias estão grânulos metacromáticos (fosfato inorgânico), grânulos polissacarídicos (normalmente glicogênio ou amido), inclusões lipídicas, grânulos de enxofre, carboxissomos (ribulose-1,5-difosfato-carboxilase), magnetossomos (Fe_3O_4) e vacúolos de gás.

Endósporos (p. 92-94)

21. Os endósporos são estruturas de repouso formadas por algumas bactérias para a sobrevivência durante condições ambientais adversas.

Célula eucariótica (p. 94-103)

Flagelos e cílios (p. 96)

1. Os flagelos são poucos e longos em relação ao tamanho da célula; os cílios são numerosos e curtos.
2. Os flagelos e os cílios são usados para a motilidade, e os cílios também movem substâncias ao longo da superfície das células.
3. Os flagelos e os cílios consistem em um arranjo de nove pares e dois microtúbulos isolados.

Parede celular e glicocálice (p. 96-97)

1. As paredes celulares de muitas algas e alguns fungos contêm celulose.
2. O principal material das paredes celulares fúngicas é a quitina.
3. As paredes celulares de leveduras são compostas de glicano e manana.
4. As células animais são circundadas por um glicocálice, que reforça a célula e fornece um meio de fixação para outras células.

Membrana plasmática (citoplasmática) (p. 97)

1. Assim como a membrana plasmática procariótica, a membrana plasmática eucariótica é uma bicamada de fosfolipídeos contendo proteínas.
2. As membranas plasmáticas eucarióticas contêm carboidratos aderidos a proteínas, e esteróis não são encontrados nas células procarióticas (exceto na bactéria *Mycoplasma*).
3. As células eucarióticas podem transportar materiais através da membrana plasmática pelos processos passivos e pelo transporte ativo utilizados pelos procariotos e por endocitose (fagocitose, pinocitose e endocitose mediada por receptor).

Citoplasma (p. 98)

1. O citoplasma das células eucarióticas inclui tudo que está dentro da membrana plasmática e que é externo ao núcleo.
2. As características químicas do citoplasma das células eucarióticas lembram aquelas do citoplasma das células procarióticas.
3. O citoplasma eucariótico tem um citoesqueleto e exibe fluxo citoplasmático.

Ribossomos (p. 98)

1. Os ribossomos 80S são encontrados no citoplasma ou aderidos ao retículo endoplasmático rugoso.

Organelas (p. 98-102)

1. As organelas são estruturas especializadas revestidas por membrana no citoplasma das células eucarióticas.
2. O núcleo, que contém DNA em forma de cromossomos, é a organela eucariótica mais característica.
3. O envelope nuclear está conectado a um sistema de membranas no citoplasma, denominado retículo endoplasmático (RE).
4. O RE fornece uma superfície para reações químicas e atua como rede de transporte. A síntese proteica e o transporte ocorrem no RE rugoso; a síntese de lipídeos ocorre no RE liso.
5. O complexo de Golgi consiste em sacos achatados chamados de cisternas. Atua na formação da membrana e na secreção de proteínas.
6. Os lisossomos são formados a partir dos complexos de Golgi. Eles armazenam enzimas digestórias.
7. Os vacúolos são cavidades revestidas por membrana, derivadas do complexo de Golgi ou da endocitose. Eles geralmente são encontrados em células vegetais que armazenam várias substâncias.

8. As mitocôndrias são os sítios primários de produção de ATP. Contêm ribossomos 70S e DNA e se multiplicam por fissão binária.

9. Os cloroplastos contêm clorofila e enzimas para a fotossíntese. Assim como as mitocôndrias, eles contêm ribossomos 70S e DNA e se multiplicam por fissão binária.

10. Uma variedade de componentes orgânicos é oxidada nos peroxissomos. A catalase nos peroxissomos destrói o H_2O_2.

11. O centrossomo, composto pela matriz pericentriolar e centríolos, organiza o fuso mitótico. Os centríolos consistem em nove trincas de microtúbulos envolvidos na formação do fuso mitótico durante a divisão celular.

Evolução dos eucariotos (p. 102-103)

1. De acordo com a teoria endossimbiótica, as células eucarióticas evoluíram a partir de procariotos simbióticos vivendo no interior de outras células procarióticas.

Questões para estudo

As respostas das questões de Conhecimento e compreensão estão na seção de Respostas no final deste livro.

Conhecimento e compreensão

Revisão

1. DESENHE Faça um diagrama de cada um dos seguintes arranjos flagelares:
   a. lofotríquio
   b. monotríquio
   c. peritríquio
   d. anfitríquio
   e. polar

2. A formação de endósporo é chamada (a) _____. Ela é iniciada por (b) _____. A formação de uma nova célula a partir de um endósporo é denominada (c) _____. Esse processo é desencadeado por (d) _____.

3. DESENHE Desenhe as formas bacterianas listadas em (a), (b) e (c). Em seguida, desenhe as formas em (d), (e) e (f), mostrando como elas são condições especiais de a, b e c, respectivamente.
   a. espiral
   b. bacilo
   c. coco
   d. espiroquetas
   e. estafilococos
   f. estreptobacilos

4. Faça a correspondência entre as estruturas da coluna A e as suas funções na coluna B.

Coluna A	Coluna B
____ a. Parede celular	1. Adesão à superfície
____ b. Endósporo	2. Motilidade
____ c. Fímbrias	3. Proteção contra a lise osmótica
____ d. Flagelos	4. Proteção contra os fagócitos
____ e. Glicocálice	5. Repouso
____ f. *Pili*	6. Síntese de proteínas
____ g. Membrana plasmática	7. Permeabilidade seletiva
____ h. Ribossomos	8. Transferência de material genético

5. Por que um endósporo é denominado uma estrutura dormente? Qual é a vantagem do endósporo para uma célula bacteriana?

6. Compare e diferencie os seguintes termos:
   a. difusão simples e difusão facilitada
   b. transporte ativo e difusão facilitada
   c. transporte ativo e translocação de grupo

7. Responda às seguintes questões utilizando os diagramas, que representam secções cruzadas das paredes celulares bacterianas.
   a. Qual diagrama representa uma bactéria gram-positiva? Como você chegou a essa conclusão?

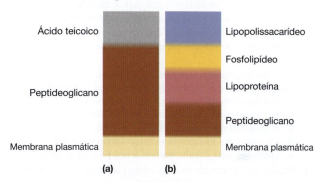

Ácido teicoico		Lipopolissacarídeo
Peptideoglicano		Fosfolipídeo
		Lipoproteína
		Peptideoglicano
Membrana plasmática		Membrana plasmática
(a)		(b)

   b. Explique como a coloração de Gram funciona para diferenciar entre esses dois tipos de paredes celulares.
   c. Por que a penicilina não tem efeito na maioria das células gram-negativas?
   d. Como as moléculas essenciais penetram na célula através de cada parede?
   e. Qual parede celular é tóxica aos seres humanos?

8. O amido é rapidamente metabolizado por muitas células, porém uma molécula de amido é muito grande para atravessar a membrana plasmática. Como a célula obtém as moléculas de glicose a partir do polímero de amido? Como as células transportam essas moléculas de glicose através da membrana plasmática?

9. Associe as características das células eucarióticas na coluna A às suas funções na coluna B.

Coluna A	Coluna B
____ a. Matriz pericentriolar	1. Armazenamento de enzimas digestórias
____ b. Cloroplastos	2. Oxidação de ácidos graxos
____ c. Complexo de Golgi	3. Formação de microtúbulos
____ d. Lisossomos	4. Fotossíntese
____ e. Mitocôndrias	5. Síntese de proteínas
____ f. Peroxissomos	6. Respiração celular
____ g. RE rugoso	7. Secreção

10. IDENTIFIQUE Qual grupo de microrganismos é caracterizado por células que formam filamentos, se reproduzem por esporos e apresentam peptideoglicano em sua parede celular?

Múltipla escolha

1. Qual das seguintes *não* é uma característica diferencial das células procarióticas?
   a. Elas normalmente têm um único cromossomo circular.
   b. Elas têm ribossomos 70S.
   c. Elas têm paredes celulares que contêm peptideoglicano.
   d. Seu DNA não está associado a histonas.
   e. Elas não apresentam uma membrana plasmática.
   Utilize as seguintes opções para responder às questões 2 a 4.
   a. Não ocorrerá nenhuma alteração; a solução é isotônica.
   b. A água entrará dentro da célula.
   c. A água sairá da célula.
   d. A célula sofrerá lise osmótica.
   e. A sacarose entrará na célula, de uma área de alta concentração para uma de baixa concentração.

2. Que frase descreve melhor o que ocorre quando uma bactéria gram-positiva é colocada em água destilada e penicilina?

3. Que frase descreve melhor o que ocorre quando uma bactéria gram-negativa é colocada em água destilada e penicilina?

4. Que frase descreve melhor o que ocorre quando uma bactéria gram-positiva é colocada em uma solução aquosa de lisozima e sacarose a 10%?

5. Qual das seguintes frases descreve melhor o que ocorre a uma célula exposta a polimixinas que destroem os fosfolipídeos?
   a. Em uma solução isotônica, nada acontecerá.
   b. Em uma solução hipotônica, a célula sofrerá lise.
   c. A água entrará dentro da célula.
   d. Os conteúdos intracelulares extravasarão da célula.
   e. Qualquer uma das alternativas acima poderia ocorrer.

6. Qual das seguintes alternativas é *falsa* com relação às fímbrias?
   a. Elas são compostas de proteínas.
   b. Elas podem ser utilizadas para adesão.
   c. Elas são encontradas em células gram-negativas.
   d. Elas são compostas de pilina.
   e. Elas podem ser utilizadas para motilidade.

7. Em qual das opções a seguir o par está *incorreto*?
   a. glicocálice – aderência
   b. *pili* – reprodução
   c. parede celular – toxina
   d. parede celular – proteção
   e. membrana plasmática – transporte

8. Em qual das opções a seguir o par está *incorreto*?
   a. grânulos metacromáticos – armazenamento de fosfatos
   b. grânulos polissacarídicos – armazenamento de amido
   c. inclusões lipídicas – ácido poli-β-hidroxibutírico
   d. grânulos de enxofre – reserva energética
   e. ribossomos – armazenamento proteico

9. Você isolou uma célula móvel gram-positiva sem núcleo visível. Você pode pressupor que esta célula tem:
   a. ribossomos.
   b. mitocôndria.
   c. um retículo endoplasmático.
   d. um complexo de Golgi.
   e. todas as alternativas acima

10. O antibiótico anfotericina B rompe as membranas plasmáticas ao se combinar com esteróis; isso afetará todas as seguintes células, *exceto*:
    a. células animais.
    b. células bacterianas gram-negativas.
    c. células fúngicas.
    d. células de *Mycoplasma*.
    e. células vegetais.

Análise

1. Como as células procarióticas podem ser menores que as células eucarióticas e ainda assim realizar todas as funções vitais?

2. A menor célula eucariótica é a alga móvel *Ostreococcus*. Qual é o número mínimo de organelas que essa alga deve ter?

3. Dois tipos de células procarióticas foram diferenciados: bactérias e arqueias. Quais são as diferenças entre elas? E as semelhanças?

4. Em 1985, uma célula de 0,5 mm foi descoberta em um peixe-cirurgião, sendo denominada *Epulopiscium fishelsoni* (ver Figura 11.20). Presumiu-se que seria um protozoário. Em 1993, pesquisadores determinaram que *Epulopiscium* é, na verdade, uma bactéria gram-positiva. Por que esse organismo foi inicialmente identificado como um protozoário? Quais evidências poderiam alterar a classificação para bactéria?

5. Quando células de *E. coli* são expostas a uma solução hipertônica, as bactérias produzem uma proteína transportadora que pode mover íons potássio (K^+) para o interior da célula. Qual é a utilidade do transporte ativo de K^+, que requer ATP?

Aplicações clínicas e avaliação

1. O *Clostridium botulinum* é um anaeróbio estrito, ou seja, ele é destruído pelo oxigênio molecular (O_2) presente no ar. Os seres humanos podem morrer de botulismo ao ingerir alimentos em que o *C. botulinum* está crescendo. Como essa bactéria sobrevive nas plantas colhidas para consumo humano? Por que os alimentos em conserva caseiros são a fonte mais frequente de botulismo?

2. Uma criança do sul de São Francisco gostava da hora do banho em sua casa, devido à coloração cor de laranja e avermelhada da água. A água não apresentava essa cor de ferrugem em sua fonte, e o departamento de água não podia cultivar a bactéria *Acidithiobacillus* responsável pela cor ferruginosa da fonte. Como as bactérias entraram no encanamento de água corrente da casa? Que estruturas bacterianas tornam isso possível?

3. Culturas vivas de *Bacillus thuringiensis* (Dipel®) e *B. subtilis* (Kodiac®) são vendidas como pesticidas. Que estruturas bacterianas tornam possível embalar e vender essas bactérias? Para que fim cada produto é usado? (*Dica:* ver Capítulo 11.)

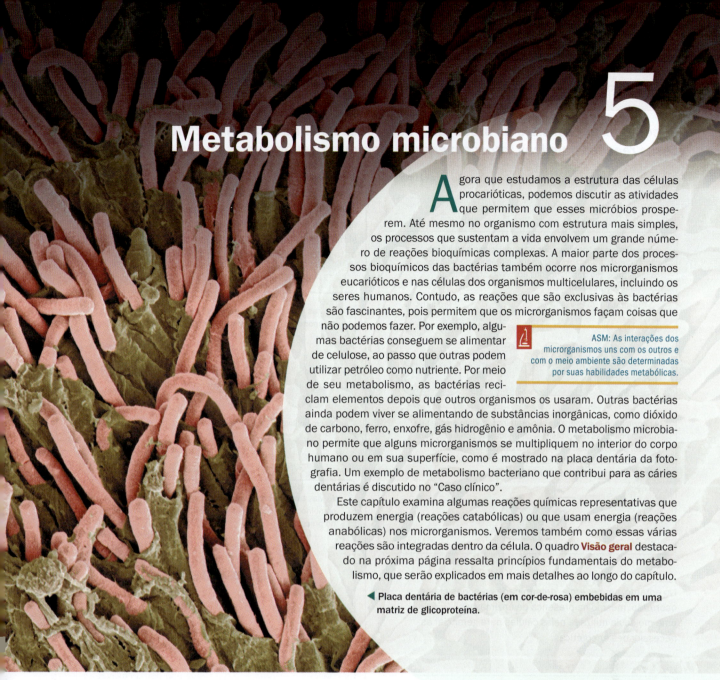

Metabolismo microbiano

5

Agora que estudamos a estrutura das células procarióticas, podemos discutir as atividades que permitem que esses micróbios prosperem. Até mesmo no organismo com estrutura mais simples, os processos que sustentam a vida envolvem um grande número de reações bioquímicas complexas. A maior parte dos processos bioquímicos das bactérias também ocorre nos microrganismos eucarióticos e nas células dos organismos multicelulares, incluindo os seres humanos. Contudo, as reações que são exclusivas às bactérias são fascinantes, pois permitem que os microrganismos façam coisas que não podemos fazer. Por exemplo, algumas bactérias conseguem se alimentar de celulose, ao passo que outras podem utilizar petróleo como nutriente. Por meio de seu metabolismo, as bactérias reciclam elementos depois que outros organismos os usaram. Outras bactérias ainda podem viver se alimentando de substâncias inorgânicas, como dióxido de carbono, ferro, enxofre, gás hidrogênio e amônia. O metabolismo microbiano permite que alguns microrganismos se multipliquem no interior do corpo humano ou em sua superfície, como é mostrado na placa dentária da fotografia. Um exemplo de metabolismo bacteriano que contribui para as cáries dentárias é discutido no "Caso clínico".

> ASM: As interações dos microrganismos uns com os outros e com o meio ambiente são determinadas por suas habilidades metabólicas.

Este capítulo examina algumas reações químicas representativas que produzem energia (reações catabólicas) ou que usam energia (reações anabólicas) nos microrganismos. Veremos também como essas várias reações são integradas dentro da célula. O quadro **Visão geral** destacado na próxima página ressalta princípios fundamentais do metabolismo, que serão explicados em mais detalhes ao longo do capítulo.

◀ Placa dentária de bactérias (em cor-de-rosa) embebidas em uma matriz de glicoproteína.

Na clínica

Como enfermeiro(a) e pesquisador(a) de um grande centro médico, você está trabalhando com médicos gastrenterologistas em um projeto para estudar o efeito da dieta nos gases intestinais. Os indivíduos no grupo de teste que desenvolveram a maior quantidade de gás consumiram brócolis e feijão, que são ricos em rafinose e estaquiose, e ovos, que são ricos em metionina e cisteína. O gás intestinal é composto por CO_2, CH_4, H_2S e H_2. **Como esses gases são produzidos?**

Dica: leia mais sobre carboidratos, aminoácidos, catabolismo de carboidratos e catabolismo de proteínas adiante.

Metabolismo

O metabolismo consiste na produção e degradação de nutrientes no interior de uma célula. Essas reações químicas fornecem energia e produzem substâncias que sustentam a vida.

Dois grandes protagonistas no metabolismo são as **enzimas** e a molécula **trifosfato de adenosina (ATP)**.

As **enzimas** catalisam reações para moléculas específicas, chamadas de **substratos**. Durante as reações enzimáticas, os substratos são transformados em novas substâncias, denominadas **produtos**.

Substrato   Produtos

Enzima

As enzimas, que geralmente são proteínas, podem precisar de outras moléculas não proteicas, chamadas de cofatores, para realizar suas funções. Cofatores inorgânicos incluem íons metálicos. Cofatores orgânicos, ou coenzimas, incluem os carreadores de elétrons FAD, NAD$^+$ e NADP$^+$.

Substrato ——

Cofator ——   Enzima

No entanto, sem energia, determinadas reações nunca ocorrerão, mesmo na presença de enzimas. O **ATP** é uma molécula utilizada pelas células para gerenciar as necessidades energéticas.

Se uma reação resultar em excesso de energia, uma parte dessa energia pode ser capturada na forma de ligações de ATP. Assim, uma célula pode quebrar essas mesmas ligações e utilizar a energia liberada para abastecer outras reações.

ATP

Adenosina

P P   P

3 Fosfatos

Energia é liberada quando o fosfato terminal é retirado do ATP.

A química do metabolismo pode parecer complexa à primeira vista, com *vias* (grupos de muitas reações coordenadas) que atuam em conjunto para atingir objetivos comuns. No entanto, as regras básicas do metabolismo são, na verdade, bem simples. As vias podem ser categorizadas em dois tipos gerais: **catabólicas** e **anabólicas**.

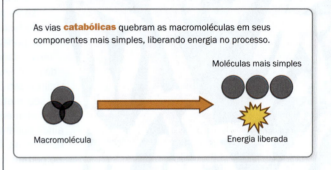

As vias **catabólicas** quebram as macromoléculas em seus componentes mais simples, liberando energia no processo.

Moléculas mais simples

Macromolécula   Energia liberada

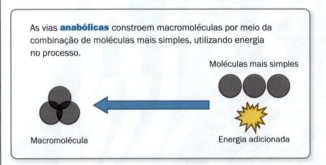

As vias **anabólicas** constroem macromoléculas por meio da combinação de moléculas mais simples, utilizando energia no processo.

Moléculas mais simples

Macromolécula   Energia adicionada

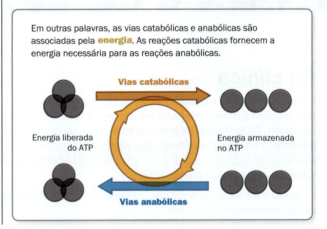

Em outras palavras, as vias catabólicas e anabólicas são associadas pela **energia**. As reações catabólicas fornecem a energia necessária para as reações anabólicas.

Vias catabólicas

Energia liberada do ATP   Energia armazenada no ATP

Vias anabólicas

Embora o metabolismo microbiano possa causar doenças e deterioração de alimentos, muitas vias são mais benéficas do que patogênicas.

Ciclo do nitrogênio: o nitrogênio é um componente fundamental das proteínas, do DNA e do RNA, bem como da clorofila das plantas. Contudo, sem os micróbios, haveria pouco nitrogênio disponível para a maioria das formas de vida. Determinadas bactérias (como *Rhizobium*, mostrada acima, no interior de um nódulo radicular de soja, à direita) presentes no solo convertem o nitrogênio da atmosfera em formas que podem ser utilizadas por outras formas de vida.

Bebidas e alimentos: várias bactérias e leveduras (como *Saccharomyces cerevisiae*, à direita) realizam reações catabólicas, chamadas de fermentações. Cerveja, vinho e alimentos como queijos, iogurte, picles, chucrute e molho de soja dependem do metabolismo microbiano como parte crucial de sua produção.

Tratamento do esgoto: a água contaminada passa por uma série de processos biológicos nas unidades de tratamento de esgoto, como na instalação apresentada acima. Muitas bactérias, incluindo algumas espécies de cianobactérias (à direita), atuam na remoção de matéria orgânica prejudicial.

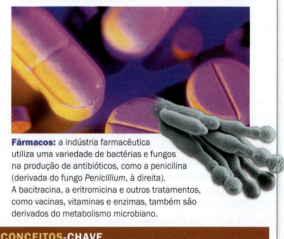

Fármacos: a indústria farmacêutica utiliza uma variedade de bactérias e fungos na produção de antibióticos, como a penicilina (derivada do fungo *Penicillium*, à direita). A bacitracina, a eritromicina e outros tratamentos, como vacinas, vitaminas e enzimas, também são derivados do metabolismo microbiano.

CONCEITOS-CHAVE

- As enzimas facilitam as reações metabólicas.
- O ATP é usado por micróbios e outras células para gerenciar as necessidades energéticas.
- As reações catabólicas estão associadas à síntese de ATP.
- As reações anabólicas estão associadas à degradação de ATP.

Reações catabólicas e anabólicas

OBJETIVOS DE APRENDIZAGEM

5-1 Definir *metabolismo* e descrever as diferenças fundamentais entre anabolismo e catabolismo.

5-2 Identificar o papel do ATP como um intermediário entre o catabolismo e o anabolismo.

Utilizamos o termo **metabolismo** para nos referirmos à soma de todas as reações químicas que ocorrem no interior de um organismo vivo. Como as reações químicas tanto liberam quanto requerem energia, o metabolismo pode ser visto como um ato de balanceamento de energia. Por conseguinte, o metabolismo pode ser dividido em duas classes de reações químicas: aquelas que liberam energia e aquelas que requerem energia.

Nas células vivas, as reações químicas reguladas enzimaticamente que liberam energia são, em geral, as que estão envolvidas no **catabolismo**, a quebra de compostos orgânicos complexos em compostos mais simples. Essas são as reações *catabólicas* ou *de degradação*. As reações catabólicas, de maneira geral, são reações *hidrolíticas* (reações que utilizam água e nas quais ligações químicas são quebradas) e *exergônicas* (produzem mais energia do que consomem). Um exemplo de catabolismo ocorre quando as células quebram açúcares em dióxido de carbono e água.

As reações reguladas enzimaticamente que requerem energia estão, em sua maioria, envolvidas no **anabolismo**, a produção de moléculas orgânicas complexas a partir de moléculas mais simples. Essas são as reações *anabólicas* ou *de biossíntese*. Os processos anabólicos frequentemente são reações de *síntese por desidratação* (reações que liberam água) e *endergônicas* (consomem mais energia do que produzem). Exemplos de processos anabólicos são as formações de proteínas a partir de aminoácidos, de ácidos nucleicos a partir de nucleotídeos e de polissacarídeos a partir de açúcares simples. Esses processos de biossíntese geram os materiais para o crescimento celular.

As reações catabólicas fornecem os blocos de construção para as reações anabólicas e a energia necessária para conduzi-las. Esse acoplamento de reações que precisam de energia e que liberam energia é possível pela molécula trifosfato de adenosina (ATP). (Você pode revisar sua estrutura na Figura 2.18.) O ATP armazena a energia derivada de reações catabólicas e a libera posteriormente a fim de conduzir as reações anabólicas e realizar outros trabalhos celulares. Lembre-se de nossa discussão anterior, de que uma molécula de ATP consiste em uma adenina, uma ribose e três grupos fosfato. Quando o grupo fosfato terminal é retirado do ATP, o difosfato de adenosina (ADP) é formado, e a energia é liberada para impulsionar as reações anabólicas. Utilizando 🅟 para representar um grupo fosfato (🅟ᵢ representa fosfato inorgânico, o qual não está ligado a nenhuma outra molécula), a reação é escrita da seguinte forma:

$$\text{ATP} \rightarrow \text{ADP} + 🅟_i + \text{energia}$$

Em seguida, a energia oriunda das reações catabólicas é utilizada para combinar ADP e 🅟ᵢ, a fim de ressintetizar um ATP:

$$\text{ADP} + 🅟_i + \text{energia} \rightarrow \text{ATP}$$

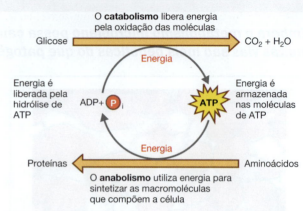

Figura 5.1 Papel do ATP no acoplamento das reações anabólicas e catabólicas. Quando moléculas complexas são quebradas (catabolismo), parte da energia é transferida e captada no ATP, e o restante é liberado como calor. Quando moléculas simples são combinadas para formar moléculas complexas (anabolismo), o ATP fornece a energia para a síntese, e novamente parte da energia é liberada como calor.

P **Como o ATP fornece energia para as reações de síntese?**

Assim, as reações anabólicas são acopladas à quebra do ATP, e as reações catabólicas são acopladas à síntese do ATP. Esse conceito de reações acopladas é muito importante; veremos por que no final deste capítulo. Por agora, é importante saber que a composição química de uma célula viva muda constantemente: algumas moléculas são quebradas à medida que outras são sintetizadas. Esse fluxo balanceado de compostos químicos e de energia mantém a vida de uma célula.

O papel do ATP no acoplamento das reações anabólicas e catabólicas é mostrado na **Figura 5.1**. Somente parte da energia liberada no catabolismo está disponível para as funções celulares, pois uma porção da energia é perdida para o ambiente na forma de calor. Como uma célula precisa de energia para se manter viva, ela tem uma necessidade constante de novas fontes externas dessa energia.

CASO CLÍNICO Mais do que um gosto por doces

A Dra. Antonia Rivera é dentista pediátrica. Seu último paciente, Micael, de 7 anos, acaba de sair de seu consultório com instruções precisas sobre a escovação e a utilização de fio dental regularmente. O que mais preocupa a Dra. Rivera, no entanto, é que Micael é o seu sétimo paciente esta semana a apresentar múltiplas cáries dentárias. A Dra. Rivera está acostumada com o aumento das cáries após o Halloween e a Páscoa, mas por que todas essas crianças estão apresentando cáries nos dentes em julho? Sempre que possível, ela conversou com os pais ou avós de cada paciente, mas ninguém notou nada fora do comum na dieta das crianças.

Por que tantos pacientes da Dra. Rivera apresentam múltiplas cáries? Continue lendo para descobrir.

Parte 1 Parte 2 Parte 3 Parte 4

Antes de discutirmos como as células produzem energia, primeiro consideraremos as principais propriedades de um grupo de proteínas envolvido em quase todas as reações biologicamente importantes: as enzimas. As **vias metabólicas** (sequências de reações químicas) de uma célula são determinadas por suas enzimas, que, por sua vez, são determinadas pela constituição genética da célula.

TESTE SEU CONHECIMENTO

✔ **5-1** Diferencie catabolismo de anabolismo.

✔ **5-2** Por que o ATP pode ser considerado um intermediário entre o catabolismo e o anabolismo?

Enzimas

OBJETIVOS DE APRENDIZAGEM

5-3 Identificar os componentes de uma enzima.

5-4 Descrever o mecanismo de ação enzimática.

5-5 Listar os fatores que influenciam a atividade enzimática.

5-6 Diferenciar inibição competitiva da não competitiva.

5-7 Definir *ribozima*.

Teoria da colisão

As reações químicas ocorrem quando ligações químicas são formadas ou quebradas. Para que as reações ocorram, átomos, íons ou moléculas devem colidir. A **teoria da colisão** explica como as reações químicas ocorrem e como certos fatores afetam a velocidade dessas reações. A base da teoria de colisão consiste no fato de que todos os átomos, íons e moléculas estão constantemente se movendo e colidindo uns com os outros. A energia transferida pelas partículas na colisão pode causar uma ruptura das suas estruturas eletrônicas que é suficiente para quebrar ligações químicas ou formar novas ligações.

Diversos fatores determinam se uma colisão causará uma reação química: a velocidade das partículas colidindo, a sua energia e as suas configurações químicas específicas. Até certo ponto, quanto mais velozes as partículas forem, maior é a probabilidade de que a colisão provoque uma reação. Além disso, cada reação química requer um nível específico de energia. Contudo, mesmo que as partículas em colisão tenham a energia mínima necessária para a reação, nenhuma reação ocorrerá a menos que as partículas estejam corretamente orientadas umas em relação às outras.

Vamos pressupor que moléculas da substância AB (o reagente) serão convertidas em moléculas das substâncias A e B (os produtos). Em uma determinada população de moléculas da substância AB, a uma temperatura específica, algumas moléculas têm relativamente pouca energia; a maioria da população tem uma quantidade média de energia; e uma pequena parcela da população tem alta energia. Se apenas as moléculas AB de alta energia forem capazes de reagir para serem convertidas em moléculas A e B, então somente uma pequena quantidade de moléculas irá reagir em uma colisão em determinado momento. A energia de colisão necessária para uma reação química é a sua **energia de ativação**, isto é, a quantidade de energia necessária para romper a configuração eletrônica estável de qualquer molécula específica de forma que os elétrons possam ser rearranjados.

A **taxa de reação** – a frequência de colisões contendo energia suficiente para desencadear uma reação – depende do número de moléculas reagentes que estejam no nível da energia de ativação ou acima dela. Uma maneira de aumentar a taxa de reação de uma substância é elevar a sua temperatura. Ao fazer as moléculas se moverem mais rapidamente, o calor aumenta tanto a frequência das colisões quanto o número de moléculas que atingem o nível da energia de ativação. O número de colisões também aumenta quando a pressão é aumentada ou quando os reagentes estão mais concentrados (porque a distância entre as moléculas é, dessa forma, reduzida). Nos sistemas vivos, as enzimas aumentam a taxa de reação sem elevar a temperatura.

Enzimas e reações químicas

As substâncias que podem acelerar uma reação química sem que ela seja permanentemente alterada são chamadas **catalisadores**. Nas células vivas, as **enzimas** servem como catalisadores biológicos. Como catalisador, cada enzima atua em uma substância específica, o **substrato** da enzima (ou substratos, quando existem dois ou mais reagentes), e cada enzima catalisa apenas uma reação. Por exemplo, a sacarose (açúcar de mesa) é o substrato da enzima sacarase, que catalisa a hidrólise da sacarose em glicose e frutose.

Como catalisadores, as enzimas geralmente aceleram as reações químicas ao diminuir a sua energia de ativação (**Figura 5.2**).

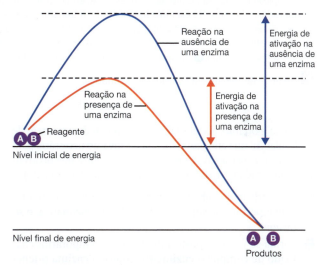

Figura 5.2 Necessidades energéticas de uma reação química. Este gráfico apresenta o progresso da reação AB → A + B tanto na ausência (linha azul) quanto na presença (linha vermelha) de uma enzima. A presença de uma enzima reduz a energia de ativação da reação (ver setas). Portanto, mais moléculas do reagente AB são convertidas nos produtos A e B uma vez que mais moléculas do reagente AB têm a energia de ativação necessária para a reação.

P Por que uma reação química necessita de maior energia de ativação na ausência de uma enzima atuando como catalisador biológico?

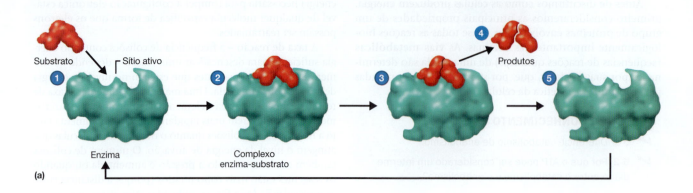

Figura 5.3 Mecanismo da ação enzimática. (a) ❶ O substrato entra em contato com o sítio ativo da enzima, formando **❷** um complexo enzima-substrato. **❸** O substrato é, então, transformado nos produtos, **❹** os produtos são liberados, e **❺** a enzima é recuperada inalterada. No exemplo apresentado, a transformação em produtos envolve a quebra do substrato em dois produtos. Outras transformações, no entanto, podem ocorrer. **(b)** À esquerda: um modelo molecular da enzima mostrada na etapa **❶** da parte (a). O sítio ativo da enzima pode ser visto aqui como uma ranhura na superfície da proteína. À direita: como a enzima e o substrato encontram-se na etapa **❷** da parte (a), a enzima altera ligeiramente a sua forma para se ajustar mais firmemente ao substrato.

P Dê um exemplo de especificidade enzimática.

A enzima, portanto, acelera a reação, aumentando o número de moléculas AB que atingem a energia de ativação necessária para que haja uma reação. A sequência geral de eventos que ocorrem em uma atividade enzimática é descrita a seguir (**Figura 5.3a**).

❶ A superfície do substrato entra em contato com uma região específica da superfície da molécula enzimática: o *sítio ativo*.

❷ Forma-se um composto intermediário temporário, chamado de **complexo enzima-substrato**. A enzima orienta o substrato rumo a uma posição que aumenta a probabilidade de ocorrência de uma reação, o que permite que as colisões sejam mais efetivas.

❸ A molécula de substrato é transformada pelo rearranjo dos átomos existentes, pela quebra da molécula de substrato ou pela combinação com outra molécula de substrato.

❹ As moléculas de substrato transformadas – os produtos da reação – são liberadas da molécula enzimática porque elas não se encaixam mais no sítio ativo da enzima.

❺ A enzima inalterada encontra-se agora livre para reagir com outras moléculas de substrato.

A capacidade de uma enzima de acelerar uma reação sem a necessidade de um aumento de temperatura é crucial para os sistemas vivos, uma vez que um aumento significativo de temperatura poderia destruir as proteínas celulares. A função crucial das enzimas, portanto, é acelerar as reações bioquímicas em uma temperatura que seja compatível com o funcionamento normal da célula.

Especificidade e eficiência enzimáticas

As enzimas apresentam especificidade por determinados substratos. Por exemplo, uma determinada enzima pode ser capaz de hidrolisar uma ligação peptídica apenas entre dois aminoácidos específicos. Outras enzimas podem hidrolisar amido, mas não celulose; apesar de o amido e a celulose serem polissacarídeos compostos de subunidades de glicose, as orientações das subunidades nos dois polissacarídeos diferem. Todas as milhares de enzimas conhecidas apresentam essa especificidade, isso porque o encaixe da forma tridimensional dos aminoácidos específicos do sítio ativo ao substrato ocorre de uma maneira similar ao encaixe entre uma chave e uma fechadura (Figura 5.3b). A configuração única de cada enzima permite que ela "encontre" o substrato correto entre as diversas moléculas de uma célula. Contudo, o sítio ativo e o substrato são flexíveis, e eles modificam um pouco a sua forma quando se encontram para obter um encaixe mais firme. O substrato é, em geral, bem menor que a enzima, e relativamente poucos aminoácidos da enzima participam do sítio ativo. Certo composto pode ser o substrato de muitas enzimas diferentes que catalisam reações distintas, assim o destino de um composto depende da enzima que atua nele. Ao menos quatro enzimas diferentes podem atuar na glicose-6-fosfato, uma molécula importante no metabolismo celular, e cada reação produz um produto diferente.

As enzimas são extremamente eficientes. Em condições ideais, elas podem catalisar reações em taxas 10^8 a 10^{10} vezes (até 10 bilhões de vezes) superiores às de reações comparáveis sem enzimas. Em geral, o **número de** *turnover* (número máximo de moléculas de substrato que uma molécula de enzima converte em produto a cada segundo) está entre 1 e 10.000, podendo chegar a 500.000. Por exemplo, a enzima DNA-polimerase I, que participa da síntese de DNA, tem um número de *turnover* de 15, ao passo que a enzima lactato-desidrogenase, que remove átomos de hidrogênio do ácido láctico, tem um número de *turnover* de 1.000.

Muitas enzimas existem na célula nas formas ativa e inativa. A velocidade com que as enzimas trocam de uma forma para outra é determinada pelo ambiente celular.

Nomenclatura das enzimas

Os nomes das enzimas normalmente terminam em *ase*. Todas as enzimas podem ser agrupadas em seis classes, de acordo com o tipo de reação química que catalisam (Tabela 5.1). As enzimas dentro de cada uma das principais classes são denominadas de acordo com os mais específicos tipos de reações que elas auxiliam. Por exemplo, a classe das *oxidorredutases* está envolvida nas reações de oxidação-redução (descritas em breve). As enzimas classificadas no grupo das oxidorredutases

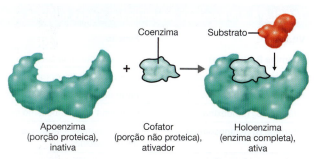

Figura 5.4 Componentes de uma holoenzima. Muitas enzimas requerem tanto uma apoenzima (porção proteica) como um cofator (porção não proteica) para se tornarem ativas. O cofator pode ser um íon metálico ou, se for uma molécula orgânica, uma coenzima (como mostrado aqui). A apoenzima e o cofator juntos formam a holoenzima, ou enzima completa. O substrato é o reagente em que a enzima atua.

P Como o complexo enzima-substrato diminui a energia de ativação de uma reação?

que removem hidrogênio (H) a partir de um substrato são chamadas *desidrogenases*; aquelas que adicionam elétrons ao oxigênio molecular (O_2) são chamadas *oxidases*. Como veremos adiante, as enzimas desidrogenase e oxidase têm nomes ainda mais específicos, como lactato-desidrogenase e citocromo-oxidase, dependendo dos substratos específicos em que elas atuam.

Componentes das enzimas

Embora algumas enzimas consistam inteiramente em proteínas, a maioria apresenta tanto uma porção proteica, a **apoenzima**, como um componente não proteico, o **cofator**. Íons de ferro, zinco, magnésio ou cálcio são exemplos de cofatores. Se o cofator for uma molécula orgânica, ele é uma **coenzima**. As apoenzimas são inativas sozinhas e devem ser ativadas por cofatores. Em conjunto, a apoenzima e o cofator formam uma **holoenzima**, ou uma enzima ativa completa (**Figura 5.4**). Se o cofator for removido, a apoenzima não funcionará.

TABELA 5.1 Classificação das enzimas com base no tipo de reação química catalisada		
Classe	**Tipo de reação química catalisada**	**Exemplos**
Oxidorredutase	Oxidação-redução, na qual oxigênio e hidrogênio são adquiridos ou perdidos	Citocromo-oxidase, lactato-desidrogenase
Transferase	Transferência de grupos funcionais, como um grupo amino, grupo acetila ou grupo fosfato	Acetato-cinase, alanina-desaminase
Hidrolase	Hidrólise (adição de água)	Lipase, sacarase
Liase	Remoção de grupos de átomos sem hidrólise	Oxalato-descarboxilase, isocitrato-liase
Isomerase	Rearranjo de átomos dentro de uma molécula	Glicose-fosfato-isomerase, alanina-racemase
Ligase	União de duas moléculas (utilizando a energia geralmente derivada da quebra do ATP)	Acetil-CoA-sintase, DNA-ligase

TABELA 5.2 Vitaminas selecionadas e suas funções como coenzimas	
Vitamina	**Função**
Vitamina B₁ (tiamina)	Parte da coenzima cocarboxilase; tem muitas funções, incluindo o metabolismo do ácido pirúvico
Vitamina B₂ (riboflavina)	Coenzima nas flavoproteínas; atua na transferência de elétrons
Niacina (ácido nicotínico, B₃)	Parte da molécula de NAD;* atua na transferência de elétrons
Vitamina B₆ (piridoxina)	Coenzima no metabolismo de aminoácidos
Vitamina B₁₂ (cianocobalamina)	Coenzima (metil-cianocobalamida) envolvida na transferência de grupos metila; atua no metabolismo de aminoácidos
Ácido pantotênico (B₅)	Parte da molécula da coenzima A; envolvida no metabolismo do ácido pirúvico e dos lipídeos
Biotina (B₇)	Envolvida nas reações de fixação do dióxido de carbono e na síntese de ácidos graxos
Ácido fólico (B₉)	Coenzima utilizada na síntese de purinas e pirimidinas
Vitamina E	Necessária para a síntese celular e macromolecular
Vitamina K	Coenzima utilizada no transporte de elétrons

*NAD = nicotinamida-adenina-dinucleotídeo.

Os cofatores podem auxiliar na catálise de uma reação formando uma ponte entre a enzima e seu substrato. Por exemplo, o magnésio (Mg^{2+}) é requerido por muitas enzimas fosforilativas (enzimas que transferem um grupo fosfato do ATP para outro substrato). O Mg^{2+} pode formar uma ligação entre a enzima e a molécula de ATP. A maior parte dos elementos-traço necessários às células vivas provavelmente é utilizada dessa maneira para ativar as enzimas celulares.

As coenzimas podem auxiliar a enzima aceitando átomos removidos do substrato ou doando átomos requeridos pelo substrato. Algumas coenzimas atuam como carreadores de elétrons, removendo-os do substrato e doando-os para outras moléculas em reações subsequentes. Muitas coenzimas são derivadas de vitaminas (**Tabela 5.2**). Duas das coenzimas mais importantes no metabolismo celular são a **nicotinamida-adenina-dinucleotídeo (NAD^+)** e a **nicotinamida-adenina-dinucleotídeo-fosfato ($NADP^+$)**. Ambos os compostos contêm derivados da vitamina B niacina (ácido nicotínico), e ambos funcionam como carreadores de elétrons. Enquanto NAD^+ está principalmente envolvida em reações catabólicas (que produzem energia), $NADP^+$ está fundamentalmente envolvida em reações anabólicas (que requerem energia). As coenzimas flavinas, como a **flavina-mononucleotídeo (FMN)** e a **flavina-adenina-dinucleotídeo (FAD)**, contêm derivados da vitamina B riboflavina e também são carreadoras de elétrons. Outra coenzima importante, a **coenzima A (CoA)**, contém um derivado do ácido pantotênico, outra vitamina B. Essa coenzima desempenha um papel importante na síntese e na degradação das gorduras e em uma série de reações de oxidação conhecida como ciclo de Krebs. Veremos todas essas coenzimas em nossa discussão sobre metabolismo mais adiante neste capítulo.

Fatores que influenciam a atividade enzimática

As enzimas estão sujeitas a diversos controles celulares. Os dois tipos principais são o controle da *síntese* enzimática (ver Capítulo 8) e o controle da *atividade* enzimática (quanto da enzima está presente *versus* o quão ativa ela é).

Muitos fatores influenciam a atividade de uma enzima. Entre os mais importantes estão a temperatura, o pH, a concentração do substrato e a presença ou a ausência de inibidores.

Temperatura

A velocidade da maioria das reações químicas aumenta com o aumento da temperatura. As moléculas se movem mais lentamente em baixas temperaturas do que em altas temperaturas, e, assim, talvez não tenham energia suficiente para causar uma reação química. Nas reações enzimáticas, contudo, uma elevação acima de certa temperatura (a temperatura ótima) reduz significativamente a velocidade da reação (**Figura 5.5a**). A temperatura ótima para a maioria das bactérias que produzem doenças no corpo humano é entre 35 e 40 °C. A velocidade da reação declina acima da temperatura ótima devido à **desnaturação** enzimática, a perda de sua estrutura tridimensional característica (configuração terciária) (**Figura 5.6**). A desnaturação de uma proteína envolve a quebra das ligações de hidrogênio e de outras ligações não covalentes; um exemplo comum é a transformação da clara de ovo crua (uma proteína chamada de albumina) a um estado mais endurecido pela ação do calor.

A desnaturação de uma enzima modifica o arranjo dos aminoácidos no sítio ativo, alterando sua forma e causando a perda da atividade catalítica da enzima. Em alguns casos, a desnaturação é parcial ou totalmente reversível. Contudo, se a desnaturação ocorrer até a enzima perder sua solubilidade e coagular, a enzima não poderá recuperar suas propriedades originais. As enzimas também podem ser desnaturadas pela concentração de ácidos, bases, íons de metais pesados (como chumbo, arsênico ou mercúrio), álcool e radiação ultravioleta.

pH

Em geral, as enzimas têm um pH ideal no qual elas são mais ativas. Acima ou abaixo desse valor de pH, a atividade enzimática

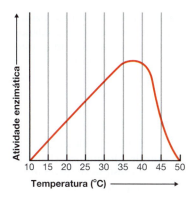

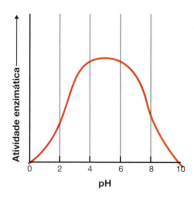

(a) Temperatura. A atividade enzimática (velocidade de uma reação catalisada por uma enzima) aumenta juntamente com a elevação da temperatura até o momento em que a enzima, uma proteína, é desnaturada pelo calor e inativada. Nesse ponto, a velocidade da reação caiu abruptamente.

(b) pH. A enzima ilustrada é mais ativa em torno do pH 5,0.

(c) Concentração de substrato. Com o aumento da concentração das moléculas de substrato, a velocidade da reação aumenta até que os sítios ativos de todas as moléculas enzimáticas estejam preenchidos. Nesse ponto a velocidade máxima da reação é atingida.

Figura 5.5 Fatores que influenciam a atividade enzimática, determinados para uma enzima hipotética.

P Como essa enzima agiria a 25 °C? E a 45 °C? E em pH 7?

e, portanto, a velocidade da reação, diminuem (Figura 5.5b). Quando a concentração de H^+ (pH) do meio é significativamente modificada, a estrutura tridimensional da proteína é alterada. Mudanças extremas no pH podem causar desnaturação. Ácidos (e bases) alteram a estrutura tridimensional da proteína, pois o H^+ (e o OH^-) compete com o hidrogênio e as ligações iônicas presentes em uma enzima, resultando na desnaturação da enzima.

Concentração do substrato

Sob condições de concentração elevada de substratos, diz-se que uma enzima está em **saturação**; isto é, o seu sítio ativo está sempre ocupado pelo substrato ou por moléculas de produto, e a enzima está catalisando uma reação específica em sua velocidade máxima. Essa velocidade máxima só pode ser alcançada quando a concentração de substrato(s) for extremamente alta. Nessa condição, um aumento adicional na

concentração do substrato não afetará a velocidade da reação, uma vez que todos os sítios ativos já estão ocupados (Figura 5.5c). Sob condições celulares normais, as enzimas não estão saturadas com substrato(s). Em um determinado momento, muitas das moléculas de enzima se encontram inativas pela falta de substrato; portanto, a velocidade da reação poderá ser influenciada pela concentração do substrato.

Inibidores

Uma maneira efetiva de controlar o crescimento bacteriano consiste em controlar ou inibir suas enzimas. Determinados venenos, como o cianeto, o arsênico e o mercúrio, associam-se a enzimas e impedem o funcionamento da bactéria. Consequentemente, as células param de funcionar e morrem.

Os inibidores enzimáticos são classificados como inibidores competitivos ou não competitivos (**Figura 5.7**). Os **inibidores competitivos** ocupam o sítio ativo de uma enzima e competem com o substrato normal pelo sítio ativo. Um inibidor competitivo pode fazer isso porque sua forma e estrutura químicas são similares àquelas do substrato normal (Figura 5.7b). Contudo, ao contrário do substrato, ele não passa por uma reação para formar produtos. Alguns inibidores competitivos se ligam irreversivelmente aos aminoácidos do sítio ativo, impedindo interações adicionais com o substrato. Outros se ligam de forma reversível, ocupando e deixando o sítio ativo alternadamente; isso reduz a interação da enzima com o substrato. Aumentar a concentração do substrato pode superar a inibição competitiva reversível. Conforme os sítios ativos ficam disponíveis, mais moléculas de substrato do que moléculas de inibidores competitivos estão disponíveis para se ligarem aos sítios ativos das enzimas.

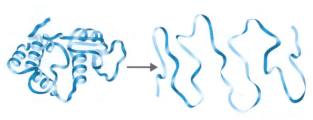

Proteína ativa (funcional)   Proteína desnaturada

Figura 5.6 Desnaturação de uma proteína. A quebra de ligações não covalentes (como as ligações de hidrogênio) que mantêm a proteína ativa na sua configuração tridimensional torna a proteína desnaturada não funcional.

P Quando a desnaturação é irreversível?

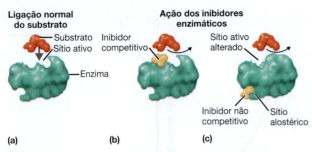

Ligação normal do substrato

Substrato
Sítio ativo
Enzima

Ação dos inibidores enzimáticos

Inibidor competitivo
Sítio ativo alterado
Inibidor não competitivo
Sítio alostérico

(a)   (b)   (c)

Figura 5.7 Inibidores enzimáticos. (a) Uma enzima não inibida e seu substrato normal. **(b)** Um inibidor competitivo. **(c)** Um tipo de inibidor não competitivo causando inibição alostérica.

P **Como os inibidores competitivos atuam em comparação aos inibidores não competitivos?**

Um bom exemplo de inibidor competitivo é a sulfanilamida (um potente fármaco antibacteriano), que inibe a enzima cujo substrato normal é o ácido *para*-aminobenzoico (PABA):

Sulfanilamida   PABA

O PABA é um nutriente essencial utilizado por muitas bactérias na síntese do ácido fólico, vitamina que funciona como coenzima. Quando a sulfanilamida é administrada às bactérias, a enzima que normalmente converte PABA em ácido fólico se combina com a sulfanilamida. O ácido fólico não é sintetizado, e as bactérias não podem crescer. Como as células humanas não utilizam PABA para produzir seu ácido fólico, a sulfanilamida mata as bactérias sem prejudicar as células humanas.

Os **inibidores não competitivos** não competem com o substrato pelo sítio ativo da enzima; em vez disso, interagem com outra porção da enzima (Figura 5.7c). Nesse processo, conhecido como **inibição alostérica** ("outro espaço"), o inibidor liga-se a um sítio na enzima diferente do sítio de ligação ao substrato, ou **sítio alostérico**. Essa ligação causa uma modificação da conformação do sítio ativo, tornando-o não funcional. Consequentemente, a atividade enzimática é reduzida. Esse efeito pode ser reversível ou irreversível, conforme o sítio ativo possa ou não retornar à sua forma original. Em alguns casos, as interações alostéricas podem ativar uma enzima, em vez de inibi-la. Outro tipo de inibição não competitiva atua nas enzimas que necessitam de íons metálicos para a sua atividade. Certas substâncias químicas podem ligar ou envolver os íons

metálicos ativadores e, portanto, impedir a reação enzimática. O cianeto pode se ligar ao ferro nas enzimas contendo ferro, e o fluoreto pode ligar-se ao cálcio ou ao magnésio. Substâncias como o cianeto e o fluoreto são muitas vezes denominadas *venenos enzimáticos* porque inativam permanentemente as enzimas.

Inibição por retroalimentação

Inibidores não competitivos, ou alostéricos, desempenham um papel em um tipo de controle bioquímico chamado **inibição por retroalimentação** ou **inibição do produto final**. Esse mecanismo de controle impede que a célula gaste recursos químicos para produzir mais substâncias do que o necessário. Em algumas reações metabólicas, várias etapas são requeridas para a síntese de um composto químico específico, o chamado **produto final**. Esse processo é similar a uma linha de montagem, e cada etapa é catalisada por uma enzima diferente (**Figura 5.8**). Em muitas vias metabólicas, o produto final pode inibir alostericamente a atividade de uma das enzimas que atuam precocemente na via.

A inibição por retroalimentação geralmente atua na primeira enzima de uma via metabólica (de forma semelhante a paralisar as operações em uma linha de montagem ao impedir o trabalho do primeiro operário da linha). Como a enzima é inibida, o produto da primeira reação enzimática na via não é sintetizado. Já que esse produto não sintetizado seria normalmente o substrato da segunda enzima na via, a reação também para imediatamente. Assim, mesmo que apenas a primeira enzima da via seja inibida, a via inteira é interrompida, e nenhum produto final novo é formado. Ao inibir a primeira enzima na via, a célula também deixa de acumular intermediários metabólicos. Conforme a célula utiliza o produto final existente, o sítio alostérico da primeira enzima permanece desacoplado por mais tempo, e a via retoma a sua atividade.

A bactéria *Escherichia coli* pode ser utilizada para demonstrar a inibição por retroalimentação na síntese do aminoácido isoleucina, que é necessário para o crescimento celular. Nessa via metabólica, o aminoácido treonina é enzimaticamente convertido em isoleucina em cinco etapas. Se a isoleucina for adicionada ao meio de crescimento para *E. coli*, ela inibe a primeira enzima da via, e a bactéria interrompe a síntese de isoleucina. Essa condição é mantida até que o fornecimento de isoleucina seja esgotado. Esse tipo de inibição por retroalimentação também está envolvido na regulação da produção celular de outros aminoácidos, assim como de vitaminas, purinas e pirimidinas.

Ribozimas

Antes de 1982, acreditava-se que somente as moléculas de proteínas tinham atividade enzimática. Posteriormente, pesquisadores estudando microrganismos descobriram um tipo específico de RNA, chamado de **ribozima**. Como as enzimas proteicas, as ribozimas funcionam como catalisadores, têm sítios ativos que se ligam ao substrato e não são consumidas

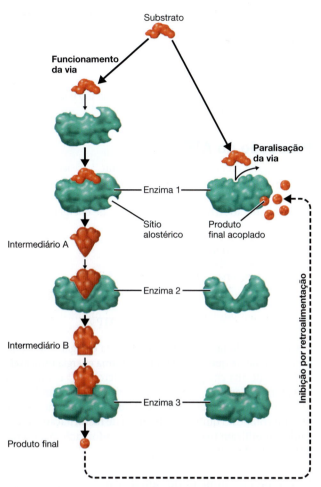

Substrato

Funcionamento
da via

Paralisação
da via

Enzima 1

Sítio
alostérico

Produto
final acoplado

Intermediário A

Enzima 2

Intermediário B

Enzima 3

Produto final

Inibição por retroalimentação

Figura 5.8 Inibição por retroalimentação.

P Explique as diferenças entre inibição competitiva e inibição
por retroalimentação.

na reação química. As ribozimas cortam o RNA, unem as peças remanescentes e estão envolvidas na síntese de proteínas
nos ribossomos.

TESTE SEU CONHECIMENTO

✔ **5-3** O que é uma coenzima?

✔ **5-4** Por que a especificidade enzimática é
importante?

✔ **5-5** O que ocorre com uma enzima abaixo de sua
temperatura ideal? E acima da temperatura ideal?

✔ **5-6** Por que a inibição por retroalimentação é uma
inibição não competitiva?

✔ **5-7** O que é uma ribozima?

Produção de energia

OBJETIVOS DE APRENDIZAGEM

5-8 Explicar o termo *oxidação-redução*.

5-9 Listar os três tipos de reações de fosforilação que geram
ATP e fornecer exemplos.

5-10 Explicar o funcionamento geral das vias metabólicas.

As moléculas de nutrientes, como todas as moléculas, têm
energia associada aos elétrons que formam as ligações entre
seus átomos. Quando distribuída por toda a molécula, essa
energia é difícil de ser utilizada pela célula. Contudo, várias
reações nas vias catabólicas concentram a energia dentro das
ligações do ATP, que serve como um transportador conveniente de energia. Em geral, diz-se que o ATP estabelece ligações de "alta energia". Na verdade, um termo melhor seria
provavelmente *ligações instáveis*, pois a quantidade de energia
nessas ligações não é excepcionalmente elevada, mas pode ser
liberada de modo rápido e fácil. De certa forma, o ATP é similar a um líquido altamente inflamável, como o querosene.
Embora uma grande tora de madeira sendo queimada possa
produzir mais calor do que um copo de querosene, o querosene se inflama mais facilmente e fornece calor mais rápido e
com maior facilidade. De forma similar, as ligações instáveis
de "alta energia" do ATP suprem a célula com uma energia
prontamente disponível para reações anabólicas.

Antes de discutir as vias catabólicas, consideraremos dois
aspectos gerais da produção de energia: o conceito de oxidação-redução e os mecanismos de geração do ATP.

Reações de oxidação-redução

A **oxidação** consiste na remoção de elétrons (e^-) de um átomo
ou molécula, uma reação que frequentemente produz energia.
A **Figura 5.9** mostra um exemplo de uma oxidação na qual a
molécula A perde um elétron para a molécula B. A molécula A
sofreu oxidação (perdeu um ou mais elétrons), ao passo que
a molécula B sofreu **redução** (ganhou um ou mais elétrons).*
As reações de oxidação e redução estão sempre acopladas:
cada vez que uma substância é oxidada, outra é reduzida simultaneamente. O pareamento dessas reações é chamado de
oxidação-redução ou **reação redox**.

Em muitas oxidações celulares, elétrons e prótons (íons
hidrogênio, H^+) são removidos ao mesmo tempo; isso é equivalente à remoção de átomos de hidrogênio, pois um átomo

---

*Os termos não parecem lógicos até que se considere a história da descober-
ta dessas reações. Quando o mercúrio é aquecido, ele aumenta de peso à medida que óxido mercúrico é formado, processo que foi denominado *oxidação*.
Posteriormente, foi determinado que o mercúrio, na verdade, estava *perdendo*
elétrons, e que o *ganho* de oxigênio era resultado direto disso. A oxidação, portanto, é uma *perda* de elétrons, e a redução é um *ganho* de elétrons; entretanto,
o ganho e a perda de elétrons normalmente não são aparentes da forma que
as equações das reações químicas descrevem. Por exemplo, nas equações deste
capítulo para a respiração aeróbica, observe que cada carbono na glicose tem
originalmente apenas um oxigênio, e, após, da mesma forma que o dióxido
de carbono, cada carbono apresenta dois oxigênios. No entanto, o ganho ou a
perda de elétrons nas equações não são aparentes.

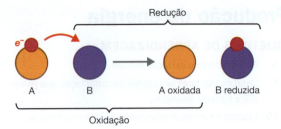

Figura 5.9 Oxidação-redução. Um elétron é transferido da molécula A para a molécula B. No processo, a molécula A é oxidada, e a molécula B é reduzida.

P Quais são as diferenças entre oxidação e redução?

de hidrogênio é composto de um próton e um elétron (ver Tabela 2.2). Já que a maioria das oxidações biológicas envolve a perda de átomos de hidrogênio, elas também são chamadas de reações de **desidrogenação**. A **Figura 5.10** mostra um exemplo de oxidação biológica. Uma molécula orgânica é oxidada pela perda de dois átomos de hidrogênio e uma molécula de NAD$^+$ é reduzida. Lembre-se da nossa discussão anterior sobre coenzimas, de que o NAD$^+$ auxilia as enzimas pela absorção de átomos de hidrogênio que foram removidos de um substrato, nesse caso a molécula orgânica. Como mostrado na Figura 5.10, o NAD$^+$ aceita dois elétrons e um próton. Um próton (H$^+$) fica residual e é liberado no meio circundante. A coenzima reduzida, NADH, contém mais energia do que o NAD$^+$. Essa energia pode ser utilizada para gerar ATP em reações posteriores.

É importante lembrar que as células utilizam as reações de oxidação-redução biológicas no catabolismo para extrair energia das moléculas de nutrientes. As células capturam nutrientes, alguns dos quais servem como fontes de energia, e os degradam de compostos altamente reduzidos (com muitos átomos de hidrogênio) a compostos altamente oxidados. Por exemplo, quando uma célula oxida uma molécula de glicose ($C_6H_{12}O_6$) a CO_2 e H_2O, a energia contida na molécula de glicose é removida por etapas, sendo ao final captada pelo ATP, que pode, então, servir como fonte de energia para as reações que requerem energia. Compostos como a glicose, que têm muitos átomos de hidrogênio, são compostos altamente reduzidos, contendo uma grande quantidade de energia potencial. Portanto, a glicose é um nutriente valioso para os organismos.

TESTE SEU CONHECIMENTO

✔ **5-8** Por que a glicose é uma molécula tão importante para os organismos?

Produção de ATP

Grande parte da energia liberada durante as reações de oxidação-redução é armazenada dentro da célula pela formação de ATP. Especificamente, um grupo fosfato inorgânico, P_i, é adicionado ao ADP com uma entrada de energia para formar ATP:

$$\overbrace{\text{Adenosina} - \text{P} \sim \text{P}}^{\text{ADP}} + \text{Energia} + \text{P}_i \longrightarrow$$
$$\underbrace{\text{Adenosina} - \text{P} \sim \text{P} \sim \text{P}}_{\text{ATP}}$$

O símbolo ~ designa uma ligação de "alta energia" que pode ser prontamente quebrada para liberar uma energia utilizável. A ligação de alta energia que acopla o terceiro **P** contém, de certa forma, a energia armazenada nessa reação. Quando esse **P** é removido, a energia utilizável é liberada. A adição de um **P** a um composto químico é chamada de **fosforilação**. Os organismos utilizam três mecanismos de fosforilação para gerar ATP a partir de ADP.

Fosforilação em nível de substrato

Na **fosforilação em nível de substrato**, o ATP é normalmente gerado quando um **P** de alta energia é diretamente transferido de um composto fosforilado (um substrato) ao ADP. Geralmente, esse **P** adquiriu sua energia durante uma reação anterior, na qual o próprio substrato foi oxidado. O exemplo seguinte mostra somente o esqueleto de carbono e o **P** de um substrato típico:

$$C-C-C \sim \text{P} + ADP \longrightarrow C-C-C + ATP$$

Figura 5.10 Oxidação biológica representativa.
Dois elétrons e dois prótons (que juntos equivalem a dois átomos de hidrogênio) são transferidos de uma molécula de substrato orgânico para uma coenzima, NAD$^+$. O NAD$^+$, na verdade, recebe um átomo de hidrogênio e dois elétrons, e um próton é liberado no meio. NAD$^+$ é reduzido a NADH, molécula mais rica em energia.

P Como os organismos utilizam as reações de oxidação-redução?

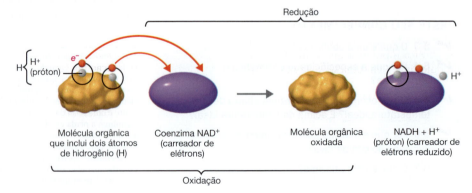

Fosforilação oxidativa

Na **fosforilação oxidativa**, os elétrons são transferidos de compostos orgânicos para um grupo de carreadores de elétrons (normalmente NAD^+ e FAD). Os elétrons são, então, transferidos ao longo de uma série de carreadores diferentes às moléculas de oxigênio (O_2) ou a outras moléculas inorgânicas ou orgânicas oxidadas. Esse processo ocorre na membrana plasmática dos procariotos e na membrana mitocondrial interna dos eucariotos. A sequência de carreadores de elétrons utilizada na fosforilação oxidativa é chamada **cadeia (sistema) de transporte de elétrons** (ver Figura 5.14). A transferência de elétrons de um carreador de elétrons para o próximo libera energia, sendo parte dela utilizada para gerar ATP a partir de ADP, em um processo chamado de **quimiosmose**, que será descrito em breve.

Fotofosforilação

O terceiro mecanismo de fosforilação, a **fotofosforilação**, ocorre somente nas células fotossintéticas, que contêm pigmentos que absorvem a luz como as clorofilas. Na fotossíntese, moléculas orgânicas, sobretudo açúcares, são sintetizadas com a energia da luz a partir de dióxido de carbono e água, que são blocos de construção de baixa energia. A fotofosforilação inicia esse processo pela conversão da energia luminosa em energia química na forma de ATP e NADPH, que, por sua vez, são utilizados para sintetizar moléculas orgânicas. Como na fosforilação oxidativa, uma cadeia de transporte de elétrons está envolvida.

TESTE SEU CONHECIMENTO

✔ **5-9** Esquematize as três formas pelas quais o ATP é gerado.

Vias metabólicas de produção de energia

Os organismos liberam e armazenam energia a partir de moléculas orgânicas por meio de uma série de reações controladas, em vez de em um único evento. Se a energia fosse liberada toda de uma vez na forma de uma grande quantidade de calor, ela não poderia ser utilizada prontamente para impulsionar as reações químicas e poderia até mesmo danificar a célula. Para extrair energia dos compostos orgânicos e armazená-la em uma forma química, os organismos passam os elétrons de um composto para outro por meio de uma série de reações de oxidação-redução.

Como observado anteriormente, a sequência de reações químicas catalisadas por enzimas ocorrendo em uma célula é chamada de via metabólica. A seguir, é apresentada uma via metabólica hipotética que converte o material inicial A no produto final E em uma série de cinco etapas.

1. A molécula A converte-se em molécula B. A seta curvada indica que a redução da coenzima NAD^+ a NADH está acoplada à reação; os elétrons e os prótons são oriundos da molécula A.

2. De modo semelhante, a seta mostra um acoplamento de duas reações. À medida que B é convertido em C, ADP é convertido em ATP; a energia necessária é obtida de B, à medida que ela se transforma em C.

3. A reação de conversão de C a D é prontamente reversível, como indicado pela seta dupla.

4. A seta partindo do O_2 indica que o O_2 é um reagente. A seta apontando para o CO_2 e a H_2O indica que essas substâncias são produtos secundários produzidos nessa reação, além de E, o produto final que (provavelmente) é de maior interesse.

Os produtos secundários, como o CO_2 e a H_2O, são, muitas vezes, chamados *subprodutos* ou *produtos residuais*.

Tenha em mente que quase todas as reações em uma via metabólica são catalisadas por uma enzima específica; algumas vezes, o nome da enzima estará escrito perto da seta.

TESTE SEU CONHECIMENTO

✔ **5-10** Qual é a finalidade das vias metabólicas?

Catabolismo de carboidratos

OBJETIVOS DE APRENDIZAGEM

5-11 Descrever as reações químicas da glicólise.

5-12 Identificar as funções das vias das pentoses-fosfato e de Entner-Doudoroff.

5-13 Explicar os produtos do ciclo de Krebs.

5-14 Descrever o mecanismo quimiosmótico de geração de ATP.

5-15 Comparar e diferenciar respiração aeróbica e anaeróbica.

5-16 Descrever as reações químicas da fermentação e citar alguns dos seus produtos.

A maioria dos microrganismos oxida carboidratos como sua fonte primária de energia celular. O **catabolismo de carboidratos** – a quebra das moléculas de carboidrato para produzir energia – é portanto de grande importância para o metabolismo celular. A glicose é o carboidrato fornecedor de energia mais comum utilizado pelas células. Os microrganismos também podem catabolizar vários lipídeos e proteínas para a produção de energia.

Para a produção de energia a partir da glicose, os microrganismos utilizam dois processos gerais: a *respiração celular* e a *fermentação*. (Ao discutir respiração celular, frequentemente nos referimos ao processo como respiração, mas ele não deve ser confundido com a respiração pulmonar.) Tanto a respiração celular quanto a fermentação normalmente se iniciam com a mesma primeira etapa, a glicólise, porém seguem outras vias subsequentes (**Figura 5.11**). Antes de examinarmos os detalhes da glicólise, da respiração e da fermentação, primeiro veremos um resumo dos processos.

Visão geral da respiração e da fermentação*

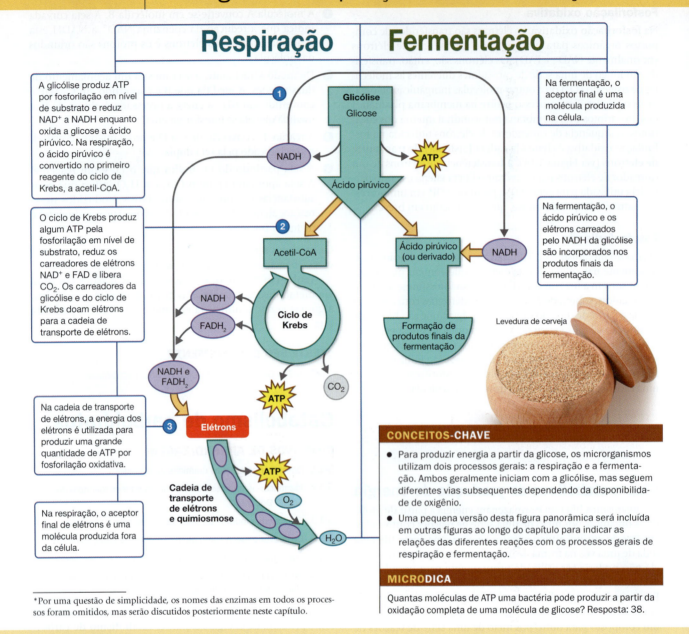

Respiração

A glicólise produz ATP por fosforilação em nível de substrato e reduz NAD^+ a NADH enquanto oxida a glicose a ácido pirúvico. Na respiração, o ácido pirúvico é convertido no primeiro reagente do ciclo de Krebs, a acetil-CoA.

O ciclo de Krebs produz algum ATP pela fosforilação em nível de substrato, reduz os carreadores de elétrons NAD^+ e FAD e libera CO_2. Os carreadores da glicólise e do ciclo de Krebs doam elétrons para a cadeia de transporte de elétrons.

Na cadeia de transporte de elétrons, a energia dos elétrons é utilizada para produzir uma grande quantidade de ATP por fosforilação oxidativa.

Na respiração, o aceptor final de elétrons é uma molécula produzida fora da célula.

Glicólise — Glicose

NADH — ATP

Ácido pirúvico

Acetil-CoA

NADH

FADH$_2$

Ciclo de Krebs

NADH e FADH$_2$

ATP

CO_2

Elétrons

ATP

Cadeia de transporte de elétrons e quimiosmose

O_2

H_2O

Fermentação

Na fermentação, o aceptor final é uma molécula produzida na célula.

Na fermentação, o ácido pirúvico e os elétrons carreados pelo NADH da glicólise são incorporados nos produtos finais da fermentação.

Ácido pirúvico (ou derivado) — NADH

Formação de produtos finais da fermentação

Levedura de cerveja

CONCEITOS-CHAVE

- Para produzir energia a partir da glicose, os microrganismos utilizam dois processos gerais: a respiração e a fermentação. Ambos geralmente iniciam com a glicólise, mas seguem diferentes vias subsequentes dependendo da disponibilidade de oxigênio.

- Uma pequena versão desta figura panorâmica será incluída em outras figuras ao longo do capítulo para indicar as relações das diferentes reações com os processos gerais de respiração e fermentação.

MICRODICA

Quantas moléculas de ATP uma bactéria pode produzir a partir da oxidação completa de uma molécula de glicose? Resposta: 38.

*Por uma questão de simplicidade, os nomes das enzimas em todos os processos foram omitidos, mas serão discutidos posteriormente neste capítulo.

Conforme mostrado na Figura 5.11, a respiração da glicose costuma ocorrer em três etapas principais: a glicólise, o ciclo de Krebs e a cadeia (sistema) de transporte de elétrons.

1. A glicólise é a oxidação da glicose em ácido pirúvico com a produção de algum ATP e NADH contendo energia.

2. O ciclo de Krebs é a oxidação da acetil-CoA (um derivado do ácido pirúvico) em dióxido de carbono, com a produção de algum ATP, NADH contendo energia e um outro carreador de elétron reduzido, FADH$_2$ (a forma reduzida da flavina-adenina-dinucleotídeo).

3. Na cadeia (sistema) de transporte de elétrons, NADH e FADH$_2$ são oxidados, cedendo os elétrons que eles transportam oriundos dos substratos para uma "cascata" de reações de oxidação-redução envolvendo uma série de carreadores de elétrons adicionais. A energia dessas reações é utilizada para gerar uma quantidade considerável de ATP.

Na respiração, a maior parte do ATP é gerada por essa terceira etapa.

Como a respiração envolve uma longa série de reações de oxidação-redução, pode-se considerar que o processo inteiro envolve um fluxo de elétrons a partir da molécula de glicose de alta energia para as moléculas de CO_2 e H_2O de relativamente baixa energia. O acoplamento da produção de ATP a esse fluxo é um tanto análogo à produção de força elétrica utilizando a energia transmitida pelo fluxo de um córrego. Mantendo a analogia, podemos imaginar a glicólise e o ciclo de Krebs como um córrego fluindo em um declive suave, fornecendo energia para girar duas rodas d'água antigas. Em seguida, na cadeia de transporte de elétrons, o córrego, ao descer por um forte declive, forneceria energia para abastecer uma usina hidrelétrica moderna. Da mesma forma, a glicólise e o ciclo de Krebs geram pequenas quantidades de ATP, e também fornecem os elétrons que gerarão uma grande quantia de ATP no estágio da cadeia de transporte de elétrons.

Normalmente, a etapa inicial da fermentação também é a glicólise (Figura 5.11). Contudo, uma vez que a glicólise ocorre, o ácido pirúvico é convertido em um ou mais produtos, dependendo do tipo de célula. Esses produtos podem incluir o álcool (etanol) e o ácido láctico. Diferentemente da respiração, não há ciclo de Krebs ou cadeia de transporte de elétrons na fermentação. Consequentemente, o rendimento de ATP, que advém somente da glicólise, é bem mais baixo.

Glicólise

A **glicólise**, a oxidação da glicose em ácido pirúvico, normalmente é o primeiro estágio do catabolismo de carboidratos. A maioria dos microrganismos utiliza essa via, sendo, portanto, presente na maior parte das células vivas.

A glicólise também é chamada de *via de Embden-Meyerhoff*. A palavra *glicólise* significa quebra do açúcar, e é exatamente isso o que acontece. As enzimas da glicólise catalisam a quebra da glicose, um açúcar de seis carbonos, em dois açúcares de três carbonos. Esses açúcares são, então, oxidados, liberando energia, e seus átomos sofrem um rearranjo para formar duas moléculas de ácido pirúvico. Durante a glicólise, NAD^+ é reduzida a NADH, e há uma produção líquida de duas moléculas de ATP por fosforilação a nível de substrato. A glicólise não requer oxigênio; ela pode ocorrer na presença ou na ausência de oxigênio. Essa via é uma série de dez reações químicas, cada uma catalisada por uma enzima diferente. As etapas são definidas na **Figura 5.12**; ver também a Figura A.2 do Apêndice A para uma representação mais detalhada da glicólise.

Para resumir o processo, a glicólise consiste em dois estágios básicos – um estágio preparatório e um estágio de conservação de energia:

① Primeiro, no estágio preparatório (etapas ①-④ na Figura 5.12), duas moléculas de ATP são utilizadas enquanto uma molécula de glicose de seis carbonos é fosforilada, reestruturada e quebrada em dois compostos de três carbonos:

gliceraldeído-3-fosfato (GP) e di-hidroxiacetona-fosfato (DHAP). ⑤ DHAP é prontamente convertida em GP. (A reação inversa também pode ocorrer.) A conversão de DHAP em GP significa que, nesse ponto da glicólise, duas moléculas de GP são incorporadas nas reações químicas restantes.

② No estágio de conservação de energia (etapas ⑥-⑩), as duas moléculas de três carbonos são oxidadas em diversas etapas a duas moléculas de ácido pirúvico. Nessas reações, duas moléculas de NAD^+ são reduzidas a NADH, e quatro moléculas de ATP são formadas por fosforilação a nível de substrato.

Uma vez que duas moléculas de ATP foram necessárias para iniciar a glicólise e quatro moléculas de ATP são geradas por esse processo, *há um ganho líquido de duas moléculas de ATP para cada molécula de glicose que é oxidada.*

Vias alternativas à glicólise

Muitas bactérias têm outra via além da glicólise para a oxidação da glicose. A via alternativa mais comum é a *via das pentoses-fosfato*; outra via alternativa é a *via de Entner-Doudoroff*.

Via das pentoses-fosfato

A **via das pentoses-fosfato** (ou *derivação da hexose-monofosfato*) opera simultaneamente à glicólise e fornece um caminho para a quebra de açúcares de cinco carbonos (pentoses), assim como de glicose (ver Figura A.3 no Apêndice A para uma representação mais detalhada da via das pentoses-fosfato). Uma característica importante dessa via é que ela produz pentoses intermediárias essenciais utilizadas na síntese de (1) ácidos nucleicos, (2) glicose a partir de dióxido de carbono na fotossíntese e (3) certos aminoácidos. A via é uma importante produtora da coenzima reduzida NADPH a partir de $NADP^+$. A via das pentoses-fosfato produz um ganho líquido de somente 1 molécula de ATP para cada molécula de glicose oxidada. As bactérias que utilizam a via das pentoses-fosfato incluem *Bacillus subtilis*, *E. coli*, *Leuconostoc mesenteroides* e *Enterococcus faecalis*. Essa via também ocorre nas células humanas.

Via de Entner-Doudoroff

Com cada molécula de glicose, a **via de Entner-Doudoroff** produz 1 molécula de NADPH, 1 molécula de NADH e 1 molécula de ATP para utilizar nas reações de biossíntese celular (ver Figura A.4 no Apêndice A para uma representação mais detalhada). As bactérias que têm as enzimas para a via de Entner-Doudoroff podem metabolizar a glicose sem a glicólise ou a via das pentoses-fosfato. A via de Entner-Doudoroff é encontrada em algumas bactérias gram-negativas, incluindo *Rhizobium*, *Pseudomonas*, *Agrobacterium* e cianobactérias; geralmente essa via não é encontrada em bactérias gram-positivas. Essa via também ocorre em arqueias, algas e plantas. Às vezes, testes para a capacidade de oxidar glicose por essa via são utilizados para identificar *Pseudomonas* em laboratórios clínicos.

Estágio preparatório

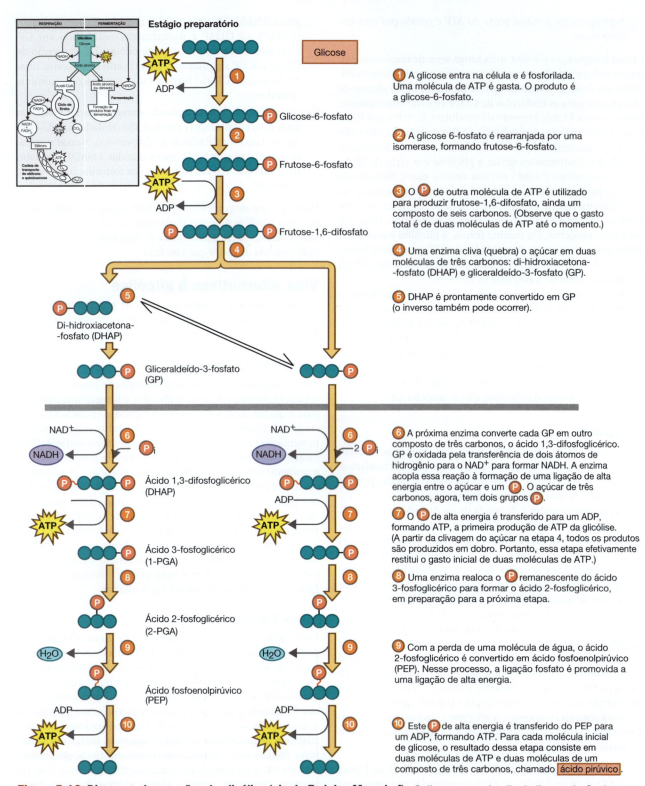

Glicose

1 A glicose entra na célula e é fosforilada. Uma molécula de ATP é gasta. O produto é a glicose-6-fosfato.

Glicose-6-fosfato

2 A glicose 6-fosfato é rearranjada por uma isomerase, formando frutose-6-fosfato.

Frutose-6-fosfato

3 O P de outra molécula de ATP é utilizado para produzir frutose-1,6-difosfato, ainda um composto de seis carbonos. (Observe que o gasto total é de duas moléculas de ATP até o momento.)

Frutose-1,6-difosfato

4 Uma enzima cliva (quebra) o açúcar em duas moléculas de três carbonos: di-hidroxiacetona--fosfato (DHAP) e gliceraldeído-3-fosfato (GP).

5 DHAP é prontamente convertido em GP (o inverso também pode ocorrer).

Di-hidroxiacetona--fosfato (DHAP)

Gliceraldeído-3-fosfato (GP)

NAD^+

NADH

6 A próxima enzima converte cada GP em outro composto de três carbonos, o ácido 1,3-difosfoglicérico. GP é oxidada pela transferência de dois átomos de hidrogênio para o NAD^+ para formar NADH. A enzima acopla essa reação à formação de uma ligação de alta energia entre o açúcar e um P. O açúcar de três carbonos, agora, tem dois grupos P.

Ácido 1,3-difosfoglicérico (DHAP)

ATP

7 O P de alta energia é transferido para um ADP, formando ATP, a primeira produção de ATP da glicólise. (A partir da clivagem do açúcar na etapa 4, todos os produtos são produzidos em dobro. Portanto, essa etapa efetivamente restitui o gasto inicial de duas moléculas de ATP.)

Ácido 3-fosfoglicérico (1-PGA)

8 Uma enzima realoca o P remanescente do ácido 3-fosfoglicérico para formar o ácido 2-fosfoglicérico, em preparação para a próxima etapa.

Ácido 2-fosfoglicérico (2-PGA)

H_2O

9 Com a perda de uma molécula de água, o ácido 2-fosfoglicérico é convertido em ácido fosfoenolpirúvico (PEP). Nesse processo, a ligação fosfato é promovida a uma ligação de alta energia.

Ácido fosfoenolpirúvico (PEP)

ADP

ATP

10 Este P de alta energia é transferido do PEP para um ADP, formando ATP. Para cada molécula inicial de glicose, o resultado dessa etapa consiste em duas moléculas de ATP e duas moléculas de um composto de três carbonos, chamado ácido pirúvico.

Figura 5.12 Diagrama das reações de glicólise (via de Embden-Meyerhof). O diagrama no detalhe indica a relação da glicólise com os processos gerais de respiração e fermentação. Uma versão mais detalhada da glicólise é apresentada na Figura A.2 do Apêndice A.

P O que é glicólise?

Respiração celular

Após a quebra da glicose em ácido pirúvico, o ácido pirúvico pode ser alocado na próxima etapa da fermentação ou da respiração celular (ver Figura 5.11). A **respiração celular**, ou simplesmente **respiração**, é definida como um processo de geração de ATP no qual moléculas são oxidadas e o aceptor final de elétrons é produzido fora da célula, sendo (quase sempre) uma molécula inorgânica. Uma característica essencial da respiração é a ação de uma cadeia de transporte de elétrons.

Existem dois tipos de respiração, dependendo se um organismo é **aeróbio**, aquele que utiliza oxigênio, ou **anaeróbio**, que não utiliza oxigênio e ainda pode ser morto por ele. Na **respiração aeróbica**, o aceptor final de elétrons é o O_2; na **respiração anaeróbica**, o aceptor final de elétrons é uma molécula inorgânica diferente do O_2 ou, raramente, uma molécula orgânica. Primeiro, descreveremos como a respiração ocorre em uma célula aeróbica.

Respiração aeróbica

Ciclo de Krebs O ciclo de Krebs, também chamado de *ciclo do ácido tricarboxílico (CAT)* ou *ciclo do ácido cítrico*, consiste em uma série de reações bioquímicas nas quais a grande quantidade de energia química potencial armazenada na acetil-CoA é liberada passo a passo. Nesse ciclo, uma série de oxidações e reduções transfere essa energia potencial, na forma de elétrons, para coenzimas carreadoras de elétrons, principalmente NAD^+ e $FADH_2$ (**Figura 5.13**). Os derivados do ácido pirúvico são oxidados; as coenzimas são reduzidas.

O ácido pirúvico, o produto da glicólise, não pode entrar diretamente no ciclo de Krebs. Em uma etapa de transição, o ácido pirúvico precisa perder o grupo carboxila ($-COOH$), tornando-se um composto de dois carbonos (Figura 5.13). Esse processo, chamado **descarboxilação**, libera um CO_2. O composto de dois carbonos, chamado *grupo acetila*, liga-se à coenzima A por uma ligação de alta energia; o complexo resultante é conhecido como *acetilcoenzima A* (*acetil-CoA*). Durante essa reação, o ácido pirúvico também é oxidado, e NAD^+ é reduzida a NADH.

Lembre-se de nossa discussão anterior, de que a oxidação de uma molécula de glicose produz duas moléculas de ácido pirúvico, então para cada molécula de glicose, duas moléculas de CO_2 são liberadas, duas moléculas de NADH são produzidas e duas moléculas de acetil-CoA são formadas. Uma vez que o ácido pirúvico tenha sofrido descarboxilação e seu derivado (o grupo acetila) tenha se ligado à CoA, a acetil-CoA resultante está pronta para entrar no ciclo de Krebs.

Assim que a acetil-CoA entra no ciclo de Krebs, a CoA se desprende do grupo acetila. O grupo acetila se associa a um composto preexistente de quatro carbonos chamado ácido oxalacético, formando ácido cítrico. Essa reação de síntese requer energia, que é fornecida pela clivagem da ligação de alta energia entre o grupo acetila e a CoA. A formação do ácido cítrico é, portanto, a primeira etapa do ciclo de Krebs. As principais reações químicas desse ciclo são ilustradas na Figura 5.13 (ver também Figura A.5 no Apêndice A para uma representação mais detalhada do ciclo de Krebs). Não se esqueça de que cada reação é catalisada por uma enzima específica.

As reações químicas do ciclo de Krebs pertencem a diversas categorias gerais; uma delas é a descarboxilação. Por exemplo, na etapa ❸, o ácido isocítrico é descarboxilado em um composto chamado de ácido α-cetoglutárico. Outra descarboxilação ocorre na etapa ❹. Por fim, todos os três átomos de carbono do ácido pirúvico são liberados na forma de CO_2 pelo ciclo de Krebs. A conversão para CO_2 de todos os seis átomos de carbono contidos na molécula original de glicose é finalizada em duas rodadas do ciclo de Krebs.

Outra categoria geral de reações químicas do ciclo de Krebs é a oxidação-redução. Por exemplo, na etapa ❸, o ácido isocítrico é oxidado. Átomos de hidrogênio também são liberados no ciclo de Krebs nas etapas ❹, ❻ e ❽, e são captados pelas coenzimas NAD^+ e FAD. Como NAD^+ captura dois elétrons, mas somente um próton adicional, sua forma reduzida é representada como NADH. Contudo, FAD captura dois átomos completos de hidrogênio e é reduzida a $FADH_2$.

Se observarmos o ciclo de Krebs como um todo, veremos que, para cada duas moléculas de acetil-CoA que entram no ciclo, quatro moléculas de CO_2 são liberadas por descarboxilação, seis moléculas de NADH e duas moléculas de $FADH_2$ são produzidas por reações de oxidação-redução e duas moléculas de ATP são geradas por fosforilação em nível de substrato. A molécula trifosfato de guanosina (GTP), formada a partir do difosfato de guanosina (GDP + ℗i), é similar ao ATP e atua como um intermediário nesse ponto do ciclo. Muitos dos intermediários no ciclo de Krebs apresentam uma função em outras vias, principalmente na biossíntese de aminoácidos.

O CO_2 produzido no ciclo de Krebs é liberado no final para a atmosfera na forma de um subproduto gasoso da respiração aeróbica. (Os seres humanos produzem CO_2 derivado do ciclo de Krebs na maioria das células do corpo e o eliminam pelos pulmões durante a expiração.) As coenzimas reduzidas NADH e $FADH_2$ são os produtos mais importantes do ciclo de Krebs, uma vez que contêm a maior parte da energia que foi originalmente armazenada na glicose. Durante a próxima fase da respiração, uma série de reduções de oxidação-redução transfere indiretamente a energia armazenada nessas coenzimas para o ATP. Essas reações são coletivamente chamadas de cadeia de transporte de elétrons.

Cadeia de transporte de elétrons A cadeia de transporte de elétrons (sistema de transporte de elétrons) consiste em uma sequência de moléculas carreadoras que são capazes de oxidar e reduzir. Enquanto os elétrons passam ao longo da

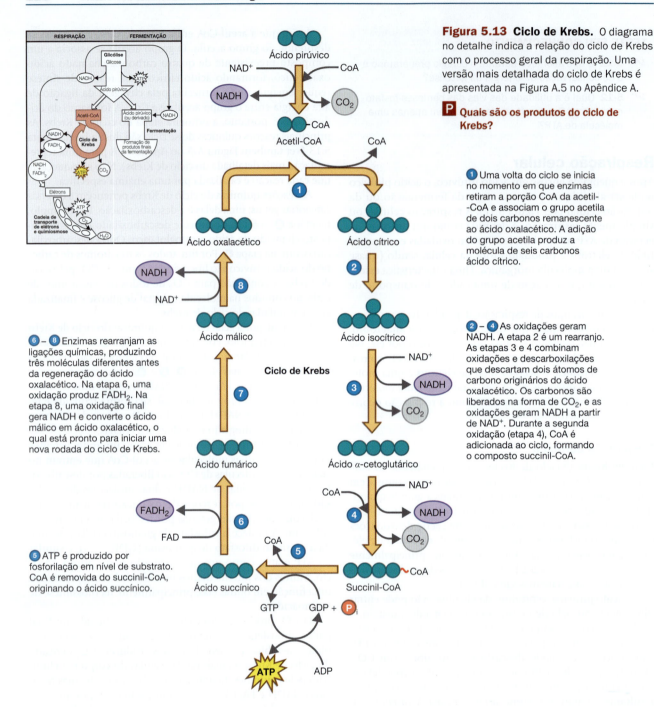

Figura 5.13 Ciclo de Krebs. O diagrama no detalhe indica a relação do ciclo de Krebs com o processo geral da respiração. Uma versão mais detalhada do ciclo de Krebs é apresentada na Figura A.5 no Apêndice A.

P **Quais são os produtos do ciclo de Krebs?**

1 Uma volta do ciclo se inicia no momento em que enzimas retiram a porção CoA da acetil--CoA e associam o grupo acetila de dois carbonos remanescente ao ácido oxalacético. A adição do grupo acetila produz a molécula de seis carbonos ácido cítrico.

2 – **4** As oxidações geram NADH. A etapa 2 é um rearranjo. As etapas 3 e 4 combinam oxidações e descarboxilações que descartam dois átomos de carbono originários do ácido oxalacético. Os carbonos são liberados na forma de CO_2, e as oxidações geram NADH a partir de NAD^+. Durante a segunda oxidação (etapa 4), CoA é adicionada ao ciclo, formando o composto succinil-CoA.

6 – **8** Enzimas rearranjam as ligações químicas, produzindo três moléculas diferentes antes da regeneração do ácido oxalacético. Na etapa 6, uma oxidação produz $FADH_2$. Na etapa 8, uma oxidação final gera NADH e converte o ácido málico em ácido oxalacético, o qual está pronto para iniciar uma nova rodada do ciclo de Krebs.

5 ATP é produzido por fosforilação em nível de substrato. CoA é removida do succinil-CoA, originando o ácido succínico.

cadeia, ocorre uma liberação gradual da energia que é utilizada para conduzir a geração quimiosmótica de ATP, que será descrita em breve. A oxidação final é irreversível. Nas células eucarióticas, a cadeia de transporte de elétrons está contida na membrana interna das mitocôndrias; nas células procarióticas, ela é encontrada na membrana plasmática.

Há três classes de moléculas carreadoras nas cadeias de transporte de elétrons.

As **flavoproteínas** contêm flavina, uma coenzima derivada da riboflavina (vitamina B_2). Elas são capazes de realizar oxidações e reduções alternadas. Uma importante coenzima flavina é a flavina-mononucleotídeo (FMN). As **ubiquinonas**, ou **coenzima Q (Q)**, são pequenos carreadores não proteicos. Os **citocromos** são proteínas que apresentam um grupo contendo ferro (heme). O ferro (Fe) é capaz de existir alternadamente na forma reduzida (Fe^{2+}) e na forma oxidada (Fe^{3+}).

Os citocromos envolvidos nas cadeias de transporte de elétrons incluem o citocromo b (cyt b), o citocromo c_1 (cyt c_1), o citocromo c (cyt c), o citocromo a (cyt a) e o citocromo a_3 (cyt a_3).

As cadeias de transporte de elétrons das bactérias apresentam certa diversidade, de maneira que os carreadores específicos utilizados por uma determinada bactéria e a sequência em que eles atuam podem diferir de outras bactérias e de sistemas mitocondriais eucarióticos. Mesmo uma única bactéria pode apresentar vários tipos de cadeias de transporte de elétrons. Contudo, tenha em mente que todas as cadeias de transporte de elétrons atingem o mesmo objetivo básico: liberar energia enquanto elétrons são transferidos de um composto de alta energia para um composto de baixa energia. A cadeia de transporte de elétrons contida na mitocôndria das células eucarióticas é detalhadamente conhecida, portanto descreveremos suas etapas aqui.

❶ Elétrons de alta energia são transferidos do NADH ao FMN, o primeiro carreador da cadeia (**Figura 5.14**). Um átomo de hidrogênio com dois elétrons é transferido ao FMN, o qual captura um H^+ adicional do meio aquoso circundante. Consequentemente, NADH é oxidado em NAD^+, e FMN é reduzido em $FMNH_2$.

❷ $FMNH_2$ transfere $2H^+$ para o outro lado da membrana mitocondrial (ver Figura 5.16) e passa dois elétrons para Q.

Como resultado, $FMNH_2$ é oxidado em FMN. Q também captura $2H^+$ adicionais do meio aquoso circundante e os libera do outro lado da membrana.

❸ Os elétrons são passados sucessivamente de Q para cyt b, cyt c_1, cyt c, cyt a e cyt a_3. Cada citocromo na cadeia é reduzido quando captura elétrons e é oxidado ao doar elétrons. O último citocromo, cyt a_3, transfere seus elétrons para o oxigênio molecular (O_2), o qual se torna carregado negativamente e captura prótons do meio circundante para formar H_2O.

Uma característica importante da cadeia de transporte de elétrons é que os carreadores de elétrons são sequenciais em termos de eletronegatividade, ou seja, sua tendência em adquirir elétrons. Conforme você avança ao longo da cadeia, cada carreador de elétrons apresenta uma eletronegatividade maior do que o anterior. Por exemplo, o cyt b na Figura 5.14 apresenta uma afinidade maior por elétrons do que o Q. Observe que a Figura 5.14 mostra o $FADH_2$, que é derivado do ciclo de Krebs, como outra fonte de elétrons. Contudo, $FADH_2$ adiciona seus elétrons à cadeia de transporte de elétrons a um nível mais baixo que NADH. Por isso, a cadeia produz em torno de um terço a menos de energia para a geração de ATP quando $FADH_2$ doa elétrons do que quando NADH é o doador.

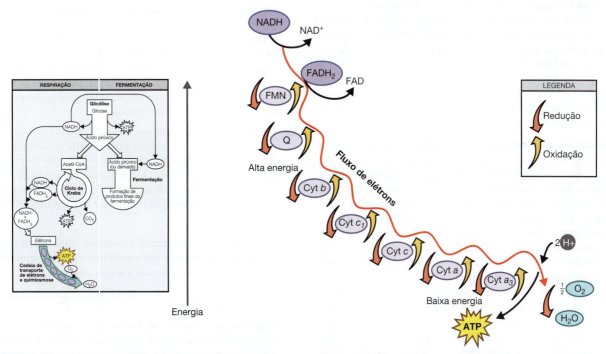

Figura 5.14 Cadeia (sistema) de transporte de elétrons. O diagrama no detalhe indica a relação da cadeia de transporte de elétrons com o processo geral da respiração. Na cadeia de transporte de elétrons mitocondrial apresentada, os elétrons são transferidos ao longo da cadeia passo a passo, de forma gradual, e assim a energia é liberada em quantidades administráveis (ver a Figura 5.16 para saber onde o ATP é formado).

P Quantos ATPs podem ser produzidos a partir da oxidação de um NADH na cadeia de transporte de elétrons?

Figura 5.15 Quimiosmose. Visão geral do mecanismo da quimiosmose. A membrana mostrada pode ser uma membrana plasmática procariótica, uma membrana mitocondrial eucariótica ou um tilacoide fotossintético. As etapas numeradas são descritas no texto.

P O que é a força próton-motriz?

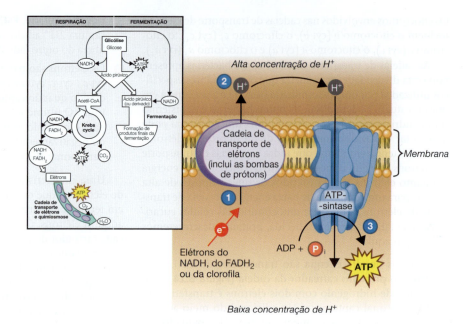

Na cadeia de transporte de elétrons existem carreadores, como FMN e Q, que *recebem e liberam prótons e elétrons*, e outros carreadores, como os citocromos, que somente transferem elétrons. O fluxo de elétrons na cadeia é acompanhado em vários pontos pelo transporte ativo (bombeamento) de prótons do lado da matriz da membrana mitocondrial interna para o lado oposto da membrana. O resultado é um acúmulo de prótons de um lado da membrana. Justamente da mesma forma que a água armazenada em uma represa estoca uma energia que pode ser utilizada para gerar eletricidade, esse acúmulo de prótons fornece uma energia que o mecanismo quimiosmótico utiliza para gerar ATP.

Mecanismo quimiosmótico de geração de ATP A síntese de ATP utilizando a cadeia de transporte de elétrons é denominada **quimiosmose** e envolve **fosforilação oxidativa**. Para entender a quimiosmose, precisamos revisar diversos conceitos relacionados ao movimento dos materiais através das membranas. (Ver Capítulo 4.) As substâncias se difundem passivamente através das membranas de áreas de alta concentração para áreas de baixa concentração; essa difusão que acompanha um gradiente de concentração produz energia. O movimento de substâncias *contra* um gradiente de concentração *requer* energia, que em geral é fornecida pelo ATP. Na quimiosmose, a energia liberada quando uma substância se move ao longo de um gradiente é utilizada para *sintetizar* ATP. A "substância", nesse caso, se refere aos prótons. Na respiração, a quimiosmose é responsável pela maior parte do ATP que é gerada. As etapas da quimiosmose se desenvolvem como descrito a seguir (**Figura 5.15**):

1 Quando os elétrons energéticos da NADH (ou da clorofila) percorrem a cadeia de transporte de elétrons, alguns dos carreadores transportam ativamente prótons através

da membrana. Essas moléculas transportadoras são chamadas de *bombas de prótons*.

2 A membrana fosfolipídica normalmente é impermeável aos prótons, então esse bombeamento unidirecional estabelece um gradiente de prótons (diferença nas concentrações entre os dois lados da membrana). Além do gradiente de concentração, há um gradiente de carga elétrica. O excesso de H^+ em um lado da membrana torna esse lado carregado positivamente quando comparado ao outro lado. O gradiente eletroquímico resultante tem uma energia potencial, chamada de *força próton-motriz*.

3 Os prótons localizados no lado da membrana com a maior concentração de prótons somente podem difundir-se através da membrana por meio de canais de proteínas especiais que contêm uma enzima chamada de *ATP-sintase*. Quando esse fluxo ocorre, energia é liberada e utilizada pela enzima para sintetizar ATP a partir de ADP e **P**i.

As etapas detalhadas que demonstram como a cadeia de transporte de elétrons atua nos eucariotos e induz o mecanismo quimiosmótico são descritas a seguir (**Figura 5.16**):

1 Os elétrons energéticos da NADH passam pelas cadeias de transporte de elétrons. No interior da membrana mitocondrial interna, os carreadores da cadeia estão organizados em três complexos, com Q transportando os elétrons entre o primeiro e o segundo complexos, e cyt *c* os transportando entre o segundo e o terceiro complexos.

2 Três componentes do sistema de bomba de prótons. Ao final da cadeia, elétrons se associam aos prótons e ao oxigênio (O_2) na matriz fluida para formar água (H_2O). Assim, O_2 é o aceptor final de elétrons na respiração aeróbica.

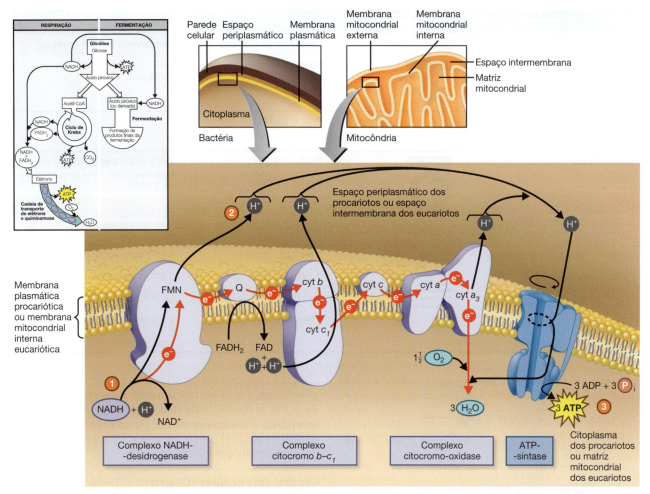

Figura 5.16 Transporte de elétrons e a geração quimiosmótica de ATP. Os carreadores de elétrons são organizados em três complexos, e os prótons (H^+) são bombeados através da membrana em três pontos. Na célula procariótica, os prótons são bombeados através da membrana plasmática a partir do lado citoplasmático. Na célula eucariótica, eles são bombeados a partir do lado da matriz da membrana mitocondrial para o lado oposto. O fluxo de elétrons é indicado com setas vermelhas.

P Onde ocorre a quimiosmose nos eucariotos? E nos procariotos?

3 Tanto as células procarióticas quanto as eucarióticas utilizam o mecanismo de quimiosmose para gerar energia para a produção de ATP. No entanto, nas células eucarióticas, a membrana mitocondrial interna contém os carreadores de transporte de elétrons e ATP-sintase. Na maioria das células procarióticas, a membrana plasmática realiza essa função. Uma cadeia de transporte de elétrons também opera na fotofosforilação e está localizada na membrana tilacoide de cianobactérias e cloroplastos eucarióticos.

Um resumo da respiração aeróbica A cadeia de transporte de elétrons regenera NAD^+ e FAD, que podem, assim, ser utilizadas novamente na glicólise e no ciclo de Krebs. As várias transferências de elétrons na cadeia de transporte geram em torno de 34 moléculas de ATP a partir de cada molécula de glicose oxidada: aproximadamente três de cada uma das dez

moléculas de NADH (total de 30) e cerca de duas de cada uma das duas moléculas de $FADH_2$ (total de quatro). Na respiração aeróbica dos procariotos, cada molécula de glicose gera 38 moléculas de ATP: 34 provenientes da quimiosmose, além de 4 geradas pelas oxidações na glicólise e no ciclo de Krebs. A **Tabela 5.3** fornece uma descrição detalhada do rendimento de ATP durante a respiração aeróbica procariótica, e a **Figura 5.17** apresenta um resumo dos estágios da respiração aeróbica em procariotos.

A respiração aeróbica em eucariotos produz um total de 36 moléculas de ATP. São dois ATPs a menos do que nos procariotos, pois o NADH produzido no citoplasma não pode entrar nas mitocôndrias. Alguma energia é perdida quando a proteína transportadora de membrana move os elétrons do NADH através das membranas mitocondriais. Essa separação

TABELA 5.3 Produção de ATP durante a respiração aeróbica procariótica a partir de uma molécula de glicose

Fonte		Carreador de elétrons	Rendimento de ATP (método)
Glicólise Oxidação da glicose a ácido pirúvico	Glicólise → ATP	Produz 2 NADH	2 ATP (fosforilação em nível de substrato)
Etapa de transição Formação de acetil-CoA		Produz 2 NADH	
Ciclo de Krebs 	Ciclo de Krebs → ATP	Produz 6 NADH Produz 2 FADH$_2$	2 GTP (equivalentes a 2 ATP por fosforilação em nível de substrato de 2 ADP)
Cadeia de transporte de elétrons Oxidação-redução	Cadeia de transporte de elétrons e quimiosmose → ATP	2 NADH da glicólise 2 NADH da etapa de transição 6 NADH do ciclo de Krebs 2 FADH$_2$ do ciclo de Krebs	6 ATP (fosforilação oxidativa) 6 ATP (fosforilação oxidativa) 18 ATP (fosforilação oxidativa) 4 ATP (fosforilação oxidativa) Total: 38 ATP

não existe em procariotos. Podemos agora resumir a reação global para a respiração aeróbica em procariotos como segue:

$$C_6H_{12}O_6 + 6\ O_2 + 38\ ADP + 38\ P_i \longrightarrow$$

Glicose   Oxigênio

$$6\ CO_2 + 6\ H_2O + 38\ ATP$$

Dióxido   Água
de carbono

Em nossa discussão sobre respiração aeróbica, estudamos várias enzimas e reações químicas. No entanto, depois de aprender os nomes e funções de todas as enzimas, é importante entender o conceito geral: **a oxidação de um substrato para liberar energia**. Isso ocorre inicialmente com a conversão da energia em NADH e FADH$_2$, em seguida nos carreadores da cadeia de transporte de elétrons e, finalmente, em ATP.

Respiração anaeróbica

Como a respiração aeróbica, a respiração anaeróbica envolve a oxidação de um substrato. No entanto, o aceptor final de elétrons na cadeia de transporte de elétrons é uma substância inorgânica diferente do oxigênio (O$_2$). Algumas bactérias, como *Pseudomonas* e *Bacillus*, podem utilizar o íon nitrato (NO^{3-}) como o aceptor final de elétrons; o íon nitrato é reduzido a íon nitrito (NO^{2-}), óxido nitroso (N$_2$O) ou gás nitrogênio (N$_2$). Outras bactérias, como *Desulfovibrio*, utilizam sulfato (SO$_4^{2-}$) como o aceptor final de elétrons para formar sulfeto de hidrogênio (H$_2$S). Algumas arqueias usam dióxido de carbono para formar metano (CH$_4$). A respiração anaeróbica por bactérias utilizando nitrato e sulfato como aceptores finais é essencial para os ciclos do nitrogênio e do enxofre que ocorrem na natureza. A quantidade de ATP gerada na respiração anaeróbica varia de acordo com o microrganismo e a

via. Como apenas parte do ciclo de Krebs opera em condições anaeróbicas, e uma vez que somente alguns dos carreadores da cadeia de transporte de elétrons participam da respiração anaeróbica, o rendimento de ATP nunca é tão alto quanto na respiração aeróbica. Assim, os anaeróbios tendem a crescer mais lentamente que os aeróbios.

TESTE SEU CONHECIMENTO

✔ **5-13** Quais são os principais produtos do ciclo de Krebs?

✔ **5-14** Como as moléculas carreadoras atuam na cadeia de transporte de elétrons?

✔ **5-15** Compare o rendimento energético (ATP) das respirações aeróbica e anaeróbica.

Fermentação

Após a glicose ser oxidada em ácido pirúvico, o ácido pirúvico pode ser completamente degradado na respiração, como descrito anteriormente, ou pode ser convertido em um produto orgânico na fermentação, na qual NAD$^+$ e NADP$^+$ são regenerados e podem participar de uma nova rodada da glicólise (ver Figura 5.11). A **fermentação** é definida como um processo que:

1. libera energia a partir de açúcares e outras moléculas orgânicas;
2. não requer oxigênio (mas pode ocorrer na sua presença);
3. não requer a utilização do ciclo de Krebs ou de uma cadeia de transporte de elétrons;
4. utiliza uma molécula orgânica sintetizada na célula como aceptor final de elétrons.

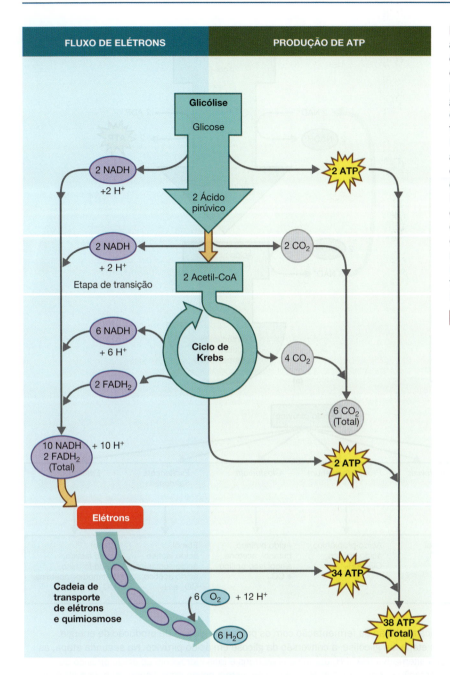

| FLUXO DE ELÉTRONS | PRODUÇÃO DE ATP |

Figura 5.17 Resumo da respiração aeróbica em procariotos. A glicose é completamente quebrada em dióxido de carbono e água, e ATP é gerado. Esse processo tem três fases principais: a glicólise, o ciclo de Krebs e a cadeia de transporte de elétrons. A etapa de transição liga a glicólise e o ciclo de Krebs. O evento essencial na respiração aeróbica é que os elétrons são extraídos dos intermediários da glicólise e do ciclo de Krebs por NAD$^+$ ou FAD e carreados por NADH ou FADH$_2$ até a cadeia de transporte de elétrons. NADH também é produzida durante a conversão de ácido pirúvico em acetil-CoA. A maioria do ATP gerado pela respiração aeróbica é produzida pelo mecanismo de quimiosmose durante a fase da cadeia de transporte de elétrons; isso é chamado de fosforilação oxidativa.

P Quais são as diferenças entre as respirações aeróbica e anaeróbica?

A fermentação produz uma pequena quantidade de ATP (somente 1 ou 2 moléculas de ATP para cada molécula de matéria inicial), uma vez que grande parte da energia original na glicose permanece nas ligações químicas dos produtos orgânicos finais, como o ácido láctico ou o etanol. No entanto, a vantagem da fermentação para uma célula é que ela produz ATP rapidamente.

Durante a fermentação, os elétrons são transferidos (juntamente aos prótons) das coenzimas reduzidas (NADH, NADPH) para o ácido pirúvico ou seus derivados (**Figura 5.18a**). Esses aceptores finais de elétrons são reduzidos aos produtos finais apresentados na Figura 5.18b. Uma

função essencial da fermentação é garantir um suprimento estável de NAD$^+$ e NADP$^+$ para que a glicólise possa continuar. Na fermentação, ATP é gerado somente durante a glicólise.

O ácido láctico, mencionado anteriormente, é a mesma substância associada à fadiga muscular no nosso corpo. Durante exercícios extenuantes, o sistema cardiovascular não consegue fornecer oxigênio suficiente aos músculos esqueléticos e ao coração para que eles gerem energia suficiente. Nesses casos, os músculos mudam da respiração aeróbica para a fermentação. Na ausência de oxigênio, o ácido pirúvico é oxidado em ácido láctico.

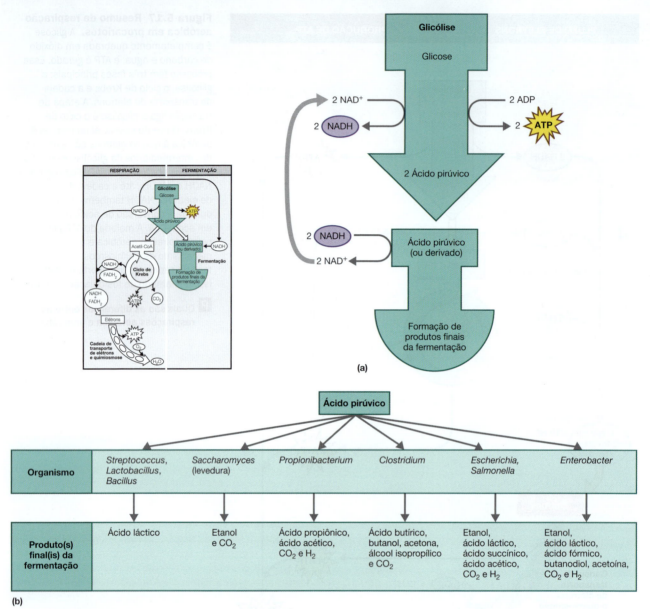

(a)

(b)

Organismo	Streptococcus, Lactobacillus, Bacillus	Saccharomyces (levedura)	Propionibacterium	Clostridium	Escherichia, Salmonella	Enterobacter
Produto(s) final(is) da fermentação	Ácido láctico	Etanol e CO_2	Ácido propiônico, ácido acético, CO_2 e H_2	Ácido butírico, butanol, acetona, álcool isopropílico e CO_2	Etanol, ácido láctico, ácido succínico, ácido acético, CO_2 e H_2	Etanol, ácido láctico, ácido fórmico, butanodiol, acetoína, CO_2 e H_2

Figura 5.18 Fermentação. O diagrama indica a relação da fermentação com os processos globais de produção de energia. **(a)** Uma visão geral da fermentação. A primeira etapa é a glicólise, a conversão da glicose em ácido pirúvico. Na segunda etapa, as coenzimas reduzidas da glicólise (NADH) ou sua alternativa (NADPH) doam seus elétrons e íons hidrogênio ao ácido pirúvico ou a um derivado para formar um produto final da fermentação e reoxidar o NADH para que ele esteja novamente disponível para a glicólise. **(b)** Produtos finais de várias fermentações microbianas.

P Durante qual fase da fermentação o ATP é gerado?

Os microrganismos podem fermentar vários substratos; os produtos finais dependem do microrganismo específico, do substrato e das enzimas que estão presentes e ativas. Análises químicas desses produtos finais são úteis para identificar os microrganismos. Dois dos processos mais importantes são a fermentação do ácido láctico e a fermentação alcoólica.

Fermentação do ácido láctico

Durante a glicólise, que é a primeira fase da **fermentação do ácido láctico**, uma molécula de glicose é oxidada em duas moléculas de ácido pirúvico (**Figura 5.19**). Essa oxidação gera a energia que é utilizada a fim de formar duas moléculas de ATP. Na próxima etapa, as duas moléculas de ácido pirúvico

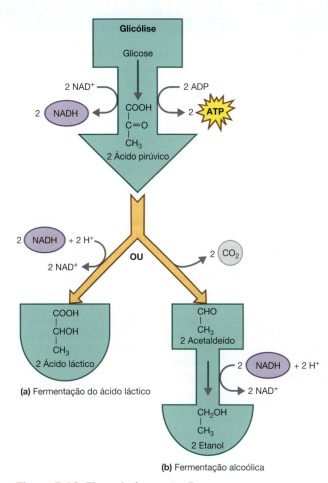

(a) Fermentação do ácido láctico

(b) Fermentação alcoólica

Figura 5.19 Tipos de fermentação.

P Qual é a diferença entre as fermentações homoláctica e heteroláctica?

são reduzidas por duas moléculas NADH, a fim de formar duas moléculas de ácido láctico (Figura 5.19a). Como o ácido láctico é o produto final da reação, ele não sofre mais oxidação, e a maior parte da energia produzida pela reação permanece armazenada no ácido. Portanto, essa fermentação produz somente uma pequena quantidade de energia.

Dois gêneros importantes de bactérias do ácido láctico são *Streptococcus* e *Lactobacillus*. Uma vez que esses microrganismos produzem apenas ácido láctico, eles são denominados **homolácticos** (ou *homofermentativos*). A fermentação do ácido láctico pode resultar na deterioração de alimentos. Contudo, o processo também pode produzir iogurte a partir de leite, chucrute a partir de repolho e picles a partir de pepino. Os fermentadores homolácticos no intestino humano são importantes para a saúde. (Ver **Explorando o microbioma**.)

Os organismos que produzem ácido láctico, bem como outros ácidos ou álcoois, são conhecidos como **heterolácticos** (ou *heterofermentativos*) e frequentemente utilizam a via das pentoses-fosfato.

Fermentação alcoólica

A **fermentação alcoólica** também se inicia com a glicólise de uma molécula de glicose para produzir duas moléculas de ácido pirúvico e duas moléculas de ATP. Na próxima reação, as duas moléculas de ácido pirúvico são convertidas em duas moléculas de acetaldeído e duas moléculas de CO_2 (Figura 5.19b). As duas moléculas de acetaldeído são, então, reduzidas por duas moléculas de NADH para formar duas moléculas de etanol. Outra vez, a fermentação alcoólica é um processo de baixo rendimento energético porque a maioria da energia contida na molécula inicial de glicose permanece no etanol, o produto final.

A fermentação alcoólica é realizada por diversas bactérias e leveduras. O etanol e o dióxido de carbono produzidos pela levedura *Saccharomyces* são resíduos para as células de leveduras, porém são úteis para os seres humanos. O etanol produzido pelas leveduras é o álcool das bebidas alcoólicas e combustível para a produção de eletricidade, e o dióxido de carbono produzido pelas leveduras causa o crescimento da massa do pão.

A Tabela 5.4 lista algumas das várias fermentações microbianas utilizadas na indústria para converter matérias-primas baratas em produtos finais úteis. A Tabela 5.5 fornece uma comparação resumida entre a respiração aeróbica, a respiração anaeróbica e a fermentação.

TESTE SEU CONHECIMENTO

 5-16 Liste quatro produtos que podem ser produzidos a partir do ácido pirúvico por um microrganismo que utiliza fermentação.

EXPLORANDO O MICROBIOMA Adoçantes artificiais (e a microbiota intestinal apaixonada por eles) causam diabetes?

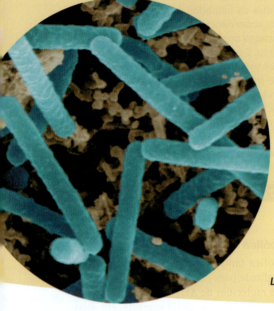

Durante anos, as bebidas produzidas utilizando-se adoçantes artificiais foram adotadas por pessoas com diabetes e por indivíduos em fase de emagrecimento pois, ao contrário do açúcar, os adoçantes artificiais não afetam os níveis de glicose no sangue e não fornecem calorias. No entanto, vários estudos mostraram que adoçantes artificiais podem, na realidade, aumentar o risco de não diabéticos desenvolverem a doença. Um estudo publicado pela American Diabetes Association revelou que o consumo diário de refrigerante *diet* estava associado a um risco relativo 67% maior de se desenvolver diabetes melito tipo 2.

Não digeríveis por humanos, os adoçantes artificiais têm zero calorias. No entanto, eles são uma ótima fonte de nutrientes para as bactérias *Bacteroides* que habitam o cólon. À medida que os *Bacteroides* degradam os adoçantes e aumentam em número, outros tipos de microbiota diminuem simultaneamente, incluindo as bactérias *Lactobacillus*. Estudos indicam que altos níveis de *Lactobacillus* no intestino estão associados a baixos níveis de açúcar no sangue. O mecanismo exato ainda não foi esclarecido, mas supõe-se que a diminuição da população da bactéria *Lactobacillus* eleve os níveis de glicose no sangue, forçando o corpo a produzir mais insulina para controlar o aumento da substância. Níveis elevados e prolongados de insulina podem levar à resistência à insulina, uma condição na qual o corpo deixa de responder adequadamente ao hormônio. A resistência à insulina é o sinal característico do diabetes tipo 2.

Pesquisas recentes estão explorando se o consumo de probióticos contendo *Lactobacillus acidophilus* e *Bifidobacterium animalis* pode ser um tratamento útil para o diabetes tipo 2. Os estudos iniciais foram promissores, mostrando que essas espécies podem reduzir os níveis de glicose no sangue. Se essa eficiência for comprovada, futuramente as bactérias podem ser aliadas fundamentais na prevenção de uma doença mortal.

Lactobacillus acidophilus.

TABELA 5.4 Algumas aplicações industriais de diferentes tipos de fermentações*

Produto final da fermentação	Aplicação comercial ou industrial	Material inicial	Microrganismo
Etanol	Cerveja, vinho	Amido, açúcar	*Saccharomyces cerevisiae* (levedura, um fungo)
	Combustível	Resíduos agrícolas	*S. cerevisiae* (levedura)
Ácido acético	Vinagre	Etanol	*Acetobacter*
Ácido láctico	Queijo, iogurte	Leite	*Lactobacillus, Streptococcus*
	Pão de centeio	Grão, açúcar	*Lactobacillus delbrueckii*
	Chucrute	Repolho	*Lactobacillus plantarum*
	Salame	Carne	*Pediococcus*
Ácido propiônico e dióxido de carbono	Queijo suíço	Ácido láctico	*Propionibacterium freudenreichii*
Acetona e butanol	Aplicações farmacêuticas e industriais	Melaço	*Clostridium acetobutylicum*
Ácido cítrico	Saborizante	Melaço	*Aspergillus* (fungo)
Metano	Combustível	Ácido acético	*Methanosarcina* (arqueia)
Sorbose	Vitamina C (ácido ascórbico)	Sorbitol	*Gluconobacter*

*A menos que sejam indicados como de outro tipo, os microrganismos listados são bactérias.

Processo de produção de energia	Condições de crescimento	Aceptor final de hidrogênio (elétrons)	Tipo de fosforilação utilizada para gerar ATP	Moléculas de ATP produzidas por molécula de glicose
Respiração aeróbica	Aeróbicas	Oxigênio molecular (O_2)	Em nível de substrato e oxidativa	36 (eucariotos)
				38 (procariotos)
Respiração anaeróbica	Anaeróbicas	Geralmente uma substância inorgânica (como NO_3^-, SO_4^{2-} ou CO_3^{2-}), mas não o oxigênio molecular (O_2)	Em nível de substrato e oxidativa	Variável (menos de 38, porém mais de 2)
Fermentação	Aeróbicas ou anaeróbicas	Uma molécula orgânica	Em nível de substrato	2

TABELA 5.5 Respiração aeróbica, respiração anaeróbica e fermentação

Catabolismo de lipídeos e de proteínas

OBJETIVO DE APRENDIZAGEM

5-17 Descrever como lipídeos e proteínas são catabolizados.

Nossa discussão sobre produção de energia tem enfatizado a oxidação da glicose, o principal carboidrato do suprimento de energia. Contudo, os microrganismos também oxidam lipídeos e proteínas, e as oxidações de todos esses nutrientes estão relacionadas.

Lembre-se de que as gorduras são lipídeos consistindo em ácidos graxos e glicerol. Os microrganismos produzem enzimas extracelulares chamadas *lipases* que quebram as gorduras nos seus componentes ácidos graxos e glicerol. Cada componente é, então, metabolizado separadamente (**Figura 5.20**). O glicerol sofre glicólise, enquanto os ácidos graxos sofrem betaoxidação, um processo no qual dois carbonos são removidos por vez para formar acetil-CoA. O ciclo de Krebs continua, então, com a oxidação do glicerol e dos ácidos graxos. O processo é concluído na cadeia de transporte de elétrons. Curiosamente, muitas bactérias que hidrolisam os ácidos graxos podem utilizar as mesmas enzimas para degradar produtos do petróleo. Embora a betaoxidação (oxidação dos ácidos graxos) do petróleo seja um inconveniente quando essas bactérias se desenvolvem em tanques de armazenamento de combustível, ela é benéfica quando os microrganismos se multiplicam em solo contaminado por óleo.

As proteínas são grandes demais para atravessar as membranas plasmáticas sem ajuda. Os micróbios produzem *proteases* e *peptidases* extracelulares, enzimas que decompõem as proteínas em seus componentes aminoácidos, os quais conseguem atravessar as membranas. Contudo, antes que os aminoácidos possam ser catabolizados, eles devem ser convertidos enzimaticamente em outras substâncias que podem entrar no ciclo de Krebs. Em uma dessas conversões, a **desaminação**, o grupo amino de um aminoácido é removido e convertido em íon amônio (NH_4^+), que pode ser excretado da célula. O ácido orgânico remanescente pode entrar no ciclo de Krebs após outras conversões envolvendo descarboxilação (remoção de $-COOH$) e **dessulfurização** (remoção de $-SH$).

Um resumo das inter-relações do catabolismo de carboidratos, lipídeos e proteínas é mostrado na **Figura 5.21**.

TESTE SEU CONHECIMENTO

✔ **5-17** Quais são os produtos finais do catabolismo dos lipídeos e das proteínas?

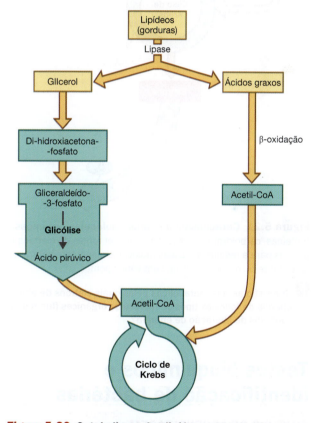

Figura 5.20 Catabolismo dos lipídeos. O glicerol é convertido em di-hidroxiacetona-fosfato (DHAP) e catabolizado via glicólise e ciclo de Krebs. Os ácidos graxos sofrem β-oxidação, na qual fragmentos de carbono são liberados de dois em dois para formar acetil-CoA, que é catabolizada no ciclo de Krebs.

P Qual é a função das lipases?

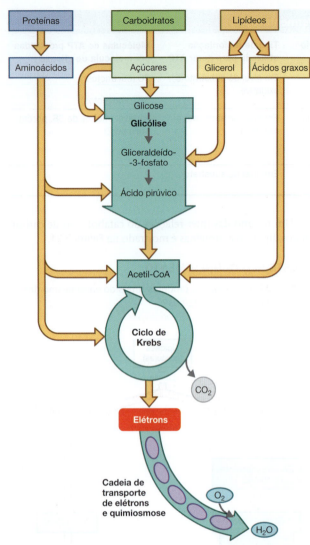

Figura 5.21 Catabolismo de várias moléculas orgânicas. Proteínas, carboidratos e lipídeos podem ser fontes de elétrons e prótons para a respiração. Essas moléculas alimentares entram na glicólise ou no ciclo de Krebs em vários pontos.

P Quais são as vias metabólicas pelas quais elétrons de alta energia de todos os tipos de moléculas orgânicas fluem nas suas vias de liberação de energia?

Testes bioquímicos e identificação de bactérias

OBJETIVO DE APRENDIZAGEM

5-18 Descrever dois exemplos de aplicação de testes bioquímicos para identificar bactérias no laboratório.

Diferentes espécies de bactérias e leveduras produzem diferentes enzimas. Testes bioquímicos projetados para detectar a presença dessas enzimas características são frequentemente utilizados para distinguir entre diferentes espécies microbianas. Um tipo de teste bioquímico detecta enzimas do catabolismo de aminoácidos que estão envolvidas na descarboxilação e na desidrogenação (**Figura 5.22**).

Outro teste bioquímico é o **teste de fermentação** (**Figura 5.23**). O meio do teste contém proteínas, um único carboidrato, um indicador de pH e um tubo de Durham invertido, utilizado na captura de gás. Bactérias inoculadas no tubo podem utilizar a proteína ou o carboidrato como fonte de carbono e energia. Se elas catabolizarem o carboidrato e produzirem ácido, o indicador de pH muda de cor. Alguns microrganismos produzem gás, assim como ácido, a partir do catabolismo do carboidrato. A presença de uma bolha no tubo de Durham indica a formação de gás.

E. coli fermenta o carboidrato sorbitol. A linhagem de *E. coli* O157 patogênica, entretanto, não fermenta o sorbitol, característica que a diferencia das *E. coli* comensais não patogênicas.

Outro exemplo da utilização de testes bioquímicos é mostrado na Figura 10.8.

Em alguns casos, os produtos residuais de um microrganismo podem ser utilizados como fonte de carbono e energia por outra espécie. A bactéria *Acetobacter* oxida o etanol produzido por leveduras. *Propionibacterium* pode utilizar o ácido láctico produzido por outras bactérias. As propionibactérias convertem o ácido láctico em ácido pirúvico na preparação para o ciclo de Krebs. Durante o ciclo de Krebs, ácido propiônico e CO_2 são formados. Os buracos no queijo suíço são formados pelo acúmulo do gás CO_2.

Testes bioquímicos são utilizados para identificar bactérias que causam doenças. Todas as bactérias aeróbias utilizam a cadeia de transporte de elétrons (CTE), porém essas cadeias não são todas idênticas. Algumas bactérias têm citocromo *c*,

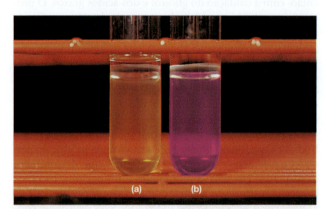

Figura 5.22 Detecção em laboratório de enzimas que catabolizam aminoácidos. As bactérias são inoculadas em tubos contendo glicose, púrpura de bromocresol (um indicador de pH) e um aminoácido específico. **(a)** O indicador de pH se torna amarelo quando a bactéria produz ácido a partir de glicose. **(b)** Produtos alcalinos da descarboxilação tornam o indicador púrpura.

P O que é descarboxilação?

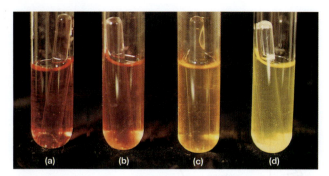

Figura 5.23 Um teste de fermentação. (a) Um tubo de fermentação não inoculado contendo o carboidrato manitol, peptona (proteína hidrolisada) e vermelho de fenol (um indicador de pH). **(b)** *Staphylococcus epidermidis* cresceu utilizando a proteína do meio, mas não o carboidrato. Esse organismo é descrito como manitol −. **(c)** *Staphylococcus aureus* produziu ácido, mas não gás. Essa espécie é manitol +. **(d)** *E. coli* também é manitol +, produzindo ácido e gás a partir do manitol. O gás é captado no tubo invertido de Durham.

P O que *S. epidermidis* está utilizando como sua fonte de energia?

ao passo que outras não. Nas primeiras, a *citocromo c-oxidase* é a última enzima que transfere os elétrons ao oxigênio. O teste da oxidase é rotineiramente utilizado para identificar rapidamente *Neisseria gonorrheae*. *Neisseria* é positiva para a citocromo-oxidase. O teste da oxidase também pode ser utilizado para distinguir alguns bastonetes gram-negativos: *Pseudomonas* é oxidase-positiva, e *Escherichia* é oxidase-negativa.

Pode ser útil diferenciar clinicamente entre bactérias que causam sintomas semelhantes. Por exemplo, tanto a *Shigella* quanto a *E. coli* podem causar disenteria, uma infecção intestinal caracterizada por diarreia intensa. *Shigella* é diferenciada de *E. coli* por meio de testes bioquímicos. Ao contrário da *E. coli*, a bactéria *Shigella* não produz gás a partir da lactose. Similarmente, as bactérias *Salmonella*, outra causa de diarreia, são prontamente diferenciadas de *E. coli* pela produção de sulfeto de hidrogênio (H_2S). O sulfeto de hidrogênio é liberado quando a bactéria *Salmonella* remove o enxofre dos aminoácidos que contêm o composto (**Figura 5.24**).

O quadro **Foco clínico** descreve como os testes bioquímicos foram utilizados na determinação da causa da infecção de um paciente após um procedimento cirúrgico.

Figura 5.24 Utilização do ágar peptona ferro para detectar a produção de H₂S. A peptona é uma proteína hidrolisada que consiste em aminoácidos. O H_2S produzido no tubo precipita com o ferro do meio para formar sulfeto ferroso.

P Qual reação química causa a liberação de H₂S?

CASO CLÍNICO

As cáries dentárias são causadas por estreptococos orais, incluindo *S. mutans*, *S. salivarius* e *S. sobrinus*, que se ligam às superfícies dos dentes. Os estreptococos orais fermentam a sacarose e produzem ácido láctico, que diminui o pH da saliva. A Dra. Rivera decide sugerir aos supervisores do acampamento a substituição do chiclete convencional por um chiclete sem açúcar, feito de xilitol. Um estudo demonstrou que mascar um chiclete adoçado com xilitol, um álcool de açúcar de ocorrência natural, pode diminuir significativamente o número de cáries dentárias em crianças, uma vez que reduz a quantidade de *S. mutans* na boca.

Por que o xilitol reduz os números de *S. mutans*?

Parte 1   Parte 2   **Parte 3**   Parte 4

TESTE SEU CONHECIMENTO

✔ **5-18** Utilizando qual fundamento bioquímico *Pseudomonas* e *Escherichia* podem ser diferenciadas?

Fotossíntese

OBJETIVOS DE APRENDIZAGEM

5-19 Comparar e diferenciar as fotofosforilações cíclica e acíclica.

5-20 Comparar e diferenciar as reações da fotossíntese dependentes e independentes de luz.

5-21 Comparar e diferenciar fosforilação oxidativa e fotofosforilação.

Em todas as vias metabólicas já discutidas, os organismos obtêm energia para o trabalho celular a partir da oxidação de compostos orgânicos. Contudo, onde os organismos obtêm esses compostos? Alguns, incluindo os animais e muitos microrganismos, alimentam-se da matéria produzida por outros organismos. Por exemplo, as bactérias podem catabolizar compostos de plantas e animais mortos, ou podem obter nutrientes de um hospedeiro vivo.

Outros organismos sintetizam compostos orgânicos complexos a partir de substâncias inorgânicas simples. O principal mecanismo dessa síntese é um processo conhecido como **fotossíntese**, realizada por plantas e muitos microrganismos. Basicamente, a fotossíntese é a conversão da energia luminosa do sol em energia química. A energia química é, então, utilizada para converter o CO_2 da atmosfera em compostos de carbono mais reduzidos, principalmente açúcares. A palavra *fotossíntese* resume o processo: *foto* significa luz, e *síntese* refere-se à montagem de compostos orgânicos. Essa síntese de açúcares por meio da utilização de átomos de carbono oriundos do gás CO_2 também é chamada de **fixação de carbono**. A manutenção da vida na Terra como a conhecemos depende da reciclagem do carbono dessa maneira (ver Figura 27.2). Cianobactérias, algas e plantas verdes contribuem para essa reciclagem vital realizando a fotossíntese.

A fotossíntese pode ser resumida com as seguintes equações:

1. Plantas, algas e cianobactérias utilizam a água como doador de hidrogênio, liberando O_2.

$$6CO_2 + 12H_2O + \text{Energia luminosa} \rightarrow$$
$$C_6H_{12}O_6 + 6H_2O + 6O_2$$

2. Bactérias sulfurosas verdes e púrpuras utilizam o H_2S como doador de hidrogênio, produzindo grânulos de enxofre.

$$6CO_2 + 12H_2S + \text{Energia luminosa} \rightarrow$$
$$C_6H_{12}O_6 + 6H_2O + 12S$$

Durante a fotossíntese, os elétrons são obtidos a partir dos átomos de hidrogênio da água, uma molécula com pouca energia, sendo depois incorporados em um açúcar, uma molécula rica em energia. O acréscimo de energia é fornecido pela energia luminosa, ainda que indiretamente.

A fotossíntese ocorre em duas etapas. Na primeira etapa, chamada de **reações dependentes de luz (luminosas)**, a energia luminosa é utilizada na conversão de ADP e ℗ em ATP. Além disso, na forma predominante das reações dependentes de luz, o carreador de elétrons $NADP^+$ é reduzido a NADPH. A coenzima NADPH, como a NADH, é um carreador de elétrons rico em energia. Na segunda etapa, as **reações independentes de luz (escuras)**, esses elétrons são utilizados juntamente com a energia do ATP para reduzir CO_2 a açúcar.

Reações dependentes de luz: fotofosforilação

A **fotofosforilação** é uma das três vias para produzir ATP, e ela somente ocorre em células fotossintéticas. Nesse mecanismo, a energia luminosa é absorvida por moléculas de clorofila na célula fotossintética, excitando alguns elétrons das moléculas. A clorofila utilizada principalmente pelas plantas verdes, algas e cianobactérias é a *clorofila a*. Ela está localizada nos tilacoides membranosos dos cloroplastos em algas e plantas verdes (ver Figura 4.28) e nos tilacoides encontrados nas estruturas fotossintéticas das cianobactérias. Outras bactérias utilizam *bacterioclorofilas* localizadas na membrana plasmática.

Os elétrons excitados passam da clorofila para a primeira de uma série de moléculas carreadoras em uma cadeia de transporte de elétrons similar àquela utilizada na respiração. Enquanto os elétrons passam pela série de carreadores, prótons são bombeados pela membrana, e ADP é convertido em ATP por quimiosmose. A clorofila e outros pigmentos são agrupados em tilacoides e são chamados **fotossistemas**. O *fotossistema II* foi assim numerado porque, embora provavelmente tenha sido o primeiro fotossistema a evoluir, ele foi o segundo a ser descoberto. Ele contém uma clorofila que é sensível aos comprimentos de onda de luz de 680 nm. A clorofila no *fotossistema I* é sensível a comprimentos de onda de luz de 700 nm. Na **fotofosforilação cíclica**, os elétrons

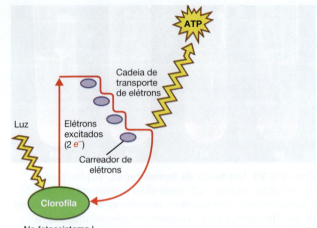

No fotossistema I

(a) Fotofosforilação cíclica

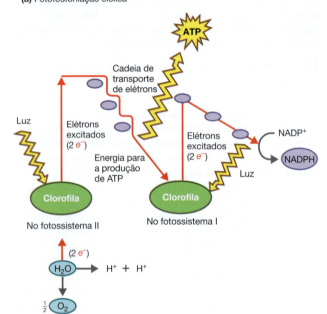

(b) Fotofosforilação acíclica

Figura 5.25 Fotofosforilação. (a) Na fotofosforilação cíclica, os elétrons liberados da clorofila pela luz no fotossistema I retornam à clorofila após passarem pela cadeia de transporte de elétrons. A energia da transferência de elétrons é utilizada na síntese de ATP. **(b)** Na fotofosforilação acíclica, os elétrons liberados da clorofila no fotossistema II são substituídos por elétrons derivados dos átomos de hidrogênio da água. Esse processo também libera íons hidrogênio. Os elétrons da clorofila no fotossistema I passam pela cadeia de transporte de elétrons até chegarem ao aceptor de elétrons $NADP^+$. $NADP^+$ se associa aos elétrons e aos íons hidrogênio da água, formando NADPH.

℗ **Quais são as semelhanças entre as reações de fosforilação oxidativa e a fotofosforilação?**

S. *mutans* não fermenta xilitol; consequentemente, não cresce nem produz ácido na boca. Os supervisores do acampamento concordaram em trocar o chiclete convencional pela versão sem açúcar feita de xilitol, e a Dra. Rivera ficou agradecida. Ela compreende que existirão outras fontes de sacarose na dieta das crianças, mas pelo menos os seus pacientes não serão mais afetados negativamente pelos incentivos bem-intencionados do acampamento. Pesquisadores ainda estão investigando formas de utilização dos antimicrobianos e vacinas na redução da colonização bacteriana. No entanto, a redução do consumo de chicletes contendo sacarose e de doces pode ser uma medida preventiva efetiva para a boca.

| Parte 1 | Parte 2 | Parte 3 | Parte 4 |

liberados da clorofila no fotossistema I por fim retornam à clorofila (**Figura 5.25a**). Ou seja, os elétrons no fotossistema I permanecem no fotossistema I. Na **fotofosforilação acíclica**, utilizada em organismos oxigênicos, ambos os fotossistemas são necessários. Os elétrons liberados da clorofila nos fotossistemas I e II não retornam à clorofila, sendo incorporados ao NADPH (Figura 5.25b). Os elétrons perdidos da clorofila são substituídos por elétrons da H_2O. Resumindo: os produtos da fotofosforilação acíclica são ATP (formado por quimiosmose, utilizando a energia liberada em uma cadeia de transporte de elétrons), O_2 (das moléculas de água) e NADPH (carreando elétrons da clorofila e prótons derivados da água).

Reações independentes de luz: ciclo de Calvin-Benson

As reações independentes de luz são assim denominadas porque não necessitam de luz. Elas incluem uma via cíclica complexa chamada **ciclo de Calvin-Benson**, na qual o CO_2 é "fixado" – isto é, ele é utilizado na síntese de açúcares (**Figura 5.26**; ver também Figura A.1 no Apêndice A).

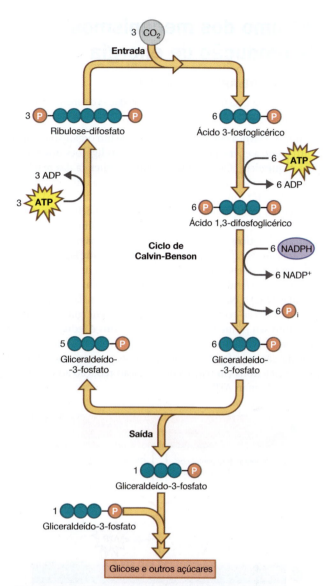

Figura 5.26 Uma versão simplificada do ciclo de Calvin-Benson. Este diagrama mostra três rodadas do ciclo, nas quais três moléculas de CO_2 são fixadas e uma molécula de gliceraldeído-3-fosfato é produzida e deixa o ciclo. Duas moléculas de gliceraldeído-3-fosfato são necessárias para produzir uma molécula de glicose. Portanto, o ciclo deve girar seis vezes para cada molécula de glicose produzida, necessitando de um investimento total de 6 moléculas de CO_2, 18 moléculas de ATP e 12 moléculas de NADPH. Uma versão mais detalhada desse ciclo é apresentada na Figura A.1 no Apêndice A.

P No ciclo de Calvin-Benson, qual molécula é utilizada na síntese de açúcares?

TESTE SEU CONHECIMENTO

✔ **5-19** Por que a fotossíntese é importante para o catabolismo?

✔ **5-20** O que é produzido durante as reações dependentes de luz?

✔ **5-21** Quais são as semelhanças entre as reações de fosforilação oxidativa e a fotofosforilação?

Resumo dos mecanismos de produção de energia

OBJETIVO DE APRENDIZAGEM

5-22 Escrever uma frase que resuma a produção de energia nas células.

No mundo vivo, a energia é transferida de um organismo para outro como a energia potencial contida nas ligações dos compostos químicos. Os organismos obtêm a energia das reações de oxidação. Para obter energia em uma forma utilizável, uma célula deve ter um doador de elétrons (ou hidrogênio), que serve como fonte inicial de energia dentro da célula. Existem diversos doadores de elétrons, e eles podem incluir os pigmentos fotossintéticos, a glicose ou outros compostos orgânicos, enxofre elementar, amônia ou o gás hidrogênio (**Figura 5.27**). Em seguida, os elétrons removidos das fontes de energia química são transferidos aos carreadores de elétrons, como as coenzimas NAD^+, $NADP^+$ e FAD. Essa transferência é uma reação de oxidação-redução; a fonte inicial de energia é oxidada enquanto seu primeiro carreador de elétrons é reduzido. Durante essa fase, algum ATP é produzido. No terceiro estágio, os elétrons são transferidos dos carreadores para seus aceptores finais de elétrons em reações de oxidação-redução adicionais, produzindo mais ATP.

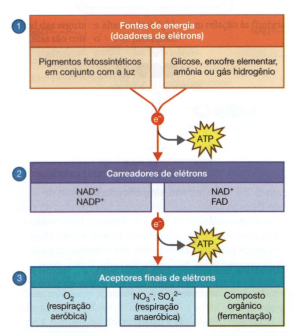

Figura 5.27 Requisitos da produção de ATP. A produção de ATP requer **1** uma fonte de energia (doador de elétrons), **2** a transferência de elétrons a um carreador durante uma reação de oxidação-redução e **3** a transferência de elétrons a um aceptor final.

P As reações produtoras de energia são oxidações ou reduções?

Na respiração aeróbica, o oxigênio (O_2) atua como aceptor final de elétrons. Na respiração anaeróbica, substâncias do ambiente diferentes do oxigênio, como íons nitrato (NO_3^-) ou íons sulfato (SO_4^{2-}), atuam como aceptores finais de elétrons. Na fermentação, os compostos no citoplasma atuam como aceptores finais de elétrons. Nas respirações aeróbica e anaeróbica, uma série de carreadores de elétrons – a cadeia de transporte de elétrons – libera energia, que é utilizada pelo mecanismo de quimiosmose para sintetizar ATP. Independentemente de suas fontes de energia, todos os organismos utilizam reações de oxidação-redução similares para a transferência de elétrons e mecanismos semelhantes de utilização da energia liberada para a produção de ATP.

> **TESTE SEU CONHECIMENTO**
>
> ✔ **5-22** Resuma como a oxidação permite aos organismos obter energia da glicose, do enxofre e da luz solar.

Diversidade metabólica entre os organismos

OBJETIVO DE APRENDIZAGEM

5-23 Categorizar os variados padrões nutricionais entre os organismos de acordo com a fonte de carbono e os mecanismos de catabolismo de carboidratos e de geração de ATP.

Estudamos em detalhes algumas das vias metabólicas que geram energia e que são utilizadas por animais e plantas, assim como por muitos microrganismos. Alguns micróbios conseguem se sustentar com substâncias inorgânicas utilizando vias que estão indisponíveis para plantas ou animais. Todos os organismos, incluindo os microrganismos, podem ser classificados metabolicamente de acordo com seu *padrão nutricional* – sua fonte de energia e sua fonte de carbono.

Considerando primeiro a fonte de energia, em geral podemos classificar os organismos como fototróficos ou quimiotróficos. Os **fototróficos** utilizam a luz como a sua principal fonte de energia, ao passo que os **quimiotróficos** dependem das reações de oxidação-redução de compostos orgânicos ou inorgânicos para a obtenção de energia. Como a sua principal fonte de carbono, os **autotróficos** (que têm alimentação própria) utilizam o dióxido de carbono, e os **heterotróficos** (cuja alimentação dependente de outros) requerem uma fonte de carbono orgânica. Os autotróficos também são chamados *litotróficos* (consumidores de rochas), e os heterotróficos também são chamados *organotróficos*.

Se combinarmos as fontes de energia e carbono, obteremos as seguintes classificações nutricionais para os organismos: *fotoautotróficos*, *foto-heterotróficos*, *quimioautotróficos* e *quimio-heterotróficos* (**Figura 5.28**). Quase todos os microrganismos

ASM: Bactérias e arqueias exibem uma diversidade metabólica extensa e frequentemente única.

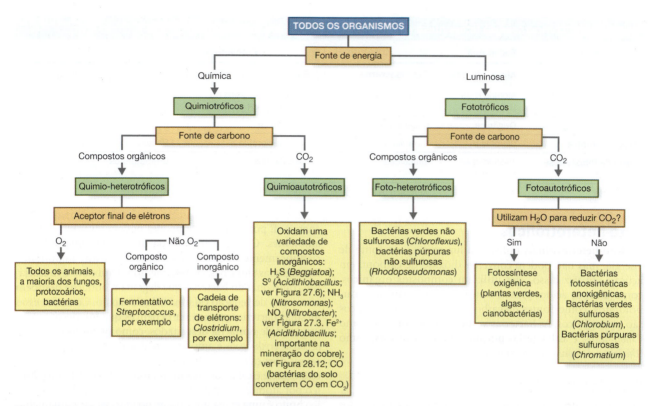

Figura 5.28 Uma classificação nutricional dos organismos.

P Qual é a diferença básica entre quimiotróficos e fototróficos?

de importância médica discutidos neste livro são quimio--heterotróficos. Em geral, organismos infecciosos catabolizam substratos obtidos do hospedeiro.

Fotoautotróficos

Os **fotoautotróficos** utilizam a luz como fonte de energia e o dióxido de carbono como sua fonte principal de carbono. Eles incluem bactérias fotossintetizantes (bactérias verdes e púrpuras e cianobactérias), algas e plantas verdes. Nas reações fotossintéticas de cianobactérias, algas e plantas verdes, os átomos de hidrogênio da água são utilizados no ciclo de Calvin--Benson para reduzir o dióxido de carbono, e oxigênio gasoso é liberado. Uma vez que o processo fotossintético produz O_2, ele é às vezes chamado de **oxigênico**.

Além das cianobactérias (ver Figura 11.13), existem diversas outras famílias de procariotos fotossintetizantes. Elas são classificadas de acordo com a sua via de redução de CO_2. Essas bactérias não podem utilizar H_2O para reduzir CO_2 e não podem realizar a fotossíntese na presença de oxigênio (elas precisam de um ambiente anaeróbico). Consequentemente, seu processo fotossintético não produz O_2 e é chamado de **anoxigênico**. Os fotoautotróficos anoxigênicos são as

bactérias verdes e púrpuras. As **bactérias verdes sulfurosas**, como *Chlorobium*, utilizam enxofre (S), compostos de enxofre (como o sulfeto de hidrogênio, H_2S) ou gás hidrogênio (H_2) para reduzir o dióxido de carbono e formar compostos orgânicos. Utilizando a energia da luz e as enzimas apropriadas, essas bactérias oxidam o sulfeto (S^{2-}) ou o enxofre (S) em sulfato (SO_4^{2-}), ou oxidam o gás hidrogênio em água (H_2O). As **bactérias púrpuras sulfurosas**, como *Chromatium*, também utilizam o enxofre, compostos de enxofre ou gás hidrogênio para reduzir o dióxido de carbono. Elas se diferenciam das bactérias verdes sulfurosas por seu tipo de clorofila, localização do enxofre armazenado e RNA ribossomal.

As clorofilas utilizadas por essas bactérias fotossintetizantes são chamadas de *bacterioclorofilas*, e elas absorvem a luz em comprimentos de onda superiores àqueles absorvidos pela clorofila *a*. As bacterioclorofilas das bactérias verdes sulfurosas são encontradas em vesículas chamadas de *clorossomos* (ou *vesículas de Chlorobium*) subjacentes à membrana plasmática ou ligadas a ela. Nas bactérias púrpuras sulfurosas, as bacterioclorofilas estão localizadas em invaginações da membrana plasmática (*cromatóforos*).

A Tabela 5.6 resume várias características que distinguem a fotossíntese eucariótica da fotossíntese procariótica.

Característica	Eucariotos	Procariotos		
	Algas, plantas	**Cianobactérias**	**Bactérias verdes sulfurosas**	**Bactérias púrpuras sulfurosas**
Substância que reduz o CO_2	Átomos H da H_2O	Átomos H da H_2O	Enxofre, compostos de enxofre, gás H_2	Enxofre, compostos de enxofre, gás H_2
Produção de oxigênio	Oxigênica	Oxigênica (e anoxigênica)	Anoxigênica	Anoxigênica
Tipo de clorofila	Clorofila a	Clorofila a	Bacterioclorofila a	Bacterioclorofila a ou b
Local da fotossíntese	Tilacoides em cloroplastos	Tilacoides	Clorossomos	Cromatóforos
Ambiente	Aeróbico	Aeróbico (e anaeróbico)	Anaeróbico	Anaeróbico

TABELA 5.6 Comparação da fotossíntese em eucariotos e procariotos selecionados

Foto-heterotróficos

Os **foto-heterotróficos** utilizam a luz como uma fonte de energia, mas não podem converter dióxido de carbono em açúcar; em vez disso, eles utilizam compostos orgânicos, como álcoois, ácidos graxos, outros ácidos orgânicos e carboidratos, como fontes de carbono. Os foto-heterotróficos são anoxigênicos. As **bactérias verdes não sulfurosas**, como *Chloroflexus*, e as **bactérias púrpuras não sulfurosas**, como *Rhodopseudomonas*, são foto-heterotróficas.

Quimioautotróficos

Os **quimioautotróficos** utilizam os elétrons provenientes dos compostos inorgânicos reduzidos como fonte de energia e utilizam o CO_2 como principal fonte de carbono. Eles fixam o CO_2 no ciclo de Calvin-Benson (ver Figura 5.26). As fontes inorgânicas de energia desses organismos incluem o sulfeto de hidrogênio (H_2S) para *Beggiatoa*; enxofre elementar (S) para *Acidithiobacillus thiooxidans*; amônia (NH_3) para *Nitrosomonas*; íons nitrito (NO_2^-) para *Nitrobacter*; hidrogênio molecular (H_2) para *Aquifex*; ferro ferroso (Fe^{2+}) para *Acidithiobacillus ferrooxidans* e monóxido de carbono (CO) para *Pseudomonas carboxydohydrogena*. A energia derivada da oxidação desses compostos inorgânicos por fim é armazenada como ATP por fosforilação oxidativa.

Quimio-heterotróficos

Quando discutimos os fotoautotróficos, os foto-heterotróficos e os quimioautotróficos, é fácil classificar as fontes de energia e carbono, uma vez que elas ocorrem separadamente. No entanto, nos quimio-heterotróficos, a distinção não é clara, tendo em vista que as fontes de energia e carbono são geralmente o mesmo composto orgânico – glicose, por exemplo. Os **quimio-heterotróficos** utilizam especificamente os elétrons dos átomos de hidrogênio de compostos orgânicos como sua fonte de energia.

Os heterotróficos são classificados ainda de acordo com sua fonte de moléculas orgânicas. Os **saprófitas** vivem na matéria orgânica morta, e os **parasitas** obtêm nutrientes de um hospedeiro vivo. A maioria das bactérias e todos os fungos e animais são quimio-heterotróficos.

As bactérias e os fungos podem utilizar uma grande variedade de compostos orgânicos como fontes de carbono e energia. É por essa razão que eles podem viver em diversos ambientes. O conhecimento da diversidade microbiana é cientificamente interessante e economicamente importante. Em algumas situações, o crescimento microbiano é indesejável, como quando bactérias que degradam borracha destroem uma junta de vedação ou uma sola de sapato. Contudo, essas mesmas bactérias podem ser benéficas quando decompõem produtos de borracha descartados, como pneus usados. *Rhodococcus erythropolis* é amplamente distribuída no solo e pode causar doença em seres humanos e outros animais. Contudo, essa espécie é capaz de substituir átomos de enxofre no petróleo por átomos de oxigênio. A remoção do enxofre do petróleo bruto é uma etapa importante no processo de refinamento desse material. O enxofre corrói equipamentos e tubulações e contribui para a chuva ácida e para os problemas respiratórios em seres humanos relacionados à poluição. Pesquisadores estão investigando como usar o *Rhodococcus* para remover o enxofre do petróleo e do carvão.

TESTE SEU CONHECIMENTO

✔ **5-23** Quase todos os microrganismos de importância médica pertencem a qual dos quatro grupos mencionados anteriormente?

* * *

A seguir, consideraremos como as células utilizam vias de ATP para a síntese de compostos orgânicos como carboidratos, lipídeos, proteínas e ácidos nucleicos.

Vias metabólicas de uso de energia

OBJETIVO DE APRENDIZAGEM

5-24 Descrever os principais tipos de anabolismo e a sua relação com o catabolismo.

Até agora, consideramos a produção de energia. Pela oxidação de moléculas orgânicas, organismos produzem energia através de respiração aeróbica, respiração anaeróbica e fermentação. Grande parte dessa energia é liberada como calor. A oxidação metabólica completa da glicose em dióxido de carbono e água

Infecção por micobactérias não tuberculosas após cirurgia

Neste quadro, você encontrará uma série de questões que os técnicos de laboratório se perguntam quando identificam uma bactéria. Tente responder a cada questão antes de passar à seguinte.

1. Júlia, uma mulher de 42 anos, queixou-se de dor abdominal 3 semanas após uma abdominoplastia. Ela desenvolveu uma febre de 39 °C e distensão abdominal. Uma tomografia computadorizada mostrou vários abcessos em sua parede abdominal. Tigeciclina e claritromicina foram prescritas. Nenhum organismo foi observado na coloração de Gram ou na coloração ácido-resistente. As culturas apresentaram crescimento de bacilos ácido-resistentes após 7 dias. As bactérias ácido-resistentes que cresceram após 1 semana pertencem ao grupo das micobactérias de crescimento rápido (RGM, de *rapidly growing mycobacteria*) e são encontradas no solo e na água.

Qual doença normalmente é associada ao *Mycobacterium*? Como uma pessoa pode contrair uma infecção causada por uma micobactéria de crescimento rápido?

2. A tuberculose é a doença mais frequentemente associada quando se ouve o nome *Mycobacterium*. As infecções associadas aos cuidados de saúde causadas por *Mycobacterium* geralmente ocorrem na pele e nos tecidos moles sob a pele e são causadas por micobactérias de crescimento rápido. Pessoas com uma ferida aberta ou que recebem uma injeção sem a desinfecção adequada da pele podem estar em risco de infecção por RGM.

Qual é o próximo passo?

3. Os resultados laboratoriais confirmam, de fato, a presença de bactérias ácido-resistentes na cavidade abdominal de Júlia. O laboratório precisa agora identificar a espécie de *Mycobacterium* em questão. A determinação da espécie da micobactéria é realizada por meio de testes bioquímicos em laboratórios de referência (**Figura A**) e confirmada por testes de DNA bacteriano ou análise do ácido micólico. As bactérias devem ser cultivadas em meio de cultura. As micobactérias de crescimento lento podem levar até 6 semanas para formar colônias.

Após as colônias terem sido isoladas, qual é o passo seguinte?

4. Após 1 semana, os resultados dos testes de laboratório mostram que as bactérias são de crescimento rápido. O teste do citrato deve ser realizado de acordo com o esquema de identificação (**Figura B**).

Qual é o resultado mostrado na Figura B?

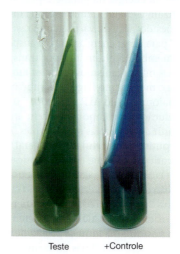

Teste   +Controle

Figura 5.B **Teste do citrato. Em um teste positivo, as bactérias capazes de utilizar o citrato como fonte de carbono apresentarão crescimento. O uso do citrato elevará o pH, e o indicador no meio se tornará azul.**

5. Como o teste do citrato apresentou resultado negativo, foi realizado o teste de redução de nitrato. Ele mostra que a bactéria não produz a enzima nitrato-redutase. O médico de Júlia diz a ela que a sua equipe está bem próxima de identificar o patógeno que está causando a doença.

Qual é essa bactéria?

6. A *M. abscessus* pode causar uma variedade de infecções. As infecções associadas aos cuidados de saúde causadas por essa bactéria geralmente ocorrem na pele e nos tecidos moles sob a pele. Ele também é causa de infecções pulmonares graves em pessoas com doenças pulmonares crônicas, como a fibrose cística. Desde 2013, o Centers for Disease Control (CDC) tem conduzido diversas investigações sobre complicações graves entre indivíduos que fazem turismo médico (i.e., pessoas cujo objetivo principal para viagens internacionais é a busca por assistência médica) ao retornarem aos Estados Unidos.

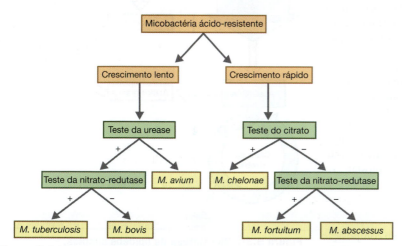

Figura 5.A Um esquema de identificação para espécies selecionadas de micobactérias.

Fonte: Adaptado de *MMWR* 67(12): 369–370; 30 de março de 2018.

é considerada um processo muito eficiente, porém cerca de 45% da energia da glicose é perdida como calor. As células utilizam a energia remanescente, que está armazenada nas ligações do ATP, de várias maneiras. Os micróbios utilizam o ATP para obter energia para o transporte de substâncias através da membrana plasmática por transporte ativo. (Ver Capítulo 4.) Os microrganismos utilizam também parte de sua energia para o movimento flagelar (também discutido no Capítulo 4). A maior parte do ATP, contudo, é utilizada na biossíntese – a produção dos componentes celulares necessários, geralmente a partir de moléculas mais simples. A biossíntese é um processo contínuo nas células e, em geral, é mais rápida nas células procarióticas do que nas eucarióticas.

Os autotróficos constroem seus compostos orgânicos por fixação do dióxido de carbono no ciclo de Calvin-Benson (ver Figura 5.26). Isso requer tanto energia (ATP) quanto elétrons (da oxidação de NADPH). Os heterotróficos, ao contrário, devem possuir uma fonte já pronta de compostos orgânicos para a biossíntese. As células utilizam esses compostos como fonte de carbono e como fonte de energia. A seguir, consideraremos a biossíntese de algumas classes representativas das moléculas biológicas: carboidratos, lipídeos, aminoácidos, purinas e pirimidinas. Durante a leitura, tenha em mente que as reações de síntese requerem uma entrada líquida de energia.

Biossíntese de polissacarídeos

Os microrganismos sintetizam açúcares e polissacarídeos. Os átomos de carbono necessários para a síntese de glicose são derivados de intermediários produzidos durante processos como a glicólise e o ciclo de Krebs, bem como de lipídeos ou aminoácidos. Após terem sintetizado glicose (ou outros açúcares simples), as bactérias podem agregá-la em polissacarídeos mais complexos, como o glicogênio. Para as bactérias transformarem glicose em glicogênio, as unidades de glicose devem ser fosforiladas e ligadas por meio da síntese por desidratação. O produto da fosforilação da glicose é a glicose-6-fosfato. Esse processo envolve gasto de energia, geralmente na forma de ATP. Para as bactérias sintetizarem glicogênio, uma molécula de ATP é adicionada à glicose-6-fosfato para formar a *adenosina-difosfoglicose (ADPG)* (**Figura 5.29**). Uma vez que a ADPG é sintetizada, ela é ligada a unidades similares para formar o glicogênio.

Utilizando o nucleotídeo uridina-trifosfato (UTP) como fonte de energia e glicose-6-fosfato, os animais sintetizam glicogênio (e muitos outros carboidratos) a partir de *uridina-difosfoglicose, UDPG* (ver Figura 5.29). Um composto relacionado à UDPG, chamado *UDP-N-acetilglicosamina (UDPNAc)*, é um material de base importante para a biossíntese de peptideoglicano, a substância que forma as paredes celulares bacterianas. A UDPNAc é formada a partir de frutose-6-fosfato, e a reação também utiliza UTP.

Biossíntese de lipídeos

Como os lipídeos variam consideravelmente em composição química, eles são sintetizados por diversas rotas. As células sintetizam gordura pela ligação de glicerol a ácidos graxos.

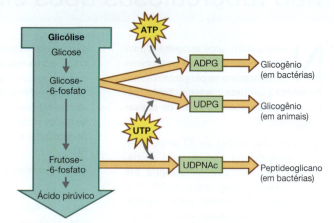

Figura 5.29 **Biossíntese de polissacarídeos.**

P Como os polissacarídeos são utilizados nas células?

A porção glicerol da gordura é derivada da di-hidroxiacetona-fosfato, um intermediário formado durante a glicólise. Os ácidos graxos, que são hidrocarbonetos de cadeia longa (hidrogênio ligado a um carbono), são formados quando dois fragmentos de carbono da acetil-CoA são sucessivamente adicionados um ao outro (**Figura 5.30**). Como ocorre na síntese de polissacarídeos, as unidades construtivas das gorduras e de outros lipídeos são ligadas por reações de síntese por desidratação que requerem energia, nem sempre na forma de ATP.

O principal papel dos lipídeos é servir como componentes estruturais das membranas biológicas, e a maioria dos

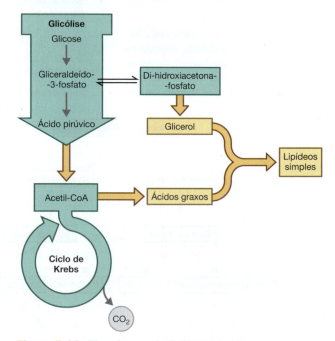

Figura 5.30 **Biossíntese de lipídeos simples.**

P Qual é a principal utilidade dos lipídeos nas células?

lipídeos de membrana é fosfolipídeo. Um lipídeo de estrutura muito diferente, o colesterol, também é encontrado nas membranas plasmáticas das células eucarióticas. As ceras são lipídeos que são componentes importantes da parede celular de bactérias ácido-resistentes. Outros lipídeos, como os carotenoides, fornecem os pigmentos vermelhos, alaranjados e amarelos de alguns microrganismos. Alguns lipídeos formam porções das moléculas de clorofila. Os lipídeos também funcionam como estoque de energia. Lembre-se de que os produtos da quebra de lipídeos após a oxidação biológica suprem o ciclo de Krebs.

Biossíntese de aminoácidos e proteínas

Os aminoácidos são necessários para a síntese de proteínas. Alguns microrganismos, como *E. coli*, contêm as enzimas necessárias para o uso de materiais de partida, como a glicose e sais inorgânicos, para a síntese de todos os aminoácidos de que precisam. Organismos com as enzimas necessárias podem sintetizar todos os aminoácidos direta ou indiretamente a partir de intermediários do metabolismo de carboidratos (**Figura 5.31a**). Outros microrganismos requerem que o ambiente forneça alguns aminoácidos pré-formados.

Embora intermediários de outras vias catabólicas possam ser usados para sintetizar aminoácidos, uma fonte importante dos precursores usados na síntese de aminoácidos é o ciclo de Krebs. A adição de um grupo amino ao ácido pirúvico ou a um ácido orgânico apropriado do ciclo de Krebs converte o ácido em um aminoácido. Esse processo é chamado de **aminação**. Se o grupo amino é oriundo de um aminoácido preexistente, o processo é chamado de **transaminação** (Figura 5.31b).

A maioria dos aminoácidos dentro das células é destinada a servir como bloco de construção para a síntese proteica. As proteínas têm papéis importantes na célula como enzimas, componentes estruturais e toxinas, citando apenas algumas utilizações. A ligação de aminoácidos para formar proteínas envolve a síntese por desidratação e requer energia na forma de ATP. O mecanismo de síntese de proteínas envolve genes e é discutido no Capítulo 8.

Biossíntese de purinas e pirimidinas

As moléculas informacionais DNA e RNA consistem em unidades repetidas de *nucleotídeos*, cada uma delas consistindo em uma purina ou pirimidina, uma pentose (açúcar de cinco carbonos) e um grupo fosfato. (Ver Capítulo 2.) Os açúcares de cinco carbonos dos nucleotídeos são derivados da via das pentoses-fosfato ou da via de Entner-Doudoroff. Alguns aminoácidos – ácido aspártico, glicina e glutamina – feitos a partir de intermediários produzidos durante a glicólise e no ciclo de Krebs participam da biossíntese de purinas e pirimidinas (**Figura 5.32**). Os átomos de carbono e nitrogênio derivados desses aminoácidos formam os anéis de purina e pirimidina, e a energia para a síntese é fornecida pelo ATP. O DNA contém todas as informações necessárias para determinar as estruturas e as funções específicas das células. Tanto o DNA quanto o RNA são necessários para a síntese de proteínas. Além disso, nucleotídeos como ATP, NAD^+ e $NADP^+$ atuam

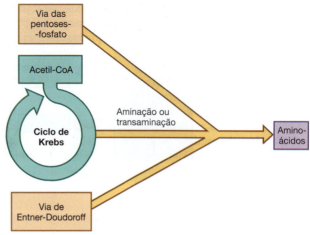

(a) Biossíntese de aminoácidos

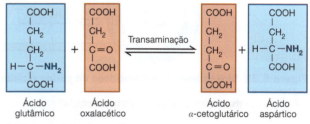

(b) Processo de transaminação

Figura 5.31 Biossíntese de aminoácidos. (a) Vias de biossíntese de aminoácidos por aminação ou transaminação de intermediários do metabolismo de carboidratos a partir do ciclo de Krebs, da via das pentoses-fosfato e da via de Entner-Doudoroff. **(b)** Transaminação, processo que produz novos aminoácidos utilizando os grupos amino de aminoácidos antigos. O ácido glutâmico e o ácido aspártico são aminoácidos; os outros dois componentes são intermediários do ciclo de Krebs.

P Qual é a função dos aminoácidos nas células?

na estimulação e na inibição da velocidade do metabolismo celular. A síntese de DNA e RNA a partir de nucleotídeos será discutida no Capítulo 8.

TESTE SEU CONHECIMENTO

✔ **5-24** De onde vêm os aminoácidos necessários para a síntese de proteínas?

Integração do metabolismo

OBJETIVO DE APRENDIZAGEM

5-25 Definir vias *anfibólicas*.

Vimos que os processos metabólicos dos microrganismos produzem energia a partir de luz, compostos inorgânicos e compostos orgânicos. Também ocorrem reações nas quais a

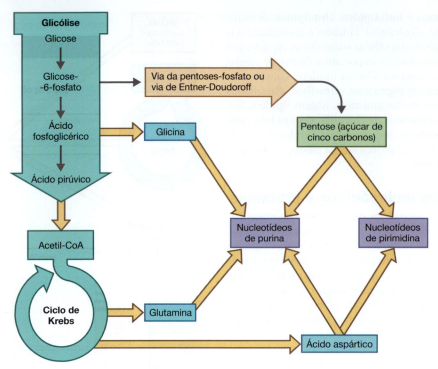

Figura 5.32 Biossíntese de nucleotídeos de purina e pirimidina.

 Quais são as funções dos nucleotídeos na célula?

energia é utilizada para a biossíntese. Com tantos tipos de atividade, poderíamos pensar que as reações anabólicas e catabólicas ocorrem independentemente umas das outras no espaço e no tempo. Na verdade, essas reações estão unidas por um grupo de intermediários comuns (identificados como intermediários essenciais na **Figura 5.33**). As reações anabólicas e catabólicas também compartilham algumas vias metabólicas, como o ciclo de Krebs. Por exemplo, as reações no ciclo de Krebs não somente participam da oxidação da glicose, como também produzem intermediários que podem ser convertidos em aminoácidos. As vias metabólicas que funcionam no anabolismo e no catabolismo são as **vias anfibólicas**, isto é, que têm duas finalidades.

As vias anfibólicas ligam as reações que levam à quebra e à síntese de carboidratos, lipídeos, proteínas e ácidos nucleicos. Essas vias permitem que reações simultâneas ocorram, e assim o produto da quebra formado em uma reação é utilizado em outra reação para sintetizar um composto diferente e vice-versa. Como vários intermediários são comuns para as reações anabólicas e catabólicas, existem mecanismos que regulam as vias de síntese e degradação e permitem que essas reações ocorram simultaneamente. Um desses mecanismos

envolve a utilização de diferentes coenzimas para vias opostas. Por exemplo, NAD^+ está envolvido em reações catabólicas, ao passo que $NADP^+$ está envolvido em reações anabólicas. As enzimas também podem coordenar as reações anabólicas e catabólicas acelerando ou inibindo as velocidades das reações bioquímicas.

Os estoques de energia de uma célula também podem afetar as velocidades das reações bioquímicas. Por exemplo, se o ATP começa a se acumular, a inibição por retroalimentação de uma enzima inativa a glicólise; esse controle auxilia na sincronização das velocidades da glicólise e do ciclo de Krebs. Assim, se o consumo de ácido cítrico aumentar, por causa de uma demanda maior de ATP ou porque as vias anabólicas estão drenando os intermediários do ciclo de Krebs, a glicólise acelera e atende à demanda.

TESTE SEU CONHECIMENTO

✔ **5-25** Faça um resumo da integração das vias metabólicas utilizando a síntese de peptideoglicano como exemplo.

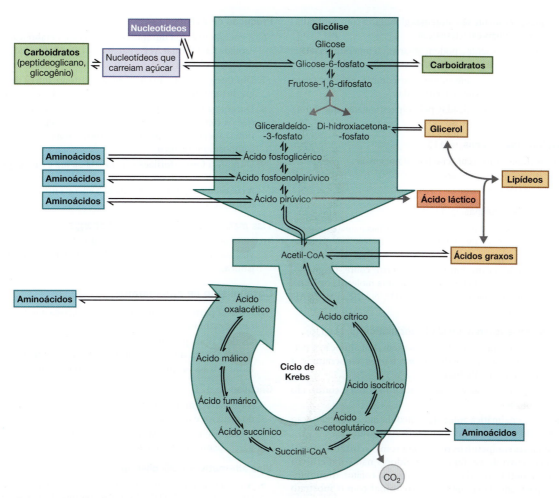

Figura 5.33 Integração do metabolismo. Os intermediários essenciais são mostrados. Embora não indicados na figura, os aminoácidos e a ribose são utilizados para a síntese de nucleotídeos de purina e pirimidina (ver Figura 5.32). As setas duplas indicam vias anfibólicas.

P Qual é o propósito de uma via anfibólica?

Resumo para estudo

Reações catabólicas e anabólicas (p. 110-111)

1. A soma de todas as reações químicas dentro de um organismo vivo é conhecida como metabolismo.

2. Catabolismo se refere às reações químicas que resultam na quebra de moléculas orgânicas complexas em substâncias mais simples. As reações catabólicas geralmente liberam energia.

3. Anabolismo se refere às reações químicas nas quais substâncias mais simples são combinadas para formar moléculas mais complexas. As reações anabólicas geralmente requerem energia.

4. A energia das reações catabólicas é utilizada para conduzir as reações anabólicas.

5. A energia para as reações químicas é armazenada em ATP.

Enzimas (p. 111-117)

1. As reações químicas dependem de colisões entre os reagentes que devem fornecer energia suficiente (energia de ativação) para quebrar ou produzir ligações químicas.

2. As enzimas são proteínas produzidas pelas células vivas. Elas catalisam as reações químicas, diminuindo a energia de ativação.

3. As enzimas geralmente são proteínas globulares com configurações tridimensionais características.

4. As enzimas são eficientes, podem atuar em temperaturas relativamente baixas e são sujeitas a vários controles celulares.

5. Quando uma enzima e um substrato se combinam, o substrato é transformado e a enzima é recuperada.

6. As enzimas são caracterizadas pela especificidade, que é uma função dos seus sítios ativos.

Nomenclatura das enzimas (p. 113)

7. Os nomes das enzimas em geral terminam em *ase*.

8. As seis classes de enzimas são definidas com base nos tipos de reações que elas catalisam.

Componentes das enzimas (p. 113-114)

9. Em sua maioria, as enzimas são holoenzimas, consistindo em uma porção proteica (apoenzima) e uma porção não proteica (cofator).

10. O cofator pode ser um íon metálico (ferro, cobre, magnésio, manganês, zinco, cálcio ou cobalto) ou uma molécula orgânica complexa, denominada coenzima (NAD^+, $NADP^+$, FMN, FAD ou coenzima A).

Fatores que influenciam a atividade enzimática (p. 114-116)

11. Em altas temperaturas, as enzimas sofrem desnaturação e perdem suas propriedades catalíticas; em baixas temperaturas, a velocidade da reação diminui.

12. O pH no qual a atividade enzimática é máxima é conhecido como pH ótimo.

13. A atividade enzimática aumenta à medida que a concentração do substrato se eleva, até as enzimas ficarem saturadas.

14. Os inibidores competitivos competem com o substrato normal pelo sítio ativo da enzima. Os inibidores não competitivos atuam em outra parte da apoenzima ou no cofator, diminuindo a capacidade da enzima de se combinar com o substrato normal.

Inibição por retroalimentação (p. 116)

15. A inibição por retroalimentação ocorre quando o produto final de uma via metabólica inibe uma atividade enzimática quase no início da via.

Ribozimas (p. 116-117)

16. A ribozimas são moléculas de RNA enzimáticas envolvidas na síntese de proteínas.

Produção de energia (p. 117-119)

Reações de oxidação-redução (p. 117-118)

1. Oxidação é a remoção de um ou mais elétrons de um substrato. Prótons (H^+) são frequentemente removidos junto com os elétrons.

2. A redução de um substrato se refere ao ganho de um ou mais elétrons.

3. Cada vez que uma substância é oxidada, outra é simultaneamente reduzida.

4. NAD^+ é a forma oxidada; NADH é a forma reduzida.

5. A glicose é uma molécula reduzida; a energia é liberada durante a oxidação da glicose na célula.

Produção de ATP (p. 118-119)

6. A energia liberada durante certas reações metabólicas pode ser captada para formar ATP a partir de ADP e 🅿ᵢ (fosfato). A adição de uma molécula de 🅿ᵢ é chamada de fosforilação.

7. Durante a fosforilação em nível de substrato, um 🅿 de alta energia de um intermediário do catabolismo é adicionado ao ADP.

8. Durante a fosforilação oxidativa, energia é liberada à medida que os elétrons passam por uma série de aceptores de elétrons (uma cadeia de transporte de elétrons) e, por fim, ao O_2 ou outro composto inorgânico.

9. Durante a fotofosforilação, a energia da luz é captada pela clorofila, e elétrons passam por uma série de aceptores de elétrons. A transferência de elétrons libera a energia utilizada para a síntese de ATP.

Vias metabólicas de produção de energia (p. 199)

10. Uma série de reações químicas catalisadas enzimaticamente, as vias metabólicas, armazena e libera energia em moléculas orgânicas.

Catabolismo de carboidratos (p. 119-133)

1. A maior parte da energia celular é produzida a partir da oxidação de carboidratos.

2. Os dois tipos principais de catabolismo de carboidratos são a respiração, na qual um açúcar é completamente quebrado, e a fermentação, na qual o açúcar é parcialmente quebrado.

Glicólise (p. 121)

3. A via mais comum para a oxidação da glicose é a glicólise. O ácido pirúvico é o produto final.

4. A glicólise produz duas moléculas de ATP e duas de NADH a partir de uma molécula de glicose.

Vias alternativas à glicólise (p. 121-123)

5. A via das pentoses-fosfato é utilizada para oxidar açúcares de cinco carbonos; 1 ATP e 12 moléculas de NADPH são produzidos a partir de uma molécula de glicose.

6. A via de Entner-Doudoroff gera 1 ATP e 2 moléculas de NADPH a partir da oxidação de 1 molécula de glicose.

Respiração celular (p. 123-128)

7. Durante a respiração, moléculas orgânicas são oxidadas. A energia é gerada a partir de oxidações na cadeia de transporte de elétrons.

8. Na respiração aeróbica, o O_2 atua como aceptor final de elétrons.

9. Na respiração anaeróbica, o aceptor final de elétrons não é o O_2; os aceptores de elétrons da respiração anaeróbica incluem NO_3^-, SO_4^{2-} e CO_3^{2-}.

10. A descarboxilação do ácido pirúvico produz uma molécula de CO_2 e um grupo acetila.

11. Grupos acetila de dois carbonos são oxidados no ciclo de Krebs. Os elétrons são capturados por NAD^+ e FAD para a cadeia de transporte de elétrons.

12. A oxidação de uma molécula de glicose produz seis moléculas de NADH, duas moléculas de $FADH_2$ e duas moléculas de ATP.

13. A descarboxilação produz seis moléculas de CO_2 no ciclo de Krebs.

14. NADH e $FADH_2$ carreiam elétrons para a cadeia de transporte de elétrons.

15. A cadeia de transporte de elétrons consiste em carreadores, incluindo flavoproteínas, citocromos e ubiquinonas.

16. Ao serem bombeados pela membrana, os prótons geram uma força próton-motriz, enquanto os elétrons passam por uma série de aceptores ou carreadores.

17. A energia produzida a partir do movimento dos prótons através da membrana é utilizada pela ATP-sintase para produzir ATP a partir de ADP e 🅟$_i$.

18. Em eucariotos, os carreadores de elétrons estão localizados na membrana mitocondrial interna; em procariotos, os carreadores estão na membrana plasmática.

19. Nos procariotos aeróbios, 38 moléculas de ATP podem ser produzidas a partir da oxidação completa de uma molécula de glicose na glicólise, no ciclo de Krebs e na cadeia de transporte de elétrons.

20. Nos eucariotos, 36 moléculas de ATP são produzidas a partir da oxidação completa de uma molécula de glicose.

21. O rendimento total de ATP na respiração anaeróbica é menor do que na respiração aeróbica, uma vez que apenas parte do ciclo de Krebs atua em condições anaeróbicas.

Fermentação (p. 128-133)

22. A fermentação libera energia a partir de açúcares e outras moléculas orgânicas por oxidação.

23. O O_2 não é necessário na fermentação.

24. Duas moléculas de ATP são produzidas por fosforilação em nível de substrato.

25. Os elétrons removidos do substrato reduzem NAD^+.

26. O aceptor final de elétrons é uma substância do interior da célula.

27. Na fermentação do ácido láctico, o ácido pirúvico é reduzido pela NADH a ácido láctico.

28. Na fermentação alcoólica, o acetaldeído é reduzido pela NADH para produzir etanol.

29. Fermentadores heteroláticos podem utilizar a via das pentoses-fosfato para produzir ácido láctico e etanol.

Catabolismo de lipídeos e de proteínas (p. 133-134)

1. As lipases hidrolisam os lipídeos em glicerol e ácidos graxos.

2. Os ácidos graxos e outros hidrocarbonetos são catabolizados por betaoxidação.

3. Os produtos catabólicos podem ser posteriormente quebrados na glicólise e no ciclo de Krebs.

4. Antes que possam ser catabolizados, os aminoácidos devem ser convertidos em diversas substâncias que entram no ciclo de Krebs.

5. As reações de transaminação, descarboxilação e dessulfurização convertem os aminoácidos que serão catabolizados.

Testes bioquímicos e identificação de bactérias (p. 134-135)

1. Bactérias e leveduras podem ser identificadas pela detecção da ação de suas enzimas.

2. Testes de fermentação são utilizados para determinar se um organismo pode fermentar um carboidrato para produzir ácido e gás.

Fotossíntese (p. 135-137)

1. Fotossíntese é a conversão da energia luminosa do sol em energia química; a energia química é utilizada para fixação de carbono.

Reações dependentes de luz: fotofosforilação (p. 136-137)

2. A clorofila *a* é utilizada pelas plantas verdes, algas e cianobactérias.

3. Elétrons da clorofila passam por uma cadeia de transporte de elétrons, a partir da qual o ATP é produzido por quimiosmose.

4. Os fotossistemas são constituídos de clorofila e outros pigmentos estocados nas membranas tilacoides.

5. Na fotofosforilação cíclica, os elétrons retornam para a clorofila.

6. Na fotofosforilação acíclica, os elétrons são utilizados para reduzir $NADP^+$. Os elétrons da H_2O substituem aqueles perdidos pela clorofila.

7. Quando a H_2O é oxidada por plantas verdes, algas e cianobactérias, O_2 é produzido; quando o H_2S é oxidado por bactérias sulfurosas, grânulos de S^0 são produzidos.

Reações independentes de luz: ciclo de Calvin-Benson (p. 137)

8. O CO_2 é utilizado na síntese de açúcares no ciclo de Calvin-Benson.

Resumo dos mecanismos de produção de energia (p. 138)

1. A luz do sol é convertida em energia química em reações de oxidação realizadas pelos fototróficos. Os quimiotróficos podem obter energia a partir de compostos orgânicos e inorgânicos.

2. Nas reações de oxidação-redução, a energia é derivada da transferência de elétrons.

3. Para produzir energia, a célula precisa de um doador de elétrons (orgânico ou inorgânico), um sistema de carreadores de elétrons e um aceptor final de elétrons (orgânico ou inorgânico).

Diversidade metabólica entre os organismos (p. 138-140)

1. Os fotoautotróficos obtêm energia pela fotofosforilação e fixam carbono do CO_2 via ciclo de Calvin-Benson para sintetizar compostos orgânicos.

2. As cianobactérias são fototróficos oxigênicos. As bactérias sulfurosas verdes e as púrpuras são fototróficas anoxigênicas.

3. Os foto-heterotróficos utilizam a luz como fonte de energia e um composto orgânico como fonte de carbono e doador de elétrons.

4. Os quimioautotróficos utilizam compostos inorgânicos como fonte de energia e o dióxido de carbono como fonte de carbono.

5. Os quimio-heterotróficos utilizam moléculas orgânicas complexas como suas fontes de carbono e energia.

Vias metabólicas de uso de energia (p. 140-143)

Biossíntese de polissacarídeos (p. 142)

1. Nas bactérias, o glicogênio é formado a partir de ADPG.

2. UDPNAc é o material inicial para a biossíntese de peptideoglicano.

Biossíntese de lipídeos (pp. 142-143)

3. Os lipídeos são sintetizados a partir de glicerol e ácidos graxos.

4. O glicerol é derivado da di-hidroxiacetona-fosfato na glicólise, e os ácidos graxos são produzidos a partir da acetil-CoA.

Biossíntese de aminoácidos e proteínas (p. 143)

5. Os aminoácidos são necessários para a síntese de proteínas.
6. Todos os aminoácidos podem ser sintetizados direta ou indiretamente a partir de intermediários do metabolismo de carboidratos, particularmente a partir do ciclo de Krebs.

Biossíntese de purinas e pirimidinas (p. 143-144)

7. Os açúcares que compõem os nucleotídeos são derivados da via das pentoses-fosfato ou da via de Entner-Doudoroff.

8. Os átomos de carbono e nitrogênio de certos aminoácidos formam o esqueleto de purinas e pirimidinas.

Integração do metabolismo (p. 143-145)

1. As reações anabólicas e catabólicas são integradas por um grupo de intermediários comuns.
2. As vias metabólicas integradas são referidas como vias anfibólicas.

Questões para estudo

As respostas das questões de Conhecimento e compreensão estão na seção de Respostas no final deste livro.

Conhecimento e compreensão

Revisão

Utilize os diagramas (a), (b) e (c) para responder à questão 1.

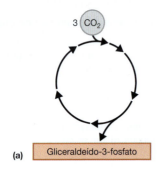

(a)

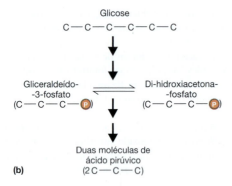

(b)

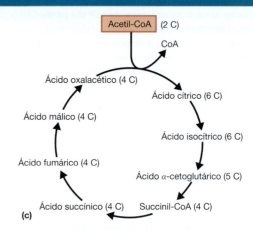

(c)

1. Nomeie as vias ilustradas nas partes (a), (b) e (c) da figura.
   a. Mostre onde o glicerol é catabolizado e onde os ácidos graxos são catabolizados.
   b. Mostre onde o ácido glutâmico (um aminoácido) é catabolizado:

$$HOOC-CH_2-CH_2-\overset{\overset{\displaystyle H}{|}}{\underset{\underset{\displaystyle NH_2}{|}}{C}}-COOH$$

   c. Mostre como essas vias estão relacionadas.
   d. Onde o ATP é necessário nas vias (a) e (b)?
   e. Onde o CO_2 é liberado nas vias (b) e (c)?
   f. Mostre onde um hidrocarboneto de cadeia longa, como o petróleo, é catabolizado.
   g. Onde NADH (ou $FADH_2$ ou NADPH) é utilizada e produzida nessas vias?
   h. Identifique quatros locais onde as vias anabólicas e catabólicas estão integradas.

2. DESENHE Utilizando os diagramas a seguir, mostre:
   a. onde o substrato se ligará
   b. onde o inibidor competitivo se ligará
   c. onde o inibidor não competitivo se ligará
   d. qual dos quatro elementos pode ser o inibidor na inibição por retroalimentação
   e. qual é o efeito das reações mostradas em (a), (b) e (c)?

Enzima   Substrato   Inibidor   Inibidor
                              competitivo   não competitivo

3. DESENHE Uma enzima e um substrato são combinados. A velocidade da reação inicia conforme mostrado no gráfico seguinte. Para completar o gráfico, mostre o efeito do aumento da concentração do substrato em uma concentração constante da enzima. Mostre o efeito do aumento da temperatura.

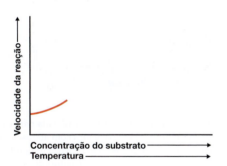

4. Defina *oxidação-redução* e diferencie os termos a seguir:
   a. respirações aeróbica e anaeróbica
   b. respiração e fermentação
   c. fotofosforilações cíclica e acíclica
5. Há três mecanismos para a fosforilação de ADP para produzir ATP. Escreva o nome do mecanismo que descreve cada uma das reações na tabela seguinte.

ATP produzido por	Reação
a. _____	Um elétron, liberado a partir da clorofila pela luz, passa por uma cadeia de transporte de elétrons.
b. _____	O citocromo *c* passa dois elétrons para o citocromo *a*.
c. _____	CH_2 ⟶ CH_3 ‖ ‖ C—O~℗ C=O | | COOH COOH Ácido Ácido fosfoenolpirúvico pirúvico

6. Todas as reações bioquímicas produtoras de energia que ocorrem nas células, como a fotofosforilação e a glicólise, são reações _____.

7. Preencha na tabela seguinte a fonte de carbono e a fonte de energia para cada tipo de organismo.

Organismos	Fonte de carbono	Fonte de energia
Fotoautotrófico	a. _____	b. _____
Foto-heterotrófico	c. _____	d. _____
Quimioautotrófico	e. _____	f. _____
Quimio-heterotrófico	g. _____	h. _____

8. Escreva sua própria definição do mecanismo de quimiosmose para a produção de ATP. Na Figura 5.16, indique o seguinte utilizando a letra apropriada:
   a. o lado ácido da membrana
   b. o lado com uma carga elétrica positiva
   c. energia potencial
   d. energia cinética
9. Por que NADH deve ser reoxidada? Como isso ocorre em organismos que utilizam a respiração? E a fermentação?
10. IDENTIFIQUE Qual característica nutricional exibe um micróbio incolor que utiliza o ciclo de Calvin-Benson, utiliza o H_2 como doador de elétrons para a sua CTE e utiliza enxofre elementar S como aceptor final de elétrons na CTE?

Múltipla escolha

1. Qual substância está sendo reduzida na reação seguinte?

$$\begin{array}{c} H \\ | \\ C=O \\ | \\ CH_3 \end{array} + NADH + H^+ \longrightarrow H-\begin{array}{c} H \\ | \\ C \\ | \\ CH_3 \end{array}-OH + NAD^+$$

Acetaldeído   Etanol

   a. acetaldeído
   b. NADH
   c. etanol
   d. NAD^+
2. Qual das reações seguintes produz mais moléculas de ATP durante o metabolismo aeróbico?
   a. glicose → glicose-6-fosfato
   b. ácido fosfoenolpirúvico → ácido pirúvico
   c. glicose → ácido pirúvico
   d. acetil-CoA → CO_2 + H_2O
   e. ácido succínico → ácido fumárico
3. Qual dos seguintes processos *não* gera ATP?
   a. fotofosforilação
   b. ciclo de Calvin-Benson
   c. fosforilação oxidativa
   d. fosforilação em nível de substrato
   e. Todas as alternativas acima geram ATP.
4. Qual dos seguintes compostos apresenta a maior quantidade de energia para uma célula?
   a. CO_2
   b. ATP
   c. glicose
   d. O_2
   e. ácido láctico

5. Qual das seguintes é a melhor definição do ciclo de Krebs?
   a. a oxidação do ácido pirúvico
   b. forma pela qual as células produzem CO_2
   c. uma série de reações nas quais NADH é produzida a partir da oxidação do ácido pirúvico
   d. um método de produção de ATP por fosforilação do ADP
   e. uma série de reações nas quais ATP é produzido a partir da oxidação do ácido pirúvico

6. Qual das seguintes é a melhor definição de *respiração celular*?
   a. uma sequência de reações redox que possuem o O_2 como o aceptor final de elétrons
   b. uma sequência de reações redox que possuem um aceptor final de elétrons do ambiente
   c. um método de produção de ATP
   d. a oxidação completa da glicose em CO_2 e H_2O
   e. uma série de reações nas quais o ácido pirúvico é oxidado em CO_2 e H_2O

Utilize as seguintes alternativas para responder as questões 7 a 10.
   a. *E. coli* crescendo em um caldo de glicose a 35 °C com O_2 durante 5 dias
   b. *E. coli* crescendo em um caldo de glicose a 35 °C sem O_2 durante 5 dias
   c. ambos a e b
   d. nem a nem b

7. Qual cultura produz mais ácido láctico?
8. Qual cultura produz mais ATP?
9. Qual cultura utiliza NAD^+?
10. Qual cultura utiliza mais glicose?

Análise

1. Explique por que, mesmo sob condições ideais, *Streptococcus* cresce lentamente.
2. O gráfico a seguir mostra a velocidade normal da reação de uma enzima e seu substrato (azul) e a velocidade quando há um excesso de inibidor competitivo (vermelho). Explique por que o gráfico aparece assim.

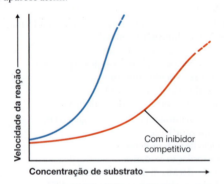

3. Compare e diferencie catabolismo de carboidratos e produção de energia nas seguintes bactérias:
   a. *Pseudomonas*, um quimio-heterotrófico aeróbio
   b. *Spirulina*, um fotoautotrófico oxigênico
   c. *Ectothiorhodospira*, um fotoautotrófico anoxigênico

4. Quanto ATP pode ser obtido da oxidação completa de uma molécula de glicose? E de uma molécula de gordura de manteiga contendo um glicerol e três cadeias de 12 carbonos?

5. O quimioautotrófico *Acidithiobacillus* pode obter energia a partir da oxidação do arsênico ($As^{3+} \rightarrow As^{5+}$). Como essa reação fornece energia? De que forma os seres humanos podem utilizar essa bactéria?

Aplicações clínicas e avaliação

1. *Haemophilus influenzae* requer hemina (fator X) para sintetizar citocromos e NAD^+ (fator V) a partir de outras células. Para que ele utiliza esses dois fatores de crescimento? Quais doenças *H. influenzae* causa?

2. O fármaco Hivid, também conhecido como ddC, inibe a síntese de DNA. Ele é utilizado para tratar a infecção pelo HIV e a Aids. Compare a ilustração a seguir do ddC à estrutura dos nucleotídeos de DNA na Figura 2.16. Como esse fármaco funciona?

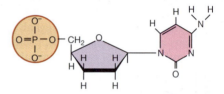

3. A enzima bacteriana estreptoquinase é utilizada para digerir fibrina (coágulo sanguíneo) em pacientes com aterosclerose. Por que a injeção de estreptoquinase não provoca uma infecção estreptocócica? Como sabemos que a estreptoquinase irá digerir somente a fibrina, e não tecidos normais?

Crescimento microbiano

6

Quando falamos em crescimento microbiano, nos referimos ao *número* de células, e não ao seu tamanho. Os microrganismos que "crescem" estão aumentando em número e se agrupando em **colônias** (grupos de células grandes o suficiente para serem visualizados sem a utilização de um microscópio) de centenas de milhares de células ou *populações* de bilhões de células. Apesar de cada célula individualmente ter a capacidade de dobrar de tamanho enquanto se desenvolve, essa mudança não é muito significativa em comparação com o aumento de tamanho observado durante o desenvolvimento das plantas e dos animais.

Muitas bactérias sobrevivem e crescem lentamente em ambientes pobres em nutrientes ao formar biofilmes. A bactéria *S. marcescens*, mostrada na foto, pode formar biofilmes em cateteres urinários ou em lentes de contato. Os biofilmes são fontes frequentes de infecções associadas aos cuidados de saúde, como a descrita no "Caso clínico".

As populações microbianas podem se tornar incrivelmente grandes em um período de tempo bem curto. Entendendo as condições necessárias para o crescimento microbiano, podemos determinar como controlar o crescimento dos microrganismos que causam as doenças e a deterioração de alimentos. Podemos, também, aprender como estimular o crescimento de microrganismos benéficos e aqueles que queremos estudar.

Neste capítulo, examinaremos os fatores físicos e químicos necessários para o crescimento microbiano, os vários tipos de meios de cultura, a divisão da célula bacteriana, as fases do crescimento microbiano e os métodos utilizados para determinar o crescimento microbiano.

◀ Bactéria *Serratia marcescens* em uma bolacha. Esse bastonete gram-negativo produz o pigmento prodigiosina o qual origina colônias vermelhas brilhantes quando a bactéria cresce em temperatura ambiente.

Na clínica

Como enfermeiro(a) em uma clínica de cirurgia plástica, você instrui os pacientes no cuidado pós-cirúrgico de suas suturas. Você ensina os pacientes que eles devem lavar as mãos antes de fazer os curativos, que a área ao redor do sítio cirúrgico deve ser lavada gentilmente com água e sabão e que a ferida deve ser limpa com peróxido de hidrogênio. Um paciente faz uma ligação para você assustado porque o peróxido de hidrogênio produziu bolhas ao entrar em contato com a ferida. **O que você diria ao paciente?**

Dica: leia mais sobre a catalase na seção sobre o oxigênio adiante neste capítulo.

Fatores necessários para o crescimento

OBJETIVOS DE APRENDIZAGEM

6-1 Classificar os micróbios em cinco grupos com base em sua faixa de temperatura preferencial.

6-2 Identificar como e por que o pH dos meios de cultura é controlado.

6-3 Explicar a importância da pressão osmótica para o crescimento microbiano.

6-4 Indicar uma aplicação para cada um dos quatro elementos (carbono, nitrogênio, enxofre e fósforo) necessários em grandes quantidades para o crescimento microbiano.

6-5 Explicar como os micróbios são classificados com base em suas necessidades de oxigênio.

6-6 Identificar as maneiras pelas quais os aeróbios previnem os danos causados pelas formas tóxicas do oxigênio.

Os fatores necessários para o crescimento microbiano podem ser divididos em duas categorias principais: físicos e químicos. Os

 ASM: A sobrevivência e o crescimento de qualquer microrganismo em um determinado ambiente dependem de suas características metabólicas.

fatores físicos incluem temperatura, pH e pressão osmótica. Os fatores químicos incluem fontes de carbono, nitrogênio, enxofre, fósforo, elementos-traço, oxigênio e fatores orgânicos de crescimento.

Fatores físicos

Temperatura

A maioria dos microrganismos apresenta bom crescimento nas temperaturas ideais para os seres humanos. Contudo, certas bactérias são capazes de crescer em temperaturas extremas que impediriam a sobrevivência de quase todos os organismos eucarióticos.

A maioria das bactérias cresce apenas dentro de uma faixa limitada de temperaturas. Os microrganismos são classificados em três grupos principais com base em sua faixa de

temperatura preferencial: **psicrófilos** (micróbios que têm afinidade pelo frio), **mesófilos** (micróbios que têm afinidade por temperaturas moderadas) e **termófilos** (micróbios que têm afinidade pelo calor). As bactérias não apresentam um bom crescimento nos extremos de alta e baixa temperaturas dentro de sua faixa, a qual normalmente varia em apenas 30 °C. A **temperatura mínima de crescimento** é a menor temperatura na qual a espécie pode crescer. A **temperatura ótima de crescimento** é a temperatura na qual a espécie cresce melhor. A **temperatura máxima de crescimento** é a maior temperatura na qual o crescimento é possível. Representando graficamente a resposta de crescimento ao longo de um intervalo de temperatura, podemos observar que a temperatura ótima de crescimento se encontra geralmente próxima à parte superior da faixa; acima dessa temperatura, a taxa de crescimento decai rapidamente (**Figura 6.1**). Isso ocorre provavelmente porque a temperatura elevada inativa os sistemas enzimáticos necessários da célula.

As faixas e as temperaturas máximas de crescimento que definem as bactérias como psicrófilas, mesófilas ou termófilas não estão determinadas de maneira rígida. Os psicrófilos, por exemplo, foram inicialmente considerados microrganismos capazes de crescer a 0 °C. Contudo, existem dois grupos muito diferentes capazes de crescer nessa temperatura. Um grupo, composto somente por psicrófilos, pode crescer a 0 °C, porém tem uma temperatura ótima de crescimento de aproximadamente 15 °C. A maioria desses microrganismos é tão sensível a temperaturas mais altas que não poderá crescer mesmo em uma temperatura ambiente amena de 25 °C. Encontrados principalmente nas profundezas dos oceanos ou em certas regiões polares, tais organismos raramente causam problemas relacionados à preservação dos alimentos. O outro grupo que pode crescer a 0 °C tem temperaturas ótimas de crescimento mais elevadas, geralmente de 20 a 30 °C, e não pode crescer em temperaturas acima de 40 °C. Os organismos desse tipo são mais comuns do que os psicrófilos e são os mais prováveis de serem encontrados na deterioração de alimentos em baixa temperatura, pois crescem muito bem nas temperaturas utilizadas nos refrigeradores. Utilizaremos o termo **psicrotróficos**, preferido pelos microbiologistas de alimentos, para esse grupo de microrganismos deteriorantes.

Figura 6.1 Taxas de crescimento características de diferentes tipos de microrganismos em resposta à temperatura. O pico da curva representa o crescimento ideal (reprodução mais rápida). Observe que a velocidade de crescimento decresce rápido para temperaturas apenas um pouco acima do ideal. Nos extremos da faixa de temperatura, a velocidade de reprodução é muito menor que a velocidade na temperatura ideal.

P Por que é difícil definir *psicrófilos, mesófilos* e *termófilos*?

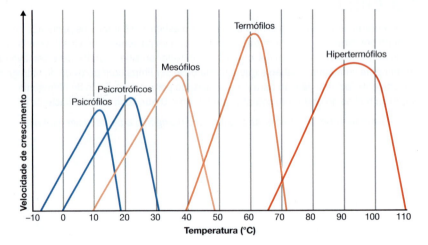

A refrigeração é o método mais comum de preservação dos alimentos nos domicílios. Esse método se baseia no princípio de que as velocidades de reprodução microbiana diminuem em baixas temperaturas. Embora os microrganismos sobrevivam mesmo em temperaturas próximas do congelamento (podem apresentar dormência total), eles gradualmente diminuem seu número. Algumas espécies diminuem mais rapidamente do que outras. Os psicrotróficos não crescem bem em temperaturas baixas, exceto quando comparados com outros microrganismos; contudo, em determinado período, eles são capazes de deteriorar lentamente o alimento. Essa deterioração pode tomar a forma de micélio fúngico, limo bacteriano na superfície do alimento ou alterações de sabor ou cor nos alimentos. A temperatura dentro de um refrigerador bem ajustado retardará muito o crescimento da maioria dos organismos deteriorantes, impedindo totalmente o crescimento da maior parte das bactérias patogênicas. A **Figura 6.2** ilustra a importância das temperaturas baixas para impedir o crescimento de organismos deteriorantes e patogênicos. Quando grandes porções de alimentos precisam ser refrigeradas, é importante lembrar que uma grande quantidade de comida quente resfria em uma velocidade relativamente baixa (**Figura 6.3**). Portanto, os alimentos devem ser divididos em porções menores antes de serem refrigerados.

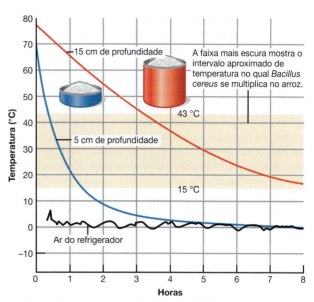

Figura 6.3 Efeito da quantidade de alimento em relação à velocidade de resfriamento e sua probabilidade de deterioração em um refrigerador. Observe, neste exemplo, que a panela de arroz com profundidade de 5 cm resfriou abaixo da faixa de temperatura de incubação de *Bacillus cereus* em cerca de 1 hora, ao passo que a panela de arroz com profundidade de 15 cm permaneceu nessa faixa de temperatura durante cerca de 5 horas.

🅿 **Considerando-se uma panela rasa e um pote fundo com o mesmo volume, qual vai resfriar mais rápido? Por quê?**

Os mesófilos, que têm uma temperatura ótima de crescimento entre 25 e 40 °C, são o tipo mais comum de microrganismo. Os organismos que se adaptaram a viver dentro dos corpos de animais geralmente têm uma temperatura ótima próxima daquela de seus hospedeiros. A temperatura ótima para muitas bactérias patogênicas é de cerca de 37 °C, e as estufas para culturas clínicas em geral são ajustadas nessa temperatura. Os mesófilos incluem a maioria dos organismos deteriorantes e patogênicos.

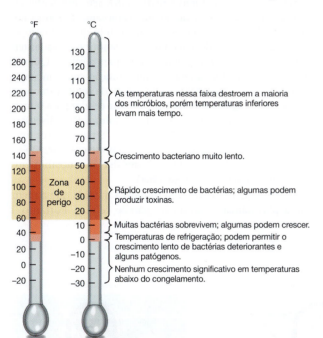

Figura 6.2 Temperaturas para segurança alimentar. O princípio básico da refrigeração é que as baixas temperaturas diminuem as taxas de multiplicação microbiana. Por outro lado, o aquecimento dos alimentos a altas temperaturas destrói a maioria dos micróbios. Sempre há alguma exceção para as respostas às temperaturas mostradas aqui; por exemplo, certas bactérias crescem bem em temperaturas tão altas que matariam a maioria das bactérias, ao passo que outras podem viver em temperaturas bem abaixo do nível de congelamento.

🅿 **Qual bactéria teoricamente teria maior probabilidade de crescer na temperatura de um refrigerador: um patógeno humano intestinal ou um patógeno de plantas transmitido pelo solo?**

CASO CLÍNICO Brilhando no escuro

Reginald MacGruder, um pesquisador do Centers for Disease Control and Prevention (CDC), tem um mistério a resolver. No início do ano, ele estava envolvido no *recall* de uma solução de heparina intravenosa que foi reportada por causar infecções sanguíneas por *Pseudomonas fluorescens* em pacientes de quatro estados diferentes. Aparentemente, tudo estava sob controle até que, 3 meses após o *recall*, 19 pacientes de dois outros estados desenvolveram as mesmas infecções sanguíneas por *P. fluorescens*. Isso não faz sentido para o Dr. MacGruder; como essa infecção poderia estar reaparecendo tão cedo após o *recall*? Será que outro lote de heparina poderia estar contaminado?

O que é *P. fluorescens*? Continue lendo para descobrir.

Parte 1　Parte 2　Parte 3　Parte 4

Os termófilos são microrganismos capazes de crescer em temperaturas altas. Muitos desses organismos têm uma temperatura ótima de crescimento de 50 a 60 °C, que é aproximadamente a temperatura da água em uma torneira de água quente. Essas temperaturas também podem ser encontradas no solo exposto ao sol e em águas termais, como as fontes termais. Surpreendentemente, muitos termófilos não conseguem crescer em temperaturas abaixo de 45 °C. Os endósporos formados por bactérias termófilas são anormalmente resistentes à temperatura e podem sobreviver ao tratamento térmico convencional aplicado aos alimentos enlatados. Embora temperaturas elevadas de estocagem possam causar a germinação e o crescimento desses endósporos, levando à deterioração do alimento, essas bactérias termófilas não são consideradas um problema de saúde pública. Os termófilos são importantes na compostagem orgânica (ver Figura 27.8), em que a temperatura pode alcançar rapidamente 50 a 60 °C.

Alguns microrganismos membros das arqueias (ver Capítulo 1) têm uma temperatura ótima de crescimento de 80 °C ou mais. Esses organismos são chamados **hipertermófilos**, ou, em alguns casos, **termófilos extremos**. A maioria desses organismos vive em fontes termais associadas à atividade vulcânica; o enxofre normalmente é importante na sua atividade metabólica. A temperatura mais alta conhecida para crescimento bacteriano e replicação é de cerca de 121 °C perto de respiradouros hidrotermais abissais. A enorme pressão nas profundezas dos oceanos evita que a água ferva mesmo em temperaturas bem acima de 100 °C.

pH

No Capítulo 2, explicamos que o pH refere-se à acidez ou alcalinidade de uma solução. A maioria das bactérias cresce melhor em uma faixa estreita de pH próxima da neutralidade, entre pH 6,5 e 7,5. Poucas bactérias crescem em pH ácido abaixo de 4. Por essa razão, muitos alimentos, como o chucrute, os picles e muitos tipos de queijo, são protegidos da deterioração pelos ácidos produzidos pela fermentação bacteriana.

Todavia, algumas bactérias, chamadas **acidófilas**, são extraordinariamente tolerantes à acidez. Um tipo de bactéria quimioautotrófica, que é encontrada na água de drenagem das minas de carvão e que oxida enxofre para formar ácido sulfúrico, pode sobreviver em pH 1. Os fungos e as leveduras crescem em uma faixa maior de pH que as bactérias, mas o pH ótimo dos fungos e das leveduras geralmente é menor que o bacteriano, entre pH 5 e 6. A alcalinidade também inibe o crescimento microbiano, mas raramente é utilizada para preservar os alimentos.

Quando bactérias são cultivadas no laboratório, elas frequentemente produzem ácidos que podem interferir no seu próprio crescimento. Para neutralizar os ácidos e manter o pH apropriado, tampões químicos são incluídos no meio de cultura. Os peptídeos e os aminoácidos atuam como tampões em alguns meios, e muitos meios também contêm sais de fosfato. Os sais de fosfato têm a vantagem de exibir o seu efeito de tampão na faixa de pH de crescimento da maioria das bactérias. Eles também não são tóxicos; na verdade, eles fornecem o fósforo, um nutriente essencial.

Pressão osmótica

Os microrganismos obtêm a maioria dos seus nutrientes em solução na água presente no seu meio ambiente. Portanto, eles requerem água para seu crescimento, sendo que sua composição é de 80 a 90% de água. Pressões osmóticas elevadas têm como efeito remover a água necessária para a célula. Quando uma célula microbiana está em uma solução cuja concentração de solutos é mais elevada que dentro da célula (ambiente *hipertônico*), a água atravessa a membrana celular para o meio com a concentração mais elevada de soluto. (Ver discussão sobre osmose no Capítulo 4 e Figura 4.18 para os três tipos de soluções ambientais que uma célula pode encontrar.) Essa perda osmótica de água causa **plasmólise**, ou encolhimento do citoplasma da célula (**Figura 6.4**).

O crescimento da célula é inibido à medida que a membrana plasmática se afasta da parede celular. Portanto, a

Figura 6.4 Plasmólise.

P Por que se adiciona açúcar às frutas para a produção de geleias e compotas?

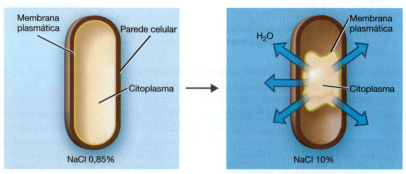

(a) Célula em solução isotônica. Nessas condições, a concentração de soluto na célula é equivalente à concentração de soluto do cloreto de sódio (NaCl) a 0,85%.

(b) Célula plasmolisada em solução hipertônica. Se a concentração dos solutos, como o NaCl, for maior no meio circundante do que no interior da célula (o meio é hipertônico), a água tende a deixar a célula. O crescimento da célula é inibido.

adição de sais (ou outros solutos) em uma solução e o aumento resultante na pressão osmótica podem ser utilizados para preservar alimentos. Peixe salgado, mel e leite condensado são preservados por esse mecanismo; as concentrações elevadas de sal ou açúcar removem a água de qualquer célula microbiana presente e, consequentemente, impedem seu crescimento.

Alguns organismos, chamados **halófilos extremos**, se adaptaram tão bem às altas concentrações de sais que de fato necessitam dos sais para o seu crescimento. Nesse caso, eles podem ser chamados de **halófilos obrigatórios**. Os organismos de águas salinas como o Mar Morto requerem frequentemente cerca de 30% de sal, e a alça de inoculação (equipamento usado no laboratório para manipulação de bactérias) utilizada para transferência deve primeiramente ser mergulhada em uma solução saturada de sal. Os **halófilos facultativos** são mais comuns e não requerem altas concentrações de sais, mas são capazes de crescer em concentrações salinas de até 2%, uma concentração que inibe o crescimento de muitos outros organismos. Algumas espécies de halófilos facultativos podem tolerar até mesmo 15% de sal.

A maioria dos microrganismos, contudo, deve ser cultivada em meio constituído quase que apenas de água. Por exemplo, a concentração do ágar (polissacarídeo complexo isolado de uma alga marinha) utilizado para solidificar os meios de cultura microbianos normalmente é de aproximadamente 1,5%. Se concentrações bem mais altas forem utilizadas, a pressão osmótica aumentada pode inibir o crescimento de algumas bactérias.

Se a pressão osmótica for anormalmente baixa (o ambiente é *hipotônico*) – como na água destilada, por exemplo –, a água tende a entrar na célula em vez de sair. Alguns microrganismos que têm uma parede celular relativamente frágil podem ser lisados com esse tratamento.

TESTE SEU CONHECIMENTO

✔ **6-1** Por que os hipertermófilos que crescem em temperaturas acima de 100 °C parecem ser limitados às profundezas oceânicas?

✔ **6-2** Além de controlar a acidez, qual é a vantagem de utilizar sais de fosfato como tampões em meios de cultura?

✔ **6-3** Antes do desenvolvimento de técnicas modernas de preservação de alimentos, como a pasteurização e o enlatamento, por que as pessoas usavam técnicas que dependiam da pressão osmótica?

Fatores químicos

Carbono

Além da água, um dos fatores mais importantes para o crescimento microbiano é o carbono. O carbono é o esqueleto estrutural da matéria viva; é necessário para todos os compostos orgânicos que constituem uma célula viva. Metade do peso seco de uma célula bacteriana típica é composta de carbono. Os quimio-heterotróficos obtêm a maior parte do seu carbono de sua fonte de energia – materiais orgânicos, como proteínas, carboidratos e lipídeos. Os quimioautotróficos e os fotoautotróficos derivam seu carbono do dióxido de carbono.

Nitrogênio, enxofre e fósforo

Além do carbono, os microrganismos necessitam de outros elementos para sintetizar material celular. Por exemplo, a síntese de proteínas requer quantidades consideráveis de nitrogênio e enxofre. A síntese de DNA e RNA também requer nitrogênio e um pouco de fósforo, assim como a síntese de ATP, a molécula responsável pelo armazenamento e pela transferência de energia dentro da célula. O nitrogênio constitui cerca de 14% do peso seco da célula bacteriana, e o enxofre e o fósforo juntos constituem aproximadamente 4%.

Os organismos utilizam o nitrogênio essencialmente para formar o grupo amino dos aminoácidos das proteínas. Muitas bactérias obtêm esses compostos da decomposição de material contendo proteína e reincorporando os aminoácidos em novas proteínas sintetizadas e outros compostos nitrogenados. Outras bactérias utilizam o nitrogênio dos íons amônio (NH_4^+), os quais já estão na forma reduzida e, em geral, são encontrados no material celular orgânico. Outras bactérias são capazes de derivar o nitrogênio dos nitratos (compostos que se dissociam para produzir o íon nitrato, NO_3^-, em solução).

Algumas bactérias importantes, incluindo muitas das cianobactérias fotossintetizantes (ver Capítulo 11), utilizam o nitrogênio gasoso (N_2) diretamente da atmosfera. Esse processo é chamado **fixação de nitrogênio**. Alguns organismos que podem utilizar esse método são de vida livre, a maioria no solo, mas outros vivem cooperativamente em simbiose com as raízes de leguminosas, como trevo, soja, alfafa, feijões e ervilhas. O nitrogênio fixado na simbiose é utilizado tanto pela planta quanto pelas bactérias (ver Capítulo 27).

O enxofre é utilizado na síntese dos aminoácidos metionina e cisteína que contêm enxofre e de vitaminas como a tiamina e a biotina. Fontes naturais importantes de enxofre incluem o íon sulfato (SO_4^{2-}), o sulfeto de hidrogênio e os aminoácidos que contêm enxofre.

O fósforo é essencial para a síntese dos ácidos nucleicos e dos fosfolipídeos das membranas celulares. Entre outros lugares, ele é encontrado também nas ligações de energia do ATP. Uma fonte de fósforo é o íon fosfato (PO_4^{3-}). Potássio, magnésio e cálcio também são elementos necessários aos microrganismos, frequentemente como cofatores para as enzimas (ver Capítulo 5).

Elementos-traço

Os microrganismos necessitam de quantidades muito pequenas de outros elementos minerais, como ferro, cobre, molibdênio e zinco, os quais são chamados de **elementos-traço**. A maioria é essencial às funções de certas enzimas, geralmente como cofatores. Embora esses elementos algumas vezes sejam adicionados ao meio de cultivo laboratorial, costumam estar naturalmente presentes na água de torneira e em outros componentes dos meios de cultivo. Mesmo que a água destilada contenha quantidades adequadas de minerais-traço, o uso da água de torneira algumas vezes é recomendado para confirmar que esses minerais estão presentes nos meios de cultura.

Oxigênio

Estamos acostumados a pensar no oxigênio molecular (O_2) como um elemento necessário à vida, mas na realidade ele é

TABELA 6.1 Efeito do oxigênio no crescimento de vários tipos de bactérias

	a. Aeróbios obrigatórios	b. Anaeróbios facultativos	c. Anaeróbios obrigatórios	d. Anaeróbios aerotolerantes	e. Microaerófilos
Efeito do oxigênio no crescimento	Apenas crescimento aeróbico; o oxigênio é necessário.	Crescimento aeróbico e anaeróbico; crescimento maior na presença de oxigênio.	Apenas crescimento anaeróbico; o crescimento cessa na presença de oxigênio.	Apenas crescimento anaeróbico; o crescimento continua na presença de oxigênio.	Apenas crescimento somente aeróbico; oxigênio necessário em baixa concentração.
Crescimento bacteriano em tubo com meio de cultura sólido					
Explicações para os padrões de crescimento	Crescimento somente onde altas concentrações de oxigênio estão difundidas no meio.	Crescimento ocorre preferencialmente onde mais oxigênio está presente, embora possa ocorrer em toda a extensão do tubo.	Crescimento somente onde não há oxigênio.	Crescimento homogêneo ao longo da extensão do tubo; o oxigênio não tem efeito.	Crescimento onde há uma baixa concentração de oxigênio difundido no meio.
Explicações para os efeitos do oxigênio	A presença das enzimas catalase e superóxido-dismutase (SOD) permite que as formas tóxicas do oxigênio sejam neutralizadas; pode utilizar oxigênio.	A presença das enzimas catalase e SOD permite que as formas tóxicas do oxigênio sejam neutralizadas; pode utilizar oxigênio.	Ausência das enzimas que neutralizam as formas tóxicas do oxigênio; não tolera oxigênio.	A presença de uma enzima, SOD, permite que as formas tóxicas do oxigênio sejam parcialmente neutralizadas; tolera oxigênio.	Produção de quantidades letais de formas tóxicas do oxigênio se expostos ao oxigênio atmosférico normal.

um gás venenoso. Havia pouco oxigênio molecular na atmosfera durante a maior parte da história da Terra – de fato, é possível que a vida não tivesse surgido se houvesse oxigênio. Contudo, muitas formas comuns de vida têm sistemas metabólicos que usam oxigênio para a respiração aeróbica. Os átomos de hidrogênio que foram removidos dos compostos orgânicos se combinam com o oxigênio para formar água, como mostrado na Figura 5.14. Esse processo fornece uma grande quantidade de energia ao mesmo tempo que neutraliza um gás potencialmente tóxico – uma solução realmente genial.

Os microrganismos que utilizam o oxigênio molecular (aeróbios) produzem mais energia a partir dos nutrientes que os microrganismos que não utilizam o oxigênio (anaeróbios). Os organismos que precisam do oxigênio para viver são chamados **aeróbios obrigatórios** (Tabela 6.1a).

Os aeróbios obrigatórios estão em desvantagem, uma vez que o oxigênio é pouco solúvel na água de seu ambiente. Por isso, muitas das bactérias aeróbias desenvolveram, ou mantiveram, a capacidade de continuar a crescer na ausência do oxigênio. Esses organismos são **anaeróbios facultativos** (Tabela 6.1b). Em outras palavras, os anaeróbios facultativos podem utilizar o oxigênio quando ele está presente, mas são capazes de continuar a crescer utilizando a fermentação ou a respiração anaeróbica quando o oxigênio não estiver disponível. Contudo, a sua eficácia em produzir energia é reduzida na ausência do oxigênio. Um exemplo de anaeróbio facultativo é a *Escherichia coli*, encontrada no trato intestinal de seres humanos. Muitas leveduras também são anaeróbios facultativos.

Ao se multiplicar em um ambiente anaeróbico, as leveduras utilizam a fermentação para produzir energia, enquanto muitas bactérias usam a respiração anaeróbica. (Ver discussão sobre respiração anaeróbica no Capítulo 5.)

Os **anaeróbios** (Tabela 6.1c) são bactérias incapazes de utilizar o oxigênio molecular nas reações de produção de energia, e isso, na verdade, é prejudicial para muitos deles. O gênero *Clostridium*, o qual abrange as espécies que causam o tétano e o botulismo, é o exemplo mais conhecido. O *Clostridium* obtém energia por meio da respiração anaeróbica.

Para entender como os organismos podem ser danificados pelo oxigênio, é necessária uma breve discussão sobre as formas tóxicas do oxigênio:

1. O **oxigênio singleto** ($^1O_2^-$) é o oxigênio molecular normal (O_2) que foi impulsionado a um estado de alta energia, sendo extremamente reativo.

2. Os **radicais superóxidos** ($.O_2$), ou **ânions superóxidos**, são formados em pequenas quantidades durante a respiração normal dos organismos que utilizam o oxigênio como aceptor final de elétrons, formando água. Pertencentes a um grupo de subprodutos metabólicos tóxicos conhecidos como radicais livres, eles são designados através do uso de um ponto antes do elemento para indicar o elétron não pareado. Na presença do oxigênio, os anaeróbios também parecem formar alguns radicais superóxidos, que são tão tóxicos para os componentes celulares que exigem que todos os organismos que tentam crescer na presença do

oxigênio atmosférico produzam uma enzima, a **superóxido-dismutase (SOD)**, para neutralizá-los. Sua toxicidade é causada por sua grande instabilidade, que provoca a retirada de elétrons das moléculas vizinhas, que se tornam radicais, produzindo um efeito de remoção de elétrons em cascata. Os aeróbios, os anaeróbios facultativos crescendo aerobicamente e os anaeróbios aerotolerantes (discutidos em breve) produzem SOD, com a qual eles convertem o radical superóxido em oxigênio molecular (O_2) e peróxido de hidrogênio (H_2O_2):

$$\cdot O_2 + \cdot O_2 + 2\,H^+ \longrightarrow H_2O_2 + O_2$$

3. O peróxido de hidrogênio produzido nessa reação contém o **ânion peróxido** (O_2^{2-}) e também é tóxico. Esse é o ingrediente ativo dos agentes antimicrobianos peróxido de hidrogênio e peróxido de benzoíla. (Ver Capítulo 7.) Como o peróxido de hidrogênio produzido durante a respiração aeróbica normal é tóxico, os microrganismos desenvolveram enzimas para a sua neutralização. A mais familiar dessas enzimas é a **catalase**, que o converte em água e oxigênio:

$$2\,H_2O_2 \longrightarrow 2\,H_2O + O_2$$

A catalase é facilmente detectada por sua ação no peróxido de hidrogênio. Quando uma gota de peróxido de hidrogênio é adicionada a uma colônia de células bacterianas, produzindo catalase, bolhas de oxigênio são liberadas (**Figura 6.5**). Quando se coloca uma gota de peróxido de hidrogênio em um ferimento, observa-se que as células de tecido humano também produzem catalase. A outra enzima que quebra o peróxido de hidrogênio é a **peroxidase** que difere da catalase porque a sua reação não produz oxigênio:

$$H_2O_2 + 2\,H^+ \longrightarrow 2\,H_2O$$

Outra forma importante de oxigênio reativo é o **ozônio** (O_3) (discutido no Capítulo 7).

Figura 6.5 Teste da catalase. A presença de catalase é indicada pela formação de bolhas em uma colônia ou suspensão de células após a adição de peróxido de hidrogênio.

P O que há nas bolhas?

4. O **radical hidroxila** (.OH) é outra forma intermediária de oxigênio e provavelmente o radical livre mais reativo. Ele é formado no citoplasma celular por radiação ionizante. A maior parte da da respiração aeróbica produz traços de radicais hidroxila, mas eles são temporários.

Essas formas tóxicas do oxigênio são um componente essencial de uma das mais importantes defesas do corpo contra os patógenos: a fagocitose (ver Figura 16.7). No fagolisossomo da célula fagocítica, os patógenos capturados são mortos pela exposição ao oxigênio singleto, aos radicais superóxidos, aos ânions peróxidos do peróxido de hidrogênio, aos radicais hidroxila e a outros compostos oxidativos relacionados.

Os anaeróbios obrigatórios geralmente não produzem nem superóxido-dismutase nem catalase. Como as condições aeróbicas provavelmente conduzem a um acúmulo de radicais superóxidos no citoplasma, os anaeróbios obrigatórios são extremamente sensíveis ao oxigênio.

Os **anaeróbios aerotolerantes** (Tabela 6.1d) são fermentadores e não podem utilizar o oxigênio para o seu crescimento, porém toleram a sua presença. Na superfície de um meio sólido, eles crescem sem precisar das técnicas especiais (discutidas posteriormente) usadas pelos anaeróbios obrigatórios. Um exemplo comum de anaeróbios aerotolerantes produtores de ácido láctico são os lactobacilos utilizados na produção de muitos alimentos ácidos fermentados, como picles e queijo. No laboratório, eles são manuseados e cultivados da mesma forma que outras bactérias, mas não utilizam o oxigênio do ar. Essas bactérias podem tolerar o oxigênio porque possuem uma SOD ou um sistema equivalente que neutraliza as formas tóxicas do oxigênio discutidas anteriormente.

Algumas bactérias são **microaerófilas** (Tabela 6.1e). Elas são aeróbias e requerem oxigênio. Contudo, crescem somente em concentrações de oxigênio inferiores às do ar. Em um tubo-teste de meio nutritivo sólido, essas bactérias crescem apenas no fundo, onde somente pequenas quantidades de oxigênio difundiram-se no meio; não crescem perto da superfície rica em oxigênio, nem abaixo da faixa estreita de oxigênio adequado. Essa tolerância limitada provavelmente se deve à sua sensibilidade aos radicais superóxidos e peróxidos que são produzidos em concentrações letais sob condições ricas em oxigênio.

Fatores de crescimento orgânicos

Os compostos orgânicos essenciais que um organismo não consegue sintetizar são conhecidos como **fatores de crescimento orgânicos**; eles devem ser obtidos diretamente do ambiente. Um grupo de fatores de crescimento orgânicos para os seres humanos é o das vitaminas. A maioria das vitaminas atua como coenzimas, os cofatores orgânicos necessários ao funcionamento de certas enzimas (ver Tabela 5.2). Muitas bactérias podem sintetizar suas próprias vitaminas e não dependem de fontes externas. Contudo, algumas bactérias não têm as enzimas necessárias para a síntese de certas vitaminas, que são para elas fatores de crescimento orgânicos. Outros desses fatores requeridos por certas bactérias são aminoácidos, purinas e pirimidinas.

Biofilmes

OBJETIVO DE APRENDIZAGEM

6-7 Descrever a formação de biofilmes e seu potencial para causar infecção.

Na natureza, os microrganismos raramente vivem em colônias isoladas de uma única espécie, como vemos em placas de cultura no laboratório. Eles normalmente vivem em comunidades, ou **biofilmes**, os quais são uma camada fina e viscosa envolvendo bactérias que se aderem a uma superfície. Isso só foi comprovado após o desenvolvimento da microscopia confocal (ver Capítulo 3) que permitiu a visualização da estrutura tridimensional dos biofilmes.

Por meio da comunicação química entre as células, ou *quorum sensing*, as bactérias coordenam suas atividades e se agrupam em comunidades que fornecem benefícios não muito diferentes daqueles de organismos multicelulares. Portanto, os biofilmes não são somente camadas limosas bacterianas, mas sistemas biológicos; as bactérias são organizadas em uma comunidade funcional coordenada. Os biofilmes geralmente estão fixados a superfícies, como uma pedra em um lago, um dente humano (placa; ver Figura 25.3) ou um cateter. Essa comunidade pode ser de uma única espécie ou de grupos diversos de microrganismos. Trilhões de pedaços de plástico, com cerca de 5 mm de diâmetro, flutuam nos oceanos do mundo. Biofilmes formados por centenas de espécies de bactérias e algas foram encontrados em biofilmes nesses pedaços de plástico. Curiosamente, diferentes espécies são encontradas em diferentes tipos de plástico (p. ex., polipropileno ou polietileno). Os biofilmes também podem ter outras formas. Em córregos de fluxo rápido, o biofilme pode tomar a forma de serpentinas filamentosas. Na comunidade de um biofilme, as bactérias são capazes de compartilhar nutrientes e são protegidas de fatores danosos do ambiente, como a dessecação, os antibióticos e o sistema imune corporal.

A íntima proximidade dos microrganismos dentro de um biofilme também

> **ASM:** A maioria das bactérias na natureza vive em comunidades de biofilmes.

pode apresentar a vantagem de facilitar a transferência de informação genética, por exemplo, por conjugação.

Um biofilme geralmente começa a se formar quando uma bactéria de vida livre (*planctônica*) se fixa em uma superfície. A densidade celular, então, aumenta pelo processo de *quorum*

sensing. No meio jurídico, *quorum* representa o número mínimo de membros necessários para conduzir as negociações. Assim, o *quorum sensing* é a capacidade das bactérias de se comunicarem e coordenarem o comportamento. As bactérias que utilizam o *quorum sensing* produzem e secretam uma substância química sinalizadora chamada de *indutor*. À medida que o indutor se difunde para o meio circundante, outras células bacterianas se movimentam em direção à fonte e começam a produzir o indutor. A concentração do indutor aumenta à medida que o número de células aumenta. Isso, por sua vez, atrai mais células e inicia a síntese de mais indutores.

As células em um biofilme produzem uma matriz extracelular que consiste em polissacarídeos, proteínas e DNA extracelular (**Figura 6.6**). Se essa bactéria crescesse em uma monocamada uniformemente espessa, ocorreria superlotação, os nutrientes não ficariam disponíveis na parte mais profunda e resíduos tóxicos se acumulariam. Os microrganismos nas comunidades de biofilme algumas vezes evitam esses problemas, formando estruturas em forma de pilares (Figura 6.6) com canais entre elas, pelos quais a água pode introduzir nutrientes e retirar resíduos. Um biofilme também pode ser considerado um *hidrogel*, um polímero complexo contendo muitas vezes o seu peso seco em água. Esse é um sistema circulatório primitivo. Microrganismos individuais e agregados limosos ocasionalmente deixam o biofilme e movem-se para um novo local, para onde o biofilme vai se estender. Em geral, esse biofilme é constituído por uma camada superficial de cerca de 10 μm de espessura, com pilares que se estendem até 200 μm acima dela.

Os microrganismos em biofilmes podem trabalhar em cooperação para desenvolver tarefas complexas. Um exemplo são as mixobactérias, que são encontradas na matéria orgânica em decomposição e na água doce em todo o mundo. Embora sejam bactérias, muitas nunca existem como células individuais. As células de *Myxococcus xanthus*, por exemplo, parecem "caçar" em grupos. Em seu hábitat aquoso natural, elas formam colônias esféricas que cercam a "presa" bacteriana, secretam enzimas digestivas e absorvem seus nutrientes. Em substratos sólidos, outras células de mixobactérias deslizam sobre a superfície deixando rastros de limo que são seguidos por outras células. Quando há escassez de comida, as células se agregam para

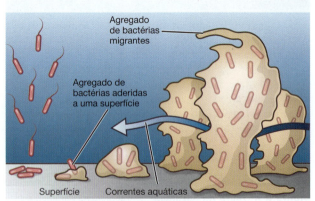

Bactérias planctônicas se fixam a uma superfície.
Componentes indutores de biofilmes atraem mais bactérias.

10 μm

Figura 6.6 Formação de biofilmes.

P *O que é quorum sensing?*

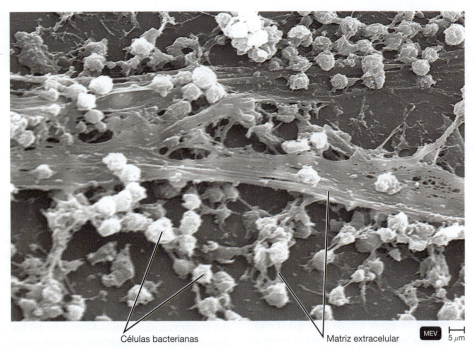

Células bacterianas   Matriz extracelular   MEV ⊢ 5 μm

Figura 6.7 Biofilme de *Staphylococcus aureus* crescendo no interior do cateter de um paciente. Observe a matriz extracelular pegajosa secretada pela bactéria.

P Por que a prevenção da formação de biofilmes é importante em um ambiente de cuidados de saúde?

formar uma massa. As células no interior da massa se diferenciam em corpos de frutificação que consistem em pedúnculos limosos e arranjos de esporos (ver Figura 11.11).

Os biofilmes são um importante fator para a saúde humana. Por exemplo, os microrganismos em um biofilme provavelmente são 1.000 vezes mais resistentes aos microbicidas. Especialistas do CDC estimam que 70% das infecções bacterianas humanas envolvem biofilmes. A maioria das infecções associadas aos cuidados de saúde provavelmente relaciona-se à presença de biofilmes em cateteres médicos (**Figura 6.7** e Figura 21.3). De fato, os biofilmes se formam em quase todos os dispositivos médicos permanentes, incluindo as válvulas mecânicas cardíacas. Os biofilmes, que também podem ser formados por fungos como a *Candida*, são encontrados associados a muitas doenças, como infecções relacionadas ao uso de lentes de contato, cáries dentárias (ver Figura 25.3) e infecções por bactérias do gênero *Pseudomonas* (ver Capítulo 11).

Uma abordagem para prevenir a formação de biofilmes é a aplicação de antimicrobianos em superfícies nas quais os biofilmes podem se formar. Como os indutores que permitem o *quorum sensing* são essenciais para a formação de biofilmes, pesquisas estão sendo realizadas para esclarecer a composição desses indutores e, talvez, bloqueá-los. Outra abordagem envolve a descoberta de que a lactoferrina (ver Capítulo 15), abundante em muitas secreções humanas, pode inibir a formação de biofilmes. A lactoferrina se liga ao ferro, tornando-o indisponível para as bactérias. A falta de ferro inibe a mobilidade superficial, importante para a agregação das bactérias nos biofilmes. A perda de lactoferrina nos pacientes com fibrose cística permite a formação de biofilmes por *Pseudomonas* e infecções pulmonares recorrentes nesses pacientes.

A maioria dos métodos laboratoriais na microbiologia atual utiliza organismos cultivados no seu modo planctônico. Contudo, os microbiologistas acreditam que o foco das pesquisas com microrganismos será a relação de vida entre eles, e isso será considerado também nas pesquisas industrial e médica.

TESTE SEU CONHECIMENTO

✔ **6-7** Explique como a formação de biofilme é benéfica para um patógeno.

Meios de cultura

OBJETIVOS DE APRENDIZAGEM

6-8 Diferenciar os meios quimicamente definidos e complexos.

6-9 Identificar uma aplicação para cada um dos seguintes meios: seletivos, diferenciais e de enriquecimento.

6-10 Justificar a utilização de: técnicas anaeróbicas, células hospedeiras vivas e jarras com velas.

6-11 Diferenciar os níveis de biossegurança 1, 2, 3 e 4.

O material nutriente preparado para o crescimento de microrganismos em laboratório é chamado de **meio de cultura**. Algumas bactérias podem crescer bem em qualquer meio de cultura; outras requerem meios especiais, e outras ainda não conseguem crescer em nenhum dos meios não vivos desenvolvidos até o momento. Os microrganismos que são introduzidos em um meio de cultura para dar início ao crescimento da população microbiana são denominados **inóculo**.

Os micróbios que crescem e se multiplicam no interior ou na superfície de um meio de cultivo são chamados **cultura**.

Digamos que se queira cultivar um determinado microrganismo, talvez os micróbios de uma amostra clínica específica. Quais critérios utilizar para criar o meio de cultura? Primeiro, ele deve conter os nutrientes adequados para o microrganismo específico que queremos cultivar. Deve conter também uma quantidade de água suficiente, pH apropriado e um nível conveniente de oxigênio, ou talvez nenhum. O meio deve ser **estéril** – isto é, inicialmente não deve conter microrganismos vivos –, de forma que a cultura conterá apenas os microrganismos (e sua descendência) que foram introduzidos. Por fim, a cultura em crescimento deve ser incubada em temperatura apropriada.

Uma grande variedade de meios está disponível para o crescimento de microrganismos em laboratório. A maioria desses meios, que estão comercialmente disponíveis, tem componentes pré-misturados e requer somente a adição de água e esterilização. Meios são constantemente desenvolvidos ou atualizados para utilização no isolamento e na identificação de bactérias que são de interesse para os pesquisadores em campos como a microbiologia de alimentos, de água e a microbiologia clínica.

Quando se deseja o crescimento das bactérias em meio sólido, um agente solidificante, como o ágar, é adicionado ao meio. O **ágar**, polissacarídeo complexo derivado de uma alga marinha, é muito utilizado como espessante em alimentos, como gelatinas e sorvetes.

O ágar possui tem propriedades importantes que o tornam valioso em microbiologia, nunca tendo sido encontrado um substituto satisfatório. Poucos microrganismos podem degradar o ágar, o que permite que ele permaneça sólido. Além disso, o ágar se liquefaz a cerca de 100 °C (o ponto de ebulição da água) e ao nível do mar ele permanece líquido até a temperatura diminuir até cerca de 40 °C. Para utilização no laboratório, o ágar liquefeito é mantido em banho-maria a cerca de 50 °C. Nessa temperatura, ele não destrói a maioria das bactérias quando adicionado sobre elas (como mostrado na Figura 6.19a). Uma vez solidificado, ele pode ser incubado a cerca de 100 °C antes de se liquefazer novamente; essa propriedade é particularmente útil quando bactérias termófilas estão sendo cultivadas.

Os meios com ágar geralmente são utilizados em tubos de ensaio ou *placas de Petri*. Os tubos de ensaio são chamados de *meios inclinados* quando a solidificação é feita com o tubo inclinado em um ângulo de modo que uma grande área de superfície esteja disponível para o crescimento. Quando o ágar é solidificado em um tubo mantido na vertical, ele é chamado de *meio profundo*. As placas de Petri, assim denominadas em homenagem ao seu inventor, são placas rasas contendo uma tampa que as recobre até o fundo, a fim de evitar contaminações.

Meio quimicamente definido

Para sustentar o crescimento microbiano, um meio deve fornecer uma fonte de energia, assim como fontes de carbono, nitrogênio, enxofre, fósforo e quaisquer outros fatores orgânicos de crescimento que o organismo seja incapaz de sintetizar. Um **meio quimicamente definido** é aquele cuja composição exata é conhecida. Para um quimio-heterotrófico, o meio

TABELA 6.2 Meio quimicamente definido para o crescimento de um quimio-heterotrófico típico, como *E. coli*

Componentes	Quantidades
Glicose	5,0 g
Fosfato de amônio monobásico ($NH_4H_2PO_4$)	1,0 g
Cloreto de sódio (NaCl)	5,0 g
Sulfato de magnésio ($MgSO_4 \cdot 7H_2O$)	0,2 g
Fosfato de potássio dibásico (K_2HPO_4)	1,0 g
Água	1 litro

quimicamente definido deve conter compostos orgânicos que servem como fonte de carbono, energia e compostos inorgânicos essenciais. Por exemplo, como mostrado na Tabela 6.2, a glicose é adicionada ao meio para o crescimento do quimio-heterotrófico *E. coli*. Os sais inorgânicos mantêm a pressão osmótica e fornecem os cofatores necessários para as enzimas. As bactérias que crescem nesse meio usam o sulfato para produzir aminoácidos contendo enxofre e o fosfato para a síntese de nucleotídeos. As bactérias também sintetizam os fatores de crescimento orgânicos (aminoácidos, purinas e pirimidinas e vitaminas) necessários para o crescimento.

Diferentemente da *E. coli*, algumas bactérias necessitam de muitos fatores de crescimento em seus meios; elas são caracterizadas como *fastidiosas*. Como a Tabela 6.3 mostra, muitos fatores de crescimento orgânicos devem ser adicionados ao meio quimicamente definido utilizado para se cultivar a

TABELA 6.3 Meio de cultura definido para *Leuconostoc mesenteroides*

Carbono e energia
Glicose, 25 g

Sais
NH_4Cl, 3,0 g
K_2HPO_4*, 0,6 g
KH_2PO_4*, 0,6 g
$MgSO_4$, 0,1 g

Aminoácidos, 100-200 µg de cada
Alanina, arginina, asparagina, aspartato, cisteína, fenilalanina, glutamato, glutamina, glicina, histidina, isoleucina, leucina, lisina, metionina, prolina, serina, treonina, triptofano, tirosina, valina

Purinas e pirimidinas, 10 mg de cada
Adenina, guanina, uracila, xantina

Vitaminas, 0,01 a 1 mg de cada
Ácido nicotínico, ácido *p*-aminobenzoico, biotina, folato, pantotenato, piridoxal, piridoxamina, piridoxina, riboflavina, tiamina

Elementos-traço, 2-10 µg de cada
Fe, Co, Mn, Zn, Cu, Ni, Mo

Tampão, pH 7
Acetato de sódio, 25 g

Água destilada, 1.000 mL

*Também serve como tampão.

espécie fastidiosa *Leuconostoc*. Os organismos desse tipo, como *Leuconostoc* e *Lactobacillus* (Capítulo 11), não conseguem produzir as suas próprias vitaminas, por isso muitas vezes eles são utilizados em testes para se determinar a concentração de uma vitamina específica em uma determinada substância. Para realizar um *ensaio microbiológico* desse tipo, um meio de crescimento é preparado com todos os fatores de crescimento necessários à bactéria, exceto a vitamina a ser testada. Então, o meio, a substância a ser testada e a bactéria são combinados, e o crescimento da bactéria é mensurado. O crescimento bacteriano, que é refletido pela quantidade de ácido láctico produzido, será proporcional à quantidade de vitamina na substância testada. Uma maior quantidade de ácido láctico significa que mais células de *Lactobacillus* cresceram e, portanto, uma maior quantidade de vitamina estará presente.

Meio complexo

Os meios quimicamente definidos geralmente são reservados para trabalhos experimentais em laboratório ou para o crescimento de bactérias autotróficas. A maioria das bactérias heterotróficas e dos fungos, como os que você manipularia em um curso introdutório de laboratório, é cultivada rotineiramente em **meios complexos** feitos de nutrientes como extratos de leveduras, de carnes ou de plantas, ou de produtos de digestão de proteínas destas e de outras fontes. A composição química exata varia um pouco de acordo com o lote. A Tabela 6.4 mostra uma formulação muito utilizada.

Nos meios complexos, as necessidades de energia, carbono, nitrogênio e enxofre dos microrganismos em cultura são fornecidas principalmente pelas proteínas. As proteínas são moléculas grandes e relativamente insolúveis que apenas uma minoria de microrganismos pode utilizar diretamente. A digestão parcial por ácidos ou enzimas reduz as proteínas a cadeias curtas de aminoácidos chamadas *peptonas*. Esses fragmentos pequenos e solúveis podem ser digeridos pela maioria das bactérias.

Vitaminas e outros fatores de crescimento orgânicos são fornecidos pelos extratos de carne ou de levedura. As vitaminas e minerais solúveis das carnes ou das leveduras são dissolvidos na água de extração, que é então evaporada para concentrar esses fatores. (Esses extratos também fornecem nitrogênio orgânico e compostos de carbono.) Os extratos de leveduras são particularmente ricos em vitaminas do complexo B. O **caldo nutriente** é um meio complexo na forma líquida. Quando ele é acrescentado de ágar, é chamando de **ágar nutriente**. (Essa terminologia pode ser confusa; lembre-se de que somente o ágar isolado não é um nutriente.)

TABELA 6.4 Composição do ágar nutriente, um meio complexo para o crescimento de bactérias heterotróficas

Componentes	Quantidades
Peptona (proteína parcialmente digerida)	5,0 g
Extrato de carne	3,0 g
Cloreto de sódio	8,0 g
Ágar	15,0 g
Água	1 litro

Meios e métodos para o crescimento anaeróbico

A cultura de bactérias anaeróbias apresenta um problema particular. Como os anaeróbios podem ser destruídos pela exposição ao oxigênio, meios especiais denominados **meios redutores** devem ser utilizados. Esses meios contêm ingredientes, como o tioglicolato de sódio, que se combinam quimicamente ao oxigênio dissolvido e o eliminam do meio de cultura. Para cultivar e manter rotineiramente culturas puras de anaeróbios obrigatórios, os microbiologistas utilizam meios redutores armazenados em tubos de ensaio comuns firmemente tampados. Esses meios são aquecidos rapidamente antes de serem utilizados, a fim de eliminar o oxigênio absorvido.

Quando placas de Petri são utilizadas para o crescimento e a observação de colônias isoladas, vários métodos estão disponíveis. Os laboratórios que trabalham com relativamente poucas placas de cultura de uma só vez podem utilizar sistemas de incubação dos microrganismos em caixas e jarras seladas, nas quais o oxigênio é quimicamente removido após as placas de cultura serem introduzidas e o recipiente selado, como mostrado na Figura 6.8. Em um sistema, o pacote contendo as substâncias químicas (o ingrediente ativo é o ácido ascórbico) é aberto

Tampa com anel do tipo O para vedação

Braçadeira com parafuso de fixação

Envelope contendo carbonato inorgânico, carvão ativado, ácido ascórbico e água

CO_2

H_2

Catalisador de paládio

Indicador de anaerobiose (azul de metileno)

Placas de Petri

Figura 6.8 Jarra para o cultivo de bactérias anaeróbias em placas de Petri. Quando água é adicionada à embalagem química contendo bicarbonato de sódio e boroidreto de sódio, hidrogênio e dióxido de carbono são gerados. O hidrogênio e o oxigênio atmosférico do interior da jarra, ao reagirem na superfície de um catalisador de paládio em uma câmara de reação selada, se combinam formando água. O oxigênio é, assim, removido. Na jarra há também um indicador de anaerobiose contendo azul de metileno, que tem a coloração azul quando oxidado, tornando-se incolor quando o oxigênio é removido (como mostrado aqui).

P Qual é o nome técnico dado às bactérias que requerem uma concentração de CO_2 maior do que a atmosférica para o seu crescimento?

Figura 6.9 Câmara anaeróbica. Os materiais são introduzidos pelas pequenas portas do sistema de transferência da câmara, à esquerda. O operador trabalha pelas aberturas dos braços utilizando luvas herméticas. As luvas herméticas se estendem para o interior da capela quando em uso. Esta unidade também tem uma câmera interna e um monitor.

P Qual é a semelhança entre uma câmara anaeróbica e o Laboratório da Estação Espacial que orbita no vácuo do espaço?

para expor o conteúdo ao oxigênio presente na atmosfera do recipiente. Geralmente, a atmosfera nas jarras tem menos de 1% de oxigênio, cerca de 18% de CO_2 e nenhum hidrogênio. Em um sistema desenvolvido recentemente, cada placa de Petri (OxyPlate™) individual tem uma vedação hermética para se tornar uma câmara anaeróbica. O meio na placa contém uma enzima, a oxirase, que combina o oxigênio com o hidrogênio, removendo o oxigênio à medida que água é formada.

Os laboratórios que realizam muitos trabalhos com anaeróbios com frequência utilizam uma câmara anaeróbica, como a mostrada na **Figura 6.9**. A câmara é preenchida com gases inertes (geralmente cerca de 85% de N_2, 10% de H_2 e 5% de CO_2) e é equipada com sistemas de transferência para a introdução das culturas e dos materiais.

Técnicas de cultura especiais

Muitas bactérias nunca foram cultivadas com sucesso em meios artificiais de laboratório. *Mycobacterium leprae*, o bacilo da hanseníase, geralmente é multiplicado em tatus, pois eles têm uma temperatura corporal relativamente baixa que atende às necessidades do microrganismo. Outro exemplo é o espiroqueta da sífilis, embora algumas linhagens não patogênicas desse microrganismo tenham crescido em meio de laboratório. Com poucas exceções, as bactérias intracelulares obrigatórias, como riquétsias e clamídias, não crescem em meios artificiais. Como os vírus, elas apenas podem se reproduzir em uma célula hospedeira viva. Ver a discussão sobre cultura de células no Capítulo 13.

Muitos laboratórios clínicos possuem *estufas de dióxido de carbono* especiais para o crescimento de bactérias aeróbias que requerem concentrações de CO_2 mais altas ou mais baixas do que a encontrada na atmosfera. Os níveis desejados de CO_2 são mantidos por controles eletrônicos. Níveis de CO_2

elevados também são obtidos com uma simples *jarra com vela*. As culturas são colocadas em uma jarra grande e selada contendo uma vela acesa que consome o oxigênio. A vela apaga quando o ar da jarra apresenta uma concentração de oxigênio reduzida (cerca de 17% de O_2, concentração ainda adequada ao crescimento de bactérias aeróbias). Uma concentração elevada de CO_2 (cerca de 3%) também está presente. Os micróbios que apresentam um melhor crescimento em altas concentrações de CO_2 são chamados **capnofílicos**. As condições de oxigênio baixo e CO_2 alto são similares àquelas encontradas no trato intestinal, no trato respiratório e em outros tecidos corporais onde bactérias patogênicas crescem. Os capnofílicos convertem o CO_2 em bicarbonato (HCO_3^-) usando a anidrase carbônica. Embora o bicarbonato possa ser usado na síntese de ácido oxalacético a partir do ácido pirúvico para o ciclo de Krebs, existem fortes evidências de que os capnofílicos utilizam o bicarbonato principalmente para ajustar o pH.

As jarras com velas ainda são utilizadas ocasionalmente, mas estão sendo substituídas pelas embalagens comerciais contendo reagentes químicos para a produção de uma atmosfera rica em dióxido de carbono. Quando somente uma ou duas placas de Petri com culturas devem ser incubadas, os pesquisadores de laboratório clínico frequentemente utilizam sacos plásticos com geradores químicos próprios de gás, que são ativados por esmagamento do pacote ou adição de alguns mililitros de água. Esses pacotes são muitas vezes desenvolvidos especialmente para fornecer concentrações definidas de dióxido de carbono (em geral maiores do que as que podem ser obtidas em uma jarra de vela) e de oxigênio para o cultivo de organismos como a bactéria microaerofílica e capnofílica *Campylobacter* (ver Capítulo 11).

Meios de cultivo seletivos e diferenciais*

Na microbiologia clínica ou de saúde pública, frequentemente é necessário detectar a presença de microrganismos específicos associados a doenças ou saneamento deficiente. Para essa tarefa, meios seletivos e diferenciais são utilizados. Os **meios seletivos** são elaborados para impedir o crescimento de bactérias indesejadas e favorecer o crescimento dos microrganismos de interesse. Por exemplo, o ágar sulfito de bismuto é um meio utilizado para o isolamento da bactéria gram-negativa que causa a febre tifoide, *Salmonella* Typhi, a partir das fezes. O sulfito de bismuto inibe bactérias gram-positivas e a maioria das bactérias gram-negativas intestinais (diferentes de *Salmonella* Typhi). O ágar Sabouraud dextrose, com pH de 5,6, é utilizado para isolar os fungos que superam o crescimento da maioria das bactérias nesse pH.

Os **meios diferenciais** facilitam a diferenciação das colônias de um microrganismo desejado em relação a outras colônias crescendo na mesma placa. De maneira similar, culturas puras de microrganismos têm reações identificáveis com meios diferenciais em tubos ou placas. O ágar-sangue (que contém hemácias) é um meio utilizado com frequência pelos microbiologistas para identificar espécies bacterianas que destroem hemácias. Essas espécies, como o *Streptococcus pyogenes*,

---

*N. de R.T. Na literatura em português e na rotina dos laboratórios de microbiologia, esses meios também podem ser chamados de "meios eletivos e identificadores".

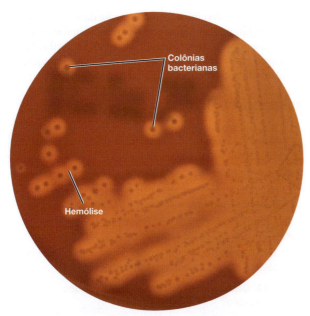

Figura 6.10 Ágar-sangue, um meio diferencial contendo hemácias. As bactérias provocaram a lise das hemácias (beta-hemólise), produzindo zonas claras ao redor das colônias.

P Qual é a utilidade das hemolisinas para os patógenos?

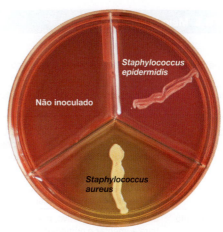

Figura 6.11 Meio diferencial. O meio apresentado é o ágar hipertônico manitol. As bactérias capazes de fermentar o manitol no meio em ácido (*S. aureus*) causam a mudança de coloração do meio para amarelo. Isso **diferencia** entre as bactérias que fermentam o manitol e aquelas que não o fazem. Na verdade, esse meio também é **seletivo**, uma vez que a alta concentração de sal impede o crescimento da maioria das bactérias, mas não de *Staphlylococcus* spp.

P As bactérias capazes de crescer em pressão osmótica elevada poderiam crescer no muco encontrado nas narinas?

a bactéria que causa a faringite estreptocócica, apresentam um anel claro ao redor de suas colônias, na região onde elas lisaram as hemácias circundantes (**Figura 6.10**).

Algumas vezes, características seletivas e diferenciais são combinadas no mesmo meio. Suponha que queiramos isolar a bactéria *Staphylococcus aureus*, encontrada comumente nas fossas nasais. Esse organismo é tolerante a altas concentrações de cloreto de sódio; ele também pode fermentar o carboidrato manitol para formar ácido. O ágar hipertônico manitol contém 7,5% de cloreto de sódio, o que impede o crescimento de organismos competidores e, portanto, *seleciona S. aureus* (i.e., favorece o seu crescimento). Esse meio hipertônico contém um indicador de pH que altera a sua cor se o manitol do meio é fermentado a ácido; as colônias de *S. aureus* que fermentam o manitol são, então, *diferenciadas* das colônias de bactérias que não fermentam o manitol. As bactérias que crescem em concentração elevada de sal *e* fermentam o manitol a ácido podem ser facilmente identificadas pela mudança de coloração (**Figura 6.11**). Estas provavelmente são colônias de *S. aureus*, e sua identificação pode ser confirmada por testes adicionais. Meios diferenciais também são utilizados na identificação de cepas de *E. coli* produtoras de toxinas, conforme discutido no Capítulo 5.

Meios de enriquecimento

Como as bactérias em pequeno número podem passar despercebidas, em particular se outras bactérias estiverem presentes em maior número, algumas vezes é necessário utilizar uma **cultura de enriquecimento**. Com frequência, essa metodologia é empregada com amostras de solo ou fezes. O meio para enriquecer uma cultura geralmente é líquido e fornece nutrientes e condições ambientais que favorecem o crescimento de um microrganismo específico e não de outros. Nesse sentido,

também é um meio seletivo, mas elaborado para amplificar até níveis detectáveis um número muito pequeno do microrganismo de interesse.

Suponha que queiramos isolar de uma amostra de solo um microrganismo que pode crescer com fenol e que está presente em um número menor que outras espécies. Se a amostra de solo for colocada em um meio líquido de enriquecimento no qual o fenol é a única fonte de carbono e energia, os microrganismos incapazes de metabolizar o fenol não crescerão. O meio de cultura é incubado durante alguns dias, e então uma pequena quantidade é transferida para outro frasco do mesmo meio. Após uma série de transferências, a população sobrevivente consistirá das bactérias capazes de metabolizar o fenol. As bactérias são incubadas entre uma transferência e outra para o crescimento; é o estágio de enriquecimento. Qualquer nutriente trazido pelo inóculo original é rapidamente eliminado por diluição com as transferências sucessivas. Quando a última diluição é semeada em um meio sólido com a mesma composição, somente as colônias do organismo capaz de utilizar o fenol poderão crescer. Um aspecto admirável dessa técnica é que o fenol normalmente é letal para a maioria das bactérias.

A Tabela 6.5 resume os propósitos dos principais tipos de meios de cultura.

Níveis de biossegurança

Alguns microrganismos, como os *Ebolavirus*, são tão perigosos que só podem ser manipulados sob sistemas complexos de contenção, chamados de *nível de biossegurança 4* (NB-4). Os laboratórios NB-4 são popularmente conhecidos como "a zona quente". Existem apenas quatro desses laboratórios nos Estados Unidos. O laboratório é um ambiente selado dentro de uma construção maior e tem uma atmosfera com

TABELA 6.5 Meio de cultura	
Tipo	**Finalidade**
Quimicamente definido	Crescimento de quimioautotróficos e fotoautotróficos; ensaios microbiológicos
Complexo	Crescimento da maioria dos organismos quimio-heterotróficos
Redutor	Crescimento de anaeróbios obrigatórios
Seletivo	Supressão de microrganismos indesejados; favorecimento dos microrganismos de interesse
Diferencial	Diferenciação das colônias dos microrganismos de interesse de outras
De enriquecimento	Similar ao meio seletivo, mas elaborado para aumentar o número de microrganismos de interesse até níveis detectáveis

pressão negativa, de modo que aerossóis contendo patógenos não podem escapar. As entradas e as saídas de ar são filtradas com filtros de ar particulado de alta eficiência (ver discussão sobre filtros HEPA no Capítulo 7); a saída de ar é duplamente filtrada. Todos os materiais residuais que saem do laboratório são desinfetados. A equipe veste "roupas espaciais", que são conectadas a um suprimento de ar (**Figura 6.12**).

Organismos menos perigosos são manuseados em níveis de biossegurança menores. Por exemplo, um laboratório de ensino de microbiologia básica pode ser NB-1. Os organismos que apresentam risco moderado de infecção podem ser manuseados em níveis NB-2, ou seja, em bancadas abertas de laboratório com luvas apropriadas, jalecos e, se necessário, proteção para o rosto e os olhos. Os laboratórios NB-3 são destinados aos patógenos

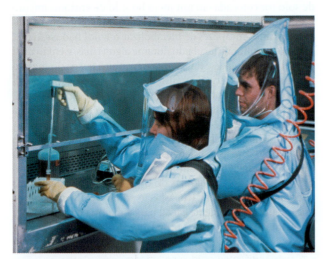

Figura 6.12 Técnicos em um laboratório de nível de biossegurança 4 (NB-4). Os profissionais trabalhando em instalações NB-4 vestem uma "roupa espacial", conectada a um fornecimento de ar externo. A pressão do ar na roupa é maior do que a atmosférica, o que impede a entrada de micróbios.

P Se um técnico estivesse trabalhando com príons patogênicos, como o material que sai do laboratório poderia ser tratado para deixar de ser infeccioso? (*Dica*: ver Capítulo 7.)

do ar altamente infecciosos, como o agente da tuberculose. Cabines de segurança biológica com aparência similar à de uma câmara anaeróbica, mostrada na Figura 6.9, são utilizadas. O laboratório em si deve possuir pressão negativa e ser equipado com filtros de ar para impedir a liberação do patógeno.

TESTE SEU CONHECIMENTO

✔ **6-8** Seria possível que seres humanos se desenvolvessem em um meio quimicamente definido, pelo menos em condições de laboratório?

✔ **6-9** O ágar EMB contém azul de metileno, que inibe bactérias gram-positivas; bactérias fermentadoras de lactose produzem colônias coloridas. O EMB é um meio de enriquecimento, seletivo ou diferencial?

✔ **6-10** Seria possível que Louis Pasteur, nos anos de 1800, tivesse cultivado o vírus da raiva em cultura de células em vez de em animais vivos?

✔ **6-11** Qual é o nível de biossegurança do seu laboratório?

Obtenção de culturas puras

OBJETIVOS DE APRENDIZAGEM

6-12 Definir *cultura pura*.

6-13 Descrever como as culturas puras podem ser isoladas utilizando o método do esgotamento em placa.

A maioria dos materiais infecciosos, como pus, escarro e urina, contém diversos tipos de bactérias; da mesma forma que amostras de solo, água ou alimento. Quando esses materiais são semeados na superfície de um meio sólido, as colônias formam cópias exatas do organismo original. Uma colônia visível teoricamente vem de um único esporo ou célula vegetativa, ou de um grupo dos mesmos microrganismos ligados uns aos outros em agregados ou cadeias. As estimativas são de que apenas cerca de 1% das bactérias nos ecossistemas produzem colônias por métodos de cultura convencionais. As colônias microbianas frequentemente têm uma aparência distinta, o que permite diferenciar um microrganismo do outro (ver Figura 6.10). As bactérias devem ser distribuídas de maneira suficientemente ampla na placa para que as colônias possam ser visivelmente separadas umas das outras.

A maioria dos trabalhos de bacteriologia requer culturas puras ou clones da bactéria. O método de isolamento mais utilizado para a obtenção de culturas puras é o **método do esgotamento em placa** (**Figura 6.13**). Uma alça de inoculação estéril é mergulhada dentro de uma cultura mista, que contém mais de um tipo de microrganismo, e é semeada em estrias na superfície de um meio nutritivo. Ao longo da estria, as bactérias são depositadas quando a alça entra em contato com o meio. As últimas células a serem depositadas pela alça são afastadas de forma suficiente para crescer em colônias isoladas. Essas colônias podem ser coletadas com uma alça de inoculação e transferidas para um tubo de ensaio contendo meio nutritivo para a obtenção de uma cultura pura contendo somente um tipo de bactéria.

P. fluorescens é um bacilo aeróbio gram-negativo que apresenta um melhor crescimento em temperaturas entre 25 e 30 °C e um crescimento fraco nas temperaturas de incubação microbiológicas hospitalares típicas (35 a 37 °C). A bactéria recebeu esse nome porque produz um pigmento que fluoresce sob luz ultravioleta. Ao estudar os fatos do último surto da doença, o Dr. MacGruder descobre que os pacientes mais recentes foram expostos pela última vez à heparina contaminada 84 a 421 dias antes do início de suas infecções. Investigações no local confirmaram que as clínicas dos pacientes não estão mais utilizando a heparina que teve o *recall* e que todo o inventário não utilizado foi retornado. Após concluir que esses pacientes não desenvolveram as infecções durante o último surto, o Dr. MacGruder deve procurar por uma nova fonte de infecção. Todos os pacientes têm cateteres venosos permanentes: tubos que são inseridos em uma veia para a administração de longo prazo de soluções concentradas, como fármacos contra o câncer.

O Dr. MacGruder pede que sejam realizadas culturas da nova heparina que está sendo utilizada, porém os resultados não demonstram a presença de nenhum organismo. Ele solicita, então, que sejam feitas culturas de sangue e dos cateteres de cada um dos pacientes.

Iluminado com luz branca   Iluminado com luz ultravioleta

O organismo obtido tanto nas culturas de sangue quanto nos cateteres dos pacientes é mostrado na figura. Qual organismo é este?

Parte 1   Parte 2   Parte 3   Parte 4

O método do esgotamento em placa funciona bem quando o organismo a ser isolado está presente em grande número em relação à população total. Contudo, quando o microrganismo a ser isolado está presente em um número muito pequeno, sua quantidade pode ser aumentada por enriquecimento seletivo antes do isolamento pelo método do esgotamento em placa.

TESTE SEU CONHECIMENTO

✔ **6-12** Qual seria uma razão para uma colônia não crescer indefinidamente ou pelo menos preencher todas as bordas de uma placa de Petri?

✔ **6-13** Poderia ser obtida uma cultura pura de uma bactéria pelo método do esgotamento em placa se houvesse somente um microrganismo de interesse em uma suspensão de bilhões de bactérias?

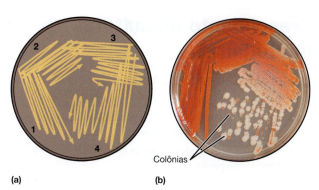

(a)   (b)

Figura 6.13 Método de esgotamento utilizado para isolar culturas puras de bactérias. (a) As setas indicam a direção do esgotamento. A série de estrias 1 é feita com a cultura bacteriana original. A alça de inoculação é esterilizada após cada série de estriamento. Nas séries 2, 3 e 4, a alça retira bactérias da série anterior, diluindo cada vez mais o número de células. Há inúmeras variações dessa técnica. **(b)** Na série 4 deste exemplo, observe que foram obtidas colônias de bactérias bem isoladas de dois tipos diferentes, vermelhas e brancas.

P Uma colônia formada por esgotamento em placa é sempre derivada de uma única bactéria? Explique.

Preservação de culturas bacterianas

OBJETIVO DE APRENDIZAGEM

6-14 Explicar como os microrganismos são preservados pelo ultracongelamento e pela liofilização (criodessecação).

A refrigeração pode ser utilizada para o armazenamento de culturas bacterianas por curtos períodos. Dois métodos comuns de preservação de culturas microbianas por longos períodos são o ultracongelamento e a liofilização. O **ultracongealmento** é um processo no qual uma cultura pura de microrganismos é colocada em um líquido em suspensão e submetida a um rápido congelamento em temperaturas variando entre −50 e −95 °C. A cultura em geral pode ser descongelada e cultivada até mesmo vários anos depois. Durante a **liofilização (criodessecação)**, uma suspensão de micróbios é rapidamente congelada em temperaturas variando entre −54 e −72 °C, e a água é removida por um alto vácuo. O vácuo faz o gelo se transformar diretamente em vapor em um processo chamado sublimação. Ainda sob vácuo, o recipiente é selado derretendo-se o vidro com uma chama de alta temperatura. O pó obtido desse processo, contendo os microrganismos sobreviventes, pode ser armazenado por anos. Os organismos podem ser reativados a qualquer momento por hidratação com um meio nutriente líquido apropriado.

TESTE SEU CONHECIMENTO

✔ **6-14** Se a Estação Espacial em órbita na Terra sofresse uma ruptura repentina, os seres humanos a bordo morreriam instantaneamente pelo frio e pelo vácuo do espaço. Será que todas as bactérias na cápsula também seriam mortas?

Crescimento de culturas bacterianas

OBJETIVOS DE APRENDIZAGEM

6-15 Definir *crescimento bacteriano*, incluindo *fissão binária*.

6-16 Comparar as fases do crescimento microbiano e descrever a sua relação com o tempo de geração.

6-17 Explicar quatro métodos diretos de mensuração do crescimento celular.

6-18 Diferenciar métodos diretos e indiretos de mensuração do crescimento celular.

6-19 Explicar três métodos indiretos de mensuração do crescimento celular.

A possibilidade de se representar graficamente as enormes populações resultantes do crescimento de culturas bacterianas é uma parte essencial da microbiologia. Também é necessário saber determinar as quantidades de microrganismos, seja diretamente, por contagem, ou indiretamente, pela medida de sua atividade metabólica.

Divisão bacteriana

Como mencionado no início do capítulo, o crescimento bacteriano se refere ao aumento do número de bactérias, e não a um aumento no tamanho das células individuais. As bactérias normalmente se reproduzem por **fissão binária** (**Figura 6.14**).

Algumas espécies bacterianas se reproduzem por **brotamento**; elas formam uma pequena região inicial de crescimento (o broto), que vai se alargando até atingir um tamanho similar ao da célula parental, e então separa-se dela. Algumas bactérias filamentosas (determinados actinomicetos) se reproduzem pela produção de cadeias de conidiósporos (ver Figura 11.25) (esporos assexuados) carreados externamente na ponta dos filamentos. Algumas espécies filamentosas simplesmente se fragmentam, e os fragmentos iniciam o crescimento de novas células.

Tempo de geração

Para o cálculo do tempo de geração das bactérias, consideraremos somente a reprodução por fissão binária, que é de longe o método mais comum. Como podemos ver na **Figura 6.15**, a divisão de uma célula produz duas células, a divisão dessas duas células produz quatro células, e assim por diante. Quando o número de células em cada geração é expresso na segunda potência, o expoente reflete o número de duplicações (gerações) que ocorreram.

O tempo necessário para uma célula se dividir (e sua população dobrar) é o **tempo de geração**. Ele varia consideravelmente entre os organismos e com as condições ambientais, como a temperatura. A maioria das bactérias tem um tempo de geração de 1 a 3 horas; outras requerem mais de 24 horas por geração. (O método matemático para calcular os tempos de geração é apresentado no Apêndice B.) Se a fissão binária não for controlada, uma grande quantidade de células é produzida. Se a divisão ocorrer a cada 20 minutos, como é

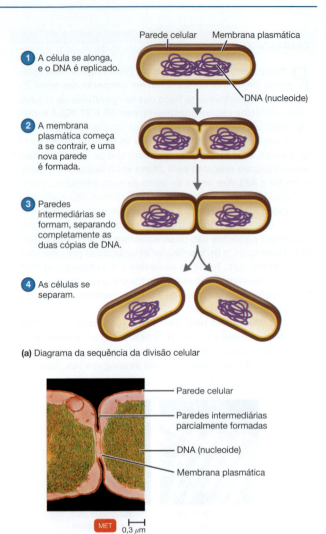

1 A célula se alonga, e o DNA é replicado.

Parede celular   Membrana plasmática

DNA (nucleoide)

2 A membrana plasmática começa a se contrair, e uma nova parede é formada.

3 Paredes intermediárias se formam, separando completamente as duas cópias de DNA.

4 As células se separam.

(a) Diagrama da sequência da divisão celular

Parede celular

Paredes intermediárias parcialmente formadas

DNA (nucleoide)

Membrana plasmática

MET   0,3 μm

(b) Secção fina de uma célula de *E. coli* começando a dividir-se

Figura 6.14 Fissão binária em bactéria.

P Qual é a diferença entre o brotamento e a fissão binária?

o caso da *E. coli* em condições favoráveis, após 20 gerações uma única célula inicial poderá ter gerado mais de 1 milhão de células. Esse aumento ocorrerá em cerca de 7 horas. Em 30 gerações, ou 10 horas, a população poderá ser de 1 bilhão, tendo atingido um número com 21 zeros em 24 horas. É difícil representar graficamente variações de populações tão grandes utilizando números aritméticos. Por esse motivo, as escalas logarítmicas são geralmente utilizadas para representar graficamente o crescimento bacteriano. A compreensão da representação logarítmica de populações bacterianas requer algum uso da matemática, sendo essencial para todos que estudam a microbiologia. (Ver Apêndice B.)

Representação logarítmica das populações bacterianas

Para ilustrar a diferença entre representação gráfica logarítmica e aritmética de populações bacterianas, analisaremos

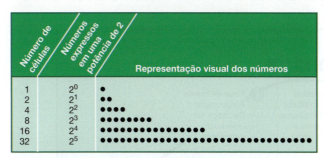

Número de células	Números expressos em uma potência de 2	Representação visual dos números
1	2^0	
2	2^1	
4	2^2	
8	2^3	
16	2^4	
32	2^5	

(a) Representação visual do aumento do número de bactérias ao longo de cinco gerações. O número de bactérias dobra em cada geração. O número sobrescrito indica a geração; ou seja, $2^5 = 5$ gerações.

Número de gerações	Número de células		Log$_{10}$ do número de células
0	$2^0 =$	1	0
5	$2^5 =$	32	1,51
10	$2^{10} =$	1.024	3,01
15	$2^{15} =$	32.768	4,52
16	$2^{16} =$	65.536	4,82
17	$2^{17} =$	131.072	5,12
18	$2^{18} =$	262.144	5,42
19	$2^{19} =$	524.288	5,72
20	$2^{20} =$	1.048.576	6,02

(b) Conversão do número de células em uma população para a expressão logarítmica desse número. Para chegar aos números da coluna central, use a função y^x na sua calculadora. Na calculadora, digite 2 e pressione y^x; digite 5; então, pressione o sinal de =. A calculadora mostrará o número 32. Portanto, a população de bactérias da quinta geração totalizará 32 células. Para chegar aos números da coluna à direita, utilize a função log da sua calculadora. Digite o número 32; então, pressione a função log. A calculadora mostrará, arredondado, que o log$_{10}$ de 32 é 1,51.

Figura 6.15 **Divisão celular.**

P Se uma única bactéria se reproduz a cada 30 minutos, qual será o número de bactérias em 2 horas?

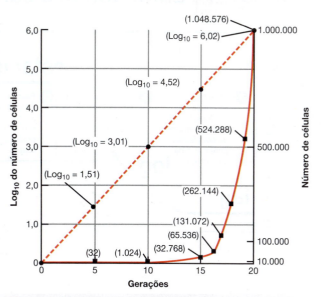

Figura 6.16 **Curva de crescimento para uma população em crescimento exponencial, representada logarítmica (linha tracejada) e aritmeticamente (linha sólida).** Para fins de demonstração, esse gráfico foi desenhado de forma que as curvas aritméticas e logarítmicas se cruzassem em 1 milhão de células. A figura demonstra a razão para a mudança gráfica da representação aritmética para a logarítmica em vista do grande número das populações bacterianas. Por exemplo, observe que até a décima geração a curva da representação aritmética ainda não se ergue de maneira perceptível da linha de base, ao passo que a curva logarítmica para a décima geração (3,01) já se encontra no meio do gráfico.

P Caso valores aritméticos (linha sólida) fossem aplicados para duas gerações suplementares, a curva ainda caberia na página?

20 gerações bacterianas. Em cinco gerações (2^5), teríamos 32 células; em 10 gerações (2^{10}), teríamos 1.024 células, e assim por diante. (Utilizando uma calculadora com as funções y^x e log, pode-se duplicar os números da terceira coluna da Figura 6.15.)

Na **Figura 6.16**, observe que a curva utilizando os valores aritméticos (linha sólida) não mostra claramente as mudanças de população nos passos iniciais da curva de crescimento com essa escala. Na verdade, as dez primeiras gerações nem sequer parecem deixar a linha de base, ao passo que a curva logarítmica para a décima geração (3,01) encontra-se na metade do gráfico. Além disso, a representação de mais uma ou duas outras gerações na mesma forma gráfica aumentaria os valores no eixo y, de modo que ele acabaria saindo da página.

A linha tracejada na Figura 6.16 mostra como os problemas de representação gráfica podem ser evitados utilizando-se a representação no log$_{10}$ dos números das populações. O log$_{10}$ da população é representado pelas gerações 5, 10, 15 e 20. Observe que uma linha reta é obtida e que populações mil vezes maiores (1.000.000.000, ou log$_{10}$ = 9,0) ainda poderiam ser

acomodadas em um pequeno espaço complementar. Contudo, essa vantagem é obtida ao custo de uma distorção da nossa percepção "intuitiva" da real situação. Não estamos acostumados a raciocinar em termos de relações logarítmicas, mas isso é necessário para a compreensão dos gráficos das populações microbianas.

TESTE SEU CONHECIMENTO

✔ **6-15** Um organismo complexo, como um besouro, pode se reproduzir por fissão binária?

Fases de crescimento

Quando algumas bactérias são inoculadas em um ambiente como o intestino grosso (ver **Explorando o microbioma**) ou em um meio líquido de crescimento e a população é contada em intervalos regulares, é possível representar graficamente a **curva de crescimento bacteriano** que mostra o crescimento das células em função do tempo (**Figura 6.17**). Há quatro fases básicas de crescimento: a fase lag, a fase log, a fase estacionária e a fase de morte celular.

Entendendo a curva de crescimento bacteriano

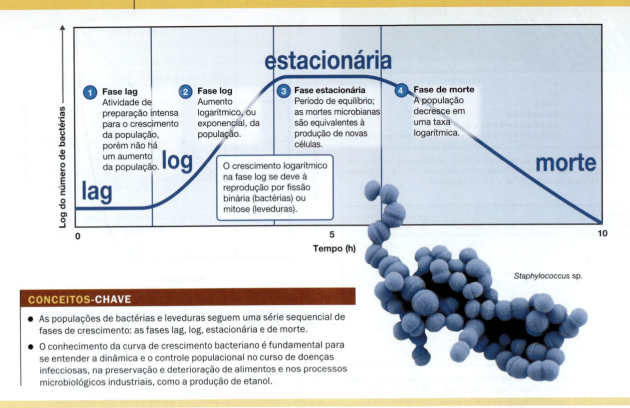

1 **Fase lag** Atividade de preparação intensa para o crescimento da população, porém não há um aumento da população.

2 **Fase log** Aumento logarítmico, ou exponencial, da população.

3 **Fase estacionária** Período de equilíbrio; as mortes microbianas são equivalentes à produção de novas células.

4 **Fase de morte** A população decresce em uma taxa logarítmica.

O crescimento logarítmico na fase log se deve à reprodução por fissão binária (bactérias) ou mitose (leveduras).

Staphylococcus sp.

CONCEITOS-CHAVE

● As populações de bactérias e leveduras seguem uma série sequencial de fases de crescimento: as fases lag, log, estacionária e de morte.

● O conhecimento da curva de crescimento bacteriano é fundamental para se entender a dinâmica e o controle populacional no curso de doenças infecciosas, na preservação e deterioração de alimentos e nos processos microbiológicos industriais, como a produção de etanol.

Fase lag

Durante certo tempo, o número de células muda pouco, pois elas não se reproduzem imediatamente em um novo meio. Esse período de pouca ou nenhuma divisão celular é chamado de **fase lag**, podendo durar de 1 hora a vários dias. Durante esse tempo, as células não estão dormentes; elas estão passando por um período de intensa atividade metabólica, envolvendo principalmente a síntese de enzimas e várias outras moléculas. (A situação é análoga a uma fábrica sendo equipada para a produção de automóveis, ou seja, há atividade de preparação, mas não há produção e um aumento imediato no número de automóveis.)

Fase log

Por fim, as células começam a se dividir e entram em um período de crescimento, ou aumento logarítmico, chamado de **fase log**, ou **fase de crescimento exponencial**. A reprodução celular é mais ativa durante esse período, e o tempo de geração (intervalo no qual a população dobra) atinge um mínimo constante. Como o tempo de geração é constante, uma representação logarítmica do crescimento durante a fase log gera uma linha reta. A fase log é o momento de maior atividade metabólica das células, sendo importante para fins industriais quando células microbianas ou um composto produzido por células microbianas precisa ser produzido de forma eficiente.

Fase estacionária

Se a fase de crescimento continuar sem controle, ocorre a formação de um grande número de células. Por exemplo, uma única bactéria (com peso de $9,5 \times 10^{-13}$ g por célula) se dividindo a cada 20 minutos por somente 25,5 horas poderia, teoricamente, produzir uma população equivalente em peso ao de um avião de carga de 80 mil toneladas. Na realidade, isso não ocorre. Em vez disso, a taxa de crescimento diminui, e o número de mortes microbianas começa a aumentar. Por fim, o número de mortes celulares equivale ao número de células novas, e a população se estabiliza. Esse período de equilíbrio é chamado **fase estacionária**.

O crescimento exponencial é interrompido quando as bactérias se aproximam da **capacidade de suporte**, o número de organismos que um ambiente pode suportar. A capacidade de suporte é controlada pelos nutrientes disponíveis, pelo acúmulo de resíduos e pelo espaço. Quando uma população excede a capacidade de suporte, ela fica sem nutrientes e sem espaço.

Ritmos circadianos e ciclos de crescimento da microbiota

Pode ser estranho pensar que os micróbios, especialmente aqueles que habitam as profundezas do nosso corpo e que nunca veem a luz do dia, podem crescer em velocidades diferentes dependendo da hora do dia. Mas os ritmos circadianos – mudanças cíclicas em um hospedeiro que seguem aproximadamente um ciclo de 24 horas – afetam o crescimento da microbiota e, portanto, a saúde humana.

Estudos mostram que a introdução de bactérias em um animal livre de germes resulta na colonização do hospedeiro com a curva de crescimento esperada. Por exemplo, quando peixes-zebra livres de germes foram inoculados com bactérias intestinais, as populações cresceram a partir de poucas células iniciais atingindo milhares, seguindo o tempo e os estágios esperados para essas espécies em particular: primeiro veio a fase lag, sem aumento no número de células, seguida pela fase log, com crescimento exponencial, e, em seguida, uma fase estacionária, quando a capacidade de suporte ambiental foi atingida.

No entanto, as atividades dos hospedeiros produzem mudanças fascinantes na curva de crescimento. Resultados de estudos em camundongos e humanos mostram que a fase estacionária é alterada por alterações no sono, como as causadas pelo *jet lag*. Em um ciclo normal, bactérias da ordem Clostridiales dominaram a microbiota intestinal durante o tempo ativo dos hospedeiros. Durante o tempo de repouso, o *Lactobacillus* foi mais prevalente. Mas, quando o relógio do hospedeiro é desregulado pelo *jet lag*, as mudanças na alimentação e nas atividades causam disbiose, ou uma alteração na microbiota. Essa desregulação pode causar problemas ao hospedeiro ao longo do tempo. Surpreendentemente, uma combinação de espécies do microbioma de camundongos e humanos com disbiose pareceu causar obesidade quando transferida para camundongos livres de germes.

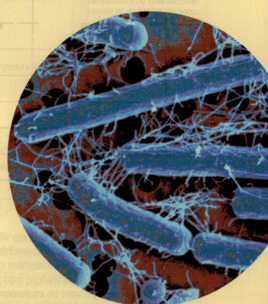

Espécies de *Lactobacillus* como a mostrada aqui apresentam melhor crescimento quando o hospedeiro está em repouso.

Fase de morte celular

O número de mortes por fim excede o número de novas células formadas, e a população entra em uma **fase de morte**, ou **fase de declínio logarítmico**. Essa fase continua até que a população tenha diminuído para uma pequena fração do número de células da fase anterior ou até que a população morra totalmente. Algumas espécies passam por toda a sequência de fases em poucos dias; outras mantêm algumas células sobreviventes indefinidamente. A morte microbiana será discutida no Capítulo 7.

Medida direta do crescimento microbiano

O crescimento de populações microbianas pode ser medido de diversas maneiras. Alguns métodos medem o número de células; outros medem a massa total da população, a qual é frequentemente proporcional ao número de células. A quantificação de uma população normalmente é registrada como o número de células por mililitro de líquido ou grama de material sólido. Como as populações bacterianas geralmente são muito grandes, a maioria dos métodos de contagem tem como base enumerações diretas ou indiretas de amostras pequenas; um cálculo determina, então, o tamanho total da população. Suponhamos, por exemplo, que um milionésimo de um mililitro (10^{-6} mL) de leite azedo contém 70 células bacterianas. Portanto, devem existir 70 vezes 1 milhão, ou 70 milhões, de células por mililitro.

No entanto, não é prático medir em um milionésimo de mililitro de um líquido ou um grama de alimento. Assim, o procedimento é feito indiretamente em uma série de diluições. Por exemplo, se adicionarmos 1 mL de leite a 99 mL de água, cada mililitro dessa diluição terá um centésimo das bactérias que um mililitro da amostra original tinha. Realizando uma série de diluições, podemos rapidamente estimar o número de bactérias da amostra original. Para contar as populações microbianas em alimentos sólidos (como um hambúrguer), uma parte do alimento será misturada a nove partes de água em um misturador de alimentos, formando uma mistura homogênea. Amostras da diluição inicial de 10 vezes podem ser transferidas com uma pipeta para contagem de células ou diluições posteriores.

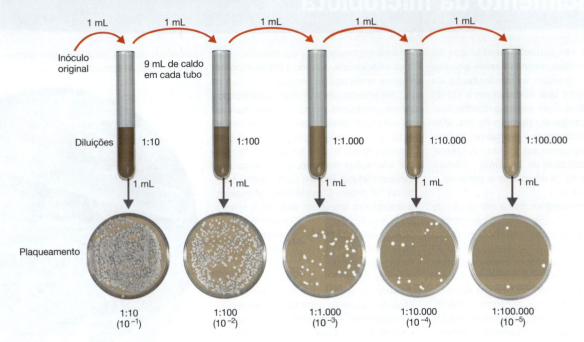

Cálculo: número de colônias na placa × recíproca da diluição da amostra = número de bactérias/mL.
(Por exemplo, se existirem 54 colônias em uma placa de diluição 1:1.000, então a contagem é 54 × 1.000 = 54.000 bactérias/mL na amostra.)

Figura 6.18 Diluições seriadas e contagens em placas. Nas diluições seriadas, o inóculo original é diluído em uma série de tubos de diluições. Nesse exemplo, cada tubo de diluição subsequente tem apenas um décimo do número de células microbianas do tubo anterior. Posteriormente, amostras de todas as diluições são utilizadas para inocular placas de Petri, nas quais as colônias crescem e podem ser contadas. Essa contagem é, então, utilizada para estimar o número de bactérias na amostra original.

P Por que as diluições 1:10.000 e 1:100.000 não foram contadas? Teoricamente, quantas colônias deveriam aparecer na placa 1:100?

Contagem em placa

O método mais utilizado para a mensuração de populações bacterianas é a **contagem em placa**. Uma grande vantagem desse método é que ele mede o número de células viáveis. Uma desvantagem é que são necessárias 24 horas ou mais para que colônias visíveis sejam formadas. Isso pode ser um problema sério para certas aplicações, como o controle de qualidade do leite, quando não é possível manter um lote do produto durante esse tempo.

As contagens em placas consideram que cada bactéria viva cresce e se divide para produzir uma única colônia. Isso nem sempre ocorre, pois as bactérias frequentemente crescem unidas em agregados ou cadeias (ver Figura 4.1). Portanto, uma colônia muitas vezes resulta não de uma única bactéria, mas de um curto fragmento de uma cadeia ou de um agregado bacteriano. Para refletir essa realidade, as contagens em placas são frequentemente reportadas como **unidades formadoras de colônias (UFCs)**.

Quando uma contagem em placas é feita, é importante que somente um número limitado de colônias se desenvolva na placa. Quando muitas colônias estão presentes, algumas

células são reprimidas e não podem se desenvolver; essas condições causam imprecisão na contagem. Uma recomendação da Food and Drug Administration é a contagem de placas com somente 25 a 250 colônias, porém muitos microbiologistas preferem placas com 30 a 300 colônias. Para garantir que algumas contagens de colônias estejam nessa faixa, o inóculo inicial é diluído várias vezes, em um processo chamado de **diluição seriada** (**Figura 6.18**).

Diluições seriadas Digamos, por exemplo, que uma amostra de leite tem 10.000 bactérias por mililitro. Se 1 mL dessa amostra fosse semeado em placa, teoricamente 10.000 colônias deveriam se formar no meio da placa de Petri. Obviamente, essa não seria uma placa contável. Se 1 mL dessa amostra fosse transferido para um tubo contendo 9 mL de água estéril, cada mililitro do fluido dentro do tubo conteria 1.000 bactérias. Se 1 mL dessa amostra fosse inoculado em uma placa de Petri, ainda haveria colônias demais na placa para a realização da contagem. Portanto, outra diluição deveria ser feita. Um mililitro contendo 1.000 bactérias deveria ser transferido para um segundo tubo de 9 mL de água. Cada mililitro nesse tubo conterá agora somente 100

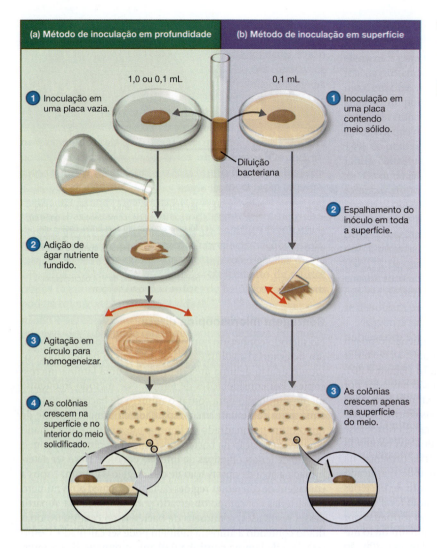

(a) Método de inoculação em profundidade

1,0 ou 0,1 mL

1 Inoculação em uma placa vazia.

2 Adição de ágar nutriente fundido.

3 Agitação em círculo para homogeneizar.

4 As colônias crescem na superfície e no interior do meio solidificado.

(b) Método de inoculação em superfície

0,1 mL

1 Inoculação em uma placa contendo meio sólido.

Diluição bacteriana

2 Espalhamento do inóculo em toda a superfície.

3 As colônias crescem apenas na superfície do meio.

Figura 6.19 Métodos de preparação das placas para contagem. (a) Método de inoculação em profundidade. **(b)** Método de inoculação em superfície.

P Em quais circunstâncias o método de inoculação em profundidade seria mais adequado que o método de inoculação em superfície?

bactérias, e se 1 mL do conteúdo do tubo fosse inoculado em placa, 100 colônias potenciais seriam formadas, um número facilmente contável.

Inoculação em profundidade ou inoculação em superfície
Uma contagem em placas pode ser feita pelos métodos de inoculação em profundidade (*pour plate*) ou inoculação em superfície (*spread plate*). O **método de inoculação em profundidade** segue o procedimento mostrado na **Figura 6.19a**. Um volume de 1 mL ou 0,1 mL de diluições da suspensão bacteriana é introduzido em uma placa de Petri. O meio nutritivo, no qual o ágar é mantido líquido por aquecimento em banho-maria a 50 °C, é vertido sobre a amostra, que é então misturada com o meio por agitação lenta da placa. Quando o ágar solidifica, a placa é incubada. Com a técnica de inoculação em profundidade, as colônias crescerão tanto no interior do ágar nutriente (a partir de células que ficaram em suspensão no

meio nutriente à medida que o ágar solidificou), quanto na superfície da placa de ágar.

Essa técnica tem algumas desvantagens, pois alguns microrganismos relativamente sensíveis ao calor podem ser danificados pelo ágar fundido, sendo incapazes de formar colônias. Além disso, quando certos meios diferenciais são utilizados, a aparência diferenciada da colônia na superfície é essencial para fins diagnósticos. As colônias que se formam abaixo da superfície de uma placa por incorporação não são adequadas para esses testes. Para evitar esses problemas, o **método de inoculação em superfície** é utilizado com frequência (Figura 6.19b). Um inóculo de 0,1 mL é adicionado à superfície de um meio de ágar previamente solidificado. O inóculo é, então, estriado de modo uniforme na superfície do meio com o auxílio de um bastão de plástico ou metal esterilizado em um formato específico. Esse método espalha todas as colônias na superfície e evita o contato entre as células e o ágar fundido.

Figura 6.20 **Contagem de bactérias por filtração. (Ver Figura 7.4.)**

P É possível realizar uma inoculação em profundidade em uma placa de Petri comum com um inóculo de 10 mL? Explique.

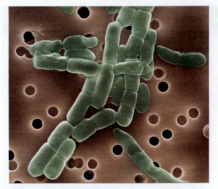

(a) A população bacteriana em corpos de água pode ser determinada passando-se uma amostra por um filtro de membrana. Aqui, as bactérias presentes em uma amostra de água de 100 mL foram retidas na superfície do filtro de membrana. Essas bactérias formam colônias visíveis quando colocadas na superfície de um meio adequado. [MEV] |— 1,5 μm

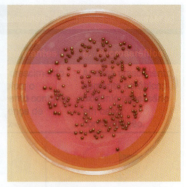

(b) Um filtro de membrana contendo bactérias em sua superfície, como descrito na parte (a), foi colocado em um ágar Endo. Esse é um meio seletivo para bactérias gram-positivas; fermentadores de lactose, como os coliformes, formam colônias características. Há 214 colônias visíveis, de forma que podemos registrar a existência de 214 bactérias por 100 mL na amostra de água.

Filtração

Quando a quantidade de bactérias é muito pequena, como em lagos ou correntes de água relativamente puras, as bactérias podem ser contadas pelo método de **filtração** (**Figura 6.20**). Nessa técnica, pelo menos 100 mL de água são passados por um filtro de membrana fino, cujos poros são muito pequenos para permitirem a passagem de bactérias. Dessa forma, as bactérias são filtradas e ficam retidas na superfície do filtro. Esse filtro é, então, transferido para uma placa de Petri contendo meio nutriente, onde as colônias das bactérias presentes na superfície do filtro se desenvolvem. Esse método é aplicado frequentemente para a detecção e a enumeração de bactérias coliformes que são indicadoras de contaminação fecal em alimentos ou água (ver Capítulo 27). As colônias formadas por essas bactérias são distintivas quando é utilizado um meio nutriente diferencial. (As colônias mostradas na Figura 6.20b são exemplos de coliformes.)

Método do número mais provável (NMP)

Outro método para a determinação do número de bactérias em uma amostra é o **método do número mais provável (NMP)**, ilustrado na **Figura 6.21**. Essa técnica estatística tem como base o seguinte princípio: quanto maior o número de bactérias em uma amostra, maior será o número de diluições necessárias para reduzir a densidade até um ponto no qual mais nenhuma bactéria esteja presente nos tubos de diluição seriada. O NMP é utilizado quando os microrganismos não crescem em um meio sólido (como as bactérias quimioautotróficas nitrificantes). Também é útil quando o crescimento de bactérias em um meio líquido diferencial é utilizado para identificar microrganismos (como bactérias coliformes em água, que fermentam seletivamente lactose, produzindo ácido). O NMP fornece somente uma estimativa de 95% de probabilidade de uma população bacteriana estar em uma faixa determinada e que o NMP obtido é estatisticamente o número mais provável.

Contagem microscópica direta

No método conhecido como **contagem microscópica direta**, um determinado volume de uma suspensão bacteriana é colocado dentro de uma área definida em uma lâmina microscópica. Por considerações de tempo, esse método frequentemente é utilizado para contar o número de bactérias no leite. Uma amostra de 0,01 mL é espalhada em uma superfície de um centímetro quadrado da lâmina, um corante é adicionado para a visualização da bactéria, e a amostra é observada com o auxílio de lentes objetivas de imersão em óleo. Deve ser determinada a área de observação de cada região da lâmina. Após a contagem de diferentes regiões da lâmina, a média do número de bactérias por campo observado pode ser calculada. A partir desses resultados, o número de bactérias no centímetro quadrado contendo a amostra também pode ser calculado. Como essa área da lâmina continha 0,01 mL, o número de bactérias em cada mililitro da suspensão é o número de bactérias na amostra multiplicado por 100.

Uma lâmina especialmente projetada chamada *contador de células de Petroff-Hausser* é utilizada nas contagens microscópicas diretas (**Figura 6.22**).

As bactérias móveis são difíceis de serem contadas por esse método e, como acontece com outros métodos microscópicos, as células mortas acabam sendo contadas como vivas. Outra desvantagem é a necessidade de uma concentração de células bastante elevada para permitir uma contagem satisfatória – em torno de 10 milhões de bactérias por mililitro. A maior vantagem das contagens microscópicas é que um tempo de incubação não é necessário, e elas geralmente são reservadas para situações nas quais o tempo é essencial. Essa vantagem também se aplica aos *contadores de células eletrônicos*, conhecidos muitas vezes como *contadores Coulter*, que contam automaticamente o número de células em um volume de líquido determinado. Esses instrumentos são utilizados em alguns laboratórios de pesquisa e em hospitais.

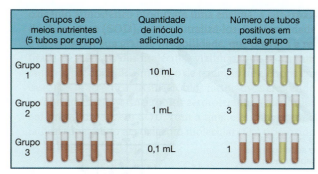

(a) Série de diluições do método do número mais provável (NMP)

| Combinação de positivos | Índice NMP /100 mL | Limites de confiança de 95% | |
		Inferior	Superior
4-2-0	22	6,8	50
4-2-1	26	9,8	70
4-3-0	27	9,9	70
4-3-1	33	10	70
4-4-0	34	14	100
5-0-0	23		70
5-0-1	31	10	70
5-0-2	43	14	100
5-1-0	33	10	100
5-1-1	46	14	120
5-1-2	63	22	150
5-2-0	49	15	150
5-2-1	70	22	170
5-2-2	94	34	230
5-3-0	79	22	220
5-3-1	110	34	250
5-3-2	140	52	400

(b) Tabela do NMP. Essa tabela permite calcular, para uma determinada amostra, os números microbianos com maior probabilidade estatística de levarem ao resultado obtido. O número de tubos positivos (amarelos) é anotado para cada grupo: no exemplo sombreado, 5, 3 e 1. Se buscarmos essa combinação na tabela do NMP, concluiremos que o índice do NMP para 100 mL é 110. Estatisticamente, isso significa que 95% das amostras de água que apresentaram esse resultado contêm 34 a 250 bactérias, com 110 sendo o número mais provável.

Figura 6.21 Método do número mais provável (NMP).

P Em quais circunstâncias o NMP é utilizado para determinar o número de bactérias em uma amostra?

TESTE SEU CONHECIMENTO

6-17 Por que é difícil medir de forma realista o crescimento de um fungo filamentoso isolado pelo método de contagem em placas?

Estimando o número de bactérias por métodos indiretos

Nem sempre é necessário contar as células microbianas para estimar o seu número. Na pesquisa e na indústria, o número e a atividade dos microrganismos também são determinados por alguns dos métodos indiretos discutidos a seguir.

Turbidimetria

Para alguns tipos de experimentos, estimar a **turbidez** é uma maneira prática de monitorar o crescimento bacteriano. À medida que as bactérias se multiplicam em um meio líquido, o meio se torna turvo ou opaco com as células.

O instrumento utilizado para medir a turbidez é um *espectrofotômetro* (ou colorímetro). No espectrofotômetro, um feixe de luz é transmitido através de uma suspensão bacteriana até um detector fotossensível (**Figura 6.23**). Com o aumento do número de bactérias, menos luz atingirá o detector. Essa alteração da luz será registrada na escala do instrumento como a *porcentagem de transmissão (%T)*. Também será registrada na escala do instrumento uma expressão logarítmica, chamada de *absorbância* (muitas vezes denominada *densidade óptica*, ou *DO*). A absorbância é utilizada para representar graficamente o crescimento bacteriano. Quando as bactérias estão em crescimento logarítmico ou em declínio, o gráfico da absorbância em função do tempo será uma linha quase reta. Se as leituras de absorbância forem combinadas com contagens em placas da mesma cultura, essa correlação poderá ser utilizada para estimativas futuras do número de bactérias obtidas pela medida da turbidimetria.

Mais de 1 milhão de células por mililitro devem estar presentes para que os primeiros sinais de turbidez sejam visíveis. Em torno de 10 milhões a 100 milhões de células por mililitro são necessários para que uma suspensão seja turva o suficiente para possibilitar uma leitura no espectrofotômetro. Portanto, a turbidimetria não é uma medida útil de contaminação de líquidos por um número relativamente pequeno de bactérias.

Atividade metabólica

Outra maneira indireta de se estimar o número de bactérias é medir a *atividade metabólica* de uma população. Esse método assume que a quantidade de um produto metabólico determinado, como um ácido, CO_2, DNA ou ATP, é diretamente proporcional ao número de bactérias presentes. Um exemplo de uma aplicação prática de um teste metabólico é o ensaio microbiológico (ver "Meios complexos", anteriormente), no qual a produção de ácido é utilizada para se determinar as quantidades de vitaminas.

CASO CLÍNICO

As bactérias presentes nas culturas de sangue e cateteres fluorescem sob luz ultravioleta. Os resultados das culturas mostram que *P. fluorescens* está presente no sangue de 15 pacientes, em 17 cateteres, e no sangue e no cateter de 4 pacientes. As bactérias sobreviveram mesmo após a heparina sofrer *recall*. O Dr. MacGruder quer estimar quantas bactérias estão colonizando o cateter de um paciente. Como a quantidade de nutrientes presentes no cateter é mínima, ele conclui que as bactérias crescem lentamente. Ele faz alguns cálculos com base no pressuposto de que cinco células de *Pseudomonas*, com um tempo de geração de 35 horas, podem ter sido originalmente introduzidas nos cateteres.

Aproximadamente quantas células existirão após 1 mês?

Parte 1 | Parte 2 | **Parte 3** | Parte 4

Figura 6.22 Contagem microscópica direta de bactérias utilizando um contador de células de Petroff-Hausser. O número médio de células em um quadrado grande multiplicado pelo fator 1.250.000 fornece o número de bactérias por mililitro.

P Esse tipo de contagem, apesar das suas desvantagens óbvias, frequentemente é utilizado para estimar a população bacteriana em laticínios. Por quê?

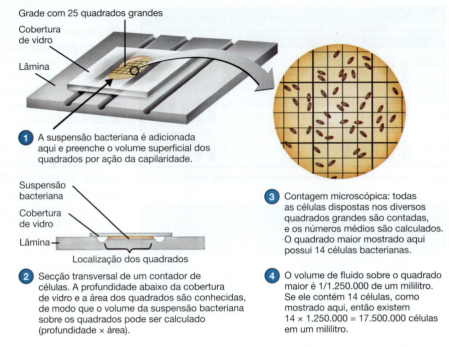

Grade com 25 quadrados grandes

Cobertura de vidro

Lâmina

1 A suspensão bacteriana é adicionada aqui e preenche o volume superficial dos quadrados por ação da capilaridade.

Suspensão bacteriana

Cobertura de vidro

Lâmina

Localização dos quadrados

2 Secção transversal de um contador de células. A profundidade abaixo da cobertura de vidro e a área dos quadrados são conhecidas, de modo que o volume da suspensão bacteriana sobre os quadrados pode ser calculado (profundidade × área).

3 Contagem microscópica: todas as células dispostas nos diversos quadrados grandes são contadas, e os números médios são calculados. O quadrado maior mostrado aqui possui 14 células bacterianas.

4 O volume de fluido sobre o quadrado maior é 1/1.250.000 de um mililitro. Se ele contém 14 células, como mostrado aqui, então existem 14 × 1.250.000 = 17.500.000 células em um mililitro.

Figura 6.23 Determinação do número de bactérias por turbidimetria. A quantidade de luz que chega ao detector fotossensível no espectrofotômetro é inversamente proporcional ao número de bactérias sob condições padronizadas. Quanto menor a quantidade de luz transmitida, mais bactérias estão presentes na amostra. A turbidez da amostra pode ser expressa na forma de 20% de transmissão ou de 0,7 de absorbância. As leituras de absorbância têm base logarítmica e, às vezes, são úteis para a realização de um gráfico.

P Por que a turbidimetria apresenta maior utilidade na determinação da contaminação em líquidos contendo números altos de bactérias do que naqueles que apresentam números menores?

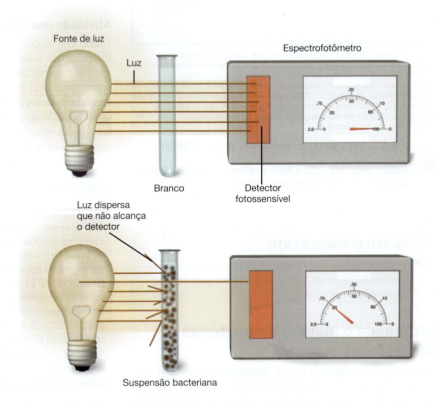

Fonte de luz

Luz

Espectrofotômetro

Branco

Detector fotossensível

Luz dispersa que não alcança o detector

Suspensão bacteriana

Peso seco

Para bactérias e fungos filamentosos, os métodos comuns de medida são menos satisfatórios. Uma contagem em placas não poderia medir esse aumento em massa filamentosa. Nas contagens em placas de actinomicetos (ver Figura 11.25) e bolores, o número de esporos assexuados é mais frequentemente contado como alternativa. Essa não é uma boa medida do crescimento. Uma das melhores maneiras de se medir o crescimento de organismos filamentosos é pelo *peso seco*. Nesse procedimento, os fungos são removidos do meio de crescimento, filtrados para a remoção de outros materiais e dessecados em um dessecador. Em seguida, são pesados. Para as bactérias, o mesmo procedimento básico é seguido.

TESTE SEU CONHECIMENTO

✔ **6-18** Os métodos diretos geralmente requerem um tempo de incubação para a obtenção de colônias. Por que isso não é sempre viável na análise de alimentos?

✔ **6-19** Se não houver um método adequado para analisar quimicamente um produto quanto ao seu conteúdo de vitaminas, qual seria então o melhor método para determinar a presença de uma vitamina em um produto?

* * *

Você adquiriu um conhecimento básico sobre os fatores necessários ao crescimento microbiano e como ele pode ser medido. No Capítulo 7, analisaremos como esse crescimento é controlado em laboratórios, hospitais, indústrias e nas nossas casas.

CASO CLÍNICO Resolvido

Os biofilmes são acumulações densas de células. Cinco células podem passar por 20 gerações em 1 mês, produzindo $7,79 \times 10^6$ células. Agora, o Dr. MacGruder sabe que as bactérias *P. fluorescens* estão presentes nos cateteres permanentes dos pacientes. Ele ordena que os cateteres sejam substituídos e pede ao CDC que examine os cateteres removidos por meio de microscopia eletrônica de varredura. Eles descobrem que *P. fluorescens* colonizou o interior dos cateteres, formando biofilmes. Em seu relatório apresentado ao CDC, o Dr. MacGruder explica que a bactéria *P. fluorescens* pode ter entrado na corrente sanguínea desses pacientes na mesma época do primeiro surto, mas não em quantidades suficientes para provocar sintomas naquela época. A formação de biofilmes possibilita que as bactérias persistam nos cateteres dos pacientes. Ele observou que estudos prévios de microscopia eletrônica indicaram que quase todos os cateteres vasculares permanentes se tornam colonizados por microrganismos que estão embebidos em uma camada de biofilme, e foi relatado que a heparina estimula a formação desses biofilmes.

O Dr. MacGruder conclui que as bactérias presentes no biofilme foram desalojadas por soluções intravenosas não contaminadas administradas subsequentemente, sendo liberadas na corrente sanguínea e, por fim, causando infecção meses após a colonização inicial.

Parte 1   Parte 2   Parte 3   **Parte 4**

Resumo para estudo

Fatores necessários para o crescimento (p. 152-158)

1. O crescimento de uma população é o aumento do número de células. Colônias são grupos de células grandes o suficiente para serem vistos sem o auxílio de um microscópio.
2. Os fatores para o crescimento microbiano são físicos e químicos.

Fatores físicos (p. 152-155)

3. De acordo com as faixas de temperatura preferidas, os microrganismos são classificados como psicrófilos (que vivem em baixas temperaturas), mesófilos (que vivem em temperaturas moderadas) e termófilos (que vivem em altas temperaturas).
4. A temperatura mínima de crescimento é a temperatura mais baixa que permite o crescimento da espécie; a temperatura ótima de crescimento é aquela em que o organismo melhor se reproduz; a temperatura máxima de crescimento é a maior temperatura em que o crescimento é possível.
5. A maioria das bactérias cresce melhor em valores de pH entre 6,5 e 7,5.
6. Em uma solução hipertônica, a maioria dos microrganismos sofre plasmólise; os halofílicos podem tolerar concentrações elevadas de sais.

Fatores químicos (p. 155-158)

7. Todos os organismos requerem uma fonte de carbono; os quimio-heterotróficos utilizam uma molécula orgânica e os autotróficos em geral utilizam o dióxido de carbono.
8. O nitrogênio é necessário para a síntese de proteínas e ácidos nucleicos. O nitrogênio pode ser obtido a partir da decomposição de proteínas ou a partir de NH_4^+ ou NO_3^-; algumas bactérias são capazes de fixar nitrogênio (N_2).
9. De acordo com as necessidades de oxigênio, os organismos são classificados como aeróbios obrigatórios, anaeróbios facultativos, anaeróbios obrigatórios, anaeróbios aerotolerantes e microaerófilos.
10. Aeróbios, anaeróbios facultativos e anaeróbios aerotolerantes devem ter as enzimas superóxido-dismutase ($2.O_2 + 2\,H^+ \rightarrow O_2 + H_2O_2$) e catalase ($2\,H_2O_2 \rightarrow 2\,H_2O + O_2$) ou peroxidase ($H_2O_2 + 2\,H^+ \rightarrow 2H_2O$).
11. Outros compostos químicos necessários ao crescimento microbiano incluem enxofre, fósforo, elementos-traço e, para alguns microrganismos, fatores de crescimento orgânicos.

Biofilmes (p. 158-159)

1. Os microrganismos aderem a superfícies e se acumulam na forma de biofilmes nas superfícies sólidas em contato com a água.
2. A maioria das bactérias vive em biofilmes.
3. Os micróbios em biofilmes são mais resistentes aos antibióticos do que os micróbios de vida livre.

Meio de cultura (p. 159-164)

1. Um meio de cultura é qualquer material preparado para o crescimento de bactérias em laboratório.
2. Os microrganismos que crescem e se multiplicam na superfície ou dentro de um meio de cultura são conhecidos como cultura.
3. O ágar é um agente solidificante comum utilizado nos meios de cultura.

Meio quimicamente definido   (p. 160-161)

4. Um meio quimicamente definido é aquele no qual a composição química exata é conhecida.

Meio complexo   (p. 161)

5. Um meio complexo é aquele cuja composição química exata varia levemente de um lote para outro.

Meios e métodos para o crescimento anaeróbico   (p. 161-162)

6. Os meios redutores removem quimicamente o oxigênio molecular (O_2) que poderia interferir com o crescimento de anaeróbios.

7. As placas de Petri podem ser incubadas em jarras anaeróbicas, câmaras anaeróbicas ou OxyPlate™.

Técnicas de cultura especiais   (p. 162)

8. Algumas bactérias parasitas ou fastidiosas devem ser cultivadas em animais vivos ou culturas de células.

9. Incubadoras de CO_2 ou geradores químicos de CO_2 são usados para o cultivo de bactérias capnofílicas que requerem uma concentração elevada de CO_2.

Meios de cultivo seletivos e diferenciais   (p. 162-163)

10. Pela inibição de microrganismos indesejados com sais, corantes ou outros compostos químicos, os meios seletivos permitem o crescimento somente dos microrganismos de interesse.

11. Os meios diferenciais são utilizados para distinguir microrganismos.

Meios de enriquecimento   (p. 163-164)

12. Uma cultura de enriquecimento é utilizada para favorecer o crescimento de um microrganismo específico em uma cultura mista.

Níveis de biossegurança   (p. 163-164)

13. Procedimentos e equipamentos para minimizar a exposição a microrganismos patogênicos são classificados como níveis de biossegurança de 1 a 4.

Obtenção de culturas puras   (p. 164-165)

1. Uma cultura pura consiste em apenas uma espécie ou cepa de micróbio.

2. Culturas puras normalmente são obtidas pelo método de esgotamento em placa.

Preservação de culturas bacterianas   (p. 165)

1. Os micróbios podem ser preservados por longos períodos de tempo por ultracongelamento ou liofilização (criodessecação).

Crescimento de culturas bacterianas   (p. 166-175)

Divisão bacteriana   (p. 166)

1. O método normal de reprodução das bactérias é a fissão binária, na qual uma única célula se divide dando origem a duas células idênticas.

2. Algumas bactérias se reproduzem por brotamento, formação de esporos aéreos ou fragmentação.

Tempo de geração   (p. 166)

3. O tempo necessário para uma célula se dividir ou uma população duplicar de tamanho é conhecido como tempo de geração.

Representação logarítmica de populações bacterianas   (p. 166-167)

4. A divisão bacteriana ocorre conforme uma progressão logarítmica (2 células, 4 células, 8 células, etc.).

Fases de crescimento   (p. 167-169)

5. Durante a fase lag, ocorre pouca ou nenhuma alteração no número de células, porém a atividade metabólica é intensa.

6. Durante a fase log, as bactérias se multiplicam em alta velocidade, consideradas as condições fornecidas pelo meio.

7. Durante a fase estacionária, há um equilíbrio entre a divisão e a morte celular.

8. Durante a fase de morte celular, o número de mortes excede o número de novas células formadas.

Medida direta do crescimento microbiano   (p. 169-173)

9. Uma contagem em placas heterotróficas reflete o número de microrganismos viáveis e assume que cada bactéria se desenvolve em uma colônia; as contagens em placas são expressas como os números de unidades formadoras de colônias (UFCs).

10. Uma contagem em placas pode ser feita pelos métodos de inoculação em profundidade ou inoculação em superfície.

11. Na filtração, bactérias são retidas na superfície de um filtro de membrana e, posteriormente, transferidas para um meio de cultura para crescimento e contagem.

12. O método do número mais provável (NMP) pode ser utilizado para microrganismos que crescem em meio líquido; é uma determinação estatística.

13. Na contagem microscópica direta, os microrganismos em um determinado volume de uma suspensão bacteriana são contados com a utilização de uma lâmina especialmente projetada.

Estimando o número de bactérias por métodos indiretos   (p. 173-175)

14. Um espectrofotômetro é utilizado na determinação da turbidez pela medida da quantidade de luz que atravessa uma suspensão de células.

15. Uma maneira indireta de se estimar o número de bactérias é a medida da atividade metabólica da população (p. ex., a produção de ácido).

16. Para organismos filamentosos, como fungos, a medida do peso seco é um método conveniente de determinação do crescimento.

Questões para estudo

As respostas das questões de Conhecimento e compreensão estão na seção de Respostas no final deste livro.

Conhecimento e compreensão

Revisão

1. Descreva a fissão binária.

2. Os macronutrientes (necessários em quantidades relativamente maiores) com frequência são citados como CHONPS. O que cada uma dessas letras significa e por que esses elementos são necessários para a célula?

3. Defina e explique a importância de cada um dos itens seguintes:

   a. catalase   d. radical superóxido

   b. peróxido de hidrogênio   e. superóxido-dismutase

   c. peroxidase

4. Sete métodos de medida do crescimento microbiano foram explicados neste capítulo. Classifique-os como diretos ou indiretos.

5. Por ultracongelamento, as bactérias podem ser armazenadas sem danos durante longos períodos. Por que a refrigeração e o congelamento preservam os alimentos?

6. Um padeiro inoculou acidentalmente uma torta de creme com seis células de *S. aureus*. Se *S. aureus* tiver um tempo de geração de 60 minutos, quantas células estarão na torta após 7 horas?

7. A adição de nitrogênio e fósforo em praias após um derramamento de óleo favorece o crescimento de bactérias que degradam naturalmente o óleo. Explique por que essas bactérias não cresceriam se o nitrogênio e o fósforo não fossem adicionados.

8. Diferencie os meios complexos e quimicamente definidos.

9. DESENHE Desenhe as seguintes curvas de crescimento para *E. coli*, iniciando com 100 células e apresentando um tempo de geração de 30 minutos a 35 °C, 60 minutos a 20 °C e 3 horas a 5 °C.
   a. As células são incubadas por 5 horas a 35 °C.
   b. Após 5 horas, a temperatura é alterada para 20 °C durante 2 horas.
   c. Após 5 horas a 35 °C, a temperatura é alterada para 5 °C durante 2 horas e, posteriormente, para 35 °C durante 5 horas.

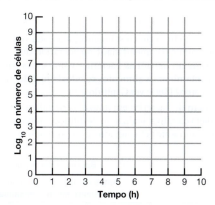

10. IDENTIFIQUE Uma célula procariótica, vinda de algum planeta desconhecido, pegou uma carona para a Terra em um ônibus espacial. O organismo é um psicrófilo, um halófilo obrigatório e um aeróbio obrigatório. Com base nessas características do micróbio, descreva o planeta.

Múltipla escolha

Utilize as informações a seguir para responder às questões 1 e 2. Dois meios de cultura foram inoculados com quatro bactérias diferentes. Após a incubação, os seguintes resultados foram obtidos:

Organismos	Meio 1	Meio 2
E. coli	Colônias vermelhas	Sem crescimento
S. aureus	Sem crescimento	Crescimento
Staphylococcus epidermidis	Sem crescimento	Crescimento
Salmonella enterica	Colônias incolores	Sem crescimento

1. O meio de cultura 1 é:
   a. seletivo.
   b. diferencial.
   c. seletivo e diferencial.

2. O meio de cultura 2 é:
   a. seletivo.
   b. diferencial.
   c. seletivo e diferencial.
   Utilize o gráfico a seguir para responder às questões 3 e 4.

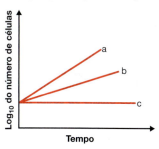

3. Qual das linhas melhor representa a fase log de um termófilo incubado em temperatura ambiente?

4. Qual das linhas melhor representa a fase log de *Listeria monocytogenes* crescendo no corpo humano?

5. Considere que você inoculou 100 células anaeróbias facultativas em um ágar nutriente e incubou a placa aerobicamente. Você então inoculou 100 células da mesma espécie em um nutriente ágar e incubou a segunda placa anaerobicamente. Após uma incubação durante 24 horas deverá ocorrer o aparecimento de:
   a. mais colônias na placa em aerobiose.
   b. mais colônias na placa em anaerobiose.
   c. o mesmo número de colônias em ambas as placas.

6. O termo *elementos-traço* se refere:
   a. aos elementos CHONPS.
   b. a vitaminas.
   c. a nitrogênio, fósforo e enxofre.
   d. a necessidades minerais menores.
   e. a substâncias tóxicas.

7. Qual das temperaturas a seguir causaria a morte de um mesófilo?
   a. −50 °C
   b. 0 °C
   c. 9 °C
   d. 37 °C
   e. 60 °C

8. Qual das seguintes características *não* é de um biofilme?
   a. resistência a antibióticos
   b. hidrogel
   c. deficiência de ferro
   d. *quorum sensing*

9. Qual dos seguintes tipos de meio não poderia ser utilizado para cultivar aeróbios?
   a. meio seletivo
   b. meio redutor
   c. meio de enriquecimento
   d. meio diferencial
   e. meio complexo

10. Um organismo que tem peroxidase e superóxido-dismutase, mas não tem catalase, provavelmente é um:
    a. aeróbio.
    b. anaeróbio aerotolerante.
    c. anaeróbio obrigatório.

Análise

1. A *E. coli* foi incubada em aeração em um meio nutriente contendo duas fontes de carbono, gerando a curva de crescimento representada a seguir.
   a. Explique o que aconteceu no tempo *x*.
   b. Qual substrato forneceu as "melhores" condições de crescimento para a bactéria? Como você chegou a essa conclusão?

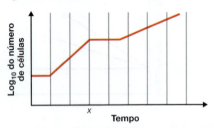

2. *Clostridium* e *Streptococcus* são ambos catalase-negativos. *Streptococcus* cresce por fermentação. Por que somente *Clostridium* é morto pelo oxigênio, ao passo que *Streptococcus* é capaz de sobreviver?

3. A maioria dos meios de laboratório contém carboidratos fermentáveis e peptona, pois a maior parte das bactérias requer carbono, nitrogênio e fontes de energia nessas formas. Como essas três necessidades são supridas em um meio mínimo contendo sais e glicose? (*Dica:* ver Tabela 6.2.)

4. O frasco A contém células de levedura em um caldo mínimo com sais e glicose incubado a 30 °C com aeração. O frasco B contém células de levedura em um caldo mínimo com sais e glicose incubado a 30 °C em uma jarra anaeróbica. As leveduras são anaeróbias facultativas.
   a. Qual cultura produziu mais ATP?
   b. Qual cultura produziu mais álcool?
   c. Qual cultura teve o tempo de geração mais curto?
   d. Qual cultura teve a maior massa celular?
   e. Qual cultura teve a maior absorbância?

Aplicações clínicas e avaliação

1. Considere que, após lavar as mãos, você deixou dez células bacterianas em uma barra nova de sabonete. Então você decide fazer uma contagem em placa do sabonete após ele ter ficado na saboneteira por 24 horas. Você diluiu 1 g do sabonete 1:10⁶ e semeou essa diluição em uma placa de ágar heterotrófica para contagem. Após 24 horas de incubação, foram contadas 168 colônias. Quantas bactérias existiam no sabonete? Como foram parar lá?

2. Lâmpadas de aquecimento normalmente são utilizadas em lanchonetes para manter os alimentos em uma temperatura de cerca de 50 °C por até 12 horas. O seguinte experimento foi conduzido para determinar se essa prática apresenta risco para a saúde.

   Pedaços de carne foram inoculados na sua superfície com 500.000 células bacterianas e incubados a 43 a 53 °C para determinar o limite de temperatura para o crescimento bacteriano. Os seguintes resultados foram obtidos com métodos-padrão de contagem em placas heterotróficas feitas com os pedaços de carne 6 e 12 horas após a inoculação.

		Bactérias por grama de carne após	
	Temp. (°C)	6 h	12 h
S. aureus	43	140.000.000	740.000.000
	51	810.000	59.000
	53	650	300
Salmonella Typhimurium	43	3.200.000	10.000.000
	51	950.000	83.000
Clostridium perfringens	53	1.200	300
	43	1.200.000	3.600.000
	51	120.000	3.800
	53	300	300

   Desenhe a curva de crescimento para cada organismo. Qual temperatura é recomendada? Considerando que a temperatura de cozimento destrói as bactérias, como essas bactérias poderiam contaminar os alimentos cozidos? Qual doença cada organismo causa? (*Dica:* ver Capítulo 25.)

3. O número de bactérias em amostras de saliva foi determinado por coleta da saliva, realização de diluições seriadas e inoculação em ágar nutriente pelo método de incorporação em placa. As placas foram incubadas aerobicamente durante 48 horas a 37 °C.

	Bactérias por mL de saliva	
	Antes de utilizar enxaguante bucal	Após utilizar enxaguante bucal
Enxaguante bucal 1	13,1 × 10⁶	10,9 × 10⁶
Enxaguante bucal 2	11,7 × 10⁶	14,2 × 10⁵
Enxaguante bucal 3	9,3 × 10⁵	7,7 × 10⁵

O que podemos concluir a partir desses dados? Todas as bactérias presentes em cada amostra de saliva cresceram?

Controle do crescimento microbiano 7

O controle científico do crescimento microbiano começou somente há cerca de 150 anos. Na década de 1840, o médico húngaro Ignaz Semmelweis foi ridicularizado por sugerir que os médicos deveriam lavar as mãos para evitar a febre puerperal relacionada ao parto. A falta de conhecimento em relação aos micróbios era tanta que, durante a Guerra Civil Americana, entre uma incisão e outra, um cirurgião poderia limpar o bisturi na sola da bota. Lembre-se, do Capítulo 1, que o trabalho de Pasteur na década de 1860 sobre os microrganismos levou os cientistas a acreditarem que os micróbios seriam uma possível causa de doenças. O médico inglês Joseph Lister utilizou essa ideia em algumas das primeiras práticas de controle microbiano para procedimentos médicos. Essas práticas incluíam a lavagem das mãos com o microbicida hipoclorito de cálcio [$Ca(OCl)_2$] e o uso de técnicas de **cirurgia asséptica** para prevenir a contaminação microbiana das feridas cirúrgicas. Naquele tempo, as infecções adquiridas em hospitais, ou *infecções nosocomiais*, eram a causa da morte em pelo menos 10% dos casos cirúrgicos e em até 25% das mortes pós-parto. Hoje sabemos que a lavagem das mãos é a melhor forma de prevenir a transmissão de patógenos como o norovírus, mostrado na fotografia. O controle dos norovírus em superfícies ambientais é o assunto do "Caso clínico".

Ao longo do último século, os cientistas continuaram a desenvolver uma série de métodos físicos e agentes químicos para controlar o crescimento microbiano. No Capítulo 20, discutiremos alguns métodos para o controle dos microrganismos após a infecção ocorrer, com foco principalmente na antibioticoterapia.

◀ **O norovírus pode se espalhar em superfícies ambientais.**

Na clínica

Como enfermeiro(a) responsável pelo controle de infecções hospitalares, você percebe que 15 pacientes desenvolveram infecções por *Clostridioides difficile* em 1 mês. Essa taxa de infecção é de 10 em cada 1.000 pacientes – quase 300% maior do que a média de 2,7 casos em cada 1.000 pacientes atendidos nos meses anteriores. Você solicita que seja realizada a limpeza dos quartos e dos equipamentos com um desinfetante à base de hipoclorito em vez do desinfetante hospitalar padrão (quat) utilizado normalmente. No próximo mês, a taxa de infecção diminui para 3 casos em cada 1.000. O programa de limpeza funcionou? **Como você chegou a essa conclusão?**

Dica: leia mais sobre cloro e compostos de amônio quaternário adiante neste capítulo; ver Tabela 7.7.

Terminologia do controle microbiano

OBJETIVO DE APRENDIZAGEM

7-1 Definir os seguintes termos essenciais relacionados ao controle microbiano: *esterilização, desinfecção, antissepsia, degerminação, sanitização, biocida, germicida, bacteriostase* e *assepsia*.

Uma palavra muito utilizada, às vezes incorretamente, em discussões sobre o controle do crescimento microbiano é *esterilização*. A **esterilização** é a remoção ou destruição de *todos* os microrganismos vivos. O aquecimento é o método mais comum usado para destruir microrganismos, incluindo as formas mais resistentes, como os endósporos. Um agente capaz de esterilizar é chamado de **esterilizante**. Líquidos ou gases podem ser esterilizados por filtração.

 ASM: O crescimento de microrganismos pode ser controlado por métodos físicos, químicos, mecânicos ou biológicos.

Algumas pessoas poderiam pensar que os alimentos enlatados à venda em supermercados são completamente estéreis. Na verdade, o tratamento com calor necessário para garantir esterilidade absoluta degradaria o alimento desnecessariamente. Em vez disso, o alimento é submetido apenas a uma quantidade de calor suficiente para destruir os endósporos de *Clostridium botulinum*, que pode produzir uma toxina letal. Esse tratamento com calor limitado é chamado de **esterilização comercial**. Os endósporos de várias bactérias termófilas, capazes de causar deterioração de alimentos, mas não doenças em seres humanos, são consideravelmente mais resistentes ao calor do que *C. botulinum*. Se estiverem presentes, sobreviverão, mas sua sobrevivência normalmente não tem consequência prática; eles não crescem nas temperaturas normais de armazenamento do alimento. Se os enlatados de um supermercado fossem incubados em temperaturas na faixa de crescimento dessas termófilas (acima de 45 °C), uma grande quantidade de alimentos se deterioraria.

A esterilização completa muitas vezes não é necessária em outras situações. Por exemplo, as defesas normais do corpo podem lidar com alguns microrganismos que penetram em uma ferida cirúrgica. Um copo ou um garfo em um restaurante requerem apenas um controle microbiano suficiente para prevenir a transmissão de micróbios possivelmente patogênicos de uma pessoa a outra.

O controle direcionado à destruição de microrganismos nocivos é chamado **desinfecção**. Esse termo normalmente se refere à destruição de patógenos na forma vegetativa (não formadores de endósporos), o que não é o mesmo que esterilidade completa. Processos de desinfecção podem ser realizados com o uso de substâncias químicas, radiação ultravioleta, água fervente ou vapor. Na prática, o termo é mais comumente aplicado ao uso de uma substância química (*desinfetante*) para tratar uma substância ou superfície inerte. Quando esse tratamento é direcionado aos tecidos vivos, denomina-se **antissepsia**, e as substâncias químicas são, assim, denominadas *antissépticos*. Assim, na prática, uma mesma substância química pode ser denominada desinfetante para certo uso e antisséptico para outro. É claro que muitos produtos apropriados para lavar uma mesa, por exemplo, seriam muito agressivos para serem usados em tecidos vivos.

Existem variações da desinfecção e da antissepsia. Por exemplo, quando alguém precisa receber uma injeção, a pele é limpa com álcool – o processo de **degerminação** (ou *degermação*), que resulta principalmente na remoção mecânica, em vez da destruição, da maioria dos microrganismos em uma área limitada. Os copos, as louças e os talheres dos restaurantes são submetidos à **sanitização**, que tem a finalidade de reduzir as contagens microbianas a níveis seguros de saúde pública e minimizar as chances de transmissão de doença de um usuário para outro. Isso normalmente é feito por lavagem em altas temperaturas ou, no caso das louças em um bar, lavagem em uma pia seguida por imersão em um desinfetante químico.

A **Tabela 7.1** resume a terminologia relacionada ao controle do crescimento microbiano.

Os nomes dos tratamentos que causam a morte direta dos microrganismos possuem o sufixo *-cida*, significando morte. Um **biocida**, ou **germicida**, destrói os microrganismos (geralmente com determinadas exceções, como os endósporos); um *fungicida* destrói fungos; um *virucida* inativa vírus; e assim por diante. Outros tratamentos inibem apenas o crescimento e a multiplicação de bactérias; esses nomes apresentam o sufixo *stático* ou *stase*, significando interrupção ou estabilidade, como na **bacteriostase**. Uma vez que um agente bacteriostático é removido, o crescimento é retomado.

Sepse, do termo grego para estragado ou podre, indica contaminação bacteriana, como nas fossas sépticas para tratamento de esgoto. (O termo também é usado para descrever uma condição de doença; ver Capítulo 23.) *Asséptico* descreve um objeto ou área livre de patógenos. **Assepsia** é a ausência de contaminação significativa (ver Capítulo 1). Técnicas assépticas são importantes em cirurgia para minimizar a contaminação dos instrumentos, da equipe cirúrgica e do paciente.

TESTE SEU CONHECIMENTO

✔ **7-1** A definição comum de *esterilização* é a remoção ou destruição de todas as formas de vida microbiana; como podem existir exceções práticas para essa definição simples?

CASO CLÍNICO Uma epidemia escolar

São 9 horas da manhã de uma quarta-feira, e Amy, a enfermeira de uma escola de educação básica, está ao telefone desde que chegou ao trabalho às 7 da manhã. Em duas horas, ela recebeu 7 relatos de estudantes que não poderão comparecer à escola devido a algum tipo de doença gastrintestinal. Todos apresentaram os mesmos sintomas: náuseas e vômitos, diarreia e febre baixa. Ao pegar o telefone para informar o diretor da escola sobre a situação, Amy recebe a oitava ligação do dia. Kevin, professor do primeiro ano que está doente e afastado da escola desde segunda-feira, liga para Amy para avisá-la que seu médico enviou uma amostra de fezes para ser analisada em um laboratório e os resultados retornaram positivo para norovírus.

O que é um norovírus? Continue lendo para descobrir.

Parte 1 | Parte 2 | Parte 3 | Parte 4

TABELA 7.1 Terminologia relacionada ao controle do crescimento microbiano

	Definição	Comentários
Esterilização	Destruição ou remoção de todas as formas de vida microbiana, incluindo os endósporos, possivelmente com exceção dos príons.	Normalmente realizada com vapor sob pressão ou um gás esterilizante, como o óxido de etileno.
Esterilização comercial	Tratamento de calor suficiente para destruir os endósporos de *C. botulinum* em alimentos enlatados.	Os endósporos mais resistentes de bactérias termófilas podem sobreviver, mas não germinam e crescem sob condições normais de armazenamento.
Desinfecção	Destruição de patógenos na forma vegetativa em objetos inanimados.	Pode fazer uso de métodos físicos ou químicos.
Antissepsia	Destruição de patógenos na forma vegetativa em tecidos vivos.	O tratamento é quase sempre por antimicrobianos químicos.
Degerminação	Remoção de microrganismos de uma área limitada, como a pele ao redor do local da aplicação de uma injeção.	Basicamente uma remoção mecânica feita com água e sabão ou algodão embebido em álcool.
Sanitização	Tratamento destinado a reduzir as contagens microbianas nos utensílios alimentares a níveis seguros de saúde pública.	Pode ser feita por meio de lavagem em altas temperaturas ou imersão em um desinfetante químico.

Taxa de morte microbiana

OBJETIVO DE APRENDIZAGEM

7-2 Descrever os padrões de morte microbiana ocasionados pelo tratamento com agentes de controle microbiano.

Quando as populações bacterianas são aquecidas ou tratadas com substâncias químicas antimicrobianas, elas normalmente morrem em uma taxa constante. Por exemplo, suponha que uma população de 1 milhão de microrganismos foi tratada por 1 minuto e 90% da população morreu. Restam agora 100 mil microrganismos. Se a população for tratada por mais 1 minuto, 90% *desses* micróbios morrem, restando 10 mil sobreviventes. Em outras palavras, para cada minuto em que o tratamento é aplicado, 90% da população remanescente é morta (Tabela 7.2). Se a curva de morte for representada logaritmicamente, a taxa de morte parece constante, como mostrado pela linha reta na **Figura 7.1a**.

Vários fatores influenciam na efetividade dos tratamentos antimicrobianos:

- *Número de micróbios.* Quanto mais microrganismos existem no início, mais tempo é necessário para eliminar a população inteira (Figura 7.1b).
- *Influências ambientais.* A maioria dos desinfetantes atua melhor em soluções aquecidas. O calor é quantitativamente mais eficiente sob condições ácidas.
- *A matéria orgânica frequentemente inibe a ação dos antimicrobianos químicos.* Em hospitais, a presença de matéria

orgânica em sangue, vômito ou fezes influencia a seleção de desinfetantes. Os micróbios em biofilmes de superfícies, quando envolvidos pela matriz mucoide (ver Capítulo 6), são de difícil acesso para os biocidas. Uma vez que sua atividade é condicionada a reações químicas dependentes de temperatura, os desinfetantes agem melhor em condições climáticas mais quentes. A natureza do meio de suspensão também é um fator importante no tratamento com calor. Gorduras e proteínas são especialmente protetoras; durante um tratamento térmico, um meio rico nessas substâncias protege os microrganismos, que dessa forma terão uma taxa de sobrevivência maior.

- *Tempo de exposição.* As substâncias químicas antimicrobianas frequentemente requerem um maior tempo de exposição para afetar os micróbios mais resistentes ou os endósporos. Leia a discussão sobre tratamentos equivalentes mais adiante.
- *Características microbianas.* A seção que conclui este capítulo discute como características microbianas como composição da parede celular e endósporos interferem na escolha dos métodos de controle químicos e físicos.

TESTE SEU CONHECIMENTO

✔ **7-2** Como é possível que uma solução com 1 milhão de bactérias não leve mais tempo para ser esterilizada do que uma solução com meio milhão de bactérias?

Ações dos agentes de controle microbiano

OBJETIVO DE APRENDIZAGEM

7-3 Descrever os efeitos dos agentes de controle microbiano nas estruturas celulares.

Esta seção fornece uma visão geral das três formas principais pelas quais vários agentes matam ou inibem os micróbios – danificando sua membrana plasmática, suas enzimas ou seus ácidos nucleicos.

TABELA 7.2 Taxa de mortalidade exponencial microbiana: exemplo

Tempo (min)	Mortes por minuto	Número de sobreviventes
0	0	1.000.000
1	900.000	100.000
2	90.000	10.000
3	9.000	1.000
4	900	100
5	90	10
6	9	1

Entendendo a curva de morte microbiana

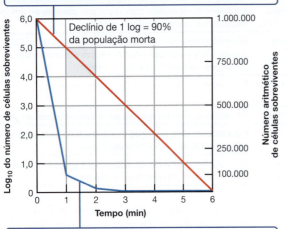

A representação **logarítmica** (**linha vermelha**) de uma curva de morte microbiana típica resulta em uma linha reta.

Declínio de 1 log = 90% da população morta

(a) A representação **aritmética** (**linha azul**) de uma curva de morte microbiana típica é impraticável: em 3 minutos a população de 1.000 células estaria a apenas um centésimo da distância gráfica entre 100.000 e a linha de base.

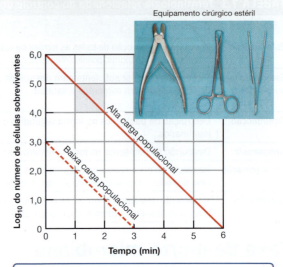

Equipamento cirúrgico estéril

(b) A representação logarítmica (em **vermelho**) revela que, se a taxa de morte for a mesma, será preciso mais tempo para destruir todos os membros de uma população grande do que de uma pequena, seja por tratamento térmico ou químico.

CONCEITOS-CHAVE

- As populações bacterianas geralmente morrem a uma taxa constante quando aquecidas ou tratadas com produtos químicos antimicrobianos.
- É necessário usar números logarítmicos para representar graficamente populações bacterianas de forma eficaz.
- Compreender as curvas logarítmicas de morte para populações microbianas, incluindo os elementos do tempo e o tamanho da população inicial, é especialmente útil na preservação de alimentos e na esterilização de meios ou suprimentos médicos.

Alimentos preservados por calor

A membrana plasmática de um microrganismo (ver Figura 4.14), localizada no interior da parede celular, é o alvo de muitos agentes de controle microbiano. Essa membrana regula ativamente a passagem de nutrientes para o interior da célula e a eliminação celular de dejetos. Danos aos lipídeos ou às proteínas da membrana plasmática por agentes antimicrobianos causam o extravasamento do conteúdo celular no meio circundante e interferem no crescimento da célula.

As bactérias algumas vezes são vistas como "pequenos pacotes de enzimas". As enzimas, que são principalmente proteínas, são vitais para todas as atividades celulares; portanto, a destruição das enzimas destrói a célula. Lembre-se de que as propriedades funcionais das proteínas resultam de sua forma tridimensional (ver Figura 2.15). Essa forma é mantida por ligações químicas que unem as porções adjacentes da cadeia de aminoácidos à medida que ela se dobra sobre si mesma. Algumas dessas ligações são ligações de hidrogênio, que são suscetíveis ao rompimento pelo calor ou por certos produtos químicos; o rompimento resulta em desnaturação da proteína. As ligações covalentes, que são mais fortes, também estão sujeitas ao ataque. Por exemplo, as ligações dissulfeto, que desempenham um papel importante na estrutura das proteínas ao unir os aminoácidos com grupos sulfidrila expostos ($-SH$), podem ser rompidas por certos produtos químicos ou calor suficiente.

Os ácidos nucleicos DNA e RNA são os portadores da informação genética celular. Danos a esses ácidos nucleicos por calor, radiação ou substâncias químicas frequentemente são letais para a célula, que não pode mais se replicar nem realizar funções metabólicas normais, como a síntese de enzimas.

TESTE SEU CONHECIMENTO

 7-3 Um agente químico de controle microbiano que afeta a membrana plasmática de microrganismos também é capaz de afetar os seres humanos?

Métodos físicos de controle microbiano

OBJETIVOS DE APRENDIZAGEM

7-4 Comparar a eficácia do calor úmido (fervura, autoclavação, pasteurização) e do calor seco.

7-5 Descrever como filtração, baixas temperaturas, alta pressão, dessecação e pressão osmótica suprimem o crescimento microbiano.

7-6 Explicar como a radiação destrói as células.

Já na Idade da Pedra era provável que os seres humanos utilizassem algum método físico de controle microbiano para preservar os alimentos. A secagem (dessecação) e o uso do sal (pressão osmótica) provavelmente estavam entre as técnicas iniciais.

Ao selecionar métodos de controle microbiano, é preciso considerar os efeitos desses métodos em outras coisas além dos microrganismos. Por exemplo, certas vitaminas ou antibióticos em uma solução podem ser inativados pelo calor. Muitos materiais de laboratório ou hospitalares, como as sondas de borracha e látex, são danificados por ciclos repetidos de aquecimento. Há também considerações econômicas; por exemplo, pode ser mais barato usar instrumentos plásticos pré-esterilizados descartáveis do que lavar e reesterilizar repetidamente objetos de vidro.

Calor

Uma visita a qualquer supermercado demonstrará que a preservação pelo uso de calor em alimentos enlatados representa um dos métodos mais comuns de conservação de alimentos. Meios de cultura e vidrarias de laboratório, assim como muitos instrumentos hospitalares, também são normalmente esterilizados pelo calor.

A resistência ao calor varia entre diferentes microrganismos; essas diferenças podem ser expressas pelo conceito do ponto de morte térmica. O **ponto de morte térmica (PMT)** é a menor temperatura em que todos os microrganismos em uma suspensão líquida específica serão destruídos em 10 minutos.

Outro fator a ser considerado na esterilização é o tempo necessário para o material se tornar estéril. Esse período é expresso como **tempo de morte térmica (TMT)**, o tempo mínimo em que todas as bactérias em uma cultura líquida específica serão destruídas em uma dada temperatura. Ambos o PMT e o TMT são orientações úteis, que indicam a intensidade do tratamento necessária para destruir uma dada população de bactérias.

O **tempo de redução decimal (TRD)**, ou *valor D*, é um terceiro conceito relacionado à resistência bacteriana ao calor. O TRD é o tempo, em minutos, em que 90% (1 log) de uma população de bactérias em uma dada temperatura será destruída (na Tabela 7.2 e na Figura 7.1a, o TRD é 1 minuto). O Capítulo 28 descreve uma importante aplicação do TRD na indústria de enlatados.

Esterilização por calor úmido

O calor úmido destrói os microrganismos principalmente pela desnaturação das proteínas (ver Figura 5.6), que é causada pela quebra das ligações de hidrogênio que mantêm as proteínas em sua estrutura tridimensional. Esse processo de coagulação é familiar a qualquer pessoa que já tenha observado uma clara de ovo fritando.

Um tipo de calor úmido é a fervura, que destrói as formas vegetativas dos patógenos bacterianos, muitos vírus e os fungos e seus esporos dentro de cerca de 10 minutos, mas normalmente muito mais rápido. O vapor de fluxo livre (não pressurizado) é equivalente em temperatura à água fervente. Os endósporos e alguns vírus, contudo, não são destruídos tão rapidamente. Por exemplo, alguns endósporos bacterianos podem resistir à fervura por mais de 20 horas. Desse modo, a fervura não é um procedimento confiável de esterilização. No entanto, uma breve ebulição, mesmo em grandes altitudes (onde a pressão do ar é menor do que no nível do mar), matará a maioria dos patógenos. O uso da fervura para sanitizar mamadeiras de bebê é um exemplo conhecido.

A esterilização confiável com calor úmido requer temperaturas mais elevadas que a da água fervente. Essas altas temperaturas são geralmente atingidas utilizando vapor sob pressão em uma **autoclave** (Figura 7.2). Quanto maior a pressão na autoclave, maior a temperatura. (Você pode estar familiarizado com essa relação se já usou uma panela de pressão para fazer conservas caseiras ou para acelerar o cozimento do feijão.)

Por exemplo, quando o vapor de fluxo livre a uma temperatura de 100 °C é colocado sob uma pressão de 1 atmosférica acima da pressão ao nível do mar – isto é, cerca de 15 libras de pressão por polegada quadrada (psi) – a temperatura sobe para 121 °C. Aumentando a pressão para 20 psi, a temperatura sobe para 126 °C. As relações entre temperatura e pressão são mostradas na Tabela 7.3.

A esterilização com autoclave é mais eficaz quando os organismos estão em contato direto com o vapor ou estão contidos em um pequeno volume de solução aquosa (constituída principalmente por água). Sob essas condições, o vapor a uma pressão em torno de 15 psi (121 °C) destruirá *todos* os organismos (com exceção dos príons) e seus endósporos em cerca de 15 minutos. A esterilização da superfície de um sólido requer que o vapor esteja de fato em contato com ele. Para a esterilização de vidros secos, bandagens e similares, deve-se ter o cuidado de assegurar que o vapor entre em contato com todas as superfícies. Por exemplo, folhas de papel alumínio são impermeáveis ao vapor e não devem ser usadas para embalar materiais que serão esterilizados; em vez disso, deve-se usar papel comum (Figura 7.3). Também se deve tomar o cuidado de evitar a retenção de ar na parte superior do recipiente seco: o ar retido não será substituído pelo vapor, um vez que o vapor é mais leve do que ar. O ar aprisionado é o equivalente a um pequeno forno de ar quente que, como veremos em breve, requer uma temperatura maior e mais tempo para esterilizar os materiais. Os recipientes que podem aprisionar ar devem ser colocados em uma posição invertida para que o vapor force o ar para fora. Os produtos que não permitem a penetração de umidade, como o óleo mineral ou a vaselina, não são esterilizados pelos mesmos métodos utilizados para soluções aquosas.

A autoclavação é o método de preferência para a esterilização em ambientes de cuidados da saúde, a menos que o material a ser esterilizado possa ser danificado pelo calor ou

Figura 7.2 Uma autoclave. O vapor que entra força o ar para fora da parte inferior (setas azuis). A válvula do ejetor automático permanece aberta enquanto uma mistura de ar e vapor passa pela saída de resíduos. Quando todo o ar tiver sido ejetado, a temperatura mais elevada do vapor puro fecha a válvula, e a pressão na câmara aumenta.

P Como um frasco vazio e destampado deve ser posicionado para esterilização no interior de uma autoclave?

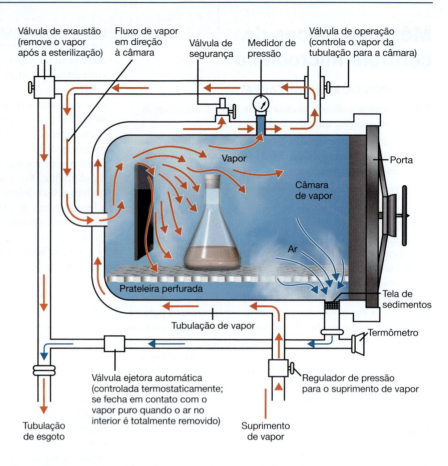

pela umidade. É um método usado para esterilizar meios de cultura, instrumentos, vestimentas, equipamento intravenoso, aplicadores, soluções, seringas, equipamento de transfusão e diversos outros itens que podem suportar altas temperaturas e pressões.

A autoclavação também é usada na indústria – por exemplo, na produção de alimentos. Grandes autoclaves industriais são chamadas de *retortas*. O calor requer um tempo adicional para atingir o centro dos materiais sólidos, como as carnes

Figura 7.3 Exemplos de indicadores de esterilização. As tiras indicam se o objeto foi devidamente esterilizado. A palavra *NOT* aparece caso o aquecimento tenha sido inadequado. Na ilustração, o indicador que está envolto na folha de papel alumínio não foi esterilizado porque o vapor não conseguiu penetrar na folha.

P O que deve ser utilizado para envolver os objetos em vez de papel alumínio?

TABELA 7.3 Relação entre pressão e temperatura do vapor no nível do mar*

Pressão (psi acima da pressão atmosférica)	Temperatura (°C)
0	100
5	110
10	116
15	121
20	126
30	135

*Em altitudes elevadas, a pressão atmosférica é menor, o que deve ser levado em consideração quando se estiver operando uma autoclave. Por exemplo, para se atingir a temperatura de esterilização (121 °C) em Denver, Colorado, Estados Unidos, cuja altitude é 1.600 metros, a pressão mostrada no aferidor da autoclave precisaria ser maior que os 15 psi mostrados na tabela.

enlatadas, uma vez que esses materiais não desenvolvem as correntes de convecção de distribuição de calor eficientes que ocorrem nos líquidos. O aquecimento de recipientes grandes também requer tempo extra. A Tabela 7.4 mostra as diferentes exigências de tempo para esterilizar líquidos em recipientes de tamanhos diversos.

Vários métodos comercialmente disponíveis podem indicar se a esterilização por tratamento com calor foi obtida. Alguns deles são reações químicas em que um indicador altera sua cor quando os tempos e temperaturas corretos tiverem sido atingidos (Figura 7.3). Em alguns modelos, a palavra *estéril* ou *autoclavado* aparece em invólucros ou fitas. Esse teste apresenta uma vantagem prática: não requer um tempo de incubação para o crescimento do organismo-teste, o que é importante se o produto esterilizado destina-se ao consumo imediato. Um teste amplamente utilizado consiste na preparação de determinadas espécies de endósporos bacterianos impregnados em tiras de papel. Após a autoclave, as tiras podem ser inoculadas assepticamente em meios de cultura. O crescimento nos meios de cultura indica a sobrevivência dos endósporos e, assim, o processamento inadequado. Outros métodos usam suspensões de endósporos que podem ser liberadas, após o aquecimento, em um meio de cultura circundante dentro do mesmo frasco.

O vapor sob pressão falha em esterilizar quando o ar não é completamente removido. Isso pode acontecer no caso de fechamento prematuro da válvula ejetora automática da autoclave (ver Figura 7.2). Os princípios da esterilização com o uso do calor têm relação direta com a produção de conservas caseiras. Qualquer pessoa familiarizada com a produção de conservas caseiras sabe que o vapor deve fluir vigorosamente para fora da válvula da tampa por vários minutos para remover todo o ar antes que a panela de pressão seja selada. Se o ar não for completamente removido, o recipiente não atinge a temperatura esperada para uma dada pressão. Devido à possibilidade de botulismo, um tipo de intoxicação alimentar resultante de métodos inadequados de envasamento (ver Capítulo 22), as pessoas envolvidas na produção de conservas caseiras devem obter orientações confiáveis e segui-las rigorosamente.

Pasteurização

Nos primórdios da microbiologia, Louis Pasteur descobriu um método prático de prevenção da deterioração da cerveja e do vinho (ver Capítulo 1). Pasteur usou um aquecimento leve, que foi suficiente para destruir os organismos que causavam o problema específico de deterioração sem alterar consideravelmente o sabor do produto. O mesmo princípio foi aplicado posteriormente ao leite, para produzir o que hoje denominamos leite pasteurizado. O objetivo da **pasteurização** do leite é eliminar microrganismos patogênicos. O processo também reduz o número de microrganismos, prolongando a qualidade do leite quando mantido sob refrigeração. Muitas bactérias relativamente resistentes ao calor (**termodúricas**) sobrevivem à pasteurização, porém têm pouca probabilidade de causar doença ou deteriorar o leite refrigerado.

Outros produtos além do leite, como o sorvete, o iogurte e a cerveja, têm seus próprios tempos e temperaturas de pasteurização, que, com frequência, diferem consideravelmente. Há diversas razões para essas variações. O aquecimento,

por exemplo, é menos eficiente em alimentos mais viscosos, e as gorduras podem ter um efeito protetor para os microrganismos nos alimentos. A indústria de laticínios utiliza rotineiramente um teste para determinar se os produtos foram pasteurizados: o *teste da fosfatase* (a fosfatase é uma enzima naturalmente presente no leite). Se o produto sofrer pasteurização, a fosfatase é inativada.

Atualmente, a maioria dos processos de pasteurização do leite utiliza temperaturas mínimas de 72 °C, mas por apenas 15 segundos. Esse tratamento, conhecido como **pasteurização de alta temperatura de curto tempo** (**HTST**, de *high-temperature short-time*), é aplicado enquanto o leite flui continuamente por uma serpentina. Além de destruir os patógenos, a pasteurização HTST diminui as contagens bacterianas totais; assim, o leite se conserva bem sob refrigeração.

Esterilização

O leite também pode ser esterilizado – o que é muito diferente da pasteurização – por **tratamentos de temperatura ultraelevada** (**UHT**, de *ultra-high-temperature*). Assim, o leite pode ser armazenado sem refrigeração por vários meses (ver também *esterilização comercial*, Capítulo 28). O leite UHT é muito comercializado na Europa e em regiões onde condições apropriadas de refrigeração nem sempre estão disponíveis. Nos Estados Unidos, o tratamento UHT algumas vezes é usado em recipientes pequenos de creme para café, encontrados em restaurantes. Para que o leite não fique com um sabor de cozido, o processo evita que o leite toque uma superfície mais quente que ele próprio enquanto é aquecido por vapor. Em geral, o leite é aspergido por um bocal em uma câmara com vapor sob pressão em altas temperaturas. Como um pequeno volume de fluido aspergido em uma atmosfera de vapor em alta temperatura expõe uma superfície relativamente grande, as gotículas do fluido são aquecidas pelo vapor, e as temperaturas de esterilização são alcançadas quase que instantaneamente. Após atingir uma temperatura de 140 °C por 4 segundos, o leite é rapidamente resfriado em uma câmara de vácuo. Ele é então empacotado em uma embalagem hermética e pré-esterilizada. O mesmo processo é frequentemente usado para esterilizar sucos.

TABELA 7.4 Efeito do tamanho do recipiente nos tempos de esterilização em autoclave para soluções líquidas*		
Tamanho do recipiente	**Volume de líquido**	**Tempo de esterilização (min)**
Tubo de ensaio: 18 × 150 mm	10 mL	15
Frasco de Erlenmeyer: 125 mL	95 mL	15
Frasco de Erlenmeyer: 2.000 mL	1.500 mL	30
Balão de fermentação: 9.000 mL	6.750 mL	70

*Os tempos de esterilização na autoclave incluem o tempo para o conteúdo dos recipientes atingir as temperaturas de esterilização. Para recipientes menores, o tempo é de apenas 5 minutos ou menos, mas para um frasco de 9.000 mL pode ser de até 70 minutos. Os líquidos em uma autoclave fervem vigorosamente, e assim os frascos geralmente são preenchidos apenas até 75% da capacidade.

Os tratamentos de calor que acabamos de discutir ilustram o conceito de **tratamentos equivalentes**: à medida que a temperatura aumenta, muito menos tempo é necessário para destruir o mesmo número de micróbios. Por exemplo, suponhamos que a destruição de endósporos altamente resistentes leve 70 minutos a 115 °C, ao passo que, nesse exemplo hipotético, podem ser necessários apenas 7 minutos a 125 °C. Ambos os tratamentos geram o mesmo resultado.

Esterilização por calor seco

O calor seco destrói por efeitos de oxidação. Uma analogia simples é a lenta carbonização do papel em um forno aquecido, mesmo quando a temperatura permanece abaixo do ponto de ignição do papel. Um dos métodos mais simples de esterilização por calor seco é a **chama** direta. Esse procedimento é muito usado no laboratório de microbiologia para esterilizar alças de inoculação. Para isso, o fio é aquecido até obter um brilho vermelho. Um princípio similar é usado na *incineração*, um modo efetivo de esterilizar e eliminar papel, copos, sacos e vestimentas contaminadas.

Outra forma de esterilização por calor seco é a **esterilização em ar quente**. Os itens esterilizados por esse procedimento são colocados em um forno. Em geral, uma temperatura de cerca de 170 °C mantida por aproximadamente 2 horas garante a esterilização. Um tempo maior e uma temperatura mais alta (relativos ao calor úmido) são necessários, pois o calor na água é conduzido mais rapidamente para um corpo frio do que o calor no ar. Por exemplo, imagine os diferentes efeitos de imergir sua mão em água fervente a 100 °C e de mantê-la em um forno de ar quente na mesma temperatura pela mesma quantidade de tempo.

Filtração

A *filtração* é a passagem de um líquido ou gás através de um material semelhante a uma tela, com poros pequenos o suficiente para reter microrganismos (geralmente o mesmo aparato utilizado para contagem; ver Figura 6.20). Um vácuo é criado no frasco coletor, e a pressão do ar força a passagem do líquido pelo filtro. A filtração é usada para esterilizar os materiais sensíveis ao calor, como alguns meios de cultura, enzimas, vacinas e soluções antibióticas.

Algumas salas de cirurgia e salas ocupadas por pacientes queimados recebem ar filtrado para reduzir o número de microrganismos transmissíveis pelo ar. Os **filtros de ar particulado de alta eficiência** (HEPA, de *high-efficiency particulate air*) removem quase todos os microrganismos com mais do que cerca de 0,3 μm de diâmetro.

Nos primórdios da microbiologia, filtros ocos em forma de velas feitos de porcelana não esmaltada eram usados para filtrar os líquidos. As passagens longas e indiretas através das paredes do filtro adsorviam as bactérias. Os patógenos invisíveis que passavam através dos filtros (e causavam doenças como a raiva) eram denominados *vírus filtráveis*. (Ver discussão sobre a filtração nos processos modernos de tratamento de água no Capítulo 27.)

Recentemente, os **filtros de membrana**, compostos por substâncias como ésteres de celulose ou ésteres plásticos, tornaram-se populares para uso industrial e laboratorial (**Figura 7.4**).

Figura 7.4 Esterilização por filtro com uma unidade plástica descartável pré-esterilizada. A amostra é colocada na câmara superior e forçada através do filtro de membrana pelo vácuo na câmara inferior. Os poros do filtro de membrana são menores que as bactérias, e assim elas são retidas no filtro. A amostra esterilizada pode, então, ser decantada na câmara inferior. Um equipamento similar com discos de filtro removíveis é utilizado para contar as bactérias em amostras (ver Figura 6.20).

P Como um aparato plástico de filtração pode ser pré-esterilizado? (Considere que o plástico não pode ser esterilizado por calor.)

Esses filtros têm apenas 0,1 mm de espessura. Os poros dos filtros de membrana, por exemplo, de 0,22 μm e 0,45 μm de diâmetro, são destinados a bactérias. Entretanto, algumas bactérias muito flexíveis, como os espiroquetas ou os micoplasmas sem parede celular, às vezes passam através desses filtros. Existem filtros com poros de até 0,05 μm disponíveis, um tamanho que retém os vírus e mesmo algumas moléculas grandes de proteína.

Baixas temperaturas

O efeito das baixas temperaturas nos microrganismos depende do micróbio específico e da intensidade da aplicação. Por exemplo, nas temperaturas dos refrigeradores comuns (0 a 7 °C), a taxa metabólica da maioria dos microrganismos é tão reduzida que eles não podem se reproduzir ou sintetizar toxinas. Em outras palavras, a refrigeração comum tem efeito bacteriostático. Ainda assim, os psicrotróficos crescem lentamente nas temperaturas do refrigerador, alterando o aspecto e o sabor dos alimentos após algum tempo. Por exemplo, um único microrganismo reproduzindo-se somente três vezes por dia atingiria uma população de mais de 2 milhões em 1 semana. As bactérias patogênicas geralmente não crescem nas temperaturas do refrigerador, contudo a *Listeria* é uma exceção importante (ver discussão sobre listeriose no Capítulo 22).

Para o controle microbiano de longo prazo, o congelamento é mais eficaz do que a refrigeração; no entanto, muitas substâncias, incluindo certas vacinas e alimentos, permanecem descongeladas até −2 °C ou menos, e algumas bactérias *Pseudomonas* podem crescer em temperaturas de vários graus abaixo de zero. As temperaturas abaixo do congelamento obtidas rapidamente tendem a tornar os microrganismos dormentes, mas não necessariamente os destroem. O congelamento lento é mais nocivo às bactérias; os cristais de gelo que se formam e crescem rompem a estrutura celular e molecular bacteriana. O descongelamento, por ser um processo lento, é na verdade a parte mais prejudicial do ciclo congelamento-descongelamento. Uma vez congeladas, um terço da população de algumas bactérias na forma vegetativa pode sobreviver por 1 ano, ao passo que outras espécies podem ter poucos sobreviventes após esse período. Muitos parasitas eucariotos, como o verme que causa a triquinose humana, são destruídos após vários dias de temperaturas gélidas. Algumas temperaturas importantes associadas aos microrganismos e à deterioração de alimentos são mostradas na Figura 6.2.

Alta pressão

Quando se aplica alta pressão a suspensões líquidas, ela se transfere instantânea e uniformemente para a amostra. Se a pressão for alta o suficiente, as estruturas moleculares das proteínas e dos carboidratos serão alteradas, resultando na rápida inativação das células bacterianas vegetativas. Os endósporos são relativamente resistentes à alta pressão. Sucos de frutas conservados por tratamentos à base de alta pressão são comercializados no Japão e nos Estados Unidos. Uma vantagem desses tratamentos é que eles mantêm o sabor, a coloração e os valores nutricionais dos produtos.

Dessecação

Na ausência de água, uma condição conhecida como **dessecação**, os microrganismos não podem crescer ou se reproduzir, apesar de permanecerem viáveis por anos. Então, quando a água é oferecida, eles podem retomar seu crescimento e divisão. Esse é o princípio da liofilização, ou criodessecação, processo utilizado em laboratórios para a preservação de microrganismos que foi descrito no Capítulo 6. Alguns alimentos também passam pelo processo de criodessecação (p. ex., café e alguns aditivos químicos de fruta para cereais secos).

A resistência das células vegetativas à dessecação varia de acordo com a espécie e o ambiente do organismo. Por exemplo, a bactéria da gonorreia pode suportar a dessecação somente por cerca de 1 hora, porém a bactéria da tuberculose pode permanecer viável por meses. Os vírus geralmente são resistentes à dessecação, mas têm menos resistência que os endósporos bacterianos, alguns dos quais sobreviveram por séculos. Essa capacidade de certos microrganismos e endósporos secos de permanecerem viáveis é importante em um ambiente hospitalar. A poeira, as roupas, os lençóis e os curativos podem conter microrganismos infecciosos em resíduos secos de muco, urina, pus e fezes.

Pressão osmótica

O uso de altas concentrações de sais e açúcares para conservar o alimento se baseia nos efeitos da *pressão osmótica*. Altas concentrações dessas substâncias criam um ambiente hipertônico que ocasiona a saída de água da célula microbiana (ver Figura 6.4). Esse processo se assemelha à conservação por dessecação, pois ambos os métodos retiram da célula a umidade que ela necessita para o crescimento. Por exemplo, na indústria de alimentos, soluções concentradas de sal são usadas para conservar carnes, e soluções espessas de açúcar são usadas para conservar frutas em geleias e compotas.

Como regra geral, as leveduras e os bolores são muito mais capazes que as bactérias de crescer em materiais com baixa umidade ou altas pressões osmóticas. Essa propriedade dos bolores, às vezes combinada com sua capacidade de crescer em condições ácidas, é a razão pela qual as frutas e os grãos são deteriorados por bolores em vez de por bactérias. Também é parcialmente por isso que os bolores são capazes de crescer em uma parede úmida ou na cortina de banho.

Radiação

A radiação apresenta vários efeitos nas células, dependendo de seu comprimento de onda, intensidade e duração. Existem dois tipos de radiação que destroem microrganismos (radiação esterilizante): ionizante e não ionizante.

A **radiação ionizante** – raios gama, raios X ou feixes de elétrons de alta energia – tem um comprimento de onda mais curto que a radiação não ionizante, menos de 1 nm. Assim, ela transporta muito mais energia (**Figura 7.5**). Os *raios gama* são emitidos por determinados elementos radioativos, como o cobalto, e os feixes de elétrons são produzidos acelerando-se os elétrons até energias elevadas em máquinas especiais. Os *raios X*, os quais são produzidos por máquinas de uma maneira similar à produção dos feixes de elétrons, são semelhantes aos raios gama. Os raios gama penetram profundamente, mas podem requerer horas para esterilizar grandes massas; os *feixes de elétrons de alta energia* têm uma potência de penetração muito inferior, mas normalmente requerem apenas alguns segundos de exposição. O principal efeito da radiação ionizante é a ionização da água, que forma radicais hidroxila altamente reativos (ver discussão sobre as formas tóxicas de oxigênio no Capítulo 6). Esses radicais destroem os organismos reagindo com seus componentes orgânicos celulares, sobretudo o DNA, e danificando-os.

A chamada teoria do alvo da lesão por radiação presume que as partículas ionizantes, ou pacotes de energia, atravessam ou tangenciam porções vitais da célula; esses são os "acertos". Um ou alguns acertos podem causar apenas mutações não letais, algumas delas relativamente úteis. Mais acertos, porém, provavelmente causarão mutações suficientes para destruir o microrganismo.

A indústria alimentícia está expandindo o uso da radiação para a conservação de alimentos (discutida mais amplamente no Capítulo 28). A radiação ionizante de baixo nível, usada durante anos em muitos países, foi aprovada nos Estados Unidos para processamento de temperos e alguns tipos de carne e de vegetais. A radiação ionizante, sobretudo os feixes de elétrons de alta energia, é também usada na esterilização de produtos farmacêuticos e materiais descartáveis dentários e médicos, como seringas plásticas, luvas cirúrgicas, materiais de sutura e cateteres. Como forma de proteção contra o bioterrorismo, os correios frequentemente usam a radiação por feixes de elétrons para esterilizar certos tipos de correspondências.

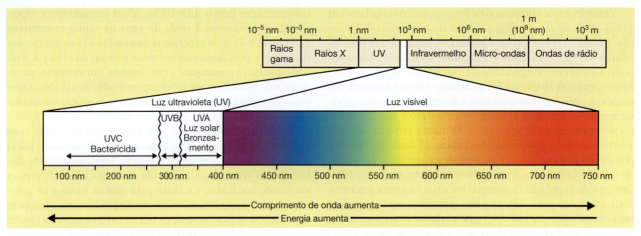

Figura 7.5 Espectro de energia radiante. A luz visível e outras formas de energia radiante se irradiam pelo espaço como ondas de vários comprimentos. A radiação ionizante, como os raios gama e X, tem um comprimento de onda mais curto que 1 nm. A radiação não ionizante, como a luz ultravioleta (UV), tem um comprimento de onda entre 1 nm e cerca de 380 nm, onde o espectro visível começa.

P Como o aumento da radiação UV pode afetar os ecossistemas da Terra?

A **radiação não ionizante** tem um comprimento de onda maior que a radiação ionizante, normalmente acima de 1 nm. O melhor exemplo de radiação não ionizante é a luz ultravioleta (UV). A luz UV causa danos ao DNA das células expostas, produzindo ligações entre as bases pirimídicas adjacentes, normalmente timinas nas cadeias de DNA (ver Figura 8.21). Esses *dímeros de timina* inibem a replicação correta do DNA durante a reprodução celular. Os comprimentos de onda UV mais eficazes para destruir microrganismos são de cerca de 260 nm (UVC); esses comprimentos de onda específicos são absorvidos pelo DNA celular. A radiação UV também é usada para controlar os microrganismos no ar. Uma lâmpada UVC ou "germicida" é comumente encontrada em salas de hospitais, enfermarias, salas de cirurgia e refeitórios. As lâmpadas devem ser apontadas para cima para evitar danos à pele e aos olhos ou devem ser utilizadas quando a sala estiver desocupada. A luz UV também é usada para desinfetar vacinas e outros produtos médicos. A luz UVC inativa muitos vírus, incluindo o SARS-CoV-2. Uma grande desvantagem da luz UV como desinfetante é que a radiação não é muito penetrante; assim, os organismos a serem destruídos devem ser expostos diretamente aos raios. Organismos protegidos por sólidos e coberturas, como papel, vidro e tecidos, não são afetados. Outro problema potencial é que a luz UV pode lesionar os olhos humanos, e a exposição prolongada pode causar queimaduras e câncer de pele em seres humanos.

A luz solar contém alguma radiação UV, mas os comprimentos de onda mais curtos (UVC) – aqueles mais eficazes contra as bactérias – são retidos pela camada de ozônio da atmosfera. O efeito antimicrobiano da luz solar está quase inteiramente relacionado à formação de oxigênio singleto no citoplasma (ver Capítulo 6). Muitos pigmentos produzidos por bactérias fornecem proteção contra a luz solar.

A luz azul visível (470 nm) mata uma grande variedade de bactérias e fungos e é usada para tratar a acne vulgar. O uso de luz azul para descontaminação de superfícies em ambientes clínicos está sendo investigado. O efeito antimicrobiano da luz azul se deve à formação de oxigênio singleto.

As **micro-ondas** não têm um efeito muito direto nos microrganismos, e as bactérias podem ser facilmente isoladas do interior de fornos micro-ondas recém-utilizados. No entanto, os alimentos contendo umidade são aquecidos pela ação das micro-ondas, e o calor destrói a maioria dos patógenos na forma vegetativa. Os alimentos sólidos se aquecem de modo desigual devido à distribuição heterogênea da umidade. Por essa razão, a carne de porco cozida em um forno de micro-ondas já causou surtos de triquinelose.

A **Tabela 7.5** resume os métodos físicos de controle microbiano.

TESTE SEU CONHECIMENTO

✔ **7-4** Como o crescimento microbiano em alimentos enlatados é prevenido?

✔ **7-5** Por que um enlatado contendo somente carne de porco requer um tempo maior de esterilização a uma dada temperatura do que um que contenha sopa com pedaços de carne de porco?

✔ **7-6** Qual é a relação entre o efeito letal da radiação e as formas de radical hidroxila do oxigênio?

Métodos químicos de controle microbiano

OBJETIVOS DE APRENDIZAGEM

7-7 Listar os fatores relacionados a uma desinfecção efetiva.

7-8 Interpretar os resultados dos testes de diluição de uso e do método de disco-difusão.

7-9 Identificar os métodos de ação e usos preferenciais dos desinfetantes químicos.

TABELA 7.5 Métodos físicos utilizados no controle do crescimento microbiano

Método	Mecanismo de ação	Comentário
Calor		
1. Calor úmido		
a. Fervura ou passagem de vapor	Desnaturação de proteínas	Destrói células bacterianas e fúngicas patogênicas na forma vegetativa e muitos vírus em 10 minutos; menos efetivo para endósporos.
b. Autoclavação	Desnaturação de proteínas	Método muito efetivo de esterilização; a aproximadamente 15 psi de pressão (121 °C), todas as células vegetativas e seus endósporos são destruídos em cerca de 15 minutos.
2. Pasteurização	Desnaturação de proteínas	Tratamento com calor para o leite (72 °C por cerca de 15 segundos) que destrói todos os patógenos vegetativos e a maioria das bactérias deteriorantes.
3. Calor seco		
a. Chama direta	Queima dos contaminantes até se tornarem cinzas	Método muito eficaz de esterilização. Usado para inocular alças.
b. Incineração	Queima até se tornarem cinzas	Método muito eficaz de esterilização. Usado para descarte de curativos, carcaças de animais e papéis contaminados.
c. Esterilização com ar quente	Oxidação	Método muito eficaz de esterilização, mas requer temperatura de 170 °C por cerca de 2 horas. Usado para vidrarias vazias.
Filtração	Separação das bactérias do líquido de suspensão	Remove os microrganismos pela passagem de um líquido ou gás através de um material semelhante a uma tela; a maioria dos filtros em uso consiste em acetato de celulose ou nitrocelulose. Útil na esterilização de líquidos (p. ex., enzimas, vacinas) que são destruídos pelo calor.
Frio		
1. Refrigeração	Diminuição das reações químicas e possíveis alterações nas proteínas	Tem um efeito bacteriostático.
2. Ultracongelamento (ver Capítulo 6)	Diminuição das reações químicas e possíveis alterações nas proteínas	Um método eficaz para preservar culturas microbianas, alimentos e medicamentos.
3. Liofilização (ver Capítulo 6)	Diminuição das reações químicas e possíveis alterações nas proteínas	Método mais eficaz para preservação de longo prazo de culturas microbianas, alimentos e medicamentos.
Alta pressão	Alteração da estrutura molecular de proteínas e carboidratos	Preserva as cores, os sabores e os valores nutricionais dos sucos de frutas.
Dessecação	Interrupção do metabolismo	Envolve a remoção de água dos microrganismos; principalmente bacteriostática.
Pressão osmótica	Plasmólise	Resulta na perda de água das células microbianas.
Radiação		
1. Ionizante	Destruição do DNA	Método usado para esterilizar produtos farmacêuticos e suprimentos médicos e dentários.
2. Não ionizante	Danos ao DNA	Radiação não muito penetrante.

7-10 Diferenciar os halogênios usados como antissépticos dos halogênios usados como desinfetantes.

7-11 Identificar os usos apropriados para os agentes tensoativos.

7-12 Listar as vantagens do glutaraldeído em relação a outros desinfetantes químicos.

7-13 Identificar quimioesterilizantes gasosos.

Os agentes químicos são utilizados para controlar o crescimento de microrganismos em tecidos vivos e objetos inanimados. Infelizmente, poucos agentes químicos proporcionam esterilidade; a maioria deles meramente reduz as populações microbianas a níveis seguros ou removem as formas vegetativas de patógenos em objetos. Um problema comum na desinfecção é a seleção de um agente. Nenhum desinfetante isolado é apropriado para todas as circunstâncias.

Princípios da desinfecção efetiva

Podemos aprender muito sobre as propriedades de um desinfetante lendo o seu rótulo, que geralmente indica contra quais grupos de organismos o desinfetante será efetivo. Lembre-se de que a concentração de um desinfetante influencia a sua ação, assim ele sempre deve ser diluído exatamente como especificado pelo fabricante. As condições físicas também podem afetar a ação dos desinfetantes. A atividade da maioria dos desinfetantes aumenta à medida que a temperatura aumenta, por exemplo, mas uma temperatura muito alta pode inativar o desinfetante.

Considere também a natureza do material a ser desinfetado. Por exemplo, estão presentes materiais orgânicos que podem interferir na ação do desinfetante? De modo similar, o pH do meio frequentemente afeta a atividade de um desinfetante.

O cloro é mais eficaz em pH 6, que é muito ácido para a pele e os olhos. O cloro é ineficaz em pH > 8. Portanto, o pH das piscinas é mantido em 7 a 7,4 para maior conforto e desinfecção.

Outra consideração importante é se o desinfetante entrará facilmente em contato com os microrganismos. Uma área pode precisar ser esfregada e lavada antes da aplicação do desinfetante. Em geral, a desinfecção é um processo gradual. Portanto, para ser efetivo, pode ser necessário deixar um desinfetante em contato com uma superfície por várias horas.

Avaliando um desinfetante

Dois métodos são usados para avaliar a eficácia de desinfetantes e antissépticos: o teste de diluição de uso e o método de disco-difusão.

Testes de diluição de uso

O padrão utilizado atualmente para avaliação é o **teste da diluição de uso** da Association of Official Analytical Chemists (AOAC). Cilindros metálicos ou de vidro (8 mm × 10 mm) são mergulhados em culturas padronizadas das bactérias-teste cultivadas em meio líquido, removidas e secadas a 37 °C por um breve período. As culturas secas são então colocadas em uma solução do desinfetante na concentração recomendada pelo fabricante e deixadas por 10 minutos a 20 °C. Após essa exposição, os cilindros são transferidos a um meio que permitirá o crescimento de quaisquer bactérias sobreviventes.

O número de culturas que apresentam crescimento indica a eficácia do desinfetante.

Variações desse método são utilizadas para testar a efetividade de agentes antimicrobianos contra endósporos, vírus, fungos e contra micobactérias que causam tuberculose, uma vez que esses agentes são difíceis de serem controlados com substâncias químicas. Além disso, testes de antimicrobianos destinados a fins especiais, como desinfecção de utensílios de laticínios, podem utilizar microrganismos de teste específicos.

Método de disco-difusão

O **método de disco-difusão** é usado em laboratórios de ensino para avaliar a eficácia de um agente químico. Um disco de papel filtro é embebido em um produto químico e colocado em uma placa de ágar que foi previamente inoculada e incubada com o organismo-teste. Após a incubação, se o produto químico é eficaz, uma zona clara, representando a inibição do crescimento, pode ser visualizada em torno do disco (**Figura 7.6**).

Discos contendo antibióticos estão comercialmente disponíveis e são utilizados para determinar a suscetibilidade microbiana aos antibióticos (ver Figura 20.17).

Tipos de desinfetantes
Fenol e compostos fenólicos

Lister foi o primeiro a usar o **fenol** (ácido carbólico) para controlar infecções cirúrgicas na sala de cirurgia. Esse uso foi sugerido devido à capacidade do fenol de controlar o odor do

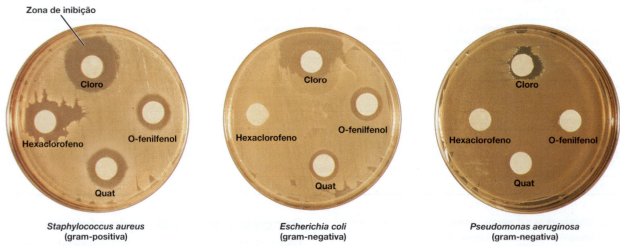

Staphylococcus aureus (gram-positiva)   Escherichia coli (gram-negativa)   Pseudomonas aeruginosa (gram-negativa)

Figura 7.6 Avaliação de desinfetantes pelo método de disco-difusão. Neste experimento, discos de papel são embebidos em uma solução de desinfetante e colocados na superfície de um meio nutriente em que uma cultura de bactérias-teste foi semeada para produzir um crescimento uniforme.

No topo de cada placa, verifica-se que o cloro (como hipoclorito de sódio) foi efetivo contra todas as bactérias-teste, mas foi mais efetivo contra as bactérias gram-positivas.

Na fileira inferior de cada placa, os testes mostraram que o composto de amônio quaternário ("quat") também foi mais efetivo contra as bactérias gram-positivas, mas não afetou as pseudômonas.

No lado esquerdo de cada placa, os testes mostraram que o hexaclorofeno foi efetivo somente contra as bactérias gram-positivas.

No lado direito, o O-fenilfenol foi ineficaz contra pseudômonas, mas foi quase igualmente eficaz contra as bactérias gram-positivas e as gram-negativas.

Todas as quatro substâncias químicas funcionaram contra as bactérias-teste gram-positivas, mas somente uma das quatro afetou as pseudômonas.

P **Por que as pseudômonas são as menos afetadas pelos quatro compostos químicos mostrados na figura?**

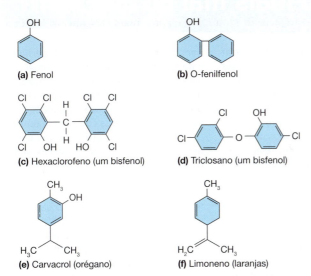

(a) Fenol

(b) O-fenilfenol

(c) Hexaclorofeno (um bisfenol)

(d) Triclosano (um bisfenol)

(e) Carvacrol (orégano)

(f) Limoneno (laranjas)

Figura 7.7 Estrutura do fenol (a), compostos fenólicos (b e e), bisfenóis (c e d) e terpenos (f). Os terpenos não têm o grupo hidroxila do fenol.

P Os comerciantes de especiarias ficaram ricos no século XV porque as especiarias eram mais valiosas do que o ouro. Por que os temperos eram tão importantes?

esgoto. Hoje, o fenol raramente é usado como antisséptico ou desinfetante, pois irrita a pele e tem odor desagradável. Com frequência, é utilizado em pastilhas para a garganta devido ao seu efeito anestésico local, mas tem pouco efeito antimicrobiano nas baixas concentrações usadas. Contudo, em concentrações acima de 1% (como em alguns *sprays* para a garganta), o fenol tem um efeito antibacteriano significativo. A estrutura de uma molécula de fenol é mostrada na **Figura 7.7a**.

Os derivados do fenol, denominados **compostos fenólicos**, contêm uma molécula de fenol que foi quimicamente alterada para reduzir suas propriedades irritantes ou aumentar sua atividade antibacteriana em combinação com um sabão ou detergente. Os compostos fenólicos exercem atividade antimicrobiana lesando as membranas plasmáticas lipídicas, o que resulta em vazamento do conteúdo celular. A parede celular das micobactérias, que causam a tuberculose e a hanseníase, é rica em lipídeos, tornando-as suscetíveis aos derivados do fenol. Uma propriedade útil dos compostos fenólicos enquanto desinfetantes é que eles permanecem ativos na presença de compostos orgânicos, são estáveis e persistem por longos períodos após a aplicação. Por esses motivos, os compostos fenólicos são agentes apropriados para desinfecção de pus, saliva e fezes.

Um dos compostos fenólicos utilizado com mais frequência é derivado do alcatrão, um grupo de substâncias químicas denominadas *cresóis*. Um cresol muito importante é o *O-fenilfenol* (ver Figura 7.6 e Figura 7.7b), o ingrediente principal da maioria das formulações de Lysol®. Os cresóis são ótimos desinfetantes de superfície.

Bisfenóis

Os **bisfenóis** são derivados do fenol que contêm dois grupos fenólicos conectados por uma ponte (*bis* indica *dois*). Um

bisfenol, o *hexaclorofeno* (Figura 7.6 e Figura 7.7c), é um dos ingredientes da loção pHisoHex®, utilizada em procedimentos de controle microbiano cirúrgicos e hospitalares. Estafilococos e estreptococos gram-positivos, que podem causar infecções de pele em recém-nascidos, são especialmente suscetíveis ao hexaclorofeno, que é usado com frequência para controlar essas infecções em berçários.

O *triclosano* (Figura 7.7d) era um bisfenol amplamente utilizado em sabonetes antibacterianos, cremes dentais e enxaguantes bucais. O uso do triclosano foi incorporado inclusive em tábuas de cozinha e em cabos de facas e outros utensílios de cozinha feitos de plástico. Seu uso foi tão difundido que bactérias resistentes foram relatadas. Isso, em associação às preocupações em relação aos efeitos do triclosano no microbioma humano, levou a Food and Drug Administration (FDA) dos Estados Unidos, em 2016, a proibir o seu uso em produtos vendidos sem receita médica. Em 2017, a FDA declarou que o composto não era seguro para uso em ambientes de saúde. A única exceção é a pasta de dente; foi demonstrado que o triclosano reduz a placa bacteriana e a gengivite. O triclosano inibe a ação de uma enzima necessária para a biossíntese de ácidos graxos (lipídeos), afetando principalmente a integridade da membrana plasmática. É especialmente eficaz contra bactérias gram-positivas, mas não há evidências de que lavagens com triclosano sejam melhores do que água e sabão.

Biguanidas

As biguanidas apresentam um amplo espectro de atividade, com um mecanismo de ação que afeta principalmente as membranas celulares bacterianas. São especialmente efetivas contra bactérias gram-positivas. As biguanidas também são efetivas contra bactérias gram-negativas, com exceção da maioria das pseudômonas. Não apresentam atividade esporocida, mas têm alguma ação contra vírus envelopados. A biguanida mais conhecida é a *clorexidina*, frequentemente usada no controle microbiano da pele e das membranas mucosas. Combinada a um detergente ou álcool, a clorexidina é frequentemente utilizada na escovação cirúrgica das mãos e no preparo pré-operatório da pele de pacientes. A *alexidina* é uma biguanida similar à clorexidina, apresentando, porém, uma ação mais rápida. Espera-se que no futuro a alexidina substitua a iodopovidona em muitas aplicações (ver discussão sobre halogênio mais adiante).

Extratos vegetais

Partes de plantas, como sementes ou cascas, são usadas há séculos como conservantes de alimentos. Essas partes da planta são as **especiarias**. Os **óleos essenciais (OEs)** são uma mistura de hidrocarbonetos extraídos das plantas. Você pode estar familiarizado com muitos OEs: óleo de hortelã, óleo de pinho e óleo de laranja são exemplos. Os OEs foram usados por séculos na medicina tradicional e na preservação de alimentos. O interesse nesses óleos parece renovado nos tempos atuais, pois são atóxicos nas concentrações usadas, têm odores agradáveis e são biodegradáveis. Sua ação antimicrobiana se deve principalmente aos fenólicos (Figura 7.7e) e aos terpenos (Figura 7.7f); no entanto, os OEs exibem uma ampla gama de atividade antimicrobiana correspondente aos tipos de plantas

O aumento do uso de desinfetantes e sanitizantes está fazendo mais mal do que bem?

A pandemia da Covid-19 levou ao uso de desinfetantes e sanitizantes em quantidades sem precedentes a fim de controlar a propagação da doença. Esse aumento do uso ocorreu em hospitais, residências e ambientes comunitários.

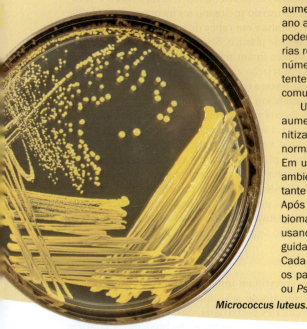

Micrococcus luteus.

Embora esses produtos possam fornecer alguma proteção contra a infecção por SARS-CoV-2, usá-los excessivamente tem consequências negativas. Em 2020, o primeiro ano completo da pandemia, o número de infecções por *Staphylococcus aureus* associadas aos cuidados de saúde aumentou em 46 a 47% em relação ao ano anterior. Além disso, os desinfetantes podem selecionar o crescimento de bactérias resistentes a antibióticos e, de fato, o número de infecções por *S. aureus* resistente à meticilina (MRSA) adquiridas na comunidade aumentou.

Uma preocupação adicional com o aumento do uso de desinfetantes e sanitizantes é o seu efeito no microbioma normal do ambiente em que são usados. Em um estudo hospitalar, as superfícies ambientais foram limpas com um desinfetante ou água e sabão a cada 2 semanas. Após 8 meses, as bactérias no microbioma de cada ambiente foram contadas usando contagens em placas e, em seguida, classificadas por análise de RNA. Cada superfície foi então inoculada com os patógenos *Escherichia coli*, *S. aureus* ou *Pseudomonas aeruginosa* e incubada

por 24 horas a 37 °C. Nas superfícies limpas com o desinfetante, os patógenos superaram os organismos do microbioma normal. Em contrapartida, os organismos do microbioma superaram os patógenos nas superfícies limpas com sabão comum.

Um estudo canadense mostrou que o uso doméstico frequente de desinfetantes causou alterações nos microbiomas dos bebês, incluindo um aumento de Lachnospiraceae no intestino dessas crianças. As bactérias do grupo das Lachnospiraceae estão associadas ao diabetes e à obesidade.

Micrococcus luteus é um membro normal do microbioma da pele humana. Essa bactéria raramente está associada à infecção. O pigmento amarelo produzido por *M. luteus* inibe o crescimento de *S. aureus* em meios de cultura. Recentemente, foi demonstrado que *M. luteus* produz um composto antiviral que inibe o SARS-CoV-2. Ainda existem muitas perguntas: o uso excessivo de desinfetantes reduzirá essa bactéria e outros organismos do microbioma? O *M. luteus* protege seu hospedeiro contra infecções? As bactérias comensais serão fontes de novos compostos antivirais?

das quais são derivados. Geralmente, os OEs têm maior atividade contra bactérias gram-positivas do que contra bactérias gram-negativas. O óleo de pinho e o óleo de melaleuca têm um amplo espectro de atividade, incluindo contra bactérias gram-negativas e fungos. Alguns OEs são usados para desinfetar superfícies rígidas, como bancadas, e alguns podem ser usados na pele. Seu uso contra vírus em superfícies ambientais está sendo estudado.

Halogênios

Os **halogênios** são um grupo de cinco elementos quimicamente relacionados que ocupam o grupo 17 da tabela periódica. Entre eles, o iodo e o cloro são agentes antimicrobianos particularmente eficazes, tanto isoladamente quanto como constituintes de compostos orgânicos e inorgânicos.

O *iodo* (I_2) é um dos antissépticos mais antigos e mais eficazes. Ele é eficaz contra todos os tipos de bactérias, muitos endósporos, vários fungos e alguns vírus. Embora seu método de ação não seja conhecido, o iodo se combina com aminoácidos e ácidos graxos insaturados, alterando sua estrutura e capacidade de funcionamento.

O iodo está disponível como **tintura** – isto é, em solução em álcool aquoso – e como iodóforo. Um **iodóforo** é uma combinação de iodo e uma molécula orgânica, da qual

o iodo é lentamente liberado. Os iodóforos apresentam a atividade antimicrobiana do iodo, mas não mancham e são menos irritantes. A preparação comercial mais comum é a Betadina®, uma *iodopovidona*. A povidona é um iodóforo com atividade de superfície que melhora a ação de umedecer e funciona como reservatório de iodo livre. O iodo é usado principalmente na desinfecção da pele e no tratamento de feridas. Muitos campistas estão familiarizados com o uso de iodo para tratamento de água; ele é usado até mesmo para desinfetar a água potável na Estação Espacial Internacional.

O *cloro* (Cl_2), na forma gasosa ou em combinação com outras substâncias químicas, é outro desinfetante amplamente utilizado. Sua ação germicida é causada pelo ácido hipocloroso (HOCl) e pelo íon hipoclorito que se formam quando o cloro é adicionado à água:

(1)
$$Cl_2 + H_2O \rightleftharpoons H^+ + Cl^- + HOCl$$

Cloro — Água — Íon hidrogênio — Íon cloreto — Ácido hipocloroso

(2)
$$HOCl \rightleftharpoons H^+ + OCl^-$$

Ácido hipocloroso — Íon hidrogênio — Íon hipoclorito

O hipoclorito é um forte agente oxidante que impede o funcionamento de boa parte do sistema enzimático celular. O ácido hipocloroso é a forma mais eficaz de cloro, pois tem carga elétrica neutra e se difunde tão rapidamente quanto a água pela parede celular. Devido à sua carga negativa, o íon hipoclorito (OCl^-) não pode penetrar livremente na célula. Ver quadro Foco clínico.

Uma forma líquida de gás cloro comprimido é bastante usada para desinfetar reservatórios de água, a água das piscinas e o esgoto. Vários compostos de cloro também são desinfetantes eficazes. Por exemplo, soluções de *hipoclorito de cálcio* [$Ca(OCl)_2$] são utilizadas para desinfetar equipamentos de fábricas de laticínios e utensílios de restaurantes. Esse composto, anteriormente chamado de cloreto de cal, já era usado em 1825 – muito antes do conceito de uma teoria do germe da doença – para embeber ataduras em hospitais de Paris. Também era o desinfetante usado na década de 1840 por Semmelweis para controlar as infecções hospitalares durante o parto, como mencionado no Capítulo 1. Outro composto de cloro, o *hipoclorito de sódio* (NaOCl; ver Figura 7.6), é utilizado como desinfetante doméstico e alvejante (Clorox®) e como desinfetante em fábricas de laticínios, estabelecimentos de processamento de alimentos e em sistemas de hemodiálise. Quando a qualidade da água potável é duvidosa, o alvejante doméstico pode fornecer um equivalente aproximado da cloração municipal: após duas gotas de alvejante serem adicionadas a um litro de água (quatro gotas se a água estiver turva) e a mistura ser armazenada por 30 minutos, a água é considerada segura para beber em condições de emergência.

A *cloramina* (NH_2Cl) é um composto relativamente estável que libera cloro por longos períodos. É mais estável e menos irritante do que o hipoclorito ou gás cloro, e tem menos probabilidade de reagir com compostos orgânicos na água do que o hipoclorito. A cloramina é usada para tratar a água potável em várias cidades nos Estados Unidos e na Europa. (As cloraminas são tóxicas aos peixes de aquário, mas a maioria das lojas de animais comercializa substâncias químicas para neutralizá-las.) As Forças Armadas estadunidenses em combate recebem pastilhas (Chlor-Floc®) que contêm cloramina combinada a um agente que flocula (coagula) os materiais suspensos em uma amostra de água, causando a sua precipitação, clarificando a água. A cloramina também é utilizada para higienizar utensílios usados na alimentação e equipamentos de fabricação de alimentos.

Álcoois

Álcoois destroem efetivamente as bactérias e os fungos, mas não os endósporos e os vírus não envelopados. O álcool geralmente desnatura proteínas, mas também pode romper membranas e dissolver muitos lipídeos, incluindo o componente lipídico dos vírus envelopados. Uma vantagem dos álcoois é que eles agem e depois evaporam rapidamente, sem deixar resíduos. No entanto, quando a pele é limpa (degerminada) antes de uma injeção, a atividade de controle microbiano provém do fato de simplesmente remover a poeira e os microrganismos juntamente com os óleos cutâneos. Contudo, os álcoois não são antissépticos satisfatórios quando aplicados em feridas. Eles causam a coagulação de uma camada de proteína sob a qual as bactérias continuam a crescer.

TABELA 7.6 Ação biocida de várias concentrações de etanol em solução aquosa contra *Streptococcus pyogenes*

Concentração de etanol (%)	Tempo de exposição (s)				
	10	20	30	40	50
100	C	C	C	C	C
95	NC	NC	NC	NC	NC
90	NC	NC	NC	NC	NC
80	NC	NC	NC	NC	NC
70	NC	NC	NC	NC	NC
60	NC	NC	NC	NC	NC
50	C	C	NC	NC	NC
40	C	C	C	C	C

Nota:
C = crescimento
NC = nenhum crescimento

Dois dos álcoois mais utilizados são o etanol e o isopropanol. A concentração ideal de *etanol* recomendada é de 70%, porém concentrações entre 60 e 95% também parecem destruir microrganismos (Tabela 7.6). O etanol puro é menos efetivo que soluções aquosas (etanol misturado com água), pois a desnaturação requer água. O *isopropanol*, frequentemente comercializado como álcool de fricção, é ligeiramente superior ao etanol como antisséptico e desinfetante. Além disso, é menos volátil, mais barato e mais facilmente obtido que o etanol.

Desinfetantes para mãos à base de álcool (cerca de 62% de álcool) são muito populares para uso em mãos que não estão visivelmente sujas; o produto deve ser esfregado nas superfícies das mãos e dos dedos até que estejam secos. A afirmação de que o produto matará 99,9% dos germes deve ser analisada com cautela; essa efetividade raramente é atingida sob as condições típicas de utilização. Além disso, determinados patógenos, como *C. difficile* formador de esporos e vírus que não possuem envelope lipídico, são comparativamente resistentes aos sanitizantes de mãos à base de álcool. (Ver quadro anterior Explorando o microbioma.)

O etanol e o isopropanol, em geral, são utilizados para aumentar a efetividade de outros agentes químicos; as preparações que os incluem são chamadas **tinturas**. Por exemplo, uma solução aquosa de Zephiran® (um antisséptico discutido em breve) destrói cerca de 40% da população de um organismo-teste em 2 minutos, ao passo que uma tintura de Zephiran® destrói cerca de 85% no mesmo período. Para comparar a efetividade das tinturas e das soluções aquosas, ver Figura 7.10.

Metais pesados e seus compostos

Vários metais pesados, incluindo prata, mercúrio e cobre, podem ser biocidas ou antissépticos. A capacidade de quantidades muito pequenas de metais pesados, sobretudo a prata e o cobre, de exercerem atividade antimicrobiana é chamada de **ação oligodinâmica** (*oligo* significa pouco). Séculos atrás,

Figura 7.8 Ação oligodinâmica dos metais pesados. Zonas claras onde o crescimento bacteriano foi inibido são vistas em torno do pingente em formato de sombreiro (deslocado para o lado) e das duas moedas. O pingente e a moeda de cinco centavos contêm prata; a moeda de um centavo contém cobre.

P **As moedas utilizadas nessa demonstração foram cunhadas há muitos anos; por que não foram utilizadas moedas mais contemporâneas?**

os egípcios descobriram que usar jarros de cobre ou colocar moedas de prata em barris de água servia para manter a água limpa de crescimentos orgânicos indesejados. Essa ação pode ser vista quando colocamos uma moeda ou outra peça limpa de metal contendo prata ou cobre sobre uma cultura em uma placa de Petri inoculada. Quantidades extremamente pequenas de metal são liberadas da moeda e inibem o crescimento das bactérias a certa distância ao redor da moeda (**Figura 7.8**). Esse efeito é produzido pela ação dos íons de metais pesados sobre os microrganismos. Embora o método exato de ação dos íons metálicos não seja conhecido, alguns dados mostram que os íons alteram a permeabilidade da membrana e a estrutura proteica.

A prata é utilizada como antisséptico em uma solução de *nitrato de prata* a 1%. Antigamente, muitos estados dos Estados Unidos exigiam que os olhos dos recém-nascidos fossem tratados com algumas gotas de nitrato de prata a fim de prevenir uma infecção dos olhos denominada oftalmia neonatal, que os lactentes poderiam contrair ao passar pelo canal do parto. Nos Estados Unidos, os antibióticos substituíram o nitrato de prata para essa finalidade, embora o nitrato de prata ainda seja usado em muitas partes do mundo.

Bandagens impregnadas com prata que liberam lentamente os íons prata demonstraram ser especialmente úteis contra bactérias resistentes aos antibióticos que comumente colonizam feridas. A fórmula de um creme tópico para uso em queimaduras mais comum é uma combinação de prata com o fármaco sulfadiazina, a *sulfadiazina de prata*. A prata também é usada para impedir o crescimento de biofilmes em dispositivos internos, como cateteres, que são uma fonte comum de infecções hospitalares.

A Surfacina® é um antimicrobiano relativamente novo para a aplicação em superfícies vivas ou inanimadas. Ela contém iodeto de prata insolúvel em água impregnado em um polímero carreador, sendo bastante duradoura e permanecendo no local onde foi aplicada por no mínimo 13 dias. Quando uma bactéria entra em contato com a superfície, a membrana externa da célula é reconhecida, e uma quantidade letal de íons prata é liberada.

O entusiasmo com a incorporação de prata em todos os tipos de produtos de consumo está aumentando. Entre os recentes produtos à venda estão as embalagens plásticas de alimentos inoculadas com nanopartículas de prata, que pretendem manter o alimento fresco, além de camisas e meias esportivas impregnadas de prata, que prometem minimizar odores.

Compostos de mercúrio inorgânico, como o *cloreto de mercúrio*, têm um longo histórico de utilização como desinfetantes. Eles têm um espectro muito amplo de atividade; seu efeito é principalmente bacteriostático. Contudo, seu uso agora é limitado devido à toxicidade e ineficácia em presença de matéria orgânica.

Embora haja um interesse crescente no uso do cobre para prevenir a transmissão de patógenos em superfícies no ambiente clínico, as propriedades antimicrobianas do cobre são mais usadas na indústria. O cobre na forma de *sulfato de cobre* ou outros aditivos que contêm a substância são utilizados principalmente na destruição de algas verdes (algicida) que crescem em reservatórios, lagoas artificiais, piscinas e tanques de peixes. Se a água não contiver matéria orgânica excessiva, os compostos de cobre são efetivos em concentrações de uma parte por milhão de água. Para prevenir o mofo, compostos de cobre como a *8-hidroxiquinolina de cobre* algumas vezes são incluídos na tinta. Misturas baseadas em íons cobre (conhecidas como misturas de Bordeaux) são muito utilizadas no controle de doenças fúngicas de plantas.

Os íons prata e cobre são usados para desinfetar água potável e piscinas e para controlar a *Legionella* no abastecimento de água hospitalar. Eletrodos de prata e cobre liberam íons Ag^+ e Cu^{2+} quando uma corrente elétrica é aplicada.

Outro metal utilizado como antimicrobiano é o zinco. O efeito de quantidades-traço de zinco pode ser visto nos telhados de prédios construídos com telhas galvanizadas (revestidas com zinco). O telhado adquire uma cor mais clara onde o crescimento biológico – algas, na maioria das vezes – é impedido. Telhas tratadas com cobre e zinco já estão sendo comercializadas. O *cloreto de zinco* é um ingrediente comum em soluções de enxaguantes bucais, e o *piritionato de zinco* é um componente presente em formulações de xampus anticaspa.

Agentes tensoativos

Os **agentes tensoativos**, ou **surfactantes**, podem reduzir a tensão superficial entre as moléculas de um líquido. Esses agentes incluem os sabões e os detergentes.

Sabões e detergentes O sabão tem pouco valor como antisséptico, porém tem uma função importante na remoção mecânica dos microrganismos pela esfregação. A pele

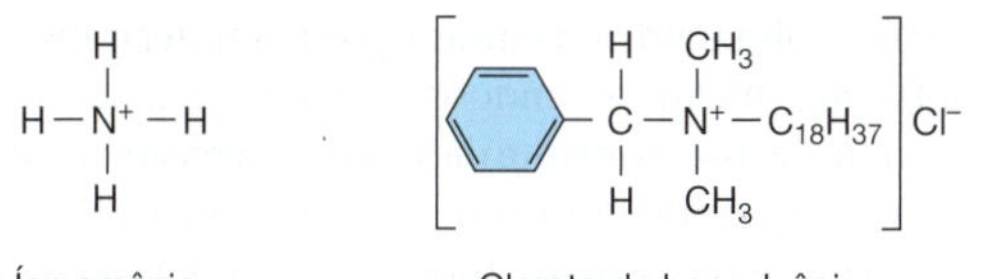

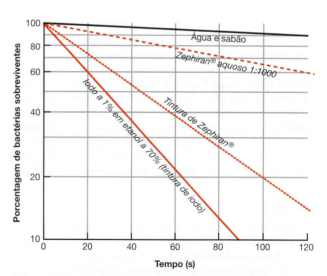

Íon amônio   Cloreto de benzalcônio

Figura 7.9 O íon amônio e um composto de amônio quaternário, o cloreto de benzalcônio (Zephiran®). Observe como outros grupos substituem os hidrogênios do íon amônio.

P Os quats são mais eficazes contra bactérias gram-positivas ou gram-negativas?

normalmente contém células mortas, pó, suor seco, microrganismos e secreções oleosas das glândulas sebáceas. O sabão rompe o filme oleoso em gotículas pequenas, um processo denominado *emulsificação*, e água e sabão juntos removem o óleo emulsificado e os resíduos à medida que a pele é lavada. Nesse sentido, os sabões são bons agentes degermantes. A lavagem das mãos com água e sabão consiste em um método de higienização efetivo. Utilize sabão e água *morna* (se possível) e esfregue as mãos por 20 segundos (imagine-se cantando "Parabéns a você" duas vezes seguidas). Em seguida, enxague, seque as mãos com papel toalha ou secador de ar e tente usar uma toalha de papel para fechar a torneira.

Sanitizantes ácido-aniônicos Os sanitizantes *ácido-aniônicos* são muito importantes na limpeza de instalações de processamento de alimentos, sobretudo utensílios e equipamentos de fábricas de laticínios. Geralmente são combinações de ácido fosfórico com um agente de superfície. Sua capacidade de limpeza está relacionada à porção carregada negativamente (ânion) da molécula, que reage com a membrana plasmática. Eles agem em um amplo espectro de microrganismos, incluindo as problemáticas bactérias termodúricas, são inodoros, atóxicos, não corrosivos e têm ação rápida.

Compostos de amônio quaternário Os agentes tensoativos mais utilizados são os detergentes catiônicos, principalmente os **compostos de amônio quaternário (quats)**. Sua ação bactericida se deve em grande parte à ruptura da membrana celular. O nome *quat* é derivado do fato de que eles são modificações do íon amônio de valência quatro, NH_4^+ (**Figura 7.9**). Os compostos de amônio quaternário são bactericidas fortes contra as bactérias gram-positivas e um pouco menos ativos contra as gram-negativas (ver Figura 7.6).

Os quats também são fungicidas, amebicidas e virucidas contra vírus envelopados. Eles não destroem os endósporos ou as micobactérias. Seu modo químico de ação é desconhecido, contudo eles provavelmente afetam a membrana plasmática. Eles alteram a permeabilidade celular e causam a perda de constituintes citoplasmáticos essenciais, como o potássio.

Dois quats populares são o Zephiran®, o nome comercial do *cloreto de benzalcônio* (ver Figura 7.9), e o Cepacol®, o nome comercial do *cloreto de cetilpiridínio*. Eles são antimicrobianos fortes, incolores, inodoros, insípidos, estáveis, facilmente solúveis e atóxicos, exceto em altas concentrações. Se o seu frasco

de enxaguante bucal se enche de espuma quando sacudido, o produto provavelmente contém um quat em sua composição. Contudo, a matéria orgânica interfere na sua atividade, e os quats são rapidamente neutralizados pelos sabões e detergentes aniônicos.

Qualquer pessoa envolvida em aplicações médicas dos quats deve se lembrar de que determinadas bactérias, como algumas espécies de *Pseudomonas*, não apenas sobrevivem em compostos de amônio quaternário, como também crescem ativamente neles, utilizando-os como fonte de carbono e energia. Esses microrganismos são resistentes às soluções desinfetantes e também às gazes e bandagens embebidas nessas soluções, uma vez que as fibras tendem a neutralizar os quats.

Antes de abordarmos o próximo grupo de agentes químicos, observe a **Figura 7.10**, que compara a efetividade de alguns dos antissépticos discutidos.

Conservantes químicos de alimentos

Os conservantes químicos frequentemente são adicionados aos alimentos para retardar sua deterioração. O *dióxido de enxofre* (SO_2) é utilizado como desinfetante há bastante tempo, sobretudo na fabricação de vinho. Homero mencionou o seu uso na *Odisseia*, escrita cerca de 2.800 anos atrás. Entre os aditivos mais comuns estão o benzoato de sódio, o sorbato de potássio e o propionato de cálcio. Essas substâncias químicas são ácidos orgânicos que o corpo metaboliza prontamente e que, em geral, são considerados seguros em alimentos. O *sorbato* e o *benzoato* evitam o crescimento de fungos em certos alimentos ácidos, como queijos e refrigerantes. Esses

Figura 7.10 Uma comparação da efetividade de vários antissépticos. Quanto maior a inclinação descendente da curva de morte, mais efetivo é o antisséptico. A solução de iodo a 1% em etanol a 70% é a mais efetiva; água e sabão são os menos efetivos. Observe que uma tintura de Zephiran® é mais eficaz que uma solução aquosa do mesmo antisséptico.

P Por que a tintura de Zephiran® é mais eficaz que a solução aquosa?

alimentos, geralmente com um pH de 5,5 ou menos, são mais suscetíveis à deterioração pelo bolor. O *propionato*, um fungistático efetivo utilizado em pães, previne o crescimento de bolores em superfícies e de bactérias do gênero *Bacillus* que produzem uma secreção semelhante a um muco que deixa o pão viscoso. Esses ácidos orgânicos inibem o crescimento de bolores, não por afetar o pH, mas por interferir no metabolismo do bolor ou na integridade de sua membrana plasmática.

O *nitrato de sódio* e o *nitrito de sódio* são adicionados a muitos produtos derivados de carne, como presunto, bacon, salsichas e linguiças. O ingrediente ativo é o nitrito de sódio, que certas bactérias na carne também podem produzir a partir do nitrato de sódio pela respiração anaeróbica. O nitrito tem duas funções principais: preservar a cor vermelha da carne ao reagir com os componentes do sangue e prevenir a germinação e o crescimento de quaisquer endósporos botulínicos que possam estar presentes. O nitrito inibe seletivamente algumas enzimas que contêm ferro de *C. botulinum*. Existe uma preocupação de que a reação dos nitritos com os aminoácidos possa formar determinados produtos carcinogênicos denominados **nitrosaminas**, e a quantidade de nitritos adicionados aos alimentos tem reduzido nos últimos anos por essa razão. Contudo, o uso de nitritos continua devido ao seu valor comprovado na prevenção do botulismo. Como as nitrosaminas são formadas no corpo a partir de outras fontes, o risco adicional apresentado por um uso limitado de nitratos e nitritos na carne é inferior ao que se pensava anteriormente.

Antibióticos

Os antimicrobianos discutidos neste capítulo não são úteis para ingestão ou injeção no tratamento de doenças. Dois antibióticos têm uso considerável na preservação de alimentos, mas nenhum deles tem valor para fins clínicos: a *nisina* é frequentemente adicionada ao queijo para inibir o crescimento de determinadas bactérias formadoras de endósporos que causam deterioração. Esse é um exemplo de bacteriocina, uma proteína que é produzida por uma bactéria e que inibe outra (ver Capítulo 8). A nisina está naturalmente presente em pequenas quantidades em muitos laticínios. Ela é insípida, facilmente digerida e atóxica. A *natamicina* (pimaricina) é um agente antifúngico produzido por *Streptomyces natalensis*. Ela é aprovada para uso em alimentos, principalmente em queijos.

Aldeídos

Os **aldeídos** estão entre os antimicrobianos mais efetivos. Dois exemplos são o formaldeído e o glutaraldeído. Eles inativam proteínas, formando ligações cruzadas covalentes com diversos grupos funcionais orgânicos nas proteínas ($-NH_2$, $-OH$, $-COOH$ e $-SH$). O *gás formaldeído* polimeriza em paraformaldeído insolúvel; portanto, é armazenado em água. Uma solução aquosa de 37% de gás formaldeído está disponível como *formalina*. A formalina já foi usada extensamente para preservar amostras biológicas; no entanto, a exposição à formalina foi associada a aumento do risco de câncer.

O *glutaraldeído* é um parente químico do formaldeído, sendo um produto químico menos irritante e mais efetivo que o formaldeído, e não desencadeou câncer em estudos de

laboratório. O glutaraldeído é usado para desinfetar instrumentos hospitalares, incluindo endoscópios e equipamentos de terapia respiratória, mas somente depois de terem sido cuidadosamente limpos. Quando usado em uma solução a 2% (Cidex®), o glutaraldeído é bactericida, tuberculocida e virucida em 10 minutos e esporocida em 3 a 10 horas. O glutaraldeído é um dos poucos desinfetantes químicos líquidos que pode ser considerado um agente esterilizante. Para fins práticos, 30 minutos é frequentemente considerado o tempo máximo permitido para a atuação de um esporicida, mas esse é um critério que o glutaraldeído não pode atender. Tanto o glutaraldeído quanto a formalina são usados por agentes funerários no embalsamento.

Um possível substituto para muitos usos do glutaraldeído é o *ortoftalaldeído* (OFA), que é mais efetivo contra a maioria dos microrganismos e menos irritante.

Quimioesterilizantes gasosos

A esterilização com o uso de agentes químicos líquidos é possível, porém mesmo substâncias químicas esporocidas como o glutaraldeído normalmente não são consideradas esterilizantes na prática. Entretanto, os quimioesterilizantes gasosos frequentemente são utilizados como substitutos de processos físicos de esterilização. Sua aplicação requer a utilização de uma câmara fechada, semelhante a uma autoclave. É provável que o exemplo mais comum seja o *óxido de etileno*:

$$H_2C—CH_2$$
$$\diagdown \diagup$$
$$O$$

Sua atividade depende da *alquilação*, isto é, da substituição de átomos de hidrogênio lábeis das proteínas de um determinado grupo químico (como $-SH$, $-COOH$ ou $-CH_2CH_2OH$) por um radical químico. Isso ocasiona a formação de ligações cruzadas em ácidos nucleicos e proteínas e inibe as funções celulares vitais. O óxido de etileno destrói todos os

---

CASO CLÍNICO

O norovírus, um vírus não envelopado, é uma das causas da gastrenterite aguda. Ele pode ser disseminado pelo consumo de água ou alimentos contaminados por fezes, pelo contato direto com uma pessoa infectada ou pelo contato com uma superfície infectada. Amy consegue descartar imediatamente a transmissão por alimentos, pois a pequena escola não tem um programa de merenda escolar; todos os alunos e funcionários levam seus lanches de casa. Após encontrar-se com o diretor, Amy conversa com a equipe de vigilância e os instrui a utilizar quat para limpar a escola. Ela pede-lhes para prestar uma atenção especial às áreas com alto potencial de contaminação fecal, principalmente assentos sanitários, descargas, maçanetas internas das cabines dos banheiros e maçanetas internas das portas dos banheiros. Amy está segura de que evitou um grande surto, mas na sexta-feira 42 estudantes e mais 6 membros da equipe de funcionários relataram sintomas similares.

Por que o quat não foi efetivo na eliminação do vírus?

Parte 1 **Parte 2** Parte 3 Parte 4

microrganismos e endósporos, mas requer um período de exposição prolongado de várias horas. Ele é tóxico e explosivo em sua forma pura; assim, normalmente é misturado a um gás não inflamável, como o dióxido de carbono. Entre suas vantagens está o fato de que é possível realizar processos de esterilização em temperatura ambiente e ele é altamente penetrante. Alguns hospitais maiores conseguem esterilizar até mesmo colchões em câmaras de óxido de etileno especiais.

O *dióxido de cloro* é um gás de curta duração que geralmente é preparado no local de sua utilização. Ele tem sido utilizado na fumigação de ambientes fechados contaminados com endósporos de antraz. O dióxido de cloro é muito mais estável em soluções aquosas. Seu uso mais comum é no tratamento da água antes da etapa de cloração, em que seu objetivo é remover ou reduzir a formação de alguns compostos carcinogênicos às vezes formados durante a cloração.

A indústria de processamento de alimentos usa amplamente as soluções de dióxido de cloro, como desinfetantes de superfície, pois elas não deixam odores ou sabores residuais. Como desinfetante, o dióxido de cloro tem um amplo espectro de atividade contra bactérias e vírus, sendo também efetivo, quando empregado em altas concentrações, contra cistos e endósporos. Em baixas concentrações, o dióxido de cloro pode ser utilizado como antisséptico.

Plasmas

Além dos tradicionais três estados da matéria – sólido, líquido e gasoso – existe um quarto estado, o plasma. **Plasma** é um estado da matéria no qual um gás é excitado, nesse caso por um campo eletromagnético, para formar uma mistura de núcleos com cargas elétricas variáveis e elétrons livres. Instituições de saúde enfrentam o desafio crescente de esterilizar instrumentos cirúrgicos plásticos ou metálicos utilizados em muitos procedimentos modernos de cirurgias artroscópicas e laparoscópicas. Esses instrumentos têm tubos longos e ocos, muitos com um diâmetro interior de apenas alguns milímetros, e sua esterilização é difícil. A *esterilização por plasma* é um método confiável para essa finalidade. Os instrumentos são colocados em um recipiente onde uma combinação de vácuo, campo eletromagnético e substâncias químicas como o peróxido de hidrogênio (algumas vezes acompanhado de ácido peracético, discutido posteriormente) forma o plasma. Esse plasma tem muitos radicais livres, que rapidamente destroem até mesmo microrganismos formadores de endósporos. A vantagem desse processo, que tem elementos de esterilização tanto química quanto física, é que seu único requisito é a baixa temperatura, embora seja relativamente caro.

Fluidos supercríticos

O uso de fluidos supercríticos em processos de esterilização combina métodos físicos e químicos. Quando dióxido de carbono é comprimido até o ponto de atingir um estado "supercrítico", ele apresenta propriedades tanto de líquido (com solubilidade aumentada) quanto de gás (com tensão superficial diminuída). Organismos expostos a *dióxido de carbono supercrítico* são inativados, incluindo a maioria dos organismos vegetativos que causam deterioração e doenças associadas a alimentos. Mesmo a inativação dos endósporos requer apenas uma temperatura de cerca de 45 °C. Utilizado há vários anos no tratamento de alimentos, o dióxido de carbono supercrítico tem sido usado recentemente para descontaminar implantes médicos, como ossos, tendões ou ligamentos retirados de pacientes doadores.

Peroxigênios e outras formas de oxigênio

Os **peroxigênios** são um grupo de agentes oxidantes que inclui o peróxido de hidrogênio e o ácido peracético.

O peróxido de hidrogênio é um antisséptico encontrado em muitos domicílios e instituições hospitalares. Não é um bom antisséptico para feridas abertas. Ele pode danificar as células humanas antes que a catalase, que está presente nas células, o decomponha em água e oxigênio gasoso (ver Capítulo 6). Contudo, o peróxido de hidrogênio desinfeta efetivamente objetos inanimados, e chega a apresentar efeito esporocida nessas aplicações em concentrações elevadas. Em uma superfície inerte, as enzimas normalmente protetoras das bactérias aeróbias e anaeróbias facultativas são suplantadas pelas altas concentrações de peróxido utilizadas. *Produtos aprimorados de peróxido de hidrogênio* contêm um surfactante adicionado, que fornece limpeza e aumenta a atividade antimicrobiana do peróxido de hidrogênio.

Devido às suas propriedades antissépticas e à sua rápida degradação em água e oxigênio, a indústria de alimentos está aumentando a utilização de peróxido de hidrogênio no empacotamento asséptico (ver Capítulo 28). Os materiais de empacotamento passam por uma solução aquecida da substância química antes de serem transformados em uma embalagem. Além disso, muitos usuários de lentes de contato estão familiarizados com o uso do peróxido de hidrogênio como desinfetante. Após a desinfecção, um catalisador de platina na solução de desinfecção da lente destrói o peróxido de hidrogênio residual, para que ele não permaneça na lente, onde poderia causar irritação ocular. O peróxido de hidrogênio também é usado para esterilizar componentes de espaçonaves antes do voo para evitar a contaminação dos locais de pouso.

O peróxido de hidrogênio gasoso aquecido pode ser utilizado como um esterilizante de atmosferas e superfícies. Os quartos de hospital, por exemplo, podem ser rápida e rotineiramente descontaminados utilizando-se um equipamento de vaporização da marca Bioquell. O quarto é selado com o aparato gerador de vapor em seu interior e os controles do lado de fora. Uma vez que o quarto selado tenha passado por um ciclo de descontaminação, o vapor de peróxido de hidrogênio é cataliticamente convertido em vapor de água e oxigênio.

O *ácido peracético* (*ácido peroxiacético* ou *PAA*) é um dos esporicidas químicos líquidos disponíveis mais efetivos e pode ser utilizado como esterilizante. Seu modo de ação é similar ao do peróxido de hidrogênio. Geralmente é efetivo em endósporos e vírus em 30 minutos, e destrói as bactérias na forma vegetativa e os fungos em menos de 5 minutos. O PAA tem muitas aplicações na desinfecção de equipamentos médicos e de processamento de alimentos, sobretudo endoscópios, pois não deixa resíduos tóxicos (apenas água e pequenas quantidades de ácido acético) e é minimamente afetado pela presença de matéria orgânica. A FDA também aprovou o uso do PAA para a lavagem de frutas e vegetais.

Infecção após desinfecção inadequada

Neste quadro, você encontrará uma série de questões que agentes de controle de infecções se perguntam quando tentam descobrir a origem de uma infecção. Tente responder a cada questão antes de passar à seguinte.

1. A Dra. Priya Agarwal, médica infectologista de um grande hospital, ligou para o departamento de saúde para relatar 55 pacientes atualmente infectados por *Acinetobacter baumenii* resistente a antibióticos adquirido no hospital. A bactéria *Acinetobacter* raramente causa infecções fora do ambiente hospitalar. A bactéria pode causar infecções no sangue, trato urinário, pulmões (pneumonia) e feridas. Elas também podem colonizar um paciente sem causar sintomas.

Onde os *Acinetobacter* são normalmente encontrados? (*Dica*: ver Capítulo 11.)

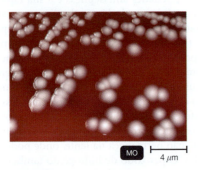

Acinetobacter crescendo em ágar-sangue de carneiro.

2. *Acinetobacter* são normalmente encontrados no solo e na água. No relatório da Dra. Agarwal, ela observou que todos os 55 pacientes estavam na mesma unidade de terapia intensiva e 50% tinham diagnóstico confirmado de Covid-19. Os pacientes foram positivos para *Acinetobacter* no dia 3 de sua hospitalização, e nenhum apresentava infecção prévia pelo microrganismo. Dos pacientes, 74% passaram por traqueostomia para ajudar na respiração. Pacientes positivos para *Acinetobacter* tiveram pneumonia associada ao ventilador (29%), infecções da corrente sanguínea (21%) ou dos ossos (9%). O *Acinetobacter* colonizou os 41% restantes sem causar sintomas. As infecções associadas aos cuidados de saúde geralmente ocorrem quando o paciente respira saliva para os pulmões.

O que a Dra. Agarwal precisa para determinar a fonte da infecção?

3. A Dra. Agarwal solicitou culturas da superfície interna da tubulação do ventilador e de todas as superfícies da UTI. Ela também solicitou informações sobre os procedimentos de limpeza ambiental e assepsia dos funcionários. Um sabonete de clorexidina estava nas pias e um desinfetante para as mãos à base de álcool estava disponível em cada cama. A limpeza ambiental foi realizada diariamente com uma solução de hipoclorito de 2.000 ppm preparada a cada semana.

Que tipo de desinfetante é o hipoclorito?

4. O hipoclorito (alvejante) é um agente oxidante e 1.000 ppm podem eliminar o *Acinetobacter*. A Dra. Agarwal descobriu que a solução de limpeza com cloro havia sido armazenada descoberta por 1 semana. Ela sabia que o cloro ativo (Cl^-) evapora a uma taxa de 0,75 g por dia.

O que os cálculos da Dra. Agarwal revelaram? O que ela deve dizer à equipe responsável em relação à prevenção de futuras infecções?

5. **A Dra. Agarwal calculou que o cloro ativo havia evaporado do recipiente aberto em 3 dias.** A Dra. Agarwal distribuiu lembretes de higiene das mãos e precauções universais para a equipe clínica. Foi estabelecido um protocolo de limpeza que incluía a limpeza diária com o uso de um novo pano descartável para cada área de paciente. Uma nova solução de hipoclorito de 2.000 ppm era produzida a cada 24 horas e armazenada em um recipiente fechado para evitar a evaporação. Isso diminuiu a taxa de infecção de 55 para 2 por 1.000 internações hospitalares.

Fonte: Adaptado de *MMWR* 69(48): 1827-1831; 4 de dezembro de 2020.

CASO CLÍNICO

Os quats são virucidas contra vírus envelopados. Na segunda-feira, um total de 103 de 266 funcionários e estudantes apresentavam vômito e diarreia. Com quase metade da escola doente ou retornando às atividades após ter estado doente, Amy decide ligar para o departamento de saúde pública. Após analisar seus registros juntamente com um estatístico do departamento, ela descobre que os fatores de risco mais significativos para a infecção eram o contato com um indivíduo doente ou estar no primeiro ano. Com exceção de cinco estudantes do primeiro ano, todos relataram estar com doença diarreica. Uma vez que a escola é muito pequena, a sala de aula do primeiro ano também abriga o laboratório de informática da escola. Tanto estudantes quanto funcionários compartilham esses computadores. O departamento de saúde envia um responsável para coletar amostras da sala de aula do primeiro ano, e o norovírus é isolado de um *mouse* de computador.

Como o vírus foi transmitido de um *mouse* de computador da sala de aula do primeiro ano para todas as outras séries e funcionários?

Parte 1   Parte 2   **Parte 3**   Parte 4

Outros agentes oxidantes incluem o *peróxido de benzoíla*, provavelmente mais conhecido como o principal componente dos medicamentos de venda livre para acne. O *ozônio* (O_3) é uma forma altamente reativa de oxigênio, gerada pela passagem de oxigênio por descargas elétricas de alta voltagem. Ele é responsável pelo odor fresco do ar após um relâmpago, próximo a faíscas elétricas ou à luz ultravioleta. O ozônio é frequentemente utilizado em suplementação à cloração na desinfecção da água, uma vez que auxilia na neutralização de sabores e odores. Embora o ozônio seja um agente microbicida mais efetivo que o cloro, sua atividade residual dificilmente é mantida em água porque o ozônio se decompõe.

TESTE SEU CONHECIMENTO

✔ **7-7** Por que a escolha do desinfetante seria importante se você desejasse desinfetar uma superfície contaminada por vômito e uma superfície contaminada por perdigotos?

✔ **7-8** O que é mais viável de ser usado em um laboratório clínico: um teste de diluição de uso ou um teste de disco-difusão?

✔ **7-9** Por que o álcool é efetivo contra alguns vírus e não contra outros?

✔ **7-10** A Betadina® é um antisséptico ou um desinfetante quando utilizada sobre a pele?

✔ **7-11** Qual característica torna os agentes tensoativos atrativos para a indústria de laticínios?

✔ **7-12** Quais desinfetantes químicos podem ser considerados esporicidas?

✔ **7-13** Quais substâncias químicas gasosas são utilizadas para esterilização?

Características microbianas e controle microbiano

OBJETIVO DE APRENDIZAGEM

7-14 Explicar como o controle do crescimento microbiano é afetado pelo tipo de microrganismo.

Muitos biocidas tendem a ser mais eficazes contra bactérias gram-positivas, como um grupo, do que contra bactérias gram-negativas. Um fator fundamental nessa resistência relativa a biocidas é a camada externa de lipopolissacarídeos das bactérias gram-negativas. Entre as bactérias gram-negativas, membros dos gêneros *Pseudomonas* e *Burkholderia* são de especial interesse. Essas bactérias estritamente relacionadas são muito resistentes aos biocidas (ver Figura 7.6) e são capazes de crescer ativamente em alguns desinfetantes e antissépticos, mais especificamente em compostos de amônio quaternário. Essas bactérias também são resistentes a muitos antibióticos (ver Capítulo 20). Essa resistência a antimicrobianos químicos está relacionada principalmente às características de suas *porinas* (orifícios presentes na parede das bactérias gram-negativas; ver Figura 4.13c). As porinas são altamente seletivas em relação às moléculas que penetram na célula.

As micobactérias são outro grupo de bactérias não formadoras de endósporos que exibem uma resistência maior que a normal aos biocidas químicos. Esse grupo inclui *Mycobacterium tuberculosis*, o patógeno que causa a tuberculose. A parede celular desse organismo e de outros membros desse gênero tem um componente ceroso e rico em lipídeos. As instruções nos rótulos de desinfetantes frequentemente especificam se o produto é tuberculocida, ou seja, se é eficiente contra as micobactérias. Testes tuberculocidas especiais foram desenvolvidos para avaliar a eficácia dos biocidas contra esse grupo bacteriano.

Os endósporos bacterianos são afetados por relativamente poucos biocidas. (A atividade dos principais grupos de antimicrobianos químicos contra micobactérias e endósporos é

TABELA 7.7 Eficácia dos antimicrobianos químicos contra endósporos e micobactérias		
Agente químico	**Efeito contra endósporos**	**Efeito contra micobactérias**
Glutaraldeído	Razoável	Bom
Cloro	Razoável	Razoável
Álcoois	Baixo	Bom
Iodo	Baixo	Bom
Compostos fenólicos	Baixo	Bom
Clorexidina	Nenhum	Razoável
Bisfenóis	Nenhum	Nenhum
Quats	Nenhum	Nenhum
Prata	Nenhum	Nenhum

resumida na Tabela 7.7.) Os cistos e oocistos dos protozoários também são relativamente resistentes à desinfecção química.

A resistência dos vírus aos biocidas depende em grande parte da presença ou ausência de um envelope. Os agentes antimicrobianos que são lipossolúveis têm maior probabilidade de serem eficientes contra os vírus envelopados. O rótulo desse tipo de agente indicará que ele é efetivo contra vírus lipofílicos. Os vírus não envelopados, que têm apenas um revestimento proteico, são mais resistentes – uma quantidade menor de biocidas é efetiva contra eles.

Um problema que ainda não foi completamente resolvido é a eliminação dos príons. Os príons são proteínas infecciosas que causam as doenças neurológicas conhecidas como encefalopatias espongiformes transmissíveis, como a condição popularmente chamada de "doença da vaca louca" (ver Capítulo 22). Para destruir os príons, as carcaças de animais infectados são incineradas. Um grande problema, no entanto, é a desinfecção de instrumentos cirúrgicos expostos à contaminação por príons. O processo normal de autoclave é comprovadamente inadequado. A Organização Mundial da Saúde (OMS) e os Centers for Disease Control and Prevention (CDC) dos Estados Unidos recomendaram o uso combinado de uma solução de hidróxido de sódio e autoclavação a 121 °C por 1 hora ou a 134 °C por 18 minutos. Os instrumentos descartáveis devem ser incinerados.

Em suma, é importante relembrar que os métodos de controle de microrganismos, sobretudo os biocidas, não são uniformemente efetivos contra todos os micróbios.

A Tabela 7.8 resume os agentes químicos usados para controlar o crescimento microbiano.

TESTE SEU CONHECIMENTO

✔ **7-14** A presença ou ausência de endósporos interfere nitidamente no controle microbiano, mas por que bactérias gram-negativas são mais resistentes aos biocidas químicos do que as gram-positivas?

Como observado anteriormente, os compostos discutidos neste capítulo geralmente não são úteis no tratamento de doenças. Os antibióticos e os patógenos contra os quais eles são ativos serão discutidos no Capítulo 20.

TABELA 7.8 Agentes químicos utilizados no controle do crescimento microbiano

Agente químico	Mecanismo de ação	Uso preferencial
Fenol	Ruptura da membrana plasmática, desnaturação das enzimas.	Raramente usado como desinfetante ou antisséptico devido às possibilidades de irritação e odor desagradável. Usado como padrão para comparação.
Compostos fenólicos	Ruptura da membrana plasmática, desnaturação das enzimas.	Superfícies ambientais, instrumentos, superfícies cutâneas e membranas mucosas.
Bisfenóis	Provavelmente ruptura da membrana plasmática.	Sabonetes para as mãos e loções hidratantes antissépticas.
Biguanidas (clorexidina)	Ruptura da membrana plasmática.	Antissepsia da pele, sobretudo na lavagem das mãos para cirurgias. Bactericida.
Terpenos (óleos essenciais vegetais)	Ruptura da membrana plasmática.	Usados em alimentos e na desinfecção de superfícies rígidas.
Halogênios	O iodo inibe a função das proteínas e é um forte agente oxidante; o cloro forma o agente oxidante forte ácido hipocloroso, que altera os componentes celulares.	O iodo é um antisséptico eficaz disponível como tintura e como iodóforo; o gás cloro é usado para desinfetar a água; os compostos de cloro são usados para desinfetar o equipamento de fábricas de laticínios, utensílios para refeições, itens domésticos e vidrarias.
Álcoois	Desnaturação das proteínas e dissolução dos lipídeos.	Bactericida e fungicida, mas não é eficaz contra endósporos ou vírus não envelopados. Quando a pele é limpa com álcool antes de uma injeção, a maior parte da ação antisséptica provavelmente vem da simples limpeza mecânica (degermante) da sujeira e de alguns micróbios.
Metais pesados e seus compostos	Desnaturação das enzimas e de outras proteínas essenciais.	O nitrato de prata pode ser utilizado na prevenção da oftalmia neonatal; a sulfadiazina de prata é utilizada como creme tópico em queimaduras; o sulfato de cobre é um algicida.
Sabões e detergentes	Remoção mecânica de microrganismos pela escovação.	Degerminação da pele e remoção de resíduos.
Sanitizantes ácido-aniônicos	Ruptura da membrana plasmática.	Sanitizantes nas indústrias de laticínios e de processamento de alimentos.
Compostos de amônio quaternário (detergentes catiônicos)	Inibição enzimática, desnaturação das proteínas, ruptura das membranas plasmáticas.	Antisséptico para a pele. Bactericidas, bacteriostáticos, fungicidas e virucidas contra vírus envelopados. Usados em instrumentos, utensílios, artigos de borracha.
Ácidos orgânicos	Inibição metabólica, afetando principalmente os bolores; a ação não está relacionada à acidez.	Controle do crescimento de fungos e bactérias nos alimentos. Sorbato e benzoato eficazes em pH baixo; propionato usado no pão.
Nitratos/nitritos	O componente ativo é o nitrito, que é produzido pela ação de bactérias sobre o nitrato. Os nitritos inibem algumas enzimas que contêm ferro dos anaeróbios.	Produtos derivados da carne, como presunto, *bacon*, salsichas e linguiças. Previnem o crescimento de *C. botulinum* em alimentos; também conferem coloração avermelhada.
Aldeídos	Desnaturação das proteínas.	O glutaraldeído (Cidex®) é menos irritante que o formaldeído e é usado para a desinfecção de equipamentos médicos.
Óxido de etileno e outros esterilizantes gasosos	Inibem funções vitais da célula.	Principalmente para esterilização de objetos que seriam danificados pelo calor.
Esterilização por plasma	Inibem funções vitais da célula.	Especialmente útil para instrumentos médicos tubulares.
Fluidos supercríticos	Inibem funções vitais da célula.	Especialmente úteis para a esterilização de implantes médicos.
Peroxigênios e outras formas de oxigênio	Oxidação.	Água e superfícies contaminadas.

CASO CLÍNICO Resolvido

O norovírus é extremamente contagioso e pode se disseminar rapidamente de uma pessoa a outra. Além disso, é um vírus não envelopado, de modo que não é facilmente destruído pelos biocidas. Amy pergunta ao diretor se, após a escola retornar às atividades integrais, ela pode realizar uma assembleia com os estudantes e funcionários para discutir a importância da lavagem das mãos. A lavagem adequada com água e sabão pode eliminar a transmissão do norovírus a outras pessoas ou superfícies. Amy também se reúne novamente com a equipe de vigilância para discutir as recomendações do departamento de saúde. De acordo com o departamento de saúde, ao realizar a limpeza de superfícies

ambientais que estejam visivelmente sujas com fezes ou vômitos, a equipe deve usar máscaras e luvas, uma toalha descartável embebida em detergente diluído para esfregar a superfície por pelo menos 10 segundos e, então, aplicar uma solução de água sanitária doméstica de 1:10 por pelo menos 1 minuto. Teclados de computadores e outros aparelhos eletrônicos que não podem ser molhados devem ser limpos com um pano com álcool ou cloro. Embora Amy saiba que esta não será a última vez que a escola será afetada por um vírus, ela está segura de que deu um passo positivo em direção à proteção dos alunos e da equipe contra esse vírus em particular.

Parte 1   Parte 2   Parte 3   **Parte 4**

Resumo para estudo

Terminologia do controle microbiano (p. 180-181)

1. O controle do crescimento microbiano pode prevenir infecções e a deterioração dos alimentos.
2. A esterilização é o processo de remoção ou destruição de toda a vida microbiana em um objeto.
3. A esterilização comercial é o tratamento com calor dos alimentos enlatados para destruir os endósporos de *C. botulinum*.
4. A desinfecção é o processo que visa reduzir ou inibir o crescimento microbiano em uma superfície inanimada.
5. Antissepsia é o processo de redução ou inibição dos microrganismos em tecidos vivos.
6. A sanitização reduz a contagem de micróbios para níveis seguros de saúde pública.
7. O sufixo *cida* significa matar; o sufixo *stático* significa inibir.
8. Sepse é a contaminação bacteriana.

Taxa de morte microbiana (p. 181-182)

1. As populações bacterianas sujeitas ao calor ou a produtos químicos antimicrobianos normalmente morrem a uma taxa constante.
2. A curva de morte, quando representada graficamente de forma logarítmica, mostra essa taxa de morte constante como uma linha reta.
3. O tempo necessário para a morte de uma população microbiana é proporcional ao número de microrganismos.
4. As espécies microbianas e as fases do ciclo de vida (p. ex., endósporos) têm diferentes suscetibilidades aos controles físicos e químicos.
5. A presença de matéria orgânica pode interferir nos tratamentos de calor e na utilização de agentes de controle químico.
6. Exposições prolongadas ao calor leve podem produzir o mesmo efeito que um período mais curto sob calor mais intenso.

Ações dos agentes de controle microbiano (p. 181-182)

1. A suscetibilidade da membrana plasmática se deve a seus componentes lipídicos e proteicos.
2. Certos agentes de controle químico lesam a membrana plasmática, alterando sua permeabilidade.
3. Alguns agentes de controle microbiano lesam as proteínas celulares ao romperem as ligações de hidrogênio e as ligações covalentes.

4. Outros agentes interferem na replicação do DNA e do RNA e na síntese proteica.

Métodos físicos de controle microbiano (p. 183-188)

Calor (p. 183-186)

1. O calor frequentemente é usado para eliminar microrganismos.
2. O calor úmido destrói os microrganismos pela desnaturação das enzimas.
3. O ponto de morte térmica (PMT) é a menor temperatura em que todos os microrganismos em uma cultura líquida serão destruídos em 10 minutos.
4. O tempo de morte térmica (TMT) é o tempo necessário para destruir todas as bactérias em uma cultura líquida a uma dada temperatura.
5. O tempo de redução decimal (TRD) é a duração de tempo necessária para que 90% de uma população bacteriana seja destruída a uma dada temperatura.
6. A fervura (100 °C) destrói muitas células vegetativas e vírus em 10 minutos.
7. A autoclavação (vapor sob pressão) é o método mais efetivo de esterilização por calor úmido. O vapor deve entrar em contato direto com o material a ser esterilizado.
8. Na pasteurização HTST, uma alta temperatura é usada por um curto período (72 °C por 15 segundos) para destruição dos patógenos sem alterar o sabor do alimento. A esterilização com temperaturas ultraelevadas (UHT) (140 °C por 4 segundos) é usada para esterilizar laticínios e sucos.
9. Os métodos de esterilização com calor seco incluem a chama direta, a incineração e a esterilização com ar quente. O calor seco destrói por oxidação.
10. Diferentes métodos que produzem o mesmo efeito (redução no crescimento microbiano) são denominados tratamentos equivalentes.

Filtração (p. 186)

11. A filtração é a passagem de um líquido ou gás através de um filtro com poros pequenos o suficiente para reter os microrganismos.
12. Os microrganismos podem ser removidos do ar por filtros de ar particulado de alta eficiência (HEPA).
13. Os filtros de membrana compostos de acetato de celulose ou nitrocelulose são comumente usados para filtrar bactérias, vírus e mesmo proteínas de alto peso molecular.

Baixas temperaturas (p. 186-187)

14. A eficácia das baixas temperaturas depende do microrganismo e da intensidade da aplicação.

15. A maioria dos microrganismos não se reproduz nas temperaturas comuns do refrigerador (0 a 7 °C).

16. Muitos microrganismos sobrevivem (mas não crescem) nas temperaturas abaixo de zero utilizadas para armazenar alimentos.

Alta pressão (p. 187)

17. A alta pressão desnatura as proteínas e altera a estrutura dos carboidratos nas células vegetativas.

Dessecação (p. 187)

18. Na ausência de água, os microrganismos não podem crescer, mas podem permanecer viáveis.

19. Vírus e endósporos podem resistir à dessecação.

Pressão osmótica (p. 187)

20. Os microrganismos em altas concentrações de sais e açúcares sofrem plasmólise.

21. Os bolores e as leveduras são mais capazes que as bactérias de crescer em materiais com baixa umidade ou alta pressão osmótica.

Radiação (p. 187-188)

22. Os efeitos da radiação dependem de seu comprimento de onda, intensidade e duração.

23. A radiação ionizante (raios gama, raios X e feixes de elétrons de alta energia) penetra em líquidos e outros materiais e exerce seu efeito principalmente ionizando a água e formando radicais hidroxila altamente reativos.

24. A radiação ultravioleta (UV), uma forma de radiação não ionizante, tem baixo grau de penetração e causa lesão celular pela formação de dímeros de timina no DNA, que interferem na replicação do DNA; o comprimento de onda germicida mais efetivo é 260 nm.

25. As micro-ondas podem destruir os microrganismos indiretamente à medida que os alimentos e outras substâncias se aquecem.

Métodos químicos de controle microbiano (p. 188-199)

1. Os agentes químicos são usados em tecidos vivos (como antissépticos) e em objetos inanimados (como desinfetantes).

2. Poucos agentes químicos proporcionam a esterilidade.

Princípios da desinfecção efetiva (p. 189-190)

3. Muita atenção deve ser dada às propriedades e à concentração do desinfetante a ser usado.

4. A presença de matéria orgânica, o grau de contato com os microrganismos, o pH e a temperatura também devem ser considerados.

Avaliando um desinfetante (p. 190)

5. O teste de diluição de uso é utilizado para se determinar a sobrevivência bacteriana na diluição de um desinfetante recomendada pelo fabricante.

6. O teste de diluição de uso também pode ser usado para avaliar a eficácia de agentes contra vírus, bactérias formadoras de endósporos, micobactérias e fungos.

7. No método de disco-difusão, um disco de papel de filtro é embebido em uma substância química e colocado em uma placa de ágar inoculada; a presença de uma zona de inibição indica efetividade.

Tipos de desinfetantes (p. 190-199)

8. Os compostos fenólicos exercem sua ação lesando as membranas plasmáticas e desnaturando enzimas.

9. O bisfenol hexaclorofeno é usado como desinfetante da pele.

10. As biguanidas lesam as membranas plasmáticas das células na forma vegetativa.

11. Terpenos e compostos fenólicos em óleos essenciais vegetais têm atividade antimicrobiana.

12. O iodo pode ser combinado com certos aminoácidos e ácidos graxos para inativar enzimas e outras proteínas celulares.

13. A ação germicida do cloro baseia-se na formação de ácido hipocloroso quando o cloro é adicionado à água.

14. Os álcoois exercem sua ação desnaturando as proteínas e dissolvendo os lipídeos.

15. Nas tinturas, os álcoois aumentam a eficácia de outras substâncias químicas antimicrobianas.

16. A prata, o mercúrio, o cobre e o zinco exercem sua atividade antimicrobiana por meio de uma ação oligodinâmica. Quando os íons de metal pesado se combinam com os grupos sulfidrila (—SH), as proteínas são desnaturadas.

17. Os sabões possuem ação germicida limitada, mas auxiliam na remoção dos microrganismos pela escovação.

18. Os detergentes ácido-aniônicos são usados para limpeza do equipamento de laticínios.

19. Quats são detergentes catiônicos ligados ao NH_4^+ que rompem as membranas plasmáticas.

20. SO_2, sorbato, benzoato e propionato inibem o metabolismo fúngico e são usados como conservantes de alimentos.

21. Os sais de nitrato e nitrito previnem a germinação de endósporos de *C. botulinum* em carnes.

22. A nisina e a natamicina são antimicrobianos produzidos por bactérias usados na conservação de alimentos, sobretudo queijos.

23. Os aldeídos como o formaldeído e o glutaraldeído estão entre os desinfetantes químicos mais efetivos. Eles exercem seu efeito antimicrobiano inativando proteínas.

24. O óxido de etileno é o gás mais usado para a esterilização. Ele penetra na maioria dos materiais e destrói todos os microrganismos por desnaturação das proteínas.

25. Os radicais livres nos gases de plasma são utilizados para esterilizar instrumentos plásticos.

26. Fluidos supercríticos, que apresentam propriedades de líquidos e gases, podem esterilizar em baixas temperaturas.

27. Peróxido de hidrogênio, ácido peracético, peróxido de benzoíla e ozônio exercem seu efeito antimicrobiano por meio da oxidação de moléculas nas células.

Características microbianas e controle microbiano (p. 199-201)

28. As bactérias gram-negativas geralmente são mais resistentes do que as bactérias gram-positivas aos desinfetantes e antissépticos.

29. As micobactérias, os endósporos, os cistos e os oocistos dos protozoários são muito resistentes aos desinfetantes e aos antissépticos.

30. Os vírus não envelopados geralmente são mais resistentes do que os vírus envelopados aos desinfetantes e antissépticos.

31. Os príons são resistentes à desinfecção e à autoclavagem.

Questões para estudo

As respostas das questões de Conhecimento e compreensão estão na seção de Respostas no final deste livro.

Conhecimento e compreensão

Revisão

1. O tempo de morte térmica para uma suspensão de endósporos de *Bacillus subtilis* é de 30 minutos em calor seco e de menos de 10 minutos em uma autoclave. Que tipo de calor é mais efetivo? Por quê?

2. Se a pasteurização não atinge a eficiência da esterilização, por que um alimento seria tratado por esse método?

3. O ponto de morte térmica não é considerado uma medida precisa da efetividade da esterilização por calor. Liste três fatores que podem alterar o ponto de morte térmica.

4. O efeito antimicrobiano da radiação gama se deve (a) _____. O efeito antimicrobiano da radiação ultravioleta se deve (b) _____.

5. DESENHE Uma cultura bacteriana estava em fase log na seguinte figura. No tempo *x*, um composto antibacteriano foi adicionado à cultura. Desenhe as linhas que representam a adição de um composto bactericida e de um composto bacteriostático. Explique por que a contagem viável não cai imediatamente para zero em *x*.

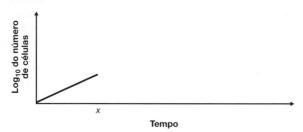

6. Como a autoclavação, o ar quente e a pasteurização ilustram o conceito de tratamentos equivalentes?

7. Como os sais e os açúcares conservam os alimentos? Por que eles são considerados métodos físicos e não métodos químicos de controle microbiano? Cite um alimento que é conservado com açúcar e outro que é conservado com sal. Como você justifica o crescimento ocasional do fungo *Penicillium* na gelatina, que é 50% sacarose?

8. Os valores do teste de diluição de uso para dois desinfetantes testados sob as mesmas condições são: desinfetante A – 1:2; desinfetante B – 1:10.000. Se ambos os desinfetantes são designados para o mesmo objetivo, qual deles você selecionaria?

9. Um grande hospital banha os pacientes queimados em uma banheira de aço inoxidável. Após cada paciente, a banheira é limpa com um quat. Percebeu-se que 14 dos 20 pacientes queimados adquiriram infecções por *Pseudomonas* após serem banhados. Explique essa alta taxa de infecção.

10. IDENTIFIQUE Qual bactéria tem porinas, é resistente ao bisfenol e sobrevive e pode crescer em quats?

Múltipla escolha

1. Qual dos seguintes processos *não* destrói endósporos?
   a. autoclavação
   b. incineração
   c. esterilização por ar quente
   d. pasteurização
   e. Todas as alternativas acima matam endósporos.

2. Qual alternativa seguinte é mais efetiva para esterilizar colchões e placas de Petri plásticas?
   a. cloração
   b. óxido de etileno
   c. glutaraldeído
   d. autoclavação
   e. radiação não ionizante

3. Qual destes desinfetantes *não* atua rompendo a membrana plasmática?
   a. compostos fenólicos
   b. fenol
   c. quats
   d. halogênios
   e. biguanidas

4. Qual alternativa seguinte *não* pode ser usada para esterilizar uma solução sensível ao calor armazenada em um recipiente plástico?
   a. radiação gama
   b. óxido de etileno
   c. fluidos supercríticos
   d. autoclavação
   e. radiação de comprimentos de ondas curtos

5. Qual das alternativas seguintes é utilizada para o controle do crescimento microbiano em alimentos?
   a. ácidos orgânicos
   b. álcoois
   c. aldeídos
   d. metais pesados
   e. todas as alternativas acima

Utilize as informações a seguir para responder às questões 6 e 7. Os dados foram obtidos de um teste de diluição de uso comparando quatro desinfetantes contra *Salmonella* Choleraesuis. C = crescimento, NC = nenhum crescimento.

	Crescimento bacteriano após exposição ao			
Diluição	Desinfetante A	Desinfetante B	Desinfetante C	Desinfetante D
1:2	NC	C	NC	NC
1:4	NC	C	NC	C
1:8	NC	C	C	C
1:16	C	C	C	C

6. Qual desinfetante é o mais efetivo?

7. Qual(is) desinfetante(s) é(são) bactericida(s)?
   a. A, B, C e D
   b. A, C e D
   c. somente A
   d. somente B
   e. nenhuma das alternativas acima

8. Qual alternativa seguinte *não* é uma característica dos compostos de amônio quaternário?
   a. bactericida contra bactérias gram-positivas
   b. esporicida
   c. amebicida
   d. fungicida
   e. mata vírus envelopados

9. Você e um colega estão tentando determinar como um desinfetante pode destruir as células. Você observou que quando espalha o desinfetante no leite com tornassol (reagente que fica vermelho em soluções ácidas e azul em alcalinas), o leite ficou novamente azul. Você sugere para seu colega que:
   a. o desinfetante pode inibir a síntese da parede celular.
   b. o desinfetante pode oxidar moléculas.
   c. o desinfetante pode inibir a síntese de proteínas.
   d. o desinfetante pode desnaturar proteínas.
   e. o desinfetante pode danificar o DNA.

10. Qual dos seguintes processos mais provavelmente é um bactericida?
   a. filtração em membrana
   b. radiação ionizante
   c. liofilização (criodessecação)
   d. ultracongelamento
   e. todas as alternativas acima

Análise

1. O método de disco-difusão foi utilizado para avaliar três desinfetantes. Os resultados foram os seguintes:

Desinfetante	Zona de inibição
X	0 mm
Y	5 mm
Z	10 mm

   a. Qual desinfetante foi o mais efetivo contra o organismo?
   b. Você pode determinar se o composto Y foi bactericida ou bacteriostático?

2. Explique por que cada uma das bactérias seguintes é frequentemente resistente aos desinfetantes.
   a. *Mycobacterium*
   b. *Pseudomonas*
   c. *Bacillus*

3. O teste de diluição de uso foi usado para avaliar dois desinfetantes contra *Salmonella* Choleraesuis. Os resultados foram os seguintes:

Tempo de exposição (min)	Crescimento bacteriano após exposição ao		
	Desinfetante A	Desinfetante B diluído com água destilada	Desinfetante B diluído com água de torneira
10	C	NC	C
20	C	NC	NC
30	NC	NC	NC

   a. Qual desinfetante foi o mais efetivo?
   b. Qual desinfetante deveria ser usado contra *Staphylococcus*?

4. Para determinar a ação letal da radiação de micro-ondas, duas suspensões de *E. coli* a 10^5 foram preparadas. Uma suspensão de células foi exposta úmida à radiação de micro-ondas, ao passo que a outra foi liofilizada (criodessecação) e, então, exposta à radiação. Os resultados são mostrados na figura a seguir. As linhas tracejadas indicam a temperatura das amostras. Qual é o método mais provável de ação letal da radiação de micro-ondas? Como você supõe que esses dados podem diferir para *Clostridium*?

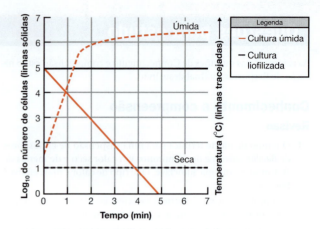

Aplicações clínicas e avaliação

1. *Entamoeba histolytica* e *Giardia duodenalis* foram isoladas de uma amostra de fezes de um paciente de 45 anos, e *Shigella sonnei* foi isolada de uma amostra de fezes de um paciente de 18 anos. Ambos os pacientes tiveram diarreia e cólicas abdominais graves. Antes do início dos sintomas digestivos, ambos haviam sido tratados pelo mesmo quiroprata, que lhes administrou irrigações colônicas (enemas). O dispositivo usado para esse tratamento foi um aparato dependente de gravidade utilizando 12 litros de água da torneira. Não havia válvulas para impedir o refluxo e, assim, todas as partes do aparelho poderiam ter se contaminado com fezes durante cada tratamento colônico. O quiroprata fornecia tratamento colônico para 4 ou 5 pacientes por dia. Entre cada pacientes, a peça do adaptador que é inserida no reto era colocada em um "esterilizador de água quente".
   Quais foram os dois erros cometidos pelo quiroprata?

2. Entre 9 de março e 12 de abril, cinco pacientes de diálise peritoneal crônica em um hospital foram infectados por *P. aeruginosa*. Quatro pacientes desenvolveram peritonite (inflamação da cavidade abdominal) e um desenvolveu uma infecção de pele no local da inserção do cateter. Todos os pacientes com peritonite tiveram febre baixa, líquido peritoneal turvo e dor abdominal. Todos os pacientes tinham cateteres de demora peritoneais permanentes, que a enfermeira limpava com gaze embebida em uma solução de iodóforo cada vez que o cateter era conectado ou desconectado da máquina. Alíquotas de iodóforo eram transferidas das garrafas de estoque para pequenos frascos em uso. Culturas do concentrado dialisado e das áreas internas das máquinas de diálise foram negativas; o iodóforo de um frasco plástico pequeno em uso produziu uma cultura pura de *P. aeruginosa*.
   Qual técnica inadequada levou a essa infecção?

3. Você está investigando um surto nacional de *Ralstonia mannitolilytica* entre pacientes pediátricos associado ao uso de um dispositivo de fornecimento de oxigênio contaminado. O dispositivo adiciona umidade e aquece o oxigênio. Os hospitais seguiram as recomendações de limpeza do fabricante ao utilizar um detergente para limpar os componentes reutilizáveis do dispositivo entre os pacientes. A água da torneira é permitida no dispositivo, uma vez que ele utiliza um filtro reutilizável de 0,01 µm como barreira biológica entre os compartimentos de ar e água. *Ralstonia* é um bacilo gram-negativo comumente encontrado na água.
   Por que a desinfecção falhou?
   O que você recomendaria para a desinfecção? O dispositivo não pode ser autoclavado.

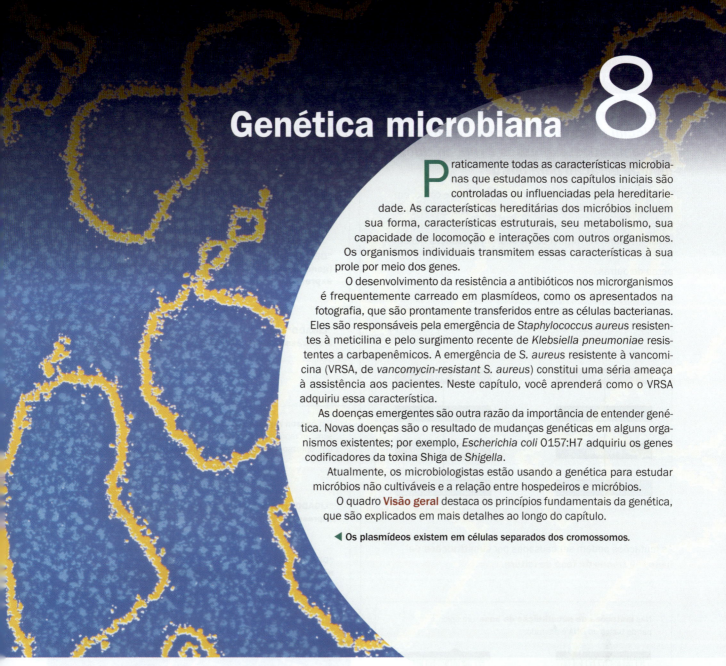

Genética microbiana 8

P raticamente todas as características microbianas que estudamos nos capítulos iniciais são controladas ou influenciadas pela hereditariedade. As características hereditárias dos micróbios incluem sua forma, características estruturais, seu metabolismo, sua capacidade de locomoção e interações com outros organismos. Os organismos individuais transmitem essas características à sua prole por meio dos genes.

O desenvolvimento da resistência a antibióticos nos microrganismos é frequentemente carreado em plasmídeos, como os apresentados na fotografia, que são prontamente transferidos entre as células bacterianas. Eles são responsáveis pela emergência de *Staphylococcus aureus* resistentes à meticilina e pelo surgimento recente de *Klebsiella pneumoniae* resistentes a carbapenêmicos. A emergência de *S. aureus* resistente à vancomicina (VRSA, de *vancomycin-resistant S. aureus*) constitui uma séria ameaça à assistência aos pacientes. Neste capítulo, você aprenderá como o VRSA adquiriu essa característica.

As doenças emergentes são outra razão da importância de entender genética. Novas doenças são o resultado de mudanças genéticas em alguns organismos existentes; por exemplo, *Escherichia coli* O157:H7 adquiriu os genes codificadores da toxina Shiga de *Shigella*.

Atualmente, os microbiologistas estão usando a genética para estudar micróbios não cultiváveis e a relação entre hospedeiros e micróbios.

O quadro **Visão geral** destaca os princípios fundamentais da genética, que são explicados em mais detalhes ao longo do capítulo.

◀ **Os plasmídeos existem em células separados dos cromossomos.**

Na clínica

Como enfermeiro(a) em um hospital militar dos Estados Unidos, você trata militares feridos. Você observa que ferimentos infectados por *Acinetobacter baumannii* não estão respondendo aos antibióticos. O Centers for Disease Control and Prevention (CDC) informa que os genes de resistência a antibióticos encontrados em *A. baumannii* são os mesmos encontrados em *Pseudomonas*, *Salmonella* e *Escherichia*. Os genes de resistência à cefalosporina estão localizados no cromossomo, a resistência à tetraciclina é codificada por um plasmídeo, e a resistência à estreptomicina está associada a um transpóson. **Você pode sugerir mecanismos pelos quais o *Acinetobacter* adquiriu essa resistência?**

Dica: leia sobre recombinação genética mais adiante neste capítulo.

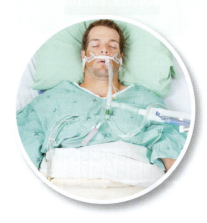

Genética

A genética é a ciência da hereditariedade. Ela inclui o estudo dos genes: como eles são replicados, expressos e transmitidos de uma geração para outra.

O **dogma central** da biologia molecular descreve como, em casos típicos, o DNA é transcrito em RNA mensageiro, que, por sua vez, é traduzido em proteínas que realizam funções celulares vitais. As mutações introduzem mudanças nesse processo, levando em última instância a funções novas ou à perda de outras.

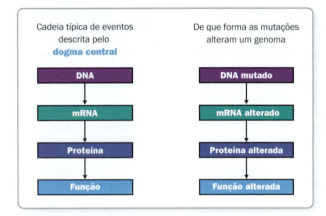

As mutações podem ser causadas por **substituições de bases** ou **trocas de fase de leitura**.

Nas **mutações de substituição de base**, um único par de bases do DNA é alterado.

Nas **mutações de troca de fase de leitura**, pares de bases do DNA são adicionados ou removidos da sequência, causando uma alteração na sequência de leitura.

Grupos de genes em óperons podem ser **induzíveis** ou **repressíveis**.

Um **óperon induzível** inclui genes que estão no modo "desligado", com o repressor ligado ao DNA, sendo "ligado" através de um indutor ambiental.

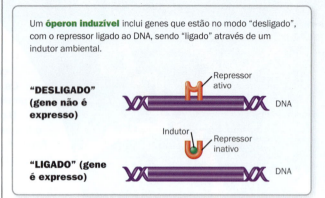

Um **óperon repressível** inclui genes que estão no modo "ligado", sem um repressor ligado ao DNA, sendo "desligado" através de um repressor e de um correpressor ambiental.

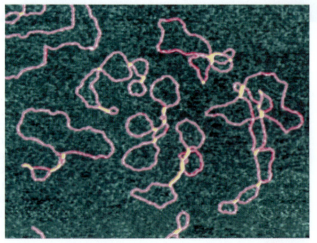

Micrografia de força atômica mostrando moléculas de DNA.

A alteração de genes bacterianos e/ou da expressão gênica pode causar doenças, impedir o tratamento de doenças ou ser manipulada para benefício humano.

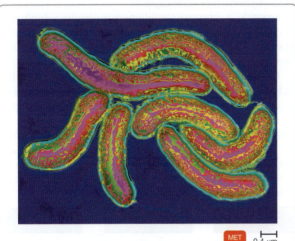

MET ⊢ 0,4 μm

Doença: muitas doenças bacterianas são causadas pela presença de proteínas tóxicas que danificam os tecidos humanos. Essas proteínas tóxicas são codificadas por genes bacterianos. *Vibrio cholerae*, mostrado acima, produz uma enterotoxina que provoca diarreia e uma desidratação severa, que pode ser fatal se não for tratada.

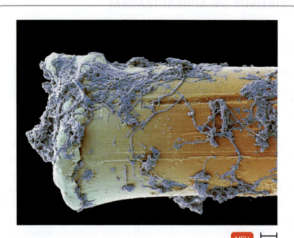

MEV ⊢ 5 μm

Biofilmes: os biofilmes, como o que pode ser observado aqui se desenvolvendo na cerda de uma escova de dente, são produzidos pela alteração da expressão de um gene bacteriano quando as populações são grandes o suficiente. Várias espécies de *Streptococcus*, incluindo *S. mutans,* formam biofilmes em dentes e gengivas, contribuindo para o desenvolvimento da placa e da cárie dentária.

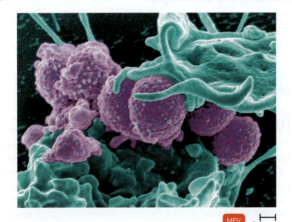

MEV ⊢ 0,3 μm

Resistência a antibióticos: mutações no genoma bacteriano consistem em um dos primeiros passos em direção ao desenvolvimento da resistência a antibióticos. Esse processo ocorreu com o *Staphylococcus aureus,* que atualmente é resistente a antibióticos β-lactâmicos, como a penicilina. A meticilina foi introduzida para tratar *S. aureus* resistentes à penicilina. *S. aureus* resistentes à meticilina (MRSA), mostrados acima, em roxo, são hoje uma das principais causas de infecções associadas aos cuidados da saúde.

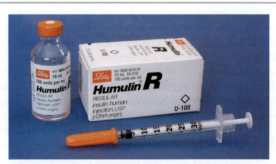

Biotecnologia: os cientistas podem alterar o genoma dos microrganismos, inserindo genes capazes de produzir proteínas humanas utilizadas no tratamento de doenças. A insulina, utilizada no tratamento do diabetes, é produzida dessa forma.

CONCEITOS-CHAVE

- A expressão do DNA leva à função celular por meio da produção de proteínas.
- Os genes nos óperons são ativados ou desativados em conjunto.
- As mutações alteram as sequências de DNA.
- As mutações no DNA podem alterar a função bacteriana.

Estrutura e função do material genético

OBJETIVOS DE APRENDIZAGEM

8-1 Definir *genética, genoma, cromossomo, gene, código genético, genótipo, fenótipo* e *genômica*.

8-2 Explicar como o DNA serve como informação genética.

8-3 Descrever o processo de replicação do DNA.

8-4 Descrever a síntese proteica, incluindo a transcrição, o processamento do RNA e a tradução.

8-5 Comparar a síntese proteica em procariotos e eucariotos.

A **genética** é a ciência da hereditariedade. Ela inclui o estudo dos genes: como eles transportam a informação, como são replicados e transferidos para as gerações subsequentes de células ou entre organismos e como a expressão de suas informações determina as características de um organismo. A informação genética em uma célula é chamada de **genoma**. O genoma de uma célula inclui seus cromossomos e plasmídeos. Os **cromossomos** são estruturas contendo DNA que transportam fisicamente a informação hereditária; os cromossomos contêm os genes. Os **genes** são segmentos de DNA (exceto em alguns vírus, nos quais eles são constituídos de RNA)* que codificam produtos funcionais. Em geral, esses produtos são proteínas, mas também podem ser RNAs de vários tipos.

Vimos no Capítulo 2 que o DNA é uma macromolécula composta de unidades repetidas, os *nucleotídeos*. Cada nucleotídeo consiste em uma nucleobase (adenina, timina, citosina ou guanina), uma desoxirribose (um açúcar-pentose) e um grupo fosfato (ver Figura 2.16). O DNA dentro de uma célula existe como longos filamentos de nucleotídeos retorcidos em pares, formando uma dupla-hélice. Cada filamento tem uma fileira alternando açúcar e grupos fosfato (seu *arcabouço de açúcar-fosfato*) e uma base nitrogenada aderida a cada açúcar no arcabouço. As duas fitas são mantidas unidas por ligações de hidrogênio entre as bases nitrogenadas. Os **pares de bases** sempre ocorrem em um modo específico: a adenina sempre pareia com a timina, e a citosina sempre pareia com a guanina. Devido a esse pareamento específico de bases, a sequência de bases de uma fita do DNA determina a sequência da outra fita. As duas fitas de DNA são, portanto, *complementares*.

A estrutura do DNA ajuda a explicar as duas características principais do armazenamento da informação biológica. Primeiro, a sequência linear de bases fornece a informação em si. A informação genética é codificada pela sequência de bases ao longo do DNA, de modo muito similar à forma como nossa linguagem escrita utiliza uma sequência linear de letras para formar palavras e frases. A linguagem genética, entretanto, utiliza um alfabeto contendo somente quatro letras – os quatro tipos de nucleobases no DNA (ou RNA). Contudo, 1.000 dessas quatro bases, a quantidade em um gene de tamanho médio, podem ser arranjadas de $4^{1.000}$ formas diferentes. Esse número astronômico explica como os genes podem apresentar variações suficientes para fornecer toda a informação

que uma célula necessita para crescer e realizar suas funções. O **código genético**, o grupo de regras que determina como uma sequência de nucleotídeos é convertida na sequência de aminoácidos de uma proteína, será discutido em mais detalhes posteriormente neste capítulo.

Segundo, a estrutura complementar permite a duplicação precisa do DNA durante a divisão celular. Cada célula-filha recebe uma das fitas parentais originais, o que garante que uma das fitas funcionará corretamente.

Grande parte do metabolismo celular está relacionada à tradução da mensagem genética dos genes em proteínas específicas. Um gene normalmente codifica a informação para uma molécula de RNA mensageiro (mRNA), que, por fim, resulta na formação de uma proteína. Quando a molécula final que um gene codifica (p. ex., uma proteína) foi produzida, dizemos que o gene foi **expresso**. O fluxo da informação genética do DNA para o RNA e dele para as proteínas pode ser demonstrado da seguinte forma:

Essa teoria foi chamada de **dogma central** por Francis Crick em 1956, quando ele propôs pela primeira vez que a sequência de nucleotídeos em um DNA determina a sequência de aminoácidos de uma proteína.

> ASM: Embora o dogma central seja universal em todas as células, os processos diferem em procariotos e eucariotos, como veremos neste capítulo.

Genótipo e fenótipo

O **genótipo** de um organismo é a sua constituição genética – todo o seu DNA, a informação que codifica todas as características específicas do organismo. O genótipo representa

---

CASO CLÍNICO Onde há fumaça

Marcel, homem de 70 anos e avô de 12 netos, desliga o telefone silenciosamente. O seu médico acabou de notificá-lo sobre os resultados do teste de DNA de fezes que ele havia realizado na Clínica Mayo na semana anterior. O médico de Marcel sugeriu essa nova ferramenta de rastreamento não invasiva para o câncer colorretal, uma vez que Marcel não estava confortável com a colonoscopia e sempre adiava o procedimento. O teste de DNA de fezes, entretanto, utiliza amostras de fezes, as quais contêm células que foram eliminadas do revestimento do cólon. O DNA dessas células é testado para a presença de marcadores de DNA que podem indicar a presença de pólipos pré-cancerosos ou tumores cancerosos. Marcel marca uma consulta com seu médico para a tarde seguinte.

No consultório, o médico explica para Marcel e sua esposa, Janice, que o teste de DNA de fezes detectou a presença de pólipos colorretais serrilhados. Esse tipo de pólipo é geralmente difícil de ser visualizado através da colonoscopia, uma vez que não é proeminente e pode se apresentar da mesma cor que a parede do cólon.

Como o DNA pode mostrar se uma pessoa tem câncer? Continue lendo para descobrir.

Parte 1   Parte 2   Parte 3   Parte 4

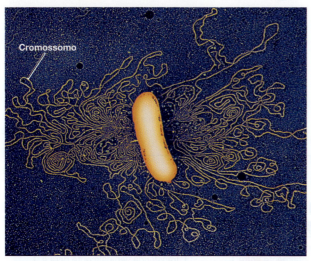

Cromossomo

Figura 8.1 Cromossomo procariótico.

P O cromossomo é quantas vezes maior do que uma célula de 2 μm?

as propriedades *potenciais*, mas não as propriedades em si. O **fenótipo** refere-se às propriedades *reais expressas*, como a capacidade do organismo de realizar uma reação química em particular. O fenótipo, então, é a manifestação do genótipo. Por exemplo, *E. coli* com o gene *stx* pode produzir a proteína stx* (toxina Shiga).

De certo modo, o fenótipo de um organismo é o conjunto de suas proteínas, uma vez que a maioria das propriedades de uma célula deriva de estruturas e funções proteicas. Nos micróbios, a maioria das proteínas é *enzimática* (catalisa reações particulares) ou *estrutural* (participa de grandes complexos funcionais, como as membranas ou os flagelos). Mesmo os fenótipos que dependem de macromoléculas estruturais, como lipídeos ou polissacarídeos, baseiam-se indiretamente nas proteínas. Por exemplo, a estrutura de uma molécula de lipídeo complexo ou polissacarídeo resulta das atividades catalíticas das enzimas que sintetizam, processam e degradam essas moléculas. Assim, afirmar que os fenótipos se baseiam em proteínas é uma simplificação útil.

DNA e cromossomos

As bactérias geralmente têm um único cromossomo circular consistindo em uma única molécula circular de DNA com proteínas associadas. O cromossomo é dobrado, forma uma alça e está aderido à membrana plasmática em um ou vários pontos. O DNA de *E. coli* tem cerca de 4,6 milhões de pares de bases e aproximadamente 1 mm de comprimento – é 1.000 vezes maior do que uma célula de 1 μm (**Figura 8.1**). Contudo, o cromossomo ocupa apenas cerca de 10% do volume da célula, uma vez que o DNA está retorcido ou *superenovelado*.

O genoma completo não consiste em genes consecutivos. Regiões não codificantes chamadas de **repetições curtas em**

_____
*Os nomes de genes aparecem em itálico, mas não os nomes de proteínas.

tandem (STRs, de *short tandem repeats*) ocorrem na maioria dos genomas, incluindo no de *E. coli*. As STRs são repetições de 2 a 5 sequências de bases. Elas são usadas no diagnóstico de doenças genéticas e em testes de paternidade (discutidos no Capítulo 9).

As novas tecnologias agora permitem a determinação rápida de sequências de bases completas dos cromossomos. Computadores são utilizados na busca por *janelas abertas de leitura*, isto é, regiões do DNA que provavelmente codificam uma proteína. Como veremos posteriormente, essas janelas são sequências de bases entre códons de início (*start codons*) e de término (*stop codons*). O sequenciamento e a caracterização molecular dos genomas são denominados **genômica**. O uso da genômica para se rastrear o vírus Zika é descrito no quadro Foco clínico.

Fluxo da informação genética

A replicação do DNA possibilita o fluxo de informação genética de uma geração para a seguinte, o que se denomina **transferência vertical de genes**. Como mostrado na **Figura 8.2**, o DNA de uma célula se replica antes da divisão celular, de modo que cada célula-filha recebe um cromossomo idêntico ao da célula original. No interior de cada célula realizando metabolismo, a informação genética contida no DNA flui de outro modo: ela é transcrita em mRNA e, então, traduzida em proteína. Descreveremos os processos de transcrição e tradução mais adiante neste capítulo.

TESTE SEU CONHECIMENTO

✔ **8-1** Apresente uma aplicação clínica da genômica.

✔ **8-2** Por que o pareamento de bases no DNA é importante?

Replicação do DNA

Na replicação do DNA, uma molécula de DNA dupla-fita "parental" é convertida em duas moléculas de DNA idênticas. A estrutura complementar das sequências de bases nitrogenadas na molécula de DNA é a chave para a compreensão da replicação do DNA. Como as bases ao longo das duas fitas do DNA dupla-hélice são complementares, uma fita pode agir como molde para a produção da outra (**Figura 8.3a**).

A replicação do DNA requer a presença de diversas proteínas celulares que direcionam uma determinada sequência de eventos. As enzimas envolvidas na replicação do DNA e em outros processos estão listadas na Tabela 8.1. Quando a replicação inicia, o superenovelamento é relaxado pela *topoisomerase* ou *girase*. As duas fitas de DNA parental são desenroladas pela *helicase* e separadas uma da outra em um pequeno segmento de DNA após o outro. Os nucleotídeos livres presentes no citoplasma da célula são pareados às bases expostas da fita simples de DNA parental. Onde a timina está presente na fita original, somente a adenina pode se fixar na nova fita; onde a guanina está presente na fita parental, somente a citosina pode se fixar, e assim por diante. Quaisquer bases incorretamente pareadas são removidas e substituídas pelas enzimas de replicação. Uma vez alinhado, o nucleotídeo recém-adicionado é unido à fita em crescimento por uma

Fluxo da informação genética

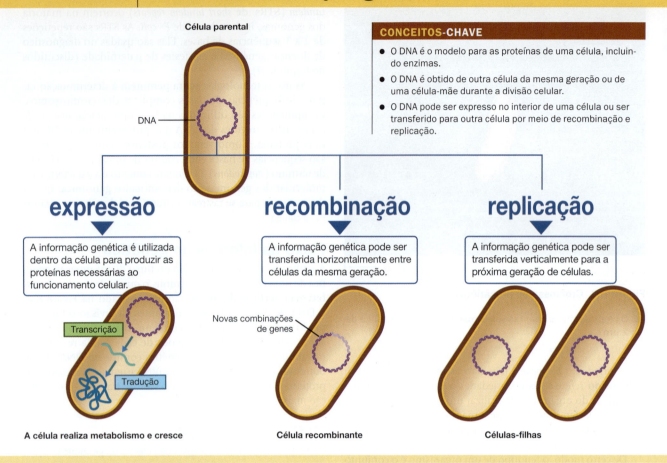

Célula parental

DNA

expressão

A informação genética é utilizada dentro da célula para produzir as proteínas necessárias ao funcionamento celular.

Transcrição

Tradução

A célula realiza metabolismo e cresce

recombinação

A informação genética pode ser transferida horizontalmente entre células da mesma geração.

Novas combinações de genes

Célula recombinante

replicação

A informação genética pode ser transferida verticalmente para a próxima geração de células.

Células-filhas

enzima denominada **DNA-polimerase**. No entanto, a DNA-polimerase não pode iniciar a síntese; ela só pode adicionar nucleotídeos de DNA ao final de uma cadeia já existente que está pareada com a fita modelo. A primase inicia uma cadeia curta de RNA complementar usando a fita de DNA parental como molde. A nova fita de DNA iniciará no final do iniciador de RNA, que é destruído pela DNA-polimerase. Então, o DNA parental se desenrola mais um pouco para permitir a adição do próximo nucleotídeo. O ponto no qual a replicação ocorre é denominado *forquilha de replicação*.

À medida que a forquilha de replicação se move ao longo da fita parental, cada uma das fitas simples desenroladas se combina ou pareia com novos nucleotídeos. A fita original e a fita nova recém-sintetizada se enovelam. Uma vez que cada nova molécula de DNA dupla-fita contém uma fita original (conservada) e uma fita nova, o processo de replicação é descrito como **replicação semiconservativa**.

Antes de examinarmos em mais detalhes a replicação do DNA, discutiremos a estrutura do DNA (ver Figura 2.16 para uma visão geral). É importante compreender que as fitas de DNA pareadas estão orientadas em direções opostas (antiparalelas) umas em relação às outras. Os átomos de carbono

do componente açúcar de cada nucleotídeo são numerados de 1′ (diz-se "um linha") a 5′. Para que as bases pareadas fiquem ao lado uma da outra, os açúcares que compõem uma fita estão de cabeça para baixo uns em relação aos outros. A extremidade que tem uma hidroxila ligada ao carbono 3′ é a extremidade 3′ da fita de DNA; a extremidade que tem um fosfato ligado ao carbono 5′ é a extremidade 5′ da fita de DNA. A forma como as duas fitas se encaixam determina que a direção 5′ → 3′ de uma fita é contrária à direção 5′ → 3′ da outra fita (Figura 8.3b). Essa estrutura do DNA afeta o processo de replicação, pois as DNA-polimerases podem adicionar novos nucleotídeos somente à extremidade 3′. Portanto, à medida que a forquilha de replicação se movimenta ao longo do DNA parental, as duas novas fitas devem crescer em direções diferentes.

Uma nova fita, chamada de *fita principal (líder)*, é sintetizada continuamente na direção 5′ → 3′ (a partir de uma fita parental modelo 3′ → 5′). Em contrapartida, a *fita atrasada (descontínua)* do novo DNA é sintetizada de forma descontínua em fragmentos de cerca de 1.000 nucleotídeos, chamados **fragmentos de Okazaki**. Eles devem ser unidos posteriormente para a produção da fita contínua.

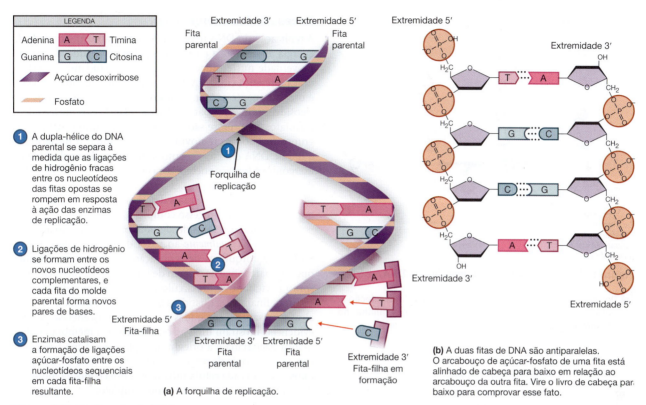

LEGENDA

| Adenina | A | T | Timina |
| Guanina | G | C | Citosina |

Açúcar desoxirribose

Fosfato

1 A dupla-hélice do DNA parental se separa à medida que as ligações de hidrogênio fracas entre os nucleotídeos das fitas opostas se rompem em resposta à ação das enzimas de replicação.

2 Ligações de hidrogênio se formam entre os novos nucleotídeos complementares, e cada fita do molde parental forma novos pares de bases.

3 Enzimas catalisam a formação de ligações açúcar-fosfato entre os nucleotídeos sequenciais em cada fita-filha resultante.

(a) A forquilha de replicação.

(b) A duas fitas de DNA são antiparalelas. O arcabouço de açúcar-fosfato de uma fita está alinhado de cabeça para baixo em relação ao arcabouço da outra fita. Vire o livro de cabeça para baixo para comprovar esse fato.

Figura 8.3 Replicação do DNA.

P Qual é a vantagem da replicação semiconservativa?

TABELA 8.1 Enzimas importantes na replicação, na expressão e no reparo do DNA

DNA-girase	Relaxa o superenovelamento à frente da forquilha de replicação
DNA-ligase	Forma ligações covalentes que unem as fitas de DNA; fragmentos de Okazaki e novos segmentos no reparo por excisão
DNA-polimerases	Sintetizam DNA; corrigem e facilitam o reparo do DNA
Endonucleases	Clivam o arcabouço de DNA em uma fita de DNA; facilitam o reparo e as inserções
Exonucleases	Clivam o DNA em uma extremidade exposta; facilitam o reparo
Helicase	Desenovela o DNA dupla-fita
Metilase	Adiciona um grupo metila a bases selecionadas no DNA recém-sintetizado
Fotoliase	Utiliza energia da luz visível para separar dímeros de pirimidina induzidos pela luz UV
Primase	Uma RNA-polimerase que sintetiza iniciadores de RNA a partir de um molde de DNA
Ribozima	Enzima de RNA que remove os íntrons e une os éxons
RNA-polimerase	Produz cópias de RNA a partir de um molde de DNA
snRNP	Complexo RNA-proteína que remove os íntrons e une os éxons
Topoisomerase ou girase	Relaxa o superenovelamento à frente da forquilha de replicação; separa círculos de DNA ao final da replicação
Transposase	Cliva o arcabouço do DNA, produzindo fitas simples de "extremidades coesivas"

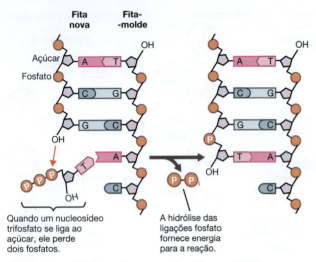

Figura 8.4 Adicionando um nucleotídeo ao DNA.

Fita nova | Fita-molde

Açúcar
Fosfato

Quando um nucleosídeo trifosfato se liga ao açúcar, ele perde dois fosfatos.

A hidrólise das ligações fosfato fornece energia para a reação.

P Por que uma fita está "de cabeça para baixo" em relação à outra fita? Por que ambas as fitas não podem se alinhar no mesmo sentido?

Necessidades energéticas

A replicação do DNA necessita de uma grande quantidade de energia. Essa energia é fornecida pelos nucleotídeos, que são na verdade nucleosídeos trifosfatos. Já estudamos o ATP; a única diferença entre o ATP e o nucleotídeo adenina no DNA é o componente açúcar. A desoxirribose é o açúcar nos nucleosídeos utilizados para sintetizar o DNA, e os nucleosídeos trifosfatos com ribose são usados para sintetizar o RNA. Dois grupos fosfato são removidos para adicionar o nucleotídeo à fita de DNA em crescimento; a hidrólise do nucleosídeo é exergônica e fornece energia para criar as novas ligações na fita de DNA (**Figura 8.4**).

A **Figura 8.5** fornece mais detalhes sobre as muitas etapas que ocorrem nesse processo complexo.

A replicação do DNA de algumas bactérias, como a *E. coli*, acontece *bidirecionalmente* ao redor do cromossomo (**Figura 8.6**). Duas forquilhas de replicação movem-se em direções opostas, para longe da origem de replicação. Como o cromossomo bacteriano é um círculo fechado, as forquilhas se encontram finalmente quando a replicação é concluída. As duas alças precisam ser separadas por uma topoisomerase. Muitas evidências mostram uma associação entre a membrana plasmática bacteriana e a origem de replicação. Após a duplicação, se cada cópia da origem se liga à membrana em um polo oposto, então cada célula-filha recebe uma cópia da molécula de DNA – isto é, um cromossomo completo.

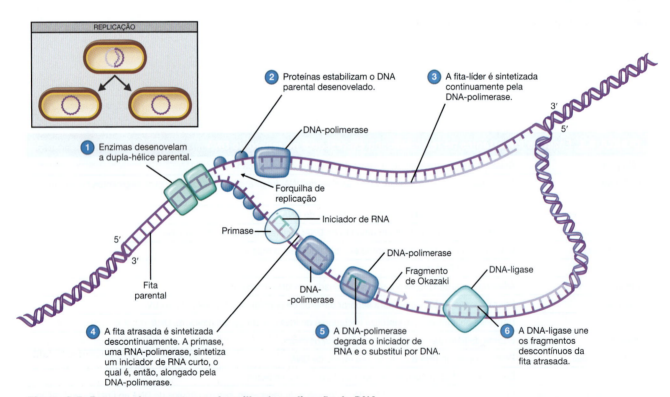

REPLICAÇÃO

2 Proteínas estabilizam o DNA parental desenovelado.

3 A fita-líder é sintetizada continuamente pela DNA-polimerase.

DNA-polimerase

1 Enzimas desenovelam a dupla-hélice parental.

Forquilha de replicação

Iniciador de RNA

Primase

Fita parental

DNA-polimerase

DNA-polimerase

Fragmento de Okazaki

DNA-ligase

4 A fita atrasada é sintetizada descontinuamente. A primase, uma RNA-polimerase, sintetiza um iniciador de RNA curto, o qual é, então, alongado pela DNA-polimerase.

5 A DNA-polimerase degrada o iniciador de RNA e o substitui por DNA.

6 A DNA-ligase une os fragmentos descontínuos da fita atrasada.

Figura 8.5 Resumo dos eventos na forquilha de replicação do DNA.

P Por que uma fita do DNA é sintetizada descontinuamente?

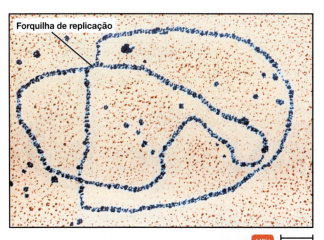

(a) Um cromossomo de *E. coli* em processo de replicação | MEV | ⊢ 20 nm ⊣

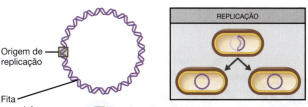

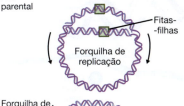

Origem de replicação

Fita parental

Fitas--filhas

Forquilha de replicação

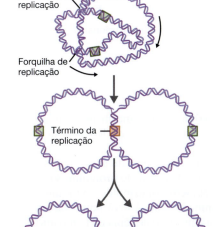

Forquilha de replicação

Forquilha de replicação

Término da replicação

(b) Replicação bidirecional de uma molécula de DNA circular bacteriano

Figura 8.6 Replicação do DNA bacteriano.

P O que é a origem de replicação?

A replicação do DNA é um processo impressionantemente acurado. Em geral, erros são cometidos em uma taxa de apenas 1 em cada 10 bilhões de bases incorporadas. Essa precisão ocorre em boa parte devido à capacidade de *correção* (*proofreading*) da DNA-polimerase. À medida que cada base nova é adicionada, a enzima avalia se a estrutura de pareamento formada está correta. Caso contrário, a enzima remove a base inapropriada e a substitui pela correta. Os nucleotídeos não pareados corretamente que escapam dessa revisão são removidos e substituídos por um mecanismo diferente. Nesse **reparo de mau pareamento**, uma nuclease remove as bases incorretas, e a lacuna resultante é preenchida pela DNA-polimerase e pela DNA-ligase. Desse modo, o DNA pode ser replicado de maneira precisa, permitindo que cada novo cromossomo sintetizado seja praticamente idêntico ao DNA parental.

Por muitos anos, biólogos questionaram como uma base incorreta é distinguida de uma base correta se aquela não era fisicamente distorcida. Em 1970, Hamilton Smith respondeu a essa questão com a descoberta das **metilases**. Essas enzimas adicionam um grupo metila às bases selecionadas imediatamente após a produção da fita de DNA. Quando essa fita é copiada, uma endonuclease de reparo pode cortar apenas a fita nova não metilada do par não pareado.

TESTE SEU CONHECIMENTO

✔ **8-3** Descreva a replicação do DNA, incluindo as funções da DNA-girase, da DNA-ligase e da DNA-polimerase.

RNA e a síntese proteica

Como a informação no DNA é utilizada para produzir as proteínas que controlam as atividades celulares? No processo de *transcrição*, a informação genética contida no DNA é copiada, ou transcrita, em uma sequência de bases complementares de RNA. Então, a célula usa a informação codificada nesse RNA para sintetizar proteínas específicas pelo processo de *tradução*. Analisaremos em mais detalhes como esses dois processos ocorrem na célula bacteriana.

Transcrição em procariotos

Transcrição é a síntese de uma fita complementar de **RNA mensageiro (mRNA)** a partir de um molde de DNA. Essa fita de mRNA recém-sintetizada porta as informações codificadas para produzir uma proteína específica para os ribossomos, onde as proteínas são sintetizadas. Discutiremos aqui a transcrição em células procarióticas. A transcrição em eucariotos será discutida em breve.

O **RNA ribossomal (rRNA)** e o RNA transportador também são produzidos pela transcrição dos genes apropriados. O rRNA é parte integrante dos ribossomos, a maquinaria celular para a síntese de proteínas. O **RNA transportador (tRNA)** também está envolvido na síntese proteica, como veremos posteriormente.

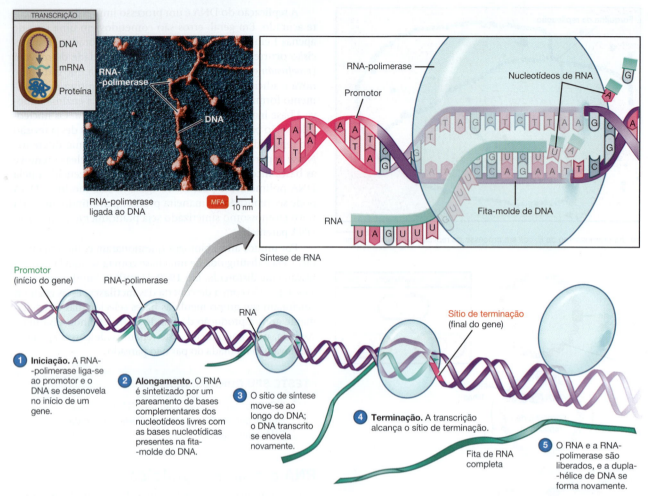

Figura 8.7 Processo de transcrição. O diagrama de orientação indica a relação entre a transcrição e o fluxo global de informação genética em uma célula.

P Quando a transcrição cessa?

Durante a transcrição, uma fita de mRNA é sintetizada utilizando uma porção específica do DNA da célula como molde. Em outras palavras, a informação genética armazenada na sequência de nucleobases do DNA é reescrita, de modo que a mesma informação apareça na sequência de bases do mRNA.

Como na replicação do DNA, uma guanina (G) no molde de DNA determina uma citosina (C) no mRNA sendo sintetizado, e uma C no molde de DNA determina uma G no mRNA. Da mesma forma, uma timina (T) no molde de DNA determina uma adenina (A) no mRNA. Contudo, uma adenina no molde de DNA determina uma uracila (U) no mRNA, uma vez que o RNA contém uracila, em vez de timina. (A uracila tem uma estrutura química ligeiramente diferente da timina, mas o pareamento de bases ocorre da mesma maneira.) Se, por exemplo, a porção-molde de DNA apresentar a sequência de bases 39-ATGCAT, a fita de mRNA recém-sintetizada apresentará a sequência de bases complementar 59-UACGUA.

O processo de transcrição requer uma enzima denominada *RNA-polimerase* e um suprimento de nucleotídeos de RNA (**Figura 8.7**).

Iniciação. A transcrição começa quando a RNA-polimerase se liga ao DNA em um local denominado **promotor**. Somente uma das duas fitas de DNA serve como molde para a síntese de mRNA para um determinado gene. A RNA-polimerase desenovela o DNA e começa o processo de cópia no ponto inicial.

Alongamento. A RNA-polimerase se move, desenovelando o DNA e alongando o transcrito do mRNA na direção $5' \rightarrow 3'$.

Terminação. A síntese de RNA continua até que a RNA-polimerase atinja uma região no DNA denominada **sítio de terminação**, e o transcrito de mRNA é liberado.

A transcrição permite que a célula produza cópias de curta duração dos genes, que podem ser utilizadas como uma fonte direta de informação para a síntese proteica. O mRNA atua como um intermediário entre a forma de armazenamento permanente – o DNA – e o processo que usa a informação – a tradução.

Tradução

Vimos como a informação genética no DNA é transferida ao mRNA durante a transcrição. Agora, veremos como o mRNA serve de fonte de informação para a síntese proteica. A síntese proteica é chamada de **tradução**, pois envolve a decodificação da "linguagem" dos ácidos nucleicos e a sua conversão em uma "linguagem" de proteínas.

A linguagem do mRNA está na forma de **códons**, grupos de três nucleotídeos, como AUG, GGC ou AAA. A sequência de códons em uma molécula de mRNA determina a sequência de aminoácidos que estarão na proteína a ser sintetizada. Cada códon "codifica" um aminoácido específico. Esse é o código genético (**Figura 8.8**).

Os códons são escritos em termos de sua sequência de bases no mRNA. Observe na Figura 8.8 que existem 64 códons possíveis, mas apenas 20 aminoácidos. Isso significa que a maioria dos aminoácidos é sinalizada por diversos códons alternativos, uma situação denominada **degeneração** do código. Por exemplo, a leucina tem seis códons e a alanina tem quatro. A degeneração permite uma determinada quantidade de leituras incorretas ou mutações no DNA, sem afetar a proteína final que será produzida.

Dos 64 códons, 61 são códons codificadores e 3 são códons de término (sem sentido). Os **códons codificadores** codificam os aminoácidos, e os **códons de término** (também chamados *códons de parada*) não o fazem. Em vez disso, os códons de término – UAA, UAG e UGA – assinalam o final da síntese da molécula de proteína. O códon de início que inicia a síntese da molécula de proteína é AUG, que também é o códon da metionina. Nas bactérias, o códon de início AUG codifica a formilmetionina, em vez da metionina encontrada em outras partes da proteína. A metionina iniciadora é com frequência removida posteriormente, de forma que nem todas as proteínas contêm metionina.

Durante a tradução, os códons de um mRNA são "lidos" sequencialmente; em resposta a cada códon, o aminoácido apropriado é adicionado a uma cadeia em crescimento. O local de tradução é o ribossomo; as moléculas de tRNA reconhecem os códons específicos e transportam os aminoácidos necessários ao ribossomo para montagem.

Cada molécula de tRNA tem um **anticódon**, uma sequência de três bases que é complementar ao códon. Dessa maneira, uma molécula de tRNA pode realizar o pareamento de bases com o seu códon associado. Cada tRNA também pode transportar em sua outra extremidade o aminoácido codificado pelo códon que o tRNA reconhece. As funções do ribossomo são direcionar a ligação ordenada dos tRNAs aos códons e organizar os aminoácidos trazidos em uma cadeia, produzindo, por fim, uma proteína.

A **Figura 8.9** mostra os detalhes da tradução. O processo começa quando as duas subunidades ribossômicas se ligam ao mRNA e a um tRNA com o anticódon UAC. Esse complexo coloca o códon iniciador (AUG) na posição correta – no **sítio P (peptídeo)** – para permitir o início da tradução. O próximo tRNA, carreando o segundo aminoácido, entra no **sítio A (amino)**, onde os dois aminoácidos são unidos. Depois que o ribossomo une os dois primeiros aminoácidos com uma ligação peptídica, o ribossomo se move ao longo do mRNA,

Primeira posição	Segunda posição: U	C	A	G	Terceira posição
U	UUU Phe	UCU Ser	UAU Tyr	UGU Cys	U
	UUC Phe	UCC Ser	UAC Tyr	UGC Cys	C
	UUA Leu	UCA Ser	UAA Término	UGA Término	A
	UUG Leu	UCG Ser	UAG Término	UGG Trp	G
C	CUU Leu	CCU Pro	CAU His	CGU Arg	U
	CUC Leu	CCC Pro	CAC His	CGC Arg	C
	CUA Leu	CCA Pro	CAA Gln	CGA Arg	A
	CUG Leu	CCG Pro	CAG Gln	CGG Arg	G
A	AUU Ile	ACU Thr	AAU Asn	AGU Ser	U
	AUC Ile	ACC Thr	AAC Asn	AGC Ser	C
	AUA Ile	ACA Thr	AAA Lys	AGA Arg	A
	AUG Met/início	ACG Thr	AAG Lys	AGG Arg	G
G	GUU Val	GCU Ala	GAU Asp	GGU Gly	U
	GUC Val	GCC Ala	GAC Asp	GGC Gly	C
	GUA Val	GCA Ala	GAA Glu	GGA Gly	A
	GUG Val	GCG Ala	GAG Glu	GGG Gly	G

Figura 8.8 Código genético. Os três nucleotídeos em um códon de mRNA são designados, respectivamente, como primeira posição, segunda posição e terceira posição do códon no mRNA. Cada grupo de três nucleotídeos especifica um aminoácido em particular, representado por uma abreviação de três letras (ver Tabela 2.5). O códon AUG, o qual especifica o aminoácido metionina, também determina o início da síntese proteica. A palavra *Término* identifica os códons sem sentido que sinalizam o fim da síntese proteica.

P **Qual é a vantagem apresentada pela degeneração do código genético?**

colocando o novo peptídeo no **sítio P (peptídeo)**. A primeira molécula de tRNA deixa o ribossomo (pelo **sítio E [*exit*; saída]**). O ribossomo move-se ao longo do mRNA para o próximo códon. À medida que os aminoácidos corretos são alinhados um por um, ligações peptídicas são formadas entre eles, resultando em uma cadeia polipeptídica. (Ver também Figura 2.14.) A tradução termina quando um dos três códons de término é alcançado no mRNA. O ribossomo, então, se separa em suas duas subunidades e no mRNA e a cadeia polipeptídica recém-sintetizada é liberada. O ribossomo, o mRNA e os tRNAs tornam-se, então, disponíveis para serem novamente utilizados.

O ribossomo move-se ao longo do mRNA na direção 5′ → 3′. Esse movimento do ribossomo permite a exposição do códon de início. Ribossomos adicionais podem, então, se unir ao processo e iniciar a síntese de proteínas. Desse modo, normalmente há uma série de ribossomos unidos a um único mRNA, todos em vários estágios de síntese proteica. Nas células procarióticas, a tradução do mRNA em proteína

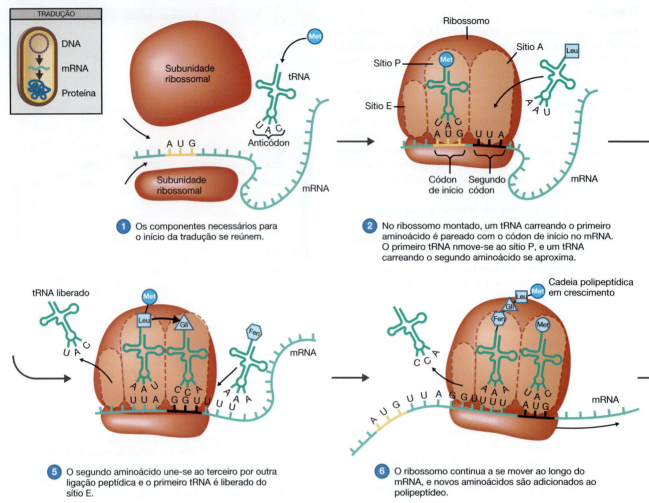

① Os componentes necessários para o início da tradução se reúnem.

② No ribossomo montado, um tRNA carreando o primeiro aminoácido é pareado com o códon de início no mRNA. O primeiro tRNA nmove-se ao sítio P, e um tRNA carreando o segundo aminoácido se aproxima.

⑤ O segundo aminoácido une-se ao terceiro por outra ligação peptídica e o primeiro tRNA é liberado do sítio E.

⑥ O ribossomo continua a se mover ao longo do mRNA, e novos aminoácidos são adicionados ao polipeptídeo.

Figura 8.9 Processo de tradução. O objetivo geral da tradução é produzir proteínas utilizando mRNAs como fonte de informação biológica. O ciclo complexo de eventos ilustrado aqui mostra o papel principal do tRNA e dos ribossomos na decodificação dessa informação. O ribossomo atua como o sítio onde a informação codificada pelo mRNA é decodificada, bem como o local onde os aminoácidos individuais são conectados em cadeias polipeptídicas. As moléculas de tRNA atuam como os verdadeiros "tradutores" – uma extremidade de cada tRNA reconhece um códon de mRNA específico, enquanto a outra extremidade carreia o aminoácido codificado por aquele códon.

P Por que a tradução é interrompida?

pode começar antes mesmo de a transcrição estar completa (**Figura 8.10**). Como o mRNA é produzido no citoplasma em procariotos, os códons de início de um mRNA sendo transcrito estão disponíveis aos ribossomos antes mesmo de a molécula completa ter sido sintetizada.

Transcrição em eucariotos

Nas células eucarióticas, a transcrição ocorre no núcleo. O mRNA precisa ser completamente sintetizado e transportado através da membrana nuclear para o citoplasma antes do início da transcrição. Além disso, o RNA começa a ser processado antes de deixar o núcleo. Nas células eucarióticas, as regiões dos genes que codificam as proteínas são frequentemente interrompidas por DNA não codificante. Dessa forma, os

genes eucarióticos são compostos de **éxons**, as regiões *expressas* do DNA, e de **íntrons**, as regiões *intervenientes* do DNA que não codificam proteína. No núcleo, a RNA-polimerase sintetiza uma molécula chamada transcrito de RNA, que contém cópias dos íntrons. Partículas denominadas **pequenas ribonucleoproteínas nucleares** (snRNPs, de *small nuclear ribonucleoproteins*) removem os íntrons e conectam os éxons. Em alguns organismos, os íntrons agem como ribozimas que catalisam sua própria remoção (**Figura 8.11**). Os íntrons podem se unir para formar moléculas circulares de RNA (*circRNA*). A função das moléculas de circRNA não é conhecida, mas elas podem ser traduzidas e seus produtos podem aprimorar a transcrição dos genes a partir dos quais foram produzidas.

* * *

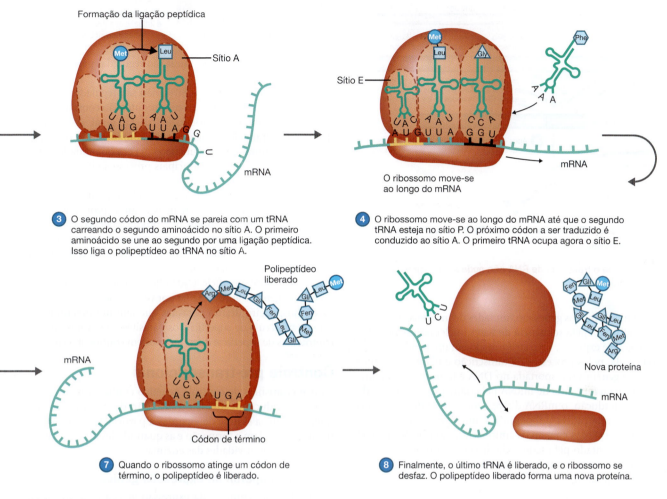

③ O segundo códon do mRNA se pareia com um tRNA carreando o segundo aminoácido no sítio A. O primeiro aminoácido se une ao segundo por uma ligação peptídica. Isso liga o polipeptídeo ao tRNA no sítio A.

④ O ribossomo move-se ao longo do mRNA até que o segundo tRNA esteja no sítio P. O próximo códon a ser traduzido é conduzido ao sítio A. O primeiro tRNA ocupa agora o sítio E.

⑦ Quando o ribossomo atinge um códon de término, o polipeptídeo é liberado.

⑧ Finalmente, o último tRNA é liberado, e o ribossomo se desfaz. O polipeptídeo liberado forma uma nova proteína.

Figura 8.9 Processo de tradução. (*Continuação*)

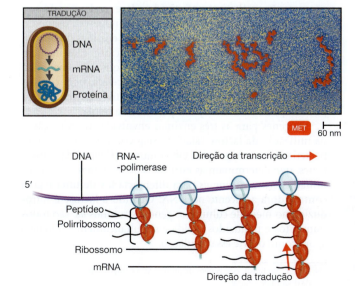

Figura 8.10 Transcrição e tradução simultânea em bactérias. Muitas moléculas de mRNA são sintetizadas simultaneamente. As moléculas mais longas de mRNA foram as primeiras a serem transcritas no promotor. Observe os ribossomos ligados ao mRNA recém-formado. A micrografia mostra um polirribossomo (muitos ribossomos) em um único gene bacteriano.

P Por que a tradução pode se iniciar antes do término da transcrição em procariotos, mas não em eucariotos?

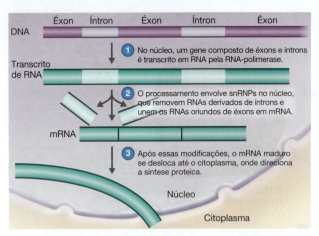

Figura 8.11 Processamento do RNA em células eucarióticas.

P Por que o transcrito de RNA não pode ser utilizado para a tradução?

Em resumo, os genes são unidades de informação biológica codificada pela sequência de bases nucleotídicas no DNA. Um gene é expresso, ou transformado em um produto dentro da célula, pelos processos de transcrição e tradução. A informação genética transportada no DNA é transferida para uma molécula temporária de mRNA pela transcrição. A seguir, durante a tradução, o mRNA dirige a montagem dos aminoácidos em uma cadeia polipeptídica: um ribossomo se fixa ao mRNA, os tRNAs enviam os aminoácidos ao ribossomo, conforme orientado pela sequência de códons do mRNA, e o ribossomo monta os aminoácidos na cadeia que será a proteína recém-sintetizada.

TESTE SEU CONHECIMENTO

✔ **8-4** Quais são os papéis do promotor, do sítio de terminação e do mRNA na transcrição?

✔ **8-5** Como a produção de mRNA em eucariotos difere do processo em procariotos?

Regulação da expressão gênica bacteriana

OBJETIVOS DE APRENDIZAGEM

8-6 Definir *óperon*.

8-7 Explicar a regulação pré-transcricional da expressão gênica em bactérias.

8-8 Explicar a regulação pós-transcricional da expressão gênica.

As maquinarias genética e metabólica de uma célula são integradas e interdependentes. A célula bacteriana realiza uma quantidade enorme de reações metabólicas (ver Capítulo 5). A característica comum de todas as reações metabólicas é que elas são catalisadas por enzimas, que, por sua vez, são proteínas sintetizadas por transcrição e tradução. A inibição por retroalimentação impede que uma célula realize reações

químicas desnecessárias (Capítulo 5) e interrompe as enzimas que já foram sintetizadas. Analisaremos

> **ASM:** A regulação da expressão gênica é influenciada por sinais e/ou pistas moleculares internas e externas.

a seguir como as reações químicas são reguladas pelo controle da expressão gênica.

Muitos genes, talvez 60 a 80%, não são regulados; em vez disso, são *constitutivos*, ou seja, seus produtos são constantemente produzidos em uma velocidade fixa. Em geral, esses genes, que se encontram efetivamente ligados durante todo o tempo, codificam enzimas que a célula necessita em quantidades muito altas para realizar seus principais processos vitais. As enzimas da glicólise são exemplos. Como a síntese proteica requer uma grande quantidade de energia, as células poupam energia, produzindo apenas aquelas enzimas e outras proteínas necessárias em um período específico. A produção dessas enzimas é regulada de modo que elas estejam presentes somente quando necessário. O *Trypanosoma*, o protozoário parasita que causa a doença do sono africana,* tem centenas de genes que codificam glicoproteínas de superfície. Cada célula do protozoário liga somente um gene de glicoproteína por vez. Como o sistema imune do hospedeiro destrói parasitas que têm um determinado tipo de molécula de superfície, os parasitas que expressam glicoproteínas de superfície diferentes podem continuar a crescer.

Controle pré-transcricional

Dois mecanismos de controle genético conhecidos como repressão e indução regulam a transcrição do mRNA e, consequentemente, a síntese de enzimas a partir dele. Esses mecanismos controlam a formação e as quantidades de enzimas na célula, e não as atividades das enzimas.

Modelo do óperon de expressão gênica

Os detalhes do controle da expressão gênica por indução e repressão são descritos pela teoria do óperon, formulada na década de 1960 por François Jacob e Jacques Monod. Um **óperon** é um grupo de genes que são transcritos juntos e controlados por um promotor. Em um **óperon induzível**, a transcrição deve estar ativada. Por outro lado, em um **óperon repressível**, a transcrição geralmente está ativada e deve ser desativada.

Examinaremos primeiro um óperon induzível, usando o óperon *lac* como exemplo. Em *E. coli*, três enzimas do óperon *lac* são necessárias para metabolizar a lactose. Elas incluem a β-galactosidase e a lactose-permease, que está envolvida no transporte de lactose para dentro da célula, bem como a transacetilase, que adiciona um grupo acetila à galactose. Isso pode impedir o seu transporte para fora da célula.

Os genes para as três enzimas envolvidas na captação e na utilização da lactose estão em sequência no cromossomo bacteriano e são regulados em conjunto (**Figura 8.12**). Esses genes, que determinam as estruturas de proteínas, são denominados *genes estruturais* para diferenciá-los de uma região controladora adjacente no DNA. Quando a lactose é introduzida no meio de cultura, os genes estruturais *lac* são todos transcritos e traduzidos rápida e simultaneamente. Veremos agora como ocorre essa regulação.

---

*N. de R.T. No Brasil, esse gênero de protozoário é importante por ser o causador da doença de Chagas.

FOCO CLÍNICO Rastreando o vírus Zika

Em 2014, médicos brasileiros relataram grupos de pacientes com febre e erupção cutânea. A reação em cadeia da polimerase por transcrição reversa (RT-PCR, de *reverse transcription polymerase chain reaction*) foi usada para detectar os vírus da dengue, Chikungunya, Oeste do Nilo e Zika. As autoridades de saúde pública ficaram aliviadas quando a causa foi identificada como o vírus Zika (ZIKV), uma vez que o ZIKV nunca havia deixado ninguém doente a ponto de precisar de hospitalização. O ZIKV pertence ao grupo dos arbovírus (de *arthropod-borne virus*; vírus transmitidos por artrópodes), que são disseminados entre hospedeiros vertebrados suscetíveis por artrópodes hematófagos, como os mosquitos. Alguns pacientes relataram ter erupções cutâneas e dores nas articulações, mas esses sintomas não apresentavam longa duração, e a doença pelo vírus Zika era branda. No entanto, na época do surto de 2014, as autoridades de saúde locais viram um aumento de quatro vezes no número de casos de microcefalia em recém-nascidos, indicando que o cérebro fetal não havia se desenvolvido na mesma velocidade que o corpo.

Adriana Melo, uma obstetra, enviou amostras de líquido amniótico de dois pacientes para serem testadas. A RT-PCR confirmou a presença de ZIKV. Em 2016, cerca de 5.000 casos de microcefalia haviam sido relatados no Brasil.

Esse flavivírus do Velho Mundo foi isolado pela primeira vez em 1947 em macacos da floresta de Zika, em Uganda. Antes de 2000, apenas 14 casos humanos haviam sido documentados no mundo. Em 2007, ocorreu um surto na ilha de Yap, na Micronésia. Mais de 70% dos residentes de Yap foram infectados com o ZIKV. No entanto, nenhuma morte ou complicação neurológica foi relatada.

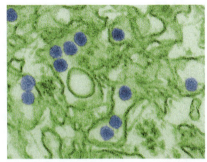

Vírus Zika, um *Flavivirus* MET 40 µm

O genoma do ZIKV consiste em um RNA de fita simples de sentido positivo, composta por 10.794 bases. (O RNA de sentido positivo pode atuar como mRNA e ser traduzido.) A poliproteína codificada pelo genoma é clivada para produzir as proteínas que compõem o vírus. O vírus adquiriu diversas mutações, e os pesquisadores estão em busca de pistas nessas mutações para determinar a trajetória desse vírus pelo mundo.

1. Utilizando as porções dos genomas (mostradas abaixo) que codificam proteínas virais, você pode determinar o quanto esses vírus são similares? Você consegue entender a sua dispersão ao redor do mundo?

   Determine os aminoácidos codificados e agrupe os vírus com base na porcentagem de similaridade com a amostra Uganda.

2. Com base nos aminoácidos, existem dois grupos denominados clados.

   Você consegue identificar esses dois grupos?

3. Os dois clados são o africano e o asiático.

   Calcule a porcentagem de diferença entre os nucleotídeos para determinar como os vírus estão relacionados dentro do seu clado.

4. O vírus nas Américas está mais intimamente relacionado à linhagem asiática que circulou na Polinésia Francesa.

Fonte: Sequências genômicas do GenBank.

Aminoácidos (ver Tabela 2.5)																			
Brasil	K	K	R	R	S	A	E	T	S	C	L	L	L	T	A	M	A	V	S	K
Colômbia	K	K	R	R	S	A	E	T	S	C	L	L	L	T	A	M	A	V	N	K
Polinésia Francesa	K	K	R	R	C	A	D	T	S	L	L	L	L	T	A	M	A	V	S	K
Haiti	K	K	R	R	C	A	D	T	S	L	L	L	L	T	A	M	A	I	S	K
México	K	K	R	R	S	A	E	T	S	L	L	L	L	T	A	M	A	V	N	E
Micronésia	K	K	R	R	C	A	D	T	S	L	L	L	L	T	A	M	A	I	S	K
Nigéria	R	K	R	R	C	A	D	T	S	L	L	L	L	T	V	M	A	I	S	K
Uganda 1947	R	K	R	R	C	A	D	A	S	L	L	L	L	T	V	M	A	I	S	K
Estados Unidos	K	K	R	R	C	A	E	T	S	L	L	L	L	T	A	M	A	V	S	K

Na região de controle do óperon *lac* há dois segmentos de DNA relativamente curtos. Um deles, o promotor, é o segmento onde a RNA-polimerase inicia a transcrição. O outro é o **operador**, que atua como um semáforo de trânsito, sinalizando para parar ou prosseguir com a transcrição dos genes estruturais. Um conjunto de sítios operadores e promotores e os genes estruturais que eles controlam definem um óperon; portanto, a combinação dos três genes estruturais *lac* e das regiões de controle adjacentes é denominada óperon *lac*.

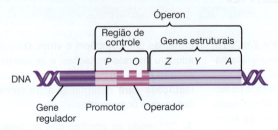

1 **Estrutura do óperon.** O óperon consiste em um sítio promotor (*P*) e um sítio operador (*O*) e em genes estruturais que codificam para a proteína em questão. O óperon é regulado pelo produto do gene regulador (*I*).

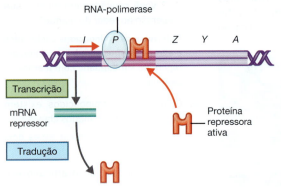

2 **Repressor ativo, óperon desligado.** A proteína repressora liga-se ao operador, impedindo a transcrição do óperon.

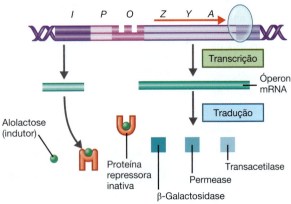

3 **Repressor inativo, óperon ligado.** Quando o indutor alolactose se liga à proteína repressora, o repressor inativado não pode mais bloquear a transcrição. Os genes estruturais são transcritos, resultando na produção das enzimas necessárias para o catabolismo da lactose.

Figura 8.12 Um óperon induzível. As enzimas que degradam a lactose são produzidas na presença da lactose. Em *E. coli*, os genes para as três enzimas estão no óperon *lac*. A β-galactosidase é codificada pelo gene *lacZ*. O gene *lacY* codifica a permease *lac*, e o *lacA* codifica a transacetilase.

P O que promove a transcrição de uma enzima induzível?

Um gene regulador denominado *gene I* codifica uma proteína repressora que liga ou desliga os óperons induzíveis e repressíveis. Na ausência da lactose, a proteína repressora liga-se fortemente ao sítio do operador, impedindo a transcrição. Se a lactose estiver presente, o repressor liga-se ao metabólito da lactose, em vez de se ligar ao sítio operador, e as enzimas que degradam a lactose são transcritas.

Como observado anteriormente, nos óperons repressíveis, os genes estruturais são transcritos até que sejam desligados (**Figura 8.13**). Os genes para as enzimas envolvidas na síntese do triptofano são regulados desse modo. Os genes estruturais são transcritos e traduzidos, levando à síntese do triptofano. Quando um excesso de triptofano está presente, ele atua como um **correpressor**, ligando-se à proteína repressora. A proteína repressora pode, então, ligar-se ao operador, interrompendo a síntese adicional de triptofano.

TESTE SEU CONHECIMENTO

✔ **8-6** Utilize a via metabólica abaixo para responder às questões que seguem.

Substrato A $\xrightarrow{\text{enzima a}}$ Intermediário B $\xrightarrow{\text{enzima b}}$ Produto final C

a. Se a enzima *a* for induzível e não estiver sendo sintetizada no momento, uma proteína (1)_____ deve estar fortemente ligada ao local (2) _____. Quando o indutor estiver presente, ele se ligará a (3)_____ para que (4)_____ possa ocorrer.

b. Se a enzima *a* for repressível, o produto final *C*, chamado (1)_____, faz (2)____ se ligar a (3)_____. O que faz a repressão acabar?

Regulação positiva

A regulação do óperon da lactose também depende do nível de glicose no meio, que por sua vez controla o nível intracelular da pequena molécula **AMP cíclico (AMPc)**, uma substância derivada do ATP que atua como um sinal de alarme celular. As enzimas que metabolizam a glicose são constitutivas, e as células crescem em sua velocidade máxima, tendo a glicose como sua fonte de carbono, pois podem utilizá-la de modo mais eficiente (**Figura 8.14**). Quando a glicose não está mais disponível, o AMPc se acumula na célula. O AMPc se liga ao sítio alostérico da *proteína ativadora catabólica* (CAP, de *catabolic activator protein*). A CAP liga-se, então, ao promotor *lac*, que inicia a transcrição, facilitando a ligação entre a RNA-polimerase e o promotor. Portanto, a transcrição do óperon *lac* requer tanto a presença de lactose quanto a ausência de glicose (**Figura 8.15**).

O AMPc é um exemplo de *alarmona*, um sinal de alarme químico que promove a resposta celular ao estresse ambiental ou nutricional. (Nesse caso, o estresse é a falta de glicose.) O mesmo mecanismo envolvendo o AMPc permite que a célula utilize outros açúcares. A inibição do metabolismo das fontes alternativas de carbono pela glicose é denominada **repressão catabólica** (ou *efeito da glicose*). Quando a glicose está disponível, o nível de AMPc na célula é baixo e, consequentemente, a CAP não está ligada.

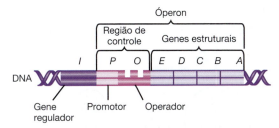

1 **Estrutura do óperon.** O óperon consiste em um sítio promotor (*P*) e um sítio operador (*O*) e em genes estruturais que codificam para a proteína em questão. O óperon é regulado pelo produto do gene regulador (*I*).

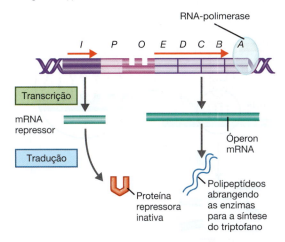

2 **Repressor inativo, óperon ligado.** O repressor está inativo e a transcrição e a tradução prosseguem, levando à síntese do triptofano.

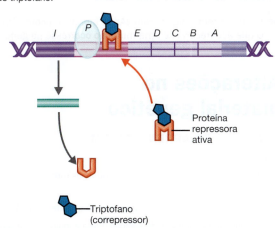

3 **Repressor ativo, óperon desligado.** Quando o correpressor triptofano se liga à proteína repressora, o repressor ativado liga-se ao operador, impedindo a transcrição do óperon.

Figura 8.13 **Um óperon repressível.** O triptofano, um aminoácido, é produzido por enzimas anabólicas codificadas por cinco genes estruturais. O acúmulo de triptofano reprime a transcrição desses genes, impedindo a síntese adicional de triptofano. O óperon *trp* de *E. coli* é mostrado aqui.

P **O que promove a transcrição de uma enzima repressível?**

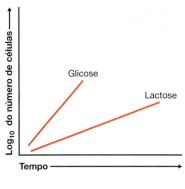

(a) As bactérias crescem mais rapidamente utilizando a glicose como única fonte de carbono do que quando utilizam a lactose.

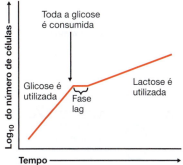

(b) Bactérias crescendo em um meio contendo glicose e lactose inicialmente consomem a glicose e, em seguida, após uma curta fase lag, consomem a lactose. Durante a fase lag, o AMPc intracelular aumenta, o óperon *lac* é transcrito, mais lactose é transportada para a célula, e a β-galactosidase é sintetizada para degradar a lactose.

Figura 8.14 **Velocidade de crescimento da bactéria *E. coli* utilizando glicose e lactose.**

P **Quando glicose e lactose estão presentes, por que as células utilizam primeiro a glicose?**

Controle epigenético

Células eucarióticas e bacterianas podem desligar genes pela metilação de determinados nucleotídeos – isto é, pela adição de um grupo metila ($-CH_3$). Os genes metilados (desligados) são passados para as células descendentes. Diferentemente das mutações, isso não é permanente, e os genes podem ser religados em uma geração futura. Isso é chamado de *herança epigenética* (*epigenética* = nos genes). A epigenética explica por que as bactérias se comportam de maneira diferente em um biofilme.

Controle pós-transcricional

Alguns mecanismos reguladores interrompem a síntese proteica após a transcrição. Uma parte de uma molécula de mRNA, chamada de **ribointerruptor**, que se liga a um substrato pode alterar a estrutura do mRNA. Dependendo do tipo de alteração, a tradução pode ser iniciada ou interrompida. Tanto os eucariotos quanto os procariotos usam ribointerruptores para controlar a expressão de alguns genes.

Moléculas de RNA de fita simples de aproximadamente 22 nucleotídeos chamadas de **micro-RNAs (miRNAs)** inibem a produção de proteínas em células eucarióticas. Em seres humanos, os miRNAs produzidos durante o desenvolvimento permitem que diferentes células produzam diferentes proteínas. As células cardíacas e as células cutâneas têm os mesmos genes, porém as células de cada órgão produzem diferentes

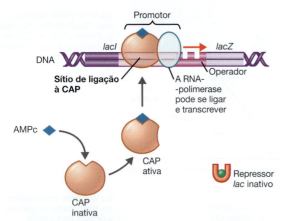

(a) Lactose presente, glicose escassa (alto nível de AMPc). Se a glicose está escassa, o alto nível de AMPc ativa a CAP, e o óperon *lac* produz grandes quantidades de mRNA para a digestão da lactose.

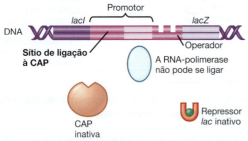

(b) Lactose presente, glicose presente (baixo nível de AMPc). Quando a glicose está presente, o AMPc está escasso, e a CAP é incapaz de estimular a transcrição.

Figura 8.15   Regulação positiva do óperon *lac*.

P A transcrição do óperon *lac* ocorre na presença de lactose e glicose? E na presença de lactose e na ausência de glicose? E na presença de glicose e na ausência de lactose?

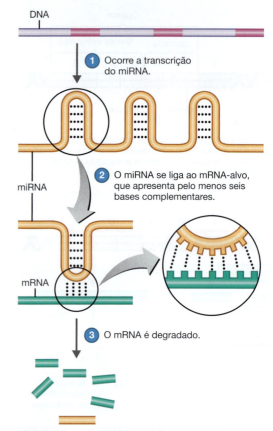

Figura 8.16   Os micro-RNAs controlam uma ampla variedade de atividades nas células.

P Em mamíferos, alguns miRNAs se hibridizam com RNA viral. O que aconteceria se uma mutação ocorresse no gene do miRNA?

Alterações no material genético

OBJETIVOS DE APRENDIZAGEM

8-9   Classificar as mutações por tipo.

8-10   Descrever duas maneiras pelas quais as mutações podem ser reparadas.

8-11   Descrever o efeito dos mutágenos na taxa de mutação.

8-12   Delinear os métodos de seleção direta e indireta de mutantes.

8-13   Identificar a finalidade do teste de Ames e descrever a sua metodologia.

proteínas devido aos miRNAs produzidos em cada tipo de célula durante o desenvolvimento. A síntese de proteínas é inibida quando um miRNA pareia com um mRNA complementar, formando um RNA dupla-fita. Esse RNA dupla-fita é enzimaticamente degradado, de modo que a proteína codificada pelo mRNA não é produzida (**Figura 8.16**). Os miRNAs também estão envolvidos na resposta imune à infecção. Pesquisadores descobriram recentemente que miRNAs produzidos pelo hospedeiro afetam o crescimento de bactérias intestinais; ou seja, diferentes miRNAs promovem o crescimento de diferentes filos bacterianos. Em bactérias, RNAs curtos similares possibilitam que a célula enfrente estresses ambientais, como baixas temperaturas ou danos oxidativos. A ação de outro tipo de RNA, o siRNA, é similar e será discutida no Capítulo 9.

O DNA de uma célula pode ser alterado por meio de mutações ou por transferência horizontal de genes. Mudanças no DNA resultam em variações genéticas que podem impactar a função microbiana (p. ex., formação de biofilme, patogenicidade e resistência a antibióticos). A sobrevivência e a reprodução das bactérias com um novo genótipo podem ser favorecidas por ambientes naturais e influenciadas por seres humanos e resultam em uma enorme diversidade de

---

TESTE SEU CONHECIMENTO

✔ **8-7** Qual é o papel do AMPc na regulação da expressão gênica?

✔ **8-8** Como o miRNA interrompe a síntese proteica?

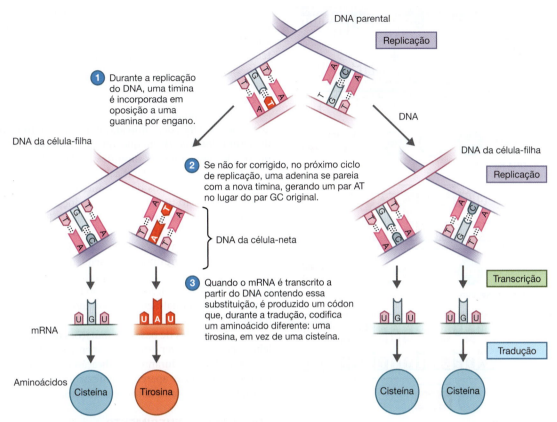

Figura 8.17 Substituições de bases. Essa mutação leva à produção de uma proteína alterada em uma célula-neta.

P Uma substituição de base sempre resulta em um aminoácido diferente?

microrganismos. A sobrevivência de novos genótipos é chamada de **seleção natural**.

Mutação

A **mutação** é uma alteração permanente na sequência de bases do DNA. Essa alteração muitas vezes poderá acarretar uma mudança no produto codificado pelo gene em questão. Por exemplo, quando o gene para uma enzima sofre mutação, a enzima codificada pelo gene pode se tornar inativa ou menos ativa porque sua sequência de aminoácidos foi alterada. Essa alteração no genótipo pode ser desvantajosa ou até mesmo letal se a célula perder uma característica fenotípica de que ela necessita. Contudo, uma mutação pode ser benéfica se, por exemplo, a enzima alterada codificada pelo gene mutante tiver uma atividade nova ou intensificada que beneficie a célula. Ver quadro "Foco clínico" no Capítulo 26.

Tipos de mutações

Muitas mutações simples são silenciosas (neutras); a alteração na sequência de bases do DNA não causa mudanças na atividade do produto codificado pelo gene. As mutações silenciosas comumente ocorrem quando um nucleotídeo é substituído por outro no DNA, em especial em uma localização correspondente à terceira posição do códon do mRNA. Devido à degeneração do código genético, o novo códon resultante ainda pode codificar o mesmo aminoácido. Ainda que um aminoácido seja alterado, a função da proteína pode não se modificar se o aminoácido não estiver em uma porção vital da proteína ou se for muito semelhante quimicamente ao aminoácido original.

O tipo mais comum de mutação envolvendo um único par de bases é a **substituição de bases** (ou *mutação pontual*), em que uma única base em um ponto na sequência do DNA é substituída por uma base diferente. Quando o DNA se replica, o resultado é a substituição de um par de bases (**Figura 8.17**). Por exemplo, AT pode ser substituído por GC, ou CG por GC. Se a troca de bases ocorrer dentro de um gene que codifica uma proteína, o mRNA transcrito a partir do gene transportará uma base incorreta naquela posição. Quando o mRNA é traduzido em proteína, a base incorreta pode causar a inserção de um aminoácido incorreto na proteína. Se a substituição de base resultar na substituição de um aminoácido na proteína sintetizada, essa alteração no DNA é conhecida como **mutação de troca de sentido** (*missense*) (**Figura 8.18a** e Figura 8.18b).

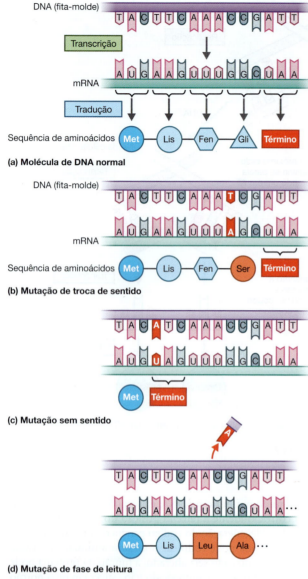

(a) Molécula de DNA normal

(b) Mutação de troca de sentido

(c) Mutação sem sentido

(d) Mutação de fase de leitura

Figura 8.18 Tipos de mutações e seus efeitos nas sequências de aminoácidos das proteínas.

P O que acontece se a base 9 em (a) for alterada para uma C?

Os efeitos dessas mutações podem ser drásticos. Por exemplo, a anemia falciforme é causada por uma única alteração no gene da globina, o componente proteico da hemoglobina. A hemoglobina é responsável principalmente pelo transporte de oxigênio dos pulmões aos tecidos. Uma única alteração de A para T em um sítio específico resulta na mudança de um ácido glutâmico para uma valina na proteína. Isso faz a molécula de hemoglobina alterar a sua forma em condições de baixo oxigênio, o que, por sua vez, altera a morfologia das hemácias.

Ao criar um códon de término (sem sentido ou *nonsense*) no meio de uma molécula de mRNA, algumas substituições de base impedem efetivamente a síntese de uma proteína funcional completa; somente um fragmento é sintetizado. Assim, uma substituição de base que resulta em um códon sem sentido é denominada **mutação sem sentido** (Figura 8.18c).

Além das mutações de pares de bases, existem também alterações no DNA denominadas **mutações de troca de fase de leitura** (*frameshift*), em que um ou alguns pares de nucleotídeos são removidos ou inseridos no DNA (Figura 8.18d). Essas mutações podem alterar a "fase de leitura da tradução", isto é, os agrupamentos de três nucleotídeos reconhecidos como códons pelo tRNA durante a tradução. Por exemplo, a deleção de um par de nucleotídeos no meio de um gene causa alterações em muitos aminoácidos a jusante do local da mutação original. As mutações de troca de fase de leitura quase sempre resultam em uma longa sequência de aminoácidos alterados e na produção de uma proteína inativa a partir do gene que sofreu mutação. Na maioria dos casos, um códon sem sentido será finalmente encontrado e, assim, encerrará a tradução.

As substituições de base e as mutações de troca de fase de leitura podem ocorrer espontaneamente devido a erros ocasionais realizados durante a replicação do DNA. Essas **mutações espontâneas** aparentemente ocorrem na ausência de quaisquer agentes causadores de mutações.

TESTE SEU CONHECIMENTO

✔ **8-9** Como uma mutação pode ser benéfica?

Mutágenos

Agentes no ambiente, como certas substâncias químicas e a radiação, que produzem mutações direta ou indiretamente são denominadas **mutágenos**.

Mutágenos químicos

Uma das muitas substâncias químicas sabidamente mutagênicas é o ácido nitroso. A **Figura 8.19** mostra como a exposição do DNA ao ácido nitroso pode converter a base adenina de forma que ela pareie com a citosina em vez de com a timina, como o faz normalmente. Quando o DNA contendo essas adeninas modificadas se replica, a nova molécula de DNA sintetizada terá uma sequência de pares de bases diferente do DNA parental. Por fim, alguns pares de bases AT da célula parental serão alterados para pares de bases GC na célula-neta. O ácido nitroso realiza uma alteração de pares de bases específica no DNA. Assim como todos os mutágenos, ele altera o DNA em localizações aleatórias.

Outro tipo de mutágeno químico é o **análogo de nucleosídeo**. Essas moléculas são estruturalmente similares às bases nitrogenadas normais, mas têm propriedades de pareamento de bases levemente alteradas. Exemplos, como a 2-aminopurina e a 5-bromouracila, são mostrados na **Figura 8.20**. Quando os análogos de nucleosídeo são oferecidos às células em

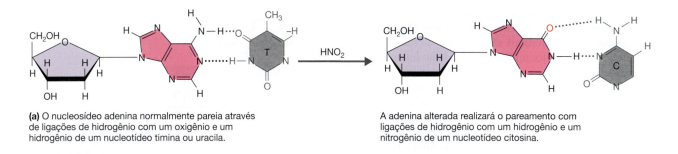

(a) O nucleosídeo adenina normalmente pareia através de ligações de hidrogênio com um oxigênio e um hidrogênio de um nucleotídeo timina ou uracila.

A adenina alterada realizará o pareamento com ligações de hidrogênio com um hidrogênio e um nitrogênio de um nucleotídeo citosina.

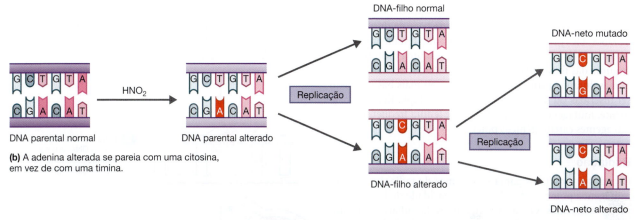

(b) A adenina alterada se pareia com uma citosina, em vez de com uma timina.

Figura 8.19 A oxidação de nucleotídeos produz um mutágeno. O ácido nitroso emitido no ar pela queima dos combustíveis fósseis oxida a adenina.

P O que é um mutágeno?

crescimento, eles são incorporados aleatoriamente no DNA celular no lugar das bases normais. Então, durante a replicação do DNA, os análogos causam erros no pareamento de bases. As bases incorretamente pareadas serão copiadas durante

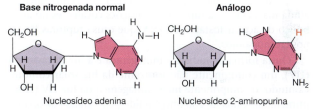

(a) A 2-aminopurina é incorporada ao DNA no lugar de uma adenina, mas pode se parear com uma citosina, de forma que um par AT se torna um par CG.

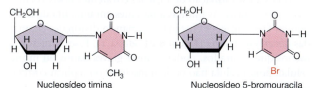

(b) A 5-bromouracila é utilizada como medicamento anticâncer, pois ela é confundida com a timina pelas enzimas celulares, mas se pareia com a citosina. Na próxima replicação do DNA, um par AT se torna um par GC.

Figura 8.20 Análogos de nucleosídeos e as bases nitrogenadas que eles substituem. Um nucleosídeo é fosforilado, e o nucleotídeo resultante é utilizado na síntese de DNA.

P Por que esses fármacos destroem as células?

CASO CLÍNICO

O DNA de uma pessoa pode sofrer mutações. Um nucleotídeo inadequado no DNA produz uma mutação, que poderia alterar a função do gene. O câncer é um crescimento celular anormal provocado por mutações, as quais podem ser hereditárias ou adquiridas.

No carro, Marcel e sua esposa, Janice, rumam do consultório médico para casa, enquanto recapitulam o histórico familiar de Marcel. O irmão de Marcel, Robert, faleceu de câncer de cólon há 10 anos, mas Marcel sempre foi muito saudável. Mesmo aos 70 anos, ele nunca pensou em se aposentar de sua churrascaria, restaurante em que era sócio de Robert até o óbito do irmão.

Quais fatores podem ter contribuído para o câncer de cólon de Marcel?

Parte 1 | **Parte 2** | Parte 3 | Parte 4

a replicação subsequente do DNA, resultando em substituições de pares de bases nas células da progênie. Alguns fármacos antivirais e antitumorais são análogos de nucleosídeos, incluindo a AZT (azidotimidina), utilizada no tratamento da infecção pelo HIV.

Outros mutágenos químicos também causam pequenas deleções ou inserções, que podem resultar em mutações de fase de leitura. Por exemplo, em certas condições, o benzopireno, que está presente na fumaça e na fuligem, é um *mutágeno de troca de fase de leitura* efetivo. A aflatoxina – produzida por *Aspergillus flavus*, um bolor que cresce em amendoins e grãos – é um mutágeno de troca de fase de leitura. Esses mutágenos geralmente têm o tamanho e as propriedades químicas corretos para se inserir entre os pares de base da dupla-hélice de DNA. Eles podem funcionar deslocando levemente as duas fitas do DNA e deixando um intervalo ou uma protuberância em uma das fitas. Quando as fitas de DNA deslocadas são copiadas durante a síntese de DNA, uma ou mais bases podem ser inseridas ou deletadas no novo DNA dupla-fita. Curiosamente, mutágenos de troca de fase de leitura frequentemente são agentes carcinogênicos potentes.

Radiação

Os raios X e os raios gama são formas de radiação que são mutágenos potentes devido à sua capacidade de ionizar átomos e moléculas. Os raios penetrantes da radiação ionizante fazem os elétrons saltarem de suas camadas habituais (ver Capítulo 2). Esses elétrons bombardeiam outras moléculas e causam mais dano, e muitos dos íons e radicais livres resultantes (fragmentos moleculares com elétrons não pareados) são altamente reativos. Alguns desses íons oxidam bases no DNA, resultando em erros na replicação e no reparo do DNA que produzem mutações (ver Figura 8.19). Uma consequência ainda mais grave é a ruptura das ligações covalentes no arcabouço de açúcar-fosfato do DNA, que causa rupturas físicas nos cromossomos.

Outra forma de radiação mutagênica é a luz ultravioleta (UV), um componente não ionizante da luz solar comum. Contudo, o componente mais mutagênico da luz UV (comprimento de onda de 260 nm) é retido pela camada de ozônio da atmosfera. O efeito mais importante da luz UV direta sobre o DNA é a formação de ligações covalentes nocivas entre bases pirimídicas. As timinas adjacentes em uma fita de DNA podem fazer ligações cruzadas, formando distorções chamadas *dímeros de timina* (**Figura 8.21**, etapa 1). Esses dímeros, a menos que reparados, podem causar graves danos ou morte celular, pois a célula não pode transcrever ou replicar corretamente esse DNA.

As bactérias e outros organismos têm enzimas que podem reparar o dano induzido pela luz UV. As **fotoliases**, também conhecidas como *enzimas de reparo em presença da luz*, utilizam energia da luz visível para separar o dímero novamente nas duas timinas originais. O **reparo por excisão de nucleotídeos**, mostrado na Figura 8.21 (etapas 2-4), não é restrito ao dano induzido por luz UV; ele também pode reparar as

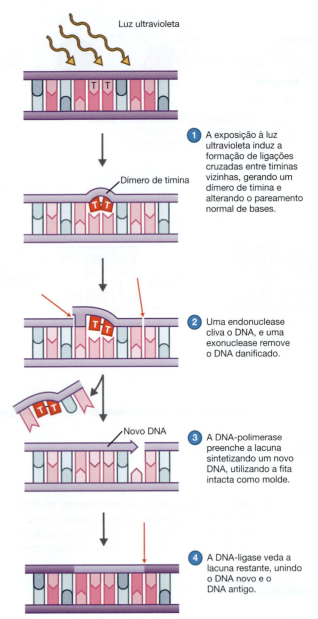

Figura 8.21 A criação e o reparo de um dímero de timina causado por luz ultravioleta. Após exposição à luz UV, timinas vizinhas formam ligações cruzadas, resultando em um dímero de timina. Na ausência de luz visível, o mecanismo de reparo por excisão de nucleotídeos é utilizado em uma célula para reparar o dano.

P Como as enzimas de reparo "sabem" qual é a fita incorreta?

mutações de outras causas. As enzimas retiram as bases incorretas e preenchem o intervalo com DNA recém-sintetizado, que é complementar à fita correta.

Frequência de mutação

A **taxa de mutação** é a probabilidade de um gene sofrer mutação quando a célula se divide. A taxa normalmente é apresentada como uma potência de 10, e, como as mutações são muito raras, o expoente é sempre um número negativo. Por exemplo, se existe 1 chance em 1 milhão de um gene sofrer mutação quando a célula se divide, a taxa de mutação é de 1/1.000.000, que é expressa como 10^{-6}. Erros espontâneos na replicação do DNA ocorrem em taxas muito baixas, talvez apenas em 1 em cada 10^9 pares de bases replicados (taxa de mutação de 1 em 1 bilhão). Como um gene médio tem cerca de 10^3 pares de bases, a taxa de mutação espontânea é de cerca de 1 em cada 10^6 (1 milhão) genes replicados.

As mutações normalmente ocorrem de modo relativamente aleatório ao longo de um cromossomo. A ocorrência de mutações aleatórias em baixa frequência é um aspecto essencial da adaptação das espécies ao seu ambiente, pois a evolução requer que a diversidade genética seja gerada aleatoriamente e em taxas reduzidas. Por exemplo, em uma população bacteriana de tamanho significativo – digamos, maior que 10^7 células –, algumas novas células mutantes sempre serão produzidas a cada geração. A maioria das mutações é nociva e suscetível de ser removida do conjunto de genes quando a célula individual morre ou quando são neutras. Contudo, algumas mutações podem ser benéficas. Por exemplo, uma mutação que confere resistência aos antibióticos é benéfica para uma população de bactérias que seja regularmente exposta a antibióticos. Uma vez que essa característica tenha surgido por mutação, as células que transportam o gene mutado têm uma maior probabilidade de sobreviver e se reproduzir, contanto que o ambiente permaneça o mesmo. Em pouco tempo, a maioria das células na população terá o gene; uma alteração evolutiva terá ocorrido, embora em pequena escala.

Um mutágeno geralmente aumenta a taxa de mutação espontânea, que é de cerca de 1 em cada 10^6 genes replicados, por um fator de 10 a 1.000 vezes. Em outras palavras, na presença de um mutágeno, a taxa normal de 10^{-6} mutações por gene replicado torna-se uma taxa de 10^{-5} a 10^{-3} por gene replicado. Os mutágenos são usados experimentalmente para aumentar a produção de células mutantes, para a utilização em pesquisas sobre as propriedades genéticas dos microrganismos e para fins comerciais.

TESTE SEU CONHECIMENTO

✔ **8-10** Como as mutações podem ser reparadas?

✔ **8-11** Como os mutágenos afetam a taxa de mutação?

Identificando mutantes

As células mutantes com mutações específicas sempre serão raras comparadas a outras células na população. O problema é detectar esse evento raro. Geralmente, os mutantes podem ser detectados por seleção ou teste para um fenótipo alterado.

Esses experimentos geralmente são realizados com bactérias, pois elas se reproduzem rapidamente; assim, um grande número de organismos (mais de 10^9 por mililitro de caldo nutriente) pode facilmente ser utilizado. Além disso, como as bactérias em geral têm apenas uma cópia de cada gene por célula, os efeitos de um gene mutado não são mascarados pela presença de uma versão normal do gene, como em muitos organismos eucarióticos.

A **seleção positiva (direta)** envolve a detecção das células mutantes pela rejeição das células parentais não mutadas. Por exemplo, suponha que estivéssemos tentando descobrir bactérias mutantes resistentes à penicilina. Quando as células bacterianas são plaqueadas em um meio contendo penicilina, o mutante pode ser identificado diretamente. As poucas células na população que são resistentes (mutantes) crescerão e formarão colônias, ao passo que as células parentais normais, sensíveis à penicilina, não poderão crescer.

Para identificar mutações em outros tipos de genes, a **seleção negativa (indireta)** pode ser usada. Esse processo seleciona uma célula que não pode realizar certa função, utilizando a técnica de **placas em réplica**. Por exemplo, suponha que desejássemos utilizar placas em réplica para identificar uma célula bacteriana que perdeu a capacidade de sintetizar o aminoácido histidina (**Figura 8.22**). Primeiro, cerca de 100 células bacterianas são inoculadas em uma placa de ágar. Essa placa, denominada placa mestre, contém um meio com histidina em que todas as células crescerão. Após 18 a 24 horas de incubação, cada célula se reproduz para formar uma colônia. Então, um carimbo de material estéril, como látex, papel filtro ou veludo, é pressionado sobre a placa mestre, e algumas das células de cada colônia se aderem ao veludo. A seguir, o veludo é pressionado sobre duas (ou mais) placas estéreis. Uma placa contém um meio sem histidina, e a outra, um meio com histidina em que as bactérias originais não mutantes podem crescer. Qualquer colônia que crescer no meio com histidina na placa mestre, mas que não puder sintetizar sua própria histidina, não será capaz de crescer no meio sem histidina. A colônia mutante pode, então, ser identificada na placa mestre. É claro que, como os mutantes são muito raros (mesmo aqueles induzidos por mutágenos), muitas placas precisam ser selecionadas com essa técnica para isolar um mutante específico.

A placa em réplica é um meio muito efetivo de isolar mutantes que necessitam de um ou mais fatores novos de crescimento. Qualquer microrganismo mutante com uma necessidade nutricional que esteja ausente no organismo parental é conhecido como **auxotrófico**. Por exemplo, um organismo auxotrófico pode não ter a enzima necessária para sintetizar um aminoácido específico e, portanto, necessita daquele aminoácido como fator de crescimento em seu meio nutriente.

Identificando carcinógenos químicos

Muitos mutágenos foram reconhecidos como **carcinógenos**, substâncias que causam câncer em animais, incluindo os seres humanos. Nos últimos anos, substâncias químicas no

Figura 8.22 Placas em réplica. Neste exemplo, o mutante auxotrófico não pode sintetizar histidina. Observe que as placas devem ser cuidadosamente marcadas (nesta figura, com um X) para manter a orientação, de modo que as posições das colônias sejam conhecidas em relação à placa mestre original.

P O que é um auxotrófico?

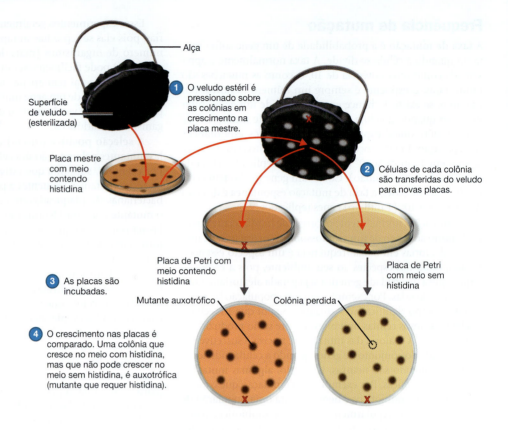

Alça

Superfície de veludo (esterilizada)

① O veludo estéril é pressionado sobre as colônias em crescimento na placa mestre.

Placa mestre com meio contendo histidina

X

② Células de cada colônia são transferidas do veludo para novas placas.

③ As placas são incubadas.

Placa de Petri com meio contendo histidina

Placa de Petri com meio sem histidina

Mutante auxotrófico

Colônia perdida

④ O crescimento nas placas é comparado. Uma colônia que cresce no meio com histidina, mas que não pode crescer no meio sem histidina, é auxotrófica (mutante que requer histidina).

ambiente, no local de trabalho e na dieta foram implicadas como causa de câncer em seres humanos. Procedimentos de experimentação animal são demorados e dispendiosos, assim foram desenvolvidas algumas metodologias mais rápidas e menos onerosas para uma triagem preliminar de potenciais carcinógenos, as quais não utilizam animais. Uma delas, denominada **teste de Ames**, utiliza bactérias como indicadores de carcinógenos.

O teste de Ames baseia-se na observação de que a exposição de bactérias mutantes a substâncias mutagênicas pode causar novas mutações que revertem o efeito (a alteração no fenótipo) da mutação original, e elas são chamadas de *reversões*. Especificamente, o teste mensura a reversão de auxotróficos para histidina de *Salmonella* (as chamadas células his–, mutantes que perderam a capacidade de sintetizar a histidina) em células capazes de sintetizar a histidina (his+) após tratamento com um mutágeno (**Figura 8.23**). As bactérias são incubadas tanto na presença quanto na ausência da substância a ser testada. Uma vez que as enzimas animais devem ativar muitas substâncias químicas em formas que são quimicamente reativas para que a atividade mutagênica ou carcinogênica apareça, a substância química a ser testada e as bactérias mutantes são incubadas junto ao extrato de fígado de rato, uma fonte rica em enzimas de ativação. Se a substância a ser testada

CASO CLÍNICO

Nem todas as mutações são hereditárias; algumas são induzidas por genotoxinas, isto é, substâncias químicas que danificam o material genético das células. Marcel não está acima do peso e nunca fumou. Desde a década de 1970, os pesquisadores estão cientes de que pessoas que consomem carne queimada e produtos derivados de carne são mais suscetíveis ao desenvolvimento de câncer de cólon. As substâncias químicas suspeitas de causar câncer são as aminas aromáticas que se formam durante o cozimento a altas temperaturas.

Marcel é proprietário da churrascaria há mais de 50 anos. Ele é o tipo de empregador que "coloca a mão na massa" e está sempre na cozinha supervisionando o preparo dos pratos. Toda a sua carne de churrasco é submetida ao calor alto e, então, assada a fogo lento durante horas. Marcel é considerado um especialista nessa técnica, mas agora parece que sua profissão pode estar relacionada à sua doença.

Qual teste pode ser utilizado para determinar se uma substância química é genotóxica?

Parte 1   Parte 2   **Parte 3**   Parte 4

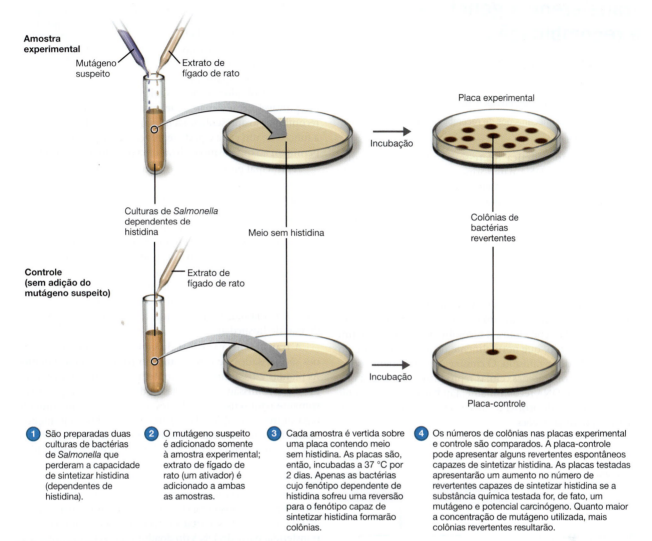

1. São preparadas duas culturas de bactérias de *Salmonella* que perderam a capacidade de sintetizar histidina (dependentes de histidina).

2. O mutágeno suspeito é adicionado somente à amostra experimental; extrato de fígado de rato (um ativador) é adicionado a ambas as amostras.

3. Cada amostra é vertida sobre uma placa contendo meio sem histidina. As placas são, então, incubadas a 37 °C por 2 dias. Apenas as bactérias cujo fenótipo dependente de histidina sofreu uma reversão para o fenótipo capaz de sintetizar histidina formarão colônias.

4. Os números de colônias nas placas experimental e controle são comparados. A placa-controle pode apresentar alguns revertentes espontâneos capazes de sintetizar histidina. As placas testadas apresentarão um aumento no número de revertentes capazes de sintetizar histidina se a substância química testada for, de fato, um mutágeno e potencial carcinógeno. Quanto maior a concentração de mutágeno utilizada, mais colônias revertentes resultarão.

Figura 8.23 Teste de mutação gênica reversa de Ames.

P Todos os mutágenos causam câncer?

for mutagênica, ela provocará a reversão das bactérias his– em bactérias his+ em uma taxa maior do que a taxa de reversão espontânea. O número de reversões observadas fornece uma indicação do grau que uma substância é mutagênica e, assim, possivelmente carcinogênica.

O teste de Ames pode ser realizado em meio líquido com um indicador de pH em uma placa de 96 poços. Vários agentes mutagênicos potenciais ou diferentes concentrações de mutagênicos podem ser testados qualitativamente em diferentes poços. O crescimento bacteriano é determinado por uma mudança de cor do indicador de pH. O teste de Ames é rotineiramente utilizado na avaliação de novas substâncias químicas e de poluentes do ar e da água.

Cerca de 90% das substâncias que tiveram o seu papel mutagênico evidenciado pelos testes de Ames também mostraram ser carcinogênicas em animais. Do mesmo modo, as substâncias mais mutagênicas, de maneira geral, demonstraram-se mais carcinogênicas.

TESTE SEU CONHECIMENTO

✔ **8-12** Como você isolaria uma bactéria resistente a antibióticos? E uma bactéria sensível a antibióticos?

✔ **8-13** Qual é o princípio por trás do teste de Ames?

Transferência genética e recombinação

OBJETIVOS DE APRENDIZAGEM

8-14 Descrever as funções de plasmídeos e transpósons.

8-15 Diferenciar as transferências horizontal e vertical de genes.

8-16 Comparar os mecanismos de recombinação genética nas bactérias.

A **recombinação genética** refere-se à troca de genes entre duas moléculas de DNA para formar novas combinações de genes em um cromossomo. A **Figura 8.24** mostra um tipo de mecanismo de recombinação genética. Se uma célula capturar DNA exógeno (chamado de DNA doador na figura), parte dele pode inserir-se no cromossomo da célula – processo denominado *crossing over* (**entrecruzamento**) – e alguns dos genes carregados pelos cromossomos serão trocados. O DNA se recombinou, então o cromossomo carrega agora uma parte do DNA doador.

Se A e B representam o DNA de indivíduos diferentes, como eles se aproximam um do outro o suficiente para se recombinarem? Em eucariotos, a recombinação genética é um processo ordenado, que normalmente ocorre como parte do ciclo sexuado do organismo. O *crossing over* geralmente ocorre durante a formação das células reprodutivas, de forma que elas contenham DNA recombinante. Em bactérias, a recombinação genética pode ocorrer de diversas formas, que são discutidas nas próximas seções.

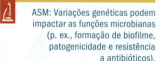

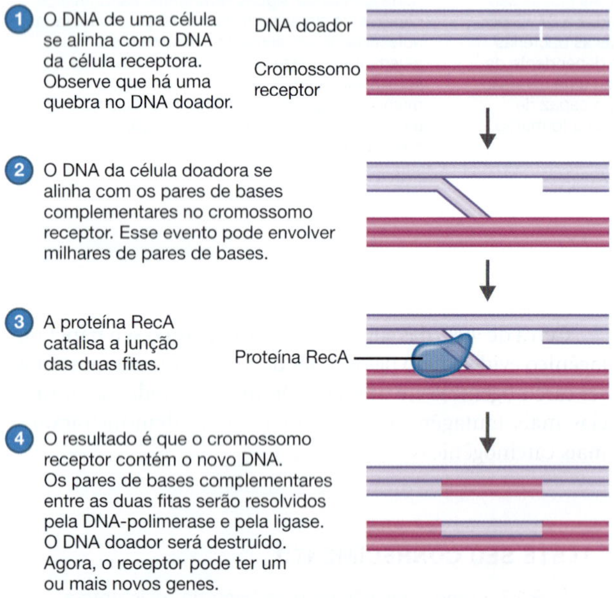

ASM: Variações genéticas podem impactar as funções microbianas (p. ex., formação de biofilme, patogenicidade e resistência a antibióticos).

Assim como a mutação, a recombinação genética contribui para a diversidade genética de uma população, que é a fonte da variação evolutiva. Nos organismos altamente evoluídos, como nos micróbios atuais, a recombinação provavelmente é mais benéfica do que a mutação, já que a recombinação apresenta uma menor probabilidade de destruir a função de um gene e pode reunir combinações de genes que permitem ao organismo realizar uma nova função importante.

A principal proteína que constitui os flagelos da *Salmonella* também é uma das proteínas mais importantes que induzem nosso sistema imune a responder. Contudo, essas bactérias têm a capacidade de produzir duas proteínas flagelares diferentes. Como nosso sistema imune monta uma resposta contra as células que contêm uma forma da proteína flagelar, os organismos que produzem a segunda forma não são afetados. O tipo de proteína flagelar produzido é determinado por um evento de recombinação que aparentemente ocorre de modo um tanto aleatório no DNA cromossômico. Portanto, ao alterar a proteína flagelar produzida, a *Salmonella* pode evitar as defesas do hospedeiro.

A **transferência vertical de genes** ocorre quando os genes são passados de um organismo para seus descendentes. As plantas e os animais transmitem seus genes por essa forma de transmissão. As bactérias podem passar seus genes não somente para seus descendentes, mas também lateralmente, para outros micróbios da mesma geração. Esse fenômeno é conhecido como **transferência horizontal de genes** (ver Figura 8.2). A transferência horizontal de genes entre a microbiota normal e os patógenos pode ser importante na disseminação da resistência aos antibióticos. A transferência horizontal de genes entre bactérias ocorre de diversas formas. Em todos os mecanismos, a transferência envolve uma **célula doadora**, que doa parte de seu DNA total a uma **célula receptora**. Uma vez transferida, parte do DNA do doador pode ser incorporada ao DNA do receptor; o restante é degradado por enzimas celulares. A célula receptora que incorpora o DNA doador em seu próprio DNA é denominada *recombinante*. A transferência de material genético entre as bactérias não é um evento frequente, podendo ocorrer em apenas 1% ou menos de toda uma população.

A transferência genética pode ocorrer por meio de plasmídeos e transpósons, transformação, conjugação ou transdução. Examinaremos em detalhes esses tipos específicos de transferência genética.

Plasmídeos e transpósons

Plasmídeos e transpósons são elementos genéticos que existem fora dos cromossomos. Eles ocorrem nos organismos procarióticos e eucarióticos, mas a discussão aqui será centrada em seu papel na alteração genética em procariotos. Plasmídeos e transpósons são chamados de **elementos genéticos móveis**, pois podem se mover de um cromossomo para outro ou de uma célula para outra.

1 O DNA de uma célula se alinha com o DNA da célula receptora. Observe que há uma quebra no DNA doador.

DNA doador

Cromossomo receptor

2 O DNA da célula doadora se alinha com os pares de bases complementares no cromossomo receptor. Esse evento pode envolver milhares de pares de bases.

3 A proteína RecA catalisa a junção das duas fitas.

Proteína RecA

4 O resultado é que o cromossomo receptor contém o novo DNA. Os pares de bases complementares entre as duas fitas serão resolvidos pela DNA-polimerase e pela ligase. O DNA doador será destruído. Agora, o receptor pode ter um ou mais novos genes.

Figura 8.24 Recombinação genética por *crossing over*. DNA exógeno pode ser inserido em um cromossomo através da quebra e do religamento desse cromossomo. Esse processo pode inserir um ou mais genes no cromossomo.

P Que tipo de enzima quebra o DNA?

Transferência horizontal de genes e as consequências não intencionais do uso de antibióticos

O número de bactérias resistentes a antibióticos em nosso microbioma intestinal aumenta com a idade. O motivo: a exposição aos antibióticos. Na presença de um medicamento que mata bactérias, um mutante resistente cresce, e as bactérias não resistentes ou suscetíveis morrem. Portanto, ao longo da vida humana, que inclui muitos episódios de doenças e tratamentos, acabamos sendo povoados cada vez mais por micróbios resistentes a antibióticos.

A princípio, esse parece um efeito desejável. Por exemplo, se micróbios intestinais benéficos sobreviverem a um curso de tratamento com fármacos destinados a tratar uma pneumonia, você poderia não sentir os efeitos colaterais da medicação, como desconforto gastrintestinal ou diarreia. Infelizmente, evidências recentes mostram que um microbioma resistente a fármacos pode realmente nos prejudicar de maneiras que antes não entendíamos bem.

Os cientistas suspeitam que a resistência a medicamentos em bactérias patogênicas geralmente se origina da microbiota normal resistente. Quase metade dos genes de resistência identificados nas bactérias intestinais são idênticos aos genes de resistência encontrados nos patógenos. A troca de genes entre espécies que entram em contato umas com as outras (transferência horizontal de genes) acontece facilmente no intestino, onde um grande número de micróbios diferentes se mistura. Em um estudo, bactérias *E. coli* resistentes aos fármacos sulfonamida e ampicilina foram encontradas residindo em voluntários que ingeriram bactérias *E. coli* suscetíveis a esses antibióticos. Como isso pode ter acontecido? Os pesquisadores rastrearam os genes de resistência aos fármacos até um plasmídeo encontrado na *E. coli* que residia nos voluntários antes do estudo – a bactéria resistente transferiu o plasmídeo para a bactéria suscetível quando as diferentes cepas se encontraram no intestino. Da mesma forma, acredita-se que a resistência à vancomicina tenha sido transferida da bactéria comensal *Enterococcus faecalis* para cepas patogênicas de *S. aureus*. O gene de resistência foi encontrado em um plasmídeo conjugativo em ambas as espécies.

Os antibióticos continuam sendo uma parte essencial dos cuidados de saúde modernos. No entanto, atualmente é ainda mais importante avaliar se um antibiótico é realmente necessário antes do seu uso.

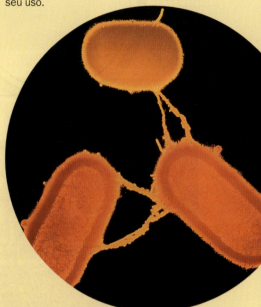

Os plasmídeos podem ser transferidos entre bactérias não relacionadas por meio de pontes citoplasmáticas entre as células.

Plasmídeos

Lembre-se do Capítulo 4 que os plasmídeos são fragmentos de DNA circulares, autorreplicativos e que contêm genes, compondo cerca de 1 a 5% do tamanho do cromossomo bacteriano (**Figura 8.25**). Eles são encontrados principalmente em bactérias, mas também em alguns microrganismos eucarióticos, como *Saccharomyces cerevisiae*. O fator F é um **plasmídeo conjugativo** que transporta os genes para os *pili* sexuais e para a transferência do plasmídeo para outra célula. Embora os plasmídeos geralmente sejam dispensáveis, em certas condições os genes transportados pelos plasmídeos podem ser cruciais para a sobrevivência e o crescimento da célula. Por exemplo, os **plasmídeos de dissimilação** codificam enzimas que ativam o catabolismo de certos açúcares e hidrocarbonetos incomuns. Algumas espécies de *Pseudomonas* podem utilizar substâncias exóticas, como o tolueno, a cânfora e o petróleo, como fontes principais de carbono e energia, pois têm enzimas catabólicas codificadas por genes transportados em plasmídeos. Essas capacidades especializadas permitem a sobrevivência dos microrganismos em ambientes muito diversos e desafiadores. Devido à sua capacidade de degradar e desintoxicar uma variedade de compostos incomuns, muitos deles estão sendo estudados para um possível uso na limpeza de resíduos ambientais.

Outros plasmídeos codificam proteínas que aumentam a patogenicidade de uma bactéria. A linhagem de *E. coli* que causa a diarreia infantil e a diarreia do viajante transporta plasmídeos que codificam a produção de toxinas e permitem a fixação bacteriana às células intestinais. Sem esses plasmídeos, a *E. coli* é um residente inofensivo do intestino grosso; com eles, é patogênica. Outras toxinas codificadas por plasmídeos incluem a toxina esfoliativa do *S. aureus*, a neurotoxina do *Clostridium tetani* e as toxinas do *Bacillus anthracis*. Outros plasmídeos ainda contêm genes para a síntese de **bacteriocinas**, proteínas tóxicas que destroem outras bactérias. Esses plasmídeos foram encontrados em muitos gêneros bacterianos, sendo marcadores úteis para a identificação de certas bactérias em laboratórios clínicos.

Os **fatores R (fatores de resistência)** são plasmídeos com significativa importância médica. Foram descobertos no Japão, no final da década de 1950, após várias epidemias de disenteria. Em algumas dessas epidemias, o agente infeccioso era resistente ao antibiótico usual. Após o isolamento, descobriu-se também que o patógeno era resistente a uma série de outros antibióticos. Além disso, outras bactérias normais dos pacientes (como a *E. coli*) também demonstraram ser resistentes. Os pesquisadores logo descobriram que essas bactérias

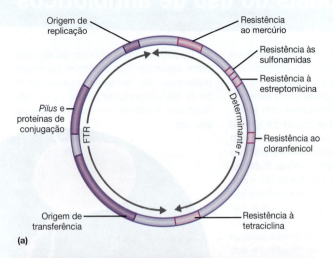

Figura 8.25 Fator R, um tipo de plasmídeo. (a) Um diagrama do fator R1. Esse plasmídeo consiste em cerca de 97.000 nucleotídeos e tem duas partes: a região FTR, que contém genes necessários para a replicação do plasmídeo e e a sua transferência por conjugação, e o determinante r, que carrega genes de resistência a quatro antibióticos diferentes (sulfonamida, estreptomicina, cloranfenicol, tetraciclina) e ao mercúrio. **(b)** Plasmídeos de bactérias *E. coli*.

P Por que os fatores R são importantes no tratamento de doenças infecciosas?

adquiriram resistência por meio da disseminação de genes de um organismo para outro. Os plasmídeos que mediaram essa transferência são os fatores R.

Os fatores R transportam genes que conferem à célula hospedeira resistência a antibióticos, metais pesados ou toxinas celulares. Muitos fatores R contêm dois grupos de genes. Um grupo é denominado **fator de transferência de resistência (FTR)** e inclui genes para replicação do plasmídeo e conjugação. O outro grupo, o **determinante r**, inclui os genes de resistência; ele codifica a produção de enzimas que inativam determinados fármacos ou substâncias tóxicas (Figura 8.25a). Diferentes fatores R, quando presentes na mesma célula, podem se recombinar para produzir fatores R com novas combinações de genes em seus determinantes r.

Em alguns casos, o acúmulo de genes de resistência dentro de um único plasmídeo é surpreendente. Por exemplo, a Figura 8.25a mostra um mapa genético do plasmídeo de resistência R100. Esse plasmídeo, em particular, pode ser transferido entre uma série de gêneros entéricos, incluindo *Escherichia*, *Klebsiella* e *Salmonella*.

Os fatores R representam problemas críticos no tratamento de doenças infecciosas com antibióticos. O uso disseminado de antibióticos na medicina e na agricultura (ver quadro "Foco clínico" no Capítulo 20) levou à sobrevivência preferencial (seleção) de bactérias com fatores R; assim, as populações de bactérias resistentes crescem cada vez mais. A transferência de resistência entre as células bacterianas de uma população, e até mesmo entre as bactérias de diferentes gêneros, também contribui para o problema. A capacidade de se reproduzir sexuadamente com membros de sua própria espécie define uma espécie eucariótica. Contudo, uma espécie bacteriana pode conjugar e transferir plasmídeos para outras espécies. *Neisseria* pode ter adquirido seu plasmídeo produtor de penicilinase de *Streptococcus*, e *Agrobacterium* pode transferir plasmídeos para células vegetais (ver Figura 9.20). Plasmídeos não conjugativos podem ser transferidos de uma célula para outra ao se introduzirem em um plasmídeo conjugativo ou em um cromossomo, ou por transformação quando são liberados de uma célula morta. A inserção é possível devido a uma sequência de inserção, que será discutida em breve.

Os plasmídeos são uma ferramenta importante na engenharia genética, discutida no Capítulo 9.

Transpósons

Os **transpósons** são pequenos segmentos de DNA que podem se mover (ser "transpostos") de uma região de uma molécula de DNA para outra. Esses fragmentos de DNA têm de 700 a 40.000 pares de bases de comprimento.

Na década de 1950, a geneticista estadunidense Barbara McClintock descobriu transpósons no milho, porém eles ocorrem em todos os organismos e foram estudados mais cuidadosamente em microrganismos. Eles podem se mover de um local para outro no mesmo cromossomo, ou para outro cromossomo ou plasmídeo. Como você pode imaginar, o movimento frequente dos transpósons pode ter um efeito devastador dentro de uma célula. Por exemplo, à medida que os transpósons se movem nos cromossomos, eles podem se inserir *dentro* dos genes, tornando-os inativos. Felizmente, a ocorrência da transposição é relativamente rara. A frequência da transposição é comparável à taxa de mutação espontânea que ocorre nas bactérias – isto é, de 10^{-5} a 10^{-7} por geração.

Todos os transpósons contêm a informação para sua própria transposição. Como mostrado na **Figura 8.26a**, os transpósons mais simples, também denominados **sequências de inserção (SI)**, contêm somente um gene que codifica uma enzima (*transposase*, que catalisa a clivagem e a remontagem do DNA que ocorrem na transposição) e sítios de reconhecimento. Os *sítios de reconhecimento* são sequências curtas do DNA repetidas e invertidas, que a enzima reconhece como sítios de recombinação entre o transpóson e o cromossomo.

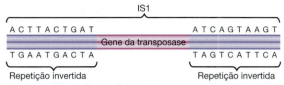

(a) Uma sequência de inserção (SI), o transpóson mais simples, contém um gene para a transposase, a enzima que catalisa a transposição. O gene da transposase está ligado em cada extremidade a sequências de repetição invertidas (RI) que atuam como sítios de reconhecimento para o transpóson. A SI1 é um exemplo de uma sequência de inserção, mostrada aqui com sequências RI simplificadas.

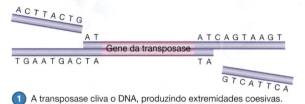

1 A transposase cliva o DNA, produzindo extremidades coesivas.

(b) Os transpósons complexos carreiam outros materiais genéticos além do gene da transposase. O exemplo mostrado aqui, o Tn5, carreia o gene de resistência à canamicina e possui cópias completas da sequência de inserção SI1 em cada extremidade.

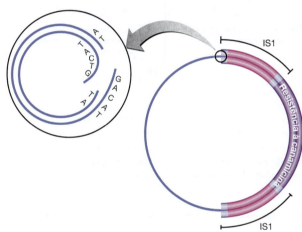

2 As extremidades coesivas do transpóson e o DNA-alvo se anelam.

(c) Inserção do transpóson Tn5 no plasmídeo R100.

Figura 8.26 Transpósons de classe 2 e inserção.

P Por que os transpósons muitas vezes são chamados de "genes saltadores"?

Os transpósons de classe 2 se inserem em um cromossomo. Os transpósons de classe 1 são copiados em um RNA pela transcriptase reversa, que é discutida no Capítulo 13, e depois de volta em DNA para inserção.

Os transpósons complexos também transportam outros genes não conectados ao processo de transposição. Por exemplo, os transpósons bacterianos podem conter genes para enterotoxinas ou para a resistência a antibióticos (Figura 8.26b).

Plasmídeos como os fatores R frequentemente são compostos de um conjunto de transpósons (Figura 8.26c).

Os transpósons com genes de resistência a antibióticos são de interesse prático, mas não existe limitação nos tipos de genes que os transpósons podem ter. Portanto, os transpósons fornecem um mecanismo natural para o movimento de genes de um cromossomo para outro. Além disso, como podem ser transportados entre células em plasmídeos ou vírus, eles também podem se disseminar de um organismo para outro ou até mesmo de uma espécie para outra. Por exemplo, a resistência à vancomicina foi transferida de *E. faecalis* para *S. aureus* através de um transpóson denominado Tn1546. Os transpósons são, então, mediadores potencialmente poderosos na evolução dos organismos.

TESTE SEU CONHECIMENTO

✔ **8-14** Quais tipos de genes os plasmídeos carregam?

Transformação em bactérias

Durante o processo de **transformação**, os genes são transferidos de uma bactéria para outra como DNA "nu" em solução – isto é, o DNA não está dentro de uma célula. Esse processo foi demonstrado pela primeira vez há mais de 70 anos, embora não tenha sido compreendido na ocasião. Não somente a transformação mostrou que o material genético poderia ser transferido de uma célula bacteriana para outra, mas o estudo desse fenômeno acabou levando à conclusão de que o DNA é o material genético. O experimento inicial sobre a transformação foi realizado em 1928 por Frederick Griffith, na Inglaterra, trabalhando com duas linhagens de *Streptococcus pneumoniae*. Uma delas, uma linhagem virulenta, tem uma cápsula polissacarídica que previne a fagocitose. A bactéria cresce e causa pneumonia. A outra, uma linhagem avirulenta, não tem a cápsula e não causa doença.

Griffith estava interessado em determinar se injeções de bactérias mortas pelo calor da linhagem encapsulada poderiam ser utilizadas para vacinar camundongos contra pneumonia. Como ele esperava, as injeções de bactérias encapsuladas vivas mataram os camundongos (**Figura 8.27a**); as injeções de bactérias não encapsuladas vivas (Figura 8.27b) ou de bactérias encapsuladas mortas (Figura 8.27c) não mataram os camundongos. Entretanto, quando as bactérias encapsuladas mortas foram misturadas com bactérias não encapsuladas vivas, e a mistura foi injetada nos camundongos, muitos deles morreram. No sangue dos camundongos mortos, Griffith encontrou bactérias encapsuladas vivas. O material hereditário (genes) das bactérias mortas havia entrado nas células vivas, modificando-as geneticamente, de modo que sua progênie se apresentava encapsulada e, portanto, era virulenta (Figura 8.27d).

Investigações posteriores com base na pesquisa de Griffith revelaram que a transformação bacteriana poderia ser realizada sem os camundongos. Um caldo foi inoculado com bactérias não encapsuladas vivas. Então, bactérias encapsuladas mortas foram adicionadas ao caldo. Após a incubação, descobriu-se que a cultura continha bactérias vivas que eram

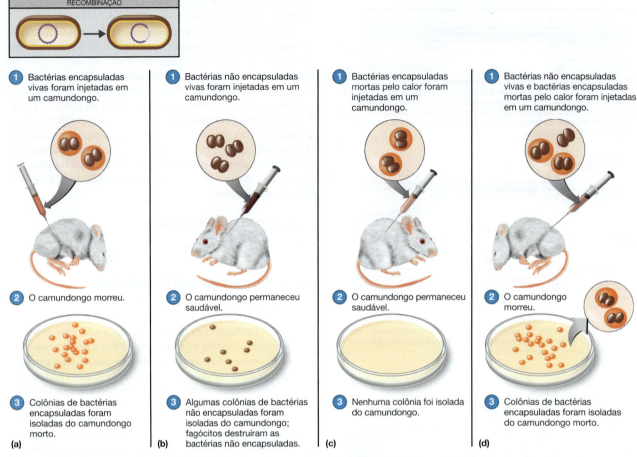

RECOMBINAÇÃO

(a)
1 Bactérias encapsuladas vivas foram injetadas em um camundongo.
2 O camundongo morreu.
3 Colônias de bactérias encapsuladas foram isoladas do camundongo morto.

(b)
1 Bactérias não encapsuladas vivas foram injetadas em um camundongo.
2 O camundongo permaneceu saudável.
3 Algumas colônias de bactérias não encapsuladas foram isoladas do camundongo; fagócitos destruíram as bactérias não encapsuladas.

(c)
1 Bactérias encapsuladas mortas pelo calor foram injetadas em um camundongo.
2 O camundongo permaneceu saudável.
3 Nenhuma colônia foi isolada do camundongo.

(d)
1 Bactérias não encapsuladas vivas e bactérias encapsuladas mortas pelo calor foram injetadas em um camundongo.
2 O camundongo morreu.
3 Colônias de bactérias encapsuladas foram isoladas do camundongo morto.

Figura 8.27 Experimento de Griffith demonstrando uma transformação genética. (a) Bactérias encapsuladas vivas causaram doença e morte quando injetadas em um camundongo. **(b)** Bactérias não encapsuladas vivas são rapidamente destruídas pelas defesas fagocíticas do hospedeiro; assim, o camundongo permaneceu saudável após a inoculação. **(c)** Após serem mortas pelo calor, as bactérias encapsuladas perderam a capacidade de causar doença. **(d)** Contudo, a combinação de bactérias não encapsuladas vivas e bactérias encapsuladas mortas pelo calor (nenhuma delas isoladamente causa doença) causou doença. De alguma forma, as bactérias não encapsuladas vivas foram transformadas pelas bactérias encapsuladas mortas, de modo que elas adquiriram a capacidade de formar uma cápsula e, portanto, provocar doença. Experimentos subsequentes provaram que o fator de transformação era o DNA.

P **Por que as bactérias encapsuladas mataram o camundongo, ao passo que as bactérias não encapsuladas não o fizeram? O que provocou a morte do camundongo em (d)?**

encapsuladas e virulentas. As bactérias não encapsuladas foram transformadas; elas adquiriram uma nova característica hereditária incorporando genes das bactérias encapsuladas mortas.

O próximo passo foi extrair vários componentes químicos das células mortas para determinar qual componente causou a transformação. Esses experimentos cruciais foram realizados nos Estados Unidos por Oswald T. Avery e seus colegas Colin M. MacLeod e Maclyn McCarty. Após anos de pesquisa, eles anunciaram, em 1944, que o componente responsável pela transformação do *S. pneumoniae* inofensivo em linhagens virulentas era o DNA. Seus resultados forneceram uma das indicações conclusivas de que o DNA realmente é o portador da informação genética.

Desde a época do experimento de Griffith, informações consideráveis foram reunidas sobre a transformação. Na natureza, algumas bactérias, talvez após morte e lise celular, liberam seu DNA no ambiente. Então, outras bactérias podem encontrar o DNA e, dependendo da espécie em particular e das condições de crescimento, captar fragmentos do DNA e integrá-los em seus próprios cromossomos por recombinação. Uma proteína denominada *RecA* liga-se ao DNA celular e, então, ao DNA doador, causando a troca de fitas. Uma célula receptora com essa nova combinação de genes é

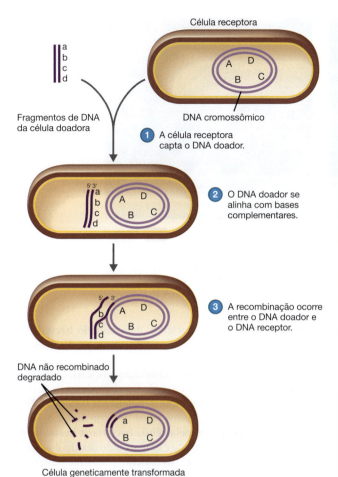

Figura 8.28 O mecanismo de transformação genética em bactérias. Alguma similaridade é necessária para que o DNA doador e o DNA receptor se alinhem. Os genes *a*, *b*, *c* e *d* podem ser mutações dos genes *A*, *B*, *C* e *D*.

P Que tipo de enzima cliva o DNA doador?

um tipo de híbrido, ou célula recombinante (**Figura 8.28**). Todos os descendentes dessa célula recombinante serão idênticos a ela. A transformação ocorre naturalmente entre poucos gêneros de bactérias, incluindo *Bacillus*, *Haemophilus*, *Neisseria*, *Acinetobacter* e determinadas linhagens dos gêneros *Streptococcus* e *Staphylococcus*. Essas células absorvem ativamente o DNA do meio ambiente.

Quando uma célula receptora pode captar o DNA doador, ela é descrita como **competente**. Em laboratório, as células podem se tornar competentes produzindo poros na membrana com auxílio de Ca^{2+}.

Conjugação em bactérias

Outro mecanismo pelo qual o material genético é transferido de uma bactéria para outra é denominado **conjugação**. A conjugação é mediada por um *plasmídeo conjugativo*.

A conjugação difere da transformação em dois aspectos principais. Primeiro, a conjugação requer o contato direto célula a célula. Segundo, as células em conjugação geralmente devem ser de tipos opostos de acasalamento; as células doadoras devem transportar o plasmídeo, e as células receptoras normalmente não. Em bactérias gram-negativas, o plasmídeo transporta genes que codificam a síntese de *pili sexuais*, projeções da superfície da célula doadora que entram em contato com a receptora e auxiliam a unir as duas células em contato direto (**Figura 8.29a**). As células bacterianas gram-positivas produzem moléculas aderentes de superfície que fazem as células entrarem em contato direto umas com as outras. No processo de conjugação, o plasmídeo é replicado durante a transferência de uma cópia da fita simples do DNA plasmidial para o receptor, onde a fita complementar é sintetizada (Figura 8.29b).

Como a maioria dos trabalhos experimentais sobre conjugação foi realizada em *E. coli*, descreveremos o processo nesse organismo. Na *E. coli*, o **fator F (fator de fertilidade)** foi o primeiro plasmídeo observado a ser transferido entre as células durante a conjugação. Doadoras carreando fatores F (células F$^+$) transferem o plasmídeo a receptoras (células F$^-$), que, como resultado, tornam-se células F$^+$ (**Figura 8.30a**). Em algumas células transportando fatores F, o fator se integra ao

---

CASO CLÍNICO Resolvido

O teste de Ames permite uma triagem rápida da genotoxicidade das substâncias químicas. As bactérias *Salmonella* mutantes his$^-$ utilizadas no teste de Ames foram estriadas sobre placas de ágar glicose e sais mínimos. Um disco de papel saturado com 2-aminofluoreno (2-AF), uma amina aromática, é colocado na cultura. Por exemplo, a figura mostra que a reversão da mutação his$^-$ permitiu o crescimento de *Salmonella*. Isso indica que a substância química é mutagênica e, portanto, potencialmente carcinogênica.

Existem estudos indicando que o 2-AF ativado por enzimas é mais prejudicial do que o 2-AF isoladamente, sugerindo que a interação entre dieta e microbiota intestinal é mais provável de causar câncer do que apenas a dieta. Variações na dieta produzem poucas alterações em relação aos tipos de bactérias no intestino, porém induzem mudanças drásticas na atividade metabólica dessas bactérias.

A detecção de pólipos colorretais serrilhados por meio do teste de DNA de fezes de Marcel possibilitou um diagnóstico precoce do câncer colorretal. Os pólipos ofensivos foram encontrados e removidos, e Marcel foi submetido à quimioterapia para a eliminação de qualquer célula cancerosa remanescente em seu cólon.

Parte 1 · Parte 2 · Parte 3 · **Parte 4**

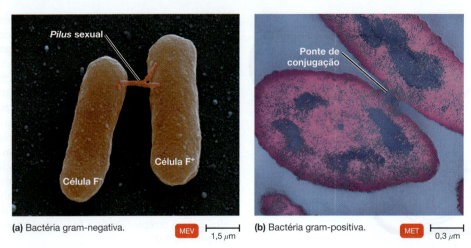

(a) Bactéria gram-negativa. MEV ⊢——⊣ 1,5 μm   (b) Bactéria gram-positiva. MET ⊢——⊣ 0,3 μm

Figura 8.29 Conjugação bacteriana.

P O que é uma célula F⁺?

cromossomo, convertendo a célula F⁺ em uma **célula Hfr** (alta frequência de recombinação, do inglês *high frequency of recombination*) (Figura 8.30b). Quando a conjugação ocorre entre uma célula Hfr e uma célula F⁻, o cromossomo da célula Hfr (com seu fator F integrado) se replica, e uma fita parental do cromossomo é transferida para a célula receptora (Figura 8.30c). A replicação do cromossomo Hfr se inicia no meio do fator F integrado, e um pequeno fragmento do fator F conduz os genes cromossômicos para a célula F⁻. Normalmente, o cromossomo se rompe antes de ser transferido por completo. Uma vez dentro da célula receptora, o DNA doador pode se recombinar com o DNA receptor. (O DNA doador que não estiver integrado será degradado.) Portanto, pela conjugação com uma célula Hfr, uma célula F⁻ pode adquirir novas versões de genes cromossômicos (assim como na transformação). Contudo, ela permanece uma célula F⁻, uma vez que não recebeu um fator F completo durante a conjugação.

A conjugação é utilizada para mapear a localização de genes em um cromossomo bacteriano (**Figura 8.31**). Os genes para a síntese de treonina (*thr*) e leucina (*leu*) são os primeiros no sentido horário a partir do 0. Suas localizações foram determinadas por experimentos de conjugação. Suponha que uma conjugação é permitida por somente 1 minuto entre uma linhagem Hfr, que é his⁺, pro⁺, thr⁺ e leu⁺, e uma linhagem F⁻, que é his⁻, pro⁻, thr⁻ e leu⁻. Se F⁻ adquirir a capacidade de sintetizar a treonina, então o gene *thr* está localizado no início do cromossomo, entre 0 e 1 minuto. Se após 2 minutos a célula F⁻ se tornar thr⁺ e leu⁺, a ordem desses dois genes no cromossomo deve ser *thr, leu*.

Transdução em bactérias

Um terceiro mecanismo de transferência genética entre bactérias é a **transdução**. Nesse processo, o DNA bacteriano é transferido de uma célula doadora a uma célula receptora dentro de um vírus que infecta bactérias, denominado **bacteriófago** ou **fago**. (Os fagos serão discutidos em mais detalhes no Capítulo 13.)

Para compreender como a transdução funciona, consideraremos o ciclo de vida de um tipo de fago transdutor de *E. coli*; esse fago realiza uma **transdução generalizada** (**Figura 8.32**).

Durante a reprodução dos fagos, as proteínas e o DNA do fago são sintetizados pela célula bacteriana hospedeira. O DNA do fago normalmente é empacotado dentro do capsídeo proteico que o recobre. No entanto, conforme mostrado na Figura 8.32, etapa 3, pedaços de DNA bacteriano também podem ser empacotados dentro do fago. Quando isso ocorre, a lise da célula bacteriana libera fagos que transportam DNA de bactérias, DNA de plasmídeo ou mesmo DNA de outro vírus. Esses fagos podem, então, infectar novas células hospedeiras.

Todos os genes contidos dentro de uma bactéria infectada por um fago transdutor generalizado têm probabilidades iguais de serem empacotados no capsídeo do fago e transferidos. Em outro tipo de transdução, a **transdução especializada**, apenas determinados genes bacterianos são transferidos. A transdução especializada é discutida no Capítulo 13. Em um tipo de transdução especializada, o fago codifica determinadas toxinas produzidas por seus hospedeiros bacterianos, como a toxina diftérica para *Corynebacterium diphtheriae*, a toxina eritrogênica para *Streptococcus pyogenes* e a toxina Shiga para *E. coli* O157:H7.

TESTE SEU CONHECIMENTO

✔ **8-15** Diferencie as transferências horizontal e vertical de genes.

✔ **8-16** Compare a conjugação entre os seguintes pares: F⁺ × F⁻, Hfr × F⁻.

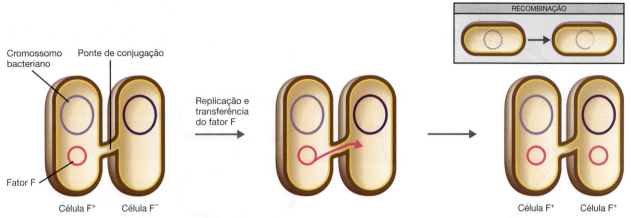

(a) Quando um fator F (um plasmídeo) é transferido de uma célula doadora (F⁺) para uma receptora (F⁻), a célula F⁻ é convertida em uma célula F⁺.

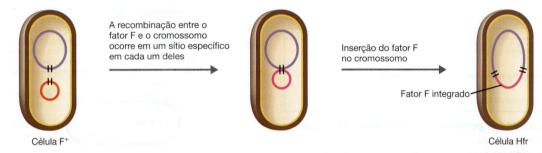

(b) Quando um fator F se integra ao cromossomo de uma célula F⁺, ele a transforma em uma célula de alta frequência de recombinação (Hfr).

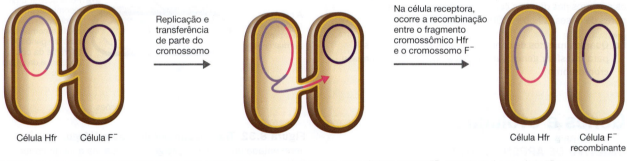

(c) Quando uma célula doadora Hfr transfere uma porção de seu cromossomo para uma célula receptora F⁻, o resultado é uma célula F⁻ recombinante.

Figura 8.30 **Conjugação em *E. coli*.**

P As bactérias se reproduzem durante a conjugação?

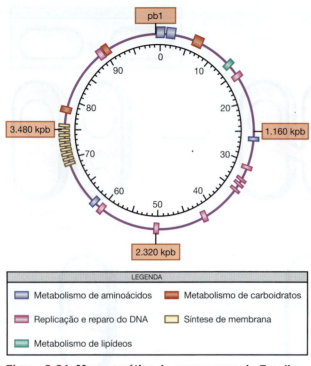

LEGENDA

- 🟦 Metabolismo de aminoácidos
- 🟥 Metabolismo de carboidratos
- 🟥 Replicação e reparo do DNA
- 🟨 Síntese de membrana
- 🟩 Metabolismo de lipídeos

Figura 8.31 Mapa genético do cromossomo de *E. coli*. Este mapa é construído pela observação de células recombinantes após a conjugação. Os números dentro do círculo indicam os minutos necessários para a transferência dos genes durante o acasalamento entre duas células; os números nos quadros coloridos indicam o número de pares de bases. 1 kpb = 1.000 pares de bases.

P Quantos minutos de conjugação seriam necessários para transferir genes para a síntese de membrana nesse cromossomo?

Genes e evolução

OBJETIVO DE APRENDIZAGEM

8-17 Discutir como a mutação genética e a recombinação fornecem material para a ocorrência da seleção natural.

Vimos como a atividade dos genes pode ser controlada pelos mecanismos reguladores internos das células e como os próprios genes podem ser alterados ou redistribuídos por mutação, transposição e recombinação. Todos esses processos fornecem diversidade aos descendentes das células. A diversidade fornece o material bruto para a evolução, e a seleção natural é a sua força-motriz. A seleção natural atua em diversas populações para garantir a sobrevivência dos indivíduos aptos àquele ambiente específico. Os diferentes tipos de microrganismos que existem hoje são o resultado de uma longa história evolutiva. Os microrganismos são continuamente modificados devido a alterações em suas propriedades genéticas e à aquisição de adaptações a muitos hábitats

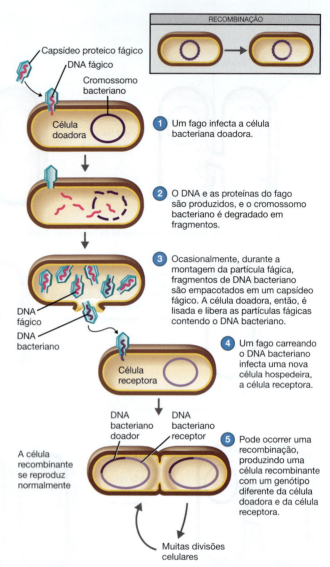

Figura 8.32 Transdução por um bacteriófago. Aqui é apresentada uma transdução generalizada, na qual qualquer DNA bacteriano pode ser transferido de uma célula para outra. A transdução especializada é mostrada na Figura 13.13.

P Como a bactéria *E. coli* poderia adquirir o gene da toxina Shiga?

diferentes. Ver **Explorando o microbioma** (neste capítulo) e o quadro "Foco clínico" no Capítulo 26 para exemplos de seleção natural.

TESTE SEU CONHECIMENTO

✔ **8-17** A seleção natural significa que o ambiente favorece a sobrevivência de alguns genótipos. De onde vem a diversidade nos genótipos?

Resumo para estudo

Estrutura e função do material genético (p. 208-218)

1. A genética é o estudo do que são os genes, como eles transportam informação, como sua informação é expressa e como eles são replicados e passados às gerações seguintes ou a outros organismos.

2. O DNA nas células existe como uma hélice de fita dupla; as duas fitas são mantidas unidas por ligações de hidrogênio entre pares de bases nitrogenadas específicas: AT e CG.

3. Um gene é uma sequência de nucleotídeos que codifica um produto funcional, geralmente uma proteína.

4. O DNA em uma célula é duplicado antes que a célula se divida; então, cada célula-filha receberá a mesma informação genética.

Genótipo e fenótipo (p. 208-209)

5. O genótipo é a composição genética de um organismo, seu complemento integral de DNA.

6. O fenótipo é a expressão dos genes: as proteínas da célula e as propriedades que elas conferem ao organismo.

DNA e cromossomos (p. 209)

7. O DNA em um cromossomo existe como uma longa dupla-hélice associada a várias proteínas que regulam a atividade genética.

8. Genômica é a caracterização molecular dos genomas.

Fluxo da informação genética (p. 209-210)

9. Após a divisão celular, cada célula-filha recebe um cromossomo que é praticamente idêntico ao parental.

10. A informação contida no DNA é transcrita em RNA e traduzida em proteínas.

Replicação do DNA (p. 209-213)

11. Durante a replicação do DNA, as duas fitas da dupla-hélice se separam na forquilha de replicação, e cada fita é usada como um molde pelas DNA-polimerases para sintetizar duas fitas novas de DNA de acordo com as regras do pareamento de bases complementares.

12. O resultado da replicação do DNA é a produção de duas fitas novas de DNA, cada qual apresentando uma sequência de bases complementar a uma das fitas originais.

13. Como cada molécula de DNA de dupla-fita contém uma fita original e uma fita nova, o processo de replicação é denominado semiconservativo.

14. O DNA é sintetizado em uma direção designada $5' \rightarrow 3'$. Na forquilha de replicação, a fita-líder é sintetizada continuamente, e a fita atrasada, descontinuamente.

15. As metilases adicionam um grupo metila às bases selecionadas imediatamente após a produção da fita de DNA.

16. A DNA-polimerase verifica as novas moléculas de DNA e remove as bases pareadas incorretamente antes de continuar a síntese do DNA.

RNA e a síntese proteica (p. 213-218)

17. Durante a transcrição, a enzima RNA-polimerase sintetiza uma fita de RNA a partir de uma das fitas do DNA dupla-fita, que serve como molde.

18. O RNA é sintetizado a partir de nucleotídeos contendo as bases A, C, G e U, que se pareiam com as bases da fita de DNA a ser transcrita.

19. A RNA-polimerase liga-se ao promotor; a transcrição se inicia no sítio AUG; a região do DNA que determina o término da transcrição é chamada sítio de terminação; o RNA é sintetizado na direção $5' \rightarrow 3'$.

20. Tradução é o processo no qual a informação contida na sequência de bases de nucleotídeos do mRNA é utilizada para ditar a sequência de aminoácidos de uma proteína.

21. O mRNA se associa aos ribossomos, que consistem em rRNA e proteína.

22. Os códons de três bases do mRNA especificam aminoácidos.

23. O código genético refere-se às relações entre a sequência de bases nucleotídicas do DNA, os códons correspondentes do mRNA e os aminoácidos que os códons codificam.

24. Aminoácidos específicos encontram-se aderidos a moléculas de tRNA. Outra porção do tRNA tem um grupo de três bases denominado anticódon.

25. O pareamento de bases dos códons e anticódons no ribossomo resulta na captação de aminoácidos específicos para o local da síntese proteica.

26. O ribossomo se move ao longo da fita de mRNA à medida que os aminoácidos se associam, formando um polipeptídeo em crescimento; o mRNA é lido na direção $5' \rightarrow 3'$.

27. A tradução termina quando o ribossomo atinge um códon de término no mRNA.

Regulação da expressão gênica bacteriana (p. 218-222)

1. A regulação da síntese proteica no nível genético é eficiente em termos de energia, pois as proteínas são sintetizadas somente quando necessário.

2. Os genes constitutivos são expressos a uma taxa fixa. Exemplos são os genes para as enzimas da glicólise.

Controle pré-transcricional (p. 218-221)

3. Nas bactérias, um grupo de genes estruturais regulados de forma coordenada com funções metabólicas relacionadas, além dos sítios promotor e operador que controlam sua transcrição, é denominado óperon.

4. No modelo de óperon para um sistema induzível, um gene regulador codifica a proteína repressora.

5. Quando o indutor está ausente, o repressor liga-se ao operador, nenhum mRNA é sintetizado e a transcrição não ocorre.

6. Quando o indutor está presente, ele liga-se ao repressor, de modo que ele não pode se ligar ao operador; portanto, o mRNA é produzido, e a síntese da enzima é induzida.

7. Em sistemas repressíveis, o repressor requer um correpressor a fim de ligar-se ao sítio operador; portanto, o correpressor controla a transcrição e a síntese enzimática resultante.

8. A transcrição de genes estruturais para enzimas catabólicas (como a β-galactosidase) é induzida pela ausência de glicose. O AMP cíclico e a CRP devem se ligar a um promotor na presença de um carboidrato alternativo.

9. Nucleotídeos metilados não são transcritos no controle epigenético.

Controle pós-transcricional (p. 221-222)

10. Após a transcrição, o mRNA pode atuar como um ribointerruptor, regulando, assim, a tradução.

11. A síntese de proteínas em células eucarióticas é inibida quando micro-RNAs se combinam com mRNA; o RNA de fita dupla resultante é destruído.

Alterações no material genético (p. 222-229)

1. As mutações e a transferência horizontal de genes podem alterar o genótipo de uma bactéria.

Mutação (p. 223)

2. A mutação é uma alteração na sequência de bases nitrogenadas do DNA; essa alteração modifica o produto codificado pelo gene mutado.

3. Muitas mutações são neutras, algumas são desvantajosas e outras são benéficas.

Tipos de mutações (p. 223-224)

4. Uma substituição de base ocorre quando um par de bases no DNA é substituído por um par diferente.

5. Alterações no DNA podem resultar em mutações de troca de sentido (*missense*), mudança de fase de leitura ou mutações sem sentido (*nonsense*).

6. As mutações espontâneas ocorrem sem a presença de um mutágeno.

Mutágenos (p. 224-227)

7. Os mutágenos são agentes ambientais que causam alterações permanentes no DNA.

8. A radiação ionizante causa a formação de íons e radicais livres que reagem com o DNA; isso resulta em substituições de base ou rompimento do arcabouço de açúcar-fosfato.

9. A radiação ultravioleta (UV) não é ionizante; no entanto, ela causa ligações entre as timinas adjacentes, resultando em dímeros de timina.

Frequência de mutação (p. 227)

10. A taxa de mutação é a probabilidade de um gene sofrer mutação quando uma célula se dividir; a taxa é expressa como 10 elevado a uma potência negativa.

11. Uma taxa baixa de mutações espontâneas é benéfica, fornecendo a diversidade genética necessária para a evolução.

Identificando mutantes (p. 227)

12. Os mutantes podem ser detectados por seleção ou teste para um fenótipo alterado.

13. A seleção positiva envolve a seleção de células mutantes e a rejeição de células não mutadas.

14. A placa em réplica é usada para a seleção negativa – para detectar, por exemplo, auxotróficos que têm necessidades nutricionais que a célula parental (não mutada) não tem.

Identificando carcinógenos químicos (p. 227-229)

15. O teste de Ames é um exame rápido e de custo relativamente baixo para identificar possíveis carcinógenos químicos.

16. O teste presume que uma célula mutante pode reverter para uma célula normal na presença de um mutágeno e que muitos mutágenos são carcinógenos.

Transferência genética e recombinação (p. 230-238)

1. A recombinação genética – rearranjo dos genes provenientes de grupos separados de genes – normalmente envolve o DNA de organismos diferentes; ela contribui para a diversidade genética.

2. No *crossing over*, os genes de dois cromossomos são recombinados em um novo cromossomo, que contém alguns genes de cada cromossomo original.

3. A transferência vertical de genes ocorre durante a reprodução quando os genes são passados de um organismo para seus descendentes.

4. A transferência horizontal de genes nas bactérias envolve a transferência de um fragmento do DNA da célula de um doador para um receptor,

5. Quando parte do DNA do doador é integrada ao DNA do receptor, a célula resultante é denominada recombinante.

Plasmídeos e transpósons (p. 230-233)

6. Os plasmídeos são moléculas de DNA circulares autorreplicativas que transportam genes geralmente não essenciais para a sobrevivência da célula.

7. Existem vários tipos de plasmídeos, incluindo plasmídeos conjugativos, plasmídeos de dissimilação, plasmídeos que transportam genes para toxinas ou bacteriocinas e fatores de resistência.

8. Os transpósons são pequenos segmentos de DNA que podem se mover de uma região para outra do mesmo cromossomo, ou para um cromossomo diferente ou para um plasmídeo.

9. Os transpósons complexos podem transportar qualquer tipo de gene, incluindo genes de resistência a antibióticos, sendo assim considerados um mecanismo natural de transposição de genes de um cromossomo para outro.

Transformação em bactérias (p. 233-235)

10. Durante o processo de transformação, os genes são transferidos de uma bactéria para outra como DNA "nu" em solução.

Conjugação em bactérias (p. 235-238)

11. A conjugação requer o contato entre células vivas.

12. Um tipo de célula doadora genética é uma F^+; células receptoras são F^-. As células F contêm plasmídeos chamados de fatores F; eles são transferidos para as células F^- durante a conjugação.

Transdução em bactérias (p. 236-238)

13. Nesse processo, o DNA é passado de uma bactéria para outra em um bacteriófago, sendo, então, incorporado ao DNA do receptor.

14. Na transdução generalizada, quaisquer genes bacterianos podem ser transferidos.

Genes e evolução (p. 238)

1. A diversidade é a pré-condição para a evolução.

2. A mutação e a recombinação genética propiciam diversidade de organismos, e o processo de seleção natural permite o crescimento daqueles mais adaptados a um determinado ambiente.

Questões para estudo

As respostas das questões de Conhecimento e compreensão estão na seção de Respostas no final deste livro.

Conhecimento e compreensão

Revisão

1. Descreva brevemente os componentes do DNA e explique suas relações funcionais com o RNA e as proteínas.

2. DESENHE Identifique e marque cada um dos seguintes na região do DNA em replicação: forquilha de replicação, DNA-polimerase, iniciador de RNA, fitas parentais, fita-líder, fita atrasada, a direção da replicação em cada uma das fitas e a extremidade 5′ de cada fita.

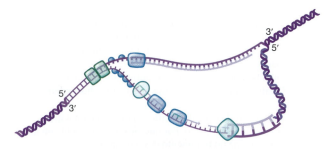

3. Correlacione os seguintes exemplos de mutágenos.

Coluna A	Coluna B
_____ a. Um mutágeno que é incorporado ao DNA no lugar de uma base normal	**1.** Mutágeno de fase de leitura
_____ b. Um mutágeno que causa a formação de íons altamente reativos	**2.** Análogo de nucleosídeo
_____ c. Um mutágeno que altera a adenina para que ela se pareie com a citosina	**3.** Mutágeno de pares de bases
_____ d. Um mutágeno que causa inserções	**4.** Radiação ionizante
_____ e. Um mutágeno que causa a formação de dímeros de pirimidina	**5.** Radiação não ionizante

4. O que se segue é um código para uma fita de DNA.

```
DNA      3′ A T A T _ _ _ T T T _ _ _ _ _ _ _ _ _
            1 2 3 4 5 6 7 8 9 10 11 12 13 14 15 16 17 18 19
mRNA                     C G U       U G A
tRNA                       U G G
Aminoácido        Met _____
```
ATAT = sequência promotora

a. Utilizando o código genético fornecido na Figura 8.8, preencha as lacunas para completar o segmento de DNA mostrado.

b. Preencha as lacunas e complete a sequência de aminoácidos codificada por essa fita de DNA.

c. Escreva o código da fita complementar de DNA completado na parte (a).

d. Qual seria o efeito se C fosse substituída por T na base 10?

e. Qual seria o efeito se A fosse substituída por G na base 11?

f. Qual seria o efeito se G fosse substituída por T na base 14?

g. Qual seria o efeito se C fosse inserida entre as bases 9 e 10?

h. Como a radiação UV afetaria essa fita de DNA?

i. Identifique uma sequência sem sentido nessa fita de DNA.

5. Quando o ferro não se encontra disponível, as bactérias *E. coli* podem interromper a síntese de todas as proteínas, como a superóxido-dismutase e a succinato-desidrogenase, que necessitam de ferro. Descreva um mecanismo para essa regulação.

6. Identifique em que momento (antes da transcrição, após a transcrição, antes da tradução, após a tradução) cada um dos seguintes mecanismos reguladores atua.

a. O ATP se associa a uma enzima, alterando a sua forma.

b. Um RNA curto, complementar ao mRNA, é sintetizado.

c. Ocorre a metilação do DNA.

d. Um indutor se associa a um repressor.

7. Qual sequência é o melhor alvo para ser danificado pela radiação UV: AGGCAA, CTTTGA ou GUAAAU? Por que nem todas as bactérias são destruídas ao serem expostas à luz solar?

8. Você recebe culturas com as seguintes características:
Cultura 1: F⁺, genótipo $A^+ B^+ C^+$
Cultura 2: F⁻, genótipo $A^- B^- C^-$

a. Indique os genótipos possíveis de uma célula recombinante resultante da conjugação das culturas 1 e 2.

b. Indique os genótipos possíveis de uma célula recombinante resultante da conjugação das duas culturas após a célula F⁺ ter se tornado Hfr.

9. Por que a mutação e a recombinação são importantes no processo de seleção natural e evolução dos organismos?

10. IDENTIFIQUE Normalmente um organismo comensal no intestino humano, essa bactéria se tornou patogênica após adquirir um gene de toxina de uma bactéria *Shigella*.

Múltipla escolha

Correlacione os seguintes termos com as definições nas questões 1 e 2.

a. conjugação
b. transcrição
c. transdução
d. transformação
e. tradução

1. A transferência de DNA de uma célula doadora a uma receptora por um bacteriófago.

2. A transferência de DNA de um doador para um receptor como DNA nu em solução.

3. A inibição por retroalimentação se difere da repressão porque esse tipo de inibição:

a. é menos preciso.
b. é de ação mais lenta.
c. interrompe a ação das enzimas preexistentes.
d. interrompe a síntese de novas enzimas.
e. todas as alternativas acima

4. As bactérias podem adquirir resistência a antibióticos por todas as alternativas que seguem, *exceto*:
   a. mutação.
   b. inserção de transpósons.
   c. conjugação.
   d. snRNPs.
   e. transformação.

5. Suponha que você tenha inoculado três frascos de caldo de sais mínimos com *E. coli*. O frasco A contém glicose. O frasco B contém glicose e lactose. O frasco C contém lactose. Após algumas horas de incubação, você testa os frascos para a presença de β-galactosidase. Qual(is) frasco(s) você prevê que terá(ão) essa enzima?
   a. A
   b. B
   c. C
   d. A e B
   e. B e C

6. Os plasmídeos diferem dos transpósons porque os plasmídeos:
   a. inserem-se nos cromossomos.
   b. autorreplicam-se fora do cromossomo.
   c. movem-se de um cromossomo para outro.
   d. transportam genes de resistência a antibióticos.
   e. nenhuma das alternativas acima

Utilize as seguintes opções para responder às questões 7 e 8:
   a. repressão catabólica
   b. DNA-polimerase
   c. indução
   d. repressão
   e. tradução

7. O mecanismo pelo qual a presença de glicose inibe o óperon *lac*.

8. O mecanismo pelo qual a lactose controla o óperon *lac*.

9. Duas células-filhas têm maior probabilidade de herdar da célula parental qual das alternativas abaixo?
   a. uma alteração em um nucleotídeo no mRNA
   b. uma alteração em um nucleotídeo no tRNA
   c. uma alteração em um nucleotídeo no rRNA
   d. uma alteração em um nucleotídeo no DNA
   e. uma alteração em uma proteína

10. Qual das seguintes alternativas *não* é um método de transferência horizontal de genes?
    a. fissão binária
    b. conjugação
    c. integração de um transpóson
    d. transdução
    e. transformação

Análise

1. Os análogos de nucleosídeo e a radiação ionizante são usados no tratamento do câncer. Esses mutágenos podem causar câncer, então como você supõe que eles sejam usados para tratar a doença?

2. A replicação do cromossomo da *E. coli* leva de 40 a 45 minutos, mas o organismo tem um tempo de geração de 26 minutos. Como a célula tem tempo para sintetizar cromossomos completos para cada célula-filha?

3. *Pseudomonas* tem um plasmídeo contendo o óperon *mer*, o qual inclui o gene para a redutase mercúrica. Essa enzima catalisa a redução do íon mercúrico Hg^{2+} para a forma não carregada do mercúrio, Hg^0. O Hg^{2+} é muito tóxico para as células; o Hg^0 não é.
   a. Na sua opinião, qual é o indutor para esse óperon?
   b. A proteína codificada por um dos genes *mer* liga-se ao Hg^{2+} no periplasma e o conduz para dentro da célula. Por que uma célula captaria uma toxina?

Aplicações clínicas e avaliação

1. O ciprofloxacino, a eritromicina e o aciclovir são usados para tratar infecções microbianas. O ciprofloxacino inibe a DNA-girase. A eritromicina liga-se à frente do sítio A na subunidade 50S de um ribossomo. O aciclovir é um análogo da guanina.
   a. Quais etapas na síntese proteica são inibidas por cada fármaco?
   b. Qual fármaco é mais efetivo contra bactérias? Por quê?
   c. Quais fármacos terão efeitos nas células hospedeiras? Por quê?
   d. Utilize o índice para identificar a doença para a qual o aciclovir é mais utilizado. Por que ele é mais eficiente do que a eritromicina no tratamento dessa doença?

2. O HIV, o vírus que causa a Aids, foi isolado de três indivíduos, e as sequências de aminoácidos do capsídeo viral foram determinadas. Das sequências de aminoácidos mostradas a seguir, dois vírus são mais estreitamente relacionados. Quais são eles? Como essas sequências de aminoácidos podem ser usadas para identificar a fonte de um vírus?

Paciente	Sequência de aminoácidos virais											
A	Asn	Gln	Thr	Ala	Ala	Ser	Lys	Asn	Ile	Asp	Ala	Leu
B	Asn	Leu	His	Ser	Asp	Lys	Ile	Asn	Ile	Ile	Leu	Leu
C	Asn	Gln	Thr	Ala	Asp	Ser	Ile	Val	Ile	Asp	Ala	Leu

3. O herpes-vírus humano 8 (HHV-8) é comum em certas partes da África, do Oriente Médio e do Mediterrâneo, mas é raro em outros locais – a não ser em pessoas com Aids. Análises genéticas indicam que a linhagem africana não está se alterando, mas a linhagem ocidental está acumulando alterações. Usando os fragmentos dos genomas do HHV-8 (mostrados a seguir) que codificam uma das proteínas virais, quais são as semelhanças entre esses dois vírus? Qual é o mecanismo responsável pelas alterações? Qual é a doença causada pelo HHV-8?

Ocidental	3'-ATGGAGTTCTTCTGGACAAGA
Africana	3'-AT A A AC TT T TTCT T GACAA CG

Biotecnologia e tecnologia do DNA recombinante 9

Há milhares de anos, as pessoas consomem alimentos produzidos pela ação de microrganismos. Pão, chocolate e molho de soja são alguns dos exemplos mais conhecidos. Porém, faz apenas um pouco mais de 150 anos que os cientistas descobriram que os microrganismos são responsáveis por esses produtos. Esse conhecimento abriu caminho para o uso de microrganismos na manufatura de outros produtos importantes. Desde a Primeira Guerra Mundial, os micróbios são usados para produzir uma variedade de substâncias químicas, como o etanol, a acetona e o ácido cítrico. Desde a Segunda Guerra Mundial, microrganismos são cultivados para a produção de antibióticos. Mais recentemente, os micróbios e suas enzimas têm substituído uma variedade de processos químicos envolvidos na fabricação de produtos como papel, tecidos e frutose. Utilizar os micróbios ou suas enzimas em vez de substâncias sintetizadas quimicamente oferece várias vantagens. Os micróbios podem usar matérias-primas baratas e abundantes; podem trabalhar sob temperaturas e pressões normais, o que evita a necessidade de sistemas caros e perigosos; e não produzem resíduos tóxicos e difíceis de serem tratados. Nos últimos 30 anos, a tecnologia do DNA recombinante está sendo adicionada ao rol de recursos para a fabricação de produtos. Mais recentemente, o uso da tecnologia do DNA recombinante para a produção de vacinas que protegem contra a Covid-19 se tornou amplamente reconhecida. (A produção de vacinas será discutida em detalhes no Capítulo 18.)

Neste capítulo, aprenderemos sobre as ferramentas e as técnicas que são utilizadas para pesquisar e desenvolver um produto. Também veremos como a tecnologia do DNA recombinante é usada para investigar surtos de doenças infecciosas e fornecer evidências em casos jurídicos com a microbiologia forense. O "Caso clínico" ilustra o uso da tecnologia do DNA recombinante na identificação do HIV (ver a fotografia).

◀ **Vírus da imunodeficiência humana (HIV) (em amarelo) brotando de uma célula hospedeira.**

Na clínica

O suspeito de um crime afirma que é inocente. Ele diz que suas roupas ficaram manchadas de sangue ao tentar ressuscitar a vítima. O padrão das manchas de sangue encontradas nas roupas pode ter surgido após o suspeito golpear a vítima, mas também é consistente com respingos de sangue do nariz e da boca da vítima após a realização de reanimação cardiopulmonar. Como enfermeiro(a) forense do departamento de polícia, você coleta tecido manchado de sangue do suspeito e uma amostra de sangue da cena do crime. Você solicita um teste de PCR para estreptococos em ambas as amostras. O ensaio é positivo para o sangue no tecido, mas negativo para o sangue encontrado na cena do crime.

Como um teste de PCR pode detectar evidências da bactéria *Streptococcus* em amostras tão pequenas? Esses resultados ajudam ou prejudicam o suspeito?

Dica: leia sobre a técnica da reação em cadeia da polimerase.

Introdução à biotecnologia

OBJETIVOS DE APRENDIZAGEM

9-1 Comparar e diferenciar biotecnologia, modificação genética e tecnologia do DNA recombinante.

9-2 Identificar os papéis de um clone e de um vetor na produção de DNA recombinante.

A **biotecnologia** envolve o uso de microrganismos, células ou componentes celulares para fazer um produto. Os micróbios são utilizados há anos na produção comercial de alimentos, vacinas, antibióticos e vitaminas. As bactérias também são usadas na mineração para extrair elementos valiosos do minério (ver Figura 28.12). Além disso, as células animais são utilizadas na produção de vacinas virais desde a década de 1950.

Até a década de 1980, os produtos fabricados por células vivas eram todos oriundos de células de ocorrência natural; o papel dos cientistas era encontrar a célula apropriada e desenvolver um método para o cultivo em larga escala. Atualmente, os microrganismos e as plantas são utilizados como "fábricas" para a produção de substâncias químicas que os organismos não produzem naturalmente. Isso é possível por meio da inserção, deleção ou modificação de genes pela **tecnologia do DNA recombinante (rDNA)**, a qual muitas vezes é chamada de *engenharia genética*. O desenvolvimento

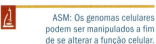

ASM: Os genomas celulares podem ser manipulados a fim de se alterar a função celular.

da tecnologia do rDNA está expandindo as aplicações práticas da biotecnologia para quase além do imaginável.

Tecnologia do DNA recombinante

A recombinação do DNA ocorre naturalmente em micróbios (ver Capítulo 8). Nas décadas de 1970 e 1980, os cientistas desenvolveram técnicas artificiais para a produção de rDNA para usos humanos.

Um gene de um organismo pode ser inserido no DNA de uma bactéria ou levedura. Em muitos casos, pode-se fazer o receptor expressar o gene, que pode codificar um produto comercialmente útil. Assim, bactérias com genes que codificam a insulina humana hoje são utilizadas para produzir insulina para o tratamento do diabetes, e uma vacina contra a hepatite B está sendo produzida em uma levedura portadora do gene que codifica parte do vírus causador da doença (a levedura produz uma proteína da superfície viral). Os cientistas esperam que essa abordagem se torne útil para a produção de vacinas contra outros agentes infecciosos, eliminando a necessidade de usar microrganismos completos, como nas vacinas convencionais.

As técnicas de rDNA também podem ser utilizadas para produzir milhares de cópias de uma mesma molécula de DNA – *amplificar* DNA –, gerando assim DNA suficiente para vários tipos de experimentos e análises. Essa técnica tem aplicação prática na identificação de micróbios, como os vírus, que não crescem em cultura celular.

Visão geral da tecnologia do DNA recombinante

Um panorama de algumas das tecnologias utilizadas na produção de rDNA, em conjunto com algumas aplicações promissoras,

é mostrado na **Figura 9.1**. Um vetor é uma molécula de DNA que transporta DNA exógeno para o interior de uma célula. (Continue lendo para aprender mais sobre vetores.) O gene de interesse é inserido no DNA do vetor *in vitro*. Na Figura 9.1, o vetor é um plasmídeo. A molécula de DNA escolhida como vetor deve ser autorreplicativa, como um plasmídeo ou um genoma viral. Esse de DNA de vetor recombinante é introduzido em uma célula, como uma bactéria, onde ele pode se multiplicar. A célula contendo o vetor recombinante é, então, multiplicada em cultura para formar um **clone** de muitas células geneticamente idênticas, cada uma delas carreando cópias do vetor e, portanto, muitas cópias do gene de interesse. Por isso, os vetores de DNA com frequência são chamados de *vetores de clonagem de genes*, ou simplesmente *vetores de clonagem*. (Além de referir-se a uma cultura de células idênticas, o verbo derivado *clonar* é utilizado rotineiramente para descrever todo o processo, como em "clonar um gene".)

A etapa final varia de acordo com os objetivos de interesse, seja o próprio gene ou o seu produto. A partir do clone de células, o pesquisador pode isolar (ou coletar) grandes quantidades do gene de interesse, que é utilizado para vários propósitos. O gene pode até mesmo ser inserido em outro vetor para a introdução em outro tipo de célula (vegetal ou animal). De outra forma, se o gene de interesse for expresso (transcrito e traduzido) no clone de células, seu produto proteico pode ser selecionado e utilizado para vários propósitos.

As vantagens de se utilizar rDNA para obter essas proteínas é ilustrada por um dos sucessos iniciais dessa tecnologia: a produção do hormônio de crescimento humano (hGH) em bactérias *Escherichia coli*. Alguns indivíduos não produzem quantidades adequadas de hGH, retardando o seu crescimento. Como o hormônio do crescimento de outros animais não

---

CASO CLÍNICO Não é um exame comum

O Dr. B. está encerrando as atividades de sua clínica odontológica após 20 anos. Há 4 anos, ele consultou com um médico de família devido a uma exaustão debilitante. Acreditava que havia contraído uma gripe da qual não conseguia se curar, além de apresentar suores noturnos. Na época, o médico solicitou uma infinidade de exames de sangue, mas apenas um retornou positivo. O Dr. B. tinha HIV. Embora tenha iniciado imediatamente um esquema de tratamento para a infecção, 1 ano mais tarde ele foi diagnosticado com Aids. Hoje, 2 anos depois, o Dr. B. está muito doente e não consegue mais trabalhar.

O Dr. B. conversa com seus colaboradores sobre a situação e sugere que todos sejam testados para o HIV. Todos os funcionários do Dr. B., incluindo os assistentes, obtiveram resultados negativos. O Dr. B. também escreve uma carta aberta aos seus pacientes, informando-os da sua decisão de fechar a clínica e justificando-se. Essa carta levou 400 de seus ex-pacientes a serem testados para o HIV, 7 dos quais obtiveram resultados positivos para anticorpos contra o vírus.

Qual tipo de teste pode determinar se esses pacientes contraíram o HIV a partir do Dr. B.? Continue lendo para descobrir.

Parte 1 | Parte 2 | Parte 3 | Parte 4 | Parte 5

Um procedimento típico de modificação genética

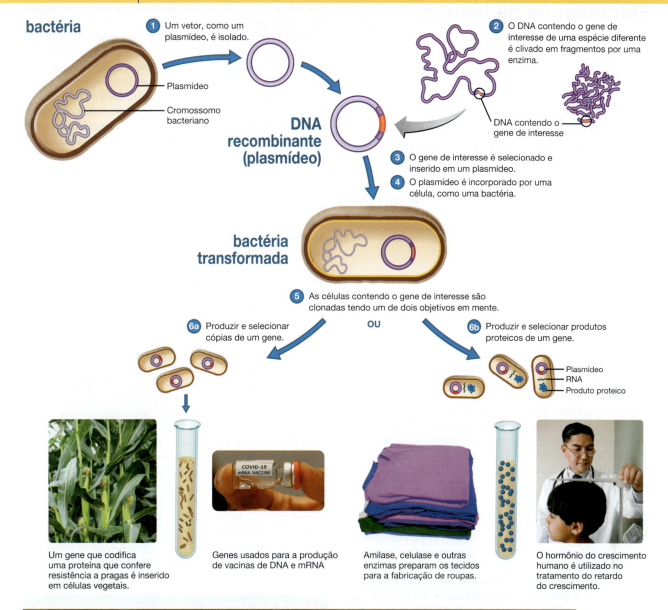

bactéria

① Um vetor, como um plasmídeo, é isolado.

② O DNA contendo o gene de interesse de uma espécie diferente é clivado em fragmentos por uma enzima.

Plasmídeo

Cromossomo bacteriano

DNA recombinante (plasmídeo)

DNA contendo o gene de interesse

③ O gene de interesse é selecionado e inserido em um plasmídeo.

④ O plasmídeo é incorporado por uma célula, como uma bactéria.

bactéria transformada

⑤ As células contendo o gene de interesse são clonadas tendo um de dois objetivos em mente.

6a Produzir e selecionar cópias de um gene.

OU

6b Produzir e selecionar produtos proteicos de um gene.

Plasmídeo
RNA
Produto proteico

Um gene que codifica uma proteína que confere resistência a pragas é inserido em células vegetais.

Genes usados para a produção de vacinas de DNA e mRNA

COVID-19 mRNA VACCINE

Amilase, celulase e outras enzimas preparam os tecidos para a fabricação de roupas.

O hormônio do crescimento humano é utilizado no tratamento do retardo do crescimento.

CONCEITOS-CHAVE

● Genes das células de um organismo podem ser inseridos e expressos nas células de outro organismo.

● As células geneticamente modificadas podem ser usadas para criar uma imensa variedade de produtos com aplicações úteis.

é efetivo em humanos, anteriormente o hGH tinha de ser obtido de glândulas hipófises humanas em necrópsias. Essa prática, além de dispendiosa, também era perigosa, pois em várias ocasiões doenças neurológicas eram transmitidas com o hormônio. O hGH produzido por *E. coli* geneticamente modificada é puro e tem custo mais acessível. Técnicas de rDNA também resultam em uma produção mais rápida do hormônio, o que não é possível com os métodos tradicionais.

TESTE SEU CONHECIMENTO

✔ **9-1** Diferencie biotecnologia e tecnologia do rDNA.

✔ **9-2** Em uma frase, descreva como um vetor e um clone são utilizados.

Ferramentas da biotecnologia

OBJETIVOS DE APRENDIZAGEM

9-3 Comparar seleção e mutação.

9-4 Definir *enzimas de restrição* e descrever como elas são utilizadas na produção de rDNA.

9-5 Listar as quatro propriedades dos vetores.

9-6 Descrever o uso dos plasmídeos e dos vetores virais.

9-7 Definir as etapas de uma PCR e exemplificar o seu uso.

Os cientistas e os técnicos pesquisadores isolam bactérias e fungos a partir de ambientes naturais, como o solo e a água, para encontrar, ou *selecionar*, os organismos que produzem um produto desejado. O organismo selecionado pode ser submetido a mutações para produzir mais do produto ou um produto melhor.

Seleção

Na natureza, organismos com características que aumentam as chances de sobrevivência têm maior probabilidade de sobreviver e de se reproduzir do que as variantes desprovidas desses traços. Isso se chama *seleção natural*. Os seres humanos utilizam a **seleção artificial** para selecionar as raças de animais ou as linhagens de plantas desejáveis para serem cultivadas. Quando os microbiologistas aprenderam a isolar e cultivar os microrganismos em cultura pura, tornou-se possível selecionar somente aqueles que poderiam atingir o objetivo desejado, como produzir cerveja de forma mais eficiente ou um novo antibiótico. Mais de 2 mil linhagens de bactérias produtoras de antibióticos foram descobertas por meio de testes em bactérias no solo e seleção das linhagens que produzem antibióticos.

Mutação

As mutações são responsáveis por grande parte da diversidade da vida (ver Capítulo 8). Uma bactéria com uma mutação que confere resistência a um antibiótico pode sobreviver e se reproduzir na presença desse antibiótico. Biólogos trabalhando com micróbios produtores de antibióticos descobriram que poderiam criar novas linhagens se expusessem os microrganismos a agentes mutagênicos. Após mutações aleatórias surgirem no fungo produtor de penicilina, *Penicillium*, pela exposição de culturas do fungo à radiação, a variante com maior rendimento entre os sobreviventes foi selecionada para uma nova exposição a um mutagênico. Utilizando mutações, os biólogos aumentaram a quantidade de penicilina produzida pelo fungo em mais de mil vezes.

A triagem de cada mutante para detectar a produção de penicilina é um processo tedioso. A **mutagênese sítio-dirigida** tem como alvo sítios específicos e pode ser utilizada para fazer uma alteração determinada em um gene. Suponha que você tenha concluído que a alteração de um aminoácido na enzima que atua no detergente durante a lavagem de roupa na água fria a tornará mais eficiente. Utilizando o código genético (ver Figura 8.8), você poderia, usando as técnicas descritas a seguir,

produzir a sequência de DNA que codifica esse aminoácido e inseri-la no gene da enzima.

A ciência da genética molecular avançou a um nível tal que muitos procedimentos de clonagem rotineiros já são realizados utilizando materiais pré-preparados e seguindo protocolos muito similares a receitas de bolo. Os engenheiros genéticos têm um repertório de métodos à disposição, que são utilizados de acordo com o objetivo final de cada experimento. A seguir, descreveremos algumas das mais importantes ferramentas e técnicas, e posteriormente serão consideradas algumas aplicações.

Enzimas de restrição

A tecnologia do rDNA tem as suas raízes técnicas na descoberta das **enzimas de restrição**, uma classe especial de enzimas que clivam o DNA existentes em muitas bactérias. As enzimas de restrição foram isoladas pela primeira vez em 1970, embora tenham sido observadas na natureza antes disso, quando foi descoberto que certos bacteriófagos tinham uma gama restrita de hospedeiros. Se esses fagos fossem utilizados para infectar outras bactérias que não suas hospedeiras habituais, eles teriam quase todo o seu DNA destruído pelas enzimas de restrição das novas bactérias hospedeiras. As enzimas de restrição protegem uma célula bacteriana pela hidrólise do DNA do fago. O DNA bacteriano é protegido da digestão porque a célula **metila** (acrescenta grupos metila) algumas das citosinas do seu DNA. As formas purificadas dessas enzimas bacterianas são utilizadas atualmente em laboratórios.

O que é importante nas técnicas de rDNA é que uma enzima de restrição reconhece e cliva, ou *digere*, apenas uma sequência particular de bases nucleotídicas no DNA, e ela cliva essa sequência sempre da mesma maneira. As enzimas de restrição típicas utilizadas em experimentos de clonagem reconhecem sequências de 4, 6 ou 8 bases. Centenas de enzimas de restrição são conhecidas, cada uma delas produzindo fragmentos de DNA que apresentam extremidades clivadas características. Algumas enzimas de restrição estão listadas na **Tabela 9.1**. Observe que o nome das enzimas de restrição é

TABELA 9.1 Algumas enzimas de restrição utilizadas na tecnologia do rDNA

Enzima	Fonte bacteriana	Sequência reconhecida
*Bam*HI	*Bacillus amyloliquefaciens*	G↓GG A T C C C C T A G↑ G
*Eco*RI	*Escherichia coli*	G↓GA A T T C C T T A A↑ G
*Hae*III	*Haemophilus aegyptius*	G G↓C C C C↑G G
*Hind*III	*Haemophilus influenzae*	A↓A G C T T T T C G A↑ A

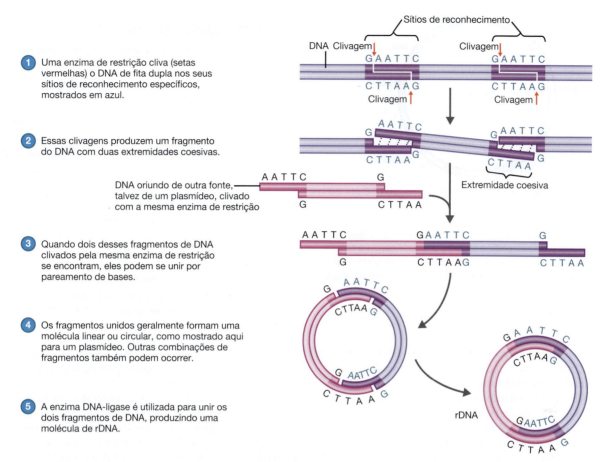

1. Uma enzima de restrição cliva (setas vermelhas) o DNA de fita dupla nos seus sítios de reconhecimento específicos, mostrados em azul.

2. Essas clivagens produzem um fragmento do DNA com duas extremidades coesivas.

DNA oriundo de outra fonte, talvez de um plasmídeo, clivado com a mesma enzima de restrição

3. Quando dois desses fragmentos de DNA clivados pela mesma enzima de restrição se encontram, eles podem se unir por pareamento de bases.

4. Os fragmentos unidos geralmente formam uma molécula linear ou circular, como mostrado aqui para um plasmídeo. Outras combinações de fragmentos também podem ocorrer.

5. A enzima DNA-ligase é utilizada para unir os dois fragmentos de DNA, produzindo uma molécula de rDNA.

Figura 9.2 Papel de uma enzima de restrição na produção de rDNA.

P Por que as enzimas de restrição são utilizadas na produção de rDNA?

determinado de acordo com a espécie bacteriana na qual ela é isolada. Algumas dessas enzimas (p. ex., *Hae*III) clivam ambas as fitas do DNA em um mesmo ponto, produzindo **extremidades cegas**, e outras produzem cortes escalonados nas duas fitas – os cortes não são diretamente opostos um ao outro (**Figura 9.2**). Essas extremidades escalonadas, ou **extremidades coesivas**, são as mais utilizadas na tecnologia do rDNA, uma vez que podem unir duas peças diferentes de DNA previamente cortadas pela mesma enzima. As extremidades coesivas do DNA se ligam umas às outras por complementaridade de bases.

Na Figura 9.2, observe que as sequências nucleotídicas em negrito são as mesmas nas duas fitas, mas elas se estendem em direções opostas. As clivagens escalonadas geram segmentos curtos de DNA de fita simples nas extremidades dos fragmentos de DNA. Se dois fragmentos de DNA de diferentes origens forem produzidos pela ação da mesma enzima de restrição, ambos terão extremidades coesivas idênticas e poderão ser unidos (recombinados) *in vitro*. As extremidades coesivas se unem de modo espontâneo por ligação de hidrogênio (pareamento de bases). A enzima

DNA-ligase é usada para unir covalentemente os arcabouços de diferentes fragmentos de DNA, produzindo moléculas de rDNA.

Vetores

Vários tipos diferentes de moléculas de DNA podem ser utilizados como vetores, desde que apresentem determinadas propriedades. A propriedade mais importante é a autorreplicação; ou seja, uma vez no interior de uma célula, o vetor deve ser capaz de se replicar. Qualquer molécula de DNA que for inserida no vetor também será replicada nesse processo. Assim, os vetores funcionam como veículos para a replicação de sequências de DNA de interesse.

Os vetores também precisam ser grandes o suficiente para serem manipulados fora da célula durante o processo de rDNA. Os vetores menores são manipulados mais facilmente que moléculas de DNA maiores, que tendem a ser mais frágeis. A preservação é outra propriedade importante dos vetores. A forma circular das moléculas de DNA protege o DNA do vetor de uma eventual destruição pela célula receptora. Observe na **Figura 9.3** que o DNA de um plasmídeo é circular. Outro

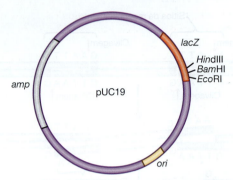

Figura 9.3 Plasmídeo utilizado em clonagens. O pUC19 é um vetor plasmidial utilizado para clonagem na bactéria *E. coli*. Uma origem de replicação (*ori*) permite que o plasmídeo seja autorreplicativo. Dois genes, um codificando a resistência contra o antibiótico ampicilina (*amp*) e um codificando a enzima β-galactosidase (*lacZ*), atuam como marcadores genéticos. DNA exógeno pode ser inserido nos sítios de clivagem para enzimas de restrição.

P O que é um vetor na tecnologia do rDNA?

mecanismo de preservação ocorre quando o DNA de um vírus se insere rapidamente no cromossomo do hospedeiro.

Quando é necessário recuperar células contendo o vetor, um marcador genético vetorial frequentemente facilita o processo de seleção. Os genes marcadores selecionáveis mais comuns são aqueles para a resistência a antibióticos ou para enzimas que realizam reações facilmente identificáveis.

Os plasmídeos são um dos principais vetores em uso, particularmente as variantes de plasmídeos fator R. O DNA de um plasmídeo pode ser clivado com as mesmas enzimas de restrição do DNA a ser clonado, de forma que todos os fragmentos de DNA apresentarão as mesmas extremidades coesivas. Quando os fragmentos são misturados, o DNA a ser clonado será inserido no plasmídeo (Figura 9.2). Observe que outras combinações de fragmentos também podem ocorrer, inclusive a recirculação do plasmídeo sem nenhum fragmento de DNA inserido.

Alguns plasmídeos são capazes de subsistir em várias espécies diferentes. Eles são conhecidos como **vetores de transferência** e podem ser utilizados para mover sequências de DNA clonadas de um organismo para outro, como entre células bacterianas, de leveduras e de mamíferos, ou entre células bacterianas, fúngicas e vegetais. Os vetores de transferência podem ser bastante úteis no processo de modificação genética de organismos multicelulares – por exemplo, quando genes de resistência a pesticidas são inseridos em plantas.

Um tipo distinto de vetor é o DNA viral. Esse tipo de vetor normalmente consegue aceitar fragmentos de DNA exógeno muito maiores que o tamanho máximo aceito por plasmídeos. Após o DNA ter sido inserido no vetor viral, ele pode ser clonado nas células hospedeiras do vírus. A escolha de um vetor adequado depende de muitos fatores, inclusive do organismo que receberá o novo gene e do tamanho do DNA a ser clonado. Retrovírus, adenovírus e herpes-vírus são atualmente usados para inserir genes corretores em células humanas que contêm genes defeituosos. A terapia gênica será discutida posteriormente neste capítulo.

Reação em cadeia da polimerase

A **reação em cadeia da polimerase** (**PCR**, de *polymerase chain reaction*) é uma técnica em que pequenas amostras de DNA podem ser rapidamente amplificadas (aumentadas) em quantidades suficientes para que a análise seja feita. Iniciando com somente um fragmento de DNA do tamanho de um gene, a PCR pode ser utilizada para produzir bilhões de cópias em apenas algumas horas. O processo da PCR é mostrado na **Figura 9.4**.

Cada fita do DNA-alvo servirá como molde para a síntese do DNA. Adicionado a esse DNA há um suprimento dos quatro nucleotídeos (para a montagem de um novo DNA) e DNA-polimerase, a enzima que catalisa a síntese (ver Capítulo 8). Fragmentos curtos de ácido nucleico chamados de iniciadores também são adicionados para auxiliar no início da reação. Os iniciadores são complementares às extremidades do DNA-alvo e irão se hibridizar aos fragmentos a serem amplificados. A polimerase, então, sintetiza novas fitas complementares. Depois de cada ciclo de síntese, o DNA é aquecido para converter todo o novo DNA em fitas simples. Por sua vez, cada fita de DNA recém-sintetizada serve como molde para a síntese de novo DNA.

Como resultado, o processo continua exponencialmente. Todos os reagentes necessários são adicionados a um tubo, o qual é colocado em um *termociclador*. O termociclador pode ser ajustado de acordo com a temperatura, o tempo e o número de ciclos desejados. O uso de um termociclador automatizado é possível devido à utilização de uma DNA-polimerase extraída de uma bactéria termofílica, como *Thermus aquaticus*; a enzima desses organismos pode sobreviver à fase de aquecimento sem ser destruída. Completados em apenas algumas horas, 30 ciclos aumentarão a quantidade de DNA-alvo em mais de 1 bilhão de vezes.

O DNA amplificado pode ser visualizado por eletroforese em gel. Na *PCR em tempo real*, ou *PCR quantitativa* (*qPCR*), o DNA recém-formado é marcado com um corante fluorescente, assim os níveis de fluorescência podem ser mensurados após cada ciclo de PCR (por isso a denominação *tempo real*). Outra modalidade de PCR, denominada *transcrição reversa* (*RT-PCR*), utiliza RNA viral ou mRNA celular como molde. Nesse caso, a enzima transcriptase reversa sintetiza uma molécula de DNA a partir do RNA-molde, e a seguir o DNA é amplificado.

Observe que a PCR só pode ser usada para amplificar sequências específicas de DNA relativamente pequenas, como determinado pela escolha dos iniciadores. A PCR não pode ser utilizada para amplificar um genoma inteiro.

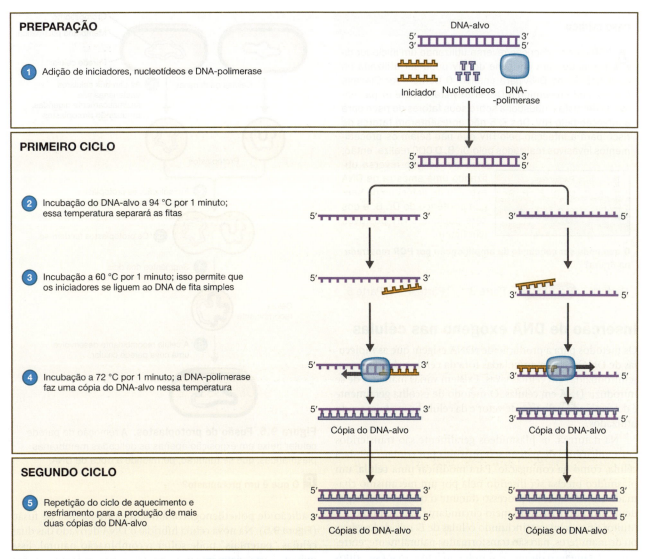

Figura 9.4 Reação em cadeia da polimerase. Os desoxinucleotídeos (dNTPs) pareiam-se com o DNA-alvo: adenina pareia com timina, e citosina pareia com guanina.

P Qual é a diferença entre esta figura e a *PCR com transcrição reversa*?

A PCR pode ser utilizada em qualquer situação que requeira a amplificação do DNA. A técnica atualmente é uma importante ferramenta para o diagnóstico de agentes infecciosos, principalmente em situações em que esses agentes não são detectados por outras técnicas. O ensaio de qPCR possibilita uma identificação rápida de *Mycobacterium tuberculosis* resistente a fármacos. Caso contrário, essa bactéria poderia levar até 6 semanas para ser cultivada, o que deixaria os pacientes sem tratamento por um período significativo de tempo. E um teste de RT-qPCR é usado no diagnóstico da Covid-19.

TESTE SEU CONHECIMENTO

✔ **9-7** Qual é a função de cada um dos seguintes fatores utilizados na PCR: iniciador, DNA-polimerase, 94 °C?

Técnicas de modificação genética

OBJETIVOS DE APRENDIZAGEM

9-8   Descrever cinco maneiras de introduzir DNA em uma célula.

9-9   Descrever como uma biblioteca genômica é produzida.

9-10   Diferenciar cDNA de DNA sintético.

9-11   Explicar como os itens a seguir são utilizados para se localizar um clone: gene de resistência a antibióticos, sondas de DNA, produtos gênicos.

9-12   Listar uma vantagem de se modificar geneticamente cada um dos seguintes sistemas: *E. coli*, *Saccharomyces cerevisiae*, células de mamíferos, células vegetais.

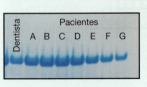
Inserção de DNA exógeno nas células

Os métodos para a produção de rDNA exigem que as moléculas de DNA sejam manipuladas fora da célula e depois sejam reintroduzidas em células vivas. Existem várias maneiras de se introduzir DNA em células. O método de escolha geralmente é determinado pelo tipo de vetor e da célula hospedeira sendo utilizados.

Na natureza, os plasmídeos geralmente são transferidos entre micróbios de parentesco próximo por contato célula a célula, como na conjugação. Para modificar uma célula, um plasmídeo precisa ser inserido nela por um mecanismo chamado **transformação**, processo durante o qual as células podem incorporar DNA do meio circundante (ver Capítulo 8). Muitos tipos celulares, incluindo células de *E. coli*, de levedura ou de mamíferos, não são transformados naturalmente; entretanto, tratamentos químicos simples podem tornar esses tipos celulares *competentes*, ou seja, capazes de captar DNA externo. No caso da *E. coli*, o procedimento para produzir células competentes é a incubação celular em uma solução de cloreto de cálcio por um período breve. Após esse tratamento, as células agora competentes são misturadas com o DNA clonado e submetidas a um choque térmico moderado. Algumas dessas células captarão o DNA.

Há outros meios para transferir DNA para o interior das células. Um processo conhecido como **eletroporação** utiliza uma corrente elétrica para formar poros microscópicos nas membranas celulares; o DNA entra nas células através desses poros. A eletroporação é, em geral, aplicável a todas as células; aquelas que apresentam parede celular com frequência precisam ser convertidas primeiro em protoplasto. Os **protoplastos** são produzidos pela remoção enzimática da parede celular, permitindo um acesso mais direto à membrana plasmática.

O processo de **fusão do protoplasto** também faz uso das propriedades dos protoplastos. Os protoplastos em solução fundem-se com uma frequência baixa, porém significativa;

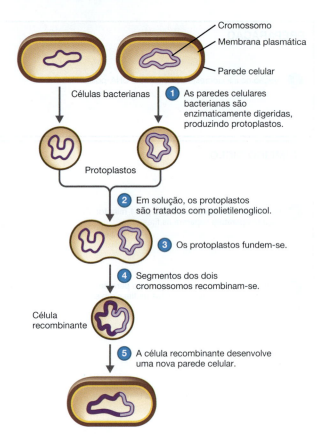

Figura 9.5 Fusão de protoplastos. A remoção da parede celular deixa em exposição apenas as delicadas membranas plasmáticas, que se fundirão, permitindo a troca de DNA.

P O que é um protoplasto?

a adição de polietilenoglicol aumenta a frequência de fusão (**Figura 9.5**). Na nova célula híbrida, o DNA derivado das duas células "parentais" pode sofrer recombinação natural. Esse método é especialmente importante na manipulação genética de células vegetais e de algas.

Um método excelente para se introduzir DNA exógeno em células vegetais consiste literalmente no disparo direto do DNA através das espessas paredes de celulose por meio de uma pistola gênica (**Figura 9.6**). As partículas microscópicas de tungstênio ou ouro são revestidas com DNA e impulsionadas, como projéteis, por uma explosão de hélio através das paredes das células vegetais. Algumas das células expressam o DNA introduzido como se fosse próprio.

O DNA pode ser introduzido diretamente em uma célula animal por **microinjeção**. Essa técnica requer o uso de uma micropipeta de vidro com o diâmetro muito menor que a célula. A micropipeta perfura a membrana plasmática, e assim o DNA pode ser injetado através dela (**Figura 9.7**).

Portanto, existe uma enorme variedade de enzimas de restrição, vetores e métodos de inserção de DNA nas células. Contudo, o DNA exógeno apenas sobreviverá se estiver presente em um vetor autorreplicativo ou se for incorporado em um dos cromossomos celulares por recombinação.

Figura 9.6 Uma pistola gênica, que pode ser utilizada para inserir "projéteis" revestidos de DNA em uma célula.

P Cite outros quatro métodos para inserção de DNA em uma célula.

Obtenção do DNA

Vimos como os genes podem ser clonados em vetores com a utilização de enzimas de restrição e como eles podem ser transformados ou transferidos para vários tipos celulares. Mas como os biólogos obtêm os genes em que estão interessados? Existem duas fontes principais: (1) bibliotecas genômicas contendo cópias naturais ou cópias de cDNA dos genes produzidos a partir do mRNA e (2) DNA sintético.

Figura 9.7 Microinjeção de DNA exógeno em um óvulo. Inicialmente, o óvulo é imobilizado com o auxílio de uma pipeta de extremidade rombuda aplicando uma leve sucção (à direita). Várias centenas de cópias do gene de interesse são injetadas no núcleo da célula através da extremidade minúscula da micropipeta (à esquerda).

P Por que a microinjeção não é uma prática utilizada em células bacterianas e fúngicas?

Bibliotecas genômicas

O isolamento de genes específicos na forma de fragmentos individuais de DNA quase nunca é um processo prático. Portanto, os pesquisadores interessados em genes de um determinado organismo começam pela extração do DNA do organismo, o qual pode ser obtido de células de plantas, animais ou micróbios. As paredes celulares são removidas das células vegetais e bacterianas utilizando celulase ou lisozima e, em seguida, um detergente é usado para romper a membrana, resultando em lise celular. O DNA é então precipitado em álcool. Esse processo resulta em uma "massa" de DNA que inclui o genoma completo do organismo. Após o DNA ser digerido pelas enzimas de restrição, os fragmentos de restrição são ligados em vetores plasmidiais ou fágicos, e os vetores recombinantes são introduzidos na célula bacteriana. O objetivo é produzir uma coleção de clones grande o suficiente para garantir a existência de pelo menos um clone para cada gene do organismo. Essa coleção de clones contendo diferentes fragmentos de DNA é a **biblioteca genômica**; cada "livro" é uma linhagem bacteriana ou fágica que contém um fragmento do genoma (**Figura 9.8**). Essas bibliotecas são essenciais para a manutenção e a recuperação de clones de DNA; elas podem até mesmo ser adquiridas comercialmente.

A clonagem de genes de organismos eucarióticos apresenta um problema particular. Genes de células eucarióticas geralmente contêm **éxons**, segmentos de DNA que codificam proteínas, e **íntrons**, segmentos intermediários de DNA que não codificam proteínas. Quando o transcrito de RNA de um gene como esse é convertido em mRNA, os íntrons são

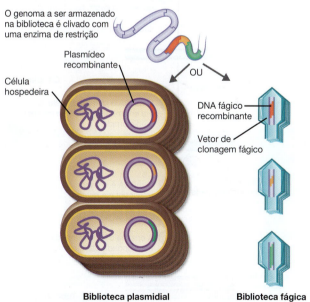

Figura 9.8 **Bibliotecas genômicas.** Cada fragmento de DNA, contendo cerca de um gene, é carregado por um vetor, que pode ser um plasmídeo no interior de uma célula bacteriana ou um fago.

P Diferencie um fragmento de restrição de um gene.

removidos (ver Figura 8.11). Para a clonagem de genes de células eucarióticas, é desejável a utilização de uma versão do gene que não apresenta íntrons, uma vez que os genes que os apresentam podem ser muito grandes para serem facilmente manipulados. Além disso, se esse gene for inserido em uma célula bacteriana, a bactéria em geral não será capaz de remover os íntrons do transcrito de RNA. Portanto, a bactéria não será capaz de produzir o produto proteico correto. No entanto, um gene artificial que contém apenas éxons pode ser produzido utilizando uma enzima chamada **transcriptase reversa** para sintetizar **DNA complementar (cDNA)** a partir de um molde de mRNA (**Figura 9.9**). Essa síntese é o inverso do processo normal de transcrição de DNA para RNA. Uma cópia de DNA é produzida a partir do mRNA pela transcriptase reversa. A seguir, o mRNA é eliminado por digestão enzimática. A DNA-polimerase sintetiza, então, uma fita de DNA complementar, criando um fragmento de DNA dupla-fita que contém a informação do mRNA. As moléculas de cDNA produzidas a partir de uma mistura de todos os mRNAs de um tecido ou tipo celular podem, então, ser clonadas para formar uma biblioteca de cDNA.

O método do cDNA é o mais comum para a obtenção de genes eucarióticos. Uma das dificuldades desse método é que moléculas de mRNA muito longas podem não ter sua transcrição reversa em DNA completa; a transcrição reversa muitas vezes é abortada, formando apenas partes do gene desejado.

DNA sintético

Sob determinadas circunstâncias, os genes podem ser produzidos *in vitro* com o auxílio de máquinas de síntese de DNA (**Figura 9.10**). Um teclado da máquina é utilizado para inserir a sequência de nucleotídeos desejada, de maneira similar à entrada de letras em um processador de textos para a composição de uma frase. Um microprocessador controla a síntese do DNA a partir do suprimento de nucleotídeos armazenados e dos demais reagentes necessários. Uma cadeia curta de aproximadamente 200 nucleotídeos, ou *oligonucleotídeo*, pode ser sintetizada por meio desse método. A menos que o gene seja muito pequeno, várias cadeias serão sintetizadas separadamente e unidas para formar um gene completo.

Obviamente, a dificuldade dessa abordagem é que a sequência do gene deve ser conhecida antes de ser sintetizada. Se o gene ainda não tiver sido isolado, então a única maneira de se predizer a sequência de DNA é conhecendo-se a sequência de aminoácidos do produto proteico do gene. Se essa sequência de aminoácidos for conhecida, pode-se, em princípio, voltar para o código genético e obter a sequência do DNA. Infelizmente, a degeneração do código genético impede uma determinação livre de ambiguidades; assim, se a proteína contiver uma leucina, por exemplo, qual dos seis códons existentes para esse aminoácido estaria presente no gene?

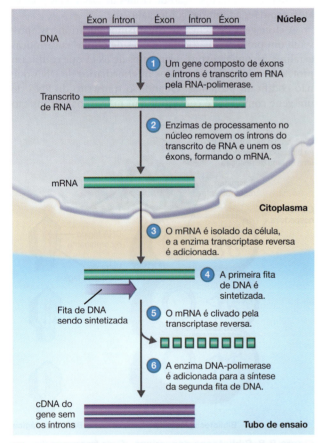

Figura 9.9 Produzindo DNA complementar (cDNA) para um gene eucariótico. A transcriptase reversa catalisa a síntese de DNA dupla-fita a partir de um molde de RNA.

P Qual é a diferença entre a transcriptase reversa e a DNA-polimerase?

Figura 9.10 Uma máquina de síntese de DNA. Sequências curtas de DNA podem ser sintetizadas por aparelhos como este.

P Quais são os quatro reagentes (nos frascos marrons) necessários para a síntese de DNA?

Os iniciadores amplificam todas as oito amostras e confirmam que o Dr. B. e sete de seus ex-pacientes estão todos infectados pelo HIV. Em seguida, o CDC faz o sequenciamento do DNA amplificado e o compara a uma amostra de HIV isolada de Cleveland (controle local) e a um isolado do Haiti (referência externa). Uma parte da região codificante (5' para 3') é mostrada aqui.

Paciente A	GCTTG	GGCTG	GCGCT	GAAGT	GAGA
Paciente B	GCTAT	TGCTG	GCGCT	GAATT	GCAC
Paciente C	GCCAT	AGCTG	GCGCA	GAAGT	GCAC
Paciente D	GCTAT	TGGCG	TGGCT	GACAG	AGAA
Paciente E	GCACC	TGCTG	GCGCT	GAAGT	GAAA
Paciente F	CAGAT	TGTGT	TGATT	GAACC	TCAC
Paciente G	GCTAT	TGCTG	GCGCT	GAAGT	GAAA
Dentista	GCTAT	TGCTG	GCGCT	GAAGT	GCAC
Controle local	CAGAC	TACTG	CTAGG	AAAAA	TATT
Extremo	GAAGA	CGAAA	GGACT	GCTAT	TCAG

Qual é a porcentagem de semelhança entre os vírus?

Parte 1   Parte 2   **Parte 3**   Parte 4   Parte 5

Por essas razões, é rara a clonagem de um gene a partir da síntese direta, embora alguns produtos comerciais, como a insulina, o interferon e a somatostatina, sejam produzidos a partir de genes sintetizados quimicamente. Os sítios de restrição desejados são adicionados aos genes sintéticos de modo que os genes possam ser inseridos em vetores plasmidiais e clonados em *E. coli*. O DNA sintético tem um papel muito mais importante em processos de seleção, como veremos a seguir.

TESTE SEU CONHECIMENTO

✔ **9-8** Compare as cinco maneiras de se inserir DNA em uma célula.

✔ **9-9** Qual é o propósito de se produzir uma biblioteca genômica?

✔ **9-10** Por que não existe cDNA sintético?

Selecionando um clone

Na clonagem, é necessário selecionar a célula particular que contém o gene de interesse específico. Isso é difícil de executar, pois entre um milhão de células apenas algumas poderiam conter o gene desejado. Analisaremos um processo típico conhecido como *seleção branco-azul*, nome derivado da cor das colônias bacterianas formadas no final do processo de seleção.

O vetor plasmidial utilizado contém um gene (*amp*) que codifica a resistência ao antibiótico penicilina. A bactéria hospedeira não será capaz de crescer no meio de teste, o

qual contém ampicilina, a menos que o vetor tenha transferido o gene de resistência ao antibiótico. O vetor plasmidial também contém um segundo gene, o qual codifica a enzima β-galactosidase (*lacZ*). Observe, na Figura 9.3, que existem diversos sítios de *lacZ* que podem ser clivados pelas enzimas de restrição.

No processo de seleção branco-azul mostrado na **Figura 9.11**, uma biblioteca de bactérias é cultivada em um meio chamado de ampilicina e X-gal. Esse meio contém, além dos elementos necessários para sustentar o crescimento bacteriano normal, dois componentes essenciais. Um é o antibiótico ampicilina, que impede a multiplicação de qualquer bactéria que não tenha recebido o gene de resistência à ampicilina do plasmídeo. O outro, denominado X-gal, é um substrato para a enzima β-galactosidase.

Apenas as bactérias que captaram o plasmídeo crescerão, uma vez que elas se tornaram resistentes à ampicilina.

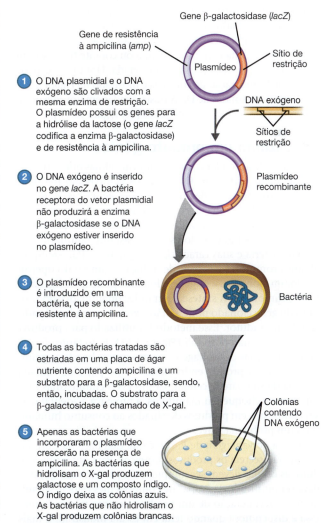

Figura 9.11 Seleção branco-azul, um método de seleção de bactérias recombinantes.

P Por que algumas colônias são azuis e outras são brancas?

As bactérias que incorporaram o plasmídeo recombinante – no qual o gene de interesse foi inserido no gene *lacZ* – não realizarão a hidrólise da lactose e produzirão colônias brancas. Se a bactéria tiver recebido o plasmídeo original contendo o gene *lacZ* intacto, as células irão hidrolisar X-gal para produzir um composto azul; a colônia será azul.

As etapas restantes ainda podem ser difíceis. O processo anterior selecionou colônias brancas que sabidamente contêm DNA exógeno, mas ainda não se sabe se o DNA exógeno é o fragmento desejado. É necessário um segundo processo para identificar essas bactérias. Se o DNA exógeno contido no plasmídeo codificar um produto identificável, é necessário apenas cultivar o isolado bacteriano e testá-lo. Entretanto, em alguns casos, o próprio gene deve ser identificado na bactéria hospedeira.

A **hibridização de colônias** é um método comum para a identificação de células portadoras de um gene clonado específico. Nesse método, são sintetizadas **sondas de DNA**, que são segmentos curtos de DNA de fita simples complementares ao gene desejado. Se uma sonda de DNA encontrar uma sequência complementar, ela aderirá ao gene-alvo. A sonda de DNA é marcada com uma enzima ou corante fluorescente para que sua presença possa ser detectada. Um típico experimento de hibridização de colônias é mostrado na **Figura 9.12**. Um arranjo de sondas de DNA posicionadas em um *chip* pode ser usado para identificar patógenos (ver Figura 10.17).

Produzindo um produto gênico

Acabamos de aprender como identificar células que carreiam um gene em particular. Os produtos gênicos são frequentemente os objetivos das modificações genéticas. A maioria dos trabalhos iniciais com engenharia genética utilizou *E. coli* para sintetizar produtos gênicos. *E. coli* é facilmente cultivável, e os pesquisadores estão bastante familiarizados com a bactéria e suas características genéticas. Por exemplo, alguns promotores passíveis de indução, como o do óperon *lac*, foram clonados, e os genes clonados podem ser ligados a esses promotores. A síntese de grandes quantidades do produto do gene clonado pode, então, ser determinada pela adição de um indutor. Esse método foi utilizado para produzir interferon gama em *E. coli* (**Figura 9.13**). Entretanto, *E. coli* apresenta várias desvantagens. Como outras bactérias gram-negativas, ela produz endotoxinas como parte da camada externa de sua parede celular. Como essas endotoxinas causam febre e choque em mamíferos, a presença acidental desses compostos em produtos destinados ao consumo humano seria um problema grave.

Outra desvantagem de *E. coli* é que essa bactéria normalmente não secreta os produtos proteicos. Para obter um produto, as células devem ser rompidas e a proteína em questão deve ser purificada da "sopa" de componentes celulares resultantes. A recuperação de um produto de uma mistura como essa é dispendiosa quando feita em escala industrial. É mais econômico utilizar um organismo que secreta o produto de forma que ele possa ser continuamente recuperado do meio de crescimento. Uma opção é a ligação do produto a uma proteína de *E. coli* naturalmente secretada pela bactéria. Contudo,

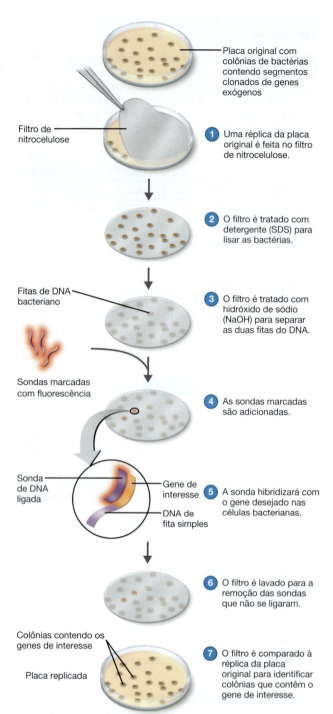

Figura 9.12 Hibridização de colônias: utilizando uma sonda de DNA para identificar um gene de interesse clonado.

P O que é uma sonda de DNA?

as bactérias gram-positivas, como *Bacillus subtilis*, têm uma probabilidade maior de secretar seus produtos e, por isso, com frequência são preferíveis para a utilização industrial.

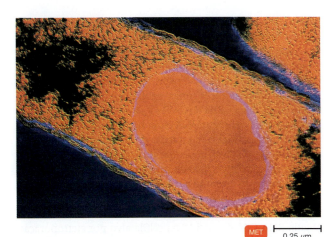

MET | 0,25 μm

Figura 9.13 *E. coli* **geneticamente modificada para a produção de interferon gama, uma proteína humana que promove uma resposta imune.** O produto, visível aqui como uma massa de cor avermelhada circundada por um anel violeta, pode ser liberado pela lise da célula.

P Qual é uma vantagem da utilização de *E. coli* na engenharia genética? E uma desvantagem?

Outro microrganismo que vem sendo utilizado como veículo para a expressão de rDNA é a levedura do pão, *Saccharomyces cerevisiae*. Seu genoma é cerca de quatro vezes maior que o de *E. coli* e provavelmente é o genoma eucariótico mais conhecido. As leveduras podem carrear plasmídeos, os quais são facilmente transferíveis para células de leveduras cujas paredes celulares tenham sido removidas. Como células eucarióticas, as leveduras podem ter mais sucesso na expressão de genes eucarióticos exógenos do que as bactérias. Além disso, as leveduras têm uma probabilidade maior de secretarem continuamente o produto. Devido a todos esses fatores, as leveduras tornaram-se os organismos eucarióticos de escolha na biotecnologia.

As células de mamíferos em cultura, inclusive as humanas, podem ser utilizadas em engenharia genética de forma similar às células bacterianas para a produção de proteínas. Os cientistas desenvolveram métodos eficientes para a manutenção de certas células de mamíferos em cultura para uso como hospedeiras para a multiplicação de vírus (ver Capítulo 13). As células de mamíferos geralmente são as mais adequadas para a produção de proteínas de uso médico, uma vez que elas secretam seus produtos e apresentam baixo risco de produção de toxinas ou alérgenos. Muitas vezes, a utilização de células de mamíferos para a obtenção de produtos de genes exógenos em uma escala industrial exige uma etapa preliminar, a clonagem do gene em uma bactéria. Considere o exemplo do fator estimulador de colônias (CSF, de *colony-stimulating factor*). O CSF é uma proteína produzida naturalmente em quantidades reduzidas pelos leucócitos. Ele é valioso porque estimula a multiplicação de certas células que protegem contra infecções. Para a produção industrial de grandes quantidades de CSF, o gene é primeiramente inserido em um plasmídeo. São utilizadas bactérias para a produção de múltiplas cópias

do plasmídeo (ver Figura 9.1), e os plasmídeos recombinantes resultantes são inseridos em células de mamíferos, que são cultivadas em frascos.

As células vegetais também podem ser multiplicadas em cultura, modificadas por técnicas de rDNA e, em seguida, utilizadas para a geração de plantas geneticamente modificadas. Essas plantas podem ser úteis como fontes de produtos valiosos, como os alcaloides vegetais (p. ex., o anestésico codeína), os isoprenoides que são à base da borracha sintética e a melanina (o pigmento da pele animal) para a utilização em filtros solares. Plantas geneticamente modificadas apresentam muitas vantagens para a produção de agentes terapêuticos humanos, incluindo vacinas e anticorpos. As vantagens incluem produção agrícola em larga escala e de baixo custo, além de um baixo risco de contaminação do produto de interesse por patógenos de mamíferos ou por genes que causam câncer. O desenvolvimento de plantas geneticamente modificadas com frequência requer o uso de uma bactéria. Retornaremos ao tópico de plantas geneticamente modificadas mais adiante neste capítulo.

TESTE SEU CONHECIMENTO

✔ **9-11** Como os clones recombinantes são identificados?

✔ **9-12** Quais tipos de células são utilizados para a clonagem de rDNA?

Aplicações da tecnologia do DNA

OBJETIVOS DE APRENDIZAGEM

9-13 Listar pelo menos cinco aplicações da tecnologia do DNA.

9-14 Definir RNAi.

9-15 Discutir a importância dos projetos genômicos.

9-16 Definir os seguintes termos: *sequenciamento "shotgun"*, *bioinformática*, *proteômica*.

9-17 Esquematizar a metodologia do *Southern blotting* e fornecer uma aplicação dessa técnica.

9-18 Esquematizar a metodologia do *fingerprinting* de DNA e fornecer uma aplicação dessa técnica.

9-19 Esquematizar a engenharia genética com *Agrobacterium*.

CASO CLÍNICO

A s sequências obtidas do Dr. B. e dos pacientes A, B, C, E e G compartilham 87,5% da sequência nucleotídica, o que é comparável às similaridades relatadas para infecções relacionadas conhecidas.

Identifique os aminoácidos codificados pelo DNA viral. Os dados obtidos alteram a porcentagem de similaridade? (*Dica*: ver Figura 8.8.)

Parte 1 Parte 2 Parte 3 **Parte 4** Parte 5

Descrevemos agora a sequência completa de eventos na clonagem de um gene. Como indicado anteriormente, esses genes clonados podem ser utilizados de diferentes maneiras. Uma delas é na produção de substâncias úteis de forma mais eficiente e econômica. Outra maneira é a obtenção de informação do DNA clonado, o que é útil para a pesquisa básica, para aplicações médicas ou forenses. Uma terceira é a utilização de genes clonados para a alteração de características de células ou organismos.

Aplicações terapêuticas

O hormônio insulina, uma pequena proteína produzida pelo pâncreas que controla a absorção de glicose do sangue, é um produto farmacêutico extremamente valioso. Por muitos anos, diabéticos dependentes de insulina controlavam a doença com injeções de insulina obtida do pâncreas de animais abatidos. A obtenção desse hormônio é um processo caro, e a insulina de animais não é tão eficaz quanto a humana.

Devido ao alto valor da insulina humana e ao pequeno tamanho da proteína, a produção de insulina humana com a ajuda de técnicas de rDNA foi um dos primeiros objetivos da indústria farmacêutica. Para produzir o hormônio, inicialmente foram construídos genes sintéticos para cada uma das duas cadeias polipeptídicas curtas que compõem a molécula de insulina. O pequeno tamanho dessas cadeias – apenas 21 ou 30 aminoácidos de extensão – possibilitou o uso de genes sintéticos. Seguindo o procedimento descrito anteriormente, os dois genes sintéticos foram inseridos em um vetor plasmidial e ligados à extremidade de um gene codificando a enzima bacteriana β-galactosidase, de modo que o polipeptídeo da insulina fosse coproduzido junto à enzima. Foram utilizadas duas culturas bacterianas diferentes de *E. coli*, cada uma produzindo uma das cadeias polipeptídicas da insulina. Os polipeptídeos foram, então, recuperados da bactéria, separados da β-galactosidase e unidos quimicamente para produzir a insulina humana. Essa conquista foi um dos primeiros sucessos comerciais da tecnologia do DNA, e ilustra vários dos princípios e metodologias discutidos neste capítulo.

Outro hormônio humano que hoje está sendo produzido comercialmente pela modificação genética de *E. coli* é a somatostatina. Em outras épocas, eram necessários 500 mil cérebros de ovelha para a produção de 5 mg de somatostatina animal para utilização experimental. Em contrapartida, hoje apenas 8 L de uma cultura de bactérias geneticamente modificadas são necessários para a obtenção de uma quantidade equivalente do hormônio humano.

Futuramente, a **terapia gênica** talvez forneça a cura de algumas doenças genéticas. Já é possível imaginar a remoção de algumas células de um indivíduo e a sua transformação com um gene normal de forma a substituir um gene defeituoso ou mutado. Quando essas células fossem devolvidas ao indivíduo, elas poderiam funcionar normalmente. Por exemplo, a terapia gênica é utilizada no tratamento da hemofilia B e de imunodeficiências graves combinadas. Os adenovírus e os retrovírus são os vetores gênicos utilizados com mais frequência, mas alguns pesquisadores estão trabalhando com vetores plasmidiais. Um retrovírus atenuado foi utilizado como vetor quando a primeira terapia gênica para o tratamento da hemofilia em seres humanos foi realizada, em 1990. Glybera® é um fármaco oriundo de terapia genética licenciado na Europa para tratar a deficiência de lipase lipoproteica. Ele utiliza um adenovírus para "entregar" o gene da lipase às células.

A **edição de genes** é uma tecnologia promissora para corrigir mutações genéticas em locais específicos. A edição de genes utiliza *CRISPR* (pronuncia-se "crisper"), que significa conjunto de repetições palindrômicas curtas regularmente espaçadas. As enzimas associadas a CRISPR (CAS) são encontradas em arqueias e bactérias, onde destroem DNA estranho. A técnica CRISPR abriu novos caminhos para o tratamento de doenças ao permitir três ações básicas: a CRISPR pode introduzir uma mutação desejada, remover um gene específico ou inserir DNA estranho.

Um exemplo de como a técnica pode ser usada é o seguinte: uma pequena molécula de RNA, complementar ao alvo desejado, é acoplada a uma enzima CAS e ao DNA a ser inserido. O guia RNA-CAS é inserido na célula-alvo por eletroporação ou microinjeção. No interior da célula, o RNA-guia se liga ao DNA complementar e, em seguida, a CAS cliva o DNA. Isso inativa o gene. A DNA-polimerase e a DNA-ligase da célula reconectam as extremidades. Qualquer DNA acoplado ao RNA-guia é ligado pela DNA-ligase.

A CRISPR é usada na modificação das células T de um paciente ou doador (ver Capítulo 17) no combate ao câncer. Essas células são denominadas células T receptoras de antígenos quiméricos (CAR-T), pois são modificadas para produzir um receptor que se liga às células cancerosas. Cinco produtos CAR-T que atuam no combate ao câncer estão atualmente disponíveis para o tratamento de certos tipos de mieloma e linfoma. Além disso, em 2021 iniciou-se um ensaio clínico visando o estudo de um tratamento para a doença falciforme que utiliza edição gênica para corrigir o gene responsável pela doença.

O **silenciamento gênico** é um processo natural que ocorre em uma ampla variedade de eucariotos e aparentemente representa uma defesa contra vírus e transpósons. O silenciamento gênico é similar ao miRNA (ver Figura 8.16) pelo fato de que um gene codificando um pequeno fragmento de RNA é transcrito. Após a transcrição, RNAs chamados **pequenos RNAs de interferência** (**siRNAs**, de *small interfering RNAs*) são formados por meio de processamento por uma enzima conhecida como *Dicer*. As moléculas de siRNA ligam-se ao mRNA, o qual é então destruído por proteínas do **complexo de silenciamento induzido por RNA** (**RISC**, de *RNA-induced silencing complex*), silenciando, assim, a expressão de um gene (**Figura 9.14**). Uma nova tecnologia de **interferência por RNA (RNAi)** insere um DNA que codifica um siRNA contra um gene de interesse em uma célula. Ao ser transferido para a célula, esta produz o siRNA desejado. A expressão do siRNA na célula-alvo pode ser usada para silenciar genes de interesse. Atualmente, existem fármacos à base de siRNA aprovados para o tratamento de três doenças hereditárias.

A importância da tecnologia do rDNA para a pesquisa médica é enorme e deve ser largamente enfatizada. O sangue artificial utilizado em transfusões pode atualmente ser preparado com hemoglobina humana produzida em suínos geneticamente modificados. As ovelhas também são geneticamente modificadas para a produção de diversos fármacos em seu leite. Essa metodologia não apresenta nenhum efeito aparente nas ovelhas, e elas, por sua vez, fornecem uma fonte imediata de matéria-prima para a obtenção de produtos que não requerem o sacrifício do animal.

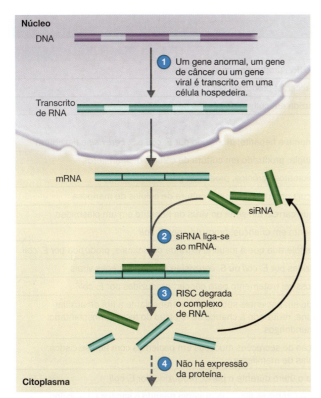

Figura 9.14 O silenciamento gênico poderia proporcionar tratamentos para uma ampla variedade de doenças.

P **A RNAi atua durante ou após a transcrição?**

Aplicações das vacinas

O desenvolvimento e a produção de vacinas serão discutidos em detalhes no Capítulo 18. No entanto, diversos tipos de vacinas relacionados à tecnologia do DNA recombinante são descritos resumidamente aqui.

As **vacinas de subunidades**, que consistem apenas em proteínas de um patógeno, estão sendo produzidas por células modificadas geneticamente. Vacinas de subunidade foram produzidas para várias doenças, em especial hepatite B e Covid-19. A vacina Novavax para Covid-19 é produzida em células de mariposas. Uma das vantagens de se utilizar uma vacina de subunidade é que não existe a possibilidade de a vacina provocar uma infecção. A proteína é obtida de células geneticamente modificadas e purificada para a utilização como vacina.

Vacinas de DNA geralmente são plasmídeos circulares que têm um gene codificador de uma proteína viral, que se encontra sob o controle transcricional de uma região promotora passível de ativação em células humanas. Esses plasmídeos são, então, clonados em bactérias. Uma vacina de DNA visando a proteção contra a doença do vírus Zika encontra-se atualmente em testes clínicos.

Vírus animais, como o da vaccínia, podem ser modificados geneticamente para carrear um gene da proteína de superfície de outro micróbio. Quando injetado, o vírus age como uma vacina contra esse outro microrganismo. A vacina para Covid-19 da Janssen (Johnson & Johnson) contém um adenovírus geneticamente modificado para inserir mRNA nas células humanas. Outras vacinas contra a Covid-19, incluindo as opções da

Moderna e da Pfizer-BioNTech, são **vacinas de mRNA**. O gene-alvo da proteína da espícula (*spike*) do coronavírus é produzido sinteticamente e inserido em um plasmídeo. Várias cópias do plasmídeo são produzidas por *E. coli*. Os plasmídeos são purificados, as duas fitas de DNA plasmidial são separadas, e a transcriptase reversa* produz o mRNA que é usado na vacina. O mRNA da Covid-19 é traduzido pelas células musculares para a produção de uma proteína viral, e o hospedeiro produz anticorpos contra a proteína. A Tabela 9.2 lista outros produtos de rDNA importantes usados na terapia médica.

TESTE SEU CONHECIMENTO

✔ **9-13** Explique como a tecnologia do DNA pode ser utilizada no tratamento e na prevenção de doenças.

✔ **9-14** O que é silenciamento gênico?

Projetos genômicos

O primeiro genoma a ser sequenciado foi o de um bacteriófago em 1977. Em 1995, o genoma de uma célula de vida

CASO CLÍNICO Resolvido

A sequência de aminoácidos reflete a sequência nucleotídica. A análise do padrão de assinatura dos aminoácidos confirma que os vírus do dentista e dos pacientes eram intimamente relacionados. O HIV tem alta taxa de mutação; assim, HIVs de diferentes indivíduos são geneticamente distintos. O HIV do Dr. B. é diferente da amostra-controle local e do caso isolado. As sequências de aminoácidos do Dr. B. e aquelas dos pacientes A, B, C, E e G são distintas das sequências obtidas da amostra-controle e do caso isolado e de dois pacientes odontológicos que apresentavam comportamento de risco conhecido para a infecção pelo HIV.

A análise por PCR possibilita o acompanhamento da transmissão de doenças entre indivíduos, comunidades e países. Esse acompanhamento funciona de forma mais eficiente com patógenos que apresentam uma variação genética suficiente para permitir a identificação de diferentes linhagens.

* * *

O Dr. B. morreu antes que o modo de transmissão pudesse ser estabelecido. Contudo, na época em que o dentista praticava a odontologia, nem sempre era regra a utilização de luvas ao se realizar um procedimento. As entrevistas com os pacientes de fato indicaram que o Dr. B. não gostava de usar luvas. É provável que o HIV tenha sido transmitido quando um corte nas mãos do dentista, que não usava luvas, permitiu a entrada do vírus nas gengivas dos pacientes. Hoje, o CDC e o departamento estadual de saúde solicitam aos dentistas que sejam tomadas precauções universais, incluindo o uso de luvas e máscaras, e equipamentos reutilizáveis esterilizados. Se o Dr. B. tivesse tomado todas essas precauções, seria extremamente improvável que ele infectasse os pacientes.

Parte 1   Parte 2   Parte 3   Parte 4   **Parte 5**

---

*N. de R.T. O texto original realmente menciona transcriptase reversa, mas está incorreto. A enzima usada para produzir RNA a partir do DNA usado como molde é a RNA-polimerase. A transcriptase reversa produz DNA a partir de um RNA-molde.

TABELA 9.2 Alguns produtos farmacêuticos de rDNA

Produto	Comentários
Vacina contra o câncer de colo do útero	Consiste em proteínas virais (HPV) produzidas por S. cerevisiae
Fator de crescimento epidérmico (EGF)	Cura feridas, queimaduras e úlceras; produzido por E. coli
Eritropoetina (EPO)	Tratamento de anemia; produzida em cultura de células de mamíferos
Interferon	
IFN-α	Terapia para leucemia, melanoma e hepatite; produzido por E. coli e S. cerevisiae (levedura)
IFN-β	Tratamento da esclerose múltipla; produzido em cultura de células de mamíferos
IFN-γ	Tratamento da doença granulomatosa crônica; produzido por E. coli
Vacina contra Covid-19	Consiste na proteína da espícula produzida por uma cultura de células de mariposa
Vacina contra a hepatite B	Produzida por S. cerevisiae que carreia um gene do vírus da hepatite em um plasmídeo
Hormônio do crescimento humano (hGH)	Trata deficiências do crescimento em crianças; produzido por E. coli
Insulina humana	Tratamento do diabetes; mais tolerada que a insulina extraída de animais; produzida por E. coli
Vacina contra a influenza	Consiste em proteínas produzidas por E. coli ou S. cerevisiae carreando genes virais
Interleucinas	Regulam o sistema imune; possível tratamento para câncer; produzidas por E. coli
Orthoclone OKT3 Muromonab-CD3	Anticorpo monoclonal utilizado em pacientes submetidos a transplante a fim de auxiliar na supressão do sistema imune, reduzindo a chance de rejeição do tecido transplantado; produzido por células de camundongos
Pulmozina (rhDNAse)	Enzima utilizada na degradação de secreções mucosas em pacientes com fibrose cística; produzida em cultura de células de mamíferos
Relaxina	Hormônio humano que relaxa o útero durante o parto; produzido por E. coli
Superóxido-dismutase (SOD)	Minimiza os danos causados por radicais livres de oxigênio quando o sangue é fornecido novamente a tecidos privados de oxigênio; produzida por S. cerevisiae e Komagataella pastoris (levedura)
Taxol	Produto vegetal utilizado no tratamento do câncer de ovário; produzido por E. coli
Ativador do plasminogênio tecidual	Dissolve a fibrina de coágulos sanguíneos; terapia de infartos do miocárdio; produzido em cultura de células de mamíferos
Fator de necrose tumoral (TNF)	Causa a desintegração de células tumorais; produzido por E. coli
Uso veterinário	
Vacina contra a cinomose	Vírus Canarypox carreando genes do vírus da cinomose
Vacina contra a leucemia felina	Vírus Canarypox carreando genes do vírus da leucemia felina

livre – *Haemophilus influenzae* – foi sequenciado. Desde então, aproximadamente 150.000 genomas procarióticos e mais de 3.000 genomas eucarióticos foram sequenciados.

No **sequenciamento** *shotgun*, pequenos fragmentos genômicos de uma célula de vida livre são sequenciados, e então essas sequências são reunidas por um computador. Quaisquer lacunas entre os fragmentos precisam ser encontradas e sequenciadas (**Figura 9.15**). O equipamento usado no *sequenciamento de nova geração* pode sequenciar todos os fragmentos ao mesmo tempo, de forma que genomas inteiros podem ser determinados em alguns dias. Essa técnica pode ser utilizada em amostras ambientais para o estudo dos genomas dos microrganismos que ainda não foram cultivados. O estudo de material genético extraído diretamente de amostras ambientais é chamado de **metagenômica**.

O Projeto Genoma Humano foi um projeto internacional que durou 13 anos, iniciado oficialmente em outubro de 1990 e finalizado em 2003. O objetivo do projeto era sequenciar o genoma humano completo, o que corresponde a aproximadamente 3 bilhões de pares de nucleotídeos, compreendendo entre 20.000 e 25.000 genes. Milhares de pessoas em 18 países participaram desse projeto. Os pesquisadores coletaram amostras de sangue (mulheres) ou de esperma (homens) de um grande número de doadores. Somente algumas amostras foram processadas como fontes de DNA, e os nomes dos doadores foram protegidos, de forma que nem os doadores nem os cientistas sabiam quais amostras estavam sendo utilizadas. O desenvolvimento do sequenciamento *shotgun* acelerou bastante o processo, e 99% do genoma foi sequenciado.

Uma descoberta surpreendente foi a de que menos de 2% do genoma humano codifica produtos funcionais – os outros 98% incluem genes para miRNA, remanescentes virais, sequências repetitivas (chamadas de *repetições curtas em tandem*), íntrons, extremidades cromossômicas (denominadas *telômeros*) e transpósons (Capítulo 8).

O próximo objetivo dos pesquisadores é o Projeto Proteoma Humano que mapeará todas as proteínas expressas pelas células humanas. Antes mesmo de ficar pronto, o projeto já está produzindo dados que são de grande importância para a nossa compreensão da biologia. Ele também será muito importante para a medicina, principalmente no diagnóstico e no tratamento de doenças genéticas.

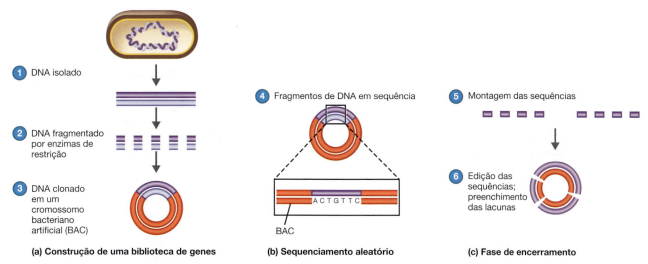

(a) Construção de uma biblioteca de genes   (b) Sequenciamento aleatório   (c) Fase de encerramento

Figura 9.15 Sequenciamento *shotgun*. Nessa técnica, o genoma é fragmentado, e cada fragmento é sequenciado. Em seguida, os fragmentos são reunidos e organizados. Pode haver algumas lacunas se um fragmento específico de DNA não tiver sido sequenciado.

P Essa técnica identifica os genes e suas localizações?

Aplicações científicas

A tecnologia do rDNA pode ser utilizada para a obtenção de produtos, mas essa não é a sua única aplicação importante. Graças à sua capacidade de produzir muitas cópias de DNA, ela pode funcionar como uma espécie de "gráfica para imprimir DNA". Após uma grande quantidade de um determinado segmento de DNA estar disponível, várias técnicas analíticas, discutidas nesta seção, podem ser utilizadas na "leitura" da informação contida no DNA.

Em 2010, pesquisadores sintetizaram o menor genoma celular conhecido durante o Projeto Genoma Mínimo. Uma cópia do genoma de *Mycoplasma mycoides* foi sintetizada e transplantada em uma célula de *Mycoplasma mycoides* que teve o seu próprio DNA removido. A célula modificada produziu proteínas de *M. mycoides*. Esse experimento demonstrou que podem ser realizadas alterações em larga escala em um genoma e que uma célula viva será capaz de aceitar esse DNA.

O sequenciamento de DNA produziu uma quantidade enorme de informações que deram origem ao novo campo da **bioinformática**, a ciência que busca entender o funcionamento dos genes por meio de análises computadorizadas. As sequências de DNA são armazenadas em um banco de dados em rede chamado de GenBank. A informação genômica pode ser pesquisada por meio de programas de computador que permitem localizar sequências específicas ou buscar por padrões similares nos genomas de diferentes organismos. Genes microbianos estão sendo pesquisados atualmente para a identificação de moléculas que sejam fatores de virulência dos patógenos. Pela comparação de genomas, os pesquisadores descobriram que *Chlamydia trachomatis* produz uma toxina similar à de *Clostridioides difficile*.

O próximo objetivo é identificar as proteínas codificadas por esses genes. A **proteômica** é a ciência que determina todas as proteínas expressas em uma célula.

A **genética reversa** é uma abordagem utilizada para descobrir a função de um gene com base em sua sequência. A genética reversa tenta estabelecer uma conexão entre determinada sequência gênica e os efeitos específicos em um organismo. Por exemplo, se você modificar ou bloquear um gene de um organismo (ver as discussões anteriores sobre edição e silenciamento gênico), é possível buscar uma característica perdida por esse organismo.

Um exemplo de aplicação do sequenciamento do DNA humano foi a identificação e a clonagem do gene mutante que causa a fibrose cística (FC). A FC é caracterizada pela supersecreção de muco, que leva ao bloqueio das vias respiratórias. A sequência do gene mutado pode ser utilizada como ferramenta diagnóstica na técnica de hibridização *Southern blotting* (**Figura 9.16**), assim denominada em homenagem a Ed Southern, que desenvolveu a técnica em 1975.

Nessa técnica, o DNA de interesse é clivado com uma enzima de restrição, gerando milhares de *fragmentos de restrição* de vários tamanhos. Os fragmentos são separados por **eletroforese em gel** e então colocados em uma canaleta na extremidade de uma camada de gel de agarose. Quando uma corrente elétrica é aplicada, os fragmentos de diferentes tamanhos migram pelo gel em velocidades diferentes. Os fragmentos são transferidos para um filtro (por *blotting*) e expostos a uma sonda marcada produzida a partir do gene de interesse, nesse caso o gene da FC. A sonda se hibridizará com esse gene mutante, mas não com o gene normal. Os fragmentos aos quais a sonda se liga são identificados por um corante. Com esse método, o DNA de qualquer indivíduo pode ser testado para a presença do gene mutado.

Os **testes genéticos** podem agora ser utilizados para o diagnóstico de centenas de doenças genéticas. Esses procedimentos de rastreamento podem ser realizados em futuros pais e também no tecido fetal. Entre os genes mais testados estão aqueles associados à forma hereditária do câncer de mama e o gene responsável pela doença de Huntington. Os testes genéticos podem auxiliar os médicos na prescrição correta de um medicamento para um paciente. O fármaco Herceptin, por exemplo, é efetivo apenas em pacientes com câncer de mama que apresentam uma sequência nucleotídica específica no gene HER2.

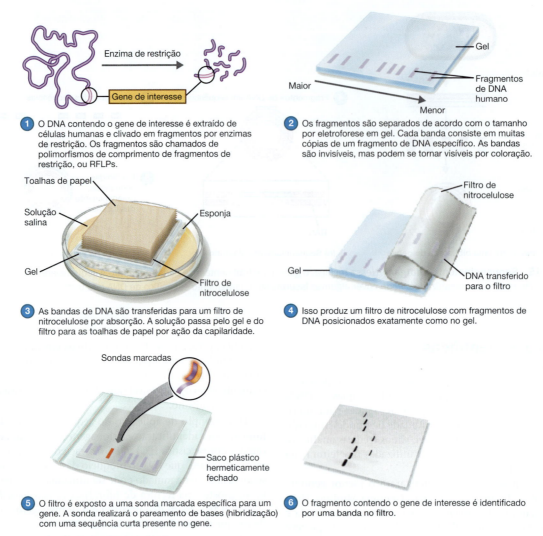

1 O DNA contendo o gene de interesse é extraído de células humanas e clivado em fragmentos por enzimas de restrição. Os fragmentos são chamados de polimorfismos de comprimento de fragmentos de restrição, ou RFLPs.

2 Os fragmentos são separados de acordo com o tamanho por eletroforese em gel. Cada banda consiste em muitas cópias de um fragmento de DNA específico. As bandas são invisíveis, mas podem se tornar visíveis por coloração.

3 As bandas de DNA são transferidas para um filtro de nitrocelulose por absorção. A solução passa pelo gel e do filtro para as toalhas de papel por ação da capilaridade.

4 Isso produz um filtro de nitrocelulose com fragmentos de DNA posicionados exatamente como no gel.

5 O filtro é exposto a uma sonda marcada específica para um gene. A sonda realizará o pareamento de bases (hibridização) com uma sequência curta presente no gene.

6 O fragmento contendo o gene de interesse é identificado por uma banda no filtro.

Figura 9.16   Southern blotting.

P Qual é o objetivo do *Southern blotting*?

Microbiologia forense

A genômica de patógenos tornou-se um dos pilares do monitoramento, prevenção e controle de doenças infecciosas (**Figura 9.17**). O uso da genômica para rastrear um surto de doença é descrito no quadro **Foco clínico**. O novo campo da **microbiologia forense** foi desenvolvido porque indivíduos, hospitais e fabricantes de alimentos podem ser processados em tribunais de justiça e porque os microrganismos podem ser utilizados como armas biológicas. Nos ataques com antraz de 2001 nos Estados Unidos, *fingerprints* de DNA de *Bacillus anthracis* foram utilizados para rastrear a origem dos microrganismos e, em seguida, o suposto agressor. Pesquisadores da Northern Arizona University determinaram que os endósporos de *B. anthracis* utilizados em um ataque em 1993 realizado por uma seita no Japão eram, na verdade, uma linhagem vacinal não patogênica. Ninguém foi ferido quando esses endósporos foram liberados. Atualmente, uma base de dados de DNA está sendo desenvolvida para microrganismos que poderiam ser utilizados em crimes biológicos.

Chips de DNA (ver Figura 10.18) ou *microarranjos de PCR* estão sendo utilizados atualmente para a detecção de múltiplos patógenos simultaneamente em uma amostra. Em um *chip* de DNA, mais de 22 iniciadores para diferentes microrganismos podem ser usados na PCR. Um microrganismo suspeito é identificado se um fragmento de seu DNA for amplificado por algum dos iniciadores. No CDC, o PulseNet usa a PCR para rastrear surtos de doenças transmitidas por alimentos. Em alguns casos, pode ser realizada uma reação de PCR com iniciadores específicos para rastrear uma determinada linhagem bacteriana a fim de localizar a fonte de um surto. Uma desvantagem dessas técnicas é que elas não fornecem um isolado para testar a resistência a antibióticos ou a produção de toxinas.

A microbiologia forense é utilizada em ações judiciais. Na década de 1990, um *fingerprint* de DNA do HIV foi utilizado pela primeira vez para obter uma condenação por estupro. Desde então, um médico injetou HIV obtido de um de seus pacientes em uma ex-amante, e foi condenado com base no *fingerprint* de DNA do HIV.

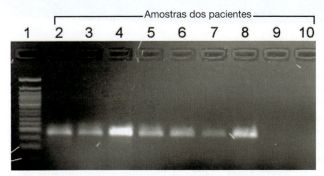

Figura 9.17 *Fingerprints* de DNA utilizados para identificar Covid-19 nos pacientes. Esta figura mostra os resultados dos fragmentos amplificados por RT-PCR de esfregaços nasofaríngeos de vários pacientes usando um iniciador do vírus SARS-CoV-2. A canaleta 1 é um marcador de tamanho molecular. As canaletas 2-8 são positivas para SARS-CoV-2. As canaletas 9-10 são negativas.

P O que é microbiologia forense?

As exigências para comprovar judicialmente a origem de um microrganismo são mais rigorosas do que na comunidade médica. Por exemplo, para comprovar que um indivíduo teve a intenção de cometer uma infração, é necessário coletar a evidência de forma apropriada e estabelecer uma cadeia de posse dessa evidência. Propriedades microbianas com pouca importância em saúde pública podem ser essenciais em investigações forenses. O *fingerpint* genético de patógenos sexualmente transmissíveis, por exemplo, é usado como evidência em casos de abuso sexual e estupro. Pesquisas recentes sugerem que o microbioma de uma pessoa pode ser usado para a identificação de indivíduos envolvidos em um crime. A seção "Na clínica" deste capítulo oferece um exemplo do uso da genômica bacteriana em uma investigação criminal.

Nanotecnologia

A **nanotecnologia** é a ciência relacionada à criação e ao desenvolvimento de circuitos eletrônicos extremamente pequenos e aparatos mecânicos construídos no nível molecular da matéria. Computadores e robôs do tamanho de moléculas podem detectar contaminação em alimentos, doenças em plantas ou armas biológicas. No entanto, essas pequenas máquinas requerem fios e componentes também pequenos (um nanômetro corresponde a 10^{-9} metros; 1 μm corresponde a 1.000 nm). As bactérias podem fornecer os pequenos metais necessários sem produzir os resíduos tóxicos associados à fabricação de produtos químicos. Foram isoladas bactérias que produzem nanopartículas a partir de uma variedade de elementos, incluindo ouro, prata, selênio e cádmio (**Figura 9.18**). A pesquisa nanotecnológica está crescendo, e os pesquisadores estão desenvolvendo formas inovadoras de utilizar bactérias para a produção de nanoesferas com potencial farmacológico. Pesquisadores do Departamento de Energia dos Estados Unidos estão utilizando bactérias em circuitos elétricos em nanoescala para a produção de gás hidrogênio. Pesquisadores suecos estão usando *Acetobacter xylinum* na construção de nanofibras de celulose para a aplicação em vasos sanguíneos artificiais.

Figura 9.18 Células de *Bacillus* crescendo no óxido de selênio (SeO_3^{2-}) formam cadeias de selênio elementar.

P O que as bactérias podem fornecer para a nanotecnologia?

MEV 1 μm

TESTE SEU CONHECIMENTO

✔ **9-15, 9-16** De que forma o sequenciamento de DNA, a bioinformática e a proteômica estão relacionados aos projetos genômicos?

✔ **9-17** O que é *Southern blotting*?

✔ **9-18** Por que a PCR resulta em um *fingerprint* de DNA?

Aplicações agrícolas

O processo de seleção de plantas geneticamente desejáveis sempre foi muito demorado. A realização de cruzamentos convencionais entre vegetais é trabalhosa e envolve a espera pela germinação da semente plantada, seu crescimento e maturação, a fim de identificar se a planta resultante apresenta as características desejadas. O cruzamento e a produção de plantas foram revolucionados pelo uso de células vegetais multiplicadas em cultura. Clones de células vegetais, incluindo células que foram alteradas geneticamente por técnicas de rDNA, podem ser multiplicados em grandes quantidades. Essas células podem, então, ser induzidas a regenerar plantas completas, a partir das quais podem ser produzidas sementes.

O rDNA pode ser introduzido em células vegetais de diversas maneiras. Anteriormente, mencionamos a fusão de protoplastos e o uso de pistolas gênicas, as quais utilizam "projéteis" revestidos com DNA. O método mais elegante, contudo, faz uso do **plasmídeo Ti** (*Ti* é uma abreviatura do inglês para "indutor de tumor"), de ocorrência natural na bactéria *Agrobacterium tumefaciens*. Essa bactéria infecta determinadas plantas, nas quais o plasmídeo Ti leva à formação de um crescimento tumoral chamado de galha-da-coroa (**Figura 9.19**). Uma parte do plasmídeo Ti, chamada de T-DNA, integra-se ao genoma da planta infectada. A T-DNA estimula um crescimento celular local (a galha-da-coroa) e simultaneamente leva à produção de certos compostos utilizados pela bactéria como fonte nutricional de carbono e nitrogênio.

Para os cientistas que trabalham com vegetais, o plasmídeo Ti é interessante porque serve como veículo para a introdução de DNA modificado geneticamente em uma planta (**Figura 9.20**). Um cientista pode inserir genes exógenos no T-DNA, reintroduzir o plasmídeo recombinante em uma célula de

Investigação da cena de um crime e seu microbioma

Impressões digitais, tipos sanguíneos e DNA podem ser usados em investigações de cenas de crimes. Cada uma dessas técnicas utiliza perfis únicos do corpo humano a fim de se tirar conclusões acerca de ações ou do paradeiro de uma pessoa. Atualmente, o microbioma pode se tornar a próxima ferramenta para investigação.

Mesmo após a lavagem das mãos, determinadas bactérias persistem. Esses micróbios também podem ser transferidos para objetos em casa ou no escritório ou para outras pessoas com quem vivemos. Porém, os micróbios que normalmente vivem no corpo também variam muito ao longo da população como um todo – o que significa que o microbioma pode se tornar um marcador de identificação único em determinadas situações.

O Projeto Microbioma Doméstico acompanhou sete famílias e seus animais de estimação durante 6 semanas. Os pesquisadores descobriram comunidades microbianas distintas em cada casa. Casais e seus filhos pequenos compartilhavam a maior parte de sua comunidade microbiana. Quando três das famílias se mudaram, demorou menos de um dia para que a nova casa apresentasse a mesma população microbiana da antiga.

Em outro estudo, foi demonstrado que o *"fingerprint* do microbioma" de uma pessoa permanece relativamente consistente ao longo do tempo. Todas essas pesquisas sugerem que a composição do microbioma pode ser a base para uma ferramenta forense confiável. Perfis de microbioma podem ser utilizados para rastrear se uma pessoa morava em um dado lugar, se usava um determinado telefone celular ou caminhava sobre uma superfície. Os humanos também trocam micróbios durante a relação sexual, de modo que os micróbios presentes nos pelos pubianos também podem fornecer evidências de agressão sexual.

A microbiota, como a desse biofilme cutâneo, pode um dia se tornar outra ferramenta utilizada em cenas de crime.

Agrobacterium e utilizar a bactéria para inserir o plasmídeo Ti recombinante em uma célula vegetal. A célula vegetal com o gene exógeno pode então ser utilizada para gerar uma nova planta. Com sorte, a nova planta expressará o gene exógeno.

Galha-da-coroa

Figura 9.19 Galha-da-coroa em roseira. O crescimento semelhante a um tumor é estimulado por um gene do plasmídeo Ti que *Agrobacterium tumefaciens* inseriu em uma célula vegetal.

P Quais são algumas das aplicações agrícolas da tecnologia do rDNA?

Infelizmente, a capacidade de *Agrobacterium* de infectar gramíneas é limitada, de modo que ele não pode ser utilizado no aprimoramento de grãos como trigo, arroz ou milho.

Um feito importante obtido por essa abordagem consiste na introdução da resistência ao herbicida glifosato em vegetais. Normalmente, o herbicida destrói tanto ervas daninhas como plantas úteis, inibindo uma enzima necessária para a produção de certos aminoácidos essenciais. Algumas bactérias *Salmonella* têm essa enzima, mas são resistentes ao herbicida. Quando o DNA para a enzima é introduzido em uma planta cultivada, ela torna-se resistente ao herbicida, que, então, destrói apenas as ervas invasoras. O gene Bt de *Bacillus thuringiensis* foi inserido em uma diversidade de plantas, incluindo algodão e batata, de modo que, quando o inseto consumir essas plantas ele será destruído. A engenharia genética também insere em plantas cultivadas a resistência à seca, a infecções virais e a diversos outros estresses ambientais.

Nos últimos anos, os pesquisadores têm utilizado a ferramenta de edição gênica CRISPR para modificar plantações de alimentos. A edição de genes pode ser usada para inativar um gene, modificar um gene existente ou inserir um novo gene. Em 2021, um tomate com alta concentração de ácido γ-aminobutírico (GABA) foi aprovado. O genoma do tomate foi editado inativando-se o gene que codifica a destruição do GABA. Em 2022, a FDA aprovou um rebanho editado por CRISPR. Os pesquisadores realizaram modificações genéticas nos animais a fim de que fossem produzidos pelos mais curtos que auxiliam na tolerância ao clima quente.

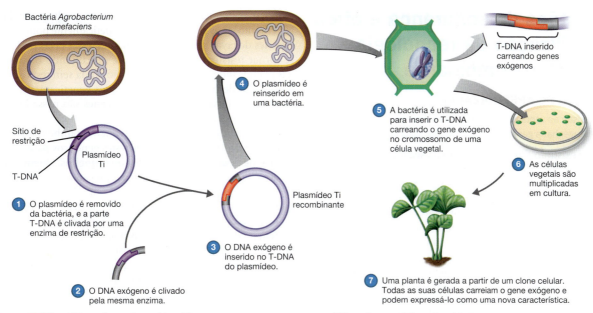

Figura 9.20 **Utilizando o plasmídeo Ti como um vetor para a modificação genética de plantas.**

P **Por que o plasmídeo Ti é importante na biotecnologia?**

Um exemplo de uma bactéria geneticamente modificada utilizada hoje na agricultura é a *Pseudomonas fluorescens*, que foi alterada para que pudesse produzir a toxina Bt, normalmente produzida por *Bacillus thuringiensis*. A *Pseudomonas* geneticamente modificada produz uma quantidade muito maior de toxina do que *B. thuringiensis* e pode ser adicionada a sementes de plantas que posteriormente penetrarão no sistema vascular da planta em crescimento. A toxina bacteriana é ingerida pela larva do inseto ao se alimentar da planta, matando-a (a toxina é inócua para seres humanos e outros animais homeotérmicos).

A pecuária também se beneficiou da tecnologia do rDNA para o desenvolvimento de animais resistentes a doenças. Atualmente, estão sendo pesquisadas técnicas para tornar o gado resistente à encefalopatia espongiforme bovina, e galinhas e porcos resistentes à influenza aviária.

A **Tabela 9.3** lista vários produtos obtidos pela tecnologia do rDNA que são utilizados na agricultura e na pecuária.

TESTE SEU CONHECIMENTO

✔ **9-19** Qual é a importância do patógeno de plantas *Agrobacterium*?

TABELA 9.3 Alguns produtos com importância agrícola produzidos pela tecnologia do rDNA

Produto	Comentários
PRODUTOS AGRÍCOLAS	
Cogumelo botão (*Agaricus bisporus*)	O gene da polifenol-oxidase, que causa escurecimento, é removido.
Algodão Bt e milho Bt	Plantas com o gene produtor de toxina de *B. thuringiensis*; a toxina mata os insetos que se alimentam das plantas.
Tomates	O gene para a degradação do GABA é removido.
Batatas	O gene antissenso bloqueia a degradação da pectina, conferindo uma maior duração para os frutos nas prateleiras dos supermercados. Produzem menos acrilamida quando cozidas.
Flores cortadas	Genes para flores roxas ou alaranjadas de outras espécies vegetais; o RNAi inibe a produção de etileno, prolongando a vida útil.
Mamão Rainbow	Os genes da proteína do envelope viral, expressos pelas células vegetais, protegem a planta do vírus da mancha anelar do mamoeiro.
PRODUTOS PARA A PECUÁRIA	
Aedes aegypti	Mosquito macho que tem um gene que causa a morte de larvas; usado para controlar a disseminação do vírus Zika.
Salmão-do-atlântico	O salmão cresce mais rápido ao utilizar um gene do salmão real (Chinook) e um promotor de outro peixe (*pout*).
GloFish®	Peixes de aquário fluorescentes de cores vivas que têm genes de proteínas coloridas de invertebrados marinhos.
Gado bovino	Gene associado ao pelo modificado para tolerar as mudanças climáticas.

Questões de segurança e ética na utilização da tecnologia do DNA recombinante

OBJETIVO DE APRENDIZAGEM

9-20 Listar as vantagens do uso das técnicas de modificação por engenharia genética e os problemas associados a elas.

Sempre existirão dúvidas a respeito da segurança de qualquer tecnologia nova, e a engenharia genética e a biotecnologia certamente não são exceções. Uma das razões para esse tipo de preocupação reside no fato de ser quase impossível provar que alguma coisa é inteiramente segura sob todas as condições imagináveis. As pessoas temem que as mesmas técnicas capazes de alterar um micróbio ou uma planta para torná-los úteis para seres humanos também possam inadvertidamente torná-los patogênicos para o homem ou perigosos para outros organismos vivos, ou até causar um desastre ecológico. Portanto, os laboratórios envolvidos em pesquisas de rDNA devem atender a rigorosos padrões de controle, a fim de se evitar a liberação acidental dos organismos geneticamente modificados no meio ambiente ou a exposição de seres humanos a qualquer risco de infecção. Para reduzir ainda mais os riscos, os microbiologistas que trabalham com modificações genéticas frequentemente removem determinados genes dos genomas microbianos que são essenciais para o crescimento em ambientes externos ao laboratório. Microrganismos alterados geneticamente destinados à utilização no meio ambiente (p. ex., na agricultura) podem ser modificados para conterem genes que serão ativados para produzir uma toxina que destrói os micróbios, garantindo que eles não sobreviverão no ambiente por muito tempo depois de terem cumprido seu propósito.

Os problemas de segurança na biotecnologia agrícola são semelhantes àqueles dos pesticidas químicos: toxicidade para humanos e para espécies não nocivas. Embora não tenha sido provado que são prejudiciais, os alimentos alterados geneticamente não são populares com os consumidores. Em 1999, pesquisadores em Ohio, nos Estados Unidos, notaram que as pessoas poderiam desenvolver alergias à toxina de *B. thuringiensis* (Bt) após trabalharem em lavouras que tenham recebido o inseticida. Um estudo no Iowa, também nos Estados Unidos, demonstrou que borboletas-monarca no estágio de lagarta poderiam ser mortas ao ingerir serralhas, seu alimento normal, cobertas por pólen carregando Bt. As plantas podem ser alteradas geneticamente para resistir aos herbicidas, para que ele possa ser espalhado nas lavouras de forma a eliminar as plantas invasoras sem destruir a cultura desejada. No entanto, se as plantas alteradas geneticamente polinizarem espécies de ervas daninhas semelhantes, essas ervas poderiam se tornar resistentes aos herbicidas, dificultando o controle das plantas indesejadas. Uma questão ainda sem resposta é se a liberação de organismos modificados geneticamente pode alterar a evolução à medida que os genes são passados para espécies silvestres.

Essas tecnologias em desenvolvimento também levantam uma série de questões éticas. Os testes genéticos para o diagnóstico de doenças estão se tornando rotineiros. Quem deverá ter acesso a essas informações? Os empregadores têm o direito de saber os resultados desses testes? Como é possível garantir que essa informação não será utilizada na discriminação contra certos grupos? As pessoas devem ser informadas caso apresentem predisposição a desenvolverem uma doença incurável? Em caso afirmativo, em que circunstâncias?

O aconselhamento genético, que fornece pareceres e conselhos a futuros pais com históricos familiares de doença genética, está se tornando mais importante na decisão de ter filhos.

É provável que haja tantas aplicações prejudiciais de uma nova tecnologia quanto aplicações de cunho positivo. É particularmente fácil imaginar a engenharia genética sendo utilizada para desenvolver novas e poderosas armas biológicas. Além disso, como alguns esforços de pesquisas são realizados secretamente, é quase impossível que o público em geral tome conhecimento deles.

A genética molecular, talvez mais que a maioria das tecnologias de ponta, tem o potencial de afetar a vida humana de maneira inimaginável. É importante que sejam dadas à sociedade e aos indivíduos todas as oportunidades necessárias para compreender o impacto do desenvolvimento dessas novas tecnologias.

Assim como a invenção do microscópio, o desenvolvimento das técnicas de DNA está causando mudanças profundas na ciência, na agricultura e na saúde humana. Essa tecnologia ainda não completou 50 anos de idade, então é difícil prever exatamente quais mudanças ocorrerão. Entretanto, é provável que daqui a mais 30 anos muitos dos tratamentos e dos métodos diagnósticos discutidos neste livro tenham sido substituídos por técnicas muito mais poderosas com base na capacidade sem precedentes de manipular o DNA com precisão.

TESTE SEU CONHECIMENTO

✔ **9-20** Identifique duas vantagens e dois problemas associados aos organismos geneticamente modificados.

FOCO CLÍNICO Norovírus: quem é o responsável pelo surto?

Neste quadro, você encontrará uma série de questões que os microbiologistas se perguntam quando tentam descobrir a origem do surto de uma doença. A convocação de um microbiologista como perito em tribunal dependerá da instauração de uma ação judicial. Tente responder a cada questão antes de passar à seguinte.

1. No dia 7 de maio, Nadia Koehler, microbiologista em um departamento de saúde municipal, é notificada sobre um surto de gastroenterite disseminado entre 115 pessoas. O caso é definido pela presença de vômitos, diarreia e febre, cólicas ou náuseas.

   De quais informações Nadia precisa?

2. Nadia precisa descobrir os locais que as pessoas doentes frequentaram nas últimas 48 horas. Após diversas entrevistas, ela descobre que os indivíduos doentes incluem 23 funcionários escolares, 55 funcionários de uma empresa publicitária, 9 funcionários de uma companhia de serviço social e 28 outros indivíduos (ver **Figura A**).

   Neste momento, o que mais Nadia precisa descobrir?

3. Em seguida, Nadia descobre o que essas 115 pessoas têm em comum. Em sua investigação, ela descobre que no dia 2 de maio a equipe da escola havia consumido sanduíches em uma confraternização fornecidos por um restaurante de franquia nacional. No dia 3 de maio, os funcionários da empresa publicitária e da companhia de serviço social foram servidos pelo mesmo restaurante. As 28 pessoas restantes consumiram sanduíches no mesmo restaurante em horários diferentes durante esses 2 dias.

   O que Nadia faz a seguir?

4. Nadia analisa a exposição a 16 itens alimentares; os resultados mostram que o consumo de alface está significativamente associado à doença.

   Qual é o próximo passo de Nadia?

5. Nadia solicita, então, que seja realizada uma PCR de transcrição reversa (RT-PCR) em amostras de fezes, utilizando iniciadores para norovírus (**Figura B**).

   O que Nadia concluiu?

6. A RT-PCR confirmou a infecção por norovírus. Em seguida, Nadia solicita uma análise de sequenciamento de 21 amostras de fezes. Os resultados demonstraram 100% de homologia entre as sequências das 21 amostras.

   O que Nadia deve fazer em seguida?

7. Nadia descobriu que um dos funcionários do restaurante que manipula diretamente os alimentos apresentou vômitos e diarreia no dia 1º de maio. O manipulador acredita que tenha contraído a infecção de seu filho. As investigações apontaram que a criança adquiriu a doença de um primo que foi exposto ao norovírus em uma creche. O sintoma de vômito do funcionário do restaurante terminou no início da manhã do dia 2 de maio, e ele retornou ao trabalho no final daquela manhã.

   O que Nadia deve buscar agora?

8. Agora, Nadia compara a linhagem do vírus do manipulador de alimentos

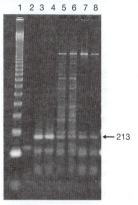

Figura B Resultados da PCR de amostras dos pacientes. Canaleta 1, marcador de tamanho molecular de 123 pb. Canaleta 2, controle negativo da RT-PCR; canaletas 3-8, amostras dos pacientes. O norovírus é identificado pela banda de DNA de 213 pb.

com aquela dos consumidores doentes. Ela solicita uma análise das sequências dos vírus do manipulador de alimentos e de oito consumidores doentes. Elas eram idênticas à linhagem identificada na etapa 6.

Para onde Nadia deve olhar em seguida?

9. Nadia procura por áreas no restaurante que ainda possam estar contaminadas pelo norovírus. Ela descobre que a alface havia sido fatiada todas as manhãs pelo manipulador de alimentos que tinha estado doente. A inspeção de Nadia revela que a pia de preparação dos alimentos também é utilizada para a lavagem das mãos. A pia não foi desinfetada antes e depois que a alface foi lavada. O departamento de saúde interdita o restaurante até que ele seja higienizado com os desinfetantes adequados.

Os norovírus são as causas mais comuns de surtos de gastroenterite aguda em todo o mundo. Anualmente, o norovírus causa 20 milhões de casos de gastroenterite. Entre 1º de agosto de 2021 e 5 de março de 2022, 488 surtos de norovírus foram relatados nos Estados Unidos.

Fonte: Adaptado de CDC, Foodborne Outbreak Online Database (FOOD).

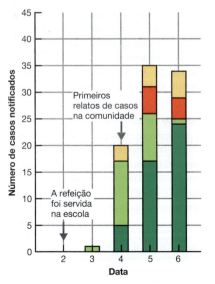

Figura A Número de casos notificados.

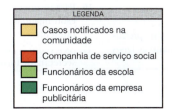

LEGENDA	
▨	Casos notificados na comunidade
▨	Companhia de serviço social
▨	Funcionários da escola
▨	Funcionários da empresa publicitária

Resumo para estudo

Introdução à biotecnologia (p. 244-245)

1. Biotecnologia é o uso de microrganismos, células ou componentes celulares para fazer um produto.

Tecnologia do DNA recombinante (p. 244)

2. Organismos intimamente relacionados podem trocar genes por recombinação natural.

3. Genes podem ser transferidos entre espécies não relacionadas por meio de uma manipulação em laboratório chamada tecnologia do rDNA.

4. O rDNA é o DNA que foi artificialmente manipulado para combinar genes de duas origens diferentes.

Visão geral da tecnologia do DNA recombinante (p. 244-245)

5. Um gene desejado é inserido em um vetor de DNA, como um plasmídeo ou genoma viral.

6. O vetor insere o DNA em uma nova célula, que se multiplica para formar um clone.

7. Grandes quantidades do gene ou do seu produto podem ser obtidas a partir do clone.

Ferramentas da biotecnologia (p. 246-249)

Seleção (p. 246)

1. Micróbios com características desejáveis são selecionados para cultura por meio de seleção artificial.

Mutação (p. 246)

2. Mutagênicos são utilizados para causar mutações que possam resultar em um microrganismo com características desejáveis.

3. A mutagênese sítio-dirigida é utilizada para alterar um códon específico em um gene.

Enzimas de restrição (p. 246-247)

4. Já estão disponíveis *kits* prontos para muitas técnicas de rDNA.

5. Uma enzima de restrição reconhece e cliva apenas uma determinada sequência nucleotídica no DNA.

6. Algumas enzimas de restrição produzem extremidades coesivas, que são pequenos segmentos de DNA de fita simples nas extremidades de fragmentos de DNA.

7. Fragmentos de DNA produzidos pela mesma enzima de restrição se unem espontaneamente por pareamento de bases. A DNA-ligase pode ligar covalentemente os arcabouços de DNA.

Vetores (p. 247-248)

8. Os vetores consistem em DNA utilizado na transferência de outros DNAs entre células.

9. Um plasmídeo contendo um novo gene pode ser inserido em uma célula por transformação.

10. Um vírus contendo um novo gene pode inserir o gene em uma célula.

Reação em cadeia da polimerase (p. 248-249)

11. A reação em cadeia da polimerase (PCR) é utilizada para produzir enzimaticamente múltiplas cópias de um fragmento de DNA desejado.

12. A PCR pode ser utilizada para aumentar a quantidade de DNA em amostras até níveis detectáveis. Isso pode permitir o sequenciamento de genes, o diagnóstico de doenças genéticas ou a detecção de vírus.

Técnicas de modificação genética (p. 249-255)

Inserção de DNA exógeno nas células (p. 250-251)

1. As células podem captar DNA livre por transformação. Tratamentos químicos são utilizados para transformar células que não são naturalmente competentes em células capazes de incorporar DNA.

2. Os poros produzidos em protoplastos e em células animais por aplicação de uma corrente elétrica no processo de eletroporação podem permitir a entrada de novos fragmentos de DNA.

3. A fusão de protoplastos é a união de células que tiveram suas paredes celulares removidas.

4. O DNA exógeno pode ser introduzido em células vegetais através da injeção de partículas revestidas de DNA no interior das células ou através do uso de uma fina micropipeta.

Obtenção do DNA (p. 251-253)

5. As bibliotecas genômicas podem ser produzidas a partir da clivagem de todo um genoma com enzimas de restrição e da inserção dos fragmentos em plasmídeos bacterianos ou fagos.

6. O DNA complementar (cDNA), produzido a partir de mRNA por transcrição reversa, pode ser clonado em bibliotecas de genes.

7. O DNA sintético pode ser produzido *in vitro* por máquinas de síntese de DNA.

Selecionando um clone (p. 253-254)

8. Os marcadores de resistência a antibióticos em vetores plasmidiais são utilizados para identificar, por seleção direta, células contendo o vetor modificado geneticamente.

9. Na seleção branco-azul, o vetor contém os genes para resistência à ampicilina e β-galactosidase.

10. O gene desejado é inserido no sítio gênico da β-galactosidase, tornando-o inativo.

11. Os clones contendo o vetor recombinante serão resistentes à ampicilina e incapazes de hidrolisar X-gal (colônias brancas).

12. Os clones contendo DNA exógeno podem ser testados para a identificação daqueles que expressam o produto do gene desejado.

13. Um pequeno fragmento de DNA marcado, chamado de sonda de DNA, pode ser utilizado na identificação de clones portadores do gene desejado.

Produzindo um produto gênico (p. 254-255)

14. *E. coli* é utilizada para produzir proteínas por rDNA, pois é facilmente multiplicada em cultura e a sua genômica é bem conhecida.

15. Esforços são necessários para garantir que a endotoxina de *E. coli* não contamine um produto destinado ao uso humano.

16. Para recuperar o produto, a *E. coli* deve ser lisada ou o gene deve estar ligado a outro que produza uma proteína secretada naturalmente.

17. As leveduras podem ser modificadas geneticamente e, em geral, secretam de forma contínua o produto gênico.

18. As células de mamíferos podem ser modificadas geneticamente para produzir proteínas como hormônios para uso médico.

19. As células vegetais podem ser modificadas geneticamente para produzir plantas com novas propriedades.

Aplicações da tecnologia do DNA (p. 255-263)

1. O DNA clonado é utilizado na obtenção de produtos, no estudo do DNA e na alteração do fenótipo de um organismo.

Aplicações terapêuticas (p. 256-257)

2. Genes sintéticos ligados ao gene da β-galactosidase (*lacZ*) em um vetor plasmidial foram inseridos em *E. coli*, permitindo que a bactéria produzisse e secretasse os dois polipeptídeos utilizados na produção da insulina humana.

3. As células e os vírus podem ser modificados por engenharia genética para carrearem um gene que codifica uma proteína de superfície de um patógeno, podendo ser utilizada como vacina.

4. As vacinas de DNA e mRNA são produzidas a partir de rDNA clonado em bactérias.

5. A edição de genes por CRISPR pode ser usada na substituição um gene defeituoso ou ausente.

6. O RNAi pode ser útil na prevenção da expressão de proteínas anormais.

Projetos genômicos (p. 257-259)

7. As sequências nucleotídicas dos genomas de mais de 1.000 organismos, incluindo seres humanos, já foram mapeadas.

8. Isso permite a determinação das proteínas que são produzidas em uma célula.

Aplicações científicas (p. 259-261)

9. As técnicas de DNA podem ser utilizadas para aumentar a compreensão disponível acerca do DNA, para o *fingerprinting* genético e para a terapia gênica.

10. As máquinas de sequenciamento de DNA são utilizadas na determinação da sequência de bases nucleotídicas de fragmentos de restrição. Os resultados são compilados por um computador.

11. A bioinformática é o uso de aplicações computadorizadas para estudar dados genéticos; proteômica é o estudo das proteínas da célula.

12. O *Southern blotting* pode ser utilizado para localizar um gene em uma célula.

13. As sondas de DNA podem ser utilizadas para identificar rapidamente um patógeno em um tecido corporal ou em alimentos.

14. Os microbiologistas forenses utilizam o *fingerprinting* de DNA para identificar a origem de patógenos bacterianos ou virais.

15. Bactérias podem ser utilizadas na produção de nanopartículas para as máquinas de nanotecnologia.

Aplicações agrícolas (p. 261-263)

16. As células de plantas com características desejáveis podem ser clonadas de modo a produzirem muitas células idênticas. Essas células podem então ser utilizadas na produção de plantas completas, a partir das quais podem ser obtidas sementes.

17. As células vegetais podem ser modificadas geneticamente utilizando-se o plasmídeo Ti como vetor. Os genes T indutores de tumor são substituídos pelos genes desejados, e o rDNA é inserido em *Agrobacterium*. A bactéria transforma naturalmente suas plantas hospedeiras.

18. O DNA antissenso pode prevenir a expressão de proteínas indesejadas.

Questões de segurança e ética na utilização da tecnologia do DNA (p. 264-265)

1. Para evitar a liberação acidental de microrganismos modificados por engenharia genética são utilizados padrões rígidos de segurança.

2. Alguns micróbios utilizados na clonagem de rDNA foram alterados de modo que sejam incapazes de sobreviver fora do ambiente de laboratório.

3. Os microrganismos destinados à utilização no meio ambiente podem ser modificados por engenharia genética para conterem genes que levam o micróbio à morte após um certo período, de forma que os organismos não persistem no meio ambiente.

4. A testagem genética levanta uma série de questões éticas: os empregadores devem ter acesso aos registros genéticos de uma pessoa? A informação genética será usada para discriminar pessoas? O aconselhamento genético estará disponível para todos?

5. As culturas de alimentos alterados por engenharia genética devem ser seguras para consumo e para serem liberadas no meio ambiente.

Questões para estudo

As respostas das questões de Conhecimento e compreensão estão na seção de Respostas no final deste livro.

Conhecimento e compreensão

Revisão

1. Compare e diferencie os seguintes termos:
   a. *cDNA* e *gene*
   b. *sonda de DNA* e *gene*
   c. *DNA-polimerase* e *DNA-ligase*
   d. *rDNA* e *cDNA*
   e. *genoma* e *proteoma*

2. Diferencie os seguintes termos. Qual deles é "aleatório", ou seja, *não* adiciona um gene específico a uma célula?
   a. fusão de protoplasto   c. microinjeção
   b. pistola de genes   d. eletroporação

3. Algumas das enzimas de restrição mais comuns estão listadas na Tabela 9.1.
   a. Indique quais enzimas produzem extremidades coesivas.
   b. Qual é a importância das extremidades coesivas na produção de rDNA?

4. Suponha que você queira obter múltiplas cópias de um gene que você sintetizou. Como poderia obter as cópias necessárias por clonagem? E por PCR?

5. DESENHE Identifique e marque cada um dos seguintes itens relacionados à produção de cDNA: transcrição, processamento de RNA, transcrição reversa, DNA-polimerase, cDNA.

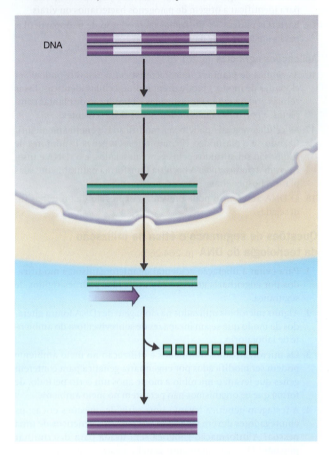

6. Descreva um experimento com rDNA em duas ou três frases. Utilize os seguintes termos: íntron, éxon, DNA, mRNA, cDNA, RNA-polimerase e transcriptase reversa.

7. Liste pelo menos dois exemplos do uso da engenharia genética na medicina e na agricultura.

8. Você está tentado inserir um gene para tolerância à água salgada em uma planta utilizando o plasmídeo Ti. Além do gene desejado, você adicionou o gene para a resistência à tetraciclina (*tet*) no plasmídeo. Qual é o propósito do gene *tet*?

9. Como a RNAi "silencia" um gene?

10. IDENTIFIQUE Qual família viral, normalmente associada à Aids, pode ser útil na terapia gênica?

Múltipla escolha

1. As enzimas de restrição foram descobertas inicialmente pela observação de que...
   a. o DNA está restrito ao núcleo.
   b. o DNA de um bacteriófago é destruído em uma célula hospedeira.
   c. o DNA exógeno é mantido fora de uma célula.
   d. o DNA exógeno é restrito ao citoplasma.
   e. todas as alternativas acima

2. A sonda de DNA, 3'-GGCTTA, se hibridizará com qual das opções a seguir?
   a. 5'-CCGUUA
   b. 5'-CCGAAT
   c. 5'-GGCTTA
   d. 3'-CCGAAT
   e. 3'-GGCAAU

3. Qual das seguintes é a quarta etapa básica de modificação genética de uma célula?
   a. transformação
   b. ligação
   c. clivagem do plasmídeo
   d. clivagem do gene com uma enzima de restrição
   e. isolamento do gene

4. As enzimas a seguir são usadas no processo de síntese do cDNA. Qual é a segunda enzima utilizada na produção de cDNA?
   a. transcriptase reversa
   b. ribozima
   c. RNA-polimerase
   d. DNA-polimerase

5. Se você colocasse um gene em um vírus, a próxima etapa da engenharia genética seria...
   a. a inserção de um plasmídeo.
   b. a transformação.
   c. a transdução.
   d. a PCR.
   e. o *Southern blotting*.

6. Você tem um pequeno gene e quer replicá-lo por PCR. Você adiciona nucleotídeos marcados com sondas fluorescentes ao termociclador da PCR. Após três ciclos de replicação, qual é a porcentagem de fitas simples de DNA que fluorescerão?
   a. 0%
   b. 12,5%
   c. 50%
   d. 87,5%
   e. 100%

Correlacione as seguintes opções com as afirmativas nas questões 7 a 10:
   a. antissenso
   b. clone
   c. biblioteca
   d. *Southern blot*
   e. vetor

7. Fragmentos de DNA humano armazenados em células de leveduras.

8. Uma população de células carreando o plasmídeo desejado.

9. DNA autorreplicativo para transmitir um gene de um organismo para outro.

10. DNA que se hibridiza com mRNA.

Análise

1. Projete um experimento utilizando o vírus da vaccínia para a produção de uma vacina contra o vírus da Aids (HIV).

2. Por que a utilização da DNA-polimerase da bactéria *Thermus aquaticus* permite que os pesquisadores adicionem os reagentes necessários a tubos em um bloco de aquecimento pré-programado?

3. A fotografia abaixo mostra colônias de bactérias se desenvolvendo em X-gal suplementado com ampicilina em um teste de seleção azul-branca. Quais colônias têm o plasmídeo recombinante? As pequenas colônias em forma de satélites não têm plasmídeos. Por que elas começaram a se desenvolver no meio 48 horas depois das colônias maiores?

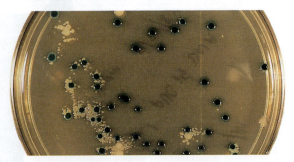

Aplicações clínicas e avaliação

1. A PCR vem sendo utilizada para a análise de ostras para a presença de *Vibrio cholerae.* Ostras de diferentes áreas foram homogeneizadas e DNA foi extraído dos homogenatos. O DNA foi clivado pela enzima de restrição *Hinc*II. Um iniciador para o gene da hemolisina de *V. cholerae* foi usado na reação de PCR. Depois da PCR, cada amostra foi submetida à eletroforese e corada com uma sonda para o gene da hemolisina. Qual (ou quais) amostra de ostra foi positiva para *V. cholerae*? Como você chegou a essa conclusão? Por que testar ostras quanto à presença de *V. cholerae*? Qual é a vantagem da PCR em relação aos testes bioquímicos convencionais para a identificação de bactérias?

2. Utilizando a enzima de restrição *Eco*RI, foram obtidos fragmentos clivados de várias moléculas de DNA de um experimento de transformação que geraram os seguintes padrões na separação por eletroforese. É possível concluir a partir desses dados que a transformação ocorreu? Explique.

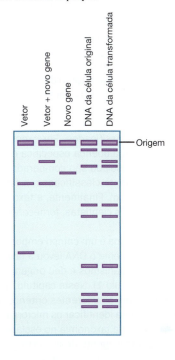

10 Classificação dos microrganismos

A ciência da classificação, sobretudo a classificação dos seres vivos, é chamada de *taxonomia* (do grego para "arranjo ordenado"). O objetivo da taxonomia é classificar organismos vivos – ou seja, estabelecer relações entre um grupo e outro de microrganismos e diferenciá-los. Devem existir em torno de 10 milhões de organismos vivos diferentes; menos de 20% foram descobertos e um número ainda menor foi identificado e classificado.

A taxonomia também fornece uma referência comum para identificar organismos já classificados. Por exemplo, quando uma bactéria suspeita de causar uma doença específica é isolada de um paciente, as características desse isolado são comparadas às listas de características de bactérias previamente classificadas, a fim de se identificar o isolado (ver quadro **Foco clínico**). Finalmente, a taxonomia é uma ferramenta básica e necessária para os cientistas, fornecendo uma linguagem universal de comunicação.

A taxonomia moderna é um campo empolgante e dinâmico. A capacidade de sequenciar rapidamente o DNA levou a novos *insights* sobre classificação e evolução dos microrganismos e deu origem à atual Terceira Idade de Ouro da Microbiologia (Capítulo 1). Neste capítulo, aprenderemos os diversos sistemas de classificação, os diferentes critérios utilizados na classificação e os testes utilizados para identificar os microrganismos que já foram classificados. A contribuição da taxonomia no esclarecimento de novos aspectos sobre organismos previamente descobertos, como *Salmonella enterica*, mostrada na fotografia, será discutida neste capítulo.

▶ *Salmonella enterica* (bactéria). A *S. enterica* inclui mais de 2.500 sorovares, muitos dos quais causam gastroenterite.

Na clínica

Como enfermeiro(a) de cuidados paliativos, você está cuidando de um paciente de 75 anos submetido à quimioterapia para câncer e que recentemente desenvolveu uma pneumonia. O paciente permanece confinado em casa devido à doença, e nenhum de seus visitantes esteve doente. Ao coletar uma amostra de escarro do paciente em sua casa para envio ao laboratório, você observa que o cachorro do paciente também apresenta tosse. Você decide coletar uma amostra do nariz do animal e também a envia para análise. **As culturas do homem e do cão apresentaram crescimento de bactérias gram-negativas, oxidase-positivas, urease-positivas e H$_2$S-positivas. Qual é o agente causador dessas doenças?**

Dica: ver a figura que aborda os testes bioquímicos no quadro Foco clínico, mais adiante neste capítulo, para restringir as possibilidades.

Estudo das relações filogenéticas

OBJETIVOS DE APRENDIZAGEM

10-1 Definir *taxonomia*, *táxon* e *filogenia*.

10-2 Discutir as limitações de um sistema de classificação de dois reinos.

10-3 Identificar as contribuições de Linnaeus, Whittaker e Woese.

10-4 Discutir as vantagens do sistema de três domínios.

10-5 Listar as características dos domínios Bacteria, Archaea e Eukarya.

Os biólogos já identificaram mais de 1,7 milhão de organismos diferentes; no entanto, estima-se que existam 8,7 milhões de espécies na Terra, incluindo 0,8 a 1,6 milhão de espécies de procariotos. Entre esses vários organismos diferentes existem muitas semelhanças. Por exemplo, todos os organismos são constituídos de células envoltas por uma membrana plasmática, utilizam ATP como energia e armazenam sua informação genética no DNA. Essas semelhanças são o resultado da evolução ou descendem de um ancestral comum. Em 1859, o naturalista inglês Charles Darwin propôs que a seleção natural era a responsável pelas semelhanças e diferenças entre os organismos. Essas diferenças podem ser atribuídas à sobrevivência dos organismos com características mais bem adaptadas a um ambiente em particular.

Para facilitar as pesquisas, o conhecimento e a comunicação, utilizamos a **taxonomia** – isto é, classificamos os organismos em categorias, ou **táxons**, para mostrar graus de semelhança entre eles. A **sistemática**, ou **filogenia**, é o estudo da história evolutiva dos organismos, de forma que a hierarquia dos táxons reflete as suas relações evolutivas, ou *filogenéticas*.

A maneira como temos classificado os organismos mudou bastante ao longo dos séculos. Desde os tempos de Aristóteles, os organismos vivos eram classificados de duas maneiras – como plantas ou como animais. Em 1735, Carolus Linnaeus introduziu um sistema formal de classificação, dividindo os organismos em dois reinos: Plantae e Animalia. À medida que as ciências biológicas se desenvolveram, procurou-se um sistema de *classificação natural* capaz de agrupar os organismos de acordo com suas relações ancestrais e que permitisse a análise da organização da vida. No século XIX, Carl von Nägeli propôs que bactérias e fungos fossem classificados no reino vegetal, ao passo que Ernst Haeckel propôs a criação do Reino Protista, que incluiria bactérias, protozoários, algas e fungos. Durante 100 anos, os biólogos continuaram a seguir a classificação de von Nägeli, que colocava bactérias e fungos no reino vegetal – fato bastante irônico, tendo em vista que sequenciamentos de DNA recentes demonstraram que os fungos são mais próximos dos animais do que das plantas. Os fungos foram classificados em seu próprio reino em 1959.

O termo *procarioto* foi introduzido em 1937 para distinguir as células anucleadas das células nucleadas de plantas e animais. Em 1968, Robert G. E. Murray propôs a criação do Reino Prokaryotae.

Em 1969, Robert H. Whittaker criou o sistema de cinco reinos, no qual os procariotos foram colocados no Reino Prokaryotae, ou Monera, e os eucariotos constituíram os outros quatro reinos. O Reino Prokaryotae foi criado com base em observações microscópicas. Avanços posteriores na biologia molecular revelaram que existem, na verdade, dois tipos de células procarióticas e um tipo de célula eucariótica.

TESTE SEU CONHECIMENTO

✔ **10-1** Qual é a importância da taxonomia e da sistemática?

✔ **10-2, 10-3** Por que as bactérias não devem ser classificadas no reino vegetal?

Os três domínios

A descoberta de três tipos celulares foi fundamentada nas observações de que os ribossomos não são os mesmos em todas as células (ver Capítulo 4). Os ribossomos estão presentes em todas as células. A comparação de sequências nucleotídicas contidas no RNA ribossômico (rRNA, discutido em breve) de diferentes tipos de células mostrou que existem três grupos celulares distintos: os eucariotos e dois tipos diferentes de procariotos – as bactérias e as arqueias.

Em 1978, Carl R. Woese propôs elevar os três tipos de células a um nível acima de reino, chamado de domínio. Woese acreditava que as arqueias e as bactérias, embora similares em aparência, deveriam formar seus próprios domínios na árvore evolutiva (**Figura 10.1**). Além de apresentarem diferenças no rRNA, os três domínios diferem na estrutura lipídica da membrana, nas moléculas de RNA transportador e na sensibilidade aos antibióticos (**Tabela 10.1**).

Nesse esquema amplamente aceito, animais, plantas e fungos são reinos do domínio **Eukarya**. O domínio **Bacteria** inclui todos os procariotos patogênicos, bem como muitos dos procariotos não patogênicos encontrados no solo e na água. Os procariotos fotoautotróficos também estão nesse domínio. O domínio **Archaea** inclui procariotos que não possuem peptideoglicano em suas paredes celulares. Eles frequentemente vivem em ambientes extremos e realizam processos metabólicos incomuns. Archaea inclui três grupos principais:

1. Os metanógenos, anaeróbios estritos, que produzem metano (CH_4) a partir do dióxido de carbono e hidrogênio.

2. Os halófilos extremos, que requerem altas concentrações de sais para sobreviver.

3. Os hipertermófilos, que normalmente crescem em ambientes extremamente quentes.

A relação evolutiva entre os três domínios é assunto da pesquisa atual dos biólogos. Com base na análise do rRNA, três linhagens celulares claramente emergiram à medida que as células foram se formando há 3,5 bilhões de anos. Essa divisão levou a Archaea, a Bacteria e ao que finalmente se tornou o nucleoplasma dos eucariotos. No entanto, as três linhagens

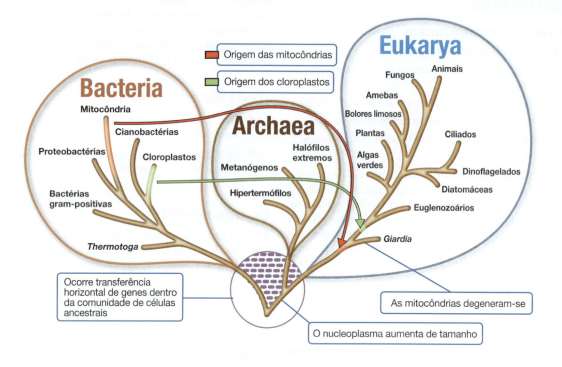

CONCEITOS-CHAVE

- Todos os organismos evoluíram de células que se formaram há mais de 3,5 bilhões de anos.
- O DNA transmitido pelos ancestrais é descrito como conservado.
- O domínio Eukarya inclui os reinos Fungi, Plantae e Animalia, bem como os protistas. Os domínios Bacteria e Archaea são procariotos.

celulares não parecem ter evoluído umas das outras; parece ter ocorrido transferência horizontal de genes (Capítulo 8) entre elas. Análises de genomas completos demonstraram que cada domínio individual compartilha genes com outros domínios. Um quarto dos genes da bactéria *Thermotoga* provavelmente foi adquirido de arqueias. A transferência de genes também foi observada entre hospedeiros eucariotos e seus procariotos simbiontes.

Os fósseis mais antigos conhecidos são os restos de procariotos que viveram há mais de 3,5 bilhões de anos. As células eucarióticas evoluíram mais recentemente, em torno de 2,5 bilhões de anos atrás. De acordo com a teoria endossimbiótica, as células eucarióticas evoluíram a partir de células procarióticas vivendo umas dentro das outras, como endossimbiontes (ver Capítulo 4). De fato, as semelhanças entre as células procarióticas e as organelas eucarióticas fornecem fortes evidências a favor dessa relação endossimbiótica (Tabela 10.2).

CASO CLÍNICO Surto de sabor

M onica Jackson, uma assistente de produção de 32 anos de uma estação de televisão em Austin, Texas, consultou-se com a enfermeira do consultório de seu médico. Monica contou para a enfermeira que teve diarreia, náuseas e cólicas abdominais por quase 12 horas. Ela também sentiu cansaço e apresentou febre baixa. Relatou que estava bem e, de repente, ficou gravemente doente. Monica informou à enfermeira de que ela e um amigo, que também se encontra doente, haviam almoçado no mesmo lugar no dia anterior. A enfermeira coleta uma amostra de fezes e envia ao laboratório do hospital para análise.

O que o laboratório deverá fazer primeiro na busca por um patógeno bacteriano? Continue lendo para descobrir.

Parte 1 · Parte 2 · Parte 3 · Parte 4 · Parte 5 · Parte 6

TABELA 10.1 Algumas características de Archaea, Bacteria e Eukarya

	Archaea	Bacteria	Eukarya
	Sulfolobus sp.	*Escherichia coli*	*Amoeba proteus*
Tipo de célula	Procariótica	Procariótica	Eucariótica
Parede celular	Varia na composição; não contém peptideoglicano	Contém peptideoglicano	Varia na composição; contém carboidratos
Lipídeos de membrana	Compostos de cadeias de carbono ramificadas ligadas ao glicerol por ligação éter	Compostos de cadeias de carbono lineares ligadas ao glicerol por ligação éster	Compostos de cadeias de carbono lineares ligadas ao glicerol por ligação éster
Primeiro aminoácido na síntese de proteína	Metionina	Formilmetionina	Metionina
Sensibilidade a antibióticos	Não	Sim	Não
Alça do rRNA*	Ausente	Presente	Ausente
Braço comum do tRNA**?	Ausente	Presente	Presente

*Liga-se à proteína ribossômica; encontrada em todas as bactérias.
**Uma sequência de bases no RNA transportador (tRNA) encontrada em todos os eucariotos e bactérias: guanina-timina-pseudouridina-citosina-guanina.

TABELA 10.2 Comparação entre células procarióticas e organelas eucarióticas

	Célula procariótica	Célula eucariótica	Organelas eucarióticas (mitocôndrias e cloroplastos)
DNA	Um circular; algumas vezes dois circulares; alguns lineares	Linear	Circular
Histonas	Em arqueias	Sim	Não
Primeiro aminoácido na síntese de proteína	Formilmetionina (bactéria) Metionina (arqueia)	Metionina	Formilmetionina
Ribossomos	70S	80S	70S
Crescimento	Fissão binária	Mitose	Fissão binária

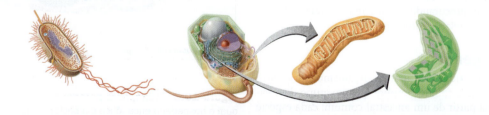

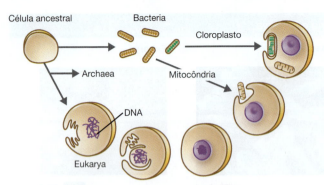

Figura 10.2 Modelo da origem dos eucariotos. Uma invaginação da membrana plasmática pode ter formado o envelope nuclear e o retículo endoplasmático. Semelhanças, incluindo as sequências de rRNA, indicam que procariotos endossimbióticos originaram as mitocôndrias e os cloroplastos.

P Quantas membranas compõem o envelope nuclear de uma célula eucariótica?

A célula nucleoplasmática original era procariótica. No entanto, invaginações em sua membrana plasmática podem ter circundado a região nuclear, produzindo um núcleo verdadeiro (**Figura 10.2**). Pesquisadores franceses forneceram embasamento para essa hipótese, com suas observações acerca da presença de um núcleo verdadeiro na bactéria *Gemmata* (ver Figura 11.16). Ao longo do tempo, o cromossomo do nucleoplasma pode ter adquirido fragmentos, como transpósons (Capítulo 8) e pedaços de genomas virais. Em algumas células, esse grande cromossomo pode ter se fragmentado em cromossomos lineares menores. Talvez as células que apresentem cromossomos lineares possuam uma vantagem na divisão celular sobre aquelas que possuem um cromossomo grande, circular e de difícil manejo.

Essa célula nucleoplasmática forneceu o hospedeiro original, dentro da qual bactérias endossimbióticas se desenvolveram em organelas (ver seção do Capítulo 4 sobre a evolução dos eucariotos). Um exemplo recente de um procarioto vivendo no interior de uma célula eucariótica é mostrado na **Figura 10.3**. A célula semelhante a uma cianobactéria e o seu hospedeiro eucariótico precisam um do outro para a sua sobrevivência.

A taxonomia fornece ferramentas para esclarecer a evolução dos organismos, assim como suas inter-relações. Novos organismos estão sendo descobertos a cada dia, e os taxonomistas continuam procurando um sistema natural de classificação que reflita as relações filogenéticas.

Árvore filogenética

Na árvore filogenética, reagrupar os organismos de acordo com as propriedades comuns implica que um grupo de organismos evolui a partir de um ancestral comum; cada espécie mantém algumas das características do ancestral. Uma parte da informação utilizada para classificar e

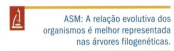

ASM: A relação evolutiva dos organismos é melhor representada nas árvores filogenéticas.

determinar as relações filogenéticas em organismos superiores vem dos fósseis. Ossos, conchas ou caules que contenham material mineral ou tenham deixado impressões em rochas que antes eram lama são exemplos de fósseis.

As estruturas da maioria dos microrganismos não são facilmente fossilizadas. Algumas exceções são as seguintes:

- Uma alga marinha unicelular cujas colônias fossilizadas formam os penhascos brancos de Dover, na Inglaterra.
- Estromatólitos, os restos fossilizados de bactérias filamentosas e sedimentos que floresceram entre 0,5 e 2 bilhões de anos (**Figura 10.4a** e Figura 10.4b).
- Fósseis semelhantes a cianobactérias encontrados em rochas de 3 a 3,5 bilhões de anos. Acredita-se amplamente que esses sejam os fósseis mais antigos conhecidos (Figura 10.4c).

Como não existe evidência fóssil disponível para a maioria dos procariotos, sua filogenia precisa basear-se em outros indícios. Em uma exceção notável, cientistas podem ter conseguido isolar bactérias e leveduras vivas que possuem de 25 a 40 milhões de anos de idade. Em 1995, o microbiologista americano Raul Cano e colaboradores relataram o crescimento de *Lysinibacillus sphaericus* e outros microrganismos ainda não identificados, que sobreviveram embebidos em âmbar (resina vegetal fossilizada) por milhões de anos. Se a descoberta for confirmada, ela pode fornecer mais informações acerca da evolução dos microrganismos.

Semelhanças nos genomas podem ser utilizadas para agrupar os organismos em táxons e para fornecer uma cronologia para o surgimento deles. Isso é especialmente importante para os microrganismos que geralmente não deixam evidências fósseis. Esse conceito de um relógio molecular, com base nas diferenças de aminoácidos na hemoglobina entre diferentes animais, foi inicialmente proposto na década de 1960. Um **relógio molecular** para a evolução baseia-se nas sequências nucleotídicas

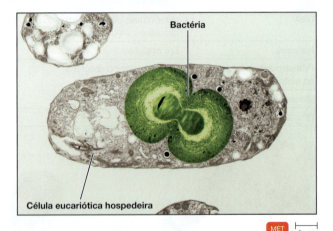

MET ⊢ 1 μm

Figura 10.3 *Cyanophora paradoxa.* Esse organismo, no qual o hospedeiro eucariótico e a bactéria necessitam um do outro para sobrevivência, fornece um exemplo atual de como as células eucarióticas podem ter evoluído.

P Que características os cloroplastos, as mitocôndrias e as bactérias têm em comum?

(a) Comunidades bacterianas formam pilares semelhantes a rochas, chamados de estromatólitos. Esses estromatólitos começaram a se formar há cerca de 3 mil anos.

├─── 30 cm ───┤

(b) Corte realizado através de um estromatólito fossilizado que floresceu há 2 bilhões de anos.

├─ 2 cm ─┤

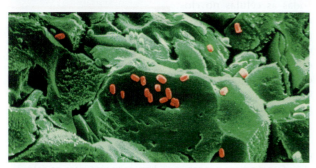

(c) Procariotos em forma de bastonete do início do período Pré-Cambriano (3,5 bilhões de anos atrás) na África do Sul.

 MEV ├─ 5 μm ─┤

Figura 10.4 **Procariotos fossilizados.**

P Que evidência é usada para determinar a filogenia dos procariotos?

contidas nos genomas dos organismos. Mutações se acumulam em um genoma em uma velocidade constante. Alguns genes, como aqueles que codificam para o rRNA, apresentam poucas mutações – são genes altamente conservados. Outras regiões do genoma se alteram sem nenhum efeito aparente no organismo. Comparando-se o número de mutações entre dois organismos com a taxa esperada de variações, podemos obter uma estimativa de quando os dois divergiram a partir de um ancestral comum. Essa técnica foi usada para rastrear o caminho do vírus Zika até os Estados Unidos (ver quadro "Foco clínico" no Capítulo 8) e atualmente está sendo usada para rastrear a origem e o desenvolvimento de linhagens de SARS-CoV-2.

Conclusões obtidas do sequenciamento de rRNA e de estudos de hibridização de DNA (discutidos mais adiante neste capítulo) de ordens e famílias selecionadas de eucariotos estão

de acordo com os registros de fósseis. Isso tem estimulado os cientistas a utilizarem o rRNA e o sequenciamento genômico, a fim de se obter um melhor entendimento das relações evolutivas entre os procariotos.

> **TESTE SEU CONHECIMENTO**
>
> ✔ **10-4** Qual evidência sustenta a classificação dos organismos em três domínios?
>
> ✔ **10-5** Compare Archaea e Bacteria; Bacteria e Eukarya; e Archaea e Eukarya.

Classificação dos organismos

OBJETIVOS DE APRENDIZAGEM

10-6 Explicar por que são utilizados nomes científicos.

10-7 Listar os principais táxons.

10-8 Diferenciar *cultura*, *clone* e *linhagem*.

10-9 Listar as principais características utilizadas para diferenciar os três reinos de Eukarya multicelulares.

10-10 Definir *protista*.

10-11 Diferenciar espécies eucarióticas, procarióticas e virais.

Os organismos vivos são agrupados de acordo com as características similares (classificação), e a cada organismo é atribuído um nome científico. As normas para classificação e denominação, utilizadas no mundo todo pelos biólogos, são discutidas a seguir.

Nomenclatura científica

Em um mundo habitado por milhões de organismos vivos, os biólogos devem ter certeza de que conhecem exatamente o microrganismo sobre o qual estão discutindo. Não podemos utilizar nomes comuns, porque, muitas vezes, o mesmo nome é utilizado para muitos organismos diferentes em locais diferentes. Por exemplo, existem dois organismos diferentes com o mesmo nome: musgo espanhol, sendo que nenhum deles é realmente um musgo. Além disso, os nomes comuns podem não condizer com a realidade e são encontrados em diferentes idiomas. Um sistema de nomenclatura científica foi, então, desenvolvido para resolver esse problema.

A cada organismo são atribuídos dois nomes (Capítulo 1). Esses nomes correspondem ao **gênero** e ao **epíteto específico (espécie)**, e ambos são escritos sublinhados ou em itálico. O nome do gênero começa sempre com letra maiúscula e é sempre um substantivo. O nome da espécie começa com letra minúscula e geralmente é um adjetivo. Como esse sistema atribui dois nomes para cada organismo, ele é chamado de **nomenclatura binominal**.

Consideremos alguns exemplos. Nosso próprio gênero e epíteto específico são *Homo sapiens*. O gênero significa homem; o epíteto específico significa sábio. Um bolor que contamina o pão é chamado de *Rhizopus stolonifer*. *Rhizo* (uma raiz) descreve a estrutura semelhante à raiz do fungo; *stolo* (um caule) descreve as hifas longas. A Tabela 1.1 contém mais exemplos.

Os binômios são utilizados pelos cientistas e profissionais da saúde em todo o mundo, independentemente de sua língua nativa. Essa nomenclatura permite que os cientistas compartilhem conhecimentos com eficiência e precisão. Várias entidades científicas são responsáveis por estabelecer normas que governam a denominação dos organismos. Os nomes científicos têm origem no latim (o nome do gênero pode apresentar origem grega) ou são latinizados pela adição de um sufixo apropriado. Os sufixos para ordem e família são *–ales* e *–aceae*, respectivamente.

À medida que novas técnicas de laboratório possibilitam uma caracterização mais detalhada dos microrganismos, dois gêneros podem ser reclassificados em um único gênero, ou um gênero pode ser dividido em dois ou mais gêneros. Por exemplo, uma análise de rRNA indicou que *"Streptococcus faecalis"* tinha apenas uma relação distante com as outras espécies de estreptococos; consequentemente, um novo gênero, chamado de *Enterococcus*, foi criado, e essa espécie foi renomeada, recebendo a denominação de *E. faecalis*. Realizar uma transição para um novo nome pode gerar confusão e, por isso, o nome antigo muitas vezes é escrito entre parênteses. Por exemplo, um médico à procura de informações acerca do agente causador dos sintomas semelhantes a uma pneumonia (melioidose) em um paciente encontraria o nome da bactéria como *Burkholderia (Pseudomonas) pseudomallei*.

Hierarquia taxonômica

Todos os organismos podem ser agrupados em uma série de subdivisões, que formam uma hierarquia taxonômica. Linnaeus desenvolveu essa hierarquia para sua classificação das plantas e dos animais. Uma **espécie eucariótica** é um grupo de organismos intimamente relacionados que se reproduzem entre si. (As espécies bacterianas são definidas de forma ligeiramente diferente e serão discutidas em breve.) Um **gênero** consiste em espécies que diferem entre si em certas características, mas são relacionadas pela descendência. Por exemplo, *Quercus*, o gênero do carvalho, consiste em todos os tipos de carvalho (carvalho-branco, carvalho-vermelho, carvalho-da-rebarba, carvalho-veludo, e assim por diante). Mesmo sabendo que cada espécie de carvalho difere das outras, elas são relacionadas geneticamente. Como um grupo de espécies forma um gênero, gêneros relacionados formam uma **família**. Um grupo de famílias similares constitui uma **ordem**, e um grupo de ordens similares forma uma **classe**. Classes relacionadas, por sua vez, formam um **filo**. Portanto, um organismo específico (ou espécie) tem um nome de gênero e um epíteto específico, além de pertencer a uma família, uma ordem, uma classe e um filo.

Todos os filos que são relacionados entre si formam um **reino**, e reinos relacionados são agrupados em **domínios** (**Figura 10.5**).

TESTE SEU CONHECIMENTO

✔ **10-6** Utilizando *E. coli* e *Entamoeba coli* como exemplos, explique por que o nome do gênero deve sempre ser escrito por extenso na primeira citação. Por que o uso da nomenclatura binominal é preferível ao uso de nomes comuns?

✔ **10-7** Procure a bactéria gram-positiva *Staphylococcus* no Apêndice E. A qual bactéria esse gênero é mais intimamente relacionado: *Bacillus* ou *Streptococcus*?

Classificação dos procariotos

O esquema de classificação taxonômica dos procariotos é encontrado no *Bergey's Manual of Systematics of Archaea and Bacteria* (Manual de Bergey de Sistemática de Archaea e Bacteria; ver Apêndice E). No *Bergey's Manual*, os procariotos são divididos em dois domínios: Bacteria e Archaea. Cada domínio é divido em filos. Lembre-se: a classificação é baseada nas semelhanças das sequências nucleotídicas contidas no rRNA. As classes são divididas em ordens; as ordens, em famílias; as famílias, em gêneros; e os gêneros, em espécies.

Conforme mencionado anteriormente, uma espécie procariótica é definida de forma um pouco diferente de uma espécie eucariótica. Diferentemente da reprodução dos organismos eucarióticos, a divisão celular das bactérias não tem ligação direta com a conjugação, que não é frequente e não precisa ser sempre espécie-específica. Como tal, o termo **espécie procariótica** é definido simplesmente como uma população de células com alto grau de similaridade genômica. Os membros de uma espécie bacteriana são essencialmente similares entre si, mas são distintos dos membros de outras espécies, em geral com base em várias características. Como você sabe, as bactérias que crescem em meios são chamadas de cultura. Uma cultura pura é frequentemente um **clone**, uma população de células derivadas de uma única célula parental. Todas as células no clone devem ser idênticas, porém, em alguns casos, culturas puras da mesma espécie não são idênticas em todas as características.

ASM: O conceito tradicional de espécie não é facilmente aplicável aos micróbios devido à reprodução assexuada e à ocorrência frequente de transferência horizontal de genes.

Cada um desses grupos é denominado **linhagem**. As linhagens são identificadas por números, letras ou nomes que seguem o epíteto específico.

O *Bergey's Manual* fornece uma referência para a identificação de bactérias em laboratório, assim como um esquema de classificação para procariotos. Um esquema para as relações evolutivas de bactérias é mostrado na **Figura 10.6**. As características utilizadas para identificar as bactérias são discutidas no Capítulo 11.

Classificação dos eucariotos

Alguns reinos no domínio Eukarya são mostrados na Figura 10.1.

Em 1969, organismos eucarióticos simples, a maioria unicelulares, foram agrupados no reino Protista, um reino abrangente que engloba uma variedade de organismos. Historicamente, os organismos eucarióticos que não se encaixavam em outros reinos eram colocados no Protista. Cerca de 200 mil espécies de protistas foram identificadas até agora, e esses organismos são bastante diversos do ponto de vista nutricional – desde fotossintetizante até parasita intracelular obrigatório. O sequenciamento do rRNA está tornando possível a divisão dos protistas em grupos com base em sua descendência a partir de ancestrais comuns. Por conseguinte, uma vez classificados como protistas, os organismos são divididos em **clados**, ou grupos geneticamente relacionados. Por conveniência, continuaremos a utilizar o termo *protista* para indicar eucariotos

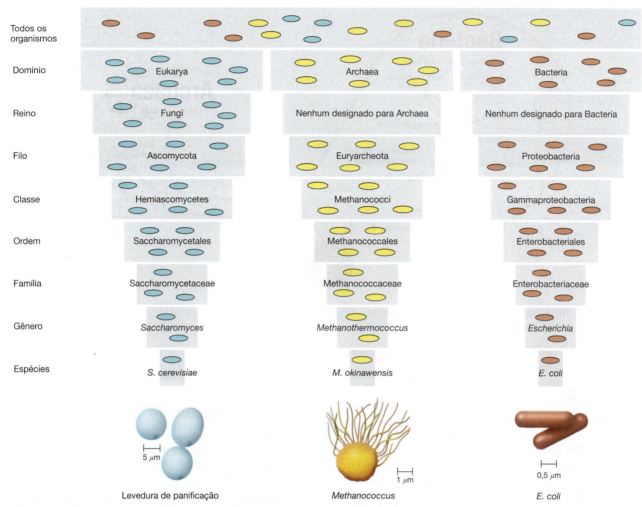

Figura 10.5 Hierarquia taxonômica. Os organismos são agrupados de acordo com a proximidade de sua relação. Espécies intimamente relacionadas são agrupadas no mesmo gênero. Por exemplo, a levedura de panificação, *Saccharomyces cerevisiae*, pertence ao gênero que inclui também a levedura da massa azeda (*S. exiguus*). Gêneros relacionados, como *Saccharomyces* e *Candida*, são colocados em uma família, e assim por diante. Cada grupo superior é mais abrangente. O domínio Eukarya inclui todos os organismos com células eucarióticas.

P Qual é a definição biológica de *família*?

unicelulares e seus parentes próximos. Esses organismos serão discutidos no Capítulo 12.

Fungos, plantas e animais formam os três reinos de organismos eucarióticos mais complexos, sendo a maioria multicelular.

O reino **Fungi** inclui as leveduras unicelulares, os bolores multicelulares e espécies macroscópicas, como os cogumelos. Para obter matéria-prima para as funções vitais, um fungo absorve a matéria orgânica dissolvida através de sua membrana plasmática. As células de um fungo multicelular normalmente são unidas para formar tubos finos, chamados de *hifas*. Os fungos desenvolvem-se a partir de esporos ou de fragmentos de hifas. (Ver Figura 12.2.)

O reino **Plantae** (vegetais) inclui musgos, samambaias, coníferas e plantas com flores. Todos os membros desse reino são multicelulares. Para obter energia, uma planta utiliza a fotossíntese, o processo que converte o dióxido de carbono e a água em moléculas orgânicas utilizadas pela célula.

O reino dos organismos multicelulares, chamado de **Animalia** (animais), inclui esponjas, vários vermes, insetos e animais com esqueleto (vertebrados). Os animais obtêm nutrientes e energia pela ingestão de matéria orgânica através de algum tipo de boca.

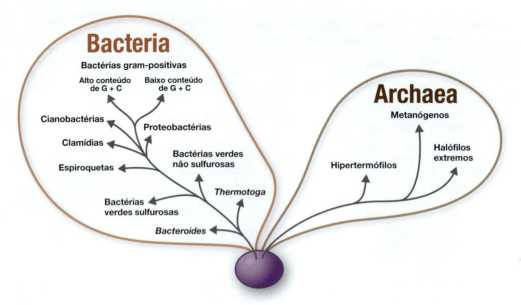

Figura 10.6 Relações filogenéticas dos procariotos. As setas indicam as linhas principais de descendência dos grupos procarióticos. Os filos selecionados são indicados.

P Membros de qual filo podem ser identificados pela coloração de Gram?

Classificação dos vírus

Os vírus não são classificados como parte de nenhum dos três domínios. Eles não são compostos de células e não se encaixam exatamente em uma definição clara de organismo vivo, pois precisam assumir o controle da maquinaria anabólica das células hospedeiras vivas para se multiplicarem (ver Capítulo 13). No entanto, os vírus são a principal causa de doenças e sua classificação é importante. Um genoma viral pode direcionar a biossíntese no interior de uma célula hospedeira, e alguns genomas virais podem ser incorporados no genoma do hospedeiro. O nicho ecológico de um vírus é sua célula hospedeira específica, logo, o vírus pode estar mais intimamente relacionado ao seu hospedeiro do que a outros vírus. O International Committee on Taxonomy of Viruses (Comitê Internacional de Taxonomia de Vírus) define uma **espécie viral** como uma população de vírus com características semelhantes que pode ser distinguida de outras espécies por vários métodos (incluindo morfologia, genes, enzimas e nicho ecológico).

Os vírus são parasitas intracelulares obrigatórios. Genes virais carreados nos genomas de outros organismos fornecem um registro da evolução viral. Análises recentes demonstraram genes dos bornavírus e retrovírus integrados em genomas de mamíferos, incluindo seres humanos, há pelo menos 40 milhões de anos. Existem três hipóteses para a origem dos vírus: (1) eles surgiram de fitas de ácidos nucleicos de replicação independente (como plasmídeos); (2) eles se desenvolveram a partir de células degenerativas que, ao longo de muitas gerações, teriam perdido gradualmente a capacidade de sobreviverem de forma independente, porém poderiam sobreviver quando associadas a outra célula; (3) eles coevoluíram com as células hospedeiras.

Métodos para classificação e identificação de microrganismos

OBJETIVOS DE APRENDIZAGEM

10-12 Comparar e diferenciar classificação e identificação.

10-13 Explicar o propósito do *Bergey's Manual*.

10-14 Descrever como colorações e testes bioquímicos são utilizados para identificar bactérias.

10-15 Explicar como os testes sorológicos e a fagotipagem podem ser utilizados para identificar uma bactéria desconhecida.

10-16 Descrever como um microrganismo recentemente descoberto pode ser classificado por sequenciamento de DNA, *fingerprinting* de DNA e PCR.

10-17 Descrever como os microrganismos podem ser identificados por hibridização de ácidos nucleicos, *Southern blotting*, *chips* de DNA, ribotipagem e FISH.

10-18 Diferenciar chave dicotômica e cladograma.

Um esquema de classificação fornece uma lista de características e uma referência de comparação para auxiliar na identificação de um organismo. Uma vez identificado, um organismo pode ser colocado em um esquema de classificação previamente definido. Os microrganismos são *identificados* por razões práticas – por exemplo, para se determinar o tratamento apropriado para uma infecção. Eles não são identificados necessariamente pelas mesmas técnicas pelas quais foram *classificados*. A maioria dos procedimentos de identificação é facilmente realizada em um laboratório e utiliza o menor número possível de processos e testes. Os protozoários, os vermes parasitas e os fungos em geral podem ser identificados microscopicamente. A maioria dos organismos procarióticos não tem características morfológicas distintivas ou muitas variações em sua forma e tamanho. Consequentemente, os microbiologistas desenvolveram uma variedade de métodos que testam reações metabólicas e outras características que identificam os procariotos.

O *Bergey's Manual of Determinative Bacteriology* (Manual de Bergey de Determinação Bacteriológica) é amplamente utilizado como referência desde a sua 1ª edição, publicada em 1923. Ele não classifica as bactérias de acordo com o seu parentesco evolutivo, mas, em vez disso, fornece esquemas de identificação (determinativos) baseados em critérios como composição da parede celular, morfologia, coloração diferencial, necessidades de oxigênio e testes bioquímicos.* A maioria das bactérias e arqueias ainda não foi cultivada, e os cientistas estimam que somente 1% desses microrganismos tenha sido descoberto.

A microbiologia médica (o ramo da microbiologia que trata de patógenos humanos) dominou o interesse em microrganismos, e esse interesse está refletido em muitos esquemas de identificação. Contudo, para colocar as propriedades patogênicas das bactérias em perspectiva, das mais de 30 mil espécies listadas, menos de 5% são patógenos humanos.

Vários critérios e métodos para a classificação e a identificação rotineira dos microrganismos são discutidos a seguir. Além das propriedades do organismo em si, a fonte e o hábitat do isolado bacteriano são considerados como parte do processo de identificação. Em microbiologia clínica, um médico coleta uma amostra de pus ou de superfície tecidual de um paciente. A amostra é introduzida em um tubo contendo meio para transporte. Os **meios para transporte**, em geral, não são nutritivos e são projetados para prolongar a viabilidade de patógenos fastidiosos. O médico anota o tipo de espécime e os testes solicitados em um formulário de requisição laboratorial (**Figura 10.7**). Os resultados laboratoriais auxiliarão o médico a direcionar o início do tratamento (ver quadro "Foco clínico" no Capítulo 5).

---

*Tanto o *Bergey's Manual of Systematic of Archaea and Bacteria* quanto o *Bergey's Manual of Determinative Bacteriology* são referidos simplesmente como *Bergey's Manual*; os títulos completos são usados quando a informação discutida é encontrada em um, mas não no outro – por exemplo, uma tabela de identificação.

Identificação convencional

A morfologia e a coloração contribuem para a identificação convencional de microrganismos.

Morfologia

As características morfológicas (estruturais) auxiliaram os taxonomistas na classificação de organismos nos últimos 200 anos. Os organismos superiores frequentemente são classificados de acordo com a observação de detalhes anatômicos. Contudo, muitos organismos são demasiadamente similares para serem classificados puramente por suas estruturas. Organismos que podem diferir com relação às suas propriedades metabólicas ou fisiológicas podem parecer similares ao microscópio. Literalmente centenas de espécies de bactérias apresentam a forma de pequenos cocos ou bacilos.

Entretanto, apresentar um tamanho maior, bem como estruturas intracelulares, nem sempre significa que o processo de identificação será fácil. A pneumonia por *Pneumocystis* é a infecção oportunista mais comum que acompanha a Aids e outras doenças que comprometem o sistema imune. Antes da epidemia de Aids, o agente causador dessa infecção, *P. jirovecii* (antigamente conhecido como "*P. carinii*"), era raramente observado em seres humanos. *Pneumocystis* não tem estruturas que podem facilmente ser utilizadas para a sua identificação (ver Figura 24.20), e a sua posição taxonômica tem sido incerta desde a sua descoberta, em 1909. Ele foi originalmente classificado como um protozoário; contudo, em 1988, o sequenciamento do rRNA mostrou que *Pneumocystis* é, na verdade, um membro do reino Fungi. Os tratamentos atualmente incluem agentes antifúngicos.

A morfologia celular nos diz pouco sobre as relações filogenéticas. Contudo, as características ainda auxiliam na identificação de bactérias. Por exemplo, diferenças em estruturas como os endósporos ou os flagelos podem ser úteis.

Coloração diferencial

Uma das primeiras etapas para a identificação de bactérias é a coloração diferencial (ver Capítulo 3). A maioria das bactérias é gram-positiva ou gram-negativa. Outras colorações diferenciais, como a coloração ácido-resistente, podem ser úteis para um grupo mais limitado de microrganismos. Lembre-se de que essas colorações têm como base a composição química das paredes celulares e, portanto, não são úteis para as bactérias sem paredes ou para as arqueias com paredes incomuns. O exame microscópico de uma coloração de Gram ou de uma coloração ácido-resistente é utilizado para obter informações rápidas no ambiente clínico. A coloração ácido-resistente é o "padrão-ouro" para o diagnóstico da tuberculose.

Testes bioquímicos

Geralmente, as bactérias são cultivadas em cultura antes que o teste de identificação seja realizado. As atividades enzimáticas são amplamente utilizadas para diferenciar as bactérias. Até mesmo as bactérias intimamente relacionadas podem, com frequência, ser separadas em espécies distintas por meio de testes bioquímicos. Por exemplo, os testes bioquímicos são utilizados para a identificação de bactérias em seres humanos

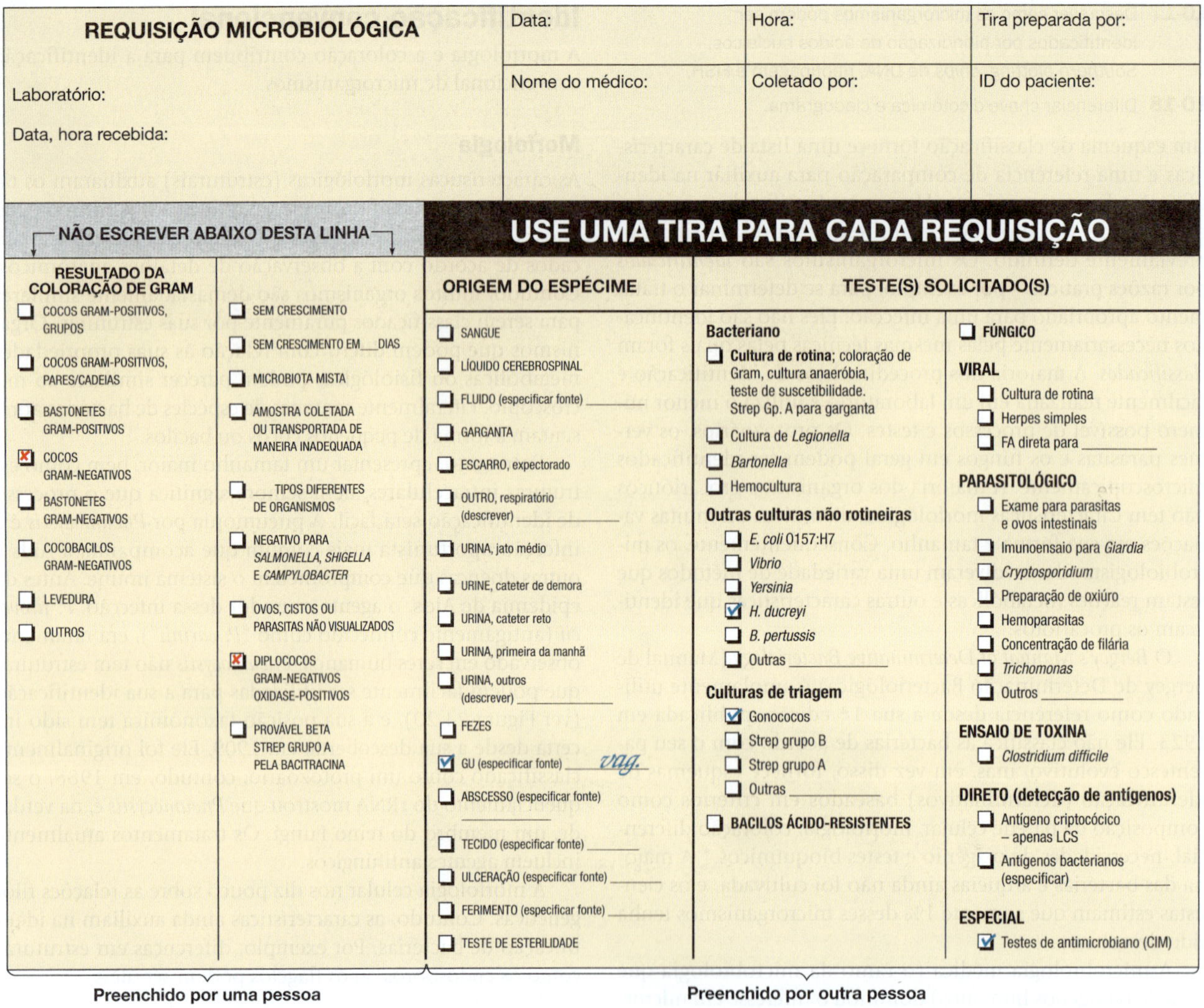

REQUISIÇÃO MICROBIOLÓGICA	Data:	Hora:	Tira preparada por:
Laboratório: Data, hora recebida:	Nome do médico:	Coletado por:	ID do paciente:

NÃO ESCREVER ABAIXO DESTA LINHA | **USE UMA TIRA PARA CADA REQUISIÇÃO**

RESULTADO DA COLORAÇÃO DE GRAM

- ☐ COCOS GRAM-POSITIVOS, GRUPOS
- ☐ COCOS GRAM-POSITIVOS, PARES/CADEIAS
- ☐ BASTONETES GRAM-POSITIVOS
- ☒ COCOS GRAM-NEGATIVOS
- ☐ BASTONETES GRAM-NEGATIVOS
- ☐ COCOBACILOS GRAM-NEGATIVOS
- ☐ LEVEDURA
- ☐ OUTROS

- ☐ SEM CRESCIMENTO
- ☐ SEM CRESCIMENTO EM ___ DIAS
- ☐ MICROBIOTA MISTA
- ☐ AMOSTRA COLETADA OU TRANSPORTADA DE MANEIRA INADEQUADA
- ☐ ___ TIPOS DIFERENTES DE ORGANISMOS
- ☐ NEGATIVO PARA *SALMONELLA, SHIGELLA* E *CAMPYLOBACTER*
- ☐ OVOS, CISTOS OU PARASITAS NÃO VISUALIZADOS
- ☒ DIPLOCOCOS GRAM-NEGATIVOS OXIDASE-POSITIVOS
- ☐ PROVÁVEL BETA STREP GRUPO A PELA BACITRACINA

ORIGEM DO ESPÉCIME

- ☐ SANGUE
- ☐ LÍQUIDO CEREBROSPINAL
- ☐ FLUIDO (especificar fonte) _____
- ☐ GARGANTA
- ☐ ESCARRO, expectorado
- ☐ OUTRO, respiratório (descrever) _____
- ☐ URINA, jato médio
- ☐ URINE, cateter de demora
- ☐ URINA, cateter reto
- ☐ URINA, primeira da manhã
- ☐ URINA, outros (descrever) _____
- ☐ FEZES
- ☑ GU (especificar fonte) _*vag.*_
- ☐ ABSCESSO (especificar fonte) _____
- ☐ TECIDO (especificar fonte) _____
- ☐ ULCERAÇÃO (especificar fonte) _____
- ☐ FERIMENTO (especificar fonte) _____
- ☐ TESTE DE ESTERILIDADE

TESTE(S) SOLICITADO(S)

Bacteriano
- ☐ **Cultura de rotina**; coloração de Gram, cultura anaeróbia, teste de suscetibilidade. Strep Gp. A para garganta
- ☐ Cultura de *Legionella*
- ☐ *Bartonella*
- ☐ Hemocultura

Outras culturas não rotineiras
- ☐ *E. coli* O157:H7
- ☐ *Vibrio*
- ☐ *Yersinia*
- ☑ *H. ducreyi*
- ☐ *B. pertussis*
- ☐ Outras _____

Culturas de triagem
- ☑ Gonococos
- ☐ Strep grupo B
- ☐ Strep grupo A
- ☐ Outras _____

- ☐ **BACILOS ÁCIDO-RESISTENTES**

- ☐ **FÚNGICO**

VIRAL
- ☐ Cultura de rotina
- ☐ Herpes simples
- ☐ FA direta para _____

PARASITOLÓGICO
- ☐ Exame para parasitas e ovos intestinais
- ☐ Imunoensaio para *Giardia*
- ☐ *Cryptosporidium*
- ☐ Preparação de oxiúro
- ☐ Hemoparasitas
- ☐ Concentração de filária
- ☐ *Trichomonas*
- ☐ Outros _____

ENSAIO DE TOXINA
- ☐ *Clostridium difficile*

DIRETO (detecção de antígenos)
- ☐ Antígeno criptocócico – apenas LCS
- ☐ Antígenos bacterianos (especificar) _____

ESPECIAL
- ☑ Testes de antimicrobiano (CIM)

Preenchido por uma pessoa | Preenchido por outra pessoa

Figura 10.7 Um formulário de relato laboratorial em microbiologia clínica. Em instituições de saúde, morfologia e coloração diferencial são importantes na determinação do tratamento adequado para doenças microbianas. Um clínico preenche o formulário para a identificação da amostra e testes específicos. Nesse caso, uma amostra urogenital será examinada para infecções sexualmente transmissíveis. As anotações em vermelho são as indicações do técnico de laboratório para a coloração de Gram e os resultados das culturas. (A concentração inibitória mínima [CIM] de antibióticos é discutida no Capítulo 20.)

P **Pode-se suspeitar de quais doenças se o quadro de "bacilos ácido-resistentes" estiver assinalado?**

e em mamíferos marinhos (ver **Figura 10.8** e os quadros Foco clínico nos Capítulos 5 e 10). No laboratório clínico, a cultura é necessária para se determinar a suscetibilidade a antibióticos de um patógeno. Essas técnicas serão discutidas no Capítulo 20. Além disso, os testes bioquímicos podem fornecer informações sobre o nicho da espécie no ecossistema. Por exemplo, uma bactéria que possa fixar o gás nitrogênio ou oxidar o enxofre elementar fornecerá nutrientes importantes para plantas e animais (ver Capítulo 27).

Ao diagnosticar uma infecção, o médico deve identificar uma espécie em particular e até uma linhagem específica para prosseguir com o tratamento apropriado. Uma limitação dos testes bioquímicos é que as mutações e a aquisição de plasmídeos podem resultar em linhagens com características diferentes. A menos que um grande número de testes seja realizado, um organismo poderia ser identificado de maneira incorreta. Para isso, séries específicas de testes bioquímicos foram desenvolvidas para a identificação rápida em laboratórios hospitalares.

Mortalidade em massa de mamíferos marinhos preocupa a microbiologia veterinária

Ao longo dos últimos 20 anos, milhares de mamíferos marinhos morreram inesperadamente por conta de várias doenças infecciosas em todo o mundo. Alguns dos maiores surtos e problemas incluem:

- As mortes de mais de 500 golfinhos-nariz-de-garrafa ao longo da costa meso-atlântica, devido à infecção por *Brucella* spp. entre 2010 e 2013.

- Em 2018, a leptospirose afetou aproximadamente 300 leões-marinhos da Califórnia.

- A morte de mais de 100 focas ao longo da costa da Nova Inglaterra, em 2011, devido à infecção por influenza A H3N8.

- As mortes, em 2013, de centenas de golfinhos-nariz-de-garrafa no oceano Atlântico, decorrentes da infecção por morbilivírus de cetáceos, provavelmente transmitidos aos golfinhos por baleias-piloto.

- O vírus·da cinomose canina matou mais de 10 mil focas do Cáspio em 2000.

As informações são raras

Essas questões são uma preocupação da microbiologia veterinária, campo da microbiologia médica que até recentemente era negligenciado. As doenças de animais como gado, frangos e martas foram bem estudadas, em parte devido à sua disponibilidade aos pesquisadores, porém a microbiologia dos animais silvestres, em especial dos mamíferos marinhos, é um campo relativamente emergente. Coletar amostras de animais que vivem em oceano aberto e realizar análises bacteriológicas é bastante difícil. Os animais estudados são aqueles que ficaram encalhados ou aqueles que vêm até a costa para a reprodução, como o leão-marinho do norte.

Os microbiologistas estão identificando bactérias nos mamíferos marinhos utilizando baterias de testes convencionais (ver figura) e dados genômicos de espécies conhecidas. Novas espécies de bactérias foram encontradas em mamíferos marinhos utilizando a técnica de FISH (discutida mais adiante neste capítulo).

Os microbiologistas veterinários esperam que o aumento dos estudos sobre a microbiologia dos animais silvestres, incluindo mamíferos marinhos, promova um melhor manejo da vida selvagem e também forneça modelos para estudos de doenças humanas.

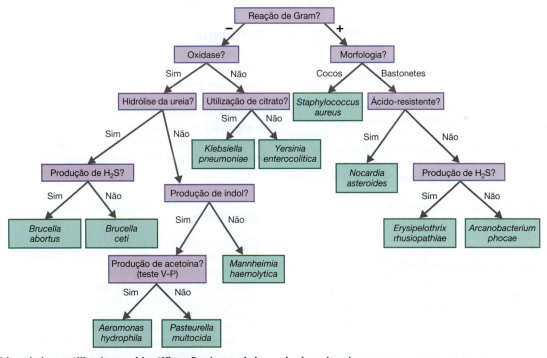

Testes bioquímicos utilizados na identificação de espécies selecionadas de patógenos humanos isolados de mamíferos marinhos.

P Considere que você tenha isolado um bastonete gram-negativo, oxidase-positivo e indol-negativo que não produz urease ou acetoína. Que bactéria é essa?

Figura 10.8 **Uso de características metabólicas para identificar gêneros selecionados de bactérias entéricas.**

P Suponha que você tenha isolado uma bactéria gram-negativa que produz ácido a partir da lactose e que não pode utilizar o ácido cítrico como sua única fonte de carbono. Que bactéria é essa?

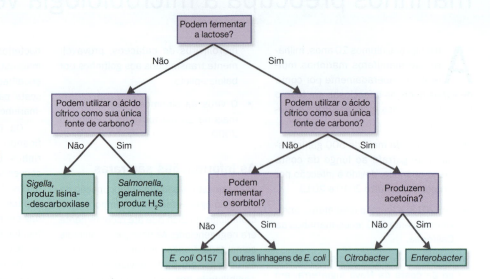

Esses **métodos de identificação rápida** foram desenvolvidos na década de 1970 para grupos de bactérias importantes do ponto de vista médico, bem como para leveduras e outros fungos. Essas ferramentas são projetadas para realizar vários testes bioquímicos simultaneamente e podem identificar bactérias em 4 a 24 horas. Isso, algumas vezes, é chamado de **identificação numérica**, uma vez que os resultados de cada teste correspondem a um número. Na forma mais simples, a um teste positivo pode ser dado o valor de 1 e a um teste negativo, o valor de 0. Na maioria dos *kits* de testes comerciais, os resultados correspondem a números na faixa de 1 a 4, com base na confiabilidade e importância relativa de cada teste, e o resultado total é comparado com um banco de dados de organismos conhecidos.

No exemplo mostrado na **Figura 10.9**, uma bactéria entérica desconhecida é inoculada em um tubo projetado para realizar 15 testes bioquímicos. Após a incubação, os resultados em cada compartimento são registrados. Observe que para cada teste é atribuído um valor; um número de identificação é gerado a partir da soma das pontuações de todos os testes. A fermentação da glicose é importante, assim, uma reação positiva recebe o valor de 4, comparada à produção de indol, que recebe o valor de 1. Uma interpretação computadorizada dos resultados simultâneos dos testes é essencial e é fornecida pelo fabricante.

A identificação rápida automatizada de bactérias e leveduras clinicamente importantes tornou-se disponível na década de 1980. As células de uma única colônia são lisadas, e suas proteínas são extraídas em acetonitrila. As proteínas celulares no extrato são lidas usando um espectrofotômetro de massa que mede a massa molecular das proteínas na amostra (**Figura 10.10**). Os dados obtidos são então comparados com bancos de dados comerciais. Esses sistemas funcionam bem para organismos comumente encontrados, pois seus "perfis de proteína" encontram-se disponíveis em bancos de dados. Essas limitações devem ser superadas à medida que os bancos de dados são expandidos.

O tempo necessário para identificar bactérias pode ser reduzido consideravelmente com a utilização de meios seletivos e diferenciais ou de métodos rápidos de identificação. Meios seletivos contêm ingredientes que impedem o crescimento de organismos competidores e favorecem o crescimento daqueles desejados, e os meios diferenciais permitem que o organismo de interesse forme uma colônia que é, de alguma forma, distintiva (ver Capítulo 6).

Sorologia

A **sorologia** é a ciência que estuda o soro e as respostas imunes que são evidenciadas no soro (ver Capítulo 18). Os microrganismos que penetram no corpo de um animal o estimulam a formar anticorpos que são proteínas do sistema imune que circulam no sangue e se combinam de maneira altamente específica às bactérias que causaram a sua produção. Por exemplo, o sistema imune de um coelho inoculado com as bactérias mortas da febre tifoide (antígenos) responde com

CASO CLÍNICO

O laboratório não pode simplesmente realizar uma coloração de Gram para identificar um patógeno bacteriano em uma amostra de fezes. O grande número de bastonetes gram-negativos os tornariam indistinguíveis em uma coloração de Gram realizada diretamente da amostra. A amostra de fezes deve, primeiramente, ser cultivada em meios seletivos e diferenciais, para que possa ser realizada a distinção das bactérias nas fezes. A amostra de fezes de Monica é cultivada em ágar sulfito de bismuto. Colônias negras aparecem no ágar após 24 horas.

Bactérias gram-positivas podem crescer nesse meio? Consulte o Capítulo 6 se precisar de uma dica.

Parte 1 | **Parte 2** | Parte 3 | Parte 4 | Parte 5 | Parte 6

1 Um tubo contendo meio para 15 testes bioquímicos é inoculado com uma bactéria entérica desconhecida.

2 Após a incubação, o tubo é observado para a análise dos resultados.

3 O valor para cada teste positivo é circulado, e a pontuação de cada grupo é somada para se obter o número de identificação.

4 Ao comparar o número de identificação resultante com um perfil computadorizado, conclui-se que o organismo no tubo é *Citrobacter freundii*.

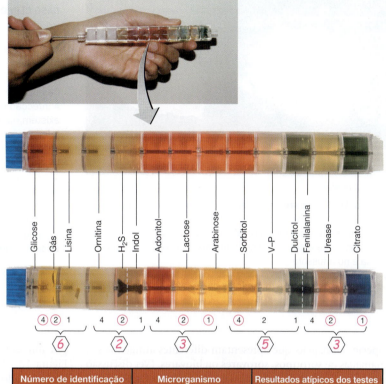

Número de identificação	Microrganismo	Resultados atípicos dos testes
62352	*Citrobacter freundii*	Citrato
62353	*Citrobacter freundii*	Nenhum

Figura 10.9 Um método de identificação rápida para bactérias: teste EnteroPluri da BD Diagnostics. Este exemplo mostra os resultados para uma linhagem típica de *Citrobacter freundii*; contudo, outras linhagens podem produzir resultados diferentes para os testes, os quais estão listados na coluna de Resultados atípicos.

P **Como uma mesma espécie pode apresentar dois números de identificação diferentes?**

a produção de anticorpos, contra as bactérias da febre tifoide. Soluções desses anticorpos utilizadas na identificação de muitos microrganismos de importância médica encontram-se disponíveis comercialmente; esse tipo de solução é chamado de **antissoro**. Se uma bactéria desconhecida é isolada de um paciente, ela pode ser testada com um antissoro conhecido e, com frequência, é identificada rapidamente.

Em um procedimento chamado de **teste de aglutinação em lâmina**, amostras de uma bactéria desconhecida são colocadas em uma gota de solução salina em várias lâminas. A seguir, diferentes antissoros conhecidos são adicionados a cada amostra. As bactérias aglutinam-se (agregam-se) quando misturadas aos anticorpos que são produzidos em resposta a essa espécie ou linhagem de bactéria; um teste positivo é indicado pela presença de aglutinação. Testes de aglutinação em lâmina positivos e negativos são mostrados na **Figura 10.11**.

Os **testes sorológicos** podem diferenciar entre as espécies microbianas, bem como entre linhagens dentro de uma

Figura 10.10 As proteínas celulares detectadas por espectrofotometria de massa criam um espectro que pode ser comparado a um banco de dados.

P Identifique uma vantagem e uma desvantagem dos sistemas automatizados.

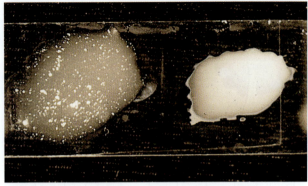

(a) Teste positivo   **(b)** Teste negativo

Figura 10.11 Teste de aglutinação em lâmina. (a) Em um teste positivo, a aparência granulosa deve-se ao agrupamento (aglutinação) das bactérias. **(b)** Em um teste negativo, as bactérias ainda estão uniformemente distribuídas na solução salina e no antissoro.

P A aglutinação ocorre quando as bactérias são misturadas com _____.

espécie. Linhagens que apresentam diferentes antígenos são chamadas de **sorotipos**, **sorovares** ou **biovares**. (Ver discussão sobre os sorovares de *Escherichia* e *Salmonella* no Capítulo 11.) Como mencionado no Capítulo 1, Rebecca Lancefield foi capaz de classificar os sorotipos dos estreptococos pelo estudo de suas reações sorológicas. Ela descobriu que os diferentes antígenos nas paredes celulares de vários sorotipos de estreptococos estimulam a formação de diferentes anticorpos. Por outro lado, como bactérias intimamente relacionadas também produzem alguns dos mesmos antígenos, os testes sorológicos podem ser utilizados para a triagem de isolados bacterianos para possíveis semelhanças. Se um antissoro reage com as proteínas de diferentes espécies ou linhagens bacterianas, essas bactérias podem ser testadas posteriormente para a análise de parentesco.

Um teste chamado **ensaio imunoabsorvente ligado à enzima (ELISA)** é amplamente usado por ser rápido e específico. Os testes ELISA realizados em um laboratório podem ser lidos por um *scanner* de computador (**Figura 10.12**; ver também Figura 18.12). Em um ELISA direto, anticorpos conhecidos são colocados (e aderem-se) em canaletas de uma microplaca, e um tipo desconhecido de bactéria ou vírus é adicionado a cada canaleta. A reação entre os anticorpos conhecidos e as bactérias fornece uma identificação das bactérias. Os testes rápidos e caseiros de Covid-19 usam a técnica do ELISA. Os anticorpos em uma tira de papel reagem com os antígenos SARS-CoV-2 na amostra (**Figura 10.13**). O ELISA também é utilizado no diagnóstico de Aids para detectar a presença de anticorpos contra o vírus da imunodeficiência humana (HIV), o vírus que causa a Aids (ver Figura 19.14).

Fagotipagem

Assim como o teste sorológico, a fagotipagem procura semelhanças entre as bactérias. Ambas as técnicas são úteis para localizar a origem e rastrear o curso do surto de uma doença.

Figura 10.12 Teste ELISA.

P Quais são as semelhanças entre o teste de aglutinação em lâmina e o teste ELISA?

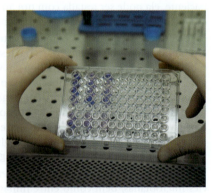

(a) Uma técnica utiliza uma micropipeta para adicionar amostras em microplaca para teste de ELISA.

(b) Os resultados do ELISA são, em seguida, lidos usando um espectrofotômetro.

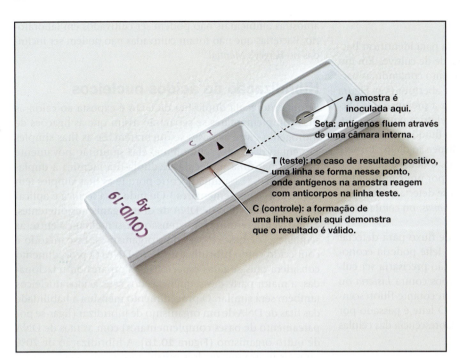

Figura 10.13 Teste rápido domiciliar para SARS-CoV-2.

P O que é usado para detectar o vírus nesse teste?

A amostra é inoculada aqui.

Seta: antígenos fluem através de uma câmara interna.

T (teste): no caso de resultado positivo, uma linha se forma nesse ponto, onde antígenos na amostra reagem com anticorpos na linha teste.

C (controle): a formação de uma linha visível aqui demonstra que o resultado é válido.

A **fagotipagem** é um teste para determinar a quais fagos uma bactéria é suscetível. Os bacteriófagos (fagos) são vírus de bactérias que geralmente causam a lise das células bacterianas que eles infectam (Capítulo 13). Eles são altamente especializados, pois infectam apenas membros de uma espécie em particular, ou mesmo linhagens particulares dentro de uma espécie. Uma linhagem bacteriana pode ser suscetível a dois fagos diferentes, ao passo que outra linhagem da mesma espécie pode ser suscetível a esses dois fagos e a mais um terceiro. Os bacteriófagos serão discutidos no Capítulo 13.

A fagotipagem é usada para rastrear a propagação de infecções causadas por *Mycobacterium tuberculosis*, *Yersinia pestis*, *Bacillus anthracis* e *S. aureus*. Uma versão desse procedimento começa com uma placa totalmente recoberta por bactérias crescendo em ágar. Uma gota de cada tipo diferente de fago é colocada sobre a bactéria. Se os fagos forem capazes de infectar e lisar as células bacterianas, ocorrerá uma falha no crescimento bacteriano (chamada de placa de lise) representada por áreas claras (**Figura 10.14**). Esse teste mostra, por exemplo, que bactérias isoladas de um corte cirúrgico têm o mesmo perfil de sensibilidade ao fago que aquelas isoladas do cirurgião ou das enfermeiras. Esse resultado estabelece que o cirurgião ou a enfermeira é a fonte da infecção.

Perfis moleculares

As bactérias sintetizam uma ampla variedade de ácidos graxos, e, em geral, eles são constantes para uma espécie em particular. Sistemas comerciais têm sido projetados para separar os ácidos graxos celulares e compará-los ao perfil de ácidos graxos de organismos conhecidos. Perfis de ácidos graxos, chamados de ésteres metílicos de ácidos graxos (**FAME**, de *fatty acid methyl ester*), são amplamente utilizados em laboratórios

clínicos e de saúde pública. Os padrões proteicos das células podem ser determinados por ionização e dessorção a *laser* assistida por matriz (MALDI, de *matrix assisted laser desorption ionization*). Esses métodos requerem um banco de dados de referência que contenha os perfis do organismo desconhecido que está sendo identificado.

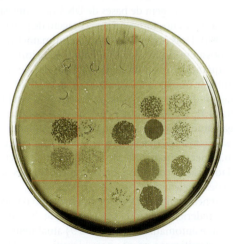

Figura 10.14 Fagotipagem de uma linhagem de *Salmonella enterica*. A linhagem testada foi cultivada por toda a placa. Um bacteriófago diferente foi adicionado a cada quadrante da marcação. Placas, ou áreas de lise, foram produzidas pelos bacteriófagos, indicando que a linhagem de *S. enterica* era sensível à infecção por esses fagos.

P O que é identificado na fagotipagem?

Citometria de fluxo

A **citometria de fluxo** pode ser utilizada para identificar bactérias em uma amostra sem a necessidade de cultivo. Em um *citômetro de fluxo*, um fluido em movimento contendo as bactérias é pressionado por uma pequena abertura (ver Figura 18.11). O método mais simples detecta a presença das bactérias pela diferença da condutividade elétrica entre as células e o meio ambiente circundante. Se o fluido passando pela abertura é iluminado por um *laser*, a dispersão da luz fornece informações sobre o tamanho, a forma, a densidade e a superfície da célula, que serão analisadas por um computador. A fluorescência pode ser utilizada para se detectar células naturalmente fluorescentes, como *Pseudomonas*, ou células marcadas por corantes fluorescentes.

Um teste que utilize a citometria de fluxo para detectar a presença de *Listeria* ou *Salmonella* no leite poderia economizar tempo, uma vez que a bactéria não precisaria ser cultivada para a identificação. Os anticorpos contra *Listeria* ou *Salmonella* podem ser marcados com um corante fluorescente e adicionados ao leite a ser testado. O leite é passado por um citômetro de fluxo, que registra a fluorescência das células marcadas com anticorpos.

Sequenciamento do genoma completo

Os taxonomistas estão utilizando a **composição de bases do DNA** de um organismo para tirar conclusões acerca de seu parentesco. Essa composição de bases é geralmente expressa como a porcentagem de guanina mais citosina (G + C). A composição de bases de uma única espécie é teoricamente uma propriedade fixa; portanto, uma comparação do conteúdo de G + C de diferentes espécies pode revelar o grau de parentesco entre elas. Cada guanina (G) no DNA tem uma citosina (C) complementar (ver Capítulo 8). Similarmente, cada adenina (A) no DNA tem uma timina (T) complementar. Portanto, a porcentagem de bases de DNA que consistem em pares GC também nos fornece a porcentagem de pares AT (GC + AT = 100%). Dois organismos que são intimamente relacionados e possuem muitos genes idênticos ou similares apresentarão quantidades similares de várias bases de seu DNA. No entanto, se houver uma diferença de mais de 10% em sua porcentagem de pares GC (p. ex., se o DNA de uma bactéria apresentar 40% GC e o da outra bactéria 60% GC), então esses dois organismos provavelmente não são relacionados. É claro que dois organismos que apresentem a mesma porcentagem de GC não necessariamente são intimamente relacionados; outros dados são necessários para se tirar conclusões acerca de suas relações filogenéticas.

O sequenciamento de DNA foi desenvolvido na década de 1970 por Frederick Sanger. O *sequenciamento de nova geração* mais rápido e automatizado (Capítulo 9) atualmente é usado tanto para classificação quanto para identificação. As sequências genéticas de centenas de organismos estão compiladas em bases de dados que podem ser utilizadas *online* por meio da Base de Dados Genômica do NCBI. Em 2022, pesquisadores descobriram 174 novas espécies bacterianas no microbioma humano usando sequenciamento de DNA. Muitos dos novos organismos descobertos pelo sequenciamento de DNA em amostras ambientais não podem ser cultivados em laboratório. Bactérias que não foram cultivadas não podem ser incluídas no *Bergey's Manual*.

Hibridização de ácidos nucleicos

Se uma molécula dupla-fita de DNA é exposta ao calor, as fitas complementares se separarão assim que as ligações de hidrogênio entre as bases se quebrarem. Se as fitas simples são então resfriadas lentamente, elas se unirão novamente para formar uma molécula de dupla-fita idêntica à dupla-fita original. (Essa união ocorre porque as fitas simples têm sequências complementares.) Quando essa técnica é aplicada para separar fitas de DNA de dois organismos diferentes, é possível determinar a extensão da semelhança entre as sequências de bases desses dois organismos. Esse método é conhecido como **hibridização DNA-DNA**. O procedimento considera que, se duas espécies são similares ou relacionadas, a maior parte das sequências dos seus ácidos nucleicos também será similar. O procedimento mensura a habilidade das fitas de DNA de um organismo de hibridizar (ligar-se por pareamento de bases complementares) com as fitas de DNA de outro organismo (**Figura 10.15**). A hibridização de 70% ou mais indica que os dois organismos pertencem à mesma espécie. A hibridização DNA-DNA tem sido o critério-padrão para classificar procariotos, mas está sendo substituída pelo sequenciamento do genoma completo. As reações de hibridização de ácidos nucleicos são a base de diversas técnicas

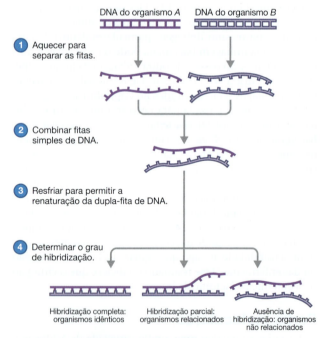

Figura 10.15 Hibridização DNA-DNA. Quanto maior a quantidade de pareamento entre as fitas de DNA de organismos diferentes (hibridização), mais intimamente relacionados estão os organismos.

P Qual é o princípio envolvido nas sondas de DNA?

(descritas a seguir) que são utilizadas para detectar a presença de microrganismos específicos.

Testes de amplificação de ácidos nucleicos

Quando um microrganismo não pode ser cultivado por métodos convencionais, o agente responsável por uma doença infecciosa talvez não possa ser identificado. Contudo, os **testes de amplificação de ácidos nucleicos** (**NAATs**, de *nucleic acid amplification tests*) podem ser utilizados para aumentar a quantidade de DNA microbiano a níveis que possam ser detectados por eletroforese em gel. Os NAATs utilizam PCR, PCR com transcriptase reversa e PCR em tempo real (ver Capítulo 9). Se um iniciador para um microrganismo específico é utilizado, a presença de DNA amplificado indica que o microrganismo está presente.

Em 1992, pesquisadores utilizaram a PCR para determinar o agente causador da doença de Whipple, uma bactéria que era antes desconhecida e atualmente é denominada *Tropheryma whipplei*. A doença de Whipple foi primeiramente descrita em 1907, por George Whipple, como um distúrbio dos sistemas gastrintestinal e nervoso causado por um bacilo desconhecido. Ninguém foi capaz de cultivar a bactéria para permitir sua identificação, e, assim, a PCR fornece o único método confiável de diagnóstico e, consequentemente, de indicação de tratamento para essa doença.

Os iniciadores para genes que mostram variação entre duas ou mais espécies são usados na PCR para produzir um *fingerprint de DNA* para identificar micróbios patogênicos (eles também são usados para identificar suspeitos em investigações criminais). A PCR permitiu várias descobertas. Por exemplo, em 1992, Raul Cano utilizou a PCR para amplificar o DNA de bactérias relacionadas ao *Bacillus* em âmbar que tinham de 25 a 40 milhões de anos. Esses iniciadores foram produzidos a partir das sequências de rRNA de *Niallia circulans*, para amplificar o DNA que codifica o rRNA da bactéria no âmbar. Esses iniciadores são capazes de amplificar o DNA de outras espécies relacionadas aos *Bacillus*, porém não amplificam o DNA de outras bactérias que poderiam estar presentes, como *Escherichia* ou *Pseudomonas*. O DNA foi sequenciado após a amplificação. Essa informação foi utilizada para determinar as relações entre as bactérias ancestrais e as bactérias atuais.

A PCR com transcriptase reversa é usada no diagnóstico da Covid-19, amplificando o RNA viral presente na amostra de um paciente (**Figura 10.16**). Essa técnica está sendo usada para a detecção de SARS-CoV-2, poliovírus e MPOX no esgoto. A presença de patógenos no esgoto é usada para determinar a prevalência de uma doença na população local. A PCR também é utilizada para identificar a fonte do vírus da raiva (ver quadro "Foco clínico" no Capítulo 22).

Southern blotting

A hibridização de ácidos nucleicos pode ser utilizada na identificação de microrganismos desconhecidos por *Southern blotting* (ver Figura 9.16). Além disso, métodos rápidos de identificação utilizando **sondas de DNA** estão sendo desenvolvidos. Um dos métodos envolve a clivagem do DNA extraído de *Salmonella* em fragmentos, utilizando uma enzima de

restrição e, em seguida, a seleção de um fragmento específico para ser a sonda de identificação da *Salmonella* (**Figura 10.17**). Esse fragmento deve ser capaz de hibridizar com o DNA de todas as linhagens de *Salmonella*, mas não com o DNA de outras bactérias entéricas intimamente relacionadas.

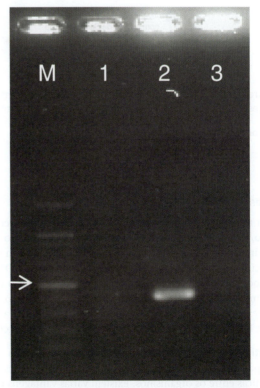

Figura 10.16 **Uma linhagem comum do *Coronavirus*, HKU1, é identificada em um paciente usando a PCR com transcriptase reversa com iniciadores do *Coronavirus* HKU1.** Canaleta M: marcadores de tamanho de DNA, seta em 500 pares de bases. Canaleta 1: controle negativo; canaleta 2: amostra-padrão, controle positivo. Canaleta 3: amostra de paciente usando os iniciadores para o coronavírus OC43.

P Como a PCR é usada para identificar um patógeno?

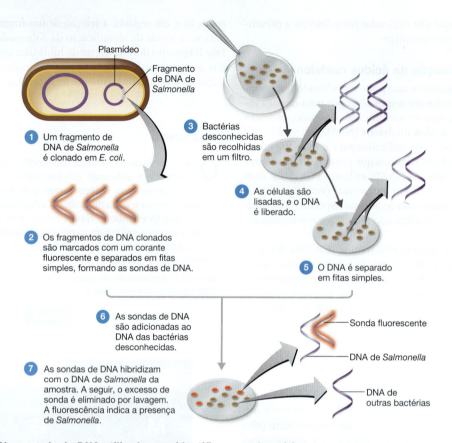

Figura 10.17 Uma sonda de DNA utilizada para identificar uma bactéria. O *Southern blotting* é utilizado para detectar um DNA específico. Essa modificação do *Southern blotting* é utilizada para detectar *Salmonella*.

P Por que a sonda de DNA e o DNA celular hibridizam?

Chips de DNA

Uma tecnologia empolgante é o *chip* de DNA, ou **microarranjo**, que pode detectar rapidamente um patógeno no hospedeiro ou no meio ambiente pela identificação de um gene específico desse patógeno (**Figura 10.18**). O *chip* de DNA é composto de sondas de DNA. Uma amostra contendo DNA de um organismo desconhecido é marcada com um corante fluorescente e adicionada ao *chip*. A hibridização entre a sonda de DNA e o DNA na amostra é detectada por fluorescência.

Ribotipagem e sequenciamento de RNA ribossômico A **ribotipagem** hoje é utilizada para determinar as relações filogenéticas entre os organismos. Existem várias vantagens de se usar o rRNA. Primeiro, todas as células contêm ribossomos. Segundo, os genes de RNA têm sofrido poucas mudanças ao longo do tempo, de modo que todos os membros de um domínio, filo e, em alguns casos, gênero têm a mesma sequência característica em seu rRNA. O rRNA utilizado com mais frequência é um componente da menor porção dos ribossomos. Uma terceira vantagem do sequenciamento de rRNA é que as células não precisam ser cultivadas em laboratório.

O DNA pode ser amplificado por PCR utilizando-se um iniciador de rRNA para as sequências específicas de assinatura. Os fragmentos amplificados são posteriormente clivados com uma ou mais enzimas de restrição e separados por eletroforese. Os perfis de bandas resultantes podem ser comparados. A seguir, os genes de rRNA nos fragmentos amplificados podem ser sequenciados para determinar as relações evolutivas entre os organismos. Essa técnica é útil para classificar um organismo recentemente descoberto com relação ao domínio ou filo, ou para determinar os tipos gerais de organismos presentes em um ambiente. No entanto, são necessárias sondas mais específicas para identificar espécies individuais (ver Capítulo 9).

Hibridização por fluorescência *in situ* Sondas de RNA ou DNA marcadas com um corante fluorescente são utilizadas para corar microrganismos presentes em um determinado local, ou *in situ*. Essa técnica é denominada **hibridização por fluorescência *in situ***, ou **FISH** (de *fluorescent in situ hybridization*). As células são tratadas de maneira que a sonda entre na célula e reaja com o DNA-alvo na célula (*in situ*). A FISH é utilizada para determinar a identidade, a abundância e a atividade

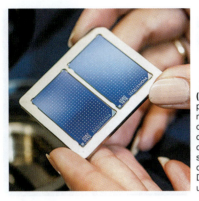

(a) Um *chip* de DNA pode ser fabricado de modo a conter centenas de milhares de sequências de DNA de fitas simples sintéticas. Considere que cada sequência de DNA é exclusiva para um gene diferente.

(b) O DNA desconhecido de uma amostra é separado em fitas simples, clivado enzimaticamente e marcado com um corante fluorescente.

(c) O DNA desconhecido é inserido no *chip* e se hibridiza com o DNA dele.

(d) O DNA marcado se ligará somente ao DNA complementar no *chip*. O DNA ligado será detectado por meio de seu corante fluorescente e analisado por um computador. Neste microarranjo para os genes de resistência a antimicrobianos de *Salmonella*, as sondas para os genes de resistência a antibióticos específicos de *Salmonella* Typhimurium são apresentadas em verde, e aquelas específicas para *Salmonella* Typhi são apresentadas em vermelho; os genes de resistência a antibióticos encontrados em ambos os sorovares aparecem em amarelo/cor de laranja. A cor azul indica a ausência do gene.

Figura 10.18 *Chip* de DNA. Este *chip* de DNA contém sondas para genes de resistência a antibióticos. Ele é utilizado para detectar bactérias resistentes em amostras coletadas de animais de fazendas ou de abatedouros.

P O que está contido no *chip* que o torna específico para um microrganismo em particular?

relativa dos microrganismos em um ambiente, podendo ser utilizada também para detectar bactérias que ainda não foram cultivadas. Utilizando a FISH, pesquisadores descobriram uma bactéria minúscula, chamada de *Pelagibacter*, no oceano e determinaram que ela é relacionada às Alphaproteobacteria (ver Capítulo 11). À medida que sondas são desenvolvidas, a FISH pode ser utilizada na detecção de bactérias em água potável ou em um paciente sem a espera de 24 horas ou mais geralmente necessária para a cultura bacteriana (**Figura 10.19**).

Unindo os métodos de classificação

As características morfológicas, as colorações diferenciais e os testes bioquímicos eram as únicas ferramentas de identificação disponíveis até pouco tempo atrás. Avanços tecnológicos estão possibilitando o uso rotineiro das técnicas de análise de ácidos nucleicos, que antes eram reservadas para classificação, para a identificação de organismos. As informações obtidas sobre os microrganismos são utilizadas na identificação e na classificação dos organismos (ver **Explorando o microbioma**). Dois métodos de utilização dessas informações são descritos a seguir.

Chaves dicotômicas

As **chaves dicotômicas** são amplamente utilizadas para identificação. Em uma chave dicotômica, a identificação é baseada em questões sucessivas, e cada questão tem duas respostas possíveis (*dicotômico* significa dividido em dois). O pesquisador responde a uma questão após a outra até que o organismo seja identificado. Embora essas chaves tenham pouco a ver com relações filogenéticas, elas são valiosas para a identificação. Por exemplo, a chave dicotômica para uma bactéria poderia começar com uma característica facilmente determinável, como o formato da célula, e conduzir para a sua reação ao Gram e capacidade de fermentar um açúcar. As chaves dicotômicas são mostradas na Figura 10.8 e nos quadros Foco clínico dos Capítulos 5 e 10.

CASO CLÍNICO

As amostras de *Salmonella* isoladas de cada um dos indivíduos infectados foram enviadas ao laboratório de saúde pública do estado para a realização do *fingerprinting* de DNA. Os *fingerprints* de DNA, por sua vez, foram enviados ao Centers for Disease Control and Prevention (CDC). No CDC, um programa de computador compara cada um dos *fingerprints* de DNA de *Salmonella* para determinar se todos os casos de *Salmonella* Oranienburg eram idênticos. Nesse ponto, o CDC havia recebido mais de 1.000 amostras oriundas de 39 estados, indicando a existência de um potencial surto nacional. A fotografia a seguir mostra uma microbiologista avaliando uma sequência do genoma na Divisão de Doenças Alimentares, Aquáticas e Ambientais do CDC.

Qual é a importância do sequenciamento do genoma completo se a linhagem de *Salmonella* for identificada por sorotipagem?

Parte 1   Parte 2   Parte 3   Parte 4   **Parte 5**   Parte 6

Figura 10.19 FISH, ou hibridização por fluorescência *in situ*. Uma sonda de DNA ou RNA ligada a um corante fluorescente é utilizada para identificar cromossomos. As bactérias em um biofilme multiespécie são visíveis com um microscópio eletrônico de varredura **(a).** A bactéria *Porphyromonas gingivalis* (**vermelha**) é identificada no biofilme com uma sonda marcada com fluorescência que hibridiza com uma sequência específica de DNA **(b).**

P O que é marcado utilizando a técnica de FISH?

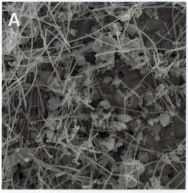

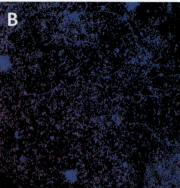

(a) Biofilme com múltiplas espécies. `MEV` ⊢ 5 μm

(b) Biofilme com múltiplas espécies em um microscópio de fluorescência. `MO` ⊢ 10 μm

Cladogramas

Cladogramas são mapas que mostram as relações evolutivas entre os organismos (*clado-* significa "ramificação"). Cladogramas são mostrados nas Figuras 10.1 e 10.6. Cada ponto de ramificação é definido por uma característica compartilhada por várias espécies daquele ramo. Historicamente, os cladogramas para vertebrados são produzidos utilizando-se evidências fósseis; no entanto, sequências de rRNA hoje estão sendo utilizadas a fim de se confirmar essas suposições. Como já dissemos, a maioria dos microrganismos não forma fósseis; portanto, o sequenciamento de rRNA é utilizado principalmente na construção de cladogramas para microrganismos.

A menor subunidade de rRNA utilizada tem 1.500 bases, e os programas de computador fazem os cálculos. As etapas para a construção de um cladograma são mostradas na **Figura 10.20**.

1. Duas sequências de rRNA são alinhadas.
2. A porcentagem de semelhança entre as sequências é calculada.
3. Em seguida, as ramificações horizontais são desenhadas em um comprimento proporcional à porcentagem de semelhança calculada. Todas as espécies além de um nó (ponto de ramificação) têm sequências de rRNA similares, sugerindo que são provenientes de um ancestral posicionado nesse nó.

Figura 10.20 Construindo um cladograma.

P Por que *L. brevis* e *L. acidophilus* se ramificam a partir do mesmo nó?

1 Determine a sequência de bases em uma molécula de rRNA para cada organismo. Uma sequência curta de bases é mostrada neste exemplo.

Lactobacillus brevis	AGUCCAGAGC
L. sanfranciscensis	GUAAAAGAGC
L. acidophilus	AGCGGAGAGC
L. plantarum	ACGUUAGAGC

2 Calcule a porcentagem de semelhança das bases nucleotídicas entre os pares de espécies. Por exemplo, existe uma semelhança de 70% entre as sequências de *L. brevis* e *L. acidophilus*.

	Semelhança (%)
L. brevis ⟶ *L. sanfranciscensis*	50%
L. brevis ⟶ *L. acidophilus*	70%
L. brevis ⟶ *L. plantarum*	60%
L. sanfranciscensis ⟶ *L. acidophilus*	50%
L. sanfranciscensis ⟶ *L. plantarum*	50%
L. plantarum ⟶ *L. acidophilus*	60%

3 Construa um cladograma. O comprimento das linhas horizontais corresponde aos valores de porcentagem de semelhança. Cada ponto da ramificação, ou nó, no cladograma representa um ancestral comum a todas as espécies além desse nó. Cada nó é definido por uma semelhança no rRNA presente em todas as espécies posicionadas além desse ponto da ramificação.

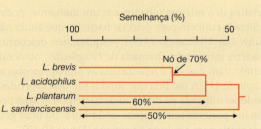

Semelhança (%)
100   50

Nó de 70%
L. brevis
L. acidophilus
L. plantarum ——60%——
L. sanfranciscensis ——50%——

Técnicas para identificar membros do seu microbioma

No passado, a principal forma de identificar um micróbio do seu microbioma – digamos, uma bactéria em seus intestinos – seria coletar uma amostra, isolar uma espécie, cultivá-la como uma cultura pura no meio apropriado e depois examiná-la ao microscópio. Mas nem todo micróbio pode ser cultivado em laboratório. Com a análise de DNA, mais membros da comunidade microbiana podem ser visualizados e estudados.

Em procariotos, o estudo do DNA ribossômico nos permite identificar e comparar o parentesco de espécies microbianas. O gene 16S, que faz parte da subunidade ribossômica 30S, é altamente conservado do ponto de vista evolutivo. (Em outras palavras, ele não mudou muito ao longo do tempo em uma determinada espécie.) Portanto, analisar o gene 16S de um micróbio é bastante útil. Embora sequências completas do genoma, não apenas os genes 16S, sejam necessárias para identificar uma espécie, quanto mais semelhante o gene 16S for ao de outro micróbio conhecido, mais estreitamente relacionadas as duas espécies são. Sistemas automatizados usando análise genética foram desenvolvidos. Esses sistemas podem reconhecer rapidamente organismos individuais de uma amostra mista e, portanto, são úteis para identificar membros do microbioma intestinal, no qual uma grande variedade de bactérias coexiste.

As técnicas de identificação genética revolucionaram o estudo dos micróbios. No entanto, isso não significa que as placas de Petri e os microscópios estejam obsoletos. A análise genética não é apropriada para todas as situações e não nos fornecerá todas as informações que talvez precisamos saber sobre um micróbio em uma amostra. Por exemplo, a análise genética pode não detectar espécies se elas estiverem em pequeno número na amostra. Além disso, diferenças dentro de uma espécie, como um novo gene de resistência a antibióticos, só podem ser identificadas por meio da cultura. O cultivo de bactérias também é essencial para entender seu metabolismo e sua relação com o hospedeiro, fatores cruciais quando se trata de estudar a microbiota. Em suma, precisamos tanto das técnicas novas quanto das antigas para estudarmos adequadamente o microbioma.

Micróbios cultivados a partir da impressão da mão de uma criança de 5 anos.

CASO CLÍNICO Resolvido

No início desse surto, foi notificado um grupo de indivíduos infectados por *Salmonella* Oranienburg devido ao consumo de cebolas cruas. O CDC usa o sequenciamento do genoma completo para determinar se os grupos de infecções por *Salmonella* são de uma fonte comum. Em conjunto com o CDC e a Food and Drug Administration, as várias empresas associadas fizeram o *recall* de cebolas amarelas, roxas e brancas. Monica e seu amigo se recuperaram completamente. O rastreamento de infecções por *Salmonella* até a sua origem é essencial, uma vez que a *Salmonella* pode ser transmitida por meio de uma variedade de alimentos. A bactéria causa cerca de 1,35 milhão de infecções e 420 mortes anualmente nos Estados Unidos.

Parte 1 Parte 2 Parte 3 Parte 4 Parte 5 **Parte 6**

TESTE SEU CONHECIMENTO

10-13 O que é apresentado no *Bergey's Manual*?

10-14 Idealize um teste rápido para *S. aureus*. (*Dica*: ver Figura 6.11.)

10-15 O que é identificado por fagotipagem?

10-16 Como a PCR identifica um microrganismo?

10-17 Quais técnicas envolvem a hibridização de ácidos nucleicos?

10-12, 10-18 O cladograma é utilizado para identificação ou classificação?

Resumo para estudo

Introdução (p. 270)

1. A taxonomia é a ciência de classificação dos organismos. Sua finalidade é mostrar as relações entre os organismos.
2. A taxonomia também fornece um meio de identificar os organismos.

Estudo das relações filogenéticas (p. 271-275)

1. A filogenia é a história evolutiva de um grupo de organismos.
2. A hierarquia taxonômica mostra as relações evolutivas ou filogenéticas entre os organismos.
3. As bactérias foram separadas no reino Prokaryotae em 1968.
4. Os organismos vivos foram divididos em cinco reinos em 1969.

Os três domínios (p. 271-274)

5. Os organismos vivos atualmente são classificados em três domínios. Um domínio pode ser dividido em reinos.
6. Nesse sistema, plantas, animais e fungos pertencem ao domínio Eukarya.
7. As bactérias (com peptideoglicano) formam um segundo domínio: Bacteria.
8. As arqueias (com paredes celulares incomuns) são agrupadas no domínio Archaea.

Árvore filogenética (p. 274-275)

9. Os organismos são agrupados em táxons de acordo com as suas relações filogenéticas (a partir de um ancestral comum).
10. Algumas das informações para as relações eucarióticas são obtidas de registros de fósseis.
11. As relações procarióticas são determinadas por sequenciamento de rRNA.

Classificação dos organismos (p. 275-278)

Nomenclatura científica (p. 275-276)

1. De acordo com a nomenclatura científica, para cada organismo são designados dois nomes, ou um binômio: um gênero e um epíteto específico, ou espécie.

Hierarquia taxonômica (p. 276-277)

2. Uma espécie eucariótica é um grupo de organismos que cruzam entre si, mas não se reproduzem com indivíduos de outra espécie.
3. Espécies similares são agrupadas em um gênero; gêneros similares são agrupados em uma família; famílias, em uma ordem; ordens, em uma classe; classes, em um filo; filos, em um reino; e reinos, em um domínio.

Classificação dos procariotos (p. 276-278)

4. O *Bergey's Manual of Systematics of Archaea and Bacteria* é a referência-padrão na classificação bacteriana.
5. Um grupo de bactérias derivadas de uma única célula é chamado de linhagem.
6. Linhagens intimamente relacionadas constituem uma espécie bacteriana.

Classificação dos eucariotos (p. 276-278)

7. Os organismos eucarióticos podem ser classificados nos reinos Fungi, Plantae ou Animalia.

8. Os protistas são essencialmente organismos unicelulares; esses organismos estão sendo atualmente distribuídos em clados de grupos geneticamente relacionados.
9. Os fungos são quimio-heterotróficos capazes de absorção que se desenvolvem a partir de esporos.
10. Fotoautotróficos multicelulares são agrupados no reino Plantae.
11. Heterotróficos multicelulares com capacidade de ingestão são classificados como Animalia.

Classificação dos vírus (p. 278)

12. Os vírus não são colocados em um reino. Eles não são compostos por células e não têm ribossomos.
13. Uma espécie viral é uma população de vírus com características similares que ocupa um nicho ecológico particular.

Métodos para classificação e identificação de microrganismos (p. 278-291)

1. O *Bergey's Manual of Determinative Bacteriology* é a referência-padrão na identificação laboratorial de bactérias.
2. As características morfológicas são úteis na identificação de microrganismos, em especial com o auxílio de técnicas de coloração diferenciais.
3. A presença de várias enzimas, conforme determinada por testes bioquímicos, é utilizada na identificação de bactérias e leveduras.
4. Testes sorológicos, envolvendo as reações de microrganismos com anticorpos específicos, são úteis na determinação da identidade de linhagens e espécies, bem como as relações entre os organismos. ELISA e aglutinação em lâmina são exemplos de testes sorológicos.
5. A fagotipagem é a identificação de espécies e linhagens bacterianas pela determinação de sua suscetibilidade a diversos fagos.
6. O perfil de ácidos graxos pode ser utilizado para identificar alguns organismos.
7. A citometria de fluxo mede características físicas e químicas das células.
8. A porcentagem de pares de bases GC no ácido nucleico das células pode ser utilizada para a classificação de organismos.
9. O número e o tamanho dos fragmentos de DNA, ou *fingerprinting* de DNA, produzidos por enzimas de restrição são utilizados para determinar semelhanças genéticas.
10. Fitas simples de DNA de organismos relacionados formam ligações de hidrogênio e consequentemente moléculas de fita dupla; essa ligação é chamada de hibridização de ácidos nucleicos.
11. Os NAATs podem ser utilizados para a amplificação de uma pequena quantidade de DNA microbiano em uma amostra.
12. PCR, *Southern blotting*, chips de DNA e FISH são exemplos de técnicas de hibridização de ácidos nucleicos.
13. A sequência de bases em um rRNA pode ser utilizada para a classificação de organismos.
14. As chaves dicotômicas são utilizadas para a identificação de organismos. Os cladogramas mostram as relações filogenéticas entre os organismos.

Questões para estudo

As respostas das questões de Conhecimento e compreensão estão na seção de Respostas no final deste livro.

Conhecimento e compreensão
Revisão

1. Quais dos seguintes organismos estão mais intimamente relacionados? Existem dois da mesma espécie? Em que se baseia sua resposta?

Característica	A	B	C	D
Morfologia	Bastonete	Coco	Bastonete	Bastonete
Coloração de Gram	+	–	–	+
Utilização de glicose	Fermentativa	Oxidativa	Fermentativa	Fermentativa
Citocromo-oxidase	Presente	Presente	Ausente	Ausente
% mols de GC	48-52	23-40	50-54	49-53

2. Aqui estão informações adicionais sobre os organismos da Questão 1:

Organismos	Hibridização de DNA (%)
A e B	5-15
A e C	5-15
A e D	70-90
B e C	10-20
B e D	2-5

Quais desses organismos estão mais intimamente relacionados? Compare essa pergunta com sua resposta à Questão 1.

3. **DESENHE** Use as seguintes informações de rRNA para construir um cladograma para alguns dos organismos utilizados na Questão 4. Qual é a finalidade de um cladograma? De que maneira o seu cladograma difere da chave dicotômica para esses organismos?

	Semelhança em bases do rRNA
P. aeruginosa – M. pneumoniae	52%
P. aeruginosa – C. botulinum	52%
P. aeruginosa – E. coli	79%
M. pneumoniae – C. botulinum	65%
M. pneumoniae – E. coli	52%
E. coli – C. botulinum	52%

Semelhança (%)

100   50

4. **DESENHE** Utilize as informações da tabela a seguir para completar a chave dicotômica para esses organismos. Qual é a finalidade de uma chave dicotômica? Pesquise sobre cada gênero no Capítulo 11 e forneça um exemplo de por que esses organismos são importantes para os seres humanos.

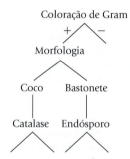

	Morfologia	Reação de Gram	Ácido a partir de glicose	Crescimento aeróbico (21% O_2)	Motilidade por flagelo peritríquio	Presença de citocromo-oxidase	Produção de catalase
Staphylococcus aureus	Coco	+	+	+	–	–	+
Streptococcus pyogenes	Coco	+	+	+	–	–	–
Mycoplasma pneumoniae	Coco	–	+	+	–	–	+
				(Colônias < 1 mm)			
Clostridium botulinum	Bastonete	+	+	–	+	–	–
Escherichia coli	Bastonete	–	+	+	+	–	+
Pseudomonas aeruginosa	Bastonete	–	+	+	–	+	+
Campylobacter fetus	Vibrião	–	–	–	–	+	+
Listeria monocytogenes	Bastonete	+	+	+	+	–	+

5. **IDENTIFIQUE** Utilize a chave do quadro Foco clínico para identificar o bastonete gram-negativo e oxidase-positivo que causa pneumonia em lontras marinhas. Ele é H_2S-positivo, indol-negativo e urease-positivo.

Múltipla escolha

1. O *Bergey's Manual of Systematics of Archaea and Bacteria* difere do *Bergey's Manual of Determinative Bacteriology* porque o primeiro:
   a. agrupa bactérias em espécies.
   b. agrupa bactérias de acordo com suas relações filogenéticas.
   c. agrupa bactérias de acordo com suas propriedades patogênicas.
   d. agrupa bactérias em 19 espécies.
   e. todas as alternativas acima

2. *Bacillus* e *Lactobacillus* não estão na mesma ordem. Isso indica que uma das alternativas seguintes *não* é suficiente para atribuir um organismo a um táxon. Qual seria ela?
   a. características bioquímicas
   b. sequenciamento de aminoácidos
   c. fagotipagem
   d. sorologia
   e. características morfológicas

3. Quais das características a seguir são utilizadas para classificar os organismos no reino Fungi?
   a. capacidade de fotossíntese; possuem parede celular
   b. unicelulares; possuem parede celular; procarióticos
   c. unicelulares; não possuem parede celular; eucarióticos
   d. capacidade de absorção; possuem parede celular; eucarióticos
   e. capacidade de ingestão; não possuem parede celular; multicelulares; procarióticos

4. Qual das alternativas seguintes é *falsa* acerca da nomenclatura científica?
   a. Todo nome é específico.
   b. Os nomes variam de acordo com a localização geográfica.
   c. Os nomes são padronizados.
   d. Cada nome consiste em um gênero e um epíteto específico.
   e. Foi primeiramente introduzida por Linnaeus.

5. É possível identificar uma bactéria desconhecida por todos os métodos a seguir, *exceto*:
   a. pela hibridização de uma sonda de DNA de uma bactéria conhecida com o DNA desconhecido.
   b. pela criação de um perfil de ácidos graxos da bactéria desconhecida.
   c. pela aglutinação da bactéria desconhecida com antissoro específico.
   d. pelo sequenciamento do RNA ribossômico.
   e. pela porcentagem de guanina + citosina.

6. Os micoplasmas sem parede são considerados relacionados a bactérias gram-positivas. Qual das afirmativas seguintes fornece a evidência mais forte para isso?
   a. Eles compartilham sequências de rRNA comuns.
   b. Algumas bactérias gram-positivas e alguns micoplasmas produzem catalase.
   c. Ambos os grupos são procarióticos.
   d. Algumas bactérias gram-positivas e alguns micoplasmas possuem células em forma de cocos.
   e. Ambos os grupos contêm patógenos humanos.

Utilize as seguintes alternativas para responder às questões 7 e 8.
   a. Animalia
   b. Fungi
   c. Plantae
   d. Bacillota (bactérias gram-positivas)
   e. Pseudomonadota (bactérias gram-negativas)

7. Em qual grupo você colocaria um organismo multicelular que tem uma boca e vive no interior do fígado humano?

8. Em qual grupo você colocaria um organismo fotossintetizante anucleado que apresenta uma fina parede de peptideoglicano envolta por uma membrana externa?

Utilize as seguintes alternativas para responder às questões 9 e 10.
   1. flagelos 9 + 2
   2. ribossomo 70S
   3. fímbria
   4. núcleo
   5. peptideoglicano
   6. membrana plasmática

9. Qual(is) item(ns) é(são) encontrado(s) nos três domínios?
   a. 2, 6
   b. 5
   c. 2, 4, 6
   d. 1, 3, 5
   e. todos os seis

10. Qual(is) item(ns) é(são) encontrado(s) *somente* em procariotos?
   a. 1, 4, 6
   b. 3, 5
   c. 1, 2
   d. 4
   e. 2, 4, 5

Análise

1. O conteúdo de GC para *Micrococcus* é de 66 a 75 mols (%) e, para *Staphylococcus*, de 30 a 40 mols (%). De acordo com essa informação, você poderia concluir que esses dois gêneros estão intimamente relacionados?

2. Descreva o uso de uma sonda de DNA e PCR para:
   a. identificação rápida de uma bactéria desconhecida.
   b. determinação de quais grupos de bactérias são mais intimamente relacionados.

3. O meio SF é um meio seletivo, desenvolvido na década de 1940, para testar a contaminação fecal de leite ou água. Apenas determinados cocos gram-positivos conseguem crescer nesse meio. Por que é chamado de SF? Utilizando esse meio, qual gênero você pode cultivar? (*Dica:* ver a seção sobre Nomenclatura científica.)

Aplicações clínicas e avaliação

1. Um veterinário de 55 anos foi admitido em um hospital apresentando um histórico de febre, dor no peito e tosse há 2 dias. Cocos gram-positivos foram detectados no seu escarro, e ele foi tratado para pneumonia lobar com penicilina. No dia seguinte, outra coloração de Gram de seu escarro revelou bastonetes gram-negativos, e o tratamento foi mudado para ampicilina e gentamicina. Uma cultura do escarro mostrou bastonetes gram-negativos bioquimicamente inativos identificados como *Pantoea (Enterobacter) agglomerans*. Após a marcação com anticorpos fluorescentes e fagotipagem, *Y. pestis* foi identificada no escarro e no sangue do paciente, e cloranfenicol e tetraciclina foram administrados. O paciente foi a óbito 3 dias após ser admitido no hospital. Foi administrada tetraciclina a outras 220 pessoas que tiveram contato com ele (funcionários do hospital, família e colegas de trabalho). Qual doença o paciente teve? Discuta o que aconteceu de errado no diagnóstico e como sua morte poderia ter sido evitada. Por que as outras 220 pessoas foram tratadas? (*Dica:* ver o Capítulo 23.)

2. Uma menina de 6 anos foi admitida em um hospital com endocardite. Hemoculturas mostraram um bastonete gram-positivo aeróbio, identificado no laboratório do hospital como

Corynebacterium xerosis. A menina faleceu após 6 semanas de tratamento com penicilina e cloranfenicol intravenosos. A bactéria foi testada por outro laboratório e identificada como *C. diphtheriae*. Os seguintes resultados dos testes foram obtidos em cada laboratório:

	Laboratório do hospital	Outro laboratório
Catalase	+	+
Redução de nitrato	+	+
Hidrólise de ureia	–	–
Hidrólise da esculina	–	–
Fermentação de glicose	+	+
Fermentação de sacarose	–	+
Teste sorológico para produção de toxina	Não realizado	+

Forneça uma possível explicação para a identificação incorreta. Quais são as potenciais consequências para a saúde pública de uma identificação incorreta de *C. diphtheriae*? (*Dica:* ver o Capítulo 24.)

3. Utilizando as seguintes informações, construa uma chave dicotômica para diferenciar esses organismos unicelulares. Quais deles causam doenças em seres humanos?

	Mitocôndria?	Clorofila?	Tipo nutricional?	Motilidade?
Euglena	+	+	Ambos	+
Giardia	–	–	Heterotrófico	+
Nosema	–	–	Heterotrófico	–
Pfiesteria	+	+	Autotrófico	+
Trichomonas	–	–	Heterotrófico	+
Trypanosoma	+	–	Heterotrófico	+

Utilizando as informações adicionais mostradas a seguir, crie um cladograma para esses organismos. As suas duas chaves diferem? Explique. Qual chave é mais útil para a identificação em laboratório? E para a classificação?

	Bases de rRNA																			
	1	2	3	4	5	6	7	8	9	10	11	12	13	14	15	16	17	18	19	20
Euglena	C	C	A	G	G	U	U	G	U	U	C	C	A	G	U	U	U	U	A	A
Giardia	C	C	A	U	A	U	U	U	U	U	G	A	C	G	A	A	G	G	U	C
Nosema	C	C	A	U	A	U	U	U	U	U	A	A	C	G	A	A	G	G	C	C
Pfiesteria	C	C	A	A	C	U	U	A	U	U	C	C	A	G	U	U	U	C	A	G
Trichomonas	C	C	A	U	A	U	U	U	U	U	G	A	C	G	A	A	G	G	G	C
Trypanosoma	C	C	A	C	G	U	U	G	U	U	C	C	A	G	U	U	U	A	A	A

11 Procariotos: domínios Bacteria e Archaea

Quando encontraram bactérias microscópicas pela primeira vez, os biólogos não sabiam como classificá-las. As bactérias claramente não eram animais, nem plantas com raízes. As tentativas de se criar um sistema taxonômico para as bactérias com base no sistema filogenético desenvolvido para plantas e animais fracassaram (ver Capítulo 10). Na primeira edição do *Bergey's Manual*, a principal publicação dedicada à classificação bacteriológica, as bactérias foram agrupadas de acordo com sua morfologia (bacilos, cocos), reações de coloração, presença de endósporos e outras características óbvias. Embora tenha utilidade prática, esse sistema também apresenta muitas limitações, algo como colocar morcegos e pássaros no mesmo grupo apenas pelo fato de possuírem asas.

O conhecimento das bactérias a nível molecular se expandiu a tal ponto que hoje é possível basear a mais recente edição do *Bergey's Manual* em um sistema filogenético. Por exemplo, os gêneros *Rickettsia* e *Chlamydia* não são mais agrupados por suas necessidades comuns de crescimento intracelular. Os membros do gênero *Chlamydia* agora são classificados no filo Chlamydiota, ao passo que as riquétsias são agrupadas em um filo distante, Proteobacteria, na classe das Alphaproteobacteria. Alguns microbiologistas não apreciaram essas mudanças, mas elas refletem diferenças importantes, principalmente no RNA ribossômico (rRNA) dos micróbios, um componente genético que demora para se modificar e realiza as mesmas funções em todos os organismos. Isso é discutido no Capítulo 10.

As bactérias patogênicas isoladas de pacientes, como a bactéria *Streptococcus pyogenes*, mostrada na fotografia, precisam ser identificadas com rapidez. Em geral, a identificação laboratorial de espécies bacterianas inicia com uma coloração de Gram e análise morfológica. A identificação dessa bactéria é discutida no Caso clínico.

▶ Bactéria *Streptococcus pyogenes* mostrando um arranjo em cadeia típico.

Na clínica

Como enfermeiro(a) especialista em clínica perioperatória, você precisa identificar a fonte da infecção de sete pacientes submetidos a cirurgias cardiovasculares. Culturas em ágar-nutriente realizadas a partir de amostras dos pacientes apresentaram colônias vermelhas que consistem em bactérias gram-negativas. Você coleta amostras de uma equipe selecionada do hospital e solicita uma cultura, e a mesma bactéria é cultivada oriunda de uma enfermeira de assepsia que utiliza unhas postiças. **A remoção das unhas encerrou o surto. Qual é o agente causador desse surto?**

Dica: o pigmento vermelho produzido por essa bactéria é distintivo. (Ver "Serratia" mais adiante neste capítulo.)

Grupos procarióticos

Na edição atual do *Bergey's Manual*, os procariotos são agrupados em dois **domínios**, **Archaea** e **Bacteria**. Escritos de forma aportuguesada em letras minúsculas, ou seja, arqueias e bactérias, esses termos denotam organismos que pertencem a esses domínios. Cada domínio é dividido em filos, cada filo é

> **ASM:** As mutações e a transferência horizontal de genes, com a enorme variedade de microambientes, selecionaram uma imensa diversidade de microrganismos.

dividido em classes, cada classe, em ordens, cada ordem, em famílias, cada família, em gêneros e, por fim, cada gênero, em espécies. Observe que as bactérias também são comumente diferenciadas por seu caráter gram-positivo ou gram-negativo.

Embora os filos procarióticos tenham sido usados no *Bergey's Manual*, em 2021 o International Committee on Systematics of Prokaryotes (Comitê Internacional de Sistemática de Procariotos) determinou que os nomes dos filos deveriam terminar em -ota. Os filos discutidos neste capítulo estão resumidos na Tabela 11.1 (ver também Apêndice E).

Domínio Bacteria

A maioria de nós considera as bactérias como criaturas pequenas, invisíveis e potencialmente perigosas. Na realidade, poucas espécies de bactérias causam doenças em seres humanos, animais, plantas ou em qualquer outro organismo. Após completar a disciplina de microbiologia, você perceberá que sem as bactérias a vida como a conhecemos não seria possível. Neste capítulo, você aprenderá como os grupos bacterianos são diferenciados uns dos outros e o quanto as bactérias são importantes para o mundo. Nossa discussão

neste capítulo enfatizará as bactérias consideradas de importância prática, aquelas importantes para a medicina, ou aquelas que ilustram princípios biologicamente incomuns ou interessantes.

Em "Objetivos de aprendizagem" e "Teste seu conhecimento", ao longo deste capítulo, você se familiarizará com esses organismos e será auxiliado na procura por similaridades e diferenças entre eles. Você também aprenderá a desenhar uma chave dicotômica para diferenciar as bactérias.

TABELA 11.1 Classificação de procariotos selecionados*

Domínio	Filo	Classes selecionadas	Observações
BACTERIA			
(Gram--negativas)	Pseudomonadota (Proteobacteria)	• Alphaproteobacteria	Inclui *Ehrlichia* e *Rickettsia*
		• Betaproteobacteria	Inclui *Bordetella* e *Burkholderia*
		• Gammaproteobacteria	Inclui *Vibrio, Salmonella, Helicobacter* e *Escherichia, Pseudomonas*
		• Deltaproteobacteria	Inclui *Bdellovibrio*
	Campylobacterota	• Campylobacterales	*Campylobacter* e *Helicobacter*
	Cyanobacteria	• Cyanobacteria	Bactérias fotossintéticas oxigênicas
	Chlorobiota	• Chlorobia	Bactérias verdes sulfurosas; fotossintéticas; anoxigênicas
	Chloroflexota	• Chloroflexi	Inclui bactérias verdes não sulfurosas anoxigênicas, fotossintéticas e filamentosas
	Chlamydiota	• Chlamydiae	
	Planctomycetota	• Planctomicetia	Crescem apenas em células de hospedeiros eucarióticos
	Bacteroidota	• Bacteroidetes	Bactérias aquáticas; algumas são pedunculadas
	Fusobacteriota	• Fusobacteria	Os membros desse filo incluem patógenos oportunistas
	Spirochaetota	• Spirochaetia	A classe inclui patógenos que causam a sífilis e a doença de Lyme
BACTERIA			
(Gram--positivas)	Bacillota (Firmicutes)	• Bacilli	Bastonetes e cocos gram-positivos com baixo teor de G + C
		• Clostridia	Bactérias sem parede celular com baixo teor de G + C
	Mycoplasmatota	• Mollicutes	Anaeróbias; algumas causam necrose tecidual e septicemia em seres humanos
	Actinomycetota	• Actinobacteria	Os membros incluem gêneros resistentes à radiação e ao calor
	Deinococcota	• Deinococci	
ARCHAEA			
	Thermoproteota	• Thermoprotei	Termófilos e hipertermófilos
	Euryarchaeota	• Methanobacteria	As metanobactérias são fontes importantes de metano
		• Halobacteria	Exigem altas concentrações de sal

*Ver uma lista completa dos gêneros discutidos neste texto no Apêndice E.

Bactérias gram-negativas

OBJETIVOS DE APRENDIZAGEM

11-1   Diferenciar as Alphaproteobacteria descritas neste capítulo desenhando uma chave dicotômica. Desenhamos a primeira dessas chaves dicotômicas para você (para as Alphaproteobacteria) como um exemplo (à direita).

11-2   Diferenciar as Betaproteobacteria descritas neste capítulo pelo desenho de uma chave dicotômica.

11-3   Diferenciar as Gammaproteobacteria descritas neste capítulo pelo desenho de uma chave dicotômica.

11-4   Diferenciar as Deltaproteobacteria descritas neste capítulo pelo desenho de uma chave dicotômica.

11-5   Diferenciar as Campylobacterota descritas neste capítulo pelo desenho de uma chave dicotômica.

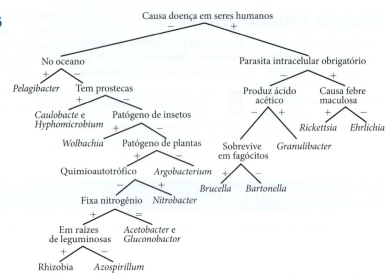

Pseudomonadota

As **Pseudomonadota**, que incluem a maioria das bactérias gram-negativas quimio-heterotróficas, presumidamente surgiram de um ancestral fotossintético comum. Elas são agora o maior grupo taxonômico bacteriano. Contudo, poucas ainda são fotossintéticas; outras capacidades metabólicas e nutricionais surgiram para substituir essa característica. A relação filogenética nesses grupos baseia-se em estudos de rRNA. O antigo nome "Proteobacteria" vem do deus mitológico grego Proteus, que podia assumir diversas formas. As Pseudomonadota são separadas em cinco classes: Alphaproteobacteria, Betaproteobacteria, Gammaproteobacteria, Deltaproteobacteria e Campylobacterota.

Alphaproteobacteria

Como grupo, as Alphaproteobacteria incluem a maioria das proteobactérias capazes de crescer com níveis muito baixos de nutrientes. Algumas apresentam morfologia incomum, incluindo protuberâncias (pedúnculos ou brotos), conhecidas como **prostecas**. As Alphaproteobacteria incluem também bactérias de importância agrícola capazes de realizar fixação de nitrogênio em simbiose com plantas, e diversos patógenos humanos e vegetais.

Pelagibacter   Um dos microrganismos mais abundantes na Terra, em particular nos oceanos, é o *Pelagibacter ubique*. Ele é um membro do grupo dos micróbios marinhos, chamados de SAR 11, uma vez que sua descoberta original foi realizada no Mar dos Sargaços. O *P. ubique* foi o primeiro membro desse grupo a ser cultivado com sucesso. Seu genoma foi sequenciado, e foram encontrados apenas 1.354 genes. Esse é um número muito baixo para um organismo de vida livre, embora diversos micoplasmas (discutidos mais adiante neste capítulo) tenham uma quantidade ainda menor de genes. As bactérias em uma relação simbiótica têm menos necessidades metabólicas e genomas menores. Essa bactéria é extremamente pequena, com pouco mais de 0,3 µm de diâmetro. Esse pequeno tamanho e o genoma mínimo provavelmente forneçam uma vantagem competitiva para a sobrevivência em um ambiente de poucos nutrientes. De fato, ele parece ser o organismo vivo mais abundante nos oceanos com base no peso. (Parte de seu nome, *ubique*, é derivado de *ubíquo*.) Seu número elevado, por si só, já é suficiente para lhe conferir um papel importante no ciclo terrestre do carbono.

Azospirillum   Os microbiologistas agrícolas têm se interessado por membros do gênero *Azospirillum*, bactéria do solo que cresce em estreita associação com as raízes de muitas plantas, sobretudo gramíneas tropicais. Ela utiliza os nutrientes excretados pelas plantas e, em retorno, fixa o nitrogênio da atmosfera. Essa forma de fixação de nitrogênio é mais significativa em gramíneas tropicais e na cana-de-açúcar, embora

---

CASO CLÍNICO Maria

Sara Moraes, neonatologista em um hospital local, está atendendo Maria, recém-nascida de 48 horas de idade. Maria nasceu de parto normal com 39 semanas e aparentava ser um bebê saudável. Nesses 2 dias, no entanto, sua situação mudou drasticamente e ela foi admitida na unidade de tratamento intensivo neonatal (UTIN). Maria está com o corpo mole, tem dificuldades para respirar e sua temperatura corporal é de 35 °C; no entanto, seus pulmões estão limpos, e o exame cardíaco está normal. A Dra. Moraes conversa com a mãe de Maria, que confirma ter recebido um cuidado pré-natal adequado e não possuir outros problemas médicos. A Dra. Moraes solicita uma punção lombar de Maria para avaliar a presença de infecções no líquido cerebrospinal (LCS). O relatório do laboratório identificou a presença de sangue no LCS de Maria. A doutora diagnostica a bebê com meningite e solicita uma hemocultura venosa para identificar a bactéria relacionada.

Qual bactéria poderia estar causando a meningite de Maria? Continue lendo para descobrir.

Parte 1   Parte 2   Parte 3   Parte 4   Parte 5

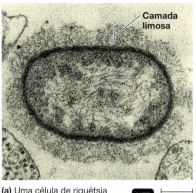

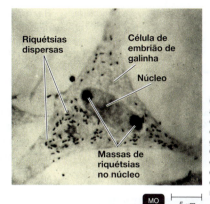

(a) Uma célula de riquétsia que acaba de ser liberada de uma célula hospedeira

MET ⊢—⊣ 0,4 μm

(b) As riquétsias crescem apenas no interior de uma célula hospedeira, como na célula de embrião de galinha mostrada aqui. Observe as riquétsias dispersas no interior da célula e as massas compactas do organismo no núcleo celular.

MO ⊢—⊣ 5 μm

Figura 11.1 Riquétsias.

P Como as riquétsias são transmitidas de um hospedeiro para outro?

o organismo possa ser isolado do sistema radicular de muitas plantas de clima temperado, como o milho. O prefixo *azo-* é frequentemente encontrado em gêneros bacterianos que fixam nitrogênio. Ele é derivado de *a* (sem) e *zo* (vida), em referência aos primórdios da química, quando o oxigênio era removido de uma atmosfera em que o experimento estava ocorrendo com o uso de uma vela acesa. Presumivelmente, a vida dos mamíferos não era possível nessa atmosfera rica em nitrogênio. Dessa forma, o nitrogênio passou a ser associado à ausência de vida.

Acetobacteraceae *Acetobacter* e *Gluconobacter* são organismos aeróbios industrialmente importantes que convertem etanol em ácido acético (vinagre). O recém-identificado *Granulibacter* é um patógeno emergente encontrado em pacientes com doença granulomatosa crônica.

Rickettsia Na primeira edição do *Bergey's Manual*, os gêneros *Rickettsia*, *Coxiella* e *Chlamydia* foram agrupados próximos, uma vez que são parasitas intracelulares obrigatórios – isto é, se reproduzem apenas no interior de uma célula de mamífero. Atualmente sabemos que eles estão muito afastados. Riquétsias, clamídias e vírus são comparados na Tabela 13.1.

As riquétsias são bactérias gram-negativas em forma de bastonete ou cocobacilo (**Figura 11.1a**). Uma característica distintiva da maioria das riquétsias é serem transmissíveis aos seres humanos por picadas de insetos e carrapatos, ao contrário de *Coxiella* (discutida posteriormente nas Gammaproteobacteria). As riquétsias entram na célula do hospedeiro por indução da fagocitose. Entram rapidamente no citoplasma celular e começam a se reproduzir por fissão binária (Figura 11.1b). Em geral, podem ser cultivadas artificialmente em culturas de células ou em embriões de galinha (Capítulo 13).

As riquétsias são responsáveis por várias doenças, conhecidas como grupo da febre maculosa. Essas doenças incluem o tifo epidêmico, causado por *Rickettsia prowazekii* e transmissível por piolhos (Figura 12.32a); o tifo murino endêmico,

causado por *R. typhi* e transmissível por pulgas de ratos (Figura 12.32b); e a febre maculosa das Montanhas Rochosas, causada por *R. rickettsii* e transmissível por carrapatos (Figura 12.31). Em humanos, as infecções por riquétsias danificam a permeabilidade dos capilares sanguíneos, o que resulta em uma erupção cutânea maculada característica.

Ehrlichia As Ehrlichiae são bactérias gram-negativas parecidas com riquétsias e que vivem obrigatoriamente no interior dos leucócitos. As espécies de *Ehrlichia* são transmissíveis aos seres humanos por carrapatos e causam a erliquiose, uma doença muitas vezes fatal (Capítulo 23).

Caulobacter e Hyphomicrobium Membros do gênero *Caulobacter* são encontrados em ambientes aquáticos com baixa concentração de nutrientes, como em lagos. Eles se caracterizam por pedúnculos que prendem os organismos a superfícies (**Figura 11.2**). Esses arranjos aumentam sua absorção de nutrientes, pois estão expostos às mudanças contínuas de fluxo das águas, e o pedúnculo aumenta a relação superfície/volume da célula. Além disso, caso a superfície utilizada pela bactéria para ancoragem seja um hospedeiro vivo, ela pode utilizar as excretas do hospedeiro como nutrientes. Quando a concentração de um nutriente é muito baixa, o tamanho do pedúnculo aumenta evidentemente para fornecer uma área de superfície ainda maior para a absorção de nutrientes.

As bactérias que brotam não se dividem por fissão binária em duas células quase idênticas. O processo de brotamento assemelha-se à reprodução assexuada de muitas leveduras (ver Figura 12.4). A célula parental mantém sua identidade, enquanto o broto aumenta em tamanho até se separar como uma nova célula completa. Um exemplo é o gênero *Hyphomicrobium*, mostrado na **Figura 11.3**. Essas bactérias, como as caulobactérias, são encontradas em ambientes aquáticos com baixa concentração de nutrientes e já foram encontradas crescendo em tanques de laboratório. Tanto *Caulobacter* quanto *Hyphomicrobium* produzem prostecas proeminentes.

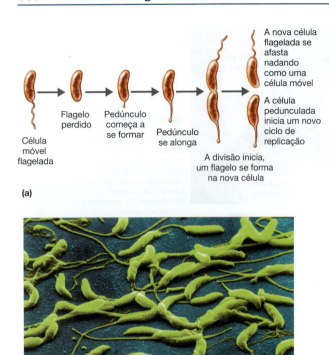

A nova célula flagelada se afasta nadando como uma célula móvel

A célula pedunculada inicia um novo ciclo de replicação

Célula móvel flagelada

Flagelo perdido

Pedúnculo começa a se formar

Pedúnculo se alonga

A divisão inicia, um flagelo se forma na nova célula

(a)

(b)

MET ├──┤ 2 μm

Figura 11.2 *Caulobacter.*

P Qual é a vantagem competitiva oferecida pela adesão a uma superfície?

Rhizobium, Bradyrhizobium e Agrobacterium *Rhizobium* e *Bradyrhizobium* são dois dos gêneros mais importantes entre um grupo de bactérias de importância agrícola que infectam especificamente raízes de plantas leguminosas, como feijões, ervilhas ou trevos. Para simplificar, essas bactérias são conhecidas pelo nome comum de **rizóbios**. A presença de rizóbios nas raízes leva à formação de nódulos, nos quais o rizóbio e a planta formam uma relação simbiótica, resultando na fixação de nitrogênio a partir do ar para utilização pela planta (ver Figura 27.5).

Como os rizóbios, o gênero *Agrobacterium* tem a capacidade de invadir as plantas. No entanto, essas bactérias não induzem a formação de nódulos radiculares ou fixam nitrogênio. De especial interesse é o *Agrobacterium tumefaciens*. Esse patógeno de plantas causa a doença chamada de galha-da-coroa; a coroa é a área da planta onde as raízes e o caule se unem. A galha tumoral é induzida quando *A. tumefaciens* insere um plasmídeo contendo informação genética bacteriana no DNA cromossômico da planta (ver Figura 9.19). Por essa razão, os geneticistas microbianos estão muito interessados nesse organismo. Os plasmídeos são os vetores mais comumente utilizados pelos cientistas para carrear novos genes para o interior de uma célula vegetal, uma vez que a espessa parede das plantas é especialmente difícil de se penetrar (ver Figura 9.20).

Bartonella O gênero *Bartonella* contém vários membros que são patógenos humanos. O membro mais conhecido é *Bartonella henselae*, bacilo gram-negativo que causa a doença da arranhadura do gato (Capítulo 23).

Brucella As bactérias *Brucella* são pequenos cocobacilos sem motilidade. Todas as espécies de *Brucella* são parasitas obrigatórios de mamíferos e causam a doença brucelose (Capítulo 23). A capacidade de *Brucella* de sobreviver à fagocitose, elemento importante das defesas do corpo contra bactérias, é de interesse médico (ver Capítulo 16).

Nitrobacter e Nitrosomonas *Nitrobacter* e *Nitrosomonas* são gêneros de bactérias nitrificantes de grande importância para o meio ambiente e para a agricultura. Essas bactérias são organismos quimioautotróficos capazes de utilizar compostos químicos inorgânicos como fontes de energia e o dióxido de carbono como sua única fonte de carbono, a partir dos quais eles sintetizam toda a sua composição química complexa. As fontes de energia dos gêneros *Nitrobacter* e *Nitrosomonas* (essa última é um membro das Betaproteobacteria) consistem em compostos nitrogenados reduzidos. As espécies de *Nitrosomonas* oxidam o amônio (NH_4^+) a nitrito (NO_2^-), que, por sua vez, é oxidado por espécies de *Nitrobacter* a nitratos (NO_3^-) no processo de *nitrificação*. O nitrato é importante para a agricultura; é uma forma de nitrogênio altamente móvel no solo e, portanto, possível de ser encontrada e utilizada pelas plantas.

Wolbachia *Wolbachia* é provavelmente o gênero bacteriano infeccioso mais comum no mundo; elas vivem apenas no interior das células de seus hospedeiros, geralmente insetos (uma relação conhecida como *endossimbiose*). Portanto, as *Wolbachia*

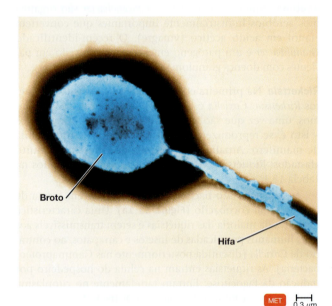

Broto

Hifa

MET ├──┤ 0,3 μm

Figura 11.3 *Hyphomicrobium,* um tipo de bactéria que se reproduz por brotamento.

P A maioria das bactérias não se reproduz por brotamento. Que método elas utilizam?

escapam da detecção pelos métodos de cultura convencionais. *Wolbachia* interfere na reprodução e no desenvolvimento dos ovos em insetos infectados. Mosquitos machos *Aedes aegypti* infectados com *Wolbachia* estão sendo liberados no meio ambiente em vários lugares, incluindo Brasil, Flórida, Califórnia e Sudeste da Ásia, para evitar a propagação dos vírus Zika, chikungunya e dengue. (Ver "Explorando o microbioma" no Capítulo 28.)

TESTE SEU CONHECIMENTO

✔ **11-1** Faça uma chave dicotômica para diferenciar as Alphaproteobacteria descritas neste capítulo. (*Dica:* Ver o exemplo completo anteriormente nesta seção.)

Betaproteobacteria

As Betaproteobacteria com frequência utilizam substâncias nutrientes que se difundem a partir de áreas de decomposição anaeróbia de matéria orgânica, como gás hidrogênio, amônia e metano. Várias bactérias patogênicas importantes são encontradas nesse grupo.

Spirillum O gênero *Spirillum* é encontrado principalmente na água doce. As bactérias *Spirillum* movimentam-se por meio de flagelos polares convencionais, o que permite uma distinção morfológica importante dos espiroquetas helicoidais (discutidas em breve), que utilizam filamentos axiais. Os espirilos são bactérias gram-negativas aeróbias relativamente grandes. A bactéria *Spirillum volutans* é frequentemente utilizada como lâmina de demonstração quando estudantes de microbiologia são inicialmente introduzidos ao manejo do microscópio (**Figura 11.4**).

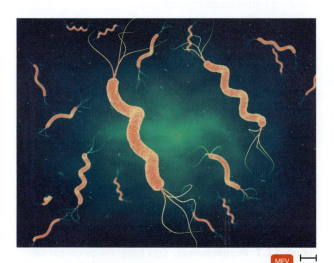

Figura 11.4 Spirillum volutans. Essas grandes bactérias helicoidais são encontradas em ambientes aquáticos. Observe os flagelos polares.

P Essa bactéria se locomove? Como você chegou a essa conclusão?

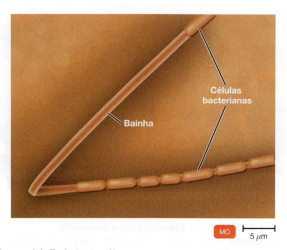

Células bacterianas

Bainha

MO 5 μm

Figura 11.5 Sphaerotilus natans. Essas bactérias embainhadas são encontradas em esgoto diluído e em ambientes aquáticos. Elas formam bainhas alongadas, nas quais as bactérias vivem. As bactérias têm flagelo (não visíveis aqui) e, por fim, acabam se locomovendo livremente para fora da bainha.

P Como a bainha pode ajudar a célula?

Sphaerotilus Bactérias que possuem bainha, as quais incluem *Sphaerotilus natans*, são encontradas na água doce e no esgoto. Essas bactérias gram-negativas que apresentam flagelos polares formam uma bainha filamentosa oca, na qual vivem (**Figura 11.5**). As bainhas protegem e ajudam a acumular nutrientes. *Sphaerotilus* provavelmente contribui para o aumento de volume (entumescimento), um fenômeno no qual o lodo de esgoto flutua; esse é um problema significativo no tratamento de esgoto (ver Capítulo 27).

Burkholderia O gênero *Burkholderia* foi anteriormente agrupado com o gênero *Pseudomonas*, que agora pertence às Gammaproteobacteria. Como as pseudomonas, quase todas as espécies de *Burkholderia* se movem por meio de um único flagelo polar ou por um tufo de flagelos. A espécie mais conhecida é o bastonete gram-negativo aeróbio, *Burkholderia cepacia*. Essas bactérias têm um espectro nutricional extraordinário e são capazes de degradar mais de 100 moléculas orgânicas diferentes. Essa capacidade frequentemente é um fator associado à contaminação de equipamentos e fármacos em hospitais; essas bactérias podem, surpreendentemente, crescer em soluções desinfetantes (ver "Caso clínico" no Capítulo 15). *B. cepacia* também são um problema para pessoas com fibrose cística, doença genética pulmonar, pois metabolizam as secreções respiratórias acumuladas.

Burkholderia pseudomallei é uma bactéria que reside em solos úmidos e é a causa de uma doença grave (melioidose) endêmica no Sudeste da Ásia e no norte da Austrália (Capítulo 24).

Bordetella O bastonete gram-negativo, aeróbio e sem motilidade *Bordetella pertussis* é de especial importância. Esse patógeno perigoso é a causa da coqueluche (Capítulo 24).

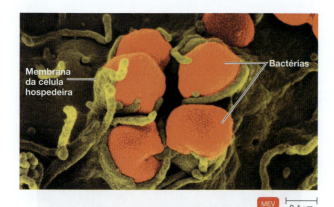

Figura 11.6 O coco gram-negativo *Neisseria gonorrhoeae*. Essa bactéria utiliza as fímbrias e uma proteína da membrana externa, chamada de Opa, para aderir às células hospedeiras. Após a adesão, a membrana da célula hospedeira (em verde) circunda a bactéria (em vermelho).

P Como as fímbrias contribuem para a patogenicidade?

Neisseria As bactérias do gênero *Neisseria* são cocos gram-negativos aeróbios que, em geral, habitam as membranas mucosas de mamíferos. As espécies patogênicas incluem o gonococo *Neisseria gonorrhoeae*, o agente causador da gonorreia (ver **Figura 11.6** e o quadro Foco clínico do Capítulo 26), e *N. meningitidis*, o agente da meningite meningocócica (Capítulo 22).

Zoogloea O gênero *Zoogloea* é importante no contexto dos processos aeróbicos de tratamento de esgoto, como o sistema de lodo ativado. À medida que crescem, as bactérias *Zoogloea* formam uma massa limosa e fofa, essencial para o funcionamento adequado desses sistemas.

TESTE SEU CONHECIMENTO

✔ **11-2** Faça uma chave dicotômica para diferenciar as Betaproteobacteria descritas neste capítulo.

Gammaproteobacteria

As Gammaproteobacteria constituem o maior subgrupo das proteobactérias e incluem uma grande variedade de tipos fisiológicos.

Aciditiobacillus As espécies de *Acidithiobacillus* e outras bactérias que oxidam o enxofre são importantes no ciclo do enxofre (ver Figura 27.6). Estas bactérias quimioautotróficas são capazes de obter energia pela oxidação de formas reduzidas de enxofre, como o sulfeto de hidrogênio (H_2S), ou o enxofre elementar (S^0), em sulfatos (SO_4^{2-}).

Tiotrichales Um membro da ordem Thiotrichales é a *Thiomargarita namibiensis*, que não é só a maior bactéria conhecida, mas também exibe diversas características incomuns. (Ver discussão sobre diversidade microbiana mais adiante

neste capítulo.) Outros membros dessa ordem incluem os gêneros nutricionalmente distintos *Beggiatoa* e *Francisella tularensis*, o patógeno causador da tularemia.

Beggiatoa As espécies de *Beggiatoa* são um gênero incomum que cresce apenas em sedimentos aquáticos na interface entre as camadas aeróbica e anaeróbica. Morfologicamente, o gênero se parece com certas cianobactérias filamentosas (Figura 11.13a), mas não é fotossintética. A sua motilidade é possibilitada pela produção de muco, que se liga à superfície em que ocorre o movimento, proporcionando uma lubrificação, permitindo o deslizamento do organismo.

Nutricionalmente, a *Beggiatoa* utiliza o sulfeto de hidrogênio (H_2S) como fonte de energia e acumula grânulos de enxofre internos. A capacidade desse organismo de obter energia a partir de compostos inorgânicos foi um fator importante na descoberta do metabolismo quimioautotrófico.

Francisella *Francisella* é um gênero composto por pequenas bactérias pleomórficas que crescem apenas em meios complexos enriquecidos com sangue ou extratos teciduais. *Francisella tularensis* causa a tularemia. (Ver quadro "Foco clínico" no Capítulo 23.)

Pseudomonadales Os membros da ordem Pseudomonadales são bastonetes ou cocos aeróbios gram-negativos. O gênero mais importante desse grupo é a *Pseudomonas*. A ordem também inclui *Azotobacter*, *Azomonas*, *Moraxella* e *Acinetobacter*.

Pseudomonas Um gênero muito importante, *Pseudomonas* consiste em bastonetes gram-negativos aeróbios que se locomovem por meio de um único flagelo polar ou por tufos de flagelos (**Figura 11.7**). As pseudômonas são muito comuns no solo e em outros ambientes naturais.

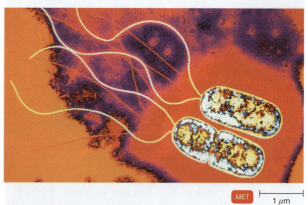

Figura 11.7 *Pseudomonas*. Esta fotografia de um par de *Pseudomonas* mostra seus flagelos polares, que são uma característica do gênero. Em algumas espécies, somente um único flagelo está presente (ver Figura 4.7b). Observe que uma célula (na parte inferior) está começando a se dividir.

P Como a diversidade nutricional dessas bactérias as torna um problema em hospitais?

Muitas espécies de pseudômonas excretam pigmentos extracelulares, solúveis em água, que se difundem no meio. Uma espécie, *Pseudomonas aeruginosa*, produz uma pigmentação azul-esverdeada, solúvel. Sob determinadas condições, particularmente em hospedeiros debilitados, esse organismo pode infectar o trato urinário, queimaduras e feridas, além de causar infecções sanguíneas (septicemia; Capítulo 23), abscessos e meningite. Outras pseudômonas produzem pigmentos solúveis fluorescentes que brilham quando iluminados por luz ultravioleta. Outra espécie, *P. syringae*, é um patógeno ocasional de plantas. (Algumas espécies de *Pseudomonas* foram transferidas, com bases em estudos de rRNA, ao gênero *Burkholderia*, que foi discutido anteriormente com as Betaproteobacteria.)

As pseudômonas possuem quase tanta capacidade genética quanto as leveduras eucarióticas e quase a metade da capacidade de uma mosca-da-fruta. Embora essas bactérias sejam menos eficientes do que algumas outras bactérias heterotróficas na utilização de muitos dos nutrientes mais comuns, elas fazem uso de suas capacidades genéticas para compensar de outra maneira. Por exemplo, as pseudômonas sintetizam um número anormalmente elevado de enzimas e podem metabolizar uma ampla variedade de substratos. Portanto, elas provavelmente contribuem de modo significativo para a decomposição de compostos químicos incomuns, como os pesticidas que são adicionados ao solo.

Em hospitais e em outros lugares onde agentes farmacêuticos são preparados, a capacidade das pseudômonas de crescer a partir de quantidades mínimas de fontes incomuns de carbono, como em resíduos de sabão ou em adesivos de revestimento de tampas encontrados em uma solução, tem sido um problema inesperado. As pseudômonas são capazes até mesmo de crescer em alguns antissépticos, como compostos de amônio quaternário. Sua resistência à maioria dos antibióticos também tem sido uma fonte de preocupação médica. Essa resistência está provavelmente relacionada às características das porinas da parede celular, que controlam a entrada de moléculas pela parede (ver Capítulo 4). O grande genoma das pseudômonas também codifica para vários sistemas de bomba de efluxo muito eficientes (Capítulo 20), que expulsam os antibióticos para fora da célula antes que eles possam atuar. As pseudômonas são responsáveis por uma em cada dez infecções adquiridas em unidades de cuidados de saúde (ver Capítulo 14), sobretudo nas unidades de queimados. Os indivíduos com fibrose cística também são especialmente propensos às infecções por *Pseudomonas* e pela intimamente relacionada *Burkholderia*.

Embora as pseudômonas sejam classificadas como aeróbias, algumas são capazes de substituir o oxigênio pelo nitrato como aceptor final de elétrons na respiração anaeróbia (ver Capítulo 5). Desse modo, as pseudômonas causam importantes perdas do nitrogênio disponível em fertilizantes e no solo. O nitrato (NO_3^-) é a forma de nitrogênio fertilizante mais facilmente utilizada pelas plantas. Sob condições anaeróbias, como em solo alagado, as pseudômonas finalmente convertem esse nitrato precioso em gás nitrogênio (N_2), que é perdido na atmosfera (ver Figura 27.3).

Muitas pseudômonas podem crescer a temperaturas de refrigerador. Devido a essa característica, combinada à capacidade de utilizar proteínas e lipídeos, essas bactérias contribuem de maneira importante para a deterioração de alimentos.

Azotobacter e Azomonas Algumas bactérias fixadoras de nitrogênio, como *Azotobacter* e *Azomonas*, são de vida livre no solo. Essas grandes bactérias ovoides e fortemente encapsuladas com frequência são utilizadas em demonstrações da fixação de nitrogênio em laboratório. Contudo, para fixar quantidades significativas de nitrogênio para a agricultura, elas requerem fontes de energia, como carboidratos, que têm estoque limitado no solo.

Moraxella Os membros do gênero *Moraxella* são cocobacilos aeróbios estritos – isto é, têm formato intermediário entre cocos e bacilos. *Moraxella lacunata* está relacionada à conjuntivite (inflamação da conjuntiva, a membrana que cobre o olho e reveste as pálpebras, Capítulo 21).

Acinetobacter O gênero *Acinetobacter* é aeróbio e geralmente forma pares. A bactéria ocorre naturalmente no solo e na água. Um membro desse gênero, *Acinetobacter baumannii*, é uma preocupação crescente para a comunidade médica, devido à rapidez com a qual adquire resistência aos antibióticos. Algumas linhagens são resistentes à maioria dos antibióticos disponíveis. (Ver quadro "Foco clínico" no Capítulo 7.) *A. baumannii* é um patógeno oportunista encontrado principalmente em ambientes de saúde. A resistência a antibióticos, combinada ao enfraquecimento da saúde dos pacientes infectados em hospitais, resultou em uma alta e incomum taxa de mortalidade. *A. baumannii* é principalmente um patógeno respiratório, mas também infecta a pele, os tecidos moles, as feridas e, às vezes, invade a corrente sanguínea. Ele é mais resistente ao meio ambiente do que a maioria das bactérias gram-negativas, e, uma vez instalado em uma unidade de saúde, torna-se difícil a sua eliminação.

Legionellales Os gêneros *Legionella* e *Coxiella* são agrupados na mesma ordem, Legionellales. Como as *Coxiella* compartilham um modo de vida intracelular com as riquétsias, elas foram inicialmente consideradas riquétsias e agrupadas juntamente com elas. As bactérias *Legionella* crescem facilmente em meios artificiais apropriados.

Legionella As bactérias *Legionella* foram originalmente isoladas durante uma busca para a causa de um surto de pneumonia, hoje conhecido como legionelose (Capítulo 24). A busca foi difícil, uma vez que essas bactérias não cresciam nos meios de isolamento em laboratório disponíveis na época. Após um esforço intensivo, um meio especial foi desenvolvido, o que permitiu aos pesquisadores isolar e cultivar as primeiras *Legionella*. Sabe-se hoje que os micróbios desse gênero são relativamente comuns em correntes de água e que eles colonizam hábitats como tubulações de fornecimento de água quente em hospitais e a água das torres de resfriamento dos sistemas de ar-condicionado. (Ver quadro "Foco clínico" no Capítulo 24.) A capacidade de sobreviver e se reproduzir dentro de amebas aquáticas dificulta sua erradicação dos sistemas de água.

Coxiella As bactérias *Coxiella* necessitam de uma célula hospedeira de mamíferos para se reproduzir. *A Coxiella* é mais comumente transmitida por leite contaminado. *Coxiella burnetii* causa a febre Q (Capítulo 24). Ela possui um corpo semelhante a um esporo (ver Figura 24.13), o que pode explicar a resistência relativamente elevada da bactéria aos estresses da transmissão pelo ar e do tratamento pelo calor.

Vibrionales Os membros da ordem Vibrionales são bastonetes gram-negativos anaeróbios facultativos. Eles são encontrados principalmente em hábitats aquáticos. As espécies de *Vibrio* são bastonetes que frequentemente apresentam uma aparência levemente curva (**Figura 11.8**). Um patógeno importante é o *Vibrio cholerae*, o agente causador da cólera (Capítulo 25). A doença é caracterizada por uma diarreia profusa e aquosa. *V. parahaemolyticus* causa uma forma menos grave de gastrenterite. Em geral, vive nas águas costeiras e é transmissível aos seres humanos principalmente por frutos do mar crus ou malcozidos.

Enterobacteriales Os membros da ordem Enterobacteriales são bastonetes gram-negativos, anaeróbios facultativos, que se locomovem, quando móveis, por um flagelo peritríquio. Morfologicamente, os bastonetes são retos. Esse é um importante grupo bacteriano, frequentemente chamado de bactérias **entéricas**. Esse nome reflete o fato de que elas habitam os intestinos de seres humanos e outros animais. A maioria das bactérias entéricas são fermentadores ativos de glicose e outros carboidratos.

Devido à importância clínica das bactérias entéricas, existem muitas técnicas para seu isolamento e identificação. Um método de identificação de algumas bactérias entéricas é mostrado na Figura 10.9, que incorpora uma ferramenta

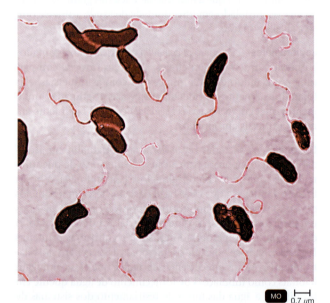

MO | 0,7 μm

Figura 11.8 *Vibrio cholerae.* Observe a curvatura desses bastonetes, que é uma característica do gênero.

P Qual é o arranjo flagelar dessas células?

moderna utilizando 15 testes bioquímicos. Esses testes são especialmente importantes em trabalhos clínicos de laboratório e em microbiologia de alimentos e da água.

As bactérias entéricas têm fímbrias que as ajudam na aderência a superfícies ou membranas mucosas. Os *pili* sexuais especializados auxiliam na troca de informação genética entre células, que frequentemente inclui resistência a antibióticos (ver Figuras 8.29a e 8.30).

As bactérias entéricas, como muitas bactérias, produzem proteínas, chamadas de bacteriocinas, que causam a lise de espécies de bactérias intimamente relacionadas. As bacteriocinas podem ajudar a manter o equilíbrio ecológico de várias bactérias entéricas no intestino. Gêneros importantes de Enterobactericeae são discutidos a seguir.

Escherichia A espécie bacteriana *Escherichia coli* é um habitante comum do trato intestinal de seres humanos e provavelmente é o organismo mais conhecido da microbiologia. Muito se sabe sobre a bioquímica e a genética de *E. coli*, que continua sendo uma ferramenta importante para a pesquisa biológica básica – muitos pesquisadores a consideram quase um animal de estimação de laboratório. Sua presença na água e nos alimentos é uma indicação de contaminação fecal (ver Capítulo 27). A *E. coli* normalmente não é patogênica. No entanto, ela pode ser uma causa de infecções do trato urinário, e determinadas linhagens produzem enterotoxinas, que provocam a diarreia do viajante (Capítulo 25) e, ocasionalmente, doenças transmissíveis por alimentos muito graves (ver *E. coli* O157:H7). Uma espécie patogênica emergente recém-identificada, *E. albertii*, foi associada a infecções esporádicas em humanos, pássaros e bezerros.

Salmonella Quase todos os membros do gênero *Salmonella* são potencialmente patogênicos. Por conseguinte, existe uma grande quantidade de testes bioquímicos e sorológicos para isolar e identificar as salmonelas. Elas são habitantes comuns do trato intestinal de muitos animais, sobretudo aves domésticas e gado. Em condições sanitárias inadequadas, podem contaminar alimentos.

Existem apenas duas espécies de *Salmonella*: *S. enterica* e *S. bongori*. *S. bongori* é encontrada no meio ambiente. Ela foi isolada originalmente de um lagarto, na cidade de Bongor, na nação Chade do deserto africano, e raramente é encontrada em seres humanos. A bactéria *S. enterica* é infecciosa para animais de sangue quente. *S. enterica* é dividida em mais de 2.500 **sorovares**, ou seja, *variedades sorológicas*. O termo **sorotipo** é frequentemente utilizado com o mesmo sentido de sorovar. A título de explicação desses termos, quando as salmonelas são injetadas em um animal apropriado, seus flagelos, cápsulas e paredes celulares funcionam como *antígenos*, que fazem o animal produzir *anticorpos* no seu sangue, que são específicos para cada uma dessas estruturas. Portanto, meios *sorológicos* são utilizados para diferenciar os microrganismos. A sorologia é discutida mais detalhadamente no Capítulo 18, mas, por enquanto, é suficiente dizer que ela pode ser utilizada para diferenciar e identificar bactérias.

Um sorovar como a *Salmonella* Typhimurium não é uma espécie, sendo mais corretamente denominado "*Salmonella enterica* sorovar Typhimurium". A convenção utilizada

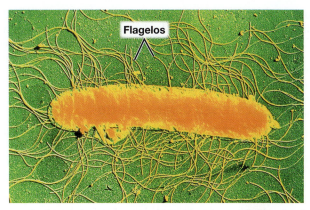

(a) *Proteus mirabilis* com flagelos peritríquios. MET ⊢—⊣ 0,4 μm

(b) Uma colônia em forma de enxame de *Proteus mirabilis*, apresentando anéis de crescimento concêntricos.

Figura 11.9 *Proteus mirabilis*. (a) A comunicação química entre as células bacterianas causa mudanças nas células adaptadas para nadar em fluidos (poucos flagelos), tornando-as células que são capazes de se mover em superfícies (muitos flagelos). O crescimento concêntrico **(b)** resulta de conversões sincronizadas periódicas para a forma altamente flagelada capaz de se movimentar em superfícies.

P A fotografia da célula de *Proteus* é provavelmente uma célula capaz de produzir um efeito de enxame. Como você confirmaria a capacidade de produzir um efeito de enxame?

atualmente ao se referir aos sorovares de *Salmonella enterica* segue o nome do gênero com o nome do sorovar sem itálico, por exemplo, *Salmonella* Typhimurium.

Anticorpos específicos, disponíveis comercialmente, podem ser utilizados para diferenciar os sorovares de *Salmonella* por um sistema conhecido como esquema de Kauffmann--White. Esse esquema designa um organismo por números e letras que correspondem aos antígenos específicos da cápsula, da parede celular e do flagelo do organismo, que são identificados pelas letras K, O e H, respectivamente. Os números representam o antígeno específico. Por exemplo, a fórmula antigênica para a bactéria *Salmonella* Typhimurium é O1,4,[5],12:H,i,1,2.* Muitas salmonelas são denominadas somente pelas fórmulas antigênicas. Os sorovares podem ser diferenciados posteriormente por propriedades bioquímicas ou fisiológicas especiais em **biovares** ou **biotipos**.

A febre tifoide, causada por *Salmonella* Typhi, é a doença mais grave causada por qualquer membro do gênero *Salmonella* (Capítulo 25). Uma doença gastrintestinal menos grave causada por outros sorovares de *S. enterica* é chamada de salmonelose. A salmonelose é uma das doenças transmissíveis por alimentos mais comuns. (Ver Quadro "Foco clínico" no Capítulo 25.)

Shigella As espécies de *Shigella* são responsáveis por uma doença chamada de disenteria bacilar, ou shigelose (Capítulo

25). Diferentemente das salmonelas, elas são encontradas apenas em seres humanos. Algumas linhagens de *Shigella* podem causar uma disenteria potencialmente letal.

Klebsiella Os membros do gênero *Klebsiella* são comumente encontrados no solo ou na água. Muitos isolados são capazes de fixar o nitrogênio da atmosfera, o que foi proposto como uma vantagem nutricional quando encontrados em populações humanas isoladas com pouco nitrogênio proteico na dieta. A espécie *Klebsiella pneumoniae* ocasionalmente causa uma forma grave de pneumonia em seres humanos.

Serratia *Serratia marcescens* é uma espécie bacteriana diferenciada devido à sua produção de um pigmento vermelho. Em hospitais, o organismo pode ser encontrado em cateteres, em soluções salinas de irrigação e em outras soluções supostamente estéreis. A contaminação é provavelmente a causa de muitas infecções urinárias e respiratórias em hospitais.

Proteus As colônias da bactéria *Proteus* crescendo em ágar exibem um crescimento do tipo enxame. Células capazes de se difundir por enxame, com muitos flagelos (**Figura 11.9a**), movem-se para fora das margens da colônia e revertem seu perfil para células normais com somente um flagelo e uma motilidade reduzida. Periodicamente, novas gerações de células enxameadas de alta motilidade aparecem, e o processo é repetido. Como resultado, as colônias de *Proteus* possuem a aparência distinta de uma série de anéis concêntricos (Figura 11.9b). Esse gênero de bactéria está envolvido em muitas infecções do trato urinário e em feridas.

Yersinia *Yersinia pestis* causa a peste bubônica, a peste negra da Europa medieval (Capítulo 23). Ratos urbanos de algumas partes do mundo e esquilos terrestres do sudeste da América carregam essas bactérias. As pulgas geralmente transmitem os

---

*As letras derivam do uso original em alemão. As colônias que se espalham em uma película fina sobre a superfície do ágar foram descritas pela palavra alemã para filme, *Hauch*. A motilidade necessária para formar um filme implicava na presença de flagelos, e a letra H passou a ser atribuída aos antígenos dos flagelos. Bactérias transparentes imóveis foram descritas como *ohne Hauch*, sem película, e o O passou a ser atribuído à superfície celular ou aos antígenos corporais. Um antígeno entre colchetes pode ou não estar presente. Essa terminologia também é usada na designação de *E. coli* O157:H7, *V. cholerae* O:1 e outros.

organismos entre os animais e os seres humanos, embora o contato com gotículas respiratórias também possa estar envolvido na transmissão.

Erwinia   As espécies de *Erwinia* são principalmente fitopatógenas. Essas espécies produzem enzimas que hidrolisam a pectina entre as células individuais das plantas. Isso causa uma separação das células vegetais umas em relação às outras, doença que os fitopatologistas chamam de *podridão mole*.

Enterobacter   Duas espécies de *Enterobacter, E. cloacae* e *E. aerogenes*, podem causar infecções do trato urinário e infecções associadas aos cuidados de saúde. Elas são amplamente distribuídas em seres humanos e animais, assim como na água, no esgoto e no solo.

Cronobacter   O gênero *Cronobacter* foi introduzido em 2007, e atualmente existem sete espécies nomeadas. Essas bactérias são anaeróbias facultativas e geralmente móveis. O representante da espécie é *Cronobacter sakazakii*, previamente conhecido como *Enterobacter sakazakii*. Esse organismo pode causar diarreia e infecções do trato urinário. É amplamente disseminado em uma variedade de ambientes e alimentos. A maioria dos casos ocorre em adultos, embora sepse e meningite com risco de vida possam ocorrer em bebês. Surtos têm sido associados a fórmulas infantis contaminadas.

Pasteurellales   As bactérias da ordem Pasteurellales não apresentam motilidade; elas são mais conhecidas como patógenos de seres humanos e animais.

Pasteurella   O gênero *Pasteurella* é principalmente conhecido como patógeno de animais domésticos. Causa septicemia no gado, cólera aviária em galinhas e outras aves e pneumonia em vários tipos de animais. A espécie mais conhecida é *Pasteurella multocida*, transmissível aos seres humanos por mordeduras de cachorro e gato.

Haemophilus   *Haemophilus* é um gênero importantíssimo de bactérias patogênicas. Esses organismos são encontrados nas membranas mucosas do trato respiratório superior, na boca, na vagina e no trato intestinal. A espécie mais conhecida que afeta os seres humanos é *Haemophilus influenzae*, assim denominada devido a uma crença errônea, muito antiga, de que ela fosse a responsável pela influenza (gripe).

O nome *Haemophilus* é derivado da necessidade de suplementação sanguínea em seu meio de cultura (*hemo* = sangue). São incapazes de sintetizar partes importantes do sistema de citocromo necessárias para a respiração, obtendo essas substâncias da fração heme, denominada **fator X**, da hemoglobina sanguínea. O meio de cultura também deve fornecer o cofator nicotinamida adenina dinucleotídeo (do NAD^+ ou $NADP^+$), que é conhecido como **fator V**. Os laboratórios clínicos usam testes para a exigência dos fatores X e V para identificar isolados como sendo espécies de *Haemophilus*.

H. influenzae é responsável por diversas doenças importantes. Tem sido causa comum de meningite em crianças jovens e uma causa frequente de dor de ouvido. Outras condições clínicas causadas por *H. influenzae* incluem epiglotite (condição potencialmente letal em que a epiglote fica infectada e inflamada), artrite séptica em crianças, bronquite e pneumonia. *Haemophilus ducreyi* é a causa da doença sexualmente transmissível conhecida como cancroide (Capítulo 26).

TESTE SEU CONHECIMENTO

✔ **11-3** Faça uma chave dicotômica para diferenciar as Gammaproteobacteria descritas neste capítulo.

Deltaproteobacteria

As Deltaproteobacteria são diferentes, pois incluem algumas bactérias que são predadoras de outras bactérias. Os membros desse grupo também contribuem para o ciclo do enxofre.

Bdellovibrio   *Bdellovibrio* é um gênero particularmente interessante. Ele ataca outras bactérias gram-negativas. Ele se fixa firmemente (*bdella* = sanguessuga; **Figura 11.10**) e, após penetrar na parede celular, se reproduz dentro do periplasma. Lá, a célula se alonga em uma espiral estreita, que, então, se fragmenta quase que simultaneamente em várias células individuais flageladas. A seguir, a célula hospedeira rompe-se, liberando as células de *Bdellovibrio*.

Desulfovibrionales   Os membros da ordem Desulfovibrionales são bactérias redutoras de enxofre. Elas são bactérias anaeróbias obrigatórias que utilizam formas oxidadas de enxofre, como sulfatos (SO_4^{2-}) ou enxofre elementar (S^0), em vez do oxigênio como aceptor final de elétrons. O produto dessa redução é o sulfeto de hidrogênio (H_2S). (Como o H_2S não é assimilado como nutriente, esse tipo de metabolismo

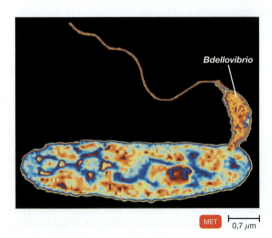

Figura 11.10   *Bdellovibrio bacteriovorus.* A pequena bactéria laranja é *B. bacteriovorus*. Está atacando uma célula bacteriana maior.

🅿 **Essa bactéria seria capaz de atacar o *Staphylococcus aureus*?**

é denominado *dissimilatório*.) A atividade dessas bactérias libera milhões de toneladas de H_2S na atmosfera a cada ano e elas desempenham um papel importante no ciclo do enxofre (ver Figura 27.6). As bactérias que oxidam o enxofre, como as *Beggiatoa*, são capazes de utilizar o H_2S como uma parte da fotossíntese ou como uma fonte autotrófica de energia.

Desulfovibrio, o gênero de bactérias redutoras de enxofre mais bem estudado, é encontrado em sedimentos anaeróbios e no trato intestinal de seres humanos e animais. As bactérias redutoras de enxofre e sulfato utilizam compostos orgânicos como lactato, etanol ou ácidos graxos, como doadores de elétrons. Isso reduz o enxofre ou o sulfato a H_2S. Quando o H_2S reage com o ferro, ele forma o sulfeto de ferro (FeS) insolúvel que é responsável pela cor preta de muitos sedimentos.

Myxococcales Nas edições anteriores do *Bergey's Manual*, as Myxococcales foram classificadas entre as bactérias frutificantes e deslizantes. Elas ilustram o ciclo de vida mais complexo de todas as bactérias; parte delas é predatória sobre outras bactérias.

As células vegetativas das mixobactérias (*myxo* = muco) movem-se por deslizamento, deixando um rastro viscoso. *Myxococcus xanthus* e *M. fulvus* são representantes bastante estudados do gênero *Myxococcus*. À medida que se movem, sua fonte de nutrientes são as bactérias que eles encontram,

destroem enzimaticamente e digerem. Por fim, um grande número dessas bactérias gram-negativas se agrega (**Figura 11.11**). No local em que as células em movimento se agregam, elas se diferenciam e formam um corpo de frutificação pedunculado, macroscópico, que contém um grande número de células em repouso, chamadas de *mixósporos*. A diferenciação geralmente é induzida por baixos níveis de nutrientes. Em condições apropriadas, como uma mudança de nutrientes, os mixósporos germinam e formam novas células vegetativas deslizantes. Você pode observar a semelhança com o ciclo de vida dos bolores limosos celulares eucarióticos na Figura 12.22.

TESTE SEU CONHECIMENTO

✔ **11-4** Faça uma chave dicotômica para diferenciar as Deltaproteobacteria descritas neste capítulo.

Campylobacterota

As Campylobacterota são bastonetes gram-negativos delgados com forma helicoidal ou curva. Discutiremos dois importantes gêneros que se locomovem por flagelos e são microaerofílicos.

Campylobacter As bactérias *Campylobacter* são vibriões microaerofílicos; cada célula possui um flagelo polar. Uma espécie, *C. fetus*, causa aborto espontâneo em animais domésticos.

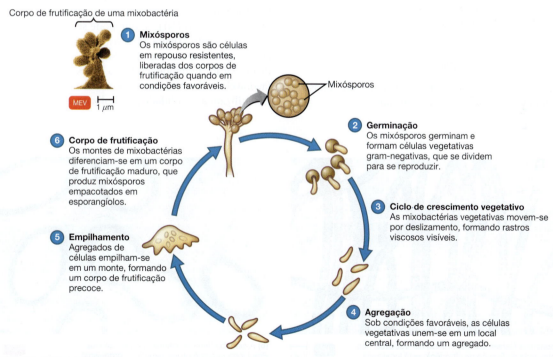

Figura 11.11 Myxococcales.

🅟 Qual é a fase nutricional desse organismo?

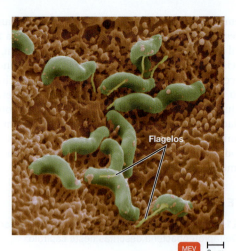

Figura 11.12 *Helicobacter pylori* **nas células do estômago.** *H. pylori*, um bastonete curvo, é um exemplo de bactéria helicoidal que não faz uma espiral completa.

P Como as bactérias helicoidais diferem dos espiroquetas?

Outra espécie, *C. jejuni*, é a principal causa de surtos de doença intestinal de origem alimentar.

Helicobacter As bactérias *Helicobacter* são bastonetes curvos microaerofílicos com flagelos múltiplos. A espécie *Helicobacter pylori* foi identificada como a causa mais comum de úlceras pépticas em seres humanos e uma das causas do câncer de estômago (**Figura 11.12**; ver também Figura 25.12).

TESTE SEU CONHECIMENTO

✔ **11-5** Faça uma chave dicotômica para diferenciar as Campylobacterota descritas neste capítulo.

Outras bactérias gram-negativas

OBJETIVOS DE APRENDIZAGEM

11-6 Diferenciar planctomicetos, clamídias, Bacteroidetes, *Cytophaga* e Fusobacteria pelo desenho de uma chave dicotômica.

11-7 Comparar e diferenciar as bactérias fotossintéticas púrpuras e verdes com as cianobactérias.

11-8 Descrever as características dos espiroquetas.

Várias bactérias gram-negativas importantes não estão intimamente relacionadas às proteobactérias gram-negativas. Elas são discutidas aqui.

Cianobactérias (bactérias fotossintéticas oxigênicas)

As cianobactérias, assim denominadas devido à sua pigmentação azul-esverdeada (*ciano*) característica, anteriormente eram denominadas algas azuis-esverdeadas. Embora se pareçam com as algas eucarióticas e frequentemente ocupem os mesmos nichos ecológicos, esse nome é equivocado, uma vez que são bactérias, e não algas. Contudo, as cianobactérias realizam fotossíntese oxigênica, assim como as plantas eucarióticas e as algas (ver Capítulo 12). Muitas das cianobactérias são capazes de fixar nitrogênio da atmosfera. Na maioria dos casos, essa atividade é realizada em células especializadas, chamadas de **heterocistos**, que contêm enzimas que fixam o gás nitrogênio (N_2) em amônio (NH_4^+), que pode ser utilizado pela célula em crescimento (**Figura 11.13a**). As espécies que crescem na água geralmente têm vacúolos gasosos que fornecem um meio de flutuação, ajudando a célula a se deslocar até um ambiente favorável. As cianobactérias que se movem em superfícies sólidas utilizam a motilidade por deslizamento.

(a) Cianobactéria filamentosa mostrando heterocistos, nos quais a atividade de fixação de nitrogênio está localizada.

(b) A cianobactéria unicelular não filamentosa *Prochlorococcus* é provavelmente o organismo fotossintetizante mais abundante no mundo. (*Micrografia eletrônica cortesia de Claire Ting, do Williams College*)

Figura 11.13 **Cianobactérias.**

 O que significa *anoxigênico*?

As cianobactérias são morfologicamente variadas. Elas vão desde formas unicelulares que se dividem por fissão binária simples (**Figura 11.13b**) até formas coloniais que se dividem por fissão múltipla e formas filamentosas (ver Figura 11.13a) que se reproduzem por fragmentação dos filamentos. As formas filamentosas geralmente exibem alguma diferenciação das células, que, muitas vezes, estão unidas dentro de um envelope ou bainha.

Com menos de 1 μm, a cianobactéria *Prochlorococcus* é o menor organismo fotossintetizador conhecido. É um dos organismos mais abundantes na Terra, compreendendo a maior parte da população fotossintética nos oceanos tropicais e subtropicais. A *Prochlorococcus* possui uma variedade de pigmentos que permitem que ela cresça até a profundidade de 200 m, onde muito pouco oxigênio está disponível. Evidências indicam que as cianobactérias oxigênicas desempenharam um papel importante no desenvolvimento da vida na Terra, que originalmente apresentava muito pouco oxigênio livre para dar suporte à vida como a conhecemos. Evidências de fósseis indicam que, quando as cianobactérias inicialmente apareceram, a atmosfera continha apenas cerca de 0,1% de oxigênio livre. Quando as plantas eucarióticas produtoras de oxigênio apareceram, milhões de anos mais tarde, a concentração de oxigênio era de mais de 10%, e a atmosfera em que respiramos hoje contém cerca de 20%. O aumento provavelmente foi resultado da atividade fotossintética das cianobactérias. Elas ocupam nichos ambientais similares àqueles ocupados pelas algas eucarióticas (ver Figura 12.12). O papel ambiental das cianobactérias é apresentado mais detalhadamente no Capítulo 27, na discussão sobre eutrofização (o superenriquecimento nutricional dos corpos de água). Várias cianobactérias produzem toxinas que adoecem humanos e outros animais que nadam nas águas contendo um grande número desses organismos. (Ver discussões sobre as proliferações de algas nocivas nos Capítulos 15 e 27.)

Filos Chlorobi e Chloroflexi (bactérias fotossintéticas anoxigênicas)

As bactérias fotossintéticas são taxonomicamente confusas, porém representam alguns nichos ecológicos interessantes.

Os filos Cyanobacteria, Chlorobi e Chloroflexi são gram-negativos, porém não estão incluídos no grupo das proteobactérias. Membros do filo fotossintético Chlorobi (gênero representativo: *Chlorobium*) são as chamadas **bactérias verdes sulfurosas**. Membros do filo Chloroflexi (gênero representativo: *Chloroflexus*) são as chamadas **bactérias verdes não sulfurosas**. As duas variedades de bactérias não produzem oxigênio durante a fotossíntese. As bactérias fotossintéticas estão resumidas na Tabela 11.2.

No entanto, existem bactérias gram-negativas fotossintéticas que *são* geneticamente incluídas nas proteobactérias. São as **bactérias púrpuras sulfurosas** (Gammaproteobacteria) e as **bactérias púrpuras não sulfurosas** (Alphaproteobacteria e Betaproteobacteria).

Nesses grupos bacterianos, o termo *bactéria sulfurosa* indica que o micróbio pode utilizar o H_2S como doador de elétrons (ver equações a seguir). Se classificados como *bactérias não sulfurosas*, os micróbios ao menos apresentam uma capacidade limitada de crescimento fototrófico, mas sem a produção de oxigênio. As cianobactérias, bem como as plantas e algas eucarióticas, produzem oxigênio (O_2) a partir da água (H_2O) durante a fotossíntese:

$$(1) 2H_2O + CO_2 \xrightarrow{\text{luz}} (CH_2O)_n + H_2O + O_2$$

As *bactérias púrpuras* e *verdes sulfurosas* utilizam compostos reduzidos de enxofre, como o sulfeto de hidrogênio (H_2S), em vez de água, e produzem grânulos de enxofre (S^0), em vez de oxigênio, como segue:

$$(2) 2H_2S + CO_2 \xrightarrow{\text{luz}} (CH_2O)_n + H_2O + 2S^0$$

Chromatium, mostrado na **Figura 11.14**, é um gênero representativo. Certa vez, uma importante questão biológica foi levantada sobre a fonte do oxigênio produzido pela fotossíntese da planta: esse oxigênio era produzido a partir do CO_2 ou da H_2O? Até a introdução dos marcadores de radioisótopos que rastrearam o oxigênio na água e o dióxido de carbono e resolveram a questão, a comparação das equações 1 e 2

TABELA 11.2 Características selecionadas de bactérias fotossintéticas

Nome comum	Exemplo	Filo	Comentários	Doador de elétrons para a redução do CO_2	Oxigênicas ou anoxigênicas
Cianobactérias	*Prochlorococcus*	Cyanobacteria	Fotossíntese similar à das plantas; algumas utilizam a fotossíntese bacteriana sob condições anaeróbicas	Normalmente H_2O	Geralmente oxigênicas
Bactérias verdes não sulfurosas	*Chloroflexus*	Chloroflexota	Crescimento quimio-heterotrófico em ambiente aeróbico	Compostos orgânicos	Anoxigênicas
Bactérias verdes sulfurosas	*Chlorobium*	Chlorobiota	Depósito de grânulos de enxofre dentro das células	Normalmente H_2S	Anoxigênicas
Bactérias púrpuras não sulfurosas	*Rhodospirillum*	Pseudomonadota	Também pode apresentar crescimento quimio-heterotrófico	Compostos orgânicos	Anoxigênicas
Bactérias púrpuras sulfurosas	*Chromatium*	Pseudomonadota	Depósito de grânulos de enxofre dentro da célula	Normalmente H_2S	Anoxigênicas

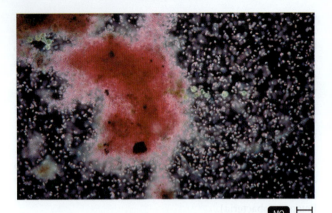

Figura 11.14 Bactérias púrpuras sulfurosas. A cor púrpura dessas células de *Chromatium* é devida aos pigmentos carotenoides. Esses pigmentos capturam a energia da luz e transferem elétrons para a bacterioclorofila.

P Como a fotossíntese das cianobactérias difere da fotossíntese das bactérias púrpuras sulfurosas?

era a melhor evidência de que a fonte de oxigênio era a H_2O. Também é importante comparar essas duas equações para entender como compostos reduzidos de enxofre, como o H_2S, podem substituir a H_2O na fotossíntese. Ver "A vida sem a luz solar", no Capítulo 27.

Outros fotoautotróficos, as *bactérias púrpuras não sulfurosas* e *verdes não sulfurosas* utilizam compostos orgânicos, como ácidos e carboidratos, para a redução fotossintética do dióxido de carbono. Morfologicamente, as bactérias fotossintéticas são muito variadas, podendo ser espirais, bastonetes, cocos e até mesmo formadoras de brotos.

Chlamydiae

Os membros do filo Chlamydiota são agrupados com outras bactérias similares geneticamente e que não contêm peptideoglicano nas paredes celulares. Discutiremos somente o gênero *Chlamydia*. A primeira edição do *Bergey's Manual* agrupou essas bactérias junto com as riquétsias, uma vez que todas apresentam um crescimento intracelular no interior das células hospedeiras. As riquétsias são agora classificadas de acordo com o seu conteúdo genético com as Alphaproteobacteria.

A *Chlamydia* possui um ciclo de desenvolvimento único que talvez seja sua a característica mais marcante (**Figura 11.15a**). Elas são bactérias cocoides gram-negativas (Figura 11.15b). O **corpo elementar** mostrado na Figura 11.15 é o agente infeccioso. As clamídias são transmissíveis para seres humanos por contato interpessoal ou pelas vias respiratórias. As clamídias podem ser cultivadas em animais de laboratório, em culturas de células ou no saco vitelino de ovos de galinha embrionados.

Existem três espécies de clamídias que são patógenos importantes para os seres humanos. *Chlamydia trachomatis* é o patógeno mais conhecido desse grupo, sendo responsável por mais de uma doença significativa. Entre essas doenças,

inclui-se o tracoma, uma das causas mais comuns de cegueira em seres humanos nos países com baixo acesso a cuidados de saúde (Capítulo 21). Também é considerada o principal agente causador da uretrite não gonocócica, possivelmente a infecção sexualmente transmissível (IST) mais comum nos Estados Unidos, e do linfogranuloma venéreo, outra IST (Capítulo 26). *C. psittaci* é o agente causador da doença respiratória psitacose (ornitose) (Capítulo 24). *C. pneumoniae* é a causa de uma forma branda de pneumonia que é especialmente prevalente em jovens adultos.

Planctomicetos

Os planctomicetos, grupo de bactérias gram-negativas capazes de brotamento, têm a reputação de "confundir a definição do que são as bactérias". Embora seu DNA os coloque entre as bactérias, eles se assemelham às arqueias na constituição de suas paredes celulares, e alguns até possuem organelas que lembram o núcleo de uma célula eucariótica. Os membros do gênero *Planctomyces* são bactérias aquáticas que produzem pedúnculos semelhantes aos das *Caulobacter* (Figura 11.2) e possuem paredes celulares similares àquelas das arqueias, ou seja, sem peptideoglicano.

Uma espécie de planctomiceto, *Gemmata obscuriglobus*, possui uma membrana interna dupla em torno de seu DNA, semelhante a um núcleo eucariótico (**Figura 11.16**). Os biólogos se questionam se isso não faria de *Gemmata* um modelo para a origem do núcleo eucariótico.

Bacteroidota

O filo Bacteroidota inclui diversos gêneros de bactérias aeróbias e anaeróbias. Os Bacteroidetes são membros comuns do microbioma humano, especialmente do canal digestivo. O gênero *Prevotella* é encontrado na boca humana, e o gênero *Elizabethkingia* é uma causa emergente de infecções associadas aos cuidados de saúde.

Bacteroides As bactérias do gênero *Bacteroides* vivem no trato intestinal humano em números que se aproximam a 1 bilhão por grama de fezes. Algumas espécies de *Bacteroides* também residem em hábitats anaeróbios, como o sulco gengival (ver Figura 25.2) e são frequentemente recuperadas de infecções teciduais profundas. As bactérias *Bacteroides* são gram-negativas, imóveis e não formam endósporos. As infecções causadas por *Bacteroides* geralmente resultam de ferimentos ou cirurgias. *Bacteroides* são uma causa frequente de peritonite, uma inflamação do peritônio resultante de uma perfuração intestinal.

Cytophaga Os membros do gênero *Cytophaga* são importantes na degradação de celulose e quitina, ambos abundantes no solo. A motilidade deslizante permite que o micróbio estabeleça um contato íntimo com esses substratos, resultando em uma ação enzimática muito eficiente.

Fusobacteria

As bactérias fusiformes constituem outro filo de anaeróbios. Essas bactérias geralmente são pleomórficas, mas, como o nome sugere, podem ser fusiformes (*fuso* = fusiforme). Os membros

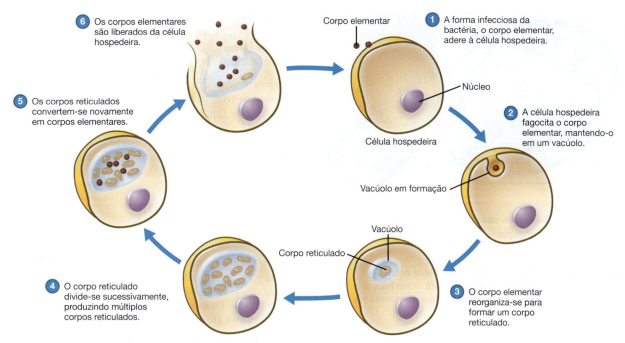

⑥ Os corpos elementares são liberados da célula hospedeira.

⑤ Os corpos reticulados convertem-se novamente em corpos elementares.

Corpo elementar

① A forma infecciosa da bactéria, o corpo elementar, adere à célula hospedeira.

Núcleo

② A célula hospedeira fagocita o corpo elementar, mantendo-o em um vacúolo.

Célula hospedeira

Vacúolo em formação

Vacúolo

Corpo reticulado

④ O corpo reticulado divide-se sucessivamente, produzindo múltiplos corpos reticulados.

③ O corpo elementar reorganiza-se para formar um corpo reticulado.

(a) Ciclo de vida das clamídias, que leva cerca de 48 horas para se completar.

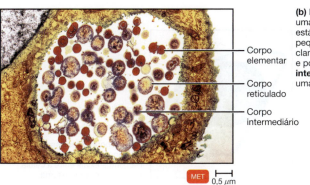

Corpo elementar

Corpo reticulado

Corpo intermediário

MET ⊢———⊣ 0,5 µm

(b) Micrografia de *Chlamydophila psittaci* no citoplasma de uma célula hospedeira. Os **corpos elementares** são o estágio infeccioso; eles são densos, escuros e relativamente pequenos. Os **corpos reticulados**, a forma reprodutiva das clamídias no interior da célula hospedeira, são maiores e possuem uma aparência manchada. Os **corpos intermediários**, um estágio entre os outros dois, apresenta uma região central escura.

Figura 11.15 Clamídias.

P Qual estágio do ciclo de vida das clamídias é infeccioso para os seres humanos?

do gênero *Fusobacterium* são bastonetes gram-negativos longos, delgados e que apresentam extremidades pontiagudas ao invés de extremidades achatadas (**Figura 11.17**). Em seres humanos, eles são encontrados com mais frequência no sulco gengival e podem ser responsáveis por alguns abscessos dentários.

Spirochaetes

Os espiroquetas têm morfologia espiralada, como um parafuso metálico, alguns mais compactados que outros. A principal característica distintiva desse filo, no entanto, é o método de motilidade da célula, que utiliza dois ou mais filamentos axiais (ou *endoflagelos*) que ficam contidos no espaço entre a bainha externa e o corpo da célula. Uma extremidade de cada filamento axial encontra-se fixada próximo a um dos polos celulares (ver Figura 4.10 e **Figura 11.18**). Por rotação de seu filamento axial, a célula gira na direção oposta, como um saca-rolhas, manobra que se mostra muito eficiente na movimentação do organismo em líquidos. Para uma bactéria, isso é mais difícil do que pode parecer. Para o tamanho bacteriano, a água é tão viscosa quanto o melado para seres humanos. Contudo, uma bactéria pode mover-se cerca de 100 vezes o seu comprimento corporal por segundo (ou aproximadamente 50 µm/s); em comparação, um peixe grande e veloz, como o atum, pode mover-se apenas cerca de 10 vezes o seu comprimento corporal nesse mesmo tempo.

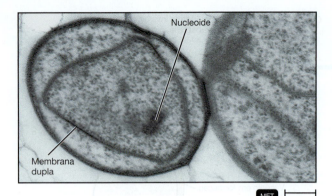

Figura 11.16 Gemmata obscuriglobus. Este planctomiceto exibe uma membrana dupla circundando o seu nucleoide que se parece com um núcleo eucariótico.

P Você consegue observar uma similaridade entre a membrana dupla ao redor do nucleoide nesta foto, e a membrana ao redor do envelope nuclear, mostrada na Figura 4.24?

Muitos espiroquetas são encontrados na cavidade oral humana e provavelmente estão entre os primeiros microrganismos descritos por van Leeuwenhoek, na década de 1600. Um local incomum para os espiroquetas é a superfície de alguns protozoários que digerem celulose, encontrados em cupins, nos quais podem funcionar como substitutos para os flagelos.

Treponema Os espiroquetas incluem várias bactérias patogênicas importantes. Os mais conhecidos pertencem ao gênero *Treponema*, que inclui o *Treponema pallidum*, causador da sífilis (Capítulo 26).

Figura 11.17 Fusobacterium. Este é um bastonete anaeróbio comum, encontrado no intestino humano. Observe as extremidades afiladas características.

P Em qual outra parte do corpo humano o *Fusobacterium* frequentemente pode ser encontrado?

Borrelia e Borreliella Os membros do gênero *Borrelia* causam a febre recorrente e a doença de Lyme e *Borreliella* spp. causa a doença de Lyme (Capítulo 23), doenças graves que geralmente são transmitidas por carrapatos ou piolhos.

Leptospira A leptospirose é uma doença geralmente disseminada entre os seres humanos por meio da água contaminada por espécies de *Leptospira* (Capítulo 26). As bactérias são excretadas pela urina de cães, ratos e suínos; sendo assim, cães e gatos domésticos são rotineiramente imunizados contra a leptospirose. As células fortemente espiraladas de *Leptospira* são mostradas na Figura 26.4.

TESTE SEU CONHECIMENTO

✔ **11-6** Qual grupo gram-negativo tem um ciclo de vida que inclui diferentes estágios?

✔ **11-7** As bactérias fotossintéticas verdes e púrpuras e as cianobactérias fotossintéticas fazem uso da fixação de CO_2 similar à das plantas para a produção de carboidratos. De que modo a fotossíntese realizada por esses dois grupos difere da fotossíntese das plantas?

✔ **11-8** O filamento axial distingue qual gênero de bactérias?

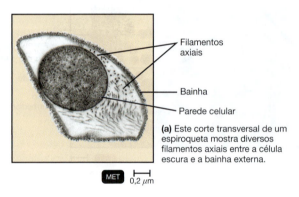

(a) Este corte transversal de um espiroqueta mostra diversos filamentos axiais entre a célula escura e a bainha externa.

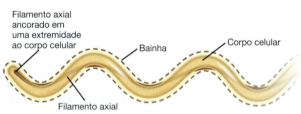

(b) A extremidade de um filamento axial (endoflagelo) está fixada e estende-se ao longo da maior parte do comprimento da célula. Outro filamento axial está aderido à extremidade oposta da célula. Esses filamentos axiais não se estendem para fora da célula, permanecendo entre o corpo celular e a bainha externa. Os movimentos de contração e relaxamento dos filamentos permitem a rotação da célula helicoidal, de maneira semelhante a um saca-rolhas.

Figura 11.18 Espiroquetas. Os espiroquetas são helicoidais e têm filamentos axiais sob uma bainha externa, que permite que eles se movimentem com uma rotação parecida com a de um saca-rolhas.

P Como a motilidade de um espiroqueta difere da de um *Spirillum* (ver Figura 11.4)?

Bactérias gram-positivas

OBJETIVOS DE APRENDIZAGEM

11-9   Diferenciar os gêneros de Bacillota, Mycoplasmatota e Deinococcota descritos neste capítulo pelo desenho de uma chave dicotômica.

11-10   Diferenciar as Actinobacteria descritas neste capítulo pelo desenho de uma chave dicotômica.

As bactérias gram-positivas podem ser divididas em dois grupos: aquelas que apresentam um alto índice de G + C e aquelas que apresentam um baixo índice de G + C (guanina mais citosina; ver "Ácidos nucleicos" no Capítulo 2). Para ilustrar as variações nos índices de G + C, o gênero *Streptococcus* possui um baixo conteúdo de G + C de 33 a 44%; e o gênero *Clostridium* possui um conteúdo também baixo de 21 a 54%. Incluídos nas bactérias gram-positivas com baixo índice de G + C estão os micoplasmas, apesar de não terem parede celular e, portanto, não apresentarem reação de Gram. O índice G + C dos micoplasma é de 23 a 40%.

Em contrapartida, os actinomicetos filamentosos do gênero *Streptomyces* possuem um conteúdo de G + C elevado, de 69 a 73%. As bactérias gram-positivas de morfologia mais convencional, como os gêneros *Corynebacterium* e *Mycobacterium*, têm um conteúdo de G + C de 51 a 63% e de 62 a 70%, respectivamente.

Bacillota (bactérias gram-positivas com baixo índice de G + C)

As bactérias gram-positivas de baixo índice de G + C são classificadas no filo Bacillota. Esse grupo inclui bactérias formadoras de endósporos importantes, como os gêneros *Clostridium*, *Clostridioides* e *Bacillus*. Também de extrema importância em microbiologia médica são os gêneros *Staphylococcus*, *Enterococcus* e *Streptococcus*. Na microbiologia industrial, o gênero *Lactobacillus*, que produz o ácido láctico, também é bem conhecido.

Clostridiales

Clostridium   Os membros do gênero *Clostridium* são anaeróbios obrigatórios. As células em forma de bastonetes contêm endósporos que geralmente deformam a célula (**Figura 11.19**). A formação de endósporos pelas bactérias é importante tanto para a medicina quanto para a indústria alimentar, devido à resistência dos endósporos ao calor e a muitos compostos químicos. As doenças associadas aos clostrídeos incluem o tétano (Capítulo 22), causado por *C. tetani*; o botulismo (Capítulo 22), causado por *C. botulinum*; e a gangrena gasosa (Capítulo 23), causada por *C. perfringens* e outros clostrídeos. *C. perfringens* também é a causa de uma forma comum de diarreia de origem alimentar.

Clostridioides   Em 2015, uma importante espécie de clostrídio foi reclassificada para um novo gênero, *Clostridioides*, pois é geneticamente distinta dos outros clostrídios. *Clostridioides difficile* é um habitante do trato intestinal que pode causar diarreia grave (Capítulo 25). Isso ocorre somente quando a

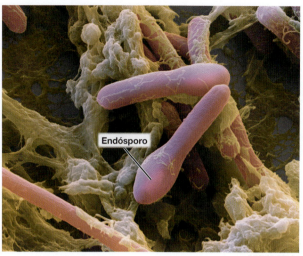

Figura 11.19   *Clostridium botulinum.* Os endósporos dos clostrídeos geralmente deformam a parede celular, como visto em algumas dessas células.

P   Quais características fisiológicas do *Clostridium* o tornam um problema na contaminação de ferimentos profundos?

antibioticoterapia altera a microbiota intestinal normal, permitindo o crescimento excessivo de *C. difficile*, produtor de toxinas.

Epulopiscium   Os biólogos há muito tempo consideram que as bactérias são pequenas porque não possuem os sistemas de transporte de nutrientes utilizados pelos organismos eucarióticos e porque dependem da difusão simples para obter nutrientes. Essas características pareciam ser essenciais para limitar o tamanho. Então, quando um organismo com a forma de um charuto, vivendo em simbiose no intestino do peixe-cirurgião do Mar Vermelho, foi observado pela primeira vez, em 1985, acreditou-se que fosse um protozoário. Certamente, o seu tamanho sugeria isso: o organismo possuía 80 μm × 600 μm – mais de meio milímetro de comprimento –, sendo grande o suficiente para ser visto a olho nu (**Figura 11.20**). Comparado à conhecida bactéria *E. coli*, que tem cerca de 1 μm × 2 μm, esse organismo seria cerca de 1 milhão de vezes maior em volume.

Estudos posteriores do novo organismo demonstraram que determinadas estruturas externas, que pareciam semelhantes aos cílios de protozoários, eram, na verdade, similares aos flagelos bacterianos e não apresentavam um núcleo envolto por membrana. Análises do RNA ribossômico agruparam de maneira definitiva o *Epulopiscium* entre os procariotos. (O nome significa "convidado em um banquete de um peixe". Ele é literalmente banhado em comida semidigerida.) Ele se assemelha mais às bactérias gram-positivas do gênero *Clostridium*. Estranhamente, a espécie *Epulopiscium fishelsoni* não se reproduz por fissão binária. Células de segunda geração são formadas dentro da célula e liberadas por uma fenda aberta na célula parental. Isso pode estar relacionado ao desenvolvimento evolutivo da esporulação.

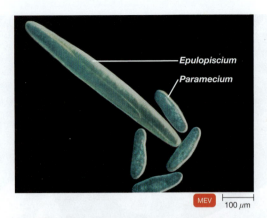

Figura 11.20 Um procarioto gigante, *Epulopiscium* sp.
Paramecium, um protozoário, é mostrado para comparação.
Os protozoários normalmente são maiores do que as células
bacterianas.

P Por que o *Epulopiscium* não é do mesmo domínio do
Paramecium?

Recentemente, foi descoberto que essa bactéria não depende da difusão para distribuir nutrientes dentro da célula.
Em vez disso, ela utiliza suas amplas capacidades genéticas
– possui 25 vezes mais DNA que uma célula humana e pelo
menos 85 mil cópias de um gene – para fabricar proteínas nos
locais internos onde são necessárias. (Descrevemos outra bactéria gigante, descoberta mais recentemente, a *Thiomargarita*,
mais adiante, neste capítulo. Ver Figura 11.28).

Bacillales

A ordem Bacillales inclui vários gêneros importantes de bastonetes e cocos gram-positivos.

Bacillus Em geral, as bactérias do gênero *Bacillus* são bastonetes que produzem endósporos. Elas são comuns no solo e
somente algumas são patogênicas para seres humanos. Várias
espécies produzem antibióticos.

Bacillus anthracis causa o antraz, uma doença que ataca o
gado, ovelhas e cavalos, e que pode ser transmissível para os
seres humanos (Capítulo 23). Ele é frequentemente mencionado como um possível agente em guerras biológicas. O bacilo do antraz é anaeróbio facultativo e imóvel, muitas vezes
formando cadeias em cultura. O endósporo de localização
central não deforma a parede. *Bacillus thuringiensis* é provavelmente o patógeno microbiano de insetos mais conhecido
(**Figura 11.21**). Ele produz cristais intracelulares quando espo-
rula. Preparações comerciais contendo endósporos e a toxina
cristalina (Bt) dessa bactéria são vendidas em lojas de artigos
para jardinagem para serem pulverizadas sobre as plantas.
Bacillus cereus é uma bactéria comum no meio ambiente e
ocasionalmente é identificada como a causa de intoxicação
alimentar, sobretudo em alimentos contendo amido, como o
arroz (Capítulo 25).

As três espécies do gênero *Bacillus* que acabamos de descrever são extremamente diferentes em diversos aspectos,
principalmente em suas propriedades de causar doença. Contudo, elas são tão intimamente relacionadas que os taxonomistas as consideram variantes de uma mesma espécie.

Staphylococcus Os estafilococos tipicamente ocorrem em
agregados na forma de cacho de uva (**Figura 11.22**). A espécie
estafilocócica mais importante é o *Staphylococcus aureus*, assim
denominado devido à pigmentação amarelada de suas colônias (*aureus* = dourado). Os membros dessa espécie são anaeróbios facultativos.

Algumas características dos estafilococos são responsáveis por sua patogenicidade, que apresenta várias formas.
Eles crescem comparativamente bem sob condições de
pressão osmótica elevada e baixa umidade, o que explica
parcialmente porque podem crescer e sobreviver nas secreções nasais (muitos de nós carregam as bactérias no nariz)
e na pele. Isso também explica como *S. aureus* pode crescer
em alguns alimentos com alta pressão osmótica (como presunto e outras carnes curtidas) ou em alimentos com baixa
umidade, que tendem a inibir o crescimento de outros organismos. O pigmento amarelo provavelmente confere alguma proteção para os efeitos antimicrobianos do sol. A grande variedade de doenças causadas por *S. aureus* está descrita
na Parte IV deste livro.

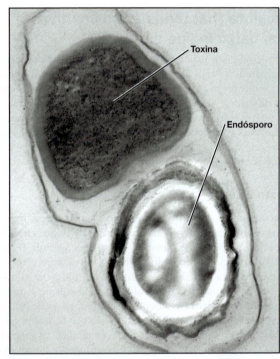

Bacillus thuringiensis. A proteína mostrada ao
lado do endósporo, chamada corpo paraesporal,
é tóxica para um inseto que a ingere.

Figura 11.21 *Bacillus.*

P Qual estrutura é produzida tanto por *Clostridium* quanto por
Bacillus?

MEV ⊢ 1 μm

Figura 11.22 *Staphylococcus aureus.* Observe os agregados em forma de cacho de uva desses cocos gram-positivos.

P Qual é a vantagem ecológica de um pigmento?

Lactobacillales

Diversos gêneros importantes são encontrados na ordem Lactobacillales. Os gêneros *Enterococcus* e *Listeria* são metabolicamente mais convencionais. Ambos são anaeróbios facultativos, e diversas espécies são patógenos importantes.

Lactobacillus O gênero *Lactobacillus* é um representante das bactérias produtoras de ácido láctico e industrialmente importantes. A maioria não tem um sistema de citocromo e não é capaz de utilizar o oxigênio como aceptor de elétrons. Contudo, diferentemente da maioria dos anaeróbios obrigatórios, elas são aerotolerantes e capazes de crescer na presença de oxigênio. Em comparação com os micróbios que utilizam oxigênio, essas bactérias crescem pouco. Todavia, a produção de ácido láctico a partir de carboidratos simples inibe o crescimento de organismos competidores e permite que eles cresçam de maneira competitiva apesar de sua ineficiência metabólica. Em seres humanos, as bactérias do gênero *Lactobacillus* estão localizadas na vagina, no trato intestinal e na cavidade oral. Os lactobacilos são utilizados comercialmente na produção de chucrute, picles, molho de soja e iogurte. Em geral, uma sucessão de lactobacilos, cada um mais tolerante a ácidos que seu predecessor, participa nas fermentações do ácido láctico.

Streptococcus O gênero *Streptococcus* compartilha características metabólicas com o gênero *Lactobacillus*. Os membros desse gênero são bactérias gram-positivas esféricas que comumente aparecem em cadeias (**Figura 11.23**). São um grupo taxonomicamente complexo que inclui várias espécies industrialmente importantes; no entanto, os estreptococos são mais conhecidos por sua patogenicidade. Eles provavelmente são responsáveis por mais infecções e causam uma variedade maior de doenças do que qualquer outro grupo de bactérias.

Os estreptococos patogênicos produzem várias substâncias extracelulares que contribuem para sua patogenicidade. Entre elas estão os produtos que destroem as células fagocíticas que os ingerem. As enzimas produzidas por alguns estreptococos disseminam infecções ao digerirem o tecido conectivo do hospedeiro, o que também pode resultar em uma destruição tecidual extensiva. (Ver discussão sobre fascite necrosante no Capítulo 21.) Além disso, as enzimas bacterianas digerem

a fibrina (uma proteína filiforme) dos coágulos sanguíneos, permitindo que as infecções se disseminem a partir do local da lesão.

Algumas espécies de estreptococos não patogênicas são importantes na produção de laticínios (ver Capítulo 28).

Estreptococos beta-hemolíticos Uma base eficiente para a classificação de alguns estreptococos é a aparência de suas colônias quando crescem em ágar-sangue. As espécies *beta-hemolíticas* produzem uma hemolisina que forma uma zona clara de hemólise no ágar-sangue (ver Figura 6.10). Esse grupo inclui o principal patógeno dos estreptococos, *Streptococcus pyogenes*, também conhecido como estreptococos beta-hemolíticos do grupo A. O grupo A representa um grupo antigênico (que vão de A a G) dentro dos estreptococos hemolíticos. Entre as doenças causadas por *S. pyogenes* estão a febre escarlatina, a faringite (dor de garganta), a erisipela, o impetigo e a febre reumática. O fator de virulência mais importante é a proteína M da superfície bacteriana (ver Figura 21.6) com a qual as bactérias evitam a fagocitose. Outro membro dos estreptococos beta-hemolíticos é o *Streptococcus agalactiae*, que se encontra no grupo beta-hemolítico B. Essa é a única espécie que apresenta o antígeno do grupo B e é a causa de uma importante doença de recém-nascidos, a septicemia neonatal (Capítulo 23).

Estreptococos alfa-hemolíticos Certos estreptococos não são beta-hemolíticos, mas quando crescem em ágar-sangue, suas colônias são circundadas por uma cor esverdeada característica. Esses são os estreptococos *alfa-hemolíticos*. A cor esverdeada representa uma destruição parcial das hemácias, causada essencialmente pela ação do peróxido de hidrogênio produzido pelas bactérias, e aparece somente quando as bactérias são

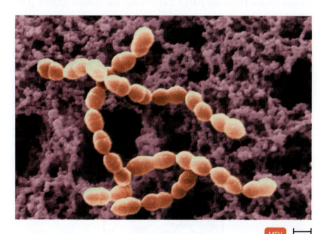

MEV ⊢ 1 μm

Figura 11.23 *Streptococcus.* Observe as cadeias de células características da maioria dos estreptococos. Muitas das células esféricas estão se dividindo e têm uma forma quase oval – principalmente quando vistas ao microscópio óptico, que tem um aumento menor do que essa micrografia eletrônica.

P Como o arranjo dos *Streptococcus* difere daquele dos *Staphylococcus*?

cultivadas na presença de oxigênio. O patógeno mais importante desse grupo é o *Streptococcus pneumoniae*, a causa da pneumonia pneumocócica (Capítulo 24). Também estão incluídas nos estreptococos alfa-hemolíticos as espécies chamadas de *estreptococos viridans*. Contudo, nem todas as espécies formam a cor esverdeada alfa-hemolítica (*virescent* = verde), portanto esse não é um nome satisfatório para o grupo. Provavelmente, o patógeno mais importante do grupo seja o *Streptococcus mutans*, a principal causa das cáries dentárias (Capítulo 25).

Enterococcus e Listeria Os gêneros *Enterococcus* e *Listeria* são metabolicamente mais convencionais. Ambos são anaeróbios facultativos, e diversas espécies são patógenos importantes.

Os enterococos são adaptados a áreas do corpo ricas em nutrientes, mas pobres em oxigênio, como os intestinos, a vagina e a cavidade oral. Eles são encontrados em grandes quantidades nas fezes humanas. Como são microrganismos relativamente resistentes, eles persistem como contaminantes em ambientes hospitalares, mãos, jogos de cama e até nos gases fecais. Recentemente, eles se tornaram a principal causa de infecções associadas aos cuidados de saúde, especialmente por sua alta resistência à maioria dos antibióticos. Duas espécies, *Enterococcus faecalis* e *Enterococcus faecium*, são responsáveis por grande parte das infecções de feridas cirúrgicas e do trato urinário. Em cenários médicos, eles frequentemente entram na corrente sanguínea através de procedimentos invasivos, como os cateteres de longa duração (ver Capítulo 14).

A espécie patogênica do gênero *Listeria*, *Listeria monocytogenes*, é capaz de contaminar alimentos, especialmente os laticínios. Duas características importantes de *L. monocytogenes* incluem a sua sobrevivência no interior de células fagocíticas e a sua capacidade de crescer em temperaturas de refrigeração. Se a infecção ocorre durante a gravidez, o organismo causa risco de parto natimorto ou danos graves para o feto.

CASO CLÍNICO

Duas espécies de bactérias que podem causar meningite bacteriana são *Neisseria meningitidis* e *S. pneumoniae*. Então, a Dra. Moraes solicita que o laboratório realize uma coloração de Gram do LCS e do sangue venoso de Maria. A seguir, encontra-se a coloração de Gram do sangue venoso.

O que você pode observar que modificaria a sua lista de possíveis causas?

Parte 1 | **Parte 2** | Parte 3 | Parte 4 | Parte 5

Mycoplasmatota (bactérias gram-positivas com baixo índice de G + C)

O filo Mycoplasmatota inclui bactérias sem parede chamadas de micoplasmas. Anteriormente agrupadas com os Bacillota, devido ao seu baixo conteúdo de G + C, os micoplasmas agora possuem o seu próprio filo, Mycoplasmatota. Os micoplasmas são altamente pleomórficos, uma vez que não possuem parede celular (**Figura 11.24**) e podem produzir filamentos que se assemelham aos fungos, de onde vem a origem do nome (*mykes* = fungo, e *plasma* = formados).

As células do gênero *Mycoplasma* são muito pequenas, variando de 0,1 a 0,25 μm, com um volume celular que representa em torno de apenas 5% do volume de um bacilo típico. Como seu tamanho e plasticidade permitem que passem pelos filtros que retêm bactérias comuns, os organismos foram inicialmente considerados como vírus. Os micoplasmas podem representar os menores organismos autorreplicativos capazes de viver como células livres. Uma espécie tem somente 517 genes; o mínimo necessário é estimado entre 265 e 350.

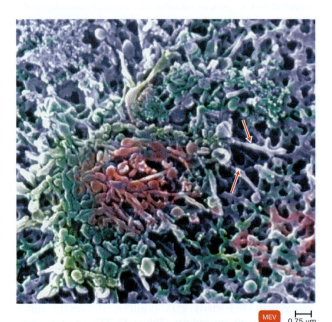

MEV | 0,75 μm

Figura 11.24 *Mycoplasma pneumoniae*. Esta micrografia mostra o crescimento filamentoso de *M. pneumoniae*. Essa bactéria não possui uma parede celular; a membrana celular é a camada mais externa. As células são tão pequenas que não podem ser observadas por microscopia óptica. As células individuais (setas) têm extensões em cada extremidade que provavelmente auxiliam na motilidade por deslizamento e na sua adesão às células hospedeiras. Essa espécie depende de seu hospedeiro para a sobrevivência e não pode sobreviver como organismos de vida livre.

P Como a estrutura celular dos micoplasmas pode ser responsável pelo seu pleomorfismo?

Estudos do seu DNA sugerem que eles são geneticamente relacionados ao grupo bacteriano gram-positivo Lactobacillales, mas teriam perdido gradualmente o seu material genético. O termo *evolução degenerativa* tem sido utilizado para descrever esse processo.

O pátogeno humano mais importante entre os micoplasmas é o *M. pneumoniae*, a causa de uma forma comum de pneumonia branda.

Os micoplasmas podem ser cultivados em meios artificiais que fornecem esteróis (se necessário) e outros requerimentos nutricionais ou físicos especiais. As colônias têm menos de 1 mm de diâmetro e uma aparência característica de "ovo frito" quando vistas sob aumento (ver Figura 24.12). Para muitas finalidades, os métodos de cultura de células são frequentemente mais satisfatórios. De fato, os micoplasmas crescem com tanta facilidade por esse método que se tornam um problema frequente de contaminação em culturas celulares de laboratórios.

> **TESTE SEU CONHECIMENTO**
>
> ✔ **11-9** A qual gênero os *Enterococcus* estão mais intimamente relacionados: *Staphylococcus* ou *Lactobacillus*?

Actinomycetota (bactérias gram-positivas com alto índice de G + C)

As bactérias gram-positivas com alto índice de G + C estão incluídas no filo Actinomycetota. Muitas bactérias nesse filo são altamente pleomórficas em sua morfologia; os gêneros *Corynebacterium* e *Gardnerella*, por exemplo, e diversos gêneros, como *Streptomyces*, crescem somente como filamentos extensos, frequentemente ramificados. Vários gêneros, patogênicos importantes são encontrados em Actinomycetota, como as espécies de *Mycobacterium* que causam a tuberculose e a hanseníase. Os gêneros *Streptomyces*, *Frankia*, *Actinomyces* e *Nocardia* são muitas vezes denominados informalmente de actinomicetos (do grego, *actino* = raio), uma vez que apresentam uma forma de crescimento radial, ou semelhante a uma estrela, devido a seus filamentos geralmente ramificados. Em superfície, sua morfologia se assemelha à dos fungos filamentosos; contudo, os actinomicetos são procariotos, e seus filamentos têm um diâmetro bem inferior ao dos bolores eucarióticos. Alguns actinomicetos assemelham-se mais aos bolores, pois possuem esporos assexuados carregados externamente e que são utilizados para a reprodução. As bactérias filamentosas, como os fungos filamentosos, são habitantes muito comuns do solo, onde o modo de crescimento filamentoso tem vantagens. Os organismos filamentosos podem criar pontes em espaços sem água entre as partículas de solo para se deslocar até novos sítios nutricionais. Essa morfologia também proporciona ao organismo uma relação superfície/volume muito maior e aumenta a sua capacidade de absorver nutrientes no ambiente altamente competitivo do solo.

Mycobacterium As micobactérias são bastonetes aeróbios, não formadores de endósporos. O nome *myco*, que significa semelhante a fungo, originou-se de sua exibição ocasional de um crescimento filamentoso (ver Figura 24.7). Muitas das características das micobactérias, como a coloração ácido-resistente, a resistência a fármacos e a patogenicidade, são relacionadas à sua parede celular distinta. A parede celular micobacteriana tem uma espessa camada de peptideoglicano, como células gram-positivas, e uma camada lipídica externa semelhante a uma parede gram-negativa (ver Figura 4.13d). Contudo, nas micobactérias, a camada mais externa de lipopolissacarídeos é trocada pelos ácidos micólicos, que formam uma camada serosa e resistente à água. Isso torna as bactérias resistentes a estresses, como o ressecamento. Além disso, poucos fármacos antimicrobianos são capazes de entrar na célula. Os nutrientes entram na célula muito lentamente através dessa membrana, o que contribui para a taxa lenta de crescimento das micobactérias; algumas vezes, demora semanas até que as colônias se tornem visíveis. As micobactérias incluem os patógenos importantes *Mycobacterium tuberculosis*, que causa a tuberculose (Capítulo 24), e *M. leprae*, que causa a hanseníase (Capítulo 22).

As micobactérias geralmente são separadas em dois grupos: (1) as de crescimento lento, como *M. tuberculosis*, e (2) as de crescimento rápido, que formam colônias visíveis em meio apropriado dentro de 7 dias. (Ver quadro "Foco clínico" no Capítulo 5.) As micobactérias de crescimento lento são mais prováveis de serem patogênicas para os seres humanos. O grupo de crescimento rápido também contém vários patógenos humanos ocasionais e não tuberculosos, que infectam mais comumente ferimentos. Contudo, essas micobactérias são encontradas com mais frequência como micróbios não patogênicos do solo e da água.

Nocardia O gênero *Nocardia* assemelha-se morfologicamente aos *Actinomyces*; entretanto, essas bactérias são aeróbias. Para se reproduzirem, elas formam filamentos rudimentares que se fragmentam em bastonetes curtos. A estrutura de sua parede celular lembra a das micobactérias; portanto, elas frequentemente são ácido-resistentes. Espécies de *Nocardia* são comuns no solo. Algumas espécies, como a *Nocardia asteroides*, ocasionalmente causam uma infecção pulmonar crônica, de difícil tratamento. *N. asteroides* também é um dos agentes causadores do micetoma, uma infecção localizada destrutiva nos pés e nas mãos.

Corynebacterium As corinebactérias (*coryne* = forma de clava) tendem a ser pleomórficas e sua morfologia muitas vezes varia com a idade das células. A espécie mais conhecida é *Corynebacterium diphtheriae*, o agente causador da difteria (Capítulo 24).

Propionibacterium O nome do gênero *Propionibacterium* é derivado da capacidade do organismo de formar ácido propiônico; algumas espécies são importantes na fermentação do queijo suíço. As propionibactérias encontradas na pele estão agora no gênero *Cutibacterium*. *C. acnes* é uma bactéria comumente encontrada na pele humana, sendo considerada a principal causa bacteriana de acne.

A coloração de Gram do sangue venoso da paciente mostrou cocos gram-positivos entre as hemácias. Para identificar a espécie de bactéria que estava causando a meningite, o laboratório realiza uma cultura dos cocos em ágar-sangue. Veja os resultados a seguir.

Com base nessa nova informação, qual bactéria é a responsável pela meningite de Maria? (*Dica:* ver Figura 6.10.)

Parte 1   Parte 2   **Parte 3**   Parte 4   Parte 5

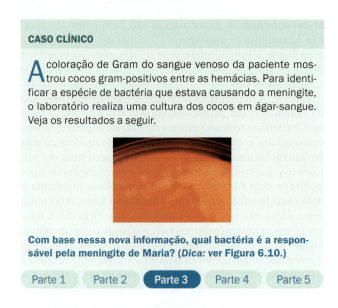

(a) Desenho de um estreptomiceto típico, mostrando suas hifas filamentosas e ramificadas, com conidiósporos assexuados reprodutivos na ponta dos filamentos

Conidiósporos em espirais

Hifa

(b) Espirais de conidiósporos sustentados pelos filamentos do estreptomiceto.

MEV | 4 μm

Figura 11.25 *Streptomyces*.

P Por que os *Streptomyces* não são classificados como fungos?

Gardnerella *Gardnerella vaginalis* é uma bactéria que causa uma das formas mais comuns de vaginite (Capítulo 26). Sempre existiu certa dificuldade em definir a posição taxonômica dessa espécie, que é gram-variável e que exibe uma morfologia altamente pleomórfica.

Frankia O gênero *Frankia* induz a formação de nódulos fixadores de nitrogênio em raízes de amieiros, da mesma forma que os rizóbios formam nódulos nas raízes de leguminosas (ver Figura 27.5).

Streptomyces O gênero *Streptomyces* é o actinomiceto mais conhecido e é uma das bactérias mais comumente isoladas do solo (**Figura 11.25**). Os esporos reprodutivos assexuados de *Streptomyces* são formados na ponta dos filamentos aéreos. Se cada esporo alcançar um substrato adequado, é capaz de germinar, produzindo, assim, uma nova colônia. Esses organismos são estritamente aeróbicos. Eles, com frequência, produzem enzimas extracelulares que permitem a utilização de proteínas, polissacarídeos (como o amido e a celulose) e muitos outros materiais orgânicos encontrados no solo. As bactérias *Streptomyces* caracteristicamente produzem um composto gasoso, chamado de *geosmina*, que confere ao solo úmido o seu típico odor de mofo. As espécies de *Streptomyces* são importantes porque produzem a maioria dos antibióticos comerciais (ver Tabela 20.1). Isso levou a um estudo intensivo do gênero – existem cerca de 500 espécies descritas.

Actinomyces O gênero *Actinomyces* consiste em anaeróbios facultativos que são encontrados na boca e na garganta de seres humanos e animais. Eles ocasionalmente formam filamentos chamados de *hifas* que podem se fragmentar (**Figura 11.26**). Uma espécie, *Actinomyces israelii*, causa a actinomicose, doença que causa a destruição de tecidos, geralmente afetando a cabeça, o pescoço e os pulmões.

Deinococcota (bactérias gram-positivas com alto índice de G + C)

O filo Deinococcota inclui duas espécies de bactérias que têm sido amplamente estudadas devido à sua resistência a extremos ambientais. Elas se coram como gram-positivas, contudo possuem uma parede celular que se difere ligeiramente em estrutura química daquelas das outras gram-positivas.

Deinococcus radiodurans é excepcionalmente resistente à radiação, até mesmo mais do que os endósporos. O organismo consegue sobreviver à exposição a doses de radiação tão elevadas quanto 15.000 Grays (ver Capítulo 28), que é 1.500 vezes a dose de radiação que poderia matar um ser humano. O mecanismo para essa resistência extraordinária encontra-se no arranjo singular de seu DNA, o que facilita a reparação rápida dos danos causados pela radiação. Ele é similarmente resistente a muitos compostos químicos mutagênicos.

Figura 11.26 *Actinomyces.* Observe a morfologia das hifas em filamentos ramificados.

P Por que essas bactérias não são classificadas como fungos?

Thermus aquaticus, outro membro singular desse grupo, é uma bactéria que geralmente é estável ao calor. Ela foi isolada de uma fonte termal no Parque Nacional de Yellowstone (*Yellowstone National Park*) e é a fonte da enzima termorresistente *Taq polymerase*, essencial para a reação em cadeia da

CASO CLÍNICO

Os resultados da cultura em ágar-sangue e a coloração de Gram mostraram a presença de estreptococos beta-hemolíticos. A doutora solicita ao laboratório uma tipagem de Lancefield (ver Capítulo 1) da cultura de sangue para identificar qual espécie de *Streptococcus* está causando a meningite da paciente. Os resultados confirmaram a presença do antígeno de Lancefield do grupo B, verificando, assim, o diagnóstico da infecção por estreptococos do grupo B (EGB), ou S. *agalactiae*. Embora a mãe de Maria tenha apresentado resultados negativos para EGB na gravidez, a Dra. Moraes solicita que ela seja novamente testada. Desta vez, os resultados foram positivos.

O que é EGB?

| Parte 1 | Parte 2 | Parte 3 | **Parte 4** | Parte 5 |

polimerase (PCR, de *polymerase chain reaction*). Esse é o método pelo qual vestígios de DNA são amplificados e utilizados como forma de identificação (ver Figura 9.4).

TESTE SEU CONHECIMENTO

✔ **11-10** Qual grupo de bactérias produz a maioria dos antibióticos de importância comercial?

Domínio Archaea

No final da década de 1970, um tipo distinto de célula procariótica foi descoberto. O mais impressionante é que as paredes celulares desses procariotos não continham o peptideoglicano comum à maioria das bactérias. Logo, ficou claro que também compartilhavam muitas sequências de rRNA e que essas sequências eram diferentes daquelas do domínio Bacteria e do domínio Eukarya. Essas diferenças eram tão significativas que esses organismos, hoje, constituem um novo agrupamento taxonômico, o domínio Archaea.

Diversidade dentro de Archaea

OBJETIVO DE APRENDIZAGEM

11-11 Nomear um hábitat para cada grupo de arqueias.

Esse grupo excepcionalmente interessante de procariotos é altamente diverso. A maioria das arqueias apresenta uma morfologia convencional, isto é, bastonetes, cocos e espirais, mas alguns possuem uma morfologia bastante incomum, como ilustrado na **Figura 11.27**. Alguns são gram-positivos, outros, gram-negativos; alguns podem se dividir por fissão binária, outros, por fragmentação ou brotamento; alguns não possuem parede celular. Não existem arqueias patogênicas conhecidas. Membros cultivados do domínio Archaea (singular: *archaeon*) podem ser colocados em quatro grupos fisiológicos ou nutricionais.

Fisiologicamente, as arqueias são encontradas em condições ambientais extremas. Os **extremófilos**, como são conhecidos, incluem halófilos, termófilos e acidófilos.

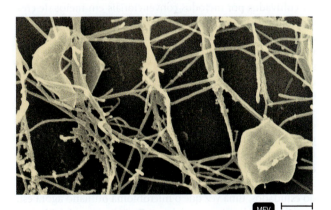

Figura 11.27 Archaea. *Pyrodictium abyssi*, membro incomum das arqueias, encontrado crescendo em sedimentos oceânicos profundos a uma temperatura de 110 °C. As células são em forma de disco com uma rede de túbulos (cânulas). A maioria das arqueias é bastante convencional em sua morfologia.

P Os termos incluídos no nome, *pyro* e *abyssi*, sugerem uma base para a denominação dessa bactéria?

Os halófilos sobrevivem em concentrações de sal superiores a 25%, como as encontradas no Great Salt Lake e em lagoas de evaporação solar. Exemplos desses organismos são encontrados no gênero *Halobacterium*, e alguns deles podem até mesmo requerer concentrações de sal para o seu crescimento.

As temperaturas ótimas de crescimento das arqueias termófilas extremas é de 80°C ou mais. O recorde atual de temperatura alta de crescimento é de 121°C, estabelecido por arqueias crescendo próximo a fontes hidrotermais, a 2.000 metros nas profundezas no oceano. Ver "Explorando o microbioma" no Capítulo 27.

Arqueias acidófilas podem ser encontradas crescendo em valores de pH próximos de 0 e, frequentemente, em temperaturas elevadas também. Um exemplo é o gênero *Sulfolobus*, cujo pH ótimo é de cerca de 2 e a temperatura ótima é superior a 70°C.

Nutricionalmente, o oceano contém inúmeras arqueias *nitrificantes*, que oxidam amônia para obter energia. Algumas também podem ser encontradas no solo. Os metanógenos são arqueias anaeróbias estritas que produzem metano como produto final, pela combinação do hidrogênio (H_2) com o dióxido de carbono (CO_2). Ver Quadro "Visão geral" no Capítulo 27. Não são conhecidos metanógenos bacterianos. Essas arqueias são de considerável importância econômica quando utilizadas em tratamentos de esgoto (ver discussão sobre digestão do lodo no Capítulo 27). Os metanógenos também fazem parte da microbiota do cólon, da vagina e da boca de seres humanos.

TESTE SEU CONHECIMENTO

✔ **11-11** Quais são os tipos de arqueias que poderiam habitar uma lagoa de evaporação solar?

CASO CLÍNICO Resolvido

Os EGB são frequentemente parte da microbiota intestinal ou urogenital normal, porém podem causar doenças em sujeitos imunocomprometidos. Os EGB emergiram como uma das principais causas de septicemia bacteriana neonatal, na década de 1970, e são a principal causa de morbidade neonatal nos Estados Unidos. A bactéria, um colonizador comum do trato genital feminino, pode ser adquirida pelo feto durante a passagem pelo canal de parto. A prevenção inclui o rastreamento pré-natal para EGB entre 35 e 37 semanas de gestação e a administração de antibióticos às mães no momento do parto. Embora a mãe de Maria tenha apresentado resultados negativos durante a gravidez, os seus resultados foram um caso raro de falso-negativo. Maria recebe antibióticos intravenosos e permanece no hospital por 10 dias até o desaparecimento da infecção. Ela recebe alta após 2 semanas e, agora, é uma garota saudável de 2 meses de idade.

Parte 1 • Parte 2 • Parte 3 • Parte 4 • **Parte 5**

Diversidade microbiana

A Terra fornece um número infinito de nichos ambientais, e novas formas de vida têm evoluído para preenchê-los. Estima-se que possa haver 1 trilhão de espécies de bactérias. Muitos dos microrganismos que existem nesses nichos não podem ser cultivados por métodos convencionais em meios de crescimento clássicos e, por isso, são desconhecidos. Nos últimos anos, contudo, os métodos de isolamento e identificação tornaram-se muito mais sofisticados, e os micróbios que preenchem esses nichos estão sendo identificados – muitos sem a necessidade de cultivo. Por exemplo, veja a discussão sobre *Pelagibacter* neste capítulo e sobre o iChip na Figura 28.10. Os efeitos das viagens espaciais nas bactérias estão sendo estudados, uma vez que o microbioma humano agora está participando de voos espaciais; ver **Explorando o microbioma**.

ASM: Os microrganismos são ubíquos e vivem em ecossistemas diversos e dinâmicos. Como a verdadeira diversidade da vida microbiana é em grande parte desconhecida, seus efeitos e potenciais benefícios ainda não foram completamente explorados.

Descobertas que ilustram a extensão da diversidade

OBJETIVO DE APRENDIZAGEM

11-12 Listar dois fatores que contribuem para o limite de nosso conhecimento sobre a diversidade microbiana.

No início deste capítulo, descrevemos a bactéria gigante *Epulopiscium*. Em 1999, outra bactéria gigante ainda maior foi descoberta em sedimentos de 100 metros de profundidade, nas águas costeiras da Namíbia, na costa sudeste da África. Chamada de *Thiomargarita namibiensis*, que significa "pérola sulfurosa da Namíbia", esses organismos esféricos, classificados com as Gammaproteobacteria, apresentam diâmetro de 750 µm (**Figura 11.28**). Essa medida é um pouco maior do que um ponto no final desta frase. Em 2022, a *Thiomargarita magnifica* de 1 centímetro de comprimento foi descoberta crescendo em uma mata de mangue.

Como mencionamos, um fator que limita o tamanho das células procarióticas é o fato de os nutrientes precisarem entrar no citoplasma por difusão simples. *Thiomargarita* minimiza esse problema por se parecer com um balão cheio de fluido; o vacúolo em seu interior é cercado por uma camada externa relativamente fina de citoplasma. Esse citoplasma é igual em volume ao da maioria dos procariotos. Sua fonte de energia é essencialmente o sulfeto de hidrogênio, que é abundante nos sedimentos em que o organismo normalmente é encontrado, e o nitrato, que deve ser extraído intermitentemente das águas do mar ricas em nitrato, quando tempestades agitam os sedimentos soltos. O vacúolo interno da célula, que representa em torno de 98% do volume da bactéria, serve como espaço de armazenamento para o nitrato entre os reabastecimentos do estoque. A energia celular é derivada da oxidação do sulfeto de hidrogênio; o nitrato, embora seja uma fonte de nitrogênio

Desde o início da exploração espacial, os cientistas se preocuparam com as possíveis interações entre humanos e micróbios fora da Terra. Na década de 1960, a cautela com a contaminação por "germes espaciais" levou a quarentenas de 30 dias de astronautas, equipamentos e amostras ao retornarem das missões lunares. Hoje, os cientistas estão igualmente preocupados com o fato de que naves espaciais, como as sondas de Marte, possam inadvertidamente contaminar outros planetas que visitamos. Contudo, embora o equipamento geralmente possa ser esterilizado antes de entrar no espaço, o microbioma humano viaja conosco para onde quer que vamos e se espalha para as superfícies que tocamos com frequência.

O ambiente físico dentro de uma espaçonave é diferente do da Terra – há menos gravidade e mais radiação ionizante. Estar no espaço deprime as células do sistema imune, e os antibióticos parecem perder potência. Enquanto isso, as bactérias *Salmonella* Typhimurium e *Pseudomonas* *aeruginosa* cultivadas no ônibus espacial Atlantis eram mais virulentas do que as mesmas cepas cultivadas na Terra. Estudos mostraram que as bactérias cultivadas no espaço geralmente assumem estruturas de biofilme diferentes das observadas na Terra.

Até o momento, apenas um astronauta desenvolveu uma infecção microbiana grave enquanto estava no espaço, com a causa identificada como *P. aeruginosa*. Mas o microbioma que é tão essencial para nós na Terra poderia se tornar um inimigo no espaço? Astronautas estacionados na Estação Espacial Internacional estão conduzindo o Projeto Microbioma do Astronauta para descobrir. Como o ar dentro da estação espacial é filtrado, é possível examinar os detritos que são filtrados e identificar os micróbios presentes neles. As Actinobacteria são as bactérias mais abundantes na Estação Espacial Internacional. *Ralstonia eutropha* e *P. aeruginosa* também foram detectadas. As amostras de saliva mostraram um aumento na *Prevotella* e um aumento nos genes de resistência a antibióticos durante o voo espacial. Elas voltaram ao normal após o voo. Amostras retiradas de vários locais do corpo, bem como amostras fecais de astronautas antes, durante e depois de uma missão espacial, serão analisadas durante o Projeto Microbioma do Astronauta para que possamos identificar outras mudanças microbianas que possam ocorrer no espaço.

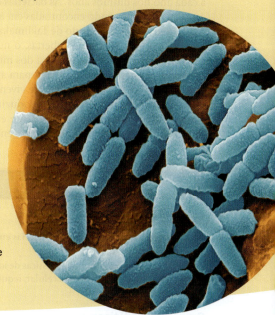

Culturas de *P. aeruginosa* cultivadas no espaço mostraram uma estrutura de "coluna e dossel" nunca antes vista em culturas cultivadas na Terra.

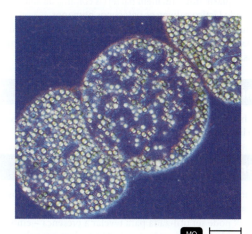

MO | 55 μm

Figura 11.28 *Thiomargarita namibiensis*. Esta micrografia mostra os grânulos de enxofre intracelulares na fina camada do citoplasma próximo à membrana celular. O enxofre se acumula quando a bactéria oxida o H_2S.

P Uma bactéria desse tamanho seria teoricamente possível de existir se o seu interior fosse de citoplasma em vez de um vacúolo preenchido com fluido?

nutricional, serve principalmente como um aceptor de elétrons na ausência de oxigênio.

A descoberta dessas bactérias singularmente gigantes levantou a seguinte questão: qual o tamanho que uma célula procariótica pode atingir e ainda conseguir absorver nutrientes. No outro extremo, existe um limite inferior para o tamanho dos microrganismos – especialmente seus genomas? Existem relatos de bactérias tão pequenas quanto 0,02 a 0,08 μm (nanobactérias), encontradas em formações rochosas profundas e até mesmo em vasos sanguíneos e em pedras nos rins. A maioria dos microbiologistas acredita que elas sejam partículas inanimadas que se cristalizaram a partir dos minerais. Considerações teóricas foram utilizadas para se calcular que uma célula com um metabolismo significativo apresentaria um diâmetro de cerca de pelo menos 0,1 μm. Determinadas bactérias possuem genomas extraordinariamente pequenos. Por exemplo, *Carsonella ruddii* é uma bactéria que vive em *relação simbiótica* com seu inseto hospedeiro, psilídeo que se alimenta de seiva (piolho-de-planta) e requer uma capacidade genética menor do que o necessário a um micróbio de vida livre. Ela tem apenas 182 genes, o que é próximo dos 151 genes calculados teoricamente como o mínimo necessário, mesmo para um microrganismo vivendo em simbiose.

(Comparar com os requerimentos genéticos mínimos dos micoplasmas *de vida livre*.) *C. ruddii* não é completamente parasita em suas relações com o inseto, uma vez que fornece ao hospedeiro alguns aminoácidos essenciais. Está, portanto, provavelmente em um processo evolutivo de transformação em uma organela, como as mitocôndrias das células eucarióticas (ver Figura 10.2).

Microbiologistas descreveram cerca de 30 mil espécies bacterianas. Cerca de 600 novas espécies foram identificadas a cada ano nos últimos anos. As bactérias descobertas mais recentemente estão sendo encontradas em amostras ambientais do oceano Ártico, do deserto de Taklimakan e do microbioma humano. Apesar dessas descobertas, o número real de espécies bacterianas pode estar na casa dos milhões. Recentemente, pesquisadores utilizaram a PCR para ajudá-los a estimar o número de espécies bacterianas que vivem no solo. Primeiramente, eles utilizam a PCR para produzir milhões de cópias dos genes encontrados aleatoriamente em uma amostra de solo. Então, por comparação dos genes encontrados em várias repetições desse processo, os pesquisadores podem estimar o número das diferentes espécies bacterianas nas amostras. Uma pesquisa indica que uma única grama de solo pode conter 10 mil ou mais tipos bacterianos.

Dois fatores limitam nossa capacidade de identificar novas espécies. Muitas bactérias no solo ou na água, ou de outro lugar na natureza, não podem ser cultivadas com os meios e as condições normalmente utilizados para o crescimento bacteriano. Além disso, algumas bactérias são parte de cadeias alimentares complexas e somente podem crescer na presença de outros microrganismos que fornecem os requerimentos nutricionais específicos. Assim, milhões de espécies bacterianas ainda precisam ser descobertas.

TESTE SEU CONHECIMENTO

✔ **11-12** Como você pode detectar a presença de uma bactéria que não pode ser cultivada?

Resumo para estudo

Introdução (p. 296)

1. O *Bergey's Manual* classifica as bactérias em táxons com base nas sequências de rRNA.
2. O *Bergey's Manual* lista características de identificação, como coloração de Gram, morfologia celular, requerimentos de oxigênio e propriedades nutricionais.

Grupos procarióticos (p. 297)

1. Os organismos procarióticos são classificados em dois domínios: Archaea e Bacteria.

Domínio Bacteria (p. 297-319)

1. As bactérias são essenciais para a vida na Terra.

Bactérias gram-negativas (p. 298-312)

Pseudomonadota (p. 298-308)

1. Os membros do filo Pseudomonadota (antigamente Proteobacteria) são gram-negativos.
2. Alphaproteobacteria incluem bactérias fixadoras de nitrogênio, quimioautotróficas e quimio-heterotróficas.
3. Betaproteobacteria incluem quimioautotróficas e quimio-heterotróficas.
4. Pseudomonales, Legionellales, Vibrionales, Enterobacteriales e Pasteurellales são classificadas como Gammaproteobacteria.
5. *Bdellovibrio* e *Myxococcus* são Deltaproteobacteria predadoras de outras bactérias.
6. Campylobacterota incluem *Campylobacter* e *Helicobacter*.

Outras bactérias gram-negativas (p. 308-312)

7. As cianobactérias são fotoautotróficas que utilizam a energia luminosa e o CO_2 e produzem O_2.

8. Bactérias fotossintéticas púrpuras e verdes são fotoautotróficas que utilizam energia luminosa e CO_2 e não produzem O_2.
9. Planctomycetes, Chlamydiae, Spirochetes, Bacteroidetes e Fusobacteria são filos de bactérias quimio-heterotróficas gram-negativas.

Bactérias gram-positivas (p. 313-319)

1. As bactérias gram-positivas são divididas naquelas que apresentam um baixo índice de G + C e naquelas que apresentam um alto índice de G + C.
2. As bactérias gram-positivas com índice de G + C baixo (Bacillota e Mycoplasmatota) incluem bactérias comuns do solo, bactérias do ácido láctico e diversos patógenos humanos.
3. As bactérias gram-positivas com alto teor de G + C incluem micobactérias, corinebactérias, actinomicetos e Deinococcus-Thermus, que são resistentes a extremos ambientais.

Domínio Archaea (p. 319-320)

1. Os halófilos extremos, termófilos extremos e metanógenos estão incluídos no domínio Archaea.

Diversidade microbiana (p. 320-322)

1. Poucos do número estimado de diferentes procariotos foram isolados e identificados.
2. A PCR pode ser utilizada para revelar a presença – embora não a identidade – de bactérias que não podem ser cultivadas em laboratório.
3. As limitações na identificação de espécies bacterianas incluem a incapacidade dos pesquisadores de mimetizar em um laboratório as condições que favorecem o crescimento microbiano nos ecossistemas.

Questões para estudo

As respostas das questões de Conhecimento e compreensão estão na seção de Respostas no final deste livro.

Conhecimento e compreensão

Revisão

1. Os itens a seguir podem ser utilizados para identificar bactérias importantes. Preencha o espaço fornecido com um gênero representativo.

Gênero
representativo

I. Gram-positivas
   A. Bastonete formador de endósporo
      1. Anaeróbio obrigatório (a) _____
      2. Anaeróbio não obrigatório (b)_____
   B. Não formador de endósporo
      1. Células são bastonetes
         a. Produz conidiósporos (c) _____
         b. Ácido-resistente (d)_____
      2. Células são cocos
         a. Ausência do sistema de (e) _____
            citocromos
         b. Utiliza a respiração aeróbica (f) _____
II. Gram-negativas
   A. Células são helicoidais ou curvas
      1. Presença de filamento axial (g)_____
      2. Ausência de filamento axial (h)_____
   B. Células são bastonetes
      1. Aeróbios, não fermentadores (i) _____
      2. Anaeróbios facultativos (j) _____
III. Ausência de paredes celulares (k)_____
IV. Parasitas intracelulares obrigatórios
   A. Transmissíveis por carrapatos (l) _____
   B. Corpúsculos reticulados nas células (m) _____
      hospedeiras

2. Compare e diferencie cada um dos seguintes pares:
   a. Cianobactérias e algas
   b. Actinomicetos e fungos
   c. *Bacillus* e *Lactobacillus*
   d. *Pseudomonas* e *Escherichia*
   e. *Leptospira* e *Spirillum*
   f. *Escherichia* e *Bacteroides*
   g. *Rickettsia* e *Chlamydia*
   h. *Mycobacterium* e *Mycoplasma*

3. DESENHE Desenhe uma chave para diferenciar as seguintes bactérias: cianobactérias, *Cytophaga*, *Desulfovibrio*, *Frankia*, *Hyphomicrobium*, metanógenos, mixobactérias, *Nitrobacter*, bactérias púrpuras, *Sphaerotilus* e *Sulfolobus*.

4. IDENTIFIQUE Esses organismos são importantes no tratamento do esgoto e podem produzir um combustível utilizado para aquecimento doméstico e para a geração de eletricidade.

Múltipla escolha

1. Se você corasse por Gram as bactérias que vivem no intestino humano, você esperaria encontrar principalmente:
   a. cocos gram-positivos.
   b. bastonetes gram-negativos.
   c. bastonetes gram-positivos, formadores de endósporos.
   d. bactérias gram-negativas, fixadoras de nitrogênio.
   e. todas as alternativas acima

2. Qual das seguintes alternativas *não* deve estar com as demais?
   a. Enterobacteriales
   b. Lactobacillales
   c. Legionellales
   d. Pasteurellales
   e. Vibrionales

3. As bactérias patogênicas podem ser:
   a. móveis.
   b. bastonetes.
   c. cocos.
   d. anaeróbias.
   e. todas as alternativas acima

4. Qual das seguintes alternativas é um parasita intracelular?
   a. *Rickettsia*
   b. *Mycobacterium*
   c. *Bacillus*
   d. *Staphylococcus*
   e. *Streptococcus*

5. Qual dos seguintes termos é o mais específico?
   a. bacilos
   b. *Bacillus*
   c. gram-positivos
   d. bastonetes e cocos formadores de endósporos
   e. anaeróbias

6. Qual das seguintes alternativas *não* deve estar com as demais?
   a. *Enterococcus*
   b. *Lactobacillus*
   c. *Staphylococcus*
   d. *Streptococcus*
   e. Todas estão agrupadas conjuntamente.

7. Em qual das opções a seguir o par está *incorreto*?
   a. bastonetes gram-positivos anaeróbios formadores de endósporos – *Clostridium*
   b. bastonetes gram-negativos anaeróbios facultativos – *Escherichia*
   c. bastonetes gram-negativos anaeróbios facultativos – *Shigella*
   d. bastonetes gram-positivos pleomórficos – *Corynebacterium*
   e. espiroquetas – *Helicobacter*

8. *Spirillum não* é classificado como espiroqueta, porque os espiroquetas:
   a. não causam doenças.
   b. têm filamentos axiais.
   c. têm flagelos.
   d. são procariotos.
   e. nenhuma das alternativas

9. Quando a *Legionella* foi inicialmente descoberta, por que ela foi classificada como pseudomônada?
   a. Porque ela é um patógeno.
   b. Porque ela é um bastonete gram-negativo aeróbio.
   c. Porque ela é difícil de ser cultivada.
   d. Porque ela é encontrada na água.
   e. nenhuma das alternativas

10. As cianobactérias diferem-se das bactérias fototróficas púrpuras e verdes, pois:
    a. produzem oxigênio durante a fotossíntese.
    b. não necessitam de luz.
    c. utilizam o H_2S como doador de elétrons.
    d. têm um núcleo envolvido por membrana.
    e. todas as alternativas acima

Análise

1. A utilização de técnicas independentes de cultivo, como o sequenciamento do rRNA e hibridização por fluorescência *in situ* (FISH), têm aumentado a nossa compreensão acerca da diversidade microbiana sem a necessidade de cultura. Os microbiologistas ainda necessitam investir em tentativas de cultivo de novas espécies? Explique.

2. Com qual das seguintes alternativas a bactéria fotossintética *Chromatium* está mais intimamente relacionada? Explique a razão em poucas palavras.
   a. cianobactérias
   b. *Chloroflexus*
   c. *Escherichia*

3. As bactérias são organismos unicelulares que devem absorver seus nutrientes por difusão simples. As dimensões da bactéria *Thiomargarita namibiensis* são centenas de vezes maiores do que aquelas encontradas na maioria das bactérias, sendo muito grandes para que a difusão simples possa acontecer. Como a bactéria resolve esse problema?

Aplicações clínicas e avaliação

1. Após contato com líquido espinal de um paciente, um técnico de laboratório apresentou febre, náuseas e lesões púrpuras no pescoço e nas extremidades do corpo. Uma cultura do material da garganta mostrou o crescimento de diplococos gram-negativos. Qual é o gênero dessa bactéria?

2. Entre 1° de abril e 15 de maio de um determinado ano, 22 crianças em três estados apresentaram diarreia, febre e vômitos. Cada criança havia ganhado filhotes de patos como animais de estimação. Bactérias gram-negativas anaeróbias facultativas foram isoladas das fezes dos pacientes e dos patos; as bactérias foram identificadas como sorovar C2. Qual é o o gênero dessas bactérias?

3. Uma paciente grávida se queixando de dores abdominais inferiores e com 39°C de febre deu à luz logo depois a um bebê natimorto. As hemoculturas da criança revelaram bastonetes gram-positivos. A paciente havia comido cachorros-quentes não aquecidos durante a gravidez. Qual microrganismo pode estar envolvido?

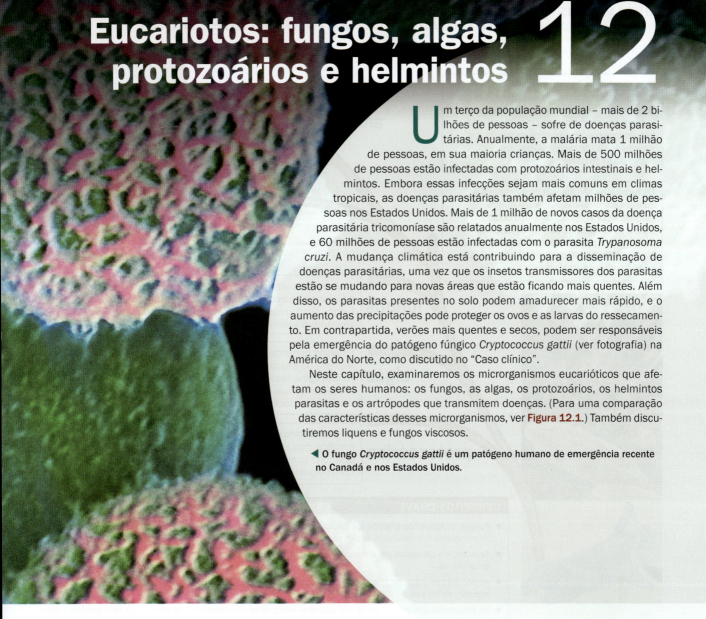

Um terço da população mundial – mais de 2 bilhões de pessoas – sofre de doenças parasitárias. Anualmente, a malária mata 1 milhão de pessoas, em sua maioria crianças. Mais de 500 milhões de pessoas estão infectadas com protozoários intestinais e helmintos. Embora essas infecções sejam mais comuns em climas tropicais, as doenças parasitárias também afetam milhões de pessoas nos Estados Unidos. Mais de 1 milhão de novos casos da doença parasitária tricomoníase são relatados anualmente nos Estados Unidos, e 60 milhões de pessoas estão infectadas com o parasita *Trypanosoma cruzi*. A mudança climática está contribuindo para a disseminação de doenças parasitárias, uma vez que os insetos transmissores dos parasitas estão se mudando para novas áreas que estão ficando mais quentes. Além disso, os parasitas presentes no solo podem amadurecer mais rápido, e o aumento das precipitações pode proteger os ovos e as larvas do ressecamento. Em contrapartida, verões mais quentes e secos, podem ser responsáveis pela emergência do patógeno fúngico *Cryptococcus gattii* (ver fotografia) na América do Norte, como discutido no "Caso clínico".

Neste capítulo, examinaremos os microrganismos eucarióticos que afetam os seres humanos: os fungos, as algas, os protozoários, os helmintos parasitas e os artrópodes que transmitem doenças. (Para uma comparação das características desses microrganismos, ver **Figura 12.1**.) Também discutiremos liquens e fungos viscosos.

◀ O fungo *Cryptococcus gattii* é um patógeno humano de emergência recente no Canadá e nos Estados Unidos.

Na clínica

Como enfermeiro(a) do Corpo da Paz na África Ocidental, você atende uma garotinha de 4 anos que apresenta o estômago particularmente inchado. A mãe da criança mostra a você um verme grande (10 cm) e branco que a menina havia expelido ao tossir. O verme é cilíndrico com extremidades afiladas. **Que verme é esse? Como ela o contraiu?**

Dica: leia sobre os helmintos mais adiante neste capítulo.

Explorando os eucariotos patogênicos

Os **artrópodes** são animais com patas articuladas. Os artrópodes que podem transmitir doenças são importantes na microbiologia e incluem os carrapatos e alguns insetos; mais frequentemente, os membros da família dos mosquitos são os responsáveis pela transmissão de doenças.

Os **helmintos** são animais multicelulares e quimio-heterotróficos. A maioria obtém nutrientes por ingestão com uma boca; alguns conseguem absorver os nutrientes. Os helmintos parasitas comumente têm um ciclo de vida elaborado, incluindo as fases de ovos, larvas e adultos.

animais

Artrópodes

Helmintos

fungos

Os **fungos** fazem parte do reino Fungi. São quimio-heterotróficos e adquirem alimentos por absorção. Com exceção das leveduras, os fungos são multicelulares. A maioria se reproduz através de esporos sexuados e assexuados.

algas

As **algas** pertencem a diversos filos e podem se reproduzir sexuada ou assexuadamente. São fotoautotróficas e produzem vários pigmentos fotossintéticos diferentes. Obtêm nutrientes por difusão. Algumas são multicelulares, formam colônias, filamentos e até mesmo tecidos. Algumas produzem toxinas.

protozoários

Os **protozoários** pertencem a diversos filos. A maioria é quimio-heterotrófica, mas alguns são fotoautotróficos. Obtêm nutrientes por absorção ou ingestão. Todos são unicelulares e muitos são móveis. Com frequência, os protozoários parasitas formam cistos resistentes.

CONCEITOS-CHAVE

- Fungos, protozoários e helmintos causam doenças em humanos. A maioria dessas doenças é diagnosticada por exame microscópico. Assim como as bactérias, os fungos são cultivados em meios de laboratório.
- As infecções causadas por eucariotos são difíceis de tratar porque os humanos possuem células eucarióticas.
- As doenças de algas em humanos não são infecciosas; são intoxicações porque os sintomas resultam da ingestão de toxinas de algas.
- Os artrópodes que podem transmitir doenças infecciosas são chamados de vetores. As doenças transmitidas por artrópodes, como a encefalite do Oeste do Nilo, são melhor controladas limitando-se a exposição ao artrópode.

Fungos

OBJETIVOS DE APRENDIZAGEM

12-1 Listar as características que definem os fungos.

12-2 Diferenciar reprodução assexuada de sexuada e descrever cada um desses processos nos fungos.

12-3 Listar as características que definem os quatro filos fúngicos de importância médica.

12-4 Identificar dois efeitos benéficos e dois prejudiciais dos fungos.

Das mais de 100 mil espécies conhecidas de fungos, apenas cerca de 200 são patogênicas aos seres humanos e aos animais. Contudo, ao longo dos últimos 10 anos, a incidência de infecções fúngicas importantes tem aumentado. Essas infecções estão ocorrendo em ambientes de saúde e em pessoas com o sistema imune comprometido e envolvem fungos normalmente encontrados no interior e na superfície do corpo humano. Além disso, milhares de doenças causadas por fungos afetam plantas economicamente importantes, causando prejuízos de mais de 1 bilhão de dólares ao ano.

TABELA 12.1 Comparação de características selecionadas de fungos e bactérias		
	Fungos	**Bactérias**
Tipo de célula	Eucariótica	Procariótica
Membrana celular	Esteróis presentes	Esteróis ausentes, exceto em *Mycoplasma*
Parede celular	Glicanos; mananas; quitina (sem peptideoglicano)	Peptideoglicano
Esporos	Esporos reprodutivos sexuados e assexuados	Endósporos (não para reprodução); alguns esporos assexuados reprodutivos
Metabolismo	Limitado a heterotrófico; aeróbio, anaeróbio facultativo	Heterotrófico, autotrófico; aeróbio, anaeróbio facultativo, anaeróbio

Os fungos também são benéficos. São importantes na cadeia alimentar, uma vez que decompõem a matéria vegetal morta, reciclando elementos vitais. As partes duras das plantas, que os animais não conseguem digerir, são decompostas principalmente pelos fungos pelo uso de enzimas extracelulares, como as celulases. Quase todas as plantas dependem de simbioses com fungos, conhecidas como **micorrizas**, que auxiliam as raízes das plantas a absorverem minerais e água do solo (ver Capítulo 27). Os fungos também são valiosos para os animais. Algumas formigas cultivam fungos para quebrar a celulose e a madeira presentes nas plantas, provendo glicose, que as formigas conseguem digerir. Os seres humanos utilizam os fungos para o consumo (cogumelos) e na produção de alimentos (pão e ácido cítrico) e substâncias (álcool e penicilina).

O estudo dos fungos é chamado de **micologia**. Um patógeno fúngico deve ser identificado com precisão para que a doença seja tratada adequadamente, e sua propagação, evitada. Primeiro, examinaremos as estruturas que servem de base para a identificação fúngica em um laboratório clínico. Em seguida, exploraremos seus ciclos de vida e suas necessidades nutricionais. Todos os fungos são quimio-heterotróficos, necessitando de componentes orgânicos como fontes de energia e carbono. Os fungos são aeróbios ou anaeróbios facultativos; somente alguns fungos anaeróbios são conhecidos.

A Tabela 12.1 lista as diferenças básicas entre fungos e bactérias.

Características dos fungos

A identificação de leveduras e bactérias envolve testes bioquímicos. Entretanto, fungos multicelulares são identificados considerando-se sua aparência física, incluindo características da colônia e dos esporos reprodutivos.

Estruturas vegetativas

As colônias dos fungos são descritas como estruturas **vegetativas** porque são compostas de células envolvidas no catabolismo e no crescimento. Algumas das células vegetativas podem se desenvolver em células reprodutivas, chamadas esporos.

Bolores e fungos carnosos O talo (corpo) de um bolor ou fungo carnoso (cogumelo) consiste em longos filamentos de células conectadas; esses filamentos são chamados de **hifas**. As hifas podem crescer até proporções imensas. Utilizando a técnica de *fingerprinting* de DNA, os cientistas mapearam hifas de um único fungo em Oregon (um cogumelo) que se estendem por mais de 6,4 km².

Na maioria dos bolores, as hifas contêm paredes cruzadas, chamadas de **septos**, que dividem as hifas em unidades semelhantes a células uninucleadas (um núcleo) distintas. Essas hifas são chamadas de **hifas septadas** (**Figura 12.2a**). Em algumas poucas classes de fungos, as hifas não contêm septos e se apresentam como células longas e contínuas com muitos núcleos. São denominadas **hifas cenocíticas** (Figura 12.2b). Mesmo nos fungos com hifas septadas, geralmente existem aberturas nos septos que tornam contínuo o citoplasma das "células" adjacentes; esses fungos também são, na verdade, organismos cenocíticos.

As hifas crescem por alongamento das extremidades (Figura 12.2c). Todas as partes de uma hifa podem crescer e, quando um fragmento é quebrado, ele pode alongar-se para formar uma nova hifa. Assim, a fragmentação das hifas é uma forma de reprodução assexuada. Em laboratório, os fungos geralmente crescem a partir de fragmentos obtidos de um talo do fungo.

A porção de uma hifa que obtém nutrientes é chamada de *hifa vegetativa*; a porção envolvida com a reprodução é a *hifa reprodutiva* ou *aérea*, assim chamada porque se projeta acima da superfície do meio sobre a qual o fungo está crescendo.

CASO CLÍNICO O melhor amigo do homem

Ethan, um programador de computador de 26 anos, está tentando persuadir o seu cão, Waldo, a entrar em sua camionete. Waldo está muito doente, e Ethan o levará a uma clínica veterinária em Bellingham, Washington, para um exame completo. Além de apresentar corrimento nasal, respiração ruidosa, tosse e espirros, Waldo também está perdendo peso e apresenta dificuldades para caminhar. Ethan precisou procurar em toda a propriedade até encontrar Waldo e, após localizá-lo no celeiro, levou-o até o pátio na frente da casa e carregou o labrador de quase 28 quilos na carroceria da camionete, precisando inclusive parar para recuperar o fôlego depois. Na verdade, Ethan não parece estar muito melhor do que Waldo nesses últimos dias. Ethan presume que ele também está lutando contra algum tipo de infecção.

O veterinário examina Waldo e prescreve fluconazol, um agente antifúngico. Ethan, muito cansado a essa altura, leva Waldo para casa. Os dois se deitam para descansar.

Que tipo de infecção Waldo pode estar apresentando? Continue lendo para descobrir.

Parte 1 Parte 2 Parte 3 Parte 4

Figura 12.2 Características das hifas dos fungos. (a) As hifas septadas têm paredes cruzadas, ou septos, que as dividem em unidades semelhantes a células. **(b)** As hifas cenocíticas não têm septos. **(c)** As hifas crescem pelo alongamento de suas extremidades.

P O que é uma hifa? E um micélio?

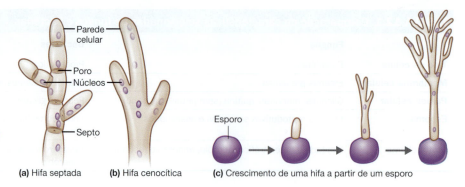

(a) Hifa septada   (b) Hifa cenocítica   (c) Crescimento de uma hifa a partir de um esporo

Muitas vezes, as hifas aéreas sustentam os esporos reprodutivos (**Figura 12.3a**), discutidos posteriormente. Quando as condições ambientais se tornam favoráveis, as hifas crescem e formam uma massa filamentosa, chamada de **micélio**, visível a olho nu (Figura 12.3b).

Leveduras As **leveduras** são fungos unicelulares, não filamentosos, geralmente esféricos ou ovais. Da mesma forma que os fungos filamentosos, as leveduras são amplamente distribuídas na natureza; com frequência, são encontradas na forma de um pó branco cobrindo frutas e folhas. As leveduras podem ser distinguidas por seu método de reprodução assexuada como leveduras de brotamento ou leveduras de fissão.

As **leveduras de brotamento**, como *Saccharomyces*, dividem-se de forma desigual. No brotamento (**Figura 12.4**), a célula parental forma uma protuberância (broto) em sua superfície externa. À medida que o broto se alonga, o núcleo da célula parental divide-se, e um dos núcleos migra para o broto. O material da parede celular é, então, sintetizado entre o broto e a célula parental e, por fim, o broto acaba se separando.

Uma célula de levedura pode produzir mais de 24 novas células por brotamento. Algumas leveduras produzem brotos que não se separam uns dos outros; esses brotos formam uma pequena cadeia de células, denominada **pseudo-hifa**. *Candida albicans* adere-se às células epiteliais humanas na forma de levedura, mas requer pseudo-hifas para invadir os tecidos profundos (ver Figura 21.17a).

As **leveduras de fissão**, como *Schizosaccharomyces*, dividem-se produzindo duas novas células iguais. Durante a fissão, a célula parental alonga-se, seu núcleo divide-se, e duas células-filhas são produzidas. O aumento do número de células de leveduras em meio sólido produz uma colônia similar às colônias de bactérias.

As leveduras são capazes de realizar crescimento anaeróbio facultativo, o que permite que esses fungos sobrevivam em vários ambientes. Se houver acesso ao oxigênio, as leveduras respiram aerobiamente para metabolizar carboidratos, formando dióxido de carbono e água; na ausência de oxigênio, elas fermentam os carboidratos e produzem etanol e dióxido de carbono. Essa fermentação é usada na fabricação de cerveja e vinho e nos processos de panificação. Espécies de *Saccharomyces* produzem etanol nas bebidas fermentadas e dióxido de carbono para crescer a massa do pão.

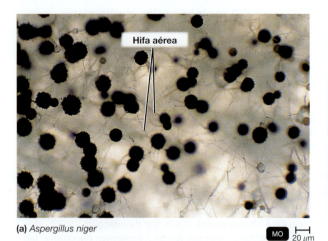

(a) *Aspergillus niger*

MO ⊢—⊣ 20 μm

(b) *A. niger* em ágar

Figura 12.3 O talo fúngico consiste em uma massa de hifas. (a) Fotomicrografia de hifas aéreas, mostrando esporos reprodutivos. **(b)** Uma colônia de *Aspergillus niger* crescendo em uma placa de ágar glicose, mostrando as hifas vegetativas e aéreas.

P De que maneira as colônias de fungos diferem das colônias de bactérias?

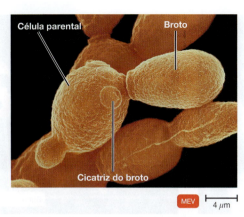

Figura 12.4 Uma levedura em brotamento. Micrografia de *Saccharomyces cerevisiae* em diversos estágios do brotamento.

P Qual é a diferença entre um broto e um esporo?

Fungos dimórficos Alguns fungos, particularmente as espécies patogênicas, exibem **dimorfismo** – duas formas de crescimento. Esses fungos podem crescer tanto na forma de fungos filamentosos quanto na forma de levedura. A forma de fungo filamentoso produz hifas aéreas e vegetativas; a forma de levedura se reproduz por brotamento. O dimorfismo em fungos patogênicos é dependente da temperatura: a 37 °C, o fungo apresenta forma de levedura, e a 25 °C, forma de bolor. (Ver Figura 24.15.) Contudo, o aparecimento de dimorfismo no fungo mostrado na **Figura 12.5** (neste exemplo, não patogênico) muda de acordo com a concentração de CO_2.

Ciclo de vida

Lembre-se de que os fungos filamentosos podem se reproduzir assexuadamente pela fragmentação de suas hifas, e as leveduras podem se reproduzir assexuadamente por brotamento ou fissão. Além disso, tanto a reprodução sexuada quanto a assexuada em fungos ocorrem pela formação de **esporos**. Na verdade, os fungos normalmente são identificados pelo tipo de espore.

Os esporos de fungos são completamente diferentes dos endósporos de bactérias. Os endósporos bacterianos permitem que as células sobrevivam a condições ambientais adversas. Uma única célula bacteriana vegetativa forma um endósporo que, enfim, germina para produzir uma única célula bacteriana. Esse processo não é considerado reprodução, pois não aumenta o número total de células bacterianas. Entretanto, após um fungo formar um esporo, este se separa da célula parental e germina (ver Figura 12.2c). Ao contrário dos endósporos de bactérias, esse é um verdadeiro esporo reprodutivo, pois um segundo organismo cresce a partir do esporo. Embora os esporos de fungos possam sobreviver por períodos extensos em ambientes secos ou quentes, a maioria não exibe a mesma tolerância extrema e longevidade apresentadas pelos endósporos bacterianos.

Os esporos são formados de diferentes maneiras, dependendo da espécie. Em algumas leveduras, os esporos são formados pela divisão celular da célula parental. Os esporos de fungos podem ser assexuados ou sexuados. Os **esporos assexuados** são formados pelas hifas de um único organismo.

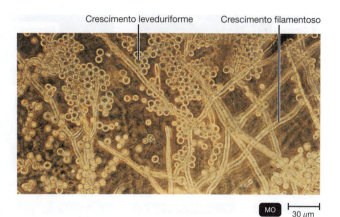

Figura 12.5 Dimorfismo em fungos. O dimorfismo no fungo *Mucor indicus* depende da concentração de CO_2. Na superfície do ágar, *Mucor* exibe um crescimento leveduriforme, mas, na região do ágar onde o CO_2 do metabolismo se acumulou, o crescimento é filamentoso.

P O que é dimorfismo nos fungos?

Quando esses esporos germinam, tornam-se organismos geneticamente idênticos ao parental. Os **esporos sexuados** resultam da fusão de núcleos de dois organismos separados de cepas pares opostas da mesma espécie de fungo. Como os esporos sexuados requerem duas cepas pares opostas, eles são produzidos com menos frequência do que os esporos assexuados. Os organismos que crescem a partir de esporos sexuados apresentarão características genéticas de ambas as linhagens parentais. Como os esporos são de considerável importância na identificação dos fungos, examinamos a seguir alguns dos vários tipos de esporos sexuados e assexuados.

Esporos assexuados Os esporos assexuados são produzidos pelos fungos por mitose e posterior divisão celular; não há fusão de núcleos de células. Dois tipos de esporos assexuados são produzidos pelos fungos. Um tipo é o **conidiósporo**, ou **conídio**, um esporo unicelular ou multicelular que não é envolvido por uma bolsa (**Figura 12.6a**). Os conídios são produzidos em cadeias na extremidade do **conidióforo**. Esses esporos são produzidos por *Penicillium* e *Aspergillus*. Os conídios formados pela fragmentação de uma hifa septada em células únicas, levemente espessas, são chamados de **artroconídios** (Figura 12.6b). Uma espécie que produz esses esporos é o *Coccidioides immitis* (ver Figura 24.17). Outro tipo de conídio, o **blastoconídio**, é formado a partir de um broto originado de uma célula parental (Figura 12.6c). Esses esporos são encontrados em algumas leveduras, como *Candida* e *Cryptococcus*. Um **clamidoconídio** é um esporo de paredes espessas, formado pelo seu arredondamento e alargamento no interior de um segmento de hifa (Figura 12.6d). Um fungo que produz clamidoconídios é a levedura *Candida albicans*.

O outro tipo de esporo assexuado é o **esporangiósporo**, formado no interior de um **esporângio**, ou bolsa, na extremidade de uma hifa aérea, chamada de **esporangióforo**. O esporângio pode conter centenas de esporangiósporos (Figura 12.6e). Esses esporos são produzidos por *Rhizopus*.

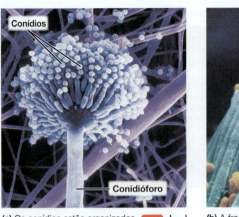

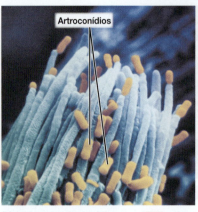

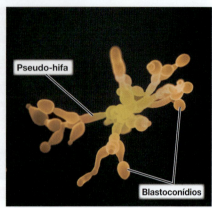

(a) Os conídios estão organizados em cadeias na extremidade de um conidióforo de *Aspergillus niger*. MEV ⊢ 12 μm

(b) A fragmentação das hifas resulta na formação de artroconídios em *Ceratocystis ulmi*. MEV ⊢ 2,5 μm

(c) Os blastoconídios são formados a partir de brotos de uma célula parental de *Candida albicans*. MEV ⊢ 13 μm

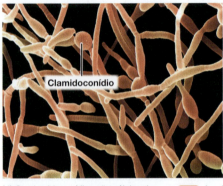

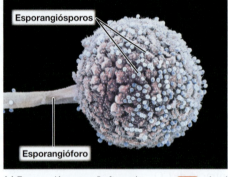

(d) Os clamidoconídios são células de paredes espessas no interior das hifas de *Candida albicans*. MEV ⊢ 5 μm

(e) Esporangiósporos são formados no interior de um esporângio de *Rhizopus stolonifer*. MEV ⊢ 5 μm

Figura 12.6 Esporos assexuados característicos.

P O que são as estruturas semelhantes a um pó verde em um alimento mofado?

Esporos sexuados Um esporo sexuado fúngico resulta da reprodução sexuada que consiste em três etapas:

1. **Plasmogamia**. Um núcleo haploide de uma célula doadora (+) penetra no citoplasma de uma célula receptora (−).
2. **Cariogamia**. Os núcleos (+) e (−) fundem-se, formando um núcleo zigótico diploide.
3. **Meiose**. O núcleo diploide origina um núcleo haploide (esporos sexuados), dos quais alguns podem ser recombinantes genéticos.

Os esporos sexuados produzidos pelos fungos caracterizam os filos. A identificação clínica, entretanto, é baseada no exame microscópico dos esporos assexuados, uma vez que a maioria dos fungos exibe apenas esporos assexuados em condições de laboratório.

Adaptações ambientais e nutricionais

Os fungos geralmente são adaptados a ambientes que poderiam ser hostis a bactérias. No entanto, os fungos são quimio-heterotróficos e, assim como as bactérias, absorvem nutrientes, em vez de ingeri-los, como fazem os animais. De maneira geral, os fungos diferem das bactérias em determinadas necessidades ambientais e nas características nutricionais apresentadas a seguir:

- Os fungos normalmente crescem melhor em ambientes em que o pH é próximo a 5, que é muito ácido para o crescimento da maioria das bactérias comuns.
- Uma ampla gama de requisitos óxicos/anóxicos é observada entre as bactérias. Em contraste, quase todos os fungos filamentosos são aeróbios. A maioria das leveduras é anaeróbia facultativa.
- A maioria dos fungos é mais resistente à pressão osmótica do que as bactérias; muitos, por conseguinte, podem crescer em concentrações relativamente altas de sal ou açúcar.
- Os fungos podem crescer em substâncias com baixo grau de umidade, geralmente tão baixo que impede o crescimento de bactérias.

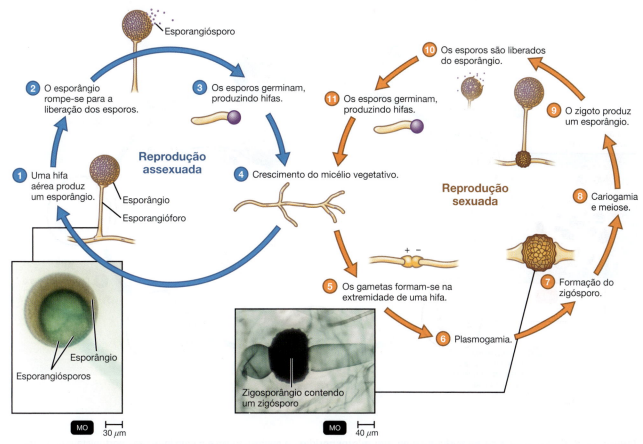

Figura 12.7 **Ciclo de vida de** *Rhizopus*, **um mucoromiceto.** Este fungo, na maioria das vezes, reproduz-se assexuadamente. Duas linhagens de cruzamento opostas (designadas + e –) são necessárias para a reprodução sexuada.

P O que é uma micose oportunista?

- Os fungos requerem menos nitrogênio para um crescimento equivalente ao das bactérias.
- Os fungos são frequentemente capazes de metabolizar carboidratos complexos, como a lignina (componente da madeira), que a maioria das bactérias não pode utilizar como nutrientes.

Essas características permitem que os fungos se desenvolvam em substratos improváveis, como paredes de banheiro, couro de sapatos e jornais velhos.

TESTE SEU CONHECIMENTO

✔ **12-1** Considere que você isolou um organismo unicelular que possui uma parede celular. Como você verificaria que se trata de um fungo e não de uma bactéria?

✔ **12-2** Compare o mecanismo de formação de esporos sexuados e assexuados.

Fungos de importância médica

Esta seção apresenta uma visão geral dos filos dos fungos de importância médica. As doenças efetivas que eles causam serão estudadas nos Capítulos 21 a 26. Observe que apenas um número relativamente pequeno de fungos causa doenças e alguns fungos nos protegem contra infecções (ver **Explorando o microbioma**).

Os gêneros listados nos filos a seguir incluem muitos que são encontrados como contaminantes de alimentos e de culturas bacterianas em laboratório. Embora esses gêneros não representem todos os principais fungos de importância médica, eles são exemplos característicos de seus respectivos grupos.

Mucoromycota

Os Mucoromycota, ou fungos de conjugação, são fungos filamentosos saprofíticos que apresentam hifas cenocíticas. Um exemplo é o *Rhizopus stolonifer*, o conhecido bolor preto do pão. Os esporos assexuados de *Rhizopus* são esporangiósporos (**Figura 12.7**). Os esporangiósporos pretos dentro do

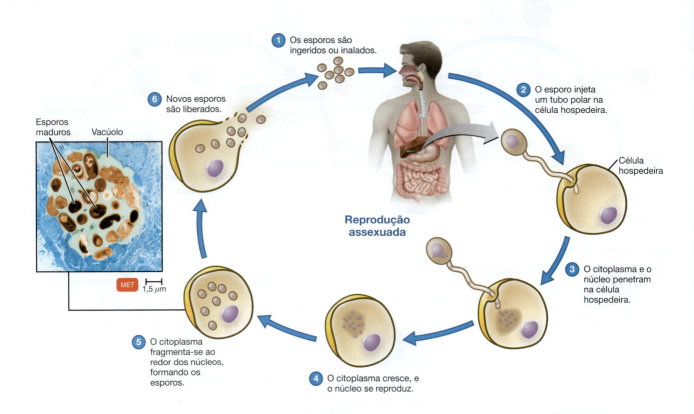

Figura 12.8 Ciclo de vida de *Encephalitozoon*, um microsporídio. A microsporidiose é uma infecção oportunista emergente em pacientes imunocomprometidos e em idosos. *E. intestinalis* causa diarreia. A reprodução sexuada não foi observada.

P Por que os microsporídios foram tão difíceis de classificar?

esporângio conferem ao *Rhizopus* seu nome comum, bolor preto do pão. Quando o esporângio se abre, os esporangiósporos dispersam-se. Se eles caírem em um meio adequado, germinarão, originando um novo talo de fungo.

Os esporos sexuados são zigósporos. Um **zigósporo** é um esporo grande envolvido por uma parede espessa (Figura 12.7, etapa 7). Esse tipo de esporo se forma quando os núcleos de duas células que são morfologicamente similares se fundem.

Microsporídios

Os **microsporídios** são eucariotos incomuns, uma vez que não têm mitocôndrias. Os microsporídios não têm microtúbulos (ver Capítulo 4) e são parasitas intracelulares obrigatórios. Em 1857, quando foram descobertos, os microsporídios foram classificados como fungos. No entanto, eles foram reclassificados como protistas, em 1983, devido à sua ausência de mitocôndria. Um sequenciamento genômico recente, contudo, revelou que os microsporídios são fungos. A reprodução sexuada não foi observada, mas provavelmente ocorre no interior do hospedeiro (**Figura 12.8**). Os microsporídios foram associados a várias doenças humanas, incluindo diarreia crônica e ceratoconjuntivite (inflamação da conjuntiva próxima à córnea), particularmente em pessoas com Aids.

Ascomycota

Os ascomicetos incluem fungos com hifas septadas e algumas leveduras. Seus esporos assexuados normalmente são conídios produzidos em longas cadeias a partir do conidióforo. O termo *conídio* significa pó, e esses esporos são facilmente liberados da cadeia formada no conidióforo ao menor contato, flutuando no ar como poeira.

Um **ascósporo** forma-se quando os núcleos de duas células que podem ser morfologicamente similares ou diferentes se fundem. Esses esporos são produzidos em uma estrutura em forma de saco, chamada **asco** (**Figura 12.9**, parte inferior, à direita). Os membros desse filo são chamados de fungos do saco por causa do asco.

Basidiomycota

Os basidiomicetos, ou fungos em clava, também possuem hifas septadas. Esse filo inclui fungos que produzem cogumelos. Os **basidiósporos** são formados externamente em

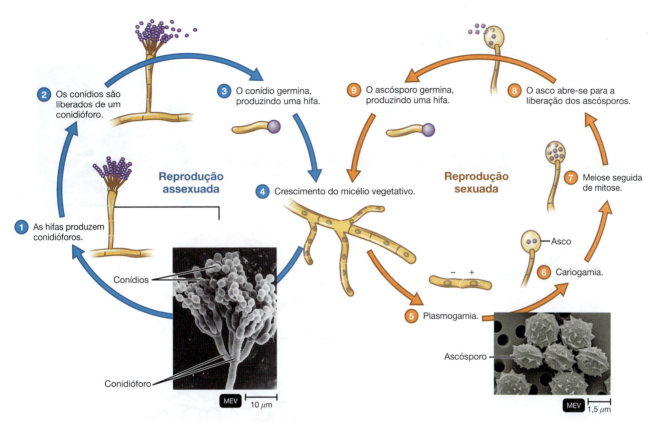

Figura 12.9 Ciclo de vida de *Penicillium*, um ascomiceto. Ocasionalmente, quando duas células de cruzamento opostas de duas linhagens diferentes (+ e –) se fundem, a reprodução sexuada ocorre.

P **Identifique um ascomiceto que pode infectar seres humanos.**

um pedestal, chamado de **basídio** (**Figura 12.10**). (O nome comum do fungo é derivado da forma de clava do basídio.) Existem normalmente quatro basidiósporos por basídio. Alguns dos basidiomicetos produzem conidiósporos assexuados.

* * *

Historicamente, os fungos cujo ciclo sexuado ainda não havia sido observado eram colocados em uma "categoria de espera" denominada *Deuteromycota*. Atualmente, os micologistas estão utilizando o sequenciamento de genes do RNA ribossômico (rRNA) para classificar esses organismos. A maioria desses deuteromicetos anteriormente não classificados são ascomicetos, e alguns são basidiomicetos.

A **Tabela 12.2** lista alguns fungos que causam doenças em seres humanos.

Doenças fúngicas

Qualquer infecção fúngica é chamada de **micose**. As micoses geralmente são infecções crônicas (de longa duração), uma vez que os fungos crescem devagar. As micoses são classificadas em cinco grupos de acordo com o grau de envolvimento tecidual e o modo de entrada no hospedeiro: sistêmica,

subcutânea, cutânea, superficial ou oportunista. Os fungos estão relacionados aos animais (como vimos no Capítulo 10); consequentemente, os fármacos que afetam as células fúngicas também podem afetar as células do animal, fato que torna difícil o tratamento das infecções fúngicas em seres humanos e em outros animais. Alguns fungos que causam doenças pela produção de toxinas são discutidos no Capítulo 15.

CASO CLÍNICO

N a semana anterior, Ethan havia apresentado dispneia, febre, calafrios, cefaleia, suores noturnos, perda de apetite, náuseas e dor muscular. Sem outros sintomas, é tratado com amoxicilina para uma possível infecção do trato respiratório inferior. Após 3 dias, apesar do antibiótico, a frequência respiratória de Ethan aumenta e seu médico solicita um exame de radiografia de tórax. O exame revela a presença de uma massa nos pulmões de Ethan.

Ethan e seu cão parecem ter adquirido a mesma infecção. Faça uma breve lista dos possíveis patógenos relacionados com base nessa nova informação.

Parte 1 **Parte 2** Parte 3 Parte 4

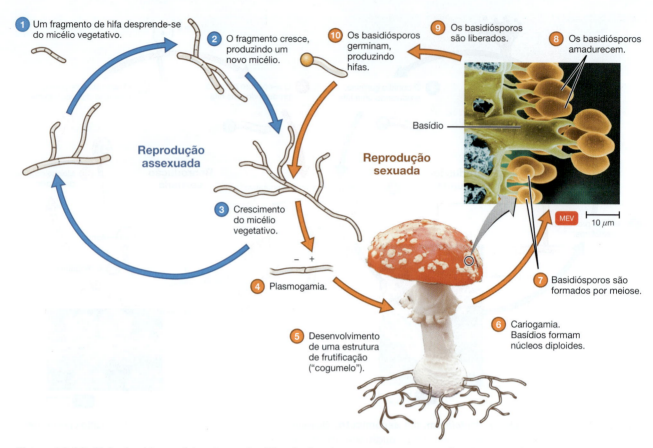

Figura 12.10 Ciclo de vida genérico de um basidiomiceto. Os cogumelos surgem após a fusão de células originadas de duas linhagens de cruzamento opostas (+ e –).

P Qual é a base da classificação dos fungos em filos?

Micoses sistêmicas são infecções fúngicas profundas no interior do corpo. Não se restringem a nenhuma região particular, mas podem afetar vários tecidos e órgãos. As micoses sistêmicas normalmente são causadas por fungos que vivem no solo. Os esporos são transmissíveis por inalação; essas infecções, em geral, iniciam-se nos pulmões e, em seguida, disseminam-se a outros tecidos do corpo. Não são contagiosas entre animais e seres humanos ou entre indivíduos. Duas micoses sistêmicas, a histoplasmose e a coccidioidomicose, são discutidas no Capítulo 24.

Micoses subcutâneas são infecções fúngicas localizadas abaixo da pele causadas por fungos saprofíticos que vivem no solo e na vegetação. A esporotricose é uma infecção subcutânea adquirida por jardineiros e fazendeiros (Capítulo 21). A infecção ocorre por implantação direta dos esporos ou de fragmentos de micélio em uma perfuração na pele.

Os fungos que infectam apenas a epiderme, o cabelo e as unhas são chamados de **dermatófitos**, e suas infecções são denominadas *dermatomicoses* ou **micoses cutâneas** (ver Figura 21.16). Os dermatófitos secretam queratinase, enzima que degrada a **queratina**, proteína encontrada no cabelo, na pele

e nas unhas. A infecção é transmissível entre seres humanos, ou de um animal para um ser humano, por contato direto ou contato com fios e células epidérmicas infectadas (como tesoura de cabeleireiro ou pisos de banheiros).

Os fungos que causam as **micoses superficiais** estão localizados ao longo dos fios de cabelo e nas células epidérmicas superficiais. Essas infecções são prevalentes em climas tropicais.

Em geral, um **patógeno oportunista** é inofensivo em seu hábitat normal (que pode incluir a parte interna ou externa do corpo humano), porém pode se tornar patogênico em um hospedeiro que se encontra debilitado ou traumatizado; indivíduos sob tratamento com antibióticos de amplo espectro; indivíduos cujo sistema imune esteja suprimido por fármacos ou por distúrbios, ou aqueles que tenham alguma doença pulmonar.

Pneumocystis é um patógeno oportunista encontrado em indivíduos com o sistema imune comprometido e ele causa a infecção mais frequente em pacientes com Aids, podendo ser fatal (ver Figura 24.20). Foi inicialmente classificado como protozoário, mas estudos recentes de seu RNA revelaram

TABELA 12.2 Características de alguns fungos patogênicos

Filo	Características de crescimento	Tipos de esporos assexuados	Patógenos humanos	Hábitat	Tipo de micose
Mucoromycota	Cenocítico (hifas não septadas)	Esporangiósporos	*Rhizopus* *Mucor*	Ubíquo Ubíquo	Sistêmica Sistêmica
Microsporidia	Ausência de hifa	Esporos imóveis	*Encephalitozoon* *Nosema*	Seres humanos, outros animais	Diarreia Ceratoconjuntivite
Ascomycota	Hifas septadas	Conídios	*Aspergillus* *Claviceps purpurea*	Ubíquo Gramíneas	Sistêmica Ingestão de toxina
	Dimórficos	Conídios	*Blastomyces dermatitidis* *Histoplasma capsulatum* *Stachybotrys* *Sporothrix schenkii*	Solo, matéria em decomposição Solo Solo Solo	Sistêmica Sistêmica Sistêmica Subcutânea
		Artroconídios	*Coccidioides immitis*	Solo	Sistêmica
	Hifas septadas, grande afinidade por queratina	Artroconídios, clamidoconídios	*Microsporum* *Trichophyton* *Epidermophyton*	Solo, animais Solo, animais Solo, humanos	Cutânea Cutânea Cutânea
	Leveduriforme, pseudo-hifas	Clamidoconídios, blastoconídios	*Candida albicans*	Humanos	Cutâneo, mucocutâneo, sistêmico
	Unicelular	Clamidoconídios	*C. auris*	Humanos	Infecções da corrente sanguínea
		Nenhum	*Pneumocystis*	Pulmões humanos	Pneumonia
Basidiomycota	Hifas septadas; inclui ferrugens, fuligens e patógenos de plantas; células leveduriformes encapsuladas	Conídios	*Cryptococcus*	Solo, fezes de aves	Sistêmica
			Malassezia *Amanita*	Pele humana Solo	Cutânea Ingestão de toxina

que o organismo se trata, na verdade, de um ascomiceto unicelular. Outro exemplo de patógeno oportunista é o fungo *Stachybotrys*, que normalmente cresce na celulose encontrada em vegetais mortos, mas que recentemente foi encontrado nas paredes de casas danificadas pela umidade.

A mucormicose é uma micose oportunista causada por *Rhizopus* e *Mucor*; a infecção ocorre principalmente em pacientes que apresentam diabetes melito, leucemia ou estão sob tratamento com fármacos imunossupressores. A aspergilose, outra micose oportunista, é causada por *Aspergillus* (ver Figura 12.3). Essa doença ocorre em indivíduos que apresentam doenças pulmonares debilitantes ou câncer e que tenham inalado esporos de *Aspergillus*. Infecções oportunistas por *Cryptococcus* e *Penicillium* podem causar doenças fatais em pacientes com Aids. Esses fungos oportunistas podem ser transmitidos de uma pessoa infectada para uma não infectada, mas geralmente não infectam indivíduos imunocompetentes. As **infecções por levedura**, ou candidíases, são mais frequentemente causadas por *C. albicans* e podem se manifestar como candidíase vulvovaginal ou como

"sapinho", uma candidíase mucocutânea. A candidíase, com frequência, ocorre em recém-nascidos, pacientes com Aids e indivíduos em tratamento com antibióticos de amplo espectro (ver Figura 21.17). O Centers for Disease Control and Prevention (CDC) alertou as unidades de saúde sobre a emergência mundial de um fungo invasivo multirresistente, o *Candida auris*, que causa infecções na corrente sanguínea, em feridas e nos ouvidos.

Alguns fungos causam doenças por meio da produção de toxinas. Essas toxinas são discutidas no Capítulo 15.

Impactos econômicos dos fungos

Os fungos são utilizados na biotecnologia há muitos anos. Aqui estão alguns exemplos:

- *Aspergillus niger* é utilizado na produção de ácido cítrico para alimentos e bebidas desde 1914.
- Os fármacos de uso comum chamados de estatinas que inibem a síntese do colesterol são produzidos pelo *Aspergillus terreus*.

CASO CLÍNICO

O médico de Ethan, suspeitando que seu paciente esteja com uma infecção fúngica, solicita uma biópsia da massa pulmonar. A **Figura A** e a **Figura B** mostram o exame microscópico e a cultura do tecido da biópsia.

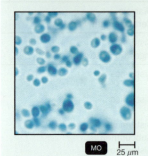

MO ⊢ 25 μm   MO ⊢ 30 μm

Figura A Exame microscópico da massa pulmonar.

Figura B Aparência microscópica da cultura.

Com base nas figuras, qual é o patógeno mais provável?

Parte 1   Parte 2   **Parte 3**   Parte 4

- A levedura *S. cerevisiae* é utilizada na produção de pão e vinho. Ela também é geneticamente modificada para produzir uma variedade de proteínas úteis, incluindo a vacina contra hepatite B.
- A ciclosporina, usada para prevenir a rejeição a transplantes, é produzida pelo *Tolypocladium inflatum*.
- *Trichoderma* é usado comercialmente na produção da enzima celulase, que é utilizada na remoção da parede celular das plantas para a produção de sucos de frutas mais puros.
- Quando o fármaco antitumoral taxol, que é produzido por teixos, foi descoberto, houve a preocupação de que as florestas da costa noroeste dos Estados Unidos pudessem ser dizimadas para a obtenção do fármaco. No entanto, o fungo *Taxomyces* também produz taxol.
- A penicilina é produzida pelo *Penicillium chrysogenum*, e as cefalosporinas são produzidas por um ascomiceto diferente, o *Acremonium chrysogenum*.
- O fungo *Coniothyrium minitans* fornece uma alternativa aos pesticidas químicos. Ele se alimenta de fungos que destroem a soja e outras plantações de feijão.

Em contraste com esses efeitos benéficos, os fungos podem ter efeitos indesejáveis para a agricultura, devido às suas adaptações nutricionais. Como observado pela maioria de nós, os fungos que deterioram frutas, grãos e vegetais são relativamente comuns, porém os estragos causados por bactérias nesses alimentos não são. Existe pouca umidade nas superfícies intactas desses alimentos, e o interior das frutas é muito ácido

para o desenvolvimento da maioria das bactérias. As compotas e as geleias também tendem a ser ácidas e possuem alta pressão osmótica devido ao açúcar que contêm. Todos esses fatores desfavorecem o crescimento bacteriano, mas permitem o crescimento de fungos.

CASO CLÍNICO Resolvido

Cryptococcus gattii, responsável por uma infecção fúngica emergente nos Estados Unidos, é um fungo dimórfico encontrado no solo. Cresce como levedura a 37 °C e produz hifas a 25 °C. Com base na aparência leveduriforme e na presença de hifas, o laboratório confirma a presença de *C. gattii* na massa pulmonar de Ethan. O produtor rotineiramente leva Waldo para caminhar nas florestas de abetos Douglas, no noroeste do Pacífico, por isso não é possível saber exatamente onde ou quando eles contraíram as infecções. Desde o primeiro caso relatado, em 1999, mais de 200 casos foram relatados na Colúmbia Britânica, Canadá e Noroeste Pacífico dos Estados Unidos; 96 casos de pessoas e 100 casos de animais de companhia foram confirmados desde 2004.

Ethan recebe uma terapia intravenosa com os agentes antifúngicos anfotericina B e flucitosina. Após uma estadia de 6 semanas no hospital, Ethan e Waldo voltam para casa e estão quase recuperados para passear novamente.

Parte 1   Parte 2   Parte 3   **Parte 4**

A castanheira, sobre a qual Longfellow escreveu, já não se propaga mais pelos Estados Unidos, com exceção de algumas pequenas localidades isoladas; uma ferrugem causada por um fungo matou todas as árvores. Essa ferrugem foi causada pelo ascomiceto *Cryphonectria parasitica*, trazido da China por volta de 1904. O fungo permite o desenvolvimento das raízes e o surgimento regular dos brotos, no entanto os mata com a mesma frequência. Castanheiras resistentes ao *Cryphonectria* estão sendo desenvolvidas. Outra doença fúngica de plantas que foi importada é a doença do olmo holandês, causada por *Ceratocystis ulmi*. Carregado de árvore em árvore por um besouro que vive nas cascas das árvores, o fungo bloqueia a circulação de seiva. Essa doença tem devastado a população de olmos dos Estados Unidos.

TESTE SEU CONHECIMENTO

✔ **12-3** Liste os esporos assexuados e sexuados produzidos pelos mucoromicetos, ascomicetos e basidiomicetos.

✔ **12-4** Por que os microsporídios são classificados como fungos?

✔ **12-4** As leveduras são benéficas ou prejudiciais?

Assim como vírus e bactérias são membros de um microbioma humano saudável, o mesmo acontece com os fungos. Mas, diferentemente da porção bacteriana do microbioma, o chamado micobioma está apenas começando a ser estudado.

Membros do gênero de levedura *Candida* são os fungos mais comuns que vivem como microbiota normal na boca, no intestino e na vagina. A população mais diversa de fungos é encontrada na boca, onde 101 espécies foram identificadas. Além da *Candida*, o micobioma oral inclui *Saccharomyces*, *Cladosporium* e *Pichia*. *Saccharomyces* e *Cladosporium* são comuns no intestino, e *Malassezia* é o gênero mais abundante que vive na pele.

Certos membros do micobioma são patógenos oportunistas bem conhecidos. *C. albicans* pode proliferar e causar infecções vaginais depois que outros membros do microbioma morrem devido a um ciclo de tratamento com fármacos antimicrobianos. A dieta pode afetar os fungos intestinais.

A concentração de *Candida* aumentou e a de *Saccharomyces* diminuiu nos intestinos de camundongos alimentados com uma dieta rica em gordura. Embora a exposição precoce a micróbios ofereça proteção contra asma e alergias, estudos recentes mostraram que a presença do fungo *Pichia* no intestino de uma criança aumenta o risco de desenvolvimento de asma.

É importante entender como os fungos do micobioma interagem entre si. Por exemplo, uma diminuição na abundância oral de *Pichia* coincidiu com um aumento no crescimento de *Candida* em pessoas com Aids – essa observação levou à descoberta de que *Pichia* secreta várias proteínas que inibem a *Candida*. Da mesma forma, observar como fungos e bactérias dentro do microbioma competem entre si também é uma área-chave de pesquisa. A levedura *Saccharomyces boulardii*, por exemplo, produz uma protease (enzima) que digere a toxina *Clostridioides difficile*. *C. difficile* é uma bactéria difícil de tratar, que causa diarreia depois que antibióticos

eliminam outros membros do microbioma intestinal. Além disso, *S. boulardii* impede a ligação dos patógenos intestinais *Salmonella* e *Shigella* e diminui a resposta inflamatória na colite.

Micrografia da levedura *C. albicans*

Liquens

OBJETIVOS DE APRENDIZAGEM

12-5 Listar as características que definem os liquens e descrever suas necessidades nutricionais.

12-6 Descrever o papel dos fungos e das algas em um líquen.

Um **líquen** é uma combinação de uma alga verde (ou uma cianobactéria) com um fungo. Os liquens fazem parte do reino Fungi e são classificados de acordo com o seu parceiro fúngico, na maioria das vezes um ascomiceto. Os dois organismos existem em uma relação *mutualística*, em que ambos os parceiros se beneficiam. Os liquens são muito diferentes tanto das algas quanto dos fungos quando ambos crescem separadamente e, se as partes são separadas, o líquen deixa de existir.

Cerca de 13.500 espécies de liquens ocupam hábitats bastante diversos. Por conseguirem habitar áreas onde nem os fungos nem as algas poderiam sobreviver sozinhos, os liquens são, frequentemente, a primeira forma de vida a colonizar solos ou pedras recentemente expostos. Os liquens secretam ácidos orgânicos que quimicamente desgastam as rochas e acumulam nutrientes necessários para o crescimento das plantas. Também encontrados em árvores, estruturas de concreto e

telhados, os liquens são alguns dos organismos que crescem mais lentamente na Terra.

Os liquens podem ser agrupados em três categorias morfológicas (**Figura 12.11a**). Os *liquens crostosos* crescem rentes ou incrustados no substrato, os *liquens foliosos* são mais parecidos com folhas, e os *liquens fruticosos* têm projeções semelhantes a dedos. O talo de um líquen, ou corpo, forma-se quando a hifa fúngica cresce ao redor das células da alga, formando uma **medula** (Figura 12.11b). A hifa fúngica projeta-se abaixo do corpo do líquen, formando **rizinas**, ou estruturas de fixação. A hifa fúngica também forma um **córtex**, ou capa protetora, sobre a camada de algas e, às vezes, abaixo dela. Curiosamente, o córtex do líquen tem um microbioma que inclui leveduras e bactérias heterotróficas. Após a incorporação como um talo de líquen, a alga continua seu crescimento, e a hifa em crescimento pode incorporar novas células de algas.

Quando a alga é cultivada separadamente *in vitro*, cerca de 1% dos carboidratos produzidos durante a fotossíntese são liberados no meio de cultura; entretanto, quando a alga está associada ao fungo, a membrana plasmática da alga é mais permeável, e mais de 60% dos produtos da fotossíntese são liberados para o fungo ou são encontrados como produtos finais do metabolismo dos fungos. Os fungos claramente se beneficiam

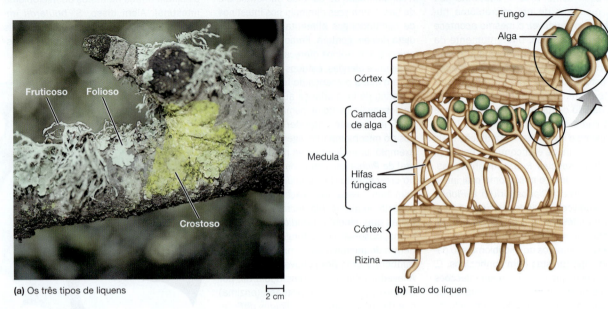

(a) Os três tipos de liquens

2 cm

(b) Talo do líquen

Figura 12.11 Liquens. A medula do líquen é composta por hifas fúngicas circundando a camada de alga. O córtex protetor é uma camada de hifas fúngicas que cobre a superfície e, algumas vezes, a base do líquen.

P Em quais circunstâncias os liquens são únicos?

dessa associação. A alga, enquanto fornece nutrientes valiosos, é recompensada; ela recebe do fungo facilidade para fixação (rizinas) e proteção contra a dessecação (córtex).

Os liquens tinham considerável importância econômica na Grécia antiga e em outras partes da Europa como corantes de roupas. Eritrolitmina, corante utilizado em papéis indicadores de mudanças no pH, é extraído de diversos liquens. Além disso, o ácido úsnico da *Usnea* é utilizado como agente antimicrobiano na China. Alguns liquens ou seus ácidos podem causar dermatite de contato alérgica em seres humanos.

Populações de liquens prontamente incorporam cátions (íons com carga positiva) em seus talos. Dessa forma, as concentrações e os tipos de cátions presentes na atmosfera podem ser determinados por análise química do talo dos liquens. Além disso, a presença ou ausência de espécies que são sensíveis a poluentes pode ser utilizada para verificar a qualidade do ar. Em 1985, um estudo no vale Cuyahoga, em Ohio, nos Estados Unidos, mostrou que 81% das 172 espécies de liquens que existiam em 1917 haviam desaparecido. Como essa área estava severamente afetada pela poluição do ar, inferiu-se que os poluentes do ar, principalmente o dióxido de enxofre (o maior contribuinte para a chuva ácida), causaram a morte das espécies sensíveis.

Os liquens são o principal alimento para os herbívoros das tundras, como o caribu e as renas. Após o desastre nuclear de 1986, em Chernobyl, 70 mil renas na Lapônia que haviam sido criadas para alimentação tiveram de ser sacrificadas devido aos altos níveis de radiação. Os liquens dos quais as renas se alimentaram haviam absorvido césio-137 radioativo, que se espalhou pelo ar.

TESTE SEU CONHECIMENTO

✔ **12-5** Qual é o papel dos liquens na natureza?

✔ **12-6** Qual é o papel dos fungos em um líquen?

Algas

OBJETIVOS DE APRENDIZAGEM

12-7 Listar as características que definem as algas.

12-8 Listar as características marcantes dos filos que incluem as algas discutidos neste capítulo.

12-9 Identificar dois efeitos benéficos e dois efeitos prejudiciais das algas.

As algas podem ser bem conhecidas, como é o caso das grandes florestas de algas marrons nas águas costeiras, da espuma verde em uma poça e das manchas verdes no solo ou sobre rochas. Algumas algas são responsáveis por intoxicações alimentares. Algumas são unicelulares; outras formam cadeias de células (são filamentosas); e poucas apresentam talo.

"Alga" é um nome comum, e não é um grupo taxonômico; é uma forma de se descrever os fotoautotróficos que não possuem as raízes, os caules e as folhas das plantas. Historicamente, as algas eram consideradas plantas, mas não possuem os embriões das plantas verdadeiras. As algas são classificadas de acordo com a tipagem de DNA de seus genes de rRNA, estruturas, pigmentos e outras propriedades (Tabela 12.3). Atualmente, elas estão agrupadas em superclados.

TABELA 12.3 Características de algas selecionadas

	Algas marrons	Diatomáceas	Dinoflagelados	Bolores aquáticos	Euglenoides	Algas vermelhas	Algas verdes
Superclado	SAR*	SAR	SAR	SAR	Excavata	Archaeplastida	Archaeplastida
Filo	Phaeophyta	Bacillariophyta	Dinoflagellata	Oomycota	Euglenozoa	Rhodophyta	Chlorophyta
Coloração	Marrom	Marrom	Marrom	Incolor, branca	Verde	Avermelhada	Verde
Parede celular	Celulose e ácido algínico	Pectina e sílica	Celulose na membrana	Celulose	Nenhuma	Celulose	Celulose
Arranjo celular	Multicelular	Unicelular	Unicelular	Multicelular	Unicelular	Multicelular (a maioria)	Unicelular e multicelular
Pigmentos fotossintéticos	Clorofilas *a* e *c*, xantofila	Clorofilas *a* e *c*, caroteno, xantofilas	Clorofilas *a* e *c*, caroteno, xantinas	Nenhum	Clorofilas *a* e *b*	Clorofilas *a* e *d*, ficobiliproteínas	Clorofilas *a* e *b*
Reprodução sexuada	Sim	Sim	Em alguns	Sim (semelhante a Mucormycota)	Não	Sim	Sim
Material de reserva	Carboidrato	Óleo	Amido	Nenhum	Polímero de glicose	Polímero de glicose	Amido
Patogenicidade	Nenhuma	Toxinas	Toxinas	Parasitas	Nenhuma	Algumas produzem toxinas	Nenhuma

*SAR significa Stramenopiles, *Alveolata*, *Rhizaria*.

Características das algas

As algas são organismos eucariotos fotoautotróficos relativamente simples que não possuem os tecidos (raízes, caules e folhas) típicos de plantas. A identificação de algas filamentosas e unicelulares requer exame microscópico.

Hábitat

As algas são principalmente aquáticas, e a maioria é encontrada no oceano, embora algumas sejam encontradas no solo ou sobre árvores quando existe umidade suficiente. A água é necessária para suporte físico, reprodução e difusão de nutrientes. Em geral, as algas são encontradas em águas frias temperadas, embora os grandes tapetes flutuantes da alga marrom *Sargassum* sejam encontrados nas águas subtropicais do Mar dos Sargaços, e algumas espécies de algas marrons são encontradas nas águas da Antártida. O hábitat desses organismos depende da disponibilidade de nutrientes apropriados, do comprimento de onda da luz e das superfícies sobre as quais eles crescem. Hábitats incomuns de algas incluem o pelo do urso polar e da preguiça da América do Sul. As prováveis localizações de algas representativas são mostradas na **Figura 12.12a**.

Estruturas vegetativas

O corpo de uma alga multicelular é chamado de talo. Os talos de grandes algas multicelulares, comumente chamadas de algas marinhas, consistem em **apressórios** ramificados (que ancoram a alga a uma rocha), **hastes** cauliformes e frequentemente ocas e **lâminas** semelhantes a folhas (Figura 12.12b). As células recobrindo o talo podem realizar fotossíntese. O talo não apresenta um tecido condutor (xilema e floema), característico de plantas vasculares; as algas absorvem nutrientes da água ao longo de toda a superfície do corpo. A haste não é lignificada ou lenhosa, não oferecendo o suporte de um caule de planta; em vez disso, a água circundante sustenta o talo da alga. Algumas algas também são sustentadas por uma vesícula cheia de gás flutuante, chamada de *pneumatocisto*.

Ciclo de vida

Todas as algas podem se reproduzir assexuadamente. As algas multicelulares com talos e formas filamentosas podem se fragmentar; cada pedaço é capaz de formar um novo talo ou filamento. Quando uma alga unicelular se divide, seu núcleo se divide (mitose), e os dois núcleos se movem para as extremidades opostas da célula. A célula, então, divide-se em duas células completas (citocinese).

As algas também podem se reproduzir sexuadamente (**Figura 12.13**). Em algumas espécies, a reprodução assexuada pode ocorrer por várias gerações e, então, sob diferentes condições, a mesma espécie se reproduz de maneira sexuada. Outras espécies alternam gerações de forma que a prole resultante da reprodução sexuada se reproduza assexuadamente, e a geração seguinte, então, reproduz-se sexuadamente.

Nutrição

A maioria das algas é fotossintética; contudo, os oomicetos, ou algas semelhantes a fungos, são quimio-heterotróficos. As algas fotossintéticas são encontradas ao longo da zona fótica (luz) dos corpos aquáticos. A clorofila *a* (pigmento que absorve a luz) e os pigmentos acessórios envolvidos na fotossíntese são os responsáveis pelas cores distintas encontradas em muitas algas.

A seguir, são descritos alguns dos filos das algas.

Filos selecionados de algas

As *algas marrons*, ou *kelp*, são macroscópicas; algumas atingem 50 m de comprimento (ver Figura 12.12b). A maioria é encontrada nas águas costeiras. As algas marrons têm uma taxa de crescimento impressionante. Algumas crescem em velocidades que excedem 20 cm por dia, podendo ser colhidas regularmente.

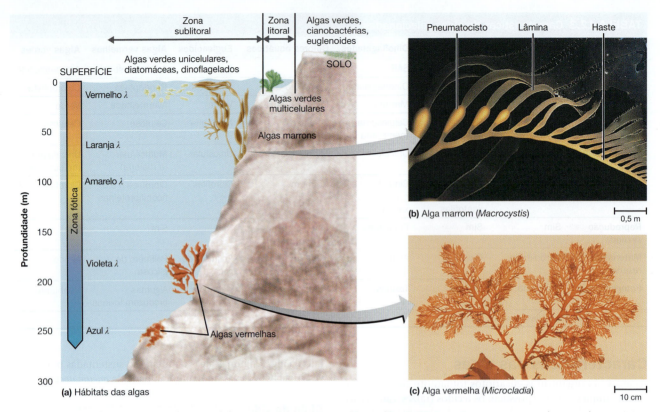

(b) Alga marrom (*Macrocystis*) |——| 0,5 m

(c) Alga vermelha (*Microcladia*) |——| 10 cm

(a) Hábitats das algas

Figura 12.12 Algas e seus hábitats. (a) Embora as algas unicelulares e filamentosas possam ser encontradas no solo, elas frequentemente existem em ambientes marinhos e de água doce na forma de plâncton. Algas vermelhas, marrons e verdes multicelulares requerem um sítio de ligação adequado, água em quantidades adequadas e luz em comprimentos de onda apropriados. **(b)** *Macrocystis porifera*, uma alga marrom. A haste é oca, e os pneumatocistos, cheios de gás, mantêm o talo verticalmente, assegurando que uma quantidade suficiente de luz solar seja recebida para o seu crescimento. **(c)** *Microcladia*, uma alga vermelha. As algas vermelhas delicadamente ramificadas adquirem suas cores a partir dos pigmentos acessórios, as ficobiliproteínas.

P Qual alga vermelha é tóxica para os seres humanos?

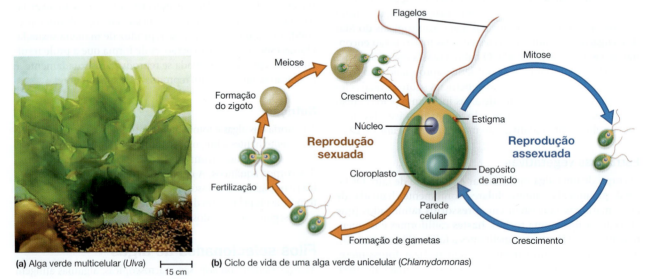

(a) Alga verde multicelular (*Ulva*) |——| 15 cm

(b) Ciclo de vida de uma alga verde unicelular (*Chlamydomonas*)

Figura 12.13 Alga verde. (a) Alga verde multicelular *Ulva*. **(b)** Ciclo de vida da alga verde unicelular *Chlamydomonas*. Dois flagelos em formato de chicote propulsionam essa célula.

P Qual é o papel principal das algas no ecossistema?

A **algina**, um espessante utilizado em muitos alimentos (como sorvetes e decoração de bolos), é extraída da parede celular dessas algas. A algina também é usada na produção de uma grande variedade de produtos não comestíveis, incluindo pneus e cremes para as mãos. A alga marrom *Laminaria japonica* é utilizada para induzir dilatação vaginal antes de procedimentos cirúrgicos no útero através da vagina.

A maioria das *algas vermelhas* tem o talo delicadamente ramificado e pode viver em profundidades oceânicas maiores do que outras algas (ver Figura 12.12c). Os talos de algumas algas vermelhas formam uma cobertura semelhante a uma crosta sobre as rochas e conchas. Os pigmentos vermelhos permitem que as algas vermelhas absorvam a luz azul que penetra nas regiões mais profundas dos oceanos. O ágar usado nos meios microbiológicos é extraído de muitas algas vermelhas. Outro material gelatinoso, a carragenina, vem de uma espécie de alga vermelha comumente conhecida como musgo irlandês. A carragenina e o ágar são utilizados como ingredientes espessantes de leites evaporados, sorvetes e produtos farmacêuticos. Espécies de *Gracilaria*, que crescem no Oceano Pacífico, são utilizadas pelo homem como alimento. Contudo, alguns membros desse gênero podem produzir uma toxina letal.

As *algas verdes* possuem paredes celulares de celulose, contêm clorofilas *a* e *b* e armazenam amido, assim como as plantas (ver Figura 12.13a). Acredita-se que as algas verdes tenham originado as plantas terrestres. A maioria das algas verdes é microscópica, embora possam ser tanto unicelulares quanto multicelulares. Alguns tipos filamentosos formam uma espuma verde em lagoas.

Os **euglenoides** são fotoautótroficos agrupados em Euglenozoa. Esse filo também inclui parasitas quimio-heterotróficos que são discutidos posteriormente (ver Figura 12.18c). Eles possuem uma camada proteica semirrígida, chamada de *película*, embaixo da membrana plasmática, e se movem por meio de um flagelo localizado na extremidade anterior. A maioria dos euglenoides também possui um *estigma* vermelho, localizado na extremidade anterior. Essa organela contendo carotenoides percebe a luz e dirige a célula na direção apropriada usando um *flagelo pré-emergente*. Alguns euglenoides são quimio-heterotróficos facultativos. No escuro, eles ingerem matéria orgânica pelo citóstoma.

Diatomáceas, dinoflagelados e fungos aquáticos são agrupados em um superclado. As *diatomáceas* (**Figura 12.14**) são algas unicelulares ou filamentosas, que possuem paredes celulares complexas que consistem em pectina e uma camada de sílica. As duas partes da parede celular se encaixam como as duas partes de uma placa de Petri. Os padrões distintos das paredes são ferramentas úteis na identificação das diatomáceas. As diatomáceas armazenam a energia capturada pela fotossíntese na forma de óleo.

Algumas diatomáceas produzem uma neurotoxina chamada ácido domoico. O primeiro relato de um surto de uma doença neurológica provocado por diatomáceas foi registrado em 1987, no Canadá. O envenenamento amnésico por marisco afetou pessoas que comiam mexilhões que se alimentavam de diatomáceas. Desde 1991, centenas de aves marinhas e leões-marinhos morreram pela mesma **intoxicação por ácido domoico** na Califórnia.

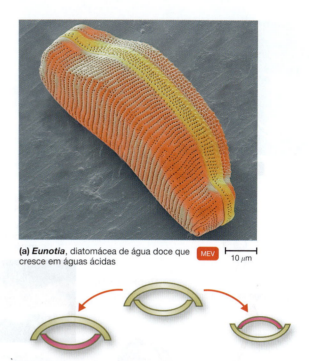

(a) *Eunotia*, diatomácea de água doce que cresce em águas ácidas   [MEV]   ⊢ 10 μm ⊣

(b) Reprodução assexuada de uma diatomácea

Figura 12.14 Diatomáceas. (a) Nesta micrografia de *Eunotia serra*, observe como as duas partes da parede celular se encaixam. **(b)** Reprodução assexuada em uma diatomácea. Durante a mitose, cada célula descendente retém parte da parede celular da célula parental (em amarelo) e precisa sintetizar a metade restante (em rosa).

P Que doença humana é causada pelas diatomáceas?

Os *dinoflagelados* são algas unicelulares, membros de um grande grupo de organismos aquáticos flutuantes, chamados coletivamente de **plâncton** (**Figura 12.15**). Eles possuem uma estrutura rígida que é devida à celulose presente na membrana

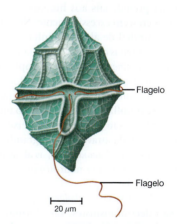

Flagelo

Flagelo

20 μm

Figura 12.15 *Peridinium*, um dinoflagelado. Assim como todos os dinoflagelados, *Peridinium* possui dois flagelos em cavidades opostas e perpendiculares. Quando os dois flagelos batem simultaneamente, eles giram a célula.

P Quais doenças humanas são causadas por dinoflagelados?

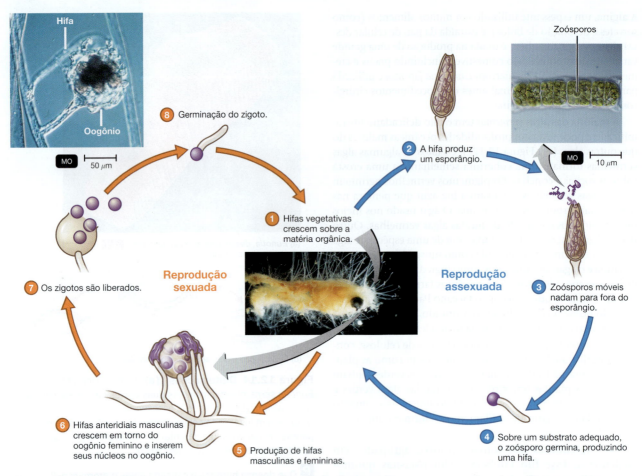

Figura 12.16 Oomicetos. Essas algas semelhantes a fungos são decompositoras comuns em água doce. Algumas causam doenças em peixes e plantas terrestres. Observe o micélio difuso de *Saprolegnia ferax* sobre o peixe.

P Os oomicetos são mais intimamente relacionados ao *Penicillium* ou às diatomáceas?

plasmática. Alguns dinoflagelados produzem neurotoxinas que podem ser prejudiciais aos humanos e outros animais quando as algas crescem excessivamente. Nos últimos 20 anos, um aumento mundial de algas marinhas tóxicas matou milhões de peixes, centenas de mamíferos marinhos e até mesmo seres humanos. *Gambierdiscis* é um exemplo de dinoflagelado produtor de neurotoxinas. Ele causa a doença da ciguatera em humanos que comem peixes que ingeriram uma grande quantidade desse dinoflagelado. Como acabamos de observar, as algas também podem prejudicar os peixes; por exemplo, quando um peixe nada através de um grande número de dinoflagelados da espécie *Karenia brevis*, as algas presas nas brânquias do peixe liberam uma neurotoxina que interrompe a respiração do animal.

Outro filo de algas são os *bolores aquáticos* ou *Oomycota*. A maioria são decompositores. Eles formam massas cotonosas sobre algas e animais mortos, geralmente em água doce (**Figura 12.16**). Assexuadamente, os oomicetos assemelham-se aos fungos mucormicetos, pois produzem esporos em um esporângio (saco de esporos). Entretanto, os esporos dos oomicetos, chamados de **zoósporos** (Figura 12.16,

parte superior, à direita), possuem dois flagelos; os fungos não possuem flagelos. Em virtude da similaridade superficial com os fungos, os oomicetos foram previamente classificados com eles. Suas paredes celulares de celulose sempre sugeriram uma relação com as algas, e análises de DNA recentes confirmaram que os oomicetos estão mais próximos filogeneticamente das diatomáceas e dos dinoflagelados que dos fungos. Muitos dos oomicetos terrestres são parasitas de plantas. O Departamento de Agricultura dos Estados Unidos inspeciona as plantas importadas em busca de ferrugem branca, doença causada por um oomiceto. Viajantes ou mesmo importadores de plantas não imaginam que uma pequena inflorescência ou propágulo pode carregar uma praga que é capaz de causar um prejuízo de milhões de dólares para a agricultura dos Estados Unidos.

Na Irlanda, em meados da década de 1800, 1 milhão de pessoas morreu quando a safra de batatas do país foi destruída. A alga que causou a grande praga da batata, *Phytophthora infestans*, foi um dos primeiros microrganismos a ser associado a uma doença. Atualmente, *Phytophthora* spp. infecta cultivos de soja, batata e cacau em todo o mundo. A hifa vegetativa produz zoósporos móveis e hifas sexuais especializadas (ver Figura 12.16). Décadas atrás, todas as linhagens existentes nos Estados Unidos eram de uma linhagem sexual de cruzamento ("sexo"), chamada de A1. Mas, na década de 1990, outra linhagem sexual, A2, foi identificada nos Estados Unidos. Quando em contato próximo, A1 e A2 se diferenciam, produzindo gametas haploides capazes de cruzar para formar um zigoto. Quando o zigoto germina, a alga resultante apresenta genes de ambas as linhagens parentais.

Na Austrália, *P. cinnamoni* infectou cerca de 20% de uma espécie de *eucalipto*. As *Phytophthora* spp. foram introduzidas nos Estados Unidos na década de 1990 e causaram uma ampla devastação nas culturas de frutas e vegetais. A "morte súbita do carvalho" causada por *P. ramorum* matou milhões de árvores na Califórnia desde que foi introduzida na década de 1990.

Função das algas na natureza

As algas são uma parte importante de qualquer cadeia alimentar aquática. Utilizando a energia produzida na fotofosforilação, as algas fixam o dióxido de carbono da atmosfera em carboidratos que podem ser consumidos pelos quimio-heterotróficos. O oxigênio molecular (O_2) é um subproduto de sua fotossíntese. Os primeiros metros de muitos corpos de água contêm algas planctônicas. Como 75% da Terra é coberta por água, a estimativa é de que 50 a 80% do O_2 da Terra seja produzido pelas algas planctônicas.

Variações sazonais nos nutrientes, na luz e na temperatura causam flutuações nas populações de algas; aumentos periódicos no número de algas planctônicas são chamados de **florescência de algas** (*blooms*). (As florescências algais nocivas são discutidas no Capítulo 15.) A florescência de dinoflagelados é responsável pelas marés vermelhas sazonais. Florescências de certas espécies indicam que a água na qual elas crescem está poluída, uma vez que essas algas se desenvolvem nas altas concentrações de nitrogênio e fósforo oriundas do esgoto e das atividades agrícolas. Quando as algas morrem, a decomposição de um grande número de células, associada à florescência de algas, diminui o nível de oxigênio dissolvido na água. (Esse fenômeno é discutido no Capítulo 27.)

Uma grande parte do petróleo mundial foi formada a partir de diatomáceas e outros organismos planctônicos que viveram há 300 milhões de anos. Quando esses microrganismos morreram e foram enterrados por sedimentos, as moléculas orgânicas que eles continham não foram decompostas. Ao invés disso, o calor e a pressão resultantes dos movimentos geológicos da Terra alteraram o óleo armazenado nas células, assim como as membranas celulares. O oxigênio e outros elementos foram eliminados, deixando um resíduo de hidrocarbonetos na forma de depósitos de petróleo e gás natural.

Muitas algas unicelulares são simbiontes em animais. O molusco gigante *Tridacna* desenvolveu órgãos especiais que abrigam dinoflagelados. Como o molusco vive em águas rasas, as algas proliferam nesses órgãos quando eles estão expostos ao sol. As algas liberam glicerol na corrente sanguínea dos moluscos, suprindo as necessidades de carboidrato desses animais. Além disso, evidências sugerem que o molusco obtém proteínas essenciais pela fagocitose de algas velhas.

Protozoários

OBJETIVOS DE APRENDIZAGEM

12-10 Listar as características que definem os protozoários.

12-11 Descrever as características marcantes dos filos de protozoários discutidos neste capítulo e apresentar um exemplo de cada.

12-12 Diferenciar hospedeiro intermediário de hospedeiro definitivo.

Os protozoários são organismos eucarióticos unicelulares. Entre os protozoários existem muitas variações na estrutura celular eucariótica, como será observado. Os protozoários habitam a água e o solo. No estágio de alimentação e crescimento, ou **trofozoíto**, eles se alimentam de bactérias e de pequenas partículas de nutrientes. Alguns protozoários fazem parte da microbiota normal dos animais. Ver "Explorando o microbioma" no Capítulo 4. Das mais de 50 mil espécies de protozoários, relativamente poucas causam doenças em humanos. No entanto, essas poucas espécies que causam doenças provocam um impacto significativo na saúde e na economia. A malária, por exemplo, é causada pelo protozoário *Plasmodium* e é a quarta principal causa de morte em crianças na África. Pesquisadores do Departamento de Agricultura dos Estados Unidos estão estudando um protozoário do filo Apicomplexa que reduz a produção de ovos pelas formigas-de-fogo. A esperança é de que o protozoário possa controlar as formigas-de-fogo, que causam milhões de dólares em danos agrícolas todos os anos e podem causar picadas dolorosas.

Características dos protozoários

O termo *protozoário* significa "primeiro animal", e faz alusão à sua nutrição semelhante à dos animais. Contudo, os protozoários são bem diferentes dos animais – alguns são fotossintéticos, e muitos têm ciclos de vida complexos, permitindo que ocorra a transferência de um hospedeiro para outro. Os protozoários atualmente são classificados no mesmo superclado das algas, com base em análises de DNA (ver Tabela 12.4).

Ciclo de vida

Reprodução Os protozoários reproduzem-se assexuadamente por fissão, brotamento ou esquizogonia. **Esquizogonia** é uma fissão múltipla; o núcleo divide-se múltiplas vezes antes da divisão celular. Após muitos núcleos serem formados, uma pequena porção do citoplasma se concentra ao redor de cada núcleo, e, então, a célula se separa em célula descendentes.

A reprodução sexuada já foi observada em alguns protozoários. Os ciliados, como o *Paramecium*, reproduzem-se

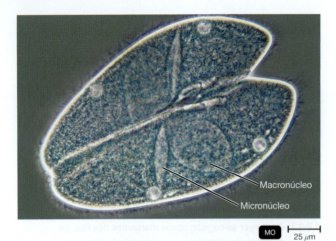

MO |—— 25 μm ——|

Figura 12.17 Conjugação no protozoário ciliado
Paramecium. A reprodução sexuada em ciliados ocorre por
conjugação. Cada célula possui dois núcleos: um micronúcleo e
um macronúcleo. O micronúcleo é haploide e especializado para
a conjugação. Um micronúcleo de cada célula migrará para a
outra célula durante a conjugação. Ambas as células produzirão,
portanto, duas células descendentes.

P A conjugação resulta na formação de mais células?

sexuadamente por **conjugação** (**Figura 12.17**), que é bem diferente do processo bacteriano que leva o mesmo nome (ver Figura 8.30). Durante a conjugação dos protozoários, duas células se fundem, o micronúcleo de cada uma sofre meiose e um núcleo haploide (micronúcleo) de cada célula migra para a outra célula. Cada micronúcleo haploide migrante se funde com o micronúcleo haploide que está dentro da outra célula. As células parentais separam-se, e cada uma se torna uma célula fertilizada. Em seguida, quando as células se dividem, elas produzem células descendentes com o DNA recombinado. Alguns protozoários produzem **gametas (gametócitos)**, que são células sexuais haploides. Durante a reprodução, os dois gametas fundem-se para formar um zigoto diploide.

Encistamento Sob certas condições adversas, alguns protozoários produzem uma cápsula protetora, chamada de **cisto**. Um cisto permite que o organismo sobreviva na ausência de alimento, umidade ou oxigênio, quando as temperaturas não são adequadas ou quando compostos tóxicos estão presentes. Um cisto também permite que uma espécie parasita seja capaz de sobreviver fora de um hospedeiro. Isso é importante, pois os protozoários parasitas podem precisar ser excretados de um hospedeiro para chegar a um novo. O cisto formado pelos membros do filo Apicomplexa é chamado de **oocisto**. Ele é uma estrutura reprodutiva, a partir da qual novas células são produzidas assexuadamente.

Nutrição

Os protozoários são, em sua maioria, heterotróficos aeróbios, embora muitos protozoários intestinais sejam capazes de crescer em anaerobiose. Dois grupos que contêm clorofila, os dinoflagelados e os euglenoides, são frequentemente estudados com as algas. Lembre-se de que algas e protozoários não são

grupos taxonômicos; são nomes comuns usados para descrever algumas características físicas.

Todos os protozoários vivem em áreas com grande suprimento de água. Alguns protozoários transportam o alimento através da membrana plasmática. Entretanto, alguns têm uma cobertura protetora, ou *película*, e por isso requerem estruturas especializadas para a obtenção de alimento. Os ciliados alimentam-se por ondulação de seus cílios em direção a uma estrutura semelhante a uma boca aberta, chamada de **citóstoma**. As amebas englobam o alimento, circundando-o com seus pseudópodes e o fagocitando. Em todos os protozoários, a digestão ocorre em **vacúolos** envoltos por membranas, e os resíduos podem ser eliminados através da membrana plasmática ou por um **poro anal** especializado.

Protozoários de importância médica

A biologia dos protozoários é discutida neste capítulo. As doenças causadas pelos protozoários são descritas na Parte IV, "Microrganismos e doenças humanas".

Os protozoários são um grupo grande e diverso. Os esquemas atuais de classificação das espécies de protozoários em filos são baseados em dados de DNA e na morfologia. À medida que mais informações são inseridas, alguns dos filos discutidos aqui podem ser agrupados em reinos.

Excavata

Os eucariotos unicelulares que possuem uma cavidade para alimentação em seu citoesqueleto foram agrupados no superclado Excavata. A maioria é fusiforme e possui flagelos (**Figura 12.18**). Esse superclado inclui dois filos que não possuem mitocôndrias – Diplomonad e Parabasalid – e o filo Euglenozoa, que apresenta mitocôndrias.

Diplomonadídeos Os membros do filo Diplomonad apresentam dois núcleos e dois conjuntos de quatro flagelos, mas não possuem mitocôndrias. Um exemplo é a *Giardia duodenalis*, muitas vezes chamada de *G. lamblia* ou *G. intestinalis*. O parasita (Figura 12.18b e Figura 25.16a) é encontrado no intestino delgado de seres humanos e outros mamíferos. É excretado nas fezes na forma de cisto (Figura 25.16b) e sobrevive no meio ambiente até ser ingerido pelo próximo hospedeiro. O diagnóstico da giardíase, a doença causada por *G. duodenalis*, frequentemente se baseia na identificação de cistos nas fezes.

Parabasalídeos Outro parasita humano que não possui mitocôndrias é o parabasalídeo *Trichomonas vaginalis*, mostrado na Figura 12.18b e na Figura 26.16. Como alguns outros flagelados, *T. vaginalis* possui uma **membrana ondulante**, que consiste em uma membrana delimitada por um flagelo. O *T. vaginalis* não apresenta estágio de cisto e precisa ser transferido rapidamente de um hospedeiro para outro antes que a dessecação ocorra. O *T. vaginalis* é encontrado na vagina e no trato urinário masculino. Normalmente, esse protozoário é transmissível por relação sexual, mas também pode ser transmissível em banheiros ou pelo uso compartilhado de toalhas.

Euglenozoa Dois grupos de células flageladas estão incluídos entre os **Euglenozoa** com base em genes de rRNA, mitocôndrias em forma de disco e ausência de reprodução sexuada.

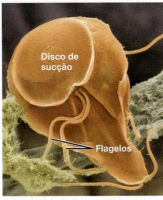

(a) *Giardia duodenalis.* [MEV] 3 μm
Este parasita
apresenta oito flagelos e um disco
de sucção ventral, que ele usa para
se fixar no intestino.

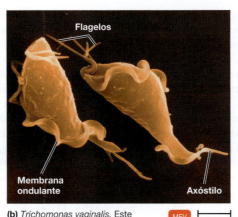

(b) *Trichomonas vaginalis.* Este [MEV] 7,5 μm
flagelado causa infecções genitais e do
trato urinário. Observe a pequena membrana ondulante.
O flagelado não apresenta estágio de cisto.

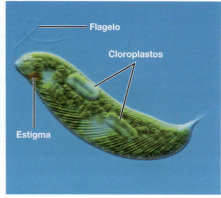

(c) *Euglena.* Os euglenoides são [MEV] 10 μm
autotróficos. Os anéis semirrígidos
que sustentam a película permitem que *Euglena*
altere a sua forma.

Figura 12.18   Os membros do superclado Excavata têm a forma de fuso e possuem flagelos.

P Como a *Giardia* obtém energia se ela não tem mitocôndria?

Isso inclui os euglenoides, que foram discutidos com as algas e os hemoflagelados. Os **hemoflagelados** (também chamados de parasitas sanguíneos) são transmissíveis através das picadas de insetos hematófagos e são encontrados no sistema circulatório do hospedeiro picado. Para sobreviver no fluido viscoso, os hemoflagelados geralmente possuem corpos longos e delgados e uma membrana ondulante. O gênero *Trypanosoma* inclui a espécie que causa a doença do sono africana, *T. brucei*, transmissível pela mosca tsé-tsé. *T. cruzi* (ver Figura 23.22), o agente causador da doença de Chagas, é transmitido pelo barbeiro*, assim chamado porque pica a face (ver Figura 12.32d). Após penetrar no inseto, o tripanossoma multiplica-se rapidamente por esquizogonia. Se o inseto defeca enquanto está picando um ser humano, ele libera tripanossomas que podem contaminar a ferida causada pela picada.

Amoebozoa

As **amebas** (filo Amoebozoa) movem-se pela extensão de projeções arredondadas semelhantes a lóbulos do citoplasma, chamadas de **pseudópodes** (**Figura 12.19a**). Vários pseudópodes podem se projetar de um lado da ameba, coordenando o deslizamento do restante da célula em direção a eles.

Entamoeba histolytica é a única ameba patogênica encontrada no intestino de seres humanos. Aproximadamente 10% da população humana pode estar colonizada por essa ameba. Novas técnicas, incluindo análises de DNA e ligações à lectina, revelaram que as amebas que se acreditava serem *E. histolytica* são, na verdade, duas espécies distintas. A espécie não patogênica, *E. dispar*, é a mais comum. A *E. histolytica* invasiva (Figura 12.19b) causa disenteria amebiana. No intestino de seres humanos, *E. histolytica* utiliza as proteínas, chamadas de lectinas, para se ligar à galactose da membrana plasmática e causar lise

*N. de R.T. No original, *"kissing bug"*, vernáculo em inglês do vetor da doença de Chagas, que não tem tradução literal em português. Em português, usa-se apenas o nome popular "barbeiro".

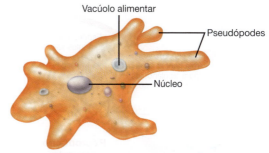

(a) *Amoeba proteus*

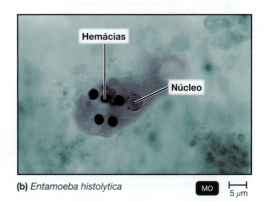

(b) *Entamoeba histolytica* [MO] 5 μm

Figura 12.19   Amebas. (a) Para se mover e englobar o alimento, as amebas (como a *Amoeba proteus*) estendem estruturas citoplasmáticas, chamadas de pseudópodes. Os vacúolos alimentares são formados quando os pseudópodes circundam o alimento e o trazem para dentro da célula. **(b)** *E. histolytica.* A presença de hemácias ingeridas é uma forma de diagnóstico de *Entamoeba*.

P Em que diferem a disenteria amebiana e a disenteria bacilar?

celular. *E. dispar* não possui lectinas que se ligam à galactose. *Entamoeba* é transmissível entre seres humanos pela ingestão dos cistos que são excretados nas fezes das pessoas infectadas. A *Acanthamoeba*, que se desenvolve na água, incluindo água da torneira, pode infectar a córnea, causando cegueira, e o cérebro, causando uma doença chamada encefalite amebiana granulomatosa (ver Figura 22.17b).

Desde 1990, *Balamuthia* foi relatada como outra causa de encefalite amebiana granulomatosa, nos Estados Unidos e em outros países. A ameba quase sempre infecta pessoas imunocomprometidas. Como a *Acanthamoeba*, a *Balamuthia* é uma ameba de vida livre encontrada na água e não é transmissível entre seres humanos (ver Figura 22.17c).

Apicomplexa

Os membros do filo **Apicomplexa** são imóveis em suas formas maduras e são parasitas intracelulares obrigatórios. Esses protozoários são caracterizados pela presença de um complexo de organelas especiais nos ápices (extremidades) de suas células (por isso o nome do filo). As organelas desses complexos apicais contêm enzimas que penetram os tecidos dos hospedeiros.

Apicomplexa apresenta um ciclo de vida complexo que envolve a transmissão entre vários hospedeiros. Um exemplo de Apicomplexa é o *Plasmodium*, o agente causador da malária. Anualmente, cerca de 250 milhões de novos casos ocorrem, resultando em 600 mil mortes. O ciclo de vida complexo do *Plasmodium* dificulta o desenvolvimento de uma vacina contra a malária. Uma vacina recentemente aprovada contendo proteínas de dois estágios do ciclo de vida do parasita reduziu a malária grave em 30% das crianças vacinadas.

O *Plasmodium* cresce por reprodução sexuada em mosquitos *Anopheles* (**Figura 12.20**). Quando um *Anopheles* carreando o estágio infeccioso do *Plasmodium*, chamado de **esporozoíto**, pica um ser humano, os esporozoítos podem ser injetados e transmitidos. Os esporozoítos sofrem esquizogonia nas células hepáticas e produzem milhares de trofozoítos, chamadas de **merozoítos**, os quais infectam hemácias. Os trofozoítos jovens assemelham-se a um anel, no qual o núcleo e o citoplasma são visíveis. Esse estágio é denominado **estágio de anel** (ver Figura 23.25b). Por fim, as hemácias rompem-se e liberam mais merozoítos. Durante a liberação dos merozoítos há também a liberação de seus dejetos metabólicos, que causam febre e calafrios. A maioria dos merozoítos infecta

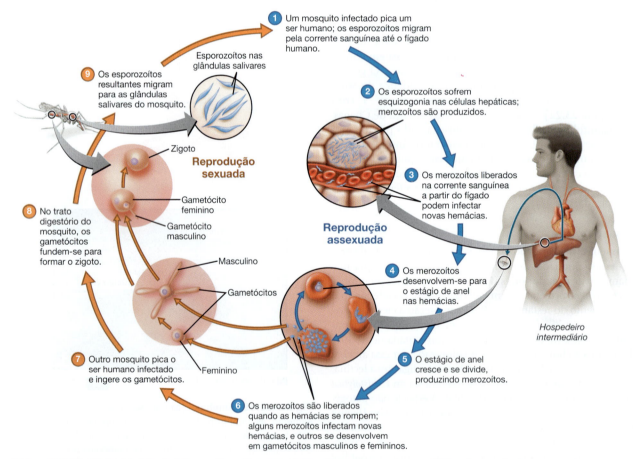

Figura 12.20 **Ciclo de vida do *Plasmodium vivax*, o apicomplexo que causa a malária.** A reprodução assexuada (esquizogonia) do parasita ocorre no fígado e nas hemácias de um hospedeiro humano. A reprodução sexuada ocorre no intestino de um *Anopheles* após o mosquito ter ingerido os gametócitos.

P Qual é o hospedeiro definitivo do *Plasmodium*?

novas hemácias e perpetua seu ciclo de reprodução assexuada. Contudo, alguns se desenvolvem em formas sexuais masculinas e femininas (gametócitos). Embora os gametócitos em si não causem danos adicionais, eles podem ser capturados pela picada de outro mosquito *Anopheles*, podendo, em seguida, penetrar no intestino do mosquito e iniciar o seu ciclo sexual. A progênie pode, então, ser injetada em um novo hospedeiro humano pela picada do mosquito.

O mosquito é o **hospedeiro definitivo**, uma vez que ele abriga o estágio de reprodução sexuada do *Plasmodium*. O hospedeiro no qual o parasita se reproduz assexuadamente (nesse caso, o ser humano) é o **hospedeiro intermediário**.

A malária é diagnosticada em laboratório por observação microscópica de esfregaços de sangue para a presença de *Plasmodium* (ver Figura 23.25). Uma característica peculiar da malária é que o intervalo entre os períodos de febre causada pela liberação dos merozoítos é sempre o mesmo para certa espécie de *Plasmodium* e é sempre múltiplo de 24 horas. A razão e o mecanismo para tal precisão têm intrigado os cientistas. Afinal, por que um parasita necessita de um relógio biológico? O desenvolvimento do *Plasmodium* é regulado pela temperatura corporal do hospedeiro, o que normalmente varia em um período de 24 horas. O cuidadoso "cronômetro" do parasita assegura que os gametócitos estarão maduros à noite, quando os *Anopheles* se alimentam, facilitando, assim, a transmissão do parasita para um novo hospedeiro.

Outro parasita apicomplexo das hemácias é a *Babesia microti*. A *babesia* causa febre e anemia em indivíduos imunossuprimidos. Nos Estados Unidos, ela é transmissível pela picada do carrapato *Ixodes scapularis*.

Toxoplasma gondii é outro Apicomplexa parasita intracelular de seres humanos. O ciclo de vida desse parasita envolve gatos domésticos. Os trofozoítos, chamados de **taquizoítos**, reproduzem-se sexuada e assexuadamente em gatos infectados, e os **oocistos**, cada um contendo oito esporozoítos, são excretados nas fezes. Se os oocistos são ingeridos pelos seres humanos ou outros animais, os esporozoítos emergem como taquizoítos, os quais podem se reproduzir nos tecidos do novo hospedeiro (ver Figura 23.23). *T. gondii* é perigoso durante a gravidez, pois pode causar infecções congênitas no útero. O exame dos tecidos e a observação de *T. gondii* são usados para o diagnóstico. Os anticorpos podem ser detectados por ensaio imunoabsorvente ligado à enzima (ELISA, de *enzyme-linked immunosorbent assay*) e por testes indiretos de anticorpos fluorescentes (ver Capítulo 18).

Cryptosporidium vive no interior das células que revestem o intestino delgado e pode ser transmitido para os seres humanos pelas fezes de bovinos, roedores, cachorros e gatos. Dentro da célula hospedeira, cada *Cryptosporidium* forma quatro oocistos (ver Figura 25.17), cada um contendo quatro esporozoítos. Quando os oocistos se rompem, os esporozoítos podem infectar novas células do hospedeiro ou ser liberados nas fezes. Em 1993, o *Cryptosporidium* infectou 400 mil pessoas em Milwaukee. Ver o quadro **Foco clínico**.

Durante a década de 1980, epidemias de diarreia transmitidas pela água foram identificadas em todos os continentes, exceto na Antártida. O agente causador foi erroneamente identificado como uma cianobactéria, uma vez que os surtos ocorreram durante os meses quentes, e o agente da doença se parecia com uma célula procariótica. Na década de 1990, após um surto multiestadual associado a framboesas, o organismo foi identificado como um apicomplexo semelhante ao *Cryptosporidium*. Em 2020, o novo parasita, *Cyclospora cayetanensis*, foi responsável por mais de 2 mil casos de diarreia associados a produtos frescos nos Estados Unidos e no Canadá.

Ciliophora

Os **ciliados** possuem cílios que são similares aos flagelos, porém mais curtos. Os cílios são organizados em fileiras precisas sobre as células (**Figura 12.21**). Eles movem-se em harmonia para propelir a célula em seu ambiente e direcionar partículas de alimentos para a citóstoma, estrutura semelhante a uma boca.

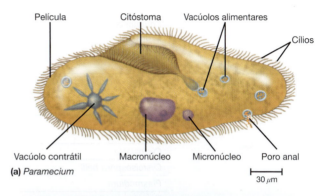

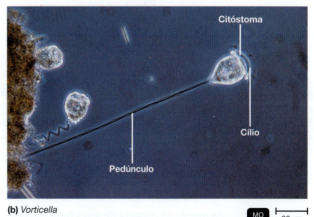

Figura 12.21 Ciliados. (a) O *Paramecium* é coberto por fileiras de cílios. O alimento entra pelo citóstoma e é digerido nos vacúolos alimentares; os materiais não digeridos saem pelo poro anal. Os vacúolos contráteis liberam o excesso de água. O macronúcleo está envolvido com a síntese de proteínas e outras atividades celulares importantes. O micronúcleo funciona na reprodução sexuada. **(b)** A *Vorticella* adere a objetos na água pela base de seu pedúnculo. O pedúnculo tipo mola pode se expandir, permitindo que a *Vorticella* se alimente em diferentes áreas. Os cílios desse organismo estão ao redor do citóstoma.

P Qual ciliado pode causar doença em seres humanos?

TABELA 12.4 Alguns exemplos de protozoários patogênicos

Superclado	Filo	Patógenos humanos	Características distintivas	Doença	Fonte de infecções humanas
Excavata	Diplomonadídeos	*Giardia duodenalis*	Dois núcleos, oito flagelos	Enterite por *Giardia*	Contaminação fecal de água potável
	Parabasalídeos	*Trichomonas vaginalis*	Sem estágio de encistamento	Uretrite, vaginite	Contato com corrimento vaginal-uretral
	Euglenozoa	*Leishmania*	Forma flagelada em flebotomíneos; forma ovoide em hospedeiros invertebrados	Leishmaniose	Picada de flebotomíneos (*Phlebotomus*)
		Naegleria fowleri	Formas flageladas e ameboides	Meningoencefalite	Águas recreacionais (durante a natação)
		Trypanosoma cruzi	Membrana ondulante	Doença de Chagas	Picada de *Triatoma* (barbeiro)
		T. brucei gambiense, T. b. rhodesiense		Tripanossomíase africana	Picada da mosca tsé-tsé
Amorphea	Amoebozoa	*Acanthamoeba*	Pseudópodes	Encefalite amebiana granulomatosa	Água
		Entamoeba histolytica, E. dispar		Disenteria amebiana	Contaminação fecal de água potável
		Balamuthia		Encefalite amebiana granulomatosa	Água
SAR*	Apicomplexa	*Babesia microti*	O ciclo de vida complexo pode requerer múltiplos hospedeiros	Babesiose	Animais domésticos, carrapatos
		Cryptosporidium		Diarreia	Água, seres humanos, outros animais
		Cyclospora		Diarreia	Água
		Cystoisospora belli		Diarreia	Comida ou água contaminados
		Plasmodium		Malária	Picada do mosquito *Anopheles*
		Toxoplasma gondii		Toxoplasmose	Gatos; carne bovina; congênita
	Dinoflagellata	*Alexandrium*	Fotossintético	Intoxicação paralítica por mariscos	Ingestão de dinoflagelados em moluscos ou peixes
		Gambierdiscus		Ciguatera	
		Pfiesteria		Síndrome humana por *Pfiesteria*	
	Bacillariophyta	*Pseudo-nitzschia*	Fotossintético	Intoxicação amnésica por mariscos	Ingestão de diatomáceas em moluscos
	Ciliophora	*Balantidium coli*	Apenas ciliados parasitas de seres humanos	Disenteria balantidiana	Contaminação fecal de água potável

*SAR significa Stramenopiles, *Alevolates*, *Rhizaria*.

O único ciliado que é um parasita de seres humanos é o *Balantidium coli*, o agente causador de um tipo de disenteria grave, embora rara. Quando o hospedeiro ingere os cistos, eles entram no intestino delgado, onde os trofozoítos são liberados. Os trofozoítos produzem proteases e outras substâncias que destroem as células do hospedeiro. Alimentam-se das células e de fragmentos de tecidos do hospedeiro. Os cistos são excretados junto com as fezes.

A Tabela 12.4 lista alguns protozoários parasitas típicos e as doenças que eles causam.

TESTE SEU CONHECIMENTO

 **12-10** Identifique três diferenças entre os protozoários e os animais.

 **12-11** Os protozoários possuem mitocôndrias?

 **12-12** Onde ocorre a reprodução sexuada do *Plasmodium*?

Micetozoários (bolores limosos)

OBJETIVO DE APRENDIZAGEM

12-13 Comparar e diferenciar os micetozoários celulares e os micetozoários plasmodiais.

Os **micetozoários** são intimamente relacionados às amebas e são agrupados no filo Amoebozoa. Existem dois táxons de micetozoários: celular e plasmodial.

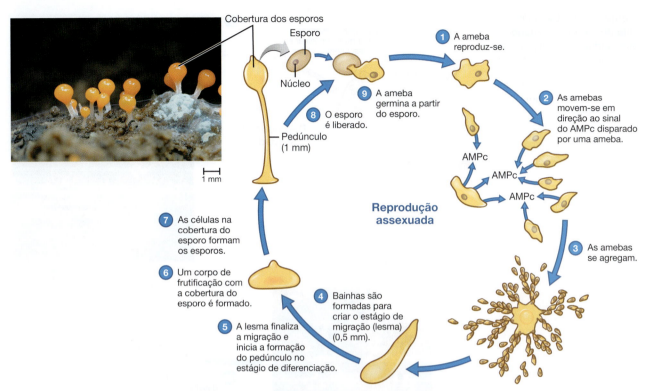

Figura 12.22   Ciclo de vida genérico de um micetozoário celular. A micrografia mostra uma cobertura de esporo de *Hemitrichia*.

P Quais características os micetozoários compartilham com os protozoários? E com os fungos?

Os **micetozoários celulares** são células eucarióticas típicas que se assemelham às amebas. No ciclo de vida dos micetozoários celulares (**Figura 12.22**), as células ameboides vivem e crescem pela ingestão de fungos e bactérias por fagocitose. Os micetozoários celulares são de interesse para os biólogos que estudam migração e agregação celular, pois, quando as condições estão desfavoráveis, um grande número de células ameboides se agrega, formando uma estrutura única. Essa agregação ocorre porque algumas amebas individuais produzem o composto químico monofosfato de adenosina cíclico (AMPc), em direção ao qual as outras amebas migram. Algumas células ameboides formam um pedúnculo; outras se aglomeram na extremidade do pedúnculo para formar a cobertura do esporo, e a maioria se diferencia em esporos. Quando os esporos são liberados sob condições desfavoráveis, eles germinam, formando amebas individuais.

Em 1973, um morador de Dallas, Estados Unidos, descobriu uma bolha vermelha pulsando em seu quintal. A mídia anunciou que uma "nova forma de vida" havia sido encontrada. Para algumas pessoas, a "criatura" evocava recordações arrepiantes de clássicos de ficção científica. Contudo, antes que a imaginação fosse muito longe, os biólogos acalmaram todos os temerosos (ou frustraram as suas maiores esperanças). A massa amorfa era meramente um micetozoário plasmodial, eles explicaram. Contudo, o seu tamanho incomum – 46 cm de diâmetro – surpreendeu até mesmo os cientistas.

Os **micetozoários plasmodiais** foram relatados cientificamente pela primeira vez em 1729. Um micetozoário plasmodial existe como massa de protoplasma com muitos núcleos (ele é multinucleado). Essa massa de protoplasma é chamada de **plasmódio** (**Figura 12.23**). O plasmódio inteiro move-se como uma ameba gigante; ele engloba detritos orgânicos e bactérias. Os biólogos descobriram que proteínas semelhantes a músculos formam microfilamentos, que são responsáveis pelos movimentos do plasmódio.

Quando os micetozoários plasmodiais são desenvolvidos em condições de laboratório, um fenômeno chamado de **fluxo citoplasmático** é observado, durante o qual o protoplasma dentro do plasmódio se move e muda tanto de direção quanto de velocidade, de maneira que o oxigênio e os nutrientes sejam igualmente distribuídos. O plasmódio continua a crescer enquanto houver alimento e umidade suficiente para que possa prosperar.

Quando o alimento e a umidade estão disponíveis em quantidades pequenas, o plasmódio separa-se em vários grupos de protoplasmas; cada um desses grupos forma um esporângio pedunculado, onde os esporos haploides (uma forma de repouso e resistência dos micetozoários) se desenvolvem. Quando as condições melhoram, esses esporos germinam, fundem-se para formar células diploides e se desenvolvem em um plasmódio multinucleado.

TESTE SEU CONHECIMENTO

✔ **12-13** Por que os micetozoários são classificados com as amebas e não com os fungos?

Figura 12.23 Ciclo de vida de um micetozoário plasmodial. Um *Physarum* é retratado nas fotomicrografias.

P Em que um micetozoário celular difere de um plasmodial?

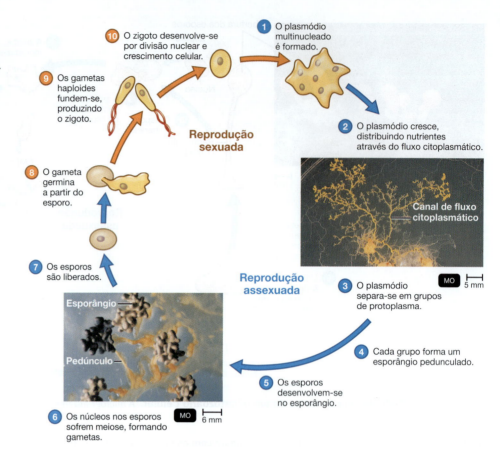

10 O zigoto desenvolve-se por divisão nuclear e crescimento celular.

1 O plasmódio multinucleado é formado.

9 Os gametas haploides fundem-se, produzindo o zigoto.

Reprodução sexuada

2 O plasmódio cresce, distribuindo nutrientes através do fluxo citoplasmático.

8 O gameta germina a partir do esporo.

Canal de fluxo citoplasmático

MO 5 mm

7 Os esporos são liberados.

Reprodução assexuada

3 O plasmódio separa-se em grupos de protoplasma.

Esporângio

Pedúnculo

4 Cada grupo forma um esporângio pedunculado.

5 Os esporos desenvolvem-se no esporângio.

6 Os núcleos nos esporos sofrem meiose, formando gametas.

MO 6 mm

Helmintos

OBJETIVOS DE APRENDIZAGEM

12-14 Listar as características distintivas dos helmintos parasitas.

12-15 Fornecer uma razão para o elaborado ciclo de vida dos vermes parasitas.

12-16 Listar as características das duas classes de platelmintos parasitas e apresentar um exemplo de cada.

12-17 Descrever uma infecção parasítica na qual os seres humanos sejam o hospedeiro definitivo, o hospedeiro intermediário ou ambos.

12-18 Listar as características dos nematódeos parasitas e dar exemplos de ovos infecciosos e larvas infecciosas.

12-19 Comparar e diferenciar platelmintos e nematódeos.

Muitos animais parasitas passam a vida inteira ou parte dela em seres humanos. A maior parte desses animais pertence a dois filos: Platyhelminthes (vermes achatados) e Nematoda (vermes cilíndricos). Esses vermes são mais comumente chamados de **helmintos**. Existem também espécies de vida livre nesses filos, porém limitaremos a nossa discussão às espécies parasitas. As doenças causadas pelos vermes parasitas são discutidas na Parte IV.

Características dos helmintos

Os helmintos são animais eucarióticos multicelulares que geralmente possuem os sistemas digestório, circulatório, nervoso, excretor e reprodutor.

Características distintivas dos helmintos parasitas

Os helmintos parasitas precisam ser altamente especializados para viver no interior de seus hospedeiros. As generalizações a seguir distinguem os helmintos parasitas de seus parentes de vida livre:

1. *Seu sistema digestório pode estar ausente.* Podem absorver nutrientes a partir dos alimentos, fluidos corporais e tecidos do hospedeiro.

2. *Seu sistema nervoso é reduzido.* Não necessitam de um sistema nervoso extenso, pois não precisam procurar alimento ou reagir muito ao ambiente. O ambiente no interior de um hospedeiro é relativamente constante.

3. *Seus meios de locomoção são ocasionalmente reduzidos ou completamente ausentes.* Como eles são transferidos de um hospedeiro para outro, não precisam procurar ativamente por um hábitat favorável.

4. *Seu sistema reprodutor é frequentemente complexo.* Um indivíduo produz um grande número de ovos, pelos quais um hospedeiro adequado é infectado.

Ciclo de vida

O ciclo de vida dos helmintos parasitas pode ser extremamente complexo, envolvendo uma sucessão de hospedeiros intermediários para a conclusão de cada estágio **larval** (de desenvolvimento) do parasita e um hospedeiro definitivo para o parasita adulto.

Os helmintos adultos podem ser **dioicos**; os órgãos reprodutores masculinos estão em um indivíduo, e os órgãos reprodutores femininos, em outro. Nessas espécies, a reprodução ocorre somente quando dois adultos da linhagem de acasalamento oposta (macho e fêmea) estão no mesmo hospedeiro.

Os helmintos adultos também podem ser **monoicos** ou **hermafroditas** – o mesmo animal possui órgãos reprodutores masculinos e femininos. Dois hermafroditas podem copular e simultaneamente fertilizar um ao outro. Alguns tipos de hermafroditas se autofertilizam.

Figura 12.24 Infecção por um platelminto parasítico. Um aumento na quantidade de trematódeos *Ribeiroia* tem causado deformidades em rãs nos últimos anos. Rãs com múltiplos membros foram encontradas desde Minnesota até a Califórnia, nos Estados Unidos. Larvas livre-natantes do trematódeo *Ribeiroia*, cercárias, infectam girinos. As metacercárias encistadas deslocam os membros em formação, acarretando o desenvolvimento anormal das patas. O aumento no número de parasitas pode ter sido causado pelo escoamento de fertilizantes e pela água mais quente, que aumenta o número de algas que servem de alimento para os caramujos, os hospedeiros intermediários do parasita.

P Qual estágio caudado do parasita vive em um caramujo?

TESTE SEU CONHECIMENTO

✔ **12-14** Por que os fármacos utilizados no tratamento contra helmintos parasitas frequentemente são tóxicos para o hospedeiro?

✔ **12-15** Qual é a importância do complicado ciclo de vida dos helmintos parasitas?

Platelmintos

Os membros do filo Platyhelminthes, os vermes **achatados**, são dorsoventralmente achatados. As classes dos vermes achatados parasitas incluem os trematódeos e os cestódeos. Esses parasitas causam doenças ou distúrbios de desenvolvimento em uma ampla variedade de animais (**Figura 12.24**).

Trematoda

Os trematódeos, ou **fascíolas**, frequentemente apresentam corpos achatados, em forma de folha, com uma ventosa ventral e uma ventosa oral (**Figura 12.25**). As ventosas fixam o organismo em um local. Os trematódeos obtêm alimentos ao absorvê-los através de seu revestimento externo inanimado, chamado de **cutícula**. Recebem nomes comuns de acordo com o tecido do hospedeiro definitivo em que o adulto vive (p. ex., fascíola pulmonar, hepática, sanguínea). A fascíola hepática asiática *Clonorchis sinensis* é ocasionalmente observada em imigrantes

nos Estados Unidos, mas não pode ser transmitida, pois os seus hospedeiros intermediários não são encontrados naquele país.

Para exemplificar o ciclo de vida de um trematódeo, examinaremos a fascíola pulmonar, *Paragonimus* spp. As espécies de *Paragonimus* são encontradas em todo o mundo. *P. kellicotti*, endêmica nos Estados Unidos, tem sido associada ao consumo de lagostas cruas em viagens de jangada. Os humanos adquirem a infecção ao comer carne malcozida contendo larvas encistadas, **metacercárias**, que eclodem no intestino humano. As larvas migram e podem penetrar no diafragma, chegando aos pulmões, onde amadurecem e se tornam adultas. O verme adulto vive nos bronquíolos dos seres humanos e de outros mamíferos e possui aproximadamente 6 mm de largura e 12 mm de comprimento. Os adultos hermafroditas liberam os ovos no interior dos

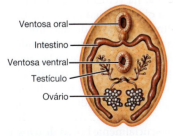

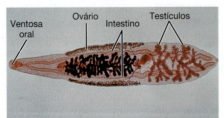

(a) Anatomia de um trematódeo

Ventosa oral
Intestino
Ventosa ventral
Testículo
Ovário

Ventosa oral
Ovário
Intestino
Testículos

(b) *Clonorchis sinensis*   MO |—— 3 mm

Figura 12.25 Trematódeos. **(a)** Anatomia geral de um verme adulto, mostrado em secção transversal. As ventosas oral e ventral prendem o trematódeo no hospedeiro. A boca é localizada no centro da ventosa oral. Os trematódeos são hermafroditas; cada animal contém tanto testículos quanto ovários. **(b)** Fascíola hepática asiática *Clonorchis sinensis*. Observe o sistema digestório incompleto. Violentas infestações podem bloquear os ductos biliares no fígado.

P Por que o sistema digestório dos vermes achatados é dito "incompleto"?

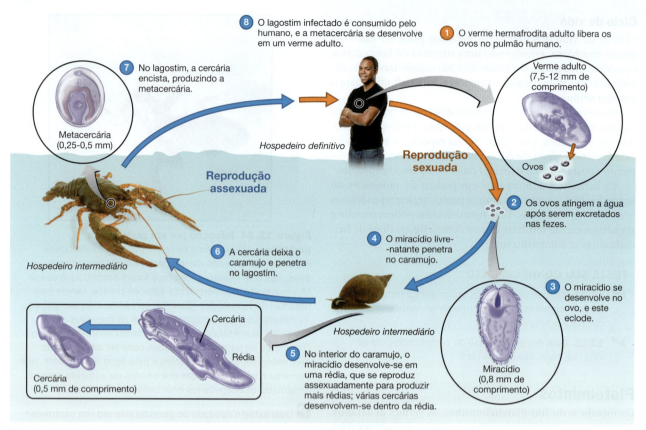

Figura 12.26 Ciclo de vida do trematódeo pulmonar, *Paragonimus* spp. O trematódeo se reproduz sexuadamente em um ser humano e assexuadamente em um caramujo, seu primeiro hospedeiro intermediário. As larvas encistam no segundo hospedeiro intermediário, lagostins e caranguejos de água doce, e infectam os seres humanos e outros mamíferos quando ingeridas. Ver também o ciclo de vida do *Schistosoma* na Figura 23.27.

P Qual é a importância desse ciclo de vida complexo para o *Paragonimus*?

brônquios. Como a saliva que contém os ovos frequentemente é engolida, os ovos, em geral, são excretados nas fezes do hospedeiro definitivo. Para o ciclo de vida continuar, os ovos precisam alcançar um corpo d'água. Uma série de etapas ocorre para garantir que os vermes adultos possam maturar nos pulmões de um novo hospedeiro. O ciclo de vida é mostrado na **Figura 12.26**.

Em um diagnóstico laboratorial, a saliva e as fezes são examinadas microscopicamente à procura de ovos do verme. A infecção resulta do consumo de crustáceos de água doce malcozidos, e a doença pode ser prevenida por meio do cozimento completo dos caranguejos e lagostins.

As larvas livre-natantes, **cercárias**, do trematódeo sanguíneo *Schistosoma* não são ingeridas. Em vez disso, elas escavam a pele do hospedeiro humano e entram no sistema circulatório. Os adultos são encontrados em determinadas veias abdominais e pélvicas. A doença esquistossomose é um importante problema de saúde mundial; ela é discutida mais detalhadamente no Capítulo 23.

Cestoda

Os cestódeos, ou **tênias**, são parasitas intestinais. Sua estrutura é mostrada na **Figura 12.27**. A cabeça, ou **escólex**, tem ventosas para a adesão do parasita à mucosa intestinal do hospedeiro definitivo; algumas espécies também possuem pequenos ganchos para se fixarem. As tênias não ingerem os tecidos de seus hospedeiros; na verdade, elas não possuem sistema digestório. Para obter nutrientes no intestino delgado, elas absorvem o alimento através de sua cutícula. O corpo consiste em segmentos, chamados de **proglótides**. As proglótides são continuamente produzidas pela região do pescoço do escólex enquanto este estiver vivo e aderido. Cada proglótide madura contém os órgãos reprodutores masculino e feminino. As proglótides maduras que contêm os ovos fertilizados são as mais afastadas do escólex. As proglótides maduras são essencialmente bolsas de ovos, e cada uma delas é infecciosa para o hospedeiro intermediário apropriado.

FOCO CLÍNICO A causa mais frequente da diarreia transmitida pela água

Neste quadro você encontrará uma série de perguntas que os microbiologistas se fazem quando tentam diagnosticar uma doença. Tente responder a cada questão antes de passar à seguinte.

1. Uma semana após a sua festa de aniversário, Carol, de 8 anos, apresentou diarreia aquosa, vômitos e cólicas abdominais. A mãe de Carol a levou ao pediatra ao perceber que os sintomas não eram autolimitados.

   Quais são as possíveis doenças? (*Dica:* ver Doenças em foco 25.2 e 25.5.)

2. As doenças possíveis incluem giardíase, criptosporidiose, ciclosporíase e disenteria amebiana. O pediatra de Carol coletou uma amostra de fezes da menina e enviou ao laboratório para análise. O resultado da coloração ácido-resistente das fezes da menina é mostrado na **Figura A**.

   Qual é a doença?

3. A coloração ácido-resistente cora os oocistos de *Cryptosporidium* de vermelho, tornando-os, portanto, fáceis de serem identificados. Nesse caso, os esporozoítos são visíveis no interior do oocisto, como apontado pela seta. Os oocistos são infecciosos quando imediatamente liberados nas fezes.

   O que mais você precisa saber?

4. A festa de aniversário de Carol foi realizada em um parque aquático comunitário. A mãe de Carol imediatamente entrou em contato com os familiares das outras crianças que compareceram à festa. Ela descobriu que as outras 20 crianças também apresentaram diarreia aquosa, vômitos ou cólicas abdominais. Todas as crianças se recuperaram da infecção 2 a 10 dias após a manifestação dos sintomas.

   Como essa doença é transmitida?

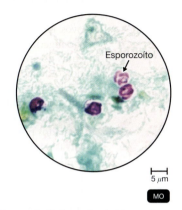

Esporozoíto

5 μm

MO

Figura A Coloração ácido-resistente das fezes de Carol.

5. A infecção por *Cryptosporidium* é transmitida pelas vias fecal-oral. Ela resulta da ingestão de oocistos de *Cryptosporidium* pelo consumo de água ou alimentos contaminados por fezes ou pelo contato direto pessoa-pessoa ou animal-pessoa. A dose infecciosa é baixa; estudos alimentares mostraram que a ingestão de somente 10 a 30 oocistos pode causar a infecção em pessoas saudáveis. Foi relatado que pessoas infectadas excretam de 10^8 a 10^9 oocistos em uma única evacuação; até 50 dias após o término da diarreia esses oocistos são excretados.

6. O *Cryptosporidium* é a causa reconhecida mais frequente de surtos de gastrenterites associados a águas recreacionais, mesmo em locais com água tratada. Tornou-se uma doença notificável em 1994 (**Figura B**).

   Como surtos de *Cryptosporidium* podem ser prevenidos?

As espécies de *Cryptosporidium* são conhecidas por serem resistentes à maior parte dos desinfetantes químicos, como o cloro. As recomendações para reduzir o risco de infecção incluem o seguinte:

- Não nadar durante 2 semanas após apresentar doença diarreica.

- Evitar engolir água da piscina.

- Lavar as mãos após a utilização de banheiros ou troca de fraldas.

Fonte: Adaptado de *MMWR* 70(20), 733-738, 21 de maio, 2021.

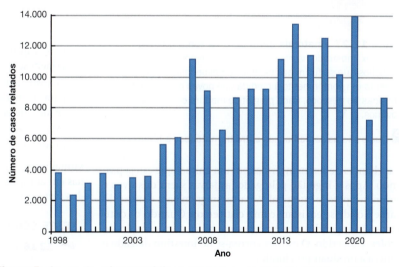

Figura B Casos de criptosporidiose relatados nos Estados Unidos. CDC.

Humanos como hospedeiros definitivos de cestódeos Os adultos de *Taenia saginata*, a tênia do gado, vivem em seres humanos e podem chegar a 6 m de comprimento. O escólex mede cerca de 2 mm de comprimento e é seguido por milhares de proglótides. As fezes de um indivíduo infectado contêm proglótides maduras, cada uma com milhares de ovos. À medida que as proglótides se movimentam em zigue-zague, esquivando-se do material fecal, elas aumentam as

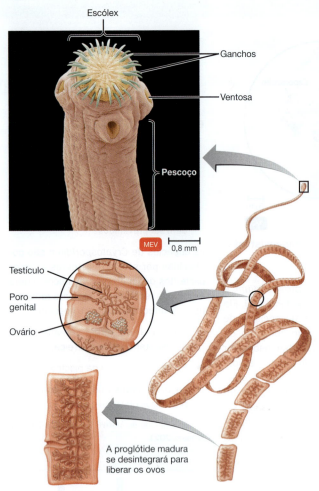

Escólex

Ganchos

Ventosa

Pescoço

MEV 0,8 mm

Testículo

Poro genital

Ovário

A proglótide madura se desintegrará para liberar os ovos

Figura 12.27 Anatomia geral de uma tênia adulta.
O escólex, mostrado na micrografia, consiste em ventosas e ganchos que se fixam aos tecidos do hospedeiro. O corpo aumenta em comprimento à medida que novas proglótides são formadas no pescoço. Cada proglótide madura contém testículos e ovários.

P Quais são as semelhanças entre trematódeos e tênias?

suas chances de serem ingeridas por um animal que esteja pastando. Após a ingestão pelo gado, as larvas saem dos ovos e perfuram a parede intestinal. As larvas migram para o músculo (carne), onde se encistam como **cisticercos**. Quando os cisticercos são ingeridos por uma pessoa, tudo, com exceção do escólex, é digerido. O escólex ancora-se no intestino delgado e começa a produzir proglótides.

O diagnóstico da infecção por tênia em seres humanos tem como base a presença de proglótides maduras e ovos nas fezes (Figure 25.22). Os cisticercos podem ser detectados macroscopicamente na carne; sua presença é referida como "canjiquinha". A inspeção da carne de boi destinada ao consumo humano para detectar a presença de "sarampo" é uma maneira de se prevenir as infecções por tênia. Outro modo de prevenção é evitar o uso de dejetos humanos sem tratamento, como fertilizante em pastos.

Os seres humanos são os únicos hospedeiros definitivos conhecidos da tênia da carne de porco, *Taenia solium*. Os vermes adultos que vivem no intestino humano produzem os ovos, que são disseminados através das fezes. Quando os ovos são ingeridos por porcos, a larva do helminto encista nos músculos do animal; o homem se infecta quando ingere carne de porco malcozida. O ciclo homem-porco-homem da *T. solium* é comum na América Latina, na Ásia e na África. Nos Estados Unidos, contudo, a *T. solium* praticamente não existe nos porcos; o parasita é transmissível de pessoa para pessoa. Os ovos liberados por uma pessoa e ingeridos por outra eclodem, e as larvas encistam no cérebro e em outras partes do corpo, causando a cisticercose (ver Figura 25.21). O indivíduo infectado pelas larvas de *T. solium* atua como hospedeiro intermediário. Cerca de 7% das poucas centenas de casos notificados nos últimos anos nos Estados Unidos foram adquiridas por pessoas que nunca estiveram fora do país. Elas podem ter sido infectadas por meio do contato domiciliar com pessoas que tenham ou nascido, ou viajado para outros países.

Humanos como hospedeiros intermediários de cestódeos
Os seres humanos podem ser os hospedeiros intermediários de *Echinococcus granulosus*, mostrado na **Figura 12.28**. Cães e outros mamíferos carnívoros são os hospedeiros definitivos dessa minúscula (2 a 8 mm) tênia.

❶ Os ovos são excretados nas fezes.

❷ Os ovos são ingeridos por veados, ovelhas ou seres humanos. O humano também pode ser infectado pela contaminação das mãos com fezes de cães ou através da saliva de um cão que tenha se lambido.

❸ Os ovos eclodem no intestino delgado humano, e as larvas migram para o fígado ou para os pulmões.

❹ A larva se desenvolve em um **cisto hidático**. O cisto contém "cápsulas prolígeras" nas quais milhares de escólex podem ser produzidos.

❺ O hospedeiro humano representa o final do trajeto para o parasita, mas, na natureza, os cistos poderiam estar em um veado que poderia ser comido por um lobo.

❻ Os escólex são capazes de aderir-se ao intestino do lobo e produzir proglótides.

Muitas vezes, o diagnóstico de cistos hidáticos é realizado apenas em autópsias, embora a radiografia seja capaz de detectá-los (ver Figura 25.23).

TESTE SEU CONHECIMENTO

✔ **12-16** Diferencie *Paragonimus* e *Taenia*.

Nematódeos

Os membros do filo Nematoda, os **vermes cilíndricos**, são afilados em cada uma das extremidades. Eles possuem um sistema digestório *completo*, consistindo em boca, intestino e ânus. A maior parte das espécies é dioica. Os machos são menores do que as fêmeas e têm uma ou duas **espículas** endurecidas em sua extremidade posterior. As espículas são usadas para guiar o esperma ao poro genital feminino.

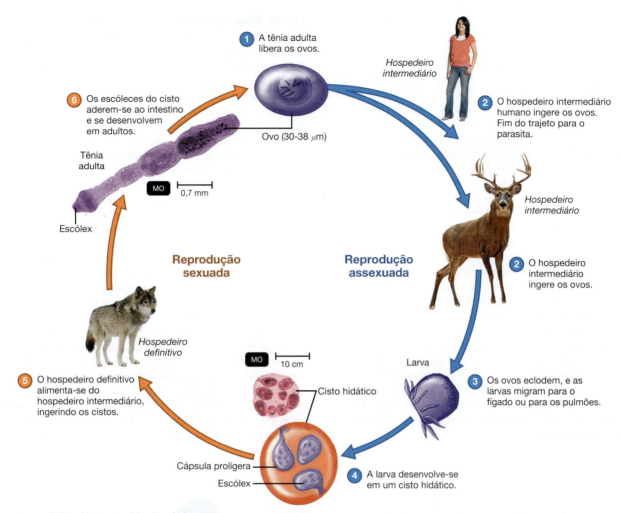

1 A tênia adulta libera os ovos.

Hospedeiro intermediário

6 Os escóleces do cisto aderem-se ao intestino e se desenvolvem em adultos.

Ovo (30-38 µm)

Tênia adulta

MO 0,7 mm

Escólex

2 O hospedeiro intermediário humano ingere os ovos. Fim do trajeto para o parasita.

Hospedeiro intermediário

Reprodução sexuada

Reprodução assexuada

2 O hospedeiro intermediário ingere os ovos.

Hospedeiro definitivo

5 O hospedeiro definitivo alimenta-se do hospedeiro intermediário, ingerindo os cistos.

MO 10 cm

Cisto hidático

Larva

3 Os ovos eclodem, e as larvas migram para o fígado ou para os pulmões.

Cápsula prolígera

Escólex

4 A larva desenvolve-se em um cisto hidático.

Figura 12.28 Ciclo de vida da tênia, *Echinococcus*. Os cães são o hospedeiro definitivo mais comum de *E. granulosus*, mas, na natureza, o hospedeiro definitivo geralmente é um lobo. O parasita pode completar seu ciclo de vida somente se o cisto for ingerido por um hospedeiro definitivo que se alimenta do hospedeiro intermediário.

P Por que se hospedar em um ser humano não é um benefício para o *Echinococcus*?

Algumas espécies de nematódeos são de vida livre no solo e na água, e outras são parasitas de plantas e animais. Alguns nematódeos passam o ciclo de vida inteiro, do ovo ao adulto maduro, em um único hospedeiro.

Os nematódeos intestinais são as causas mais comuns de doenças infecciosas crônicas. Os mais frequentes são os *Ascaris*, os ancilostomídeos e os tricurídeos, que infectam mais de 2 bilhões de pessoas em todo o mundo. As infecções por nematódeos em seres humanos podem ser divididas em duas categorias: aquelas em que o ovo é infeccioso e aquelas em que a larva é infecciosa.

Ovos infecciosos para seres humanos

Ascaris lumbricoides é um nematódeo grande (30 cm de comprimento) que infecta mais de 1 bilhão de pessoas em todo o mundo (Figura 25.25). Trata-se de um organismo dioico que apresenta **dimorfismo sexual**; ou seja, os vermes machos e fêmeas diferem na aparência: o macho é menor e apresenta uma cauda enovelada. O *Ascaris* adulto vive exclusivamente no intestino delgado de seres humanos, alimentando-se principalmente de alimentos semidigeridos. Os ovos, excretados junto com as fezes, podem sobreviver no solo por longos períodos antes de serem acidentalmente ingeridos por outro hospedeiro. Os ovos eclodem no intestino delgado do hospedeiro. As larvas, então, saem do intestino e entram no sangue. Elas são transportadas para os pulmões, onde se desenvolvem. As larvas são posteriormente expelidas com a tosse, engolidas, retornando, então, ao intestino delgado, onde se tornam vermes adultos.

O verme cilíndrico que infecta guaxinins, *Baylisascaris procyonis*, é um nematódeo emergente na América do Norte. Os guaxinins são os hospedeiros definitivos, embora o verme adulto também possa viver em cães domésticos. Os ovos são eliminados com as fezes e ingeridos por um hospedeiro intermediário, geralmente um coelho. Os ovos ingeridos eclodem no intestino dos coelhos e de seres humanos. As larvas migram por uma variedade de tecidos, causando a condição chamada de *larva migrans*. A infecção frequentemente resulta em sintomas neurológicos severos ou morte. A larva migrans também pode ser causada por *Toxocara canis* (de cães) e *T. cati* (de gatos). Esses animais de companhia são os hospedeiros definitivos e intermediários, porém os seres humanos podem se tornar infectados pela ingestão de ovos de *Toxocara* eliminados nas fezes do animal. Estima-se que 14% da população americana tenha sido infectada. As crianças são mais suscetíveis à infecção provavelmente devido ao contato, por meio de atividades recreacionais, com solo e caixas de areia, onde fezes de animais podem ser encontradas.

Um bilhão de pessoas em todo o mundo estão infectadas com *Trichuris trichiura*, ou "verme-chicote". Os vermes são disseminados de uma pessoa para a outra pela transmissão fecal-oral ou por meio de alimentos contaminados por fezes. A doença ocorre mais frequentemente em áreas de clima tropical e que possuem práticas de saneamento inadequadas e entre as crianças.

O verme oxiúro *Enterobius vermicularis* passa a sua vida inteira em um hospedeiro humano (**Figura 12.29**). Os vermes oxiúros adultos são encontrados no intestino grosso. A partir desse órgão, a fêmea migra para o ânus para depositar seus ovos na região perianal. Os ovos podem ser ingeridos pelo hospedeiro ou por outra pessoa por meio de roupas ou lençóis contaminados.

Larvas infecciosas para seres humanos

Algumas larvas de nematódeos vivem no solo e podem penetrar em um hospedeiro humano diretamente através da pele. Os nematódeos *Strongyloides* infectam de 30 a 100 milhões de pessoas em todo o mundo. A maioria das infecções limita-se a uma erupção na qual o nematódeo penetrou, contudo, as larvas podem migrar até o intestino, causando dor abdominal, ou até os pulmões, provocando tosse.

Os ancilostomídeos adultos, *Necator americanus* e *Ancylostoma duodenale*, vivem no intestino delgado de seres humanos (Figura 25.24); os ovos são excretados nas fezes. As larvas desenvolvem-se no solo, onde se alimentam de bactérias. A larva entra no hospedeiro através da penetração na pele. Ela, então, entra nas veias sanguíneas ou linfáticas, sendo transportada para os pulmões. A larva é expelida com a tosse, engolida e, por fim, levada para o intestino delgado.

A triquinelose é causada por um nematódeo que o hospedeiro adquire ao ingerir larvas sob a forma de cistos na carne malcozida de animais infectados. O nematódeo *Dirofilaria immitis* é disseminado de um hospedeiro a outro pela picada de mosquitos *Aedes*. Ele afeta principalmente cães e gatos, mas pode infectar seres humanos, causando dirofilariose. Em humanos, as infecções geralmente afetam a pele ou os pulmões. As larvas injetadas pelo mosquito migram para vários órgãos, nos quais amadurecem e se tornam vermes adultos. O verme parasita é denominado **verme do coração**, pois o estágio adulto frequentemente está localizado no coração do hospedeiro, podendo matá-lo por insuficiência cardíaca congestiva (**Figura 12.30**). A doença ocorre em todos os

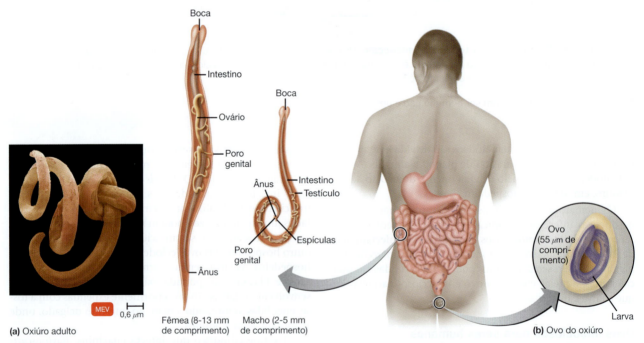

Figura 12.29 Oxiúro, *Enterobius vermicularis*. **(a)** Os oxiúros adultos vivem no intestino grosso de seres humanos. A maior parte dos vermes cilíndricos é dioica, e a fêmea (à esquerda na fotomicrografia) é, na maioria das vezes, distintamente maior do que o macho (à direita). **(b)** Os ovos do verme oxiúro são depositados pela fêmea na região perianal, à noite.

P Os seres humanos são os hospedeiros definitivos ou intermediários dos oxiúros?

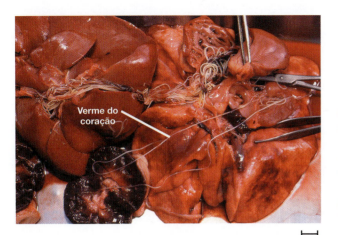

Figura 12.30 Verme do coração, *Dirofilaria immitis*.
Quatro adultos de *D. immitis* no ventrículo direito do coração de um cão. Cada verme tem de 12 a 30 cm de comprimento.

P Em que os vermes cilíndricos e os vermes achatados diferem?

continentes, exceto na Antártida. A bactéria *Wolbachia* parece ser essencial para o desenvolvimento dos embriões de vermes.

Quatro gêneros de vermes cilíndricos denominados *anisaquídeos*, ou vermes com movimentos em zigue-zague, podem ser transmitidos ao homem por peixes e lulas infectados. As larvas anisaquídeas encontram-se nos mesentérios intestinais dos peixes e migram para o músculo quando o peixe morre. O congelamento ou o completo cozimento do peixe mata as larvas.

A Tabela 12.5 lista helmintos parasitas representativos de cada filo e classe e as doenças que eles causam.

TESTE SEU CONHECIMENTO

✔ **12-17** Qual é o hospedeiro definitivo para *Enterobius*?

✔ **12-18** Qual estágio de *D. immitis* é infeccioso para cães e gatos?

✔ **12-19** Você encontra um verme parasita na fralda de um bebê. Como pode saber se é *Taenia* ou *Necator*?

Artrópodes como vetores

OBJETIVOS DE APRENDIZAGEM

12-20 Definir e identificar *vetores artrópodes*.

12-21 Diferenciar carrapatos de mosquitos e identificar as doenças transmissíveis por eles.

Os artrópodes são animais caracterizados pela presença de corpos segmentados, esqueletos externos rígidos e patas articuladas. Com aproximadamente 1 milhão de espécies, esse é o maior filo do reino animal. Embora não sejam micróbios, descreveremos os artrópodes brevemente, pois alguns sugam sangue de seres humanos e de outros animais e podem transmitir doenças microbianas durante esse processo. Os artrópodes que transportam microrganismos patogênicos são chamados de **vetores**. A sarna e a pediculose são doenças causadas por artrópodes (ver Capítulo 21).

Classes representantes de artrópodes incluem:

- Arachnida (8 patas): aranhas, ácaros, carrapatos
- Crustacea (4 antenas): caranguejos, lagostim
- Insecta (6 patas): abelhas, moscas, piolhos

A Tabela 12.6 lista os artrópodes que são vetores importantes, e as Figuras 12.31 e 12.32 ilustram alguns deles. Esses insetos e carrapatos residem em animais somente quando estão se alimentando. Uma exceção a essa regra é o piolho, que passa a vida inteira em seus hospedeiros e não pode sobreviver por muito tempo longe deles.

Alguns vetores são apenas mecanismos de transporte para patógenos. Por exemplo, as moscas domésticas depositam seus ovos em matéria orgânica em decomposição, como fezes. Durante esse processo, a mosca pode captar um patógeno em suas patas ou corpo e transportá-lo para nossos alimentos.

Alguns parasitas multiplicam-se em seus vetores. Quando isso acontece, os parasitas podem se acumular nas fezes ou na saliva do vetor. Um grande número de parasitas pode, então, ser depositado sobre ou no interior do hospedeiro enquanto o vetor estiver se alimentando. O espiroqueta que causa a doença de Lyme é transmissível por carrapatos dessa maneira (ver Capítulo 23), e o vírus do Oeste do Nilo é transmissível da mesma forma por mosquitos (ver Capítulo 22).

Como discutido anteriormente, o *Plasmodium* é um exemplo de parasita que necessita que o seu vetor seja também o hospedeiro definitivo. O *Plasmodium* reproduz-se sexuadamente apenas no intestino de um mosquito *Anopheles*. O *Plasmodium* é introduzido no interior de um hospedeiro humano junto com a saliva do mosquito, que atua como anticoagulante, mantendo o fluxo sanguíneo.

Para a eliminação das doenças transmissíveis por vetores, o foco dos programas de saúde é na erradicação desses vetores.

TESTE SEU CONHECIMENTO

✔ **12-20** Os vetores podem ser divididos em três principais tipos, de acordo com os papéis que desempenham para o parasita. Liste os três tipos de vetores e a doença transmissível por cada um.

✔ **12-21** Suponha que você tenha visto um artrópode em seu braço. Como você pode determinar se ele é um carrapato ou um inseto?

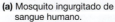

(a) Mosquito ingurgitado de sangue humano. **(b)** Carrapato ingurgitado de sangue.

Figura 12.31 Mosquitos e carrapatos hematófagos.
Os mosquitos são vetores para diversos patógenos humanos, incluindo vírus Zika, malária e vírus da dengue. Os carrapatos são os vetores da doença de Lyme.

P Quando um vetor também é um hospedeiro definitivo?

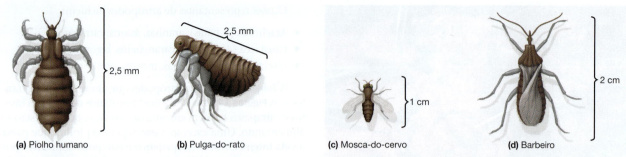

(a) Piolho humano   **(b)** Pulga-do-rato   **(c)** Mosca-do-cervo   **(d)** Barbeiro

Figura 12.32 Artrópodes vetores. (a) O piolho humano, *Pediculus*. **(b)** A pulga-do-rato, *Xenopsylla*. **(c)** A mosca-do-cervo, *Chrysops*. **(d)** O barbeiro, *Triatoma*.

P Identifique um patógeno transportado por cada um desses vetores.

TABELA 12.5 Helmintos parasitas representativos

Filo	Classe	Parasitas humanos	Hospedeiro intermediário	Sítio no hospedeiro definitivo	Estágio de transmissão a seres humanos; métodos	Doença	Figura de referência
Platelmintos	Trematódeos	*Paragonimus*	Caramujos e lagostins de água doce	Humanos; pulmões	Metacercária em crustáceos; ingestão	Paragonimíase (fascíola pulmonar)	12.26
		Schistosoma	Caramujos de água doce	Humanos	Cercárias; penetração através da pele	Esquistossomose	23.27 23.28
	Cestódeos	*Echinococcus granulosus*	Seres humanos	Cães e outros animais; intestinos	Ovos oriundos de outros animais; ingestão	Hidatidose	12.28 25.23
		Taenia saginata	Gado	Humanos; intestino delgado	Cisticercos na carne bovina; ingestão	Teníase	25.22a
		T. solium	Seres humanos; suínos	Humanos	Ovos; ingestão	Neurocisticercose	—
Nematódeos							
Ovos infecciosos para humanos		*Ascaris lumbricoides*	—	Humanos; intestino delgado	Ovos; ingestão	Ascaridíase	25.25
		Baylisascaris procyonis	Coelhos	Guaxinins; intestino grosso	Ovos; ingestão	Bailisascaríase	—
		Toxocara canis, T. cati	Cães, gatos	Cães, gatos; intestino delgado	Ovos; ingestão	Toxocaríase	
		Trichuris trichiura	—	Humanos, suínos e outros mamíferos; intestino delgado	Larvas; ingestão	Tricuríase	25.22f
		Enterobius vermicularis	—	Humanos; intestino grosso	Ovos; ingestão	Oxiuríase	12.29
Larvas infecciosas para humanos		*Strongyloides stercoralis*	Solo	Humanos	Larvas; penetração através da pele	Estrongiloidíase	—
		Necator americanus	—	Humanos; intestino delgado	Larvas; penetração através da pele	Ancilostomíase	—
		Ancylostoma duodenale	—	Humanos; intestino delgado	Larvas; penetração através da pele	Ancilostomíase	25.24
		Trichinella spiralis	Humanos e outros mamíferos	Humanos; intestino delgado	Larvas; ingestão	Triquinelose	25.26
		Dirofilaria immitis	Humanos; cães; gatos	Mosquito	Larvas injetadas por mosquito	Dirofilariose	12.30
		Anisaquídeos	Peixes marinhos e lulas	Mamíferos marinhos	Larvas em peixes; ingestão	Anisaquíase (vermes do *sashimi*)	—
		Angiostrongylus cantonensis	Caramujos de água doce	Roedores	Larvas na água ou no caramujo; ingestão		—

TABELA 12.6 Artrópodes que são importantes vetores de doenças humanas

Classe	Ordem	Vetor	Doença	Figura de referência
Arachnida	Acari (ácaros e carrapatos)	*Dermacentor* (carrapato)	Febre maculosa das Montanhas Rochosas	—
		Ixodes (carrapato)	Doença de Lyme, babesiose, erliquiose	12.31b
		Ornithodorus (carrapato)	Febre recorrente	—
Insecta	Anoplura (piolhos sugadores)	*Pediculus* (piolho de seres humanos)	Tifo epidêmico, febre recorrente	12.32a
	Siphonaptera (pulgas)	*Xenopsylla* (pulga-do-rato)	Tifo murino endêmico, praga	12.32b
	Diptera (moscas verdadeiras)	*Chrysops* (mosca-do-cervo)	Tularemia	12.32c
		Aedes (mosquito)	Dengue, doença do vírus Zika, dirofilariose	12.31a
		Anopheles (mosquito)	Malária	—
		Culex (mosquito)	Encefalite por arbovírus	—
		Glossina (mosca tsé-tsé)	Tripanossomíase africana	—
	Hemiptera (insetos verdadeiros)	*Triatoma* (barbeiro)	Doença de Chagas	12.32d

Resumo para estudo

Fungos (p. 326-337)

1. Micologia é o estudo dos fungos.
2. O número de infecções fúngicas graves está aumentando.
3. Os fungos são aeróbios ou anaeróbios facultativos quimio-heterotróficos.
4. A maioria dos fungos é decompositora; alguns são parasitas de plantas e animais.

Características dos fungos (p. 327-331)

5. O talo de um fungo consiste em filamentos de células denominados hifas; uma massa de hifas é chamada de micélio.
6. Leveduras são fungos unicelulares. Para se reproduzir, as leveduras que realizam fissão se dividem simetricamente, ao passo que as leveduras que realizam brotamento se dividem assimetricamente.
7. Os brotos que não se separam da célula parental formam pseudo-hifas.
8. Os fungos dimórficos patogênicos são leveduriformes a 37 °C e filamentosos a 25 °C.
9. Os fungos são classificados de acordo com o rRNA.
10. Esporangiósporos e conidiósporos são produzidos assexuadamente.
11. Esporos sexuais geralmente são produzidos em resposta a circunstâncias especiais, frequentemente durante mudanças ambientais.
12. Os fungos são capazes de crescer em ambientes ácidos, com pouca umidade e aeróbios.
13. Eles são capazes de metabolizar carboidratos complexos.

Fungos de importância médica (p. 331-334)

14. Os Mucoromycota possuem hifas cenocíticas e produzem esporangiósporos e zigósporos.
15. Os Microsporidia não possuem mitocôndrias e microtúbulos.
16. Os Ascomycota possuem hifas septadas e produzem ascósporos e, com frequência, conidiósporos.
17. Os Basidiomycota possuem hifas septadas e produzem basidiósporos; alguns produzem conidiósporos.

Doenças fúngicas (p. 333-335)

18. Micoses sistêmicas são infecções fúngicas invasivas quem afetam muitos tecidos e órgãos.
19. As micoses subcutâneas são infecções fúngicas que ocorrem abaixo da pele.
20. Micoses cutâneas afetam tecidos contendo queratina, como cabelo, unhas e pele.
21. Micoses superficiais são localizadas nos fios de cabelo e nas células superficiais da pele.
22. Micoses oportunistas são causadas por fungos que normalmente não são patogênicos.
23. Micoses oportunistas podem infectar qualquer tecido. No entanto, elas geralmente são sistêmicas.

Impactos econômicos dos fungos (p. 335-337)

24. *Saccharomyces* e *Trichoderma* são utilizados na produção de alimentos.
25. A deterioração causada por fungos em frutas, grãos e vegetais é mais comum que a deterioração desses produtos causada por bactérias.
26. Muitos fungos causam doenças em plantas.

Liquens (p. 337-338)

1. Um líquen é uma associação mutualística entre uma alga (ou cianobactéria) e um fungo.
2. O processo de fotossíntese realizado pela alga fornece carboidratos para os liquens; o fungo fornece um suporte.
3. Os liquens colonizam hábitats que são inadequados para o crescimento individual das algas ou dos fungos.
4. Os liquens podem ser classificados com base em sua morfologia como crostosos, foliosos ou fruticosos.

Algas (p. 338-343)

1. As algas são unicelulares, filamentosas ou multicelulares (talos).
2. A maioria das algas vive em ambientes aquáticos.

Características das algas (p. 339-340)

3. As algas são eucarióticas, e a maioria é fotoautotrófica.

4. O talo das algas multicelulares geralmente consiste em uma haste, uma estrutura de fixação e lâminas folhosas.

5. As algas se reproduzem assexuadamente por divisão celular e fragmentação.

6. Muitas algas se reproduzem sexuadamente.

7. Algas fotoautotróficas produzem oxigênio.

8. As algas são classificadas de acordo com suas estruturas e pigmentos.

Filos selecionados de algas (p. 339-343)

9. As algas marrons (*kelp*) podem ser coletadas para extração da algina.

10. As algas vermelhas crescem em regiões mais profundas do oceano em comparação com outras algas.

11. As algas verdes possuem celulose e clorofilas *a* e *b* e armazenam amido.

12. Os euglenoides (p. ex., *Euglena*) têm uma película semirrígida e uma mancha ocelar vermelha.

13. As diatomáceas são unicelulares e possuem parede celular de pectina e sílica; algumas causam envenenamento amnésico por marisco.

14. Alguns dinoflagelados produzem neurotoxinas que causam a ciguatera.

15. Os oomicetos são heterotróficos; eles incluem decompositores e patógenos.

Função das algas na natureza (p. 343)

16. As algas são os produtores primários na cadeia alimentar aquática.

17. As algas planctônicas produzem a maioria do oxigênio molecular da atmosfera terrestre.

18. O petróleo representa os restos fósseis de algas planctônicas.

19. As algas unicelulares são simbiontes em animais como *Tridacna*.

Protozoários (p. 343-348)

1. Os protozoários são unicelulares, eucarióticos e quimio-heterotróficos.

2. Os protozoários são encontrados no solo e na água e como parte da microbiota normal de animais.

Características dos protozoários (p. 343-344)

3. A forma vegetativa é chamada de trofozoíto.

4. A reprodução assexuada é por fissão, brotamento ou esquizogonia.

5. A reprodução sexuada é por conjugação.

6. Durante a conjugação ciliada, dois núcleos haploides fundem-se para produzir o zigoto.

7. Alguns protozoários podem produzir um cisto para proteção durante condições ambientais adversas.

8. Os protozoários têm células complexas com película, citóstoma e poro anal.

Protozoários de importância médica (p. 344-348)

9. *Trichomonas* e *Giardia* não possuem mitocôndrias e apresentam flagelos.

10. Os Euglenozoa movimentam-se por flagelos e não realizam reprodução sexuada; eles incluem o gênero *Trypanosoma*.

11. As amebas incluem os gêneros *Entamoeba* e *Acanthamoeba*.

12. Os Apicomplexa possuem organelas apicais para penetração no tecido do hospedeiro; eles incluem os gêneros *Plasmodium* e *Cryptosporidium*.

13. Os ciliados movimentam-se por meio de cílios; *B. coli* é o único parasita ciliado de seres humanos.

Micetozoários (bolores limosos) (p. 348-350)

1. Os micetozoários celulares assemelham-se às amebas e ingerem bactérias por fagocitose.

2. Os micetozoários plasmodiais consistem em uma massa multinucleada de protoplasma que engloba restos orgânicos e bactérias à medida que eles se movem.

Helmintos (p. 350-357)

1. Os vermes achatados parasitas pertencem ao filo Platyhelminthes.

2. Os vermes cilíndricos parasitas pertencem ao filo Nematoda.

Características dos helmintos (p. 350-351)

3. Os helmintos são animais multicelulares; alguns são parasitas de seres humanos.

4. A anatomia e o ciclo de vida dos helmintos parasitas são modificados para o parasitismo.

5. O estágio adulto de um helminto parasita é encontrado no hospedeiro definitivo.

6. Cada estágio larval de um helminto parasita requer um hospedeiro intermediário.

7. Os helmintos podem ser monoicos ou dioicos.

Platelmintos (p. 351-354)

8. Os platelmintos são animais achatados dorsoventralmente; os platelmintos parasitas podem não apresentar sistema digestório.

9. Os trematódeos adultos, ou fascíolas, têm uma ventosa oral e uma ventosa ventral, com as quais eles se aderem aos tecidos do hospedeiro.

10. Os ovos de trematódeos eclodem em miracídios livre-natantes, que entram no primeiro hospedeiro intermediário; duas gerações de rédias desenvolvem-se; as rédias tornam-se cercárias, que saem do primeiro hospedeiro e penetram no segundo hospedeiro intermediário; as cercárias encistam na forma de metacercárias; as metacercárias desenvolvem-se em vermes adultos no hospedeiro definitivo.

11. Um cestoda, ou tênia, consiste em um escólex (cabeça) e proglótides.

12. Os seres humanos servem como hospedeiros definitivos para a tênia da carne de boi, e o gado é o hospedeiro intermediário.

13. O homem serve como hospedeiro definitivo e pode ser um hospedeiro intermediário para a tênia do porco.

14. O homem serve como hospedeiro intermediário para o *E. granulosus*; os hospedeiros definitivos incluem cães, lobos e raposas.

Nematódeos (p. 354-357)

15. Os vermes cilíndricos têm um sistema digestório completo.

16. Os nematódeos que infectam seres humanos com seus ovos incluem os vermes *Ascaris*, *Trichuris* e *Enterobius*.

17. Os nematódeos que infectam seres humanos com suas larvas incluem os ancilostomídeos e *Trichinella*.

Artrópodes como vetores (p. 357-359)

1. Animais providos de patas articuladas, como carrapatos e insetos, pertencem ao filo Arthropoda.

2. Os artrópodes que podem carrear doenças são chamados de vetores.

3. As doenças transmissíveis por vetores são eliminadas de maneira mais eficiente por meio do controle ou erradicação dos vetores.

Questões para estudo

As respostas das questões de Conhecimento e compreensão estão na seção de Respostas no final deste livro.

Conhecimento e compreensão

Revisão

1. A seguir, encontra-se uma lista de fungos, seus métodos de entrada no corpo e os sítios das infecções que eles causam. Classifique cada tipo de micose como cutânea, oportunista, subcutânea, superficial ou sistêmica.

Gênero	Modo de entrada	Sítio de infecção	Micose
Blastomyces	Inalação	Pulmões	(a) _____
Sporothrix	Punção	Lesões ulcerativas	(b) _____
Microsporum	Contato	Unhas	(c) _____
Trichosporon	Contato	Fios de cabelo	(d) _____
Aspergillus	Inalação	Pulmões	(e) _____

2. Uma mistura de culturas de *Escherichia coli* e *Penicillium chrysogenum* é inoculada nos seguintes meios de cultura. Em qual meio você espera que cada um cresça? Por quê?
   a. peptona a 0,5% em água de torneira
   b. glicose a 10% em água de torneira

3. IDENTIFIQUE Quais são as estruturas deste eucarioto, que apresenta uma afinidade pela queratina?

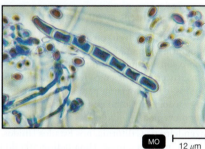

MO ⊢ 12 μm

4. Discuta brevemente a importância dos liquens e das algas na natureza.

5. Diferencie micetozoários celular e plasmodial. Como cada um consegue sobreviver em condições ambientais adversas?

6. Complete a tabela a seguir:

Filo	Modo de locomoção	Um parasita humano
Diplomonads	(a) _____	(b) _____
Microsporidia	(c) _____	(d) _____
Amebae	(e) _____	(f) _____
Apicomplexa	(g) _____	(h) _____
Ciliophora	(i) _____	(j) _____
Euglenozoa	(k) _____	(l) _____
Parabasalids	(m) _____	(n) _____

7. Por que é importante que o *Trichomonas* não tenha um estágio em forma de cisto? Cite um protozoário parasita que tenha um estágio em forma de cisto.

8. De quais maneiras os helmintos parasitas são transmitidos aos seres humanos?

9. A maioria dos vermes cilíndricos é dioica. O que esse termo significa? A qual filo os vermes cilíndricos pertencem?

10. DESENHE Um ciclo de vida genérico do trematódeo pulmonar *Clonorchis sinensis* é mostrado a seguir. Indique os estágios da fascíola. Identifique o(s) hospedeiro(s) intermediário(s). Identifique o(s) hospedeiro(s) definitivo(s). A qual filo e classe esse animal pertence?

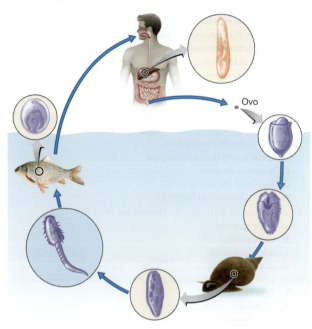

Ovo

Múltipla escolha

1. Quantos filos estão representados na seguinte lista de organismos: *Echinococcus, Cyclospora, Aspergillus, Taenia, Toxoplasma, Trichinella*?
   a. 1
   b. 2
   c. 3
   d. 4
   e. 5

Utilize as seguintes opções para responder às questões 2 e 3:
   1. metacercária
   2. rédia
   3. adulto
   4. miracídio
   5. cercária

2. Coloque os estágios em ordem de desenvolvimento, iniciando pelo ovo.
   a. 5, 4, 1, 2, 3
   b. 4, 2, 5, 1, 3
   c. 2, 5, 4, 3, 1
   d. 3, 4, 5, 1, 2
   e. 2, 4, 5, 1, 3

3. Se um caramujo é o primeiro hospedeiro intermediário de um parasita com esses estágios, qual estágio será encontrado no caramujo?
   a. 1
   b. 2
   c. 3
   d. 4
   e. 5

4. As pulgas são o hospedeiro intermediário da tênia *Dipylidium caninum*, e os cães são o hospedeiro definitivo. Qual estágio do parasita pode ser encontrado na pulga?
   a. larva de cisticerco
   b. proglótide
   c. escólex
   d. adulto

5. Quais das seguintes afirmativas a respeito das leveduras são verdadeiras?

1. As leveduras são fungos.	a. 1, 2, 3, 4
2. As leveduras podem formar pseudo-hifas.	b. 3, 4, 5, 6
3. As leveduras reproduzem-se assexuadamente por brotamento.	c. 2, 3, 4, 5
4. As leveduras são anaeróbias facultativas.	d. 1, 3, 5, 6
5. Todas as leveduras são patogênicas.	e. 2, 3, 4
6. Todas as leveduras são dimórficas.	

6. Qual dos seguintes eventos sucede à fusão celular em um ascomiceto?
   a. formação do conidióforo
   b. germinação do conidiósporo
   c. abertura do asco
   d. formação do ascósporo
   e. liberação do conidiósporo

7. O hospedeiro definitivo do *Plasmodium vivax* é:
   a. o ser humano.
   b. o *Anopheles*.
   c. um esporócito.
   d. um gametócito.

Utilize as seguintes alternativas para responder às questões 8 a 10:
   a. Apicomplexa
   b. ciliados
   c. dinoflagelados
   d. Microsporidia

8. São parasitas intracelulares obrigatórios que não possuem mitocôndrias.

9. São parasitas imóveis, que apresentam organelas especiais para penetração no tecido do hospedeiro.

10. Esses organismos fotossintéticos podem produzir neurotoxinas.

Análise

1. *Alexandrium* (maré vermelha) foi chamado no passado de planta, protista, protozoário e alga. Atualmente ele está alocado no clado SAR, junto com o *Plasmodium* e o *Paramecium*. Todos os membros do SAR são fotossintéticos? Explique por que foi tão difícil classificar com precisão o *Alexandrium*.

2. O ciclo de vida da tênia do peixe *Diphyllobothrium* é similar ao da *Taenia saginata*, com exceção de que o hospedeiro intermediário é um peixe. Descreva o ciclo de vida e o modo de transmissão para o homem. Por que é mais provável que os peixes de água doce sejam uma fonte de infecção por tênias do que os peixes marinhos?

3. *Trypanosoma brucei gambiense* – parte (a) na figura a seguir – é o agente causador da tripanossomíase africana (doença do sono africana). A qual filo ele pertence? A parte (b) mostra um ciclo de vida simplificado para *T. b. gambiense*. Identifique o hospedeiro e o vetor desse parasita.

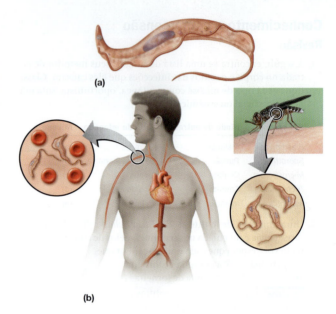

(a)

(b)

Aplicações clínicas e avaliação

1. Uma criança desenvolveu convulsões generalizadas. Um exame de tomografia computadorizada (TC) revelou uma única lesão no cérebro consistente com um tumor. A biópsia da lesão mostrou um cisticerco. A paciente vive na Carolina do Sul, nos Estados Unidos, e nunca viajou para fora do estado. Qual parasita causou essa doença? Como essa doença é transmitida? Como ela pode ser prevenida?

2. Um fazendeiro na Califórnia, nos Estados Unidos, desenvolveu febre baixa, mialgia e tosse. Uma radiografia do tórax revelou um infiltrado no pulmão. O exame microscópico do escarro revelou células redondas em brotamento. Na cultura do escarro, cresceram micélios e artroconídios. Qual é o mais provável organismo causador dos sintomas? Como essa doença é transmitida? Como ela pode ser prevenida?

3. Um adolescente na Califórnia reclamou de febre remitente, calafrios e dores de cabeça. Um esfregaço de sangue revelou células em forma de anel no interior das hemácias do adolescente. A infecção foi tratada com sucesso com primaquina e cloroquina. O paciente vive perto de um rio não tem histórico de viagens ao exterior, transfusão sanguínea, nem uso de substâncias intravenosas. Qual é a doença? Como foi adquirida?

Vírus, viroides e príons 13

Os vírus são muito pequenos para serem vistos ao microscópio óptico e não podem ser cultivados fora de seus hospedeiros. Portanto, embora as doenças virais não sejam novidade, as partículas virais não puderam ser estudadas até o século XX. Em 1886, o químico holandês Adolf Mayer demonstrou que a doença do mosaico do tabaco (DMT) era transmissível de uma planta doente para uma planta sadia. Em 1892, em uma tentativa de isolar a causa da DMT, o bacteriologista russo Dimitri Iwanowiski filtrou a seiva de plantas doentes em filtros de porcelana construídos para reter bactérias. Ele esperava encontrar o micróbio preso ao filtro. Ao contrário, ele constatou que o agente infeccioso havia atravessado os diminutos poros do filtro. Quando ele injetou o fluido filtrado em plantas sadias, elas contraíram a doença. A primeira doença humana associada a um agente filtrável foi a febre amarela.

Os avanços nas técnicas de biologia molecular nas décadas de 1980 e 1990 permitiram a identificação de vários novos vírus, incluindo o vírus da imunodeficiência humana (HIV) em 1983, o coronavírus associado à síndrome respiratória aguda grave (SARS-CoV) em 2003 e o SARS-CoV-2 em 2020. O patógeno responsável pela hepatite viral, uma das doenças infecciosas mais comuns no mundo, também foi identificado por meio de técnicas moleculares. Vários vírus de hepatite diferentes foram identificados, incluindo o vírus da hepatite B e o vírus da hepatite C transmitidos pelo sangue e o vírus da hepatite A transmitido por alimentos (ver fotografia), discutidos no "Caso clínico" e resumidos em "Doenças em foco 25.3".

A lista da Organização Mundial da Saúde dos 10 principais patógenos emergentes que provavelmente estarão associados a surtos graves em um futuro próximo é inteiramente composta por doenças virais. Estão incluídos coronavírus humanos altamente patogênicos, vários vírus causadores de febres hemorrágicas, vírus Zika e vírus Nipah. As doenças humanas causadas por vírus são discutidas na Parte IV. Neste capítulo, é estudada a biologia dos vírus.

◀ O vírus da hepatite A é transmitido por ingestão.

Na clínica

Uma mulher leva a sua filha de 8 meses ao pronto atendimento em que você trabalha como enfermeiro(a). O bebê apresenta coriza e febre de 39 °C, mas seus ouvidos e pulmões não apresentam sinais de infecção. A mulher está irritada porque já levou a filha ao pediatra. Ela pediu um antibiótico, mas o médico se recusou a prescrevê-lo. Novamente, agora no pronto atendimento, a mãe solicita uma prescrição de antibióticos para o bebê. **Você acha que deve prescrever o medicamento que a mãe quer? Explique as razões contra e a favor da prescrição de antibióticos nesse caso – e como você falaria sobre isso com a mãe.**

Dica: leia sobre a estrutura viral mais adiante neste capítulo.

Características gerais dos vírus

OBJETIVO DE APRENDIZAGEM

13-1   Diferenciar um vírus de uma bactéria.

Há 100 anos, os pesquisadores não imaginavam que poderiam existir patógenos submicroscópicos; assim, descreveram esses agentes infecciosos invisíveis com o termo *contagium vivum fluidum* – um fluido contagioso. Por volta da década de 1930, os cientistas começaram a usar a palavra *vírus*, que no latim significa "veneno", para descrever esses agentes filtráveis. A natureza dos vírus, no entanto, permaneceu uma incógnita até 1935, quando Wendell Stanley, químico americano, isolou o vírus do mosaico do tabaco, possibilitando, pela primeira vez, o desenvolvimento de estudos químicos e estruturais em um vírus purificado. A invenção do microscópio eletrônico, aproximadamente na mesma época, possibilitou a sua visualização.

A questão de os vírus serem organismos vivos ou não tem uma resposta ambígua. A vida pode ser definida como um conjunto complexo de processos resultantes da ação de proteínas codificadas por ácidos nucleicos. Os ácidos nucleicos das células vivas estão em atividade o tempo todo. Sob o aspecto de que são inertes fora das células vivas de seu hospedeiro, os vírus não são considerados organismos vivos. No entanto, quando um vírus penetra uma célula hospedeira, o ácido nucleico viral torna-se ativo, ocorrendo a multiplicação viral. Sob esse prisma, os vírus estão vivos quando se multiplicam dentro da célula hospedeira. Do ponto de vista clínico, os vírus podem ser considerados vivos por serem capazes de causar infecção e doença, assim como bactérias, fungos e protozoários patogênicos. Dependendo do ponto de vista, um vírus pode ser considerado um agregado excepcionalmente complexo de elementos químicos ou um microrganismo vivo extraordinariamente simples.

Características distintivas dos vírus

Como, então, definimos um *vírus*? Os vírus foram originalmente diferenciados de outros agentes infecciosos por serem especialmente muito pequenos (filtráveis) e por serem **parasitas intracelulares obrigatórios** – isto é, eles necessariamente precisam de células hospedeiras vivas para a sua multiplicação. Entretanto, essas duas propriedades são compartilhadas por determinadas bactérias pequenas, como algumas riquétsias. Os vírus e as bactérias são comparados na Tabela 13.1.

Sabe-se agora que as características que realmente distinguem os vírus estão relacionadas à sua organização estrutural simples e aos mecanismos de multiplicação. Dessa forma, os **vírus** são entidades que:

- Contêm um único tipo de ácido nucleico, seja DNA ou RNA, mas não ambos.
- Contêm um revestimento proteico (às vezes recoberto por um envelope de lipídeos, proteínas e carboidratos) que envolve o ácido nucleico.
- Multiplicam-se no interior de células vivas utilizando a maquinaria sintética da célula.
- Induzem a síntese de estruturas especializadas que podem transferir o ácido nucleico viral para outras células.

TABELA 13.1 Comparação entre vírus e bactérias

| | Bactérias | | |
	Bactéria típica	Clamídias/ riquétsias	Vírus
Parasitas intracelulares	Não	Sim	Sim
Membrana plasmática	Sim	Sim	Não
Fissão binária	Sim	Sim	Não
Passa através de filtros bacteriológicos	Não	Não/sim	Sim
Apresenta DNA e RNA	Sim	Sim	Não
Metabolismo gerador de ATP	Sim	Sim/não	Não
Ribossomos	Sim	Sim	Não
Sensível aos antibióticos	Sim	Sim	Não
Sensível ao interferon	Não	Não	Sim

Os vírus têm poucas ou mesmo nenhuma enzima própria para seu metabolismo;* por exemplo, não têm enzimas para a síntese proteica e a geração de trifosfato de adenosina (ATP). Os vírus devem assumir a maquinaria metabólica da célula hospedeira para a sua multiplicação. Esse fato é de considerável importância médica para o desenvolvimento de fármacos antivirais, pois a maioria dos fármacos que interferem na multiplicação viral também pode interferir na fisiologia da célula hospedeira, sendo, por isso, demasiadamente tóxicos para uso clínico. (Os fármacos antivirais são discutidos no Capítulo 20.)

Espectro de hospedeiros

O **espectro de hospedeiros** de um vírus consiste na variedade de células hospedeiras que o vírus pode infectar. Existem vírus que infectam invertebrados, vertebrados, plantas, protistas, fungos e bactérias; no entanto, a maioria dos vírus é capaz de infectar tipos específicos de células de apenas uma espécie hospedeira. Em casos raros, os vírus cruzam as barreiras de espécies, expandindo, assim, seu espectro de hospedeiros. Um exemplo é descrito no quadro **Foco clínico**. Neste capítulo, nos ocupamos principalmente com os vírus que infectam seres humanos e bactérias. Os vírus que infectam bactérias são chamados de **bacteriófagos** ou **fagos**.

O espectro de hospedeiros de um vírus é determinado pela exigência viral quanto à sua ligação específica à célula hospedeira e pela disponibilidade de fatores celulares do hospedeiro em potencial necessários para a multiplicação viral. Para que ocorra a infecção da célula hospedeira, a superfície externa do vírus deve interagir quimicamente com receptores específicos presentes na superfície celular. Os dois componentes complementares são unidos por ligações fracas, como ligações de hidrogênio. A combinação de muitos sítios de ligação e receptores resulta em uma forte associação entre a célula hospedeira e o vírus. Para alguns bacteriófagos, o receptor faz parte

---

*N. de R.T. Essa afirmação está incorreta. Todos os vírus são capazes de codificar em seu genoma pelo menos uma enzima relacionada ao metabolismo de seu ácido nucleico. Algumas dessas enzimas são exclusivamente virais e não têm paralelos relacionados em hospedeiros procariotos ou eucariotos. Alguns vírus mais complexos são capazes de codificar em seu genoma dezenas de enzimas próprias.

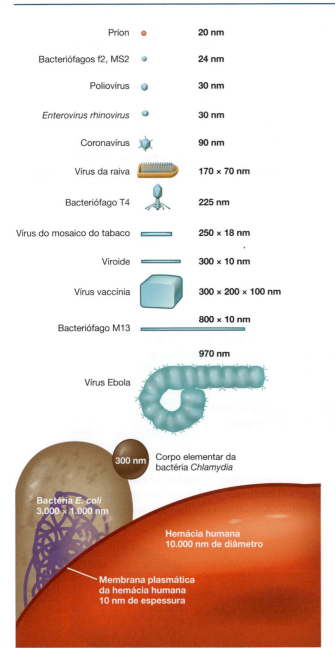

Figura 13.1 **Tamanho dos vírus.** Os tamanhos de diversos vírus (em azul) e bactérias (em marrom) são comparados a uma hemácia humana, representada abaixo dos micróbios. Um príon (em laranja; discutido posteriormente neste capítulo) também é mostrado. As dimensões estão em nanômetros (nm) e representam diâmetro ou comprimento por largura.

P **Quais são as diferenças entre os vírus e as bactérias?**

da parede da célula hospedeira; em outros casos, faz parte das fímbrias ou dos flagelos. No caso de vírus de animais, os receptores estão na membrana plasmática das células hospedeiras.

Tamanho dos vírus

O tamanho viral é determinado com o auxílio da microscopia eletrônica. Vírus diferentes variam consideravelmente em tamanho. Apesar de a maioria deles ser um pouco menor que as bactérias, alguns dos maiores vírus (como o vírus vaccínia) são praticamente do mesmo tamanho de algumas bactérias pequenas (como micoplasmas, riquétsias e clamídias). O tamanho dos vírus varia de 20 a 1.000 nm de comprimento. Os tamanhos comparativos de diversos vírus e bactérias são mostrados na **Figura 13.1**.

TESTE SEU CONHECIMENTO

✔ **13-1** Como o pequeno tamanho dos vírus auxiliou os pesquisadores na sua detecção antes da invenção do microscópio eletrônico?

Estrutura viral

OBJETIVO DE APRENDIZAGEM

13-2 Descrever a estrutura química e física dos vírus envelopados e dos vírus não envelopados.

Um **vírion** é uma partícula viral infecciosa completa, totalmente desenvolvida, composta por um ácido nucleico e envolta por um revestimento proteico que a protege do meio ambiente. Os vírus são classificados de acordo com o ácido nucleico que possuem e por diferenças nas estruturas de seus envoltórios.

Ácido nucleico

Ao contrário das células procarióticas e eucarióticas, nas quais o DNA é sempre o material genético principal (o RNA tem um papel auxiliar), os genes virais são codificados por DNA ou RNA, mas nunca por ambos. O genoma dos vírus pode ser de fita simples ou dupla. Assim, existem vírus que apresentam o familiar DNA de fita dupla, DNA de fita simples, RNA de fita dupla e RNA de fita simples. Dependendo do vírus, o ácido nucleico pode ser linear ou circular. Em alguns vírus (como o vírus influenza), o ácido nucleico é segmentado.

CASO CLÍNICO Um surto inconveniente

Tina, uma representante de vendas farmacêuticas de 42 anos, está em casa devido a uma febre muito alta e persistente de 40 °C. Ela está tomando medicamentos para reduzir a febre, mas eles funcionam apenas por algumas horas. Tina marcou uma consulta com um médico, que imediatamente observou os sinais de icterícia na pele da paciente. Ao apalpar o abdome de Tina, ela estremeceu de dor devido à sensibilidade. Com a suspeita de que o fígado de Tina estivesse com algum problema, o médico enviou uma amostra de sangue para o laboratório local para uma prova de função hepática (PFH). O resultado apresentou algumas anormalidades.

Que doença pode estar causando os sintomas de Tina? Continue lendo para descobrir.

| Parte 1 | Parte 2 | Parte 3 | Parte 4 | Parte 5 |

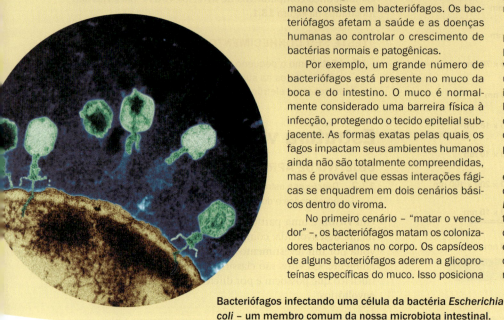

O *viroma humano* é a parte viral do microbioma. Um ser humano saudável abriga até 10 vírus infecciosos permanentes. Esses vírus são encontrados nos mesmos locais da maioria do microbioma bacteriano – boca, nariz, pele, vagina e intestinos – e incluem vírus latentes e persistentes.

O material genético dos retrovírus integrado aos cromossomos humanos compõe cerca de 8% do genoma humano. No entanto, a grande maioria do viroma humano consiste em bacteriófagos. Os bacteriófagos afetam a saúde e as doenças humanas ao controlar o crescimento de bactérias normais e patogênicas.

Por exemplo, um grande número de bacteriófagos está presente no muco da boca e do intestino. O muco é normalmente considerado uma barreira física à infecção, protegendo o tecido epitelial subjacente. As formas exatas pelas quais os fagos impactam seus ambientes humanos ainda não são totalmente compreendidas, mas é provável que essas interações fágicas se enquadrem em dois cenários básicos dentro do viroma.

No primeiro cenário – "matar o vencedor" –, os bacteriófagos matam os colonizadores bacterianos no corpo. Os capsídeos de alguns bacteriófagos aderem a glicoproteínas específicas do muco. Isso posiciona o bacteriófago no local onde ele pode encontrar as células bacterianas, que são o seu hospedeiro final. O bacteriófago se beneficia por ter um hospedeiro para reprodução, e o hospedeiro humano se beneficia por ter o bacteriófago que evita a sua colonização por patógenos.

No segundo cenário – "matar a competição" –, alguns bacteriófagos podem proteger o microbioma bacteriano da invasão por outras bactérias que disputam uma posição na área. Por exemplo, no intestino, a bactéria *Enterococcus* libera bacteriófagos líticos, dos prófagos (discutidos posteriormente neste capítulo), quando enterococos concorrentes estão presentes, matando, assim, a competição.

Existem evidências de estudos em cultura celular de que o resfriado comum, uma infecção leve causada pelo *Enterovirus rhinovirus*, fornece alguma proteção contra influenza (gripe) e a Covid-19 depois de 3 dias. Pesquisas sugerem que esse efeito provavelmente não se deve à competição entre os vírus, mas aos interferons produzidos em resposta ao rinovírus.

Bacteriófagos infectando uma célula da bactéria *Escherichia coli* – um membro comum da nossa microbiota intestinal.

A porcentagem de ácido nucleico viral em relação à porcentagem de proteína é de cerca de 1% no caso do vírus influenza e de cerca de 50% para certos bacteriófagos. A quantidade total de ácido nucleico varia de poucos milhares de nucleotídeos (ou pares de nucleotídeos) até 250 mil nucleotídeos.* (Em contraste, o cromossomo de *E. coli* tem, aproximadamente, 4 milhões de pares de bases.)

Capsídeo e envelope

O ácido nucleico de um vírus é protegido por um revestimento proteico, chamado de **capsídeo** (Figura 13.2a). A estrutura do capsídeo é determinada basicamente pelo ácido nucleico do vírus e constitui a maior parte da massa viral, sobretudo dos vírus menores. Cada capsídeo é composto de subunidades proteicas, denominadas **capsômeros**. Em alguns vírus, as proteínas que compõem os capsômeros são de um único tipo; em outros, vários tipos de proteínas podem estar presentes. Os capsômeros, em geral, são visíveis nas micrografias eletrônicas (ver exemplo na Figura 13.2b). A organização dos capsômeros é característica para cada tipo de vírus.

Em alguns vírus, o capsídeo é envolto por um **envelope** (Figura 13.3a), que geralmente consiste em uma combinação de lipídeos, proteínas e carboidratos. Alguns vírus de animais

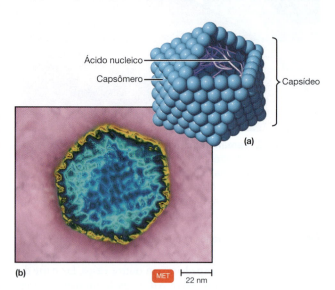

Ácido nucleico
Capsômero
Capsídeo

(a)

(b)

MET ⊢ 22 nm

Figura 13.2 Morfologia de um vírus poliédrico não envelopado. (a) Diagrama de um vírus poliédrico (icosaédrico). **(b)** Micrografia do adenovírus *Mastadenovirus*. São visíveis os capsômeros individuais do capsídeo.

P Qual é a composição química do capsídeo?

---

*N. de R.T. Desde a década de 1990, no entanto, vírus gigantes com genomas compostos por milhões de pares de bases vêm sendo descobertos. Os primeiros vírus gigantes a serem descritos foram os mimivírus, cujo genoma tem aproximadamente 1,2 milhão de pares de bases. Depois dos mimivírus, outros vírus gigantes como os fitovírus, os megavírus e os pandoravírus foram descobertos. Os maiores vírus conhecidos em termos de tamanho do genoma são os pandoravírus, cujo genoma pode alcançar incríveis 2,5 milhões de pares de bases. A grande maioria desses vírus gigantes infecta amebas, embora eventuais danos a hospedeiros humanos tenham sido sugeridos.

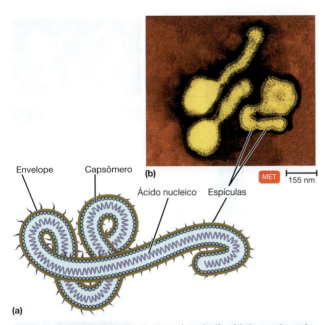

Figura 13.3 **Morfologia de um vírus helicoidal envelopado.**
(a) Diagrama de um vírus helicoidal envelopado. **(b)** Micrografia
do *Marburgvirus*. Observe o halo de espículas se projetando da
superfície externa do envelope (ver Capítulo 23).

P Quais são os tipos de ácido nucleico de um vírus?

são liberados da célula hospedeira por um processo de extrusão, no qual a partícula é envolta por uma camada de membrana plasmática celular que passa a constituir o envelope viral. Em muitos casos, o envelope contém proteínas codificadas pelo genoma viral junto a materiais derivados de componentes normais da célula hospedeira.

Dependendo do vírus, os envelopes podem ou não apresentar **espículas**, constituídas por complexos carboidrato--proteína que se projetam da superfície do envelope. Alguns vírus se ligam às células hospedeiras por meio de espículas. As espículas são características tão marcantes de alguns vírus que podem ser utilizadas para identificação. A capacidade de determinados vírus, como o *Alphainfluenzavirus*, de agregar hemácias está associada à presença das espículas. Esses vírus se ligam às hemácias, formando pontes entre elas. A agregação resultante, chamada de *hemaglutinação*, é a base de diversos testes laboratoriais úteis. (Ver Figura 18.8.)

Os vírus cujos capsídeos não são envoltos por um envelope são conhecidos como **vírus não envelopados** (ver Figura 13.2). Nesse caso, o capsídeo protege o ácido nucleico viral do ataque das nucleases presentes nos fluidos biológicos e promove a ligação da partícula às células suscetíveis.

Quando um hospedeiro é infectado por um vírus, o sistema imune é estimulado a produzir anticorpos (proteínas que reagem com as proteínas de superfície do vírus, discutidos no Capítulo 17). Essa interação entre os anticorpos do hospedeiro e as proteínas virais inativa o vírus e interrompe a infecção. Entretanto, muitos vírus podem escapar dos anticorpos, pois os genes que codificam as proteínas virais de superfície são suscetíveis a mutações. A progênie dos vírus mutantes

apresenta proteínas de superfície alteradas, incapazes de reagir com os anticorpos. Isso é chamado de **deriva antigênica**. Quase 5 mil mutações foram descritas na proteína da espícula do SARS-CoV-2 entre 2019 e 2022. Essas mutações resultaram na circulação de várias linhagens do vírus, como a delta e a ômicron, na população humana. O vírus influenza frequentemente sofre alterações em suas espículas. É por essa razão que se pode contrair influenza e Covid-19 mais de uma vez. Apesar de termos produzido anticorpos contra uma linhagem, o vírus pode sofrer mutações e nos infectar novamente.

Morfologia geral

Os vírus podem ser classificados em vários tipos morfológicos diferentes, com base na arquitetura do capsídeo. A estrutura do capsídeo tem sido elucidada por microscopia eletrônica e uma técnica conhecida como cristalografia de raios X.

Vírus helicoidais

Os vírus helicoidais assemelham-se a longos bastonetes que podem ser rígidos ou flexíveis. O ácido nucleico viral é encontrado no interior de um capsídeo oco e cilíndrico que possui uma estrutura helicoidal (**Figura 13.4**). Os vírus que causam raiva e a febre hemorrágica Ebola são helicoidais.

Vírus poliédricos

Muitos vírus de animais, vegetais e bacterianos são poliédricos, isto é, têm muitas faces. O capsídeo da maioria dos vírus poliédricos tem a forma de um *icosaedro*, um poliedro regular com 20 faces triangulares e 12 vértices (ver Figura 13.2a).

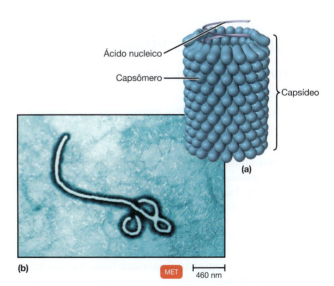

Figura 13.4 **Morfologia de um vírus helicoidal.**
(a) Diagrama de uma parte de um vírus helicoidal. Uma fileira de capsômeros foi removida, a fim de se expor o ácido nucleico.
(b) Micrografia do vírus Ebola, um filovírus, mostrando a sua forma de bastonete helicoidal.

P Qual é a composição química dos capsômeros?

Os capsômeros de cada face formam um triângulo equilátero. O adenovírus é um exemplo de um vírus poliédrico com a forma de um icosaedro (mostrado na Figura 13.2b). O poliovírus também é icosaédrico.

Vírus envelopados

Como mencionado anteriormente, o capsídeo de alguns vírus é coberto por um envelope. Os vírus envelopados são relativamente esféricos. Quando os vírus helicoidais e os poliédricos são envoltos por um envelope, eles são denominados *vírus helicoidais envelopados* ou *poliédricos envelopados*. Um exemplo de vírus helicoidal envelopado é o *Marburgvirus* (ver Figura 13.3b). Um exemplo de um vírus poliédrico (icosaédrico) envelopado é o vírus SARS-CoV-2 (ver Figura 24.14).

Vírus complexos

Alguns vírus, particularmente os vírus bacterianos, têm estruturas complicadas e são chamados de **vírus complexos**. Um bacteriófago é um exemplo de um vírus complexo. Alguns bacteriófagos possuem capsídeos com estruturas adicionais aderidas. Na **Figura 13.5a**, observe que o capsídeo (cabeça) é poliédrico e a bainha da cauda é helicoidal. A cabeça contém o genoma viral. Adiante neste capítulo, são discutidas as funções de outras estruturas, como a bainha da cauda, as fibras da cauda, a placa basal e o pino. Outro exemplo de vírus complexo são os poxvírus, que não têm capsídeos claramente definidos, mas apresentam vários envoltórios em torno do ácido nucleico viral (Figura 13.5b).

> **TESTE SEU CONHECIMENTO**
>
> ✔ **13-2** Desenhe um vírus poliédrico não envelopado com espículas.

Taxonomia dos vírus

OBJETIVOS DE APRENDIZAGEM

13-3 Definir *espécie viral*.

13-4 Dar um exemplo de família, gênero e nome comum de um vírus.

Da mesma maneira que precisamos de categorias taxonômicas para plantas, animais e bactérias, a taxonomia viral é necessária para nos auxiliar a organizar e entender novos organismos descobertos. A classificação mais antiga dos vírus tem como base a sintomatologia, como a das doenças que afetam o sistema respiratório. Esse sistema é conveniente, mas não é aceitável cientificamente, uma vez que o mesmo vírus pode causar mais de uma doença, dependendo do tecido afetado. Além disso, esse sistema agrupa artificialmente vírus que não infectam seres humanos.

A taxonomia dos organismos celulares usa o gene de rRNA que é encontrado em todas as células, mas os vírus não compartilham um único gene conservado, então essa taxonomia não se aplicaria. Um sistema de classificação de vírus foi desenvolvido por David Baltimore em 1971. O sistema de classificação de Baltimore é baseado no ácido nucleico de

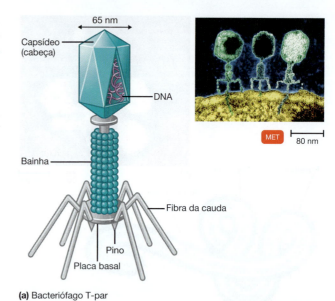

(a) Bacteriófago T-par

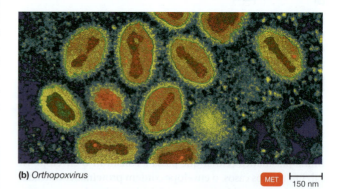

(b) *Orthopoxvirus*

Figura 13.5 Morfologia de um vírus complexo.
(a) Diagrama e micrografia de um bacteriófago T-par.
(b) Micrografia do vírus da varíola, uma espécie do gênero *Orthopoxvirus*.

P Qual é a importância do capsídeo para um vírus?

um vírus e na forma como o seu RNA mensageiro (mRNA) é produzido. Este inclui os sete grupos mostrados na Tabela 13.2. A nova técnica do sequenciamento de DNA, mais moderna e rápida, permitiu uma classificação adicional dos vírus em ordens e famílias com base na genômica e na estrutura. Como resultado, o Comitê Internacional de Taxonomia de Vírus* elevou os sete grupos de Baltimore a um novo táxon de ordem superior, o reino. O sufixo *-vírus* é usado para os gêneros, as famílias de vírus recebem o sufixo *-viridae*, e as ordens, o sufixo *-virales*. No uso formal, os nomes das famílias e dos gêneros são usados da seguinte maneira: família Herpesviridae, gênero *Simplexvirus*, espécie *human herpesvirus-2*.

---

*N. de R.T. Nos últimos anos, o Comitê Internacional de Taxonomia de Vírus (ICTV) revolucionou a taxonomia viral. De acordo com o ICTV, os vírus são atualmente classificados em sete hierarquias taxonômicas: domínio, reino, filo, classe, ordem, gênero e espécie (https://ictv.global/).

Quando falamos de "vírus da influenza humana", nos referimos àqueles subtipos amplamente disseminados entre seres humanos. Existem apenas três subtipos conhecidos de vírus influenza humana A (H1N1, H1N2 e H3N2). Outros vírus influenza A são encontrados em vários animais diferentes, incluindo aves, porcos, baleias, cavalos e focas. Muitas vezes, o vírus influenza A observado em uma espécie pode cruzar a barreira e causar doença em outra espécie. Por exemplo, até 1998, apenas o vírus H1N1 circulava amplamente na população de suínos dos Estados Unidos. Em 1998, o subtipo H3N2, proveniente de seres humanos, foi introduzido na população de porcos e causou doença disseminada no rebanho de suínos. Os subtipos diferem por causa de certas proteínas localizadas na superfície do vírus (as proteínas hemaglutinina [HA] e neuraminidase [NA]). Existem 18 subtipos diferentes de HA e 11 subtipos diferentes de NA nos vírus influenza A de humanos.

Como diferentes combinações de proteínas H e N são possíveis?

Cada combinação corresponde a um subtipo diferente: 18 × 11 = 198 combinações possíveis.

O que a influenza aviária apresenta de diferente?

Os subtipos H5 e H7 ocorrem principalmente em aves. Os vírus da influenza aviária (gripe aviária) geralmente não infectam seres humanos. Todos os casos humanos de influenza aviária podem ser atribuídos a surtos em aves domésticas, exceto uma provável transmissão notável de uma filha para a sua mãe. Os vírus influenza aviários podem ser transmitidos aos humanos (1) diretamente das aves ou de ambientes contaminados por elas ou (2) por um hospedeiro intermediário, como o porco.

Por que os suínos são importantes?

Os porcos podem ser infectados tanto pelo vírus da influenza humana quanto pelo aviário. O genoma do vírus influenza é composto por oito segmentos. Um genoma segmentado permite o rearranjo dos genes virais e a criação de novos vírus influenza A se partículas virais de duas espécies diferentes infectarem a mesma pessoa ou animal (ver figura). Isso é conhecido como *rearranjo antigênico* (do inglês *antigenic shift*).

O vírus H1N1 de 2009 foi originalmente chamado de "gripe suína", pois testes em laboratório na época mostraram que grande parte dos genes do vírus era muito semelhante aos dos vírus influenza que normalmente circulam nos porcos na América do Norte. Contudo, estudos posteriores demonstraram que o vírus H1N1 de 2009 é, na verdade, muito diferente daqueles que normalmente circulam nesses porcos. Ele tem dois genes dos vírus influenza que normalmente circulam em suínos da Europa e da Ásia, genes da influenza aviária e genes da influenza humana. Esse vírus é chamado de *rearranjo quádruplo*. A figura mostra um exemplo de *rearranjo triplo* entre três vírus.

Pandemias

Durante os últimos 100 anos, a emergência de novos subtipos do vírus influenza A causaram quatro pandemias, e todas elas se disseminaram ao redor do mundo no intervalo de 1 ano após a sua detecção (ver tabela). Alguns segmentos gênicos de todas essas linhagens de influenza A vieram originalmente das aves.

Fonte: Adaptado de MMWR.

Modelo para o rearranjo antigênico observado no vírus influenza. Se um porco for infectado por um vírus da influenza humana e um vírus da influenza aviária ao mesmo tempo, os genes virais podem sofrer rearranjo e gerar um novo vírus que tem a maioria dos genes do vírus humano, à exceção de uma hemaglutinina e/ou uma neuraminidase proveniente do vírus aviário. O novo vírus resultante poderia, então, infectar seres humanos e se disseminar entre as pessoas, mas apresentaria as proteínas de superfície (hemaglutinina e/ou neuraminidase) não observadas previamente em vírus influenza que infectam seres humanos.

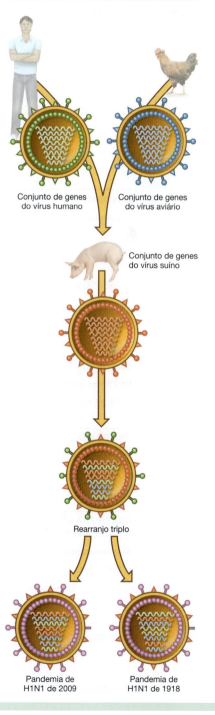

Conjunto de genes do vírus humano

Conjunto de genes do vírus aviário

Conjunto de genes do vírus suíno

Rearranjo triplo

Pandemia de H1N1 de 2009

Pandemia de H1N1 de 1918

Pandemias de influenza A durante os últimos 100 anos	
1918-1919	O vírus H1N1 causou mundialmente cerca de 50 milhões de mortes. O vírus tem genes semelhantes aos do vírus da influenza aviária.
1957-1958	O vírus H2N2 causou cerca de 116 mil mortes nos Estados Unidos. Foi inicialmente identificado na China, no final do mês de fevereiro de 1957. O vírus continha uma combinação de genes dos vírus da influenza humana e aviária.
1968-1969	O vírus H3N2 causou cerca de 100 mil mortes nos Estados Unidos. O vírus continha genes dos vírus da influenza humana e aviária.
2009-2010	O vírus H1N1 causou pelo menos 1 milhão de mortes em todo o mundo. Uma vacina foi disponibilizada nos países desenvolvidos e em desenvolvimento 3 meses após os primeiros casos.

Uma **espécie viral** é um grupo de vírus que compartilham a mesma informação genética e o mesmo nicho ecológico (espectro de hospedeiros). A **Tabela 13.2** apresenta um resumo para a classificação dos vírus que infectam seres humanos.

TESTE SEU CONHECIMENTO

✔ **13-3** Como uma espécie viral difere de uma espécie bacteriana?

✔ **13-4** Anexe as terminações apropriadas ao Herpes para mostrar a ordem e a família que inclui os herpes-vírus humanos.

TABELA 13.2 Famílias de vírus que afetam seres humanos

Grupos de Baltimore*	Características/ dimensões	Família viral	Gêneros importantes	Aspectos clínicos ou especiais
I	**DNA DE FITA DUPLA**			
	Não envelopados			
	70-90 nm	Adenoviridae 	*Mastadenovirus*	Vírus de tamanho médio que causam várias infecções respiratórias em seres humanos; alguns causam tumores em animais.
	40-57 nm	Polyomaviridae 	*Alphapapillomavirus* (vírus da verruga humana)	Vírus pequenos que causam verrugas e câncer de colo uterino e anal em seres humanos. Ver Capítulos 21 e 26.
	Envelopados			
	200-350 nm	Poxviridae 	*Orthopoxvirus* (vírus vaccínia, varíola e MPOX) *Molluscipoxvirus*	Vírus muito grandes, complexos, em forma de tijolo, que causam doenças, como a varíola, o molusco contagioso (lesões de pele semelhantes a verrugas) e a varíola bovina. Ver Capítulo 21.
	150-200 nm	Herpesviridae 	*Simplexvirus* (HHV-1 e 2) *Varicellovirus* (HHV-3) *Lymphocryptovirus* (HHV-4) *Cytomegalovirus* (HHV-5) *Roseolovirus* (HHV-6 e HHV-7) *Rhadinovirus* (HHV-8)	Vírus de tamanho médio que causam várias doenças em seres humanos, como herpes labial, catapora, herpes-zóster e mononucleose infecciosa; causam um tipo de câncer humano denominado linfoma de Burkitt. Ver Capítulos 21, 23 e 26.
II	**DNA DE FITA SIMPLES**			
	Não envelopados			
	18-25 nm	Parvoviridae	*Erythroparvovirus* (parvovírus humano B19)	Quinta moléstia; anemia em pacientes imunocomprometidos. Ver Capítulo 21.
III	**RNA DE FITA DUPLA**			
	Não envelopados	Reoviridae 	*Rotavirus* *Coltivirus*	Infecções respiratórias geralmente leves. Inclui muitos vírus transmitidos por artrópodes; a febre do carrapato do Colorado é a mais conhecida. Ver Capítulo 25.
	60-80 nm			
IV	**RNA DE FITA SIMPLES, POLARIDADE POSITIVA**			
	Não envelopados			
	28-30 nm	Picornaviridae	*Enterovirus* *Enterovirus rhinovirus* (vírus do resfriado comum) *Hepatovírus* (vírus da hepatite A)	Incluem os poliovírus, o vírus Coxsackie e os ecovírus; vírus da febre aftosa; existem mais de 100 rinovírus, e eles são a causa mais comum dos resfriados. Ver Capítulos 22, 24 e 25.
	35-40 nm	Hepeviridae Caliciviridae	*Hepevirus* (vírus da hepatite E) *Norovirus*	Incluem causas de gastrenterite e hepatite E. Ver Capítulo 25.

(continua)

TABELA 13.2 Famílias de vírus que afetam seres humanos *(Continuação)*

Grupos de Baltimore*	Características/ dimensões	Família viral	Gêneros importantes	Aspectos clínicos ou especiais
	Envelopados			
	80-160 nm	Coronaviridae	*Alphacoronavirus* *Betacoronavirus*	Associados a infecções do trato respiratório superior e ao resfriado comum, Covid-19, vírus da síndrome respiratória aguda grave (SARS), vírus da síndrome respiratória do Oriente Médio (MERS). Ver Capítulo 24.
	60-70 nm	Togaviridae Matonaviridae	*Alphavirus* *Rubivirus* (vírus da rubéola)	Incluem muitos vírus transmissíveis por artrópodes (*Alphavirus*); entre as doenças estão a encefalite equina do leste (EEL), a encefalite equina do oeste (EEO) e a Chikungunya. O vírus da rubéola é transmissível por via respiratória. Ver Capítulos 21, 22 e 23.
	40-50 nm	Flaviviridae	*Flavivirus* *Hepacivirus* (vírus da hepatite C)	Podem replicar-se nos artrópodes que os transmitem; as doenças incluem a febre amarela, a dengue, a Zika e a encefalite do Oeste do Nilo. Ver Capítulos 22, 23 e 25.
V	**RNA DE FITA SIMPLES, POLARIDADE NEGATIVA**			
	Uma fita de RNA, envelopado			
	150-300 nm	Paramyxoviridae	*Rubulavirus* (caxumba) *Morbilivirus* (sarampo) *Orthopneumovirus*	Os paramixovírus causam parainfluenza e caxumba em humanos e a doença de Newcastle em aves domésticas. O *Orthopneumovirus* causa a doença pelo VSR. Ver Capítulos 21, 24 e 25.
	70-180 nm	Rhabdovirida	*Vesiculovirus* (vírus da estomatite vesicular) *Lyssavirus* (vírus da raiva)	Vírus em forma de projétil que tem um envelope com espículas; causam raiva e diversas doenças em animais. Ver Capítulo 22.
	80-14.000 nm	Filoviridae	*Ebolavirus, Marburgvirus*	Vírus helicoidais envelopados; os vírus Ebola e Marburg são filovírus. Ver Capítulo 23.
	RNA-satélite ou virusoide			
	32 nm	Deltaviridae	*Deltavirus* (vírus da hepatite D)	Depende de coinfecção com hepadnavírus. Ver Capítulo 25.
	Múltiplas fitas de RNA, envelopado			
	80-200 nm	Orthomyxoviridae	*Alphainfluenzavirus* *Betainfluenzavirus*	As espículas presentes no envelope aglutinam hemácias. Ver Capítulo 24.
	110-130 nm	Arenaviridae	*Mammarenavirus*	Os capsídeos helicoidais possuem grânulos contendo RNA; causam coriomeningite linfocitária, febre hemorrágica venezuelana e a febre de Lassa. Ver Capítulo 23.
	90-120 nm	Peribunyaviridae	*Orthobunyavirus* (vírus da encefalite californiana) *Orthohantavirus*	Os hantavírus causam febres hemorrágicas, como a febre hemorrágica coreana e a síndrome pulmonar associada a roedores. Ver Capítulos 22 e 23.

(continua)

TABELA 13.2 *(Continuação)*				
Grupos de Baltimore*	**Características/ dimensões**	**Família viral**	**Gêneros importantes**	**Aspectos clínicos ou especiais**
VI	**RNA DE FITA SIMPLES, PRODUZ DNA** **Envelopados** 100-120 nm	Retroviridae	Oncovírus *Lentivirus* (HIV)	Incluem todos os vírus tumorais de RNA. Os oncovírus causam leucemia e tumores em animais; o *Lentivirus* causa a Aids. Ver Capítulo 19.
VII	**DNA DE FITA DUPLA, USA TRANSCRIPTASE REVERSA, ENVELOPADO** 42 nm	Hepadnaviridae	*Orthohepadnavirus* (vírus da hepatite B)	Após a síntese proteica, o vírus da hepatite B usa a transcriptase reversa para produzir o seu DNA a partir de um mRNA; causa hepatite B e tumores hepáticos. Ver Capítulo 25.

*O esquema de classificação de Baltimore foi desenvolvido por David Baltimore, o descobridor dos retrovírus.

Isolamento, cultivo e identificação de vírus

OBJETIVOS DE APRENDIZAGEM

13-5 Descrever como os bacteriófagos são cultivados.

13-6 Descrever como os vírus de animais são cultivados.

13-7 Listar três técnicas que são utilizadas para a identificação dos vírus.

O fato de os vírus não conseguirem se multiplicar fora de uma célula viva hospedeira dificulta a sua detecção, quantificação e identificação. Os vírus não se multiplicam em meios de cultura quimicamente sintéticos, devendo estar obrigatoriamente associados a células vivas. As plantas e os animais são de manutenção difícil e dispendiosa, e os vírus patogênicos que se multiplicam somente em primatas superiores ou em hospedeiros humanos trazem complicações adicionais. No entanto, os vírus cujos hospedeiros são as células bacterianas (bacteriófagos) multiplicam-se facilmente em culturas bacterianas. Essa é uma razão pela qual a maior parte do nosso conhecimento sobre a multiplicação viral provém do estudo dos bacteriófagos.

Cultivo de bacteriófagos em laboratório

Os bacteriófagos podem multiplicar-se tanto em culturas bacterianas em meio líquido em suspensão quanto em meio sólido. O meio sólido torna possível o uso do *método de contagem de placa* de lise para detecção e contagem dos vírus. Uma amostra de bacteriófagos é misturada às bactérias hospedeiras em ágar fundido. O ágar contendo a mistura de bacteriófagos e bactérias é, então, colocado em uma placa de Petri contendo uma camada de meio de cultura com ágar mais endurecido.

A mistura vírus-bactéria se solidifica formando uma fina camada superior que contém uma camada de bactérias com a espessura aproximada de uma célula. Cada vírus infecta uma bactéria, multiplica-se e libera centenas de novos vírus. Esses novos vírus infectam outras bactérias nas imediações, e mais novos vírus são produzidos. Após vários ciclos de multiplicação viral, todas as bactérias localizadas nas proximidades da infecção inicial são destruídas. Isso leva à produção de zonas claras, ou **placas de lise**, que são visíveis na monocamada de células bacterianas na superfície do ágar (**Figura 13.6**). Enquanto as placas são formadas, as bactérias de outras regiões da placa de Petri e que não foram infectadas continuam se proliferando rapidamente e produzem áreas de turbidez.

Teoricamente, cada placa corresponde a um único vírus da suspensão original. Portanto, as concentrações das suspensões

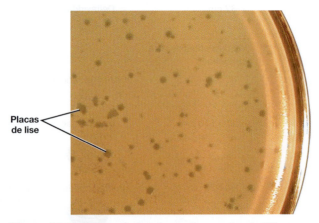

Placas de lise

Figura 13.6 Placas de lise formadas por bacteriófagos. Placas de lise claras de diferentes tamanhos foram formadas pelo bacteriófago λ (lambda) em uma monocamada de *E. coli*.

P O que significa "unidade formadora de placa"?

virais, medidas pelo número de placas formadas, são geralmente expressas em **unidades formadoras de placa (UFP)**.

Cultivo de vírus de animais em laboratório

Em laboratório, geralmente são utilizados três métodos para o cultivo de vírus de animais. Esses métodos envolvem o uso de animais, ovos embrionados ou culturas celulares.

Em animais vivos

Alguns vírus só podem ser cultivados em animais, como camundongos, coelhos e porquinhos-da-índia. A maioria dos estudos para avaliar a resposta imune contra infecções virais também é realizada em animais infectados. A inoculação de animais pode ser utilizada como um procedimento diagnóstico para a identificação e o isolamento de um vírus a partir de amostras clínicas. Após ser inoculado com o espécime clínico, o animal é observado quanto ao aparecimento de sinais de doença ou é sacrificado para que seus tecidos possam ser analisados à procura de partículas virais.

Alguns vírus humanos não se multiplicam em animais, ou se multiplicam, mas não causam doenças. A falta de modelos animais naturais para o vírus da Aids tem dificultado o nosso entendimento sobre o processo da doença e tem impedido a realização de testes de fármacos que inibam a multiplicação do vírus *in vivo*. Os chimpanzés podem ser infectados com uma subespécie do HIV (HIV-1, gênero *Lentivirus*), contudo, uma vez que eles não apresentam sintomas da doença, eles não podem ser utilizados para o estudo dos efeitos da multiplicação viral e no tratamento da doença. Vacinas contra a Aids estão sendo testadas atualmente em seres humanos, porém a doença evolui de maneira tão lenta em seres humanos que pode demorar anos para se determinar a eficácia desses imunógenos. Em 1986, foi descrita uma Aids símia (imunodeficiência em macacos), seguida de um relato em 1987 de uma Aids felina (imunodeficiência em gatos domésticos). Essas doenças são causadas por lentivírus intimamente relacionados ao HIV, que se desenvolvem em poucos meses, constituindo, assim, um modelo para se estudar a multiplicação viral em diferentes tecidos. Em 1990, foi desenvolvido um método para inoculação de camundongos com o HIV, que consiste no uso de camundongos imunodeficientes enxertados para a produção de células T e gamaglobulina humanas. Os camundongos fornecem um modelo confiável para o estudo da replicação viral, embora não sirvam de modelo para o desenvolvimento de vacinas.

Em ovos embrionados

Para vírus capazes de se multiplicar em *ovos embrionados* (um ovo que foi fertilizado e no qual um embrião de galinha está se desenvolvendo), essa é uma forma conveniente e não dispendiosa de se obter um hospedeiro para o cultivo de muitos vírus de animais. Uma perfuração é realizada na casca do ovo embrionado, e uma suspensão viral ou uma suspensão de tecido com suspeita de contaminação viral é injetada no fluido presente no interior do ovo. O ovo contém várias membranas, assim, o vírus é injetado próximo àquela mais apropriada para

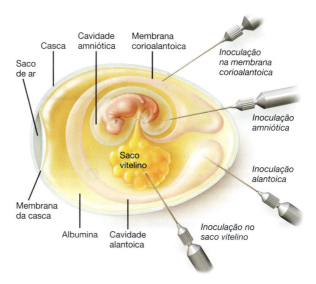

Figura 13.7 Inoculação em um ovo embrionado. Os vírus se multiplicarão na membrana do sítio de inoculação.

P Por que os vírus são cultivados em ovos e não em meios de cultura?

a sua multiplicação (**Figura 13.7**). A multiplicação viral manifesta-se pela morte do embrião, por danos às células embrionárias ou pela formação de lesões típicas nas membranas. Esse método já foi um dos mais utilizados para o isolamento e a multiplicação viral e, atualmente, ainda é usado na produção de vírus para algumas vacinas. É por isso que podemos ser questionados, antes de sermos vacinados, se somos alérgicos a ovo, pois proteínas do ovo podem estar presentes nessas preparações vacinais. (As reações alérgicas são discutidas no Capítulo 19.)

Em culturas de células

As **culturas de células** substituíram os ovos embrionados como o meio de cultivo preferido para muitos vírus. As culturas celulares consistem no crescimento de células em meio de cultura em laboratório. É mais conveniente trabalhar com cultivos celulares do que com animais ou ovos embrionados, pois, em geral, os cultivos constituem coleções mais homogêneas de células e podem ser propagados e manipulados da mesma forma que as culturas bacterianas.

As linhagens de cultura celular são iniciadas pelo tratamento de fragmentos de tecido animal com enzimas que separam as células individuais (**Figura 13.8**). Essas células são suspensas em uma solução que fornece a pressão osmótica, os nutrientes e os fatores de crescimento necessários para o crescimento celular. As células normais tendem a aderir ao recipiente de plástico ou vidro e se reproduzem, formando uma monocamada. A infecção viral dessa monocamada muitas vezes causa a sua destruição à medida que os vírus se multiplicam. Essa deterioração celular, chamada de **efeito citopático (ECP)**, é ilustrada na **Figura 13.9**. O ECP pode ser detectado e quantificado da mesma forma que as placas de lise produzidas por bacteriófagos em monocamadas de bactéria, sendo informado em termos de UFP/mL.

① Um tecido é tratado com enzimas para a separação das células.

② As células são suspensas em um meio de cultura.

③ As células normais ou primárias crescem, formando uma monocamada no recipiente de vidro ou plástico. As células transformadas ou de linhagem contínua não crescem em uma uma monocamada.

Figura 13.8 Culturas celulares. As células transformadas podem crescer indefinidamente em cultivo.

P Por que chamamos as células transformadas de "imortais"?

Os vírus podem se multiplicar em células de linhagem primária ou contínua. As **células de linhagem primária**, derivadas de fragmentos de tecidos, tendem a morrer após poucas gerações. Determinadas linhagens celulares, denominadas **células de linhagens diploides**, derivadas de embriões humanos, podem manter-se por cerca de 100 gerações e são amplamente utilizadas para a multiplicação de vírus que requerem hospedeiros humanos. Linhagens como essas são utilizadas para o cultivo do vírus da raiva na produção de uma vacina antirrábica, chamada de vacina de cultura diploide humana (ver Capítulo 22).

As **células de linhagem contínua** são utilizadas na multiplicação rotineira de vírus em laboratório. Essas células transformadas (tumorais) podem ser mantidas por um número indefinido de gerações, sendo, muitas vezes, chamadas de linhagens imortalizadas (ver discussão sobre transformação mais adiante neste capítulo). Uma dessas linhagens, a célula HeLa, foi isolada do câncer de uma mulher (*Henrietta Lacks*) que morreu em 1951. Apesar do sucesso do cultivo celular no isolamento e na multiplicação viral, alguns vírus nunca puderam ser cultivados com êxito em cultura.

A ideia do cultivo celular data do final do século XIX, mas só se tornou uma técnica laboratorial após o desenvolvimento dos antibióticos nos anos seguintes à Segunda Guerra Mundial. O principal problema relacionado ao cultivo celular é que as células devem ser mantidas livres de contaminação microbiana. A manutenção das linhagens de cultura celular requer monitoramento por técnicos treinados e experientes 24 horas por dia. Devido a essas dificuldades, a maioria dos laboratórios hospitalares e muitos laboratórios estaduais de saúde pública não conseguem isolar e identificar vírus na prática clínica. Em vez disso, as amostras de soro ou tecido são enviadas para laboratórios de referência especializados nessas funções.

Identificação viral

A identificação de isolados virais não é uma tarefa fácil. Primeiro, os vírus só podem ser visualizados com o auxílio de um microscópio eletrônico. Os métodos sorológicos, como o ensaio imunoabsorvente ligado à enzima (ELISA, de *enzyme-linked immunosorbent assay*), são os métodos de identificação mais comumente utilizados (ver Figura 18.12). Nesses testes, o vírus é detectado e identificado por sua reação com anticorpos. Os anticorpos são discutidos em detalhes no Capítulo 17, e alguns testes imunológicos para a identificação viral, no Capítulo 18. A observação dos efeitos citopáticos, descritos no Capítulo 15, também é útil na identificação viral. Os virologistas podem identificar e caracterizar vírus usando a reação em cadeia da polimerase (PCR, de *polymerase chain reaction*) (Capítulo 9).

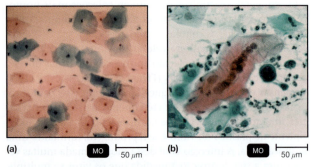

(a) MO ⊢50 μm⊣ **(b)** MO ⊢50 μm⊣

Figura 13.9 Efeitos citopáticos dos vírus. (a) Células cervicais humanas não infectadas; cada uma tem um núcleo. **(b)** Após a infecção pelo HHV-2, a célula cervical vermelha apresenta muitos núcleos cheios de vírus.

P Como a infecção pelo HHV-2 afeta as células?

TESTE SEU CONHECIMENTO

✔ **13-5** O que é o método de placa?

✔ **13-6** Por que, na prática, as células de linhagem contínua são mais utilizadas para o cultivo viral do que as células de linhagem primária?

✔ **13-7** Quais métodos você poderia utilizar para a identificação do vírus influenza em um paciente?

Multiplicação viral

OBJETIVOS DE APRENDIZAGEM

13-8 Descrever o ciclo lítico dos bacteriófagos *Tequatrovirus*.

13-9 Descrever o ciclo lisogênico do bacteriófago *Lambdavirus*.

13-10 Comparar e diferenciar o ciclo de multiplicação dos vírus de animais contendo DNA e RNA.

O ácido nucleico de um vírion contém somente uma pequena quantidade dos genes necessários para a síntese de novos vírus. Entre eles estão os genes que codificam os componentes estruturais do vírion, como as proteínas do capsídeo, e os genes que codificam algumas enzimas utilizadas no ciclo de multiplicação viral. Essas enzimas são sintetizadas e funcionam somente quando o vírus está dentro da célula hospedeira. As enzimas virais estão quase exclusivamente envolvidas na replicação e no processamento do ácido nucleico viral. Outras enzimas, os ribossomos, o RNA transportador (tRNA) e a produção de energia são fornecidos pela célula hospedeira e são usados na síntese de proteínas virais, incluindo enzimas virais. Embora os menores vírions não envelopados não contenham enzimas pré-formadas, os vírions maiores podem conter uma ou algumas enzimas ou mRNA que foram produzidos pelo hospedeiro anterior. Eles geralmente atuam auxiliando o vírus a penetrar na célula hospedeira, replicar seu próprio ácido nucleico ou iniciar a síntese proteica.

> **ASM:** A síntese de material genético e de proteínas virais é dependente das células hospedeiras.

Assim, para que um vírus se multiplique, ele precisa invadir a célula hospedeira e assumir o comando da sua maquinaria metabólica. Um único vírion pode dar origem, em uma única célula hospedeira, a algumas ou mesmo milhares de partículas virais iguais. Esse processo pode alterar drasticamente a célula hospedeira, podendo causar sua morte. Em algumas infecções virais, a célula sobrevive e continua a produzir vírus indefinidamente.

A multiplicação dos vírus pode ser demonstrada com uma **curva de ciclo único** (**Figura 13.10**). Os dados podem ser

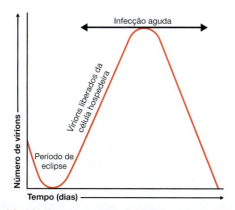

Figura 13.10 Uma curva de ciclo único viral. Novos vírions infecciosos só são encontrados na cultura após a biossíntese e a maturação. A maioria das células infectadas morre como resultado da infecção; consequentemente, novos vírions não serão mais produzidos.

P **O que pode ser detectado nas células durante a biossíntese e a maturação?**

obtidos por infecção de todas as células de uma cultura e posterior teste do meio de cultura e das células quanto à presença de vírions, proteínas e ácidos nucleicos virais.

Embora a maneira pela qual um vírus penetra e é liberado da célula hospedeira possa variar, o mecanismo básico de multiplicação viral é similar para todos os vírus. Começamos nossa discussão com a multiplicação dos bacteriófagos.

Multiplicação dos bacteriófagos

Os bacteriófagos podem se multiplicar por dois mecanismos alternativos: o ciclo lítico e o ciclo lisogênico. O **ciclo lítico** termina com a lise e a morte da célula hospedeira, ao passo que, no **ciclo lisogênico**, a célula hospedeira permanece viva. Os *bacteriófagos T-pares* (T2, T4 e T6) são um grupo grande e relacionado de fagos do gênero *Tequatrovirus* que infectam *E. coli*. Visto que os bacteriófagos T-pares são os mais estudados, descreveremos sua multiplicação em seu hospedeiro *E. coli* como um exemplo de ciclo lítico.

Bacteriófagos T-pares (*Tequatrovirus*): o ciclo lítico

Os vírions dos bacteriófagos T-pares são grandes, complexos e não envelopados, possuem DNA de fita dupla e apresentam uma estrutura característica de cabeça e cauda, como mostrado na Figura 13.5a e na **Figura 13.11**. O tamanho de seu DNA corresponde a apenas cerca de 6% do DNA de uma bactéria *E. coli*, ainda assim, o fago possui DNA suficiente para codificar mais de 100 genes. O ciclo de multiplicação desses fagos, assim como o de todos os outros vírus, ocorre em cinco etapas distintas: adsorção, penetração, biossíntese, maturação e liberação.

Adsorção ❶ Após uma colisão ao acaso entre as partículas do fago e da bactéria, ocorre a *adesão*, ou *adsorção*. Durante esse processo, um sítio de adesão no vírus liga-se ao sítio do receptor complementar na célula bacteriana. Essa ligação consiste em uma interação química, na qual se formam ligações fracas entre o sítio de adsorção e o receptor celular. Os bacteriófagos T-pares possuem fibras na extremidade da cauda, que atuam como sítios de adesão.* Os receptores complementares estão na parede da célula bacteriana.

Penetração ❷ Após a adsorção, os bacteriófagos T-pares injetam seu DNA (ácido nucleico) dentro da bactéria. Para isso, a cauda do bacteriófago libera uma enzima, a **lisozima fágica**, que degrada uma porção da parede celular bacteriana. Durante o processo de *penetração*, a bainha da cauda do fago se contrai, e o centro da cauda atravessa a parede da célula bacteriana. Quando o centro da cauda alcança a membrana plasmática, o DNA da cabeça do fago penetra na bactéria, atravessando o lúmen da cauda e da membrana plasmática. O capsídeo permanece do lado de fora da célula bacteriana. Portanto, a partícula do fago funciona como uma seringa hipodérmica, injetando o DNA dentro da célula bacteriana.

Biossíntese ❸ Assim que o DNA do bacteriófago alcança o citoplasma da célula hospedeira, ocorre a biossíntese do ácido nucleico e de proteínas virais. A síntese proteica do hospedeiro

---

*N. de R.T. Esses sítios de adesão são também chamados de *receptores*.

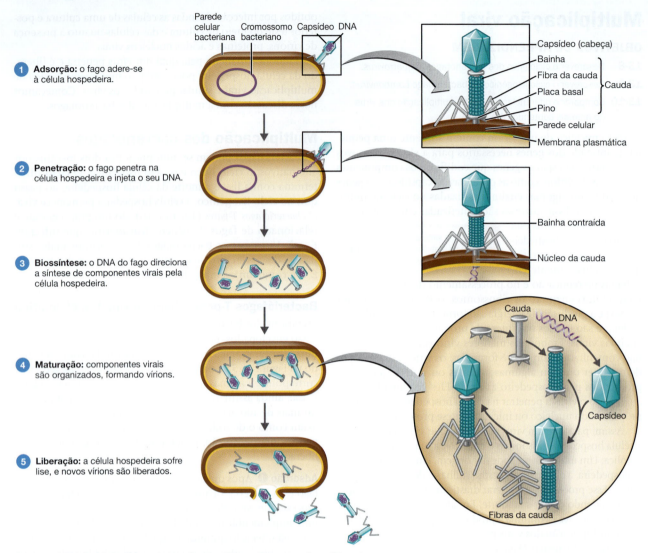

Figura 13.11 Ciclo lítico de um bacteriófago *Tequatrovirus* (T-par).

P Qual é o resultado de um ciclo lítico?

é interrompida pela degradação do seu DNA induzida pelo vírus, pela ação de proteínas virais que interferem na transcrição ou pela inibição da tradução.

Inicialmente, o fago utiliza os nucleotídeos e várias enzimas da célula hospedeira para sintetizar muitas cópias de seu DNA. Logo em seguida, inicia-se a biossíntese das proteínas virais. Todo o RNA transcrito na célula corresponde ao mRNA transcrito a partir do DNA do fago para a síntese de enzimas virais e das proteínas do capsídeo viral. Os ribossomos, as enzimas e os aminoácidos da célula hospedeira são usados na tradução. Controles genéticos regulam quando as diferentes regiões do DNA do fago serão transcritas em mRNA durante o ciclo de replicação. Por exemplo, RNAs mensageiros precoces são traduzidos em proteínas virais precoces, que são as enzimas usadas na síntese do DNA do fago. Além disso,

mensagens tardias são traduzidas em proteínas tardias, utilizadas na síntese do capsídeo viral.

Durante vários minutos após a infecção, os fagos completos não podem ser encontrados na célula hospedeira. Somente componentes isolados – DNA e proteína – podem ser detectados. O período da multiplicação viral no qual vírions completos e infecciosos ainda não são encontrados é chamado de **período de eclipse**.

Maturação ❹ A próxima sequência de eventos consiste na *maturação* ou *fase de montagem*. Durante esse processo, vírions completos são formados a partir do DNA e dos capsídeos do bacteriófago. Os componentes virais se organizam espontaneamente para formar a partícula viral, eliminando, assim, a necessidade de muitos genes não estruturais e de outros produtos gênicos. As cabeças e as caudas dos fagos são montadas separadamente a partir de subunidades de proteínas: a cabeça recebe o DNA viral e se liga à cauda.

Liberação ⑤ O estágio final da multiplicação viral consiste na *liberação* dos vírions da célula hospedeira. O termo **lise** geralmente é utilizado para essa etapa da multiplicação dos fagos T-pares, pois, nesse caso, a membrana citoplasmática é rompida (lise). A lisozima, codificada por um gene viral, é sintetizada dentro da célula. Essa enzima destrói a parede celular bacteriana, liberando os novos bacteriófagos produzidos. Os bacteriófagos liberados infectam outras células vizinhas suscetíveis, e o ciclo de multiplicação viral se repete nessas células.

A possibilidade de utilização dos vírus para tratamento de doenças é intrigante devido ao seu estreito espectro de hospedeiros e sua capacidade de matar as células hospedeiras. A ideia de uma *fagoterapia* – utilizar bacteriófagos para o tratamento de infecções bacterianas – foi desenvolvida na França em 1919 e usada até 1979. A fagoterapia é usada atualmente na Rússia e na Geórgia. Existe um interesse renovado na fagoterapia nos Estados Unidos e na Europa Ocidental para tratar infecções causadas por bactérias resistentes a antibióticos. Além disso, novas evidências sugerem que os bacteriófagos no microbioma humano desempenham um papel na manutenção da saúde. Ver **Explorando o microbioma**.

Bacteriófago *Lambdavirus* (λ): o ciclo lisogênico

Em contraste com os bacteriófagos *Tequatrovirus*, alguns vírus não causam a lise e a morte da célula hospedeira quando se multiplicam. Esses *fagos lisogênicos* (também denominados *fagos temperados*) podem induzir um ciclo lítico, mas também são capazes de incorporar seu DNA ao DNA da célula hospedeira para iniciar um ciclo lisogênico. Na **lisogenia**, o fago permanece latente (inativo). As células bacterianas hospedeiras são conhecidas como *células lisogênicas*.

Utilizaremos o bacteriófago λ (gênero *Lambdavirus*), um fago lisogênico bem estudado, como exemplo de ciclo lisogênico (**Figura 13.12**).

① Após a penetração em uma célula de *E. coli*,

② o DNA do fago, originalmente linear, adota o formato de um círculo.

③ₐ Esse círculo pode se multiplicar e ser transcrito,

④ₐ levando à produção de novos fagos e à lise celular (ciclo lítico).

③ᵦ Alternativamente, o círculo pode se recombinar com o DNA bacteriano circular e se tornar parte dele (ciclo lisogênico). O DNA do fago inserido no cromossomo bacteriano passa a ser chamado de **prófago**. A maioria dos genes do prófago é reprimida por duas proteínas repressoras codificadas pelo genoma do prófago. Esses repressores interrompem a transcrição de todos os outros genes do fago ao se ligarem aos operadores (ver Capítulo 8). Dessa forma, os genes fágicos que poderiam direcionar a síntese e a liberação de novos vírions são desligados, da mesma forma que os genes do óperon *lac* de *E. coli* são desligados pelo repressor *lac* (Figura 8.12).

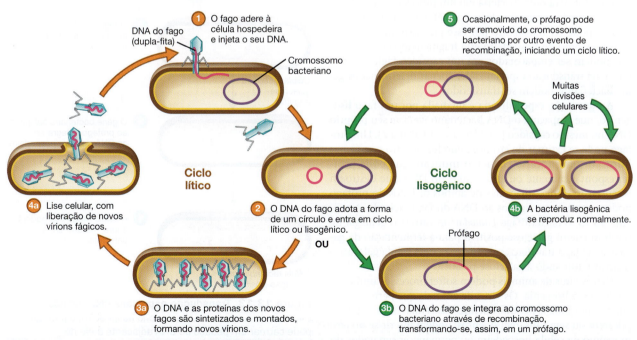

Figura 13.12 Ciclo lisogênico do bacteriófago *Lambdavirus* em *E. coli*.

P Quais são as diferenças entre o ciclo lisogênico e o ciclo lítico?

Sempre que a maquinaria celular replicar o cromossomo bacteriano,

⓸ o DNA do prófago também será replicado. O prófago permanece latente na progênie celular.

⑤ Entretanto, um evento espontâneo raro, ou mesmo a ação da luz ultravioleta ou de determinadas substâncias químicas, pode levar à excisão (salto) do DNA do prófago e ao início do ciclo lítico.

A lisogenia apresenta três consequências importantes. Em primeiro lugar, as células lisogênicas são imunes à reinfecção pelo mesmo fago. (Contudo, a célula hospedeira não é imune à reinfecção por outros tipos de fagos.) A segunda consequência da lisogenia é a **conversão fágica**; isto é, a célula hospedeira pode exibir novas propriedades. Por exemplo, a bactéria *Corynebacterium diphtheriae*, que causa a difteria, é um patógeno cujas características promotoras da doença são relacionadas à síntese de uma toxina. Essa bactéria só pode produzir toxina quando carreia um fago lisogênico, pois o gene que codifica a toxina está no prófago. Em outro exemplo, somente os estreptococos que carreiam um fago lisogênico ou temperado são capazes de produzir a toxina relacionada à síndrome do choque tóxico. A toxina produzida pelo *Clostridium botulinum*, que causa o botulismo, também é codificada por um gene do prófago.

A terceira consequência da lisogenia é que ela torna possível a **transdução especializada**. A transdução especializada é um processo no qual um pedaço de DNA celular adjacente a um prófago é transferido para outra célula (**Figura 13.13**).

Lembre-se do Capítulo 8, no qual vimos que genes bacterianos podem ser empacotados em um capsídeo fágico e transferidos para outra bactéria em um processo chamado de *transdução generalizada* (ver Figura 8.32). Qualquer gene bacteriano pode ser transferido por esse processo, uma vez que o cromossomo do hospedeiro está fragmentado em pedaços, que podem ser empacotados em um capsídeo fágico. Entretanto, na transdução especializada, apenas determinados genes bacterianos podem ser transferidos.

A transdução especializada é mediada por um fago lisogênico, que empacota o DNA bacteriano *junto ao* seu próprio DNA no mesmo capsídeo (ver Figura 13.13, etapa 2). Um prófago pode se extirpar do cromossomo hospedeiro e se tornar lítico por um processo chamado **indução**, que pode ocorrer espontaneamente ou após danos no DNA que destroem o repressor. Genes adjacentes de ambos os lados do prófago podem permanecer ligados ao DNA do fago excisado. Na Figura 13.13, o bacteriófago *Lambdavirus* carreia o gene *gal* de seu hospedeiro galactose-positivo para a fermentação da galactose. O fago transfere esse gene para uma célula galactose-negativa, tornando-a galactose-positiva.

Certos vírus de animais podem sofrer processos muito semelhantes à lisogenia. Os vírus de animais que permanecem latentes por longos períodos dentro das células, sem se multiplicarem ou sem causarem doenças, podem inserir-se no cromossomo da célula hospedeira ou permanecer separados do DNA hospedeiro em um estado reprimido (como alguns fagos lisogênicos). Os vírus que causam câncer também podem estar latentes, como é discutido adiante neste capítulo.

TESTE SEU CONHECIMENTO

✔ **13-8** Como os bacteriófagos obtêm nucleotídeos e aminoácidos se não possuem nenhuma enzima metabólica para a sua síntese?

✔ **13-9** A bactéria *Vibrio cholerae* produz toxina e é capaz de causar a cólera somente quando está lisogênica. O que isso significa?

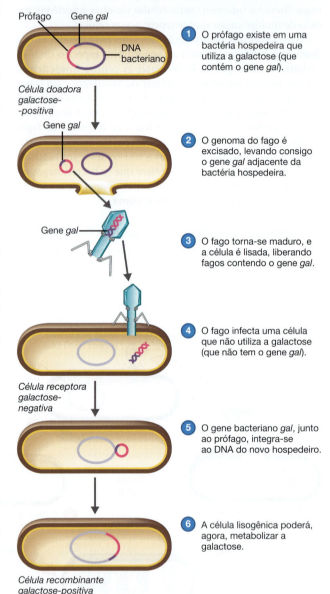

Prófago Gene *gal*

DNA bacteriano

Célula doadora galactose-positiva

Gene *gal*

Gene *gal*

Célula receptora galactose-negativa

Célula recombinante galactose-positiva

① O prófago existe em uma bactéria hospedeira que utiliza a galactose (que contém o gene *gal*).

② O genoma do fago é excisado, levando consigo o gene *gal* adjacente da bactéria hospedeira.

③ O fago torna-se maduro, e a célula é lisada, liberando fagos contendo o gene *gal*.

④ O fago infecta uma célula que não utiliza a galactose (que não tem o gene *gal*).

⑤ O gene bacteriano *gal*, junto ao prófago, integra-se ao DNA do novo hospedeiro.

⑥ A célula lisogênica poderá, agora, metabolizar a galactose.

Figura 13.13 Transdução especializada. Quando excisado do cromossomo bacteriano hospedeiro, o prófago pode carrear um pedaço do DNA adjacente a ele no cromossomo bacteriano.

P Quais são as diferenças entre a transdução especializada e o ciclo lítico?

Multiplicação de vírus de animais

A multiplicação dos vírus de animais segue o padrão básico da multiplicação dos bacteriófagos, contudo apresenta várias diferenças, resumidas na Tabela 13.3. Os vírus de animais diferem dos fagos no seu mecanismo de penetração na célula hospedeira. Além disso, uma vez dentro da célula, a síntese e a montagem de novos componentes virais são ligeiramente diferentes, em parte devido às diferenças entre as células procarióticas e eucarióticas. Os vírus de animais têm determinados tipos de enzimas não encontrados nos fagos. Finalmente, os vírus de animais e os fagos diferem quanto aos mecanismos de maturação e liberação, e quanto aos efeitos de sua multiplicação na célula hospedeira.

Um vírus necessita de células hospedeiras vivas para a sua multiplicação, mas precisa interromper a síntese de proteínas do hospedeiro, para que os genes virais sejam traduzidos. Pesquisas recentes indicam que os vírus utilizam diversos mecanismos para inibir a expressão dos genes da célula hospedeira. Proteínas precoces virais podem bloquear a transcrição, mRNA circulante ou uma tradução em andamento. Na discussão seguinte, sobre a multiplicação de vírus de animais, são considerados os processos comuns aos vírus de DNA e de RNA. Esses processos são adsorção, penetração, desnudamento e liberação. Examinamos também as diferenças entre os dois tipos de vírus (de DNA e RNA) com relação aos processos de biossíntese.

Adsorção

Como os bacteriófagos, os vírus de animais têm sítios de adsorção que se ligam a sítios receptores na superfície da célula hospedeira. No entanto, os receptores das células animais são proteínas e glicoproteínas da membrana plasmática. Além disso, os vírus de animais não têm apêndices, como as fibras da cauda de alguns bacteriófagos. Os sítios de ligação dos vírus de animais estão distribuídos ao longo de toda a superfície da partícula viral, e os sítios em si variam de um grupo de vírus para outro. Nos adenovírus, que são vírus icosaédricos, os sítios de ligação são pequenas fibras nos vértices do icosaedro (ver Figura 13.2b). Na maioria dos vírus envelopados, como o vírus influenza (Figura 24.15) e SARS-CoV-2 (Figura 24.14), os sítios de adesão são espículas localizadas na superfície do envelope. Logo que uma espícula se liga ao receptor da célula

hospedeira, sítios receptores adicionais da mesma célula migram em direção ao vírus. A ligação de muitos sítios completa o processo de adsorção.

Os sítios receptores são proteínas da célula hospedeira. As proteínas desempenham funções normais para o hospedeiro e são sequestradas pelo vírus. Isso pode explicar as diferenças individuais na suscetibilidade a um vírus em particular. Por exemplo, pessoas que não possuem o receptor celular para o parvovírus B19 (denominado antígeno P) são naturalmente resistentes à infecção e não desenvolvem a "quinta doença", causada por esse vírus (Capítulo 21). A compreensão da natureza do processo de adsorção pode levar ao desenvolvimento de fármacos que previnem as infecções virais. Anticorpos monoclonais (discutidos no Capítulo 18) que se combinam com as espículas de adesão do SARS-CoV-2 são usados para tratar Covid-19.

Penetração

Após a adsorção, ocorre a penetração. Muitos vírus penetram nas células eucarióticas por **endocitose mediada por receptor** (Capítulo 4). A membrana plasmática celular está constantemente sofrendo invaginações para formar vesículas. Essas vesículas contêm elementos originados do exterior da célula e que são levados para o seu interior para serem digeridos. Se um vírion se liga à membrana plasmática de uma potencial célula hospedeira, a célula envolverá o vírion e formará uma vesícula (Figura 13.14a). Alguns vírus desencadeiam o enrugamento da membrana e a endocitose, chamada **macropinocitose.**

Os vírus envelopados podem penetrar por um processo alternativo, chamado de **fusão**, no qual o envelope viral se funde à membrana plasmática e libera o capsídeo no citoplasma da célula (Figura 13.14b).

Desnudamento

Durante o período de eclipse da infecção viral, os vírus são desmontados e não são observadas partículas virais dentro da célula. O **desnudamento** é a separação do ácido nucleico viral de seu envoltório proteico. Esse processo varia de acordo com o tipo de vírus. Alguns vírus de animais concluem o processo de

> ASM: Os ciclos de replicação (lítico e lisogênico) diferem entre os vírus e são determinados por suas estruturas singulares, bem como por seus genomas.

TABELA 13.3 Comparação entre a multiplicação viral dos bacteriófagos e dos vírus de animais

Estágio	Bacteriófagos	Vírus de animais
Adsorção	As fibras da cauda ligam-se às proteínas da parede celular	Os receptores são proteínas e glicoproteínas da membrana plasmática
Penetração	O DNA viral é injetado na célula hospedeira	O capsídeo penetra por endocitose mediada por receptor ou por fusão
Desnudamento	Desnecessário	Remoção enzimática das proteínas do capsídeo
Biossíntese	No citoplasma	No núcleo (vírus com genoma DNA) ou citoplasma (vírus com genoma RNA)
Infecção crônica	Lisogenia	Latência; infecções virais lentas; câncer
Liberação	A célula hospedeira sofre lise	Os vírus envelopados brotam; os não envelopados rompem a membrana plasmática

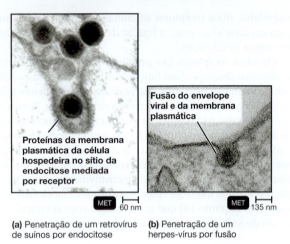

(a) Penetração de um retrovírus de suínos por endocitose

(b) Penetração de um herpes-vírus por fusão

Figura 13.14 Entrada dos vírus nas células hospedeiras. Após a adsorção, os vírus penetram nas células hospedeiras por **(a)** endocitose mediada por receptor ou **(b)** por fusão do envelope viral à membrana celular.

P Em qual desses processos a célula está capturando ativamente o vírus?

desnudamento por ação de enzimas lisossomais da célula hospedeira. Essas enzimas degradam as proteínas do capsídeo viral. O desnudamento dos poxvírus é concluído por uma enzima específica codificada pelo genoma viral e sintetizada logo após a infecção. O desnudamento do vírus influenza ocorre em uma vesícula, em pH baixo. O desnudamento dos togavírus ocorre nos ribossomos presentes no citoplasma da célula hospedeira.

As maiores diferenças entre os vírus são observadas durante a biossíntese dos componentes virais. Discutiremos a biossíntese dos vírus de DNA e, em seguida, a biossíntese dos vírus de RNA.

Biossíntese dos vírus de DNA

Em geral, os vírus de DNA replicam seu genoma no núcleo da célula hospedeira, usando enzimas do hospedeiro, e sintetizam

as proteínas do capsídeo e outras proteínas no citoplasma, usando enzimas do hospedeiro. As proteínas migram, então, para o núcleo e são reunidas ao DNA recém-sintetizado para formar os novos vírions. Os vírions são transportados pelo retículo endoplasmático para a membrana da célula hospedeira e são liberados. Os herpes-vírus, os poliomavírus, os adenovírus e os hepadnavírus seguem esse padrão de biossíntese (Tabela 13.4). Os poxvírus são uma exceção, pois todos os seus componentes são sintetizados no citoplasma.

Como exemplo da multiplicação de um vírus de DNA, a sequência de eventos dos poliomavírus é mostrada na Figura 13.15.

①-② Após a adsorção, a penetração e o desnudamento, o DNA viral é liberado no núcleo da célula hospedeira.

③ Ocorre a transcrição de uma porção do DNA viral que codifica os genes "precoces". A tradução ocorre em seguida. Os produtos desses genes são enzimas requeridas para a multiplicação do DNA viral. Na maioria dos vírus de DNA, a transcrição precoce é realizada pela transcriptase do hospedeiro (RNA-polimerase); os poxvírus, no entanto, possuem sua própria transcriptase.

④ Algum tempo após o início da replicação do DNA, ocorre a transcrição e a tradução dos genes "tardios". As proteínas tardias incluem as proteínas do capsídeo e outras proteínas estruturais.

⑤ Isso leva à síntese das proteínas do capsídeo, que ocorre no citoplasma da célula hospedeira.

⑥ Após a migração das proteínas do capsídeo para o núcleo celular, ocorre a maturação; o DNA viral e as proteínas do capsídeo se organizam para formar os vírus completos.

⑦ Os vírus completos são, então, liberados da célula hospedeira.

Alguns vírus que possuem genoma de DNA são descritos a seguir.

Adenoviridae Nomeados em homenagem às adenoides, local de onde foram isolados pela primeira vez, os adenovírus causam doenças respiratórias agudas – o resfriado comum (Figura 13.16a).

TABELA 13.4 Comparação da biossíntese dos vírus de DNA e RNA			
Grupos de Baltimore	**Ácido nucleico viral**	**Família viral**	**Características especiais da biossíntese**
I	DNA, fita dupla	Herpesviridae Polyomaviridae Poxviridae	Enzimas celulares transcrevem o DNA viral no núcleo Enzimas celulares transcrevem o DNA viral no núcleo Enzimas virais transcrevem o DNA viral no citoplasma
II	DNA, fita simples	Parvoviridae	Enzimas celulares transcrevem o DNA viral no núcleo
III	RNA, fita dupla	Reoviridae	Enzimas virais sintetizam mRNA no citoplasma, utilizando a fita negativa do RNA como molde
IV	RNA, fita positiva (+)	Picornaviridae, Coronaviridae	O RNA viral funciona como molde para a síntese da RNA-polimerase; a enzima sintetiza mRNA no citoplasma utilizando a fita negativa do RNA como molde
V	RNA, fita negativa (−)	Rhabdoviridae	Enzimas virais sintetizam mRNA no citoplasma utilizando o RNA viral como molde
VI	RNA, transcriptase reversa	Retroviridae	A transcriptase reversa sintetiza DNA no citoplasma utilizando o RNA viral como molde; o DNA se desloca para o núcleo
VII	DNA, transcriptase reversa	Hepadnaviridae	Enzimas celulares transcrevem o DNA viral no núcleo; a transcriptase reversa copia o mRNA para sintetizar o DNA viral

Replicação de um vírus de animal contendo DNA

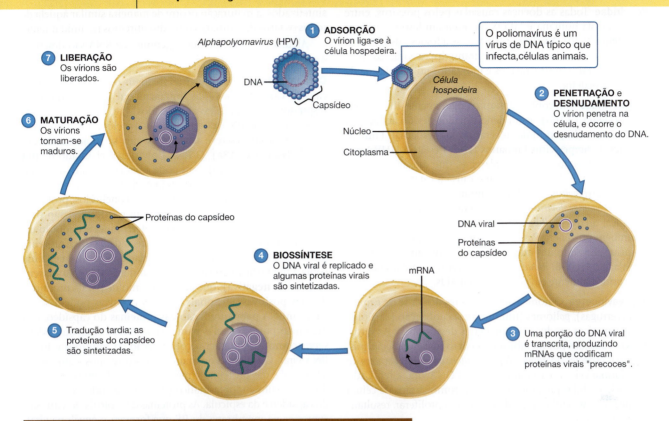

7 LIBERAÇÃO
Os vírions são liberados.

Alphapolyomavirus (HPV)

1 ADSORÇÃO
O vírion liga-se à célula hospedeira.

DNA

Capsídeo

O poliomavírus é um vírus de DNA típico que infecta, células animais.

Célula hospedeira

2 PENETRAÇÃO e DESNUDAMENTO
O vírion penetra na célula, e ocorre o desnudamento do DNA.

Núcleo

Citoplasma

6 MATURAÇÃO
Os vírions tornam-se maduros.

Proteínas do capsídeo

DNA viral

Proteínas do capsídeo

4 BIOSSÍNTESE
O DNA viral é replicado e algumas proteínas virais são sintetizadas.

mRNA

5 Tradução tardia; as proteínas do capsídeo são sintetizadas.

3 Uma porção do DNA viral é transcrita, produzindo mRNAs que codificam proteínas virais "precoces".

CONCEITOS-CHAVE

- A replicação viral em animais geralmente segue estas etapas: adsorção, penetração, desnudamento, biossíntese de ácidos nucleicos e proteínas, maturação e liberação.
- O conhecimento das fases de replicação viral é importante para as estratégias de desenvolvimento de fármacos e para a compreensão da patologia da doença.

Capsômeros

(a) *Mastadenovirus*

MEV ⊢———⊣ 100 nm

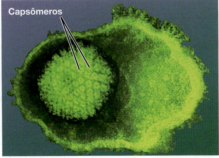

Capsômeros

(b) *Simplexvirus*

MET ⊢———⊣ 50 nm

Figura 13.16 Vírus de animais contendo DNA.
(a) Adenovírus corados negativamente concentrados por centrifugação. Os capsômeros individuais são claramente visíveis. **(b)** O envelope circundando o capsídeo deste herpesvírus humano se rompeu, conferindo a aparência típica de "ovo frito".

P Qual é a morfologia desses vírus?

Poxviridae Todas as doenças causadas pelos poxvírus, entre elas a varíola humana e MPOX, apresentam lesões cutâneas (ver Figura 21.10). A palavra *pox* refere-se a lesões pustulares. A multiplicação viral é iniciada pela transcriptase viral; os componentes virais são sintetizados e montados no citoplasma da célula hospedeira.

Herpesviridae São conhecidos aproximadamente 100 herpes--vírus (Figura 13.16b), assim denominados devido ao aspecto disseminado (*herpético*) das úlceras do herpes labial. Entre as espécies de herpes-vírus humanos (HHV) estão o HHV-1 e o HHV-2, ambos do gênero *Simplexvirus*, que causam o herpes labial; o HHV-3, *Varicellovirus*, que causa a catapora; o HHV-4, *Lymphocryptovirus*, que causa a mononucleose infecciosa; o HHV-5, *Cytomegalovirus*, que causa a doença de inclusão citomegálica; o HHV-6, *Roseolovirus*, que causa a roséola; o HHV-7, também no gênero *Roseolovirus*, que infecta principalmente crianças, causando um exantema semelhante ao sarampo e à roséola; e o HHV-8, *Rhadinovirus*, que causa o sarcoma de Kaposi, principalmente em pacientes com Aids.

Papovaviricetes O nome Papovaviricetes deriva-se de *papilomas* (verrugas), *poliomas* (tumores) e *vacuolização* (vacúolos citoplasmáticos produzidos por alguns desses vírus). As verrugas são causadas por membros do gênero *Alphapapillomavirus*. Algumas espécies do gênero *Alphapapillomavirus* são capazes de transformar células e causam câncer. O DNA viral é replicado no núcleo celular juntamente com os cromossomos da célula hospedeira. As células hospedeiras podem proliferar, resultando em um tumor.

Hepadnaviridae Os hepadnavírus são assim denominados por serem capazes de causar *hepatite* e por conterem *DNA* (Figura 25.14). O gênero *Orthohepadnavirus* causa a hepatite B. (Os vírus que causam as hepatites A, C, D, E, F e G, embora não sejam relacionados entre si, são vírus de RNA. A hepatite é discutida no Capítulo 25.) Os hepadnavírus diferem de outros vírus de DNA pelo fato de sintetizarem o seu DNA a partir de RNA, usando a transcriptase reversa viral. Esse DNA serve como molde para a produção de mRNA e do genoma de DNA viral. Essa enzima é discutida mais adiante, juntamente com os retrovírus, outra família que possui a transcriptase reversa.

Biossíntese dos vírus de RNA

Os vírus de RNA multiplicam-se essencialmente da mesma forma que os vírus de DNA, com a diferença de que os vírus de RNA se multiplicam no citoplasma da célula hospedeira. Diversos mecanismos distintos de produção de mRNA são observados entre os diferentes grupos de vírus de RNA (ver Tabela 13.4). Embora os detalhes desses mecanismos estejam além do escopo deste texto, para fins comparativos serão descritos os ciclos de multiplicação dos quatro tipos de ácidos nucleicos dos vírus de RNA (três dos quais são mostrados na Figura 13.17). As principais diferenças entre os processos de multiplicação residem na forma como o mRNA e o RNA viral são produzidos. Esses vírus têm uma **RNA-polimerase dependente de RNA**. Essa enzima não é codificada em nenhum genoma celular. Os genes virais induzem a produção dessa enzima pela célula hospedeira. Essa enzima catalisa a síntese de outra fita de RNA, complementar à sequência de bases da fita infecciosa original. Assim que o RNA e as proteínas virais são sintetizados, a maturação ocorre de maneira similar àquela de todos os vírus de animais, como discutiremos resumidamente.

Alguns vírus que possuem genoma de RNA são descritos a seguir.

Coronaviridae Os coronavírus incluem o SARS-CoV-2, que causa a Covid-19, e várias linhagens que causam infecções respiratórias sazonais leves (resfriados) (ver Capítulo 24). Esses são vírus de RNA de fita simples envelopados. O prefixo *corona-* (coroa) descreve as espículas que se projetam do envelope (**Figura 13.18a**). O RNA do vírion é chamado de **fita senso (ou fita positiva)**, pois pode atuar como mRNA, o qual é traduzido para produzir proteínas virais. Após a adsorção, a penetração e o desnudamento serem concluídos, proteínas precoces chamadas nsp (proteínas não estruturais) são produzidas; elas são responsáveis por interromper a tradução do mRNA do hospedeiro nas células infectadas. Outra proteína precoce é a RNA-polimerase dependente de RNA. Essa enzima copia a fita positiva do vírus para a produção da **fita antissenso (ou fita negativa)**, que atua como molde para a produção de fitas positivas adicionais. As fitas positivas podem servir como mRNA para a tradução das proteínas do capsídeo, podem incorporar-se a elas para formar novos vírus ou podem servir como molde para a continuação da multiplicação do RNA viral. O processo de maturação ocorre após a síntese do RNA viral e das proteínas virais. O genoma do vírus é traduzido no retículo endoplasmático (RE), produzindo as proteínas do capsídeo e da espícula. As proteínas da espícula do vírus são expressas na membrana do RE que formará o envelope viral. As proteínas do capsídeo e o RNA viral são organizados quando o RE se desprende para se fundir com o complexo de Golgi.

Togaviridae Os togavírus incluem o gênero *Alphavirus* transmitido por mosquitos. Os alfavírus causam várias doenças, incluindo a encefalite equina do leste (ver Capítulo 22) e a febre Chikungunya. Os togavírus são vírus envelopados que contêm uma fita simples de RNA; o seu nome é derivado da palavra em latim *toga*, que significa cobertura. Lembre-se de que esses não são os únicos vírus envelopados. Após a síntese de uma fita de RNA negativa a partir de uma fita de RNA positiva, dois tipos de mRNA são sintetizados a partir da fita negativa. Um tipo de mRNA consiste em uma fita curta que codifica as proteínas do envelope; o outro tipo é uma fita mais longa que serve como mRNA para a tradução das proteínas do capsídeo e é incorporada ao capsídeo.

Rhabdoviridae Os rabdovírus, como o vírus da raiva (gênero *Lyssavirus*; ver Capítulo 22), geralmente têm a forma de um projétil (Figura 13.18b). *Rhabdo-* é derivado da palavra grega que significa bastão, o que, na verdade, não se refere a uma descrição precisa de sua morfologia. Eles contêm uma fita simples de RNA negativa. Eles também apresentam uma RNA-polimerase dependente de RNA que utiliza a fita negativa como molde para a produção de uma fita positiva. A fita positiva atua como mRNA e como molde para a síntese de novo RNA viral.

Reoviridae Os reovírus receberam esse nome devido aos hábitats em que foram encontrados: os sistemas respiratório e entérico (digestório) de seres humanos. Quando descobertos, não foram inicialmente associados a nenhuma doença, sendo considerados vírus órfãos. O nome é oriundo da conjunção

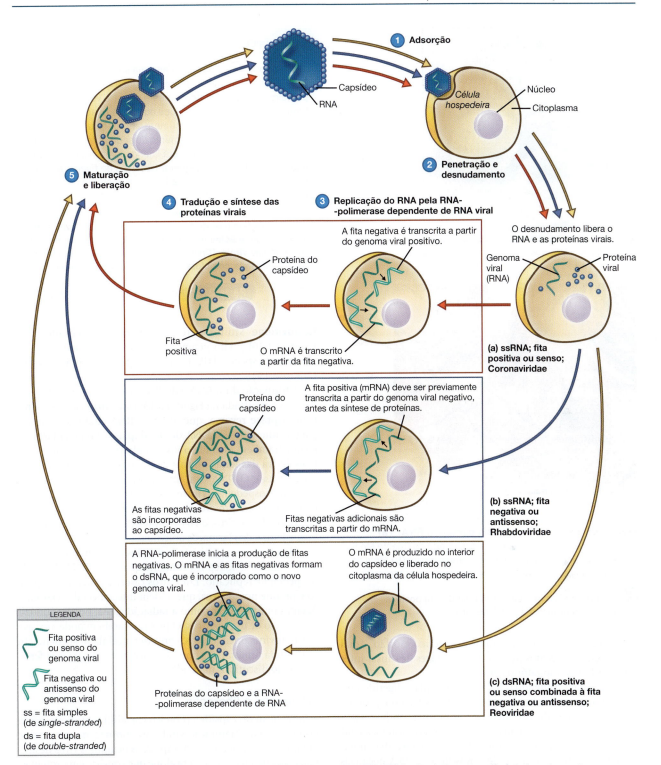

Figura 13.17 Vias de multiplicação usadas por vários vírus contendo RNA. (a, seta vermelha) Após o desnudamento, os vírus de RNA de fita simples (ssRNA) com genoma de fita positiva são capazes de sintetizar proteínas diretamente de sua fita positiva. Usando a fita positiva como molde, eles transcrevem fitas negativas para produzir fitas positivas adicionais, que servem como mRNA e são incorporadas dentro do capsídeo como genoma viral. **(b, seta azul)** Os vírus de ssRNA com genoma de fita negativa devem transcrever uma fita positiva para servir como mRNA, antes do início da síntese de proteínas virais. O mRNA transcreve fitas negativas adicionais para serem incorporadas ao capsídeo viral. **(c, seta amarela)** Os vírus de DNA de fita dupla (dsRNA) transcrevem uma fita positiva nas proteínas do capsídeo para proteger o dsRNA da destruição celular.

P Por que a fita negativa de RNA é sintetizada pelos coronavírus e pelos reovírus? E pelos rabdovírus?

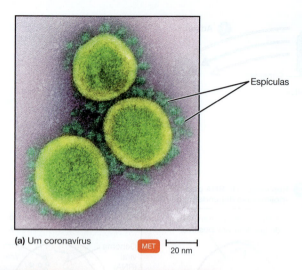

(a) Um coronavírus   MET   20 nm

Espículas

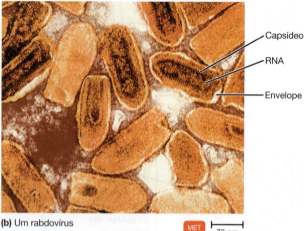

Capsídeo

RNA

Envelope

(b) Um rabdovírus   MET   75 nm

Figura 13.18 Vírus de animais contendo RNA. (a)
Coronavírus associado à síndrome respiratória do Oriente Médio
(MERS-CoV), um membro da família Coronaviridae. **(b)** Vírus da
estomatite vesicular, membro da família Rhabdoviridae.

P Por que os vírus que possuem RNA de fita positiva
sintetizam uma fita de RNA negativa?

das primeiras letras de respiratório, entérico e órfão. Atualmente, são conhecidos três sorotipos capazes de causar infecções nos tratos respiratório e intestinal.

O capsídeo contendo o RNA de fita dupla é digerido após
a penetração na célula hospedeira. O mRNA viral é produzido em proteínas do capsídeo no citoplasma, onde é usado
para sintetizar mais proteínas virais. Uma das proteínas virais
recém-sintetizadas atua como RNA-polimerase dependente de RNA para a produção de novas fitas de RNA negativas.
O mRNA e a fita negativa formam o RNA de fita dupla, que é,
então, envolvido pelas proteínas do capsídeo.

Biossíntese dos vírus de RNA que utilizam DNA

Alguns vírus de RNA usam DNA para replicação. Esses são os
retrovírus, alguns dos quais são oncogênicos (causadores de
câncer). Os vírus oncogênicos são discutidos posteriormente
neste capítulo.

Retroviridae Muitos retrovírus infectam vertebrados (ver
Figura 13.20b). Um gênero de retrovírus, os *Lentivirus*, in-
clui as subespécies HIV-1 e HIV-2, que causam a Aids (ver
Capítulo 19).

A formação do mRNA e do RNA para novos víRions de retrovírus é mostrada na **Figura 13.19**. Esses vírus carreiam uma
transcriptase reversa, que utiliza o RNA viral como molde
para a síntese de um DNA de fita dupla complementar. Essa
enzima também degrada o RNA viral original. O nome *retrovírus* deriva das letras iniciais de transcriptase reversa (*reverse
transcriptase*). O DNA viral integra-se, então, ao cromossomo
da célula hospedeira na forma de um **provírus**. Diferentemente do prófago, o provírus nunca é removido do cromossomo.
Na forma de provírus, o HIV é protegido do sistema imune do
hospedeiro e dos fármacos antivirais.

Algumas vezes o provírus simplesmente permanece em
estado latente e se replica somente quando o DNA da célula
hospedeira é replicado. Em outros casos, o provírus é expresso e produz novos vírus, que podem infectar células vizinhas.
Agentes mutagênicos, como a radiação gama, podem induzir
a expressão de um provírus. O provírus também pode, no caso
dos retrovírus oncogênicos, converter a célula hospedeira em
uma célula tumoral. Os possíveis mecanismos para esse fenômeno são discutidos mais adiante.

Maturação e liberação

A montagem do capsídeo proteico constitui o primeiro passo
no processo de maturação viral. Essa montagem, em geral, é
um processo espontâneo. Os capsídeos de muitos vírus de animais são envoltos por um envelope que consiste em proteínas,
lipídeos e carboidratos, conforme mencionado anteriormente. Exemplos incluem os ortomixovírus e os paramixovírus.
As proteínas da espícula são codificadas por genes virais e são
incorporadas à membrana plasmática da célula hospedeira.
Os lipídeos e os carboidratos são sintetizados pelas células e
estão presentes na membrana plasmática. Quando o vírus deixa a célula por um processo denominado **brotamento**, o capsídeo viral adquire o envelope (**Figura 13.20**). Os coronavírus

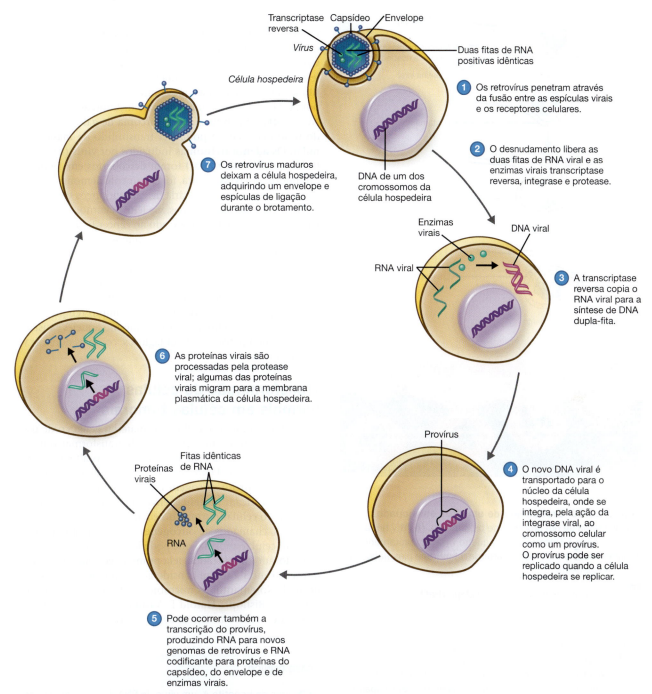

Transcriptase reversa Capsídeo Envelope

Vírus

Célula hospedeira

Duas fitas de RNA positivas idênticas

1 Os retrovírus penetram através da fusão entre as espículas virais e os receptores celulares.

2 O desnudamento libera as duas fitas de RNA viral e as enzimas virais transcriptase reversa, integrase e protease.

7 Os retrovírus maduros deixam a célula hospedeira, adquirindo um envelope e espículas de ligação durante o brotamento.

DNA de um dos cromossomos da célula hospedeira

Enzimas virais

RNA viral

DNA viral

3 A transcriptase reversa copia o RNA viral para a síntese de DNA dupla-fita.

6 As proteínas virais são processadas pela protease viral; algumas das proteínas virais migram para a membrana plasmática da célula hospedeira.

Provírus

4 O novo DNA viral é transportado para o núcleo da célula hospedeira, onde se integra, pela ação da integrase viral, ao cromossomo celular como um provírus. O provírus pode ser replicado quando a célula hospedeira se replicar.

Fitas idênticas de RNA
Proteínas virais

RNA

5 Pode ocorrer também a transcrição do provírus, produzindo RNA para novos genomas de retrovírus e RNA codificante para proteínas do capsídeo, do envelope e de enzimas virais.

Figura 13.19 Processos de multiplicação e manutenção dos retrovírus. Um retrovírus pode tornar-se um provírus que se replica em estado latente, podendo também produzir novos retrovírus.

P **Quais são as diferenças entre a biossíntese de um retrovírus e a de outros vírus de RNA?**

usam a membrana do complexo de Golgi do hospedeiro ao invés da membrana plasmática.

Após a sequência de adsorção, penetração, desnudamento e biossíntese do ácido nucleico e proteínas virais, o capsídeo montado, contendo o ácido nucleico, brota, empurrando a membrana plasmática da célula hospedeira. Como resultado, uma parte da membrana, que agora é o envelope, adere-se ao

vírus. Essa extrusão do vírus de uma célula hospedeira é um dos métodos de liberação. O brotamento não mata a célula hospedeira imediatamente e, em alguns casos, a célula sobrevive.

Os vírus não envelopados são liberados através de rupturas na membrana plasmática da célula hospedeira. Ao contrário do brotamento, esse tipo de liberação geralmente resulta na morte da célula hospedeira.

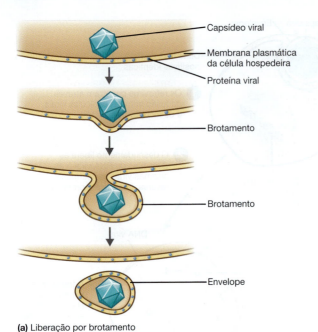

(a) Liberação por brotamento

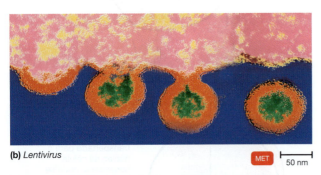

(b) *Lentivirus* `MET` ├─────┤ 50 nm

Figura 13.20 Brotamento de um vírus envelopado.
(a) Diagrama de um processo de brotamento. **(b)** HIV brotando de uma célula T. Observe que os quatro vírus em brotamento adquirem seus envoltórios a partir da membrana plasmática da célula hospedeira.

P Qual é a composição de um envelope viral?

TESTE SEU CONHECIMENTO

✔ **13-10** Descreva os eventos principais dos processos de adsorção, penetração, desnudamento, biossíntese, maturação e liberação de um vírus de DNA envelopado.

Vírus e câncer

OBJETIVOS DE APRENDIZAGEM

13-11 Definir *proto-oncogene, oncogene* e *célula transformada.*

13-12 Discutir a relação entre os vírus de DNA e RNA e o câncer.

Hoje, sabe-se que muitos tipos de câncer são causados por vírus. As pesquisas em biologia molecular demonstram que os mecanismos da infecção viral e do câncer são semelhantes, mesmo quando um vírus não causa câncer.

A relação entre câncer e vírus foi inicialmente demonstrada em 1908, quando os virologistas Wilhelm Ellerman e Olaf Bang, trabalhando na Dinamarca, tentaram isolar o vírus causador da leucemia aviária. Eles descobriram que a leucemia podia ser transmitida para aves sadias por meio de filtrados livres de células que continham vírus. Três anos depois, F. Peyton Rous, trabalhando no Instituto Rockefeller, em Nova York, descobriu que um **sarcoma** de galinhas (câncer do tecido conectivo) podia ser transmitido de maneira similar. Os **adenocarcinomas** induzidos por vírus (câncer do tecido epitelial glandular) foram descobertos em 1936, em camundongos. Nessa época, foi claramente demonstrado que tumores de glândula mamária de camundongos eram transmitidos das mães para as crias, via leite materno. O poliomavírus SE (Stewart-Eddy) associado ao câncer foi descoberto e isolado, em 1953, pelos cientistas americanos Sarah Stewart e Bernice Eddy.

A origem viral do câncer pode, muitas vezes, não ser reconhecida por várias razões. Primeiro, a maioria das partículas de alguns vírus é infecciosa, mas não induz câncer. Segundo, o câncer pode desenvolver-se somente muito tempo após a infecção viral. Terceiro, os cânceres, mesmo aqueles causados por vírus, não parecem ser contagiosos, como as doenças virais geralmente são.

Transformação de células normais em células tumorais

Quase tudo o que pode alterar o material genético de uma célula eucariótica tem o potencial de transformar uma célula normal em uma célula cancerosa. Essas alterações que causam câncer no DNA celular afetam partes do genoma chamadas de **proto-oncogenes**. Os proto-oncogenes são genes que codificam proteínas envolvidas na estimulação do crescimento celular normal; no entanto, os proto-oncogenes mutantes, chamados de **oncogenes**, desencadeiam um crescimento celular anormal que pode levar ao câncer. Os oncogenes foram identificados pela primeira vez em vírus causadores de câncer e foram considerados parte do genoma viral normal. No entanto, os microbiologistas norte-americanos J. Michael Bishop e Harold E. Varmus receberam o Prêmio Nobel de Medicina, em 1989, por terem provado que os

---

CASO CLÍNICO

O vírus da hepatite A, um vírus de RNA de fita positiva não envelopado, é transmissível pela via fecal/oral. O vírus da hepatite B é um vírus de DNA de fita dupla envelopado. Ele tem a enzima transcriptase reversa e é transmitido pela via parenteral (injeção intravenosa) ou pelo contato sexual. O vírus da hepatite C, também transmissível pela via parenteral, é um vírus de RNA de fita positiva envelopado.

Com base nessas informações, o departamento de saúde pode concluir que um dos vírus da hepatite é o mais provável de estar associado à infecção de Tina e das outras 31 pessoas dessa cidade. Qual seria esse vírus?

Parte 1   Parte 2   **Parte 3**   Parte 4   Parte 5

CASO CLÍNICO

É improvável que mais de 30 pessoas de diferentes idades e históricos sejam todas usuárias de substâncias intravenosas; assim, o vírus mais provável de estar associado é o vírus da hepatite A. No intuito de investigar a fonte da infecção viral, o departamento de saúde compara os alimentos consumidos pelas 32 pessoas doentes com aqueles consumidos por membros domiciliares assintomáticos. Todos os 32 pacientes, incluindo Tina, consumiram uma raspadinha de gelo aromatizada adquirida em uma loja de conveniência local. O departamento de saúde conclui que um funcionário da loja de conveniência, sem saber estar infectado pelo vírus da hepatite A, transferiu o vírus para o equipamento que produz a bebida gelada. Ao longo dos meses seguintes, os sintomas de Tina retrocederam, e as suas funções hepáticas retornaram ao normal.

A descoberta da identidade do vírus afeta de que maneira as recomendações do departamento de saúde para o tratamento e para a prevenção de surtos futuros?

Parte 1 Parte 2 Parte 3 **Parte 4** Parte 5

genes indutores de câncer transmissíveis pelos vírus são, na verdade, derivados de células animais. Bishop e Varmus demonstraram que o gene src causador de câncer, encontrado no vírus do sarcoma aviário, é derivado de uma parte normal dos genomas das galinhas.

As mutações que causam o funcionamento anormal dos proto-oncogenes podem ser induzidas por uma variedade de agentes, incluindo produtos químicos mutagênicos, radiação de alta energia e vírus. Os vírus capazes de induzir tumores em animais são chamados de **vírus oncogênicos**, ou *oncovírus*. Sabe-se que aproximadamente 10% dos casos de câncer são causados por vírus. Uma característica marcante de todos os vírus oncogênicos é que o seu material genético se integra ao DNA da célula hospedeira, replicando-se junto com os cromossomos celulares. Esse mecanismo é semelhante ao fenômeno da lisogenia nas bactérias, podendo alterar da mesma maneira as características da célula hospedeira.

As células tumorais sofrem **transformação** – isto é, elas adquirem propriedades distintas daquelas apresentadas pelas células não infectadas e daquelas infectadas, mas que não formam tumores. Estas incluem crescimento descontrolado e ausência de apoptose. Depois de serem transformadas por vírus, muitas células tumorais apresentam um antígeno específico do vírus em sua superfície celular, chamado de **antígeno de transplante específico de tumor** (TSTA, de *tumor-specific transplantation antigen*). Além disso, as células transformadas tendem a ter um formato irregular, em comparação com as células normais.

Vírus de DNA oncogênicos

Os vírus oncogênicos fazem parte de inúmeras famílias de vírus com genoma DNA. Essas famílias incluem Adenoviridae, Herpesviridae, Polyomaviridae, Poxviridae e Hepadnaviridae.

Quase todos os casos de cânceres cervical e anal são causados pelo *Alphapapillomavirus*, papilomavírus humano (HPV).

Uma vacina contra nove tipos de HPV é recomendada para crianças de 11 e 12 anos de idade.

O vírus Epstein-Barr (EBV, HHV-4) foi isolado, em 1964, por Michael Epstein e Yvonne Barr a partir de células de linfoma de Burkitt. O potencial cancerígeno desse vírus foi observado acidentalmente, em 1985, quando um garoto chamado David, de 12 anos de idade, recebeu um transplante de medula óssea. Alguns meses após o transplante, David morreu de câncer. Uma necrópsia revelou que o vírus havia sido inadvertidamente introduzido no garoto junto com o material do transplante da medula.

Outro vírus de genoma DNA que causa câncer é o vírus da hepatite B (HBV). Muitos estudos realizados em animais claramente indicam a participação desse vírus no câncer de fígado. Um estudo com seres humanos demonstrou que quase todas as pessoas que desenvolveram câncer de fígado tiveram infecções prévias por HBV.

Vírus de RNA oncogênicos

Entre os vírus de RNA, somente alguns da família Retroviridae causam câncer. Os vírus da leucemia de células T humanas (HTLV-1 e HTLV-2) são retrovírus que causam linfoma e leucemia de células T em seres humanos adultos. (As células T são um tipo de leucócito envolvido na resposta imune.)

Os vírus dos sarcomas felino, aviário e murino, bem como os vírus de tumor mamário em camundongos, também são retrovírus. Outro retrovírus, o vírus da leucemia felina (FeLV), causa leucemia em gatos e é transmissível entre eles. Existe um teste para a detecção do vírus no soro dos gatos.

A capacidade dos retrovírus em induzir tumores está relacionada à produção da transcriptase reversa pelo mecanismo descrito anteriormente (ver Figura 13.19). O provírus, que é uma molécula de DNA de fita dupla sintetizada a partir do RNA viral,

CASO CLÍNICO Resolvido

Fármacos antivirais e vacinas são eficientes contra determinados vírus. Não existe um tratamento especial para a hepatite, mas as medidas preventivas são diferenciadas. Por exemplo, neste caso, o departamento de saúde recomenda que todas as pessoas que consumiram produtos na loja de conveniência nas 2 semanas anteriores ao surto recebam a vacina e a imunoglobulina contra a hepatite A.

Os vírus eram originalmente nomeados de acordo com os sintomas que eles provocavam, por isso foi adotado o nome "vírus da hepatite" para um vírus que afeta o fígado (da palavra em latim *hepaticus*). Essa convenção de nomenclatura é imprecisa, mas era o único método disponível até recentemente.

Hoje, as ferramentas moleculares permitem que os vírus sejam classificados de acordo com o seu genoma e a sua morfologia. Portanto, vírus relacionados, que podem afetar diferentes tecidos, são agrupados nas mesmas famílias. A diferenciação dos vírus com base em suas informações genéticas fornece informações valiosas para o tratamento e a prevenção de doenças.

Parte 1 Parte 2 Parte 3 Parte 4 **Parte 5**

torna-se integrado ao DNA da célula hospedeira. Com isso, o novo material genético é introduzido no genoma do hospedeiro, e essa é a principal razão pela qual os retrovírus contribuem para o câncer. Alguns retrovírus possuem oncogenes; outros possuem promotores que ativam os proto-oncogenes no momento errado ou outros fatores causadores do câncer.

Vírus no tratamento do câncer

No início dos anos 1900, os médicos observaram que os tumores regrediam em pacientes com infecções virais concomitantes. Infecções virais induzidas experimentalmente em pacientes com câncer durante a década de 1920 sugeriram que os vírus podem ter atividades antitumorais. Esses vírus destruidores de tumor, ou **vírus oncolíticos**, podem seletivamente infectar e matar células tumorais ou induzir uma resposta imune contra essas células. Diversos vírus conhecidos por infectarem seletivamente células cancerosas estão sendo geneticamente modificados para a remoção de seus genes de virulência e para a inserção do gene codificante do fator estimulador de colônias, a fim de promover o desenvolvimento dos leucócitos. Em 2015, a Food and Drug Administration (FDA) aprovou a primeira terapia viral oncolítica. O novo produto, Imlygic™, é um herpes-vírus para o tratamento do melanoma.

TESTE SEU CONHECIMENTO

✔ **13-11** O que é um provírus?

✔ **13-12** Como um vírus de RNA pode causar câncer se não tem um DNA para ser inserido no genoma da célula hospedeira?

Infecções virais latentes e persistentes

OBJETIVOS DE APRENDIZAGEM

13-13 Apresentar um exemplo de uma infecção viral latente.

13-14 Diferenciar entre infecções virais latentes e persistentes.

Um vírus pode permanecer em equilíbrio com o hospedeiro por um longo período, geralmente anos, sem causar doença. Essa infecção viral é chamada de **infecção latente**. Os vírus oncogênicos discutidos anteriormente são exemplos dessas infecções latentes. Todos os herpes-vírus humanos podem permanecer nas células hospedeiras por toda a vida do indivíduo. Quando os herpes-vírus são reativados por imunossupressão (p. ex., a Aids), a infecção resultante pode ser fatal. Um exemplo clássico de infecção latente é a infecção de pele causada por um *Simplexvirus*, que resulta no herpes labial. Esse vírus habita as células nervosas do hospedeiro, mas só causa danos quando for ativado por um estímulo, como febre ou queimaduras de sol – daí o termo em inglês *fever blister* (bolha de febre).

Em alguns indivíduos, os vírus são produzidos, mas os sintomas nunca aparecem. Embora uma grande porcentagem da população tenha o *Simplexvirus*, por exemplo, apenas 10 a 15% das pessoas portadoras do vírus manifestam a doença.

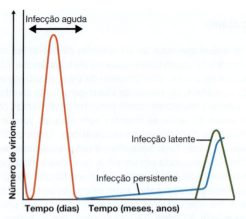

Figura 13.21 Infecções virais latentes e persistentes.

🅿 Como as infecções latentes e persistentes diferem?

O vírus da catapora (do gênero *Varicellovirus*) também pode existir em estado latente. A catapora (varicela) é uma doença de pele que geralmente é contraída na infância. O vírus obtém acesso à pele por meio do sangue. A partir do sangue, alguns vírus podem penetrar nos nervos, onde permanecem latentes. Mudanças na resposta imune (células T) podem, posteriormente, ativar esses vírus latentes, levando ao desenvolvimento de uma erupção cutânea dolorosa conhecida como herpes-zóster. Os exantemas causados pelo herpes-zóster aparecem na pele ao longo do nervo no qual o vírus estava latente. O herpes-zóster ocorre em 10 a 20% das pessoas que tiveram varicela.

Em contraste, os sinais e sintomas de uma **infecção viral persistente** (ou **infecção viral crônica**) aumentam gradualmente em gravidade por um longo período. Em geral, as infecções virais persistentes são fatais. Os exames laboratoriais podem distinguir uma infecção viral persistente de uma infecção viral latente: na maioria das infecções virais persistentes, os vírions detectáveis acumulam-se gradualmente durante um longo período, ao invés de aumentarem repentinamente (**Figura 13.21**).

Demonstrou-se, na verdade, que várias infecções virais persistentes são causadas por vírus convencionais. Por exemplo, o vírus do sarampo é responsável por uma forma rara de encefalite, denominada panencefalite esclerosante subaguda (PEES), vários anos após causar o sarampo. Diversos exemplos de infecções virais latentes e persistentes estão listados na **Tabela 13.5**.

TESTE SEU CONHECIMENTO

✔ **13-13, 13-14** O herpes-zóster é uma infecção persistente ou latente?

Vírus de plantas e viroides

OBJETIVOS DE APRENDIZAGEM

13-15 Diferenciar vírus, viroide e príon.

13-16 Descrever o ciclo lítico de um vírus de planta.

Os vírus de plantas assemelham-se em muitos aspectos aos vírus de animais: os vírus de plantas são morfologicamente

TABELA 13.5 Exemplos de infecções virais latentes e persistentes em seres humanos

Doença	Efeito primário	Vírus causador
Latente	**Ausência de sintomas durante a latência; os vírus, em geral, não são liberados**	
Herpes labial	Lesões na membrana mucosa e na pele; lesões genitais	HHV-1 e 2
Leucemia	Aumento do número dos leucócitos	HTLV-1 e 2
Herpes-zóster	Lesões na pele	*Varicellovirus* (herpes-vírus)
Persistente	**Os vírus são liberados continuamente**	
Câncer de colo do útero	Crescimento celular aumentado	Papilomavírus humano
HIV/Aids	Diminuição do número de células T CD4$^+$	HIV-1 e 2 (*Lentivirus*)
Câncer de fígado	Crescimento celular aumentado	Vírus da hepatite B
Encefalite progressiva	Rápida deterioração mental	Vírus da rubéola
Panencefalite esclerosante subaguda	Deterioração mental	Vírus do sarampo

semelhantes aos vírus de animais e apresentam tipos também semelhantes de ácidos nucleicos (Tabela 13.6). De fato, alguns vírus de plantas podem se multiplicar dentro de células de insetos. Esses vírus causam muitas doenças em culturas de grãos economicamente importantes, como feijão (vírus do mosaico do feijão), milho e cana-de-açúcar (*wound tumor virus*)* e na batata (vírus do nanismo amarelo da batata). Os vírus podem causar mudança de coloração, crescimento deformado, definhamento e interrupção do crescimento das plantas

hospedeiras. Alguns hospedeiros, no entanto, permanecem sem sintomas e atuam somente como reservatórios da infecção.

As células vegetais normalmente são protegidas das doenças pela parede celular impermeável. Os vírus devem entrar através de abrasões ou ser introduzidos juntamente a parasitas de plantas, como os nematódeos, os fungos e, mais frequentemente, os insetos que sugam a seiva da planta. Uma vez que a planta esteja infectada, ela pode disseminar a infecção para outras plantas via pólen.

Em laboratórios, os vírus de plantas são cultivados em protoplastos (células vegetais cuja parede celular foi removida) e em culturas de células de insetos.

---

*N. de R.T. Não há nomenclatura vernacular para esse vírus em português porque ele só ocorre na América do Norte.

TABELA 13.6 Classificação de alguns dos principais vírus de plantas

Característica	Família viral	Espécies de vírus	Morfologia	Modo de transmissão
DNA de fita dupla, não envelopado	Caulimoviridae	*Badnavirus cacao swollen shoot* (vírus do edema do broto do cacau)		Afídeos
RNA de fita simples, polaridade positiva, não envelopado	Tospoviridae	*Orthotospovirus tomato spotted virus* wilt (vírus vira-cabeça-do-tomateiro)		Tripes (insetos)
	Virgaviridae	*Tobamovirus tobacco mosaic virus* (vírus do mosaico do tabaco)		Lesões
RNA de fita simples, polaridade negativa, envelopado	Rhabdoviridae	*Alphanucleorhabdovirus potato yellow dwarf virus* (vírus da batata amarela anã)		Cigarras e afídeos
RNA de fita dupla, não envelopado	Reoviridae	*Phytoreovirus wound tumor virus** (vírus do tumor de ferida)		Cigarras

*N. de R.T. Como indicado anteriormente, o ICTV reorganizou a taxonomia viral para que ela passasse a espelhar de forma mais fidedigna a taxonomia de outros organismos. Assim, a espécie *Phytoreovirus wound tumor virus* passou a ser denominada *Phytoreovirus vulnustumoris* a partir de 2023. A nova nomenclatura é binomial e usa epítetos em latim e/ou grego. O mesmo acontece com todas as espécies virais mostradas anteriormente.

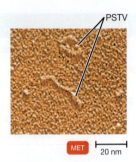

Figura 13.22 Viroide linear e circular do tubérculo afilado da batata (PSTV).

P Como os viroides diferem dos vírus?

Algumas doenças de plantas são causadas por **viroides**, segmentos curtos de RNA, contendo apenas cerca de 300 a 400 nucleotídeos de comprimento, sem envoltório proteico. Os nucleotídeos, em geral, são pareados internamente, de forma que a molécula apresenta uma estrutura tridimensional fechada e dobrada, o que provavelmente a protege da destruição por enzimas celulares. Alguns viroides, chamados **virusoides**, estão envolvidos por uma cobertura proteica. Os virusoides causam doenças somente quando a célula vegetal é infectada por um vírus. Viroides e virusoides são replicados continuamente pela RNA-polimerase do hospedeiro no núcleo celular ou nos cloroplastos. Quando a enzima atinge o final do RNA viroide, ela volta para o início. O RNA viroide é uma ribozima que corta o RNA contínuo em segmentos viroides. O RNA não codifica nenhuma proteína; em vez disso, ele pode causar doenças pelo silenciamento de genes (Capítulo 9). Anualmente, as infecções por viroides, como o viroide do tubérculo afilado da batata, resultam em perdas de milhões de dólares em danos causados às lavouras (**Figura 13.22**).

Pesquisas recentes revelaram similaridades entre as sequências de bases dos viroides e dos íntrons. Lembre-se de que, como falado no Capítulo 8, os íntrons são sequências de material genético que não codificam peptídeos. Essa observação originou a hipótese de que os viroides teriam evoluído dos íntrons, levando à especulação de que os pesquisadores podem acabar descobrindo viroides animais. Até agora, viroides e virusoides foram conclusivamente identificados como patógenos apenas de plantas, embora a hepatite D possa ser causada por um virusoide. A hepatite D consiste em um RNA envolto por um capsídeo proteico e requer coinfecção pelo vírus da hepatite B. Alguns pesquisadores chamam o vírus da hepatite D (HDV) de *RNA-satélite*.

Príons

OBJETIVO DE APRENDIZAGEM

13-17 Discutir como uma proteína pode se tornar infecciosa.

Algumas doenças infecciosas são causadas por príons. Em 1982, o neurobiologista norte-americano Stanley Prusiner

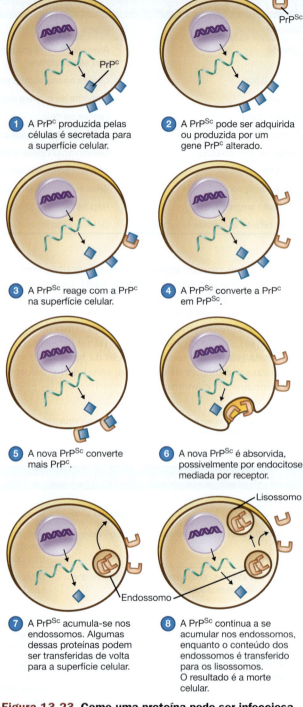

① A PrP^C produzida pelas células é secretada para a superfície celular.

② A PrP^Sc pode ser adquirida ou produzida por um gene PrP^C alterado.

③ A PrP^Sc reage com a PrP^C na superfície celular.

④ A PrP^Sc converte a PrP^C em PrP^Sc.

⑤ A nova PrP^Sc converte mais PrP^C.

⑥ A nova PrP^Sc é absorvida, possivelmente por endocitose mediada por receptor.

⑦ A PrP^Sc acumula-se nos endossomos. Algumas dessas proteínas podem ser transferidas de volta para a superfície celular.

⑧ A PrP^Sc continua a se acumular nos endossomos, enquanto o conteúdo dos endossomos é transferido para os lisossomos. O resultado é a morte celular.

Figura 13.23 Como uma proteína pode ser infecciosa. Se uma proteína príon anormal (PrP^Sc) penetra na célula, ela altera a proteína príon normal PrP^C para uma proteína PrP^Sc, que agora pode modificar outra PrP^C normal, resultando no acúmulo de proteína anormal PrP^Sc na célula e na superfície celular.

P Como os príons diferem dos vírus?

sugeriu que proteínas infecciosas teriam sido a causa de uma doença neurológica em ovelhas, denominada *scrapie*. A infectividade do tecido cerebral contaminado por *scrapie* é reduzida após o tratamento com proteases, mas não por tratamento com radiação, sugerindo que o agente infeccioso seja puramente uma proteína. Prusiner cunhou o nome **príon** da expressão p*roteinaceous* in*fectious particle* (partícula infecciosa proteinácea).

Hoje, existem nove doenças animais incluídas nessa categoria, entre elas a doença da "vaca louca", que surgiu nos rebanhos da Grã-Bretanha, em 1987. Todas as nove são doenças neurológicas chamadas de *encefalopatias espongiformes transmissíveis* devido aos grandes vacúolos que se desenvolvem no cérebro (Figura 22.18b). As doenças humanas são kuru, doença de Creutzfeldt-Jakob (DCJ), síndrome de Gerstmann-Sträussler-Scheinker e insônia familiar fatal. (As doenças neurológicas são discutidas no Capítulo 22.) As doenças frequentemente se manifestam em membros da mesma família, o que indica uma possível causa genética. No entanto, não são puramente herdadas, uma vez que a doença da vaca louca surgiu em gado alimentado com ração feita com carne de ovelhas infectadas por *scrapie*, e a nova variante (bovina) foi transmitida aos seres humanos por meio do consumo de carne bovina ou órgãos oriundos do gado contaminado.

(O cozimento não desnatura os príons.) Além disso, a DCJ foi transmitida por tecido nervoso transplantado e por instrumentos cirúrgicos contaminados.

Essas doenças são causadas por uma glicoproteína normal do hospedeiro, denominada PrP^C (de *cellular prion protein*), que é convertida em uma forma infecciosa, denominada PrP^{Sc}, de proteína *scrapie*. O gene que codifica a proteína PrP^C se localiza no cromossomo 20 em seres humanos. As evidências sugerem que a PrP^C está envolvida na sinalização celular, na função nervosa e na prevenção da morte celular (apoptose). (Ver discussão sobre apoptose no Capítulo 17.) Uma hipótese para explicar como um agente infeccioso sem qualquer tipo de ácido nucleico pode se replicar é mostrada na **Figura 13.23**.

A causa real do dano celular ainda não é conhecida. Os fragmentos das moléculas de PrP^{Sc} acumulam-se no cérebro, formando placas; essas placas são usadas para o diagnóstico pós-morte, mas não parecem ser a causa do dano celular.

TESTE SEU CONHECIMENTO

✔ **13-15, 13-17** Diferencie viroides e príons, depois indique uma doença que cada um deles causa.

✔ **13-16** Como os vírus de plantas penetram nas células hospedeiras?

Resumo para estudo

Características gerais dos vírus (p. 364-365)

1. Dependendo do ponto de vista, os vírus podem ser considerados agregados excepcionalmente complexos de substâncias químicas ou micróbios extremamente simples.

2. Os vírus possuem um único tipo de ácido nucleico (DNA ou RNA) e um envoltório proteico, algumas vezes coberto por um envelope composto de lipídeos, proteínas e carboidratos.

3. Os vírus são parasitas intracelulares obrigatórios. Sua multiplicação depende da maquinaria de síntese proteica da célula hospedeira que é utilizada para produzir elementos especializados na transferência do ácido nucleico viral para outras células.

Espectro de hospedeiros (p. 364)

4. O espectro de hospedeiros refere-se ao espectro de células hospedeiras em que um vírus pode se multiplicar.

5. A maioria dos vírus infecta somente tipos específicos de células em uma espécie de hospedeiro.

6. O espectro de hospedeiros é determinado pelos receptores específicos na superfície da célula hospedeira e pela disponibilidade de fatores celulares.

Tamanho dos vírus (p. 365)

7. O tamanho da partícula viral é determinado por microscopia eletrônica.

8. O tamanho dos vírus varia de 20 a 1.000 nm de comprimento.

Estrutura viral (p. 365-368)

1. Um vírion consiste em uma partícula viral completa, totalmente desenvolvida, composta por ácido nucleico envolto por uma cobertura proteica.

Ácido nucleico (p. 365-366)

2. Os vírus possuem DNA ou RNA, nunca ambos, e o ácido nucleico pode ser de fita simples ou de fita dupla, linear, circular ou segmentado.

3. A proporção de ácido nucleico em relação às proteínas virais varia de 1 a 50%.

Capsídeo e envelope (p. 366-367)

4. O envoltório proteico que envolve o ácido nucleico do vírus é chamado de capsídeo.

5. O capsídeo é composto por subunidades, denominadas capsômeros, que podem ser formados por proteínas de um único tipo ou de diversos tipos.

6. O capsídeo de alguns vírus é envolto por um envelope que consiste em lipídeos, proteínas e carboidratos.

7. Alguns envelopes são cobertos por complexos de carboidratos e proteínas, chamados de espículas.

Morfologia geral (p. 367-368)

8. Os vírus helicoidais são cilindros ocos que envolvem o ácido nucleico.

9. Os vírus poliédricos são multifacetados.

10. Os vírus envelopados são cobertos por um envelope e são quase esféricos, mas altamente pleomórficos.

11. Os vírus complexos têm estruturas complexas. Por exemplo, muitos bacteriófagos possuem um capsídeo poliédrico com cauda helicoidal.

Taxonomia dos vírus (p. 368-372)

1. A classificação dos vírus é baseada no tipo de ácido nucleico e na estratégia de replicação.
2. Os nomes das famílias virais terminam em -viridae; os nomes dos gêneros terminam em -virus.
3. Uma espécie viral consiste em um grupo de vírus que compartilham a mesma informação genética e o mesmo nicho ecológico.

Isolamento, cultivo e identificação de vírus (p. 372-374)

1. Os vírus só se multiplicam em células vivas.
2. Os vírus que se multiplicam mais facilmente são os bacteriófagos.

Cultivo de bacteriófagos em laboratório (p. 372-373)

3. O método de placa de lise mistura os bacteriófagos com as bactérias hospedeiras e ágar nutriente.
4. Após vários ciclos de multiplicação viral, as bactérias na área circundante à bactéria originalmente infectada pelo vírus são destruídas; a área de lise é denominada placa de lise.
5. Cada placa de lise é originada de uma única partícula viral; a concentração de vírus é expressa em unidades formadoras de placas.

Cultivo de vírus de animais em laboratório (p. 373-374)

6. O cultivo de alguns vírus de animais requer o uso de animais inteiros.
7. A Aids símia e a Aids felina são modelos para o estudo da Aids humana.
8. Alguns vírus de animais podem ser cultivados em ovos embrionados.
9. As culturas celulares consistem em células animais ou vegetais que se proliferam em meios de cultura laboratoriais.
10. A multiplicação viral causa efeitos citopáticos em culturas celulares.

Identificação viral (p. 374)

11. Os testes sorológicos RFLP e PCR são os mais frequentemente utilizados na identificação dos vírus.

Multiplicação viral (p. 375-386)

1. Os vírus não contêm enzimas para a produção de energia ou síntese de proteínas.
2. Para um vírus se multiplicar, ele deve invadir uma célula hospedeira e direcionar a maquinaria metabólica do hospedeiro para produzir enzimas e outros componentes virais.

Multiplicação dos bacteriófagos (p. 375-378)

3. Durante o ciclo lítico, um fago causa a lise e a morte da célula hospedeira.
4. Alguns vírus podem tanto causar lise como incorporar seu DNA, como um prófago, no DNA da célula hospedeira. A última situação é chamada de lisogenia.
5. Durante o estágio de penetração do ciclo lítico, a lisozima do fago faz um poro na parede da célula bacteriana, a bainha da cauda se contrai e impulsiona a região central da cauda através da parede, e o DNA do fago penetra na célula bacteriana. O capsídeo permanece do lado de fora.
6. Na biossíntese, a transcrição do DNA do fago produz mRNA, que codifica as proteínas necessárias para sua multiplicação. O DNA do fago é replicado, e as proteínas do capsídeo são produzidas. Durante o período de eclipse, podem ser encontrados, separadamente, DNA e proteínas.
7. Durante a maturação, o DNA do fago e os capsídeos são montados em vírus completos.
8. Durante a liberação, a lisozima do fago rompe a parede celular bacteriana, e os novos fagos produzidos são liberados.

9. Durante o ciclo lisogênico, os genes do prófago são regulados por um repressor codificado pelo prófago. Cada vez que a célula se divide, o prófago é replicado.
10. Devido à lisogenia, as células lisogênicas tornam-se imunes à reinfecção pelo mesmo fago e podem sofrer conversão fágica.
11. Um fago lisogênico pode transferir genes bacterianos de uma célula para outra via transdução. Na transdução generalizada, qualquer gene pode ser transferido, e, na transdução especializada, são transferidos genes específicos.

Multiplicação de vírus de animais (p. 379-386)

12. Os vírus de animais ancoram-se na membrana plasmática da célula hospedeira.
13. A penetração ocorre por endocitose mediada por receptor ou por fusão.
14. Os vírus de animais são desnudados por enzimas virais ou da célula hospedeira.
15. O DNA da maioria dos vírus de DNA é liberado no núcleo da célula hospedeira. A transcrição do DNA e a tradução produzem respectivamente DNA viral e, posteriormente, as proteínas do capsídeo. Essas proteínas são sintetizadas no citoplasma da célula hospedeira.
16. A multiplicação dos vírus de RNA ocorre no citoplasma da célula hospedeira. A RNA-polimerase dependente de RNA sintetiza a dupla-fita de RNA.
17. Após a montagem das partículas, os vírus são liberados. O brotamento é um dos métodos de liberação (e de formação do envelope). Os vírus não envelopados são liberados pela ruptura da membrana da célula hospedeira.

Vírus e câncer (p. 386-388)

1. A relação mais antiga entre câncer e vírus foi demonstrada no início da década de 1900, quando a leucemia e o sarcoma aviário foram transferidos para animais sadios por meio de filtrados livres de células.

Transformação de células normais em células tumorais (p. 386-387)

2. Um proto-oncogene é um gene que codifica uma proteína envolvida no crescimento celular normal. Quando ativados, os proto-oncogenes mutados, chamados de oncogenes, transformam células normais em células tumorais.
3. Os vírus capazes de produzir tumores são denominados vírus oncogênicos.
4. Muitos vírus de DNA e retrovírus são oncogênicos.
5. O material genético dos vírus oncogênicos integra-se ao genoma da célula hospedeira.
6. As células transformadas têm TSTAs, exibem anormalidades cromossômicas e podem, ainda, produzir tumores quando injetadas em animais suscetíveis.

Vírus de DNA oncogênicos (p. 387)

7. Os vírus oncogênicos são encontrados entre as famílias Adenoviridae, Herpesviridae, Poxviridae, Polyomaviridae e Hepadnaviridae.

Vírus de RNA oncogênicos (p. 387-388)

8. A capacidade de um vírus de produzir tumores está relacionada à presença da transcriptase reversa. O DNA sintetizado a partir do RNA viral incorpora-se ao DNA da célula hospedeira como um provírus.

Vírus no tratamento do câncer (p. 388)

9. Os vírus oncolíticos infectam e lisam as células cancerosas.

Infecções virais latentes e persistentes (p. 388)

1. Uma infecção viral latente é aquela em que o vírus permanece dentro da célula hospedeira por longos períodos, sem produzir doença.
2. Exemplos de infecções virais latentes são herpes labial e herpes-zóster.
3. Uma infecção viral persistente é aquela em que as concentrações do vírus – e sinais e sintomas – aumentam gradualmente durante um longo período. Estas geralmente são fatais.
4. Muitas infecções virais persistentes são causadas por vírus convencionais.

Vírus de plantas e viroides (p. 388-390)

1. Os vírus de plantas entram nas plantas hospedeiras através de lesões ou com parasitas invasivos, como os insetos.

2. Alguns vírus de plantas também podem se multiplicar em células de insetos (vetores).
3. Os viroides são fragmentos de RNA infecciosos causadores de algumas doenças em plantas.
4. Os virusoides são viroides envoltos por um capsídeo proteico.

Príons (p. 390-391)

1. Os príons são proteínas infecciosas descobertas na década de 1980.
2. As doenças por príons envolvem a degeneração do tecido cerebral.
3. As doenças causadas por príons são resultantes de uma proteína alterada; a causa da alteração pode ser uma mutação no gene normal da PrP^C ou o contato com uma proteína alterada (PrP^{Sc}).

Questões para estudo

As respostas das questões de Conhecimento e compreensão estão na seção de Respostas no final deste livro.

Conhecimento e compreensão

Revisão

1. Por que os vírus são classificados como parasitas intracelulares obrigatórios?
2. Liste as quatro propriedades que definem um vírus. O que é um vírion?
3. Descreva e esquematize as quatro classes morfológicas dos vírus, citando um exemplo de cada.
4. DESENHE Indique os principais eventos de adsorção, biossíntese, penetração e maturação de um vírus de RNA de fita positiva. Desenhe a fase de desnudamento.

5. Compare o processo de biossíntese de um vírus de RNA de fita positiva com o de um vírus de RNA de fita negativa.
6. Alguns antibióticos ativam genes fágicos. O MRSA, ao liberar a leucocidina Panton-Valentine, causa uma doença fatal. Por que isso ocorre após um tratamento com antibióticos?
7. Lembre-se do Capítulo 1, no qual vimos que os postulados de Kock são usados para determinar a etiologia de uma doença. Por que é difícil determinar a etiologia
   a. de uma infecção viral como a gripe (influenza)?
   b. do câncer?
8. Infecções virais persistentes como (a) _____ podem ser causadas por (b) _____ que são (c) _____.
9. Os vírus de plantas não podem penetrar em células vegetais intactas em decorrência de (a) _____; portanto, eles penetram na célula através de (b) _____. Os vírus de plantas podem ser cultivados em (c) _____.

10. IDENTIFIQUE Indique a família viral que infecta a pele, as mucosas e as células nervosas; que causa infecções que podem apresentar recorrência devido à latência; e que possui geometria poliédrica.

Múltipla escolha

1. Assinale a alternativa que representa melhor a sequência de eventos na biossíntese de um bacteriófago: (1) lisozima do fago; (2) mRNA; (3) DNA; (4) proteínas virais; (5) DNA-polimerase.
   a. 5, 4, 3, 2, 1
   b. 1, 2, 3, 4, 5
   c. 5, 3, 4, 2, 1
   d. 3, 5, 2, 4, 1
   e. 2, 5, 3, 4, 1
2. A molécula que serve de mRNA pode ser incorporada nos capsídeos recém-sintetizados de todos os seguintes vírus, *exceto*:
   a. picornavírus com RNA de fita positiva.
   b. togavírus com RNA de fita positiva.
   c. rabdovírus com RNA de fita negativa.
   d. reovírus com RNA de fita dupla.
   e. *Rotavirus*.
3. Um vírus com RNA-polimerase dependente de RNA:
   a. sintetiza DNA a partir de um molde de RNA.
   b. sintetiza RNA de fita dupla a partir de um molde de RNA.
   c. sintetiza RNA de fita dupla a partir de um molde de DNA.
   d. transcreve mRNA a partir de um molde de DNA.
   e. nenhuma das alternativas
4. Qual das afirmativas seguintes seria a primeira etapa no processo de biossíntese de um vírus com transcriptase reversa?
   a. Um fita complementar de RNA precisa ser sintetizada.
   b. Um RNA de fita dupla precisa ser sintetizado.
   c. Uma fita complementar de DNA deve ser sintetizada a partir de um molde de RNA.
   d. Uma fita complementar de DNA deve ser sintetizada a partir de um molde de DNA.
   e. nenhuma das alternativas
5. Constitui um exemplo de lisogenia em animais:
   a. infecções virais lentas.
   b. infecções virais latentes.
   c. bacteriófagos T-pares.
   d. infecções que resultam em morte celular.
   e. nenhuma das alternativas

6. A capacidade de um vírus em infectar um organismo é regulada:
   a. pela espécie hospedeira.
   b. pelo tipo de célula.
   c. pela disponibilidade de receptores para a adsorção.
   d. pelos fatores celulares necessários para a replicação viral.
   e. todas as alternativas acima

7. Qual das seguintes afirmativas é **falsa**?
   a. Os vírus contêm DNA ou RNA.
   b. O ácido nucleico de um vírus é coberto por um envoltório proteico.
   c. Os vírus multiplicam-se dentro das células vivas utilizando mRNA viral, tRNA e ribossomos.
   d. Os vírus induzem a síntese de elementos infecciosos especializados.
   e. Os vírus multiplicam-se no interior de células vivas.

8. Assinale a alternativa que representa melhor a ordem em que são encontrados dentro da célula hospedeira: (1) proteínas do capsídeo; (2) partículas infecciosas dos fagos; (3) ácido nucleico dos fagos.
   a. 1, 2, 3
   b. 3, 2, 1
   c. 2, 1, 3
   d. 3, 1, 2
   e. 1, 3, 2

9. Qual das seguintes alternativas *não* inicia a síntese de DNA?
   a. um vírus de DNA de fita dupla (Poxviridae)
   b. um vírus de DNA com transcriptase reversa (Hepadnaviridae)
   c. um vírus de RNA com transcriptase reversa (Retroviridae)
   d. um vírus de RNA de fita simples (Togaviridae)
   e. nenhuma das alternativas

10. Uma espécie viral *não* é definida com base nos sintomas da doença que causa. O melhor exemplo é:
    a. a poliomielite.
    b. a raiva.
    c. a hepatite.
    d. a catapora e o herpes-zóster.
    e. o sarampo.

Análise

1. Discuta os argumentos favoráveis e contrários à classificação dos vírus como seres vivos.

2. Em alguns vírus, os capsômeros possuem função tanto enzimática quanto estrutural. Qual é a vantagem disso para os vírus?

3. Por que a descoberta dos vírus causadores das Aids símia e felina foi importante?

4. Há semelhanças descritivas entre prófago e provírus com os plasmídeos bacterianos. Que propriedades semelhantes eles exibem? Como eles diferem?

Aplicações clínicas e avaliação

1. Um homem de 40 anos, soropositivo para HIV, apresentou dor abdominal, fadiga e febre baixa (38 °C) por 2 semanas. Uma radiografia de tórax revelou a presença de infiltrado inflamatório no pulmão. As colorações de Gram e álcool-ácido foram negativas. Uma cultura viral revelou a causa dos sintomas: vírus grandes, envelopados, com capsídeo icosaédrico e genoma DNA de fita dupla. Qual é a doença? Que vírus causa essa doença? Por que foi realizada uma cultura viral após a obtenção dos resultados dos testes de coloração de Gram e álcool-ácido?

2. Uma menina recém-nascida apresentou extensas lesões vesiculares e ulcerativas na face e no tórax. Qual é a causa mais provável dos sintomas? Como você determinaria a causa viral dessa doença sem realizar um cultivo viral?

3. Em maio, duas pessoas que viviam na mesma casa morreram no intervalo de 5 dias uma da outra. A doença foi caracterizada por um início abrupto de febre, dor muscular, cefaleia e tosse, seguida pelo rápido desenvolvimento de uma insuficiência respiratória. Ao final daquele ano, foram confirmados 36 casos dessa doença, que apresentou taxa de mortalidade de 50%. Um membro das famílias Orthomyxoviridae, Bunyaviridae ou Adenoviridae poderia ser o agente responsável. Estabeleça as diferenças entre essas famílias com base no método de transmissão, morfologia, tipo de ácido nucleico e tipo de replicação. Os roedores são o reservatório dessa doença. Qual é a doença? (*Dica:* ver Capítulo 23.)

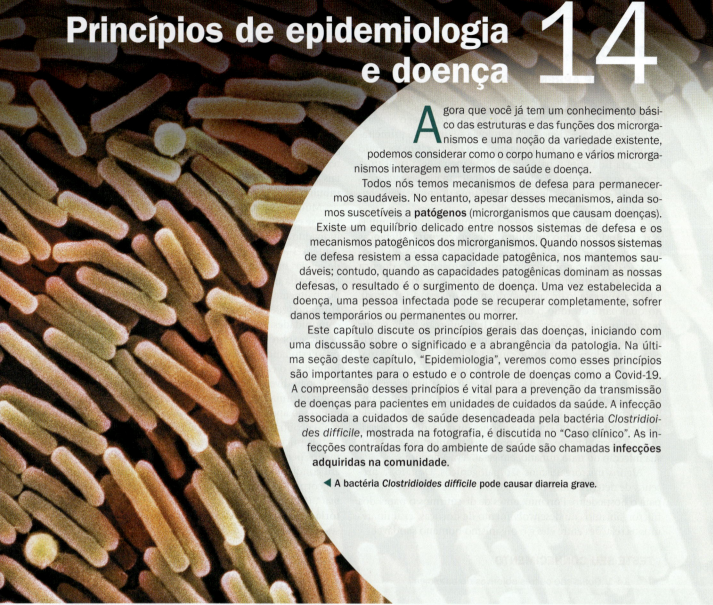

Princípios de epidemiologia e doença 14

Agora que você já tem um conhecimento básico das estruturas e das funções dos microrganismos e uma noção da variedade existente, podemos considerar como o corpo humano e vários microrganismos interagem em termos de saúde e doença.

Todos nós temos mecanismos de defesa para permanecermos saudáveis. No entanto, apesar desses mecanismos, ainda somos suscetíveis a **patógenos** (microrganismos que causam doenças). Existe um equilíbrio delicado entre nossos sistemas de defesa e os mecanismos patogênicos dos microrganismos. Quando nossos sistemas de defesa resistem a essa capacidade patogênica, nos mantemos saudáveis; contudo, quando as capacidades patogênicas dominam as nossas defesas, o resultado é o surgimento de doença. Uma vez estabelecida a doença, uma pessoa infectada pode se recuperar completamente, sofrer danos temporários ou permanentes ou morrer.

Este capítulo discute os princípios gerais das doenças, iniciando com uma discussão sobre o significado e a abrangência da patologia. Na última seção deste capítulo, "Epidemiologia", veremos como esses princípios são importantes para o estudo e o controle de doenças como a Covid-19. A compreensão desses princípios é vital para a prevenção da transmissão de doenças para pacientes em unidades de cuidados da saúde. A infecção associada a cuidados de saúde desencadeada pela bactéria *Clostridioides difficile*, mostrada na fotografia, é discutida no "Caso clínico". As infecções contraídas fora do ambiente de saúde são chamadas **infecções adquiridas na comunidade**.

◀ A bactéria *Clostridioides difficile* pode causar diarreia grave.

Na clínica

Como enfermeiro(a) de saúde pública do seu município, você acompanha os relatórios das doenças transmissíveis. A incidência anual de criptosporidiose no seu estado (população de 3,1 milhões) é de 7,5 casos em cada 100 mil habitantes. No ano passado, você viu 65 casos em seu município de 430 mil pessoas. **Calcule a taxa de incidência nesse município. Como ela se compara à taxa estadual? Suponha que apenas 1 em cada 10 pessoas com diarreia devido à criptosporidiose busque diagnóstico e tratamento médico. Nessas circunstâncias, qual é a verdadeira incidência em seu município?**

Patologia, infecção e doença

OBJETIVO DE APRENDIZAGEM

14-1   Definir *patologia, etiologia, infecção* e *doença infecciosa.*

Patologia é o estudo científico das doenças (do grego *pathos* = sofrimento; *logos* = ciência). A patologia se interessa primeiramente pela causa, ou **etiologia**, de uma doença. Em segundo lugar, ela lida com a **patogênese**, a maneira pela qual uma doença se desenvolve. Por fim, a patologia analisa as *mudanças estruturais* e *funcionais* decorrentes de uma doença e seus efeitos no organismo.

Embora os termos *infecção* e *doença infecciosa* sejam muitas vezes utilizados como sinônimos, eles apresentam diferenças em seus significados. **Infecção** consiste na invasão ou colonização do corpo por microrganismos patogênicos; a **doença infecciosa** ocorre quando uma infecção resulta em qualquer alteração no estado de saúde. A **doença** é um estado anormal, no qual parte ou todo o organismo se encontra incapaz de realizar as suas funções normais. Uma infecção pode existir na ausência de doença detectável. Por exemplo, o corpo pode estar infectado pelo vírus que causa a Aids sem que haja a manifestação de qualquer sintoma da doença.

A presença de um tipo particular de microrganismo em uma parte do corpo onde ele normalmente não é encontrado também é chamada de infecção, podendo acarretar o surgimento de doença. Por exemplo, embora enormes quantidades de *Escherichia coli* normalmente estejam presentes no intestino saudável, sua infecção do trato urinário, em geral, leva à doença.

Alguns microrganismos são patogênicos. De fato, a presença de determinados microrganismos é até mesmo benéfica para o hospedeiro. Portanto, antes de discutirmos o papel dos microrganismos no desenvolvimento de doenças, examinaremos as relações entre eles e o organismo humano saudável.

> **TESTE SEU CONHECIMENTO**
>
> ✔ **14-1** Quais são os três objetivos da patologia?

Microbioma humano

OBJETIVOS DE APRENDIZAGEM

14-2   Descrever como o microbioma humano é adquirido.

14-3   Comparar comensalismo, mutualismo e parasitismo e dar um exemplo de cada relação.

14-4   Diferenciar microbiota normal e transitória de microrganismos oportunistas.

Grande parte do microbioma de uma pessoa é estabelecida durante os primeiros 10 anos de vida. Pesquisas recentes indicam que populações microbianas normais e características começam a se estabelecer em um indivíduo antes do nascimento (no útero). O microbioma placentário consiste em apenas algumas bactérias diferentes, principalmente Enterobacteriaceae e *Propionibacterium*. Essas bactérias são encontradas no intestino do recém-nascido. Pouco antes do parto, os lactobacilos na vagina da genitora se multiplicam rapidamente e se tornam os organismos predominantes no intestino do recém-nascido (ver

Explorando o microbioma). Esses lactobacilos também colonizam o intestino do recém-nascido. Com a respiração e o início da alimentação, mais microrganismos são introduzidos no corpo do recém-nascido a partir do meio ambiente. O microbioma de uma criança muda rapidamente durante os primeiros 3 anos de vida quando a *E. coli* e outras bactérias adquiridas de alimentos, pessoas e animais de estimação começam a habitar o intestino grosso. Esses microrganismos permanecerão nesse local para o resto da vida do indivíduo e, em resposta a condições ambientais anormais, podem aumentar ou diminuir seu número e contribuir para a saúde ou para o surgimento de doenças.

Muitos outros microrganismos normalmente inócuos também se estabelecem em outras partes do corpo saudável de um indivíduo adulto e em sua superfície. Um corpo humano típico contém 3×10^{13} células corporais e abriga o mesmo número de células bacterianas – cerca de 4×10^{13} células bacterianas. Isso nos dá uma ideia da abundância de microrganismos que normalmente reside no corpo humano. O **Projeto Microbioma Humano** (2007-2016) foi realizado para promover o estudo de comunidades microbianas chamadas *microbiomas* que vivem dentro e sobre o corpo humano. Atualmente, os pesquisadores estão estudando a relação entre as alterações no microbioma humano e o estado de saúde e doença. O microbioma humano é mais diverso do que se pensava anteriormente. Muitas das novas informações provenientes de estudos do microbioma humano são apresentadas nos quadros "Explorando o microbioma" encontrados em cada capítulo deste livro.

Os microrganismos que estabelecem residência mais ou menos permanente (colonizam), mas não produzem doença em condições normais, são membros da **microbiota normal** do corpo. Historicamente, eles eram chamados de *flora normal** (**Figura 14.1**). Outros, chamados de **microbiota transitória**, podem estar presentes por vários dias, semanas ou meses e, depois, desaparecerem.

Fatores que influenciam a microbiota normal

Os microrganismos não se encontram em todo o corpo humano, mas se localizam em certas regiões, conforme mostrado na **Tabela 14.1**. Muitos fatores determinam a distribuição e a composição da microbiota normal. Entre eles estão os nutrientes, os fatores físicos e químicos, as defesas do hospedeiro e os fatores mecânicos.

Os micróbios variam de acordo com os tipos de nutrientes que podem utilizar como fonte de energia. Por conseguinte, esses micróbios colonizam apenas os sítios do corpo que podem supri-los com os nutrientes apropriados. Esses nutrientes podem ser derivados de células mortas, de alimentos no canal digestivo, de produtos de secreção e excreção das células, além de substâncias presentes nos fluidos corporais.

Fatores físicos e químicos que influenciam o crescimento dos microrganismos também afetam a composição e o crescimento da microbiota normal. Entre esses fatores estão o pH, a disponibilidade de oxigênio e dióxido de carbono, a salinidade e a luz solar.

---

*No passado, as bactérias eram classificadas como plantas; portanto, as bactérias no corpo humano eram chamadas de *flora normal.*

Conexões entre parto, microbioma e outras condições de saúde

O parto vaginal é o ponto em que a maioria dos bebês entra em contato pela primeira vez com uma grande variedade de micróbios. Essa interação microbiana inicial influencia o desenvolvimento do sistema imune do bebê e os tipos de micróbios que, em última análise, se tornam parte do microbioma do bebê. No entanto, nos últimos 60 anos, os nascimentos por cesariana dispararam em muitos países. Nesse mesmo período, a incidência de diabetes tipo 1, asma e obesidade nesses países também se tornou um grande problema de saúde. Poderiam essas duas coisas estarem relacionadas? E é possível que a microbiota seja o elo entre elas?

Estudos recentes indicam que asma, obesidade e diabetes tipo 1 são mais comuns em pessoas que tiveram parto cesáreo do que em pessoas nascidas por via vaginal. Além disso, a microbiota dos dois grupos também é diferente. Por exemplo, *Lactobacillus* e *Bacteroides* são predominantes na microbiota de bebês nascidos por via vaginal, mas o microbioma de bebês nascidos por cesariana se assemelha mais ao da pele humana, com *Staphylococcus aureus* abundante.

A relação do parto por cesariana e o aumento do risco de diabetes, obesidade ou asma é objeto de pesquisas em andamento. Em um estudo, os médicos colocaram gaze estéril na vagina de pacientes que aguardavam o parto cesáreo. A gaze foi deixada no local por 1 hora. Após o nascimento, a gaze foi passada sobre o rosto e o corpo do recém-nascido. No mês seguinte, a microbiota dos bebês que receberam essa gaze foi analisada, e ela era semelhante ao perfil microbiano de bebês nascidos por via vaginal no estudo (em contrapartida ao perfil de bebês nascidos por cesariana que não receberam a gaze). Estudos mais abrangentes e de longo prazo são necessários para se determinar se esses tratamentos também podem um dia reduzir o risco de diabetes, asma e obesidade em pessoas nascidas por cesariana.

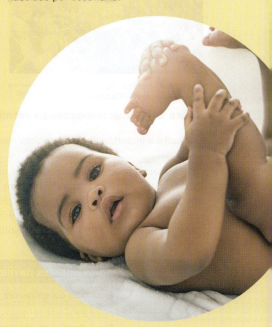

Nós também dissemos que as defesas do hospedeiro contra micróbios influenciam a microbiota. Você aprenderá nos Capítulos 16 e 17 que o corpo humano tem múltiplas defesas contra os micróbios. Essas defesas incluem uma variedade de moléculas e células especializadas que matam micróbios, inibem seu crescimento, impedem sua adesão às superfícies das células do hospedeiro e neutralizam toxinas produzidas pelos micróbios. Essas defesas são extremamente importantes contra patógenos. A exposição infantil a microrganismos ajuda o sistema imune a se desenvolver. De fato, foi proposto que a exposição insuficiente a microrganismos na infância pode interferir no desenvolvimento do sistema imune e pode desempenhar um papel no aumento das taxas de alergias e outros distúrbios imunológicos. Essa ideia, conhecida como *hipótese da higiene*, é discutida no quadro "Visão geral" do Capítulo 19.

Certas regiões do corpo estão sujeitas a forças mecânicas que podem afetar a colonização pela microbiota normal. Por exemplo, a ação de mastigação dos dentes e a movimentação da língua podem desalojar microrganismos aderidos aos dentes e às superfícies mucosas. No canal digestivo, o fluxo de saliva e as secreções digestórias e os vários movimentos musculares da garganta, do esôfago, do estômago e dos intestinos podem remover micróbios que não estão aderidos. A ação de descarga da urina também pode remover micróbios não aderidos no trato urinário. No sistema respiratório, o muco prende os micróbios, que, após, são propelidos rumo à garganta pelo movimento ciliar das células desse sítio para posterior eliminação.

Outros fatores que afetam a microbiota normal incluem idade, estado nutricional, dieta, estado de saúde, presença de deficiências, hospitalização, estresse, clima, localização geográfica, condições de higiene pessoal, condições socioeconômicas, ocupação e estilo de vida.

CASO CLÍNICO Pausa para usar o banheiro

João está no banheiro outra vez. Desde que foi hospitalizado em decorrência de uma infecção do trato urinário (ITU) há 6 meses, João tem sofrido com febre, calafrios e diarreia intensa. Ele tem 75 anos, é aposentado e vive com sua esposa e seu filho adulto. Não fuma e raramente ingere álcool. Enquanto estava no hospital, João foi tratado com os antibióticos ceftriaxona e ciprofloxacino para a ITU. Desenvolveu diarreia 3 dias após receber alta do hospital e apresenta o quadro desde então. Como resultado, ele perdeu 7 kg.

O que pode estar causando a diarreia e os outros sintomas de João? Continue lendo para descobrir.

Parte 1 | Parte 2 | Parte 3 | Parte 4 | Parte 5

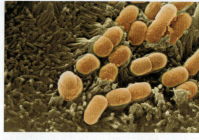

(a) Bactérias (esferas alaranjadas) na superfície do epitélio nasal. MEV ⊢ 3 µm

(b) Bactérias (alaranjadas) na pele humana. MEV ⊢ 6 µm

(c) Bactérias (alaranjadas) no intestino delgado. MEV ⊢ 1 µm

Figura 14.1 Representantes da microbiota normal em diferentes regiões do corpo.

P Qual é a importância da microbiota normal?

Animais sem microbiota podem ser obtidos em condições laboratoriais. A maioria desses mamíferos livres de germes usados em pesquisas é obtida com sua criação em ambientes estéreis. Por um lado, pesquisas utilizando animais livres de germes mostram que os micróbios não são absolutamente essenciais à vida animal. Por outro lado, as mesmas pesquisas mostram que animais livres de germes apresentam um sistema imune subdesenvolvido e são extremamente suscetíveis a infecções e doenças graves. Animais livres de germes também requerem mais calorias e vitaminas em sua alimentação do que os animais normais.

TABELA 14.1 Representantes da microbiota normal por região corporal		
Região	**Principais componentes**	**Comentários**
Pele	*Propionibacterium, Staphylococcus, Corynebacterium, Micrococcus, Acinetobacter, Brevibacterium; Candida* (fungo) e *Malassezia* (fungo)	• A maioria dos micróbios em contato direto com a pele não se torna residente, uma vez que as secreções das glândulas sudoríparas e sebáceas têm propriedades antimicrobianas • A queratina é uma barreira resistente, e o pH baixo da pele inibe muitos micróbios • A pele apresenta um conteúdo relativamente baixo de umidade
Olhos (conjuntiva)	*Staphylococcus epidermidis, S. aureus,* difteroides, *Propionibacterium, Corynebacterium,* estreptococos e *Micrococcus*	• A conjuntiva, uma continuação da pele ou membrana mucosa, contém basicamente a mesma microbiota encontrada na pele • As lágrimas e o ato de piscar eliminam alguns micróbios ou inibem a colonização de outros, e as lágrimas contêm lisozima antimicrobiana
Nariz e garganta (sistema respiratório superior)	*S. aureus, S. epidermidis* e difteroides aeróbios no nariz; *S. epidermidis, S. aureus,* difteroides, *Streptococcus pneumoniae, Haemophilus* e *Neisseria* na garganta	• Embora alguns membros da microbiota normal sejam potenciais patógenos, sua habilidade para causar doenças é reduzida pelo antagonismo microbiano • As secreções nasais matam ou inibem o crescimento de muitos micróbios, e o muco e o movimento ciliar também removem muitos micróbios
Boca	*Streptococcus, Lactobacillus, Actinomyces, Bacteroides, Veillonella, Neisseria, Haemophilus, Fusobacterium, Treponema, Staphylococcus, Corynebacterium* e *Candida* (fungo)	• A umidade abundante, a atmosfera quente e a presença constante de alimentos tornam a boca um ambiente ideal para os micróbios. A boca é capaz de abrigar populações microbianas grandes e diversas na língua, nas bochechas, nos dentes e na gengiva • Os atos de morder, mastigar, movimentar a língua e salivar desalojam os micróbios. A saliva contém várias substâncias antimicrobianas
Intestino grosso	*Escherichia coli, Bacteroides, Fusobacterium, Lactobacillus, Enterococcus, Bifidobacterium, Enterobacter, Citrobacter, Proteus, Klebsiella* e *Candida* (fungo)	• O intestino grosso contém a maior quantidade de microrganismos da microbiota residente no corpo, principalmente em razão da disponibilidade de umidade e nutrientes. Muitas das bactérias impedem o crescimento de patógenos (antagonismo microbiano) • O muco e a eliminação periódica do revestimento evitam que muitos micróbios se fixem. A mucosa produz várias substâncias químicas antimicrobianas
Sistemas genital (reprodutivo) e urinário	*Staphylococcus, Micrococcus, Enterococcus, Lactobacillus, Bacteroides,* difteroides aeróbios, *Pseudomonas, Klebsiella* e *Proteus* na uretra; *lactobacilos, Streptococcus, Clostridium, Candida albicans* (fungo) e *Trichomonas vaginalis* (protozoário) na vagina	• A parte proximal da uretra contém uma microbiota residente; a vagina tem uma população de micróbios ácido-tolerantes em virtude da natureza de suas secreções • O muco e a descamação periódica previnem que muitos microrganismos colonizem o revestimento do trato urogenital; o fluxo de urina remove os micróbios mecanicamente. Além disso, o pH da urina e a ureia são antimicrobianos • Os cílios e o muco expelem os micróbios do colo uterino para a vagina, e a acidez da vagina inibe ou mata os micróbios

Relações entre a microbiota normal e o hospedeiro

Uma vez estabelecida, a microbiota normal pode beneficiar o hospedeiro ao impedir o crescimento excessivo de microrganismos potencialmente perigosos. Esse fenômeno é chamado de **antagonismo microbiano**, ou **exclusão competitiva**, pois envolve uma competição que exclui certos micróbios. Por exemplo, a microbiota normal protege o hospedeiro contra a colonização por micróbios potencialmente patogênicos ao competir por nutrientes, produzir substâncias prejudiciais aos micróbios invasores e afetar condições como o pH e a disponibilidade de oxigênio. Quando o equilíbrio entre a microbiota normal e os micróbios patogênicos é alterado, o resultado pode ser o surgimento de doenças. Por exemplo, a microbiota bacteriana normal da vagina de uma mulher adulta mantém o pH local em torno de 4. A presença da microbiota normal inibe o crescimento excessivo da levedura *Candida albicans*, que pode crescer quando o pH é modificado. Se a população bacteriana é eliminada por antibióticos, pelo uso excessivo de ducha higiênica ou desodorantes, o pH da vagina é revertido até a neutralidade, e a *C. albicans* floresce, tornando-se o microrganismo predominante nesse local. Essa condição pode levar a uma forma de vaginite (infecção vaginal).

Outro exemplo de antagonismo microbiano ocorre no intestino grosso. As células de *E. coli* produzem *bacteriocinas*, proteínas que inibem o crescimento de outras bactérias da mesma espécie ou de espécies intimamente relacionadas, como das bactérias patogênicas *Salmonella* e *Shigella*. Uma bactéria que produz certa bacteriocina não é afetada por ela, mas pode ser morta por outras. As bacteriocinas estão sendo investigadas para uso no tratamento de infecções e na prevenção da deterioração de alimentos.

Um último exemplo envolve outra bactéria, *Clostridioides difficile*, também no intestino grosso. A microbiota normal do intestino grosso inibe de maneira eficiente o crescimento de *C. difficile*, possivelmente tornando os receptores do hospedeiro indisponíveis para a bactéria, competindo por nutrientes ou produzindo bacteriocinas. Contudo, se a microbiota normal é eliminada (p. ex., por antibióticos), *C. difficile* pode tornar-se um problema. Esse micróbio é responsável por quase todas as infecções gastrintestinais que se seguem à antibioticoterapia, gerando desde diarreias leves até colites (inflamação do cólon) graves ou mesmo fatais. Em 2013, um especialista canadense em doenças infecciosas tratou com sucesso infecções por *C. difficile*, com pílulas contendo microbiota intestinal normal. A microbiota normal foi obtida dos familiares dos pacientes.

A relação entre a microbiota normal e o hospedeiro é chamada de **simbiose**, uma relação entre dois organismos, na qual pelo menos um deles é dependente do outro (**Figura 14.2**). Na relação simbiótica, denominada **comensalismo**, um dos organismos beneficia-se, enquanto o outro não é afetado. Muitos dos microrganismos que fazem parte da nossa microbiota normal são comensais; incluindo *Staphylococcus epidermidis*, que habita a superfície da pele, as corinebactérias, que habitam a superfície do olho, e determinadas micobactérias saprofíticas, que habitam o ouvido e as genitálias externas. Essas bactérias vivem em secreções e células descamadas e não trazem nenhum benefício ou prejuízo aparente para o hospedeiro.

> ASM: Os microrganismos, celulares e virais, podem interagir com hospedeiros humanos e não humanos de formas benéficas, neutras ou prejudiciais.

Mutualismo é um tipo de simbiose que beneficia ambos os organismos. Por exemplo, o intestino grosso contém bactérias, como a *E. coli*, que sintetizam a vitamina K e algumas vitaminas B. Essas vitaminas são absorvidas pela corrente sanguínea e distribuídas para uso pelas células do corpo. Em troca, o intestino grosso oferece nutrientes utilizados pelas bactérias, permitindo a sua sobrevivência.

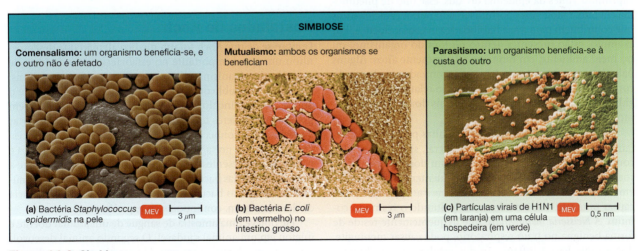

SIMBIOSE

Comensalismo: um organismo beneficia-se, e o outro não é afetado

(a) Bactéria *Staphylococcus epidermidis* na pele — MEV — 3 μm

Mutualismo: ambos os organismos se beneficiam

(b) Bactéria *E. coli* (em vermelho) no intestino grosso — MEV — 3 μm

Parasitismo: um organismo beneficia-se à custa do outro

(c) Partículas virais de H1N1 (em laranja) em uma célula hospedeira (em verde) — MEV — 0,5 nm

Figura 14.2 Simbiose.

P Qual tipo de simbiose é mais bem representada pela relação entre seres humanos e a bactéria *E. coli*?

Estudos genéticos recentes encontraram centenas de genes de resistência a antibióticos nas bactérias intestinais regulares. É desejável a sobrevivência dessas bactérias enquanto um indivíduo se encontra sob terapia antibiótica para uma doença infecciosa; entretanto, essas bactérias benéficas podem transferir genes de resistência a antibióticos para patógenos.

Em outra forma de simbiose, um organismo se beneficia obtendo nutrientes à custa de outro organismo; essa relação é chamada de **parasitismo**. Muitas bactérias causadoras de doenças são parasitas, e todos os vírus são parasitas intracelulares obrigatórios.

Microrganismos oportunistas

Embora a categorização das relações simbióticas por tipo seja conveniente, lembre-se de que as relações podem se modificar sob determinadas condições. Por exemplo, em circunstâncias apropriadas, um organismo mutualístico, como a *E. coli*, pode tornar-se prejudicial. A *E. coli* geralmente é inofensiva enquanto permanece no intestino grosso de seu hospedeiro; porém, ao acessar outras regiões do corpo, como o trato urinário, pulmões, medula espinal ou feridas, ela pode causar infecções urinárias, infecções pulmonares, meningites ou abscessos, respectivamente. Os micróbios, como a *E. coli*, são chamados de **patógenos oportunistas**. Não causam doença em seu hábitat normal em um indivíduo saudável, mas podem ocasionar um quadro de doença em um ambiente diferente. Por outro exemplo, a microbiota da pele que ganha acesso à corrente sanguínea e penetra no corpo através da quebra da barreira da pele ou das membranas mucosas pode causar infecções oportunistas. Alternativamente, se o hospedeiro se encontra enfraquecido ou comprometido por uma infecção, micróbios que normalmente são inofensivos podem causar doença. A Aids com frequência é acompanhada por uma infecção oportunista comum, a pneumonia causada pelo organismo oportunista *Pneumocystis jirovecii* (ver Figura 24.20). Essa infecção secundária pode se desenvolver em pessoas com Aids, uma vez que seu sistema imune está suprimido. Antes da epidemia de Aids, esse tipo de pneumonia era raro. Patógenos oportunistas têm outras características que contribuem para a sua habilidade em causar doença. Por exemplo, estão presentes dentro ou fora do organismo, ou no meio ambiente, em números relativamente altos. Alguns patógenos oportunistas podem ser encontrados em locais do corpo, interna ou externamente, que são relativamente protegidos das defesas do organismo, e alguns desses microrganismos são resistentes a antibióticos.

Além dos simbiontes habituais, muitas pessoas transportam outros microrganismos que, em geral, são considerados como patogênicos, mas que não causam doença nessas pessoas. Entre os patógenos que são frequentemente carreados em indivíduos saudáveis estão o *Enterovirus* spp., que pode causar uma variedade de doenças, incluindo o resfriado comum. A *Neisseria meningitidis*, que frequentemente reside de forma benigna no trato respiratório, pode causar meningite, doença que leva à inflamação dos tecidos que recobrem a medula espinal e o cérebro. O *Streptococcus pneumoniae*, residente normal do nariz e da garganta, pode causar um tipo de pneumonia.

Cooperação entre microrganismos

Não é apenas a competição entre micróbios que pode causar doença; a cooperação entre micróbios também pode ser um fator importante na geração de doenças. Por exemplo, patógenos que causam a doença periodontal e a gengivite têm receptores não para o esmalte dentário em si, mas, sim, para os estreptococos que colonizam os dentes.

> **TESTE SEU CONHECIMENTO**
>
> ✔ **14-2** Como a microbiota normal difere da microbiota transitória?
>
> ✔ **14-3** Apresente exemplos de antagonismo microbiano.
>
> ✔ **14-4** Como os patógenos oportunistas podem causar infecções?

Etiologia das doenças infecciosas

OBJETIVO DE APRENDIZAGEM
14-5 Listar os postulados de Koch.

Algumas doenças, como a Covid-19, a poliomielite, a doença de Lyme e a tuberculose, têm uma etiologia claramente definida. Contudo, outras doenças têm uma etiologia ainda não totalmente compreendida, por exemplo a relação entre determinados vírus e câncer. Para algumas outras doenças, como a doença de Alzheimer, a etiologia é desconhecida. É claro que nem todas as doenças são causadas por microrganismos. Por exemplo, a hemofilia é uma *doença hereditária (genética)*, e a osteoartrite e a cirrose são *doenças degenerativas*. Existem ainda várias outras categorias de doenças, mas discutiremos apenas as doenças infecciosas. Para entender como os microbiologistas determinam a etiologia de uma doença infecciosa, discutiremos em mais detalhes o trabalho de Robert Koch, o qual foi introduzido na visão histórica da microbiologia apresentada no Capítulo 1.

Postulados de Koch

Lembre-se de que Koch foi um médico alemão que desempenhou um papel importante no estabelecimento da ideia de que os microrganismos podem causar doenças específicas. Em 1877, ele publicou alguns dos primeiros artigos sobre o antraz, ou carbúnculo, doença do gado bovino que também pode afetar os seres humanos. Koch demonstrou que certas bactérias, hoje conhecidas como *Bacillus anthracis*, sempre estavam presentes no sangue de animais que tinham a doença e não estavam presentes em animais saudáveis. Ele sabia que a mera presença das bactérias não provava que elas haviam causado a doença; as bactérias poderiam estar lá em decorrência da doença. Assim, continuou suas experiências.

Ele obteve uma amostra de sangue de um animal doente e injetou em um animal saudável. O segundo animal desenvolveu a mesma doença e morreu. Ele repetiu esse procedimento várias vezes, sempre obtendo os mesmos resultados. (Um critério-chave para a validação de qualquer prova científica se baseia no fato de que os resultados experimentais podem ser

Postulados de Koch: entendendo a doença

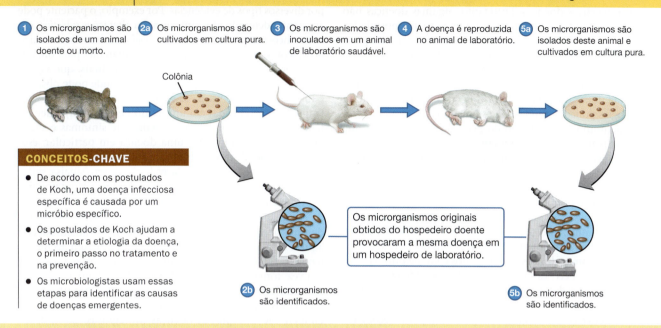

① Os microrganismos são isolados de um animal doente ou morto.

②a Os microrganismos são cultivados em cultura pura.

③ Os microrganismos são inoculados em um animal de laboratório saudável.

④ A doença é reproduzida no animal de laboratório.

⑤a Os microrganismos são isolados deste animal e cultivados em cultura pura.

Colônia

CONCEITOS-CHAVE

- De acordo com os postulados de Koch, uma doença infecciosa específica é causada por um micróbio específico.
- Os postulados de Koch ajudam a determinar a etiologia da doença, o primeiro passo no tratamento e na prevenção.
- Os microbiologistas usam essas etapas para identificar as causas de doenças emergentes.

Os microrganismos originais obtidos do hospedeiro doente provocaram a mesma doença em um hospedeiro de laboratório.

②b Os microrganismos são identificados.

⑤b Os microrganismos são identificados.

---

repetidos.) Koch também cultivou o microrganismo em fluidos fora do corpo do animal, demonstrando que a bactéria causaria a infecção mesmo após muitas transferências (repiques) de cultura.

Koch demonstrou que uma doença infecciosa específica (antraz) é causada por um microrganismo específico (*B. anthracis*) que pode ser isolado e cultivado em meios artificiais. Posteriormente, ele utilizou o mesmo método para demonstrar que a bactéria *Mycobacterium tuberculosis* é o agente causador da tuberculose.

A pesquisa de Koch fornece um modelo básico de estudo da etiologia de qualquer doença infecciosa. Atualmente, chamamos esses requisitos experimentais de **postulados de Koch** (**Figura 14.3**). Eles podem ser resumidos da seguinte forma:

1. O mesmo patógeno deve estar presente em todos os casos da doença.

2. O patógeno deve ser isolado do hospedeiro doente e cultivado em cultura pura.

3. O patógeno obtido da cultura pura deve causar a doença quando inoculado em um animal de laboratório suscetível e saudável.

4. O patógeno deve ser isolado do animal inoculado e deve ser, necessariamente, o organismo original.

Exceções aos postulados de Koch

Embora os postulados de Koch sejam úteis para se determinar o agente causador da maioria das doenças bacterianas, existem algumas exceções para a sua aplicação. Alguns micróbios, por exemplo, apresentam requerimentos nutricionais únicos para seu cultivo. A bactéria *Treponema pallidum* é conhecida por causar a sífilis, mas linhagens virulentas nunca foram cultivadas em meios artificiais. O agente causador da hanseníase, o *Mycobacterium leprae*, também nunca foi cultivado em meio artificial. Além disso, muitos patógenos virais e riquétsias não podem ser cultivados em meios artificiais, pois se multiplicam apenas no interior de células.

A descoberta de microrganismos que não podem ser cultivados em meios artificiais exigiu algumas modificações nos postulados de Koch e o uso de métodos alternativos de cultivo e detecção de certos micróbios. Por exemplo, quando pesquisadores procuravam pela causa microbiana da legionelose (doença do Legionário), foram incapazes de isolar o micróbio diretamente de uma vítima da doença. Em vez disso, eles usaram a estratégia alternativa de inocular uma amostra de tecido pulmonar da vítima em cobaias (porquinhos-da-índia). Essas cobaias desenvolveram sintomas semelhantes à pneumonia, ao passo que as cobaias inoculadas com tecido pulmonar de uma pessoa não infectada não manifestaram sintomas. Em seguida, amostras de tecido das cobaias doentes foram cultivadas em vesículas umbilicais (sacos vitelinos) de embriões de galinha, um método (ver Figura 13.7) que revela o crescimento de micróbios extremamente pequenos. Depois que os embriões foram incubados, análises por microscopia eletrônica revelaram bactérias em forma de bacilos nos embriões. Por fim, técnicas imunológicas modernas (discutidas no Capítulo 18) foram usadas para mostrar que as bactérias nos embriões de galinha eram as mesmas presentes nas cobaias e nos seres humanos afetados.

Em diversas situações, um hospedeiro humano pode exibir sinais e sintomas que estão associados a apenas um determinado patógeno e sua doença. Os patógenos responsáveis pela difteria e pelo tétano, por exemplo, causam sinais e sintomas distintos que nenhum outro micróbio pode produzir. São, de maneira inequívoca, os únicos organismos que geram suas respectivas doenças. Entretanto, algumas doenças não são tão definidas e fornecem outra exceção aos postulados de Koch. A nefrite (inflamação dos rins), por exemplo, pode ser causada por vários patógenos diferentes, todos gerando os mesmos sinais e sintomas. Assim, frequentemente é difícil saber que microrganismo em particular está causando determinada doença. Outras doenças infecciosas que apresentam etiologias pouco definidas são as pneumonias, as meningites e as peritonites (inflamação do peritônio, a membrana que recobre o abdome e os órgãos em seu interior).

Alguns patógenos podem provocar várias condições diferentes de doença, constituindo outra exceção aos postulados de Koch. O *M. tuberculosis*, por exemplo, está associado a doenças dos pulmões, da pele, dos ossos e dos órgãos internos. O *Streptococcus pyogenes* pode causar dores de garganta, febre escarlatina, infecções de pele (como a erisipela) e osteomielite (inflamação dos ossos), entre outras doenças. Quando sinais e sintomas clínicos são utilizados com métodos laboratoriais, essas infecções geralmente podem ser diferenciadas de outras infecções dos mesmos órgãos desencadeadas por outros patógenos.

Considerações éticas também podem impor exceções aos postulados de Koch. Alguns agentes que causam doenças em seres humanos, por exemplo, não têm nenhum outro hospedeiro conhecido. Um exemplo é o vírus da imunodeficiência humana (HIV), que causa a Aids. O fato levanta o questionamento ético: seres humanos podem ser intencionalmente inoculados com agentes infecciosos? Em 1721, o rei George I disse a vários prisioneiros condenados que eles poderiam ser inoculados com o vírus da varíola com o objetivo de testar uma vacina contra a doença. Caso sobrevivessem ao experimento, teriam a sua liberdade garantida. Hoje, experimentos em seres humanos envolvendo doenças que não têm tratamento são inaceitáveis, embora muitas vezes ocorra a inoculação acidental. Por exemplo, na década de 1980, um transplante de medula óssea vermelha contaminada satisfez o terceiro postulado de Koch, ao demonstrar que um herpes-vírus poderia causar um tipo de câncer (ver Capítulo 13).

> **TESTE SEU CONHECIMENTO**
>
> ✔ **14-5** Explique algumas exceções aos postulados de Koch.

Classificação das doenças infecciosas

OBJETIVOS DE APRENDIZAGEM

14-6 Diferenciar doença transmissível de doença não transmissível.

14-7 Classificar as doenças de acordo com a frequência de ocorrência.

14-8 Classificar as doenças de acordo com a gravidade.

14-9 Definir *imunidade coletiva* ou *imunidade de rebanho*.

Toda doença que afeta o organismo altera suas estruturas e funções de modo específico, e essas alterações são percebidas por diversos tipos de evidências. Por exemplo, o paciente pode apresentar determinados **sintomas**, ou alterações *subjetivas* em suas funções corporais, como dor e *mal-estar* (sentimento vago de desconforto corporal), que não são aparentes para um observador. O paciente também pode exibir **sinais**, que são alterações *objetivas* que um profissional de saúde pode observar e mensurar. Muitas vezes, os sinais avaliados incluem lesões (mudanças produzidas em um tecido pela doença), edemas, febre e paralisia. Um grupo específico de sintomas e sinais pode sempre acompanhar uma doença em particular; esse grupo é, então, denominado **síndrome**. O diagnóstico de uma doença é realizado por meio da avaliação de seus sinais e sintomas, em associação com os resultados dos testes laboratoriais.

Com frequência, as doenças são classificadas em termos de como se comportam dentro de um hospedeiro e dentro de uma população específica. Uma **doença transmissível** é aquela em que uma pessoa infectada transmite um agente infeccioso, direta ou indiretamente, para outra pessoa que, por sua vez, torna-se infectada. A Covid-19, a catapora, o sarampo, a influenza (gripe), o herpes genital, a febre tifoide e a tuberculose são exemplos. A Covid-19, a catapora e o sarampo também são exemplos de **doenças contagiosas**, isto é, doenças que são facilmente transmissíveis e rapidamente disseminadas de uma pessoa para a outra. Uma **doença não transmissível** não é disseminada de um hospedeiro para o outro. Essas doenças ou não são causadas por microrganismos, ou são causadas por membros da microbiota normal, que apenas ocasionalmente produzem doenças, ou por microrganismos que residem fora do corpo e produzem doenças apenas quando introduzidos no corpo. Um exemplo do último caso é o tétano: *Clostridium tetani* produz doença apenas quando é introduzido no corpo através de feridas ou abrasões.

Ocorrência de uma doença

Para compreender a abrangência completa de uma doença, devemos saber um pouco sobre sua ocorrência. A **incidência** de uma doença consiste no número de indivíduos em uma população que *desenvolve* uma doença durante um período específico. É, portanto, um indicador útil da disseminação da doença. A **prevalência** de uma doença representa o número de pessoas em uma população que *desenvolve* uma doença em um período específico, independentemente de quando ela surgiu pela primeira vez. A prevalência leva em consideração tanto os casos antigos quanto os novos. É, portanto, um indicador útil da gravidade e do tempo que a doença afeta uma população. Por exemplo, a incidência de Covid-19 nos Estados Unidos na primavera e no verão de 2020 foi de cerca de 3 milhões; ou seja, durante os meses de primavera e verão, cerca de 3 milhões de pessoas haviam sido diagnosticadas recentemente com Covid-19. Mas a presença de anticorpos para a doença em muitas pessoas que não foram diagnosticadas com Covid-19 fez os pesquisadores estimarem a prevalência nesse período em cerca de 16,8 milhões. O conhecimento da incidência e da prevalência de uma doença em diferentes populações (p. ex., em populações representando diferentes regiões geográficas ou diferentes grupos étnicos) permite aos cientistas estimar o alcance da ocorrência da doença e sua tendência em afetar determinados grupos de pessoas de forma mais intensa do que outros.

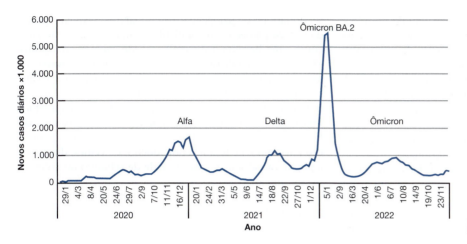

Figura 14.4 Casos de Covid-19 relatados nos Estados Unidos.
O surgimento das variantes Alfa, Delta e Ômicron do SARS-CoV-2 é facilmente identificável pelos picos no gráfico. (A variante Beta, altamente contagiosa, não é mostrada, pois não é considerada comum nos Estados Unidos.) À medida que o vírus se reproduz, podem ocorrer mutações aleatórias que permitem que o vírus seja transmitido com mais facilidade ou reinfecte as pessoas.

Fonte: CDC.

P Qual era a incidência da Covid-19 em 20 de janeiro de 2021?

A frequência de ocorrência é outro critério utilizado na classificação de uma doença. Se determinada doença acontece apenas ocasionalmente, ela é chamada de **doença esporádica**; a febre tifoide nos Estados Unidos é um exemplo. Uma doença constantemente presente em uma população é chamada de **doença endêmica**; um exemplo é o resfriado comum. Se muitas pessoas em determinada região adquirem certa doença em um período relativamente curto, ela é denominada **doença epidêmica**; a doença causada pelo vírus influenza é um exemplo de infecção que frequentemente atinge um estado epidêmico. A **Figura 14.4** mostra a incidência epidêmica da Covid-19 nos Estados Unidos entre janeiro de 2020 e dezembro de 2022. Algumas autoridades consideram que a gonorreia e outras infecções sexualmente transmissíveis também já atingiram caráter epidêmico neste momento (ver Figura 26.5). Uma doença epidêmica de distribuição mundial é chamada de **doença pandêmica**. Vivenciamos pandemias causadas pelo vírus influenza de tempos em tempos. Covid-19 e Aids são outros exemplos de doenças pandêmicas.

Gravidade ou duração de uma doença

O escopo de uma doença é definido em termos de sua duração e gravidade. A **duração** de uma doença é o tempo médio em que os indivíduos apresentam a doença desde o diagnóstico até a sua cura ou o óbito. Uma **doença aguda** é aquela que se desenvolve rapidamente, porém dura apenas um período curto; um bom exemplo é a influenza (gripe). Uma **doença crônica** se desenvolve mais lentamente, e os sinais e sintomas podem ser menos intensos, mas é provável que a doença dure por um longo período ou apresente recorrência. A mononucleose infecciosa, a tuberculose e a hepatite B são doenças que se encaixam nessa categoria. Uma doença intermediária entre o estado agudo e o crônico é descrita como **doença subaguda**; um exemplo é a panencefalite esclerosante subaguda, causada pelo vírus do sarampo. É uma doença cerebral rara caracterizada por diminuição da função intelectual e perda da função nervosa. Uma **doença latente** é aquela na qual o agente causador permanece inativo por algum tempo, mas, então, torna-se ativo novamente, gerando sintomas da doença; um exemplo é o herpes-zóster, uma das doenças

causadas pelo *Varicellovirus*. O vírus pode penetrar nos nervos e permanecer latente (dormente) nos gânglios radiculares posteriores dos nervos espinhais. Mudanças na resposta imune podem, posteriormente, ativar esses vírus latentes, levando ao desenvolvimento do herpes-zóster. Outro exemplo de doença latente é o herpes labial, causado pelo *Simplexvirus*. O vírus permanece nas células nervosas do corpo, mas não causa danos até ser ativado por um estímulo, como queimaduras solares ou febre.

A **gravidade** de uma doença se refere à sua presença e extensão no corpo e é uma medida de sua capacidade de causar a morte. Ela é avaliada objetivamente por meio de vários testes de diagnóstico. Para entender os termos comumente usados para indicar a gravidade da doença, vamos usar a Covid-19 como exemplo:

1. **Assintomática**. Não há sinais ou sintomas; estima-se que cerca de 20% dos casos de Covid-19 se enquadrem nessa categoria.

2. **Leve**. A maioria das pessoas infectadas com Covid-19 tem uma doença leve. O vírus afeta principalmente as grandes vias aéreas do sistema respiratório superior. A infecção leve é caracterizada por febre, tosse seca, dispneia leve, cansaço, perda do paladar e/ou olfato, dores musculares, cefaleia, faringite e diarreia. Menos comumente, algumas pessoas apresentam corrimento nasal, olhos vermelhos, vômitos e erupções cutâneas. Geralmente, os casos leves não aumentam em gravidade.

3. **Moderada.** Indivíduos com Covid-19 de gravidade moderada apresentam dispneia mais intensa, aumento da frequência cardíaca e aumento da tosse à medida que a infecção penetra mais profundamente nos pulmões. Além dos sinais e sintomas associados à doença leve, eles podem apresentar aumento da temperatura corporal acima de 37,8 °C, tosse persistente, dor devido à tosse, dor de cabeça, necessidade de ficar na cama (fadiga) e boca seca. A maioria das pessoas nesse nível se recupera em 2 a 4 semanas.

4. **Grave.** Esse estágio, que é mais comum em idosos e pessoas com problemas de saúde subjacentes, é caracterizado por pneumonia: a Covid-19 causa inflamação dos alvéolos

pulmonares (sacos aéreos), que se enchem de líquido e pus. Como resultado da pneumonia, a pessoa apresenta dispneia extrema, dor no peito, aumento da temperatura, perda de apetite e lábios ou rosto azulados (cianose). Além disso, podem ocorrer respiração rápida e superficial, batimentos cardíacos acelerados e pressão arterial baixa.

5. **Crítica**. Esse estágio é caracterizado por pneumonia grave; uma condição chamada *síndrome respiratória aguda grave (SARS, de severe acute respiratory syndrome)* pode se desenvolver. Com a SARS, os alvéolos pulmonares ficam tão inflamados e úmidos que permanecem fechados. Nesse estágio, é necessário um ventilador para reinflá-los artificialmente. Em casos extremos, os pacientes desenvolvem **sepse**, uma síndrome inflamatória extrema em resposta a uma infecção grave. Basicamente, o sistema imune dispara inúmeras vias de sinalização, liberando uma variedade de mediadores inflamatórios que fazem os vasos sanguíneos extravasarem e formarem coágulos sanguíneos, danificando os pulmões, os rins e o coração. Sem intervenção médica, a sepse pode levar à falência de órgãos e à morte.

Uma métrica importante na avaliação da gravidade de uma doença é a **taxa de letalidade por infecção (IFR**, de *infection fatality ratio)*. Ela é calculada dividindo-se o número de mortes atribuídas a uma doença pelo número total de indivíduos infectados, incluindo casos assintomáticos e não diagnosticados, dentro de um período especificado. Se houver 100 mortes por Covid-19 em uma população de 1.000 pessoas infectadas, então a IFR é de $100 \div 1.000 = 0,1$ ou 10%. Uma IFR pode ser baseada em fatores como localização geográfica (país inteiro, região, estado, condado, cidade e assim por diante), idade, sexo, etnia e renda. Ao se analisar os dados, quanto menor a IFR, menor o número de fatalidades. Por exemplo, um estudo realizado em dezembro de 2020 descobriu que a faixa etária de 0 a 34 anos tinha uma IFR de 0,004%, em comparação com uma IFR de 28,3% em pessoas com 85 anos ou mais.

Outra métrica para avaliar a gravidade de uma doença é chamada de **taxa de letalidade por casos (CFR**, de *case fatality ratio)*. A CFR é a proporção de indivíduos diagnosticados com uma doença que morrem devido a esta dentro de um determinado período. A CFR é frequentemente usada para prognóstico (previsão do curso ou resultado de uma doença), avaliação da eficácia de novas modalidades de tratamento e identificação de populações de alto risco. A CFR é calculada dividindo-se o número de casos que resultaram em morte pelo número total de pessoas que foram diagnosticadas com a doença. Por exemplo, se for determinado que, em uma dada população, 300 indivíduos foram diagnosticados com Covid-19 e 100 deles morreram da doença em 1 mês, então a CFR de 30 dias é $100 \div 300 = 0,33$ ou 33%. A CFR varia com as características da população, como idade, acesso a instalações de saúde, níveis de imunidade anterior e estratégias de tratamento.

A taxa na qual uma doença ou uma epidemia se dissemina e o número de indivíduos afetados são determinados, pelo menos em parte, pela imunidade da população. A vacinação pode oferecer uma proteção de longa duração, muitas vezes vitalícia, a um indivíduo contra determinadas doenças. Ela também ajuda a reduzir a ocorrência dessas doenças na comunidade. Pessoas imunes a uma doença infecciosa ainda podem ser portadoras do patógeno e disseminar uma pequena quantidade desse patógeno, mas indivíduos imunes geralmente agem como uma barreira à disseminação de agentes infecciosos. Quando os níveis de vacinação são altos, é menos provável que as pessoas entrem em contato com uma pessoa infectada. Uma grande vantagem da vacinação, portanto, é que ela protege indivíduos suficientes em uma população para evitar a rápida disseminação da doença para aqueles da população que não foram vacinados. Se a maioria das pessoas em uma população ("rebanho") é imune a uma doença específica, diz-se que a população alcançou a **imunidade de rebanho** ou **coletiva**. Na imunidade coletiva, os surtos de uma doença são limitados a casos esporádicos, uma vez que não existem indivíduos suscetíveis suficientes para suportar a rápida disseminação da doença a proporções epidêmicas. Indivíduos suscetíveis incluem crianças muito jovens para serem vacinadas ou cujos pais se recusam a vaciná-las, pessoas com distúrbios imunológicos e pessoas que estão muito doentes para serem vacinadas (p. ex., alguns pacientes com câncer). Além disso, vacinações impróprias ocorrem globalmente, e muitas regiões não têm acesso às vacinas. Um exemplo de doença que foi erradicada pela vacinação e pela imunidade coletiva é a varíola. A Organização Mundial da Saúde (OMS) também espera erradicar outras doenças, como o sarampo e a poliomielite. A vacinação foi bem-sucedida na erradicação da varíola porque ela tem apenas um reservatório: o ser humano. O sarampo e a poliomielite são candidatos promissores para a erradicação, pois também possuem apenas o ser humano como reservatório.

Extensão do envolvimento do hospedeiro

As infecções também podem ser classificadas de acordo com a extensão em que o organismo do hospedeiro é afetado. Uma **infecção local** é aquela na qual os microrganismos invasores estão limitados a uma área relativamente pequena do corpo. Alguns exemplos de infecções locais incluem abscessos e os furúnculos. Em uma **infecção sistêmica (generalizada)**, os microrganismos ou seus produtos são disseminados para todo o corpo via corrente sanguínea ou linfa. O sarampo é um exemplo de infecção sistêmica. Com muita frequência, agentes causadores de infecções locais entram na corrente sanguínea ou nos vasos linfáticos e se disseminam para outras partes específicas do corpo, onde permanecem confinados. Essa condição é chamada de **infecção focal**. As infecções focais podem surgir a partir de infecções que se originam em áreas como os dentes, as tonsilas ou os seios da face.

A sepse é uma condição inflamatória tóxica que surge da dispersão de micróbios, principalmente bactérias e suas toxinas, a partir de um foco de infecção. A **septicemia**, também chamada de envenenamento do sangue, é uma infecção sistêmica que se origina da multiplicação de patógenos no sangue. A septicemia é um exemplo comum de sepse. A presença de bactérias no sangue é conhecida como **bacteriemia**. **Toxemia** e **viremia** referem-se à presença de toxinas (como ocorre no tétano) e vírus no sangue, respectivamente.

O estado de resistência do hospedeiro também determina a extensão das infecções. Uma **infecção primária** é uma infecção aguda que causa a doença inicial. Uma **infecção**

secundária é aquela causada por um patógeno oportunista, após a infecção primária ter enfraquecido as defesas do hospedeiro. Infecções secundárias da pele e do trato respiratório são comuns e, às vezes, mais perigosas do que as infecções primárias. A pneumonia por *Pneumocystis* como consequência da Aids é um exemplo de infecção secundária; a broncopneumonia estreptocócica após um caso de influenza é um exemplo de infecção secundária mais grave do que a infecção primária.

Finalmente, como vimos no exemplo da Covid-19, uma **infecção assintomática**, também chamada de infecção *subclínica* ou *inaparente*, é aquela que não causa nenhuma doença perceptível. Além do coronavírus 2 associado à síndrome respiratória aguda grave (SARS-CoV-2), o poliovírus e o vírus da hepatite A podem ser transmitidos por pessoas que nunca desenvolveram a doença.

TESTE SEU CONHECIMENTO

📝 **14-6** O *Clostridium perfringens* causa uma doença transmissível?

📝 **14-7** Diferencie incidência e prevalência de uma doença.

📝 **14-8** Liste dois exemplos de doenças agudas e crônicas.

📝 **14-9** Como a imunidade coletiva se desenvolve?

Padrões de doença

OBJETIVOS DE APRENDIZAGEM

14-10 Identificar quatro fatores predisponentes para uma doença.

14-11 Colocar os seguintes parâmetros na sequência apropriada, de acordo com o padrão de doença: período de declínio, período de convalescença, período de doença, período prodrômico, período de incubação.

Uma sequência de eventos definida normalmente acontece durante a infecção e a doença. Como você aprenderá em breve, para que uma doença infecciosa ocorra, é necessário que exista um reservatório de infecção como fonte do patógeno. Em seguida, o patógeno deve ser transmitido a um hospedeiro suscetível por contato direto, contato indireto ou por vetores. A transmissão é seguida pela invasão, na qual o microrganismo penetra no hospedeiro e se multiplica. Após a invasão, o microrganismo causa danos ao hospedeiro por um processo chamado de patogênese (discutido com mais detalhes no próximo capítulo). A extensão dos danos depende do grau em que as células do hospedeiro são danificadas, diretamente ou pela ação de toxinas. Apesar dos efeitos de todos esses fatores, a ocorrência de uma doença dependerá fundamentalmente da resistência do hospedeiro às atividades do patógeno.

Fatores predisponentes

Fatores predisponentes são quaisquer variáveis ou condições que tornam o corpo mais suscetível a uma doença e podem alterar seu curso. Dos inúmeros exemplos de fatores predisponentes que poderiam ser citados, listamos aqui apenas alguns representativos.

- *Nutrição.* A desnutrição (alimentação insuficiente) ou deficiências nutricionais específicas (p. ex., aminoácidos) aumentam o risco de infecção e o risco de infecção grave, especialmente em crianças. Os nutrientes adequados são necessários para a produção de anticorpos ou para o desenvolvimento de membranas cutâneas e mucosas que resistam à invasão microbiana.

- *Sexo.* As mulheres, por exemplo, apresentam maior incidência de infecções urinárias do que os homens. Por outro lado, os homens apresentam maiores taxas de ocorrência de pneumonia e meningite.

- *Herança genética.* Certos distúrbios genéticos, como imunodeficiência combinada grave, reduzem muito a resposta imune. Outros influenciam o risco de doenças de maneiras mais sutis. Acredita-se que o risco de Covid-19 grave, por exemplo, seja pelo menos parcialmente influenciado por fatores genéticos.

- *Clima.* Em regiões temperadas, a incidência de doenças respiratórias aumenta durante o inverno. Esse aumento pode estar relacionado ao fato de que, quando as pessoas permanecem em ambientes fechados, o contato íntimo entre elas facilita a disseminação dos patógenos respiratórios.

- *Idade.* Crianças muito pequenas e idosos são mais suscetíveis a infecções.

- *Ambiente.* Doenças e condições causadas por fatores ambientais, como radiação, pesticidas, metais pesados (chumbo e mercúrio) e outros tipos de poluição da terra, do ar e da água, são chamadas de doenças ambientais. Exemplos dessas doenças incluem asma, enfisema, bronquite e câncer de pulmão, fígado, pele e bexiga. Os sistemas de aquecimento, ventilação e ar-condicionado (HVAC, de *heating, ventilation, and air conditioning*) podem ressecar as membranas mucosas, causando rachaduras e tornando-as mais suscetíveis à infecção por patógenos.

- *Comportamentos.* Vários comportamentos de estilo de vida têm um efeito significativo na predisposição à doença. Isso inclui o uso de tabaco (câncer de pulmão, doença pulmonar obstrutiva crônica [DPOC], doença cardiovascular, acidente vascular cerebral [AVC], asma brônquica), consumo de álcool (cirrose, anemia, doenças cardiovasculares, certos tipos de câncer, demência), falta de atividade física (doença cardiovascular, diabetes, câncer, AVC), dieta não saudável (colesterol alto, doenças cardiovasculares, AVC, obesidade, imunodeficiência, anemia), práticas sexuais inseguras (infecções sexualmente transmissíveis como HIV, papilomavírus humano [HPV], herpes, clamídia) e uso ilegal de drogas (HIV, Aids, hepatite B e C, infecções respiratórias).

- *Vacinação.* Uma vacina é uma preparação biológica que contém um micróbio inteiro ou partes de um micróbio que foram mortas ou enfraquecidas para que não causem doenças, mas estimulem o sistema imune a reconhecer e destruir o micróbio. As vacinas diminuem muito a propagação de uma doença ao aumentar a imunidade coletiva.

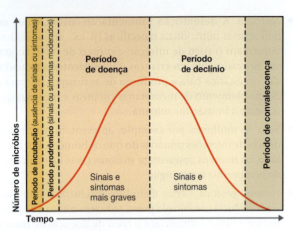

Figura 14.5 Estágios de uma doença.

P Em quais períodos uma doença pode ser transmitida?

- *Comprometimento do hospedeiro.* Certas condições suprimem o sistema imune e deixam o indivíduo mais vulnerável a doenças infecciosas. Isso inclui gravidez, quimioterapia contra o câncer e fármacos administrados a receptores de transplantes. Além disso, queimaduras graves, erupções cutâneas e cortes podem permitir que os patógenos ultrapassem a barreira da pele e tenham acesso aos tecidos corporais mais profundos.

Desenvolvimento de uma doença

Uma vez que o microrganismo supera as defesas do hospedeiro, o desenvolvimento da doença tem certa sequência, que tende a ser similar, independentemente de a doença ser aguda ou crônica (**Figura 14.5**).

Período de incubação

O **período de incubação** consiste no intervalo entre a infecção inicial e o surgimento dos primeiros sinais ou sintomas. Em algumas doenças, o período de incubação é sempre o mesmo; em outras, ele pode variar consideravelmente. O período de incubação depende do microrganismo específico que está envolvido, da sua taxa de multiplicação, do número de microrganismos infectantes e da resistência do hospedeiro. Se uma doença pode ou não ser transmitida durante o período de incubação depende do patógeno específico. Os vírions infecciosos, por exemplo, não estarão presentes na fase de eclipse de sua replicação. (Ver Tabela 15.1 para o período de incubação de várias doenças microbianas.)

Período prodrômico

O **período prodrômico** consiste em um período relativamente curto que se segue ao período de incubação de algumas doenças. Ele é caracterizado pelo surgimento de sintomas precoces e leves de doença, como dores generalizadas e mal-estar. Muitas vezes, é difícil diferenciar o resfriado comum dos sintomas prodrômicos relacionados a outras doenças, como sarampo, catapora ou infecção por citomegalovírus.

Período de doença

Durante o **período de doença**, o quadro da doença é mais grave. A pessoa exibe sinais e sintomas claros, como febre, calafrios, dores musculares (mialgia), sensibilidade à luz (fotofobia), dor de garganta (faringite), edema dos linfonodos (linfadenopatia) e distúrbios do canal digestivo. Durante o período de doença, o número de leucócitos pode aumentar ou diminuir. O paciente também está vulnerável a infecções secundárias durante essa fase. Em geral, as respostas imunes e outros mecanismos de defesa do paciente derrotam o patógeno, o que demarca o fim do período de doença. Quando a doença não é controlada (ou tratada) com sucesso, o paciente morre durante esse período.

Período de declínio

Durante o **período de declínio**, os sinais e sintomas diminuem de intensidade. A febre diminui, assim como a sensação de mal-estar. Essa fase pode levar de menos de 24 horas a vários dias.

Período de convalescença

Durante o **período de convalescença**, a pessoa recobra a sua força e o corpo retorna ao estado anterior à doença. Ocorre a recuperação.

Todos nós sabemos que, durante o período de doença, as pessoas podem atuar como reservatórios do patógeno, podendo disseminar rapidamente a infecção para outras pessoas. Entretanto, você também deve estar ciente de que as pessoas podem transmitir infecções durante os períodos de incubação e prodrômicos. Esse fato é especialmente verdadeiro nos casos de doenças como a cólera e a febre tifoide, em que os pacientes convalescentes podem carrear os microrganismos patogênicos por meses ou mesmo anos.

TESTE SEU CONHECIMENTO

✔ **14-10** O que é um fator predisponente?

✔ **14-11** O período de incubação de um resfriado é de cerca de 3 dias, e o período de doença é geralmente de 5 dias. Se uma pessoa próxima a você está resfriada, quando você saberá se contraiu ou não a doença?

Disseminação da infecção

OBJETIVOS DE APRENDIZAGEM

14-12 Definir *reservatório de infecção.*

14-13 Diferenciar reservatórios humanos, animais e reservatórios inanimados e apresentar um exemplo de cada.

14-14 Explicar três modos de transmissão de doenças.

Agora que você já tem conhecimento sobre a microbiota normal, a etiologia e os tipos de doenças infecciosas, examinaremos as fontes de patógenos e como eles são transmitidos.

Reservatórios de infecção

Para que uma doença se perpetue, é necessária a existência de uma fonte contínua do patógeno causador da doença. Essa fonte pode ser um organismo vivo ou um objeto inanimado que fornece ao patógeno condições adequadas de sobrevivência e multiplicação, assim como a oportunidade de ser transmitido. Essa fonte é chamada de **reservatório de infecção**. Esses reservatórios podem ser humanos, animais ou inanimados.

Reservatórios humanos

O principal reservatório vivo de doenças humanas é o próprio corpo humano. Muitas pessoas abrigam patógenos e os transmitem direta ou indiretamente para outros indivíduos. Pessoas que apresentam sinais e sintomas de uma doença são capazes de transmiti-la; além disso, alguns indivíduos podem abrigar e transmitir patógenos para outros indivíduos sem apresentarem nenhum sinal de doença. Essas pessoas, denominadas portadoras, são importantes reservatórios vivos de infecção. Por exemplo, adolescentes e adultos imunes podem ser portadores de *Bordetella pertussis* e transmitir uma infecção a um bebê não vacinado.

Alguns portadores possuem infecções sem nunca exibir sinais ou sintomas de doença. A infecção por gonorreia é um exemplo. Esses indivíduos são chamados de **portadores assintomáticos**. Outras pessoas, como aquelas com doenças latentes ou aquelas cuja doença está no período de incubação, estão infectadas, mas não apresentam sintomas no momento. Um exemplo seria a Covid-19 durante o seu período de incubação (antes que os sintomas apareçam). Esses indivíduos são chamados de **portadores de incubação**. Outros indivíduos ainda são capazes de transmitir infecções (p. ex., com a difteria) durante o período de convalescença (recuperação) e são chamados de **portadores convalescentes**.

Portadores crônicos são indivíduos que foram infectados e se recuperaram de uma doença, mas ainda podem disseminá-la por um longo período. Exemplos dessas doenças são a tuberculose e a hepatite B. Um exemplo clássico de portadora crônica é a "Mary tifoide" (ver Capítulo 25). Os **portadores passivos** são pessoas, geralmente profissionais médicos e odontológicos, que lidam com fluidos corporais altamente contaminados e transferem acidentalmente patógenos para outros pacientes.

Reservatórios animais

Tanto animais domésticos quanto silvestres podem ser reservatórios vivos de microrganismos que causam doenças em seres humanos. As doenças que ocorrem principalmente em animais domésticos e silvestres e podem ser transmissíveis aos seres humanos são chamadas de **zoonoses**. A raiva (encontrada em morcegos, gambás, raposas, cães e coiotes) e a doença de Lyme (encontrada em camundongos do campo) são exemplos de zoonoses. Outras zoonoses importantes estão apresentadas na Tabela 14.2.

Hoje, são conhecidas cerca de 150 zoonoses. As zoonoses podem ser transmitidas aos seres humanos de várias maneiras: por contato direto com animais infectados; por contato direto com detritos de animais domésticos (como ao limpar uma caixa de areia ou gaiola); pela contaminação de água ou alimentos; pelo ar, por meio de couros, pelos ou penas contaminados; pelo consumo de produtos derivados de animais infectados; ou por artrópodes vetores (insetos e carrapatos que transmitem patógenos).

Reservatórios inanimados

Os dois principais reservatórios inanimados de doenças infecciosas são a água e o solo. O solo contém patógenos, como os fungos, que causam micoses, incluindo as tíneas e as infecções sistêmicas; o *Clostridium botulinum*, a bactéria que causa o botulismo; e o *C. tetani*, agente etiológico do tétano. Devido ao fato de ambas as espécies de *Clostridium* fazerem parte da microbiota normal do intestino de cavalos e gado, essas bactérias são encontradas principalmente em solos onde as fezes desses animais são usadas como fertilizante.

A água contaminada pelas fezes de humanos e outros animais é um reservatório de vários patógenos, principalmente os responsáveis por doenças gastrintestinais. Eles incluem *Vibrio cholerae*, que causa cólera; *Cryptosporidium*, uma causa de diarreia; e *Salmonella* Typhi, que causa febre tifoide. Outros reservatórios inanimados são os alimentos preparados ou armazenados de modo inadequado. Eles podem ser fonte de doenças como a triquinelose e a salmonelose.

Transmissão de doenças

Os agentes etiológicos das doenças podem ser transmitidos do reservatório de infecção para um hospedeiro suscetível por três vias principais: contato, veículos e vetores.

Transmissão por contato

A **transmissão por contato** é a disseminação de uma doença por contato direto, indireto ou por meio de gotículas (perdigotos). A **transmissão por contato direto**, também conhecida como *transmissão de pessoa a pessoa*, consiste na transmissão direta de um agente via contato físico entre sua fonte e um hospedeiro suscetível; sem o envolvimento de nenhum objeto intermediário (Figura 14.6a). As formas mais comuns de transmissão por contato direto são toque, beijo e relação sexual. Entre as doenças que podem ser transmissíveis desse modo, estão doenças virais do trato respiratório (Covid-19, influenza e resfriados comuns), infecções estafilocócicas, hepatite A, sarampo, febre escarlatina e infecções sexualmente transmissíveis (sífilis, gonorreia e herpes genital). O contato direto também é uma forma de transmissão da Aids e da mononucleose infecciosa. Para se proteger contra a transmissão pessoa a pessoa, profissionais da saúde devem usar luvas e outras medidas protetoras (Figura 14.6b). Patógenos potenciais também podem ser transmitidos por contato direto entre animais (ou produtos de origem animal) e seres humanos. Os patógenos causadores da raiva (contato direto via mordida) e do antraz (contato direto com peles de animais) são exemplos.

A **transmissão congênita** é a transmissão de doenças da mãe para o feto ou recém-nascido ao nascimento. Isso ocorre quando um patógeno presente no sangue da mãe atravessa a

TABELA 14.2 Exemplos de zoonoses

Doenças	Agente causador	Reservatório	Modo de transmissão	Capítulo de referência
VIRAIS				
Influenza (alguns tipos)	*Alphainfluenzavirus*	Suínos, aves	Contato direto	24
Raiva	*Lyssavirus*	Morcegos, gambás, raposas, cães, guaxinins	Contato direto (mordedura)	22
Encefalite do Oeste do Nilo	*Flavivirus*	Cavalos, aves	Picada dos mosquitos *Aedes* e *Culex*	22
Síndrome pulmonar por hantavírus	*Hantavirus*	Roedores (principalmente o rato-veadeiro)	Contato direto com saliva, urina ou fezes de roedores	23
MPOX	*Orthopoxvirus*	Roedores	Contato direto com erupções cutâneas ou saliva de pessoas infectadas ou roedores	24
BACTERIANAS				
Antraz	*Bacillus anthracis*	Gado doméstico	Contato direto com animais ou couros contaminados; ar; alimentos	23
Brucelose	*Brucella* spp.	Gado doméstico	Contato direto com leite, carne ou animais contaminados	23
Peste	*Yersinia pestis*	Roedores	Picada de pulga	23
Doença da arranhadura do gato	*Bartonella henselae*	Gatos domésticos	Contato direto	23
Erliquiose	*Ehrlichia* spp.	Cervos, roedores	Mordida de carrapatos	23
Leptospirose	*Leptospira* spp.	Mamíferos selvagens, cães e gatos domésticos	Contato direto com urina, solo e água	26
Doença de Lyme	*Borreliella burgdorferi*	Camundongos silvestres	Mordida de carrapatos	23
Psitacose (ornitose)	*Chlamydia psittaci*	Aves, sobretudo papagaios	Contato direto	24
Febre maculosa das Montanhas Rochosas	*Rickettsia rickettsii*	Roedores	Mordida de carrapatos	23
Salmonelose	*Salmonella enterica*	Aves domésticas, répteis	Ingestão de alimentos ou água contaminados; levar a mão à boca	25
Tifo endêmico	*Rickettsia typhi*	Roedores	Picada de pulga	23
FÚNGICA				
Tínea	*Trichophyton Microsporum Epidermophyton*	Mamíferos domésticos	Contato direto; fômites (objetos inanimados)	21
PROTOZOÓTICAS				
Malária	*Plasmodium* spp.	Macacos	Picada do mosquito *Anopheles*	23
Toxoplasmose	*Toxoplasma gondii*	Gatos e outros mamíferos	Ingestão de carne contaminada ou contato direto com fezes ou tecidos infectados	23
HELMÍNTICAS				
Teníase (porco)	*Taenia solium*	Suínos	Ingestão de carne de porco contaminada malcozida	25
Triquinelose	*Trichinella spiralis*	Suínos, ursos	Ingestão de carne contaminada malcozida	25

placenta ou quando um patógeno no sangue da mãe ou nas secreções vaginais faz contato direto com o bebê durante o parto. Ver o quadro **Visão geral** no Capítulo 22 para uma discussão sobre patógenos transmitidos congenitamente.

A **transmissão por contato indireto** ocorre quando o agente da doença infecciosa é transmitido de seu reservatório a um hospedeiro suscetível por meio de um objeto inanimado. O termo geral que se refere a qualquer objeto inanimado envolvido na disseminação de uma infecção é **fômite**. Exemplos de fômites incluem os estetoscópios, máscaras faciais, luvas, vestimentas dos profissionais de saúde, tecidos, lenços, toalhas, roupas de cama, fraldas, copos, talheres, brinquedos, dinheiro e termômetros (Figura 14.6c). Seringas contaminadas atuam como fômites na transmissão da Aids e da hepatite B. Outros fômites podem transmitir doenças, como o tétano, *S. aureus* resistente à meticilina (MRSA, de *methicillin-resistant S. aureus*) e impetigo.

A **transmissão por gotículas** é o terceiro tipo de transmissão por contato, no qual os micróbios se disseminam através

(a) Transmissão por contato direto

(b) Prevenção da transmissão por contato direto por meio do uso de luvas, máscaras e protetores faciais

(c) Transmissão por contato indireto

(d) Transmissão por gotículas

Figura 14.6 Transmissão por contato.

P Cite uma doença transmitida por contato direto, uma doença transmitida por contato indireto e uma doença transmitida por transmissão aérea por gotículas.

de *perdigotos* (gotículas de muco) que viajam no ar (Figura 14.6d). Os núcleos das gotículas geralmente têm 5 μm ou mais e viajam no ar cerca de 0,5 metro antes de caírem no chão. Os núcleos de aerossol são menores que 5 μm, geralmente de 1 a 2 μm, e podem viajar 2 metros antes de caírem no chão. Essas gotículas são eliminadas no ar através de tosse, espirro, no ato de cantar, falar ou dar risada e percorrem menos de dois metros do reservatório ao novo hospedeiro. Um único espirro pode produzir até 20 mil perdigotos. Os patógenos podem viajar a distâncias variadas, dependendo do tamanho e da forma das partículas, da velocidade inicial (tosse, espirro ou expiração normal) e das condições ambientais, como umidade e correntes de ar. Exemplos de doenças transmissíveis por gotículas ou perdigotos são Covid-19, influenza, pneumonia e coqueluche (pertússis). Máscaras faciais que impedem a entrada ou saída de partículas de 1 a 2 μm podem impedir a propagação de doenças respiratórias. As máscaras contra poeira bloqueiam partículas de 2,5 μm ou maiores, evitando que o usuário inale poeira e pólen.

Transmissão por veículos

A **transmissão por veículos** consiste na transmissão de agentes de doenças que se dão por meios como a água, os alimentos ou o ar (**Figura 14.7**). Outros meios incluem o sangue e outros líquidos corporais, os fármacos e os fluidos intravenosos. Um surto de infecção por *Salmonella*, originado de

transmissão por veículo, é descrito no quadro "Foco clínico" do Capítulo 25. Aqui, discutiremos a transmissão por veículos como água, alimentos e ar.

A **transmissão pelo ar** refere-se à dispersão de agentes infecciosos por gotículas e perdigotos que viajam do reservatório ao novo hospedeiro. Por exemplo, os micróbios podem ser disseminados por gotículas e perdigotos minúsculos, eliminados pela boca e pelo nariz durante a tosse e o espirro (ver Figura 14.6d). Essas gotículas são pequenas o suficiente para permanecerem no ar por períodos prolongados. O vírus que causa o sarampo e a bactéria que causa a tuberculose podem ser transmissíveis por perdigotos. As partículas de poeira podem abrigar muitos patógenos. Estafilococos e estreptococos podem sobreviver nessas partículas e, então, ser transmitidos pelo ar. Esporos produzidos por certos fungos também são transmissíveis por via aérea e podem causar doenças, como a histoplasmose, a coccidioidomicose e a blastomicose (ver Capítulo 24).

Na **transmissão pela água**, os patógenos, em geral, são disseminados por águas contaminadas com esgoto não tratado ou tratado de maneira inadequada. Doenças transmissíveis dessa forma incluem a cólera, a shigelose e a leptospirose.

Na **transmissão por alimentos**, os patógenos, em geral, são transmissíveis por alimentos malcozidos, mal refrigerados ou preparados em condições sanitárias impróprias. Os patógenos transmissíveis por alimentos contaminados causam doenças,

(a) Ar

(b) Água

(c) Alimento

Figura 14.7 Transmissão por veículos.

P Como a transmissão por veículo difere da transmissão por contato?

como a intoxicação alimentar e a infestação de tênia. A transmissão por alimentos frequentemente ocorre devido à **contaminação cruzada**, a transferência de patógenos de um alimento para outro. Ela pode ocorrer quando patógenos presentes nas mãos, luvas, facas, tábuas de cortar, bancadas, utensílios e equipamentos de cozinha se disseminam para os alimentos. Isso acontece quando patógenos na superfície de carne crua, aves, frutos do mar, vegetais e ovos crus são transferidos para outros alimentos que não precisam ser cozidos ou já foram cozidos, como saladas e sanduíches. A contaminação cruzada é responsável por vários casos de intoxicação alimentar.

Tanto a água quanto a comida também fornecem um meio de transferência de micróbios pela via de **transmissão fecal-oral**. Esses patógenos geralmente penetram no alimento ou na água após serem disseminados nas fezes de pessoas ou animais infectados por eles. Os patógenos são, então, ingeridos na água ou nos alimentos contaminados. Esse ciclo é interrompido por práticas efetivas de saneamento e produção e manuseio de alimentos.

Vetores

Os artrópodes formam o grupo mais importante de **vetores** de doenças – animais que transportam patógenos de um hospedeiro para outro. (Os insetos e outros vetores artrópodes são discutidos no Capítulo 12.) Os vetores artrópodes podem transmitir doenças por dois mecanismos. A **transmissão mecânica** é o transporte passivo de patógenos nas patas ou outras partes do corpo do inseto (**Figura 14.8**). Se o inseto entrar em contato com o alimento de um hospedeiro, os patógenos podem ser transferidos ao alimento e, posteriormente, ser ingeridos pelo hospedeiro. As moscas domésticas, por exemplo, podem transferir os patógenos causadores da febre tifoide e da disenteria bacilar (shigelose) de fezes contaminadas para os alimentos.

Figura 14.8 Transmissão mecânica.

P Como a transmissão mecânica e a transmissão biológica por vetores diferem?

A **transmissão biológica** é um processo ativo e mais complexo. O artrópode pica uma pessoa ou animal infectado e ingere sangue contaminado (ver Figura 12.31). Os patógenos, então, reproduzem-se no vetor, e o aumento do número de patógenos multiplica as chances de eles serem transmitidos para outro hospedeiro. Alguns parasitas se reproduzem no intestino do artrópode e podem ser eliminados com as fezes. Se o artrópode defeca ou vomita enquanto pica o hospedeiro em potencial, o parasita pode entrar no ferimento gerado pela picada. Outros parasitas reproduzem-se no intestino do vetor e migram para as glândulas salivares, podendo ser diretamente injetados no novo hospedeiro via picada. Alguns protozoários e helmintos parasitas utilizam o vetor como hospedeiro para o desenvolvimento de determinados estágios de seu ciclo de vida.

A Tabela 14.3 lista alguns vetores artrópodes importantes e as doenças que eles transmitem.

TABELA 14.3 Vetores artrópodes importantes e as doenças que eles transmitem			
Doença	**Agente causador**	**Vetor artrópode**	**Capítulo de referência**
Malária	*Plasmodium* spp. (protozoário)	*Anopheles* (mosquito)	23
Tripanossomíase africana	*Trypanosoma brucei gambiense* e *T. b. rhodesiense* (protozoários)	*Glossina* (mosca tsé-tsé)	22
Doença de Chagas	*T. cruzi* (protozoário)	*Triatoma* (barbeiro)	23
Febre amarela	*Orthoflavivirus flavi* (vírus da febre amarela)	*Aedes* (mosquito)	23
Dengue	*Orthoflavivirus denguei* (vírus da dengue)	*A. aegypti* (mosquito)	23
Encefalite transmissível por artrópodes	Vários gêneros virais	*Culex* (mosquito)	22
Erliquiose	*Ehrlichia* spp.	*Ixodes* spp. (carrapato)	23
Tifo epidêmico	*Rickettsia prowazekii*	*Pediculus humanus* (piolho)	23
Tifo murino endêmico	*R. typhi*	*Xenopsylla cheopsis* (pulga-do-rato)	23
Febre maculosa das Montanhas Rochosas	*R. ricketsii*	*Dermacentor andersoni* e outras espécies (carrapato)	23
Peste	*Yersinia pestis*	*X. cheopsis* (pulga-do-rato)	23
Doença do vírus Zika	*Orthoflavivirus zikaense* (vírus Zika)	*Aedes, Anopheles* (mosquitos)	22
Doença de Lyme	*Burkholderia burgdorferi*	*Ixodes* spp. (carrapato)	23

Infecções associadas aos cuidados de saúde

OBJETIVOS DE APRENDIZAGEM

14-15 Definir *infecções associadas a cuidados de saúde* e explicar a sua importância.

14-16 Definir *hospedeiro comprometido*.

14-17 Listar diversos métodos de transmissão de doenças em hospitais.

14-18 Explicar como as infecções associadas aos cuidados de saúde podem ser prevenidas.

As **infecções associadas aos cuidados de saúde (IACS)** adquiridas por pacientes que estão sob tratamento, em detrimento de outras condições, em unidades de cuidados da saúde, como asilos, hospitais, centros cirúrgicos sem internação, ambulatórios ou em um ambiente caseiro de cuidados da saúde. Tradicionalmente, essas infecções foram chamadas de **infecções nosocomiais** (*nosocomial* é a palavra em latim para hospitalar).

O Centers for Disease Control and Prevention (CDC) estima que, em um dia típico, cerca de 1 em cada 31 pacientes hospitalares adquire pelo menos uma IACS. O trabalho de pioneiros em técnicas assépticas, como Lister e Semmelweis (Capítulo 1), diminuiu consideravelmente a taxa de ocorrência de IACS. No entanto, apesar dos avanços modernos nas técnicas de esterilização e no uso de materiais descartáveis, a taxa de IACS aumentou durante o século XX. Desde 2015, houve uma diminuição nas infecções por *C. difficile* e em

Figura 14.9 Risco de desenvolvimento de infecções associadas aos cuidados da saúde.

P Em quais ambientes as IACS podem ocorrer?

sítios cirúrgicos, mas um aumento significativo nas infecções resistentes a antimicrobianos. Atualmente, nos Estados Unidos, cerca de 700 mil pessoas contraem IACS por ano, e mais de 70 mil morrem como consequência da infecção.

As IACS resultam da interação de diversos fatores: (1) a existência de microrganismos nos ambientes hospitalares, (2) a presença de hospedeiros em condições comprometidas (ou enfraquecidas) e (3) a cadeia de transmissão no hospital. A **Figura 14.9** ilustra que a presença de qualquer um desses fatores isoladamente, em geral, não é suficiente para causar uma infecção; é a interação de todos esses três fatores que representa um risco significativo de ocorrência de IACS.

Microrganismos no hospital

Embora muitos esforços sejam feitos para destruir ou impedir o crescimento de microrganismos em hospitais, o ambiente hospitalar é um reservatório importante de uma variedade de patógenos. Uma razão é o fato de que determinados microrganismos da microbiota normal do corpo humano são oportunistas e representam um risco particularmente grande para pacientes internados. De fato, a maioria dos micróbios que causam IACS não provocam doenças em indivíduos saudáveis, sendo patogênicos apenas para aquelas pessoas cujas defesas foram enfraquecidas pela doença ou por terapia.

Os micróbios mais responsáveis pelas IACS mudaram com o tempo. Nas décadas de 1940 e 1950, a maioria das IACS eram causadas por micróbios gram-positivos. *S. aureus* era naquela época a principal causa de todas as IACS. Na década de 1970, bastonetes gram-negativos, como *E. coli* e *Pseudomonas aeruginosa*, tornaram-se as causas mais comuns de IACS. Em seguida, durante a década de 1980, bactérias gram-positivas resistentes a antibióticos – *S. aureus*, estafilococos coagulase-negativos e os *Enterococcus* spp. – emergiram como importantes patógenos associados a cuidados da saúde. Na década de 1990, essas bactérias gram-positivas resistentes representaram 34% das infecções associadas a hospitais, ao passo que quatro espécies de patógenos gram-negativos representaram 32% dessas infecções. Atualmente, a resistência antimicrobiana em IACS é uma preocupação; *C. difficile*, por exemplo, é agora a principal causa de IACS. Nos últimos anos, entretanto, métodos de prevenção aprimorados levaram à diminuição da incidência total de IACS. Os principais microrganismos envolvidos nas IACS estão resumidos na Tabela 14.4.

TABELA 14.4 Microrganismos envolvidos em infecções associadas aos cuidados da saúde

Microrganismo	Tipo mais comum de infecção	Porcentagem de infecções totais	Porcentagem de resistência antimicrobiana
Staphylococcus aureus	Ferida cirúrgica	16%	42%
Clostridioides difficile	Diarreia	15%	Não documentada
Enterococcus spp.	Corrente sanguínea	14%	56%
Escherichia coli	Infecções do trato urinário (causa mais comum)	12%	81%
Estafilococos coagulase-negativos	Corrente sanguínea	11%	Não documentada
Candida auris	Corrente sanguínea	9%	Não documentada
Pseudomonas aeruginosa	Infecções do trato urinário e pneumonia	8%	11%
Klebsiella pneumoniae	Todos os sítios	8%	14%
Enterobacter spp.	Todos os sítios	5%	6%
Acinetobacter baumannii	Todos os sítios	2%	26,5%

Fonte: CDC.

Além de serem oportunistas, alguns microrganismos presentes em hospitais se tornam resistentes aos fármacos antimicrobianos, comumente utilizados nesses ambientes. *P. aeruginosa* e outras bactérias gram-negativas semelhantes, por exemplo, tornaram-se difíceis de serem controladas com antibióticos, devido à presença de fatores R, que transportam genes que determinam a resistência aos antibióticos (ver Capítulo 8). As *Acinetobacter,* que podem produzir carbapenemases, ampliaram o problema da resistência ao compartilharem seu plasmídeo R com outras bactérias. À medida que esses fatores R se recombinam, novos e múltiplos fatores de resistência são produzidos. Essas linhagens bacterianas passam a fazer parte da microbiota dos pacientes internados e dos profissionais que trabalham nos hospitais, ficando progressivamente mais resistentes à antibioticoterapia. Dessa forma, as pessoas tornam-se parte do reservatório (e da cadeia de transmissão) de linhagens bacterianas resistentes a antibióticos. Normalmente, se a resistência do hospedeiro é alta, as novas linhagens bacterianas não chegam a representar um problema. No entanto, se doenças, cirurgias ou traumas já enfraqueceram as defesas do hospedeiro, as infecções secundárias podem ser de difícil tratamento.

Hospedeiro comprometido

Um **hospedeiro comprometido** é aquele cuja resistência a infecções está reduzida devido a doenças, terapia farmacológica ou queimaduras. Duas condições importantes podem comprometer o hospedeiro: a ruptura da pele ou das membranas mucosas e um sistema imune suprimido.

Enquanto a pele e as membranas mucosas estão intactas, elas fornecem uma barreira física formidável contra a maioria dos patógenos. Queimaduras, feridas cirúrgicas, traumas (como ferimentos acidentais), injeções, procedimentos diagnósticos invasivos, respiradores, terapia intravenosa e cateteres urinários (usados para drenar a urina) são fatores que podem romper a primeira linha de defesa do organismo e tornar a pessoa mais suscetível a doenças em hospitais. Pacientes com queimaduras são particularmente suscetíveis a IACS, pois a sua pele não é mais uma barreira efetiva contra os microrganismos.

O risco de infecções também está relacionado a outros procedimentos invasivos, como a administração de anestesia, que pode alterar a respiração e causar pneumonia, e a traqueostomia, na qual uma incisão é feita na traqueia para auxiliar a respiração. Pacientes que requerem procedimentos invasivos normalmente apresentam alguma doença mais grave, o que pode aumentar ainda mais a suscetibilidade a infecções. Aparelhos invasivos podem servir como uma via para a entrada de microrganismos do ambiente no corpo; eles também ajudam a transferir micróbios de uma parte do corpo para outra. Os patógenos também podem se proliferar nos próprios aparelhos utilizados em procedimentos invasivos (ver Figura 1.10).

Em indivíduos saudáveis, os leucócitos denominados células T (linfócitos T) promovem resistência a infecções, destruindo diretamente os patógenos, mobilizando outros leucócitos e secretando substâncias químicas que matam os patógenos. Os leucócitos chamados de células B (linfócitos B), que se desenvolvem em células produtoras de anticorpos, também protegem contra infecções. Os anticorpos fornecem imunidade por ações como neutralização de toxinas, inibição da ligação de patógenos às células do hospedeiro e auxílio na lise de patógenos. Fármacos, terapias radioativas, uso de esteroides, queimaduras, diabetes, leucemia, doenças renais, estresse e desnutrição são fatores que podem afetar adversamente a ação das células T e B e comprometer o hospedeiro. Além disso, o HIV destrói certas células T e causa a Aids.

Um resumo dos principais sítios de IACS é apresentado na **Figura 14.10**.

Cadeia de transmissão

Tendo em vista a variedade de patógenos (e patógenos potenciais) que existem nas unidades de cuidados da saúde e o estado comprometido do hospedeiro, as vias de transmissão de doenças são uma preocupação constante. As principais vias de transmissão das infecções nosocomiais são: (1) o contato direto dos profissionais da saúde com o paciente ou de um paciente com outro e (2) o contato indireto por meio de fômites ou dos sistemas de ventilação do hospital (transmissão aérea).

Como os profissionais da saúde estão em contato direto com os pacientes, eles frequentemente podem transmitir doenças. Um médico ou enfermeiro, por exemplo, pode transmitir micróbios para um paciente ao trocar um curativo, ou

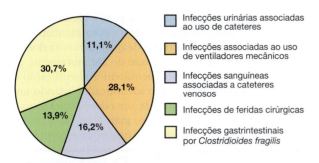

Infecções urinárias associadas ao uso de cateteres

Infecções associadas ao uso de ventiladores mecânicos

Infecções sanguíneas associadas a cateteres venosos

Infecções de feridas cirúrgicas

Infecções gastrintestinais por *Clostridioides fragilis*

Figura 14.10 Principais sítios de infecções associadas aos cuidados da saúde.

Fonte: Dados do CDC.

P Qual tipo de IACS é mais prevalente?

um funcionário da cozinha portador de *Salmonella* pode contaminar os alimentos oferecidos aos indivíduos internados.

Determinadas áreas das unidades de saúde são reservadas para cuidados especializados; elas incluem unidades de queimados, hemodiálise, recuperação, tratamento intensivo e oncologia. Infelizmente, essas unidades também agrupam os pacientes, fornecendo, assim, ambientes propícios para a disseminação epidêmica de infecções de um paciente para o outro.

Muitos procedimentos diagnósticos e terapêuticos em hospitais promovem a transmissão de infecções por fômites. O cateter urinário, utilizado para a drenagem da urina da bexiga, atua como um fômite em muitas IACS. Os cateteres intravenosos, que atravessam a pele e alcançam as veias para a administração de fluidos, nutrientes ou medicamentos, também podem transmitir IACS. Os aparelhos respiratórios podem introduzir fluidos contaminados nos pulmões. As agulhas podem introduzir patógenos em músculos ou no sangue, e as bandagens cirúrgicas podem se tornar contaminadas e promover doenças (ver quadro **Foco clínico**). Algumas evidências sugerem que pacientes com Covid-19 podem ser mais vulneráveis às IACS. Essa maior vulnerabilidade pode ser devida ao fato de que esses pacientes frequentemente são atendidos em unidades de terapia intensiva (UTIs) por longos períodos e passam por vários tipos de intubação.

Controle das infecções associadas aos cuidados de saúde

Precauções universais (ver Apêndice C) são utilizadas para se reduzir a transmissão de micróbios em ambientes de saúde e centros de cuidados de longo prazo. As precauções são projetadas para proteger pacientes/residentes, funcionários e visitantes do contato com patógenos. As várias precauções podem ser agrupadas em duas categorias gerais: precauções-padrão e precauções baseadas na transmissão.

As **precauções-padrão** são práticas básicas e mínimas projetadas para evitar a transmissão de patógenos de uma pessoa para outra e são aplicadas a todas as pessoas, todas as vezes. Elas são utilizadas em todos os níveis de assistência médica, independentemente de o estado de infecção do paciente ser confirmado, suspeito ou desconhecido. Entre as precauções-padrão estão a higiene das mãos, o uso de equipamentos de

proteção individual (luvas, aventais, máscaras faciais), higiene respiratória e etiqueta contra tosse, desinfecção de equipamentos e instrumentos de atendimento ao paciente, limpeza e desinfecção ambiental, práticas seguras de injeção, posicionamento estratégico do paciente e procedimentos seguros de ressuscitação e punção lombar.

As **precauções baseadas na transmissão** são procedimentos projetados para complementar as precauções-padrão em indivíduos com infecções conhecidas ou suspeitas que são altamente transmissíveis ou envolvem patógenos epidemiologicamente importantes. Eles são empregados quando as precauções-padrão não interrompem completamente a rota de transmissão. Existem três categorias de precauções baseadas na transmissão: contato, gotículas e por aerossóis.

- *Precauções de contato*. São usadas para pacientes com infecções que podem ser transmitidas pelo contato com fezes, urina ou outros fluidos corporais; pele, vômito ou feridas do paciente; ou pelo contato com equipamentos ou superfícies ambientais contaminadas pelo paciente. *Salmonella*, *Shigella* e *C. difficile* são exemplos de patógenos que requerem precauções de contato.

- *Precauções contra gotículas*. São usadas para pacientes com infecções que podem ser transmitidas por meio do contato próximo com perdigotos/gotículas de secreções respiratórias que se disseminam apenas por curtas distâncias. Exemplos de doenças que requerem precauções contra gotículas são Covid-19, influenza, pneumonia, resfriado comum, coqueluche e meningite.

- *Precauções contra aerossóis*. São usadas para pacientes com uma infecção que pode se espalhar por gotículas que viajam por longas distâncias (aerossóis). Os exemplos incluem catapora, tuberculose e sarampo.

As medidas de controle destinadas à prevenção das IACS variam de uma instituição para outra, mas precauções universais são sempre utilizadas para se reduzir o número de patógenos aos quais os indivíduos estão expostos. A seguir, são apresentados alguns exemplos da aplicação de medidas de controle para prevenir ou reduzir as IACS.

De acordo com o CDC, lavar as mãos é o meio mais eficiente de prevenir a disseminação de infecções. No entanto, o CDC relata que os profissionais de saúde frequentemente deixam de seguir os procedimentos recomendados de lavagem das mãos. Em média, esses profissionais lavam as mãos em apenas 40% das vezes antes de interagir com os pacientes.

Além da lavagem das mãos, as banheiras utilizadas para o banho dos pacientes devem ser desinfetadas entre os usos, de forma que as bactérias de um paciente não contaminem o próximo. Respiradores e umidificadores fornecem um ambiente apropriado ao crescimento de algumas bactérias e um meio para a sua transmissão aérea. Essas fontes de IACS devem ser mantidas extremamente limpas e desinfetadas, e os materiais utilizados em curativos e em intubações (inserção de tubos em órgãos, como a traqueia) devem ser descartáveis ou esterilizados antes do uso. As embalagens usadas para manter as condições de esterilidade devem ser removidas assepticamente. Os médicos podem ajudar a melhorar a resistência dos pacientes às infecções prescrevendo antimicrobianos somente quando

---

CASO CLÍNICO

A bactéria *C. difficile* está envolvida em 15 a 25% de todas as infecções associadas aos cuidados da saúde e em cerca da metade dos casos de diarreia. Ela foi identificada pela primeira vez em 1935 como parte da microbiota intestinal normal, e foi associada a quadros de diarreia em 1977. A infecção pode variar de uma colonização assintomática dos pacientes até diarreia ou colite. A mortalidade em pacientes idosos é de 10 a 20%. Após se certificar de que João não está sob tratamento antibiótico prévio, a médica prescreve o antibiótico metronidazol para tratar a bactéria *C. difficile*.

Por que a médica de João se certifica de que o seu paciente não está sob uso prévio de antibióticos antes de prescrever um tratamento para a infecção por *C. difficile*? (*Dica*: ver Capítulo 25.)

| Parte 1 | Parte 2 | **Parte 3** | Parte 4 | Parte 5 |

necessário, evitando procedimentos invasivos sempre que possível e minimizando o uso de fármacos imunossupressores.

Hospitais confiáveis devem ter uma comissão de controle de infecções. A maioria dos hospitais tem pelo menos um enfermeiro ou epidemiologista (profissional que estuda as doenças em uma população) especializado no controle de infecções hospitalares. O papel desses profissionais é identificar as fontes de problemas, como linhagens de bactérias resistentes a antibióticos e técnicas inapropriadas de esterilização. Devem realizar exames periódicos dos equipamentos hospitalares e determinar a extensão das contaminações microbianas. Amostras de tubos, cateteres, reservatórios de respiradores e de outros equipamentos devem ser coletadas e analisadas.

TESTE SEU CONHECIMENTO

✔ **14-15** Quais fatores interagem para a ocorrência de uma infecção associada a cuidados de saúde?

✔ **14-16** O que é um fator predisponente?

✔ **14-17, 14-18** Como as IACS são principalmente transmitidas e como podem ser prevenidas?

Doenças infecciosas emergentes

OBJETIVO DE APRENDIZAGEM

14-19 Listar várias razões prováveis para a emergência de doenças infecciosas e apresentar um exemplo para cada razão.

As **doenças infecciosas emergentes (DIEs)** são aquelas doenças novas ou que estão passando por mudanças, que apresentaram aumento na incidência em um passado recente ou potencial de aumento no futuro próximo (ver Capítulo 1). Uma doença emergente pode ser causada por vírus, bactérias, fungos, protozoários ou helmintos. Cerca de 75% das doenças infecciosas emergentes são zoonóticas, têm principalmente origem viral e são suscetíveis à transmissão por vetores.

Diversos critérios são utilizados para a identificação de uma DIE. Por exemplo, algumas doenças apresentam sintomas que são claramente distintos de qualquer outra doença. Algumas são reconhecidas em razão do aprimoramento dos métodos de diagnóstico, que permitem a identificação de um novo patógeno. Outras são identificadas quando uma doença local se torna disseminada, uma doença rara torna-se comum, uma doença leve torna-se mais grave ou quando o aumento na expectativa de vida dos hospedeiros permite que doenças de curso lento se manifestem. Exemplos de DIEs estão listadas na **Tabela 14.5** e descritos nos quadros "Foco clínico" dos Capítulos 8 e 13.

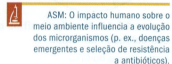
ASM: O impacto humano sobre o meio ambiente influencia a evolução dos microrganismos (p. ex., doenças emergentes e seleção de resistência a antibióticos).

Uma série de fatores contribui para o surgimento de uma nova doença infecciosa:

- Novas linhagens, como a *E. coli* O157:H7 e a influenza aviária (H5N1), podem resultar da recombinação genética entre organismos.

- Um novo sorovar, como *V. cholerae* O139, pode resultar de alterações de microrganismos existentes ou de sua evolução.

- O uso indiscriminado e muitas vezes injustificado de antibióticos e pesticidas estimula o crescimento de populações de micróbios resistentes, bem como de vetores (mosquitos, carrapatos e piolhos) que os carreiam.

- Uma propriedade inerente aos micróbios é sua instabilidade genética, a qual promove a sua rápida evolução e permite que eles se adaptem a nichos ecológicos em constante mudança. Isso é particularmente verdadeiro para vírus de RNA, uma vez que o RNA é menos estável que o DNA. A instabilidade do RNA pode contribuir para dois fenômenos: *deriva antigênica* e *mudança antigênica*. Um antígeno é uma molécula que induz uma resposta imune. Alguns antígenos são componentes de micróbios invasores, como proteínas de revestimentos virais, cápsulas, paredes celulares, fímbrias, flagelos e toxinas. Na *deriva antigênica*, pequenas mutações graduais no RNA viral causam alterações nos antígenos que revestem o vírus (capsídeo ou envelope) apenas o suficiente para que os antígenos não sejam mais reconhecíveis pelo sistema imune. Mesmo um indivíduo vacinado pode não estar protegido pois seu sistema imune não reconheceria os antígenos mutantes. A taxa de mutações no genoma do SARS-CoV-2 é de aproximadamente $7,3 \times 10^{-4}$ substituições de nucleotídeos por sítio, por ano; essa taxa é comparável à de outros vírus de RNA humanos. Para entender a mudança antigênica, usaremos o exemplo do vírus influenza. A *mudança antigênica* é uma mudança repentina e importante nos antígenos do envelope viral desse vírus. Essas mutações ocorrem quando duas ou mais linhagens diferentes do mesmo vírus influenza ou linhagens de dois ou mais vírus influenza diferentes infectam simultaneamente a mesma célula. Dentro da célula, partes do RNA das duas linhagens se misturam, resultando em mudanças drásticas nos antígenos do revestimento viral. Esse tipo de mutação pode resultar em epidemias e pandemias.

TABELA 14.5 Doenças infecciosas emergentes

Microrganismo	Ano de emergência	Doença causada	Capítulo de referência
BACTÉRIAS			
Elizabethkingia anophelis	2013	Meningite	22
Clostridioides difficile	2004	Diarreia, colite e necrose hemorrágica	25
Bordetella pertussis	2000	Coqueluche	24
Mycobacterium ulcerans	1998	Úlcera de Buruli	21
S. aureus resistente à vancomicina	1997	Bacteriemia, pneumonia	20
Streptococcus pneumoniae	1995	Pneumonia resistente a antibióticos	24
S. pyogenes	1995	Síndrome do choque tóxico estreptocócico	21
Corynebacterium diphtheriae	1994	Difteria epidêmica, Leste da Europa	24
Vibrio cholerae O139	1992	Novo sorovar da cólera, Ásia	25
Enterococos resistentes à vancomicina	1988	Infecções do trato urinário, bacteriemia, endocardites	26, 23
Bartonella henselae	1983	Doença da arranhadura do gato	23
E. coli O157:H7	1982	Diarreia hemorrágica	25
Staphylococcus aureus resistente à meticilina	1968	Bacteriemia, pneumonia	20
FUNGOS			
Candida auris	2015	Sistêmica	23
Pneumocystis jirovecii	1981	Pneumonia em pacientes imunocomprometidos	24
PROTOZOÁRIOS			
Trypanosoma cruzi	2007	Doença de Chagas nos Estados Unidos	23
Cyclospora cayetanensis	1993	Diarreia intensa e síndrome debilitante	25
HELMINTOS			
Angiostrongylus cantonensis	2017	Meningite	
Baylisascaris procyonis	2001	Bailisascaríase em seres humanos	
VÍRUS			
Síndrome respiratória aguda grave por *Betacoronavirus 2* (SARS-CoV-2)	2019	Covid-19	24
Vírus Chikungunya	2013	Febre Chikungunya, Américas	23
Betacoronavirus associado à síndrome respiratória do Oriente Médio (MERS-CoV, de *Middle East respiratory syndrome coronavirus*)	2013	Síndrome respiratória do Oriente Médio (MERS)	24
Vírus influenza A	1997, 2009	Influenza aviária (H5N1), influenza suína (H1N1)	24
Vírus Zika	2007	Microcefalia congênita	22
Betacoronavirus associado à SARS	2002	Síndrome respiratória aguda grave (SARS)	24
Vírus do Oeste do Nilo	1999	Encefalite do Oeste do Nilo	22
Vírus Nipah	1998	Encefalite, Malásia	22
Vírus Hendra	1994	Sintomas semelhantes a encefalites, Austrália	24
Hantavirus	1993	Síndrome pulmonar por hantavírus	23
Vírus da hepatite C	1989	Hepatite	25
Vírus MPOX	1985	Doença semelhante à varíola	21
Vírus da dengue	1984	Dengue	23
HIV	1983	Aids	19
Vírus Ebola	1976	Provoca epidemias esporádicas	23
PRÍON			
Agente da encefalopatia espongiforme bovina	1996	Variante da doença de Creutzfeldt-Jakob, Grã-Bretanha	22

- O aquecimento global e as alterações nos padrões climáticos podem aumentar a distribuição e a sobrevivência de reservatórios e vetores, resultando na emergência e na disseminação de doenças, como a malária e a síndrome pulmonar por *Hantavirus*. Ver quadro "Visão geral" no Capítulo 22.

- Doenças conhecidas, como a doença do vírus Zika, febre Chikungunya, a dengue e a encefalite do Oeste do Nilo, podem disseminar-se para novas regiões geográficas pelos meios de transporte modernos. Essa possibilidade era menor há 100 anos, quando as viagens duravam tanto tempo que os viajantes infectados morriam ou se recuperavam antes do fim do percurso.

- Insetos vetores transportados para novas áreas podem transmitir infecções trazidas por viajantes humanos. O mosquito africano da febre amarela, *Aedes aegypti*, chegou às Américas por meio dos primeiros exploradores europeus. O vírus da febre amarela também foi trazido para as Américas com esses primeiros exploradores, e o *A. aegypti* transmitiu a doença tanto para populações nativas quanto para imigrantes. O mosquito-tigre-asiático, *A. albopictus*, foi trazido inadvertidamente para o Texas em um cargueiro do Japão em 1985. Ambas as espécies de *Aedes* estão agora estabelecidas nos estados do sul e sudoeste. E ambos são vetores dos vírus Zika, Chikungunya, dengue e Oeste do Nilo.

- As infecções previamente desconhecidas podem surgir em indivíduos vivendo ou trabalhando em uma região que esteja passando por mudanças ecológicas produzidas por eventos como desastres naturais, construções, guerras e expansão das áreas habitadas. Na Califórnia, por exemplo, a incidência de coccidioidomicoses aumentou 10 vezes após o terremoto de Northridge, em 1994. Hoje, os trabalhadores que desmatam florestas na América do Sul estão contraindo a febre hemorrágica venezuelana.

- Até mesmo as medidas de controle animal podem afetar a incidência de uma doença. O verme pulmonar do rato (*Angiostrongylus cantonensis*), encontrado em caramujos, infectou 12 pessoas nos estados do sul dos Estados Unidos. Em 2022, o parasita foi encontrado em um novo hospedeiro, em sapos invasores na Flórida, aumentando o risco de infecção.

- As falhas nas medidas de saúde pública podem estar contribuindo para a emergência de infecções previamente controladas. A falha na administração de vacinas de reforço em adultos, por exemplo, levou a uma epidemia de difteria nas repúblicas recém-independentes da antiga União Soviética, na década de 1990.

- O **bioterrorismo** – o uso de patógenos ou toxinas para produzir morte e doenças em humanos, animais ou plantas como um ato de violência e intimidação – é outro fator que pode afetar a ocorrência de doenças infecciosas emergentes. Os patógenos ou toxinas podem ser disseminados por meio de aerossolização, alimentos, carreadores humanos, água ou insetos infectados. Exemplos recentes de bioterrorismo são discutidos no quadro "Visão geral", no Capítulo 24.

O CDC, o National Institutes of Health (NIH) e a OMS desenvolveram planos para tratar das questões relacionadas às DIEs. Suas prioridades incluem o seguinte:

CASO CLÍNICO

Os antibióticos podem destruir as bactérias concorrentes da microbiota normal, permitindo, assim, o crescimento de *C. difficile*. Quando a médica de João desvenda a causa de sua diarreia, ela verifica com o hospital se algum outro paciente desenvolveu diarreia e colite por *C. difficile*. Ela descobre que outros 20 pacientes também estão infectados pela bactéria. O departamento de saúde local realiza um estudo epidemiológico do surto e libera o seguinte relatório:

Taxa de infecção dos pacientes

Quarto simples	7%
Quarto duplo	17%
Quarto triplo	26%

Taxa de isolamento de *C. difficile* em diferentes ambientes

Armação da cama	10%
Cômoda	1%
Assoalho	18%
Campainha de chamada de enfermeiros	6%
Vaso sanitário	3%

Presença de *C. difficile* nas mãos dos profissionais do hospital após o contato com pacientes que apresentaram cultura positiva para a bactéria

Usando luvas	0%
Não usando luvas	59%
Apresentando infecção por *C. difficile* antes do contato com os pacientes	3%
Lavando as mãos com sabão não desinfetante	40%
Lavando as mãos com sabão desinfetante	3%
Não lavando as mãos	20%

Qual é o modo de transmissão mais provável, e como a transmissão pode ser prevenida?

Parte 1   Parte 2   Parte 3   **Parte 4**   Parte 5

---

1. Detectar, investigar imediatamente e monitorar os patógenos infecciosos emergentes, as doenças que eles causam e os fatores que influenciam seu surgimento.

2. Expandir pesquisas básicas e aplicadas relativas a fatores ecológicos e ambientais, mudanças e adaptações microbianas e interações com o hospedeiro que possam influenciar as DIEs.

3. Reforçar a comunicação de informações de saúde pública e iniciar a implementação imediata de estratégias de prevenção relacionadas às DIEs.

4. Estabelecer planos para monitorar e controlar as DIEs em todo o mundo.

Devido à importância das doenças infecciosas emergentes para a comunidade científica, o CDC publica mensalmente uma revista especializada denominada *Emerging Infectious Diseases*.

TESTE SEU CONHECIMENTO

✔ **14-19** Apresente vários exemplos de doenças infecciosas emergentes.

Epidemiologia

OBJETIVOS DE APRENDIZAGEM

14-20 Definir *epidemiologia* e descrever três tipos de investigações epidemiológicas.

14-21 Identificar a função do CDC.

14-22 Definir os termos seguintes: *morbidade*, *mortalidade* e *doenças infecciosas notificáveis*.

A ciência que estuda quando e onde as doenças ocorrem e como elas são transmissíveis nas populações é chamada de **epidemiologia**. No mundo atual, superpopuloso e com regiões de alta densidade demográfica, em que as viagens frequentes e a produção e distribuição em massa de alimentos e outros produtos fazem parte do cotidiano, as doenças podem disseminar-se rapidamente. Uma fonte de água ou alimentos contaminados, por exemplo, pode afetar milhares de pessoas de forma rápida. A identificação do agente causador de uma doença é essencial para o seu tratamento e controle efetivo. Também é importante compreender o modo de transmissão e distribuição geográfica da doença.

Evolução da epidemiologia

A epidemiologia moderna começou em meados da década de 1800 com três investigações, hoje famosas. John Snow, um médico inglês, conduziu uma série de investigações relacionadas a surtos de cólera em Londres. À medida que a epidemia de cólera de 1848 a 1849 seguia descontrolada, Snow analisou os registros de óbitos atribuídos ao cólera, coletando informações sobre as vítimas e entrevistando os sobreviventes que viviam nos bairros afetados. Usando toda a informação que compilou, Snow preparou um mapa mostrando que a maioria dos indivíduos que morreram de cólera beberam ou utilizaram água proveniente de uma bomba localizada na rua Broad; aqueles que usaram água de outras bombas (ou beberam cerveja, como os funcionários de uma cervejaria próxima) não contraíram a doença. Concluiu que a água contaminada da rua Broad era a fonte da epidemia. Quando a bomba foi desativada e as pessoas não tiveram mais acesso à água dessa localidade, o número de casos de cólera diminuiu significativamente.

Entre 1846 e 1848, Ignaz Semmelweis registrou meticulosamente o número de nascimentos e os casos de morte materna no Hospital Geral de Viena. A Primeira Clínica Obstétrica havia se tornado motivo de comentários por toda Viena, em razão da taxa de mortes devido à sepse puerperal, que afetava 13 a 18% das mães, quatro vezes mais que a Segunda Clínica Obstétrica. A sepse puerperal (febre do parto) é uma infecção adquirida em hospitais que se inicia no útero como resultado de parto ou aborto. Ela costuma ser causada por *S. pyogenes*. A infecção espalha-se pela cavidade abdominal (peritonite) e, em muitos casos, transforma-se em septicemia (proliferação de micróbios no sangue). Mulheres abastadas não iam à clínica, e as mulheres de poucos recursos achavam que teriam uma melhor chance de sobrevivência se fizessem o parto em outro lugar antes de irem ao hospital. Analisando seus dados, Semmelweis identificou um fator comum entre esses dois grupos de mulheres: elas foram examinadas por médicos e

estudantes de medicina, que passavam as manhãs dissecando cadáveres. Em maio de 1847, ele ordenou que todos os estudantes de medicina lavassem as mãos com hipoclorito de cálcio antes de entrarem na sala de parto. A partir dessa iniciativa, a taxa de mortalidade diminuiu para menos de 2%.

Florence Nightingale registrou as estatísticas de tifo epidêmico entre as populações inglesas de civis e militares. Em 1858, ela publicou um relatório de mais de mil páginas usando comparações estatísticas para demonstrar que doenças, alimentação inapropriada e condições sanitárias inadequadas estavam matando os soldados. Seu trabalho resultou em reformas no Exército Britânico e em sua admissão na Sociedade de Estatística, sendo a primeira mulher a fazer parte da instituição.

Essas três análises cuidadosas de onde e quando uma doença ocorreu e como ela foi transmitida dentro de uma população constituíram uma nova abordagem para a pesquisa médica e demonstraram a importância da epidemiologia. Os trabalhos de Snow, Semmelweis e Nightingale resultaram em mudanças que reduziram a incidência de doenças, ainda que o conhecimento sobre as causas das doenças infecciosas fosse limitado. A maioria dos médicos acreditava que os sintomas que eles observavam eram a causa da doença, e não seu resultado. O trabalho de Koch e a teoria dos germes para explicar a origem das doenças demorariam ainda 30 anos para serem desenvolvidos.

Papel da epidemiologia

Um epidemiologista não apenas determina a etiologia de uma doença, mas também identifica outros fatores possivelmente importantes e padrões associados às pessoas afetadas. Uma parte importante do trabalho do epidemiologista consiste em organizar e analisar dados, como idade, sexo, ocupação, hábitos pessoais, nível socioeconômico, histórico de imunizações, presença de outras doenças (comorbidades) e história comum dos indivíduos afetados (como consumir o mesmo alimento ou visitar o mesmo consultório médico). O conhecimento do local em que um hospedeiro suscetível entrou em contato com o agente da infecção também é importante para a prevenção de surtos futuros. Além disso, o epidemiologista considera o período de ocorrência da doença, seja ele sazonal (para indicar se a doença é prevalente durante uma estação específica) ou anual (para indicar os efeitos da imunização ou uma doença emergente ou reemergente).

Um epidemiologista também tenta prever a probabilidade de uma infecção se espalhar por uma população, quantificar sua disseminação e calcular quantas pessoas precisam ser vacinadas para se alcançar a imunidade coletiva. Essas informações são estimadas pelo cálculo do **número reprodutivo (R_0)**, que é o número médio de pessoas que contrairão uma doença a partir de um indivíduo infectado. É uma forma de se medir a capacidade de propagação de uma doença infecciosa. Ao se calcular o R_0, presume-se que a população estudada está previamente livre da doença, não foi vacinada e não há como controlar a propagação da doença. Se o R_0 for menor que 1, cada infecção existente desencadeia menos de uma nova infecção. Nesse caso, a doença diminuirá e acabará desaparecendo. Se o R_0 for igual a 1, cada infecção existente causa uma nova infecção, a doença estará presente, mas estável, e não haverá um surto. Se o R_0 for maior que 1, cada infecção existente causa mais de uma nova infecção, a doença será transmitida entre as pessoas e poderá haver um surto. Se uma doença tem um R_0 de 15, por exemplo, uma pessoa que tem a doença a transmitirá para uma média de 15 outros indivíduos. Vários estudos calcularam o R_0 para Covid-19 como estando entre 1,5 e 6,68. O R_0 depende das propriedades do patógeno, da densidade populacional do hospedeiro e do movimento dos hospedeiros entre as áreas.

Um epidemiologista também se preocupa com vários métodos para o controle de uma doença, incluindo o uso de fármacos (quimioterapia) e vacinas (imunização). Outros métodos incluem controle de reservatórios humanos, animais ou inanimados, tratamento da água, escoamento apropriado de esgotos (no caso de doenças entéricas), acondicionamento frio, pasteurização, inspeção de alimentos, cozimento adequado (no caso de doenças transmissíveis por alimentos), nutrição adequada para favorecer o fortalecimento das defesas do hospedeiro, mudanças nos hábitos pessoais e triagem de sangue para transfusões e de órgãos para transplantes.

A **Figura 14.11** apresenta gráficos que indicam a incidência de determinadas doenças. Esses gráficos fornecem informações que indicam se a doença é esporádica ou epidêmica e, no caso de ser epidêmica, como ela pode ter sido disseminada. Estabelecendo-se a frequência de uma doença em uma população e identificando os fatores responsáveis por sua transmissão, um epidemiologista pode fornecer aos médicos informações importantes para se determinar o prognóstico e o tratamento de uma doença. Os epidemiologistas também avaliam a eficiência do controle de uma doença em uma comunidade – por um programa de vacinação, por exemplo. Por fim, os epidemiologistas podem fornecer dados que auxiliam a avaliação e o planejamento de ações de cuidados de saúde em uma comunidade.

Tipos de epidemiologia

Os epidemiologistas usam três tipos básicos de investigação ao analisar a ocorrência de uma doença: descritiva, analítica e experimental.

Epidemiologia descritiva

A **epidemiologia descritiva** envolve a coleta de todos os dados que descrevem a ocorrência de uma doença em estudo. A epidemiologia descritiva geralmente é usada quando um problema é identificado. Informações relevantes incluem dados sobre os indivíduos afetados, assim como o local e o período no qual a doença ocorreu. A pesquisa de Snow sobre a causa do surto de cólera em Londres é um exemplo de epidemiologia descritiva.

Esses estudos normalmente são *retrospectivos* (analisam o período pregresso, depois que as pessoas são infectadas). Em outras palavras, o epidemiologista busca no passado a causa e a origem da doença (ver quadros nos Capítulos 21 a 26). A busca da causa de um aumento na microcefalia (desenvolvimento incompleto do cérebro) é um exemplo de um estudo retrospectivo relativamente recente. (Ver quadro "Foco clínico", no Capítulo 8.) Na fase inicial de um estudo epidemiológico,

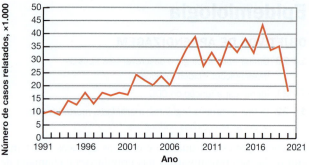

(a) Casos de doença de Lyme, 1991 a 2020

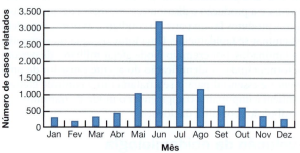

(b) Casos de doença de Lyme por mês, 2020

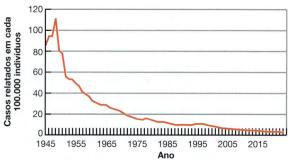

(c) Casos relatados de tuberculose, 1945 a 2021

Figura 14.11 Gráficos epidemiológicos. (a) Casos de doença de Lyme, demonstrando a ocorrência anual da doença durante o período analisado. **(b)** Uma perspectiva diferente da doença de Lyme mostra o padrão sazonal que permite aos epidemiologistas delinearem algumas conclusões acerca da epidemiologia da doença. **(c)** Esse gráfico da incidência de tuberculose mostra o rápido decréscimo da taxa de infecção de 1948 a 1957, devido à pasteurização e aos antibióticos. O gráfico registra o número de casos em cada 100 mil indivíduos, em vez de o número total de casos.

Fonte: Dados do CDC.

P O que o gráfico (b) indica em relação à transmissão da doença da Lyme? O que você pode concluir a partir do gráfico (c)?

as análises retrospectivas são mais comuns do que as análises *prospectivas* (que analisam o período futuro), nas quais o epidemiologista escolhe estudar um grupo de pessoas que estão livres de uma determinada doença. As doenças seguintes que venham a se manifestar nesse grupo são, então, registradas por um dado período. Estudos prospectivos foram usados para testar a vacina Salk contra a poliomielite em 1954 e 1955 e o Framingham Health Study (1948 até o presente).

Epidemiologia analítica

A **epidemiologia analítica** estuda uma doença em particular para determinar a sua causa ou fatores de risco mais prováveis. Ela pode utilizar diferentes variáveis para descobrir possíveis rotas e taxas de infecção. Esse estudo pode ser feito de duas formas. No *método de caso-controle*, o epidemiologista procura fatores que possam ter precedido a doença. Um grupo de pessoas que têm a doença é comparado a um grupo de pessoas livres da doença. Por exemplo, um grupo com meningite e um sem a doença são pareados por sexo, idade, condição socioeconômica e localização. As estatísticas são comparadas para se determinar quais dos possíveis fatores – genéticos, ambientais, nutricionais e assim por diante – podem ser responsáveis por um aumento no risco de aquisição da meningite. O trabalho de Nightingale é um exemplo de epidemiologia analítica, no qual ela comparou a doença em soldados e civis. Pelo *método de coortes*, o epidemiologista estuda duas populações: uma que teve contato com o agente causador da doença e outra que não teve contato (os dois grupos são chamados de *coorte*). Por exemplo, a comparação de um grupo composto por pessoas que receberam transfusões sanguíneas e outro de pessoas que não receberam pode revelar uma associação entre a transfusão de sangue e a incidência do vírus da hepatite B.

Epidemiologia experimental

A **epidemiologia experimental** se inicia com uma hipótese sobre uma determinada doença; experimentos para testar a hipótese são, então, conduzidos. O uso da lavagem das mãos por Semmelweis é um exemplo de epidemiologia experimental. O teste em humanos é chamado de **ensaio clínico**. Um ensaio clínico pode ser usado para testar uma hipótese sobre a eficácia de um fármaco. Um grupo de indivíduos infectados é selecionado e dividido aleatoriamente, de forma que alguns recebem o fármaco (grupo de teste) e outros recebem um *placebo* (grupo-controle), substância que não tem efeito. Em um único teste cego, os indivíduos não sabem se estão no grupo de teste ou no grupo-controle. Ele é chamado de *teste duplo-cego* se os médicos responsáveis pelo tratamento também não conhecem a identidade do grupo. Se todos os fatores forem constantes para os dois grupos e se as pessoas que receberam o fármaco se recuperarem mais rapidamente que aquelas que receberam o placebo, conclui-se que o fármaco foi o fator experimental (variável) responsável pela diferença entre os grupos.

Notificação de casos

Observamos anteriormente, neste capítulo, que o estabelecimento da cadeia de transmissão de uma doença é muito importante. Uma vez conhecida, a cadeia pode ser interrompida para diminuir ou interromper a disseminação da doença.

Um método efetivo de se estabelecer a cadeia de transmissão é a *notificação de casos*, procedimento que exige que os profissionais de saúde relatem a ocorrência de doenças específicas às autoridades de saúde locais, estaduais ou nacionais. As **doenças infecciosas notificáveis**, listadas na Tabela 14.6, são aquelas cuja ocorrência os médicos são obrigados por lei a relatar ao Serviço de Saúde Pública dos Estados Unidos. Esses dados fornecem um alerta precoce sobre possíveis surtos. Até 2022, um total de 120 doenças infecciosas foi notificado em nível nacional. A notificação de casos fornece aos epidemiologistas uma ideia aproximada da incidência e da prevalência de uma doença. Essa informação auxilia as autoridades a decidir se é pertinente ou não investigar determinada doença. O relatório de dados também permite que os epidemiologistas monitorem doenças infecciosas emergentes em conjunto com a comparação dos resultados com registros anteriores de infecção. A utilização desses relatórios permite diminuir a probabilidade de infecções em grande escala.

A notificação de casos forneceu aos epidemiologistas dados valiosos sobre a origem e a disseminação da Aids. De fato, uma das primeiras indicações sobre a Aids veio de relatos de homens jovens que apresentavam sarcoma de Kaposi, patologia conhecida anteriormente como doença de idosos. Utilizando esses relatos, os epidemiologistas começaram vários estudos com pacientes. Se um estudo epidemiológico mostra que uma doença afeta um segmento suficientemente grande da população, os epidemiologistas tentam isolar e identificar o seu agente causador. A identificação é realizada por vários métodos microbiológicos diferentes. A identificação do agente causador muitas vezes fornece informações valiosas sobre o reservatório da doença.

Uma vez que a cadeia de transmissão é descoberta, é possível aplicar medidas de controle para interromper a disseminação da doença. Essas ações podem incluir a eliminação da fonte de infecção, o isolamento e a segregação de pessoas infectadas, o desenvolvimento de vacinas e, no caso da Aids, a educação da população.

Centers for Disease Control and Prevention (CDC)

A epidemiologia é uma grande preocupação dos departamentos de saúde federais e estaduais estadunidenses. O **CDC**, ramo do Serviço de Saúde Pública estadunidense localizado em Atlanta, Geórgia, é uma fonte central de informação epidemiológica nos Estados Unidos.*

O CDC publica um periódico denominado *Morbidity and Mortality Weekly Report* (MMWR [Relatório Semanal de Morbidade e Mortalidade]; www.cdc.gov). O *MMWR*, como é chamado, tem como público-alvo microbiologistas, médicos e outros profissionais da área da saúde pública. O *MMWR* contém dados sobre **morbidade**, a incidência de doenças notificáveis específicas, e sobre **mortalidade**, o número de mortes decorrentes dessas doenças. Esses dados geralmente são organizados por estado. A **taxa de morbidade** é o número de pessoas afetadas por uma doença, em um dado período, em relação à população total. A **taxa de mortalidade** é o número

---

*N. de R.T. O Brasil não tem uma única instituição federal que centraliza as funções do CDC, como acontece nos Estados Unidos. A Fundação Oswaldo Cruz exerce, ainda que parcialmente, o papel do CDC no Brasil. No entanto, o país tem outras instituições federais ou estaduais que descentralizam ações de saúde pública e pesquisa clínica semelhantes às ações do CDC. Estas incluem o Instituto Adolfo Lutz, o Instituto Evandro Chagas, os LACENs estaduais, entre outras.

Infecções associadas aos cuidados de saúde

Neste quadro, você encontrará uma série de questões que os epidemiologistas se perguntam quando tentam rastrear a fonte de uma infecção. Tente responder a cada questão antes de passar à seguinte.

1. Dwayne Jackson, o epidemiologista de um hospital da cidade, gostaria de descobrir por que no período de um ano 5.287 pacientes desenvolveram bacteriemia durante a sua estadia em hospitais. Todos os pacientes apresentaram febre (> 38 °C), calafrios e pressão arterial baixa; 14% apresentaram fascite necrosante grave. O Dr. Jackson analisa os resultados das culturas de sangue, as quais foram cultivadas em ágar hipertônico-manitol, e as bactérias foram identificadas como cocos gram-positivos, coagulase-positivos (**Figura A**).

   Quais são os possíveis organismos causadores da infecção?

2. Testes bioquímicos confirmaram que o culpado das infecções era a bactéria *S. aureus*. Ensaios de suscetibilidade a antibióticos demonstraram que todos os isolados são resistentes à meticilina. Seis deles apresentam resistência intermediária à vancomicina, e um é completamente resistente à vancomicina. *S. aureus* resistente à meticilina (MRSA) pode causar uma doença necrosante potencialmente fatal devido à produção da toxina leucocidina (ver Capítulo 15).

   O que mais o Dr. Jackson precisa saber?

3. A reação em cadeia da polimerase (PCR) foi utilizada para determinar

que a linhagem USA100 foi a responsável por 80% dos casos de MRSA no hospital do Dr. Jackson. A linhagem USA100 corresponde a 92% das cepas associadas a cuidados de saúde. A maioria (89%) das infecções por MRSA adquiridas na comunidade é causada pela linhagem USA300. A incidência de MRSA na comunidade em geral (não hospitalizada) é de 0,02 a 0,04%. O Dr. Jackson compara o número de pacientes com MRSA com dados do ano anterior (**Tabela A**).

Com base nas informações da tabela, quais procedimentos apresentam maior probabilidade de infecção?

4. A cada ano, estima-se que 250 mil casos de infecções sanguíneas ocorram em hospitais nos Estados Unidos, decorrentes da inserção de agulhas em veias para a administração de soluções intravenosas (IV), e a mortalidade estimada para essas infecções é de 12 a 25%. O Dr. Jackson conclui que as pessoas que realizam hemodiálise são especialmente vulneráveis a infecções, uma vez que o procedimento requer o acesso a veias por períodos prolongados e os indivíduos passam por perfurações frequentes até que o sítio de acesso seja obtido (**Figura B**).

Como a terapia antimicrobiana contribui para o quadro?

5. A primeira infecção por *S. aureus* resistente à vancomicina (VRSA) nos Estados Unidos ocorreu em um

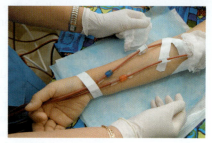

Figura B Procedimento de hemodiálise.

paciente sob diálise, em 2002. O paciente havia sido tratado com vancomicina para uma infecção por MRSA. O isolado VRSA continha o gene *vanA* de resistência à vancomicina dos enterococos. Os VRSA são sempre resistentes à meticilina. Apenas 16 casos de VRSA foram relatados nos Estados Unidos; contudo, cerca de 100 casos de *S. aureus* de resistência intermediária à vancomicina (VISA, de *vancomycin-intermediate S. aureus*) são relatados anualmente. A terapia antimicrobiana para infecções associadas à hemodiálise aumenta a prevalência de resistência antimicrobiana. Bactérias suscetíveis são eliminadas e bactérias que apresentam mutações que conferem resistência podem crescer sem competição.

Fonte: Adaptado de *MMWR* 68(9): 220, 8 de março de 2019, e CDC HAI Progress Report 2020.

Figura A Cocos gram-positivos crescidos em ágar hipertônico-manitol.

TABELA A		
Fonte de infecção	Pacientes com IACS em 2020	Mudança em comparação a 2019
Infecção da corrente sanguínea associada à hemodiálise	21.399	Aumento de 24%
Infecção do trato urinário associada a cateteres	19.738	Aumento de 7%
Infecções associadas a ventiladores respiratórios	37.205	Aumento de 35%
Infecções de sítios cirúrgicos	18.416	Diminuição de 5%
Bacteriemia por MRSA	8.775	Aumento de 15%

TABELA 14.6 Doenças infecciosas de notificação obrigatória nos Estados Unidos, 2022

Antraz	Erliquiose e anaplasmose	Raiva animal ou humana
Babesiose	Febre amarela	Rubéola e síndrome da rubéola congênita
Botulismo	Febre maculosa	*S. aureus* de resistência intermediária à vancomicina (VISA) e *S. aureus* resistente à vancomicina (VRSA)
Brucelose	Febre Q	
Campilobacteriose	Febre tifoide (*S. enterica* Typhi)	Salmonelose
Cancroide	Febres hemorrágicas virais	Sarampo
Candida auris	Giardíase	Shigelose
Caxumba	Gonorreia	Sífilis
Ciclosporíase	Hanseníase (lepra)	Sífilis congênita
Coccidioidomicose	Hepatites A, B e C	Síndrome do choque tóxico (não estreptocócica)
Cólera	Infecção pelo vírus da imunodeficiência humana (HIV)	Síndrome do choque tóxico estreptocócica
Coqueluche (pertússis)	Infecção por poliovírus, paralítica e não paralítica	Síndrome hemolítico-urêmica
Criptosporidiose	Infecções pelo vírus da dengue	Síndrome pulmonar e não pulmonar por hantavírus
Difteria	Infecções por *Chlamydia trachomatis*	Síndrome respiratória aguda grave associada à doença por coronavírus
Doença de Lyme	Legionelose	
Doença invasiva por *Haemophilus influenza*	Leptospirose	Tétano
Doença meningocócica	Listeriose	Triquinelose
Doença pelo vírus Zika e infecção congênita pelo vírus Zika	Malária	Tuberculose
Doença pneumocócica invasiva	Mortalidade pediátrica associada à influenza	Tularemia
Doença por coronavírus 2019	Novas infecções pelo vírus influenza A	Varicela
Doenças arbovirais: neuroinvasivas, não neuroinvasivas	Peste	Varíola
E. coli produtora de toxina Shiga	Psitacose	Vibriose
Enterobacteriaceae resistentes aos carbapenêmicos		

de mortes causadas por uma doença em uma população, em um dado período, em relação à população total.

Os artigos publicados pelo *MMWR* incluem relatos de surtos de doenças, casos e histórias de interesse especial e resumos da situação atual de determinadas doenças em períodos recentes. Esses artigos frequentemente incluem recomendações para procedimentos de diagnóstico, imunização e tratamento. Diversos gráficos e outros dados apresentados neste livro foram obtidos do *MMWR*, e os quadros "Foco clínico" são adaptados de relatos retirados dessas publicações. Ver exemplo no quadro "Foco clínico".

TESTE SEU CONHECIMENTO

✔ **14-20** Após descobrir que 40 funcionários de um hospital apresentaram náuseas e vômitos, o responsável pelo controle de infecções hospitalares observou que 39 pessoas doentes consumiram vagens no restaurante do hospital, comparados a 34 outras pessoas que também comeram no mesmo local, no mesmo dia, porém não consumiram vagens. Que tipo de epidemiologia é essa?

✔ **14-21** Qual é a função do CDC?

✔ **14-22** No último ano, a morbidade por encefalite do Oeste do Nilo foi de 5.674, e a mortalidade, de 286. A morbidade de listeriose no mesmo período foi de 121, e a mortalidade, de 13. Qual doença apresenta maior probabilidade de ser fatal?

* * *

No próximo capítulo, serão considerados os mecanismos de patogenicidade. Os métodos utilizados pelos microrganismos para penetrar no corpo e causar doença, os efeitos da doença no organismo e os meios pelos quais os patógenos deixam o corpo serão discutidos mais detalhadamente.

CASO CLÍNICO Resolvido

A transmissão de *C. difficile* pode ser prevenida por meio do uso de luvas para a manipulação de qualquer tipo de substância corporal, pelo uso de termômetros retais descartáveis e pela interrupção do uso excessivo de antibióticos. *C. difficile* é adquirido pela ingestão da bactéria ou de seus endósporos via contato direto entre indivíduos ou pelo contato indireto por fômites; é a IACS mais comum, sendo considerada uma epidemia. João responde bem ao tratamento; ele está recuperando grande parte do peso perdido e já não passa a maior parte do seu tempo no banheiro.

Parte 1   Parte 2   Parte 3   Parte 4   Parte 5

Resumo para estudo

Introdução (p. 395)

1. Os microrganismos que causam doenças são chamados de patógenos.
2. Os microrganismos patogênicos têm propriedades especiais que permitem que eles invadam o corpo humano ou produzam toxinas.
3. Quando um microrganismo supera as defesas do hospedeiro, um estado de doença se desenvolve.

Patologia, infecção e doença (p. 396)

1. A patologia é o estudo científico de uma doença.
2. A patologia abrange a etiologia (causa), a patogênese (desenvolvimento) e os efeitos de uma doença.
3. Infecção é a invasão e o crescimento de patógenos no organismo.
4. O hospedeiro é um organismo que abriga e dá suporte ao crescimento de patógenos.
5. Doença é um estado anormal no qual parte ou todo o organismo não se encontra apropriadamente ajustado ou é incapaz de realizar suas funções normais.

Microbioma humano (p. 396-400)

1. Os microrganismos começam a colonizar as superfícies internas e externas do corpo logo após o nascimento.
2. Os microrganismos que estabelecem colônias permanentes no interior ou sobre o corpo, sem causar doença, constituem a microbiota normal.
3. A microbiota transitória é formada por micróbios que estão presentes em diversos momentos e, então, desaparecem.

Fatores que influenciam a microbiota normal (p. 396-398)

4. Cada microrganismo coloniza uma parte do corpo que fornece fatores físicos e químicos apropriados.

Relações entre a microbiota normal e o hospedeiro (p. 399-400)

5. A microbiota normal pode impedir a infecção por patógenos; esse fenômeno é conhecido como antagonismo microbiano.
6. A microbiota normal e o hospedeiro coexistem em simbiose (vivem juntos).
7. Os três tipos de simbiose são comensalismo (um organismo beneficia-se, e o outro não é afetado), mutualismo (ambos os organismos beneficiam-se) e parasitismo (um organismo beneficia-se, e o outro é prejudicado).

Microrganismos oportunistas (p. 400)

8. Os patógenos oportunistas não causam doenças em condições normais, porém geram doença sob condições especiais.

Cooperação entre microrganismos (p. 400)

9. Em algumas situações, um microrganismo possibilita que outro cause uma doença ou produza sintomas mais graves.

Etiologia das doenças infecciosas (p. 400-402)

Postulados de Koch (p. 400-401)

1. Os postulados de Koch são critérios que estabelecem que micróbios específicos causam doenças específicas.
2. Os postulados de Koch possuem os seguintes requerimentos: (1) o mesmo patógeno deve estar presente em todos os casos da doença; (2) o patógeno deve ser isolado em cultura pura; (3) o patógeno isolado de uma cultura pura deve causar a mesma doença em um animal de laboratório suscetível e saudável; e (4) o patógeno deve ser reisolado a partir do animal de laboratório inoculado.

Exceções aos postulados de Koch (p. 401-402)

3. Os postulados de Koch são modificados para estabelecer etiologias de doenças causadas por vírus e algumas bactérias que não crescem em meios artificiais.
4. Algumas doenças, como o tétano, têm sinais e sintomas inequívocos.
5. Algumas doenças, como pneumonia e nefrite, podem ser causadas por uma variedade de microrganismos.
6. Alguns patógenos, como o *S. pyogenes*, podem causar diversas doenças diferentes.
7. Certos patógenos, como o HIV, causam doença apenas em seres humanos.

Classificação das doenças infecciosas (p. 402-405)

1. Um paciente pode exibir sintomas (mudanças subjetivas nas funções corporais) e sinais (mudanças mensuráveis) que são usados pelo médico para a realização do diagnóstico (identificação da doença).
2. Um grupo específico de sintomas e sinais que sempre acompanham uma doença específica é chamado de síndrome.
3. As doenças transmissíveis são passadas direta ou indiretamente de um hospedeiro a outro.
4. Uma doença contagiosa é aquela capaz de se disseminar facilmente e de forma rápida de uma pessoa para a outra.
5. As doenças não transmissíveis são causadas por microrganismos que normalmente crescem na superfície do corpo humano e não são transmissíveis de um hospedeiro para outro.

Ocorrência de uma doença (p. 402-403)

6. A ocorrência de uma doença é relatada por sua incidência (número de pessoas que contraem a doença) e prevalência (número de pessoas com a doença) em uma população definida, em um tempo determinado.
7. As doenças são classificadas de acordo com a frequência de ocorrência: esporádicas, endêmicas, epidêmicas e pandêmicas.

Gravidade ou duração de uma doença (p. 403-404)

8. O escopo de uma doença inclui a sua duração (i.e., aguda, crônica, subaguda ou latente) e a sua gravidade (p. ex., assintomática, leve, moderada, grave, crítica).
9. A imunidade coletiva é a presença de imunidade contra uma doença na maioria da população.

Extensão do envolvimento do hospedeiro (p. 404-405)

10. Uma infecção local afeta uma pequena área do corpo; uma infecção sistêmica dissemina-se por todo o corpo via sistema circulatório.
11. Uma infecção primária é uma infecção aguda que causa a doença inicial.
12. Uma infecção secundária pode ocorrer depois que o hospedeiro foi enfraquecido pela infecção primária.
13. Uma infecção assintomática (subclínica ou inaparente) não causa quaisquer sinais ou sintomas de doença no hospedeiro.

Padrões de doença (p. 405-406)

Fatores predisponentes (p. 405-406)

1. Um fator predisponente é aquele que torna o organismo mais suscetível a uma doença ou altera seu curso.
2. Os exemplos incluem nutrição, sexo, clima, idade e condições preexistentes.

Desenvolvimento de uma doença (p. 406)

3. O período de incubação é o intervalo entre a infecção inicial e o surgimento dos primeiros sinais e sintomas.
4. O período prodrômico é caracterizado pelo aparecimento dos primeiros sinais e sintomas, normalmente leves e sutis.
5. Durante o período de doença, ela encontra-se no seu auge e os sinais e sintomas são aparentes.
6. Durante o período de declínio, os sinais e sintomas diminuem de intensidade.
7. Durante o período de convalescença, o organismo retorna ao seu estado anterior à doença e a saúde é restaurada.

Disseminação da infecção (p. 406-411)

Reservatórios de infecção (p. 407)

1. Uma fonte contínua de infecção é chamada de reservatório.
2. Pessoas que têm uma doença ou são portadoras de microrganismos patogênicos são reservatórios humanos da infecção.
3. As zoonoses são doenças que afetam os animais silvestres e domésticos e podem ser transmissíveis aos seres humanos.
4. Alguns microrganismos patogênicos crescem em reservatórios inanimados, como o solo ou a água.

Transmissão de doenças (p. 407-411)

5. A transmissão por contato direto envolve o contato físico íntimo entre a fonte da doença e um hospedeiro suscetível. A transmissão congênita ocorre da mãe para o feto.
6. A transmissão por fômites (objetos inanimados) constitui um contato indireto.

7. A transmissão via saliva ou muco, oriundos de tosse ou espirro, é chamada de transmissão por gotículas.
8. A transmissão por meios como água, alimentos ou ar é chamada de transmissão por veículo.
9. A transmissão aérea refere-se a patógenos transportados em gotículas de água ou poeira por uma distância de até 2 metros.
10. Vetores artrópodes transportam os patógenos de um hospedeiro a outro por transmissão mecânica ou biológica.

Infecções associadas aos cuidados de saúde (p. 411-414)

1. As IACS incluem aquelas adquiridas em unidades como hospitais, asilos, centros cirúrgicos e clínicas de cuidados da saúde.
2. Cerca de 3% dos pacientes adquirem IACS no ambiente de tratamento.

Microrganismos no hospital (p. 411-412)

3. Determinados microrganismos da microbiota normal frequentemente são responsáveis por IACS quando são introduzidos no organismo por meio de procedimentos médicos, como cirurgia ou cateterismo.
4. Bactérias oportunistas são as causas mais frequentes de IACS.

Hospedeiro comprometido (p. 412)

5. Pacientes com queimaduras, feridas cirúrgicas e sistema imune suprimido são os mais suscetíveis às IACS.

Cadeia de transmissão (p. 412-413)

6. As IACS são transmissíveis via contato direto entre os profissionais da saúde e os pacientes e entre os pacientes.
7. Fômites, como cateteres, seringas e dispositivos respiratórios, podem transmitir IACS.

Controle de infecções associadas aos cuidados de saúde (p. 413-414)

8. Técnicas assépticas podem prevenir IACS.
9. Os membros da equipe de controle de infecções hospitalares são responsáveis pela verificação da limpeza, da estocagem e do manuseio apropriados de equipamentos e suprimentos.

Doenças infecciosas emergentes (p. 414-416)

1. Novas doenças e doenças com incidências crescentes são chamadas de doenças infecciosas emergentes (DIEs).
2. As DIEs podem resultar do uso de antibióticos e pesticidas, mudanças climáticas, viagens, falta de vacinações e melhoria nos sistemas de notificação de casos.
3. Os órgãos CDC, NIH e OMS são responsáveis pela vigilância e resposta ao surgimento de DIEs.

Epidemiologia (p. 417-422)

1. A ciência da epidemiologia é o estudo da transmissão, da incidência e da frequência de uma doença.
2. A epidemiologia moderna iniciou-se em meados da década de 1800, com os trabalhos de Snow, Semmelweis e Nightingale.
3. O número reprodutivo se refere ao número médio de pessoas que contrairão uma doença a partir de um indivíduo infectado.
4. Na epidemiologia descritiva, dados sobre pessoas infectadas são coletados e analisados.
5. Na epidemiologia analítica, um grupo de pessoas infectadas é comparado a um grupo de pessoas não infectadas.

6. Na epidemiologia experimental, são realizados experimentos controlados, criados para se testar uma hipótese.

7. A notificação de casos gera dados sobre a incidência e a prevalência de doenças para as autoridades de saúde locais, estaduais e federais.

8. O CDC é a principal fonte de informações epidemiológicas dos Estados Unidos.

9. O CDC publica o *Morbidity and Mortality Weekly Report*, fornecendo informações sobre morbidade (incidência) e mortalidade (taxa de morte).

Questões para estudo

As respostas das questões de Conhecimento e compreensão estão na seção de Respostas no final deste livro.

Conhecimento e compreensão

Revisão

1. Diferencie os seguintes pares de termos:
   a. etiologia e patogênese
   b. infecção e doença
   c. doença transmissível e não transmissível

2. Defina *simbiose*. Diferencie comensalismo, mutualismo e parasitismo e dê um exemplo de cada.

3. Indique se cada uma das seguintes condições é típica de infecções subagudas, agudas ou crônicas.
   a. O paciente tem uma crise súbita de mal-estar. Os sintomas duram 5 dias.
   b. O paciente tem tosse e dificuldade de respirar por meses.
   c. O paciente não apresenta sintomas aparentes e é sabidamente um portador.

4. Entre os pacientes do hospital que apresentam infecções, um terço deles não apresentavam a infecção antes da admissão, tendo adquirido-a no local. Como eles adquiriram essas infecções? Qual é o modo de transmissão dessas doenças? Qual é o reservatório da infecção?

5. Diferencie sintomas e sinais de uma doença.

6. Como uma infecção local pode se transformar em uma infecção sistêmica?

7. Por que alguns microrganismos que constituem a nossa microbiota normal são descritos como comensais, ao passo que outros são descritos como mutualistas?

8. Coloque os termos seguintes na ordem correta para explicar o padrão de desenvolvimento de uma doença: período de convalescença, período prodrômico, período de declínio, período de incubação e período de doença.

9. IDENTIFIQUE Este micróbio é adquirido pelos seres humanos quando crianças e é essencial para uma boa saúde. A aquisição de uma espécie intimamente relacionada causa cólicas estomacais graves, diarreia sanguinolenta e vômitos. Qual é o micróbio?

10. DESENHE Usando os dados a seguir, desenhe um gráfico mostrando a incidência de influenza durante um ano típico. Indique os níveis endêmicos e epidêmicos.

Mês	Percentual de visitas médicas em razão de sintomas semelhantes à influenza
Jan	2,33
Fev	3,21
Mar	2,68
Abr	1,47
Mai	0,97
Jun	0,30
Jul	0,30
Ago	0,20
Set	0,20
Out	1,18
Nov	1,54
Dez	2,39

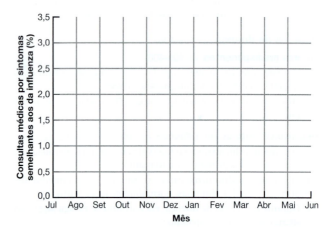

Múltipla escolha

1. O surgimento de novas doenças infecciosas provavelmente ocorre devido a todas as opções a seguir, *exceto*:
   a. a necessidade que as bactérias apresentam de causar doenças.
   b. a possibilidade de os seres humanos realizarem viagens aéreas.
   c. mudanças ambientais (p. ex., inundações, seca, poluição).
   d. um patógeno que consegue atravessar a barreira entre as espécies.
   e. o aumento da população humana.

2. Todos os membros de uma equipe de ornitologistas que estudavam as corujas-das-torres na natureza adquiriram salmonelose (gastrenterite por *Salmonella*). Um dos pesquisadores apresentava a doença pela terceira vez. Qual é a fonte mais provável da infecção dessas pessoas?
   a. Os ornitologistas estão consumindo os mesmos alimentos.
   b. Eles estão contaminando as suas mãos ao manusear as corujas e os ninhos.
   c. Um dos membros da equipe é portador de *Salmonella*.
   d. A água potável está contaminada.

3. Qual das seguintes afirmativas é *falsa*?
   a. *E. coli* nunca causa doença.
   b. *E. coli* fornece vitamina K para o seu hospedeiro.
   c. *E. coli* frequentemente existe em uma relação mutualística com seres humanos.
   d. Uma linhagem de *E. coli* causadora de doença provoca diarreia sanguinolenta.

4. Qual das seguintes opções não faz parte dos postulados de Koch?
   a. O mesmo patógeno deve estar presente em todos os casos da doença.
   b. O patógeno deve ser isolado do hospedeiro doente e cultivado em cultura pura.
   c. O patógeno originado da cultura pura deve causar doença quando inoculado em um animal de laboratório saudável e suscetível.
   d. A doença deve ser transmitida de um animal doente para um animal saudável e suscetível por contato direto.
   e. O patógeno deve ser isolado em cultura pura a partir de um animal de laboratório infectado experimentalmente.

5. Qual das doenças seguintes *não* está corretamente pareada com seu reservatório?
   a. influenza – animal
   b. raiva – animal
   c. botulismo – inanimado
   d. antraz – inanimado
   e. toxoplasmose – gatos

Use a seguinte informação para responder às Questões 6 e 7.

No dia 6 de setembro, um menino de 6 anos apresentou febre, calafrios e vômitos. No dia 7 de setembro, ele foi hospitalizado com diarreia e aumento dos linfonodos axilares de ambos os braços. No dia 3 de setembro, o menino havia sido arranhado e mordido por um gato. O gato foi encontrado morto no dia 5 de setembro, e a bactéria *Y. pestis* foi isolada do animal. A partir do dia 7 de setembro, data do isolamento da bactéria *Y. pestis* no garoto, ele recebeu cloranfenicol. Em 17 de setembro, a temperatura da criança voltou ao normal. Em 22 de setembro, a criança recebeu alta do hospital.

6. Identifique o período de incubação para este caso de peste bubônica.
   a. 3 a 5 de setembro   c. 6 a 7 de setembro
   b. 3 a 6 de setembro   d. 6 a 17 de setembro

7. Identifique o período prodrômico da doença.
   a. 3 a 5 de setembro   c. 6 a 7 de setembro
   b. 3 a 6 de setembro   d. 6 a 17 de setembro

Use a seguinte informação para responder às Questões 8 a 10.

Uma mulher de Maryland foi hospitalizada com desidratação. *V. cholerae* e *Plesiomonas shigelloides* foram isolados da paciente, que não havia viajado para fora dos Estados Unidos nem comido marisco cru durante o mês anterior. No entanto, a paciente havia comparecido a uma festa 2 dias antes de sua hospitalização. Duas outras pessoas que também estavam na festa apresentaram diarreia aguda e níveis elevados de anticorpos no soro contra *Vibrio*. Todos na festa ingeriram siri e pudim de arroz com leite de coco. As sobras de siri da festa foram servidas em uma segunda festa, e uma das 20 pessoas presentes apresentou diarreia leve. Amostras de 14 pessoas que compareceram à segunda festa se apresentaram negativas para anticorpos contra *Vibrio*.

8. Esse é um exemplo de:
   a. transmissão por veículo.
   b. transmissão aérea.
   c. transmissão por fômites.
   d. transmissão por contato direto.
   e. transmissão associada a cuidados de saúde.

9. O agente etiológico da doença é:
   a. *Plesiomonas shigelloides*.
   b. caranguejos.
   c. *V. cholerae*.
   d. leite de coco.
   e. arroz.

10. A fonte da doença foi:
   a. *Plesiomonas shigelloides*.
   b. caranguejos.
   c. *V. cholerae*.
   d. leite de coco.
   e. arroz.

Análise

1. Dez anos antes de Robert Koch publicar seu trabalho sobre antraz, Anton De Bary demonstrou que a praga da batata (requeima) era causada pelo patógeno *Phytophthora infestans*. Por que você acha que usamos os postulados de Koch em vez de algo como os "postulados de De Bary"?

2. Florence Nightingale coletou os seguintes dados em 1855:

População avaliada	Mortes por doenças contagiosas
Civis ingleses (população em geral)	0,2%
Soldados ingleses (na Inglaterra)	18,7%
Soldados ingleses (na guerra da Crimeia)	42,7%
Soldados ingleses (na guerra da Crimeia) após as reformas sanitárias de Nightingale	2,2%

Discuta como Nightingale usou os três tipos básicos de investigação epidemiológica. As doenças contagiosas eram principalmente cólera e tifo; como essas doenças são transmitidas e prevenidas?

3. Cite a forma de transmissão de cada uma das seguintes doenças:
   a. malária   f. sarampo
   b. tuberculose   g. hepatite A
   c. salmonelose   h. tétano
   d. faringite estreptocócica   i. hepatite B
   e. mononucleose   j. uretrite clamidial

4. O gráfico a seguir mostra a incidência de febre tifoide nos Estados Unidos de 1954 a 2021. Assinale no gráfico quando a doença ocorreu epidêmica e esporadicamente. Qual parece ser o nível endêmico? O que deveria aparecer no gráfico para demonstrar um estado pandêmico da doença? Como a febre tifoide é transmitida?

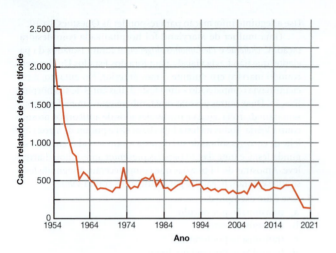

Aplicações clínicas e avaliação

1. Três dias antes de uma enfermeira desenvolver meningococemia, ela auxiliou um procedimento de intubação de um paciente com infecção por *N. meningitidis*. Dos 24 profissionais do hospital envolvidos no procedimento, somente a enfermeira adoeceu. Ela recordou-se de que foi exposta a secreções nasofaríngeas e não recebeu antibióticos profiláticos. Quais foram os dois erros cometidos pela enfermeira? Como a meningite é transmitida?

2. Três pacientes de um grande hospital adquiriram infecções por *Burkholderia cepacia* durante sua internação. Todos os três receberam crioprecipitados, que são preparados a partir de sangue acondicionado em embalagens plásticas padrão. Antes de sua utilização, as embalagens são colocadas em banhos de água quente para descongelar. Qual é a provável origem da infecção? Que característica da *Burkholderia* permite que a bactéria esteja envolvida nesse tipo de infecção?

3. Leia a seguir o histórico de caso de um homem de 49 anos. Identifique cada período no padrão da doença que ele desenvolveu. No dia 7 de fevereiro, ele manipulou um periquito que apresentava sinais de doença respiratória. No dia 9 de março, o homem desenvolveu dor intensa nas pernas, seguida de calafrios e cefaleias intensas. Em 16 de março, ele apresentou dores no peito, tosse e diarreia, e sua temperatura se elevou a 40°C. Antibióticos apropriados foram administrados no dia 17 de março, e sua febre cedeu em 12 horas. Ele continuou tomando antibióticos por 14 dias. (*Nota*: a doença é a psitacose. Você pode indicar a etiologia?)

4. As bactérias do complexo *Mycobacterium avium* são prevalentes em pacientes imunocomprometidos e idosos. Em um esforço para determinar a fonte dessa infecção, os sistemas de água hospitalares foram testados. A água continha hipoclorito.

Porcentagens de amostras com *M. avium*

Água quente		Água fria	
Fevereiro	88%	Fevereiro	22%
Junho	50%	Junho	11%

Qual é o método normal de transmissão do *Mycobacterium*? Qual é a fonte provável de infecção em hospitais? Como essas infecções associadas a cuidados de saúde podem ser prevenidas?

Agora que já apresentamos o conhecimento básico sobre como os microrganismos causam as doenças, serão discutidas algumas das propriedades específicas dos microrganismos que contribuem para a patogenicidade, que é a capacidade de causar doenças superando as defesas do hospedeiro, e para a virulência, que é o grau ou a extensão da patogenicidade. (Como será discutido ao longo deste capítulo, o termo hospedeiro normalmente se refere aos seres humanos.)

A presença de partes ou de células microbianas inteiras pode induzir sinais e sintomas em um hospedeiro. Um exemplo atribuído à *Burkholderia* (mostrada na fotografia) é descrito no "Caso clínico". Contudo, os micróbios não *tentam* causar doença; as células microbianas estão apenas se alimentando e se defendendo.

Para os seres humanos, não faz sentido que o parasita mate seu hospedeiro. Entretanto, a natureza não tem um plano para a evolução; as variações genéticas que levam à evolução ocorrem devido a mutações aleatórias, e nem sempre são lógicas. De acordo com a seleção natural, aqueles organismos mais adaptados aos seus ambientes irão se reproduzir. A coevolução entre um parasita e seu hospedeiro parece ocorrer: o comportamento de um influencia diretamente o do outro. Por exemplo, o patógeno do cólera, *Vibrio cholerae*, induz rapidamente uma diarreia que coloca em risco a vida de seu hospedeiro em razão da perda de fluidos e sais, mas também cria uma forma de transmissão do patógeno de um hospedeiro a outro pela contaminação do ambiente circundante.

Lembre-se de que muitas das propriedades que contribuem para a patogenicidade e para a virulência microbiana ainda não são claramente entendidas. No entanto, sabemos que, se o micróbio superar as defesas do hospedeiro, o resultado é a doença.

◀ As bactérias *Burkholderia,* como as mostradas aqui, formam biofilmes que causam infecções em pacientes hospitalizados.

Na clínica

Você é um enfermeiro(a) que está cuidando de um paciente que passou por um transplante de fígado. O paciente menciona que está preocupado com o fato de o médico ter interrompido a sua suplementação de ferro, pois sabe que os suplementos eram utilizados no tratamento da anemia. **O que você diz ao paciente?**

Dica: leia mais sobre sideróforos adiante neste capítulo.

Como os microrganismos infectam o hospedeiro

OBJETIVOS DE APRENDIZAGEM

15-1 Identificar as principais portas de entrada dos microrganismos patogênicos.

15-2 Definir DI_{50} e DL_{50}.

15-3 Explicar e fornecer exemplos de como os micróbios aderem às células hospedeiras.

Como observado anteriormente, a **patogenicidade** é a capacidade de um organismo de causar doença ao superar as defesas do hospedeiro, ao passo que a **virulência** é o grau de patogenicidade. Para causar doença, a maioria dos patógenos deve obter acesso ao hospedeiro, aderir-se aos seus tecidos, penetrar ou escapar das suas defesas e danificar os tecidos. Entretanto, alguns micróbios não causam doença pelo dano direto aos tecidos do hospedeiro. Em vez disso, a doença ocorre em decorrência do acúmulo de resíduos microbianos. Alguns micróbios, como aqueles que causam as cáries dentárias e a acne, podem causar doenças sem penetrar no organismo. Os patógenos podem penetrar no corpo humano ou em outros hospedeiros com a ajuda de várias vias, as quais chamamos **portas de entrada**.

Portas de entrada

As portas de entrada para os patógenos incluem as membranas mucosas, a pele e a deposição direta sob a pele ou as membranas (via parenteral).

Membranas mucosas

A maioria das bactérias e vírus têm acesso ao corpo pela penetração das membranas mucosas que revestem o trato respiratório, o canal digestório, o sistema urinário, o sistema genital e a conjuntiva, uma membrana delicada que recobre o globo ocular e reveste as pálpebras.

O trato respiratório é a porta de entrada mais fácil e mais utilizada pelos microrganismos infecciosos. Micróbios são inalados para dentro da cavidade nasal ou da boca em gotículas de umidade e partículas de pó. As doenças mais frequentemente adquiridas através do trato respiratório incluem Covid-19, resfriado comum, pneumonia, tuberculose, gripe (influenza) e sarampo.

Os microrganismos podem ter acesso ao canal digestório por meio de água, alimentos ou dedos contaminados. A maioria dos micróbios que entra no corpo por essa via é destruída pelo ácido clorídrico (HCl) e pelas enzimas presentes no estômago, ou pela bile e pelas enzimas no intestino delgado. Aqueles que sobrevivem podem causar doença. Os micróbios no canal digestório podem causar poliomielite, hepatite A, febre tifoide, disenteria amebiana, giardíase, shigelose (disenteria bacilar) e cólera. Esses patógenos são eliminados com as fezes e podem ser transmitidos a outros hospedeiros pela água e por alimentos ou dedos contaminados.

O trato genital (reprodutivo) é a porta de entrada de patógenos que são sexualmente transmissíveis. Alguns micróbios que causam infecções sexualmente transmissíveis (ISTs)

podem entrar no organismo através das membranas mucosas íntegras. Outros requerem a presença de cortes ou abrasões de algum tipo. Ver, a seguir, discussão sobre a via parenteral. Exemplos de ISTs incluem a infecção pelo vírus da imunodeficiência humana (HIV), verrugas genitais, clamídia, *Simplexvirus humanalpha2*, sífilis e gonorreia.

Pele

A pele é o maior órgão do corpo humano em termos de área de superfície e peso, constituindo uma importante barreira de defesa contra doenças. A pele íntegra é impenetrável para a maioria dos microrganismos. Alguns micróbios podem ter acesso ao corpo através de aberturas na pele, como folículos pilosos e ductos sudoríparos. As larvas de anciclóstomo podem perfurar a pele intacta e alguns fungos podem crescer na queratina da pele ou infectar a pele em si.

A conjuntiva é uma membrana mucosa delicada que reveste as pálpebras e cobre a parte branca dos globos oculares. Embora seja uma barreira relativamente eficiente contra infecções, certas doenças, como a conjuntivite, o tracoma e a oftalmia neonatal, podem ser adquiridas pela conjuntiva.

Via parenteral

Outros microrganismos podem ter acesso ao corpo quando são depositados diretamente nos tecidos sob a pele ou nas membranas mucosas, quando essas barreiras são penetradas ou danificadas. Essa rota é chamada **via parenteral**. Perfurações, injeções, mordidas, cortes, ferimentos, cirurgias e rompimento da pele ou das membranas mucosas por edemas ou ressecamentos podem estabelecer vias parenterais. O HIV, os vírus que causam hepatites, e as bactérias que causam tétano e gangrena podem ser transmitidos parenteralmente.

Mesmo após entrarem no corpo, os microrganismos não necessariamente causam doenças. A ocorrência de doença depende de vários fatores, e a porta de entrada é apenas um deles.

CASO CLÍNICO Os olhos falam mais alto

Kelly Santos, oftalmologista há 20 anos, teve um dia bastante longo. Hoje, ela realizou 10 cirurgias de catarata em pacientes ambulatoriais (**Figura A**). Ao verificar seus pacientes na área de recuperação, ela observa que 8 dos 10 pacientes apresentavam um grau de inflamação incomum e que suas pupilas estavam fixas e não responsivas à luz.

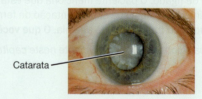

Catarata

Figura A A catarata é uma opacidade da lente natural do olho que distorce a visão.

O que pode ter causado essa complicação? Continue lendo para descobrir.

Parte 1 Parte 2 Parte 3 Parte 4 Parte 5

Portas de entrada preferenciais

Muitos patógenos têm uma porta de entrada preferencial que é um pré-requisito para serem capazes de causar doença. Se eles entrarem no organismo por outra porta de entrada, a doença talvez não ocorra. Por exemplo, a bactéria que causa a febre tifoide, *Salmonella* Typhi, produz todos os sinais e sintomas da doença quando deglutida (via preferencial), mas se a mesma bactéria é esfregada na pele não ocorre reação (talvez apenas uma leve inflamação). O *Streptococcus pneumoniae* inalado (via preferencial) pode causar pneumonia, mas geralmente não produz sinais ou sintomas se ingerido. Alguns patógenos, como a bactéria *Yersinia pestis*, o microorganismo causador da peste, e o *Bacillus anthracis*, o agente causador do antraz, podem iniciar um processo de doença por mais de uma porta de entrada. As portas de entrada preferenciais de alguns patógenos são listadas na Tabela 15.1.

Número de micróbios invasores

Se apenas alguns micróbios penetrarem o corpo, eles provavelmente serão eliminados pelas defesas do hospedeiro. Entretanto, se um grande número de micróbios obtiver acesso ao organismo, o cenário está pronto para o desenvolvimento de doença. Assim, a possibilidade de ocorrência de uma doença aumenta à medida que o número de patógenos também aumenta.

A virulência de um microrganismo frequentemente é expressa como DI_{50} (dose infectante para 50% de uma amostra

---

TABELA 15.1 Portas de entrada para os patógenos de algumas doenças comuns

Porta de entrada	Patógeno*	Doença	Período de incubação
MEMBRANAS MUCOSAS			
Trato respiratório (nariz, faringe, traqueia, brônquios e pulmões)	Coronavírus tipo 2 associado à síndrome respiratória aguda grave (SARS-CoV-2)	Covid-19	4-5 dias
	Streptococcus pneumoniae	Pneumonia pneumocócica	1-3 dias
	Mycobacterium tuberculosis[†]	Tuberculose	2-12 semanas
	Bordetella pertussis	Tosse convulsa (coqueluche)	12-20 dias
	Vírus influenza (*Alphainfluenzavirus*)	Influenza	18-36 horas
	Vírus do sarampo (*Morbillivirus*)	Sarampo	11-14 dias
	Vírus da rubéola (*Rubivirus*)	Sarampo alemão (rubéola)	2-3 semanas
	Vírus Epstein-Barr (*Lymphocryptovirus*)	Mononucleose infecciosa	2-6 semanas
	Vírus varicela-zóster (*Varicellovirus*)	Varicela (catapora) (infecção primária)	14-16 dias
	Histoplasma capsulatum (fungo)	Histoplasmose	5-18 dias
Canal digestório (boca, faringe, esôfago, estômago, intestino delgado e intestino grosso)	*Shigella* spp.	Shigelose (disenteria bacilar)	1-2 dias
	Brucella spp.	Brucelose (febre ondulante)	6-14 dias
	Vibrio cholerae	Cólera	1-3 dias
	Salmonella enterica	Salmonelose	7-22 horas
	Salmonella Typhi	Febre tifoide	14 dias
	Vírus da hepatite A (*Hepatovirus*)	Hepatite A	15-50 dias
	Vírus da caxumba (*Rubulavirus*)	Caxumba	2-3 semanas
	Trichinella spiralis (helminto)	Triquinelose	2-28 dias
Sistemas urinário e genital (ovários, útero, vagina, testículos, pênis, rins, ureteres, uretra)	*Neisseria gonorrhoeae*	Gonorreia	3-8 dias
	Treponema pallidum	Sífilis	9-90 dias
	Chlamydia trachomatis	Uretrite não gonocócica	1-3 semanas
	Simplexvirus humanalpha2	Infecções pelo vírus do herpes	4-10 dias
	Lentivirus humimdef1 (HIV)[‡]	Aids	10 anos
	Candida albicans (fungo)	Candidíase	2-5 dias
VIA CUTÂNEA OU PARENTERAL	*Clostridium perfringens*	Gangrena gasosa	1-5 dias
	Clostridium tetani	Tétano	3-21 dias
	Rickettsia rickettsii	Febre maculosa das Montanhas Rochosas	3-12 dias
	Vírus da hepatite B (*Orthohepadnavirus*)[‡]	Hepatite B	6 semanas-6 meses
	Lyssavirus rabies	Raiva	10 dias-1 ano
	Plasmodium spp. (protozoário)	Malária	2 semanas

*Todos os patógenos são bactérias, a menos que indicado de outra forma. Para vírus, é fornecido o nome da espécie viral e/ou do gênero.

[†]Esses patógenos também podem causar doenças após entrarem no corpo pelo canal digestório.

[‡]Esses patógenos também podem causar doenças após entrarem no corpo pela via parenteral. O vírus da hepatite B e o HIV também podem causar doenças após entrarem no corpo através do sistema genital.

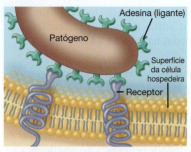

(a) As moléculas de superfície em um patógeno, chamadas de adesinas ou ligantes, ligam-se especificamente a receptores de superfície complementares nas células de determinados tecidos do hospedeiro.

(b) Bactéria *E. coli* (em amarelo) em células da bexiga de seres humanos.

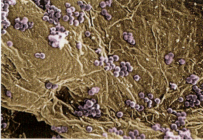

(c) Bactérias (em roxo) aderindo à pele humana.

Figura 15.1 Aderência.

P Qual é a composição química das adesinas?

da população). O número 50 não é um valor absoluto; ele é usado para comparar a virulência relativa sob condições experimentais. O *B. anthracis* pode causar infecções por três diferentes portas de entrada. A DI_{50} via pele (antraz cutâneo) é de 10 a 50 endósporos; a DI_{50} para o antraz por inalação é de 10.000 a 20.000 endósporos; e a DI_{50} para o antraz gastrintestinal é a ingestão de 250.000 a 1.000.000 endósporos. Esses dados demonstram que o antraz cutâneo é muito mais fácil de ser adquirido do que as formas inalatória ou gastrintestinal. Um estudo de *V. cholerae* demonstrou que a sua DI_{50} é de 10^8 células; contudo, se o ácido gástrico for neutralizado com bicarbonato, o número de células necessárias para causar uma infecção diminui significativamente. A DI_{50} para a Covid-19 ainda está sob investigação. Com base em estudos muito limitados, ela seria semelhante ao resfriado comum. Entre 280 e 500 partículas de vírus em indivíduos suscetíveis são suficientes para causar uma infecção.

A potência de uma toxina frequentemente é expressa como DL_{50} (dose letal para 50% de uma amostra da população). Por exemplo, a DL_{50} para a toxina botulínica em camundongos é de 0,03 ng/kg;* para a toxina Shiga, 250 ng/kg; e para a enterotoxina estafilocócica, 1.350 ng/kg. Em outras palavras, comparada às outras duas, uma quantidade muito menor da toxina botulínica é suficiente para causar os sintomas.

Aderência

Quase todos os patógenos apresentam algum mecanismo de adesão aos tecidos do hospedeiro em sua porta de entrada. Para a maioria dos patógenos, esse fenômeno, chamado de **aderência** (ou **adesão**), é uma etapa necessária à patogenicidade. (Naturalmente, os microrganismos não patogênicos também possuem estruturas de fixação.) A aderência entre um patógeno e seu hospedeiro é realizada através de moléculas de superfície presentes no patógeno, denominadas **adesinas** ou **ligantes**, que se ligam especificamente a **receptores** de superfície complementares, encontrados nas células de determinados tecidos do hospedeiro (**Figura 15.1**). As adesinas podem estar localizadas no glicocálice de uma célula ou em outras

estruturas da superfície microbiana, como *pili*, fímbrias e flagelos (ver Capítulo 4). Os ligantes do vírus estão na proteína do capsídeo ou no envelope.

A maioria das adesinas nas bactérias estudadas até hoje é constituída por glicoproteínas ou lipoproteínas. Em geral, os receptores nas células do hospedeiro são açúcares, como a manose. Adesinas em diferentes linhagens de uma mesma espécie podem variar em sua estrutura. Diferentes células de um mesmo hospedeiro também podem ter diferentes receptores que variam em sua estrutura. Se as adesinas, os receptores ou ambos podem ser alterados para interferir na aderência, infecções podem ser evitadas (ou pelo menos controladas).

Existe uma grande diversidade de adesinas. A *Streptococcus mutans*, bactéria que desempenha um papel fundamental na cárie dentária, liga-se à superfície dos dentes por meio de seu glicocálice. Uma enzima produzida por *S. mutans*, chamada de glicosiltransferase, converte a glicose em um polissacarídeo viscoso, chamado de dextrana, que forma o glicocálice. Células bacterianas de *Actinomyces* têm fímbrias que se aderem ao glicocálice de *S. mutans*. A combinação de *S. mutans*, *Actinomyces* e dextrana constitui a placa dentária, que contribui para a cárie dentária (ver Capítulo 25).

Os vírus influenza usam uma glicoproteína da espícula, chamada de HA, para se ligar ao ácido siálico na membrana plasmática da célula hospedeira. Lembre-se do Capítulo 13, no qual se viu que as proteínas S (*spike*; espícula) do coronavírus 2 associado à síndrome respiratória aguda grave (SARS-CoV-2) são essenciais para a infecção, pois ligam o vírus aos receptores da célula hospedeira para iniciar o processo de infecção. O local de ligação do vírus, chamado ACE2, é o receptor da célula hospedeira para a enzima conversora de angiotensina, uma enzima envolvida na pressão arterial e no equilíbrio de fluidos. O vírus faz o hospedeiro aumentar a produção de sítios ACE2 nas células, o que permite uma maior ligação dos vírus.

As linhagens enteropatogênicas de *Escherichia coli* (responsáveis por doenças gastrintestinais) possuem adesinas nas fímbrias que se aderem apenas a tipos específicos de células em certas regiões do intestino delgado. Após a aderência, algumas cepas de *Shigella* e *E. coli* induzem a endocitose mediada por receptor como um veículo para penetrarem nas

*Um nanograma (ng) equivale a um bilionésimo de 1 grama; um quilograma (kg) equivale a 1.000 gramas.

Graças à transferência horizontal de genes, qualquer bactéria que entre em contato com outra pode acabar compartilhando genes que conferem fatores de virulência. Isso inclui as muitas espécies que vivem como membros do microbioma da pele.

Staphylococcus epidermidis é a espécie estafilocócica mais frequentemente isolada da pele humana. Por outro lado, *S. aureus* raramente é encontrado em outras áreas da pele além de seu local preferido, as narinas. Os pesquisadores acreditam que uma das razões pelas quais o *S. epidermidis* é tão bem-sucedido em colonizar a pele é que ele contém o elemento móvel catabólico da arginina (ACME, de *arginine catabolic mobile element*), um segmento genético que confere resistência aos peptídeos antibacterianos encontrados na pele humana.

No entanto, o ACME é um "elemento genético móvel" – assim chamado porque as bactérias o transferem facilmente para novas células por meio de plasmídeos, bacteriófagos ou transpósons. Análises genéticas indicam que *S. epidermidis* transferiu ACME para alguns *S. aureus*, facilitando que versões em evolução de *S. aureus* colonizassem outras áreas da pele e fossem transferidas por contato direto. Da mesma forma, estudos de laboratório sobre o gene bacteriano *mecA* levaram os pesquisadores a suspeitar de que a resistência à meticilina, oxacilina e outros antibióticos beta-lactâmicos também passou do *S. epidermis* para o *S. aureus*. Essas duas transferências de genes entre membros normalmente inofensivos do microbioma são alguns dos principais eventos que ajudaram na geração de *S. aureus* resistente à meticilina (MRSA) – um grande problema

de saúde nos ambientes de hospitalares e na comunidade em geral atualmente.

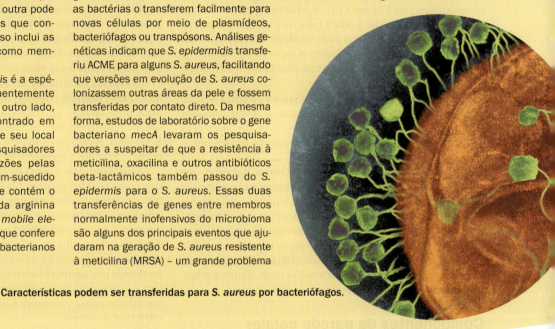

Características podem ser transferidas para *S. aureus* por bacteriófagos.

células do hospedeiro e, então, multiplicarem-se em seu interior (ver Figura 25.7). O *T. pallidum*, o agente causador da sífilis, utiliza sua extremidade afilada como um gancho para se fixar às células do hospedeiro. A *Listeria monocytogenes*, que causa meningite, aborto espontâneo e nascimento de bebês natimortos, produz uma adesina para um receptor específico nas células do hospedeiro. A *Neisseria gonorrhoeae*, o agente causador da gonorreia, também apresenta fímbrias com adesinas, que permitem sua adesão a células que possuam os receptores apropriados em locais como o sistema genital, os olhos e a faringe. O *Staphylococcus aureus*, que pode causar infecções na pele, produz adesinas que se ligam à laminina e à fibronectina nas células da pele (ver **Explorando o microbioma**).

TESTE SEU CONHECIMENTO

✔ **15-1** Liste três portas de entrada e descreva como os microrganismos utilizam cada uma delas.

✔ **15-2** A DL_{50} da toxina botulínica é de 0,03 ng/kg; a DL_{50} da toxina de *Salmonella* é de 12 mg/kg. Qual das duas é a toxina mais potente?

✔ **15-3** Como um fármaco que se liga à manose das células humanas afeta uma bactéria patogênica?

Como os patógenos bacterianos ultrapassam as defesas do hospedeiro

OBJETIVOS DE APRENDIZAGEM

15-4 Explicar como as cápsulas e os componentes da parede celular contribuem para a patogenicidade.

15-5 Comparar os efeitos das coagulases, cinases, da hialuronidase e da colagenase.

15-6 Definir e apresentar um exemplo de *variação antigênica*.

15-7 Descrever como as bactérias utilizam o citoesqueleto celular para entrar na célula.

15-8 Identificar seis mecanismos capazes de evitar a destruição por fagocitose.

Embora alguns patógenos possam causar dano quando na superfície dos tecidos, a maioria precisa entrar nos tecidos para causar doenças. Nesta seção, serão considerados diversos fatores que contribuem para a capacidade das bactérias de invadir o hospedeiro.

Cápsulas

Lembre-se de que, como visto no Capítulo 4, algumas bactérias produzem substâncias no glicocálice que formam cápsulas ao redor de sua parede celular; essa propriedade aumenta a virulência das espécies patogênicas. A cápsula resiste às defesas do hospedeiro por impedir a fagocitose, o processo utilizado por certas células do organismo para englobar e destruir microrganismos (ver Capítulo 16). A natureza química da cápsula parece impedir que a célula fagocítica se ligue à bactéria. Entretanto, o corpo humano pode produzir anticorpos contra a cápsula e, quando esses anticorpos estiverem presentes na superfície da cápsula, as bactérias encapsuladas são facilmente destruídas por fagocitose.

Uma bactéria que deve a sua virulência à presença de uma cápsula polissacarídica é o *S. pneumoniae*, o agente causador da pneumonia pneumocócica (ver Figura 24.11). Linhagens dessa bactéria que têm cápsulas são virulentas, porém linhagens que não apresentam cápsulas não são virulentas, uma vez que são suscetíveis à fagocitose. Outras bactérias que produzem cápsulas relacionadas à virulência são *Klebsiella pneumoniae*, o agente causador da pneumonia bacteriana; *Haemophilus influenzae*, que causa pneumonia e meningite em crianças; *B. anthracis*, a causa do antraz; e *Y. pestis*, o agente causador da peste. Lembre-se de que as cápsulas não são a única causa da virulência. Muitas bactérias não patogênicas também possuem cápsulas, e a virulência de alguns patógenos não está relacionada à presença de uma cápsula.

Componentes da parede celular

A parede celular de certas bactérias contém substâncias químicas que contribuem para a virulência. Elas incluem a proteína M, Opa e o ácido micólico. *Streptococcus pyogenes* produz uma proteína resistente ao calor e à acidez, chamada **proteína M** (ver Figura 21.6). Essa proteína é encontrada tanto na superfície celular quanto nas fímbrias. Ela medeia a aderência da bactéria às células epiteliais do hospedeiro e auxilia na resistência da bactéria à fagocitose pelos leucócitos. Dessa forma, a proteína M aumenta a virulência do microrganismo. A imunidade ao *S. pyogenes* depende da produção pelo organismo de anticorpos específicos contra a proteína M. Em contraste, *N. gonorrhoeae*, que cresce no interior de células epiteliais e leucócitos humanos, usa fímbrias e uma proteína da membrana externa chamada **Opa** para se ligar às células hospedeiras. Após a aderência pelas proteínas Opa e pelas fímbrias, as células do hospedeiro captam as bactérias. As bactérias que produzem Opa formam colônias *opac*as em meio de cultura. O lipídeo ceroso (ácido micólico) que constitui a parede celular de *M. tuberculosis* também aumenta a virulência do organismo, conferindo resistência à digestão por fagócitos e permitindo até mesmo que a bactéria se multiplique no interior desses fagócitos.

Enzimas

A virulência de algumas bactérias é auxiliada pela produção de enzimas extracelulares (*exoenzimas*). As mais comuns e suas funções são discutidas aqui.

As **coagulases** são enzimas bacterianas que coagulam o fibrinogênio no sangue. O fibrinogênio, proteína plasmática do sangue produzida no fígado, é convertido em fibrina pela ação das coagulases, gerando a malha que forma o coágulo sanguíneo. Os coágulos de fibrina podem proteger a bactéria da fagocitose e isolá-la de outras defesas do hospedeiro. As coagulases são produzidas por alguns membros do gênero *Staphylococcus*, podendo estar envolvidas no processo de isolamento de abscessos produzidos por estafilococos. Contudo, alguns estafilococos que não produzem coagulases ainda podem ser virulentos. Nesses casos, as cápsulas podem ser mais importantes para a sua virulência.

As **cinases** bacterianas são enzimas que degradam a fibrina e, assim, digerem coágulos formados pelo organismo para isolar uma infecção. Uma das cinases mais conhecidas é a *fibrinolisina (estreptoquinase)*, produzida por estreptococos, como o *S. pyogenes*. A estreptoquinase é usada terapeuticamente para quebrar coágulos sanguíneos que causam ataques cardíacos.

A **hialuronidase** é outra enzima secretada por certas bactérias, como os estreptococos. Ela hidrolisa o ácido hialurônico, tipo de polissacarídeo que une certas células do corpo, particularmente em tecidos conectivos. Acredita-se que essa ação digestória esteja envolvida na necrose de ferimentos infectados e que ela auxilie na dispersão do microrganismo a partir de seu sítio inicial de infecção. A hialuronidase também é produzida por alguns clostrídios que causam gangrena gasosa. Para o uso terapêutico, a hialuronidase pode ser misturada a um fármaco para promover a disseminação do fármaco por um tecido do corpo.

Outra enzima, a **colagenase**, produzida por diversas espécies de *Clostridium*, facilita a disseminação da gangrena gasosa. A colagenase quebra a proteína colágeno, que forma os tecidos conjuntivos de músculos e de outros órgãos e tecidos.

Como defesa contra a aderência de patógenos a superfícies mucosas, o organismo produz uma classe de anticorpos, chamados IgA. Alguns patógenos produzem enzimas, chamadas de **proteases IgA**, que podem destruir esses anticorpos. A bactéria *Neisseria gonorrhoeae* tem essa habilidade, assim como *N. meningitidis*, o agente causador da meningite meningocócica, e outros micróbios que infectam o sistema nervoso central.

Variação antigênica

A *imunidade adaptativa* refere-se a uma resposta defensiva do corpo a antígenos estranhos específicos (ver Capítulo 17). Na presença desses antígenos, o organismo produz proteínas, denominadas anticorpos, que se ligam aos antígenos e os tornam inativos ou os direcionam para a destruição por fagócitos. No entanto, alguns patógenos podem alterar seus antígenos de superfície por meio de um processo denominado **variação antigênica**. Assim, no momento em que o corpo produz anticorpos contra os antígenos de um patógeno, o patógeno já alterou seus antígenos e não é afetado pelos anticorpos. Alguns micróbios podem ativar genes alternativos para produzir essas mudanças antigênicas. A *N. gonorrhoeae*, por exemplo, tem em seu genoma diversas cópias do gene codificador da proteína Opa, resultando em células que apresentam diferentes antígenos que são expressos ao longo do tempo.

Uma grande variedade de microrganismos é capaz de apresentar variação antigênica. Exemplos incluem o *Alphainfluenzavirus*, o agente causador da influenza; *N. gonorrhoeae*, o agente causador da gonorreia; e *Trypanosoma brucei gambiense*, o agente causador da tripanossomíase africana (doença do sono). Ver Figura 22.16.

Penetração no hospedeiro

Como previamente mencionado, os microrganismos aderem-se às células dos hospedeiros pelas adesinas. Essa interação desencadeia cascatas de sinalização no hospedeiro, as quais ativam fatores que resultam na entrada de algumas bactérias na célula. O mecanismo é fornecido pelo citoesqueleto da célula hospedeira. Os microfilamentos do citoesqueleto eucariótico são compostos de uma proteína denominada actina, utilizada por alguns micróbios para entrar na célula hospedeira e por outros para se movimentar entre as diferentes células do hospedeiro.

Por exemplo, quando cepas de *Salmonella* e *E. coli* entram em contato com a membrana plasmática da célula hospedeira, mudanças importantes ocorrem na membrana no ponto de contato. Os micróbios produzem proteínas de superfície, chamadas de **invasinas**, que causam o rearranjo dos filamentos de actina do citoesqueleto celular próximos ao ponto de contato bacteriano. Por exemplo, quando *Salmonella* Typhimurium entra em contato com a célula hospedeira, as invasinas do micróbio tornam a aparência da membrana plasmática semelhante a uma gota que se espalha ao atingir uma superfície sólida. Esse efeito, chamado de *enrugamento da membrana*, é o resultado da desorganização do citoesqueleto da célula hospedeira (**Figura 15.2**). O microrganismo mergulha em uma das dobras da membrana e é englobado pela célula hospedeira. Esse processo é chamado de **macropinocitose**.

Uma vez dentro da célula hospedeira, certas bactérias, como espécies de *Shigella* e *Listeria*, podem utilizar a actina para se impulsionarem através do citoplasma da célula e de uma célula hospedeira para outra. A condensação da actina em uma das extremidades da bactéria a impulsiona através do

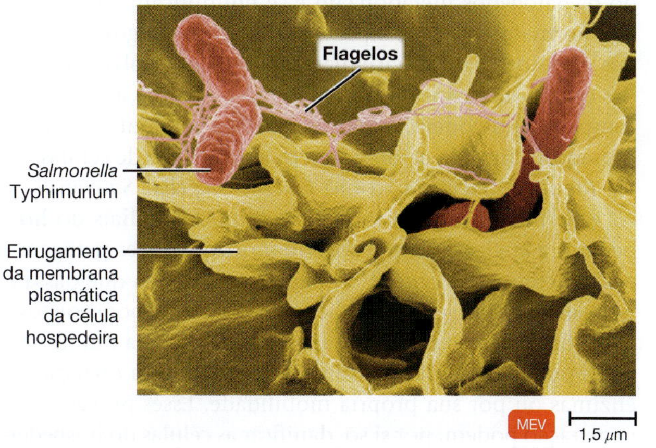

Figura 15.2 *Salmonella* **invadindo as células epiteliais do intestino em razão do enrugamento da membrana plasmática e da macropinocitose.**

P O que são invasinas?

citoplasma. As bactérias também entram em contato com as junções de membrana, que compõem uma rede de transporte entre as células hospedeiras. As bactérias usam uma glicoproteína, denominada *caderina*, que conecta as junções, a fim de se mover de uma célula à outra.

Ainda, outros micróbios têm a capacidade de sobreviver dentro dos fagócitos. A *Coxiella burnetii*, agente causador da febre Q, de fato requer um pH baixo dentro de um fagolisossomo para se replicar. *L. monocytogenes, Shigella* (agente causador da shigelose) e espécies de *Rickettsia* (agente causador da febre maculosa e do tifo) apresentam a capacidade de escapar de um fagossomo antes que ele se funda a um lisossomo. *M. tuberculosis* (agente causador da tuberculose), HIV (agente causador da Aids), *Chlamydia* (agente causador do tracoma, da uretrite não gonocócica e do linfogranuloma venéreo), *Leishmania* (agente causador da leishmaniose) e *Plasmodium* (parasita da malária) podem impedir a fusão de um fagossomo a um lisossomo e a acidificação adequada das enzimas digestivas. Os micróbios, então, multiplicam-se dentro do fagócito e quase o preenchem completamente. Na maioria dos casos, o fagócito é destruído e os micróbios são liberados por autólise para infectar outras células. Outros micróbios, ainda, como os agentes causadores da tularemia e da brucelose, podem permanecer latentes dentro dos fagócitos por meses ou anos seguidos.

Conforme descrito no Capítulo 13, após a ligação, os vírus entram nas células por pinocitose ou fusão do envelope viral com a membrana da célula hospedeira. Vários vírus, incluindo o SARS-CoV-2, induzem macropinocitose em suas células hospedeiras.

Biofilmes

Os biofilmes, discutidos no Capítulo 6, são muito importantes pois são resistentes a desinfetantes e antibióticos. Essa característica é significativa, principalmente quando os biofilmes colonizam estruturas como dentes, cateteres médicos, endopróteses expansíveis, válvulas cardíacas, próteses e lentes de contato. Exemplos de biofilmes incluem a placa dentária, as algas nas paredes de piscinas e a espuma que se acumula em portas de chuveiros ou azulejos. Um biofilme forma-se quando microrganismos se aderem a uma superfície específica, geralmente úmida e que contém matéria orgânica. Os primeiros microrganismos a realizarem a adesão normalmente são bactérias. Uma vez aderidas à superfície, elas multiplicam-se e secretam o glicocálice, que intensifica ainda mais a ligação de uma bactéria à outra e à superfície (ver Figura 6.6). Em alguns casos, os biofilmes podem apresentar várias camadas e podem ser constituídos por diversas espécies diferentes de microrganismos. A placa dentária é, na verdade, um biofilme que se mineralizou ao longo do tempo, criando aquilo que é conhecido como tártaro. Estima-se que os biofilmes estejam envolvidos em cerca de 65% de todas as infecções bacterianas em seres humanos.

Os biofilmes também desempenham uma função na evasão dos fagócitos. As bactérias que fazem parte dos biofilmes são muito mais resistentes à fagocitose. Os fagócitos não se movem através dos carboidratos viscosos da substância polimérica extracelular (SPE) dos biofilmes, e aqueles que entram no biofilme apresentam capacidade fagocítica reduzida.

TESTE SEU CONHECIMENTO

✔ **15-4** Que função a cápsula e a proteína M têm em comum?

✔ **15-5** É esperado que uma bactéria produza coagulase e cinase simultaneamente?

✔ **15-6** Muitas vacinas garantem anos de proteção contra uma doença. Por que a vacina contra a influenza não oferece mais do que alguns meses de proteção?

✔ **15-7** Como a bactéria *E. coli* causa o enrugamento da membrana plasmática?

✔ **15-8** Como cada uma dessas bactérias escapa da destruição pelos fagócitos? *S. pneumoniae*, *S. aureus*, *L. monocytogenes*, *M. tuberculosis*, *Rickettsia*.

Como os patógenos bacterianos danificam as células do hospedeiro

OBJETIVOS DE APRENDIZAGEM

15-9 Descrever a função dos sideróforos.

15-10 Apresentar um exemplo de dano direto e compará-lo à produção de toxina.

15-11 Diferenciar a natureza e os efeitos das exotoxinas e das endotoxinas.

15-12 Delinear os mecanismos de ação das toxinas A-B (incluindo genotoxinas), das toxinas disruptoras de membranas e dos superantígenos.

15-13 Identificar a importância do ensaio de LAL.

15-14 Usando exemplos, descrever o papel dos plasmídeos e da lisogenia na patogenicidade.

Quando um microrganismo invade um tecido corporal, ele inicialmente encontra os fagócitos do hospedeiro. Se os fagócitos obtêm sucesso em destruir o invasor, nenhum outro dano é causado. Todavia, se o patógeno supera as defesas do hospedeiro, ele pode danificar as células de quatro formas básicas:

1. Utilizando os nutrientes do hospedeiro.
2. Causando danos diretos à região próxima ao local da invasão.
3. Produzindo toxinas, que são transportadas pelo sangue e pela linfa, que danificam sítios distantes do local inicial da invasão.
4. Induzindo reações de hipersensibilidade.

O quarto mecanismo é considerado em detalhes no Capítulo 19. Por enquanto, discutiremos apenas os três primeiros mecanismos.

Utilizando os nutrientes do hospedeiro: sideróforos

O ferro é necessário para o crescimento da maioria das bactérias patogênicas. Contudo, a concentração de ferro livre no corpo

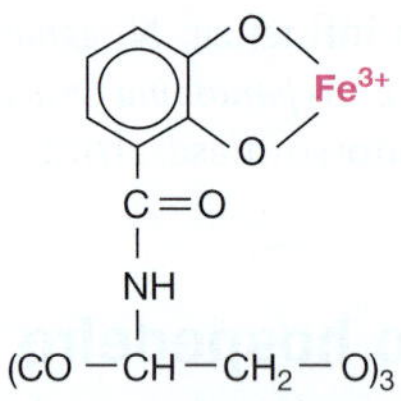

Figura 15.3 Estrutura da enterobactina, um tipo de sideróforo bacteriano. O ferro (Fe^{3+}) é indicado em rosa.

P Qual é a importância dos sideróforos?

humano é muito pequena, uma vez que a maior parte do ferro se encontra firmemente ligada a proteínas transportadoras de ferro, como a lactoferrina, a transferrina e a ferritina, bem como à hemoglobina. Essas proteínas são discutidas mais detalhadamente no Capítulo 16. Para obterem ferro, alguns patógenos secretam proteínas, chamadas **sideróforos** (**Figura 15.3**). Os sideróforos retiram o ferro das proteínas transportadoras de ferro do hospedeiro ao se ligarem ao ferro com ainda mais força. Quando o complexo sideróforo-ferro é formado, ele se liga a receptores de sideróforos na superfície da bactéria, sendo absorvido por ela. Dessa forma, o ferro é levado para dentro da célula bacteriana. Em alguns casos, o ferro é liberado do complexo antes de entrar na bactéria, já em outros, o ferro entra na forma complexada.

Como alternativa à aquisição de ferro via sideróforos, alguns patógenos apresentam receptores que se ligam diretamente às proteínas transportadoras de ferro e à hemoglobina. Essas moléculas são absorvidas diretamente pela bactéria junto com o ferro. Além disso, é possível que algumas bactérias produzam toxinas (descritas brevemente) quando os níveis de ferro estão baixos. As toxinas destroem as células do hospedeiro, liberando ferro e tornando-o disponível para a bactéria.

Dano direto

Uma vez que os patógenos aderem às células do hospedeiro, eles podem causar danos diretos, pois usam essas células para a obtenção de nutrientes e geram produtos residuais. Quando os patógenos metabolizam e se multiplicam nas células, elas normalmente se rompem. Muitos vírus e algumas bactérias e protozoários intracelulares que se desenvolvem dentro das células do hospedeiro são liberados quando as células se rompem. Eles podem, então, se espalhar para outros tecidos, causando a ruptura de um número ainda maior de células.

Algumas bactérias, como *E. coli*, *Shigella*, *Salmonella* e *N. gonorrhoeae*, podem induzir as células epiteliais do hospedeiro a englobá-las por macropinocitose. Esses patógenos podem romper as células hospedeiras à medida que passam por elas e podem, então, ser liberados da célula por exocitose, permitindo que entrem em outras células. Ainda outras bactérias podem penetrar na célula hospedeira pela excreção de enzimas ou por sua própria mobilidade. Esses processos de penetração podem, por si só, danificar as células do hospedeiro. A maioria dos danos causados pelas bactérias, no entanto, ocorre pela ação das toxinas.

Produção de toxinas

As **toxinas** são substâncias venenosas produzidas por certos microrganismos. Muitas vezes, são o fator primário que contribui para as propriedades patogênicas desses micróbios. A capacidade dos microrganismos de produzir toxinas é chamada de **toxigenicidade**. As toxinas transportadas pelo sangue ou pela linfa podem causar efeitos graves e muitas vezes fatais. Algumas toxinas geram febre, distúrbios cardiovasculares, diarreia e choque. As toxinas também podem inibir a síntese proteica, destruir células e vasos sanguíneos e danificar o sistema nervoso central, causando espasmos. Das cerca de 220 toxinas bacterianas conhecidas, aproximadamente 40% causam doenças decorrentes dos danos às membranas das células eucarióticas. O termo **toxemia** refere-se à presença de toxinas no sangue. As toxinas podem ser de dois tipos principais, com base em sua posição relativa à célula microbiana: exotoxinas e endotoxinas. As **intoxicações** são causadas pela presença de uma toxina, não pelo crescimento microbiano.

Exotoxinas

As **exotoxinas** são produzidas no interior de algumas bactérias (principalmente, mas não exclusivamente, gram-positivas) como parte de seu crescimento e metabolismo, e são secretadas pela bactéria no meio circundante ou liberadas após a lise da célula (**Figura 15.4**). *Exo-* significa "fora", o que, nesse contexto, refere-se ao fato de que as exotoxinas são secretadas para o exterior das células bacterianas responsáveis pela sua produção. As exotoxinas são proteínas, e muitas são enzimas que catalisam apenas certas reações bioquímicas. Em razão da natureza enzimática da maioria das exotoxinas, mesmo pequenas quantidades são bastante perigosas, pois podem agir várias vezes seguidas. Os genes que codificam a maioria (e talvez todas) das exotoxinas são carreados em plasmídeos bacterianos ou fagos. Como as exotoxinas são solúveis em fluidos corporais, elas podem difundir-se facilmente no sangue, sendo rapidamente transportadas por todo o corpo.

As exotoxinas agem destruindo determinadas partes das células do hospedeiro ou inibindo certas funções metabólicas. Elas são altamente específicas em relação aos seus efeitos e estão entre as substâncias mais letais conhecidas. Apenas 1 miligrama da exotoxina botulínica é suficiente para matar 1 milhão de cobaias. Felizmente, apenas algumas espécies bacterianas são capazes de produzir exotoxinas tão potentes.

Normalmente, as doenças causadas por bactérias que produzem exotoxinas são devidas às exotoxinas, e não à infecção das bactérias em si. São as exotoxinas que produzem os sinais e os sintomas específicos da doença. Assim, as exotoxinas são doença-específicas. Por exemplo, o botulismo normalmente é provocado pela ingestão da exotoxina, e não devido a uma infecção bacteriana. De maneira semelhante, a intoxicação alimentar estafilocócica, como o próprio nome diz, é uma *intoxicação*, e não uma infecção.

O organismo produz anticorpos, denominados **antitoxinas**, que promovem imunidade contra exotoxinas. Quando as exotoxinas são inativadas por calor ou pelo uso de formaldeído, iodo ou outra substância química, não podem mais causar doença, porém ainda são capazes de estimular o sistema imune a produzir antitoxinas. Essas exotoxinas alteradas são chamadas de **toxoides**. Quando os toxoides são injetados no corpo, como uma vacina, estimulam a produção de antitoxinas, gerando imunidade. A difteria e o tétano podem ser prevenidos pela vacinação com toxoides.

Nomeando as exotoxinas As exotoxinas são nomeadas com base em diversas características. Uma delas é o tipo de célula hospedeira afetada pela toxina. Por exemplo, as *neurotoxinas* afetam as células nervosas, as *cardiotoxinas* afetam as células cardíacas, as *hepatotoxinas* afetam as células hepáticas, as *leucotoxinas* afetam os leucócitos, as *enterotoxinas* afetam as células que revestem os intestinos e as *citotoxinas* afetam uma ampla variedade de células. Algumas exotoxinas são nomeadas a partir da doença à qual estão associadas. Exemplos incluem a toxina diftérica (que causa a difteria) e a toxina tetânica (que causa o tétano). Outras exotoxinas são nomeadas de acordo com a bactéria específica que produz cada uma delas, por exemplo, toxina botulínica (*Clostridium botulinum*) e enterotoxina colérica (*V. cholerae*).

Tipos de exotoxinas As exotoxinas são divididas em três tipos principais com base em sua estrutura e função: (1) toxinas A-B, (2) toxinas danificadoras de membrana e (3) superantígenos.

Toxinas A-B A maioria das exotoxinas são **toxinas A-B**, e elas foram as primeiras toxinas a serem estudadas intensivamente. Elas possuem esse nome pois consistem em duas partes, designadas A e B: a porção A é o componente ativo (enzima), e a porção B é o componente de ligação. Ambas as partes são polipeptídeos. Um exemplo de toxina A-B é a toxina diftérica, ilustrada na **Figura 15.5**.

As **genotoxinas** são toxinas A-B produzidas por algumas bactérias gram-negativas, incluindo *Helicobacter*, *Haemophilus* e *Salmonella*. As genotoxinas têm como alvo o DNA. Essas toxinas causam mutações, interrompem a divisão celular e podem conduzir ao câncer. Na verdade, o *Helicobacter* é um carcinógeno de classe 1, o que significa que é conhecido por causar câncer. Duas genotoxinas produzidas por várias bactérias, incluindo *Salmonella* Typhi e *Campylobacter* spp., são a *toxina distensora citoletal* e a *toxina tifoide*. Ambos causam quebras no DNA. A toxina *colibactina*, produzida por algumas cepas de *E. coli,* se liga à adenina, resultando em mutações.

Toxinas danificadoras de membrana As toxinas danificadoras de membrana causam a lise da célula hospedeira pelo

Mecanismos das exotoxinas e endotoxinas

exotoxinas

São proteínas produzidas no interior de bactérias patogênicas, mais comumente bactérias gram-positivas, como parte de seu crescimento e metabolismo. As exotoxinas são, então, secretadas no meio circundante durante a fase log.

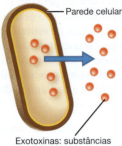

Parede celular

Exotoxinas: substâncias tóxicas liberadas fora da célula

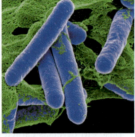

Clostridium botulinum, exemplo de bactéria gram-positiva que produz exotoxinas

MEV   1,3 μm

CONCEITOS-CHAVE

- As toxinas são de dois tipos gerais: exotoxinas e endotoxinas.
- As toxinas bacterianas podem causar danos às células hospedeiras.
- As toxinas podem provocar uma resposta inflamatória no hospedeiro, bem como ativar o sistema complemento.
- Algumas bactérias gram-negativas podem liberar pequenas quantidades de endotoxinas, o que pode estimular a imunidade natural.

endotoxinas

Consistem na porção lipídica dos lipopolissacarídeos (LPS) que fazem parte da membrana externa da parede celular de bactérias gram-negativas (lipídeo A). As endotoxinas são liberadas quando a bactéria morre e ocorre a lise ou o rompimento da parede celular.

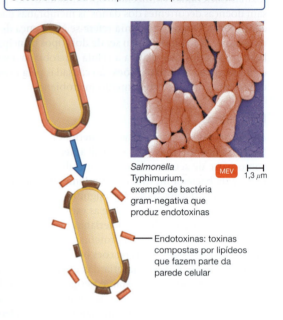

Salmonella Typhimurium, exemplo de bactéria gram-negativa que produz endotoxinas

MEV   1,3 μm

Endotoxinas: toxinas compostas por lipídeos que fazem parte da parede celular

---

rompimento da membrana plasmática. Algumas toxinas agem pela formação de canais proteicos na membrana plasmática, ao passo que outras degradam a porção fosfolipídica da membrana. A exotoxina lítica do *S. aureus* é um exemplo de exotoxina que forma canais proteicos, ao passo que a toxina de *C. perfringens* é um exemplo de exotoxina que degrada fosfolipídeos. As toxinas que danificam as membranas contribuem para a virulência pela morte de células do hospedeiro, sobretudo fagócitos, e também por auxiliarem as bactérias a escaparem de vacúolos no interior dos fagócitos (fagossomos) para o citoplasma da célula hospedeira.

As toxinas danificadoras de membrana que destroem leucócitos fagocíticos (glóbulos brancos) são chamadas de **leucocidinas**. Eles agem formando canais proteicos. As leucocidinas são ativas contra neutrófilos e macrófagos. A maioria das leucocidinas é produzida por estafilococos e estreptococos. O dano causado aos fagócitos diminui a resistência do hospedeiro. Uma vez dentro dessas células, vários patógenos intracelulares secretam toxinas formadoras de poros, que rompem as membranas celulares dos fagócitos. Por exemplo, o *Trypanosoma cruzi* (agente causador da doença

de Chagas) e *L. monocytogenes* (agente causador da listeriose), produzem complexos de ataque à membrana que lisam as membranas do fagolisossomo e liberam os micróbios no citoplasma do fagócito, onde eles se propagam. Posteriormente, os micróbios secretam mais complexos de ataque à membrana que lisam a membrana plasmática, o que resulta na liberação dos micróbios do fagócito e na infecção das células vizinhas.

Algumas toxinas danificadoras de membrana destroem eritrócitos (hemácias) também pela formação de canais proteicos. Eles são chamados de **hemolisinas**. Os estafilococos e os estreptococos são importantes produtores de hemolisinas. As hemolisinas produzidas pelos estreptococos são chamadas de **estreptolisinas**. Um tipo em particular, denominado *estreptolisina O (SLO)*, recebe esse nome por ser inativada na presença de oxigênio atmosférico. Outro tipo de estreptolisina é chamado de *estreptolisina S (SLS)*, por ser estável em um ambiente contendo oxigênio. Ambas as estreptolisinas podem causar a lise, não apenas de hemácias, mas também de leucócitos (cuja função é eliminar os estreptococos) e de outras células do corpo.

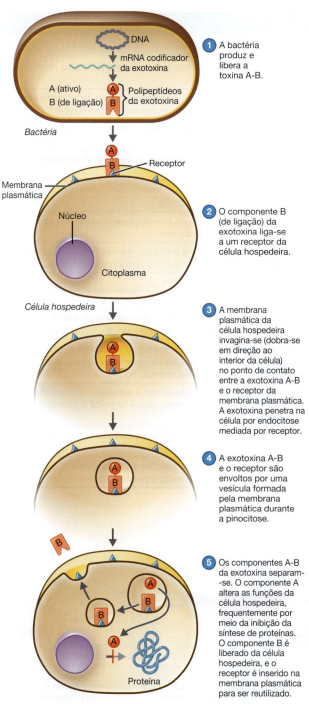

Figura 15.5 Ação de uma exotoxina A-B. Um modelo proposto para o mecanismo de ação da toxina diftérica.

P Por que ela é chamada de toxina A-B?

Superantígenos Os **superantígenos** são antígenos que provocam uma resposta imune muito intensa. São proteínas bacterianas que se combinam com uma proteína dos macrófagos; isso estimula inespecificamente a proliferação de células

imunes chamadas de células T. Esses são tipos de leucócitos (glóbulos brancos) chamados linfócitos, que agem contra organismos e tecidos estranhos (transplantes). Em resposta aos superantígenos, as células T são estimuladas a liberar enormes quantidades de substâncias químicas, denominadas citocinas. As *citocinas* são pequenas moléculas proteicas produzidas por várias células do corpo, em especial células T, que regulam as respostas imunes e fazem a mediação da comunicação célula a célula (ver Capítulo 17). Níveis excessivamente altos de citocinas liberadas pelas células T circulam pela corrente sanguínea e desencadeiam vários sintomas, como febre, náuseas, vômitos, diarreia e, às vezes, choque e até mesmo a morte. Os superantígenos bacterianos incluem as toxinas estafilocócicas, que causam a intoxicação alimentar e a síndrome do choque tóxico. Um resumo de algumas doenças provocadas pelas exotoxinas é mostrado na Tabela 15.2.

Endotoxinas

As **endotoxinas** diferem das exotoxinas de diversas formas. *Endo-* significa "dentro" e, nesse contexto, refere-se ao fato de que as endotoxinas fazem parte das células bacterianas e não são um produto metabólico. As endotoxinas são parte da porção externa da parede celular de bactérias gram-negativas (Figura 15.4). As bactérias gram-negativas têm uma membrana externa que circunda a camada de peptideoglicano da parede celular (ver Capítulo 4). Essa membrana externa consiste em lipoproteínas, fosfolipídeos e lipopolissacarídeos (LPS) (ver Figura 4.13c). A porção lipídica do LPS, chamada de **lipídeo A**, é a endotoxina. Assim, as endotoxinas são lipídeos, ao passo que as exotoxinas são proteínas.

As endotoxinas são liberadas durante a multiplicação bacteriana e quando as bactérias gram-negativas morrem e suas paredes celulares sofrem lise. Os antibióticos utilizados para tratar doenças causadas por bactérias gram-negativas podem lisar essas células bacterianas; essa reação causa a liberação de endotoxinas, o que pode levar a uma piora imediata dos sintomas. Entretanto, a condição do paciente normalmente melhora à medida que a lipase hepática degrada a endotoxina. As endotoxinas exercem seu efeito pelo estímulo de macrófagos, os quais, por sua vez, liberam citocinas em concentrações bastante elevadas; em tal situação, as citocinas são tóxicas. Todas as endotoxinas produzem os mesmos sinais e sintomas, independentemente da espécie de microrganismo, embora nem sempre na mesma intensidade. Esses sintomas incluem calafrios, febre, fraqueza, dores generalizadas e, em alguns casos, choque e até mesmo morte. As endotoxinas também podem induzir o aborto.

Outra consequência da presença de endotoxinas é a ativação das proteínas envolvidas na coagulação sanguínea, causando a formação de pequenos coágulos. Esses coágulos obstruem os vasos capilares, e o decréscimo no suprimento de sangue resultante induz a morte tecidual. Essa condição é conhecida como *coagulação intravascular disseminada (CIVD)*.

Acredita-se que a febre (resposta pirogênica) causada pelas endotoxinas ocorra conforme ilustrado na **Figura 15.6**. A morte de células bacterianas causada pela lise também pode

TABELA 15.2 Doenças causadas por exotoxinas

Doença	Bactéria	Tipo de exotoxina	Mecanismo
Botulismo	*Clostridium botulinum*	A-B	Neurotoxina; impede a transmissão de impulsos nervosos; resulta em paralisia flácida.
Tétano	*C. tetani*	A-B	Neurotoxina; bloqueia os impulsos nervosos na via de relaxamento muscular; resulta em contrações musculares incontroláveis.
Difteria	*Corynebacterium diphtheriae*	A-B	Citotoxina; inibe a síntese proteica, especialmente nas células nervosas, cardíacas e renais.
Síndrome da pele escaldada	*S. aureus*	A-B	Exotoxina; faz as camadas da pele se separarem e se soltarem.
Cólera	*V. cholerae*	A-B	Enterotoxina; causa secreção de grandes quantidades de fluidos e eletrólitos, o que resulta em diarreia.
Diarreia do viajante	*E. coli* enterotoxigênica e *Shigella* spp.	A-B	Enterotoxina; causa secreção de grandes quantidades de fluidos e eletrólitos, o que resulta em diarreia.
Antraz	*Bacillus anthracis*	A-B	Dois componentes A entram na célula por meio do mesmo componente B. As proteínas A causam choque e reduzem a resposta imune.
Câncer de estômago	*Helicobacter* spp.	Toxina A-B	Genotoxina; causa quebras no DNA.
Câncer colorretal	*E. coli*	Toxina A-B	Genotoxina (colibactina); liga-se às adeninas no DNA.
Infecção da pele e tecidos moles	*S. aureus* resistente à meticilina	Rompimento da membrana	A leucocidina Panton-Valentine encontrada na cepa de MRSA adquirida na comunidade produz poros nas membranas dos leucócitos.
Gangrena gasosa e intoxicação alimentar	*C. perfringens* e outras espécies de *Clostridium*	Rompimento da membrana	Uma exotoxina (citotoxina) causa destruição maciça de glóbulos vermelhos (hemólise); outra exotoxina (enterotoxina) está relacionada à intoxicação alimentar e causa diarreia.
Diarreia associada a antibióticos	*Clostridioides difficile*	Rompimento da membrana	Enterotoxina; causa secreção de fluidos e eletrólitos, que resulta em diarreia; também atua como citotoxina que degrada o citoesqueleto do hospedeiro.
Intoxicação alimentar	*S. aureus*	Superantígenos	Enterotoxina; causa secreção de fluidos e eletrólitos, o que resulta em diarreia.
Síndrome do choque tóxico (SCT)	*S. aureus*	Superantígenos	Provoca a secreção de fluidos e eletrólitos dos capilares, o que diminui o volume sanguíneo e reduz a pressão arterial.

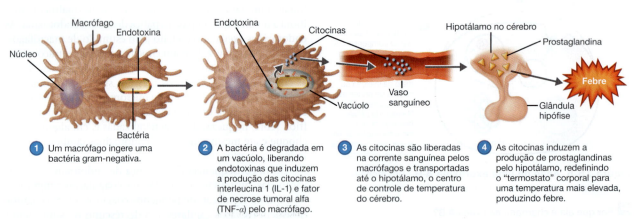

1. Um macrófago ingere uma bactéria gram-negativa.

2. A bactéria é degradada em um vacúolo, liberando endotoxinas que induzem a produção das citocinas interleucina 1 (IL-1) e fator de necrose tumoral alfa (TNF-α) pelo macrófago.

3. As citocinas são liberadas na corrente sanguínea pelos macrófagos e transportadas até o hipotálamo, o centro de controle de temperatura do cérebro.

4. As citocinas induzem a produção de prostaglandinas pelo hipotálamo, redefinindo o "termostato" corporal para uma temperatura mais elevada, produzindo febre.

Figura 15.6 Endotoxinas e a resposta pirogênica. O mecanismo proposto pelo qual as endotoxinas causam febre e dor localizada. O ácido acetilsalicílico e o paracetamol reduzem a febre por meio da inibição da síntese de prostaglandinas, o mediador dessa resposta.

P O que é uma endotoxina?

resultar em febre por esse mesmo mecanismo. (A função da febre no organismo é discutida no Capítulo 16.)

O termo **choque** refere-se a qualquer decréscimo da pressão sanguínea com risco à vida. O choque causado por bactérias é denominado **choque séptico**. Bactérias gram-negativas causam *choque endotóxico*. Assim como a febre, o choque endotóxico está relacionado à secreção de citocinas pelos macrófagos. Especificamente, a fagocitose de bactérias gram-negativas faz os fagócitos secretarem o fator de necrose tumoral (TNF), muitas vezes chamado de *caquetina*. O TNF liga-se às células de muitos tecidos no corpo e altera seus metabolismos de diversas formas. Um dos efeitos do TNF é o dano aos capilares sanguíneos; sua permeabilidade é aumentada, e eles acabam perdendo grandes quantidades de fluidos. O resultado é uma queda no volume e na pressão sanguínea que leva ao choque. A pressão arterial baixa causa sérios efeitos nos rins, nos pulmões e no canal digestivo. Além disso, a presença de bactérias gram-negativas, como o *H. influenzae* do tipo b, no líquido cerebrospinal causa a liberação de citocinas no sangue. Essas citocinas, por sua vez, provocam o enfraquecimento da barreira hematencefálica que normalmente protege o sistema nervoso central de infecções. A barreira enfraquecida permite a entrada de mais fagócitos, mas também permite que mais bactérias penetrem na região, vindas da corrente sanguínea. Nos Estados Unidos, cerca de 3 em cada 1.000 indivíduos desenvolvem choque séptico a cada ano. Um terço dos pacientes morre em 1 mês, e quase a metade morre em 6 meses.

As endotoxinas não promovem a formação de antitoxinas efetivas. São produzidos anticorpos, mas eles tendem a não neutralizar o efeito da toxina; às vezes, na realidade, eles intensificam o seu efeito.

Os microrganismos representativos que produzem endotoxinas incluem *Salmonella* Typhi (o agente causador da febre tifoide), *Proteus* spp. (frequentemente envolvido em infecções urinárias) e *N. meningitidis* (o agente causador da meningite meningocócica).

É importante dispor de testes sensíveis que possam identificar a presença de endotoxinas em fármacos, instrumentos médicos e fluidos corporais. Materiais esterilizados ainda podem conter endotoxinas, embora nenhuma bactéria viva possa ser cultivada a partir deles. Um dos testes laboratoriais utilizados é chamado de **ensaio de lisado de amebócitos de Limulus (LAL)**, que pode detectar até mesmo quantidades mínimas de endotoxina. A hemolinfa (sangue) do caranguejo-ferradura do Atlântico, *Limulus polyphemus*, contém leucócitos chamados de amebócitos, que têm uma grande quantidade de proteínas (lisado) que causam coagulação. Na presença de endotoxinas, os amebócitos da hemolinfa do caranguejo sofrem lise e liberam suas proteínas coagulantes. O coágulo gelatinoso resultante (precipitado) representa um teste positivo para a presença de endotoxinas. A intensidade da reação é medida pelo uso de um espectrofotômetro (ver Figura 6.23).

A Tabela 15.3 compara exotoxinas e endotoxinas.

TABELA 15.3 Exotoxinas e endotoxinas		
Propriedade	**Exotoxinas**	**Endotoxinas**
Fonte bacteriana	Bactérias gram-positivas e gram-negativas	Bactérias gram-negativas
Relação com o microrganismo	Produto metabólico da célula em multiplicação	Presente no lipopolissacarídeo (LPS) da membrana externa da parede celular e liberado com a destruição da célula ou durante a divisão celular
Química	Proteínas, geralmente com duas partes (A-B)	Porção lipídica (lipídeo A) do LPS da membrana externa
Farmacologia (efeito no corpo)	Específica para uma estrutura ou função celular específica no hospedeiro (afetam principalmente as funções celulares, os nervos e as células gastrintestinais)	Geral, como febre, fraquezas, dores e choque; todas produzem os mesmos efeitos
Estabilidade térmica	Instável; geralmente podem ser destruídas a 60-80 °C (exceto enterotoxina estafilocócica)	Estável; podem suportar autoclavação (121 °C por 1 hora)
Toxicidade (capacidade de causar doenças)	Alta	Baixa
Indutora de febre	Não	Sim
Imunologia (relação com vacinas)	Podem ser convertidas em toxoides para imunizar contra a toxina; neutralizadas pela antitoxina	Não são facilmente neutralizadas pela antitoxina; portanto, toxoides eficazes não podem ser produzidos para imunização contra a toxina
Dose letal	Pequena	Consideravelmente maior
Doenças representativas	Gangrena gasosa, tétano, botulismo, difteria, escarlatina, intoxicação por cianobactérias	Febre tifoide, infecções do trato urinário e meningite meningocócica

Uma infecção não poderia ter se desenvolvido tão rápido; as infecções geralmente levam de 3 a 4 dias para manifestarem sintomas. A Dra. Santos verifica se a autoclave utilizada para esterilizar os equipamentos oftalmológicos está funcionando normalmente e se o iodo, antisséptico tópico de uso único, foi utilizado adequadamente. Para cada paciente foi utilizada uma nova ponteira estéril para a extração da córnea. A epinefrina utilizada durante a cirurgia e a solução enzimática para o banho ultrassônico, utilizada na limpeza dos instrumentos cirúrgicos, eram estéreis e, em cada cirurgia, foram utilizados medicamentos com diferentes números de lote. No entanto, a Dra. Santos sabe que a toxina se originou de algum lugar ou de algo associado às cirurgias. Embora a solução enzimática seja estéril, a Dra. Santos envia uma amostra da solução para o laboratório para um teste de LAL.

Por que a Dra. Santos enviou uma amostra da solução enzimática para um teste de LAL?

Parte 1   Parte 2   **Parte 3**   Parte 4   Parte 5

Plasmídeos, lisogenia e patogenicidade

Os plasmídeos são pequenas moléculas de DNA circulares não conectadas ao cromossomo bacteriano principal, capazes de se replicarem independentemente. (Ver Capítulos 4 e 8.) Um grupo de plasmídeos, denominados fatores R (de resistência), é responsável pela resistência de alguns microrganismos aos antibióticos. Outro grupo de plasmídeos, chamado de fatores de virulência, carrega as informações que determinam a patogenicidade de um micróbio. Exemplos de fatores de virulência que são codificados por genes plasmidiais são a neurotoxina tetânica, a enterotoxina termolábil (produzida por *E. coli* enterotoxigênica) e a enterotoxina estafilocócica D. Outros exemplos são a dextrana-sacarase (enzima produzida pelo *S. mutans* que está envolvida na cárie dentária); as adesinas e a coagulase produzidas pelo *S. aureus*; e um tipo de fímbria específica de linhagens enteropatogênicas de *E. coli*.

No Capítulo 13, vimos que alguns bacteriófagos (vírus que infectam bactérias) podem incorporar seu DNA ao cromossomo bacteriano, tornando-se um prófago e permanecendo em estado latente (não causando a lise da bactéria). Esse estado é chamado de *lisogenia*, e as células contendo um prófago são chamadas de lisogênicas. Um dos efeitos da lisogenia é que a célula bacteriana hospedeira e sua progênie podem apresentar novas propriedades codificadas pelo DNA do bacteriófago. Essa mudança nas características de um micróbio devido à presença de um prófago é chamada de **conversão lisogênica**. Em decorrência da conversão, a célula bacteriana passa a ser imune a novas infecções pelo mesmo tipo de bacteriófago. Além disso, as células lisogênicas apresentam importância médica, pois parte da patogênese bacteriana é causada pelos prófagos que as bactérias contêm.

Entre os genes de bacteriófagos que contribuem para a patogenicidade estão os genes que codificam a toxina diftérica, a toxina eritrogênica, a enterotoxina estafilocócica A, a toxina pirogênica, a neurotoxina botulínica e a cápsula produzida pelo *S. pneumoniae*. O gene para a toxina Shiga na bactéria

E. coli O157 também é codificado por um fago. Linhagens patogênicas de *V. cholerae* carreiam fagos lisogênicos. Esses fagos podem transmitir o gene da toxina colérica para linhagens não patogênicas de *V. cholerae*, aumentando o número de bactérias patogênicas.

Propriedades patogênicas dos vírus

OBJETIVO DE APRENDIZAGEM

15-15 Listar 11 efeitos citopáticos das infecções virais.

As propriedades patogênicas dos vírus dependem do acesso a um hospedeiro, da evasão de suas defesas e, em seguida, do desenvolvimento de lesão ou morte da célula do hospedeiro enquanto se reproduzem.

Mecanismos virais de evasão das defesas do hospedeiro

Os vírus apresentam uma variedade de mecanismos que os permitem escapar da destruição pela resposta imune do hospedeiro (ver Capítulo 17). Como exemplo, lembre-se do Capítulo 13, no qual vimos que os vírus podem penetrar e se multiplicar no interior das células do hospedeiro, onde os componentes do sistema imune não podem alcançá-los. Os vírus obtêm acesso ao interior das células por apresentarem sítios de ligação para receptores presentes em suas células-alvo. Quando esse sítio de ligação se aproxima do receptor apropriado, o vírus pode ligar-se e penetrar na célula. Alguns vírus ganham acesso às células hospedeiras porque seus sítios de ligação mimetizam substâncias úteis a elas. Por exemplo, o sítio de ligação do vírus da raiva mimetiza o neurotransmissor acetilcolina. Assim, o vírus pode entrar na célula hospedeira juntamente com o neurotransmissor.

O vírus da Aids (HIV) apresenta estratégias ainda mais importantes, escondendo seus sítios de ligação da resposta imune e atacando diretamente os componentes do sistema imune. Como a maioria dos vírus, o HIV é célula-específico, ou seja, nesse caso, ele infecta apenas células particulares que possuem um marcador de superfície, denominado proteína CD4. A maioria dessas células são células T (linfócitos T) do sistema imune. Os sítios de ligação do HIV são complementares à proteína CD4. A superfície do vírus é coberta de dobras, que formam sulcos e vales, e os sítios de ligação do HIV estão localizados no fundo desses sulcos. As proteínas CD4 são afiladas e compridas o suficiente para alcançar esses sítios de ligação, ao passo que as moléculas de anticorpos produzidas contra o HIV são muito grandes para fazerem contato com os sítios. Consequentemente, é difícil para esses anticorpos destruírem o HIV.

Alguns vírus, incluindo o SARS-CoV-2 e o HIV, metilam seu RNA, de forma que se assemelhem ao RNA do hospedeiro. Como resultado, o hospedeiro não destrói as células infectadas.

As mutações virais também ajudam os vírus a escapar das defesas do hospedeiro. A alta taxa de mutação do *Alphainfluenzavirus* e do SARS-CoV-2, por exemplo, provoca alterações em suas proteínas da espícula de forma que os anticorpos previamente produzidos pelo hospedeiro se tornam menos eficazes.

Efeitos citopáticos dos vírus

A infecção de uma célula hospedeira por um vírus animal geralmente leva a célula à morte. A morte pode ser causada pelo acúmulo de uma grande quantidade de vírus em multiplicação, pelos efeitos de proteínas virais na permeabilidade da membrana plasmática da célula hospedeira ou pela inibição da síntese de DNA, RNA ou proteínas celulares. Os efeitos visíveis da infecção viral são conhecidos como **efeitos citopáticos (ECPs)** e são geralmente classificados em dois tipos. Aqueles que resultam na morte celular são chamados de *efeitos citocidas*, e aqueles que resultam em dano celular sem que ocorra morte são chamados de *efeitos não citocidas* (as células

continuam a crescer e a se dividir, embora o crescimento possa ser retardado). Os ECPs são usados para o diagnóstico de muitas infecções virais.

Os ECPs variam de acordo com o vírus. Uma das diferenças é o ponto no ciclo da infecção viral em que o efeito ocorre. Algumas infecções virais resultam em mudanças precoces na célula hospedeira; em outras infecções, essas mudanças não são visualizadas até estágios bem mais tardios.

Um vírus pode produzir um ou mais dos seguintes ECPs – estes induzirão alterações na função ou na morfologia celular e geralmente resultarão na morte celular:

1. As junções celulares são interrompidas. O SARS-CoV-2 e o *Alphainfluenzavirus*, por exemplo, interrompem as junções entre as células dos alvéolos pulmonares. Os cílios também são interrompidos e param de se mover em culturas de células alveolares pulmonares infectadas com SARS-CoV-2.

2. A infecção induz uma tempestade de citocinas. Alguns vírus respiratórios, incluindo SARS-CoV-2 e *Alphainfluenzavirus*, podem desencadear uma **tempestade de citocinas**, na qual a produção excessiva de citocinas aumenta a inflamação e pode danificar tecidos e órgãos, muitas vezes de forma fatal.

3. A síntese macromolecular da célula hospedeira é interrompida. Alguns vírus, como o *Simplexvirus*, bloqueiam irreversivelmente a mitose.

4. Os vírus induzem os lisossomos da célula hospedeira a liberarem suas enzimas, resultando na destruição de componentes intracelulares e na morte da célula.

5. Corpúsculos de inclusão são grânulos encontrados no citoplasma ou no núcleo de algumas células infectadas (**Figura 15.7a**). Eles são, muitas vezes, partes virais – ácidos nucleicos ou proteínas – que estão sendo montadas para formar os vírions. Os grânulos variam em tamanho, morfologia e propriedades de coloração. Eles são caracterizados por sua capacidade de coloração por corantes ácidos (acidófilos) ou básicos (basófilos). Outros corpúsculos

(a) MO 5 μm

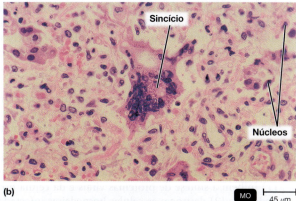

(b) MO 45 μm

Figura 15.7 Alguns efeitos citopáticos dos vírus. **(a)** Corpúsculo de inclusão citoplasmático no tecido cerebral de uma pessoa que morreu de raiva. **(b)** Porção de um sincício (célula gigante multinucleada), formado em uma célula infectada pelo vírus do sarampo.

P O que são efeitos citopáticos?

de inclusão surgem nos sítios de síntese viral precoce, mas não contêm partículas virais completas ou seus componentes. Os corpúsculos de inclusão são importantes, pois podem auxiliar na identificação do agente causador de uma determinada infecção. Por exemplo, na maioria dos casos, o vírus da raiva produz corpúsculos de inclusão (corpúsculos de Negri) no citoplasma das células nervosas, e a sua presença no tecido cerebral de um animal tem sido utilizada como ferramenta diagnóstica para a identificação da raiva. Corpúsculos de inclusão diagnósticos também estão associados aos vírus do sarampo, vaccínia, vírus da varíola, herpes e adenovírus.

6. Ocasionalmente, várias células infectadas vizinhas fundem-se para formar uma grande célula multinucleada, chamada de **sincício** (Figura 15.7b). Essas células gigantes são produzidas a partir da infecção por vírus que causam doenças como o sarampo, a caxumba e o resfriado comum.

7. Algumas infecções virais resultam em mudanças nas funções da célula hospedeira, sem mudanças visíveis nas células infectadas. Por exemplo, quando o vírus do sarampo se liga ao seu receptor celular, denominado CD46, este induz a célula a reduzir a produção de uma citocina, chamada de IL-12, diminuindo a capacidade do hospedeiro de combater a infecção.

8. Muitas infecções virais induzem mudanças antigênicas na superfície das células infectadas. Essas alterações antigênicas são o resultado de proteínas codificadas por genes virais que provocam uma resposta de anticorpo do hospedeiro contra a célula infectada; assim, elas matam a célula hospedeira mesmo se ela estiver infectada por um vírus não citocida.

9. Alguns vírus induzem mudanças cromossômicas na célula hospedeira. Algumas infecções virais, por exemplo, causam danos nos cromossomos celulares da célula hospedeira, principalmente a ruptura desses cromossomos. Com frequência, os oncogenes (genes causadores de câncer) podem ser carreados ou ativados por um vírus.

10. Os vírus capazes de causar câncer *transformam* as células hospedeiras, conforme discutido no Capítulo 13. A transformação resulta em células com formato anormal, que não reconhecem a **inibição por contato**, ou seja, as células não interrompem o seu crescimento ao estabelecerem um contato com outras células (**Figura 15.8**). A perda da inibição por contato resulta no crescimento celular descontrolado.

11. Algumas células infectadas por vírus produzem substâncias chamadas de **interferons** alfa e beta. A infecção viral induz as células a produzirem esses interferons; no entanto, eles são codificados pelo DNA da célula hospedeira. Os interferons alfa e beta protegem as células vizinhas não infectadas da infecção viral por meio de duas maneiras: (1) inibem a síntese de proteínas virais e da célula hospedeira; e (2) destroem as células hospedeiras infectadas pelo vírus por apoptose (morte celular programada). Contudo, quase todos os vírus, incluindo o SARS-CoV-2 e os herpes-vírus, possuem mecanismos para escapar da ação dos interferons via bloqueio parcial de sua síntese.

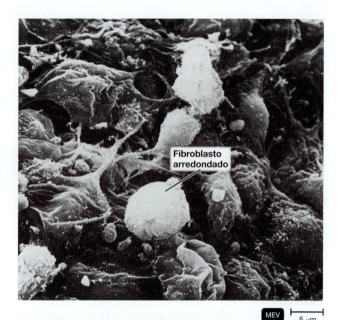

Figura 15.8 Fibroblastos humanos transformados pelo vírus do sarcoma de Rous. Os fibroblastos normais crescem como células planas e difusas.

P O que é inibição por contato?

Alguns vírus representativos que causam ECPs são apresentados na Tabela 15.4. Na Parte IV deste livro, são discutidas as propriedades patológicas dos vírus em mais detalhes.

TESTE SEU CONHECIMENTO

✔ **15-15** Defina *efeito citopático* e apresente cinco exemplos.

TABELA 15.4 Efeitos citopáticos de vírus selecionados

Vírus (gênero)	Efeito citopático
Poliovírus (*Enterovirus* C)	Citocida (morte celular)
Vírus das verrugas genitais (*Alphapapillomavirus*)	Corpúsculos de inclusão acidofílicos no núcleo, transformação
Adenovírus (*Mastadenovirus*)	Corpúsculos de inclusão basofílicos no núcleo
Raiva (*Lyssavirus*)	Corpúsculos de inclusão acidofílicos no citoplasma
CMV (*Cytomegalovirus*)	Corpúsculos de inclusão acidofílicos no núcleo e no citoplasma
Vírus do sarampo (*Morbillivirus*)	Fusão celular
HIV (*Lentivirus*)	Destruição de células T
SARS-CoV-2 (*Betacoronavirus*)	Sincício, encolhimento dos cílios, junções alteradas entre as células

Propriedades patogênicas de fungos, protozoários, helmintos e algas

OBJETIVO DE APRENDIZAGEM

15-15 Discutir as causas dos sintomas de doenças provocadas por fungos, protozoários, helmintos e algas.

Esta seção descreve alguns efeitos patológicos gerais de doenças causadas por fungos, protozoários, helmintos e algas em seres humanos. Doenças específicas causadas por esses organismos, bem como suas propriedades patológicas, são discutidas em detalhes nos Capítulos 21 a 26.

Fungos

Embora os fungos causem doenças, eles geralmente não possuem um conjunto de fatores de virulência bem definido. Alguns fungos liberam produtos metabólicos que são tóxicos ao hospedeiro humano. Nesses casos, entretanto, a toxina é apenas uma causa indireta da doença, uma vez que o fungo já está crescendo no hospedeiro ou sobre ele. Infecções fúngicas crônicas, como o pé de atleta, podem provocar uma resposta alérgica no hospedeiro.

Alguns fungos produzem toxinas. *Tricotecenos* são toxinas fúngicas que inibem a síntese proteica em células eucarióticas. A ingestão dessas toxinas causa cefaleias, calafrios, náuseas graves, vômitos e distúrbios visuais. Essas toxinas são produzidas pelos fungos *Fusarium* e *Stachybotrys*, que crescem em grãos e no revestimento de gesso utilizado nas paredes de casas.

A doença fúngica chamada ergotismo, comum na Europa durante a Idade Média, também é causada por uma toxina. Essa toxina, chamada **ergot**, é produzida por um patógeno vegetal ascomiceto, o *Claviceps purpurea*, que cresce nos grãos. A toxina fica contida em um **esclerócio**, uma porção altamente resistente do micélio do fungo que pode ser destacada. O ergot é um alcaloide que pode causar alucinações semelhantes àquelas induzidas pelo consumo de dietilamida do ácido lisérgico (LSD); de fato, o ergot é uma fonte natural de LSD. O ergot também causa a constrição dos vasos capilares e pode causar gangrena nos membros ao impedir a circulação apropriada do sangue no corpo. Embora o *C. purpurea* ainda cresça ocasionalmente em culturas de grãos, as técnicas modernas de moagem normalmente removem os esclerócios.

Diversas outras toxinas são produzidas por fungos que crescem em grãos ou em outras plantas. Por exemplo, ocasionalmente, a manteiga de amendoim é retirada do mercado devido às quantidades excessivas de **aflatoxina**, que tem propriedades carcinogênicas. A aflatoxina é produzida durante o crescimento do fungo *Aspergillus flavus*. Quando ingerida, ela pode ser alterada no corpo humano para um composto mutagênico.

Alguns cogumelos produzem toxinas fúngicas, denominadas **micotoxinas**. Exemplos são a **faloidina** e a **amanitina**, produzidas pelo cogumelo *Amanita phalloides*, comumente conhecido como "chapéu da morte". Essas neurotoxinas são tão potentes que a ingestão de um cogumelo do gênero *Amanita* pode resultar em morte.

Embora a amostra fosse estéril, o resultado do teste laboratorial mostrou que a solução do banho ultrassônico era positiva para a presença de endotoxinas. Bactérias gram-negativas, como *Burkholderia*, encontradas em reservatórios de líquidos e em ambientes úmidos, podem colonizar as tubulações de água (ver figura) e, por sua vez, os recipientes laboratoriais utilizados para o armazenamento de água. Neste caso, as bactérias presentes nos biofilmes foram lavadas para o interior da solução enzimática.

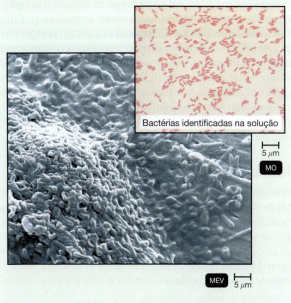

Bactérias identificadas na solução

5 μm

MO

MEV 5 μm

Como as endotoxinas contaminaram as soluções estéreis?

Parte 1 Parte 2 Parte 3 **Parte 4** Parte 5

Além de produzir toxinas, alguns fungos utilizam outros fatores de virulência que influenciam as estruturas celulares do hospedeiro ou dos fungos. Dois fungos que podem causar infecções cutâneas, *Candida albicans* e *Trichophyton*, secretam proteases. Essas enzimas podem modificar as membranas celulares do hospedeiro, permitindo a aderência do fungo. *Cryptococcus neoformans* é um fungo que causa um tipo de meningite; o organismo produz uma cápsula que o auxilia na resistência à fagocitose. Alguns fungos se tornaram resistentes a fármacos antifúngicos ao reduzirem a síntese de receptores para eles.

Protozoários

A presença de protozoários e de seus produtos residuais frequentemente desencadeia sinais e sintomas de doença no hospedeiro (ver Tabela 12.4). Alguns protozoários, como o *Plasmodium*, o agente causador da malária, invadem as células do hospedeiro e se reproduzem em seu interior, causando sua ruptura. Em contraste, o *Toxoplasma* liga-se aos macrófagos e entra na célula por fagocitose. O parasita é capaz de impedir a acidificação normal e a digestão do vacúolo fagocítico, permitindo, assim, o seu crescimento no interior do vacúolo.

Outros protozoários, como *Giardia duodenalis*, o agente causador da giardíase, aderem-se às células hospedeiras por meio de um disco de sucção (ver Figura 12.18a), digerindo as células e os fluidos teciduais.

Alguns protozoários podem escapar das defesas do hospedeiro e causar doença por intervalos de tempo bastante longos. Por exemplo, a *Giardia*, que causa diarreia, e o *Trypanosoma*, que causa a tripanossomíase africana (doença do sono), utilizam a variação antigênica para estarem sempre à frente na batalha contra o sistema imune do hospedeiro. Lembre-se de que a presença de antígenos faz o sistema imune produzir anticorpos que os atacam. Quando o *Trypanosoma* é introduzido na corrente sanguínea por uma mosca tsé-tsé, ele produz e apresenta um antígeno específico. Em resposta, o organismo produz anticorpos contra aquele antígeno. Entretanto, dentro de 2 semanas, o micróbio para de apresentar o antígeno original e passa a produzir e apresentar um diferente (ver Figura 22.16). Assim, os anticorpos originais não são mais efetivos. Uma vez que o micróbio pode produzir até mil antígenos diferentes, essa infecção pode durar décadas.

Helmintos

A presença de helmintos também gera, com frequência, sintomas de doença no hospedeiro (ver Tabela 12.5). Alguns desses organismos utilizam os tecidos do hospedeiro para seu próprio crescimento ou produzem grandes massas de parasitas. Em ambos os casos, o dano celular resultante provoca os sintomas. Um exemplo é o verme cilíndrico *Wuchereria bancrofti*, o agente causador da filariose linfática. Esse parasita bloqueia a circulação linfática, levando ao acúmulo de linfa, finalmente causando edemas grotescos nas pernas e em outras partes do corpo. Produtos residuais oriundos do metabolismo desses parasitas também podem contribuir para a geração dos sintomas da doença.

Algas

Algumas espécies de algas produzem neurotoxinas que causam a **proliferação de algas nocivas** quando crescem excessivamente. Por exemplo, os dinoflagelados do gênero *Alexandrium* produzem neurotoxinas (chamadas de **saxitoxinas**) que causam a **intoxicação paralítica por mariscos** (PSP, de *paralytic shellfish poisoning*). A toxina é concentrada quando um grande número de dinoflagelados é ingerido por moluscos, como mexilhões e mariscos. Os seres humanos que consomem esses moluscos também desenvolvem PSP. Grandes concentrações de *Alexandrium* conferem ao oceano uma forte coloração avermelhada, originando o nome **maré vermelha** (ver Figura 27.10). Os moluscos não devem ser consumidos durante a maré vermelha. Lembre-se do Capítulo 12, no qual se falou sobre uma doença denominada ciguatera, que ocorre quando o dinoflagelado *Gambierdiscus toxicus* sobe na cadeia alimentar, sendo consumido e concentrado nos peixes maiores. A ciguatera é endêmica (constantemente presente) no sul do Oceano Pacífico e no Mar do Caribe. O dinoflagelado heterotrófico *Pfiesteria* libera toxinas que são responsáveis pela morte periódica em massa

de peixes ao longo da costa atlântica. Humanos expostos às toxinas por meio do contato direto com a água ou da inalação de maresia podem sentir irritação na pele ou dificuldade com a memória de curto prazo.

Outra toxina produzida pelas algas é o ácido domoico. É produzida por diatomáceas *Pseudo-nitzschia*. Crustáceos, peixes e moluscos podem acumular ácido domoico. A toxina pode causar perda permanente da memória de curto prazo, uma condição chamada **intoxicação amnésica por mariscos**, coma ou morte em humanos. As agências de saúde pública frequentemente proíbem o consumo humano de mariscos durante os períodos de alto crescimento de algas (ver Figura 27.10).

> ### TESTE SEU CONHECIMENTO
>
> ✔ **15-16** Identifique um fator de virulência que contribui para a patogenicidade de cada um dos seguintes organismos: fungos, protozoários, helmintos e algas.

Portas de saída

OBJETIVO DE APRENDIZAGEM

15-17 Diferenciar entre portas de entrada e portas de saída.

Da mesma forma que os micróbios penetram no corpo através de uma via preferencial, eles também deixam o organismo através de vias específicas, chamadas de **portas de saída**, em secreções, excreções, corrimentos ou tecidos que descamam. Em geral, as portas de saída estão relacionadas à parte do corpo que foi infectada, e os micróbios tendem a usar a mesma porta para entrada e saída. As portas de saída permitem que os patógenos se disseminem por uma população, movendo-se de um hospedeiro suscetível para outro. Esse tipo de informação sobre a disseminação de uma doença é muito importante para os epidemiologistas (ver Capítulo 14).

As portas de saída mais comuns são o canal digestivo e o trato respiratório. Muitos patógenos que vivem no trato respiratório deixam o organismo através de descargas nasais e bucais, expelidas durante a tosse ou o espirro. Esses microrganismos são encontrados em gotículas formadas por muco. Os patógenos que causam tuberculose, coqueluche, pneumonias, febre escarlatina, meningite meningocócica, varicela, sarampo, caxumba, Covid-19 e influenza são eliminados pela via respiratória. Outros patógenos saem pelo canal digestivo nas fezes ou na saliva. As fezes podem estar contaminadas com patógenos associados a salmonelose, cólera, febre tifoide, shigelose, disenteria amebiana e poliomielite. A saliva também pode conter patógenos, como os que causam a raiva, a caxumba e a mononucleose infecciosa.

O sistema genital é outra importante porta de saída. Micróbios responsáveis por infecções sexualmente transmissíveis são encontrados em secreções provenientes do pênis e da vagina. A urina também pode conter os patógenos responsáveis pela febre tifoide e pela brucelose, que podem deixar o corpo pelo trato urinário.

A pele ou ferimentos podem representar outra porta de saída. Infecções transmissíveis pela pele incluem o MPOX,

Mecanismos microbianos de patogenicidade

Quando o equilíbrio entre o hospedeiro e o micróbio encontra-se a favor do micróbio, ocorre uma infecção ou doença. Conhecer os mecanismos de patogenicidade microbiana é fundamental para compreender como os patógenos são capazes de superar as defesas do hospedeiro.

Vírus da gripe H1N1

MET — 60 nm

portas de entrada

Membranas mucosas
- Trato respiratório
- Trato gastrintestinal
- Trato urogenital
- Sistema genital
- Conjuntiva

Pele

Via parenteral

Número de micróbios invasores

Aderência

penetração ou evasão das defesas do hospedeiro

Cápsulas
Componentes da parede celular
Enzimas
Variação antigênica
Invasinas
Crescimento intracelular

danos às células hospedeiras

Sideróforos
Dano direto
Toxinas
- Exotoxinas
- Endotoxinas
Conversão lisogênica
Efeitos citopáticos

portas de saída

Geralmente as mesmas utilizadas como portas de entrada para um determinado micróbio:
- Membranas mucosas
- Pele
- Via parenteral

Clostridium tetani

MO — 5 μm

Mycobacterium intracellulare

MO — 5 μm

CONCEITOS-CHAVE

- Vários fatores são necessários para que um micróbio cause doenças.
- Depois de entrar no hospedeiro por meio de uma porta de entrada preferencial, a maioria dos patógenos adere ao tecido do hospedeiro, penetra ou evade as defesas e danifica os tecidos.
- Os patógenos geralmente saem do corpo por meio de portas de saída específicas, as quais geralmente são os mesmos locais pelos quais entraram inicialmente.

---

impetigo, tíneas, *Simplexvirus* e verrugas. Drenos em ferimentos podem disseminar infecções para outras pessoas diretamente ou pelo contato com um fômite contaminado. O sangue infectado pode ser removido através da ferida criada pela picada de insetos e depois reinjetado para espalhar a infecção dentro de uma população. Exemplos de doenças transmissíveis por picada de insetos incluem a febre amarela, a peste bubônica, a tularemia e a malária. A Aids e a hepatite B podem ser transmitidas por seringas e agulhas contaminadas (reutilizadas).

TESTE SEU CONHECIMENTO

15-17 Quais são as portas de saída mais frequentemente utilizadas?

* * *

No próximo capítulo, examinaremos um grupo de defesas não específicas do hospedeiro contra doenças. Todavia, antes de prosseguirmos, examine a **Figura 15.9** cuidadosamente. Ela resume alguns dos conceitos-chave dos mecanismos microbianos de patogenicidade discutidos neste capítulo.

CASO CLÍNICO Resolvido

Embora o processo de autoclavação elimine as bactérias, as endotoxinas podem ser liberadas das células mortas, podendo contaminar as soluções durante o processo. Portanto, a solução enzimática foi a fonte da doença, mesmo ela sendo estéril.

A Dra. Santos trata os seus pacientes com prednisona, um fármaco anti-inflamatório tópico, e todos eles se recuperam completamente da reação. (Ela não prescreveu antibióticos, pois a STSA não é uma infecção.) A médica realiza uma reunião com a sua equipe para assegurar que os procedimentos corretos de esterilização estão sendo seguidos. Além disso, a Dra. Santos também salienta aos seus funcionários que a prevenção da STSA depende principalmente do uso de protocolos apropriados para a limpeza e a esterilização dos equipamentos cirúrgicos e da atenção cuidadosa a todas as soluções, medicamentos e dispositivos oftalmológicos utilizados nos procedimentos cirúrgicos.

Parte 1   Parte 2   Parte 3   Parte 4   **Parte 5**

Resumo para estudo

Introdução (p. 427)

1. Patogenicidade é a capacidade de um patógeno de produzir uma doença, suplantando as defesas do hospedeiro.
2. Virulência é o grau de patogenicidade.

Como os microrganismos infectam o hospedeiro (p. 428-431)

1. A via específica pela qual um patógeno em particular tem acesso ao corpo é chamada de porta de entrada.

Portas de entrada (p. 428)

2. Muitos microrganismos podem penetrar as membranas mucosas da conjuntiva e dos tratos respiratório, canal digestivo, sistema genital e sistema urinário.
3. A maioria dos micróbios não pode penetrar a pele intacta; eles penetram através de folículos pilosos e ductos sudoríparos.
4. Alguns microrganismos têm acesso aos tecidos por inoculação na pele e nas membranas mucosas via picadas de insetos, injeções e outros ferimentos. Essa via de penetração é chamada de via parenteral.

Portas de entrada preferenciais (p. 429)

5. Muitos microrganismos podem causar doença somente quando entram no corpo através de suas portas de entrada específicas.

Números de micróbios invasores (p. 429-430)

6. A virulência pode ser expressa como a DL_{50} (dose letal para 50% dos hospedeiros inoculados) ou DI_{50} (dose infecciosa para 50% dos hospedeiros inoculados).

Aderência (p. 430-431)

7. Projeções na superfície de um patógeno, chamadas de adesinas (ligantes), aderem-se a receptores complementares nas células do hospedeiro.
8. As adesinas podem ser glicoproteínas ou lipoproteínas e frequentemente estão associadas às fímbrias.
9. A manose é o receptor mais comum.
10. Os biofilmes podem fornecer aderência a superfícies e resistência aos agentes microbianos.

Como os patógenos bacterianos ultrapassam as defesas do hospedeiro (p. 431-434)

Cápsulas (p. 431-432)

1. Alguns patógenos têm cápsulas que impedem que sejam fagocitados.

Componentes da parede celular (p. 432)

2. As proteínas da parede celular podem facilitar a aderência ou impedir que o patógeno seja fagocitado.

Enzimas (p. 432)

3. As infecções locais podem ser isoladas em um coágulo de fibrina formado pela enzima bacteriana coagulase.
4. As bactérias podem disseminar-se de uma infecção focal por cinases (que destroem os coágulos sanguíneos), hialuronidases (que destroem os mucopolissacarídeos que mantêm as células unidas) e colagenases (que hidrolisam o colágeno de tecidos conectivos).
5. As proteases IgA destroem os anticorpos IgA.

Variação antigênica (p. 432-433)

6. Alguns micróbios variam a expressão de antígenos, evitando, assim, os anticorpos do hospedeiro.

Penetração no hospedeiro (p. 433)

7. As bactérias podem produzir invasinas que alteram a actina do citoesqueleto das células hospedeiras, permitindo a entrada das bactérias nas células.

Biofilmes (p. 433)

8. Os fagócitos são inativados ou mortos pela substância polimérica extracelular (SPE) dos biofilmes.

Como os patógenos bacterianos danificam as células do hospedeiro (p. 434-440)

Utilizando os nutrientes do hospedeiro: sideróforos (p. 434)

1. As bactérias obtêm ferro do hospedeiro utilizando sideróforos.

Dano direto (p. 434)

2. As células do hospedeiro podem ser destruídas quando os patógenos metabolizam e se multiplicam em seu interior.

Produção de toxinas (p. 434-439)

3. As substâncias venenosas produzidas por microrganismos são chamadas de toxinas; a toxemia refere-se à presença de toxinas no plasma sanguíneo. A capacidade de produzir toxinas é chamada de toxigenicidade.
4. As exotoxinas são produzidas por bactérias e liberadas no meio circundante. As exotoxinas, e não as bactérias que as produzem, geram os sintomas da doença.
5. Os anticorpos produzidos contra as toxinas são chamados de antitoxinas.
6. As toxinas A-B consistem em um componente ativo (A), que inibe os processos celulares, e um componente de ligação (B), que liga as duas porções à célula-alvo.
7. As toxinas A-B chamadas genotoxinas causam quebras no DNA eucariótico que podem levar ao câncer se a célula não reparar as quebras.
8. As toxinas danificadoras de membranas causam a lise celular. Exemplo: hemolisina.
9. Os superantígenos causam a liberação de citocinas, as quais causam febre, náuseas e outros sintomas. Exemplo: toxina da síndrome do choque tóxico.
10. As endotoxinas são o componente lipídeo A da parede celular das bactérias gram-negativas.
11. A morte da célula bacteriana, os antibióticos e os anticorpos podem causar a liberação de endotoxinas.
12. As endotoxinas causam febre (induzindo a liberação de interleucina 1) e choque (devido à redução da pressão arterial induzida por TNF).

13. O ensaio do lisado de amebócitos de Limulus (LAL) é usado para detectar endotoxinas em fármacos e em dispositivos médicos.

Plasmídeos, lisogenia e patogenicidade (p. 440)

14. Os plasmídeos podem carrear genes que conferem resistência a antibióticos ou codificam a produção de toxinas.

15. A conversão lisogênica pode resultar na aquisição de fatores de virulência pela bactéria, como toxinas ou cápsulas.

Propriedades patogênicas dos vírus (pp. 440-442)

1. Os vírus escapam das respostas imunes do hospedeiro multiplicando-se no interior das células.

2. Os vírus obtêm acesso às células do hospedeiro porque apresentam sítios de ligação para receptores presentes nas células.

3. Os sinais visíveis das infecções virais são chamados de efeitos citopáticos (ECPs).

4. Alguns vírus causam efeitos citocidas (morte celular), ao passo que outros causam efeitos não citocidas (não letais).

5. Os efeitos citopáticos incluem bloqueio da mitose, lise, formação de corpúsculos de inclusão, fusão celular, mudanças antigênicas, mudanças cromossômicas e transformação celular.

Propriedades patogênicas de fungos, protozoários, helmintos e algas (p. 443-444)

1. Os sintomas de infecções fúngicas podem ser causados por toxinas, proteases e respostas alérgicas.

2. Os sintomas das doenças causadas por protozoários e helmintos podem ser provocados por danos aos tecidos do hospedeiro ou por produtos metabólicos residuais do parasita.

3. Alguns protozoários alteram seus antígenos de superfície enquanto crescem no interior do hospedeiro, evitando, assim, sua destruição pelos anticorpos.

4. Algumas algas produzem neurotoxinas que causam paralisia ou perda de memória quando ingeridas por seres humanos.

Portas de saída (p. 444-445)

1. Os patógenos deixam um hospedeiro via portas de saída.

2. Três portas de saída comuns incluem o trato respiratório, via tosse ou espirro; o canal digestivo, via fezes ou saliva; e o sistema genital, via secreções da vagina ou do pênis.

3. Feridas na pele, artrópodes e agulhas contaminadas fornecem uma porta de saída para micróbios transmitidos pelo sangue.

Questões para estudo

As respostas das questões de Conhecimento e compreensão estão na seção de Respostas no final deste livro.

Conhecimento e compreensão

Revisão

1. Compare patogenicidade e virulência.

2. Como as cápsulas e os componentes da parede celular estão relacionados à patogenicidade? Dê exemplos específicos.

3. Descreva como hemolisinas, leucocidinas, coagulase, cinases, hialuronidase, sideróforos e proteases IgA podem contribuir para a patogenicidade.

4. Explique como os fármacos que se ligam a cada um dos itens a seguir podem afetar a patogenicidade:
   a. ferro no sangue do hospedeiro
   b. fímbrias de *N. gonorrhoeae*
   c. proteína M de *S. pyogenes*

5. Compare e diferencie os seguintes aspectos das endotoxinas e exotoxinas: fonte bacteriana, química, toxigenicidade e farmacologia. Dê um exemplo de cada toxina.

6. DESENHE Indique no diagrama como a toxina Shiga entra em uma célula humana e inibe a síntese de proteínas.

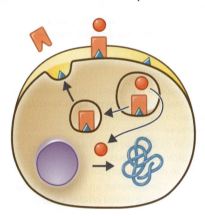

7. Descreva os fatores que contribuem para a patogenicidade de fungos, protozoários e helmintos.

8. Qual dos seguintes gêneros é o mais infeccioso?

Gênero	DI$_{50}$	Gênero	DI$_{50}$
Legionella	1 célula	Shigella	200 células
Salmonella	10^5 células	Treponema	52 células

9. Como os vírus e os protozoários evitam que as respostas imunes do hospedeiro os eliminem?

10. IDENTIFIQUE O gene *Opa* é utilizado na identificação desta bactéria produtora de endotoxina que apresenta um bom crescimento nas condições de alta concentração de CO_2 encontradas no interior dos fagócitos.

Múltipla escolha

1. A remoção de plasmídeos reduz a virulência de qual dos seguintes organismos?
   a. *C. tetani*
   b. *E. coli*
   c. *S. enterica*
   d. *S. mutans*
   e. *C. botulinum*

2. Qual é a DL$_{50}$ da toxina bacteriana testada no exemplo a seguir?

Diluição (µg/kg)	N° de animais que morreram	N° de animais que sobreviveram
a. 6	0	6
b. 12,5	0	6
c. 25	3	3
d. 50	4	2
e. 100	6	0

3. Qual das seguintes opções *não* é uma porta de entrada para patógenos?
   a. membranas mucosas do trato respiratório
   b. membranas mucosas do canal digestivo
   c. pele
   d. sangue
   e. via parenteral

4. Todas as opções a seguir estão relacionadas a uma infecção bacteriana. Qual poderia prevenir todas as outras?
   a. vacinação contra fímbrias
   b. fagocitose
   c. inibição da digestão fagocítica
   d. destruição de adesinas
   e. alteração do citoesqueleto

5. A DI$_{50}$ para *Campylobacter* sp. é de 500 células; a DI$_{50}$ para *Cryptosporidium* sp. é de 100 células. Qual das seguintes afirmativas é *falsa*?
   a. Ambos os micróbios são patogênicos.
   b. Ambos os micróbios produzem infecção em 50% dos hospedeiros inoculados.
   c. *Cryptosporidium* é mais virulento do que *Campylobacter*.
   d. *Campylobacter* e *Cryptosporidium* são igualmente virulentos e causam infecções no mesmo número de animais de teste.
   e. As infecções por *Cryptosporidium* são adquiridas mais facilmente do que as infecções por *Campylobacter*.

6. Uma bactéria encapsulada pode ser virulenta porque sua cápsula
   a. resiste à fagocitose.
   b. é uma endotoxina.
   c. destrói os tecidos do hospedeiro.
   d. destrói as células do hospedeiro.
   e. não tem efeito, pois muitos patógenos não têm cápsulas, de forma que a cápsula não contribui para a virulência.

7. Um fármaco que se liga à manose em células humanas pode evitar
   a. a entrada da enterotoxina de *Vibrio*.
   b. a aderência de *E. coli* patogênica.
   c. a ação da toxina botulínica.
   d. a pneumonia estreptocócica.
   e. a ação da toxina diftérica.

8. As primeiras vacinas contra a varíola consistiam em tecidos infectados que eram esfregados na pele de uma pessoa saudável. O receptor dessa vacina normalmente desenvolvia infecções mais brandas de varíola, recuperava-se e permanecia imunizado por toda a vida. Qual é a razão mais provável para que essa vacina não fosse a responsável pela morte de mais pessoas?
   a. A pele é a porta de entrada incorreta para o vírus que causa a varíola.
   b. A vacina consistia em uma forma atenuada do vírus.
   c. A varíola é normalmente transmitida via contato pele a pele.
   d. A varíola é um vírus.
   e. O vírus sofreu mutações.

9. Qual das opções a seguir *não* representa o mesmo mecanismo de evasão das defesas imunes do hospedeiro em relação às outras infecções?
   a. O vírus da raiva liga-se ao receptor para o neurotransmissor acetilcolina.
   b. A *Salmonella* adere-se ao receptor para o fator de crescimento epidérmico.
   c. O *Lymphocryptovirus* (mononucleose) liga-se ao receptor para uma proteína do complemento do hospedeiro.
   d. Os genes das proteínas de superfície de *N. gonorrhoeae* sofrem mutações com frequência.
   e. nenhuma das alternativas

10. Qual das afirmações a seguir é verdadeira?
   a. O objetivo principal de um patógeno é matar o seu hospedeiro.
   b. A evolução seleciona os patógenos mais virulentos.
   c. Um patógeno de sucesso não mata seu hospedeiro antes de ser transmitido.
   d. Um patógeno de sucesso nunca mata o seu hospedeiro.

Análise

1. O gráfico a seguir mostra casos confirmados de *E. coli* enteropatogênicas. Por que a incidência é sazonal?

2. A cianobactéria *Microcystis aeruginosa* produz um peptídeo tóxico para os seres humanos. De acordo com o gráfico a seguir, durante qual estação essa bactéria é mais tóxica?

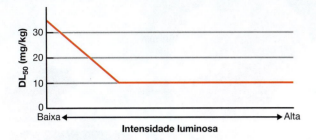

3. Quando a *Salmonella* Typhimurium é injetada em ratos, a DI_{50} é de 10^6 células. Se sulfonamidas são injetadas com a salmonela, a DI_{50} é de 35 células. Explique a mudança no valor da DI_{50}.

4. Como cada uma das seguintes estratégias contribui para a virulência do patógeno? Qual doença cada organismo causa?

Estratégia	Patógeno
Muda sua parede celular após a entrada no hospedeiro	*Yersinia pestis*
Usa ureia para produzir amônia	*Helicobacter pylori*
Faz o hospedeiro produzir mais receptores	*Enterovirus rhinovirus*

Aplicações clínicas e avaliação

1. Em 8 de julho, uma mulher recebeu um antibiótico para uma suposta sinusite. No entanto, nos próximos 4 dias, a sinusite piorou e foi acompanhada por dor intensa e aperto na mandíbula. Em 12 de julho, a paciente foi hospitalizada com espasmos faciais intensos. Ela relatou que em 5 de julho havia sofrido um pequeno ferimento na base do dedão do pé; ela limpou o ferimento, mas não procurou auxílio médico. O que causou seus sintomas? Sua condição foi devida a uma infecção ou a uma intoxicação? Ela pode transmitir essa doença para outra pessoa?

2. Indique se cada um dos exemplos a seguir representa uma infecção ou uma intoxicação alimentar. Qual é o agente etiológico provável em cada caso?
   a. Oitenta e duas pessoas em Louisiana desenvolveram diarreia, náuseas, cefaleia e febre, de 4 horas a 2 dias após o consumo de camarões.
   b. Duas pessoas em Vermont apresentaram indisposição, náuseas, visão turva, dificuldade para respirar e dormência de 3 a 6 horas após o consumo de filé de barracuda, pescado na Flórida.

3. Pacientes com câncer que estão fazendo quimioterapia normalmente são mais suscetíveis a infecções. Contudo, um paciente recebendo um fármaco antitumoral que afeta os citoesqueletos das células eucarióticas se mostrou resistente à *Salmonella*. Proponha um possível mecanismo para a resistência.

16 Imunidade inata: defesas inespecíficas do hospedeiro

Pelo que foi discutido até o momento, é possível notar que os microrganismos patogênicos são dotados de propriedades especiais que lhes permitem causar doenças no momento oportuno. Se os microrganismos nunca encontrassem resistência no hospedeiro, ficaríamos constantemente doentes e, por fim, morreríamos de várias doenças após uma vida breve. Na maioria dos casos, entretanto, as defesas de nosso corpo impedem que isso ocorra. Algumas dessas defesas foram desenvolvidas para manter os microrganismos completamente fora do corpo, outras para removê-los, caso eles entrem, e outras, ainda, para combatê-los, caso eles permaneçam no corpo.

Neste capítulo, são discutidas as duas primeiras linhas de defesa contra patógenos, que chamamos de *defesas da imunidade inata*. A primeira é a nossa pele e as membranas mucosas. A segunda linha de defesa consiste em fagócitos, inflamação, febre e substâncias antimicrobianas produzidas pelo corpo. O "Caso clínico" deste capítulo descreve um problema que pode se desenvolver caso os fagócitos (em azul na fotografia) não exerçam suas funções apropriadamente.

Ver o quadro **Visão geral** para uma perspectiva abrangente de todo o sistema imune.

▶ Um neutrófilo (em azul) fagocitando esporos de *Aspergillus* (em vermelho).

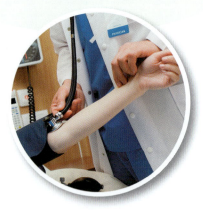

Na clínica

Você é um(a) enfermeiro(a) de um pronto atendimento e está atendendo Marta, uma mulher de 30 anos que recebeu um transplante de rim. Atualmente, ela está sendo tratada para choque séptico – o terceiro episódio dessa infecção em sua vida. Madge diz que desde a infância ela sempre foi muito suscetível a infecções recorrentes. Ela agradece que, até o momento, seu rim transplantado esteja funcionando bem e não mostra sinais de rejeição ou danos. Você solicita alguns testes que mostram leucocitose (um aumento no número de glóbulos brancos), níveis normais de anticorpos e deficiência da proteína C6 do complemento. **Qual é a causa das infecções frequentes de Marta e como isso se relaciona com a sua tolerância ao transplante?**

Dica: leia sobre a resposta dos leucócitos às infecções e o papel do sistema complemento mais adiante; ver também a discussão sobre o teste de complemento no quadro "Foco clínico".

O conceito de imunidade

OBJETIVOS DE APRENDIZAGEM

16-1 Diferenciar as imunidades inata e adaptativa.

16-2 Definir *receptores semelhantes ao Toll*.

Quando os micróbios atacam nossos corpos, nos defendemos utilizando vários mecanismos de imunidade. A **imunidade**, também chamada de **resistência**, é a capacidade de prevenir o surgimento de doenças causadas por micróbios ou por seus produtos e de proteger contra agentes ambientais, como pólen, substâncias químicas nocivas e pelos de animais. A ausência de imunidade é chamada de **suscetibilidade**. Em geral, existem dois tipos de imunidade: inata e adaptativa. A **imunidade inata** refere-se às defesas que estão presentes ao nascimento. Elas estão sempre disponíveis para proporcionar respostas rápidas para nos proteger contra as doenças. A imunidade inata não envolve o reconhecimento de um micróbio específico. Além disso, ela não apresenta resposta de memória, isto é, uma reação imune mais rápida e mais forte ao mesmo micróbio em outro momento. A primeira linha de defesa da imunidade inata inclui a pele e as membranas mucosas, e a segunda linha de defesa inclui as células *natural killer*, os fagócitos, a inflamação, a febre e as substâncias antimicrobianas. As respostas imunes inatas representam o sistema de alerta precoce da imunidade e são projetadas para impedir que os micróbios tenham acesso ao corpo e para ajudar a eliminar aqueles que tiverem acesso.

A **imunidade adaptativa** tem como base uma resposta específica a um determinado micróbio caso ele tenha rompido as defesas da imunidade inata. Ela se ajusta para lidar com um micróbio em particular. Diferentemente da imunidade inata, a imunidade adaptativa é mais lenta na sua resposta, contudo apresenta um componente de memória que permite ao corpo responder de maneira mais efetiva aos mesmos patógenos no futuro. A imunidade adaptativa envolve linfócitos (um tipo de leucócito), chamados de células T (linfócitos T), e células B (linfócitos B), discutidos em detalhes no Capítulo 17. Aqui, nos concentraremos na imunidade inata.

As células do sistema imune inato respondem aos patógenos e ativam a imunidade adaptativa. As respostas do sistema inato são ativadas por proteínas receptoras presentes na membrana plasmática. Entre esses ativadores estão os **receptores** semelhantes ao Toll (TLRs, de *Toll-like receptors*)*. Esses TLRs se ligam a vários receptores de reconhecimento de padrões (PRRs, de *pattern recognition receptors*), componentes geralmente encontrados nos patógenos que são chamados de **padrões moleculares associados aos patógenos** (PAMPs, de *pathogen-associated molecular patterns*) (ver Figura 16.8). Exemplos incluem o lipopolissacarídeo (LPS) da membrana externa de bactérias gram-negativas, a flagelina dos flagelos de bactérias móveis, o peptideoglicano da parede celular de bactérias gram-positivas, o DNA de bactérias, e o DNA e o RNA de vírus. Os TLRs também se ligam a componentes de fungos e parasitas.

Quando os TLRs dessas células encontram os PAMPs dos micróbios, como o LPS de bactérias gram-negativas, os TLRs induzem as células defensivas a liberarem substâncias químicas, chamadas de citocinas. As **citocinas** (*cito* = célula; *cinesia* = movimento) são proteínas que regulam a intensidade e a duração das respostas imunes. Uma função das citocinas é recrutar outros macrófagos e células dendríticas, assim como outras células defensivas, para isolar e destruir os micróbios como parte da resposta inflamatória. As citocinas também podem ativar as células T e B envolvidas na imunidade adaptativa. Você verá mais sobre as diferentes citocinas e suas funções no Capítulo 17.

Ao aprender os componentes individuais e únicos dos sistemas imunes inato e adaptativo, você também verá que eles não operam de forma independente. Na verdade, eles funcionam como um "supersistema" altamente interativo e cooperativo que produz uma resposta combinada que é mais eficaz do que qualquer componente pode induzir separadamente. Certos componentes moleculares e celulares do sistema imune desempenham funções importantes em ambos os tipos de imunidade. Um exemplo da cooperação entre os dois sistemas imunes, sobre o qual você aprenderá mais adiante neste capítulo, envolve macrófagos e células dendríticas. Essas células fornecem uma ligação entre a imunidade inata e a adaptativa.

> **TESTE SEU CONHECIMENTO**
>
> ✔ **16-1** Qual sistema de defesa, a imunidade inata ou a adaptativa, impede a entrada de micróbios no corpo?
>
> ✔ **16-2** Que relação existe entre os receptores semelhantes ao Toll e os padrões moleculares associados a patógenos?

Primeira linha de defesa: pele e membranas mucosas

OBJETIVOS DE APRENDIZAGEM

16-3 Descrever o papel da pele e das membranas mucosas na imunidade inata.

16-4 Diferenciar fatores físicos de químicos e listar cinco exemplos de cada.

16-5 Descrever o papel da microbiota normal na imunidade inata.

A pele e as membranas mucosas são a primeira linha de defesa do corpo contra os patógenos do ambiente. Essa função resulta de fatores químicos e físicos.

Fatores físicos

Os fatores físicos incluem barreiras à entrada e os processos que removem os micróbios da superfície do corpo. A **pele** intacta é o maior órgão do corpo humano em termos de peso, além de ser um componente extremamente importante da primeira linha de defesa. Ela consiste na derme e na epiderme (**Figura 16.1**). A **derme**, a parte mais interna e espessa da

---

*A mosca-da-fruta defende-se das infecções fúngicas por meio de uma proteína chamada *Toll*, assim denominada devido à palavra alemã para "estranho". O termo é derivado do fato de que a proteína Toll também está envolvida no desenvolvimento do embrião da mosca-da-fruta e que as moscas que não apresentam essa proteína têm uma aparência estranha ou esquisita.

Todos os dias, o corpo humano luta contra patógenos microbianos que precisam de um lugar para viver.

Primeira linha de defesa

As defesas de primeira linha mantêm os patógenos do lado de fora ou os neutralizam antes que a infecção inicie. A pele, as membranas mucosas e certas substâncias antimicrobianas fazem parte dessas defesas.

Segunda linha de defesa

As defesas de segunda linha diminuem ou contêm infecções quando as defesas de primeira linha falham. Elas incluem proteínas que produzem inflamação, febre que aumenta a atividade das citocinas e fagócitos e células *natural killer* (NK), que atacam e destroem células tumorais e células infectadas por vírus. As células defensivas da imunidade inata são mostradas na tabela a seguir.

Terceira linha de defesa

As defesas de terceira linha, mostradas na tabela a seguir, incluem linfócitos que têm como alvo patógenos específicos para destruição quando as defesas de segunda linha não conseguem conter as infecções. Elas incluem um componente de memória que permite que o corpo responda de forma mais eficaz a esse mesmo patógeno no futuro.

As defesas de primeira e segunda linha fazem parte do **sistema imune inato**, enquanto as defesas de terceira linha são chamadas de **sistema imune adaptativo** (Capítulo 17). Muitos leucócitos (glóbulos brancos) coordenam esforços no controle de infecções na segunda e terceira linhas de defesa imunológica.

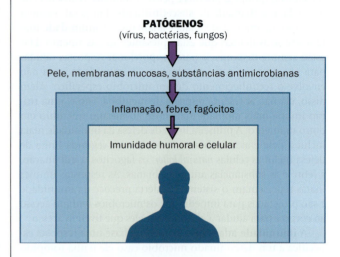

PATÓGENOS
(vírus, bactérias, fungos)

Pele, membranas mucosas, substâncias antimicrobianas

Inflamação, febre, fagócitos

Imunidade humoral e celular

Inata ou adaptativa	Tipo de célula	Descrição	Função
INATA	Basófilo	Granulócito	Libera histaminas que causam inflamação.
	Eosinófilo	Granulócito	Destrói parasitas por explosão oxidativa.
	Mastócito	Granulócito	Células apresentadoras de antígeno (APCs); produzem peptídeos antimicrobianos.
AMBAS	Neutrófilo	Granulócito	Fagocita bactérias e fungos.
	Monócito	Agranulócito	Precursor dos macrófagos. Alguns macrófagos encontram-se fixados em certos órgãos, ao passo que outros se locomovem pelos tecidos, causando inflamação. Todos realizam fagocitose.
	Célula dendrítica	Agranulócito (muitas projeções de superfície)	Fagocita bactérias e apresenta antígenos para células T na pele e nas mucosas respiratória e intestinal.
	Célula *natural killer* (NK)	Agranulócito (linfócito)	Destrói células tumorais e infectadas por vírus.
ADAPTATIVA	Plasmócito, célula B	Agranulócito (linfócito)	Reconhecem antígenos e produzem anticorpos.
	Células T Célula T auxiliar (T$_H$, de *T helper*) Linfócito T citotóxico (LTC) Célula T reguladora (T$_{reg}$)	Agranulócito (linfócito)	As células T$_H$ secretam citocinas. Elas são células CD4$^+$ que se ligam a moléculas de MHC classe II nas APCs. Os LTCs reconhecem e destroem células "não próprias" específicas. Eles são células CD8$^+$ que se ligam a moléculas de MHC classe I. As T$_{reg}$ são células CD4$^+$ que destroem as células que não reconhecem corretamente as células "próprias".

O que a contagem de células sanguíneas nos diz sobre a saúde de um paciente?

Contagem de leucócitos

A contagem de leucócitos (também conhecidos como glóbulos brancos) mede o número de leucócitos encontrados no sangue. Um teste relacionado, chamado *contagem diferencial de leucócitos*, detalha ainda mais essa contagem, identificando as porcentagens de eosinófilos, basófilos, neutrófilos, monócitos e linfócitos. Contagens anormais de células sanguíneas fornecem aos profissionais de saúde pistas importantes para o diagnóstico de infecções e outras condições.

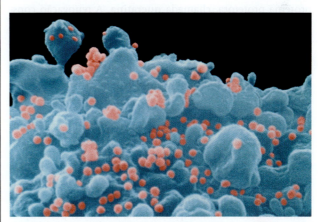

INTERVALOS NORMAIS E PORCENTAGENS
para homens e mulheres não grávidas

Contagem de leucócitos:
4.000-11.000 leucócitos por μL (mm^3) ou
5,0-10,0 × 10^9 leucócitos por litro.

Neutrófilos: 60 a 70%
Linfócitos: 20 a 25%
Monócitos: 3 a 8%
Eosinófilos: 2 a 4%
Basófilos: 0,5 a 1%

Plasma

Leucócitos

Hemácias

Alta contagem de leucócitos

Uma contagem alta de leucócitos mostra que o paciente está produzindo um número maior do que a média de leucócitos. Isso geralmente ocorre quando há uma infecção bacteriana. A alta contagem de leucócitos também pode ser causada por doenças autoimunes que resultam em muita resposta inflamatória, como a artrite reumatoide e a leucemia, um câncer do sangue. Alguns fármacos podem desencadear um aumento na contagem de leucócitos como efeito colateral;

estes incluem certos medicamentos para asma, como o salbutamol, epinefrina e corticosteroides.

Baixa contagem de leucócitos

Uma contagem normal de leucócitos encontra-se entre 4.000 e 11.000 células/μL. Uma contagem baixa mostra que o paciente tem menos células do que o esperado. Uma contagem baixa de neutrófilos, em especial, é informativa. Mesmo bactérias que geralmente vivem no canal digestivo sem causar doenças podem resultar em doenças quando a contagem de neutrófilos do paciente cai abaixo de 500 neutrófilos/μL de sangue. A baixa contagem de leucócitos pode resultar de infecções virais ou pneumonia, além de doenças autoimunes, como lúpus; certos tipos de câncer, como linfoma; e radiação e outros tratamentos contra o câncer. A contagem de leucócitos também pode ser baixa quando um paciente tem uma infecção bacteriana extremamente grave, como septicemia. Finalmente, vários fármacos também podem causar baixa contagem de leucócitos, incluindo uma variedade de antibióticos, diuréticos e medicamentos anticâncer.

▲ Célula T (em azul) infectada com HIV. Partículas virais (em rosa) podem ser vistas brotando da célula infectada. O HIV infecta os linfócitos T$_H$. [MEV] 350 nm

◀ O monitoramento seriado da contagem de leucócitos é usado no acompanhamento durante o tratamento de bebês que lutam contra a infecção bacteriana por coqueluche. Foi demonstrado que um aumento rápido na contagem de leucócitos está associado a uma maior mortalidade entre bebês.

CONCEITOS-CHAVE

● A imunidade inata envolve as defesas de primeira e segunda linhas.
● A imunidade adaptativa envolve as defesas de terceira linha.
● As ações imunes inatas são rápidas, mas inespecíficas. As ações imunes adaptativas são mais lentas, mas específicas para patógenos, e possuem um componente de memória.

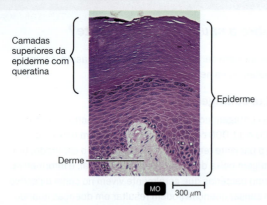

Camadas superiores da epiderme com queratina

Epiderme

Derme

MO 300 μm

Figura 16.1 Uma secção de pele humana. As camadas finas no topo desta fotomicrografia contêm queratina. Essas camadas e as células em roxo-escuro, localizadas logo abaixo, constituem a epiderme. A região abaixo da epiderme é a derme.

P Qual é a função da queratina na epiderme?

pele, é constituída de tecido conjuntivo. A **epiderme**, a parte mais externa e fina da pele, está em contato direto com o ambiente externo. Ela consiste em muitas camadas de folhas contínuas de células epiteliais firmemente unidas, com pouco ou nenhum material entre as células. A camada superior da epiderme é constituída de células mortas e contém uma proteína protetora, chamada **queratina**. A renovação constante da camada superior ajuda a remover os micróbios da superfície. Além disso, a secura da pele é um fator importante para inibir o crescimento microbiano. Quando a pele está mais úmida, como nos climas quentes e úmidos, as infecções cutâneas são bastante comuns, principalmente as causadas por fungos, como o pé de atleta. Esses fungos hidrolisam a queratina quando há água disponível.

Se considerarmos as células firmemente unidas, a estratificação contínua, a presença de queratina e a secura e a descamação da pele, podemos entender por que a pele intacta constitui uma barreira tão formidável: a superfície intacta da epiderme saudável raramente é penetrada por microrganismos. Entretanto, quando a superfície epitelial é rompida como resultado de uma queimadura, um corte, perfurações ou outras condições, uma infecção subcutânea (abaixo da pele) se desenvolve. As bactérias mais prováveis de causarem as infecções são os estafilococos, que normalmente habitam a epiderme, os folículos pilosos e as glândulas sudoríparas e sebáceas da pele.

Outro grupo de células epiteliais, chamadas de *células endoteliais*, que revestem os vasos sanguíneos e linfáticos, não são tão unidas como as encontradas na epiderme. Esse arranjo mais frouxo permite que as células defensivas se movimentem do sangue para os tecidos durante a inflamação, mas também permite que os micróbios se movimentem para dentro e para fora do sangue e da linfa.

As **membranas mucosas** também consistem em uma camada epitelial e uma camada de tecido conjuntivo subjacente. Elas são um componente importante da primeira linha de defesa. As membranas mucosas revestem internamente por completo o canal digestivo e os tratos respiratório e geniturinário.

A camada epitelial de uma membrana mucosa secreta um fluido denominado **muco**, substância glicoproteica ligeiramente viscosa (espessa) produzida pelas células caliciformes de uma membrana mucosa. Entre outras funções, o muco impede o ressecamento dos tratos. Alguns patógenos que podem se desenvolver no muco são capazes de penetrar a membrana se o microrganismo estiver presente em quantidades suficientes. O *Treponema pallidum* é um desses patógenos. Essa penetração pode ser facilitada por substâncias tóxicas produzidas pelas células bacterianas, lesão prévia por infecção viral ou irritação da mucosa.

Além da barreira física da pele e das membranas mucosas, vários outros fatores físicos ajudam a proteger certas superfícies epiteliais. Um mecanismo que protege os olhos é o **aparato lacrimal**, um grupo de estruturas que produz e drena as lágrimas (**Figura 16.2**). As glândulas lacrimais, localizadas em direção à parte superior externa de cada órbita ocular, produzem as lágrimas e as fazem escorrer sob a pálpebra superior. Após, as lágrimas seguem em direção ao canto do olho próximo ao nariz e para dentro de pequenas aberturas que conduzem dos tubos (canais lacrimais) até o nariz. Ao piscar, as lágrimas são espalhadas sobre a superfície do globo ocular. Normalmente, elas evaporam ou passam para dentro do nariz tão rápido quanto são produzidas. Essa ação de lavagem contínua impede que os microrganismos se estabeleçam sobre a superfície do olho. Se uma substância irritante ou um número considerável de microrganismos entra em contato com o olho, as glândulas lacrimais começam a secretar excessivamente, e as lágrimas se acumulam mais rapidamente do que podem ser eliminadas. Essa produção excessiva é um mecanismo de proteção, uma vez que o excesso de lágrimas dilui e lava a substância irritante ou os microrganismos antes que uma infecção possa se desenvolver.

Em uma ação de limpeza muito similar àquela realizada pelas lágrimas, a **saliva**, produzida pelas glândulas salivares, ajuda a diluir uma grande quantidade de microrganismos e os remove da superfície dos dentes e da membrana mucosa da boca. Isso ajuda a impedir a colonização pelos micróbios.

CASO CLÍNICO Fora de combate

Josué, de 2 anos, retorna ao consultório pediátrico com outro quadro de febre alta. Ele tem um histórico de infecções cutâneas recorrentes, febre e dilatação crônica dos linfonodos.

O pediatra ausculta que os ruídos pulmonares de Josué não estão claros e o envia para um exame radiográfico. Os resultados mostram uma massa no pulmão direito. A massa é uma pneumonia, e o pediatra trata o paciente com antibióticos. Poucas semanas após o término do antibiótico, Josué desenvolve pneumonia novamente. Dessa vez, o pediatra solicita uma biópsia da massa pulmonar, e a cultura revela a presença do fungo *Aspergillus*.

Por que a imunidade inata de Josué não o está protegendo das infecções? Continue lendo para descobrir.

Parte 1   Parte 2   Parte 3   Parte 4   Parte 5   Parte 6

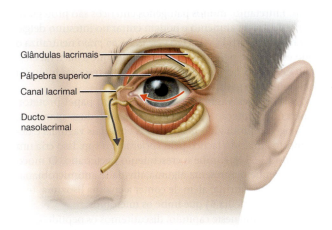

Figura 16.2 Aparato lacrimal. A ação de lavagem das lágrimas na superfície do globo ocular é mostrada pela seta vermelha. As lágrimas produzidas pelas glândulas lacrimais atravessam a superfície do globo ocular até as duas pequenas aberturas que conduzem as lágrimas para dentro dos canais lacrimais e do ducto nasolacrimal. A partir daí, as lágrimas passam dentro do nariz, como mostrado pela seta cinza.

P Como o aparelho lacrimal protege os olhos contra infecções?

O trato respiratório e o canal digestivo têm muitas formas físicas de defesa. O muco retém muitos dos microrganismos que penetram nesses tratos. A membrana mucosa do nariz também apresenta **pelos** recobertos de muco que filtram o ar inalado e retêm partículas maiores que 10 μm. Partículas menores (até 2 μm) ficarão presas no muco do trato respiratório inferior. As células da membrana mucosa do trato respiratório inferior são recobertas por **cílios**. Por meio de movimentos sincronizados, esses cílios impulsionam a poeira inalada e os microrganismos que ficaram retidos na porção superior em direção à garganta. Os assim denominados **elevadores ciliares** (**Figura 16.3**) mantêm o manto de muco movendo-se em direção à garganta a um ritmo de 1 a 3 cm por hora; a tosse e o espirro aceleram o elevador. O coronavírus tipo 2 associado à síndrome respiratória aguda

grave (SARS-CoV-2) infecta células do trato respiratório e destrói os cílios. Algumas substâncias na fumaça do cigarro também são tóxicas para os cílios e podem prejudicar seriamente o funcionamento dos elevadores ciliares ao inibir ou destruir os cílios. Pacientes sob ventilação mecânica são vulneráveis às infecções do trato respiratório, pois o mecanismo do elevador ciliar é inibido.

Os microrganismos também são impedidos de entrar no trato respiratório inferior por uma pequena tampa de cartilagem chamada de **epiglote**, que cobre a laringe (caixa vocal) durante a deglutição. O canal auditivo externo contém pelos e **cera** (*cerume*), que auxiliam na prevenção da entrada de micróbios, poeira, insetos e água no ouvido.

A limpeza da uretra pelo fluxo de **urina** constitui outro fator físico que previne a colonização microbiana no trato geniturinário. Como você verá posteriormente, quando o fluxo de urina é obstruído – por cateteres, por exemplo –, infecções do trato urinário podem se desenvolver. Da mesma maneira, as **secreções vaginais** movimentam os microrganismos para fora do corpo feminino.

Peristalse, **defecação**, **vômito** e **diarreia** também expelem os micróbios. Peristalse é uma série de contrações coordenadas que impulsionam o alimento ao longo do canal digestivo. A peristalse da massa fecal no intestino grosso impulsiona o seu conteúdo para o reto, resultando em defecação. Em resposta a toxinas microbianas, os músculos do canal digestivo contraem-se vigorosamente, resultando em vômito e/ou diarreia, que também podem livrar o corpo de micróbios. Finalmente, as células em tufo no intestino delgado respondem aos helmintos e protozoários com a produção de citocinas que promovem o peristaltismo, o que ajuda a expulsar o parasita. As células em tufo são nomeadas por suas longas microvilosidades que se estendem até o intestino.

Fatores químicos

Os fatores físicos isoladamente não são os únicos responsáveis pelo alto grau de resistência apresentado pela pele e pelas membranas mucosas contra a invasão microbiana. Certos fatores químicos também desempenham funções importantes.

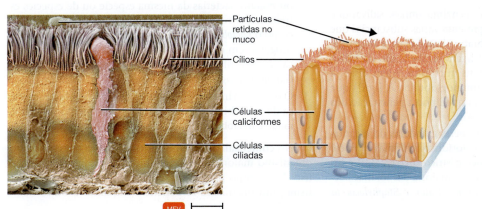

Figura 16.3 Elevador ciliar.

P O que pode acontecer se o elevador ciliar for inibido?

As glândulas sebáceas (de óleo) da pele produzem uma substância oleosa, chamada **sebo**, que impede que os pelos fiquem ressecados ou quebradiços. O sebo também forma um filme protetor sobre a superfície da pele. Um dos componentes do sebo consiste em ácidos graxos insaturados, que inibem o crescimento de certas bactérias e fungos patogênicos. O baixo pH da pele, entre 3 e 5, é causado, em parte, pela secreção de ácidos graxos e ácido láctico. A acidez da pele provavelmente desestimula o crescimento de muitos outros microrganismos.

As bactérias que vivem como comensais na pele decompõem as células cutâneas descamadas, e as moléculas orgânicas resultantes e os produtos finais de seu metabolismo produzem o odor do corpo. Determinadas bactérias comumente encontradas na pele metabolizam o sebo, e esse processo forma ácidos graxos livres que causam a resposta inflamatória associada à acne (como se vê no Capítulo 21). A isotretinoína, derivado da vitamina A que impede a formação do sebo, é um tratamento indicado para um tipo bastante grave de acne, chamado de acne cística.

As glândulas sudoríparas da pele produzem a **transpiração**, que auxilia na manutenção da temperatura corporal, elimina determinados resíduos e lava os microrganismos da superfície da pele. A transpiração também contém **lisozima**, enzima capaz de degradar a parede celular de bactérias gram-positivas e, em menor extensão, de bactérias gram-negativas (ver Figura 4.13). Mais especificamente, a lisozima hidrolisa as ligações químicas entre os açúcares no peptideoglicano, destruindo, assim, a parede celular. A lisozima também é encontrada nas lágrimas, na saliva, nas secreções nasais, nos fluidos corporais e na urina, onde exibe sua atividade antimicrobiana. Enquanto estudava a lisozima, em 1928, Alexander Fleming acidentalmente descobriu os efeitos antimicrobianos da penicilina (ver Figura 1.6).

A **cera de ouvido**, além de atuar como barreira física, também funciona como proteção química. Ela consiste em uma mistura de secreções das glândulas produtoras de cera, bem como das glândulas sebáceas, que produzem sebo. As secreções são ricas em ácidos graxos, conferindo ao canal auditivo um pH baixo, entre 3 e 5, que inibe o crescimento de muitos micróbios patogênicos. A cera de ouvido também contém muitas células mortas oriundas do revestimento do canal auditivo.

A **saliva** não contém apenas a enzima amilase salivar que digere o amido, ela também apresenta várias substâncias que inibem o crescimento microbiano. Entre elas, a lisozima, a ureia e o ácido úrico. O pH ligeiramente ácido da saliva (6,55-6,85) também inibe alguns micróbios. Além disso, a saliva contém um anticorpo (imunoglobulina A [IgA]) que impede a aderência microbiana, impedindo a penetração dos micróbios nas membranas mucosas.

O **suco gástrico** é produzido pelas glândulas do estômago. Ele é uma mistura de ácido clorídrico, enzimas e muco. A acidez bastante elevada do suco gástrico (pH 1,2-3,0) é suficiente para destruir as bactérias e a maioria das toxinas bacterianas, exceto as de *Clostridium botulinum* e *Staphylococcus*

aureus. Entretanto, muitos patógenos entéricos são protegidos por partículas de alimento e podem entrar no intestino delgado. Em contrapartida, a bactéria *Helicobacter pylori* neutraliza o ácido estomacal, permitindo, desse modo, que a bactéria cresça no estômago. Seu crescimento inicia uma resposta imune, a qual resulta em gastrite e úlcera.

As **secreções vaginais** também têm um papel protetor, fornecendo proteção contra as bactérias de duas maneiras. O glicogênio produzido pelas células epiteliais vaginais é decomposto em ácido láctico pelo *Lactobacillus* spp. Isso cria um pH ácido (3-5) que inibe o crescimento bacteriano. O muco cervical também apresenta alguma atividade antimicrobiana. Similarmente, a **urina**, além de conter a enzima lisozima, tem pH ácido (em média 6) que inibe os micróbios.

Mais adiante neste capítulo, discutiremos os peptídeos antimicrobianos, outro grupo de substâncias químicas que desempenham um papel importante na imunidade inata.

Microbiota normal e imunidade inata

Lembre-se do Capítulo 14, no qual se viu que certos micróbios estabelecem residência (colonização) mais ou menos permanente, dentro e sobre o corpo, mas normalmente não produzem doenças. Eles constituem a microbiota normal e desempenham um papel importante na prevenção do crescimento excessivo de micróbios nocivos. Do ponto de vista técnico, em geral não se considera que a microbiota normal faça parte do sistema imune inato, mas ela é discutida aqui devido à proteção considerável que oferece. Basicamente, a microbiota normal fornece resistência a doenças de três maneiras principais.

1. Elas estão bem adaptadas ao número limitado de sítios de ligação nos locais em que vivem. Elas têm uma vantagem competitiva sobre os micróbios patogênicos nos locais de colonização, pois dominam o espaço e os nutrientes disponíveis (exclusão competitiva). Essa resistência à colonização é especialmente eficaz contra micróbios como *Clostridioides difficile*, *Salmonella*, *Shigella* e *Candida albicans*.

2. A microbiota normal produz substâncias que inibem ou matam patógenos. Por exemplo, a bactéria *Escherichia coli* no intestino grosso produz bacteriocinas que inibem ou matam bactérias da mesma espécie ou de espécies estreitamente relacionadas. Algumas microbiotas normais, como o *Lactobacillus* na vagina, produzem peróxido de hidrogênio em condições anaeróbicas. Isso se mostrou eficaz contra infecções causadas por *Chlamydia trachomatis*, *Gardnerella vaginalis* e *Candida albicans*.

3. O desenvolvimento do sistema imune depende da presença de microbiota mesmo antes do nascimento. Ver **Explorando o microbioma** mais adiante neste capítulo.

No **comensalismo**, um organismo utiliza o corpo de um organismo maior como seu ambiente físico, podendo fazer uso desse corpo para obter nutrientes. Assim, no comensalismo, um organismo se beneficia enquanto o outro não é

Modulação da imunidade inata pelo microbioma

Até recentemente, a colonização por micróbios durante e após o nascimento era considerada o principal estímulo para o desenvolvimento do nosso sistema imune. No entanto, agora sabemos que o desenvolvimento das células mieloides é influenciado pela microbiota, e essa influência realmente começa antes do nascimento. Estudos em andamento estão tentando determinar se as células da microbiota influenciam diretamente o desenvolvimento das células mieloides ou se essas alterações podem ser devidas aos produtos metabólicos produzidos pelos micróbios.

Estudos nos mostram que filhotes de camundongos tratados com antibióticos durante a gravidez têm menor número de neutrófilos no sangue do que os filhotes das matrizes que não receberam antibióticos. A colonização intestinal por microrganismos em uma matriz de camundongo grávida também aumenta o número de monócitos em camundongos recém-nascidos. A presença contínua de receptores semelhantes ao Toll derivados da microbiota aumenta as respostas e a fagocitose dos neutrófilos.

Estudos em camundongos livres de germes, criados em ambientes estéreis, mostram mudanças ainda mais acentuadas no sistema imune. Animais livres de germes têm um sistema imune subdesenvolvido em comparação com camundongos criados normalmente, expostos a micróbios. Especificamente, o desenvolvimento normal das células mieloides na medula óssea é reduzido, resultando em menos fagócitos e uma resposta retardada às infecções. Os camundongos livres de germes também têm pouco tecido linfoide e níveis muito baixos de proteínas imunológicas em seus fluidos corporais. Quando os pesquisadores expõem camundongos livres de germes a microrganismos, os animais ficam incomumente suscetíveis a infecções e doenças graves.

É necessária uma assepsia rigorosa para criar camundongos livres de germes.

afetado. Muitos micróbios que fazem parte da microbiota comensal são encontrados na pele e no canal digestivo. A maioria desses micróbios são bactérias que apresentam mecanismos de fixação altamente especializados e necessidades ambientais precisas para a sua sobrevivência. Em geral, esses micróbios são inofensivos, mas podem causar doenças caso as condições ambientais em que vivem sofram mudanças. Esses patógenos oportunistas incluem *E. coli*, *S. aureus*, *S. epidermidis*, *Enterococcus faecalis*, *Pseudomonas aeruginosa* e estreptococos orais.

O recente interesse na importância das bactérias para a saúde humana levou ao estudo dos probióticos. Os **probióticos** (*pro* = para, *bios* = vida) consistem em culturas microbianas vivas, que são ingeridas com o objetivo de exercerem um efeito benéfico. Os probióticos podem ser administrados juntamente aos *prebióticos*, que são substâncias químicas que promovem seletivamente o crescimento de bactérias benéficas. Um exemplo de bactéria probiótica é a bactéria do ácido láctico (BAL). Se essas BALs colonizam o intestino grosso, o ácido láctico e as bacteriocinas produzidas por elas podem inibir o crescimento de certos patógenos. Diversos estudos demonstraram que a ingestão de BALs pode aliviar quadros de diarreia e prevenir a colonização por *Salmonella enterica* durante a terapia antibiótica. Pesquisadores também estão testando o uso de BAL na prevenção de infecções de feridas cirúrgicas, causadas por *S. aureus*, e infecções vaginais, causadas por *E. coli*. Em um estudo da Universidade de Stanford, nos Estados Unidos, a infecção pelo vírus da imunodeficiência humana (HIV) foi reduzida em mulheres tratadas com uma linhagem geneticamente modificada de BAL que produz uma proteína a qual se liga às espículas de ligação do HIV. Os resultados de diversos estudos sugerem que a administração de probióticos juntamente com antibióticos reduz o risco de desenvolvimento de diarreia associada ao *C. difficile*. Contudo, é possível que os probióticos não sejam efetivos em todos os casos. Um estudo francês recente demonstrou que, embora o uso de probióticos tenha reduzido a incidência de pneumonia adquirida em unidades de terapia intensiva (UTIs) e o período de permanência na UTI, os probióticos não reduziram significativamente as taxas de mortalidade nos hospitais.

TESTE SEU CONHECIMENTO

✔ **16-3** Identifique um fator físico e um fator químico capaz de impedir a penetração dos micróbios no corpo através da pele e das membranas mucosas.

✔ **16-4** Identifique um fator físico e um fator químico capaz de impedir a penetração dos micróbios ou a sua colonização no corpo através dos olhos, do canal digestivo e do trato respiratório.

✔ **16-5** Diferencie antagonismo microbiano de comensalismo.

Segunda linha de defesa

Quando os micróbios ultrapassam a primeira linha de defesa, encontram uma segunda linha, que inclui células defensivas, como as células fagocíticas, inflamação, febre e substâncias antimicrobianas.

Antes de estudarmos as células fagocíticas, é necessário compreendermos os componentes celulares do sangue.

Elementos componentes do sangue

OBJETIVOS DE APRENDIZAGEM

16-6   Classificar os leucócitos e descrever o papel dos granulócitos e dos monócitos.

16-7   Descrever os oito tipos diferentes de leucócitos e indicar uma função para cada tipo.

O sangue é constituído de um fluido, denominado **plasma sanguíneo**, e de **elementos componentes** – isto é, células e fragmentos celulares suspensos no plasma sanguíneo. Os componentes incluem os **eritrócitos**, ou **hemácias**; os **leucócitos**;

e as **plaquetas**. Os componentes são produzidos na medula óssea vermelha por células-tronco do sangue em um processo chamado de **hematopoiese**. Esse processo se inicia quando uma célula, denominada *célula-tronco multipotente*, se desenvolve em dois outros tipos de células, chamadas de *células-tronco mieloides* (medula óssea) e *células-tronco linfoides*. Todos os componentes se desenvolvem a partir desses dois tipos de células-tronco. Todas essas células do sangue são mostradas na **Figura 16.4**. Descrições mais detalhadas dos componentes que mais nos interessam em relação à imunidade inata – os leucócitos – são encontradas na Tabela 16.1.

Os leucócitos são divididos em duas categorias principais com base em sua aparência ao microscópio óptico: granulócitos e agranulócitos. Os **granulócitos** têm esse nome devido à presença de grandes grânulos em seu citoplasma, os quais podem ser vistos ao microscópio óptico após coloração. Eles são diferenciados em quatro tipos de células com base na coloração dos grânulos: neutrófilos, basófilos, eosinófilos e mastócitos.

Os **neutrófilos** coram-se em lilás-claro com uma mistura de corantes ácidos e básicos. Os neutrófilos também são comumente chamados de *leucócitos polimorfonucleares (PMNs)*,

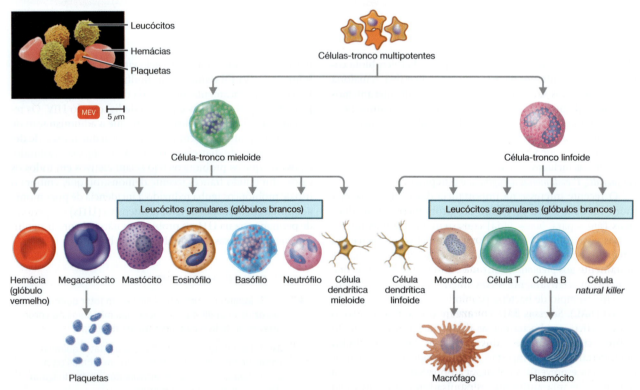

Figura 16.4 Hematopoiese. O processo inicia-se na medula óssea vermelha com uma célula-tronco multipotente.

P Quais células originam os leucócitos granulares? E os leucócitos agranulares?

TABELA 16.1 Leucócitos (glóbulos brancos)

Granulócitos	MO	Agranulócitos	MO
Mastócito Função: libera substâncias químicas para ativar a inflamação	5 μm	**Monócitos (3-8% no total, 300-900/μL)** Função: os monócitos que saem da corrente sanguínea amadurecem e se transformam em fagócitos errantes ou em repouso (quando amadurecem em macrófagos)	6 μm → Macrófago 7 μm
Neutrófilos (PMNs) (60-70% dos leucócitos, 1.700-7.000/μL) Função: fagocitose	5 μm	**Células dendríticas** Funções: fagocitose e iniciação da resposta imune adaptativa pela apresentação de antígenos	17 μm
Basófilos (0,5-1%, 0-300/μL) Função: produção de histamina	5 μm	**Linfócitos (20-25%, 1.000-4.800/μL)** • **Células *natural killer* (NK)** Função: destruição de células-alvo por citólise e apoptose	5 μm
Eosinófilos (2-4%, 50-500/μL) Funções: produção de proteínas tóxicas contra certos parasitas; alguma fagocitose	5 μm	• **Células T** Função: imunidade celular	5 μm
		• **Células B** Função: desenvolvem-se em plasmócitos que produzem anticorpos	5 μm

ou *polimorfos*. (O termo *polimorfonuclear* refere-se ao fato de que os núcleos dos neutrófilos contêm de 2 a 5 lóbulos.) Os neutrófilos, que são altamente fagocíticos e móveis, são ativos nos estágios iniciais de uma infecção. Eles têm a capacidade de deixar o sangue, chegar ao tecido infectado e destruir os micróbios e as partículas estranhas.

Os **basófilos** coram-se em azul-púrpura com o corante básico azul de metileno. Eles liberam substâncias, como a histamina, que são importantes na inflamação e nas respostas alérgicas.

Os **eosinófilos** coram-se em vermelho ou cor de laranja com o corante ácido eosina. Eles são de algum modo

fagocíticos e também têm a capacidade de migrar para fora do sangue. Sua função principal é eliminar certos parasitas, como os helmintos. Embora os eosinófilos sejam fisicamente muito pequenos para ingerir e destruir os helmintos, eles podem fixar-se à superfície externa dos parasitas e liberar íons peróxido que os destroem (ver Figura 17.16). Seu número aumenta significativamente durante certas infecções por vermes parasitários e reações de hipersensibilidade (alergia), como na asma eosinofílica, um tipo raro e grave de asma. Embora a causa da asma eosinofílica não seja conhecida, os sinais e sintomas são devidos à liberação de citocinas e outras quimiocinas por um grande número de eosinófilos nos pulmões.

Os **mastócitos** se coram de azul com grânulos azul-escuros no citoplasma. Eles são encontrados nos tecidos de todo o corpo, especialmente na pele, mas normalmente não são encontrados no sangue. Os mastócitos liberam substâncias químicas que ativam neutrófilos e eosinófilos durante uma infecção.

Os **agranulócitos** também têm grânulos em seu citoplasma, porém os grânulos não são visíveis ao microscópio óptico após coloração. Existem três tipos de agranulócitos: monócitos, células dendríticas e linfócitos. Os **monócitos** não são ativamente fagocíticos até que eles deixem o sangue circulante, entrem nos tecidos do corpo e se diferenciem em **macrófagos**. Na verdade, a proliferação dos linfócitos é um fator responsável pelo aumento dos linfonodos durante uma infecção. Quando o sangue e a linfa que contêm microrganismos passam pelos órgãos contendo macrófagos, os microrganismos são removidos por fagocitose. Os macrófagos também eliminam células velhas do sangue.

As **células dendríticas** apresentam longos prolongamentos que se assemelham aos dendritos das células nervosas, daí a origem do nome. Existem dois subconjuntos de células dendríticas, um derivado de células-tronco linfoides e outro de origem mieloide. As diferenças funcionais entre esses subconjuntos são o foco de pesquisas atuais. As células dendríticas são, sobretudo, abundantes na epiderme da pele, nas membranas mucosas, no timo e nos linfonodos. As células dendríticas destroem os micróbios por fagocitose e iniciam a resposta imune adaptativa apresentando antígenos aos linfócitos (ver Capítulo 17).

Os **linfócitos** incluem células *natural killer*, células T e células B. As **células *natural killer* (NK)** são encontradas no sangue, baço, linfonodos e medula óssea vermelha. Elas têm a capacidade de destruir uma ampla variedade de células infectadas do corpo e certas células tumorais. As células NK atacam quaisquer células do corpo que apresentem na membrana plasmática proteínas anormais ou incomuns. A ligação das células NK a uma célula-alvo, como uma célula humana infectada, causa a liberação de substâncias tóxicas dos grânulos líticos nas células NK. Os *grânulos líticos* são uma organela secretora exclusiva das células NK. Alguns grânulos líticos contêm uma proteína, chamada de **perforina**, que se insere na membrana plasmática da célula-alvo e cria canais (perfurações) na membrana. Assim, o líquido extracelular flui para o interior da célula-alvo e ela se rompe, processo chamado de **citólise** (*cito* = célula; *lise* = perda). As células NK possuem outros grânulos que liberam **granzimas**, enzimas que digerem proteínas, que induzem a célula-alvo a sofrer apoptose, ou autodestruição. Esse tipo de ataque destrói as células infectadas, mas não os micróbios dentro das células; os micróbios liberados, que podem ou não estar intactos, podem ser destruídos pelos fagócitos.

As **células T e B** geralmente não são fagocíticas, porém exercem uma função importante na imunidade adaptativa (ver Capítulo 17). Elas estão presentes nos tecidos linfoides do sistema linfático e também circulam no sangue.

Em vários tipos de infecções, principalmente nas infecções bacterianas, o número total de leucócitos aumenta como resposta protetora para combater os micróbios; esse aumento é chamado de *leucocitose*. Durante o estágio ativo da infecção, a contagem de leucócitos pode dobrar, triplicar ou quadruplicar, dependendo da gravidade da infecção. As doenças que podem causar uma elevação na contagem de leucócitos incluem meningite, mononucleose infecciosa, apendicite, pneumonia pneumocócica e gonorreia. Outras doenças, como a salmonelose e a brucelose, e algumas infecções virais e por riquétsias podem ocasionar *diminuição* na contagem de leucócitos, chamada de *leucopenia*. A leucopenia pode estar relacionada à produção prejudicada de leucócitos ou ao efeito da sensibilidade aumentada das membranas dos leucócitos ao dano causado pelo complemento, proteínas antimicrobianas do soro discutidas adiante neste capítulo. O aumento ou a diminuição podem ser detectados por uma **contagem diferencial de leucócitos**, que consiste no cálculo da porcentagem de cada tipo de leucócito em uma amostra de 100 leucócitos. As porcentagens em uma contagem diferencial normal de leucócitos são mostradas entre parênteses na Tabela 16.1.

Sistema linfoide

OBJETIVO DE APRENDIZAGEM

16-8 Diferenciar os sistemas circulatórios linfático e sanguíneo.

O **sistema linfoide** (ou linfático) consiste em um fluido, denominado *plasma linfático*, em vasos, chamados de *vasos linfáticos*, em várias estruturas e órgãos contendo *tecido linfoide* e em uma *medula óssea vermelha*, onde as células-tronco se diferenciam em células do sangue, incluindo os linfócitos (**Figura 16.5**). O tecido linfoide contém uma grande quantidade de linfócitos e células fagocíticas que participam das respostas imunes. Os linfonodos são os sítios de ativação das células T e B, as quais destroem os micróbios por meio das respostas imunes (Capítulo 17). Também dentro dos linfonodos estão as fibras reticulares que retêm os micróbios, além dos macrófagos e das células dendríticas, que destroem os micróbios por fagocitose.

CASO CLÍNICO

O pediatra também envia uma amostra do sangue de Josué ao laboratório para um hemograma completo (HC). Os resultados são mostrados a seguir:

Hemácias	4 milhões/µL
Neutrófilos	9.700/µL
Basófilos	200/µL
Eosinófilos	600/µL
Monócitos	1.140/µL

Quais células deveriam estar protegendo Josué da infecção? Com base nos resultados do HC, como o pediatra de Josué sabe que algo está errado?

Parte 1 **Parte 2** Parte 3 Parte 4 Parte 5 Parte 6

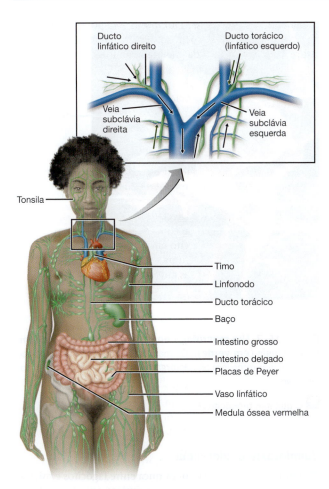

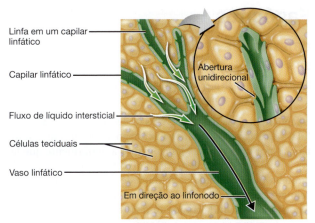

(a) Capilares linfáticos e veia linfática

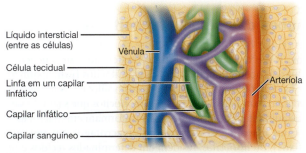

(b) Fluxo de líquido entre arteríola, capilares sanguíneos, capilares linfáticos e vênula

Figura 16.6 Capilares linfáticos. O líquido circulante entre as células teciduais (líquido intersticial) é captado pelos capilares linfáticos.

P Para onde segue o plasma linfático?

Figura 16.5 O sistema linfoide é mostrado em verde. Detalhe: as setas indicam a direção do fluxo da linfa.

P Por que os linfonodos incham durante uma infecção?

Os vasos linfáticos iniciam-se como *capilares linfáticos* microscópicos localizados nos espaços entre as células (**Figura 16.6**). Os capilares linfáticos permitem que o líquido intersticial derivado do plasma sanguíneo flua para dentro deles, e não para fora. Dentro dos capilares linfáticos, o fluido é chamado de plasma linfático. Os capilares linfáticos convergem para formar vasos linfáticos maiores. Esses vasos, de modo similar às veias, apresentam válvulas unidirecionais para que o fluxo da linfa seja mantido em uma única direção. Nos intervalos ao longo dos vasos linfáticos, a linfa flui pelos *linfonodos*, que têm a forma de um feijão (Figura 16.5). Por fim, toda o plasma linfático passa para o interior do *ducto torácico (linfático esquerdo)* e do *ducto linfático direito* e, após, para dentro de suas respectivas veias subclávias, onde o líquido agora é chamado de plasma sanguíneo. O plasma sanguíneo percorre o sistema circulatório e, por fim, torna-se líquido intersticial entre as células teciduais, quando, então, outro ciclo se inicia.

Os tecidos e os órgãos linfoides estão espalhados por todas as partes das membranas mucosas que revestem o canal digestivo e os tratos respiratório, urinário e genital. Eles protegem contra os micróbios que são ingeridos ou inalados. Vários agregados grandes de tecido linfoide estão localizados em partes específicas do corpo. Entre eles estão as *tonsilas,* na garganta, e os *folículos linfoides agregados* (placas de Peyer), no intestino delgado. Ver Figura 17.9.

O *baço* contém linfócitos e macrófagos que monitoram o sangue para a presença de micróbios e produtos secretados, como as toxinas, de modo muito semelhante aos linfonodos ao monitorar a linfa. O *timo* serve como um local para a maturação das células T. Ele também contém células dendríticas e macrófagos.

TESTE SEU CONHECIMENTO

✔ **16-6** Compare as estruturas e as funções dos monócitos e neutrófilos.

✔ **16-7** Defina *contagem diferencial de leucócitos.*

✔ **16-8** Qual é a função dos linfonodos?

Fagócitos

OBJETIVOS DE APRENDIZAGEM

16-9 Definir *fagócito* e *fagocitose*.

16-10 Descrever o processo de fagocitose e incluir os estágios de aderência e ingestão.

A **fagocitose** (das palavras gregas que significam comer e célula) consiste na ingestão de microrganismos ou outras substâncias por uma célula. Mencionamos anteriormente que fagocitose é o método de nutrição de certos protozoários. Ela também está envolvida na retirada de detritos, como corpos celulares mortos e proteínas desnaturadas. Neste capítulo, a fagocitose é discutida como um meio pelo qual as células do corpo humano se opõem à infecção como parte da segunda linha de defesa.

Ações das células fagocíticas

As células que realizam fagocitose são denominadas **fagócitos**. Todos os fagócitos são tipos ou derivados de leucócitos. Quando ocorre uma infecção, os granulócitos (principalmente os neutrófilos, mas também os eosinófilos) e os monócitos migram para a área infectada. Os monócitos que saem do sangue aumentam de tamanho e se transformam em macrófagos. Alguns macrófagos, chamados de **macrófagos em repouso (fixos)**, ou *histiócitos*, residem em determinados tecidos e órgãos do corpo. Macrófagos em repouso são encontrados no fígado (células de Kupffer), nos pulmões (macrófagos alveolares), no sistema nervoso (células microgliais), nos brônquios, no baço (macrófagos esplênicos), nos linfonodos, na medula óssea vermelha e na cavidade peritoneal que circunda os órgãos abdominais (macrófagos peritoneais). Outros macrófagos são móveis, sendo chamados de **macrófagos errantes (livres)**, eles percorrem os tecidos e se reúnem em locais de infecção ou inflamação. Os monócitos e macrófagos derivados de monócitos constituem o **sistema fagocítico mononuclear (reticuloendotelial)**.

Durante o curso de uma infecção, ocorre uma mudança no tipo de leucócito que predomina na corrente sanguínea. Os granulócitos, sobretudo os neutrófilos, dominam durante a fase inicial de uma infecção bacteriana, momento em que são ativamente fagocíticos; essa dominância pode ser constatada por meio dos números elevados dessa célula em uma contagem diferencial de leucócitos. Contudo, à medida que a infecção progride, os macrófagos predominam; eles procuram por alimento e fagocitam bactérias vivas remanescentes, bactérias em fase de morte ou aquelas já mortas (**Figura 16.7**). O número de monócitos (que se desenvolvem em macrófagos) também é demonstrado em uma contagem diferencial de leucócitos.

Mecanismo da fagocitose

Como ocorre a fagocitose? Para o nosso estudo, dividiremos a fagocitose em quatro fases principais: quimiotaxia, aderência, ingestão e digestão (**Figura 16.8**).

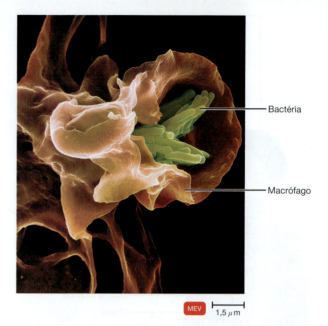

MEV ⊢ 1,5 μm

Figura 16.7 Um macrófago engolfando a *Mycobacterium tuberculosis* (em verde). Os macrófagos do sistema fagocítico mononuclear removem os microrganismos após a fase inicial da infecção.

P O que são monócitos?

Quimiotaxia e aderência

❶ **Quimiotaxia** é a atração química entre fagócitos e microrganismos. (O mecanismo da quimiotaxia é discutido no Capítulo 4.) Entre as substâncias quimiotáticas que atraem fagócitos estão os produtos microbianos, os componentes dos leucócitos e das células teciduais danificadas, citocinas liberadas por outros leucócitos e, finalmente, peptídeos derivados do complemento – sistema proteico de defesa do hospedeiro discutido adiante neste capítulo.

No que se refere à fagocitose, a **aderência** é a fixação da membrana plasmática do fagócito à superfície do microrganismo ou a outros materiais estranhos. A aderência é facilitada pela fixação dos PAMPs dos micróbios aos receptores, como os TLRs, na superfície dos fagócitos. A ligação dos PAMPs aos TLRs não somente inicia a fagocitose, mas também induz os fagócitos a liberarem citocinas específicas, que recrutam fagócitos adicionais.

Em algumas ocasiões, a aderência ocorre com facilidade, e o microrganismo é prontamente fagocitado. Os microrganismos podem ser fagocitados mais rapidamente se forem recobertos com certas proteínas do soro que promovem a fixação do microrganismo ao fagócito. Esse processo de revestimento é chamado de **opsonização**. As proteínas que atuam como *opsoninas* incluem alguns componentes do sistema complemento e moléculas de anticorpos (descritos posteriormente neste capítulo e no Capítulo 17).

Fases da fagocitose

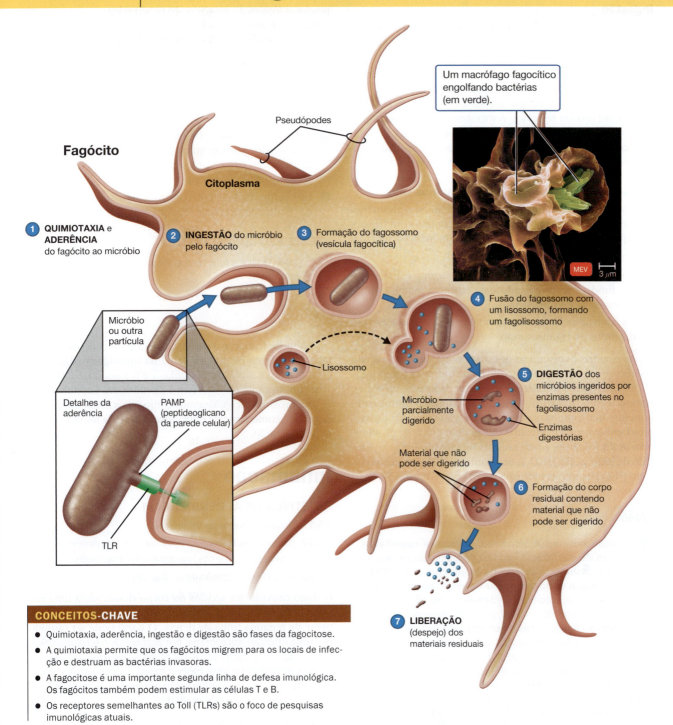

Um macrófago fagocítico engolfando bactérias (em verde).

Pseudópodes

Fagócito

Citoplasma

1 QUIMIOTAXIA e ADERÊNCIA do fagócito ao micróbio

2 INGESTÃO do micróbio pelo fagócito

3 Formação do fagossomo (vesícula fagocítica)

Micróbio ou outra partícula

Lisossomo

4 Fusão do fagossomo com um lisossomo, formando um fagolisossomo

Detalhes da aderência

PAMP (peptideoglicano da parede celular)

TLR

Micróbio parcialmente digerido

Enzimas digestórias

5 DIGESTÃO dos micróbios ingeridos por enzimas presentes no fagolisossomo

Material que não pode ser digerido

6 Formação do corpo residual contendo material que não pode ser digerido

7 LIBERAÇÃO (despejo) dos materiais residuais

MEV 3 μm

CONCEITOS-CHAVE

- Quimiotaxia, aderência, ingestão e digestão são fases da fagocitose.
- A quimiotaxia permite que os fagócitos migrem para os locais de infecção e destruam as bactérias invasoras.
- A fagocitose é uma importante segunda linha de defesa imunológica. Os fagócitos também podem estimular as células T e B.
- Os receptores semelhantes ao Toll (TLRs) são o foco de pesquisas imunológicas atuais.

Ingestão

2 Após a aderência, ocorre a **ingestão**. A membrana plasmática do fagócito estende projeções, chamadas de **pseudópodes**, que englobam o microrganismo. (Ver também Figura 16.7.)

3 Uma vez que os microrganismos se encontram circundados, os pseudópodes encontram-se e fundem-se, envolvendo o microrganismo com um saco, chamado de **fagossomo**, ou *vesícula fagocítica*. A membrana de um fagossomo possui enzimas que bombeiam prótons (H⁺) para o interior do fagossomo, reduzindo o pH para aproximadamente 4. Nesse pH, as enzimas hidrolíticas são ativadas.

Formação e digestão de fagolisossomos

Em seguida, o fagossomo destaca-se da membrana plasmática e penetra no citoplasma, onde entra em contato com lisossomos que contêm enzimas digestivas e substâncias bactericidas (ver Capítulo 4).

4 Após o contato, as membranas do fagossomo e do lisossomo fundem-se, originando uma estrutura maior e única, chamada de **fagolisossomo**.

5 Os conteúdos do fagolisossomo trazidos pela ingestão são digeridos no fagolisossomo.

As enzimas lisossômicas que atacam diretamente as células microbianas incluem a lisozima, que hidrolisa o peptideoglicano das paredes celulares bacterianas. As lipases, proteases, ribonucleases e desoxirribonucleases hidrolisam outros componentes macromoleculares dos microrganismos. Os lisossomos também contêm enzimas que podem produzir produtos tóxicos do oxigênio, como radicais superóxido ($\cdot O_2^-$), peróxido de hidrogênio (H_2O_2), óxido nítrico (NO), oxigênio singleto ($^1O_2^-$) e radicais hidroxila ($\cdot OH$) (ver Capítulo 6). Esses

produtos tóxicos do oxigênio são produzidos por um processo chamado de *explosão oxidativa*. Outras enzimas podem fazer uso desses produtos tóxicos do oxigênio para destruir microrganismos ingeridos. Por exemplo, a enzima mieloperoxidase converte íons cloreto (Cl⁻) e peróxido de hidrogênio em ácido hipocloroso altamente tóxico (HOCl). O ácido contém íons hipoclorito que são encontrados na água sanitária, sendo responsáveis por sua atividade antimicrobiana (ver Capítulo 7).

6 Após as enzimas digerirem os conteúdos do fagolisossomo, levados por ingestão para o interior da célula, o fagolisossomo passa a apresentar material não digerível e é chamado de *corpo residual*.

7 Esse corpo residual, então, move-se em direção aos limites da célula e despeja seus resíduos fora dela.

TESTE SEU CONHECIMENTO

16-9 Qual é a função dos macrófagos em repouso e errantes?

16-10 Qual é o papel dos TLRs na fagocitose?

* * *

Além de fornecer resistência inata para o hospedeiro, a fagocitose desempenha um papel na imunidade adaptativa. Os macrófagos auxiliam as células T e B a realizarem funções vitais imunes adaptativas – isso é discutido no Capítulo 17.

Na próxima seção, veremos como a fagocitose muitas vezes ocorre como parte de outro mecanismo de resistência inata: a inflamação.

Inflamação

OBJETIVOS DE APRENDIZAGEM

16-11 Listar os estágios da inflamação.

16-12 Descrever as funções da vasodilatação, das cininas, das prostaglandinas e dos leucotrienos na inflamação.

16-13 Descrever a migração de um fagócito.

O dano causado aos tecidos do corpo desencadeia uma resposta defensiva local, chamada de **inflamação**, outro componente da segunda linha de defesa. O dano pode ser causado por uma infecção microbiana, por agentes físicos (como calor, energia radiante, eletricidade ou objetos pontiagudos) ou por agentes químicos (ácidos, bases e gases). Certos sinais e sintomas estão associados à inflamação, da qual você pode se lembrar pensando no acrônimo **DRIEC**:

*D*or devido à liberação de certos produtos químicos.

*R*ubor pois mais sangue vai para a área afetada.

*I*mobilidade que resulta da perda local de função em inflamações graves.

*E*dema causado pelo acúmulo de fluidos.

*C*alor que também se deve a um aumento no fluxo sanguíneo para a área afetada.

A inflamação tem as seguintes funções: (1) destruir o agente causador, se possível, e removê-lo do corpo com seus

CASO CLÍNICO

Os leucócitos, incluindo os neutrófilos e os macrófagos, são as células listadas nos resultados do exame responsáveis por combater infecções. De acordo com os resultados do laboratório, a contagem de leucócitos de Josué está ligeiramente alta. A leucocitose, contagem de leucócitos do sangue acima do intervalo normal, pode ser observada durante uma infecção fúngica, mas o pediatra está preocupado com a possibilidade de os leucócitos não estarem desempenhando corretamente suas funções. Para avaliar esse problema, ele, então, solicita um teste de tetrazólio nitroazul (NBT, de *nitroblue tetrazolium test*), que é realizado em um esfregaço sanguíneo em uma lâmina microscópica.

Os neutrófilos normais reduzem o corante amarelo, NBT, a um precipitado azul insolúvel. Os neutrófilos de Josué não produzem esse resultado; seus neutrófilos não estão funcionando da forma como deveriam. Normalmente, a aderência de uma célula-alvo, como uma bactéria, à membrana plasmática do neutrófilo o estimula a produzir fosfato de dinucleotídeo de adenina-nicotinamida (NADPH). Isso é seguido por uma explosão oxidativa letal do peróxido de hidrogênio.

Qual via metabólica produz o NADPH para uma célula?

Parte 1 Parte 2 **Parte 3** Parte 4 Parte 5 Parte 6

derivados; (2) caso a destruição não seja possível, limitar os efeitos no corpo, confinando ou isolando o agente causador e seus derivados; e (3) reparar ou substituir o tecido afetado pelo agente causador ou seus derivados.

A inflamação pode ser classificada como aguda ou crônica, dependendo de vários fatores. Na **inflamação aguda**, os sinais e sintomas se desenvolvem rapidamente e geralmente duram alguns dias ou até algumas semanas. Geralmente é leve e auto-limitada, e as principais células defensivas são os neutrófilos. Exemplos de inflamação aguda são dor de garganta, apendicite, resfriado ou gripe, pneumonia bacteriana e um arranhão na pele. Na **inflamação crônica**, os sinais e sintomas se desenvolvem mais lentamente e podem durar vários meses ou anos. Geralmente é grave e progressiva, e as principais células defensivas são monócitos e macrófagos. Exemplos de inflamação crônica são a mononucleose, úlceras pépticas, tuberculose, artrite reumatoide e colite ulcerativa.

Durante os estágios iniciais da inflamação, estruturas microbianas, como a flagelina, os LPSs e o DNA bacteriano, estimulam os TLRs dos macrófagos para que eles produzam citocinas, como o *fator de necrose tumoral alfa* (*TNF-α*, de *tumor necrosis factor alpha*). Em resposta ao TNF-α no sangue, o fígado sintetiza um grupo de proteínas, chamadas de **proteínas de fase aguda**; outras proteínas de fase aguda estão presentes no sangue em uma forma inativa, sendo convertidas para uma forma ativa durante a inflamação. As proteínas de fase aguda induzem respostas locais e sistêmicas. Elas incluem a proteína C-reativa, a lectina de ligação à manose e várias proteínas especializadas, como o fibrinogênio para coagulação sanguínea e as cininas para vasodilatação.

Todas as células envolvidas na inflamação apresentam receptores para TNF-α e são ativadas por ele para produzirem mais de seu próprio TNF-α. Isso amplifica a resposta inflamatória. Infelizmente, a produção excessiva de TNF-α pode resultar em distúrbios, como a artrite reumatoide e a doença de Crohn. Anticorpos monoclonais específicos são utilizados terapeuticamente no tratamento desses distúrbios inflamatórios (ver Capítulo 18).

Para o propósito da nossa discussão, dividiremos o processo da inflamação em três estágios: vasodilatação e aumento da permeabilidade vascular, migração de fagócitos e fagocitose e reparo tecidual.

Vasodilatação e aumento da permeabilidade vascular

Imediatamente após uma lesão tecidual (**Figura 16.9a**), os vasos sanguíneos dilatam-se (aumentam em diâmetro) na área da lesão, e a sua permeabilidade aumenta (Figura 16.9b).

Figura 16.9 Processo da inflamação. (a) Dano a um tecido sadio – neste caso, a pele. **(b)** A vasodilatação e o aumento da permeabilidade dos vasos sanguíneos permitem a migração dos fagócitos. A fagocitose por macrófagos e neutrófilos remove bactérias e restos celulares. Os macrófagos originam-se dos monócitos. **(c)** O reparo do tecido danificado.

P Quais são os sinais e os sintomas da inflamação?

A dilatação dos vasos sanguíneos, chamada de **vasodilatação**, é a responsável pelo rubor (eritema) e pelo calor associados à inflamação.

O **aumento da permeabilidade** permite que as substâncias defensivas normalmente retidas no sangue atravessem as

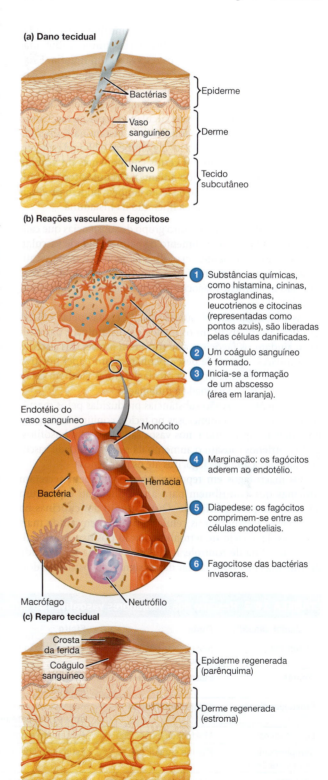

(a) Dano tecidual

Bactérias
Epiderme

Vaso sanguíneo
Derme

Nervo
Tecido subcutâneo

(b) Reações vasculares e fagocitose

1 Substâncias químicas, como histamina, cininas, prostaglandinas, leucotrienos e citocinas (representadas como pontos azuis), são liberadas pelas células danificadas.

2 Um coágulo sanguíneo é formado.

3 Inicia-se a formação de um abscesso (área em laranja).

Endotélio do vaso sanguíneo

Monócito

4 Marginação: os fagócitos aderem ao endotélio.

Hemácia

Bactéria

5 Diapedese: os fagócitos comprimem-se entre as células endoteliais.

6 Fagocitose das bactérias invasoras.

Macrófago
Neutrófilo

(c) Reparo tecidual

Crosta da ferida
Coágulo sanguíneo
Epiderme regenerada (parênquima)

Derme regenerada (estroma)

paredes dos vasos sanguíneos e cheguem até a área da lesão. O aumento da permeabilidade, que permite ao fluido se mover do sangue para os espaços no tecido, é responsável pelo **edema** (acúmulo de fluido) da inflamação. A dor na inflamação pode ser causada por dano ao nervo, irritação por toxinas ou pressão do edema.

1 A vasodilatação e o aumento da permeabilidade vascular são causados por várias substâncias químicas liberadas pelas células danificadas em resposta a um trauma. Essas substâncias químicas são chamadas de **mediadores vasoativos**. Uma dessas substâncias é a **histamina**, presente em muitas células do corpo, sobretudo em mastócitos no tecido conectivo, basófilos circulantes e plaquetas. Como uma resposta direta a uma lesão, a histamina é liberada pelas células que a contêm; ela também é liberada em resposta à estimulação por certos componentes do sistema complemento (discutido adiante). Granulócitos fagocíticos atraídos para o local da lesão também podem produzir substâncias que causam a liberação da histamina.

As **cininas** constituem outro grupo de substâncias que causam a vasodilatação e o aumento da permeabilidade vascular. As cininas estão presentes no plasma sanguíneo e, uma vez ativadas, desempenham uma função importante na quimiotaxia, atraindo granulócitos fagocíticos, principalmente neutrófilos, até a área da lesão.

As **prostaglandinas**, substâncias liberadas pelas células danificadas, intensificam os efeitos da histamina e das cininas e ajudam os fagócitos a se moverem através das paredes dos capilares. Apesar de desempenharem um papel positivo no processo inflamatório, as prostaglandinas também estão associadas à dor relacionada à inflamação.

Os **leucotrienos** são substâncias produzidas pelos mastócitos (células muito numerosas no tecido conjuntivo da pele, no sistema respiratório e nos vasos sanguíneos) e basófilos. Os leucotrienos causam o aumento da permeabilidade vascular e ajudam a atrair os fagócitos até os patógenos.

Os macrófagos em repouso ativados também secretam citocinas que contribuem para a vasodilatação e para um aumento da permeabilidade. Outra função das citocinas na inflamação é estimular as células a produzirem ainda mais citocinas. Esse ciclo de retroalimentação positivo ocasionalmente fica fora de controle, resultando em uma **tempestade de citocinas** que pode causar danos significativos aos tecidos.

Uma tempestade de citocinas pode causar pneumonia, edema pulmonar, disfunção multiorgânica e síndrome da angústia respiratória aguda (SARA), a síndrome causadora de cerca de 70% das mortes por Covid-19.

2 A vasodilatação e o aumento da permeabilidade vascular também auxiliam na distribuição dos elementos da coagulação sanguínea para a área danificada. O coágulo sanguíneo que se forma ao redor do local de atividade impede que o micróbio (ou suas toxinas) se espalhe para outras partes do corpo.

3 Como consequência, pode haver um acúmulo localizado de **pus**, uma mistura de células mortas e fluidos corporais, em uma cavidade formada pela degradação dos tecidos. Esse foco de infecção é chamado de **abscesso**. Abscessos comuns incluem pústulas e furúnculos.

Um resumo dos mediadores vasoativos na inflamação é apresentado na Tabela 16.2.

O próximo estágio da inflamação envolve a migração de fagócitos para a área lesada.

Migração fagocítica e fagocitose

Em geral, em uma hora após o início do processo inflamatório, os fagócitos entram em cena. **4** À medida que o fluxo sanguíneo diminui gradualmente, as citocinas alteram as moléculas de adesão nas células do endotélio (revestimento) dos vasos sanguíneos. Essa alteração faz os fagócitos (neutrófilos e monócitos) começarem a aderir ao endotélio. Esse processo de adesão em resposta a citocinas locais é chamado de **marginação**. (A marginação também é observada na medula óssea vermelha, onde as citocinas podem liberar fagócitos na circulação quando forem necessários.) **5** Então, os fagócitos acumulados começam a se comprimir entre as células endoteliais dos vasos sanguíneos para alcançar a área da lesão. Essa migração, que se assemelha ao movimento ameboide, é chamada de **diapedese**; o processo pode levar apenas cerca de 2 minutos. **6** Os fagócitos, então, começam a destruir os microrganismos invasores pela fagocitose.

Como mencionado anteriormente, certas substâncias químicas atraem os neutrófilos para o local da lesão (quimiotaxia). Essas substâncias incluem compostos químicos produzidos por microrganismos e até mesmo por outros neutrófilos; outras substâncias químicas são as cininas, os leucotrienos, as

TABELA 16.2 Resumo dos mediadores vasoativos da inflamação

Mediador vasoativo	Fonte	Efeito
Histamina	Mastócitos, basófilos e plaquetas	Vasodilatação e aumento da permeabilidade vascular
Cininas	Plasma sanguíneo	Vasodilatação e aumento da permeabilidade vascular; quimiotaxia por atração de neutrófilos
Prostaglandinas	Células danificadas	Intensificam os efeitos da histamina e das cininas e ajudam os fagócitos a se moverem através das paredes dos capilares
Leucotrienos	Mastócitos e basófilos	Aumentam a permeabilidade vascular e ajudam a atrair os fagócitos até os patógenos
Complemento (ver Figura 16.12)	Plasma sanguíneo	Estimula a liberação de histamina, atrai fagócitos e promove a fagocitose
Citocinas	Macrófagos em repouso	Vasodilatação e aumento da permeabilidade vascular

quimiocinas e componentes do sistema complemento. As quimiocinas são citocinas quimiotáticas para fagócitos e células T e, dessa forma, estimulam tanto a resposta inflamatória, quanto a imunidade adaptativa. A disponibilidade de um fluxo constante de neutrófilos é assegurada pela produção e liberação de granulócitos adicionais oriundos da medula óssea vermelha.

À medida que a resposta inflamatória continua, os monócitos acompanham os granulócitos até a área infectada. Depois que os monócitos já estiverem confinados no tecido, eles sofrem mudanças em suas propriedades biológicas, tornando-se macrófagos livres. Os granulócitos predominam nos estágios iniciais da infecção, mas tendem a morrer rapidamente. Os macrófagos aparecem durante um estágio tardio da infecção, após os granulócitos terem desempenhado suas funções. Eles são muito mais fagocíticos que os granulócitos e são grandes o suficiente para fagocitar o tecido e os granulócitos que tenham sido destruídos, assim como os microrganismos invasores.

Após os granulócitos ou macrófagos terem englobado grandes quantidades de microrganismos e tecido danificado, eles, por fim, são destruídos. Como consequência, forma-se pus, e sua formação geralmente continua até que a infecção diminua. Às vezes, o pus é pressionado para a superfície do corpo ou para dentro de uma cavidade interna para dispersão. Em outras ocasiões, o pus pode permanecer mesmo que a infecção tenha terminado. Nesse caso, o pus é gradualmente destruído ao longo de alguns dias, sendo absorvido pelo corpo.

Mesmo a fagocitose sendo efetiva em contribuir para a resistência inata, há ocasiões em que o mecanismo se torna menos funcional em resposta a certas condições. Por exemplo, com a idade, há um declínio progressivo na eficiência da fagocitose. Pessoas que recebem transplantes de rim ou coração apresentam defesas inatas comprometidas, como resultado da administração de fármacos que previnem a rejeição do transplante. Os tratamentos com radiação também podem suprimir as respostas imunes inatas ao lesar a medula óssea vermelha. Até mesmo certas doenças, como a Aids e o câncer, podem causar o funcionamento inadequado das defesas inatas. Finalmente, indivíduos com certos distúrbios genéticos produzem menos fagócitos ou fagócitos defeituosos.

Reparo tecidual

O estágio final da inflamação é o reparo tecidual, o processo pelo qual os tecidos substituem as células mortas ou danificadas (Figura 16.9c). O reparo inicia durante a fase ativa da inflamação, porém não pode ser terminado até que todas as substâncias nocivas tenham sido removidas ou neutralizadas do local da lesão. A capacidade de regeneração, ou reparação, depende do tipo de tecido. Por exemplo, a pele apresenta alta capacidade de regeneração, ao passo que o tecido muscular cardíaco tem baixa capacidade de regeneração.

Um tecido é reparado quando o seu estroma ou parênquima produz novas células. O *estroma* é o tecido conectivo de sustentação, e o *parênquima* é a parte funcional do tecido. Por exemplo, a cápsula que envolve e protege o fígado é parte do estroma, pois não está envolvida nas funções do fígado; as células hepáticas (os hepatócitos) que realizam as funções do fígado são parte do parênquima. Se apenas as células do

parênquima estão ativas durante um reparo, ocorre uma reconstrução perfeita ou quase perfeita do tecido. Um exemplo comum de reconstrução perfeita é um corte pequeno na pele, no qual as células do parênquima estão mais ativas no reparo. Entretanto, se as células de reparo do estroma da pele estão mais ativas, forma-se uma cicatriz.

Como observado anteriormente, alguns micróbios apresentam vários mecanismos que os permitem escapar da fagocitose. Esses microrganismos frequentemente induzem uma resposta inflamatória crônica, que pode resultar em dano significativo aos tecidos do corpo e pode interromper o reparo tecidual. A característica mais significativa da inflamação crônica é o acúmulo e a ativação de macrófagos na área infectada. As citocinas liberadas pelos macrófagos ativados induzem os fibroblastos do estroma tecidual a sintetizarem as fibras colágenas. Essas fibras se agregam para formar a cicatriz, processo chamado de *fibrose*. Pelo fato de a cicatriz não realizar as funções de um tecido saudável, a fibrose pode interferir na função normal desse tecido.

TESTE SEU CONHECIMENTO

✔ **16-11** Qual é o propósito da inflamação?

✔ **16-12** O que provoca o rubor, o edema e a dor associados à inflamação?

✔ **16-13** O que é marginação?

Febre

OBJETIVO DE APRENDIZAGEM

16-14 Descrever a causa e os efeitos da febre.

Enquanto a inflamação é uma resposta local do corpo a uma lesão, existem também respostas sistêmicas, ou generalizadas. Uma das mais importantes é a **febre**, elevação anormal da temperatura corporal, um terceiro componente da segunda linha de defesa. A causa mais frequente de febre é a infecção por bactérias (ou por suas toxinas) ou vírus.

O hipotálamo cerebral às vezes é chamado de termostato do corpo e normalmente é ajustado a 37 °C. Acredita-se que certas substâncias afetem o hipotálamo ao recalibrá-lo para uma temperatura mais alta. Lembre-se do Capítulo 15, no qual se viu que, quando os fagócitos ingerem bactérias gram-negativas, os LPS da parede celular são liberados. O LPS induz os fagócitos a liberarem as citocinas interleucina 1 e TNF-α. Essas citocinas induzem o hipotálamo a liberar prostaglandinas, que reajustam o termostato hipotalâmico para uma temperatura mais alta, resultando, assim, em febre. Os calafrios geralmente predizem o início de uma febre. Eles são causados por contrações e relaxamentos musculares rápidos e são a forma de o corpo gerar calor para aumentar a temperatura corporal.

O corpo continuará a manter a sua temperatura alta até que as citocinas sejam eliminadas. O termostato, então, é reajustado para 37 °C. À medida que a infecção diminui, mecanismos de perda de calor, como a vasodilatação e o suor, entram em ação. Essa fase da febre, chamada de **crise**, indica que a temperatura corporal está diminuindo.

Até certo ponto, a febre é considerada uma defesa contra a doença. Os fagócitos e algumas células T funcionam melhor em temperaturas ligeiramente elevadas (1 a 2 °C). Como a alta temperatura acelera as reações enzimáticas, ela pode estimular a produção de proteínas imunológicas. A interleucina 1 ajuda a estabelecer a produção de células T e, uma alta temperatura corporal intensifica o efeito ou produção de outras substâncias antimicrobianas (discutidas em breve), incluindo os interferons antivirais e as transferrinas, que diminuem o ferro disponível para os microrganismos. Além disso, a temperatura mais alta pode diminuir a taxa de crescimento de patógenos que prosperam na temperatura corporal normal. Finalmente, o aumento da taxa metabólica pode ajudar os tecidos do corpo a se repararem mais rapidamente.

Entre as complicações da febre estão taquicardia (batimentos cardíacos rápidos), que pode comprometer pessoas idosas com doenças cardiopulmonares; taxa metabólica elevada, que pode produzir acidose; desidratação; desequilíbrio eletrolítico; convulsões em crianças jovens; *delirium* e coma. Como regra geral, a morte ocorre quando a temperatura corporal se eleva acima de 44 a 46 °C.

Geralmente, considera-se que uma pessoa com uma temperatura de 38 °C ou superior está com febre. A febre é um dos sintomas da Covid-19, e as verificações de temperatura são frequentemente usadas no rastreamento da doença.

TESTE SEU CONHECIMENTO

✔ **16-14** Qual é o benefício da febre?

Substâncias antimicrobianas

OBJETIVOS DE APRENDIZAGEM

16-15 Listar os principais componentes do sistema complemento.

16-16 Descrever as três vias de ativação do complemento.

16-17 Descrever três consequências da ativação do complemento.

16-18 Definir *interferons*.

16-19 Comparar e diferenciar as ações de IFN-α e IFN-β com as do IFN-γ.

16-20 Descrever o papel das proteínas de ligação ao ferro na imunidade inata.

16-21 Descrever o papel dos peptídeos antimicrobianos na imunidade inata.

O corpo produz determinadas substâncias antimicrobianas, componente final da segunda linha de defesa, além dos fatores químicos mencionados anteriormente. Entre os componentes mais importantes estão as proteínas do sistema complemento, as IFN, as proteínas de ligação ao ferro e os peptídeos antimicrobianos.

Sistema complemento

O **sistema complemento** consiste em mais de 30 proteínas produzidas pelo fígado que circulam no soro sanguíneo e nos tecidos ao longo do corpo. O sistema foi assim denominado porque "complementa", ou auxilia, as células do sistema imune na destruição dos micróbios. O sistema complemento não é adaptável e nunca muda ao longo da vida de uma pessoa. Portanto, ele é considerado parte do sistema imune inato. Contudo, ele pode ser recrutado e ativado pelo sistema imune adaptativo. Esse é outro exemplo da cooperação entre os sistemas imune inato e adaptativo. Juntas, as proteínas do sistema complemento destroem os micróbios por citólise, opsonização e inflamação (ver Figura 16.12) e também impedem danos excessivos aos tecidos do hospedeiro.

As proteínas do complemento são geralmente designadas por uma letra C maiúscula e são numeradas de C1 a C9, sendo nomeadas pela ordem em que foram descobertas. As proteínas ficam inativas até se dividirem em fragmentos (produtos). Os fragmentos ativos desempenham as ações destrutivas das proteínas. Os fragmentos ativos são indicados pelas letras *a* e *b* minúsculas. Por exemplo, a proteína do complemento C3 inativa é clivada nos fragmentos ativos, C3a e C3b.

A via das pentoses-fosfato (discutida no Capítulo 5) produz o NADPH em neutrófilos. (Ver figura, etapas 1 e 2.) O pediatra conclui que os neutrófilos do menino não devem produzir NADPH-oxidase e, assim, não podem oxidar o NADPH que estão produzindo. Ele diagnostica Josué com doença granulomatosa crônica (DGC), uma síndrome hereditária recessiva ligada ao X na qual os fagócitos não funcionam como deveriam. Ela é causada por uma mutação no gene que codifica a enzima NADPH-oxidase.

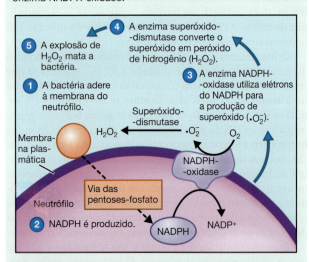

1 A bactéria adere à membrana do neutrófilo.

2 NADPH é produzido.

3 A enzima NADPH-oxidase utiliza elétrons do NADPH para a produção de superóxido ($\cdot O_2^-$).

4 A enzima superóxido-dismutase converte o superóxido em peróxido de hidrogênio (H_2O_2).

5 A explosão de H_2O_2 mata a bactéria.

Qual é a função da enzima NADPH-oxidase? (*Dica:* ver Capítulo 5.)

Parte 1 　 Parte 2 　 Parte 3 　 **Parte 4** 　 Parte 5 　 Parte 6

A divisão das proteínas inativas do complemento em fragmentos ativados resulta de eventos dentro de uma das três vias de **ativação do complemento** descritas a seguir e ilustradas na **Figura 16.10**. As reações dentro dessas vias ocorrem em uma *cascata*, na qual uma reação desencadeia outra, que, por sua vez, desencadeia outra. Mais produtos são formados a cada reação seguinte na cascata, amplificando os seus efeitos. Todas as três vias de ativação do complemento terminam na ativação de C3.

Via clássica

A **via clássica** foi a primeira a ser descoberta. Ela inicia quando os anticorpos se ligam aos antígenos, como mostrado na **Figura 16.10a**:

❶ Os anticorpos fixam-se aos antígenos (p. ex., proteínas ou polissacarídeos grandes na superfície de uma bactéria ou outra célula), formando complexos antígeno-anticorpo. Os complexos antígeno-anticorpo ligam-se e ativam C1.

❷ Em seguida, a C1 ativada, ativa C2 e C4, dividindo C2 nos fragmentos C2a e C2b e C4 em C4a e C4b.

❸ C2a e C4b se combinam e juntas ativam C3, clivando-a nos fragmentos C3a e C3b. C3a participa da inflamação, e C3b atua na citólise e na opsonização.

Via alternativa

A **via alternativa** possui esse nome pois foi descoberta após a via clássica. Ao contrário da via clássica, ela não envolve

vias de ativação do complemento

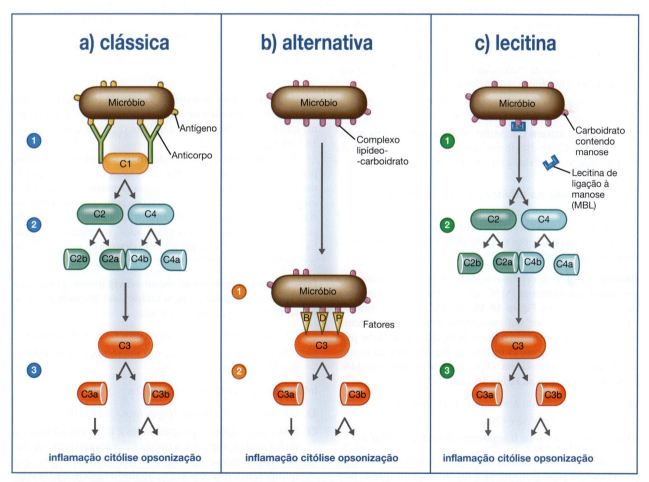

Figura 16.10 Vias de ativação do complemento. A via clássica inicia-se por meio de uma reação antígeno-anticorpo. A via alternativa inicia-se por meio do contato entre determinadas proteínas do complemento e um patógeno; ela não envolve anticorpos. Na via da lectina, uma lectina de ligação à manose liga-se à manose presente na superfície de um micróbio.

P Em que a via alternativa é similar à via clássica, e em que a via da lectina e a via alternativa diferem da via clássica?

anticorpos. A via alternativa é ativada pelo contato entre determinadas proteínas do complemento e um patógeno, como mostrado na Figura 16.10b:

① As proteínas séricas chamadas fator B, fator D e fator P (properdina) se ligam à superfície de um micróbio. Então C3 é ativada quando se liga aos fatores B, D e P.

② Uma vez que as proteínas do complemento tenham se combinado e interagido, C3 é clivada nos fragmentos C3a e C3b. Assim como na via clássica, C3a participa da inflamação, e C3b atua na citólise e na opsonização.

Via da lectina

A **via da lectina** é o mecanismo mais recentemente descoberto de ativação do complemento. Quando os macrófagos ingerem bactérias, vírus e outros materiais estranhos por fagocitose, eles liberam citocinas que estimulam o fígado a produzir **lectinas**, proteínas que se ligam a carboidratos, como mostrado na Figura 16.10c:

① A **lectina de ligação à manose** (MBL, de *mannose-binding lectin*) é uma forma de lectina que se liga ao carboidrato manose que é encontrado nas paredes celulares bacterianas e em alguns vírus. A MBL é capaz de se ligar a esses patógenos, pois as moléculas reconhecem um padrão distinto de carboidratos que inclui a manose.

② Em decorrência dessa ligação, a MBL atua como uma opsonina que intensifica a fagocitose e ativa C2 e C4.

②b C2a e C4b ativam C3. Assim como os outros dois mecanismos, a C3 se divide em fragmentos: C3a participa da inflamação, e C3b atua na citólise e na opsonização.

Consequências da ativação do complemento

Como mencionado anteriormente, as vias clássica, alternativa e da lectina resultam em cascatas de complemento que ativam C3. A ativação de C3, por sua vez, pode conduzir à citólise, à opsonização e à inflamação.

Citólise A *citólise* de células microbianas envolve o **complexo de ataque à membrana** (MAC, de *membrane attack complex*), como mostrado na **Figura 16.11**. O MAC cria aberturas na membrana celular de um patógeno e produz canais transmembrana, que permitem o fluxo de líquido extracelular para o interior do patógeno. O influxo de líquido leva ao rompimento da célula microbiana. O processo de formação do MAC e citólise é mostrado na **Figura 16.12a**.

① C3 ativada é clivada nos fragmentos C3a e C3b.

② C3b cliva C5 em C5a e C5b.

③ C5b a C8 e os vários fragmentos C9 formam o MAC.

A membrana plasmática das células hospedeiras contém proteínas que protegem contra a lise ao impedir que as proteínas do MAC se fixem em sua superfície. Além disso, o MAC

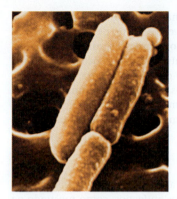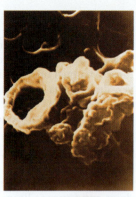

Figura 16.11 O MAC resulta em citólise. Micrografias de uma bactéria em forma de bastonete antes (à esquerda) e depois (à direita) da citólise.

P Como o complemento auxilia no combate a infecções?

Fonte: Reproduzida de Schreiber, R. D., et al. "Bacterial Activity of the Alternative Complement Pathway Generated from 11 Isolated Plasma Proteins", *Journal of Experimental Medicine*, 149:870-882, 1979.

constitui a base para os testes de fixação do complemento utilizados no diagnóstico de algumas doenças. Isso é explicado no quadro **Foco clínico** no final deste capítulo e no Capítulo 18 (ver Figura 18.9).

Bactérias gram-negativas são mais suscetíveis à citólise, pois apresentam apenas uma ou poucas camadas de peptideoglicano para proteger a membrana plasmática contra os efeitos do complemento. As bactérias gram-positivas têm várias camadas de peptideoglicano, o que limita o acesso do complemento à membrana plasmática, interferindo, assim, na citólise. As bactérias que não são destruídas pelo MAC são conhecidas como *MAC-resistentes*.

Opsonização A *opsonização*, ou aderência imune, promove a ligação de um fagócito a um micróbio. Isso intensifica a fagocitose, como a Figura 16.12b mostra:

① C3 ativada é clivada nos fragmentos C3a e C3b ativados.

① C3b liga-se à superfície de um micróbio, e os receptores dos fagócitos ligam-se a C3b.

Inflamação Descrita na Figura 16.12c:

① C3 ativada é clivada nos fragmentos C3a e C3b.

② C3a e C5a ligam-se aos mastócitos e induzem a liberação de histamina, citocinas e outras substâncias químicas durante a *inflamação*. C5a também funciona como um fator quimiotático muito potente, atraindo fagócitos para o local de infecção.

Resultados da ativação do complemento

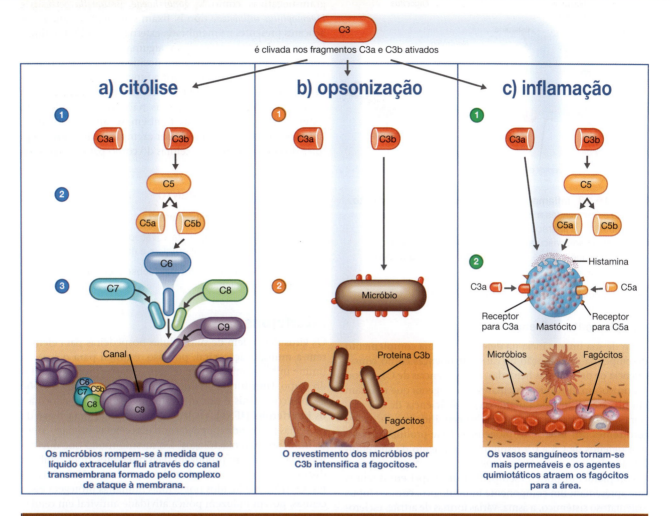

C3 é clivada nos fragmentos C3a e C3b ativados

a) citólise

① C3a | C3b
② C5 → C5a | C5b
③ C6, C7, C8, C9

Canal

C6 C5b C7 C8 C9

Os micróbios rompem-se à medida que o líquido extracelular flui através do canal transmembrana formado pelo complexo de ataque à membrana.

b) opsonização

① C3a | C3b
② Micróbio

Proteína C3b

Fagócitos

O revestimento dos micróbios por C3b intensifica a fagocitose.

c) inflamação

① C3a | C3b → C5 → C5a | C5b

② Histamina — Mastócito

C3a → Receptor para C3a

C5a → Receptor para C5a

Micróbios | Fagócitos

Os vasos sanguíneos tornam-se mais permeáveis e os agentes quimiotáticos atraem os fagócitos para a área.

CONCEITOS-CHAVE

- O sistema complemento é outra forma de o corpo combater infecções e destruir patógenos. Esse componente da imunidade inata "complementa" ou completa outras reações imunológicas.
- O complemento é um grupo de mais de 30 proteínas que circulam no soro e são ativadas em cascata: uma proteína do complemento aciona a próxima.
- A cascata pode ser ativada diretamente por um patógeno ou por uma reação anticorpo-antígeno.
- Juntas, essas proteínas destroem micróbios por (a) citólise, (b) pelo aumento da fagocitose e (c) pela inflamação.

A **Figura 16.13** mostra a inflamação estimulada pelo complemento em mais detalhes do que na Figura 16.12c.

Regulação do complemento

Uma vez que o complemento é ativado, suas capacidades destrutivas, em geral, cessam rapidamente, minimizando a destruição das células hospedeiras. Isso é realizado por várias proteínas reguladoras do sangue do hospedeiro e de certas células, como as células sanguíneas. As proteínas reguladoras estão presentes em concentrações mais altas do que as proteínas do complemento. As proteínas provocam a degradação ou a inibição do complemento ativado. Um exemplo de proteína reguladora é a *CD59*, que impede a montagem das moléculas de C9 para formar o MAC.

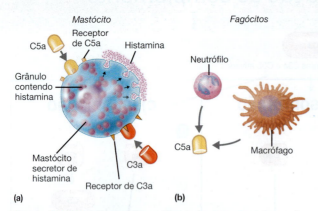

**Figura 16.13 Inflamação estimulada pelo complemento.
(a)** C3a e C5a ligadas a mastócitos, basófilos e plaquetas
desencadeiam a liberação de histamina, o que aumenta
a permeabilidade vascular. **(b)** C5a atua como um fator
quimiotático que atrai os fagócitos para o local de ativação
do complemento.

P De que modo o complemento é inativado?

Complemento e doença

Além de sua importância na defesa, o sistema complemento
desempenha uma função na causa de doenças como consequência de deficiências herdadas. As deficiências de C1, C2 ou
C4 provocam distúrbios vasculares do colágeno, que resultam
em hipersensibilidade (anafilaxia); a deficiência de C3, embora rara, resulta no aumento da suscetibilidade a infecções
recorrentes por micróbios piogênicos (que produzem pus);
e os defeitos de C5 a C9 resultam no aumento da suscetibilidade a infecções por *Neisseria meningitidis* e *N. gonorrhoeae*.
O complemento pode desempenhar um papel em doenças
que apresentam um componente imunológico, como o lúpus
eritematoso sistêmico, a asma, várias formas de artrite, esclerose múltipla e a doença inflamatória intestinal. O complemento também está associado à doença de Alzheimer e a outras
síndromes neurodegenerativas.

O sistema complemento é ativado pelos SARS-CoV, incluindo o SARS-CoV-2. A proteína do capsídeo viral ativa a
via da lectina, enquanto a proteína S (*spike*; da espícula) ativa
a via alternativa. Isso pode contribuir para o risco de uma tempestade de citocinas e SARA associada à Covid-19.

Evasão do sistema complemento

Algumas bactérias escapam do sistema complemento devido às
suas cápsulas. Por exemplo, algumas cápsulas contêm grandes
quantidades de um monossacarídeo, chamado de ácido siálico, que impede a opsonização e a formação do MAC. Outras
cápsulas inibem a formação de C3b e C4b e recobrem o C3b,
impedindo-o de fazer contato com o receptor nos fagócitos.

Algumas bactérias gram-negativas têm complexos lipídeo-
-carboidratos em sua superfície que as ajudam a escapar do sistema complemento. Por exemplo, *Salmonella* pode alongar o
polissacarídeo O do LPS em sua parede celular, uma alteração
estrutural que impede a formação do MAC. Outras bactérias

gram-negativas, como *N. gonorrhoeae, Bordetella pertussis* e
Haemophilus influenzae tipo b, fixam seus ácidos siálicos aos
açúcares presentes na membrana externa, inibindo, por fim, a
formação do MAC. Além disso, algumas bactérias produzem
enzimas destrutivas. Cocos gram-positivos, por exemplo, liberam uma enzima que interrompe a função de C5a, o fragmento que atua como fator quimiotático para atrair fagócitos.

Em relação aos vírus, alguns não apenas evadem do
sistema complemento, mas também se aproveitam dele.
O *Lymphocryptovirus* (HHV-4), por exemplo, se liga aos receptores do complemento nas células do corpo para iniciar o seu
ciclo de vida.

> **TESTE SEU CONHECIMENTO**
>
> ✔ **16-15** O que é complemento?
>
> ✔ **16-16** Liste as etapas da ativação do complemento
> pelas vias clássica, alternativa e da lectina.
>
> ✔ **16-17** Resuma as principais consequências da ativa-
> ção do complemento.

Interferons

Os vírus dependem de suas células hospedeiras para efetiva-
rem a multiplicação viral; por isso, é difícil para o sistema
imune inibir as infecções virais sem afetar as próprias células
do corpo. Uma forma pela qual uma célula infectada se opõe
às infecções virais é por meio de uma família de citocinas:
os **interferons (IFNs)**. Os IFNs consistem em uma classe de
proteínas produzidas por determinadas células animais, como
os linfócitos e os macrófagos. Do mesmo modo que diferentes espécies animais produzem IFNs diferentes, tipos celulares
distintos no mesmo animal também produzem IFNs diferentes. Os IFNs produzidos por células humanas protegem essas
células, porém induzem pouca atividade antiviral em células
de outras espécies, como camundongos ou galinhas. Entretanto, os IFNs de uma espécie são ativos contra vários vírus diferentes. Em geral, eles desempenham um papel importante nas
infecções agudas, como nos resfriados e na influenza.

Existem três tipos principais de IFNs humanos: o **interferon
alfa (IFN-α)**, o **interferon beta (IFN-β)** e o **interferon gama
(IFN-γ)**. Há também vários subtipos de IFNs dentro dos principais grupos. Em seres humanos, eles são produzidos pelos fibroblastos do tecido conjuntivo e pelos linfócitos e outros leucócitos. Todos os IFNs são proteínas pequenas, que são muito
estáveis em pH baixo e são razoavelmente resistentes ao calor.

Os IFN-α e β são produzidos em pequenas quantidades pelas células infectadas por vírus e se difundem para as células vizinhas não infectadas (**Figura 16.14**). Ambos os tipos são específicos para a célula hospedeira, mas não são específicos para o
vírus. Eles reagem com os receptores da membrana plasmática
ou nuclear, induzindo as células não infectadas a expressarem
RNA mensageiro (mRNA) para sintetizar as **proteínas antivirais (AVPs**, de *antiviral proteins*), enzimas que interrompem
vários estágios da multiplicação viral. Por exemplo, uma AVP,
chamada de *oligoadenilato-sintase*, degrada o mRNA viral. Outra, chamada de *proteína-cinase*, inibe a síntese proteica.

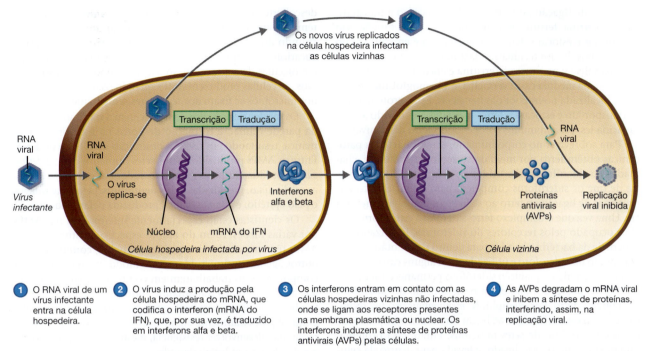

1 O RNA viral de um vírus infectante entra na célula hospedeira.	**2** O vírus induz a produção pela célula hospedeira do mRNA, que codifica o interferon (mRNA do IFN), que, por sua vez, é traduzido em interferons alfa e beta.

3 Os interferons entram em contato com as células hospedeiras vizinhas não infectadas, onde se ligam aos receptores presentes na membrana plasmática ou nuclear. Os interferons induzem a síntese de proteínas antivirais (AVPs) pelas células.	**4** As AVPs degradam o mRNA viral e inibem a síntese de proteínas, interferindo, assim, na replicação viral.

Figura 16.14 **Ação antiviral dos interferons alfa e beta.** Os IFNs são específicos para as células hospedeiras, mas não para os vírus.

P Como o interferon detém os vírus?

Tanto o IFN-α quanto o IFN-β estimulam as células NK a produzirem IFN-γ, que induz neutrófilos e macrófagos a matarem bactérias. O IFN-γ induz os macrófagos a produzirem óxido nítrico que parece eliminar bactérias ao inibir a produção de ATP. (Acredita-se que tenha o mesmo efeito nas células tumorais.) O IFN-γ também aumenta a expressão de moléculas de MHC e a apresentação de antígenos (discutido no Capítulo 17).

Os IFNs parecem ser as substâncias antivirais ideais, contudo existem alguns problemas. Eles são estáveis apenas por curtos períodos no corpo, e assim seu efeito é limitado. Quando injetados, os IFNs apresentam efeitos colaterais como náuseas, fadiga, cefaleia, vômitos, perda de peso e febre. Altas concentrações são tóxicas para o coração, o fígado, os rins e a medula óssea vermelha. Outro problema consiste no fato de que os IFNs não têm efeito na multiplicação viral em células previamente infectadas, e alguns vírus (como os adenovírus) apresentam mecanismos de resistência que inibem as proteínas antivirais.

A importância dos IFNs na proteção do organismo contra os vírus, bem como seu potencial como agentes antitumorais, tornou a sua produção em larga escala uma prioridade máxima na saúde. Vários grupos de cientistas têm utilizado com sucesso a tecnologia do DNA recombinante para induzir a produção de IFNs por determinadas espécies de bactérias. (Essa técnica é descrita no Capítulo 9.) Os IFNs produzidos pelas técnicas de DNA recombinante, chamados de *interferons recombinantes (rIFNs, de recombinant interferons)*, são importantes por duas razões: eles são puros e abundantes.

Em ensaios clínicos, os IFNs não apresentaram efeitos contra alguns tipos de tumores e somente efeitos limitados contra outros tipos. O IFN-α (Roferon-A®) foi aprovado nos Estados Unidos para o tratamento de várias doenças associadas aos vírus. Uma delas é o sarcoma de Kaposi, câncer que ocorre com frequência em pacientes infectados com HIV. Outros usos aprovados do IFN-α incluem o tratamento das hepatites B e C, do melanoma maligno e da leucemia de células pilosas. Uma formulação de IFN-β (Betaseron®) retarda a progressão da esclerose múltipla (EM) e reduz a frequência e a gravidade dos episódios da doença. Outra formulação de IFN-β (Actimmune®) é utilizada no tratamento da doença granulomatosa crônica.

Proteínas de ligação ao ferro

Muitas bactérias patogênicas requerem ferro para o seu crescimento vegetativo e sua reprodução (ver Capítulo 15). Os seres humanos requerem o ferro como componente dos citocromos na cadeia de transporte de elétrons, como cofator para os sistemas enzimáticos e como parte da hemoglobina, que transporta o oxigênio no organismo. Muitos patógenos também necessitam do ferro para a sua sobrevivência. Dessa forma, uma infecção cria uma situação interessante na qual patógenos e seres humanos competem pelo ferro disponível.

A concentração de ferro livre no corpo humano é baixa, uma vez que a maior parte do ferro encontra-se ligada a

proteínas de ligação ao ferro – moléculas como a transferrina, lactoferrina, ferritina e hemoglobina –, cujas funções são transportar e estocar o ferro. A **transferrina** é encontrada no sangue e nos fluidos teciduais. A **lactoferrina** é encontrada no leite, na saliva e no muco. A **ferritina** é encontrada no fígado, no baço e na medula óssea vermelha, e a **hemoglobina** encontra-se localizada no interior das hemácias. Essas proteínas não só transportam e estocam o ferro, mas também, devido a essas capacidades, privam muitos patógenos do ferro disponível.

Para sobreviver no corpo humano, muitas bactérias patogênicas obtêm ferro por meio da secreção de proteínas, chamadas de sideróforos (discutidas no Capítulo 15). Lembre-se de que os sideróforos competem para retirar o ferro das proteínas de ligação ao ferro ao se ligarem mais avidamente a ele. Uma vez que o complexo ferro-sideróforo esteja formado, ele é ocupado pelos receptores do sideróforo, localizados na superfície da bactéria e levados para dentro dela; então, o ferro é separado do sideróforo e utilizado. (Em alguns casos, o ferro entra na bactéria enquanto o sideróforo permanece fora.)

Alguns patógenos não usam o mecanismo do sideróforo para obter o ferro. Por exemplo, *N. meningitidis* produz receptores em sua superfície que se ligam diretamente às proteínas de ligação ao ferro de seres humanos. Então, essa proteína, juntamente com o ferro ligado, é levada para dentro da célula bacteriana. Alguns patógenos, como *Streptococcus pyogenes*, liberam hemolisina, proteína que provoca a lise (destruição) das hemácias. A hemoglobina é, então, degradada por outras proteínas bacterianas para capturar o ferro.

Peptídeos antimicrobianos

Embora recentemente descobertos, os **peptídeos antimicrobianos** (AMPs, de *antimicrobial peptides*) podem estar entre os componentes mais importantes da imunidade inata (ver também Capítulo 20). Os peptídeos antimicrobianos são pequenos peptídeos constituídos de uma cadeia de 12 a 50 aminoácidos sintetizados nos ribossomos. Eles foram descobertos inicialmente na pele de rãs, na hemolinfa (sangue) de insetos e nos neutrófilos humanos; até hoje, mais de 600 AMPs foram

descobertos em quase todas as plantas e animais. Os AMPs têm um amplo espectro de atividades antimicrobianas, incluindo atividade contra bactérias, vírus, fungos e parasitas eucariotos. A síntese de AMPs é desencadeada por proteínas e moléculas de açúcares localizados na superfície dos micróbios. As células produzem AMPs quando os ligantes químicos dos micróbios se fixam aos receptores semelhantes ao Toll.

Os modos de ação dos AMPs incluem a inibição da síntese da parede celular, a formação de poros na membrana plasmática, resultando em lise, e a destruição do DNA e do RNA. Entre os AMPs produzidos pelos seres humanos estão a *dermicidina*, produzidas pelas glândulas sudoríparas; as *defensinas* e as *catelicidinas*, produzidas pelos neutrófilos, pelos macrófagos e pelo epitélio; e a *trombocidina*, produzida pelas plaquetas.

Os cientistas estão especialmente interessados nos AMPs por várias razões. Além do amplo espectro de atividades, os AMPs têm mostrado sinergismo (trabalho conjunto) com outros agentes antimicrobianos, de modo que o efeito desses componentes ao trabalharem em conjunto é maior que apenas de um ou outro trabalhando individualmente. Os AMPs também são muito estáveis em uma faixa extensa de pH. O que é particularmente significativo é que os micróbios parecem não desenvolver resistência, mesmo que sejam expostos aos AMPs por um longo período.

Além de seus efeitos fatais, os AMPs participam em várias outras funções imunes. Por exemplo, os AMPs podem sequestrar o LPS liberado de bactérias gram-negativas, evitando, assim, o choque endotóxico. Tem sido observado que os AMPs atraem vigorosamente as células dendríticas, que destroem os micróbios por fagocitose e iniciam a resposta imune adaptativa. Além disso, também tem sido demonstrado que os AMPs recrutam os mastócitos, que, por sua vez, aumentam a permeabilidade vascular e a vasodilatação. Isso resulta em uma inflamação que destrói os micróbios, limita a extensão do dano e inicia o reparo tecidual.

Outros fatores

Além dos fatores já mencionados que fornecem resistência à infecção, vários outros também desempenham um papel. A **resistência genética** é uma característica herdada no genoma de uma pessoa que fornece resistência a uma doença. Isso confere uma vantagem seletiva de sobrevivência. Um exemplo é a relação entre o traço falciforme e o *Plasmodium falciparum*; indivíduos com traço falciforme estão relativamente protegidos contra a malária por *P. falciparum*. Outro exemplo é a relação entre príons e encefalopatia espongiforme; foi descoberta uma variante natural de um príon humano que protege completamente contra a doença. A idade também influencia a resistência: crianças pequenas (cujo sistema imune ainda está em desenvolvimento) e adultos mais velhos (cujo sistema imune é menos responsivo) são mais suscetíveis a doenças. Finalmente, observar protocolos saudáveis, como lavar as mãos adequadamente, controlar os espirros, empregar precauções-padrão, evitar a contaminação cruzada e a transmissão fecal-oral e manter práticas sexuais seguras, também oferece resistência a infecções.

CASO CLÍNICO

Nos neutrófilos, o NADPH é reoxidado a $NADP^+$ por um complexo de membrana, denominado NADPH-oxidase, que utiliza este elétron para produzir um radical superóxido ($\cdot O_2^-$) a partir do O_2. O superóxido será convertido em peróxido de hidrogênio, e a explosão de H_2O_2 resultante destrói o patógeno. Uma vez que os neutrófilos de Josué não funcionam adequadamente, o pediatra precisa encontrar uma forma de estimular o sistema imune do garoto para que este possa eliminar o fungo que invadiu a corrente sanguínea.

Qual enzima converte os radicais superóxido em peróxido de hidrogênio? (Ver figura na etapa anterior do Caso clínico.)
Qual tratamento você acredita que o pediatra de Josué deve sugerir para a DGC do menino?

Parte 1   Parte 2   Parte 3   Parte 4   **Parte 5**   Parte 6

Coleta de soro

É comum a coleta de mais de uma amostra de sangue para testes laboratoriais. O sangue é coletado em tubos que possuem tampas de cores diferentes (**Figura A**). O sangue total pode ser necessário para cultivar micróbios ou para realizar a tipagem sanguínea. O soro pode ser necessário para testar a presença de enzimas ou de outras substâncias químicas no sangue. O soro é o líquido cor de palha que permanece após a coagulação do sangue. O plasma sanguíneo é o líquido que permanece depois que os componentes são removidos do sangue não coagulado por centrifugação, por exemplo.

Por que testar a presença de complemento?

A atividade do complemento é medida porque a deficiência do complemento pode estar associada a infecções bacterianas recorrentes. Além disso, o complemento é o componente essencial das doenças imunes complexas. Uma diminuição do complemento no soro, que ocorre quando o complemento é utilizado nos complexos imunes, pode ser usada para monitorar o progresso e o tratamento de doenças imunes complexas, como lúpus eritematoso sistêmico e artrite reumatoide.

A **Figura B** mostra como a atividade total do complemento é mensurada. Diluições do soro do paciente são misturadas a hemácias de carneiro e a anticorpos contra as hemácias de carneiro. Após uma incubação de 37 °C por 20 minutos, o grau de hemólise, rompimento das hemácias, é determinado.

Qual é a finalidade das hemácias e dos anticorpos anti-hemácias?

Os anticorpos reagirão com o antígeno (hemácias). Isso ativará o complemento no soro do paciente. O grau de lise é relativo à quantidade de complemento presente, sendo expresso pela porcentagem de hemólise produzida.

Figura A
Figura A Coleta de células do sangue e soro.

Sangue

Anticoagulante no tubo

Centrifugação

① Centrifuga-se o sangue para a separação das células e do plasma.

Plasma sanguíneo

Células

② Deixa-se o sangue coagular para então centrifugá-lo novamente para remover o coágulo.

Soro

Células e fatores anticoagulantes

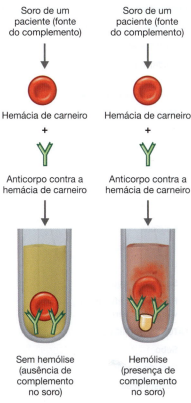

Soro de um paciente (fonte do complemento)

Hemácia de carneiro

+

Anticorpo contra a hemácia de carneiro

Sem hemólise (ausência de complemento no soro)

Soro de um paciente (fonte do complemento)

Hemácia de carneiro

+

Anticorpo contra a hemácia de carneiro

Hemólise (presença de complemento no soro)

Figura B Teste do complemento.

A Tabela 16.3 contém um resumo das defesas da imunidade inata.

TESTE SEU CONHECIMENTO

✔ **16-18** O que são interferons?

✔ **16-19** Por que o IFN-α e o IFN-β compartilham o mesmo receptor nas células-alvo, ao passo que o IFN-γ possui um receptor diferente?

✔ **16-20** Qual é o papel dos sideróforos na infecção?

✔ **16-21** Por que os cientistas estão interessados nos AMPs?

TABELA 16.3 Resumo das defesas da imunidade inata

Componente	Funções
PRIMEIRA LINHA DE DEFESA: PELE E MEMBRANAS MUCOSAS	
FATORES FÍSICOS	
Epiderme	A pele intacta forma uma barreira física contra a entrada de micróbios; a descamação auxilia na remoção dos micróbios.
Membranas mucosas	Inibem a entrada de vários micróbios, porém não são tão eficazes quanto a pele intacta.
Muco	Captura micróbios no trato respiratório e no canal digestivo.
Aparato lacrimal	Produz as lágrimas que removem os micróbios; as lágrimas contêm lisozima, enzima que destrói as paredes celulares, sobretudo de bactérias gram-positivas.
Saliva	Dilui e remove os micróbios da boca.
Pelos	Filtram e retêm os micróbios e a poeira no nariz.
Cílios	Junto com o muco, formam o elevador ciliar que retém e remove os micróbios do trato respiratório inferior.
Epiglote	Impede a entrada de micróbios no trato respiratório inferior.
Cera de ouvido	Impede a entrada de micróbios no ouvido.
Urina	Remove os micróbios da uretra, impedindo a colonização do trato geniturinário.
Secreções vaginais	Expelem os micróbios para fora do corpo.
Peristalse, defecação, vômitos e diarreia	Expelem os micróbios do corpo.
FATORES QUÍMICOS	
Sebo	Forma um filme protetor ácido sobre a superfície da pele, inibindo o crescimento microbiano.
Cera de ouvido	Os ácidos graxos na cera de ouvido inibem o crescimento de bactérias e fungos.
Transpiração	Remove os micróbios da pele e contém lisozima; a lisozima também está presente nas lágrimas, na saliva, nas secreções nasais, na urina e nos fluidos teciduais.
Saliva	Contém lisozima, ureia e ácido úrico, que inibem os micróbios; e imunoglobulina A, que previne a fixação de micróbios às membranas mucosas. A ligeira acidez impede o crescimento microbiano.
Suco gástrico	A alta acidez destrói bactérias e a maioria das toxinas no estômago.
Secreções vaginais	A quebra do glicogênio em ácido láctico produz uma ligeira acidez, que impede o crescimento bacteriano e fúngico.
Urina	Contém lisozima. A ligeira acidez impede o crescimento microbiano.
Microbiota normal	Compete com os patógenos pelo espaço e pelos nutrientes disponíveis e produz substâncias que inibem ou matam os patógenos.
SEGUNDA LINHA DE DEFESA	
CÉLULAS DEFENSIVAS	
Fagócitos	Fagocitose por células como neutrófilos, eosinófilos, células dendríticas e macrófagos.
Célula *natural killer* (NK)	Destrói as células infectadas, liberando grânulos de perforina e granzimas. Os fagócitos, em seguida, destroem os micróbios.
INFLAMAÇÃO	Isola e destrói os micróbios e inicia o reparo tecidual.
FEBRE	Intensifica os efeitos dos interferons e acelera as reações do corpo que auxiliam no reparo.
SUBSTÂNCIAS ANTIMICROBIANAS	
Sistema complemento	Causa a citólise de micróbios, promove a fagocitose e contribui para a inflamação.
Interferons (IFNs)	Protegem as células hospedeiras não infectadas da infecção viral. O IFN-γ intensifica a fagocitose.
Proteínas de ligação ao ferro	Inibem o crescimento de determinadas bactérias ao reduzirem a quantidade de ferro disponível.
Peptídeos antimicrobianos (AMPs)	Inibem a síntese da parede celular, formam poros na membrana plasmática, causando lise, e danificam o DNA e o RNA.
Outros fatores	Outros fatores que fornecem resistência à infecção incluem resistência genética, idade e observação de protocolos saudáveis.

Resumo para estudo

Introdução (p. 450)

1. A capacidade de combater as doenças por meio das defesas do corpo é chamada de imunidade.
2. A falta de imunidade é chamada de suscetibilidade.

O conceito de imunidade (p. 451)

1. A imunidade inata refere-se a todas as defesas do corpo que o protegem contra qualquer tipo de patógeno.
2. A imunidade adaptativa refere-se às defesas (anticorpos) contra microrganismos específicos.
3. Os receptores semelhantes ao Toll, presentes nas membranas plasmáticas de macrófagos e células dendríticas, ligam-se aos micróbios invasores.

Primeira linha de defesa: pele e membranas mucosas (p. 451-457)

1. A primeira linha de defesa do corpo contra infecções consiste em uma barreira física e nas substâncias químicas não específicas da pele e das membranas mucosas.

Fatores físicos (p. 451-455)

1. A estrutura da pele intacta e da queratina, uma proteína à prova d'água, oferece resistência à invasão microbiana.
2. O aparelho lacrimal protege os olhos de substâncias irritantes e microrganismos.
3. A saliva remove os microrganismos dos dentes e da língua.
4. O muco retém muitos microrganismos que penetram o trato respiratório e o canal digestivo; no trato respiratório inferior, o elevador ciliar move o muco para cima e para fora.
5. O fluxo de urina retira os microrganismos do trato urinário, e as secreções vaginais removem os microrganismos da vagina.

Fatores químicos (p. 455-456)

1. Os ácidos graxos presentes no sebo e na cera de ouvido inibem o crescimento de bactérias patogênicas.
2. A transpiração remove os microrganismos da pele.
3. A lisozima é encontrada nas lágrimas, na saliva, nas secreções nasais e na transpiração.
4. A acidez elevada (pH 1,2-3,0) do suco gástrico impede o crescimento microbiano no estômago.

Microbiota normal e imunidade inata (p. 456-457)

1. A microbiota normal modifica o ambiente, um processo que pode impedir o crescimento de patógenos.

Segunda linha de defesa (p. 458-476)

1. A entrada de micróbios na primeira linha de defesa estimula a produção de fagócitos, a inflamação, a febre e as substâncias antimicrobianas.

Elementos componentes do sangue (p. 458-460)

1. O sangue consiste em plasma sanguíneo (fluido) e em elementos constituintes (células e plaquetas).

2. Os leucócitos são divididos em granulócitos (neutrófilos, basófilos, eosinófilos) e agranulócitos.

Sistema linfoide (p. 460-461)

1. O sistema linfoide consiste em vasos linfáticos, linfonodos e tecidos linfoides.
2. O líquido intersticial retorna ao plasma sanguíneo através dos vasos linfáticos.

Fagócitos (p. 462-464)

1. A fagocitose é a ingestão de microrganismos ou material particulado por uma célula.
2. A fagocitose é realizada pelos fagócitos, certos tipos de leucócitos ou por seus derivados.

Ações das células fagocíticas (p. 462)

3. Os monócitos aumentados tornam-se macrófagos errantes e macrófagos em repouso.
4. Os macrófagos em repouso estão localizados em tecidos específicos e fazem parte do sistema fagocítico mononuclear.
5. Os granulócitos, sobretudo os neutrófilos, predominam durante os estágios iniciais da infecção, ao passo que os macrófagos predominam à medida que a infecção regride.

Mecanismo da fagocitose (p. 462-464)

6. A quimiotaxia é o processo pelo qual os fagócitos são atraídos aos microrganismos.
7. Os receptores semelhantes ao Toll presentes em um fagócito aderem às células microbianas. A aderência pode ser facilitada pela opsonização – revestimento do micróbio com proteínas do soro.
8. Os pseudópodes dos fagócitos englobam os microrganismos e os envolvem em um fagossomo para finalizar a digestão.
9. Muitos microrganismos fagocitados são destruídos por enzimas lisossômicas e agentes oxidantes.

Inflamação (p. 464-467)

1. A inflamação é uma resposta corporal a uma lesão celular. A inflamação é caracterizada por dor, rubor, imobilidade, edema e calor (DRIEC).
2. O TNF-α estimula a produção de proteínas de fase aguda.

Vasodilatação e aumento da permeabilidade vascular (p. 465-466)

3. A liberação de histamina, cininas e prostaglandinas causa a vasodilatação e o aumento da permeabilidade vascular.
4. Os coágulos sanguíneos podem formar-se ao redor de um abscesso, de modo a impedir a disseminação da infecção.

Migração fagocítica e fagocitose (p. 466-467)

5. Os fagócitos possuem a capacidade de adesão ao revestimento dos vasos sanguíneos (marginação) e também apresentam a habilidade de se comprimirem entre esses vasos (diapedese).
6. O pus é o acúmulo de tecido danificado e micróbios mortos, além de granulócitos e macrófagos.

Reparo tecidual (p. 467)

7. Um tecido é reparado quando o estroma (tecido de sustentação) ou o parênquima (tecido funcional) produz novas células.

8. O reparo pelos fibroblastos de um estroma resulta em uma cicatriz.

Febre (p. 467-468)

1. Febre é uma elevação anormal da temperatura corporal produzida em resposta a uma infecção bacteriana ou infecção viral.
2. As endotoxinas bacterianas, a interleucina 1 e o TNF-α podem induzir febre.
3. Um calafrio indica que a temperatura corporal está se elevando. A crise (sudorese) indica que a temperatura corporal está caindo.

Substâncias antimicrobianas (p. 468-476)

Sistema complemento (p. 468-472)

1. O sistema complemento é formado por um grupo de proteínas do soro sanguíneo que ativam uma a outra para destruir os microrganismos invasores.
2. As proteínas do complemento são ativadas em cascata.
3. A ativação de C3 pode resultar em lise celular, inflamação e opsonização.
4. O complemento é ativado pelas vias clássica, alternativa e da lectina.
5. Deficiências do complemento podem resultar em aumento da suscetibilidade a doenças.

6. Algumas bactérias escapam da destruição pelo complemento por intermédio de cápsulas, complexos carboidrato-lipídeo de superfície e destruição enzimática de C5a.

Interferons (p. 472-473)

7. Os IFN-α e β induzem a produção de proteínas antivirais (AVPs) pelas células não infectadas que impedem a replicação viral.
8. O IFN-γ ativa neutrófilos e macrófagos para destruir bactérias.

Proteínas de ligação ao ferro (p. 473-474)

9. As proteínas de ligação ao ferro transportam e armazenam ferro, privando a maioria dos patógenos do ferro disponível.

Peptídeos antimicrobianos (p. 474)

10. Os peptídeos antimicrobianos (AMPs) inibem a síntese da parede celular, formam poros na membrana plasmática e destroem o DNA e o RNA.
11. Os peptídeos antimicrobianos são produzidos por quase todas as plantas e animais, e a resistência bacteriana aos AMPs ainda não foi observada.

Outros fatores (p. 474-476)

12. Outros fatores que influenciam a resistência à infecção incluem resistência genética, idade e observação de protocolos saudáveis.

Questões para estudo

As respostas das questões de Conhecimento e compreensão estão na seção de Respostas no final deste livro.

Conhecimento e compreensão

Revisão

1. Identifique pelo menos um fator químico e um fator físico que impedem os micróbios de penetrarem o corpo pelo:
   a. sistema urinário
   b. sistema genital
2. Defina *inflamação* e liste suas características.
3. O que são interferons? Explique suas funções na imunidade inata.
4. Como o sistema complemento pode causar o choque endotóxico?
5. Pacientes com a doença granulomatosa crônica ligada ao cromossomo X são suscetíveis a infecções porque seus neutrófilos não geram uma explosão oxidativa. Qual é a relação entre explosão oxidativa e infecção?
6. Por que as hemácias são hemolisadas quando uma pessoa recebe transfusão de um tipo sanguíneo incompatível?
7. Dê vários exemplos de como os micróbios podem escapar do sistema complemento.
8. DESENHE Identifique na figura os seguintes processos que resultam na fagocitose: marginação, diapedese, aderência e formação de fagolisossomo.

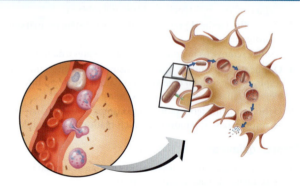

9. Os componentes a seguir estão envolvidos na imunidade inata ou na imunidade adaptativa? Identifique a função de cada um na imunidade:
   a. TLRs
   b. transferrinas
   c. peptídeos antimicrobianos
10. IDENTIFIQUE Estes agranulócitos não são fagocíticos até que eles circulem fora da corrente sanguínea.

Múltipla escolha

1. A *Legionella* utiliza os receptores C3b para penetrar nos monócitos. Isso:
   a. impede a fagocitose.
   b. degrada o complemento.
   c. inativa o complemento.

d. impede a inflamação.

e. impede a citólise.

2. *Chlamydia* pode impedir a formação do fagolisossomo e, assim, ela pode:

a. evitar a sua fagocitose.

b. evitar a sua destruição pelo complemento.

c. impedir a aderência.

d. evitar ser digerida.

e. nenhuma das alternativas.

3. Se os seguintes fossem colocados em ordem de ocorrência, qual seria o *terceiro* passo?

a. diapedese

b. digestão

c. formação de um fagossomo

d. formação de um fagolisossomo

e. marginação

4. Se os seguintes fossem colocados em ordem de ocorrência, qual seria o *terceiro* passo?

a. ativação de C5 a C9

b. lise celular

c. reação antígeno-anticorpo

d. ativação de C3

e. ativação de C2 a C4

5. Um hospedeiro humano pode impedir que um patógeno obtenha quantidades suficientes de ferro por todas as seguintes opções, *exceto:*

a. redução do consumo de ferro na dieta.

b. ligação do ferro à transferrina.

c. ligação do ferro à hemoglobina.

d. ligação do ferro à ferritina.

e. ligação do ferro aos sideróforos.

6. Uma diminuição na produção de C3 resultaria em:

a. aumento da suscetibilidade a infecções.

b. aumento do número de leucócitos.

c. aumento da fagocitose.

d. ativação de C5 a C9.

e. nenhuma das alternativas

7. Em 1884, Elie Metchnikoff observou células coletadas em torno de uma lasca inserida em um embrião de estrela-do-mar. Essa foi a descoberta de:

a. células sanguíneas.

b. estrelas-do-mar.

c. fagocitose.

d. imunidade.

e. nenhuma das alternativas

8. A bactéria *Helicobacter pylori* utiliza a enzima urease para neutralizar uma defesa química encontrada no órgão humano em que vive. Essa defesa química inclui:

a. a lisozima.

b. o ácido clorídrico.

c. os radicais superóxido.

d. o sebo.

e. o complemento.

9. Qual das afirmativas a seguir sobre o IFN-α é *falsa*?

a. Interfere na replicação viral.

b. É célula-específico.

c. É liberado pelos fibroblastos.

d. É vírus-específico.

e. É liberado pelos linfócitos.

10. Qual dos seguintes *não* estimula a fagocitose?

a. citocinas

b. IFN-γ

c. C3b

d. lipídeo A

e. histamina

Análise

1. Qual é o papel da transferrina no combate a uma infecção?

2. Existe uma variedade de fármacos disponíveis com a capacidade de reduzir a inflamação. Comente sobre o risco do uso indevido desses fármacos anti-inflamatórios.

3. A lista a seguir fornece exemplos de patógenos e suas técnicas de evasão do complemento. Para cada micróbio, identifique a doença que ele causa e descreva como sua estratégia permite que ele escape da destruição pelo complemento.

Patógeno	Estratégia
Estreptococo do grupo A	O C3 não se liga à proteína M
Haemophilus influenzae tipo b	Possui uma cápsula
P. aeruginosa	Modifica os polissacarídeos da parede celular
Trypanosoma cruzi	Degrada C1

4. A lista a seguir identifica os patógenos e seus fatores de virulência. Descreva o efeito de cada fator listado. Dê o nome da doença causada por cada organismo.

Microrganismo	Fator de virulência
Alphainfluenzavirus	Causa a liberação de enzimas lisossômicas
M. tuberculosis	Inibe a fusão do lisossomo
Toxoplasma gondii	Impede a acidificação do fagossomo
Trichophyton	Secreta queratinase
Trypanosoma cruzi	Lisa a membrana fagossômica

Aplicações clínicas e avaliação

1. Pessoas com infecções de garganta e nariz causadas pelo *Enterovirus rhinovirus* têm um aumento de 80 vezes nas cininas, porém nenhum aumento na histamina. Quais sintomas você pode esperar das infecções pelos rinovírus? Qual doença é causada pelos rinovírus?

2. Um hematologista frequentemente faz a contagem diferencial de leucócitos a partir de uma amostra de sangue. Por que esses números são importantes? O que você acha que um hematologista encontraria em uma contagem diferencial de leucócitos de um paciente com mononucleose? Com neutropenia? Com eosinofilia?

3. A deficiência da adesão de leucócitos (DAL) é uma doença hereditária que resulta na incapacidade dos neutrófilos de reconhecer microrganismos ligados ao C3b. Quais são as consequências mais prováveis da DAL?

4. Os neutrófilos de pessoas com a síndrome de Chédiak-Higashi (SCH) apresentam uma quantidade de receptores quimiotáticos abaixo do normal, além de lisossomos que se rompem espontaneamente. Quais são as consequências da SCH?

5. Cerca de 4% da população humana apresenta deficiência de lectinas de ligação à manose. De que modo essa deficiência pode afetar uma pessoa?

17 Imunidade adaptativa: defesas específicas do hospedeiro

Ao contrário da imunidade inata, a imunidade adaptativa é projetada para reconhecer o "próprio" e o "não próprio" e desenvolver reações específicas à substância ou ao patógeno particular em questão. As células e os fatores químicos envolvidos na imunidade adaptativa entram em ação quando as defesas primárias e secundárias do sistema inato falham. Na primeira vez que essas células e substâncias químicas encontram um patógeno, as respostas podem levar dias ou mais para se desenvolverem. No entanto, o sistema imune adaptativo também tem um componente de memória, que ativa futuras defesas contra o mesmo patógeno com muito mais rapidez.

A imunidade adaptativa é considerada um sistema duplo, apresentando componentes celulares e humorais. A imunidade humoral envolve principalmente células B e neutraliza ameaças dispostas fora das células de mamíferos. A imunidade celular envolve principalmente células T e lida com ameaças dispostas no interior das células. Ambas envolvem receptores especializados de células imunes que reconhecem antígenos, seguidos pela ativação e produção de células, mensageiros químicos e outros fatores que ajudam a destruir o antígeno em questão ou permitem que o corpo se lembre dele posteriormente, para respostas mais rápidas no futuro.

Este capítulo fornece uma introdução simples a um assunto extremamente complexo. A Figura 17.19 resume como os principais componentes do sistema adaptativo funcionam juntos. Para obter uma perspectiva sobre como os sistemas imunes inato e adaptativo se combinam para fornecer todas as nossas defesas imunológicas, revise o quadro "Visão geral" no Capítulo 16.

▶ Um linfócito (vermelho) se liga a uma célula tumoral (azul).

Na clínica

Como enfermeira(o) perinatal, você precisa discutir os resultados do teste de anticorpos contra o parvovírus B19 com a sua paciente de 22 anos. A paciente está grávida e apresenta um alto título de IgM contra o parvovírus. **O que indica o alto nível de IgM? E se ela tivesse títulos altos de IgG e baixos títulos de IgM?**

Dica: leia sobre as classes de imunoglobulinas mais adiante. A infecção pelo parvovírus B19 é discutida no Capítulo 21.

Sistema imune adaptativo

OBJETIVO DE APRENDIZAGEM

17-1   Comparar e diferenciar as imunidades inata e adaptativa.

Durante séculos, foi reconhecido que a imunidade a certas doenças infecciosas pode ser adquirida por meio da exposição. Por exemplo, depois de se recuperar do sarampo, a maioria das pessoas fica imune a essa doença pelo resto de suas vidas. Essa proteção se deve à **imunidade adaptativa**, que envolve uma série de defesas que têm como alvo patógenos específicos após a exposição.

Um dos avanços mais importantes da medicina é a *vacinação* (*imunização*), um procedimento que se aproveita da resposta imune adaptativa. Uma vacina formulada com uma versão inofensiva de um patógeno incita uma resposta adaptativa, tornando as pessoas imunes à doença sem os danos e o perigo de uma infecção completa que, de outra forma, seriam necessários a fim de se obterem esses benefícios. (Ver Capítulo 18 para mais informações sobre vacinação.) A vacinação contra a varíola, a primeira doença para a qual o procedimento foi desenvolvido, na verdade precedeu o estabelecimento da teoria do germe da doença em quase cem anos (ver Capítulo 14).

Outro elemento crucial do sistema imune adaptativo consiste em sua capacidade de diferenciar entre o "próprio" do "não próprio". Sem essa capacidade, o sistema imune pode atacar componentes do corpo que ele deveria proteger. Na verdade, é exatamente isso que ocorre em certos distúrbios autoimunes, quando os próprios tecidos do corpo são erroneamente direcionados e danificados pelas células do sistema imune. (Para obter mais informações sobre doenças autoimunes, ver Capítulo 19.)

O sistema imune adaptativo entra em ação apenas quando as defesas inatas – barreiras físicas, como a pele e as membranas mucosas, as células fagocíticas e a inflamação – falham na neutralização de um micróbio. As respostas inatas do sistema são sempre imediatas e uniformes, independentemente da substância estranha encontrada. No entanto, o sistema adaptativo adapta a sua batalha a patógenos, toxinas ou outras substâncias específicas. A primeira vez que o sistema imune adaptativo encontra e combate um antígeno específico, a chamada *resposta primária*, envolve um período de latência de 4 a 7 dias. Interações posteriores com a mesma célula ou substância desencadearão uma *resposta secundária*, que será mais rápida e mais efetiva devido à "memória" formada durante a resposta primária. Esse componente de memória também é exclusivo ao sistema imune adaptativo.

TESTE SEU CONHECIMENTO

✔ **17-1** A vacinação é um exemplo de imunidade inata ou adaptativa?

Natureza dual do sistema imune adaptativo

OBJETIVO DE APRENDIZAGEM

17-2   Diferenciar imunidade humoral de imunidade celular.

A imunidade adaptativa é considerada um **sistema dual**, com componentes *humorais* e *celulares* que também contribuem para o sistema imune inato. (Ver Figura 17.19 para uma visão geral de ambos os componentes do sistema imune adaptativo.) As células do sistema imune adaptativo se originam de células-tronco pluripotentes na medula óssea ou no fígado fetal (ver Figura 16.4). Embora as células da imunidade humoral e celular amadureçam de forma diferente, todas elas são encontradas principalmente no sangue e nos órgãos linfoides.

Visão geral da imunidade humoral

O termo **imunidade humoral** deriva da palavra *humores*, um nome antigo para fluidos corporais, como sangue, catarro e bile. A imunidade humoral descreve as ações imunológicas que ocorrem nesses fluidos extracelulares, provocadas por moléculas protetoras chamadas de **anticorpos**. Outro termo para *anticorpo* é **imunoglobulina (Ig)**. Os anticorpos se ligam a moléculas estranhas chamadas **antígenos**, componentes estimuladores da resposta imune de um vírus, bactéria, toxina ou outra substância no fluido tecidual ou no sangue.

A imunidade humoral envolve os **linfócitos B**, mais comumente conhecidos como **células B**. As células B contêm imunoglobulinas de membrana (receptores de células B [BCRs, de *B cell receptors*]) específicas para um antígeno específico. Após a ligação ao antígeno, a célula B é ativada para secretar milhares de imunoglobulinas que se ligam às substâncias portadoras do antígeno e as direcionam para a eliminação. Uma vez que a imunidade humoral combate invasores localizados fora das células, seus esforços tendem a ser direcionados para bactérias que vivem extracelularmente (assim como suas toxinas), bem como para vírus antes de sua penetração nas células-alvo.

As células B receberam o nome da *bursa de Fabricius*, o órgão especializado das aves em que os pesquisadores observaram essas células pela primeira vez. Em humanos, os linfócitos B e T são produzidos inicialmente no fígado fetal. Por volta do terceiro mês de desenvolvimento fetal, o local de geração e maturação das células B se torna a medula óssea vermelha. Uma vez madura, as células B são encontradas principalmente no sangue e nos órgãos linfoides.

Visão geral da imunidade celular

Os **linfócitos T**, ou **células T**, são a base da **imunidade celular**, também chamada de **imunidade mediada por células**. As células T carregam **receptores de células T** (TCRs, de *T cell receptors*) de membrana que, como as imunoglobulinas de membrana, servem como receptores para antígenos. No entanto, os TCRs não se ligam a antígenos flutuantes da mesma forma que os anticorpos. Em vez disso, eles reconhecem um pequeno pedaço de um antígeno proteico – um peptídeo antigênico – que é apresentado por moléculas especializadas nas células do organismo. Quando as células T são ativadas por essa combinação de célula-peptídeo apresentadora, algumas destroem essa célula (chamada de célula-alvo), enquanto outras células T são ativadas para secretar mensageiros químicos, chamados *citocinas* (discutidos a seguir), que induzem outras células a realizar as suas funções imunológicas.

As células T receberam este nome em homenagem ao timo, órgão onde amadurecem (**Figura 17.1**). Uma vez maduras, as células T são encontradas nos mesmos locais que as células B, principalmente no sangue e nos órgãos linfoides.

As respostas imunes mediadas por células se concentram no reconhecimento de antígenos que já entraram em uma

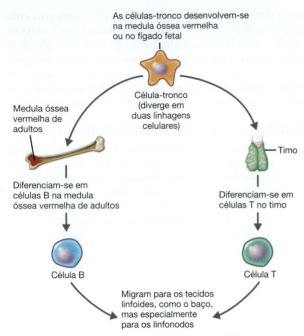

As células-tronco desenvolvem-se na medula óssea vermelha ou no fígado fetal

Célula-tronco (diverge em duas linhagens celulares)

Medula óssea vermelha de adultos

Timo

Diferenciam-se em células B na medula óssea vermelha de adultos

Diferenciam-se em células T no timo

Célula B

Célula T

Migram para os tecidos linfoides, como o baço, mas especialmente para os linfonodos

Figura 17.1 Desenvolvimento de células T e B.
Tanto as células B quanto as células T se originam de células-tronco presentes na medula óssea vermelha de adultos (ou no fígado fetal). Algumas células atravessam o timo e emergem como células T maduras. Outras permanecem na medula óssea vermelha e se tornam células B. Então, tanto as células B quanto as células T migram para os tecidos linfoides, como os linfonodos ou o baço.

P Qual célula, T ou B, produz anticorpos?

célula do corpo. Essa imunidade geralmente é melhor no combate de células infectadas por vírus e bactérias intracelulares, como *Listeria monocytogenes* ou *Mycobacterium leprae*.

TESTE SEU CONHECIMENTO

✔ **17-2** Qual tipo de célula está mais associado à imunidade humoral, e qual tipo de célula é a base da imunidade celular?

Citocinas: mensageiros químicos das células imunes

OBJETIVO DE APRENDIZAGEM

17-3 Identificar pelo menos uma função de cada uma das seguintes citocinas: interleucinas, quimiocinas, interferons, TNF e citocinas hematopoiéticas.

A imunidade adaptativa requer interações complexas entre diferentes tipos de células. Essa comunicação é mediada por mensageiros químicos chamados **citocinas**, proteínas solúveis produzidas por quase todos os tipos de células imunes ativadas. As citocinas atuam ativando células imunes próximas que carregam os receptores de citocinas correspondentes. Mais de 200 citocinas já foram identificadas. A maioria tem nomes comuns que refletem funções conhecidas no momento de sua descoberta. Vários tipos importantes incluem interleucinas, quimiocinas, interferons, fator de necrose tumoral e citocinas hematopoiéticas. A Tabela 17.1 lista algumas citocinas e suas células-alvo e efeitos.

As **interleucinas (ILs)** atuam como comunicadores principalmente entre (inter-) leucócitos (-leucinas). As ILs geralmente têm como alvo as células do sistema imune que estimulam a proliferação, maturação, migração ou ativação celular durante uma resposta imune. Às vezes, esse tipo de citocina pode ser útil como um tratamento farmacológico projetado para estimular o sistema imune e tratar certas doenças infecciosas ou cânceres.

As **quimiocinas**, uma família de pequenas citocinas, induzem os leucócitos a migrar para áreas de infecção ou dano tecidual, onde contribuem para a ativação dessas células. O nome é baseado na *quimiotaxia*, o termo para o movimento de um organismo em resposta a um estímulo químico. Os receptores de quimiocinas são especialmente importantes nas infecções pelo vírus da imunodeficiência humana (HIV; ver Capítulo 19).

Os **interferons (IFNs)** foram originalmente nomeados por uma de suas funções: a capacidade de interferir nas infecções virais nas células hospedeiras (ver Capítulo 16). Vários IFNs antivirais estão disponíveis comercialmente para o tratamento de doenças, incluindo a hepatite e alguns tipos de câncer.

TABELA 17.1	Principais citocinas e suas funções		
Citocina	**Fonte**	**Célula(s)-alvo**	**Efeito**
IL-4	T_H2	Células T_H "virgens" (*naïve*); células B	Prolifera células T_H2; mudança de classe para IgE
IL-12	Células dendríticas, macrófagos e neutrófilos	Células T_H "virgens"; células NK	Estimula o crescimento e a função das células T_H1; estimula o IFN-γ e o TNF-α
IL-17	T_H17	Neutrófilos	Inflamação
IL-22	T_H17	Células epiteliais	Estimula as células epiteliais a produzirem proteínas antimicrobianas
IFN-γ	T_H1	LTCs e macrófagos	Promove a fagocitose; ativa macrófagos e a resposta humoral
Quimiocinas	Varia; macrófagos e células epiteliais	Neutrófilos	Quimiotaxia
TFN-α	Macrófagos, células T_H e NK	Células tumorais	Inflamação
GM-CSF	Macrófagos, células T e células NK	Células-tronco mieloides	Aumenta as populações de macrófagos e granulócitos

Joana Oliveira é médica-legista em um grande hospital. Ela recebe um pedido de necropsia para Maria Vasquez, uma mulher de 44 anos. De acordo com o prontuário médico, a Sra. Vasquez chegou ao departamento de emergência reclamando que "não estava se sentindo bem" há vários dias, com dores de cabeça e dores gerais no corpo. O exame inicial feito pelo médico revelou uma queda na pressão arterial e um arranhão no antebraço direito, mas nenhum sinal de infecção. A Sra. Vasquez foi tratada com oxigênio, porém apresentou uma piora progressiva. Ela faleceu 4 horas após a sua admissão. Quando a Dra. Oliveira realizou a necropsia, ela encontrou sangramento interno e vários pequenos coágulos por toda parte. A coagulação anormal é indicativa de coagulação intravascular disseminada desencadeada pela infecção com sepse.

O que provocou a coagulação intravascular disseminada e o choque séptico que levaram à morte da Sra. Vasquez? Continue lendo para descobrir.

Parte 1 Parte 2 Parte 3 Parte 4 Parte 5 Parte 6

O **fator de necrose tumoral alfa (TNF-α)** originalmente ganhou esse nome porque foi observado que apresentava um efeito tóxico direto nas células tumorais. Essas citocinas também são um fator importante nas reações inflamatórias de doenças autoimunes, como a artrite reumatoide (Capítulo 19). Anticorpos monoclonais (ver Capítulo 18) que bloqueiam a ação do TNF representam uma terapia disponível para algumas dessas condições clínicas.

As **citocinas hematopoiéticas** ajudam a controlar as vias pelas quais as células-tronco se desenvolvem em glóbulos vermelhos ou diferentes glóbulos brancos (ver Figura 16.4). Algumas delas são interleucinas (mencionadas anteriormente). Outras são denominados *fatores estimuladores de colônias (CSFs, de colony-stimulating factors)*. Um exemplo é o fator estimulador de colônias de granulócitos (G-CSF, de *granulocyte colony*

A Dra. Oliveira realiza uma coloração de Gram em um esfregaço sanguíneo da paciente (ver figura). Ela precisa descobrir qual bactéria – se existe alguma associada – provocou a coagulação intravascular disseminada, o choque séptico e a posterior morte da Sra. Vasquez.

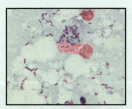

MO ⊢⊣ 10 μm

Descreva as bactérias presentes na figura.

Parte 1 Parte 2 Parte 3 Parte 4 Parte 5 Parte 6

stimulating factor). Esse CSF, em particular, estimula a produção de neutrófilos a partir de seus precursores granulócitos. Outro, o fator estimulador das colônias de granulócitos-macrófagos (GM-CSF, de *granulocyte-macrophage colony-stimulating factor*), é utilizado terapeuticamente para aumentar o número de macrófagos e granulócitos protetores em pacientes submetidos a transplantes de medula óssea vermelha.

Uma das muitas coisas que as citocinas podem fazer é estimular as células a produzirem ainda mais citocinas. Essa alça de retroalimentação ocasionalmente fica fora de controle, resultando em superprodução nociva de citocinas – uma **tempestade de citocinas**. Essa superabundância de citocinas pode causar um dano significativo aos tecidos, o que parece ser um fator importante na patologia de determinadas doenças, como na gripe (influenza), na Covid-19, na febre hemorrágica Ebola, na doença do enxerto contra o hospedeiro e na septicemia.

TESTE SEU CONHECIMENTO

✒ **17-3** Qual é a função das citocinas?

Antígenos e anticorpos

OBJETIVOS DE APRENDIZAGEM

17-4 Definir *antígeno*, *epítopo* e *hapteno*.

17-5 Explicar a função dos anticorpos e descrever as suas características estruturais e químicas.

17-6 Indicar uma função para cada uma das cinco classes de anticorpos.

Antígenos

As substâncias que provocam a produção de anticorpos são chamadas de antígenos – de *antibody generators* (geradores de anticorpos). Muitos antígenos são proteínas ou grandes polissacarídeos. Os lipídeos e os ácidos nucleicos geralmente são antigênicos apenas quando combinados a proteínas e polissacarídeos. Os patógenos podem ter vários sítios antigênicos. Componentes de micróbios invasores, como cápsulas, paredes celulares, flagelos, fímbrias, toxinas bacterianas e proteínas da cápsula e do envelope viral, tendem a ser antigênicos. No entanto, um composto não precisa fazer parte de um patógeno invasor para ser considerado antigênico pelo sistema imune. Antígenos não microbianos podem incluir pólen, clara de ovo, moléculas de superfície de células do sangue, proteínas séricas de outros indivíduos ou espécies e moléculas de superfície de órgãos e tecidos transplantados.

A detecção de um antígeno provoca a produção de anticorpos correspondentes altamente específicos (descritos com mais detalhes a seguir). Antígenos que causam uma resposta desse tipo são, portanto, mais conhecidos como *imunógenos*. Em geral, os anticorpos interagem com regiões específicas dos antígenos, chamadas de **epítopos** ou **determinantes antigênicos** (**Figura 17.2**). A natureza dessa interação depende do tamanho, da forma e da estrutura química do sítio de ligação na molécula de anticorpo. Uma bactéria ou vírus pode apresentar vários epítopos, os quais desencadeiam a produção de diferentes anticorpos.

A maioria dos antígenos tem uma massa molecular de 10.000 Da ou mais. Uma substância estranha com massa

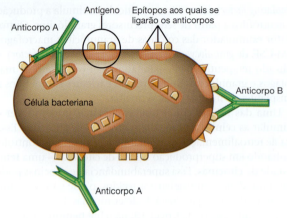

Figura 17.2 Epítopos (determinantes antigênicos). Nesta ilustração, os antígenos são componentes da parede celular bacteriana. Cada molécula de anticorpo tem dois sítios de ligação que podem se fixar a epítopos idênticos em um antígeno. Observe que um anticorpo tem cerca de 10 a 15 nm de comprimento; um bastonete bacteriano tem cerca de 1.000 a 4.000 nm de comprimento.

P Qual destas moléculas apresentaria mais epítopos: uma proteína ou um lipídeo? Por quê?

molecular muito baixa (1.000 Da ou menos) geralmente não é antigênica, a menos que esteja ligada a uma molécula carreadora. Esses compostos de baixa massa molecular são chamados de **haptenos** (**Figura 17.3**). Assim que um anticorpo contra o hapteno é formado, o anticorpo reagirá com o hapteno independentemente da molécula carreadora. A penicilina (334 Da) é um bom exemplo de hapteno. Esse fármaco não é antigênico por si próprio, mas algumas pessoas desenvolvem uma reação alérgica a ele. (As reações alérgicas são um tipo de hipersensibilidade que ocorre quando o sistema imune reage a algo que normalmente não é patogênico. Elas serão discutidas no Capítulo 19.) Nessas pessoas, quando a penicilina se combina com as proteínas do hospedeiro, as proteínas atuam como carreadores, iniciando uma resposta imunológica contra a penicilina. O conceito de carreador-hapteno possui aplicações terapêuticas. As vacinas conjugadas, que combinam um antígeno com uma proteína, funcionam da mesma forma (ver Capítulo 18).

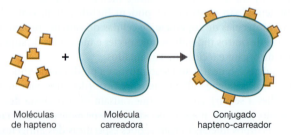

Figura 17.3 Haptenos. Um hapteno é uma molécula pequena demais para estimular a formação de anticorpos. Quando é combinado com uma molécula carreadora maior (geralmente uma proteína sérica), o hapteno e seu carreador, juntos, formam um conjugado que pode estimular uma resposta imune.

P Como um hapteno se difere de um antígeno?

Anticorpos

Estruturalmente falando, os **anticorpos** secretados (as versões secretadas das imunoglobulinas de membrana das células B) são proteínas compactas e relativamente solúveis. Elas são projetadas para reconhecer e se ligar a um antígeno específico e fazer o antígeno se tornar um alvo de destruição por vários mecanismos.

Cada anticorpo possui pelo menos dois sítios idênticos de ligação ao antígeno que se ligam a epítopos também idênticos. O número de sítios de ligação ao antígeno de um anticorpo é chamado de **valência** do anticorpo. Por exemplo, a maioria dos anticorpos humanos tem dois sítios de ligação, sendo, portanto, bivalentes. Como um anticorpo bivalente possui a estrutura molecular mais simples, ele é chamado de **monômero**. Um monômero de anticorpo tem quatro cadeias proteicas: duas *cadeias leves* idênticas e duas *cadeias pesadas* idênticas. ("Leve" e "pesado" referem-se às massas moleculares relativas.) As cadeias são unidas por ligações de dissulfeto, formando uma molécula que geralmente é descrita como em forma de Y. No entanto, esses dois "braços" têm regiões de dobradiça flexíveis em suas cadeias pesadas (**Figura 17.4a** e **c**) e podem se curvar.

As metades superiores dos braços dos anticorpos são chamadas de *regiões variáveis (V)*, pois variam muito de anticorpo para anticorpo. A ponta de cada braço forma um sítio de ligação ao antígeno (Figura 17.4 b). As sequências de aminoácidos e, portanto, a estrutura tridimensional dessas duas regiões variáveis, são idênticas em qualquer anticorpo. A haste do monômero e as partes inferiores dos braços do anticorpo são chamadas de *regiões constantes (C)*. Elas são iguais para uma classe particular de imunoglobulinas. Existem cinco tipos principais de regiões C, que são responsáveis pelas cinco principais classes de imunoglobulinas (descritas em breve).

A haste do monômero do anticorpo é denominada *região Fc*, assim denominada porque, quando a estrutura do anticorpo estava sendo identificada pela primeira vez, havia um fragmento (F) que se cristalizava (c) ao ser estocado no frio.

As regiões Fc geralmente são importantes nas reações imunes. Se forem expostas logo após ambos os sítios de ligação ao antígeno se fixarem a um antígeno, como uma bactéria, por exemplo, as regiões Fc dos anticorpos adjacentes podem ligar-se e ativar o complemento. Isso ocasiona a destruição da bactéria (ver Figura 16.12). Algumas células do sistema imune, como os macrófagos, têm receptores Fc de superfície que permitem que as células se liguem facilmente aos antígenos revestidos por anticorpos, facilitando, assim, a fagocitose.

Classes de imunoglobulinas

As cinco classes de imunoglobinas são designadas IgG, IgM, IgA, IgD e IgE. Cada classe tem um papel diferente na resposta imune. As moléculas de IgG, IgD e IgE são secretadas como monômeros, enquanto a IgA é secretada como um monômero ou como um dímero (duas moléculas ligadas entre si) e a IgM é secretada como um anel pentamérico, com cinco anticorpos ligados entre si. Em suas formas ligadas à membrana, todas as classes são expressas como monômeros. As estruturas e as características das classes de imunoglobulinas estão resumidas na **Tabela 17.2**.

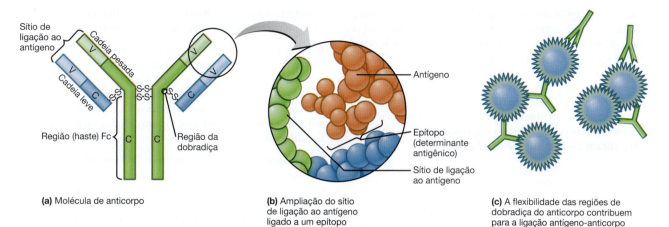

(a) Molécula de anticorpo

(b) Ampliação do sítio de ligação ao antígeno ligado a um epítopo

(c) A flexibilidade das regiões de dobradiça do anticorpo contribuem para a ligação antígeno-anticorpo

Figura 17.4 Estrutura típica de um anticorpo. A molécula do anticorpo é composta por duas cadeias leves e duas cadeias pesadas ligadas por ligações dissulfeto (S—S). As sequências de aminoácidos das regiões variáveis (V), que formam os dois sítios de ligação ao antígeno, diferem para cada célula B. As regiões constantes (C) são as mesmas para todos os anticorpos da mesma classe.

P O que é responsável pela especificidade de cada anticorpo em particular?

TABELA 17.2 Resumo das classes de imunoglobulinas					
Classe	**IgG**	**IgM**	**IgA**	**IgD**	**IgE**
Estrutura	Monômero	Pentâmero (cauda mais longa)	Dímero (com o componente secretor)	Monômero	Monômero (cauda mais longa)
Anticorpo sérico total (%)	80%	6%	13%[*]	0,02%	0,002%
Localização	Sangue, linfa, intestino	Sangue, linfa, superfície das células B (como monômero)	Secreções (lágrimas, saliva, muco, intestino, leite), sangue, linfa	Superfície das células B, sangue, linfa	Ligado a mastócitos e basófilos em todo o organismo, sangue
Massa molecular (Da)	150.000	970.000	405.000	175.000	190.000
Meia-vida no soro	23 dias	5 dias	6 dias	3 dias	2 dias
Fixação do complemento	Sim	Sim	Não[†]	Não	Não
Transferência placentária	Sim	Não	Não	Não	Não
Funções conhecidas	Intensifica a fagocitose; neutraliza toxinas e vírus; protege o feto e o recém-nascido	Especialmente efetiva contra microrganismos e antígenos aglutinantes; primeiros anticorpos produzidos em resposta à infecção inicial	Proteção localizada nas superfícies das mucosas	Função sérica desconhecida; a presença nas células B atua na iniciação da resposta imune	Reações alérgicas; possivelmente lise de vermes parasitários

[*]Porcentagem somente no soro; se as membranas mucosas e as secreções do organismo fossem incluídas, a porcentagem seria muito mais alta.
[†]Pode ser que sim pela via alternativa.

IgG O nome **IgG** é derivado da parte do sangue, chamada *gamaglobulina*, que contém anticorpos. A IgG é responsável por cerca de 80% de todos os anticorpos no soro. Em locais de inflamação, esses anticorpos atravessam as paredes dos vasos sanguíneos e penetram no fluido tecidual. Durante a gravidez, os anticorpos IgG, por exemplo, podem atravessar a placenta e conferir imunidade passiva ao feto. Eles protegem contra bactérias e vírus circulantes, neutralizam toxinas bacterianas, ativam o sistema complemento e, quando ligados a antígenos, intensificam a eficácia das células fagocíticas.

IgM Os anticorpos da classe **IgM** (o M refere-se a *macro*, que reflete o seu tamanho grande) compõem aproximadamente 6% dos anticorpos no soro. IgM tem uma estrutura em anel pentamérico, com cinco monômeros ligados por ligações dissulfeto. A estrutura também inclui uma proteína chamada *cadeia de junção (J)*, que atua como o fecho de uma pulseira fechando o anel.

IgM é o tipo predominante de anticorpo produzido na primeira exposição a um antígeno e é a classe de anticorpos envolvida na resposta aos antígenos do grupo sanguíneo ABO na superfície das hemácias. Como o anticorpo tem 10 sítios de ligação ao antígeno, ele é muito mais eficaz do que o IgG em causar o agrupamento de células e vírus e em reações envolvendo a ativação do complemento. (Ver a Tabela 19.2 para obter mais informações sobre os anticorpos do grupo sanguíneo ABO; o Capítulo 18 para obter mais informações sobre aglutinação; e a Figura 16.10 para obter mais informações sobre a ativação do complemento.)

O fato de a IgM ser a primeira imunoglobulina a aparecer na resposta a uma infecção primária e possuir uma vida relativamente curta confere um valor singular à molécula no diagnóstico de doenças. Se altas concentrações de IgM contra um patógeno são detectadas em um paciente, provavelmente os sintomas observados são causados por aquele patógeno. A detecção de IgG, que é de vida relativamente longa, deve indicar apenas que a imunidade contra um patógeno em particular foi adquirida há mais tempo.

IgA A IgA é responsável por 13% dos anticorpos no soro, mas é certamente a forma mais comum encontrada nas membranas mucosas e nas secreções do corpo, como o muco, a saliva, as lágrimas e o leite materno. Se levarmos isso em consideração, a IgA é a imunoglobulina mais abundante no corpo. A forma circulante da IgA no soro, a *IgA sérica*, é geralmente encontrada na forma de um monômero. A forma mais efetiva da IgA, no entanto, consiste em dois monômeros conectados por ligações dissulfeto via cadeia J que formam um *dímero*, chamado de *IgA secretora*. Ela é produzida nessa forma pelos plasmócitos localizados nas membranas mucosas – cerca de 15 gramas por dia, principalmente pelas células epiteliais intestinais. Cada dímero, então, penetra e atravessa a mucosa, onde adquire um polipeptídeo, chamado de *componente secretor* que o protege da degradação enzimática. A principal função da IgA secretora é impedir a fixação de patógenos microbianos às superfícies da mucosa. Isso é importante sobretudo para os patógenos intestinais e respiratórios. Devido ao fato de a imunidade por IgA ter uma vida relativamente curta, a duração da imunidade para as várias infecções respiratórias também é curta. A presença de IgA no leite materno,

sobretudo no *colostro*, provavelmente auxilia na proteção dos recém-nascidos contra infecções gastrintestinais.

IgD Os anticorpos **IgD** constituem apenas cerca de 0,02% dos anticorpos séricos totais. Suas estruturas se assemelham às das moléculas de IgG. Os anticorpos IgD são encontrados no sangue e na linfa e também desempenham um papel como imunoglobulinas de membrana nas células B maduras. A IgD sérica não tem nenhuma função bem definida além da ligação ao antígeno.

IgE Foi demonstrado que anticorpos da classe **IgE** são potentes indutores de eritema (vermelhidão superficial ou erupção cutânea). As moléculas de IgE constituem apenas 0,002% do total de anticorpos séricos. Suas regiões Fc se ligam fortemente aos receptores (receptores Fc) em mastócitos e basófilos, células especializadas que participam da defesa contra grandes parasitas, como helmintos, e de reações alérgicas (ver Capítulo 19). Quando um antígeno, como o pólen, liga-se aos anticorpos IgE associados a um mastócito ou basófilo (ver Figura 19.1a), essas células liberam histamina e outros mediadores químicos. Esses mediadores químicos desencadeiam uma resposta – por exemplo, uma reação alérgica, como a rinite alérgica. No caso de uma infecção por helmintos, esses mediadores químicos são prejudiciais ao organismo, pois atraem o complemento e células fagocíticas para o local. A concentração de IgE é bastante alta em algumas reações alérgicas e infecções parasitárias, o que geralmente é útil do ponto de vista diagnóstico.

CASO CLÍNICO

Bastonetes gram-negativos são visíveis no interior dos leucócitos analisados da amostra da Sra. Vasquez. A Dra. Oliveira os identifica como bactérias *Capnocytophaga canimorsus*. Essa espécie é encontrada em gatos ou cães e pode ser transmissível para os seres humanos através de mordeduras, lambidas, arranhaduras e outro tipo de exposição a um animal infectado. A Dra. Oliveira conversa com o Sr. Vasquez, que confirma que o arranhão no braço de sua falecida esposa foi feito pelo cão da família. No entanto, a Dra. Oliveira está intrigada, pois a maioria das pessoas que têm contato com cães não desenvolvem infecções pela bactéria *Capnocytophaga*.

Quais moléculas normalmente produzidas pelas células B combatem infecções bacterianas?

Parte 1 Parte 2 **Parte 3** Parte 4 Parte 5 Parte 6

TESTE SEU CONHECIMENTO

✔ **17-4** Que parte de um anticorpo reage com o epítopo de um antígeno?

✔ **17-5** Os conceitos teóricos originais mencionam que a estrutura de um anticorpo é uma molécula em forma de haste, que tem sítios de ligação ao antígeno em cada extremidade. Qual é a principal vantagem da estrutura flexível que, por fim, é produzida?

✔ **17-6** Qual classe de anticorpos é a mais provável de protegê-lo contra um resfriado comum?

Processo de resposta da imunidade humoral

OBJETIVOS DE APRENDIZAGEM

17-7 Comparar e diferenciar antígenos T-dependentes e T-independentes.

17-8 Diferenciar um plasmócito de uma célula de memória.

17-9 Descrever seleção clonal.

17-10 Descrever como os seres humanos podem produzir diferentes anticorpos.

As ações imunológicas humorais ocorrem nos espaços extracelulares do corpo. Os chamados *antígenos livres* encontrados aqui precisam ser reconhecidos pelo sistema imune para que anticorpos específicos possam ser gerados para neutralizá-los. Além disso, esses antígenos precisam ser lembrados para que futuras interações com eles resultem em uma resposta imune mais rápida. As células B são fundamentais para esses processos.

As células B residem e interagem com o antígeno nos órgãos linfoides, como o baço e os linfonodos. Cada célula B tem mais de 100 mil imunoglobulinas ligadas à membrana em sua superfície que servem como receptores para o antígeno. A maioria é IgM e IgD, todas específicas para o reconhecimento do mesmo epítopo. Algumas células B têm outras classes de imunoglobulinas em suas superfícies. Por exemplo, as células B localizadas na mucosa intestinal são ricas em IgA.

Uma célula B é ativada quando seus BCRs se ligam ao antígeno em um processo conhecido como **seleção clonal**. Isso faz as células B se proliferarem, um evento conhecido como **expansão clonal**, e se diferenciarem, gerando células B de memória e plasmócitos que secretam anticorpos, todos específicos para o mesmo antígeno.

Ativação e expansão clonal de células produtoras de anticorpos

A ativação de uma célula B pode ocorrer de duas maneiras. Alguns antígenos requerem um tipo de célula T, chamada de célula **T auxiliar** (T_H; discutida em breve), para ativar uma célula B. Esse tipo de antígeno é conhecido como **antígeno T-dependente**. Antígenos T-dependentes são principalmente proteínas, como as encontradas em vírus, bactérias, hemácias e conjugados carreadores-haptenos. Para que os anticorpos sejam produzidos em resposta a um antígeno T-dependente, as células B e T devem reconhecer e interagir com diferentes epítopos de um determinado antígeno. Isso garante a especificidade do ataque e também ajuda a evitar uma resposta autoimune não intencional. Em contraste, as células B podem ser ativadas diretamente por alguns antígenos, chamados **antígenos T-independentes**, sem a ajuda das células T. Primeiro, discorreremos sobre as etapas envolvidas na resposta a um antígeno T-dependente.

Em nossa visão geral anterior sobre a imunidade mediada por células, vimos que os TCRs nas células T reconhecem um fragmento de um antígeno proteico (um peptídeo) que é apresentado por moléculas especializadas nas células do corpo. O tipo de célula que permite a ativação das células T_H é conhecido como célula apresentadora de antígeno (APC, de *antigen-presenting cell*), e a molécula especializada na APC que apresenta o peptídeo é uma proteína de **classe II do complexo de histocompatibilidade principal** (MHC, de *major histocompatibility complex*). As APCs se ligam, internalizam e quebram antígenos para formar peptídeos que são, então, carregados na molécula de MHC de classe II e transportados para a superfície da célula apresentadora. Lá, eles são acessíveis aos TCRs nas células T_H. Conforme mostrado na **Figura 17.5**, uma célula B pode servir como uma APC, primeiro ligando-se especificamente a um antígeno T-dependente e depois internalizando-o. O antígeno é degradado em fragmentos peptídicos que são apresentados pelo MHC de classe II a uma célula T_H. A célula T_H faz contato com o fragmento apresentado na APC. Essa interação, junto com um sinal estimulatório da célula T, induz a célula T a secretar citocinas que auxiliam na ativação da célula B, que se divide em um grande clone de células. Algumas das células B se diferenciam em plasmócitos secretores de anticorpos. Outros clones se tornam células B de memória de vida longa, que são responsáveis pelas respostas secundárias robustas a um antígeno. A seleção clonal e a expansão são mostradas na **Figura 17.6**.

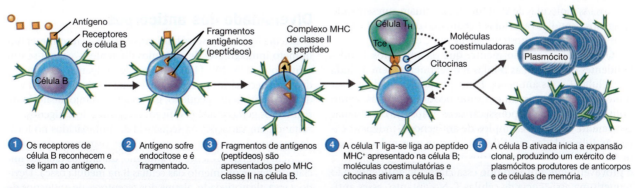

1. Os receptores de célula B reconhecem e se ligam ao antígeno.

2. Antígeno sofre endocitose e é fragmentado.

3. Fragmentos de antígenos (peptídeos) são apresentados pelo MHC classe II na célula B.

4. A célula T liga-se liga ao peptídeo MHC⁺ apresentado na célula B; moléculas coestimulatórias e citocinas ativam a célula B.

5. A célula B ativada inicia a expansão clonal, produzindo um exército de plasmócitos produtores de anticorpos e de células de memória.

Figura 17.5 Ativação de células B contra um antígeno T-dependente. Nesta ilustração, a célula B atua como uma célula apresentadora de antígeno (APC), apresentando antígeno a uma célula T_H. A célula T_H, então, auxilia na ativação da célula B para que esta possa proliferar e se diferenciar.

P Como a ativação por antígenos T-independentes difere do que é mostrado na figura?

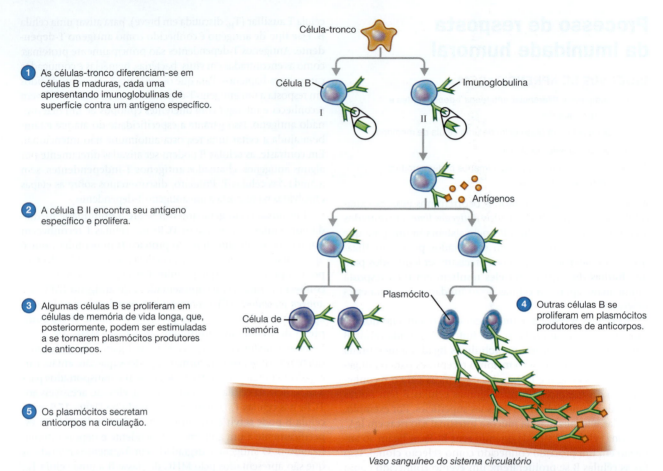

1 As células-tronco diferenciam-se em células B maduras, cada uma apresentando imunoglobulinas de superfície contra um antígeno específico.

Célula-tronco

Célula B

Imunoglobulina

Antígenos

2 A célula B II encontra seu antígeno específico e prolifera.

Plasmócito

3 Algumas células B se proliferam em células de memória de vida longa, que, posteriormente, podem ser estimuladas a se tornarem plasmócitos produtores de anticorpos.

Célula de memória

4 Outras células B se proliferam em plasmócitos produtores de anticorpos.

5 Os plasmócitos secretam anticorpos na circulação.

Vaso sanguíneo do sistema circulatório

Figura 17.6 Seleção clonal e diferenciação de células B. Juntas, as células B podem reconhecer um número quase infinito de antígenos, mas cada célula B reconhece apenas um antígeno específico (epítopo). Um encontro com esse antígeno desencadeia a proliferação de células B (aqui, célula B "II") em um clone de células com a mesma especificidade, daí o termo *seleção clonal* (pelo antígeno) e *expansão* (proliferação de células B). Os anticorpos produzidos inicialmente são geralmente IgM, contudo, posteriormente, a mesma célula pode produzir diferentes classes de anticorpos, como IgG ou IgE; isso é chamado de *mudança de classe*.

P O que induziu a resposta da célula "II"?

Como veremos, além das moléculas de MHC de classe II, que são encontradas em APCs, existem as moléculas de MHC de classe I encontradas em todas as células nucleadas de mamíferos. As moléculas de MHC de classe I atuam apresentando antígenos peptídicos às células T chamadas de células T citotóxicas (T_C), abordadas posteriormente neste capítulo.

Observamos, anteriormente, que os antígenos T-independentes estimulam as células B diretamente, sem a ajuda das células T_H. Os antígenos T-independentes tendem a ser moléculas que consistem em subunidades repetidas, como polissacarídeos ou lipopolissacarídeos. Cápsulas bacterianas geralmente são bons exemplos de antígenos T-independentes. As subunidades repetidas, conforme mostrado na **Figura 17.7**, podem se ligar a vários receptores de células B, e é provavelmente por isso que essa classe de antígenos não requer uma assistência de células T. No entanto, esses antígenos tendem a provocar uma resposta imune mais fraca do que os antígenos T-dependentes. A resposta T-independente é composta principalmente por IgM, e nenhuma célula B de memória é gerada. O sistema imune das crianças pode

não ser estimulado por antígenos T-independentes até aproximadamente os 2 anos de idade.

Diversidade dos anticorpos

O sistema imune dos seres humanos é capaz de reconhecer um número inimaginável de antígenos diferentes – estima-se um mínimo de 1×10^{11} (100 bilhões) de antígenos. O número de genes necessários para sustentar tanta diversidade é, na verdade, relativamente pequeno, graças ao rearranjo aleatório de segmentos gênicos que codificam receptores de antígenos, resultando em variações da sequência de aminoácidos no local de ligação ao antígeno (região V). Esses rearranjos aleatórios ocorrem antes da presença do antígeno, durante os estágios iniciais do desenvolvimento das células B na medula óssea. Devido a essa aleatoriedade, alguns dos receptores de antígenos de células B produzidos acabam sendo relacionados a anticorpos específicos para os nossos próprios tecidos. No entanto, essas células B potencialmente nocivas geralmente são eliminadas na medula óssea por um processo chamado de **deleção clonal**.

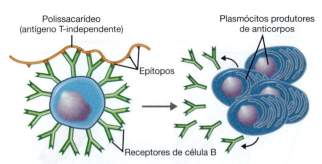

Polissacarídeo
(antígeno T-independente)

Epítopos

Receptores de célula B

Plasmócitos produtores
de anticorpos

Figura 17.7 Ativação de células B contra um antígeno T-independente. Os antígenos T-independentes possuem unidades repetidas (epítopos) que podem ligar de forma cruzada vários receptores de antígeno na mesma célula B. Esses antígenos estimulam a célula B a se desenvolver em plasmócitos secretores de anticorpos sem o auxílio de células T auxiliares. No entanto, nenhuma célula B de memória é gerada. Os polissacarídeos das cápsulas bacterianas são exemplos desse tipo de antígeno.

P **Como você pode diferenciar os antígenos T-dependentes dos T-independentes?**

CASO CLÍNICO

Os anticorpos, principalmente os da classe IgM, são produzidos em resposta a infecções bacterianas. Em sua pesquisa, a Dra. Oliveira descobre que *Capnocytophaga* possui antígenos T-independentes.

Quais etapas são necessárias para uma resposta de anticorpos para esses antígenos?

Parte 1 Parte 2 Parte 3 **Parte 4** Parte 5 Parte 6

TESTE SEU CONHECIMENTO

✔ **17-7** A pneumonia pneumocócica (ver Figura 24.11) requer uma célula T_H para a estimulação de uma célula B para a produção de anticorpos?

✔ **17-8** Os plasmócitos produzem anticorpos; eles também produzem células de memória?

✔ **17-9** Qual é o resultado da seleção clonal?

✔ **17-10** Qual região da molécula de imunoglobulina tem uma sequência de aminoácidos que varia de célula B para célula B, permitindo a enorme diversidade de anticorpos que podem ser produzidos?

Resultados da interação antígeno-anticorpo

OBJETIVO DE APRENDIZAGEM

17-11 Descrever quatro resultados de uma reação antígeno-anticorpo.

Quando um anticorpo encontra um antígeno para o qual ele é específico, um **complexo antígeno-anticorpo** se forma. A força da ligação entre um antígeno e um anticorpo é chamada

de **afinidade**. Em geral, quanto mais próximo for o ajuste físico entre o epítopo e o sítio de ligação ao antígeno, e quanto mais fortes forem as forças de atração entre seus aminoácidos, maior será a afinidade. Os anticorpos podem distinguir pequenas diferenças na sequência de aminoácidos de uma proteína e até mesmo entre dois isômeros de aminoácidos (ver Figura 2.13). Clinicamente falando, isso significa que os anticorpos podem ser usados em testes de diagnóstico para diferenciar os vírus da hepatite B e da hepatite C e entre diferentes cepas de bactérias.

A molécula de anticorpo em si não é prejudicial ao antígeno. Em vez disso, a ligação marca células e moléculas estranhas para destruição pelos fagócitos e pelo complemento. Os anticorpos imobilizam agentes estranhos e os tornam inofensivos por meio de cinco mecanismos primários, resumidos na **Figura 17.8**. São eles: aglutinação, opsonização, citotoxicidade mediada por células dependentes de anticorpos, neutralização e ativação do complemento (ver Figura 16.12).

Na **aglutinação**, os anticorpos induzem a agregação dos antígenos. Por exemplo, os dois sítios de ligação ao antígeno de um anticorpo IgG podem se combinar com epítopos em duas células exógenas distintas, resultando em agregação das células em grupos, que são mais facilmente ingeridos pelos fagócitos. Devido aos numerosos sítios de ligação, a IgM é mais eficaz nas ligações cruzadas e na agregação de antígenos particulados (ver Figura 18.5). A IgG requer de 100 a 1.000 vezes mais moléculas para obter os mesmos resultados. (No Capítulo 18, veremos como a aglutinação é importante para o diagnóstico de algumas doenças.)

A *opsonização* é o revestimento de antígenos com anticorpos ou proteínas do complemento. Isso aumenta a captura pelas células fagocíticas. A **citotoxicidade mediada por células dependente de anticorpos** se assemelha à opsonização, pois o organismo-alvo fica revestido com anticorpos; no entanto, nesse caso, a célula-alvo não é capturada, mas permanece externa à célula fagocítica que a ataca (ver também Figura 17.16).

Na **neutralização**, os anticorpos IgG inativam os micróbios, bloqueando a sua ligação às células hospedeiras. O IgG pode neutralizar as toxinas de maneira semelhante. Ao envolver componentes patogênicos específicos de um micróbio, os anticorpos podem reduzir a sua patogenicidade ou toxicidade.

Por fim, anticorpos IgG ou IgM podem desencadear a **ativação do sistema complemento**. Por exemplo, a inflamação é causada por uma infecção ou um dano ao tecido (ver Figura 16.9). Um aspecto da inflamação é que ela frequentemente provoca o revestimento dos micróbios localizados na área inflamada por determinadas proteínas. Por sua vez, isso leva à fixação do micróbio ao complexo complemento-anticorpo. Esse complexo desintegra o micróbio, que, então, atrai os fagócitos e outras células defensivas do sistema imune àquela área. (Para uma revisão do complemento, ver Figura 16.12.)

TESTE SEU CONHECIMENTO

✔ **17-11** Quais anticorpos podem ativar o sistema complemento, e quais anticorpos estão geralmente associados à aglutinação?

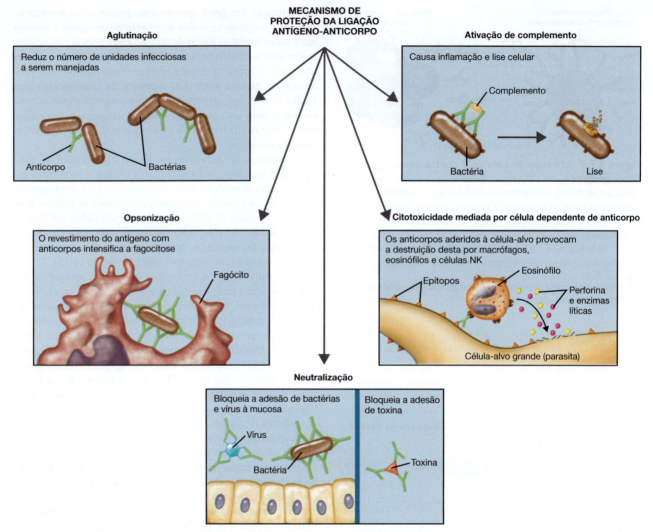

Figura 17.8 As consequências da ligação antígeno-anticorpo. A ligação dos anticorpos aos antígenos forma complexos antígeno-anticorpo que marcam células e moléculas estranhas para a destruição pelos fagócitos e pelo complemento.

P Quais são as possíveis consequências de uma reação antígeno-anticorpo?

Processo de resposta da imunidade celular

OBJETIVOS DE APRENDIZAGEM

17-12 Descrever pelo menos uma função de cada uma das seguintes: células M, células T_H, células T_C, células T_{reg}, células NK.

17-13 Definir *célula apresentadora de antígeno.*

17-14 Diferenciar células T auxiliares, T citotóxicas e T reguladoras.

17-15 Diferenciar as células T_H1, T_H2 e T_H17.

17-16 Definir *apoptose.*

Os anticorpos são eficazes contra patógenos que circulam livremente no corpo, onde os anticorpos podem entrar em contato com eles. Contudo, patógenos intracelulares, como vírus, certas bactérias e alguns parasitas, não são expostos a esses anticorpos circulantes uma vez que entram nas células hospedeiras. As células T provavelmente evoluíram para combater o problema causado por esses patógenos. Elas também são o modo pelo qual o sistema imune reconhece células anormais no organismo, principalmente células tumorais. Assim como as células B, cada célula T é específica apenas para um determinado antígeno. No entanto, as células T reconhecem apenas fragmentos de antígeno (peptídeos) ligados ao MHC.

Cerca de 98% das células T imaturas são eliminadas no timo, o que é semelhante à deleção clonal nas células B. Isso reflete um processo de eliminação, chamado de **seleção tímica**, que permite que apenas as células T que reconhecem corretamente peptídeos estranhos e moléculas próprias de MHC

Células M e células epiteliais formam estruturas teciduais especializadas, denominadas nódulos linfoides agregados

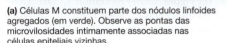

Microvilosidades

(a) Células M constituem parte dos nódulos linfoides agregados (em verde). Observe as pontas das microvilosidades intimamente associadas nas células epiteliais vizinhas.

MEV ⊢————⊣ 27 μm

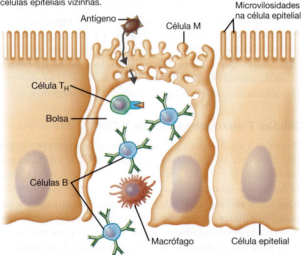

(b) As células M facilitam o contato entre os antígenos que atravessam o trato gastrintestinal e as células do sistema imune do organismo.

Figura 17.9 Células M. As células M estão posicionadas acima dos nódulos linfoides agregados, os quais estão localizados na parede intestinal. Sua função é transportar os antígenos encontrados no trato digestório para que entrem em contato com os linfócitos e as células apresentadoras de antígeno do sistema imune.

P Por que as células M são especialmente importantes para as defesas imunes contra as doenças que afetam o sistema digestório?

continuem a sua maturação. Em seguida, as células T maduras migram do timo, através dos sistemas sanguíneo e linfático, para vários tecidos linfoides, onde o encontro com um antígeno é mais provável de ocorrer. (Ver Figura 16.5 para uma revisão do sistema linfático.)

Os patógenos destinados a viver intracelularmente entram com mais frequência no corpo através do canal digestivo ou do trato respiratório. Cada um desses tratos é revestido por uma barreira de células epiteliais. No canal digestivo, algo somente pode ultrapassar essa barreira por meio de uma série de células de passagem chamadas de **células microdobradas**, ou **células M**, espalhadas entre as células epiteliais absorventes portadoras de microvilosidades (**Figura 17.9**). As células M estão localizadas sobre **nódulos linfoides agregados (as placas de Peyer)**, que são órgãos linfoides secundários, localizados na parede intestinal. As células M absorvem os antígenos do trato intestinal e permitem a sua transferência para os linfócitos e as células apresentadoras de antígeno do sistema imune encontradas ao longo do trato intestinal, logo abaixo da camada de células epiteliais, mais especificamente nas placas de Peyer. Também é aqui que os anticorpos, principalmente a IgA, essencial para a imunidade da mucosa, são formados e migram para o revestimento interno da mucosa.

Células apresentadoras de antígenos (APCs)

As **APCs** incluem células B, células dendríticas e macrófagos ativados. Todas as APCs têm moléculas de MHC de classe II em suas superfícies que apresentam fragmentos antigênicos potenciais para células T_H. Se o TCR tiver afinidade pelo complexo peptídeo-MHC na APC, a ativação das células T é iniciada. Além disso, a APC secreta citocinas que influenciam a célula T_H a se desenvolver em um tipo específico de T_H.

Células dendríticas

As **células dendríticas** possuem longas extensões chamadas de *dendritos* (**Figura 17.10**), uma vez que eles se assemelham aos dendritos das células nervosas. As células dendríticas são as principais APCs que induzem respostas imunes pelas células T. As células dendríticas da pele e do trato genital são chamadas

MEV ⊢————⊣ 5,5 μm

Figura 17.10 Uma célula dendrítica. Essas células vinculam a imunidade inata e a imunidade adaptativa ao apresentar antígenos às células T. A célula dendrítica é verde, e suas partes enrugadas são cor-de-rosa.

P Qual é a função das células dendríticas na imunidade?

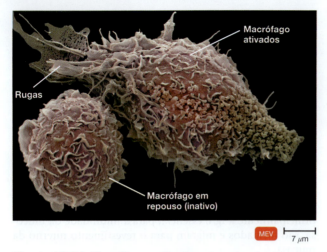

Figura 17.11 Macrófagos ativados. Quando ativados, os macrófagos ficam maiores e enrugados.

P Como os macrófagos são ativados?

de *células de Langerhans*. Outras populações de células dendríticas são encontradas nos linfonodos, no baço, no timo, no sangue e em vários tecidos – exceto o cérebro. As células dendríticas que agem como sentinelas nesses tecidos englobam micróbios invasores, degradando-os e transferindo-os para os linfonodos para apresentação às células T lá presentes.

Macrófagos

Os **macrófagos** (do grego para *grandes comedores*) são células normalmente encontradas em um estado de repouso. Já discutimos a função dos macrófagos na fagocitose. Eles são importantes na imunidade inata e na eliminação de células sanguíneas velhas do organismo (cerca de 200 bilhões por dia) e outros resíduos, como restos celulares da apoptose. Sua motilidade e capacidades fagocíticas são bastante intensificadas quando eles são estimulados a se tornarem **macrófagos ativados** (**Figura 17.11**). Essa ativação pode ser iniciada pela ingestão de material antigênico. Outros estímulos, como as citocinas produzidas por uma célula T_H ativada, podem aumentar ainda mais a capacidade fagocítica dos macrófagos. Uma vez ativados, os macrófagos aumentam de tamanho, se tornam sensíveis e são mais eficazes como fagócitos e como APCs. Os macrófagos ativados são fatores importantes no controle de células tumorais, de células infectadas por vírus e de patógenos intracelulares, como *Mycobacterium tuberculosis*.

Após captarem um antígeno em qualquer parte do corpo, as APCs tendem a migrar para os linfonodos ou outros centros linfoides na mucosa, onde elas apresentam o antígeno para as células T_H localizadas nesses sítios. Células T carreando receptores capazes de se ligar a qualquer antígeno específico estão presentes em quantidade relativamente limitada. A migração de APCs aumenta a oportunidade de essas células T, em particular, encontrarem o antígeno para o qual elas são específicas.

Classes de células T

Diferentes classes de células T exibem diferentes funções, como ocorre nas classes de imunoglobulinas. Como mencionado anteriormente, as **células T auxiliares** (T_H, de *T helper*) cooperam com as células B na produção de anticorpos, principalmente pela sinalização por citocinas. As células T_H também secretam citocinas que ajudam na ativação de outras células imunes, incluindo células T citotóxicas (T_C), outro tipo importante de célula T. As células T_C são conhecidas por reconhecerem e eliminarem células infectadas por vírus e células tumorais.

As células T podem ser distinguidas por glicoproteínas de superfície chamadas de **grupos de diferenciação**, ou moléculas **CD**. Os CDs de maior interesse aqui são CD4 e CD8. As células T_H são "CD4-positivas" (CD4+.) As moléculas CD4 nas células T_H se ligam às moléculas de MHC de classe II nas APCs. (Devido à importância dessas moléculas CD4 na infecção pelo HIV, ver Figura 19.14) As células T_C são "CD8-positivas" (CD8+). As moléculas CD8 nas células T_C se ligam às moléculas MHC de classe I presentes em todas as células nucleadas. As células T que não encontraram um antígeno são chamadas de *naïve* ("virgens"). Após contato específico com um complexo peptídeo-MHC, a célula T é ativada, formando células efetoras: células T_H, que secretam citocinas; células T reguladoras, que são um subconjunto das células T_H; células T_C, agora chamadas de linfócitos T citotóxicos (LTCs), que matam células anormais do corpo; e células T de memória.

Células T auxiliares (células T CD4⁺)

As células T auxiliares reconhecem o antígeno apresentado por uma molécula MHC de classe II de uma APC. Se a APC for um macrófago, ela se torna ativada, tornando-a mais eficaz tanto na fagocitose quanto na apresentação do antígeno. As células dendríticas são especialmente importantes na ativação de células T auxiliares virgens, pois as células dendríticas carreiam moléculas coestimuladoras que as células virgens devem receber para serem ativadas. As células auxiliares T de memória não requerem essa coestimulação.

A **Figura 17.12** mostra a ativação de uma célula T_H virgem por uma célula dendrítica. Observe que a célula T_H reconhece

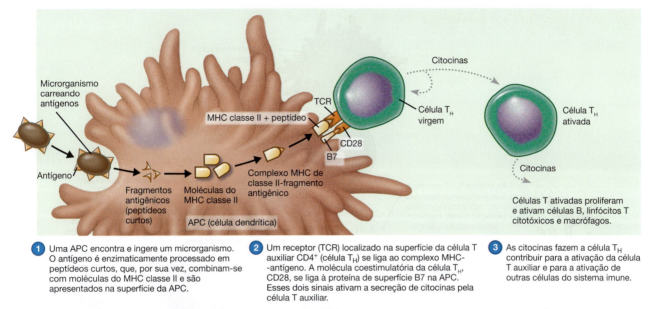

1 Uma APC encontra e ingere um microrganismo. O antígeno é enzimaticamente processado em peptídeos curtos, que, por sua vez, combinam-se com moléculas do MHC classe II e são apresentados na superfície da APC.

2 Um receptor (TCR) localizado na superfície da célula T auxiliar CD4⁺ (célula T$_H$) se liga ao complexo MHC--antígeno. A molécula coestimulatória da célula T$_H$, CD28, se liga à proteína de superfície B7 na APC. Esses dois sinais ativam a secreção de citocinas pela célula T auxiliar.

3 As citocinas fazem a célula T$_H$ contribuir para a ativação da célula T auxiliar e para a ativação de outras células do sistema imune.

Figura 17.12   Ativação de células T auxiliares CD4⁺. Para ativar uma célula T auxiliar são necessários pelos menos dois sinais: o primeiro é a ligação do TCR ao complexo antígeno-MHC processado; o segundo sinal requer uma outra proteína (B7) na superfície da APC ligando-se à molécula CD28 na superfície da célula T$_H$. Essa coestimulação faz a célula T$_H$ secretar IL-2 e outras citocinas. Essas citocinas afetam as funções de vários tipos de células do sistema imune.

P Quais células são células apresentadoras de antígenos?

fragmentos de antígeno mantidos em um complexo com proteínas MHC de classe II na superfície da célula dendrítica. Esse é o sinal inicial para a ativação da célula T$_H$. No entanto, observe que um segundo *sinal coestimulatório* também é necessário. Esse sinal vem da célula dendrítica na forma de uma proteína da superfície celular conhecida como B7. A B7 se liga a uma proteína na superfície da célula T$_H$ chamada de CD28. A interação das células T-APC também envolve citocinas secretadas pela APC, as quais fazem as células T$_H$ em proliferação se diferenciarem em populações de subconjuntos de células T$_H$, como T$_H$1, T$_H$2 e T$_H$17. Esses subconjuntos atuam em diferentes células dos sistemas defensivos do corpo. Elas também formam uma população de células T de memória de vida longa.

As citocinas produzidas pelas **células T$_H$1**, especialmente o IFN-γ, ativam células relacionadas à hipersensibilidade tardia (como uma erupção cutânea por hera venenosa) e são responsáveis pela ativação de macrófagos. Elas também estimulam a produção de anticorpos que promovem a fagocitose e são eficazes em intensificar a atividade do complemento, como a opsonização e a inflamação (ver Figura 16.12). Como mostrado na **Figura 17.13**, a geração de linfócitos T citotóxicos também requer a ação de uma célula T$_H$1.

As **células T$_H$2** produzem citocinas, incluindo IL-4. Elas estão associadas principalmente à produção de anticorpos, especialmente IgE, que são importantes nas reações alérgicas. Elas também são importantes na ativação de eosinófilos na

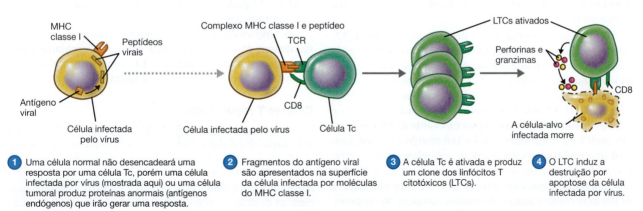

1 Uma célula normal não desencadeará uma resposta por uma célula Tc, porém uma célula infectada por vírus (mostrada aqui) ou uma célula tumoral produz proteínas anormais (antígenos endógenos) que irão gerar uma resposta.

2 Fragmentos do antígeno viral são apresentados na superfície da célula infectada por moléculas do MHC classe I.

3 A célula Tc é ativada e produz um clone dos linfócitos T citotóxicos (LTCs).

4 O LTC induz a destruição por apoptose da célula infectada por vírus.

Figura 17.13   Morte por um linfócito T citotóxico de uma célula-alvo infectada por vírus.

P Diferencie um linfócito T citotóxico de uma célula T auxiliar.

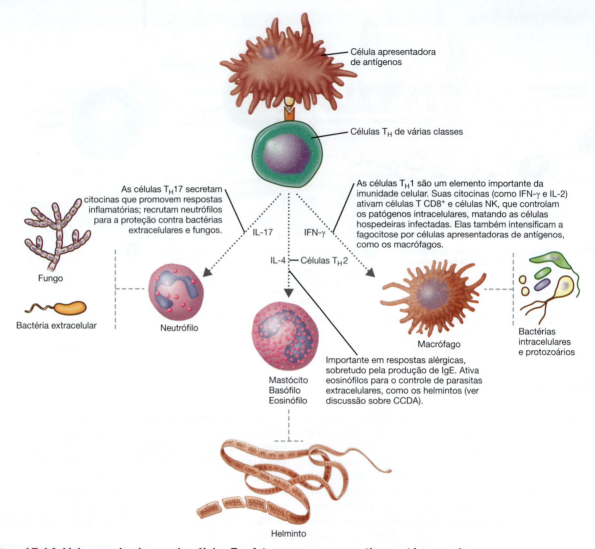

Célula apresentadora de antígenos

Células T_H de várias classes

As células T_H17 secretam citocinas que promovem respostas inflamatórias; recrutam neutrófilos para a proteção contra bactérias extracelulares e fungos.

IL-17

IFN-γ

As células T_H1 são um elemento importante da imunidade celular. Suas citocinas (como IFN-γ e IL-2) ativam células T CD8+ e células NK, que controlam os patógenos intracelulares, matando as células hospedeiras infectadas. Elas também intensificam a fagocitose por células apresentadoras de antígenos, como os macrófagos.

IL-4 — Células T_H2

Fungo

Bactéria extracelular

Neutrófilo

Macrófago

Bactérias intracelulares e protozoários

Importante em respostas alérgicas, sobretudo pela produção de IgE. Ativa eosinófilos para o controle de parasitas extracelulares, como os helmintos (ver discussão sobre CCDA).

Mastócito
Basófilo
Eosinófilo

Helminto

Figura 17.14 Linhagem de classes de células T_H efetoras e seus respectivos patógenos-alvo.

P Por que o IFN-γ pode ser utilizado no tratamento da tuberculose?

defesa contra as infecções por parasitas extracelulares, como os helmintos (ver Figura 17.16).

Um terceiro subconjunto foi denominado **células T_H17**, devido à sua capacidade de produzir grandes quantidades da citocina IL-17. A descoberta das células T_H17 esclareceu o motivo pelo qual as células T_H1 e T_H2 não eram efetivas na eliminação de determinadas infecções por bactérias extracelulares e fungos. A IL-17 atua como uma quimiocina, recrutando e ativando neutrófilos. Quantidades excessivas de células T_H17 provavelmente contribuem para a inflamação e o dano tecidual observados em certas doenças autoimunes, como esclerose múltipla, psoríase, artrite reumatoide e doença de Crohn. Elas também podem estar associadas aos efeitos patológicos de doenças como a asma e dermatites alérgicas. No entanto, elas também atuam, de maneira eficiente, no combate a infecções microbianas da mucosa pela produção de citocinas, como a IL-22, que estimula as células epiteliais a produzirem proteínas antimicrobianas. Portanto, uma deficiência grave de

células T_H17 pode tornar um indivíduo mais suscetível a infecções oportunistas.

As funções dos três subconjuntos diretamente envolvidos nas defesas do organismo contra ameaças microbianas externas estão resumidas na **Figura 17.14**, com a principal citocina produzida por eles referenciada na figura.

Células T reguladoras

As **células reguladoras T (T_{reg})** constituem cerca de 5 a 10% da população de células T. Elas são um subconjunto das células T auxiliares e se distinguem pela presença da molécula de superfície celular CD25. Sua função principal é combater as reações autoimunes, suprimindo as células T autorreativas que escapam da deleção no timo. Elas também são úteis na proteção da microbiota residente que vive em nossos intestinos e ajuda na digestão. Do mesmo modo, durante a gravidez, elas podem desempenhar um papel ao proteger o feto de uma rejeição como não próprio. Recentemente, pesquisadores descobriram

Relação entre as células imunes e a microbiota da pele

Mais de 200 gêneros de bactérias são membros permanentes ou transitórios da microbiota da pele. Na verdade, mais de 1 milhão de micróbios povoa cada centímetro quadrado da pele, e outro milhão de células T está localizado perto dos capilares. Isso levanta a questão de por que certos membros da comunidade microbiana podem viver, enquanto outros são atacados e eliminados.

Veja o exemplo da bactéria *Staphylococcus epidermidis*. Estudos mostram que sua presença onipresente na pele, na verdade, protege contra infecções por patógenos. Isso se deve parcialmente à exclusão competitiva com outros micróbios, mas também ao fato de que *S. epidermidis* promove a produção de citocinas pró-inflamatórias, IL-1 e IL-17, pelas células T efetoras. No entanto, as células T não iniciam uma resposta inflamatória contra o próprio *S. epidermidis*.

Na pele humana normal, 90% dos linfócitos presentes são células T_{reg} encontradas próximos aos folículos pilosos. Análises genéticas mostram que a maioria das células T_{reg} encontradas na pele adulta são células de memória que suprimem as células T_H de incitar uma luta contra micróbios próximos (i.e., *S. epidermidis*). Isso explica por que o sistema imune é tolerante à sua presença.

Por outro lado, a pele fetal não contém células de memória. Os bebês também nascem sem microbiota normal na pele, e seu sistema imune é imaturo. A microbiota da pele e nosso sistema imune se desenvolvem de forma codependente. Estudos em camundongos livres de germes mostram que o contato com *S. epidermidis* durante as primeiras semanas de vida é realmente necessário para induzir as células T_{reg} de memória na pele. Esse período corresponde à migração das células T_{reg}

para a pele durante as primeiras 2 semanas após o nascimento.

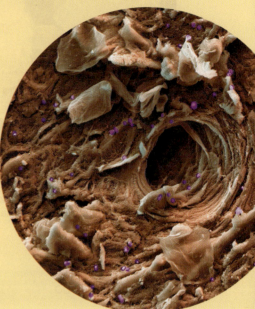

Staphylococcus (em roxo) na pele humana.

---

evidências do envolvimento das T_{reg} no estabelecimento do microbioma da pele (ver **Explorando o microbioma**).

Linfócitos T citotóxicos (células T CD8⁺)

Conforme observado anteriormente, a ativação de uma célula T_C virgem requer interação entre seu receptor de células T e um complexo peptídeo-MHC de classe I na superfície de outra célula do corpo. Essa interação mais os sinais coestimulatórios resulta em um **linfócito T citotóxico ativado (LTC)**, que reconhecerá e matará essa e outras células que têm o mesmo antígeno apresentado (ver Figura 17.13). Primeiramente, essas células, também chamadas de células-alvo, estão infectadas com um patógeno intracelular, como um vírus. Outras células-alvo importantes são as células tumorais (ver Figura 19.12) e as células não próprias de tecidos exógenos transplantados. Aqui podemos fazer a principal distinção entre APCs, que apresentam peptídeos via MHC de classe II e células corporais alteradas (incluindo APCs) que apresentam peptídeos via MHC de classe I. Não apenas o tipo de molécula de MHC difere, mas a fonte do antígeno é diferente. As APCs internalizam o antígeno por endocitose, enquanto as células alteradas do corpo sintetizam o antígeno como parte de uma infecção intracelular, por exemplo.

Como as moléculas de MHC de classe I são encontradas em todas as células nucleadas, nossos diversos LTCs estão prontos para atacar quase todas as células do corpo que tenham sido alteradas. Em seu ataque, um LTC liga-se à

célula-alvo e libera uma proteína formadora de poros, a **perforina**. A formação de poros contribui para a morte posterior da célula e é similar à ação do complexo de ataque à membrana do complemento, descrito no Capítulo 16 (ver Figura 16.12a). As **granzimas**, proteases que induzem a apoptose, são, então, capazes de penetrar na célula à medida que endocitam o poro. A **apoptose** (do grego para "caindo como folhas") é também chamada de *morte celular programada*. É um processo necessário em organismos multicelulares.*

É importante rastrear a morte de células a fim de determinar se a morte é natural ou causada por um trauma ou doença. No entanto, se a morte da célula é devida a um trauma ou doença, as defesas do corpo e os mecanismos de reparo são mobilizados. A apoptose também é um mecanismo de combate à infecção de último recurso: se uma célula não consegue eliminar um patógeno de outra forma, ela pode morrer por apoptose. Isso ajuda a evitar a disseminação de patógenos, particularmente vírus, para células saudáveis próximas. As células que morrem por apoptose inicialmente fragmentam seus genomas, e as membranas externas formam reentrâncias, chamadas de *protrusões* (**Figura 17.15**). Os sinais são expostos na superfície celular, que atrai os fagócitos circulantes para digerir os restos celulares antes que ocorra qualquer vazamento significativo dos constituintes.

---

*O especialista em apoptose Gerry Melino diz que, sem a apoptose, o corpo humano acumularia 2 toneladas de medula óssea e linfonodos e um intestino de 16 quilômetros aos 80 anos!

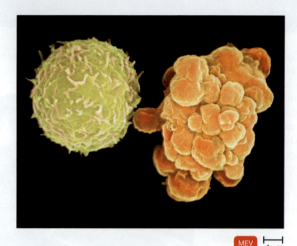

MEV ⊢—⊣ 4 μm

Figura 17.15 Apoptose. Uma célula B normal é mostrada à esquerda. À direita, uma célula B está sofrendo apoptose. Observe as protrusões em forma de bolhas.

P **O que é apoptose?**

CASO CLÍNICO Resolvido

As células T, B e as células dendríticas são encontradas no baço. De fato, aproximadamente metade de todos os linfócitos do sangue circula pelo baço a cada dia. Normalmente, as células fagocíticas do baço eliminam os microrganismos revestidos por anticorpos e complemento muito rapidamente, impedindo, assim, a disseminação de organismos infecciosos para órgãos importantes. A bactéria *Capnocytophaga* causa uma série de infecções, desde celulite autolimitada até septicemia fatal. A maioria das infecções fatais é contraída a partir de cães e ocorre em pessoas sem o baço. Infelizmente, a Sra. Vasquez contraiu a bactéria infecciosa do seu cachorro e, devido à remoção de seu baço algum tempo antes, ela não desenvolveu a resposta imune necessária para combater a infecção fatal resultante.

Parte 1   Parte 2   Parte 3   Parte 4   Parte 5   **Parte 6**

TESTE SEU CONHECIMENTO

✔ **17-12** Qual anticorpo é produzido primeiro quando um antígeno é capturado por uma célula M?

✔ **17-13** As células dendríticas são consideradas principalmente parte do sistema imune humoral ou celular?

✔ **17-14** Que tipo de célula T geralmente está envolvido quando uma célula B reage com um antígeno e produz anticorpos contra ele?

✔ **17-15** Que tipo de célula T auxiliar está geralmente envolvido em reações alérgicas?

✔ **17-16** Qual é o outro nome que pode ser designado para apoptose e que descreve a sua função?

Células inespecíficas e morte extracelular pelo sistema imune adaptativo

OBJETIVOS DE APRENDIZAGEM

17-17 Descrever a função das células *natural killer*.

17-18 Descrever o papel dos anticorpos e das células *natural killer* na citotoxicidade celular dependente de anticorpo.

Os LTCs não são os únicos linfócitos que podem conduzir à destruição de uma célula-alvo. As **células *natural killer* (NK)** também podem destruir certas células infectadas por vírus e células tumorais e podem atacar grandes parasitas extracelulares (**Figura 17.16**). As células NK, que constituem 5 a 20% de todos os linfócitos circulantes, diferem dos LTCs, entretanto, porque não têm TCRs; ou seja, as células NK não precisam ser estimuladas por um antígeno específico. Em vez disso, as células NK são capazes de distinguir as células normais das células tumorais ou das células infectadas por patógenos intracelulares.

As células NK primeiro entram em contato com a célula-alvo e determinam se ela expressa autoantígenos MHC de classe I. Caso contrário, o que geralmente é o caso em infecções

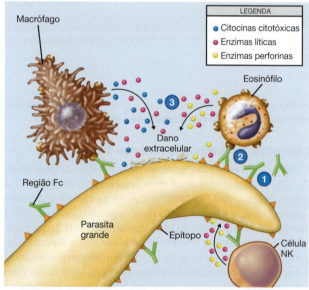

Assim como muitos parasitas, organismos que são muito grandes para a ingestão pelas células fagocíticas devem ser atacados externamente.

Figura 17.16 Citotoxicidade celular dependente de anticorpo (CCDA). Se um organismo como, por exemplo, um verme parasitário, é muito grande para a ingestão e a destruição por fagocitose, ele pode ser atacado pelas células do sistema imune que permanecem externas a ele. **(1)** A célula-alvo é primeiramente recoberta com anticorpos. **(2)** Células do sistema imune, como os eosinófilos, os macrófagos e as células NK, ligam-se às regiões Fc dos anticorpos fixados. **(3)** A célula-alvo, então, sofre lise, causada pelas substâncias secretadas pelas células do sistema imune.

P **Por que a CCDA é importante na proteção contra protozoários e helmintos parasitas?**

TABELA 17.3 Principais células que atuam na imunidade celular	
Célula	**Função**
Células T auxiliares, T_H1	Ativam células relacionadas à imunidade mediada por células: macrófagos, LTCs e células *natural killer*; estimulam as células B a produzirem IgG
Células T auxiliares, T_H2	Estimulam a produção de eosinófilos, IgM e IgE
Células T auxiliares, T_H17	Recrutam neutrófilos; estimulam a produção de proteínas antimicrobianas
Linfócitos T citotóxicos (LTCs)	Destroem as células-alvo em contato, induzindo a apoptose
Células T reguladoras (T_{reg})	Regulam a resposta imune e auxiliam na manutenção da autotolerância
Macrófagos ativados	Atividade fagocitária intensa; atacam células tumorais cancerosas
Células *natural killer* (NK)	Atacam e destroem células-alvo; participam da citotoxicidade celular dependente de anticorpo

virais, elas matam a célula-alvo por mecanismos semelhantes aos de um LTC. As células tumorais também apresentam um número reduzido de moléculas de MHC classe I em sua superfície. As células NK causam a formação de poros na célula-alvo, o que resulta em apoptose.

As funções das células NK e de outras células principais envolvidas na imunidade celular estão resumidas na **Tabela 17.3**.

Com o auxílio dos anticorpos produzidos pelo sistema imune humoral, o sistema imune celular pode estimular as células NK e as células do sistema de defesa inato, como os macrófagos, a destruírem células-alvo. Desse modo, um organismo, como um fungo, protozoário ou um helminto, que é muito grande para ser fagocitado, pode ser atacado pelas células do sistema imune. Isso é chamado de **citotoxicidade mediada por células dependente de anticorpos (CCDA)**. Conforme ilustrado na Figura 17.16, a célula-alvo é primeiramente recoberta com anticorpos. Uma variedade de células do sistema imune liga-se às regiões Fc desses anticorpos e, assim, à célula-alvo. As células agressoras secretam substâncias que, então, lisam a célula-alvo.

TESTE SEU CONHECIMENTO

✔ **17-17** Como a célula *natural killer* responde se a célula-alvo não apresentar autoantígenos de MHC classe I em sua superfície?

✔ **17-18** O que faz uma célula *natural killer*, que não é imunologicamente específica, atacar uma célula-alvo em particular?

Memória imunológica

OBJETIVO DE APRENDIZAGEM

17-19 Distinguir as respostas imunes secundária e primária.

As respostas imunes mediadas por anticorpos se intensificam após a resposta primária, quando um antígeno específico é encontrado pela primeira vez e os anticorpos correspondentes são produzidos. A **resposta secundária** é também chamada de **resposta de memória**, ou **resposta anamnéstica**. Como mostrado na **Figura 17.17**, essa resposta é comparativamente mais rápida, alcançando um pico em apenas 3 a 7 dias, maior em duração e é consideravelmente maior também em magnitude do que a resposta primária.

A resposta secundária se deve à porção de células B ativadas que, em vez de se transformarem em plasmócitos secretores de

anticorpos, se tornam células de memória. As células de memória não se reproduzem, mas têm vida longa. Anos, ou até mesmo décadas mais tarde, se essas células forem estimuladas pelo mesmo antígeno, diferenciam-se muito rapidamente em plasmócitos produtores de anticorpo.

Como mencionado anteriormente, IgM é o primeiro anticorpo produzido pelas células B durante a resposta primária a um antígeno. Contudo, uma célula B individual também é capaz de produzir diferentes classes de anticorpos, como IgG, IgE ou IgA, todas com sua especificidade antigênica inalterada. Essa **mudança de classe** é observada especialmente no caso das respostas imunes primária e secundária (compare IgM e IgG na Figura 17.17). Em geral, quando IgG começa a ser produzida na resposta secundária, a produção de IgM diminui ou é drasticamente reduzida.

A intensidade da resposta humoral mediada por anticorpos pode ser refletida pelo **título de anticorpo**, a quantidade

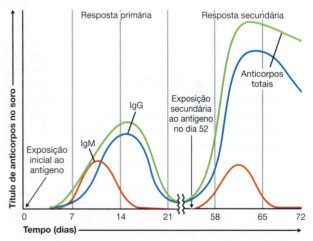

Figura 17.17 Respostas imunes primária e secundária a um antígeno. IgM aparece primeiro em resposta à exposição inicial. IgG vem em seguida e proporciona imunidade de longo prazo. A exposição secundária ao mesmo antígeno estimula as células de memória (formadas na época da exposição inicial) a produzirem rapidamente uma grande quantidade de anticorpos. Os anticorpos produzidos em resposta a essa exposição secundária são, em sua maioria, IgG.

P Por que muitas doenças, como o sarampo, ocorrem apenas uma vez em uma pessoa, ao passo que outras, como os resfriados, ocorrem mais vezes?

relativa de anticorpo presente no soro. Durante uma resposta imune primária, o soro da pessoa exposta não contém anticorpos detectáveis contra um antígeno por 4 a 7 dias. Então, ocorre um aumento lento no título de anticorpo: primeiro, anticorpos da classe IgM são produzidos, seguidos por um pico de IgG em aproximadamente 10 a 17 dias, após o qual o título de anticorpo declina gradualmente. Esse padrão é característico de uma resposta primária a um antígeno. Uma resposta similar ocorre com as células T, as quais, como será visto no Capítulo 19, são necessárias para estabelecer uma memória por toda a vida para distinguir o próprio do não próprio.

TESTE SEU CONHECIMENTO

✔ **17-19** A resposta anamnéstica se refere a uma resposta primária ou secundária a um antígeno?

Tipos de imunidade adaptativa

OBJETIVO DE APRENDIZAGEM

17-20 Diferenciar os quatro tipos de imunidade adaptativa.

A imunidade é adquirida *ativamente* quando uma pessoa é exposta a microrganismos ou substâncias estranhas e seu sistema imune responde a isso. A imunidade é adquirida *passivamente* quando anticorpos são transferidos de uma pessoa para outra. A imunidade passiva no recipiente (na pessoa que recebe) dura apenas enquanto os anticorpos estiverem presentes – em muitos casos, algumas poucas semanas. Tanto a imunidade adquirida ativamente quanto a adquirida passivamente podem ser obtidas por meios naturais ou artificiais (**Figura 17.18**).

Os quatro tipos de imunidade adaptativa podem ser resumidos como a seguir:

- A **imunidade ativa adquirida naturalmente** se desenvolve a partir da exposição a antígenos, doenças e recuperação a estas. Uma vez adquirida, a imunidade permanece por toda a vida para algumas doenças, como o sarampo. Em outros casos, principalmente para as doenças intestinais, a imunidade pode durar apenas alguns anos. As infecções subclínicas também podem conferir imunidade.

- A **imunidade passiva adquirida naturalmente** consiste na transferência de anticorpos para o feto durante a gravidez. Esses anticorpos atravessam a placenta *(transferência transplacentária)*. Se a mãe é imune à difteria, por exemplo, o recém-nascido estará temporariamente imune a essa doença também. Certos anticorpos também são transferidos pelo leite materno para o bebê durante a amamentação, principalmente pelo colostro. A imunidade passiva dura apenas enquanto os anticorpos transmitidos persistirem – geralmente algumas semanas ou meses –, mas é essencial para a proteção dos recém-nascidos até que o seu próprio sistema imune amadureça. O colostro é ainda mais importante para outros mamíferos; bezerros, por exemplo, não têm anticorpos que cruzam a placenta, dependendo, então, do colostro ingerido durante o primeiro dia de vida.

- A **imunidade ativa adquirida artificialmente** é o resultado da vacinação – que será discutida no Capítulo 18.

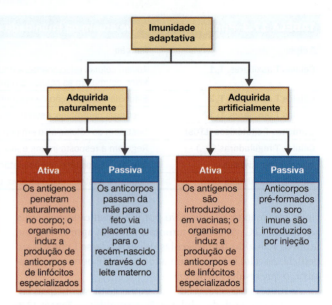

Figura 17.18 Tipos de imunidade adaptativa.

🅟 **Qual tipo de imunidade dura mais tempo, a ativa ou a passiva?**

As **vacinas**, também chamadas de **imunizações**, introduzem uma forma inofensiva de antígenos, como o toxoide tetânico, no corpo. Por exemplo, bactérias mortas ou inativadas podem ser injetadas no corpo, resultando em uma resposta imune sem causar infecção.

- A **imunidade passiva adquirida artificialmente** envolve a introdução de anticorpos (em vez de antígenos) por injeção no organismo. Esses anticorpos são oriundos de um animal ou de um ser humano que já são imunes à doença em questão. Nessa abordagem, o plasma de uma pessoa que se recuperou de uma infecção (o chamado plasma convalescente) é introduzido em um receptor. Na verdade, essa terapia foi aprovada para uso em pessoas com Covid-19 no início da pandemia, quando outras terapias e vacinas ainda não estavam disponíveis. Esse tipo de terapia também é usado para profilaxia pós-exposição de doenças como a raiva e em imunoterapia (discutida nos Capítulos 18 e 19).

Quando um indivíduo recebe imunidade passiva adquirida artificialmente, ela confere uma proteção passiva imediata contra a doença. Entretanto, essa imunidade é de vida curta, pois os anticorpos são degradados pelo recipiente. A meia-vida de um anticorpo inoculado (o tempo necessário para que metade dos anticorpos desapareça) geralmente é de cerca de 3 semanas.

A **Figura 17.19** mostra como várias partes dos sistemas imunes inato e adaptativo interagem umas com as outras.

TESTE SEU CONHECIMENTO

✔ **17-20** Que tipo de imunidade adaptativa está envolvido quando uma gamaglobulina é inoculada em um indivíduo?

A natureza dual do sistema imune adaptativo

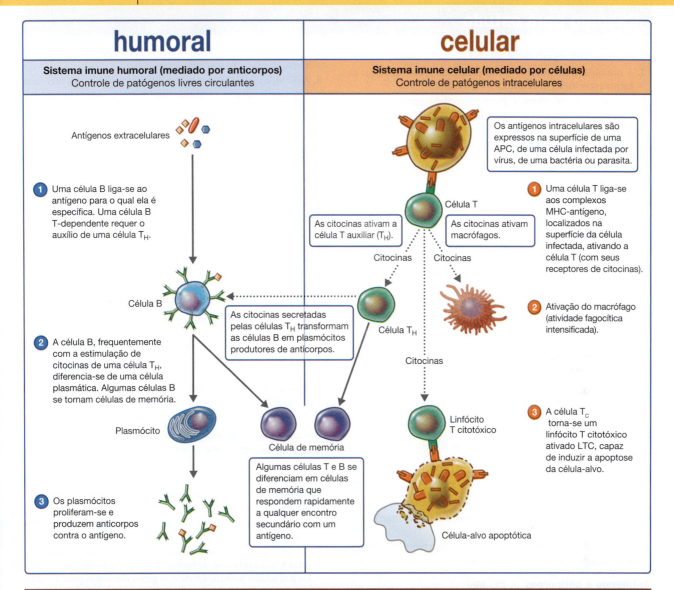

humoral

Sistema imune humoral (mediado por anticorpos)
Controle de patógenos livres circulantes

Antígenos extracelulares

1 Uma célula B liga-se ao antígeno para o qual ela é específica. Uma célula B T-dependente requer o auxílio de uma célula T$_H$.

Célula B

As citocinas secretadas pelas células T$_H$ transformam as células B em plasmócitos produtores de anticorpos.

2 A célula B, frequentemente com a estimulação de citocinas de uma célula T$_H$, diferencia-se de uma célula plasmática. Algumas células B se tornam células de memória.

Plasmócito

Célula de memória

Algumas células T e B se diferenciam em células de memória que respondem rapidamente a qualquer encontro secundário com um antígeno.

3 Os plasmócitos proliferam-se e produzem anticorpos contra o antígeno.

celular

Sistema imune celular (mediado por células)
Controle de patógenos intracelulares

Os antígenos intracelulares são expressos na superfície de uma APC, de uma célula infectada por vírus, de uma bactéria ou parasita.

Célula T

As citocinas ativam a célula T auxiliar (T$_H$).

As citocinas ativam macrófagos.

Citocinas   Citocinas

Célula T$_H$

Citocinas

1 Uma célula T liga-se aos complexos MHC-antígeno, localizados na superfície da célula infectada, ativando a célula T (com seus receptores de citocinas).

2 Ativação do macrófago (atividade fagocítica intensificada).

Linfócito T citotóxico

3 A célula T$_C$ torna-se um linfócito T citotóxico ativado LTC, capaz de induzir a apoptose da célula-alvo.

Célula-alvo apoptótica

CONCEITOS-CHAVE

- O sistema imune adaptativo é dividido em duas partes, cada uma responsável por lidar com patógenos de maneiras diferentes. Esses dois sistemas funcionam de forma interdependente para manter o corpo livre de patógenos.

- A **imunidade humoral**, também chamada de imunidade mediada por anticorpos, é direcionada a patógenos que circulam livremente e depende das células B.

- A **imunidade celular**, também chamada de imunidade mediada por células, depende das células T para eliminar patógenos intracelulares, rejeitar tecidos estranhos reconhecidos como não próprios e destruir células tumorais.

- O sistema imune adaptativo fornece especificidade, expansão clonal e memória.

Resumo para estudo

Sistema imune adaptativo (p. 481)

1. A imunidade adaptativa é a capacidade do corpo de reagir de forma específica a uma infecção microbiana.
2. A resposta do organismo ao primeiro contato com um antígeno em particular é chamada de resposta primária.
3. As células de memória respondem ao contato subsequente com o mesmo antígeno na resposta secundária.

Natureza dual do sistema imune adaptativo (p. 481-482)

1. A imunidade humoral envolve anticorpos, que são encontrados no soro e na linfa e são produzidos pelas células B.
2. As células B se desenvolvem na medula óssea vermelha.
3. A imunidade celular envolve as células T.
4. As células T completam seu desenvolvimento no timo.
5. Os receptores de células T reconhecem antígenos apresentados nas moléculas da superfície celular chamadas MHC classe I e MHC classe II.
6. A imunidade celular responde a antígenos intracelulares; a imunidade humoral responde a antígenos presentes nos fluidos corporais.

Citocinas: mensageiros químicos das células imunes (p. 482-483)

1. As células do sistema imune comunicam-se umas com as outras por meio de moléculas, chamadas de citocinas.
2. As interleucinas (ILs) são citocinas que atuam como comunicadores entre os leucócitos.
3. As quimiocinas estimulam os leucócitos a migrarem para uma infecção.
4. O interferon gama estimula a resposta imune; outros interferons protegem as células contra os vírus.
5. O fator de necrose tumoral promove a reação inflamatória.
6. As citocinas hematopoiéticas promovem o desenvolvimento dos leucócitos.
7. A produção exagerada de citocinas leva a uma tempestade de citocinas, que resulta em dano ao tecido.

Antígenos e anticorpos (p. 483-486)

Antígenos (p. 483-484)

1. Um antígeno (ou imunógeno) é uma substância química que estimula o corpo a produzir respostas imunes específicas.
2. Em geral, antígenos são proteínas ou grandes polissacarídeos. Anticorpos são formados contra regiões específicas nos antígenos chamadas de epítopos, ou determinantes antigênicos.
3. Um hapteno é uma substância de baixa massa molecular que não pode causar a formação de anticorpos a menos que seja combinada a uma molécula carreadora.

Anticorpos (p. 484-486)

4. Um anticorpo, ou imunoglobulina, é uma proteína produzida por células B em resposta a um antígeno, sendo capaz de se combinar especificamente com ele.
5. Um monômero de imunoglobulina consiste em duas cadeias pesadas e duas cadeias leves formando uma haste (Fc) e dois braços, cada uma com um sítio de ligação ao antígeno.
6. Cada sítio de ligação ao antígeno é encontrado na região variável (V); a região constante (C) da porção Fc distingue as diferentes classes de anticorpos.

7. Uma molécula de anticorpo é flexível pois apresenta regiões flexíveis (dobradiças) nas cadeias pesadas.
8. Anticorpos IgG são os mais prevalentes no soro; eles oferecem imunidade passiva adquirida naturalmente, neutralizam toxinas bacterianas, participam da fixação do complemento e intensificam a fagocitose.
9. Anticorpos IgM consistem em cinco monômeros unidos por uma cadeia de junção; eles estão envolvidos na aglutinação e na fixação do complemento.
10. Anticorpos IgA séricos são monômeros; anticorpos IgA secretores são dímeros que protegem as superfícies mucosas da invasão por patógenos.
11. Os anticorpos IgD atuam como Ig de membrana nas células B e auxiliam na resposta imune.
12. Anticorpos IgE ligam-se aos mastócitos e basófilos, estando envolvidos nas reações alérgicas e nas respostas contra vermes parasitas.

Processo de resposta da imunidade humoral (p. 487-489)

1. As células B têm anticorpos em suas superfícies que reconhecem epítopos específicos.
2. Para antígenos T-independentes: epítopos repetidos são ligados por várias imunoglobulinas de membrana, ativando a célula B.
3. Para os antígenos T-dependentes: as imunoglobulinas de células B associam-se a um antígeno e o internalizam, e os fragmentos antigênicos, associados a moléculas do MHC classe II, ativam células T_H, as quais auxiliam na ativação da célula B.

Ativação e expansão clonal de células produtoras de anticorpos (p. 487-488)

4. Células B ativadas diferenciam-se em plasmócitos e células de memória.
5. Os plasmócitos produzem anticorpos IgM e, em seguida, produzem outras classes, geralmente IgG.
6. As células B que reconhecem antígenos próprios são eliminadas por deleção clonal.
7. Os genes que codificam para imunoglobulinas, presentes nas células B, rearranjam-se de forma aleatória, de modo que as células B maduras possam apresentar genes diferentes para a região V de seus anticorpos.

Resultados da interação antígeno-anticorpo (p. 489-490)

1. Um complexo antígeno-anticorpo forma-se quando um anticorpo se liga aos seus epítopos específicos em um antígeno.
2. A aglutinação ocorre quando um anticorpo se combina com epítopos em duas células diferentes.
3. A opsonização intensifica a fagocitose de um antígeno.
4. Os anticorpos que se ligam a micróbios ou toxinas impedem o acesso deles ao hospedeiro, ou evitam suas ações, provocando a neutralização.
5. A ativação do complemento resulta em lise celular bacteriana.

Processo de resposta da imunidade celular (p. 490-496)

1. As células T amadurecem no timo.
2. A seleção tímica remove as células T que não reconhecem as moléculas de MHC do hospedeiro e as células T que atacarão as células hospedeiras que apresentam proteínas próprias.
3. As células T auxiliares reconhecem antígenos processados pelas células apresentadoras de antígenos e apresentados via MHC II.

4. As células T citotóxicas reconhecem antígenos processados por todas as células nucleadas do hospedeiro e apresentados via MHC I.

Células apresentadoras de antígenos (APCs) (p. 491-492)

5. As APCs incluem células B, células dendríticas e macrófagos.

6. As células dendríticas são importantes para a ativação de células T_H virgens.

7. Os macrófagos ativados são fagócitos eficazes e APCs.

8. As APCs carreiam antígenos para os tecidos linfoides, onde as células T que reconhecem o antígeno estão localizadas.

Classes de células T (p. 492-496)

9. As células T são classificadas de acordo com suas funções e as glicoproteínas presentes na superfície celular, chamadas de grupos de diferenciação (CDs).

10. As células T auxiliares (T CD4$^+$) diferenciam-se em células T_H1, que estão envolvidas na imunidade celular; em células T_H2, que estão envolvidas na imunidade humoral e estão associadas a reações alérgicas e infecções parasitárias; e em células T_H17, que ativam a imunidade inata.

11. As células T reguladoras (T_{reg}) suprimem as células T contra antígenos próprios.

12. Os linfócitos T citotóxicos (LTCs), ou células T CD8$^+$, são ativados por antígenos apresentados via MHC classe I sintetizados em uma célula infectada, sendo transformados em LTCs efetores e de memória.

13. Os LTCs induzem a apoptose na célula-alvo.

Células inespecíficas e morte extracelular pelo sistema imune adaptativo (p. 496-497)

1. Células *natural killer* (NK) lisam células infectadas por vírus, células tumorais e parasitas. Elas destroem as células que não expressam antígenos MHC classe I.

2. Na citotoxicidade celular dependente de anticorpo (CCDA), as células NK e os macrófagos lisam as células revestidas por anticorpos.

Memória imunológica (p. 497-498)

1. A quantidade relativa de anticorpo no soro é chamada de título de anticorpo.

2. O pico do título de IgG na resposta primária ocorre de 10 a 17 dias após a exposição a um antígeno.

3. O pico do título na resposta secundária ocorre de 3 a 7 dias após a exposição.

Tipos de imunidade adaptativa (p. 498-499)

1. A imunidade que resulta de uma infecção é chamada de imunidade ativa adquirida naturalmente; esse tipo de imunidade pode ser de longa duração.

2. A transferência de anticorpos para um feto através de transferência transplacentária ou recém-nascido pelo colostro resultam em imunidade passiva adquirida naturalmente; esse tipo de imunidade pode durar alguns meses.

3. A imunidade que resulta da vacinação é chamada de imunidade ativa adquirida artificialmente e pode ser de longa duração.

4. A imunidade passiva adquirida artificialmente refere-se a anticorpos humorais adquiridos por injeção; esse tipo de imunidade pode durar algumas semanas.

5. O soro contendo anticorpos geralmente é chamado de antissoro ou gamaglobulina.

Questões para estudo

As respostas das questões de Conhecimento e compreensão estão na seção de Respostas no final deste livro.

Conhecimento e compreensão

Revisão

1. Diferencie os seguintes pares de termos:
   a. imunidade inata e imunidade adaptativa
   b. imunidade humoral e imunidade celular
   c. imunidade ativa e imunidade passiva
   d. células T_H1 e T_H2
   e. imunidade natural e imunidade artificial
   f. antígenos T-dependentes e antígenos T-independentes
   g. imunoglobulina e TCR

2. O que significa MHC? Qual é a função do MHC? Que tipos de células T interagem com o MHC classe I? E com o MHC classe II?

3. **DESENHE** Identifique as cadeias pesadas, as cadeias leves e as regiões variável e Fc deste anticorpo típico. Indique onde o anticorpo se liga ao antígeno. Faça o esboço de um anticorpo IgM.

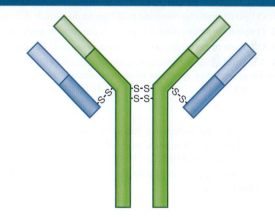

4. Faça um diagrama das funções das células T e B na imunidade.

5. Explique uma função dos seguintes tipos celulares: LTC, T_H e T_{reg}. O que é uma citocina?

6. DESENHE
   a. No gráfico abaixo, no tempo *A* o hospedeiro foi inoculado com toxoide tetânico. Mostre a resposta a uma dose de reforço administrada no tempo *B*.
   b. Ilustre a resposta do anticorpo desse mesmo indivíduo à exposição a um novo antígeno indicado no tempo *B*.

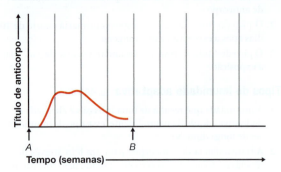

7. Como cada um dos seguintes anticorpos impediria a infecção?
   a. Anticorpos contra as fímbrias de *Neisseria gonorrhoeae*.
   b. Anticorpos contra a manose da célula hospedeira.

8. Explique por que uma pessoa que se recupera de uma doença pode ter contato com outros portadores da doença sem medo de contraí-la.

9. IDENTIFIQUE Esta célula é encontrada na pele e no tecido linfoide. É um fagócito e ativa células T_H.

10. Como um ser humano pode produzir mais de 100 bilhões de anticorpos diferentes com apenas 25 mil genes diferentes?

Múltipla escolha

Associe as seguintes opções às questões 1 a 4:
   a. resistência inata
   b. imunidade ativa adquirida naturalmente
   c. imunidade passiva adquirida naturalmente
   d. imunidade ativa adquirida artificialmente
   e. imunidade passiva adquirida artificialmente

1. O tipo de proteção oferecido pela injeção do toxoide diftérico.
2. O tipo de proteção oferecido pela injeção do soro antirrábico.
3. O tipo de proteção que resulta da recuperação de uma infecção.
4. A imunidade de um recém-nascido à febre amarela.

Associe as seguintes opções às afirmativas das questões 5 a 7:
   a. IgA   d. IgG
   b. IgD   e. IgM
   c. IgE

5. Anticorpos que protegem o feto e o recém-nascido.
6. Os primeiros anticorpos sintetizados; eficazes principalmente contra os microrganismos.
7. Anticorpos que estão ligados aos mastócitos e envolvidos nas reações alérgicas.

8. Coloque os itens a seguir na sequência correta para iniciar uma resposta de anticorpos: (1) a célula T_H produz citocinas; (2) a célula B entra em contato com o antígeno; (3) o fragmento antigênico vai para a superfície da célula B; (4) T_H reconhece o fragmento antigênico e o MHC; (5) a célula B se prolifera.
   a. 1, 2, 3, 4, 5   d. 2, 3, 4, 1, 5
   b. 5, 4, 3, 2, 1   e. 4, 5, 3, 1, 2
   c. 3, 4, 5, 1, 2

9. Um paciente com transplante de rim sofreu uma rejeição citotóxica de seu novo rim. Ordene os seguintes itens para essa rejeição: (1) ocorre apoptose; (2) a célula T CD8$^+$ torna-se LTC; (3) granzimas são liberadas; (4) MHC classe I ativa a célula T CD8$^+$; (5) perforinas são liberadas.
   a. 1, 2, 3, 4, 5   d. 3, 4, 5, 1, 2
   b. 5, 4, 3, 2, 1   e. 2, 3, 4, 1, 5
   c. 4, 2, 5, 3, 1

10. Pacientes com a síndrome de Chédiak-Higashi sofrem de vários tipos de câncer. Esses pacientes muito provavelmente são deficientes em qual das seguintes células?
   a. células T_{reg} d. células NK
   b. células T_H1 e. células T_H2
   c. células B

Análise

1. Injeções de LTCs removeram completamente todos os vírus da hepatite B de um camundongo infectado, contudo destruíram apenas 5% das células hepáticas infectadas. Explique como as LTCs curaram os camundongos.

2. Por que a deficiência de proteínas em uma dieta está associada ao aumento da suscetibilidade a infecções?

3. Um teste cutâneo de tuberculina positivo indica imunidade celular ao *Mycobacterium tuberculosis*. Como uma pessoa poderia adquirir essa imunidade?

4. Em sua viagem de férias à Austrália, Riley foi picada por uma cobra marinha venenosa. Rapidamente transportada para um pronto-socorro próximo, ela recebeu uma injeção de antiveneno e sobreviveu. O que é antiveneno? Como ele é obtido? Como isso levou à sobrevivência de Riley?

Aplicações clínicas e avaliação

1. Uma paciente com salmonelose e risco de morte foi tratada com sucesso com anti-*Salmonella*. Por que esse tratamento funcionou enquanto os antibióticos e o próprio sistema imune da paciente falharam?

2. Um paciente com Aids tem uma baixa contagem de células T_H. Por que esse paciente tem problemas para produzir anticorpos? Como ele produz qualquer anticorpo?

3. Verificou-se que as secreções de um paciente com diarreia crônica não tinham IgA, embora o paciente tivesse um nível normal de IgA sérica. O que esse paciente era incapaz de produzir?

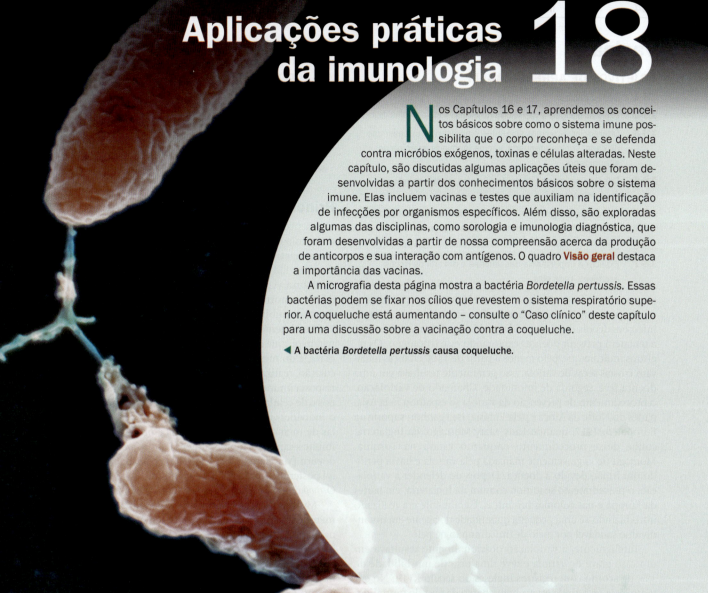

Aplicações práticas da imunologia 18

Nos Capítulos 16 e 17, aprendemos os conceitos básicos sobre como o sistema imune possibilita que o corpo reconheça e se defenda contra micróbios exógenos, toxinas e células alteradas. Neste capítulo, são discutidas algumas aplicações úteis que foram desenvolvidas a partir dos conhecimentos básicos sobre o sistema imune. Elas incluem vacinas e testes que auxiliam na identificação de infecções por organismos específicos. Além disso, são exploradas algumas das disciplinas, como sorologia e imunologia diagnóstica, que foram desenvolvidas a partir de nossa compreensão acerca da produção de anticorpos e sua interação com antígenos. O quadro **Visão geral** destaca a importância das vacinas.

A micrografia desta página mostra a bactéria *Bordetella pertussis*. Essas bactérias podem se fixar nos cílios que revestem o sistema respiratório superior. A coqueluche está aumentando – consulte o "Caso clínico" deste capítulo para uma discussão sobre a vacinação contra a coqueluche.

◀ A bactéria *Bordetella pertussis* causa coqueluche.

Na clínica

Como enfermeiro(a) em uma clínica de vacinação, você conhece Eric, um bebê saudável que é levado até o local para a consulta dos 2 meses de idade. A mãe da criança pergunta quais vacinas serão administradas, e você explica que, naquela data, Eric deve receber a segunda dose da vacina contra a hepatite B, além das primeiras doses das vacinas que protegem o bebê contra rotavírus, difteria, tétano, coqueluche, *Haemophilus influenzae* tipo b, pneumococos e poliomielite. **A mãe de Eric está alarmada com o fato de seu filho receber "tantas vacinas ao mesmo tempo, já que ele é tão pequeno". Como você deve responder a ela?**

Dica: leia adiante sobre as vacinas e consulte as Tabelas 18.1 e 18.2.

Vacinas

OBJETIVOS DE APRENDIZAGEM

18-1 Definir *vacina*.

18-2 Explicar por que a vacinação funciona.

18-3 Diferenciar os termos seguintes e apresentar um exemplo de cada: vacina atenuada, vacina inativada e vacina de subunidade.

18-4 Diferenciar vacinas de ácido nucleico e vacinas vetoriais recombinantes.

18-5 Comparar e diferenciar a produção de vacinas atenuadas e inativadas, vacinas recombinantes e vacinas de DNA.

18-6 Definir *adjuvante*.

18-7 Explicar a importância das vacinas e discutir os riscos aceitáveis para elas.

Muito antes da invenção das vacinas, sabia-se que as pessoas que se recuperavam de certas doenças ficavam imunes às mesmas infecções depois disso. Os médicos chineses foram os primeiros a tentarem prevenir doenças explorando esse fenômeno. Os registros indicam que, pelo menos a partir de 1400 crianças inalavam crostas secas de varíola. Isso geralmente resultava em uma doença leve, seguida de imunidade. Chamado de **variolação**, o procedimento de prevenção da varíola se espalhou pela Ásia, partes do Norte da África e pela Eurásia. Isso ganhou suporte na Europa em 1717, quando Lady Mary Montagu, da Inglaterra, soube desse procedimento enquanto estava na Turquia. Montagu ficou gravemente marcada pela varíola e havia perdido um irmão devido à doença. Depois de defender a variolação, o procedimento se tornou comum na Inglaterra, em partes da Europa e nas colônias britânicas. Geralmente era realizado introduzindo-se uma pequena quantidade do agente em um indivíduo saudável por meio de um arranhão na pele.

Infelizmente, a variolação ocasionalmente resultava em um caso grave de varíola e teve uma taxa de mortalidade de 1%, de acordo com registros ingleses do século XVIII. No entanto, essa taxa ainda estava bem abaixo da taxa de mortalidade de 50% da varíola. Em 1798, o médico Edward Jenner começou a inocular pessoas com varíola bovina na tentativa de prevenir a varíola. O procedimento foi baseado na observação de que ordenhadoras que haviam se recuperado da doença mais branda da varíola bovina não contraíram a forma mais grave da doença. A inoculação da varíola bovina se mostrou muito mais segura do que a variolação e se tornou o principal método de prevenção da varíola durante o século XIX. Em homenagem ao trabalho de Jenner, Louis Pasteur cunhou o termo *vacinação* (do latim *vacca*, que significa vaca).

Atualmente, uma **vacina** contém proteínas do organismo-alvo, ácidos nucleicos que codificam essas proteínas (vacinas de DNA e vacinas de mRNA) ou formas inativadas do próprio organismo, os quais estimulam as defesas imunológicas do corpo contra o patógeno. Recentemente, o desenvolvimento em tempo recorde de vacinas contra o coronavírus tipo 2 associado à síndrome respiratória aguda grave (SARS-CoV-2), o vírus que causa a Covid-19, resultou em uma nova abordagem: vacinas de RNA. Essas vacinas consistem em RNAs mensageiros (mRNAs) que codificam a proteína da espícula (*spike*) do vírus, empacotados dentro de um revestimento lipídico.

Graças às diversas formulações vacinais, a varíola foi erradicada mundialmente, assim como a peste bovina, uma doença viral de rebanhos bovinos. O sarampo, a poliomielite e várias outras doenças virais infecciosas em humanos também são foco de erradicação por meio do uso de vacinas. Ver quadros **Foco clínico** e Visão geral.

TESTE SEU CONHECIMENTO

✔ **18-1** Qual é a etimologia (origem) da palavra *vacina*?

Princípios e efeitos da vacinação

O desenvolvimento de vacinas com base no modelo da vacina da varíola é a aplicação mais importante da imunologia. Uma vacina efetiva é o método mais desejável para o controle de doenças. Ela torna a doença-alvo menos severa ou impede que ela ocorra. A prevenção de doenças não apenas reduz a morbidade e a mortalidade, mas geralmente também é a alternativa de saúde pública mais econômica.

Atualmente, sabemos que as inoculações de Jenner funcionaram porque o vírus da varíola bovina, que não é um patógeno grave, é do mesmo gênero do vírus da varíola humana. A inoculação, realizada através de arranhões na pele, provocava uma resposta imune primária que ocasionava a formação de anticorpos e de células de memória por toda a vida. Se posteriormente o indivíduo receptor encontrava o vírus da varíola, essas células de memória eram estimuladas e produziam uma resposta imune secundária rápida e intensa que impedia a progressão da doença (ver Figura 17.17). A vacina baseada na varíola bovina foi posteriormente substituída por uma vacina baseada no vírus *Orthopoxvirus vaccinia* (vírus vaccínia), um poxvírus relacionado.

Muitas doenças transmissíveis podem ser controladas por métodos comportamentais e ambientais. Por exemplo, o saneamento adequado pode impedir a propagação da cólera, o uso de preservativos de látex pode retardar a propagação de infecções sexualmente transmissíveis e o uso de máscara pode minimizar a transmissão de infecções respiratórias. Se a prevenção falhar, as doenças bacterianas geralmente podem ser tratadas com antibióticos. No entanto, existem poucos fármacos antivirais. Portanto, a vacinação é, na maioria das vezes, o único modo possível de controle das doenças virais. Controlar uma doença não significa necessariamente exigir que todas as pessoas sejam imunes a ela. Se uma alta porcentagem de pessoas em uma comunidade estiver imune, por meio da vacinação ou da recuperação de uma infecção, a **imunidade coletiva** pode ser estabelecida. Na imunidade coletiva, os surtos de uma doença são limitados a casos esporádicos, uma vez que não existem indivíduos suscetíveis suficientes para suportar a rápida disseminação da infecção que leva a uma epidemia.

É notável que ainda não existam vacinas úteis e amplamente difundidas contra vários micróbios patogênicos, incluindo clamídias, fungos, protozoários ou parasitas helmínticos de seres humanos. No entanto, vacinas estão em desenvolvimento para o vírus da imunodeficiência humana (HIV), o parasita da malária e para a doença do vírus Zika. Para a criação de vacinas efetivas, os pesquisadores precisam superar vários obstáculos: determinar quais antígenos estimularão a resposta imune mais eficaz, compreender o ciclo de vida ou os estágios de um microrganismo, encontrar modelos animais eficazes para os testes

Doença	Vacina	Recomendação	Reforço
TABELA 18.1 Vacinas recomendadas pelo CDC para a prevenção de doenças bacterianas			
Meningite tipo b (*H. influenzae*)	Polissacarídeo de *H. influenzae* tipo b	Crianças de 2-18 meses	Nenhuma recomendação
Meningite meningocócica ACWY	Polissacarídeos purificados de *Neisseria meningitidis*	Crianças de 11-12 anos	Aos 16 anos e para indivíduos em um ambiente de surto
Meningite meningocócica B	Polissacarídeo purificado de *Neisseria meningitidis*	Para pessoas com risco substancial de infecção; recomendada para calouros de universidade, sobretudo àqueles que vivem em dormitórios	Após 1 ano; a cada 2-3 anos se o risco persistir
Pneumonia pneumocócica	Polissacarídeos purificados de 13 ou 23 linhagens de *Streptococcus pneumoniae*	PV23 para adultos com certas doenças crônicas; pessoas acima de 65 anos; PV13 para crianças entre 2-18 meses; 4-6 anos	Nenhum reforço se a primeira dose for administrada $\geq$ 24 meses
Tétano, difteria e coqueluche (pertússis)	DTaP (crianças com idade inferior a 3 anos), Tdap (crianças mais velhas e adultos), Td (reforço para tétano e coqueluche)	DTaP (crianças de 2-18 meses; 4-6 anos); Tdap (semelhante ao Td; dose única para crianças de 11-12 anos e adultos)	Tdap ou Td a cada 10 anos

de eficácia, conseguir financiamento, além de coordenar pesquisas sobre uma vacina específica. O rápido desenvolvimento e aprovação de vacinas contra a Covid-19 resultaram de vários fatores, incluindo anos de pesquisas prévias, muitos financiamentos e a realização de vários ensaios clínicos em paralelo.

As principais vacinas utilizadas na prevenção de doenças bacterianas e virais nos Estados Unidos estão listadas nas **Tabelas 18.1** e **18.2**. Muitas delas são recomendadas nos primeiros anos da infância. Viajantes norte-americanos que possam de alguma maneira ser expostos ao cólera, à febre amarela ou a outras doenças não endêmicas nos Estados Unidos podem obter recomendações atualizadas sobre a imunização pelo Serviço de Saúde Pública dos Estados Unidos (U.S. Public Health Service) e pelas agências de saúde pública locais.*

Tipos de vacinas e suas características

Existem diversos tipos básicos de vacinas. Algumas das vacinas mais modernas tiram vantagem do conhecimento e das tecnologias desenvolvidos nos últimos anos.

Vacinas atenuadas

O enfraquecimento deliberado, chamado de *atenuação*, pode conduzir à produção de **vacinas atenuadas** usando um patógeno vivo com virulência reduzida. À medida que mais e mais vírus eram produzidos em laboratórios para estudo, os pesquisadores perceberam que a manutenção dos vírus por um longo período em cultura de células, ovos embrionados ou animais (não humanos) era, por si só, um meio de atenuar os vírus patogênicos. Essa descoberta expandiu o número de doenças passíveis de prevenção. A atenuação também é realizada por meio da mutação específica de genes de virulência em um organismo. Um exemplo disso é a vacina bacteriana atenuada para proteção contra a febre tifoide (Ty21a).

As vacinas atenuadas mimetizam fielmente uma infecção real. O patógeno na vacina se multiplica no interior das células do hospedeiro, e a imunidade celular, bem como a humoral, geralmente são induzidas. A imunidade vitalícia, em especial no caso dos vírus, costuma ser alcançada sem imunizações de reforço, e uma taxa de 95% de eficácia não é incomum. Essa eficácia de longa duração ocorre provavelmente porque os vírus atenuados se *replicam* no organismo, multiplicando o efeito da dose original e, assim, agindo como uma série de imunizações secundárias (reforços). No entanto, as vacinas atenuadas apresentam um risco: é possível que os vírus ou bactérias atenuados replicantes sofram mutação para uma forma mais patogênica. Indivíduos com um sistema imune comprometido não devem receber essas vacinas, pois mesmo o vírus ou a bactéria atenuados podem causar infecção. A vacina viva contra o vírus da poliomielite não é mais usada fora dos países endêmicos, pois o vírus vacinal pode ser transmitido e causar infecções em indivíduos não imunizados.

CASO CLÍNICO Uma pitada de prevenção

E sther Kim, uma recém-nascida de 3 semanas de idade, é levada ao departamento de emergência por seus pais. Ela tem apresentado febre e tosse nos últimos 5 dias, mas agora apresenta uma tosse tão grave que ela está vomitando. O irmão de Esther, de 7 anos, Marcos, também está doente, apresentando coriza e tosse branda. Os pais não acreditavam que a doença de Esther fosse grave até ela começar a vomitar. O Dr. Roscelli, médico-residente, admitiu a bebê no hospital para testes e observação. Ela está hospitalizada há 5 dias.

Qual infecção Esther contraiu? Continue lendo para descobrir.

Parte 1 Parte 2 Parte 3 Parte 4 Parte 5 Parte 6

---

*N. de R.T. O Ministério da Saúde do Brasil também oferece vacinas específicas para brasileiros que viajam ao exterior, além de orientar o visitante estrangeiro sobre quais vacinas eles devem ter tomado antes de vir ao Brasil (https://www.gov.br/saude/pt-br/assuntos/saude-de-a-a-z/s/saude-do-viajante).

TABELA 18.2 Vacinas recomendadas pelo CDC para a prevenção de doenças virais			
Doença	**Vacina**	**Recomendação**	**Reforço**
Catapora (varicela)	Vírus atenuado	Para lactentes com 12 meses de idade	(Duração da imunidade desconhecida)
Covid-19	mRNA	Série de duas doses, as idades variam	Recomendado
Dengue	Vírus recombinante atenuado	Indivíduos de 9-16 anos vivendo em áreas endêmicas para dengue	Nenhuma recomendação
Hepatite A	Vírus inativado	Crianças de 1 ano; indivíduos que moram ou irão viajar para uma área endêmica; homens homossexuais; usuários de drogas; indivíduos que receberão fatores de coagulação sanguínea	Duração da proteção estimada em cerca de 10 anos
Hepatite B	Antígeno viral produzido em células de leveduras	Para bebês e crianças; para adultos, especialmente profissionais de saúde, homens homossexuais, usuários de drogas ilícitas, indivíduos com múltiplos parceiros sexuais e contatos familiares de pessoas infectadas com hepatite B	Duração da proteção de pelo menos 7 anos; a necessidade de reforços é incerta
Papilomavírus humano	Antígeno viral produzido em células de leveduras ou insetos	Todas as crianças de 11-12 anos	Duração de pelo menos 5 anos
Influenza	Vacina injetável, vírus inativado

Vacina administrada por via nasal, vírus atenuado | Todos com idade acima de 6 meses | Anual |
Sarampo	Vírus atenuado	Para lactentes com 15 meses de idade	Adultos, caso sejam expostos durante um surto
Caxumba	Vírus atenuado	Para lactentes 15 meses de idade	Adultos, caso sejam expostos durante um surto
Poliomielite	Vírus inativado	Para crianças; para adultos, de acordo com o risco de exposição	(Duração da imunidade desconhecida)
Raiva	Vírus inativado	Para biólogos de campo em contato com a vida selvagem em áreas endêmicas; para veterinários; pessoas expostas ao vírus da raiva após mordedura	A cada 2 anos
Rotavírus	Vírus atenuado	Oral, para lactentes com até 8 meses	Nenhuma recomendação
Rubéola	Vírus atenuado	Para lactentes com 15 meses de idade; para mulheres em idade fértil que não estejam grávidas	Adultos, caso sejam expostos durante um surto
Varíola	Vírus vaccínia atenuado	Para certas pessoas ligadas ao serviço militar e profissionais da área da saúde	Duração da proteção estimada em cerca de 3-5 anos
Zóster	Antígeno viral produzido em células de mamíferos	Para adultos com mais de 50 anos; para indivíduos imunocomprometidos com mais de 19 anos	Nenhuma recomendação

Vacinas inativadas

As **vacinas inativadas** usam micróbios inteiros que foram mortos, geralmente por formalina ou fenol, após serem cultivados em laboratório. Esse processo mantém o patógeno intacto para que o sistema imune possa reconhecê-lo, mas inativa a capacidade de replicação do patógeno. As vacinas virais inativadas para humanos incluem as vacinas contra a raiva, a influenza e a vacina Salk contra poliomielite. As vacinas de bactérias inativadas incluem aquelas contra a pneumonia pneumocócica e a cólera. De modo geral, as vacinas inativadas são consideradas mais seguras do que as vacinas atenuadas. No entanto, existe o risco de inativação incompleta; além disso, as vacinas inativadas geralmente requerem doses de reforço repetidas, uma vez que não há replicação do microrganismo dentro do hospedeiro. Sendo inativadas, elas induzem principalmente uma imunidade humoral de anticorpos, o que as torna menos efetivas do que as vacinas atenuadas, as quais podem induzir uma imunidade celular. Várias vacinas inativadas há muito utilizadas estão sendo substituídas por vacinas de subunidade mais atuais e mais eficazes.

Vacinas de subunidades

As **vacinas de subunidades** contêm apenas fragmentos antigênicos selecionados de um microrganismo que melhor estimulam uma resposta imune. Isso evita os perigos associados ao uso de organismos patogênicos vivos ou mortos. As vacinas de subunidade podem ser produzidas a partir de componentes de bactérias ou vírus. Elas também podem ser produzidas pela modificação genética de outros micróbios não patogênicos a fim de produzir a fração antigênica desejada – essas vacinas são chamadas de **vacinas recombinantes**, pois são produtos de DNAs recombinantes. Por exemplo, a vacina contra a hepatite B é produzida por leveduras que foram projetadas para conter os genes que codificam as proteínas virais do vírus da hepatite B. Essas proteínas são, então, isoladas da levedura e usadas como vacinas (ver Capítulo 9). Isso também evita a necessidade do uso de células hospedeiras virais para o cultivo de vírus para vacinas.

As **vacinas contra toxoides** contêm toxinas inativadas produzidas por um patógeno e provocam uma resposta de anticorpos contra essa toxina específica. Os toxoides do tétano, da difteria e da coqueluche acelular fazem parte da série-padrão de imunização infantil que requer várias doses, seguidas de reforços a cada 10 anos para a manutenção da imunidade total. Muitos idosos não receberam reforços e, muito provavelmente, apresentam baixos níveis de proteção.

As **vacinas de partículas semelhantes a vírus** (VLP, de *virus-like particle*) assemelham-se a vírus intactos, mas não apresentam nenhum material genético viral. Por exemplo, a vacina contra o papilomavírus humano consiste em proteínas virais produzidas por uma levedura geneticamente modificada ou vírus cultivados em células de insetos. As proteínas se organizam em uma VLP.

As **vacinas polissacarídicas** são produzidas a partir de moléculas da cápsula de um patógeno. Embora não sejam muito imunogênicas, as vacinas polissacarídicas incluem aquelas para *N. meningitidis* e para a pneumonia pneumocócica. Alguns patógenos, em particular o *S. pneumoniae* (pneumococo), são virulentos, principalmente devido à sua cápsula polissacarídica, que os torna resistentes à fagocitose. No entanto, os polissacarídeos são antígenos T-independentes e não são eficazes na estimulação do sistema imune das crianças até os 15 a 24 meses de idade (ver Figura 17.7).

As **vacinas conjugadas** foram desenvolvidas nos últimos anos para lidar com a resposta imune reduzida de crianças a vacinas baseadas em polissacarídeos capsulares. Os polissacarídeos são combinados a proteínas como o toxoide diftérico ou tetânico. Os dois componentes separados, quimicamente unidos, criam uma resposta imune mais robusta. Essa abordagem permitiu a produção da vacina bem-sucedida contra *H. influenzae* tipo b (Hib), que fornece proteção significativa até mesmo aos 2 meses.

Vacinas de ácido nucleico (DNA, mRNA) e vacinas vetoriais recombinantes

As **vacinas de DNA** consistem em DNA nu ou encapsulado que codifica antígenos proteicos específicos. Após a inoculação, o DNA penetra nas células musculares onde os genes introduzidos são transcritos (o mRNA é sintetizado) e o mRNA é traduzido (proteínas antigênicas são sintetizadas). A inoculação pode ser feita por meio de uma agulha convencional ou, de modo mais eficaz, pelo método de "pistola gênica" (*"gene gun"*) (discutido no Capítulo 9), que permite que a vacina encontre muitos núcleos celulares. Os antígenos codificados pela vacina de DNA são expressos na célula para estimular a imunidade humoral e a celular. As vacinas de DNA tendem a ser expressas por tempos prolongados, com uma boa memória imunológica. Muitas vacinas de DNA estão atualmente em testes clínicos, incluindo aquelas que têm como alvo o vírus Ebola, o HIV e o vírus Zika.

As **vacinas de mRNA** estão entre as mais atuais e promissoras. Desenvolvidas nos últimos anos em resposta à pandemia de Covid-19, elas são baseadas em anos de pesquisa em tecnologias de RNA e nanopartículas lipídicas. Os componentes de mRNA dessas vacinas codificam uma porção da proteína da espícula do SARS-CoV-2 que o vírus utiliza para se ligar às células hospedeiras (**Figura 18.1**). Uma vez que o mRNA entra nas células do corpo, as proteínas da espícula são produzidas. Elas são inofensivas, mas atuam como antígenos que desencadeiam a resposta imune. Diferentemente das vacinas de DNA, que requerem a transcrição do gene no núcleo da célula seguida pela síntese proteica no citosol, os mRNAs

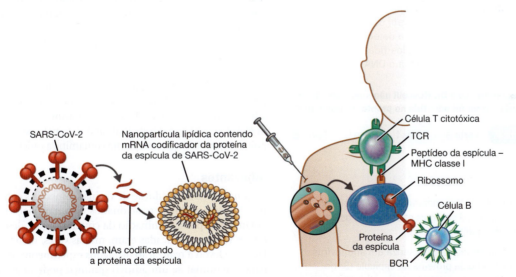

(a) mRNAs codificadores da proteína da espícula viral são sintetizados *in vitro* e empacotados em nanopartículas lipídicas.

(b) As nanopartículas lipídicas entregam moléculas de mRNA dentro das células onde elas são traduzidas, gerando a proteína da espícula viral. As proteínas são expressas na superfície das células, onde entram em contato com células B. As proteínas da espícula são também fragmentadas para apresentação através de MHC classe I para células T citotóxicas.

Figura 18.1 Vacinas de mRNA. As vacinas de mRNA desenvolvidas em resposta à pandemia da Covid-19 codificam antígenos da proteína viral da espícula. Estes são incorporados em uma cápsula de nanopartículas lipídicas. Após a inoculação, essa preparação de mRNA é absorvida pelas células, onde é traduzida nos ribossomos na proteína da espícula antigênica. Os antígenos, então, estimulam as respostas imunes humorais e mediadas por células por meio das células B e T.

P De que forma uma vacina de DNA se difere de uma vacina de mRNA?

precisam apenas acessar o citosol onde ocorre a síntese proteica. É importante ressaltar que as vacinas de mRNA podem ser fundamentais em futuras pandemias causadas por patógenos novos ou mutantes. O rápido sequenciamento do genoma do patógeno seguido por uma transcrição *in vitro* relativamente simples (síntese de mRNA em um tubo de ensaio) sugere um potencial para a produção de vacinas de forma rápida, escalável e de baixo custo.

As **vacinas vetoriais recombinantes** levam a nossa discussão de volta ao DNA, uma vez que essas vacinas fornecem transportadores para a "entrega" do DNA às células. Por exemplo, muitos vírus se ligam a uma membrana celular e injetam seu DNA na célula. Os vetores aproveitam essa estratégia natural para a entrega dos antígenos. Essa estratégia usa vetores virais atenuados que foram geneticamente modificados para conter genes que codificam o antígeno proteico junto a promotores que maximizam a expressão (ver Figura 9.1). O DNA pode ser ajustado por meio da tecnologia do DNA recombinante a fim de maximizar a expressão antigênica no receptor da vacina. Atualmente, tanto as vacinas de DNA quanto as vacinas vetoriais recombinantes são utilizadas em animais na imunização contra uma variedade de doenças, incluindo doenças causadas por poxvírus, raiva para algumas espécies e encefalite do Nilo Ocidental.

CASO CLÍNICO

O Dr. Roscelli examina Esther durante todos os dias de sua estadia no hospital. Em nenhum momento ele utiliza uma máscara para proteção facial. O Dr. Roscelli não suspeita de coqueluche até que o médico atendente sugere que seja realizada uma coleta de material (*swab*) da garganta de Esther e solicita um teste de PCR para a detecção da bactéria em questão. Apresentando resultados fidedignos, o *swab* da garganta de Esther é positivo para o DNA da bactéria *B. pertussis*.

Por que você acredita que o Dr. Roscelli não suspeitou de coqueluche quando Esther foi admitida no pronto atendimento?

Parte 1 | **Parte 2** | Parte 3 | Parte 4 | Parte 5 | Parte 6

TESTE SEU CONHECIMENTO

✔ **18-3** A experiência tem mostrado que as vacinas atenuadas tendem a ser mais eficazes que as vacinas inativadas. Por quê?

✔ **18-4** Que tipo de vacina caracteriza um adenovírus que carreia o gene da proteína da espícula (S) do SARS-CoV-2?

Produção, administração e segurança das vacinas

Atualmente, vacinas estão em desenvolvimento para muitas doenças, incluindo Aids, malária e diabetes tipo I. Em particular, existe uma carência de vacinas capazes de conferir imunidade baseada em células T; elas seriam especialmente úteis contra a tuberculose, a Aids e o câncer. Os pesquisadores também estão

investigando o potencial das vacinas para o tratamento e a prevenção da adição a drogas, da doença de Alzheimer e alergias.

As vacinas de ácido nucleico são uma área de intensa pesquisa. Ensaios clínicos estão em andamento para a testagem de vacinas de DNA e mRNA contra influenza, HIV/Aids e vírus Zika. Uma vacina de DNA para o Ebola recentemente licenciada (rVSV-ZEBOV), que expressa uma glicoproteína da espécie de *Ebolavirus* do Zaire, demonstrou ser quase 100% eficaz contra a doença do vírus Ebola. Vacinas vetoriais recombinantes estão sendo desenvolvidas para HIV, raiva e sarampo. Os pesquisadores também estão trabalhando em uma vacina universal para proteger contra o vírus da influenza, independentemente do seu potencial de mudança antigênica, e uma vacina universal que seja capaz de conferir proteção contra as múltiplas variantes do SARS-CoV-2. De modo prático, se um antígeno se altera mais rápido do que uma vez ao ano – o HIV, por exemplo, altera a sua estrutura antigênica diariamente –, ele não pode ser controlado por meio de vacinas convencionais. Atualmente, os programas de computador nos permitem pesquisar sobre a estrutura genômica de um patógeno em busca de antígenos capazes de desencadear uma resposta imune protetora. Essa "vacinologia reversa" está se tornando uma ferramenta essencial no desenvolvimento de vacinas.

Produção de vacinas

Historicamente, a produção de vacinas exigia o crescimento do patógeno em animais, ovos embrionados ou culturas de células. As vacinas vetoriais recombinantes, de DNA e mRNA não necessitam de uma célula viva ou de um animal hospedeiro para o crescimento do patógeno. Isso evita os problemas envolvidos no uso de vírus atenuados, incluindo a presença de proteína do ovo em uma vacina ou a dificuldade de propagação de certos vírus em cultura celular. A vacina de subunidade para hepatite B, que foi um grande sucesso, foi a primeira dessas vacinas recombinantes.

As plantas também representam um sistema potencial de produção de doses de proteínas antigênicas que poderiam ser administradas por via oral, como comprimidos, ou na forma injetável. O tabaco é o principal candidato para essa finalidade, pois é improvável que essa planta contamine a cadeia alimentar.

Adjuvantes

Os primórdios da produção de vacinas comerciais enfrentaram problemas ocasionais relacionados à contaminação. Inesperadamente, após a eliminação da contaminação, descobriu-se que as vacinas purificadas eram, muitas vezes, menos efetivas. Esse fato levou à realização de alguns experimentos projetados para determinar se um aditivo químico poderia aumentar a eficiência desses imunógenos. Uma descoberta casual mostrou que certos sais de alumínio, agrupados de forma generalista sob o termo *alúmen* e chamados de **adjuvantes**, permitem que as vacinas sejam mais efetivas. Atualmente, o alúmen e um derivado do lipídeo A (do LPS) chamado *monofosforil lipídeo A* são os únicos adjuvantes aprovados para uso em humanos nos Estados Unidos. Ver **Explorando o microbioma** para pesquisas atuais sobre adjuvantes bacterianos. Outros adjuvantes, como o MF59 (uma emulsão de óleo e água), são usados na Europa e em outros lugares. Alguns adjuvantes são aprovados

A diversidade pode melhorar a resposta às vacinas orais

As vacinas orais são altamente valorizadas por serem simples e seguras de administrar. No entanto, para muitas doenças, a criação de vacinas orais eficazes tem sido um desafio. Historicamente, essa dificuldade tem sido atribuída desde a diferenças na nutrição ou condição socioeconômica do paciente até à genética. Atualmente, pesquisas mais recentes indicam que a composição do microbioma do paciente pode ser um fator determinante na intensidade da resposta imune desencadeada por certas vacinas orais.

Pesquisas recentes utilizando uma vacina administrada por via oral para a febre tifoide mostraram que os indivíduos que tiveram as melhores respostas mediadas por células também tinham um microbioma intestinal mais diverso, com uma abundância de *Clostridiales*. Outros estudos em camundongos mostraram que essas mesmas bactérias promovem a diferenciação de células T auxiliares.

A administração de certas bactérias probióticas, como as espécies *Lactobacillus* e *Bifidobacterium*, melhorou as respostas de anticorpos às vacinas orais contra rotavírus, *Salmonella*, poliomielite e cólera em voluntários humanos adultos. Bebês que receberam uma vacina oral contra rotavírus junto com probióticos também apresentaram maiores respostas de anticorpos, particularmente IgA, que é encontrada principalmente nas membranas mucosas, e IgM, que é uma das primeiras classes de anticorpos a aparecer quando uma infecção é detectada.

Até o momento, os estudos em humanos são escassos, mas a determinação dos efeitos da microbiota normal na resposta às vacinas pode conduzir a novos métodos de vacinação, que incluem a alteração da microbiota intestinal.

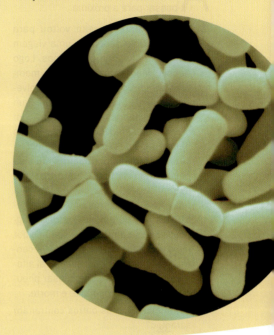

A bactéria ácido-láctica, *Bifidobacterium*, é uma parte normal do microbioma intestinal.

apenas para o uso em animais. O mecanismo exato pelo qual os adjuvantes atuam não é conhecido em detalhes, mas sabe-se que eles intensificam a resposta imune inata, principalmente a ativação através dos receptores do semelhantes ao Toll.

Administração de vacinas

As vacinas orais são preferidas para administração por muitas razões, que vão além da eliminação da necessidade de injeções. Elas seriam especialmente eficazes na proteção contra as doenças causadas por patógenos que invadem o organismo através das membranas mucosas do canal digestivo. Exemplos de vacinas orais usadas nos Estados Unidos são aquelas para rotavírus, adenovírus, cólera e febre tifoide. A vacina oral contra a poliomielite não é administrada nos Estados Unidos. As vacinas orais contra influenza e SARS-CoV-2 estão em ensaios clínicos.

Uma vacina atenuada contra influenza encontra-se disponível desde 2012 na forma de vacina intranasal (administração via mucosa). Várias outras vacinas administradas pela via intranasal estão sendo desenvolvidas tendo como alvo patógenos respiratórios, incluindo o SARS-CoV-2. Administradas por meio de um *spray* nasal, essas vacinas têm o potencial de prevenir a invasão viral da mucosa do nariz e da garganta.

Nas regiões do mundo onde o acesso aos cuidados de saúde é limitado ou inexistente, uma equipe minimamente treinada é recrutada para vacinar um grande número de pessoas em circunstâncias abaixo do ideal. Essa carência de treinamento e recursos representa um problema em relação às vacinas injetáveis: as doses únicas podem ser dispendiosas e a esterilização das agulhas reutilizáveis pode ser incerta. Um método

alternativo de administração que está sob desenvolvimento é um adesivo cutâneo (Nanopatch™), que aplica uma formulação vacinal liofilizada. O tecido cutâneo contém uma grande quantidade de células apresentadoras de antígenos – mais do que o tecido muscular alcançado pelas agulhas convencionais –, tornando a pele um bom local para a administração de vacinas. Outra vantagem é que as vacinas liofilizadas, como o adesivo cutâneo, não precisam de refrigeração. Isso é especialmente importante; a Organização Mundial da Saúde (OMS) estima que metade das vacinas utilizadas na África seja ineficaz devido à refrigeração inadequada dos frascos de vacinas injetáveis. As vacinas Nanopatch™ contra influenza e poliomielite estão sendo testadas atualmente.

Mesmo em regiões do mundo onde cuidados de saúde de qualidade estão amplamente disponíveis, o grande número de injeções necessárias para a imunização de bebês e crianças torna desejável a criação de mais vacinas de combinações múltiplas. Por exemplo, existem cinco vacinas combinadas aprovadas pela Food and Drug Administration (FDA), incluindo uma para coqueluche, difteria, tétano, poliomielite e *H. influenzae* tipo b (Hib).

TESTE SEU CONHECIMENTO

✔ **18-5** Qual é o benefício de produzir uma vacina de DNA ou mRNA em relação à produção de uma vacina que requer o crescimento do patógeno em células animais?

✔ **18-6** Qual é a importância de um *adjuvante*?

FOCO CLÍNICO Sarampo: um problema de saúde mundial

Ao ler este quadro, tente responder a cada pergunta sozinho antes de passar para a próxima.

1. A adolescente Morgan voltou para casa em Ohio depois de uma viagem em grupo da igreja às Filipinas. Logo depois, Morgan e 383 outros membros do grupo da igreja desenvolveram erupções na boca que pareciam pequenas manchas vermelhas com centros branco-azulados. Alguns dias depois, eles desenvolveram erupções cutâneas maculopapulares que se espalharam da face para o tronco e extremidades, juntamente com uma febre ≥ 38 °C e outros sintomas semelhantes aos de um resfriado. O diagnóstico de sarampo foi confirmado por meio de testes de anticorpos IgM contra o sarampo. Essa doença viral altamente contagiosa pode causar pneumonia, diarreia, encefalite e morte.

Como Morgan e os outros contraíram sarampo?

2. Morgan passou 2 semanas nas Filipinas com o grupo da igreja. Os infectados nunca haviam sido vacinados contra o sarampo e, portanto, não possuíam defesa contra ele quando o encontraram lá.

Se o sarampo é altamente contagioso, por que esse surto não se espalhou para mais pessoas?

3. Antes de a vacina contra o sarampo ser licenciada nos Estados Unidos em 1963, eram registrados quase meio milhão de casos de sarampo (ver gráfico) e mais de 400 mortes por ano. Atualmente, a maioria das pessoas nos Estados Unidos encontra-se vacinada contra o sarampo, de modo que os casos despencaram. Embora a

OMS tenha declarado o sarampo erradicado nos Estados Unidos em 2000, quase 1.300 casos foram relatados em 2019. A maioria dos casos nos Estados Unidos está ligada a viajantes que têm contato com pessoas não vacinadas.

O que aconteceria se nós interrompêssemos a vacinação contra o sarampo?

4. Sem as vacinas, os Estados Unidos sofreriam muitos outros surtos de sarampo e até mesmo epidemias, levando ao aumento das hospitalizações e às consequências sombrias que geralmente se seguem às infecções por sarampo: cegueira, surdez, distúrbios convulsivos e deficiência intelectual.

A Iniciativa contra o Sarampo – liderada pela Cruz Vermelha Americana, pela Fundação das Nações Unidas, pela Unicef, pelo Centers for Disease Control and Prevention (CDC)

e pela OMS – apoiou a vacinação de quase 2 bilhões de crianças em mais de 80 países. Em 2000, o sarampo causou cerca de 757 mil mortes em todo o mundo. Em 2015, as mortes por sarampo em todo o mundo caíram para 134.200. No entanto, em 2019, esse número atingiu o máximo em 20 anos, com uma estimativa de 207.500 mortes (869.770 casos) em todo o mundo. Somente nos Estados Unidos, o número de casos atingiu o pico de 1.282, de 375 no ano anterior. Esse aumento foi atribuído principalmente à recusa generalizada à utilização da vacina. Notavelmente, o número de casos de sarampo relatados em 2020 foi de 13, provavelmente uma consequência das precauções adotadas contra a Covid, como o distanciamento social e uso de máscara.

Fonte: CDC, 2022.

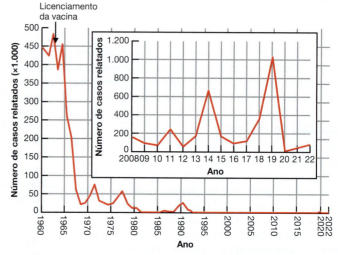

Número de casos de sarampo relatados nos Estados Unidos, 1960 a 2022.

CASO CLÍNICO

A vacinação tem obtido um sucesso tão grande na redução das infecções infantis que muitos médicos mais jovens nunca viram de perto um caso de coqueluche. Nove dias após a exposição inicial à doença de Esther, o Dr. Roscelli apresenta coriza e, 4 dias depois, tosse. O Dr. Roscelli supõe ter contraído um resfriado e recusa a profilaxia recomendada com eritromicina. Uma investigação mais detalhada identifica

outros sete casos de coqueluche em profissionais da saúde (um terapeuta respiratório, um técnico radiológico e cinco estudantes de enfermagem), e todos trabalham no departamento de emergência, mas não na pediatria.

Como o Dr. Roscelli e os outros sete profissionais da saúde contraíram a infecção?

Segurança das vacinas

Como já discutido, a variolação, a primeira tentativa de oferecer imunidade contra a varíola, algumas vezes *causava* a doença, ao passo que a intenção era preveni-la. Na época, o risco era considerado válido, dada a taxa de mortalidade da doença real. Ainda surgem questões de segurança relacionadas a várias formulações vacinais. Os efeitos colaterais menores variam de acordo com a vacina, mas podem incluir sensibilidade no local da injeção, dor de cabeça, febre, erupção cutânea leve e fadiga. Ocasionalmente, uma vacina pode ser associada a resultados mais graves; por exemplo, em raras ocasiões, a vacina oral contra a poliomielite (Sabin) pode causar a doença. E uma vacina para prevenir a diarreia infantil causada por rotavírus confere um pequeno risco (1 em cada 20.000 a 1 em cada 100.000 receptores da vacina) de uma obstrução intestinal grave.

A reação do público ao que é um risco individual minúsculo de um resultado ruim decorrente de uma vacinação mudou ao longo das décadas. As pessoas que testemunham em primeira mão os danos e mortes associados a infecções graves geralmente assumem que o risco dos efeitos colaterais das vacinas vale a pena. No entanto, a maioria das pessoas hoje em dia nunca viu de perto um caso de poliomielite ou sarampo, e a desinformação sobre as vacinas pode levá-las a acreditar que o risco dos efeitos colaterais é mais preocupante do que o risco da doença em si. Por exemplo, os temores gerados por um estudo fraudulento de 1998 que alegava conectar a vacina contra sarampo, caxumba e rubéola (MMR) ao autismo, transtorno do desenvolvimento, levaram a uma queda nos níveis de vacinação. O estudo que gerou essa polêmica foi posteriormente desmascarado e retratado. Mais recentemente, a desinformação sobre as vacinas de mRNA desenvolvidas para proteger contra a Covid-19 deixou aproximadamente 34% da população dos Estados Unidos não vacinada ou não totalmente vacinada e, portanto, mais suscetível à morbidade e mortalidade pela doença.

Nenhuma vacina será perfeitamente segura ou efetiva – aliás, nem qualquer antibiótico ou outro medicamento. Todavia, as vacinas ainda representam a forma mais segura e eficaz de prevenção de doenças infecciosas em crianças e adultos.

> **TESTE SEU CONHECIMENTO**
>
> ✔ **18-7** Por que a vacina oral contra a poliomielite (Sabin) pode, algumas vezes, causar a doença, mas a vacina injetada (Salk) não?

Imunologia diagnóstica

OBJETIVOS DE APRENDIZAGEM

18-8 Diferenciar sensibilidade de especificidade em um teste diagnóstico.

18-9 Definir *anticorpos monoclonais* e identificar as suas vantagens em relação à produção convencional de anticorpos.

18-10 Explicar como as reações de precipitação e os testes de imunodifusão funcionam.

18-11 Diferenciar os testes de aglutinação direta e indireta.

18-12 Diferenciar aglutinação e testes de precipitação.

18-13 Definir *hemaglutinação*.

18-14 Explicar como funciona um teste de neutralização.

18-15 Diferenciar precipitação e testes de neutralização.

18-16 Explicar as bases para o teste de fixação do complemento.

18-17 Comparar e diferenciar os testes de anticorpos fluorescentes diretos e indiretos.

18-18 Explicar como funcionam os testes de ELISA direto e indireto.

18-19 Explicar como funciona o *Western blotting*.

18-20 Explicar a base do teste rápido de antígeno para Covid-19.

18-21 Explicar a importância dos anticorpos monoclonais.

Ao longo da maior parte da história, o diagnóstico de uma doença era feito essencialmente pela observação dos sinais e sintomas do paciente – se fossem únicos, o diagnóstico seria fácil. Mas, quando os sinais e sintomas eram generalistas, um diagnóstico preciso era muitas vezes impossível. Atualmente, temos testes diagnósticos que podem identificar várias doenças com um alto grau de precisão.

A sensibilidade e a especificidade são dois elementos essenciais dos testes diagnósticos. **Sensibilidade** é a probabilidade de que o teste será reativo se a amostra for verdadeiramente positiva. **Especificidade** é a probabilidade de que um teste *não* será reativo se a amostra for verdadeiramente negativa. Por exemplo, sabe-se que 100 pessoas têm uma doença, mas o teste mostra que apenas 72 delas são positivas – o teste tem uma sensibilidade de 72%. Por outro lado, sabe-se que 100 pessoas *não* têm a doença e o teste revela que 72 delas são negativas, mas 28 delas são positivas – o teste tem uma especificidade de 72%.

Há mais de 100 anos, Robert Koch, na tentativa de desenvolver uma vacina contra a tuberculose, acidentalmente lançou as bases para um teste de diagnóstico. Ele observou que, quando cobaias com tuberculose eram inoculadas com uma suspensão de *Mycobacterium tuberculosis*, o sítio da inoculação tornava-se avermelhado e ligeiramente edemaciado 1 ou 2 dias depois. Esse sintoma é reconhecido como um resultado positivo para o teste de tuberculina, amplamente utilizado hoje (ver Figura 24.9) – muitas faculdades e universidades exigem o teste como requisito para o processo de admissão. Koch, obviamente, não tinha ideia do mecanismo de imunidade celular que resultava nesse fenômeno, nem sabia da existência dos anticorpos.

A imunologia nos fornece muitas outras ferramentas diagnósticas de valor inestimável, a maioria baseada nas interações entre anticorpos humorais e antígenos. Um anticorpo conhecido pode ser usado para identificar um patógeno *desconhecido* (antígeno) por sua reação com ele. Essa reação pode ser revertida, e um patógeno *conhecido* pode ser utilizado, por exemplo, para determinar a presença de um anticorpo desconhecido no sangue de um indivíduo – o que determinaria se essa pessoa possui imunidade contra o patógeno. O principal problema que deve ser superado nos testes de diagnóstico baseados em anticorpos é que os anticorpos não podem ser observados diretamente. Mesmo em ampliações superiores a 100.000×, essas proteínas de 10 a 15 nm de comprimento aparecem apenas como partículas difusas e maldefinidas. Portanto, a presença desses anticorpos precisa ser estabelecida indiretamente. Descreveremos várias soluções engenhosas para esse problema.

Outros desafios decorrentes do desenvolvimento de bons testes diagnósticos associados a anticorpos consistem no fato de que anticorpos específicos são produzidos em animais em quantidades relativamente pequenas e são difíceis de serem purificados e separados dos outros tipos de anticorpos produzidos pelo animal.

Uso de anticorpos monoclonais

Assim que se determinou que os anticorpos eram produzidos pelas células B, compreendeu-se que, se uma célula B que produz um único tipo de anticorpo pudesse ser isolada e cultivada, ela seria capaz de produzir o anticorpo desejado em quantidades quase ilimitadas e sem contaminação com outros anticorpos. Uma célula B se reproduz apenas algumas vezes sob as condições normais de uma cultura celular, mas essa limitação foi amplamente superada pela utilização de células B plasmáticas tumorais para cultura. Essas células B, conhecidas como *mielomas*, não produzem mais anticorpos, mas podem ser isoladas e propagadas indefinidamente em cultivo celular. A fusão dessa célula de mieloma "imortal" com uma célula B normal produtora de anticorpos cria um **hibridoma** que, quando cultivado em cultura, produz o tipo de anticorpo característico da célula B ancestral indefinidamente. Isso permite a produção de quantidades imensas de moléculas de anticorpos idênticas. Como todas essas moléculas de anticorpo são produzidas por um único clone de hibridoma, elas são chamadas de **anticorpos monoclonais**, ou **mAbs** (de *monoclonal antibodies*) (**Figura 18.2**).

Os anticorpos monoclonais são uniformes, altamente específicos e podem ser produzidos em grandes quantidades. Devido a essas qualidades, eles são extremamente importantes como ferramentas diagnósticas. Os *kits* comerciais utilizam esses anticorpos para o reconhecimento de vários patógenos bacterianos, e os testes de gravidez caseiros o fazem para indicar a presença de um hormônio que é excretado na urina somente durante a gravidez. Além disso, os autotestes de Covid-19 usam mAbs específicos para a proteína da espícula.

Os anticorpos monoclonais também se tornaram uma classe de fármacos clinicamente importante e utilizada com frequência. Em maio de 2021, a FDA aprovou o 100º mAb para terapia humana. Esses mAbs aprovados incluem tratamentos para esclerose múltipla, doença de Crohn, psoríase, câncer, asma, artrite e Covid-19. Existem centenas de outros fármacos desse tipo atualmente sendo desenvolvidos em todo o mundo para uma ampla variedade de doenças e condições.

Os mecanismos de ação terapêutica dos anticorpos monoclonais variam. Alguns neutralizam o fator de necrose tumoral (TNF, de *tumor necrosis factor*), exigido por certas doenças inflamatórias, como a artrite reumatoide. Um desses mAb é o infliximabe. Outros mAbs bloqueiam um sítio de ligação ao receptor; um exemplo é o omalizumabe. Esse fármaco trata a asma alérgica, impedindo a ligação de IgE aos receptores Fc em mastócitos e basófilos (ver Figura 19.1). Um coquetel de dois mAbs (tixagevimabe e cilgavimabe) específicos para dois sítios diferentes na proteína da espícula do SARS-CoV-2 está atualmente aprovado pela FDA para uso emergencial no tratamento de pré-exposição para pessoas imunocomprometidas que não podem ser vacinadas.

O uso terapêutico de anticorpos monoclonais tem sido limitado, pois, antigamente, esses anticorpos eram produzidos apenas por células de camundongo (murinas). O sistema imune de alguns pacientes reagia contra as proteínas exógenas do camundongo, o que levava ao aparecimento de exantemas, edemas e até mesmo a uma eventual falha dos rins, além da destruição dos anticorpos. As novas gerações de anticorpos monoclonais visam minimizar o componente murino, de forma que eles tenham uma menor probabilidade de causar efeitos colaterais. Basicamente, quanto mais humano for o anticorpo, mais bem-sucedido ele será. Os pesquisadores têm explorado várias abordagens. Os **anticorpos monoclonais quiméricos** usam camundongos geneticamente modificados para produzir uma molécula híbrida humano-camundongo. Uma *quimera* consiste em um animal ou tecido constituído de elementos derivados de indivíduos geneticamente distintos. A região variável da molécula de anticorpo, a qual inclui os sítios de ligação ao antígeno, é de origem murina. A região constante da molécula de anticorpo é derivada de uma fonte humana. Esses mAbs quiméricos são aproximadamente 66% humanos. Um exemplo é o rituximabe, que trata leucemias e alguns distúrbios autoimunes, que são caracterizados pelas quantidades excessivas de células B. Em contraste, os **anticorpos humanizados** são construídos de forma que apenas os sítios de ligação ao antígeno sejam murinos. Um exemplo é o trastuzumabe, usado no tratamento do câncer de mama em pacientes com uma determinada mutação genética.

Até mesmo os anticorpos humanizados podem causar respostas imunes indesejadas, o que tem estimulado a pesquisa e o desenvolvimento de **anticorpos totalmente humanos**. Uma abordagem consiste na modificação genética de camundongos de forma que eles contenham genes que codificam para anticorpos humanos. Um dos primeiros anticorpos totalmente humanos a ser produzido foi o adalimumabe, utilizado no tratamento da artrite reumatoide e da artrite psoriática.

A maioria dos tipos de anticorpos monoclonais termina em *mabe*; as letras imediatamente anteriores indicam derivação. *Umabe* significa derivado de humanos; *omabe*, derivado de camundongos; *ximabe* é uma quimera; e *zumabe* é um anticorpo humanizado. O nome também pode fazer referência a uma doença ou tumor específico que está sendo tratado. Por exemplo, o biciromabe trata uma condição cardiovascular (*cir* é a abreviação de *sistema circulatório*). Os mAbs são utilizados nos testes diagnósticos descritos ao longo do restante deste capítulo.

Produção de anticorpos monoclonais

Antígeno

1 Um camundongo é injetado com um antígeno específico que induzirá a produção de anticorpos contra aquele antígeno.

2 O baço do camundongo é removido e homogeneizado em uma suspensão celular. A suspensão contém células B que produzem anticorpos contra o antígeno inoculado.

Baço

Suspensão de células do baço

3 As células do baço são, então, misturadas a células de mieloma que são capazes de crescimento contínuo em cultura, mas perderam a capacidade de produzir anticorpos. Algumas das células do baço, produtoras de anticorpos, fundem-se com as células de mieloma, formando células híbridas. Essas células são agora capazes de crescer continuamente em cultura enquanto produzem anticorpos.

Células de mieloma cultivadas (células B tumorais)

Suspensão de células de mieloma

Células do baço

Células de mieloma

Células híbridas

Células híbridas

Células de mieloma

Células do baço

4 A mistura de células é colocada em um meio seletivo que permite apenas o crescimento das células híbridas.

Hibridomas

5 As células híbridas proliferam-se em clones, chamados de hibridomas. Os hibridomas são selecionados, após triagem, para a produção do anticorpo de interesse.

Anticorpos monoclonais de interesse

6 Os hibridomas selecionados são, então, cultivados para a produção de grandes quantidades de anticorpos monoclonais. Os anticorpos isolados são utilizados no tratamento e no diagnóstico de doenças.

CONCEITOS-CHAVE

- A fusão de células de mieloma cultivadas (células B tumorais) com esplenócitos produtores de anticorpos forma um hibridoma.

- Os hibridomas podem ser cultivados para produzir grandes quantidades de anticorpos idênticos, chamados de anticorpos monoclonais.

- A produção de anticorpos monoclonais é um avanço importante na medicina e é parte integrante de ferramentas diagnósticas e terapêuticas comuns. Um anticorpo monoclonal pode se ligar a uma célula-alvo enquanto carreia um marcador diagnóstico ou uma toxina anticelular.

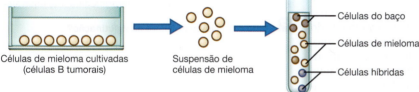
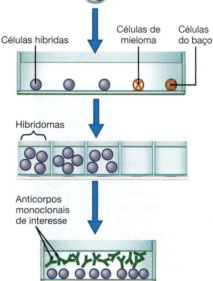

Reações de precipitação

As **reações de precipitação** envolvem a reação de antígenos solúveis com anticorpos IgG ou IgM. Elas ocorrem em dois estágios. Em segundos, os antígenos e os anticorpos rapidamente formam pequenos complexos antígeno-anticorpo. Em seguida, ao longo de minutos ou horas, os complexos antígeno-anticorpo formam agregados moleculares maiores e interligados, chamados de *treliças*, que se precipitam da solução. As reações de precipitação geralmente ocorrem quando a razão do antígeno em relação ao anticorpo é ótima. A **Figura 18.3** mostra que nenhum precipitado visível se forma quando um componente ou outro se encontra em excesso. A proporção ideal pode ser alcançada quando soluções separadas de antígeno e anticorpo são colocadas adjacentes umas às outras em gel de ágar (**teste de imunodifusão**) ou em solução (**teste de precipitina**). Se for permitido que elas se difundam juntas (**Figura 18.4**), uma linha turva de precipitação aparecerá na área em que a proporção ideal foi alcançada (a *zona de equivalência*).

Outro teste de imunodifusão realizado em gel de ágar é a **imunoeletroforese**. Nesse método, uma mistura de proteínas, geralmente proteínas séricas, é separada por eletroforese em gel. Uma canaleta paralela à linha de proteínas é, então, preenchida com anticorpos específicos para uma ou mais das proteínas separadas. Os anticorpos se difundem na matriz do gel, formando precipitados visíveis de antígeno-anticorpo. A imunoeletroforese pode ser usada no diagnóstico de doenças como o mieloma múltiplo (com a superprodução de uma classe específica de anticorpos) ou a agamaglobulinemia (ausência de uma ou mais classes de anticorpos).

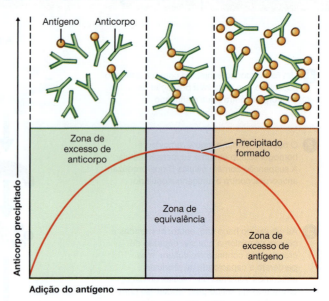

Figura 18.3 Uma curva de precipitação. A curva é baseada na proporção entre antígeno e anticorpo (razão). A quantidade máxima de precipitado se forma na zona de equivalência, onde a proporção é aproximadamente equivalente.

P Como a precipitação difere da aglutinação?

TESTE SEU CONHECIMENTO

✔ **18-10** Por que a reação de um teste de precipitação se torna visível apenas em uma faixa estreita?

CASO CLÍNICO

O Dr. Roscelli não utilizou máscaras em nenhum momento ao examinar Esther e, por conseguinte, contraiu coqueluche. Ele deveria ter usado máscara para prevenir a transmissão de infecções respiratórias e deveria ter aceitado receber tratamento antibiótico para seus sintomas. O Dr. Roscelli pode ter transmitido a infecção para os seus colegas no departamento de emergência, e, por sua vez, a equipe infectada do hospital pode ter transmitido coqueluche para os pacientes vulneráveis. Ao investigar a doença de Esther, os profissionais da saúde descobriram que nem Esther nem o seu irmão eram vacinados contra a doença. Os Kim não vacinaram seus filhos, pois estavam receosos, já que ouviram boatos de que as vacinas poderiam causar efeitos adversos graves e até mesmo a morte.

A família Kim cometeu um erro?

Parte 1   Parte 2   Parte 3   **Parte 4**   Parte 5   Parte 6

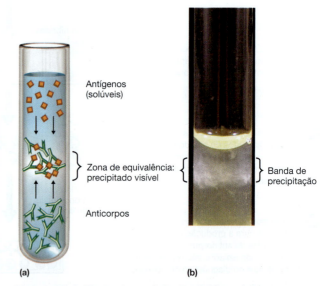

(a)   **(b)**

Figura 18.4 Teste do anel de precipitina. (a) Esta ilustração mostra a difusão dos antígenos e dos anticorpos, um em direção ao outro, em um pequeno tubo de ensaio. Quando eles atingem proporções equivalentes, na zona de equivalência, forma-se uma linha visível ou um anel de precipitado. **(b)** Uma fotografia de uma faixa de precipitação em um tubo de ensaio.

P O que causa a formação da linha visível?

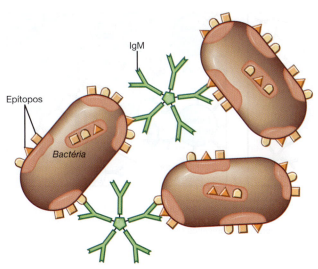

Figura 18.5 Uma reação de aglutinação. Quando os anticorpos reagem com os epítopos nos antígenos carreados nas células vizinhas, como estas bactérias, os antígenos particulados (células) aglutinam-se. A IgM, a imunoglobulina mais eficiente para a aglutinação, é mostrada aqui, porém a IgG também participa nas reações de aglutinação.

P Esquematize uma reação de aglutinação envolvendo a IgG.

Reações de aglutinação

Enquanto as reações de precipitação envolvem antígenos *solúveis*, as reações de aglutinação envolvem antígenos *particulados* (como células que carreiam moléculas antigênicas) ou antígenos solúveis aderidos a partículas. Esses antígenos podem se ligar através de anticorpos, formando agregados visíveis, reação chamada de **aglutinação** (**Figura 18.5**). As reações de aglutinação são muito sensíveis, apresentam uma leitura relativamente fácil (ver Figura 10.11) e estão disponíveis em uma grande variedade. Os testes de aglutinação podem ser classificados como diretos e indiretos.

Testes de aglutinação direta

Os **testes de aglutinação direta** detectam anticorpos contra quantidades relativamente grandes de antígenos celulares, como hemácias, bactérias e fungos. Em geral, são realizados em *placas de microtitulação* plásticas que apresentam muitos poços rasos. A quantidade de antígeno particulado em cada poço é a mesma, porém a quantidade de soro contendo anticorpos é diluída, de modo que cada poço seguinte tenha a metade dos anticorpos do poço anterior. Esses testes são usados, por exemplo, no diagnóstico da brucelose e para classificar isolados de *Salmonella* em sorovares, tipos definidos por métodos sorológicos (discutido no Capítulo 11).

Claro, quanto mais anticorpos forem utilizados no início, mais diluições serão necessárias para reduzir sua quantidade até não haver mais anticorpos suficientes para o antígeno reagir. Esse é o princípio por trás da medida do **título** ou concentração de anticorpo sérico (**Figura 18.6**). Nas

doenças infecciosas em geral, quanto maior o título do anticorpo no soro, maior a imunidade contra a doença. Entretanto, o título isoladamente é de uso limitado no diagnóstico de uma doença. Não há como saber se os anticorpos titulados foram gerados em resposta a uma infecção recente ou a uma doença que já existia. Para fins de diagnóstico, um *aumento no título* é significativo; isto é, se um paciente estiver

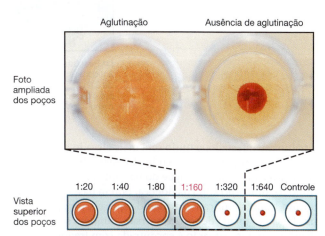

(a) Cada poço dessa placa de microtitulação contém, da esquerda para a direita, metade da concentração de soro que está presente no poço anterior. Cada poço contém a mesma concentração dos antígenos particulados, neste caso, as hemácias.

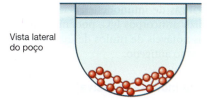

(b) Aglutinada: em uma reação positiva (aglutinada), uma quantidade suficiente de anticorpos está presente no soro para unir os antígenos, formando um tapete de complexos antígeno-anticorpo no fundo do poço.

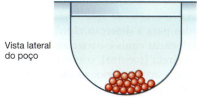

(c) Não aglutinada: em uma reação negativa (não aglutinada), não há anticorpos em número suficiente para provocar a união dos antígenos. Os antígenos particulados deslizam pelos declives laterais do poço, formando um sedimento no fundo. Neste exemplo, o título de anticorpo é 160, uma vez que o poço com a concentração 1:160 representa a concentração mais diluída capaz de produzir uma reação positiva.

Figura 18.6 Determinação de título de anticorpo com o teste de aglutinação direta.

P O que significa o termo *título de anticorpo*?

Figura 18.7 Reações nos testes de aglutinação indireta. Esses testes são realizados com antígenos ou anticorpos recobrindo partículas, como esferas de látex minúsculas.

P Diferencie os testes de aglutinação direta e indireta.

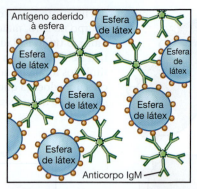

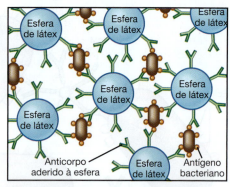

(a) Reação em um teste indireto positivo para anticorpos. Quando partículas (aqui, esferas de látex) são revestidas por antígenos, a aglutinação indica a presença de anticorpos, como a IgM apresentada aqui.

(b) Reação em um teste indireto positivo para antígenos. Quando partículas são revestidas com anticorpos monoclonais, a aglutinação indica a presença de antígenos.

atualmente infectado, o título será mais elevado ao final do curso da doença do que no seu início. Além disso, se puder ser demonstrado que o sangue do paciente não apresentava título de anticorpo antes da doença, porém passa a apresentar um título significativo à medida que ela progride, essa mudança, chamada de **soroconversão**, também serve como diagnóstico. Essa situação é encontrada com frequência nas infecções pelo HIV.

Alguns testes diagnósticos identificam especificamente anticorpos IgM. Anticorpos IgM de vida curta provavelmente indicam uma resposta a uma doença recente (ver Figura 17.17). Doenças específicas de imunodeficiência, como a incapacidade de produzir anticorpos IgG, podem ser identificadas por diferenças notáveis de títulos de um paciente saudável exposto ao mesmo antígeno.

Testes de aglutinação indireta (passiva)

Vimos como os testes de aglutinação podem detectar anticorpos contra antígenos celulares, mas também podem detectar anticorpos contra antígenos solúveis se estes estiverem aderidos a partículas como a argila bentonita ou, mais frequentemente, a esferas de látex extremamente pequenas. Esses testes, conhecidos como *testes de aglutinação em látex*, geralmente são utilizados para a detecção rápida de anticorpos no soro contra doenças virais e bacterianas. Nesses **testes de aglutinação indireta (passiva)**, o anticorpo reage com o antígeno aderido ou, ao contrário, ao utilizar partículas revestidas com anticorpos para detectar os antígenos contra os quais são específicos (**Figura 18.7**). As partículas, então, aglutinam-se mais intensamente que na aglutinação direta. Essa abordagem é comum, principalmente em testes para detectar os estreptococos que causam infecções de garganta. O diagnóstico pode ser obtido em cerca de 10 minutos.

Hemaglutinação

Quando as reações de aglutinação envolvem a agregação de hemácias, elas são chamadas de **hemaglutinação**. Essas reações envolvem antígenos da superfície das hemácias e seus anticorpos complementares. Elas são usadas rotineiramente na tipagem sanguínea (ver Tabela 19.2) e no diagnóstico de mononucleose infecciosa.

TESTE SEU CONHECIMENTO

18-11 Por que um teste de aglutinação direta não funcionaria muito bem com os vírus?

18-12 Qual teste detecta antígenos solúveis: aglutinação ou precipitação?

18-13 Qual é o tipo de teste que exige que as hemácias se agreguem visivelmente?

Reações de neutralização

A **neutralização** é uma reação antígeno-anticorpo na qual os anticorpos bloqueiam os efeitos nocivos de uma exotoxina bacteriana ou impedem que os vírus infectem as células (ver Figura 17.8). Essas reações foram descritas pela primeira vez em 1890, quando os pesquisadores observaram que o soro imunológico poderia neutralizar as substâncias tóxicas produzidas pelo patógeno da difteria, o *Corynebacterium diphtheriae*. Essa substância neutralizante, originalmente chamada de *antitoxina*, é um anticorpo específico produzido pelo hospedeiro à medida que este responde à infecção bacteriana. A antitoxina se liga à exotoxina e bloqueia seu efeito tóxico (**Figura 18.8a**).

O fato de que anticorpos vírus-específicos podem bloquear a entrada do vírus nas células permitiu o desenvolvimento de testes diagnósticos que detectam tais anticorpos (e, portanto, indiretamente, uma infecção). Em um teste de neutralização viral, a presença de anticorpos contra um vírus pode ser detectada pela capacidade do anticorpo de prevenir o surgimento de efeitos citopáticos em cultura de células ou ovos embrionados. Se o soro a ser testado contiver anticorpos contra um vírus em particular, os anticorpos impedirão que o vírus infecte as células do cultivo celular ou os ovos, e

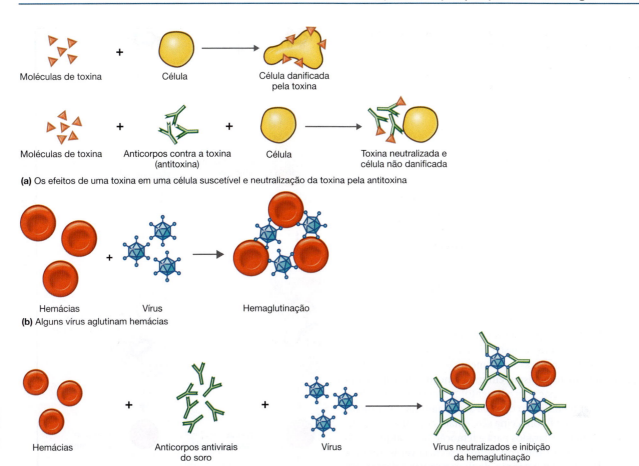

Moléculas de toxina + Célula → Célula danificada pela toxina

Moléculas de toxina + Anticorpos contra a toxina (antitoxina) + Célula → Toxina neutralizada e célula não danificada

(a) Os efeitos de uma toxina em uma célula suscetível e neutralização da toxina pela antitoxina

Hemácias Vírus Hemaglutinação
(b) Alguns vírus aglutinam hemácias

Hemácias + Anticorpos antivirais do soro + Vírus → Vírus neutralizados e inibição da hemaglutinação

(c) Teste de hemaglutinação viral para a detecção de anticorpos contra um vírus. Esses vírus normalmente causarão a hemaglutinação quando misturados a hemácias. Se anticorpos contra o vírus estiverem presentes, como mostrado aqui, eles neutralizarão o vírus e inibirão a hemaglutinação.

Figura 18.8 Reações nos testes de neutralização e hemaglutinação.

P Por que a hemaglutinação indica que um paciente não tem uma determinada doença?

nenhum efeito citopático será observado. Tais testes, conhecidos como *testes de neutralização in vitro*, podem ser utilizados para se identificar um vírus e também para se determinar o título de anticorpo viral.

Um teste de neutralização utilizado principalmente para a tipagem sorológica de vírus é o **teste de inibição da hemaglutinação viral**. Esse teste se baseia no fato de que determinados vírus, como aqueles que causam a caxumba, o sarampo e a influenza, podem aglutinar hemácias sem envolver uma reação antígeno-anticorpo – um processo chamado de **hemaglutinação viral** (Figura 18.8b). Esse teste é o mais comumente utilizado na subtipagem dos vírus influenza, embora cada vez mais laboratórios estejam familiarizados com os ensaios de ELISA para essa finalidade. Se o soro de uma pessoa apresenta anticorpos contra esses vírus, os anticorpos reagirão com os vírus, neutralizando-os (Figura 18.8c). Por exemplo, se a hemaglutinação ocorrer em uma mistura de vírus de sarampo e hemácias, mas não ocorrer quando o soro do paciente for adicionado à mistura, o resultado sugere que o soro contém anticorpos que se ligaram ao vírus do sarampo, neutralizando-o.

TESTE SEU CONHECIMENTO

✔ **18-14** Qual é a conexão entre a hemaglutinação e certos vírus?

✔ **18-15** Qual destes testes é uma reação antígeno-anticorpo: precipitação ou inibição da hemaglutinação viral?

Reações de fixação do complemento

No Capítulo 16, discutiu-se um grupo de proteínas séricas chamado coletivamente de complemento; lembre-se de que essas proteínas estão envolvidas na citólise de células microbianas. Durante a maioria das reações antígeno-anticorpo, uma proteína sérica do complemento se liga (é fixada ao) complexo antígeno-anticorpo. Esse processo de **fixação do complemento** pode ser usado para detectar quantidades muito pequenas de anticorpo. A fixação de complemento era utilizada antigamente para o diagnóstico da sífilis (teste de Wassermann) e ainda é usada no diagnóstico de determinadas doenças virais, fúngicas e causadas por riquétsias. O teste de fixação do complemento requer muito cuidado e bons controles. Esse é um dos motivos pelos quais testes mais modernos e mais simples, como o ELISA e testes baseados na PCR, estão o substituindo cada dia mais. O teste é conduzido em dois estágios: fixação do complemento e indicador (**Figura 18.9**).

> **TESTE SEU CONHECIMENTO**
>
> ✔ **18-16** Por que o complemento recebeu esse nome?

Técnicas de anticorpos fluorescentes

As **técnicas de anticorpos fluorescentes (AF)** podem identificar microrganismos em amostras clínicas e detectar a presença de um anticorpo específico no soro (**Figura 18.10**). Essas técnicas combinam corantes fluorescentes, como o isotiocianato de fluoresceína (FITC, de *fluorescein isothiocyanate*), com anticorpos que fluorescem quando expostos à luz ultravioleta (ver Capítulo 3). Esses procedimentos são rápidos, sensíveis e muito específicos; o teste AF para a raiva pode ser realizado em poucas horas e tem uma taxa de precisão próxima de 100%.

Existem dois tipos de testes de anticorpos fluorescentes. Os **testes de AF diretos** são geralmente utilizados na identificação de um microrganismo em uma amostra clínica (Figura 18.10a). Durante esse procedimento, a amostra contendo o antígeno a ser identificado é fixada a uma lâmina. Os anticorpos marcados com fluoresceína são, então, adicionados, incubados brevemente e lavados para a remoção de qualquer anticorpo não ligado ao antígeno. A fluorescência verde-amarela visualizada sob o microscópio de fluorescência referente ao anticorpo ligado será visível mesmo se o antígeno, como um vírus, apresentar um tamanho submicroscópico.

Os **testes de AF indiretos** são utilizados para a detecção de um anticorpo específico no soro após a exposição a um microrganismo (Figura 18.10b). Em geral, são mais sensíveis que os testes diretos. Um antígeno conhecido é fixado em uma lâmina e, em seguida, o soro de teste é adicionado. Se o anticorpo específico para o micróbio estiver presente, ele reage com o antígeno para formar um complexo ligado. Para tornar o complexo antígeno-anticorpo visível, uma **globulina de soro imune anti-humana** (**anti-HISG**, de *anti-human immune serum globulin*) marcada com fluoresceína, um anticorpo que reage especificamente com *qualquer* anticorpo humano, é adicionada à lâmina. Após a incubação (para permitir a ligação do anti-HISG) e a lavagem da lâmina (para a remoção de anticorpos não ligados), esta é examinada sob um microscópio de fluorescência. Se o antígeno conhecido fixado na lâmina parecer fluorescente, o soro de teste contém o anticorpo específico para o antígeno, de modo que o anti-HISG fluorescente permaneceu ligado a esse anticorpo durante a etapa de lavagem.

Uma adaptação dos anticorpos fluorescentes é a **citometria de fluxo com fluorescência**. No Capítulo 17, aprendemos que as células T carreiam moléculas antigenicamente específicas, como CD4 e CD8, em suas superfícies, e essas são características de certos grupos de células T. A depleção das células T CD4+ é usada no acompanhamento da progressão da Aids; suas populações podem ser determinadas por meio de um *citômetro de fluxo*.

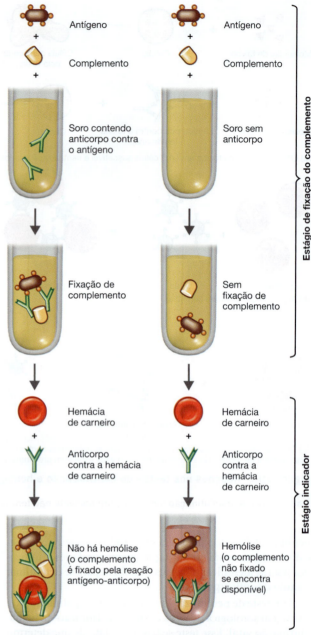

Estágio de fixação do complemento

Antígeno
+
Complemento
+
Soro contendo anticorpo contra o antígeno

Antígeno
+
Complemento
+
Soro sem anticorpo

Fixação de complemento

Sem fixação de complemento

Estágio indicador

Hemácia de carneiro
+
Anticorpo contra a hemácia de carneiro

Hemácia de carneiro
+
Anticorpo contra a hemácia de carneiro

Não há hemólise (o complemento é fixado pela reação antígeno-anticorpo)

Hemólise (o complemento não fixado se encontra disponível)

(a) Teste positivo. Todo o complemento disponível é fixado pela reação antígeno-anticorpo. Não ocorre hemólise. Assim, o teste é positivo para a presença de anticorpos.

(b) Teste negativo. Não ocorre reação antígeno-anticorpo. O complemento permanece livre e as hemácias são lisadas no estágio indicador; dessa forma, o teste é negativo.

Figura 18.9 Teste de fixação do complemento. Esse teste indica a presença de anticorpos contra um antígeno conhecido. O complemento se combinará (se fixará) com um anticorpo que reage com um antígeno. Se todo o complemento for fixado no estágio de fixação, então nenhum complemento restará para causar a hemólise das hemácias no estágio indicador.

P Por que a lise das hemácias indica que o paciente não apresenta uma determinada doença?

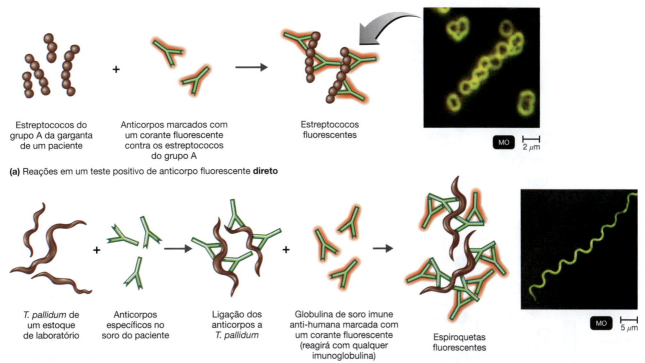

Estreptococos do grupo A da garganta de um paciente

+

Anticorpos marcados com um corante fluorescente contra os estreptococos do grupo A

Estreptococos fluorescentes

MO 2 μm

(a) Reações em um teste positivo de anticorpo fluorescente **direto**

T. pallidum de um estoque de laboratório

+

Anticorpos específicos no soro do paciente

Ligação dos anticorpos a *T. pallidum*

+

Globulina de soro imune anti-humana marcada com um corante fluorescente (reagirá com qualquer imunoglobulina)

Espiroquetas fluorescentes

MO 5 μm

(b) Reações em um teste positivo de anticorpo fluorescente **indireto**

Figura 18.10 Técnicas com anticorpo fluorescente (FA). A reação é examinada em um microscópio de fluorescência e o antígeno que reagiu com o anticorpo marcado com o corante fluoresce (brilha) sob a iluminação da luz ultravioleta. **(a)** Um teste direto de FA para identificar estreptococos do grupo A. **(b)** Em um teste FA indireto, como o utilizado no diagnóstico da sífilis, o corante fluorescente está ligado a uma imunoglobulina anti-humana que reage com qualquer imunoglobulina humana (p. ex., com o anticorpo específico para o *Treponema pallidum*) que tenha reagido previamente com o antígeno.

P Diferencie teste FA direto de teste FA indireto.

Uma suspensão de células é introduzida em um citômetro de fluxo e as células são direcionadas através de um canal pelo qual as gotículas são alinhadas, de forma que uma célula por gota seja transmitida pelo equipamento. Um feixe de *laser* incide sobre cada gotícula contendo célula e este é, então, captado por um detector que identifica as suas características de fluorescência (**Figura 18.11**). Por exemplo, se as células estiverem marcadas com anticorpos fluorescentes para a caracterização delas como células T CD4+ ou CD8+, o detector pode medir essa fluorescência e fornecer uma leitura do número de células que são positivas para aquela molécula de superfície específica. Em um citômetro de fluxo especialmente equipado, conhecido como **classificador de células ativadas por fluorescência (FACS**, de *fluorescence-activated cell sorter*), uma carga elétrica, positiva ou negativa, pode ser transmitida à célula fluorescente. À medida que a gotícula se encontra entre placas carregadas eletricamente, ela é atraída para um ou outro tubo, separando efetivamente células de diferentes tipos. Milhões de células podem ser separadas em 1 hora por meio desse processo, todas sob condições estéreis, o que permite que as células analisadas possam ser utilizadas em experimentos futuros.

TESTE SEU CONHECIMENTO

✔ **18-17** Que teste é utilizado para se detectar anticorpos contra um patógeno: o teste de anticorpo fluorescente direto ou o indireto?

CASO CLÍNICO

D ados mostram que cerca da metade dos bebês com coqueluche contraem a doença de seus pais e 25 a 35% adquirem a infecção de outro membro da família. Nem o Sr. nem a Sra. Kim estiveram doentes, mas a cultura da garganta de Marcos apresentou resultado positivo para *B. pertussis*. Como se observa frequentemente em crianças maiores e adultos, os sintomas de Marcos são mais brandos do que os de sua irmã; recém-nascidos que contraem coqueluche podem ficar gravemente doentes, chegando até à morte.

Por que a vacinação contra a coqueluche é tão importante?

Parte 1   Parte 2   Parte 3   Parte 4   **Parte 5**   Parte 6

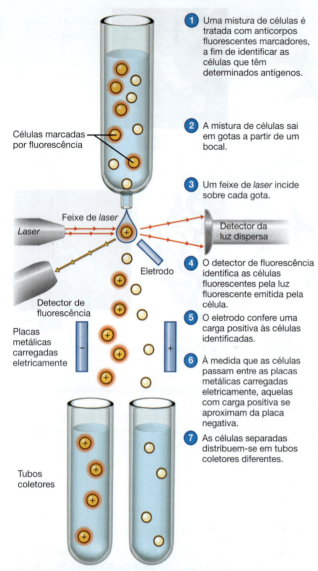

Figura 18.11 Classificador de células ativado por fluorescência (FACS). Essa técnica pode ser usada para separar diferentes classes de células T. Por exemplo, um anticorpo marcado com fluorescência reage com a molécula CD4 em uma célula T.

P Forneça uma aplicação do FACS para o acompanhamento do progresso de uma infecção por HIV.

Ensaio imunoadsorvente ligado à enzima (ELISA)

O **ELISA** é o mais amplamente utilizado em um conjunto de testes conhecido como *imunoensaio enzimático* (*EIA*, de *enzyme immunoassay*). Existem dois métodos básicos. O *ELISA direto* detecta antígenos, e o *ELISA indireto* detecta anticorpos. Uma placa de microtitulação com vários poços rasos é utilizada em ambos os procedimentos (ver Figura 10.12b). Os ensaios de ELISA são populares principalmente por serem sensíveis e

exigirem pouca habilidade interpretativa para a leitura dos resultados. Como o procedimento e os resultados são altamente automatizados, os resultados tendem a ser claros e precisos, sendo positivos ou negativos.

Muitos testes de ELISA estão disponíveis para uso clínico na forma de *kits* preparados comercialmente. Alguns testes baseados nesse princípio também estão disponíveis para uso público, incluindo o teste de gravidez caseiro que testa o antígeno gonadotropina coriônica humana (HCG) produzido pela placenta.

ELISA direto

O método de ELISA direto é mostrado na **Figura 18.12a**. Um uso comum desse teste é para a detecção de fármacos na urina. Para esse tipo de teste, anticorpos específicos para o fármaco são fixados em um poço de uma placa de microtitulação. (A disponibilidade de anticorpos monoclonais tem sido fundamental para o uso difundido do teste de ELISA.) Quando a amostra de urina do paciente é adicionada ao poço, qualquer componente do fármaco que a urina contenha se ligará ao anticorpo e será capturado. O poço é enxaguado para a remoção de qualquer fármaco que não tenha se ligado. Para tornar o teste mais visível, mais anticorpos específicos são adicionados (esses anticorpos têm uma enzima associada a eles – portanto, o termo *ligado à enzima*) e reagirão com o fármaco prontamente capturado, formando um "sanduíche" de anticorpo/ fármaco/anticorpo ligado à enzima. Esse teste positivo pode ser revelado com a adição de um substrato para a enzima ligada; uma cor visível é produzida pela enzima ao reagir com o seu substrato.

ELISA indireto

O teste de ELISA indireto, ilustrado na Figura 18.12b, detecta preferivelmente anticorpos, em vez de antígenos, como um fármaco, na amostra de um paciente. Esses testes são utilizados, por exemplo, para a detecção de anticorpos para o HIV no sangue. Para isso, o poço da placa de microtitulação contém um antígeno, como o vírus inativado que causa a doença a ser diagnosticada. Uma amostra de soro do paciente é adicionada ao poço; caso ela apresente anticorpos contra o vírus, estes se ligarão ao antígeno. O poço é enxaguado para a remoção de anticorpos não ligados. Se os anticorpos no soro e o vírus no poço se ligarem, eles permanecerão no poço – um teste positivo. Para um teste positivo se tornar visível, pode-se adicionar anti-HISG (que se ligará a *qualquer* anticorpo). O anti-HISG está ligado a uma enzima. Um teste positivo consiste em um "sanduíche" de vírus/ anticorpo/anti-HISG ligado a uma enzima. Nesse estágio, o substrato para a enzima é adicionado, e um teste positivo é detectado pela mudança de cor causada pela enzima ligada ao anti-HISG.

Western blotting (immunoblotting)

O *Western blotting*, geralmente chamado de *immunoblotting*, pode identificar uma proteína específica em uma solução (como proteínas extraídas de uma amostra de sangue).

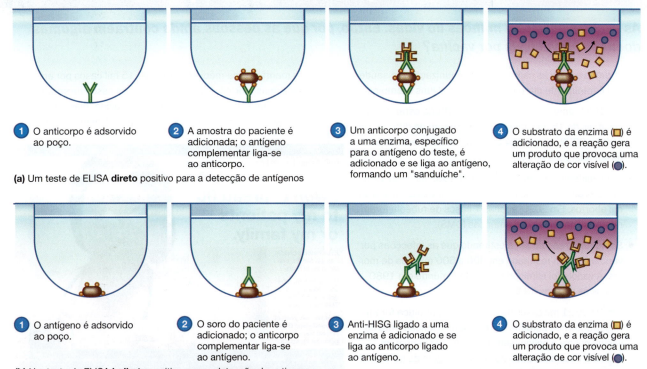

1 O anticorpo é adsorvido ao poço.

2 A amostra do paciente é adicionada; o antígeno complementar liga-se ao anticorpo.

3 Um anticorpo conjugado a uma enzima, específico para o antígeno do teste, é adicionado e se liga ao antígeno, formando um "sanduíche".

4 O substrato da enzima (□) é adicionado, e a reação gera um produto que provoca uma alteração de cor visível (●).

(a) Um teste de ELISA **direto** positivo para a detecção de antígenos

1 O antígeno é adsorvido ao poço.

2 O soro do paciente é adicionado; o anticorpo complementar liga-se ao antígeno.

3 Anti-HISG ligado a uma enzima é adicionado e se liga ao anticorpo ligado ao antígeno.

4 O substrato da enzima (□) é adicionado, e a reação gera um produto que provoca uma alteração de cor visível (●).

(b) Um teste de ELISA **indireto** positivo para a detecção de anticorpos

Figura 18.12 Método ELISA. Os componentes geralmente estão contidos em pequenos poços de uma placa de microtitulação. Para uma ilustração de um técnico conduzindo um teste de ELISA em uma placa de microtitulação e o uso do computador para a leitura dos resultados, ver Figura 10.12.

P Diferencie os testes de ELISA direto e indireto.

Os componentes da solução são separados por eletroforese em gel, sendo, então, transferidos para uma membrana que liga proteínas (*blot*). Essa membrana é submersa em uma solução de anticorpo ligado a uma enzima específica para o antígeno. A localização do antígeno e do anticorpo ligado à enzima reagente pode ser visualizada geralmente por um marcador de cor, similar ao utilizado no teste de ELISA. A aplicação mais frequente é no teste que confirma a infecção pelo HIV.

Testes rápidos de antígeno

Muitos de nós estão familiarizados com os testes rápidos de antígeno usados para a detecção do SARS-CoV-2. Esses testes, também conhecidos como ensaios de fluxo lateral, permitem a detecção de antígenos virais pela sua ligação a anticorpos marcados, que, por sua vez, estão aderidos a uma tira de papel. A amostra é coletada por uma zaragatoa (*swab*) nasal e, em seguida, esta é embebida em uma solução que lisa o vírus, liberando os seus antígenos. O extrato é aplicado na tira, por onde migra por ação capilar (fluxo lateral) através da tira de papel. Se os antígenos de SARS-CoV-2 estiverem presentes na amostra, eles serão capturados pelos anticorpos antígeno-específicos e serão visualizados na forma de uma linha colorida na tira de papel (ver Figura 10.13), indicando um teste positivo para Covid-19.

TESTE SEU CONHECIMENTO

✔ **18-18** Qual teste é utilizado para detectar anticorpos contra um patógeno: o teste de ELISA direto ou indireto?

✔ **18-19** Como os anticorpos são detectados no *Western blotting*?

✔ **18-20** Como os testes rápidos de antígeno usados para detectar o SARS-CoV-2 revelam a presença do antígeno viral?

O futuro da imunologia terapêutica e diagnóstica

A introdução dos anticorpos monoclonais revolucionou o diagnóstico imunológico ao disponibilizar quantidades grandes e econômicas de anticorpos específicos. Isso tem levado ao desenvolvimento de vários testes diagnósticos modernos, que são mais sensíveis, específicos, rápidos e simples de serem utilizados. Por exemplo, os testes para o diagnóstico das infecções por clamídia sexualmente transmissíveis e de algumas doenças parasitárias intestinais causadas por protozoários têm se tornado rotina. Antes, esses testes requeriam métodos de cultura ou microscópicos relativamente difíceis para o diagnóstico. Ao mesmo tempo, o uso de muitos testes sorológicos clássicos, como os ensaios de fixação de complemento, tem reduzido.

Doenças preveníveis por vacinas

As vacinas salvaram milhões de vidas. Então, por que as pessoas ainda contraem algumas doenças preveníveis por vacina?

A vida antes e após as campanhas de imunização em saúde pública é totalmente diferente. Para citar alguns exemplos:

- Em 1921, antes da vacina contra a difteria estar disponível, mais de 15 mil americanos morreram de difteria. De 1996 a 2022, apenas 14 casos de difteria respiratória foram relatados ao CDC.

- Uma epidemia de rubéola em 1964-1965 infectou 12,5 milhões de americanos, matou 2.100 bebês e causou 11 mil abortos. Em 2020, apenas 7 casos de rubéola foram relatados na região das Américas (OMS).

- Somente no século XX, é estimado que as infecções por varíola tenham resultado em 300 a 500 milhões de mortes. A varíola foi eliminada em todo o mundo em 1980 graças às vacinas (OMS).

- Em 1952, 21 mil casos de poliomielite paralítica foram registrados nos Estados Unidos. Após o lançamento da vacina contra a poliomielite, os casos despencaram. O último caso associado ao vírus selvagem da poliomielite no país, originário dos Estados Unidos, ocorreu apenas 7 anos depois, em 1959.

- No início dos anos 2000, foram desenvolvidas vacinas contra vários tipos de papilomavírus humano (HPV). Os pesquisadores preveem que até 90% dos cânceres cervicais, penianos e anais observados hoje podem ser evitados com o uso generalizado de vacinas contra o HPV.

Por que as pessoas ainda estão contraindo doenças preveníveis por vacina?

Apesar desses triunfos na saúde pública, certas doenças preveníveis por vacinas persistem. Por exemplo, quase todas as crianças nos Estados Unidos contraíam coqueluche, com milhares morrendo a cada ano. A vacinação reduziu bastante a incidência da doença, mas, mesmo assim, os Estados Unidos ainda mantêm uma média de cerca de 15 mil casos por ano, com algumas mortes. Da mesma forma, os casos de sarampo despencaram após a introdução de uma vacina, mas, nos últimos anos, ocorreram surtos nos Estados Unidos. Por quê?

I won't spread flu to my patients or my family.

Even healthy people can get the flu, and it can be serious.

Everyone 6 months and older should get a flu vaccine. This means you.

This season, protect yourself—and those around you—by getting a flu vaccine.

*N. de R.T. A figura diz "Eu não passarei gripe para meus pacientes e familiares. Mesmo pessoas saudáveis podem contrair a gripe, e ela pode ser grave. Todos com 6 meses de idade ou mais devem tomar a vacina da gripe. Isso inclui você. Nessa estação, proteja a si mesmo – e as pessoas ao seu redor – imunizando-se contra a gripe".

Em algumas regiões do mundo, a pobreza e a falta de infraestrutura de saúde fazem as taxas de vacinação serem mais baixas do que o necessário para eliminar totalmente a incidência da doença. Isso significa que doenças altamente infecciosas, como o sarampo, podem persistir e ser transmitidas a viajantes não vacinados nos Estados Unidos. Também sabemos que algumas formulações de vacinas precisam de reforços para permanecerem eficazes, como é o caso da coqueluche e da Covid-19.

Preocupações em relação às vacinas

Muitas pessoas nos Estados Unidos recentemente evitaram a vacinação devido a preocupações em relação à sua segurança. Como qualquer fármaco, as vacinas podem causar efeitos colaterais. Os mais comuns são leves, como dor no local da injeção. Também é verdade que as vacinas, embora raramente, possam desencadear efeitos adversos mais graves. Por exemplo, em 2022, a FDA desaconselhou o uso da vacina Covid da Janssen (Johnson & Johnson) devido à sua associação, embora rara, com coágulos sanguíneos potencialmente fatais. A administração dessa vacina é limitada a adultos que, por algum motivo, não podem receber as vacinas de mRNA. No entanto, quaisquer outras alegações acerca dos perigos da vacina contra a Covid-19 são simplesmente falsas; essas vacinas têm protegido milhões de pessoas dos efeitos devastadores da Covid-19.

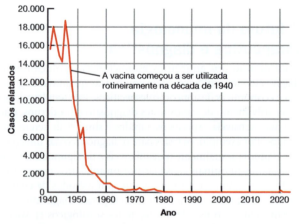

A vacina começou a ser utilizada rotineiramente na década de 1940

Casos relatados — Ano

Casos de difteria nos Estados Unidos, 1940 a 2022.
Fonte: CDC.

Buscando novas metas de eliminação e erradicação de doenças

Nos Estados Unidos, a incidência de doenças preveníveis por vacinas diminuiu em 99%. Os grupos de saúde pública também gostariam de ver o mesmo tipo de redução de doenças em todo o resto do mundo. As infecções para as quais existe apenas um reservatório – humanos – são alvos particularmente bons para as vacinas, uma vez que o micróbio não teria onde existir se todos os humanos fossem vacinados.

Iniciativa contra o Sarampo e a Rubéola

Lançada em 2001, a Iniciativa contra o Sarampo e a Rubéola (M&R, de *Measles & Rubella*) é uma parceria global focada na eliminação das doenças liderada pela Cruz Vermelha Americana, Nações Unidas, CDC e OMS. A Iniciativa M&R para 2021-2030 prevê um mundo livre de sarampo e rubéola. Todas as regiões da OMS estabeleceram metas de eliminação, mas nenhuma alcançou e manteve o *status* regional de livre do sarampo.

Iniciativa Global de Erradicação da Poliomielite

De muitas maneiras, a poliomielite é mais difícil de se erradicar do que a varíola – um número significativo de casos de poliomielite é assintomático, o que significa que nem sempre é óbvio quando a doença ainda está escondida entre a população. Apesar desse desafio, a Iniciativa Global de Erradicação da Poliomielite fez grandes progressos, eliminando a doença de quase todo o mundo. Em 2022, o vírus ainda era endêmico em dois países: Afeganistão e Paquistão. A esperança é que, com mais esforços, um dia a poliomielite seja totalmente erradicada.

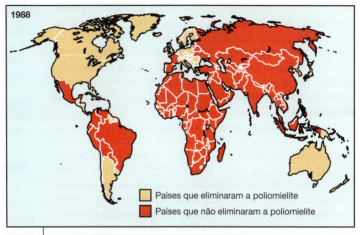

1988

▢ Países que eliminaram a poliomielite
▮ Países que não eliminaram a poliomielite

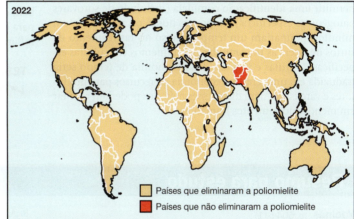

2022

▢ Países que eliminaram a poliomielite
▮ Países que não eliminaram a poliomielite

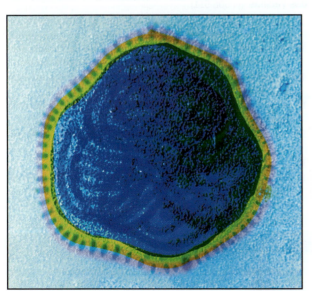

Vírus do sarampo.　　MET　 10 nm

CONCEITOS-CHAVE

● O rastreamento da incidência de doenças e outros estudos de acompanhamento são fundamentais para se identificar e enfrentar os desafios da saúde pública. (**Ver Capítulo 14, "Epidemiologia".**)

● Pessoas vacinadas atuam como uma barreira importante à infecção para indivíduos que não estão imunes. (**Ver discussão sobre imunidade coletiva no Capítulo 14.**)

● Dependendo em parte de como são produzidas, as vacinas possuem diferentes fatores de risco e efeitos. (**Ver discussão anterior sobre "Produção, administração e segurança das vacinas."**)

A maioria dos testes diagnósticos descritos neste capítulo encontra-se menos disponível em países com infraestrutura de saúde precária. E, ainda assim, as doenças visadas pela maioria desses métodos de diagnóstico têm maior probabilidade de serem encontradas nesses países. Sobretudo na África Tropical e na Ásia Tropical, existe uma necessidade urgente de testes diagnósticos para doenças endêmicas, como malária, leishmaniose, Aids, doença de Chagas e tuberculose. Esses testes precisam ser de baixo custo e simples o suficiente para serem realizados por pessoal com o mínimo de treinamento.

Os testes descritos neste capítulo são mais frequentemente usados para detectar doenças existentes. No futuro, os testes diagnósticos podem ser direcionados à *prevenção* de doenças. Nos Estados Unidos, vemos com regularidade relatos de surtos de adoecimentos ocasionados por alimentos. Os produtos frescos não podem ser armazenados durante o tempo necessário para o cultivo e a identificação das bactérias que possam estar presentes. Assim, métodos de amostragem capazes de permitir uma identificação completa (incluindo de sorovares patogênicos específicos) em poucas horas, ou até mesmo em minutos, poupariam um tempo valioso no rastreamento de surtos de doenças transmitidas por alimentos em culturas específicas de frutas e vegetais. Essa economia de tempo seria traduzida em uma enorme economia de recursos para produtores e varejistas. Além disso, esses métodos poderiam resultar em menos adoecimentos humanos.

CASO CLÍNICO Resolvido

Uma vacina infantil contra a coqueluche é recomendada, mas a incidência da coqueluche aumentou nos últimos 20 anos. Adultos e adolescentes podem ser um reservatório para *B. pertussis* na comunidade, uma vez que a imunidade decorrente da vacinação infantil começa a declinar de 5 a 15 anos após a última dose da vacina contra a coqueluche.

A percepção pública acerca da importância da vacinação infantil também diminuiu; por conseguinte, muitas crianças não estão completamente imunizadas. Hoje, o CDC recomenda que os adultos sejam revacinados com uma combinação de vacinas que previna contra o tétano, a difteria e a coqueluche.

Parte 1 — Parte 2 — Parte 3 — Parte 4 — Parte 5 — **Parte 6**

Nem todo tópico discutido neste capítulo é necessariamente direcionado para a detecção e a prevenção de doenças. Como mencionado anteriormente, mAbs têm aplicações também no tratamento de doenças. Eles já se encontram em uso para o tratamento de certos tumores, assim como de doenças inflamatórias, como a artrite reumatoide.

TESTE SEU CONHECIMENTO

18-21 Como o desenvolvimento dos anticorpos monoclonais revolucionou a imunologia diagnóstica?

Resumo para estudo

Vacinas (p. 504-511)

1. Edward Jenner desenvolveu uma prática moderna de vacinação quando inoculou pessoas com o vírus da varíola bovina, a fim de protegê-las contra a varíola humana.

Princípios e efeitos da vacinação (p. 504-505)

2. A imunidade coletiva é obtida quando a maioria da população se torna imune a uma doença.

Tipos de vacinas e suas características (p. 505-508)

3. As vacinas atenuadas consistem em microrganismos atenuados (enfraquecidos); as vacinas de vírus atenuados geralmente conferem uma imunidade para toda a vida.

4. As vacinas inativadas consistem em bactérias ou vírus mortos.

5. As vacinas de subunidade consistem em fragmentos antigênicos de um microrganismo; eles incluem toxoides, partículas semelhantes a vírus, polissacarídeos e vacinas conjugadas.

6. Vacinas conjugadas combinam o antígeno desejado com uma proteína que reforça a resposta imune.

7. As vacinas de ácido nucleico (DNA e mRNA) induzem as células do recipiente a produzirem a proteína antigênica.

8. As vacinas vetoriais recombinantes contêm vírus avirulentos ou bactérias geneticamente modificadas para produzir o antígeno desejado.

Produção, administração e segurança das vacinas (p. 508-511)

9. Os vírus para as vacinas podem ser produzidos em animais, em cultura de células ou em embriões de galinha.

10. As vacinas recombinantes e as vacinas de ácido nucleico são produzidas em culturas de bactérias, leveduras ou células animais.

11. Plantas geneticamente modificadas podem, algum dia, produzir vacinas comestíveis.

12. As vacinas de adesivos cutâneos com antígenos liofilizados não precisam de refrigeração.

13. A administração oral e a combinação de várias vacinas reduzem o número de injeções necessárias para a vacinação.

14. Os adjuvantes melhoram a eficácia de alguns antígenos.

15. As vacinas são o meio mais eficaz e seguro de controle das doenças infecciosas.

Imunologia diagnóstica (p. 511-524)

1. Muitos testes que se baseiam nas interações entre anticorpos e antígenos têm sido desenvolvidos para detectar a presença de anticorpos ou antígenos em um paciente.
2. A sensibilidade de um teste diagnóstico é determinada pela porcentagem de amostras positivas que ele detecta corretamente; a especificidade é determinada pela porcentagem de resultados negativos que ele gera quando as amostras são negativas.
3. Os testes diretos são utilizados para identificar microrganismos específicos.
4. Os testes indiretos podem ser utilizados para demonstrar a presença de um anticorpo no soro.
5. As doenças também podem ser diagnosticadas por elevação do título ou soroconversão (de um estágio sem anticorpos para um com a presença de anticorpos).

Uso de anticorpos monoclonais (p. 512-514)

6. Os hibridomas são produzidos em laboratório pela fusão de uma célula B tumoral com um plasmócito secretor de anticorpo.
7. Um cultivo celular de hibridoma produz grandes quantidades de anticorpos do plasmócito, chamados de anticorpos monoclonais.
8. Os anticorpos monoclonais são usados no tratamento de doenças e em testes diagnósticos.

Reações de precipitação (p. 514-515)

9. A interação dos antígenos solúveis com os anticorpos IgG ou IgM resulta em reações de precipitação.
10. As reações de precipitação dependem da formação de treliças e ocorrem melhor quando o antígeno e o anticorpo estão presentes em proporções ótimas.
11. Os procedimentos de imunodifusão são reações de precipitação conduzidas em um meio de gel de ágar.
12. A imunoeletroforese combina a eletroforese com a imunodifusão para a análise de proteínas do soro.

Reações de aglutinação (p. 515-516)

13. A interação de antígenos particulados (células que carregam os antígenos) com anticorpos resulta em reações de aglutinação.
14. As doenças podem ser diagnosticadas pela combinação do soro do paciente com um antígeno conhecido.
15. Os anticorpos provocam aglutinação visível de antígenos solúveis fixados às esferas de látex nos testes de aglutinação passiva ou indireta.

16. As reações de hemaglutinação envolvem reações de aglutinação que utilizam hemácias. As reações de hemaglutinação são usadas para tipagem sanguínea, diagnóstico de certas doenças e identificação de vírus.

Reações de neutralização (p. 516-517)

17. Nas reações de neutralização, os efeitos nocivos de uma exotoxina bacteriana ou vírus são eliminados por um anticorpo específico.
18. Uma antitoxina é um anticorpo produzido em resposta a uma exotoxina bacteriana ou a um toxoide que neutraliza a exotoxina.
19. Em um teste de neutralização viral, a presença de anticorpos contra um vírus pode ser detectada pela capacidade do anticorpo de impedir os efeitos citopáticos dos vírus nas culturas de células.
20. Em testes de inibição da hemaglutinação viral, anticorpos contra determinados vírus podem ser detectados por meio de sua capacidade de interferir na hemaglutinação viral.

Reações de fixação do complemento (p. 517-518)

21. As reações de fixação do complemento são testes sorológicos com base na depleção de uma quantidade fixa do complemento na presença de uma reação antígeno-anticorpo.

Técnicas de anticorpos fluorescentes (p. 518-520)

22. As técnicas de anticorpos fluorescentes utilizam anticorpos marcados com corantes fluorescentes.
23. Um citômetro de fluxo ativado por fluorescência pode ser usado para detectar e contar células marcadas com anticorpos fluorescentes.

Ensaio imunoadsorvente ligado à enzima (ELISA) (p. 520)

24. As técnicas de ELISA utilizam anticorpos conjugados a uma enzima.
25. As reações antígeno-anticorpo são detectadas por atividade enzimática. Se a enzima indicadora estiver presente na placa de teste, significa que uma ligação antígeno-anticorpo ocorreu.

Western blotting (*immunoblotting*) (p. 520-521)

26. No *Western blotting*, proteínas separadas por eletroforese são identificadas com um anticorpo ligado a uma enzima.

O futuro da imunologia terapêutica e diagnóstica (p. 521-524)

27. O uso de anticorpos monoclonais possibilitará o desenvolvimento de novos testes diagnósticos.

Questões para estudo

As respostas das questões de Conhecimento e compreensão estão na seção de Respostas no final deste livro.

Conhecimento e compreensão
Revisão

1. Classifique as seguintes vacinas de acordo com o tipo. Qual delas poderia causar a doença que deveria prevenir?
   a. vírus atenuado do sarampo
   b. *Rickettsia prowazekii* morta
   c. toxoide de *Vibrio cholerae*
   d. antígeno da hepatite B produzido em células de leveduras
   e. polissacarídeos purificados de *Streptococcus pyogenes*
   f. polissacarídeo de *H. influenzae* conjugado ao toxoide diftérico
   g. um plasmídeo contendo genes para a proteína de influenza A

2. Defina os seguintes termos e dê um exemplo do uso diagnóstico de cada reação:
   a. hemaglutinação viral
   b. inibição da hemaglutinação
   c. aglutinação passiva

3. DESENHE Identifique os componentes dos testes AF direto e indireto nas situações a seguir. Qual é o teste direto? Qual teste fornece a prova definitiva da doença?

(a) *Streptococcus* pode ser diagnosticado pela mistura de anticorpos marcados com fluorescência com a amostra do paciente.

(b) A sífilis pode ser diagnosticada pela adição do soro de um paciente a uma lâmina fixada com *Treponema pallidum*. A seguir, adiciona-se globulina de soro imune anti-humana, marcada com um corante fluorescente.

4. Como os anticorpos monoclonais são produzidos?

5. Explique os efeitos do excesso de antígeno e anticorpo em uma reação de precipitação. Em que o teste do anel de precipitina difere de um teste de imunodifusão?

6. DESENHE Identifique os componentes dos testes ELISA direto e indireto nas situações a seguir. Qual é o teste direto? Qual teste fornece a prova definitiva da doença?

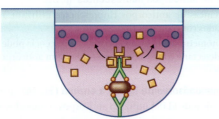

(a) Secreções respiratórias para a detecção do vírus sincicial respiratório

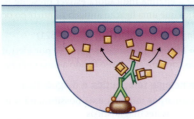

(b) Sangue para a detecção de anticorpos contra o vírus da imunodeficiência humana

7. Em que o antígeno em uma reação de aglutinação difere de um antígeno em uma reação de precipitação?

8. Associe os testes sorológicos na coluna A às suas descrições na coluna B.

Coluna A	Coluna B
_____ **a.** Precipitação	**1.** Ocorre com antígenos particulados
_____ **b.** *Western blotting*	**2.** Utiliza uma enzima como indicador
_____ **c.** Aglutinação	**3.** Utiliza hemácias como indicador
_____ **d.** Fixação de complemento	**4.** Utiliza imunoglobulina anti-humana sérica
_____ **e.** Neutralização	**5.** Ocorre com um antígeno solúvel livre
_____ **f.** ELISA	**6.** Usado para determinar a presença de antitoxina

9. Associe os testes na coluna A à sua reação positiva na coluna B.

Coluna A	Coluna B
_____ **a.** Aglutinação	**1.** Atividade da peroxidase
_____ **b.** Fixação de complemento	**2.** Efeitos nocivos de agentes não observados
_____ **c.** ELISA	**3.** Sem hemólise
_____ **d.** Teste AF	**4.** Uma faixa colorida
_____ **e.** Neutralização	**5.** Agregação celular
_____ **f.** Precipitação	**6.** Fluorescência
_____ **g.** Teste rápido de antígeno	**7.** Linha branca turva em solução

10. IDENTIFIQUE Uma proteína purificada do *Mycobacterium tuberculosis* é inoculada na pele de uma pessoa. Uma área avermelhada e endurecida desenvolve-se ao redor do sítio da injeção em 3 dias.

Múltipla escolha

Utilize as seguintes opções para responder às questões 1 e 2:
   a. hemólise
   b. hemaglutinação
   c. inibição da hemaglutinação
   d. sem hemólise
   e. formação de anel de precipitina

1. Soro do paciente, vírus influenza, hemácias de carneiro e anti-hemácias de carneiro foram misturados em um tubo. O que deve acontecer se o paciente apresentar anticorpos contra o vírus influenza?

2. Soro do paciente, *Chlamydia*, complemento de cobaia, hemácias de carneiro e anti-hemácias de carneiro foram misturados em um tubo. O que deve acontecer se o paciente apresentar anticorpos contra *Chlamydia*?

3. Os exemplos nas questões 1 e 2 são:
   a. testes diretos.
   b. testes indiretos.

Utilize as seguintes opções para responder às questões 4 e 5:
   c. anti-*Brucella*
   d. *Brucella*
   e. substrato para a enzima

4. Qual é o terceiro passo em um teste de ELISA direto?

5. Qual dos itens provém do paciente em um teste de ELISA indireto?

6. Em um teste de imunodifusão, uma tira de papel-filtro contendo antitoxina diftérica é colocada em um meio de cultura sólido. Então, as bactérias são estriadas perpendicularmente ao papel. Se as bactérias forem toxigênicas:
   a. o papel ficará vermelho.
   b. uma linha de precipitado antígeno-anticorpo se formará.
   c. as células sofrerão lise.
   d. as células fluorescerão.
   e. nenhuma das alternativas.

Utilize as seguintes alternativas para responder às questões 7 a 9:
   a. anticorpo fluorescente direto
   b. anticorpo fluorescente indireto
   c. imunoglobulina da raiva
   d. vírus da raiva morto
   e. nenhuma das alternativas

7. O tratamento dado a uma pessoa que foi mordida por um morcego infectado pelo vírus da raiva.
8. O teste utilizado para identificar o vírus da raiva no cérebro de um cachorro.
9. O teste utilizado para detectar a presença de anticorpos no soro de um paciente.
10. Em um teste de aglutinação, oito diluições seriadas para se determinar o título do anticorpo foram realizadas: o tubo 1 continha uma diluição 1:2; o tubo 2, uma diluição 1:4, e assim por diante. Se o tubo 5 é o último tubo em que se observa aglutinação, qual é o título de anticorpo?
   a. 5
   b. 1:5
   c. 32
   d. 1:32

Análise

1. Quais são os problemas associados ao uso de vacinas atenuadas?
2. Muitos dos testes sorológicos requerem uma fonte de anticorpos contra os patógenos. Por exemplo, no teste para *Salmonella*, os anticorpos anti-*Salmonella* são misturados a uma bactéria desconhecida. Como esses anticorpos são obtidos?
3. Um teste para detectar anticorpos contra *T. pallidum* utiliza o antígeno cardiolipina e o soro do paciente (suspeito de apresentar anticorpos). Por que os anticorpos reagem com a cardiolipina? Qual é a doença?

Aplicações clínicas e avaliação

1. Qual das situações a seguir é prova de um estado clínico? Por que a outra situação não confirma o estado clínico? Qual é a doença?
   a. *Mycobacterium tuberculosis* é isolado de um paciente.
   b. Anticorpos contra *M. tuberculosis* são encontrados em um paciente.
2. A toxina eritrogênica de estreptococos é injetada sob a pele de uma pessoa no teste de Dick. Quais são os resultados esperados se a pessoa possuir anticorpos contra essa toxina? Que tipo de reação imunológica é essa? Qual é a doença?
3. Os dados a seguir foram obtidos de testes AF para anti-*Legionella* em quatro pessoas. A que conclusão podemos chegar? Qual é a doença?

	Título de anticorpo			
	Dia 1	**Dia 7**	**Dia 14**	**Dia 21**
Paciente A	128	256	512	1.024
Paciente B	0	0	0	0
Paciente C	256	256	256	256
Paciente D	0	0	128	512

4. Alana optou por não utilizar a vacina relativamente nova de catapora: ela queria que seus filhos contraíssem a doença para que eles desenvolvessem uma imunidade natural. As duas crianças contraíram catapora. O menino apresentou coceira leve e vesículas na pele, mas a menina ficou hospitalizada por meses com celulite estreptocócica e recebeu vários enxertos de pele antes de se recuperar. A governanta de Alana contraiu catapora das crianças e veio a falecer. (Quase metade das mortes causadas por catapora ocorre nos adultos.)
   a. Quais são as responsabilidades que os pais devem ter sobre a saúde de seus filhos?
   b. Quais são os direitos do indivíduo? A vacinação deveria ser exigida por lei?
   c. Quais responsabilidades devem ter os indivíduos (p. ex., os pais) pela saúde da comunidade?
   d. As vacinas são aplicadas em pessoas saudáveis; assim, quais riscos são aceitáveis?

19 Distúrbios associados ao sistema imune

Normalmente, as células do sistema imune removem ou neutralizam agentes nocivos, como os dois linfócitos mostrados na fotografia atacando uma célula tumoral. Contudo, neste capítulo, vemos que nem todas as respostas do sistema imune produzem um resultado desejável. Um exemplo familiar é a coceira nos olhos e o corrimento nasal da rinite alérgica, os quais resultam da exposição repetida ao pólen vegetal ou a outros antígenos ambientais. A maioria de nós também sabe sobre a importância da tipagem sanguínea para transfusões ou transplantes de órgãos a fim de evitar reações de rejeição. Outra resposta indesejável ocorre quando o sistema imune ataca erroneamente os tecidos "próprios", causando um distúrbio autoimune.

Algumas pessoas nascem com o sistema imune defeituoso (ver "Caso clínico" deste capítulo) e, em todos nós, a eficácia do nosso sistema imune reduz com a idade. O nosso sistema imune pode ser deliberadamente inibido (*imunossuprimido*) a fim de prevenir a rejeição de órgãos transplantados. As doenças também podem prejudicar o sistema imune, em particular a infecção pelo vírus da imunodeficiência humana (HIV), vírus que ataca especificamente o sistema imune.

O quadro **Visão geral** descreve o papel do microbioma humano na manutenção de um sistema imune saudável.

▶ **Dois linfócitos atacando uma célula tumoral (em azul).**

Na clínica

Como enfermeiro(a) especializado(a) no tratamento de pacientes com Aids, você aborda a condição do HIV de um recém-nascido com sua mãe, Jéssica, que é soropositiva. O bebê apresentou resultados positivos nos testes de ELISA e *Western blot*, mas o ensaio de PCR foi negativo para o HIV. **O recém-nascido tem a infecção pelo HIV? Como você explica os resultados aparentemente conflitantes dos testes para Jéssica? E qual conselho você dá à Jéssica para evitar a transmissão do HIV ao bebê?**

Dica: leia mais sobre os métodos de diagnóstico do HIV mais adiante neste capítulo.

Hipersensibilidade

OBJETIVOS DE APRENDIZAGEM

19-1 Definir *hipersensibilidade*.

19-2 Descrever o mecanismo da anafilaxia.

19-3 Comparar e diferenciar anafilaxia sistêmica e localizada.

19-4 Explicar como os testes cutâneos para alergia funcionam.

19-5 Definir *dessensibilização* e *anticorpos de bloqueio*.

19-6 Descrever os mecanismos das reações citotóxicas e como elas podem ser induzidas por fármacos.

19-7 Descrever as bases dos sistemas dos grupos sanguíneos ABO e Rh.

19-8 Explicar a relação entre grupos sanguíneos, sangue, transfusões e doença hemolítica do recém-nascido.

19-9 Descrever o mecanismo das reações de imunocomplexo.

19-10 Descrever o mecanismo das reações mediadas por células tardias e apresentar dois exemplos.

O termo **hipersensibilidade** se refere a uma resposta antigênica que resulta em efeitos indesejáveis. As alergias são um exemplo familiar. As respostas de hipersensibilidade ocorrem em indivíduos que foram *sensibilizados* por uma exposição prévia a um antígeno, o qual, nesse contexto, é frequentemente chamado de **alérgeno**. Quando um indivíduo sensibilizado é exposto novamente ao antígeno, o seu sistema imune reage a ele de modo prejudicial. O estudo das reações de hipersensibilidade é denominado **imunopatologia**. Os quatro principais tipos de reações de hipersensibilidade, resumidos na Tabela 19.1, são as reações anafilática, citotóxica, de imunocomplexo e celular (ou do tipo tardia).

Alergias e o microbioma

A incidência de alergias alimentares e ambientais está aumentando em países onde bens e serviços acessíveis geralmente são abundantes. A *hipótese da higiene* sugere que limitar a exposição de crianças a bactérias e parasitas pode diminuir a tolerância imune e limitar a capacidade do organismo de enfrentar antígenos inócuos, como alimentos ou pólen. Parasitas, como vermes, são comumente encontrados em áreas do mundo onde o saneamento é inadequado e o acesso aos cuidados de saúde é limitado, mas, na maioria das vezes, estão ausentes em locais que possuem saneamento moderno e boa infraestrutura de saúde. Estudos mostram que mamíferos sem exposição precoce a microrganismos são mais suscetíveis à asma e a alergias. A microbiota residente, localizada no interior do corpo humano, também está sendo estudada como um fator relacionado a determinadas doenças autoimunes. Para saber mais sobre o assunto, ver quadro "Visão geral".

> **TESTE SEU CONHECIMENTO**
>
> ✔ **19-1** Todas as respostas imunes são benéficas?

Reações tipo I (anafiláticas)

As **reações tipo I**, ou **anafiláticas**, geralmente ocorrem de 2 a 30 minutos após uma pessoa sensibilizada a um alérgeno ser exposta novamente a ele. O termo **anafilaxia** significa "o oposto de protegido", do prefixo *ana*, que significa "contra", e do termo grego *phylaxis*, que significa "proteção". É um termo inclusivo para as reações que envolvem alérgenos, anticorpos IgE específicos para esse alérgeno e mastócitos ou basófilos. As reações anafiláticas podem ser *sistêmicas*, envolvendo os sistemas cardiovascular e respiratório e produzindo choque e dificuldades respiratórias que, às vezes, são fatais, ou *localizadas*, envolvendo determinadas regiões corporais. As reações localizadas incluem condições alérgicas comuns, como a rinite alérgica, a asma alérgica e a urticária (áreas da pele levemente elevadas que geralmente apresentam coceira e vermelhidão).

Os anticorpos IgE produzidos em resposta a um antígeno (como veneno de inseto ou pólen de plantas) se ligam por suas regiões Fc aos receptores Fc na superfície de mastócitos e basófilos, células da imunidade inata (ver quadro "Visão geral" no Capítulo 16). Ambos os tipos celulares são semelhantes morfologicamente e em suas contribuições para as reações alérgicas. Os **mastócitos** são principalmente prevalentes nas mucosas, no tecido conjuntivo da pele e do trato respiratório,

TABELA 19.1 Tipos de hipersensibilidade			
Tipo de reação	**Período antes dos sinais clínicos**	**Características**	**Exemplos**
Tipo I (anafilática)	< 30 min	A IgE liga-se aos mastócitos ou basófilos; a ligação do alérgeno à IgE causa a degranulação do mastócito ou basófilo e a liberação de substâncias reativas, como a histamina	Choque anafilático por injeções medicamentosas e picadas de insetos; condições alérgicas comuns, como rinite alérgica e asma
Tipo II (citotóxica)	5-12 h	O antígeno causa a formação de anticorpos IgM e IgG que se ligam à célula-alvo; quando combinada com a ação do complemento, destrói a célula-alvo	Reações de transfusão; incompatibilidade de Rh
Tipo III (imunocomplexo)	3-8 h	Anticorpos e antígenos formam complexos que causam uma inflamação prejudicial	Reação de Arthus, doença do soro, artrite reumatoide
Tipo IV (mediada por células tardias ou hipersensibilidade tardia)	24-48 h	Antígenos ativam os linfócitos T citotóxicos (LTCs) que eliminam a célula-alvo	Rejeição de tecidos transplantados; dermatite de contato, como a hera venenosa; certas doenças crônicas, como a tuberculose

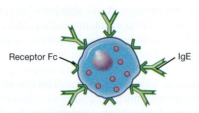

(a) Sensibilização: anticorpos do tipo IgE produzidos em resposta a um antígeno se ligam aos receptores Fc em mastócitos e basófilos.

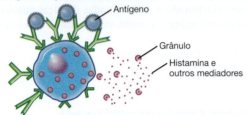

(b) Durante uma exposição posterior ao antígeno, o complexo IgE/receptor Fc é ligado cruzadamente por um antígeno, causando a degranulação e a liberação de histamina e de outros mediadores.

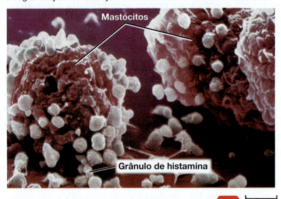

(c) Mastócito desgranulado que reagiu com o antígeno e liberou grânulos de histamina e outros mediadores reativos

Figura 19.1 Mecanismos da anafilaxia.

P A que tipos celulares os anticorpos IgE se ligam?

circundando os vasos sanguíneos. Os **basófilos** na corrente sanguínea são recrutados para os tecidos durante a resposta alérgica. Os mastócitos e basófilos contêm grânulos de histamina e outros mediadores químicos (**Figura 19.1a**).

Os mastócitos e basófilos podem apresentar até 500 mil receptores Fc por célula, tornando a ligação das moléculas de IgE à superfície celular muito eficiente e deixando seus sítios de ligação ao antígeno livres. Naturalmente, os monômeros de IgE fixados não serão específicos para o mesmo antígeno. Contudo, quando um alérgeno encontra dois anticorpos adjacentes com a mesma especificidade adequada, este pode se ligar a um sítio de ligação ao antígeno em cada anticorpo, fazendo uma ponte no espaço entre eles. Essa ponte desencadeia a **degranulação** dos mastócitos ou basófilos, um processo celular que libera os grânulos localizados no interior dessas células, bem como os mediadores que eles contêm (Figura 19.1b).

Esses mediadores produzem os efeitos desagradáveis e nocivos de uma reação alérgica. O mediador mais conhecido, a

histamina, é armazenado nos grânulos. A liberação da histamina aumenta o fluxo sanguíneo e a permeabilidade dos capilares sanguíneos, resultando em edema (inchaço) e eritema (rubor, vermelhidão). Outros efeitos incluem o aumento da secreção de muco (p. ex., coriza) e da contração das células musculares lisas, que resulta em dificuldade para respirar nos brônquios respiratórios. Outros mediadores, como os **leucotrienos** e as **prostaglandinas**, não são pré-formados e armazenados nos grânulos, mas são sintetizados pela célula ativada pelo alérgeno. Uma vez que os leucotrienos tendem a causar contrações prolongadas de certos músculos lisos, suas ações contribuem para os espasmos dos brônquios que ocorrem durante os ataques de asma. As prostaglandinas afetam os músculos lisos do sistema respiratório e aumentam a secreção de muco. Coletivamente, todos esses mediadores funcionam como agentes quimiotáticos que, em poucas horas, atraem neutrófilos e eosinófilos para o local da célula desgranulada.

CASO CLÍNICO Quem é você?

M iguel, um bebê de 10 dias, acabou de receber alta da unidade de terapia intensiva neonatal (UTIN) após uma cirurgia cardíaca para reparo de um defeito no coração. Ao trocar a fralda de Miguel, a mãe percebe uma erupção nas nádegas dele. Supondo ser uma assadura, ela trata a área com pomada e não pensa mais no assunto. À medida que o dia progride, o exantema dissemina-se para o rosto de Miguel, dando-lhe a aparência de ter sido esbofeteado. No momento em que os pais de Miguel chegam ao departamento de emergência com o bebê, o exantema apresenta coloração vermelho-vivo e já havia se disseminado por todo o seu corpo.

O que está causando o exantema de Miguel? Continue lendo para descobrir.

Parte 1 | Parte 2 | Parte 3 | Parte 4 | Parte 5

Anafilaxia sistêmica

A **anafilaxia sistêmica** (ou *choque anafilático*) ocorre quando a liberação de mediadores causa a dilatação dos vasos sanguíneos periféricos em todo o corpo, resultando em uma queda na pressão arterial (choque). Outros sinais e sintomas incluem o estreitamento das vias aéreas, causando dificuldade respiratória, rubor ou erupção cutânea, sensação de formigamento e náuseas. Essa reação pode ser fatal em alguns minutos. Há pouco tempo para agir quando alguém desenvolve anafilaxia sistêmica. O tratamento, em geral, envolve a autoadministração de uma seringa previamente preenchida de epinefrina, fármaco que contrai os vasos sanguíneos e eleva a pressão sanguínea.

Mesmo uma pequena dose do antígeno em questão pode causar uma reação sistêmica em alguns indivíduos sensibilizados. Antígenos injetados são mais prováveis de provocar uma resposta drástica do que antígenos introduzidos por outras portas de entrada. Pessoas alérgicas ao veneno de insetos que picam, como abelhas e vespas, correm o risco de uma reação sistêmica.

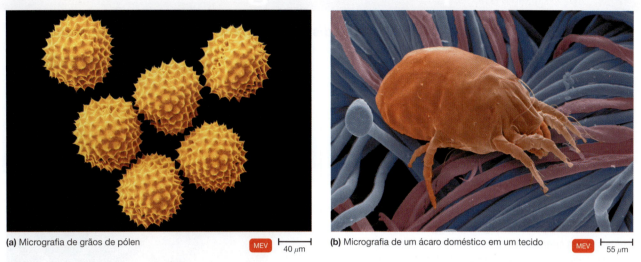

(a) Micrografia de grãos de pólen   MEV ⊢ 40 μm

(b) Micrografia de um ácaro doméstico em um tecido   MEV ⊢ 55 μm

Figura 19.2 Anafilaxia localizada. Antígenos inalados como esses são a causa mais comum da anafilaxia localizada.

P Compare anafilaxia sistêmica e anafilaxia localizada.

O risco de anafilaxia relacionada à medicação é uma das razões pelas quais os profissionais de saúde perguntam aos pacientes sobre qualquer alergia conhecida a fármacos antes da sua administração. Você deve conhecer alguém que é alérgico à penicilina. Nos Estados Unidos, essa alergia a fármacos acomete cerca de 3 a 10% da população. O antibiótico comum é um hapteno, que se combina com uma proteína sérica carreadora, causando uma resposta imune em indivíduos alérgicos. (Ver Capítulo 17 para uma revisão sobre haptenos.) Testes cutâneos para a sensibilidade à penicilina podem ser realizados. Pacientes com um teste cutâneo positivo podem ser efetivamente dessensibilizados. Ele é realizado administrando-se oralmente uma série de doses crescentes de penicilina V durante um curto período (concluído em 4 horas), imediatamente antes do procedimento. A alergia à penicilina também inclui o risco de exposição a outros fármacos relacionados, como a amoxicilina e os carbapenêmicos.

Anafilaxia localizada

A **anafilaxia localizada** geralmente é imediata, temporária e menos grave do que a anafilaxia sistêmica. Está associada a antígenos ingeridos (alimentos) ou inalados (pólen) (**Figura 19.2a**). Os sintomas dependem principalmente da via pela qual o antígeno entra no organismo. Nas alergias envolvendo o sistema respiratório superior, como na rinite alérgica, a sensibilização e a produção de IgE, subsequentemente, envolvem os mastócitos que liberam histamina nas membranas mucosas do trato respiratório superior. O antígeno trazido pelo ar pode ser um material comum do ambiente, como pólen de plantas, esporos fúngicos, fezes de ácaros domésticos (Figura 19.2b) ou escamas de animais.* Os sintomas típicos são olhos lacrimejantes e coçando, cavidades nasais congestionadas, tosse e

---

Escamas é um termo geral para flocos muito pequenos de células velhas de pelos, pele ou penas de animais. É análogo à caspa em humanos. Os pelos de animais se acumulam nos estofados e carpetes das casas.

espirro. Fármacos anti-histamínicos, que competem pelos sítios do receptor de histamina, geralmente são utilizadas para tratar esses sintomas.

A asma é uma reação alérgica que afeta principalmente o trato respiratório inferior. Sintomas como chiado e respiração ofegante são causados pela contração dos músculos lisos e acúmulo de muco nos brônquios. Por razões desconhecidas, a asma tem se tornado quase uma epidemia, afetando cerca de 7,5% das crianças nos Estados Unidos. A hipótese da higiene, descrita anteriormente, pode ser um fator relacionado ao aumento da incidência de asma. Poluentes ambientais, infecções e estresse podem ser fatores contribuintes para a precipitação da asma. Os sintomas geralmente são controlados por broncodilatadores inalatórios, como o salbutamol, que relaxa a musculatura lisa, e os corticosteroides, que reduzem a inflamação. Outros fármacos incluem o omalizumabe, um anticorpo monoclonal humanizado que bloqueia a IgE para pessoas com asma alérgica moderada a grave, e bloqueadores de leucotrieno, como o montelucaste.

As proteínas dos alimentos podem atuar como antígenos e sensibilizar um indivíduo. A Food and Drug Administration (FDA) identificou nove alimentos que, juntos, são responsáveis por 97% das alergias alimentares: ovos, amendoim, castanhas arbóreas, leite, soja, peixe, trigo, gergelim e ervilhas. A maioria das crianças que apresentam alergia a leite, ovo, trigo e soja desenvolvem tolerância à medida que envelhecem, mas as reações a amendoim, nozes e frutos do mar tendem a persistir. Os sulfitos são outro alérgeno alimentar comum. Essas substâncias são utilizadas como conservantes em alimentos (como frutas secas e carnes processadas) e bebidas (como o vinho).

A FDA exige que os rótulos dos alimentos identifiquem a presença de sulfitos e dos nove alimentos alergênicos mais comuns. Apesar dessa rotulagem, os alérgenos alimentares podem ser difíceis de serem evitados. Um produto alimentar pode entrar em contato com um alérgeno de alimento pelo

A hipótese da higiene

A disbiose está aumentando a incidência de distúrbios relacionados ao sistema imune?

A incidência de doenças relacionadas ao sistema imune, como asma, alergias alimentares e doenças inflamatórias intestinais, está aumentando nos Estados Unidos e em outros países desenvolvidos. Esses distúrbios apresentam origens compartilhadas em uma resposta imune que resulta em inflamação e danos nos tecidos. Pesquisas em desenvolvimento sugerem que esse aumento na prevalência pode estar relacionado ao aumento da **disbiose**, um desequilíbrio prejudicial da microbiota normal, entre pessoas que vivem estilos de vida modernos.

A conexão entre disbiose e distúrbios imunológicos é explicada pela *hipótese da higiene*, que postula que a exposição das crianças a microrganismos é essencial para treinar o sistema imune para que este se torne tolerante a micróbios e antígenos inofensivos que encontramos diariamente. Sem uma exposição precoce, o sistema imune reage exageradamente quando encontra micróbios que historicamente provocam pouca ou nenhuma resposta.

Isso significa que uma boa higiene, boas condições de saneamento e os antibióticos podem conferir uma desvantagem: os micróbios que apresentam certa utilidade são eliminados juntamente aos nocivos. Como resultado, o microbioma apresenta menos diversidade, o que, por sua vez, pode promover o desenvolvimento de distúrbios de hipersensibilidade. Estudos mostram que pessoas que vivem em países com medidas menos rigorosas de saneamento e saúde/higiene tendem a apresentar uma maior diversidade de micróbios residentes.

Alergias e asma

Os pesquisadores observaram, pela primeira vez, que a prevalência de alergias era menor entre as populações indígenas em comparação com as populações urbanas na década de 1970. Mais recentemente, essa mesma diferença foi observada entre crianças que crescem em fazendas

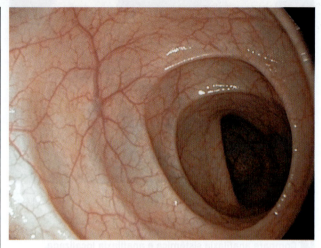

Visão endoscópica de um cólon saudável.

em comparação com as que crescem em áreas urbanas. As crianças de fazenda foram mais amplamente expostas aos micróbios e apresentaram uma menor prevalência de asma.

Doenças inflamatórias intestinais

Atualmente, a disbiose está sendo muito estudada como possível causa de doenças inflamatórias intestinais, como a colite ulcerativa e a doença de Crohn. Alguns produtos metabólicos da microbiota normal, como os butiratos, exercem um efeito anti-inflamatório no corpo, portanto a falta dessa microbiota normal pode resultar em mais inflamação. O uso de antibióticos também pode contribuir para essas doenças, uma vez que estudos demonstraram que o microbioma pode não recuperar toda a sua diversidade após um tratamento com antibióticos. Eles podem levar à perda de organismos que normalmente manteriam a inflamação sob controle.

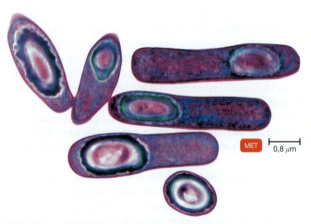

Clostridioides difficile, uma bactéria que pode proliferar e causar doenças intestinais quando os antibióticos eliminam a microbiota residente.

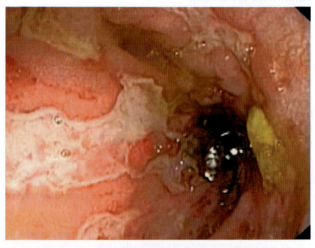

Visão endoscópica do cólon inflamado e ulcerado de um paciente com doença de Crohn.

Doenças que têm ligação com a disbiose

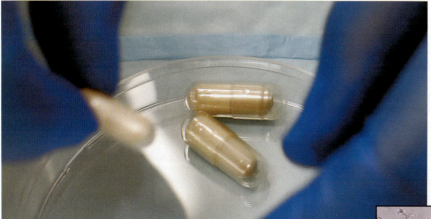

"Pílulas de cocô" desenvolvidas para tratamentos de transplante fecal. A microbiota nas pílulas é circundada por uma camada tripla de gel para que elas consigam passar ilesas pelo estômago.

A doença de Crohn, que causa inflamação e ulceração dos intestinos, é frequentemente caracterizada por quantidades excessivas das citocinas fator de necrose tumoral alfa (TNF-α, de *tumor necrosis factor alpha*) e interleucina 12 (IL-12). Os pesquisadores admitem a hipótese de que esse excesso possa resultar de uma perturbação da microbiota normal, que, em condições normais, manteria as citocinas inflamatórias sob controle. Certos micróbios podem ser efetivos no tratamento da doença de Crohn; helmintos como os tricurídeos, por exemplo, suprimem as vias das células T auxiliares que são hiperativas na doença. Em um estudo, pacientes com Crohn que ingeriram ovos de tricurídeos apresentaram taxas de remissão de até 73%. Como os vermes não colonizam os seres humanos, o tratamento deve ser periodicamente repetido para manter o seu efeito. Até o momento, o efeito placebo não pode ser descartado e pesquisas futuras são recomendadas.

Infecções por *Clostridioides difficile*

O *Clostridioides difficile* representa uma grande preocupação em ambientes de saúde, onde pacientes submetidos à antibioticoterapia podem desenvolver infecções intestinais debilitantes após a eliminação do micróbio-alvo, que acaba eliminando conjuntamente a microbiota residente inofensiva. Cientistas obtiveram sucesso no tratamento de infecções por *C. difficile* com transplantes fecais. Estes envolvem a inoculação do paciente com uma amostra fecal de um indivíduo saudável (geralmente um membro da família). Os transplantes fecais oriundos de um doador são mais eficazes do que aqueles provenientes do próprio paciente. Os micróbios saudáveis encontrados na amostra do doador podem ajudar a restaurar o microbioma do paciente. Como os transplantes fecais são muito mais efetivos do que os tratamentos com antibióticos, eles estão se tornando uma prática comum para o tratamento de infecções por *C. difficile*. Ademais, alguns médicos estão experimentando transplantes fecais para o tratamento da obesidade. Em 2022, a FDA aprovou o transplante fecal para o tratamento de infecções recorrentes por *C. difficile*.

MO · 12 μm

Ovo de *Trichuris suis*, o tricurídeo suíno usado no tratamento da doença de Crohn.

CONCEITOS-CHAVE

- A microbiota normal é importante para a manutenção de um sistema imune saudável. (**Ver Capítulo 14, "Relações entre a microbiota normal e o hospedeiro".**)

- O Projeto Microbioma Humano está sequenciando os genes do RNA ribossomal 16S para auxiliar os cientistas a catalogar a microbiota normal que é difícil de se cultivar e identificar em laboratório. (**Ver Capítulo 9, "Projetos Genoma".**)

- *Trichuris suis* é um verme redondo relacionado ao *T. trichiura*. (**Ver Capítulo 12, "Nematódeos".**)

- As doenças inflamatórias são caracterizadas por um aumento na quantidade de citocinas produzidas pelas células T auxiliares, incluindo o fator de necrose tumoral alfa e as interleucinas. (**Ver Capítulo 16, "Inflamação".**)

processamento ou pelos utensílios de cozinha previamente utilizados para outros alimentos. Em um relatório da FDA, 25% dos confeitos, sorvetes e doces revelaram-se positivos para alérgenos do amendoim, embora o amendoim não estivesse discriminado nos rótulos dos produtos.

A urticária é um sinal característico de uma reação anafilática localizada a um alérgeno alimentar. No entanto, a ingestão de alérgenos alimentares também pode desencadear anafilaxia sistêmica. As alergias alimentares causam cerca de 150 a 200 mortes a cada ano nos Estados Unidos.

O transtorno gastrintestinal é outro sintoma localizado comum de alergia alimentar, mas pode não estar relacionado à hipersensibilidade. Outras causas comuns são infecções de origem alimentar, síndrome do intestino irritável e *intolerância alimentar*. Por exemplo, muitas pessoas são incapazes de digerir a lactose do leite, pois não possuem a enzima intestinal que degrada esse dissacarídeo. Conforme a lactose não digerida percorre o intestino, ela retém líquidos osmoticamente, causando inchaço e diarreia.

Prevenção de reações anafiláticas

Algumas pessoas experimentam reações alérgicas após a exposição a uma variedade de antígenos ambientais ou alimentares e podem não saber exatamente a quais deles são sensíveis. Em tais casos, os testes cutâneos podem ser úteis no diagnóstico (**Figura 19.3**). Esses testes envolvem a inoculação de pequenas quantidades de antígenos suspeitos logo abaixo da epiderme. A sensibilidade ao antígeno é indicada por uma rápida reação inflamatória cutânea, que produz vermelhidão, edema e irritação no local de inoculação. Essa pequena área afetada é chamada de *pápula*.

Após o antígeno responsável ter sido identificado, a pessoa pode evitar o contato com ele ou passar por um processo de **dessensibilização** (ou **imunoterapia subcutânea específica para alérgenos**). Em geral, esse procedimento consiste em uma série de dosagens gradualmente crescentes do antígeno, as quais são injetadas com cuidado sob a pele. O objetivo é causar a produção de anticorpos IgG, em vez de IgE, na esperança de que os anticorpos IgG circulantes atuem como *anticorpos bloqueadores*, para interceptar e neutralizar os antígenos, antes que possam reagir com a IgE ligada à célula. A dessensibilização

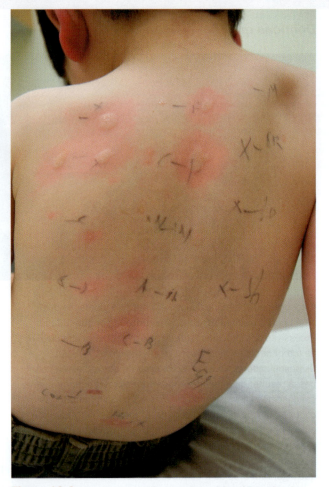

Figura 19.3 Um teste cutâneo para a identificação de alérgenos. Gotas de fluido contendo substâncias-teste são colocadas sobre a pele. Uma leve arranhadura é feita com uma agulha, de modo a permitir que as substâncias penetrem na pele. Vermelhidão e edema no local identificam a substância como causa provável de uma reação alérgica.

P **O que é inoculado na pele em um teste cutâneo?**

não é uma "cura" para alergias e apresenta níveis variados de eficácia, sendo que o maior sucesso foi observado contra alérgenos inalados e injetados (veneno de inseto).

CASO CLÍNICO

O médico do departamento de emergência rapidamente descarta a possibilidade de ser eritema infeccioso (quinta moléstia), uma vez que o exantema não se iniciou na face de Miguel. (A quinta moléstia é uma enfermidade viral; um dos primeiros sintomas é um exantema facial.) Miguel não apresenta outros sintomas, como dificuldade para respirar ou pressão sanguínea baixa, que indicariam uma reação anafilática. Ao conversar com os pais dele, o médico descobre que Miguel passou recentemente por uma cirurgia para o reparo de um defeito no coração e recebeu uma transfusão sanguínea de rotina. Durante a cirurgia, descobriu-se que Miguel não possui o timo.

Qual é o papel do timo? (*Dica:* ver Capítulo 17.)

Parte 1   **Parte 2**   Parte 3   Parte 4   Parte 5

TESTE SEU CONHECIMENTO

✔ **19-2** Em quais tecidos são encontrados os mastócitos que são os principais responsáveis por reações alérgicas como a rinite alérgica?

✔ **19-3** O que oferece maior risco à vida: a anafilaxia sistêmica ou a localizada?

✔ **19-4** Como os médicos podem saber se uma pessoa é sensível a um alérgeno em particular, como o pólen das plantas?

✔ **19-5** Quais tipos de anticorpos precisam ser bloqueados para se dessensibilizar uma pessoa propensa a alergias?

TABELA 19.2 Sistema de grupo sanguíneo ABO				
Grupo sanguíneo	**Antígenos eritrocitários**	**Ilustração**	**Anticorpos plasmáticos presentes**	**Células que podem ser recebidas**
A	A		Anti-B	A, O
B	B		Anti-A	B, O
AB	A e B		Nem anticorpos anti-A nem anti-B	A, B, AB, O
O	Nem A nem B		Anti-A e Anti-B	O

Reações tipo II (citotóxicas)

As **reações tipo II (citotóxicas)** geralmente envolvem a ativação do complemento pela combinação de anticorpos IgG ou IgM com uma célula antigênica. Essa ativação estimula o complemento a causar a lise da célula afetada, que pode ser uma célula estranha ou uma célula do hospedeiro que carreia um determinante antigênico estranho (p. ex., um fármaco) em sua superfície. O dano celular adicional pode ser causado em 5 a 8 horas pela ação dos macrófagos e de outras células que atacam as células recobertas com anticorpo.

As reações de hipersensibilidade citotóxicas mais conhecidas são as *reações transfusionais*, nas quais as hemácias são destruídas, como resultado da reação com os anticorpos circulantes. Essas reações envolvem os sistemas de grupo sanguíneo que incluem os antígenos ABO e Rh.

O sistema de grupo sanguíneo ABO

Em 1901, Karl Landsteiner descobriu que o sangue humano podia ser agrupado em quatro diferentes tipos principais, designados A, B, AB e O. Esse método de classificação é chamado de **sistema de grupo sanguíneo ABO**. Desde então, outros sistemas de grupos sanguíneos foram descobertos, mas a nossa discussão será limitada aos dois mais conhecidos, os sistemas ABO e Rh. As principais características do sistema de grupo sanguíneo ABO estão resumidas na Tabela 19.2.

O tipo sanguíneo ABO de uma pessoa depende da presença ou ausência de antígenos carboidratos, localizados na membrana celular das hemácias. Os antígenos do grupo sanguíneo também são encontrados em outras células, incluindo células localizadas no interior dos vasos sanguíneos. O ABO envolve três antígenos carboidratos na superfície das células: A, B e H. O gene H codifica o antígeno H, que é modificado por enzimas codificadas pelos genes A e B, se estes estiverem presentes. Assim, uma pessoa do tipo O expressa apenas o antígeno H, e indivíduos do tipo A e B convertem o antígeno H nos antígenos A ou B, respectivamente.

Os antígenos A e B são únicos entre aqueles das células humanas e também são identificados em certas bactérias. Por exemplo, *E. coli* 086 carreia antígenos do tipo B, portanto provoca uma resposta imune (anticorpos anti-B) em um indivíduo com sangue tipo A ou tipo O, mas não em uma pessoa com sangue tipo B. Da mesma forma, algumas bactérias carreiam antígenos do tipo A, portanto provocam uma resposta imune (anticorpos anti-A) em um indivíduo com sangue tipo B ou tipo O, mas não em uma pessoa com sangue tipo A. Portanto, enquanto uma pessoa que possui sangue do tipo O produz os dois tipos de anticorpos, um indivíduo com sangue do tipo AB não produz esses anticorpos (Tabela 19.2). A origem desses anticorpos é descrita mais adiante em **Explorando o microbioma**.

A chave para uma transfusão segura é escolher um doador que corresponda ao receptor em relação ao tipo sanguíneo ABO e ao *status* Rh (discutido em breve). Se a combinação for exata, o sangue total pode ser transfundido com segurança. No entanto, existem situações em que apenas células compactadas (sem plasma) devem ser utilizadas. Por exemplo, o sangue do tipo O é considerado o "doador universal de células", uma vez que as células não possuem antígenos A nem B que induziriam uma resposta imune em um indivíduo com sangue tipo B ou A, respectivamente. Contudo, o plasma do doador do tipo O contém anticorpos contra os antígenos A e B. Se o sangue total de um doador do tipo O fosse administrado a um receptor do tipo B, os anticorpos anti-B na amostra do doador reagiriam imediatamente com as células receptoras, provocando aglutinação e ativação do complemento, o que, por sua vez, desencadearia a lise dos eritrócitos do doador à medida que estes entrassem no sistema do receptor. Em contraste, uma pessoa com sangue do tipo AB é considerada um "receptor celular universal". Esses indivíduos não produzem anticorpos anti-A nem anti-B, então podem receber células compactadas dos tipos A, B, AB ou O. O médico americano Charles Drew (**Figura 19.4**) inventou a técnica de separação de plasma, que permite que o sangue seja armazenado, ou "estocado", com células e plasma separados para esse fim.

A ligação entre o tipo sanguíneo e a composição do microbioma intestinal

Durante o primeiro ano de vida, as células B de um bebê começam a produzir anticorpos contra bactérias em seu microbioma em desenvolvimento. Alguns antígenos bacterianos são idênticos aos antígenos A e B das hemácias. Uma

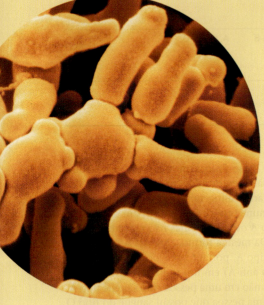

Bifidobacterium

criança com sangue do tipo A retém células B específicas para o antígeno B (que produzem anticorpos anti-B), mas as células B específicas para o antígeno A (próprio) são excluídas. Além disso, se o indivíduo recebesse uma transfusão com sangue do tipo B ou AB em qualquer momento de sua vida, seus anticorpos anti-B causariam uma reação transfusional imediata.

Além de serem encontrados nas células sanguíneas, os antígenos sanguíneos aparecem na saliva, no muco e nos fluidos corporais de cerca de 80% da população. Sua presença se deve a um gene secretor que esses indivíduos possuem que produz uma forma solúvel em água de antígenos sanguíneos. Esses "secretores" apresentam uma menor quantidade e menos diversidade de bactérias intestinais do que os não secretores. No entanto, seus intestinos são comumente povoados por espécies de *Bifidobacterium*, as quais raramente estão presentes no intestino de não secretores. Esse aumento da presença de *Bifidobacterium* nos intestinos dos secretores é importante, pois se acredita que essas bactérias mantenham a saúde intestinal e sejam bons competi-

dores diante de bactérias patogênicas, inibindo o seu crescimento.

Algumas bactérias intestinais anaeróbicas produzem exoenzimas (enzimas extracelulares) que degradam os antígenos sanguíneos. Foi observado, por exemplo, que as bactérias que degradam os antígenos B do sangue são mais abundantes em indivíduos com sangue do tipo B. É provável que os monossacarídeos resultantes da degradação dos antígenos sejam usados como nutrientes por essas bactérias. De tempos em tempos, bactérias que degradam grupos sanguíneos podem desaparecer do intestino por uma ou duas semanas, deixando o cólon exposto a antígenos que normalmente são degradados. Esses antígenos podem incluir os antígenos polissacarídicos O nas paredes celulares das bactérias Enterobacteriaceae. Esses antígenos do tipo B, que normalmente seriam degradados por exoenzimas bacterianas, induzem respostas imunes que podem desempenhar um papel na doença inflamatória intestinal. Portanto, mudanças populacionais no ecossistema intestinal podem apresentar um papel significativo nessas doenças.

Foi observada uma relação entre tipos sanguíneos e certas doenças, que pode estar relacionada à seleção natural de tipos sanguíneos nas populações de determinadas áreas geográficas. Por exemplo, indivíduos com sangue do tipo O são mais suscetíveis a infecções e doenças graves por cólera e outras diarreias do que indivíduos com sangue do tipo B. Essa tendência parece refletir o tipo sanguíneo encontrado no subcontinente indiano, onde o tipo B é comum, e o tipo O, menos comum. Como outro exemplo, mais da metade da população da África Tropical tem sangue do tipo O; esses indivíduos tendem a ser menos afetados de forma grave pela malária.

Sistema de grupo sanguíneo Rh

Na década de 1930, os pesquisadores Karl Landsteiner e Alexander Wiener descobriram a presença de um antígeno de superfície diferente nas hemácias humanas que também existia nos macacos Rhesus. O antígeno foi chamado de **fator Rh** (*Rh*, de macaco Rhesus). Aproximadamente 85% da população cujas células têm esse antígeno são chamadas de Rh-positivo (Rh$^+$); aquelas que não possuem esse antígeno nas hemácias (cerca de 15%) são Rh-negativo (Rh$^-$). Os anticorpos que reagem com o antígeno Rh não ocorrem naturalmente

no soro dos indivíduos Rh$^-$, porém a exposição a esse antígeno pode sensibilizar o sistema imune a produzir anticorpos anti-Rh.

Transfusões sanguíneas e incompatibilidade de Rh Se o sangue de um doador Rh$^+$ é transfundido a um recipiente Rh$^-$, as hemácias do doador estimularão a produção de anticorpos anti-Rh no receptor. Se o receptor receber, então, hemácias Rh$^+$ em uma transfusão posterior, uma reação hemolítica rápida e grave se desenvolverá.

Doença hemolítica do recém-nascido As transfusões de sangue não são a única forma pela qual uma pessoa Rh$^-$ pode se tornar sensibilizada ao sangue Rh$^+$. Quando uma criança é concebida por uma mãe Rh$^-$ e um pai Rh$^+$, há 50% de chance de que o feto seja Rh$^+$. Conforme mostrado na **Figura 19.5, etapa 2**, se o feto for Rh$^+$, uma mãe que é Rh$^-$ pode ficar sensibilizada ao antígeno Rh durante a gravidez e o parto se os eritrócitos Rh$^+$ fetais entrarem em sua circulação. Sua resposta primária de anticorpos consistirá em IgM, que não atravessa a placenta. Contudo, conforme mostrado na etapa 3, a resposta também produzirá células B de memória específicas para o fator Rh que produzem anticorpos IgG mediante

Figura 19.4 O médico americano Charles Drew inventou a técnica de separação de plasma, que permite que o sangue seja armazenado ou "estocado".

P Por que o sangue é separado para armazenamento?

estimulação. Se o feto de uma gravidez posterior for Rh⁺, estas células B de memória serão ativadas; conforme mostrado na etapa 4, os anticorpos IgG anti-Rh atravessarão a placenta e destruirão as hemácias fetais. O corpo do feto responde a esse ataque imune pela produção de grandes quantidades de hemácias imaturas, chamadas de eritroblastos. Assim, o termo *eritroblastose fetal* era utilizado anteriormente para descrever o que hoje é chamado de **doença hemolítica do recém-nascido (DHRN)**. Antes do nascimento de um feto com essa condição, a circulação materna remove grande parte dos produtos tóxicos oriundos dessa desintegração das hemácias. Após o nascimento, entretanto, o sangue fetal não é mais purificado dessa forma. Sem tratamento, o recém-nascido desenvolverá icterícia e anemia grave. O tratamento inclui a substituição do sangue Rh⁺ do recém-nascido contaminado com esses anticorpos, por meio da transfusão de sangue livre de anticorpos anti-Rh.

A DHRN atualmente é prevenida pela imunização passiva de uma mãe Rh⁻ que carrega um feto Rh⁺. Anticorpos anti-Rh, que estão disponíveis comercialmente (RhoGAM®), são usados. Esses são anticorpos IgM que não conseguem atravessar a placenta e prejudicar o feto. O RhoGAM® é administrado por injeção intramuscular ou intravenosa na 28ª semana de gestação e logo após o parto. Esses anticorpos anti-Rh se combinam com qualquer hemácia fetal Rh⁺ que tenha entrado na circulação sanguínea materna, reduzindo o risco de sensibilização ao antígeno Rh.

Reações citotóxicas induzidas por fármacos

As plaquetas sanguíneas (trombócitos) são pequenos fragmentos semelhantes a células retirados dos megacariócitos.

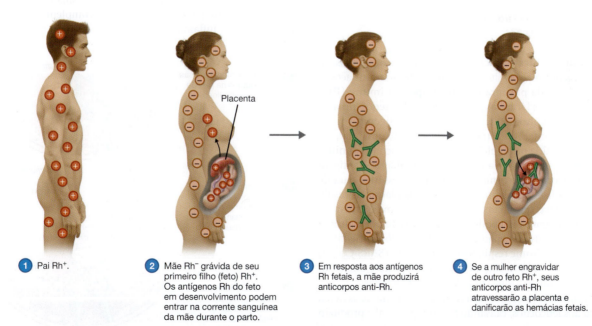

① Pai Rh⁺.

② Mãe Rh⁻ grávida de seu primeiro filho (feto) Rh⁺. Os antígenos Rh do feto em desenvolvimento podem entrar na corrente sanguínea da mãe durante o parto.

③ Em resposta aos antígenos Rh fetais, a mãe produzirá anticorpos anti-Rh.

④ Se a mulher engravidar de outro feto Rh⁺, seus anticorpos anti-Rh atravessarão a placenta e danificarão as hemácias fetais.

Figura 19.5 Doença hemolítica do recém-nascido.

P Quais tipos de anticorpos cruzam a placenta?

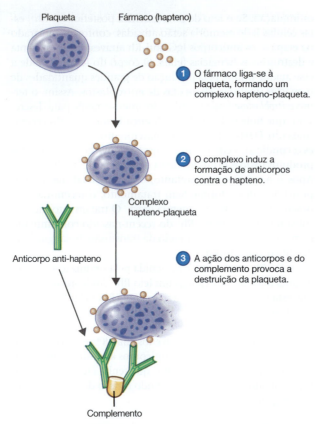

Figura 19.6 Púrpura trombocitopênica imune induzida por fármacos. As moléculas de um fármaco, como a quinina, acumulam-se na superfície de uma plaqueta e estimulam uma resposta imune, que destrói a plaqueta.

P **O que, de fato, destrói as plaquetas na púrpura trombocitopênica?**

Esses componentes essenciais dos coágulos sanguíneos são destruídos por reações citotóxicas induzidas por fármacos na doença chamada **púrpura trombocitopênica imune (PTI)**. As moléculas dos fármacos geralmente são haptenos, uma vez que elas são muito pequenas para serem antigênicas por si mesmas. Na situação ilustrada na **Figura 19.6**, uma plaqueta torna-se revestida por moléculas de um fármaco (a quinina é um exemplo comum), e a combinação resultante é antigênica. Os anticorpos e o complemento são necessários para desencadear a lise das plaquetas. A perda de plaquetas resulta em hemorragias que aparecem na pele na forma de manchas roxas ou *púrpuras*. A PTI pode ser desencadeada por alguns vírus, como o vírus da hepatite B (HBV) e o coronavírus tipo 2 associado à síndrome respiratória aguda grave (SARS-CoV-2), em alguns indivíduos. Um mecanismo proposto é que os anticorpos reajam de forma cruzada com as plaquetas.

Os fármacos podem se ligar de modo semelhante às hemácias ou aos leucócitos, causando hemorragia local e produzindo sintomas descritos como manchas de "bolinho de amoras" na pele. Quando as hemácias são destruídas dessa maneira, a condição é denominada **anemia hemolítica**. A destruição de causa imune dos leucócitos granulócitos é chamada de **agranulocitose** e afeta as defesas fagocíticas do organismo.

Reações tipo III (imunocomplexos)

Enquanto as reações imunes do tipo II são direcionadas contra antígenos localizados nas superfícies das células ou tecidos, as **reações do tipo III** envolvem anticorpos contra antígenos solúveis que circulam no soro. Os complexos antígeno-anticorpo são depositados em órgãos e causam dano inflamatório.

Os **imunocomplexos** formam-se apenas quando certas proporções de antígeno e anticorpo são atingidas. Os anticorpos envolvidos geralmente são IgG. Um excesso significativo de anticorpos leva à formação de complexos de fixação do complemento, que são rapidamente removidos do organismo por fagocitose. Quando há um excesso significativo de antígenos, formam-se complexos solúveis que não fixam o complemento e não causam inflamação. Entretanto, quando existe certa proporção antígeno-anticorpo, geralmente com um leve excesso de antígenos, os complexos solúveis que se formam são pequenos e escapam da fagocitose. Esses pequenos complexos podem fixar o complemento (Figura 16.10a).

A **Figura 19.7** ilustra as consequências. Esses complexos circulam no sangue, passam entre as células endoteliais dos vasos sanguíneos e ficam presos na membrana basal sob as células. Nesse local, eles podem ativar o complemento e causar uma reação inflamatória transitória, atraindo neutrófilos

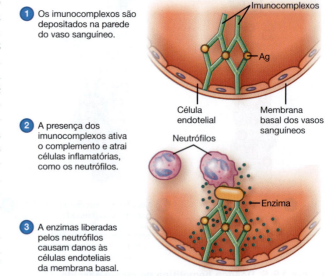

① Os imunocomplexos são depositados na parede do vaso sanguíneo.

② A presença dos imunocomplexos ativa o complemento e atrai células inflamatórias, como os neutrófilos.

③ A enzimas liberadas pelos neutrófilos causam danos às células endoteliais da membrana basal.

Figura 19.7 Hipersensibilidade mediada por imunocomplexos.

P **Cite uma doença causada por imunocomplexos.**

que liberam enzimas. A introdução repetida do mesmo antígeno pode levar a reações inflamatórias mais graves, resultando em dano às células endoteliais da membrana basal em um período de 2 a 8 horas.

A **reação de Arthus**, um efeito colateral raro das vacinas contendo toxoides, é uma reação do tipo III que pode ocorrer nas paredes dos glomérulos renais, causando glomerulonefrite, e nos vasos sanguíneos. A reação ocorre devido à ativação do complemento em um paciente com anticorpos IgG já circulantes para um antígeno injetado. Isso leva a inflamação local aguda, edema e, muitas vezes, necrose. A doença do soro é uma reação menos grave do tipo III que desencadeia inchaço e inflamação que ocorre a partir da injeção de uma proteína ou soro estranho.

Reações tipo IV (mediadas por células tardias)

Até este ponto, discutiram-se as respostas imunes humorais envolvendo IgE, IgG ou IgM. As reações tipo IV envolvem respostas imunes mediadas por células e são causadas principalmente por células T. **As reações mediadas por células tardias** (ou **hipersensibilidade tardia**) não são aparentes até um dia ou mais. Um fator importante na demora é o tempo necessário para que as células T e os macrófagos migrem e se acumulem próximos aos antígenos exógenos. A rejeição aos transplantes é mais comumente mediada pelos linfócitos T citotóxicos (LTCs), mas outros mecanismos podem estar envolvidos, como a citotoxicidade celular dependente de anticorpos ou a lise mediada pelo complemento. Outro exemplo é descrito no quadro **Foco clínico**.

Causas das reações mediadas por células tardias

A sensibilização nas reações de hipersensibilidade tardia ocorre quando certos antígenos estranhos, particularmente aqueles que se ligam às células teciduais, são fagocitados por macrófagos, fragmentados e, em seguida, apresentados por moléculas de complexo de histocompatibilidade principal (MHC, de *major histocompatibility complex*) aos receptores de antígeno nas células T auxiliares (T_H). A ligação específica entre o complexo peptídeo-MHC e a célula T_H faz a célula se proliferar e se desenvolver em células T de memória apresentando a mesma especificidade, bem como em células T_H1 secretoras de citocinas. Após a exposição inicial e o processo de sensibilização, nenhuma reação é aparente.

Quando uma pessoa sensibilizada é exposta novamente ao antígeno, uma reação de hipersensibilidade tardia pode ocorrer. Dentro de 1 a 2 dias, as células T_H1 de memória oriundas da exposição inicial são ativadas para secretar citocinas que atraem e ativam macrófagos e promovem a inflamação.

Reações de hipersensibilidade mediada por células tardias cutâneas

Uma reação de hipersensibilidade tardia que envolve a pele é o teste cutâneo comum para tuberculose. Como a bactéria

Mycobacterium tuberculosis se encontra frequentemente localizada no interior de macrófagos, esse organismo pode estimular uma resposta imune mediada por células tardia. Como teste de triagem, os componentes proteicos das bactérias são injetados na pele. Se o recipiente tem (ou teve) uma infecção prévia pela bactéria da tuberculose, uma reação inflamatória à injeção desses antígenos aparecerá na pele em 1 a 2 dias (ver Figura 24.9); esse intervalo é típico das reações de hipersensibilidade tardia.

A **dermatite de contato alérgica**, outra manifestação comum da hipersensibilidade tardia, geralmente é causada por haptenos que se combinam com as proteínas (principalmente o aminoácido lisina) na pele de algumas pessoas para produzir uma resposta imune. As reações à hera venenosa (**Figura 19.8**), a cosméticos e aos metais em bijuterias (principalmente o níquel) são exemplos comuns dessas alergias.

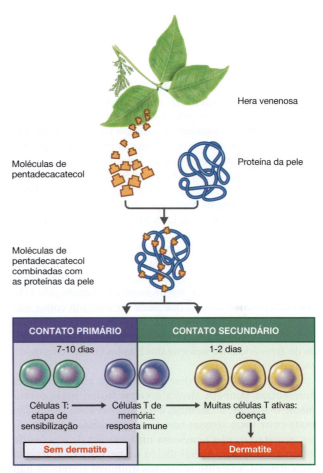

Figura 19.8 Desenvolvimento de uma alergia (dermatite de contato alérgica) aos catecóis da hera venenosa. O pentadecacatecol é uma mistura de catecóis, óleos secretados pela planta que se dissolvem facilmente nos óleos da pele e penetram nela. Na pele, os catecóis funcionam como haptenos – eles se combinam com as proteínas da pele para se tornarem antigênicos e provocarem uma resposta imune. O primeiro contato com a hera venenosa sensibiliza a pessoa suscetível, e a exposição subsequente resulta em dermatite de contato.

P **Como os haptenos causam reações alérgicas?**

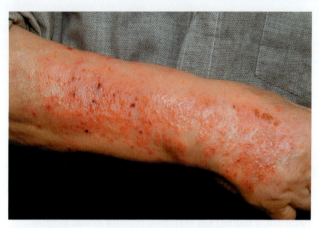

Figura 19.9 Dermatite de contato alérgica. A mão desta pessoa exibe um caso grave de dermatite de contato tardia resultante do uso de luvas cirúrgicas de látex.

P O que é dermatite de contato alérgica?

A exposição crescente ao látex em preservativos, em certos cateteres e em luvas usadas por profissionais da saúde tem resultado em uma percepção maior da hipersensibilidade ao látex. Em muitos ambientes de saúde, o látex foi substituído por luvas e produtos sem látex. Entre os profissionais de saúde, 8 a 17% relatam esse tipo de hipersensibilidade ao uso de luvas cirúrgicas de látex (**Figura 19.9**). Polímeros sintéticos como o vinil e, em particular, a nitrila são alternativas ao látex, mas mesmo as luvas de nitrila podem causar reações alérgicas. A maioria das luvas feitas de látex natural, assim como aquelas feitas de nitrila e neoprene, contém certos aditivos químicos, chamados de aceleradores. Os aceleradores químicos promovem a ligação cruzada, que auxilia a força e a elasticidade, mas foram associados a reações alérgicas. Um tipo de luva de nitrila sem aceleradores foi desenvolvido e registrado pela FDA como dispositivo médico que pode ser rotulado como não alergênico. Outra luva aprovada, a Yulex®, é feita a partir da seiva do arbusto guaiule (*Parthenium argentatum*), que é nativo de áreas áridas do sudoeste dos Estados Unidos e norte do México.

Muitas pessoas que desenvolvem uma alergia ao látex apresentam também alergia a certas frutas, mais comumente o abacate, a castanha, a banana e o kiwi. (A relação exata entre essas alergias não é compreendida.) A tinta látex, entretanto, não representa uma ameaça de reações de hipersensibilidade. Apesar de seu nome, ela não apresenta látex natural, somente polímeros químicos sintéticos não alergênicos.

A identidade do fator ambiental que causa a dermatite geralmente pode ser determinada pelo *teste de contato* (*patch test*). Amostras de materiais suspeitos são aderidas com fitas adesivas à pele; após 48 horas, a área é examinada para identificar se houve inflamação.

TESTE SEU CONHECIMENTO

✔ **19-10** Qual é a principal razão da demora em uma reação mediada por células tardia?

Doenças autoimunes

OBJETIVOS DE APRENDIZAGEM

19-11 Descrever um mecanismo de autotolerância.

19-12 Dar um exemplo de doenças autoimune mediada por células, citotóxica e por imunocomplexo.

Quando o sistema imune atua em resposta a antígenos próprios e provoca danos aos próprios órgãos de uma pessoa, o resultado é uma **doença autoimune**. Mais de 100 doenças autoimunes foram identificadas. Elas afetam mais de 10% da população no mundo desenvolvido.

Em torno de 80% dos casos de doenças autoimunes seletivamente afetam as mulheres. As razões para isso ainda estão sendo exploradas, mas as diferenças hormonais, a suscetibilidade genética (enquanto os homens apresentam um cromossomo X, as mulheres possuem dois e, no início do desenvolvimento embrionário, sofrem a inativação aleatória de um cromossomo X em cada célula), infecções anteriores e deficiência de vitamina D têm sido investigadas como possibilidades. Os tratamentos para as doenças autoimunes estão sendo aprimorados à medida que o conhecimento dos mecanismos que controlam as reações imunes se expande.

As doenças autoimunes ocorrem quando existe uma perda da **autotolerância**, a capacidade do sistema imune de diferenciar entre o próprio e o não próprio. É geralmente aceito que as células T adquirem essa habilidade durante a sua passagem pelo timo. Quaisquer células T que tenham como alvo as moléculas próprias são eliminadas por deleção clonal no timo (chamada *seleção tímica*; ver Capítulo 17). No entanto, quando esse processo não é bem-sucedido, a autotolerância é prejudicada. Isso pode levar à produção de anticorpos contra si mesmo (*autoanticorpos*) ou a uma resposta de células T sensibilizadas contra os próprios antígenos da pessoa.

As reações autoimunes, e as doenças que elas causam, podem ser naturalmente citotóxicas, por imunocomplexo ou mediadas por células.

Reações autoimunes citotóxicas

A **esclerose múltipla** é uma das doenças autoimunes mais comuns, causada por uma reação autoimune citotóxica. O seu início ocorre tipicamente no início da idade adulta e é mais comum em mulheres e em regiões temperadas. Trata-se de uma doença neurológica na qual os autoanticorpos, as células T e os macrófagos atacam a bainha de mielina dos nervos. Isso compromete a condução do impulso nervoso e causa cicatrizes. Os sintomas variam desde fadiga e fraqueza até, em alguns casos, eventual paralisia grave. Existem evidências consideráveis de suscetibilidade genética de vários genes que interagem. A etiologia da esclerose múltipla é desconhecida, mas evidências epidemiológicas indicam que provavelmente envolve algum agente infectivo ou agentes adquiridos no início da adolescência. O vírus Epstein-Barr (*Lymphocryptovirus humangamma4*, HHV-4) é o principal suspeito. Não existe cura, porém tratamentos com interferonas, anticorpos monoclonais e vários fármacos que interferem nos processos imunes podem desacelerar significativamente a progressão dos sintomas.

Uma erupção cutânea tardia

Neste quadro, você encontra uma série de questões que os profissionais de saúde se perguntam quando determinam a causa dos sintomas de um paciente. Tente responder a cada questão antes de passar à seguinte.

1. Uma mulher de 65 anos fez uma consulta de rotina ao dentista. Devido aos seus implantes de quadril e ombro, antibióticos foram prescritos como rotina para administração por 2 dias após qualquer procedimento odontológico. A mulher pediu a sua receita médica habitual de cefalotina. O enfermeiro-chefe prescreveu-lhe penicilina, dizendo ser um medicamento de custo mais acessível.

   Por que pacientes com implantes médicos são mais suscetíveis a infecções após uma intervenção odontológica?

2. Bactérias orais introduzidas na corrente sanguínea durante procedimentos odontológicos podem colonizar implantes médicos, como articulações artificiais, *stents* ou cateteres. O biofilme resultante pode ser uma fonte de infecções sistêmicas graves. A limpeza dos dentes ocorreu tranquilamente. Sete dias depois, a mulher desenvolveu exantema maculopapular nas pernas e no torso (ver figura).

   Quais são as causas mais prováveis do exantema, na ausência de febre ou outros sinais de infecção?

3. Um exantema ocorre provavelmente devido a uma reação alérgica.

   Que perguntas você faria à paciente?

4. A paciente não havia ingerido nenhum alimento fora do comum e também não havia usado agentes de limpeza ou roupas diferentes. Ela disse que a única coisa diferente que havia feita nos últimos 10 dias tinha sido tomar penicilina. O enfermeiro-chefe disse-lhe que essa não poderia ser a causa, pois as respostas à penicilina ocorrem entre alguns minutos e horas logo após a exposição.

   O enfermeiro-chefe estava correto?

5. As reações imediatas que ocorrem dentro de minutos a horas indicam uma alergia mediada por anticorpos. Reações tardias, que ocorrem após dias ou semanas após a exposição a um alérgeno em uma pessoa sensibilizada, sugerem uma reação mediada por células tipo IV. A resposta dessa paciente se encaixa no perfil de uma reação à penicilina mediada por células.

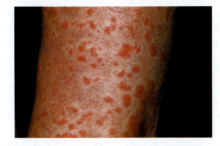

Quais células são as responsáveis pela hipersensibilidade tipo IV? Quais anticorpos estão envolvidos na hipersensibilidade tipo I?

6. Células T sensibilizadas estão envolvidas nas reações de hipersensibilidade tardias, incluindo exantemas induzidos por antibióticos. Anticorpos IgE específicos para fármacos são responsáveis pelas reações de hipersensibilidade imediata tipo I.

   O que o enfermeiro-chefe deveria ter perguntado?

7. O enfermeiro-chefe deveria ter perguntado se a paciente tinha qualquer alergia a fármacos antes de prescrever qualquer antibiótico. Entretanto, neste caso, a paciente não tinha manifestado nenhum episódio anterior de alergia induzida por fármacos.

   Essa foi a primeira exposição da paciente à penicilina?

8. Não. As reações alérgicas não ocorrem na primeira exposição a um antígeno. A exposição prévia poderia ter ocorrido em alguma época da vida da paciente. Muitos imunologistas acreditam que o uso excessivo da penicilina há 70 anos, para o tratamento de infecções bacterianas, resultou no aumento da frequência das reações alérgicas. Entretanto, a maioria dos pacientes com história de alergia à penicilina tolerará cefalosporinas.

Reações autoimunes por imunocomplexos

Os distúrbios autoimunes por imunocomplexos comuns incluem lúpus, artrite reumatoide, doença de Graves e miastenia grave.

O **lúpus eritematoso sistêmico** é uma doença autoimune sistêmica que afeta principalmente as mulheres. A etiologia da doença não é inteiramente compreendida, mas as pessoas afetadas produzem anticorpos dirigidos contra os componentes de suas próprias células, incluindo o DNA, o qual provavelmente é liberado durante a degradação normal dos tecidos, em particular a pele. Os efeitos mais prejudiciais da doença resultam do depósito de imunocomplexos nos glomérulos renais.

A **artrite reumatoide** é uma doença na qual os imunocomplexos de IgM, IgG e complemento são depositados nas articulações. De fato, os imunocomplexos, chamados de *fatores reumatoides*, podem ser formados pela ligação da IgM à região Fc de uma IgG normal. Esses fatores são encontrados em 70% das pessoas que sofrem de artrite reumatoide. A inflamação crônica causada por essa deposição eventualmente produz danos graves à cartilagem e aos ossos articulares, prejudicando gravemente a estrutura e a mobilidade das articulações.

A **doença de Graves** é uma condição na qual a glândula tireoide é estimulada a produzir quantidades elevadas dos hormônios da tireoide. Normalmente, a hipófise no cérebro libera um hormônio chamado de hormônio estimulante da tireoide (TSH, de *thyroid-stimulating hormone*), que induz a glândula tireoide a produzir seus hormônios. No entanto, na doença de Graves, anticorpos que mimetizam o TSH são produzidos. Esses anticorpos anormais se ligam aos receptores de TSH, formando complexos que fazem a tireoide produzir quantidades excessivas de hormônios tireoidianos. Os sintomas incluem aceleração dos batimentos cardíacos, tremores e sudorese. Os sinais externos mais notáveis da doença incluem bócio (um edema desfigurante da glândula tireoide no pescoço) e olhos marcadamente salientes.

TABELA 19.3 Distúrbios autoimunes selecionados

Doenças autoimunes	Possível causa
Síndrome da fadiga crônica	Pode ser decorrente da ligação de anticorpos aos receptores de acetilcolina nas células nervosas (ver Capítulo 22)
Artrite reumatoide	Imunocomplexos se acumulam nas articulações
Lúpus eritematoso sistêmico	Imunocomplexos envolvendo anticorpos contra o DNA
Esclerose múltipla	Células T e macrófagos atacam a bainha de mielina
Diabetes tipo I	Células T destroem as células secretoras de insulina
Síndrome de Guillain-Barré	Células T produzem citocinas que causam a destruição da bainha de mielina das células nervosas (ver Capítulos 22 e 25)
Psoríase	As células T produzem citocinas que podem induzir o crescimento de queratinócitos (células da pele)
Doença de Graves	Anticorpos ligados a determinados receptores na glândula tireoide provocam o aumento da glândula e a produção excessiva de hormônios
Miastenia grave	Anticorpos contra receptores de acetilcolina
Doença de Crohn	Anticorpos antibacterianos reagem com a mucosa intestinal
Doença inflamatória intestinal	Anticorpos antibacterianos reagem com a mucosa intestinal (ver quadro "Visão geral")

A **miastenia grave** é uma doença na qual os músculos se tornam progressivamente mais fracos. Ela é causada por anticorpos que se ligam e bloqueiam os receptores de acetilcolina nas junções em que os impulsos nervosos encontram os músculos. Eventualmente, esses complexos podem bloquear os sinais nervosos para os músculos que controlam o diafragma e a caixa torácica, resultando em parada respiratória e morte.

Reações autoimunes mediadas por células

O **diabetes melito insulinodependente** é um distúrbio comum, causado pela destruição imunológica das células secretoras de insulina do pâncreas. As células T estão claramente envolvidas nessa doença; os animais com tendência genética a desenvolver o diabetes não o fazem quando seu timo é removido na infância.

A **psoríase**, condição clínica cutânea bastante comum, é um distúrbio autoimune caracterizado por coceira e manchas avermelhadas na pele espessa. Cerca de 30% das pessoas que apresentam psoríase desenvolvem **artrite psoriásica**. Várias terapias tópicas e sistêmicas, como corticosteroides e metotrexato, estão disponíveis para ajudar a controlar a psoríase da pele. A psoríase é considerada uma doença T_H1 e pode ser tratada de forma eficaz com anticorpos monoclonais contra as citocinas TNF-α e IL-17. Para a artrite psoriásica, bem como para a artrite reumatoide, os tratamentos mais efetivos são injeções de anticorpos monoclonais que inibem o TNF-α. As doenças autoimunes discutidas neste livro estão resumidas na Tabela 19.3.

TESTE SEU CONHECIMENTO

✔ **19-11** Qual é a importância da deleção clonal no timo?

✔ **19-12** Qual órgão é afetado na doença de Graves?

Reações aos transplantes

OBJETIVOS DE APRENDIZAGEM

19-13 Definir *complexo HLA* e explicar a sua importância na suscetibilidade a doenças e nos transplantes de tecidos.

19-14 Explicar como um transplante é rejeitado.

19-15 Definir *sítio privilegiado*.

19-16 Discutir o papel das células-tronco nos transplantes.

19-17 Definir produtos de *autoenxerto, isoenxerto, aloenxerto* e *xenotransplante*.

19-18 Explicar como ocorre a doença do enxerto contra o hospedeiro.

19-19 Explicar como a rejeição de um transplante pode ser prevenida.

Os transplantes reconhecidos pelo sistema imune como não próprios são rejeitados – são atacados por células T que matam diretamente as células do enxerto, por macrófagos ativados por células T e, em determinados casos, por anticorpos, os quais ativam o sistema complemento e danificam os vasos sanguíneos que irrigam o tecido transplantado. Entretanto, os transplantes que não são rejeitados podem acrescentar muitos anos de vida saudável a uma pessoa. Aqui, exploraremos como e por que essas reações às células, aos tecidos e aos órgãos transplantados ocorrem.

O papel do HLA

As características genéticas hereditárias das pessoas são expressas não somente na cor de seus olhos ou na forma de seus cabelos, mas também na composição das moléculas próprias em suas superfícies celulares. Algumas dessas moléculas são chamadas de **antígenos de histocompatibilidade**. As moléculas próprias mais importantes são chamadas de **MHC**. Em seres humanos, os genes que codificam essas moléculas são chamados de **complexo do antígeno leucocitário humano** (**HLA**, de *human leukocyte antigen*). Nós vimos essas moléculas próprias no Capítulo 17, no qual estudamos que o reconhecimento do antígeno pelas células T requer a "apresentação" do antígeno por essas moléculas nas células do corpo.

Um processo chamado de *tipagem do HLA* é utilizado para identificar e comparar os HLAs. Certos HLAs estão relacionados ao aumento da suscetibilidade a doenças específicas (Tabela 19.4); uma aplicação médica da tipagem do HLA é identificar essa suscetibilidade. Outra importante aplicação médica da tipagem do HLA é em cirurgias de transplantes, nas quais o doador e o recipiente devem ser compatíveis por *tipagem de*

TABELA 19.4 Doenças selecionadas relacionadas a antígenos leucocitários humanos (HLAs) específicos

Doença	Aumento do risco de ocorrência com o HLA específico*	Descrição
DOENÇAS INFLAMATÓRIAS		
Esclerose múltipla	5 vezes	Doença inflamatória progressiva que afeta o sistema nervoso
Febre reumática	4-5 vezes	Reação cruzada com anticorpos contra antígenos estreptocócicos
DOENÇAS ENDÓCRINAS		
Doença de Addison	4-10 vezes	Deficiência na produção de hormônios pela glândula suprarrenal
Doença de Graves	10-12 vezes	Transtorno no qual anticorpos ligados a determinados receptores na glândula tireoide provocam o aumento da glândula e a produção excessiva de hormônios
DOENÇA MALIGNA		
Linfoma de Hodgkin	1,4-1,8 vez	Câncer dos linfonodos

*Comparado com a população geral.

tecido. A técnica sorológica, mostrada na **Figura 19.10**, é uma das mais frequentemente utilizadas. Na tipagem sorológica de tecido, o laboratório usa antissoro padronizado ou anticorpos monoclonais que são específicos para HLAs particulares.

Uma técnica mais nova e mais precisa para se analisar o HLA consiste no uso da PCR para amplificar porções dos genes HLA e sequenciar esse DNA para determinar o tipo de uma pessoa (ver Figura 9.4). Se isso for realizado para o receptor e para possíveis doadores, uma combinação pode ser encontrada. Havendo essa compatibilidade do DNA e a compatibilidade do tipo sanguíneo ABO entre o doador e o recipiente, a taxa de sucesso na cirurgia de transplantes deve ser muito maior.

Entretanto, outros fatores podem estar envolvidos no sucesso de um transplante. De acordo com uma hipótese, a reação do organismo a um tecido exógeno transplantado pode ser uma resposta a células danificadas durante a cirurgia. Em outras palavras, a rejeição ao tecido pode resultar de uma reação aprendida pelo organismo ao sinal de perigo apresentado pelas células danificadas, em vez de uma reação aprendida ao não próprio.

TESTE SEU CONHECIMENTO

✔ **19-13** Qual é a relação entre o complexo principal de histocompatibilidade em seres humanos e o complexo do antígeno leucocitário humano?

Sítios e tecidos privilegiados

Alguns transplantes ou enxertos não estimulam uma resposta imune. Uma córnea transplantada, por exemplo, raramente é rejeitada, sobretudo porque os anticorpos geralmente não circulam nessa porção do olho. A córnea é, portanto, considerada um **sítio privilegiado** imunologicamente. (Entretanto, rejeições ocorrem, em particular quando a córnea já tiver desenvolvido muitos vasos sanguíneos resultantes de infecções ou lesões corneanas.) O cérebro também é um sítio privilegiado

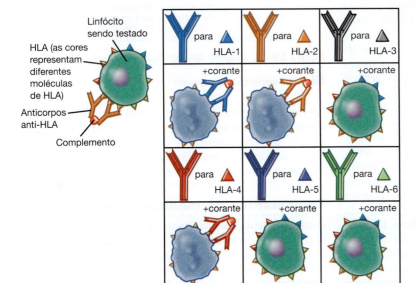

Resultados: os tipos de tecidos são HLA 1, 2 e 4

Figura 19.10 Tipagem de tecido, um método sorológico. Os linfócitos da pessoa (doadora ou receptora) que estão sendo testados são incubados em um painel com diferentes anticorpos anti-HLA, complemento e corante azul. Se os anticorpos reagirem com os antígenos leucocitários humanos (HLAs) em um linfócito, então o complemento danifica a célula, e esta absorve o corante azul. As células azuis (mortas) indicam que a pessoa tem o HLA específico que está sendo testado.

P Por que é feita a tipagem de tecido?

imunologicamente, provavelmente porque não apresenta vasos linfáticos e porque as paredes dos vasos sanguíneos no cérebro são diferentes das paredes dos vasos sanguíneos em qualquer outra parte do corpo (a barreira hematencefálica é discutida no Capítulo 22).

É possível transplantar um **tecido privilegiado**, o qual não estimula uma rejeição imune. Um exemplo é a substituição da válvula cardíaca danificada de uma pessoa por uma válvula cardíaca de coração de porco. O tecido do porco deve primeiro ser modificado por descelularização, o que significa que seus elementos celulares antigênicos são removidos física ou quimicamente.

Compreende-se, apenas em parte, como os animais toleram a gestação sem rejeitar o feto. Durante a gravidez, os tecidos de dois indivíduos geneticamente diferentes estão em contato direto. Um fator importante parece ser que os MHCs classes I e II presentes nas células que formam a camada externa da placenta – e que estão em contato com o tecido materno – não são dos tipos específicos que estimulam uma resposta imune celular. O feto também é protegido por certas proteínas que ele sintetiza, as quais apresentam propriedades imunossupressoras. Contudo, não há uma única e simples explicação.

Células-tronco

Um desenvolvimento que promete transformar a medicina dos transplantes é o uso de **células-tronco** (ver Figura 17.1), células que são capazes de se renovar e que podem ser diferenciadas em outras células especializadas órgão-específicas. Existem vários tipos.

As **células-tronco embrionárias (CTEs)** podem ser colhidas de um blastocisto (estágio inicial do desenvolvimento embrionário dos dias 5 a 8 após a fertilização). Ver **Figura 19.11**. Na comunidade médica, o uso de CTEs na terapia é um tópico que atrai grande interesse, uma vez que elas mantêm o potencial de se tornarem qualquer tipo de célula do corpo. Ou seja, elas são *pluripotentes*. Teoricamente, essas células poderiam ser usadas na regeneração de tecido cardíaco danificado, nas células defeituosas produtoras de insulina no pâncreas que levam ao diabetes ou em cartilagens danificadas nas articulações de pessoas que possuem artrite reumatoide.

Posteriormente, no desenvolvimento embrionário, as células-tronco se especializam e são capazes de originar apenas famílias específicas de tipos celulares, como sangue, pele ou músculo. Essas células são chamadas de *multipotentes*. Após o nascimento, as células-tronco multipotentes são denominadas *células-tronco adultas*. Elas repõem as células perdidas, conforme a necessidade, em vários órgãos do corpo. Por exemplo, as células-tronco da pele continuam a produzir pele e pelos. Atualmente, é possível gerar **células-tronco pluripotentes induzidas (iPCSs)** a partir de células-tronco adultas em laboratório. Essas células são produzidas pela introdução de genes reguladores do fator de transcrição por transdução ou pela adição de proteínas reguladoras ao meio de cultura. Quando essas células são isoladas e crescidas em cultura, elas originam células-tronco embrionárias. Os avanços na **engenharia de tecidos** podem possibilitar o crescimento de órgãos em laboratório. Utilizando as próprias células dos pacientes, o que reduz a chance de rejeição, os pesquisadores já conseguiram

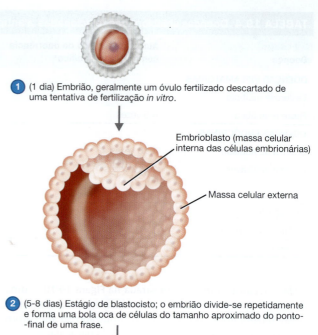

1 (1 dia) Embrião, geralmente um óvulo fertilizado descartado de uma tentativa de fertilização *in vitro*.

Embrioblasto (massa celular interna das células embrionárias)

Massa celular externa

2 (5-8 dias) Estágio de blastocisto; o embrião divide-se repetidamente e forma uma bola oca de células do tamanho aproximado do ponto-final de uma frase.

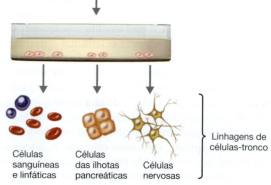

Células sanguíneas e linfáticas

Células das ilhotas pancreáticas

Células nervosas

Linhagens de células-tronco

3 Células-tronco embrionárias obtidas do embrioblasto são cultivadas sobre células nutrientes em um meio de cultura. Linhagens e grupos de células-tronco formam colônias no meio de cultura. Condições distintas, bem como os fatores de crescimento adicionados ao meio de cultura, direcionam as células-tronco a se tornarem linhagens de células-tronco para vários tecidos do organismo (p. ex., células sanguíneas e linfáticas, células das ilhotas pancreáticas, células nervosas).

Figura 19.11 Origem das células-tronco embrionárias.

P O que significa *pluripotente*?

cultivar e transplantar bexigas urinárias com sucesso. Originalmente, acreditava-se que os transplantes derivados de CTEs e iPCSs não seriam rejeitados. No entanto, estudos de xenotransplantes em camundongos sugerem que as células T estão envolvidas na rejeição de CTEs e iPCSs.

Transplantes de medula óssea

O transplante de medula óssea, conhecido como *transplante de células-tronco hematopoi*éticas, é um exemplo de transplante de células-tronco adultas. Os recipientes, em geral, são pessoas sem a capacidade de produzir células B e T, vitais para a imunidade, ou que apresentam leucemia. As células-tronco da medula óssea dão origem a hemácias e leucócitos de todos os tipos, incluindo células B e células T (ver Capítulo 17). O objetivo de um transplante de medula óssea é fornecer células-tronco que permitam ao receptor produzir células sanguíneas saudáveis; no entanto, esses transplantes podem resultar na **doença do enxerto contra o hospedeiro (DECH)** (os enxertos são definidos brevemente). Na doença do DECH, as células B e T imunocompetentes transplantadas montam uma resposta imune contra os tecidos do receptor. Uma vez que o recipiente não tem uma imunidade eficaz, a doença DECH é uma complicação grave que pode até ser fatal.

Uma técnica muito promissora para evitar esse problema é o uso de *sangue do cordão umbilical*, em vez de medula óssea. Esse sangue é obtido da placenta e do cordão umbilical de recém-nascidos, materiais que de outra maneira seriam descartados. Ele é bastante rico em células-tronco encontradas na medula óssea. Essas células não só se proliferam em uma variedade de células necessárias pelo receptor, mas também, como as células-tronco dessa fonte são mais novas e menos maduras, os requerimentos para a "compatibilidade" também são menos rigorosos que na medula óssea. Consequentemente, é pouco provável que a DECH ocorra.

Enxertos

Um **enxerto** é a transferência de um tecido de uma parte do corpo para outra, ou de uma pessoa para outra, sem a transferência do suprimento sanguíneo do tecido enxertado. Quando o próprio tecido de uma pessoa é enxertado em outra parte do corpo, como é feito nos tratamentos de queimadura ou em cirurgia plástica, o enxerto não é rejeitado. Tecnologias recentes têm possibilitado o uso de algumas células cutâneas íntegras de um paciente com queimadura para cultivos de camadas extensas de pele nova. Essa pele nova é um exemplo de **autoenxerto**. Gêmeos idênticos apresentam a mesma constituição genética; portanto, a pele ou órgãos, como os rins, podem ser transplantados entre eles sem provocar uma resposta imune. Esse tipo de transplante é chamado de **isoenxerto**. Enxertos realizados entre pessoas que não são gêmeos idênticos são chamados de **aloenxertos**. A maioria dos transplantes se enquadra nesta última categoria e desencadeará uma resposta imune. Encontrar uma máxima correspondência entre os HLAs do doador e do receptor reduz as chances de rejeição. Uma vez que os HLAs de parentes próximos são os mais prováveis de serem compatíveis, os parentes consanguíneos, em particular irmãos, são os doadores preferenciais.

A necessidade de doadores de órgãos supera em muito a oferta atual. Os médicos pesquisadores esperam aumentar o sucesso dos **produtos para xenotransplantes**, os quais são tecidos ou órgãos que foram transplantados de animais. Entretanto, o corpo tende a montar um ataque imune especialmente grave contra esses transplantes. O motivo desse ataque é a presença de anticorpos preexistentes contra o açúcar galactose-a-1,3--galactose (gal), que está presente em bactérias do microbioma intestinal e em células de animais não humanos. Esses anticorpos, juntamente ao complemento, desencadeiam uma **rejeição hiperaguda**, a destruição imediata do tecido animal transplantado. A FDA aprovou recentemente suínos "GalSafe" geneticamente modificados como uma alternativa para combater com sucesso essa rejeição hiperaguda em xenotransplantes.

Foram realizadas tentativas com relação ao transplante de órgãos de babuínos e outros primatas não humanos em pessoas, com resultados insatisfatórios. O interesse da pesquisa na modificação genética de suínos é alto, uma vez que esses animais são abundantes em suprimentos e possuem o tamanho certo para que seus órgãos sejam compatíveis com os humanos. Essa abordagem está avançando; no início de 2022, o coração de um suíno geneticamente modificado foi transplantado para uma pessoa com insuficiência cardíaca que não era elegível para um coração humano e estava em suporte de vida. O receptor viveu por dois meses antes de sucumbir aos efeitos devastadores de episódios anteriores de insuficiência cardíaca; no entanto, não houve sinais de rejeição ao transplante. Além da rejeição, a principal preocupação em relação aos produtos para xenotransplantes é a possibilidade da transferência de vírus nocivos dos animais juntamente ao tecido doador. De fato, existem especulações de que o receptor do xenotransplante mencionado estava infectado com um citomegalovírus de suíno.

TESTE SEU CONHECIMENTO

19-14 Quais células do sistema imune estão envolvidas na rejeição de transplantes não próprios?

19-15 Por que uma córnea transplantada geralmente não é rejeitada como não própria?

19-16 Diferencie uma célula-tronco embrionária de uma célula-tronco adulta.

19-17 Que tipo de transplante está mais sujeito à rejeição hiperaguda?

19-18 Quando a medula óssea vermelha é transplantada, muitas células imunocompetentes estão presentes. De que forma isso pode ser ruim?

Imunossupressão para evitar a rejeição a transplantes

Para manter o problema da rejeição a transplantes em perspectiva, é importante lembrar que o sistema imune está simplesmente fazendo o seu trabalho e não há um modo de reconhecer que o seu ataque contra o transplante não é útil. Em uma tentativa de impedir a rejeição, o recipiente de um aloenxerto geralmente recebe tratamento para suprimir essa resposta imune normal contra o enxerto.

Nas cirurgias de transplantes, é geralmente desejável suprimir a imunidade celular, o fator mais importante na rejeição ao transplante. Se a imunidade humoral (baseada em anticorpos) não for suprimida, muito dessa capacidade de resistir à infecção microbiana persistirá. Em 1976, o fármaco *ciclosporina* foi isolado de um bolor, *Tolypocladium inflatum*. A ciclosporina suprime a secreção de interleucina 2 (IL-2), interrompendo a imunidade celular das células T citotóxicas. O transplante bem-sucedido de órgãos, como coração e fígado, geralmente data dessa descoberta. Os efeitos colaterais incluem toxicidade renal, vômitos e diarreia. Após o sucesso desse fármaco, outros fármacos imunossupressores surgiram em seguida. O *tacrolimo* (FK506) possui um mecanismo semelhante ao da ciclosporina e é uma alternativa frequente.

Os linfócitos originam-se a partir de células-tronco da medula óssea vermelha. Da medula óssea vermelha, os linfócitos migram para a glândula timo, onde amadurecem em células T. Miguel foi diagnosticado com a síndrome de DiGeorge: uma deleção no cromossomo 22 que resulta no subdesenvolvimento ou ausência completa da glândula timo. Miguel, sem um timo efetivo, não pode desenvolver células T.

O que está provocando os sintomas de Miguel?

| Parte 1 | Parte 2 | **Parte 3** | Parte 4 | Parte 5 |

Efeitos colaterais graves incluem um aumento do risco de certos tipos de câncer, diabetes e perda de peso.

Nem a ciclosporina nem o tacrolimo tem muito efeito sobre a produção de anticorpos pelo sistema imune humoral. Ambos os fármacos continuam essenciais na maioria dos métodos para prevenir a rejeição aos transplantes. Outros fármacos, como o *sirolimo* (produzido pela bactéria *Streptomyces hygroscopicus*), estão entre aqueles que inibem as imunidades celular e humoral. Essa pode ser uma vantagem se a rejeição crônica ou hiperaguda por anticorpos estiver sendo considerada. O sirolimo é conhecido por seu uso em endopróteses expansíveis (*stents*), redes cilíndricas desenvolvidas para manter os vasos sanguíneos abertos após a remoção de coágulos. Fármacos como o *micofenolato* derivado do *Penicillium* inibem a proliferação de células T e células B. Agentes biológicos, como o anticorpo monoclonal quimérico *basiliximabe*, bloqueiam a IL-2 e são imunossupressores frequentemente prescritos. Os agentes imunossupressores geralmente são administrados em combinações.

Ocasionalmente, um recipiente de transplante interrompe o uso de fármacos imunossupressores, mas, de modo surpreendente, ele não rejeita o transplante. Pesquisas forneceram uma percepção diferenciada sobre um possível procedimento capaz de duplicar deliberadamente esse quadro. Nesses estudos, o sistema imune de um paciente foi tratado antes de uma cirurgia de transplante de rim para depletar o suprimento de células T do sistema imune do organismo, as quais normalmente buscam por invasores exógenos para a sua eliminação. O tecido transplantado foi, então, implantado cirurgicamente, junto a células da medula óssea que foram isoladas e armazenadas antes de as células T do paciente serem depletadas. Os resultados seguintes foram inesperados: o sistema imune foi reconstruído como uma quimera – uma mistura híbrida de células do doador e das próprias células do paciente. Consequentemente, o órgão doado foi aceito como próprio e não foi rejeitado. Essa reciclagem do sistema imune frequentemente permite que o paciente interrompa o uso de fármacos antirrejeição menos de um ano após a cirurgia. Um aspecto intrigante é que o estado quimérico não é permanente, o sistema imune do paciente eventualmente retorna ao seu estado original – contudo, ainda sem rejeitar o tecido transplantado. Levado a um extremo lógico, isso sugere a possibilidade do uso ocasional de órgãos não humanos como transplantes.

19-19 Qual citocina geralmente é o alvo dos fármacos imunossupressores com a intenção de impedir a rejeição ao transplante?

Sistema imune e o câncer

OBJETIVOS DE APRENDIZAGEM

19-20 Descrever como o sistema imune responde ao câncer e como as células escapam das respostas imunes.

19-21 Apresentar dois exemplos de imunoterapia para o câncer.

Assim como uma doença infecciosa, o câncer representa uma falha das defesas do organismo, incluindo o sistema imune. Alguns dos caminhos mais promissores para uma terapia eficaz contra o câncer fazem uso de técnicas imunológicas.

Papel da vigilância imunológica no câncer

Há muito tempo tem sido reconhecido que as células cancerosas frequentemente se originam no organismo e que elas normalmente são eliminadas pelo sistema imune de forma muito semelhante a uma célula invasora – o conceito de **vigilância imunológica**. Postulava-se que o sistema imune celular provavelmente tenha surgido para combater as células cancerosas e que um crescimento tumoral representava uma falha do sistema. Esse conceito é amparado pela observação de que o câncer ocorre com mais frequência em adultos mais velhos, cujo sistema imune está se tornando menos eficiente (a chamada *imunossenescência*), ou em muito jovens, cujo sistema imune não tenha se desenvolvido completa ou adequadamente. Além disso, indivíduos imunossuprimidos por meios naturais ou artificiais são mais suscetíveis a certos tipos de câncer.

Uma célula torna-se cancerosa quando sofre transformação e começa a se proliferar sem controle (ver Capítulo 15). As superfícies das células tumorais adquirem antígenos associados aos tumores, que as marcam como não próprias para o sistema imune. A **Figura 19.12** ilustra o ataque de LTCs ativadas a uma célula cancerosa. Macrófagos ativados e células *natural killer* (NK) também podem destruir células cancerosas. Embora um sistema imune saudável sirva para prevenir a maioria dos cânceres, ele apresenta limitações. Em alguns casos, não há epítopo antigênico que seja alvo do sistema imune. As células tumorais podem até mesmo se reproduzir tão rapidamente que excedem a capacidade do sistema imune de lidar com elas. Finalmente, algumas células cancerosas de um tumor metastático podem ser transportadas ou residir em um local separado sem formar novos tumores, em um fenômeno chamado *metástase latente*, que permite que o câncer se torne invisível para o sistema imune.

Imunoterapia para o câncer

Aproveitar o sistema imune para prevenir ou curar o câncer conduziu à **imunoterapia**. Na virada do século XX, William

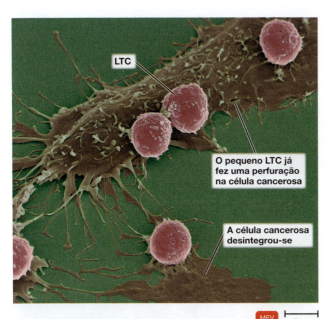

Figura 19.12 Interação entre linfócitos T citotóxicos (LTCs) e células cancerosas. Os linfócitos causam apoptose (autodestruição) da célula cancerosa.

P Os LTCs podem causar a lise de células cancerosas. Como eles fazem isso? (*Dica:* ver Figura 17.13.)

Coley, médico de um hospital de Nova York, observou que, se os pacientes com câncer contraíssem febre tifoide, seus cânceres muitas vezes diminuíam de um modo impressionante. Coley preparou misturas mortas de estreptococos gram-positivos e *Serratia marcescens* gram-negativas. Essas misturas, conhecidas como toxinas de Coley, foram injetadas nos pacientes com câncer para estimular uma infecção bacteriana. Parte desse trabalho era promissor, porém seus resultados eram inconsistentes, e os avanços nos tratamentos cirúrgicos e por radiação deixaram-no quase no esquecimento. Sabemos hoje que as endotoxinas das bactérias gram-negativas são estimulantes potentes para a produção de TNF-α pelos macrófagos. O TNF-α interfere com o suprimento sanguíneo dos tumores em animais.

Outra pesquisa determinou há muitos anos que, se animais fossem injetados com células tumorais mortas, como se fossem uma vacina, eles não desenvolveriam tumores quando injetados com células vivas provenientes desses tumores. De modo semelhante, os cânceres, algumas vezes, sofrem remissão espontânea, provavelmente relacionada à vantagem ganha pelo sistema imune.

As vacinas contra o câncer podem ser tanto *terapêuticas* (utilizadas para tratar cânceres já existentes) quanto *profiláticas* (utilizadas para prevenir o desenvolvimento de cânceres). Uma vacina para linhagens do papilomavírus humano (HPV) que estão ligadas ao câncer de colo do útero, ânus e de garganta agora faz parte das imunizações infantis

recomendadas nos Estados Unidos.* Uma vacina contra o HBV ligado ao câncer também é recomendada.

Uma imunoterapia para o câncer de próstata, *Sipuleucel-T*, aumenta a resposta imune do paciente. O antígeno do câncer é ligado às células apresentadoras de antígeno do paciente em laboratório e, em seguida, as células são injetadas de volta no paciente para que o antígeno seja apresentado às células T e desencadeie uma resposta imune.

Os anticorpos monoclonais são uma ferramenta promissora para o tratamento do câncer. Um anticorpo monoclonal humanizado, o *trastuzumabe* (Herceptin®) (ver Capítulo 18), está sendo utilizado atualmente para tratar uma forma de câncer de mama. O Herceptin® neutraliza especificamente um fator de crescimento determinado geneticamente, o HER2, que promove a proliferação das células cancerosas. Os anticorpos monoclonais também podem ser utilizados para aumentar a resposta imune, marcando as células cancerosas para que elas sejam atacadas. Outra abordagem consiste em combinar um anticorpo monoclonal com um agente tóxico, formando uma **imunotoxina**. Teoricamente, uma imunotoxina poderia ser utilizada para atingir e destruir especificamente células de um tumor, causando pouco dano às células sadias. O Adcetris®, um conjugado do anticorpo monoclonal *brentuximabe* e um fármaco citotóxico anexado (*vedotina*), trata o linfoma de Hodgkin. Também existem anticorpos marcados radioativamente que se ligam às células cancerosas (a chamada *radioimunoterapia*). Um exemplo é o *ibritumomabe tiuxetana*, usado no tratamento de alguns tipos de linfoma não Hodgkin. Elementos radioativos estão ligados aos anticorpos monoclonais os quais se ligam a uma proteína de superfície das células B, CD20, permitindo que a radiação mate as células. Mais recente é o desenvolvimento de anticorpos monoclonais projetados para bloquear sinais que diminuem a atividade das células T. Em uma resposta imune típica, esses sinais são necessários para se evitar novas respostas quando o antígeno é eliminado do corpo. Os chamados anticorpos de bloqueio de pontos de verificação, Keytruda® (pembrolizumabe) e Yervoy® (ipilimumabe), são projetados para manter as células T na luta contra as células tumorais.

TESTE SEU CONHECIMENTO

✔ **19-20** Como as células do sistema imune reconhecem as células cancerosas?

✔ **19-21** Dê um exemplo de uma vacina profilática contra o câncer que está em uso atualmente.

Imunodeficiências

OBJETIVO DE APRENDIZAGEM

19-22 Comparar e diferenciar as imunodeficiências congênitas e adquiridas.

A ausência de uma resposta imune satisfatória é chamada de **imunodeficiência**. As imunodeficiências podem ser congênitas ou adquiridas.

---

*N. de R.T. A vacina contra o HPV também é aplicada no Brasil. Trata-se da vacina contra os papilomavírus humanos 6, 11, 16 e 18 (HPV4 – recombinante), aplicada entre 10 e 12 anos de idade em dose única.

Imunodeficiências congênitas

Algumas pessoas nascem com um sistema imune anormal. Defeitos em ou a ausência de vários genes podem resultar em **imunodeficiências congênitas** (também conhecidas como **imunodeficiências primárias**). Elas podem afetar o complemento, os fagócitos, as células B, as células T ou uma combinação de vários protagonistas do sistema imune. Por exemplo, indivíduos com uma determinada característica recessiva conhecida como síndrome de DiGeorge não têm timo e, portanto, não apresentam imunidade celular. Camundongos nus (sem pelos) são um tipo de animal usado em pesquisas de transplante que também não possuem uma glândula timo (**Figura 19.13**). Eles não possuem pelos porque o gene deletado coincidentemente controla o desenvolvimento do timo e dos pelos. Esses camundongos não conseguem produzir células T e, portanto, não rejeitam o tecido transplantado. Até mesmo a pele de galinha, completa com as penas, é prontamente aceita como um enxerto por esses animais em laboratório.

Imunodeficiências adquiridas

Uma variedade de fármacos, cânceres ou agentes infecciosos podem resultar em **imunodeficiências adquiridas (imunodeficiências secundárias)**. Por exemplo, o linfoma de Hodgkin (um tipo de câncer) diminui a resposta celular. Muitos vírus são capazes de infectar e destruir os linfócitos, reduzindo a resposta imune. A remoção do baço diminui a imunidade humoral. A Tabela 19.5 resume várias das condições de imunodeficiência mais conhecidas, incluindo a Aids.

Figura 19.13 **Um camundongo nu (sem pelos) que recebeu um enxerto tumoral. Modelos de camundongos imunodeficientes como esse têm sido usados em estudos de xenoenxertos.** O pesquisador está anestesiando o camundongo para remover as células tumorais.

P Qual é o papel do timo na imunidade?

> **TESTE SEU CONHECIMENTO**
>
> ✔ **19-22** A Aids é uma imunodeficiência adquirida ou congênita?

TABELA 19.5 Imunodeficiências selecionadas

Doença	Células afetadas	Comentários
Síndrome da imunodeficiência adquirida (Aids)	O vírus destrói as células T CD4+	Favorece o câncer e as doenças bacterianas, virais, fúngicas e parasitárias; causada pela infecção pelo vírus HIV
Imunodeficiência seletiva de IgA	Células B e T	Afeta aproximadamente 1 em cada 700 indivíduos, causando frequentes infecções das mucosas; a causa específica é incerta
Hipogamaglobulinemia comum variável	Células B e T (diminuição das imunoglobulinas)	Infecções virais e bacterianas frequentes; segunda imunodeficiência mais comum, afetando aproximadamente 1 em cada 70 mil indivíduos; hereditária
Disgenesia reticular	Células B, T e tronco (imunodeficiência combinada; deficiências em células B, T e neutrófilos)	Geralmente fatal no início da infância; muito rara; hereditária; o transplante de medula óssea é um possível tratamento
Imunodeficiência combinada grave (IDCG)	Células B, T e tronco (deficiência de ambas as células, B e T)	Afeta cerca de 1 em cada 100 mil indivíduos; favorece infecções graves; hereditária; tratada com transplantes de medula óssea e timo fetal; o tratamento com terapia gênica é promissor
Aplasia tímica (síndrome de DiGeorge)	Células T (o timo defeituoso causa a deficiência de células T)	Ausência de imunidade celular; geralmente fatal na infância devido à pneumonia por *Pneumocystis* ou a infecções virais ou fúngicas; devido à falha no desenvolvimento do timo no embrião
Síndrome de Wiskott-Aldrich	Células B e T (poucas plaquetas no sangue, células T anormais)	Infecções frequentes por vírus, fungos, protozoários; eczema, coagulação sanguínea defeituosa; geralmente causa morte na infância; herdada no cromossomo X
Agamaglobulinemia infantil ligada ao cromossomo X (de Bruton)	Células B (redução das imunoglobulinas)	Infecções frequentes por bactérias extracelulares; afeta aproximadamente 1 em cada 379 mil indivíduos; a primeira imunodeficiência reconhecida (1952); herdada no cromossomo X

Sem as células T, Miguel carece de um sistema imune eficaz. O sangue transfundido continha linfócitos imunologicamente competentes que um sistema imune normal saudável teria neutralizado. No caso de Miguel, as células T e B transfundidas sobreviveram, viram Miguel como algo "não próprio" e atacaram seus tecidos, resultando em uma doença que oferece risco à vida, a doença do enxerto contra o hospedeiro (DECH) associada à transfusão. Um tratamento fundamental para a DECH envolve o bloqueio da ativação das células T transfundidas usando anticorpos monoclonais. Um desses anticorpos, chamado muromonabe-CD3 (Mab-CD3), bloqueia esse complexo associado ao TCR, CD3, necessário para sinalizar a ativação das células T. Anticorpos monoclonais como esses são frequentemente usados para prevenir a rejeição de tecidos e órgãos, bem como para tratar a DECH.

Qual é o papel do anticorpo monoclonal na recuperação de Miguel? (*Dica*: ver Capítulo 18.)

Parte 1   Parte 2   Parte 3   **Parte 4**   Parte 5

Síndrome da imunodeficiência adquirida (Aids)

OBJETIVOS DE APRENDIZAGEM

19-23 Apresentar dois exemplos de como emergem as doenças infecciosas.

19-24 Explicar a ligação do HIV a uma célula hospedeira.

19-25 Listar dois modos pelo qual o HIV escapa dos anticorpos do hospedeiro.

19-26 Descrever os estágios da infecção pelo HIV.

19-27 Descrever os efeitos da infecção pelo HIV sobre o sistema imune.

19-28 Descrever como a infecção pelo HIV é diagnosticada.

19-29 Listar as vias de transmissão do HIV.

19-30 Identificar os padrões geográficos da transmissão do HIV.

19-31 Listar os métodos atuais de prevenção e tratamento da infecção pelo HIV.

Em 1981, um grupo de casos de pneumonia por *Pneumocystis* emergiu na região de Los Angeles, Estados Unidos. Os pesquisadores logo correlacionaram o surgimento dessa doença rara à incidência incomum de uma forma rara de câncer de pele e dos vasos sanguíneos, chamado de sarcoma de Kaposi. Os indivíduos afetados eram todos jovens adultos do sexo masculino que se envolveram em atividades sexuais com outros homens e todos apresentavam perda da função imunológica. Em 1983, o patógeno causador da perda da função imune foi identificado como um vírus que infecta seletivamente as células T auxiliares (CD4+). Esse vírus é conhecido como o *vírus da imunodeficiência humana*, ou *HIV* (*Lentivirus humimdef1* e *Lentivirus humimdef2*) (ver Figura 13.20b).

Origem da Aids

Estudos mostram que o HIV-1 (o primeiro HIV encontrado em seres humanos em todo o mundo) é geneticamente relacionado a outra espécie, o vírus da imunodeficiência dos símios (SIV, de *Lentivirus simian immunodeficiency virus*), que é carreado por macacos, mangabeis e chimpanzés na África Central. A teoria mais comumente aceita sobre a origem da Aids é que os humanos nessa parte da África comiam carne de caça (caça selvagem) infectada pelo HIV, permitindo que o vírus se transpusesse para as pessoas. Pesquisadores analisaram amostras de tecidos infectados pelo HIV nos últimos 50 anos e determinaram que um vírus ancestral comum existia em Kinshasa, República Democrática do Congo, por volta de 1920. A disponibilidade de conexões por transportes, a alta população de migrantes e o comércio sexual em Kinshasa podem explicar a disseminação inicial do HIV. O vírus provavelmente foi introduzido em outras áreas do mundo várias vezes antes de se espalhar amplamente. Embora a Aids não tenha sido reconhecida como uma síndrome clínica até 1981, casos isolados já haviam sido documentados fora da África antes disso. Amostras congeladas de tecido de um paciente do Missouri que morreu em 1969 confirmaram a infecção pelo HIV. Em 1974, um marinheiro norueguês, sua esposa e filha morreram do que mais tarde foi confirmado como HIV/Aids. O marinheiro viajou para a África Ocidental antes de voltar para casa e se casar.

TESTE SEU CONHECIMENTO

✔ **19-23** Em qual continente o vírus HIV-1 se originou?

Infecção pelo HIV

Estrutura do HIV

O HIV, do gênero *Lentivirus*, é um retrovírus (ver Figura 13.19). Ele possui duas fitas idênticas de RNA senso positivo (+), as enzimas transcriptase reversa e integrase, e um envelope fosfolipídico (**Figura 19.14**). O envelope possui espículas glicoproteicas, chamadas de **gp120** (a notação para uma glicoproteína de massa molecular 120.000 Da) e **gp41**.

Infectividade e patogenicidade do HIV

Existe uma forte associação entre a infecção pelo HIV e o sistema imune. O HIV é frequentemente disseminado pelas células dendríticas que residem nas mucosas, as quais capturam o vírus e o conduzem aos órgãos linfoides. Nesses órgãos, o vírus entra em contato com as células do sistema imune, em especial as células T CD4+, e estimula uma forte resposta imune inicial.

Para persistir e se multiplicar, o HIV deve percorrer as etapas de adesão, fusão e entrada na célula hospedeira de maneira similar à mostrada na Figura 19.14. A ligação depende da combinação da glicoproteína da espícula do vírus (gp120) com o receptor CD4 do alvo preferido do vírus – uma célula T auxiliar. Aproximadamente 65 mil desses receptores são encontrados em cada célula T auxiliar. A ligação e a entrada do vírus também requerem um correceptor. Dois correceptores, os quais normalmente servem como

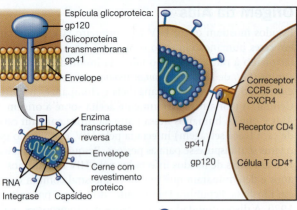

Espícula glicoproteica:
gp120
Glicoproteína transmembrana gp41
Envelope

Enzima transcriptase reversa
Envelope
Cerne com revestimento proteico
RNA
Integrase   Capsídeo

Estrutura do HIV. As glicoproteínas do envelope, gp120 e gp41, estão detalhadas na figura.

Correceptor CCR5 ou CXCR4
Receptor CD4
gp41
gp120
Célula T CD4⁺

① **Adsorção.** A espícula gp120 se liga à CD4 e ao correceptor na célula CD4⁺.

Envelope viral

② **Fusão.** O envelope viral se funde à membrana celular. Gp41 facilita o processo de fusão entre o envelope do vírus e a membrana celular.

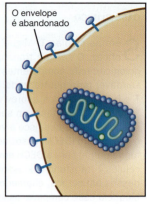

O envelope é abandonado

③ **Penetração.** Após a fusão, o envelope viral é abandonado, e o capsídeo viral chega ao citoplasma celular.

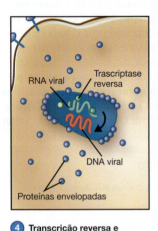

RNA viral   Trascriptase reversa
DNA viral
Proteínas envelopadas

④ **Transcrição reversa e desnudamento.** A transcrição reversa produz uma versão em DNA de dupla fita do RNA viral.

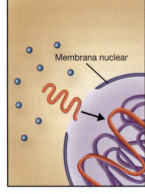
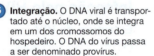

Membrana nuclear

⑤ **Integração.** O DNA viral é transportado até o núcleo, onde se integra em um dos cromossomos do hospedeiro. O DNA do vírus passa a ser denominado provírus.

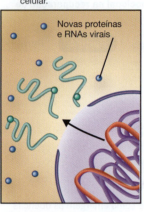
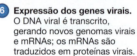

Novas proteínas e RNAs virais

⑥ **Expressão dos genes virais.** O DNA viral é transcrito, gerando novos genomas virais e mRNAs; os mRNAs são traduzidos em proteínas virais.

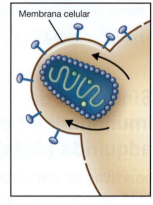

Membrana celular

⑦ **Montagem e brotamento.** Novos vírus são formados, e o envelope viral, contendo gp120/41, é adquirido pelos vírus que brotam da célula.

Figura 19.14 **Ligação e replicação do HIV em uma célula T.**

P **Por que o HIV infecta preferencialmente as células CD4⁺?**

receptores para quimiocinas, foram identificados: CCR5 e CXCR4.* Macrófagos e células dendríticas também carreiam CD4 e moléculas correceptoras, portanto também são suscetíveis à infecção pelo HIV. Observe que muitas células que não expressam a molécula CD4 também podem se tornar infectadas, uma indicação de que outros receptores também podem servir para a infecção pelo HIV. A ligação causa uma alteração na gp41 que leva à fusão da membrana celular e do envelope viral.

Uma vez dentro da célula hospedeira, o RNA viral é liberado e transcrito reversamente pela transcriptase reversa para

formar uma versão DNA do genoma viral. O DNA viral então se integra ao DNA do hospedeiro com a ajuda da integrase viral. O DNA integrado (chamado de *provírus*) pode controlar a produção de uma infecção ativa, na qual novos vírus brotam da célula hospedeira.

Alternativamente, o vírus pode assumir uma infecção *latente,* na qual o HIV produzido por uma célula hospedeira não é necessariamente liberado da célula, mas pode permanecer em vacúolos dentro da célula. De fato, um subgrupo de células infectadas pelo HIV, em vez de serem mortas, tornam-se células T de memória de vida longa, nas quais o reservatório do HIV latente pode persistir por décadas. Essa habilidade do vírus de permanecer como um vírus latente dentro das células hospedeiras o protege do sistema imune. Outro modo pelo qual o HIV escapa do sistema imune é a *fusão célula-célula*, pela qual o vírus se move de uma célula infectada para uma célula vizinha não infectada.

---

*Essa nomenclatura é baseada na sequência inicial de aminoácidos dessas proteínas. O termo CCR5 indica que a sequência inicial consiste em cisteínas na quimiocina, portanto CC. A letra R se refere ao receptor, e o número é usado para identificação. Se algum outro aminoácido estiver localizado entre as duas primeiras cisteínas, isso é mostrado na denominação – por exemplo, CXCR4.

O vírus também escapa das defesas imunes sofrendo rápidas mudanças antigênicas. Os retrovírus que passam pela etapa de transcriptase reversa têm uma alta taxa de mutação, se comparados aos vírus de DNA. Também carecem da capacidade de "revisão" corretiva dos vírus de DNA. Como resultado, novas variantes do HIV são abundantes, o que dificulta o desenvolvimento de vacinas e causa problemas relacionados à resistência aos fármacos.

Estágios da infecção pelo HIV

O progresso da infecção pelo HIV em adultos pode ser dividido em três fases clínicas (**Figura 19.15**):

Fase 1 O número de moléculas de RNA viral por mililitro de plasma sanguíneo pode chegar a mais de 10 milhões na primeira semana ou aproximadamente durante o estágio de infecção aguda (rever Figura 13.21). Bilhões de células T CD4+ podem ser infectadas em algumas semanas, diminuindo os seus números. As respostas imunes e a quantidade cada vez menor de células não infectadas como alvo depletam bruscamente os números virais no plasma sanguíneo dentro de poucas semanas. A infecção pode ser assintomática ou causar *linfadenopatia* (edema dos linfonodos).

Fase 2 O número de células T CD4+ diminui de forma constante. A replicação do HIV continua, porém em um nível relativamente baixo, provavelmente controlada pelas células T CD8+ e com ocorrência principal no tecido linfoide. Apenas uma quantidade relativamente pequena de células infectadas libera o HIV, embora muitas possam conter o vírus na forma latente. Existem poucos sintomas da doença, mas infecções persistentes pela levedura *Candida albicans*, que podem aparecer na boca, garganta ou vagina, podem sinalizar um declínio na resposta imunológica. Outras condições podem incluir febre e diarreia persistente. A leucoplaquia oral (manchas esbranquiçadas na mucosa oral), ocasionada pela reativação dos vírus Epstein-Barr latentes, pode ser observada, bem como outras indicações de um declínio da imunidade, como o herpes-zóster.

Fase 3 Na Aids clínica, a contagem de células T CD4+ cai abaixo de 200 células/μL, e a suscetibilidade a infecções oportunistas é alta. (A população normal de um indivíduo saudável é de 500 a 1.500 células T CD4+/μL.) Importantes condições clínicas indicadoras da Aids, como infecção dos brônquios, da traqueia ou dos pulmões, aparecem por *C. albicans*; infecções dos olhos por citomegalovírus; tuberculose; pneumonia por *Pneumocystis*; toxoplasmose no cérebro; e sarcoma de Kaposi. A infecção pelo HIV devasta o sistema imune, que fica, então, incapaz de responder com eficácia aos patógenos. As doenças ou condições mais comumente associadas à Aids estão resumidas na Tabela 19.6. O sucesso no tratamento dessas condições tem prolongado as vidas de muitas pessoas com Aids.

TABELA 19.6 Algumas doenças comumente associadas à Aids	
Patógeno ou doença	**Descrição da doença**
PROTOZOÁRIOS	
Cryptosporidium hominis	Diarreia persistente
Toxoplasma gondii	Encefalite
Cystoisospora belli	Gastrenterite
VÍRUS	
Cytomegalovirus humanbeta5 (HHV-5)	Febre, encefalite, cegueira
Simplexvirus humanalpha2 (HHV-2)	Vesículas da pele e membranas mucosas
Varicellovirus humanalpha3 (HHV-3)	Herpes-zóster
BACTÉRIAS	
Mycobacterium tuberculosis	Tuberculose
Complexo *M. avium*	Pode infectar muitos órgãos; gastrenterite e outros sintomas altamente variáveis
FUNGOS	
Pneumocystis jirovecii	Pneumonia com risco à vida
Histoplasma capsulatum	Infecção disseminada
Cryptococcus neoformans	Disseminada, mas principalmente meningite
Candida albicans	Crescimento excessivo das membranas mucosas orais e vaginais (fase 2 da infecção pelo HIV)
C. albicans	Crescimento excessivo no esôfago e nos pulmões (fase 3 da infecção pelo HIV)
CÂNCERES OU CONDIÇÕES PRÉ-CANCEROSAS	
Sarcoma de Kaposi	Câncer de pele e vasos sanguíneos (causado pelo HHV-8)
Leucoplasia pilosa	Manchas esbranquiçadas nas membranas mucosas; comumente considerada pré-cancerosa
Displasia cervical	Crescimento anormal no colo do útero

Evolução da infecção pelo HIV

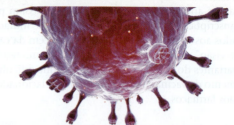

A compreensão de como a infecção pelo HIV progride em um hospedeiro é crucial para entendermos o diagnóstico, a transmissão e a prevenção dessa pandemia. Não existe uma cura, mas aqui apresentamos informações sobre o tratamento com fármacos.

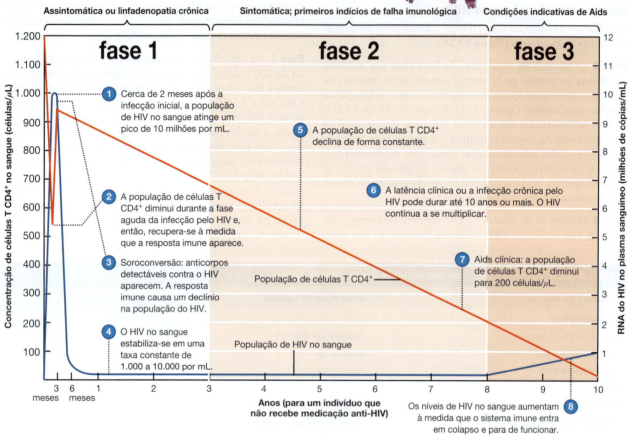

Assintomática ou linfadenopatia crônica — Sintomática; primeiros indícios de falha imunológica — Condições indicativas de Aids

fase 1 — **fase 2** — **fase 3**

1. Cerca de 2 meses após a infecção inicial, a população de HIV no sangue atinge um pico de 10 milhões por mL.

2. A população de células T CD4+ diminui durante a fase aguda da infecção pelo HIV e, então, recupera-se à medida que a resposta imune aparece.

3. Soroconversão: anticorpos detectáveis contra o HIV aparecem. A resposta imune causa um declínio na população do HIV.

4. O HIV no sangue estabiliza-se em uma taxa constante de 1.000 a 10.000 por mL.

5. A população de células T CD4+ declina de forma constante.

6. A latência clínica ou a infecção crônica pelo HIV pode durar até 10 anos ou mais. O HIV continua a se multiplicar.

7. Aids clínica: a população de células T CD4+ diminui para 200 células/μL.

8. Os níveis de HIV no sangue aumentam à medida que o sistema imune entra em colapso e para de funcionar.

População de células T CD4+

População de HIV no sangue

Concentração de células T CD4+ no sangue (células/μL)

RNA do HIV no plasma sanguíneo (milhões de cópias/mL)

Anos (para um indivíduo que não recebe medicação anti-HIV)

3 meses — 6 meses — 1 — 2 — 3 — 4 — 5 — 6 — 7 — 8 — 9 — 10

CONCEITOS-CHAVE

- O HIV progride à medida que destrói as células T CD4+, essenciais para as defesas do corpo contra doenças infecciosas e câncer.
- A Aids é o estágio final na progressão da infecção pelo HIV.

MICRODICA

Embora não haja cura para o HIV, combinações de fármacos anti-HIV (terapia antirretroviral) são o tratamento recomendado. De acordo com os tratamentos atuais disponíveis, as taxas de transmissão são inferiores a 1% se o tratamento for seguido adequadamente. Os fármacos funcionam de várias maneiras: desativando ou impedindo que as enzimas virais produzam mais cópias do HIV, interrompendo etapas necessárias para a replicação viral ou bloqueando a entrada do vírus nas células.

Condição de HIV-positivo *versus* Aids

Durante as fases 1 e 2 da infecção, os pacientes são classificados como HIV-positivo. Durante a fase 3, os pacientes são classificados como portadores de Aids. O objetivo de dividir os pacientes nessas categorias é principalmente fornecer diretrizes de tratamento sobre quando administrar certos fármacos. Nos Estados Unidos, a terapia antirretroviral é recomendada para todos os indivíduos HIV-positivo. As contagens da população de células T, realizadas regularmente, são indicadores da progressão da doença.

A progressão da infecção inicial pelo HIV até a Aids geralmente leva cerca de 10 anos em adultos sem tratamento nos países industrializados; em países onde o acesso aos cuidados de saúde é limitado, frequentemente a progressão ocorre em metade desse tempo. O combate celular em larga escala ocorre durante esse período. Sem tratamento, pelo menos 100 bilhões de partículas de HIV são geradas todos os dias, com uma meia-vida extraordinariamente curta de cerca de 6 horas. Esses vírus devem ser eliminados pelas defesas do corpo, as quais incluem os anticorpos, as células T citotóxicas e os macrófagos. Quase todos os vírions são produzidos por células T CD4+ infectadas, que sobrevivem apenas cerca de 2 dias, em vez da expectativa de vida normal de vários anos. Diariamente, cerca de 2 bilhões de células T CD4+ são produzidas em uma tentativa de compensar as perdas. Com o tempo, entretanto, existe uma perda líquida diária de pelo menos 20 milhões de células T CD4+. Estudos recentes mostram que o decréscimo das células T CD4+ não ocorre exclusivamente devido à destruição viral direta das células, mas principalmente, à vida reduzida das células e à falha do organismo em compensar pelo aumento da produção de células T para reposição.

TESTE SEU CONHECIMENTO

19-24 Qual é o principal receptor nas células hospedeiras ao qual o HIV se liga?

19-25 Um anticorpo contra o capsídeo do HIV seria capaz de reagir com um provírus?

19-26 Uma contagem de células T CD4+ de 300/μL seria um diagnóstico de Aids?

19-27 Quais células do sistema imune são o alvo principal de uma infecção pelo HIV?

Métodos diagnósticos

O CDC recomenda exames de rotina para infecções pelo HIV. As recomendações para o rastreamento variam com base no risco de exposição de uma vez na vida a cada 6 meses para pessoas que se envolvem em comportamentos de alto risco (pessoas com vários parceiros sexuais ou usuários de drogas injetáveis). O procedimento-padrão para se detectar anticorpos contra o HIV tem sido por meio de exames de sangue. Atualmente, existem vários testes rápidos e de custo relativamente acessível disponíveis para o rastreamento do HIV que são usados em clínicas de atendimento *point-of-care* (onde os testes são feitos no próprio local), inclusive em regiões com recursos limitados. Os ensaios utilizam urina ou amostras de sangue obtidas por punção digital da polpa do dedo, e o teste

OraQuick Advance® pode, ainda, usar um esfregaço oral para a detecção de anticorpos IgM e IgG contra o HIV-1 e o HIV-2. Esses testes retornam resultados em 20 a 30 minutos. Estima-se que 13% dos norte-americanos HIV-positivo não saibam que estão infectados; essa falta de conhecimento favorece a disseminação da doença. Testes de triagem positivos para anticorpos devem ser confirmados por um teste adicional, geralmente pelo teste de *Western blot* (discutido no Capítulo 18).

Um problema do teste que detecta anticorpos é a janela de tempo entre a infecção e o aparecimento de anticorpos detectáveis, ou **soroconversão**. Esse intervalo, que pode ser de até 3 meses, é ilustrado na etapa ❸ da Figura 19.15, em que a soroconversão segue o pico do número de vírus na circulação. Devido a essa demora, o recipiente de um órgão transplantado ou de uma transfusão sanguínea pode se tornar infectado pelo HIV mesmo que os testes de anticorpos não tenham demonstrado a presença do vírus no doador.

Outro teste confirmatório além do *Western blot* inclui o teste de amplificação de ácido nucleico (NAAT, de *nucleic acid amplification tests*). Por exemplo, em vez de anticorpos, o ensaio APTIMA® detecta o RNA do vírus HIV-1 utilizando a técnica de PCR em tempo real, sendo mais fácil de ser interpretado do que o teste de *Western blot*. Esse teste também pode ser usado para detectar infecções pelo HIV em sua fase precoce, antes do aparecimento dos anticorpos. Sua sensibilidade é comparável aos testes utilizados para mensurar a **carga viral plasmática** (**PVL**, de *plasma viral load*) no sangue de pacientes, a fim de monitorar o tratamento e a progressão da Aids. Os testes de PVL convencionais, que detectam RNA viral e utilizam métodos como PCR, são de alto custo e requerem 2 ou 3 dias para serem concluídos. Esses testes podem detectar o RNA viral 10 a 15 dias após a exposição ao HIV com 90% de precisão. Para garantir a segurança do suprimento sanguíneo, tanto quanto possível, a Cruz Vermelha Americana testa rotineiramente para anticorpos anti-HIV e utiliza NAAT para o material genético viral.

Um cuidado que deve ser considerado nos testes de HIV é que os ensaios atuais podem não detectar de modo confiável todas as inúmeras variantes, oriundas das rápidas mutações do HIV, em particular os subtipos geralmente ausentes em uma população. Além disso, os testes de PVL detectam apenas os vírions circulantes no sangue, que são poucos em comparação às centenas de bilhões de células infectadas pelo HIV.

TESTE SEU CONHECIMENTO

19-28 Que forma de ácido nucleico é detectada em um teste de PVL para o HIV?

Transmissão do HIV

A transmissão do HIV requer a transferência ou o contato direto com células e fluidos corporais infectados. Os dois fluidos mais importantes em termos de risco de infecção são o sangue, que contém de 1.000 a 100.000 vírus infecciosos por mililitro, e o sêmen, que contém cerca de 10 a 50 vírus por mililitro. O HIV geralmente se localiza dentro das células presentes nesses fluidos, principalmente em macrófagos. A saliva geralmente contém menos do que 1 vírus por mililitro, assim, o beijo não transmite o HIV. O vírus pode sobreviver mais de 1,5 dia dentro de uma célula, mas apenas 6 horas fora dela. Em países desenvolvidos, a transmissão por transfusão é improvável, pois o sangue é testado para a presença do HIV ou para anticorpos contra o HIV.

As vias de transmissão do HIV incluem contato sexual, leite materno, infecção transplacentária de um feto, agulhas contaminadas por sangue, transplantes de órgãos, inseminação artificial e transfusão sanguínea. O risco de infecção de uma lesão por perfuração de agulha é de 3 em cada 1.000, ou 0,3%. Evitar a exposição é a primeira linha de defesa do profissional da saúde contra o HIV. O CDC desenvolveu uma estratégia de implementação de *precauções universais* em *todas* as unidades de cuidados de saúde.

Provavelmente, a forma de contato sexual de maior risco para a infecção pelo HIV é a relação anal passiva. Esses tecidos são muito mais vulneráveis à transmissão de organismos patogênicos. A relação vaginal tem muito mais probabilidade de transmitir o HIV do homem para a mulher do que o contrário, e a transmissão nas duas formas é muito maior quando lesões genitais estão presentes. Embora rara, a transmissão pode ocorrer pelo contato orogenital.

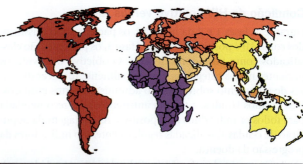

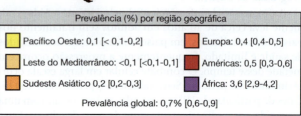

Figura 19.16 Distribuição da infecção pelo HIV e da Aids em regiões do mundo. Demonstra a porcentagem de adultos (com idades entre 15 e 49) vivendo com HIV/Aids em 2020.

P Onde você acha que números mais exatos devem estar disponíveis?

TESTE SEU CONHECIMENTO

✔ **19-29** Que forma de contato sexual é considerada a mais perigosa para a transmissão do HIV?

Aids no mundo

Hoje, cerca de 38 milhões de pessoas estão infectadas e vivendo com o vírus HIV (**Figura 19.16**). Estima-se que 67% delas estejam na África, incluindo a maioria das crianças infectadas pelo HIV no mundo. A Ásia e o Pacífico também possuem um alto número de casos, cerca de 5,8 milhões. Na Europa Ocidental e nos Estados Unidos, a mortalidade pela Aids diminuiu devido à disponibilidade de fármacos antivirais efetivos.

Em todo o mundo, a relação sexual heterossexual é o modo mais comum de transmissão do HIV. O comportamento sexual de alto risco e o uso de drogas nas ruas contribuem para a disseminação do HIV/Aids. Atualmente, um terço de todas as infecções pelo HIV no Leste Europeu, no Sudeste da Ásia e na Ásia Central decorre do uso de drogas nas ruas. Essas infecções também são importantes como uma ponte que conduz à transmissão sexual.

TESTE SEU CONHECIMENTO

✔ **19-30** Mundialmente, qual é a forma mais comum de transmissão do HIV?

Prevenção e tratamento da Aids

No momento, em grande parte do mundo, a única maneira prática de controle da Aids consiste em minimizar a transmissão. As *intervenções biomédicas* incluem preservativos, acesso aos serviços de saúde, testagem para o HIV e programas de troca de agulhas. Exemplos de *intervenção comportamental*

incluem educação sexual, programas de alimentação infantil segura e aconselhamento. As *intervenções estruturais* se concentram na realização de mudanças nos fatores sociais, econômicos, políticos e ambientais que tornam indivíduos ou grupos vulneráveis ao HIV.

A **profilaxia pré-exposição (PPrE)** e a **profilaxia pós-exposição (PPE)** para HIV são usadas para prevenir a infecção após uma exposição recente. A PPrE e a PPE usam combinações de fármacos que também são usadas no tratamento do HIV. Por exemplo, o fármaco Truvada® é uma combinação de tenofovir e entricitabina. O tratamento requer adesão estrita às doses diárias desse fármaco para se diminuir as chances de infecção.

Terapia antirretroviral (TARV)

A rápida taxa de multiplicação do HIV, a ocorrência frequente de mutações que conferem resistência a fármacos e a persistência de reservatórios virais latentes determinam que múltiplos fármacos, administrados simultaneamente, devem ser usados. O tratamento atual é chamado de **terapia antirretroviral altamente ativa (HAART**, de *highly active antiretroviral therapy*). Mesmo assim, linhagens resistentes do vírus podem surgir. Nos Estados Unidos, a maioria das pessoas com Aids recebe uma terapia de múltiplos fármacos para minimizar a sobrevivência de linhagens resistentes. Os fármacos normalmente são combinados em uma pílula única para facilitar a administração. Se os fármacos efetivos são interrompidos ou suspensos, o vírus rapidamente retoma a sua multiplicação. As pesquisas abrangendo os mecanismos de multiplicação do HIV têm ampliado o número de alvos potenciais para intervenções químicas. A **Figura 19.17** mostra os principais tipos e alguns dos fármacos disponíveis atualmente.

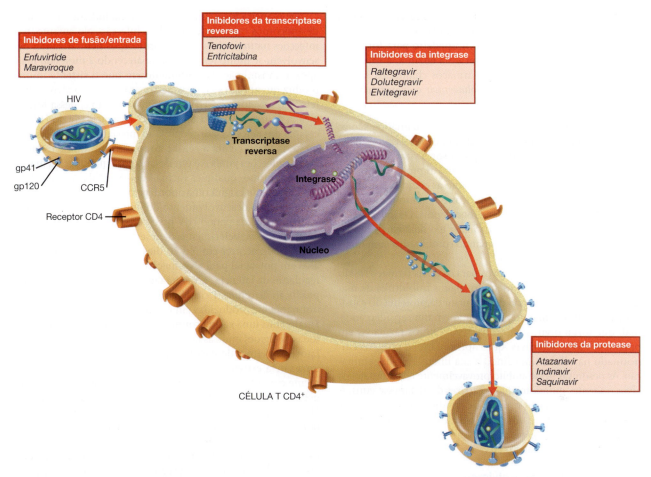

Inibidores de fusão/entrada

Enfuvirtide
Maraviroque

Inibidores da transcriptase reversa

Tenofovir
Entricitabina

Inibidores da integrase

Raltegravir
Dolutegravir
Elvitegravir

HIV

Transcriptase reversa

Integrase

Núcleo

gp41

gp120

CCR5

Receptor CD4

Inibidores da protease

Atazanavir
Indinavir
Saquinavir

CÉLULA T CD4⁺

Figura 19.17 Fármacos que inibem o ciclo de infecção do HIV. São mostrados os sítios de ação dos fármacos antirretrovirais.

P Por que um fármaco que se liga ao CCR5 na célula hospedeira impede a multiplicação viral?

Inibidores de entrada na célula Para que uma infecção ocorra, o vírus precisa se ligar aos receptores CD4 da célula; em seguida, uma interação entre a espícula gp120 do vírus e um correceptor (como o CCR5) precisa acontecer; e, finalmente, precisa haver uma fusão com a célula para permitir a entrada viral. Os fármacos que bloqueiam essas etapas são agrupados como *inibidores de entrada na célula*; alguns dos fármacos desse grupo têm como alvo a região gp41 do envelope viral, que facilita a fusão. Um exemplo é a *enfuvirtida*, que tem um alto custo e requer injeções diárias. Outro inibidor de entrada é o *maraviroque*, que bloqueia o receptor de quimiocina CCR5, ao qual o HIV deve se ligar. Testes estão em andamento para a produção de células imunológicas de pacientes que não possuem CCR5. Essas células resistiriam à ligação do HIV e, portanto, à infecção.

Inibidores da transcriptase reversa Após a fusão do vírus à célula hospedeira, a transcrição reversa do genoma de RNA produz uma cópia de DNA complementar (cDNA) de fita dupla do genoma do HIV. O primeiro alvo dos fármacos anti-HIV foi a enzima transcriptase reversa, enzima ausente nas células humanas. Atualmente, existem 13 inibidores diferentes aprovados pela FDA nessa categoria, incluindo a *entricitabina*. Na verdade, o termo **antirretroviral** sugere que o fármaco é utilizado no tratamento de infecções pelo HIV. Os *inibidores nucleosídeos da transcriptase reversa (INTRs)* são análogos de nucleosídeos e provocam o término da síntese do DNA viral por meio de inibição competitiva. Existem outros fármacos que inibem a transcrição reversa, mas não são análogos de ácidos nucleicos; eles são chamados de *inibidores não nucleosídeos da transcriptase reversa (INNTRs)*.

Uma aplicação particularmente bem-sucedida da quimioterapia tem sido na redução da transmissão do HIV de uma mãe infectada para o feto, durante a gravidez e o parto, e para o bebê por meio da amamentação. Mesmo a administração de um único fármaco INTR individualmente reduz bastante essa transmissão.

Inibidores da integrase   Após a transcrição reversa, o cDNA do HIV entra no núcleo. Dentro do núcleo, o cDNA deve ser integrado no cromossomo do hospedeiro para formar o provírus do HIV. Esse passo requer uma enzima, a integrase do HIV, que é um alvo para os fármacos chamados de *inibidores de integrase*. *Raltegravir, dolutegravir* e *elvitegravir* são exemplos.

Inibidores da protease   Um terceiro alvo enzimático são as proteases do HIV. As proteases realizam o processo essencial de clivagem das longas proteínas precursoras virais em proteínas estruturais menores e maduras (como as proteínas do capsídeo) e em proteínas funcionais (como as enzimas). A maior parte desse processo de clivagem ocorre quando o vírus está brotando da membrana celular e logo depois. Os *inibidores da protease*, como o *atazanavir, o indinavir* e o *saquinavir*, revelaram-se especialmente eficazes quando combinados com inibidores da transcriptase reversa.

Existem diversos outros alvos para os quais fármacos estão sendo desenvolvidos. Por exemplo, alguns **inibidores de maturação** afetam a conversão do precursor da proteína do capsídeo em sua forma madura, resultando em um capsídeo anormal, que torna o vírus não infeccioso. Outros fármacos em potencial são as **teterinas**, que "aprisionam" o vírus recém-formado na célula, impedindo a sua liberação e disseminação. As pesquisas nesse âmbito provavelmente revelarão novos alvos e agentes quimioterápicos capazes de afetar esse vírus. A descoberta de fármacos capazes de erradicar o vírus em seus reservatórios latentes é uma necessidade de fundamental importância. A terapia gênica e a edição de genes estão sendo exploradas para combater o HIV.

Os desafios do desenvolvimento de vacinas para o HIV

Embora os fármacos tenham aumentado a expectativa de vida de milhões de pessoas, eles tiveram pouco efeito sobre o fim da pandemia global. Superar a Aids provavelmente exigirá o desenvolvimento de uma vacina preventiva, algo que até agora tem frustrado os pesquisadores. Muitos testes clínicos sem sucesso de vacinas contra o HIV surgiram e desapareceram ao longo das décadas. Um desafio é que não existe um modelo de imunidade natural que mimetize uma vacina, uma vez que, até o momento, nenhuma das milhões de pessoas infectadas pelo vírus conseguiu erradicar o HIV com sucesso por meio do sistema imune. O uso de vírus atenuados é possível em certas vacinas, mas para o HIV é uma opção muito perigosa. Os retrovírus também se integram rapidamente ao DNA da célula hospedeira e, então, podem permanecer latentes, o que significa que as qualidades antigênicas do HIV são praticamente invisíveis para o sistema imune na maioria das vezes. Os ensaios clínicos envolvendo vacinas de subunidade utilizando a gp120 não tiveram sucesso. A região antigênica da gp120 está escondida no vírus, tornando os anticorpos neutralizantes ineficazes.

A alta taxa de mutação do HIV também dificulta o processo de desenvolvimento de vacinas. O vírus tem desenvolvido clados que se diferem consideravelmente de uma região geográfica para outra, tornando o desenvolvimento de vacinas muito mais difícil.

De maneira ideal, uma vacina deveria induzir a formação de anticorpos capazes de impedir a infecção. No entanto, nas infecções naturais pelo HIV, os anticorpos neutralizantes desenvolvem-se muito lentamente, aparecendo 2 meses ou mais após a transmissão. No momento em que o sistema imune produz quantidades efetivas desses anticorpos, o alvo, a proteína do envelope do HIV, já sofreu mutação e, dessa forma, escapa da neutralização. Além disso, a capacidade do HIV de escapar das defesas imunológicas ao infectar novas células, por meio da fusão célula a célula, contrasta com quase todas as outras infecções virais e é um desafio para qualquer vacina.

Em resumo, qualquer vacina bem-sucedida contra o HIV provavelmente exigirá uma abordagem fundamentalmente diferente para o desenvolvimento do imunoterápico. Uma vacina bem-sucedida para o HIV precisaria induzir uma imunidade antes do estabelecimento de reservatórios do vírus latente, o que pode ocorrer em 5 a 10 dias da infecção. De fato, um alvo em potencial para a vacinação pode ser a prevenção ou a regulação da latência. A vacina também precisaria estimular a produção de células T citotóxicas mais efetivas do que aquelas normalmente produzidas em resposta a uma infecção natural. Finalmente, uma vacina contra o HIV teria que ser acessível em todas as regiões onde as taxas de infecção são altas. Todos esses fatores tornam o desenvolvimento de uma vacina para o HIV uma tarefa extremamente difícil. Uma vacina criativa, atualmente em testes clínicos de fase 1, aproveita as mudanças que ocorrem na proteína do envelope gp120 durante a ligação do HIV. Quando a gp120 se liga ao CD4, ela muda de forma, expondo epítopos "induzidos por CD4" altamente conservados, alguns dos quais permitem a ligação ao correceptor (CXCR5 ou CCR5), desencadeando a fusão da membrana e a entrada viral. Essa vacina da subunidade gp120 foi projetada para conter esses epítopos conservados, de forma que os anticorpos gerados em resposta à vacina possam ser eficazes no bloqueio da fusão. Além disso, por serem conservados, espera-se que os anticorpos sejam eficazes contra múltiplas variantes do HIV.

CASO CLÍNICO Resolvido

Uma vez reconhecida a condição de rejeição autoimune, Miguel é tratado com sucesso com Mab-CD3. Esse fármaco se liga ao complexo receptor de células T – CD3 na superfície das células T circulantes, impedindo que as células T ataquem as células hospedeiras. Miguel também recebe ciclosporina, que suprime a secreção de IL-2 – mensageiro químico essencial na diferenciação entre o próprio e o não próprio. Se Miguel tivesse sido diagnosticado com a síndrome de DiGeorge antes de sua transfusão, o sangue poderia ter sido irradiado para a destruição dos leucócitos presentes nele, impedindo a sua reação. Miguel se recupera da DECH, mas ele necessitará de um transplante de timo eventualmente.

Parte 1   Parte 2   Parte 3   Parte 4   **Parte 5**

TESTE SEU CONHECIMENTO

 19-31 Por que a transcriptase reversa, a integrase e as proteases são bons alvos para a quimioterapia do HIV?

Resumo para estudo

Introdução (p. 528)

1. Rinite alérgica, rejeição a transplantes e autoimunidade são exemplos de reações imunes nocivas.
2. Imunossupressão é a inibição do sistema imune.

Hipersensibilidade (p. 529-540)

1. As reações de hipersensibilidade ocorrem quando uma pessoa foi sensibilizada a um antígeno.
2. As reações de hipersensibilidade representam respostas imunes a um antígeno (alérgeno) que causam mais dano ao tecido do que imunidade.
3. As reações de hipersensibilidade podem ser divididas em quatro classes principais: os tipos I, II e III são reações imediatas, baseadas na imunidade humoral, e o tipo IV é uma reação tardia, baseada na imunidade celular.

Alergias e o microbioma (p. 529)

4. A exposição a micróbios na infância pode reduzir o desenvolvimento de alergias.

Reações tipo I (anafiláticas) (p. 529-534)

5. As reações anafiláticas envolvem a produção de anticorpos IgE, que se ligam aos mastócitos e basófilos para sensibilizar o hospedeiro.
6. A ligação de dois anticorpos IgE adjacentes a um antígeno faz a célula-alvo liberar mediadores químicos, como histamina, leucotrienos e prostaglandinas, que provocam as reações alérgicas observadas.
7. A anafilaxia sistêmica pode se desenvolver em minutos após uma injeção ou a ingestão do antígeno; isso pode resultar em colapso circulatório e morte.
8. A anafilaxia localizada é exemplificada por urticária, rinite alérgica e asma.
9. O teste cutâneo é útil para determinar a sensibilidade a um antígeno.
10. A dessensibilização pode ser obtida por injeções repetidas do antígeno, o que leva à formação de anticorpos (IgG) bloqueadores.

Reações tipo II (citotóxicas) (p. 535-538)

11. Reações tipo II são mediadas por anticorpos IgG ou IgM e complemento.
12. Os anticorpos são direcionados às células exógenas ou células do hospedeiro. A fixação do complemento pode resultar em lise celular. Os macrófagos e outras células também podem danificar as células revestidas por anticorpos.
13. O sangue humano pode ser agrupado em quatro tipos principais, designados A, B, AB e O.
14. A presença ou ausência de dois antígenos carboidratos designados A e B na superfície da hemácia determina o tipo sanguíneo de uma pessoa.
15. Anticorpos naturais contra os antígenos A e B podem estar presentes no soro, dependendo do tipo sanguíneo.
16. Transfusões sanguíneas incompatíveis levam à lise mediada pelo complemento das hemácias do doador.
17. A ausência do antígeno Rh em determinados indivíduos (Rh$^-$) pode levar à sensibilização após exposição a ele.
18. Quando uma pessoa Rh$^-$ recebe sangue Rh$^+$, ela produzirá anticorpos anti-Rh. A exposição seguinte a células Rh$^+$ resultará em uma reação hemolítica rápida e grave.

19. Uma mãe Rh$^-$ carregando um feto Rh$^+$ produzirá anticorpos anti-Rh. Gestações posteriores envolvendo incompatibilidade de Rh podem resultar na doença hemolítica do recém-nascido (DHRN).
20. A DHRN pode ser prevenida por meio de imunização passiva da mãe com anticorpos anti-Rh.
21. Na doença púrpura trombocitopênica, as plaquetas são destruídas por anticorpos e complemento.
22. A agranulocitose e a anemia hemolítica resultam de anticorpos contra as próprias células sanguíneas do indivíduo revestidas com moléculas de fármacos.

Reações tipo III (imunocomplexos) (p. 538-539)

23. As doenças por imunocomplexos ocorrem quando os anticorpos IgG e o antígeno solúvel formam complexos pequenos, os quais se alojam na membrana basal das células.
24. A fixação do complemento subsequente resulta em inflamação.
25. A glomerulonefrite é uma doença por imunocomplexo.

Reações tipo IV (mediadas por células tardias) (p. 539-540)

26. As reações de hipersensibilidade tardia são devidas principalmente à proliferação de células T.
27. As células T sensibilizadas secretam citocinas em resposta ao antígeno apropriado.
28. As citocinas atraem e ativam os macrófagos e iniciam o dano tecidual.
29. O teste cutâneo de tuberculina e a dermatite de contato alérgica são exemplos de hipersensibilidade tardia.

Doenças autoimunes (p. 540-542)

1. A autoimunidade resulta da perda da autotolerância.
2. A autotolerância ocorre durante o desenvolvimento fetal; as células T que têm como alvo as células hospedeiras são eliminadas por meio da seleção tímica (deleção clonal).
3. O sistema imune ataca a bainha de mielina dos nervos na esclerose múltipla.
4. O lúpus eritematoso sistêmico, a artrite reumatoide, a doença de Graves e a miastenia grave são doenças autoimunes por imunocomplexo.
5. O diabetes melito dependente de insulina e a psoríase são reações autoimunes mediadas por células.

Reações aos transplantes (p. 542-546)

1. As moléculas próprias de MHC, localizadas na superfície das células, expressam diferenças genéticas entre os indivíduos; esses antígenos são chamados de HLAs nos seres humanos.
2. Para impedir a rejeição aos transplantes, os antígenos dos grupos ABO e HLA do doador e do recipiente são compatibilizados o máximo possível.
3. Transplantes reconhecidos como antígenos exógenos podem sofrer lise pelas células T e ser atacados por macrófagos e por anticorpos fixadores de complemento.
4. O transplante para um sítio privilegiado (como a córnea) ou de um tecido privilegiado (como as válvulas cardíacas de porco) não causa uma resposta imune.
5. Células-tronco pluripotentes diferenciam-se em uma variedade de tecidos que podem fornecer tecidos para transplante.
6. Quatro tipos de transplantes foram definidos com base nas relações genéticas entre o doador e o recipiente: produtos de autoenxertos, isoenxertos, aloenxertos e xenotransplantes.

7. Transplantes de medula óssea (com células imunocompetentes) podem causar a doença do enxerto contra o hospedeiro.
8. Cirurgias de transplante bem-sucedidas geralmente requerem fármacos imunossupressores para impedirem uma resposta imune ao tecido transplantado.

Sistema imune e o câncer (p. 546-547)

1. Células cancerosas são células normais que sofreram transformação, dividem-se de modo incontrolável e possuem antígenos associados a tumores.
2. A resposta do sistema imune ao câncer é chamada de vigilância imunológica.
3. Os linfócitos T citotóxicos reconhecem e matam as células cancerosas, assim como os macrófagos e as células NK.
4. Vacinas profiláticas contra o câncer de fígado e colo do útero estão disponíveis.
5. Trastuzumabe (Herceptin®) consiste em anticorpos monoclonais contra um fator de crescimento do câncer de mama.
6. As imunotoxinas são substâncias químicas tóxicas ligadas a um anticorpo monoclonal; o anticorpo localiza seletivamente a célula cancerosa para a liberação da toxina.

Imunodeficiências (p. 547-549)

1. As imunodeficiências podem ser congênitas ou adquiridas.
2. As imunodeficiências congênitas devem-se a genes ausentes ou deficientes.
3. Uma variedade de fármacos, cânceres e doenças infecciosas podem causar imunodeficiências adquiridas.

Síndrome da imunodeficiência adquirida (Aids) (p. 549-556)

Origem da Aids (p. 549)

1. Acredita-se que o HIV tenha se originado na África e tenha sido trazido para outros países pelo transporte moderno e por práticas de sexo não seguras.

Infecção pelo HIV (p. 549-553)

2. A Aids é o estágio final da infecção por HIV.
3. O HIV é um retrovírus com RNA de fita simples, transcriptase reversa e um envelope fosfolipídico com espículas gp120.

4. As espículas do HIV fixam-se ao CD4 e aos correceptores nas células hospedeiras; o receptor CD4 é encontrado em células T auxiliares, macrófagos e células dendríticas.
5. O RNA viral é transcrito em DNA pela transcriptase reversa. O DNA viral torna-se integrado ao cromossomo do hospedeiro para dirigir a síntese de novos vírus ou permanecer latente como um provírus.
6. O HIV escapa do sistema imune na latência, em vacúolos, ao usar a fusão célula a célula, e por mudança antigênica.
7. A infecção pelo HIV é classificada de acordo com as fases clínicas: fase 1 (assintomática), fase 2 (infecções oportunistas indicadoras) e fase 3 (células CD4+ < 200 células/μL).
8. A progressão da infecção pelo HIV à Aids leva aproximadamente 10 anos.

Métodos diagnósticos (p. 553)

9. Anticorpos contra o HIV são detectados por ELISA e *Western blotting*.
10. Os testes de carga viral plasmática detectam o ácido nucleico viral e são usados para quantificar o HIV no sangue.
11. Em países que possuem sistemas de saúde de qualidade, as transfusões sanguíneas não são uma fonte provável de infecção, pois o sangue é testado para anticorpos contra o HIV e RNA viral.

Transmissão do HIV (p. 553-554)

12. O HIV é transmitido por contato sexual, leite materno, agulhas contaminadas, infecção transplacentária, inseminação artificial e transfusão de sangue.

Aids no mundo (p. 554)

13. Mundialmente, a relação heterossexual é o principal meio de transmissão do HIV.

Prevenção e tratamento da Aids (p. 554-556)

14. A transmissão pode ser reduzida por intervenções biomédicas, comportamentais e estruturais.
15. Os agentes quimioterápicos atuais têm como alvo a entrada na célula e as enzimas virais, incluindo a transcriptase reversa, a integrase e a protease.
16. O desenvolvimento de uma vacina é difícil, pois existem diferentes clados antigênicos e o vírus permanece no interior das células hospedeiras.

Questões para estudo

As respostas das questões de Conhecimento e compreensão estão na seção de Respostas no final deste livro.

Conhecimento e compreensão

Revisão

1. DESENHE Identifique e marque a IgE, o antígeno e o mastócito, adicionando um anti-histamínico na figura a seguir. Que tipo de célula é essa? O Singulair® interrompe a inflamação ao bloquear os receptores de leucotrienos. Adicione essa ação à figura.

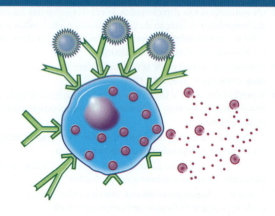

2. No laboratório, o sangue é tipado ao se observar a hemaglutinação. Por exemplo, anticorpos anti-A e hemácias tipo A se agregam. Em uma pessoa tipo A, anticorpos anti-A causam hemólise. Por quê?

3. Discuta as funções dos anticorpos e dos antígenos em um transplante de tecido incompatível.

4. Explique o que acontece quando uma pessoa desenvolve sensibilidade por contato ao carvalho-venenoso.
   a. O que causa os sintomas observados?
   b. Como se desenvolve a sensibilidade?
   c. Como essa pessoa poderia ser dessensibilizada ao carvalho-venenoso?

5. Por que um teste de anticorpo antinuclear (AAN) diagnostica o lúpus?

6. Diferencie os três tipos de doenças autoimunes. Forneça um exemplo de cada tipo.

7. Resuma as causas das imunodeficiências. Qual é o efeito de uma imunodeficiência?

8. De que maneira as células tumorais diferem antigenicamente das células normais? Explique como as células tumorais podem ser destruídas pelo sistema imune.

9. Se as células tumorais podem ser destruídas pelo sistema imune, como o câncer se desenvolve? O que envolve a imunoterapia?

10. IDENTIFIQUE A região Fc desta proteína causa degranulação quando se liga a basófilos.

Múltipla escolha

1. A dessensibilização para prevenir uma resposta alérgica pode ser obtida pela injeção de doses pequenas e repetidas de
   a. anticorpos IgE.
   b. antígeno (alérgeno).
   c. histamina.
   d. anticorpos IgG.
   e. anti-histamínicos.

2. O que significa *pluripotente*?
   a. habilidade de uma única célula de se desenvolver em uma célula-tronco embrionária ou adulta
   b. habilidade de uma célula-tronco de se desenvolver em muitos tipos celulares diferentes
   c. uma célula sem os antígenos MHC I e MHC II
   d. habilidade de uma única célula-tronco de curar diferentes tipos de doenças
   e. habilidade de uma célula adulta de se tornar uma célula-tronco

3. A autoimunidade citotóxica difere da autoimunidade por imunocomplexo, pois as reações citotóxicas
   a. envolvem anticorpos.
   b. não envolvem o complemento.
   c. são causadas pelas células T.
   d. não envolvem anticorpos IgE.
   e. nenhuma das alternativas

4. Anticorpos contra o HIV são ineficazes por todos os motivos a seguir, *exceto*:
   a. o fato de que os anticorpos não são produzidos contra o HIV.
   b. transmissão por fusão célula-célula.
   c. mudanças antigênicas.
   d. latência.
   e. persistência das partículas virais em vacúolos.

5. A seguir, qual *não* é a causa de uma imunodeficiência natural?
   a. um gene recessivo que resulta na ausência de um timo
   b. um gene recessivo que resulta em poucas células B

   c. infecção pelo HIV
   d. fármacos imunossupressores
   e. Todas as alternativas são causas de imunodeficiência natural.

6. Quais anticorpos serão encontrados naturalmente no soro de uma pessoa com sangue tipo A, Rh$^+$?
   a. anti-A, anti-B, anti-Rh
   b. anti-A, anti-Rh
   c. anti-A
   d. anti-B, anti-Rh
   e. anti-B

Use as seguintes opções para associar o tipo de hipersensibilidade aos exemplos nas questões 7 a 10.
   a. hipersensibilidade tipo I
   b. hipersensibilidade tipo II
   c. hipersensibilidade tipo III
   d. hipersensibilidade tipo IV
   e. todas as alternativas

7. Anafilaxia localizada.

8. Dermatite de contato alérgica.

9. Devido a imunocomplexos.

10. Reação a uma transfusão de sangue incompatível.

Análise

1. Quando e como nosso sistema imune discrimina entre os antígenos próprios e não próprios?

2. As primeiras preparações usadas para a imunidade passiva adquirida artificialmente eram anticorpos do soro de cavalo. Uma complicação que resultava do uso terapêutico do soro de cavalo era a doença por imunocomplexos. Por que isso ocorria?

3. As pessoas com Aids produzem anticorpos? Em caso positivo, por que se diz que elas apresentam uma imunodeficiência?

4. Quais são os modos de ação dos fármacos anti-Aids?

Aplicações clínicas e avaliação

1. As infecções fúngicas, como o pé de atleta, são crônicas. Esses fungos degradam a queratina da pele, mas não são invasivos e não produzem toxinas. Por que você imagina que muitos dos sintomas de uma infecção fúngica são devidos à hipersensibilidade ao fungo?

2. Após trabalhar em uma fazenda de cogumelos por vários meses, um trabalhador desenvolveu estes sintomas: urticária, edema e aumento dos linfonodos.
   a. O que esses sintomas indicam?
   b. Que mediadores causam esses sintomas?
   c. Como a sensibilidade a um antígeno particular pode ser determinada?
   d. Outros funcionários não parecem apresentar quaisquer reações imunes. O que poderia explicar isso?
   (*Dica*: os alérgenos são os conidiósporos dos fungos em crescimento na fazenda de cogumelos.)

3. Médicos administrando vacinas vivas e atenuadas de caxumba e sarampo, preparadas em embriões de galinha, são instruídos a ter epinefrina disponível. A epinefrina não tratará essas infecções virais. Qual é o propósito de manter esse fármaco à disposição?

4. Uma mulher com sangue tipo A$^+$ recebeu uma vez uma transfusão de sangue AB$^+$. Quando ela engravidou de um bebê do tipo B$^+$, ele desenvolveu a doença hemolítica do recém-nascido. Explique por que esse feto desenvolveu essa condição, enquanto outro feto tipo B$^+$, de uma mãe diferente tipo A$^+$, nasceu normal.

20 Fármacos antimicrobianos

Quando as defesas normais do organismo não são capazes de impedir ou derrotar uma doença, ela frequentemente pode ser tratada por quimioterapia pelo uso de fármacos antimicrobianos. Como os desinfetantes, discutidos no Capítulo 7, os fármacos antimicrobianos agem destruindo ou interferindo no crescimento dos microrganismos. Diferentemente dos desinfetantes, no entanto, esses fármacos devem agir *dentro* do hospedeiro, sem causar dano a ele. O objetivo do desenvolvimento de antimicrobianos é danificar estruturas ou processos no microrganismo-alvo que não se encontram também no hospedeiro; assim, o fármaco prejudica o micróbio, e não o hospedeiro. Ou seja, o fármaco apresenta **toxicidade seletiva**.

Os antibióticos estão entre as mais importantes descobertas da medicina moderna. Há um século, pouco se poderia ser feito para tratar muitas doenças infecciosas letais. A introdução da penicilina, das sulfanilamidas e de outros agentes antimicrobianos para o tratamento de condições como uma pneumonia ou o chamado envenenamento do sangue (sepse) resultou em curas que pareciam quase milagrosas.

Hoje, testemunhamos os avanços representados por esses fármacos milagrosos sendo ameaçados pelo desenvolvimento da resistência a antibióticos. Por exemplo, existem relatos frequentes de patógenos estafilocócicos e tuberculosos que são resistentes a quase todos os antibióticos que em algum momento já foram efetivos. O "Caso clínico" deste capítulo descreve uma infecção causada pela bactéria *Pseudomonas aeruginosa* resistente a antibióticos, mostrada na fotografia. Em alguns casos, a medicina dispõe atualmente de poucas armas efetivas para o tratamento das doenças causadas por esses patógenos, muito menos do que aquelas que estavam disponíveis há mais de um século.

▶ As bactérias *Pseudomonas aeruginosa* (em azul) são resistentes a muitos antibióticos.

Na clínica

Sabendo que você é enfermeiro(a), a sua família sempre recorre a você em busca de orientações. O seu irmão deseja saber sobre a tosse que o acomete há 2 semanas. Agora ele está tossindo muco e está certo de que é um quadro de bronquite. Ele questiona se deve usar a amoxicilina que guardou de uma prescrição que recebeu no último inverno, quando teve bronquite. **O que você deve dizer ao seu irmão?**

Dica: leia mais sobre prevenção da resistência microbiana mais adiante neste capítulo.

História da quimioterapia

OBJETIVOS DE APRENDIZAGEM

20-1 Identificar as contribuições de Paul Ehrlich e Alexander Fleming para a quimioterapia.

20-2 Identificar os micróbios que produzem a maioria dos antibióticos.

O surgimento da quimioterapia moderna é creditado aos esforços de Paul Ehrlich, na Alemanha, durante a primeira parte do século XX. Enquanto tentava corar bactérias sem corar os tecidos circundantes, ele especulava sobre alguma "bala mágica" que encontraria e destruiria patógenos de forma seletiva, mas sem afetar o hospedeiro. Essa ideia forneceu a base para a **toxicidade seletiva** e para a **quimioterapia**, termo que ele próprio cunhou.

Descoberta dos antibióticos no século XX

Em 1928, Alexander Fleming observou que o crescimento da bactéria *Staphylococcus aureus* foi inibido em uma área que circundava a colônia de um bolor que havia contaminado a placa de Petri (ver Figura 1.6). O bolor foi identificado como *Penicillium chrysogenum*, e seu composto ativo, isolado logo em seguida, foi chamado de penicilina. Reações inibidoras similares entre colônias em meio sólido são comumente observadas na microbiologia, e o mecanismo de inibição é chamado de *antibiose* (**Figura 20.1**). Dessa palavra surgiu o termo **antibiótico**, substância produzida pelos microrganismos que, em pequenas quantidades, inibe outra bactéria. Portanto, os fármacos sulfas totalmente sintéticos, por exemplo, são tecnicamente **fármacos antimicrobianos**, não antibióticos, distinção frequentemente ignorada na prática. A descoberta das sulfas teve início em 1927 e surgiu de uma busca sistemática por substâncias químicas por cientistas industriais alemães. Em 1932, descobriu-se que um composto, chamado de vermelho de prontosil, corante contendo sulfanilamida, controlava infecções estreptocócicas em camundongos. Durante a Segunda Guerra Mundial, os exércitos aliados utilizaram amplamente esse composto de sulfanilamida. A descoberta e o uso das sulfas deixaram claro que agentes antimicrobianos práticos poderiam ser eficientes contra infecções bacterianas sistêmicas, o que fez ressurgir o interesse pelas descobertas anteriores sobre a penicilina.

Em 1940, foram realizados os primeiros ensaios clínicos da penicilina. Em tempos de guerra, no Reino Unido, pesquisas visando ao desenvolvimento da produção em larga escala de penicilina não eram possíveis, de modo que essa tarefa havia sido transferida para os Estados Unidos. A cultura original de *P. chrysogenum* não era um produtor muito eficiente do antibiótico. Ela foi logo substituída por uma linhagem mais produtiva. Esse organismo valioso (uma linhagem de *P. chrysogenum*) foi inicialmente isolado a partir de um melão mofado, comprado em um mercado de Peoria, Illinois, Estados Unidos.

Antibióticos em uso atualmente

Os antibióticos são relativamente fáceis de serem descobertos, mas poucos têm algum valor médico ou comercial.

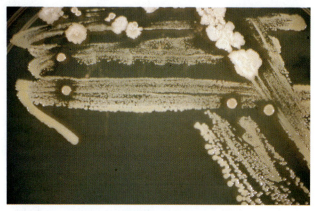

Figura 20.1 Observação laboratorial da antibiose. Qualquer pessoa, ao plaquear microrganismos de ambientes naturais, sobretudo do solo, com frequência verá exemplos de inibição bacteriana por antibióticos produzidos por bactérias, principalmente espécies do gênero *Streptomyces*.

P Existiria alguma vantagem para um micróbio do solo em produzir um antibiótico?

Mais da metade dos nossos antibióticos são produzidos por espécies de *Streptomyces*, bactérias filamentosas que comumente habitam o solo (ver Figura 11.25). Alguns poucos antibióticos são produzidos por bactérias formadoras de endósporos, como os *Bacillus*, e outros são produzidos por bolores, a maioria pertencente aos gêneros *Penicillium* e *Cephalosporium*. Ver na **Tabela 20.1** as fontes de muitos antibióticos atualmente em uso – um grupo de organismos

---

CASO CLÍNICO Uma visão limitada

Vanessa Silva, cirurgiã oftálmica, realizou centenas de transplantes de córnea sem incidentes em sua carreira. Ela fica compreensivelmente preocupada quando uma mulher de 76 anos, operada por ela na véspera, desenvolve uma infecção da córnea. A Dra. Silva administrou a injeção de gentamicina subconjuntival profilática adequada na paciente após o transplante; por isso, ela fica intrigada com a presença da infecção. A gentamicina pós-operatória é recomendada nos casos de transplante de córnea, pois *Staphylococcus epidermidis* e *S. aureus* são os organismos mais comuns associados a infecções oculares pós-operatórias.

Do olho da paciente, a Dra. Silva coleta uma amostra para cultura e envia para o laboratório para análise. A cultura retorna positiva para *P. aeruginosa*. A Dra. Silva confere com o banco de olhos e descobre que um homem de 30 anos, que recebeu a outra córnea do doador, também desenvolveu uma infecção por *P. aeruginosa* em 24 horas após a cirurgia. Esse paciente também recebeu gentamicina profilática, a fim de prevenir infecções.

O que a Dra. Silva precisa saber? Continue lendo para descobrir.

Parte 1 Parte 2 Parte 3 Parte 4 Parte 5 Parte 6

TABELA 20.1 Exemplos de fontes de antibióticos	
Microrganismo	**Antibiótico**
BASTONETES GRAM-POSITIVOS	
Bacillus subtilis	Bacitracina
Paenibacillus polymyxa	Polimixina
ACTINOMICETOS	
Streptomyces nodosus	Anfotericina B
Streptomyces venezuelae	Cloranfenicol
Streptomyces aureofaciens	Clorotetraciclina e tetraciclina
Saccharopolyspora erythraea	Eritromicina
Streptomyces fradiae	Neomicina
Streptomyces griseus	Estreptomicina
Micromonospora purpurea	Gentamicina
FUNGOS	
Cephalosporium spp.	Cefalotina
Penicillium griseofulvum	Griseofulvina
Penicillium chrysogenum	Penicilina

surpreendentemente limitado. Um estudo analisou 400 mil culturas microbianas que geraram apenas três fármacos utilizáveis. Em especial, é interessante notar que praticamente todos os micróbios produtores de antibióticos apresentam algum tipo de processo de esporulação.

A maioria dos antibióticos em uso hoje foi descoberta por métodos que requeriam a identificação e o cultivo de colônias de organismos produtores de antibióticos, principalmente a partir da seleção de amostras provenientes do solo. É bastante fácil identificar micróbios em amostras que tenham atividade antimicrobiana (Figura 20.1); contudo, muitos são tóxicos ou não têm utilidade comercial. Além disso, muitos desses achados revelaram-se exemplos de "frutos ao alcance da mão", e a continuação das pesquisas frequentemente resultava na descoberta dos mesmos antibióticos. Por exemplo, cerca de 1 a cada 100 actinomicetos do solo produzem estreptomicina, e 1 a cada 250 produzem tetraciclina. Por outro lado, descobrir um antibiótico produzido por apenas um microrganismo do solo ou do mar entre 10 milhões é uma tarefa difícil. Mesmo os *métodos de ampla análise* modernos, que realizam rapidamente a triagem de grandes quantidades de micróbios na busca por novos antibióticos, não conseguiram produzir muitas novas descobertas.

Existe uma urgência crescente de se descobrir novos fármacos para resolver o problema progressivo da **resistência a antibióticos**, fenômeno no qual medicamentos anteriormente eficazes apresentam cada vez menos impacto sobre as bactérias. Infelizmente, apenas três novas classes de antibióticos foram descobertas desde 1984. Todos os outros chamados de novos antibióticos são modificações das classes existentes, o que significa que a resistência a eles pode se desenvolver rapidamente.

TESTE SEU CONHECIMENTO

✔ **20-1** Quem cunhou o termo *quimioterapia*?

✔ **20-2** Mais da metade dos nossos antibióticos é produzida por um determinado gênero de bactérias. Qual gênero é esse?

Espectro de atividade antimicrobiana

OBJETIVOS DE APRENDIZAGEM

20-3 Descrever os problemas da quimioterapia contra infecções causadas por vírus, fungos, protozoários e helmintos.

20-4 Definir os seguintes termos: *espectro de atividade, antibiótico de amplo espectro* e *superinfecção*.

É comparativamente fácil descobrir ou desenvolver fármacos efetivos contra células procarióticas e que não afetem as células eucarióticas dos seres humanos. Esses dois tipos celulares se diferenciam substancialmente de vários modos, como pela presença ou ausência de parede celular, pela estrutura de seus ribossomos e por detalhes de seus metabolismos. Assim, a toxicidade seletiva apresenta diversos alvos. O problema é mais complicado quando o patógeno tem células eucarióticas, como fungos, protozoários ou helmintos. Em nível celular, esses organismos se assemelham às células humanas muito mais intimamente do que uma célula bacteriana. Assim, um fármaco que tenha como alvo esses patógenos geralmente também danifica o hospedeiro. O nosso arsenal contra esses tipos de patógenos é muito mais limitado do que o nosso arsenal de fármacos antibacterianos. As infecções virais também são particularmente difíceis de tratar, uma vez que o patógeno está dentro da célula do hospedeiro humano, e porque a informação genética do vírus direciona a célula humana a produzir mais vírus, em vez de sintetizar materiais celulares normais.

Alguns fármacos têm um espectro restrito de atividade microbiana, ou alcance dos diferentes tipos microbianos que eles podem afetar. A penicilina G, por exemplo, afeta bactérias gram-positivas, mas apenas algumas poucas bactérias gram-negativas. Os antibióticos que afetam uma ampla variedade de bactérias patogênicas gram-positivas e gram-negativas são chamados de **antibióticos de amplo espectro**.

Um fator primordial envolvido na toxicidade seletiva de ação antibacteriana reside na camada externa de lipopolissacarídeos de bactérias gram-negativas e nas porinas, que formam canais aquosos através dessa camada (ver Figura 4.13c). Fármacos que atravessam os canais de porinas precisam ser relativamente pequenos e, preferencialmente, hidrofílicos. Fármacos que são lipofílicos (apresentam afinidade por lipídeos) ou especialmente grandes não conseguem penetrar imediatamente em uma bactéria gram-negativa.

A Tabela 20.2 resume o espectro de atividade de vários fármacos quimioterápicos. Uma vez que a identidade de um patógeno nem sempre é imediatamente reconhecida, um fármaco de amplo espectro parece ser vantajoso no tratamento

Principais mecanismos de ação dos fármacos antibacterianos

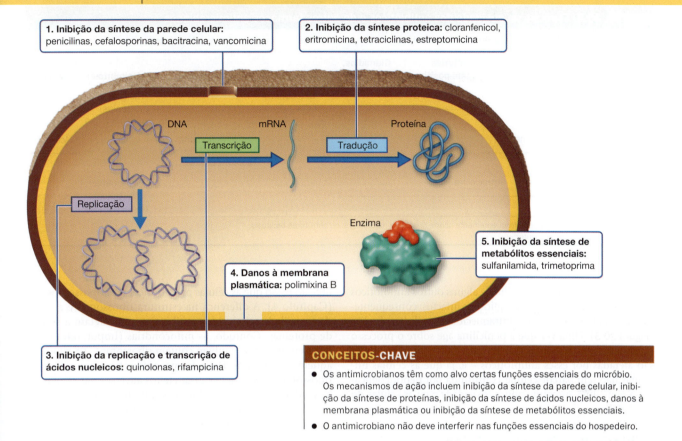

1. Inibição da síntese da parede celular: penicilinas, cefalosporinas, bacitracina, vancomicina

2. Inibição da síntese proteica: cloranfenicol, eritromicina, tetraciclinas, estreptomicina

DNA   mRNA   Proteína

Transcrição   Tradução

Replicação

Enzima

5. Inibição da síntese de metabólitos essenciais: sulfanilamida, trimetoprima

4. Danos à membrana plasmática: polimixina B

3. Inibição da replicação e transcrição de ácidos nucleicos: quinolonas, rifampicina

CONCEITOS-CHAVE

- Os antimicrobianos têm como alvo certas funções essenciais do micróbio. Os mecanismos de ação incluem inibição da síntese da parede celular, inibição da síntese de proteínas, inibição da síntese de ácidos nucleicos, danos à membrana plasmática ou inibição da síntese de metabólitos essenciais.

- O antimicrobiano não deve interferir nas funções essenciais do hospedeiro.

de uma doença por poupar um tempo precioso. No entanto, a desvantagem é que esses fármacos destroem também grande parte da microbiota normal do hospedeiro. A microbiota normal geralmente compete e limita o crescimento de patógenos e outros micróbios. Se o antibiótico não for capaz de destruir determinados organismos na microbiota normal, mas eliminar os seus competidores, os sobreviventes podem proliferar e se tornar patógenos oportunistas. Um exemplo que é observado muitas vezes é o crescimento excessivo da levedura *Candida albicans*, a qual não é sensível aos antibióticos bacterianos. Esse crescimento excessivo é chamado de **superinfecção**, termo também aplicado ao crescimento do patógeno-alvo que desenvolveu resistência a um antibiótico. Nessa situação, essa linhagem resistente ao antibiótico substituirá a linhagem originalmente sensível, e a infecção permanece.

TESTE SEU CONHECIMENTO

✔ **20-3** Identifique pelo menos uma razão para ser tão difícil atingir um vírus patogênico sem danificar as células do hospedeiro.

✔ **20-4** Por que antibióticos com espectro de atividade muito amplo podem, a princípio, não ser tão úteis quanto se imagina?

Ação dos fármacos antimicrobianos

OBJETIVO DE APRENDIZAGEM

20-5 Identificar cinco mecanismos de ação dos fármacos antimicrobianos.

Os fármacos antimicrobianos podem ser **bactericidas** (destroem os micróbios diretamente) ou **bacteriostáticos** (impedem o crescimento dos micróbios). Na bacteriostase, as próprias defesas do hospedeiro, como a fagocitose e a produção de anticorpos, normalmente destroem o microrganismo. Os principais modos de ação estão resumidos na **Figura 20.2**.

Inibição da síntese de parede celular

A penicilina, o primeiro antibiótico verdadeiro a ser descoberto e utilizado, é um exemplo de inibidor da síntese de parede celular.

A parede celular de uma bactéria consiste em uma rede macromolecular de peptideoglicano. Lembre-se, do Capítulo 4, que o peptideoglicano é encontrado apenas nas paredes

TABELA 20.2   Espectro de atividade dos antibióticos e de outros fármacos antimicrobianos

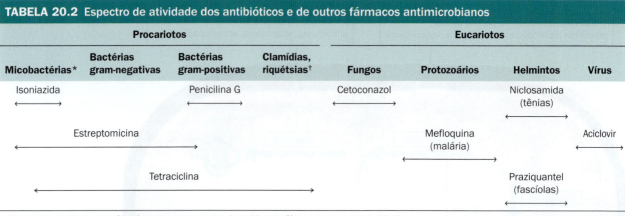

Procariotos				Eucariotos			
Micobactérias*	Bactérias gram-negativas	Bactérias gram-positivas	Clamídias, riquétsias[†]	Fungos	Protozoários	Helmintos	Vírus

Isoniazida
←——————→

Penicilina G
←——————→

Cetoconazol
←——————→

Niclosamida (tênias)
←——————→

Estreptomicina
←————————————————→

Mefloquina (malária)
←——————→

Aciclovir
←——————→

Tetraciclina
←————————————————→

Praziquantel (fascíolas)
←——————→

*O crescimento dessas bactérias frequentemente ocorre dentro de macrófagos ou estruturas teciduais.
[†]Bactérias intracelulares obrigatórias.

celulares bacterianas. A penicilina e alguns outros antibióticos previnem a síntese de peptideoglicanos intactos; consequentemente, a parede celular fica enfraquecida, e a célula sofre lise (**Figura 20.3**). Uma vez que a penicilina age sobre o processo de síntese, apenas células que estejam crescendo ativamente são afetadas por esses antibióticos – e, já que as células humanas não têm parede celular constituída por peptideoglicano, a penicilina apresenta pouca toxicidade para as células do hospedeiro.

Inibição da síntese proteica

Como a síntese de proteínas é comum a todas as células, sejam procarióticas ou eucarióticas, esse processo pareceria um alvo improvável para a toxicidade seletiva. Entretanto, uma diferença notável entre procariotos e eucariotos é a estrutura de seus ribossomos. As células eucarióticas têm ribossomos

80S, ao passo que as células procarióticas têm ribossomos 70S (Capítulo 4). A diferença na estrutura ribossomal é a razão da toxicidade seletiva dos antibióticos que afetam a síntese de proteínas. Contudo, as mitocôndrias (importantes organelas eucarióticas) também contêm ribossomos 70S similares àqueles de bactérias. Dessa forma, antibióticos que afetam os ribossomos 70S podem causar efeitos adversos nas células do hospedeiro. Entre os antibióticos que interferem na síntese proteica estão o cloranfenicol, a eritromicina, a estreptomicina e as tetraciclinas (**Figura 20.4**).

Danos à membrana plasmática

Determinados antibióticos, principalmente aqueles compostos de polipeptídeos, provocam mudanças na permeabilidade da membrana plasmática, que resultam na perda de metabólitos importantes pela célula microbiana. Alguns dos antibióticos polipeptídicos danificam as membranas interna e externa das bactérias gram-negativas.

Os ionóforos são antibióticos produzidos por várias bactérias e fungos do solo. Eles permitem o movimento descontrolado de cátions através da membrana plasmática. Os ionóforos não são usados na medicina humana. Eles são usados na alimentação do gado porque alteram a microbiota do rúmen do animal, o que melhora a digestão e promove o crescimento do rebanho.

Alguns fármacos antifúngicos são eficientes contra uma gama considerável de doenças fúngicas. Esses fármacos se associam aos esteróis da membrana plasmática fúngica e danificam a membrana (**Figura 20.5**). Uma vez que as membranas plasmáticas bacterianas geralmente não possuem esteróis, esses antibióticos não apresentam ação contra bactérias.

Inibição da síntese de ácidos nucleicos

Vários antibióticos interferem nos processos de replicação e transcrição do DNA nos microrganismos. Esses fármacos bloqueiam a topoisomerase bacteriana ou a RNA-polimerase (ver Tabela 8.1).

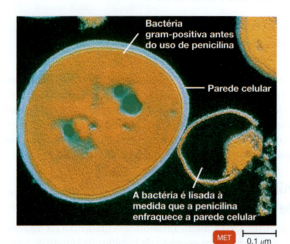

Bactéria gram-positiva antes do uso de penicilina

Parede celular

A bactéria é lisada à medida que a penicilina enfraquece a parede celular

MET   0,1 μm

Figura 20.3   **Inibição da síntese da parede celular bacteriana pela penicilina.**

P   Por que as penicilinas não afetam as células humanas?

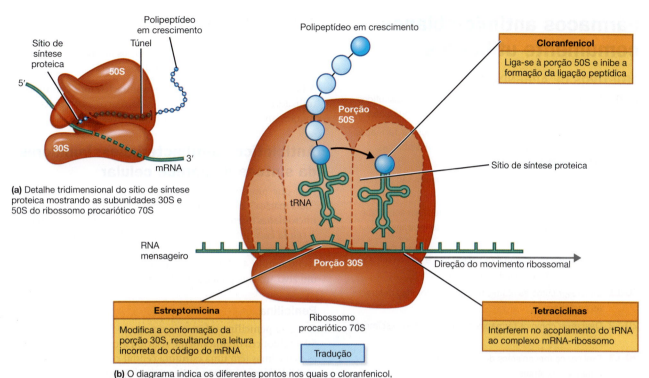

Sítio de síntese proteica

Polipeptídeo em crescimento

Túnel

50S

5′

30S

mRNA   3′

(a) Detalhe tridimensional do sítio de síntese proteica mostrando as subunidades 30S e 50S do ribossomo procariótico 70S

Polipeptídeo em crescimento

Cloranfenicol
Liga-se à porção 50S e inibe a formação da ligação peptídica

Porção 50S

Sítio de síntese proteica

tRNA

RNA mensageiro

Porção 30S

Direção do movimento ribossomal

Estreptomicina
Modifica a conformação da porção 30S, resultando na leitura incorreta do código do mRNA

Ribossomo procariótico 70S

Tradução

Tetraciclinas
Interferem no acoplamento do tRNA ao complexo mRNA-ribossomo

(b) O diagrama indica os diferentes pontos nos quais o cloranfenicol, as tetraciclinas e a estreptomicina exercem suas atividades

Figura 20.4 Inibição da síntese proteica pelos antibióticos. (a) O detalhe mostra como o ribossomo procariótico 70S é organizado em duas subunidades, 30S e 50S. Perceba como a cadeia polipeptídica em crescimento atravessa um túnel na subunidade 50S a partir do sítio de síntese proteica. **(b)** O diagrama mostra os diferentes pontos nos quais o cloranfenicol, as tetraciclinas e a estreptomicina exercem suas atividades.

P Por que os antibióticos que inibem a síntese proteica afetam as bactérias e não as células humanas?

Inibição da síntese de metabólitos essenciais

Uma atividade enzimática em particular de um microrganismo pode ser *inibida competitivamente* por uma substância (*antimetabólito*) que se assemelha intimamente ao substrato normal da enzima (ver Figura 5.7). Um exemplo de inibição competitiva é a relação entre o antimetabólito sulfanilamida (fármaco sulfa) e o ácido *para*-**aminobenzoico (PABA)**. Em muitos microrganismos, o PABA é o substrato para uma reação enzimática que leva à síntese de ácido fólico, vitamina que atua como coenzima para a síntese de bases purínicas e pirimidínicas de ácidos nucleicos e de muitos aminoácidos.

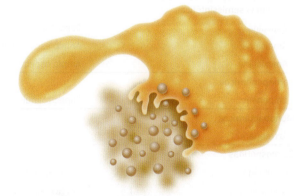

Figura 20.5 Dano à membrana plasmática de uma célula de levedura, causado por um fármaco antifúngico. A célula perde seu conteúdo citoplasmático à medida que a membrana plasmática é degradada pelo fármaco antifúngico miconazol.

P Muitos fármacos antifúngicos se associam aos esteróis na membrana plasmática. Por que eles não se combinam aos esteróis nas membranas de células humanas?

TESTE SEU CONHECIMENTO
✔ **20-5** Qual função celular é inibida pelas tetraciclinas?

Fármacos antimicrobianos comumente utilizados

OBJETIVOS DE APRENDIZAGEM

20-6 Explicar por que os fármacos antibacterianos discutidos nesta seção não são prejudiciais às células humanas.

20-7 Listar as vantagens de cada um dos seguintes fármacos em relação à penicilina: penicilinas semissintéticas, cefalosporinas e vancomicina.

20-8 Explicar por que a isoniazida e o etambutol são agentes antimicobacterianos.

20-9 Descrever como cada um dos seguintes fármacos inibe a síntese proteica: aminoglicosídeos, tetraciclinas, cloranfenicol e macrolídeos.

20-10 Comparar a polimixina B, a bacitracina e a neomicina em relação aos seus mecanismos de ação.

20-11 Descrever como as rifamicinas e as quinolonas destroem as bactérias.

20-12 Descrever como os fármacos sulfas inibem o crescimento microbiano.

20-13 Explicar os mecanismos de ação dos fármacos antifúngicos atuais.

20-14 Explicar os mecanismos de ação dos fármacos antivirais atuais.

20-15 Explicar os mecanismos de ação dos fármacos antiprotozoários e anti-helmínticos atuais.

A Tabela 20.3 resume os fármacos antibacterianos comumente utilizados. A Tabela 20.5 resume os fármacos antifúngicos, antivirais, antiprotozoários e anti-helmínticos.

Antibióticos antibacterianos: inibidores da síntese de parede celular

Para que um antibiótico antibacteriano funcione como uma "bala mágica", ele geralmente precisa afetar estruturas ou funções microbianas diferentes das estruturas ou funções dos mamíferos. A célula eucariótica dos mamíferos geralmente não tem parede celular; em vez disso, ela tem apenas uma membrana plasmática (ver Capítulo 4). Por essa razão, a parede celular microbiana é um alvo atraente para a ação dos antibióticos antibacterianos.

Penicilina

O termo **penicilina** refere-se a um grupo formado por mais de 50 antibióticos quimicamente relacionados (**Figura 20.6**). Todas as penicilinas têm uma estrutura central comum, contendo um anel β-lactâmico, chamado de núcleo. Os tipos de penicilina são

---

TABELA 20.3 Fármacos antibacterianos

Fármacos agrupados de acordo com o mecanismo de ação	Comentários
INIBIDORES DA SÍNTESE DE PAREDE CELULAR	
Penicilinas naturais	
Penicilina G	Contra bactérias gram-negativas; requer injeção
Penicilina V	Contra bactérias gram-positivas; administração oral
Penicilinas semissintéticas	
Oxacilina	Espectro estreito de ação, resistente à penicilinase
Ampicilina	Amplo espectro de ação
Amoxicilina	Amplo espectro de ação; combinada com um inibidor de penicilinase
Carbapenêmicos	
Imipeném	Espectro muito amplo de ação
Monobactâmicos	
Aztreonam	Efetivo contra bactérias gram-negativas, incluindo *Pseudomonas* spp.
Cefalosporinas	
Cefalotina	Cefalosporina de primeira geração; atividade similar à penicilina; requer injeção
Ceftarolina	Cefalosporina de quinta geração; atividade contra MRSA
Antibióticos polipeptídicos	
Bacitracina	Contra bactérias gram-positivas; aplicação tópica
Vancomicina	Um tipo de glicopeptídeo; resistente à penicilinase; contra bactérias gram-positivas
Antibióticos acildepsipeptídicos	
Teixobactina	Contra bactérias gram-positivas resistentes a antibióticos
Antibióticos antimicobacterianos	
Isoniazida	Inibe a síntese do ácido micólico, um componente da parede celular de *Mycobacterium* spp.
Etambutol	Inibe a incorporação do ácido micólico na parede celular de *Mycobacterium* spp.

(continua)

TABELA 20.3 Fármacos antibacterianos *(Continuação)*

Fármacos agrupados de acordo com o mecanismo de ação	Comentários
INIBIDORES DA SÍNTESE PROTEICA	
Nitrofurantoína	Infecções do trato urinário
Cloranfenicol	Amplo espectro de ação; potencialmente tóxico
Aminoglicosídeos	
Estreptomicina	Amplo espectro de ação, incluindo micobactérias
Neomicina	Uso tópico; amplo espectro de ação
Gentamicina	Amplo espectro de ação, incluindo *Pseudomonas* spp.
Tetraciclinas	
Tetraciclina, oxitetraciclina, clortetraciclina	Amplo espectro de ação, incluindo clamídias e riquétsias
Glicilciclinas	
Tigeciclina	Amplo espectro de ação, especialmente contra MRSA e *Acinetobacter*
Macrolídeos	
Eritromicina	Alternativa à penicilina
Azitromicina, claritromicina	Semissintéticos; espectro de ação mais amplo e penetração tecidual superior à eritromicina
Telitromicina	Nova geração de macrolídeos semissintéticos, usados para combater a resistência a outros macrolídeos
Estreptograminas	
Quinupristina e dalfopristina (Synercid®)	Alternativa para o tratamento de infecções causadas por bactérias gram-positivas resistentes à vancomicina
Oxazolidinonas	
Linezolida	Útil principalmente contra bactérias gram-positivas resistentes à penicilina
Pleuromutilinas	
Mutilina, retapamulina	Inibem bactérias gram-positivas
DANOS À MEMBRANA PLASMÁTICA	
Lipopeptídeos	
Daptomicina	Para o tratamento de infecções por MRSA
Polimixina B	Uso tópico, bactérias gram-negativas, incluindo *Pseudomonas* spp.
INIBIDORES DA SÍNTESE DE ÁCIDOS NUCLEICOS	
Rifamicinas	
Rifampicina	Inibe a síntese de mRNA; tratamento da tuberculose
Quinolonas e fluoroquinolonas	
Ácido nalidíxico, ciprofloxacino	Inibem a topoisomerase; amplo espectro de ação; infecções do trato urinário
INIBIDORES COMPETITIVOS DA SÍNTESE DE METABÓLITOS ESSENCIAIS	
Sulfonamidas	
Sulfametoxazol-trimetoprima	Amplo espectro de ação; a combinação é muito utilizada

TABELA 20.4 Agrupamento diferencial de cefalosporinas

Geração	Descrição	Exemplo
Primeira	Principalmente contra bactérias gram-positivas	Cefalotina
Segunda	Espectro mais amplo contra bactérias gram-negativas	Cefamandol (IV)
		Cefaclor (oral)
Terceira	Mais ativo contra bactérias gram-negativas, incluindo *P. aeruginosa*	Ceftazidima
Quarta	Requer injeções; espectro de atividade mais amplo	Cefepima
Quinta	Eficaz contra bactérias gram-negativas e MRSA	Ceftarolina

Figura 20.6 Estrutura das penicilinas, antibióticos antibacterianos. A porção que todas as penicilinas possuem em comum – a que contém o anel β-lactâmico (em amarelo) – está sombreada em roxo. As porções não sombreadas representam as cadeias laterais que distinguem uma penicilina da outra.

P O que o termo *semissintético* significa?

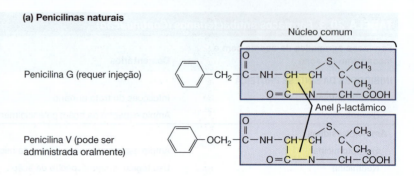

(a) Penicilinas naturais

Penicilina G (requer injeção)

Penicilina V (pode ser administrada oralmente)

(b) Penicilinas semissintéticas

Oxacilina: espectro restrito, apenas bactérias gram-positivas, mas resistente à penicilinase

Ampicilina: amplo espectro, muitas bactérias gram-negativas

diferenciados pelas cadeias laterais químicas associadas aos seus núcleos. Elas impedem a ligação cruzada entre peptideoglicanos, o que interfere nos estágios finais da síntese das paredes celulares, principalmente de bactérias gram-positivas (ver Figura 4.13a). As penicilinas podem ser produzidas de forma natural ou semissintética.

Penicilinas naturais Extraídas de culturas de fungos *Penicillium* estão as chamadas **penicilinas naturais** (Figura 20.6a). O composto protótipo de todas as penicilinas é a *penicilina G*. Ela possui um espectro de atividade restrito, mas útil, e frequentemente é o fármaco de escolha contra a maioria dos estafilococos, estreptococos e diversos espiroquetas. Quando inoculada por injeção intramuscular, a penicilina G é rapidamente excretada do organismo dentro de 4 horas (**Figura 20.7**). Quando o fármaco é administrado oralmente, a acidez dos fluidos digestórios no estômago diminui a sua concentração. A *penicilina procaína*, uma combinação dos fármacos procaína e penicilina G, é retida no organismo em concentrações detectáveis por até 24 horas, com o pico de concentração ocorrendo em 4 horas. Tempos de retenção ainda mais prolongados podem ser alcançados com o uso da *penicilina benzatina*, combinação da benzatina e da penicilina G. Embora tempos de retenção de até 4 meses possam ser obtidos, a concentração do fármaco é tão baixa que os microrganismos precisam ser muito sensíveis a ele. Na prática clínica, a penicilina G e a penicilina V, que são estáveis no ácido gástrico e podem ser administradas oralmente, são as penicilinas naturais utilizadas com mais frequência.

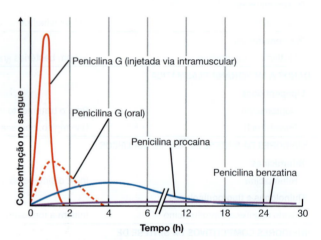

Figura 20.7 Retenção da penicilina G. A penicilina G normalmente é injetada (linha sólida vermelha); quando administrado por essa via, o fármaco apresenta-se em altas concentrações no sangue, mas é eliminado rapidamente. Quando administrada oralmente (linha vermelha pontilhada), a penicilina G é destruída pelos ácidos gástricos e não é muito eficiente. É possível melhorar a retenção da penicilina G ao combiná-la com outros compostos, como a procaína e a benzatina (linhas azuis e roxas). Entretanto, a concentração sanguínea alcançada é baixa, e a bactéria-alvo precisa ser extremamente sensível ao antibiótico.

P Como a baixa concentração da penicilina G pode selecionar bactérias resistentes à penicilina?

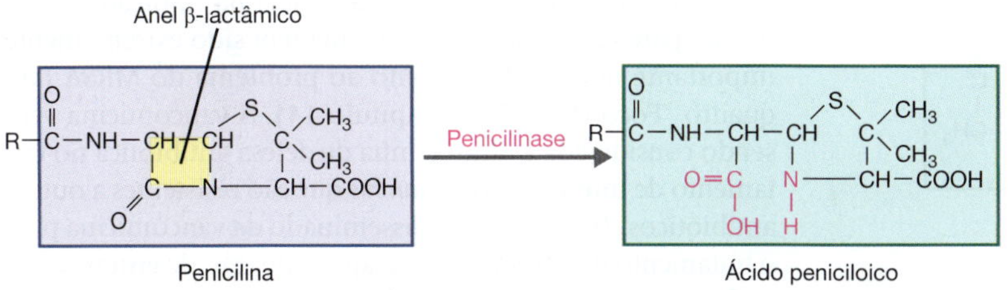

Anel β-lactâmico

Penicilina → Penicilinase → Ácido peniciloico

Figura 20.8 Efeito da penicilinase nas penicilinas. A produção bacteriana desta enzima, que aparece quebrando o anel β-lactâmico no diagrama ao lado, é a forma de resistência a penicilinas mais comum. R é uma abreviação para os grupos químicos das cadeias laterais, que acabam por diferenciar compostos similares ou idênticos.

P O que é uma penicilinase?

As penicilinas naturais apresentam algumas desvantagens. As principais são o seu estreito espectro de atividade e a sua suscetibilidade a penicilinases. As *penicilinases* são enzimas produzidas por muitas bactérias, principalmente espécies de *Staphylococcus*, que clivam o anel β-lactâmico da molécula de penicilina (**Figura 20.8**). Devido a essa característica, as penicilinases são muitas vezes chamadas de *β-lactamases*.

Penicilinas semissintéticas Diversas **penicilinas semissintéticas** foram desenvolvidas na tentativa de superar as desvantagens das penicilinas naturais (Figura 20.6b). Os cientistas desenvolvem essas penicilinas de duas maneiras. Primeiro, é possível interromper a síntese da molécula pelo *Penicillium* e obter apenas o núcleo comum das penicilinas para ser utilizado. Segundo, é possível remover as cadeias laterais de moléculas naturais completas e, em seguida, adicionar quimicamente outras cadeias laterais que as tornem mais resistentes a penicilinases, ou os cientistas podem ampliar seu espectro de ação. Daí o termo *semissintético*: parte da penicilina é produzida pelo bolor e parte é adicionada sinteticamente.

Penicilinas resistentes à penicilinase A resistência das infecções estafilocócicas ao tratamento com penicilinas logo se tornou um problema, devido ao gene da β-lactamase codificado em plasmídeos. Antibióticos que eram relativamente resistentes a essa enzima, como a penicilina semissintética *meticilina*, foram introduzidos na prática clínica, contudo a resistência a eles também surgiu rapidamente; assim, o organismo que apresenta essa resistência é denominado *Staphylococcus* **aureus resistente à meticilina** (**MRSA**, de *methicillin-resistant Staphylococcus aureus*) (ver quadro "Foco clínico" no Capítulo 1). A resistência tornou-se tão prevalente que o uso da meticilina foi descontinuado nos Estados Unidos. Os MRSA são resistentes a todos os antibióticos β-lactâmicos e a muitas outras classes de antibióticos, incluindo carbapenêmicos, fluoroquinolonas e macrolídeos. Além disso, o termo passou a ser aplicado a qualquer cepa de *Staphylococcus* que desenvolveu resistência a uma ampla variedade de penicilinas e cefalosporinas. Isso inclui outros antibióticos resistentes à penicilinase, como a *oxacilina*, e aqueles associados a inibidores de β-lactamase. Ver discussão sobre resistência a antibióticos mais adiante neste capítulo.

Penicilinas de espectro estendido Com o objetivo de resolver o problema do espectro restrito de atividade das penicilinas naturais, as penicilinas semissintéticas de amplo espectro foram desenvolvidas. Essas novas penicilinas são eficientes contra muitas bactérias gram-negativas e também contra gram-positivas, embora elas não sejam resistentes a penicilinases.

As primeiras penicilinas dessa categoria foram as aminopenicilinas, como a *ampicilina* e a *amoxicilina*. Quando a resistência bacteriana a elas se tornou comum, as carboxipenicilinas foram desenvolvidas. Membros desse grupo, que inclui a *carbenicilina* e a *ticarcilina*, apresentam, ainda, maior atividade contra bactérias gram-negativas e têm a vantagem especial de serem ativos contra *P. aeruginosa*.

Entre as adições mais recentes à família das penicilinas estão as ureidopenicilinas, que incluem a *mezlocilina* e a *azlocilina*. Essas penicilinas de amplo espectro são resultantes da modificação da estrutura da ampicilina. Entretanto, a busca por modificações ainda mais eficientes na penicilina continua.

Penicilinas associadas a inibidores de β-lactamase Uma abordagem distinta para combater a proliferação da penicilinase é associar penicilinas ao *clavulanato de potássio (ácido clavulânico)*, substância produzida por um estreptomiceto. O clavulanato de potássio é um inibidor competitivo da penicilinase sem qualquer ação antimicrobiana própria. Ele foi associado a algumas novas penicilinas de amplo espectro, como a *amoxicilina*.

Carbapenêmicos

Os **carbapenêmicos** são uma classe de antibióticos β-lactâmicos em que um átomo de carbono é substituído por um átomo de enxofre e uma ligação dupla é adicionada ao núcleo da penicilina. Esses antibióticos inibem a síntese da parede celular e têm um espectro de atividade extremamente amplo. Um representante desse grupo é uma combinação de *imipeném* e *cilastatina*. A cilastatina não tem atividade antimicrobiana intrínseca, mas previne a degradação do imipeném nos rins. Testes têm demonstrado que a combinação imipiném-cilastatina é ativa contra 98% de todos os organismos isolados de pacientes hospitalizados. Um dos poucos antibióticos introduzidos nos últimos anos (2007) é o *doripeném*, um carbapenêmico. Ele é especialmente útil contra infecções por *P. aeruginosa*.

Monobactâmicos

Outro método de evitar os efeitos da penicilinase é mostrado pelo *aztreonam*, que é o único membro aprovado dos monobactâmicos. Esse antibiótico sintético apresenta apenas um único anel β-lactâmico, em vez do duplo anel convencional,

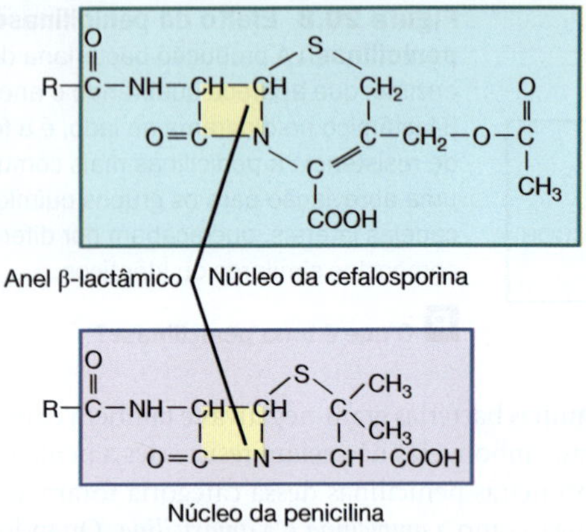

Figura 20.9 Comparação das estruturas nucleares da cefalosporina e da penicilina.

P Uma β-lactamase efetiva contra a penicilina G seria eficiente contra uma cefalosporina?

sendo, portanto, conhecido como **monobactâmico**. O espectro de atividade do aztreonam é bastante estreito para um composto relacionado à penicilina – esse antibiótico apresenta toxicidade excepcionalmente baixa e afeta apenas determinadas bactérias gram-negativas, incluindo as pseudomônadas e *Escherichia coli*.

Cefalosporinas

Em relação à estrutura, o núcleo das **cefalosporinas** assemelha-se àquele das penicilinas (**Figura 20.9**). As cefalosporinas inibem a síntese da parede celular de forma essencialmente similar à ação das penicilinas. O seu uso é mais amplamente disseminado do que qualquer outro antibiótico β-lactâmico. O anel β-lactâmico das cefalosporinas difere-se ligeiramente daquele da penicilina, contudo as bactérias desenvolveram β-lactamases que são capazes de inativá-lo.

As cefalosporinas são mais comumente agrupadas de acordo com as suas gerações, o que reflete seu contínuo desenvolvimento, como descrito na Tabela 20.4.

Antibióticos polipeptídicos

Bacitracina A *bacitracina* (nome derivado de sua origem, bactéria do gênero *Bacillus* isolada de um ferimento de uma garota chamada *Tracy*) é um antibiótico polipeptídico efetivo principalmente contra bactérias gram-positivas, como estafilococos e estreptococos. A bacitracina inibe a síntese da parede celular bacteriana em uma fase anterior àquela em que a penicilina e a cefalosporina agem. Ela interfere na síntese das fitas lineares dos peptideoglicanos (ver Figura 4.13a). Seu uso é restrito à aplicação tópica para infecções superficiais.

Vancomicina A *vancomicina* (cujo nome deriva da palavra inglesa *vanquish*) faz parte de um pequeno grupo de antibióticos glicopeptídicos derivados de uma espécie de *Streptomyces* encontrada nas selvas de Bornéu. Originalmente, a toxicidade da vancomicina era um problema sério, porém melhorias nos processos de purificação durante a sua manufatura têm

corrigido esse problema. Embora ela tenha um espectro de atividade bastante restrito, que se baseia na inibição da síntese da parede celular, a vancomicina tem sido extremamente importante no que diz respeito ao problema do MRSA (ver quadro "Foco clínico" no Capítulo 14). A vancomicina vem sendo considerada a última linha de defesa antibiótica no tratamento de infecções por *S. aureus* que são resistentes a outros antibióticos. Todavia, o uso disseminado da vancomicina para o tratamento do MRSA levou ao aparecimento de **enterococos resistentes à vancomicina** (VRE, de *vancomycin-resistant enterococci*). Esses patógenos gram-positivos oportunistas são particularmente problemáticos em ambientes hospitalares. (Ver discussão sobre infecções associadas aos cuidados de saúde no Capítulo 14.) Um número significativo de MRSA é resistente à vancomicina (VRSA) ou resistente intermediário (VISA), tendo adquirido o gene de resistência de *Enterococcus* spp. Esse surgimento de patógenos resistentes à vancomicina, deixando poucas alternativas efetivas, é considerado uma emergência médica. A telavancina, derivado semissintético da vancomicina, foi introduzida e aprovada para uma faixa limitada de aplicações.

Teixobactina A *teixobactina*, descoberta em 2015, representa os *acildepsipeptídeos*, uma das três únicas novas classes de antibióticos descobertas desde a década de 1980. Ela inibe a síntese de peptidoglicanos em bactérias gram-positivas e micobactérias. É produzida por uma bactéria do solo, *Eleftheria terrae*, que foi cultivada usando um dispositivo chamado iChip para cultivar bactérias anteriormente não cultiváveis (ver Figura 28.10). A teixobactina é eficaz contra bactérias gram-positivas resistentes a antibióticos, incluindo *S. aureus*, *M. tuberculosis* e VRE.

Antibióticos antimicobacterianos

A parede celular de membros do gênero *Mycobacterium* difere da parede celular da maioria das outras bactérias (ver Figura 4.13d). Ela incorpora ácidos micólicos, que são um fator diferencial em suas propriedades de coloração, o que faz se apresentarem como ácido-resistentes (ver Capítulo 3). O gênero inclui importantes patógenos, como aqueles que causam a tuberculose e a hanseníase.

A **isoniazida (INH)** é um fármaco antimicrobiano sintético altamente eficiente contra *Mycobacterium tuberculosis*. O principal efeito do INH é inibir a síntese de ácidos micólicos. Ela tem pouco efeito sobre bactérias de outros gêneros. Quando utilizada para o tratamento da tuberculose, geralmente a INH é administrada simultaneamente a outros fármacos, como a rifampicina ou o etambutol. Esse cuidado minimiza o desenvolvimento de resistência aos fármacos. Devido ao fato de que *M. tuberculosis* normalmente é encontrado apenas no interior de macrófagos ou profundamente inserido em tecidos, qualquer fármaco antituberculose precisa ser capaz de penetrar esses sítios.

O **etambutol** é um fármaco efetivo apenas contra micobactérias. Ele inibe a incorporação do ácido micólico na parede celular, enfraquecendo a parede celular. Por ser um fármaco antituberculose relativamente fraco, seu principal uso é como fármaco secundário para evitar problemas de resistência.

TESTE SEU CONHECIMENTO

✓ **20-6** Um dos grupos de antibióticos com o maior índice de sucesso tem como alvo a síntese de parede celular bacteriana. Por que esses antibióticos não afetam as células de mamíferos?

✓ **20-7** Que fenômeno levou ao desenvolvimento dos primeiros antibióticos semissintéticos, como a meticilina?

✓ **20-8** Qual gênero de bactérias apresenta ácidos micólicos em sua parede celular?

Inibidores da síntese proteica

Os antibióticos antibacterianos que inibem a síntese proteica são discutidos nesta seção.

Nitrofurantoína

A *nitrofurantoína* é um fármaco sintético introduzido na década de 1950. É usada para tratar infecções da bexiga urinária uma vez que se concentra na urina à medida que os rins a removem do sangue. A nitrofurantoína é convertida pelas redutases de nitrato bacterianas em intermediários que atacam as proteínas ribossômicas bacterianas, inibindo, assim, a síntese proteica e uma variedade de enzimas bacterianas. A resistência à nitrofurantoína não é comum devido à variedade de sítios-alvo do fármaco.

Cloranfenicol

O *cloranfenicol* inibe a formação de ligações peptídicas nas cadeias nascentes de polipeptídeos pela reação com a porção 50S do ribossomo procarioto 70S. Como sua estrutura é relativamente simples (**Figura 20.10**), é mais vantajoso para a indústria farmacêutica sintetizá-lo quimicamente do que isolá-lo de *Streptomyces*. O antibiótico é relativamente barato e possui amplo espectro de ação, sendo frequentemente utilizado em locais onde custos baixos são essenciais. O seu pequeno tamanho molecular permite a difusão para áreas do organismo que são inacessíveis a muitos outros fármacos. Contudo, o cloranfenicol apresenta efeitos adversos graves, os quais incluem a supressão da atividade da medula óssea. Isso afeta a formação de células sanguíneas, resultando em uma condição grave, muitas vezes fatal, chamada de *anemia aplástica*. Os médicos são aconselhados a não utilizar o fármaco para fins triviais ou quando houver disponibilidade de alternativas adequadas.

Outros antibióticos que inibem a síntese proteica pela ligação ao mesmo sítio ribossomal atingido pelo cloranfenicol são a *clindamicina* e o *metronidazol* (ver Figura 20.4). Esses fármacos não são estruturalmente relacionados, mas todos apresentam uma potente atividade contra anaeróbios. A clindamicina está frequentemente implicada na diarreia associada ao *Clostridioides difficile* (ver Capítulo 25). Sua eficiência contra anaeróbios levou ao seu uso no tratamento da acne.

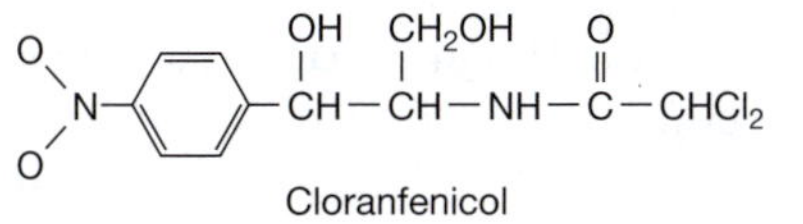

Cloranfenicol

Figura 20.10 Estrutura do antibiótico antibacteriano cloranfenicol. Observe a estrutura simples da molécula, o que torna a síntese desse fármaco menos dispendiosa que seu isolamento a partir de *Streptomyces*.

P Que efeito a ligação do cloranfenicol à porção 50S do ribossomo causa em uma célula?

Aminoglicosídeos

Os **aminoglicosídeos** formam um grupo de antibióticos em que os aminoaçúcares se encontram ligados por ligações glicosídicas. Os antibióticos aminoglicosídicos interferem nas etapas iniciais da síntese proteica, alterando a conformação da porção 30S do ribossomo procariótico 70S. Essa interferência leva à leitura incorreta do código genético impresso no RNA mensageiro (mRNA). Eles estão entre os primeiros antibióticos que apresentaram atividade significativa contra bactérias gram-negativas. Provavelmente, o aminoglicosídeo mais conhecido é a *estreptomicina*, descoberta em 1944. A estreptomicina ainda é utilizada como fármaco alternativo no tratamento da tuberculose, mas o desenvolvimento rápido de resistência e os efeitos tóxicos graves têm diminuído a sua utilidade.

Os aminoglicosídeos podem afetar a audição ao causar danos permanentes ao nervo auditivo, e danos renais também têm sido relatados. Consequentemente, seu uso tem diminuído. Outro antibiótico do grupo, a *neomicina*, está presente em muitas preparações tópicas. A *gentamicina* (originada da bactéria filamentosa *Micromonospora*) é especialmente útil no tratamento de infecções por *Pseudomonas*. As *Pseudomonas* representam um grande problema para indivíduos que possuem fibrose cística. O aminoglicosídeo *tobramicina* é administrado na forma de aerossol para auxiliar o controle de infecções que acometem estes pacientes.

Tetraciclinas

As **tetraciclinas** formam um grupo de antibióticos de amplo espectro intimamente relacionados que são produzidos por espécies de *Streptomyces*. Esses antibióticos interferem na ligação do RNA transportador (tRNA), carreando aminoácidos específicos à porção 30S do ribossomo 70S procariótico, impedindo a adição de aminoácidos às cadeias polipeptídicas nascentes. Eles não interferem nos ribossomos de mamíferos, mas podem afetar os ribossomos mitocondriais. As tetraciclinas são eficazes contra bactérias gram-positivas e gram-negativas. Além disso,

CASO CLÍNICO

A Dra. Silva solicita ao banco de olhos mais informações sobre o doador. Ela descobre que o doador da córnea era um indivíduo de 30 anos, previamente saudável, que foi vítima de um acidente de moto e recebeu suporte ventilatório por 4 dias antes de sua morte. As córneas do doador foram coletadas 3 dias antes da realização dos transplantes e foram armazenadas a 4 °C em um meio tamponado contendo 100 μg/mL de gentamicina.

Como você determinaria a suscetibilidade desta *P. aeruginosa* à gentamicina?

Parte 1 | **Parte 2** | Parte 3 | Parte 4 | Parte 5 | Parte 6

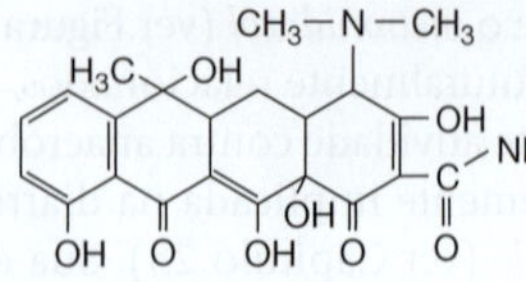

Tetraciclina

Figura 20.11 Estrutura do antibiótico antibacteriano tetraciclina. Outros antibióticos similares à tetraciclina compartilham a mesma estrutura de quatro anéis cíclicos, sendo, portanto, muito semelhantes.

P Como as tetraciclinas afetam a célula bacteriana?

elas penetram bem nos tecidos do corpo e são especialmente valiosas contra as riquétsias e clamídias intracelulares. Três das tetraciclinas mais comumente utilizadas são a *oxitetraciclina*, a *clortetraciclina* e a própria tetraciclina (**Figura 20.11**).

Algumas tetraciclinas semissintéticas, como a *doxiciclina* e a *minociclina*, estão disponíveis. Elas têm a vantagem de apresentarem maior tempo de retenção no organismo.

As tetraciclinas são utilizadas no tratamento de muitas infecções urinárias, pneumonia por micoplasma e infecções por clamídias e riquétsias. Elas também são frequentemente utilizadas como fármacos alternativos no tratamento da gonorreia e da sífilis. Devido ao seu amplo espectro de ação, as tetraciclinas frequentemente suprimem a microbiota intestinal normal, causando desconfortos gastrintestinais e superinfecções, sobretudo pelo fungo *C. albicans*.

Glicilciclinas

As **glicilciclinas** são uma nova classe de antibióticos descoberta na década de 1990. Elas são estruturalmente similares às tetraciclinas. O exemplo mais conhecido é a *tigeciclina*. Esse antibiótico bacteriostático de amplo espectro se liga à subunidade ribossomal 30S, bloqueando a síntese proteica. Uma vantagem essencial é que as glicilciclinas inibem os efeitos do efluxo rápido, importante mecanismo da resistência bacteriana aos antibióticos (ver Figura 20.20). Entre as suas desvantagens está o fato de que elas precisam ser administradas por infusão intravenosa lenta. Essa classe de antibióticos é especialmente útil contra MRSA e linhagens de *Acinetobacter baumannii* resistentes a múltiplos fármacos.

Macrolídeos

Os **macrolídeos** formam um grupo de antibióticos que recebeu este nome devido à presença de um anel lactônico macrocíclico. O mais bem conhecido macrolídeo utilizado na prática clínica é a *eritromicina* (**Figura 20.12**). Seu modo de ação consiste na inibição da síntese proteica, aparentemente por meio do bloqueio do túnel mostrado na Figura 20.4a. Entretanto, a eritromicina não é capaz de penetrar na parede celular bacteriana da maioria das bactérias gram-negativas. O seu espectro de atividade, portanto, é similar ao da penicilina G, sendo frequentemente utilizada como fármaco alternativo à penicilina. Como a eritromicina pode ser administrada oralmente, uma preparação sabor laranja comumente substitui a penicilina no tratamento de infecções estafilocócicas e estreptocócicas em crianças. A eritromicina é o fármaco de escolha no tratamento de legionelose, pneumonias por micoplasma e diversas outras infecções.

A *fidaxomicina* possui um espectro de atividade bastante restrito e é principalmente utilizada no tratamento de infecções por *C. difficile* e outros clostrídios. É uma substituta frequente da vancomicina. Outros macrolídeos recentemente disponíveis incluem a *azitromicina* e a *claritromicina*. Comparadas à eritromicina, elas apresentam um maior espectro antimicrobiano e são capazes de penetrar melhor nos tecidos. Esse aspecto é especialmente importante no tratamento de infecções causadas por bactérias intracelulares, como as clamídias, causa frequente de doença sexualmente transmissível.

Uma nova geração de macrolídeos semissintéticos, os **cetolídeos**, está sendo desenvolvida para combater a crescente resistência bacteriana a outros macrolídeos. No entanto, nenhum está aprovado atualmente devido à sua grave toxicidade para o fígado.

Estreptograminas

Foi mencionado anteriormente que o surgimento de patógenos resistentes à vancomicina constitui um sério problema médico. Uma das respostas para esse problema pode estar associada a um grupo singular de antibióticos, as **estreptograminas**. O Synercid® é uma combinação de dois peptídeos cíclicos, a *quinupristina* e a *dalfopristina*, que têm uma relação distante com os macrolídeos. Eles bloqueiam a síntese proteica por sua ligação à porção 50S dos ribossomos, a exemplo de outros antibióticos, como o cloranfenicol. O Synercid®, no entanto, age em pontos singularmente diferentes do ribossomo. A dalfopristina bloqueia um estágio inicial da síntese de proteínas, ao passo que a quinupristina bloqueia uma etapa tardia do processo. A combinação dos fármacos gera uma ação sinérgica que causa a liberação de cadeias polipeptídicas incompletas (ver Figura 20.23). O Synercid® é eficiente contra uma ampla gama de bactérias gram-positivas resistentes a outros antibióticos. Essas características tornam o fármaco especialmente valioso, embora apresente alto custo e uma alta incidência de efeitos colaterais.

Oxazolidinonas

As **oxazolidinonas** formam outra classe de antibióticos desenvolvidos em resposta à resistência à vancomicina. Quando a

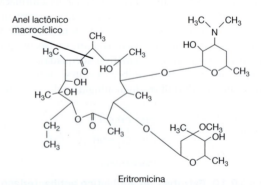

Eritromicina

Figura 20.12 Estrutura do antibiótico antibacteriano eritromicina, representante dos macrolídeos. Todos os macrolídeos apresentam o anel lactônico macrocíclico mostrado aqui.

P Como os macrolídeos afetam as bactérias?

Food and Drug Administration (FDA, órgão norte-americano que controla a aprovação e o uso de alimentos e medicamentos) aprovou o uso dessa classe de antibióticos, em 2001, ela foi a primeira nova classe de antibióticos a ser liberada para o mercado nos últimos 25 anos. Como diversos outros antibióticos que inibem a síntese proteica, as oxazolidinonas atuam nos ribossomos (ver Figura 20.4). Entretanto, seu alvo nesse sítio é único, ligando-se à porção 50S em um ponto próximo à interface com a subunidade 30S. Esses fármacos são totalmente sintéticos, fato que desacelera o surgimento de resistência. Um dos membros desse grupo de antibióticos é a *linezolida*, usada principalmente no combate à MRSA.

Pleuromutilinas

As **pleuromutilinas** apresentam um mecanismo de ação singular que interfere na síntese proteica. O primeiro antibiótico dessa classe a ser aprovado para uso humano foi a *retapamulina*, contudo, ela foi limitada apenas para uso tópico. Elas são efetivas contra bactérias gram-positivas. Originalmente, elas eram obtidas como produto do cogumelo *Pleurotis mutilus*, no entanto, atualmente, a maioria consiste em derivados semissintéticos.

> ### TESTE SEU CONHECIMENTO
> ✔ **20-9** Por que a eritromicina, um antibiótico macrolídeo, tem atividade bastante limitada diante das bactérias gram-positivas, apesar de seu modo de ação ser similar ao das tetraciclinas de amplo espectro?

Danos às membranas

A síntese da membrana plasmática bacteriana requer a produção de determinados ácidos graxos, que funcionam como blocos de montagem. Os pesquisadores, na busca por um alvo atraente para novos antibióticos, têm concentrado seus esforços nessa etapa metabólica, a qual é distinta da biossíntese de ácidos graxos em seres humanos. Um ponto fraco dessa abordagem, no entanto, é que muitos patógenos bacterianos são capazes de captar ácidos graxos pré-formados do soro. No ambiente do solo, a partir do qual estreptomicetos produtores de antibióticos foram isolados, os ácidos graxos não estão disponíveis. Exemplos de antimicrobianos de sucesso que têm como alvo a síntese de ácidos graxos incluem o fármaco da tuberculose, *isoniazida* e o antibacteriano *triclosana* (ver Figura 7.7d).

Lipopeptídeos

Um antibiótico **lipopeptídico** eficaz apenas para bactérias gram-positivas é a *daptomicina* produzida pela bactéria *Streptomyces roseosporus*. O seu uso é aprovado para determinadas infecções cutâneas. A daptomicina se liga à membrana bacteriana, e a resistência é incomum. Esse mecanismo é tão singular que o antibiótico frequentemente é utilizado em infecções causadas por bactérias resistentes a inúmeros fármacos.

A *polimixina B* é um antibiótico bactericida eficaz contra bactérias gram-negativas; atua ligando-se à membrana externa da parede celular gram-negativa. Ela é utilizada principalmente no tratamento tópico de infecções superficiais, para as quais a polimixina B se encontra disponível em pomadas antissépticas de venda livre.

A *polimixina E* (colistina) é usada para tratar a pneumonia associada ao ventilador resistente a antibióticos causada por bactérias gram-negativas. Em 2015, a resistência à colistina foi relatada na China e na Europa. Em 2016, a bactéria *E. coli* resistente à colistina foi isolada de dois pacientes não relacionados nos Estados Unidos.

Tanto a *bacitracina* quanto a *polimixina B* estão disponíveis em pomadas antissépticas, nas quais elas geralmente são associadas à *neomicina*, aminoglicosídeo de amplo espectro. Em uma rara exceção à regra, esses antibióticos não necessitam de uma prescrição.

Muitos dos peptídeos antimicrobianos, discutidos mais adiante neste capítulo, têm como alvo a síntese da membrana plasmática.

> ### TESTE SEU CONHECIMENTO
> ✔ **20-10** Dos três fármacos frequentemente encontrados em cremes antissépticos populares – polimixina B, bacitracina e neomicina –, qual apresenta o modo de ação mais semelhante ao da penicilina?

Inibidores da síntese de ácidos nucleicos

Os inibidores da síntese de ácidos nucleicos mais conhecidos são as rifamicinas e as fluoroquinolonas.

Rifamicinas

O derivado mais conhecido da família de antibióticos das **rifamicinas** é a *rifampicina*. Esses fármacos são estruturalmente relacionados aos macrolídeos e inibem a síntese de mRNAs. Sem dúvida, a utilização mais importante das rifampicinas é contra micobactérias, no tratamento da tuberculose e da hanseníase. Uma característica valiosa desse fármaco é sua capacidade de penetrar tecidos e alcançar concentrações terapêuticas no líquido cerebrospinal e em abscessos. Essa característica provavelmente é um fator importante na sua atividade antituberculose, já que o patógeno dessa doença normalmente se encontra dentro de tecidos ou macrófagos. Um efeito colateral característico da rifampicina é a ocorrência de urina, fezes, suor, saliva e mesmo lágrimas com coloração vermelho-alaranjada.

Quinolonas e fluoroquinolonas

No início da década de 1960, foi desenvolvido o fármaco sintético, chamado de *ácido nalidíxico* –, o primeiro do grupo de antimicrobianos, denominado **quinolonas**. Ele ficou conhecido por exercer um efeito bactericida único, pela inibição seletiva de uma enzima (DNA-girase) necessária para a replicação do DNA. Embora o uso do ácido nalidíxico tenha sido limitado (a sua única aplicação é no tratamento de infecções do trato urinário), ele levou ao desenvolvimento, na década de 1980, de um grupo profílico de quinolonas sintéticas, denominadas **fluoroquinolonas**.

As fluoroquinolonas são divididas em dois grupos, cada um apresentando um espectro de atividade progressivamente mais amplo. A geração mais antiga inclui o *ciprofloxacino*, e um grupo mais novo inclui o *gemifloxacino* e o *moxifloxacino*. Esses antibióticos, com exceção do moxifloxacino, são utilizados no tratamento de infecções urinárias e também para certos tipos

Figura 20.13 Ações dos antibacterianos sintéticos sulfametoxazol e trimetoprima.
SMX-TMP agem inibindo diferentes passos da síntese de precursores de DNA, RNA e proteínas. Juntos, os fármacos são sinérgicos.
❶ Sulfametoxazol, uma sulfonamida que é um análogo estrutural do PABA, inibe competitivamente a síntese do ácido di-hidrofólico a partir do PABA.
❷ Trimetoprima, um análogo estrutural de uma porção do ácido di-hidrofólico, inibe competitivamente a síntese do ácido tetra-hidrofólico.

P Defina *sinergismo.*

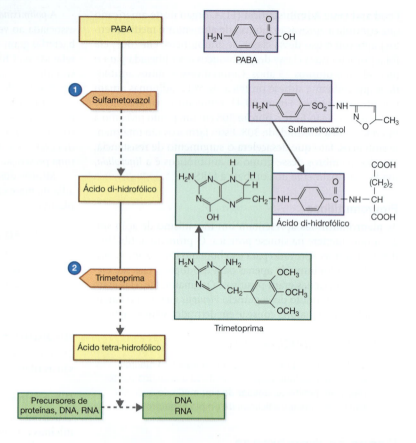

de pneumonia. Como grupo, as fluoroquinolonas podem causar ruptura dos tendões. Os médicos são aconselhados a usar esses fármacos somente quando não houver outra opção de tratamento. A resistência a eles pode se desenvolver rapidamente, mesmo durante um único curso de tratamento.

Gepotidacina

A *gepotidacina,* o primeiro medicamento de uma nova classe, os triaza-acenaftilenos, encontra-se na fase de ensaios clínicos. Esse medicamento inibe a topoisomerase bacteriana e não tem os efeitos incapacitantes relacionados aos tendões das fluroquinolonas. Esta é destinada ao tratamento de infecções do trato urinário.

> **TESTE SEU CONHECIMENTO**
>
> ✔ **20-11** Qual grupo de antibióticos interfere na atividade da enzima DNA-topoisomerase associada à replicação do DNA?

Inibição competitiva de metabólitos essenciais

Bloquear a capacidade de síntese de metabólitos essenciais de uma célula consiste em outro mecanismo de ação dos fármacos antimicrobianos.

Sulfonamidas

Como mencionado anteriormente, as **sulfonamidas**, ou **fármacos sulfas**, foram algumas das primeiras terapias antimicrobianas

desenvolvidas. O ácido fólico é uma importante coenzima essencial para a síntese de proteínas, DNA e RNA. Os fármacos sulfas são estruturalmente similares a um precursor do ácido fólico chamado de *PABA*, o que permite que elas se liguem competitivamente à enzima destinada ao PABA e, assim, bloqueiem a produção de ácido fólico. Os fármacos são bacteriostáticos e não provocam danos às células humanas, uma vez que não sintetizamos o ácido fólico, mas sim o captamos da dieta.

Atualmente, uma combinação de *sulfametoxazol* e *trimetoprima* (SMX-TMP) é amplamente utilizada. A **Figura 20.13** mostra o mecanismo de ação dessa combinação. A concentração combinada requer apenas 10% da quantidade de fármacos que seriam necessários se estes fossem usados separadamente – um exemplo de sinergismo entre fármacos (ver Figura 20.23). A combinação também amplia o espectro de atividade e reduz de forma significativa o surgimento de linhagens resistentes.

Os antibióticos têm diminuído a importância das sulfas. Contudo, elas ainda se configuram como tratamentos efetivos contra determinadas infecções do trato urinário, e o fármaco sulfadiazina de prata também é utilizado no controle de infecções em pacientes com queimaduras.

> **TESTE SEU CONHECIMENTO**
>
> ✔ **20-12** Tanto os seres humanos quanto as bactérias precisam do PABA para produzir ácido fólico; então por que as sulfas impactam de forma negativa apenas as células bacterianas?

Fármacos antifúngicos

Eucariotos, como os fungos, utilizam os mesmos mecanismos de síntese de proteínas e ácidos nucleicos que animais superiores. Assim, é bem mais difícil encontrar pontos que garantam a toxicidade seletiva de fármacos em eucariotos do que em procariotos. Além disso, as infecções fúngicas têm se tornado mais frequentes em consequência de seu papel como infecções oportunistas em indivíduos imunocomprometidos, sobretudo em indivíduos com Aids. Aqui, discutiremos os fármacos antifúngicos de acordo com o seu modo de ação. A Tabela 20.5 resume os fármacos comumente utilizados que são efetivos contra fungos, vírus, protozoários e helmintos.

Agentes que afetam os esteróis fúngicos

Muitos fármacos antifúngicos possuem como alvo os esteróis presentes na membrana plasmática. Nas membranas dos fungos, o principal esterol é o ergosterol; nas membranas de animais superiores, é o colesterol. Quando a síntese de ergosterol em uma membrana fúngica é bloqueada, a membrana torna-se excessivamente permeável, levando à morte da célula. A inibição da biossíntese do ergosterol é, portanto, a base da toxicidade seletiva de muitos fármacos antifúngicos, incluindo membros dos grupos polieno, azol e alilamina.

Polienos A *nistatina* é o membro mais comumente utilizado do grupo dos antifúngicos **polienos** (**Figura 20.14**). Ela é usada no tratamento do "sapinho" (infecções orais por *Candida*). A anfotericina B é a base do tratamento clínico para doenças fúngicas sistêmicas, como histoplasmose, coccidioidomicose e blastomicose. A toxicidade do fármaco, particularmente para os rins, é um forte fator limitante ao seu uso.

Azóis Alguns dos fármacos antifúngicos mais amplamente utilizados são representados pelos **azóis**. Antes de seu surgimento, os únicos fármacos disponíveis para o tratamento de infecções fúngicas sistêmicas eram a anfotericina B e a flucitosina (discutidas a seguir). Os primeiros azóis foram os **imidazóis**, como o *clotrimazol* e o *miconazol* (**Figura 20.15**), hoje vendidos sem a necessidade de prescrição médica para o tratamento tópico de micoses cutâneas, como o pé de atleta e as infecções vaginais por leveduras. Uma importante adição a esse grupo foi o *cetoconazol*, que apresenta um espectro de atividade excepcionalmente amplo entre os fungos. O cetoconazol, administrado oralmente,

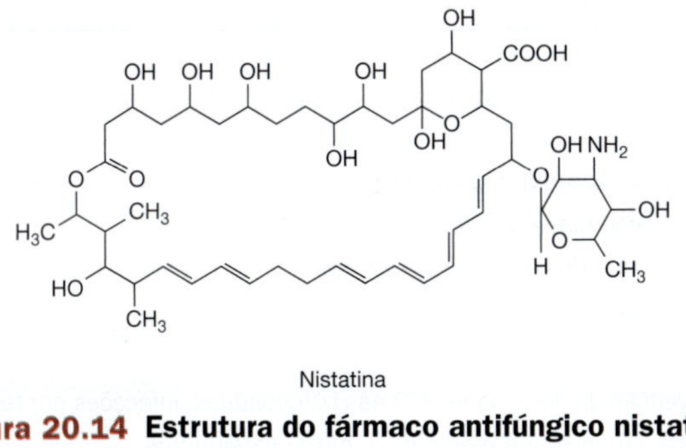

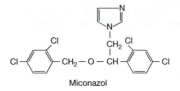

Figura 20.15 **Estrutura do fármaco antifúngico miconazol, representante dos imidazóis.**

P Como os azóis afetam os fungos?

é uma alternativa à anfotericina B para o tratamento de muitas infecções fúngicas sistêmicas. Pomadas tópicas contendo cetoconazol são usadas no tratamento de dermatomicoses da pele.

O uso do cetoconazol no tratamento de micoses sistêmicas diminuiu quando os antibióticos antifúngicos **triazóis**, menos tóxicos, foram desenvolvidos. Os fármacos originais desse tipo foram o *fluconazol* e o *itraconazol*. Eles são muito mais solúveis em água, sendo, assim, mais fáceis de usar e mais eficientes contra infecções sistêmicas. O grupo dos triazóis expandiu-se com a introdução do *voriconazol*, o qual se tornou o novo padrão no tratamento de infecções por *Aspergillus* em pacientes imunocomprometidos. O mais novo fármaco triazol a ser aprovado é o *posaconazol*, utilizado no tratamento de infecções fúngicas sistêmicas por *Aspergillus* e *Candida*.

Alilaminas As alilaminas representam uma classe de antifúngicos que inibe a biossíntese dos ergosteróis de uma maneira funcionalmente distinta dos azóis. Os fármacos *terbinafina* e *naftifina*, exemplos desse grupo, frequentemente são usados quando surge resistência aos antifúngicos azólicos.

Agentes que afetam as paredes celulares fúngicas

A parede celular fúngica contém compostos que são exclusivos desses organismos. Além do ergosterol, um alvo primário para a toxicidade seletiva entre esses compostos é o β-glicano. As **equinocandinas** inibem a biossíntese de glicanos, o que resulta em uma parede celular incompleta e lise da célula. Um membro do grupo das equinocandinas, a *caspofungina*, é usada para tratar infecções sistêmicas por *Aspergillus* e infecções por *Candida*.

Agentes inibidores de ácidos nucleicos

A *flucitosina*, um análogo da pirimidina citosina, interfere na biossíntese do RNA e, portanto, na síntese proteica. A toxicidade seletiva é baseada no fato de que a célula fúngica converte a flucitosina em 5-fluoruracila, que é incorporada nos RNAs, o que, por fim, leva ao bloqueio da síntese proteica. As células de mamíferos não têm a enzima que realiza a conversão do fármaco. A flucitosina tem um espectro estreito de atividade e é mais eficaz contra *Candida* e *Cryptococcus*. Em geral, é usada em conjunto com outro antifúngico, uma vez que a resistência se desenvolve rapidamente.

Outros fármacos antifúngicos

A *griseofulvina* é um antifúngico produzido por uma espécie de *Penicillium*. O fármaco apresenta a interessante propriedade de ser ativa contra infecções fúngicas dermatofíticas superficiais de cabelo (*tinea capitis*, ou tinha) e de unhas, embora a sua via

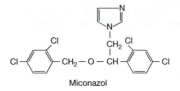

Figura 20.14 **Estrutura do fármaco antifúngico nistatina, representante dos polienos.**

P Por que os polienos danificam as membranas plasmáticas de fungos, mas não as de bactérias?

TABELA 20.5 Fármacos antifúngicos, antivirais, antiprotozoários e anti-helmínticos

	Comentários
FÁRMACOS ANTIFÚNGICOS	
Agentes que afetam os esteróis fúngicos (membrana plasmática)	
Polienos	
Nistatina	"Sapinho"
Anfotericina B	Infecções fúngicas sistêmicas
Azóis	
Clotrimazol, miconazol	Uso tópico
Cetoconazol	Infecções fúngicas sistêmicas
Alilaminas	
Terbinafina, naftifina	Tratamento de doenças resistentes aos azóis
Agentes que afetam as paredes celulares fúngicas	
Equinocandinas	
Caspofungina	Infecções fúngicas sistêmicas
Agentes inibidores de ácidos nucleicos	
Flucitosina	*Candida*, *Cryptococcus*
Outros fármacos antifúngicos	
Griseofulvina	Inibe os microtúbulos mitóticos; infecções fúngicas da pele
Tolnaftato	Pé de atleta
Pentamidina	Pneumonia por *Pneumocystis*
FÁRMACOS ANTIVIRAIS	
Inibidores de entrada e fusão	
Maraviroque	Liga o CCR5 ao HIV
Inibidores de desnudamento, integração genômica e da síntese de ácidos nucleicos	
Amantadina, zimantadina	Resistência generalizada nos *Influenzavirus*
Zidovudina (AZT), tenofovir, entricitabina	Inibem a transcriptase reversa do HIV
Aciclovir, ganciclovir	Utilizados principalmente contra os herpes-vírus
Ribavirina, lamivudina	Utilizadas no tratamento das hepatites B e C
Adefovir dipivoxila	Tratamento de infecções resistentes à lamivudina do vírus da hepatite B
Cidofovir	Infecções por citomegalovírus
Inibidores de montagem e liberação	
Nirmatrelvir, ritonavir, molnupiravir	Inibidores de protease do SARS-CoV-2
Saquinavir	Inibidor da protease do HIV
Zanamivir, oseltamivir, peramivir	Inibem a neuraminidase do *Influenzavirus*
Interferonas	
Alfainterferona	Hepatite B, D, C
FÁRMACOS ANTIPROTOZOÁRIOS	
Cloroquina, mefloquina	Malária; eficaz apenas durante o estágio eritrocítico
Artemisinina	Malária
Di-iodo-hidroxiquina	Infecções amebianas; amebicida
Suramina	Tripanossomíase africana
Metronidazol, tinidazol	Giardíase, amebíase, tricomoníase
Miltefosina	Encefalite amebiana
FÁRMACOS ANTI-HELMÍNTICOS	
Niclosamida	Prevenção da geração de ATP nas mitocôndrias, infecções por tênia
Praziquantel	Altera a membrana plasmática, mata platelmintos
Pamoato de pirantel	Bloqueio neuromuscular; mata vermes redondos
Mebendazol, albendazol	Inibe a absorção de nutrientes, vermes redondos intestinais
Ivermectina	Paralisa vermes redondos intestinais

de administração seja oral. Aparentemente, o fármaco liga-se de maneira seletiva à queratina da pele, dos folículos capilares e das unhas. O seu mecanismo de ação consiste principalmente no bloqueio da síntese de microtúbulos, o que interfere na mitose e, portanto, inibe a reprodução fúngica.

O *tolnaftato* é uma alternativa comum ao miconazol como agente tópico no tratamento do pé de atleta. Seu mecanismo de ação é a inibição da síntese de esterol. O *ácido undecilênico* é um ácido graxo que apresenta propriedades antifúngicas no tratamento do pé de atleta, embora não seja tão efetivo quanto o tolnaftato ou os imidazóis.

A *pentamidina* é utilizada no tratamento da pneumonia por *Pneumocystis*, uma complicação frequente em indivíduos imunocomprometidos. Ela também é útil no tratamento de diversas doenças tropicais causadas por protozoários. O modo de ação do fármaco não é completamente conhecido, mas ele parece inibir a síntese de ácidos nucleicos.

> **TESTE SEU CONHECIMENTO**
>
> **20-13** Que tipo de esterol na membrana plasmática fúngica é o alvo mais comum para a ação de agentes antifúngicos?

Fármacos antivirais

Em regiões do mundo que apresentam saneamento adequado e infraestrutura de saúde pública, estima-se que pelo menos 60% de todas as doenças infecciosas sejam causadas por vírus, e cerca de 15% por bactérias. Todos os anos, pelo menos 90% da população dos Estados Unidos, por exemplo, apresenta alguma doença viral. Ainda assim, comparado ao número de antibióticos disponíveis para o tratamento de doenças bacterianas, existem relativamente poucos fármacos antivirais (ver Tabela 20.5). Muitos dos fármacos antivirais recentemente desenvolvidos são direcionadas contra o HIV, o patógeno responsável pela pandemia da Aids. Estes foram discutidos no Capítulo 19.

Devido ao fato de que os vírus se replicam dentro das células, normalmente usando os mecanismos genéticos e metabólicos do próprio hospedeiro, é relativamente difícil atingi-los sem danificar a maquinaria celular do hospedeiro. Muitos dos antivirais em uso hoje são moléculas análogas aos componentes do DNA ou do RNA viral. Entretanto, à medida que conhecemos mais sobre os mecanismos de multiplicação dos vírus, mais alvos potenciais para ação antiviral são revelados.

Inibidores de entrada e fusão

Os fármacos que bloqueiam as etapas iniciais da infecção viral – adsorção e penetração – são chamados de **inibidores de entrada**. Vários inibidores de entrada estão sendo investigados para o tratamento de hepatite B, hepatite C e influenza. Os inibidores de entrada aprovados para uso no tratamento do HIV têm como alvo os receptores que o HIV utiliza para se ligar à célula antes de sua entrada, como o CCR5 (ver Figura 19.14). O primeiro dessa classe de fármacos que atua em uma etapa da infecção pelo HIV é o *maraviroque*. A entrada do HIV na célula também pode ser bloqueada por **inibidores de fusão**, como a *enfuvirtida*. Esse peptídeo sintético bloqueia a fusão do vírus à célula, mimetizando uma região da proteína gp41do envelope do HIV-1 (novamente, ver Figura 19.14).

Inibidores de desnudamento, integração genômica e da síntese de ácidos nucleicos

Antes do início da replicação viral, os ácidos nucleicos virais são liberados do capsídeo proteico. Os fármacos que agem impedindo esse desnudamento incluem os fármacos anti-influenza A, *amantadina* e *rimantadina*. No entanto, o Centers for Disease Control and Prevention (CDC) não recomenda mais seu uso devido à resistência generalizada. Uma vez que o vírus tenha entrado na célula e passado pelo processo de desnudamento, os ácidos nucleicos encontram-se livres dentro da célula. Para que o vírus da imunodeficiência humana (HIV) possa iniciar a sua replicação, o DNA viral precisa se integrar ao genoma da célula hospedeira. Isso requer a ação da enzima integrase. Fármacos como o *raltegravir* e o *elvitegravir* são inibidores competitivos da integrase.

A síntese de ácidos nucleicos é um alvo importante para os antivirais, sobretudo para o tratamento do HIV e de infecções herpéticas. Muitos desses fármacos são análogos de ácidos nucleicos (ver Capítulo 2), os quais inibem a síntese de RNA ou DNA ao incorporar o análogo. Os alvos óbvios para a inibição do ácido nucleico são enzimas específicas do vírus, como a RNA-polimerase dependente de RNA usada pelo coronavírus tipo 2 associado à síndrome respiratória aguda grave (SARS-CoV-2) e a transcriptase reversa, usada pelo HIV e pelo vírus da hepatite B durante a síntese do DNA. O *rendesivir*, usado no tratamento da Covid-19, é metabolizado no corpo humano em um análogo de nucleosídeo chamado de trifosfato de rendesivir. O trifosfato de rendesivir é incorporado pela RNA-polimerase dependente de RNA no novo RNA do vírus, interrompendo a replicação do RNA. Dois outros antivirais para a Covid-19 aproveitam o fato de que o SARS-CoV-2 codifica proteínas longas que devem ser clivadas por uma protease viral para produzir as proteínas funcionais de que o vírus necessita. A combinação nirmatrelvir-ritonavir e o molnupiravir são inibidores competitivos dessa protease viral.

Um análogo de nucleosídeo, o *aciclovir*, é utilizado no tratamento de infecções herpéticas, sobretudo no herpes genital. É um tratamento particularmente útil em indivíduos imunossuprimidos. O aciclovir é utilizado seletivamente pela enzima viral timidina-cinase (**Figura 20.16**). Os fármacos *fanciclovir* e *ganciclovir* são derivados do aciclovir e têm um mecanismo de ação similar. O fármaco *ribavirina* assemelha-se ao nucleosídeo guanina e acelera a taxa de mutação em vírus de RNA, que já é naturalmente alta, até que o acúmulo de erros atinja um ponto crítico, matando o vírus. A rabavirina é usada no tratamento de infecções por hepatite C. Em combinação com um anticorpo monoclonal (palivizumabe), é usada para tratar infecções pelo VSR. Mais recentemente, um análogo de nucleotídeo, *tenofovir*, foi introduzido para uso em pacientes cujas infecções por hepatite B são resistentes à *lamivudina*. Esse fármaco inibe competitivamente a transcriptase reversa do vírus. Outro análogo de nucleosídeo, o *cidofovir*, é atualmente utilizado no tratamento de infecções oculares por citomegalovírus.

Nem todos os fármacos que inibem a ação da transcriptase reversa são análogos de nucleosídeos ou nucleotídeos. Por exemplo, alguns **inibidores não nucleosídeos**, como a *nevirapina*, bloqueiam a síntese de RNA por meio de outros mecanismos.

O *baloxavir*, usado para tratar a influenza, é um inibidor competitivo da endonuclease viral. Essa enzima é necessária para a criação do sítio de ligação para a replicação do RNA viral.

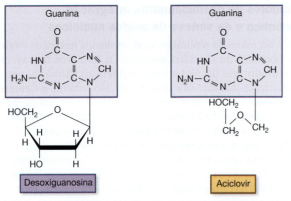

(a) Estruturalmente, o aciclovir assemelha-se ao nucleosídeo desoxiguanosina.

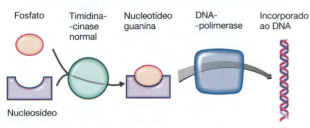

(b) A enzima timidina-cinase combina fosfatos e nucleosídeos, formando nucleotídeos, que são, então, incorporados ao DNA.

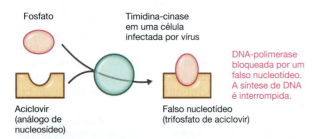

(c) O aciclovir não tem nenhum efeito em uma célula não infectada por um vírus, ou seja, que apresenta a timidina-cinase normal. Em uma célula infectada por vírus, a timidina-cinase é alterada e converte o aciclovir (o qual se assemelha ao nucleosídeo desoxiguanosina) em um falso nucleotídeo, que bloqueia a síntese de DNA pela DNA-polimerase.

Figura 20.16 Estrutura e função do fármaco antiviral aciclovir.

P Por que as infecções virais geralmente são mais difíceis de serem tratadas com agentes quimioterápicos?

Inibidores de montagem e liberação

A produção de partículas virais infecciosas requer a clivagem enzimática de precursores proteicos por proteases virais. Alguns fármacos, denominados **inibidores de proteases**, bloqueiam essa etapa. Alguns exemplos são os fármacos usados no tratamento da Covid-19: nirmatrelvir ritonavir e molnupiravir são inibidores competitivos da protease viral. Vários inibidores da protease, como o *saquinavir*, são usados para tratar infecções por HIV.

Uma etapa essencial da multiplicação de um vírus consiste na sua saída da célula hospedeira. Para os vírus influenza, esse processo necessita da ação da enzima neuraminidase (Capítulo

24). Recentemente, existem três fármacos que são inibidores competitivos dessa enzima, o que as permite bloquear a liberação das partículas virais. Eles são *zanamivir*, *oseltamivir* e *peramivir*.

Interferons

Células infectadas por vírus frequentemente produzem interferons alfa e beta, que inibem a disseminação da infecção no organismo. Interferons são classificados como citocinas, discutidas no Capítulo 17. Hoje, a *α-interferona* (ver Capítulo 16) é o fármaco de escolha para o tratamento de hepatites virais. A produção de interferons pode ser estimulada por um antiviral introduzido recentemente na prática clínica, o *imiquimode*. Esse fármaco frequentemente é prescrito para o tratamento de verrugas genitais.

TESTE SEU CONHECIMENTO

✔ **20-14** Um dos antivirais mais amplamente utilizados, o aciclovir, inibe a síntese de DNA. Os seres humanos também sintetizam DNA, então por que o fármaco é útil no tratamento de infecções virais?

Antivirais para o tratamento do HIV/Aids

O interesse em tratamentos eficazes para a pandemia de infecções por HIV levou ao desenvolvimento de muitos fármacos antivirais para esse fim. Vários dos fármacos discutidos anteriormente são utilizados no tratamento do HIV. O HIV é um vírus de RNA, e sua multiplicação depende da enzima transcriptase reversa, que controla a síntese de DNA a partir de RNA (ver Figura 9.9). Atualmente, o termo **antirretroviral** sugere que o fármaco é utilizado no tratamento de infecções pelo HIV. Os fármacos antivirais foram discutidos no Capítulo 19.

Fármacos anti-helmínticos e antiprotozoários

Por centenas de anos, a quinina, obtida da casca da árvore cinchona, era o único fármaco conhecido para o tratamento efetivo de uma infecção parasitária. Os nativos peruanos observaram que a quinina, um efetivo relaxante muscular, controlava os calafrios sintomáticos da febre da malária. Atualmente, sabe-se que isso ocorre porque o fármaco interfere na capacidade do protozoário de metabolizar a hemoglobina. A quinina foi introduzida pela primeira vez na Europa no início dos anos 1600. Atualmente, existem diversos fármacos anti-helmínticos e antiprotozoários, entretanto muitos deles ainda são considerados experimentais. Médicos qualificados podem solicitar e receber vários desses fármacos do CDC.

Fármacos antiprotozoários

A *quinina* ainda é usada para controlar a doença protozoárica malária, entretanto, derivados sintéticos, como a *cloroquina*, têm substituído seu uso. Para a prevenção da malária em áreas onde a doença estabeleceu resistência à cloroquina, o fármaco *mefloquina* é frequentemente recomendado, embora efeitos colaterais psiquiátricos graves tenham sido relatados.

A resistência à cloroquina, o fármaco mais amplamente utilizado e de custo mais baixo, tornou-se quase universal. Por isso, os produtos de um arbusto chinês, a *artemisinina*, e as *terapias de combinação baseadas na artemisinina (TCAs)* tornaram-se o principal tratamento da malária. A artemisinina faz parte da medicina tradicional chinesa, sendo usada há bastante tempo no controle de quadros febris: cientistas chineses, seguindo essa pista, identificaram suas propriedades antimaláricas em 1971. As TCAs matam os estágios sexuados e assexuados de *Plasmodium* spp. no sangue (Figura 12.20), formando radicais livres (Capítulo 6) que danificam as proteínas. Comparadas à cloroquinina, as TCAs são dispendiosas – o que representa um problema em áreas sujeitas à malária. Isso levou a uma ampla distribuição de TCAs falsificadas, de baixo custo, que, consequentemente, são ineficazes. Algumas dessas falsificações contêm quantidades de fármaco original suficientes para escapar da detecção por testes simples; no entanto, essas baixas dosagens estão acelerando o desenvolvimento de resistência.

A *quinacrina* é usada para tratar a doença causada pelo protozoário giardíase. Ela não é produzida nos Estados Unidos devido à sua genotoxicidade. A *di-iodo-hidroxiquina (iodoquinol)* é um importante fármaco prescrito contra diversas doenças intestinais causadas por amebas, porém sua dosagem precisa ser cuidadosamente controlada para evitar dano ao nervo óptico.

A *suramina* foi sintetizada pela primeira vez por Paul Ehrlich em 1904 e tem sido usada desde 1922 para tratar a tripanossomíase africana e a doença helmíntica da cegueira dos rios. Seu mecanismo de ação não é conhecido; no entanto, parece inibir seletivamente as enzimas glicolíticas dos parasitas.

O *metronidazol* é um dos fármacos antiprotozoários mais amplamente utilizados. Ele é único no sentido de que age não só contra protozoários, mas também contra bactérias anaeróbias obrigatórias. É o fármaco de escolha para a vaginite causada pela bactéria *Trichomonas vaginalis*. Também é utilizado no tratamento da giardíase e da disenteria amebiana. Em condições anaeróbicas, o metronidazol é reduzido, interferindo na síntese de DNA.

O *tinidazol*, fármaco similar ao metronidazol, é efetivo no tratamento da giardíase, da amebíase e da tricomoníase. Outro agente antiprotozoário, e o primeiro a ser aprovado para a quimioterapia da diarreia causada pelo *Cryptosporidium hominis*, é a *nitazoxanida*. Ele é ativo no tratamento da giardíase e da amebíase. Por interferir com uma enzima usada na conversão anaeróbica do ácido pirúvico em acetil-CoA, também é usado para tratar algumas infecções bacterianas.

A *miltefosina*, desenvolvida inicialmente como um fármaco anticâncer, é um fármaco essencial listado pela Organização Mundial da Saúde (OMS) para tratar a leishmaniose (ver Capítulo 23). Esse fármaco inibe a citocromo-oxidase nas mitocôndrias. O fármaco está disponível no CDC para o tratamento da encefalite amebiana com risco de vida (ver Capítulo 22).

Fármacos anti-helmínticos

As infecções por tênias diminuíram nos países desenvolvidos e em desenvolvimento à medida que o tratamento de esgoto se aprimorou. No entanto, o CDC registrou um aumento na incidência de infecções por tênias nos Estados Unidos e em outros países desenvolvidos devido à ingestão de *sushis* produzidos a partir de peixes de água doce. Para estimar a incidência desses casos, o CDC requisita a relação de prescrição do fármaco

niclosamida, o qual normalmente é a primeira opção de escolha para o tratamento. O fármaco é efetivo por inibir a síntese de ATP em condições aeróbias. O *praziquantel* também é eficiente para o tratamento de infecções por vermes chatos. Ele elimina os vermes pela alteração da permeabilidade de suas membranas plasmáticas. O praziquantel apresenta amplo espectro de atividade e também é altamente efetivo, sendo recomendado para o tratamento de diversas doenças causadas por fascíolas, sobretudo a esquistossomose. O fármaco causa espasmos musculares nos helmintos, tornando-os suscetíveis à ação do sistema imune do hospedeiro. Aparentemente, sua ação expõe antígenos da superfície do verme, tornando-os acessíveis aos anticorpos.

O *mebendazol* e o *albendazol* são anti-helmínticos de amplo espectro, que apresentam alguns efeitos colaterais e se tornaram os fármacos de escolha para o tratamento de muitas infecções helmínticas intestinais. Ambos os fármacos inibem a formação de microtúbulos no citoplasma, o que interfere na absorção de nutrientes pelo parasita. Esses fármacos também são amplamente usados pela indústria pecuária; no caso de aplicações veterinárias, eles são relativamente mais eficientes em animais ruminantes.

A *ivermectina* é um fármaco que apresenta uma ampla gama de aplicações. Ela é produzida apenas por uma espécie de organismo, o *Streptomyces avermectinius*, isolado de amostras de solo próximas a um campo de golfe no Japão. Ela é efetiva contra muitos nematódeos (vermes redondos) e vários ácaros (como a sarna), carrapatos e insetos (como os piolhos). (Alguns ácaros e insetos compartilham determinados canais metabólicos similares com os helmintos afetados.) O uso primário da ivermectina tem sido na indústria pecuária, como agente anti-helmíntico de amplo espectro. Seu modo de ação exato ainda é desconhecido, mas o resultado final é a paralisia e a morte do helminto sem que o hospedeiro mamífero seja afetado.

> **TESTE SEU CONHECIMENTO**
>
> ✔ **20-15** Qual foi o primeiro fármaco utilizado para o tratamento de infecções parasitárias?

Testes para orientar a quimioterapia

OBJETIVO DE APRENDIZAGEM

20-16 Descrever dois testes de suscetibilidade microbiana a agentes quimioterápicos.

Diferentes espécies e linhagens microbianas têm graus distintos de suscetibilidade a agentes quimioterápicos. Além disso, a suscetibilidade de um microrganismo pode se alterar com o tempo, mesmo durante o tratamento com um fármaco específico. Assim, o médico precisa conhecer a sensibilidade do patógeno antes de iniciar um tratamento. Contudo, os médicos frequentemente não podem aguardar pelos resultados dos testes de suscetibilidade e precisam iniciar o tratamento com base no seu "melhor palpite" de qual seria o patógeno mais provável de estar associado à doença.

Diversos testes podem ser utilizados para indicar qual é o melhor agente quimioterápico para combater um patógeno específico. Entretanto, se os organismos já foram identificados – por exemplo, *P. aeruginosa*, estreptococos beta-hemolíticos ou gonococos –, certos fármacos podem ser selecionados sem que testes específicos de suscetibilidade sejam feitos. Os testes são necessários apenas quando a suscetibilidade não é previsível ou quando surgem problemas relacionados à resistência aos antibióticos.

A cultura de bactérias ou fungos é necessária para se testar a suscetibilidade. Testes para se determinar a presença de genes específicos de resistência a antibióticos estão disponíveis para algumas das bactérias mais comuns, incluindo o gene *mecA* em MRSA e os genes *vanA* e *vanB* em enterococos. No entanto, a ausência do gene mecA não indica se existe outro mecanismo de resistência ainda desconhecido. Além disso, o teste genético não pode fornecer as informações de concentração inibitória mínima (CIM) que são vitais para o tratamento. Discutiremos a CIM a seguir.

Métodos de difusão

O método de teste mais amplamente utilizado, embora não seja necessariamente o melhor, é o **método de disco-difusão**, também conhecido como *teste de Kirby-Bauer* (**Figura 20.17**). Uma placa de Petri contendo um meio de ágar sólido tem toda a sua superfície uniformemente inoculada camada celular homogênea com uma quantidade padronizada do organismo a ser testado. Em seguida, discos de filtro de papel impregnados com agentes terapêuticos em concentrações conhecidas são colocados na superfície do meio de cultura. Durante a incubação, os agentes quimioterápicos difundem-se dos discos para o ágar. Quanto mais distante do disco o agente se difundir, menor será sua concentração. Se o agente quimioterápico for efetivo contra o organismo testado, uma **zona de inibição** se formará ao redor do disco após um período de incubação padronizado. O diâmetro da zona de inibição pode ser medido e, em geral, quanto maior a zona, maior a suscetibilidade

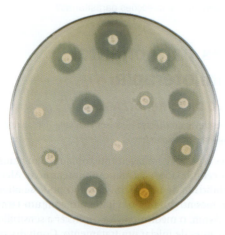

Figura 20.17 Método de disco-difusão para determinação da atividade de antimicrobianos. Cada disco contém um agente quimioterápico diferente que se difunde no ágar que o circunda. As zonas claras indicam inibição do crescimento do microrganismo inoculado na superfície do ágar.

P Qual agente é o mais efetivo contra a bactéria testada?

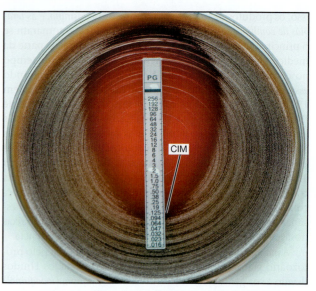

Figura 20.18 O teste E (de epsilômetro), método de difusão em gradiente que determina a sensibilidade a um antibiótico e estima a sua concentração inibidora mínima (CIM). A tira plástica, colocada na superfície do ágar previamente inoculado com a bactéria-teste, contém um gradiente crescente de concentração do antibiótico. A CIM em µg/mL é claramente demonstrada.

P Qual é a CIM deste teste E?

do microrganismo ao antibiótico. Para um fármaco que apresenta baixa solubilidade, no entanto, a zona de inibição indicando que o microrganismo é sensível será menor do que a zona gerada por um fármaco que é mais solúvel e se difunde melhor no ágar. O diâmetro da zona de inibição é comparado aos valores em uma tabela padronizada para o fármaco e a concentração, e o organismo pode ser classificado como *sensível*, *intermediário* ou *resistente*. Resultados obtidos pelo método de disco-difusão frequentemente são inadequados para muitos objetivos clínicos. Contudo, o teste é simples e de baixo custo, sendo mais frequentemente utilizado quando unidades laboratoriais mais sofisticadas não se encontram disponíveis.

Um método de difusão mais avançado, denominado **teste E**, permite que um técnico de laboratório estime a **concentração inibitória mínima (CIM)**, a menor concentração de um antibiótico que impede o crescimento bacteriano visível. Uma tira plástica contém um gradiente de concentrações de um determinado antibiótico, e a CIM pode ser avaliada a partir de uma escala impressa nessa tira (**Figura 20.18**).

Testes de diluição em caldo

Uma desvantagem do método de difusão é que ele não determina se o fármaco é bactericida ou apenas bacteriostático. Em contraste, um **teste de diluição em caldo** é frequentemente útil na determinação da CIM e da **concentração bactericida mínima (CBM)** de um fármaco antimicrobiano. A CIM é determinada pela preparação de uma sequência de concentrações decrescentes de um fármaco em um caldo, seguida da inoculação com a bactéria a ser testada (**Figura 20.19**). As amostras que

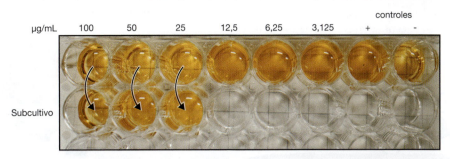

Figura 20.19 Uma placa de microdiluição, ou microtitulação, usada para testar a concentração inibidora mínima (CIM) de antibióticos. Essas placas possuem até 96 poços rasos contendo concentrações conhecidas de antibióticos em caldo nutriente. O micróbio-teste é adicionado simultaneamente, com o uso de uma micropipeta multicanal, a todos os poços de uma fileira de antibióticos a serem testados. Para garantir que o micróbio é capaz de crescer na ausência do fármaco, poços que não contêm antibióticos também são inoculados (controle positivo). Para garantir que não haja contaminação por micróbios indesejáveis, poços sem antibiótico ou inóculo também são incluídos (controle negativo). Após a incubação, as amostras dos poços de teste sem crescimento são subcultivadas, ou seja, usadas para inocular o caldo nutriente.

P Qual é a *CIM* deste antibiótico? E a *CBM*?

não apresentam crescimento (concentrações superiores à CIM) podem ser cultivadas em outro caldo ou placas de ágar livres do fármaco. Se o crescimento ocorrer nesse caldo, isso significa que o fármaco não era bactericida, e a CBM pode, então, ser medida. A determinação da CIM e da CBM é importante, pois evita o uso excessivo ou incorreto de um antibiótico caro, além de minimizar a chance de ocorrência de efeitos tóxicos, causados por doses em concentrações maiores do que as necessárias.

Testes de diluição frequentemente são automatizados. Os fármacos são adquiridos já diluídos em poços em uma placa plástica. Uma suspensão do microrganismo-teste é preparada e inoculada em todos os poços, simultaneamente, pelo uso de um aparato de inoculação especial. Após a incubação, a turbidez do meio contido em cada poço pode ser avaliada visualmente, embora laboratórios clínicos com maiores demandas possam utilizar aparelhos que avaliam a turbidez (espectrofotômetros) e enviam os dados para um computador, que, por sua vez, fornece os dados de CIM impressos.

Outros testes também podem ser úteis para os clínicos; a determinação da capacidade de um micróbio de produzir β-lactamase é um exemplo. Um método popular e rápido usa uma cefalosporina que muda de cor quando seu anel β-lactâmico é quebrado. Além disso, a medida da *concentração sérica* de um antimicrobiano é especialmente importante quando fármacos tóxicos são usados. Esses ensaios tendem a variar com o tipo de fármaco testado e podem não ser adequados para a utilização por laboratórios mais simples.

Profissionais da saúde responsáveis pelo controle de infecções realizam relatórios periódicos, chamados de **antibiogramas**, que registram dados sobre a suscetibilidade de organismos encontrados clinicamente. Esses relatórios são especialmente úteis para determinar o surgimento de linhagens de patógenos resistentes aos antibióticos em uso nas instituições.

TESTE SEU CONHECIMENTO

✔ **20-16** Em um teste de disco-difusão, a zona de inibição ao redor do disco, indicando a sensibilidade, varia de acordo com o antibiótico. Por quê?

CASO CLÍNICO

A Dra. Silva envia a amostra de *P. aeruginosa* coletada ao CDC para análise. O oftalmologista responsável pelo caso da outra córnea infectada por *P. aeruginosa* também envia uma amostra ao CDC. Utilizando um teste de difusão em caldo, a CIM contra essa bactéria foi de 100 μg/mL. O tempo de redução decimal (TRD) da gentamicina contra essa bactéria a 4 °C foi determinado como 4 dias e a 23 °C, como 20 minutos.

Quanto tempo seria necessário para a eliminação de 200 células em cada temperatura? (*Dica*: ver Capítulo 7.)

Parte 1 Parte 2 **Parte 3** Parte 4 Parte 5 Parte 6

Resistência aos fármacos antimicrobianos

OBJETIVO DE APRENDIZAGEM

20-17 Descrever os mecanismos de resistência aos fármacos antimicrobianos.

Um dos avanços da medicina moderna é o desenvolvimento de antibióticos e outros agentes antimicrobianos. Todavia, o desenvolvimento de resistência a eles por micróbios-alvo é um problema de saúde pública mundial. Nos Estados Unidos, quase 3 milhões de infecções resistentes a antibióticos ocorrem anualmente. Quando expostos a um novo antibiótico pela primeira vez, a suscetibilidade dos micróbios tende a ser elevada, assim como sua taxa de mortalidade. Nessas condições, apenas alguns poucos sobrevivem dentro de uma população de bilhões de indivíduos. Os micróbios sobreviventes normalmente apresentam alguma mutação genética responsável por sua sobrevivência, e a seleção natural favorece sua persistência. Um termo adotado para essas bactérias é **células persistentes**. Ver quadro "Foco clínico" no Capítulo 26.

Uma vez adquiridas, as mutações são transmitidas *verticalmente* por mecanismos normais de reprodução, e a progênie

Resistência bacteriana aos antibióticos

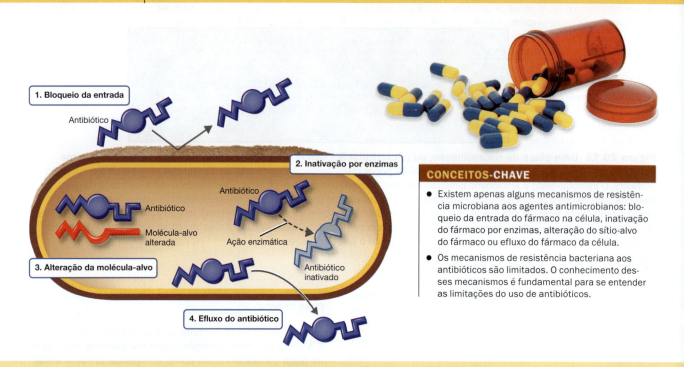

1. Bloqueio da entrada

Antibiótico

2. Inativação por enzimas

Antibiótico

Antibiótico

Molécula-alvo alterada

Ação enzimática

Antibiótico inativado

3. Alteração da molécula-alvo

4. Efluxo do antibiótico

CONCEITOS-CHAVE

- Existem apenas alguns mecanismos de resistência microbiana aos agentes antimicrobianos: bloqueio da entrada do fármaco na célula, inativação do fármaco por enzimas, alteração do sítio-alvo do fármaco ou efluxo do fármaco da célula.

- Os mecanismos de resistência bacteriana aos antibióticos são limitados. O conhecimento desses mecanismos é fundamental para se entender as limitações do uso de antibióticos.

passa a carregar a característica genética dos micróbios parentais. Devido à alta taxa de reprodução das bactérias, apenas um curto período é necessário para que quase toda a população passe a ser resistente ao novo antibiótico.

Algumas diferenças genéticas se originam de mutações aleatórias. Essas mutações podem se espalhar *horizontalmente* entre as bactérias por processos como a conjugação (Figura 8.30) ou a transdução (Figura 8.32). A resistência a fármacos frequentemente é carreada por plasmídeos (Figura 8.25) ou por pequenos segmentos de DNA, denominados transpósons (Figura 8.26), os quais podem saltar de um pedaço de DNA para outro.

Milhares de genes de resistência a antibióticos e proteínas contra 240 antibióticos são conhecidos. A OMS compilou uma lista de bactérias de importância crítica por serem resistentes a quase todos os antibióticos e causarem infecções associadas aos cuidados de saúde. Essas bactérias são *A. baumannii* (ver quadro "Foco clínico" no Capítulo 7) *P. aeruginosa* e Enterobacteriaceae.

As bactérias que são resistentes a vários antibióticos são popularmente conhecidas como **superbactérias**. Embora a superbactéria mais divulgada seja a MRSA, essa condição tem sido atribuída a várias outras bactérias, tanto gram-positivas quanto gram-negativas. A medicina tem apenas opções limitadas de tratamento para as infecções causadas por esses patógenos.

Mecanismos de resistência

Existem apenas alguns mecanismos principais pelos quais as bactérias se tornam resistentes a um agente quimioterápico. Ver **Figura 20.20**. Pelo menos uma bactéria clinicamente

problemática, *A. baumanii*, desenvolveu resistência por meio de todos os principais mecanismos ilustrados na Figura 20.20.

Destruição ou inativação enzimática do fármaco

A destruição ou a inativação enzimática afetam principalmente antibióticos que são produtos naturais, como as penicilinas e as cefalosporinas. Grupos de antibióticos totalmente sintéticos, como as fluoroquinolonas, apresentam menor probabilidade de serem afetados dessa maneira, embora possam ser neutralizados de outras formas. Isso pode refletir simplesmente o fato de que os micróbios tiveram pouco tempo para se adaptar a essas estruturas químicas menos familiares.

Os antibióticos do tipo penicilina/cefalosporina, e também os carbapenêmicos, compartilham uma estrutura, o anel β-lactâmico, alvo das enzimas β-lactamases (ver Figura 20.8) que o hidrolisam seletivamente. Cerca de 200 variações dessa enzima são conhecidas atualmente, e cada uma é eficiente contra pequenas variantes estruturais do anel β-lactâmico. Quando esse problema surgiu pela primeira vez, a molécula básica de penicilina foi modificada. O primeiro desses fármacos resistentes à penicilinase foi a meticilina, porém a resistência à meticilina surgiu rapidamente. A mais conhecida dessas bactérias resistentes é o amplamente divulgado patógeno MRSA, o qual é resistente a praticamente todos os antibióticos, e não apenas à meticilina (ver quadro "Foco clínico" no Capítulo 14). Recentemente, o CDC atribuiu 10 mil mortes a esse patógeno. Em pacientes hospitalizados, infecções invasivas por MRSA podem ser responsáveis por cerca de 20% das taxas de mortalidade. Todavia, o *S. aureus* não é a única bactéria preocupante; outros patógenos importantes, como o *Streptococcus pneumoniae*, também desenvolveram resistência aos antibióticos β-lactâmicos. Além disso, o MRSA continua a desenvolver resistência contra uma sucessão de novos fármacos, como a vancomicina (o "antibiótico de último recurso"), embora esse antibiótico apresente um mecanismo de ação sobre a síntese da parede celular que é totalmente diferente daquele apresentado pelas penicilinas. Essas bactérias altamente adaptáveis desenvolveram, ainda, resistência contra combinações de antibióticos que incluem o *ácido clavulânico*, desenvolvido especialmente como um inibidor de β-lactamases.

A princípio, o MRSA era um problema exclusivamente hospitalar ou de ambientes relacionados, sendo responsável por quase 20% de todas as infecções parenterais. Entretanto, atualmente essas bactérias causam surtos frequentes na comunidade em geral, estão mais virulentas e afetam indivíduos saudáveis. Essas linhagens produzem uma toxina, a leucocidina, que destrói neutrófilos, uma defesa inata primária contra infecções. Portanto, a terminologia descritiva agora diferencia o *MRSA associado à comunidade* do *MRSA associado aos cuidados da saúde*. Existe uma clara necessidade de implementação de testes rápidos para a detecção de MRSA (geralmente a partir de esfregaço nasal) para que as infecções possam ser isoladas, e a transmissão, reduzida. O mais promissor desses testes baseia-se na tecnologia da PCR e produz resultados confiáveis em 1 a 2 horas.

Prevenção da entrada no sítio-alvo no interior do micróbio

Bactérias gram-negativas são relativamente mais resistentes a antibióticos devido à natureza de suas paredes celulares, que restringem a absorção de muitas moléculas e seus movimentos a aberturas, denominadas porinas (ver paredes celulares gram-negativas no Capítulo 4). Alguns mutantes bacterianos modificaram a abertura das porinas, de forma que os antibióticos são incapazes de entrar no espaço periplasmático. Talvez ainda mais importante, quando as β-lactamases estão presentes no espaço periplasmático, o antibiótico que entra é degradado nesse espaço antes que ele consiga penetrar na célula.

Alterações no sítio-alvo do fármaco

A síntese de proteínas envolve o movimento de um ribossomo ao longo de uma fita de mRNA, como mostrado na Figura 20.4. Diversos antibióticos, principalmente aqueles pertencentes aos grupos dos aminoglicosídeos, tetraciclinas e macrolídeos, utilizam um mecanismo de ação que inibe a síntese proteica nesse sítio. Pequenas modificações no sítio podem neutralizar os efeitos dos antibióticos sem que ocorram alterações significativas nas funções celulares.

Curiosamente, o principal mecanismo pelo qual o MRSA ganhou ascendência sobre a meticilina não foi por meio de uma nova enzima de inativação, mas sim por meio de uma modificação da proteína de ligação à penicilina (PBP, de *penicillin-binding protein*) presente na membrana da célula bacteriana. Os antibióticos β-lactâmicos atuam ligando-se à PBP, a qual é necessária para o início da ligação cruzada entre peptideoglicanos e formação da parede celular. Linhagens de MRSA tornaram-se resistentes porque desenvolveram uma PBP adicional, modificada. Os antibióticos continuam a inibir a ação da PBP normal, impedindo a sua participação na formação da parede celular. Contudo, a PBP adicional presente nas células

mutantes, embora se ligue fracamente ao antibiótico, permite a síntese de uma parede celular adequada à sobrevivência das linhagens de MRSA. A resistência à vancomicina também se deve a uma modificação da PBP.

Efluxo rápido (ejeção) do antibiótico

Certas proteínas na membrana plasmática de bactérias gram-negativas agem como bombas que expelem os antibióticos, impedindo que alcancem uma concentração efetiva. Esse mecanismo foi originalmente observado em antibióticos do tipo tetraciclina, mas também é responsável pela resistência a praticamente todas as principais classes de antibióticos. As bactérias normalmente apresentam muitas dessas bombas de efluxo para eliminar substâncias tóxicas.

Variações dos mecanismos de resistência

Variações nesses mecanismos também ocorrem. Como exemplo, um micróbio pode se tornar resistente à trimetoprima pela síntese de grandes quantidades da enzima contra a qual o antibiótico age. Por outro lado, antibióticos polienos podem se tornar menos eficazes quando organismos resistentes passam a produzir quantidades menores dos esteróis contra os quais o fármaco é eficiente. Particularmente preocupante é a possibilidade de que estes *mutantes resistentes* possam substituir de modo gradativo as populações normais suscetíveis. A **Figura 20.21** demonstra a velocidade de crescimento de populações bacterianas à medida que a resistência se desenvolve.

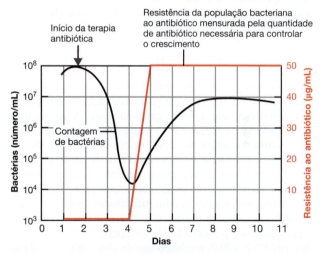

Figura 20.21 Desenvolvimento de um mutante resistente a um antibiótico durante a antibioticoterapia. Um paciente que sofre de infecção renal crônica causada por uma bactéria gram-negativa foi tratado com estreptomicina. A linha vermelha indica a resistência da população bacteriana ao antibiótico. Até o quarto dia, quase toda a população bacteriana é sensível ao antibiótico. Depois do quarto dia, aparecem células persistentes (mutantes na população que são resistentes à estreptomicina). A população bacteriana no paciente aumenta à medida que os mutantes substituem a população sensível.

P Este teste utilizou estreptomicina e uma bactéria gram-negativa. Como seriam as linhas no gráfico se o antibiótico utilizado tivesse sido a penicilina G?

Uso inadequado de antibióticos

Os antibióticos têm sido muito mal utilizados, especialmente nos países em desenvolvimento. Em algumas regiões, profissionais de saúde bem treinados são escassos, o que talvez seja uma das razões pelas quais os antibióticos normalmente podem ser comprados sem receita médica. Uma pesquisa realizada na zona rural de Bangladesh, por exemplo, demonstrou que apenas 8% dos antibióticos haviam sido prescritos por um médico. Em muitas outras partes do mundo, os antibióticos são vendidos para o tratamento de dores de cabeça e para outros usos inapropriados (**Figura 20.22**). Mesmo quando o uso de antibióticos é apropriado, os regimes de doses, em geral, são mais curtos do que o necessário para erradicar a infecção, o que estimula a sobrevivência de linhagens de bactérias resistentes. Medicamentos vencidos, adulterados (impuros) ou até mesmo falsificados também são comuns.

Não obstante, o mundo desenvolvido também tem contribuído para o surgimento da resistência aos antibióticos. O CDC estima que, nos Estados Unidos, 30% das prescrições de antibióticos para o tratamento de infecções do aparelho auditivo, 100% das prescrições para o resfriado comum e 50% das prescrições para dores de garganta foram desnecessárias ou inapropriadas para tratar os patógenos em questão. Pelo menos 70% dos antibióticos produzidos nos Estados Unidos anualmente não são utilizados para o tratamento de doenças, mas sim em rações animais como promotores do crescimento – prática que vem sendo desencorajada pelo CDC, pela FDA e pelos consumidores (ver quadro **Foco clínico**). Em 2006, o uso de antibióticos como promotor do crescimento em animais foi proibido nos países da União Europeia. Nos Estados Unidos, em 2012, a FDA proibiu o uso de antibióticos da classe das cefalosporinas em animais produtores de alimentos. Em 2013, a FDA também criou um plano de adesão voluntária para a indústria, a fim de eliminar progressivamente o uso de alguns antibióticos. Os produtores de gado estão começando a substituir os óleos essenciais (Capítulo 7) para prevenir infecções em animais. Alguns criadores de frangos agora estão usando o carvacrol, um óleo essencial encontrado no orégano (Figura 7.7e), para reduzir a incidência de *Campylobacter* em galinhas. Um estudo mostrou que porcos alimentados com glutamina em comparação com porcos tratados com antibióticos ganharam o mesmo peso e apresentaram uma menor concentração de TNF no plasma sanguíneo, um marcador de inflamação.

Custo e prevenção da resistência

A resistência aos antibióticos representa um alto custo em vários aspectos, além daqueles aparentes nos casos de altas taxas de doença e mortalidade. O desenvolvimento de novos fármacos para substituir aqueles que perderam a eficácia é extremamente caro. Os novos fármacos geralmente são muito mais caros do que os fármacos mais antigos e às vezes podem ter um preço inacessível, mesmo em países desenvolvidos. Em países menos desenvolvidos, então, os custos podem ser simplesmente impraticáveis.

Existem muitas estratégias que pacientes e profissionais da saúde podem adotar para prevenir o desenvolvimento da resistência antimicrobiana. Mesmo quando o paciente sente que se recuperou de uma doença, ele deve sempre completar o tratamento prescrito, o que desestimula a sobrevivência e a proliferação de micróbios resistentes ao antibiótico. Os pacientes não devem nunca utilizar sobras de antibióticos para tratar uma nova doença ou usar um antibiótico que tenha sido prescrito para outra pessoa. Profissionais da saúde devem evitar prescrições desnecessárias e garantir que a escolha e a dosagem dos antimicrobianos sejam apropriadas à situação. Eles devem optar por prescrever o antibiótico mais específico possível para o caso, em vez de antimicrobianos de amplo espectro de ação, o que ajuda a diminuir as chances de um antibiótico inadequado gerar resistência na microbiota normal do paciente.

Linhagens bacterianas resistentes são particularmente comuns entre profissionais da equipe hospitalar, uma vez que o uso de antibióticos é constante em seu ambiente de trabalho. Quando os antibióticos são injetados, como muitos são, a seringa inicialmente precisa ser posicionada na vertical para a eliminação de bolhas de ar, prática que provoca a formação de aerossóis de solução antibiótica. Quando o médico ou o enfermeiro inalam esses aerossóis, os microrganismos que habitam as narinas, por exemplo, são expostos a esses fármacos. A inserção da agulha em um algodão estéril ao expelir as bolhas de ar pode impedir a formação de aerossóis. Muitos hospitais possuem comitês de monitoramento especiais que revisam o uso de antibióticos em relação à sua efetividade e ao seu custo.

Figura 20.22 Antibióticos têm sido vendidos sem prescrição médica há muitas décadas em grande parte do mundo.

P Como essa prática pode levar ao desenvolvimento de linhagens de patógenos resistentes?

A gentamicina é utilizada no meio de armazenamento co-mercial para córneas, pois foi demonstrado que esse fár-maco é mais efetivo do que a penicilina ou a cefalotina na redução das contagens de colônias de estafilococos e basto-netes gram-negativos em meios de armazenamento tampo-nados. A adição da gentamicina destina-se a preservar o meio antes do uso, e não à esterilização do tecido da córnea. O ar-mazenamento em uma solução contendo antibióticos pode favorecer a seleção de bactérias resistentes.

Qual fármaco antimicrobiano seria mais eficiente no trata-mento de infecções por *P. aeruginosa*?

Parte 1   Parte 2   Parte 3   Parte 4   **Parte 5**   Parte 6

TESTE SEU CONHECIMENTO

✔ **20-17** Qual é o mecanismo mais comumente utilizado por uma bactéria para resistir aos efeitos da penicilina?

Uso seguro dos antibióticos

Em nossa discussão sobre antibióticos, algumas vezes mencio-namos os efeitos colaterais. Muitos são potencialmente graves, como dano hepático e renal ou desenvolvimento de surdez. Além disso, alguns indivíduos podem apresentar reações de hipersensibilidade a certos antibióticos, por exemplo, a peni-cilinas (ver quadro "Foco clínico" no Capítulo 19). No entan-to, os antibióticos não são o único tipo de fármaco que pode desencadear efeitos colaterais. A administração de qualquer fármaco envolve o julgamento dos riscos e benefícios; isso é denominado *índice terapêutico*.

Às vezes, o uso de dois ou mais fármacos associados pode causar efeitos tóxicos que não ocorrem quando um dos fár-macos é administrado sozinho. Um fármaco também pode neutralizar os efeitos esperados de outro. Por exemplo, a ri-fampicina neutraliza a eficácia das pílulas anticoncepcionais.

Finalmente, as circunstâncias únicas de cada paciente de-vem ser consideradas na prescrição de antibióticos. Nos Esta-dos Unidos, pacientes grávidas, por exemplo, somente podem tomar aqueles antibióticos que são classificados pela FDA como inofensivos ao feto. As tetraciclinas não são indicadas para uso em crianças que podem apresentar manchas amar-ronzadas nos dentes, ou durante a gravidez, uma vez que po-dem desencadear dano hepático materno.

Efeitos da combinação de fármacos

OBJETIVO DE APRENDIZAGEM

20-18 Comparar e diferenciar sinergismo e antagonismo.

O efeito quimioterápico de dois fármacos administrados simultaneamente algumas vezes é mais intenso que o efeito da administração isolada de cada um deles (**Figura 20.23**). Esse fenômeno, chamado de **sinergismo**, foi introduzido

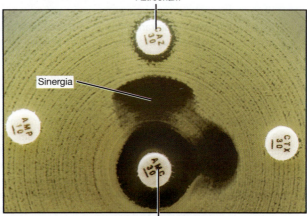
Aztreonam

Sinergia

Amoxicilina e ácido clavulânico

Figura 20.23 Exemplo de sinergismo entre dois antibióticos diferentes. A fotografia mostra a superfície de um meio ágar semeado com bactérias. A área clara sem crescimento ao redor do disco de papel AMC mostra inibição pelo ácido clavulânico-amoxicilina. Há uma pequena zona de inibição ao redor do disco CAZ contendo ceftazidima e nenhuma inibição por cefotaxima (CTX) ou ampicilina (AMP). A área livre adicional e maior entre dois discos ilustra a inibição do crescimento bacteriano por meio dos efeitos da sinergia.

P Qual seria a aparência da placa se amoxicilina-ácido clavulânico e cefotaxima fossem antagonistas?

anteriormente. Por exemplo, para o tratamento da endocardi-te bacteriana, a penicilina e a estreptomicina são muito mais eficientes quando administradas juntas do que quando cada fármaco é administrado separadamente. O dano à parede ce-lular bacteriana, causado pela penicilina, facilita a penetração intracelular da estreptomicina.

Outras combinações de fármacos podem apresentar **anta-gonismo**. Por exemplo, o uso simultâneo de penicilina e tetra-ciclina muitas vezes é menos eficiente que o uso isolado de cada um dos fármacos. Ao interromper o crescimento bacteriano, a tetraciclina, um fármaco bacteriostático, interfere na ação da penicilina, que necessita do crescimento bacteriano para a sua atuação.

TESTE SEU CONHECIMENTO

✔ **20-18** A tetraciclina, muitas vezes, interfere na ativi-dade da penicilina. De que modo?

Futuro dos agentes antimicrobianos

OBJETIVO DE APRENDIZAGEM

20-19 Apresentar três áreas de pesquisa em novos agentes antimicrobianos.

À medida que um patógeno desenvolve resistência aos antimi-crobianos atualmente disponíveis, a necessidade de introdu-zir novas opções se torna ainda mais urgente. Mas, conforme

Antibióticos na ração animal estão ligados a doenças em seres humanos

Neste quadro, você encontrará uma série de questões que os microbiologistas se perguntam ao combater a resistência microbiana aos antibióticos. Tente responder a cada questão antes de passar à seguinte.

1. Criadores de gado usam antibióticos nas rações de animais alojados em grupo, pois os fármacos reduzem o número de infecções bacterianas e promovem a aceleração do crescimento. Hoje, mais da metade dos antibióticos utilizados em todo o mundo é destinada a animais de fazenda.

   A carne e o leite que chegam à mesa dos consumidores não apresentam grandes quantidades de antibióticos, então qual é o risco de se utilizar esses fármacos em rações animais?

2. A presença constante de antibióticos nesses animais é um exemplo da "sobrevivência do mais forte". Os antibióticos destroem algumas bactérias, mas outras têm propriedades que permitem a sobrevivência delas.

   Como as bactérias adquirem genes relacionados à resistência?

3. A resistência bacteriana aos fármacos antimicrobianos é o resultado de mutações. Essas mutações podem ser transmitidas para outras bactérias via transferência horizontal de genes (**Figura A**).

Que evidência demonstraria que o uso veterinário de antibióticos favorece a resistência?

4. *Enterococcus* spp. resistentes à vancomicina (VRE) foram isolados pela primeira vez na França, em 1986, e foram encontrados nos Estados Unidos, em 1989. A vancomicina e outro glicopeptídeo, a avoparcina, foram amplamente usadas em rações animais na Europa. Em 1997, o uso veterinário da avoparcina foi proibido na Europa. Depois dessa proibição, amostras VRE positivas diminuíram de 100 para 25%, e o percentual de infecções humanas por essas bactérias diminuiu de 12 para 3%.

   ***Campylobacter jejuni* é uma bactéria comensal dos intestinos de aves domésticas. Qual doença humana o *C. jejuni* provoca?**

5. Anualmente nos Estados Unidos, a bactéria *Campylobacter* causa mais de 1,5 milhão de infecções de origem alimentar. Linhagens de *C. jejuni* resistentes à fluoroquinolona (FQ) em seres humanos emergiram na década de 1990 (**Figura B**).

   Quais são as FQs usadas no tratamento de infecções humanas? (*Dica:* ver Tabela 20.3.)

6. A emergência corresponde à presença de *C. jejuni* resistentes à FQ em carnes de frango compradas em mercados. *C. jejuni* FQ-resistentes podiam ser selecionados em pacientes que tivessem feito uso prévio de FQs. No entanto, um estudo de amostras de *Campylobacter* isoladas de pacientes entre 1997 e 2001 demonstrou que pessoas infectadas com *C. jejuni* FQ-resistentes não haviam tomado o fármaco antes da doença e não haviam viajado para fora dos Estados Unidos.

   Sugira uma forma de reduzir a resistência à FQ.

7. O uso de FQ em rações de aves foi banido em 2005 nos Estados Unidos, na esperança de reduzir a resistência ao fármaco. Uma variedade de abordagens pode ser necessária para reduzir a possibilidade de ocorrência de doenças: (1) prevenir a colonização dos animais nos criadouros, (2) reduzir a contaminação fecal da carne durante o processamento nos abatedouros e (3) usar métodos de estocagem e cozimento adequados.

Fonte: CDC e National Antimicrobial Resistance Monitoring System.

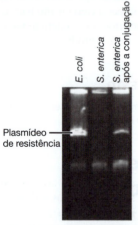

Figura A Resistência à cefalosporina em *E. coli* transferida por conjugação para *Salmonella enterica* no intestino de perus.

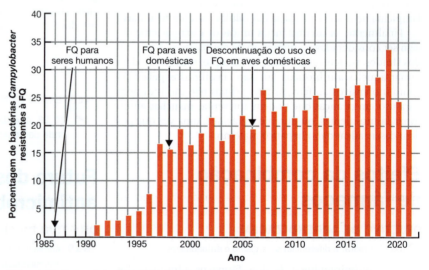

Figura B *Campylobacter jejuni* resistente à fluoroquinolona isolado de humanos nos Estados Unidos, 1986 a 2021.

Buscando no microbioma o próximo antibiótico de sucesso

Sabemos que o corpo humano contém um ecossistema de microrganismos que interagem com o meio ambiente, com o corpo humano e entre si. A microbiota normal impede que outras bactérias usem os recursos de que precisam e, assim, inibe o crescimento de alguns patógenos que, de outra forma, colonizariam. Ao procurar os mecanismos desse tipo de exclusão competitiva, os pesquisadores descobriram novos antibióticos analisando as moléculas produzidas por muitos dos residentes normais do nosso corpo.

Uma fonte de um medicamento potencial é o *Lactobacillus gasseri*, um residente da vagina. Ele produz lactocilina, uma substância química que experimentos mostram ser um agente promissor para inibir bactérias gram-positivas. Do ponto de vista molecular, a lactocilina é um tiopeptídeo que funciona ligando-se à subunidade ribossômica 50S. O trabalho para criar antibióticos tiopeptídicos com base nesse mesmo modo de ação está em andamento.

Outro fármaco potencial é a lugdunina, uma grande molécula produzida pela bactéria *Staphylococcus lugdunensis*. Pesquisadores na Alemanha descobriram o composto depois de perceberem que pessoas cujos narizes foram colonizados por *S. lugdunensis* tinham menos probabilidade de carregar cepas patogênicas de *S. aureus*. Um antibiótico à base de lugdunina pode ser muito útil, uma vez que foi demonstrado que a molécula inibe MRSA, espécies de *Enterococcus* e outras bactérias que exibem resistência crescente aos antibióticos.

Esses novos compostos não estão prontos para a fase de testes clínicos, mas a sua descoberta está incentivando os pesquisadores a procurarem por mais antibióticos novos no microbioma humano.

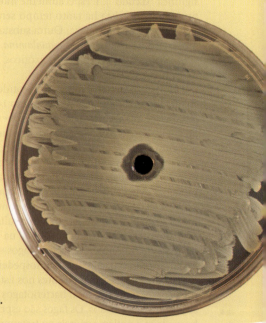

O crescimento do MRSA é inibido por um meio (pH 7) no qual o *Lactobacillus* spp. se desenvolveu (no poço central).

observado anteriormente, o desenvolvimento de novos agentes antimicrobianos não é fácil. Existe uma preocupação genuína de que possamos estar nos aproximando de uma era pós-antibiótico, quando infecções menores, como cortes ou arranhões, poderão novamente levar à morte.

Os antibióticos existentes continuam a enfrentar problemas de resistência, em grande parte porque os produtores desses fármacos têm abordado uma gama limitada de alvos (ver Figura 20.2). Uma abordagem realmente nova para o controle de patógenos consiste em concentrar os alvos terapêuticos nos fatores de virulência desses organismos, em vez de focar no micróbio que os produz. Por exemplo, em vez de mirar o bacilo da cólera, um fármaco pode ter como alvo a toxina da cólera, neutralizando-a ou destruindo-a. Outro alvo potencial é sequestrar o ferro que os patógenos precisam para o seu desenvolvimento (ver Capítulo 15). Um fármaco capaz de sequestrar o ferro poderia, portanto, limitar a proliferação dos patógenos.

A FDA dos Estados Unidos exige que os antibióticos sejam testados contra patógenos em crescimento exponencial. Isso levou a uma quase ausência de fármacos para combater as células persistentes dormentes mencionadas anteriormente. Essas células podem começar a crescer após o tratamento com antibióticos, quando a concentração de antibiótico no organismo é reduzida. Além disso, a taxa de mutação aumenta nas células dormentes, o que pode apoiar o desenvolvimento de mutantes resistentes a antibióticos. A maioria dos medicamentos falha quando testada contra essas células.

Outro problema básico à espera de uma solução é a falta de fármacos para o tratamento de infecções causadas por bactérias gram-negativas. A parede celular das bactérias gram-negativas torna-as intrinsecamente resistentes à maioria dos antibióticos. Na realidade, os antibióticos desenvolvidos ao longo das últimas décadas atuam apenas contra espécies gram-positivas.

Outro obstáculo para o desenvolvimento de novos antimicrobianos é a limitação das técnicas laboratoriais atuais para o cultivo de micróbios. Além disso, mais de 99% das espécies bacterianas encontradas na natureza não podem ser cultivadas nos meios laboratoriais convencionais. A tentativa de se reproduzir o ambiente celular em laboratório para o crescimento e teste da sensibilidade a antibióticos de bactérias não cultiváveis é cara e complicada.

Outros problemas não resolvidos incluem a resistência a múltiplos fármacos das bactérias que compõem os biofilmes e os muitos problemas de uso indevido de fármacos mencionados anteriormente.

Um novo caminho promissor para as pesquisas científicas relacionadas ao desenvolvimento de novos antibióticos provavelmente será trilhado com base na compreensão das estruturas genéticas básicas dos micróbios. Uma análise computadorizada dos genomas do microbioma humano, por exemplo, levou recentemente à descoberta de novos compostos antimicrobianos. Ver **Explorando o microbioma** para obter exemplos de antibióticos produzidos por alguns dos micróbios residentes no corpo.

Os microrganismos não são os únicos organismos que produzem substâncias antimicrobianas. Muitas aves, anfíbios, plantas e mamíferos frequentemente produzem *peptídeos antimicrobianos*. De fato, esses peptídeos fazem parte dos sistemas de defesa da maioria das formas de vida, e literalmente centenas desses peptídeos já foram identificados. As glândulas da pele dos anfíbios são ricas em peptídeos antimicrobianos que atacam as membranas bacterianas. Os peptídeos mais conhecidos são as *magaininas* (do termo em hebraico que significa "escudo"). É especialmente interessante que esse antimicrobiano exista há tanto tempo sem o desenvolvimento significativo de resistência. Outra substância antimicrobiana, um esteroide chamado de *esqualamina*, foi isolada de tubarões. Novos nichos ecológicos exóticos, como os sedimentos marinhos, precisam ser explorados.

Muitas bactérias produzem peptídeos antimicrobianos, chamados de *bacteriocinas* (ver Capítulo 14). Pesquisas demonstraram que alguns desses peptídeos exibem um amplo espectro de atividade, ao passo que outros têm um espectro restrito. O mecanismo de ação dos peptídeos difere daquele apresentado pela maioria dos antibióticos. Algumas bacteriocinas afetam a membrana celular, ao passo que outras afetam a produção de proteínas. A toxicidade oral das bacteriocinas é muito baixa. Testes iniciais de algumas bacteriocinas contra *C. difficile* e outras bactérias gram-positivas mostraram resultados promissores.

A **fagoterapia** é usada na Rússia, na Geórgia e na Polônia há mais de 50 anos. Os bacteriófagos são vírus que podem matar as células bacterianas do hospedeiro (ver Capítulo 13). Nos últimos anos, pesquisadores nos Estados Unidos e na Europa começaram a analisar bacteriófagos para substituir alguns antibióticos utilizados. Os fagos são específicos para a bactéria hospedeira e podem ser úteis no tratamento de infecções resistentes a antibióticos. Ambientalmente, o solo está repleto de bacteriófagos, e especialistas estimam que a cada dois dias eles eliminem cerca da metade das bactérias presentes na Terra.

Acasos, ou descobertas acidentais, sempre são levados em consideração. Por exemplo, é interessante mencionar que a primeira quinolona, o ácido nalidíxico, foi descoberta como um intermediário na síntese de um fármaco antimalária, a cloroquina, e que as oxazolidinonas foram originalmente desenvolvidas para o tratamento de doenças de plantas.

Finalmente, existe uma necessidade especial de desenvolvimento de novos fármacos antivirais e antifúngicos, bem como de fármacos antiparasitários que sejam efetivos contra helmintos e protozoários, uma vez que o nosso arsenal de fármacos classificados nessas categorias é bastante limitado.

TESTE SEU CONHECIMENTO

✔ **20-19** O que são defensinas? (*Dica:* ver Capítulo 16.)

CASO CLÍNICO Resolvido

A Dra. Silva prescreve doripeném para a sua paciente. O doripeném é um carbapenêmico que tem um espectro de atividade extremamente amplo e é especialmente efetivo contra *P. aeruginosa*. A paciente recupera-se de sua infecção e não apresenta outras complicações decorrentes da cirurgia.

Parte 1 Parte 2 Parte 3 Parte 4 Parte 5 **Parte 6**

Resumo para estudo

Introdução (p. 560)

1. Um fármaco antimicrobiano é uma substância química que destrói microrganismos patogênicos com dano mínimo ao hospedeiro.
2. Os agentes quimioterápicos incluem substâncias químicas que combatem doenças no organismo.

História da quimioterapia (p. 561-562)

1. Paul Ehrlich desenvolveu o conceito de quimioterapia para tratar doenças microbianas.
2. Os fármacos sulfas emergiram na década de 1930.
3. Alexander Fleming descobriu o primeiro antibiótico, a penicilina, em 1928; os primeiros testes clínicos com o fármaco aconteceram em 1940.
4. A maioria dos antibióticos é produzida por bactérias *Streptomyces*.

Espectro de atividade antimicrobiana (p. 562-563)

1. Os fármacos antibacterianos afetam muitos alvos diferentes dentro de uma célula procariótica.
2. As infecções fúngicas, helmínticas e protozoáricas são mais difíceis de serem tratadas porque esses organismos têm células eucarióticas.
3. Os fármacos de espectro restrito afetam apenas alguns grupos seletos de microrganismos – células gram-positivas, por exemplo; fármacos de espectro amplo afetam um grande número de micróbios.
4. Os fármacos constituídos por moléculas pequenas e hidrofílicas afetam células gram-negativas.

5. Os agentes antimicrobianos não devem causar dano excessivo à microbiota normal.
6. As superinfecções acontecem quando um patógeno desenvolve resistência ao fármaco sendo usado ou quando uma microbiota normalmente resistente se multiplica em excesso.

Ação dos fármacos antimicrobianos (p. 563-565)

1. Os antimicrobianos geralmente atuam eliminando diretamente os microrganismos (bactericidas) ou inibindo o seu crescimento (bacteriostáticos).
2. Alguns agentes, como a penicilina, inibem a síntese da parede celular bacteriana.
3. Outros agentes, como o cloranfenicol, a tetraciclina e a estreptomicina, inibem a síntese de proteínas por sua ação sobre os ribossomos 70S.
4. Antibióticos ionóforos e polipeptídicos danificam as membranas plasmáticas.
5. Alguns agentes inibem a síntese de ácidos nucleicos.
6. Agentes, como as sulfanilamidas, atuam como antimetabólitos pela inibição competitiva da atividade enzimática.

Fármacos antimicrobianos comumente utilizados (p. 566-579)

Antibióticos antibacterianos: inibidores da síntese de parede celular (p. 566-571)

1. Todas as penicilinas contêm um anel β-lactâmico.
2. As penicilinas naturais, produzidas por *Penicillium*, são efetivas contra os cocos gram-positivos e os espiroquetas.

3. As penicilinases (β-lactamases) são enzimas bacterianas que destroem as penicilinas naturais.

4. As penicilinas semissintéticas são resistentes às penicilinases e têm um espectro de ação mais amplo que as penicilinas naturais.

5. Os carbapenêmicos são antibióticos de amplo espectro que inibem a síntese de parede celular.

6. O monobactâmico aztreonam afeta somente as bactérias gram-negativas.

7. As cefalosporinas inibem a síntese de parede celular e são usadas contra linhagens resistentes à penicilina.

8. Os polipeptídeos, como a bacitracina, inibem a síntese de parede celular principalmente em bactérias gram-positivas.

9. A vancomicina inibe a síntese de parede celular e pode ser usada para destruir linhagens de estafilococos produtoras de penicilinases.

10. A isoniazida (INH) e o etambutol inibem a síntese de parede celular de micobactérias.

Inibidores da síntese proteica (p. 571-573)

11. O cloranfenicol, os aminoglicosídeos, as tetraciclinas, as glicilciclinas, os macrolídeos, as estreptograminas, as oxazolidinonas e as pleuromutilinas inibem a síntese proteica nos ribossomos 70S.

Danos às membranas (p. 573)

12. Os lipopetídeos polimixina B e bacitracina causam danos às membranas plasmáticas.

Inibidores da síntese de ácidos nucleicos (p. 573-574)

13. A rifamicina inibe a síntese de mRNA e é usada para tratar a tuberculose.

14. Quinolonas e fluoroquinolonas inibem a DNA-girase.

Inibição competitiva de metabólitos essenciais (p. 574-575)

15. As sulfonamidas inibem competitivamente a síntese de ácido fólico.

16. A associação SMX-TMP inibe competitivamente a síntese de ácido di-hidrofólico.

Fármacos antifúngicos (p. 575-577)

17. Os polienos, como a nistatina e a anfotericina B, combinam-se com os esteróis da membrana plasmática e são fungicidas.

18. Os azóis e as alilaminas interferem na síntese de esteróis e são usados no tratamento de micoses cutâneas e sistêmicas.

19. As equinocandinas interferem na síntese da parede celular fúngica.

20. O agente antifúngico flucitosina é um antimetabólito da citosina.

21. A griseofulvina interfere na divisão da célula eucariótica e é usada principalmente no tratamento de infecções de pele causadas por fungos.

Fármacos antivirais (p. 577-578)

22. Os inibidores de entrada e fusão ligam-se aos sítios de ligação e aos receptores virais.

23. Os análogos de nucleosídeos e nucleotídeos, como o aciclovir e a zidovudina, inibem a síntese de DNA ou RNA.

24. Os inibidores das enzimas virais impedem a montagem e a saída do vírus.

25. Os interferons α inibem a propagação do vírus para novas células.

Fármacos anti-helmínticos e antiprotozoários (p. 578-579)

26. Cloroquina, artemisinina, quinacrina, di-iodo-hidroxiquina, pentamidina e metronidazol são usados para o tratamento de infecções protozoárias.

27. Os fármacos anti-helmínticos incluem o mebendazol, o praziquantel e a ivermectina.

Testes para orientar a quimioterapia (p. 579-581)

1. Os testes são usados para determinar quais agentes quimioterápicos são mais apropriados para combater um patógeno específico.

2. Esses testes são realizados quando a suscetibilidade não pode ser prevista ou quando surge resistência aos fármacos.

Métodos de difusão (p. 580)

3. No teste de disco-difusão, também conhecido como teste de Kirby-Bauer, uma cultura bacteriana é inoculada em um meio de ágar sólido, e discos de papéis de filtro impregnados com agentes quimioterápicos são colocados na superfície do meio.

4. Após a incubação, o diâmetro da zona de inibição é usado para determinar se o organismo é sensível, intermediário ou resistente ao fármaco.

5. A concentração inibidora mínima (CIM) é a menor concentração do fármaco capaz de evitar o crescimento microbiano e pode ser estimada utilizando o teste E.

Testes de diluição em caldo (p. 580-581)

6. Nos testes de diluição em caldo, o microrganismo é cultivado em um meio líquido contendo diferentes concentrações do agente quimioterápico.

7. A menor concentração do agente quimioterápico que destrói as bactérias é chamada de concentração bactericida mínima (CBM).

Resistência aos fármacos antimicrobianos (p. 581-585)

1. Muitas doenças bacterianas, previamente tratadas com antibióticos, tornaram-se resistentes aos antibióticos.

2. As superbactérias são bactérias que são resistentes a diversos antibióticos.

3. Os fatores de resistência a fármacos são transferidos horizontalmente entre as bactérias.

4. A resistência pode ocorrer devido à destruição enzimática do fármaco, ao impedimento da penetração do fármaco em seu sítio de ação, a alterações nos sítios-alvo ou ao rápido efluxo do antibiótico.

5. O uso discriminado dos fármacos antimicrobianos, em concentrações e dosagens apropriadas, pode minimizar o surgimento de resistência.

Uso seguro dos antibióticos (p. 585)

1. A relação risco (p. ex., efeitos colaterais) *versus* benefício (p. ex., a cura de uma infecção) deve ser avaliada antes do uso de antibióticos.

Efeitos da combinação de fármacos (p. 585)

1. Algumas combinações de fármacos são sinérgicas; elas são mais eficientes quando administradas em combinação.

2. Algumas combinações de fármacos são antagônicas; quando combinados, os fármacos se tornam menos eficientes do que quando administrados sozinhos.

Futuro dos agentes antimicrobianos (p. 585-588)

1. Novos agentes incluem os peptídeos antimicrobianos, as bacteriocinas e os bacteriófagos.

2. Os fatores de virulência, em vez de fatores de crescimento celular, podem fornecer alvos novos.

Questões para estudo

As respostas das questões de Conhecimento e compreensão estão na seção de Respostas no final deste livro.

Conhecimento e compreensão

Revisão

1. **DESENHE** Mostre onde os seguintes antibióticos atuam: ciprofloxacino, tetraciclina, estreptomicina, vancomicina, polimixina B, sulfanilamida, rifampicina, eritromicina.

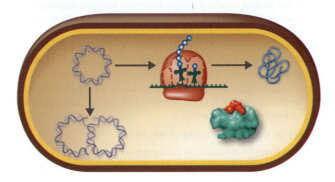

2. Liste e explique cinco critérios usados para identificar um agente antimicrobiano efetivo.

3. Que problemas semelhantes são encontrados nos fármacos antivirais, antifúngicos, antiprotozoáricos e anti-helmínticos?

4. Defina a *resistência aos fármacos*. Como ela ocorre? Que medidas devem ser adotadas para minimizar a resistência a fármacos?

5. Liste as vantagens da utilização simultânea de dois agentes quimioterápicos para o tratamento de uma doença. Qual problema pode ocorrer quando dois fármacos são usados?

6. Por que uma célula morre após as seguintes ações antimicrobianas?
   a. Colistimetato liga-se aos fosfolipídeos.
   b. Canamicina liga-se aos ribossomos 70S.

7. Como cada um dos seguintes fármacos inibe a tradução?
   a. cloranfenicol
   b. eritromicina
   c. tetraciclina
   d. estreptomicina
   e. oxazolidinonas
   f. estreptograminas

8. A didesoxi-inosina (ddI) é um antimetabólito da guanina. O radical –OH não está presente no carbono 3´ da ddI. Como a ddI inibe a síntese de DNA?

9. Compare o método de ação dos seguintes pares:
   a. penicilina e equinocandina
   b. imidazol e polimixina B

10. **IDENTIFIQUE** Este microrganismo não é suscetível a antibióticos ou a bloqueadores neuromusculares, mas é suscetível a inibidores da protease.

Múltipla escolha

1. Em qual das opções a seguir o par está *incorreto*?
   a. anti-helmíntico – inibição da fosforilação oxidativa
   b. anti-helmíntico – inibição da síntese da parede celular
   c. antifúngico – danos à membrana plasmática
   d. antifúngico – inibição da mitose
   e. antiviral – inibição da síntese de DNA

2. Todas as alternativas são modos de ação de fármacos antivirais, *exceto*:
   a. inibição da síntese proteica nos ribossomos 70S.
   b. inibição da síntese de DNA.
   c. inibição da síntese de RNA.
   d. inibição do desnudamento.
   e. Todas as alternativas representam mecanismos de ação de fármacos antivirais.

3. Qual dos modos de ação a seguir *não* é fungicida?
   a. inibição da síntese de peptideoglicano
   b. inibição da mitose
   c. danos à membrana plasmática
   d. inibição da síntese de ácidos nucleicos
   e. Todas as alternativas representam mecanismos de ação de antifúngicos.

4. Um agente antimicrobiano deve preencher todos os seguintes critérios, *exceto*:
   a. toxicidade seletiva.
   b. produção de hipersensibilidades.
   c. espectro de atividade restrito.
   d. ausência de produção de resistência ao fármaco.
   e. todas as alternativas são critérios essenciais para um antimicrobiano.

5. A atividade antimicrobiana mais seletiva é exibida por um fármaco que:
   a. inibe a síntese da parede celular.
   b. inibe a síntese proteica.
   c. causa danos à membrana plasmática.
   d. inibe a síntese de ácidos nucleicos.
   e. todas as alternativas

6. Antibióticos que inibem a tradução exibem efeitos colaterais:
   a. porque todas as células possuem proteínas.
   b. apenas nas poucas células que produzem proteínas.
   c. porque as células eucarióticas possuem ribossomos 80S.
   d. nos ribossomos 70S em células eucarióticas.
   e. Nenhuma das alternativas está correta.

7. Qual alternativa *não* afeta uma célula eucariótica?
   a. inibição do fuso mitótico
   b. ligação aos esteróis
   c. ligação aos ribossomos 80S
   d. ligação ao DNA
   e. Todas as alternativas afetam uma célula eucariótica.

8. Dano à membrana celular causa morte porque:
   a. a célula sofre lise osmótica.
   b. ocorre extravasamento do conteúdo celular.
   c. a célula sofre plasmólise.
   d. a célula não tem uma parede.
   e. Nenhuma das alternativas está correta.

9. Um fármaco que se intercala ao DNA possui os seguintes efeitos. Qual deles leva aos outros?
   a. Ele interrompe a transcrição.
   b. Ele interrompe a tradução.
   c. Ele interfere na replicação do DNA.
   d. Ele causa mutações.
   e. Ele altera proteínas.
10. O cloranfenicol liga-se à porção 50S de um ribossomo, o que interfere na:
    a. transcrição em células procarióticas.
    b. transcrição em células eucarióticas.
    c. tradução em células procarióticas.
    d. tradução em células eucarióticas.
    e. síntese de DNA.

Análise

1. Qual das opções seguintes pode afetar células humanas? Explique por quê.
   a. penicilina
   b. indinavir
   c. eritromicina
   d. polimixina
2. Por que o tenofovir é eficiente se as células hospedeiras também contêm DNA?
3. Algumas bactérias se tornaram resistentes à tetraciclina porque elas não produzem porinas. Por que um mutante deficiente em porina pode ser detectado por sua incapacidade de crescimento em um meio contendo uma única fonte de carbono, como o ácido succínico?
4. Os dados a seguir foram obtidos a partir de um teste de disco-difusão.

Antibiótico	Zona de inibição
A	15 mm
B	0 mm
C	7 mm
D	15 mm

   a. Qual dos antibióticos foi o mais eficiente contra a bactéria sendo testada?
   b. Qual desses antibióticos você recomendaria para o tratamento de uma doença causada por essa bactéria?
   c. O antibiótico A foi bactericida ou bacteriostático? Como você chegou a essa conclusão?

5. Por que você acha que o *Streptomyces griseus* produz uma enzima que inativa a estreptomicina? Por que essa enzima é produzida nos estágios iniciais de seu metabolismo?
6. Os seguintes resultados foram obtidos em um teste de diluição em caldo para testar a suscetibilidade microbiana.

Concentração do antibiótico	Crescimento	Crescimento em subcultivo
200 µg/mL	–	–
100 µg/mL	–	+
50 µg/mL	+	+
25 µg/mL	+	+

   a. A CIM desse antibiótico é _____.
   b. A CBM desse antibiótico é _____.

Aplicações clínicas e avaliação

1. *Enterococcus faecalis* resistente à vancomicina foi isolado de uma infecção no pé de um homem de 40 anos. O paciente teve uma úlcera no pé relacionada a diabetes crônico e foi submetido à amputação de um dos dedos do pé que estava gangrenado. Depois, ele desenvolveu uma bacteriemia por *S. aureus* resistente à meticilina. A infecção foi tratada com vancomicina. Uma semana depois, ele desenvolveu uma infecção causada por *S. aureus* resistente à vancomicina (VRSA). Este foi o primeiro caso de VRSA nos Estados Unidos. Qual é a origem mais provável do VRSA?
2. Uma paciente com infecção urinária na bexiga foi tratada com ácido nalidíxico, porém sem sucesso. Explique por que a infecção foi eliminada quando ela passou a ser tratada com uma sulfonamida.
3. Um paciente com faringite causada por uma infecção estreptocócica tomou penicilina durante 2 dias de um tratamento prescrito para 10 dias de medicação. Como ele se sentiu melhor, preferiu parar de tomar o fármaco e guardá-lo para outra ocasião. Três dias após a interrupção, ele voltou a apresentar dor de garganta. Discuta a causa provável da recidiva.

21 Doenças microbianas da pele e dos olhos

A pele, que cobre e protege o corpo, é a primeira linha de defesa do organismo contra os patógenos. Como uma barreira física, a pele intacta é quase impossível de ser penetrada por patógenos. Entretanto, os micróbios podem entrar através de pequenas rupturas na pele que não são imediatamente perceptíveis, e as formas larvais de alguns parasitas podem penetrar a pele intacta.

A pele é um lugar inóspito para a maioria dos microrganismos, pois as secreções cutâneas são ácidas e a maior parte da pele contém pouca umidade. Contudo, algumas partes do corpo, como as axilas e as áreas entre as pernas, têm umidade suficiente para abrigar populações bacterianas relativamente grandes. Regiões mais secas, como o couro cabeludo, abrigam apenas um pequeno número de microrganismos. Alguns micróbios que colonizam a pele podem causar doenças. Uma dessas bactérias é a *Pseudomonas aeruginosa*, mostrada na fotografia. O Caso clínico deste capítulo descreve como esse patógeno oportunista pode causar uma infecção cutânea.

▶ A bactéria *Pseudomonas aeruginosa* pode causar infecções cutâneas.

Na clínica

Como enfermeiro(a) responsável pela triagem de pacientes em uma clínica, você atende um menino de 5 anos que apresenta uma erupção cutânea nas mãos e nos pés. A mãe do menino explica que as erupções surgiram nos últimos dias. Não há outros sintomas. Todos os outros membros da família estão saudáveis. O menino frequenta um jardim de infância e uma creche. A temperatura dele é de 37,6 °C. Primeiro, você avalia a erupção e observa que ela tem caráter maculopapular e apresenta algumas vesículas. Você tem observado algumas erupções similares no último mês. **Qual é a doença?**

Dica: ver a discussão sobre doenças virais da pele mais adiante neste capítulo.

Estrutura e função da pele

OBJETIVO DE APRENDIZAGEM

21-1 Descrever a estrutura da pele e das membranas mucosas e as estratégias que os patógenos utilizam para invadir a pele.

A pele de um adulto típico ocupa uma área de superfície de cerca de 1,9 m² e varia em espessura de 0,05 a 3,0 mm.

Camadas e secreções da pele

A pele consiste em duas partes principais, a epiderme e a derme (**Figura 21.1**). A **epiderme** é a parte mais fina e externa, composta de diversas camadas de células epiteliais. A camada mais externa da epiderme, o *estrato córneo*, consiste em muitas

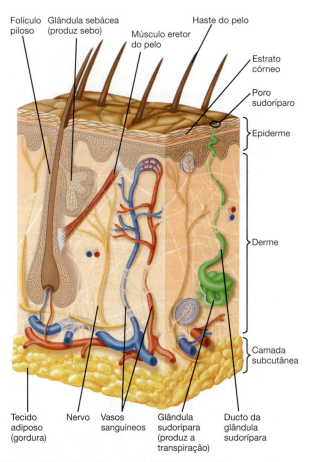

Figura 21.1 Estrutura da pele humana. Observe as vias de passagem entre o folículo piloso e a haste do pelo, através das quais micróbios podem penetrar até os tecidos mais profundos. Eles também podem entrar na pele através dos poros sudoríparos.

 Após observar a figura, quais você diria que são os pontos fracos que permitem que os micróbios penetrem na pele intacta e alcancem os tecidos mais profundos?

fileiras de células mortas que contêm uma proteína à prova d'água chamada **queratina**. A epiderme, quando intacta, é uma barreira física efetiva contra os microrganismos.

A **derme** é a porção mais interna e relativamente espessa da pele, composta principalmente de tecido conectivo. Os folículos pilosos e os ductos das glândulas sudoríparas e sebáceas presentes na derme proporcionam vias de passagem através das quais os microrganismos podem entrar nos tecidos mais profundos.

A *transpiração* fornece umidade e alguns nutrientes para o crescimento microbiano. Entretanto, ela também contém sal (que inibe muitos microrganismos), lisozima (enzima que quebra a parede celular de determinadas bactérias) e peptídeos antimicrobianos.

O *sebo*, secretado pelas glândulas sebáceas, é uma mistura de lipídeos (ácidos graxos insaturados), proteínas e sais que impede o ressecamento da pele e dos pelos. Embora os ácidos graxos possam inibir o crescimento de certos patógenos, o sebo, assim como a transpiração, também é nutritivo para muitos microrganismos.

Membranas mucosas

Nos revestimentos das cavidades do organismo que têm uma abertura para o meio externo, como aquelas associadas ao canal digestório e aos sistemas respiratório, urinário e genital, a barreira protetora externa é diferente da pele. Ela consiste em camadas de células epiteliais fortemente unidas. Essas células estão conectadas em suas bases a uma camada de material extracelular chamada de *membrana basal.* Muitas dessas células secretam muco – daí o nome **membrana mucosa** ou apenas **mucosa**. Outras células mucosas têm cílios, e, no sistema respiratório, as camadas de muco prendem partículas, inclusive microrganismos, que são transportadas pelos cílios e expelidas do corpo (ver Figura 16.3). As membranas mucosas são frequentemente ácidas, uma característica que tende a limitar sua população microbiana. Além disso, as membranas dos olhos são mecanicamente lavadas pelas lágrimas, e a lisozima presente nesse fluido destrói as paredes celulares das bactérias gram-positivas. As membranas mucosas frequentemente são dobradas para maximizar a área de superfície. A área de superfície total em um ser humano médio é de cerca de 400 m², muito maior que a área de superfície da pele.

Alguns vírus se ligam a compostos das membranas mucosas. O SARS-CoV-2 se liga a uma proteína chamada ACE2, encontrada nas membranas mucosas de vários tecidos. Vários vírus, incluindo o vírus influenza (gripe), o vírus da caxumba e os rotavírus, ligam-se ao ácido siálico, que é encontrado em todas as membranas celulares de animais vertebrados.

TESTE SEU CONHECIMENTO

✔ **21-1** A umidade da transpiração estimula o crescimento microbiano. Quais fatores da transpiração inibem o crescimento microbiano?

Mônica, uma enfermeira pediátrica, está examinando Davi, de 9 anos, e sua irmã Sara, de 6 anos. De acordo com a mãe das crianças, ambas desenvolveram erupções por volta da hora do jantar na noite anterior. As erupções estão distribuídas de forma similar sobre a parte anterior do tronco e das coxas das crianças. Um fluido opaco é liberado das erupções quando as crianças se coçam, ocasionando o surgimento de lesões semelhantes a espinhas. Naquele dia, Mônica já havia atendido diversos casos de erupções cutâneas em crianças. Ela já havia realizado o diagnóstico de duas crianças com varicela e prescrito penicilina para outra com foliculite estafilocócica.

O que Mônica deve fazer a seguir? Continue lendo para descobrir.

Parte 1   Parte 2   Parte 3   Parte 4   Parte 5

Microbiota normal da pele

OBJETIVO DE APRENDIZAGEM

21-2 Fornecer exemplos da microbiota normal da pele, indicar as localizações gerais e os papéis ecológicos de seus membros.

Embora a pele normalmente seja inóspita para a maioria dos microrganismos, determinados micróbios fazem parte da microbiota normal (ver **Explorando o microbioma**). Na superfície da pele, algumas bactérias aeróbias produzem ácidos graxos a partir do sebo. Esses ácidos inibem o crescimento de muitos outros microrganismos e permitem a sobrevivência das bactérias mais adaptadas.

Os microrganismos que têm a pele como um ambiente satisfatório são resistentes ao ressecamento e a concentrações de sal relativamente altas. A microbiota normal da pele contém números relativamente altos de bactérias gram-positivas, como os estafilococos e os micrococos. Essas bactérias tendem a ser resistentes a ambientes secos e às altas pressões osmóticas encontradas em soluções concentradas de sal ou açúcar. Micrografias eletrônicas de varredura mostram que as bactérias da pele frequentemente estão agrupadas em pequenos aglomerados. A lavagem vigorosa pode diminuir seu número, mas não as eliminam. Os microrganismos que restarem nos folículos pilosos e nas glândulas sudoríparas após a lavagem rapidamente restabelecem a população normal. As áreas do corpo que apresentam maior umidade, como as axilas e a região entre as pernas, têm populações maiores de micróbios. Esses micróbios metabolizam as secreções das glândulas sudoríparas e são os principais responsáveis pelos odores corporais.

Também fazem parte da microbiota normal da pele bacilos gram-positivos pleomórficos, chamados *difteroides*. Alguns difteroides, como o *Cutibacterium* (Propionibacterium) *acnes*, são geralmente anaeróbios e habitam os folículos pilosos. Seu crescimento é alimentado pelas secreções das glândulas sebáceas (sebo), que, como veremos, é um fator determinante para o desenvolvimento da acne. Essas bactérias produzem ácido propiônico, o qual auxilia a manutenção do pH baixo da pele, geralmente entre 3 e 5. Outros difteroides, como *Corynebacterium xerosis*, são aeróbios e ocupam a superfície da pele.

Algumas bactérias gram-negativas, sobretudo *Acinetobacter*, colonizam a pele. Uma levedura, *Malassezia furfur*, capaz de crescer nas secreções sebáceas da pele, está associada à condição descamativa da pele conhecida como *caspa*. Os xampus para o tratamento da caspa contêm os antifúngicos cetoconazol, piritionato de zinco ou sulfeto de selênio. Todos são ativos contra a levedura.

Doenças microbianas da pele

OBJETIVOS DE APRENDIZAGEM

21-3 Diferenciar estafilococos de estreptococos e nomear diversas infecções de pele causadas por cada um deles.

21-4 Listar o agente causador, o modo de transmissão e os sintomas clínicos da dermatite por *Pseudomonas*, da otite externa, da acne e da úlcera de Buruli.

21-5 Listar os agentes causadores, os mecanismos de transmissão e os sintomas das verrugas, da varíola humana, da MPOX, da varicela, do herpes-zóster, do herpes labial, do sarampo, da rubéola, do eritema infeccioso, da doença da mão-pé-boca e da roséola.

21-6 Diferenciar micoses cutâneas de subcutâneas e apresentar um exemplo de cada uma.

21-7 Listar o agente causador e os fatores predisponentes da candidíase.

21-8 Listar os agentes causadores, o modo de transmissão, os sintomas clínicos e o tratamento da escabiose e da pediculose.

Erupções e lesões na pele não necessariamente indicam uma infecção cutânea; muitas lesões na pele na verdade são causadas por doenças sistêmicas que afetam os órgãos internos. O diagnóstico preliminar frequentemente baseia-se na aparência da erupção; assim, é importante compreender os termos para descrevê-las. Por exemplo, lesões pequenas e preenchidas por fluidos são **vesículas** (**Figura 21.2a**). Vesículas com diâmetro maior do que cerca de 1 cm são chamadas de **bolhas** (Figura 21.2b). Lesões planas e avermelhadas são conhecidas como **máculas** (Figura 21.2c). Lesões elevadas são chamadas de **pápulas** ou, quando contêm pus, **pústulas** (Figura 21.2d). Uma erupção cutânea que surge em decorrência de uma doença é um **exantema**; quando se desenvolve nas membranas mucosas, como no interior da boca, é um **enantema**.

Doenças bacterianas da pele

Dois gêneros de bactérias, *Staphylococcus* e *Streptococcus*, são causas frequentes de doenças associadas à pele e merecem uma discussão especial. Também abordaremos essas bactérias nos capítulos seguintes em relação a outros órgãos e condições. Infecções superficiais da pele causadas por estafilococos e estreptococos são muito comuns. Ambos os gêneros também podem produzir enzimas invasivas e toxinas nocivas.

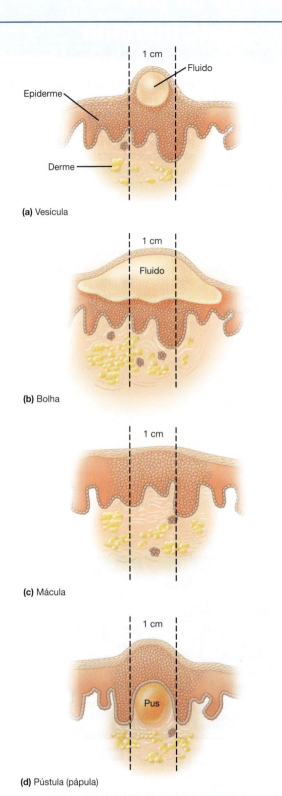

(a) Vesícula

(b) Bolha

(c) Mácula

(d) Pústula (pápula)

Figura 21.2 Lesões cutâneas. (a) Vesículas são lesões pequenas e repletas de fluido. **(b)** Bolhas são lesões maiores e repletas de fluido. **(c)** Máculas são lesões planas e frequentemente avermelhadas. **(d)** Pápulas são lesões elevadas; quando contêm pus, como mostrado aqui, são chamadas de pústulas.

P Essas lesões da pele são exantemas ou enantemas?

Infecções da pele por estafilococos

Os estafilococos são bactérias gram-positivas esféricas que formam agrupamentos irregulares com o formato de cachos de uvas (ver Figura 4.1d e Figura 11.22). Para quase todos os propósitos clínicos, essas bactérias podem ser divididas naquelas que produzem **coagulase**, enzima que coagula a fibrina no sangue, e naquelas que não a produzem.

Linhagens coagulase-negativas, como o *Staphylococcus epidermidis*, são muito comuns na pele, onde representam cerca de 90% da microbiota normal. Em geral, só são patogênicas quando a barreira da pele é rompida ou invadida por procedimentos médicos, como a inserção e a remoção de cateteres venosos. Na superfície do cateter (**Figura 21.3**), as bactérias são circundadas por uma camada limosa de material capsular que as protege da dessecação e dos desinfetantes (ver discussões sobre biofilmes no Capítulo 6). Esse é um fator primário em sua importância como patógenos associados aos cuidados da saúde.

S. aureus é o mais patogênico dos estafilococos (ver também a discussão sobre MRSA no Capítulo 20). Essa bactéria é um residente permanente das vias nasais de 20% da população, e cerca de 60% das pessoas são portadores ocasionais. Ela pode sobreviver por meses nas superfícies. Em geral, a bactéria forma colônias amarelo-douradas, e essa pigmentação é um fator protetor contra os efeitos antimicrobianos da luz solar. Mutantes que não apresentam essa pigmentação também são mais suscetíveis à morte pelos neutrófilos. Comparado ao seu parente mais inócuo, o *S. epidermidis*, o *S. aureus* tem cerca de 300 mil pares de bases a mais em seu genoma – e grande parte desse material genético adicional codifica uma variedade impressionante de fatores de virulência e mecanismos de evasão das defesas do hospedeiro. Quase todas as linhagens patogênicas do *S. aureus* são coagulase--positivas. Esse é um dado significativo, pois há alta correlação entre a capacidade da bactéria de produzir coagulase e a produção de toxinas nocivas, muitas das quais danificam e facilitam a disseminação do organismo nos tecidos ou são letais para as defesas do hospedeiro. Além disso, algumas linhagens podem causar sepse (Capítulo 23), gerando risco à vida, e outras produzem *enterotoxinas* que afetam os intestinos (ver Capítulo 25).

Uma vez que o *S. aureus* infecta a pele, ele estimula uma resposta inflamatória robusta, e macrófagos e neutrófilos são atraídos para o sítio de infecção. Contudo, a bactéria tem diversos mecanismos de evasão das defesas do hospedeiro. As bactérias são protegidas dos fagócitos por coágulos de fibrina induzidos pela coagulase, de forma que, se a bactéria encontrar uma célula fagocítica, ela geralmente produz leucocidinas que matam a célula. A bactéria é resistente à opsonização (ver "Mecanismo da fagocitose" no Capítulo 16), mas, se isso falhar, ela pode sobreviver dentro do fagossomo. Outras proteínas que ela secreta podem neutralizar a ação das defensinas, os peptídeos antimicrobianos da pele, e sua parede celular é resistente à lisozima. A bactéria algumas vezes apresenta--se ao sistema imune como um superantígeno (ver Capítulo 15), mas com frequência é capaz de evadir inteiramente o sistema imune adaptativo. Todos os seres humanos têm anticorpos contra o *S. aureus*, mas eles não podem impedir de forma

Microbiota normal da pele e sistema imune aliados para a saúde humana

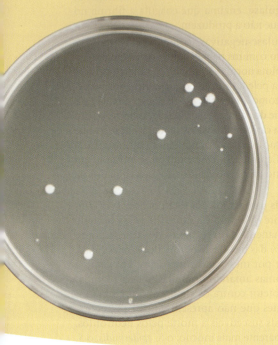

Nossa pele entra em contato fisicamente com inúmeras variedades de micróbios diariamente, forçando a microbiota residente a defender continuamente o seu território contra os "recém-chegados" que, de outra forma, os deslocariam na epiderme. Nessa batalha, a microbiota saudável desenvolveu mecanismos que são benéficos aos seres humanos e a esses microrganismos.

Por exemplo, o *Staphylococcus epidermidis*, uma bactéria não patogênica característica da microbiota saudável da pele, recruta o nosso próprio sistema imune para ajudar a impedir o crescimento de uma espécie concorrente de *Staphylococcus* que, por acaso, é patogênica. *S. epidermidis* ativa um receptor semelhante ao Toll nas células epidérmicas que induz as células da pele a produzirem betadefensina. A betadefensina é um peptídeo antimicrobiano que atua como parte do nosso sistema imune inato. Ela inibe o crescimento de *S. aureus* e de *Streptococcus* do grupo A, mas não de *S. epidermidis*.

S. epidermidis também fermenta o glicerol, a base molecular das gorduras que são produzidas naturalmente pelas células da pele. Durante a fermentação, essas bactérias produzem ácido succínico, que foi demonstrado em vários estudos inibir o crescimento de *C. acnes* em camundongos e em ensaios de difusão em disco. Futuramente, ferimentos crônicos que não cicatrizam poderão ser tratados usando o microbioma benigno da pele na forma de probióticos. De fato, já existem ensaios clínicos em andamento que estudam uma loção contendo micróbios que inibem o crescimento de *S. aureus* como tratamento para o eczema.

Staphylococcus aureus (colônias grandes) e *S. epidermidis* (colônias pequenas).

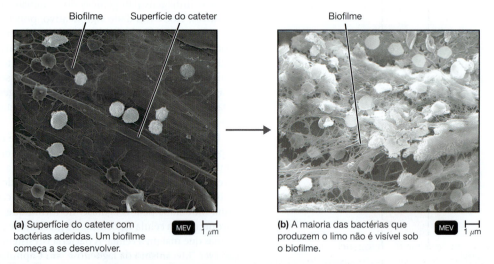

Biofilme · Superfície do cateter · Biofilme

(a) Superfície do cateter com bactérias aderidas. Um biofilme começa a se desenvolver. · MEV · 1 μm

(b) A maioria das bactérias que produzem o limo não é visível sob o biofilme. · MEV · 1 μm

Figura 21.3 Estafilococos coagulase-negativos. Essas bactérias produtoras de limo são os agentes causadores de infecções em dispositivos internos mais comuns. Elas aderem a superfícies como o implante articular de plástico nas fotos. Depois de aderirem à superfície **(a)**, elas começam a se multiplicar. Por fim, **(b)** toda a superfície é coberta com um biofilme contendo os microrganismos.

P Qual é a origem mais provável das bactérias que cresceram no implante?

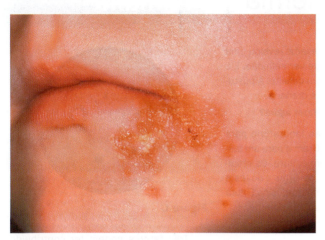

Figura 21.4 Lesões causadas pelo impetigo. Essa doença é caracterizada por vesículas isoladas que se tornam crostas.

P Quais bactérias estão mais frequentemente associadas ao impetigo?

efetiva o desenvolvimento de infecções recorrentes. Cepas de *S. aureus* resistentes a antibióticos emergiram em hospitais e na comunidade. (Ver quadro **Foco clínico**.)

Como é comum a associação desse organismo às vias nasais humanas, ele é frequentemente transportado desse local para a pele, onde pode penetrar no corpo através de aberturas cutâneas naturais, como os folículos pilosos (ver Figura 21.1). Essas infecções, chamadas de **foliculites**, frequentemente se manifestam sob a forma de espinhas. O folículo infectado de um cílio é denominado **hordéolo** (ou **terçol**). Uma infecção do folículo piloso mais grave é o **furúnculo**, que é um tipo de **abscesso**, uma região localizada de pus circundada por tecido inflamado. Os antibióticos não penetram bem nos abscessos, dificultando o seu tratamento. A drenagem do pus desses abscessos costuma ser uma etapa preliminar no tratamento bem-sucedido.

Quando o corpo não consegue isolar o furúnculo, o tecido adjacente pode ser progressivamente invadido. O dano extenso resultante é chamado de **carbúnculo**, uma inflamação tecidual endurecida e profunda sob a pele. Nesse estágio da infecção, o paciente normalmente apresenta sintomas de doença generalizada com febre.

Os estafilococos são os organismos mais importantes associados ao **impetigo**. Essa é uma infecção de pele altamente infecciosa que afeta principalmente crianças de 2 a 5 anos, entre as quais se dissemina por contato direto. O *Streptococcus pyogenes*, patógeno que discutiremos em breve, também pode causar impetigo, embora com menos frequência. Muitas vezes, tanto *Sta. aureus* como *Str. pyogenes* estão envolvidos. O *impetigo não bolhoso* (ver a bolha na Figura 21.2b) é a forma mais comum da doença. O patógeno normalmente entra na pele através de pequenas rupturas ou feridas. A infecção também pode se espalhar para áreas adjacentes – um processo denominado *autoinoculação*. Os sintomas resultam da resposta do

hospedeiro à infecção. Por fim, as lesões rompem-se e formam crostas de coloração clara, como mostrado na **Figura 21.4**. Antibióticos tópicos são aplicados em alguns casos, mas as lesões tendem a curar sem tratamento e sem deixar cicatrizes.

O outro tipo de impetigo, o *impetigo bolhoso*, é causado por uma toxina estafilocócica, sendo uma forma localizada da **síndrome da pele escaldada** estafilocócica. Na verdade, existem duas exotoxinas: a toxina esfoliativa A, que permanece localizada e causa o impetigo bolhoso, e a toxina esfoliativa B, que circula para sítios distantes e causa a síndrome da pele escaldada, como mostrado na **Figura 21.5**. Ambas as toxinas causam *esfoliação*, uma separação das camadas cutâneas. Surtos de impetigo bolhoso são um problema frequente em berçários de hospitais, onde a condição é conhecida como **pênfigo neonatal**, ou *impetigo do recém-nascido*. (Ver a discussão sobre o hexaclorofeno no Capítulo 7.)

A síndrome da pele escaldada também é característica dos estágios mais tardios da **síndrome do choque tóxico (SCT)**. Nessa condição potencialmente fatal, ocorrem febre, vômitos e erupções semelhantes a queimaduras solares seguidos de choque e, às vezes, falência de órgãos, em especial os rins. A SCT tornou-se conhecida devido à associação entre o

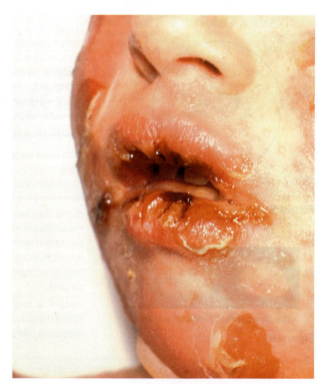

Figura 21.5 Lesões da síndrome da pele escaldada. Alguns estafilococos produzem uma toxina que provoca a descamação da pele, como no rosto dessa criança. É particularmente provável de ocorrer em crianças com menos de 2 anos.

P Qual é o nome da toxina que produz essa síndrome?

Neste quadro, você encontrará uma série de questões que os epidemiologistas se perguntam quando tentam rastrear a origem de um surto. Tente responder a cada questão antes de passar à seguinte.

1. Jason F., 21 anos, atleta de luta livre universitária, visitou o centro médico da universidade apresentando uma região avermelhada de 11 cm × 5 cm em sua coxa direita. O local estava inchado, quente e sensível ao toque. Sua temperatura corporal estava normal. Ele recebe prescrição de sulfametoxazol-trimetoprima.

   Qual é o provável diagnóstico de Jason?

2. Jason provavelmente apresenta alguma forma de infecção bacteriana cutânea, para a qual foram prescritos antibióticos. Após 2 dias, Jason retorna ao centro médico e relata uma piora dos sintomas locais. O exame revelou uma área ainda maior de vermelhidão. Ele é diagnosticado com celulite. A pústula foi então aberta e drenada.

   O que você precisa fazer agora?

3. O pus é enviado ao laboratório para uma coloração de Gram e para um teste da coagulase em cultura. Os resultados da coloração de Gram e do teste da coagulase são mostrados na **Figura A** e na **Figura B**, respectivamente.

   Qual é a causa da infecção?

4. A presença de cocos gram-positivos coagulase-positivos indica que o microrganismo causador da infecção é o *Staphylococcus aureus*. A bactéria é enviada ao laboratório para a realização de um teste de sensibilidade a antibióticos.

   Por que o teste de sensibilidade é necessário?

5. O teste de sensibilidade é necessário para a identificação do antibiótico que será mais efetivo na eliminação da bactéria. Os resultados são mostrados na **Figura C**. (P = penicilina; M = meticilina; E = eritromicina; V = vancomicina; X = sulfametoxazol-trimetoprima.)

   Qual tratamento é o mais apropriado?

6. Com base no teste de sensibilidade, o tratamento mais apropriado consiste na administração de vancomicina. Durante um período de 3 meses, 47 lutadores que competiram em um torneio, incluindo um membro de cada equipe, relataram lesões na pele. Sete foram hospitalizados; um recebeu desbridamento cirúrgico da lesão e enxertos de pele.

   Qual é a origem mais provável do *Staphylococcus aureus* resistente à meticilina (MRSA)?

Figura C

Três fatores podem ter contribuído para a transmissão desse surto. (1) Podem ter ocorrido abrasões e outros traumas da pele, que facilitam a entrada de patógenos. (2) A luta livre envolve contato físico frequente entre os jogadores, o que facilita a transmissão de pessoa para pessoa de *S. aureus* e outras microbiotas cutâneas. (3) A utilização conjunta de equipamentos que não são higienizados entre cada utilização poderia ser um veículo para a transmissão de *S. aureus*.

Investigações sobre surtos de MRSA entre atletas profissionais demonstraram que todas as infecções se manifestaram em locais de abrasões na pele decorrentes do deslizamento em gramados e rapidamente progrediram para grandes abscessos, que precisaram de drenagem cirúrgica. O MRSA foi isolado de banheiras de hidromassagem, géis diversos e do esfregaço nasal de 35 dos 84 jogadores e membros de comissão testados.

O Centers for Disease Control and Prevention (CDC) recomenda a limpeza de vestiários e equipamentos compartilhados com produtos de limpeza à base de detergente e a não participação em eventos de lutadores com lesões cutâneas abertas.

Fonte: Adaptado do CDC, National Center for Emerging and Zoonotic Infectious Diseases, 31 de janeiro de 2019.

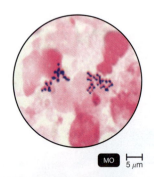

MO | 5 μm

Figura A

Controle negativo   Isolado do paciente

Figura B

---

crescimento estafilocócico e o uso de um novo tipo de tampão vaginal altamente absorvente; essa correlação é especialmente alta se o tampão permanecer inserido por um tempo muito longo. Uma nova toxina estafilocócica, chamada *toxina da síndrome do choque tóxico 1 (TSCT-1)*, é produzida no local do crescimento bacteriano e se espalha pela corrente sanguínea. Acredita-se que os sintomas sejam resultado das propriedades superantigênicas da toxina. (Ver a discussão sobre tempestades de citocinas no Capítulo 17.)

Hoje, apenas uma minoria dos casos de SCT está associada à menstruação. A SCT não menstrual ocorre por infecções estafilocócicas após cirurgias nasais em que são usados curativos absorventes, após as incisões cirúrgicas e em mulheres que acabaram de dar à luz.

Infecções da pele por estreptococos

Os estreptococos são bactérias gram-positivas esféricas. Diferentemente dos estafilococos, as células estreptocócicas normalmente crescem em cadeias (ver Figura 11.23). Antes da divisão, um coco individual alonga-se no eixo da cadeia, e a célula então divide-se (ver Figura 4.1a). Os estreptococos causam um amplo espectro de condições clínicas, além daquelas abordadas neste capítulo, incluindo meningite, pneumonia, faringite, otite média, endocardite, febre puerperal e mesmo cáries dentárias.

À medida que os estreptococos crescem, eles secretam toxinas e enzimas, fatores de virulência que variam de acordo com cada espécie de estreptococos. Entre essas toxinas, destacam-se as *hemolisinas*, que são capazes de lisar hemácias. Dependendo do tipo de hemolisina que produzem, os estreptococos podem ser categorizados como alfa-hemolíticos, beta-hemolíticos ou gama-hemolíticos (na verdade não hemolíticos) (ver Figura 6.10). As hemolisinas podem lisar não somente as hemácias, mas quase todos os tipos de célula. Não se sabe, no entanto, qual é o papel dessas enzimas na patogenicidade estreptocócica.

Os estreptococos beta-hemolíticos frequentemente são associados a doenças humanas. Esse grupo pode ser subdividido em grupos sorológicos, designados de A a T, de acordo com os carboidratos antigênicos de suas paredes celulares. Os **estreptococos do grupo A (EGA)**, que são sinônimos da espécie *Streptococcus pyogenes*, são os estreptococos beta-hemolíticos mais importantes. Eles estão entre os patógenos humanos mais comuns e são responsáveis por uma gama de doenças humanas – algumas fatais. Esses estreptococos também produzem certas enzimas, as *estreptolisinas*, que lisam hemácias e são tóxicas para neutrófilos. Esse grupo de patógenos é dividido em 80 tipos imunológicos de acordo com as propriedades antigênicas da proteína M encontrada em algumas linhagens (**Figura 21.6**). Essa proteína está localizada na parte externa da parede celular, em uma camada difusa de fímbrias. A proteína M evita a ativação do complemento e permite ao micróbio evadir a fagocitose e a morte pela ação dos neutrófilos (ver Capítulo 15). Ela também parece auxiliar a bactéria a aderir e colonizar as membranas mucosas. Outro fator de virulência dos EGA é sua cápsula de ácido hialurônico. As cepas excepcionalmente virulentas têm uma aparência mucoide nas placas de ágar-sangue devido ao encapsulamento e por serem ricas em proteína M. O ácido hialurônico é pouco imunogênico (se assemelha ao tecido conectivo humano), e poucos anticorpos contra a cápsula são produzidos.

As substâncias produzidas pelo EGA promovem a rápida dispersão da infecção através dos tecidos e pelo pus liquefeito. Entre elas estão as *estreptoquinases* (enzimas que dissolvem coágulos sanguíneos), a *hialuronidase* (enzima que degrada o ácido hialurônico dos tecidos conectivos, que serve para manter as células unidas) e as *desoxirribonucleases* (enzimas que degradam o DNA).

Infecções de pele causadas por estreptococos geralmente são localizadas, mas, se as bactérias atingirem tecidos mais profundos, elas podem ser altamente destrutivas.

Quando o *S. pyogenes* infecta a derme da pele, ele causa uma doença grave conhecida como **erisipela**. Nessa doença, a pele apresenta erupções, formadas por manchas avermelhadas e de bordas elevadas (**Figura 21.7**). A doença pode progredir e causar a destruição de tecidos locais ou mesmo atingir

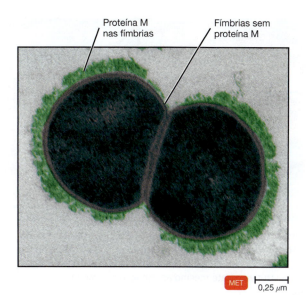

Figura 21.6 Proteína M dos estreptococos beta-hemolíticos do grupo A. Parte de cada célula mostrada carreia a proteína M nas fímbrias.

P A proteína M apresenta maior probabilidade de ser antigênica do que uma cápsula polissacarídica?

a corrente sanguínea, causando sepse. (Ver a discussão sobre sepse no Capítulo 23.) A infecção, em geral, inicia na face e frequentemente é precedida por faringite estreptocócica. A febre alta é comum. Felizmente, o *S. pyogenes* continua sensível aos antibióticos β-lactâmicos, sobretudo à cefalosporina.

Cerca de 1.000 casos de infecções invasivas por estreptococos do grupo A, causadas pela "bactéria comedora de carne", ocorrem todos os anos nos Estados Unidos. A infecção pode iniciar por pequenas rupturas na pele, e os sintomas precoces com frequência são ignorados, o que atrasa o diagnóstico e o tratamento, gerando sérias consequências. Uma vez estabelecida, a **fascite necrosante** (**Figura 21.8**) pode destruir um

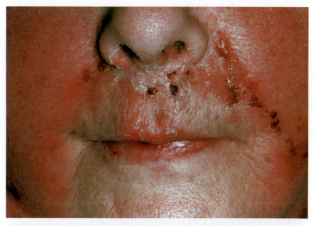

Figura 21.7 Lesões de erisipela, causada por toxinas dos estreptococos beta-hemolíticos do grupo A.

P Qual é o nome da toxina que produz a vermelhidão na pele? (*Dica*: ver Capítulo 15.)

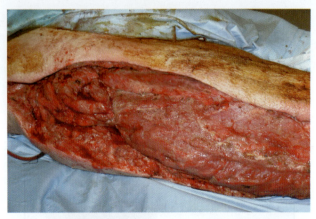

Figura 21.8 Fascite necrosante em uma perna devido a estreptococos do grupo A. O dano extenso à fáscia (lâmina de tecido conectivo ligada aos músculos) pode exigir cirurgia reconstrutiva ou até mesmo amputação dos membros.

P Qual é o nome da principal toxina que permite a invasão tecidual pelo patógeno?

tecido tão rapidamente quanto um cirurgião pode removê-lo, e as taxas de mortalidade decorrentes da toxicidade sistêmica podem exceder 40%. Os estreptococos são considerados os agentes causadores mais comuns dessa doença, embora outras bactérias possam causar condições semelhantes. As toxinas pirogênicas produzidas por certos tipos de proteínas M estreptocócicas atuam como superantígenos, fazendo com que o sistema imune contribua para os danos. Antibióticos de amplo espectro costumam ser prescritos pela possibilidade de múltiplos patógenos bacterianos estarem presentes.

Muitas vezes, a fascite necrosante está associada à **síndrome do choque tóxico estreptocócica (SCT estreptocócica)**, que se assemelha à SCT estafilocócica, descrita anteriormente neste capítulo. Nos casos de SCT estreptocócica, é menos provável que uma erupção esteja presente, mas a bacteremia é mais provável. Proteínas M liberadas das superfícies desses estreptococos formam complexos com o fibrinogênio, que se liga aos neutrófilos. Isso provoca a ativação dos neutrófilos e induz a liberação de enzimas nocivas, com subsequente choque e danos ao órgão afetado. A taxa de mortalidade é muito maior do que a apresentada pela SCT estafilocócica – foram relatadas taxas de até 80%.

Infecções por pseudômonas

As pseudômonas são bacilos gram-negativos aeróbios amplamente distribuídos no solo e em fontes de água. Podem sobreviver em qualquer ambiente úmido e crescer em resíduos de matéria orgânica incomuns, como nos filmes de sabão ou adesivos selantes utilizados em muitos recipientes de produtos. São resistentes a muitos antibióticos e desinfetantes. A espécie mais proeminente do grupo é a *Pseudomonas aeruginosa*, considerada o modelo do patógeno oportunista.

As pseudômonas frequentemente causam surtos de **dermatite** por *Pseudomonas*. Trata-se de uma erupção autolimitada, com duração de cerca de 2 semanas, geralmente associada ao uso de piscinas, saunas e banheiras. Quando muitas

pessoas utilizam esses locais, a alcalinidade do meio aumenta, e o cloro fica menos efetivo; ao mesmo tempo, a concentração de nutrientes dissolvidos aumenta, o que dá suporte ao crescimento de *Pseudomonas*. A água quente causa a abertura dos folículos pilosos, facilitando a entrada dessas bactérias. Nadadores que participam de competições frequentemente sofrem de **otite externa**, ou *"ouvido de nadador"*, uma dolorosa infecção do meato acústico externo que leva ao tímpano, normalmente causada por pseudômonas.

P. aeruginosa produz diversas exotoxinas que são responsáveis por grande parte de sua patogenicidade. Ela também produz uma endotoxina. *P. aeruginosa* geralmente cresce em biofilmes densos, que contribuem para a sua frequente identificação como uma causa de infecções associadas aos cuidados de saúde de cateteres ou dispositivos médicos. Essa bactéria também é um sério patógeno oportunista em pacientes com fibrose cística pulmonar de origem genética, e a formação de biofilmes é determinante nessa condição.

A *P. aeruginosa* também é um patógeno oportunista importante e comum em pacientes com queimaduras, particularmente naqueles com queimaduras de segundo e terceiro graus. A infecção pode produzir um pus azul-esverdeado, cuja coloração é causada pelo pigmento bacteriano **piocianina**. Também gera preocupação para os profissionais que trabalham em hospitais a facilidade com que *P. aeruginosa* se multiplica em vasos de flores, água de lavagem dos pisos e mesmo em desinfetantes diluídos.

A resistência relativa aos antibióticos que caracteriza as pseudômonas ainda representa um problema. Entretanto, nos últimos anos, vários antibióticos foram desenvolvidos, e a quimioterapia para tratar essas infecções já não é tão restrita como antigamente. As quinolonas e os novos antibióticos β-lactâmicos específicos para *Pseudomonas* costumam ser os fármacos de escolha. A sulfadiazina de prata é bastante útil no tratamento de queimaduras infectadas por *P. aeruginosa*.

Úlcera de Buruli

A **úlcera de Buruli**, batizada em homenagem a uma região agora renomeada de Uganda, na África, é uma doença emergente encontrada nas regiões tropicais e subtropicais da África, nas Américas, na Ásia e no Pacífico Ocidental. Embora seja disseminada na África tropical, ela foi descrita precisamente pela primeira vez na Austrália, em 1948, e desde então tem sido relatada em regiões tropicais e subtropicais localizadas em todo o mundo – incluindo no México e áreas da América do Sul. A doença é causada pela bactéria *Mycobacterium ulcerans*, a qual é similar à micobactéria que causa a tuberculose e a hanseníase. Quando o patógeno é introduzido na pele, ele causa uma doença de progresso lento, que apresenta poucos sinais ou sintomas precoces graves. Com o tempo, porém, o resultado é uma úlcera profunda que muitas vezes aumenta de tamanho. Quando não tratada, a infecção pode se tornar extensa, a ponto de requerer cirurgia plástica ou amputação do membro. O dano tecidual é atribuído à produção de uma toxina, a *micolactona*. Epidemiologicamente, a infecção está associada ao contato com águas paradas ou provenientes de pântanos. O patógeno provavelmente penetra no organismo através de uma ruptura na pele, como um pequeno corte ou uma picada de inseto.

Erupções maculares

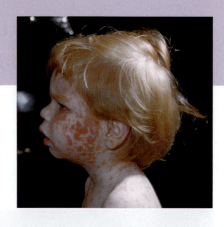

O diagnóstico diferencial é o processo de identificação de uma doença a partir de uma lista de possíveis doenças que se encaixam no conjunto de informações derivadas do exame do paciente. Um diagnóstico diferencial é importante para que se inicie o tratamento e para os testes laboratoriais.

Por exemplo, um menino de 4 anos apresentando histórico de tosse, conjuntivite e febre (38,3 °C) agora apresenta uma erupção macular que iniciou na face e no pescoço e em seguida espalhou-se para o restante do corpo. Utilize a tabela a seguir para identificar as infecções que poderiam causar esses sintomas.

Doença	Patógeno	Porta de entrada	Sinais e sintomas	Modo de transmissão	Tratamento
DOENÇAS VIRAIS. Normalmente diagnosticadas por sinais e sintomas clínicos, podendo ser confirmadas por sorologia ou PCR.					
Sarampo	*Morbillivirus hominis*	Trato respiratório	As máculas avermelhadas aparecem inicialmente na face e se disseminam para o tronco e os membros	Aerossol	Nenhum tratamento; vacina pré-exposição
Rubéola	*Rubivirus rubellae*	Trato respiratório	Doença leve com erupção macular que se assemelha ao sarampo, mas menos extensa, que desaparece em 3 dias ou menos	Aerossol	Nenhum tratamento; vacina pré-exposição
Eritema infeccioso (quinta moléstia)	*Erythroparvovirus primate 1* (Parvovírus humano B19)	Trato respiratório	Doença leve que se apresenta como erupção macular facial	Aerossol	Nenhum
Roséola	*Roseolovirus betaherpesvirus* 6 e 7	Trato respiratório	Febre alta seguida de erupção macular no corpo	Aerossol	Nenhum
Doença da mão-pé-boca	*Enterovirus* spp.	Boca	Erupção plana ou elevada	Aerossol; contato direto	Nenhum
DOENÇA FÚNGICA. Confirmada por coloração de Gram ou raspados cutâneos.					
Candidíase	*Candida albicans*	Pele e membranas mucosas	Erupção macular	Contato direto; infecção endógena*	Miconazol, clotrimazol (uso tópico)

*Infecções endógenas são aquelas causadas por microrganismos que fazem parte da microbiota do hospedeiro.

Em 2004, a Organização Mundial da Saúde (OMS) identificou a úlcera de Buruli como uma ameaça global à saúde pública. A iniciativa de detecção precoce da OMS diminuiu o número de casos em 50% até 2014, quando o número de casos começou a aumentar.

O diagnóstico da úlcera de Buruli é realizado principalmente pela aparência da úlcera, e o tratamento baseia-se em fármacos antimicobacterianos, como as combinações de estreptomicina-rifampicina.

Acne

A **acne** provavelmente é a doença de pele mais comum em seres humanos, afetando cerca de 17 milhões de pessoas nos Estados Unidos. Mais de 85% dos adolescentes apresentam esse problema em algum grau. A acne pode ser classificada pelo tipo de lesão em três categorias: acne comedogênica, acne inflamatória e acne cística nodular, as quais requerem diferentes tratamentos.

Normalmente, células cutâneas que descamam dentro de um folículo piloso podem ser eliminadas do corpo, mas a acne desenvolve-se quando um número de células maior do que o normal se descama e se combina com o sebo, gerando uma mistura que entope o folículo. À medida que o sebo se acumula, formam-se pontos brancos (cravos brancos); se o bloqueio se projetar através da pele, forma-se um ponto negro (cravo preto). A coloração escura dos cravos pretos não é causada por sujeira, mas pela oxidação de lipídeos e outros compostos. Agentes tópicos não afetam a formação do sebo, que é a causa primária da acne e depende da presença de hormônios, como estrogênios ou androgênios. A dieta não tem nenhum efeito conhecido na produção de sebo, mas a gravidez, alguns métodos contraceptivos hormonais e as alterações hormonais decorrentes da idade podem afetar a formação de sebo e influenciar a acne.

A **acne comedogênica (leve)** em geral é tratada com agentes tópicos, como ácido azelaico, preparações de ácido salicílico ou retinoides (que são derivados da vitamina A, como a tretinoína, o tazaroteno ou o adapaleno). Esses agentes tópicos não afetam a produção de sebo.

DOENÇAS EM FOCO 21.2 Erupções vesiculares e pustulosas

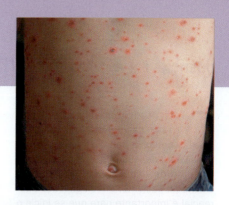

Um menino de 8 anos apresenta uma erupção que consiste em lesões vesiculares em seu pescoço e na região do estômago com 5 dias de duração. No período de 5 dias, 73 estudantes em sua escola primária manifestaram sintomas que correspondem à definição de caso para essa doença. Utilize a tabela a seguir para fornecer um diagnóstico diferencial e identificar as infecções que poderiam causar esses sintomas.

Doença	Patógeno	Porta de entrada	Sinais e sintomas	Modo de transmissão	Tratamento
DOENÇA BACTERIANA. Normalmente diagnosticada pelo cultivo da bactéria.					
Impetigo	*Staphylococcus aureus*	Pele	Vesículas ou bolhas na pele	Contato direto; fômites	Antibióticos tópicos
DOENÇAS VIRAIS. Normalmente diagnosticadas por sinais e sintomas clínicos, podendo ser confirmadas por sorologia ou PCR.					
Varíola	*Orthopoxvirus variola*	Trato respiratório	Pústulas na pele que podem ser quase confluentes	Aerossol	Nenhum
MPOX	*Orthopoxvirus monkeypox*	Trato respiratório	Pústulas similares às da varíola	Contato direto com humanos ou roedores infectados ou seus aerossóis	Nenhum
Varicela (catapora)	*Varicellovirus humanalpha3* (HHV-3)	Trato respiratório	Vesículas na maioria dos casos restritas a face, garganta e tronco	Aerossol	Aciclovir para adultos; vacina pré-exposição
Herpes-zóster	*Varicellovirus humanalpha3* (HHV-3)	Infecção endógena* dos nervos periféricos	Vesículas geralmente distribuídas em apenas um lado da cintura, face e couro cabeludo ou parte superior do peito	Recorrência de infecção por varicela latente	Aciclovir; vacinação preventiva
Herpes oral	*Simplexvirus humanalpha1* (HHV-1)	Pele e membranas mucosas	Vesículas ao redor da boca; pode também afetar outras áreas da pele e as membranas mucosas	Infecção primária por contato direto; recorrência da infecção latente	Aciclovir

*Infecções endógenas são aquelas causadas por microrganismos que fazem parte da microbiota do hospedeiro.

CASO CLÍNICO

As semelhanças entre as erupções dos irmãos levam Mônica a reavaliar seus registros, a fim de obter informações mais detalhadas sobre as crianças que estiveram em seu consultório com erupções similares.

Após uma conversa com os pais das crianças, Mônica descobre que todas as cinco estiveram na mesma piscina pública nas últimas 72 horas. A enfermeira notifica o departamento de saúde, que entra em contato com a única clínica médica que existe na cidade e obtém uma lista de casos similares. Nesses casos, os pacientes apresentaram erupções no tórax e no abdome (90%), nas nádegas (67%), nos braços (71%), nas pernas (86%) e também nas mãos, nos pés, na cabeça e no pescoço.

Quais patógenos podem causar erupções pruriginosas semelhantes a espinhas?

Parte 1   Parte 2   Parte 3   Parte 4   Parte 5

A **acne inflamatória (moderada)** origina-se da ação bacteriana, principalmente da bactéria *Cutibacterium* (Propionibacterium) *acnes*, um difteroide anaeróbio comumente encontrado na pele. O *C. acnes* tem necessidade nutricional pelo glicerol presente no sebo; ao metabolizar o sebo, os ácidos graxos livres gerados causam uma resposta inflamatória. Os neutrófilos que secretam enzimas que danificam a parede do folículo piloso são atraídos para o local. A inflamação resultante leva ao surgimento de pústulas e pápulas.

A terapia para a acne inflamatória é geralmente focada na prevenção da produção de sebo (agentes tópicos não são eficazes nesse caso). Normalmente, a acne inflamatória é tratada com antibióticos para *C. acnes*, como tetraciclinas ou macrolídeos. Os tratamentos comuns para acne vendidos sem prescrição médica que contêm peróxido de benzoíla normalmente são efetivos contra algumas bactérias, em especial o *C. acnes*. Além disso, o fármaco causa o ressecamento da pele, o que auxilia a liberação dos folículos entupidos. O peróxido de

Vermelhidão em placas e condições semelhantes a comedões

U m bebê de 11 meses de idade é levado a uma clínica com um histórico de erupção avermelhada e pruriginosa sob os seus braços que já durava 1 semana. O bebê parecia mais incomodado à noite e não apresentava febre. Utilize a tabela a seguir para fornecer um diagnóstico diferencial e identificar as infecções que poderiam causar esses sintomas.

Doença	Patógeno	Porta de entrada	Sinais e sintomas	Modo de transmissão	Tratamento
DOENÇAS BACTERIANAS. Normalmente diagnosticadas pelo cultivo da bactéria.					
Foliculite	Staphylococcus aureus	Folículo piloso	Infecção do folículo piloso	Contato direto; fômites; infecção endógena*	Drenagem de pus; antibióticos tópicos
Síndrome do choque tóxico	Sta. aureus	Incisões cirúrgicas	Febre, erupção e choque	Infecção endógena*	Antibióticos, dependendo do perfil de sensibilidade (antibiograma)
Fascite necrosante	Streptococcus pyogenes	Abrasões na pele	Destruição extensa de tecidos moles	Contato direto	Remoção cirúrgica do tecido; antibióticos de amplo espectro
Erisipela	Str. pyogenes	Pele e membranas mucosas	Manchas avermelhadas na pele; frequentemente apresentando febre alta	Infecção endógena*	Cefalosporina
Dermatite por Pseudomonas	Pseudomonas aeruginosa	Abrasões na pele	Erupção superficial	Água de piscinas e similares; banheiras	Geralmente autolimitante
Otite externa	P. aeruginosa	Orelha	Infecção superficial do meato acústico externo	Água de piscinas e similares	Fluoroquinolonas
Acne	Cutibacterium (Propionibacterium) acnes	Ductos sebáceos	Lesões inflamatórias originadas do acúmulo de sebo e que rompem um folículo piloso	Contato direto	Peróxido de benzoíla, isotretinoína, ácido azelaico
Úlcera de Buruli	Mycobacterium ulcerans	Pele	Edema ou endurecimento localizado do tecido que progride para uma úlcera profunda	Água contaminada	Fármacos antimicobacterianos
DOENÇA VIRAL. Normalmente diagnosticada pelos sinais e sintomas clínicos.					
Verrugas	Alphapapillomavirus spp. Betapapillomavirus spp.	Pele	Projeção córnea da pele, formada pela proliferação de células	Contato direto	Remoção por crioterapia com nitrogênio líquido, eletrodissecação, ácidos, lasers
DOENÇAS FÚNGICAS. O diagnóstico é confirmado por exame microscópico do fungo.					
Micose (tínea)	Microsporum, Trichophyton, Epidermophyton	Pele	Lesões de pele de aparência bastante variada; no escalpo, pode causar perda localizada de cabelo	Contato direto; fômites	Griseofulvina (oral); miconazol, clotrimazol (tópicos)
Esporotricose	Sporothrix schenkii	Abrasões na pele	Úlceras no local da infecção que se espalham pelos vasos linfáticos adjacentes	Solo	Solução de iodeto de potássio (oral)
INFESTAÇÕES PARASITÁRIAS. O diagnóstico é confirmado por exame microscópico do parasita.					
Escabiose (sarna)	Sarcoptes scabiei (ácaro)	Pele	Pápulas, prurido	Contato direto	Ivermectina (oral), permetrina (tópica)
Pediculose (piolho)	Pediculus humanus capitis	Pele	Prurido	Principalmente por contato direto; possíveis fômites, como roupas de cama e pentes	Preparações inseticidas tópicas

*Infecções endógenas são aquelas causadas por microrganismos que fazem parte da microbiota do hospedeiro.

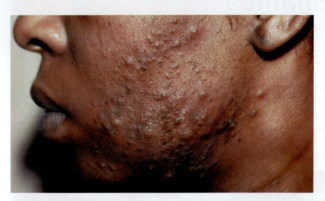

Figura 21.9 Acne severa.

🅿 **A isotretinoína frequentemente promove uma melhora significativa dos casos de acne severa, mas quais precauções devem ser observadas?**

benzoíla também está disponível na forma de gel e em produtos combinados com antibióticos.

Alternativas aos tratamentos químicos foram aprovadas pela Food and Drug Administration (FDA) nos Estados Unidos para o tratamento de casos de acne leve a moderada. O sistema CLEARLight®, que se baseia na exposição da pele a uma luz azul de alta intensidade (405-420 nm), e o tratamento Smoothbeam®, que utiliza raios *laser*, penetram na superfície da pele para acelerar a cicatrização e prevenir a formação de espinhas. Também foi aprovado um aparelho portátil denominado ThermoClear®, que libera um pequeno pulso de calor nas lesões.

Alguns pacientes com acne progridem para uma forma chamada de **acne cística nodular (severa)**. A acne cística nodular é caracterizada por nódulos ou cistos, os quais são lesões inflamadas preenchidas por pus localizadas profundamente na pele (**Figura 21.9**). Essas lesões deixam cicatrizes proeminentes na face e no tronco, o que, com frequência, também deixa cicatrizes psicológicas. Um tratamento efetivo para a acne cística é a isotretinoína, que reduz a formação de sebo. A distribuição desse fármaco nos Estados Unidos foi interrompida pelo fabricante. No entanto, a isotretinoína é distribuída em outros países sob o nome comercial de Roacutan®. As pessoas que consideram fazer uso do fármaco devem ser orientadas quanto à sua alta *teratogenicidade*, ou seja, potencial de causar danos graves ao feto em desenvolvimento. Outros efeitos adversos podem incluir doença inflamatória intestinal e colite ulcerativa.

TESTE SEU CONHECIMENTO

✔ **21-3** Qual espécie bacteriana apresenta como fator de virulência a proteína M?

✔ **21-4** Qual é o nome popular da otite externa?

Doenças virais da pele

Muitas doenças virais, embora sistêmicas e transmissíveis por via respiratória ou outras vias, têm seus efeitos mais aparentes na pele. Embora nem sempre sejam muito significativas em adultos, várias dessas doenças, como a rubéola, a varicela, o eritema infeccioso e o herpes simples, podem causar danos graves a um feto em desenvolvimento.

Verrugas

As **verrugas**, ou papilomas, geralmente são crescimentos cutâneos benignos causados por vírus. Há muito tempo se sabe que as verrugas podem ser transmitidas de uma pessoa para outra por contato, mesmo sexual, porém somente em 1949 os vírus foram identificados nos tecidos de verrugas. Hoje, mais de 50 tipos de papilomavírus são conhecidos como a causa de diferentes tipos de verrugas que frequentemente variam muito em relação à aparência.

Após a infecção, há um período de incubação de várias semanas antes que as verrugas apareçam. Os métodos mais comuns de tratamento médico para as verrugas incluem a aplicação de nitrogênio líquido extremamente frio (crioterapia), dissecação com corrente elétrica (eletrodissecação) ou a utilização de ácidos para queimá-las. Existem evidências de que compostos contendo ácido salicílico são especialmente efetivos. A aplicação tópica de medicamentos com prescrição médica, como o podofilox, que inibe a divisão celular, ou o imiquimode, que ativa os receptores do tipo Toll (ver Capítulo 16), costuma ser eficaz. As verrugas que não respondem a nenhum outro tratamento podem ser tratadas com *laser* ou injeções de bleomicina, um fármaco antitumoral.

Embora as verrugas não sejam uma forma de câncer, alguns cânceres de pele e de colo do útero estão associados a certos papilomavírus. As verrugas genitais são a infecção sexualmente transmissível mais comum (Capítulo 26).

Varíola

Durante a Idade Média, estima-se que cerca de 80% da população da Europa tenha contraído **varíola** em algum momento de suas vidas. Aqueles que sobreviviam à infecção retinham cicatrizes desfigurantes. A doença, introduzida pelos colonizadores europeus nas Américas, foi ainda mais devastadora para os nativo-americanos, que não haviam sido expostos previamente e, assim, apresentavam pouca resistência.

A varíola é causada pelo *Orthopoxvirus variola*, conhecido como vírus da varíola. Há duas formas básicas dessa doença: a varíola maior (ou *major*) tem uma taxa de mortalidade de 20 a 60% e de mais de 80% em crianças; a **varíola menor** (ou *minor*) tem uma taxa de mortalidade inferior a 1%.

Transmissíveis pela via respiratória, os vírus infectam muitos órgãos internos antes que, eventualmente, alcancem a corrente sanguínea, infectando, então, a pele e causando sintomas mais reconhecíveis. O crescimento do vírus nas camadas da epiderme causa lesões que se tornam pustulosas por volta do décimo dia de infecção (**Figura 21.10**).

A varíola foi a primeira doença para a qual se obteve imunidade por meios artificiais (ver "Vacinação" no Capítulo 1) e a primeira a ser erradicada da população humana. Acredita-se que a última vítima de um caso natural de varíola tenha sido um sujeito que se recuperou da varíola menor na Somália em 1977. (No entanto, 10 meses depois desse caso, houve uma morte causada por varíola na Inglaterra causada por vírus que escaparam de um laboratório de pesquisa em um hospital.) A erradicação da varíola foi possível porque uma vacina efetiva foi desenvolvida e porque não existem reservatórios animais para a infecção. Uma campanha de vacinação mundial foi coordenada pela OMS.

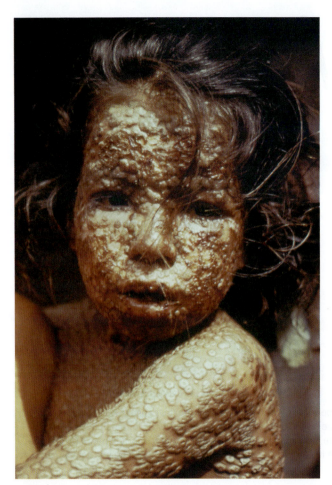

Figura 21.10   Lesões da varíola. Em alguns casos graves, as lesões praticamente se unem (tornam-se confluentes).

P Como essas lesões se diferem daquelas causadas pela varicela?

Atualmente, apenas dois locais são conhecidos por manterem amostras do vírus da varíola, o CDC nos Estados Unidos e o Centro Estadual Russo de Pesquisa em Virologia e Biotecnologia. Datas para a destruição desses estoques foram estabelecidas e depois adiadas.

A varíola seria especialmente perigosa se usada como agente de bioterrorismo. A vacinação nos Estados Unidos terminou no início da década de 1970. As pessoas que foram vacinadas antes do término da campanha de vacinação têm uma imunidade contra a doença que está diminuindo ao longo do tempo, embora provavelmente ainda tenham algum tipo de proteção que seria suficiente para pelo menos moderar o impacto da doença. Hoje, estoques da vacina contra a varíola estão sendo acumulados por precaução. Nenhum programa geral de vacinação da população está sendo considerado. Entretanto, alguns grupos populacionais específicos, entre eles os militares e os profissionais da saúde, são vacinados em alguns países.

As complicações da vacina contra a varíola podem ser tratadas com imunoglobulina antivaccínia, que contém anticorpos contra o vírus. O fármaco antiviral, cidofovir, também pode ser administrado.

MPOX

Com o desaparecimento da varíola, uma doença semelhante, a **MPOX**, emergiu como um problema de saúde pública global. O vírus MPOX (do inglês *monkeypox*) é do mesmo gênero, *Orthopoxvirus*, que o vírus da varíola. O reservatório do vírus é desconhecido, mas os roedores são os candidatos mais prováveis. A doença pode ser transmitida entre humanos pelo contato direto com lesões cutâneas ou secreções respiratórias durante o contato próximo prolongado. Em 2022, alguns profissionais de saúde contraíram a MPOX através de agulhas contaminadas.

A doença é semelhante à varíola, mas menos grave. A erupção cutânea progride de máculas para pápulas, vesículas e pústulas. As pústulas secam e caem. O número de lesões varia de algumas a vários milhares. Em casos graves, as lesões podem coalescer até que grandes seções da pele se soltem.

Essa doença foi identificada pela primeira vez em 1958 em macacos de laboratório originários da África e é endêmica em roedores. Surtos ocasionais ocorrem em seres humanos vivendo nessas áreas, e um surto envolvendo 71 casos nos Estados Unidos em 2003 foi atribuído ao contato com cães-da-pradaria adquiridos como animais de estimação. Eles aparentemente foram infectados ao serem mantidos em uma loja de animais onde também havia ratos gigantes de Gâmbia, importados da África Ocidental. Em 2022, mais de 82.000 casos de MPOX foram relatados em 73 países que normalmente não relatam a doença. Os Estados Unidos relataram quase 30.000 casos. Os sintomas do MPOX são muito semelhantes aos da varíola humana e, quando a varíola humana ainda era endêmica, muitos casos foram provavelmente confundidos. Como o vírus da MPOX, assim como o vírus da varíola, é um *Orthopoxvirus*, a vacinação contra a varíola humana apresenta um efeito protetor contra o primeiro. O vírus MPOX é transmitido por meio do contato próximo com indivíduos infectados.

Varicela (catapora) e herpes-zóster

A **varicela** é uma doença relativamente leve quando contraída na infância, o que é o mais comum. A taxa de mortalidade é muito baixa, e a morte costuma estar associada a complicações como encefalites (infecção do cérebro) ou pneumonias. Quase metade das mortes acontece entre adultos.

A varicela (**Figura 21.11a**) é resultado de uma infecção inicial pelo herpes-vírus *Varicellovirus humanalpha3*. É também chamado de vírus da varicela-zóster ou *herpes-vírus humano tipo 3* (*HHV-3*); ver Capítulo 13. A doença é adquirida quando o vírus entra no sistema respiratório, e a infecção se estabelece nas células cutâneas após cerca de 2 semanas. A pele infectada apresenta lesões vesiculares com duração de 3 a 4 dias. Durante esse período, as lesões enchem-se de pus, rompem-se e formam crostas antes de cicatrizarem. Concentram-se principalmente na face, na garganta e nas costas, mas também podem ocorrer no tórax e nos ombros. Se a infecção pelo vírus que causa a varicela ocorrer no início da gestação, podem ocorrer danos graves ao feto em cerca de 2% dos casos. (Ver **Doenças em foco 21.2**).

A **síndrome de Reye** é uma complicação grave ocasional da varicela, da influenza e de algumas outras doenças virais.

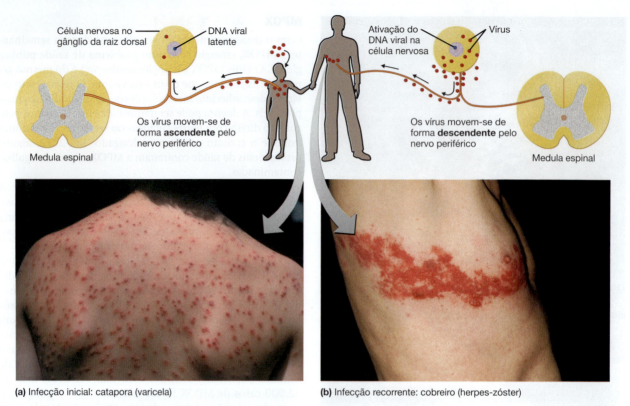

(a) Infecção inicial: catapora (varicela)

(b) Infecção recorrente: cobreiro (herpes-zóster)

Figura 21.11 Varicela e herpes-zóster. (a) A infecção inicial pelo vírus, normalmente na infância, causa a varicela (catapora). As lesões são vesiculares, transformando-se depois em pústulas que se rompem e formam crostas. O vírus, então, move-se para um gânglio da raiz dorsal próximo à coluna, onde permanece latente indefinidamente. **(b)** Posteriormente, normalmente na terceira idade, os vírus latentes são reativados, causando o herpes-zóster. A reativação pode ser causada por estresse ou enfraquecimento do sistema imune. As lesões cutâneas são vesiculares.

P A fotografia mostrada em (a) ilustra um estágio inicial ou tardio da varicela?

Dias após a infecção inicial ter retrocedido, o paciente vomita persistentemente e exibe sinais de disfunção cerebral, como sonolência extrema ou comportamento combativo. O coma e a morte podem ocorrer. Em um determinado período, a taxa de mortalidade dos casos relatados se aproximou de 90%, porém essa taxa diminuiu devido a melhores tratamentos e está hoje em cerca de 21% ou menos, principalmente quando a doença é reconhecida e tratada a tempo. Os sobreviventes podem apresentar dano neurológico, sobretudo se forem muito jovens. A síndrome de Reye afeta quase exclusivamente crianças e adolescentes. O uso de ácido acetilsalicílico para baixar a febre em casos de varicela ou influenza aumenta as chances de desenvolvimento da síndrome de Reye.

Como todos os herpes-vírus, uma das características do HHV-3 é sua capacidade de permanecer latente dentro do organismo. Após uma infecção primária, o vírus penetra os nervos periféricos e se move para um gânglio nervoso central onde persiste na forma de DNA viral. Os anticorpos humorais não entram nas células nervosas e, como os antígenos virais não são expressos na superfície dessas células, as células T citotóxicas não são ativadas. Portanto, nenhum dos braços do sistema imune adaptativo perturba o vírus latente.

O vírus HHV-3 localiza-se no gânglio da raiz dorsal próximo à coluna. O vírus pode permanecer latente por décadas antes de ser reativado (Figura 21.11b). O catalisador da reativação pode ser estresse ou simplesmente a diminuição da competência imune relacionada ao envelhecimento. Os vírions produzidos pelo DNA reativado se movem ao longo dos nervos periféricos, em direção aos nervos sensitivos cutâneos, onde causam um novo surto do vírus sob a forma de **cobreiro** (herpes-zóster).

O herpes-zóster é simplesmente uma forma clínica diferente do vírus que causa a varicela – diferente porque o paciente, já tendo tido catapora, apresenta imunidade parcial ao vírus. Crianças não vacinadas expostas a lesões de herpes-zóster adquirem varicela. O herpes-zóster raramente ocorre em pessoas com menos de 20 anos, e a incidência é mais alta entre idosos. É pouco comum que um paciente apresente herpes-zóster mais de uma vez.

No herpes-zóster, são observadas vesículas similares às da varicela, porém localizadas em áreas distintas. Em geral, estão distribuídas na região da cintura (o nome da doença em inglês, *shingles,* é derivado da palavra em latim *cingulum*, que significa cinto), embora também ocorram lesões faciais e na parte superior do tórax e das costas (ver Figura 21.11b). A infecção segue a distribuição dos nervos sensitivos cutâneos afetados e geralmente é limitada a um dos lados do corpo, uma vez que esses nervos são unilaterais. Ocasionalmente, essas infecções nos nervos podem resultar em dano nervoso, afetando a visão, por exemplo, ou mesmo causando paralisia. Dores intensas em queimação ou ardência são sintomas frequentes, podendo persistir por meses ou anos, uma condição denominada *neuralgia pós-herpética*.

Os fármacos antivirais aciclovir, valaciclovir e fanciclovir são aprovados para o tratamento do herpes-zóster. No caso de pacientes imunossuprimidos, entre os quais a taxa de mortalidade alcança 17%, e naqueles em que há acometimento visual, o tratamento com antivirais é mandatório.

Uma vacina de vírus vivos atenuados foi licenciada em 1995. Desde então, os casos da doença têm diminuído sistematicamente. No entanto, há evidências de que a efetividade da vacina, que está em torno de 97% inicialmente, diminui com o tempo. Portanto, a varicela em pessoas previamente vacinadas, ou **varicela disruptiva**, é relativamente comum. Como a vacina é pelo menos parcialmente eficaz, esses casos são leves, com o surgimento de erupções que não se parecem muito com a varicela típica. Uma dose de reforço da vacina pode ser necessária para alcançar o controle completo da doença.

Outra preocupação é se o enfraquecimento gradual da imunidade conferida pela vacinação na infância gerará uma população de adultos suscetíveis, nos quais a doença tende a ser mais grave. Portanto, a recomendação atual é de que adultos com mais de 60 anos recebam uma dose da *vacina de subunidade para zóster* (Shingrix®), mesmo que o indivíduo já tenha manifestado varicela ou herpes-zóster.

Herpes oral

O herpes oral é mais frequentemente causado pelo herpes-vírus simples 1 (HSV-1). O nome *herpes-vírus simples*, usado aqui, é o nome comum ou vernacular. Os nomes científicos são *Simplexvirus humanalpha1* e *Simplexvirus humanalpha2*. O HSV-1 é transmitido principalmente pelas vias oral ou respiratória, e a infecção normalmente ocorre na infância. Estudos sorológicos mostram que 90% da população dos Estados Unidos já foi infectada. Frequentemente, essa infecção é subclínica, mas muitos pacientes desenvolvem lesões conhecidas como **herpes labial**. As lesões consistem em vesículas dolorosas de vida curta, que ocorrem próximo à margem vermelha externa dos lábios (**Figura 21.12**).

O herpes labial, causado por infecções pelos herpes-vírus, é frequentemente confundido com **aftas**. A causa das aftas é desconhecida, mas a sua ocorrência frequentemente é relacionada ao estresse ou à menstruação. Embora as lesões da afta sejam semelhantes às do herpes labial, as primeiras normalmente surgem em regiões diferentes. As aftas ocorrem como lesões dolorosas em membranas mucosas móveis, como na língua, nas bochechas e na parte interna dos lábios. Elas normalmente curam em alguns dias, mas podem ser recorrentes.

O HSV-1 normalmente permanece latente no gânglio do nervo trigêmeo, que faz a comunicação entre a face e o sistema nervoso central (**Figura 21.13**). A recorrência da infecção pelo

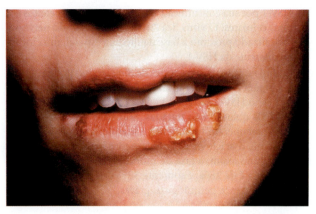

Figura 21.12 Herpes labial causado pelo *Simplexvirus*. As lesões localizam-se principalmente nas margens da região vermelha dos lábios.

P Por que o herpes labial pode reaparecer, e por que a recorrência é sempre no mesmo local?

HSV-1 pode ser desencadeada por eventos como exposição excessiva à radiação ultravioleta solar, problemas emocionais e mudanças hormonais associadas à menstruação.

As infecções pelo HSV-1 podem ser transmitidas pelo contato com a pele de lutadores, o que justifica o termo **herpes do gladiador**. De fato, uma incidência de até 3% foi relatada entre praticantes de lutas greco-romanas nas escolas dos Estados Unidos. Enfermeiros, médicos e dentistas, devido à profissão, são suscetíveis ao **panarício herpético**, uma infecção dos dedos causada pelo contato com lesões provocadas pelo HSV-1; crianças com úlceras herpéticas orais também são suscetíveis.

Outra espécie de *Simplexvirus*, o HSV-2, é transmissível principalmente por contato sexual. Ele é o principal agente causador do herpes genital (ver Capítulo 26). O HSV-2 diferencia-se

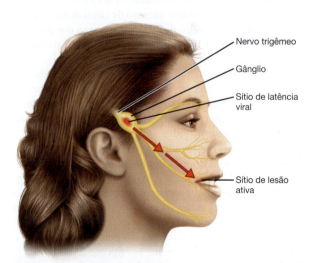

Figura 21.13 Sítio de latência do *Simplexvirus* tipo 1 no gânglio do nervo trigêmeo.

P Por que esse sistema nervoso é chamado de *trigêmeo*?

do HSV-1 por sua constituição antigênica e por seus efeitos em culturas celulares. O vírus fica latente no gânglio do nervo sacral, localizado próximo à base da medula espinal, uma localização diferente da HSV-1.

Muito raramente, as espécies de *Simplexvirus* podem se disseminar para o cérebro, causando **encefalite herpética**. As infecções pelo HSV-2 são mais graves, com taxa de mortalidade de até 70% quando não tratadas. Somente 10% dos sobreviventes se recuperam totalmente. Quando administrado imediatamente, o aciclovir frequentemente leva à cura da encefalite. Mesmo assim, a taxa de mortalidade em determinados surtos ainda é de 28%, e somente 38% dos sobreviventes não apresentam danos neurológicos graves.

Sarampo

O **sarampo**, causado pelo *Morbillivirus*, é uma doença viral extremamente contagiosa que se dissemina pela via respiratória. Como uma pessoa com sarampo é infecciosa antes do aparecimento dos sintomas, a quarentena não é uma medida eficaz de prevenção.

A vacina contra o sarampo, hoje administrada geralmente como parte da vacina tríplice viral (vacina hominis MMR, do inglês *measles, mumps, rubella* [sarampo, caxumba e rubéola]), praticamente eliminou o sarampo dos Estados Unidos. Desde a introdução da vacina, os casos de sarampo declinaram de estimados 5 milhões de casos anuais para quase nenhum. Assim como no caso da varíola, não há reservatório animal para o sarampo, mas, como o vírus é muito mais infeccioso do que o vírus da varíola, a imunidade de rebanho é difícil de ser obtida. Desse modo, o objetivo mundial atual é o controle do sarampo pela vacinação. Essa abordagem tem gerado algum sucesso; em comparação a uma estimativa anual de 2,6 milhões de óbitos em todo o mundo antes de 1980, ocorreram 142.300 óbitos em 2018. No entanto, as interrupções nos processos de vacinação relacionadas à pandemia de Covid-19 duplicaram mundialmente o número de casos de sarampo (de 9.665 em janeiro-fevereiro de 2021 para 17.338 nos primeiros dois meses de 2022). A meta é a eliminação do sarampo até 2023. (Ver o quadro "Foco clínico" no Capítulo 18.)

Embora a vacina tenha uma taxa de efetividade de cerca de 95%, casos de infecção continuam a ocorrer em pessoas que não desenvolvem ou retêm uma boa imunidade. Algumas dessas infecções são causadas pelo contato com pessoas infectadas fora dos Estados Unidos.

Um resultado inesperado da vacina contra o sarampo é que muitos casos da doença atualmente ocorrem em crianças com menos de 1 ano de idade. O sarampo é especialmente perigoso para crianças, que são mais propensas a apresentarem complicações graves. Antes da introdução da vacina, o sarampo era muito raro nessa idade, pois as crianças eram protegidas por anticorpos maternos gerados pelo contato prévio com a mãe com a doença. Infelizmente, os anticorpos maternos produzidos em resposta à vacinação não são tão eficazes na proteção como aqueles desenvolvidos em resposta à doença. Como a vacina não é efetiva quando administrada precocemente na infância, a criança não recebe a primeira vacinação antes dos 12 meses de idade. Portanto, a criança fica vulnerável por um período significativo de tempo.

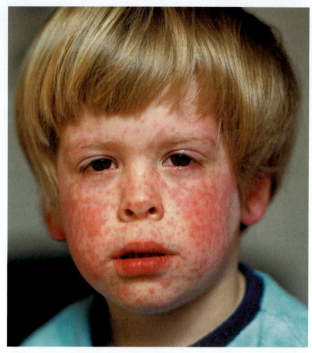

Figura 21.14 Erupção de pequenas manchas vermelhas típica do sarampo. A erupção normalmente inicia na face e se dissemina para o tronco e os membros.

P Por que a erradicação do sarampo é potencialmente possível?

De forma semelhante à varíola e à varicela, a infecção inicia-se no sistema respiratório superior. Após um período de incubação de 10 a 12 dias, sintomas semelhantes a um resfriado se desenvolvem. Em seguida, surge uma erupção macular que inicia na face e se dissemina para o tórax e para os membros (**Figura 21.14**). Lesões na cavidade oral incluem as *manchas de Koplik*, pequenas manchas vermelhas com pontos centrais branco-azulados, localizadas na mucosa oral oposta aos molares. A presença das manchas de Koplik é um indicador diagnóstico do sarampo. Testes sorológicos realizados poucos dias após o surgimento da erupção podem ser utilizados para confirmar o diagnóstico. (Ver **Doenças em foco 21.1**).

O sarampo é uma doença extremamente perigosa, principalmente em crianças e idosos. Com frequência, é complicada por infecções da orelha média ou pneumonias causadas pelo próprio vírus ou por infecções bacterianas secundárias. Casos de encefalite acometem cerca de 1 em cada 1.000 vítimas do sarampo, e os sobreviventes frequentemente costumam apresentar danos cerebrais permanentes. Aproximadamente 1 em cada 3.000 casos é fatal, principalmente em crianças. Uma complicação rara do sarampo (cerca de 1 em cada 1.000.000 casos) é a **panencefalite esclerosante subaguda**. A doença surge de 1 a 10 anos após a recuperação do sarampo e ocorre principalmente em homens. O desenvolvimento de sintomas neurológicos graves resulta em morte dentro de poucos anos.

Rubéola

A **rubéola**, também chamada de *sarampo alemão* (em virtude de ter sido inicialmente descrita por médicos alemães no

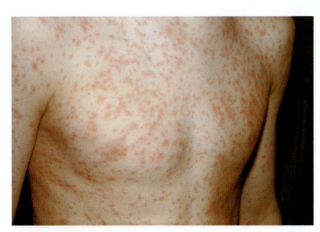

Figura 21.15 Erupção de manchas vermelhas característica da rubéola. As manchas não são elevadas em relação à pele circundante.

P O que é a síndrome da rubéola congênita?

século XVIII), é uma doença viral muito mais leve que o sarampo e frequentemente ocorre de forma subclínica. A rubéola é causada pelo *Rubivirus rubellae*. Os sintomas comuns incluem erupção macular (constituída de pequenas manchas avermelhadas) e febre baixa (**Figura 21.15**). As complicações são raras, sobretudo em crianças, mas encefalites podem ocorrer em cerca de 1 em cada 6.000 casos, principalmente em adultos. O vírus da rubéola é transmissível por via respiratória, e um período de incubação de 2 a 3 semanas é normalmente observado. A recuperação de casos clínicos ou subclínicos parece gerar uma imunidade consistente.

A gravidade da rubéola não foi reconhecida até 1941, quando determinados defeitos congênitos graves foram associados à infecção materna durante o primeiro trimestre de gestação, uma condição chamada **síndrome da rubéola congênita**. Se a rubéola for contraída durante a gravidez, existe uma incidência de cerca de 35% de danos fetais graves, incluindo surdez, catarata ocular, defeitos cardíacos, deficiência intelectual, transtorno do espectro do autista e morte. Cerca de 15% dos bebês nascidos com a síndrome da rubéola congênita morrem durante o primeiro ano. A última grande epidemia de rubéola nos Estados Unidos ocorreu durante os anos de 1964 e 1965. Pelo menos 20.000 crianças com deficiências graves nasceram durante essa epidemia.

Portanto, é importante que os médicos identifiquem pacientes do sexo feminino em idade fértil que não sejam imunes à rubéola. Antigamente, o exame de sangue exigido para a emissão da certidão de casamento incluía um teste de anticorpos contra rubéola.

A vacina contra a rubéola foi introduzida em 1969. Estudos de acompanhamento indicam que mais de 90% das pessoas vacinadas permaneceram protegidas por pelo menos 15 anos. Em razão dessas medidas preventivas, menos de 10 casos anuais de síndrome da rubéola congênita são relatados atualmente. Embora a rubéola tenha sido declarada eliminada dos Estados Unidos em 2004, casos podem ocorrer quando pessoas não vacinadas são expostas a indivíduos infectados, principalmente por meio de viagens internacionais. Os médicos

devem se certificar de que pacientes com potencial fértil estejam imunizadas contra a rubéola.

A vacina não é recomendada durante a gravidez. Contudo, em centenas de casos nos quais mulheres foram vacinadas 3 meses antes ou 3 meses após a data presumida da concepção, não há relato de nenhum caso de defeitos congênitos relacionados à síndrome da rubéola congênita.

Outras erupções virais

Eritema infeccioso (quinta moléstia) Os pais de crianças pequenas frequentemente ficam perplexos com um diagnóstico de eritema infeccioso, doença muito pouco conhecida. O nome "quinta moléstia" deriva de uma lista de 1905 de doenças que envolvem erupções cutâneas, a qual incluía sarampo, febre escarlatina, rubéola, doença de Filatov Duke (forma leve da febre escarlatina) e a quinta moléstia da lista. Essa **quinta moléstia**, ou **eritema infeccioso**, não produz nenhum sintoma em cerca de 20% dos indivíduos infectados pelo vírus *primate*. Comumente chamado de B19, esse vírus foi identificado pela primeira vez em 1989. Os sintomas são similares a um caso leve de gripe, mas com a ocorrência distinta de uma erupção facial semelhante à marca deixada por uma bofetada no rosto (aparência de "tapa na cara"), a qual desaparece lentamente. Em adultos não imunizados naturalmente durante a infância, a doença pode causar anemia, episódios de artrite ou, mais raramente, abortos. Em casos raros, a infecção causa hepatite ou insuficiência hepática.

Roséola A **roséola** é uma doença leve e muito comum na infância. A criança doente apresenta febre alta por alguns dias, seguida do surgimento de uma erupção que cobre a maior parte do corpo e com duração de 1 ou 2 dias. A recuperação leva à imunidade. Os patógenos são o *Roseolovirus humanbeta6* (herpes-vírus humano 6) e o *Roseolovirus humanbeta7* (herpes-vírus humano 7) – o último é responsável por 5 a 10% dos casos de roséola. Ambos os vírus podem estar presentes na saliva da maioria dos adultos.

Doença da mão-pé-boca A doença da mão-pé-boca (DMPB) é causada por várias espécies de *Enterovirus*, sendo o coxsackievírus A16 (*Enterovirus alphacoxsackie*) a causa mais comum. A DMPB é transmitida pelo contato com a mucosa ou a saliva de uma pessoa infectada. Ela ocorre mais comumente entre crianças que frequentam creches, pré-escolas e jardins de infância. Epidemias limitadas podem ocorrer, principalmente durante o verão e o outono. O período de incubação é em geral de 3 a 7 dias, com os sintomas iniciais de febre seguidos por faringite. Em seguida, uma erupção (plana ou elevada) surge em áreas como mãos, pés, boca, língua e parte interna das bochechas. É rara a hospitalização dos pacientes infectados, mas ocasionalmente – quando a doença é causada pelo *Enterovirus betacoxsackie* – ela pode ser acompanhada de condições neurológicas, como encefalite, meningite e até mesmo uma paralisia semelhante à poliomielite. Pessoas adultas com o sistema imune normal apresentam menor probabilidade de adquirir a infecção. Não existe tratamento.

TESTE SEU CONHECIMENTO

✔ **21-5** Como surgiu o curioso nome "quinta moléstia"?

Doenças fúngicas da pele e das unhas

Como mencionado anteriormente, a pele é mais suscetível a microrganismos que podem resistir a uma alta pressão osmótica e baixa umidade. Assim, não surpreende que os fungos causem várias doenças cutâneas. Qualquer infecção fúngica do corpo é denominada **micose**.

Micoses cutâneas

Os fungos que colonizam os pelos, as unhas e a camada externa (estrato córneo) da epiderme (ver Figura 21.1) são chamados **dermatófitos**; eles crescem na queratina presente nesses locais. Conhecidas como **dermatomicoses**, essas infecções fúngicas são conhecidas popularmente como *tíneas*. A tínea do couro cabeludo (*tinea capitis*) é bastante comum entre crianças em idade escolar, e a infecção pode resultar em placas sem cabelo. Em inglês, a infecção é referida como *ringworm* ("verme circular") porque tendem a se expandir em círculos (**Figura 21.16a**). A infecção normalmente é transmissível por contato com fômites. Gatos e cães também são frequentemente infectados pelos fungos que causam as tíneas em crianças. A tínea da virilha é conhecida como *tinea cruris*, e a micose do pé, ou pé de atleta, é conhecida como *tinea pedis* (Figura 21.16b). A umidade dessas áreas favorece as infecções fúngicas. A micose das unhas é chamada de *tinea unguium*, ou *onicomicose*.

Três gêneros de fungos estão envolvidos nas micoses cutâneas. *Trichophyton* pode infectar pelos, pele ou unhas; *Microsporum* geralmente infecta apenas os pelos ou a pele; *Epidermophyton* afeta apenas a pele e as unhas. Os fármacos tópicos disponíveis para o tratamento das tíneas vendidos sem prescrição médica incluem o miconazol e o clotrimazol. O pé de atleta normalmente é difícil de curar. Preparações tópicas de alilamina contendo terbinafina ou naftifina, assim como outra alilamina, a butenavina, são recomendadas e atualmente estão disponíveis sem a necessidade de prescrição. Normalmente, a aplicação por períodos prolongados é necessária. Quando o cabelo está envolvido na infecção, o tratamento tópico não é muito eficaz. Um antibiótico oral, a griseofulvina, geralmente é utilizado nessas infecções, uma vez que pode se concentrar em tecidos queratinizados, como pele, pelos ou unhas. Quando as unhas são infectadas, o itraconazol e a terbinafina por via oral são os fármacos de escolha, mas o tratamento pode levar semanas, e ambos precisam ser utilizados com precaução devido à gravidade dos potenciais efeitos adversos.

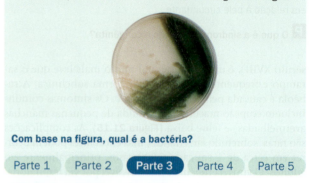
Micoses subcutâneas

As **micoses subcutâneas** são mais graves do que as micoses cutâneas. Mesmo quando a pele é rompida, os fungos cutâneos não parecem ser capazes de penetrar através do estrato córneo, talvez porque não consigam obter quantidades suficientes de ferro para o crescimento na epiderme ou na derme. Micoses subcutâneas normalmente são causadas por fungos que habitam o solo, em especial a vegetação em decomposição, e podem penetrar na pele por pequenas feridas, alcançando o tecido subcutâneo.

Nos Estados Unidos, a doença mais comum desse tipo é a **esporotricose**, causada pelo fungo dimórfico *Sporothrix schenkii*.

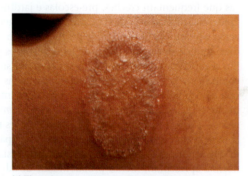

(a) Tínea do couro cabeludo. Quando presente na bochecha, essa infecção é chamada de *tinea barbae*.

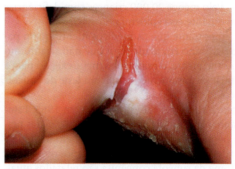

(b) Pé de atleta (*Tinea pedis*)

Figura 21.16 Dermatomicoses.

🅟 As manchas circulares são causadas por um helminto?

A maioria dos casos ocorre entre jardineiros ou outras pessoas que trabalham diretamente com o solo. A infecção frequentemente forma uma pequena úlcera nas mãos. O fungo invade o sistema linfoide na área da infecção e forma lesões similares nesse local. A condição raramente é fatal e é tratada com itraconazol ou com a ingestão de uma solução diluída de iodeto de potássio.

Candidíase

A microbiota bacteriana das membranas mucosas do trato urogenital e da boca normalmente suprime o crescimento de fungos como a *Candida albicans*. O fungo não é afetado por fármacos antibacterianos e por isso às vezes pode crescer excessivamente no tecido mucoso quando os antibióticos suprimem a microbiota bacteriana normal. Mudanças no pH normal das mucosas também podem gerar efeito similar. Esse crescimento excessivo de *C. albicans* gera uma infecção chamada de **candidíase**. Diversas outras espécies de *Candida*, por exemplo *C. tropicalis* ou *C. krusei*, também podem estar envolvidas. A morfologia desses microrganismos não é sempre leveduriforme, podendo apresentar formações de pseudo-hifas, que são células alongadas semelhantes a hifas. Nessa forma, a *Candida* é resistente à fagocitose, o que pode ser um fator importante na sua patogenicidade (**Figura 21.17a**). Recém-nascidos, cuja microbiota normal ainda não está estabelecida, frequentemente apresentam um crescimento excessivo do fungo, que forma uma camada esbranquiçada na cavidade oral, chamada de **candidíase oral** (popularmente conhecida como "sapinho") (Figura 21.17b). *C. albicans* também é uma causa muito comum de vaginite (ver Capítulo 26).

Indivíduos imunossuprimidos, incluindo pacientes com Aids, são bastante propensos às infecções por *Candida* da pele e das membranas mucosas. Em pessoas obesas ou com diabetes, as áreas da pele naturalmente mais úmidas tendem a se tornar infectadas por esse fungo. As áreas infectadas tornam-se

vermelho-vivas, com lesões nas bordas. As infecções de pele e mucosas causadas por *C. albicans* são geralmente tratadas com aplicações tópicas de miconazol, clotrimazol ou nistatina. Se a candidíase se tornar sistêmica, o que pode acontecer no caso de sujeitos imunossuprimidos, pode se desenvolver uma *doença fulminante* (que surge subitamente e de forma intensa) que pode levar à morte. O fármaco de escolha para o tratamento de candidíase sistêmica é o fluconazol. Diversos novos tratamentos estão disponíveis atualmente; por exemplo, alguns fármacos antifúngicos da nova classe das equinocandinas, como a micafungina e a anidulafungina, já estão aprovados para uso.

> ### TESTE SEU CONHECIMENTO
>
> ✔ **21-6** Quais são as diferenças entre a esporotricose e as tíneas? E as semelhanças?
>
> ✔ **21-7** Como o uso da penicilina pode resultar em candidíase?

Infestações parasitárias da pele

Organismos parasitários, como alguns protozoários, helmintos e artrópodes microscópicos, podem infestar a pele e causar doenças. Descreveremos dois exemplos de infestações comuns por artrópodes na pele: a escabiose e a pediculose.

Escabiose (sarna)

Provavelmente a primeira conexão documentada entre um organismo microscópico (330-450 μm) e uma doença em seres humanos foi a **escabiose** (ou sarna, no jargão popular), descrita por um médico italiano em 1687. A doença envolve intenso prurido local e é causada por um ácaro minúsculo, o *Sarcoptes scabiei*, que escava túneis sob a pele para depositar seus ovos (**Figura 21.18**). Esses túneis feitos pelo parasita na pele costumam ser visíveis como linhas sinuosas e ligeiramente elevadas de cerca de 1 mm de largura. Entretanto, a escabiose pode surgir na forma

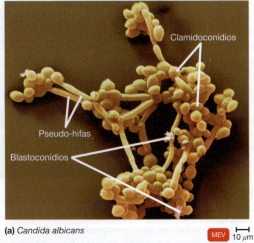

(a) *Candida albicans*

MEV ⊢—⊣ 10 μm

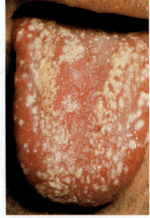

(b) Candidíase oral, ou sapinho

Figura 21.17 Candidíase. (a) *Candida albicans*. Observe os clamidoconídios esféricos (corpos em repouso formados a partir de hifas) e os blastoconídios menores (esporos assexuados produzidos por brotamento) (ver Capítulo 12). **(b)** Esse caso de candidíase oral, ou sapinho, produziu uma camada grossa e cremosa sobre a língua.

P Como os fármacos antibacterianos podem levar à candidíase?

MEV ⊢ 0,2 mm

Figura 21.18 Ácaros da escabiose na pele.

P É necessário um microscópio para a identificação desse patógeno?

CASO CLÍNICO

A bactéria *P. aeruginosa* foi isolada de 26 dos casos que foram testados. O departamento de saúde coletou amostras da água da piscina e realizou esfregaços do ambiente, como dos azulejos ao redor da piscina e de um brinquedo inflável de aproximadamente 5 metros que estava na piscina infantil. As amostras foram cultivadas em ágar nutriente. A cloração da água mostrou-se adequada; os testes da água apresentaram-se negativos para a bactéria. *P. aeruginosa* foi encontrada no azulejo da parte rasa da piscina e no brinquedo inflável. Nenhum dos indivíduos-controle e 25 dos pacientes com erupções haviam utilizado o brinquedo inflável.

O brinquedo não é à prova d'água; durante o uso, ele é mantido inflado com o auxílio de uma bomba de ar. Ele é utilizado por cerca de 1 hora por dia, 3 dias na semana, e é armazenado próximo à piscina quando não está em uso. A água visivelmente se infiltra pelas costuras do brinquedo.

Por que a bactéria *P. aeruginosa* é uma candidata provável para esse tipo de infecção?

Parte 1   Parte 2   Parte 3   **Parte 4**   Parte 5

de várias lesões inflamatórias na pele, muitas delas causadas por infecções secundárias, originadas do ato de se coçar. O ácaro é transmissível por contato íntimo, inclusive sexual, sendo encontrado com mais frequência em membros de uma mesma família, residentes de casas de repouso e adolescentes que trabalham como babás e acabam sendo infectadas pelas crianças.

Cerca de 500.000 pessoas com escabiose procuram tratamento a cada ano nos Estados Unidos. Nos países em desenvolvimento, a infestação é ainda mais prevalente. O ácaro vive cerca de 25 dias, porém, durante esse período, os ovos depositados eclodem e geram uma dúzia ou mais de novos ácaros. A escabiose normalmente é diagnosticada pela análise microscópica de raspados de pele, sendo então tratada pela aplicação tópica de permetrina. Casos difíceis às vezes são tratados com ivermectina oral. (Ver **Doenças em foco 21.3**.)

Pediculose (infestação por piolhos)

As infestações por piolhos, chamadas de **pediculose**, afetam os seres humanos há milhares de anos. Embora no senso comum as pessoas associem essa condição a hábitos sanitários inadequados, surtos de pediculose entre crianças em idade escolar pertencentes às classes média e alta são comuns nos Estados Unidos. Os pais normalmente se sentem frustrados, mas o piolho é facilmente transferido pelo contato cabeça a cabeça, comum entre crianças que se conhecem bem. O piolho-da-cabeça, *Pediculus humanus capitis*, não é o mesmo que o piolho-do-corpo, *Pediculus humanus corporis*. Ambos são subespécies de *Pediculus humanus* que se adaptaram a diferentes áreas do corpo. Apenas o piolho-do-corpo dissemina doenças, como o tufo epidêmico.

Os piolhos (ver Figura 12.32a) precisam se alimentar do sangue de seu hospedeiro e o fazem diversas vezes durante o dia. A vítima normalmente não sabe da presença desse passageiro indesejável até que ocorre a coceira, resultado da sensibilização à saliva do piolho que se desenvolve várias semanas depois da infestação inicial. O ato de se coçar pode resultar em infecções bacterianas secundárias. O piolho-da-cabeça tem pernas especialmente adaptadas para se agarrar aos cabelos

no couro cabeludo (**Figura 21.19a**). Durante seu tempo de vida, que pode durar até um pouco mais de 1 mês, a fêmea do piolho deposita muitos ovos (lêndeas) por dia. Os ovos ficam aderidos à haste dos fios de cabelo, próximo ao couro

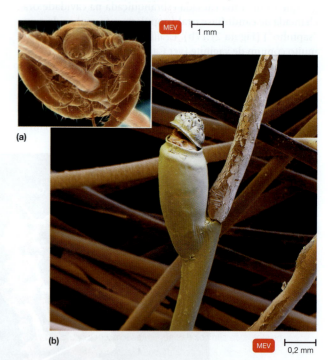

MEV ⊢ 1 mm

(a)

(b)

MEV ⊢ 0,2 mm

Figura 21.19 Piolho e ovos de piolho (lêndeas). (a) Piolho adulto se agarrando a um fio de cabelo. **(b)** Esse ovo (lêndea) contém o estágio de ninfa, que está em processo de saída do ovo através da tampa (opérculo). Ela consegue sair engolindo ar e forçando sua saída pelo ânus, abrindo o opérculo como se ele fosse uma rolha de champanhe.

P Como a pediculose é transmitida?

cabeludo (Figura 21.19b), para que possam usufruir de uma temperatura de incubação mais quente, eclodindo dentro de 1 semana. Nos estágios iniciais do desenvolvimento dos piolhos, eles também são chamados de lêndeas. As cascas vazias dos ovos são brancas e mais visíveis. Elas não indicam necessariamente a presença de piolhos vivos. À medida que o cabelo cresce (a uma taxa de 1 cm por mês), as lêndeas aderidas movem-se para longe do couro cabeludo.

Um ponto interessante é que, nos Estados Unidos, os piolhos tornaram-se adaptados às hastes cilíndricas do cabelo encontrados em pessoas brancas, asiáticas e hispânicas. Consequentemente, os afro-americanos são infestados por piolhos com menos frequência. Em alguns países da África, os piolhos se adaptaram às hastes não cilíndricas do cabelo de pessoas negras.

Os tratamentos para o piolho-da-cabeça são muitos; porém, um fato conhecido na área médica é que, quando existem muitos tratamentos para determinada condição, é provável que nenhum seja realmente bom. Medicamentos sem prescrição médica, como os inseticidas permetrina e piretrina, são geralmente os tratamentos de primeira escolha, mas a resistência a esses fármacos se tornou comum. Outras preparações tópicas contendo inseticidas, como o malation e o lindano, este último mais tóxico, também estão disponíveis (o lindano requer prescrição médica). Um tratamento de dose única consistindo na administração oral de ivermectina algumas vezes é utilizado. Um novo produto baseado em silicone, denominado LiceMD®, é efetivo e atóxico. O princípio ativo, *dimeticona*, bloqueia os tubos utilizados pelos piolhos para a respiração. A remoção física das lêndeas por meio do uso de pentes finos é outra opção de tratamento. Esse é um procedimento difícil e demorado, que acabou por resultar no aparecimento de serviços profissionais para remoção de piolhos em algumas cidades. Os serviços são caros, mas muito úteis para pais e mães ocupados.

TESTE SEU CONHECIMENTO

✔ **21-8** Quais doenças, caso exista alguma, podem ser disseminadas por piolhos-da-cabeça, como o *Pediculus humanus capitis*?

Doenças microbianas dos olhos

OBJETIVOS DE APRENDIZAGEM

21-9 Definir *conjuntivite*.

21-10 Listar os agentes causadores, o modo de transmissão e os sintomas clínicos das seguintes infecções oculares: oftalmia neonatal, conjuntivite de inclusão e tracoma.

21-11 Listar os agentes causadores, o modo de transmissão e os sintomas clínicos das seguintes infecções oculares: ceratite herpética e ceratite por *Acanthamoeba*.

As células epiteliais que recobrem os olhos podem ser consideradas uma continuação da mucosa ou da pele. Muitos micróbios podem infectar os olhos, principalmente através da *túnica conjuntiva*, a membrana mucosa que recobre a parte interna das pálpebras e a região branca do globo ocular. Ela é uma camada transparente de células vivas que substituem a pele. As doenças oculares estão resumidas em **Doenças em foco 21.4**.

Inflamação das membranas oculares: conjuntivite

A **conjuntivite** é uma inflamação da túnica conjuntiva. O *Haemophilus influenzae* é o agente bacteriano mais comum, e as infecções virais normalmente são causadas por adenovírus. No entanto, um amplo grupo de agentes bacterianos e virais, além das alergias, podem causar essa condição.

A popularidade das lentes de contato tem sido acompanhada pelo aumento da incidência de infecções oculares. Isso ocorre especialmente no caso das lentes flexíveis, que costumam ser usadas por longos períodos. Entre os patógenos bacterianos que causam conjuntivite estão as pseudômonas, que podem danificar gravemente os olhos. Para prevenir infecções, os usuários de lentes de contato não devem utilizar soluções salinas feitas em casa, uma fonte frequente de infecção, e devem seguir meticulosamente as recomendações do fabricante para a limpeza e a desinfecção das lentes. Os métodos mais eficientes para a desinfecção de lentes de contato envolvem a aplicação de calor. No caso de lentes que não podem ser aquecidas, elas podem ser desinfetadas com o uso de peróxido de hidrogênio, que é, em seguida, neutralizado.

Doenças bacterianas dos olhos

Os microrganismos bacterianos mais comumente associados aos olhos são frequentemente originários da pele e do trato respiratório superior.

Oftalmia neonatal

A **oftalmia neonatal** é uma forma grave de conjuntivite causada por *Neisseria gonorrhoeae* (agente causador da gonorreia). Grandes quantidades de pus são formadas; se o tratamento não for iniciado a tempo, pode ocorrer a ulceração da córnea. A doença é adquirida quando o feto passa pelo canal do parto, e a infecção apresenta um risco elevado de produzir cegueira. No início do século XX, a legislação exigia que os olhos de todos os recém-nascidos fossem tratados com uma solução de nitrato de prata a 1%, que provou ser um tratamento muito efetivo na prevenção dessa infecção ocular que anteriormente era responsável por aproximadamente um quarto de todos os casos de cegueira nos Estados Unidos. O nitrato de prata foi quase inteiramente substituído pelos antibióticos devido às frequentes coinfecções por gonococos e clamídias sexualmente transmissíveis, contra os quais o nitrato de prata não é efetivo. Em regiões do mundo onde o custo dos antibióticos é proibitivo, o uso de soluções diluídas de iodopovidona tem se mostrado eficiente.

Conjuntivite de inclusão

A conjuntivite por clamídias, ou **conjuntivite de inclusão**, é muito comum nos dias de hoje. Ela é causada pela *Chlamydia trachomatis*, bactéria que cresce somente como um parasita intracelular obrigatório. Em bebês, que adquirem a infecção no canal do parto durante o nascimento, a condição tende a se resolver espontaneamente em algumas semanas ou meses, porém em casos raros pode ocorrer lesão da córnea. A conjuntivite por clamídias também parece se disseminar pela água de piscinas não tratadas com cloro; nesse contexto, ela é chamada de *conjuntivite da piscina*. A tetraciclina aplicada como pomada oftálmica é um tratamento efetivo.

Doenças
microbianas dos olhos

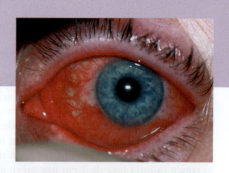

Pela manhã, ao acordar, um homem de 20 anos apresenta vermelhidão nos olhos e uma crosta de muco. A condição foi resolvida com o uso de antibióticos tópicos. Utilize a tabela a seguir para fornecer um diagnóstico diferencial e identificar as infecções que poderiam causar esses sintomas.

Doença	Patógeno	Porta de entrada	Sinais e sintomas	Modo de transmissão	Tratamento
DOENÇAS BACTERIANAS					
Conjuntivite	*Haemophilus influenzae*	Conjuntiva	Vermelhidão, coceira, secreção mucosa	Contato direto; fômites	Nenhum
Oftalmia neonatal	*Neisseria gonorrhoeae*	Conjuntiva	Infecção aguda com muita formação de pus	Através do canal do parto	Prevenção: tetraciclina, eritromicina ou iodopovidona
Conjuntivite de inclusão	*Chlamydia trachomatis*	Conjuntiva	Edema das pálpebras; formação de muco e pus	Através do canal do parto; em piscinas	Tetraciclina
Tracoma	*C. trachomatis*	Conjuntiva	Conjuntivite	Contato direto; fômites; moscas	Azitromicina
Sífilis ocular	*Treponema pallidum*	Membranas mucosas	Vermelhidão, visão embaçada	Infecção sexualmente transmissível	Ver Capítulo 26
DOENÇAS VIRAIS					
Conjuntivite	Adenovírus	Conjuntiva	Vermelhidão	Contato direto	Nenhum
Ceratite herpética	*Simplexvirus* (HHV-1)	Conjuntiva; córnea	Ceratite	Contato direto; infecção latente recorrente	Trifluridina pode ser efetiva
DOENÇA PROTOZOÓTICA					
Ceratite por *Acanthamoeba*	*Acanthamoeba* spp.	Abrasão da córnea; lentes de contato flexíveis podem impedir a remoção da ameba pelo ato de piscar	Ceratite	Contato com água doce	Clorexidina; transplante de córnea ou remoção cirúrgica do olho afetado podem ser necessários

Tracoma

O **tracoma** é uma infecção ocular grave, sendo provavelmente a maior causa isolada de cegueira por uma doença infecciosa. O nome deriva de uma palavra grega antiga que significa "enrugado". A doença é causada por certos sorotipos de *C. trachomatis*, mas não os mesmos que causam infecções genitais (ver Capítulo 26). Nas regiões áridas da África e da Ásia, quase todas as crianças são infectadas no início das suas vidas. Em todo o mundo, estima-se que existam 500 milhões de casos ativos e 7 milhões de vítimas de cegueira decorrente da doença. O tracoma também ocorre ocasionalmente no sudoeste dos Estados Unidos, sobretudo entre nativo-americanos.

A doença é uma conjuntivite transmitida principalmente pelo contato com as mãos contaminadas ou pelo compartilhamento de objetos pessoais, como toalhas. Moscas também podem disseminar a bactéria. Infecções repetidas podem causar inflamação (**Figura 21.20a**), levando à *triquíase*, condição em que os cílios se curvam para dentro dos olhos (Figura 21.20b). A abrasão da córnea, principalmente a causada pelos cílios, pode então causar lesão da córnea e cegueira. A triquíase pode ser corrigida cirurgicamente, procedimento já mostrado em antigos papiros egípcios. Infecções secundárias por outros patógenos bacterianos também são consideradas um fator importante nessa doença. Antibióticos para eliminar as clamídias, em especial a azitromicina oral, são tratamentos úteis. A doença pode ser controlada por práticas sanitárias adequadas e pela disseminação da educação em saúde.

TESTE SEU CONHECIMENTO

✔ **21-9** Qual é o nome popular da conjuntivite de inclusão?

✔ **21-10** Por que os antibióticos substituíram quase inteiramente o uso do nitrato de prata, que é menos dispendioso, na prevenção da oftalmia neonatal?

Outras doenças infecciosas dos olhos

As doenças discutidas aqui são caracterizadas pela inflamação da córnea, condição chamada de *ceratite*. Nos Estados Unidos, a ceratite é principalmente de origem bacteriana. Fungos e helmintos também podem causar doenças oculares. Na África e na Ásia, as infecções oculares são causadas principalmente por fungos, como *Candida*, *Fusarium* e *Aspergillus*.

(a) Inflamação crônica da pálpebra

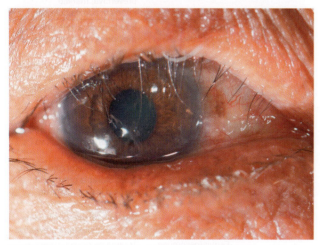

(b) Triquíase, cílios voltados para dentro dos olhos, causando escoriação da córnea

Figura 21.20 Tracoma. (a) Infecções repetidas por *Chlamydia trachomatis* causam uma inflamação crônica. A pálpebra foi retraída para mostrar os nódulos inflamatórios que entram em contato com a córnea. A abrasão resultante danifica a córnea e a torna suscetível a infecções secundárias. **(b)** Nos estágios tardios do tracoma, os cílios voltam-se para dentro dos olhos (triquíase) como mostrado aqui, o que provoca mais escoriações da córnea.

P Como o tracoma é transmitido?

Ver o quadro **Visão geral** sobre doenças tropicais negligenciadas para mais informações.

Conjuntivite relacionada à Covid-19

A conjuntivite foi relatada em 1 a 3% dos pacientes com Covid-19. O vírus que causa a Covid-19, o SARS-CoV-2, pode ser transmitido à túnica conjuntiva pelas mãos, pela roupa de cama ou por gotículas respiratórias.

Ceratite herpética

A **ceratite herpética** é causada pelo mesmo *herpes-vírus simples tipo 1* (HSV-1) que causa o herpes labial e permanece latente nos nervos trigêmeos (ver Figura 21.13). A doença é uma infecção da córnea, geralmente resultando em úlceras profundas. Ela pode ser a causa mais comum de cegueira infecciosa nos

Estados Unidos. O fármaco trifluridina é um tratamento eficaz em muitos casos.

Ceratite por *Acanthamoeba*

O primeiro caso de **ceratite por** *Acanthamoeba* foi relatado em 1973 em um fazendeiro do Texas, nos Estados Unidos. Desde então, mais de 4.000 casos da doença foram diagnosticados nos Estados Unidos. *Acanthamoeba* (ver Figura 22.17b) foi encontrada na água doce, na água de torneira, em banheiras de hidromassagem e no solo. A maioria dos casos recentes foi associada ao uso de lentes de contato, embora qualquer dano da córnea por trauma ou infecções possa tornar o paciente suscetível à doença. Os fatores que contribuem para a infecção incluem o uso de procedimentos de desinfecção inadequados, insalubres ou incorretos (uma vez que apenas o calor pode matar, de forma confiável, os cistos da ameba), o uso de soluções salinas feitas em casa e o uso de lentes de contato durante o sono ou a prática de natação.

Em seu estágio inicial, a infecção consiste apenas em uma inflamação leve, porém os estágios posteriores frequentemente são acompanhados de dor intensa. Se iniciado precocemente, o tratamento com colírio contendo clorexidina a 2% se mostrou eficiente. O dano muitas vezes é tão grave que pode requerer o transplante de córnea ou mesmo a remoção cirúrgica do olho afetado. O diagnóstico é confirmado pela presença de trofozoítos e cistos em raspados corados da córnea.

TESTE SEU CONHECIMENTO

✔ **21-11** Das duas infecções oculares, a ceratite herpética e a ceratite por *Acanthamoeba*, qual delas tem maior probabilidade de ser causada por um organismo que se reproduz ativamente em soluções salinas para limpeza de lentes de contato?

CASO CLÍNICO Resolvido

P. aeruginosa pode sobreviver a níveis relativamente elevados de cloro, o que torna a sua erradicação das piscinas um processo muito difícil. A sua capacidade de produzir um biofilme pode ser um fator determinante para essa resistência. Como o brinquedo inflável nunca ficou completamente seco, a bactéria provavelmente cresceu em seu interior enquanto ele estava armazenado. A bactéria se infiltrou pelas costuras do brinquedo e penetrou no organismo das pessoas através de minúsculas abrasões na pele, possivelmente adquiridas durante o contato com o dispositivo inflável. Os padrões de erupção são consistentes com a manipulação do brinquedo. A paciente que apresentou uma erupção nas pernas que não havia utilizado o dispositivo inflável provavelmente adquiriu a infecção pelos azulejos da piscina.

Os surtos de dermatite por *Pseudomonas* geralmente ocorrem em decorrência dos baixos níveis de desinfetantes na água de piscinas e banheiras. Nesse caso, a capacidade da bactéria *Pseudomonas* de crescer em moléculas orgânicas presentes no interior do dispositivo inflável contribuiu para o surto. O CDC recomenda que os insufláveis da piscina sejam esvaziados, enxaguados com água doce e secos ao ar diariamente.

Parte 1   Parte 2   Parte 3   Parte 4   **Parte 5**

Doenças tropicais negligenciadas

As doenças tropicais negligenciadas consistem em um grupo de 20 doenças que são contraídas por mais de 1 bilhão de pessoas por ano.

Um tipo diferente de campanha de saúde pública

Tradicionalmente, as campanhas de saúde pública têm como alvo as doenças que representam as maiores ameaças contra a saúde, abordando uma condição de cada vez. Uma consequência infeliz dessa abordagem é que algumas infecções graves com baixas taxas de incidência nunca preenchem os critérios necessários para serem incluídas nas campanhas maiores. Dessa forma, os esforços de conscientização, prevenção e tratamento dessas doenças podem ser ineficientes.

Historicamente, isso ocorreu com 20 infecções que são hoje conhecidas como doenças tropicais negligenciadas (DTNs). Elas infectam desproporcionalmente pessoas com recursos limitados que vivem em áreas remotas com poucos recursos. As DTNs causam uma ampla variedade de enfermidades, incluindo cegueira (tracoma, oncocercose); desfiguração (hanseníase, filariose linfática, úlcera de Buruli); problemas cardíacos (doença de Chagas); doenças hepáticas ou pulmonares (esquistossomose, fasciolose, leishmaniose, equinococose); deficiências de ossos, articulações ou outras relacionadas ao movimento (bouba, dengue, dracunculíase); mal-estar, desnutrição e comprometimento cognitivo (doenças helmínticas transmitidas pelo solo); e danos neurológicos (raiva, cisticercose e tripanossomíase africana). Juntas, as DTNs impactam mais de 1 bilhão de pessoas anualmente, com 200 milhões de mortes, de acordo com a OMS.

Apesar da grande variação em relação às causas e aos efeitos, as estratégias de tratamento das DTNs costumam ser parecidas (ver tabela). A infecção simultânea por mais de uma DTN também é comum, o que torna a abordagem de tratamento de grupo uma boa opção para a resposta de saúde pública.

Em 2021, a OMS emitiu uma declaração que definiu metas para a redução de DTNs para o ano de 2030 e delineou meios para atingir esses objetivos. As principais abordagens incluem diagnóstico e tratamento precoces; manejo de doenças zoonóticas; quimioterapia preventiva; controle de vetores e manejo de defensivos agrícolas; e melhorias nas condições sanitárias e de segurança da água para consumo.

A cegueira dos rios, causada pelo nematódeo *Onchocerca volvulus*, é transmitida por picadas de moscas-negras *Simulium* spp. Ela afeta mais de 14 milhões de pessoas na África e na América Latina.

Tipo de infecção	Doença	Estratégias de manejo
PROTOZOÓTICAS	Tripanossomíase africana	Controle do vetor (mosca tsé-tsé), quimioterapia preventiva, manejo intensificado da doença, saúde pública veterinária
	Doença de Chagas	Controle do vetor (triatoma), intensificação da gestão de doença
	Leishmaniose	Controle do vetor (mosquito-palha), quimioterapia preventiva, manejo intensificado da doença
HELMÍNTICAS	Teníase, cisticercose	Saúde pública veterinária, melhorias nas condições de saneamento e higiene
	Dracunculíase (doença do verme da Guiné)	Controle do vetor (crustáceos copépodes), melhorias nas condições de saneamento e higiene
	Equinococose	Saúde pública veterinária
	Fasciolose (trematodíases de origem alimentar)	Saúde pública veterinária, quimioterapia preventiva
	Filariose linfática (elefantíase)	Controle do vetor (mosquito), quimioterapia preventiva, manejo intensificado da doença
	Oncocercose ("cegueira dos rios")	Controle do vetor (mosca-negra), quimioterapia preventiva
	Esquistossomose (vermes intestinais transmitidos pelo solo)	Terapia de desparasitação preventiva, melhorias nas condições de saneamento e higiene
BACTERIANAS	Tracoma	Controle do vetor (mosca), melhorias nas condições de saneamento e higiene
	Hanseníase (doença de Hansen)	Quimioterapia preventiva, manejo intensificado da doença
	Úlcera de Buruli	Controle de reservatórios de insetos aquáticos; diagnóstico e tratamento rápidos, melhorias nas condições de saneamento e higiene
	Bouba (treponematose endêmica)	Melhorias nas condições de higiene
VIRAIS	Chikungunya	Controle do vetor
	Dengue	
	Raiva	Saúde pública veterinária
FÚNGICAS	Micetoma, cromoblastomicose	Desenvolvimento de testes de diagnóstico cutâneos
ARTRÓPODES	Escabiose	Desenvolvimento de testes de diagnóstico
VENENO DE COBRA		Desenvolvimento de imunoensaios simples e de baixo custo para a identificação de espécies venenosas e rápido fornecimento do antiveneno adequado

Algumas estratégias podem reduzir significativamente a incidência das doenças tropicais negligenciadas

O programa DTN da OMS de 2012-2020 resultou na eliminação da filariose linfática em 17 países e do tracoma em 10 países. Com base em estratégias de sucesso, até 2030 a OMS espera erradicar a dracunculíase e alcançar a eliminação regional da filariose linfática, da hanseníase, do tracoma e da tripanossomíase africana. Esforços para a redução das DTNs incluem os listados a seguir.

Quimioterapia preventiva

As empresas farmacêuticas doam medicamentos e compartilham tecnologias e dados para o desenvolvimento de novos tratamentos. O Banco Mundial financia iniciativas que têm como objetivo fornecer tratamentos para essas doenças. Medicamentos preventivos para várias DTNs são embalados e vendidos a menos de 1 dólar por pessoa. Professores recebem treinamento para a administração de comprimidos para eliminar os parasitas de alunos. Esses esforços têm limitado a transmissão da dracunculíase.

Manejo intensificado e inovador das doenças

Como a maioria das pessoas infectadas por DTNs vive em regiões remotas, grupos de apoio sediam eventos comunitários em que as pessoas podem receber vacinas, vitaminas e fármacos fora do ambiente clínico. Subsídios de organizações como a Fundação Bill e Melinda Gates financiam o desenvolvimento de dispositivos de teste portáteis, permitindo o diagnóstico rápido e o tratamento imediato das doenças.

Assistência veterinária

A assistência veterinária é dispendiosa e, portanto, rara nos países em desenvolvimento. O tratamento de animais de estimação, do gado e de suínos contra parasitas, bem como contra doenças virais e bacterianas, auxilia a interrupção da transmissão de doenças zoonóticas para seres humanos, como raiva, cisticercose, equinococose, trematodíases de origem alimentar e da tripanossomíase africana.

Controle do vetor

O uso seguro de pesticidas para o controle do vetor reduz a incidência de tripanossomíase africana, doença de Chagas, leishmaniose, chikungunya, dengue, dracunculíase, filariose linfática e tracoma.

Melhorias nas condições sanitárias e nos serviços de higiene

Água potável e sistemas de saneamento aprimorados podem reduzir a prevalência de muitas doenças, incluindo de dracunculíase, esquistossomose, tracoma, úlcera de Buruli e bouba.

O acesso à água potável permite a lavagem diária das mãos e do rosto, o que pode reduzir a transmissão de muitas doenças.

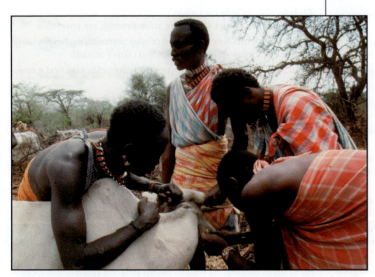

Grupo queniano Masai coleta uma amostra de sangue de um bovino para avaliação da presença de tripanossomas.

CONCEITOS-CHAVE

- Os vetores são animais que transmitem doenças aos humanos. (Ver Capítulo 12, "Artrópodes como vetores", e Capítulo 14, "Transmissão de doenças".)
- Mais da metade da população mundial está infectada por patógenos eucariotos, como protozoários e vermes parasitas. (Ver Capítulo 12, "Protozoários de importância médica" e "Helmintos".)
- Os epidemiologistas estudam padrões de transmissão e distribuição para desenvolver estratégias de controle de infecções. (Ver Capítulo 14, "Epidemiologia".)
- A vacinação de animais de estimação é muito dispendiosa na maior parte da África, Ásia e América Latina, onde as mortes por raiva são muito mais comuns. (Ver Capítulo 22, "Raiva".)

Resumo para estudo

Introdução (p. 592)

1. A pele é uma barreira física contra os microrganismos.
2. As áreas úmidas da pele sustentam o crescimento de populações bacterianas maiores do que as áreas secas.

Estrutura e função da pele (p. 593-594)

1. A parte externa da pele (epiderme) contém queratina, um revestimento à prova d'água.
2. A parte interna da pele, a derme, contém folículos pilosos, ductos sudoríparos e glândulas sebáceas que fornecem portas de entrada para os microrganismos.
3. O sebo e a transpiração são secreções da pele que podem inibir o crescimento de microrganismos.
4. O sebo e a transpiração fornecem nutrientes para alguns microrganismos.
5. As cavidades corporais são revestidas por células epiteliais. Quando essas células secretam muco, constituem as membranas mucosas.

Microbiota normal da pele (p. 594)

1. Os microrganismos que vivem na pele são resistentes ao ressecamento e a altas concentrações de sal.
2. Cocos gram-positivos predominam na pele.
3. O processo de lavagem não remove completamente a microbiota normal da pele.
4. Membros do gênero *Cutibacterium* metabolizam o óleo das glândulas sebáceas e colonizam os folículos pilosos.
5. A levedura *M. furfur* cresce nas secreções oleosas e pode ser a causa da caspa.

Doenças microbianas da pele (p. 594-613)

1. Vesículas são pequenas lesões repletas de fluido; bolhas são vesículas maiores que 1 cm; máculas são lesões planas e avermelhadas; pápulas são lesões elevadas; pústulas são lesões elevadas que contêm pus.

Doenças bacterianas da pele (p. 594-604)

2. A maior parte da microbiota da pele é composta de *Staphylococcus epidermidis* coagulase-negativos.
3. Quase todas as linhagens patogênicas de *S. aureus* produzem coagulase.
4. *S. aureus* patogênicos podem produzir enterotoxinas, leucocidinas e toxina esfoliativa.
5. Infecções localizadas (terçol, espinhas e carbúnculos) resultam da entrada de S. *aureus* através de aberturas na pele.
6. O impetigo é uma infecção superficial da pele altamente contagiosa causada pelo *S. aureus*.
7. A toxemia ocorre quando toxinas entram na corrente sanguínea; as toxemias estafilocócicas incluem a síndrome da pele escaldada e a síndrome do choque tóxico.
8. Os estreptococos são classificados de acordo com suas enzimas hemolíticas e antígenos da parede celular.
9. Os estreptococos beta-hemolíticos do grupo A produzem vários fatores de virulência: proteína M, desoxirribonuclease, estreptoquinases e hialuronidase.
10. Os estreptococos beta-hemolíticos do grupo A invasivos causam destruição rápida e intensa de tecidos.

11. *P. aeruginosa* produz uma endotoxina e várias exotoxinas.
12. Doenças causadas por *P. aeruginosa* incluem otite externa, infecções respiratórias, infecções de queimaduras e dermatites.
13. As infecções desencadeadas por *P. aeruginosa* apresentam um pus azul-esverdeado característico causado pelo pigmento piocianina.
14. O *M. ulcerans* causa ulcerações profundas nos tecidos.
15. Os produtos finais do metabolismo (ácidos graxos) de *C. acnes* causam a acne inflamatória.

Doenças virais da pele (p. 604-609)

16. Os papilomavírus causam proliferação das células epiteliais, produzindo um crescimento benigno denominado verruga ou papiloma.
17. As verrugas são disseminadas por contato direto.
18. As verrugas podem regredir espontaneamente ou ser removidas química ou fisicamente.
19. O vírus da varíola causa dois tipos de infecções cutâneas: varíola maior e varíola menor.
20. A varíola é transmitida por via respiratória, e o vírus é transportado para a pele via corrente sanguínea. Ela foi erradicada por um esforço de vacinação coordenado pela Organização Mundial da Saúde.
21. A MPOX, que se assemelha à varíola nos sintomas, é transmitida entre humanos pelo contato direto com lesões cutâneas ou secreções respiratórias. A sua incidência aumentou em todo o mundo em 2022.
22. O *Variolavirus* (HHV-3) é transmitido por via respiratória e se localiza nas células da pele, causando uma erupção vesicular.
23. As complicações da varicela incluem a encefalite e a síndrome de Reye.
24. Após um episódio de varicela, o vírus pode permanecer latente nas células nervosas e depois se reativar, causando o herpes-zóster.
25. O herpes zóster é caracterizado por uma erupção vesicular ao longo dos nervos sensitivos cutâneos afetados.
26. A infecção pelo HHV-3 pode ser tratada com aciclovir. Uma vacina composta de vírus vivos atenuados está disponível.
27. Infecções pelo herpes-vírus simples em células mucosas podem resultar em herpes labial e, ocasionalmente, em encefalite.
28. O vírus permanece latente nas células nervosas, e o herpes labial pode se tornar recorrente quando o vírus é ativado.
29. O HSV-1 é transmissível principalmente pelas vias oral e respiratória.
30. A encefalite herpética ocorre quando *Simplexvirus* spp. infectam o cérebro.
31. O aciclovir provou-se eficaz no tratamento da encefalite herpética.
32. O vírus do sarampo é transmitido por via respiratória.
33. A vacinação contra o sarampo promove imunidade de longa duração.
34. Depois que o vírus do sarampo é incubado nas células do trato respiratório superior, lesões maculares surgem na pele e manchas de Koplik surgem na mucosa oral.
35. Complicações do sarampo incluem infecções da orelha média, pneumonias, encefalites e infecções bacterianas secundárias.
36. O vírus da rubéola é transmitido pela via respiratória e causa erupções avermelhadas e febre baixa.

37. A síndrome da rubéola congênita pode afetar o feto quando a mãe contrai a doença durante o primeiro trimestre de gestação.

38. A vacinação com vírus vivos e atenuados da rubéola promove uma imunidade de duração desconhecida.

39. *O Erythroparvovirus* (B19) causa o eritema infeccioso e os *Roseolovirus* spp. (HHV-6 e HHV-7) causam roséola.

40. A doença da mão-pé-boca é uma infecção que acomete crianças pequenas e pode ser causada por diversos enterovírus.

Doenças fúngicas da pele e das unhas (p. 610-611)

41. Os fungos que colonizam a camada mais externa da epiderme causam as dermatomicoses.

42. *Microsporum, Trichophyton* e *Epidermophyton* causam as dermatomicoses conhecidas como tíneas.

43. Esses fungos crescem em epiderme que contêm queratina, como pelos, pele e unhas.

44. O diagnóstico baseia-se no exame microscópico de raspados de pele ou culturas fúngicas.

45. A esporotricose resulta da infecção por um fungo do solo que penetra na pele por um ferimento.

46. O fungo cresce e produz nódulos subcutâneos ao longo dos vasos linfáticos.

47. A *Candida albicans* causa infecções das membranas mucosas e é uma causa comum de candidíase oral (sapinho) e vaginite.

48. Antifúngicos tópicos podem ser utilizados no tratamento de doenças fúngicas da pele.

Infestações parasitárias da pele (p. 611-613)

49. A escabiose é causada por um ácaro que escava túneis e deposita ovos na pele.

50. A pediculose é uma infestação causada por *Pediculus humanus*.

Doenças microbianas dos olhos (p. 613-617)

1. A membrana mucosa que reveste as pálpebras e a parte branca do bulbo do olho é chamada de túnica conjuntiva.

Inflamação das membranas oculares: conjuntivite (p. 613)

2. A conjuntivite pode ser causada por diversas bactérias e pode ser transmitida por lentes de contato inadequadamente desinfetadas.

Doenças bacterianas dos olhos (p. 613-614)

3. A microbiota bacteriana do olho normalmente se origina da pele e do trato respiratório superior.

4. A oftalmia neonatal é causada pela transmissão de *N. gonorrhoeae* para um recém-nascido durante a sua passagem pelo canal do parto.

5. A conjuntivite de inclusão é uma infecção da conjuntiva causada por *C. trachomatis*. Ela é transmitida aos recém-nascidos durante o parto, estando presente também em piscinas não tratadas com cloro.

6. O tracoma é transmitido por mãos, fômites e talvez moscas.

Outras doenças infecciosas dos olhos (p. 614-617)

7. Os fungos *Fusarium* e *Aspergillus* podem infectar os olhos.

8. As ceratites herpéticas causam úlceras na córnea. O agente etiológico é o HSV-1, que invade o sistema nervoso central e pode se tornar recorrente.

9. O protozoário *Acanthamoeba*, transmitido pela água, pode causar uma forma grave de ceratite.

Questões para estudo

As respostas das questões de Conhecimento e Compreensão estão na seção de Respostas no final deste livro.

Conhecimento e compreensão

Revisão

1. Discuta os modos comuns utilizados por bactérias para entrar na pele. Compare as infecções cutâneas bacterianas com aquelas causadas por fungos e vírus em relação ao modo de entrada.

2. Quais bactérias são identificadas por um teste da coagulase positivo? Quais bactérias são caracterizadas como beta-hemolíticas do grupo A?

3. DESENHE Na figura a seguir, indique os sítios das seguintes infecções: impetigo, foliculite, acne, verrugas, herpes-zóster, esporotricose e pediculose.

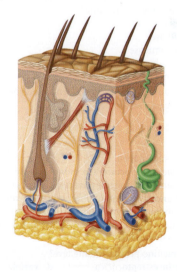

4. Complete a tabela a seguir sobre epidemiologia:

Doença	Agente etiológico	Sintomas clínicos	Modo de transmissão
Acne			
Espinhas			
Verrugas			
Varicela			
Doença da mão-pé-boca			
Sarampo			
Rubéola			

5. Antes de 2005, por que um teste de anticorpos contra a rubéola era necessário para mulheres com menos de 50 anos antes de emitir uma certidão de casamento?

6. Identifique as doenças com base nos sintomas do quadro a seguir.

Sintomas	Doença
Manchas de Koplik	
Erupção macular	
Erupção vesicular	
Erupção formada por pequenas manchas	
Bolhas recorrentes na mucosa oral	
Úlcera da córnea e edema dos linfonodos	

7. Que complicações podem ocorrer em uma infecção por HSV-1?

8. O que compõe a vacina tríplice viral (MMR)?

9. Um paciente apresenta lesões inflamatórias na pele que coçam intensamente. O exame microscópico de raspados da pele revela a presença de um artrópode de oito patas. Qual é o seu diagnóstico? Como a doença é tratada? O que você concluiria se encontrasse um artrópode de seis patas?

10. IDENTIFIQUE Este bastonete gram-positivo anaeróbio é encontrado na pele. As infecções frequentemente são tratadas com retinoides ou peróxido de benzoíla.

Múltipla escolha

Utilize as informações a seguir para responder às questões 1 e 2. Uma menina de 6 anos foi levada ao médico para avaliar a presença de um nódulo de crescimento lento na região da nuca. O nódulo era uma lesão descamativa elevada de 4 cm de diâmetro. Uma cultura fúngica do material da lesão foi positiva para um fungo com inúmeros conídios.

1. Qual era a doença da menina?
   a. rubéola
   b. candidíase
   c. dermatomicose
   d. herpes labial
   e. nenhuma das alternativas

2. Além do couro cabeludo, essa doença pode ocorrer em todas as regiões a seguir, *exceto*:
   a. pés.
   b. unhas.
   c. virilha.
   d. tecido subcutâneo.
   e. A doença pode ocorrer em todas essas áreas.

Utilize as informações a seguir para responder às questões 3 e 4. Um garoto de 12 anos apresentou febre, erupções, cefaleia, faringite e tosse. Ele também apresentou uma erupção macular no tronco, na face e nos braços. Uma cultura de material da garganta foi negativa para *Streptococcus pyogenes*.

3. O que o menino provavelmente teve?
   a. faringite estreptocócica
   b. sarampo
   c. rubéola
   d. varíola
   e. doença da mão-pé-boca

4. Todas as alternativas a seguir são complicações dessa doença, *exceto*:
   a. infecções da orelha média.
   b. pneumonia.
   c. defeitos congênitos.
   d. encefalite.
   e. Todas são complicações dessa doença.

5. Uma paciente apresenta conjuntivite. Se você isolou *Pseudomonas* da máscara de cílios da paciente, pode concluir todas as alternativas a seguir, *exceto*:
   a. a máscara é a fonte de infecção.
   b. *Pseudomonas* está causando a infecção.
   c. *Pseudomonas* está crescendo no rímel.
   d. a máscara foi contaminada pelo fabricante.
   e. Todas as alternativas são conclusões válidas.

6. Você examina microscopicamente raspados oculares de um caso de ceratite por *Acanthamoeba*. O que você espera encontrar?
   a. nada
   b. vírus
   c. cocos gram-positivos
   d. células eucarióticas
   e. cocos gram-negativos

Utilize as alternativas a seguir para responder às questões 7 a 9.
   a. *Pseudomonas*
   b. *Staphylococcus aureus*
   c. escabiose
   d. *Sporothrix*
   e. vírus

7. Nada pode ser observado ao exame microscópico de raspados das erupções do paciente.

8. O exame microscópico das úlceras do paciente revelou a presença de células ovoides de 10 μm.

9. O exame microscópico de raspados das erupções do paciente revelou a presença de bastonetes gram-negativos.

10. Em qual das opções a seguir o par está *incorreto*?
   a. principal causa de cegueira/*Chlamydia*
   b. varicela/herpes-zóster
   c. HSV-1/encefalite
   d. úlcera de Buruli/ácido gástrico
   e. nenhuma das alternativas

Análise

1. Um teste laboratorial usado para identificar *Staphylococcus aureus* é o crescimento em ágar hipertônico manitol. O meio contém 7,5% de cloreto de sódio (NaCl). Por que esse meio é considerado seletivo para o *S. aureus*?

2. É necessário tratar um paciente com verrugas? Explique.

3. Análises de nove casos de conjuntivite forneceram os dados da tabela a seguir. Como essas infecções foram transmitidas? Como poderiam ser evitadas?

Nº	Etiologia	Isolado de cosméticos para os olhos ou lentes de contato
5	*Staphylococcus epidermidis*	+
1	*Acanthamoeba*	+
1	*Candida*	+
1	*Pseudomonas aeruginosa*	+
1	*S. aureus*	+

4. Que fatores possibilitaram a erradicação da varíola? Quais outras doenças preenchem esses critérios?

Aplicações clínicas e avaliação

1. Um paciente hospitalizado recuperando-se de uma cirurgia desenvolveu uma infecção com pus azul-esverdeado e um odor semelhante a uvas. Qual é a etiologia provável? Como o paciente pode ter adquirido a infecção?

2. Uma menina diabética de 12 anos e que faz uso contínuo de uma infusão subcutânea de insulina desenvolveu febre (39,4 °C), hipotensão, dor abdominal e eritrodermia. Ela foi orientada a mudar o local de inserção da agulha a cada 3 dias e a realizar a limpeza da pele com uma solução de iodo. Ela não costumava mudar o local da injeção antes de 10 dias. Culturas do sangue foram negativas, e os abscessos nos locais de inserção não foram cultivados. Qual é a causa provável dos sintomas?

3. Um adolescente do sexo masculino com influenza confirmada foi hospitalizado ao apresentar dificuldade respiratória. Ele apresentou febre, erupção cutânea e hipotensão. *S. aureus* foi isolado de suas secreções respiratórias. Discuta a relação entre os sintomas e o agente etiológico.

Algumas das doenças infecciosas mais devastadoras são aquelas que afetam o sistema nervoso, principalmente o encéfalo e a medula espinal. O dano a essas áreas pode causar surdez, cegueira, dificuldades de aprendizagem, paralisia e morte.

Devido à importância crucial do sistema nervoso, ele é fortemente protegido contra acidentes e infecção pelos ossos e outras estruturas. Mesmo os patógenos que circulam na corrente sanguínea geralmente não conseguem penetrar no encéfalo e na medula espinal devido à presença da barreira hematencefálica (ver Figura 22.2). Às vezes, um trauma pode perturbar essas defesas e ocasionar graves consequências. O quadro **Visão geral** descreve infecções uterinas durante a gravidez que podem atravessar a placenta e afetar o desenvolvimento do sistema nervoso. O fluido (líquido cerebrospinal) do sistema nervoso central é especialmente vulnerável, pois carece de muitas das defesas encontradas no sangue. Os patógenos capazes de causar doenças no sistema nervoso frequentemente apresentam características de virulência especiais que lhes permitem ultrapassar essas defesas reduzidas. Por exemplo, o patógeno pode começar a replicação em um nervo periférico e gradativamente se mover para dentro do encéfalo e da medula espinal. O protozoário *Naegleria fowleri* (na fotografia) penetra no encéfalo a partir do nervo olfatório no nariz. A meningoencefalite por *Naegleria* é descrita no "Caso clínico" deste capítulo.

▶ Ameba *Naegleria* (grandes células cor-de-rosa) no tecido cerebral humano.

Na clínica

Você é enfermeiro(a) na unidade de terapia intensiva neonatal, e o seu mais novo paciente é um bebê de 32 semanas cuja mãe apresentou sintomas semelhantes à gripe antes do parto. O bebê necessitou de oxigênio suplementar por algumas horas após o parto, mas logo se recuperou e mamou pela primeira vez sem dificuldades. Às 22 horas, você observa uma queda na frequência cardíaca do bebê e, apesar dos esforços de reanimação, ele vem a óbito. Na manhã seguinte, você recebe um relatório do laboratório de microbiologia notificando que as culturas sanguíneas coletadas logo após a morte do bebê apresentaram crescimento de bastonetes gram-positivos. **Qual é a fonte mais provável da infecção do bebê?**

Dica: leia sobre as causas bacterianas de meningite neste capítulo.

Estrutura e função do sistema nervoso

OBJETIVOS DE APRENDIZAGEM

22-1 Definir *sistema nervoso central* e *barreira hematencefálica*.

22-2 Diferenciar meningite de encefalite.

O sistema nervoso humano é organizado em duas divisões: sistema nervoso central e sistema nervoso periférico (**Figura 22.1**). O **sistema nervoso central (SNC)** consiste no encéfalo e na medula espinal. Como o centro de controle de todo o corpo, o SNC captura as informações sensoriais do ambiente, interpreta essas informações e envia impulsos que coordenam as atividades corporais. O **sistema nervoso periférico (SNP)** consiste em todos os nervos que se ramificam do encéfalo (nervos cranianos) e da medula espinal (nervos espinais). Os nervos periféricos são as linhas de comunicação entre o SNC, as várias partes do corpo e o ambiente externo.

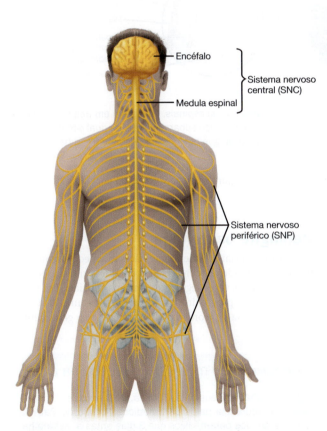

Figura 22.1 Sistema nervoso humano. Esta ilustração mostra os sistemas nervosos central e periférico.

P A meningite é uma infecção do SNC ou do SNP?

Tanto o encéfalo quanto a medula espinal são revestidos e protegidos por três membranas contínuas chamadas *meninges* (**Figura 22.2**); são elas a *dura-máter* (mais externa), a *aracnoide-máter* (intermediária) e a *pia-máter* (mais interna). Entre as membranas pia-máter e aracnoide-máter encontra-se o *espaço subaracnóideo*, no qual, em um indivíduo adulto, circula de 100 a 160 mL de **líquido cerebrospinal (LCS)**. Uma vez que o LCS apresenta níveis baixos de complemento e de anticorpos circulantes e poucas células fagocíticas, as bactérias podem se multiplicar em seu interior com poucas restrições.

No final do século XIX, experimentos em que corantes eram injetados no corpo resultaram na coloração de todos os órgãos – com a importante exceção do encéfalo. Por outro lado, quando corantes eram injetados no LCS, apenas o encéfalo era corado. Esses resultados notáveis foram a primeira evidência da existência de uma importante característica anatômica: a **barreira hematencefálica**. Certos capilares permitem que algumas substâncias passem do sangue para o encéfalo, porém restringem outras. Esses capilares são menos permeáveis do que outros dentro do corpo, sendo assim mais seletivos na passagem de materiais.

Os fármacos não podem atravessar a barreira hematencefálica a menos que sejam lipossolúveis. (A glicose e muitos aminoácidos não são lipossolúveis, mas atravessam a barreira por meio de sistemas de transporte especiais para eles.) O antibiótico lipossolúvel cloranfenicol penetra facilmente no encéfalo. A penicilina é apenas levemente lipossolúvel; porém, se for usada em doses muito altas, uma quantidade efetiva pode atravessar a barreira. Inflamações do encéfalo tendem a alterar a barreira hematencefálica, permitindo a entrada de antibióticos que normalmente não atravessariam esse obstáculo. Provavelmente as vias mais comuns de invasão do SNC sejam a corrente sanguínea e o sistema linfático (ver Capítulo 23), quando a inflamação altera a permeabilidade da barreira hematencefálica.

A inflamação das meninges é chamada de **meningite**. A inflamação do encéfalo em si é chamada de **encefalite**. Se tanto encéfalo como meninges forem afetados, a inflamação é chamada de **meningoencefalite**.

O quadro "Explorando o microbioma" descreve como o microbioma intestinal pode influenciar o SNC.

TESTE SEU CONHECIMENTO

✔ **22-1** Por que o antibiótico cloranfenicol consegue atravessar facilmente a barreira hematencefálica, ao passo que a maioria dos antibióticos não consegue?

✔ **22-2** A encefalite é uma inflamação de qual órgão ou estrutura de órgão?

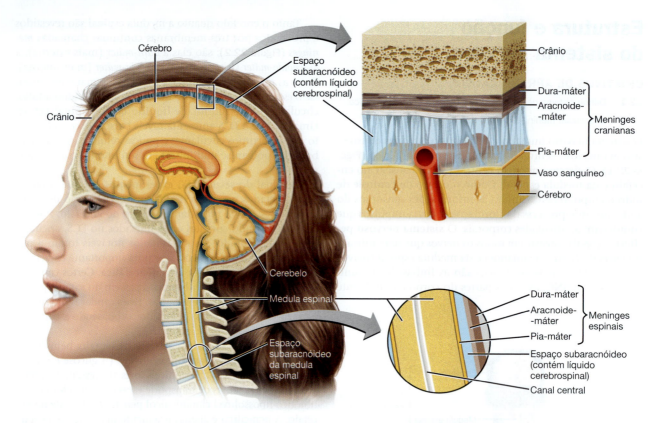

Figura 22.2 Meninges e líquido cerebrospinal. As meninges, sejam elas cranianas ou espinais, consistem em três camadas: dura-máter, aracnoide-máter e pia-máter. Entre a aracnoide-máter e a pia-máter está o espaço subaracnóideo, no qual circula o líquido cerebrospinal (LCS). O LCS é vulnerável à contaminação por micróbios carreados pelo sangue que conseguem penetrar a barreira hematencefálica nas paredes dos vasos sanguíneos.

P Se um paciente apresentar meningite, quais barreiras precisam ser atravessadas para se desenvolver uma encefalite?

Doenças bacterianas do sistema nervoso

OBJETIVOS DE APRENDIZAGEM

22-3 Discutir a epidemiologia da meningite causada por *Haemophilus influenzae*, *Neisseria meningitidis*, *Streptococcus pneumoniae* e *Listeria monocytogenes*.

22-4 Explicar como a meningite bacteriana é diagnosticada e tratada.

22-5 Discutir a epidemiologia do tétano, incluindo modo de transmissão, etiologia, sintomas da doença e medidas preventivas.

22-6 Citar o agente causador, os sintomas, os alimentos suspeitos e o tratamento para o botulismo.

22-7 Discutir a epidemiologia da hanseníase, incluindo modo de transmissão, etiologia, sintomas da doença e medidas preventivas.

As infecções microbianas do SNC são infrequentes, mas em geral apresentam consequências graves. Na era pré-antibiótica, elas eram quase sempre fatais.

Meningite bacteriana

Os sintomas iniciais da meningite não são especialmente alarmantes: uma tríade de febre, cefaleia e rigidez na nuca. Náusea e vômitos muitas vezes seguem os sintomas iniciais. Por fim, a meningite pode progredir para convulsões e coma. A taxa de mortalidade varia de acordo com o patógeno, mas geralmente é alta para uma doença infecciosa nos dias de hoje. Muitas pessoas que sobrevivem à infecção sofrem algum dano neurológico.

A meningite pode ser causada por diferentes tipos de patógenos, incluindo vírus, bactérias, fungos e protozoários. A **meningite viral** (que não deve ser confundida com a encefalite viral, discutida mais adiante neste capítulo) provavelmente é muito mais comum do que a meningite bacteriana, mas tende a ser uma doença leve. A maioria dos casos ocorre nos meses de verão e outono, geralmente causados por um grupo de vírus variado denominado *enterovírus* (ver Tabela 13.2). Os enterovírus têm bom crescimento na garganta e no trato intestinal e são responsáveis por várias doenças que são leves, em sua maioria. A meningite viral também pode ser uma complicação ocasional de infecções virais como a caxumba, a varicela e a influenza.

Historicamente, apenas três espécies bacterianas são responsáveis pela maioria dos casos de meningite e suas mortes resultantes. A meningite causada pelo *Haemophilus influenzae* tipo B, anteriormente o responsável pela maioria dos casos da doença, foi quase eliminada nos Estados Unidos desde a introdução de uma vacina eficaz. Em pacientes maiores de 16 anos, cerca de 80% dos casos de meningite são agora causados por *Neisseria meningitidis* e *Streptococcus pneumoniae*. Todos esses três patógenos têm uma cápsula que os protege da fagocitose enquanto se multiplicam rapidamente na corrente sanguínea, a partir da qual conseguem penetrar no líquido cerebrospinal. A morte por meningite bacteriana muitas vezes ocorre de modo rápido, provavelmente devido ao choque e à inflamação causados pela liberação de endotoxinas dos patógenos gram-negativos ou pela liberação de fragmentos da parede celular (peptideoglicanos e ácidos teicoicos) das bactérias gram-positivas.

Cerca de 50 outras espécies de bactérias foram relatadas como patógenos oportunistas que ocasionalmente causam meningite. Particularmente importantes são a *Listeria monocytogenes*, os estreptococos do grupo B, os estafilococos e certas bactérias gram-negativas.

Meningite por *Haemophilus influenzae*

O *H. influenzae* é uma bactéria gram-negativa aeróbia que é um membro comum da microbiota normal da garganta. Às vezes, porém, ela entra na corrente sanguínea e causa várias doenças invasivas. Além de causar a meningite, ela é uma causa frequente de pneumonia, otite média e epiglotite (Capítulo 24). A cápsula de carboidratos da bactéria é importante para sua patogenicidade, em particular no caso das bactérias com antígenos capsulares do tipo b. (Linhagens que não têm uma cápsula são referidas como *não tipáveis*.) A cápsula permite que a bactéria se multiplique no sangue ou no LCS sem atrair fagócitos; essas bactérias podem, então, multiplicar-se nas meninges.

O nome *Haemophilus influenzae* originou-se de uma associação errônea realizada anteriormente de que o microrganismo era o agente causador das pandemias de influenza ocorridas em 1889 e durante a Primeira Guerra Mundial. *H. influenzae* provavelmente foi apenas um organismo invasor secundário durante essas pandemias virais. O nome *Haemophilus* refere-se à necessidade desse microrganismo de fatores sanguíneos para o seu crescimento (*hemo* = sangue; *philus* = afinidade). No ambiente médico, a bactéria muitas vezes é referida pelo acrônimo *Hib*.

A meningite causada por Hib ocorre principalmente em crianças com idade inferior a 4 anos, em especial por volta dos 6 meses de idade, quando a proteção por anticorpos fornecida no útero ou no leite materno se enfraquece. A incidência está diminuindo devido à vacina contra Hib, que foi introduzida em 1988. Antes da introdução da vacina, a meningite por *H. influenzae* era a principal causa de meningite bacteriana (45%), com uma taxa de mortalidade de cerca de 6%.

Meningite por *Neisseria meningitidis* (meningite meningocócica)

A **meningite meningocócica** é causada pela bactéria *N. meningitidis* (o **meningococo**). Trata-se de um diplococo gram-negativo aeróbio com uma cápsula de polissacarídeo que é importante para a sua virulência. Assim como Hib e o pneumococo, ele frequentemente encontra-se presente no nariz e na garganta dos indivíduos portadores sem causar sintomas de doença (**Figura 22.3**). Esses portadores, até 40% da população, são um reservatório da infecção. A transmissão ocorre por gotículas de aerossóis ou pelo contato direto com secreções.

Os sintomas da meningite meningocócica são causados principalmente por uma endotoxina que é produzida de modo muito rápido e é capaz de causar a morte dentro de poucas horas. A característica mais marcante é uma erupção cutânea que não desaparece quando pressionada. Um típico caso de meningite meningocócica se inicia com infecção de garganta, que resulta em bacteremia e, por fim, em meningite. Em geral, a doença ocorre em crianças com menos de 2 anos. Boa parte dessas crianças apresenta danos residuais, como a surdez.

A morte pode ocorrer poucas horas depois do início da febre; entretanto, a antibioticoterapia ajudou a reduzir a taxa

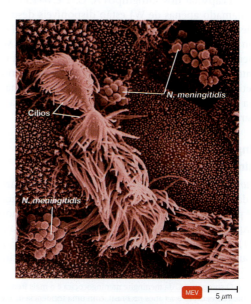

Figura 22.3   *Neisseria meningitidis*. Esta micrografia eletrônica de varredura mostra a bactéria *N. meningitidis* em grupos aderidos a células na membrana mucosa da faringe.

P Qual seria o efeito se os cílios fossem inativados por essa infecção?

de mortalidade para cerca de 9 a 12%. Sem a quimioterapia, as taxas de mortalidade chegam a 80%.

Há seis sorotipos capsulares do meningococo associados à doença invasiva (A, B, C, W-135, X e Y). A distribuição e a frequência desses sorotipos variam continuamente. Surtos locais são facilitados pelos meios de transporte modernos, que muitas vezes expõem populações a sorotipos que são incomuns em determinada região. A meningite meningocócica é um problema global, sendo a maior incidência da doença encontrada no chamado cinturão da meningite na África Subsaariana, onde ocorrem epidemias a cada 5 a 12 anos.

A incidência da doença nos países industrializados é esporádica e varia de acordo com a idade, sendo observada mais frequentemente em recém-nascidos que ainda não desenvolveram anticorpos protetores. Em regiões áridas da África e da Ásia, o ar seco provoca diminuição da resistência das membranas mucosas nasais à invasão bacteriana. Isso contribui para epidemias generalizadas, principalmente dos sorotipos A e C. No entanto, uma vacina conjugada com os sorogrupos A e C apresentou resultados encorajadores, criando esperanças de que a meningite epidêmica possa algum dia ser eliminada da área.

Nos Estados Unidos, surtos meningocócicos esporádicos ocorrem entre os universitários, supostamente em decorrência da aglomeração de populações suscetíveis nos dormitórios. Antes da introdução da vacina em 1982, esses surtos representavam um grande problema para os militares americanos que ficavam alojados em quartéis. A vacinação geralmente é recomendada para calouros das faculdades, sendo exigida por algumas instituições.

Os três sorogrupos meningocócicos que circulam com mais frequência e causam doenças nos Estados Unidos são B, C e Y.* As vacinas MenACYW contendo o material polissacarídico capsular dos sorogrupos A, C, Y e W-135 (muitas vezes chamado apenas de W) estão disponíveis desde a década de 1980. A vacina mais recente do sorogrupo B (MenB) contém proteínas de superfície bacteriana.** A vacina MenB é recomendada para jovens de 16 a 18 anos que correm o risco de contrair a doença durante surtos ou que estão imunocomprometidos. Um sorogrupo anteriormente raro chamado de X, para o qual não há vacina disponível, emergiu na África Subsaariana durante os anos 2000.

Meningite por *Streptococcus pneumoniae* (meningite pneumocócica)

S. pneumoniae, assim como *H. influenzae*, é um habitante comum da região nasofaríngea. Cerca de 70% da população em geral é portadora saudável. O pneumococo, assim denominado porque é mais conhecido como causa de pneumonia (Capítulo 24), é um diplococo gram-positivo encapsulado. É a principal causa de meningite bacteriana, agora que uma vacina Hib

eficaz está em uso. A maioria dos casos de meningite pneumocócica ocorre em crianças com idades entre 1 mês e 4 anos. Para uma doença bacteriana, a taxa de mortalidade é muito alta: cerca de 8% em crianças e 22% em idosos. Em países onde as vacinas não estão disponíveis, a meningite pneumocócica é responsável pela morte de 1 milhão de crianças anualmente.

S. pneumoniae produz vários fatores de virulência. Como o Hib, a cápsula permite que *S. pneumoniae* escape dos fagócitos. A pneumolisina permite a entrada da bactéria nas meninges.

As vacinas contra *S. pneumoniae* contêm cápsulas de polissacarídeos de várias cepas diferentes da bactéria. No entanto, há mais de 100 sorotipos de pneumococos conhecidos, e não foram desenvolvidas vacinas contra todos eles. Os nomes das vacinas, por exemplo, PCV13, PCV15, PCV20 e PCV23, identificam o número dos sorotipos diferentes contra os quais a vacina funciona. Essas vacinas diminuíram em 99% a incidência de meningite pneumocócica em crianças (ver Tabela 18.1). Um efeito colateral útil dessa vacina é que ela resulta em cerca de 6 a 7% de redução dos casos de otite média.

Diagnóstico e tratamento dos tipos mais comuns de meningite bacteriana

Um diagnóstico de meningite bacteriana requer uma amostra de LCS obtida por punção lombar (**Figura 22.4**). Uma simples coloração de Gram costuma ser útil; ela geralmente é capaz de identificar o patógeno com fidelidade considerável. Também são feitas culturas a partir do líquido. Para esse propósito, é necessária uma manipulação rápida e cuidadosa, uma vez que muitos dos prováveis patógenos são muito sensíveis e não sobrevivem por muito tempo armazenadas ou a variações de temperatura. Os tipos mais usados de testes sorológicos realizados no LCS são os testes de aglutinação em látex. Os resultados estão disponíveis em cerca de 20 minutos. Entretanto, um resultado negativo não elimina a possibilidade de patógenos bacterianos menos comuns ou de causas não bacterianas estarem associadas à doença.

A meningite bacteriana oferece risco à vida e se desenvolve rapidamente. Portanto, o tratamento imediato de qualquer tipo de meningite bacteriana é fundamental, e a quimioterapia de casos suspeitos em geral é iniciada antes que a identificação do patógeno seja concluída. As cefalosporinas de terceira geração de amplo espectro costumam ser a primeira opção de antibióticos; alguns especialistas recomendam incluir a vancomicina. Assim que a identidade for confirmada, ou mesmo quando a sensibilidade ao antibiótico for determinada pelas culturas, o tratamento pode ser alterado. Os antibióticos também são de grande valor para prevenir que um surto se dissemine entre os contatos do paciente.

Listeriose

A *L. monocytogenes* é um bacilo gram-positivo conhecido por causar natimortos e doença neurológica em animais muito antes de ser reconhecido como causador de doença humana. Excretada nas fezes de animais, é amplamente distribuída no solo e na água. O nome é derivado da proliferação dos monócitos (um tipo de leucócito) encontrados em alguns animais infectados pelo bacilo. Nos últimos anos, a doença **listeriose** passou de doença de importância muito limitada a uma

---

*N. de R.T. O sorogrupo C da meningite meningocócica é o mais frequente entre os adolescentes de 15 a 19 anos no Brasil, com uma incidência de 0,04 caso por 100 mil habitantes. O sorogrupo B é o segundo mais frequente, com uma incidência de 0,03 caso por 100 mil habitantes.

**N. de R.T. No Brasil, as vacinas ofertadas pelo Sistema Único de Saúde (SUS) para a meningite meningocócica são: Vacina Meningocócica C (Conjugada), cuja 1ª dose é dada aos 3 meses de idade, a 2ª dose, aos 5 meses de idade; o reforço, aos 12 meses de idade; e a Vacina Meningocócica ACWY (Conjugada), dada em dose única para adolescentes de 11 e 12 anos.

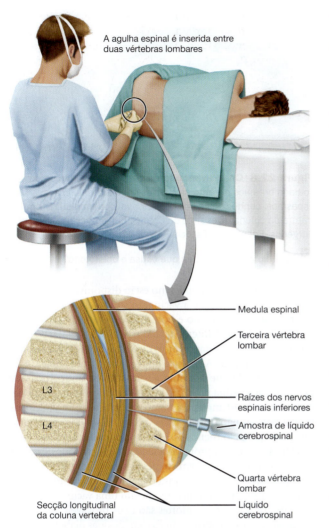

A agulha espinal é inserida entre duas vértebras lombares

Medula espinal

Terceira vértebra lombar

L3

L4

Raízes dos nervos espinais inferiores

Amostra de líquido cerebrospinal

Quarta vértebra lombar

Secção longitudinal da coluna vertebral

Líquido cerebrospinal

Figura 22.4 Punção lombar. Para o diagnóstico de doenças que afetam o sistema nervoso central, como a meningite, geralmente é necessária uma punção lombar. Uma agulha é inserida entre duas vértebras da região inferior da coluna lombar. Uma amostra do líquido cerebrospinal, que está contido no espaço subaracnóideo (ver Figura 22.2), é retirada para o exame de laboratório.

P Microscopicamente, o que você veria no LCS de uma pessoa saudável? E de uma pessoa com meningite meningocócica?

grande preocupação para a indústria de alimentos e as autoridades de saúde. A listeriose é a quarta causa mais comum de meningite bacteriana.

A doença aparece em duas formas básicas: em adultos infectados e como infecção em fetos e recém-nascidos. Nos adultos humanos, ela normalmente é uma doença leve e assintomática, porém o micróbio algumas vezes invade o SNC e causa a meningite. Isso é muito provável em pessoas cujo sistema imune está comprometido, como pessoas com câncer, diabetes ou Aids, ou que estejam tomando medicamentos imunossupressores. Ocasionalmente,

L. monocytogenes invade a corrente sanguínea e causa uma ampla variedade de condições patológicas, sobretudo sepse. Em geral, indivíduos em recuperação ou de aparência saudável disseminam indefinidamente o patógeno nas fezes. Um fator importante de sua virulência é que a *L. monocytogenes* não é destruída quando ingerida pelas células fagocíticas, podendo até proliferar dentro das células, principalmente no fígado. A bactéria também apresenta a capacidade incomum de se mover diretamente de um fagócito para outro vizinho (**Figura 22.5**).

L. monocytogenes é especialmente perigosa durante a gravidez. O feto pode ser infectado através da placenta, geralmente resultando em aborto espontâneo ou natimortalidade. Em alguns casos, a doença não se manifesta até algumas semanas após o nascimento, em geral como meningite, o que pode resultar em dano significativo ao cérebro ou morte. A taxa de mortalidade infantil associada a esse tipo de infecção é de cerca de 60%.

Nos surtos humanos, o microrganismo é principalmente de origem alimentar. Ele costuma ser isolado de uma ampla variedade de alimentos; frios e laticínios prontos para o consumo, peixe defumado, leite e queijos não pasteurizados, brotos e melão foram associados a vários surtos. A *L. monocytogenes* é um dos poucos patógenos capazes de crescer em temperaturas de refrigeração, o que pode resultar no aumento do seu número durante a vida útil do alimento na prateleira. Um *spray* contendo bacteriófago capaz de matar pelo menos 170 cepas de *L. monocytogenes* para tratar carnes prontas para consumo foi aprovado pela Food and Drug Administration (FDA) nos Estados Unidos. Se houver a aprovação pelo consumidor, o *spray* pode ser um modelo para produtos similares para o controle de outros patógenos de origem alimentar.

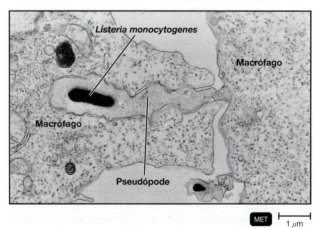

Listeria monocytogenes

Macrófago

Macrófago

Pseudópode

MET 1 μm

Figura 22.5 Disseminação célula a célula de *Listeria monocytogenes*, a causa da listeriose. Observe que a bactéria induziu o macrófago à direita, no qual ela residia, a formar um pseudópode, que agora é engolfado pelo macrófago à esquerda. Em breve, o pseudópode será arrancado, e o micróbio será transferido para o macrófago à esquerda.

P Como a listeriose é contraída?

Esforços para melhorar os métodos de detecção e contagem de *L. monocytogenes* nos alimentos estão em desenvolvimento. Um progresso considerável foi feito com meios de crescimento seletivo, testes bioquímicos rápidos e contagens em placa. Recentemente, *kits* de PCR foram desenvolvidos para identificação de *Listeria*, incluindo *kits* de PCR em tempo real que permitem a identificação e contagem de *L. monocytogenes* (ver Capítulo 10). O diagnóstico em seres humanos depende do isolamento e do cultivo do patógeno, geralmente do sangue ou do líquido cerebrospinal. A penicilina G é o antibiótico de escolha para o tratamento.

As causas microbianas da meningite e da encefalite estão resumidas em **Doenças em foco 22.1**.

Figura 22.6 Caso avançado de tétano. Desenho de um soldado britânico durante as guerras napoleônicas. Esses espasmos, conhecidos como opistótonos, podem resultar em fratura da coluna. (Desenho de Charles Bell do Royal College of Surgeons, Edimburgo, Escócia.)

P Qual é o nome da toxina que causa o opistótono?

> **TESTE SEU CONHECIMENTO**
>
> ✔ **22-3** Por que a meningite causada pelo patógeno *L. monocytogenes* muitas vezes está associada à ingestão de alimentos refrigerados?
>
> ✔ **22-4** Qual líquido corporal é coletado como amostra para se realizar um diagnóstico de meningite bacteriana?

Tétano

O agente causador do **tétano**, *Clostridium tetani*, é um bastonete gram-positivo anaeróbio obrigatório formador de endósporo. Ele é muito comum em solo contaminado com fezes de animais.

Os sintomas do tétano são causados por uma neurotoxina extremamente potente, a *tetanospasmina*, que é liberada após a morte e a lise das bactérias em multiplicação (ver Capítulo 15). Ela penetra no SNC pelos nervos periféricos ou pelo sangue. As bactérias em si não se disseminam a partir do sítio de infecção e não há inflamação.

No trabalho normal do músculo, um impulso nervoso inicia a contração muscular. Ao mesmo tempo, o músculo oposto recebe um sinal para o relaxamento, de forma a não se opor à contração. A neurotoxina tetânica bloqueia a via de relaxamento para que ambos os conjuntos de músculos opostos se contraiam, resultando nos espasmos musculares característicos. Os músculos da mandíbula são afetados no início da doença, impedindo a abertura da boca, condição conhecida como *trismo*. Em casos extremos, devido aos espasmos dos músculos das costas, a cabeça e os calcanhares se inclinam para trás, condição chamada de *opistótono* (**Figura 22.6**). Progressivamente, outros músculos esqueléticos tornam-se afetados, incluindo aqueles envolvidos na deglutição. A morte resulta de espasmos dos músculos respiratórios.

Como o micróbio é um anaeróbio obrigatório, a ferida pela qual ele entra no organismo deve oferecer condições para o crescimento anaeróbico – por exemplo, ferimentos profundos higienizados de modo inadequado, como aqueles causados por pregos enferrujados (e, portanto, supostamente contaminados por sujeira). Os usuários de fármacos injetáveis apresentam alto risco: a higienização durante a injeção não é uma prioridade, e os fármacos muitas vezes estão contaminados. Todavia, muitos casos de tétano surgem a partir de ferimentos triviais, como uma perfuração por uma tachinha, que são considerados muito insignificantes para procurar atendimento médico.

Vacinas eficazes para o tétano estão disponíveis desde a década de 1940. Contudo, a vacinação contra essa doença nem sempre foi comum como é hoje, como parte da vacina DTPa padrão da infância (difteria, tétano e pertússis acelular). Atualmente, cerca de 94% das crianças de 6 anos nos Estados Unidos têm boa imunidade. A vacina contra o tétano é um *toxoide*, uma toxina inativada que estimula a formação de anticorpos que neutralizam a toxina produzida pela bactéria. Um reforço é necessário a cada 10 anos para manter uma boa imunidade, mas muitas pessoas não tomam essas vacinas. Pesquisas sorológicas mostram que pelo menos 40% da população adulta nos Estados Unidos não têm proteção adequada. Quase todos os casos relatados de tétano ocorrem em pessoas que nunca receberam a série primária de vacinas contra o tétano ou que completaram uma série primária, mas não receberam uma vacina de reforço nos últimos 10 anos. As mortes são mais prováveis de ocorrer em pessoas com 60 anos ou mais e em pessoas diabéticas.

> **CASO CLÍNICO**
>
> Ao chegar na emergência, o médico responsável observa os sintomas neurológicos de Patrícia e solicita uma punção lombar para a realização de cultura bacteriana e contagem celular. Enquanto realiza a punção lombar, o médico nota que o LCS da menina, que se apresenta límpido em uma pessoa saudável, está sanguinolento e opaco. Os resultados laboratoriais revelam alta contagem de leucócitos, mas a cultura bacteriana retorna negativa.
>
> **Com base nesses resultados, qual diagnóstico diferencial pode ser realizado pelo médico?**
>
> Parte 1 **Parte 2** Parte 3 Parte 4 Parte 5 Parte 6

Mesmo assim, a imunização tornou o tétano uma doença rara nos Estados Unidos – geralmente menos de 10 casos por ano.* Em 1903, 406 pessoas morreram de tétano por lesões relacionadas a fogos de artifício. (As explosões de fogos de

---

*N. de R.T. No Brasil, a doença é mais frequente que nos Estados Unidos, mas ainda assim rara: em 2023, foram notificados cerca de 130 casos de tétano no país, com uma taxa de letalidade de cerca de 25%.

Meningite e encefalite

D iagnóstico diferencial é o processo de identificação de uma doença a partir de uma lista de possíveis doenças que se encaixam no conjunto de informações obtidas no exame do paciente. Um diagnóstico diferencial é importante para iniciar o tratamento e para os testes laboratoriais. Por exemplo, um funcionário de uma creche apresentou febre, erupções, cefaleia e dor abdominal. O paciente mostrou uma piora clínica precipitada e morreu no primeiro dia de hospitalização. Uma coloração de Gram do líquido cerebrospinal do paciente é mostrada na figura. Utilize a tabela a seguir para fornecer um diagnóstico diferencial e identificar as infecções que poderiam causar esses sintomas.

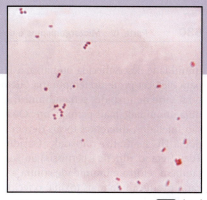

MO 5 μm

Coloração de Gram do LCS.

Doença	Patógeno	Porta de entrada	Modo de transmissão	Tratamento	Prevenção
DOENÇAS BACTERIANAS					
Meningite por *H. influenzae*	*Haemophilus influenzae*	Trato respiratório	Endógena; aerossol	Cefalosporina	Vacina capsular contra Hib
Meningite meningocócica	*Neisseria meningitidis*	Trato respiratório	Aerossol	Cefalosporina	Vacinas capsulares contra os sorotipos A, C, Y e W
Meningite pneumocócica	*Streptococcus pneumoniae*	Trato respiratório	Aerossol	Cefalosporina	Vacina de polissacarídeo
Listeriose	*Listeria monocytogenes*	Boca	Origem alimentar	Penicilina G	Pasteurização e cozimento dos alimentos
DOENÇA FÚNGICA					
Criptococose	*Cryptococcus neoformans, C. grubii, C. gattii*	Trato respiratório	Inalação de solo contaminado com esporos	Anfotericina B, flucitosina	Nenhum
DOENÇAS PROTOZOÓTICAS					
Meningoencefalite amebiana primária	*Naegleria fowleri*	Mucosa nasal	Natação	Anfotericina B, fluconazol, miltefosina	Nenhum
Encefalite amebiana granulomatosa	*Acanthamoeba* spp.; *Balamuthiamandrillaris*	Membranas mucosas	Natação	Anfotericina B, fluconazol, miltefosina	Nenhum

artifício introduzem as partículas do solo profundamente no tecido humano.) Em todo o mundo, estima-se que 1 milhão de casos ocorrem anualmente, pelo menos metade em recém-nascidos: em muitas partes do mundo, após o corte do cordão umbilical, o umbigo do recém-nascido (coto) é revestido com materiais como terra, argila e até esterco de vaca. As estimativas são de que a taxa de mortalidade do tétano seja de cerca de 50% nas regiões em desenvolvimento; nos Estados Unidos, a taxa é de cerca de 25%. Em contrapartida à imunização, a recuperação do tétano não fornece imunidade, pois a quantidade de toxina necessária para causar os sintomas é muito pequena para ser imunogênica.

Quando um ferimento é grave o bastante para exigir atenção médica, o médico deve decidir se é necessário oferecer proteção contra o tétano. Em geral, não há tempo suficiente para a administração do toxoide para induzir a produção de anticorpos e bloquear a progressão dos sintomas, mesmo

se administrado como reforço a um paciente previamente imunizado. Entretanto, uma imunidade temporária pode ser conferida pela *imunoglobulina antitetânica (TIG)*, preparada a partir do soro contendo anticorpos de seres humanos imunizados. (Antes da Primeira Guerra Mundial, muito antes de o toxoide tetânico se tornar disponível, preparações similares de anticorpos pré-formados, chamadas de *antissoros*, eram usadas. Produzidos ao inocular os cavalos, os antissoros eram muito eficazes em diminuir a incidência do tétano em pessoas feridas.)

A decisão do médico pelo tratamento depende, em grande parte, da extensão das lesões profundas e do histórico de imunização do paciente, que talvez não esteja consciente. As pessoas com ferimentos extensos que receberam previamente uma série completa de vacinação primária e reforços atualizados seriam consideradas protegidas, sem que qualquer ação fosse necessária. Para ferimentos extensos em pacientes com imunidade desconhecida ou baixa, a TIG seria administrada para oferecer proteção temporária. Além disso, a primeira de uma série de toxoides seria administrada para proporcionar uma imunidade mais permanente. Quando a TIG e o toxoide são injetados, diferentes locais devem ser usados para evitar que a TIG neutralize o toxoide. Os adultos recebem a vacina Tdap (tétano, difteria e pertússis) ou Td (tétano e difteria) que também reforça a imunidade contra a difteria. Para minimizar a produção de mais toxina, o tecido afetado que oferece condições de crescimento para o patógeno precisa ser removido, procedimento chamado de **desbridamento**, e antibióticos devem ser administrados. Entretanto, uma vez que a toxina tenha se fixado aos nervos, essa terapia é de pouco valor.

TESTE SEU CONHECIMENTO

✔ **22-5** A vacina antitetânica é dirigida para a bactéria ou para a toxina produzida pela bactéria?

Botulismo

O **botulismo**, uma forma de intoxicação alimentar, é causado pelo *Clostridium botulinum*, um bacilo gram-positivo anaeróbio obrigatório e formador de endósporos que é encontrado no solo e em muitos sedimentos aquáticos. A ingestão de endósporos geralmente não causa problemas, como será explicado a seguir. Contudo, em ambientes anaeróbios, como aquele que se estabelece nos alimentos enlatados, o microrganismo produz uma exotoxina. Essa neurotoxina é altamente específica para a terminação sináptica do nervo, onde ela bloqueia a liberação de acetilcolina, substância química necessária para a transmissão dos impulsos nervosos pelas sinapses.

Pessoas acometidas pelo botulismo sofrem de *paralisia flácida* progressiva por 1 a 10 dias e podem morrer de insuficiência cardíaca e respiratória. Náuseas (mas sem febre) podem anteceder os sintomas neurológicos. Os sintomas neurológicos iniciais variam, mas quase todos os pacientes apresentam visão borrada ou dupla. Outros sintomas incluem dificuldade de deglutição e fraqueza generalizada. O tempo de incubação varia, mas os sintomas geralmente aparecem em 1 ou 2 dias. Como acontece com o tétano, a recuperação da doença não confere imunidade, pois a toxina muitas vezes não está presente em quantidades altas o suficiente para ser efetivamente imunogênica.

O botulismo foi descrito pela primeira vez como doença clínica no início da década de 1800, quando ficou conhecida como a doença da salsicha (*botulus* é a palavra em latim que significa salsicha). O chouriço, geralmente envolvido, era produzido enchendo-se o estômago de um porco com sangue e carne moída, amarrando as extremidades, fervendo-o por um curto período e defumando-o sobre o fogão à lenha. O chouriço era, então, estocado à temperatura ambiente. Essa tentativa de preservação do alimento incluía a maioria dos requisitos para um surto de botulismo. Esse procedimento destruía as bactérias competitivas, mas permitia que os endósporos termoestáveis do *C. botulinum* sobrevivessem e oferecia condições anaeróbias e um período de incubação para a produção da toxina.

A toxina botulínica é destruída pelo método mais comum de cozimento: ferver o alimento. Hoje, os embutidos raramente causam o botulismo, em grande parte porque têm nitritos

adicionados. Os nitritos impedem que o *C. botulinum* se multiplique após a germinação dos endósporos.

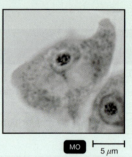
A toxina botulínica não se forma em alimentos ácidos (pH abaixo de 4,7). Os alimentos ácidos, portanto, podem ser preservados de forma segura sem o uso de panela de pressão. Houve casos de botulismo após o consumo de alimentos ácidos que normalmente não teriam permitido o crescimento dos organismos botulínicos; entretanto, a maioria desses episódios está relacionada ao crescimento de fungos, os quais metabolizaram uma quantidade suficiente de ácido para permitir o crescimento de *C. botulinum*.

Tipos de botulismo

Há vários tipos sorológicos de toxinas botulínicas produzidas por diferentes linhagens do patógeno. Elas diferem consideravelmente em suas virulências e outros fatores.

A *toxina tipo A* provavelmente é a mais virulenta. Mortes pela toxina tipo A foram relatadas em casos que o alimento foi apenas provado, mas não engolido. É possível também absorver doses letais através de rupturas na pele ao manipular amostras laboratoriais. Nos casos não tratados, a taxa de mortalidade é de 60 a 70%. O endósporo tipo A é o mais resistente ao calor de todas as linhagens de *C. botulinum*. Nos Estados Unidos, ele é encontrado principalmente na Califórnia, em Washington, no Colorado, no Oregon e no Novo México. O organismo tipo A geralmente é proteolítico (a quebra das proteínas pelos clostrídios libera aminas com odores desagradáveis), mas o odor óbvio de deterioração nem sempre é aparente nos alimentos com baixo teor de proteínas, como o milho e o feijão (**Figura 22.7**).

A *toxina tipo B* é responsável pela maioria dos surtos de botulismo na Europa, sendo o tipo mais comum no leste dos Estados Unidos. A taxa de mortalidade nos casos sem

Figura 22.7 Funeral de uma família de Oregon aniquilada pelo botulismo em 1924. O surto foi causado por vagens preparadas em conserva caseira. Ao todo foram 12 mortes, mas dois funerais foram realizados em igrejas diferentes.

P **Por que uma consequência tão drástica seria improvável de acontecer nos dias de hoje?**

tratamento é de cerca de 25%. Os organismos do botulismo tipo B ocorrem em linhagens proteolíticas e não proteolíticas.

A *toxina tipo E* é produzida pelos organismos do botulismo que geralmente são encontrados nos sedimentos marinhos ou lacustres. Portanto, os surtos com frequência envolvem mariscos e são muito comuns no Noroeste do Pacífico, no Alasca e na região dos Grandes Lagos, nos Estados Unidos. O endósporo do botulismo tipo E é menos resistente ao calor do que aqueles das outras linhagens e, em geral, é destruído por fervura. O tipo E é não proteolítico, de modo que a probabilidade de se detectar a deterioração pelo odor em alimentos com alto teor de proteínas, como o peixe, é mínima. O patógeno também pode produzir toxina em temperaturas de refrigeração e exige condições anaeróbicas menos rigorosas para o crescimento.

Incidência e tratamento do botulismo

O botulismo não é uma doença comum. Aproximadamente 110 casos são relatados nos Estados Unidos a cada ano, mas surtos após encontros sociais ou em restaurantes ocasionalmente envolvem de 20 a 30 casos* (**Figura 22.8**). Cerca de metade dos casos são tipo A, e os tipos B e E representam a outra metade. Pessoas nativas do Alasca provavelmente apresentam a maior taxa de botulismo no mundo, em grande parte do tipo E. O problema surge dos métodos de preparação de alimentos, que refletem uma tradição cultural de evitar o uso de combustíveis escassos para o aquecimento ou o cozimento. Por exemplo, um alimento envolvido nos surtos de botulismo no Alasca é o *muktuk*. O *muktuk* é preparado fatiando-se as nadadeiras de focas ou baleias em tiras e deixando-as secar por alguns dias. Para deixá-las mais macias, elas são estocadas anaerobicamente em um recipiente com óleo de foca por várias semanas, até quase a putrefação.

Os organismos do botulismo parecem incapazes de competir com a microbiota intestinal normal, de modo que a produção da toxina pelas bactérias ingeridas quase nunca causa botulismo em adultos. Entretanto, a microbiota intestinal dos bebês não está bem estabelecida, e eles podem desenvolver **botulismo infantil**. Cerca de 100 casos ocorrem por ano nos Estados Unidos, várias vezes mais do que qualquer outra forma de botulismo. Embora os bebês tenham ampla oportunidade de ingerir solo e outros materiais contaminados com os endósporos do organismo, muitos casos registrados foram associados ao mel. Endósporos de *C. botulinum* são recuperados com certa frequência do mel, e uma dose de apenas 2 mil bactérias já pode ser letal. A recomendação é não fornecer mel a bebês com menos de 1 ano de idade; não há problema para crianças mais velhas nem para adultos com microbiota intestinal normal. Para o tratamento do botulismo do lactente, uma

---

*N. de R.T. O Brasil tem uma taxa baixa de botulismo, em média 17 casos/ano. O ano de maior acúmulo de casos foi 2018, com 45 casos. Os estados de SP, MG e PR acumulam a maioria desses casos.

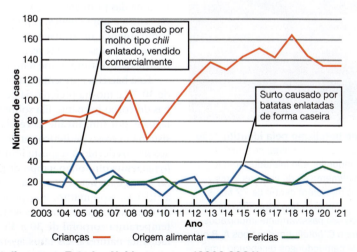

Figura 22.8 Casos de botulismo nos Estados Unidos por ano (2003-2021). O mel pode conter endósporos de *C. botulinum*, que podem germinar no intestino de um bebê; portanto, não se deve fornecer mel a crianças menores de 12 meses.

P **Por que os endósporos de *C. botulinum* ingeridos não causam botulismo em adultos?**

preparação especial encontra-se disponível, a BabyBIG®. A palavra *BIG* é um acrônimo para imunoglobulina antibotulínica, que consiste em anticorpos contra a toxina do botulismo no soro de humanos imunizados.

O botulismo é diagnosticado pela inoculação de camundongos com amostras de soro, fezes ou vômito do paciente (**Figura 22.9**). Diferentes grupos de camundongos são imunizados com antitoxina tipo A, B ou E. Todos os camundongos são, em seguida, inoculados com a toxina de teste; se, por exemplo, os animais protegidos pela antitoxina A forem os únicos sobreviventes, então a toxina é do tipo A. A presença da toxina em alimentos pode ser identificada de forma similar por meio da inoculação de camundongos.

O patógeno do botulismo também pode crescer em feridas de modo semelhante ao clostrídio causador do tétano ou da gangrena gasosa (ver Capítulo 23). Esses episódios de **botulismo em feridas** ocorrem com mais frequência em usuários de drogas.

O tratamento do botulismo depende muito dos cuidados de suporte. A recuperação requer que as terminações nervosas se regenerem; portanto, ela é lenta. Assistência respiratória prolongada pode ser necessária, e algum dano neurológico pode persistir por meses. Os antibióticos quase não têm utilidade, porque a toxina é pré-formada. As antitoxinas destinadas à neutralização das toxinas A, B e E encontram-se disponíveis e geralmente são administradas em conjunto. Essa antitoxina trivalente não afetará a toxina que já se encontra aderida às terminações nervosas e provavelmente é mais efetiva para o tipo E do que para os tipos A e B. A antitoxina utilizada em adultos é derivada de cavalos e apresenta efeitos adversos graves, incluindo a *doença do soro* (imunocomplexos formados a partir da reação com antígenos presentes na antitoxina) e potencial anafilaxia.

Uma preparação comercial da toxina letal do botulismo (Botox®) tem usos terapêuticos para várias condições médicas, como enxaqueca e incontinência urinária. Ela também é útil no alívio de contrações musculares dolorosas em condições como a paralisia cerebral, doença de Parkinson e esclerose múltipla. As injeções na região de ferimentos faciais impedem os movimentos musculares durante a cicatrização e resultam na formação de uma cicatriz mais apresentável. A toxina foi aprovada para controlar espasmos involuntários das pálpebras (blefarospasmo), olhos cruzados (estrabismo) e até mesmo suor excessivo (hiperidrose). Entretanto, a aplicação mais difundida é puramente estética: injeções periódicas locais de Botox® para reduzir a aparência das rugas da testa (marcas de expressão).

TESTE SEU CONHECIMENTO

✔ **22-6** O nome *botulismo* é derivado do fato de que a salsicha era o alimento mais associado aos casos da doença. Por que a salsicha nos dias de hoje raramente é uma causa de botulismo?

Hanseníase

Mycobacterium leprae já foi considerada a única bactéria a se multiplicar no sistema nervoso periférico. Essa distinção, no entanto, provavelmente é compartilhada pela bactéria recém-descoberta (em 2008) *M. lepromatosis*, também associada à hanseníase, de ocorrência principal no México e no Caribe. *M. leprae* foi isolada e identificada pela primeira vez por volta de 1870 por Gerhard A. Hansen, da Noruega; a sua descoberta foi uma das primeiras conexões realizadas entre uma bactéria específica e uma doença. A **hanseníase** também é conhecida como **doença de Hansen** ou, mais popularmente, **lepra**; o termo hanseníase muitas vezes é utilizado para se evitar a pronúncia deste último nome temido.

Essa bactéria apresenta temperatura ótima de crescimento de 30 °C e mostra preferência pelas regiões mais frias e externas do corpo humano. Ela sobrevive à ingestão pelos macrófagos e, por fim, invade as células da bainha de mielina do sistema nervoso periférico, onde a sua presença causa danos aos nervos devido à resposta imune celular. Estima-se que *M. leprae* tenha um longo tempo de geração, de cerca de 12 dias. *M. leprae* e *M. lepromatosis* nunca foram cultivadas em meios artificiais. No entanto, elas podem ser cultivadas nas patas de camundongos imunodeficientes e em tatus, que têm uma temperatura corporal de 30 a 35 °C e geralmente são infectados na natureza. Os tatus agora são bastante comuns nos estados mais quentes, do Texas à Flórida, e várias pessoas contraíram a hanseníase pelo contato com tatus no Texas. A possibilidade de cultivar a bactéria em um animal é inestimável para a avaliação de fármacos quimioterápicos.

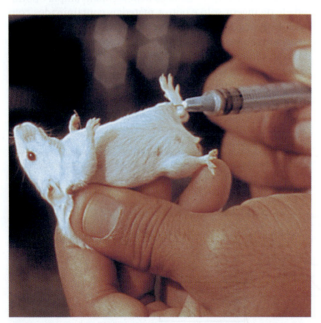

Figura 22.9 Diagnóstico do botulismo pela identificação do tipo de toxina botulínica. Para determinar se a toxina botulínica está presente, camundongos são injetados com a porção líquida dos extratos do alimento ou de culturas livres de células. Se os camundongos morrerem dentro de 72 horas, a toxina está presente. Para determinar o tipo específico da toxina, grupos de camundongos são passivamente imunizados com o antissoro específico para o *C. botulinum* dos tipos A, B ou E. Por exemplo, se um grupo de camundongos recebendo uma antitoxina específica sobrevive e os outros camundongos morrem, o tipo de toxina no alimento ou na cultura foi identificado.

P Quais são os sintomas do botulismo?

A hanseníase ocorre em duas formas principais (embora formas limítrofes também sejam reconhecidas), que aparentemente refletem a eficácia do sistema imune celular do hospedeiro. A *forma tuberculoide (neural)* é caracterizada por áreas da pele descoradas que perderam a sensibilidade e podem estar circundadas por uma borda de nódulos (**Figura 22.10a**). Essa forma da doença é praticamente a mesma que a *paucibacilar* no sistema de classificação da hanseníase da Organização Mundial da Saúde (OMS). A doença tuberculoide ocorre em pessoas que apresentam reações imunes efetivas. A recuperação algumas vezes ocorre de forma espontânea.

Na *forma lepromatosa (progressiva)* da hanseníase (muito parecida com a *multibacilar* no sistema da OMS), células cutâneas são infectadas, e nódulos desfigurantes formam-se por todo o corpo. Pacientes com esse tipo de hanseníase têm o mínimo de resposta imune celular eficaz, e a doença já progrediu do estágio tuberculoide. As membranas mucosas do nariz tendem a se tornar afetadas, e uma aparência de face de leão está associada a esse tipo de hanseníase. Deformações da mão em forma de garra e necrose considerável do tecido podem ocorrer (Figura 22.10b). A progressão da doença é imprevisível, e remissões podem alternar-se com rápida deterioração.

O modo exato de transmissão do bacilo da hanseníase é incerto, mas os pacientes com hanseníase lepromatosa liberam grandes quantidades do bacilo em suas secreções nasais e nos exsudatos (material de exsudação) de suas lesões. A maioria das pessoas provavelmente adquire a infecção quando as secreções contendo o patógeno entram em contato com suas mucosas nasais. Entretanto, a hanseníase não é muito contagiosa, sendo muitas vezes transmissível apenas entre pessoas que têm um contato prolongado ou íntimo. O tempo desde a infecção até o aparecimento dos sintomas geralmente é medido em anos, embora as crianças possam apresentar um período menor de incubação. A morte geralmente não é decorrente da hanseníase em si, mas de complicações, como a tuberculose.

Grande parte do medo da hanseníase pelo público pode ser atribuído às referências históricas e bíblicas da doença. Na Idade Média, as pessoas com hanseníase eram rigidamente excluídas da sociedade europeia e algumas vezes portavam sinos para que as outras pessoas as evitassem. Esse isolamento talvez tenha contribuído para o desaparecimento quase completo da doença na Europa. Contudo, os pacientes com hanseníase não são mais mantidos em isolamento, pois em poucos dias podem se tornar não contagiosos pela administração de fármacos sulfonas. Estes são compostos sintéticos feitos de corantes de anilina que contêm um átomo de enxofre entre dois grupos de carbono. O National Leprosy Hospital, na Louisiana, Estados Unidos, costumava abrigar várias centenas de pacientes, mas foi fechado em 1999. A maioria dos pacientes atualmente é tratada de forma ambulatorial.

Atualmente, 150 a 250 casos são relatados nos Estados Unidos a cada ano. Destes, 75% são importados de imigrantes infectados oriundos de países endêmicos; a doença geralmente é encontrada nos climas tropicais. Milhões de pessoas, grande parte delas na Ásia, na África e no Brasil, sofrem de hanseníase atualmente, e mais de meio milhão de novos casos são registrados a cada ano em todo o mundo.

O teste diagnóstico padrão para a hanseníase é a observação de bactérias ácido-resistentes na pele ou nos nervos infectados, mas provavelmente já ocorreram danos permanentes nos nervos a essa altura. Um teste de PCR em tempo real para a identificação do DNA do *M. leprae* entre 9 e 12 meses, ou seja, antes dos sintomas clínicos mais prejudiciais, foi registrado para uso no Brasil.

A dapsona (uma sulfona), a rifampicina e a clofazimina, um corante lipossolúvel, são os principais fármacos utilizados para o tratamento, geralmente em combinação. O regime de tratamento do OMS para a hanseníase paucibacilar exige 6 meses; para a forma multibacilar, o tratamento é estendido para 24 meses. A vacina do bacilo de Calmette-Guérin (BCG) para a tuberculose (também causada por uma espécie de *Mycobacterium*) oferece alguma proteção contra a hanseníase.

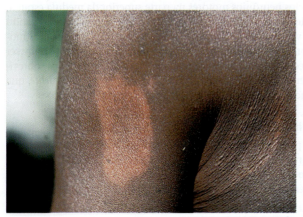

(a) Hanseníase tuberculoide (neural)

(b) Hanseníase lepromatosa (progressiva)

Figura 22.10 Lesões da hanseníase. (a) A área despigmentada da pele é típica da hanseníase tuberculoide (neural). **(b)** Se o sistema imune não conseguir controlar a doença, o resultado é a hanseníase lepromatosa (progressiva). Esta mão gravemente deformada mostra o dano tecidual progressivo às partes mais frias do corpo, típico desse estágio avançado.

P **Qual forma da hanseníase é mais provável de ocorrer em pessoas imunossuprimidas? Por quê?**

Os ensaios clínicos de uma vacina de subunidade para hanseníase, a LepVax, já iniciaram no Brasil.

TESTE SEU CONHECIMENTO

✔ **22-7** Por que os tatus e camundongos imunodeficientes são importantes para o estudo da hanseníase?

Doenças virais do sistema nervoso

OBJETIVOS DE APRENDIZAGEM

22-8 Comparar as vacinas Sabin e Salk contra a poliomielite.

22-9 Comparar os tratamentos pré-exposição e pós-exposição contra a raiva.

22-10 Discutir a epidemiologia da poliomielite, da raiva, da doença pelo vírus Zika e da encefalite por arbovírus, incluindo o modo de transmissão, a etiologia e os sintomas da doença.

22-11 Explicar como a encefalite por arbovírus pode ser prevenida.

A maioria dos vírus que afeta o sistema nervoso alcança esse sítio através da corrente sanguínea ou do sistema linfático. Entretanto, alguns vírus podem penetrar nos axônios dos nervos periféricos e se mover em direção ao SNC.

Poliomielite

A **poliomielite** é mais conhecida como uma causa de paralisia. No entanto, a forma paralítica da poliomielite provavelmente afeta menos de 1% das pessoas infectadas pelo poliovírus *Enterovirus C*. A grande maioria dos casos é assintomática ou apresenta apenas sintomas leves, como dor de cabeça, dor de garganta, febre e náuseas.

A poliomielite surgiu pela primeira vez nos Estados Unidos em um surto em Vermont, no verão de 1894. Após esse surto, por décadas o país foi aterrorizado por epidemias durante o verão. Esses surtos anuais afetavam cada vez mais os adolescentes e os adultos jovens, e o número de casos de paralisia aumentava rapidamente. Muitas vítimas morreram à medida que os músculos respiratórios eram paralisados, e milhares de crianças e jovens perderam os movimentos dos membros permanentemente. Posteriormente, no século XX, o desenvolvimento do pulmão de aço (**Figura 22.11**) permitiu a sobrevivência de milhares de pessoas com paralisia respiratória.

Por que essa doença surgiu tão repentinamente? A resposta é paradoxal – provavelmente em virtude das melhorias no saneamento. O principal modo de transmissão é a ingestão de água contaminada com fezes contendo o vírus. Durante algum tempo, a exposição ao poliovírus era frequente (e ainda é em determinadas regiões do mundo que apresentam condições de saneamento inadequadas). Os bebês geralmente eram expostos ao poliovírus enquanto ainda estavam protegidos pelos anticorpos maternos. O resultado muitas vezes era um caso assintomático da doença e uma imunidade para toda a vida. A melhoria das condições de saneamento adiou essa exposição aos poliovírus nas fezes para depois que a proteção oferecida pelos anticorpos maternos tivesse enfraquecido. Quando a

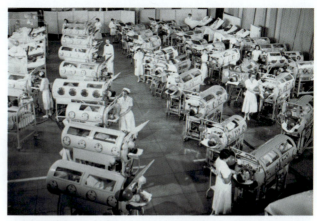

Figura 22.11 Pacientes com poliomielite nos pulmões de aço. Muitos pacientes com poliomielite somente eram capazes de respirar com o auxílio de respiradores artificiais. Cerca de 2 ou 3 sobreviventes dessas epidemias de poliomielite ainda utilizam essas máquinas, pelo menos parte do tempo. Outros são capazes de utilizar aparelhos de auxílio respiratório portáteis.

P **Qual é o percentual de casos de poliomielite que resultam em paralisia?**

infecção é retardada até a adolescência ou o início da fase adulta, a forma paralítica da doença aparece com mais frequência.

Como a infecção inicia após a ingestão do vírus, as principais áreas de multiplicação são a garganta e o intestino delgado. Por isso, a dor de garganta e a náusea são observadas no início da doença. Em seguida, o vírus invade as tonsilas e os linfonodos do pescoço e do íleo (a parte terminal do intestino delgado). A partir dos linfonodos, o vírus entra na corrente sanguínea, resultando em *viremia*. Na maioria dos casos, a viremia é apenas transitória, a infecção não progride para além do sistema linfático, e a doença clínica não se desenvolve. Entretanto, se a viremia for persistente, o vírus, por fim, penetra nas paredes dos capilares e entra no SNC. Uma vez no SNC, o vírus apresenta alta afinidade pelas células nervosas, particularmente pelos neurônios motores na parte superior da medula espinal. Ele não infecta os nervos periféricos ou os músculos. Quando o vírus se multiplica dentro do citoplasma dos neurônios motores, as células morrem, e ocorre a paralisia. A morte pode ser decorrente de uma falha respiratória. De 25 a 40% dos sobreviventes da poliomielite sofrem da *síndrome pós-poliomielite*, que inclui fraqueza muscular, fadiga e dores nas articulações.

Diagnóstico

A poliomielite geralmente é diagnosticada pelo isolamento do vírus das fezes e das secreções da garganta. Culturas de células podem ser inoculadas, e os efeitos citopáticos nas células podem ser observados (ver Tabela 15.4).

Vacinas

Não há cura para a poliomielite; ela só pode ser prevenida. Existem três sorotipos diferentes de poliovírus: tipos 1, 2 e 3. A imunidade deve ser conferida para todos os três.

Dois tipos diferentes de vacinas encontram-se disponíveis. Em 1955, foi introduzida a *vacina Salk* (assim denominada em homenagem a Jonas Salk, que desenvolveu a vacina). Ela consiste nos três tipos de vírus que foram inativados (mortos) pelo tratamento com formalina. Vacinas desse tipo, chamadas de *vacinas contra poliomielite inativadas* (*IPV*, de *inactivated polio vaccines*), requerem uma série de injeções. A IPV não previne a infecção intestinal e, portanto, não impede a transmissão do poliovírus.

O outro tipo de vacina, introduzido em 1963, contém linhagens vivas e atenuadas (enfraquecidas) do vírus em uma suspensão de administração oral. Essa vacina, chamada de *vacina Sabin* em homenagem ao seu desenvolvedor (Albert Sabin), é mais comumente chamada de *vacina oral contra a poliomielite* (*OPV*, de *oral polio vaccine*). Ela é trivalente (*tOPV*) e contém os três tipos de poliovírus. Sua produção apresenta baixo custo, e ela é mais simples de ser administrada, uma vez que não requer profissionais treinados e materiais essenciais para a aplicação de injeções estéreis e seguras. Essa vacina mimetiza uma infecção real e induz uma imunidade excepcional, provavelmente vitalícia, embora o seu uso não seja indicado para indivíduos imunodeficientes. Mais importante ainda, a OPV impede a transmissão da poliomielite, interrompendo o ciclo de transmissão para um novo hospedeiro. O vírus vivo também é eliminado pelo indivíduo vacinado e atua imunizando indiretamente outras pessoas dentro de sua comunidade. Entretanto, essa disseminação do vírus pode apresentar uma grave desvantagem – as linhagens atenuadas podem ocasionalmente apresentar uma reversão da virulência e provocar a doença. A incidência dessa reversão varia de acordo com a região, mas geralmente é de cerca de 1 caso a cada 750 mil indivíduos vacinados.

O histórico de vacinação contra a poliomielite nos Estados Unidos se iniciou com o uso da vacina Salk IPV, a primeira a se tornar disponível. Quando a OPV foi licenciada em 1963, suas vantagens, principalmente aquelas relacionadas à administração, levaram a uma adoção quase universal da formulação. Contudo, as elevadas taxas de vacinação finalmente levaram ao desaparecimento da doença – com a exceção de alguns casos anuais que eram causados pelos vírus vacinais. No ano 2000, os Estados Unidos voltaram a recomendar o uso da IPV no lugar da OPV.* Em 2015, surtos de poliomielite derivados da vacina ocorreram na Ucrânia e no Mali. Para áreas onde a vacinação contra a poliomielite é necessária, a OMS recomenda uma OPV divalente que protege contra os sorotipos 1 e 3 do poliovírus. O sorotipo 2 foi incluído na vacina trivalente; no entanto, esse sorotipo é responsável pela maioria dos casos de poliomielite derivada da vacina. Como todos os vírus de RNA, o vírus sofre mutações espontaneamente, e o sorotipo 2 da vacina sofreu mutação para causar doenças. Leia mais sobre doenças preveníveis por vacinas no quadro "Visão geral" do Capítulo 18.

Epidemiologia e esforços de erradicação

Na epidemiologia do poliovírus, o *vírus de tipo selvagem* (*WPV*, de *wild-type poliovirus*), de ocorrência natural, é distinto do *vírus vacinal* (*VDPV*, de *vaccine-derived poliovirus*). O VDPV é um vírus vacinal atenuado que apresentou reversão de sua virulência e está em circulação.

A OMS lançou uma campanha em 1988 que tinha como meta a erradicação da poliomielite até o ano 2000. A vacina utilizada foi a tOPV. Embora a meta de erradicação não tenha sido alcançada, grandes vitórias foram obtidas, incluindo a extinção dos sorotipos 2 e 3 do tipo selvagem, indicando que a erradicação pode ser possível. No entanto, reservatórios persistentes de WPV permanecem no Paquistão e no Afeganistão.

Não houveram casos de WPV originados nos Estados Unidos desde 1979. Em 2022, um caso de poliomielite ocorreu em uma pessoa não vacinada em Nova York. O VDPV foi isolado desse paciente. O VDPV já foi detectado em águas residuais. A vacinação com IPV evita a paralisia se o VDPV for ingerido.

TESTE SEU CONHECIMENTO

✔ **22-8** Por que a vacina Sabin oral da poliomielite é mais eficaz do que a vacina Salk injetada?

Raiva

A **raiva** é uma doença que quase sempre resulta em encefalite fatal. O agente causador é o *vírus da raiva*, membro do gênero *Lyssavirus*, que apresenta morfologia característica em forma de projétil (ver Figura 13.18a). Os lissavírus (*lissa* deriva da palavra grega para delírio) são vírus de RNA de fita simples cuja enzima polimerásica não tem capacidade de correção (*proofreading*), e as linhagens mutantes desenvolvem-se rapidamente. Em todo o mundo, os seres humanos geralmente são infectados pelo vírus da raiva pela mordedura de um animal infectado que contém o vírus em sua saliva – sobretudo cães. Em raras ocasiões, o vírus pode ser transmitido por abrasões na pele, podendo atravessar as membranas mucosas do nariz, da boca e até mesmo dos olhos. O vírus prolifera no SNP e se move fatalmente em direção ao SNC (**Figura 22.12**). Nos Estados Unidos, a causa mais comum da raiva é uma variante do vírus encontrada em morcegos-de-pelo-prateado. (Animais domésticos têm alta taxa de vacinação.) Como as mortes por

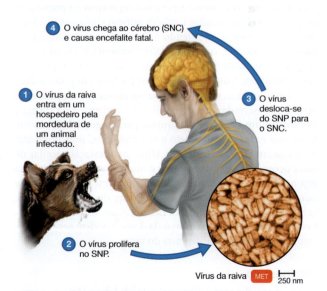

4 O vírus chega ao cérebro (SNC) e causa encefalite fatal.

1 O vírus da raiva entra em um hospedeiro pela mordedura de um animal infectado.

3 O vírus desloca-se do SNP para o SNC.

2 O vírus prolifera no SNP.

Vírus da raiva MET ├─┤ 250 nm

Figura 22.12 Patologia da infecção pela raiva.

🅿 Qual é o tratamento pós-exposição para a raiva?

---

*N. de R.T. O Brasil usa uma estratégia mista de aplicação vacinal contra a poliomielite: as crianças com menos de 1 ano devem ser vacinadas com três doses de vacina inativada contra a poliomielite (VIP): aos 2, 4 e 6 meses de idade. Já as crianças de 1 a 4 anos devem receber dois reforços com vacina oral contra a poliomielite (VOP): aos 15 meses e aos 4 anos de idade.

raiva frequentemente não são diagnosticadas de forma correta, o rastreamento indicou que vários casos da doença foram causados por tecidos transplantados, sobretudo córneas.

A raiva difere de outras doenças, uma vez que seu período de incubação geralmente é longo o bastante para possibilitar o desenvolvimento de imunidade a partir da vacinação pós-exposição. A resposta imune natural é ineficaz, pois os vírus são introduzidos em números muito baixos nos ferimentos para estimular a doença; além disso, os vírus não trafegam na corrente sanguínea ou no sistema linfático, onde o sistema imune poderia responder de maneira mais eficiente. Inicialmente, o vírus multiplica-se no músculo esquelético e no tecido conectivo, onde permanece localizado por períodos que se estendem de dias a meses. Em seguida, ele penetra em um neurônio motor e se desloca, a uma taxa de 15 a 100 mm por dia, ao longo dos nervos periféricos até o SNC, onde causa encefalite. Em alguns casos extremos, períodos de incubação de até 6 anos foram registrados, mas a média é de 30 a 50 dias. Mordeduras em regiões ricas em fibras nervosas, como as mãos e a face, são muito perigosas, e o período de incubação resultante tende a ser curto.

Uma vez que o vírus entra nos nervos periféricos, ele não está acessível ao sistema imune até que as células do SNC comecem a ser destruídas, o que dispara uma resposta imune ineficaz e tardia.

Os sintomas iniciais são leves e variados, assemelhando-se aos de várias infecções comuns. Quando ocorre o envolvimento do SNC, o paciente tende a alternar entre períodos de agitação e de calmaria. Nesse momento, um sintoma frequente é o espasmo dos músculos da boca e da faringe, que ocorre quando o paciente é exposto a correntes de ar ou engole líquidos. De fato, até mesmo o simples ato de ver ou pensar em água pode disparar os espasmos – daí o nome comum *hidrofobia* (medo de água). Os estágios finais da doença resultam em dano extenso às células nervosas do encéfalo e da medula espinal.

Animais com **raiva furiosa (clássica)** apresentam-se inicialmente agitados e, em seguida, ficam altamente excitáveis e tentam morder qualquer coisa ao seu alcance. O comportamento de morder é essencial para manter o vírus na população animal. Os seres humanos também exibem sintomas similares de raiva, até mesmo mordendo outras pessoas. Quando a paralisia se estabelece, o fluxo da saliva aumenta à medida que a deglutição se torna difícil, e o controle nervoso é progressivamente perdido. A doença é quase sempre fatal em poucos dias.

Alguns animais sofrem de **raiva paralítica (muda)**, na qual apenas é observada uma excitabilidade mínima. Essa forma é muito comum nos gatos. O animal permanece relativamente tranquilo e até mesmo alheio a seu ambiente, mas pode atacar irritadamente se acariciado. Uma manifestação similar de raiva ocorre em seres humanos e é muitas vezes diagnosticada erroneamente como *síndrome de Guillain-Barré* – uma forma de paralisia que costuma ser transitória, mas algumas vezes pode ser fatal – ou outras condições neurológicas. Existe alguma especulação de que as duas formas da doença podem ser causadas por formas levemente diferentes do vírus.

Diagnóstico

A raiva normalmente é diagnosticada em laboratório por meio da detecção de antígenos virais utilizando o **teste de anticorpo fluorescente direto (AFD)**, o qual tem sensibilidade em torno de 100% e alta especificidade. Esse teste pode ser realizado em amostras de saliva, sangue, LCS e pele; amostras *post-mortem* geralmente são coletadas do cérebro. Além disso, o Centers for Disease Control and Prevention (CDC) desenvolveram um **teste imuno-histoquímico rápido (TIR)**. Ele requer apenas o uso de um microscópio óptico comum e tem sensibilidade e especificidade equivalentes ao teste AFD padrão.

Prevenção da raiva

Apenas indivíduos que apresentam alto risco de exposição, como funcionários de laboratórios, profissionais de controle de animais e veterinários, são rotineiramente vacinados contra a raiva antes de uma exposição conhecida. Se uma pessoa for mordida, o ferimento deve ser cuidadosamente lavado com água e sabão. Se o animal apresentar teste positivo para raiva, a pessoa deve se submeter à **profilaxia pós-exposição (PPE)**. A imunização passiva é fornecida por meio da injeção de **imunoglobulina antirrábica humana (RIG**, de *human rabies immune globulin*) coletada de pessoas imunizadas contra a raiva, seguida por três doses da vacina. Outra indicação para o tratamento antirrábico é qualquer mordedura não provocada por gambá, morcego, raposa, coiote, lince ou guaxinim que não esteja disponível para exame. O tratamento após uma mordedura de cão ou gato, caso o animal não possa ser encontrado, é determinado pela prevalência de raiva na região. A mordedura de um morcego pode não ser perceptível, podendo ser impossível ser descartada a hipótese de uma mordedura em casos em que o morcego teve acesso a pessoas dormindo ou a crianças. Portanto, o CDC recomenda a PPE após qualquer encontro significativo com um morcego – a menos que ele possa ser testado e o resultado seja negativo para raiva.

O tratamento de Pasteur original, no qual o vírus é atenuado pela secagem das medulas espinais dissecadas de coelhos infectados, foi substituído pela **vacina de células diploides humanas (HDCV**, de *human diploid cell vaccine*) ou pelas vacinas produzidas em embriões de galinha. Essas vacinas são administradas em uma série de três injeções em intervalos de 1 semana.

Tratamento da raiva

Assim que os sintomas da raiva aparecem, não há muito que possa ser feito – apenas raros sobreviventes foram relatados. A maioria dos sobreviventes recebem a PPE antes do aparecimento dos sintomas. Há poucos relatos de casos de sobrevivência de pacientes que não receberam a PPE. O tratamento primário, que é bem-sucedido em uma minoria de casos, consiste em induzir um coma prolongado a fim de minimizar a excitabilidade durante a administração de fármacos antivirais. Esse procedimento foi utilizado pela primeira vez no caso de uma criança de Wisconsin, Estados Unidos, mordida por um gato infectado, e passou a ser chamado de protocolo Milwaukee.

Distribuição da raiva

A raiva está distribuída por todo o mundo, principalmente em decorrência de mordeduras de cães. A vacinação de animais de estimação é excessivamente dispendiosa em grande parte da África, na América Latina e na Ásia. Nessas áreas, de 40.000 a 70.000 mortes pela raiva ocorrem anualmente. Nos Estados Unidos, a vacinação de animais de estimação é quase universal, mas a raiva permanece disseminada na vida selvagem, predominantemente em morcegos, gambás, raposas e guaxinins, embora também seja encontrada em animais domésticos (**Figura 22.13**). Cerca de 40 mil pessoas recebem vacina pós-exposição contra raiva a cada ano, geralmente como precaução quando a condição do animal que provocou a mordedura não pode ser determinada. A raiva quase nunca é encontrada em coelhos ou roedores. A doença há muito tempo é endêmica em morcegos hematófagos da América do Sul. Na Europa e na América do Norte, existem esforços contínuos para imunizar animais selvagens com um *Vaccinia virus* (*Orthopoxvirus vaccinia*) vivo geneticamente modificado para produzir uma glicoproteína do vírus da raiva que é adicionada aos alimentos

deixados para o consumo dos animais. Essas campanhas foram altamente bem-sucedidas na Europa e, por conseguinte, diversos países se declararam livres da doença.

Nos Estados Unidos, 7.000 a 8.000 casos de raiva são diagnosticados em animais a cada ano, mas nos últimos anos apenas 1 a 6 casos foram diagnosticados em seres humanos anualmente* (ver o quadro **Foco clínico**). Nos países em desenvolvimento, a raiva apresenta uma incidência muito maior.

Encefalite relacionada ao *Lyssavirus*

Nos últimos anos, alguns casos fatais de encefalite que são clinicamente indistinguíveis da raiva clássica ocorreram na Austrália e na Escócia – países considerados livres da raiva. Esses casos foram causados por genótipos do gênero *Lyssavirus* que são intimamente relacionados ao vírus da raiva clássica: o *lissavírus do morcego australiano (ABLV)* e o *lissavírus do morcego europeu (EBLV)*.**

A raiva clássica é causada por 1 de 11 genótipos conhecidos do gênero *Lyssavirus* e é disseminada mundialmente. Outros *Lyssavirus* não relacionados à raiva e que causam encefalite são nativos da Europa, Austrália, África e Filipinas, mais comumente em morcegos. Diferentes espécies de morcegos são infectadas por variantes distintas de *Lyssavirus* relacionados à raiva.

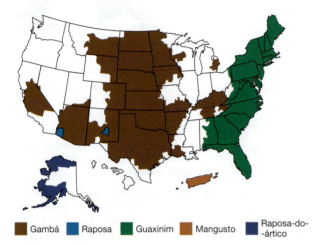

Gambá | Raposa | Guaxinim | Mangusto | Raposa-do-ártico

Regiões dos Estados Unidos nas quais a raiva predomina em determinadas espécies de animais selvagens. Nos estados do leste, nos quais os guaxinins são os animais predominantes infectados pela raiva, muitos casos também foram reportados em raposas e gambás.

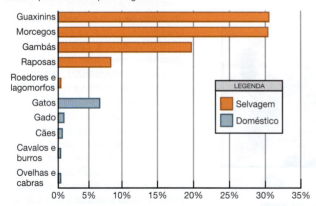

Casos de raiva em diversos animais selvagens e domésticos nos Estados Unidos. A raiva em animais domésticos, como cães e gatos, é incomum, devido às altas taxas de vacinação. Guaxinins, gambás e morcegos são os animais que apresentam maior probabilidade de estarem infectados pelo vírus da raiva. A maior parte dos casos em seres humanos é causada por mordeduras de morcegos. Em todo o mundo, a maioria dos casos em seres humanos é causada por mordeduras de cães.

Figura 22.13 Casos registrados de raiva em animais. Morcegos infectados com raiva foram relatados em todos os 48 estados contíguos em 2020. A raiva em raposas inclui espécies distintas em regiões geográficas diferentes.

P Qual é o principal reservatório para o vírus da raiva em sua região?

Fonte: CDC 2022.

Encefalite por arbovírus

A encefalite causada por vírus transmissíveis por mosquitos (chamados de arbovírus) é bastante comum nos Estados Unidos. (*Arbovírus* é uma abreviação do inglês *arthropod-borne virus*, vírus transmitidos por artrópodes. Essa terminologia representa um agrupamento funcional; não é um termo taxonômico formal.) A incidência da doença aumenta nos meses do verão, coincidindo com a proliferação dos mosquitos adultos. Espera-se que as mudanças climáticas alterem a distribuição das doenças arbovirais. (Ver o quadro "Visão geral" no Capítulo 23). *Animais sentinelas,* como galinhas em cativeiro, são testados periodicamente para anticorpos contra os arbovírus. Isso fornece informações oficiais de saúde sobre a incidência e os tipos de vírus em sua região.

---

*N. de R.T. No Brasil, o número de casos é igualmente baixo, com cerca de 2 a 3 casos por ano. No período de 2010 a 2020, foram registrados 38 casos de raiva humana, sendo que, em 2014, não houve nenhum caso. Desses casos, 9 tiveram o cão como animal agressor; 20, os morcegos; 4, os primatas não humanos; 4, os felinos; e em um deles não foi possível identificar o animal agressor.

**Sabe-se atualmente que muitas doenças – raiva e doenças por *Lyssavirus* similares, bem como os vírus SARS, Ebola, Hendra e Nipah – são todas transmitidas por morcegos (sabidamente ou com forte suspeita de apresentarem essa via de transmissão). Há razões que tornam os morcegos bons reservatórios de doenças: existem mais de mil espécies que ocupam vários nichos; apresentam vida longa (5-50 anos), o que propicia estabilidade como reservatório; tendem a se alojar em grupos, o que facilita a disseminação viral; e voam distâncias relativamente longas quando estão à procura de alimento – alguns são até mesmo migratórios. Por fim, os morcegos parecem ser capazes de carrear os vírus por longos períodos sem eliminar a infecção ou se tornarem doentes.

FOCO CLÍNICO Uma doença neurológica

Neste quadro, você encontrará uma série de questões que os clínicos se perguntam à medida que realizam um diagnóstico e tratamento. Tente responder a cada questão antes de passar à seguinte.

1. No dia 30 de setembro, Yasmin, uma menina de 10 anos, apresentou dor e rigidez em seu braço direito e uma temperatura de 38,3 °C. Em 3 de outubro, ela começou a vomitar, e a dor e a dormência nos braços aumentaram.

   O que esses sintomas poderiam indicar?

2. A febre alta poderia indicar algum tipo de infecção bacteriana ou viral. O pediatra de Yasmin solicita um teste rápido de antígeno estreptocócico do grupo A, que retorna negativo. Yasmin é hospitalizada no dia 7 de outubro, quando apresentava dificuldades de deglutição. A sua língua apresentava cobertura esbranquiçada e projetava-se para fora da boca.

   Quais infecções são possíveis?

3. A cobertura esbranquiçada na língua da menina poderia indicar candidíase oral. Yolanda recebe fluconazol para combater o fungo. No dia 8 de outubro, uma punção lombar mostra números elevados de leucócitos.

   O que isso indica?

4. Uma contagem elevada de leucócitos no LCS de Yasmin indica algum tipo de infecção microbiana do SNC. Ela é tratada com vancomicina para meningoencefalite. Em seguida, ela apresenta hipersalivação e letargia.

   O que isso sugere? Como você confirmaria a doença?

5. A raiva é confirmada por coloração direta com anticorpo fluorescente de uma biópsia de pele para os antígenos do vírus da raiva. Yasmin morre no dia 2 de novembro. Muitas inclusões do vírus da raiva (corpúsculos de Negri) são vistas no tronco encefálico (**Figura A**).

   De que forma você trataria as pessoas que tiveram contato com Yasmin em outubro e novembro?

6. A profilaxia pós-exposição (PPE) é administrada a 66 pessoas, incluindo 31 pessoas da escola de Yasmin.

   A demora no diagnóstico afetou o resultado da doença?

7. O diagnóstico precoce nem sempre pode salvar um paciente; entretanto, pode ajudar a minimizar o número de exposições potenciais e a necessidade de PPE.

   O que mais deve ser estabelecido sobre esse caso?

8. Em meados de junho, Yasmin acordou durante a noite e disse que um morcego havia voado pela janela de seu quarto e a mordido. Sua mãe limpou uma pequena marca no braço da garota com um antisséptico sem prescrição médica, mas presumiu que o incidente tivesse sido um pesadelo. Dois dias depois, a irmã mais velha de Yasmin retirou um morcego morto do quintal. A mãe não associou o morcego com o evento anterior e não procurou a PPE para a menina.

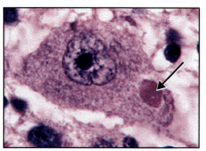

Figura A Corpúsculo de Negri apontado pela seta em um neurônio infectado.

Figura B Morcego-de-pelo-prateado.

A sequência nucleotídica do produto de PCR foi utilizada para a identificação de uma variante do vírus da raiva associada a morcegos-de-pelo-prateado (**Figura B**).

Por que a vigilância e a notificação de casos de raiva são importantes nos Estados Unidos?

9. Dois adultos em estados diferentes também adquiriram raiva após o contato com morcegos. Os adultos recusaram a PPE por medo de vacinas e morreram em virtude das infecções. Esses três casos de raiva foram associados a três espécies diferentes de morcegos: *Lasionycteris noctivagans* (morcego-de-pelo-prateado), *Tadarida brasiliensis* (morcego-de-cauda-livre-brasileiro) e *Eptesicus fuscus* (grande-morcego-marrom).

Durante 2009-2021, 23 dos 30 casos de raiva humana relatados nos Estados Unidos também foram adquiridos nos Estados Unidos. A raiva humana é passível de prevenção se forem realizados os cuidados adequados e imediatos do ferimento, assim como a administração apropriada de soro antirrábico humano e vacinas contra a raiva antes do início dos sintomas clínicos.

Adaptado de CDC, 31 de dezembro de 2022.

Vários tipos clínicos de encefalite por arbovírus foram identificados; todos podem causar sintomas que variam desde subclínicos a graves, incluindo morte rápida. Casos ativos dessas doenças são caracterizados por calafrios, cefaleia e febre. À medida que a doença progride, ocorre confusão mental e coma. Os sobreviventes podem sofrer de problemas neurológicos permanentes.

Cavalos e seres humanos são afetados por esses vírus; assim, há linhagens que causam a *encefalite equina do leste* (*EEL por Alphavirus*) e a *encefalite equina do oeste* (*EEO por Flavivirus*). Esses dois vírus têm maior probabilidade de causar doenças graves em seres humanos. A EEL é a mais grave; a taxa de mortalidade é de 30% ou mais, e os sobreviventes têm uma alta incidência de danos cerebrais, surdez e outros problemas neurológicos. A EEE é incomum (seu principal mosquito vetor prefere se alimentar de aves); apenas cerca de 100 casos por ano são registrados nos Estados Unidos. Nenhum caso de EEO foi relatado em mais de 10 anos; a taxa de mortalidade da EEO é de 5%.

A *encefalite de Saint Louis* (*ESL por Flavivirus*) recebeu esse nome devido à localização de um grande surto inicial (no qual foi originalmente descoberto que os mosquitos estão envolvidos na transmissão dessas doenças). A ESL está distribuída desde o sul do Canadá até a Argentina, mas principalmente na região central e no leste dos Estados Unidos. Menos de 1% das pessoas infectadas exibem sintomas; ela pode, entretanto, ser uma doença grave, com uma taxa de mortalidade em pacientes sintomáticos de cerca de 20%.

A *encefalite da Califórnia* (*EC por Orthobunyavirus*) foi identificada pela primeira vez no estado da Califórnia, Estados Unidos, porém a maioria dos casos ocorre em outros lugares. Na verdade, houve apenas um caso de EC na Califórnia em 60 anos. Essa doença relativamente leve raramente é fatal.

Uma nova doença por arbovírus, agora o arbovírus mais comum nos Estados Unidos (**Figura 22.14**), foi introduzida no país em 1999. Reportada pela primeira vez na região da cidade de Nova York, ela foi rapidamente identificada como causada pelo vírus do Oeste do Nilo (WNV, de *Flavivirus West Nile virus*), o qual, assim como o vírus que causa a ESL, é relacionado ao vírus que provoca a encefalite japonesa (discutida em breve). A doença é mantida em um ciclo ave-mosquito-ave. O mosquito principal é uma espécie de *Culex*, que pode hibernar como adulto nos climas temperados. As aves servem como hospedeiros amplificadores; algumas espécies, como os pardais, podem ter altos níveis de viremia sem morrer. Contudo, a mortalidade de corvos, gralhas ou gaios infectados é alta, e oficiais de saúde pública algumas vezes solicitam notificações de aves mortas dessas espécies. A maioria dos casos humanos de WNV é subclínica ou leve, mas a doença pode causar uma paralisia semelhante à poliomielite ou à encefalite fatal, sobretudo em pessoas idosas.

Outros vírus de encefalite estão aparecendo nos Estados Unidos. Em 2021, mais de 50 casos da **doença pelo vírus** Heartland (*Bandavirus*) ocorreram nos Estados Unidos. As infecções pelo **vírus humano Powassan** (POW, um *Flavivirus*) foram reconhecidas nas latitudes setentrionais. Nos Estados Unidos, a doença pelo vírus POW foi relatada principalmente nos estados do nordeste e na região dos Grandes Lagos. Ver **Doenças em foco 22.2** para um resumo das doenças predominantes causadas por arbovírus nos Estados Unidos.

O Extremo Oriente e o Sul Asiático também apresentam encefalite por arbovírus endêmica. A **encefalite japonesa** é a mais conhecida, sendo um problema de saúde pública grave, principalmente no Japão, na Tailândia, na Coreia, na China e na Índia. As vacinas são usadas para controlar a doença nesses países e, em geral, são recomendadas para os visitantes. Apenas cerca de 1% das pessoas infectadas apresentam sintomas clínicos, os quais podem envolver convulsões e paralisia. A taxa de mortalidade entre indivíduos sintomáticos é de 20 a 30%.

A encefalite por arbovírus é diagnosticada por testes sorológicos, em geral testes de ELISA para identificar os anticorpos IgM. A medida preventiva mais eficaz é o controle local dos mosquitos.

Doença do vírus Zika

A **doença do vírus Zika (ZVD)** é causada pelo *vírus Zika* (*Orthoflavivirus zikaense*), ou *ZIKV*, um *Flavivirus*. É transmitida principalmente pela picada de mosquitos *Aedes* spp. infectados, os mesmos mosquitos portadores dos vírus que causam a dengue, a febre amarela e a chikungunya. O vírus Zika também pode ser transmitido por contato sexual, verticalmente durante a gravidez e o parto e por meio de transfusões de sangue. O ZIKV foi descoberto pela primeira vez em 1947 em macacos Rhesus e recebeu o nome da floresta de Zika, na Uganda. Posteriormente, foi identificado em humanos em 1952 na Tanzânia. O primeiro surto fora da África ocorreu na Micronésia, na ilha de Yap. O vírus migrou para a Polinésia Francesa e para o Brasil em 2014. Ele atingiu o território continental dos Estados Unidos em 2015. Entre 2015 e 2017, 231 casos foram contraídos nos Estados Unidos. Em 2022, o vírus estava em 89 países, a maioria nas Américas. No entanto, o último surto da doença pelo vírus Zika ocorreu na Índia em 2021.

Figura 22.14 Casos de vírus do Oeste do Nilo em humanos: 2021.
O vírus foi detectado em aves nos 48 estados contíguos e no Distrito de Colúmbia. Esta é a encefalite por arbovírus mais comum nos Estados Unidos.

P Por que as infecções por arbovírus ocorrem durante os meses de verão?

Fonte: CDC 2022.

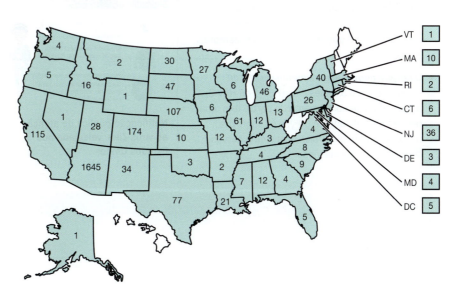

Transmissão vertical: infecção durante a gravidez

As infecções que causam doenças leves ou moderadas em adultos podem ter efeitos catastróficos quando passam de mãe para filho durante a gravidez ou durante o parto.

Em 2016, alguns atletas não participaram dos Jogos Olímpicos no Brasil devido ao medo de um surto da doença pelo vírus Zika no país. Nesse mesmo ano, o CDC emitiu um aviso aconselhando mulheres grávidas a não viajarem para a Flórida devido à presença de mosquitos portadores do vírus Zika. Nos Estados Unidos, entre 2016 e 2018, 6,1% dos bebês nascidos de pais infectados com Zika apresentaram defeitos congênitos.

A maioria dos micróbios não atravessa a placenta, mas aqueles que atravessam podem causar sérios danos

As infecções congênitas (existentes antes ou no momento do nascimento) geralmente são transmitidas verticalmente para a criança, seja pela placenta durante a gravidez, seja no parto. Os micróbios mais comuns (como o vírus influenza ou a levedura *Candida*) não atravessam a placenta e não afetam o feto. Portanto, a principal preocupação dos médicos ao prescreverem tratamentos para pacientes grávidas é encontrar fármacos antimicrobianos que não prejudiquem o feto ao mesmo tempo que tratam o indivíduo adulto. No entanto, um grupo seleto de patógenos tem a capacidade de atravessar a placenta e afetar o feto. Essas doenças podem apresentar sintomas leves no adulto, mesmo quando causam danos ao feto em desenvolvimento. As doenças virais nas quais a transmissão vertical é um fator importante incluem as seguintes:

- O **vírus Zika** atravessa a placenta durante a gravidez e atinge as células-tronco nervosas. Ele está ligado a microcefalia, depósitos de cálcio no cérebro e outras anormalidades cerebrais e oculares.

- O **herpes neonatal** geralmente resulta da transmissão do *Simplesvirus* (HSV-1 ou HSV-2) a partir da mãe no momento do parto. Tem uma taxa de mortalidade de 60%, e os sobreviventes apresentam distúrbios do sistema nervoso central, como convulsões.

- As **infecções por *Cytomegalovirus* (CMV)**, causadas por outro herpes vírus humano, são a causa mais importante de infecção congênita nos países desenvolvidos. A transmissão para o feto tem maior incidência se a mãe adquirir a infecção durante a primeira metade da gravidez. Nos Estados Unidos, cerca de 1 em cada 150 bebês nasce com infecção congênita por CMV. No entanto, apenas cerca de 20% dos bebês infectados ficarão doentes. Os sintomas do CMV congênito incluem microcefalia, perda auditiva e visual e convulsões.

GRÁVIDA OU PENSANDO EM ENGRAVIDAR?

Prevenção é proteção: previna infecções e proteja o seu bebê.

Algumas infecções que ocorrem antes ou durante a gestação podem aumentar o risco de defeitos congênitos e outras condições. Veja algumas dicas para gestantes e mulheres que planejam engravidar:

VACINE-SE

 Vacine-se contra a gripe e a coqueluche.

 Atualize todas as vacinas antes da concepção.

PREVINA PICADAS DE INSETOS

 Use repelentes.

 Em áreas externas, prefira calças e blusas de manga longa,

 Se possível, evite viajar para áreas de risco de infecção pelo vírus Zika.

Notificação pública de atenção ao vírus Zika, veiculada nos Estados Unidos.

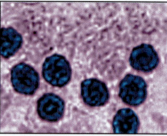
Vírus Zika 22 nm

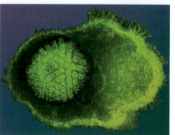
Simplexvirus 27 nm

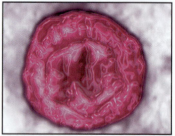
Cytomegalovirus 25 nm

Bactérias, vírus e protozoários podem atravessar a placenta e causar doenças

- O **Treponema pallidum** causa sífilis congênita, que pode resultar em aborto espontâneo, natimortalidade e morte precoce do bebê. O feto fica suscetível à infecção após o quarto mês de gravidez. Bebês sobreviventes podem apresentar alterações no desenvolvimento ósseo. A incidência da doença vem aumentando nos Estados Unidos desde 2013. A penicilina utilizada pela mãe é 98% eficaz na prevenção da doença.

- A infecção congênita por **Listeria monocytogenes** resulta em parto prematuro, aborto espontâneo ou natimortalidade.

- A infecção por **estreptococos do grupo B** resulta em surdez ou dificuldades de aprendizagem.

- **Elizabethkingia**, um patógeno recém-descoberto, pode atravessar a placenta e causar meningite em recém-nascidos.

- A infecção congênita pelo protozoário **Toxoplasma gondii** pode resultar em microcefalia, hidrocefalia (acúmulo de LCS no cérebro), convulsões e comprometimento motor.

- **Trypanosoma**, **Leishmania** e **Plasmodium** também podem causar infecções congênitas.

O painel TORCH testa mulheres grávidas em busca de doenças que podem ser transmitidas verticalmente

O TORCH é um painel de testes originalmente desenvolvido para rastrear mães em busca de anticorpos contra micróbios que podem prejudicar o feto. TORCH abrange Toxoplasmose, Outros, Rubéola, CMV e HSV. A categoria "Outros" abrange muitas doenças, incluindo sífilis, varicela, HIV, sarampo, caxumba e hepatite B.

Como prevenir é quase sempre melhor do que tratar uma doença, as mulheres que planejam engravidar devem estar em dia com as vacinas recomendadas, incluindo as vacinas contra sarampo, caxumba e rubéola, que podem causar sérios problemas congênitos.

A microcefalia é causada por vários agentes, incluindo o vírus Zika e o *Toxoplasma*.

A infecção congênita por *Listeria* pode causar parto prematuro.

CONCEITOS-CHAVE

- O citomegalovírus (CMV) é a causa mais comum de infecção viral congênita. (**Ver Capítulo 23.**)
- As doenças do sistema reprodutivo podem ser transmitidas no momento do parto. (**Ver Capítulo 26**, "Gonorreia", "Sífilis congênita" e "Herpes neonatal".)
- As doenças causadas por protozoários dos sistemas cardiovascular e linfático podem atravessar a placenta. (**Ver Capítulo 23.**)
- A vacinação antes da gravidez pode prevenir doenças congênitas infecciosas. (**Ver Capítulo 18**, "Vacinas".)

Os sinais e sintomas mais comuns da ZVD, que duram cerca de 1 semana, afetam cerca de 20% dos indivíduos infectados. Geralmente são leves e incluem febre, dor de cabeça, dores musculares e articulares, mal-estar, erupção cutânea e conjuntivite. Como as pessoas geralmente não ficam doentes o suficiente para precisar de hospitalização, elas podem nem perceber que estão infectadas. No entanto, a infecção pelo ZIKV durante a gravidez aumenta bastante o risco de o recém-nascido apresentar uma malformação congênita chamada de **microcefalia**. Nesse distúrbio, a cabeça do bebê é muito menor do que o normal devido ao desenvolvimento anormal do cérebro. Os bebês afetados apresentam atrasos no desenvolvimento que variam de leves a graves. A ZVD também está associada à *síndrome de Guillain-Barré*, uma fraqueza muscular temporária, e ao formigamento e, em casos graves, à paralisia nos membros superiores e inferiores.

O diagnóstico de ZVD é confirmado pela PCR com transcriptase reversa, e o tratamento envolve repouso, ingestão de fluidos e controle da dor e da febre com fármacos de rotina. Várias vacinas, incluindo vacinas de DNA, mRNA e vírus atenuados (ver Capítulo 18), estão em desenvolvimento na fase de ensaios clínicos. Assim como na encefalite por arbovírus, a melhor prevenção é reduzir os criadouros de mosquitos e reduzir o contato entre mosquitos e humanos.

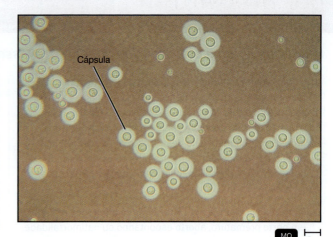

Figura 22.15 *Cryptococcus neoformans.* Esse fungo semelhante a uma levedura apresenta uma cápsula incomumente espessa. Nesta fotomicrografia, a cápsula tornou-se visível após a suspensão das células em tinta nanquim diluída.

P Qual é a importância da cápsula polissacarídica extremamente espessa encontrada em *C. neoformans*?

TESTE SEU CONHECIMENTO

✔ **22-10** Qual doença é transmitida por mosquitos: poliomielite, raiva ou encefalite por arbovírus?

✔ **22-11** Quando há surtos locais graves de encefalite por arbovírus, qual é o procedimento comum para minimizar a sua transmissão?

Doenças fúngicas do sistema nervoso

OBJETIVO DE APRENDIZAGEM

22-12 Identificar o agente causador, o reservatório, os sintomas e o tratamento da criptococose.

O SNC raramente é invadido por fungos. Entretanto, um fungo patogênico do gênero *Cryptococcus* é bem adaptado para o crescimento nos fluidos do SNC.

Meningite por *Cryptococcus neoformans* (criptococose)

A doença **criptococose** é causada por fungos do gênero *Cryptococcus*. Eles formam células esféricas que se assemelham a leveduras, reproduzem-se por brotamento e produzem cápsulas polissacarídicas extremamente espessas (**Figura 22.15**). As principais espécies patogênicas para seres humanos são *Cryptococcus neoformans* e *C. grubii*. Esses organismos se encontram amplamente distribuídos, sobretudo em áreas contaminadas por fezes de aves, mais particularmente

pombos, os quais excretam cerca de 11 kg por ano. A doença é transmissível principalmente pela inalação de fezes secas contaminadas. Os fungos inalados se multiplicam em indivíduos que apresentam o sistema imune comprometido, como pacientes com Aids, disseminam-se para o SNC e causam meningite, que tem uma alta taxa de mortalidade. Na Califórnia, ocorreram recentemente surtos de criptococose em pessoas com Aids, causados por *C. gattii*, espécie isolada anteriormente apenas em regiões tropicais. Contudo, atualmente também é possível observar uma associação com árvores nativas de regiões subtropicais e temperadas; o fungo habita um nicho ecológico em árvores maduras ocas em decomposição. (Ver o "Caso clínico" do Capítulo 12.) Desses locais, os basidiósporos (Figura 12.10) podem contaminar o solo circundante ou ser disseminados juntamente à distribuição dos produtos de madeira. Essa espécie já foi isolada em casos de criptococose, mesmo em pessoas sadias, em várias regiões do oeste da América do Norte até o extremo norte, como a Ilha de Vancouver, no Canadá. É provável que essa doença se dissemine para o sul, chegando a afetar regiões tão distantes quanto o sul da Flórida.

O melhor teste diagnóstico sorológico consiste em um teste de aglutinação em látex para a detecção de antígenos criptocócicos no LCS. Os fármacos de escolha para o tratamento são a anfotericina B e a flucitosina, em combinação. Mesmo assim, a taxa de mortalidade aproxima-se de 30%.

TESTE SEU CONHECIMENTO

✔ **22-12** Qual é a fonte mais comum das infecções criptocócicas transmitidas pelo ar?

DOENÇAS EM FOCO 22.2 Tipos de encefalite por arbovírus

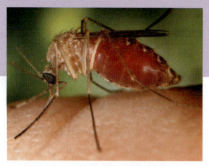

Mosquito *Culex* cheio de sangue humano.

A encefalite por arbovírus geralmente é caracterizada por febre, cefaleia e estado mental alterado, variando desde confusão até coma. O controle do vetor para diminuir o contato entre os seres humanos e os mosquitos é a melhor prevenção. O controle do mosquito inclui remover água parada e usar repelentes de insetos quando estiver ao ar livre. Uma garota de 8 anos na região rural de Wisconsin, Estados Unidos, apresenta calafrios, cefaleia e febre e relata ter sido picada por mosquitos. Use a tabela a seguir para determinar quais tipos de encefalite são mais prováveis. Como você confirmaria o diagnóstico?

Doença	Patógeno	Mosquito vetor	Reservatório	Distribuição nos Estados Unidos	Epidemiologia	Mortalidade
Encefalite da Califórnia (sorogrupo La Crosse)	Vírus da EC (*Orthobunyavirus*)	*Aedes*	Pequenos mamíferos		Afeta principalmente grupos etários de 4 a 18 anos em áreas rurais e subúrbios. Raramente fatal; cerca de 10% apresentam danos neurológicos	1% dos hospitalizados
Encefalite equina do leste	Vírus da EEL (*Alphavirus*)	*Aedes, Culiseta*	Aves, cavalos		Afeta principalmente crianças e adultos jovens; relativamente incomum em seres humanos	> 30%
Encefalite Heartland (em verde)	Vírus Heartland (*Bandavirus*)	Carrapato *Amblyomma americanum*	Podem ser veados ou guaxinins		Problemas neurológicos, trombocitopenia, leucopenia	20%
Encefalite de Powassan (em roxo)	Vírus POW (*Flavivirus*)	Carrapatos *Ixodes* spp.	Podem ser camundongos-de-patas-brancas		Podem ocorrer problemas neurológicos de longo prazo	10-15%
Encefalite de St. Louis	Vírus da ESL (*Flavivirus*)	*Culex*	Aves		Principalmente surtos urbanos; afeta principalmente adultos com mais de 40 anos	20%
Encefalite do Oeste do Nilo	WNV (*Flavivirus*)	Principalmente *Culex*	Principalmente pássaros, vários tipos de roedores e grandes mamíferos		A maioria dos casos é assintomática; do contrário, os sintomas variam de leves a graves; probabilidade de sintomas neurológicos graves; a fatalidade aumenta de acordo com a idade	4-18% dos hospitalizados

Doenças protozoóticas do sistema nervoso

OBJETIVO DE APRENDIZAGEM

22-13 Identificar o agente causador, o vetor, os sintomas e o tratamento da tripanossomíase africana e da meningoencefalite amebiana.

São raros os protozoários que podem invadir o SNC. Entretanto, aqueles que podem atingi-lo causam efeitos devastadores.

Tripanossomíase africana

A **tripanossomíase africana**, ou doença do sono, é uma doença parasitária que afeta o sistema nervoso. Em 1907, Winston Churchill descreveu Uganda durante uma epidemia de doença do sono como um "belo jardim da morte". Milhares de casos ocorreram anualmente durante o século XX; no entanto, como resultado do controle vetorial e do tratamento efetivo das pessoas infectadas, menos de 600 casos foram relatados em 2020.

A doença é causada por duas subespécies de *Trypanosoma brucei* que infectam seres humanos: *Trypanosoma brucei gambiense* e *T. b. rhodesiense*. Eles são morfologicamente indistinguíveis, mas diferem de modo significativo em sua epidemiologia – isto é, em sua capacidade de infectar hospedeiros não humanos. Os seres humanos representam o único reservatório significativo para *T. b. gambiense*, e *T. b. rhodesiense* é um parasita de rebanhos domésticos e de muitos animais selvagens. Esses protozoários são flagelados (ver na Figura 23.22 a aparência de um organismo similar) que são disseminados pelas moscas tsé-tsé (vetor). O *T. b. gambiense* é transmitido por uma espécie de mosca tsé-tsé que habita vegetações ciliares, onde há também concentrações de populações humanas. Essa espécie é distribuída por todo o Oeste e Centro Africano, sendo muitas vezes denominada tripanossomíase africana do Oeste. Mais de 97% dos casos registrados em seres humanos são desse tipo. Uma vez que a pessoa se torna infectada, alguns sintomas se manifestam por semanas ou meses. Por fim, desenvolve-se uma forma crônica da doença, com febre, cefaleias e uma variedade de outros sintomas, o que indica o envolvimento e a deterioração do SNC. Coma e morte são inevitáveis na falta de um tratamento eficaz.

Em contrapartida, as infecções causadas pelo *T. b. rhodesiense* são transmitidas por espécies de moscas tsé-tsé que habitam as savanas (pastagens com árvores dispersas) do Leste e do Sul Africano. Animais selvagens que habitam essas áreas são bem adaptados ao parasita e são pouco afetados, mas em seres humanos e animais domésticos a doença é mais grave. Isso teve um efeito profundo na África Subsaariana, uma região quase do tamanho dos Estados Unidos. O desenvolvimento agrícola tem sido praticamente proibido, pois os animais domésticos que fornecem alimentos e trabalho em algum momento se tornam infectados. As infecções de seres humanos seguem um curso mais acentuado do que aquelas causadas pelo *T. b. gambiense*; os sintomas da doença são aparentes após alguns dias da infecção. A morte ocorre dentro de semanas ou alguns meses, muitas vezes em decorrência de problemas cardíacos mesmo antes de o SNC ser afetado.

A tripanossomíase é tratada com suramina e pentamidina, porém elas não alteram o curso da doença uma vez que o SNC tenha sido afetado. O fármaco que altera diretamente o curso da doença, o melarsoprol, é muito tóxico. Um novo fármaco menos tóxico, a eflornitina, atravessa a barreira hematencefálica e bloqueia uma enzima necessária à proliferação do parasita. O fármaco exige uma série prolongada de injeções, mas é tão efetivo mesmo contra os estágios tardios de *T. b. gambiense* que foi chamado de fármaco da ressurreição. (Sua eficácia contra *T. b. rhodesiense* é variável; o melarsoprol ainda é recomendado.)

A abordagem principal atualmente no combate à doença é tentar eliminar o vetor, a mosca tsé-tsé. O uso de tendas e armadilhas tratadas com inseticida que mimetizam a cor e o cheiro dos hospedeiros animais do inseto, além de liberações em larga escala de machos esterilizados, eliminou a mosca tsé-tsé na ilha de Zanzibar. (As moscas tsé-tsé fêmeas acasalam apenas uma vez; a liberação de machos esterilizados por radiação e artificialmente criados em grande quantidade impede que as fêmeas cruzem e produzam prole.) O inseto não consegue voar muito, e os profissionais de cuidados da saúde estão buscando a erradicação em áreas selecionadas do continente.

Uma vacina está sendo desenvolvida, mas o principal obstáculo é que o tripanossoma é capaz de alterar a sua cobertura proteica pelo menos 100 vezes, escapando, dessa forma, dos anticorpos destinados a apenas uma ou algumas de suas proteínas. Cada vez que o sistema imune do organismo tem sucesso em suprimir o tripanossoma, surge um novo clone de parasitas exibindo uma cobertura antigênica diferente (**Figura 22.16**).

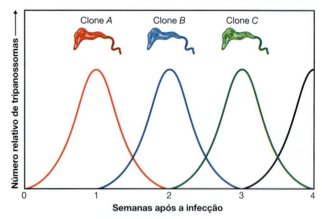

Figura 22.16 Como os tripanossomas escapam do sistema imune. A população de cada clone de tripanossoma diminui para quase zero quando o sistema imune suprime os seus membros, porém um novo clone com uma superfície antigênica diferente, então, substitui o clone anterior. A linha preta representa a população do clone D.

P Qual é a doença viral que está causando uma pandemia mundial e é capaz de produzir um gráfico semelhante?

(b) *Acanthamoeba* sp.

(c) *Balamuthia mandrillaris*

(a) *Naegleria fowleri*

MEV |—————| 5 μm

Figura 22.17 Ameba que causa meningoencefalite.
Estágios vegetativos dos protozoários que causam a
meningoencefalite amebiana. As estruturas em forma
de ventosa (chamadas de amebóstomos) funcionam na
alimentação fagocítica – geralmente sobre bactérias ou
debris diversos, que podem incluir o tecido do hospedeiro.
Esses protozoários têm um estágio de cisto.

P Como a meningoencefalite amebiana é transmitida?

Meningoencefalite amebiana

Existem três espécies de protozoários de vida livre que causam a meningoencefalite amebiana, uma doença devastadora do sistema nervoso. Esses protozoários são encontrados
no solo e na água. A exposição humana a esses protozoários
aparentemente é comum; muitos indivíduos na população
têm anticorpos. Felizmente, doenças sintomáticas são raras.
Naegleria fowleri é um euglenozoário que causa uma doença
neurológica, a **meningoencefalite amebiana primária (MAP)**
(**Figura 22.17a**). Essa ameba apresenta um estágio ovoide flagelado (que é muito provavelmente a forma infecciosa), que
permite que ela nade rapidamente em seu hábitat aquático.
Embora casos dispersos sejam registrados em várias partes
do mundo, apenas alguns são relatados nos Estados Unidos
anualmente. As vítimas mais comuns são as crianças que nadam em lagoas de águas quentes ou riachos. O organismo infecta inicialmente a mucosa nasal e, posteriormente, penetra
no cérebro e prolifera, alimentando-se do tecido cerebral. A
taxa de fatalidade é de quase 100%, com a morte ocorrendo
poucos dias após o aparecimento dos sintomas. Devido à rari-
dade da doença, o "índice de suspeita" é baixo; além disso, os
sintomas assemelham-se aos da encefalite causada por outros
patógenos mais comuns. O diagnóstico geralmente é feito durante a necrópsia. Existem apenas alguns poucos sobreviventes
da MAP. Eles foram tratados com uma combinação de vários
antibióticos.

Uma doença neurológica similar é a **encefalite amebiana
granulomatosa (EAG)**. A EAG é causada por *Acanthamoeba*

CASO CLÍNICO

O LCS contém células ameboides que se movimentam lentamente. O técnico de laboratório realiza um ensaio de
imunofluorescência indireta para determinar qual microrganismo específico está presente no LCS de Patrícia. O teste
mostra anticorpos contra *Naegleria fowleri* em uma diluição
de 1:4.096. A notícia é grave: Patrícia tem meningoencefalite amebiana primária, geralmente uma doença rapidamente
fatal. *N. fowleri* é um euglenozoário que vive como ameba em
ambientes de águas doces quentes. Em condições de baixas
concentrações de nutrientes, o trofozoíto forma uma célula
rapidamente móvel dotada de dois flagelos. O trofozoíto encista em condições de frio ou seca e ressurge quando as condições se tornam mais favoráveis (ver a figura).

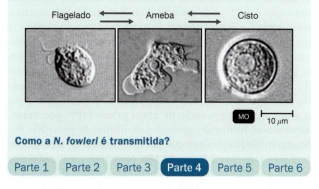

Flagelado ⟷ Ameba ⟷ Cisto

MO |—————| 10 μm

Como a *N. fowleri* é transmitida?

Parte 1 Parte 2 Parte 3 **Parte 4** Parte 5 Parte 6

spp. (Figura 22.17b). *Acanthamoeba* vive no solo, na água doce
e na água do mar. A EAG é crônica, lentamente progressiva e
fatal em questão de meses ou semanas; tem um período de
incubação desconhecido, e meses podem transcorrer antes
que os sintomas apareçam. Os granulomas (ver Figura 23.28)
se formam ao redor do organismo em resposta a uma reação
imune. A porta de entrada não é conhecida, mas provavelmente seja pelas membranas mucosas. Múltiplas lesões formam-
-se no cérebro e em outros órgãos, sobretudo nos pulmões.
A maioria das infecções ocorre em usuários de lentes de contato; a incidência anual é de 2 casos por milhão de usuários de
lentes de contato.

Balamuthia mandrillaris (Figura 22.17c) é uma ameba de
vida livre que causa EAG em mamíferos. A ameba, presente no
solo, provavelmente é transmitida por inalação ou por lesões
cutâneas. Aproximadamente 200 casos de balamutíase foram
relatados em todo o mundo desde que a doença foi reconhecida em 1986; 109 desses casos ocorreram nos Estados Unidos.
Das 109 pessoas afetadas, apenas 10% sobreviveram.

Diversos antimicrobianos, incluindo anfotericina B e
miltefosina, são usados para tratar infecções causadas por *N.
fowleri*, *Acanthamoeba* spp. e *B.mandrillaris*.

TESTE SEU CONHECIMENTO

✔ **22-13** Qual inseto é o vetor da tripanossomíase
africana?

Doenças do sistema nervoso causadas por príons

OBJETIVO DE APRENDIZAGEM

22-14 Listar as características das doenças causadas por príons.

Várias doenças fatais que afetam o SNC humano são causadas por príons – proteínas infecciosas autorreplicantes (ver Capítulo 13). Lembre-se de que o formato de uma proteína é essencial para a sua função. Uma proteína chamada proteína priônica normal (PrP^C) é encontrada na superfície das células neuronais cerebrais, bem como na superfície de certas células-tronco que se tornam neurônios. A função da PrP^C é desconhecida, mas há evidências de que ela possa coordenar a maturação de células nervosas. A PrP^C pode assumir duas formas de dobramento, uma normal e outra anormal (não há mudança na sequência de aminoácidos). Se a PrP^C encontrar uma *proteína anormalmente dobrada*, chamada de PrP^{Sc}, ela muda de forma e também se torna anormalmente dobrada (ver Figura 13.23). Na verdade, ocorre uma reação em cadeia de dobramento inadequado da proteína. Portanto, um único príon infeccioso pode levar a uma cascata de produção de novos príons PrP^{Sc}, que, então, agrupam-se, formando agregados de fibrilas de proteínas dobradas inadequadamente que são encontradas no tecido cerebral infectado. Ver a **Figura 22.18a**. Necrópsias realizadas nos tecidos cerebrais infectados também exibem uma degeneração espongiforme característica (o tecido é poroso, como uma esponja), como mostrado na Figura 22.18b. Nos últimos anos, o estudo dessas doenças, chamadas de **encefalopatias espongiformes transmissíveis (EETs)**, tem sido uma das áreas de maior interesse da microbiologia médica.

Uma doença causada por príon típica em animais é a **paraplexia enzoótica dos ovinos** (*sheep scrapie*), muito conhecida na Grã-Bretanha e identificada pela primeira vez nos Estados Unidos em 1947. O animal infectado esfrega-se contra cercas e paredes até que regiões de seu corpo fiquem em carne viva. Durante um período de várias semanas ou meses, o animal gradualmente perde controle motor e morre. A infecção pode ser experimentalmente passada para outros animais pela injeção de tecido cerebral de um animal para outro. Condições similares são observadas no *vison*, possivelmente como resultado de os animais serem alimentados com carne de carneiro. Outra doença causada por príon, a **doença debilitante crônica**, afeta veados e alces selvagens no oeste dos Estados Unidos e do Canadá. Ela é invariavelmente fatal, e existe a preocupação de que possa infectar seres humanos que comem carne de veado e que possa também infectar o gado doméstico.

Os humanos também podem desenvolver EETs; a **doença de Creutzfeldt-Jakob (DCJ)** clássica é um exemplo. A DCJ é rara (cerca de 300 casos por ano nos Estados Unidos). Em 5 a 15% dos casos, ela ocorre devido a mutações hereditárias no gene da proteína priônica. Não existe um modo de transmissão reconhecido para outros casos; no entanto, sabe-se que um agente infeccioso está envolvido, uma vez que a transmissão por meio de transplantes de córnea, instrumentos neurocirúrgicos e outros tecidos e equipamentos contaminados foi relatada. Vários casos foram rastreados até a injeção de um hormônio do crescimento derivado de tecido humano. A fervura e a irradiação não têm efeito, e até mesmo a autoclavação de rotina não é confiável nesse caso. Em vez disso, os cirurgiões são aconselhados a utilizar instrumentos descartáveis onde houver risco de exposição à DCJ. Para esterilizar instrumentos reutilizáveis, a OMS recomenda uma solução forte de hidróxido de sódio combinada com uma autoclavação estendida a 134 °C. Esse protocolo tem sido eficaz: nenhum caso relacionado a equipamentos foi relatado desde 1976.

Algumas tribos na Nova Guiné desenvolveram uma doença EET chamada de *kuru* (palavra nativa para chacoalhar ou tremer). A transmissão do *kuru* aparentemente está relacionada à prática de rituais de canibalismo. Carleton Gajdusek recebeu o Prêmio Nobel em Fisiologia e Medicina em 1976 por sua pesquisa sobre o *kuru*. Em 1997, Stanley Prusiner recebeu o Prêmio Nobel pela descoberta dos príons.

Uma forma de EET no gado bovino é a **encefalopatia espongiforme bovina (EEB)**. A doença é mais conhecida como

(a) MET ⊢ 10 nm

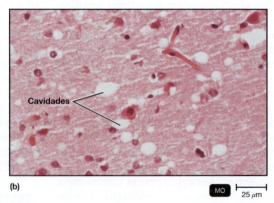

Cavidades

(b) MO ⊢ 25 µm

Figura 22.18 Encefalopatias espongiformes. Essas doenças, causadas por príons, incluem a encefalopatia espongiforme bovina, a paraplexia enzoótica de ovinos e a doença de Creutzfeldt-Jakob em seres humanos. Todas são similares em suas patologias. **(a)** Tecido cerebral mostrando as fibrilas características produzidas pelas doenças por príons. Essas fibrilas são agregados insolúveis de proteínas dobradas inadequadamente (príons). **(b)** Tecido cerebral mostrando as cavidades claras responsáveis pela aparência espongiforme.

P O que são príons?

Micróbios que afetam o SNC

Sabemos que a microbiota intestinal nos ajuda a prevenir a colonização de patógenos. Ela também facilita a absorção de nutrientes ao metabolizar compostos alimentares indigeríveis, como a amilose no amido. Agora, evidências crescentes sugerem que os micróbios intestinais também enviam sinais químicos que afetam o sistema nervoso central. Isso significa que a microbiota pode desempenhar um papel no humor ou nas emoções humanas e nos distúrbios relacionados.

De todos os neurônios do sistema nervoso periférico, 60% estão no canal digestivo, e esses nervos estão diretamente conectados ao sistema nervoso central por meio dos nervos vagos. A ideia de que o microbioma intestinal afete o sistema nervoso e os transtornos de depressão ou ansiedade surgiu pela primeira vez em 1910, quando humanos que receberam bactérias vivas de ácido láctico mostraram melhora nos sintomas de depressão. Não houve muitas pesquisas como essa nos 100 anos seguintes. Então, em 2004, uma reação de estresse aumentada foi observada em camundongos livres de germes em comparação com camundongos normais, despertando um novo interesse na ligação entre o microbioma intestinal e o sistema nervoso central.

Em estudos com camundongos, os pesquisadores descobriram que a quantidade de neurotransmissores cerebrais produzidos pelos camundongos estava relacionada aos níveis de certas bactérias intestinais. Os gêneros que parecem reduzir o comportamento relacionado à ansiedade e à depressão em camundongos incluem *Bacteroides*, *Propionibacterium*, *Lactobacillus* e *Prevotella*. Outro estudo descobriu que a atividade cerebral humana mudou quando as cobaias consumiram um produto láctico fermentado contendo uma variedade de bactérias, incluindo *Bifidobacterium animalis* subesp *lactis*, *Streptococcus thermophilus*, *Lactobacillus bulgaricus* e *Lactococcus lactis*.

Alterar o humor e a saúde mental não são as únicas maneiras pelas quais os micróbios podem afetar o sistema nervoso. Recentemente, pesquisadores descobriram que pacientes com doença de Parkinson tinham menos bactérias *Prevotella* e mais Enterobacteriaceae do que pessoas saudáveis. A doença de Parkinson é um distúrbio do sistema nervoso caracterizado por tremores e rigidez muscular. Pessoas com a doença têm níveis reduzidos do neurotransmissor dopamina, que auxilia a transmissão de impulsos nervosos aos músculos. As bactérias probióticas podem ser úteis para o aumento da dopamina. Esses dados iniciais sugerem que os probióticos poderiam ser potencialmente usados como tratamento de primeira linha para alguns distúrbios neurológicos.

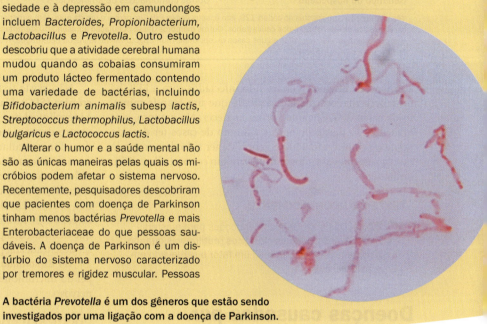

A bactéria *Prevotella* é um dos gêneros que estão sendo investigados por uma ligação com a doença de Parkinson.

---

doença da vaca louca, devido ao comportamento dos animais. Um surto em 1986 na Grã-Bretanha foi atribuído à ração animal contendo farinha de carne e ossos contaminada com príons provenientes de ovelhas infectadas com *scrapie*. Outra hipótese propõe que a EEB seja resultante de uma mutação espontânea em uma vaca e que não há conexão com o *scrapie*. As regulamentações nos Estados Unidos proíbem o uso para qualquer fim de carne de animais "deprimidos" (caídos e incapazes de se levantar e andar) e proíbem que gado, seres humanos e animais de estimação consumam carcaças que possam conter um patógeno neurológico.

Não existem testes para se detectar PrP^{Sc} em animais vivos. Um teste de *Western blot* é usado para identificar PrP^{Sc} *post-mortem* no tecido cerebral. Apenas uma pequena porcentagem dos animais nos Estados Unidos é testada para EEB – na Europa e no Japão, praticamente todos os animais abatidos são testados.

Se essa doença se estabelecesse no gado doméstico nos Estados Unidos, seria economicamente devastadora. Ademais, uma forma da doença pode ser transmitida para humanos que comem carne contaminada. No surto de 1986, a Grã-Bretanha e vários outros países relataram alguns casos de DCJ clássica aparente em pessoas relativamente jovens. A DCJ raramente ocorre em grupos dessa idade, e teme-se que haja uma conexão com a EEB. As investigações também mostraram que essa variante da DCJ (DCJv) difere de maneira significativa da DCJ clássica (Tabela 22.1). Ao todo, algumas centenas de casos de DCJv foram identificados. Considerando os longos períodos de incubação das doenças causadas por príon e que cerca de

CASO CLÍNICO

Os cistos podem ser inalados com a poeira, e as amebas podem ser forçadas para dentro do nariz quando um nadador mergulha na água. A ameba atravessa a mucosa nasal e penetra no sistema nervoso central. Ela secreta enzimas hidrolíticas, que digerem a mucosa nasal e as células nervosas, permitindo o acesso ao espaço subaracnóideo. A ameba, então, alimenta-se das células nervosas digeridas. Uma semana antes, Patrícia e sua família haviam nadado nas fontes termais de Deep Creek. A menina não respeitou o alerta aos nadadores para manter a cabeça acima da água. O médico responsável também testou os títulos de anticorpos dos pais de Patrícia. O pai de Patrícia apresentou um título de anticorpos baixo (1:16) contra *N. fowleri*, porém ele não está doente; o soro da mãe apresentou-se negativo para a presença de anticorpos contra *N. fowleri*.

Qual é o tratamento para a meningoencefalite amebiana?

Parte 1   Parte 2   Parte 3   Parte 4   **Parte 5**   Parte 6

TABELA 22.1 Características comparativas das doenças de Creutzfeldt-Jakob clássica e variante

Característica	DCJ clássica	Variante da DCJ
Média de idade ao óbito (ano)	68 (faixa de 23-97)	28 (faixa de 14-74)
Duração média da doença (meses)	4 a 5	13 a 14
Apresentação clínica	Demência; sinais neurológicos precoces	Sintomas psiquiátricos e comportamentais proeminentes; sinais neurológicos tardios
Genótipo do hospedeiro*	Outras combinações de aminoácidos	Metionina/metionina

*As vítimas são homozigotas no códon 129, isto é, seus genes PrP (um do pai e um da mãe) têm a metionina codificada nessa posição. Essa é uma característica de apenas 37% dos caucasianos. Outros membros dessa população apresentam diferentes combinações de aminoácidos nessa posição – e, embora tenham sido relatados alguns casos excepcionais (homozigoto valina/valina ou heterozigoto metionina/valina), ninguém com esses genótipos desenvolveu a DCJv até hoje.

1 milhão de bovinos tenham sido infectados com a EEB, há uma perturbadora possibilidade de que um grande número de casos de DCJv ainda possa aparecer. No entanto, essa preocupação diminuiu após o número de casos ter decaído desde o seu pico em 2000 e depois de ter sido demonstrado que os pacientes afetados partilhavam um certo perfil genético limitado.

TESTE SEU CONHECIMENTO

✔ **22-14** Quais são as recomendações para a esterilização de instrumentos cirúrgicos reutilizáveis quando a contaminação por príon é um fator a ser levado em consideração?

Doenças causadas por agentes não identificados

OBJETIVO DE APRENDIZAGEM

22-15 Listar algumas possíveis causas de mielite flácida aguda, paralisia de Bell e síndrome da fadiga crônica.

Em agosto de 2014, o CDC recebeu mais relatos de pessoas com **mielite flácida aguda (MFA)**. Desde então, 50 a 100 casos foram relatados anualmente. A maioria dos casos ocorreu em crianças pequenas. Os sintomas incluem fraqueza nos membros e um ou mais dos seguintes: fraqueza facial, pálpebras caídas e dificuldade em engolir ou fala arrastada. O aumento de 2014 coincidiu com um surto nacional de doença respiratória grave causada por um *Enterovirus* não relacionado à poliomielite chamado EV-D68. Estudos preliminares sugerem que o EV-D68 pode ser a causa da MFA. Em 2018, os *Enterovirus* A e C foram identificados em um terço das crianças com MFA.

A **paralisia de Bell** ocorre quando um nervo que controla os músculos faciais está inflamado e não consegue se comunicar com os músculos. Isso resulta nos sintomas de pálpebra ou boca caída em um lado do rosto. Essa inflamação pode ser causada por um dos herpes vírus: HHV-1, HHV-3, HHV-4 e HHV-5 foram todos sugeridos. O aciclovir pode encurtar o curso da doença. No entanto, a maioria das pessoas se recupera em 6 meses com ou sem tratamento.

Não existe teste diagnóstico para a **síndrome da fadiga crônica (SFC)**. Ela é diagnosticada por uma fadiga persistente e inexplicável que dura pelo menos 6 meses com pelo menos quatro destes sintomas: faringite, sensibilidade nos linfonodos, dor muscular, dor em múltiplas articulações, cefaleias, sono não reparador, mal-estar após a prática de exercícios e dificuldade na memória de curto prazo ou de concentração. A condição afeta cerca de 800 mil a 2,5 milhões de pessoas nos Estados Unidos. Dois herpes-vírus, *Lymphocryptovirus* e *Roseolovirus*, foram associados, mas estudos atuais sugerem que nenhum dos patógenos causa a SFC e que a doença pode ser desencadeada por uma variedade de infecções.

Ver **Explorando o microbioma** para uma explicação do papel do microbioma humano em outros distúrbios do sistema nervoso.

TESTE SEU CONHECIMENTO

✔ **22-15** Cite uma doença infecciosa comum que pode estar associada à paralisia de Bell.

* * *

Doenças em foco 22.3 resume as principais causas de doenças microbianas envolvendo sintomas neurológicos, incluindo paralisia.

CASO CLÍNICO Resolvido

Patrícia é tratada com os antibióticos anfotericina B e rifampicina. *N. fowleri* é uma ameba bastante disseminada, mas a infecção causada por ela é rara. Cerca de 100 amebas por litro de água podem ser necessárias para desencadear uma infecção. Infecções inaparentes não são incomuns, então o baixo título de anticorpos apresentado pelo pai da menina sugere que ele tem uma infecção em curso. Patrícia faz parte dos menos de 10 pacientes relatados que sobreviveram à meningoencefalite amebiana primária. Patrícia sobreviveu graças ao raciocínio rápido do técnico de laboratório; a sua infecção foi diagnosticada precocemente, e ela recebeu a terapia antiamebiana imediatamente.

Parte 1   Parte 2   Parte 3   Parte 4   Parte 5   Parte 6

DOENÇAS EM FOCO 22.3 Doenças microbianas com sintomas neurológicos, incluindo paralisia

A pós consumir *chili* enlatado (receita feita com carne moída e feijão), duas crianças apresentaram paralisia do nervo craniano seguida por paralisia descendente. As crianças estão sob ventilação mecânica. As sobras do *chili* em conserva foram testadas por bioensaio em camundongos. Utilize a tabela a seguir para fornecer um diagnóstico diferencial e identificar as infecções que poderiam causar esses sintomas.

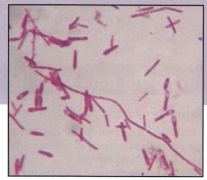

10 μm

Coloração de Gram do *chili* enlatado.

Doença	Patógeno	Sintomas	Modo de transmissão	Tratamento	Prevenção
DOENÇAS BACTERIANAS					
Tétano	*Clostridium tetani*	Trismo; espasmos musculares	Ferimento por perfuração	Imunoglobulina antitetânica; antibióticos	Vacina contra o toxoide tetânico (Td, DTPa, Tdap)
Botulismo	*C. botulinum*	Paralisia flácida	Intoxicação de origem alimentar	Antitoxina	Alimentos em conservas adequadamente produzidos; bebês não devem consumir mel
Hanseníase	*Mycobacterium leprae*, *M. lepromatosis*	Perda de sensação na pele; nódulos desfigurantes	Contato prolongado com secreções contaminadas	Dapsona, rifampicina, clofaximina	Possivelmente a vacina BCG
DOENÇAS VIRAIS					
Poliomielite	*Enterovirus C* (poliovírus)	Cefaleia, faringite, rigidez na nuca; paralisia, se os nervos motores forem infectados	Ingestão de água contaminada (via fecal-oral)	Terapia de suporte com ventilação mecânica	Vacina contra poliomielite inativada (IPV)
Raiva	*Lyssavirus*	Infecção fatal; agitação, espasmos musculares, dificuldade de deglutição	Mordeduras de animais	Tratamento pós-exposição: imunoglobulina antirrábica mais vacina	Vacina de células diploides humanas para pessoas de alto risco; vacinação de animais domésticos
DOENÇA PROTOZOÓTICA					
Tripanossomíase africana	*T. b. gambiense*, *T. b. rhodesiense*	Infecção fatal; os sintomas precoces (cefaleia, febre) progridem para o coma	Mosca tsé-tsé	Suramina; pentamidina, melarsoprol, eflornitina	Controle do vetor
DOENÇAS POR PRÍONS					
Doença de Creutzfeldt-Jakob	Príon	Infecção fatal; os sintomas neurológicos incluem tremores	Hereditário; ingestão; transplantes	Nenhum	Nenhuma
Kuru	Príon	Os mesmos da doença de Creutzfeldt-Jakob	Contato ou ingestão	Nenhum	Nenhuma

Resumo para estudo

Estrutura e função do sistema nervoso (p. 623-624)

1. O sistema nervoso central (SNC) é constituído pelo encéfalo, protegido pelos ossos do crânio, e pela medula espinal, protegida pela coluna vertebral.

2. O sistema nervoso periférico (SNP) é constituído por nervos que se ramificam do SNC.

3. O SNC é recoberto por três camadas de membranas chamadas de meninges: a dura-máter, a aracnoide-máter e a pia-máter. O líquido cerebrospinal (LCS) circula entre as camadas aracnoide--máter e pia-máter no espaço subaracnóideo.

4. A barreira hematencefálica normalmente impede que muitas substâncias, inclusive anticorpos, entrem no encéfalo.

5. Os microrganismos podem penetrar no SNC através de um traumatismo, ao longo dos nervos periféricos e através da corrente sanguínea e do sistema linfático.

6. Uma infecção das meninges é chamada de meningite. Uma infecção do encéfalo é chamada de encefalite.

Doenças bacterianas do sistema nervoso (p. 624-634)

Meningite bacteriana (p. 624-628)

1. As três principais causas de meningite bacteriana são *H. influenzae*, *S. pneumoniae* e *N. meningitidis*.

2. Aproximadamente 50 outras espécies de bactérias oportunistas podem causar meningite.

3. *H. influenzae* faz parte da microbiota normal da garganta. Ela requer fatores sanguíneos para o seu crescimento; os sorotipos são baseados nas cápsulas.

4. *H. influenzae* tipo b é a causa mais comum de meningite em crianças com idade inferior a 4 anos.

5. Uma vacina conjugada contra o Hib direcionada contra o antígeno polissacarídico capsular encontra-se disponível.

6. *N. meningitidis* causa meningite meningocócica. Essa bactéria é encontrada na garganta de portadores saudáveis, sendo transmitida por gotículas de aerossóis ou pelo contato direto com secreções.

7. Os meningococos provavelmente têm acesso às meninges via corrente sanguínea. Elas podem ser encontradas em leucócitos no LCS.

8. As vacinas meningocócicas MenACYW contêm polissacarídeos capsulares, e a vacina MenB contém proteínas de superfície bacterianas.

9. *S. pneumoniae* é comumente encontrado na nasofaringe.

10. As crianças pequenas são mais suscetíveis à meningite por *S. pneumoniae*. Não tratada, ela apresenta alta taxa de mortalidade.

11. Uma vacina conjugada contra *S. pneumoniae* encontra-se disponível.

12. A infecção por *L. monocytogenes* causa meningite em recém-nascidos, imunossuprimidos, mulheres grávidas e pacientes com câncer.

13. Adquirida através da ingestão de alimentos contaminados, a listeriose pode ser assintomática em adultos saudáveis.

14. *L. monocytogenes* pode atravessar a placenta e causar aborto espontâneo e natimortalidade.

Tétano (p. 628-630)

15. O tétano é causado por uma exotoxina produzida por *C. tetani*.

16. O *C. tetani* produz a neurotoxina tetanospasmina, que causa os sintomas do tétano: espasmos, contração dos músculos que controlam a mandíbula e morte resultante dos espasmos dos músculos respiratórios.

17. A imunidade adquirida resulta da imunização com DTPa.

18. Após uma lesão, uma pessoa imunizada pode receber um reforço do toxoide tetânico. Uma pessoa não imunizada pode receber imunoglobulina (humana) antitetânica.

19. Desbridamento (remoção de tecido) e antibióticos podem ser usados para controlar a infecção.

Botulismo (p. 630-632)

20. O botulismo é causado por uma exotoxina produzida pela bactéria *C. botulinum* em crescimento em alimentos.

21. Os tipos sorológicos da toxina botulínica variam em virulência, sendo o tipo A o mais virulento.

22. A toxina é uma neurotoxina que inibe a transmissão dos impulsos nervosos.

23. Visão turva ocorre em 1 a 2 dias; paralisia flácida progressiva segue em 1 a 10 dias, possivelmente resultando em morte por insuficiência cardíaca e respiratória.

24. O *C. botulinum* não cresce em alimentos ácidos ou em ambiente aeróbico. Os endósporos são mortos quando é realizada uma preparação adequada de enlatados e conservas. A adição de nitritos aos alimentos inibe o crescimento de *C. botulinum*.

25. A toxina é termolábil, sendo destruída por fervura (100 °C) por 5 minutos.

26. O botulismo infantil resulta do crescimento de *C. botulinum* no intestino do bebê.

27. O botulismo em ferimentos ocorre quando *C. botulinum* cresce em feridas anaeróbicas.

28. Para diagnóstico, camundongos protegidos com a antitoxina são inoculados com a toxina do paciente ou dos alimentos.

Hanseníase (p. 632-634)

29. A hanseníase, ou doença de Hansen, é causada pelo *Mycobacterium leprae* ou pelo *M. lepromatosis*.

30. Essas bactérias nunca foram cultivadas em meios artificiais. Elas podem ser cultivadas nas patas de camundongos ou tatus.

31. A forma tuberculoide da doença é caracterizada pela perda de sensação na pele circundada por nódulos.

32. Na forma lepromatosa, ocorrem nódulos disseminados e necrose tecidual.

33. A hanseníase não é altamente contagiosa, sendo transmitida pelo contato prolongado com exsudatos.

34. Pessoas não tratadas geralmente morrem de complicações bacterianas secundárias, como a tuberculose.

35. O diagnóstico laboratorial tem como base a observação de bacilos ácido-resistentes em uma biópsia de pele.

Doenças virais do sistema nervoso (p. 634-642)

Poliomielite (p. 634-635)

1. Os sintomas da poliomielite geralmente são faringite e náusea, podendo também ocorrer paralisia (menos de 1% dos casos).

2. O poliovírus é transmitido pela ingestão de água contaminada com fezes.

3. O poliovírus primeiramente invade os linfonodos do pescoço e do intestino delgado. Viremia e envolvimento da medula espinal podem se seguir.

4. O diagnóstico tem como base o isolamento do vírus das fezes e das secreções da garganta.

5. A vacina Salk (vacina inativada contra a poliomielite [IPV]) envolve a injeção de vírus inativados pela formalina e reforços

dentro de alguns anos. A vacina Sabin (vacina oral contra a poliomielite [OPV]) contém três linhagens vivas e atenuadas de poliovírus e é administrada oralmente.

6. A poliomielite é uma boa candidata para a eliminação por meio da vacinação.

Raiva (p. 635-637)

7. O vírus da raiva (*Lyssavirus*) causa uma encefalite aguda geralmente fatal chamada de raiva.

8. A raiva pode ser contraída através da mordedura de um animal raivoso ou da invasão da pele. O vírus multiplica-se no músculo esquelético e no tecido conectivo.

9. A encefalite ocorre quando o vírus move-se ao longo dos nervos periféricos em direção ao SNC.

10. Os sintomas da raiva incluem espasmos dos músculos da boca e da garganta, seguidos por extensos danos ao cérebro e à medula espinal, e, consequentemente, morte.

11. O diagnóstico laboratorial pode ser feito por testes DFA da saliva, do soro e do LCS, ou por meio de esfregaços do cérebro.

12. Os reservatórios da raiva nos Estados Unidos incluem gambás, morcegos, raposas e guaxinins. Gado doméstico, cães e gatos podem contrair raiva. Roedores e coelhos raramente contraem a doença.

13. O tratamento pós-exposição inclui a administração de imunoglobulina antirrábica humana (RIG) juntamente a múltiplas injeções intramusculares da vacina.

14. O tratamento pré-exposição consiste em vacinação.

15. Outros genótipos de *Lyssavirus* causam doenças semelhantes à raiva.

Encefalite por arbovírus (p. 637-639)

16. Os sintomas da encefalite são calafrios, cefaleia, febre e, por fim, coma.

17. Muitos tipos de vírus transmitidos por mosquitos (ou arbovírus) causam encefalite.

18. A incidência de encefalite por arbovírus aumenta nos meses do verão, quando os mosquitos são mais numerosos.

19. O controle do mosquito vetor é o modo mais eficaz de controlar as infecções por arbovírus.

Doença do vírus Zika (p. 639-642)

20. A doença pelo vírus Zika costuma ser leve em adultos, mas o vírus pode causar defeitos congênitos no SNC, incluindo microcefalia, se infectar um feto.

Doenças fúngicas do sistema nervoso (p. 642-643)

Meningite por *Cryptococcus neoformans* (criptococose) (p. 642)

1. *Cryptococcus* spp. são fungos encapsulados semelhantes a leveduras que causam criptococose.

2. A doença pode ser contraída pela inalação de fezes secas infectadas de pombos ou galinhas.

3. A doença inicia como uma infecção pulmonar e pode se espalhar para o encéfalo e para as meninges.

4. Pessoas imunossuprimidas são mais suscetíveis à criptococose.

5. O diagnóstico tem como base os testes de aglutinação em látex para os antígenos criptocócicos no soro ou no LCS.

Doenças protozoóticas do sistema nervoso (p. 644-645)

Tripanossomíase africana (p. 644-645)

1. A tripanossomíase africana é causada pelos protozoários *T. brucei gambiense* e *T. b. rhodesiense* e é transmissível pela picada da mosca tsé-tsé.

2. A doença afeta o sistema nervoso do hospedeiro humano, causando letargia e, por fim, coma. Ela é comumente chamada de doença do sono.

3. O desenvolvimento da vacina é dificultado pela capacidade do parasita de alterar seus antígenos de superfície.

Meningoencefalite amebiana (p. 645)

4. A encefalite causada pelo protozoário *N. fowleri* é quase sempre fatal.

5. A encefalite amebiana granulomatosa, causada por *Acanthamoeba* spp. e *B. mandrillaris*, é uma doença crônica.

Doenças do sistema nervoso causadas por príons (p. 646-648)

1. Príons são proteínas autorreplicativas sem ácido nucleico detectável.

2. As doenças do SNC que progridem lentamente e causam encefalopatias espongiformes transmissíveis são causadas por príons.

3. As encefalopatias espongiformes transmissíveis incluem: a doença de Creutzfeldt-Jakob clássica, que pode ser hereditária ou transmitida por meio de tecidos ou instrumentos contaminados; o *kuru*, que ocorre em pessoas da Nova Guiné que praticam canibalismo; e a variante da doença de Creutzfeldt-Jakob, que ocorre em pessoas que ingerem carne de gado com encefalopatia espongiforme bovina.

Doenças causadas por agentes não identificados (p. 648-649)

1. As causas da mielite flácida aguda, da paralisia de Bell e da síndrome da fadiga crônica não foram definitivamente estabelecidas, mas alguns vírus foram associados.

Questões para estudo

As respostas das questões de Conhecimento e compreensão estão na seção de Respostas no final deste livro.

Conhecimento e compreensão
Revisão

1. Se *C. tetani* é relativamente sensível à penicilina, por que a penicilina não cura o tétano?

2. Qual tratamento é utilizado contra o tétano nas seguintes condições?

a. Antes de uma pessoa sofrer um ferimento por perfuração profunda.

b. Após uma pessoa sofrer um ferimento por perfuração profunda.

3. Por que a descrição a seguir é usada para ferimentos que são suscetíveis à infecção por *C. tetani*: "Perfurações profundas limpas inadequadamente [...] aqueles com pouco ou nenhum sangramento [...]"?

4. Forneça as seguintes informações sobre a poliomielite: etiologia, método de transmissão, sintomas, prevenção. Por que as vacinas Salk e Sabin não são consideradas tratamentos para a poliomielite?

5. Preencha a tabela a seguir.

Agente causador da meningite	População suscetível	Transmissão	Tratamento
N. meningitidis			
H. influenzae			
S. pneumoniae			
L. monocytogenes			
C. neoformans			

6. Preencha a tabela a seguir.

Doença	Etiologia	Transmissão	Sintomas	Tratamento
Encefalite por arbovírus				
Tripanossomíase africana				
Botulismo				
Hanseníase				

7. **DESENHE** Na figura abaixo, identifique a porta de entrada de *H. influenzae*, *C. tetani*, toxina botulínica, *M. leprae*, poliovírus, *Lyssavirus*, arbovírus e *Acanthamoeba*.

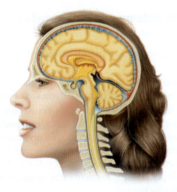

8. Identifique os procedimentos para o tratamento da raiva após a exposição. Faça um esboço dos procedimentos para a prevenção da doença antes da exposição. Qual é a razão para as diferenças entre os procedimentos?

9. Forneça evidências de que a doença de Creutzfeldt-Jakob é causada por um agente transmissível.

10. **IDENTIFIQUE** Este organismo causa meningite e é transmitido principalmente através da inalação de fezes secas de aves contaminadas. As infecções são tratadas com anfotericina B e flucitosina.

Múltipla escolha

1. Qual das seguintes opções é falsa?
   a. Apenas ferimentos por perfurações com pregos enferrujados resultam em tétano.
   b. A raiva raramente é observada em roedores (p. ex., ratos, camundongos).
   c. A poliomielite é transmitida pela via fecal/oral.
   d. A encefalite por arbovírus é muito comum nos Estados Unidos.
   e. Todas as alternativas são verdadeiras.

2. Qual das seguintes doenças *não* tem um vetor ou reservatório animal?
   a. listeriose
   b. criptococose
   c. meningoencefalite amebiana
   d. raiva
   e. tripanossomíase africana

3. Uma criança de 12 anos hospitalizada por síndrome de Guillain-Barré apresentava um histórico de 4 dias de cefaleia, tontura, febre, faringite e fraqueza nas pernas. As convulsões começaram 2 semanas depois. As culturas bacterianas foram negativas. A criança morreu 3 semanas após a hospitalização. Uma necrópsia revelou inclusões nas células cerebrais que foram positivas em um teste de imunofluorescência. Essa paciente provavelmente tinha
   a. raiva.
   b. doença de Creutzfeldt-Jakob.
   c. botulismo.
   d. tétano.
   e. hanseníase.

4. Após receber um transplante de córnea, uma paciente desenvolveu demência e perda da função motora; ela, então, entrou em coma e morreu. As culturas foram negativas. Os testes sorológicos foram negativos. A necrópsia revelou degeneração espongiforme do tecido cerebral. A paciente provavelmente tinha
   a. raiva.
   b. doença de Creutzfeldt-Jakob.
   c. botulismo.
   d. tétano.
   e. hanseníase.

5. A endotoxina é a responsável pelos sintomas causados por qual dos seguintes organismos?
   a. *N. meningitidis*
   b. *S. pyogenes*
   c. *L. monocytogenes*
   d. *C. tetani*
   e. *C. botulinum*

6. O aumento da incidência de encefalite nos meses de verão é decorrente de
   a. maturação dos vírus.
   b. aumento da temperatura.
   c. presença de mosquitos adultos.
   d. aumento da população de aves.
   e. aumento da população de cavalos.

Associe as seguintes opções às afirmativas nas questões 7 e 8:
   a. anticorpos antirrábicos
   b. HDCV

7. Induz uma proteção mais duradoura.

8. Usado para imunização passiva.

Utilize as seguintes opções para responder às questões 9 e 10:
   a. *Cryptococcus*
   b. *Haemophilus*
   c. *Listeria*
   d. *Naegleria*
   e. *Neisseria*

9. Um exame microscópico do líquido cerebrospinal revela a presença de bastonetes gram-positivos.

10. Um exame microscópico do líquido cerebrospinal de uma pessoa que lava janelas em um edifício de uma grande cidade revela a presença de células ovoides.

Análise

1. A maioria de nós aprendeu que um prego enferrujado causa tétano. Qual é a origem dessa crença popular?
2. A OPV não é mais utilizada para a vacinação de rotina. Forneça a justificativa para essa política.

Aplicações clínicas e avaliação

1. Um bebê de 1 ano ficou letárgico e teve febre. Quando admitido no hospital, o bebê apresentava múltiplos abscessos cerebrais com cocobacilos gram-negativos. Identifique a doença, a etiologia e o tratamento.

2. Um criador de aves de 40 anos foi admitido no hospital com dor na maxila, perda progressiva da visão e disfunção da bexiga. Ele estava bem 2 meses antes. Dentro de semanas, ele perdeu os reflexos dos membros inferiores e então morreu. O exame de LCS revelou a presença de linfócitos. De que etiologia você suspeita? De que outras informações você precisa?

3. Uma recém-nascida ganhou peso de forma adequada durante 12 semanas. Em seguida, ela parou de se alimentar. Seu tímpano direito estava inflamado, ela apresentava rigidez na nuca e uma temperatura de 40 °C. O exame do LCS revelou a presença de cocobacilos gram-negativos. Identifique a doença e o tratamento adequado.

23 Doenças microbianas dos sistemas cardiovascular e linfoide

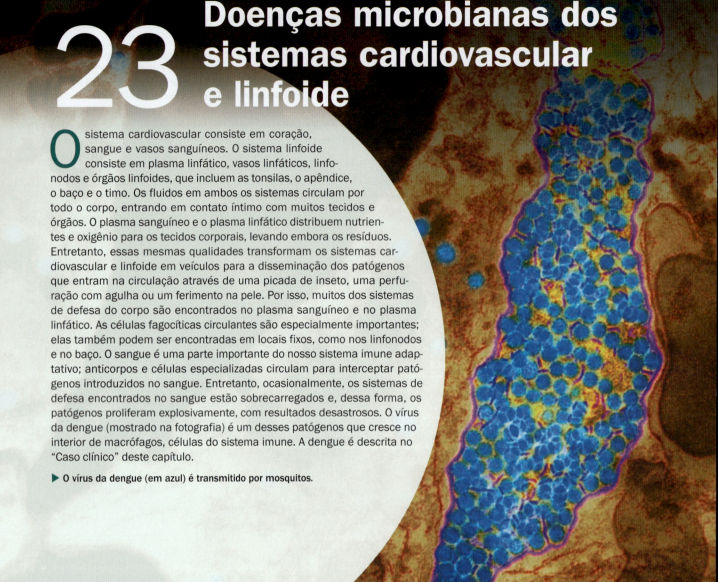

O sistema cardiovascular consiste em coração, sangue e vasos sanguíneos. O sistema linfoide consiste em plasma linfático, vasos linfáticos, linfonodos e órgãos linfoides, que incluem as tonsilas, o apêndice, o baço e o timo. Os fluidos em ambos os sistemas circulam por todo o corpo, entrando em contato íntimo com muitos tecidos e órgãos. O plasma sanguíneo e o plasma linfático distribuem nutrientes e oxigênio para os tecidos corporais, levando embora os resíduos. Entretanto, essas mesmas qualidades transformam os sistemas cardiovascular e linfoide em veículos para a disseminação dos patógenos que entram na circulação através de uma picada de inseto, uma perfuração com agulha ou um ferimento na pele. Por isso, muitos dos sistemas de defesa do corpo são encontrados no plasma sanguíneo e no plasma linfático. As células fagocíticas circulantes são especialmente importantes; elas também podem ser encontradas em locais fixos, como nos linfonodos e no baço. O sangue é uma parte importante do nosso sistema imune adaptativo; anticorpos e células especializadas circulam para interceptar patógenos introduzidos no sangue. Entretanto, ocasionalmente, os sistemas de defesa encontrados no sangue estão sobrecarregados e, dessa forma, os patógenos proliferam explosivamente, com resultados desastrosos. O vírus da dengue (mostrado na fotografia) é um desses patógenos que cresce no interior de macrófagos, células do sistema imune. A dengue é descrita no "Caso clínico" deste capítulo.

▶ O vírus da dengue (em azul) é transmitido por mosquitos.

Na clínica

Você é um(a) enfermeiro(a) do pronto-socorro e está tratando uma paciente do sexo feminino com batimentos cardíacos irregulares, fadiga recente e intensa e leve paralisia facial. A paciente indica que esses sintomas começaram logo após ela se recuperar de uma gripe. Ela afirma que pegou gripe depois de voltar para casa de um acampamento de verão na costa do Maine. Ninguém mais na viagem apresentou esses sintomas. Eles são causados por um microrganismo? Em caso afirmativo, qual e como a paciente adquiriu a infecção?

Dica: leia mais sobre infecções que correspondem a essa apresentação mais adiante neste capítulo.

Estrutura e função dos sistemas cardiovascular e linfoide

OBJETIVO DE APRENDIZAGEM

23-1 Identificar o papel dos sistemas cardiovascular e linfoide na disseminação e na eliminação das infecções.

O centro do **sistema cardiovascular** é o coração (**Figura 23.1**). A função desse sistema é fazer o sangue circular pelos tecidos do corpo de modo que ele possa entregar certas substâncias às células e remover outras substâncias delas.

O *sangue* é uma mistura de elementos formados (ver Tabela 16.1) e de um líquido chamado plasma sanguíneo. O **sistema linfoide** é uma parte essencial da circulação do sangue (Figura 16.5). À medida que o sangue circula, parte do plasma é filtrada dos capilares sanguíneos para dentro dos espaços entre as células teciduais, os chamados *espaços intersticiais* (**Figura 23.2a**). O fluido circulante nos espaços intersticiais é

o *líquido intersticial*. Vasos linfáticos microscópicos que circundam as células teciduais são chamados de *capilares linfáticos*. À medida que o líquido intersticial se move ao redor das células teciduais, ele é captado pelos capilares linfáticos; o líquido, então, é chamado de *plasma linfático*.

Já que os capilares linfáticos são muito permeáveis, eles prontamente capturam os microrganismos ou seus produtos. Dos capilares linfáticos, o plasma linfático é transportado para dentro de vasos maiores, chamados de *vasos linfáticos*, os quais contêm válvulas que mantêm a linfa se movendo em direção ao coração. Por fim, toda o plasma linfático retorna ao sangue logo antes de ele entrar no coração. Por conta dessa circulação, as proteínas e o fluido que foram filtrados do plasma retornam ao sangue.

Em vários pontos do sistema linfático são encontradas estruturas ovais chamadas de *linfonodos* (corpos em forma de feijão que variam em tamanho desde alguns poucos milímetros até cerca de 2 cm), pelos quais o plasma linfático flui (Figura 23.2b). Dentro dos linfonodos estão os macrófagos fixos que ajudam a eliminar microrganismos infecciosos do plasma linfático. Às vezes, os próprios linfonodos ficam infectados e se tornam visivelmente inchados e doloridos; linfonodos inchados são chamados de **bubões**.

Os linfonodos também são componentes importantes do sistema imune do corpo. Micróbios estranhos que entram nos gânglios linfáticos encontram dois tipos de linfócitos: as células B, que são estimuladas a se tornarem plasmócitos que produzem anticorpos humorais; e as células T, que se diferenciam em células T efetoras, que são essenciais para a imunidade celular.

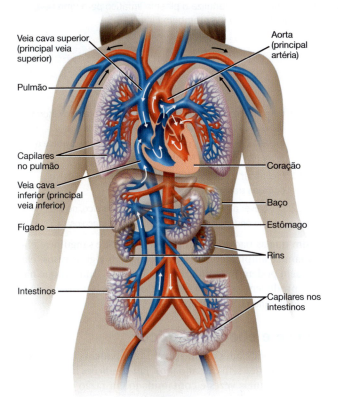

Figura 23.1 Sistema cardiovascular humano e estruturas relacionadas. Detalhes da circulação da cabeça e dos membros não aparecem nesse diagrama simplificado. O sangue circula desde o coração e através do sistema arterial (em vermelho), dos capilares (em roxo) dos pulmões e daí para outras partes do corpo. Desses capilares, o sangue retorna pelo sistema venoso (em azul) ao coração.

Veia cava superior (principal veia superior)
Aorta (principal artéria)
Pulmão
Capilares no pulmão
Coração
Veia cava inferior (principal veia inferior)
Baço
Fígado
Estômago
Rins
Intestinos
Capilares nos intestinos

P Como uma infecção focal pode se tornar sistêmica?

CASO CLÍNICO Um contratempo chamado mosquito

Katie Tanaka, uma jovem perfeitamente saudável de 34 anos, acabou de retornar a Rochester, Nova York, após uma viagem de 1 semana a Key West, na Flórida. Katie já imaginava ficar um pouco cansada após a longa viagem, mas fica surpresa ao se sentir completamente exausta 1 dia após chegar em casa. Katie marca uma consulta com o seu médico naquela tarde, quando desenvolve febre, cefaleia e calafrios. O médico solicita um exame de urina; o resultado revela a presença de bactérias e hemácias na urina de Katie. O médico a diagnostica com infecção do trato urinário e prescreve antibióticos.

Dois dias depois, Katie retorna ao médico com uma cefaleia ainda mais intensa, dor na parte posterior dos olhos agravada pelo movimento e se queixa de tonturas, embora não apresente mais febre. Katie está alerta e orientada, mas sofre com um desconforto significativo decorrente de sua cefaleia. Quando o médico solicita que ela feche os olhos e fique em pé com os pés unidos (tocando um ao outro), Katie começa a se desequilibrar, o que é um possível indicador de lesão cerebral.

Quais infecções são possíveis? Continue lendo para descobrir.

Parte 1 | Parte 2 | Parte 3 | Parte 4 | Parte 5

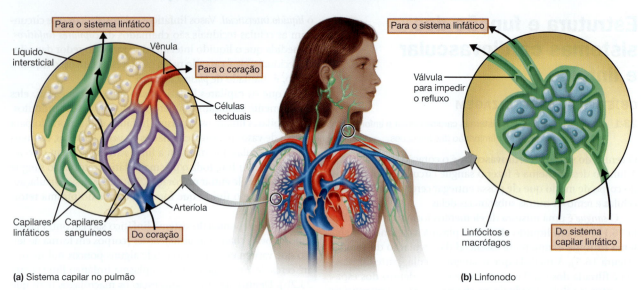

(a) Sistema capilar no pulmão

(b) Linfonodo

Figura 23.2 Relação entre os sistemas cardiovascular e linfoide. (a) Dos capilares sanguíneos, parte do plasma é filtrada ao interior do tecido circundante, onde é chamado de líquido intersticial e entra nos capilares linfáticos. Esse líquido, agora chamado de plasma linfático, retorna ao coração pelo sistema circulatório linfoide (em verde), que canaliza o plasma linfático para uma veia. **(b)** Toda a linfa que retorna ao coração deve passar através de pelo menos um linfonodo. (Ver também Figura 16.5.)

P Qual é a função do sistema linfático na defesa contra uma infecção?

TESTE SEU CONHECIMENTO

✔ **23-1** Por que o sistema linfático é tão precioso para o funcionamento do sistema imune?

Doenças bacterianas dos sistemas cardiovascular e linfoide

OBJETIVOS DE APRENDIZAGEM

23-2 Listar os sinais e os sintomas da sepse e explicar a importância das infecções que evoluem para o choque séptico.

23-3 Diferenciar a sepse gram-negativa, a sepse gram-positiva e a sepse puerperal.

23-4 Descrever as epidemiologias da endocardite e da febre reumática.

23-5 Descrever a epidemiologia da tularemia.

23-6 Descrever a epidemiologia da brucelose.

23-7 Descrever a epidemiologia do antraz.

23-8 Descrever a epidemiologia da gangrena gasosa.

23-9 Listar três patógenos transmitidos por arranhões e mordeduras de animais.

23-10 Comparar e diferenciar os agentes causadores, os vetores, os reservatórios, os sintomas, os tratamentos e as medidas preventivas para a peste, a doença de Lyme e a febre maculosa das Montanhas Rochosas.

23-11 Identificar o vetor, a etiologia e os sintomas das cinco doenças transmitidas por carrapatos.

23-12 Descrever as epidemiologias do tifo endêmico, do tifo murino endêmico e da riquetsiose febre maculosa.

Assim que as bactérias têm acesso à corrente sanguínea, elas tornam-se amplamente disseminadas. Em alguns casos, elas também podem se reproduzir rapidamente. Aquelas que não se reproduzem podem constituir o microbioma sanguíneo (ver **Explorando o microbioma**).

Sepse e choque séptico

Números moderados de microrganismos podem entrar na corrente sanguínea sem causar danos. Em condições hospitalares, o sangue muitas vezes é contaminado em razão de procedimentos invasivos, como a inserção de cateteres e sondas de alimentação intravenosa. O sangue e a linfa contêm várias células fagocíticas de defesa. Além disso, o sangue tem pouco ferro disponível, o qual é necessário para o crescimento bacteriano. Entretanto, se as defesas dos sistemas cardiovascular e linfático falharem, os micróbios podem proliferar no sangue. Uma doença aguda associada à presença e persistência de microrganismos patogênicos ou de suas toxinas no sangue é conhecida

Sempre assumimos que o sangue de um doador saudável é estéril. O sangue doado é rotineiramente cultivado à procura de patógenos, e apenas 0,1% das culturas de bolsas de sangue apresentam crescimento bacteriano; presume-se que aquelas que o fazem foram contaminadas durante a própria coleta de sangue. No entanto, estudos mais recentes indicam que o sangue humano saudável pode não ser tão estéril, afinal.

Análises de sangue de doadores saudáveis encontraram DNA 16S bacteriano. Esse material genético é encontrado em todos os procariotos e, por ser conservado evolutivamente, também é usado para rastrear o parentesco de vários tipos de bactérias. A maior parte do DNA bacteriano do sangue está localizada nos leucócitos e nas plaquetas, cerca de 6% está nas hemácias e uma pequena quantidade (0,03%) está no plasma. Esses dados sugerem que o sangue tem um microbioma.

A maior parte do DNA é do filo Proteobacteria. Uma comparação de pacientes com doenças cardiovasculares (DCVs) mostrou que pacientes com DCV têm mais DNA geral em seu plasma do que pessoas saudáveis. *Propionibacterium* predominou em pacientes com DCV, enquanto pessoas saudáveis tinham mais DNA de *Pseudomonas*.

As bactérias no sangue provavelmente vêm da boca ou do intestino e atravessam as membranas mucosas para o sangue. Mais pesquisas são necessárias para determinar se esse DNA é de bactérias vivas e se elas podem causar DCV.

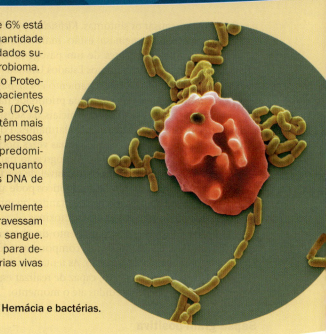

Hemácia e bactérias.

---

como **septicemia**. Um termo similar que não é equiparado do ponto de vista médico com a septicemia é *sepse*, embora haja a tendência em usá-los como sinônimos. A **sepse** é definida como uma *síndrome da resposta inflamatória sistêmica (SIRS)* causada por um foco de infecção que libera mediadores inflamatórios dentro da corrente sanguínea. O local de infecção em si não é necessariamente a corrente sanguínea, e em cerca de metade dos casos nenhum micróbio é encontrado no sangue. A sepse e a septicemia são frequentemente acompanhadas do aparecimento de **linfangite**, vasos linfáticos inflamados visíveis como estrias vermelhas sob a pele, percorrendo o braço ou a perna a partir do sítio da infecção (**Figura 23.3**).

Se as defesas do corpo não controlarem rapidamente a infecção, bem como a SIRS resultante, os resultados são progressivos e frequentemente fatais. O primeiro estágio dessa progressão é a sepse. Os sinais e os sintomas mais óbvios são febre, calafrios e batimentos cardíacos e respiração acelerados. Quando a sepse resulta em uma queda da pressão arterial (*choque*) e na disfunção de pelo menos um órgão, ela é considerada uma **sepse grave**. Uma vez que os órgãos comecem a falhar, a taxa de mortalidade torna-se alta. Um estágio final, quando a baixa pressão sanguínea não pode mais ser controlada pela adição de fluidos, é o chamado **choque séptico**. Mais de 1 milhão de casos ocorrem a cada ano nos Estados Unidos, com uma taxa de mortalidade de 28 a 50%.

Sepse gram-negativa

O choque séptico é mais provavelmente causado por bactérias gram-negativas. Lembre-se de que as paredes celulares de muitas bactérias gram-negativas contêm endotoxinas (lipopolissacarídeos [LPS] tóxicos; ver Capítulo 4) que são liberadas após a lise da célula. Essas endotoxinas podem causar uma queda brusca na pressão arterial com seus sinais e sintomas associados. O choque séptico é geralmente chamado pelos seus nomes alternativos *sepse gram-negativa* ou *choque endotóxico*. Menos de um milionésimo de um miligrama de endotoxina

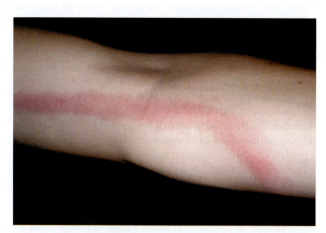

Figura 23.3 Linfangite, um sinal de sepse. À medida que a infecção se dissemina de seu local original ao longo dos vasos linfoides, as paredes inflamadas dos vasos tornam-se visíveis como estrias vermelhas.

P Por que a estria vermelha muitas vezes termina em certo ponto?

é suficiente para causar os sintomas. *Klebsiella* spp., *Escherichia coli* e *Pseudomonas aeruginosa* estão mais frequentemente envolvidas. Surtos recentes de um patógeno emergente, *Elizabethkingia* spp., ocorreram nos Estados Unidos.

O desenvolvimento de um tratamento eficaz para a sepse grave e o choque séptico tem sido uma prioridade na área médica há muitos anos. Os sintomas iniciais da sepse não são muito específicos ou particularmente alarmantes. Portanto, os tratamentos com antibióticos, que muitas vezes podem interrompê-la, não são administrados. A progressão para os estágios letais é rápida e geralmente impossível de ser tratada de modo eficaz. A administração de antibióticos pode até mesmo agravar a condição ao causar a lise de grandes quantidades de bactérias, que então liberam mais endotoxinas.

Além dos antibióticos, o tratamento do choque séptico envolve tentativas de neutralizar os componentes do LPS e as citocinas que causam a inflamação. As tentativas de desenvolvimento de um fármaco efetivo, capaz de realizar essa neutralização, não foram bem-sucedidas até o momento.

Sepse gram-positiva

Hoje, as bactérias gram-positivas são as causas mais comuns de sepse. Tanto os estafilococos quanto os estreptococos produzem exotoxinas potentes que causam a síndrome do choque tóxico, uma toxemia discutida no Capítulo 21. O uso frequente de procedimentos invasivos nos hospitais permite que as bactérias gram-positivas entrem na corrente sanguínea. Essas infecções associadas aos cuidados da saúde (IACSs) representam um risco em particular para os pacientes que são submetidos a procedimentos regulares de diálise para disfunção renal. Os componentes bacterianos que levam ao choque séptico na sepse gram-positiva não são conhecidos com certeza. Possíveis fontes são os vários fragmentos da parede celular de bactérias gram-positivas ou até mesmo o DNA bacteriano.

Um grupo especialmente importante de bactérias gram-positivas são os enterococos, os quais são responsáveis por muitas IACSs. Os enterococos são habitantes do cólon humano e frequentemente contaminam a pele. Anteriormente consideradas relativamente inofensivas, duas espécies específicas, *Enterococcus faecium* e *Enterococcus faecalis*, são atualmente reconhecidas como as principais causas de IACSs de feridas e do trato urinário. Os enterococos têm uma resistência natural à penicilina e adquirem rapidamente resistência a outros antibióticos. O surgimento de linhagens resistentes à vancomicina tornou-se uma emergência médica. A vancomicina (ver Capítulo 20) era o único antibiótico ao qual essas bactérias, em particular o *E. faecium*, ainda eram sensíveis. Entre os isolados de *E. faecium* de IACSs da corrente sanguínea, hoje cerca de 90% são resistentes. A linezolida geralmente é eficaz.

Até esse ponto, a nossa discussão sobre os estreptococos tem focado no grupo sorológico A. Contudo, existe uma preocupação cada vez maior em relação aos **estreptococos do grupo B (EGB)**. *S. agalactiae* é o único EGB, sendo a causa mais comum de *sepse neonatal*, que representa um risco à vida. O Centers for Disease Control and Prevention (CDC) recomenda que gestantes sejam testadas para a presença de EGB vaginal e que as mulheres com teste positivo recebam antibióticos durante o parto. A incidência de sepse do grupo B está aumentando em idosos. Essas infecções podem ser tratadas com β-lactâmicos ou vancomicina.

Sepse puerperal

A **sepse puerperal**, também chamada de **febre puerperal** e **febre do parto**, é uma IACS. Ela começa como uma infecção do útero resultante de parto ou aborto. *Streptococcus pyogenes*, um estreptococo β-hemolítico do grupo A, é a causa mais frequente, embora outros organismos possam causar infecções desse tipo.

A sepse puerperal progride de uma infecção do útero para uma infecção da cavidade abdominal (*peritonite*) e, em muitos casos, para sepse. Em um hospital de Paris entre 1861 e 1864, de 9.886 mulheres que deram à luz, 1.226 (12%) morreram devido a essas infecções. Essas mortes foram altamente desnecessárias. Quase 20 anos antes, Oliver Wendell Holmes, nos Estados Unidos, e Ignaz Semmelweiss, na Áustria, haviam demonstrado claramente que a doença era transmissível pelas mãos e pelos instrumentos dos médicos que frequentemente realizavam necrópsias antes do parto. Semmelweis mostrou que a desinfecção das mãos e dos instrumentos poderia impedir essa transmissão. Os antibióticos, sobretudo a penicilina, e as práticas modernas de higiene hoje tornaram a sepse puerperal por *S. pyogenes* uma complicação incomum nos partos.

Terapia da sepse

Uma terapia efetiva para a sepse é uma prioridade médica e provavelmente exigirá abordagens inteiramente novas. Por um lado, os sintomas da sepse são, em grande parte, causados pela resposta do corpo à infecção, resposta que foi descrita como "desnecessariamente exuberante". Qualquer agente capaz de suprimir essa resposta o faria independentemente da origem da infecção. Mesmo na ausência dessas terapias, o atendimento conferido aos pacientes com sepse tem melhorado, e a taxa de mortalidade nos últimos anos diminuiu bastante, mas ainda está em torno de 28%.

TESTE SEU CONHECIMENTO

✔ **23-2** Quais são as duas condições que definem a síndrome da resposta inflamatória sistêmica da sepse?

✔ **23-3** As endotoxinas que causam a sepse são oriundas de bactérias gram-positivas ou gram-negativas?

Infecções bacterianas do coração

Duas infecções bacterianas comuns do coração são a endocardite e a febre reumática.

Endocardite

A parede do coração consiste em três camadas. A camada interna, chamada de *endocárdio*, reveste o miocárdio – o próprio músculo cardíaco – e recobre as valvas. Uma inflamação do endocárdio é chamada de **endocardite**.

Um tipo de endocardite bacteriana, a **endocardite bacteriana subaguda** (assim denominada por se desenvolver lentamente; **Figura 23.4**), é caracterizada por febre, fraqueza generalizada e um sopro no coração. Em geral, é

Vegetações fibrino-plaquetárias

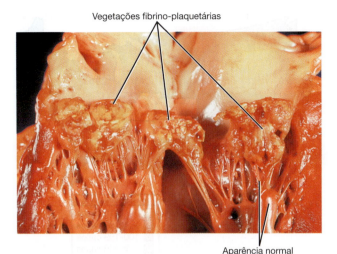

Aparência normal

Figura 23.4 Endocardite bacteriana. Esse é um caso de endocardite subaguda, ou seja, a condição desenvolveu-se em um período de semanas ou meses. O coração foi dissecado para expor a valva mitral. As estruturas em formato de cordões conectam a valva cardíaca aos músculos operantes.

P Como um *piercing* na língua pode levar a um quadro de endocardite bacteriana subaguda?

causada por estreptococos α-hemolíticos (com mais frequência, *Streptococcus viridans*), os quais são comuns na cavidade oral, embora enterococos e estafilococos também possam estar envolvidos. A condição provavelmente surge a partir de um foco de infecção em qualquer parte do corpo, como nos dentes ou nas tonsilas. Os microrganismos são liberados por extrações de dentes ou tonsilectomias, entram na corrente sanguínea e encontram o seu caminho para o coração. Normalmente, essas bactérias seriam rapidamente eliminadas do sangue pelos mecanismos de defesa do corpo. Entretanto, em indivíduos cujas valvas cardíacas são anormais devido a defeitos cardíacos congênitos ou doenças como a febre reumática e a sífilis, as bactérias alojam-se nas lesões preexistentes. Dentro das lesões, as bactérias multiplicam-se e ficam retidas nos coágulos sanguíneos, que as protegem da fagocitose e dos anticorpos. À medida que a multiplicação progride e que os coágulos aumentam de tamanho, fragmentos do coágulo rompem-se e podem bloquear os vasos sanguíneos ou se alojar nos rins. Com o tempo, a função das valvas do coração é prejudicada. Se não tratada com antibióticos apropriados, a endocardite bacteriana subaguda é fatal em poucos meses.

Um tipo mais rapidamente progressivo de endocardite bacteriana é a **endocardite bacteriana aguda**, que geralmente é causada pelo *Staphylococcus aureus*. Os organismos encontram o seu caminho do local inicial da infecção para as valvas normais ou anormais; a destruição rápida das valvas do coração muitas vezes é fatal em alguns dias ou semanas se não tratada.

Os estreptococos também podem causar **pericardite**, inflamação da membrana que circunda o coração (o *pericárdio*). Os pacientes podem sentir febre, fraqueza e sopro cardíaco. O tratamento é feito com antibióticos.

TESTE SEU CONHECIMENTO

✔ **23-4** Quais procedimentos médicos normalmente são a causa da endocardite?

Febre reumática

As infecções estreptocócicas, como aquelas causadas pelo *S. pyogenes*, muitas vezes levam à **febre reumática**, geralmente considerada uma complicação autoimune. Ela ocorre principalmente em pessoas com idade entre 4 e 18 anos e, com frequência, desenvolve-se após um episódio de faringite estreptocócica. Em geral, a doença manifesta-se como um curto período de artrite e febre. Nódulos subcutâneos nas articulações frequentemente acompanham esse estágio (**Figura 23.5**). Em cerca da metade das pessoas afetadas, uma inflamação do coração, provavelmente resultante de uma reação imune mal direcionada contra a proteína M estreptocócica, danifica as valvas. A reinfecção com estreptococos renova o ataque imune. O dano às valvas cardíacas pode ser grave o suficiente para resultar em insuficiência e morte. As pessoas que já apresentaram um episódio de febre reumática estão em risco de novo dano imunológico devido à estimulação do sistema imune ao adquirirem repetidas infecções de garganta por estreptococos. As bactérias permaneceram sensíveis à penicilina, e os pacientes com um risco em particular, como esses, geralmente recebem uma injeção preventiva mensal de penicilina G benzatina de ação prolongada.

Cerca de 10% das pessoas com febre reumática desenvolvem **coreia de Sydenham**, uma complicação incomum conhecida na Idade Média como dança de Saint Vitus. Vários meses após um episódio de febre reumática, o paciente (muito provavelmente do sexo feminino) apresenta movimentos involuntários e aleatórios durante as horas de vigília. Ocasionalmente, a sedação é necessária para impedir que o paciente se lesione pela agitação dos braços e das pernas. A condição desaparece depois de alguns meses.

A sepse e as infecções do coração estão resumidas em **Doenças em foco 23.1**.

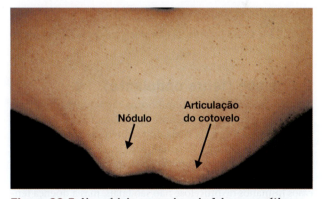

Nódulo

Articulação do cotovelo

Figura 23.5 Um nódulo causado pela febre reumática. A febre reumática recebeu esse nome, em parte, devido aos nódulos subcutâneos característicos que aparecem nas articulações, como mostrado no cotovelo desse paciente. A infecção por estreptococos β-hemolíticos do grupo A algumas vezes resulta nessa complicação autoimune.

P A febre reumática é uma infecção bacteriana?

Tularemia

A **tularemia** é um exemplo de doença *zoonótica*, isto é, uma doença transmitida pelo contato com animais infectados, nesse caso mais comumente coelhos e esquilos. O nome é derivado do Condado de Tulare, na Califórnia, onde a doença foi observada pela primeira vez em esquilos em 1911. O patógeno é a *Francisella tularensis*, um pequeno bacilo gram-negativo intracelular. Ele pode entrar nos seres humanos por várias vias. A mais comum é a penetração da pele através de pequenas abrasões, e o microrganismo cria uma úlcera no local. Cerca de 1 semana após a infecção, os linfonodos locais aumentam, muitos apresentando bolsas de pus. (Ver o quadro **Foco clínico**.) A bactéria pode se multiplicar nos macrófagos em até mil vezes. A mortalidade muitas vezes é menor que 3%. Se não tratada, a proliferação de *F. tularensis* pode levar a sepse e à infecção de múltiplos órgãos.

Quase 90% dos casos nos Estados Unidos estão relacionados ao contato com coelhos, e a doença é mais conhecida localmente como *febre do coelho*. A tularemia também é transmitida em algumas regiões por carrapatos e moscas-do-cervo, sendo conhecida nesses locais como *febre da mosca-do-cervo*. A infecção respiratória, geralmente oriunda de poeira contaminada pela urina ou pelas fezes de animais infectados, pode causar uma pneumonia aguda, com uma taxa de mortalidade maior que 30%. A dose infecciosa é muito baixa, e a manipulação desse organismo requer procedimentos de biossegurança de nível 3 (ver Capítulo 6).

Ao mesmo tempo, poucos casos de tularemia (menos de 200) são notificados anualmente nos Estados Unidos, de forma que ela foi removida da lista de doenças de notificação obrigatória. No entanto, a preocupação de que ela possa ser usada como arma biológica levou recentemente à sua reintegração na lista. A **Figura 23.6** ilustra a distribuição geográfica da tularemia dentro dos Estados Unidos.

A localização intracelular da bactéria é um problema para a quimioterapia. Antibióticos como a estreptomicina, administrados por 10 a 15 dias, são um tratamento efetivo.

TESTE SEU CONHECIMENTO

✔ **23-5** Quais animais são os reservatórios mais comuns da tularemia?

Brucelose (febre ondulante)

Apresentando mais de 500 mil novos casos humanos anualmente, a **brucelose** é a zoonose bacteriana mais comum do mundo. É endêmica na Bacia do Mediterrâneo, Américas do Sul e Central, Europa Oriental, Ásia, África e Oriente Médio. Ela também é economicamente importante como uma doença de animais nos países em desenvolvimento. Em geral, casos humanos de brucelose não são fatais, mas a doença tende a persistir no sistema reticuloendotelial (ver Capítulo 16), onde as bactérias evadem as defesas do hospedeiro; elas são sobretudo capazes de escapar das células fagocíticas. Essa habilidade permite a sobrevivência de longa duração e a replicação. A doença em geral torna-se crônica e pode afetar qualquer sistema de órgãos.

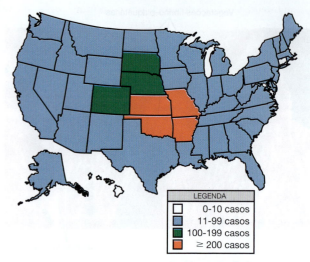

Figura 23.6 **Casos de tularemia nos Estados Unidos (2010-2022). A tularemia ocorreu em todo o país, exceto Connecticut, Havaí e Distrito de Colúmbia.**
Fonte: CDC, junho de 2022.

P **Qual é a incidência em seu país?**

As *Brucella* são cocobacilos pequenos aeróbios, oxidase-positivos e gram-negativos. Durante a manipulação em laboratório, são facilmente transmitidas pelo ar, e sua manipulação é considerada perigosa. De fato, elas são consideradas um agente potencial de bioterrorismo. Existem três espécies de bactéria *Brucella* de maior interesse. *Brucella abortus* é encontrada principalmente no gado, mas também infecta camelos, bisões e diversos outros mamíferos. *Brucella suis* é uma espécie que infecta principalmente suínos domésticos e selvagens. Funcionários de abatedouros que entram em contato com carcaças de suínos estão em risco de contrair brucelose dessa espécie através de cortes na pele e aerossóis. O patógeno mais grave, e a causa da maioria dos casos humanos, é a *Brucella melitensis*. Essa espécie é mais encontrada em cabras e ovelhas. *B. abortus* e *B. melitensis* estão essencialmente erradicadas nos Estados Unidos. Ocorrem casos esporádicos em humanos nos Estados Unidos relacionados ao consumo de produtos lácteos não pasteurizados de países onde a doença está presente.

Em geral, o período de incubação é de 1 a 3 semanas, mas pode ser bem maior. Os sintomas da brucelose apresentam um amplo espectro, dependendo do estágio da doença e dos órgãos afetados. Costumam incluir febre (que apresenta caráter irregular, surge em "ondas", o que conferiu à doença o nome alternativo de *febre ondulante*), mal-estar, suores noturnos e dores musculares. Embora vários testes sorológicos estejam disponíveis, há ainda a necessidade de um teste diagnóstico definitivo. A prova diagnóstica final é o isolamento da *Brucella* do sangue ou do tecido do paciente. Uma vez que a doença não é comum, o diagnóstico muitas vezes deve partir de entrevistas com o paciente, que sugerem um contato em áreas endêmicas.

A antibioticoterapia é possível, uma vez que as bactérias não apresentaram desenvolvimento de resistência. Contudo, o tratamento deve ser de longo prazo (mínimo de 6 semanas) e deve envolver uma combinação de pelo menos dois antibióticos.

> **TESTE SEU CONHECIMENTO**
>
> 🖊 **23-6** Como a brucelose é contraída?

Antraz

Em 1877, Robert Koch isolou o *Bacillus anthracis*, a bactéria que causa o **antraz** em animais. O bacilo formador de endósporo é um microrganismo gram-positivo aeróbio aparentemente capaz de crescer lentamente em determinados tipos de solo que apresentam condições de umidade específicas. Em testes de solo, os endósporos sobreviveram por mais de 60 anos. A doença atinge principalmente mamíferos com hábitos de pastejo, como bovinos e ovinos. Os endósporos do *B. anthracis* são ingeridos juntamente às gramíneas, causando sepse fatal fulminante.

A incidência de antraz humano atualmente é rara nos Estados Unidos. Pessoas em risco incluem aquelas que trabalham com animais, peles, lã e outros produtos animais importados de certos países estrangeiros. (Ver o "Caso clínico" do Capítulo 2.)

As infecções por *B. anthracis* são iniciadas por endósporos. Uma vez introduzidos no corpo, eles são capturados pelos macrófagos, onde germinam em células vegetativas. Eles não são destruídos; em vez disso, multiplicam-se, finalmente destruindo o macrófago. As bactérias liberadas então entram na corrente sanguínea, replicam-se rapidamente e secretam toxinas.

Os principais fatores de virulência de *B. anthracis* são duas exotoxinas. Ambas as toxinas compartilham um terceiro componente tóxico, uma proteína de ligação ao receptor celular, chamada de *antígeno protetor*, que liga as toxinas às células-alvo e permite a sua entrada. Uma toxina, a *toxina de edema*, causa edema (inchaço) local e interfere na fagocitose pelos macrófagos. A outra toxina, a *toxina letal*, tem como alvo os macrófagos e os destrói, o que desabilita uma defesa essencial do hospedeiro. Além disso, a cápsula de *B. anthracis* é bastante incomum. Ela não é um polissacarídeo, mas é constituída de ácido D-glutâmico (um aminoácido), que, por alguma razão, não estimula uma resposta protetora pelo sistema imune. Portanto, uma vez que as bactérias do antraz entram na corrente sanguínea, elas proliferam sem qualquer inibição eficaz até que haja dezenas de milhões por mililitro. Essas populações imensas de bactérias secretoras de toxinas, por fim, destroem o hospedeiro.

O antraz afeta os seres humanos de três formas: antraz cutâneo, antraz gastrintestinal e antraz inalatório (pulmonar).

O **antraz cutâneo** resulta do contato com material contendo endósporos de antraz. Mais de 90% dos casos de ocorrência natural em seres humanos são cutâneos; o endósporo entra em alguma lesão pequena na pele. Surge uma pápula e, por fim, vesículas que se rompem e formam uma área ulcerada em depressão, coberta por uma escara (crosta) negra, como mostrado na **Figura 23.7**. (O nome *antraz* é derivado da

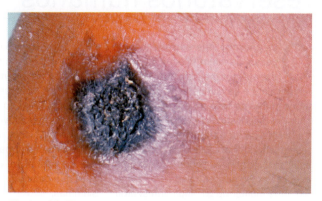

Figura 23.7 Lesão por antraz. O edema e a formação de uma crosta preta ao redor do ponto de infecção são característicos do antraz cutâneo.

P Quais são os outros tipos de antraz?

palavra grega para carvão.) Na maioria dos casos, o patógeno não entra na corrente sanguínea, e outros sintomas são limitados a febre baixa e mal-estar. Todavia, caso a bactéria entre na corrente sanguínea, a mortalidade sem tratamento antibiótico pode chegar a 20%; com a antibioticoterapia, a taxa de mortalidade geralmente é inferior a 1%.

Uma forma relativamente rara de antraz é o **antraz gastrintestinal**, causada pela ingestão de alimentos cozidos inadequadamente contendo endósporos de antraz. Os sintomas são náusea, dor abdominal e diarreia sanguinolenta. Lesões ulcerativas ocorrem no trato digestivo, desde a boca e a garganta até os intestinos, principalmente. A mortalidade geralmente é de mais de 50%.

A forma mais perigosa do antraz em seres humanos é o **antraz inalatório (pulmonar)**. Os endósporos inalados para os pulmões têm alta probabilidade de entrar na corrente sanguínea. Os sintomas dos primeiros dias da infecção não são muito alarmantes: febre baixa, tosse e alguma dor no peito. Os antibióticos podem conter a doença nesse estágio, mas, a menos que a suspeita de antraz seja alta, é improvável que eles sejam administrados. Quando a bactéria entra na corrente sanguínea e prolifera, a doença progride em 2 a 3 dias para o choque séptico, que, em geral, mata o paciente dentro de 24 a 36 horas. A taxa de mortalidade é excepcionalmente alta, aproximando-se dos 100%.

Os antibióticos são eficazes no tratamento do antraz se forem administrados a tempo. Os antimicrobianos recomendados atualmente são o ciprofloxacino ou a doxiciclina mais um ou dois agentes que sejam reconhecidamente ativos contra o patógeno. Um avanço recente no tratamento do antraz inalatório sintomático consiste no uso do raxibacumabe, que inibe a formação da toxina. Esse anticorpo monoclonal se mostrou efetivo em estudos com animais. Como precaução, as pessoas que foram expostas aos endósporos do antraz podem receber doses preventivas dos antibióticos por um tempo. Esse período geralmente é muito longo, uma vez que a experiência mostrou que até 60 dias podem transcorrer antes que os endósporos inalados germinem e iniciem a doença ativa.

Infecções em reservatórios humanos

O diagnóstico diferencial é o processo de identificação de uma doença por meio da avaliação de um paciente e da comparação dos resultados com uma lista de possíveis doenças. Um diagnóstico diferencial é importante para iniciar o tratamento e para os testes laboratoriais. Microrganismos em circulação no sangue podem indicar uma infecção grave descontrolada. Por exemplo, uma mulher de 27 anos apresentou febre e tosse por 5 dias. Ela foi hospitalizada quando a sua pressão arterial caiu. Apesar do tratamento intensivo com fluidos e das altas doses de antibióticos, ela morreu 5 horas após ser hospitalizada. Cocos gram-positivos e catalase-negativos foram isolados de seu sangue. Utilize a tabela a seguir para fornecer um diagnóstico diferencial e identificar as infecções que poderiam causar esses sinais e sintomas.

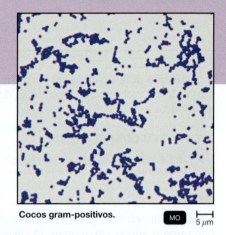

Cocos gram-positivos. MO ⊢ 5 μm

Doença	Patógeno	Sinais e sintomas	Reservatório	Modo de transmissão	Tratamento
DOENÇAS BACTERIANAS					
Choque séptico	Bactérias gram-negativas	Febre, calafrios, aumento da frequência cardíaca; linfangite	Corpo humano	Injeção; cateterismo	Antibióticos
	Enterococos gram-positivos, estreptococos do grupo B				Linezolida
					β-lactâmicos, vancomicina
Sepse puerperal	S. pyogenes	Peritonite; sepse	Nasofaringe humana	Nosocomial	Penicilina
Endocardite subaguda bacteriana/ aguda bacteriana	Principalmente estreptococos α-hemolíticos; Staphylococcus aureus	Febre, fraqueza generalizada, sopro cardíaco; dano nas valvas cardíacas	Nasofaringe humana	De infecção focal	Antibióticos
Pericardite	S. pyogenes	Febre; fraqueza generalizada; sopro cardíaco	Nasofaringe humana	De infecção focal	Antibióticos
Febre reumática	Estreptococos β-hemolíticos do grupo A	Artrite, febre; danos nas valvas cardíacas	Reações imunes às infecções estreptocócicas	Não transmissível	Suporte. Prevenção: penicilina para tratar as faringites estreptocócicas
DOENÇAS VIRAIS					
Linfoma de Burkitt	Lymphocryptovirus humangamma4 (HHV-4)	Tumor	Desconhecido	Desconhecido	Cirurgia
Mononucleose infecciosa	Lymphocryptovirus humangamma4 (HHV-4)	Febre, fraqueza generalizada	Seres humanos	Saliva	Nenhum
Citomegalovírus	Cytomegalovirus humanbeta5 (HHV-5)	Principalmente assintomáticos; uma infecção inicial adquirida durante a gestação pode ser prejudicial ao feto	Seres humanos	Fluidos corporais	Ganciclovir; fomivirseno
DOENÇA FÚNGICA					
Sepse fúngica	Candida auris	Febre persistente e calafrios	Seres humanos	Fômites; pele	Equinocandinas
ETIOLOGIA DESCONHECIDA					
Síndrome de Kawasaki	Desconhecido	Febre, erupção, anomalias das artérias coronárias	Desconhecido	Desconhecido	Nenhum

Neste quadro, você encontrará uma série de questões que os profissionais de saúde se perguntam quando tentam solucionar um problema clínico. Tente responder a cada questão antes de passar à próxima.

1. No dia 15 de fevereiro, Mariana, uma menina de 12 anos, é levada ao pediatra apresentando febre, mal-estar, dor no linfonodo axilar esquerdo e descamação do dedo anular esquerdo. Amoxicilina é prescrita para esse caso.

   Quais doenças são possíveis?

2. Uma febre intermitente e o aumento no linfonodo persistem por 49 dias. Mariana foi submetida a uma biópsia excisional do linfonodo axilar esquerdo. O tecido excisado foi cultivado; a coloração de Gram das bactérias que cresceram na cultura é mostrada na figura.

   Quais testes adicionais você faria?

3. Testes sorológicos revelaram os seguintes resultados:

Patógeno	Título de anticorpo
Bartonella	0
Ehrlichia	0
Francisella	4.096
Citomegalovirus	0
Toxoplasma gondii	0

Mariana melhora após o tratamento com estreptomicina.

Qual é a causa da infecção? O que você precisa saber?

4. A PCR é utilizada para confirmar a identificação de *F. tularensis*. Mariana gostava de brincar com seu gato, muitas vezes abraçando o animal. Entre 2 de janeiro e 8 de fevereiro, o gato mordeu a menina no lábio enquanto ela o beijava.

   Onde você vai procurar a fonte da infecção?

5. O gato circula dentro e fora de casa. Ele frequentemente deixa ratos mortos na porta da frente de Mariana. Os gatos podem adquirir tularemia por meio do contato com um animal infectado. A tularemia em gatos pode variar de infecção não clínica a doenças leves, com febre, anorexia e morte. No entanto, mesmo gatos sem doença clínica podem transmitir tularemia.

   Qual é a fonte mais provável da infecção?

6. Os gatos domésticos são muito suscetíveis à tularemia e sabe-se que transmitem a bactéria aos humanos. Em uma pesquisa, 12% dos gatos domésticos examinados tinham anticorpos contra *F. tularensis*. Em uma pesquisa de Nebraska, quase metade dos isolados de *F. tularensis* eram de gatos. O significado da transmissão felina de *F. tularensis* para humanos é desconhecido e pode ser sub-reconhecido. Deve-se ter cuidado ao manusear qualquer animal doente ou morto.

A identificação do organismo é importante, uma vez que muitas vezes ele é resistente aos antibióticos mais utilizados para as infecções sistêmicas e cutâneas e por ele ser um potencial agente de terrorismo biológico.

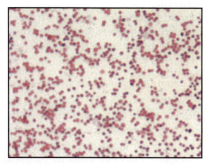

Bactérias isoladas e cultivadas a partir de amostras de linfonodo e coradas pelo Gram.

Para dados recentes sobre a tularemia, consulte www.cdc.gov/tularemia/

A vacinação do gado contra o antraz é um procedimento-padrão em áreas endêmicas. Uma única dose de uma vacina viva atenuada é usada. Contudo, essa vacina não é considerada segura para o uso em seres humanos. A única vacina atualmente aprovada para uso em seres humanos contém uma forma inativada da toxina antigênica protetora e foi criada para impedir a entrada das outras duas toxinas nas células do hospedeiro. A vacina requer uma série de cinco injeções durante um período de 18 meses, seguido de reforços anuais. Três doses da vacina durante 4 semanas, juntamente ao tratamento com antibióticos, são recomendadas para pessoas que foram expostas ao *B. anthracis*.

O diagnóstico de antraz geralmente consiste no isolamento e na identificação do *B. anthracis* a partir de espécimes clínicos – procedimento muito lento para a detecção de surtos por bioterrorismo. Um teste sanguíneo pode detectar tanto os casos de antraz inalatório quanto cutâneo no período de 1 hora. Além disso, algumas instalações de triagem de correspondências são equipadas com sensores eletrônicos automatizados que podem detectar imediatamente os esporos de antraz.

TESTE SEU CONHECIMENTO

➤ **23-7** De que forma animais como o gado tornam-se vítimas do antraz?

Gangrena

Se um ferimento fizer um suprimento sanguíneo ser interrompido, condição conhecida como **isquemia**, a ferida torna-se anaeróbica. A isquemia leva à **necrose**, ou morte tecidual. A morte do tecido mole resultante da perda de suprimento sanguíneo é chamada de **gangrena** (**Figura 23.8**). Essas condições também podem ocorrer como complicação do diabetes.

Substâncias liberadas de células mortas ou em processo de morte oferecem nutrientes para muitas bactérias. Várias espécies do gênero *Clostridium*, que são anaeróbios gram-positivos

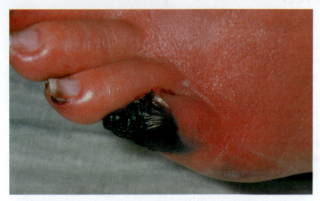

Figura 23.8 Dedos do pé de um paciente com gangrena. Essa doença é causada por *C. perfringens* e outros clostrídios. O tecido escuro e necrótico resultante de má circulação ou lesão fornece condições de crescimento anaeróbicas para as bactérias, que, então, progressivamente destroem o tecido adjacente.

P Como a gangrena pode ser prevenida?

formadores de endósporo amplamente encontrados no solo e no trato intestinal dos seres humanos e dos animais domésticos, crescem rapidamente nessas condições. *C. perfringens* é a espécie mais envolvida na gangrena, mas outros clostrídios e diversas outras bactérias também podem crescer nesses ferimentos.

Uma vez que a isquemia e a necrose subsequente causadas pela interrupção do suprimento sanguíneo tenham se estabelecido, a **gangrena gasosa** pode se desenvolver, sobretudo no tecido muscular. À medida que os microrganismos *C. perfringens* crescem, eles fermentam carboidratos no tecido e produzem gases (dióxido de carbono e hidrogênio) que incham o tecido. As bactérias produzem toxinas que se movem ao longo dos feixes das fibras musculares, destruindo as células e produzindo tecido necrótico, que é favorável a mais crescimento bacteriano. Por fim, essas toxinas e as bactérias entram na corrente sanguínea, causando doença sistêmica. As enzimas produzidas pelas bactérias degradam o colágeno e o tecido proteináceo, facilitando a disseminação da doença. Sem tratamento, a condição é fatal.

A gangrena gasosa também pode resultar de procedimentos de aborto realizados inadequadamente. *C. perfringens*, que supostamente reside no trato genital de cerca de 5% de todas as mulheres, pode infectar a parede uterina e levar à gangrena gasosa, resultando em uma infecção da corrente sanguínea que oferece risco à vida.

A remoção cirúrgica do tecido e a amputação são os tratamentos médicos mais comuns para a gangrena gasosa. Quando a gangrena gasosa se desenvolve em regiões como a cavidade abdominal ou o trato reprodutivo, o paciente pode ser tratado em uma **câmara hiperbárica**, que contém atmosfera pressurizada rica em oxigênio. O oxigênio satura os tecidos infectados e, assim, impede o crescimento do clostrídio anaeróbio obrigatório. Pequenas câmaras estão disponíveis para acomodar um membro com gangrena. A higienização imediata de feridas graves e o tratamento profilático com penicilina são os procedimentos mais efetivos na prevenção da gangrena gasosa.

TESTE SEU CONHECIMENTO

23-8 Por que as câmaras hiperbáricas são efetivas no tratamento da gangrena gasosa?

Doenças sistêmicas causadas por arranhões e mordeduras

Mordeduras de animais podem resultar em infecções graves. Aproximadamente 4,4 milhões de mordeduras de animais ocorrem nos Estados Unidos a cada ano, representando cerca de 1% das consultas de emergência nos hospitais.

Mordeduras de cães constituem pelo menos 80% dos incidentes registrados; mordeduras de gatos, apenas cerca de 10%. No entanto, as mordeduras de gatos são mais penetrantes, resultando em maior taxa de infecção (30-50%) que as de cães (15-20%). Os animais domésticos frequentemente portam *Pasteurella multocida*, um bastonete gram-negativo anaeróbio facultativo similar à bactéria *Yersinia*, que causa a peste. *P. multocida* é um patógeno principalmente de animais e causa sepse (daí o nome *multocida*, que significa "muitas mortes").

Os seres humanos infectados por *P. multocida* apresentam respostas variadas. Por exemplo, infecções localizadas com edema grave e dor podem se desenvolver no local do ferimento. Formas de pneumonia e sepse podem se desenvolver e oferecem risco à vida. A penicilina e a tetraciclina geralmente são eficazes no tratamento dessas infecções.

Além de *P. multocida*, uma variedade de espécies bacterianas anaeróbias é frequentemente encontrada em mordeduras de animais infectados, bem como espécies de *Staphylococcus*, *Streptococcus* e *Corynebacterium*. Mordeduras de seres humanos, na maior parte em decorrência de brigas, também estão sujeitas a infecções graves. Na verdade, antes de a antibioticoterapia tornar-se disponível, quase 20% das vítimas de mordeduras de seres humanos nas extremidades exigiam amputação – hoje, apenas cerca de 5% dos casos exigem esse procedimento.

Doença da arranhadura do gato

A **doença da arranhadura do gato**, embora receba pouca atenção, é surpreendentemente comum. Um número estimado de 22.000 casos ou mais ocorre anualmente nos Estados Unidos, muito mais casos do que a conhecida doença de Lyme. Pessoas que tenham gatos ou estejam intimamente expostas a eles estão em risco. O patógeno é uma bactéria gram-negativa aeróbia, a *Bartonella henselae*. A microscopia mostra que a bactéria pode habitar o interior de algumas hemácias do gato. Ela se conecta com o exterior da célula e com o líquido extracelular circundante através de um poro (**Figura 23.9**). Como residentes, as bactérias causam uma bacteremia persistente nos gatos; estima-se que 40% dos gatos domésticos e selvagens tenham essas bactérias no sangue. A doença é transmitida aos humanos quando um gato infectado lambe a ferida aberta de uma pessoa, morde ou arranha uma pessoa com força suficiente para romper a superfície da pele. Os gatos são infectados por picadas de pulgas ou pela ingestão de fezes de pulgas. A *B. henselae* se multiplica no sistema digestório da pulga e sobrevive por vários dias em suas fezes.

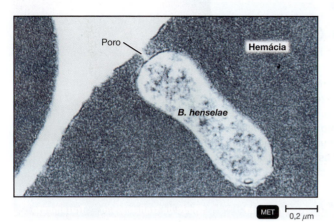

Figura 23.9 Micrografia eletrônica mostrando a localização da *Bartonella henselae* dentro de uma hemácia. Apenas um poro conecta a bactéria com o líquido extracelular.

P Por que a infecção por *B. henselae* pode persistir nos gatos?

O primeiro sinal é uma pápula no local da infecção, que aparece de 3 a 14 dias após a exposição. Edema dos linfonodos e geralmente febre e mal-estar se manifestam dentro de algumas semanas. A doença da arranhadura do gato normalmente é autolimitada, com duração de algumas semanas; contudo, nos casos mais graves, a terapia antibiótica pode ser efetiva.

Febre da mordedura do rato

Nos Estados Unidos, cerca de 20.000 mordeduras de rato ocorrem anualmente – e uma mordedura pode causar a doença **febre da mordedura do rato**. Antigamente, as vítimas das mordeduras de ratos eram crianças mais novas que viviam em habitações precárias. Hoje, os ratos são populares como animais experimentais em laboratórios e até mesmo como animais de estimação; atualmente, os possíveis pacientes frequentemente são técnicos de laboratório que manipulam ratos, bem como donos de animais de estimação e funcionários de lojas que vendem esses animais. Embora se saiba que cerca de metade dos ratos selvagens e de laboratório sejam portadores desses patógenos bacterianos, apenas uma minoria das mordeduras de rato (cerca de 10%) resulta em doença.

Existem duas doenças semelhantes, porém distintas. Na América do Norte, a doença mais comum, chamada de *febre da mordedura do rato estreptobacilar*, é causada pela bactéria *Streptobacillus moniliformis* (quando o patógeno é ingerido, a doença é chamada de *febre de Haverhill*). Essa é uma bactéria filamentosa gram-negativa e microaerofílica, altamente pleomórfica, fastidiosa e difícil de ser cultivada, embora o isolamento em cultura seja o melhor método diagnóstico. Os sintomas inicialmente são febre, calafrios e dor muscular e nas articulações, seguidos de um exantema nos membros em alguns dias. Algumas vezes, há complicações mais graves; se não tratada, a mortalidade é de cerca de 10%.

O outro patógeno bacteriano que causa a febre da mordedura do rato é o *Spirillum minus*. Nesse caso, a doença é chamada de *febre espiralar*; na Ásia, onde a maioria dos casos ocorre, ela é conhecida como *sodoku*. Ela é mais provável de ocorrer devido a mordeduras de roedores selvagens. Os sintomas são similares aos da febre da mordedura do rato estreptobacilar. Uma vez que o patógeno não pode ser cultivado, o diagnóstico é realizado por meio da observação microscópica da bactéria espiralada gram-negativa. O tratamento com penicilina geralmente é eficaz para ambas as formas da febre da mordedura do rato.

Infecções cardiovasculares transmitidas aos seres humanos pelo contato com outros animais estão resumidas em **Doenças em foco 23.2**.

Doenças transmitidas por vetores

As doenças transmitidas por vetores que afetam o sistema cardiovascular estão resumidas em **Doenças em foco 23.3**. O quadro **Visão geral** explica como as mudanças climáticas estão impactando o vetor da febre chikungunya, uma doença discutida posteriormente neste capítulo.

Peste

Poucas doenças afetaram tão dramaticamente a história humana quanto a **peste**, conhecida na Idade Média como a Peste Negra. Esse termo vem de uma de suas características: as áreas de coloração azul-escura da pele causadas por hemorragias.

A doença é causada por uma bactéria gram-negativa anaeróbia facultativa em forma de bacilo, a *Yersinia pestis*. Normalmente uma doença de ratos, a peste é transmitida de um rato para outro através da pulga-do-rato, *Xenopsylla cheopis* (ver Figura 12.32b). No extremo oeste e no sudoeste dos Estados Unidos, a doença é endêmica em roedores selvagens, principalmente esquilos e cães-da-pradaria.

Se o hospedeiro morrer, a pulga procura um hospedeiro substituto, que pode ser outro roedor ou um ser humano. Ela pode saltar cerca de 9 cm. Uma pulga infectada pela peste é faminta por uma refeição, uma vez que o crescimento das bactérias forma um biofilme que bloqueia o seu trato digestório, e o sangue que ela ingere é rapidamente regurgitado. Um vetor artrópode nem sempre é necessário para a transmissão da peste. Contato com a pelagem de animais infectados, arranhaduras, mordeduras e lambidas de gatos domésticos e incidentes similares foram registrados como causa de infecção.

Nos Estados Unidos, a exposição à peste está aumentando à medida que as áreas residenciais invadem as áreas que possuem animais infectados. Em regiões do mundo onde a proximidade com ratos é comum, a infecção por essa fonte ainda prevalece.

Após a picada da pulga, as bactérias entram na corrente sanguínea humana e proliferam na linfa e no sangue. Um fator de virulência da bactéria da peste é a sua capacidade de sobreviver e proliferar dentro das células fagocíticas, em vez de ser destruída por elas. Um número elevado de organismos altamente virulentos acaba emergindo, resultando em uma infecção devastadora. Os linfonodos da virilha e das axilas tornam-se aumentados, e a febre se desenvolve à medida que as defesas do corpo reagem à infecção. Esses edemas, chamados

DOENÇAS EM FOCO 23.2 Infecções de reservatórios animais transmitidas por contato direto

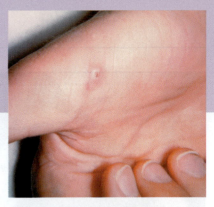

Arranhão infectado na paciente.

As doenças a seguir devem ser consideradas no diagnóstico diferencial de pacientes com exposição a animais. Uma menina de 10 anos é internada em um hospital local após apresentar febre (40 °C) durante 12 dias e dores nas costas durante 8 dias. As bactérias não puderam ser cultivadas dos tecidos. Ela tem um histórico recente de arranhaduras por cão e gato. A menina se recupera sem tratamento. Utilize a tabela a seguir para fornecer um diagnóstico diferencial e identificar as infecções que poderiam causar esses sintomas.

Doença	Patógeno	Sinais e sintomas	Reservatório	Modo de transmissão	Tratamento
DOENÇAS BACTERIANAS					
Tularemia	*Francisella tularensis*	Infecção local; pneumonia	Coelhos; roedores	Contato direto com animais infectados; picada da mosca-do-cervo; inalação	Estreptomicina, doxiciclina
Brucelose	*Brucella* spp.	Abscesso local; febre ondulante	Mamíferos de pastejo	Contato direto	Tetraciclina; estreptomicina
Antraz	*Bacillus anthracis*	Pápula (cutânea); diarreia sanguinolenta (gastrintestinal); choque séptico (inalatório)	Solo; grandes mamíferos de pastejo	Contato direto; ingestão; inalação	Doxiciclina, ciprofloxacino
Mordeduras de animais	*Pseudomonas multocida*	Infecção local; sepse	Bocas dos animais	Mordeduras de cão/gato	Penicilina
Febre da mordedura do rato	*Streptobacillus moniliformis, Spirillum minus*	Sepse	Ratos	Mordeduras de ratos	Penicilina
Doença da arranhadura do gato	*Bartonella henselae*	Febre prolongada	Gatos domésticos	Mordeduras ou arranhaduras de gatos, pulgas	Antibióticos
DOENÇA PROTOZOÓTICA					
Toxoplasmose	*Toxoplasma gondii*	Doença leve; a infecção inicial adquirida durante a gestação pode ser prejudicial ao feto; doença grave em pacientes com Aids	Gatos domésticos	Ingestão	Pirimetamina, sulfadiazina e ácido folínico

de *bubões*, refletem a origem do nome **peste bubônica**. Essa é a forma mais comum, compreendendo 80 a 95% dos casos atuais. A taxa de mortalidade da peste bubônica não tratada é de 50 a 75%. A morte, caso ocorra, geralmente transcorre em menos de 1 semana após o aparecimento dos sintomas.

Uma condição particularmente perigosa chamada **peste septicêmica** surge quando a bactéria entra no sangue e prolifera, causando sangramento na pele e em outros órgãos (**Figura 23.10**) e choque séptico. Finalmente, o sangue transporta as bactérias para os pulmões, resultando em uma forma da doença chamada de **peste pneumônica**. A taxa de mortalidade por esse tipo de peste é de quase 100%. Até mesmo nos dias de hoje, essa doença raramente pode ser controlada se não for reconhecida dentro de 12 a 15 horas após o início da febre. As pessoas podem ser infectadas pela inalação de gotículas respiratórias após o contato próximo com gatos domésticos e humanos com peste pneumônica.

A Europa foi devastada por repetidas pandemias da peste; dos anos 542 a 767, surtos ocorriam repetidamente em ciclos de alguns anos. Após um intervalo de séculos, a doença reapareceu de forma devastadora nos séculos XIV e XV. Estima-se que ela tenha matado mais de 25% da população, resultando em efeitos duradouros na estrutura social e econômica da Europa. Uma pandemia no século XIX afetou principalmente os países asiáticos; estima-se que 12 milhões de pessoas tenham morrido na Índia. Vários surtos ocorreram em Madagascar no século XXI. Em 2017, 1.300 casos foram relatados em 1 semana; a transmissão foi principalmente de humano para humano. O último grande surto urbano associado aos ratos nos Estados Unidos ocorreu em Los Angeles, em 1924 e 1925.*

---

*N. de R.T. A última grande epidemia de peste bubônica no Brasil ocorreu no Rio de Janeiro, em 1907. Depois disso, os casos se tornaram raros. O Brasil não registra casos humanos de peste desde 2005, quando ocorreu o último caso no município de Pedra Branca, no estado do Ceará.

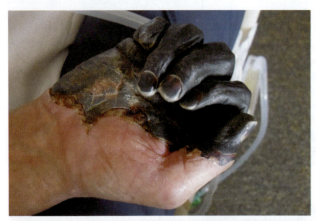

Figura 23.10 Um caso de peste bubônica. A peste bubônica é causada pela infecção pela bactéria *Y. pestis*. Esta fotografia mostra os dedos negros característicos causados pela hemorragia sob a pele. Isso originou o nome "peste negra" no século XIV.

P Quais são os dois modos de transmissão da peste?

A peste está estabelecida nas comunidades de esquilos terrestres e cães-da-pradaria nos estados do oeste dos Estados Unidos (**Figura 23.11**). Cerca de sete casos são relatados anualmente, a maioria resultante de mordidas de pulgas. Em 2014, pelo menos quatro casos de peste pneumônica foram adquiridos a partir de um cão com a doença.

A peste é mais comumente diagnosticada pelo isolamento da bactéria, que é então enviada para um laboratório para identificação. Um teste de diagnóstico rápido, entretanto, pode detectar de forma confiável a presença do antígeno capsular de *Y. pestis* no sangue e em outros fluidos dos pacientes dentro de 15 minutos, até mesmo sob condições de campo

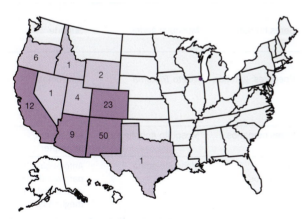

Figura 23.11 Distribuição geográfica da peste humana nos Estados Unidos, 2000 a 2021. Nas últimas décadas, uma média de sete casos de peste humana foram relatados anualmente. O caso único de Illinois foi adquirido em 2009 em um laboratório.

Fonte: CDC, 2022.

P Qual região mais próxima a você tem registros da peste?

precárias. As pessoas expostas à infecção podem receber proteção antibiótica profilática. Vários antibióticos, incluindo a gentamicina e fluoroquinolonas, são eficazes. A recuperação da doença confere imunidade confiável. Uma vacina está disponível para pessoas que podem entrar em contato com pulgas infectadas durante trabalhos de campo ou para profissionais de laboratório expostos ao patógeno.

Febre recorrente

Exceto para a espécie que causa a doença de Lyme (discutida a seguir), todos os membros do gênero do espiroqueta *Borrelia* causam a **febre recorrente**. Nos Estados Unidos, a doença é transmitida por carrapatos argasídeos que se alimentam de roedores. A doença ocorre principalmente nos estados do oeste dos Estados Unidos. A incidência da febre recorrente aumenta durante os meses de verão, quando a atividade dos roedores e dos artrópodes é maior.

A doença é caracterizada por febre, algumas vezes acima de 40,5 °C, icterícia e manchas cor-de-rosa na pele. Após 3 a 5 dias, a febre diminui. Três ou quatro recorrências podem ocorrer, cada uma mais breve e menos intensa que a febre inicial. Cada recorrência é causada por um tipo antigênico diferente de espiroqueta, que escapa da imunidade existente. O diagnóstico é realizado pela observação das bactérias no sangue do paciente, o que é incomum em uma doença causada por espiroquetas. A tetraciclina é eficaz para o tratamento.

Doença de Lyme (borreliose de Lyme)

Em 1975, um grupo de casos de doenças em pessoas jovens, inicialmente diagnosticados como artrite reumatoide, foi relatado perto da cidade de Lyme, no estado de Connecticut, nos Estados Unidos. A **doença de Lyme** talvez seja hoje a doença transmitida por vetores mais comum nos Estados Unidos. A ocorrência sazonal (meses de verão), a ausência de contágio entre membros da família e os relatos de uma erupção cutânea incomum que aparecia várias semanas antes dos primeiros sintomas sugeriam uma doença transmitida por carrapatos. Em 1983, um espiroqueta, que posteriormente foi chamado de *Borreliella burgdorferi*, foi identificado como a causa. Em 2020, as espécies que causam a doença de Lyme foram agrupadas no gênero *Borreliella* e aquelas que causam febre recorrente foram agrupadas no gênero *Borrelia*. Em 2016, outra bactéria causadora, *Borreliella mayonii*, foi descoberta. Na Europa e na Ásia, a doença é geralmente conhecida como **borreliose de Lyme**. Há relato de dezenas de milhares de casos a cada ano. Nos Estados Unidos, a doença de Lyme é mais prevalente na Costa do Atlântico (**Figura 23.12**).

Camundongos silvestres são os reservatórios animais mais importantes. O estágio de ninfa do carrapato se alimenta dos camundongos infectados e apresenta maior probabilidade de infectar os seres humanos, embora carrapatos adultos sejam quase duas vezes mais prováveis de transportar o patógeno bacteriano. Isso ocorre porque as ninfas são pequenas e menos prováveis de serem notadas antes que a infecção seja transmitida. Os cervos são importantes na manutenção

DOENÇAS EM FOCO 23.3 Infecções transmitidas por vetores

As doenças a seguir devem ser consideradas no diagnóstico diferencial de pacientes com histórico de picadas de insetos e carrapatos ou que viajaram para países endêmicos. Essas doenças são todas prevenidas pelo controle da exposição às picadas de insetos e carrapatos. Uma militar de 22 anos retornando de uma viagem a serviço no Iraque apresenta três úlceras cutâneas dolorosas. Ela relatou que havia sido picada por insetos todas as noites. Corpos ovoides, semelhantes a protozoários, são observados no interior de seus macrófagos por meio de um exame ao microscópio óptico. Utilize a tabela a seguir para fornecer um diagnóstico diferencial e identificar as infecções que poderiam causar esses sintomas.

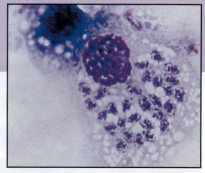

Um macrófago quase totalmente preenchido de células ovoides. MO ⊢ 5 μm

Doença	Patógeno	Sinais e sintomas	Reservatório	Modo de transmissão	Tratamento
DOENÇAS BACTERIANAS					
Peste	*Yersinia pestis*	Linfonodos aumentados; choque séptico	Roedores	Pulga *Xenopsylla cheopis*; inalação	Gentamicina, fluoroquinolonas
Febre recorrente	*Borrelia* spp.	Série de picos de febre	Roedores	Carrapatos argasídeos	Tetraciclina
Doença de Lyme	*Borreliella burgdorferi; Borrelia mayonii*	Erupções cutâneas do tipo olho-de-boi; sintomas neurológicos	Camundongos silvestres	Carrapatos *Ixodes*	Doxiciclina, amoxicilina
Erliquiose e anaplasmose	*Ehrlichia* spp. *Anaplasma* spp.	Semelhantes à gripe	Cervos	Carrapato *Ixodes scapularis*	Tetraciclina
Tifo	*Rickettsia prowazekii*	Febre alta, estupor, erupção cutânea	Esquilos	Piolho *Pediculus humanus corporis*	Tetraciclina; cloranfenicol
Tifo murino endêmico	*Rickettsia typhi*	Febre; erupção cutânea	Roedores	Pulga *Xenopsylla cheopis*	Tetraciclina; cloranfenicol
Febre maculosa	*Rickettsia* spp.	Erupção macular; febre; cefaleia	Carrapatos; pequenos mamíferos	Carrapatos *Dermacentor* Carrapato *Amblyomma maculatum* Ácaro *Liponyssoides sanguineus*	Doxiciclina
DOENÇA VIRAL					
Chikungunya	*Alphavirus chikungunya*	Febre; dor articular	Seres humanos	Mosquito *Aedes*	Suporte
DOENÇAS PROTOZOÓTICAS					
Doença de Chagas (tripanossomíase americana)	*Trypanosoma cruzi*	Dano ao músculo cardíaco ou aos movimentos peristálticos do trato digestivo	Roedores; gambás	Inseto *Triatoma*	Nifurtimox
Malária	*Plasmodium* spp.	Febre e calafrios em intervalos	Seres humanos	Mosquito *Anopheles*	Artesunato, arteméter
Leishmaniose	*Leishmania* spp.	*L. donovani*: doença sistêmica; *L. tropica*: feridas na pele; *L. braziliensis*: danos desfigurantes às membranas mucosas	Pequenos mamíferos	Mosquito-palha	Anfotericina B, paromomicina, antimoniato de meglumina
Babesiose	*Babesia microti*	Febre e calafrios em intervalos	Roedores	Carrapatos *Ixodes*	Atovaquona e azitromicina

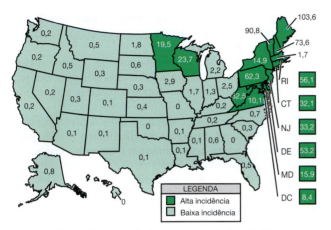

Figura 23.12 Doença de Lyme nos Estados Unidos, médias de 3 anos para 2017-2019. Alta incidência ≥ 10 casos/100.000 habitantes em 3 anos.

Fonte: CDC, 2022.

P Quais fatores são responsáveis pela distribuição geográfica da doença de Lyme?

da doença, uma vez que os carrapatos se alimentam e se acasalam nesses animais. Eles são hospedeiros finais e não se tornam infectados. Embora o sangue dos cervos possa conter uma pequena quantidade do patógeno, esses animais têm menos probabilidade de portar as ninfas ou de infectá-las do que os camundongos.

O carrapato (uma das duas espécies de *Ixodes*) se alimenta três vezes durante o seu ciclo de vida (**Figura 23.13a**). A primeira e a segunda refeições, como larva e depois como ninfa, geralmente ocorrem em um camundongo silvestre. A terceira alimentação, como adulto, geralmente ocorre em um cervo. Essas refeições são separadas por vários meses, e a capacidade dos espiroquetas de permanecerem viáveis nos camundongos silvestres tolerantes à doença é crucial para a manutenção da doença na natureza.

Nos seres humanos, os carrapatos geralmente se aderem a partir de arbustos ou gramíneas. Eles não se alimentam por 24 horas, e muitas vezes requerem 2 a 3 dias de fixação antes que ocorra a transferência de bactérias e a infecção. Provavelmente, apenas cerca de 1% das picadas de carrapato resultam em doença de Lyme.

Na Costa do Pacífico, o carrapato que transmite a doença de Lyme é o carrapato-de-patas-pretas *Ixodes pacificus* (ver também Figura 12.31b). No restante dos Estados Unidos, *Ixodes scapularis* é o principal responsável. Este último é tão pequeno que costuma passar despercebido. Na Costa do Atlântico, quase todos os carrapatos do gênero *Ixodes* portam o espiroqueta (Figura 23.13b); na Costa do Pacífico, poucas pessoas são infectadas, uma vez que o carrapato se

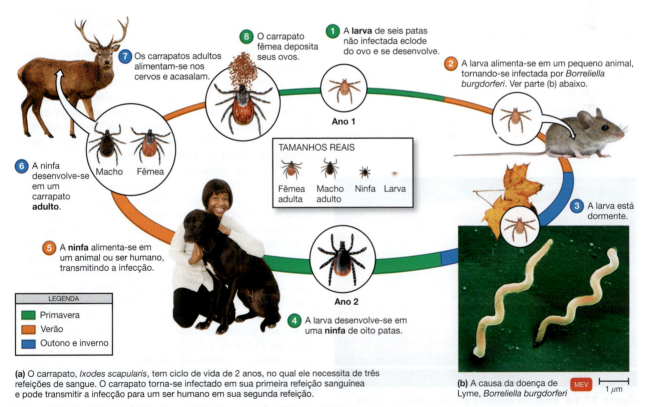

(a) O carrapato, *Ixodes scapularis*, tem ciclo de vida de 2 anos, no qual ele necessita de três refeições de sangue. O carrapato torna-se infectado em sua primeira refeição sanguínea e pode transmitir a infecção para um ser humano em sua segunda refeição.

(b) A causa da doença de Lyme, *Borreliella burgdorferi*

Figura 23.13 Ciclo de vida do carrapato vetor da doença de Lyme.

P Que outras doenças são transmitidas por carrapatos?

alimenta em lagartos que não portam o espiroqueta de forma eficiente.

O primeiro sintoma da doença de Lyme geralmente é um exantema que aparece no local da picada. É uma área avermelhada que clareia no centro à medida que se expande a um diâmetro final de cerca de 15 cm (**Figura 23.14**). Essa erupção distinta ocorre em cerca de 75% dos casos. Sintomas semelhantes à gripe surgem em algumas semanas, à medida que a erupção desaparece. Antibióticos tomados durante esse intervalo são muito eficazes para limitar a doença.

Durante uma segunda fase, na ausência de tratamento eficaz, muitas vezes há evidências de que o coração foi afetado. O batimento cardíaco pode se tornar tão irregular que o uso de um marca-passo pode ser necessário. Sintomas neurológicos crônicos e incapacitantes, como paralisia facial, fadiga opressiva e perda de memória, podem estar presentes. Alguns casos resultam em meningite e encefalite. Em uma terceira fase, meses ou anos mais tarde, alguns pacientes desenvolvem artrite, que pode afetá-los por anos. Respostas imunes à presença das bactérias provavelmente são a causa desse dano à articulação. Existe uma vacina disponível para uso veterinário em cães. A imunidade natural contra a reinfecção parece ser variável. Por exemplo, pacientes que progrediram para o estágio de artrite da doença de Lyme parecem ter uma imunidade considerável contra a reinfecção, ao passo que pacientes que se encontram nos estágios precoces da doença não apresentam essa mesma imunidade.

O diagnóstico da doença de Lyme depende parcialmente dos sintomas e de um índice de suspeita com base na prevalência na região geográfica. Os médicos são advertidos de que os testes sorológicos devem ser interpretados em conjunto com os sintomas clínicos e a probabilidade de exposição à infecção. Os testes sorológicos são difíceis de se interpretar, e, após um ELISA inicial ou teste de anticorpo fluorescente indireto (FA) positivo, o diagnóstico deve ser confirmado com um teste de *Western blot* (Capítulo 18). Além disso, após a eliminação das bactérias por meio de um tratamento eficaz

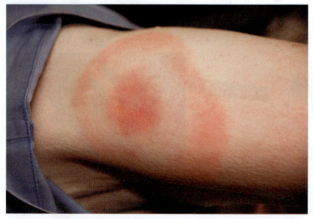

Figura 23.14 Erupção cutânea do tipo olho-de-boi na doença de Lyme. A erupção não é sempre tão óbvia.

P Quais sintomas ocorrem quando a erupção desaparece?

com antibióticos, os anticorpos – mesmo anticorpos IgM – geralmente persistem por anos e podem confundir tentativas posteriores de diagnóstico.

Diversos antibióticos são efetivos no tratamento da doença, embora nos estágios tardios altas dosagens dos fármacos e um período de administração bastante prolongado possam ser necessários.

Uma erupção cutânea e sintomas semelhantes à gripe resultam da picada do carrapato-estrela-solitária (*Amblyomma americanum*). A causa desses sintomas é desconhecida: a condição foi denominada exantema associado ao carrapato-do-sul (STARI, de *southern tick-associated rash illness*). O STARI não causa artrite nem sintomas neurológicos ou crônicos e é tratado com doxiciclina.

Erliquiose e anaplasmose

A **erliquiose monocitotrópica humana (EMH)** é causada pela bactéria *Ehrlichia chafeensis*. É uma bactéria intracelular obrigatória gram-negativa e aeróbia, semelhante às riquétsias. Agregados de bactérias – chamados de *mórulas*, palavra em latim para amoreira – formam-se dentro do citoplasma dos monócitos. *E. chafeensis*, observada pela primeira vez em um caso humano em 1986, anteriormente era considerada um patógeno unicamente veterinário. A EMH é uma doença transmitida por carrapatos; como acontece com o STARI, o vetor usual é o carrapato-estrela-solitária. Existem casos da doença em que esse carrapato não é encontrado, de modo que outros vetores podem estar associados. O cervo-de-cauda-branca é o principal reservatório animal, porém não mostra sinais da doença.

Uma doença similar transmitida por carrapatos, a **anaplasmose granulocítica humana (AGH)**, era antes chamada de *erliquiose granulocítica humana*. A mudança de nomenclatura ocorreu quando o organismo causador da doença, uma bactéria intracelular obrigatória anteriormente agrupada juntamente a *Ehrlichia*, foi renomeada *Anaplasma phagocytophilum*. O carrapato vetor é o *Ixodes scapularis*, a mesma espécie do vetor da doença de Lyme e da babesiose.

Os sintomas dessas doenças são idênticos, e a AGH somente foi identificada após a manifestação de um caso em Wisconsin, Estados Unidos, onde o carrapato-estrela-solitária era desconhecido. Os pacientes desenvolvem uma doença semelhante à gripe, apresentando febre alta e cefaleia; a taxa de fatalidade é inferior a 5%. As doenças provavelmente ocorrem em uma frequência muito mais alta do que a relatada. Casos de EMH e AGH estão disseminados e algumas vezes sobrepõem-se geograficamente. Uma vez que se suspeita de uma dessas doenças (com frequência a partir da detecção de mórulas nos esfregaços sanguíneos), o diagnóstico é realizado geralmente pelo teste de FA indireto para EMH e pelo teste PCR para a AGH. A terapia com antibióticos como a doxiciclina normalmente é efetiva.

Riquetsioses

As várias doenças do tifo são causadas por riquétsias, bactérias gram-negativas aeróbias que são parasitas intracelulares obrigatórios de eucariotos. As riquétsias, que são propagadas por vetores artrópodes, infectam principalmente as células endoteliais do sistema vascular e se multiplicam dentro delas. A inflamação resultante causa o bloqueio local e a ruptura de pequenos vasos sanguíneos.

Tifo (tifo epidêmico transmitido por piolhos) O tifo é causado pela bactéria *Rickettsia prowazekii* e é carreado pelo piolho-do-corpo humano *Pediculus humanus corporis* (ver Figura 12.32a). O patógeno cresce no intestino médio do piolho e é excretado por ele. Ele é transmitido no momento em que as fezes do piolho são esfregadas em feridas quando o hospedeiro coça a picada. A doença prospera em ambientes superlotados e insalubres, condições em que os piolhos podem facilmente ser transferidos de um hospedeiro infectado para um novo hospedeiro. Embora seja uma doença rara nos Estados Unidos, diversos casos foram relatados nos estados do leste devido ao contato com esquilos-voadores ou seus ninhos. Anne Frank, a adolescente que escreveu o famoso diário durante a Segunda Guerra Mundial, morreu de tifo devido às condições dos campos de concentração.

O tifo epidêmico produz febre alta e prolongada, que dura pelo menos 2 semanas. Estupor e uma erupção de pequenas manchas vermelhas causadas por hemorragia subcutânea são característicos, à medida que as riquétsias invadem os revestimentos dos vasos sanguíneos. As taxas de mortalidade são muito altas quando a doença não é tratada.

A tetraciclina e o cloranfenicol são geralmente efetivos contra o tifo, mas a eliminação das condições que predispõem ao surgimento da doença é uma medida mais importante. O micróbio é considerado especialmente perigoso; tentativas de cultivá-lo requerem um extremo cuidado. Vacinas estão disponíveis para as populações militares, que historicamente são altamente suscetíveis à doença.

Tifo murino endêmico Transmitido pela pulga-do-rato *Xenopsylla cheopis* (ver Figura 12.32b), o **tifo murino endêmico** ocorre de modo esporádico em vez de epidêmico. O termo *murino* (derivado do latim para camundongo) refere-se ao fato de que roedores como os ratos e os esquilos são os hospedeiros comuns desse tipo de tifo. O patógeno responsável pela doença é a *Rickettsia typhi*, residente comum de ratos. Apresentando uma taxa de mortalidade inferior a 5%, a doença é consideravelmente menos grave do que o tifo epidêmico. Exceto pela gravidade reduzida da doença, o tifo murino endêmico é clinicamente indistinguível do tifo. Tetraciclina e cloranfenicol são tratamentos eficazes para o tifo murino endêmico, e o controle dos ratos é a melhor medida preventiva.

Febre maculosa (riquetsiose) O tifo transmitido por carrapatos, ou **febre maculosa das Montanhas Rochosas (FMMR)**, é provavelmente a riquetsiose mais conhecida nos Estados Unidos. Ela é causada pela *Rickettsia rickettsi*.

Apesar de seu nome (ela foi inicialmente identificada na região das Montanhas Rochosas), a doença é mais comum nos estados do sudeste e nos Apalaches (**Figura 23.15**). Essa riquétsia é um parasita de carrapatos e, em geral, é transmitida de uma geração de carrapatos para outra através de seus ovos, um mecanismo chamado de *transmissão transovariana* (**Figura**

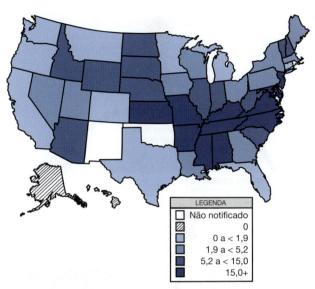

Figura 23.15 Incidência de febre maculosa por milhão de pessoas, 2019.
Fonte: CDC, 2022.

P Geograficamente, essa é uma doença urbana ou rural?

23.16). Pesquisas mostram que, em áreas endêmicas, talvez 1 em cada 1.000 carrapatos esteja infectado. Nas diferentes regiões dos Estados Unidos, carrapatos distintos estão envolvidos – no oeste, o carrapato-da-madeira *Dermacentor andersoni*; no leste, o carrapato-do-cão *Dermacentor variabilis.**

Cerca de 1 semana após a picada do carrapato, uma erupção macular desenvolve-se, algumas vezes confundida com o sarampo (**Figura 23.17**); entretanto, ela geralmente aparece na palma das mãos e na sola dos pés, onde as erupções virais não ocorrem. A erupção é acompanhada por febre e cefaleia. A morte, que ocorre em cerca de 3% dos aproximadamente 4 mil casos registrados a cada ano, geralmente é causada por insuficiências renal e cardíaca.

Os testes sorológicos não são positivos até a fase tardia da doença. A realização de um diagnóstico antes do surgimento da erupção típica é difícil, uma vez que os sintomas variam amplamente. Além disso, em pessoas de pele escura, a erupção é difícil de ser visualizada. Um diagnóstico incorreto pode ser fatal; se o tratamento não for imediato e correto, a taxa de mortalidade é de cerca de 20%.

A doxiciclina é muito eficaz se administrada precocemente. Nenhuma vacina está disponível.

Casos de FMMR são relatados ao CDC sob uma nova categoria chamada de *febre maculosa por riquétsias*, junto à riquetsiose por *R. parkeri*, febre do carrapato-da-costa-do-pacífico (*R. philipii*) e riquetsiose variceliforme (*R. akari*). Isso ocorre porque as espécies de *Rickettsia* não podem ser distinguidas usando testes sorológicos comumente disponíveis.

---

*N. de R.T. O Brasil registrou 2.059 casos de febre maculosa de janeiro de 2013 a 14 de junho de 2023, de modo que esta é uma doença endêmica importante. No país, o carrapato mais comumente associado a surtos da doença é o carrapato estrela (*Amblyomma cajennense*).

① Um carrapato fêmea adulto infectado (*Dermacentor* spp.) deposita seus ovos.

⑤ Os carrapatos adultos alimentam-se novamente de sangue e acasalam.

(Tamanho real)

② Os ovos eclodem, e larvas de seis patas se desenvolvem.

(Carrapato em tamanho real)

④ A ninfa alimenta-se de sangue humano, infectando-o e tornando-se um carrapato adulto.

③ A larva de seis patas alimenta-se de sangue em um mamífero pequeno, infectando-o e tornando-se uma ninfa de oito patas.

Figura 23.16 Ciclo de vida do carrapato vetor (*Dermacentor* spp.) da febre maculosa das Montanhas Rochosas. Os mamíferos não são essenciais para a sobrevivência do patógeno, *Rickettsia rickettsi*, na população de carrapatos; as bactérias podem ser transmitidas para outro carrapato por transmissão transovariana, de modo que novos carrapatos são infectados após a eclosão. Uma refeição de sangue é necessária para que os carrapatos avancem para o próximo estágio no ciclo de vida.

P **O que significa *transmissão transovariana*?**

CASO CLÍNICO

Katie é encaminhada a um departamento de emergência (DE) local para avaliações adicionais e supervisão do caso. No DE, Katie apresenta temperatura normal de 37,1 °C. Um hemograma completo revela contagem de leucócitos de 3.900/µL e contagem de plaquetas de 115.000/µL. Sua avaliação inclui uma tomografia computadorizada (TC) da cabeça e uma punção lombar. A TC não revela nenhum trauma ou lesão cerebral, e seu líquido cerebrospinal (LCS) não demonstra a presença de bactérias. A tontura de Katie melhora ao final daquela noite e ela tem alta para casa após passar metade do dia no DE.

O que os resultados do hemograma de Katie indicam? (*Dica*: ver Capítulo 16.)

Parte 1   **Parte 2**   Parte 3   Parte 4   Parte 5

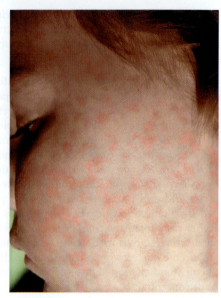

Figura 23.17 Erupções características da febre maculosa das Montanhas Rochosas. Essas erupções muitas vezes são confundidas com o sarampo. Pessoas de pele escura apresentam taxa de mortalidade mais alta, pois as erupções muitas vezes não são reconhecidas a tempo para um tratamento eficaz.

P **Como as febres maculosas por riquétsias podem ser prevenidas?**

A riquetsiose por *R. parkeri* foi descoberta pela primeira vez na cidade de Nova York em 2004. Desde então, 5 a 23 casos foram relatados anualmente. A bactéria é transmitida pelo carrapato-da-costa-do-golfo, *Amblyomma maculatum*.

Quatorze casos de febre do carrapato da costa do Pacífico foram relatados desde que a bactéria foi identificada pela primeira vez em 2010, na Califórnia. O vetor é o carrapato-da-costa-do-pacífico, *Dermacentor occidentalis*. Todos os casos ocorreram no norte da Califórnia.

A riquetsiose variceliforme foi identificada em 1946 na cidade de Nova York. É transmitida pela picada de ácaros de camundongos domésticos infectados (*Liponyssoides sanguineus*). Os casos ocorrem esporadicamente nos Estados Unidos, mas geralmente são relatados no nordeste do país.

TESTE SEU CONHECIMENTO

✔ **23-10** Por que a pulga infectada pela peste fica tão ansiosa para se alimentar em um mamífero?

✔ **23-11** Em que animal o carrapato infectado se alimenta logo antes de transmitir a doença de Lyme para um ser humano?

✔ **23-12** Qual doença é transmitida por carrapatos: tifo epidêmico, tifo murino endêmico ou febre maculosa das Montanhas Rochosas?

Doenças virais dos sistemas cardiovascular e linfoide

OBJETIVOS DE APRENDIZAGEM

23-13 Descrever as epidemiologias do linfoma de Burkitt, da mononucleose infecciosa e da doença de inclusão citomegálica.

23-14 Comparar e diferenciar os agentes causadores, os reservatórios e os sintomas da chikungunya, da febre amarela, da dengue e da dengue grave.

23-15 Comparar e diferenciar os agentes causadores, os reservatórios e os sintomas da febre hemorrágica do Ebola e da síndrome pulmonar por hantavírus.

Os vírus causam várias doenças cardiovasculares e linfoides, prevalentes principalmente nas regiões tropicais. Entretanto, uma doença viral desse tipo, a mononucleose infecciosa, é especialmente comum entre os universitários nos Estados Unidos.

Linfoma de Burkitt

Na década de 1950, Denis Burkitt, um médico irlandês trabalhando no Leste da África, observou a ocorrência frequente de um tumor de crescimento rápido da mandíbula em crianças (**Figura 23.18**). Conhecido como **linfoma de Burkitt**, é o câncer infantil mais comum na África.

Burkitt suspeitou de uma causa viral para o tumor e de um mosquito vetor. Naquela época, não se conhecia nenhum

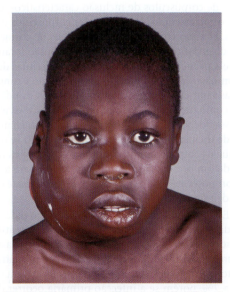

Figura 23.18 Criança com linfoma de Burkitt. Os tumores cancerosos da mandíbula, causados pelo vírus Epstein-Barr (EBV), são observados principalmente em crianças. Esta criança foi tratada com sucesso.

P Qual é a relação entre as regiões com malária e as regiões com o linfoma de Burkitt?

vírus que causava câncer em humanos, embora vários vírus tivessem sido claramente associados a cânceres em animais. Intrigados por essa possibilidade, em 1964 o virologista britânico Tony Epstein e sua aluna, Yvonne Barr, realizaram biópsias de tumores. Um vírus foi cultivado a partir desse material, e a microscopia eletrônica revelou um vírus semelhante ao herpes nas células cultivadas; ele foi chamado de *vírus Epstein-Barr (EBV)*. O nome científico do vírus é *Lymphocryptovirus humangamma4 (HHV-4)*.

O EBV está claramente associado ao linfoma de Burkitt, porém o mecanismo pelo qual ele causa o tumor ainda não é compreendido. Entretanto, pesquisas mostraram que os mosquitos não transmitem o vírus ou a doença. Em vez disso, as infecções de malária transmitidas por mosquitos aparentemente estimulam o desenvolvimento do linfoma de Burkitt ao prejudicar a resposta imune ao EBV, o qual está presente de forma quase universal nos adultos humanos em todo o mundo. O linfoma de Burkitt é raro nos Estados Unidos, mas ocorre em crianças e pessoas com Aids. O vírus tem, na verdade, se adaptado tão bem aos seres humanos que é um de nossos parasitas mais eficazes. Ele estabelece uma infecção vitalícia na maioria das pessoas (**Figura 23.19**) que é inofensiva e raramente causa doença. Nos Estados Unidos, o tratamento precoce com fármacos contra o câncer tem uma alta taxa de sucesso.

TESTE SEU CONHECIMENTO

✔ **23-13** Embora não seja uma doença que tenha um inseto vetor, por que o linfoma de Burkitt é mais encontrado em regiões com malária?

Mononucleose infecciosa

A identificação do EBV (*Lymphocryptovirus humangamma4*) como causa da **mononucleose infecciosa** foi resultado de uma das descobertas acidentais que muitas vezes promovem

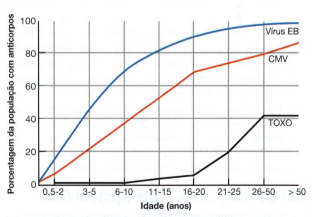

Figura 23.19 Prevalência típica de anticorpos contra o vírus Epstein-Barr (EBV), o citomegalovírus (CMV) e o *Toxoplasma gondii* (TOXO) por idade nos Estados Unidos.

Fonte: Laboratory Management, junho de 1987, p. 23ff.

P A julgar por este gráfico, qual dessas doenças tem maior probabilidade de resultar em infecções logo na infância?

o avanço da ciência. Uma técnica de laboratório investigando o EBV serviu como controle negativo para o vírus. Enquanto estava de férias, ela contraiu uma infecção caracterizada por febre, faringite, linfonodos inchados no pescoço e fraqueza generalizada. O aspecto mais interessante da doença da laboratorista foi que ela agora era sorologicamente positiva para o EBV. Logo foi confirmado que o mesmo vírus que está associado ao linfoma de Burkitt também causa quase todos os casos de mononucleose infecciosa.

Nos países em desenvolvimento, a infecção pelo EBV ocorre precocemente na infância, e cerca de 95% dos adultos têm anticorpos contra ele. Quase 20% dos adultos nos Estados Unidos são portadores do EBV nas secreções orais. As infecções pelo EBV na infância geralmente são assintomáticas, mas, se a infecção não ocorrer até o início da fase adulta, como geralmente é o caso dos Estados Unidos, o resultado é uma doença mais sintomática, provavelmente devido a uma intensa resposta imune. O pico de incidência da doença nos Estados Unidos ocorre em torno dos 15 aos 25 anos. Uma das causas principais das mortes raras é a ruptura do baço dilatado (resposta comum a uma infecção sistêmica) durante atividade vigorosa. A recuperação normalmente é completa em algumas semanas, e a imunidade é permanente.

A via comum da infecção é pela transferência de saliva pelo beijo ou, por exemplo, pelo compartilhamento de copos. Ela não se propaga entre contatos intradomiciliares casuais; assim, a transmissão por aerossóis é improvável. O período de incubação antes do aparecimento dos sintomas é de 4 a 7 semanas.

O EBV mantém uma infecção persistente na orofaringe (boca e garganta), que é responsável por sua presença na saliva. É provável que as células B de memória em repouso (ver Figura 17.6) localizadas no tecido linfoide sejam o principal local de replicação e persistência. A maioria dos sintomas é atribuída às respostas das células T à infecção.

O nome da doença *mononucleose* refere-se aos linfócitos com núcleos lobulados incomuns que proliferam no sangue durante a infecção aguda (**Figura 23.20**). As células B infectadas produzem anticorpos heterófilos, assim denominados devido aos termos gregos *hetero* (diferente) e *phile* (afinidade). Esses anticorpos fracos apresentam atividades multiespecíficas e são importantes no diagnóstico da mononucleose. Se esse teste for negativo, os sintomas podem ser causados pela infecção por citomegalovírus ou várias outras condições clínicas. Um teste de anticorpo fluorescente que detecta anticorpos IgM contra o EBV é o método diagnóstico mais eficaz. Não existe terapia recomendada para a maioria dos pacientes.

Outras doenças e vírus Epstein-Barr

Foram apresentadas duas doenças, o linfoma de Burkitt e a mononucleose infecciosa, com nítida associação ao EBV. Há uma lista muito extensa de doenças que podem ter uma relação – ainda não comprovada – com o EBV. Algumas das mais comuns incluem a **esclerose múltipla** (ataque autoimune ao sistema nervoso), o **linfoma de Hodgkin** (tumores do baço, dos linfonodos ou do fígado) e **câncer da nasofaringe** entre determinados grupos étnicos no Sudeste da Ásia e inuítes.

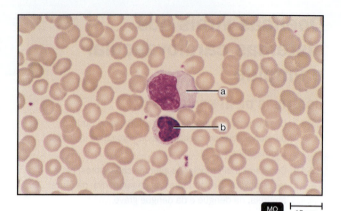

Figura 23.20 (a) Grande linfócito com o núcleo lobulado incomum característico da mononucleose. (b) Linfócito normal.

P Quais anticorpos indicam que um paciente tem mononucleose?

Infecções por citomegalovírus

Quase todos os seres humanos serão infectados pelo *citomegalovírus (CMV ou HHV-5)* em algum momento da vida. O CMV é um herpes-vírus muito grande que, assim como o vírus Epstein-Barr, provavelmente permanece latente nos leucócitos, como monócitos, neutrófilos e células T. Não é muito afetado pelo sistema imune, replicando-se muito lentamente e escapando da ação dos anticorpos ao se mover por entre as células que estão em contato. Os portadores do vírus podem excretá-lo em secreções corporais como a saliva, o sêmen e o leite materno. Quando o CMV infecta uma célula, ele causa a formação de corpúsculos de inclusão característicos, que são visíveis ao microscópio. Quando esses corpúsculos ocorrem em pares, eles são conhecidos como "olhos de coruja" e são úteis no diagnóstico. Os corpúsculos de inclusão foram registrados pela primeira vez em 1905 em certas células de crianças recém-nascidas apresentando anormalidades congênitas. As células também se apresentavam dilatadas, condição conhecida como *citomegalia*, a partir da qual o vírus recebeu seu nome. Essa doença do recém-nascido passou a ser chamada de **doença de inclusão citomegálica (DIC)**. Pensava-se originalmente que os corpúsculos de inclusão eram estágios no ciclo de vida de um protozoário, e uma causa viral para a doença não foi proposta até 1925. O CMV não foi isolado até cerca de 30 anos depois.

Nos Estados Unidos, aproximadamente 1 em cada 200 bebês a cada ano nascem apresentando dano sintomático pela DIC, sendo que o mais grave deles inclui deficiência intelectual severa ou perda de audição. Se a infecção primária acontecer antes da concepção, a taxa de transmissão para o feto é inferior a 2%, porém se a infecção primária ocorrer durante a gravidez, a taxa de transmissão é de 40 a 50%. Testes para determinar o estado imune da gestante estão disponíveis, sendo recomendado que os médicos avaliem o estado imune de todas as suas pacientes em idade fértil e as informem sobre os riscos da infecção durante a gravidez. Um fator agravante é que as pacientes que com teste positivo para o CMV antes da concepção podem ainda ser infectadas com uma nova linhagem do CMV e podem transmiti-la para o feto.

Em adultos sadios, a infecção por CMV não causa sintomas ou causa sintomas que se assemelham a um caso leve de mononucleose infecciosa. Já foi postulado que, se o CMV fosse acompanhado por erupções cutâneas, a doença seria uma das enfermidades infantis mais conhecidas. Tendo em vista que aproximadamente 80% da população estadunidense é portadora do vírus, não é surpreendente que o CMV seja um patógeno oportunista comum em pessoas cujo sistema imune esteja comprometido. A Figura 23.19 mostra a prevalência de anticorpos contra o CMV, o vírus Epstein-Barr e o *Toxoplasma gondii*. Em países em desenvolvimento, as taxas de infecção por CMV aproximam-se de 100%. Para as pessoas imunocomprometidas, o CMV é uma causa frequente de pneumonia com risco à vida, porém praticamente qualquer órgão pode ser afetado. Cerca de 85% dos pacientes com Aids exibem uma infecção ocular causada por CMV, a *retinite por citomegalovírus*. Sem tratamento, ela resulta em perda da visão. Para prevenir a transmissão do CMV durante procedimentos de transplante, uma preparação de imunoglobulina contendo uma quantidade padronizada de anticorpos é recomendada. Para o tratamento da doença causada pelo CMV, o ganciclovir é a principal opção. Uma alternativa adequada em caso de desenvolvimento de resistência a esse antiviral é o foscarnete.

O CMV é transmitido principalmente por atividades que resultam em contato com líquidos corporais contendo o vírus, como o beijo, e é muito comum entre crianças em creches. Ele também pode ser transmitido sexualmente, por transfusão de sangue e por tecido transplantado. A transmissão por transfusão de sangue pode ser eliminada pela filtragem dos leucócitos ou por teste sorológico do doador para a detecção do vírus. O tecido transplantado geralmente é testado para o vírus, e produtos que contêm anticorpos para neutralizar o CMV presente no tecido doado estão agora disponíveis. Vacinas estão sendo desenvolvidas, mas nenhuma está disponível atualmente.

Chikungunya

Outra doença tropical atualmente preocupante é a febre **chikungunya**. O nome vem de uma língua africana falada na Tanzânia e significa "aquilo que se curva". Os sintomas são febre alta e dores articulares intensas – principalmente nos punhos, nos dedos e nos tornozelos – que podem persistir por semanas ou meses. Frequentemente, observa-se um exantema e até mesmo bolhas enormes. A taxa de morte é muito baixa. O *Alphavirus chikungunya* (CHIKV) é transmitido pelos mosquitos *Aedes*, principalmente *Aedes aegypti*, que disseminam amplamente a doença na Ásia e na África. Surtos recentes também foram causados pelo mosquito *A. albopictus*. Uma mutação no CHIKV, que é relacionado ao vírus que causa a encefalite equina do oeste (EEO) e a encefalite equina do leste (EEL) (Capítulo 22), adaptou o vírus para a multiplicação nesse inseto. É incerto se existe um reservatório animal. Mais de 1,7 milhão de casos foram notificados em todo o Caribe desde o registro do primeiro caso no Hemisfério Ocidental em 2013. Um surto já foi relatado na Itália, e casos adquiridos localmente ocorreram na Flórida e no Texas, Estados Unidos.* A chikungunya é a doença mais comum adquirida pelos viajantes, e sua transmissão local demonstra como as viagens aéreas modernas contribuem para a emergência de doenças.

A. albopictus também é conhecido como mosquito-tigre-asiático em virtude de suas listras brancas. Bem adaptado aos assentamentos urbanos, ele também sobrevive aos climas frios, e provavelmente se estabelecerá algum dia até mesmo nas regiões do norte dos Estados Unidos e nas regiões costeiras da Escandinávia. Devido ao fato de ser um animal de picada diurna e de extrema voracidade, ele é um sério incômodo para as atividades ao ar livre. O *A. albopictus* é conhecido, até o momento, por transmitir a febre chikungunya e a dengue, doença que será discutida em breve, o que representa uma grande preocupação para os profissionais de saúde.

Febres hemorrágicas virais clássicas

As febres hemorrágicas virais (FHVs) afetam vários sistemas de órgãos e geralmente são acompanhadas por sangramento. A maioria das febres hemorrágicas são doenças zoonóticas que podem ser transmitidas aos humanos pelo contato com um animal infectado. As febres hemorrágicas "clássicas" iniciam com sintomas semelhantes à gripe, contusões e sangramento nas gengivas, depois progridem e causam aumento da permeabilidade dos vasos sanguíneos, o que resulta em perda do volume sanguíneo. As FHVs clássicas são a febre amarela, a doença pelo vírus Ebola, a febre de Lassa e a doença do vírus Marburg.

Febre amarela

Uma FHV clássica comum e grave é a **febre amarela**. O *Orthoflavivirus flavi* é injetado na pele por um mosquito, o *A. aegypti*.

Nos estágios iniciais dos casos graves da doença, a pessoa apresenta febre, calafrios e cefaleia, seguidos de náusea e vômitos. Esse estágio é seguido por icterícia, a cor amarelada da pele que dá o nome à doença. Essa coloração reflete lesão no fígado, que resulta em depósito dos pigmentos da bile na pele e nas membranas mucosas. A taxa de mortalidade da febre amarela é alta, de cerca de 20%.

A febre amarela ainda é endêmica em muitas áreas tropicais, como na América do Sul e na África.** Em um momento, a doença foi considerada endêmica nos Estados Unidos, sendo relatada em regiões do extremo norte, como na Filadélfia. O último caso de febre amarela nos Estados Unidos ocorreu em Louisiana em 1905, durante um surto que resultou em aproximadamente 1.000 mortes. As campanhas de erradicação do mosquito iniciadas pelo cirurgião militar Walter Reed foram eficazes em eliminar a febre amarela nos Estados Unidos.

Os macacos são um reservatório natural para os vírus, mas a transmissão entre seres humanos pode manter a doença.

---

*N. de R.T. O vírus chikungunya (CHIKV) foi introduzido no continente americano em 2013 e ocasionou uma importante epidemia em diversos países da América Central e nas ilhas do Caribe. No segundo semestre de 2014, o Brasil confirmou, por métodos laboratoriais, a presença da doença nos estados do Amapá e da Bahia. Desde então, o vírus causa surtos anuais no país. Em 2024, a taxa de letalidade da febre chikunkunya foi maior que a da dengue no Brasil.

**N. de R.T. Entre 2014 e 2023, foram registrados 2.304 casos de febre amarela em humanos, dos quais 790 chegaram a óbito. No entanto, a febre amarela urbana é considerada erradicada no Brasil desde a década de 1940.

Mudança climática e doenças

Uma doença normalmente encontrada apenas na África e na Ásia se dissemina para as Américas, e autoridades de saúde pública alertam que a mudança climática pode trazer uma onda crescente de doenças transmitidas por vetores para os Estados Unidos.

A chikungunya é uma doença viral com sintomas semelhantes aos da dengue e do vírus Zika. Até recentemente, casos fora da África e da Ásia eram encontrados apenas entre pessoas que haviam viajado para regiões endêmicas. No entanto, em 2013, os primeiros casos autóctones apareceram no Hemisfério Ocidental. Em 2022, mais de 2 milhões de casos foram relatados nas Américas. Nos Estados Unidos, houve mais de 14 casos adquiridos localmente.

Desafio do controle dos mosquitos que transmitem a chikungunya

Não existe vacina disponível, de forma que a melhor maneira de evitar a propagação da chikungunya é o controle vetorial. Os vetores são *A. aegypti*, conhecido como mosquito da febre amarela, e *A. albopictus*, conhecido como mosquito-tigre-asiático. Os mosquitos da febre amarela tendem a viver em regiões tropicais ou subtropicais e também são o principal vetor da dengue. O mosquito-tigre-asiático também pode transmitir a dengue e o vírus do Oeste do Nilo. É uma espécie invasora introduzida nas Américas por meio de contêineres de carga marítima.

Ao contrário de muitos outros mosquitos, as duas espécies que transmitem a chikungunya se alimentam o dia todo, em vez de apenas ao entardecer. O mosquito-tigre-asiático prefere se alimentar em humanos, em vez de em outros animais, e frequentemente vive dentro de edifícios ou muito perto deles.

O mosquito-tigre-asiático está se movendo para o norte e para o leste desde sua introdução em 1987. Atualmente, o limite mais ao norte é Nova Jersey e ao sul é Nova York. Se as temperaturas aumentarem e as chuvas forem mais abundantes em algumas áreas, conforme previsto para o próximo século, o alcance do mosquito-tigre-asiático também aumentará. Um estudo sugere que cerca de 50% das terras no nordeste dos Estados Unidos, onde residem cerca de 30 milhões de pessoas, poderiam se tornar hábitat para o mosquito-tigre-asiático até o ano de 2080. Isso provavelmente facilitará a propagação da chikungunya e de outras doenças agora consideradas tropicais pela maior parte da Costa Leste do país.

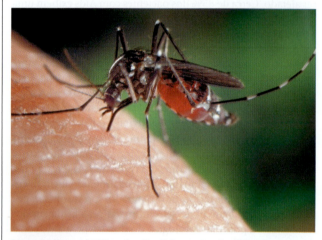

Mosquito-tigre-asiático, *A. albopictus*, vetor de chikungunya, dengue e Zika.

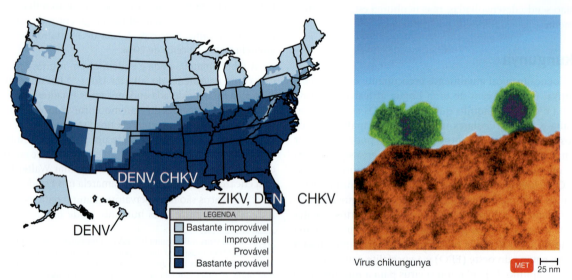

DENV, CHKV

ZIKV, DEN CHKV

DENV

LEGENDA
- Bastante improvável
- Improvável
- Provável
- Bastante provável

Vírus chikungunya

MET | 25 nm

Transmissão local dos vírus chikungunya, dengue e Zika (em junho de 2022). À direita está uma micrografia eletrônica de transmissão (MET) do vírus chikungunya. Vetores (*A. aegypti* e *A. albopictus*) são encontrados ao longo dos Estados Unidos.

Fonte: CDC.

Em busca de novos métodos de controle vetorial

Os esforços tradicionais de controle dos mosquitos se concentram na eliminação das fontes de água parada usadas pelos mosquitos para se reproduzirem, juntamente à pulverização de larvicidas ou inseticidas em áreas propensas ao vetor. Contudo, a eliminação total da água parada é quase impossível, e a redução efetiva requer apoio total da comunidade. Além disso, os inseticidas não funcionam tão bem para os mosquitos-tigre-asiáticos que vivem em ambientes fechados quanto para espécies que vivem em ambientes abertos. Os mosquiteiros podem fornecer alguma proteção dentro de uma casa, mas, como esses mosquitos se alimentam o dia todo, esse método não é muito eficaz no controle dessa espécie.

Alguns métodos de controle

- As tampas de armazenamento de água são revestimentos de madeira de baixo custo que são colocadas em recipientes de armazenamento de água de concreto. Seu uso em uma comunidade na Índia acabou com o principal local de reprodução dos mosquitos-tigre-asiáticos.

- Ovitrampas são recipientes cilíndricos projetados para serem locais atraentes para a postura de ovos. Eles contêm uma malha que evita que mosquitos maduros escapem dos recipientes posteriormente. Algumas ovitrampas também têm pás revestidas com um material pegajoso que prende as fêmeas que põem ovos.

- Os controles biológicos incluem a liberação de copépodes comedores de larvas (um crustáceo), peixes-mosquitos, libélulas e larvas de besouros em áreas de reprodução. Os *"mosquito dunks"*, alguns dos quais contêm a bactéria *Bacillus thuringiensis israelensis*, são blocos de

Os controles biológicos incluem *"mosquito dunks"*, como os mostrados acima, que são colocados em lagoas ou fontes e eliminam larvas.

dissolução lenta que podem ser adicionados a lagoas ou fontes para a eliminação de larvas. Alguns locais liberaram mosquitos machos estéreis geneticamente modificados no ambiente para reduzir o crescimento populacional.

CONCEITOS-CHAVE

- Com a mudança climática, certos insetos que atuam como vetores de doenças podem se espalhar para novas áreas, causando novos surtos à medida que avançam. (**Ver Capítulo 12, "Artrópodes como vetores", e Capítulo 14, "Transmissão de doenças".**)
- O *Bacillus thuringiensis* é usado nos *"mosquito dunks"*, um método de controle de mosquitos. (**Ver Capítulo 11, "Bacillales".**)

Hábitats de mosquitos comuns em torno de sua casa

Piscinas e banheiras de hidromassagem com água parada

Pneus e equipamentos de jardinagem

Brinquedos e piscinas infantis

Fontes para pássaros e barris para coleta de água da chuva

Tampas de lixeiras abertas

Calhas e bueiros entupidos

Torneiras pingando

A eliminação de fontes de água parada é a principal linha de ataque no controle das populações de mosquitos. A ilustração acima mostra fontes comuns de água parada nas residências.

O controle local dos mosquitos e a imunização da população exposta são controles eficazes em áreas urbanas.

O diagnóstico geralmente é feito pelos sinais clínicos, mas pode ser confirmado pelo aumento no título de anticorpos ou pelo isolamento do vírus no sangue. Não há tratamento específico para a febre amarela. A vacina é uma cepa viral viva atenuada e produz uma imunidade muito eficaz.

Dengue e dengue grave

Comparada à febre amarela, a dengue é uma doença similar, porém mais leve, também transmitida pelos mosquitos *A. aegypti*. A doença é endêmica no Caribe e em outras regiões tropicais.* Globalmente, estima-se que 400 milhões de casos ocorrem anualmente em pelo menos 100 países. Os países vizinhos do Caribe estão relatando um aumento no número de casos de dengue. Anualmente, mais de 100 casos são importados para os Estados Unidos, em especial por viajantes do Caribe e da América do Sul. A doença é a principal causa de morte entre as crianças nos países endêmicos. Aparentemente, ela não tem um reservatório animal. Casos de dengue adquiridos localmente na Flórida, no Havaí e no Texas desde 2010 aumentaram a preocupação quanto ao potencial de emergência da dengue nos Estados Unidos. Um vetor secundário eficiente, *A. albopictus*, também se expandiu amplamente em termos de alcance nos últimos anos.

A maioria das infecções pelo vírus da dengue (*Orthoflavivirus denguei*) que causam dengue são assintomáticas, e a doença em si geralmente causa apenas febre baixa. Diz-se que os pacientes que se recuperam sem incidentes graves apresentam **dengue**. No entanto, o paciente pode apresentar uma doença potencialmente fatal caracterizada por hemorragia e

---

*N. de R.T. A dengue é a arbovirose mais importante no Brasil. Surtos cíclicos sazonais de dengue acontecem desde 1984 no país. Em 2024, ocorreu o maior surto da doença na história, com mais de 6 milhões de casos. Os quatro sorotipos virais conhecidos circulam no Brasil.

CASO CLÍNICO

A contagem reduzida de leucócitos de Katie (leucopenia) pode indicar uma infecção viral. Quatro dias depois, Katie retorna ao seu prestador de cuidados primários: suas gengivas estão sangrando e ela não se sente bem. No exame, Katie tem uma temperatura de 37,1 °C, mas agora apresenta uma erupção nas pernas. Quando questionada, Katie explica que a erupção cutânea foi causada pelo ato de coçar as inúmeras picadas de mosquito que ela sofreu enquanto estava em Key West. O médico de Katie não acha que a erupção cutânea seja causada por picadas de mosquito; ele envia uma amostra de soro para um laboratório particular para testes. Anticorpos IgM para dengue são encontrados em seu soro. Depois que o médico de Katie notifica o departamento de saúde pública sobre o resultado do teste, a amostra de soro anterior de Katie, uma amostra de LCS e uma nova amostra de soro são enviadas ao CDC para testes confirmatórios.

O que significa a presença de anticorpos IgM?

Parte 1 Parte 2 **Parte 3** Parte 4 Parte 5

comprometimento de órgãos; essa doença é classificada como **dengue grave** ou **dengue hemorrágica**. A dengue grave ocorre principalmente em pacientes que contraem a segunda infecção por dengue e em bebês que têm imunidade passiva. Parece que os anticorpos contra o vírus aumentam a sua capacidade de penetração nas células, um processo chamado de *intensificação dependente de anticorpos*.

As tentativas de controle da dengue por meio do controle do vetor não foram bem-sucedidas. Desde 2022, a vacina Dengvaxia está disponível para crianças de 9 a 16 anos que vivem em áreas onde a dengue é endêmica.** A vacina protege contra todos os quatro sorotipos do vírus. Ela é administrada a crianças que já tiveram uma infecção anterior por dengue, uma vez que os anticorpos preexistentes podem fazer a primeira infecção resultar em dengue grave.

TESTE SEU CONHECIMENTO

✔ **23-14** Por que o mosquito *Aedes albopictus* representa uma preocupação em particular para as populações de climas temperados?

Febres hemorrágicas virais emergentes

Outras febres hemorrágicas são consideradas novas ou "emergentes". Em 1967, 31 pessoas adoeceram e 7 morreram após contato com alguns macacos africanos que foram importados para a Europa. O vírus apresentava uma morfologia estranha (forma de um filamento [filovírus]) e foi nomeado, devido ao local do surto ocorrido na Alemanha, como *Marburgvirus* (Figura 13.3.b). Os sintomas da infecção por vírus hemorrágicos são inicialmente leves, incluindo cefaleia e dor muscular. Contudo, após alguns dias, a vítima apresenta febre alta, começa a vomitar sangue e a sangrar profusamente, tanto internamente quanto por aberturas externas, como o nariz e os olhos. A morte ocorre após alguns dias em decorrência de falência de órgãos e choque.

Uma febre hemorrágica similar, a **febre de Lassa**, apareceu na África Ocidental em 1969 e foi atribuída a um reservatório roedor. O *Mammarenavirus lassaense*, um arenavírus, está presente na urina do roedor, sendo a fonte das infecções humanas. Os surtos da febre de Lassa mataram milhares de pessoas.

Sete anos após o seu surgimento, surtos na África de outra febre hemorrágica altamente letal foram causados pelo *Ebolavirus*, um filovírus similar ao vírus Marburg (**Figura 23.21**). As paredes dos vasos sanguíneos são danificadas, o vírus interfere na coagulação e ocorre vazamento de sangue no tecido circundante. Chamada de **doença pelo vírus Ebola (DVE)**, o nome de um rio local, essa doença atualmente vem sendo muito divulgada pela mídia e apresenta uma taxa de mortalidade que se aproxima de 90%. O hospedeiro natural para o *Ebolavirus* provavelmente é um morcego frugívoro que vive no interior de cavernas que é usado como alimento e não é afetado pelo vírus que ele carrega. Uma vez que um ser humano é infectado e apresenta hemorragia, a infecção é propagada pelo contato com o sangue e os líquidos corporais e, em muitos casos, pela reutilização de agulhas em pacientes.

**N. de R.T. Uma segunda vacina, a QDENGA, foi recentemente licenciada em todo o mundo.

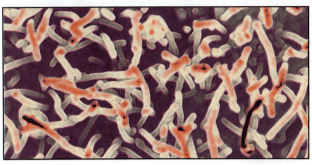

400 nm

Figura 23.21 *Ebolavirus.* Os vírus interferem no sistema de coagulação sanguínea.

P Por que o *Ebolavirus* é chamado de filovírus?

O costume local de lavar o corpo antes do enterro geralmente resulta em novas infecções.

ERVEBO é uma vacina recombinante que consiste no vírus vivo da estomatite vesicular portando uma glicoproteína do *Ebolavirus*. A vacina é eficaz contra o *Orthoebolavirus zairense*. A vacina diminuiu as infecções e as mortes no surto de DVE de 2018-2020 na República Democrática do Congo. A vacina foi usada para vacinar profissionais de saúde e em uma abordagem de anéis de contenção. Um anel de contenção consiste em identificar as pessoas com a infecção, vacinar todos que tiveram contato com os infectados e, então, vacinar as pessoas nas regiões próximas.

A América do Sul apresenta várias febres hemorrágicas causadas por vírus semelhantes ao Lassa (arenavírus) que são mantidos na população de roedores. As **febres hemorrágicas argentina e boliviana** são transmitidas em áreas rurais através do contato com excreções de roedores. Algumas mortes recentes na Califórnia foram atribuídas ao *Mammarenavirus whitewaterense*, um arenavírus que tem como reservatório ratos silvestres nos estados do sudoeste dos Estados Unidos. Esses casos foram os primeiros relatos de doença hemorrágica causada por arenavírus no Hemisfério Norte.

A **síndrome pulmonar por hantavírus**, causada pelo *Orthohantavirus Sin Nombre* (*Orthohantavirus sinnombreense*),* um peribunyavírus, tornou-se bem conhecida nos Estados Unidos devido a diversos surtos, principalmente nos estados do oeste. Ela se manifesta como uma infecção pulmonar frequentemente fatal, na qual os pulmões se enchem de fluidos. O principal tratamento consiste na respiração mecânica; o antiviral ribavirina é recomendado, contudo a sua importância é incerta. De fato, as doenças causadas por *Orthohantavirus* apresentam uma longa história, principalmente na Ásia e na Europa. Ela é mais conhecida nesses locais como **febre hemorrágica com síndrome renal** e afeta principalmente a função renal. Todas essas doenças relacionadas são transmitidas

pela inalação dos vírus a partir da urina e das fezes secas de pequenos roedores infectados.

O quadro **Doenças em foco 23.4** descreve as várias febres hemorrágicas virais.

TESTE SEU CONHECIMENTO

✔ **23-15** Com qual doença o Ebola se parece mais, a febre de Lassa ou a síndrome pulmonar por hantavírus?

Doenças fúngicas dos sistemas cardiovascular e linfoide

OBJETIVO DE APRENDIZAGEM

23-16 Discutir a epidemiologia da s*epse por Candida*.

Quase 20% de todas as infecções que levam à sepse são causadas por fungos. As *Candida* spp. são de longe a causa predominante de sepse fúngica, representando cerca de 90% dos casos de sepse. *Aspergillus* spp. invasivas são responsáveis pelos casos remanescentes.

Sepse por *Candida auris*

Candida spp. são responsáveis por 5% dos casos de sepse e choque séptico. A maioria das infecções é adquirida em instituições de saúde. Em 2021, o CDC alertou as unidades de saúde sobre o surgimento mundial de um fungo invasivo multirresistente, o *Candida auris*, que causa sepse. Os fatores de risco para sepse invasiva por *C. auris* são Covid-19, hospitalização, uso de drogas intravenosas, antibioticoterapia ou sistema imune enfraquecido. *C. auris* é um organismo difícil de identificar pelos sistemas de identificação rápida que usam características fenotípicas como a fermentação de açúcar. Existe um *kit* de PCR aprovado para uso que pode identificar o fungo. A maioria das cepas nos Estados Unidos é suscetível às equinocandinas.

TESTE SEU CONHECIMENTO

✔ **23-16** Quem corre risco de ter sepse por *Candida*?

Doenças protozoóticas dos sistemas cardiovascular e linfoide

OBJETIVOS DE APRENDIZAGEM

23-17 Comparar e diferenciar os agentes causadores, os modos de transmissão, os reservatórios, os sintomas e os tratamentos para doença de Chagas, toxoplasmose, malária, leishmaniose e babesiose.

23-18 Discutir os efeitos globais dessas doenças na saúde humana.

---

*O vírus que causou o surto de hantavírus pulmonar em 1993 na área de Four Corners, no sudoeste dos Estados Unidos (Arizona, Utah, Colorado e Novo México), foi originalmente chamado de vírus Four Corners. As autoridades locais estavam preocupadas com o efeito desse nome no turismo da área e reclamaram. A denominação *Sin Nombre*, espanhol para "sem nome", foi então adotada.

Febres
hemorrágicas virais

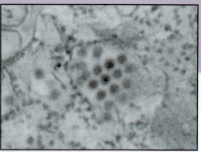

Pequenos vírus observados por microscopia eletrônica nos tecidos de uma paciente. Após o isolamento, eles foram identificados como vírus de RNA de fita simples da família Flaviviridae. MET ⊢100 nm

As febres hemorrágicas virais são endêmicas em países tropicais em que, com exceção da dengue, são encontradas em pequenos mamíferos. No entanto, o aumento das viagens internacionais resultou na importação desses vírus para os Estados Unidos. Não existe tratamento.

A Divisão de Patógenos Especiais do CDC tem instalações de contenção especializadas para confirmar o diagnóstico de febres hemorrágicas virais por sorologia, ácidos nucleicos e culturas de vírus. Use a tabela a seguir para fornecer um diagnóstico diferencial e identificar a causa de uma erupção cutânea e dor articular intensa em uma paciente de 20 anos.

Doença	Patógeno	Porta de entrada	Sinais e sintomas	Reservatório	Modo de transmissão	Prevenção
Febre amarela	*Orthoflavivirus flavi*	Pele	Febre, calafrios, cefaleia; icterícia	Macacos	*Aedes aegypti*	Vacinação; controle do mosquito
Dengue	*Orthoflavivirus denguei*	Pele	Febre, dor muscular e articular, exantema	Seres humanos	*Aedes aegypti; A. albopictus*	Vacinação; controle do mosquito
Febres hemorrágicas virais emergentes (Marburg, Ebola, Lassa)	*Marburgvirus, Ebolavirus, Mammarenavirus*	Membranas mucosas	Sangramento profuso	Possivelmente morcegos frugívoros e outros mamíferos pequenos	Contato com sangue contaminado	Vacinação; controle do mosquito
Síndrome pulmonar por hantavírus	*Orthohantavirus (Orthohantavirus sinnombreense)*	Trato respiratório	Pneumonia	Camundongos silvestres	Inalação	Nenhuma

Os protozoários que causam as doenças dos sistemas cardiovascular e linfoide geralmente apresentam ciclos de vida complexos, e sua presença pode afetar gravemente os hospedeiros humanos.

Doença de Chagas (tripanossomíase americana)

A **doença de Chagas**, também conhecida como **tripanossomíase americana**, é uma doença protozoótica do sistema cardiovascular. O agente causador é o *Trypanosoma cruzi*, um protozoário flagelado (**Figura 23.22**). O protozoário foi descoberto em seu inseto vetor pelo microbiologista brasileiro Carlos Chagas em 1910. A doença é endêmica na América Central e em regiões da América do Sul, onde infecta cronicamente um número estimado de 8 milhões de pessoas, matando cerca de 50 mil indivíduos a cada ano. Ela foi introduzida nos Estados Unidos pela migração da população. Em 2006, os bancos de sangue começaram a rastrear a doença.

São reservatórios para o *T. cruzi* diversos animais selvagens, incluindo roedores, gambás e tatus. O artrópode vetor é o inseto reduvídeo *Triatoma* spp., chamado de barbeiro, uma vez que geralmente pica o rosto das pessoas (ver Figura 12.32d). Os insetos vivem em rachaduras e fendas de choupanas de barro ou pedra que têm telhados de sapê. Um estudo recente sobre os insetos reduvídeos, realizado no estado do Arizona, nos Estados Unidos, demonstrou que 40% desses insetos na região de Tucson abrigam o parasita. A abrangência desse inseto pode se estender ao norte, até Illinois. Os tripanossomas, que crescem no intestino do inseto, são transmitidos se ele defecar enquanto se alimenta. O ser humano ou o animal picado geralmente esfrega as fezes do inseto no ferimento ou em outras abrasões da pele durante o ato de coçar, ou dentro do olho ao esfregá-lo. A infecção progride em estágios. O estágio agudo, caracterizado por febre e glândulas inchadas que duram algumas semanas, pode não causar alarme. Entretanto, 20 a 30% das pessoas infectadas desenvolverão uma forma crônica da doença – em alguns casos, 20 anos mais tarde. Danos aos nervos que controlam as contrações peristálticas do esôfago ou do cólon podem impedir o transporte do alimento. Isso provoca uma dilatação nesses órgãos, condições conhecidas como *megaesôfago* e *megacólon*. A maioria das mortes é causada por dano ao coração, que ocorre em cerca de 40% dos casos crônicos. A gestação durante o estágio crônico pode resultar em infecções congênitas.

O diagnóstico em áreas endêmicas geralmente é baseado nos sintomas. Na fase aguda, os tripanossomas algumas vezes podem ser detectados nas amostras de sangue. Durante a fase crônica, esses parasitas são indetectáveis – embora os pacientes possam transmitir a infecção por transfusões, transplantes e de forma congênita. O diagnóstico da doença crônica depende dos testes sorológicos, os quais não são muito sensíveis ou específicos. Duas ou três amostragens repetidas podem ser necessárias.

MEV ⊢————⊣ 2,5 μm

Figura 23.22 *Trypanosoma cruzi*, **causa da doença de Chagas (tripanossomíase americana).** O tripanossoma apresenta uma membrana ondulante; o flagelo segue a margem mais externa da membrana e, então, projeta-se além do corpo do tripanossoma como um flagelo livre. Observe as hemácias na fotografia.

P Cite uma tripanossomíase comum que ocorre em outra região do mundo. (*Dica:* ela foi discutida no Capítulo 22.)

O tratamento da doença de Chagas é muito difícil quando os estágios crônicos progressivos são atingidos. O tripanossoma se multiplica intracelularmente, sendo difícil de atingi-lo com quimioterapia. Os únicos fármacos disponíveis atualmente são o nifurtimox e o benzonidazol, derivados de triazóis (ver Capítulo 20). A terapia com benzonidazol elimina a infecção em cerca de 60% das crianças infectadas e é menos tóxica que o nifurtimox. Esses fármacos são efetivos apenas durante a fase aguda precoce, quando poucas pessoas percebem que estão infectadas, e devem ser administrados por um período prolongado, de 30 a 60 dias. Nenhum dos fármacos é eficaz durante o estágio crônico; ambos também apresentam efeitos adversos graves.

Toxoplasmose

A **toxoplasmose**, uma doença dos vasos sanguíneos e linfáticos, é causada pelo protozoário *Toxoplasma gondii*. *T. gondii* é um protozoário formador de esporos, assim como o parasita da malária.

Os gatos são uma parte essencial do ciclo de vida do *T. gondii* (**Figura 23.23**). Testes aleatórios em gatos urbanos mostraram que um grande número deles está infectado com o organismo, que não causa uma doença aparente no gato. (Uma curiosidade da infecção em roedores é que ela aparentemente faz os animais perderem o seu comportamento normal de

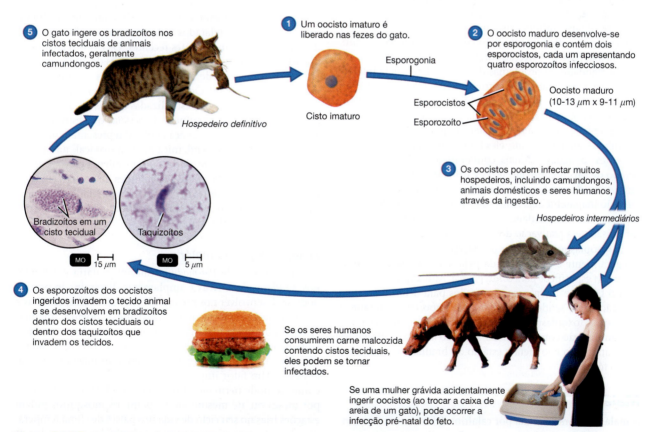

Figura 23.23 **Ciclo de vida de** *Toxoplasma gondii*, **a causa da toxoplasmose.** O gato doméstico é o hospedeiro definitivo, no qual os protozoários se reproduzem sexuadamente.

P Como os seres humanos contraem a toxoplasmose?

evitar os gatos, aumentando a probabilidade de serem capturados e, assim, infectar o gato.) O micróbio passa pela sua única fase sexuada no intestino delgado do gato. Milhões de oocistos são, então, liberados nas fezes do animal por 7 a 21 dias e contaminam o alimento ou a água, que podem ser ingeridos por outros animais. Os *oocistos* contêm *esporozoítos* que invadem as células do hospedeiro e formam trofozoítos, chamados *taquizoítos* (do tamanho aproximado de uma grande bactéria, $2 \times 7\mu m$). O parasita intracelular se reproduz rapidamente (*tachys* é uma palavra grega para rápido). Os números elevados causam a ruptura da célula hospedeira e a liberação de mais taquizoítos, resultando em uma forte resposta inflamatória.

À medida que a resposta imune se torna cada vez mais eficaz, a doença entra na fase crônica em animais e seres humanos; a célula hospedeira infectada desenvolve uma parede para formar um *cisto tecidual*. Os inúmeros parasitas dentro do cisto (nesse estágio chamados de *bradizoítos; bradi* vem do grego para lento) se reproduzem muito lentamente e, quando o fazem, persistem por anos, principalmente no cérebro. Esses cistos são infecciosos quando ingeridos pelos hospedeiros intermediários ou definitivos.

Em pessoas com um sistema imune sadio, a toxoplasmose resulta apenas em sintomas muito leves ou é assintomática. Aproximadamente 22,5% da população estadunidense, mesmo sem saber disso, já foi infectada pelo *T. gondii* (ver Figura 23.19). Os seres humanos geralmente adquirem a infecção pela ingestão de carnes malcozidas contendo taquizoítos ou cistos teciduais, embora exista uma possibilidade de adquirir a doença mais diretamente pelo contato com fezes de gato. O principal risco é a infecção congênita do feto, resultando em natimortalidade ou problemas de visão e deficiência intelectual grave. Esse dano fetal ocorre somente quando a infecção inicial é adquirida durante a gravidez. O problema também afeta a vida selvagem. Ao longo da costa da Califórnia, uma encefalite fatal causada por *T. gondii* surgiu em lontras e leões marinhos – aparentemente, eles foram infectados por oocistos presentes nas águas residuais, contaminadas pelo conteúdo liberado de caixas contendo fezes e urina de gatos. A perda da função imune, sendo a Aids o melhor exemplo, permite que a infecção inaparente seja reativada a partir dos cistos teciduais. Ela geralmente causa dano neurológico grave e pode prejudicar a visão pela reativação dos cistos teciduais nos olhos.

A toxoplasmose pode ser detectada por testes sorológicos. Ela geralmente é diagnosticada pela detecção de anticorpos IgG e IgM específicos para o *Toxoplasma*. Anticorpos IgM e PCR para o DNA de *Toxoplasma* são usados para determinar uma infecção atual, sendo particularmente importantes durante a gravidez. A toxoplasmose pode ser tratada com pirimetamina em combinação com sulfadiazina e ácido folínico. Entretanto, esse tratamento não afeta o estágio do bradizoíto crônico e é muito tóxico.

Malária

A **malária** é caracterizada por calafrios, febre e, com frequência, por vômito e cefaleia intensa. Esses sintomas aparecem geralmente em intervalos de 2 a 3 dias, alternando-se com

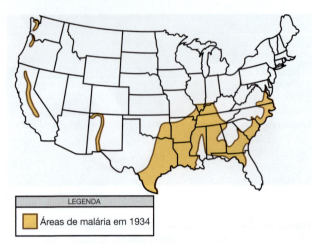

Figura 23.24 Malária nos Estados Unidos.

P Se a malária foi eliminada nos Estados Unidos em 1949, por que 1.500 casos ocorrem anualmente?

períodos assintomáticos. A malária ocorre em locais que o mosquito vetor *Anopheles* é encontrado e onde houver hospedeiros humanos para o protozoário *Plasmodium*.

A doença já foi disseminada nos Estados Unidos (**Figura 23.24**), mas o controle eficaz dos mosquitos e a redução do número de portadores humanos resultaram na eliminação da doença em 1949. Desde então, aproximadamente 1.500 casos de malária são relatados todos os anos nos Estados Unidos, quase todos em viajantes recentes. Os casos relatados de malária atingiram um máximo em 40 anos de 1925 em 2011. Houve quatro surtos de malária transmitida localmente por mosquitos desde 2000. Ocasionalmente, a doença é transmitida através de seringas não esterilizadas usadas por usuários de drogas. Transfusões sanguíneas de pessoas que estiveram em áreas endêmicas para a doença também representam um risco potencial. A malária é endêmica na Ásia tropical, na África e na América Latina, onde ainda é um problema grave. Estima-se que a malária afete quase 250 milhões de pessoas em todo o mundo e cause mais de 600.000 mortes, metade delas entre crianças, anualmente. Noventa por cento da mortalidade por malária ocorre na África.

Fisiopatologia da malária

Quatro espécies de *Plasmodium* causam malária em humanos. O *Plasmodium vivax* é amplamente disseminado porque pode se desenvolver nos mosquitos em baixas temperaturas e é responsável pela forma mais prevalente da doença. Algumas vezes denominada malária "benigna", o ciclo de paroxismos (intensificações recorrentes dos sintomas) ocorre a cada 2 dias, e os pacientes geralmente sobrevivem mesmo sem tratamento. Um fator importante no ciclo de vida do *P. vivax* é que ele pode permanecer dormente no fígado do paciente por meses ou até mesmo anos. Assim, os mosquitos pulam estações frias no seu ciclo de vida nos países de clima temperado, obtendo uma oferta contínua de indivíduos infectados. *P. ovale* e *P. malariae* também causam uma malária relativamente

CASO CLÍNICO

Os anticorpos IgM são os primeiros anticorpos produzidos em resposta a uma infecção, e eles apresentam uma vida relativamente curta. Portanto, a sua presença indica uma infecção em curso. Os técnicos do CDC descobrem que ambas as amostras de soro de Katie são positivas para anticorpos IgM contra a dengue. O vírus da dengue sorotipo 1 (DENV-1) é detectado por transcrição reversa seguida de PCR a partir da amostra de LCS de Katie. O departamento de saúde entrevista Katie 2 semanas após ela ter relatado seus sintomas iniciais. Desde então, Katie tem apresentado uma melhora gradual em seu estado de saúde e hoje está quase completamente recuperada.

Como a dengue é transmitida?

Parte 1   Parte 2   Parte 3   **Parte 4**   Parte 5

benigna, mas, mesmo assim, as vítimas perdem energia. Esses dois últimos tipos de malária têm incidência menor e são mais restritos geograficamente.

A malária mais perigosa é a causada pelo *P. falciparum*. Talvez uma razão para a virulência desse tipo de malária seja que os seres humanos e o parasita tiveram pouco tempo para se adaptar um ao outro. Acredita-se que os seres humanos tenham sido expostos a esse parasita (pelo contato com aves) apenas recentemente. Referida como malária "maligna", se não tratada ela mata cerca de metade dos infectados. As taxas de mortalidade mais altas ocorrem em crianças. Mais hemácias são infectadas e destruídas nessa forma de malária do que em outras. A anemia resultante enfraquece gravemente a vítima. Além disso, as hemácias desenvolvem nódulos de superfície (**Figura 23.25a**) que as prendem às paredes dos capilares sanguíneos, que se tornam obstruídos. Essa obstrução impede que as hemácias infectadas alcancem o baço, onde células fagocíticas as eliminariam. Os capilares bloqueados e a perda subsequente do suprimento sanguíneo levam à morte dos tecidos. Danos aos rins e ao fígado são causados dessa maneira. O cérebro muitas vezes é afetado, e o *P. falciparum* é a causa comum da malária cerebral.

A malária e seus sintomas estão intimamente relacionados ao ciclo reprodutivo complexo do protozoário (ver Figura 12.20). A infecção é iniciada pela picada de um mosquito, que porta o estágio de *esporozoíto* do protozoário *Plasmodium* em sua saliva. Cerca de 300 a 500 esporozoítos entram na corrente sanguínea do ser humano picado e, dentro de aproximadamente 30 minutos, penetram nas células do fígado. Os esporozoítos nas células do fígado sofrem *esquizogonia* reprodutiva por meio de uma série de etapas, que, por fim, resultam na liberação de cerca de 30 mil *merozoítos* na corrente sanguínea.

Os merozoítos infectam as hemácias. No interior das hemácias, eles sofrem novamente esquizogonia, e, após cerca de 48 horas, as hemácias rompem-se e cada uma libera cerca de 20 novos merozoítos. O diagnóstico laboratorial da malária frequentemente é realizado pela análise de um esfregaço sanguíneo (Figura 23.25b) para a detecção de hemácias infectadas. Com a liberação dos merozoítos há também uma liberação simultânea de compostos tóxicos, que causam os paroxismos de calafrios e febre característicos da malária. A febre atinge 40 °C, e um estágio de sudorese inicia à medida que a febre declina. Entre os paroxismos, o paciente sente-se normal.

Muitos dos merozoítos liberados infectam outras hemácias dentro de poucos segundos para renovar o ciclo na corrente sanguínea. Se apenas 1% das hemácias contiver os parasitas, estima-se que cerca de 100 bilhões de parasitas estarão na circulação de uma só vez em um paciente típico com malária.

Alguns dos merozoítos se desenvolvem em *gametócitos* machos ou fêmeas. Quando eles entram no trato digestório de um mosquito que esteja se alimentando, passam por um ciclo sexuado que produz novos esporozoítos infectantes. Foi necessário associar os trabalhos de várias gerações de cientistas para desvendar esse ciclo de vida complexo do parasita da malária.

As pessoas que sobrevivem à doença adquirem imunidade limitada. Embora possam ser reinfectadas, elas tendem a apresentar uma forma menos grave da doença. Essa imunidade relativa quase desaparece se a pessoa deixar uma área endêmica com suas reinfecções periódicas. A malária é especialmente perigosa durante a gravidez devido à diminuição das células T

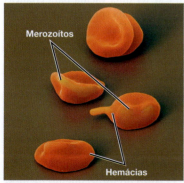
(a) Merozoítos sendo liberados das hemácias lisadas. MEV ⊢ 2 μm

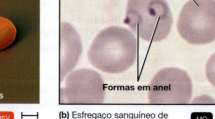
(b) Esfregaço sanguíneo de uma amostra de malária; observe as formas em anel. MO ⊢ 2 μm

Figura 23.25 Malária. (a) Algumas das hemácias estão sofrendo lise e liberando merozoítos, que infectarão novas hemácias. **(b)** Esfregaços sanguíneos são usados para o diagnóstico da malária. Nos estágios iniciais, o protozoário que está se alimentando se assemelha a um anel dentro da hemácia. A área central clara dentro do anel circular é o vacúolo alimentar do protozoário, e a mancha preta no anel é o núcleo.

P Observe o ciclo de vida do parasita da malária na Figura 12.20. Qual dos estágios, (a) ou (b), ocorre primeiro?

CD4+ e CD8+ e porque o novo órgão (placenta) fornece outro local para a multiplicação do parasita.

Diagnóstico da malária

O teste diagnóstico mais comum para a malária é o esfregaço sanguíneo, que requer um microscópio. Esse método também é demorado e requer habilidade para sua interpretação. Além disso, é considerado o "padrão-ouro" para o diagnóstico da doença quando um grupo de profissionais técnicos treinados se encontra disponível para avaliação. Foram desenvolvidos testes diagnósticos rápidos de detecção de antígeno, que podem ser realizados por profissionais com treinamento mínimo, mas eles são relativamente dispendiosos. Testes diagnósticos rápidos de alta qualidade que sejam acessíveis e que possam ser realizados de forma confiável em condições de campo são urgentemente necessários. Em áreas endêmicas, a malária é comumente diagnosticada pela simples observação dos sintomas, principalmente febre, mas essa prática com frequência leva a um diagnóstico incorreto. Descobriu-se que apenas cerca da metade dos pacientes a quem foram prescritos fármacos antimaláricos de fato apresentavam a doença.

Profilaxia e tratamento da malária

Os fármacos antimaláricos podem ser considerados de duas formas: para a profilaxia (prevenção) ou para o tratamento.

Profilaxia A cloroquina é o fármaco de escolha para os indivíduos que viajam para as poucas áreas endêmicas onde o *Plasmodium* ainda é sensível ao fármaco. Em áreas resistentes à cloroquina, a atovaquona é a mais tolerada. Para os que viajam a áreas de malária geralmente é prescrita a mefloquina, que requer apenas uma dosagem semanal, mas os usuários devem ser advertidos sobre os efeitos colaterais graves. Esses efeitos incluem tontura e perda de equilíbrio que podem se tornar permanentes. Alguns dos sintomas psiquiátricos, como depressão e alucinações, podem persistir por anos, mesmo após a interrupção do fármaco.

Terapia Existe uma lista enorme de fármacos antimaláricos disponíveis; as recomendações e as necessidades variam de acordo com o custo, a probabilidade de desenvolvimento de resistência e outros fatores. Nos Estados Unidos, se a espécie não puder ser identificada, deve-se assumir que o paciente esteja infectado com *P. falciparum*. Se o paciente é de uma área ainda sensível à cloroquina, esse é o fármaco de escolha; para pacientes de zonas resistentes à cloroquina, existem várias opções. Os dois preferidos atualmente são o artesunato e o arteméter.

A Organização Mundial da Saúde (OMS) recomenda as terapias de combinação de artemisinina (TCAs) para o tratamento da malária em todo o mundo. A TCA consiste em um derivado semissintético da artemisinina e um fármaco de ação mais prolongada, como a mefloquina. As TCAs não são utilizadas para profilaxia. O artesunato é a única artemisinina aprovada para uso nos Estados Unidos. O componente da TCA artemisinina, que apresenta curta duração, destina-se a remover a maior parte dos parasitas; o fármaco parceiro, com um período de atividade prolongado, destina-se a eliminar o restante.

Como outras doenças tropicais, a disponibilidade de fármacos é limitada pela baixa renda da maioria das pessoas afetadas, o que torna o desenvolvimento de fármacos pouco lucrativo. A aplicação mais rentável dos fármacos antimaláricos provavelmente continuará a ser a profilaxia dos viajantes para as áreas com malária.

Vacinas contra a malária

Como discutido anteriormente, o parasita da malária se reproduz em uma série de estágios. Os parasitas que poderiam ser alvos para uma vacina variam amplamente nesses estágios. O estágio de esporozoíto envolve poucos patógenos e foi um dos primeiros alvos para vacinas experimentais. Por outro lado, no estágio hepático, a vacina precisaria eliminar centenas de patógenos. Uma vez que o parasita começa a se proliferar no sangue, os números rapidamente chegam a trilhões. As vacinas que têm como alvo esse estágio provavelmente serão capazes apenas de abrandar os sintomas. Um conceito intrigante no desenvolvimento de vacinas é a *vacina de bloqueio de transmissão*. A ideia é utilizar o hospedeiro humano para a geração de anticorpos e transferi-los para o mosquito infectado. No mosquito, em vez de lidar com trilhões de parasitas, a vacina precisaria tratar apenas da quantidade relativamente pequena presente no inseto. Obviamente, a desvantagem é que os próprios receptores da vacina não estarão protegidos da malária, embora a vacinação generalizada reduza a probabilidade de transmissão a outras pessoas.

Há tempos que grandes quantidades de recursos financeiros e materiais estão sendo direcionados para o desenvolvimento de uma vacina eficaz contra a malária. Uma vacina verdadeiramente global para a malária teria de controlar não somente o *P. falciparum*, mas também o disseminado, embora mais brando, *P. vivax*. Existem alguns problemas específicos relacionados ao desenvolvimento de uma vacina desse tipo. Por exemplo, em seus vários estágios, o patógeno tem cerca de 7 mil genes que podem sofrer mutação. O resultado é que o parasita é muito eficaz em escapar da resposta imune humana.

Atualmente, a OMS recomenda a nova vacina Mosquirix para crianças (6 semanas a 17 meses) na África Subsaariana, onde *P. falciparum* é comum. Mosquirix consiste em proteínas de superfície do esporozoíto de *P. falciparum* fusionadas às proteínas do vírus da hepatite B. A vacina oferece alguma proteção contra a hepatite B, mas essa não é a sua finalidade principal. O objetivo final é se ter uma vacina para crianças que proteja contra todas as *Plasmodium* spp. e induza imunidade por mais de 1 ano.

Outros esforços de prevenção

O controle efetivo da malária ainda não foi obtido. Ele provavelmente exigirá uma combinação de controle do vetor e abordagens quimioterápicas e imunológicas.

Atualmente, o método de controle mais promissor é o uso de mosquiteiros tratados com inseticida, uma vez que o mosquito *Anopheles* se alimenta à noite. Nas áreas com malária, um quarto geralmente conterá centenas de mosquitos, 1 a 5% dos quais são infecciosos. O custo do fornecimento de mosquiteiros e a necessidade de uma organização política eficaz nas zonas de malária são grandes desafios; superá-los pode ser tão importante no controle da doença quanto os avanços na pesquisa médica.

Leishmaniose

A **leishmaniose** é uma doença complexa e disseminada que exibe diversas formas clínicas. Os patógenos protozoários constituem cerca de 20 espécies de *Leishmania*, geralmente categorizadas em três grupos, descritos a seguir. A leishmaniose é transmitida pela picada dos flebotomíneos fêmeas, dos quais cerca de 30 espécies são encontradas em grande parte do mundo tropical e em torno do Mediterrâneo. Esses insetos são menores que os mosquitos e, em geral, penetram a malha das telas de proteção comuns. Pequenos mamíferos são reservatórios naturais dos protozoários. A forma infecciosa, a *promastigota*, é encontrada na saliva do inseto. Ela perde seu flagelo quando penetra na pele do mamífero vítima, tornando-se uma *amastigota* que se prolifera nas células fagocíticas, principalmente em locais fixos no tecido. Essas amastigotas são, então, ingeridas durante o repasto dos flebotomíneos, renovando o ciclo. O contato com sangue contaminado de transfusões ou agulhas compartilhadas também pode resultar em infecção.

A leishmaniose visceral emergiu como uma importante infecção oportunista associada ao HIV. No Sul da Europa, até 70% dos casos de leishmaniose visceral em adultos estão associados à infecção pelo HIV.

Infecção por *Leishmania donovani* (leishmaniose visceral)

A infecção por *Leishmania donovani* ocorre em grande parte das regiões tropicais, embora 90% dos casos ocorram na Índia, Etiópia, Somália, Sudão do Sul, Sudão e Brasil. Estima-se que ocorram cerca de meio milhão de casos por ano. A leishmaniose visceral costuma ser fatal. Os sintomas iniciais, após uma infecção de até 1 ano, assemelham-se aos calafrios e à sudorese da malária. À medida que o protozoário se prolifera no fígado e no baço, esses órgãos aumentam muito de tamanho. Por fim, os rins também são infectados, e a função renal é perdida. Essa é uma doença debilitante que, se não tratada, resulta em morte em 1 ou 2 anos.

Vários testes sorológicos de baixo custo e de fácil utilização foram desenvolvidos para o diagnóstico da leishmaniose visceral. Eles geralmente substituem o exame microscópico do sangue e dos tecidos para a detecção do parasita. Os testes de PCR são úteis para a confirmação do diagnóstico, mas geralmente requerem um laboratório central.

O tratamento de primeira linha na Europa e nos Estados Unidos é a anfotericina B lipossomal, porém ela é relativamente dispendiosa para os países endêmicos. Em muitas dessas áreas, formulações convencionais de anfotericina B ou antimoniato de meglumina, que contém o metal tóxico antimônio, estão em uso. O primeiro fármaco oral efetivo é a miltefosina. Ela demonstrou alta taxa de cura (82%), porém é teratogênica, apresenta rápido desenvolvimento de resistência e é tóxica para um número significativo de usuários. Um antibiótico aminoglicosídeo injetável de baixo custo, a paromomicina, demonstrou uma boa eficácia.

Infecção por *Leishmania tropica* (leishmaniose cutânea)

As infecções por *Leishmania tropica* e *L. major* causam uma forma cutânea de leishmaniose. Uma pápula aparece no local

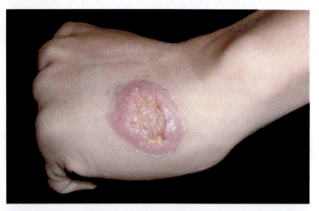

Figura 23.26 Leishmaniose cutânea. Lesão no dorso da mão de um paciente.

P É provável que este caso progrida para leishmaniose visceral?

da picada após algumas semanas de incubação (**Figura 23.26**). A pápula ulcera e, depois de curada, deixa uma cicatriz proeminente. Essa forma da doença é a mais comum, sendo encontrada em grande parte da Ásia, na África e na região do Mediterrâneo. Ela já foi relatada na América Latina; desde 2000, casos adquiridos localmente ocorreram no Texas e em Oklahoma, nos Estados Unidos.

Infecção por *Leishmania braziliensis* (leishmaniose mucocutânea)

A infecção por *Leishmania braziliensis* é conhecida como leishmaniose mucocutânea, uma vez que afeta as membranas mucosas, bem como a pele. A doença causa destruição desfigurante dos tecidos do nariz, da boca e da parte superior da garganta. Essa forma de leishmaniose é mais encontrada na Península de Yucatán, no México, e nas áreas de floresta tropical da América do Sul e da América Central. Em geral, afeta trabalhadores que fazem a colheita da goma usada para a fabricação de chiclete. Essa doença geralmente é chamada de *leishmaniose americana*.

O diagnóstico das leishmanioses cutânea e mucocutânea nas áreas onde elas são endêmicas geralmente depende da aparência clínica e do exame microscópico dos raspados das lesões.

Casos leves de doenças cutâneas e mucocutâneas geralmente acabam se resolvendo sem tratamento.

Babesiose

Houve um aumento no número de casos de **babesiose**, doença transmitida por carrapatos que antigamente se acreditava ser restrita aos animais. Atualmente, ela é uma doença de notificação mandatória. Os roedores são o reservatório na natureza; os carrapatos vetores são mais comumente espécies de *Ixodes*. O campo da entomologia médica surgiu, em grande parte, em decorrência das investigações do microbiologista americano Theobald Smith no século XIX sobre a babesiose bovina, ou febre do carrapato, no gado do Texas. A doença humana nos Estados Unidos é causada por um protozoário,

Infecções
transmitidas pelo solo e pela água

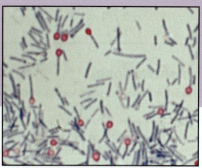

Bactéria corada pelo Gram oriunda 2,5 μm
do dedo do pé do paciente.

Poucas infecções sistêmicas são adquiridas pelo contato com o solo e a água. Os patógenos geralmente entram por uma ruptura na pele. Por exemplo, um homem de 65 anos com má circulação nas pernas desenvolveu uma infecção após machucar um dos dedos do pé. O tecido morto reduziu ainda mais a circulação, exigindo a amputação de dois dedos do pé. Utilize a tabela a seguir para fornecer um diagnóstico diferencial e identificar as infecções que poderiam causar esses sintomas.

Doença	Patógeno	Sinais e sintomas	Reservatório	Modo de transmissão	Tratamento
DOENÇA BACTERIANA					
Gangrena	*Clostridium perfringens*	Tecido morto no local da infecção	Solo	Ferimento por perfuração	Remoção cirúrgica do tecido necrosado
DOENÇA HELMÍNTICA					
Esquistossomose	*Schistosoma* spp.	Inflamação e dano tecidual no local dos granulomas (p. ex., fígado, pulmões, bexiga)	Hospedeiro definitivo (mamíferos)	Cercárias penetram na pele	Praziquantel. Prevenção: saneamento; eliminação do caramujo hospedeiro

geralmente *Babesia microti*. A doença se assemelha à malária em alguns aspectos e já foi confundida com ela. Os parasitas se replicam nas hemácias e causam uma doença prolongada, caracterizada por febre, calafrios e sudorese noturna. Ela pode ser muito mais grave, algumas vezes fatal, em pacientes imunocomprometidos. Por exemplo, os primeiros casos humanos foram observados em pessoas que se submeteram à esplenectomia (remoção do baço). O tratamento simultâneo com os fármacos atovaquona e azitromicina tem sido eficaz.

TESTE SEU CONHECIMENTO

✔ **23-17** Que doença transmissível por carrapatos nos Estados Unidos é muitas vezes confundida com a malária durante a análise de esfregaços sanguíneos?

✔ **23-18** A eliminação de qual destas doenças, malária ou doença de Chagas, causaria maiores efeitos no bem-estar da população africana?

Doenças helmínticas dos sistemas cardiovascular e linfoide

OBJETIVO DE APRENDIZAGEM

23-19 Esquematizar o ciclo de vida do *Schistosoma* e demonstrar onde o ciclo pode ser interrompido para impedir a doença humana.

Muitos helmintos usam o sistema cardiovascular como parte de seu ciclo de vida. Os esquistossomos encontram um abrigo nesse sistema, liberando ovos que são distribuídos na corrente sanguínea. Ver **Doenças em foco 23.5**.

Esquistossomose

A **esquistossomose** é uma doença debilitante causada por um pequeno verme. Ela provavelmente perde apenas para a malária em relação ao número de óbitos ou de pessoas incapacitadas. Os sintomas da doença resultam dos ovos que os esquistossomos adultos liberam no hospedeiro humano. Esses helmintos adultos têm cerca de 15 a 20 mm de comprimento, e a fêmea delgada vive permanentemente em um sulco no corpo do macho, de onde se deriva o nome: *esquistossomo*, ou "corpo dividido" (**Figura 23.27a**). A união entre o macho e a fêmea produz um suprimento contínuo de novos ovos. Alguns desses ovos se alojam nos tecidos. As reações de defesa do hospedeiro humano a esses corpos exógenos causam danos teciduais locais chamados de **granulomas** (**Figura 23.28**). Outros ovos são excretados e entram na água para dar continuidade ao ciclo.

O ciclo de vida do *Schistosoma* é mostrado na Figura 23.27b. A doença é disseminada pelas fezes ou pela urina de seres humanos portadores dos ovos do esquistossomo, que penetram nos suprimentos de água, com os quais os seres humanos entram em contato. Nos países desenvolvidos, o tratamento da água e do esgoto minimiza a contaminação do suprimento de água. Além disso, caramujos de certas espécies são essenciais para um estágio do ciclo de vida dos esquistossomos. Eles produzem as cercárias que penetram na pele

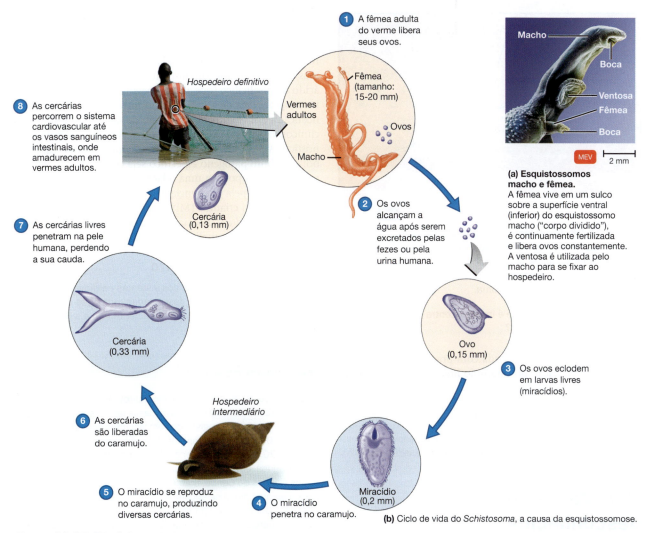

① A fêmea adulta do verme libera seus ovos.

Fêmea (tamanho: 15-20 mm)

Vermes adultos

Ovos

Macho

⑧ As cercárias percorrem o sistema cardiovascular até os vasos sanguíneos intestinais, onde amadurecem em vermes adultos.

Hospedeiro definitivo

Cercária (0,13 mm)

② Os ovos alcançam a água após serem excretados pelas fezes ou pela urina humana.

⑦ As cercárias livres penetram na pele humana, perdendo a sua cauda.

Cercária (0,33 mm)

Ovo (0,15 mm)

③ Os ovos eclodem em larvas livres (miracídios).

Hospedeiro intermediário

⑥ As cercárias são liberadas do caramujo.

⑤ O miracídio se reproduz no caramujo, produzindo diversas cercárias.

④ O miracídio penetra no caramujo.

Miracídio (0,2 mm)

Macho

Boca

Ventosa
Fêmea

Boca

MEV   2 mm

(a) Esquistossomos macho e fêmea.
A fêmea vive em um sulco sobre a superfície ventral (inferior) do esquistossomo macho ("corpo dividido"), é continuamente fertilizada e libera ovos constantemente. A ventosa é utilizada pelo macho para se fixar ao hospedeiro.

(b) Ciclo de vida do *Schistosoma*, a causa da esquistossomose.

Figura 23.27 Esquistossomose.

P Qual é o papel do saneamento e dos caramujos na manutenção da esquistossomose em uma população?

humana no momento em que a pessoa entra em contato com a água contaminada. Na maioria das regiões dos Estados Unidos, um caramujo hospedeiro adequado não se encontra presente. Portanto, embora estime-se que os ovos do esquistossomo estejam sendo liberados por muitos imigrantes, a doença não está sendo propagada.

Existem dois tipos principais de esquistossomose. A doença causada pelo *Schistosoma haematobium*, muitas vezes chamada de esquistossomose urinária, resulta na inflamação da parede da bexiga. De forma semelhante, *S. haematobium*, *S. japonicum* e *S. mansoni* causam inflamação intestinal. Dependendo da espécie, a esquistossomose pode causar danos a vários órgãos diferentes quando os ovos migram pela corrente sanguínea para diferentes locais – por exemplo, danos ao fígado ou aos pulmões, câncer da bexiga, ou, quando os ovos se alojam no cérebro, sintomas neurológicos. Geograficamente, *S. japonicum* é encontrado no Leste Asiático. *S. haematobium* infecta muitas pessoas por toda a África e no Oriente Médio, principalmente no Egito. *S. mansoni* tem distribuição similar, mas também é endêmico na América do Sul e no Caribe, inclusive em Porto Rico. Calcula-se que mais de 250 milhões de pessoas no mundo estejam infectadas.

Os vermes adultos não parecem ser afetados pelo sistema imune do hospedeiro. Aparentemente, eles rapidamente se recobrem com uma camada que mimetiza os tecidos do hospedeiro.

O diagnóstico laboratorial consiste na identificação microscópica dos vermes ou de seus ovos nas amostras de fezes ou urina, testes intradérmicos e sorológicos, como a fixação do complemento, e testes de precipitina.

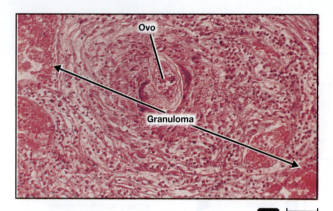

Figura 23.28 Granuloma de um paciente com esquistossomos. Alguns dos ovos liberados pelos esquistossomos adultos se alojam no tecido, e o corpo responde ao agente irritante circundando-o com tecido cicatricial, formando um granuloma.

P **Por que o sistema imune é ineficaz contra os esquistossomos adultos?**

A esquistossomose é tratada com praziquantel. O saneamento e a eliminação do caramujo hospedeiro também são formas úteis de controle.

TESTE SEU CONHECIMENTO

✔ **23-19** Qual organismo de água doce é essencial para o ciclo de vida do patógeno que causa a esquistossomose?

Doença de etiologia desconhecida

OBJETIVO DE APRENDIZAGEM

23-20 Reconhecer as características clínicas da síndrome de Kawasaki.

Síndrome de Kawasaki

Provavelmente, a causa mais comum de doença cardíaca adquirida nos Estados Unidos (substituindo a febre reumática) é uma doença febril aguda de etiologia desconhecida, a **síndrome de Kawasaki (SK)**. Nos Estados Unidos, cerca de 5 mil casos são diagnosticados por ano. A SK afeta mais frequentemente crianças pequenas, sobretudo meninos com idade inferior a 5 anos. Os pacientes com a doença apresentam febre alta e persistente, erupções cutâneas generalizadas e edema das mãos e dos pés, bem como dos linfonodos do pescoço. Sem tratamento, a taxa de mortalidade pode ser de cerca de 1%, mas é muito inferior com um tratamento efetivo, envolvendo ácido acetilsalicílico (que afeta a coagulação sanguínea) e uma imunoglobulina de administração intravenosa. A SK é diagnosticada principalmente por meio de seus sinais e sintomas clínicos; não existe disponível um teste laboratorial para diagnóstico. A SK pode ser desencadeada por uma infecção, embora nenhum patógeno específico seja conhecido. Evidências recentes que suportam uma relação com a infecção viral são demonstradas pela ocorrência da síndrome inflamatória multissistêmica em crianças (MIS-C, de *multisystem inflammatory syndrome in children*) associada à Covid-19. Os sinais e sintomas da MIS-C são semelhantes aos da SK.

TESTE SEU CONHECIMENTO

✔ **23-20** Quais doenças dos sistemas cardiovascular e linfoide precisam ser descartadas antes que um clínico possa concluir que um paciente tem a síndrome de Kawasaki?

CASO CLÍNICO Resolvido

A dengue é transmitida por mosquitos. Em todo o mundo, são relatados 100 milhões de casos de dengue a cada ano. Os casos de dengue registrados em viajantes que retornam aos Estados Unidos têm aumentado de forma constante durante os últimos 20 anos. Hoje, a dengue é a principal causa de doença febril aguda em viajantes que retornam aos Estados Unidos após viagens ao Caribe, à América do Sul e à Ásia. Muitos desses viajantes ainda se encontram virêmicos ao retornarem aos Estados Unidos e são potencialmente capazes de introduzir o vírus da dengue em uma comunidade que apresenta mosquitos vetores competentes. A doença de Katie, que ocorreu em 2009, representa o primeiro caso de dengue adquirido no território continental dos Estados Unidos, fora da fronteira Texas-México, desde 1945, e o primeiro caso adquirido localmente na Flórida desde 1934. A preocupação sobre o potencial de emergência da dengue no território continental dos Estados Unidos tem aumentado nos últimos anos. O mosquito vetor mais eficiente, o *Aedes aegypti*, é encontrado no sul e no sudeste dos Estados Unidos. Um vetor secundário, o *A. albopictus*, disseminou-se por todo o sudeste dos Estados Unidos desde a sua introdução, em 1985, e foi o responsável por um surto de dengue no Havaí, em 2001.

Parte 1　Parte 2　Parte 3　Parte 4　**Parte 5**

Resumo para estudo

Estrutura e função dos sistemas cardiovascular e linfoide (p. 655-656)

1. O coração, o sangue e os vasos sanguíneos constituem o sistema cardiovascular.
2. O plasma linfático, os vasos linfáticos, os linfonodos e os órgãos linfoides constituem o sistema linfoide.

3. O plasma sanguíneo transporta substâncias dissolvidas. As hemácias transportam oxigênio. Os leucócitos estão envolvidos na defesa do corpo contra a infecção.
4. O fluido filtrado dos capilares para os espaços entre as células do tecido é chamado de líquido intersticial.

5. O líquido intersticial entra nos capilares linfáticos e é chamado de plasma linfático; os vasos denominados vasos linfáticos devolvem o plasma linfático ao sangue.

6. Os linfonodos contêm macrófagos fixos, células B e células T.

Doenças bacterianas dos sistemas cardiovascular e linfoide (p. 656-672)

Sepse e choque séptico (p. 656-658)

1. A sepse é uma resposta inflamatória causada pela propagação de bactérias ou de suas toxinas a partir de um foco de infecção. A septicemia é a sepse que envolve a proliferação dos patógenos no sangue.

2. A sepse gram-negativa pode levar ao choque séptico, caracterizado por baixa pressão arterial. A endotoxina causa os sintomas.

3. Enterococos resistentes a antibiótico e estreptococos do grupo B causam a sepse gram-positiva.

4. A sepse puerperal se inicia como uma infecção do útero após nascimento ou aborto; ela pode progredir para peritonite ou septicemia.

5. *S. pyogenes* é a causa mais frequente de sepse puerperal.

6. Oliver Wendell Holmes e Ignaz Semmelweiss demonstraram que a sepse puerperal era transmitida pelas mãos e pelos instrumentos cirúrgicos dos médicos.

Infecções bacterianas do coração (p. 658-659)

7. A camada interna do coração é o endocárdio.

8. A endocardite bacteriana subaguda geralmente é causada por estreptococos α-hemolíticos, estafilococos e enterococos.

9. A infecção se origina de um foco de infecção, como uma extração dentária.

10. Anormalidades cardíacas preexistentes são fatores de predisposição.

11. Os sinais incluem febre, fadiga e sopro cardíaco.

12. A endocardite bacteriana aguda é geralmente causada por *S. aureus*.

13. As bactérias causam a destruição rápida das valvas cardíacas.

14. A febre reumática é uma complicação autoimune de infecções estreptocócicas.

15. A febre reumática manifesta-se como artrite ou inflamação do coração. Ela pode resultar em dano permanente ao coração.

16. Anticorpos contra estreptococos β-hemolíticos do grupo A reagem com os antígenos estreptocócicos depositados nas articulações ou valvas cardíacas ou reagem de maneira cruzada com o músculo cardíaco.

17. A febre reumática pode acompanhar uma infecção estreptocócica, como uma infecção de garganta por estreptococos. Os estreptococos podem não estar presentes no momento da febre reumática.

18. O tratamento imediato das infecções estreptocócicas pode reduzir a incidência de febre reumática.

19. A penicilina é administrada como medida preventiva contra as infecções estreptocócicas subsequentes.

Tularemia (p. 660)

20. A tularemia é causada por *F. tularensis*. Os reservatórios são mamíferos silvestres pequenos, principalmente coelhos.

21. Os sinais incluem ulceração no local de entrada, seguida por septicemia e pneumonia.

Brucelose (febre ondulante) (p. 660-661)

22. A brucelose pode ser causada por *B. abortus*, *B. melitensis* e *B. suis*.

23. As bactérias entram através de rupturas minúsculas na mucosa ou na pele, reproduzem-se em macrófagos e propagam-se via vasos linfáticos até o fígado, o baço ou a medula óssea.

24. Os sinais incluem mal-estar e febre que se manifestam em picos todas as noites (febre ondulante).

25. O diagnóstico baseia-se em testes sorológicos.

Antraz (p. 661-663)

26. *B. anthracis* causa o antraz. No solo, os endósporos podem sobreviver por até 60 anos.

27. Os animais de pastejo adquirem a infecção após a ingestão de endósporos.

28. Os seres humanos contraem o antraz pela manipulação do couro de animais infectados. Os endósporos entram por cortes na pele, pelo trato respiratório ou pela boca.

29. A entrada através da pele resulta em uma pápula que pode progredir para sepse. A entrada pelo trato respiratório pode resultar em choque séptico.

30. O diagnóstico é baseado no isolamento e na identificação das bactérias.

Gangrena (p. 663-664)

31. A morte dos tecidos moles por isquemia (perda de suprimento sanguíneo) é chamada de gangrena.

32. Os microrganismos crescem em nutrientes liberados pelas células gangrenadas.

33. A gangrena é especialmente suscetível ao crescimento de bactérias anaeróbias, como *C. perfringens*, o agente causador da gangrena gasosa.

34. *C. perfringens* pode invadir a parede do útero durante abortos realizados inadequadamente.

35. A remoção cirúrgica do tecido necrótico, as câmaras hiperbáricas e a amputação são usadas no tratamento da gangrena gasosa.

Doenças sistêmicas causadas por arranhões e mordeduras (p. 664-665)

36. *P. multocida*, introduzida pela mordedura de um cão ou gato, pode causar septicemia.

37. As bactérias anaeróbias infectam as mordeduras profundas causadas por animais.

38. A doença da arranhadura do gato é causada por *B. henselae*.

39. A febre da mordedura do rato é causada por *S. moniliformis* e *S. minus*.

Doenças transmitidas por vetores (p. 665-672)

40. A peste é causada pela bactéria *Y. pestis*. O vetor geralmente é a pulga-do-rato (*Xenopsylla cheopis*).

41. A febre recorrente, causada por *Borrelia* spp., é transmissível por carrapatos argasídeos.

42. A doença de Lyme, causada pela bactéria *Borrelia burgdorferi*, é transmitida por um carrapato (*Ixodes*).

43. A erliquiose e a anaplasmose humana são causadas por *Ehrlichia* e *Anaplasma* e são transmissíveis por carrapatos *Ixodes*.

44. O tifo é causado por riquétsias, parasitas intracelulares obrigatórios de células eucarióticas.

45. A febre maculosa, causada por várias *Rickettsia* spp., resulta em erupções maculares.

Doenças virais dos sistemas cardiovascular e linfoide (p. 673-679)

Linfoma de Burkitt (p. 673)

1. O vírus Epstein-Barr (EBV, HHV-4) causa o linfoma de Burkitt.

2. O linfoma de Burkitt tende a ocorrer em pacientes cujo sistema imune encontra-se enfraquecido, por exemplo, por malária ou Aids.

Mononucleose infecciosa (p. 674)

3. A mononucleose infecciosa é causada pelo EBV.

4. O vírus se multiplica nas glândulas parótidas e está presente na saliva. Ele causa a proliferação de linfócitos atípicos.

5. A doença é transmissível pela ingestão de saliva de indivíduos infectados.

6. O diagnóstico é realizado pela técnica de anticorpo fluorescente indireto.

Outras doenças e vírus Epstein-Barr (p. 674)

7. O EBV está associado a determinados tipos de câncer e doenças autoimunes.

Infecções por citomegalovírus (p. 674-675)

8. O CMV (HHV-5) causa corpúsculos de inclusão intranucleares e citomegalia de células hospedeiras.

9. O CMV é transmitido pela saliva e outros fluidos corporais.

10. A doença de inclusão citomegálica pode ser assintomática, leve ou progressiva e fatal. Os pacientes imunossuprimidos podem desenvolver pneumonia.

11. Se o vírus atravessar a placenta, ele pode causar infecção congênita do feto, resultando em desenvolvimento mental retardado, dano neurológico e natimortalidade.

Chikungunya (p. 675)

12. O vírus chikungunya, que causa febre e dor articular intensa, é transmitida pelos mosquitos *Aedes*.

Febres hemorrágicas virais clássicas (p. 675-678)

13. A febre amarela é causada pelo *Orthoflavivirus flavi*. O vetor é o mosquito *A. aegypti*.

14. Sinais e sintomas incluem febre, calafrios, cefaleia, náuseas e icterícia.

15. O diagnóstico é baseado na presença de anticorpos neutralizantes contra o vírus no hospedeiro.

16. Não há tratamento disponível, mas existe uma vacina viral viva atenuada.

17. A dengue é causada pelo *Orthoflavivirus denguei* e é transmitida pelo mosquito *Aedes*.

18. Os sinais são febre, dor muscular e articular e erupções.

19. A dengue grave (ou hemorrágica) é caracterizada por hemorragia e insuficiência de órgãos.

20. O extermínio dos mosquitos é necessário para o controle da doença.

Febres hemorrágicas virais emergentes (p. 678-679)

21. As doenças humanas causadas pelos vírus Marburg, Ebola e Lassa foram notificadas pela primeira vez no final da década de 1960.

22. O *Ebolavirus* é encontrado em morcegos frugívoros. Os vírus da febre de Lassa são encontrados em roedores. Os roedores são os reservatórios para as febres hemorrágicas argentina e boliviana.

23. A síndrome pulmonar por hantavírus e a febre hemorrágica com síndrome renal são causadas pelo *Orthohantavirus*. O vírus é contraído pela inalação de fezes e urina secas de roedores.

Doenças fúngicas dos sistemas cardiovascular e linfoide (p. 679)

1. A levedura *C. auris* causa sepse em ambientes de saúde.

Doenças protozoóticas dos sistemas cardiovascular e linfoide (p. 679-686)

Doença de Chagas (tripanossomíase americana) (p. 680-681)

1. O *T. cruzi* causa a doença de Chagas. O reservatório inclui muitos animais selvagens. O vetor é um reduvídeo, o barbeiro.

Toxoplasmose (p. 681-682)

2. A toxoplasmose é causada pelo *T. gondii*.

3. *T. gondii* sofre reprodução sexuada no intestino delgado de gatos domésticos, e oocistos são eliminados nas fezes do gato.

4. Na célula hospedeira, os esporozoítos reproduzem-se, formando tanto taquizoíto como bradizoítos, que invadem os tecidos.

5. Os seres humanos contraem a infecção pela ingestão de taquizoítos ou cistos teciduais, presentes na carne malcozida de um animal infectado, ou pelo contato com fezes de gato.

6. Infecções congênitas podem ocorrer. Sinais e sintomas incluem lesão cerebral grave ou problemas de visão.

Malária (p. 682-684)

7. Os sinais e os sintomas da malária são calafrios, febre, vômitos e cefaleia, que ocorrem em intervalos de 2 a 3 dias.

8. A malária é transmitida pelos mosquitos *Anopheles*. O agente causador é qualquer uma das quatro espécies de *Plasmodium*.

9. Os esporozoítos se reproduzem no fígado e liberam os merozoítos na corrente sanguínea, onde infectam as hemácias e produzem mais merozoítos.

Leishmaniose (p. 685)

10. *Leishmania* spp., que são transmitidos por flebotomíneos, causam a leishmaniose.

11. Os protozoários se reproduzem no fígado, no baço e nos rins.

12. A leishmaniose é tratada com anfotericina B lipossomal.

Babesiose (p. 685-686)

13. A babesiose é causada pelo protozoário *Babesia microti* e é transmissível aos seres humanos por carrapatos.

Doenças helmínticas dos sistemas cardiovascular e linfoide (p. 686-688)

Esquistossomose (p. 686-688)

1. Espécies do verme do sangue *Schistosoma* causam a esquistossomose.

2. Os ovos eliminados nas fezes eclodem em larvas, que infectam o hospedeiro intermediário, um caramujo. As cercárias livres são liberadas pelo caramujo e penetram na pele do ser humano.

3. Os vermes adultos vivem nas veias do fígado ou da bexiga em seres humanos.

4. Os granulomas são a resposta de defesa do hospedeiro contra os ovos que permanecem no corpo.

5. A observação dos ovos ou dos vermes nas fezes, testes cutâneos ou testes sorológicos indiretos podem ser usados para o diagnóstico.

6. A quimioterapia é utilizada no tratamento da doença; o saneamento e a erradicação do caramujo são usados para preveni-la.

Doença de etiologia desconhecida (p. 688)

Síndrome de Kawasaki (p. 688)

1. A síndrome de Kawasaki é caracterizada por febre, erupções e edema dos linfonodos do pescoço. A causa é desconhecida.

Questões para estudo

As respostas das questões de Conhecimento e compreensão estão na seção de Respostas no final deste livro.

Conhecimento e compreensão

Revisão

1. DESENHE Mostre o caminho do *Streptococcus* de uma infecção focal até o pericárdio. Identifique as portas de entrada de *T. cruzi*, *Orthohantavirus* e *Cytomegalovirus*.

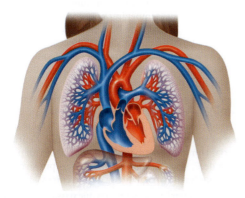

2. Complete a tabela a seguir:

Doença	Agente causador frequente	Condição predisponente
Sepse puerperal		
Endocardite bacteriana subaguda		
Endocardite bacteriana aguda		
Febre reumática		

3. Compare e diferencie tifo epidêmico, tifo murino endêmico e tifo transmitido por carrapato.

4. Complete a tabela a seguir:

Doença	Agente causador	Vetor	Tratamento
Malária			
Febre amarela			
Dengue			
Febre recorrente			
Leishmaniose			

5. Complete a tabela a seguir:

Doença	Agente causador	Transmissão	Reservatório
Tularemia			
Brucelose			
Antraz			
Doença de Lyme			
Erliquiose			
Doença de inclusão citomegálica			
Peste			

6. Liste o agente causador, o modo de transmissão e o reservatório da esquistossomose, da toxoplasmose e da doença de Chagas. Qual doença você está mais propenso a adquirir nos Estados Unidos? Onde as outras doenças são endêmicas?

7. Compare e diferencie a doença da arranhadura do gato e a toxoplasmose.

8. Por que é provável que o *C. perfringens* cresça em feridas gangrenadas?

9. Liste o agente causador e o modo de transmissão da mononucleose infecciosa.

10. IDENTIFIQUE A maioria das pessoas são infectadas por este microrganismo, frequentemente sem sintomas. A infecção durante a gestação pode resultar em surdez ou deficiência intelectual no recém-nascido.

Múltipla escolha

Utilize as seguintes opções para responder às questões 1 a 4:
   a. erliquiose
   b. doença de Lyme
   c. choque séptico
   d. toxoplasmose
   e. febres hemorrágicas virais

1. Um paciente apresenta histórico de febre e cefaleia. Culturas bacterianas do sangue, do LCS e das fezes são negativas. Qual é o diagnóstico?

2. Um paciente foi hospitalizado devido à febre contínua e à progressão dos sintomas, que incluem cefaleia, fadiga e dores nas costas. Os testes de anticorpos para *B. burgdorferi* foram negativos. Qual é o diagnóstico?

3. Uma paciente se queixou de cefaleia. Uma tomografia computadorizada (TC) revelou cistos de tamanhos variados no cérebro da paciente. Qual é o diagnóstico?

4. Um paciente apresenta confusão mental, respiração ofegante, frequência cardíaca elevada e pressão arterial baixa. Qual é o diagnóstico?

5. Um paciente apresenta uma erupção circular vermelha em seu braço, febre, mal-estar e dor articular. Qual é o tratamento apropriado?
   a. antibiótico
   b. cloroquina
   c. fármacos anti-inflamatórios
   d. antimonial
   e. nenhum tratamento

6. Qual dos seguintes não é uma doença transmitida por carrapatos?
   a. babesiose
   b. erliquiose
   c. doença de Lyme
   d. febre recorrente
   e. tularemia

Utilize as seguintes opções para responder às questões 7 e 8:

   a. brucelose

   b. malária

   c. febre recorrente

   d. febre maculosa das Montanhas Rochosas

   e. ebola

7. A febre do paciente atinge picos todas as noites. Cocobacilos gram-negativos oxidase-positivos foram isolados de uma lesão em seu braço. Qual é o diagnóstico?

8. Um paciente foi hospitalizado com febre e cefaleia. Espiroquetas foram observados em seu sangue. Qual é o diagnóstico?

9. Qual das doenças a seguir apresenta a maior incidência nos Estados Unidos?

   a. brucelose

   b. ebola

   c. malária

   d. peste

   e. febre maculosa das Montanhas Rochosas

10. Dezenove funcionários de um abatedouro desenvolveram febre e calafrios, com a febre atingindo picos de 40 °C todas as noites. O modo de transmissão mais provável dessa doença é:

   a. um vetor.

   b. por via respiratória.

   c. um ferimento por perfuração.

   d. uma mordedura de animal.

   e. água.

Análise

1. Testes com anticorpo fluorescente (FA, de *fluorescent-antibody*) indireto no soro de três mulheres de 25 anos, todas elas avaliando a possibilidade de engravidar, forneceram as informações a seguir. Qual dessas mulheres pode apresentar toxoplasmose? Qual orientação poderia ser oferecida a cada mulher em relação à toxoplasmose?

Título de anticorpo

Paciente	Dia 1	Dia 5	Dia 12
Paciente A	1.024	1.024	1.024
Paciente B	1.024	2.048	3.072
Paciente C	0	0	0

2. Qual é a maneira mais eficaz de controlar a malária e a dengue?

3. Em 2016, um pesquisador observou: "Temos uma vacina que intensifica a dengue. Os receptores da vacina com menos de 5 anos tiveram taxas 5 a 7 vezes mais altas de hospitalizações por dengue grave do que os controles com placebo". Forneça uma explicação para isso.

Aplicações clínicas e avaliação

1. Um jovem de 19 anos saiu para caçar cervos. Na trilha, ele encontrou um coelho morto, parcialmente desmembrado. O caçador pegou as patas dianteiras como amuleto de boa sorte e as ofereceu para outro caçador no grupo. O coelho foi manuseado com as mãos desprotegidas, que estavam machucadas e arranhadas, em decorrência do trabalho do caçador como mecânico de automóveis. Dois dias depois, constatou-se a presença de feridas inflamadas em suas mãos, pernas e joelhos. Qual doença infecciosa você suspeita que o caçador adquiriu? Como você procederia para comprová-la?

2. No dia 30 de março, um veterinário de 35 anos apresentou febre, calafrios e vômitos. No dia 31 de março, ele foi hospitalizado com diarreia, bubão na axila esquerda e pneumonia secundária bilateral. No dia 27 de março, ele havia tratado um gato com dificuldade respiratória; uma imagem de raio X revelou a presença de infiltrados pulmonares. O gato morreu em 28 de março e foi descartado. Cloranfenicol foi administrado ao veterinário. Em 10 de abril, sua temperatura retornou ao normal, e, em 20 de abril, ele foi liberado do hospital. Aos seus 60 contatos humanos foi administrada tetraciclina. Identifique os períodos de incubação e prodrômicos para esse caso. Explique por que os 60 contatos foram tratados. Qual era o agente etiológico? Como você identificaria o agente?

3. Três de cinco pacientes que se submeteram a uma cirurgia de substituição de valva cardíaca desenvolveram bacteremia. O agente causador foi *Enterobacter cloacae*. Quais foram os sinais e os sintomas dos pacientes? Como você identificaria essa bactéria? Um manômetro usado nas operações foi positivo para cultura de *E. cloacae*. Qual é a fonte mais provável dessa contaminação? Sugira uma maneira de prevenir essas ocorrências.

4. Em agosto e setembro, seis pessoas que passaram a noite na mesma cabana, cada uma em um momento diferente, desenvolveram febre, como mostrado no gráfico a seguir. Três recuperaram-se após a terapia com tetraciclina (TET), duas recuperaram-se sem terapia, e uma foi hospitalizada com choque séptico. Qual é a doença? Qual é o período de incubação dessa doença? Como você explica as mudanças periódicas de temperatura? O que causou o choque séptico no sexto paciente?

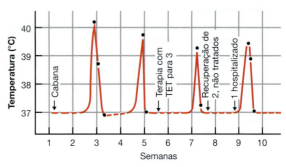

5. Um homem de 67 anos trabalhava em uma indústria têxtil que processava pelos de cabra importados para a produção de tecidos. Ele notou uma espinha no queixo, ligeiramente inchada, mas indolor. Dois dias depois, ele desenvolveu uma úlcera de 1 cm no local da espinha e temperatura de 37,6 °C. Ele foi tratado com tetraciclina. Qual é a etiologia da doença? Sugira modos de prevenção.

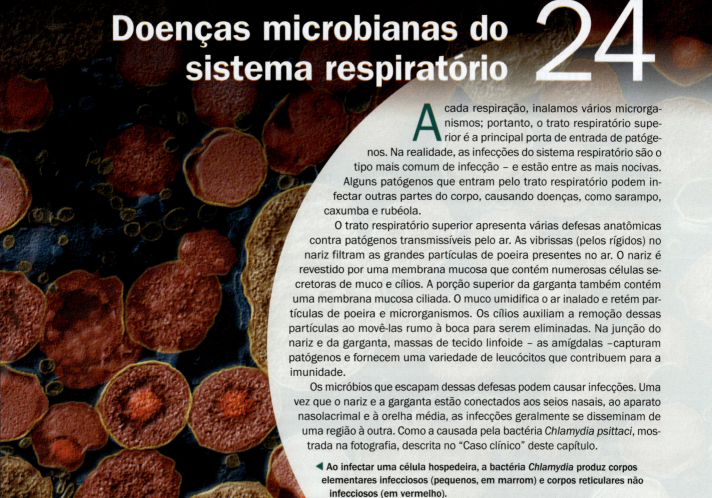

A cada respiração, inalamos vários microrganismos; portanto, o trato respiratório superior é a principal porta de entrada de patógenos. Na realidade, as infecções do sistema respiratório são o tipo mais comum de infecção – e estão entre as mais nocivas. Alguns patógenos que entram pelo trato respiratório podem infectar outras partes do corpo, causando doenças, como sarampo, caxumba e rubéola.

O trato respiratório superior apresenta várias defesas anatômicas contra patógenos transmissíveis pelo ar. As vibrissas (pelos rígidos) no nariz filtram as grandes partículas de poeira presentes no ar. O nariz é revestido por uma membrana mucosa que contém numerosas células secretoras de muco e cílios. A porção superior da garganta também contém uma membrana mucosa ciliada. O muco umidifica o ar inalado e retém partículas de poeira e microrganismos. Os cílios auxiliam a remoção dessas partículas ao movê-las rumo à boca para serem eliminadas. Na junção do nariz e da garganta, massas de tecido linfoide – as amígdalas –capturam patógenos e fornecem uma variedade de leucócitos que contribuem para a imunidade.

Os micróbios que escapam dessas defesas podem causar infecções. Uma vez que o nariz e a garganta estão conectados aos seios nasais, ao aparato nasolacrimal e à orelha média, as infecções geralmente se disseminam de uma região à outra. Como a causada pela bactéria *Chlamydia psittaci*, mostrada na fotografia, descrita no "Caso clínico" deste capítulo.

◀ Ao infectar uma célula hospedeira, a bactéria *Chlamydia* produz corpos elementares infecciosos (pequenos, em marrom) e corpos reticulares não infecciosos (em vermelho).

Na clínica

Como enfermeiro(a) em um grande centro de serviços de saúde universitário, você notou que o número de casos de estudantes com infecções respiratórias neste inverno está aumentando. Hoje, sua paciente é uma estudante de 28 anos que apresenta tosse, dor de garganta e congestão. Ela também diz que sentiu falta de ar, dor de cabeça e fadiga nos últimos dias. A temperatura dela é de 37,7 °C. Ela questiona se está resfriada, gripada ou possivelmente com Covid-19. Você, como enfermeiro(a), se lembra de seu recente curso de educação continuada, no qual aprendeu sobre as diferenças entre essas doenças. **Como essas doenças são identificadas e diferenciadas?**

Dica: leia mais sobre a influenza, o resfriado comum e a Covid-19 mais adiante neste capítulo.

Estrutura e função do sistema respiratório

OBJETIVO DE APRENDIZAGEM

24-1 Descrever como os microrganismos são impedidos de entrar no trato respiratório.

Por razões práticas, o sistema respiratório é dividido em trato respiratório superior e trato respiratório inferior. O **sistema respiratório superior** é composto de nariz, faringe (garganta), laringe (caixa de voz) e estruturas associadas, incluindo a orelha média e as tubas auditivas (de Eustáquio) (**Figura 24.1**). Os ductos dos seios nasais (espaços cheios de ar em certos ossos do crânio) e os ductos nasolacrimais do aparato lacrimal (produtor de lágrimas) se abrem na cavidade nasal (ver Figura 16.2). As tubas auditivas da orelha média se abrem na porção superior da garganta.

O **sistema respiratório inferior** é composto de traqueia, brônquios e *alvéolos pulmonares* (**Figura 24.2**). Os alvéolos pulmonares são pequenos sacos de ar que formam o tecido pulmonar; dentro dos alvéolos, o oxigênio e o dióxido de carbono são trocados entre os pulmões e o sangue. Nossos pulmões contêm mais de 300 milhões de alvéolos pulmonares, com uma área para trocas gasosas de 70 m^2 ou mais em um adulto. A membrana de camada dupla que envolve os pulmões é a *pleura*, ou membranas pleurais. Uma membrana mucosa ciliada reveste o trato respiratório inferior até os brônquios menores e os auxilia a impedir que os microrganismos alcancem os alvéolos.

As partículas retidas na laringe, na traqueia e nos brônquios maiores são movidas em direção à faringe por uma ação ciliar, chamada de *elevador ciliar* (ver Figura 16.3). Caso os microrganismos alcancem os pulmões, células fagocíticas, denominadas *macrófagos alveolares*, geralmente localizam, ingerem e destroem a maioria deles. Anticorpos IgA em secreções, como o muco respiratório, a saliva e as lágrimas, também ajudam a proteger as superfícies da mucosa do sistema respiratório de muitos patógenos. Desse modo, o corpo apresenta vários mecanismos para remover os patógenos que causam as infecções transmissíveis pelo ar.

TESTE SEU CONHECIMENTO

✔ **24-1** Qual é a função dos pelos nas passagens nasais?

CASO CLÍNICO Uma amada calopsita

Durante os últimos 2 dias, Camila apresentou febre e não se sentiu bem. Na verdade, toda a sua família está doente. Seus três filhos, Gabi, Lucas e Léo, também apresentaram febre. O marido de Camila, Arthur, e Gabi e Lucas estão sem apetite e começando a perder peso. Todos têm tosse seca. Inicialmente, Camila imagina que as crianças estão apenas tristes devido à perda de Polly, sua calopsita de estimação. A família havia comprado a calopsita de uma loja de animais local 2 meses antes. Infelizmente, a respiração de Polly começou a ficar cada vez mais difícil com o tempo e ela não conseguia ficar ereta; ela precisou ser eutanasiada por um veterinário local na semana anterior.

O que poderia estar causando os sintomas da família? Continue lendo para descobrir.

Parte 1 | Parte 2 | Parte 3 | Parte 4 | Parte 5 | Parte 6

Figura 24.1 Estruturas do trato respiratório superior.

P Cite as defesas do trato respiratório superior contra doenças.

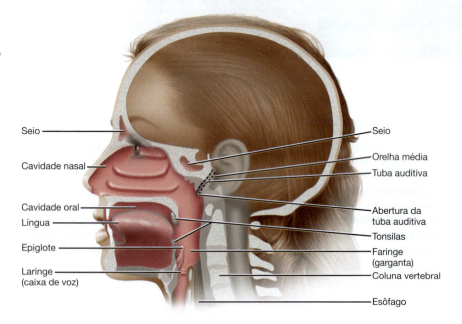

Seio
Cavidade nasal
Cavidade oral
Língua
Epiglote
Laringe (caixa de voz)

Seio
Orelha média
Tuba auditiva
Abertura da tuba auditiva
Tonsilas
Faringe (garganta)
Coluna vertebral
Esôfago

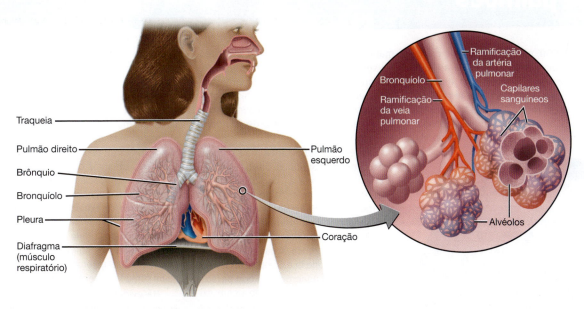

Figura 24.2 **Estruturas do trato respiratório inferior.**

P Cite as defesas do trato respiratório superior contra doenças.

Microbiota normal do sistema respiratório

OBJETIVO DE APRENDIZAGEM

24-2 Caracterizar a microbiota normal dos tratos respiratórios superior e inferior.

Vários microrganismos potencialmente patogênicos fazem parte da microbiota normal do trato respiratório. Entretanto, geralmente não causam doença, uma vez que os microrganismos predominantes da microbiota normal suprimem seu crescimento competindo com eles por nutrientes e produzindo substâncias inibidoras.

O microbioma pulmonar é descrito no quadro **Explorando o microbioma**.

TESTE SEU CONHECIMENTO

✔ **24-2** Normalmente, o trato respiratório inferior é quase estéril. Qual é o principal mecanismo responsável por essa esterilidade?

Doenças microbianas do trato respiratório superior

OBJETIVO DE APRENDIZAGEM

24-3 Diferenciar faringite, laringite, tonsilite, sinusite e epiglotite.

Como a maioria de nós sabe por experiência própria, o sistema respiratório é o local de muitas infecções comuns. Em breve discutiremos a **faringite**, inflamação das membranas mucosas da garganta, ou a conhecida dor de garganta. Quando a laringe é o sítio de infecção, apresentamos **laringite**, que afeta a nossa capacidade de falar. Os micróbios que causam a faringite também podem causar a inflamação das tonsilas, ou **tonsilite**.

Os seios nasais são cavidades em certos ossos do crânio que se abrem na cavidade nasal. As membranas mucosas dos seios nasais apresentam um revestimento contínuo ao da cavidade nasal. A infecção de um seio que envolve secreção nasal excessiva de muco é chamada de **sinusite**. Se a abertura pela qual o muco deixa o seio se torna bloqueada, a pressão interna pode causar uma forte dor de cabeça. Essas doenças são quase sempre *autolimitadas*, ou seja, a recuperação geralmente ocorre sem intervenção médica.

Provavelmente, a doença infecciosa mais ameaçadora do trato respiratório superior seja a **epiglotite**, uma inflamação da epiglote. A epiglote é uma estrutura da cartilagem em forma de aba que impede que o material ingerido entre pela laringe (ver Figura 24.1). A epiglotite é uma doença de desenvolvimento rápido que pode resultar em morte em poucas horas. Ela é causada por patógenos oportunistas, geralmente *Haemophilus influenzae* tipo b (Hib). A vacina Hib, embora direcionada principalmente contra a meningite (Capítulo 22), tem reduzido bastante a incidência de epiglotite na população vacinada.

TESTE SEU CONHECIMENTO

✔ **24-3** Qual das seguintes doenças é a mais provável de estar associada a uma cefaleia: faringite, laringite, sinusite ou epiglotite?

Descobrindo o microbioma dos pulmões

A té 2009, muitos cientistas e profissionais médicos acreditavam que pulmões saudáveis são estéreis, com base em descobertas feitas em estudos que utilizaram técnicas tradicionais de cultura. No entanto, estudos genéticos relacionados ao Projeto Microbioma Humano mostram que esse não é o caso. Na verdade, seria notável se os alvéolos não entrassem em contato rotineiramente com pelo menos alguns micróbios, considerando que um adulto médio inala mais de 10 mil litros de ar cheio de micróbios todos os dias.

Os gêneros bacterianos mais comuns presentes em pulmões saudáveis são *Prevotella*, *Veillonella*, *Streptococcus* e *Pseudomonas*. Essas bactérias também são membros comuns do microbioma oral. Isso sugere que, surpreendentemente, a principal fonte da microbiota pulmonar é provavelmente a boca, e não o ar inalado. *Prevotella*, *Veillonella* e *Streptococcus* são todas bactérias anaeróbias. Pode parecer ilógico que espécies que não usam oxigênio vivam no trato respiratório inferior, o local das trocas gasosas. No entanto, embora essas bactérias não usem oxigênio, todas compartilham a capacidade de evitar os efeitos tóxicos do oxigênio produzindo enzimas antioxidantes, incluindo peroxidase e superóxido-dismutase.

Pacientes com doenças pulmonares crônicas, como asma, fibrose cística ou doença pulmonar obstrutiva crônica (DPOC), têm predominância de bactérias gram-negativas nos pulmões em comparação com indivíduos que não possuem a doença pulmonar crônica. Um estudo também descobriu que bactérias metabolizadoras de óxido nítrico (*Nitrosomonas* spp.) estavam presentes nos pulmões de pacientes com asma. Isso é notável, uma vez que a inflamação das vias aéreas em pacientes com asma é frequentemente diagnosticada pela medição do óxido nítrico exalado. Níveis acima do normal indicam que as vias aéreas podem estar inflamadas. Pode ser que a bactéria *Nitrosomonas* nos pulmões seja a responsável por esse fenômeno que os médicos usam como ferramenta de diagnóstico.

Há evidências de que a poluição do ar leva a um aumento de *Streptococcus* e *Neisseria* e que o envelhecimento aumenta a proporção de Bacillota. No entanto, a pesquisa do microbioma pulmonar é recente, então muitas perguntas ainda permanecem sem resposta. Dependendo do andamento das pesquisas, um dia poderemos ter à disposição terapias para doenças pulmonares que usam probióticos.

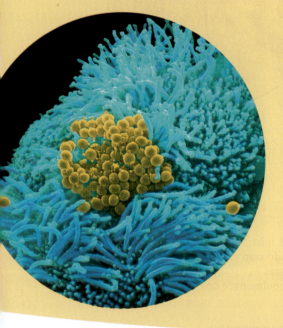

Staphylococcus sp. na traqueia.

Doenças bacterianas do trato respiratório superior

OBJETIVO DE APRENDIZAGEM

24-4 Listar o agente causador, os sinais e sintomas, a prevenção, o tratamento preferencial e os testes de identificação laboratorial para faringite estreptocócica, febre escarlatina, difteria, difteria cutânea e otite média.

Patógenos transmissíveis pelo ar fazem seu primeiro contato com as membranas mucosas do corpo quando penetram no trato respiratório superior. Muitas doenças respiratórias ou sistêmicas iniciam infecções nesse local.

Faringite estreptocócica

A **faringite estreptocócica** é uma infecção do trato respiratório superior causada por *estreptococos do grupo A (EGA)*. Esse grupo de bactérias gram-positivas é composto unicamente por *Streptococcus pyogenes*, a mesma bactéria responsável por muitas infecções da pele e dos tecidos moles, como impetigo, fascite necrosante e endocardite bacteriana aguda.

A faringite é caracterizada por uma inflamação local e febre (**Figura 24.3**). Com frequência, ocorre tonsilite, e os linfonodos do pescoço tornam-se inchados e sensíveis. Outra complicação frequente é a otite média (discutida posteriormente).

A patogenicidade dos EGA é acentuada por sua resistência à fagocitose. Eles também são capazes de produzir enzimas especiais, chamadas de *estreptoquinases*, que lisam coágulos de fibrina, e *estreptolisina*s, que são citotóxicas para as células dos tecidos, hemácias e leucócitos protetores.

O "padrão-ouro" para o diagnóstico da faringite é o cultivo de bactérias a partir da coleta de um *swab* (amostra) de garganta. As colônias beta-hemolíticas sensíveis à bacitracina são EGA. Os estreptococos do grupo B (EGB; Capítulo 23) são resistentes à bacitracina. Os resultados são obtidos em 24 horas ou mais; contudo, no início da década de 1980, testes rápidos de detecção de antígeno, que podiam detectar EGA diretamente nos *swabs* de garganta, tornaram-se disponíveis. Um médico pode realizar um teste rápido no próprio consultório. Esses testes têm alta especificidade. No entanto, amostras negativas devem ser cultivadas devido à sensibilidade variável desses testes. (Especificidade e sensibilidade são discutidas no Capítulo 18.) Na verdade, a maioria dos pacientes apresentando dor de garganta não tem uma infecção estreptocócica. Alguns casos são causados por outras bactérias, mas a maioria é causada por vírus – para os quais a antibioticoterapia é ineficaz. Os EGA devem ser confirmados e tratados em crianças com mais de 3 anos para evitar o desenvolvimento de

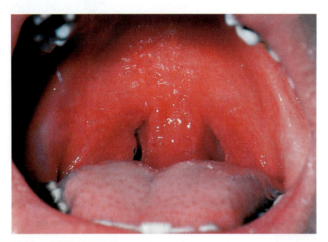

Figura 24.3 Faringite estreptocócica. Observe a inflamação.

P Como a faringite estreptocócica é diagnosticada?

febre reumática. Felizmente, os EGA permanecem sensíveis à penicilina.

Hoje, a faringite é mais comumente transmissível por secreções respiratórias, mas epidemias de faringite estreptocócica disseminadas por leite não pasteurizado já foram frequentes no passado.

Febre escarlatina

Quando a linhagem de *S. pyogenes* causadora da faringite estreptocócica produz uma *toxina eritrogênica* (associada à vermelhidão), a infecção resultante é chamada de **febre escarlatina**. A toxina é produzida quando a cepa é lisogenizada por um bacteriófago (ver Figura 13.12). Lembre-se de que isso significa que a informação genética de um bacteriófago (vírus bacteriano) foi incorporada ao cromossomo da bactéria, de modo que as características da bactéria foram alteradas. A toxina provoca uma febre alta e erupção cutânea de coloração avermelhada, que provavelmente consiste em uma reação de hipersensibilidade cutânea à circulação da toxina. A língua adquire uma aparência manchada, semelhante a um morango, e, em seguida, à medida que ela perde sua membrana superior, torna-se muito vermelha e aumentada. Classicamente, considera-se que a escarlatina esteja associada à faringite estreptocócica, mas ela também pode acompanhar uma infecção estreptocócica cutânea.

A escarlatina geralmente é uma doença leve, mas o tratamento com antibióticos é necessário para evitar o desenvolvimento posterior da febre reumática.

Difteria

Outra infecção bacteriana do trato respiratório superior é a **difteria**. Até 1935, ela era a principal causa de mortes em crianças nos Estados Unidos. A doença se inicia com dor de garganta e febre, seguidas de indisposição e edema do pescoço. O microrganismo responsável é o *Corynebacterium diphtheriae*, um bastonete gram-positivo não formador de endósporos. As células são frequentemente em forma de taco, pois armazenam polifosfato, que forma grânulos

metacromáticos que se concentram nas extremidades das células (**Figura 24.4**).

A **vacina DTaP** faz parte do programa normal de imunização infantil nos Estados Unidos e protege contra a difteria, o tétano e a coqueluche. A letra D no nome representa o toxoide da difteria, uma toxina inativada que estimula a produção de anticorpos pelo corpo contra a toxina diftérica.

C. diphtheriae adaptou-se à população imunizada em geral, e linhagens relativamente não virulentas são encontradas na garganta de muitos portadores assintomáticos. A bactéria está bem adaptada à transmissão pelo ar e é muito resistente ao ressecamento.

Uma membrana acinzentada rígida, que se forma na garganta em resposta à infecção, é característica da difteria (da palavra grega para "couro"). Ela contém fibrina, tecido morto e células bacterianas que podem bloquear completamente a passagem de ar para os pulmões.

Embora as bactérias não invadam os tecidos, aquelas que foram infectadas por um fago lisogênico podem produzir uma exotoxina potente, que circula na corrente sanguínea e interfere na síntese de proteínas. Historicamente, a difteria foi a primeira doença para a qual uma causa tóxica foi identificada. Somente 0,01 mg dessa toxina altamente virulenta pode ser fatal. Desse modo, para que a terapia antitoxina seja eficaz, ela deve ser administrada antes que a toxina entre nas células dos tecidos. Quando órgãos, como o coração e os rins, são afetados pela toxina, a doença pode ser rapidamente fatal. Em

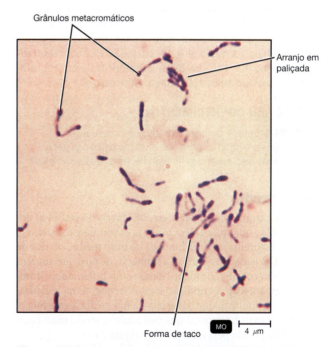

Grânulos metacromáticos

Arranjo em paliçada

Forma de taco   MO   4 µm

Figura 24.4 *Corynebacterium diphtheriae*, **a causa da difteria.** Esta imagem mostra a morfologia em forma de taco. As células não se separam completamente após a divisão celular. Consequentemente, eles produzem formas características semelhantes a V, Y ou arranjos em paliçada laterais.

P As corinebactérias são gram-positivas ou gram-negativas?

outros casos, os nervos podem ser envolvidos, resultando em paralisia parcial.

Hoje, o número de casos de difteria registrados nos Estados Unidos a cada ano é de 5 ou menos.* A doença ocorre principalmente em crianças não vacinadas e em viajantes para países em desenvolvimento. Quando a difteria era mais comum, contatos repetidos com linhagens toxigênicas reforçavam a imunidade, que, por sua vez, enfraquecia com o tempo. Muitos adultos não têm imunidade porque ela diminui com o tempo. Uma dose de reforço da vacina deve ser administrada a cada 10 anos para que sejam mantidos os níveis protetores de anticorpos. Algumas pesquisas indicam níveis imunes eficazes em apenas 20% da população adulta. Nos Estados Unidos, quando qualquer trauma em adultos requer o toxoide tetânico, geralmente se combina esse toxoide ao da difteria (vacina Td).

A difteria também se expressa como **difteria cutânea**. Nessa forma da doença, o *C. diphtheriae* infecta a pele, geralmente em um ferimento ou lesão cutânea similar, e há circulação sistêmica mínima da toxina. Nas infecções cutâneas, as bactérias causam ulcerações de cicatrização lenta que são cobertas por uma membrana acinzentada. A difteria cutânea é muito comum em países tropicais.

No passado, a difteria era disseminada para portadores sadios principalmente pela infecção via gotículas de saliva. Já foram relatados casos respiratórios que surgiram a partir do contato com a difteria cutânea.

O diagnóstico laboratorial por identificação bacteriana é difícil, exigindo meios seletivos e diferenciais. A identificação é complicada pela necessidade de se distinguir entre os isolados produtores de toxina e as linhagens que não são toxigênicas; ambos podem ser encontrados no mesmo paciente.

Mesmo que antibióticos como a penicilina e a eritromicina controlem o crescimento das bactérias, eles não neutralizam a toxina diftérica. Assim, os antibióticos devem ser utilizados apenas em associação com a antitoxina.

TESTE SEU CONHECIMENTO

✔ **24-4** Entre a faringite estreptocócica, a febre escarlatina e a difteria, duas são doenças causadas geralmente pelo mesmo gênero de bactéria. Quais são elas?

Otite média

Uma das complicações mais desconfortáveis do resfriado comum, ou de qualquer infecção do nariz ou da garganta, é a infecção da orelha média, chamada de **otite média**, ou dor de ouvido. Os patógenos causam a formação de pus, que aumenta a pressão contra o tímpano, deixando-o inflamado e dolorido (**Figura 24.5**). A condição é mais frequente na infância, pois a tuba auditiva, que conecta a orelha média à garganta, é pequena e mais horizontal que nos adultos, sendo mais facilmente bloqueada pela infecção (ver Figura 24.1).

Várias bactérias podem causar otite média. Até este século, o *Streptococcus pneumoniae* era a causa mais comum;

---

*N. de R.T. O Brasil, desde a década de 1990, apresentou uma importante redução da incidência dos casos de difteria, mediante a ampliação das coberturas vacinais, passando de uma incidência de 0,45/100 mil habitantes a uma incidência próxima a zero em 2022, com apenas dois casos confirmados.

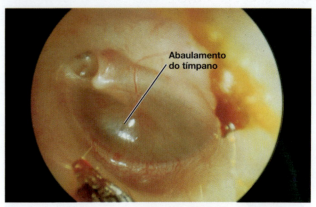

Figura 24.5 Otite média aguda com abaulamento do tímpano.

Abaulamento do tímpano

🅿 **Qual é a bactéria mais comumente associada às infecções da orelha média?**

no entanto, a vacina conjugada para prevenir a pneumonia por *S. pneumoniae* reduziu a incidência de otite média causada pelas cepas da vacina. Assim, as bactérias agora mais frequentemente envolvidas são outras *S. pneumoniae*, *H. influenzae* não encapsulada, *Moraxella catarrhalis* e *S. pyogenes*. Em cerca de 30% dos casos, nenhuma bactéria pode ser detectada. Nessas ocasiões, as infecções virais podem ser as responsáveis. O vírus sincicial respiratório (discutido em breve) corresponde aos isolados mais comuns.

A otite média afeta 85% das crianças com menos de 3 anos de idade e é a responsável por quase metade das consultas pediátricas – estima-se que ocorram 8 milhões de casos a cada ano nos Estados Unidos. Além disso, estima-se que as infecções do ouvido representem cerca de um quarto das prescrições de antibióticos; no entanto, os antibióticos devem ser prescritos somente se a infecção for causada por uma bactéria. Penicilinas de amplo espectro, como a amoxicilina, geralmente são a primeira opção para as crianças.

Doenças virais do trato respiratório superior

OBJETIVO DE APRENDIZAGEM

24-5 Listar os agentes causadores e os tratamentos do resfriado comum.

Provavelmente, a doença mais prevalente nos seres humanos, pelo menos entre aqueles que vivem em zonas temperadas, é uma doença viral que afeta o trato respiratório superior – o resfriado comum.

Resfriado comum

Mais de um vírus pode estar envolvido na etiologia do **resfriado comum**. Na verdade, mais de 200 vírus diferentes, membros de diversas famílias distintas, são conhecidos por causarem resfriados. A maioria dos vírus de resfriado são *Enterovirus rhinovirus* (30 a 50%), *Alphacoronavirus* (HCoV-229E, HCoV-NL63) e *Betacoronavirus* (HCoV-OC43, HCoV-HKU1

Doenças microbianas do trato respiratório superior

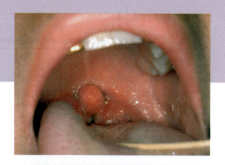

Uma membrana acinzentada na garganta é característica desta doença.

O diagnóstico diferencial para as seguintes doenças, em geral, tem como base os sintomas clínicos, e *swabs* de garganta podem ser utilizados para a cultura bacteriana. Por exemplo, um paciente apresenta-se com quadro febril e garganta vermelha e dolorida. Mais tarde, uma membrana acinzentada aparece na garganta. Bacilos gram-positivos foram cultivados a partir da membrana. Utilize a tabela a seguir para fornecer um diagnóstico diferencial e identificar as infecções que poderiam causar esses sintomas.

Doença	Patógeno	Sinais e sintomas	Tratamento
DOENÇAS BACTERIANAS			
Epiglotite	*H. influenzae*	Inflamação da epiglote	Antibióticos; manutenção das vias aéreas Prevenção: vacina contra o *Haemophilus influenzae* tipo b (Hib)
Faringite estreptocócica	*Streptococcus*, principalmente *S. pyogenes*	Membranas mucosas da garganta inflamadas	Penicilina
Febre escarlatina	Linhagens de *Streptococcus pyogenes* produtoras de toxina eritrogênica	Exotoxina estreptocócica causa vermelhidão na pele e na língua e descamação da pele afetada	Penicilina
Difteria	*C. diphtheriae*	Uma membrana acinzentada forma-se na garganta; a forma cutânea também é observada	Eritromicina e antitoxina Prevenção: vacina DTaP
Otite média	Vários agentes, especialmente *S. pneumoniae*, *H. influenzae* e *S. pyogenes*	O acúmulo de pus na orelha média provoca uma pressão dolorosa no tímpano	Antibióticos de amplo espectro, se etiologia bacteriana Prevenção: vacina pneumocócica
DOENÇAS VIRAIS			
Resfriado comum	*Enterovirus* (rinovírus), *Alphacoronavirus* HCoV-229E e HCoV-NL63, *Betacoronavirus* HCoV-OC43 e HCoV-HKU1, *Adenovirus*	Sintomas familiares de tosse, espirros e coriza	Suporte

(10 a 15%) e *Mastadenovirus* (5%). O uso da reação em cadeia da polimerase (PCR) para a detecção de DNA ou RNA viral frequentemente revela vírus de resfriado até então desconhecidos. Assim, de 20 a 30% dos vírus que causam resfriados são classificados pelos pesquisadores como desconhecidos.

A nossa tendência é acumular imunidade contra os vírus de resfriados ao longo da vida, o que pode ser um motivo pelo qual indivíduos de idade mais avançada geralmente têm menos resfriados. A imunidade é baseada na proporção de anticorpos IgA para sorotipos únicos e apresenta uma boa eficácia em curto prazo. Populações isoladas podem desenvolver uma imunidade coletiva e seus resfriados desaparecem até que um novo grupo de vírus seja introduzido.

Os sinais e sintomas do resfriado comum nos são familiares. Eles incluem espirros, secreção nasal excessiva e congestão. A infecção pode se disseminar facilmente da garganta para os seios, o trato respiratório inferior e a orelha média, provocando complicações, como laringite e otite média. O resfriado sem complicações geralmente não é acompanhado de febre. Em geral, é de interesse do vírus causador do resfriado que a pessoa afetada não fique muito doente – o hospedeiro precisa se locomover, disseminando o vírus para outras pessoas, sobretudo no muco.

Os rinovírus multiplicam-se muito bem a uma temperatura levemente abaixo da temperatura normal do corpo, como a que pode ser encontrada no trato respiratório superior, que está desprotegido em relação ao ambiente externo. Não se sabe exatamente por que o número de resfriados parece aumentar nas estações mais frias em zonas temperadas. Também não se sabe se o contato mais próximo em ambientes fechados promove a transmissão da epidemia ou se alterações fisiológicas aumentam a suscetibilidade.

Uma única partícula de rinovírus depositada na mucosa nasal geralmente é suficiente para causar um resfriado. Entretanto, existe surpreendentemente pouco consenso de como os vírus que causam o resfriado são transmissíveis para um sítio no nariz. Experimentos com cobaias e o vírus influenza demonstraram que os vírus tendem a ser carreados por gotículas de vapores de água dispersas pelo ar. No ar seco (baixa umidade), típico de baixas temperaturas, as gotículas são menores e permanecem no ar por mais tempo, facilitando a transmissão de pessoa a pessoa. Ao mesmo tempo, o ar mais frio desacelera os cílios do elevador ciliar, permitindo que as partículas virais inaladas se disseminem no trato respiratório superior.

Pesquisas demonstraram que, durante os 3 primeiros dias de um resfriado, o muco nasal apresenta uma alta concentração de vírus que se multiplicam nas células nasais. (Se o muco tem coloração esverdeada, ele apresenta muitos leucócitos, que, por sua vez, têm componentes que contêm ferro, direcionados para a destruição dos patógenos.) Os vírus no muco permanecem viáveis por pelo menos várias horas em superfícies tocadas por dedos contaminados. A sabedoria convencional é de que os vírus são provavelmente transmissíveis pelo contato das mãos com as narinas e os olhos (os ductos lacrimais comunicam-se com o nariz). A transmissão também ocorre quando os vírus que causam resfriados, presentes em gotículas de ar oriundas de tosse e espirros, depositam-se em tecidos suscetíveis do nariz e dos olhos.

O *Enterovirus* **D68 (EV-D68)** causa sintomas semelhantes aos do resfriado. Em 2014, os Estados Unidos experimentaram um surto nacional de EV-D68 associado a doenças respiratórias graves. Pequenos casos de EV-D68 têm sido relatados regularmente desde 1987. É mais provável que crianças e adolescentes sejam infectados pelo EV-D68 e adoeçam, pois ainda não têm imunidade contra exposições anteriores a esses vírus. Algumas crianças podem apresentar dificuldade em respirar, embora a maioria das pessoas se recupere em alguns dias.

Como os resfriados são causados por vírus, os antibióticos não têm utilidade no tratamento. Os sintomas podem ser aliviados por antitussígenos e anti-histamínicos, porém esses medicamentos não aceleram a recuperação. O adágio médico ainda é verdadeiro: um resfriado não tratado vai seguir seu curso normal para a recuperação em uma semana, ao passo que, com tratamento, levará 7 dias.

As doenças que afetam o trato respiratório superior estão resumidas em **Doenças em foco 24.1**.

Doenças microbianas do trato respiratório inferior

O trato respiratório inferior pode ser infectado por muitas bactérias e vírus que infectam o trato respiratório superior (ver Figura 24.2). À medida que os brônquios se tornam envolvidos, a **bronquite** ou **bronquiolite** se desenvolve. Uma complicação grave da bronquite é a **pneumonia**, na qual os alvéolos pulmonares estão envolvidos.

Doenças bacterianas do trato respiratório inferior

OBJETIVOS DE APRENDIZAGEM

24-6 Listar os agentes causadores, os sinais e sintomas, a prevenção, o tratamento preferencial e os testes de identificação laboratorial para a coqueluche e a tuberculose.

24-7 Comparar e diferenciar as sete pneumonias bacterianas discutidas neste capítulo.

24-8 Listar a etiologia, o modo de transmissão e os sinais e sintomas da melioidose.

As doenças bacterianas do trato respiratório inferior incluem a tuberculose e muitos tipos de pneumonia causados por bactérias. As doenças menos conhecidas, como a psitacose e a febre Q, também estão inclusas nessa categoria.

Coqueluche (pertússis)

A infecção pela bactéria *Bordetella pertussis* resulta na **coqueluche (pertússis)**. A bactéria *B. pertussis* é um pequeno cocobacilo gram-negativo e aeróbio obrigatório. As linhagens virulentas possuem uma cápsula polissacarídica. As bactérias fixam-se especificamente às células ciliadas da traqueia, impedindo, inicialmente, a sua ação ciliar e, em seguida, destruindo progressivamente as células (**Figura 24.6**). Isso impede o movimento do muco pelo sistema do elevador ciliar. *B. pertussis* produz diversas toxinas. A *citotoxina traqueal*, porção da parede celular da bactéria, é responsável pelos danos às células ciliadas, e a *toxina pertússis* entra na corrente sanguínea e está associada aos sintomas sistêmicos da doença.

Doença que ocorre principalmente na infância, a coqueluche pode ser bastante grave. O estágio inicial, denominado *estágio catarral*, assemelha-se a um resfriado comum. Acessos prolongados de tosse caracterizam o *estágio paroxístico*, ou segundo estágio. (O nome *pertússis* deriva do latim *per* = extensa, e *tussis* = tosse.) Quando a ação ciliar é comprometida, o muco

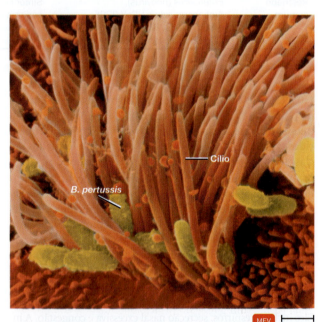

Figura 24.6 Células ciliadas do trato respiratório infectadas por *Bordetella pertussis*. As células de *B. pertussis* (em laranja) podem ser vistas crescendo sobre os cílios; por fim, elas causarão a perda das células ciliadas.

P Qual é o nome da toxina produzida por *B. pertussis* que causa a perda dos cílios?

acumula-se, e a pessoa infectada tenta desesperadamente tossir esses acúmulos de muco. A violência da tosse em crianças pequenas pode até resultar em costelas quebradas. A ânsia por ar entre as tosses causa um som uivante, daí o nome vulgar da doença (tosse comprida). Os episódios de tosse ocorrem várias vezes por dia, durante um período de 1 a 6 semanas. O *estágio de convalescença*, ou terceiro estágio, pode durar meses. Uma vez que os lactentes são menos capazes de lidar com o esforço da tosse para manter uma via aérea, ocasionalmente eles sofrem de lesões irreversíveis no cérebro.

O diagnóstico da coqueluche é baseado principalmente nos sinais clínicos e nos sintomas. O patógeno pode ser cultivado a partir de *swabs* de garganta, coletadas com o auxílio de uma alça fina, que é inserida no nariz e mantida na garganta enquanto o paciente está tossindo. A cultura do patógeno fastidioso requer muitos cuidados. Como alternativa à cultura, o método de PCR também pode ser utilizado para testar a amostra para a presença do patógeno, um procedimento requerido para o diagnóstico da doença em lactentes.

O tratamento da coqueluche com antibióticos, mais comumente eritromicina ou outros macrolídeos, não é efetivo após o início do estágio de tosse paroxístico, porém pode reduzir a transmissão.

TESTE SEU CONHECIMENTO

✔ **24-6** O outro nome da coqueluche é tosse comprida. Esse sinal é causado pelo ataque do patógeno a que tipo de célula?

Tuberculose

Na Europa, ao longo dos séculos XVII a XIX, a **tuberculose (TB)** foi responsável por cerca de 20 a 30% de todas as mortes. Isso provavelmente exerceu uma forte pressão seletiva para os genes que protegiam contra a TB nessa população. Contudo, nas últimas décadas, a coinfecção com o vírus HIV tem sido um fator importante no aumento da suscetibilidade à infecção e também na rápida progressão da infecção para a doença ativa. Outras populações que possuem risco aumentado incluem indivíduos em prisões e outras instalações superlotadas, idosos e pessoas subnutridas.

A TB é uma doença infecciosa causada por **micobactérias de crescimento lento** no grupo do complexo *Mycobacterium tuberculosis*. Esses bacilos aeróbios crescem lentamente (tempo de geração de 20 horas ou mais), muitas vezes formam filamentos e tendem a crescer em aglomerados (**Figura 24.7**). Na superfície de um meio líquido, seu crescimento parece ter a forma de um bolor, o que sugeriu o nome do gênero *Mycobacterium* (*myco* significa fungo).

Outra espécie de micobactéria neste grupo, a *Mycobacterium bovis*, é um patógeno principalmente do gado. *M. bovis* é a causa da **tuberculose bovina**, que é transmissível aos seres humanos através do leite ou de alimentos contaminados. A tuberculose bovina responde por menos de 1% dos casos de TB nos Estados Unidos. Ela raramente se dissemina entre seres humanos, mas, antes do advento da pasteurização para o leite e do desenvolvimento de métodos de controle, como o teste da tuberculina para os rebanhos bovinos, essa doença era uma forma frequente de tuberculose em seres humanos.

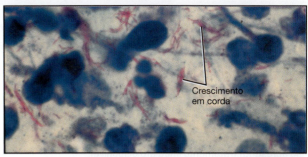

Crescimento em corda

MO ⊢⊣ 2,5 μm

Figura 24.7 *Mycobacterium tuberculosis.* O crescimento filamentoso, semelhante a um crescimento fúngico, corado em vermelho e mostrado aqui em um esfregaço de tecido pulmonar, é o responsável pelo nome do microrganismo. Sob outras condições, ele cresce como bacilos delgados individuais. Um componente ceroso da célula, o fator corda, é responsável por esse arranjo em forma de cordão. Uma injeção do fator corda causa efeitos patogênicos exatamente como aqueles causados pelos bacilos da tuberculose.

P Qual característica desta bactéria sugere o uso do prefixo *myco*?

As infecções por *M. bovis* causam uma TB que afeta principalmente os ossos ou o sistema linfático. Antigamente, uma manifestação comum desse tipo de TB era uma deformação em forma de corcunda da coluna vertebral.

As micobactérias podem causar infecções pulmonares em pacientes de meia-idade e em idosos com condições predisponentes, como infecção pelo vírus da imunodeficiência humana (HIV) ou enfisema. A maioria dessas infecções é causada por um grupo relacionado de organismos conhecidos como **micobactérias de rápido crescimento** (ver "Foco clínico" no Capítulo 5). Na população em geral, as infecções por esses patógenos são raras.

As micobactérias coradas com carbol-fucsina não podem ser descoradas com ácido ou álcool e, assim, são classificadas como *ácido-resistentes* (ver Capítulo 3). Essa característica reflete a composição incomum da parede celular que contém grandes quantidades de lipídeos contendo ácido micólico. Esses lipídeos também podem ser responsáveis pela resistência da micobactéria a estresses ambientais, como o ressecamento. De fato, essas bactérias podem sobreviver por semanas em escarro seco e são muito resistentes aos antimicrobianos químicos usados como antissépticos e desinfetantes (ver Tabela 7.7).

A TB é um exemplo especialmente interessante do balanço ecológico entre hospedeiro e parasita em uma doença infecciosa. O hospedeiro geralmente não tem conhecimento dos patógenos da TB que invadem o seu corpo e são derrotados, evento que ocorre 90% das vezes. Se as defesas imunes falham, contudo, o hospedeiro fica consciente da doença resultante. Após o tratamento com o imunossupressor prednisona, a ex-primeira-dama Eleanor Roosevelt desenvolveu uma infecção fatal por TB. Historiadores médicos especulam que seu sistema imune suprimido permitiu que uma infecção latente se tornasse ativa ou que ela adquiriu uma nova infecção que seu sistema imune não conseguiu combater.

Bioterrorismo

Os agentes biológicos foram explorados primeiro pelos exércitos e agora pelos terroristas. Atualmente, a tecnologia e o fácil acesso a viagens aumentam os possíveis danos.

História das armas biológicas

As armas biológicas – patógenos usados intencionalmente para fins hostis – não são novas. A arma biológica "ideal" é aquela que é disseminada por aerossol de maneira eficiente de um ser humano para outro, causa uma doença debilitante e não apresenta tratamento imediato disponível.

O primeiro uso registrado de uma arma biológica ocorreu em 1346 durante o cerco de Caffa, no que hoje é conhecido como Teodósia, na Ucrânia. Lá, o exército tártaro catapultou corpos infestados de peste de seus próprios soldados mortos sobre as muralhas da cidade para infectar as tropas adversárias. Os sobreviventes desse ataque introduziram a "Peste Negra" no restante da Europa, provocando a pandemia de peste de 1348-1350.

No século XVIII, cobertores contaminados com varíola foram introduzidos intencionalmente nas populações nativas americanas pelos britânicos durante a Guerra da França e da Índia. E durante a Guerra Sino-Japonesa (1937-1945), aviões japoneses lançaram caixas contendo pulgas carreando *Yersinia pestis*, o agente causador da peste, sobre a China. Em 1975, endósporos do *Bacillus anthracis* foram liberados acidentalmente de uma instalação de produção de armas biológicas em Sverdlovsk (agora Ecaterimburgo), na antiga União Soviética.

Uma cidadela na Ucrânia, local do primeiro ataque de guerra biológica conhecido na história.

Doenças selecionadas identificadas como potenciais armas biológicas	
Bacterianas	**Virais**
Antraz (*Bacillus anthracis*)	Meningite não bacteriana (arenavírus)
Psitacose (*Chlamydia psittaci*)	Doença causada por *Hantavirus*
Botulismo (toxina do *Clostridium botulinum*)	Vírus da febre hemorrágica (Ebola, Marburg, Lassa)
Tularemia (*Francisella tularensis*)	MPOX
Cólera (*Vibrio cholerae*)	Infecções pelo vírus Nipah
Peste (*Yersinia pestis*)	Varíola

Armas biológicas proibidas no século XX

As Convenções de Genebra são padrões acordados internacionalmente para a condução de guerras. Escritas na década de 1920, elas proibiram o uso de armas biológicas, mas não especificaram que o fato de possuí-las ou desenvolvê-las era ilegal. Dessa forma, as nações mais poderosas do século XX continuaram a criar armas biológicas, e os crescentes estoques representavam uma ameaça cada vez maior. Em 1975, a Convenção sobre Armas Biológicas proibiu a posse e o desenvolvimento de armas biológicas. A maioria das nações do mundo ratificou o tratado que estipulou que todas as armas biológicas existentes fossem destruídas e que as pesquisas relacionadas fossem interrompidas.

Surgimento do bioterrorismo

Infelizmente, a história das guerras biológicas não termina com a ratificação da Convenção sobre Armas Biológicas. Desde então, os principais protagonistas envolvidos nas guerras biológicas não foram nações, mas, sim, grupos e indivíduos radicais. Um dos incidentes de bioterrorismo mais divulgados ocorreu em 2001, quando cinco pessoas morreram e muitas outras foram infectadas com antraz que um pesquisador do exército enviou pelo correio em cartas.

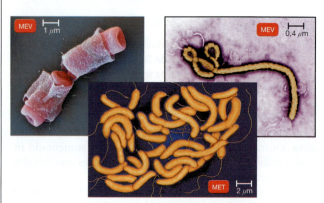

No sentido horário a partir do canto superior esquerdo: *B. anthracis*, *Ebolavirus* e *V. cholerae* são apenas alguns micróbios identificados como potenciais agentes de bioterrorismo.

Mapa mostrando a localização dos ataques de bioterrorismo com antraz em 2001.

Autoridades de saúde pública tentam enfrentar a ameaça do bioterrorismo

Um dos problemas relacionados às armas biológicas é que elas contêm organismos vivos, de modo que seu impacto é difícil de controlar ou até mesmo de ser previsto. No entanto, as autoridades de saúde pública criaram alguns protocolos para lidar com possíveis incidentes de bioterrorismo.

Novas tecnologias e técnicas para identificar armas biológicas

Monitorar a saúde pública e relatar a incidência de doenças importantes é o primeiro passo em qualquer plano de defesa do bioterrorismo. Quanto mais rápido um possível incidente for detectado, maior será a chance de contenção. Testes rápidos para detectar alterações genéticas nos hospedeiros devido às armas biológicas, antes mesmo do aparecimento dos sintomas, estão sendo desenvolvidos. Sistemas de alerta precoces, como *chips* de DNA ou células recombinantes que fluorescem na presença de uma arma biológica, também estão sendo criados.

Vacinação: uma defesa fundamental

Quando o uso de agentes biológicos é considerado uma possibilidade, militares e socorristas (profissionais de auxílio à saúde e outros) são vacinados, caso exista uma vacina para o agente suspeito. Novas vacinas estão sendo desenvolvidas, e as vacinas existentes estão sendo estocadas para uso quando necessário.

O plano atual para proteger os civis em caso de ataque com um micróbio é ilustrado pelo plano de preparação contra a varíola. Essa doença mortal foi erradicada da população, mas, infelizmente, uma amostra do vírus permanece preservada em instalações de pesquisa, o que significa que um dia ele pode ser transformado em uma arma. Não é prático vacinar todas as pessoas contra a doença. A estratégia atual do governo norte-americano após um surto confirmado de varíola inclui um "anel de contenção e vacinação voluntária". Um "anel" de indivíduos vacinados/protegidos é construído em torno do caso de infecção por bioterrorismo e seus contatos para evitar futuras transmissões.

ATENÇÃO

RISCO BIOLÓGICO

Símbolo de risco biológico.

Examinando correspondências para a presença de *B. anthracis*.

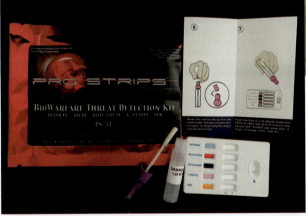

O *Pro Strips Rapid Screening System*, desenvolvido pela ADVNT Biotechnologies LLC, é o primeiro *kit* avançado multiagente de detecção de guerra biológica que testa para antraz, toxina ricínica, toxina botulínica, peste e enterotoxina B estafilocócica (SEB, de *staphylococcal enterotoxin B*).

CONCEITOS-CHAVE

- A vacinação é fundamental para prevenir a propagação de doenças infecciosas, especialmente aquelas que podem ser transformadas em armas. (**Ver Capítulo 18, "Princípios e efeitos da vacinação".**)
- Muitos organismos que poderiam ser usados como armas biológicas requerem instalações do tipo BSL-3. (**Ver Capítulo 6, "Técnicas especiais de cultura".**)
- O rastreamento da genômica do patógeno fornece informações sobre sua fonte. (**Ver Capítulo 9, "Microbiologia forense".**)

Uma trágica demonstração da variação individual em resistência foi o desastre de Lübeck, na Alemanha, em 1926. Devido a um erro, 249 bebês foram acidentalmente expostos a bactérias virulentas da TB, em vez de à vacina com linhagens atenuadas. No entanto, 76 bebês morreram e o restante não ficou gravemente doente.

A TB é mais comumente adquirida pela inalação do bacilo. Somente as partículas muito finas, contendo de 1 a 3 bacilos, alcançam os pulmões, onde geralmente são fagocitadas por um macrófago alveolar nos alvéolos pulmonares (ver Figura 24.2). Os macrófagos de pessoas saudáveis tornam-se ativados pela presença dos bacilos e, em geral, os destroem. Cerca de três quartos dos casos de TB afetam os pulmões, porém, outros órgãos também podem se tornar infectados.

Patogênese da tuberculose

A patogênese da TB é mostrada na **Figura 24.8**. Um fator importante na patogenicidade das micobactérias provavelmente consiste no fato de que os ácidos micólicos da parede celular estimulam fortemente uma resposta inflamatória no hospedeiro. A figura mostra uma situação na qual as defesas do corpo falham, e a doença progride para um desfecho fatal. Entretanto, pessoas mais saudáveis serão capazes de anular uma

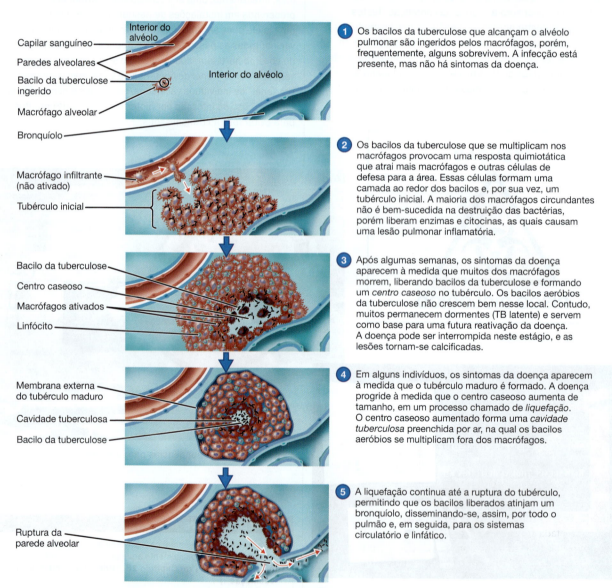

Figura 24.8 Patogênese da tuberculose. Esta figura representa a progressão da doença quando as defesas do organismo falham. Na maioria dos indivíduos saudáveis, a infecção é interrompida e a tuberculose fatal não se desenvolve.

P Quase um terço da população mundial está infectada por *M. tuberculosis*. O estudo desta figura mostra por que isso não significa que o mesmo terço da população mundial *tenha*, de fato, a tuberculose?

potencial infecção por meio dos macrófagos ativados, principalmente se a dose infectante for baixa.

①-② Se a infecção progredir, o hospedeiro isola os patógenos em uma lesão fechada, chamada de *tubérculo* (que significa protrusão ou saliência), uma característica que dá nome à doença.

③ Quando a doença é interrompida neste momento, as lesões cicatrizam lentamente, tornando-se calcificadas. Elas aparecem claramente nos filmes radiográficos e são chamadas de *complexos de Ghon*. (A tomografia computadorizada [TC] é mais sensível do que a radiografia na detecção das lesões de TB.) A bactéria pode permanecer viável por anos, casos em que a doença é chamada de **TB latente**. Esses indivíduos estão infectados com *M. tuberculosis*, mas não têm TB. O único sinal de infecção por tuberculose é uma reação positiva ao teste cutâneo de tuberculina ou ao exame de sangue para tuberculose (discutido em breve). Pessoas com infecção latente por TB não são infecciosas e não podem transmitir a infecção por TB para outras pessoas.

④ Os macrófagos alveolares ingerem e circundam os bacilos da TB, formando uma camada externa de barreira.

⑤ Se as defesas do corpo falham nesse estágio, o tubérculo rompe-se e libera bacilos virulentos nas vias aéreas do pulmão e, então, nos sistemas circulatório e linfático.

A tosse, sinal mais evidente da infecção pulmonar, também dissemina a infecção através de aerossóis contendo bactérias. O escarro pode se tornar sanguinolento à medida que os tecidos são lesionados, e, por fim, os vasos sanguíneos podem se tornar tão erodidos que se rompem, resultando em hemorragia fatal. A infecção disseminada é chamada de *tuberculose miliar* (o nome é derivado dos numerosos tubérculos do tamanho de sementes de milho que se formam nos tecidos infectados). As defesas restantes do corpo são suplantadas, e o paciente apresenta redução de peso e uma perda geral de vigor. Antigamente, a TB era conhecida pelo nome comum *tísica* (fraqueza).

Diagnóstico da tuberculose

As pessoas infectadas com tuberculose respondem com uma imunidade celular contra a bactéria. Essa forma de resposta imune, em vez da imunidade humoral, desenvolve-se porque o patógeno está localizado principalmente dentro de macrófagos. Essa imunidade, que envolve células T sensibilizadas, é a base do **teste cutâneo da tuberculina** ou *teste de Mantoux* (**Figura 24.9**), um teste de triagem para a infecção. Um teste positivo não indica necessariamente doença ativa. Nesse teste, um derivado proteico purificado da bactéria da TB (PPD, de *purified protein derivative*), obtido por precipitação de culturas em caldo e diluída para 0,1 mL de antígeno, é injetado cutaneamente. Se a pessoa injetada foi infectada com TB no passado, as células T sensibilizadas reagem a essas proteínas, e ocorre uma reação de hipersensibilidade tardia em cerca de 48 horas. Essa reação se manifesta como endurecimento e vermelhidão da área em torno do local de injeção. A área de reação da pele é medida.

Um teste de tuberculina positivo em crianças muito pequenas é uma indicação provável de um caso ativo de TB. Em pessoas mais velhas, pode indicar somente a hipersensibilidade resultante de uma infecção prévia ou vacinação, e não um

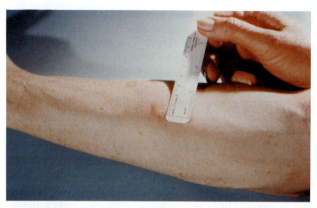

Figura 24.9 Um teste cutâneo de tuberculina positivo em um braço.

P O que indica um teste cutâneo de tuberculina positivo?

caso atualmente ativo. Contudo, é uma indicação de que exames subsequentes são necessários, como uma radiografia de tórax ou uma TC para a detecção de lesões pulmonares, além de tentativas de isolamento da bactéria.

O passo inicial no diagnóstico laboratorial de casos ativos é um exame microscópico de esfregaço, como o escarro. De acordo com o parecer médico recente, o exame microscópico, rotineiramente utilizado há 125 anos, não é capaz de detectar metade dos casos. A confirmação de um diagnóstico de TB por meio do isolamento da bactéria apresenta dificuldades, uma vez que o patógeno cresce muito lentamente. Uma colônia pode levar de 3 a 6 semanas para se formar, com o término de uma série de identificação confiável podendo levar outras 3 a 6 semanas.

Os exames de sangue medem a liberação de IFN-γ dos leucócitos após a exposição ao antígeno micobacteriano em um tubo de ensaio. Eles são os testes preferenciais para utilização em amostras de indivíduos que foram vacinados com a BCG (ver discussão sobre vacinas contra a TB a seguir).

Os testes de amplificação de ácido nucleico (NAATs, de *nucleic acid amplification tests*) podem detectar *M. tuberculosis* 1 a 2 semanas mais precocemente do que as culturas e, ao mesmo tempo, podem determinar a resistência a um dos principais antibióticos da TB, a rifampicina.

Evidências indicam que, comparados ao teste cutâneo, esses testes rápidos possuem uma maior especificidade e menos reatividade cruzada em indivíduos vacinados com a BCG. Todavia, eles não distinguem infecção latente de infecção ativa. Esses ensaios provavelmente substituirão o teste cutâneo da tuberculina para muitos fins, sobretudo em locais nos quais a reatividade cruzada com a vacina BCG representa um problema. Se pudessem ser adotados mundialmente nos centros de tratamento para a TB, eles evitariam milhões de mortes relacionadas à doença.

Tratamento da tuberculose

O primeiro antibiótico aparentemente efetivo no tratamento da TB foi a estreptomicina, introduzida em 1944. No entanto, os pesquisadores logo perceberam que a administração de estreptomicina isolada muitas vezes levava ao surgimento de cepas resistentes aos fármacos e que a terapia com vários fármacos era necessária. Hoje, esse regime geralmente inclui quatro fármacos, todos desenvolvidos décadas atrás: isoniazida, rifampicina, etambutol e pirazinamida. Eles são considerados **fármacos de primeira linha**. Se a linhagem de *M. tuberculosis* for suscetível a esses fármacos, esse regime pode levar à cura. Entretanto, mesmo o *regime curto* de tratamento da TB (existem variações no regime, que dependem da sensibilidade do organismo e de outros fatores) requer a adesão do paciente a uma terapia de no mínimo 6 meses. A probabilidade de desenvolvimento de resistência é acentuada, uma vez que muitos pacientes falham ao seguir fielmente um regime tão prolongado, o qual pode envolver cerca de 130 doses dos fármacos.

Além dos fármacos de primeira linha, existem vários **fármacos de segunda linha** que podem ser utilizados, principalmente quando se desenvolve resistência aos fármacos alternativos. Eles incluem diversos aminoglicosídeos, fluoroquinolonas, estreptomicina e o ácido *para*-aminossalicílico (PAS, de *para-aminosalicylic acid*). Esses fármacos podem ser menos efetivos do que os fármacos de primeira linha, possuir efeitos adversos tóxicos ou podem não estar disponíveis em alguns países.

O tratamento prolongado é necessário, uma vez que o bacilo da tuberculose cresce muito lentamente ou se encontra apenas dormente (o único fármaco efetivo contra o bacilo dormente é a pirazinamida), e muitos antibióticos são eficazes apenas contra as células em crescimento. Além disso, o bacilo pode permanecer escondido por longos períodos nos macrófagos ou em outros locais que são de difícil alcance para os antibióticos.

Não surpreendentemente, surgiram problemas relacionados a casos de TB causados por linhagens com **resistência a múltiplos fármacos** (MDR, de *multi-drug-resistant*). Essas linhagens são definidas como resistentes aos dois fármacos de primeira linha mais efetivos, a isoniazida e a rifampicina. Além disso, também surgiram linhagens que são resistentes aos fármacos de segunda linha, considerados mais efetivos, como qualquer fluoroquinolona, e a pelo menos um dos três fármacos injetáveis de segunda linha, como os aminoglicosídeos amicacina ou canamicina, bem como o polipeptídeo capreomicina. Esses casos, definidos como **extensamente resistentes a múltiplos fármacos** (XDR, de *extensively drug-resistant*), são praticamente intratáveis e estão emergindo globalmente. Uma consideração adicional é que entre 30 e 90% das pessoas com TB também são HIV-positivo, ou seja, apresentam danos complementares ao sistema imune. Em um estudo, todos os pacientes que se mostraram positivos tanto para HIV quanto para tuberculose XDR morreram 3 meses após o diagnóstico.

Obviamente, existe uma necessidade urgente de novos fármacos efetivos para o tratamento da TB, sobretudo para os casos XDR. Em 2019, a pretomanida foi aprovada para o tratamento da XDR-TB.

Testes de suscetibilidade a fármacos

Métodos baseados em cultura em meios sólidos para testes de suscetibilidade a fármacos podem levar de 4 a 8 semanas para a obtenção dos resultados finais. No entanto, *M. tuberculosis* cresce mais rápido em meio líquido. Esses ensaios são úteis simultaneamente para o diagnóstico e para a determinação da suscetibilidade a antimicrobianos. O ensaio de observação microscópica de suscetibilidade a antimicrobianos (MODS,

de *microscopic-observation drug-susceptibility assay*) é baseado na observação direta do típico crescimento em corda (ver Figura 24.7) de *M. tuberculosis* em culturas líquidas, requer apenas 6 a 8 dias e tem um custo relativamente baixo. A determinação da suscetibilidade à rifampicina pode ser considerada um marcador potencial para a resistência a outros antimicrobianos. Lembre-se de que os NAATs também testam rapidamente para a resistência à rifampicina. Os pesquisadores estão tentando desenvolver NAATs para se determinar a resistência a outros fármacos anti-TB de primeira e segunda linhas. O maior obstáculo é que a maior parte da resistência aos fármacos, além da resistência à rifampicina, não se deve a um único gene. Um teste, o MTBDRsl, identifica a resistência às fluoroquinolonas.

Vacinas contra a tuberculose

A **vacina BCG** é uma cultura viva de *M. bovis* que foi tornada avirulenta por meio de um longo cultivo em meios artificiais. (BCG significa bacilo de Calmette e Guérin, os cientistas franceses que originalmente isolaram a linhagem.) A vacina BCG está disponível desde a década de 1920 e é uma das mais usadas em todo o mundo. Em 1990, foi estimado que 70% das crianças em idade escolar em todo o mundo a receberam. Nos Estados Unidos, contudo, ela é recomendada atualmente apenas para certas crianças em alto risco que apresentam testes cutâneos negativos. As pessoas que receberam a vacina apresentam uma reação positiva aos testes de tuberculina. Isso sempre foi um argumento contra seu uso disseminado nos Estados Unidos. Outro argumento contra a administração universal da BCG é sua eficácia irregular. A experiência mostra que ela é bastante eficaz quando administrada em crianças pequenas, mas em adolescentes e adultos, algumas vezes, a eficácia aproxima-se do zero. Além disso, descobriu-se que crianças infectadas pelo HIV, o público-alvo que mais necessita dessa vacina, frequentemente desenvolverão uma infecção fatal a partir da vacina BCG. Estudos recentes indicam que a exposição a membros do complexo *M. avium*, encontrados com frequência no meio ambiente, pode interferir na eficácia da vacina BCG – o que pode explicar o motivo de a vacina ser mais efetiva na fase inicial da vida, antes de uma ampla exposição a essas micobactérias ambientais. Uma série de novas vacinas está em fase experimental, porém exigirão um grande número de amostras humanas para testes e vários anos de acompanhamento para avaliação.

Incidência mundial da tuberculose

A TB emergiu como uma pandemia global (**Figura 24.10a**). Estima-se que mais de 10 milhões de pessoas desenvolvam TB ativa a cada ano e que as infecções resultem em aproximadamente 2 milhões de mortes anualmente. (Em todo o mundo, a incidência da TB *per capita* está reduzindo em cerca de 1% ao ano. Contudo, a população mundial está crescendo cerca de 2% ao ano – portanto, o número total de novos casos de TB ainda está aumentando.) Provavelmente, um terço da população mundial possui TB latente. Além disso, HIV e TB são quase inseparáveis, e a TB é a principal causa direta de morte na maior parte da população mundial infectada pelo HIV.

A incidência de TB nos Estados Unidos tem diminuído constantemente por décadas (ver Figura 14.11c). A incidência foi de aproximadamente 3 casos a cada 100 mil pessoas

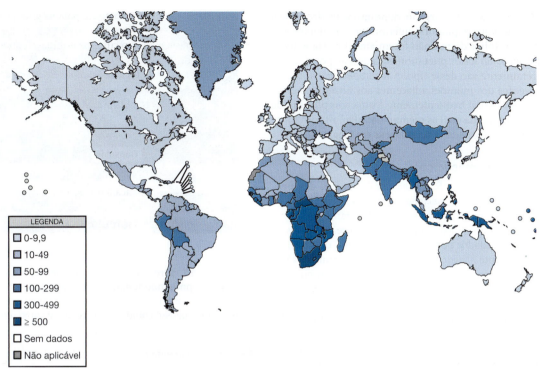

(a) Incidência estimada da tuberculose no mundo em 2021, por 100 mil habitantes

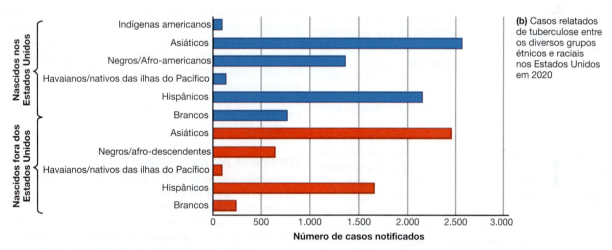

(b) Casos relatados de tuberculose entre os diversos grupos étnicos e raciais nos Estados Unidos em 2020

Figura 24.10 Distribuição da tuberculose. **(a)** Tuberculose no mundo. **(b)** Tuberculose nos Estados Unidos. Taxas entre vários grupos raciais e étnicos dos Estados Unidos.

Fonte: Organização Mundial de Saúde (OMS), 2022; CDC 2022.

P **Como a tuberculose pode ser eliminada?**

nos últimos anos, com dois terços dos casos ocorrendo entre pessoas nascidas fora dos Estados Unidos (Figura 24.10b).*

Pneumonias bacterianas

O termo *pneumonia* se aplica a muitas infecções pulmonares, a maioria das quais causadas por bactérias. A pneumonia causada por *S. pneumoniae* é a mais comum, cerca de dois terços dos casos, sendo, portanto, denominada *pneumonia típica*. O *Staphylococcus aureus* causa cerca de 3% das pneumonias adquiridas na comunidade, mas é o responsável pela maioria dos casos de pneumonia associados aos cuidados de saúde. As pneumonias causadas por outros microrganismos, os quais podem incluir fungos, protozoários, vírus e outras bactérias, sobretudo micoplasma, são chamadas de *pneumonias atípicas*. Essa distinção está se mostrando cada vez menos precisa na prática.

---

*N. de R.T. No Brasil, são notificados aproximadamente 80 mil casos novos a cada ano, e ocorrem cerca de 5,5 mil mortes anuais em decorrência da tuberculose.

As pneumonias também são denominadas de acordo com a parte do trato respiratório inferior que elas afetam. Por exemplo, se os lobos do pulmão forem afetados, ela é denominada *pneumonia lobar*; pneumonias causadas por *S. pneumoniae* geralmente são desse tipo. A *broncopneumonia* indica que os alvéolos dos pulmões adjacentes aos brônquios estão infectados. A *pleurisia* frequentemente é uma complicação de várias pneumonias, na qual as membranas pleurais tornam-se dolorosamente inflamadas. (Ver **Doenças em foco 24.2**.)

Pneumonia pneumocócica

A pneumonia causada por *S. pneumoniae* é chamada de **pneumonia pneumocócica**. *S. pneumoniae* é uma bactéria ovoide gram-positiva (**Figura 24.11**). Esse micróbio também é uma causa comum de otite média, meningite e sepse. Os pares de células são circundados por uma cápsula densa, que torna o patógeno resistente à fagocitose. Essas cápsulas também são a base da diferenciação sorológica dos pneumococos em pelo menos 90 sorotipos. A maioria das infecções humanas é causada por apenas 23 variantes, e estas são a base das vacinas atuais.

A pneumonia pneumocócica envolve ambos os brônquios e os alvéolos pulmonares (ver Figura 24.2). Os sinais e sintomas incluem febre alta, dificuldade de respirar e dor torácica. (Em geral, as pneumonias atípicas têm um início mais lento e apresentam menos febre e dor torácica.) Os pulmões têm um aspecto avermelhado, pois os vasos sanguíneos estão dilatados. Em resposta à infecção, os alvéolos enchem-se com algumas hemácias, neutrófilos (ver Tabela 16.1) e fluido dos tecidos circundantes. O escarro frequentemente tem cor de ferrugem, devido ao sangue proveniente dos pulmões, vindo com a tosse. Os pneumococos podem invadir a corrente sanguínea, a cavidade pleural que circunda o pulmão e, ocasionalmente, as meninges. Nenhuma toxina bacteriana foi relacionada claramente à patogenicidade.

Um diagnóstico presuntivo pode ser feito por meio do isolamento do pneumococo a partir de amostras de garganta, escarro e outros fluidos. Os pneumococos podem ser diferenciados de outros estreptococos α-hemolíticos observando-se a inibição do crescimento próximo a um disco de optoquina (cloridrato de etil-hidrocupreína) ou realizando-se um teste de solubilidade em bile. Um teste de aglutinação indireta em látex (ver Figura 18.7), que detecta um antígeno capsular de *S. pneumoniae* na urina, pode ser realizado dentro do consultório médico e, com 93% de acurácia, pode-se realizar um diagnóstico em 15 minutos.

Existem muitos portadores saudáveis de pneumococos. A virulência das bactérias parece ser baseada principalmente na resistência do portador, que pode ser reduzida pelo estresse. Muitas doenças de adultos mais idosos terminam em pneumonia pneumocócica.

Uma recidiva de pneumonia pneumocócica não é incomum, mas os tipos sorológicos geralmente são diferentes. Antes da quimioterapia se tornar disponível, a taxa de mortalidade era superior a 25%. Atualmente, esses números foram reduzidos para 5 a 7%. Cerca de 90% das 200 mil infecções anuais ocorrem em adultos.

A resistência a antibióticos é um problema frequente. O tratamento geralmente começa com uma cefalosporina de

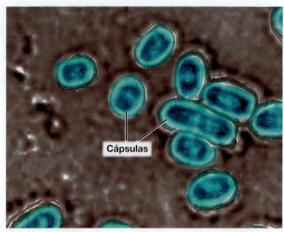

 1 μm

Figura 24.11 *Streptococcus pneumoniae*, **a causa da pneumonia pneumocócica.** Alguns dos cocos mostrados na foto estão sofrendo divisão e aparecem como células ovais estendidas. A cápsula proeminente aparece como um contorno brilhante.

P **Qual componente da célula é o principal antígeno?**

amplo espectro até que o teste de sensibilidade aos antibióticos seja realizado (ver Figura 20.17). Os possíveis medicamentos incluem β-lactâmicos, macrolídeos ou fluoroquinolonas.

A vacina pneumocócica é eficaz na prevenção da infecção por 23 sorotipos pneumocócicos. Ela também apresentou um efeito coletivo indireto, mostrado pela redução de outras doenças, como a otite média, atribuída aos pneumococos. A vacina pneumocócica polissacarídica, recomendada para pessoas com asma e idosos, protege contra 23 cepas da bactéria.

Pneumonia por *Haemophilus influenzae*

Haemophilus influenzae é um cocobacilo gram-negativo, e uma coloração de Gram do escarro é capaz de diferenciar esse tipo de pneumonia da pneumonia pneumocócica. Crianças menores de 5 anos e adultos com mais de 65 anos correm maior risco de infecção. A vacina contra o Hib reduziu a incidência em crianças em 99%. Na identificação diagnóstica do patógeno, é utilizado um meio especial que determina a necessidade dos fatores X e V (ver Capítulo 11). As cefalosporinas de terceira geração são resistentes às β-lactamases produzidas por muitas linhagens de *H. influenzae* e, portanto, são geralmente os antimicrobianos de escolha.

Pneumonia por micoplasma

Os micoplasmas, que não possuem paredes celulares, não crescem sob as condições normalmente usadas na recuperação da maioria dos patógenos bacterianos. Devido a essa característica, as pneumonias causadas por micoplasma frequentemente são confundidas com pneumonias virais.

A bactéria *Mycoplasma pneumoniae* é o agente causador da **pneumonia por micoplasma**. Esse tipo de pneumonia foi inicialmente descoberto quando essas infecções atípicas

Pneumonias bacterianas comuns

A pneumonia é a principal causa de adoecimento e morte entre crianças em todo o mundo e a sétima causa de morte nos Estados Unidos. Ela pode ser causada por uma variedade de vírus, bactérias e fungos. Para se confirmar que uma bactéria está causando uma pneumonia, ela é isolada em culturas de sangue ou, em alguns casos, de aspirados pulmonares.

Um homem de 27 anos, com histórico de asma, foi hospitalizado com um histórico de 4 dias de tosse progressiva e 2 dias apresentando picos de febre. Cocos gram-positivos aos pares foram isolados em cultura a partir de uma amostra de sangue. Utilize a tabela a seguir para identificar as infecções que poderiam causar esses sintomas.

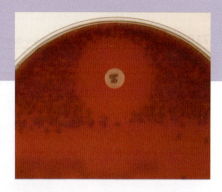

Um teste de inibição da optoquina da bactéria cultivada em ágar-sangue.

Doença	Patógeno	Sinais e sintomas	Reservatório	Diagnóstico	Tratamento
Pneumonia pneumocócica	*Streptococcus pneumoniae*	Os alvéolos infectados dos pulmões se enchem de fluidos; interferência no aporte de oxigênio	Seres humanos	Teste de inibição da optoquina positivo ou teste de solubilidade em bile; presença de antígeno capsular	β-lactâmicos, macrolídeos Prevenção: vacina pneumocócica
Pneumonia por *H. influenzae*	*Haemophilus influenzae*	Sinais e sintomas se assemelham à pneumonia pneumocócica	Seres humanos	Isolamento; meio para requerimentos nutricionais especiais	Cefalosporinas Prevenção: Vacina Hib
Pneumonia por micoplasma	*Mycoplasma pneumoniae*	Sinais e sintomas respiratórios leves, porém persistentes; febre baixa, tosse e cefaleia	Seres humanos	Isolamento das bactérias	Tetraciclinas
Legionelose	*Legionella pneumophila*	Pneumonia potencialmente fatal	Água	Cultura em meio seletivo	Azitromicina
Psitacose (ornitose)	*Chlamydia psittaci*	Os sinais e sintomas, se existirem, são febre, cefaleia e calafrios	Aves	Cultura bacteriana ou PCR	Tetraciclinas
Pneumonia por clamídia	*Chlamydia pneumoniae*	Doença respiratória leve; semelhante à pneumonia por micoplasma	Seres humanos	PCR	Azitromicina
Febre Q	*Coxiella burnetti*	Doença respiratória leve com duração de 1 a 2 semanas; complicações ocasionais, como a endocardite, podem ocorrer	Grandes mamíferos; pode ser transmitida pelo leite não pasteurizado	Aumento no título de anticorpos	Doxiciclina e cloroquina

responderam às tetraciclinas, indicando que o patógeno não era viral. A pneumonia por micoplasma é um tipo comum de pneumonia em jovens adultos e crianças. Ela pode ser responsável por cerca de 20% das pneumonias, embora não seja uma doença notificável. Os sinais e sintomas, que persistem por 3 semanas ou mais, incluem febre baixa, tosse e cefaleia. Ocasionalmente, eles são graves o suficiente para conduzir à hospitalização. Outras designações para a doença são *pneumonia atípica primária* (i. e., a pneumonia mais comum não causada pelo pneumococo) e *pneumonia ambulante*.

Quando isoladas de amostras de garganta e de escarro em um meio contendo soro equino e extrato de levedura, alguns formam colônias distintas com aspecto de "ovo frito"

(**Figura 24.12**). As colônias são tão pequenas que devem ser observadas com ampliação. Os micoplasmas apresentam aspecto altamente variado, pois não possuem paredes celulares (ver Figura 11.24).

O diagnóstico baseado na recuperação dos patógenos pode não ser útil no tratamento, pois podem ser necessárias até 3 semanas ou mais para que os organismos de crescimento lento se desenvolvam. Testes rápidos de PCR estão disponíveis, entretanto eles são dispendiosos.

O tratamento com antibióticos, como as tetraciclinas, normalmente induz o desaparecimento dos sintomas, porém não elimina as bactérias, as quais são carreadas pelos pacientes por muitas semanas.

MO |—— 175 μm

Figura 24.12 Colônias de *Mycoplasma pneumoniae*, a causa da pneumonia por micoplasma.

P **Essas colônias poderiam ser vistas sem aumento?**

Legionelose

A **legionelose**, ou **doença do legionário**, recebeu atenção pública pela primeira vez em 1976, quando uma série de mortes ocorreu entre membros da Legião Americana que haviam participado de uma reunião na Filadélfia. Uma vez que nenhuma causa bacteriana óbvia foi encontrada, as mortes foram atribuídas a uma pneumonia viral. Uma investigação cuidadosa, principalmente por meio de técnicas direcionadas para a localização de riquétsias, eventualmente identificou uma bactéria previamente desconhecida, um bastonete aeróbio gram-negativo, atualmente conhecido como *Legionella pneumophila*, capaz de se replicar no interior de macrófagos. Mais de 60 espécies de *Legionella* já foram identificadas até o momento; nem todas causam doenças.

A doença é caracterizada por uma febre alta de 40,5 °C, tosse e sinais e sintomas gerais de pneumonia. Não parece haver transmissão interpessoal. Estudos recentes mostraram que a bactéria pode ser facilmente isolada de fontes de água naturais. Além disso, os micróbios podem crescer na água das torres de resfriamento de ar-condicionado, o que pode significar que algumas epidemias em hotéis, distritos comerciais urbanos e hospitais tenham sido causadas pela transmissão pelo ar. Surtos recentes foram rastreados até banheiras de hidromassagem, umidificadores, chuveiros, fontes decorativas e até mesmo terra para cultivo.

O organismo também foi encontrado habitando os encanamentos de água de muitos hospitais. A maioria dos hospitais mantém a temperatura das tubulações de água quente relativamente baixa (43 a 55 °C) como medida de segurança, e, nas partes mais frias do sistema, isso mantém inadvertidamente uma boa temperatura de crescimento para a *Legionella*. Essa bactéria é consideravelmente mais resistente ao cloro que a maioria das outras bactérias e pode sobreviver por longos períodos em água com baixo nível de cloração. Evidências indicam que a *Legionella* existe principalmente em biofilmes, que são altamente protetores. As bactérias, com frequência, são ingeridas por amebas transmissíveis pela água, quando

presentes, mas continuam a proliferar e podem até mesmo sobreviver dentro de amebas encistadas. O método mais bem-sucedido de desinfecção da água em hospitais que precisam controlar a contaminação por *Legionella* tem sido a instalação de sistemas de ionização por cobre-prata.

A doença parece ter sido sempre muito comum, quando não era diagnosticada. Mais de 5 mil casos são relatados a cada ano, mas a incidência real é estimada em mais de 25 mil casos por ano. Homens com idade superior a 50 anos são mais propensos a contrair legionelose, sobretudo fumantes ou pessoas cronicamente doentes (ver quadro **Foco clínico**).

L. pneumophila também é a responsável pela **febre de Pontiac**, que, essencialmente, é outra forma de legionelose. Seus sintomas incluem febre, dores musculares e, geralmente, tosse. A condição é leve e autolimitada. Durante surtos de legionelose, pode haver ocorrência de ambas as formas.

O melhor método diagnóstico consiste na cultura em um meio seletivo contendo extrato de levedura e carvão. Testes sorológicos para se detectar o antígeno O na urina estão disponíveis; no entanto, esses testes detectam apenas um sorogrupo. A azitromicina e outros antibióticos macrolídeos são os antimicrobianos de escolha para o tratamento.

Psitacose (ornitose)

O termo **psitacose** é derivado da associação da doença com aves psitacídeas, como periquitos e papagaios. Descobriu-se, posteriormente, que a doença também pode ser contraída de muitas outras aves, como pombos, galinhas, patos e perus. Assim, o termo mais geral, **ornitose**, entrou em uso.

O agente causador é a *Chlamydia psittaci*, uma bactéria gram-negativa intracelular obrigatória. Uma das diferenças entre as clamídias e as riquétsias, que também são bactérias intracelulares obrigatórias, é que as clamídias formam pequenos **corpúsculos elementares** como parte de seu ciclo de vida (ver Figura 11.15). Ao contrário da maioria das riquétsias, os corpos elementares são resistentes ao estresse ambiental; assim, podem ser transmissíveis pelo ar e não requerem uma mordedura para transferir o agente infeccioso diretamente de um hospedeiro para outro.

A psitacose é uma forma de pneumonia que, em geral, provoca febre, tosse, cefaleia e calafrios. Infecções subclínicas são muito comuns, e o estresse parece aumentar a suscetibilidade à doença. Desorientação, ou mesmo *delirium* em alguns casos, indicam que o sistema nervoso pode estar envolvido.

A doença raramente é transmissível de um ser humano para outro, mas normalmente é disseminada pelo contato com fezes e outras secreções de aves. Um dos modos de transmissão mais comuns consiste na inalação de partículas secas de fezes. As aves em si com frequência têm diarreia, penas arrepiadas, doença respiratória e um aspecto geralmente letárgico. Normalmente (mas nem sempre), os periquitos e outros psitacídeos vendidos comercialmente estão livres da doença. Muitas aves transportam o patógeno em seu baço sem sintomas, adoecendo somente quando estressadas. Os funcionários de lojas de animais e pessoas envolvidas na criação de perus apresentam um maior risco de contrair a doença (ver "Caso clínico").

A psitacose é diagnosticada por meio do isolamento da bactéria em ovos embrionados ou em cultura de células. A PCR pode ser usada na identificação das espécies de *Chlamydia*. Não existe uma vacina disponível, porém as tetraciclinas são antibióticos efetivos para o tratamento de seres humanos e animais. A imunidade efetiva não resulta da recuperação, mesmo quando altos títulos de anticorpo estão presentes no soro.

A cada ano, menos de 100 casos de psitacose e poucas mortes são relatados nos Estados Unidos. O principal risco é o diagnóstico tardio. Antes da antibioticoterapia se tornar disponível, a taxa de mortalidade era de cerca de 15 a 20%. *C. psittaci* é listada pelo Centers for Disease Control and Prevention (CDC) como uma potencial arma de bioterrorismo (ver **Visão geral**).

Pneumonia por clamídia

Descobriu-se que surtos de uma doença respiratória em populações de estudantes universitários haviam sido causados por um organismo clamidial. Originalmente, o patógeno era considerado uma linhagem de *C. psittaci*, mas atualmente recebe o nome de *Chlamydia pneumoniae*, e a doença é conhecida como **pneumonia por clamídia**. Clinicamente, ela é semelhante à pneumonia por micoplasma. (Também existe uma forte evidência de que *C. pneumoniae* seja um fator contribuinte para o desenvolvimento de aterosclerose, a deposição de gorduras que obstrui artérias.)

A doença aparentemente é transmissível de uma pessoa para outra, provavelmente pela via respiratória. Quase metade da população dos Estados Unidos tem anticorpos contra o organismo, uma indicação de que essa é uma doença comum. A PCR é o método diagnóstico preferencial, pois o cultivo da bactéria é lento e os testes sorológicos não distinguem as espécies. O antibiótico mais efetivo é a azitromicina.

Febre Q

Em 2015, seis americanos foram diagnosticados com febre Q após serem injetados com células fetais de ovelha na Alemanha. Esse xenotransplante tem alegações infundadas de melhorar a vitalidade (antienvelhecimento). A febre Q foi descrita pela primeira vez na Austrália em meados da década de 1930, quando emergiu uma pneumonia semelhante à gripe, anteriormente não relatada. Na ausência de uma causa óbvia, a aflição foi rotulada de **febre Q** (de *query*, "para consulta"), o mesmo que dizer "febre X". O agente causador foi posteriormente identificado como a bactéria parasita intracelular obrigatória *Coxiella burnetii* (**Figura 24.13a**). Ela é classificada como um membro das gamaproteobactérias. *Coxiella* tem a capacidade de se multiplicar intracelularmente. A maioria das bactérias intracelulares, como as riquétsias, não é resistente o suficiente à dessecação para sobreviver à transmissão aérea, mas esse microrganismo é uma exceção.

A febre Q apresenta uma ampla variedade de sintomas clínicos, e testes sistemáticos mostram que cerca de 60% dos casos nem chegam a ser sintomáticos. Casos de *febre Q aguda* geralmente apresentam como sintomas febre alta, calafrios, cefaleia, dores musculares e tosse. Uma sensação de indisposição pode persistir por meses. O coração também é envolvido

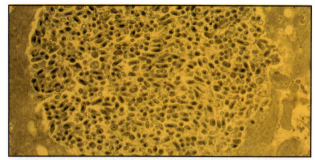

(a) Massas de *Coxiella burnetii* crescendo em uma célula placentária.

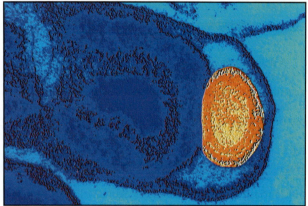

(b) Esta célula acabou de se dividir; observe o corpo semelhante a um endósporo em laranja, o qual provavelmente é responsável pela resistência do organismo ao calor e ao ressecamento.

Figura 24.13 *Coxiella burnetti*, o agente causador da febre Q.

P Quais os dois métodos de transmissão da febre Q?

em cerca de 2% dos pacientes agudos e é responsável pelas raras fatalidades. Em casos de *febre Q crônica*, a manifestação mais conhecida é a endocardite (ver Capítulo 23). Um período de 5 a 10 anos pode se passar entre a infecção inicial e o aparecimento de endocardite, e, uma vez que esses pacientes mostram poucos sinais de doença aguda, a associação com a febre Q com frequência é desconsiderada. A antibioticoterapia e o diagnóstico precoce têm diminuído a taxa de mortalidade da febre Q crônica para menos de 5%.

A *C. burnetii* é um parasita de vários artrópodes, sobretudo os carrapatos do gado, e é transmissível entre os animais pelas picadas de carrapatos. Os animais infectados incluem gado, cabras e ovelhas, bem como a maioria dos animais mamíferos domésticos. A infecção em animais geralmente é subclínica. O carrapato do gado dissemina a doença entre o rebanho leiteiro, e os micróbios são disseminados nas fezes, no leite e na urina do gado infectado. Uma vez que a doença esteja estabelecida no rebanho, ela é mantida pela transmissão por aerossóis. A doença é transmitida aos humanos pela ingestão de leite não pasteurizado e pela inalação de aerossóis de micróbios gerados em celeiros de laticínios.

Quando os sinais e sintomas da família pioraram, Camila marcou uma consulta com o Dr. Ferreira, o médico da família. Devido aos sintomas respiratórios da família, o Dr. Ferreira solicita uma radiografia de tórax, que confirma a pneumonia lobar em Camila, Arthur e Lucas. No consultório médico, as crianças contam para o Dr. Ferreira sobre Polly e sobre o quanto elas sentem falta de sua calopsita de estimação. O Dr. Ferreira, reconhecendo que calopsitas são aves psitacídeas, coleta uma amostra de sangue para teste de anticorpos, prescreve tetraciclina e pede a todos que retornem dentro de 1 mês para a coleta de amostras de soro convalescente.

Por que o Dr. Ferreira deseja testar os soros?

Parte 1 | **Parte 2** | Parte 3 | Parte 4 | Parte 5 | Parte 6

A inalação de um único patógeno é suficiente para causar infecção, e muitos funcionários de fábricas de laticínios têm adquirido pelo menos infecções subclínicas. Os funcionários de frigoríficos, fábricas de processamento de carne e curtumes também estão sob risco. A temperatura de pasteurização do leite, que originalmente visava a eliminar os bacilos da TB, foi ligeiramente elevada, em 1956, para assegurar a eliminação de *C. burnetii*. Em 1981, foi descoberto um corpúsculo semelhante a um endósporo, o qual pode ser o responsável por essa resistência ao calor e à dessecação (Figura 24.13b). Esse corpo de resistência é mais semelhante ao corpo elementar das clamídias que aos endósporos bacterianos típicos.

O diagnóstico é baseado em um número crescente de anticorpos contra a *Coxiella*. A febre Q aguda pode ser diagnosticada por meio de uma PCR do sangue do paciente. O patógeno pode ser isolado em ovos embrionados de galinha ou em cultura de células. Para o teste do soro dos pacientes em laboratório, podem ser usados testes sorológicos para a identificação de anticorpos específicos anti-*Coxiella*.

Uma doença encontrada em todo o mundo, a maioria dos 150 a 200 casos anuais de febre Q dos Estados Unidos ocorre nos estados ocidentais. A doença é endêmica na Califórnia, no Arizona, no Oregon e em Washington. Uma vacina para pessoas que trabalham em laboratório e outras pessoas sob alto risco está disponível. A doxiciclina tem sido recomendada para o tratamento. O crescimento de *C. burnetii* no interior de macrófagos durante a infecção crônica confere à bactéria resistência ao fármaco, e a atividade bactericida pode ser restaurada por meio da combinação de doxiciclina e cloroquina, um antimalárico. A cloroquina eleva o pH do fagossomo, aumentando a eficiência da doxiciclina.

Melioidose

Em 1911, uma nova doença foi relatada entre pessoas viciadas e usuários de drogas injetáveis em Yangon, Mianmar. O patógeno bacteriano, *Burkholderia pseudomallei*, é um bastonete gram-negativo antigamente classificado no gênero *Pseudomonas*. Esse patógeno se assemelhava bastante à bactéria causadora do mormo, uma doença de cavalos. Portanto, a doença foi chamada de **melioidose**, do grego *melis* (doença dos asnos) e *eidos* (semelhante a). Ela atualmente é reconhecida como uma das principais doenças infecciosas nas regiões tropicais do mundo,

onde o patógeno está amplamente distribuído em solos úmidos. Cerca de 165 mil casos ocorrem anualmente.

Do ponto de vista clínico, a melioidose é mais comumente vista como uma pneumonia. A mortalidade ocorre a partir da disseminação da bactéria, manifestando-se como choque séptico. A taxa de mortalidade no Sudeste Asiático é de cerca de 50% e, na Austrália, aproxima-se de 20%. Entretanto, a melioidose pode se manifestar como abscessos em vários tecidos do corpo, que se assemelham à fascite necrosante (ver Figura 21.8), como sepse grave e até mesmo como encefalite. A transmissão ocorre principalmente por inalação, mas vias alternativas de infecção consistem na inoculação por meio de ferimentos por perfuração e na ingestão. Os períodos de incubação podem ser muito longos; assim, casos ocasionais de início tardio ainda podem surgir. Surtos de melioidose foram relatados na Ásia nos últimos anos, levantando a preocupação de que a doença pudesse se espalhar para outros países. Por exemplo, um surto foi relatado em Taiwan após o devastador tufão de 2010. Em 2021, um conjunto de 4 casos nos Estados Unidos foi associado a um produto importado de aromaterapia.

O Dr. Ferreira suspeita de psitacose, devido à evidência de doença respiratória e da exposição recente a uma calopsita. Todos da família estão se sentindo bem ao retornarem ao consultório para a coleta do soro convalescente no mês seguinte. Os resultados do teste de anticorpo fluorescente (AF) indireto das amostras de soro são mostrados a seguir.

Membro da família	Título contra *C. psittaci*	
	Soro agudo	Soro convalescente
Camila	0	0
Arthur	32	16
Gabi	64	32
Lucas	64	32
Léo	128	64

O que esses dados indicam?

Parte 1 | Parte 2 | **Parte 3** | Parte 4 | Parte 5 | Parte 6

O diagnóstico normalmente é realizado por meio do isolamento do patógeno a partir de fluidos corporais. Testes sorológicos em áreas endêmicas são problemáticos, devido a uma ampla exposição a uma bactéria similar não patogênica. Um teste rápido de PCR é usado por laboratórios de saúde pública. A eficácia do tratamento com antibióticos é incerta; o mais comumente utilizado é a ceftazidima, um antibiótico β-lactâmico, porém podem ser necessários meses de tratamento.

TESTE SEU CONHECIMENTO

✔ **24-7** Qual grupo de patógenos bacterianos causa a doença informalmente denominada "pneumonia ambulante"?

✔ **24-8** A bactéria causadora da melioidose em seres humanos também causa uma doença em cavalos. Como essa doença é conhecida?

Surto

Neste quadro, você encontrará uma série de questões que os epidemiologistas se perguntam quando tentam resolver um problema clínico. Tente responder a cada questão como se você fosse um epidemiologista.

1. Jerry, um homem de 64 anos, procurou o seu médico de cuidados primários, queixando-se de febre, indisposição e tosse. Suas vacinas estão em dia, incluindo a DTaP. Sua condição piorou ao longo de alguns dias; ele apresenta dificuldade para respirar e sua temperatura atingiu os 40,4 °C. Ele é hospitalizado, e seus pulmões apresentam sinais de uma inflamação branda com uma secreção fina e aquosa. Uma coloração de Gram das bactérias isoladas do paciente é mostrada na fotografia.

Quais doenças são possíveis?

2. No mesmo dia, Antônio, um homem de 57 anos, vai até o departamento de emergência apresentando dispneia, fadiga e tosse. No dia anterior, ele tinha tido febre e calafrios, com temperatura corporal máxima de 38,6 °C.

Quais testes adicionais você solicitaria para ambos os pacientes?

3. PCR, culturas laboratoriais e testes sorológicos devem ser realizados para ambos os pacientes. Ambos apresentaram um título de anticorpos > 1.024 para *L. pneumophila* sorogrupo 1. O departamento de saúde local foi contatado, uma vez que 2 pacientes foram hospitalizados com legionelose.

O que você precisa saber agora?

4. Ambos os pacientes devem ser questionados sobre possíveis viagens recentes e, em caso afirmativo, sobre o destino. Uma semana antes da hospitalização, os pacientes estiveram no mesmo hotel em um intervalo de um dia de estadia. Sete casos adicionais de legionelose foram identificados em outros hospitais. Um questionário de acompanhamento foi fornecido a todos os nove pacientes, a fim de se analisar a viagem que precedeu a doença, incluindo localização, acomodações, datas e informações sobre exposição a fontes comuns de infecção (ver tabela).

Quais são as prováveis fontes de infecção?

5. A legionelose epidêmica geralmente resulta da exposição de indivíduos suscetíveis a aerossóis gerados por uma fonte ambiental de água contaminada com *Legionella*.

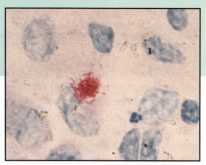

Coloração de Gram mostrando bactérias dentro de uma amostra de tecido.

Por que é importante identificar a fonte?

6. Uma identificação retrospectiva de casos possibilita que sejam feitos esforços de controle e tratamento. *L. pneumophila* do mesmo tipo do anticorpo monoclonal foi recuperado de tanques de estocagem de água quente, torres de resfriamento, chuveiros e válvulas nos quartos ocupados pelos pacientes e hóspedes.

Por que outros hóspedes do hotel não ficaram doentes?

7. Durante surtos, as taxas de ataque tendem a ser mais altas em grupos de risco específicos, incluindo adultos mais velhos, fumantes e pessoas imunocomprometidas.

Quais são as suas recomendações para remediar o problema?

Desinfetar chuveiros e torneiras com água sanitária. Limpar o filtro do *spa* e hiperclorar o sistema de água potável.

Os hotéis têm sido locais comuns de ocorrência de surtos de legionelose desde que a doença foi reconhecida pela primeira vez entre hóspedes de um hotel na Filadélfia, em 1976.

Fonte: Adaptado de *MMWR* 70(20), 733-738. 21 de maio de 2021.

Histórico médico e de viagens dos pacientes	
Idade	≥ 50
Sexo	9 homens
Número de noites no hotel	1-4 (média: 3)
Diabetes, doença arterial coronariana	6
Fumantes	4
Pacientes que tomaram banho	9
Pacientes que usaram a banheira de hidromassagem	1
Pacientes que utilizaram o chuveiro de praia	4

Doenças virais do trato respiratório inferior

OBJETIVO DE APRENDIZAGEM

24-9 Listar o agente causador, os sintomas, a prevenção e o tratamento preferencial da pneumonia viral, do VSR e da influenza.

Para um vírus alcançar o trato respiratório inferior e iniciar uma doença ele deve passar por numerosas defesas do hospedeiro designadas para aprisioná-lo e destruí-lo. No entanto, inúmeras doenças respiratórias são causadas por vírus. *Kits* rápidos de PCR que podem identificar vários vírus respiratórios simultaneamente estão disponíveis.

Pneumonia viral

A **pneumonia viral** pode ocorrer como uma complicação da influenza, do sarampo ou mesmo da varicela. Demonstrou-se que uma série de enterovírus e outros vírus causam pneumonia viral, porém os vírus são isolados e identificados em menos de 1% das infecções pneumônicas, uma vez que poucos laboratórios estão equipados para testar corretamente as amostras clínicas para a presença de vírus. Nos casos de pneumonia para os quais nenhuma causa é determinada, a etiologia viral com frequência é presumida se a pneumonia por micoplasma foi excluída.

Nos últimos anos, os coronavírus emergiram como agentes causadores de um grupo de infecções respiratórias relacionadas que podem causar uma pneumonia viral grave, até fatal.

Em 2003, a síndrome respiratória aguda grave (SARS, de *severe acute respiratory syndrome*) emergiu na Ásia e se espalhou por vários países, matando mais de 900 pessoas. Essa é uma infecção viral causada pelo **coronavírus associado à SARS (SARS-CoV,** de *severe acute respiratory syndrome-associated coronavirus*). Desde 2004, nenhum caso de SARS foi relatado no mundo. O isolamento e a quarentena parecem ter eliminado o vírus com sucesso, embora vírus relacionados sejam encontrados em morcegos no hemisfério oriental. Em 2012, o **coronavírus da síndrome respiratória do Oriente Médio (MERS-CoV,** de *Middle East respiratory syndrome coronavirus*) foi identificado, pela primeira vez, como a causa de uma síndrome respiratória semelhante na Arábia Saudita. Os casos, então, espalharam-se para vários outros países e, em 2014, dois casos relacionados a viagens foram relatados nos Estados Unidos. Casos adicionais de síndrome respiratória do Oriente Médio (MERS, de *Middle-East respiratory syndrome*) ocorreram na Arábia Saudita em 2017. Em dezembro de 2019, uma síndrome relacionada, denominada Covid-19, causada pela infecção por um novo coronavírus chamado SARS-CoV-2, emergiu na China. Em 3 meses, ela atingiu o *status* de pandemia, afetando pessoas em quase todos os países do mundo. A Covid-19 é a ameaça global de saúde pública mais significativa que surgiu em décadas; portanto, discutiremos essa doença separadamente a seguir.

Covid-19

Muitas pessoas em todo o mundo provavelmente estão mais conscientes da **Covid**-19, a infecção causada pelo *Betacoronavirus* SARS-CoV-2 (*Betacoronavirus pandemicum*), do que qualquer outra doença infecciosa, exceto o resfriado comum. Sua rápida disseminação pelo mundo levou a Organização Mundial da Saúde (OMS) a declarar uma emergência de saúde pública de interesse internacional em 30 de janeiro de 2020. Cerca de 6 semanas depois, em 11 de março de 2020, a OMS classificou o escopo da doença como uma pandemia, já que o vírus e suas variantes haviam se espalhado por quase todos os países. Estima-se, atualmente, que, em dezembro de 2022, o SARS-CoV-2 havia infectado 667 milhões de indivíduos e resultado em quase 7 milhões de mortes. Ver Figura 14.4.

Classificação e descrição do SARS-CoV-2

O SARS-CoV-2 está agrupado no gênero *Betacoronavirus*. Esses vírus possuem uma única fita senso-positiva (+) de RNA ligada às proteínas do capsídeo em uma estrutura chamada nucleoproteína. A nucleoproteína está contida em uma bicamada lipídica externa (envelope) (**Figura 24.14**). Embebidas no envelope viral estão três tipos de proteínas: as proteínas da *espícula (S,* de *spike),* da *membrana (M)* e do *envelope (E).* As proteínas S conferem ao vírus a sua aparência de coroa distinta e estão envolvidas na ligação e entrada nas células hospedeiras. Os anticorpos contra o vírus são direcionados principalmente contra essas espículas. As glicoproteínas M e as proteínas E estão envolvidas na montagem viral e na liberação do vírus.

Altas taxas de mutação são uma característica dos vírus de RNA, os quais não possuem a capacidade de "revisão" dos vírus de DNA. O acúmulo dessas mutações, chamado de **deriva antigênica,** permite que o vírus escape dos anticorpos do hospedeiro, aumentando, assim, a sua chance de sobrevivência. As mutações do SARS-CoV-2 produziram variantes que circulam na população humana. Pesquisadores deram nomes a essas variantes a partir do alfabeto grego; por exemplo, a variante alfa (*alpha*) foi a primeira a ser nomeada. Algumas das variantes, como Eta, Iota e Kappa, não se espalharam pela população depois de terem sido detectadas pela primeira vez (Figura 14.4).

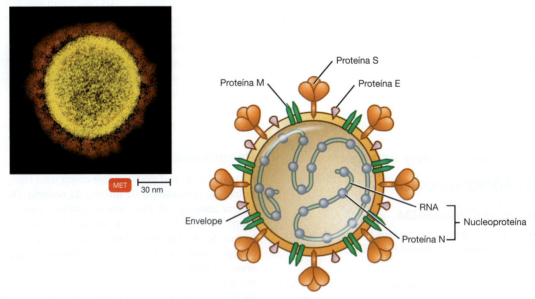

Figura 24.14 Estrutura detalhada do vírus SARS-CoV-2. O vírus é composto por uma nucleoproteína (proteína N e RNA) que é coberta por uma bicamada lipídica (envelope) contendo três proteínas virais: espícula (S), membrana (M) e envelope (E). As espículas produzem a corona (coroa) característica dos coronavírus. O genoma, composto por uma fita positiva de RNA, codifica as proteínas virais.

Sinais e sintomas da Covid-19

Os sinais e sintomas comuns variam de leves a fatais. Casos graves geralmente estão associados a adultos mais velhos e/ou com certas condições médicas subjacentes, como doença pulmonar crônica, distúrbios cardíacos, diabetes, hipertensão, obesidade grave, câncer e imunidade comprometida. Os sinais e sintomas comuns da Covid-19 incluem febre, falta de ar, tosse, coriza, congestão nasal, dor de garganta, dor de cabeça, dores musculares e articulares, fadiga, dor abdominal, diarreia, vômitos e perda do olfato e do paladar.

Aproximadamente um terço das pessoas infectadas com SARS-CoV-2 não desenvolve sinais ou sintomas perceptíveis; a grande maioria desenvolve apenas sinais e sintomas leves a moderados; cerca de 15% desenvolvem doenças graves; e cerca de 5% ficam gravemente doentes. A gravidade da doença pode estar relacionada à dose infecciosa inicial. Após a recuperação, cerca de 7,5% dos adultos desenvolvem uma ampla gama de sintomas chamados de *Covid longa*. Alguns sintomas da Covid longa são dificuldade em respirar, fadiga ou dificuldade de concentração; esses sintomas podem durar semanas ou meses. Para a Covid-19, o período de incubação – o período entre o momento em que uma pessoa é infectada pela primeira vez e o aparecimento dos primeiros sinais e sintomas – é de cerca de 4 a 5 dias.

A doença progride da seguinte forma: o vírus se liga ao receptor ECA2 (enzima conversora de angiotensina 2) nas células hospedeiras, provavelmente de forma mais frequente no epitélio nasal. O vírus replica-se no epitélio nasal e move-se para a traqueia. O hospedeiro pode sentir febre e tosse nesse momento. Em cerca de 20% dos indivíduos infectados, o vírus entra e se reproduz nos pneumócitos (células alveolares pulmonares). Os pneumócitos liberam citocinas que auxiliam o combate ao vírus, mas também são responsáveis por inflamações e lesões pulmonares. (Esse fenômeno, a tempestade de citocinas, é discutido no Capítulo 16.) Pacientes com doença grave (pneumonia e dificuldade respiratória) necessitam de hospitalização para tratamento.

Pacientes com Covid-19 são suscetíveis às mucoromicoses – infecções fúngicas potencialmente fatais causadas por fungos Mucoromycota comuns, como *Rhizopus* spp. (Ver Capítulo 12.)

Transmissão da Covid-19

A Covid-19 é transmitida principalmente por **transmissão aérea** (Figura 14.6d). Esta ocorre quando pessoas infectadas liberam gotículas ou aerossóis ao expirar, falar, tossir, espirrar ou cantar, e o vírus é inalado por pessoas próximas. É mais provável que a transmissão ocorra quando as pessoas infectadas estão fisicamente próximas umas das outras. A infectividade geralmente se inicia 3 dias antes do aparecimento dos sinais e sintomas, e os indivíduos são mais infecciosos pouco tempo antes e durante o início dos sinais e sintomas. As pessoas permanecem contagiosas por até 20 dias e podem transmitir o vírus mesmo que não apresentem sinais ou sintomas. O número de pessoas infectadas por uma única pessoa é de 1,5 a 6,68 (o número reprodutivo foi descrito no Capítulo 14). A transmissão frequentemente ocorre em grupos nos quais as infecções podem ser atribuídas a um evento específico, como um *show*, recepção de casamento ou evento esportivo. Esse fenômeno, no qual um grande número de pessoas é infectado por apenas uma pessoa, é chamado de *superpropagação*.

Diagnóstico da Covid-19

Os testes de diagnóstico determinam se uma infecção ativa está presente. Os *kits* de teste de ELISA de uso doméstico (testes rápidos de antígenos) podem detectar antígenos virais em *swabs* nasais. Os testes de laboratório usam PCR para amplificar e detectar o RNA viral. Os testes de anticorpos identificam a presença de anticorpos, os quais podem ser oriundos de uma infecção passada ou atual, ou provenientes da vacinação.

Tratamento da Covid-19

Os fármacos antivirais rendesivir e nirmatrelvir foram aprovados para o tratamento da Covid-19 se administrados imediatamente. O rendesivir é um análogo de nucleosídeo que inibe a replicação do RNA viral; o nirmatrelvir inibe a protease viral (ver Capítulo 20).

Vacinas para a Covid-19

As vacinas são projetadas para fornecerem antígenos para os quais o hospedeiro produzirá anticorpos (Capítulo 18). Três tipos de vacinas para a Covid-19 estão disponíveis. As vacinas de mRNA entregam às células um segmento de mRNA que codifica para a proteína S do vírus. As células, então, usam o mRNA para produzir o antígeno do vírus. As vacinas de vetores virais utilizam um adenovírus inofensivo que foi modificado para produzir a proteína S da Covid-19 quando o material genético viral atinge o núcleo das células hospedeiras. As vacinas de subunidade contêm apenas a proteína S do vírus. O hospedeiro, então, produz anticorpos contra a proteína S. Embora as vacinas atuais contra a Covid-19 possam não ser eficazes contra todas as variantes, elas parecem fornecer uma proteção considerável contra a doença grave. Indivíduos vacinados que apresentam *infecções disruptivas* podem transmitir a doença. Uma infecção disruptiva é aquela que ocorre quando uma pessoa totalmente vacinada adoece da mesma doença contra a qual a vacina foi projetada para protegê-la. O termo *disruptiva* significa que o vírus rompeu a barreira protetora que a vacina deveria fornecer.

Vírus sincicial respiratório (VSR)

O nome do vírus é derivado de sua característica de causar fusão celular (formação de *sincício*, Figura 15.7b) quando cultivado em cultura de células. O VSR é provavelmente a causa mais comum de doença respiratória viral em crianças. Em geral, causa sintomas leves, semelhantes aos do resfriado, mas também pode causar uma pneumonia fatal em bebês muito jovens e adultos mais velhos, nos quais geralmente é diagnosticada erroneamente como influenza. Ocorrem em torno de 6.000 a 10.000 mortes por VSR a cada ano nos Estados Unidos, principalmente em idosos.* As epidemias ocorrem durante o inverno e no início da primavera. Quase todas as crianças são infectadas aos 2 anos, das quais em torno de 1% requer hospitalização. O VSR diminuiu a sua incidência durante a

*N. de R.T. No Brasil, de 2020 a 2022 houve mais de 30 mil casos de doença grave pelo VSR – em 2022, a letalidade por SARS pelo VSR nas pessoas a partir de 60 anos foi de 21%.

pandemia de Covid-19 devido ao uso de máscaras e ao distanciamento social. Quando as crianças voltaram à escola e as recomendações de uso de máscara foram suspensas, os casos de VSR aumentaram no inverno de 2022. Esse aumento pode ser devido à falta de imunidade contra infecções anteriores.

Mencionamos anteriormente que o VSR algumas vezes está envolvido em casos de otite média. Os sinais e sintomas são tosse e sibilos que duram mais de uma semana. Há a ocorrência de febre somente quando existem complicações bacterianas. Estão disponíveis testes sorológicos e de reação em cadeia da polimerase com transcriptase reversa (RT-PCR) que utilizam amostras de secreções respiratórias para detectar anticorpos e o vírus.

A imunidade naturalmente adquirida é muito fraca. O anticorpo monoclonal humanizado, palivizumabe, é recomendado para profilaxia em pacientes imunocomprometidos e outros pacientes de alto risco. Uma vacina que pode ser administrada durante a gravidez para fornecer imunidade passiva ao feto foi aprovada em 2022. Vacinas para prevenir a infecção por VSR em idosos estão sendo desenvolvidas.

Influenza (gripe)

A influenza se caracteriza por calafrios, febre, cefaleia e dores musculares. A recuperação normalmente ocorre em poucos dias, e os sintomas gripais surgem à medida que a febre cede. Ainda assim, estima-se que 12.000 a 52.000 norte-americanos morram anualmente de complicações relacionadas à gripe, mesmo em anos não epidêmicos. A diarreia não é um sintoma normal da doença, e o desconforto intestinal atribuído à "gripe estomacal" provavelmente é oriundo de uma gastrenterite viral (ver Capítulo 25).

Vírus influenza

Os vírus influenza consistem em oito segmentos separados de RNA, de diferentes comprimentos, envolvidos por uma camada interna de proteína e uma bicamada lipídica externa (**Figura 24.15**). Embebidas na bicamada lipídica estão numerosas projeções que caracterizam o vírus. Existem dois tipos de projeções: *espículas de hemaglutinina* (HA) e *espículas de neuraminidase* (NA).

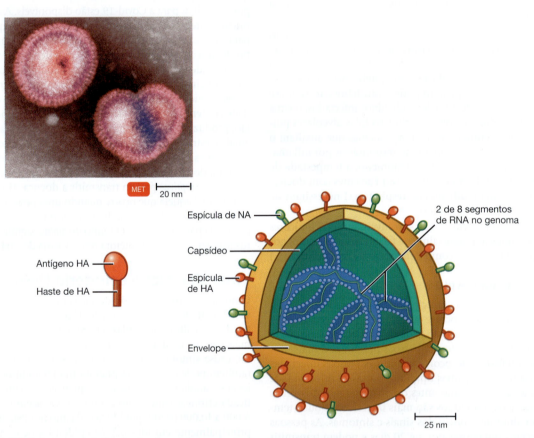

Figura 24.15 Estrutura detalhada do vírus influenza. O vírus é composto de um revestimento proteico (capsídeo), que é recoberto por uma bicamada lipídica (envelope), e dois tipos de espículas. O genoma é composto de oito segmentos de RNA: seis codificam proteínas internas e dois codificam as espículas proteicas HA e NA. Morfologicamente, sob certas condições ambientais, o vírus influenza assume uma forma filamentosa. A haste de HA é a mesma para os diferentes antígenos HA; portanto, é um possível alvo para uma vacina contra todos os tipos de influenza A.

P Qual é a principal estrutura antigênica do vírus influenza?

As espículas de HA, das quais existem cerca de 500 em cada partícula viral, permitem que o vírus reconheça e se ligue às células do hospedeiro antes de infectá-las. Anticorpos contra o vírus influenza são direcionados principalmente contra essas espículas. O termo *hemaglutinina* refere-se à aglutinação de hemácias (hemaglutinação), que ocorre quando os vírus são misturados a essas células. Essa reação é importante em testes sorológicos, como o ensaio de inibição da hemaglutinação, que é frequentemente utilizado na identificação do vírus influenza.

As espículas de NA, das quais existem cerca de 100 por partícula viral, diferem-se das espículas de HA em aparência e função. Elas auxiliam enzimaticamente o vírus a se separar da célula infectada, à medida que ele é liberado após a multiplicação intracelular. As espículas de NA também estimulam a formação de anticorpos, mas estes são menos importantes na resistência do corpo à doença do que aqueles produzidos em resposta às espículas de HA.

CASO CLÍNICO

Os títulos confirmaram a suspeita do Dr. Ferreira de que a família teve psitacose. Os títulos decrescentes mostram que eles estão se recuperando. Menos de 50 casos de psitacose humana são reportados anualmente. As infecções podem ocorrer com uma frequência maior do que a refletida pelos casos relatados por diversas razões: (1) as infecções por *C. psittaci* podem ser apenas levemente sintomáticas; (2) os médicos podem não deduzir um histórico de exposição a aves ao avaliar os pacientes, uma vez que eles podem não suspeitar do diagnóstico ou pelo fato de que os pacientes podem não se recordar da exposição transitória a aves; (3) as amostras de soro convalescente dos pacientes que apresentam uma melhora clínica após terapia podem não ser obtidas; e (4) o início imediato de uma terapia antibiótica apropriada pode atenuar a resposta de anticorpos contra *C. psittaci*, o que torna não confiáveis os resultados da sorologia das amostras de soro convalescente.

O Dr. Ferreira liga para o veterinário da família para obter mais informações sobre a morte de Polly.

O que o Dr. Ferreira precisa saber sobre Polly?

Parte 1   Parte 2   Parte 3   **Parte 4**   Parte 5   Parte 6

Existem três gêneros de vírus influenza humanos. Os vírus influenza A (*Alphainfluenzavirus*) e B (*Betainfluenzavirus*) causam epidemias sazonais de doenças quase todo inverno nos Estados Unidos. As infecções por influenza C (*Gammainfluenzavirus*) geralmente causam uma doença respiratória leve e não estão associadas até o momento a epidemias.

A emergência de novos vírus influenza A pode causar uma pandemia de influenza. Os vírus influenza A são identificados por uma variação nos antígenos HA e NA. As diferentes formas dos antígenos recebem números – por exemplo, H1, H2, H3, N1 e N2. Existem 16 subtipos de HA e 9 subtipos de NA. Cada mudança de número representa uma alteração substancial na composição proteica da espícula. Até o momento, os únicos vírus verdadeiramente adaptados aos seres humanos são H1N1, H2N2 e H3N2.

Essas variações nos antígenos de HA e NA são determinadas por dois processos, deriva antigênica (*antigenic drift*) e mudança antigênica (*antigenic shift*). Como descrito para a Covid-19, o acúmulo dessas mutações, conhecido como deriva antigênica, finalmente permite que os vírus escapem de grande parte da imunidade do hospedeiro. O vírus ainda pode ser designado como H2N2, por exemplo, mas podem surgir linhagens virais que refletem alterações antigênicas menores. Em um sentido evolutivo, do ponto de vista do vírus, é desejável o acúmulo de mutações que favoreçam a transmissão com um mínimo de patogenicidade. (Se o vírus mata rapidamente o hospedeiro ou o deixa acamado, é menos provável que ele seja transmitido.)

As **mudanças antigênicas** correspondem a mudanças significativas o suficiente para permitir que o vírus consiga evadir de grande parte da imunidade desenvolvida na população humana. Assim, elas são responsáveis por surtos graves de influenza, incluindo as pandemias de 1918, 1957, 1968 e 2009. As mudanças antigênicas envolvem uma recombinação genética maior, chamada de *rearranjo*, envolvendo os oito segmentos do RNA viral.

Os vírus influenza A infectam aves e mamíferos; os seres humanos geralmente não são infectados por linhagens aviárias. Contudo, suínos e muitas aves selvagens podem ser infectados por ambas as linhagens do vírus influenza. Os suínos são, portanto, bons "recipientes de mistura" nos quais os rearranjos ocorrem. (Ver Quadro "Foco clínico", no Capítulo 13.)

Epidemiologia da influenza

Quase todos os anos, epidemias de influenza se disseminam rapidamente em grandes populações, embora nem sempre como uma pandemia global. A taxa de mortalidade da doença não é alta, normalmente menor que 1%, e as mortes ocorrem principalmente entre pessoas muito novas ou muito idosas. Contudo, tantas pessoas são infectadas em uma grande epidemia que o número total de mortes frequentemente é alto.

A pandemia de 1918-1919

Em qualquer discussão sobre a influenza, a grande pandemia de 1918-1919 deve ser mencionada.* Em todo o mundo, de 20 a 50 milhões de pessoas morreram, incluindo uma estimativa de 675 mil mortes nos Estados Unidos. Ninguém sabe ao certo por que o vírus foi tão surpreendentemente letal. Hoje, os muito jovens e muito idosos são as principais vítimas da influenza, mas, entre 1918 e 1919, adultos jovens tiveram a mais alta taxa de mortalidade, morrendo frequentemente em poucas horas, provavelmente em decorrência de uma "tempestade de citocinas". A infecção geralmente é restrita ao trato respiratório superior, porém alguma alteração na virulência

---

*Sempre haverá incerteza em relação à origem desta que é uma das pandemias mais famosas. Os relatos mais confiáveis colocam os primeiros casos documentados acontecendo entre soldados norte-americanos em Camp Funston, Kansas, em março de 1918. A onda inicial de gripe foi causada por uma doença relativamente leve que se espalhou rapidamente entre as tropas concentradas. A doença atingiu a França quando os soldados foram enviados para lá. Na França, o vírus sofreu uma mutação que o tornou letal, incapacitando gravemente tropas de ambas as partes. A censura militar ocultou os fatos, e as primeiras descrições jornalísticas foram publicadas quando o surto atingiu a população neutra da Espanha, daí o nome atribuído à pandemia: *gripe espanhola*. Essa segunda onda de influenza, com alta taxa de mortalidade, rapidamente se espalhou pelo mundo e voltou novamente aos Estados Unidos no outono e inverno de 1918.

permitiu ao vírus invadir os pulmões e causar hemorragia fatal. Em 2005, a análise de material preservado proveniente de pulmões de soldados norte-americanos mortos pela influenza e do corpo exumado de uma vítima enterrada em uma área permanentemente congelada do solo do Alasca levou ao sequenciamento genético completo do vírus de 1918. Evidências sugerem, ainda, que o vírus foi capaz de infectar células de outros órgãos do corpo. Complicações bacterianas frequentemente também acompanhavam a infecção, e, no período pré-antibiótico, estas muitas vezes eram fatais.

A linhagem viral de 1918 aparentemente se tornou endêmica na população de suínos dos Estados Unidos e pode ter se originado lá. (Ver Quadro "Foco clínico" no Capítulo 13.) Ocasionalmente, a influenza ainda se dissemina entre os seres humanos por meio desse reservatório, mas não se propaga como a doença virulenta de 1918.

A pandemia de 2009

A pandemia mais recente, em 2009, envolveu um vírus H1N1. Essa linhagem é sempre de um interesse especial devido à pandemia letal de 1918, que foi causada por um vírus H1N1. Essa amostra aparentemente estava circulando indefinidamente em suínos do México e da América Central e não havia sido detectada, pois a vigilância nessas regiões era pequena. As mutações do vírus influenza ocorrem com mais frequência em seres humanos, que têm uma expectativa de vida maior. O vírus precisa continuar sofrendo mutações, a fim de evitar o acúmulo de resistência imune. Suínos e aves domésticas, em contrapartida, apresentam uma expectativa de vida menor, especialmente se criados em fazendas; assim, os vírus que infectam esses animais acumulam mutações com frequência menor. Um vírus influenza H1N1, que está sob pouca pressão para sofrer mutação em suínos criados em fazendas, tende a permanecer pouco alterado por sucessivas gerações do animal.

Diagnóstico da influenza

É difícil diagnosticar a influenza de forma confiável a partir de sinais e sintomas clínicos, tendo em vista que são semelhantes aos da maioria das doenças respiratórias. Entretanto, atualmente existem muitas técnicas comerciais disponíveis que podem diagnosticar influenza A e B dentro de 20 minutos a partir de amostras de lavado ou *swab* nasal. Esses testes rápidos possuem sensibilidade variável e são mais úteis durante a temporada de gripe. A PCR é utilizada para a identificação de cepas circulantes.

Tratamento da influenza

Os fármacos antivirais zanamivir e oseltamivir reduzem significativamente os sinais e sintomas da influenza A, se administrados precocemente. Eles são inibidores da neuraminidase. Se forem administrados em um período de 24 horas após o início da doença, esses fármacos retardam a replicação viral. Essa ação permite que o sistema imune seja mais efetivo, diminuindo a duração dos sintomas e a taxa de mortalidade. As complicações bacterianas da influenza podem ser tratadas com antibióticos.

Vacinas contra a influenza

Até o momento, não tem sido possível fazer uma vacina contra a influenza que forneça imunidade prolongada para a população em geral. Embora não seja difícil se produzir uma vacina para uma amostra antigênica específica de um vírus, cada nova amostra circulante deve ser identificada a tempo, geralmente em fevereiro, para o desenvolvimento e a distribuição de uma nova vacina funcional, para períodos posteriores no mesmo ano. Linhagens de vírus influenza são coletadas em cerca de 100 centros em todo o mundo e são posteriormente analisadas em laboratórios centrais. Essas informações são, então, utilizadas para decidir a composição das vacinas que serão oferecidas na próxima temporada de influenza. As vacinas frequentemente são *multivalentes* – isto é, direcionadas para as três ou quatro linhagens mais importantes em circulação no momento.

Um grande problema é que os métodos de produção de vacinas exigem a multiplicação do vírus em ovos embrionados (ver Figura 13.7). Além disso, esse processo trabalhoso requer de 6 a 9 meses para ser concluído.

O uso de ovos para a produção de vacinas pode ser evitado por meio de *técnicas de cultivo celular*, por meio das quais o vírus é cultivado em frascos de células. Uma vacina recombinante contra influenza foi produzida a partir da proteína HA expressa por um baculovírus (um patógeno de insetos) e cultivada em células de insetos. As vacinas baseadas em células podem ser produzidas mais rapidamente porque as células podem ser mantidas congeladas. Além disso, essas vacinas não são um problema para pessoas que possuem alergia a ovos.

O objetivo final é uma vacina universal contra a influenza que seja capaz de proteger contra todas as linhagens do vírus influenza. Um exemplo utilizaria como antígeno-alvo uma *proteína conservada* que é a mesma em todos os vírus influenza. Testes recentes em animais usando a haste da proteína hemaglutinina se mostraram promissores; um teste clínico em humanos foi iniciado em 2021. A cabeça globular é composta de proteínas que se modificam rapidamente, enquanto as proteínas da haste, que também são necessárias para a infecção, são conservadas.

CASO CLÍNICO

O Dr. Ferreira questiona o veterinário sobre quais – caso exista algum – foram os sinais e sintomas que Polly apresentou antes da decisão da eutanásia ser tomada e se foram realizados testes no animal após o procedimento. O veterinário consulta suas anotações e diz ao Dr. Ferreira que o antígeno clamidial foi detectado por ELISA em amostras da cloaca (intestinais) e da garganta da calopsita eutanasiada, porém culturas de *C. psittaci* não foram obtidas.

Com base nesses resultados, qual é o modo de transmissão mais provável e como a transmissão pode ser prevenida?

Parte 1   Parte 2   Parte 3   Parte 4   **Parte 5**   Parte 6

TESTE SEU CONHECIMENTO

✔ **24-9** O rearranjo dos segmentos de RNA do vírus influenza é a causa de deriva antigênica ou de mudança antigênica?

Doenças fúngicas do trato respiratório inferior

OBJETIVO DE APRENDIZAGEM

24-10 Listar o agente causador, o modo de transmissão, o tratamento preferencial e os testes de identificação laboratorial para quatro doenças fúngicas do sistema respiratório.

Os fungos frequentemente produzem esporos que são disseminados pelo ar. Portanto, não é uma surpresa que várias doenças fúngicas severas afetem o trato respiratório inferior. A incidência de infecções fúngicas tem aumentado nos últimos anos. Os fungos oportunistas são capazes de crescer em pacientes imunossuprimidos, e a Aids, os fármacos utilizados em transplantes e os fármacos contra o câncer criaram mais pessoas imunossuprimidas do que nunca.

Histoplasmose

A **histoplasmose** lembra superficialmente a tuberculose. De fato, ela foi reconhecida pela primeira vez como uma doença disseminada nos Estados Unidos quando pesquisas realizadas em exames radiográficos mostraram lesões pulmonares em muitos indivíduos que apresentavam resultados negativos no teste de tuberculina. Embora os pulmões tenham maior probabilidade de serem infectados inicialmente, os patógenos podem disseminar-se no sangue e na linfa, causando lesões em quase todos os órgãos do corpo.

Os sinais e sintomas normalmente são maldefinidos e principalmente subclínicos, e a doença pode passar por uma infecção respiratória leve. Em alguns casos, talvez em menos de 0,1%, a histoplasmose progride e se torna uma doença grave e generalizada. Isso ocorre com um inóculo surpreendentemente concentrado ou após a reativação, quando o sistema imune da pessoa infectada está comprometido.

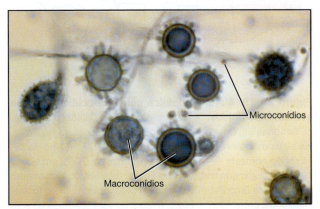

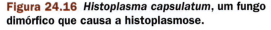

Os macroconídios de *Histoplasma capsulatum* são especialmente úteis para fins diagnósticos. Os microconídios brotam das hifas e consistem nas formas infecciosas. A 37 °C nos tecidos, o organismo converte-se a uma fase leveduriforme, composta de leveduras ovais em brotamento.

Figura 24.16 *Histoplasma capsulatum*, **um fungo dimórfico que causa a histoplasmose.**

P O que significa o termo *dimórfico*?

O organismo causador, *Histoplasma capsulatum*, é um fungo dimórfico; ou seja, apresenta uma morfologia leveduriforme ao crescer em tecidos e, no solo ou em meios artificiais, forma um micélio filamentoso que carreia conídios reprodutivos (**Figura 24.16** e ver Figura 12.5). No corpo, a forma leveduriforme é encontrada intracelularmente em macrófagos, nos quais sobrevive e se multiplica.

Embora a histoplasmose seja bastante disseminada em todo o mundo, ela tem uma distribuição geográfica limitada nos Estados Unidos* (**Figura 24.17**). Em geral, a doença é encontrada nos estados adjacentes aos rios Mississipi e Ohio. Mais de 75% da população em alguns desses estados têm anticorpos contra a infecção. Em outros estados – Maine, por exemplo –, um teste positivo é um evento raro. Aproximadamente 50 óbitos são relatados nos Estados Unidos a cada ano devido à histoplasmose.

Os seres humanos adquirem a doença pelos conídios veiculados pelo ar, produzidos sob condições de umidade e níveis de pH adequados. Essas condições ocorrem principalmente em locais em que fezes de aves e morcegos se acumulam. As aves em si, devido à sua alta temperatura corporal, não carreiam a doença, mas suas fezes fornecem nutrientes, particularmente uma fonte de nitrogênio, para o fungo. Os morcegos, que têm uma temperatura corporal inferior à das aves, carreiam os fungos, disseminando-os em suas fezes e infectando novos solos.

Os sinais clínicos, sintomas e o histórico do paciente, testes sorológicos para antígenos de *Histoplasma* e, principalmente, o isolamento do patógeno ou a sua identificação em amostras de tecidos são necessários para um diagnóstico adequado. Atualmente, a quimioterapia mais efetiva é o itraconazol.

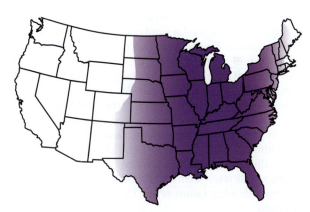

Figura 24.17 **Distribuição da histoplasmose nos Estados Unidos.**

Fonte: CDC.

P Em comparação com a distribuição da doença mostrada no mapa da Figura 24.19, o que se pode determinar sobre os requerimentos de umidade no solo para os dois fungos envolvidos?

---

*N. de R.T. No Brasil, as microepidemias de histoplasmose estão relacionadas a grupos de indivíduos infectados em locais contaminados, como grutas habitadas por morcegos, galinheiros e pombais.

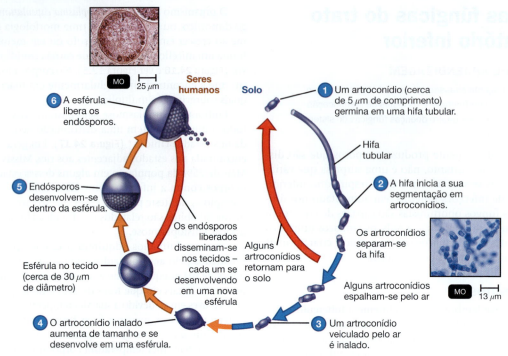

Figura 24.18 Ciclo de vida do *Coccidioides immitis*, a causa da coccidioidomicose.

P Qual é o hábitat natural do *Coccidioides*?

Coccidioidomicose

Outra doença pulmonar fúngica, também bastante restrita geograficamente, é a **coccidioidomicose**. O agente causador é o *Coccidioides immitis*, um fungo dimórfico. Os artroconídios são encontrados em solos secos e alcalinos do sudoeste norte-americano e em solos similares da América do Sul e do norte do México. Devido à sua ocorrência frequente no Vale de San Joaquin, na Califórnia, ela é muitas vezes conhecida como *febre do Vale* ou *febre de San Joaquin*. Em tecidos, o organismo forma um corpo de paredes espessas, preenchido por endósporos, chamado de *esférula* (**Figura 24.18**). No solo, forma filamentos que se reproduzem pela formação de artroconídios (ver Figura 12.6b). O vento carreia os artroconídios, transmitindo a infecção. Os artroconídios frequentemente são tão abundantes que simplesmente dirigir por uma área endêmica pode resultar em infecção, em especial durante uma tempestade de areia. Estima-se que 150 mil infecções ocorram a cada ano.

A maioria das infecções não é aparente, e quase todos os pacientes se recuperam em poucas semanas, mesmo sem tratamento. Os sinais sintomas da coccidioidomicose incluem dor torácica e, talvez, febre, tosse e perda de peso. Em menos de 1% dos casos, uma doença progressiva semelhante à tuberculose se dissemina pelo corpo. Uma proporção substancial de adultos que residem há muito tempo em áreas onde a doença é endêmica apresenta evidências de infecção prévia por *C. immitis* pelo teste cutâneo.

Figura 24.19 A área endêmica para a coccidioidomicose nos Estados Unidos. A área demarcada na Califórnia é o Vale de San Joaquin. Devido à alta incidência da doença na região, ela algumas vezes é denominada febre do Vale. A área no mapa na região nordeste de Utah indica um surto, em 2001, em que 10 arqueólogos que trabalhavam em escavações no Monumento Nacional dos Dinossauros (*Dinosaur National Monument*) foram infectados. Entre 1997 e 2021, a febre do Vale contraída do solo foi identificada em três pessoas e dois cães.

Fonte: CDC.

P Por que a incidência de coccidioidomicose aumenta após distúrbios ecológicos, como terremotos e construções?

A incidência da coccidioidomicose tem aumentado recentemente na Califórnia e no Arizona (**Figura 24.19**). Os fatores contribuintes incluem seca prolongada, aumento do número de residentes mais idosos e aumento da prevalência de HIV/Aids. Surtos podem ocorrer após terremotos ou outros eventos que perturbem grandes quantidades de solo. Cerca de 50 a 100 óbitos ocorrem anualmente por essa doença nos Estados Unidos.

O diagnóstico é realizado de modo mais confiável pela identificação das esférulas em tecidos ou fluidos. O organismo pode ser cultivado a partir de fluidos ou lesões, mas os técnicos de laboratório devem ter muito cuidado, devido à possibilidade de infecções por aerossóis. Vários testes sorológicos e sondas de DNA estão disponíveis para a identificação dos isolados. Um teste cutâneo semelhante ao da tuberculina é utilizado para triagem.

O fluconazol ou o itraconazol é usado no tratamento da coccidioidomicose.

Pneumonia por *Pneumocystis*

A **pneumonia por *Pneumocystis*** é causada pelo fungo semelhante a uma levedura *Pneumocystis jirovecii*, antigamente chamado de *P. carinii* (**Figura 24.20**).

O patógeno é, muitas vezes, encontrado nos pulmões de pessoas saudáveis. Adultos imunocompetentes apresentam poucos ou nenhum sintoma, mas lactentes recém-infectados ocasionalmente apresentam sintomas de uma infecção pulmonar. Essa população pode atuar também como reservatório do organismo, o qual não é encontrado no ambiente, em animais ou muito frequentemente em seres humanos saudáveis. Pessoas com a imunidade comprometida são as mais suscetíveis à pneumonia por *Pneumocystis* sintomática. Essa parcela da população tem se expandido bastante nas últimas décadas. Por exemplo, antes da epidemia de Aids, a pneumonia por *Pneumocystis* era uma doença incomum; talvez 100 casos ocorressem a cada ano. Em 1993, ela já havia se tornado um dos principais indicadores de Aids, com mais de 20 mil casos relatados por ano. Presumivelmente, a perda de uma defesa imune eficaz permite a ativação de infecções latentes. Outros grupos que são bastante suscetíveis a essa doença são pessoas cuja imunidade foi suprimida devido ao câncer ou que estão recebendo fármacos imunossupressores para minimizar a rejeição de tecidos transplantados.

No pulmão humano, os micróbios são encontrados principalmente no revestimento dos alvéolos pulmonares. Lá, eles formam um cisto de paredes espessas, em que os corpos

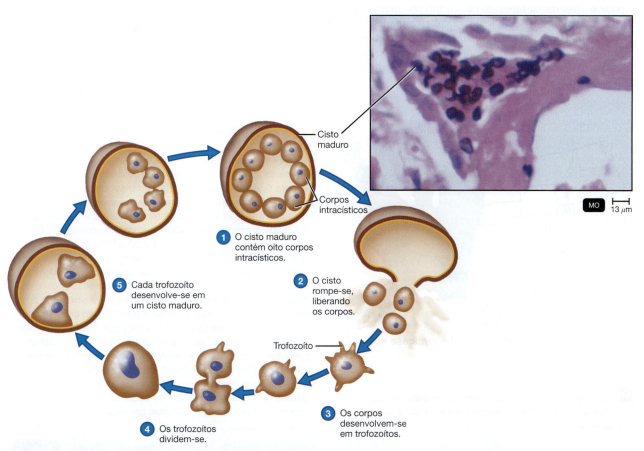

Figura 24.20 Ciclo de vida de *Pneumocystis jirovecii*, a causa da pneumonia por *Pneumocystis*. Classificado há bastante tempo como um protozoário, hoje o organismo é considerado um fungo, mas apresenta características de ambos os grupos.

P Qual é a importância da classificação correta desse organismo?

esféricos intracísticos se dividem sucessivamente como parte de um ciclo sexuado. O cisto maduro contém oito desses corpos (ver Figura 24.20). No final, o cisto rompe-se e libera os corpos, e cada um se desenvolve em um trofozoíto. As células trofozoíticas podem se reproduzir assexuadamente por fissão, mas também podem entrar no estágio sexuado encistado. O diagnóstico, em geral, é feito a partir de amostras de escarro, nas quais os cistos são detectados.

A taxa de mortalidade é de 100% sem tratamento. O fármaco de escolha para o tratamento atualmente é a sulfametoxazol-trimetoprima.

Blastomicose (blastomicose norte-americana)

A **blastomicose** geralmente é denominada **blastomicose norte-americana**, para diferenciá-la da blastomicose sul-americana, que é similar. É causada pelo fungo *Blastomyces dermatitidis*, um fungo dimórfico endêmico no solo ao redor dos Grandes Lagos e do Vale do Rio Mississippi (**Figura 24.21**). Cerca de 100 casos são relatados a cada ano, embora a maioria das infecções seja assintomática.

A infecção começa nos pulmões após a inalação dos conidiósporos. Ela se assemelha a uma pneumonia bacteriana e pode se disseminar rapidamente. As úlceras cutâneas geralmente aparecem quando a levedura é disseminada nos monócitos circulantes. Podem se formar abscessos com extensa destruição tecidual. O patógeno pode ser isolado do pus e de biópsias. O itraconazol ou a anfotericina B geralmente são tratamentos eficazes.

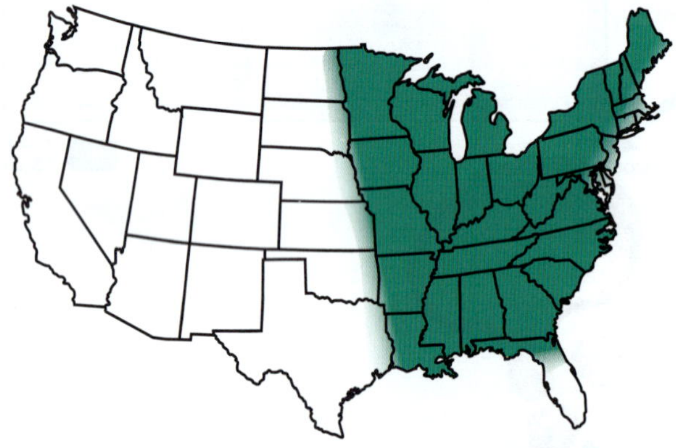

Figura 24.21 Área endêmica de blastomicose nos Estados Unidos.

Fonte: CDC.

P Que outra micose respiratória tem uma distribuição geográfica semelhante? Como você diferenciaria essas duas doenças?

Outros fungos envolvidos em doenças respiratórias

Muitos outros fungos oportunistas, como *Rhizopus* e *Mucor*, podem causar doença respiratória, sobretudo em hospedeiros imunossuprimidos ou quando existe exposição a um grande número de esporos. A **aspergilose** é um exemplo importante; ela é transmissível pelo ar através de conídios de *Aspergillus fumigatus* e outras espécies de *Aspergillus*, que são amplamente disseminados em vegetações em decomposição. Monturos de compostagem são sítios ideais para o crescimento, e os fazendeiros e jardineiros são mais frequentemente expostos a quantidades infecciosas desses conídios.

As infecções invasivas da aspergilose pulmonar podem ser muito perigosas. Os fatores predisponentes incluem sistema imune debilitado, câncer e diabetes. Como na maioria das infecções fúngicas sistêmicas, existe somente um arsenal limitado de agentes antifúngicos disponíveis; o itraconazol e a anfotericina B têm se mostrado os fármacos mais úteis.

TESTE SEU CONHECIMENTO

✔ **24-10** As fezes de melros e morcegos permitem o crescimento de *H. capsulatum*; qual dos dois reservatórios animais normalmente é infectado por esse fungo?

* * *

O quadro **Doenças em foco 24.3** resume as doenças microbianas respiratórias que afetam o trato respiratório inferior discutidas neste capítulo.

CASO CLÍNICO Resolvido

Aves de estimação nacionais e importadas, bem como os seres humanos, estão sob risco de infecção e de transmissão de *C. psittaci*, uma vez que o transporte, a aglomeração e a criação dos animais promovem a disseminação do organismo. A infecção aviária, que tem prevalência de menos de 5%, pode aumentar para 100% nessas circunstâncias. O Departamento de Agricultura dos Estados Unidos (USDA) exige que seja mantido um período de quarentena de 30 dias para todas as aves importadas, a fim de prevenir a introdução da doença de Newcastle (doença viral que afeta aves); nesse período, as aves psitacídeas recebem ração suplementada com clortetraciclina (CT) para prevenir a transmissão de *C. psittaci* para os profissionais do USDA. A menos que o tratamento seja mantido por 45 dias, as aves infectadas que chegam aos distribuidores, oriundas dos criadores e da quarentena, podem eliminar *C. psittaci* e continuam a fazê-lo após a compra pelos consumidores. Portanto, os criadores e importadores devem garantir que todos os filhotes domésticos e aves importadas recebam CT profilática por 45 dias contínuos, a fim de prevenir surtos futuros de psitacose humana.

Parte 1   Parte 2   Parte 3   Parte 4   Parte 5   **Parte 6**

Doenças microbianas do trato respiratório inferior

Três semanas após trabalhar na demolição de um edifício abandonado em Kentucky, um funcionário foi hospitalizado com doença respiratória aguda. No momento da demolição, uma colônia de morcegos habitava o edifício. Uma radiografia revelou uma massa no pulmão. O teste de PPD é negativo; um exame citológico para câncer também se apresenta negativo. A massa é removida cirurgicamente. Ao exame microscópico, a massa revelou células de levedura ovoides. Utilize a tabela a seguir para fornecer um diagnóstico diferencial e identificar as infecções que poderiam causar esses sintomas.

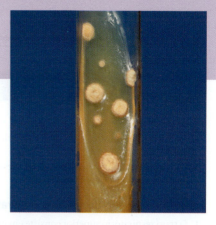

Cultura com crescimento micelial a partir da massa pulmonar do paciente.

Doença	Patógeno	Sinais e sintomas	Reservatório	Diagnóstico	Tratamento
DOENÇAS BACTERIANAS					
Pneumonia bacteriana (ver "Doenças em foco 24.2")					
Coqueluche	*Bordetella pertussis*	Espasmos de tosse intensa para limpar o muco	Seres humanos	Cultura bacteriana, PCR	Eritromicina Prevenção: vacina DTaP
Tuberculose	Micobactérias de crescimento lento: *Mycobacterium tuberculosis, M. bovis, M. avium-intracellulare*	Tosse, sangue no muco	Seres humanos, bovinos; pode ser transmissível por leite não pasteurizado	Radiografias; presença de bacilos ácido-resistentes no escarro; testes para IFN-γ; ensaio de PCR para *M. tuberculosis*	Múltiplos fármacos antimicobacterianos Prevenção: leite pasteurizado; vacina BCG
Pneumonite	Micobactérias de crescimento rápido: *M. abscessus, M. fortuitum, M. chelonae*	Tosse, febre, dispneia	Água, solo	Radiografias; cultura de bactérias	Azitromicina; rifampicina
Melioidose	*Burkholderia pseudomallei*	Pneumonia ou como abscesso no tecido e sepse grave	Solo úmido	Cultura bacteriana, PCR	Ceftazidima
DOENÇAS VIRAIS					
Covid-19	*Betacoronavirus SARS-CoV-2* (*Betacoronavirus pandemicum*)	Febre, tosse, perda do olfato/paladar	Seres humanos	ELISA, PCR	Rendesivir; nirmatrelvir Prevenção: vacina contra a Covid-19
Doença causada pelo vírus sincicial respiratório (VSR)	*Orthopneumovirus hominis*	Pneumonia em crianças	Seres humanos	Testes sorológicos, PCR	Ribavirina Palivizumabe
Influenza	*Alphainfluenzavirus, Betainfluenzavirus, Gammainfluenzavirus*	Calafrios, febre, cefaleia e dores musculares	Seres humanos, suínos, aves	Testes sorológicos, PCR	Zanamivir, oseltamivir
DOENÇAS FÚNGICAS					
Histoplasmose	*Histoplasma capsulatum*	Semelhantes aos da tuberculose	Solo; disseminado nos vales dos rios Ohio e Mississipi	Testes sorológicos	Itraconazol
Coccidioidomicose	*Coccidioides immitis*	Febre, tosse e perda de peso	Solos desérticos do sudoeste norte-americano	Testes sorológicos	Fluconazol, itraconazol
Pneumonia por *Pneumocystis*	*Pneumocystis jirovecii*	Pneumonia	Provavelmente seres humanos	Microscopia	Sulfametoxazol--trimetoprima
Blastomicose	*Blastomyces dermatitidis*	Assemelha-se à pneumonia bacteriana; extenso dano tecidual	Solo dos Grandes Lagos e dos vales do rio Mississippi	Isolamento do patógeno	Itraconazol, anfotericina B

Resumo para estudo

Introdução (p. 693)

1. As infecções do trato respiratório superior são o tipo mais comum de infecção.
2. Os patógenos que penetram no trato respiratório superior podem infectar outras partes do corpo.

Estrutura e função do sistema respiratório (p. 694-695)

1. O trato respiratório superior consiste em nariz, faringe e estruturas associadas, como orelha média e tuba auditiva.
2. As vibrissas do nariz filtram as partículas maiores do ar que entram no trato respiratório.
3. As células ciliadas da membrana mucosa do nariz e da garganta capturam partículas aéreas e as removem do corpo.
4. Tecido linfoide, tonsilas e adenoides fornecem imunidade a certas infecções.
5. O trato respiratório inferior consiste em traqueia, tubos bronquiais e alvéolos pulmonares.
6. O elevador ciliar do trato respiratório inferior ajuda a impedir que os microrganismos alcancem os pulmões.
7. Os micróbios nos pulmões podem ser fagocitados pelos macrófagos alveolares.
8. O muco respiratório contém anticorpos IgA.

Microbiota normal do sistema respiratório (p. 695)

1. A microbiota normal da cavidade nasal e da garganta pode incluir microrganismos patogênicos.

Doenças microbianas do trato respiratório superior (p. 695-700)

1. Regiões específicas do trato respiratório superior podem ser infectadas, ocasionando faringite, laringite, tonsilite, sinusite e epiglotite.
2. Essas infecções podem ser causadas por várias bactérias e vírus, frequentemente em combinação.
3. A maioria das infecções respiratórias é autolimitada.
4. *H. influenzae* tipo b pode causar epiglotite.

Doenças bacterianas do trato respiratório superior (p. 696-698)

Faringite estreptocócica (p. 696-697)

1. Essa infecção é causada pelos estreptococos β-hemolíticos do grupo A, o grupo que consiste em *S. pyogenes*.
2. Os sinais dessa infecção são inflamação das membranas mucosas e febre; tonsilite e otite média também podem ocorrer.
3. O diagnóstico rápido é feito por testes imunoenzimáticos.
4. A imunidade a infecções estreptocócicas é tipo-específica.

Febre escarlatina (p. 697)

5. Casos de faringite estreptocócica, causada por *S. pyogenes* produtor de toxina eritrogênica, resultam em febre escarlatina.
6. *S. pyogenes* produz uma toxina eritrogênica quando infectado por um fago lisogênico.
7. Os sinais incluem uma erupção avermelhada, febre alta e língua vermelha e aumentada.

Difteria (p. 697-698)

8. A difteria é causada por *C. diphtheriae*, produtor de exotoxina.
9. A exotoxina é produzida quando as bactérias sofrem infecção por um fago lisogênico.
10. Uma membrana, contendo fibrina e células humanas e bacterianas mortas, forma-se na garganta e pode bloquear a passagem de ar.
11. A exotoxina circula no sangue e inibe a síntese proteica, podendo resultar em danos ao coração, aos rins ou aos nervos.
12. O diagnóstico laboratorial é baseado no isolamento da bactéria e no aspecto do crescimento em meios de cultura diferenciais.
13. A imunização de rotina nos Estados Unidos inclui o toxoide diftérico na vacina DTaP.
14. Uma ulceração de cicatrização lenta é característica da difteria cutânea.
15. Existe uma disseminação mínima da exotoxina na corrente sanguínea na difteria cutânea.

Otite média (p. 698)

16. Dor de ouvido, ou otite média, pode ocorrer como complicação de infecções de nariz e garganta.
17. O acúmulo de pus causa pressão no tímpano.
18. As causas bacterianas incluem *S. pneumoniae*, *H. influenzae* não encapsulado, *M. catarrhalis* e *S. pyogenes*.

Doenças virais do trato respiratório superior (p. 698-700)

Resfriado comum (p. 698-700)

1. Qualquer um dos aproximadamente 200 vírus diferentes, incluindo rinovírus, coronavírus e EV-D68, podem causar o resfriado comum.
2. A incidência dos resfriados aumenta durante as estações frias, possivelmente devido a um aumento no contato interpessoal em ambientes fechados ou a alterações fisiológicas.

Doenças microbianas do trato respiratório inferior (p. 700-723)

1. Muitos dos mesmos microrganismos que infectam o trato respiratório superior também infectam o trato respiratório inferior.
2. As doenças do trato respiratório inferior incluem bronquite e pneumonia.

Doenças bacterianas do trato respiratório inferior (p. 700-713)

Coqueluche (pertússis) (p. 700-701)

1. A coqueluche é causada pela bactéria *B. pertussis*.
2. O estágio inicial da coqueluche lembra um resfriado e é chamado de estágio catarral.
3. O acúmulo de muco na traqueia e nos brônquios causa uma tosse profunda, característica do estágio paroxístico (segundo).
4. O estágio de convalescença (terceiro) pode durar meses.
5. A imunização regular de crianças tem diminuído a incidência de coqueluche.

Tuberculose (p. 701-707)

6. A tuberculose é causada por micobactérias de crescimento lento, incluindo M. tuberculosis.

7. M. bovis causa tuberculose bovina e pode ser transmitido aos seres humanos pelo leite não pasteurizado.

8. O complexo M. avium infecta os pacientes nos estágios tardios da infecção pelo HIV.

9. A bactéria M. tuberculosis pode ser ingerida pelos macrófagos alveolares; se não for destruída, a bactéria se reproduz no interior dos macrófagos.

10. As lesões formadas por M. tuberculosis são denominadas tubérculos; os macrófagos e as bactérias formam a lesão caseosa que pode calcificar e aparecer em radiografias como complexos de Ghon.

11. A liquefação das lesões caseosas resulta em uma cavidade tuberculosa em que o M. tuberculosis pode se multiplicar.

12. Novos focos da infecção podem se desenvolver quando as lesões caseosas se rompem e liberam as bactérias nos vasos sanguíneos ou linfáticos; esse quadro é denominado tuberculose miliar.

13. Um teste cutâneo de tuberculina positivo pode indicar um caso ativo de TB, uma infecção prévia ou vacinação e imunidade à doença.

14. Infecções ativas podem ser diagnosticadas pela detecção de IFN-γ ou por testes rápidos de PCR para M. tuberculosis.

15. A quimioterapia geralmente envolve três ou quatro fármacos administrados por no mínimo 6 meses; M. tuberculosis resistente a múltiplos fármacos está se tornando prevalente.

16. A vacina BCG para a tuberculose consiste em uma cultura viva avirulenta de M. bovis.

17. Micobactérias de crescimento rápido causam infecções pulmonares em idosos com condições predisponentes.

Pneumonias bacterianas (p. 707-712)

18. A pneumonia típica é causada por S. pneumoniae.

19. As pneumonias atípicas são causadas por outros microrganismos.

20. A pneumonia pneumocócica é causada por S. pneumoniae encapsulado.

21. Crianças menores de 5 anos e adultos com mais de 65 anos são mais suscetíveis à pneumonia por H. influenzae.

22. Mycoplasma pneumoniae causa a pneumonia por micoplasma, que é uma doença endêmica.

23. A legionelose é causada pelo bastonete gram-negativo aeróbio L. pneumophila.

24. C. psittaci, a bactéria que causa a psitacose (ornitose), é transmissível pelo contato com fezes e exsudatos de aves contaminados.

25. C. pneumoniae causa pneumonia e é transmissível de pessoa a pessoa.

26. A C. burnetii, um parasita intracelular obrigatório, causa a febre Q.

Melioidose (p. 712-713)

27. A melioidose é causada pela bactéria B. pseudomallei e é transmissível por inalação, ingestão ou através de ferimentos por perfuração. Os sinais incluem pneumonia, sepse e encefalite.

Doenças virais do trato respiratório inferior (p. 713-718)

Pneumonia viral (p. 713-714)

1. Um grande número de vírus pode causar pneumonia como uma complicação de infecções, como a influenza.

2. As etiologias normalmente não são identificadas no laboratório clínico, devido à dificuldade em isolar e identificar os vírus.

Covid-19 (p. 714-715)

3. A Covid-19 é causada pelo Betacoronavirus SARS-CoV-2.

4. O SARS-CoV-2 é um vírus de RNA de fita simples. As proteínas da espícula (S) que se projetam do envelope viral lhe conferem a sua coroa característica e facilitam a sua ligação às células do corpo.

5. As variantes virais surgem a partir de mutações em um processo conhecido como deriva antigênica.

6. Rendesivir e nirmatrelvir são usados para o tratamento de infecções.

7. Vacinas de vetores virais e de mRNA estão disponíveis para a prevenção da Covid-19.

Vírus sincicial respiratório (VSR) (p. 715-716)

8. O VSR é a causa mais comum de pneumonia em lactentes.

Influenza (gripe) (p. 716-718)

9. A influenza é causada por três gêneros virais e é caracterizada por calafrios, febre, cefaleia e dores musculares generalizadas.

10. As espículas de hemaglutinina (HA) e neuraminidase (NA) projetam-se do envelope lipídico viral.

11. As linhagens virais são identificadas por diferenças antigênicas em seus envelopes proteicos; o influenza A é ainda subdividido com base nas diferenças das espículas de HA e NA.

12. As mudanças antigênicas e a deriva antigênica permitem que o vírus escape da imunidade natural.

13. O zanamivir e o oseltamivir são fármacos eficazes contra o vírus influenza A.

14. Vacinas multivalentes estão disponíveis.

Doenças fúngicas do trato respiratório inferior (p. 719-723)

1. Os esporos fúngicos são facilmente inalados; eles podem germinar no trato respiratório inferior.

2. A incidência das doenças fúngicas vem aumentando nos últimos anos.

3. As micoses nas seções seguintes podem ser tratadas com itraconazol.

Histoplasmose (p. 719)

4. H. capsulatum causa uma infecção respiratória subclínica que apenas ocasionalmente progride para uma doença generalizada grave.

5. A doença é adquirida pela inalação de conídios transmissíveis pelo ar.

6. O isolamento do fungo ou sua identificação em amostras de tecido são necessários para o diagnóstico.

Coccidioidomicose (p. 720-721)

7. A inalação de artroconídios de C. immitis transmissíveis pelo ar pode resultar em coccidioidomicose.

Pneumonia por Pneumocystis (p. 721-722)

8. P. jirovecii é encontrado nos pulmões de seres humanos saudáveis.

9. P. jirovecii causa doença em pacientes imunossuprimidos.

Blastomicose (blastomicose norte-americana) (p. 722)

10. B. dermatitidis é o agente causador da blastomicose.

11. A infecção se inicia nos pulmões e pode se disseminar, causando abscessos extensos.

Outros fungos envolvidos em doenças respiratórias (p. 722)

12. Os fungos oportunistas podem causar doença respiratória em hospedeiros imunocomprometidos, sobretudo quando grandes números de esporos são inalados.

13. Entre esses fungos estão Aspergillus, Rhizopus e Mucor.

Questões para estudo

As respostas das questões de Conhecimento e compreensão estão na seção de Respostas no final deste livro.

Conhecimento e compreensão

Revisão

1. DESENHE Mostre a localização das seguintes doenças: resfriado comum, Covid-19, difteria, coccidioidomicose, influenza, pneumonia, febre escarlatina, tuberculose e coqueluche.

2. Compare pneumonia por micoplasma e pneumonia viral.

3. Liste os agentes causadores, os sinais e sintomas e o tratamento de quatro doenças virais do sistema respiratório. Separe as doenças de acordo com a infecção que ocasionam nos tratos respiratórios superior ou inferior.

4. Complete a tabela a seguir:

Doença	Agente causador	Sinais e sintomas	Tratamento
Faringite estreptocócica			
Febre escarlatina			
Difteria			
Coqueluche			
Tuberculose			
Pneumonia pneumocócica			
Pneumonia por *H. influenzae*			
Pneumonia por clamídia			
Otite média			
Legionelose			
Psitacose			
Febre Q			
Epiglotite			
Melioidose			

5. Em que condições os saprófitos *Aspergillus* e *Rhizopus* podem causar infecções?

6. Um paciente foi diagnosticado com pneumonia. Essa informação é suficiente para iniciar um tratamento com agentes antimicrobianos? Explique.

7. Liste o agente causador, o modo de transmissão e a área endêmica das doenças histoplasmose, coccidioidomicose, blastomicose e pneumonia por *Pneumocystis*.

8. Descreva brevemente os procedimentos e os resultados positivos do teste de tuberculina e o que significa um teste positivo.

9. Identifique as bactérias envolvidas em infecções respiratórias utilizando os seguintes resultados de exames laboratoriais:

Cocos gram-positivos
   Catalase-positivos: a. _____
   Catalase-negativos
      Beta-hemolíticos, inibição por bacitracina: b. _____
      Alfa-hemolíticos, inibição por optoquina: c. _____
Bastonetes gram-positivos
   Não ácido-resistentes: d. _____
   Ácido-resistentes: e. _____
Cocos gram-negativos: f. _____
Bastonetes gram-negativos
   Aeróbios
      Cocobacilos: g. _____
   Bastonetes
      Crescem em ágar-nutriente: h. _____
      Precisam de meios especiais: i. _____
   Anaeróbios facultativos
      Cocobacilos: j. _____
Parasitas intracelulares
   Formam corpos elementares: k. _____
   Não formam corpos elementares: l. _____
Sem parede: m. _____

10. IDENTIFIQUE Esta bactéria gram-negativa aeróbia produz uma citotoxina traqueal que destrói as células ciliadas da traqueia.

Múltipla escolha

1. Um paciente apresenta febre, dificuldade de respirar, dor torácica, fluido nos alvéolos pulmonares e um teste cutâneo de tuberculina positivo. Cocos gram-positivos são isolados do escarro. O tratamento recomendado é:
   a. um macrolídeo.
   b. antitoxina.
   c. isoniazida.
   d. tetraciclinas.
   e. nenhuma das alternativas.

2. O 19 em Covid-19 significa que:
   a. esta é a 19ª epidemia de coronavírus.
   b. este é o 19º coronavírus conhecido.
   c. existem 19 cepas de *Betacoronavirus*.
   d. o vírus foi identificado em 2019.
   e. os sintomas perduram por 19 dias.

Associe as seguintes opções às descrições de culturas nas questões 3 a 6:
   a. *Chlamydia*   d. *Mycobacterium*
   b. *Coccidioides*   e. *Mycoplasma*
   c. *Histoplasma*

3. A cultura de um paciente com pneumonia parece não ter crescido. Contudo, você consegue ver colônias quando a placa é examinada em um aumento de 100×.

4. A etiologia dessa pneumonia requer cultura de células.

5. O exame microscópico de uma biópsia de pulmão mostra células ovoides em macrófagos alveolares. Você suspeita que elas são a causa dos sinais e sintomas do paciente, mas, em sua cultura, cresce um organismo filamentoso.

6. O exame microscópico de uma biópsia de pulmão mostra esférulas.

7. Em São Francisco, 10 técnicos de cuidados de saúde animal desenvolveram pneumonia 2 semanas após 130 cabras terem sido transferidas para o abrigo de animais onde eles trabalhavam. Qual das seguintes opções é *falsa*?
   a. O diagnóstico é realizado por meio da cultura do escarro em ágar-sangue.
   b. A causa é *Coxiella burnetii*.
   c. A bactéria produz endósporos.
   d. A doença foi transmitida por aerossóis.
   e. O diagnóstico é realizado por meio de testes de fixação de complemento para anticorpos.

8. Qual dos seguintes leva a todo o resto?
   a. estágio catarral
   b. tosse
   c. perda de cílios
   d. acúmulo de muco
   e. citotoxina traqueal

Associe as seguintes opções às afirmativas nas questões 9 e 10:
   a. *Bordetella pertussis*
   b. *Corynebacterium diphtheriae*
   c. *Legionella pneumophila*
   d. *Mycobacterium tuberculosis*
   e. nenhuma das alternativas

9. Causa a formação de uma membrana na garganta.

10. Resistente à destruição por fagócitos.

Análise

1. Diferencie *S. pyogenes* causando faringite estreptocócica e *S. pyogenes* causando febre escarlatina.

2. Por que a vacina contra a influenza pode ser menos efetiva que outras vacinas?

3. Explique por que não seria prático incluir vacinas contra o resfriado e a gripe nas vacinações obrigatórias da infância.

Aplicações clínicas e avaliação

1. Em agosto, um homem de 24 anos do estado norte-americano da Virgínia apresentou dificuldade para respirar e infiltrados nos lóbulos bilaterais 2 meses após dirigir pela Califórnia. Durante a avaliação inicial, suspeitou-se de pneumonia típica, e ele foi tratado com antibióticos. Os esforços para diagnosticar a pneumonia não tiveram sucesso. Em outubro, uma massa laríngea foi detectada e houve suspeita de câncer de laringe; o tratamento com esteroides e broncodilatadores não resultou em melhora. Detectou-se, por meio de biópsia de pulmão e laringoscopia, tecido granular difuso. O paciente foi tratado com anfotericina B e teve alta após 5 dias. Qual era a doença? O que poderia ter sido feito de modo diferente para reduzir o período de recuperação do paciente de 3 meses para 1 semana?

2. Durante um período de 6 meses, 72 membros da equipe de uma clínica obtiveram testes de tuberculina positivos. Um estudo de casos-controle foi realizado para determinar a fonte mais provável da infecção por *M. tuberculosis* entre a equipe. No total, 16 casos e 34 controles tuberculina-negativos foram comparados. O isetionato de pentamidina não é usado para o tratamento da tuberculose. Qual doença provavelmente estava sendo tratada com esse fármaco? Qual é a fonte mais provável da infecção?

	Casos	Controle
Trabalha ≥ 40 h/semana	100%	62%
Na sala durante terapia com isetionato de pentamidina em aerossol para pacientes com tuberculose	31	3
Contato com pacientes	94	94
Almoço na sala de descanso da equipe	38	35
Residente do oeste de Palm Beach	75	65
Sexo feminino	81	77
Tabagista	6	15
Contato com enfermeira diagnosticada com tuberculose	15	12
Em sala não ventilada durante a coleta de amostras de escarro positivas para tuberculose	13	8

3. Em um período de 2 semanas, oito crianças em um berçário de cuidados intensivos (BCI) desenvolveram pneumonia causada por VSR. Uma menina de 2 semanas de idade do berçário de recém-nascidos, adjacente ao BCI, também desenvolveu uma infecção por VSR. Um ensaio de triagem de fixação de complemento (FC) e ELISA para antígenos virais foram realizados para o diagnóstico de possíveis infecções. Os pacientes VSR-positivos foram alojados em uma sala separada. A fim de interromper o surto, testes de FC e ELISA direto foram realizados em 10 membros da equipe de funcionários do BCI. Os ensaios de ELISA para antígenos virais se apresentaram negativos; os títulos de VSR determinados pelo teste de FC são mostrados na tabela a seguir.

Equipe	Título de VSR
A	0
B	64
C	32
D	128
E	256
F	0
C	0
H	32
I	32
J	16

Comente sobre a provável fonte desse surto. Explique a discrepância aparente entre os resultados do teste de FC e os do ELISA. Como as infecções pelo VSR em berçários podem ser prevenidas?

Doenças microbianas do sistema digestório

As doenças microbianas do sistema digestório perdem somente para as doenças respiratórias como causas de doença nos Estados Unidos. Muitas dessas doenças resultam da ingestão de alimentos ou água contaminados com microrganismos patogênicos ou suas toxinas. Esses patógenos geralmente penetram no alimento ou suprimento de água após serem disseminados nas fezes de pessoas ou animais infectados por eles. Portanto, as doenças microbianas do sistema digestório são geralmente transmitidas por um **ciclo fecal-oral**. Esse ciclo é interrompido por práticas efetivas de saneamento e manuseio de alimentos. Métodos modernos de tratamento de efluentes e desinfecção da água são essenciais. Há ainda um aumento da conscientização acerca da necessidade de desenvolvimento de novos testes que possam detectar rapidamente e de maneira confiável os patógenos nos alimentos (em mercadorias perecíveis).

O Centers for Disease Control and Prevention (CDC) estima que, nos Estados Unidos, cerca de 48 milhões de pessoas sofram de doenças transmitidas por alimentos anualmente, resultando em cerca de 3 mil mortes. Algumas *Escherichia coli* causam doenças, produzindo uma toxina chamada de Shiga. As bactérias (mostradas na fotografia) que produzem essas toxinas são chamadas de *E. coli* produtoras de toxina Shiga (STEC, de *Shiga toxin-producing E. coli*). Uma infecção por STEC é descrita no "Caso clínico" deste capítulo.

▶ As bactérias *Escherichia coli* são membros essenciais do microbioma humano; no entanto, certas cepas produzem uma toxina, como a toxina Shiga produzida pela *E. coli* O157:H7.

Na clínica

Como enfermeiro(a) de saúde pública do seu município, você atende uma mulher que apresentou gastrenterite aguda após jantar em um restaurante local com amigos. Você entrevistou as pessoas que compareceram ao jantar e confirmou que 3 das 7 presentes na festa consumiram sopa de mariscos da Nova Inglaterra. Dentro de 1 a 4 horas após o consumo da sopa, as três apresentaram um início de náuseas e vômitos, que duraram cerca de 24 horas. As quatro pessoas que não haviam consumido a sopa não ficaram doentes. O restaurante manteve a sopa de mariscos a 39 °C para os serviços de almoço e jantar. **Qual é a etiologia microbiana mais provável?**

Dica: faça uma lista das doenças transmitidas por alimentos abordadas neste capítulo para associar a este caso.

Estrutura e função do sistema digestório

OBJETIVO DE APRENDIZAGEM

25-1 Nomear as estruturas do sistema digestório que entram em contato com os alimentos.

O **sistema digestório** é essencialmente uma estrutura tubular, o *canal digestivo* (também conhecido como *trato gastrintestinal [GI]* ou *canal alimentar*), que inclui a boca, a faringe (garganta), o esôfago (tubo alimentar que leva ao estômago), o estômago e os intestinos delgado e grosso. O sistema também inclui *estruturas acessórias*, como dentes e língua. Outras estruturas acessórias, como as glândulas salivares, o fígado, a vesícula biliar e o pâncreas, situam-se fora do canal digestivo e produzem secreções que são transportadas por ductos até ele (**Figura 25.1**).

O objetivo do sistema digestório é digerir os alimentos, isto é, degradá-los em moléculas menores que possam ser captadas e utilizadas pelas células do corpo. Em um processo,

denominado *absorção*, esses produtos finais da digestão passam do intestino delgado ao plasma sanguíneo ou plasma linfático para distribuição às células corporais. Então, o alimento residual e os resíduos finais movem-se pelo intestino grosso, onde a água e os nutrientes remanescentes são absorvidos. No curso de uma vida com duração média, cerca de 25 toneladas de alimentos passam através do canal digestivo. Os sólidos não digeridos resultantes, chamados de *fezes*, são eliminados do corpo pelo ânus. Os gases intestinais, ou *flatos*, são uma mistura de nitrogênio do ar deglutido e dióxido de carbono, hidrogênio e metano produzidos pelos micróbios. Em média, produzimos de 0,5 a 2 L de gases por dia.

Existe também uma relação entre o sistema digestório e o sistema imune. Esta é descrita em **Explorando o microbioma**. Ao longo da vida, a mucosa intestinal é desafiada continuamente pelos antígenos da microbiota intestinal e ingeridos. Como consequência, cerca de 70% do sistema imune está localizado no trato intestinal, sobretudo no intestino delgado. Esse tecido linfoide frouxamente organizado e suas estruturas, como os linfonodos e os folículos linfoides agregados, são coletivamente chamados de *tecido linfoide associado ao intestino* (GALT, de *gut-associated lymphoid tissue*).

TESTE SEU CONHECIMENTO

✔ **25-1** Pequenas explosões ocorreram quando um cirurgião utilizou instrumentos que produziam faíscas para a remoção de pólipos intestinais. O que era inflamável?

Microbiota normal do sistema digestório

OBJETIVO DE APRENDIZAGEM

25-2 Identificar as porções do canal digestivo que normalmente possuem uma microbiota.

As bactérias povoam densamente a maioria do sistema digestório. Na boca, cada mililitro de saliva pode conter milhões de bactérias. Devido ao ácido clorídrico produzido pelo estômago e do rápido movimento dos alimentos pelo intestino delgado, esses órgãos abrigam relativamente poucos microrganismos. Em contrapartida, o intestino grosso possui uma enorme população microbiana, excedendo 100 bilhões de bactérias por grama de fezes. (Até 40% da massa fecal é composta por material celular microbiano.) A população do intestino grosso é composta principalmente de anaeróbios e anaeróbios facultativos. A maioria dessas bactérias auxilia a degradação enzimática dos alimentos, principalmente muitos polissacarídeos que, de outra forma, não seriam digeríveis. Algumas delas sintetizam vitaminas úteis.

É importante compreender que o alimento, ao passar pelo canal digestivo, embora esteja em contato com o corpo, permanece fora dele. Diferentemente do exterior do corpo, como a pele, o canal digestivo é adaptado para absorver os nutrientes que passam através dele. Ao mesmo tempo, os micróbios

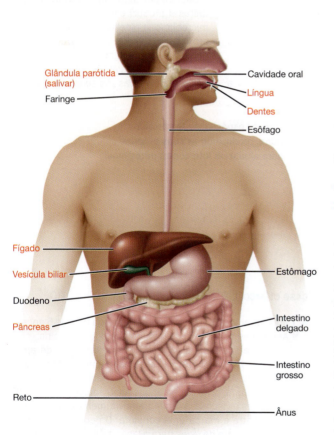

Figura 25.1 Sistema digestório humano. As estruturas acessórias são indicadas em vermelho.

Glândula parótida (salivar)
Faringe
Cavidade oral
Língua
Dentes
Esôfago
Fígado
Vesícula biliar
Duodeno
Pâncreas
Estômago
Intestino delgado
Intestino grosso
Reto
Ânus

P Onde os microrganismos normalmente são encontrados no sistema digestório?

Quanto mais profundamente você mergulha no canal digestivo, mais abundante são as populações bacterianas. Cerca de 10 espécies bacterianas por grama de conteúdo são encontradas no esôfago, enquanto mais de 1.000 espécies bacterianas por grama residem no intestino grosso. Isso levanta uma pergunta intrigante: com 70% da resposta imune do corpo se originando no canal digestivo, como as bactérias comensais sobrevivem, enquanto os patógenos são procurados e destruídos simultaneamente? Pesquisas atuais indicam que os nossos micróbios residentes podem estar relacionados com essa separação das bactérias boas das ruins, assim como nosso próprio sistema imune.

Nascemos com um sistema imune subdesenvolvido e com pequenas populações de micróbios povoando nossos corpos. As primeiras bactérias que colonizam o canal digestivo de um bebê parecem ensinar o sistema imune a tolerá-las em relação a outros tipos de espécies. Esse processo é auxiliado pelas substâncias químicas produzidas pelas bactérias benéficas que causam danos aos patógenos, enquanto deixam as nossas células intactas.

Bactérias gram-negativas, como *Bacteroides*, podem ativar células dendríticas intestinais na mucosa intestinal, dando início a um processo que leva à secreção de imunoglobulina A (IgA) no canal digestivo. Essa classe de anticorpos exerce efeitos anti-inflamatórios e cria uma barreira na mucosa que impede que muitos patógenos se liguem às células epiteliais.

Os micróbios residentes também produzem peptídeos antimicrobianos (AMPs, de *antimicrobial peptides*). Esses compostos se ligam às membranas das bactérias mais carregadas negativamente e as lisam, deixando as membranas das nossas próprias células intactas. Algumas bactérias induzem nossos próprios AMPs. Por exemplo, o *Bacteroides thetaiotaomicron* induz as células intestinais a produzirem uma enzima que sintetiza a defensina AMP. Os ácidos graxos de cadeia curta produzidos por *Lactobacillus* e *Bacteroides* induzem as células hospedeiras a produzirem outro peptídeo antimicrobiano, a catelicidina. Curiosamente, tanto a microbiota normal gram-positiva quanto a gram-negativa são resistentes aos efeitos desses AMPs, enquanto as espécies patogênicas são sensíveis a eles.

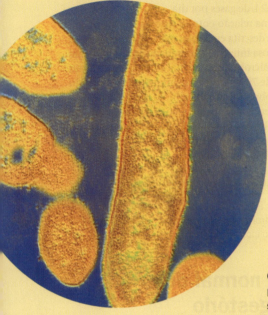

Comumente encontradas no intestino, as espécies de *Bacteroides* podem auxiliar o nosso sistema imune, produzindo as suas próprias substâncias químicas defensivas para ajudar na luta contra patógenos.

prejudiciais ingeridos nos alimentos e na água devem ser impedidos de invadir o corpo. Um fator importante nessa defesa é o conteúdo altamente ácido do estômago, que elimina muitos micróbios ingeridos, potencialmente prejudiciais.

O intestino delgado também contém importantes defesas antimicrobianas, mais significativamente, milhões de células especializadas preenchidas por grânulos, chamadas de *células de Paneth*. Elas são capazes de fagocitar as bactérias e produzem proteínas antibacterianas, chamadas de *defensinas* (ver "Peptídeos antimicrobianos" no Capítulo 16), e a enzima antibacteriana *lisozima*.

TESTE SEU CONHECIMENTO

 25-2 Como a microbiota normal é confinada à boca e ao intestino grosso?

CASO CLÍNICO Uma surpresa de aniversário

Nadia Abramovic está preocupada com sua filha de 5 anos, Anna. A semana se iniciou como qualquer outra; na verdade, Anna ainda estava animada com a sua festa de aniversário, que havia acontecido na semana anterior. Mas, nos últimos 2 dias, Anna tem estado pálida e apática, reclamando de dor de estômago. Ao observar que Anna apresenta diarreia sanguinolenta e viscosa, a Sra. Abramovic imediatamente liga para o pediatra e marca uma consulta. O pediatra de Anna envia uma amostra de fezes para o laboratório local para uma cultura bacteriana.

Como o laboratório realizará o teste para a etiologia da doença de Anna? Continue lendo para descobrir.

Parte 1   Parte 2   Parte 3   Parte 4   Parte 5

Doenças bacterianas da boca

OBJETIVO DE APRENDIZAGEM

25-3   Descrever os eventos que levam à formação das cáries dentárias e da doença periodontal.

A boca, que é a entrada para o sistema digestório, fornece um ambiente que sustenta uma grande e variada população microbiana.

Cáries dentárias

Os dentes, diferentemente de outras superfícies exteriores do corpo, são rígidos, e as células não se destacam de sua superfície (**Figura 25.2**). Isso permite o acúmulo de massas de microrganismos e seus produtos. Esses acúmulos, chamados de **placas dentárias**, são um tipo de biofilme (ver Capítulo 6) e estão intimamente envolvidos na formação das **cáries dentárias**.

As bactérias orais convertem a sacarose e outros carboidratos em ácido láctico, que, por sua vez, ataca o esmalte dos dentes. A população microbiana sobre e em torno dos dentes é muito complexa. Com base em métodos de identificação ribossomal (ver discussão sobre hibridização por fluorescência *in situ* no Capítulo 10), mais de 700 espécies de bactérias foram identificadas na cavidade oral. Provavelmente, a bactéria *cariogênica* (que causa cáries) mais importante é *Streptococcus mutans*, um coco gram-positivo que apresenta características de virulência significativas (**Figura 25.3a**). *S. mutans* é capaz de metabolizar uma ampla variedade de carboidratos, tolera um alto nível de acidez e sintetiza *dextrana*, um polissacarídeo viscoso de moléculas de glicose que é um fator importante na formação da placa dentária (Figura 25.3b). Algumas outras espécies de estreptococos também são cariogênicas, porém desempenham um papel de menor importância na iniciação das cáries.

O início de uma cárie depende da ligação de *S. mutans* ou outros estreptococos ao dente. Essas bactérias não aderem ao dente limpo, mas, dentro de minutos, um dente recém--escovado torna-se recoberto por uma película (filme fino) de

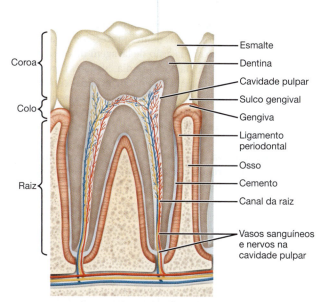

Figura 25.2   Dente humano saudável.

🅿 **Como um biofilme pode se acumular nos dentes?**

proteínas da saliva. Dentro de algumas horas, as bactérias cariogênicas estabelecem-se nessa película e iniciam a produção de dextrana (ver Figura 25.3b). Na produção de dextrana, as bactérias inicialmente hidrolisam a sacarose em seus componentes monossacarídeos, frutose e glicose. A enzima glicosiltransferase, então, organiza as moléculas de glicose em dextrana. A frutose residual é o açúcar primário fermentado em ácido láctico. O acúmulo de bactérias e dextrana aderido aos dentes compõe a placa dentária.

A população bacteriana da placa pode abrigar mais de 400 espécies, mas é composta predominantemente de estreptococos e membros filamentosos do gênero *Actinomyces*. (Os depósitos mais antigos e calcificados de placas são chamados de

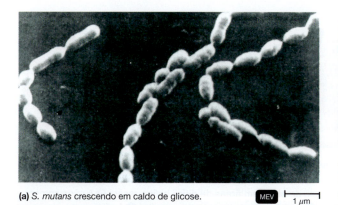

(a) *S. mutans* crescendo em caldo de glicose.   MEV   ⊢ 1 μm

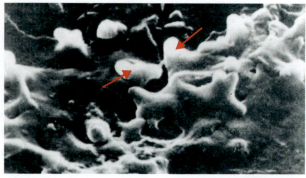

(b) *S. mutans* crescendo em caldo de sacarose; observe o acúmulo de dextrana. As setas indicam as células de *S. mutans*.   MEV   ⊢ 1 μm

Figura 25.3   *Streptococcus mutans*. A dextrana permite que *S. mutans* se fixe ao dente.

🅿 **O que torna a placa dentária um tipo de biofilme?**

cálculo dentário, ou *tártaro.*) *S. mutans* favorece especialmente os sulcos ou outros locais nos dentes protegidos da ação dispersiva da mastigação ou da ação de lavagem de cerca de um litro de saliva produzido na boca por dia. Nas áreas protegidas dos dentes, os acúmulos de placa podem ter várias centenas de células de espessura. Como a placa não é muito permeável à saliva, o ácido láctico produzido pelas bactérias não é diluído ou neutralizado, rompendo o esmalte dos dentes ao qual a placa se adere.

Embora a saliva contenha nutrientes que estimulam o crescimento bacteriano, ela também apresenta substâncias antimicrobianas, como a *lisozima,* que auxilia a proteção das superfícies dentárias expostas. Alguma proteção também é fornecida pelo *fluido crevicular,* exsudato tecidual que flui nos sulcos gengivais (ver Figura 25.2) e é mais parecido em sua composição com o soro do que com a saliva. Ele protege os dentes devido a sua ação de lavagem, suas células fagocíticas e seu conteúdo de imunoglobulina.

A produção localizada de ácido dentro dos depósitos de placa dentária resulta no amolecimento gradual do *esmalte* externo. Um esmalte pobre em fluoreto é mais suscetível aos efeitos do ácido. Essa é a razão para a fluoretação da água e das pastas de dente, que tem sido um fator importante no declínio das cáries dentárias nos Estados Unidos.

Os estágios das cáries dentárias são mostrados na **Figura 25.4**. Se a penetração inicial do esmalte pelas cáries não é tratada, as bactérias podem penetrar no interior do dente. A composição da população bacteriana envolvida na disseminação da área cariada do esmalte até a *dentina* é totalmente diferente da população que inicia a cárie. Os microrganismos dominantes são bastonetes gram-positivos e bactérias filamentosas; *S. mutans* está presente apenas em pequenos números. Embora antigamente fosse considerado a causa das cáries dentárias, *Lactobacillus* spp., na verdade, não desempenha qualquer papel no início do processo. Todavia, esses produtores prolíficos de ácido láctico são importantes no avanço da cárie, uma vez que ela se torna estabelecida.

A área cariada eventualmente avança até a *polpa* (ver Figura 25.4), que se conecta com os tecidos da mandíbula e contém o suprimento sanguíneo e as células nervosas. Quase todos os membros da microbiota normal da boca podem ser isolados da polpa e das raízes infectadas. Uma vez que esse estágio é atingido, um tratamento de canal é necessário para remover o tecido infectado e morto e para fornecer acesso aos antimicrobianos que suprimem a infecção. Se não for tratada, a infecção pode avançar do dente aos tecidos moles, produzindo abscessos dentários causados por populações bacterianas mistas, que contêm muitos anaeróbios.

Embora as cáries dentárias provavelmente estejam entre as doenças infecciosas mais comuns em seres humanos hoje, eram raras no mundo ocidental até meados do século XVII. Em restos humanos de tempos mais antigos, somente cerca de 10% dos dentes continham cáries. A introdução do açúcar de mesa, ou sacarose, na dieta está altamente correlacionada ao nível atual de cáries no mundo ocidental. Estudos demonstraram que a sacarose, um dissacarídeo composto de glicose e frutose, é muito mais cariogênica que a glicose ou a frutose individualmente (ver Figura 25.3). Pessoas que seguem dietas ricas em amido (o amido é um polissacarídeo da glicose) têm baixa incidência de cárie dentária, a menos que a sacarose também seja uma parte significativa da dieta. A contribuição das bactérias para a cárie dentária foi demonstrada por experimentos com animais livres de germes. Esses animais não desenvolvem cáries, mesmo quando alimentados com uma dieta rica em sacarose destinada a estimular a sua formação.

A presença da sacarose é constante na dieta ocidental moderna. Contudo, se a sacarose for ingerida somente nas refeições regulares, os mecanismos protetores e de reparo do corpo geralmente não são sobrecarregados. A sacarose que é ingerida entre as refeições é a mais nociva aos dentes. Os açúcares alcoólicos, como o manitol, o sorbitol e o xilitol, não são cariogênicos. Aparentemente, o xilitol inibe o metabolismo de carboidrato de *S. mutans.* É por isso que esses açúcares alcoólicos são utilizados para adoçar balas e goma de mascar "sem açúcar".

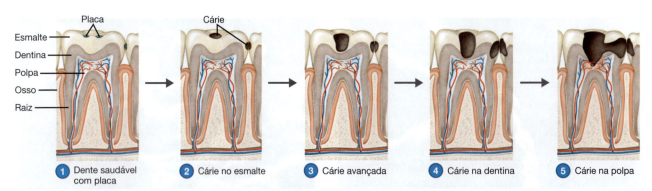

① Dente saudável com placa ② Cárie no esmalte ③ Cárie avançada ④ Cárie na dentina ⑤ Cárie na polpa

Figura 25.4 Estágios da cárie dentária. ① Um dente com acúmulo de placa em áreas de difícil higienização. ② A cárie começa à medida que o esmalte é atacado por ácidos formados por bactérias. ③ A cárie avança através do esmalte. ④ A cárie avança para a dentina. ⑤ A cárie penetra na polpa e pode formar abscessos nos tecidos que circundam a raiz.

P Como a formação da placa contribui para a cárie dentária?

As melhores estratégias para se prevenir a cárie dentária são uma ingestão mínima de sacarose; escovação, uso de fio dental e limpeza profissional para remoção da placa; e o uso de flúor. A remoção profissional da placa e do tártaro em intervalos regulares retarda a progressão para doença periodontal.

Doença periodontal

Mesmo as pessoas que previnem a cárie dentária podem, anos mais tarde, perder os seus dentes devido à **doença periodontal**, termo que indica uma série de condições caracterizadas por inflamação e degeneração das estruturas que oferecem suporte para os dentes (**Figura 25.5**). As raízes dos dentes são protegidas por um revestimento de tecido conjuntivo especializado, denominado *cemento*. À medida que as gengivas se retraem com a idade ou pela escovação excessivamente agressiva, a formação de cáries no cemento torna-se mais comum.

Gengivite

Em muitos casos de doença periodontal, a infecção é restrita às *gengivas*. Essa inflamação resultante, chamada de **gengivite**, é caracterizada por sangramento das gengivas durante a escovação dos dentes (ver Figura 25.5). Essa é uma condição vivenciada por pelo menos metade da população adulta. Demonstrou-se experimentalmente que a gengivite surge em poucas semanas se a escovação for interrompida, o que permite o acúmulo de placa. Uma variedade de estreptococos, actinomicetos e bactérias anaeróbias gram-negativas predomina nessas infecções.

Periodontite

A gengivite pode progredir para uma condição crônica, chamada **periodontite**, condição insidiosa que, em geral, causa pouco desconforto. Cerca de 35% dos adultos desenvolvem periodontite, a qual está aumentando em incidência à medida que mais pessoas conservam os seus dentes até a velhice. As gengivas apresentam-se inflamadas e sangram facilmente. Muitas vezes, é observada a formação de pus nas *bolsas periodontais* que circundam os dentes (ver Figura 25.5). À medida que a infecção continua, ela avança em direção às pontas da raiz. O osso e o tecido que sustentam os dentes são destruídos, levando, por fim, ao afrouxamento e à perda dos dentes. Numerosas bactérias de muitos tipos diferentes, principalmente espécies de *Porphyromonas*, são encontradas nessas infecções; o dano tecidual é induzido por uma resposta inflamatória à presença dessas bactérias gram-negativas anaeróbias obrigatórias. A periodontite pode ser tratada eliminando-se cirurgicamente as bolsas periodontais.

A **gengivite ulcerativa necrosante aguda**, também denominada **doença de Vincent** ou boca de trincheira, é uma das infecções bucais graves mais comuns. A doença causa tanta dor que dificulta a mastigação normal. Mau hálito (halitose) também acompanha a infecção. Entre as bactérias normalmente associadas a essa condição está a gram-negativa anaeróbia obrigatória *Prevotella intermedia*, que em média representa até 24% dos isolados. Como esses patógenos geralmente são anaeróbios, o tratamento inclui peróxido de hidrogênio após o desbridamento. Antibióticos podem ser efetivos. As doenças bacterianas da boca estão resumidas em Doenças em foco 25.1.

TESTE SEU CONHECIMENTO

✔ **25-3** Por que os doces e as gomas de mascar "sem açúcar", os quais, na verdade, contêm açúcares alcoólicos, não são considerados cariogênicos?

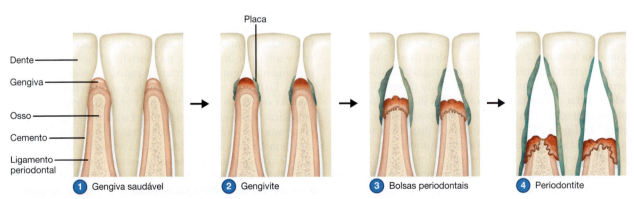

Figura 25.5 Estágios da doença periodontal. ❶ Dentes firmemente ancorados por osso e gengiva saudáveis. ❷ Toxinas na placa irritam as gengivas, causando gengivite. ❸ Bolsas periodontais se formam à medida que o dente se separa da gengiva. ❹ A gengivite progride para periodontite. As toxinas destroem a gengiva, o osso que suporta o dente e o cemento que protege a raiz.

P O que poderia fazer as cerdas da sua escova de dente ficarem rosadas?

Doenças bacterianas da boca

A maioria dos adultos tem sinais de doenças gengivais, e cerca de 14% dos adultos norte-americanos com idade entre 45 e 54 anos apresentam um caso grave. Use a tabela a seguir para identificar as infecções que podem causar feridas persistentes, edema, vermelhidão ou sangramento da gengiva, bem como dor de dente ou sensibilidade e mau hálito.

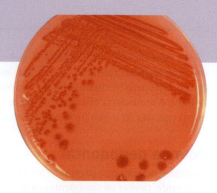

Este bastonete gram-negativo cultivado em ágar-sangue é o responsável por aproximadamente um quarto dos casos.

Doença	Patógeno	Sinais e sintomas	Tratamento	Prevenção
Cáries dentárias	Principalmente *S. mutans*	Descoloração ou perfuração no esmalte dentário	Remoção da área deteriorada	Escovação, uso de fio dental, redução de sacarose na dieta
Doença periodontal	Vários, principalmente *Porphyromonas* spp.	Sangramento de gengiva, bolsões de pus	Remoção da área lesionada, antibióticos	Remoção da placa
Gengivite ulcerativa necrosante aguda	*Prevotella intermedia*	Mastigação dolorida, halitose	Remoção da área lesionada, antibióticos	Escovação, uso de fio dental

Doenças bacterianas do sistema digestório inferior

OBJETIVO DE APRENDIZAGEM

25-4 Listar os agentes causadores, os alimentos suspeitos, os sinais e os sintomas e os tratamentos da intoxicação alimentar por estafilococos, da shigelose, da salmonelose, das febres tifoide e paratifoide, da cólera, da gastrenterite e da úlcera péptica.

As doenças do sistema digestório são essencialmente de dois tipos: infecções e intoxicações.

Uma **infecção** ocorre quando um patógeno entra no canal digestivo e se multiplica. Os microrganismos podem penetrar na mucosa intestinal e crescer ali ou podem passar para outros órgãos sistêmicos. As **células M (micropregas)** translocam antígenos e microrganismos para o outro lado do epitélio, onde podem entrar em contato com os tecidos linfoides (folículos linfoides agregados) para iniciar uma resposta imune (ver Figura 17.9 e Figura 25.7). Normalmente, o distúrbio gastrintestinal é retardado enquanto o patógeno aumenta em número ou afeta o tecido invadido; no entanto, com frequência ocorre febre, uma das respostas gerais do corpo a um organismo infeccioso.

Alguns patógenos causam doença pela formação de toxinas que afetam o canal digestivo. Uma **intoxicação** é causada pela ingestão de uma toxina pré-formada. A maioria das intoxicações, como aquelas causadas por *Staphylococcus aureus*, é caracterizada pelo aparecimento súbito (em geral em apenas algumas horas) de sintomas de distúrbios gastrintestinais. A febre é um dos sintomas menos frequentes.

Ambas, infecções e intoxicações, frequentemente causam *diarreia*, quadro que a maioria de nós já vivenciou. A diarreia grave acompanhada de sangue ou muco é chamada de **disenteria**. Ambos os tipos de doenças do sistema digestório também são frequentemente acompanhados de *cólicas abdominais, náuseas e vômitos*. A diarreia e o vômito são mecanismos de defesa que auxiliam o corpo a se livrar de materiais prejudiciais.

O termo geral **gastrenterite** é aplicado a doenças que causam inflamação da mucosa gástrica e intestinal. O botulismo é um caso especial de intoxicação, uma vez que a ingestão da toxina pré-formada afeta o sistema nervoso, em vez de o canal digestivo (ver Capítulo 22).

Em países em desenvolvimento, como Índia, Nigéria e Paquistão, em áreas onde a água potável é inacessível, a diarreia é um fator importante na mortalidade infantil. Aproximadamente, 1 em cada 9 crianças morre antes dos 5 anos de idade. Estima-se que a mortalidade por diarreia na infância poderia ser reduzida à metade pela *terapia de reidratação oral* (reposição de fluidos e eletrólitos). Essa solução (geralmente composta de cloreto de sódio, cloreto de potássio, glicose e bicarbonato de sódio) é destinada à reposição do líquido e dos eletrólitos perdidos. As soluções são vendidas em lojas, permitindo aos departamentos de saúde pública determinar a incidência de diarreia na população por meio da análise de relatórios semanais sobre as vendas de preparações de reidratação oral. A Organização Mundial da Saúde (OMS) recomenda o uso da terapia de reidratação oral para doenças diarreicas há mais de 25 anos. Estima-se que essa recomendação tenha reduzido a duração e a gravidade dos episódios diarreicos e reduzido o número de mortes em 1 milhão por ano.

As doenças do sistema digestório são frequentemente relacionadas à ingestão de alimentos.

Intoxicação alimentar estafilocócica (enterotoxicose estafilocócica)

Uma das principais causas de gastrenterite é a **intoxicação alimentar estafilocócica**, intoxicação causada pela ingestão de uma enterotoxina produzida por *Staphylococcus aureus*. Os estafilococos são comparativamente resistentes aos estresses ambientais, conforme discutido no Capítulo 11. Eles também possuem uma resistência bastante alta ao calor; as células vegetativas podem tolerar 60 °C por meia hora. Sua resistência à dessecação e à radiação os auxilia na sobrevivência em superfícies cutâneas. A resistência a pressões osmóticas elevadas os auxilia a crescer em alimentos, como o presunto defumado, em que uma alta pressão osmótica dos sais inibe o crescimento de competidores.

S. aureus frequentemente habita as passagens nasais, a partir das quais contamina as mãos. Ele também é uma causa frequente de lesões cutâneas nas mãos. Dessas fontes, pode facilmente penetrar no alimento. Se os micróbios forem incubados no alimento, uma situação chamada de **abuso de temperatura**, eles se reproduzem e liberam uma enterotoxina. Esses eventos, que levam a surtos de intoxicação estafilocócica, são ilustrados na **Figura 25.6**.

S. aureus produz várias toxinas que causam danos aos tecidos ou aumentam a virulência do microrganismo. A produção da toxina do tipo sorológico A (que é responsável pela maioria dos casos) frequentemente é correlacionada com a produção de uma enzima que coagula o plasma sanguíneo. Essas bactérias são descritas como *coagulase-positivas*. Nenhum efeito patogênico direto pode ser atribuído à enzima, mas ela é útil na tentativa de identificação dos tipos que provavelmente são virulentos.

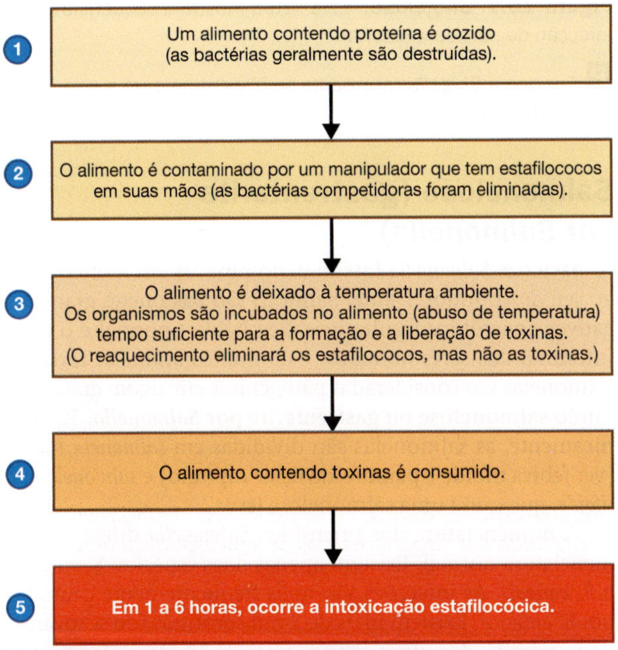

Em geral, uma população de cerca de 1 milhão de bactérias por grama de alimento produzirá enterotoxina suficiente para causar doença. O crescimento do micróbio é facilitado se os microrganismos competidores no alimento forem eliminados – pelo cozimento, por exemplo. Também é mais provável que o micróbio cresça se as bactérias competidoras forem inibidas por uma pressão osmótica maior do que a normal ou por um nível de umidade relativamente baixo. *S. aureus* tende a crescer excessivamente em relação à maioria das bactérias competidoras sob essas condições.

Pudins, tortas de creme e presunto são exemplos de alimentos de alto risco. Os micróbios competidores são minimizados em pudins pela alta pressão osmótica do açúcar e pelo cozimento. No presunto, eles são inibidos por agentes de cura, como os sais e os conservantes. Como a contaminação dos alimentos pelos manipuladores não pode ser completamente evitada, o método mais confiável de prevenção da intoxicação alimentar estafilocócica consiste em uma refrigeração adequada durante a estocagem, a fim de impedir a formação da toxina. A toxina em si é estável ao calor e pode sobreviver a até 30 minutos de cozimento. Portanto, uma vez formada, a toxina não é destruída quando o alimento é reaquecido, embora as bactérias sejam destruídas.

Os sinais e sintomas incluem náuseas, vômitos e diarreia. A taxa de mortalidade da intoxicação alimentar estafilocócica é quase zero entre pessoas consideradas saudáveis, mas pode ser significativa em indivíduos enfraquecidos, como os residentes de clínicas geriátricas.

O diagnóstico da intoxicação alimentar estafilocócica geralmente é baseado nos sintomas, em especial o curto período de incubação, característico da intoxicação. Se o alimento não foi reaquecido, indicando que as bactérias não foram destruídas, o patógeno pode ser recuperado e cultivado. Os isolados de *S. aureus* podem ser testados por *fagotipagem*, um método usado para rastrear a fonte da contaminação (ver Figura 10.14). Essas bactérias crescem bem em cloreto de sódio a 7,5%, de forma que essa concentração frequentemente é usada em meios para seu isolamento seletivo. Os estafilococos patogênicos, em geral, fermentam manitol, produzem hemolisinas e coagulase e formam colônias amarelo-ouro (Figura 6.11). Quando crescem nos alimentos, eles não provocam nenhuma deterioração evidente. Detectar a toxina em amostras de alimento sempre foi um problema; pode haver somente 1 a 2 nanogramas em 100 g de alimento. Os testes sorológicos podem ser usados para detectar toxinas em alimentos após um surto.

Figura 25.6 Sequência de eventos em um surto típico de intoxicação alimentar estafilocócica.

P Como a intoxicação estafilocócica difere de uma doença transmissível por alimentos causada por vírus?

Shigelose (disenteria bacilar)

As infecções bacterianas, como a salmonelose e a shigelose, geralmente têm períodos de incubação mais longos (de 12 horas a 2 semanas) que as intoxicações bacterianas, refletindo o tempo necessário para o microrganismo crescer no hospedeiro. As infecções bacterianas com frequência são caracterizadas por febre, indicando a resposta do hospedeiro à infecção.

A **shigelose**, também conhecida como **disenteria bacilar** para diferenciá-la da disenteria amebiana (discutida mais adiante neste capítulo), é uma forma severa de diarreia causada por um grupo de bastonetes gram-negativos anaeróbios facultativos do gênero *Shigella*. O gênero é assim denominado em homenagem ao microbiologista japonês Kiyoshi Shiga. As bactérias não têm nenhum reservatório natural nos animais e se disseminam apenas de pessoa a pessoa. Surtos são mais frequentemente observados em famílias, creches e cenários similares.

Existem quatro espécies patogênicas de *Shigella*: *S. sonnei*, *S. dysenteriae*, *S. flexneri* e *S. boydii*. Essas bactérias são residentes somente do trato intestinal de seres humanos, chimpanzés e macacos. Elas estão intimamente relacionadas à *E. coli* patogênica.

A espécie mais comum nos Estados Unidos é a *S. sonnei*; ela causa uma disenteria relativamente leve. Muitos casos da chamada diarreia dos viajantes podem ser formas leves de shigelose. No outro extremo, a infecção por *S. dysenteriae* frequentemente resulta em disenteria grave e prostração. A toxina responsável é surpreendentemente virulenta e é conhecida como **toxina Shiga** (ver *E. coli* êntero-hemorrágica, mais adiante neste capítulo). *S. dysenteriae*, felizmente, é a espécie menos comum de *Shigella* patogênica nos Estados Unidos.

A dose infecciosa requerida para causar doença é pequena; além disso, as bactérias não são muito afetadas pela acidez do estômago. Elas se proliferam em quantidades imensas no intestino delgado, porém o principal local da doença é o intestino grosso. Nesse local, as bactérias fixam-se a células epiteliais, as células M (Figura 17.9). As ondulações celulares membranosas ao redor da célula levam a bactéria para dentro da célula em um processo semelhante à invasão por *Salmonella* (mostrado na Figura 15.2). As bactérias se multiplicam na célula e rapidamente se disseminam para as células vizinhas, produzindo toxina Shiga, que causa a destruição dos tecidos (**Figura 25.7**). A disenteria é o resultado dos danos às paredes intestinais. As bactérias *Shigella* raramente invadem a corrente sanguínea. Os macrófagos não somente falham em destruir as bactérias *Shigella* que fagocitam, mas também são destruídos por elas.

A shigelose pode causar até 20 evacuações em um dia. Os sintomas adicionais de infecção são cólicas abdominais e febre. O CDC estima que *S. sonnei* seja a responsável pela maioria dos aproximadamente 450 mil casos de shigelose que ocorrem anualmente. Eles geralmente afetam crianças menores de 5 anos e desaparecem sem tratamento em cerca de 7 dias. *S. dysenteriae* tem uma taxa de mortalidade significativa, podendo atingir 20% nos países onde ela é prevalente.

O diagnóstico, em geral, é baseado na recuperação de micróbios de *swabs* retais. Em casos graves de shigelose, o teste de sensibilidade aos antibióticos é necessário para determinar o tratamento farmacológico adequado. Parece haver certa imunidade após a recuperação, mas uma vacina satisfatória ainda não foi desenvolvida.

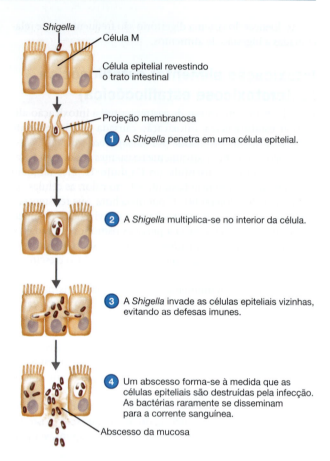

Figura 25.7 Shigelose. Esta figura mostra a sequência da infecção da parede intestinal.

P Por que a *Shigella* raramente se dissemina para a corrente sanguínea?

Salmonelose (gastrenterite por *Salmonella*)

As bactérias *Salmonella* (assim denominadas em homenagem ao seu descobridor, Daniel Salmon) são bastonetes gram-negativos anaeróbios facultativos. Seu hábitat normal é o trato intestinal dos seres humanos e de muitos animais. Todas as salmonelas são consideradas patogênicas em algum grau, causando **salmonelose** ou **gastrenterite por *Salmonella***. Patogenicamente, as salmonelas são divididas em *salmonela tifoide* (ver febres tifoide e paratifoide neste capítulo) e *salmonela não tifoide*, que causa uma salmonelose leve.

A nomenclatura dos micróbios *Salmonella* difere da nomenclatura normal. Existem apenas duas espécies: *S. enterica* e *S. bongori*. As infecções são mais frequentemente causadas por *S. enterica*. Existem mais de 2 mil sorotipos (ou sorovares) de *S. enterica*, dos quais apenas cerca de 50 são isolados com alguma frequência nos Estados Unidos. (Para uma discussão sobre a nomenclatura das salmonelas, ver Capítulo 11.) As cepas são referenciadas, por exemplo, como *S. enterica* sorotipo Typhimurium ou *Salmonella* Typhimurium.

As salmonelas inicialmente invadem a mucosa intestinal e se multiplicam nesse local (ver Figura 15.2). Ocasionalmente, elas conseguem atravessar a mucosa intestinal através das células M para penetrar nos sistemas linfoide e cardiovascular e, de lá, elas podem se disseminar e, por fim, afetar muitos órgãos (**Figura 25.8**). Elas se replicam rapidamente dentro dos macrófagos. A salmonelose tem um período de incubação de cerca de 12 a 36 horas. Em geral, há uma febre moderada, acompanhada de náuseas, dor abdominal, cólicas e diarreia. Até 1 bilhão de salmonelas por grama podem ser encontradas nas fezes de uma pessoa infectada durante a fase aguda da doença.

A taxa de mortalidade, em geral, é muito baixa, provavelmente inferior a 1%. Contudo, é maior em lactentes e indivíduos idosos; a morte geralmente é em decorrência de choque séptico. A dose infecciosa é grande, de 1.000 células ou mais. No entanto, a gravidade e o período de incubação podem depender do número de *Salmonella* ingeridas. Normalmente, a recuperação é completa em alguns dias, porém muitos pacientes continuam a disseminar o organismo em suas fezes por até 6 meses. A terapia antibiótica não é útil no tratamento da salmonelose ou, de fato, de muitas doenças diarreicas; o tratamento consiste em terapia de reidratação oral.

A salmonelose provavelmente é pouco relatada. Estima-se que 1,35 milhão de casos e 420 óbitos ocorram a cada ano (**Figura 25.9**). Os produtos à base de carne são particularmente suscetíveis à contaminação por *Salmonella*. As fontes das bactérias são o trato intestinal de muitos animais. Répteis de estimação, como tartarugas e iguanas, também são uma fonte; o estado de portador nesses animais atinge 90%. Na verdade, a venda de pequenas tartarugas (menores que 10 cm) como animais de estimação está proibida pela Food and Drug Administration (FDA) devido ao risco de que crianças possam colocá-las na boca. *Salmonella* Enteritidis e *Salmonella* Typhimurium são especialmente bem adaptadas a galinhas e perus. Galinhas são altamente suscetíveis à infecção, e as bactérias contaminam os ovos. As bactérias desenvolveram a capacidade de sobreviver na albumina, que contém conservantes naturais, como a *lisozima* (ver Capítulo 4) e a *lactoferrina* (que liga o ferro que as bactérias necessitam). Estima-se que 1 em cada 20 mil ovos nos Estados Unidos esteja contaminado com *Salmonella*. Autoridades da saúde advertem o público para ingerir somente ovos bem cozidos. Um fator frequentemente insuspeito é a presença de ovos crus ou inadequadamente cozidos em alimentos, como molho holandês, coberturas de biscoitos e salada Caeser. As frutas têm sido fontes frequentes de doenças transmissíveis por alimentos devido à ingestão de *Salmonella* (ver quadro **Foco clínico**).

Figura 25.8 Salmonelose. Esta figura mostra a sequência da infecção da parede intestinal. Compare-a com a Figura 25.7, que mostra uma infecção por *Shigella*. Observe que a invasão da corrente sanguínea, que raramente ocorre, pode resultar em choque séptico.

P Por que a salmonelose apresenta um período de incubação mais longo que o de uma intoxicação bacteriana?

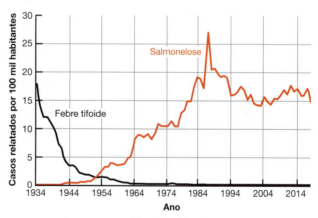

Figura 25.9 Incidência de salmonelose e febre tifoide, 1934-2021. Um importante fator ao comparar as duas doenças é que a transmissão da febre tifoide ocorre quase exclusivamente entre seres humanos, ao passo que a transmissão da salmonelose ocorre principalmente entre produtos animais e seres humanos. Casos de *Salmonella* Typhi e *Salmonella* Paratyphi eram relatados como febre tifoide até 2019. A partir de 2019, a febre tifoide passou a abranger apenas *Salmonella* Typhi.

Fonte: CDC, 2022.

P Você poderia sugerir razões para a mudança na prevalência dessas duas doenças?

Neste quadro, você encontrará uma série de questionamentos que os epidemiologistas se fazem quando tentam resolver um problema clínico. Tente responder às questões como um epidemiologista.

1. No dia 29 de agosto, Joanie, mulher de 36 anos de Ohio, foi hospitalizada com um histórico de 3 dias de náuseas, vômitos e diarreia. Sua temperatura era de 39,5 °C e ela estava desidratada.

   Que amostra deve ser coletada de Joanie para determinar a causa de seus sinais e sintomas?

2. Na cultura de fezes, cresceram bactérias gram-negativas, não fermentadoras de lactose.

   Você poderia identificar essas bactérias? (Ver fotografia.)

3. Joanie foi um dos 356 casos confirmados por cultura de um surto de salmonelose em 42 estados.

   Que informação você tentaria obter desses pacientes?

4. Nenhum restaurante ou cadeia de restaurantes foi associado ao surto.

   Como você determinaria a fonte da infecção?

5. Os epidemiologistas conduziram um estudo de caso-controle para comparar 53 pacientes com 53 controles saudáveis da mesma localização geográfica. Todas as 106 pessoas preencheram um questionário sobre os alimentos que consumiram. (Ver tabela a seguir.)

   A razão de chance (OR, de *odds ratio*) é uma medida de probabilidade (risco) de que um evento pode resultar em doença. A OR deve ser calculada para cada fonte de exposição.

   Utilizando a tabela 2 × 2 como orientação, complete os cálculos restantes para determinar a provável fonte da infecção.

6. Existe uma forte associação entre a doença e o consumo de produtos à base de peru. O peru associado não foi preparado ou armazenado de acordo com as diretrizes governamentais de segurança alimentar.

   O que você faria agora?

7. *Salmonella* Reading foi isolada de superfícies no galpão de embalagens e de caixas de papelão.

   Quais fatores podem ter contribuído para que o peru atuasse como veículo de transmissão?

O sorotipo do surto foi isolado de produtos crus de perus, ração crua para animais de estimação e perus vivos. Um total de 123 pacientes relataram ter preparado ou consumido produtos à base de peru

Alguns sorotipos de *Salmonella* formam colônias com centros pretos, o que permite diferenciá-los das colônias incolores de *Shigella* e das colônias vermelhas de fermentadores de lactose.

que foram comprados crus (incluindo peru inteiro, pedaços de peru e peru moído); quatro ficaram doentes após animais de estimação em sua casa consumirem peru moído cru; e cinco trabalhavam em uma instalação que criava ou processava perus ou moravam com alguém que trabalhava em tal instalação. Nenhum tipo, marca ou fonte comum de peru foi identificado.

Os casos continuavam sendo identificados. As evidências sugerem que essa cepa do surto se espalhou pela indústria de produção de perus. Eliminar a *Salmonella* das aves é um desafio. Os consumidores podem se proteger e ainda desfrutar dos produtos à base de peru seguindo as seguintes instruções:

- Descongelar os perus com segurança (na geladeira, em um recipiente, em um saco plástico à prova de vazamentos em uma pia com água fria ou em um forno de micro-ondas seguindo as instruções do fabricante).

- Evitar a propagação de bactérias do peru cru, mantendo-o separado de outros alimentos e mantendo as superfícies de manipulação limpas.

- Cozinhar o peru a 74 °C, medindo a temperatura com um termômetro de alimentos inserido nas porções mais espessas da carne.

Fonte: Adaptado de *MMWR* 68(46): 1045-1049; 22 de novembro de 2019.

Exposição	Exposto		Não exposto		Razão de chance (OR)
	(a) III	(b) Não III	(c) III	(d) Não III	
Ovos	47	40	6	13	2,55
Pepinos	32	20	21	33	
Alface	34	30	19	23	
Leite	42	39	11	14	
Peru	47	24	6	29	

Cálculo utilizando uma tabela de contingência estatística 2 × 2

	III	Não III
Consumiu _____	(a)	(b)
Não consumiu _____	(c)	(d)

$$OR = \frac{a \times d}{b \times c} = \underline{\quad\quad} = \text{Probabilidade de ficar doente ao comer o item em questão}$$

A prevenção também depende de boas práticas de manipulação para deter a contaminação e de uma refrigeração correta para impedir o aumento no número de bactérias. Os micróbios, em geral, são destruídos pelo cozimento normal. A galinha, por exemplo, deve ser cozida sob temperaturas internas de 74 °C, e a carne moída, a 71 °C. Contudo, o alimento contaminado pode contaminar uma superfície, como uma tábua de cortar carne. Assim, outro alimento preparado subsequentemente nessa tábua pode não ser cozido.

O diagnóstico geralmente depende do isolamento do patógeno a partir de fezes do paciente ou de restos de alimento. A sorotipagem é usada em surtos para a identificação das cepas. Os laboratórios estaduais de saúde pública obtêm um *fingerprint* de DNA (ver Capítulo 9) dos isolados. Esses *fingerprints* podem ser usados para rastrear um surto até sua origem.

Febre tifoide e febre paratifoide

Os sorotipos mais virulentos de *Salmonella* são *Salmonella* Typhi, que causa **febre tifoide**, e *Salmonella* Paratyphi, a causa da **febre paratifoide**. Existem três sorotipos de paratifoide, designados A, B e C. As infecções causadas por qualquer sorotipo de *Salmonella* Typhi e *Salmonella* Paratyphi são comumente chamadas de *febre entérica* ou febre tifoide. Ao contrário das salmonelas que causam salmonelose, esses sorotipos não são encontrados em animais; eles são disseminados somente nas fezes de outros seres humanos. Nos períodos que antecederam a implementação de um descarte apropriado de rejeitos, o tratamento da água e a sanitização de alimentos, a febre tifoide era extremamente comum. Sua incidência diminuiu nos Estados Unidos, ao passo que a incidência da salmonelose aumentou (ver Figura 25.9).

A febre tifoide é uma doença que oferece risco à vida e ainda é uma causa frequente de morte em determinadas regiões do mundo que possuem um saneamento deficiente. Globalmente, estima-se que 11 a 21 milhões de casos ocorram por ano, causando dezenas de milhares de mortes.

A gravidade da febre tifoide está ligada à sua fisiopatologia. Em vez de ser destruída pelas células fagocíticas, a *Salmonella* multiplica-se no interior dessas células e se dissemina para múltiplos órgãos, sobretudo baço e fígado. Eventualmente, as células fagocíticas sofrem lise e liberam a *Salmonella* Typhi ou Paratyphi na corrente sanguínea. O tempo necessário para que isso ocorra explica por que o período de incubação da febre tifoide (2 a 3 semanas) é maior que o da salmonelose (12 a 36 horas). O paciente com febre tifoide apresenta febre alta de cerca de 40 °C e cefaleia contínua. A diarreia surge somente na segunda ou terceira semana, e a febre tende a declinar. Em casos graves, que podem ser fatais, ulceração e perfuração da parede intestinal podem ocorrer. Antes de a antibioticoterapia estar disponível, uma taxa de mortalidade de 20% era comum; com os tratamentos disponíveis atualmente, a taxa é inferior a 1%.

Cerca de 1 a 3% dos pacientes recuperados, um número substancial, tornam-se *portadores crônicos*. Eles abrigam o patógeno na vesícula biliar e continuam a disseminar as bactérias por vários meses. Alguns desses portadores continuam a disseminar o organismo indefinidamente. O exemplo clássico de um portador de febre tifoide foi Mary Mallon, também conhecida como Mary Tifoide. Ela trabalhava como cozinheira no estado de Nova York, no início do século XX, e foi responsável por vários surtos de febre tifoide, infectando de 50 a 100 pessoas, e 3 óbitos. Seu caso ficou conhecido por meio das tentativas do estado de impedi-la de trabalhar na profissão que ela havia escolhido.

Recentemente, ocorreram cerca de 350 casos de febre tifoide e 90 casos de febre paratifoide por ano nos Estados Unidos, dos quais 70% foram adquiridos durante viagens ao exterior. Normalmente, existem menos de 3 óbitos a cada ano.

Quando o antibiótico cloranfenicol foi introduzido, em 1948, a febre tifoide tornou-se uma doença tratável. No entanto, a *Salmonella* resistente ao cloranfenicol surgiu na década de 1970, e a ceftriaxona ou a azitromicina atualmente são amplamente utilizadas em seu lugar. O tratamento do portador crônico pode exigir semanas de terapia antibiótica.

A recuperação da febre tifoide confere imunidade por toda a vida. A imunização raramente é realizada nos países desenvolvidos, exceto para pessoas expostas a alto risco, como as que trabalham em laboratórios ou militares. A vacinação é recomendada antes de viagens para países endêmicos. A vacina que tem sido mais utilizada é aquela produzida com o patógeno morto, que necessita ser injetada. Outra, uma vacina viva atenuada, que pode ser tomada oralmente em 3 ou 4 doses, protege bem por 7 anos.

TESTE SEU CONHECIMENTO

25-4 Por que a febre tifoide foi quase completamente eliminada nos países desenvolvidos por técnicas modernas de tratamento de resíduos, mas não a salmonelose?

Cólera

O agente causador da **cólera**, uma das doenças gastrintestinais mais severas, é a bactéria *Vibrio cholerae*, bastonete gram-negativo ligeiramente curvo, com um único flagelo polar (**Figura 25.10**). Os bastonetes da cólera crescem no intestino

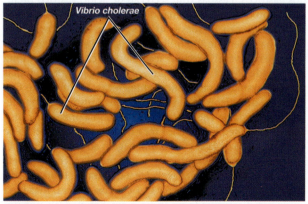

Figura 25.10 *Vibrio cholerae*, a causa da cólera. Observe a morfologia levemente curva.

P Quais são os efeitos da perda súbita de fluidos e eletrólitos durante a infecção por *V. cholerae*?

delgado e produzem uma exotoxina, a *toxina colérica* (ver Capítulo 15), que ativa a adenilato-ciclase nas células hospedeiras e induz a secreção de água e eletrólitos, sobretudo potássio. O resultado são fezes aquosas contendo massas de muco intestinal e células epiteliais – as chamadas "fezes em água de arroz", devido à sua aparência. (Curiosamente, a adenilato-ciclase é excessivamente estimulada em pessoas com sangue tipo O, que então apresentam diarreia mais severa.) Cerca de 12 a 20 litros (3 a 5 galões) de líquidos podem ser perdidos em um dia, e a perda súbita desses fluidos e eletrólitos causa choque, colapso e, frequentemente, morte. Devido à perda de líquido, o sangue torna-se tão viscoso que os órgãos vitais são incapazes de funcionar adequadamente. Vômitos violentos podem ocorrer. Os micróbios não são invasivos, e a febre geralmente não está presente. A gravidade da cólera varia consideravelmente, e a quantidade de casos subclínicos pode ser várias vezes maior do que os números registrados. Casos não tratados de cólera podem apresentar uma mortalidade de cerca de 50%, embora, com o tratamento de suporte adequado, a mortalidade normalmente seja inferior a 1% nos dias de hoje. O diagnóstico é baseado nos sintomas e no isolamento de *V. cholerae* das fezes.

As bactérias da cólera e outros membros do gênero *Vibrio*, em geral, são fortemente associadas a águas salobras, características de estuários, embora eles também se disseminem rapidamente na água doce contaminada. Eles formam biofilmes e colonizam copépodes (pequenos crustáceos), algas e outras plantas aquáticas e plânctons, os quais ajudam na sua sobrevivência. Foi até relatado que, devido a esse hábito de crescimento, coar a água contaminada através de camadas de tecidos de tramas finas (como os saris usados pelas mulheres indianas), muitas vezes remove essas bactérias aderidas e torna a água segura para o consumo. Sob condições desfavoráveis, *V. cholerae* pode se tornar dormente; a célula encolhe-se até um estado esférico, não cultivável. Uma mudança favorável no ambiente induz uma rápida reversão à forma cultivável. Ambas as formas são infecciosas.

Embora sobrevivam bem em seus ambientes aquáticos, as bactérias da cólera são excepcionalmente sensíveis aos ácidos gástricos. Pessoas com secreção de ácido gástrico prejudicada ou que estejam tomando antiácidos apresentam alto risco de infecção. Pessoas saudáveis podem exigir doses infecciosas na ordem de 100 milhões de bactérias para que ocorra a cólera severa. A recuperação da doença resulta em uma imunidade efetiva, mas somente para linhagens bacterianas com as mesmas características antigênicas. O sorogrupo O:1 (ver nota de rodapé no Capítulo 11), que causou uma pandemia na década de 1880, é conhecido como a linhagem *clássica*. Uma pandemia posterior foi causada por um biotipo de O:1, chamado de *El Tor* (em homenagem ao posto médico El Tor destinado aos peregrinos provenientes de Meca, onde ele foi isolado pela primeira vez). Até a década de 1990, acreditava-se que apenas *V. cholerae* O:1 causasse cólera, mas uma epidemia disseminada na Índia e em Bangladesh por um novo sorogrupo, O:139, mudou essa visão. Existem também linhagens não epidêmicas de *V. cholerae*, não O:1/O:139, que apenas raramente são associadas a grandes surtos de cólera. Elas ocasionalmente causam infecções de feridas ou sepse, principalmente em pessoas com doença hepática ou que são imunossuprimidas.

Nos Estados Unidos, têm sido relatados casos ocasionais de cólera causados pelo sorogrupo O:1. Todos esses casos foram registrados na área costeira do Golfo, e o patógeno pode ser endêmico nessas águas costeiras. Os surtos de cólera nesse país são limitados devido aos altos padrões de saneamento. Isso representa a principal medida de controle e é importante, uma vez que as fezes podem conter 100 milhões de *V. cholerae* por grama. Um exemplo de como esse quadro pode mudar rapidamente foi ilustrado em 2010, quando a nação caribenha do Haiti vivenciou um terremoto que prejudicou severamente a maior parte do fornecimento de água e outros sistemas. (Ver **Visão geral** sobre a cólera após desastres naturais.) Um surto de cólera causou centenas de mortes quando bactérias da doença de uma linhagem geralmente encontrada na Ásia foram introduzidas por trabalhadores humanitários. As vacinas orais disponíveis fornecem uma imunidade de duração relativamente curta e de eficácia apenas moderada.

CASO CLÍNICO

A amostra de fezes é cultivada em ágar MacConkey-sorbitol. Uma colônia sorbitol-negativa é testada para fermentação da lactose. As bactérias produzem ácido a partir da lactose e não utilizam citrato como única fonte de carbono.

Identifique as bactérias utilizando a chave de identificação na Figura 10.8. O que o pediatra de Anna precisa saber sobre o histórico dela?

Parte 1 — **Parte 2** — Parte 3 — Parte 4 — Parte 5

A terapia mais eficaz é a reposição intravenosa dos fluidos e eletrólitos perdidos. A reposição de cerca de 10% do peso do paciente pode ser requerida dentro de poucas horas. A terapia de reidratação é tão efetiva que, em Bangladesh, por exemplo, onde a cólera é comum, mortes são consideradas "incomuns". A cólera grave pode ser tratada com doxiciclina.

Vibriões não coléricos

Ao menos 11 espécies de *Vibrio* além do *V. cholerae* podem causar doença em seres humanos. A maioria está adaptada à vida em águas salobras costeiras. A bactéria *Vibrio parahaemolyticus* é encontrada em estuários de água salgada em muitas partes do mundo. Ela é morfologicamente similar ao *V. cholerae* e é a causa mais comum de gastrenterite por *Vibrio* spp. em seres humanos. As bactérias *Vibrio* não coléricas são responsáveis por cerca de 80 mil adoecimentos e 100 mortes nos Estados Unidos a cada ano. Ostras cruas e crustáceos (camarões e caranguejos) têm sido associados a diversos surtos de gastrenterite nos Estados Unidos nos últimos anos.

Essas infecções oferecem risco à vida e exigem antibioticoterapia precoce para o sucesso do tratamento.

Gastrenterite por *Escherichia coli*

Um dos microrganismos mais prolíficos no trato intestinal dos seres humanos é a *E. coli*. Por ser tão comum e tão facilmente cultivável, os microbiologistas com frequência a consideram um tipo de animal de estimação de laboratório. Essas *E. coli* normalmente são inofensivas, porém certas linhagens podem ser patogênicas. Elementos genéticos móveis podem transformar a bactéria *E. coli* em um patógeno altamente adaptado, capaz de causar uma variedade de doenças. Algumas linhagens patogênicas secretoras de toxina são bem adaptadas à invasão das células epiteliais intestinais, causando *gastrenterite por E. coli*. Outros locais, como o trato urinário, a corrente sanguínea e o sistema nervoso central, também podem ser afetados. Cinco variedades patogênicas (patótipos) de *E. coli* já foram bem caracterizadas.

Linhagens de *E. coli* êntero-hemorrágica (**EHEC**, de *enterohemorrhagic E. coli*) têm causado diversos surtos de doença grave nos Estados Unidos. À medida que as bactérias se fixam à parede intestinal, elas eliminam as microvilosidades circundantes e estimulam a actina da célula hospedeira a formar pedestais sob seu sítio de fixação (**Figura 25.11**). O principal fator de virulência dessas bactérias é uma toxina do tipo Shiga. A verdadeira toxina Shiga é produzida somente por *Shigella dysenteriae*. As toxinas do tipo Shiga constituem uma família de toxinas que estão intimamente relacionadas. Algumas linhagens de ***E. coli* que produzem toxinas do tipo Shiga** são chamadas de **STEC**. A maioria dos surtos ocorre devido à EHEC sorotipo O157:H7. Outras linhagens menos conhecidas incluem a O121 e a O104:H21. (Ver Capítulo 11 para obter uma explicação sobre essa nomenclatura numérica.) Como a toxina é liberada em consequência da lise celular, a antibioticoterapia pode agravar os danos ao provocar a liberação de mais toxina.

As criações de gado, as quais não são afetadas pelo patógeno, são o principal reservatório; as infecções são disseminadas por água ou alimentos contaminados. Atualmente, 10 a 30%

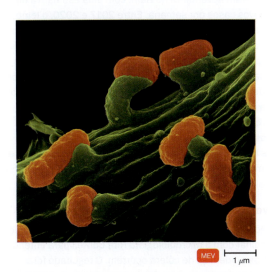

Figura 25.11 Formação de um pedestal por uma *E. coli* êntero-hemorrágica (EHEC) O157:H7. As bactérias EHEC (em laranja) aderem à parede epitelial, destruindo a superfície das microvilosidades e causando a formação de projeções semelhantes a pedestais (em verde), sobre as quais elas se apoiam. A função dessas estruturas ricas em actina ainda não está elucidada, mas elas podem facilitar a disseminação das bactérias para as células vizinhas. Todas as cepas causadoras de diarreia usam o citoesqueleto do hospedeiro para se moverem entre as células.

P A adesão é um fator de patogenicidade de um micróbio?

do gado doméstico é portador de STEC, a qual contamina a carcaça no momento do abate. Existem exigências para a testagem da carne moída para a presença dessa linhagem de *E. coli*, principalmente se ela é destinada à exportação. Vegetais folhosos também podem ser contaminados, muitas vezes pelo escoamento de rejeitos de confinamentos. Alimentos ingeridos não são a única fonte de infecção; alguns casos têm sido associados à visita de crianças a fazendas e zoológicos. Estima-se que a dosagem infecciosa seja bem pequena, provavelmente muito menor do que 100 bactérias.

As bactérias STEC são responsáveis por mais de 265 mil adoecimentos a cada ano. Cerca de 6% das pessoas infectadas desenvolvem uma inflamação do cólon (a parte principal do intestino grosso que termina logo acima do reto) envolvendo sangramento abundante, chamada de *colite hemorrágica*. Diferentemente da *Shigella*, as bactérias STEC não invadem a parede intestinal (ver Figura 25.7), em vez disso, elas liberam a toxina no lúmen (espaço) intestinal.

Outra complicação perigosa é a *síndrome hemolítico-urêmica (SHU)*. Caracterizada por sangue na urina, frequentemente levando à insuficiência renal, a SHU ocorre quando os rins são afetados pela toxina. Cerca de 5 a 10% das crianças pequenas que foram infectadas progridem para esse estágio, que tem uma taxa de mortalidade de cerca de 5%. Os cuidados desses pacientes envolvem principalmente a reidratação intravenosa e o monitoramento cuidadoso dos eletrólitos séricos. Alguns sobreviventes da SHU podem exigir diálise renal ou mesmo transplantes.

Recomenda-se que os laboratórios de saúde pública testem rotineiramente para STEC. Um método-padrão consiste na utilização de meios que diferenciem as bactérias *E. coli* O157 pela sua incapacidade de fermentar o sorbitol (Figura 10.8). Em 2016, um ensaio imunoabsorvente ligado à enzima (ELISA) foi desenvolvido pelo Departamento de Agricultura dos Estados Unidos (USDA) para identificar cepas produtoras de toxina Shiga.

Vacinas que reduzem significativamente os números de bactérias O157: H7 em bovinos estão disponíveis, mas é incerto se serão amplamente utilizadas.

***E. coli* enteropatogênica** (**EPEC**, de *enteropathogenic E. coli*) é a principal causa de diarreia nos países em desenvolvimento e é potencialmente fatal em lactentes. As bactérias EPEC secretam várias proteínas efetoras, as quais são translocadas para as células hospedeiras, algumas contribuindo para a diarreia.

***E. coli* enteroinvasiva** (**EIEC**, de *enteroinvasive E. coli*) é considerada, de forma geral, quase um "sinônimo" de *Shigella* – ela tem os mesmos mecanismos patogênicos. A EIEC consegue acesso à submucosa do trato intestinal por meio das células M (ver Figura 25.7), da mesma forma que *Shigella*. Essa invasão resulta em inflamação, febre e em disenteria semelhante à causada por *Shigella*.

***E. coli* enteroaderente** (**EAEC**, de *enteroaggregative E. coli*) é um grupo de coliformes encontrado apenas em seres humanos. Esse grupo é assim denominado devido às suas características de crescimento, em que as bactérias formam uma configuração de "tijolos empilhados" quando cultivadas em células de cultura de tecidos. As EAEC não são invasivas, mas produzem uma enterotoxina que causa diarreia aquosa. Alguns estudos sugerem que outro patótipo, a *E. coli* difusamente aderente, também está associado à doença diarreica.

A cólera após desastres naturais

A cólera é uma das consequências mais temidas dos desastres naturais. Um rastreamento preciso das causas dessas epidemias de cólera pode melhorar o tratamento e a prevenção.

Muitas pessoas assumem que a maior fonte de doenças que surge após desastres naturais são os cadáveres. Contudo, estudos mostram que o deslocamento dos sobreviventes e a interrupção do acesso à água potável são os principais contribuintes. A cólera é uma doença diarreica que pode aumentar a sua incidência quando o saneamento e os sistemas modernos de tratamento de esgotos são comprometidos. De acordo com a OMS, cerca de 1,4 a 4,3 milhões de casos de cólera ocorrem anualmente, com 21 mil a 143 mil registros de óbitos em decorrência da perda de fluidos.

Em 1991, um surto no Peru causou mais de 1 milhão de casos e 10 mil óbitos. Uma epidemia de mais de 16 mil casos ocorreu após uma enchente em Bengala Ocidental, na

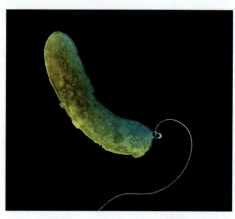

Bactéria *Vibrio cholerae*   0,8 μm

Índia, em 1998. Em 2004, 17 mil casos de doença diarreica, incluindo a cólera, foram registrados em Bangladesh após enchentes severas. E em 2010, uma epidemia de cólera afetou mais de 600 mil pessoas no Haiti, após este ser devastado por um terremoto, resultando em mais de 7 mil óbitos. Depois de um furacão em 2016, os casos de cólera aumentaram novamente no Haiti, com uma estimativa de 770 novos casos por semana. Entre 2017 e 2020, o Iêmen experimentou um dos piores surtos de cólera já registrados. Após fortes chuvas, inundações e movimentação em massa da população devido à agitação civil, mais de 1 milhão de pessoas contraíram cólera e pelo menos 2 mil vieram a óbito. A epidemia introduziu *V. cholerae* no sistema de água, e novos casos de cólera ainda estão sendo relatados no Iêmen.

A cólera ocorre apenas esporadicamente nos Estados Unidos: menos de 25 casos são relatados anualmente. Estes tendem a ocorrer em pessoas que retornam de países endêmicos ou em pessoas que consomem frutos do mar crus ou malcozidos oriundos de água contaminada.

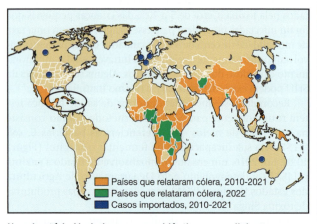

Uma bactéria *V. cholerae*, quase idêntica a uma linhagem em circulação no Nepal, infectou e matou milhares de indivíduos em decorrência da cólera no Caribe (área circulada no mapa) de 2010-2022.

Fonte: Organização Mundial da Saúde, 2023.

Prevendo o próximo surto de cólera

Na década de 1990, a cientista da NASA Antar Jutla começou a trabalhar com a microbiologista Rita Colwell para entender como as epidemias de cólera ocorrem. O resultado foi o Sistema de Modelagem de Predição de Cólera da NASA, que usa dados de precipitação, temperatura e população para prever surtos de cólera. Usando esses dados, os cientistas da NASA previram a epidemia no Iêmen.

Imediatamente após um grande terremoto que ocorreu em uma área rural do leste do Afeganistão em junho de 2022, as autoridades de saúde pública do Afeganistão, a OMS e as Nações Unidas começaram a prever e a se preparar para um surto de cólera. Em poucos dias, as Nações Unidas anunciaram que meio milhão de casos de diarreia aguda aquosa já haviam sido relatados.

As pessoas no Haiti ainda lutam para encontrar água potável após o furacão de 2016.

Desastre e doença – a busca por soluções

Estratégias de preparação contra desastres

- **Soluções de reidratação oral** A taxa de mortalidade da cólera é significativamente reduzida pelo tratamento das vítimas com soluções de reidratação oral feitas de sal, açúcar e água. Desde a década de 1970, estima-se que essa terapia tenha salvado mais de 40 milhões de vidas. Orientar os cidadãos de todo o mundo sobre a forma adequada de se preparar essa solução que salva vidas pode prevenir muitas mortes em decorrência de doenças diarreicas após desastres. Nas unidades de cuidados da saúde, as camas de cólera, leitos especialmente projetados, também são utilizadas para a coleta e a mensuração das fezes perdidas durante a infecção, de forma que a mesma quantidade de fluido possa ser substituída no paciente.

- **Armazenamento de vacinas** Especialistas de preparação para desastres aprenderam após o terremoto do Haiti e do surto de cólera subsequente que o armazenamento de vacinas, quando possível, pode auxiliar a prevenção de surtos similares no futuro. Um estudo sobre uma vacina oral contra a cólera após o terremoto do Haiti demonstrou que a vacinação de até metade da população de uma região diminui a probabilidade de ocorrência de surtos, conferindo imunidade coletiva para a comunidade em geral.

  Estoques de vacina oral, quando distribuídos rapidamente, podem ajudar a limitar os surtos antes que eles se tornem disseminados.

  O Haiti foi declarado livre de cólera em 2020. Infelizmente, 20 mil novos casos foram relatados em 2022. Esse surto ocorreu devido à falta de água potável e tratamento adequado de esgoto, resultante da pobreza extrema e do conflito sociopolítico.

A solução definitiva

Embora a terapia de reidratação oral e as vacinas possam ser úteis após o início do surto de cólera, a solução definitiva para uma epidemia da doença consiste em promover condições de saneamento adequadas, um objetivo de longo prazo e que é dispendioso. A OMS estima que mais de 2 bilhões de pessoas não têm acesso à água potável e 1,7 bilhão não usufruem de condições de saneamento apropriadas – isso na rotina normal desses indivíduos, e não devido a falhas no saneamento normal após um evento de desastre. Muitas agências públicas e privadas estão desenvolvendo programas para alcançar essa meta abrangente. Por exemplo, o programa CDC WASH (de *water, sanitation* e *hygiene*), que abrange água, saneamento e higiene, promove técnicas para o armazenamento seguro da água de uso doméstico, intervenções de lavagem das mãos e treinamento dos agentes comunitários de saúde. Seus esforços resultaram em uma redução de 25% das infecções diarreicas infantis em quatro países da América Central e em uma diminuição de 50% das infecções diarreicas em crianças que recebem aulas semanais sobre a lavagem das mãos.

CONCEITOS-CHAVE

- Embora os desastres naturais não causem automaticamente surtos de doenças, os danos à infraestrutura de água e saneamento podem aumentar o risco de doenças diarreicas, como a cólera. **(Ver Capítulo 27, "Tratamento de água" e "Tratamento de esgoto [águas residuais]".)**
- A vacinação da maioria da população pode levar à imunidade coletiva que protege os não vacinados dentro dessa comunidade. **(Ver Capítulo 18, "Princípios e efeitos da vacinação".)**
- O rastreamento da genômica dos patógenos vem se tornando uma das principais formas de monitoramento, prevenção e controle de surtos de doenças infecciosas. **(Ver Capítulo 9, "Microbiologia forense".)**

Uma educadora de saúde demonstrando como preparar uma solução de reidratação oral utilizando água, sal e açúcar em Thiruvananthapuram, na Índia. Oferecer essa solução para o consumo de pessoas com cólera pode reduzir significativamente a mortalidade pela doença.

E. coli enterotoxigênica (ETEC) é um grupo patogênico de *E. coli* que secreta enterotoxinas que causam diarreia. A doença é frequentemente fatal para crianças com idade inferior a 5 anos. Uma das enterotoxinas produzidas por ETEC assemelha-se à toxina da cólera em função. As bactérias ETEC não são invasivas e permanecem no lúmen intestinal.

Diarreia do viajante

A **diarreia do viajante** é a doença mais comum em viajantes. A causa bacteriana mais comum é ETEC; o segundo isolado mais frequente é EAEC. A diarreia do viajante também pode ser causada por outros patógenos gastrintestinais, como *Salmonella*, *Shigella* e *Campylobacter* – bem como por vários patógenos bacterianos não identificados, vírus e protozoários parasitas. Na verdade, na maioria dos casos, o agente causador nunca é identificado, e a quimioterapia nem chega a ser administrada. Uma vez que seja contraída, o melhor tratamento é a reidratação oral, recomendada para todas as diarreias. Em casos graves, antimicrobianos podem ser necessários. Antibióticos prescritos podem fornecer alguma proteção; outra opção é tomar um medicamento sem receita médica, como um antidiarreico, para o tratamento dos sintomas. O melhor conselho para viagens em áreas de risco é evitar infecções.

Campilobacteriose (gastrenterite por *Campylobacter*)

Campylobacter são bactérias gram-negativas, microaerófilas, curvadas em espiral, que emergiram como a principal causa de diarreia nos Estados Unidos. Elas se adaptam bem ao ambiente intestinal de hospedeiros animais, sobretudo de aves. O cultivo de *Campylobacter* requer condições de baixa tensão de oxigênio e alta tensão de dióxido de carbono, desenvolvidas em sistemas especiais. A temperatura ótima de crescimento das bactérias, de cerca de 42 °C, aproxima-se daquela de seus hospedeiros animais, mas as bactérias não se multiplicam nos alimentos. Quase todos os frangos à venda em varejos estão contaminados com *Campylobacter*. Além disso, cerca 60% do gado excreta o organismo nas fezes e no leite, porém a carne vermelha à venda tem menos probabilidade de estar contaminada.

Estima-se que ocorra mais de 1,3 milhão de casos de **campilobacteriose** nos Estados Unidos anualmente, geralmente causados por *C. jejuni*. A dose infecciosa é inferior a 1.000 bactérias. Clinicamente, ela é caracterizada por febre, cólica abdominal e diarreia ou disenteria. Normalmente, a recuperação ocorre dentro de uma semana.

Uma complicação rara da infecção por *Campylobacter* é que ela está associada, em cerca de 1 em cada 1.000 casos, à doença neurológica denominada *síndrome de Guillain-Barré*, uma paralisia temporária. Aparentemente, uma molécula de superfície da bactéria assemelha-se a um componente lipídico do tecido nervoso e desencadeia uma resposta autoimune.

A campilobacteriose é evitada cozinhando-se bem o frango e pasteurizando o leite. As infecções podem ser tratadas com azitromicina.

Úlcera péptica por *Helicobacter*

Em 1982, um médico na Austrália cultivou uma bactéria espiralada, microaerófila, observada no tecido biopsiado de pacientes com úlceras de estômago. Hoje chamada de *Helicobacter pylori*, é amplamente aceito que esse micróbio é o responsável pela maioria dos casos de **úlcera péptica**. Essa síndrome inclui úlceras gástricas e duodenais. (O duodeno é a primeira porção do intestino delgado.) Cerca de 30 a 50% da população nos países desenvolvidos se torna infectada; a taxa de infecção é maior em outros lugares. Apenas cerca de 15% dos infectados desenvolvem úlcera; portanto, certos fatores do hospedeiro provavelmente estão envolvidos. Por exemplo, pessoas que possuem o tipo sanguíneo O são mais suscetíveis, o que também é verdadeiro para a cólera. O *H. pylori* também é considerado uma bactéria carcinogênica. O câncer gástrico se desenvolve em cerca de 3% das pessoas infectadas por essa bactéria.

A mucosa do estômago contém células que secretam suco gástrico contendo enzimas proteolíticas e ácido clorídrico, que ativa essas enzimas. Outras células especializadas produzem uma camada de muco que protege o próprio estômago da digestão. Se essa defesa é rompida, uma inflamação do estômago (gastrite) ocorre. Essa inflamação pode, então, progredir para uma área ulcerada (**Figura 25.12**). Por meio de uma interessante adaptação, o *H. pylori* pode crescer no ambiente altamente ácido do estômago, que é letal para a maioria dos microrganismos. *H. pylori* produz grandes quantidades de uma urease especialmente eficiente, enzima que converte a ureia no composto alcalino amônia, resultando em um pH localmente elevado na área de crescimento.

A erradicação do *H. pylori* com antimicrobianos geralmente leva ao desaparecimento das úlceras pépticas. Vários antibióticos, geralmente administrados em combinação, demonstraram ser efetivos. O subsalicilato de bismuto (Pepto-Bismol®) também é efetivo, sendo frequentemente parte do regime medicamentoso. Quando as bactérias são eliminadas com sucesso, a taxa de recorrência da úlcera é de apenas 2 a 4% ao ano. A reinfecção pode resultar de várias fontes ambientais, mas é menos provável em áreas com altos padrões de saneamento; na verdade, existem evidências de que a infecção por *H. pylori* esteja desaparecendo lentamente nos países desenvolvidos.

Os testes diagnósticos mais confiáveis requerem a biópsia de tecido e a cultura do organismo. Uma abordagem diagnóstica interessante é o teste de depuração respiratória da ureia. O paciente deglute ureia marcada radioativamente, se o teste for positivo, cerca de 30 minutos após é possível detectar CO_2 marcado radioativamente no hálito. Esse teste é bastante útil para determinar a eficácia da quimioterapia, pois um teste positivo é uma indicação da presença de *H. pylori* vivo. Testes diagnósticos de fezes para a detecção de antígenos (e não anticorpos) para *H. pylori* são adequados para testes de acompanhamento após a terapia. Eles são os testes não invasivos de escolha, sobretudo para crianças. Testes sorológicos para a detecção de anticorpos são de baixo custo, mas não são úteis na determinação da erradicação do patógeno.

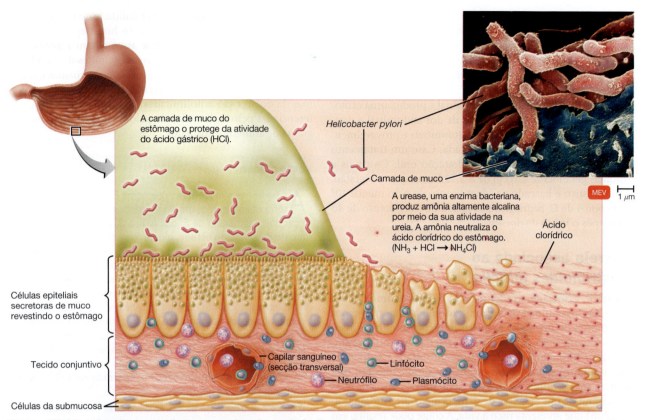

Figura 25.12 Infecção por *Helicobacter pylori*, levando à ulceração da parede do estômago. Para sobreviver no ambiente ácido do estômago, as bactérias *H. pylori* precisam neutralizar o ácido gástrico e o ácido clorídrico (HCl). Elas fazem isso produzindo grandes quantidades da enzima urease. A ureia, normalmente secretada no estômago, é convertida em dióxido de carbono e amônia $[(NH_2)_2CO + H_2O \rightarrow CO_2 + 2NH_3]$. A amônia neutraliza o HCl $(NH_3 + HCl \rightarrow NH_4Cl)$ gástrico.

P Como a amônia pode ser utilizada no diagnóstico da infecção por *Helicobacter*?

Gastrenterite por *Yersinia*

Outros patógenos entéricos que estão sendo identificados com uma frequência cada vez mais elevada são *Yersinia enterocolitica* e *Y. pseudotuberculosis*. Essas bactérias gram-negativas são habitantes do trato intestinal de muitos animais domésticos e frequentemente são transmitidas pelo consumo de carne de porco crua ou malcozida. Ambos os micróbios apresentam a capacidade distintiva de crescer em temperaturas de refrigeração de 4°C. Essa capacidade aumenta seus números em sangues armazenados sob refrigeração, estendendo, assim, suas endotoxinas, o que poderá resultar em choque ao recipiente do sangue. *Yersinia* tem sido ocasionalmente responsável por reações graves quando contamina sangue de transfusão.

Cerca de 100 mil casos de **gastrenterite por *Yersinia***, ou **yersiniose**, causados por esses patógenos ocorrem anualmente nos Estados Unidos. Os sintomas são diarreia, febre, cefaleia e dor abdominal. A dor frequentemente é intensa o suficiente para causar um diagnóstico errôneo de apendicite. O diagnóstico requer a cultura do organismo, que pode, então, ser identificado por testes bioquímicos ou moleculares. Adultos com yersiniose, em geral, recuperam-se em 1 ou 2 semanas; crianças podem requerer um tempo maior para recuperação. Tratamentos com antibióticos e reidratação oral são úteis.

Gastrenterite por *Clostridium perfringens*

Uma das formas mais comuns de doença transmitida por alimentos nos Estados Unidos, embora pouco reconhecida, é causada por *Clostridium perfringens*, um bastonete grande, gram-positivo, formador de endósporos, anaeróbio obrigatório. Essa bactéria também é responsável pela gangrena gasosa humana (ver Capítulo 23).

A cada ano, o *C. perfringens* causa quase 1 milhão de casos de gastrenterite. A maioria dos surtos de **gastrenterite por *Clostridium perfringens*** está associada a carnes ou ensopados de carne contaminados com conteúdo intestinal do animal durante o abate. O requerimento nutricional de aminoácidos do patógeno é atendido por esses alimentos e, quando a carne é cozida, o nível de oxigênio é reduzido o suficiente para o crescimento clostridial. Os endósporos sobrevivem à maioria dos aquecimentos de rotina, e o tempo de geração da bactéria vegetativa é de menos de 20 minutos sob condições ideais. Assim, grandes populações podem se acumular rapidamente quando os alimentos estão sendo armazenados até a hora de servir ou quando a refrigeração inadequada leva ao resfriamento lento.

O micróbio cresce no trato intestinal e produz uma exotoxina que causa os sintomas típicos de dor abdominal e diarreia. A maioria dos casos é leve e autolimitada e provavelmente nunca é clinicamente diagnosticada. Caso um tratamento seja necessário, recomenda-se reidratação oral. Os sinais e sintomas geralmente surgem de 8 a 12 horas após a ingestão. O diagnóstico é baseado na identificação de pelo menos 10^6 endósporos de C. perfringens por grama de fezes dentro de 48 horas após o início da doença.

Diarreia associada ao Clostridioides difficile

A **diarreia associada ao** Clostridioides difficile é uma doença que surgiu nas últimas décadas e se tornou a responsável por mais mortes do que todas as outras infecções intestinais associadas. Clostridioides difficile é uma bactéria anaeróbia, gram-positiva e formadora de endósporos encontrada nas fezes de muitos adultos saudáveis. As exotoxinas produzidas por essa bactéria causam uma doença que se manifesta em sintomas que variam de um caso leve de diarreia até colite (inflamação do cólon) que apresenta risco à vida. A colite pode resultar em ulceração e possível perfuração da parede intestinal. A doença é geralmente precipitada pelo uso intensivo de antibióticos. A eliminação da maioria das bactérias intestinais competidoras permite a rápida proliferação de C. difficile produtor de toxina. Ocorre principalmente em ambientes de saúde, como hospitais e lares de idosos. Surtos também foram registrados em creches, e cuidadores têm adquirido de seus pacientes. A taxa de mortalidade é mais elevada em pacientes idosos. C. difficile causa meio milhão de infecções e até 29 mil mortes anualmente. As infecções são tratadas com vancomicina ou fidaxomicina, embora a recorrência seja comum. Os transplantes fecais têm cerca de 85% de sucesso no tratamento de infecções recorrentes. (Ver quadro "Visão geral" no Capítulo 19.)

Gastrenterite por Bacillus cereus

Bacillus cereus é uma bactéria grande, gram-positiva formadora de endósporos que é muito comum no solo e na vegetação, e geralmente é considerada inofensiva. Contudo, ela foi identificada como a causa de surtos de doenças transmissíveis por alimentos. O aquecimento do alimento nem sempre destrói os esporos, que germinam à medida que o alimento esfria. Como os micróbios competidores foram eliminados no alimento cozido, B. cereus cresce rapidamente e produz toxinas. Os pratos de arroz servidos em restaurantes asiáticos parecem especialmente suscetíveis.

Existem duas síndromes clínicas diferentes associadas à gastrenterite por B. cereus, que corresponde a duas toxinas diferentes elaboradas pela bactéria. Alguns casos de **gastrenterite por** Bacillus cereus assemelham-se às intoxicações por

C. perfringens e são quase em sua totalidade de natureza diarreica (geralmente surgindo de 8 a 16 horas após a ingestão do alimento). Outros episódios se assemelham à intoxicação alimentar estafilocócica, com náuseas e vômitos de 2 a 5 horas após a ingestão. Suspeita-se de que diferentes toxinas estejam envolvidas na produção de diferentes sintomas. Ambas as formas da doença são autolimitadas. As doenças podem ser diferenciadas pelo isolamento de pelo menos 10^5 B. cereus por grama de alimentos suspeitos.

CASO CLÍNICO

As bactérias são identificadas como E. coli O157. O laboratório utiliza, então, um fingerprinting de DNA para identificar que a linhagem de E. coli é uma STEC O157. O departamento de saúde do estado, o qual foi notificado sobre a STEC O157 isolada pelo pediatra de Anna, faz novas investigações e rastreia os contatos. A Sra. Abramovic é entrevistada com um questionário-padrão, que abrange detalhes históricos de viagens, histórico de consumo de alimentos e de exposição a animais. De acordo com a Sra. Abramovic, Anna não consumiu alimentos de alto risco, como carne moída malcozida e leite não pasteurizado, mas sua festa de aniversário havia sido realizada em um zoológico na semana anterior ao início de seus sintomas. Anna havia acariciado os animais e brincado no chão. Nenhum outro caso foi registrado em sua casa ou entre contatos mais próximos.

O que o departamento de saúde deve fazer em seguida?

Parte 1   Parte 2   **Parte 3**   Parte 4   Parte 5

As doenças bacterianas do sistema digestório inferior estão resumidas em Doenças em foco 25.2.

Doenças virais do sistema digestório

OBJETIVOS DE APRENDIZAGEM

25-5 Listar os agentes causadores, o modo de transmissão, os sítios de infecção e os sintomas da caxumba.

25-6 Diferenciar hepatite A, hepatite B, hepatite C, hepatite D e hepatite E.

25-7 Listar os agentes causadores, o modo de transmissão e os sintomas das gastrenterites virais.

Embora os vírus não se multipliquem dentro do conteúdo do sistema digestório, como as bactérias, eles invadem muitos órgãos associados a esse sistema.

Caxumba

Os alvos do vírus da caxumba (Orthorubulavirus), as glândulas parótidas, estão localizados logo abaixo e na frente das orelhas (ver Figura 25.1). Uma vez que as parótidas consistem em um dos três pares de glândulas salivares do sistema digestório, é apropriado incluir uma discussão sobre a caxumba neste capítulo.

Em geral, a **caxumba** inicia-se com um edema doloroso de uma ou ambas as glândulas parótidas de 16 a 18 dias após a exposição ao vírus (**Figura 25.13**). O vírus é transmissível na saliva e em secreções respiratórias, e sua porta de entrada é o trato respiratório. Uma pessoa infectada é mais infecciosa para as outras pessoas durante as primeiras 48 horas antes do surgimento dos sintomas clínicos. Uma vez que o vírus tenha iniciado a sua multiplicação no trato respiratório e nos linfonodos locais do pescoço, ele atinge as glândulas salivares via sangue. A viremia (a presença de vírus no sangue) começa vários dias antes do início dos sintomas da caxumba e antes do aparecimento do vírus na saliva. O vírus está presente no sangue e na saliva por 3 a 5 dias após o início da doença e na urina após cerca de 10 dias.

A caxumba é caracterizada por inflamação e edema das glândulas parótidas, febre e dor durante a deglutição. Cerca de 4 a 7 dias após o início dos sintomas, os testículos podem se tornar inflamados, condição denominada *orquite*. Isso ocorre em cerca de 20 a 40% dos pacientes do sexo masculino após a puberdade. A esterilidade é uma consequência possível, mas rara. De 1 a 4% das infecções resultam em perda auditiva. Outras possíveis complicações incluem meningite, inflamação dos ovários e pancreatite.

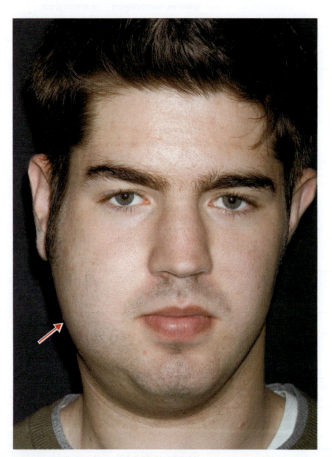

Figura 25.13 Um caso de caxumba. Este paciente apresenta o edema típico da caxumba.

P Como o vírus da caxumba é transmissível?

Uma vacina viva atenuada efetiva está disponível e frequentemente é administrada como parte da vacina trivalente para o sarampo, a caxumba e a rubéola (MMR, de *measles, mumps, rubella*). Uma segunda infecção é rara, e casos envolvendo somente uma glândula parótida ou aqueles subclínicos (cerca de 15 a 20% dos infectados) são tão efetivos quantos os casos clínicos de caxumba bilateral em conferir imunidade.

Se a confirmação de um diagnóstico (que geralmente se baseia apenas nos sintomas) é desejada, o vírus pode ser isolado por técnicas de cultivo de células ou em ovos embrionados e identificado por ensaios de ELISA.

TESTE SEU CONHECIMENTO

✔ **25-5** Por que a caxumba é considerada uma doença do sistema digestório?

Hepatite

A **hepatite** é uma inflamação do fígado. Ao menos cinco vírus diferentes causam a hepatite, e provavelmente outros serão descobertos ou se tornarão mais bem conhecidos. A hepatite é um resultado ocasional de infecções por outros vírus, como o *Lymphocryptovirus* (HHV-4), o *Cytomegalovirus* (HHV-5) ou o parvovírus B19 (quinta doença). Fármacos e toxicidade química também podem causar hepatite aguda, que é clinicamente idêntica à hepatite viral. As características das várias formas de hepatite viral estão resumidas em **Doenças em foco 25.3**.

Hepatite A

O vírus da hepatite A (HAV, *Hepatovirus*) é o agente causador da **hepatite A**. O vírus tem um RNA de fita simples e não apresenta um envelope. Ele pode ser cultivado em cultura de células.

Após uma entrada típica por via oral, o HAV se multiplica no revestimento epitelial do trato intestinal. A viremia ocorre eventualmente, e o vírus se dissemina para o fígado, os rins e o baço. O vírus se disemina nas fezes e também pode ser detectado no sangue e na urina. A quantidade de vírus excretado é maior antes do surgimento dos sintomas e, então, diminui rapidamente. Assim, um trabalhador que manuseia alimentos, responsável por disseminar o vírus, pode não parecer doente naquele momento. O vírus provavelmente pode sobreviver por vários dias em superfícies como tábuas de corte. A contaminação da comida ou da bebida pelas fezes é auxiliada pela resistência do HAV aos desinfetantes clorados nas concentrações comumente usadas na água. Os moluscos, como as ostras, que vivem em águas contaminadas, também são uma fonte de infecção. Frutas frescas e congeladas foram fontes de surtos em 2019 e 2022. Nos Estados Unidos, os surtos são mais comumente transmitidos de pessoa para pessoa do que por meio de alimentos ou água contaminados.

Pelo menos 50% das infecções por HAV são subclínicas, especialmente em crianças. Nos casos clínicos, os sintomas iniciais são anorexia (perda de apetite), mal-estar, náuseas, diarreia, desconforto abdominal, febre e calafrios. Esses sintomas surgem mais provavelmente em adultos, durante de 2 a 21 dias, e a taxa de mortalidade é baixa. Epidemias por todo

Doenças bacterianas do sistema digestório inferior

U m garoto de 8 anos apresentou diarreia, calafrios, febre (39,3 °C), cólicas abdominais e vômitos por 3 dias. No mês seguinte, seu irmão de 12 anos apresentou os mesmos sintomas. Duas semanas antes de o primeiro paciente ficar doente, a família havia comprado uma pequena tartaruga-do-ouvido-vermelho (< 10 cm) em um mercado de pulgas. Utilize a tabela a seguir e as informações deste capítulo para identificar as infecções que poderiam causar esses sintomas.

As tartarugas-do-ouvido-vermelho devem ter um tamanho > 10 cm, ou seja, devem ser grandes o suficiente para que as crianças não as coloquem na boca.

Doença	Patógeno	Sinais e sintomas	Intoxicação/infecção	Teste diagnóstico	Tratamento
Intoxicação alimentar estafilocócica	Staphylococcus aureus	Náuseas, vômitos e diarreia	Intoxicação (enterotoxina)	Fagotipagem	Nenhum
Shigelose (disenteria bacilar)	Shigella spp.	Dano tecidual e disenteria	Infecção (endotoxina e toxina Shiga, exotoxina)	Isolamento das bactérias em meio seletivo	Normalmente, nenhum é necessário
Salmonelose	Salmonella enterica	Náuseas e diarreia	Infecção (endotoxina)	Isolamento das bactérias em meio seletivo, sorotipagem	Reidratação oral
Febre tifoide Febre paratifoide	Salmonella Typhi Salmonella Paratyphi	Febre alta, mortalidade significativa	Infecção (endotoxina)	Isolamento das bactérias em meio seletivo, sorotipagem	Requer testes de suscetibilidade a antibióticos. Vacina preventiva
Cólera	Vibrio cholerae O:1 e O:139	Diarreia com grande perda de água	Infecção (exotoxina)	Isolamento das bactérias em meio seletivo	Reidratação; doxiciclina
Gastrenterite por Vibrio parahaemolyticus	V. parahaemolyticus	Diarreia semelhante à da cólera, mas geralmente mais leve	Infecção (enterotoxina)	Isolamento das bactérias em meio contendo 2-4% de NaCl	Reidratação
Gastrenterite por E. coli	EPEC, EIEC, EAEC, ETEC	Diarreia aquosa	Infecção (exotoxinas)	Isolamento das bactérias em meio seletivo, fingerprinting de DNA	Reidratação oral
E. coli êntero-hemorrágica produtora de toxina Shiga	E. coli O157:H7	Disenteria semelhante à Shigella; colite hemorrágica, SHU	Infecção, toxina Shiga (exotoxina)	Isolamento, teste de fermentação do sorbitol, fingerprinting de DNA	Reidratação intravenosa, monitoramento de eletrólitos séricos
Campilobacteriose (gastrenterite por Campylobacter)	Campylobacter jejuni	Febre, dor abdominal, diarreia	Infecção	Isolamento em baixo O_2, alto CO_2	Azitromicina
Úlcera péptica por Helicobacter	Helicobacter pylori	Úlcera péptica	Infecção	Teste de depuração respiratória da ureia; cultura bacteriana	Antibióticos
Gastrenterite por Yersinia	Yersinia enterocolitica	Dor abdominal e diarreia, normalmente leve; pode ser confundida com apendicite	Infecção (endotoxina)	Cultura, testes bioquímicos ou moleculares	Reidratação oral
Gastrenterite por C. perfringens	Clostridium perfringens	Geralmente limitada à diarreia	Infecção (exotoxina)	Isolamento de 10^6 endósporos/g de fezes	Reidratação oral
Diarreia associada ao C. difficile	Clostridioides difficile	De diarreia leve a colite; 1-2,5% de mortalidade	Infecção (exotoxina)	Ensaio de citotoxicidade	Vancomicina, fidaxomicina
Gastrenterite por B. cereus	Bacillus cereus	Pode assumir a forma de diarreia, náuseas, vômitos	Intoxicação	Isolamento de $\geq 10^5$ B. cereus/g de alimento	Nenhum

o país (Estados Unidos) ocorrem a cada 10 anos, principalmente em pessoas com idade inferior a 14 anos. Em alguns casos também há icterícia (os sinais são cor amarelada da pele e do branco dos olhos) e urina escura, típica das infecções do fígado. Nesses casos, o fígado torna-se sensível e aumentado.

Não existe forma crônica da hepatite A, e o vírus geralmente se dissemina somente durante o estágio agudo da doença. O período de incubação dura em média 4 semanas e varia de 2 a 6 semanas, o que dificulta os estudos epidemiológicos para a fonte das infecções. Não há reservatórios animais.

A doença aguda é diagnosticada por meio da detecção de IgM anti-HAV, uma vez que esses anticorpos surgem cerca de 4 semanas após a infecção e desaparecem cerca de 3 a 4 meses após a infecção. A recuperação resulta em imunidade por toda a vida.

Entre 2016 e 2023, a transmissão de pessoa para pessoa resultou em quase 50 mil infecções e mais de 27 mil hospitalizações. Não existe nenhum tratamento específico para a doença, mas pessoas em risco de exposição ou que foram expostas à hepatite A podem receber imunoglobulina, que oferece proteção por vários meses. As vacinas inativadas são recomendadas para viajantes que viajam para áreas endêmicas e para grupos de alto risco, como homens que fazem sexo com homens e usuários de drogas ilícitas. A vacinação para HAV atualmente faz parte do calendário recomendado de vacinação infantil.

Hepatite B

A **hepatite B** é causada pelo vírus da hepatite B (HBV, *Orthohepadnavirus*). O HBV e o HAV são vírus completamente diferentes: o HBV é maior, seu genoma é de DNA de fita dupla e ele é envelopado. O HBV é um vírus de DNA singular; em vez de replicar seu DNA diretamente, ele passa por um estágio intermediário de RNA, semelhante a um retrovírus.

O soro de pacientes com hepatite B contém três partículas distintas (**Figura 25.14**). A maior é o vírion completo; ela é infecciosa e capaz de se replicar. Essa partícula é muitas vezes referida como *partícula de Dane*, em homenagem ao virologista que a observou pela primeira vez. Existem também *partículas esféricas* menores, com cerca da metade do tamanho de um vírion completo, e *partículas filamentosas*, que são partículas tubulares similares em diâmetro às partículas esféricas, mas com um comprimento cerca de dez vezes maior. As partículas esféricas e filamentosas são componentes não organizados do vírion, sem ácidos nucleicos; a montagem evidentemente não é muito eficiente, e grande parte desses componentes não organizados se acumula. Felizmente, essas numerosas partículas não organizadas contêm *antígeno de superfície do vírus da hepatite B* (HBsAg, de *hepatitis B surface antigen*), que pode ser detectado com anticorpos anti-HBsAg. Esses testes de anticorpo possibilitam a triagem conveniente do sangue para o HBV.

Um terço da população mundial apresenta evidência sorológica de infecção prévia, mas a maioria das pessoas já conseguiu depurar o vírus. Mais de 350 milhões de pessoas tornaram-se portadores crônicos do vírus. A maioria desses portadores são asiáticos e africanos, com uma proporção considerável oriunda dos países mediterrâneos. Eles normalmente adquirem a infecção ao nascimento ou nos primeiros 2 anos após o nascimento. Muitos portadores crônicos eventualmente morrem de câncer do fígado ou de cirrose hepática (endurecimento e degeneração; ver uma foto do fígado em Doenças em foco 25.3).

A infecção pelo HBV pode assumir vários caminhos. Existe uma diferença marcante entre a infecção crônica e a infecção aguda pelo HBV. Se um indivíduo é infectado pelo HBV, pode se desenvolver uma hepatite aguda. A maioria desses casos se resolverá espontaneamente à medida que o paciente depura o

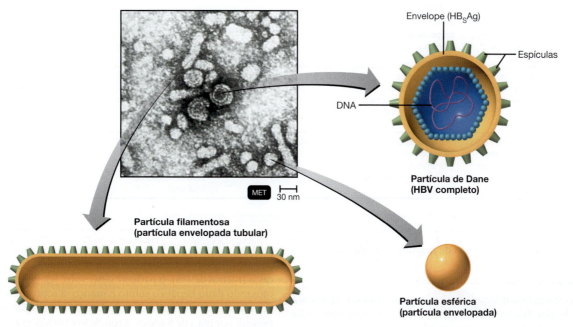

Figura 25.14 Vírus da hepatite B (HBV). A micrografia e as ilustrações mostram os tipos distintos de partículas de HBV discutidos no texto.

P Quais são as outras causas de hepatites virais?

Características das hepatites virais

Fígado saudável

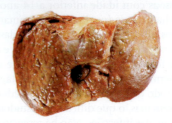

Fígado lesionado pela hepatite C

A hepatite é uma inflamação do fígado. A hepatite crônica pode ser assintomática ou pode haver evidência de doença do fígado (incluindo cirrose ou câncer de fígado). A hepatite pode ser causada por álcool ou fármacos; entretanto, ela é mais frequentemente causada por um dos vírus da tabela a seguir. Use a tabela para determinar qual vírus é a causa mais provável desta infecção: depois de comerem em um restaurante, 355 pessoas são diagnosticadas com o mesmo vírus da hepatite.

Tipo de hepatite	Patógeno	Sinais e sintomas	Período de incubação	Modo de transmissão	Teste diagnóstico	Tratamento	Vacina
A	Vírus da hepatite A, Picornaviridae *Hepatovirus*	A maioria é subclínica; febre, cefaleia; indisposição, icterícia nos casos severos; sem doença crônica	2-6 semanas	Ingestão	Anticorpos IgM	Imunoglobulina	Vacina de vírus inativado
B	Vírus da hepatite B, Hepadnaviridae *Orthohepadnavirus*	Frequentemente subclínica; similar ao HAV, porém sem cefaleia; maior probabilidade de progressão para dano hepático severo; ocorrência de doença crônica	4-26 semanas	Parenteral; contato sexual	Anticorpos IgM ou PCR para detecção do DNA viral	Interferona e análogos de nucleosídeo	Vacina geneticamente modificada produzida em levedura
C	Vírus da hepatite C, Flaviviridae *Hepacivirus*	Similar ao HBV, mais propensa a se tornar crônica	2-22 semanas	Parenteral	Anticorpos IgM ou PCR de transcrição reversa para detecção do RNA viral	Inibidores enzimáticos	Nenhuma
D	Viroide da hepatite D, Kolmioviridae *Deltavirus*	Dano grave ao fígado; alta taxa de mortalidade; doença crônica pode ocorrer	6-26 semanas	Parenteral; requer coinfecção com o vírus da hepatite B	Anticorpos IgM ou PCR de transcrição reversa para detecção do RNA viral	Nenhum	A vacina contra o HBV induz imunidade protetora
E	Vírus da hepatite E, Hepeviridae *Orthohepevirus*	Semelhante ao HAV, mas com alta mortalidade durante a gravidez; sem doença crônica	2-6 semanas	Ingestão	Anticorpos IgM contra HEV ou PCR de transcrição reversa para detecção do RNA viral	Nenhum	Nenhuma

vírus. Cerca de 5% dos casos de hepatite B aguda progredirão para hepatite B crônica.

Hepatite B aguda Muitos casos de hepatite B aguda são subclínicos; a pessoa infectada muitas vezes desconhece a presença da infecção. Em cerca de um terço dos casos, o paciente exibe sintomas da doença – a pessoa não se sente bem e frequentemente manifesta febre baixa, náuseas e dor abdominal. Por fim, podem ser observadas icterícia, urina escura e outras evidências de danos hepáticos. Um longo período de recuperação gradual, marcado por fadiga e indisposição, prossegue à medida que o fígado danificado se recupera. Contudo, em alguns casos (menos de 1%), o paciente desenvolve *hepatite fulminante*, causando dano hepático súbito e maciço; a sobrevivência sem um transplante de fígado é incomum. Se um caso de hepatite persistir por mais de 6 meses, a condição é considerada crônica.

Hepatite B crônica A maioria dos indivíduos que sofre de hepatite B aguda consegue depurar o vírus com sucesso, mas algumas pessoas falham nessa depuração e desenvolvem hepatite B crônica. Quando são infectadas muito jovens, as pessoas apresentam uma maior probabilidade de se tornarem portadores crônicos. O risco para lactentes é de cerca de 90%; em crianças com idade entre 1 e 5 anos, é de 25 a 50%. Adolescentes e jovens adultos apresentam um risco muito mais baixo, de apenas 6 a 10%. No geral, até 10% dos pacientes infectados se tornam portadores crônicos do vírus. Para alguns, a condição é essencialmente assintomática: eles são considerados portadores inativos e têm um baixo risco de progressão para doença clínica. Muitos outros apresentam indisposição, perda de apetite e fadiga generalizada – mas geralmente sem evidência de icterícia. Nos casos em que a infecção crônica resulta em cirrose hepática, o paciente torna-se gravemente doente. Testes de função hepática geralmente são realizados, levando a um diagnóstico. Sem tratamento, o prognóstico geralmente é ruim. O câncer de fígado se desenvolve em alguns casos. Na verdade, o câncer de fígado é a forma mais prevalente de câncer na África Subsaariana e no Leste da Ásia, regiões em que a hepatite B é extremamente comum.

A hepatite B é uma doença mundial, mas existe uma diferença significativa na expressão clínica da hepatite entre as áreas de alta prevalência e as de baixa prevalência.

Nos países que apresentam uma alta prevalência, a infecção pelo HBV tende a ser adquirida na época do nascimento (perinatal) de mães infectadas. Por isso, o sistema imune não reconhece a diferença entre o vírus e o hospedeiro, o que resulta em um elevado nível de tolerância imunológica. Devido a essa tolerância, a infecção não é acompanhada de um quadro de hepatite aguda; em vez disso, uma infecção crônica, geralmente vitalícia, se estabelece. Esse é o caso em cerca de 90% das pessoas infectadas. Apesar da tolerância imunológica ao HBV, algumas lesões hepáticas ocorrem e existe um alto risco de morte em decorrência de doença hepática, sobretudo entre os homens.

Em contrapartida, nos países que apresentam uma baixa prevalência, a maioria das infecções agudas pelo HBV ocorre em decorrência da exposição a sangue ou outros fluidos corporais infectados. É uma doença geralmente de adultos não vacinados de 30 a 59 anos que apresentam comportamentos de risco – uso de drogas injetáveis ou promiscuidade sexual, por exemplo. O contato íntimo não sexual de longo prazo com uma pessoa infectada também pode transmitir o HBV. As pessoas infectadas que são imunocompetentes desenvolvem uma forte resposta imune, e o vírus é depurado em todas elas, exceto em cerca de 1% dos infectados. Esses pacientes têm uma incidência muito menor de doença crônica e de câncer hepático.

O diagnóstico do HBV é geralmente baseado nos sintomas, seguido por testes de função hepática. Testes sorológicos podem detectar antígenos do HBV e anticorpos contra ele. A presença do antígeno de superfície do vírus da hepatite B (HBsAg) indica a presença do vírus no sangue. Após o vírus ser depurado, surge o anticorpo anti-HBsAg, e o paciente é considerado imune. A detecção do antígeno "e" da hepatite B (HBeAg, de *hepatitis B "e" antigen*), um marcador do nucleocapsídeo, geralmente indica que o vírus está se replicando vigorosamente. Se esse antígeno desaparecer e for substituído por anticorpos contra ele, isso normalmente indica que a doença hepática associada à replicação viral diminuiu. Isso também significa que o paciente é considerado menos infeccioso para as outras pessoas.

O HBV é transmitido por contato sexual; agulhas, seringas ou outros equipamentos de injeção; e da mãe para o bebê ao nascimento. Profissionais da área da saúde e outros que diariamente estão em contato com sangue apresentam uma incidência consideravelmente mais elevada de hepatite B do que os membros da população em geral. A vacinação é recomendada para todos os profissionais de saúde e segurança pública. Todo o sangue doado é testado para HBV usando testes de ELISA para HBsAg e HBeAg e reação em cadeia da polimerase (PCR).

A prevenção da infecção pelo HBV envolve várias estratégias, incluindo o uso de agulhas e seringas descartáveis e anticoncepcionais do tipo barreira. A transmissão da mãe para o bebê pode ser prevenida administrando-se imunoglobulina anti-hepatite B (HBIG, de *hepatitis B immune globulin*) ao recém-nascido imediatamente após o parto. Esses bebês também devem ser vacinados. A vacina contra o HBV tem sido amplamente utilizada em todo o mundo, sendo atualmente parte integrante do calendário de vacinação infantil nos Estados Unidos. Não foi possível cultivar o HBV em cultura celular, uma etapa essencial para o desenvolvimento das vacinas contra poliomielite, caxumba, sarampo e rubéola. As vacinas contra o HBV disponíveis utilizam HBsAg produzido por uma levedura geneticamente modificada. A incidência anual diminuiu de 30 mil casos antes da vacinação para menos de 3 mil em 2020, e a eventual eliminação da doença é concebível.

Não há tratamentos específicos para as infecções agudas pelo HBV. Para a infecção crônica pelo HBV, atualmente existem sete tratamentos aprovados. Contudo, nenhum deles é seguramente curativo, em grande parte porque o DNA do vírus integra-se ao genoma do hospedeiro. O objetivo do tratamento das infecções crônicas pelo HBV consiste em reduzir a quantidade de DNA viral a níveis indetectáveis pelo ensaio da PCR.

As decisões de tratamento são realizadas com base em diversos fatores, como a idade do paciente e o estágio da doença. As coinfecções com vírus da imunodeficiência humana (HIV) ocorrem com frequência e complicam o tratamento. Os antivirais disponíveis incluem a alfainterferona (ver Capítulo 16 para uma discussão sobre interferonas), bem como diversos análogos de nucleosídeos, como lamivudina, adefovir, entecavir, telbivudina e tenofovir DF. Em geral, o curso do tratamento estende-se ao longo de vários meses. Combinações de pelo menos dois fármacos são recomendadas para minimizar o desenvolvimento de resistência. O transplante de fígado frequentemente é a opção final de tratamento.

Hepatite C

Na década de 1960, surgiu uma forma anteriormente insuspeitada de hepatite transmitida por transfusão, agora chamada de **hepatite C**. Essa nova forma de hepatite logo constituiu quase todas as hepatites transmitidas por transfusão, uma vez que a testagem sanguínea eliminou o HBV dos suprimentos. Eventualmente, testes sorológicos foram desenvolvidos para detectar anticorpos contra o vírus da hepatite C (*Hepacivirus*, HCV) que, de forma semelhante, reduziram a transmissão do HCV para níveis muito baixos. Entretanto, existe uma demora de cerca de 70 a 80 dias entre a infecção e o aparecimento de anticorpos detectáveis contra o HCV. A presença do HCV no sangue contaminado não pode ser detectada durante esse intervalo, e

1 em cada 100 mil transfusões ainda pode resultar em infecção. Laboratórios de coleta de sangue nos Estados Unidos podem atualmente detectar o sangue contaminado por HCV em um período de 25 dias a partir da infecção utilizando um teste de ELISA para anticorpos contra o HCV e um teste PCR.

O HCV contém um RNA de fita simples e é envelopado. O vírus não destrói a célula infectada, mas desencadeia uma resposta inflamatória que, ou promove a depuração da infecção, ou destrói lentamente o fígado. (Ver foto em Doenças em foco 25.3.) O vírus é capaz de uma rápida variação genética para evadir do sistema imune. Essa característica, juntamente ao fato de que atualmente o isolamento do vírus HCV é muito ineficiente, dificulta a execução de pesquisas que buscam o desenvolvimento de uma vacina efetiva.

A hepatite C tem sido descrita como uma epidemia silenciosa, matando mais pessoas que a Aids nos Estados Unidos. Essa doença é clinicamente inaparente na maioria das vezes – poucas pessoas apresentam sintomas reconhecíveis até terem decorrido cerca de 20 anos. Provavelmente, um terço dos indivíduos infectados pelo HCV depuram o vírus espontaneamente. Até hoje, provavelmente somente uma minoria de infecções já foi diagnosticada. Com frequência, a hepatite C é detectada somente durante algum exame de rotina, como para o seguro saúde ou para doação de sangue. A maioria dos casos, talvez cerca de 85%, progride para hepatite crônica, uma taxa muito mais alta que a do HBV. Pesquisas indicam uma estimativa de que 4,4 milhões de pessoas estejam cronicamente infectadas nos Estados Unidos. Cerca de 25% dos pacientes cronicamente infectados desenvolvem cirrose hepática ou câncer hepático. A hepatite C provavelmente é a maior causa de transplante de fígado. Pessoas infectadas com HCV devem ser imunizadas contra HAV e HBV (uma vacina combinada já se encontra disponível) uma vez que não podem correr o risco de novas complicações hepáticas.

A prevenção do HCV é limitada a uma exposição minimizada, tendo em vista que até mesmo compartilhar itens, como lâminas de barbear, escovas de dente e alicates de unha, é muito perigoso. Uma fonte comum de infecção é o uso compartilhado de agulhas e seringas entre usuários de drogas injetáveis. As infecções por HCV quadruplicaram de 2013 a 2020. A taxa de novas infecções por hepatite C foi a que mais aumentou entre os adultos mais jovens, com o uso de drogas injetáveis como a principal via de transmissão. O HCV é curável e pode ser eliminado se as pessoas infectadas receberem tratamento. O CDC recomenda a triagem de todos os adultos para identificar e tratar infecções inaparentes. Comprimidos antivirais de ação direta (AAD) contendo inibidores de protease e polimerase são usados para tratar infecções.

Outros vírus de hepatite

O viroide da hepatite D ou vírus satélite (*Deltavirus*, HDV) requer o HBV para a sua replicação. A **hepatite D** pode se manifestar como hepatite aguda (*forma de coinfecção*) ou crônica (*forma de superinfecção*). Em pessoas que apresentam um caso de hepatite B aguda autolimitada, a coinfecção com o HDV desaparece à medida que o HBV é eliminado do sistema, e a condição assemelha-se a um caso típico de hepatite B aguda. Todavia, se a infecção pelo HBV progride para o estágio crônico, a superinfecção pelo HDV frequentemente é acompanhada

de lesão hepática progressiva e de uma taxa de fatalidade várias vezes superior à de pessoas infectadas apenas pelo HBV.

A hepatite D também está ligada epidemiologicamente à hepatite B. Nos Estados Unidos e no norte da Europa, a doença ocorre predominantemente em grupos de alto risco, como em usuários de drogas injetáveis.*

O **vírus da hepatite E** (*Orthohepevirus*, **HEV**) é disseminado pela transmissão fecal/oral, de modo muito similar ao vírus da hepatite A, ao qual se assemelha clínica e estruturalmente. A doença é endêmica em áreas que não possuem um saneamento adequado, principalmente em partes da Índia e no sudeste da Ásia. O HEV não causa doença hepática crônica, mas, por alguma razão ainda desconhecida, ele é responsável por uma taxa de mortalidade superior a 20% durante a gravidez.

TESTE SEU CONHECIMENTO

✔ **25-6** Das diversas hepatites causadas pelos vírus HAV, HBV, HCV, HDV e HEV, quais têm atualmente vacinas efetivas para a sua prevenção?

Gastrenterite viral

A gastrenterite aguda é uma das doenças mais comuns em seres humanos. Cerca de 90% dos casos de gastrenterite viral aguda são causados pelo *Rotavirus* ou *Norovirus*.

Rotavírus

Os *Rotavirus* (**Figura 25.15**) provavelmente são a causa mais comum de gastrenterite viral, sobretudo em crianças. Estima-se que eles causem cerca de 50 mil hospitalizações, mas menos de 100 mortes a cada ano nos Estados Unidos. A mortalidade é muito mais alta nos países em que as terapias de reidratação

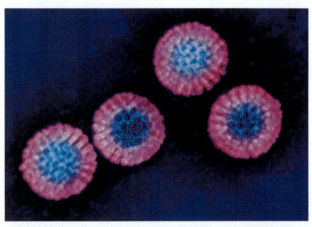

Figura 25.15 *Rotavírus.* Esta micrografia eletrônica corada negativamente mostra a morfologia do *Rotavirus* (*rota* = roda), que dá nome ao vírus.

P Que doença o rotavírus causa?

---

*N. de R.T. No Brasil, a hepatite D (Delta) apresenta taxas de prevalência elevadas na Bacia Amazônica. Atualmente, 41 e 27% dos casos notificados concentram-se nos estados do Amazonas e do Acre, respectivamente.

não estão disponíveis. Na maioria dos casos, após um período de incubação de 2 a 3 dias, o paciente apresenta febre baixa, diarreia e vômitos, os quais persistem por aproximadamente uma semana. A imunidade adquirida a partir de uma infecção infantil faz as infecções por *Rotavirus*, exceto por determinadas amostras, serem muito menos comuns em adultos.

Os casos de *Rotavirus* geralmente atingem um pico durante os meses mais frios do inverno. Estima-se que uma dose infecciosa seja de menos de 100 partículas virais, e o paciente dissemina milhões em cada grama de fezes. Em 2006, uma vacina viva de administração oral foi licenciada. Antes da vacinação, mais de 90% das crianças nos Estados Unidos foram infectadas por volta dos 3 anos de idade. Em alguns casos, os pais também se tornam infectados. A vacina diminuiu a incidência em 98%.

CASO CLÍNICO

O departamento de saúde faz uma visita ao zoológico para investigar os animais que tiveram contato com Anna. *Swabs* retais ou amostras fecais foram coletadas dos diversos animais e isoladas (ver tabela).

Isolamento de STEC 0157 a partir de amostras fecais/*swabs* retais coletadas no zoológico

Animais	N° de animais	Número de animais com isolados idênticos ao padrão de DNA da STEC 0157 de Anna
Cervos	8	1
Asno	1	0
Cabras	8	2
Galinhas-d'angola	5	0
Lhama	1	0
Pavão	1	0
Porco	1	0
Coelhos	10	0
Ovelhas	4	3

Com base nesses resultados, qual é o modo de transmissão mais provável e como a transmissão pode ser prevenida?

Parte 1 　 Parte 2 　 Parte 3 　 **Parte 4** 　 Parte 5

As infecções por *rotavírus* são rotineiramente diagnosticadas por diversos tipos de testes disponíveis comercialmente, como imunoensaios enzimáticos. O tratamento, em geral, é limitado à terapia de reidratação oral.

Norovirus

Os *Norovirus* foram inicialmente identificados durante um surto de gastrenterite em Norwalk, Ohio, em 1968. O agente responsável foi identificado em 1972 e denominado *Norwalk virus*. Mais tarde, diversos vírus similares foram identificados, e esse grupo foi inicialmente denominado *Norwalk-like viruses* (vírus semelhantes ao Norwalk). Todos foram considerados membros dos Caliciviridae (do latim *calyx*, que significa cálice – depressões semelhantes a cálices são visíveis nos vírus) e são atualmente classificados em uma espécie, *Norovirus norwalkense*. O cultivo desses vírus não é prático e eles não infectam os animais de laboratório usuais. Os seres humanos tornam-se infectados pela transmissão fecal-oral a

partir de água e alimentos contaminados e até mesmo de aerossóis de vômito. A dose infecciosa pode ser de apenas 10 partículas virais. Os vírus continuam a ser disseminados por muitos dias após os pacientes estarem assintomáticos. Mais de 20 milhões de casos de gastrenterite por *Norovirus* ocorrem anualmente nos Estados Unidos, mas somente cerca de 300 mortes. O *Norovirus* é a principal causa de doenças transmitidas por alimentos. Em 2022, um surto de *Norovirus* em vários estados ocorreu devido ao consumo de ostras cruas ou malcozidas. Cerca de 50% dos norte-americanos adultos mostram evidência sorológica de infecção prévia. (Ver Quadro "Foco clínico" no Capítulo 9.) A amostra atualmente dominante de *Norovirus* surgiu por volta de 2002, o que é atribuído a uma série de fatores possíveis. Essa amostra pode ser mais virulenta ou ambientalmente mais estável; além disso, algumas pessoas podem ter apresentado resistência a ela em exposições prévias. A resistência natural a uma amostra específica pode durar apenas alguns meses, no máximo cerca de 3 anos.

A higienização e a prevenção da transmissão após um surto, que geralmente ocorre em um restaurante ou em um navio de cruzeiro, são desafiadores. Os vírus apresentam uma persistência incomum em superfícies ambientais, incluindo maçanetas de portas ou botões de elevador. O CDC recomenda lavar as mãos com água e sabão, especialmente depois de usar o banheiro e trocar fraldas, e sempre antes de comer, preparar ou manusear alimentos. Os géis sanitizantes para as mãos podem ser usados após a lavagem, mas não a substituem. Os *Norovirus* não possuem um envelope lipídico e, portanto, não são inativados de maneira segura pelo etanol. Grande parte da eficácia dessas medidas provavelmente está relacionada à remoção mecânica do patógeno, assim como na lavagem das mãos com sabão. Para uma maior descontaminação, superfícies não porosas requerem soluções contendo 1.000 a 5.000 ppm de hipoclorito (uma solução de 1:50 ou 1:10 de cloro alvejante doméstico a 5,26%, respectivamente).

Para a detecção de norovírus em amostras fecais, os laboratórios utilizam testes sensíveis de PCR e ensaios imunoenzimáticos. A disponibilidade desses ensaios novos e sensíveis permitiu que os *Norovirus* fossem reconhecidos como uma das causas mais comuns (pelo menos metade dos surtos recentes de origem alimentar nos Estados Unidos) de gastrenterites não bacterianas.

Seguindo-se um período de incubação de 18 a 48 horas, o paciente apresenta vômitos e/ou diarreia por 2 ou 3 dias. A diarreia é o sintoma mais prevalente em crianças; a maioria dos adultos apresenta quadros diarreicos, embora muitos adultos tenham somente vômitos. A gravidade dos sintomas, com frequência, depende da dose infecciosa.

O único tratamento para gastrenterite viral é a reidratação oral ou, em casos excepcionais, a reidratação intravenosa.

As doenças virais do sistema digestório estão resumidas em **Doenças em foco 25.4**.

TESTE SEU CONHECIMENTO

✔ **25-7** As duas causas mais comuns de gastrenterites virais são o rotavírus e o norovírus. Qual deles atualmente pode ser prevenido por uma vacina?

Doenças virais do sistema digestório

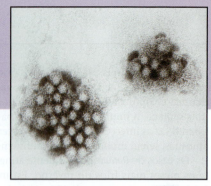

Vírus cultivado das fezes do paciente.

Um surto de diarreia se inicia em meados de junho, atinge o pico em meados de agosto e diminui gradualmente em setembro. Um caso clínico de diarreia (3 evacuações durante um período de 24 horas) é definido em um membro de um clube de natação. O vírus mostrado à direita é isolado de um paciente. Utilize a tabela a seguir para identificar as infecções que poderiam causar esses sintomas.

Doença	Patógeno	Sinais e sintomas	Período de incubação	Teste diagnóstico	Prevenção
Caxumba	*Orthorubulavirus parotitidis*	Edema doloroso das glândulas parótidas	16-18 dias	Sintomas; cultivo viral	Vacina atenuada
Gastrenterite viral	*Rotavirus* spp.	Vômitos e diarreia por 1 semana	1-3 dias	Ensaio imunoenzimático para antígenos virais nas fezes	Vacina atenuada
	Norovirus norwalkense	Vômitos e diarreia por 2-3 dias	18-48 horas	PCR	Lavagem completa das mãos
Hepatite (Ver Doenças em foco 25.3.)					

Doenças fúngicas do sistema digestório

OBJETIVO DE APRENDIZAGEM

25-8 Identificar as causas da intoxicação por ergot e por aflatoxina.

Alguns fungos produzem toxinas, chamadas de *micotoxinas*, que causam doenças sanguíneas, distúrbios do sistema nervoso, dano renal, dano hepático e até mesmo câncer. A intoxicação por micotoxinas é considerada quando múltiplos pacientes apresentam sinais e sintomas clínicos similares. O diagnóstico é geralmente baseado em achados de fungos ou micotoxinas em alimentos suspeitos (**Doenças em foco 25.5**).

Claviceps purpurea é um fungo que causa o esporão (massas de esporos semelhantes à fuligem) nas plantações de grãos. As micotoxinas produzidas por *C. purpurea* causam **intoxicação por ergot** quando o centeio ou outros grãos de cereais contaminados com o fungo são ingeridos. A toxina pode restringir o fluxo sanguíneo nos membros, resultando em gangrena. Ela também pode causar sintomas alucinógenos, produzindo um comportamento bizarro, similar ao causado pela dietilamida do ácido lisérgico (LSD).

A *aflatoxina* é uma micotoxina produzida pelo fungo *Aspergillus flavus*, um bolor comum. Essa micotoxina tem sido encontrada em muitos alimentos, mas é mais provável de ser encontrada em amendoins. A **intoxicação por aflatoxina** pode causar danos severos ao gado quando sua ração está contaminada com *A. flavus*. Embora o risco para os seres humanos seja desconhecido, existe uma forte evidência de que a aflatoxina contribua para a cirrose e para o câncer hepático em algumas partes do mundo, como a Índia e a África, onde os alimentos estão sujeitos à contaminação por aflatoxinas.

TESTE SEU CONHECIMENTO

✔ 25-8 Qual é a conexão entre os sintomas alucinógenos ocasionais produzidos pela intoxicação por ergot e aqueles produzidos por uma droga ilícita moderna?

Doenças protozoóticas do sistema digestório

OBJETIVO DE APRENDIZAGEM

25-9 Listar os agentes causadores, os mecanismos de transmissão, os sintomas e os tratamentos para giardíase, criptosporidiose, ciclosporíase e disenteria amebiana.

Vários protozoários patogênicos completam seus ciclos vitais no sistema digestório humano (Doenças em foco 25.5). Em geral, eles são ingeridos como cistos resistentes e infecciosos e são disseminados em números muito maiores como cistos recém-produzidos.

Doenças fúngicas, protozoóticas e helmínticas do sistema digestório inferior

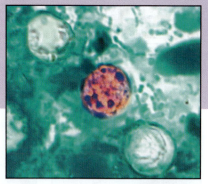

A gentes de saúde pública da Pensilvânia foram notificados de casos de diarreia aquosa, com movimentos intestinais frequentes, muitas vezes intensos, entre pessoas associadas a um abrigo (p. ex., residentes, funcionários e voluntários). A doença está associada ao consumo de ervilhas brancas. Utilize a tabela a seguir para identificar as possíveis causas desses sintomas.

 3 μm

Coloração ácido-resistente das fezes de um paciente.

Doença	Patógeno	Sinais e sintomas	Reservatório ou hospedeiro	Teste diagnóstico	Tratamento
DOENÇAS FÚNGICAS					
Intoxicação por ergot	*C. purpurea*	Diminuição do fluxo sanguíneo para os membros; alucinógeno	Micotoxina produzida pelo fungo que cresce em grãos	Detecção de escleródios fúngicos no alimento	Nenhum
Intoxicação por aflatoxina	*A. flavus*	Cirrose hepática; câncer hepático	Micotoxina produzida pelo fungo que cresce no alimento	Imunoensaio para detecção da toxina no alimento	Nenhum
DOENÇAS PROTOZOÓTICAS					
Giardíase	*Giardia duodenalis*	O protozoário adere à parede intestinal e pode inibir a absorção de nutrientes; diarreia	Água; mamíferos	FA	Metronidazol; nitazoxanida
Criptosporidiose	*Cryptosporidium hominis, C. parvum*	Diarreia autolimitada; pode apresentar risco à vida em pacientes imunossuprimidos	Gado bovino; água	Coloração ácido-resistente	Nitazoxanida
Ciclosporíase	*Cyclospora cayetanensis*	Diarreia aquosa	Seres humanos; aves; normalmente ingerido com frutas e vegetais	Coloração ácido-resistente	Sulfametoxazol-trimetoprima
Disenteria amebiana (amebíase)	*Entamoeba histolytica*	A ameba lisa as células epiteliais do intestino, causando abscessos; taxa de mortalidade significativa	Seres humanos	Microscopia; EIA (imunoensaio enzimático)	Metronidazol
DOENÇAS HELMÍNTICAS					
Teníases	*Taenia saginata, T. solium, Diphyllobothrium latum*	Os adultos causam poucos sintomas; as larvas da tênia do porco podem se encistar em muitos órgãos (neurocisticercose) e causar danos	Hospedeiro intermediário: bois, porcos e peixes; hospedeiro definitivo: seres humanos	Exame microscópico de fezes	Praziquantel; niclosamida
Hidatidose	*Echinococcus granulosus*	Forma larval no corpo; pode ser muito grande e causar danos	Hospedeiro intermediário: ovelhas, seres humanos; hospedeiro definitivo: cães	Sorologia; radiografias	Remoção cirúrgica; albendazol
Oxiurose	*Enterobius vermicularis*	Prurido ao redor do ânus	Hospedeiro intermediário e definitivo: seres humanos	Exame microscópico	Pamoato de pirantel
Ancilostomíase	*Necator americanus, Ancyclostoma duodenale*	Grandes infecções podem resultar em anemia	As larvas penetram na pele a partir do solo; hospedeiro definitivo: seres humanos	Exame microscópico	Mebendazol
Ascaridíase	*Ascaris lumbricoides*	Os helmintos vivem do conteúdo intestinal não digerido e causam poucos sintomas	Hospedeiro intermediário e definitivo: seres humanos	Exame microscópico	Mebendazol
Tricuríase	*Trichuris trichiura*	Diarreia, desnutrição	Hospedeiro intermediário e definitivo: seres humanos	Exame microscópico de fezes	Albendazol, mebendazol
Triquinelose	*Trichinella spiralis, T. nativa*	As larvas encistam-se no músculo estriado; normalmente há poucos sintomas, mas as grandes infecções podem ser fatais	Hospedeiro intermediário e definitivo: mamíferos (incluindo seres humanos)	Biópsia; ELISA	Mebendazol; corticosteroides

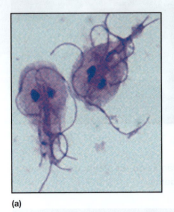
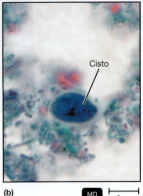

(a)

(b)

MO ⊢———⊣ 8 μm

Cisto

Figura 25.16 *Giardia duodenalis*, o protozário flagelado que causa a giardíase. (a) O trofozoíto se fixa à parede intestinal. (b) O cisto fornece proteção contra o meio ambiente antes de ser ingerido por um novo hospedeiro.

P Como os cistos de *Giardia* são eliminados da água potável?

Giardíase

Giardia duodenalis (também conhecida como *G. lamblia* e, ocasionalmente, como *G. intestinalis*) é um protozoário flagelado capaz de aderir firmemente à parede intestinal humana (**Figura 25.16**). Em 1681, van Leeuwenhoek os descreveu como tendo "corpos... um pouco mais compridos do que largos e sua barriga, que era achatada, possuía diversas patas pequenas".

G. *duodenalis* é a causa da **giardíase**, uma doença diarreica prolongada. Algumas vezes persistindo por semanas, a giardíase é caracterizada por mal-estar, náuseas, flatulência (gases intestinais), fraqueza, perda de peso e cólicas abdominais. O odor característico do sulfeto de hidrogênio frequentemente pode ser detectado no hálito ou nas fezes. O protozoário muitas vezes ocupa um espaço tão grande na parede intestinal que interfere na absorção dos alimentos.

Surtos de giardíase nos Estados Unidos ocorrem com frequência, principalmente durante estações de acampamento e de natação. Cerca de 7% da população é portadora saudável e dissemina os cistos pelas fezes. O patógeno também é disseminado por uma série de mamíferos selvagens, sobretudo castores, e a doença ocorre em mochileiros que consomem água não tratada oriunda de fontes naturais. Mais de 100 surtos recentes foram atribuídos à água, ao contato pessoal e a alimentos contaminados. A maior parte da transmissão ocorreu em residências particulares ou creches.

A maioria dos surtos é transmissível por suprimentos de água contaminada. Em uma pesquisa nacional recente das águas de superfície que servem como fontes para os municípios dos Estados Unidos, o protozoário foi detectado em 18% das amostras. Uma vez que o estágio de cisto é relativamente insensível ao cloro, a filtração ou fervura dos suprimentos de água geralmente é necessária para a eliminação dos cistos da água.

O exame microscópico é frequentemente usado para o diagnóstico. Como o G. *duodenalis* não é excretado de forma consistente, amostras de fezes coletadas em 3 dias sucessivos podem ser necessárias. Atualmente, o CDC recomenda testes sorológicos que usam anticorpos para testar a presença de trofozoítos e cistos nas fezes. Esses testes são particularmente úteis para triagem epidemiológica. O teste para *Giardia* na água para consumo é difícil, mas frequentemente necessário para prevenir ou localizar surtos de doenças. Esses testes muitas vezes são combinados com testes para o protozoário *Cryptosporidium*, discutido na próxima seção.

O tratamento com metronidazol ou hidrocloreto de quinacrina geralmente é efetivo dentro de uma semana. A nitazoxanida é usada para tratar tanto a criptosporidiose (ver Figura 25.17) quanto a giardíase. Como o metronidazol, esse fármaco afeta as vias metabólicas anaeróbicas e requer um regime de tratamento curto.

TESTE SEU CONHECIMENTO

✔ **25-9** A giardíase é causada pela ingestão de um cisto ou de um oocisto?

Criptosporidiose

A **criptosporidiose** é causada pelo protozoário *Cryptosporidium*. As espécies mais prevalentes que afetam seres humanos são *C. parvum* e *C. hominis*. O termo *criptosporidiose* descreve infecções por ambos os organismos. A infecção ocorre quando um indivíduo ingere oocistos de *Cryptosporidium* (**Figura 25.17**). Os oocistos, eventualmente, liberam esporozoítos no intestino delgado. Os esporozoítos móveis invadem as células epiteliais do intestino e passam por um ciclo que libera oocistos que serão excretados nas fezes. (Comparar com o ciclo de vida similar de *Toxoplasma gondii*, na Figura 23.23.) A doença é uma diarreia semelhante à cólera, com uma duração de 10 a 14 dias. Em pessoas imunodeficientes, incluindo pacientes com Aids, a diarreia torna-se progressivamente mais severa e é potencialmente letal.

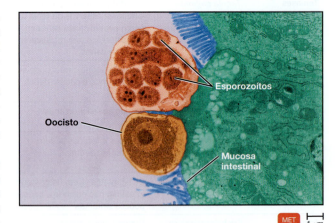

Esporozoítos

Oocisto

Mucosa intestinal

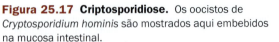

MET ⊢—⊣ 1 μm

Figura 25.17 **Criptosporidiose.** Os oocistos de *Cryptosporidium hominis* são mostrados aqui embebidos na mucosa intestinal.

P Como a criptosporidiose é transmissível?

A infecção é transmissível para os seres humanos, em grande parte, por meio de sistemas de água para recreação e para consumo, contaminados com oocistos de *Cryptosporidium*, principalmente oriundos de dejetos de animais, sobretudo do gado. Estudos nos Estados Unidos mostram que muitos, se não todos, lagos, córregos e até poços estão contaminados. Os oocistos, como os cistos de *G. duodenalis*, são resistentes à cloração e devem ser removidos da água por filtração. A água potável municipal é filtrada na estação de tratamento de água para remover cistos de *Giardia* e oocistos de *Cryptosporidium*. No entanto, tanto a filtração quanto a cloração são ineficazes na remoção de oocistos das piscinas. Alternativas à cloração de rotina incluem a radiação ultravioleta, a ozonização e o dióxido de cloro. (Ver quadro "Foco clínico" no Capítulo 12.) Uma dose infecciosa pode ser tão baixa quanto 10 oocistos. A transmissão fecal-oral resultante de um saneamento inadequado também ocorre; muitos surtos já foram relatados em creches.

O teste da água é importante, mas os métodos foram descritos como complicados, demorados e ineficientes. O mais usado é um teste de anticorpo fluorescente que pode detectar simultaneamente os cistos de *G. duodenalis* e os oocistos de *Crytosporidium*.

O fármaco recomendado para tratamento é a nitazoxanida, também efetiva nos tratamentos de giardíase.

A criptosporidiose é diagnosticada de forma mais confiável em laboratório pela detecção de oocistos em amostras fecais, por meio de um exame microscópico de colorações ácido-resistentes (**Figura 25.18a**).

Ciclosporíase

Um protozoário descoberto em 1993 é responsável por uma série de surtos recentes de doença diarreica. Esse patógeno foi denominado *Cyclospora cayetanensis*.

Os sintomas da **ciclosporíase** são alguns dias de diarreia aquosa, porém, em alguns casos, ela pode persistir por semanas. A doença é especialmente debilitante para pessoas imunossuprimidas, como as pessoas com Aids. É incerto se

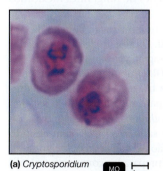 

(a) *Cryptosporidium* MO ├─┤ 1 μm   **(b)** *Cyclospora* MO ├─┤ 2,5 μm

Figura 25.18 Oocistos de dois protozoários parasitas. Colorações ácido-resistentes de amostras fecais. Esses oocistos são corados com uma coloração ácido-resistente fria que usa corantes mais concentrados.

P Como você diferenciaria esses dois parasitas?

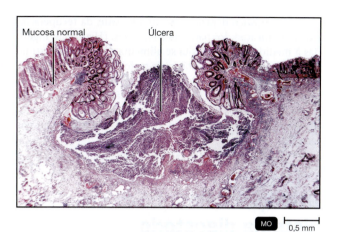

Mucosa normal   Úlcera

MO ├─┤ 0,5 mm

Figura 25.19 Uma secção da parede intestinal mostrando uma ulceração típica em forma de cantil, causada por *Entamoeba histolytica*.

P Se a lesão progredir o bastante, pode ser potencialmente letal?

os seres humanos são o único hospedeiro para o protozoário. A maioria dos surtos foi associada à ingestão de oocistos na água, em frutas silvestres contaminadas ou alimentos malcozidos. Presume-se que os alimentos tenham sido contaminados por oocistos disseminados nas fezes humanas ou, possivelmente, de aves do campo.

O diagnóstico é feito por meio de coloração ácido-resistente das fezes (Figura 25.18b). Os oocistos também podem ser detectados usando microscopia de fluorescência, uma vez que são naturalmente fluorescentes. Não existe, de fato, nenhum teste satisfatório para detectar a contaminação de alimentos. A combinação antibiótica de sulfametoxazol e trimetoprima é utilizada no tratamento.

Disenteria amebiana (amebíase)

A **disenteria amebiana**, ou **amebíase**, é disseminada principalmente por alimentos ou água contaminados por cistos do protozoário amebiano *Entamoeba histolytica* (ver Figura 12.19b). Embora o ácido do estômago possa destruir os trofozoítos, ele não afeta os cistos. No trato intestinal, a parede do cisto é digerida, e os trofozoítos são liberados. Em seguida, eles multiplicam-se nas células epiteliais da parede do intestino grosso. O resultado é uma disenteria grave; as fezes contêm caracteristicamente sangue e muco. Os trofozoítos alimentam-se dos tecidos no trato gastrintestinal (**Figura 25.19**).

Infecções bacterianas graves resultam se a parede intestinal for perfurada. Os abscessos podem necessitar de tratamento cirúrgico, e a invasão de outros órgãos, particularmente o fígado, não é incomum. Talvez 5% da população dos Estados Unidos seja portadora assintomática de *E. histolytica*. Em todo o mundo, estima-se que 1 em cada 10 pessoas esteja infectada, a maioria de forma assintomática, e que cerca de 10% dessas infecções progridam para os estágios mais graves.

O diagnóstico depende, em grande parte, da recuperação e da identificação dos patógenos nas fezes. (Hemácias, ingeridas à medida que o parasita se alimenta do tecido intestinal e observadas dentro do estágio de trofozoíto de uma ameba, auxiliam a identificação de *E. histolytica*, Figura 12.19.) Vários testes sorológicos de ELISA estão disponíveis. Esses testes são especialmente úteis quando as áreas afetadas estão fora do trato intestinal e o paciente não está disseminando amebas nas fezes.

O metronidazol é o fármaco de escolha para o tratamento.

Doenças helmínticas do sistema digestório

OBJETIVOS DE APRENDIZAGEM

25-10 Listar os agentes causadores, os mecanismos de transmissão, os sintomas e os tratamentos para teníase e hidatidose.

25-11 Listar os agentes causadores, os mecanismos de transmissão, os sintomas e os tratamentos para oxiurose, ancilostomíase, tricuríase, ascaridíase e triquinelose.

Os parasitas helmínticos são muito comuns no trato intestinal humano, principalmente em regiões quentes e úmidas que possuem condições de saneamento inadequadas. A **Figura 25.20** mostra a incidência mundial estimada de infecção por alguns helmintos intestinais. Estas doenças são chamadas de *doenças tropicais negligenciadas* (*DTN*) (ver Quadro "Visão geral" no Capítulo 21), uma vez que infectam 1,5 bilhão de pessoas nos países com poucos recursos e ainda não estão sob controle. Apesar do tamanho e do aspecto formidável desses parasitas, as infecções leves frequentemente produzem poucos sintomas. Eles se tornaram tão bem adaptados aos seus hospedeiros humanos, e vice-versa, que, quando sua presença é revelada, muitas vezes é uma surpresa. As infecções graves podem provocar uma ampla variedade de sintomas, descritos a seguir.

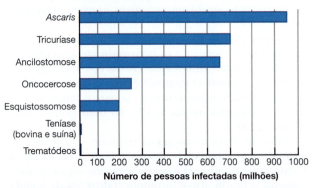

Figura 25.20 Prevalência mundial de infecções humanas pelos helmintos mais comuns, 2021. Mais de 1 bilhão de pessoas estão infectadas.

Fonte: CDC e Organização Mundial da Saúde.

P Como cada uma dessas doenças é transmitida?

Teníases

O ciclo de vida de uma **tênia** típica estende-se por três estágios. O verme adulto vive no intestino de um hospedeiro humano, onde produz ovos que são excretados nas fezes (ver Figura 12.28). Os ovos são ingeridos por animais, como bovinos em pastejo, nos quais os ovos eclodem em uma forma larval, chamada de *cisticerco*, que se aloja nos músculos dos animais. As infecções humanas por tênias se iniciam com o consumo de carne de boi, porco ou peixe malcozida, contendo cisticercos. Os cisticercos se desenvolvem em tênias adultas, que se fixam à parede intestinal com a ajuda de ventosas presentes no escólex (ver Figura 12.27).

A tênia adulta do boi, *Taenia saginata*, raramente causa sintomas significativos além de um vago desconforto abdominal. Contudo, pode haver uma angústia psicológica quando um metro ou mais de segmentos destacados (proglótides), ocasionalmente, soltam-se e inesperadamente escapam pelo ânus.

A *Taenia solium*, a tênia do porco, possui um ciclo de vida similar ao da tênia do boi. Uma diferença importante é que a *T. solium* pode produzir o estágio larval no hospedeiro humano. A **teníase** desenvolve-se quando o verme adulto infecta o intestino humano. Essa é uma condição geralmente benigna e assintomática, mas o hospedeiro expele continuamente ovos de *T. solium*, os quais contaminam mãos e alimentos em condições sanitárias precárias. A **cisticercose**, infecção com o estágio larval, pode se desenvolver quando seres humanos ou suínos ingerem ovos de *T. solium*. Esses ovos podem deixar o canal digestivo e se desenvolvem em larvas, que se alojam no tecido (geralmente cérebro ou músculos). Os cisticercos no tecido muscular são relativamente benignos e causam poucos sintomas graves, mas as larvas, ocasionalmente, alojam-se no olho, causando a **cisticercose oftálmica**, que afeta a visão (**Figura 25.21**). A doença mais grave e comum é a **neurocisticercose**, que surge quando as larvas se desenvolvem em regiões do sistema nervoso central, como no cérebro. A neurocisticercose, que é endêmica no México e na América Central, tornou-se uma condição bastante comum em algumas regiões dos Estados Unidos que possuem grandes populações de imigrantes mexicanos e da América Central.

Os sintomas frequentemente mimetizam aqueles da epilepsia ou de um tumor cerebral. O número de casos relatados reflete, em parte, o uso da tomografia computadorizada (TC) ou da ressonância magnética (RM) no diagnóstico. Em áreas endêmicas, pode-se fazer uma triagem dos pacientes neurológicos com testes sorológicos para anticorpos anti-*T. solium*.

A tênia do peixe, *Diphyllobothrium latum*, é encontrada no lúcio, na truta, na perca e no salmão. O CDC tem emitido alertas sobre os riscos de infecção pela tênia do peixe em sashimis e sushis (pratos japoneses preparados com peixe cru), alimentos que têm se popularizado cada vez mais. Para relatar uma situação comum, cerca de 10 dias após ingerir sushi, uma pessoa desenvolveu sintomas de distensão abdominal, flatulência, eructação, cólicas abdominais intermitentes e diarreia. Oito dias depois, o paciente eliminou uma tênia com 1,2 m de comprimento, identificada como uma espécie de *Diphyllobothrium*.

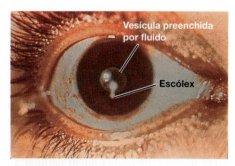

Figura 25.21 Cisticercose oftálmica. Alguns casos de cisticercose afetam o olho.

P Qual órgão tem maior probabilidade de ser afetado pela neurocisticercose?

O diagnóstico laboratorial consiste na identificação de ovos ou segmentos de tênia nas fezes (**Figura 25.22a** e **b**). Tênias adultas no estágio intestinal podem ser eliminadas com fármacos antiparasitários, como o praziquantel e a niclosamida. Os casos de neurocisticercose podem, algumas vezes, ser tratados com fármacos, mas eles frequentemente agravam a situação, e pode ser necessária uma cirurgia para a remoção dos cisticercos.

Hidatidose

Uma das tênias mais perigosas é a *Echinococcus granulosus*, que possui apenas alguns milímetros de comprimento (ver Figura 12.28). Os cães eliminam os ovos da tênia nas fezes, os quais são ingeridos pelos mamíferos que pastam. Uma vez ingeridos, os ovos eclodem e se transformam em cistos nos órgãos internos. A doença é mais comumente encontrada em pessoas envolvidas na criação de ovelhas.

Uma vez ingeridos por um ser humano, os ovos do *E. granulosus* eclodem, e as larvas podem migrar para vários tecidos do corpo. O fígado e os pulmões são os sítios mais comuns, porém o cérebro e diversos outros sítios também podem ser infectados. Uma vez no local, os ovos desenvolvem-se em **cistos hidáticos**, que podem crescer até um diâmetro de 1 cm em alguns meses (**Figura 25.23**). Em algumas localizações, os cistos podem não ser aparentes por muitos anos. Em locais onde eles são livres para se expandir, tornam-se enormes, contendo até 15 L de líquido.

Lesões podem ocorrer devido ao tamanho do cisto em áreas como o cérebro ou o interior dos ossos. Se o cisto se rompe no hospedeiro, pode levar ao desenvolvimento de muitos novos cistos. Outro fator na patogenicidade desses cistos é que o líquido contém material proteináceo, ao qual o hospedeiro se torna sensibilizado. Se o cisto subitamente se romper, o resultado pode ser um choque anafilático potencialmente letal.

Para o diagnóstico, diversos testes sorológicos que detectam anticorpos circulantes são úteis na triagem. Se disponíveis, métodos de diagnóstico por imagem, como radiografias, TC e RM, são mais eficientes.

O tratamento normalmente é a remoção cirúrgica, mas deve-se ter cuidado para evitar a liberação de fluido e a potencial disseminação da infecção ou choque anafilático. Se a remoção não for possível, o fármaco albendazol pode destruir os cistos.

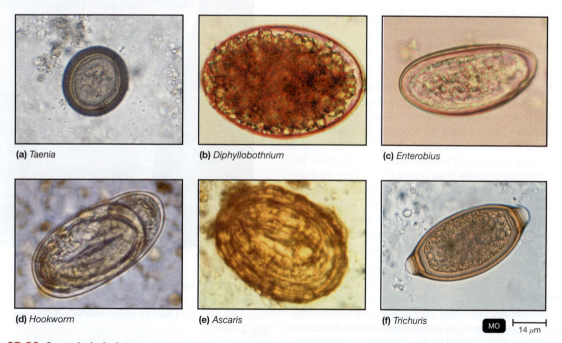

(a) *Taenia*   (b) *Diphyllobothrium*   (c) *Enterobius*

(d) *Hookworm*   (e) *Ascaris*   (f) *Trichuris*   MO ⊢──────⊣ 14 μm

Figura 25.22 Ovos de helmintos. As infecções por helmintos são diagnosticadas pelo exame microscópico das fezes em busca de ovos.

P Faça uma chave dicotômica para identificar esses ovos.

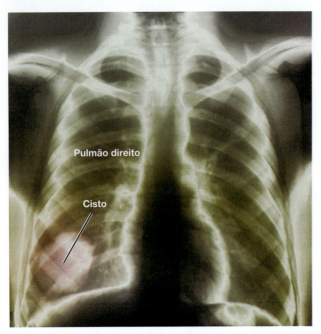

Figura 25.23 Um cisto hidático formado pelo *Echinococcus granulosus.* Um cisto grande pode ser observado nesta radiografia do pulmão de um indivíduo infectado.

P Como um cisto hidático pode afetar o corpo?

TESTE SEU CONHECIMENTO

✔ **25-10** Qual espécie de tênia é a causa da cisticercose?

Nematódeos

Oxiurose

Muitos de nós estamos familiarizados com o verme **oxiúro**, *Enterobius vermicularis* (ver Figura 12.29). Esse pequeno verme (fêmeas têm 8 a 13 mm de comprimento; machos, 2 a 5 mm) migra para fora do ânus do hospedeiro humano para depositar seus ovos, causando prurido local. Famílias inteiras podem se tornar infectadas. O diagnóstico normalmente é baseado na detecção dos ovos (Figura 25.22c) ao redor do ânus. Eles podem ser visualizados em fitas de celulose transparentes pressionadas contra a pele com o lado adesivo voltado para baixo. A fita é transferida para uma lâmina e visualizada ao microscópio. Fármacos como o pamoato de pirantel (frequentemente disponível sem prescrição médica) e o mebendazol normalmente são efetivos no tratamento.

Ancilostomíase

As infecções por **ancilóstomos** antigamente eram consideradas doenças parasitárias muito comuns nos estados do sudeste norte-americano. Nos Estados Unidos, a espécie mais frequentemente encontrada é *Necator americanus.** Outra espécie, *Ancyclostoma duodenale*, é amplamente disseminada pelo mundo.

Os ancilóstomos fixam-se à parede intestinal e alimentam-se de sangue e tecido, em vez de alimento parcialmente digerido (**Figura 25.24**), de forma que a presença de um grande número de vermes pode levar à anemia e a um comportamento letárgico. Infecções graves também podem levar a um sintoma incomum, conhecido como *pica*, uma compulsão por alimentos peculiares, como amido de engomar roupas ou terra contendo certo tipo de argila. A pica é um sintoma da anemia por deficiência de ferro, que resulta da perda de sangue do paciente.

O ciclo de vida do ancilóstomo exige que as fezes humanas penetrem no solo, de onde podem perfurar a pele nua em contato com o solo contaminado. A incidência da doença, portanto, diminuiu bastante com a melhoria das condições de saneamento e com a prática do uso de calçados. As infecções por ancilóstomos são diagnosticadas pela detecção de ovos do parasita nas fezes (Figura 25.22d) e podem ser tratadas efetivamente com mebendazol.

Ascaridíase

Uma das infecções helmínticas mais disseminadas é a **ascaridíase**, causada por *Ascaris lumbricoides*. A ascaridíase não é comum nos Estados Unidos.** Em todo o mundo, é provável que de 800 milhões a 1 bilhão de pessoas estejam infectadas. O diagnóstico é frequentemente realizado quando um verme

MEV ⊢──┤ 0,1 mm

Figura 25.24 Verme *Ancylostoma*. A boca do ancilóstomo é adaptada à fixação e alimentação no tecido. Os machos costumam ter 8 a 11 mm de comprimento, e as fêmeas, 10 a 13 mm.

P Como uma infecção por um ancilóstomo pode levar à anemia?

---

*N. de R.T. No Brasil, mais de 80% das infecções ocorrem pelo *N. americanus*.

**N. de R.T. No Brasil, a ascaridíase é a doença helmíntica mais comum, representando 25% dos casos de parasitose.

Figura 25.25 *Ascaris lumbricoides*, **a causa da ascaridíase.** Estes vermes intestinais são grandes, a fêmea pode apresentar 30 cm de comprimento.

P Quais são as principais características do ciclo de vida do *A. lumbricoides*?

adulto emerge do ânus, da boca ou do nariz (ver Capítulo 12). Esses vermes podem ser muito grandes, alcançando até 30 cm de comprimento (**Figura 25.25**). No trato intestinal, eles vivem no alimento parcialmente digerido e causam poucos sintomas.

O ciclo de vida do verme se inicia quando os ovos são disseminados nas fezes de uma pessoa (cerca de 200 mil por dia) e, em condições sanitárias precárias, são ingeridos por outra pessoa. No intestino delgado, os ovos eclodem em pequenas larvas vermiformes, que passam à corrente sanguínea e, então, aos pulmões. A seguir, as larvas migram para a garganta e são deglutidas. Elas se desenvolvem em adultos, que depositam ovos nos intestinos.

Nos pulmões, as pequenas larvas podem causar sintomas pulmonares. Números extremamente grandes podem bloquear o intestino e os ductos biliar ou pancreático. Os vermes geralmente não causam sintomas graves, mas sua presença pode se manifestar de modos perturbadores. As consequências mais significativas da infecção com *A. lumbricoides* são oriundas das migrações dos vermes adultos. Já houve casos de vermes saindo do corpo de crianças pequenas pelo umbigo e escapando pelas narinas de pessoas dormindo. As fezes são utilizadas em exames microscópicos para a localização de ovos no diagnóstico (Figura 25.22e). Uma vez que a ascaridíase seja diagnosticada, pode ser tratada efetivamente com mebendazol ou albendazol.

Tricuríase (*Trichuris trichiura*)

As infestações por tricurídeos, conhecidas como *tricuríases*, são disseminadas nas regiões tropicais do mundo, sobretudo na Ásia. O nome do nematoide, *Trichuris trichiura* (do grego *trichos* = cabelo e *oura* = cauda), é derivado de sua morfologia. Os vermes têm de 30 a 50 mm de comprimento. O corpo principal é fino e semelhante a um fio de cabelo, mas a extremidade posterior se torna abruptamente espessa, assemelhando-se a um chicote enovelado com seu punho – portanto, daí surgiu o nome popular de *"verme-chicote"*. Nos Estados Unidos, sua distribuição e incidência são similares às do *A. lumbricoides*. Durante o exame microscópico de amostras fecais, técnicos

de medicina ocasionalmente encontram o ovo distintivo dos tricurídeos (Figura 25.22f). Nos Estados Unidos, os ovos estão presentes em um pouco mais de 1% da população. Nos estados do sudeste, as crianças adquirem os ovos infecciosos a partir do solo contaminado; nessa região dos Estados Unidos, a incidência de tricuríase em crianças é de cerca de 20%.

Quando um ovo embrionado é ingerido, ele eclode e entra nas criptas intestinais, fendas profundas revestidas por células que secretam suco intestinal. Os vermes desenvolvem-se nessas criptas e, lentamente, começam a cavar túneis em direção à superfície interior do intestino. Por fim, o verme posiciona-se de modo que a sua extremidade posterior se estende para o lúmen intestinal, e a extremidade anterior, semelhante a um fio de cabelo, permanece enterrada na mucosa. O verme vive lá por vários anos como um parasita tecidual, alimentando-se de conteúdo celular e sangue. As infecções leves com menos de 100 vermes geralmente passam despercebidas, mas infestações muito graves podem causar dor abdominal e diarreia. A tricuríase também pode causar anemia e desnutrição, resultando em perda de peso significativa e retardo no crescimento. O tratamento é realizado com mebendazol ou albendazol, embora a maioria dos casos não exija atenção médica.

Triquinelose

A maioria das infecções pelo pequeno nematódeo *Trichinella spiralis*, chamadas de **triquinelose** (antigamente denominada *triquinose*), são insignificantes. As larvas em forma encistada estão localizadas nos músculos do hospedeiro. Em 1970, autópsias de rotina de músculos do diafragma humano mostraram que cerca de 4% dos cadáveres testados eram portadores desse parasita.

A gravidade da doença geralmente é proporcional ao número de larvas ingeridas. A ingestão de carne crua ou malcozida (especialmente de urso, porco, puma ou cachorro) coloca a pessoa em risco de infecção (**Figura 25.26**).

Qualquer carne moída pode estar contaminada por máquinas previamente utilizadas para moer carne contaminada. O congelamento da carne de porco por períodos prolongados (p. ex., a –23 °C por 10 dias) destrói *T. spiralis*. Contudo, o congelamento não elimina algumas espécies encontradas em animais selvagens, como *T. nativa*.

Nos músculos de hospedeiros intermediários, como o porco, as larvas de *T. spiralis* são encistadas sob a forma de vermes curtos de cerca de 1 mm de comprimento. Quando a carne de um animal infectado é ingerida por seres humanos, a parede do cisto é removida por ação digestória no intestino. O organismo, então, amadurece para a forma adulta. Os vermes adultos passam somente cerca de uma semana na mucosa intestinal e produzem larvas que invadem os tecidos. Eventualmente, as larvas encistam-se no músculo (os sítios comuns incluem o diafragma e os músculos do olho), onde são pouco visíveis em amostras de biópsia.

Os sintomas da triquinelose incluem febre, edema em torno dos olhos e desconforto gastrintestinal. Pequenas hemorragias sob as unhas são observadas com frequência. Amostras de biópsia e vários testes sorológicos podem ser usados no diagnóstico. Recentemente, um teste sorológico ELISA que detecta o parasita na carne foi desenvolvido. O tratamento consiste na

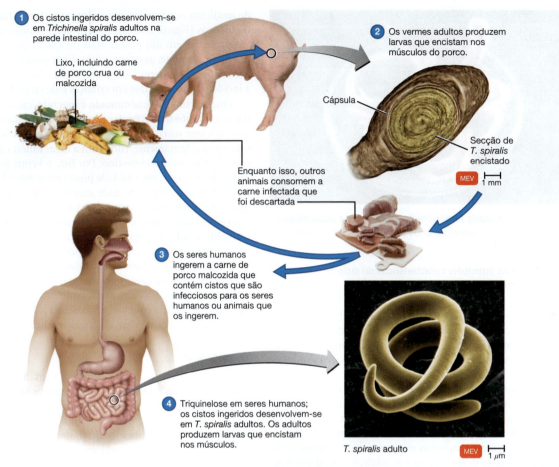

1. Os cistos ingeridos desenvolvem-se em *Trichinella spiralis* adultos na parede intestinal do porco.

Lixo, incluindo carne de porco crua ou malcozida

2. Os vermes adultos produzem larvas que encistam nos músculos do porco.

Cápsula

Secção de *T. spiralis* encistado

MEV ⊢—⊣ 1 mm

Enquanto isso, outros animais consomem a carne infectada que foi descartada

3. Os seres humanos ingerem a carne de porco malcozida que contém cistos que são infecciosos para os seres humanos ou animais que os ingerem.

4. Triquinelose em seres humanos; os cistos ingeridos desenvolvem-se em *T. spiralis* adultos. Os adultos produzem larvas que encistam nos músculos.

T. spiralis adulto   MEV ⊢—⊣ 1 μm

Figura 25.26 **Ciclo de vida de *Trichinella spiralis*, o agente causador da triquinelose.**

P Qual é o veículo mais comum de infecção por *T. spiralis*?

administração de albendazol ou mebendazol para a eliminação dos parasitas intestinais e corticosteroides para a redução da inflamação.

O número geral de casos relatados diminuiu devido a melhorias nas condições de criação de suínos e ao congelamento comercial e doméstico. Surtos podem ocorrer quando várias pessoas compartilham a mesma caça selvagem. Nos últimos 10 anos, o número de casos relatados anualmente nos Estados Unidos variou de 10 a 20. Óbitos são extremamente raros.

TESTE SEU CONHECIMENTO

✔ **25-11** Os seres humanos são os hospedeiros definitivos ou intermediários de *T. spiralis*?

CASO CLÍNICO Resolvido

Como Anna teve contato com três animais diferentes que possuem uma linhagem idêntica de *E. coli*, é mais do que provável que ela tenha sido infectada pelos animais do zoológico. A STEC O157 associada a animais de zoológico tem sido relacionada ao contato direto com animais (i.e., ao tocá-los

ou alimentá-los), ao contato indireto (p. ex., pela serragem ou maravalha) e à exposição a roupas, sapatos, carrinhos ou outros fômites contaminados.

As visitas ao jardim zoológico são atividades de lazer populares e também se tornaram ferramentas importantes para a educação de crianças. Os visitantes desses locais parecem enfrentar apenas um baixo risco de infecção por STEC O157, oriunda dos animais ou do ambiente de fazenda, tendo em vista os números relativamente pequenos de casos humanos registrados anualmente em relação ao grande número de visitantes. Bovinos e outros ruminantes, como ovinos e caprinos, são reservatórios naturais importantes de STEC O157. Não é prático tentar excluir os animais que carreiam STEC O157, pois normalmente não manifestam sintomas clínicos, e a disseminação do patógeno parece ser intermitente e transitória. A colonização de bovinos com STEC O157 geralmente dura 2 meses ou menos. O CDC recomenda que os parques de animais forneçam locais adequados para a lavagem das mãos e postos de orientação para informar aos visitantes sobre a importância da lavagem das mãos após deixar os recintos dos animais. Anna ingere muitos fluidos e se recupera em 5 dias.

Parte 1   Parte 2   Parte 3   Parte 4   **Parte 5**

Resumo para estudo

Introdução (p. 728)

1. As doenças do sistema digestório são a segunda causa de adoecimento mais comum nos Estados Unidos.

2. As doenças do sistema digestório geralmente resultam da ingestão de microrganismos e suas toxinas no alimento e na água.

3. O ciclo de transmissão fecal-oral pode ser interrompido pelo descarte correto do esgoto, pela desinfecção da água potável e pelo preparo e armazenamento correto dos alimentos.

Estrutura e função do sistema digestório (p. 729)

1. O canal digestivo consiste em boca, faringe, esôfago, estômago, intestino delgado e intestino grosso.

2. No canal digestivo, com o auxílio mecânico e químico das estruturas acessórias, as moléculas grandes de alimento são degradadas em moléculas menores, que podem ser transportadas pelo sangue ou pela linfa para as células.

3. As fezes, os resíduos sólidos remanescentes da digestão e absorção, são eliminadas pelo ânus.

4. O tecido linfoide associado ao intestino (GALT) é parte do sistema imune.

Microbiota normal do sistema digestório (p. 729-730)

1. Um grande número de bactérias coloniza a boca.

2. O estômago e o intestino delgado têm poucos microrganismos residentes.

3. As bactérias do intestino grosso ajudam a degradar o alimento e sintetizar vitaminas.

4. Até 40% da massa fecal é composta de células microbianas.

Doenças bacterianas da boca (p. 731-734)

Cáries dentárias (p. 731-733)

1. As cáries dentárias começam quando o esmalte e a dentina dos dentes sofrem erosão e a polpa é exposta à infecção bacteriana.

2. *S. mutans*, encontrado na boca, usa sacarose para formar dextrana a partir da glicose e ácido láctico a partir da frutose.

3. As bactérias aderem aos dentes por meio da dextrana viscosa, formando a placa dentária.

4. O ácido produzido durante a fermentação dos carboidratos destrói o esmalte do dente no local da placa.

5. Os bastonetes gram-positivos e as bactérias filamentosas podem penetrar na dentina e na polpa.

6. Os carboidratos, como amido, manitol, sorbitol e xilitol, não são usados pelas bactérias cariogênicas para produzir dextrana e não promovem a cárie dentária.

Doença periodontal (p. 733-734)

7. Cáries do cemento e gengivite são causadas por estreptococos, actinomicetos e bactérias anaeróbias gram-negativas.

8. A doença crônica da gengiva (periodontite) pode causar destruição óssea e perda dos dentes; a periodontite deve-se a uma resposta inflamatória a uma série de bactérias que crescem nas gengivas.

9. A gengivite ulcerativa necrosante aguda é frequentemente causada pela *P. intermedia*.

Doenças bacterianas do sistema digestório inferior (p. 734-746)

1. Uma infecção gastrintestinal é causada pelo crescimento de um patógeno nos intestinos.

2. O período de incubação varia de 12 horas a 2 semanas. Os sintomas da infecção geralmente incluem febre.

3. Uma intoxicação bacteriana resulta da ingestão de toxinas bacterianas pré-formadas.

4. Os sintomas surgem de 1 a 48 horas após a ingestão da toxina. A febre normalmente não é um sintoma de intoxicação.

5. As infecções e intoxicações causam diarreia, disenteria ou gastrenterite.

6. Essas condições geralmente são tratadas com reposição de líquidos e eletrólitos.

Intoxicação alimentar estafilocócica (enterotoxicose estafilocócica) (p. 735)

7. A intoxicação alimentar estafilocócica é causada pela ingestão de uma enterotoxina produzida em alimentos armazenados de modo incorreto.

8. *S. aureus* é inoculado nos alimentos durante o preparo. As bactérias crescem e produzem enterotoxina no alimento armazenado em temperatura ambiente.

9. A fervura por 30 minutos não é suficiente para desnaturar a exotoxina.

10. Os alimentos com alta pressão osmótica e aqueles que não são cozidos imediatamente antes do consumo são mais frequentemente a fonte da enterotoxicose estafilocócica.

11. A identificação laboratorial de *S. aureus* isolado de alimentos é usada para detectar a fonte da contaminação.

Shigelose (disenteria bacilar) (p. 735-736)

12. A shigelose é causada por uma das quatro espécies de *Shigella*.

13. Os sintomas incluem sangue e muco nas fezes, cólicas abdominais e febre. As infecções por *S. dysenteriae* resultam em ulceração da mucosa intestinal.

Salmonelose (gastrenterite por *Salmonella*) (p. 736-739)

14. A salmonelose, ou gastrenterite por *Salmonella*, é causada por muitos sorovares de *S. enterica*.

15. Os sintomas incluem náuseas, dor abdominal e diarreia, e iniciam de 12 a 36 horas após a ingestão de grande quantidade de *Salmonella*. Choque séptico pode ocorrer em lactentes e idosos.

16. A mortalidade é inferior a 1%, e a recuperação pode resultar em um estado de portador.

Febre tifoide e febre paratifoide (p. 739)

17. *Salmonella* Typhi causa febre tifoide; *Salmonella* Paratyphi causa febre paratifoide. As bactérias são transmitidas pelo contato com fezes humanas.

18. Febre e mal-estar ocorrem após um período de incubação de 2 semanas. Os sintomas duram de 2 a 3 semanas.

19. *Salmonella* Typhi se aloja na vesícula biliar dos portadores.

20. As vacinas estão disponíveis para pessoas de alto risco e viajantes.

Cólera (p. 739-740)

21. *V. cholera* O:1 e O:139 produzem uma exotoxina que altera a permeabilidade da membrana da mucosa intestinal; os vômitos e a diarreia resultantes causam perda dos líquidos corporais.

22. Os sintomas duram poucos dias. A cólera não tratada tem taxa de mortalidade de 50%.

Vibriões não coléricos (p. 740)

23. A ingestão de outros sorotipos de *V. cholerae* pode resultar em diarreia leve.

24. A gastrenterite por *Vibrio* pode ser causada por *V. parahaemolyticus*.

25. Essas doenças são contraídas pela ingestão de crustáceos ou moluscos contaminados.

Gastrenterite por *Escherichia coli* (p. 740-744)

26. Linhagens enterotoxigênicas, enteroinvasivas e enteroaderentes de *E. coli* causam diarreia.

27. *E. coli* êntero-hemorrágica, como a *E. coli* O157:H7, produz toxinas do tipo Shiga, que causam inflamação e sangramento do cólon, incluindo colite hemorrágica e síndrome hemolítico-urêmica.

Diarreia do viajante (p. 744)

28. As causas mais comuns de diarreia do viajante são *E. coli* enterotoxigênica e enteroaderente.

Campilobacteriose (gastrenterite por *Campylobacter*) (p. 744)

29. *Campylobacter* é uma causa comum de diarreia; estima-se que mais de 1 milhão de casos de campilobacteriose ocorram anualmente nos Estados Unidos.

30. *Campylobacter* é transmissível por carne de frango e leite não pasteurizado.

Úlcera péptica por *Helicobacter* (p. 744-745)

31. *H. pylori* produz amônia, que neutraliza o ácido do estômago; as bactérias colonizam a mucosa do estômago e causam úlcera péptica.

32. O bismuto e vários antibióticos podem ser úteis no tratamento da úlcera péptica.

Gastrenterite por *Yersinia* (p. 745)

33. *Y. enterocolitica* e *Y. pseudotuberculosis* são transmissíveis pela carne de porco malcozida.

34. *Yersinia* pode crescer em temperaturas de refrigeração.

Gastrenterite por *Clostridium perfringens* (p. 745-746)

35. *C. perfringens* causa gastrenterite autolimitada.

36. Os endósporos sobrevivem ao aquecimento e germinam quando os alimentos (geralmente carnes) são armazenados em temperatura ambiente.

37. A exotoxina produzida quando as bactérias crescem nos intestinos é responsável pelos sintomas.

Diarreia associada ao *Clostridioides difficile* (p. 746)

38. O crescimento de *C. difficile* após uma terapia antibiótica pode resultar em quadros de diarreia leve ou colite.

39. A condição é geralmente associada a ambientes de cuidados da saúde e creches.

Gastrenterite por *Bacillus cereus* (p. 746)

40. A ingestão de alimentos contaminados com a saprófita de solo *B. cereus* pode resultar em diarreia, náuseas e vômitos.

Doenças virais do sistema digestório (p. 746-754)

Caxumba (p. 746-747)

1. O vírus da caxumba entra e sai do corpo pelo trato respiratório.

2. Cerca de 16 a 18 dias após a exposição, o vírus causa inflamação das glândulas parótidas, febre e dor durante a deglutição. Cerca de 4 a 7 dias depois, pode ocorrer orquite.

3. Após o início dos sintomas, o vírus é encontrado no sangue, na saliva e na urina.

4. Encontra-se disponível uma vacina contra o sarampo, a caxumba e a rubéola (MMR).

Hepatite (p. 747-752)

5. A inflamação do fígado é denominada hepatite. Os sintomas incluem perda de apetite, mal-estar, febre e icterícia.

6. As causas virais da hepatite incluem os vírus da hepatite, *Lymphocryptovirus* e *Cytomegalovirus*.

7. O vírus da hepatite A (HAV) é disseminado pela via fecal-oral.

8. O vírus da hepatite B (HBV) é transmissível pelo sangue e sêmen.

9. O vírus da hepatite C (HCV) é transmissível pelo sangue.

10. O vírus da hepatite D (HDV) ocorre como uma superinfecção ou como uma coinfecção com o vírus da hepatite B.

11. O vírus da hepatite E (HEV) é disseminado pela via fecal-oral.

Gastrenterite viral (p. 752-754)

12. A gastrenterite viral é mais frequentemente causada por um rotavírus ou por um norovírus.

13. O período de incubação é de 2 a 3 dias; a diarreia tem duração de até 1 semana.

Doenças fúngicas do sistema digestório (p. 754)

1. Micotoxinas são toxinas produzidas por alguns fungos.

2. As micotoxinas afetam o sangue, o sistema nervoso, os rins ou o fígado.

3. Os grãos de cereais são as culturas mais frequentemente contaminadas com a micotoxina de *Claviceps*, o ergot.

4. O amendoim é a cultura mais frequentemente contaminada com *A. flavus* produtor de aflatoxina.

Doenças protozoóticas do sistema digestório (p. 754-758)

Giardíase (p. 756)

1. *G. duodenalis* cresce nos intestinos de seres humanos e animais selvagens, sendo transmissível pela água contaminada.

2. Os sintomas da giardíase são mal-estar, náuseas, flatulência, fraqueza e cólicas abdominais que persistem por semanas.

Criptosporidiose (p. 756-757)

3. *Crytosporidium* spp. causa diarreia; em pacientes imunossuprimidos, a doença prolonga-se por meses.

4. O patógeno é transmissível pela água contaminada.

Ciclosporíase (p. 757)

5. *C. cayetanensis* causa diarreia; o protozoário foi identificado pela primeira vez em 1993.

6. Ele é transmissível por produtos vegetais contaminados.

Disenteria amebiana (amebíase) (p. 757-758)

7. A disenteria amebiana é causada pela *E. histolytica* crescendo no intestino grosso.

8. A ameba alimenta-se das hemácias e dos tecidos do trato intestinal. As infecções graves resultam em abscessos.

Doenças helmínticas do sistema digestório (p. 758-762)

Teníases (p. 758-759)

1. As tênias são contraídas pelo consumo de carne malcozida de boi, porco ou peixe, contendo larvas encistadas (cisticercos).

2. O escólex fixa-se à mucosa intestinal dos seres humanos (o hospedeiro definitivo) e amadurece em uma tênia adulta.

3. Os ovos são disseminados nas fezes e devem ser ingeridos por um hospedeiro intermediário.

4. A neurocisticercose em seres humanos ocorre quando a larva da tênia do porco encista em seres humanos.

Hidatidose (p. 759-760)

5. Os seres humanos infectados com a tênia *E. granulosus* podem ter cistos hidáticos em seus pulmões ou em outros órgãos.

6. Cães normalmente são os hospedeiros definitivos, e as ovelhas são os hospedeiros intermediários do *E. granulosus*.

Nematódeos (p. 760-762)

7. Os seres humanos são os hospedeiros definitivos do verme oxiúro *E. vermicularis*.

8. As larvas de ancilóstomos penetram na pele e migram até o intestino, para amadurecer e se tornarem adultos.

9. Os *A. lumbricoides* adultos vivem nos intestinos de seres humanos.

10. Ovos de *T. trichiura* ingeridos eclodem no intestino grosso. As larvas vivem aderidas ao revestimento intestinal.

11. As larvas de *T. spiralis* encistam nos músculos dos seres humanos e de outros mamíferos, causando triquinelose.

Questões para estudo

As respostas das questões de Conhecimento e compreensão estão na seção de Respostas no final deste livro.

Conhecimento e compreensão

Revisão

1. Complete a tabela a seguir:

Doença	Agente causador	Modo de transmissão	Sintomas	Tratamento
Intoxicação por aflatoxina				
Criptosporidiose				
Oxiurose				
Tricuríase				

2. Complete a tabela a seguir:

Agente causador	Alimentos suspeitos	Tratamento	Prevenção
Vibrio parahaemolyticus			
V. cholerae			
E. coli O157			
Campylobacter jejuni			
Yersinia enterocolitica			
Clostridium perfringens			
Bacillus cereus			
Staphylococcus aureus			
Salmonella enterica			
Shigella spp.			

3. DESENHE Identifique o sítio colonizado pelos seguintes organismos: *E. granulosus, E. vermicularis, Giardia, H. pylori*, vírus da hepatite B, vírus da caxumba, *Rotavirus, Salmonella, Shigella, Streptococcus mutans, Trichinella spiralis, Trichuris.*

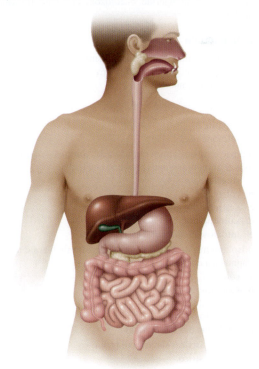

4. *E. coli* faz parte da microbiota normal do intestino e pode causar gastrenterite. Explique por que essa espécie bacteriana é benéfica e nociva.

5. Defina *micotoxina*. Dê um exemplo de uma micotoxina.

6. Explique em que as seguintes doenças diferem e em que são similares: giardíase, disenteria amebiana, ciclosporíase e criptosporidiose.

7. Diferencie entre os seguintes fatores de intoxicação bacteriana e infecção bacteriana: pré-requisitos, agentes causadores, início, duração dos sintomas e tratamento.

8. Complete a tabela a seguir:

Doença	Agente causador	Modo de transmissão	Sítio de infecção	Sintomas	Prevenção
Caxumba					
Hepatite A					
Hepatite B					
Gastrenterite viral					

9. Observe os diagramas dos ciclos de vida da tênia humana e da triquinelose. Indique os estágios no ciclo de vida que poderiam ser facilmente interrompidos para prevenir essas doenças.

10. **IDENTIFIQUE** Os cistos desse organismo flagelado sobrevivem na água; quando ingerido, o trofozoíto cresce no intestino, causando diarreia.

Múltipla escolha

1. Todos os seguintes podem ser transmissíveis por fontes de água de recreação (i.e., para natação), *exceto*:
   a. disenteria amebiana.
   b. cólera.
   c. giardíase.
   d. hepatite B.
   e. salmonelose.

2. Um paciente que apresenta náuseas, vômitos e diarreia 5 horas após se alimentar é mais provável que tenha:
   a. shigelose.
   b. cólera.
   c. gastrenterite por *E. coli*.
   d. salmonelose.
   e. intoxicação alimentar estafilocócica.

3. O isolamento de *E. coli* de uma amostra de fezes é uma prova diagnóstica de que o paciente tem:
   a. cólera.
   b. gastrenterite por *E. coli*.
   c. salmonelose.
   d. febre tifoide.
   e. nenhuma das alternativas

4. As úlceras gástricas são causadas por:
   a. ácido gástrico.
   b. *H. pylori*.
   c. alimentos picantes.
   d. alimentos ácidos.
   e. estresse.

5. O exame microscópico da cultura fecal de um paciente mostra bactérias em forma de vírgula. Essas bactérias requerem de 2 a 4% de NaCl para crescer. As bactérias provavelmente pertencem a qual gênero?
   a. *Campylobacter*
   b. *Escherichia*
   c. *Salmonella*
   d. *Shigella*
   e. *Vibrio*

6. Uma epidemia de cólera no Peru teve todas as seguintes características. Qual delas *levou* às outras?
   a. consumo de peixe cru
   b. contaminação da água por esgoto
   c. pesca de peixes em água contaminada
   d. *Vibrio* no intestino de peixe
   e. inclusão de intestinos de peixes em alimentos

Use as seguintes opções para responder às questões 7 a 10:
   a. *Campylobacter*
   b. *Cryptosporidium*
   c. *Escherichia*
   d. *Salmonella*
   e. *Trichinella*

7. A identificação é baseada na observação de oocistos nas fezes.

8. Um sintoma característico da doença causada por este microrganismo é o edema em torno dos olhos.

9. A observação microscópica de uma amostra de fezes revela células helicoidais gram-negativas.

10. Este micróbio frequentemente é transmissível aos seres humanos por meio de ovos crus.

Análise

1. Complete a tabela a seguir:

Doença	Condições necessárias para o crescimento microbiano	Base para o diagnóstico	Prevenção
Intoxicação alimentar estafilocócica			
Salmonelose			
Diarreia por *C. difficile*			

2. Associe os alimentos na coluna A ao microrganismo (coluna B) mais provável de contaminar cada um:

Coluna A	Coluna B
_____ a. Carne bovina	1. *Vibrio*
_____ b. Embutidos	2. *Campylobacter*
_____ c. Frango	3. *E. coli* O157:H7
_____ d. Leite	4. *Listeria*
_____ e. Ostras	5. *Salmonella*
_____ f. Carne suína	6. *Trichinella*

Que doença cada micróbio causa? Como essas doenças podem ser prevenidas?

3. Por que uma infecção humana por *Trichinella* é considerada um "beco sem saída" para o parasita?

4. Quais doenças do canal digestivo podem ser adquiridas ao nadar em piscinas ou lagos? Por que essas doenças provavelmente não são adquiridas ao nadar no oceano?

Aplicações clínicas e avaliação

1. Cinco pacientes na cidade de Nova York foram atendidos com diarreia. O paciente A foi hospitalizado com um histórico de 2 dias de diarreia. O paciente B teve início de diarreia aquosa em 22 de abril. Em 24 de abril, outras três pessoas (os pacientes C, D e E) tiveram início de diarreia. Todos os três apresentaram títulos de anticorpo anti-*Vibrio* ≥ 640. No Equador, em 20 de abril, o paciente B havia comprado caranguejos que foram fervidos e descascados. Ele compartilhou a carne de caranguejo com duas pessoas (F e G) e, então, congelou o restante em um saco. O paciente A retornou à Nova York no dia 21 de abril com o saco de carne de caranguejo em sua mala. O saco foi colocado no *freezer* de um dia para outro e, em 22 de abril, foi descongelado em banho-maria por 20 minutos. O caranguejo foi servido 2 horas depois em forma de salada. Ele foi consumido durante um período de 6 horas por A, C, D e E. Não adoeceram os indivíduos F e G. Qual é a etiologia dessa doença? Como foi transmitida e como poderia ter sido prevenida?

2. Os 2.130 estudantes e funcionários de uma escola pública desenvolveram doença diarreica em 2 de abril. O refeitório serviu frango naquele dia. Em 1º de abril, parte do frango foi colocada em panelas cheias de água e cozida em um forno por 2 horas, com o ajuste de temperatura em 177 °C. O forno foi desligado, e o frango foi deixado de um dia para outro no forno aquecido. O restante do frango foi cozido por 2 horas em uma panela a vapor e depois deixado no dispositivo durante a noite na temperatura mais baixa possível, de 43 °C. Dois sorotipos de bastonetes gram-negativos, citocromo-oxidase negativos e lactose-negativos foram isolados de 32 pacientes. Qual é o patógeno? Como esse surto poderia ter sido prevenido?

3. Um homem de 31 anos ficou febril 4 dias após chegar a um hotel de férias em Idaho. Durante sua estada, fez refeições em dois restaurantes que não eram associados ao hotel. No hotel, bebeu refrigerantes com gelo, usou a banheira de hidromassagem e saiu para pescar. O hotel é abastecido por um poço que foi escavado há 3 anos. O homem foi internado no hospital quando desenvolveu vômitos e diarreia sanguinolenta. Bactérias gram-negativas e lactose-negativas foram cultivadas de suas fezes. O paciente recuperou-se após receber líquidos intravenosos. Que microrganismo mais provavelmente causou os sintomas? Como essa doença é transmissível? Qual é a fonte mais provável da infecção, e como você verificaria a fonte?

4. De 3 a 5 dias após a ceia de Ação de Graças em um restaurante, 112 pessoas apresentaram febre e gastrenterite. Toda a comida foi consumida, à exceção de cinco saquinhos "para o cachorro". Análises bacteriológicas do conteúdo dos saquinhos (que continham peru assado, molho de miúdos e purê de batatas) mostraram a mesma bactéria que foi isolada dos pacientes. O molho foi preparado com miúdos de 43 perus que haviam sido refrigerados por 3 dias antes de a ceia ser preparada. Os miúdos não cozidos foram moídos em um liquidificador e misturados a um espesso caldo de carne aquecido. O molho não foi fervido novamente e foi armazenado sob temperatura ambiente durante todo o Dia de Ação de Graças. Qual foi a fonte da doença? Qual é o provável agente etiológico? Trata-se de uma infecção ou de uma intoxicação?

O **sistema urinário** é composto de órgãos que regulam a composição química e o volume do sangue; por isso, excreta principalmente água e resíduos nitrogenados. Por fornecer uma abertura ao ambiente externo, o sistema urinário é suscetível às infecções dos contatos externos. As membranas mucosas que recobrem o sistema urinário são úmidas e, comparadas à pele, mais suscetíveis ao crescimento bacteriano. A bactéria *Leptospira interrogans*, apresentada na fotografia, infecta os rins (leptospirose), mas penetra no organismo através de lesões ou das membranas mucosas do nariz e da boca. A leptospirose é o assunto do "Caso clínico" deste capítulo.

O **sistema genital** (**reprodutor**) compartilha vários de seus órgãos com o sistema urinário. Sua função é produzir gametas para a propagação das espécies e, no sistema feminino, dar suporte e garantir o desenvolvimento embrionário e do feto. Da mesma forma que o sistema urinário, ele tem aberturas para o ambiente externo e, assim, está propenso a infecções. Isso é especialmente verdade, já que o contato sexual íntimo pode promover a troca de patógenos microbianos entre os indivíduos. Não é surpreendente, portanto, que determinados patógenos tenham se adaptado a esse ambiente e a um modo de transmissão sexual. Por isso, eles frequentemente não são capazes de sobreviver em ambientes mais rigorosos.

▶ A bactéria *Leptospira interrogans* é transmitida na urina de animais infectados.

Na clínica

Você é enfermeiro(a) em uma clínica comunitária de saúde sexual. A sua primeira paciente de hoje é Kátia, universitária de 20 anos que foi até a clínica realizar o seu primeiro exame pélvico. Ela teve dois parceiros sexuais no ano passado. Ela não notou corrimento vaginal, feridas ou dor ao urinar. Durante o exame pélvico, você observa que o colo uterino da paciente parece inflamado e que uma secreção aquosa se encontra presente. **Quais são as infecções microbianas mais prováveis? Quais exames laboratoriais confirmariam um diagnóstico?**

Dica: leia mais sobre doenças bacterianas do sistema genital a seguir.

Estrutura e função do sistema urinário

OBJETIVO DE APRENDIZAGEM

26-1 Listar as características antimicrobianas do sistema urinário.

O **sistema urinário** consiste em dois *rins*, dois *ureteres*, uma *bexiga* e uma *uretra* (**Figura 26.1**). Determinados resíduos, coletivamente chamados de *urina*, são removidos do sangue à medida que ele circula pelos rins. A urina passa pelos ureteres até a bexiga, onde é estocada antes de ser eliminada do corpo pela uretra. Na mulher, a uretra conduz somente a urina para o exterior. No homem, a uretra é um conduto comum para urina e fluido seminal.

Onde os ureteres entram na bexiga, válvulas fisiológicas impedem o fluxo reverso da urina para os rins. Esse mecanismo ajuda a defender os rins das infecções do trato urinário inferior. Além disso, a ureia na urina possui algumas propriedades antimicrobianas. A ação do fluxo urinário durante a excreção da urina também tende a remover microrganismos potencialmente infecciosos.

> **TESTE SEU CONHECIMENTO**
>
> ✔ **26-1** Como o fluxo de urina pode ajudar a prevenir infecções?

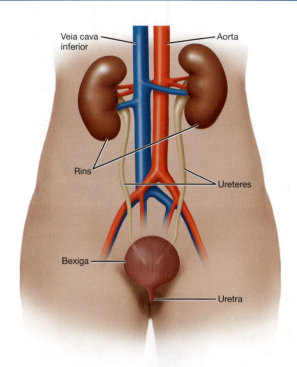

Figura 26.1 Órgãos do sistema urinário humano; aqui é mostrado o sistema urinário feminino.

P Quais características do sistema urinário auxiliam a prevenção da colonização por micróbios?

Estrutura e função dos sistemas genitais

OBJETIVO DE APRENDIZAGEM

26-2 Identificar as portas de entrada dos micróbios nos sistemas genitais feminino e masculino.

O **sistema genital feminino** consiste em dois *ovários*, duas *tubas uterinas*, o *útero*, incluindo o *colo uterino*, a *vagina* e a *genitália externa* (**Figura 26.2**). Os ovários produzem os hormônios sexuais femininos e os óvulos. Quando um óvulo é liberado durante o processo de ovulação, ele entra na tuba uterina, onde a fertilização pode ocorrer se houver espermatozoides viáveis presentes. O óvulo fertilizado (zigoto) desce pela tuba e entra no útero. Ele se implanta na parede interna do útero e permanece ali enquanto se transforma em um embrião e, posteriormente, em um feto. A genitália externa (*vulva*) inclui o clitóris, os lábios e as glândulas que produzem uma secreção de lubrificação durante a cópula.

O **sistema genital masculino** consiste em dois *testículos*, um sistema de *ductos, glândulas acessórias* e *pênis* (**Figura 26.3**). Os testículos produzem hormônios sexuais masculinos e esperma. Para serem liberadas do corpo, as células espermáticas passam por uma série de ductos: o epidídimo, o ducto (canal) deferente, o ducto ejaculatório e a uretra.

CASO CLÍNICO Nadando contra a corrente

Monique, canoísta profissional de estilo livre, de 25 anos, está tendo dificuldades em seu treinamento para o próximo evento de canoagem. Embora Monique normalmente goste de suas atividades ao ar livre e apresente boa forma física, ela não vem se sentindo bem. Acreditando inicialmente que a cefaleia, febre e dor muscular fossem simplesmente consequências de uma gripe, Monique tenta pegar leve em suas atividades. No entanto, quando a pele e o branco de seus olhos começam a ficar com aparência amarelada e ela apresenta dificuldades em recuperar o fôlego, Monique fica preocupada e vai ao médico. No exame físico, Monique encontra-se alerta, e seus pulmões estão limpos. O médico envia amostras de sangue e urina para um laboratório local para a realização de hemograma (ver Quadro "Visão geral", no Capítulo 16) e cultura; o hemograma apresentou 9.500 leucócitos/mm³ (88% de neutrófilos, 10% de linfócitos e 2% de monócitos). A produção de urina em 24 horas de Monique, entretanto, é de quase o dobro da quantidade normal. O médico fica preocupado com a desidratação e com a perda de sódio e magnésio pela urina.

O que está causando os sintomas de Monique? Continue lendo para descobrir.

Parte 1 · Parte 2 · Parte 3 · Parte 4

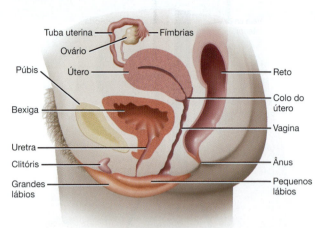

(a) Vista lateral seccionada da pelve feminina apresentando os órgãos genitais.

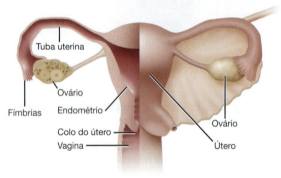

(b) Vista frontal dos órgãos genitais femininos, com a tuba uterina e o ovário sendo mostrados à esquerda no desenho seccionado. As fímbrias movem-se para deslocar o fluido que impulsiona o óvulo para dentro da tuba uterina.

Figura 26.2   Órgãos reprodutivos femininos.

P Onde se encontra a microbiota normal no sistema genital feminino?

TESTE SEU CONHECIMENTO

✔ **26-2** Observe a Figura 26.2. Se um microrganismo penetra o sistema genital feminino (o útero, etc.), ele necessariamente também penetra a bexiga, causando cistite?

Microbiota normal dos sistemas urinário e genital

OBJETIVO DE APRENDIZAGEM

26-3   Descrever a microbiota normal do trato urinário superior, da uretra masculina e da vagina e da uretra femininas.

A urina normal não é estéril; na verdade, a microbiota normal do trato urinário está sendo estudada atualmente (ver quadro **Explorando o microbioma**). A urina normal pode se tornar contaminada com a microbiota da pele próximo ao final de sua

passagem pela uretra. Assim, a urina coletada diretamente da bexiga tem um menor número de micróbios contaminantes que a urina eliminada normalmente.

As bactérias predominantes na vagina são os lactobacilos. Essas bactérias produzem o ácido láctico, que mantém o pH ácido da vagina (3,8-4,5), inibindo o crescimento da maioria dos outros microrganismos. A maior parte dos lactobacilos da vagina produz peróxido de hidrogênio, que também inibe o crescimento de outras bactérias. O estrogênio (hormônio sexual) promove o crescimento dos lactobacilos pelo aumento da produção de glicogênio pelas células do epitélio vaginal. O glicogênio é rapidamente decomposto em glicose, que os lactobacilos metabolizam em ácido láctico.

Outras bactérias, como os estreptococos, vários anaeróbios e algumas gram-negativas, também são encontradas na vagina. Pesquisas indicam que o fungo leveduriforme *Candida albicans* faz parte da microbiota normal de 10 a 25% das vaginas, inclusive em muitas pessoas assintomáticas.

A gravidez e a menopausa frequentemente são associadas a altas taxas de infecções no trato urinário. A razão é que os níveis de estrogênio são mais baixos, resultando em populações menores de lactobacilos e, portanto, em menor acidez vaginal.

O sêmen capta bactérias da uretra; no entanto, o microbioma recém-descoberto da glândula seminal (vesícula), incluindo *Propionibacterium*, *Prevotella* e *Lactobacillus*, pode afetar a produção de espermatozoides. Em um estudo, o aumento de *Prevotella* foi associado à motilidade anormal dos espermatozoides, enquanto os espermatozoides normais foram associados ao aumento de *Lactobacillus*.

TESTE SEU CONHECIMENTO

✔ **26-3** Qual é a associação entre o estrogênio e a microbiota vaginal?

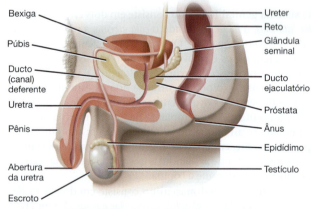

Vista lateral seccionada da pelve masculina

Figura 26.3   Órgãos genitais e urinários masculinos.

P Quais fatores protegem os sistemas genital e urinário masculinos das infecções?

Micróbios residentes do sistema urinário

Ao contrário da crença comum, a urina não é estéril. Essa ideia provavelmente surgiu antes que a água limpa e os antibióticos estivessem amplamente disponíveis, quando a urina era usada para limpar feridas. A noção foi então reforçada pelo fato de que as culturas clínicas de urina usadas para identificar patógenos favorecem a descoberta de bactérias de crescimento rápido, como a *Escherichia coli*. As técnicas clínicas padrão geralmente não são projetadas para cultivar bactérias fastidiosas ou de crescimento lento que podem estar presentes na urina.

Usando técnicas de cultura anaeróbica e análise genética, os pesquisadores agora estão estudando a fundo o microbioma urinário. As amostras de urina são coletadas a partir do jato médio para reduzir a contaminação pela microbiota da pele. Até o momento, 35 gêneros diferentes foram identificados no trato urinário. Essas bactérias diferem das normalmente encontradas na pele e no intestino.

Os gêneros mais prevalentes na urina são *Lactobacillus*, *Corynebacterium*, *Streptococcus*, *Actinomyces* e *Staphylococcus*. A urina feminina contém uma maior diversidade de espécies, com mais Actinobacteria e Bacteroidetes do que a encontrada na urina masculina.

A urina de pacientes com incontinência de urgência (bexiga hiperativa) tem menor diversidade bacteriana do que a urina de voluntários saudáveis. Um estudo descobriu um aumento na *Gardnerella* e uma diminuição nas espécies de *Lactobacillus* em pacientes com bexiga hiperativa em comparação a pessoas sem o transtorno. A microbiota da bexiga pode desempenhar algum papel na coordenação normal dos neurotransmissores, nervos e músculos da bexiga que é interrompida na bexiga hiperativa; no entanto, é incerto se a perda da diversidade bacteriana pode ser uma causa ou consequência da doença. Ainda assim, pesquisas estão em andamento

e podem futuramente conduzir a novos tratamentos.

O estudo da microbiota urinária ainda é bastante recente.

Doenças do sistema urinário

O sistema urinário normalmente contém poucos micróbios, mas está sujeito a infecções oportunistas que podem ser muito problemáticas. Quase todas essas infecções têm origem bacteriana, embora possam ocorrer infecções ocasionais por parasitas esquistossomos, protozoários e fungos. Além disso, como veremos neste capítulo, as infecções sexualmente transmissíveis frequentemente afetam o sistema urinário, bem como o sistema genital.

Doenças bacterianas do sistema urinário

OBJETIVOS DE APRENDIZAGEM

26-4 Descrever os modos de transmissão das infecções do sistema urinário.

26-5 Listar os microrganismos que causam cistite, pielonefrite e leptospirose e citar os fatores predisponentes para essas doenças.

As infecções do sistema urinário são iniciadas mais frequentemente por uma inflamação da uretra, ou *uretrite*. A infecção da bexiga é denominada *cistite*, e a infecção dos ureteres, *ureterite*. O perigo mais significativo das infecções do trato urinário inferior é que elas podem migrar para os ureteres e afetar os rins, causando a *pielonefrite*. Ocasionalmente, os rins são afetados por infecções bacterianas sistêmicas, como a *leptospirose*. Os patógenos causadores dessa doença são encontrados na urina excretada.

Infecções bacterianas do sistema urinário normalmente são ocasionadas por micróbios que penetram no sistema a partir de fontes externas. Nos Estados Unidos, mais de 7 milhões de infecções do trato urinário ocorrem a cada ano. Aproximadamente 100 mil casos são associados aos cuidados de saúde, e 75% deles estão associados a cateteres urinários. Devido à proximidade do ânus com a abertura urinária, as bactérias intestinais predominam nas infecções do sistema urinário. A maioria das infecções urinárias é causada por *E. coli*. Infecções por *Pseudomonas*, devido à sua resistência natural aos antibióticos, são especialmente problemáticas.

As doenças do sistema urinário estão resumidas em **Doenças em foco 26.1**.

Doenças bacterianas do sistema urinário

Uma mulher de 20 anos sente ardor e necessidade urgente de urinar, mesmo quando pouca urina é eliminada. Bastonetes gram-negativos, fermentadores de lactose, foram cultivados a partir de sua urina (ver fotografia). Utilize a tabela a seguir para identificar as infecções que poderiam causar esses sintomas.

Cultura em ágar MacConkey da urina da paciente. Esse meio foi escolhido por permitir seletivamente o crescimento de bactérias gram-negativas e a diferenciação delas por meio de sua capacidade de fermentar a lactose.

Doença	Patógeno	Sinais e sintomas	Diagnóstico	Tratamento
Cistite (infecção da bexiga)	*E. coli, Staphylococcus saprophyticus*	Dificuldade ou dor ao urinar	> 10^3 UFC/mL de uma espécie e teste LE+	Nitrofurantoína
Pielonefrite (infecção renal)	Principalmente *E. coli*	Febre; dor nas costas ou nos flancos	> 10^5 UFC/mL de uma espécie e teste LE+	Cefalosporina
Leptospirose (infecção renal)	*L. interrogans*	Dor de cabeça, dores musculares, febre; insuficiência renal como possível complicação	Teste sorológico	Doxiciclina

Cistite

A **cistite** é uma inflamação comum da bexiga em mulheres. Os sintomas frequentemente incluem *disúria* (dificuldade, dor e urgência para urinar) e *piúria* (pus na urina).

A uretra feminina tem menos de 5 cm de comprimento, e os microrganismos a atravessam facilmente. Ela é bem mais próxima do ânus e de suas bactérias intestinais contaminantes que a uretra masculina. Essas considerações refletem o fato de que a taxa de infecção do sistema urinário em mulheres é cerca de oito vezes maior que em homens. Em ambos os gêneros, a maioria dos casos deve-se a infecções por *E. coli*, as quais podem ser identificadas com o cultivo em meio diferencial, como o ágar MacConkey. Outra causa bacteriana frequente é o *Staphylococcus saprophyticus* coagulase-negativo.

Como regra, uma amostra de urina com mais de 100 unidades formadoras de colônia (UFC) por mL de uma única espécie indica cistite. O diagnóstico deve incluir também um teste de urina positivo para *leucócito esterase* (LE), enzima produzida pelos neutrófilos – que indica uma infecção ativa. O fármaco nitrofurantoína normalmente reverte os casos de cistite com rapidez. A fluoroquinolona geralmente é bem-sucedida se for encontrada resistência aos fármacos.

Pielonefrite

Em 25% dos casos não tratados, a cistite pode progredir para **pielonefrite**, a inflamação de um ou ambos os rins.

Os sintomas incluem febre e dor nos flancos ou nas costas. No sexo feminino, infecções do trato urinário inferior são uma complicação frequente. O agente envolvido em cerca de 75% dos casos é a *E. coli*. A pielonefrite geralmente resulta em bacteriemia; culturas sanguíneas e uma coloração de Gram da urina para a identificação da presença de bactérias são estratégias úteis no diagnóstico. Uma amostra de urina contendo mais de 100.000 UFC/mL de uma única espécie indica pielonefrite. Se a pielonefrite se tornar crônica, formam-se cicatrizes nos rins, o que prejudica significativamente o seu funcionamento. Uma vez que a pielonefrite é uma condição que oferece potencial risco à vida, o tratamento normalmente se inicia com a administração intravenosa, de longo prazo, de um antibiótico de amplo espectro, como uma cefalosporina de segunda ou terceira geração.

Leptospirose

A **leptospirose** é principalmente uma doença de animais domésticos ou silvestres, mas pode ser transmissível aos seres humanos e, algumas vezes, provocar doença renal ou hepática severa. O agente causador é o espiroqueta *L. interrogans*, apresentado na **Figura 26.4**. A *Leptospira* tem uma forma característica: uma espiral (*spira*) extremamente fina (*lepto-*), de cerca de apenas 0,1 μm de diâmetro, enrolada tão firmemente que é quase imperceptível em uma visualização em microscópio de campo escuro. Como outros espiroquetas, *L. interrogans* (assim denominado porque sua extremidade em gancho sugere uma interrogação) cora-se fracamente e é difícil de ser visualizado

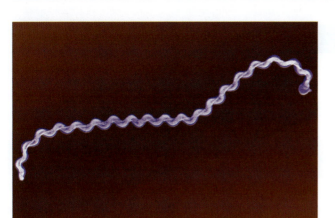

MEV ⊢ 3 μm

Figura 26.4 *Leptospira interrogans*, a causa da leptospirose.

P Por que *L. interrogans* recebeu esse nome?

em microscópio óptico normal. É um aeróbio obrigatório que pode crescer em uma variedade de meios artificiais suplementados com soro de coelho.

Os animais infectados com os espiroquetas disseminam a bactéria em sua urina por períodos prolongados. Nos ratos, as bactérias habitam os túbulos renais, um sítio imune privilegiado, onde elas continuam a se reproduzir e são eliminadas, copiosamente, na urina por meses. Em todo o mundo, a leptospirose é provavelmente a zoonose mais comum; é endêmica em ambientes tropicais e temperados. Surtos ocorrem após fortes chuvas e inundações em áreas endêmicas. A maioria dos 100 a 150 casos nos Estados Unidos são registrados em Porto Rico e no Havaí.* Os seres humanos se tornam infectados por meio do contato com água contaminada com urina, proveniente de lagos de água doce ou riachos, solo ou, algumas vezes, pelo contato com tecido animal. Pessoas que têm ocupações que as expõem ao contato com animais ou produtos animais estão sob maior risco. As infecções também foram associadas a esportes aquáticos recreativos. Normalmente, o patógeno penetra por pequenas abrasões na pele ou nas membranas mucosas. Quando ingerido, ele penetra pela mucosa da boca. Nos Estados Unidos, cães e ratos são a fonte mais comum de infecção. Cães domésticos apresentam uma taxa considerável de infecção; mesmo quando imunizados, eles continuam a disseminar as leptospiras.

Após um período de incubação de 1 a 2 semanas, dores de cabeça e musculares, calafrios e febre aparecem abruptamente. Muitos dias depois, os sintomas agudos desaparecem e a temperatura retorna ao normal. Alguns dias depois, entretanto,

um segundo episódio de febre pode ocorrer. As leptospiras são observadas no interior de células não fagocíticas dos pacientes infectados. É incerto como os patógenos entram nas células hospedeiras, porém, eles utilizam esse mecanismo como fator de dispersão para os órgãos-alvo e para a evasão do sistema imune. Devido a isso, a resposta imune é atrasada tempo o suficiente (1 ou 2 semanas) para que a população de bactérias no sangue e nos tecidos alcance números enormes.

Em um pequeno número de casos, os rins e o fígado tornam-se gravemente infectados (*doença de Weil*); a insuficiência renal é a causa mais comum de morte. Uma forma emergente de leptospirose, a *síndrome hemorrágica pulmonar*, foi registrada globalmente. Afetando os pulmões com sangramento maciço, essa síndrome tem uma taxa de mortalidade de mais de 50%. A recuperação resulta em uma imunidade sólida, mas apenas contra o sorovar envolvido. Em geral, são relatados cerca de 50 casos de doença de Weil a cada ano nos Estados Unidos; entretanto, uma vez que os sintomas clínicos não são distintivos, muitos casos provavelmente nunca são diagnosticados.

A maioria dos casos de leptospirose é diagnosticada por um teste sorológico que é complicado e, normalmente, feito em laboratórios centrais de referência. Entretanto, muitos testes rápidos estão disponíveis para o diagnóstico preliminar. Além disso, o diagnóstico pode ser realizado pela amostragem de sangue, urina ou outros fluidos para o microrganismo ou seu DNA. Doxiciclina (uma tetraciclina) é o antibiótico recomendado para o tratamento; entretanto, a administração de antibióticos em estágios tardios frequentemente é insatisfatória. Uma explicação para esse fato pode ser que as reações imunes são responsáveis pela patogênese nos estágios mais tardios.

TESTE SEU CONHECIMENTO

✔ **26-4** Por que a uretrite, uma infecção da uretra, é frequentemente anterior a outra infecção do sistema urinário?

✔ **26-5** Por que a *E. coli* é a causa mais comum de cistite, sobretudo em pacientes mulheres?

CASO CLÍNICO

O médico de Monique recebeu os resultados da cultura de sangue e urina. Os testes sorológicos para ISTs e para o HIV foram negativos. Em resposta às questões do médico sobre uma possível exposição durante viagens, Monique relata que esteve em uma viagem de canoagem por 2 semanas na Costa Rica, no mês anterior. Monique gostou da excursão porque incluía andar de caiaque em riachos perto de aldeias rurais isoladas, as quais ela, então, visitou.

O que o médico de Monique deveria testar em seguida?

Parte 1   **Parte 2**   Parte 3   Parte 4

---

*N. de R.T. No Brasil, a leptospirose é uma doença endêmica, tornando-se epidêmica em períodos chuvosos, principalmente nas capitais e áreas metropolitanas, devido às enchentes associadas à aglomeração populacional de baixa renda, às condições inadequadas de saneamento e à alta infestação de roedores infectados.

Doenças do sistema genital

Os micróbios que causam infecções do sistema genital normalmente são muito sensíveis ao estresse ambiental e requerem contato íntimo para a transmissão.

A maioria das doenças do sistema genital transmissíveis por atividade sexual são chamadas de **doenças sexualmente transmissíveis (DSTs)**. Nos últimos anos, esse termo foi substituído por **infecções sexualmente transmissíveis (ISTs)**. A razão para isso é que o conceito de "doença" implica sinais e sintomas óbvios. Uma vez que muitos indivíduos infectados pelos patógenos sexualmente transmissíveis mais comuns não apresentam sinais ou sintomas aparentes, o termo *IST* parece ser mais apropriado e, por isso, foi escolhido para ser utilizado neste livro. Mais de 30 bactérias, vírus ou infecções parasitárias têm sido identificados como transmissíveis sexualmente. Estima-se que, nos Estados Unidos, mais de 60 milhões de novos casos de ISTs ocorram anualmente, metade deles em jovens de 15 a 24 anos. A maioria das ISTs bacterianas pode ser evitada com o uso de preservativos. Consulte informações acerca de novas opções diagnósticas no quadro **Visão geral**, sobre os testes domiciliares para a detecção de ISTs.

Doenças bacterianas do sistema genital

OBJETIVO DE APRENDIZAGEM

26-6 Listar os agentes causadores, os sinais e sintomas, os métodos de diagnóstico e os tratamentos da gonorreia,

da uretrite não gonocócica (UNG), da doença inflamatória pélvica (DIP), da sífilis, do linfogranuloma venéreo (LGV), do cancro e da vaginose bacteriana.

As bactérias são os agentes causadores em cerca de 20% de todas as ISTs. A maioria das ISTs bacterianas não causa danos; no entanto, algumas têm o potencial de causar sérios problemas de saúde se não forem diagnosticadas e tratadas precocemente. As ISTs bacterianas podem ser tratadas com sucesso com antibióticos.

Gonorreia

Umas das doenças transmissíveis mais comumente reportadas, ou notificadas, nos Estados Unidos é a **gonorreia**, uma IST provocada pelo diplococo capnofílico gram-negativo *Neisseria gonorrhoeae*. A gonorreia é uma doença antiga, descrita e identificada pelo médico grego Galeno em 150 d.C. (*gon* = sêmen + *rhea* = fluxo; um fluxo de sêmen – aparentemente, ele confundiu pus com sêmen). A incidência de gonorreia nos Estados Unidos aumentou de um mínimo de 98,1 casos por 100 mil pessoas em 2009 para 206,5 casos por 100 mil em 2020 (**Figura 26.5a**). O número verdadeiro de casos é possivelmente de 2 a 3 vezes maior que o relatado (Figura 26.5b). Mais de 60% dos pacientes com gonorreia têm entre 15 e 24 anos.

O aumento da atividade sexual com múltiplos parceiros e o fato de que a doença na mulher pode não ser reconhecida contribuíram consideravelmente para o aumento da incidência de gonorreia e outras ISTs durante as décadas de 1960 e

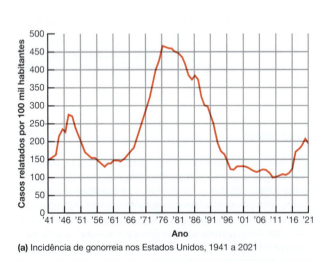

(a) Incidência de gonorreia nos Estados Unidos, 1941 a 2021

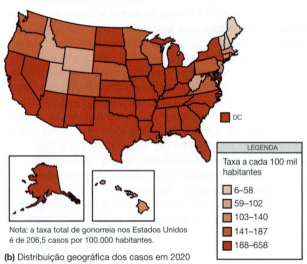

Nota: a taxa total de gonorreia nos Estados Unidos é de 206,5 casos por 100.000 habitantes.

(b) Distribuição geográfica dos casos em 2020

Figura 26.5 Incidência e distribuição da gonorreia nos Estados Unidos.
Fonte: CDC, 2022.

P Como os gonococos se ligam às células mucosas epiteliais?

1970 (ver Figura 26.5a). O uso generalizado de anticoncepcionais orais também contribuiu para esse aumento, uma vez que eles normalmente substituem os preservativos e os espermicidas, os quais ajudam a prevenir a transmissão de doenças.

Fisiopatologia da gonorreia

Para infectar, o gonococo precisa se ligar às células mucosas da parede epitelial por meio das fímbrias. O patógeno invade os espaços que separam as células epiteliais colunares, as quais são encontradas na área orofaríngea, nos olhos, no reto, na uretra, na abertura do colo uterino e na área externa genital das mulheres pré-puberais. A invasão desencadeia uma inflamação e, quando os leucócitos se movem para a área inflamada, o pus característico se forma. Em homens, uma única exposição não protegida resulta em infecção com gonorreia 20 a 35% das vezes. As mulheres tornam-se infectadas em 60 a 90% das vezes com uma única exposição.

Os homens tornam-se cientes da existência de uma infecção gonorreica pela dor ao urinar e pela secreção de material contendo pus pela uretra (**Figura 26.6**). Cerca de 80% dos homens infectados mostram esses sintomas óbvios após um período de incubação de apenas alguns dias; a maioria mostra sintomas em menos de uma semana. Nos dias anteriores à antibioticoterapia, os sintomas são persistentes por semanas. Uma complicação comum é a uretrite, embora ela ocorra mais em decorrência da coinfecção com *Chlamydia*, que será discutida em breve. Uma complicação rara é a *epididimite*, uma infecção do epidídimo. Normalmente de ocorrência unilateral, essa condição dolorosa resulta da infecção ascendente ao longo da uretra e do ducto deferente (ver Figura 26.3).

Em mulheres, a doença é mais insidiosa. Somente o colo do útero, que contém células epiteliais colunares, é infectado. As paredes da vagina são compostas de células epiteliais escamosas estratificadas, que não são colonizadas. Poucas mulheres percebem a infecção. Posteriormente, no curso da doença, pode ocorrer dor abdominal a complicações, como a doença inflamatória pélvica (discutida adiante).

A gonorreia não tratada pode se disseminar e se tornar uma doença sistêmica grave. As complicações da gonorreia podem

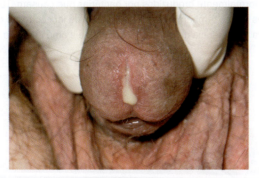

Figura 26.6 Secreção uretral contendo pus em um homem com caso agudo de gonorreia.

P O que causa a formação de pus na gonorreia?

envolver as articulações, o coração (*endocardite gonorreica*), as meninges (*meningite gonorreica*), os olhos, a faringe ou outras partes do corpo. A *artrite gonorreica*, que é causada pelo crescimento do gonococo nos fluidos das articulações, ocorre em aproximadamente 1% dos casos de gonorreia. As articulações comumente afetas são as do pulso, do joelho e do tornozelo.

Se a infecção ocorrer durante a gravidez, os olhos do bebê podem se tornar infectados à medida que ele passa pelo canal do parto. Essa condição, **oftalmia neonatal**, pode resultar em cegueira. Devido à gravidade dessa condição e à dificuldade em se ter certeza de que a mãe está livre da gonorreia, colírios antibióticos, geralmente eritromicina, são administrados nos olhos de todos os recém-nascidos. Se for conhecido que a mãe está infectada, uma injeção intramuscular de antibiótico também é administrada ao bebê. Algum tipo de profilaxia é requerido por lei em muitos Estados. Infecções gonorreicas também podem ser transferidas pelo contato das mãos, de locais infectados para os olhos de adultos.

As infecções gonorreicas podem ser adquiridas em qualquer momento do contato sexual; as gonorreias faríngea e anal não são raras. Os sintomas da **gonorreia faríngea** frequentemente lembram aqueles da dor de garganta séptica comum. A **gonorreia anal** pode ser dolorosa e acompanhada de secreção de pus. Na maioria dos casos, entretanto, os sintomas são limitados à coceira.

Não há imunidade adaptativa efetiva contra a gonorreia. A explicação convencional é que o gonococo exibe uma extraordinária variabilidade antigênica – o que é verdade. Hoje, entretanto, uma hipótese alternativa forneceu um mecanismo adicional. O gonococo tem determinadas proteínas, as proteínas Opa (ver Capítulo 15), que são essenciais para a sua ligação às células que revestem os tratos urinário e genital dos hospedeiros. Uma pesquisa recente demonstrou que uma variante da proteína Opa se liga a um determinado receptor (CD66) presente nas células T CD4+, que é necessário para a ativação e proliferação dessas células. Isso inibe o desenvolvimento de uma resposta imune de memória contra os gonococos. Quase todos os isolados clínicos de gonococos do estudo apresentaram essa variante da proteína Opa. Essa supressão da imunidade pode explicar também por que pessoas com gonorreia são mais suscetíveis a outras ISTs, inclusive ao HIV.

Diagnóstico da gonorreia

A gonorreia nos homens é diagnosticada pelo achado de gonococos em esfregaço corado de pus da uretra. O diplococo gram-negativo típico no interior de leucócitos fagocíticos é facilmente identificável (**Figura 26.7**). Não se sabe se essas bactérias intracelulares estão no processo de serem destruídas ou se sobrevivem indefinidamente. É provável que ao menos uma fração da população bacteriana permaneça viável. A coloração de Gram de exsudatos não é tão confiável para as mulheres. Em geral, uma cultura é coletada do colo uterino e cultivada em meios especiais. A cultura de bactérias nutricionalmente fastidiosas requer uma atmosfera enriquecida com dióxido de carbono. O gonococo é muito sensível às influências

Testes domiciliares para IST

Milhões de casos de IST deixam de ser diagnosticados a cada ano. Os kits de testes domiciliares podem acelerar o diagnóstico e o tratamento, permitindo que aqueles indivíduos que evitam buscar atendimento de saúde iniciem o processo de rastreamento em casa.

Teste domiciliar para infecções sexualmente transmissíveis

As infecções sexualmente transmissíveis (ISTs) são um grande problema de saúde pública em todo o mundo e atingem números recordes nos Estados Unidos. Mais de 2 milhões de novos casos de ISTs foram relatados em 2020, mas o Centers for Disease Control and Prevention (CDC) estima que muitas outras infecções não diagnosticadas ocorram anualmente.

Na esperança de diagnosticar e tratar mais ISTs, pesquisadores da Johns Hopkins School of Medicine criaram a iniciativa "Eu quero um *kit*", uma triagem autoadministrável, atualmente disponível para os residentes de Maryland, Oklahoma, Arizona e Alaska.

Os usuários coletam as amostras em casa e as enviam para um laboratório, onde o teste de amplificação de ácidos nucleicos (NAAT, de *nucleic acid amplification testing*) identifica a existência de infecção por clamídia, gonorreia ou tricomoníase. O usuário pode obter os resultados em 1 a 2 semanas, por telefone ou *online*, utilizando uma senha. Os indivíduos que apresentarem testes positivos recebem referências de clínicas próximas para aconselhamento e opções de tratamento. Existe também uma opção no *site* que permite ao usuário notificar anonimamente parceiros sexuais que ele possa ter infectado. A Planned Parenthood* oferece *kits* semelhantes para testar clamídia e gonorreia disponíveis para residentes da Califórnia, Minnesota, Idaho e Washington.

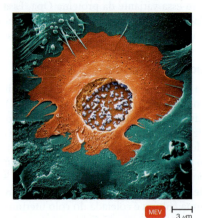

Chlamydia (em azul) replicando-se dentro de uma vesícula no interior de uma célula

---

*N. de R.T. A Planned Parenthood é uma organização sem fins lucrativos que fornece cuidados de saúde sexual nos Estados Unidos e no mundo.

Conteúdo do *kit* de teste feminino para a campanha "Eu quero um *kit*"

Um estudo recente indicou que testes em casa ou em farmácias são viáveis. Até hoje, a Food and Drug Administration (FDA) aprovou *kits* de teste domiciliares apenas para hepatite C, HIV e infecções do trato urinário (ITUs).

Outras opções de teste domiciliar para HIV e infecções do trato urinário

Em 2012, a FDA aprovou o OraQuick®, um *kit* de teste para HIV via oral. A fita OraQuick é similar a um ensaio imunoabsorvente ligado à enzima (ELISA) indireto. Custando cerca de 40 dólares por teste, utiliza um antígeno do HIV e um indicador enzimático para testar a mucosa oral para a presença de anticorpos contra o HIV. Estudos clínicos mostraram que esse teste produz cerca de 1 falso-positivo para cada 5 mil indivíduos não infectados, e 1 falso-negativo para cada 12 infectados pelo HIV.

A testagem domiciliar para ITUs também se encontra disponível. Uma tira é colocada sobre o fluxo de urina, e a fita de teste, então, indica a presença de nitritos, os quais são normalmente produzidos por bactérias que causam ITUs. Esses testes também avaliam a presença de leucócitos, o que indica a existência de uma resposta imune a uma infecção.

Uritest, teste domiciliar para infecções do trato urinário

Os testes domiciliares são uma boa estratégia de saúde pública?

Prós da testagem domiciliar

- **Mais casos diagnosticados** Em um período de 5 anos, a iniciativa "Eu quero um *kit*" detectou mais infecções por clamídia do que as clínicas convencionais o fizeram nas áreas em que o teste estava disponível. Os criadores da campanha estimam que esse método de teste economizaria cerca de 41 mil dólares em custos médicos diretos a cada 10 mil mulheres quando comparado à triagem clínica.

- **Melhor acesso para os pacientes** Os *kits* de testes domiciliares também podem ser bastante úteis para as pessoas que tenham locomoção limitada ou para moradores de áreas rurais que habitem longe de unidades de saúde. A maioria dos *kits* de testes domiciliares está disponível em farmácias ou podem ser adquiridos *online* ou pelo telefone.

- **Tratamento mais rápido** O fornecimento de um método de triagem que funcione para os indivíduos que são relutantes ou incapazes de visitar uma clínica significa que mais diagnósticos serão feitos e o tratamento será mais rápido. Esse método também pode diminuir as complicações e melhorar o prognóstico. Por exemplo, um resultado positivo proveniente de um *kit* de teste domiciliar para ITU pode resultar na prescrição imediata de antibióticos pelos prestadores de cuidados da saúde, sem a necessidade de solicitar ao paciente uma amostra de urina para cultura. Nesse caso, um tratamento mais ágil resulta em menor desconforto e tempo de repouso para os pacientes, bem como pode prevenir que a ITU progrida para uma infecção renal.

Alguns contras dos testes domiciliares

- **Custo** Embora os *kits* de testes domiciliares reduzam os custos de saúde pública, eles aumentam os custos de consumo, uma vez que normalmente não são cobertos pelos planos de saúde.

- **Preocupações com a privacidade** Permitir o acesso às informações do teste por uma linha direta ou por *site* suscita a preocupação de que os resultados possam cair nas mãos de outra pessoa que não é o paciente em questão. As pessoas que utilizam o *kit* domiciliar devem ser cuidadosas, mantendo a senha ou outros documentos relativos ao teste longe de olhares indiscretos.

- **Preocupações com a acurácia** Infelizmente, nem todo *kit* de teste domiciliar vendido *online* atualmente é necessariamente eficaz. Os usuários devem procurar pelos *kits* aprovados pela FDA. Independentemente dos resultados do teste, um indivíduo com sintomas persistentes ou que estejam se agravando deve sempre consultar um profissional de saúde.

Resultado negativo
Quando não há uma linha próximo ao "T", o resultado é negativo.

Resultado positivo
Quando há uma linha próximo ao "T", mesmo que fraca, o resultado é positivo.

Um teste OraQuick® para HIV positivo apresenta a proteína sintética gp-41 do HIV. Se a amostra contiver anticorpos contra a gp-41, uma reação enzimática faz a faixa T, de teste, mudar de cor.

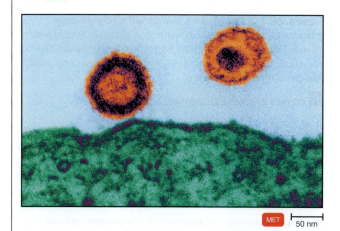

MET | 50 nm

HIVs (vírus da imunodeficiência humana) infectando uma célula

Os testes de rastreamento domiciliares são uma alternativa para aquelas pessoas que não possuem acesso fácil a clínicas.

CONCEITOS-CHAVE

- Certos organismos gram-negativos convertem nitratos em nitritos, de forma que a presença de nitritos na urina pode indicar infecção do trato urinário. **(Ver Capítulo 5, "Respiração anaeróbica".)**
- O teste de amplificação de ácido nucleico é usado para rastrear infecções por clamídia, gonorreia e tricomoníase. **(Ver Capítulo 9, "Reação em cadeia da polimerase".)**
- Alguns testes domiciliares para HIV, como o OraQuick, são semelhantes aos testes de ELISA indiretos. **(Ver Capítulo 18, "Ensaio imunoadsorvente ligado à enzima" e as Figuras 18.13 e 18.14.)**

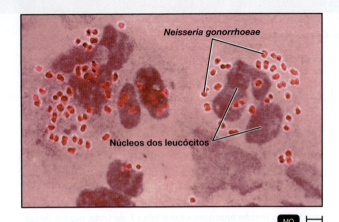

Figura 26.7 Esfregaço do pus de um paciente com gonorreia. As bactérias *N. gonorrhoeae* estão contidas dentro de leucócitos fagocíticos. Essas bactérias gram-negativas são visíveis aqui como pares de cocos. As grandes massas coradas são os núcleos dos leucócitos.

P Como a gonorreia é diagnosticada?

ambientais adversas (dessecação e temperatura) e sobrevive com dificuldade fora do corpo. Esse microrganismo requer meio de transporte especial para manter sua viabilidade por intervalos curtos antes de ser cultivado. Testes de amplificação de ácido nucleico (NAATs, de *nucleic acid amplification tests*) de urina, amostras uretrais (masculinas) ou vaginais podem ser usados no diagnóstico da gonorreia. No entanto, culturas bacterianas são necessárias para se determinar a suscetibilidade da bactéria aos antibióticos.

Tratamento da gonorreia

As diretrizes para o tratamento da gonorreia requerem constante revisão, devido ao surgimento de resistência (ver Quadro Foco clínico). Devido ao aumento da resistência a múltiplos fármacos, o único tratamento recomendado para todas as formas de gonorreia (cervical, uretral, retal, faríngea) é 500 mg de ceftriaxona. A menos que uma coinfecção com *Chlamydia trachomatis* (ver discussão de uretrite não gonocócica a seguir) seja descartada, o paciente também deve ser tratado para esse organismo. É também uma prática-padrão tratar parceiros sexuais de pacientes, a fim de diminuir o risco de reinfecção e a incidência de ISTs em geral.

Uretrite não gonocócica (UNG)

A **UNG**, também conhecida como **uretrite inespecífica (UI)**, refere-se a qualquer inflamação da uretra que não seja causada por *N. gonorrhoeae*. Os sintomas incluem dor ao urinar e uma secreção aquosa.

Chlamydia trachomatis

O patógeno mais comum associado à UNG é a *Chlamydia trachomatis* (ver Figura 11.15). Mais de 1,5 milhão de casos são relatados anualmente nos Estados Unidos. Muitas

pessoas acometidas pela gonorreia sofrem de coinfecção por *C. trachomatis*, que infecta as mesmas células epiteliais colunares que o gonococo. *C. trachomatis* também é responsável pela IST linfogranuloma venéreo e pelo tracoma. Um fato de especial importância é que duas vezes mais casos são relatados em mulheres do que em homens. Em mulheres, ela é responsável por muitos casos de doença inflamatória pélvica, além de infecções oculares e pneumonias em lactentes nascidos de mães infectadas. Infecções clamidiais genitais não tratadas também estão associadas a um alto risco de câncer cervical. As células infectadas por *Chlamydia* podem ser mais suscetíveis à infecção pelo papilomavírus humano.

Uma vez que os sintomas frequentemente são leves em homens, e as mulheres normalmente são assintomáticas, muitos casos de UNG permanecem não tratados. Embora as complicações não sejam comuns, podem ser bastante graves. Os homens podem desenvolver inflamação do epidídimo. Em mulheres, a inflamação das tubas uterinas pode causar cicatrizes, levando à esterilidade. Até 60% desses casos podem ser por infecção clamidial, em vez de gonocócica. Estima-se que cerca de 50% dos homens e 70% das mulheres não estão conscientes de suas infecções clamidiais.

Os NAATs são os métodos de diagnóstico mais confiáveis e podem ser realizados rapidamente. Amostras de urina podem ser utilizadas, mas a sensibilidade é menor que com esfregaços. Amostras de *swabs* (uretrais ou vaginais, conforme o caso) coletadas pelos próprios pacientes são frequentemente usadas.

O rastreamento de *C. trachomatis* reduziu a incidência de doença inflamatória pélvica (discutida a seguir). Recomenda-se que os médicos examinem rotineiramente mulheres sexualmente ativas de 25 anos de idade ou mais jovens para a detecção de infecções. A triagem também é recomendada para outros grupos de alto risco, como pessoas que possuem um novo parceiro sexual, um parceiro sexual que apresente uma IST ou indivíduos com múltiplos parceiros sexuais.

Outras bactérias implicadas na UNG

Outras bactérias além de *C. trachomatis* também podem estar associadas a UNG. *O Mycoplasma genitalium* causa até 30% dos casos de uretrite em homens. Essa bactéria pode causar cervicite em mulheres. Outra causa de uretrite é o *Ureaplasma urealyticum*. Esse patógeno é um membro do grupo dos micoplasmas (bactérias sem parede celular).

CASO CLÍNICO

O médico solicitou que um teste de anticorpo anti-*Leptospira* fosse realizado com uma amostra do sangue de Monique. O resultado é um título de 100, que indica que ela está ou esteve infectada pela bactéria *L. interrogans*. Agora, no 15º dia da doença de Monique, o médico coleta outra amostra de sangue para um segundo teste de aglutinação microscópica. O título agora é 800.

Por que um segundo teste sorológico é necessário?

Parte 1　Parte 2　**Parte 3**　Parte 4

Sobrevivência do mais adaptado

Neste quadro, você encontrará uma série de questões que os profissionais da saúde fazem a si mesmos quando tentam solucionar um problema clínico. Tente responder às questões.

1. Em 24 de maio, Jason, homem de 35 anos, vai até uma clínica de IST em Denver com histórico de dor ao urinar e secreção uretral que tem aproximadamente 1 mês de duração.

   Que outra informação você precisa sobre o histórico de Jason?

2. Em 11 de março, Jason havia retornado de uma viagem na Tailândia, durante a qual ele pagou por contato sexual com 7 ou 8 mulheres; ele nega ter mantido qualquer contato sexual desde que retornou aos Estados Unidos.

   Que tipo de amostra deveria ser coletada e como seria testada?

3. A bactéria *N. gonorrhoeae* é identificada por reação em cadeia da polimerase (PCR) de uma amostra de secreção uretral. Jason é tratado com uma dose única de 250 mg de ceftriaxona via oral.

   Qual é a vantagem do uso de PCR ou do imunoensaio enzimático (EIA) em relação às culturas para o diagnóstico?

4. PCR e EIA fornecem resultados dentro de poucas horas, eliminando a necessidade de o paciente retornar para o tratamento. Jason retorna à clínica no dia 7 de junho com sintomas persistentes. *N. gonorrhoeae* é novamente detectada na secreção uretral. Jason nega ter mantido qualquer contato sexual desde a visita anterior. O médico de plantão pediu um teste de suscetibilidade antimicrobiana para testar os isolados de *N. gonorrhoeae*.

   Por que o médico se interessou pelo teste de suscetibilidade antimicrobiana nos espécimes deste paciente?

5. Uma razão que justificaria a falta de responsividade ao tratamento com ceftriaxona de Jason pode ser devido à infecção por uma *N. gonorrhoeae* resistente. O teste de suscetibilidade pode ser útil para explorar essa possibilidade.

   O tratamento e controle da gonorreia têm sido complicados devido à capacidade de *N. gonorrhoeae* de desenvolver resistência a agentes antimicrobianos (ver gráfico).

   Como a resistência aos antibióticos surge?

6. Em um ambiente repleto de antibióticos, as bactérias que apresentarem mutações para resistência a antibióticos terão uma vantagem seletiva e, por tanto, serão as "mais adaptadas" a sobreviver.

   Como a suscetibilidade aos antibióticos é determinada?

7. *N. gonorrhoeae* deve ser cultivada para determinar a suscetibilidade antimicrobiana em teste de difusão em disco ou teste de diluição em caldo. O aumento da utilização de métodos de diagnóstico para gonorreia não baseados em cultura, como PCR e EIA, é o principal desafio para monitorar a resistência antimicrobiana de *N. gonorrhoeae*.

Fonte: Dados do CDC. *Sexually Transmitted Disease Surveillance 2020.*

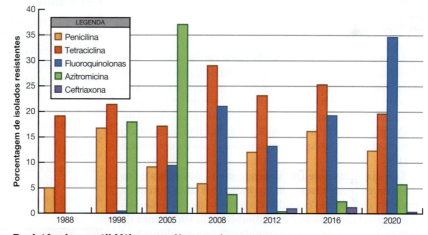

Resistência a antibióticos em *N. gonorrhoeae*.

Tanto a clamídia quanto o micoplasma são sensíveis à azitromicina e à doxiciclina.

Doença inflamatória pélvica (DIP)

DIP é um termo coletivo para qualquer infecção bacteriana extensa dos órgãos pélvicos femininos, particularmente o útero, o colo do útero, as tubas uterinas ou os ovários. Durante seus anos férteis, 1 em cada 10 mulheres desenvolve DIP e, destas, 1 em cada 4 tem complicações graves, como infertilidade ou dor crônica.

A DIP é considerada uma *infecção polimicrobiana*, ou seja, diversos patógenos diferentes podem ser a causa, incluindo coinfecções. Os dois micróbios mais comuns são *N. gonorrhoeae* e *C. trachomatis*. O começo da DIP clamidial é relativamente mais insidioso, com poucos sintomas inflamatórios iniciais, em comparação com a *N. gonorrhoeae*. Entretanto, o dano à tuba uterina pode ser maior com a infecção clamidial, principalmente no caso de infecções repetidas.

A bactéria pode se ligar às células espermáticas e ser transportada por elas da região cervical à tuba uterina. Mulheres que utilizam barreiras contraceptivas, principalmente com espermicidas, têm uma taxa significativamente inferior de DIP.

A infecção das tubas uterinas, ou **salpingite**, é a forma mais severa de DIP (**Figura 26.8**). A salpingite pode resultar em cicatrizações que bloqueiam a passagem dos óvulos do ovário ao útero, possivelmente causando infertilidade. Um episódio de salpingite causa esterilidade em 10 a 15% das mulheres; 50 a 75% tornam-se inférteis após três ou mais dessas infecções.

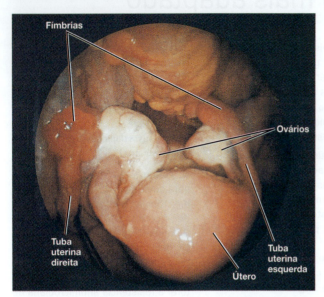

Figura 26.8 Salpingite. Esta fotografia, feita com um laparoscópio (um endoscópio especializado), mostra a tuba uterina direita com inflamação aguda e fímbrias e ovários inflamados e edemaciados. A tuba esquerda encontra-se apenas com uma inflamação leve. O uso de um laparoscópio é o método mais confiável para o diagnóstico de DIP.

P **O que é DIP?**

Uma tuba uterina bloqueada pode causar a implantação de um óvulo fertilizado na tuba uterina, em vez de no útero. Esse fenômeno é denominado *gravidez ectópica* (ou *tubária*), sendo uma condição potencialmente letal, devido à possibilidade de ruptura da tuba, com hemorragia resultante. Os relatos de casos de gravidez ectópica têm aumentado continuamente, correspondendo ao aumento da ocorrência de DIP.

Um diagnóstico de DIP depende muito dos sinais e dos sintomas, em combinação com as indicações laboratoriais de gonorreia ou infecção clamidial do colo uterino. O tratamento recomendado para DIP é a administração simultânea de ceftriaxona, doxiciclina e metronidazol. Essa combinação é ativa contra ambos, gonococos e clamídia. Essas recomendações são constantemente revistas.

Sífilis

O agente causador da **sífilis** é um espiroqueta microaerofílico gram-negativo, *Treponema pallidum* (**Figura 26.9**). Fino e firmemente enovelado, *T. pallidum* cora-se fracamente por meio das colorações bacterianas usuais. (O nome da bactéria é derivado das palavras gregas para fio torcido e pálido.)

Os primeiros relatos de sífilis datam do final do século XV, na Europa, quando o retorno de Colombo das Américas deu origem à hipótese de que a sífilis foi introduzida na Europa pela tripulação de Cristóvão Colombo. Uma descrição inglesa do "Morbus Gallicus" (doença francesa) parece descrever a sífilis claramente em 1547 e se refere à sua transmissão nestes termos: "... ela é adquirida quando uma pessoa pustulenta se relaciona em pecado com outra".

Uma subespécie de *T. pallidum* (*T. p. pertenue*) é responsável pela *bouba*, uma doença de pele tropicalmente endêmica. Ela não é transmitida sexualmente. Entretanto, há evidência de uma provável associação histórica com a sífilis. Pesquisas recentes baseadas na análise genética do *Treponema* spp. indicam que o patógeno causador da bouba encontrada nas regiões da América do Sul, próximas ao Caribe, sofreu uma mutação em uma IST em contato com os exploradores europeus.

Várias décadas atrás, o diagnóstico e o tratamento imediatos reduziram a incidência da sífilis, e vários estados descontinuaram os requisitos dos testes para a doença antes do casamento, uma vez que poucos casos foram detectados. No entanto, o número de novos casos de sífilis nos Estados Unidos tem aumentado quase todos os anos desde 2001 (**Figura 26.10**). Embora a população em maior risco seja a de homens que fazem sexo com homens, a incidência aumentou em toda a população dos Estados Unidos. Em 2020, por exemplo, a taxa de sífilis aumentou 24% entre mulheres de 15 a 44 anos. O CDC recomenda a testagem durante a gravidez devido ao risco de sífilis congênita (discutida a seguir).

Fisiopatologia da sífilis

T. pallidum não tem as enzimas necessárias para produzir muitas moléculas complexas, por isso utiliza muitos componentes do hospedeiro necessários à vida. Fora do hospedeiro mamífero, o organismo perde a infectividade em pouco tempo. Para fins de pesquisa, as bactérias são normalmente propagadas em culturas de células epiteliais de coelhos, mas seu crescimento é lento, com um tempo de geração de 30 horas ou mais.

T. pallidum não tem fatores de virulência evidentes, como toxinas, porém produz diversas lipoproteínas que induzem uma resposta imune inflamatória. Aparentemente, essa é a causa da destruição tecidual da doença. Quase imediatamente após a infecção, o organismo entra na corrente sanguínea e invade profundamente os tecidos, cruzando facilmente as

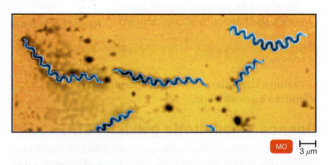

Figura 26.9 *Treponema pallidum*, **o agente causador da sífilis.** Os micróbios ficam mais visíveis nesta micrografia de campo claro ao mesclar várias fotos.

P **Um método para o diagnóstico da sífilis é a microscopia de campo escuro. Por que não utilizar o microscópio de campo claro?**

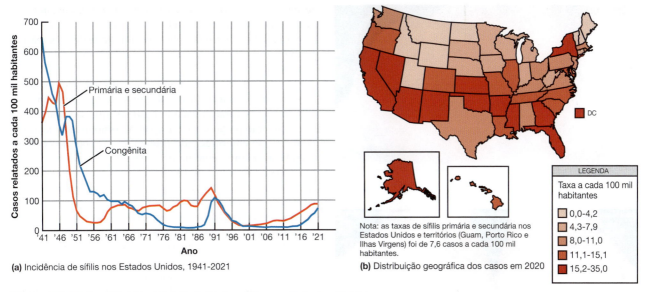

(a) Incidência de sífilis nos Estados Unidos, 1941-2021

(b) Distribuição geográfica dos casos em 2020

Nota: as taxas de sífilis primária e secundária nos Estados Unidos e territórios (Guam, Porto Rico e Ilhas Virgens) foi de 7,6 casos a cada 100 mil habitantes.

Figura 26.10 Incidência e distribuição da sífilis nos Estados Unidos.
Fonte: CDC, 2022.

P Como a sífilis é diagnosticada?

junções entre as células. Ele tem uma mobilidade do tipo saca-rolhas, que o permite "nadar" rapidamente nos fluidos gelatinosos teciduais.

A sífilis é transmissível por contato sexual de quaisquer tipos, por infecção sifilítica da área genital ou de outras partes do corpo. O período médio de incubação é de 3 semanas, mas pode variar de 2 semanas a muitos meses. A doença progride, ocorrendo muitos estágios reconhecidos.

Estágio primário da sífilis

No *estágio primário* da doença, o sinal inicial é um **cancro**, ou úlcera, pequeno, de base endurecida, que aparece no local da infecção de 10 a 90 dias após a exposição – em média, cerca de 3 semanas (**Figura 26.11a**). O cancro é indolor, e um exsudato seroso forma-se no centro. Esse fluido é altamente infeccioso, e o exame em microscopia de campo escuro mostra muitos espiroquetas. Em algumas semanas, a lesão desaparece. Nenhum desses sintomas causa qualquer desconforto. De fato, muitas mulheres têm total desconhecimento do cancro, que, com frequência, localiza-se no colo do útero. Nos homens, o cancro algumas vezes se forma na uretra e não é visível. Durante esse estágio, as bactérias entram na corrente sanguínea e no sistema linfático, que as distribuem amplamente pelo corpo.

Estágio secundário da sífilis

Muitas semanas após o estágio primário (o tempo exato varia, e os estágios podem se sobrepor), a doença entra no *estágio secundário*, caracterizado principalmente por feridas orais e erupções cutâneas de aparência variável. A erupção é amplamente distribuída na pele e nas membranas mucosas,

sendo especialmente visível nas palmas das mãos e nas solas dos pés (Figura 26.11b). O dano ocorrido aos tecidos nesse estágio e no estágio terciário tardio deve-se principalmente à resposta inflamatória aos imunocomplexos circulantes que se alojam em várias partes do corpo. Outros sintomas frequentemente observados são perda de tufos de cabelo, mal-estar e febre branda. Algumas pessoas podem apresentar sintomas neurológicos.

Nesse estágio, as lesões da erupção contêm muitos espiroquetas e são muito infecciosas. A transmissão por contato sexual pode ocorrer durante os estágios primário e secundário. Dentistas e outros profissionais de cuidados com a saúde, ao entrarem em contato com o fluido oriundo dessas lesões, podem se tornar infectados pelos espiroquetas que penetram por minúsculas fissuras na pele. Essa transmissão não sexual é possível, porém os micróbios não sobrevivem por muito tempo nas superfícies ambientais, não sendo comum serem transmissíveis, por exemplo, em assentos sanitários. A sífilis secundária é uma doença sutil; pelo menos metade dos pacientes diagnosticados nessa fase não se recorda de nenhum tipo de lesão. Os sintomas geralmente desaparecem com ou sem tratamento em 3 meses.

Período latente

Após os sintomas da sífilis secundária terem desaparecido, a doença entra em um *período latente*. Durante esse período, não surgem novos sintomas. Após 2 a 4 anos de latência, a doença normalmente não é mais infecciosa, exceto pela transmissão para o feto através da placenta. A maioria dos casos não progride além do período latente, mesmo sem tratamento.

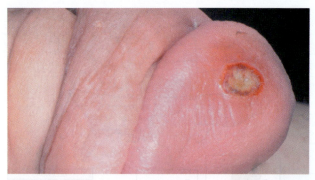

(a) Cancro do estágio primário na área genital de um homem.

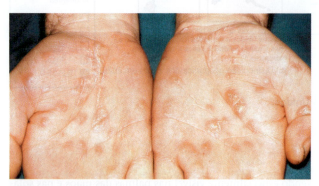

(b) Lesões cutâneas da sífilis secundária nas mãos; qualquer superfície do corpo pode ser afetada por essas lesões.

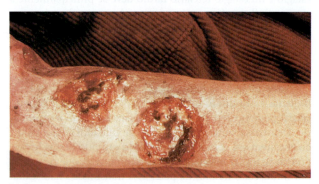

(c) Gomas do estágio terciário na parte de trás de um antebraço; gomas como estas são raramente observadas na era dos antibióticos.

Figura 26.11 **Lesões características associadas aos vários estágios da sífilis.**

P Como são diferenciados os estágios primário, secundário e terciário da sífilis?

Estágio terciário da sífilis

Uma vez que os sintomas da sífilis primária e secundária não são incapacitantes, os indivíduos podem entrar no período latente sem terem recebido cuidados médicos. Em até 25% dos casos não tratados, a doença reaparece em seu *estágio terciário*. Esse estágio ocorre somente após um intervalo de muitos anos depois da ocorrência do período latente.

T. pallidum tem uma camada externa de lipídeos que estimula uma resposta imune pouco efetiva, principalmente por

reações de complemento destruidoras de células. Ele foi descrito como um "patógeno Teflon". No entanto, a maioria dos sintomas da sífilis terciária provavelmente se deve às reações imunes do corpo (mediadas por células) aos espiroquetas sobreviventes.

O estágio terciário, ou tardio, da sífilis, em geral pode ser classificado pelos tecidos afetados ou pelo tipo de lesão. A *sífilis gomatosa* é caracterizada por **gomas**, que são uma forma de inflamação progressiva que aparece como massas de tecido com aspecto emborrachado (Figura 26.11c) em diversos órgãos (mais comumente na pele, nas membranas mucosas e nos ossos) após cerca de 15 anos. Nesses locais, elas causam destruição dos tecidos, mas normalmente não causam incapacitação ou morte.

A *sífilis cardiovascular* resulta mais severamente em um enfraquecimento da aorta. Antes da antibioticoterapia, essa era uma das consequências mais comuns da sífilis, mas hoje é rara.

Poucos (ou nenhum) patógenos são encontrados nas lesões do estágio terciário, e eles não são considerados muito infecciosos. Hoje, raramente os casos de sífilis progridem até esse estágio.

As complicações da sífilis não tratada envolvendo os olhos ou o sistema nervoso central podem ocorrer em qualquer estágio da doença. A *sífilis ocular* causa visão turva e cegueira permanente. Os sintomas da *neurossífilis* podem variar muito. O paciente pode apresentar alterações de personalidade e outros sinais de demência (*paresia*), convulsões, perda da coordenação do movimento voluntário (*tabes dorsalis*), paralisia parcial, perda da capacidade de utilização e compreensão da fala, perda da visão ou audição ou perda do controle da bexiga e do intestino.

Sífilis congênita

Uma das formas mais perturbadoras e perigosas da sífilis, chamada de **sífilis congênita**, é transmissível através da placenta para o feto. Danos ao cérebro em desenvolvimento estão entre as consequências mais graves. Esse tipo de infecção é mais comum quando a gestação ocorre durante o período latente da doença. A gestação durante os estágios primário e secundário mais comumente produz um natimorto. Desde 2013, a taxa de sífilis congênita tem aumentado a cada ano. Em 2020, 2.148 casos de sífilis congênita foram relatados, incluindo 149 natimortos e mortes infantis relacionados à sífilis congênita. O tratamento da gestante com antibióticos durante os dois primeiros trimestres (6 meses) geralmente é capaz de prevenir a transmissão congênita.

Diagnóstico da sífilis

O diagnóstico da sífilis é complexo, uma vez que cada estágio da doença tem exigências especiais. Os testes se dividem em três grupos gerais: inspeção microscópica visual, testes sorológicos treponêmicos e testes sorológicos não treponêmicos. Para a triagem preliminar, os laboratórios usam o teste sorológico não treponêmico ou o exame microscópico de exsudatos das lesões, quando estão presentes. Se o teste de triagem for positivo, os resultados são confirmados por testes sorológicos treponêmicos.

Os *testes microscópicos* são importantes para a triagem da sífilis primária, uma vez que os testes sorológicos para esse estágio não são confiáveis; os anticorpos levam de 1 a 4 semanas para se formarem. Os espiroquetas podem ser detectadas nos exsudatos das lesões por exame microscópico em campo escuro (ver Figura 3.4b). Esse tipo de microscópio é necessário porque a bactéria se cora pouco e tem apenas 0,2 µm de diâmetro, próximo do limite mínimo de resolução de um microscópio de campo claro. Similarmente, um **teste de anticorpo fluorescente direto (AFD-TP)** utilizando anticorpos monoclonais (ver Figura 18.10a) detectará e identificará o espiroqueta. A micrografia da Figura 26.9, que mostra o *T. pallidum* em uma iluminação de campo claro, foi possível de ser realizada devido a uma técnica de aprimoramento computacional.

No estágio secundário, quando os espiroquetas já invadiram a maioria dos órgãos do corpo, os testes sorológicos são reativos. Os *testes sorológicos não treponêmicos* são assim denominados por serem inespecíficos; eles detectam *anticorpos do tipo reagina*, e não os anticorpos produzidos contra o espiroqueta em si. Em geral, esses testes são usados para triagem. Os anticorpos reagina aparentemente são uma resposta ao material lipídico que se forma no organismo, como uma reação indireta em resposta à infecção pelos espiroquetas. O antígeno utilizado nesses testes não é, portanto, o espiroqueta da sífilis, mas um extrato de coração de boi (cardiolipina) que parece conter lipídeos similares àqueles que estimularam a produção de anticorpo reagina. Esses testes detectam aproximadamente 70 a 80% dos casos de sífilis primária, mas detectam 99% dos casos de sífilis secundária. Um exemplo de teste não treponêmico é a lâmina de aglutinação, o **teste VDRL** (de Venereal Disease Research Laboratory; ver "Sorologia" no Capítulo 10). Também são utilizadas as modificações do **teste de reagina plasmática rápida (RPR)**, que é semelhante ao teste VDRL. O mais novo teste não treponêmico é um teste de ELISA que utiliza o antígeno VDRL.

Testes treponêmicos com base em ensaios imunoenzimáticos (ELISA) podem ser realizados em muitos laboratórios e oferecem uma triagem de alto processamento. Há também o **teste diagnóstico rápido (TDR)**, que pode ser feito a partir de uma gota de sangue coletada do dedo do paciente em um consultório médico. Nenhum desses testes distinguirá uma infecção prévia de uma infecção ativa, e testes confirmatórios são necessários, os quais normalmente devem ser feitos em um laboratório central de referência.

Somente testes do tipo treponêmico são utilizados como testes confirmatórios. Um exemplo é o **teste de absorção de anticorpo treponêmico fluorescente**, ou **teste FTA-ABS** (de *fluorescent treponemal antibody absorption test*), um teste de anticorpo fluorescente indireto (ver Figura 18.10b). Os testes treponêmicos não são utilizados para triagem, uma vez que cerca de 1% dos resultados serão falso-positivos; no entanto, um teste positivo realizado com ambos os tipos de ensaio, treponêmico e não treponêmico, é altamente específico.

Tratamento da sífilis

A penicilina benzatina, formulação de ação prolongada que permanece efetiva no corpo por cerca de 2 semanas, é o antibiótico normalmente utilizado no tratamento da sífilis. A concentração alcançada no soro por essa formulação é baixa, mas o espiroqueta tem permanecido muito sensível a esse antibiótico.

Para pessoas sensíveis à penicilina, muitos outros antibióticos, como a azitromicina, a doxiciclina e a tetraciclina, também têm provado ser efetivos.

Linfogranuloma venéreo (LGV)

Muitas ISTs que são pouco comuns nos Estados Unidos são frequentes em áreas tropicais do mundo. Por exemplo, *C. trachomatis*, a causa da infecção ocular tracoma e uma das principais causas de UNG, também é responsável pelo **linfogranuloma venéreo (LGV)**, doença encontrada nas regiões tropicais e subtropicais. Essa doença aparentemente é causada pelos sorovares de *C. trachomatis* que são invasivos e tendem a infectar o tecido linfoide. Nos Estados Unidos, são notificados normalmente 200 a 400 casos todos os anos, a maioria em homens que fazem sexo com outros homens, muitos dos quais são HIV-positivo.

Os microrganismos invadem o sistema linfático, e a região dos linfonodos torna-se aumentada e dolorosa. A supuração (secreção de pus) também pode ocorrer. A inflamação dos linfonodos resulta em cicatrizes, que, ocasionalmente, obstruem os vasos linfáticos. Esse bloqueio algumas vezes leva a um aumento de volume maciço da genitália externa nos homens. Em mulheres, o envolvimento dos linfonodos da região retal pode levar ao estreitamento do reto. Essas condições podem, ocasionalmente, requerer cirurgia.

O tratamento é iniciado com base na presença de sinais e sintomas do LGV. O diagnóstico é feito por NAAT direto para *C. trachomatis*. O antibiótico de escolha para o tratamento é a doxiciclina.

Cancroide (cancro mole)

A IST conhecida como **cancroide (cancro mole)** ocorre mais frequentemente em áreas tropicais, onde é vista com mais frequência que a sífilis. O número de casos relatados nos Estados Unidos tem diminuído de um pico de 5 mil casos, em 1988. Como muitos médicos não estão familiarizados com o cancroide e ele é de difícil diagnóstico, ele provavelmente é subnotificado nos Estados Unidos. Ele é muito comum na África, na Ásia e no Caribe.

No cancroide, uma ulceração dolorosa e edemaciada que se forma sobre a genitália envolve uma infecção dos linfonodos adjacentes. Os linfonodos infectados na virilha algumas vezes ulceram e secretam pus na superfície da pele. Essas lesões são um fator importante na transmissão do HIV, sobretudo na África. As lesões também podem ocorrer em outras áreas, como a língua e os lábios. O agente causador é o *Haemophilus ducreyi*, um pequeno bacilo gram-negativo que pode ser isolado de exsudatos das lesões. Essa bactéria é identificada por sua necessidade de fator X (ver Capítulo 11). Os sintomas e o cultivo dessas bactérias são o principal meio de diagnóstico. Os antibióticos recomendados incluem doses únicas de azitromicina ou ceftriaxona.

Vaginose bacteriana

A inflamação da vagina devido a uma infecção, ou **vaginite**, é a causa mais comum de sintomas vaginais. A vaginite é comumente causada pelo fungo *Candida albicans* ou pelo protozoário *Trichomonas vaginalis*. O patógeno bacteriano mais comum é a *Gardnerella vaginalis*, um pequeno bastonete gram-variável, facultativamente anaeróbico e pleomórfico (ver **Doenças em foco 26.2**). Outros culpados bacterianos incluem *Atopobium vaginae* e *Megasphaera* sp. Casos envolvendo patógenos bacterianos são denominados **vaginose bacteriana**. (Uma vez que não existe sinal de inflamação, o termo *vaginose* é preferido ao termo *vaginite*.)

A condição é um "mistério ecológico". Acredita-se que as vaginoses bacterianas sejam precipitadas por alguns eventos que reduzem o número de bactérias *Lactobacillus* vaginais, que, normalmente, produzem peróxido de hidrogênio. Esse desafio competitivo permite que bactérias, sobretudo *G. vaginalis*, proliferem, produzindo aminas que contribuem para aumentar o pH ainda mais. Essas várias bactérias, a maioria comumente encontrada na vagina de mulheres assintomáticas, são metabolicamente independentes. Essa situação em si não leva à aplicação dos postulados de Koch para determinar uma causa específica. Não há condição correspondente nos homens, mas a *G. vaginalis* com frequência está presente em suas uretras. Desse modo, a condição pode ser sexualmente transmissível, porém, ocasionalmente, ocorre em mulheres que não são sexualmente ativas. A prevalência de vaginose entre mulheres entre 14 e 49 anos é de cerca de 30%.

A vaginose bacteriana é caracterizada por pH vaginal acima de 4,5 e um abundante corrimento vaginal espumoso. Quando testadas com uma solução de hidróxido de potássio, as secreções vaginais liberam um odor de peixe, devido às aminas produzidas pela *G. vaginalis*. O diagnóstico tem como base o pH vaginal, o odor de peixe (*teste de exalação*) e a observação microscópica de *células-guia* no corrimento vaginal. Essas células indicadoras são células epiteliais vaginais descamadas cobertas por um biofilme de bactérias, geralmente *G.*

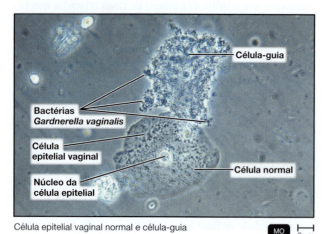

Célula epitelial vaginal normal e célula-guia

MO — 9 μm

Figura 26.12 Células-guia ou indicadoras. Bactéria *Gardnerella* cobrindo a superfície das células epiteliais vaginais.

🅿 **Quais sintomas levariam você a procurar por células-guia?**

vaginalis (**Figura 26.12**). NAAT para *G. vaginalis*, *A. vaginae* e *Megasphera* também são usados para diagnóstico. A doença tem sido considerada mais uma irritação do que uma infecção séria, mas atualmente tem sido vista como um fator em muitos partos prematuros e nascimento de bebês com baixo peso.

O tratamento é feito principalmente com metronidazol, antimicrobiano que erradica os anaeróbios essenciais à continuação da doença, mas permite que os lactobacilos normais repovoem a vagina. Os tratamentos desenvolvidos para restaurar a população normal de lactobacilos, como a aplicação de géis de ácido acético e até mesmo iogurte, não demonstraram ser conclusivamente eficazes.

TESTE SEU CONHECIMENTO

✔ **26-6** Por que a condição de doença do sistema genital feminino, caracterizada principalmente pelo crescimento de *G. vaginalis*, é chamada de *vaginose* e não de *vaginite*?

Doenças virais do sistema genital

OBJETIVO DE APRENDIZAGEM

26-7 Discutir a epidemiologia do herpes genital e das verrugas genitais.

As doenças virais do trato genital são de difícil tratamento e, assim, representam um problema crescente de saúde.

Herpes genital

Uma IST muito divulgada é o **herpes genital**, causado geralmente pelo *Simplexvirus* HSV-2 (*Simplexvirus humanalpha2*). Nos Estados Unidos, 1 em cada 4 pessoas com idade superior a 30 anos está infectada pelo HSV-2 – e a maioria não sabe que está infectada. O *Simplexvirus* HSV-1 (*Simplexvirus*

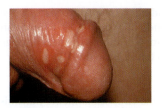

Figura 26.13 Vesículas de herpes genital no pênis.

🅿 Qual micróbio causa o herpes genital?

humanalpha1) é o principal responsável pelo herpes labial oral (ver Capítulo 21), mas está causando um aumento no número de infecções por herpes genital que geralmente são adquiridas por contato oral-genital. Ele atualmente constitui cerca de metade dos casos de herpes genital nos Estados Unidos.

As lesões de herpes genital aparecem após um período de incubação de até 1 semana e causam uma sensação de queimação. A seguir, aparecem as vesículas (**Figura 26.13**). A micção pode ser dolorosa, e o ato de caminhar é muito desconfortável; até mesmo as roupas irritam os pacientes. Normalmente, as vesículas cicatrizam em algumas semanas.

As vesículas contêm fluidos infecciosos, mas muitas vezes a doença é transmissível quando não há sintoma ou lesão aparente. O sêmen pode conter o vírus. Os preservativos podem não fornecer proteção, pois as vesículas nas mulheres normalmente estão na genitália externa (raramente no colo do útero ou no interior da vagina), e as vesículas nos homens podem estar na base do pênis.

Uma das características mais perturbadoras do herpes genital é a possibilidade de recorrência. Como em outras infecções herpéticas, como o herpes labial ou o herpes-zóster, o vírus entra em estado latente nas células nervosas. Algumas pessoas têm muitas recorrências por ano; para outras, a recorrência é um evento raro. Os homens parecem ter mais recorrências que as mulheres. A reativação parece ser desencadeada por fatores que diminuem o sistema imune, incluindo menstruação, estresse emocional, doenças e "esgotamento" (fatores que também estão envolvidos no aparecimento do herpes labial). Cerca de 90% dos pacientes com HSV-2 e cerca de 50% daqueles com HSV-1 terão recorrência. A taxa de recorrência diminui com o tempo, independentemente do tratamento. Um baixo número de vírus pode ser produzido a qualquer momento durante a latência; portanto, o vírus pode ser transmitido mesmo na ausência de sintomas visíveis.

O diagnóstico de herpes genital pode ser feito pelo isolamento do vírus a partir das vesículas; entretanto, testes sorológicos para anticorpos contra HSV e o teste de reação em cadeia da polimerase (PCR) dessas amostras têm se comprovado métodos mais sensíveis e potencialmente mais rápidos. Se não há lesões para serem amostradas, uma testagem sorológica pode identificar infecções por HSV ou confirmar o diagnóstico clínico com base nos sintomas.

Não há cura para o herpes genital, embora as pesquisas sobre a prevenção e o tratamento sejam intensivas. As discussões sobre quimioterapia utilizam termos como *supressão* ou *controle*, em vez de *cura*. Atualmente, os fármacos antivirais aciclovir, fanciclovir e valaciclovir são recomendados para o tratamento. Eles são razoavelmente efetivos em aliviar os sintomas de um primeiro episódio; há certo alívio da dor e cicatrização levemente mais rápida. Se forem tomados por vários meses, esses fármacos diminuem as chances de recorrência durante o tempo de uso.

Herpes neonatal

O *herpes neonatal* é uma consideração séria durante a gravidez. O HSV pode atravessar a barreira placentária e afetar o feto, causando aborto espontâneo ou danos fetais graves. Se não tratada, uma taxa de sobrevivência de apenas cerca de 40% pode ser esperada, e até mesmo os sobreviventes tratados apresentarão uma deficiência considerável. Infecções herpéticas do recém-nascido parecem ter consequências mais sérias quando a mãe adquire a infecção inicial por herpes durante a gestação. A exposição ao herpes recorrente ou assintomático é muito menos suscetível de causar danos ao feto, provavelmente devido aos anticorpos maternos protetores. Se os testes mostram uma paciente grávida que não apresenta anticorpos contra o herpes-vírus, um aconselhamento especial pode ser importante a fim de se evitar uma infecção inicial.

A maioria das infecções dos recém-nascidos ocorre devido à exposição ao HSV durante o parto. Infecções pelo HSV-2 tendem a ser mais graves do que as infecções pelo HSV-1. Se úlceras genitais que podem ser causadas por uma infecção herpética estiverem presentes, uma amostra pode ser coletada e os isolados podem ser testados para determinar se a infecção é provocada pelo HSV-1 ou pelo HSV-2. Se a cultura for negativa, mas ainda se suspeita de uma infecção herpética, um teste de PCR para a detecção do DNA viral pode ser realizado. Durante a gravidez, a eliminação assintomática do HSV-2 é comum. O parto por cesariana é recomendado se feridas genitais que possam ser causadas pela infecção por herpes estiverem presentes no momento do parto.

Menos de 1% dos recém-nascidos desenvolvem herpes neonatal. Algumas infecções são restritas à pele, às membranas mucosas e aos olhos. Com o tratamento apropriado, a resolução desses casos é geralmente boa. No entanto, cerca de 30% dos casos são associados a danos no sistema nervoso central que podem incluir atrasos no desenvolvimento, cegueira, perda de audição ou epilepsia. Infecções virais disseminadas podem resultar na morte do recém-nascido.

A cultura e a identificação do vírus podem levar alguns dias, porém testes de anticorpos fluorescentes podem detectar rapidamente proteínas virais ou, nos casos dos testes de PCR, podem detectar a presença do DNA viral. O tratamento geralmente envolve a administração intravenosa de aciclovir. Não existe vacina disponível atualmente.

Verrugas genitais

As verrugas são uma doença infecciosa causada por espécies de *Alphapapillomavirus*. (Ver, no Capítulo 21, verrugas mais conhecidas, associadas à pele.) Muitos papilomavírus têm predileção pelo crescimento não na pele, mas sim nas membranas mucosas que revestem órgãos, como trato respiratório, boca, ânus e genitália. Estas **verrugas genitais** (ou *condiloma acuminado*) são normalmente transmissíveis sexualmente e são um problema crescente. Cerca de 350 mil novos casos ocorrem nos Estados Unidos a cada ano. As verrugas genitais são a IST mais comum nos Estados Unidos.

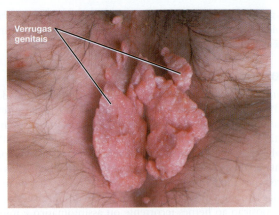

Figura 26.14 Verrugas genitais na vulva.

P Qual é a relação entre verrugas genitais e câncer do colo do útero?

Existem mais de 60 tipos de papilomavírus humano (HPV), e determinados sorotipos tendem a estar associados a certos tipos de verrugas genitais. Por exemplo, algumas verrugas genitais são extremamente grandes, semelhantes a uma couve-flor com múltiplas projeções digitiformes, ao passo que outras são relativamente lisas ou planas (**Figura 26.14**).

As lesões penianas são frequentemente planas e consideravelmente inaparentes, importante fator na transmissão do homem para a mulher. O período de incubação normalmente é de poucas semanas a meses. Verrugas genitais visíveis são mais frequentemente causadas pelas espécies 6 e 11. Essas espécies raramente causam câncer, o que é a maior preocupação dessas infecções. As espécies mais comuns relacionadas ao câncer são a 7 e a 9, porém elas têm prevalência relativamente baixa. Mesmo assim, o câncer do colo do útero causado por HPV mata pelo menos 4 mil mulheres anualmente nos Estados Unidos. Os cânceres oral, anal e peniano também são atribuídos a infecções pelo HPV.

A vacina protege contra os sorotipos 18 e 45 da espécie 7; os sorotipos 16, 31, 33, 52 e 58 da espécie 9; e os sorotipos 6 e 11 da espécie 10. A vacina é recomendada para adolescentes de 11 e 12 anos. A resposta imune às vacinas é muito mais efetiva do que aquela resultante de uma infecção natural, que é relativamente fraca.

As verrugas podem ser tratadas, mas não curadas (ver discussão no Capítulo 21), mas cerca de 90% dos casos resolvem-se espontaneamente dentro de 2 anos. Os métodos disponíveis utilizados para o tratamento de verrugas, como a cirurgia ou crioterapia, não são tão efetivos contra verrugas genitais. Dois géis aplicáveis pelos pacientes, podofilox e imiquimode, frequentemente são utilizados nos tratamentos. O imiquimode estimula a produção de interferon pelo organismo (Capítulo 16), o que parece explicar a sua atividade antiviral.

Aids

A **Aids**, ou infecção pelo HIV, é uma doença viral que, frequentemente, é transmissível pelo contato sexual. Entretanto,

sua patogenicidade baseia-se no dano ao sistema imune, como foi discutido no Capítulo 19. É importante lembrar que as lesões resultantes de muitas doenças de origem bacteriana e viral facilitam a transmissão do HIV.

* * * * *

Existem outros vírus sexualmente transmissíveis que não infectam o sistema geniturinário. Como o HIV, esses vírus demonstram a sua patogenicidade em outros sistemas orgânicos. Esses vírus estão listados em Doenças em foco 26.3.

> **TESTE SEU CONHECIMENTO**
>
> ✔ **26-7** O herpes genital e as verrugas genitais são causados por vírus; qual dos vírus oferece maior risco à gestação?

Doenças fúngicas do sistema genital

OBJETIVO DE APRENDIZAGEM

26-8 Discutir a epidemiologia da candidíase.

A doença fúngica descrita aqui é a bem conhecida *infecção por levedura*, para a qual tratamentos sem receita estão disponíveis.

Candidíase

As infecções vaginais por fungos leveduriformes do gênero *Candida*, chamadas de **candidíase vulvovaginal**, são a causa mais comum de vaginite. Um estudo entre universitárias do sexo feminino descobriu que metade das mulheres terá tido pelo menos um episódio diagnosticado por um médico ao chegar aos 25 anos. Cerca de 75% de todas as mulheres já vivenciaram pelo menos um episódio. Terapias antifúngicas de venda livre para tratar essas infecções estão entre os produtos mais vendidos nos Estados Unidos.

C. albicans é a espécie mais comumente associada à candidíase, causando de 85 a 90% dos casos. As infecções por outras espécies, como *C. glabrata*, são mais resistentes aos antifúngicos e podem ser crônicas ou recorrentes.

C. albicans frequentemente cresce sobre as membranas mucosas da boca, do trato intestinal e do trato urogenital (**Figura 26.15**; ver também Figura 21.17). As infecções normalmente são resultado do supercrescimento de microrganismos oportunistas, quando a competição da microbiota normal é suprimida pelo uso de antibióticos ou outros fatores. Além de causar candidíase vulvovaginal, *C. albicans* causa **candidíase oral** ou "sapinho" (ver Capítulo 21). Ela também é responsável por casos ocasionais de UNG em homens.

As lesões da candidíase vulvovaginal lembram as da candidíase oral, porém produzem mais irritação: coceira intensa, corrimento espesso, coalhado e amarelo, com cheiro leveduriforme ou sem odor. *C. albicans* é um patógeno oportunista. As condições predisponentes incluem o uso de contraceptivos orais e a gestação, que causa um aumento do glicogênio na vagina (ver discussão sobre a microbiota vaginal normal).

Características dos tipos mais comuns de vaginites e vaginoses

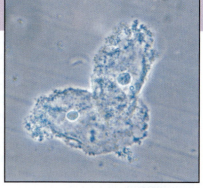

Células epiteliais cobertas com bactérias em forma de bastonete de um *swab* vaginal.

Vaginite, ou inflamação da vagina, frequentemente acompanha infecções vaginais. A vaginite pode ser causada por infecções microbianas. A causa da vaginite não pode ser determinada com base nos sintomas ou somente nos exames físicos. Normalmente, o diagnóstico envolve o exame de espécimes do fluido vaginal sob um microscópio (ver fotografia). Utilize a tabela a seguir para identificar a infecção causada pelo organismo na figura.

Doença	Patógeno	Sinais e sintomas				Diagnóstico	Tratamento
		Odor, cor e consistência do corrimento	Quantidade de corrimento	Aparência da mucosa vaginal	pH (o pH normal é 3,8-4,2)		
Vaginose bacteriana	Bactéria G. vaginalis, A. vaginae, Megasphaera	De peixe; branco-acinzentado; ralo e espumoso	Abundante	Rosada	> 4,5	Presença de células-guia	Metronidazol
Candidíase	Fungo C. albicans	Leveduriforme ou nenhum; branco; coalhado	Variada	Seca, avermelhada	< 4	Exame microscópico	Clotrimazol, miconazol
Tricomoníase	Protozoótica T. vaginalis	Odor desagradável; amarelo-esverdeado; espumoso	Abundante	Edemaciada, avermelhada	5-6	Exame microscópico; sondas de DNA; anticorpos monoclonais	Metronidazol

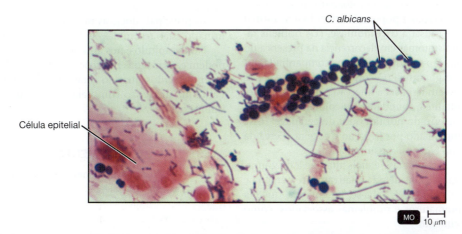

C. albicans

Célula epitelial

Figura 26.15 Esfregaço de corrimento vaginal corado pelo Gram usado no diagnóstico da candidíase. Bactérias em forma de bastonete também são visíveis.

P *C. albicans* é parte do microbioma normal. Quais condições favorecem seu crescimento excessivo e doenças?

Os hormônios são provavelmente um fator; a candidíase é muito menos comum em meninas antes da puberdade ou em mulheres após a menopausa. As infecções por levedura são um sintoma frequente em mulheres que sofrem de diabetes não controlada. Assim, o diabetes e a terapia antibiótica são fatores de predisposição à vaginite por *C. albicans*.

Uma infecção por levedura é diagnosticada pela identificação microscópica do fungo em raspados das lesões e por isolamento do fungo em cultura. O tratamento normalmente consiste em aplicação tópica de fármacos antifúngicos de venda livre, como clotrimazol e miconazol. Um tratamento alternativo consiste em uma única dose de fluconazol via oral.

> **TESTE SEU CONHECIMENTO**
>
> ✔ **26-8** Que mudanças na microbiota bacteriana vaginal tendem a favorecer o crescimento da levedura *C. albicans*?

Doenças protozoóticas do sistema genital

OBJETIVO DE APRENDIZAGEM

26-9 Discutir a epidemiologia da tricomoníase.

A única IST causada por um protozoário afeta principalmente mulheres jovens e com atividade sexual. Talvez seja a IST não viral mais comum, afetando 2,8 milhões de mulheres nos Estados Unidos, porém não é amplamente conhecida. Sua prevalência em certas clínicas de IST é de 25% ou mais.

Tricomoníase

O protozoário anaeróbio *T. vaginalis* é frequentemente um habitante normal da vagina e da uretra masculina (**Figura 26.16**). É geralmente transmissível sexualmente. Se a acidez normal da vagina é perturbada, o protozoário pode crescer excessivamente em relação à população microbiana normal da mucosa genital e causar a **tricomoníase**. (Os homens raramente apresentam sintomas em decorrência da presença do protozoário.) A infecção é frequentemente acompanhada por uma coinfecção por gonorreia. O corpo acumula leucócitos no local da infecção em resposta à infecção pelo protozoário. O corrimento resultante é abundante, de coloração amarelo-esverdeada, e caracterizado por um odor desagradável. Esse corrimento é acompanhado por irritação e coceira. Cerca da metade dos casos, no entanto, é assintomática.

A incidência de tricomoníase é mais alta que a de gonorreia ou clamídia, mas é considerada relativamente benigna e não é uma doença notificável. Sabe-se, no entanto, que ela ocasiona partos prematuros e problemas associados, como baixo peso ao nascimento.

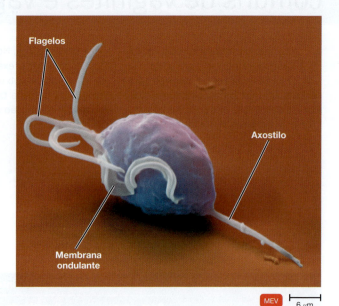

Figura 26.16 *Trichomonas vaginalis.* Os flagelos e a membrana ondulante fornecem mobilidade. O axostilo, composto de microtúbulos, liga o protozoário às células vaginais.

P Existem efeitos nocivos em decorrência da infecção por este protozoário?

O diagnóstico normalmente é feito pelo exame microscópico e a identificação dos organismos no corrimento. Eles também podem ser isolados e cultivados em meios laboratoriais. O patógeno pode ser encontrado no sêmen ou na urina de homens portadores. Novos testes rápidos com o uso de sondas de DNA e anticorpos monoclonais estão disponíveis atualmente. O tratamento é feito por via oral com metronidazol, administrado a ambos os parceiros sexuais, o que facilmente cura a infecção.

As principais doenças microbianas dos sistemas genital e urinário estão resumidas em **Doenças em foco 26.3.**

Neste capítulo e nos anteriores, vimos que várias doenças podem causar sérias infecções ou defeitos de nascimento em recém-nascidos quando estas ocorrem durante a gestação. Para uma discussão completa, ver quadro "Visão geral" no Capítulo 22.

> **TESTE SEU CONHECIMENTO**
>
> ✔ **26-9** Quais são os sintomas da presença de *T. vaginalis* no sistema genital masculino?

DOENÇAS EM FOCO 26.3 Doenças microbianas do sistema genital

Uma mulher de 26 anos apresenta dor abdominal, dor ao urinar e febre. Culturas cultivadas em ambiente de alta concentração de CO_2 revelaram diplococos gram-negativos. Utilize a tabela a seguir para identificar as infecções que poderiam causar esses sintomas.

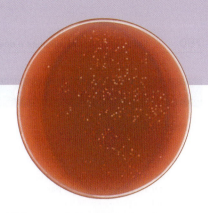

Diplococos gram-negativos no ágar Thayer-Martin, meio contendo sangue e antibióticos para estimular o crescimento desse patógeno e inibir o crescimento de micróbios indesejados.

Doença	Patógeno	Sinais e sintomas	Tratamento
DOENÇAS BACTERIANAS			
Gonorreia	N. gonorrhoeae	Homens: dor ao urinar e secreção de pus. Mulheres: poucos sintomas, mas possíveis complicações, como DIP	Ceftriaxona
Uretrite não gonocócica (UNG)	C. trachomatis, M. genitalium	Dor ao urinar e secreção aquosa; em mulheres, possíveis complicações, como DIP	Doxiciclina, azitromicina
Doença inflamatória pélvica (DIP)	N. gonorrhoeae, C. trachomatis	Dor abdominal crônica; possível infertilidade	Doxiciclina e cefotetana
Sífilis	T. pallidum	Úlcera no local inicial da infecção, erupções de pele tardias e febre branda; os estágios finais podem apresentar lesões muito graves, dano aos sistemas circulatório e neurológico	Penicilina benzatina
Linfogranuloma venéreo (LGV)	C. trachomatis	Linfonodos edemaciados na virilha	Doxiciclina
Cancroide (cancro mole)	H. ducreyi	Úlceras genitais dolorosas; linfonodos edemaciados na virilha	Eritromicina; ceftriaxona
Vaginose bacteriana	Ver Doenças em foco 26.2		
DOENÇAS VIRAIS			
Herpes genital	Simplexvirus humanalpha 1 e Simplexvirus humanalpha2	Vesículas dolorosas na região genital	Aciclovir
Verrugas genitais	Alphapapillomavirus spp.	Verrugas na região genital	Podofilox, imiquimode Prevenção: vacina contra HPV
MPOX	Ver Capítulo 21		
ISTs VIRAIS SEM PATOGENICIDADE GENITURINÁRIA			
Aids	Ver Capítulo 19		
Hepatite B	Ver Capítulo 25		
Hepatite C	Ver Capítulo 25		
Doença do vírus Zika	Ver Capítulo 22		
DOENÇA FÚNGICA			
Candidíase	Ver Doenças em foco 26.2		
DOENÇA PROTOZOÓTICA			
Tricomoníase	Ver Doenças em foco 26.2		

Resumo para estudo

Introdução (p. 768)

1. O sistema urinário regula a composição química e o volume do sangue e excreta água e resíduos nitrogenados.

2. O sistema genital produz gametas para a reprodução e, durante a gestação, fornece suporte para o desenvolvimento do embrião e do feto.

3. Doenças microbianas desses sistemas podem resultar em infecção de uma fonte externa ou infecções oportunistas por membros da microbiota normal.

Estrutura e função do sistema urinário (p. 769)

1. A urina é transportada dos rins à bexiga pelos ureteres e é eliminada pela uretra.

2. As válvulas impedem o fluxo reverso da urina para a bexiga e os rins.

3. A ação da descarga de urina e a urina normal em si têm alguma atividade antimicrobiana.

Estrutura e função dos sistemas genitais (p. 769-770)

1. O sistema genital feminino consiste em dois ovários, duas tubas uterinas, o útero, o colo do útero, a vagina e as genitálias externas.

2. O sistema genital masculino consiste em dois testículos, ductos, glândulas acessórias e pênis; o fluido seminal é liberado do corpo masculino pela uretra.

Microbiota normal dos sistemas urinário e genital (p. 770-771)

1. As bactérias gram-positivas predominam no trato urinário.

2. Os lactobacilos dominam a microbiota vaginal; as actinobactérias dominam o microbioma da glândula seminal.

Doenças do sistema urinário (p. 771-773)

Doenças bacterianas do sistema urinário (p. 771-773)

1. Uretrite, cistite e ureterite são inflamações dos tecidos do trato urinário inferior.

2. A pielonefrite pode resultar de infecções do trato urinário inferior ou de infecções bacterianas sistêmicas.

3. Bactérias gram-negativas oportunistas do intestino frequentemente causam infecções do trato urinário.

4. Infecções do sistema urinário associadas aos cuidados de saúde podem ocorrer após o cateterismo.

5. O tratamento das infecções do trato urinário depende do isolamento e da verificação da suscetibilidade a antibióticos dos agentes causadores.

Cistite (p. 772)

6. A inflamação da bexiga, ou cistite, é comum em mulheres.

7. As etiologias mais comuns das cistites são *E. coli* e *S. saprophyticus*.

Pielonefrite (p. 772)

8. A inflamação dos rins, ou pielonefrite, normalmente é uma complicação das infecções do trato urinário inferior.

9. Cerca de 75% dos casos de pielonefrite são causados por *E. coli*.

Leptospirose (p. 772-773)

10. O espiroqueta *L. interrogans* é a causa da leptospirose.

11. A doença é transmissível aos seres humanos por água contaminada com urina.

12. A leptospirose é caracterizada por calafrios, febre, dor de cabeça e dores musculares.

Doenças do sistema genital (p. 774-789)

1. A maioria das infecções do sistema genital são infecções sexualmente transmissíveis (ISTs).

2. A maioria das ISTs pode ser evitada com o uso de preservativos.

Doenças bacterianas do sistema genital (p. 774-784)

Gonorreia (p. 774-778)

1. *N. gonorrhoeae* causa a gonorreia.

2. A gonorreia é a doença notificável mais comum nos Estados Unidos.

3. *N. gonorrhoeae* liga-se às células da mucosa orofaríngea, da genitália, dos olhos e do reto por meio de suas fímbrias.

4. Os sintomas em homens consistem em dor ao urinar e secreção de pus. O bloqueio da uretra e a esterilidade são complicações dos casos não tratados.

5. As mulheres podem ser assintomáticas, a menos que a infecção se dissemine para o útero e as tubas uterinas (ver doença inflamatória pélvica).

6. Endocardite gonorreica, meningite gonorreica e artrite gonorreica são complicações que podem afetar qualquer pessoa com uma infecção gonorreica não tratada.

7. A oftalmia neonatal é uma infecção ocular adquirida por recém-nascidos durante a passagem pelo canal do parto de uma mãe infectada.

8. A gonorreia é diagnosticada pelo NAATs.

Uretrite não gonocócica (UNG) (p. 778-779)

9. A maioria dos casos de uretrite não gonocócica (UNG), ou uretrite inespecífica (UI), é causada por *C. trachomatis*.

10. A infecção por *C. trachomatis* é a mais comum das UNGs.

11. Os sintomas de UNG frequentemente são brandos ou ausentes, embora inflamação da tuba uterina e esterilidade possam ocorrer.

12. *C. trachomatis* pode ser transmitida aos olhos dos recém-nascidos no momento do parto.

13. O diagnóstico é baseado na detecção de DNA clamidial na urina.

14. Os microrganismos *U. urealyticum* e *M. genitalium* também causam UNG.

Doença inflamatória pélvica (DIP) (p. 779-780)

15. A infecção bacteriana extensiva dos órgãos pélvicos femininos, sobretudo do sistema genital, é chamada de DIP.

16. A DIP é causada por *N. gonorrhoeae*, *C. trachomatis* e outras bactérias. A infecção das tubas uterinas é chamada de salpingite.

Sífilis (p. 780-783)

17. A sífilis é causada pelo *T. pallidum*, um espiroqueta que não é cultivado *in vitro*. Culturas laboratoriais são cultivadas em coelhos ou cultura de células.

18. A lesão primária é um pequeno cancro de base endurecida no local da infecção. A bactéria, então, invade o sistema sanguíneo e o sistema linfático, e o cancro é curado espontaneamente.

19. O surgimento de uma erupção cutânea e de mucosa amplamente disseminada marca o estágio secundário. Os espiroquetas estão presentes nas lesões da erupção.

20. O paciente entra no período latente após as lesões do período secundário cicatrizarem espontaneamente.

21. Pelo menos 10 anos após as lesões secundárias, lesões terciárias, denominadas lesões gomosas, podem surgir em muitos órgãos.

22. A sífilis congênita, resultante de o *T. pallidum* cruzar a placenta durante o período latente, pode causar danos neurológicos aos recém-nascidos.

23. O *T. pallidum* é identificável nos fluidos das lesões primárias e secundárias sob microscopia de campo escuro.

24. Muitos testes sorológicos, como VDRL, RPR e FTA-ABS, podem ser utilizados para detectar a presença de anticorpos contra o *T. pallidum* durante qualquer estágio da doença.

Linfogranuloma venéreo (LGV) (p. 783)

25. *C. trachomatis* causa o LGV, que é principalmente uma doença de regiões tropicais e subtropicais.

26. A bactéria é disseminada pelo sistema linfático e causa aumento dos linfonodos, obstrução dos vasos linfáticos e intumescimento das genitálias externas.

27. O diagnóstico é feito por ELISA ou NAAT.

Cancroide (cancro mole) (p. 783)

28. O cancroide, uma úlcera edemaciada e dolorosa das membranas mucosas da genitália, é causado por *H. ducreyi*.

Vaginose bacteriana (p. 784)

29. A vaginose bacteriana é uma infecção sem inflamação causada por *G. vaginalis*, *A. vaginae* ou *Megasphaera* sp.

30. O diagnóstico de *G. vaginalis* tem como base a presença de células indicadoras (células-guia). Os NAATs são usados para identificar *A. vaginae* ou *Megasphaera* sp.

Doenças virais do sistema genital (p. 784-786)

Herpes genital (p. 784-785)

1. Os vírus herpes simples (HSV-1 e HSV-2) causam herpes genital.

2. Os sintomas da infecção são dor ao urinar, irritação genital e presença de vesículas cheias de fluido.

3. Os vírus podem entrar em um período de latência nas células nervosas. As vesículas reaparecem após um trauma ou alteração hormonal.

4. Herpes neonatal é contraído durante o estágio de desenvolvimento fetal ou durante o nascimento. Ele pode resultar em danos neuronais ou morte do bebê.

Verrugas genitais (p. 785-786)

5. Os papilomavírus humanos causam as verrugas.

6. Alguns papilomavírus humanos que causam verrugas genitais também ocasionam câncer.

Aids (p. 786)

7. A Aids é uma doença sexualmente transmissível do sistema imune (ver Capítulo 19).

8. Outras ISTs virais que não infectam o sistema geniturinário incluem a doença pelo vírus Zika, hepatite B e hepatite C (ver Capítulos 22 e 25).

Doenças fúngicas do sistema genital (p. 786-788)

Candidíase (p. 786-788)

1. *C. albicans* causa UNG em homens e candidíase vulvovaginal ou infecção leveduriforme em mulheres.

2. Candidíase vulvovaginal é caracterizada por lesões que produzem coceira e irritação.

3. Fatores predisponentes incluem gestação, diabetes e quimioterapia antibacteriana de amplo espectro.

4. O diagnóstico tem como base a observação do fungo e seu isolamento das lesões.

Doenças protozoóticas do sistema genital (p. 788-789)

Tricomoníase (p. 788-789)

1. *T. vaginalis* causa tricomoníase quando o pH da vagina aumenta.

2. O diagnóstico tem como base a observação do protozoário nos corrimentos purulentos do local da infecção.

Questões para estudo

As respostas das questões de Conhecimento e compreensão estão na seção de Respostas no final deste livro.

Conhecimento e compreensão

Revisão

1. DESENHE Trace o caminho feito pela *E. coli* para causar cistite. Faça o mesmo para a pielonefrite. Trace o caminho feito pela *N. gonorrhoeae* para causar DIP.

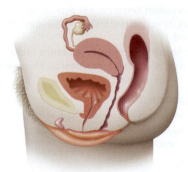

2. Como as infecções do trato urinário são adquiridas?

3. Explique por que a *E. coli* frequentemente está implicada na cistite em mulheres.

4. Cite um organismo que causa pielonefrite. Quais são as portas de entrada para os microrganismos que causam a pielonefrite?

5. Complete a tabela a seguir:

Doença	Agente causador	Sintomas	Métodos de diagnóstico	Tratamento
Vaginose bacteriana				
Gonorreia				
Sífilis				
DIP				
UNG				
LGV				
Cancroide				

6. Descreva os sintomas do herpes genital. Qual é o agente causador? Quando essa infecção tem menor probabilidade de ser transmissível?

7. Cite um fungo e um protozoário que podem causar infecção do sistema genital. Que sintomas poderiam levá-lo a suspeitar dessas infecções?

8. Liste as infecções genitais que causam infecções neonatais e congênitas. Como a transmissão ao feto ou neonato pode ser prevenida?

9. IDENTIFIQUE Os corpos reticulares intracelulares desta bactéria gram-negativa convertem-se a corpos elementares que podem infectar uma nova célula hospedeira.

Múltipla escolha

1. Qual dos seguintes normalmente é transmissível por água contaminada?
   a. *Chlamydia*
   b. leptospirose
   c. sífilis
   d. tricomoníase
   e. nenhuma das alternativas

Use as seguintes opções para responder às questões 2 a 5:
   a. *Candida*
   b. *Chlamydia*
   c. *Gardnerella*
   d. *Neisseria*
   e. *Trichomonas*

2. O exame microscópico do esfregaço vaginal mostra eucariotos flagelados.

3. O exame microscópico do esfregaço vaginal mostra células eucarióticas ovoides.

4. O exame microscópico do esfregaço vaginal mostra células epiteliais cobertas com bactérias.

5. O exame microscópico do esfregaço vaginal mostra cocos gram-negativos nos fagócitos.

Utilize as seguintes alternativas para responder às questões 6 a 8:
   a. candidíase
   b. vaginose bacteriana
   c. herpes genital
   d. linfogranuloma venéreo
   e. tricomoníase

6. Difícil de tratar com quimioterapia

7. Vesículas cheias de fluido

8. Corrimento vaginal espumoso, com odor de peixe

Utilize as seguintes opções para responder às questões 9 e 10:
   a. *C. trachomatis*
   b. *E. coli*
   c. *Mycobacterium hominis*
   d. *S. saprophyticus*

9. A causa mais comum de cistite

10. Nos casos de UNG, o diagnóstico é feito utilizando PCR para detectar o DNA microbiano.

Análise

1. Uma doença cutânea tropical, chamada de bouba, é transmissível por contato direto. O agente causador, o *Treponema pallidum pertenue*, é indistinguível do *T. pallidum pallidum*. A sífilis, epidêmica na Europa, coincidiu com o retorno de Colombo das Américas. Como o *T. pallidum pertenue* poderia ter evoluído para *T. pallidum pallidum* no clima temperado da Europa?

2. Por que o uso frequente de ducha pode ser um fator predisponente para vaginose bacteriana, candidíase vulvovaginal ou tricomoníase?

3. A *Neisseria* é cultivada em meio Thayer-Martin, que é composto de ágar-chocolate e nistatina, incubados em um ambiente de CO_2 a 5%. Como esse meio é seletivo para a *Neisseria*?

4. A lista a seguir inclui microrganismos selecionados que causam infecções geniturinárias. Complete-a listando os gêneros discutidos neste capítulo nos espaços em branco que correspondem às suas respectivas características.

Bactérias gram-negativas

  Espiroquetas

    Aeróbios: a. _____

    Microaerofílicos: b. _____

  Cocos

    Oxidase-positivos: c. _____

  Bacilos, não móveis

    Requerem fator X: d. _____

Parede gram-positiva: e. _____

Parasita intracelular obrigatório: f. _____

Ausência de parede celular

    Urease-positivo: g. _____

    Urease-negativo: h. _____

Fungos

    Pseudo-hifas: i. _____

Protozoários

    Flagelos: j. _____

Nenhum organismo observado/cultivado
a partir de amostras do paciente: k. _____

Aplicações clínicas e avaliação

1. Uma mulher cisgênero de 19 anos, previamente saudável, foi admitida em um hospital após 2 dias de náusea, vômito, cefaleia e rigidez do pescoço. O líquido cerebrospinal e a cultura de colo de útero mostraram diplococos gram-negativos em leucócitos; uma cultura de sangue foi negativa. Qual doença ela apresentava? Como provavelmente foi adquirida?

2. Uma mulher de 28 anos foi admitida em um hospital de Wisconsin com histórico de 1 semana de artrite do joelho esquerdo. Quatro dias mais tarde, um homem de 32 anos foi examinado com uma história de 2 semanas de uretrite, edema e dor no pulso esquerdo. Uma mulher de 20 anos examinada em um hospital da Filadélfia apresentou dor no joelho direito, no tornozelo esquerdo e no pulso esquerdo por 3 dias. Os patógenos cultivados do líquido sinovial ou da cultura uretral eram diplococos gram-negativos que requeriam prolina para crescer. Os testes de suscetibilidade a antibióticos apresentaram os seguintes resultados:

Antibiótico	Concentração inibitória mínima (CIM) testada (µg/mL)	CIM suscetível (µg/mL)
Cefoxitina	0,5	≤ 2
Penicilina	8	≤ 0,06
Espectinomicina	64	≤ 32
Tetraciclina	4	≤ 0,25

Qual é o patógeno, e como essa doença é transmissível? Quais antibióticos deveriam ser usados no tratamento? Qual é a evidência de que esses casos estão relacionados?

3. Utilizando as seguintes informações, determine qual é a doença e como a doença do bebê poderia ter sido prevenida:

11 de maio:	Uma mulher de 23 anos realiza seu primeiro exame pré-natal. Ela está com 4 meses e meio de gestação. O resultado de seu VDRL é negativo.
6 de junho:	A mulher faz uma nova visita à médica reclamando de uma lesão labial de poucos dias de duração. Uma biópsia é negativa para qualquer malignidade, e o resultado dos testes para herpes é negativo.
1º de julho:	A mulher retorna à sua médica porque a lesão labial continua a causar algum desconforto.
15 de setembro:	O pai do bebê tem múltiplas lesões penianas e erupções generalizadas.
25 de setembro:	A mulher dá à luz ao seu bebê. O resultado de seu RPR é de 32, e o do bebê, de 128.
1º de outubro:	A mulher leva o bebê ao pediatra porque ele está letárgico. O pediatra diz para não se preocupar, pois o bebê está saudável.
2 de outubro:	O pai do bebê tem erupções cutâneas persistentes no corpo e também apresenta erupções palmares e plantares.
8 de novembro:	O bebê fica doente, de forma aguda, e é hospitalizado com pneumonia. O clínico que o admitiu encontra sinais de osteocondrite.

27 Microbiologia ambiental

Os microrganismos, principalmente aqueles que pertencem aos domínios Bacteria e Archaea, compõem o **microbioma da Terra**. Os micróbios vivem nas folhas e raízes das plantas, nos insetos e nos hábitats mais variados da Terra. Eles são encontrados em fontes de água fervente, e mais de 5 mil bactérias foram isoladas de cada mililitro de neve no Polo Sul. Microrganismos foram coletados de minúsculas aberturas em rochas a 1 quilômetro ou mais abaixo da superfície do planeta. Explorações nas profundezas do oceano revelaram um grande número de microrganismos que vivem na eterna escuridão e sujeitos a pressões incríveis. Os microrganismos também são encontrados em riachos formados nas montanhas pelo derretimento da neve e em águas quase saturadas de sais, como aquelas do Mar Morto.

Nos capítulos anteriores, o foco foi principalmente a capacidade dos microrganismos para causar doenças. O controle de doenças infecciosas é um aspecto da microbiologia ambiental; por exemplo, os microbiologistas de saúde ambiental testam a água potável regularmente para garantir que ela esteja livre de patógenos. Um desses patógenos, *Vibrio cholerae*, mostrado na fotografia, é o assunto do "Caso clínico" deste capítulo. Neste capítulo, você também aprenderá muitas das funções positivas que os micróbios desempenham no meio ambiente. Os serviços ecológicos fornecidos pelo microbioma da Terra, como a reciclagem de nitrogênio e a remoção de poluentes, são essenciais para a manutenção da vida na Terra.

▶ As bactérias *Vibrio cholerae* são células curvas com um único flagelo.

Na clínica

Como enfermeiro(a) ambiental, você foi designado(a) pelo Centers for Desease Control and Prevention (CDC) para auxiliar no recém-formado programa do Sistema Nacional de Vigilância de Águas Residuais. A missão do programa é trabalhar junto às autoridades locais para monitorar as águas residuais quanto à presença do vírus responsável pela Covid-19. **Qual é o benefício da vigilância de águas residuais? Quais doenças, além da Covid-19, são monitoradas usando essa abordagem?**

Dica: leia mais sobre os testes de pureza da água mais adiante neste capítulo.

Hábitats microbianos e simbiose

OBJETIVOS DE APRENDIZAGEM

27-1 Definir *extremófilo* e identificar dois hábitats "extremos".

27-2 Definir *simbiose*.

27-3 Definir *micorriza*, diferenciar endomicorriza de ectomicorriza e citar um exemplo de cada.

A diversidade de populações microbianas indica que elas tiram proveito de qualquer nicho encontrado em seu ambiente. Diferentes quantidades de oxigênio, luz ou nutrientes podem existir em poucos milímetros de solo. À medida que uma população de organismos aeróbios utiliza todo o oxigênio disponível, os anaeróbios são capazes de se desenvolver. Se o solo é perturbado por aragem, minhocas ou outras atividades, os aeróbios terão novamente capacidade de crescer, repetindo essa sucessão.

> ASM: Como a verdadeira diversidade da vida microbiana é, em grande parte, desconhecida, seus efeitos e potenciais benefícios ainda não foram completamente explorados.

Os micróbios que vivem em condições extremas de temperatura, acidez, alcalinidade ou salinidade são chamados de **extremófilos**. Muitos são membros de Archaea. As enzimas (**extremozimas**) que tornam o crescimento possível sob essas condições têm sido de grande interesse para as indústrias, uma vez que podem tolerar extremos de temperatura, salinidade e pH que poderiam inativar outras enzimas.

Os microrganismos vivem em um ambiente extremamente competitivo e devem explorar todas as vantagens que puderem. Eles precisam metabolizar nutrientes comuns mais rapidamente ou utilizar nutrientes que os microrganismos competidores não possam metabolizar. Alguns, como a bactéria do ácido láctico, que é muito útil na produção de laticínios, são capazes de tornar o nicho ambiental inóspito para os organismos competidores. As bactérias do ácido láctico são incapazes de utilizar o oxigênio como receptor de elétrons e somente podem fermentar açúcares até ácido láctico, deixando a maior parte da energia sem utilização. Entretanto, a acidez inibe o crescimento dos microrganismos mais eficientes e competidores.

A **simbiose** é uma associação estreita entre dois organismos diferentes (ver Capítulo 14). Economicamente, um dos exemplos mais importantes de simbiose animal-microrganismo é a dos ruminantes, animais que possuem um órgão digestivo semelhante a um tanque, denominado *rúmen*. Ruminantes, como bovinos e ovinos, pastam plantas ricas em celulose. As bactérias no rúmen fermentam a celulose em compostos, que são absorvidos pelo sangue do animal, para serem utilizados posteriormente como fonte de carbono e energia. Os protozoários do rúmen mantêm a população bacteriana sob controle, alimentando-se dela. Da mesma forma, os insetos que comem madeira, como os cupins, abrigam bactérias que degradam a celulose em seus tratos digestivos.

Outro exemplo importante de simbiose é a relação entre raízes de plantas e determinados fungos, chamada de **micorriza**, ou simbiontes micorrízicos (*mico* = fungo; *riza* = raiz). Existem dois tipos principais desses fungos: as *endomicorrizas*,

(a) A infecção micorrízica influencia o crescimento de muitas plantas. A muda de pinheiro à direita foi inoculada com micorrizas; a muda à esquerda não foi.

(b) Trufas. Uma ectomicorriza, geralmente de carvalhos.

Figura 27.1 As micorrizas e seu considerável valor comercial.

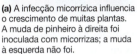 **P** Por que as micorrizas são importantes para a absorção de fósforo?

também conhecidas como *micorrizas arbusculares*, que penetram nas células das raízes das plantas; e as *ectomicorrizas*, que envolvem as raízes das plantas. Os dois tipos funcionam como os pelos radiculares nas plantas; isto é, ampliam a área de superfície pela qual a planta consegue absorver nutrientes, sobretudo o fósforo, que não é muito móvel no solo.

Muitas gramíneas e outras plantas são surpreendentemente dependentes desses fungos para um crescimento adequado, e sua presença é quase universal no reino das plantas. Os gerentes de fazendas de pinheiro comercial, por exemplo, devem se certificar de que as mudas sejam inoculadas com solo contendo micorrizas efetivas (**Figura 27.1a**).

As trufas, conhecidas como iguarias alimentares, são ectomicorrizas, geralmente oriundas de carvalhos (Figura 27.1b). Esses "cogumelos subterrâneos" desenvolveram um método diferente, não aéreo, de distribuição de seus esporos. Essa distribuição depende da capacidade da trufa de atrair a atenção de animais que as consumirão e, então, depositarão os esporos não digeridos em novos locais.

TESTE SEU CONHECIMENTO

✔ **27-1** Identifique dois hábitats para os organismos extremófilos.

✔ **27-2** Qual é a definição de *simbiose*?

✔ **27-3** A trufa é uma endomicorriza ou uma ectomicorriza?

Microbiologia do solo e ciclos biogeoquímicos

OBJETIVOS DE APRENDIZAGEM

27-4 Definir *ciclo biogeoquímico*.

27-5 Esquematizar o ciclo do carbono e explicar os papéis dos microrganismos nesse ciclo.

27-6 Esquematizar o ciclo do nitrogênio e explicar os papéis dos microrganismos nesse ciclo.

27-7 Definir *amonificação, nitrificação, desnitrificação e fixação de nitrogênio.*

27-8 Esquematizar o ciclo do enxofre e explicar os papéis dos microrganismos nesse ciclo.

27-9 Descrever como uma comunidade ecológica pode existir na ausência de luz.

27-10 Comparar e diferenciar o ciclo do carbono e o ciclo do fósforo.

27-11 Citar dois exemplos da utilização de bactérias na remoção de poluentes.

27-12 Definir *biorremediação.*

O microbioma do solo consiste em bilhões de micróbios. Um solo típico tem milhões de bactérias em cada grama. A população microbiana do solo é maior a poucos centímetros do topo e diminui rapidamente com a profundidade. As bactérias são os organismos mais numerosos no solo. Embora os actinomicetos sejam bactérias, geralmente são considerados separadamente. ASM: Os microrganismos e seu ambiente interagem entre si e se modificam.

As populações de bactérias do solo geralmente são estimadas utilizando-se contagem em placas em meio nutriente (ver Capítulo 6), e os números reais são provavelmente subestimados por esse método. Nenhum meio nutriente simples ou condição de crescimento pode satisfazer todos os requisitos nutricionais e outras condições dos microrganismos do solo. A metagenômica (ver Capítulo 9) está sendo usada atualmente para a análise dos microbiomas do solo. Essa técnica investiga genes de rRNA em amostras de solo. Usando a metagenômica, os microbiologistas descobriram mais novos microrganismos no século XXI do que em qualquer outro momento desde que van Leeuwenhoek observou os microrganismos pela primeira vez. No entanto, esses métodos fornecem apenas informações limitadas sobre as atividades metabólicas dos microrganismos no solo e não conseguem diferenciar o DNA de bactérias vivas e mortas, de forma que ainda há muito a se descobrir.

Podemos pensar no solo como um "fogo biológico". Uma folha caindo de uma árvore é consumida por esse "fogo", à medida que os microrganismos do solo metabolizam a matéria orgânica dessas folhas. Elementos da folha entram nos **ciclos biogeoquímicos** do carbono, do nitrogênio e do enxofre, que serão discutidos neste capítulo. Nos ciclos biogeoquímicos, os elementos são oxidados e reduzidos por microrganismos para satisfazer as suas necessidades metabólicas. (Ver discussão sobre oxidação-redução no Capítulo 5.) Sem os ciclos biogeoquímicos, a vida na Terra deixaria de existir.

Ciclo do carbono

O principal ciclo biogeoquímico é o **ciclo do carbono** (**Figura 27.2**). Todos os organismos, incluindo plantas, microrganismos e animais, contêm grandes quantidades de carbono na forma de compostos orgânicos, como celulose, amidos, gorduras e proteínas. Focaremos a atenção no modo como esses compostos orgânicos são formados.

Lembre-se do Capítulo 5, no qual se viu que os autotróficos realizam um papel essencial para a vida na Terra, reduzindo o dióxido de carbono para a formação de matéria orgânica. Quando você olha para uma árvore, pode pensar que a sua

massa é oriunda do solo onde ela cresce. Na verdade, a sua grande massa de celulose é derivada do dióxido de carbono presente na atmosfera (0,04% do total). Esse é o resultado da fotossíntese, a primeira etapa do ciclo do carbono, na qual fotoautotróficos *fixam* (incorporam) o dióxido de carbono em matéria orgânica utilizando a energia da luz solar.

Na próxima etapa do ciclo, quimio-heterotróficos, como animais, protozoários e bactérias, alimentam-se de autotróficos e podem, por sua vez, ser consumidos por outros heterotróficos. Desse modo, à medida que os componentes orgânicos dos autotróficos são digeridos e ressintetizados, os átomos de carbono do dióxido de carbono são transferidos de organismo para organismo na cadeia alimentar.

Quimio-heterotróficos, incluindo os animais, utilizam algumas moléculas orgânicas para satisfazer suas necessidades de energia. Quando essa energia é liberada por meio da respiração, o dióxido de carbono logo se torna disponível para iniciar novamente o ciclo. A maior parte do carbono permanece no interior dos organismos até que seja excretada como resíduos ou liberada pela morte. Quando plantas e animais morrem, esses compostos orgânicos são decompostos por bactérias e fungos. Durante a decomposição, os compostos orgânicos são oxidados, e o CO_2 é devolvido ao ciclo.

O carbono é armazenado em rochas, como o calcário ($CaCO_3$), e encontra-se dissolvido como íons carbonato (CO_3^{2-}) nos oceanos. Existem muitos depósitos de matéria orgânica fóssil na forma de combustível fóssil, como o carvão e o petróleo. A queima desses combustíveis fósseis libera CO_2, aumentando a quantidade de CO_2 na atmosfera. O quadro **Visão geral**, mais adiante neste capítulo, descreve como o aumento do dióxido de carbono atmosférico está causando o **aquecimento global**.

Um aspecto interessante do ciclo do carbono é o gás metano (CH_4). Estima-se que sedimentos do fundo oceânico contenham 10 trilhões de toneladas de metano, cerca de duas vezes mais a quantia de depósitos de combustíveis fósseis da Terra, como o carvão e o petróleo. Além disso, as bactérias metanogênicas localizadas nas profundezas oceânicas estão constantemente produzindo mais metano. O metano é 25 vezes mais potente como gás de efeito estufa do que o dióxido de carbono, e o ambiente da Terra seria perigosamente alterado se todo esse gás escapasse para a atmosfera.

CASO CLÍNICO Água limpa – uma questão de vida ou morte

Há dois dias, Charity, jornalista de 48 anos, de Miami, retornou aos Estados Unidos de uma viagem de 6 semanas a vários países para escrever uma reportagem sobre o progresso de recuperação após grandes terremotos. Ao chegar em casa, ela apresentou diarreia, que piorou ao longo do dia. Após o segundo dia de diarreia intensa e do início de uma dor na perna, Charity busca atendimento no ambulatório de uma unidade de saúde local. Ela não relata vômitos ou febre, mas apresenta fezes líquidas 10 vezes ao dia, sem sangue ou muco visível.

De qual tratamento imediato Charity precisa? Continue lendo para descobrir.

Parte 1 Parte 2 Parte 3 Parte 4 Parte 5 Parte 6

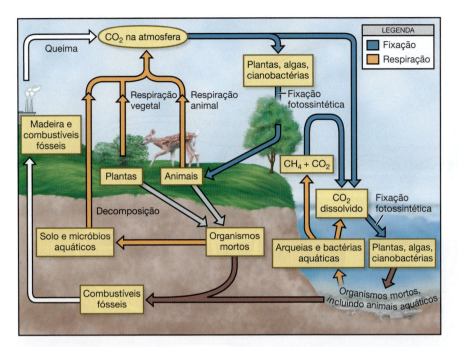

Figura 27.2 Ciclo do carbono.
Em uma escala global, o retorno do CO_2 à atmosfera pela respiração equilibra a sua remoção pela fixação. No entanto, a queima de madeira e combustíveis fósseis adiciona mais CO_2 à atmosfera. A destruição de florestas e pântanos remove os organismos fixadores de CO_2; em consequência, a quantidade de CO_2 atmosférico está aumentando gradativamente.

P Como o acúmulo de dióxido de carbono na atmosfera afeta o clima da Terra?

TESTE SEU CONHECIMENTO

✔ **27-4** Qual ciclo biogeoquímico é muito divulgado por estar contribuindo com o aquecimento global?

✔ **27-5** Qual é a principal fonte de carbono na massa formadora de celulose de uma floresta?

Ciclo do nitrogênio

O **ciclo do nitrogênio** é mostrado na **Figura 27.3**. Todos os organismos necessitam de nitrogênio para sintetizar proteínas, ácidos nucleicos e outros compostos nitrogenados. O nitrogênio molecular (N_2) compõe cerca de 80% da atmosfera da Terra. Para a assimilação e a utilização do nitrogênio pelas plantas, ele deve ser fixado, isto é, absorvido e combinado em compostos orgânicos. As atividades de microrganismos específicos são importantes para a conversão do nitrogênio em formas aproveitáveis.

Amonificação

Quase todo o nitrogênio do solo está incorporado em moléculas orgânicas, principalmente nas proteínas. Quando um organismo morre, o processo de decomposição microbiana resulta na quebra hidrolítica de proteínas em aminoácidos. Em um processo, chamado de **desaminação**, os grupos amina dos aminoácidos são removidos e convertidos em amônia (NH_3). Essa liberação de amônia é chamada de **amonificação** (ver Figura 27.3). A amonificação, realizada por diversas bactérias, incluindo *Bacillus* e *Proteus*, pode ser representada da seguinte forma:

$$\text{Proteínas de células mortas e produtos residuais} \xrightarrow[\text{microbiana}]{\text{Decomposição}} \text{Aminoácidos}$$

$$\text{Aminoácidos} \xrightarrow[\text{microbiana}]{\text{Decomposição}} \text{Amônia } (NH_3)$$

O crescimento microbiano libera enzimas proteolíticas extracelulares que decompõem as proteínas. Os aminoácidos resultantes são transportados para o interior das células microbianas, onde a amonificação ocorre. O destino da amônia produzida por amonificação depende das condições do solo (ver discussão sobre desnitrificação a seguir). Como a amônia é um gás, ela desaparece rapidamente do solo seco, mas em solo úmido torna-se solúvel em água, e íons amônio (NH_4^+) são formados:

$$NH_3 + H_2O \longrightarrow NH_4OH \longrightarrow NH_4^+ + OH^-$$

Os íons amônio dessa sequência de reações são utilizados por bactérias e plantas para a síntese de aminoácidos.

Nitrificação

A próxima sequência de reações no ciclo do nitrogênio envolve a oxidação do nitrogênio em íon amônio produzindo nitrato, um processo chamado de **nitrificação**. No solo, vivem bactérias autotróficas nitrificantes, como as dos gêneros *Nitrosomonas* e *Nitrobacter*. Esses microrganismos obtêm energia pela oxidação da amônia ou do nitrito. No primeiro estágio, *Nitrosomonas* oxida amônia em nitrito:

$$\underset{\text{Íon amônio}}{NH_4^+} \xrightarrow{\textit{Nitrosomonas}} \underset{\text{Íon nitrato}}{NO_2^-}$$

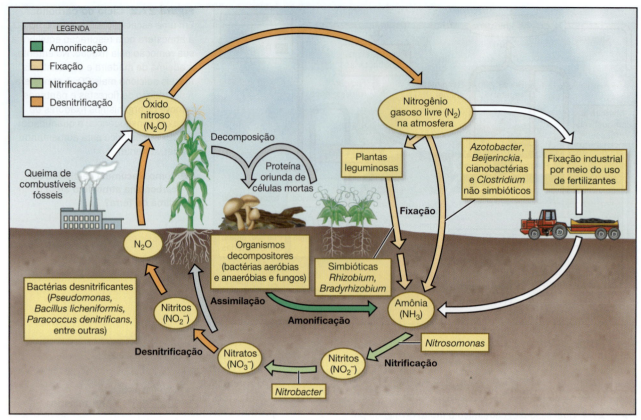

Figura 27.3 Ciclo do nitrogênio. Em geral, o nitrogênio na atmosfera passa por fixação, nitrificação e desnitrificação. Os nitratos assimilados pelas plantas e pelos animais após a nitrificação passam por decomposição, amonificação e, então, nitrificação novamente.

P Quais processos são realizados exclusivamente pelas bactérias?

No segundo estágio, organismos como *Nitrobacter* oxidam nitritos em nitratos:

$$NO_2^- \xrightarrow{\text{Nitrobacter}} NO_3^-$$
Íon nitrito   Íon nitrato

As plantas tendem a utilizar o nitrato como fonte de nitrogênio para a síntese de proteínas, uma vez que o nitrato apresenta alta mobilidade no solo e, assim, é mais provável que encontre uma raiz de planta do que o amônio. Os íons amônio seriam realmente uma fonte mais eficiente de nitrogênio, uma vez que necessitam de menos energia para serem incorporados às proteínas, porém esses íons carregados positivamente estão normalmente ligados à argila do solo carregada negativamente, ao passo que os íons nitrato, carregados negativamente, não estão ligados.

Desnitrificação

A forma de nitrogênio resultante da nitrificação está completamente oxidada e não contém mais qualquer energia biologicamente utilizável. No entanto, ela pode ser utilizada como aceptor de elétrons pelos micróbios que metabolizam outras fontes orgânicas de energia na ausência de oxigênio atmosférico (ver discussão sobre respiração anaeróbica no Capítulo 5). Esse processo, chamado de **desnitrificação**, pode levar a uma perda de nitrogênio para a atmosfera, principalmente na forma de gás nitrogênio. A desnitrificação pode ser representada da seguinte forma:

$$NO_3^- \longrightarrow NO_2^- \longrightarrow N_2O \longrightarrow N_2$$
Íon nitrato   Íon nitrato   Óxido   Gás
                             nitroso   nitrogênio

A desnitrificação ocorre em solos encharcados, onde pouco oxigênio encontra-se disponível. Na ausência do oxigênio como aceptor de elétrons, as bactérias desnitrificantes substituem os nitratos dos fertilizantes agrícolas. Elas convertem grande parte do nitrato útil em nitrogênio gasoso, que entra na atmosfera e representa uma perda econômica considerável.

Fixação do nitrogênio

Vivemos no fundo de um oceano de gás nitrogênio. O ar que respiramos contém aproximadamente 79% de nitrogênio, e, acima de cada acre de solo (a área de um campo de futebol americano, da linha do gol até a linha oposta de 10 jardas, ou $50,6 \times 80$ metros), encontra-se uma coluna de nitrogênio pesando em torno de 32 mil toneladas. Todavia, apenas algumas espécies de bactérias, incluindo as cianobactérias, podem utilizá-la diretamente como fonte de nitrogênio. O processo pelo qual elas convertem o nitrogênio gasoso em amônia é conhecido como **fixação de nitrogênio**.

As bactérias que são responsáveis pela fixação do nitrogênio dependem da enzima *nitrogenase*. Estima-se que todo o suprimento dessa enzima essencial disponível na Terra poderia caber em um único e grande balde. A nitrogenase é inativada pelo oxigênio. Portanto, é provável que ela tenha evoluído cedo na história do planeta, antes que a atmosfera contivesse muito oxigênio molecular e depois que os compostos contendo nitrogênio estivessem disponíveis a partir da matéria orgânica em decomposição. A fixação do nitrogênio é realizada por dois tipos de microrganismos: de vida livre e simbióticos. (Os fertilizantes agrícolas são constituídos de nitrogênio que foi fixado por processos industriais físico-químicos.)

Bactérias fixadoras de nitrogênio de vida livre Bactérias fixadoras de nitrogênio de vida livre são encontradas em concentrações particularmente altas na *rizosfera*, região localizada a cerca de 2 milímetros da raiz da planta. A rizosfera representa uma espécie de oásis nutricional no solo, principalmente em pastagens. Entre as bactérias de vida livre que conseguem fixar o nitrogênio existem espécies aeróbias, como a *Azotobacter*. Esses organismos aeróbios aparentemente protegem a enzima nitrogenase anaeróbica da ação do oxigênio por, entre outros fatores, apresentarem uma taxa bastante elevada de utilização do oxigênio, o que minimiza a difusão dele para dentro da célula, onde a enzima está localizada.

Outro aeróbio obrigatório de vida livre que fixa nitrogênio é *Beijerinckia*. Algumas bactérias anaeróbias, como determinadas espécies de *Clostridium*, também fixam nitrogênio. A bactéria *C. pasteurianum*, um microrganismo fixador de nitrogênio anaeróbio obrigatório, é um exemplo proeminente.

Muitas espécies de cianobactérias aeróbias e fotossintetizantes fixam nitrogênio. Devido ao fato de o seu suprimento de energia ser independente dos carboidratos no solo e na água, elas são fontes particularmente úteis no fornecimento de nitrogênio para o ambiente. As cianobactérias normalmente carreiam as suas enzimas nitrogenases em estruturas especializadas, chamadas de **heterocistos**, que fornecem condições anaeróbicas para a fixação (**Figura 27.4**).

A maioria das bactérias de vida livre fixadoras de nitrogênio é capaz de fixar grandes quantidades de nitrogênio sob condições de laboratório. Entretanto, no solo, normalmente existe uma escassa quantidade de carboidratos para fornecer a energia necessária para a redução de nitrogênio em amônia, que é, então, incorporada às proteínas. Entretanto, essas bactérias fixadoras de nitrogênio contribuem de maneira importante para a economia de nitrogênio de áreas como pastagens, florestas e a tundra ártica.

Bactérias simbióticas fixadoras de nitrogênio As bactérias simbióticas fixadoras de nitrogênio desempenham um papel ainda mais importante no crescimento de plantas para a produção agrícola. Membros dos gêneros *Rhizobium*, *Bradyrhizobium* e outros infectam as raízes de plantas leguminosas, como soja, feijão, ervilha, amendoim, alfafa e trevo. (Essas plantas importantes na agricultura são apenas algumas dos milhares de espécies de leguminosas conhecidas [Fabaceae], muitas das quais são plantas arbustivas ou pequenas árvores

MO | 8 μm

Figura 27.4 *Anabaena*. Essa cianobactéria fixa quantidades significativas de nitrogênio nos arrozais. A fixação de nitrogênio ocorre nos heterocistos.

P Qual é a maior contribuição das cianobactérias como simbiontes?

encontradas em solos pobres, em várias partes do mundo.) Os rizóbios, como essas bactérias são conhecidas, estão especialmente adaptados a espécies de leguminosas em particular, nas quais formam os **nódulos radiculares** (**Figura 27.5**). O nitrogênio é, então, fixado por um processo simbiótico da planta e da bactéria. A planta fornece condições anaeróbicas e nutrientes para o crescimento da bactéria, e a bactéria fixa o nitrogênio, que pode ser incorporado às proteínas da planta.

Existem exemplos similares da fixadora de nitrogênio simbiótica *Frankia* em plantas não leguminosas, como os amieiros. O crescimento de 1 acre de amieiro pode fixar em torno de 50 kg de nitrogênio a cada ano; essas árvores, então, contribuem valiosamente para a economia da floresta.

Outra contribuição importante para a economia de nitrogênio das florestas é feita pelos **liquens**, que são uma combinação de fungos e algas ou cianobactérias em uma relação mutualística (ver Figura 12.11). Quando um simbionte é uma cianobactéria fixadora de nitrogênio, o produto é o nitrogênio fixado, que, por fim, enriquece o solo da floresta. As cianobactérias de vida livre podem fixar quantidades significativas de nitrogênio em solos desérticos após as chuvas e na superfície do solo da tundra ártica. As plantações de arroz podem acumular um grande crescimento de organismos fixadores de nitrogênio. As cianobactérias também fazem simbiose com uma pequena samambaia flutuante, *Azolla*, que cresce densamente em águas de arrozais.

TESTE SEU CONHECIMENTO

✔ **27-6** Que nome comum é dado ao grupo de micróbios que oxida o nitrogênio em uma forma móvel no solo e que pode ser utilizado para a nutrição de plantas?

✔ **27-7** Bactérias do gênero *Pseudomonas*, na ausência de oxigênio, podem utilizar o nitrogênio completamente oxidado como receptor de elétrons. Esse processo recebe qual nome no ciclo do nitrogênio?

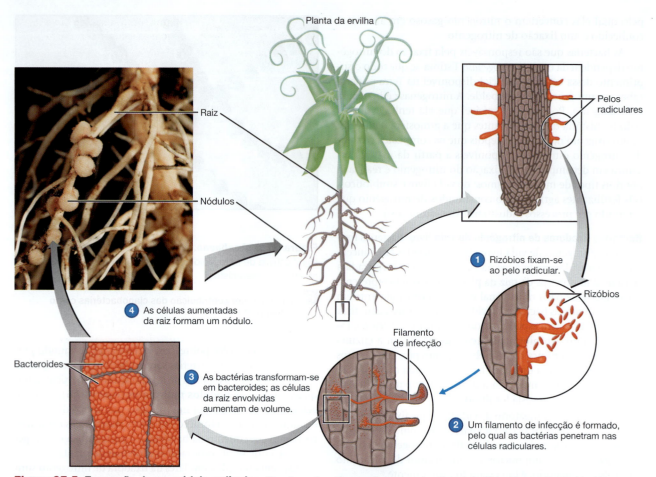

Figura 27.5 Formação de um nódulo radicular. Membros dos gêneros fixadores de nitrogênio *Rhizobium* e *Bradyrhizobium* formam esses nódulos em leguminosas. Essa associação mutualística é benéfica tanto para a planta quanto para a bactéria.

P Na natureza, é mais provável que as plantas leguminosas sejam mais valiosas em solos agrícolas férteis ou em solos desérticos pobres?

Ciclo do enxofre

O **ciclo do enxofre** (**Figura 27.6**) e o ciclo do nitrogênio se assemelham no sentido de que representam numerosos estágios de oxidação desses elementos. As formas mais reduzidas do enxofre são os sulfetos, como o gás de odor desagradável sulfeto de hidrogênio (H_2S). Como o íon amônio do ciclo do nitrogênio, esse é um composto reduzido que, em geral, forma-se sob condições anaeróbicas. Por sua vez, ele representa uma fonte de energia para bactérias autotróficas. Essas bactérias convertem o enxofre reduzido em H_2S em grânulos de enxofre elementar (S^0) e sulfatos completamente oxidados (SO_4^{2-}).

Várias bactérias fototróficas, como as bactérias sulfurosas verdes e púrpuras, também oxidam H_2S, formando grânulos sulfurosos internos (ver Figura 11.14). É importante reconhecer que esses organismos estão utilizando a luz como energia; o sulfeto de hidrogênio é usado para reduzir o CO_2 (ver Capítulo 5). Assim como a quimioautotrófica *Thiomargarita*,

elas podem oxidar ainda mais o enxofre a íons sulfato (ver Figura 11.28).

Plantas e bactérias incorporam sulfatos, que se tornam parte dos aminoácidos que contêm enxofre para seres humanos e outros animais. Nesses organismos, eles formam ligações dissulfeto que constituem a estrutura das proteínas. À medida que as proteínas são decompostas, no processo chamado de **dissimilação**, o enxofre é liberado na forma de sulfeto de hidrogênio e reintegra o ciclo.

A vida sem a luz solar

Surpreendentemente, é possível que comunidades biológicas inteiras existam sem a fotossíntese por meio do aproveitamento da energia do H_2S. Os quimioautótrofos oxidam o H_2S para produzir NADH (Figura 5.10), o qual é direcionado para a cadeia de transporte de elétrons. Essas comunidades ocorrem, por exemplo, em fontes termais do fundo oceânico. Ver **Explorando o microbioma**. Cavernas profundas, totalmente isoladas

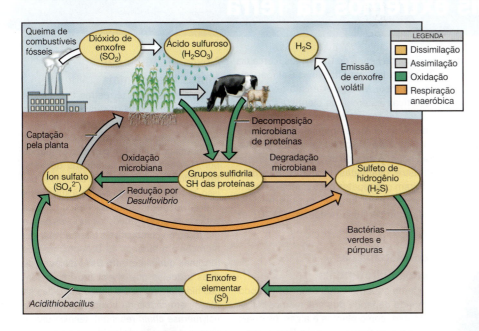

Figura 27.6 Ciclo do enxofre.
As formas reduzidas do enxofre, como H_2S e enxofre elementar (S^0), são fontes de energia para muitos microrganismos sob condições aeróbias e anaeróbias. Sob condições anaeróbicas, o H_2S pode ser usado como substituto do H_2O na fotossíntese por bactérias púrpuras e verdes (ver Capítulo 11) para produzir S^0. Formas oxidadas do enxofre, como sulfatos (SO_4^{2-}), são utilizadas como aceptores de elétrons, como um substituto para o oxigênio, sob condições anaeróbicas por certas bactérias. Muitos organismos assimilam sulfatos para produzir os grupos —SH das proteínas.

P **Por que todos os organismos necessitam de uma fonte de enxofre?**

da luz solar, foram descobertas e também mantêm comunidades biológicas inteiras. Os **produtores primários** nesses sistemas são bactérias quimioautotróficas, em vez de plantas ou microrganismos fotoautotróficos.

Outro ecossistema microbiano que existe longe da luz solar foi descoberto a mais de 1 km de profundidade dentro de rochas, incluindo xistos, granitos e basaltos. Essas bactérias são chamadas de **endolíticas** (dentro de rochas), as quais devem crescer na ausência quase total de oxigênio e com suprimentos nutricionais mínimos. O dióxido de carbono dissolvido na água serve como fonte de carbono, e a matéria orgânica celular é produzida. Parte da matéria orgânica é excretada, ou liberada, após a morte e a lise dos microrganismos, tornando-se disponível para o crescimento de outros microrganismos. A entrada de nutrientes, sobretudo nitrogênio, é muito reduzida nesse ambiente, e os períodos de geração podem ser medidos em muitos anos.

Ciclo do fósforo

Outro elemento nutricional importante que faz parte do ciclo biogeoquímico é o fósforo. A disponibilidade do fósforo deve determinar se plantas e outros organismos podem crescer em uma área. Os problemas associados ao excesso de fósforo (eutrofização) são descritos adiante neste capítulo.

O fósforo existe principalmente na forma de íons fosfato (PO_4^{3-}) e sofre muito pouca alteração em seu estado de oxidação. O **ciclo do fósforo**, ao contrário, envolve mudanças de formas solúveis para insolúveis e de fosfato orgânico para inorgânico, frequentemente em relação ao pH. Por exemplo, o fosfato nas rochas pode ser solubilizado pelo ácido produzido por bactérias, como *Acidithiobacillus*. Diferentemente dos outros ciclos, não existe um produto volátil contendo fósforo para retornar fósforo para a atmosfera, da mesma forma que o dióxido de carbono, o gás nitrogênio e o dióxido de enxofre retornam.

Portanto, o fósforo tende a acumular-se nos oceanos. Ele pode ser recuperado por meio da mineração de sedimentos acima do solo de mares antigos, principalmente como depósitos de fosfato de cálcio [$Ca_3(PO_4)_2$]. As aves marinhas também extraem fósforo do mar, alimentando-se de peixes que contêm fósforo e os depositando como guano (fezes de aves). Algumas pequenas ilhas habitadas por essas aves são exploradas devido a esses depósitos como uma fonte de fósforo para fertilizantes.

TESTE SEU CONHECIMENTO

✔ **27-8** Determinadas bactérias não fotossintéticas acumulam grânulos de enxofre dentro da célula; as bactérias estão utilizando sulfeto de hidrogênio ou sulfatos como fonte de energia?

✔ **27-9** Qual composto químico normalmente serve como fonte de energia para organismos que sobrevivem na escuridão?

✔ **27-10** Por que o fósforo tende a acumular-se nos oceanos?

Degradação de produtos químicos sintéticos no solo e na água

Consideramos uma certeza o fato de que os microrganismos presentes no solo degradarão os materiais que neles penetrarão. A matéria orgânica natural, como folhas caídas ou resíduos animais, é prontamente degradada. Entretanto, nessa era industrial, muitos produtos químicos que não ocorrem na natureza (**xenobióticos**), como plásticos, entram no solo em grandes quantidades. Na verdade, os plásticos compreendem um quarto de todos os resíduos municipais. Uma proposta para a solução do problema é o desenvolvimento de plásticos biodegradáveis feitos de polilactida (PLA), produzida pelo ácido láctico a partir da fermentação. Quando compostado (ver

Micróbios residentes dos ambientes mais extremos da Terra

Até os seres humanos explorarem as profundezas do assoalho oceânico, os cientistas acreditavam que apenas algumas formas de vida poderiam sobreviver nesse ambiente altamente pressurizado, completamente escuro e pobre em oxigênio. Em 1977, *Alvin*, o submersível de águas profundas, levou dois cientistas a 2.600 metros abaixo da superfície, na Fenda de Galápagos (cerca de 350 km a nordeste das Ilhas Galápagos). Lá, em meio à vasta extensão de rochas basálticas estéreis, os cientistas encontraram, inesperadamente, oásis ricos em vida. A água superaquecida que estava por baixo do assoalho oceânico estava ascendendo através de fraturas na crosta terrestre, chamadas de fendas. Eles descobriram que tapetes bacterianos estavam crescendo nas laterais dessas fendas, onde a temperatura excede os 100 °C (ver figura).

Ecossistema das fontes hidrotermais

A vida na superfície dos oceanos de todo o mundo depende dos organismos fotossintéticos, como plantas e algas, os quais utilizam a energia solar para fixar dióxido de carbono (CO_2) para a produção de carboidratos. Nas profundezas do assoalho oceânico, onde a luz não penetra, a fotossíntese não é possível. Os cientistas descobriram que os produtores primários do fundo oceânico são as bactérias quimioautotróficas. Utilizando a energia química do sulfeto de hidrogênio (H_2S) como fonte de energia para fixar CO_2, os quimioautotróficos criam um ambiente que sustenta formas de vida superiores. As fontes hidrotermais presentes no assoalho oceânico fornecem o H_2S e o CO_2.

Novos produtos das fontes hidrotermais

Fungos e bactérias terrestres tiveram um grande impacto no desenvolvimento da biotecnologia. As fontes hidrotermais são a próxima fronteira a ser transposta na busca por novos produtos. Um peptídeo produzido por *Thermovibrio ammonificans* demonstrou induzir apoptose (morte celular) e, por isso, tem sido estudado devido à sua potencial atividade antitumoral. Pesquisadores estão cultivando *Pyrococcus furiosus* para a produção de combustíveis alternativos, gás hidrogênio e butanol. As DNA-polimerases (enzimas que sintetizam DNA) isoladas de duas arqueias que vivem próximo a fendas hidrotermais estão sendo utilizadas na reação em cadeia da polimerase (PCR, de *polymerase chain reaction*), técnica usada para a produção de múltiplas cópias de DNA. Na PCR, DNA de fita simples é produzido pelo aquecimento de um fragmento cromossômico a 98 °C e o seu resfriamento, de forma que a DNA-polimerase possa fazer a cópia de cada fita. As DNA-polimerases de *Thermococcus litoralis*, chamadas de Vent®, e de *Pyrococcus*, chamadas de Deep Vent®, não são desnaturadas a 98 °C. Essas enzimas podem ser utilizadas em termocicladores automáticos, em ciclos repetidos de aquecimento e resfriamento, que permitem que múltiplas cópias de DNA sejam fabricadas de forma rápida e fácil.

Um biofilme microbiano é visível nesta fonte hidrotermal de águas profundas. A água com partículas pretas de sulfeto está sendo emitida pelo assoalho oceânico em temperaturas superiores a 100 °C.

Figura 27.8), o plástico PLA degrada-se em poucas semanas. Os plásticos feitos de PLA podem ser encontrados em uma série de produtos comerciais, como em garrafas de água descartáveis e copos plásticos. Outra versão de plástico biodegradável, também produzido por fermentação bacteriana, é chamada de poli-hidroxialcanoato, ou PHA. Produtos feitos de PHA degradam-se mais facilmente e podem suportar temperaturas maiores em sua utilização, porém são mais caros que o PLA.

Muitos produtos químicos sintéticos, como pesticidas, são altamente resistentes à degradação por ataque microbiano. Um exemplo bem conhecido é o inseticida DDT, que provou ser tão resistente que se acumulou em níveis prejudiciais no ambiente.

Pequenas diferenças nas estruturas químicas podem fazer grandes diferenças na biodegradabilidade. O exemplo clássico é o de dois herbicidas: 2,4-D (produto químico utilizado comumente para matar ervas daninhas em gramados) e o 2,4,5-T (utilizado para destruir arbustos); ambos eram componentes do Agente Laranja, utilizado para desfolhar selvas durante a guerra do Vietnã. A adição de um simples átomo de cloro à estrutura do 2,4-D aumenta a vida desse composto no solo de poucos dias a um período indefinido.

Um problema crescente é a lixiviação em águas subterrâneas de materiais tóxicos que não são biodegradáveis ou que se degradam muito lentamente. As fontes desses materiais podem incluir aterros, depósitos de lixo industriais ilegais ou pesticidas aplicados em culturas agrícolas.

Biorremediação

A utilização de micróbios para desintoxicar ou degradar poluentes é chamada de **biorremediação**. Derramamentos de óleo de navios naufragados e acidentes de perfuração representam alguns dos exemplos mais dramáticos de poluição química. Se as condições forem aeróbicas, a biorremediação ocorre naturalmente à medida que os micróbios atacam o petróleo.

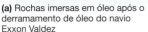

(a) Rochas imersas em óleo após o derramamento de óleo do navio Exxon Valdez

(b) Um mês após a adição de fertilizantes ricos em fósforo e nitrogênio

Figura 27.7 Biorremediação do óleo.

P Todos os organismos vivos necessitam dos elementos químicos representados pela sigla CHONPS. Quais elementos uma bactéria pode obter do petróleo?

Entretanto, os microrganismos normalmente obtêm seus nutrientes em solução aquosa, e os produtos à base de óleo são relativamente insolúveis. Além disso, hidrocarbonetos de petróleo são deficientes em elementos essenciais, como o nitrogênio e o fósforo. A biorremediação de derramamentos de óleo é bastante aprimorada se um "fertilizante" contendo nitrogênio e fósforo for fornecido às bactérias residentes (**Figura 27.7**).

Um dos resultados mais promissores para o campo da biorremediação ocorreu em uma praia do Alasca, após o derramamento de óleo de *Exxon Valdez*, em 1989. Os cientistas apostaram em uma maneira muito simples de acelerar o processo: simplesmente despejaram fertilizantes agrícolas comuns, fosforados e nitrogenados (**bioaumentadores**) em uma praia de teste. O número de bactérias degradadoras de óleo aumentou se comparado àquele encontrado nas praias-controle não fertilizadas, e o óleo foi rapidamente removido da praia em teste. Essa técnica funciona em terra, mas manter o fertilizante próximo ao óleo em derramamentos de óleo em águas abertas, como a explosão de um poço em 2010 no Golfo do México, tem se mostrado um desafio.

A biorremediação também pode fazer uso de microrganismos selecionados para se desenvolverem em certos poluentes ou de bactérias geneticamente modificadas que são especialmente adaptadas para metabolizar os produtos de petróleo. A adição desses micróbios especializados é chamada de **bioaumento**.

Resíduos sólidos municipais

Resíduos sólidos municipais (lixo) frequentemente são colocados em grandes aterros compactados de lixo. As condições são altamente anaeróbicas, e mesmo os materiais considerados biodegradáveis, como o papel, não são atacados de maneira eficaz pelos microrganismos. Na verdade, recuperar um jornal de 20 anos em condições de leitura não é totalmente impossível. Contudo, essas condições anaeróbicas promovem atividades dos mesmos metanógenos utilizados na operação de digestores de lodos anaeróbicos utilizados no tratamento de esgotos (discutido posteriormente neste capítulo). O metano produzido pode ser extraído por perfurações e queimado para gerar eletricidade ou purificado e introduzido em um sistema de canalização de gás natural (ver Figura 28.13). Esses sistemas fazem parte do projeto de muitos grandes aterros nos

Estados Unidos, alguns dos quais fornecem energia para instalações industriais e residências.

A **compostagem** é um processo utilizado na jardinagem para converter resíduos de plantas em um equivalente de húmus natural (decomposição da matéria orgânica no solo). Uma pilha de folhas ou feixes de grama é submetida à degradação microbiana. Sob condições favoráveis, bactérias termofílicas aumentarão a temperatura do composto para 55 a 60 °C em poucos dias. Depois que a temperatura diminuir, a pilha pode ser revirada para renovar o suprimento de oxigênio, e um segundo aumento de temperatura ocorrerá. Ao longo do tempo, as populações microbianas termofílicas são substituídas pelas populações mesofílicas, as quais continuam lentamente a conversão para o material estável semelhante ao húmus. Os resíduos municipais são compostados em fileiras (pilhas longas e baixas). A eliminação de resíduos municipais pelos métodos de compostagem atualmente tem sido cada vez mais realizada (**Figura 27.8**). Os agricultores, então, usam o composto em suas fazendas.

Reciclagem microbiana de lixo eletrônico

O lixo eletrônico inclui televisores, computadores, telefones celulares e outros dispositivos eletrônicos descartados que vão para aterros sanitários. Em 2019, mais de 40 milhões de toneladas de lixo eletrônico foram levadas para aterros sanitários. Os metais contidos nesses materiais são tóxicos e lixiviados do aterro, mas também são valiosos e podem ser reutilizados. As bactérias podem ser capazes de recuperar esses metais; atualmente, elas são usadas para extrair metais como ouro e cobre da Terra (ver Figura 28.12). Pesquisas estão em andamento para o uso de *Chromobacterium violaceum* e *Cupriavidus metallidurans* na extração de ouro, paládio e metais de terras raras do lixo eletrônico. Enquanto se desenvolve, o *Cupriavidus* pode acumular íons de ouro, produzindo pequenas pepitas de ouro.

TESTE SEU CONHECIMENTO

✔ **27-11** Por que os produtos de petróleo são naturalmente resistentes ao metabolismo pela maioria das bactérias?

✔ **27-12** Qual é a definição do termo *biorremediação*?

Resíduos sólidos municipais sendo revirados por equipamentos especialmente projetados

Figura 27.8 Compostagem de resíduos municipais.

P Uma pilha de compostagem de grama e folhas é muito rica em carbono; ela tem muito nitrogênio?

Microbiologia aquática e tratamento de esgoto

OBJETIVOS DE APRENDIZAGEM

27-13 Descrever os hábitats dos microrganismos de água doce e marinhos.

27-14 Explicar como a poluição das águas residuais é um problema de saúde pública e um problema ecológico.

27-15 Discutir as causas e os efeitos da eutrofização.

27-16 Explicar como a água é testada quanto à pureza bacteriológica.

27-17 Descrever como os patógenos são removidos da água para consumo.

27-18 Comparar os tratamentos de esgoto primário, secundário e terciário.

27-19 Listar algumas das atividades bioquímicas que acontecem em um digestor de lodo anaeróbico.

27-20 Definir *demanda bioquímica de oxigênio (DBO)*, *sistema de lodo ativado*, *filtros biológicos*, *tanque séptico* e *lagoa de oxidação*.

A **microbiologia aquática** refere-se ao estudo dos microrganismos e de suas atividades em águas naturais, como lagos, lagoas, córregos, rios, estuários e oceanos.

Microrganismos aquáticos

Um grande número de microrganismos em um corpo de água geralmente indica altos níveis de nutrientes na água. A água contaminada pelo influxo de sistemas de esgoto ou de resíduos orgânicos industriais biodegradáveis apresenta contagens bacterianas relativamente altas. De maneira similar, estuários oceânicos (alimentados por rios) têm altos níveis de nutrientes e, portanto, maiores populações microbianas em relação a outras águas costeiras.

Na água, principalmente com baixas concentrações de nutrientes, os microrganismos tendem a crescer em superfícies paradas e em partículas. Dessa forma, um microrganismo tem contato com mais nutrientes do que se estivesse aleatoriamente suspenso e flutuando livremente pela corrente. Muitas bactérias cujo principal hábitat é a água frequentemente têm apêndices e ganchos que as prendem a superfícies variadas. Um exemplo é a *Caulobacter* (ver Figura 11.2).

Microbiota de água doce

Uma lagoa ou lago típico serve como exemplo para representar as várias zonas e os tipos de microbiota encontrados em um corpo de água. A **zona litorânea** ao longo da costa tem uma vegetação enraizada considerável, e a luz penetra através dela. A **zona limnética** consiste na superfície de uma área de água aberta longe da costa. A **zona profunda** é a água mais profunda localizada abaixo da zona limnética. A **zona bentônica** contém o sedimento no fundo.

Populações microbianas de corpos de água doce tendem a ser afetadas principalmente pela disponibilidade de oxigênio e luz. De várias maneiras, a luz é o recurso mais importante devido às algas fotossintéticas, que são a principal fonte de matéria orgânica e, por conseguinte, de energia para o lago. Esses organismos são os produtores primários do lago que sustentam a população de bactérias, protozoários, peixes e outras vidas aquáticas. As algas fotossintéticas estão localizadas na zona limnética.

O oxigênio não se difunde muito bem na água, como qualquer dono de aquário sabe. Microrganismos crescendo na água estagnada com nutrientes rapidamente utilizam o oxigênio dissolvido nela. Na água sem oxigênio, os peixes morrem e a atividade anaeróbica produz odores. A ação das ondas em camadas superficiais ou o movimento da água nos rios tende a aumentar a quantidade de oxigênio na água e auxilia o crescimento da população de bactérias aeróbias. Portanto, o movimento melhora a qualidade da água e auxilia a degradação de nutrientes poluidores.

Águas mais profundas das zonas bentônicas têm baixas concentrações de oxigênio e menos luz. Conforme a luz passa pela coluna de água, comprimentos de onda mais longos são absorvidos pela água. Não é raro que os microrganismos fotossintéticos em zonas mais profundas utilizem diferentes comprimentos de onda de luz daqueles utilizados por fotossintetizadores da superfície (ver Figura 12.12a).

As bactérias sulfurosas púrpuras e verdes são encontradas na zona bentônica. Essas bactérias são organismos anaeróbios fotossintéticos que metabolizam H_2S em enxofre e sulfato nos sedimentos do fundo da zona bentônica.

O sedimento na zona bentônica inclui bactérias como o *Desulfovibrio*, que utiliza o sulfato (SO_4^{2-}) como aceptor de elétrons e o reduz à H_2S. As bactérias produtoras de metano também fazem parte dessas populações bentônicas anaeróbias. Em águas estagnadas, pântanos ou sedimentos de fundo, elas produzem gás metano. Espécies de *Clostridium* são comuns em sedimentos de fundo raso e podem incluir os organismos causadores do botulismo, particularmente aqueles causadores de surtos de botulismo em aves aquáticas. Os clostrídios crescem nas carcaças dos animais, e sua toxina se concentra nas larvas que se alimentam das carcaças. Os pássaros que comem as larvas ingerem, então, a toxina. Esse ciclo carcaça-larva pode matar milhões de pássaros em uma temporada.

Microbiota marinha

À medida que o conhecimento da vida microbiana dos oceanos aumenta, identificada amplamente por métodos de rRNA (ver discussão sobre FISH no Capítulo 10), os biólogos estão se tornando mais conscientes da importância dos microrganismos marinhos. Os sedimentos do assoalho oceânico têm apresentado grandes populações de procariotos. Esses organismos são principalmente arqueias, as quais são bem adaptadas às pressões ambientais e têm baixas necessidades energéticas. A conclusão até o momento é a de que aproximadamente um terço de toda a vida no planeta consiste em microrganismos que vivem não em águas oceânicas, mas sob o assoalho oceânico. Esses microrganismos produzem grandes quantidades de gás metano, que pode causar danos ambientais se for liberado na atmosfera. Ver quadro "Visão geral".

Na parte superior, onde as águas do oceano são relativamente mais iluminadas pela luz do sol, as cianobactérias fotossintéticas do gênero *Synechococcus* e *Prochlorococcus* são abundantes. Populações de diferentes linhagens variam em diferentes profundidades de acordo com suas adaptações à luz solar disponível. Uma gota de água do mar pode conter 20 mil células de *Prochlorococcus*, uma minúscula esfera de menos de 0,7 μm de diâmetro. Essa população de microrganismos microscópicos invisíveis preenche os 100 metros superiores do oceano e exerce grande influência na vida na Terra. O suporte para a vida oceânica depende, em grande parte, dessas vidas microscópicas fotossintéticas, o **fitoplâncton** marinho (termo derivado do grego para plantas que são carregadas passivamente pelas correntes). O fitoplâncton marinho produz 50 a 80% do O_2 na atmosfera.

As bactérias fotossintéticas formam a base da cadeia alimentar oceânica. Bilhões delas em cada litro de água do mar dobram em número em poucos dias e são consumidas na mesma taxa por predadores microscópicos. Elas fixam dióxido de carbono para formar matéria orgânica, que, eventualmente é dissolvida no oceano, onde é utilizada pelas bactérias heterotróficas do oceano. Uma cianobactéria, *Trichodesmium*, fixa nitrogênio e auxilia a reposição do nitrogênio que é perdido à medida que os organismos afundam nas profundezas oceânicas. Populações imensas de outra bactéria, *Pelagibacter ubique*, metabolizam os produtos residuais dessas populações fotossintéticas (ver Capítulo 11).

Em águas abaixo de 100 metros, membros de Archaea começam a dominar a vida microbiana. Os membros planctônicos desse grupo do gênero *Crenarchaeota* são responsáveis por grande parte da biomassa microbiana dos oceanos. Esses organismos são bem adaptados às temperaturas baixas e aos níveis baixos de oxigênio do fundo oceânico. O carbono desses organismos é principalmente derivado do CO_2 dissolvido.

A **bioluminescência** microbiana, ou emissão de luz, é um aspecto interessante da vida no fundo do mar. Muitas bactérias são luminescentes e algumas estabelecem relações simbióticas com os peixes que habitam a zona bentônica. Esses peixes, algumas vezes, utilizam o brilho de suas bactérias residentes para auxiliar a atração e captura de presas na completa escuridão das profundezas do oceano (**Figura 27.9**). Esses organismos bioluminescentes têm uma enzima, denominada *luciferase*, que capta elétrons das flavoproteínas na cadeia de transporte de elétrons e, então, emite uma parte da energia dos elétrons como um fóton de luz.

Figura 27.9 Bactéria bioluminescente como órgão de luz em peixes. Este é um peixe-lanterna das profundezas do mar (*Photoblepharon palpebratus*). A bactéria *Aliivibrio fischeri* no órgão sob os olhos produz luz.

P Que enzima é responsável pela bioluminescência?

TESTE SEU CONHECIMENTO

✔ **27-13** Bactérias sulfurosas púrpuras e verdes são organismos fotossintéticos, mas geralmente são encontradas nas profundezas da água doce, em vez de na superfície. Por quê?

O papel dos microrganismos na qualidade da água

Na natureza, é raro encontrar água totalmente pura. Até mesmo a água da chuva se contamina à medida que cai na Terra.

Poluição das águas

A forma de poluição das águas que é o nosso principal interesse é a poluição microbiana, principalmente por organismos patogênicos.

Transmissão das doenças infecciosas A água que se move abaixo da superfície do solo passa por uma filtração que remove a maioria dos microrganismos. Por essa razão, a água de fontes e poços profundos geralmente é de boa qualidade. A forma mais perigosa de poluição da água ocorre quando fezes entram no abastecimento de água. Muitas doenças são transmissíveis pela via oral-fecal, em que um patógeno é disseminado por fezes humanas ou animais, contamina a água e é ingerido (ver Capítulo 25). No mundo, estima-se que as doenças transmissíveis pela água sejam responsáveis por mais de 800 mil mortes a cada ano, principalmente entre crianças com idade inferior a 5 anos.

Exemplos dessas doenças são a febre tifoide e a cólera, causadas por bactérias transmissíveis somente por fezes humanas. O aprimoramento das condições sanitárias, incluindo o uso de leitos de filtros de areia, nas nações desenvolvidas reduziu bastante a incidência dessas doenças.

Poluição química A prevenção da contaminação química da água é um grande problema. Os produtos químicos industriais e agrícolas lixiviados da terra entram na água em grandes quantidades e em formas que são resistentes à biodegradação. As águas rurais muitas vezes têm quantidades excessivas de nitrato derivado de fertilizantes agrícolas. Quando ingerido, nitrato é convertido em nitrito por bactérias nos intestinos. O nitrito compete com o oxigênio, reduzindo a absorção de oxigênio pela hemoglobina. É provável que isso prejudique principalmente bebês.

Um exemplo de poluição química foi a provocada pelos detergentes sintéticos desenvolvidos imediatamente após a Segunda Guerra Mundial. Eles rapidamente substituíram muitos dos sabões até então em uso. Como esses detergentes não eram biodegradáveis, eles logo se acumularam nos cursos de água. Em alguns rios, grandes porções de espuma podiam ser vistas flutuando corrente abaixo. Esses detergentes foram substituídos por formulações sintéticas biodegradáveis.

Entretanto, os detergentes biodegradáveis ainda representam um grande problema ambiental, pois eles podem conter fosfatos. Infelizmente, os fosfatos quase não são alterados quando passam pelos sistemas de tratamento de esgoto e podem levar à **eutrofização**, que é causada pelo excesso de nutrientes em lagos e córregos.

Para compreender o conceito de eutrofização, lembre-se de que as algas e as cianobactérias obtêm sua energia da luz solar e seu carbono do dióxido de carbono dissolvido na água. Na maioria das águas, no entanto, os suprimentos de nitrogênio e fósforo são inadequados para o crescimento de algas. Quando esses nutrientes entram na água a partir de resíduos domésticos, agrícolas e industriais, como ocorre quando o tratamento de resíduos está ausente ou é ineficiente, eles propiciam o desenvolvimento de densos crescimentos aquáticos, chamados de **floração de algas**. (O termo *floração de algas* inclui algas eucarióticas e cianobactérias.) Como muitas cianobactérias podem fixar o nitrogênio da atmosfera, esses organismos fotossintetizantes necessitam somente de traços de fósforo para iniciar essa florescência. Uma vez que a eutrofização resulta na florescência de algas ou cianobactérias, o efeito é o mesmo que a adição de matéria orgânica biodegradável. Em curto prazo, essas algas e cianobactérias produzem oxigênio. Entretanto, elas finalmente morrem e são degradadas por bactérias. Durante o processo de degradação, o oxigênio na água é esgotado, matando os peixes. Restos de matéria orgânica não degradada são depositados no fundo do lago e aceleram seu abastecimento.

Figura 27.10 Maré vermelha. Estas proliferações de crescimento aquático são causadas por excesso de nutrientes na água. A cor é da pigmentação dos dinoflagelados.

P Qual é a principal fonte de energia dos dinoflagelados que causa as proliferações aquáticas?

CASO CLÍNICO

O médico prescreve uma dose única de doxiciclina e orienta Charity a ingerir bastante líquidos. Ele também indaga sobre quais países Charity havia visitado. Ela diz ao médico que esteve na China, nas Filipinas, no Haiti, no Chile e na Indonésia. Antes de ficar doente, Charity tinha boa saúde. Antes de deixar o Haiti para retornar para casa, Charity comeu camarões fritos comprados em um mercado e preparados por uma família local. Ela também se lembra de ter bebido meio copo de água no jantar; ela não sabe se a água era engarrafada.

O que o médico deve suspeitar de ser a causa da diarreia severa de Charity?

Parte 1   **Parte 2**   Parte 3   Parte 4   Parte 5   Parte 6

As florações de fitoplâncton produtoras de toxinas (**Figura 27.10**), discutidas no Capítulo 15 (algas), são provavelmente causadas por nutrientes excessivos oriundos de correntes marítimas ou resíduos terrestres. As cianobactérias produtoras de toxinas, mais comumente *Microcystis*, também podem estar presentes nas florações de algas. Além dos efeitos da eutrofização, florações de algas nocivas podem afetar a saúde humana. Frutos do mar, principalmente mariscos ou moluscos semelhantes, que ingerem esses plânctons, tornam-se tóxicos aos seres humanos. *Microcystis* produz uma hepatotoxina que pode causar danos ao fígado.

Resíduos municipais contendo detergentes são provavelmente a principal fonte de fosfatos de lagos e córregos. Consequentemente, detergentes e fertilizantes para gramados que contenham fosfato são proibidos em muitos locais.

Testes de pureza das águas

Historicamente, a maior preocupação sobre a pureza das águas tem sido relacionada com a transmissão de doenças. Assim, testes foram desenvolvidos para determinar a segurança das águas, muitos deles também sendo aplicáveis em alimentos.

Entretanto, não é prático procurar somente patógenos nos abastecimentos de água. Por um lado, se fossem encontrados os patógenos causadores de febre tifoide ou cólera no sistema de água, a descoberta já não poderia prevenir um surto da doença. Além disso, esses patógenos provavelmente estariam presentes somente em pequeno número e poderiam não estar incluídos nas amostras testadas.

Os testes de avaliação da pureza da água utilizados atualmente visam a detectar **organismos indicadores** específicos. Existem vários critérios para um organismo indicador. O critério mais importante é que o organismo esteja efetivamente presente em fezes humanas em números substanciais, de modo que sua detecção seja uma boa indicação de que resíduos humanos estão sendo introduzidos na água. Os organismos indicadores também devem sobreviver na água tão bem quanto os patógenos. Esses organismos devem ser detectados por testes simples, que podem ser realizados por pessoas com relativamente pouco treinamento em microbiologia.

Nos Estados Unidos, os organismos indicadores comuns na água doce são as *bactérias coliformes*.* Os **coliformes** são definidos como bactérias aeróbias ou anaeróbias facultativas, gram-negativas, não formadoras de endósporos e em forma de bastonete que fermentam a lactose, formando gás dentro de 48 horas após serem colocadas em caldo lactosado a 35 °C. Uma vez que alguns coliformes não são apenas bactérias entéricas, mas são mais comumente encontrados em plantas e amostras de solo, muitos padrões para alimentos e água especificam a identificação de *coliformes fecais*. O coliforme fecal predominante é a *E. coli*, que constitui uma grande proporção da população bacteriana intestinal humana. Os testes para distinguir os coliformes fecais dos coliformes não fecais são incubados a 45,5 °C. Observe que os coliformes não são

---

*A presença de coliformes nem sempre indica contaminação fecal recente; como os coliformes podem colonizar cursos de água, a Environmental Protection Agency (EPA) recomenda o uso da bactéria *Enterococcus* como indicador de segurança para águas em oceanos e baías. As populações de enterococos diminuem mais uniformemente do que as de coliformes tanto em água doce quanto em água do mar.

patogênicos por si mesmos sob condições normais, embora algumas linhagens possam causar diarreia (ver Capítulo 25) e infecções oportunistas do trato urinário (ver Capítulo 26).

Os métodos para determinação da presença de coliformes na água têm como base a habilidade das bactérias coliformes em fermentar lactose. O método dos tubos múltiplos pode ser utilizado para estimar o número de coliformes pelo método do número mais provável (NMP) (ver Figura 6.21). O método de filtração em membrana é um método mais direto na determinação da presença e dos números de coliformes. Talvez esse seja o método mais amplamente utilizado na América do Norte e na Europa. Ele faz uso de um aparato de filtração semelhante ao mostrado na Figura 7.4. Nessa aplicação, porém, as bactérias coletadas na superfície de uma membrana filtrante removível são colocadas em um meio adequado e incubadas. As colônias de coliformes têm aparência distinta e são contadas (ver Figura 6.20). Esse método é adequado para águas com baixa turbidez, que não entopem o filtro e que têm relativamente poucas bactérias não coliformes que poderiam mascarar os resultados.

Um método mais conveniente de detecção de coliformes, especificamente o coliforme fecal *E. coli*, utiliza um meio contendo dois substratos *o*-nitrofenil-β-D-galactopiranosídeo (ONPG) e 4-metilumbeliferil-β-D-glicuronídeo (MUG). Os coliformes produzem a enzima β-galactosidase, que atua no ONPG e produz coloração amarela, indicando a sua presença na amostra. *E. coli* é a única entre os coliformes que quase sempre produz a enzima β-glicuronidase, a qual atua no MUG, formando um composto fluorescente que emite um brilho azul quando iluminado por luz ultravioleta (UV) de comprimento de onda longo. Eles também podem ser aplicados em meios sólidos, como no método de filtração em membrana. As colônias fluorescem sob luz UV. Esses testes simples, ou variações deles, podem detectar a presença ou a ausência de coliformes ou *E. coli* e podem ser combinados com o método dos tubos múltiplos para enumerá-los.

Os coliformes são organismos indicadores muito úteis na sanitização da água, porém têm limitações. Um dos problemas é o crescimento das bactérias coliformes incorporadas em biofilmes nas superfícies internas das tubulações de água. Esses coliformes não representam contaminação externa fecal da água e não são considerados uma ameaça para a saúde pública. Normas que regem a presença de coliformes em águas para consumo requerem que qualquer amostra positiva seja relatada, e, ocasionalmente, esses coliformes nativos são detectados. Isso levou a orientações comunitárias desnecessárias para ferver a água.

Um problema mais sério é que alguns patógenos, sobretudo vírus, cistos e oocistos de protozoários, são mais resistentes à desinfecção química do que os coliformes. Pela utilização de métodos sofisticados de detecção viral, verificou-se que amostras de água quimicamente desinfetadas, livres de coliformes, frequentemente ainda se encontram contaminadas por vírus entéricos. Cistos de *Giardia intestinalis* e oocistos de *Cryptosporidium* são tão resistentes à cloração que a eliminação completa desses organismos com esse método é provavelmente impossível; métodos mecânicos, como a filtração, são necessários. Uma regra geral para a cloração é que os vírus são mais resistentes ao tratamento do que *E. coli*, e os cistos de *Cryptosporidium* e *Giardia* são 100 vezes mais resistentes que os vírus.

A **vigilância baseada em águas residuais** (WBS, de *wastewater-based surveillance*) pode ser usada para se monitorar a prevalência de patógenos a fim de se determinar se uma transmissão está ocorrendo em uma comunidade. A WBS está sendo usada em algumas comunidades para detectar a prevalência do poliovírus, do vírus MPOX e do vírus da Covid-19 na população. As limitações da WBS incluem o custo e a especificidade dos testes. As amostras positivas do meio ambiente apenas alertam as autoridades de saúde pública de que a transmissão está acontecendo.

CASO CLÍNICO

O médico suspeita de cólera e envia uma amostra de fezes para um laboratório local. A cultura de fezes apresenta colônias suspeitas de *V. cholerae*. Esse resultado é confirmado pelo laboratório de saúde pública do município. Testes de aglutinação em látex realizados no laboratório de saúde pública do estado confirmam que as colônias são produtoras de toxina colérica. Testes adicionais realizados no CDC identificam que o isolado é o biotipo El Tor de *V. cholerae* O:1. O *fingerprinting* de DNA mostra que essa é a mesma linhagem de *V. cholerae* que está causando uma epidemia no Haiti.

Como a cólera é transmissível? Como um terremoto favorece a transmissão?

Parte 1   Parte 2   **Parte 3**   Parte 4   Parte 5   Parte 6

TESTE SEU CONHECIMENTO

✔ **27-14** Qual doença é mais provável de ser transmitida por águas poluídas: cólera ou gripe?

✔ **27-15** Cite um microrganismo que se multiplicará na água, mesmo se não houver uma fonte de matéria orgânica para energia ou uma fonte de nitrogênio – mas que exige pequenas quantidades de fósforo.

✔ **27-16** Coliformes são os mais comuns indicadores bacterianos de poluição da água que ameaçam a saúde nos Estados Unidos. Por que normalmente é necessário especificar o termo coliformes *fecais*?

Tratamento da água

Quando a água é obtida de reservatórios não contaminados alimentados por córregos de montanhas limpas ou poços profundos, ela requer um mínimo de tratamento para ser segura para o consumo. Muitas cidades, contudo, obtêm suas águas de fontes bastante poluídas, como os rios que recebem os resíduos municipais e industriais. As etapas utilizadas na purificação dessa água são apresentadas na **Figura 27.11**. O tratamento da água não está destinado a produzir água estéril, mas uma água livre de microrganismos causadores de doenças.

Coagulação e filtração

Águas muito turvas (opacas) permanecem em um reservatório por um tempo, a fim de permitir que o máximo de matéria particulada suspensa seja decantada. A água passa, então, pela **floculação**, a remoção de materiais coloidais, como a

Figura 27.11 As etapas envolvidas no tratamento de água em uma estação municipal típica de purificação de água.

P A remoção de "partículas coloidais" por floculação envolve organismos vivos?

argila, que é muito pequena (menor do que 10 µm) e que de outra forma permaneceria em suspensão indefinidamente. Um coagulante químico, como o sulfato de potássio e o alumínio (alúmen), forma agregados de partículas finas suspensas, chamadas de *flocos*. À medida que esses agregados vão lentamente se depositando, eles capturam o material coloidal e o carregam até o fundo. Um grande número de vírus e bactérias também é removido dessa forma. O alúmen foi usado para limpar a água de rios lamacentos durante a primeira metade do século XIX nas fortalezas militares do Oeste Americano, muito antes que a teoria do germe da doença fosse desenvolvida.

Após a floculação, a água é tratada por **filtração** – isto é, passa por leitos de 60 a 120 cm de areia fina ou carvão de antracito triturado. Como mencionado anteriormente, alguns cistos e oocistos de protozoários apenas são removidos da água pelo tratamento de filtração. Os microrganismos são capturados principalmente por adsorção a superfícies de partículas de areia. Não penetram nas rotas tortuosas entre as partículas, embora os espaços sejam maiores que os microrganismos sendo filtrados. Esses filtros são periodicamente lavados para evitar acúmulos. Os sistemas de água das cidades que apresentam uma grande preocupação com os químicos tóxicos suplementam a filtração de areia com filtros de carvão ativado (carvão aquecido). O carvão remove não somente matéria particulada, mas também a maioria dos poluentes químicos orgânicos dissolvidos. Uma estação de tratamento de água operando corretamente remove vírus (que são mais difíceis de remover do que bactérias e protozoários) com eficiência de cerca de 99,5%. Os *sistemas de filtração em membrana* em baixa pressão estão começando a ser utilizados. Esses sistemas possuem aberturas tão pequenas quanto 0,2 µm e são mais confiáveis na remoção de *Giardia* e *Cryptosporidium*.

Desinfecção

Antes de entrar no sistema de distribuição municipal, a água filtrada é clorada. Como a matéria orgânica neutraliza o cloro, os operadores da estação de tratamento devem prestar atenção constante para manter os níveis de cloro efetivos.

Como observado no Capítulo 7, outro desinfetante para a água é o tratamento com ozônio. O ozônio (O_3) é uma forma altamente reativa do oxigênio que é formada por descarga elétrica e luz UV. (O odor fresco no ar depois de uma tempestade ou ao redor de uma lâmpada de luz ultravioleta é de ozônio.) O ozônio utilizado para o tratamento da água é gerado eletricamente no local do tratamento. O tratamento com ozônio também é válido por não deixar gosto nem odor. Uma vez que apresenta pouco efeito residual, o ozônio geralmente é utilizado como desinfetante no tratamento primário, seguido pela cloração. O uso da luz UV também é um suplemento ou uma alternativa para a desinfecção química. Lâmpadas de tubo UV são dispostas de modo que a água flua próximo a elas. Isso é necessário devido ao baixo poder de penetração da radiação UV.

TESTE SEU CONHECIMENTO

✔ **27-17** De que modo coagulantes químicos, como o alumínio, removem impurezas coloidais, incluindo microrganismos, da água?

Tratamento de esgoto (águas residuais)

O esgoto, ou águas residuais, inclui toda a água de uso doméstico que é utilizada para lavagem e aquela de resíduos sanitários. A água da chuva que flui para os bueiros da rua e alguns

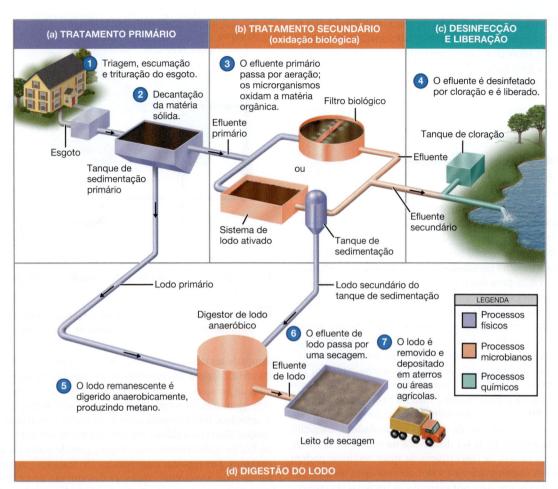

(a) TRATAMENTO PRIMÁRIO

1 Triagem, escumação e trituração do esgoto.

2 Decantação da matéria sólida.

Esgoto

Tanque de sedimentação primário

(b) TRATAMENTO SECUNDÁRIO (oxidação biológica)

3 O efluente primário passa por aeração; os microrganismos oxidam a matéria orgânica.

Efluente primário

Filtro biológico

ou

Sistema de lodo ativado

Tanque de sedimentação

(c) DESINFECÇÃO E LIBERAÇÃO

4 O efluente é desinfetado por cloração e é liberado.

Tanque de cloração

Efluente

Efluente secundário

Lodo primário

Lodo secundário do tanque de sedimentação

Digestor de lodo anaeróbico

6 O efluente de lodo passa por uma secagem.

Efluente de lodo

7 O lodo é removido e depositado em aterros ou áreas agrícolas.

5 O lodo remanescente é digerido anaerobicamente, produzindo metano.

Leito de secagem

LEGENDA
Processos físicos
Processos microbianos
Processos químicos

(d) DIGESTÃO DO LODO

Figura 27.12 Estágios de um tratamento de esgoto típico. A atividade microbiana ocorre aerobicamente em filtros biológicos ou em tanques de aeração de lodo ativado e anaerobicamente no digestor de lodo anaeróbico. Um sistema particular usaria tanques de aeração de lodo ativado ou filtros biológicos, não ambos, como mostrado nesta figura. O metano produzido pela digestão do lodo é queimado ou utilizado em aquecedores de energia ou motores de bombas.

P Qual processo requer oxigênio?

resíduos industriais fazem parte do sistema de esgoto de muitas cidades. O esgoto é composto principalmente de água e contém pouca matéria particulada, talvez somente 0,03%. Ainda assim, nas grandes cidades, a porção sólida do esgoto pode totalizar mais de mil toneladas de material sólido por dia.

Até a consciência ambiental se intensificar, um número surpreendente de cidades norte-americanas tinha apenas um sistema rudimentar de tratamento de esgoto ou nem tinha sistema algum. O esgoto bruto, não tratado, era simplesmente descartado em rios ou oceanos. Uma corrente com fluxo bastante aerado é capaz de uma autopurificação considerável. Portanto, até que as populações em expansão e seus resíduos excedam essa capacidade, esse tratamento casual de resíduos municipais não é um problema. Nos países desenvolvidos, a maioria dos casos de emissão simples de resíduos foi aprimorada. Contudo, isso não é verdadeiro em muitas partes do

mundo. Muitas comunidades que vivem às margens do Mediterrâneo depositam seus esgotos não tratados no mar.

Tratamento primário do esgoto

A primeira etapa no tratamento de esgoto denomina-se **tratamento primário do esgoto** (**Figura 27.12a**). Nesse processo, os grandes materiais flutuantes contidos nas águas residuais recebidas são triados, o esgoto flui por câmaras de sedimentação para a remoção de areia e materiais arenosos similares, escumadeiras removem óleo e graxas flutuantes, e os restos flutuantes são fragmentados e triturados. Após essa etapa, o esgoto passa através de tanques de sedimentação, onde a matéria sólida restante é sedimentada. Os sólidos do esgoto sedimentados no fundo são chamados de **lodo** – nesse estágio, *lodo primário*. Aproximadamente 40 a 60% dos sólidos suspensos são removidos do esgoto por esse tratamento de sedimentação, e a floculação química, que aumenta a remoção de sólidos, algumas vezes é adicionada a essa etapa. A atividade biológica não é particularmente importante no tratamento primário, embora possa ocorrer digestão do lodo e da matéria orgânica dissolvida durante longos períodos de espera. O lodo é removido para uma base contínua ou intermitente, e o efluente (o líquido que sai) passa, em seguida, para o tratamento secundário.

Demanda bioquímica de oxigênio

Um conceito importante no tratamento de esgoto e na ecologia geral do gerenciamento de resíduos é a **demanda bioquímica de oxigênio (DBO)**, medida da matéria orgânica biologicamente degradável na água. O tratamento primário remove em torno de 25 a 35% da DBO do esgoto.

A DBO é determinada pela quantidade de oxigênio necessária para a bactéria metabolizar a matéria orgânica. Na metodologia clássica, para determiná-la, são utilizadas garrafas com rolhas herméticas. Cada garrafa é primeiramente preenchida com a água a ser testada ou diluições. Inicialmente, a água é aerada para fornecer uma quantidade relativamente alta de oxigênio dissolvido e, se necessário, semeada com bactérias. As garrafas cheias são incubadas por 5 dias no escuro a 20°C, e a diminuição do oxigênio dissolvido é determinada por um teste químico ou eletrônico. Quanto mais oxigênio é consumido pela bactéria para degradar a matéria orgânica na amostra, maior é a DBO, a qual normalmente é expressa em miligramas de oxigênio por litro de água. A quantidade de oxigênio que normalmente pode ser dissolvida na água é de cerca de 10 mg/L; os valores de DBO típicos de águas residuais podem ser 20 vezes maiores que esse valor. Se essa água residual for introduzida em um lago, por exemplo, as bactérias do lago começarão a consumir a matéria orgânica responsável pela alta DBO, esgotando rapidamente o oxigênio da água do lago. (Ver discussão sobre eutrofização anteriormente neste capítulo.)

Tratamento secundário do esgoto

Após o tratamento primário, a maior parte da DBO remanescente no esgoto encontra-se na forma de matéria orgânica dissolvida. O **tratamento secundário do esgoto**, que é predominantemente biológico, é projetado para remover a maior parte da matéria orgânica e reduzir a DBO (Figura 27.12b). Nesse processo, o esgoto passa por uma forte aeração para aumentar o crescimento de bactérias aeróbias e outros microrganismos que oxidam a matéria orgânica dissolvida a dióxido de carbono e água. Dois métodos comumente utilizados no tratamento secundário são o sistema de lodo ativado e os filtros biológicos.

Nos tanques de aeração de um **sistema de lodo ativado**, ar ou oxigênio puro passa através do efluente proveniente do tratamento primário (**Figura 27.13**). O nome é derivado da prática de se adicionar um pouco do lodo de um lote anterior ao esgoto que está entrando. Esse inóculo é denominado *lodo ativado*, pois contém um grande número de microrganismos que metabolizam o esgoto. A atividade desses microrganismos aeróbios oxida grande parte da matéria orgânica do esgoto em dióxido de carbono e água. Membros especialmente

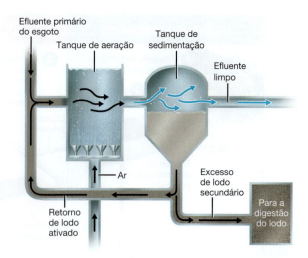

Figura 27.13 Sistema de lodo ativado de tratamento secundário de esgoto.

P Quais são as similaridades entre a fabricação de vinho e o tratamento de esgoto pelo sistema de lodo ativado?

importantes dessa comunidade microbiana são as espécies da bactéria *Zoogloea*, as quais formam flocos bacterianos nos tanques de aeração, ou *grânulos de lodo*. A matéria orgânica solúvel no esgoto é incorporada ao floco e aos seus microrganismos. A aeração é interrompida após 4 a 8 horas, e os conteúdos do tanque são transferidos para um tanque de decantação, onde os flocos sedimentam, removendo grande parte da matéria orgânica. Em seguida, esses sólidos são tratados em um digestor de lodo anaeróbico, que será descrito em breve. Provavelmente, mais matéria orgânica é removida por esse processo de sedimentação do que pela oxidação aeróbica relativamente curta realizada por microrganismos. O efluente clarificado é desinfetado e descarregado. Os sistemas de lodo ativado são bastante eficientes, removendo 75 a 95% da DBO do esgoto.

Ocasionalmente, o lodo pode flutuar, em vez de sedimentar; esse fenômeno é denominado **intumescimento**. Quando isso ocorre, a matéria orgânica nos flocos flui com o efluente descartado, resultando em poluição local. O intumescimento é causado pelo crescimento de bactérias filamentosas de vários tipos; *Sphaerotilus natans* e espécies de *Nocardia* são frequentes.

Os **filtros biológicos** são outro método comumente utilizado no tratamento secundário. Nesse método, o esgoto é espalhado sobre um leito de pedras ou plásticos moldados (**Figura 27.14**). Os componentes desse leito devem ser grandes o bastante para que o ar penetre até o fundo, mas pequenos o suficiente para maximizar a área de superfície disponível para a atividade microbiana. Um biofilme (ver Capítulo 6) de micróbios aeróbios cresce nas pedras ou superfícies plásticas. Devido à circulação de ar pelo leito de pedras, esses microrganismos aeróbios na camada limosa podem oxidar uma grande quantidade de matéria orgânica, escoando sobre as superfícies, em dióxido de carbono e água. Os filtros biológicos removem 80 a 85% da DBO, sendo, assim, de modo geral, menos eficientes do que os sistemas de lodo ativado. No entanto,

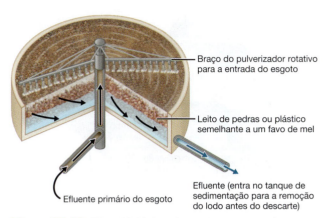

Braço do pulverizador rotativo para a entrada do esgoto

Leito de pedras ou plástico semelhante a um favo de mel

Efluente (entra no tanque de sedimentação para a remoção do lodo antes do descarte)

Efluente primário do esgoto

Figura 27.14 Filtro biológico de um tratamento de esgoto secundário. O esgoto é aspergido por um sistema de canos rotativos sobre um leito de pedras ou uma estrutura de plástico semelhante a um favo de mel projetado para ter uma área de superfície máxima e para permitir a penetração profunda do oxigênio no leito.

P **O que tornaria o leito mais eficiente em um sistema de filtro biológico: areia fina ou bolas de golfe?**

eles são normalmente menos problemáticos para operar e apresentam menos problemas de sobrecarga ou esgoto tóxico. Observe que o esgoto também é um produto do sistema de filtros biológicos.

Outro projeto baseado em biofilmes para o tratamento secundário do esgoto é o sistema **contator biológico rotativo**. Esse sistema consiste em uma série de discos com vários centímetros de diâmetro, montados sobre um eixo. Os discos giram lentamente, com seus 40% inferiores submersos no resíduo líquido. A rotação fornece aeração e contato entre o biofilme dos discos e os resíduos líquidos. A rotação também tende a causar o desprendimento do biofilme acumulado, quando ele se torna muito espesso. Isso equivale ao acúmulo de flocos nos sistemas de lodo ativado.

Desinfecção e liberação

O esgoto tratado é desinfetado, geralmente por cloração, antes de ser liberado (Figura 27.12c). A liberação geralmente ocorre em um oceano ou em riachos. As águas residuais tratadas podem ser usadas para irrigar pomares, vinhedos e plantações não alimentares para evitar a contaminação por fósforo e nitrogênio dos cursos de água e conservar a água doce. O solo que recebe essa água atua como um filtro biológico para remover substâncias químicas e microrganismos, antes que a água alcance os suprimentos de água subterrâneos e superficiais.

Digestão do lodo

O lodo primário acumula-se nos tanques de sedimentação primária; também se acumula nos tratamentos secundários de lodo ativado e filtros biológicos. Para um tratamento adicional, esses lodos são frequentemente bombeados para **digestores de lodo anaeróbicos** (Figura 27.12d e **Figura 27.15**). O processo de digestão do lodo é realizado em grandes tanques, dos quais o oxigênio é quase completamente excluído.

No tratamento secundário, a ênfase é colocada na manutenção das condições aeróbicas, de modo que a matéria orgânica seja convertida em dióxido de carbono, água e sólidos que possam sedimentar. Um digestor anaeróbico de lodo, contudo, é projetado para favorecer o crescimento de bactérias anaeróbias, sobretudo bactérias produtoras de metano, que diminuem os sólidos orgânicos, degradando-os em substâncias solúveis e gases, principalmente metano (60 a 70%) e dióxido de carbono (20 a 30%). O metano e o dióxido de carbono são produtos finais relativamente inócuos, em comparação com o dióxido de carbono e a água produzidos a partir do tratamento aeróbico. O metano é rotineiramente utilizado como combustível para o aquecimento do digestor e também é frequentemente utilizado para gerar energia para os equipamentos da estação de tratamento.

CASO CLÍNICO

V. cholerae é transmissível pela via fecal-oral. Antes do terremoto, apenas 63% da população do Haiti tinha acesso a uma boa fonte de água para consumo (devidamente armazenada em recipientes bem vedados, cloradas ou filtradas) e somente 17% tinham acesso a condições de saneamento adequadas. Muitas pessoas utilizavam nascentes para obter água para consumo. A cólera disseminou-se rapidamente pelo Haiti 9 meses após o terremoto de 2010, devido à falta de água potável e de saneamento e ao grande número de pessoas desalojadas. A taxa de mortalidade por cólera no Haiti é de 3,3%.

Charity recupera-se sem intercorrências; por que a taxa de mortalidade é tão alta no Haiti?

Parte 1   Parte 2   Parte 3   **Parte 4**   Parte 5   Parte 6

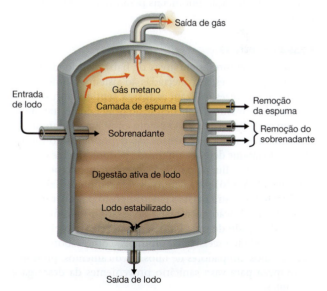

Saída de gás

Gás metano

Entrada de lodo

Camada de espuma

Remoção da espuma

Sobrenadante

Remoção do sobrenadante

Digestão ativa de lodo

Lodo estabilizado

Saída de lodo

Figura 27.15 Digestão de lodo.

P Quais seriam as formas de utilização do lodo estabilizado?

Existem essencialmente três estágios na atividade de um digestor de lodo anaeróbico. O primeiro estágio é a produção de dióxido de carbono e ácidos orgânicos a partir da fermentação anaeróbica do lodo por vários microrganismos anaeróbios e anaeróbios facultativos. No segundo estágio, os ácidos orgânicos são metabolizados para formar hidrogênio e dióxido de carbono, bem como ácidos orgânicos, como o ácido acético. Esses produtos são matéria bruta para um terceiro estágio, no qual as bactérias produtoras de metano produzem o metano (CH_4). A maior parte do metano é proveniente da energia gerada pela redução do dióxido de carbono pelo gás hidrogênio:

$$CO_2 + 4H_2 \longrightarrow CH_4 + 2H_2O$$

Outros microrganismos produtores de metano degradam o ácido acético (CH_3COOH) produzindo metano e dióxido de carbono:

$$CH_3COOH \longrightarrow CH_4 + CO_2$$

Depois que a digestão anaeróbica está completa, grandes quantidades de lodo não digerido ainda permanecem, embora sejam relativamente estáveis e inertes. Para reduzir seu volume, esse lodo é bombeado para os leitos de secagem rasos ou para os filtros de extração de água. Após essa etapa, o lodo pode ser incinerado, utilizado para aterro ou como condicionador de solo, às vezes sob o nome de *biossólido*. O lodo é dividido em duas classes: o lodo classe A não contém patógenos detectáveis, e o lodo classe B é tratado somente para reduzir o número de patógenos a certos níveis. A maioria do lodo é classe B, e o acesso público a sítios de aplicação é limitado. O lodo tem cerca de um quinto do valor de crescimento dos fertilizantes comerciais convencionais para gramados, mas tem qualidades desejáveis de condicionamento do solo, assim como o húmus e a cobertura morta (matéria vegetal em decomposição espalhada no solo). Um problema potencial é a contaminação por metais pesados que são tóxicos às plantas.

Fossas sépticas

As casas e as empresas em áreas de baixa densidade populacional que não estão conectadas ao sistema municipal de esgoto muitas vezes utilizam as **fossas sépticas**, um sistema cujo funcionamento é semelhante ao princípio do tratamento primário (**Figura 27.16**). O esgoto entra em um tanque de retenção, e os sólidos suspensos são depositados no fundo. O lodo do tanque deve ser bombeado periodicamente e eliminado. O efluente flui pelo sistema de encanamento perfurado (drenagem do solo) para dentro de um campo de lixiviação. O efluente que entra no solo é decomposto por microrganismos do solo. A ação microbiana necessária para o funcionamento adequado de uma fossa séptica pode ser prejudicada pela quantidade excessiva de produtos, como sabonetes antibacterianos, limpadores de ralos, medicamentos, produtos de limpeza para vaso sanitário provenientes da descarga e alvejantes.

Esses sistemas funcionam bem quando não são sobrecarregados e quando o sistema de drenagem possui o tamanho

(a) Um plano geral. A maioria da matéria orgânica solúvel é descartada por percolação no solo.

(b) Secção de uma fossa séptica.

Figura 27.16 Sistema de fossa séptica.

P Que tipo de solo poderia necessitar de uma maior área de drenagem, argiloso ou arenoso?

CASO CLÍNICO

Quando a cólera é identificada precocemente e o tratamento apropriado de reidratação é iniciado rapidamente (ver Capítulo 25), a taxa de mortalidade é inferior a 1%. O estado nutricional subjacente das pessoas afetadas e o seu acesso à água potável para a terapia de reidratação influenciam fortemente a taxa de mortalidade. No Haiti, a epidemia de cólera não havia sido notificada antes do terremoto de 2010; em consequência, a população era imunologicamente "virgem" e, portanto, altamente suscetível à infecção por *V. cholerae*.

Utilizando estes dados do Haiti como base, o que você recomendaria?

Tipos de água	Coliformes por 100 mL
Água não tratada	323
Água tratada com cloro (2 gotas de água sanitária comum/litro; esperar 30 minutos)	0
Água tratada por filtração em cerâmica	0

Parte 1   Parte 2   Parte 3   Parte 4   **Parte 5**   Parte 6

adequado para a carga e o tipo de solo. Solos com grandes quantidades de argila necessitam de um sistema de drenagem extensivo devido à fraca permeabilidade do solo. A alta porosidade de solos arenosos pode resultar na poluição química ou bacteriana de fontes de água próximas.

Lagoas de oxidação

Muitas indústrias e pequenas comunidades utilizam **lagoas de oxidação**, também chamadas de *lagoas* ou *lagos de estabilização*, para o tratamento da água. Elas têm um baixo custo de construção e funcionamento, mas necessitam de grandes áreas de terra. Os projetos variam, porém a maioria incorpora dois estágios. O primeiro é análogo ao tratamento primário; a lagoa de esgoto é profunda o suficiente para que as condições sejam quase inteiramente anaeróbicas. O lodo sedimenta nesse estágio. No segundo, que corresponde aproximadamente ao tratamento secundário, o efluente é bombeado para uma lagoa adjacente ou um sistema de lagoas rasas o suficiente para serem aeradas pela ação de ondas. Devido às dificuldades de manter as condições aeróbicas para o crescimento bacteriano nas lagoas com muita matéria orgânica, o crescimento de algas é favorecido para a produção de oxigênio. A ação das bactérias na decomposição da matéria orgânica dos resíduos gera dióxido de carbono. As algas, as quais utilizam dióxido de carbono em seu metabolismo fotossintético, crescem e produzem oxigênio, que, por sua vez, favorece a atividade de microrganismos aeróbios no esgoto. Grandes quantidades de matéria orgânica na forma de algas se acumulam, mas isso não é um problema, já que a lagoa de oxidação, ao contrário de um lago, tem uma grande carga de nutrientes.

Alguns pequenos sistemas de tratamento de esgoto, como aqueles de acampamentos isolados e áreas de lazer próximas a estradas, utilizam um *fosso de oxidação* para o tratamento de esgoto. Nesse método, um pequeno canal oval na forma de pista de corrida é preenchido com água de esgoto. Uma roda de pás impulsiona a água em um córrego de fluxo autossuficiente, aerado o bastante para oxidar os resíduos.

Tratamento terciário do esgoto

O efluente de uma estação de tratamento secundário contém somente DBO residual. Ele também contém aproximadamente 50% do nitrogênio original e 70% do fósforo original, que podem afetar significativamente um ecossistema aquático quando descarregados em pequenos riachos ou lagos recreativos. O esgoto pode ser tratado até um nível de pureza que permite o seu uso como água para consumo – sugestivamente denominado "da privada à torneira". O **tratamento terciário do esgoto** é a prática utilizada atualmente em algumas cidades áridas dos Estados Unidos e provavelmente será expandido. O Lago Tahoe, em Serra Nevada, cercado por desenvolvimento extensivo, é o local com sistema de tratamento terciário de esgoto mais conhecido. Sistemas similares são utilizados para tratar resíduos que são liberados na porção sul da baía de São Francisco e no Leste da Austrália.

O tratamento terciário é requerido para remover essencialmente toda a DBO, o nitrogênio e o fósforo. Esse tratamento depende menos do tratamento biológico do que dos tratamentos físicos e químicos. O fósforo é precipitado pela combinação com produtos químicos, como cal, alumínio e cloreto férrico. Filtros de areias finas e carvão ativado removem pequenos materiais particulados e produtos químicos dissolvidos. O nitrogênio é convertido em amônia e liberado no ar por torres de remoção. Alguns sistemas favorecem as bactérias desnitrificantes para a formação de gás nitrogênio volátil. Finalmente, a água purificada é desinfetada.

Mais uma vez, o tratamento terciário fornece água adequada para o consumo. A água também pode ser descarregada em cursos d'água, pode ser usada para recarregar águas subterrâneas ou ainda em plantações. O fósforo e a amônia recuperados podem ser usados como fertilizantes.

TESTE SEU CONHECIMENTO

27-18 Que tipo de tratamento é apropriado para remover quase todo o fósforo do esgoto?

27-19 Qual grupo metabólico de bactérias anaeróbias é especialmente favorecido pela operação dos sistemas de digestão de lodo?

27-20 Qual é a relação entre DBO e as condições de vida dos peixes?

CASO CLÍNICO Resolvido

Melhorias na qualidade da água e nas condições de saneamento são necessárias para reduzir a transmissão da cólera. Uma vez que a cólera pode progredir rapidamente para uma desidratação grave, choque e morte, o pilar do tratamento da cólera consiste em uma rápida reidratação. No entanto, a terapia de reidratação requer uma água limpa, e o tratamento da água precisa ser pouco dispendioso.

Parte 1 Parte 2 Parte 3 Parte 4 Parte 5 Parte 6

Soluções microbianas para as mudanças climáticas

A reciclagem microbiana de elementos ajuda a regular a temperatura da Terra.

Pasteur disse: "A vida não seria possível por muito tempo na *ausência* de micróbios". Bactérias, arqueias e fungos reciclam o carbono e outros elementos em plantas e animais mortos e excrementos de animais. Sem suas atividades, o carbono, o nitrogênio e outros elementos não estariam disponíveis para plantas e algas. As atividades humanas estão desregulando os ciclos naturais dos elementos.

Os gases de efeito estufa desempenham um papel na temperatura global

A temperatura média da superfície da Terra é de 15 °C. Em 1827, o físico francês Joseph Fourier determinou que a temperatura média da superfície da Terra deveria ser de −18 °C. Algo a mantinha mais quente, semelhante a uma estufa de plantas envolta em vidro. Esse efeito estufa tornou a temperatura da Terra adequada para a vida.

Grande parte da radiação solar que atinge a Terra é emitida para o espaço como radiação infravermelha (calor). Em 1896, o cientista sueco Svante Arrhenius determinou que a temperatura média da Terra era de cerca de 15 °C devido à absorção dessa radiação infravermelha pelos gases atmosféricos. Os gases mais importantes são o vapor de água e o dióxido de carbono.

O vapor de água é o gás de efeito estufa mais forte. No entanto, a sua concentração depende da temperatura da atmosfera. É o único gás de efeito estufa cuja concentração aumenta quando a atmosfera está se aquecendo e faz ela se aquecer ainda mais. Em seu artigo de 1896 descrevendo seu trabalho, Arrhenius mostrou que o CO_2 também influencia a temperatura da Terra e previu que o aumento do CO_2 oriundo da queima de combustíveis fósseis (carvão) causaria um aumento na temperatura.

Os gases de efeito estufa mais importantes emitidos pelas atividades humanas são o CO_2, o metano (CH_4) e o óxido nitroso (N_2O). O CO_2 tem um potencial de aquecimento global de 1, pois é usado como referência. O metano tem um potencial de aquecimento de 25 (i.e., 1 g de CH_4 tem o mesmo efeito que 25 g de CO_2) e o potencial de aquecimento do N_2O é de 300. Desde a Revolução Industrial, o CO_2 aumentou 50%, e o CH_4, 162%.

De acordo com a Environmental Protection Agency dos Estados Unidos, as fontes mais importantes de gases de efeito estufa antropogênicos (produzidos pelas atividades do homem) são:

CO_2
- queima de combustíveis fósseis

CH_4
- pecuária (arqueias no rúmen e manejo de esterco)
- vazamento de tubos de distribuição de gás natural
- aterros sanitários
- mineração de carvão
- arrozais

N_2O
- queima de combustíveis fósseis
- fertilizante agrícola

Potencial de remediação climática por meio dos micróbios

Os micróbios produzem CO_2 na respiração aeróbica, mas as bactérias fotoautotróficas e quimioautotróficas de água doce e sedimentos marinhos fixam o CO_2 para formar tecidos vegetativos e produtos. Essas bactérias poderiam ser cultivadas em tanques e lagos artificiais, onde utilizariam o CO_2 do ar. As células seriam, então, coletadas para uso como combustível (biomassa).

Historicamente, os procariotos regularam a quantidade de metano na atmosfera. As arqueias metanogênicas reduzem o dióxido de carbono a metano na respiração anaeróbica.

O trifosfato de adenosina (ATP) é produzido por fosforilação oxidativa. Esses micróbios, encontrados em sedimentos marinhos e de água doce e como simbiontes em protistas e animais, produzem dois terços do metano na atmosfera. Bactérias metanotróficas e arqueias nesses sedimentos marinhos e de água doce usam metano. O CH_4 é adicionado à glicina e, por fim, transformado em ácido pirúvico. Aproximadamente 40 a 60% do metano produzido é consumido por metanotróficos em ambientes úmidos. No entanto,

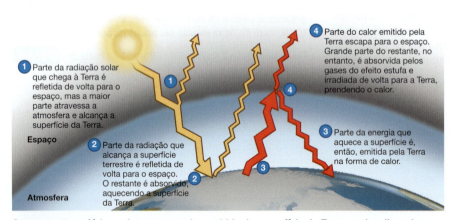

1 Parte da radiação solar que chega à Terra é refletida de volta para o espaço, mas a maior parte atravessa a atmosfera e alcança a superfície da Terra.

2 Parte da radiação que alcança a superfície terrestre é refletida de volta para o espaço. O restante é absorvido, aquecendo a superfície da Terra.

3 Parte da energia que aquece a superfície é, então, emitida pela Terra na forma de calor.

4 Parte do calor emitido pela Terra escapa para o espaço. Grande parte do restante, no entanto, é absorvida pelos gases do efeito estufa e irradiada de volta para a Terra, prendendo o calor.

Espaço

Atmosfera

Os gases atmosféricos absorvem o calor emitido da superfície da Terra e o irradiam de volta para a Terra.

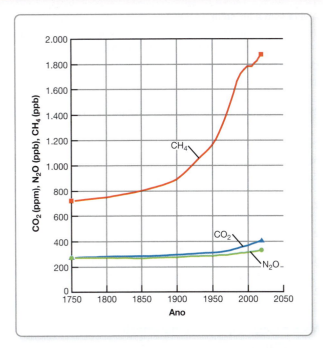

Os gases de efeito estufa aumentaram desde a Revolução Industrial.

(Fonte: NOAA)

o metano atmosférico vem aumentando desde a Revolução Industrial devido às atividades humanas. Pesquisadores estão investigando o uso de metanotróficos em solos agrícolas e aterros sanitários para reduzir os níveis atmosféricos de metano. Os metanógenos também podem ser usados para produzir metano, com a finalidade de uso como combustível, a partir de águas residuais domésticas e compostas. Isso não adicionaria mais carbono à atmosfera, uma vez que os metanógenos estão usando fontes de carbono que já estão na atmosfera.

Várias proteobactérias (p. ex., *Pseudomonas stutzeri*) produzem óxido nitroso-redutase. Essa é a enzima final na

Os metanógenos que se multiplicam debaixo d'água nos arrozais produzem 12% das emissões antropogênicas de metano. A drenagem dos arrozais no meio da estação de cultivo reduz a produção de metano e aumenta a produção de arroz.

cadeia anaeróbica de transporte de elétrons da bactéria, na qual os elétrons são transferidos para o N, reduzindo o N_2O a N_2. Pesquisas mostraram que certas práticas agrícolas podem aumentar o número dessas bactérias no solo, reduzindo, assim, o N_2O liberado na atmosfera.

Como o aquecimento global afetará o crescimento microbiano?

Os micróbios desempenham um papel fundamental no consumo e na emissão de gases de efeito estufa. À medida que o gelo ártico e a tundra derretem, bactérias e arqueias poderão se multiplicar em matéria orgânica previamente congelada. Isso poderia aumentar a quantidade de gases de efeito estufa. À medida que a temperatura e a composição atmosférica da Terra mudam, muitos micróbios se adaptam, seja metabólica ou geneticamente. Ainda não entendemos todos os microbiomas da Terra, mas os pesquisadores estão criando modelos para prever o efeito das mudanças climáticas nos micróbios.

Microbiologistas estão estudando a diversidade microbiana em uma ilha norueguesa no Oceano Ártico.

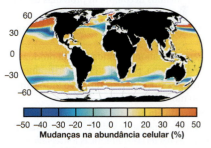

Esse modelo de populações de *Synechococcus* nos oceanos prevê um aumento nas florações de cianobactérias até o ano 2100.

CONCEITOS-CHAVE

- Os microrganismos produzem e consomem gases de efeito estufa. (**Ver Capítulo 27, "Ciclos biogeoquímicos".**)
- O tratamento de esgoto e a compostagem produzem metano e biomassa que podem ser usados como combustíveis (**Capítulo 27 e Figura 28.13**).
- O metano é produzido pela respiração anaeróbica (**Capítulo 5**).
- A fixação de CO_2 por fotoautótrofos e quimioautótrofos remove CO_2 da atmosfera. (**Ver Capítulo 5, "Ciclo de Calvin-Benson".**)

Resumo para estudo

Hábitats microbianos e simbiose (p. 795)

1. Os microrganismos compõem o microbioma da Terra. Eles vivem em uma ampla variedade de hábitats devido à sua capacidade de utilizar uma variedade de fontes de carbono e energia, bem como de crescer sob diferentes condições físicas.

2. Os extremófilos vivem em condições extremas de temperatura, acidez, alcalinidade ou salinidade.

3. A simbiose é uma relação entre dois organismos ou populações diferentes.

4. Fungos simbióticos, denominados micorrizas, vivem dentro e sobre as raízes de plantas; eles aumentam a área de superfície e a absorção de nutrientes da planta.

Microbiologia do solo e ciclos biogeoquímicos (p. 795-803)

1. Nos ciclos biogeoquímicos, determinados elementos são reciclados.

2. Microrganismos no solo decompõem matéria orgânica e transformam compostos contendo carbono, nitrogênio e enxofre em formas utilizáveis.

3. Os micróbios são essenciais para a continuação dos ciclos biogeoquímicos.

4. Os elementos são oxidados e reduzidos pelos microrganismos durante esses ciclos.

Ciclo do carbono (p. 796-797)

5. O dióxido de carbono é incorporado, ou fixado, a componentes orgânicos pelos fotoautotróficos e quimioautotróficos.

6. Os compostos orgânicos fornecem nutrientes para os quimio-heterotróficos.

7. Os quimio-heterotróficos liberam CO_2, que é, então, utilizado pelos fotoautotróficos.

8. O carbono é removido do ciclo quando está incorporado no $CaCO_3$ e em combustíveis fósseis.

Ciclo do nitrogênio (p. 797-800)

9. Os microrganismos decompõem proteínas de células mortas e liberam os aminoácidos.

10. A amônia é liberada pela amonificação microbiana dos aminoácidos.

11. O nitrogênio na amônia é oxidado para produzir nitratos, para obtenção de energia, pelas bactérias nitrificantes.

12. As bactérias desnitrificantes reduzem o nitrogênio dos nitratos a nitrogênio molecular (N_2).

13. N_2 é convertido em amônia por bactérias fixadoras de nitrogênio, incluindo gêneros de vida livre como *Azotobacter* e cianobactérias, e as bactérias simbióticas *Rhizobium* e *Frankia*.

14. A amônia e o nitrato são utilizados pelas bactérias e plantas para sintetizar aminoácidos que formam as proteínas.

Ciclo do enxofre (p. 800)

15. O sulfeto de hidrogênio H_2S é oxidado por bactérias autotróficas para formar S^0 ou SO_4^{2}.

16. As plantas, algas e bactérias podem reduzir o SO_4^{2-} para produzir determinados aminoácidos. Esses aminoácidos são, por sua vez, utilizados pelos animais.

17. O H_2S é liberado pelo decaimento ou pela dissimilação desses aminoácidos.

A vida sem a luz solar (p. 800-801)

18. Os quimioautotróficos são os produtores primários em ventas termais do fundo oceânico e dentro de rochas profundas.

Ciclo do fósforo (p. 801)

19. O fósforo na forma de íons fosfato (PO_4^{3-}) é encontrado em rochas e no guano de pássaros.

20. Quando solubilizado por ácidos microbianos, o PO_4^{3-} torna-se disponível para plantas e microrganismos.

Degradação de produtos químicos sintéticos no solo e na água (p. 801-803)

21. Muitos produtos químicos sintéticos, como os pesticidas, são resistentes à degradação pelos microrganismos.

22. O uso de microrganismos para remover poluentes é denominado biorremediação.

23. Aterros de lixo municipais previnem a decomposição de resíduos sólidos por serem secos e anaeróbicos.

24. Em alguns aterros, o metano produzido pelos metanógenos pode ser recuperado como fonte de energia.

25. As bactérias podem ser usadas para a recuperação de metais do lixo eletrônico.

Microbiologia aquática e tratamento de esgoto (p. 804-815)

Microrganismos aquáticos (p. 804-805)

1. O estudo dos microrganismos e sua atividade em águas naturais é chamado de microbiologia aquática.

2. Águas naturais incluem lagos, lagoas, córregos, rios, estuários e oceanos.

3. A concentração de bactérias na água é proporcional à quantidade de matéria orgânica presente.

4. A maioria das bactérias aquáticas tende a crescer em superfícies, em vez de sustentar um estado de flutuação livre.

5. A quantidade e a localização da microbiota de água doce dependem da disponibilidade de oxigênio e luz.

6. As algas fotossintéticas são os principais produtores de um lago; elas são encontradas em zonas limnéticas.

7. Microrganismos em águas estagnadas utilizam o oxigênio disponível e podem causar odores e morte aos peixes.

8. Bactérias sulfurosas púrpuras e verdes são encontradas em zonas profundas que contêm luz e H_2S, porém sem oxigênio.

9. *Desulfovibrio* reduz SO_4^{2-} a H_2S na lama bentônica.

10. Bactérias produtoras de metano também são encontradas na zona bentônica.

11. O fitoplâncton é o principal produtor do oceano aberto.

12. *Pelagibacter ubique* é um decompositor nas águas oceânicas.

13. As arqueias predominam abaixo de 100 metros.

14. Algumas algas e bactérias são bioluminescentes. Elas possuem a enzima luciferase, que pode emitir luz.

O papel dos microrganismos na qualidade da água (p. 805-807)

15. Os microrganismos são filtrados da água que é percolada em suprimentos subterrâneos.

16. Alguns microrganismos patogênicos são transmissíveis para os seres humanos pelas águas recreacionais e de consumo.

17. Os poluentes químicos resistentes podem estar concentrados em animais na cadeia alimentar aquática.

18. Nutrientes como os fosfatos causam a florescência de algas, o que pode levar à eutrofização dos ecossistemas aquáticos.

19. Os testes para a qualidade bacteriológica da água têm como base a presença de organismos indicadores, sendo os coliformes os mais comuns.

20. Os coliformes são bastonetes aeróbios ou anaeróbios facultativos, gram-negativos e não formadores de endósporos que fermentam a lactose com a produção de gás dentro de 48 horas após serem incubados em um meio a 35 °C.

21. Coliformes fecais, predominantemente *E. coli*, são utilizados para indicar a presença de fezes humanas.

22. A vigilância baseada em águas residuais pode alertar sobre um possível surto de doença em uma comunidade.

Tratamento da água (p. 807-808)

23. Águas para consumo são mantidas em reservatórios o tempo suficiente para que o material suspenso decante.

24. O tratamento por floculação utiliza substâncias químicas, como o alúmen, para agregar e sedimentar o material coloidal.

25. A filtração remove cistos de protozoários e outros microrganismos.

26. A água para consumo é desinfetada com cloro para destruir as bactérias patogênicas remanescentes.

Tratamento de esgoto (águas residuais) (p. 808-815)

27. O resíduo líquido doméstico é denominado esgoto; ele inclui a água de uso doméstico, resíduos sanitários e pluviais.

28. O tratamento primário do esgoto consiste na remoção da matéria orgânica denominada lodo.

29. A atividade biológica não é muito importante no tratamento primário.

30. A demanda bioquímica de oxigênio (DBO) é a medida da matéria orgânica biologicamente degradável na água.

31. O tratamento primário remove em torno de 25 a 35% da DBO do esgoto.

32. A DBO é determinada pela medida da quantidade de oxigênio que as bactérias necessitam para degradar a matéria orgânica.

33. O tratamento secundário do esgoto é a degradação biológica de matéria orgânica após o tratamento primário.

34. Os sistemas de lodo ativado, filtros biológicos e contatores biológicos rotativos são métodos de tratamento secundário.

35. Os microrganismos degradam a matéria orgânica aerobicamente.

36. O tratamento secundário remove até 95% da DBO.

37. O esgoto tratado é desinfetado, normalmente por cloração, antes de ser liberado no solo ou na água.

38. O lodo é acondicionado no digestor de lodo anaeróbico; as bactérias degradam a matéria orgânica e produzem compostos orgânicos simples, metano e CO_2.

39. O metano produzido no digestor é utilizado para aquecê-lo e operar outros equipamentos.

40. O excesso de lodo é periodicamente removido do digestor, seco e descartado (como aterro ou condicionador de solo) ou incinerado.

41. As fossas sépticas podem ser utilizadas em áreas rurais para o tratamento primário do esgoto.

42. Comunidades pequenas podem usar lagoas de oxidação para o tratamento secundário.

43. Elas necessitam de uma área grande para a construção de um lago artificial.

44. O tratamento terciário do esgoto utiliza filtração física e precipitação química para remover toda a DBO, o nitrogênio e o fósforo da água.

45. O tratamento terciário fornece água para consumo, ao passo que o tratamento secundário fornece somente água para irrigação.

Questões para estudo

As respostas das questões de Conhecimento e compreensão estão na seção de Respostas no final deste livro.

Conhecimento e compreensão

Revisão

1. O coala é um animal que se alimenta de folhas. O que você pode constatar sobre o sistema digestório do coala?

2. Dê uma explicação possível para a produção de penicilina pelo *Penicillium*, uma vez que os fungos não desenvolvem infecções bacterianas.

3. No ciclo do enxofre, os microrganismos degradam compostos orgânicos sulfurosos, como (a) _____, para liberar H_2S, que pode ser oxidado por *Acidithiobacillus* em (b) _____. Esse íon pode ser assimilado em aminoácidos por (c) _____ ou reduzido por *Desulfovibrio* em (d) _____. O H_2S é utilizado por bactérias fotoautotróficas como doador de elétrons para sintetizar (e) _____. O subproduto contendo enxofre desse metabolismo é (f) _____.

4. Por que o ciclo do fósforo é importante?

5. [DESENHE] Identifique onde os seguintes processos ocorrem: amonificação, decomposição, desnitrificação, nitrificação, fixação do nitrogênio. Cite pelo menos um microrganismo responsável em cada processo.

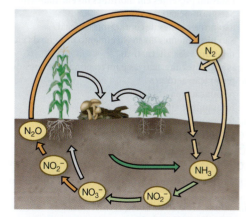

6. Os organismos a seguir têm um papel importante como simbiontes com plantas e fungos; descreva a relação simbiótica de

cada organismo com o seu hospedeiro: cianobactérias, micorrizas, *Rhizobium, Frankia.*

7. Faça um resumo do processo de tratamento da água para consumo.

8. Os processos a seguir são utilizados no tratamento de águas residuais. Associe o estágio do tratamento com os processos. Cada opção pode ser usada uma vez, mais de uma vez ou não ser usada.

Processos	Estágio do tratamento
_____ a. Campo de lixiviação	_____ **1.** Primário
_____ b. Remoção de sólidos	_____ **2.** Secundário
_____ c. Degradação biológica	_____ **3.** Terciário
_____ d. Sistema de lodo ativado	
_____ e. Precipitação química do fósforo	
_____ f. Filtro biológico	
_____ g. Resulta em água potável	

9. *Biorremediação* refere-se ao uso de microrganismos vivos para a remoção de poluentes. Descreva três exemplos de biorremediação.

10. IDENTIFIQUE Estes procariotos fixadores de nitrogênio fornecem a substância para plantações de arroz; eles vivem simbioticamente em células da planta de água doce *Azolla.*

Múltipla escolha

Para as questões de 1 a 4, responda se:
   a. o processo ocorre em condições aeróbicas.
   b. o processo ocorre em condições anaeróbicas.
   c. a quantidade de oxigênio não faz nenhuma diferença.

1. Sistema de lodo ativado
2. Desnitrificação
3. Fixação de nitrogênio
4. Produção de metano
5. A água utilizada para preparar soluções intravenosas em um hospital contém endotoxinas. O responsável pelo controle de infecções realiza contagens em placa para encontrar a fonte das bactérias. Os resultados são os seguintes:

	Bactérias/100 mL
Encanamentos de água municipais	0
Caldeira	0
Linha de água quente	300

Todas as conclusões seguintes sobre as bactérias podem ser verdadeiras, *exceto:*
   a. Estavam presentes em biofilmes no encanamento.
   b. São gram-negativas.
   c. São provenientes de contaminação fecal.
   d. São provenientes do abastecimento de água da cidade.
   e. nenhuma das alternativas

Utilize as seguintes alternativas para responder às questões 6 a 8:
   a. respiração aeróbica
   b. respiração anaeróbica
   c. fotossíntese anoxigênica
   d. fotossíntese oxigênica

6. $CO_2 + H_2S \xrightarrow{\text{Luz}} C_6H_{12}O_6 + S^0$
7. $SO_4^{2-} + 10H^+ + 10e^- \longrightarrow H_2S + 4H_2O$
8. $CO_2 + 8H^+ + 8e^- \longrightarrow CH_4 + 2H_2O$
9. Todas as alternativas a seguir são efeitos da poluição da água, *exceto:*
   a. a disseminação de doenças infecciosas.
   b. o aumento da eutrofização.
   c. o aumento da DBO.

   d. o aumento do crescimento de algas.
   e. nenhuma das alternativas; todos são efeitos da poluição da água.

10. Os coliformes são utilizados como organismos indicadores da poluição de esgotos porque:
   a. são patógenos.
   b. fermentam a lactose.
   c. são abundantes no intestino humano.
   d. desenvolvem-se em 48 horas.
   e. todas as alternativas

Análise

1. Aqui estão representadas as fórmulas de dois detergentes que são manufaturados:

$$C—C—C—C—C—C—C—C—C—C—C\ldots$$

$$
\begin{array}{c}
C\\
|\\
CC\\
||\\
C—C—C—C—C—C—.\,.\,.\\
|\\
C
\end{array}
$$

Qual deles seria resistente e qual seria prontamente degradado por microrganismos? (*Dica*: ver degradação de ácidos graxos no Capítulo 5.)

2. Explique o efeito do descarte de cada um dos itens a seguir na eutrofização de um lago.
   a. Esgoto não tratado
   b. Esgoto que tem tratamento primário
   c. Esgoto que tem tratamento secundário
   Contraste suas respostas anteriores com o efeito que cada tipo de esgoto tem sobre a movimentação rápida de um rio.

Aplicações clínicas e avaliação

1. Inundações após 2 semanas de chuvas intensas em Tooele, Utah, precederam uma alta taxa de diarreia. *Giardia intestinalis* foi isolada de 25% dos pacientes. Um estudo comparativo de uma cidade a cerca de 100 km de distância mostrou que 2,9% das 103 pessoas entrevistadas apresentavam diarreia. Tooele tem um sistema municipal de tratamento de água e uma estação municipal de tratamento de esgoto. Explique as causas prováveis da epidemia e quais são os métodos para interrompê-la. O que um teste para coliformes fecais indicaria?

2. O processo de biorremediação mostrado na fotografia é usado para remover benzeno e outros hidrocarbonetos de solos contaminados por petróleo. Os canos são utilizados para adicionar nitratos, fosfatos, oxigênio ou água. Por que cada um deles é adicionado? Por que nem sempre é necessária a adição de bactérias?

N o Capítulo 27, vimos que os micróbios são um fator essencial em muitos fenômenos naturais que tornam possível a vida na Terra. Neste capítulo, veremos como os microrganismos são aproveitados em aplicações úteis, como na produção de alimentos e produtos industriais. Muitos desses processos – principalmente a fabricação de pães, vinhos, cervejas e queijos – têm suas origens perdidas na história.

A civilização moderna, com sua grande população urbana, não poderia ser mantida sem os métodos de conservação de alimentos. Na verdade, a civilização surgiu somente depois que a agricultura produziu um suprimento estável de alimentos por ano, de modo que as pessoas foram capazes de abandonar a vida nômade do tipo caça e coleta.

No Capítulo 9, foram discutidas muitas aplicações dos microrganismos geneticamente modificados que estão na vanguarda do nosso conhecimento de biologia molecular. Muitas dessas aplicações são agora essenciais para a indústria moderna. Com a crescente necessidade por novos antibióticos e de uma produção ambientalmente segura de produtos químicos, os pesquisadores estão explorando o microbioma da Terra em busca de bactérias e fungos que sejam capazes de produzir substâncias úteis sem modificação genética. Neste capítulo, é explorada a produção microbiana de alimentos, fármacos e produtos químicos. O "Caso clínico" mostra o papel dos microbiologistas em assegurar que patógenos, como a *Salmonella* (na fotografia), não estejam presentes nos alimentos.

◀ Os sorovares de *Salmonella enterica* são causas frequentes de doenças transmitidas por alimentos.

Na clínica

Como enfermeiro(a) do Serviço de Inteligência para Epidemias do Centers for Disease Control and Prevention (CDC), você recebeu a notificação da existência de dois pacientes em Minnesota com botulismo. Você consulta o banco de dados e encontra três outros casos em Illinois, Indiana e Ohio. Você confirma que todas as cinco pessoas envolvidas comeram aspargos enlatados do mesmo fabricante. **O que causa o botulismo? Como alimentos enlatados podem causar botulismo?**

Dica: leia sobre microbiologia de alimentos neste capítulo.

Microbiologia dos alimentos

OBJETIVOS DE APRENDIZAGEM

28-1 Descrever a deterioração termofílica anaeróbica e a deterioração por acidez plana por bactérias mesofílicas.

28-2 Comparar e distinguir preservação de alimentos por enlatamento industrial, empacotamento asséptico, radiação e altas pressões.

28-3 Nomear quatro atividades benéficas dos microrganismos.

Muitos dos métodos de preservação de alimentos utilizados atualmente provavelmente foram descobertos ao acaso nos séculos passados. As pessoas nas culturas primitivas observaram que carnes secas e peixes curados resistiam ao processo de deterioração. Os fazendeiros aprenderam que, se os grãos fossem mantidos secos, eles não mofariam. Os nômades devem ter observado que o leite azedo dos animais continuava resistindo à decomposição e ainda assim se mantinha palatável. Além disso, se o coalho do leite azedo fosse pressionado para remover o líquido e deixado para maturar (na verdade, a produção de queijo), ele seria preservado de maneira mais eficiente e com sabor mais agradável. Algumas plantas, como as azeitonas e o cacau, foram consideradas mais palatáveis após a "deterioração" (fermentação).

Os alimentos listados na Tabela 28.1 fornecem uma ideia do uso mundial da fermentação na conservação de alimentos ou para torná-los comestíveis.

Alimentos e doenças

À medida que mais alimentos são preparados em instalações centrais e amplamente distribuídos, é cada vez mais provável que os alimentos, como os suprimentos de águas municipais, possam ser uma fonte de surtos de disseminação de doenças. Para minimizar o potencial de surtos de doenças, as comunidades norte-americanas estabeleceram agências locais cujo papel é inspecionar laticínios e restaurantes. A Food and Drug Administration (FDA) e o Departamento de Agricultura dos Estados Unidos (USDA) também mantêm um sistema de inspetores em portos e instalações centrais de processamento. O sistema de **Análise de Perigos e Pontos Críticos de Controle (APPCC)** foi desenvolvido para prevenir contaminações por meio da identificação dos pontos em que os alimentos apresentam maior probabilidade de serem contaminados por microrganismos patogênicos. O monitoramento desses pontos de controle pode impedir que os microrganismos sejam introduzidos ou, se estiverem presentes, interromper sua proliferação. Por exemplo, o sistema APPCC pode identificar etapas durante o processamento nas quais carnes ou produtos frescos possuem maior probabilidade de serem contaminados. O sistema APPCC também necessita do monitoramento das temperaturas adequadas para destruir os patógenos durante o processamento e das temperaturas adequadas de armazenamento para prevenir a reprodução dos microrganismos.

TABELA 28.1 Alguns alimentos fermentados

Laticínios		
Queijos (curados)	Coalhada de leite	*Streptococcus* spp., *Leuconostoc* spp., *Propionibacterium* spp.
Kefir	Leite	*Streptococcus lactis, Lactobacillus bulgaricus, Candida* spp.
Kumis	Leite de égua	*L. bulgaricus, L. leichmannii, Candida* spp.
Iogurte	Leite, sólidos de leite	*Streptococcus thermophilus, L. bulgaricus*
Produtos de carne e peixe		
Presuntos curados	Presuntos de porco	*Aspergillus, Penicillium* spp.
Salsichas secas	Carne de porco, boi	*Pediococcus cerevisiae*
Molhos de peixe	Peixe pequeno	*Bacillus* spp. halofílico
Produtos vegetais que não são bebidas		
Grãos de cacau (chocolate)	Frutos de cacau (vagens)	*Candida krusei, Geotrichum* spp.
Grãos de café	Cerejas de café	*Erwinia dissolvens, Saccharomyces* spp.
Kimchi	Repolho e outros vegetais	Bactérias lácticas
Missô	Soja	*Aspergillus oryzae, Zygosaccharomyces rouxii*
Azeitonas	Azeitonas verdes	*Leuconostoc mesenteroides, Lactobacillus plantarum*
Poi	Raízes de taro	Bactérias lácticas
Chucrute	Repolho	*Leuconostoc mesenteroides, Lactobacillus plantarum*
Molho de soja	Soja	*A. oryzae* ou *A. sojae, Z. rouxii, Lactobacillus delbrueckii*
Pães		
Pão	Farinha de trigo e outros grãos	*Saccharomyces cerevisiae*
Pão azedo de São Francisco	Farinha de trigo	*Saccharomyces exiguus, Lactobacillus sanfranciscensis*

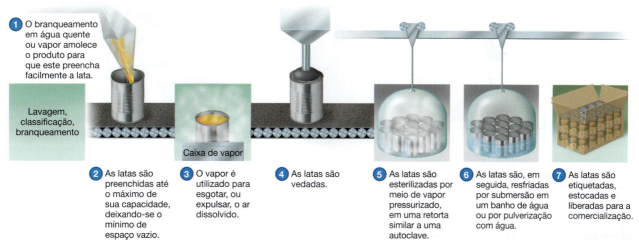

1 O branqueamento em água quente ou vapor amolece o produto para que este preencha facilmente a lata.

Lavagem, classificação, branqueamento

Caixa de vapor

2 As latas são preenchidas até o máximo de sua capacidade, deixando-se o mínimo de espaço vazio.

3 O vapor é utilizado para esgotar, ou expulsar, o ar dissolvido.

4 As latas são vedadas.

5 As latas são esterilizadas por meio de vapor pressurizado, em uma retorta similar a uma autoclave.

6 As latas são, em seguida, resfriadas por submersão em um banho de água ou por pulverização com água.

7 As latas são etiquetadas, estocadas e liberadas para a comercialização.

Figura 28.1 **Processo de esterilização comercial no enlatamento industrial.**

P Como a esterilização comercial difere da esterilização completa?

Após a colheita, os alimentos devem ser preservados para se evitar a deterioração e o crescimento de patógenos. Uma bacteriocina produzida por *Lactococcus lactis*, a nisina, é amplamente utilizada como conservante de alimentos. Enlatamento (discutido a seguir), secagem e refrigeração (Capítulo 7) são outros métodos comuns de conservação de alimentos.

Alimentos industriais enlatados

No Capítulo 7, você aprendeu que preservar alimentos ao aquecer recipientes adequadamente vedados, como nas conservas caseiras, não é um processo difícil. O desafio na produção de conservas comerciais é a utilização das quantidades adequadas de calor necessárias para destruir os organismos deteriorantes e os micróbios patogênicos, como a bactéria formadora de endósporos *Clostridium botulinum*, sem comprometer a aparência e a palatabilidade do alimento. Assim, muitas pesquisas são realizadas para determinar o aquecimento mínimo exato que atingirá os dois objetivos.

Processo industrial de enlatamento

O enlatamento de produtos na indústria é muito mais sofisticado tecnicamente que o enlatamento caseiro (**Figura 28.1**). Produtos enlatados industrialmente passam por uma **esterilização comercial** por meio de vapor sob pressão em uma grande **retorta**, a qual opera sob os mesmos princípios de uma autoclave (ver Figura 7.2). A esterilização comercial deve destruir endósporos de *C. botulinum* e não é tão rigorosa quanto a esterilização completa. A razão é que se os endósporos de *C. botulinum* forem destruídos, qualquer outra bactéria responsável por uma deterioração significativa ou que seja patogênica também será destruída.

Para garantir a esterilização comercial, uma quantidade suficiente de calor é aplicada no **tratamento 12D** (12 reduções decimais, ou *cozimento botulínico*), para que uma população

hipotética de endósporos de *C. botulinum* seja reduzida por 12 ciclos logarítmicos. (Ver Figura 7.1 e Tabela 7.2.) Isso significa que, se existirem 10^{12} (1.000.000.000.000) endósporos em uma lata, após o tratamento haverá somente um sobrevivente. Uma vez que 10^{12} corresponde a uma população muito alta e improvável, esse tratamento é considerado bastante seguro. Algumas bactérias termófilas formadoras de endósporos possuem endósporos que são mais resistentes ao tratamento térmico do que os de *C. botulinum*. Entretanto, essas bactérias são termófilos obrigatórios e, em geral, permanecem dormentes em temperaturas abaixo de 45 °C. Portanto, elas não são um problema de deterioração em temperaturas normais de armazenamento.

Deterioração de alimentos enlatados

Se alimentos enlatados são submetidos a altas temperaturas, como em um caminhão sob sol quente ou próximo a um radiador a vapor, as bactérias termófilas que frequentemente sobrevivem à esterilização comercial podem germinar e crescer. A **deterioração termofílica anaeróbica** é, portanto, uma

CASO CLÍNICO Dr. Chang e a fábrica de chocolates

O Dr. Derrick Chang do CDC é notificado pelo PulseNet, a Rede Nacional de Subtipagem Molecular de Vigilância de Doenças Transmissíveis por Alimentos. O PulseNet identificou um aumento de *Salmonella* Typhimurium geneticamente idênticas nos Estados Unidos. Esse aumento demonstra 120 isolados de 23 estados nos últimos 60 dias.

O que está causando esse surto? Leia mais para descobrir

Parte 1   Parte 2   Parte 3   Parte 4   Parte 5   Parte 6

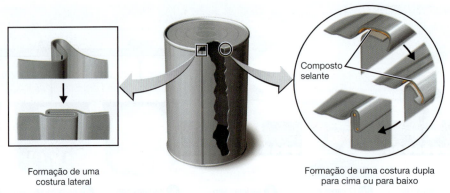

Formação de uma
costura lateral

Composto
selante

Formação de uma costura dupla
para cima ou para baixo

Figura 28.2 Construção de uma lata metálica. Observe a construção da costura da lata, que foi implementada aproximadamente em 1904. Durante o resfriamento após a esterilização (ver Figura 28.1, etapa 6), o vácuo formado na lata pode permitir a penetração de microrganismos contaminantes no interior da lata juntamente à água.

P **Por que a lata não é selada antes de ser colocada na caixa de vapor?**

causa bastante comum de deterioração de alimentos enlatados de baixa acidez. A lata, muitas vezes, pode estufar com o gás e seu conteúdo ter o pH diminuído, assim como apresentar um odor azedo. Várias espécies termofílicas de *Clostridium* podem causar esse tipo de deterioração. Quando a deterioração termofílica ocorre, mas a lata não estufa com a produção de gás, ela é denominada **deterioração por acidez plana**. Esse tipo de deterioração é causado por organismos termofílicos, como *Geobacillus stearothermophilus*, encontrados no amido e nos açúcares utilizados na preparação de alimentos. Muitas indústrias têm padrões para os números permitidos dessas bactérias termofílicas nas matérias-primas. Os dois tipos de deterioração ocorrem apenas quando as latas são estocadas em temperaturas mais elevadas do que as normais, o que permite o crescimento de bactérias cujos endósporos não são destruídos pelo processamento normal.

Bactérias mesofílicas podem deteriorar alimentos enlatados se eles não forem processados corretamente ou se as latas apresentarem vazamentos. Falhas no processamento geralmente resultam em deterioração por bactérias formadoras de endósporos; a presença de bactérias não formadoras de endósporos sugere fortemente que as latas vazaram. Latas com vazamento com frequência são contaminadas durante o resfriamento após seu processamento pelo calor. As latas quentes são pulverizadas com água resfriada ou passam por uma canaleta cheia de água. No resfriamento das latas, forma-se um vácuo em seu interior, e a água externa pode ser empurrada através de um buraco no selante amolecido pelo calor na tampa amassada (**Figura 28.2**). As bactérias contaminantes presentes na água de resfriamento entram na lata juntamente à água. A deterioração oriunda de falhas no processamento ou do vazamento da lata pode produzir odores de putrefação, pelo menos em alimentos com alto teor de proteínas, e ocorre em temperaturas normais de armazenamento. Nesses tipos de deterioração, existe sempre a possibilidade de que a bactéria do botulismo esteja presente.

Alguns alimentos ácidos, como tomates ou outras frutas, são preservados pelo processamento em temperaturas de 100 °C ou abaixo. A razão é que os únicos organismos deteriorantes que cresceriam nesses alimentos ácidos são facilmente

mortos em temperaturas de até 100 °C. Eles seriam, principalmente, bolores, leveduras e certas bactérias vegetativas.

Os problemas ocasionais em alimentos ácidos se desenvolvem devido a alguns organismos que são tanto resistentes ao calor quanto ácido-tolerantes. Exemplos de fungos resistentes ao calor são *Byssochlamys fulva*, que produz um *ascósporo resistente ao calor*, e algumas espécies de *Aspergillus*, que algumas vezes produzem corpos resistentes especializados chamados de *escleródios*. A bactéria formadora de esporos, *Bacillus coagulans*, é um tanto quanto incomum, tendo em vista que é capaz de crescer em um pH de cerca de 4.

Empacotamento asséptico

A utilização do **empacotamento asséptico** para a preservação de alimentos tem aumentado. Os pacotes, em geral, são feitos de alguns materiais que não toleram o tratamento térmico convencional, como o papel laminado ou o plástico. Os materiais de empacotamento vêm em rolos contínuos, que são colocados em um aparelho que esteriliza o material com uma solução de peróxido de hidrogênio quente, algumas vezes acrescida de luz ultravioleta (UV). Recipientes de metal podem ser esterilizados por vapores superaquecidos ou outros métodos de altas temperaturas. Feixes de elétrons de alta energia também podem ser utilizados para esterilizar materiais de empacotamento. Enquanto ainda em ambiente estéril, o material é moldado dentro das embalagens, as quais são preenchidas com alimentos líquidos que foram convencionalmente esterilizados pelo calor. A embalagem preenchida não é esterilizada depois de ser selada.

Radiação e preservação de alimentos industriais

É reconhecido que a radiação é letal para os microrganismos; na verdade, uma patente foi obtida na Grã-Bretanha, em 1905, para o uso de radiação ionizante para melhorar as condições dos gêneros alimentícios. Os raios X foram especificamente recomendados, em 1921, como forma de inativar larvas na carne de porco causadoras de triquinelose. A radiação

TABELA 28.2 Doses aproximadas de radiação necessárias para a destruição de vários organismos (os príons não são afetados)

Organismos	Dose (kGy)*
Animais superiores (corpo inteiro)	0,005-0,1
Insetos	0,01-1
Bactérias não formadoras de endósporos	0,5-10
Endósporos bacterianos	10-50
Vírus	10-200

*Gray é a medida de radiação ionizante; kGy é 1.000 Grays.
Fonte: J. Farkas, "Physical Methods of Food Preservation", em *Food Microbiology: Fundamentals and Frontiers, 2ª ed.*, M. P. Doyle et al. (Eds.) (Washington, DC: ASM Press, 2001).

ionizante inibe a síntese de DNA e efetivamente previne a reprodução de microrganismos, insetos e plantas. A radiação ionizante normalmente é raios X ou raios gama produzidos pelo cobalto-60 radioativo. Até certos níveis de energia, elétrons de alta energia produzidos por aceleradores de elétrons também são utilizados. A principal diferença prática é a capacidade de penetração. Essas fontes inativam os organismos-alvo e *não* induzem a radioatividade em alimentos ou no material embalado. As doses de radiação relativa necessárias para destruir vários organismos são mostradas na Tabela 28.2. A radiação é medida em *Grays*, nome dado em homenagem ao médico britânico que estudou os efeitos da radiação em tecidos vivos – geralmente em termos de milhares de Grays, abreviado como kGy.

- *Doses baixas de radiação (menos de 1 kGy)* são utilizadas para matar insetos (desinfestação) e inibir o aparecimento de brotos, como nas batatas estocadas. Da mesma forma, podem ser usadas para retardar o processo de amadurecimento de frutas durante a estocagem.

- *Doses de pasteurização (1 a 10 kGy)* podem ser usadas em carnes bovinas e aves para eliminar ou reduzir significativamente o número de bactérias patogênicas específicas.

- *Altas doses (maiores que 10 kGy)* são usadas para esterilizar, ou no mínimo reduzir significativamente, a população bacteriana em vários tipos de especiarias. Especiarias, com frequência, são contaminadas com 1 milhão ou mais de bactérias por grama, embora esses valores normalmente não sejam considerados perigosos para a saúde.

O uso especializado da irradiação tem sido empregado na esterilização de carnes consumidas por astronautas norte-americanos, e algumas unidades de saúde têm utilizado seletivamente a irradiação para esterilizar alimentos ingeridos por pacientes imunocomprometidos. Milhões de aparelhos médicos implantados, como marca-passos, são irradiados. Os alimentos irradiados nos Estados Unidos são marcados com o símbolo radura (🌱) e um aviso impresso. Infelizmente, esse símbolo muitas vezes tem sido interpretado como advertência, em vez de como a descrição de um processo de tratamento aprovado ou preventivo. Na verdade, alimentos irradiados não são radioativos; considere que a mesa de raios X em um hospital não se torna radioativa após exposições diárias a radiações

CASO CLÍNICO

O Dr. Chang inicia um estudo de caso-controle com representantes dos departamentos de saúde dos estados que relataram infecções por *Salmonella* Typhimurium. Quinze itens, suspeitos de serem possíveis veículos de infecção com base nas investigações dos casos individuais, foram listados. As autoridades estaduais determinaram se cada item suspeito foi utilizado ou consumido pela pessoa infectada no período de 3 dias antes do início da doença. A família de cada paciente elegeu dois controles da vizinhança, da mesma idade e sexo dos pacientes. Os controles foram entrevistados da mesma forma que os pacientes, com a exceção de que eles foram questionados sobre o uso ou consumo dos 15 itens suspeitos durante o mês anterior. Alguns dos dados coletados são apresentados na tabela.

Bolas de chocolate embrulhadas em papel alumínio	Casos	Controles
Consumiu	38	12
Não consumiu	7	79

Calcule o risco relativo para esse item alimentar. (*Dica:* ver quadro "Foco clínico", no Capítulo 25.)

Parte 1 | **Parte 2** | Parte 3 | Parte 4 | Parte 5 | Parte 6

ionizantes. Recentemente, a FDA permitiu, mediante aprovação especial, a substituição do termo "irradiado" por "pasteurizado eletronicamente".

Quando a profundidade de penetração da irradiação é um requisito, o método preferencial é a irradiação por raios gama produzida por cobalto-60. Entretanto, esse tipo de tratamento exige várias horas de exposição em isolamento atrás de paredes de proteção (**Figura 28.3**).

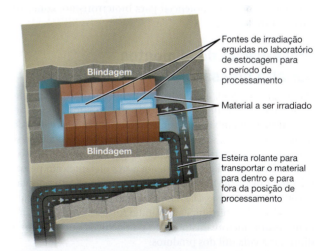

Figura 28.3 Equipamento de irradiação por raios gama. É mostrado o caminho do material a ser irradiado.

P Micro-ondas podem ser utilizadas para esterilizar alimentos?

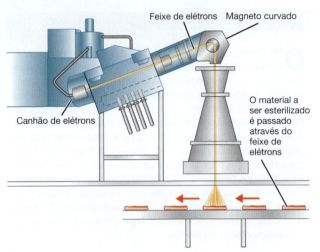

Feixe de elétrons   Magneto curvado

Canhão de elétrons

O material a ser esterilizado é passado através do feixe de elétrons

Figura 28.4 Acelerador de feixe de elétrons. Essas máquinas geram um feixe de elétrons que é acelerado através de um longo tubo por eletromagnetos de carga oposta. No desenho, o feixe de elétrons é desviado por um "magneto curvado". Ele serve para desviar os elétrons de níveis de energia indesejados, fornecendo um feixe de energia uniforme. O feixe vertical varre o alvo para a frente e para trás à medida que passa por ele. O poder de penetração do feixe é limitado: se o material-alvo tiver espessura equivalente à da água, o limite máximo de penetração é de aproximadamente 3,9 cm. Por outro lado, os raios X penetrarão cerca de 23 cm.

P Elétrons de alta energia são radiação ionizante?

Aceleradores de elétrons de alta energia (**Figura 28.4**) são muito mais rápidos e esterilizam em poucos segundos, mas esse tratamento tem baixo poder de penetração e é indicado somente para carnes e bacon fatiados ou produtos finos semelhantes. Além disso, os objetos plásticos utilizados em microbiologia geralmente também são esterilizados dessa forma. Outra aplicação recente é a irradiação de cartas para eliminar microrganismos com potencial para bioterrorismo, como os endósporos do antraz.

Preservação de alimentos por alta pressão

Na década de 1990, a indústria alimentícia começou a utilizar uma técnica de processamento de alta pressão (a *pascalização*). Alimentos embalados, como frutas, carnes finas e tiras de frango pré-cozidas, são submersos em tanques de água pressurizada. A pressão pode alcançar 87 mil libras por polegadas quadradas (psi) – algo equivalente a três elefantes em pé sobre uma moeda de 10 centavos. Esse processo elimina muitas bactérias, como *Salmonella*, *Listeria* e linhagens patogênicas de *Escherichia coli*, interrompendo muitas funções celulares. Também destrói microrganismos não patogênicos que tendem a diminuir a vida útil dos produtos.

Devido ao fato de esse processo não exigir o uso de aditivos, ele não requer aprovação regulamentar. Ele tem a vantagem de preservar as cores e os sabores dos alimentos melhor do que outros métodos e não gerar preocupações com relação aos efeitos da irradiação.

O papel dos microrganismos na produção de alimentos

No final do século XIX, os microrganismos utilizados na produção de alimentos foram cultivados em cultura pura pela primeira vez. Esse desenvolvimento rapidamente levou a um melhor entendimento das relações entre microrganismos específicos e seus produtos e atividades. Esse período pode ser considerado o início da microbiologia industrial de alimentos. Por exemplo, uma vez compreendido que certas leveduras, quando cultivadas em determinadas condições, poderiam produzir cerveja e que determinadas bactérias poderiam deteriorá-la, os cervejeiros puderam controlar melhor a qualidade de seus produtos. Indústrias específicas tornaram-se ativas na pesquisa em microbiologia e selecionaram alguns microrganismos por suas qualidades especiais. A indústria cervejeira investigou extensivamente o isolamento e a identificação de leveduras e selecionou aquelas que poderiam produzir mais álcool. Nesta seção, discute-se o papel dos microrganismos na produção de vários alimentos comuns.

Queijo

Os Estados Unidos lideram a produção mundial de queijos, com milhares de toneladas a cada ano. Embora existam muitos tipos de queijos, todos necessitam da formação de um **coalho**, o qual pode ser separado da fração líquida principal, também chamada de **soro do leite** (**Figura 28.5**). O coalho é constituído de uma proteína, a **caseína**, e, em geral, é formado pela ação de uma enzima, **renina** (ou quimosina), a qual é auxiliada pelas condições ácidas fornecidas por determinadas bactérias produtoras de ácido láctico. As bactérias láticas inoculadas também fornecem os sabores e aromas característicos dos produtos lácteos fermentados durante o processo de maturação. O coalho passa por um processo de maturação microbiana, exceto no caso de alguns queijos não curados, como a ricota e o queijo cottage.

O leite foi coagulado pela ação da renina (formando o coalho) e é inoculado com bactérias de maturação para agregar sabor e acidez ao produto. O coalho é cortado em pequenos cubos para facilitar a drenagem eficiente do soro do leite.

Figura 28.5 Fabricação do queijo cheddar.

P Na produção do queijo, existem bactérias vivas no produto final?

Os queijos geralmente são classificados por sua consistência, produzida durante o processo de maturação. Quanto maior for a perda da umidade e mais compactado for o coalho, mais firme será o queijo.

Os queijos firmes cheddar e suíço são maturados pelo crescimento anaeróbico das bactérias ácido-lácticas em seu interior. Essa rigidez no interior do queijo maturado pode ser bem grande. Quanto maior é o tempo de incubação, maior é a acidez e mais acentuado é o sabor do queijo. Uma espécie de *Propionibacterium* produz dióxido de carbono que forma os buracos no queijo suíço. Queijos semimacios, como o Limburger, são maturados por bactérias e outros organismos contaminantes que crescem na superfície. O queijo azul (gorgonzola) e o Roquefort são maturados por fungos *Penicillium* inoculados no queijo. A textura do queijo é macia o bastante para que uma quantidade adequada de oxigênio possa atingir os fungos aeróbios. O crescimento dos fungos *Penicillium* é visível na forma de manchas azul-esverdeadas no queijo. O Camembert, um queijo macio, é curado em pequenos pacotes, de forma que a enzima do *Penicillium* que está crescendo aerobicamente na superfície difundir-se-á no queijo, permitindo a maturação.

Outros produtos lácteos

A *manteiga* é produzida a partir da nata do leite, a qual é batida até que os glóbulos de gordura sejam separados do *leitelho* líquido. O sabor e o aroma típicos da manteiga e do leitelho são devidos ao *diacetil*, uma combinação de duas moléculas de ácido acético, que é um produto metabólico final da fermentação de algumas bactérias ácido-lácticas. Atualmente, o leitelho comercializado não é um subproduto da fabricação da manteiga, mas é produzido pela inoculação do leite desnatado com bactérias que formam ácido láctico e diacetil. O *creme azedo cultivado* é feito de creme inoculado com microrganismos semelhantes àqueles utilizados para fabricar o leitelho.

O iogurte, laticínio ligeiramente ácido, é encontrado em todo o mundo e é popular nos Estados Unidos. O iogurte comercial é feito de leite, do qual pelo menos um quarto da água é evaporado em uma panela a vácuo. O leite espesso resultante é inoculado com uma cultura mista de *Streptococcus thermophilus*, principalmente para a produção de ácido, e *Lactobacillus delbrueckii bulgaricus*, para contribuir com o sabor e o aroma. A temperatura da fermentação é de cerca de 45 °C por várias horas; durante esse tempo, *S. thermophilus* cresce excessivamente e supera a população de *L. d. bulgaricus*. A manutenção de um equilíbrio adequado entre os microrganismos produtores de sabor e de ácido é o segredo da fabricação do iogurte.

Kefir e *kumis* são bebidas à base de leite fermentado populares na Europa Oriental. As bactérias produtoras de ácido láctico utilizadas normalmente são suplementadas com leveduras fermentadoras de lactose, para dar a essas bebidas um teor alcoólico de 1 a 2%.

Fermentações não lácteas

Historicamente, a fermentação do leite permitiu que os laticínios fossem armazenados e, então, consumidos muito depois. Outras fermentações microbianas foram usadas para tornar certas plantas comestíveis. Por exemplo, os povos pré-colombianos das Américas Central e do Sul aprenderam a fermentar

os grãos de cacau antes do consumo. Os produtos microbianos liberados durante a fermentação produzem o sabor do chocolate.

Os microrganismos também são usados na panificação, especialmente na produção de pão fermentado (pão feito com fermento). Os açúcares na massa do pão são fermentados pelas leveduras. A espécie de levedura utilizada para produzir pães é a *Saccharomyces cerevisiae*. Essa mesma espécie de levedura é utilizada na produção de cerveja a partir de grãos e na fermentação de vinhos a partir de frutas. (Em determinado momento, *S. cerevisiae* foi classificada em múltiplas espécies, como *S. pastorianus*, *S. uvarum* e *S. c. ellipsoideus*; esses e alguns outros nomes de espécies são frequentemente encontrados na literatura mais antiga.) *S. cerevisiae* é capaz de crescer facilmente sob condições tanto aeróbicas quanto anaeróbicas, embora, ao contrário das bactérias anaeróbias facultativas, como a *E. coli*, elas não possam crescer em condições anaeróbicas indefinidamente. Diversas linhagens de *S. cerevisiae* se desenvolveram ao longo dos séculos e estão altamente adaptadas a determinadas utilizações em processos fermentativos.

Condições anaeróbicas para a produção de etanol por *S. cerevisiae* são obrigatórias para a produção de bebidas alcoólicas. Na fabricação de pães, o dióxido de carbono forma as bolhas típicas de pães fermentados. As condições aeróbicas favorecem a produção de dióxido de carbono e são estimuladas o máximo possível. Essa é a razão pela qual a massa de pão é amassada repetidamente. Todo o etanol produzido evapora durante o tempo em que o pão é assado. Em alguns pães, como os de centeio ou de massa azeda, o desenvolvimento de bactérias lácticas produz um sabor azedo típico.

A fermentação também é utilizada na produção de alimentos, como *chucrute, picles, azeitonas*, e até mesmo salame e café, nos quais os grãos são submetidos a uma etapa de fermentação.

Bebidas alcoólicas e vinagre

Os microrganismos são utilizados na produção de quase todas as bebidas alcoólicas. As cervejas são produzidas a partir da fermentação de grãos de amido por leveduras. A cerveja Lager é fermentada lentamente pelas linhagens de leveduras que permanecem no fundo dos tanques (*leveduras de fundo*). A cerveja Ale tem uma fermentação relativamente rápida, a uma temperatura elevada, com linhagens de leveduras que normalmente formam grupos que flutuam até o topo devido ao CO_2 (*leveduras de topo*). Como as leveduras não são capazes de fermentar o amido diretamente, o amido dos grãos deve ser convertido em glicose e maltose, que podem ser fermentadas pelas leveduras em etanol e dióxido de carbono. Nessa conversão, chamada de **maltagem**, os grãos contendo amido, como a cevada, são colocados para germinar e, então, são secos e moídos. Esse produto, denominado **malte**, contém enzimas vegetais que degradam o amido (amilases) que convertem o amido dos cereais em carboidratos que podem ser fermentados pelas leveduras. Cervejas *light* usam amilases ou linhagens selecionadas de leveduras para converter maior quantidade do amido em glicose e maltose fermentável, resultando em menos carboidratos e mais álcool. A cerveja é, então, diluída para atingir uma porcentagem alcoólica na faixa habitual. O **saquê**,

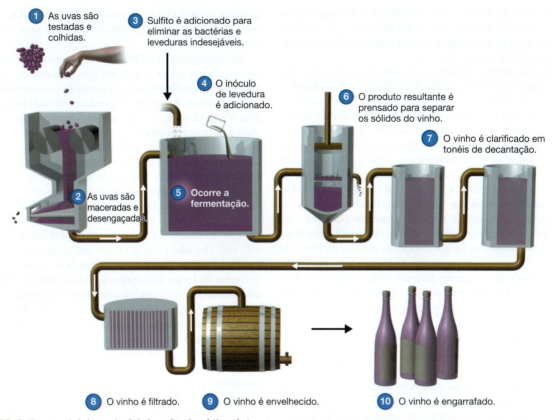

1. As uvas são testadas e colhidas.
2. As uvas são maceradas e desengaçadas.
3. Sulfito é adicionado para eliminar as bactérias e leveduras indesejáveis.
4. O inóculo de levedura é adicionado.
5. Ocorre a fermentação.
6. O produto resultante é prensado para separar os sólidos do vinho.
7. O vinho é clarificado em tonéis de decantação.
8. O vinho é filtrado.
9. O vinho é envelhecido.
10. O vinho é engarrafado.

Figura 28.6 Etapas básicas da fabricação do vinho tinto. Para o vinho branco, a prensagem das uvas antecede a fermentação, de modo que a cor não é extraída do material sólido.

P **O que acontece se ocorre entrada de ar na etapa 5? E na etapa 10?**

o vinho de arroz japonês (que na verdade é uma cerveja), é feito a partir do arroz sem a maltagem, uma vez que o fungo *Aspergillus* é inicialmente utilizado para converter o amido do arroz em açúcares que podem ser fermentados. (Ver discussão sobre o koji em "Enzimas".) Para as *bebidas alcoólicas destiladas*, como *uísque, vodca* e *rum*, os carboidratos obtidos a partir dos grãos de cereais, batatas e melaço são fermentados até álcool. O álcool é, então, destilado para a produção de bebidas alcoólicas concentradas.

Os *vinhos* são produzidos a partir de frutas, comumente uvas, que contêm açúcares que as leveduras podem utilizar diretamente para a fermentação; a maltagem é desnecessária na produção do vinho. As uvas normalmente não necessitam da adição de açúcares, mas outras frutas devem ser suplementadas com açúcares para garantir a produção suficiente de álcool. As etapas da produção de vinho são apresentadas na **Figura 28.6**. As bactérias ácido-lácticas são importantes quando o vinho é feito de uvas que são especialmente ácidas devido a altas concentrações de ácido málico. Essas bactérias convertem o ácido málico em ácido láctico mais fraco, em um processo chamado de **fermentação malolática**. O resultado é um vinho menos ácido, que apresenta um sabor melhor do que se fosse produzido de outra forma.

Há muito tempo, alguns produtores deixaram o vinho exposto ao ar e descobriram que ele azedava devido ao crescimento de bactérias aeróbias que convertem o etanol do vinho em ácido acético. O resultado era o *vinagre* (*vin* = vinho; *agre* = azedo). O processo é agora utilizado intencionalmente para produzir vinagre. O etanol é inicialmente produzido pela fermentação anaeróbica de carboidratos pelas leveduras. Ele é, então, oxidado em condições aeróbias em ácido acético pelas bactérias produtoras de ácido acético dos gêneros *Acetobacter* e *Gluconobacter*.

CASO CLÍNICO

O adoecimento devido à infecção por *Salmonella* Typhimurium está altamente associado ao consumo de bolas de chocolate embrulhadas em papel alumínio (razão de chance = 35,7). O Dr. Chang inicia ensaios ambientais e faz um rastreamento, a fim de localizar a fonte da contaminação. Com a ajuda de entrevistas com os familiares e da análise das faturas guardadas, os investigadores identificaram o item de chocolate em específico (identificado pelo código de barras do fabricante). Os laboratórios do Departamento de Saúde Estadual descobriram que pelo menos 22 dessas amostras de chocolate continham *Salmonella* Typhimurium.

Como o Dr. Chang encontrará a fonte da contaminação?

Parte 1   Parte 2   **Parte 3**   Parte 4   Parte 5   Parte 6

Microbiologia industrial e biotecnologia

OBJETIVOS DE APRENDIZAGEM

28-4 Definir *fermentação industrial* e *biorreator*.

28-5 Diferenciar metabólitos primários e secundários.

28-6 Descrever o papel dos microrganismos na indústria de produtos químicos e farmacêuticos.

28-7 Definir *bioconversão* e listar as suas vantagens.

28-8 Listar os biocombustíveis que podem ser produzidos por microrganismos.

A palavra **biotecnologia** foi usada pela primeira vez em 1918 para descrever o uso de organismos vivos na produção de produtos – em referência à combinação de agricultura e tecnologia. Os usos industriais dos microrganismos tiveram início com a fermentação de alimentos em larga escala que produziam ácido láctico a partir dos laticínios e etanol a partir da fabricação de cerveja. Essas duas substâncias químicas também se mostraram úteis em muitos processos industriais não relacionados à produção de alimentos. Durante a Primeira e a Segunda Guerra Mundial para produzir antibióticos, a fermentação microbiana e tecnologias similares foram usadas na produção de compostos químicos relacionados a armamentos, como o butanol e a acetona. A microbiologia industrial atual utiliza grande parte da tecnologia desenvolvida após a Segunda Guerra Mundial para produzir antibióticos. Existe um interesse renovado em algumas dessas fermentações microbianas clássicas, principalmente se elas puderem ser utilizadas como matérias-primas, produtos que são renováveis, ou, idealmente, se puderem utilizar produtos que de outra forma seriam descartados.

Nos últimos anos, a biotecnologia foi revolucionada pela aplicação de organismos geneticamente modificados. No Capítulo 9, discutimos os métodos de produção desses organismos modificados utilizando a tecnologia do DNA recombinante e descrevemos alguns dos produtos deles derivados.

Tecnologia das fermentações

A fabricação industrial de produtos microbianos normalmente envolve fermentações. A *fermentação industrial* é um cultivo em larga escala de microrganismos ou outras células únicas para produzir substâncias de valor comercial. Discutimos os exemplos mais familiares: as fermentações anaeróbicas de alimentos utilizadas nas indústrias de produção de laticínios, cervejas

e vinhos. Muitas dessas tecnologias, com a adição frequente de aeração, foram adaptadas para a fabricação de outros produtos industriais, como a insulina e o hormônio do crescimento humano, a partir de microrganismos geneticamente modificados. A fermentação industrial também é utilizada na biotecnologia para obtenção de produtos úteis a partir de células geneticamente modificadas de plantas e animais (ver Tabela 9.2). Por exemplo, células animais são utilizadas para a produção de anticorpos monoclonais (ver Capítulo 18).

Biorreatores

Recipientes para a fermentação industrial são denominados **biorreatores** (**Figura 28.7a**); eles são projetados com atenção especial para a aeração e o para controle de pH e de

(a) Biorreatores como este são usados para produzir antibióticos.

(b) Secção de um biorreator de mistura contínua para a fermentação industrial.

Figura 28.7 Os biorreatores são usados para o crescimento em grande escala de microrganismos. As condições ambientais, como pH e aeração, podem ser ajustadas para maximizar a produção do produto desejado pelo micróbio.

P Identifique uma diferença essencial entre o biorreator ilustrado e um tonel para a produção de vinho.

temperatura. Existem muitos tipos de equipamentos diferentes, mas os mais amplamente utilizados são os biorreatores de agitação contínua (Figura 28.7b). O ar é introduzido através de um difusor na base (que quebra o fluxo de ar de entrada para maximizar a aeração), e uma série de pás impulsoras e a parede defletora que impede a passagem dos fluidos mantêm a suspensão bacteriana sob agitação. O oxigênio não é muito solúvel em água, sendo difícil manter a suspensão bacteriana bem aerada. Muitos projetos altamente sofisticados vêm sendo desenvolvidos para atingir uma eficiência máxima de aeração e outras necessidades para o crescimento, incluindo a formulação do meio. O grande valor dos produtos com base em microrganismos geneticamente modificados e em células eucarióticas tem estimulado o desenvolvimento de novos tipos de biorreatores e controles computadorizados para eles.

Os biorreatores são, por vezes, muito grandes, armazenando cerca de 500 mil litros. Quando o produto é coletado ao final da fermentação completa, o processo é conhecido como *produção em lote*. Existem outros projetos de fermentadores. Para a *produção de fluxo contínuo*, na qual os substratos (geralmente uma fonte de carbono) são continuamente introduzidos através de enzimas imobilizadas ou por uma cultura de células em crescimento, o meio gasto e o produto desejado são constantemente removidos.

Metabólitos primários e secundários

De maneira geral, os microrganismos na fermentação industrial produzem tanto metabólitos primários, como o etanol, quanto metabólitos secundários, como as penicilinas. Um **metabólito primário** é formado praticamente ao mesmo tempo que as novas células, e a curva de produção acompanha a curva de crescimento celular quase em paralelo, com um atraso mínimo. Os **metabólitos secundários** não são produzidos até que o micróbio tenha concluído praticamente toda a sua fase de crescimento logarítmico, conhecida como **trofofase**, e tenha entrado na fase estacionária do ciclo de crescimento. O período seguinte, durante o qual a maioria dos metabólitos secundários é produzida, é conhecido como **idiofase**. O metabólito secundário pode ser uma conversão microbiana do metabólito primário. Por outro lado, pode ser um produto metabólico do meio original de crescimento que o microrganismo produz somente depois que um número considerável de células e metabólitos primários tenha sido acumulado. O metabolismo celular deixa para trás impressões químicas (*fingerprints*) de pequenas moléculas dos processos celulares: um perfil metabólico. O uso dessas impressões químicas para o estudo de processos celulares envolvendo metabólitos é chamado de **metabolômica**.

Melhoramento de linhagem

A melhoria de linhagens também é uma atividade em desenvolvimento na microbiologia industrial. (Uma **linhagem** microbiana difere fisiologicamente de maneira significativa. Por exemplo, ela tem uma enzima que realiza algumas funções adicionais ou não tem essa habilidade, mas essa não é uma diferença suficiente para mudar sua identidade de espécie.) Um exemplo bem conhecido é o fungo utilizado para a produção de penicilina. A cultura original de *Penicillium* não produz penicilina em quantidades grandes o suficiente

para o uso comercial. Uma cultura mais eficiente foi isolada de um melão cantalupe mofado de um supermercado em Peoria, no estado do Illinois. Essa linhagem foi tratada de várias formas, com luz UV, raios X e nitrogênio mostarda (um agente químico mutagênico). A seleção de mutantes, incluindo alguns que surgiram de modo espontâneo, rapidamente aumentou a taxa de produção em um fator maior que 100. Hoje, o fungo original produtor de penicilina produz não apenas 5 mg/L, mas 60.000 mg/L. Melhorias nas técnicas de fermentação chegaram a quase triplicar esse rendimento.

Enzimas imobilizadas e microrganismos

De várias formas, os microrganismos são considerados pacotes de enzimas. As indústrias estão aumentando o uso de enzimas livres, isoladas de microrganismos, para a fabricação de vários produtos, como xaropes de milho com alto teor de frutose, papel e têxteis. A demanda para essas enzimas é alta, uma vez que elas são específicas e não geram produtos residuais caros ou tóxicos. Além disso, diferentemente dos processos químicos tradicionais que requerem calor ou ácido, as enzimas atuam sob condições moderadas e são seguras e biodegradáveis. Para a maioria dos propósitos industriais, as enzimas devem estar imobilizadas na superfície de algum suporte sólido ou então serem manipuladas para que possam converter um fluxo contínuo de substrato a produto sem que ocorram perdas.

As técnicas de fluxo contínuo também foram adaptadas para células vivas íntegras, e, em alguns casos, até mesmo para células mortas (**Figura 28.8**). Sistemas de células íntegras são difíceis de aerar e não têm a especificidade única das enzimas imobilizadas. Entretanto, células íntegras são vantajosas se o processo requer uma série de etapas que podem ser realizadas por uma enzima do microrganismo. Elas também apresentam a vantagem de permitir os processos de fluxo contínuo com grandes populações de células operando em altas taxas de reação. Células imobilizadas, que, em geral, estão ancoradas a pequenas esferas ou fibras microscópicas, atualmente são utilizadas

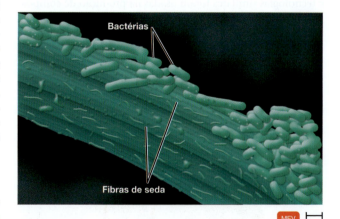

Figura 28.8 Células imobilizadas. Em alguns processos industriais, as células são imobilizadas em superfícies como as fibras de seda mostradas aqui. O substrato flui pelas células imobilizadas.

P Como esse processo se assemelha à ação de um filtro biológico em uma estação de tratamento de esgoto?

na fabricação de xaropes de milho com alto teor de frutose, ácido aspártico e vários outros produtos de biotecnologia.

TESTE SEU CONHECIMENTO

✔ **28-4** Os biorreatores operam aeróbica ou anaerobicamente?

✔ **28-5** A penicilina é produzida em maior quantidade após a trofofase da fermentação. Isso a torna um metabólito primário ou secundário?

Produtos industriais

Como mencionado anteriormente, a fabricação do queijo produz um resíduo orgânico, chamado de soro do leite. O soro deve ser descartado no esgoto ou seco e incinerado como um resíduo sólido. Esses dois processos são dispendiosos e ecologicamente problemáticos. No entanto, os microbiologistas descobriram um uso alternativo para o soro do leite. Uma equipe de pesquisa que trabalha com o USDA usou uma técnica de enriquecimento para isolar um patógeno vegetal, a bactéria *Xanthomonas campestris*, que utiliza a lactose do soro do leite para produzir xantana. Inicialmente, eles inocularam *X. campestris* em um meio de soro de leite e incubaram por 24 horas. Então, transferiram um inóculo dessa cultura para um frasco de caldo de lactose, para selecionar as células que utilizam lactose. A linhagem não tinha que produzir xantana a partir desse caldo; ela tinha apenas que crescer e utilizar lactose. A linhagem que utilizou lactose foi isolada por meio de transferências seriadas, e foi selecionada aquela linhagem com melhor habilidade de crescimento. Depois da incubação por 10 dias, um inóculo foi transferido para outro frasco de caldo de lactose, e o procedimento foi repetido mais duas vezes. Quando transferidas para um frasco com meio de soro de leite, as bactérias capazes de utilizar a lactose multiplicaram-se no soro produzindo xantana. A bactéria pode converter 40 g/L de soro de leite em pó em 30 g/L de goma xantana (**Figura 28.9**). A goma xantana é usada para engrossar uma grande variedade de produtos, desde molhos para salada até xampu.

Dessa forma, os microbiologistas estão estudando novas aplicações para os resíduos e criando novos produtos. Nesta seção, são discutidos alguns dos produtos microbianos comerciais mais importantes e o crescimento da indústria de energia alternativa.

Figura 28.9 *Xanthomonas campestris* **produzindo uma xantana viscosa.**

P Qual produto você encontra em casa ou no supermercado que contém xantana?

Aminoácidos

Os aminoácidos tornaram-se um grande produto industrial dos microrganismos. Por exemplo, mais de 1 milhão de toneladas de *ácido glutâmico* (L-glutamato), utilizados na fabricação do realçador de sabor glutamato monossódico, são produzidos a cada ano. Certos aminoácidos, como a *lisina* e a *metionina*, não podem ser sintetizados por animais e estão presentes somente em baixos níveis em uma dieta normal. Entretanto, a síntese comercial da lisina e de alguns outros aminoácidos essenciais como suplemento alimentar na forma de cereais é uma indústria importante. Mais de 250 mil toneladas de lisina e metionina são produzidas todos os anos.

Dois aminoácidos sintetizados por microrganismos, a *fenilalanina* e o *ácido aspártico* (L-aspartato), tornaram-se importantes como ingredientes do adoçante aspartame sem açúcar (NutraSweet®). Cerca de 7.000 a 8.000 toneladas de cada um desses aminoácidos são produzidas anualmente nos Estados Unidos. Como apenas o isômero l de um aminoácido é desejado, a produção microbiana, a qual forma apenas o isômero L, possui uma vantagem em relação à produção química, que, por sua vez, forma tanto o **isômero** D quanto o **isômero** L (ver Figura 2.13).

Na natureza, os microrganismos raramente produzem aminoácidos que excedem suas próprias necessidades, uma vez que a inibição por retroalimentação previne o desperdício da produção de metabólitos primários (ver Capítulo 5). A produção microbiana comercial de aminoácidos depende de mutantes especialmente selecionados e, algumas vezes, de manipulações engenhosas das vias metabólicas.

Ácido cítrico

O *ácido cítrico* é um constituinte de frutas cítricas, como as laranjas e os limões, e por muito tempo essa foi a sua única fonte industrial. Entretanto, nos últimos 100 anos, o ácido cítrico foi identificado como um produto do metabolismo de fungos. Essa descoberta foi utilizada pela primeira vez como processo industrial quando a Primeira Guerra Mundial interferiu na colheita da safra do limão italiano. O ácido cítrico tem uma grande variedade de usos, além de dar acidez e sabor aos alimentos. Ele é um antioxidante e é usado para ajustar o pH em muitos alimentos, sendo frequentemente utilizado em laticínios como emulsificador. Mais de 1,6 milhão de toneladas de ácido cítrico são produzidas a cada ano em todo o mundo. Boa parte disso é produzida por um fungo, *Aspergillus niger*, que utiliza melaço como substrato.

Enzimas

As enzimas são amplamente utilizadas em diferentes indústrias. Por exemplo, o tecido, especialmente o jeans, é tratado com celulase fúngica a fim de se obter maciez e uma aparência desbotada. As *amilases* são utilizadas na produção de xaropes a partir de amido de milho, na produção de gomas para tecidos e papel (revestimento que confere suavidade, como nas páginas de papel deste livro) e na produção de glicose a partir do amido. A produção microbiológica da amilase é considerada a primeira patente biotecnológica emitida nos Estados Unidos, concedida ao cientista japonês, Jokichi Takamine. O processo básico pelo qual os fungos foram utilizados na produção de uma preparação enzimática, conhecida como **koji**, tem sido utilizado por séculos no Japão para a produção de produtos de soja fermentados. Koji é a abreviação de uma palavra japonesa que significa "flor de fungo", refletindo a infiltração de um substrato cereal, arroz ou uma mistura de trigo e soja por um fungo filamentoso (*Aspergillus*). Inicialmente, as amilases no koji transformam o amido em açúcares, mas os preparados de koji também contêm enzimas proteolíticas que convertem a proteína da soja em uma forma mais digerível e saborosa. É a base das fermentações de soja que, por sua vez, é o componente básico da alimentação japonesa, como o *molho de soja* e o *missô* (pasta fermentada de soja com sabor que lembra carne). O *saquê*, o conhecido vinho de arroz japonês, faz uso das amilases do koji para transformar os carboidratos do arroz em uma forma que as leveduras possam usar para produzir álcool. Isso é, aproximadamente, o equivalente ao malte de cevada usado na fabricação de cerveja, discutido anteriormente neste capítulo.

A *glicose-isomerase* é uma enzima importante; ela converte a glicose que a amilase forma a partir do amido em frutose, usada na substituição da sacarose como adoçante em muitos alimentos. Provavelmente a metade dos pães fabricados nos Estados Unidos é produzida com o auxílio das *proteases*, as quais ajustam a quantidade de glúten (proteína) no trigo, de maneira que os produtos assados apresentem melhor qualidade ou uniformidade. Outras enzimas proteolíticas são utilizadas, como amaciantes de carne ou em detergentes, como um aditivo para remover manchas de origem proteica. Cerca de um terço de toda a produção industrial de enzimas tem essa finalidade. A *renina*, a enzima mencionada anteriormente que forma o coalho no leite, é normalmente produzida em escala comercial por fungos e, mais recentemente, por bactérias geneticamente modificadas.

Vitaminas

As vitaminas individuais e as multivitaminas são vendidas em grandes quantidades na forma de comprimidos, mastigáveis, e na forma líquida como suplementos alimentares. Os microrganismos podem fornecer uma fonte de baixo custo de algumas vitaminas. A *vitamina B_{12}* é produzida por espécies de *Pseudomonas* e *Propionibacterium*. A *riboflavina (B_2)* é outra vitamina produzida por fermentação, principalmente por fungos, como *Eremothecium* (Ashbya) *gossypii*. A *vitamina C* (ácido ascórbico) é produzida em uma taxa de 60 mil toneladas por ano, por meio de uma modificação complexa da glicose por espécies de *Acetobacter*.

Produtos farmacêuticos

A microbiologia farmacêutica moderna foi desenvolvida depois da Segunda Guerra Mundial, com a introdução da produção de antibióticos. Todos os antibióticos eram originalmente produtos do metabolismo microbiano. A maioria ainda é produzida por fermentações microbianas, e o trabalho continua na seleção de mutantes mais produtivos por manipulações nutricionais e genéticas. Desde a descoberta da penicilina por Fleming, os pesquisadores têm se concentrado na cultura de bactérias do solo, buscando a identificação de novos antibióticos. No entanto, a maior parte do microbioma da Terra não é cultivável. Em 2015, pesquisadores da Northeastern University desenvolveram um *chip* de isolamento (iChip) para cultivar bactérias em seu ambiente natural (**Figura 28.10**). As bactérias são colocadas em

uma câmara com poros que permitem a entrada de nutrientes e a eliminação de resíduos, mas que são pequenos o suficiente para conter as bactérias. A câmara é, então, colocada em um lodo, na água do mar ou em qualquer que seja o ambiente natural da bactéria. As bactérias que crescem na câmara e seus produtos metabólicos podem ser estudados. O novo antibiótico teixobactina foi descoberto usando o iChip.

CASO CLÍNICO

Os ingredientes a seguir são combinados para a produção de chocolate ao leite: grãos de cacau, manteiga de cacau (gordura extraída do grão de cacau), açúcar, lecitina, vanilina e sal. Os grãos de cacau oriundos de Gana, Nigéria, Brasil e Equador são misturados e torrados por 30 minutos a 125 °C. Os grãos são, em seguida, resfriados a ar e moídos. Na sala de mistura, os ingredientes secos (sal, açúcar e grãos moídos) são homogeneizados e, então, misturados à manteiga de cacau brasileira em lotes de 3 toneladas para a fermentação.

A microbiologista da indústria é responsável por assegurar que os ingredientes brutos estejam livres de patógenos no momento que entram na fábrica. No passado, ela rejeitou leite de coco e ovos que se apresentaram positivos para *Salmonella*. Ela recentemente rejeitou um carregamento de amendoim que se apresentou positivo para micotoxinas. O Dr. Chang pede, então, à microbiologista da fábrica que cultive itens selecionados da linha de produção. Seus resultados são apresentados na tabela.

	Número de amostras	Números de amostras positivas para *Salmonella* Typhimurium
Área de estocagem de material bruto	56	0
Sala de torrefação de grãos	16	2
Grãos	14	0
Manteiga de cacau	9	0
Lecitina	7	0
Vanilina	1	0
Sala de grãos brutos	11	2
Sala de mistura	14	0
Sala de descartes (lixo)	7	0
Equipamentos de limpeza	10	0
Moldes de chocolate	62	2
Água da torneira	5	0
Linha de produção de amostras de chocolate	25	0

Agora, para onde o Dr. Chang irá olhar?

Parte 1   Parte 2   Parte 3   **Parte 4**   Parte 5   Parte 6

Pelo menos 6 mil antibióticos foram catalogados. Um organismo, o *Streptomyces hygroscopicus*, apresenta linhagens diferentes que produzem cerca de 200 antibióticos distintos. Os antibióticos são normalmente produzidos industrialmente em grandes biorreatores (ver Figura 28.7b).

As vacinas são um produto da microbiologia industrial. Muitas vacinas antivirais são produzidas em culturas microbianas

Figura 28.10 iChip. O *chip* de isolamento (iChip) permite que os pesquisadores cultivem bactérias em seu ambiente natural. Existem cerca de 400 câmaras neste iChip, e cada uma pode cultivar uma bactéria diferente.

P Qual é a vantagem de um iChip em relação a um frasco contendo caldo nutriente?

ou celulares. A produção de vacinas contra as doenças bacterianas normalmente necessita do crescimento de grandes quantidades de bactérias. A tecnologia do DNA recombinante é cada vez mais importante no desenvolvimento e na produção de vacinas de subunidade (ver Capítulo 18).

Os *esteroides* são um grupo importante de substâncias químicas que incluem a *cortisona*, a qual é utilizada como fármaco anti-inflamatório, e os *estrogênios* e as *progesteronas*, os quais são utilizados em contraceptivos orais. Recuperar esteroides de fontes animais ou sintetizá-los quimicamente é difícil, mas os microrganismos podem sintetizá-los a partir de esteróis ou compostos relacionados, facilmente obtidos. Por exemplo, a **Figura 28.11** ilustra a conversão de um esterol em um esteroide de valor comercial.

Outros produtos químicos

Empresas químicas tradicionais estão recorrendo à microbiologia para o desenvolvimento de métodos de produção ambientalmente sustentáveis que minimizem resíduos tóxicos e os custos a eles associados. A síntese química de índigo requer, por exemplo, pH elevado e produz resíduos que explodem em contato com o ar. No entanto, a *Pseudomonas putida* produz uma enzima que converte o subproduto bacteriano indol em índigo.

Os micróbios podem até mesmo produzir plástico. Cerca de 25 bactérias produzem grânulos de inclusão de poli-hidroxialcanoato (PHA) como reserva alimentar. Os PHAs são similares aos plásticos comuns e, por serem produzidos por bactérias, também são prontamente degradados por muitas bactérias. Os PHAs podem representar um material biodegradável alternativo para substituir o plástico convencional, feito a partir de petróleo.

Extração de metais por biolixiviação

O *Acidithiobacillus ferrooxidans* é utilizado em um processo chamado de **biolixiviação** para recuperar classes de minério metálico que, muitas vezes, contêm somente 0,1% de metal, que de outra forma não seriam lucrativas. A biolixiviação é usada na recuperação de cobre, zinco, urânio, ouro e outros metais. Pelo menos 25% do cobre no mundo é produzido dessa forma. As bactérias *Acidithiobacillus* retiram sua energia da oxidação de uma forma reduzida do ferro (Fe^{2+}), o sulfeto ferroso, para uma forma oxidada (Fe^{3+}), o sulfato férrico. O ácido sulfúrico (H_2SO_4) também é um produto da reação. A solução ácida de água contendo Fe^{3+} é aplicada por borrifadores, sendo deixada percolar encosta abaixo através do corpo de minério (**Figura 28.12**). O ferro ferroso, Fe^{2+}, e o *A. ferrooxidans* normalmente estão presentes no minério e continuam contribuindo para as reações. O Fe^{3+} na água dos borrifadores reage com o cobre insolúvel (Cu^+) em *sulfeto de cobre* no minério, para formar o cobre solúvel (Cu^{2+}), que assume a forma de *sulfato de cobre* ($CuSO_4$). O sulfato de cobre solúvel desce para os tanques de coleta, onde entra em contato com fragmentos de ferro metálico. O sulfato de cobre reage quimicamente com o ferro e se precipita como cobre metálico (Cu^0). Nessa reação, o ferro metálico (Fe^0) é convertido em ferro ferroso (Fe^{2+}), que é reciclado para um tanque de oxidação aerado, onde as bactérias *Acidithiobacillus* o utilizam como energia para reiniciar o ciclo.

Microrganismos como produtos industriais

Os microrganismos, por si mesmos, podem constituir um produto industrial. A *levedura do pão* (*S. cerevisiae*) é produzida em grandes tanques de fermentação aerados. Ao final da fermentação, o conteúdo dos tanques é de cerca de 4% de massa de leveduras. As células são coletadas por centrifugação contínua e são prensadas em pacotes vendidos para preparação de bolos caseiros. As padarias compram as leveduras por atacado em caixas de aproximadamente 23 kg.

Outros microrganismos importantes que são vendidos industrialmente são as bactérias simbióticas fixadoras de nitrogênio, *Rhizobium* e *Bradyrhizobium*. Esses organismos são geralmente misturados a musgo de turfa para preservar a umidade; o agricultor mistura o musgo de turfa e o inóculo bacteriano com as sementes de leguminosas para garantir a infecção das plantas com linhagens eficientes na fixação de nitrogênio (ver

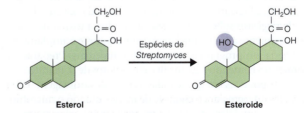

Figura 28.11 Produção de esteroides. Aqui é mostrada a conversão de um componente precursor, como o esterol, em um esteroide por *Streptomyces*. A adição de um grupo hidroxila (destacado em púrpura no esteroide) ao carbono 11 pode exigir mais do que 30 etapas por meios químicos, porém o microrganismo pode adicioná-lo em apenas uma etapa.

P Dê o nome de um produto comercial que é um esteroide.

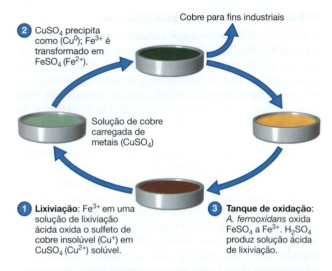

② CuSO₄ precipita como (Cu⁰); Fe³⁺ é transformado em FeSO₄ (Fe²⁺).

Cobre para fins industriais

Solução de cobre carregada de metais (CuSO₄)

① **Lixiviação:** Fe³⁺ em uma solução de lixiviação ácida oxida o sulfeto de cobre insolúvel (Cu⁺) em CuSO₄ (Cu²⁺) solúvel.

③ **Tanque de oxidação:** *A. ferrooxidans* oxida FeSO₄ a Fe³⁺. H₂SO₄ produz solução ácida de lixiviação.

Figura 28.12 Biolixiviação de minério de cobre.
A química do processo é muito mais complicada do que a mostrada aqui. Essencialmente, as bactérias *A. ferrooxidans* são utilizadas em um processo químico/biológico que transforma o cobre insolúvel, presente no minério, em cobre solúvel, que é lixiviado e precipitado como cobre metálico. As soluções recirculam continuamente.

P Cite outro metal recuperado por um processo similar.

Capítulo 27, "Fixação do nitrogênio"). Por muitos anos, os jardineiros utilizaram o patógeno de insetos *Bacillus thuringiensis* para controlar as larvas de insetos que se alimentam de folhas. Essa bactéria produz uma toxina (toxina Bt) que mata algumas traças, besouros e moscas quando ingerida por suas larvas. *B. thuringiensis* subespécie *israelensis* produz a toxina Bt, que é especialmente ativa contra larvas de mosquitos e é amplamente utilizada em programas de controle municipais. Preparações comerciais contendo a toxina Bt e endósporos de *B. thuringiensis* estão disponíveis em quase todas as lojas de jardinagem. Uma nova abordagem para o controle de insetos usando o microbioma de insetos é descrita no quadro **Explorando o microbioma**.

Os micróbios têm sido utilizados como alimento há séculos. Os astecas consumiam as cianobactérias *Spirulina* ("espuma de lago") colhidas em lagos. A *espirulina* continua sendo usada como suplemento nutricional em muitos países e pelos astronautas da NASA. Leveduras cultivadas em melaço foram utilizadas como proteína durante a Primeira Guerra Mundial. Na década de 1970, leveduras foram cultivadas em parafina

liquefeita para alimentação animal. Atualmente, os metanotróficos cultivados em metano são usados na alimentação animal.

A **proteína unicelular** (**SCP**, de *single-cell protein*) descreve proteínas de bactérias, fungos ou algas. Seu uso tornou-se importante na luta contra as mudanças climáticas. A criação de animais para a produção de carne requer terra e água para o cultivo de seus alimentos e gera metano a partir de sua digestão ou do armazenamento de esterco. (Ver Quadro "Visão geral" no Capítulo 27.) Atualmente, a SCP está fornecendo alternativas saborosas e nutritivas à carne. Os produtos comerciais sem carne ou "vegetarianos" são produzidos por uma variedade de empresas. Os micróbios desejados são cultivados em biorreatores de grande escala (Figura 28.7). Os micróbios produzem as proteínas do sabor, como o heme, da carne. Os micróbios usados para produzir produtos sem carne incluem:

* a levedura *Komagataella* (Pichia) *pastoris*;
* hidrogenotróficos que usam dióxido de carbono e hidrogênio como fontes de carbono e energia;
* o bolor *Fusarium flavolapis*.

TESTE SEU CONHECIMENTO

✔ **28-6** Antigamente, o ácido cítrico era extraído em escala industrial de limões e outras frutas cítricas. Qual organismo é usado para produzi-lo atualmente?

CASO CLÍNICO

Os grãos de cacau aparentemente são a fonte mais provável da bactéria. O Dr. Chang questiona como os grãos são colhidos e armazenados. Ele é informado de que, após a colheita, os grãos de cacau são fermentados na fazenda em caixas de madeira que são frequentemente cobertas com folhas de bananeira. Também é informado de que houve apenas um incidente registrado de contaminação por *Salmonella* dos grãos brutos. Ao saber disso, o Dr. Chang suspeita de que a contaminação deva ter ocorrido na sala da fábrica onde os grãos brutos são armazenados. Analisando a sala em questão, o Dr. Chang localiza uma área descolorida no encanamento superior da sala de grãos. Ninguém notou o vazamento. O microbiologista de controle de qualidade faz uma amostragem da área descolorida, que revela o crescimento de *Salmonella*.

Quais características do chocolate previnem o crescimento microbiano?

Parte 1　Parte 2　Parte 3　Parte 4　**Parte 5**　Parte 6

Fontes alternativas de energia que utilizam microrganismos

À medida que nossas fontes de combustíveis fósseis diminuem e que o CO₂ atmosférico se eleva, o interesse no uso de fontes de energia renováveis também aumenta. Entre essas fontes, destaca-se a **biomassa**, a matéria orgânica total produzida por organismos vivos, incluindo culturas, árvores e resíduos municipais. Os microrganismos podem ser utilizados para a **bioconversão**, o processo de conversão da biomassa em fontes alternativas de energia. A bioconversão também pode diminuir a quantidade de resíduo material que necessita de descarte.

O **metano** é uma das mais convenientes fontes de energia produzidas pela bioconversão. Muitas comunidades capturam quantidades úteis de metano de resíduos em aterros sanitários, evitando, assim, que ele escape para a atmosfera (**Figura 28.13**).

Biocombustíveis

Os **biocombustíveis** são fontes de energia produzidas a partir de organismos vivos e não de fósseis de organismos que viveram há mais de 300 milhões de anos. Portanto, o CO_2 produzido pela queima de biocombustíveis é o carbono que está atualmente no ciclo do carbono. O interesse em biocombustíveis renováveis está aumentando, pois eles podem fornecer fontes de energia limpas e sustentáveis. O interesse inicial centrou-se no **etanol**, que já é amplamente utilizado como um suplemento para a gasolina (90% gasolina + 10% etanol), e a tecnologia é bem estabelecida. O Brasil, por exemplo, produz uma grande quantidade de etanol a partir da cana-de-açúcar, cerca de um terço do combustível para transporte. O etanol apresenta, entretanto, alguns problemas: ele não pode ser transportado por gasodutos convencionais (por absorver água muito facilmente) e tem 30% de perda de energia em relação à gasolina.

Esses inconvenientes têm aumentado o interesse em biocombustíveis derivados de materiais celulósicos, como espigas de milho, madeira e resíduos de papel, e de plantas exóticas não alimentares, como jatrofa, camelina e miscanto. Nos Estados Unidos, existe um interesse especial na grama do tipo *switchgrass*, que antigamente cobria as pradarias do Meio-Oeste. Essas gramas são perenes e requerem um pouco mais de atenção na colheita.

Figura 28.13 Produção de metano a partir de resíduos sólidos em aterros. O metano acumula-se nos aterros e pode ser usado para energia. Ele é coletado e queimado para acionar turbinas e gerar eletricidade. Isso também evita que o metano escape para a atmosfera.

P Como o metano é produzido em um aterro?

A tecnologia para a produção de etanol a partir de celulose é pouco conhecida, e seu custo é mais alto do que a produção a partir de milho e cana-de-açúcar. As moléculas de açúcar que compõem a celulose devem ser quebradas e separadas por enzimas – de fato, os genes que sintetizam essas enzimas foram geneticamente introduzidos em *E. coli*. Fontes de celulose também contêm quantidades significativas de um componente similar, a *hemicelulose*, que necessita de organismos capazes de digeri-la – provavelmente microrganismos geneticamente modificados. Outro componente da celulose, a *lignina*, é resistente à digestão, mas pode ser queimado para aquecer as etapas iniciais do processo fermentativo.

Álcoois "superiores", como o butanol, que possuem longas cadeias de carbono, e principalmente os álcoois "ramificados", como o isobutanol e o isobutiraldeído, apresentam vantagens em relação ao etanol convencional para uso como biocombustíveis. Eles têm menor capacidade de absorção de água e alto conteúdo energético. Bactérias foram geneticamente modificadas para produzirem diversas formas de álcoois superiores a partir da glicose. Um problema básico na produção microbiana desses biocombustíveis é a necessidade de que os microrganismos excretem o combustível, para que possamos eliminar a etapa dispendiosa de coletar os micróbios periodicamente.

Uma alternativa teoricamente atraente na produção de biocombustíveis é a alga. As algas oferecem diversas vantagens; por exemplo, elas não ocupam terras valiosas necessárias para a produção de alimentos. Além disso, as algas produzem 40 vezes a energia por acre em relação à produção do milho – e a terra na qual elas crescem pode ser agricolamente improdutiva, desde que tenha luz solar abundante. Os sítios de produção experimental de algas têm utilizado as emissões de dióxido de carbono das usinas para acelerar o crescimento. As algas podem ser colhidas quase diariamente. O óleo retirado delas pode ser transformado em biodiesel e, possivelmente, em combustível para motor a jato: algas típicas produzem 20% do seu peso em óleo e algumas até mais. Após a extração do óleo, o remanescente, rico em carboidratos e proteínas, pode ser usado para produzir etanol ou como alimento para animais.

O hidrogênio é outro forte candidato para substituir os combustíveis fósseis, principalmente se puder ser produzido pela hidrólise da água. Ele pode ser usado em células combustíveis para gerar eletricidade e, se queimado, para gerar energia, pois não produz resíduos prejudiciais. A maioria das pesquisas na produção de hidrogênio tem o foco nos métodos físicos e químicos, mas existe também a possibilidade da utilização de bactérias ou algas para produzir hidrogênio a partir da fermentação de vários produtos residuais ou por alterações da fotossíntese.

A transferência de elétrons em microrganismos também está sendo explorada como uma fonte de eletricidade. Bactérias ou algas que podem gerar uma corrente elétrica são chamadas de *exoeletrógenos*. Nas **células de combustível microbianas**, os exoeletrógenos são cultivados em um meio nutriente, como solo ou águas residuais. Os elétrons gerados na cadeia de transporte de elétrons são transferidos para um eletrodo e depois para um fio.

Utilizando bactérias para impedir a propagação do vírus Zika

Wolbachia é provavelmente o gênero bacteriano mais comum na Terra. Membros desse gênero gram-negativo geralmente vivem em artrópodes, principalmente em insetos, incluindo mosquitos. Em alguns casos, eles se comportam como micróbios comensais em insetos e, em outros casos, seu comportamento os classifica como parasitas.

Em alguns insetos, *Wolbachia* destrói os machos de suas espécies hospedeiras. Ela pode transformar machos em fêmeas, interferindo no hormônio masculino. Nos mosquitos, se apenas o macho estiver infectado, o par de acasalamento cria ovos que não eclodem. Se a fêmea (ou ambos os parceiros) estiverem infectados, a próxima geração de mosquitos nascerá infectada com a bactéria. A nova geração infectada cria uma resposta imune contra a bactéria que torna os mosquitos hospedeiros não tão ideais para os vírus transmitidos por artrópodes que também podem ser transmitidos aos humanos.

Atualmente, áreas do México, Austrália, Sudeste da Ásia, Texas e Califórnia estão iniciando o uso dessa bactéria como uma ferramenta na luta contra as infecções por Zika. Mosquitos infectados com *Wolbachia* criados em laboratório, chamados de organismos simbioticamente modificados (SMOs, de *symbiotically modified organisms*), são liberados em áreas de alta circulação para os mosquitos *Aedes aegypti*. Esse mosquito está associado à transmissão do vírus Zika para humanos. Quando fêmeas selvagens não infectadas acasalam com machos SMOs, os ovos inviáveis resultantes auxiliam a redução da população geral de mosquitos. As fêmeas SMOs acasalam e transmitem suas infecções por *Wolbachia* para uma nova geração na natureza, mas os mosquitos jovens não transmitirão o vírus Zika. Além disso, esse procedimento reduz a transmissão de vírus que causam chikungunya e dengue em 67 e 37%, respectivamente.*

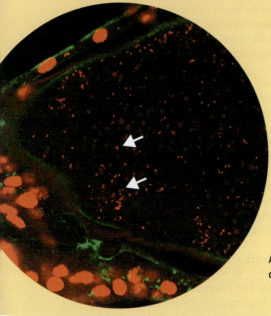

As *Wolbachia* são os pontos vermelhos no interior das células deste embrião de mosca-da-fruta.

Essas metodologias destacadas levarão tempo para desenvolver seu potencial. Atualmente, a ciência encontra-se nas fases iniciais do processo de aprendizagem que são enfrentadas por todas as novas tecnologias.

TESTE SEU CONHECIMENTO

28-8 Como os microrganismos podem fornecer combustíveis para carros e eletricidade?

Microbiologia industrial e o futuro

Os microrganismos têm sido extremamente úteis para a humanidade, mesmo quando a sua existência era desconhecida. Eles continuarão sendo parte essencial de muitas tecnologias básicas de processamento de alimentos. O desenvolvimento da tecnologia do DNA recombinante intensificou ainda mais o interesse na microbiologia industrial, expandindo o potencial para novos produtos e aplicações. À medida que o suprimento de energia fóssil se torna escasso, o interesse em fontes renováveis de energia, como hidrogênio e etanol, aumenta. O uso de microrganismos especializados para a produção desses produtos em escala industrial provavelmente se tornará cada vez mais importante. Conforme novas aplicações biotecnológicas e produtos entram no mercado, eles afetarão nossas vidas e o nosso bem-estar de modo inimaginável.

CASO CLÍNICO Resolvido

A composição do chocolate (baixa umidade, alto teor de gordura e alto teor de açúcar) não favorece o crescimento bacteriano, mas aumenta significativamente a resistência das bactérias ao calor. Assim, as bactérias conseguem sobreviver à torrefação.

Para lidar com o risco apresentado pela *Salmonella*, todas as agências de segurança alimentar têm mantido uma estratégia, a fim de reduzir a prevalência do patógeno na cadeia alimentar. No entanto, apesar de todos os esforços, o número de casos de salmonelose continua alto.

Parte 1   Parte 2   Parte 3   Parte 4   Parte 5   **Parte 6**

*N. de R.T. O Brasil é um dos países onde a *Wolbachia* vem sendo testada para limitar a transmissão do vírus da dengue. Em 2024, o Ministério da Saúde, em parceria com a Fundação Oswaldo Cruz (Fiocruz), o Governo de Minas Gerais e a Prefeitura de Belo Horizonte, inaugurou a Biofábrica Wolbachia, em Belo Horizonte. A estimativa é de que a produção semanal da Biofábrica chegue a 2 milhões de mosquitos infectados por *Wolbachia* por semana.

Resumo para estudo

Microbiologia dos alimentos (p. 820-827)

1. Os primeiros métodos para a conservação dos alimentos foram secagem, adição de sal ou açúcar e fermentação.

Alimentos e doenças (p. 820-821)

2. A segurança dos alimentos é monitorada pela FDA, pelo USDA e também pelo uso do sistema APPCC.

Alimentos industriais enlatados (p. 821-822)

3. A esterilização comercial de alimentos é realizada por vapor sob pressão em uma retorta.

4. A esterilização comercial aquece os alimentos enlatados a uma temperatura mínima necessária para destruir os endósporos de *C. botulinum*, minimizando a alteração do alimento.

5. Os processos de esterilização comerciais utilizam calor suficiente para reduzir a população de *C. botulinum* por 12 ciclos logarítmicos (tratamento 12D).

6. Os endósporos de termófilos podem sobreviver à esterilização comercial.

7. Alimentos enlatados estocados acima de 45 °C podem ser deteriorados por anaeróbios termofílicos.

8. A deterioração anaeróbica termofílica algumas vezes é acompanhada de produção de gás; se não houver formação de gás, a deterioração é denominada deterioração por acidez plana.

9. A deterioração por bactérias mesofílicas geralmente se deve a procedimentos impróprios de aquecimento ou por vazamentos.

10. Alimentos ácidos podem ser preservados por aquecimento a 100 °C, uma vez que os microrganismos que sobrevivem ao processo não são capazes de crescer em pH baixo.

11. *Byssochlamys*, *Aspergillus* e *Bacillus coagulans* são microrganismos ácido-tolerantes e resistentes ao calor que podem deteriorar alimentos ácidos.

Empacotamento asséptico (p. 822)

12. Materiais pré-esterilizados são montados em pacotes e preenchidos assepticamente com alimentos líquidos esterilizados pelo calor.

Radiação e preservação de alimentos industriais (p. 822-824)

13. Radiação gama e raios X podem ser utilizados para esterilizar alimentos, matar insetos e vermes parasitas e prevenir o brotamento de frutas e vegetais.

Preservação de alimentos por alta pressão (p. 824)

14. A água pressurizada (pascalização) é utilizada para destruir bactérias nas frutas e nas carnes.

O papel dos microrganismos na produção de alimentos (p. 824-827)

15. A proteína caseína do leite coagula devido à ação de bactérias ácido-lácticas ou da enzima renina.

16. O leitelho antigamente era produzido pelo crescimento de bactérias ácido-lácticas durante o processo de fabricação da manteiga.

17. Os açúcares na massa do pão são fermentados por leveduras a etanol e CO_2; o CO_2 faz o pão crescer.

18. Carboidratos obtidos de cereais, batatas ou melaço são fermentados por leveduras para produzir etanol na fabricação de cerveja, vinho e bebidas alcoólicas destiladas.

Microbiologia industrial e biotecnologia (p. 827-834)

1. Os microrganismos produzem álcoois e acetona, que são utilizados em processos industriais.

2. A microbiologia industrial tem sido revolucionada pela capacidade das células geneticamente modificadas de gerar muitos produtos novos.

3. A biotecnologia é uma forma de se obter produtos comerciais utilizando organismos vivos.

Tecnologia das fermentações (p. 827-829)

4. O crescimento de células em larga escala é denominado fermentação industrial.

5. A fermentação industrial é realizada em biorreatores, que controlam a aeração, o pH e a temperatura.

6. Metabólitos primários, como o etanol, são formados à medida que as células crescem (durante a trofofase).

7. Metabólitos secundários, como as penicilinas, são produzidos durante a fase estacionária (idiofase).

8. Linhagens mutantes que produzem um produto específico podem ser selecionadas.

9. Enzimas ou células íntegras podem estar ligadas a esferas sólidas ou fibras. Quando o substrato passa sobre a superfície, reações enzimáticas modificam-no para o produto desejado.

Produtos industriais (p. 829-832)

10. Os micróbios produzem xantana, aminoácidos, vitaminas e ácido cítrico usados em alimentos e fármacos.

11. As enzimas utilizadas na fabricação de alimentos, medicamentos e outros gêneros são produzidas por microrganismos.

12. Vacinas, antibióticos e esteroides são produtos do crescimento microbiano.

13. As atividades metabólicas de *A. ferrooxidans* podem ser utilizadas na recuperação de minérios de urânio e cobre.

14. Leveduras são cultivadas para a fabricação de vinhos e pães; outros microrganismos (*Rhizobium*, *Wolbachia* e *B. thuringiensis*) são cultivados para o uso agrícola.

15. Bactérias e fungos são cultivados para produzir proteínas unicelulares para consumo animal e humano.

Fontes alternativas de energia que utilizam microrganismos (p. 832-833)

16. O resíduo orgânico, chamado de biomassa, pode ser convertido pelos microrganismos no combustível alternativo metano por um processo denominado bioconversão.

17. Combustíveis produzidos por fermentação microbiana são metano, etanol e hidrogênio.

Biocombustíveis (p. 833-834)

18. Biocombustíveis incluem álcoois e hidrogênio (a partir de fermentação microbiana) e óleos (a partir de algas).

Microbiologia industrial e o futuro (p. 834)

19. A tecnologia do DNA recombinante continuará melhorando a capacidade da microbiologia industrial de produzir medicamentos e outros produtos úteis.

Questões para estudo

As respostas das questões de Conhecimento e compreensão estão na seção de Respostas no final deste livro.

Conhecimento e compreensão

Revisão

1. O que é microbiologia industrial? Por que ela é importante?

2. Como a esterilização comercial difere dos procedimentos de esterilização utilizados em um hospital ou laboratório?

3. Por que uma lata de amoras preservada por esterilização comercial é comumente aquecida a 100 °C, em vez de, no mínimo, 116 °C?

4. Descreva em linhas gerais as etapas da produção de queijos e compare a produção de queijos de consistência dura e mole.

5. A cerveja é produzida com água, malte e fermento; o lúpulo é adicionado para prover sabor. Qual é a finalidade da água, do malte e do fermento? O que é malte?

6. Por que um biorreator é melhor do que um grande frasco para a produção industrial de antibióticos?

7. A produção de papel inclui o uso de alvejantes e cola à base de formaldeído. A enzima microbiana xilanase branqueia o papel pela digestão das ligninas escuras. A oxidase une as fibras, e a celulase vai remover a tinta. Liste três vantagens do uso dessas enzimas microbianas em relação aos métodos químicos tradicionais para a produção de papel.

8. Descreva um exemplo de bioconversão. Qual processo metabólico pode resultar em combustíveis?

9. DESENHE Marque a trofofase e a idiofase neste gráfico. Indique quando os metabólitos primários e secundários são formados.

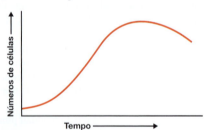

10. IDENTIFIQUE Van Leeuwenhoek foi o primeiro a observar este micróbio em brotamento, que apresentava um núcleo e uma parede celular; embora os seres humanos tenham utilizado este microrganismo desde antes do início de sua história ser registrado, Louis Pasteur foi o primeiro a desvendar o que ele faz.

Múltipla escolha

1. Os alimentos empacotados em plástico para aquecimento em micro-ondas são:
   a. desidratados.
   b. liofilizados.
   c. empacotados assepticamente.
   d. esterilizados comercialmente.
   e. autoclavados.

2. O *Acetobacter* é necessário em apenas uma das etapas da fabricação da vitamina C. A maneira mais fácil de se realizar essa etapa seria:
   a. adicionar substrato e *Acetobacter* a um tubo de teste.
   b. fixar *Acetobacter* a uma superfície e espalhar substrato sobre ela.
   c. adicionar substrato e *Acetobacter* a um biorreator.
   d. encontrar uma alternativa para essa etapa.
   e. nenhuma das alternativas

Utilize as opções seguintes para responder às questões 3 a 5:
   a. *Bacillus coagulans*
   b. *Byssochlamys*
   c. deterioração por acidez plana
   d. *Lactobacillus*
   e. deterioração termofílica anaeróbica

3. Deterioração de alimentos enlatados devido a processamento inadequado, acompanhada de produção de gás.

4. Deterioração de alimentos enlatados causada por *G. stearothermophilus*.

5. Fungo resistente ao calor que causa deterioração em alimentos ácidos.

6. O termo *tratamento 12D* refere-se:
   a. ao tratamento por aquecimento suficiente para destruir 12 bactérias.
   b. ao uso de 12 tratamentos diferentes para preservar alimentos.
   c. a uma redução de 10^{12} endósporos de *C. botulinum*.
   d. a qualquer processo que destrua bactérias termofílicas.

7. Qual das alternativas a seguir *não* é um combustível produzido por microrganismos?
   a. óleo de algas   d. metano
   b. etanol   e. urânio
   c. hidrogênio

8. Qual dos tipos de radiação é utilizado para preservar alimentos?
   a. ionizante   d. micro-ondas
   b. não ionizante   e. todas as alternativas
   c. ondas de rádio

9. Qual das seguintes reações é indesejada na produção de vinho?
   a. sacarose → etanol
   b. etanol → ácido acético
   c. ácido málico → ácido láctico
   d. glicose → ácido pirúvico

10. Qual das reações a seguir corresponde a uma oxidação realizada por *A. ferrooxidans*?
   a. $Fe^{2+} \rightarrow Fe^{3+}$
   b. $Fe^{3+} \rightarrow Fe^{2+}$
   c. $CuS \rightarrow CuSO_4$
   d. $Fe^0 \rightarrow Cu^0$
   e. nenhuma das alternativas

Análise

1. Qual bactéria parece ser mais frequentemente utilizada na produção de alimentos? Proponha uma explicação para isso.

2. *Methylophilus methylotrophus* pode converter metano (CH_4) em proteínas. Os aminoácidos são representados por esta estrutura:

$$H_2N - \underset{R}{\underset{|}{\overset{H}{\overset{|}{C}}}} - \overset{O}{\underset{OH}{\overset{\|}{C}}}$$

Faça um diagrama de uma via ilustrando a produção de pelo menos um aminoácido. (*Dica:* ver Capítulo 5.)

3. O jeans desbotado, com a aparência de surrado, é produzido com celulase. Como a celulase consegue esse efeito e confere a sensação de que foram realizadas dezenas de lavagens? Qual é a fonte de celulase?

Aplicações clínicas e avaliação

1. Suponha que você esteja cultivando um microrganismo que produz ácido láctico suficiente para matá-lo em poucos dias. O gráfico a seguir mostra as condições do biorreator:

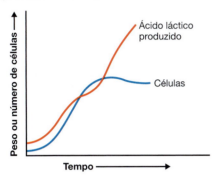

a. Como o uso de um biorreator o auxilia a manter a cultura por semanas ou meses?

b. Se o produto desejado for um metabólito secundário, quando você poderá começar a coletá-lo?

c. Se o produto de interesse for a própria célula e você deseja manter uma cultura contínua, quando poderá começar a coleta?

2. Pesquisadores do CDC inocularam cidra de maçã com 10^5 células/mL de *E. coli* O157:H7 para determinar o curso da bactéria na cidra (pH 3,7). Eles obtiveram os seguintes resultados:

	E. coli O157:H7 UFC/mL após 25 dias
Cidra de maçã a 25 °C	10^4 (crescimento de fungos evidente em 10 dias)
Cidra de maçã com sorbato de potássio a 25 °C	10^3
Cidra de maçã a 8 °C	10^2

O que você pode concluir a partir desses dados? Qual doença é causada pela *E. coli* O157:H7? (*Dica*: ver Capítulo 25.)

3. O antibiótico efrotomicina é produzido por *Streptomyces lactamdurans*. *S. lactamdurans* foi cultivado em 40.000 L de meio. O meio consistia em glicose, maltose, óleo de soja, $(NH_4)_2SO_4$, NaCl, KH_2PO_4 e Na_2HPO_4. A cultura foi aerada e mantida a 28 °C. Os resultados a seguir foram obtidos a partir de análises do meio de cultura durante o crescimento celular:

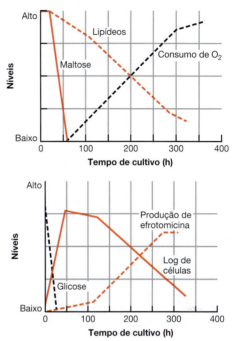

a. Sob quais condições a efrotomicina é mais produzida? Ela é um metabólito primário ou secundário?

b. Qual é usada primeiro, a maltose ou a glicose? Sugira uma razão para isso.

c. Qual é a função de cada ingrediente no meio de crescimento? (*Dica*: ver Capítulo 6.)

d. O que é *Streptomyces*? (*Dica*: ver Capítulo 11.)

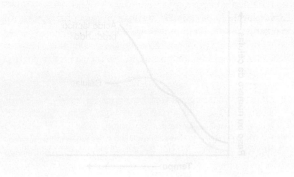

Respostas das questões de Conhecimento e compreensão

Capítulo 1

Revisão

1. As pessoas acreditavam que os organismos vivos surgiam de matéria não viva porque viam moscas surgindo do estrume e larvas surgindo de animais mortos e porque observavam microrganismos em líquidos depois de 1 ou 2 dias.

2. **a.** Certos microrganismos causam doenças em insetos. Microrganismos que matam insetos podem ser agentes de controle biológicos efetivos, pois são específicos para o controle de pragas e não persistem no ambiente.

   b. Carbono, oxigênio, nitrogênio, enxofre e fósforo são necessidades de todos os organismos vivos. Os microrganismos convertem esses elementos em formas que são úteis para outros organismos. Muitas bactérias decompõem materiais e liberam dióxido de carbono na atmosfera, o qual é utilizado pelas plantas. Algumas bactérias podem capturar o nitrogênio da atmosfera e convertê-lo em uma forma que pode ser utilizada por plantas e outros microrganismos.

   c. Microbiota normal são os microrganismos encontrados no interior e na superfície do corpo humano. Em geral, não causam doença e podem ser benéficos.

   d. A matéria orgânica de esgotos é decomposta por bactérias em dióxido de carbono, nitratos, fosfatos, sulfato e outros compostos inorgânicos em unidades de tratamento de água.

   e. Técnicas de DNA recombinante permitiram a inserção do gene de produção da insulina em bactérias. Essas bactérias podem produzir insulina humana a um baixo custo.

   f. Microrganismos podem ser utilizados como vacinas. Alguns micróbios podem ser geneticamente modificados para a produção de componentes vacinais.

   g. Biofilmes são agregados de bactérias aderidas umas às outras e a uma superfície sólida.

3. **a.** 1, 3   **c.** 1, 4, 5   **e.** 5   **g.** 6
   b. 8   **d.** 2   **f.** 3   **h.** 7

4. **a.** 7   **c.** 3   **e.** 6   **g.** 1
   b. 4   **d.** 2   **f.** 5

5. **a.** 11   **e.** 3   **i.** 1   **m.** 7   **q.** 13
   b. 14   **f.** 9   **j.** 12   **n.** 5   **r.** 16
   c. 15   **g.** 10   **k.** 18   **o.** 6
   d. 17   **h.** 2   **l.** 4   **p.** 8

6. **a.** *B. thuringiensis* é comercializado como inseticida biológico.
   b. *Saccharomyces* é a levedura comercializada para a produção de pão, vinho e cerveja.

7. Bactéria

8.

Micróbios

Múltipla escolha

1. a   4. c   7. c   9. c
2. c   5. b   8. a   10. a
3. d   6. e

Capítulo 2

Revisão

1. Átomos com o mesmo número atômico e comportamento químico são classificados como elementos químicos.

2.

3. **a.** Iônica   **c.** Ligação covalente dupla
   b. Ligação covalente simples   **d.** Ligação de hidrogênio

4. **a.** Reação de síntese, condensação ou desidratação
   b. Reação de decomposição, digestão ou hidrólise
   c. Reação de troca
   d. Reação reversível

5. A enzima acelera essa reação de decomposição.

6. **a.** Lipídeo   **c.** Carboidrato
   b. Proteína   **d.** Ácido nucleico

7. **a.** Aminoácidos
   b. Direita para a esquerda
   c. Esquerda para a direita

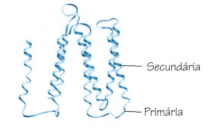

8. A proteína inteira apresenta estrutura terciária unida por ligações dissulfeto. Sem estrutura quaternária.

Secundária

Primária

9.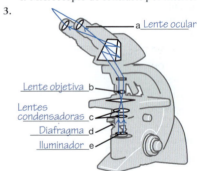

> Remoção de um ácido graxo e adição de um fosfato

10. Fungo

Múltipla escolha

1. c   3. b   5. b   7. a   9. b
2. b   4. e   6. c   8. a   10. c

Capítulo 3

Revisão

1. **a.** 10^{-6} m   **b.** 1 nm   **c.** 10^3 nm
2. **a.** Microscópio óptico composto
   b. Microscópio de campo escuro
   c. Microscópio de contraste de fase
   d. Microscópio de fluorescência
   e. Microscópio eletrônico
   f. Microscópio de contraste por interferência diferencial
3.

a Lente ocular
Lente objetiva b
Lentes condensadoras c
Diafragma d
Iluminador e

4.

$$\frac{\text{Ampliação da lente ocular}}{10\times} \times \frac{\text{Ampliação da lente de imersão em óleo}}{100\times} = \frac{\text{Ampliação total da amostra}}{1.000\times}$$

5. **a.** $1.500\times$ **d.** 10 pm
   b. $10.000.000\times$ **e.** Observação de detalhes tridimensionais
   c. 0,2 μm
6. Na coloração de Gram, o mordente combina-se com o corante básico, formando um complexo que não será eliminado na lavagem de células gram-positivas. Na coloração de flagelos, o mordente é acumulado nesta estrutura, permitindo a sua visualização em um microscópio óptico.
7. A contracoloração cora as células incolores não ácido-resistentes, tornando-as facilmente visíveis em um microscópio.
8. Na coloração de Gram, o agente descolorante remove a cor de células gram-negativas. Na coloração de células ácido-resistentes, o agente descolorante remove o corante das células não ácido-resistentes.
9. **a.** Púrpura   **e.** Púrpura
   b. Púrpura   **f.** Púrpura
   c. Púrpura   **g.** Incolor
   d. Púrpura   **h.** Vermelho
10. Uma bactéria ácido-resistente (*Mycobacterium*)

Múltipla escolha

1. c   3. b   5. a   7. d   9. a
2. d   4. a   6. e   8. b   10. c

Capítulo 4

Revisão

1. *a. e e.*    *b. e e.*

c.

d. e e.

2. **a.** Esporogênese
   b. Certas condições ambientais adversas
   c. Germinação
   d. Condições favoráveis ao crescimento
3.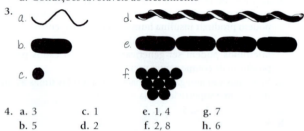

a.   *d.*
b.   *e.*
c.   *f.*

4. **a.** 3   **c.** 1   **e.** 1, 4   **g.** 7
   b. 5   **d.** 2   **f.** 2, 8   **h.** 6
5. Um endósporo é chamado de estrutura dormente porque fornece meios para a célula "adormecer", ou sobreviver, em oposição a crescer e reproduzir. A parede protetora do endósporo permite que a bactéria resista às condições adversas do ambiente.
6. **a.** Ambos permitem que as substâncias atravessem a membrana plasmática de um ambiente de altas concentrações para baixas concentrações sem gasto de energia. A difusão facilitada requer proteínas carreadoras.
   b. Ambos requerem enzimas para transportar materiais através da membrana plasmática. No transporte ativo, ocorre gasto de energia.
   c. Ambos movem materiais através da membrana plasmática com gasto de energia. Na translocação de grupo, o substrato é modificado depois que atravessa a membrana.
7. **a.** O diagrama (a) refere-se a uma bactéria gram-positiva, pois a camada de lipopolissacarídeo-fosfolipídeo-lipoproteína está ausente.
   b. A bactéria gram-negativa inicialmente retém o corante violeta, mas este é liberado quando a membrana externa é dissolvida pelo agente descolorante. Depois que o complexo corante/iodo entra, ele é retido na camada de peptideoglicano das células gram-positivas.
   c. A membrana externa das células gram-negativas bloqueia a entrada de penicilina.
   d. Moléculas essenciais se difundem através da parede gram-positiva. Porinas e proteínas de canais específicas permitem a passagem de pequenas moléculas solúveis em água.
   e. Gram-negativa.

8. Uma enzima extracelular (amilase) hidrolisa o amido em dissacarídeos (maltose) e monossacarídeos (glicose). Uma enzima carreadora (maltase) hidrolisa a maltose e absorve uma glicose para a célula. A glicose pode ser transportada por translocação de grupo na forma de glicose-6-fosfato.

9. **a.** 3   **e.** 6
   b. 4   **f.** 2
   c. 7   **g.** 5
   d. 1

10. Actinomicetos

Múltipla escolha

1. e   4. a   7. b   9. a
2. d   5. d   8. e   10. b
3. b   6. e

Capítulo 5

Revisão

1. **(a)** Ciclo de Calvin-Benson, **(b)** glicólise, **(c)** ciclo de Krebs.
   a. O glicerol é catabolizado pela via (b) como fosfato de di-hidroxiacetona. Os ácidos graxos, pela via (c), como grupos acetila.
   b. Na via (c) como ácido α-cetoglutárico.
   c. O gliceraldeído-3-fosfato do ciclo de Calvin-Benson entra na glicólise. O ácido pirúvico da glicólise é descarboxilado para produzir acetil para o ciclo de Krebs.
   d. Em (a), nas etapas 2 e 6. Em (b), entre a glicose e o gliceraldeído-3-fosfato.
   e. Na conversão do ácido pirúvico em acetil, ácido isocítrico em ácido α-cetoglutárico, e ácido α-cetoglutárico em succinil-CoA.
   f. Pela via (c) como grupos acetila.
   g.

	Utilizado	Produzido
Ciclo de Calvin-Benson	6 NADPH	
Glicólise		2 NADH
Ácido pirúvico → Acetil		1 NADH
Ácido isocítrico → Ácido α-cetoglutárico		1 NADH
Ácido α-cetoglutárico → Succinil-CoA		1 NADH
Ácido succínico → Ácido fumárico		1 FADH$_2$
Ácido málico → Ácido oxalacético		1 NADH

   h. Fosfato de di-hidroxiacetona; acetil; ácido oxalacético; ácido α-cetoglutárico.

2.

e. Quando a enzima e o substrato se combinam, a molécula de substrato é transformada.
Quando o inibidor competitivo se liga à enzima, a enzima não será capaz de se ligar ao substrato.
Quando o inibidor não competitivo se liga à enzima, o sítio ativo da enzima será alterado, de forma ela não será capaz de se ligar ao substrato.

3.
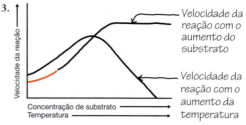

4. Oxidação-redução: Uma reação acoplada, na qual uma substância perde elétrons e outra ganha elétrons.
   a. O aceptor final de elétrons na respiração aeróbica é o oxigênio molecular; na respiração anaeróbica é outra molécula inorgânica.
   b. Na fermentação, o aceptor final de elétrons liberados pela oxidação é uma molécula na célula (p. ex., piruvato). Na respiração, o aceptor final de elétrons é do ambiente (p. ex., O$_2$).
   c. Na fotofosforilação cíclica, os elétrons retornam à clorofila. Na fotofosforilação acíclica, a clorofila recebe elétrons de átomos de hidrogênio.

5. **a.** Fotofosforilação
   b. Fosforilação oxidativa
   c. Fosforilação em nível de substrato

6. Oxidação

7. **a.** CO$_2$ **e.** CO$_2$
   b. Luz   **f.** Moléculas inorgânicas
   c. Moléculas orgânicas   **g.** Moléculas orgânicas
   d. Luz   **h.** Moléculas orgânicas

8. Os prótons são bombeados de um lado da membrana para o outro; a transferência de prótons de volta através da membrana gera ATP. **a** e **b.** A porção externa é ácida e possui uma carga elétrica positiva. **c.** Os locais de conservação de energia são os três locais onde os prótons são bombeados para fora da célula. **d.** A energia cinética é observada na síntese de ATP.

9. NAD$^+$ é necessário para a captura de mais elétrons. NADH, em geral, é reoxidada durante a respiração. NADH pode ser reoxidada na fermentação.

10. Quimioautotrófico

Múltipla escolha

1. a   3. b   5. c   7. b   9. c
2. d   4. c   6. b   8. a   10. b

Capítulo 6

Revisão

1. Na fissão binária, a célula alonga-se e o cromossomo se replica. Então, o material nuclear é dividido. A membrana plasmática invagina-se em direção ao centro da célula. A parede celular torna-se mais espessa e cresce entre as invaginações da membrana, resultando em duas novas células.

2. Carbono: síntese de moléculas que compõem uma célula viva. Hidrogênio: fonte de elétrons e componentes de moléculas orgânicas. Oxigênio: componente de moléculas orgânicas, receptor de elétrons em aeróbios. Nitrogênio: componente de aminoácidos. Fósforo (P): em fosfolipídeos e ácidos nucleicos. Enxofre (S): em alguns aminoácidos.

3. **a.** Catalisa a degradação do H$_2$O$_2$ em O$_2$ e H$_2$O.
   b. H$_2$O$_2$; o íon peróxido é O$_2^{2-}$.
   c. Catalisa a degradação do H$_2$O$_2$;
$$2H^+ + H_2O_2 \xrightarrow{\text{Peroxidase}} 2H_2O$$
   d. O$_2^-$; este ânion tem um elétron não pareado.

e. Converte superóxido em O_2 e H_2O_2;

$$2O_2^- + 2H^+ \xrightarrow{\text{Superóxido-dismutase}} O_2 + H_2O_2$$

As enzimas são importantes na proteção da célula dos fortes agentes oxidantes, peróxido e superóxido, que se formam durante a respiração.

4. Métodos diretos são aqueles nos quais os microrganismos podem ser vistos e contados. Eles incluem contagem microscópica direta, contagem de placa, filtração e número mais provável. O crescimento é inferido por métodos indiretos: turbidez, atividade metabólica e peso seco.

5. A velocidade de crescimento das bactérias diminui em temperaturas mais baixas. Bactérias mesofílicas crescem devagar em temperaturas de refrigeração e se mantêm dormentes em temperaturas de congelamento. As bactérias não causam deterioração rápida em alimentos armazenados em um refrigerador.

6. Número de células $\times 2^{n \text{ gerações}}$ = número total de células

$$6 \times 2^7 = 768$$

7. O petróleo pode fornecer carbono e energia para bactérias que degradam óleo; entretanto, nitrogênio e fosfato geralmente não estão disponíveis em grandes quantidades. Eles são essenciais para a produção de proteínas, fosfolipídeos, ácidos nucleicos e ATP.

8. Um meio quimicamente definido é aquele no qual a composição química exata é conhecida. Um meio complexo é aquele no qual a composição química exata não é conhecida.

9.

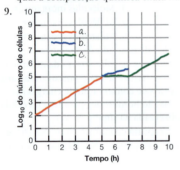

10. Frio, rico em sal, aeróbico

Múltipla escolha

1. c	3. c	5. c	7. e	9. b
2. a	4. a	6. d	8. c	10. b

Capítulo 7

Revisão

1. Autoclave. Devido ao alto calor específico da água, o calor é prontamente transferido para as células.

2. A pasteurização destrói a maioria dos microrganismos que causam doenças ou provocam rapidamente a deterioração de alimentos.

3. As variáveis que afetam a determinação do ponto de morte térmica são:
   - A resistência inata ao calor da linhagem de bactéria
   - O histórico da cultura, se foi liofilizada, umedecida, etc.
   - Agregação de células durante o teste
   - A quantidade de água presente
   - A matéria orgânica presente
   - Meio e temperatura de incubação utilizados para determinar a viabilidade da cultura após aquecimento

4. **a.** À capacidade da radiação ionizante em quebrar diretamente o DNA. Entretanto, devido à alta concentração de água nas células, radicais livres (H· e OH·) que quebram as fitas de DNA provavelmente serão formados.
   b. À formação de dímeros de timina.

5. As células em sua totalidade não morrem de uma só vez.

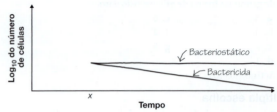

6. Todos os três processos destroem microrganismos; contudo, à medida que se aumenta a umidade e/ou a temperatura, menos tempo é necessário para se alcançar o mesmo resultado.

7. Sais e açúcares criam um ambiente hipertônico. Sais e açúcares (como conservantes) não afetam diretamente estruturas ou metabolismos celulares; eles alteram a pressão osmótica. Compotas e geleias são conservadas com açúcar; carnes, em geral, são conservadas com sal. Os fungos são mais capazes do que as bactérias de crescer em altas pressões osmóticas.

8. O desinfetante B é preferível, pois pode ser mais diluído e continuar sendo efetivo.

9. Compostos de amônio quaternário são mais efetivos contra bactérias gram-positivas. Bactérias gram-negativas aderidas às rachaduras da banheira ou ao redor do ralo não serão eliminadas quando a banheira for limpa. Essas bactérias gram-negativas podem sobreviver a procedimentos de lavagem. Algumas pseudômonas podem crescer em compostos de amônio quaternário acumulados.

10. *Pseudomonas* e *Burkholderia*

Múltipla escolha

1. d	3. d	5. a	7. b	9. b
2. b	4. d	6. a	8. b	10. b

Capítulo 8

Revisão

1. O DNA consiste em uma cadeia de açúcares alternados (desoxirribose) e grupos fosfato com uma base nitrogenada aderida à cada açúcar. As bases são adenina, timina, citosina e guanina. O DNA existe nas células na forma de duas fitas entrelaçadas, formando uma dupla-hélice. As duas fitas são mantidas unidas por ligações de hidrogênio entre as bases nitrogenadas. As bases são pareadas em uma forma específica e complementar: A-T e C-G. A informação contida na sequência de nucleotídeos do DNA é a base para a síntese de RNA e proteínas da célula.

2.

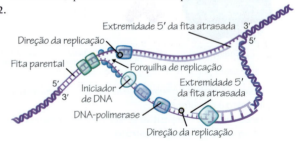

3. **a.** 2   **d.** 1
   b. 4   **e.** 5
   c. 3

4. **a.** ATAT<u>TACTTTGCATGGACT</u>
   b. Met-Lys-Arg-Thr-(fim)

c. TATAATGAAACGTTCCTGA

d. Sem alteração

e. Cisteína substituída por arginina

f. Prolina substituída por treonina (mutação sem sentido)

g. Mutação de fase de leitura

h. As timinas adjacentes podem polimerizar

i. ACT

5. A deficiência de ferro pode estimular o miRNA que é complementar ao RNA que codifica proteínas que requerem ferro.

6. **a.** Após a tradução   **c.** Antes da transcrição

   b. Após a transcrição   **d.** Antes da transcrição

7. CTTTGA. Endósporos e pigmentos oferecem proteção contra radiação UV. Além disso, mecanismos reparadores podem remover e substituir polímeros de timina.

8. **a.** A cultura 1 se manterá a mesma. A cultura 2 se converterá em F^+, mas manterá seu genótipo original.

   b. O DNA das células doadora e receptora pode sofrer recombinação, formando combinações de $A^+B^+C^+$ e $A^-B^-C^-$. Caso o plasmídeo F também seja transferido, a célula receptora pode se tornar F^+.

9. Mutação e recombinação possibilitam a diversidade genética. Fatores ambientais selecionam os organismos sobreviventes por seleção natural. A diversidade genética é necessária para a sobrevivência de alguns organismos pelo processo de seleção natural. Os organismos que sobrevivem podem sofrer novas alterações genéticas, resultando na evolução da espécie.

10. *Escherichia coli*

Múltipla escolha

1. c	3. c	5. c	7. a	9. d
2. d	4. d	6. b	8. c	10. a

Capítulo 9

Revisão

1. **a.** Ambos são DNA. O cDNA é um segmento de DNA produzido por uma DNA-polimerase dependente de RNA (transcriptase reversa). Não é necessariamente um gene; um gene é uma unidade transcricional de DNA que codifica uma proteína ou um RNA.

   b. Ambos são DNA. Uma sonda de DNA é um fragmento curto de DNA de fita simples. Não é um gene; um gene é uma unidade transcricional de DNA que codifica uma proteína ou um RNA.

   c. Ambas são enzimas. A DNA-polimerase sintetiza DNA, um nucleotídeo por vez, utilizando uma fita de DNA ou RNA como molde; a DNA-ligase conecta os fragmentos (fitas de nucleotídeos).

   d. Ambos são DNA. DNAs recombinantes resultam da junção de fitas de DNA provenientes de diferentes fontes; o cDNA resulta da cópia de uma fita de RNA.

   e. O proteoma é a expressão do genoma. O genoma de um organismo é uma cópia completa de sua informação genética. As proteínas codificadas por esse material genético compreendem o proteoma.

2. Na fusão de protoplastos, duas células sem parede fundem-se para combinar seu DNA. Uma grande variedade de genótipos pode resultar desse processo. Em b, c e d, genes específicos são inseridos diretamente na célula.

3. **a.** *Bam*HI, *Eco*RI, e *Hind*III produzem extremidades coesivas.

   b. Fragmentos de DNA produzidos por uma mesma enzima de restrição se anelarão espontaneamente uns aos outros por meio de suas extremidades coesivas.

4. O gene pode se unir a um plasmídeo e ser inserido em uma bactéria. Com o crescimento da bactéria, o número de plasmídeos também aumentará.

A reação em cadeia da polimerase pode produzir cópias de um gene utilizando uma DNA-polimerase e um iniciador para o gene.

5.

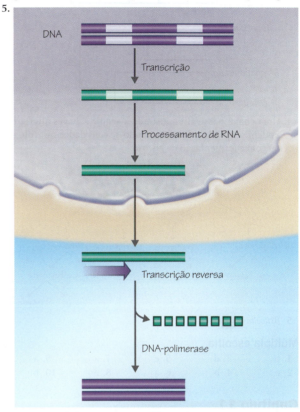

6. Em uma célula eucariótica, a RNA-polimerase copia o DNA; o processamento do RNA elimina os íntrons, deixando os éxons no mRNA. cDNA pode ser produzido pela transcriptase reversa a partir de mRNA.

7. Ver Tabelas 9.2 e 9.3.

8. Você provavelmente utilizou algumas células de plantas em uma placa de Petri para seu experimento. Você pode fazer essas células crescerem em um meio de cultura para células vegetais contendo tetraciclina. Somente as células contendo o novo plasmídeo crescerão.

9. Na RNAi, o siRNA se liga ao mRNA, criando um RNA de fita dupla, o qual é enzimaticamente destruído.

10. Retroviridae.

Múltipla escolha

1. b	3. b	5. c	7. c	9. e
2. b	4. b	6. d	8. b	10. a

Capítulo 10

Revisão

1. A e D parecem ser mais intimamente relacionados, uma vez que apresentam % molar de GC similares. Não existem dois da mesma espécie.

2. A e D são as mais intimamente relacionados.

3. O objetivo de um cladograma é mostrar o grau de parentesco entre os organismos. Uma chave dicotômica pode ser usada para identificação, mas não mostra parentesco como o

cladograma. *Mycoplasma* e *Escherichia* estão em um ramo da chave, mas o cladograma indica que o *Mycoplasma* está mais intimamente relacionado ao *Clostridium*.

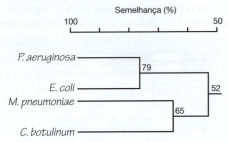

4. Uma chave possível é mostrada a seguir. Chaves alternativas podem ser produzidas começando-se com dados morfológicos ou com a fermentação da glicose.

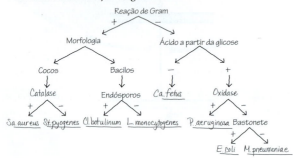

5. *Brucella abortus*

Múltipla escolha

1. b	3. d	5. e	7. a	9. a
2. e	4. b	6. a	8. e	10. b

Capítulo 11

Revisão

1. a. *Clostridium*
   b. *Bacillus*
   c. *Streptomyces*
   d. *Mycobacterium*
   e. *Streptococcus*
   f. *Staphylococcus*
   g. *Treponema*
   h. *Spirillum*
   i. *Pseudomonas*
   j. *Escherichia*
   k. *Mycoplasma*
   l. *Rickettsia*
   m. *Chlamydia*

2. a. Ambas são fotoautotróficas oxigênicas. Cianobactérias são procariotos; algas são eucariotos.
   b. Ambos são quimio-heterotróficos capazes de formar micélio; alguns formam conídios. Actinomicetos são procariotos; fungos são eucariotos.
   c. Ambas são bactérias grandes em forma de bacilo. *Bacillus* formam endósporos; *Lactobacillus* são bacilos fermentadores e não formadores de endósporos.
   d. Ambas são bactérias pequenas em forma de bastonetes. *Pseudomonas* apresenta um metabolismo oxidativo; *Escherichia* é fermentadora. *Pseudomonas* tem flagelo polar; *Escherichia* tem flagelos peritríquios.
   e. Ambas são bactérias helicoidais. *Leptospira* (um espiroqueta) tem um filamento axial. *Spirillum* tem flagelos.
   f. Ambas são bastonetes gram-negativos. *Escherichia* são bactérias anaeróbias facultativas, e *Bacteroides* são anaeróbias.
   g. Ambos são parasitas intracelulares obrigatórios. *Rickettsia* é transmitida por carrapatos; *Chlamydia* tem um ciclo de desenvolvimento singular.

h. Ambas são bactérias gram-positivas atípicas. *Mycobacterium* é um gênero que apresenta alto teor de G+C e ácido-resistente. *Mycoplasma* é um gênero bacteriano que apresenta baixo teor de G+C e que não possui parede celular.

3. Existem muitas formas de se desenhar uma chave. Este é um exemplo.

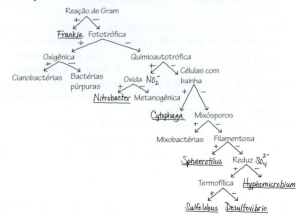

4. Metanógenos

Múltipla escolha

1. b	3. e	5. b	7. e	9. b
2. b	4. a	6. c	8. b	10. a

Capítulo 12

Revisão

1. a. Sistêmica
   b. Subcutânea
   c. Cutânea
   d. Superficial
   e. Sistêmica

2. a. *E. coli*
   b. *P. chrysogenum*

3. Artroconídios (*Trichophyton*)

4. Como os primeiros colonizadores de rochas ou solo recém-expostos, os liquens são responsáveis pela degradação química de grandes partículas inorgânicas e o consequente acúmulo de solo. As algas são produtoras primárias nas cadeias alimentares aquáticas e são importantes produtoras de oxigênio.

5. Micetozoários celulares existem como células ameboides individuais. Micetozoários plasmodiais são massas multinucleadas de protoplasma. Ambos sobrevivem às condições adversas do ambiente formando esporos.

6. a. Flagelos
   b. *Giardia*
   c. Nenhum
   d. *Nosema*
   e. Pseudópodes
   f. *Entamoeba*
   g. Nenhum
   h. *Plasmodium*
   i. Cílios
   j. *Balantidium*
   k. Flagelos
   l. *Trypanosoma*
   m. Flagelos
   n. *Trichomonas*

7. *Trichomonas* não sobrevive fora do hospedeiro por muito tempo, pois não forma um cisto protetor. *Trichomonas* precisa ser transferido de hospedeiro para hospedeiro rapidamente.

8. Por ingestão.

9. Os órgãos reprodutivos masculinos estão em um indivíduo, e os órgãos reprodutivos femininos estão em outro indivíduo. Os vermes cilíndricos pertencem ao filo Nematoda.

10. Filo: Platyhelminthes
(Platelmintos)
Classe: Trematoda

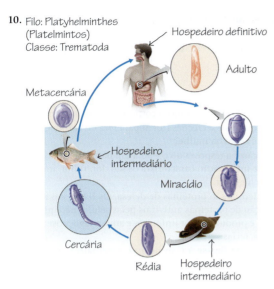

Hospedeiro definitivo

Adulto

Metacercária

Hospedeiro intermediário

Miracídio

Cercária

Rédia   Hospedeiro intermediário

Múltipla escolha

1. d	3. b	5. a	7. b	9. a
2. b	4. a	6. d	8. d	10. c

Capítulo 13

Revisão

1. Porque dependem completamente de células hospedeiras vivas para a sua multiplicação.

2. Um vírus:
   - contém DNA ou RNA;
   - possui uma cobertura proteica circundando o ácido nucleico;
   - multiplica-se no interior de uma célula viva utilizando a maquinaria sintética da célula; e
   - causa a síntese de vírions.

   Um vírion é uma partícula viral totalmente desenvolvida capaz de transferir o ácido nucleico viral para outra célula e iniciar a sua multiplicação.

3. Poliédrico (Figura 13.2); helicoidal (Figura 13.4); envelopado (Figura 13.3); complexo (Figura 13.5).

4.

Adsorção Penetração   Biossíntese   Maturação

Desnudamento

5. Ambos produzem RNA de fita dupla, com a fita negativa servindo de molde para mais fitas positivas. As fitas positivas atuam como mRNA em ambos os grupos de vírus.

6. O tratamento de *S. aureus* com antibiótico pode ativar genes fágicos que codificam a leucocidina P-V.

7. a. Os vírus não são facilmente observados nos tecidos do hospedeiro, e não podem ser facilmente cultivados para serem introduzidos em um novo hospedeiro. Além disso, os vírus são específicos para seus hospedeiros e células, o que torna difícil a substituição de um animal de laboratório para satisfazer o terceiro postulado de Koch.

   b. Alguns vírus podem infectar células sem induzir o câncer. O câncer pode não se desenvolver até muito tempo após a infecção. O câncer não parece ser contagioso.

8. a. panencefalite esclerosante subaguda
   b. vírus comuns

c. As respostas podem variar. Um exemplo de mecanismo possível é a latência, em um tecido anormal.

9. a. de paredes celulares rígidas
   b. vetores, como insetos sugadores de seiva
   c. protoplastos de plantas e culturas de células de insetos

10. Herpesviridae

Múltipla escolha

1. e	3. b	5. b	7. c	9. d
2. c	4. a	6. e	8. d	10. c

Capítulo 14

Revisão

1. a. *Etiologia* é o estudo da causa de uma doença; *patogênese* é a maneira como a doença se desenvolve.
   b. *Infecção* refere-se à colonização do organismo por um microrganismo. *Doença* refere-se a qualquer alteração de um estado de saúde. Uma doença pode resultar de uma infecção, mas nem sempre esse é o caso.
   c. A *doença transmissível* é passada de um hospedeiro para outro. A *doença não transmissível* não pode ser passada de um hospedeiro a outro.

2. *Simbiose* refere-se a diferentes organismos vivendo em conjunto. Comensalismo – um organismo é beneficiado e o outro não é afetado; p. ex., corinebactéria vivendo na superfície do olho. Mutualismo – ambos os organismos são beneficiados; p. ex., *E. coli* recebe nutrientes e temperatura constante no intestino grosso e produz vitamina K e certas vitaminas B, úteis para o hospedeiro humano. Parasitismo – um organismo é beneficiado enquanto o outro é prejudicado; p. ex., *Salmonella enterica* recebe nutrientes e calor no intestino grosso, enquanto o hospedeiro humano desenvolve gastrenterites ou febre tifoide.

3. a. Aguda
   b. Crônica
   c. Subaguda

4. Pacientes em hospitais podem estar em uma condição comprometida e, portanto, predispostos a uma infecção. Microrganismos patogênicos geralmente são transmissíveis a pacientes por contato e por transmissão aérea. Os reservatórios da infecção são os funcionários do hospital, os visitantes e outros pacientes.

5. Mudanças nas funções corporais sentidas pelo paciente são chamadas de *sintomas*. Sintomas como fraqueza ou dor não podem ser mensurados por um médico. Mudanças objetivas que podem ser mensuradas são chamadas de *sinais*.

6. Quando microrganismos causando uma infecção local entram no sangue ou nos vasos linfáticos e são disseminados pelo corpo, o resultado é uma infecção sistêmica.

7. Microrganismos mutualistas geram mudanças químicas ou ambientais que são essenciais para o hospedeiro. Organismos comensais não são essenciais; outros organismos podem prover a necessidade.

8. Período de incubação, período prodrômico, período de doença, período de declínio (pode ser crise), período de convalescença.

9. *Escherichia coli*.

10.

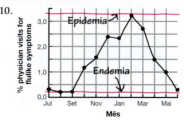

Múltipla escolha

1. a	3. a	5. d	7. c	9. c
2. b	4. d	6. a	8. a	10. b

Capítulo 15

Revisão

1. A habilidade de um microrganismo em produzir a doença é chamada de *patogenicidade*. O grau de patogenicidade é a *virulência*.

2. Bactérias encapsuladas podem resistir à fagocitose e continuar crescendo. *Streptococcus pneumoniae* e *Klebsiella pneumoniae* produzem cápsulas que estão relacionadas à sua virulência. A proteína M, encontrada na parede celular de *Streptococcus pyogenes*, e o ácido micólico, encontrado na parede celular do *Mycobacterium*, ajudam essas bactérias a resistir à fagocitose.

3. A hemolisina lisa hemácias; a hemólise pode fornecer nutrientes para o crescimento da célula bacteriana. As leucocidinas destroem neutrófilos e macrófagos que são ativos na fagocitose; isso diminui a resistência do hospedeiro à infecção. A coagulase provoca a coagulação do fibrinogênio no sangue; o coágulo pode proteger a bactéria da fagocitose e de outras defesas do organismo. As cinases bacterianas degradam a fibrina; elas podem destruir um coágulo feito para isolar a bactéria, permitindo, então, que o microrganismo se dissemine pelo corpo. A hialuronidase hidrolisa o ácido hialurônico, que mantém as células unidas; isso pode permitir que as bactérias se disseminem pelos tecidos. Os sideróforos retiram ferro das proteínas transportadoras de ferro do hospedeiro, permitindo que a bactéria utilize o ferro para seu crescimento. As IgA-proteases destroem anticorpos IgA, os quais protegem a superfície das mucosas.

4. **a.** Inibiria as bactérias.
   b. Impediria a adesão de *N. gonorrhoeae*.
   c. *S. pyogenes* não seria capaz de se aderir às células hospedeiras e seria mais suscetível à fagocitose.

5.

	Exotoxina	Endotoxina
Origem bacteriana	Gram +	Gram −
Química	Proteínas	Lipídeo A
Toxigenicidade	Alta	Baixa
Farmacologia	Destrói determinadas porções celulares ou funções fisiológicas	Sistêmico, febre, fraqueza, dores e choque
Exemplo	Toxina botulínica	Salmonelose

6.

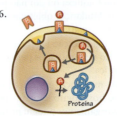

7. Fungos patogênicos não têm fatores de virulência específicos; cápsulas, produtos metabólicos, toxinas e respostas alérgicas contribuem para a virulência de fungos patogênicos. Alguns fungos produzem toxinas que, quando ingeridas, causam doenças. Protozoários e helmintos geram sintomas, destruindo os tecidos do hospedeiro e produzindo resíduos metabólicos tóxicos.

8. *Legionella*

9. Os vírus escapam da resposta imune do hospedeiro multiplicando-se dentro da célula; muitos podem permanecer latentes na célula hospedeira por longos períodos. Alguns protozoários escapam do sistema imune através de mutações em seus antígenos.

10. *Neisseria gonorrhoeae*

Múltipla escolha

1. d	3. d	5. c	7. b	9. d
2. c	4. a	6. a	8. a	10. c

Capítulo 16

Revisão

1. Físico: líquido flui para fora do corpo; Químico: lisozoma; ácidos
   Físico: líquidos e secreções fluem para fora do corpo; Químico: ambiente ácido na mulher

2. Inflamação é a resposta do corpo a um dano ao tecido. Os sintomas de inflamação característicos são dor, rubor, imobilidade, edema e calor.

3. Os interferons são proteínas de defesa. Os IFN-α e β induzem a produção de proteínas antivirais pelas células não infectadas. O IFN-γ é produzido por linfócitos e ativa a fagocitose para eliminar bactérias.

4. A endotoxina liga-se à C3b pela via alternativa, a qual ativa C5-C9 causando lise celular. Isso pode resultar em fragmentos livres de parede celular, os quais se ligam a mais C3b, resultando em danos às membranas das células hospedeiras por C5-C9.

5. Os produtos tóxicos de oxigênio podem destruir patógenos.

6. Os anticorpos do receptor se combinam com os antígenos do doador e fixam o complemento; a ativação do complemento causa hemólise.

7. Inibem a formação de C3b; previnem a formação de MAC; hidrolisam C5a.

8.

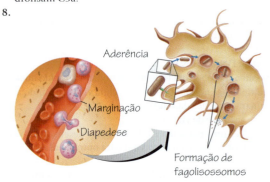

9. **a.** TLRs: Inata. Facilitam a adesão do fagócito e do patógeno.
   b. Transferrinas: Inata. Ligam o ferro.
   c. Peptídeos antimicrobianos: Inata. Destroem ou inibem bactérias.

10. Monócitos (macrófagos).

Múltipla escolha

1. a	3. c	5. e	7. c	9. d
2. d	4. d	6. a	8. b	10. e

Capítulo 17

Revisão

1. **a.** A imunidade adaptativa é a resistência a infecções obtida durante a vida do indivíduo; ela resulta da produção de anticorpos e células T. A imunidade inata refere-se à resistência de espécies ou indivíduos a determinadas doenças, que não é dependente de uma imunidade antígeno-específica.
   b. A imunidade humoral deve-se a anticorpos (e células B). A imunidade celular deve-se às células T.
   c. A imunidade ativa refere-se aos anticorpos produzidos pelo indivíduo. Imunidade passiva refere-se a anticorpos produzidos por outra fonte, sendo, então, transferidos ao indivíduo que necessita deles.

d. As células T_H1 produzem citocinas que ativam as células T. As citocinas produzidas pelas células T_H2 ativam células B.

e. A imunidade natural é adquirida naturalmente, isto é, da mãe para o recém-nascido ou após uma infecção. A imunidade artificial é adquirida através de um tratamento médico, isto é, pela injeção de anticorpos ou pela vacinação.

f. Antígenos T-dependentes: certos antígenos devem combinar-se com autoantígenos para serem reconhecidos pelas células T_H e depois pelas células B. Os antígenos T-independentes podem provocar uma resposta de anticorpos sem células T.

g. Imunoglobulinas = anticorpos; TCRs = receptores de antígenos nas células T.

2. O complexo de histocompatibilidade principal (MHC) se apresenta como um autoantígeno. LTCs reagem com o MHC I; células T_H reagem com o MHC II.

3. Variáveis; sítios de ligação ao antígeno

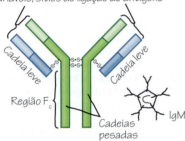

4. Ver Figura 17.19.
5. LTCs destroem as células-alvo em contato. As células T_H interagem com os antígenos para "apresentá-los" às células B para a formação de anticorpos. As células T_{reg} suprimem a resposta imune. Citocinas são substâncias químicas liberadas pela célula que iniciam a resposta por outras células.

6.

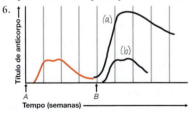

7. Ambos prevenirão a adsorção do patógeno; (a) interferem no sítio de adsorção do patógeno; (b) interferem no sítio receptor do patógeno.
8. A pessoa recupera-se porque produz anticorpos contra o patógeno. A resposta de memória continuará a proteger a pessoa contra o patógeno.
9. Célula dendrítica
10. O rearranjo dos genes da região V durante o desenvolvimento embrionário produz células B com diferentes genes para anticorpos.

Múltipla escolha

1. d	3. b	5. d	7. c	9. d
2. e	4. c	6. d	8. d	10. d

Capítulo 18

Revisão

1. **a.** Agente completo. Vírus vivo, avirulento que pode causar a doença se, por mutação, voltar ao seu estado virulento.
   b. Agente completo; bactéria morta (por calor).

c. Subunidade; toxina inativada (por calor ou formalina).
d. Subunidade
e. Subunidade
f. Conjugada
g. Ácido nucleico

2. **a.** Alguns vírus são capazes de aglutinar hemácias. Essa reação é usada para detectar a presença de um grande número de vírions capazes de causar hemaglutinação (p. ex., vírus influenza).
   b. Anticorpos produzidos contra vírus que são capazes de aglutinar hemácias inibirão a aglutinação. A inibição da hemaglutinação pode ser usada para detectar a presença de anticorpos contra esses vírus.
   c. Esse procedimento é usado para detectar anticorpos que reagem com antígenos solúveis, ligando-os a esferas de látex insolúveis. O procedimento pode ser usado para detectar a presença de anticorpos desenvolvidos durante alguma infecção micótica ou helmíntica.

3.

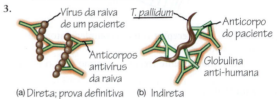

(a) Direta; prova definitiva   (b) Indireta

4. Ver Figura 18.2.
5. Se um excesso de anticorpo está presente, o antígeno se ligará a várias moléculas de anticorpo. Se um excesso de antígeno está presente, o anticorpo se ligará a vários antígenos. Ver Figura 18.3.

6.

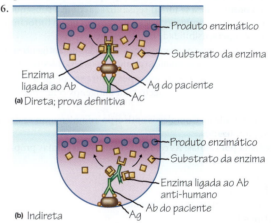

7. Antígenos particulados reagem em reações de aglutinação. Os antígenos podem ser células ou antígenos solúveis ligados a partículas sintéticas. Antígenos solúveis participam de reações de precipitação.

8. **a.** 5   **d.** 3
   b. 4, 6   **e.** 6
   c. 1   **f.** 2, 4

9. **a.** 5   **d.** 6
   b. 3   **e.** 2
   c. 1   **f.** 4

10. Teste cutâneo tuberculínico positivo; a pessoa tem anticorpos contra *M. tuberculosis*.

Múltipla escolha

1. c	3. b	5. a	7. c	9. b
2. d	4. c	6. b	8. a	10. c

Capítulo 19

Revisão

1.

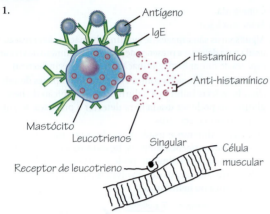

Antígeno
IgE
Histamínico
Anti-histamínico
Mastócito
Leucotrienos
Singular
Célula muscular
Receptor de leucotrieno

2. O soro do paciente receptor contém complemento; a ativação do complemento causa hemólise.

3. Os anticorpos do paciente receptor reagirão com o tecido do doador.

4. Ver Figura 19.8.
   a. Os sintomas observados são devidos às linfocinas.
   b. Quando uma pessoa entra em contato com o carvalho-venenoso pela primeira vez, o antígeno (catecóis nas folhas) liga-se às células teciduais, é fagocitado por macrófagos e é apresentado a receptores na superfície de células T. O contato entre o antígeno e a célula T apropriada estimula a célula T a proliferar e a se tornar sensibilizada. Com a subsequente exposição ao antígeno, a célula T sensível libera linfocinas, e uma hipersensibilidade tardia ocorre.
   c. Acredita-se que pequenas doses repetidas do antígeno sejam responsáveis pela produção de anticorpos IgG (bloqueadores).

5. Pacientes com lúpus têm anticorpos contra seu próprio DNA.

6. Citotóxica: Anticorpos reagem com antígenos celulares de superfície.
   Imunocomplexo: Complexos anticorpo-complemento se depositam nos tecidos.
   Mediada por células: As células T destroem as células próprias. Ver Tabela 19.1.

7. Natural
   Herdada
   Infecções virais, principalmente HIV
   Artificial
   Induzida por fármacos imunossupressores
   Resultado: Aumento da suscetibilidade a várias infecções dependendo do tipo de imunodeficiência.

8. As células tumorais apresentam antígenos específicos do tumor. As LTCs podem reagir com antígenos tumorais específicos, iniciando a lise das células tumorais.

9. Algumas células malignizadas podem escapar do sistema imune por modulação antigênica ou por intensificação imunológica. A imunoterapia pode estimular uma melhora imunológica. As defesas do corpo contra o câncer são mediadas por células em vez de humorais. A transferência de linfócitos poderia causar a doença enxerto contra o hospedeiro.

10. Anticorpo IgE

Múltipla escolha

1. b	3. b	5. d	7. a	9. c
2. b	4. a	6. e	8. d	10. b

Capítulo 20

Revisão

1.

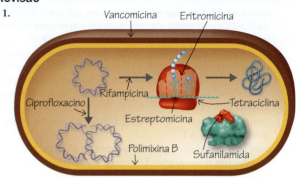

Vancomicina
Eritromicina
Ciprofloxacino
Rifampicina
Estreptomicina
Tetraciclina
Polimixina B
Sufanilamida

2. O fármaco (1) deve exibir toxicidade seletiva; (2) deve apresentar amplo espectro; (3) não deve produzir hipersensibilidade no hospedeiro; (4) não deve induzir resistência; e (5) não deve afetar a microbiota normal.

3. Como os vírus utilizam a maquinaria metabólica da célula hospedeira, é difícil atingir o vírus sem prejudicar o hospedeiro. Fungos, protozoários e helmintos têm células eucarióticas. Portanto, fármacos antivirais, antifúngicos, antiprotozoários e anti-helmínticos também devem afetar as células eucarióticas.

4. Resistência aos fármacos é a ausência de suscetibilidade, por parte do microrganismo, a um agente quimioterápico. A resistência pode se desenvolver quando os microrganismos são constantemente expostos a um agente antimicrobiano. Formas de minimizar o desenvolvimento de microrganismos resistentes aos fármacos incluem o uso moderado dos agentes antimicrobianos; seu uso correto de acordo com a prescrição médica; ou a administração simultânea de dois ou mais fármacos.

5. O uso simultâneo de dois agentes pode prevenir o desenvolvimento de linhagens resistentes de microrganismos, beneficiar-se do efeito sinérgico dos fármacos, proporcionar terapia até que o diagnóstico seja feito e diminuir a toxicidade dos fármacos individualmente pela redução de suas dosagens em combinação. Um problema que pode resultar do uso simultâneo de dois agentes é o efeito antagonista.

6. a. Como a polimixina B, causa vazamentos na membrana plasmática.
   b. Interfere na tradução.

7. a. Inibe a formação de ligação peptídica.
   b. Impede a translocação do ribossomo ao longo do mRNA.
   c. Interfere na ligação do tRNA ao complexo ribossomo-mRNA.
   d. Modifica a conformação da subunidade ribossomal 30S, resultando na leitura incorreta do mRNA.
   e. Impede a formação da subunidade ribossomal 70S.
   f. Impede a liberação do peptídeo nascente do ribossomo.

8. A DNA-polimerase adiciona bases à extremidade 3'–OH.

9. a. A penicilina inibe a síntese da parede celular bacteriana. A equinocandina inibe a síntese da parede celular fúngica.
   b. O imidazol interfere na síntese da membrana citoplasmática fúngica. A polimixina B degrada qualquer membrana plasmática.

10. Vírus da imunodeficiência humana

Múltipla escolha

1. b	3. a	5. a	7. e	9. c
2. a	4. b	6. d	8. b	10. c

Capítulo 21

Revisão

1. As bactérias normalmente entram por aberturas não aparentes na pele. Patógenos fúngicos (exceto os subcutâneos) frequentemente crescem na própria pele. Infecções virais da pele (exceto verrugas e herpes simples) com frequência ganham acesso ao organismo pelo trato respiratório.

2. *Staphylococcus aureus; Streptococcus pyogenes*

3.

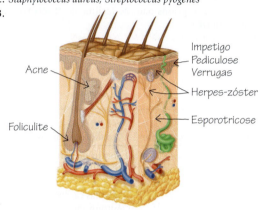

4.

Agente etiológico	Sintomas clínicos	Modo de transmissão
Cutibacterium acnes	Glândulas sebáceas infectadas	Contato direto
S. aureus	Folículos pilosos infectados	Contato direto
Alphapapillomavirus spp., *Betapapillomavirus* spp.	Tumor benigno	Contato direto
Varicellovirus (HHV-3)	Erupção vesicular	Via respiratória
Enterovírus spp.	Erupção plana ou elevada	Contato direto
Morbillivirus measles morbillivirus	Erupção papular, manchas de Koplik	Via respiratória
Rubivirus rubellae	Erupção macular	Via respiratória

5. O teste determina a suscetibilidade feminina à rubéola. Se o teste for negativo, ela é suscetível à doença. Se ela adquirir a doença durante a gestação, o feto pode se tornar infectado. Uma mulher suscetível deve ser vacinada.

6.

Sintomas	Doença
Manchas de Koplik	Sarampo ou rubéola
Erupção macular	Sarampo
Erupção vesicular	Varicela
Erupção formada por pequenas manchas	Sarampo alemão
Bolhas	Infecção por HHV-1 ou HHV-2
Úlcera da córnea	Ceratite herpética

7. O sistema nervoso central pode ser invadido após um episódio de ceratite herpética, resultando em encefalite.

8. Vírus do sarampo, caxumba e rubéola atenuados.

9. O paciente tem sarna, uma infestação de ácaros na pele. A sarna é tratada com o inseticida permetrina ou hexacloreto de gama-benzeno. A presença de artrópodes de seis patas (insetos) indica pediculose (piolhos).

10. *Cutibacterium acnes*

Múltipla escolha

1. c	3. b	5. d	7. e	9. a
2. d	4. c	6. d	8. d	10. d

Capítulo 22

Revisão

1. Os sintomas do tétano são decorrentes da neurotoxina, e não do crescimento bacteriano (infecção e inflamação).

2. **a.** Vacinação com o toxoide tetânico.
   b. Imunização com anticorpos antitoxina tetânica.

3. "Limpas inadequadamente", uma vez que o *C. tetani* é encontrado em solos que podem contaminar um ferimento. "Perfurações profundas", pois provavelmente é um anaeróbio.

"Nenhum sangramento", porque o fluxo sanguíneo garante um ambiente aeróbico e também alguma depuração.

4. Etiologia – Picornavírus (poliovírus).
Transmissão – ingestão de água contaminada.
Sintomas – Dores de cabeça, dores de garganta, febre, náusea; raramente causa paralisia.
Prevenção –Tratamento de esgotos.
Essas vacinas podem fornecer imunidade ativa adquirida artificialmente, uma vez que induzem a formação de anticorpos, contudo, elas não impedem ou revertem danos aos nervos.

5.

Agente causador	População suscetível	Transmissão	Tratamento
N. meningitidis	Crianças; residentes em dormitórios	Via respiratória	Penicilina
H. influenzae	Crianças	Via respiratória	Rifampicina
S. pneumoniae	Crianças; idosos	Via respiratória	Penicilina
L. monocytogenes	Qualquer pessoa	De origem alimentar	Penicilina
C. neoformans	Indivíduos imunossuprimidos	Via respiratória	Anfotericina B

6.

Doença	Etiologia	Transmissão	Sintomas	Tratamento
Encefalite por arbovírus	Ver Doenças em foco 22.2	Mosquitos	Dor de cabeça, febre, coma	Nenhum
Tripanossomíase africana	*T. b. gambiense,* *T. b. rhodesiense*	Mosca tsé-tsé	Diminuição da atividade física e da acuidade mental	Suramina, melarsoprol, eflornitina
Botulismo	*C. botulinum*	Ingestão	Paralisia flácida	Antitoxina
Lepra	*M. leprae*	Contato direto	Áreas de perda de sensibilidade na pele	Dapsona

7.
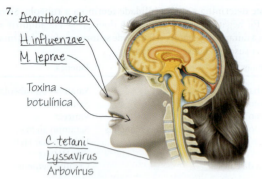

Acanthamoeba
H. influenzae
M. leprae
Toxina botulínica
C. tetani
Lyssavirus
Arbovírus

8. Tratamento pós-exposição – imunização passiva com anticorpos seguida de imunização ativa com HDCV. Tratamento pré-exposição – imunização ativa com HDCV.

Após exposição à raiva, anticorpos são imediatamente necessários para inativar o vírus. A imunização passiva fornece esses anticorpos. A imunização ativa proporciona anticorpos por um período mais longo, mas eles não são formados imediatamente.

9. O agente causador da doença de Creutzfeldt-Jakob (DCJ) é transmissível. Embora existam algumas evidências de que possa ser uma doença hereditária, ela pode ser transmissível por transplantes. As semelhanças com os vírus incluem: (1) os príons não podem ser cultivados por métodos bacteriológicos convencionais e (2) os príons não são facilmente observáveis nos pacientes com DCJ.

10. *Cryptococcus neoformans*

Múltipla escolha

1. a	3. a	5. a	7. b	9. c
2. c	4. b	6. c	8. a	10. a

Capítulo 23

Revisão

1.
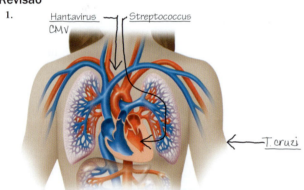

Hantavirus
CMV
Streptococcus
T. cruzi

2.

Doença	Agente causador	Condição predisponente
s.p.	*Str. pyogenes*	Aborto ou parto
e.b.s.	estreptococos alfa-hemolíticos	Lesões preexistentes
e.b.a.	*Sta. aureus*	Válvulas cardíacas anormais
f.r.	*Str. pyogenes*	Autoimune

3. Todas são doenças causadas por riquétsias transmissíveis por vetor. Elas diferem entre si em relação a (1) agente etiológico, (2) vetor, (3) gravidade e mortalidade e (4) incidência (p. ex., epidêmica, esporádica).

4.

Agente causador	Vetor	Tratamento
Plasmodium	*Anopheles*	Derivado de quinina
Flavivirus	*Aedes aegypti*	Nenhum
Flavivirus	*Aedes aegypti*	Nenhum
Borrelia	Carrapatos argasídeos	Tetraciclina
Leishmania	Mosquito-palha	Anfotericina B, paromomicina, antimoniato de meglumina

5.

Doença	Agente causador	Transmissão	Reservatório
Tularemia	*Francisella tularensis*	Abrasões na pele, ingestão, inalação, picadas	Coelhos
Brucelose	*Brucella* spp.	Ingestão de leite, contato direto	Gado
Antraz	*Bacillus anthracis*	Abrasões na pele, inalação, ingestão	Solo, gado
Doença de Lyme	*Borrelia burgdorferi*	Mordida de carrapatos	Veados, camundongos
Erliquiose	*Ehrlichia* spp.	Picada de carrapatos	Veados
Doença de inclusão citomegálica	HHV-5	Saliva, sangue	Seres humanos
Peste	*Yersinia pestis*	Picadas de pulgas, inalação	Roedores

6.

Doença	Agente causador	Transmissão	Reservatório	Área Endêmica
Esquistossomose	*Schistosoma* spp.	Penetração na pele	Caracol aquático	Ásia, América do Sul
Toxoplasmose	*Toxoplasma gondii*	Ingestão, inalação	Gatos	Estados Unidos
Doença de Chagas	*Trypanosoma cruzi*	"Inseto beijador"	Roedores	América Central

7.

	Reservatório	Etiologia	Transmissão	Sintomas
Doença da arranhadura do gato	Gatos	*Bartonella henselae*	Arranhadura; contato com os olhos, pulgas	Linfonodos inchados, febre, mal-estar
Toxoplasmose	Gatos	*Toxoplasma gondii*	Ingestão	Nenhum, infecções congênitas, danos neurológicos

8. O tecido gangrenado é anaeróbico e apresenta nutrientes adequados para o desenvolvimento de *C. perfringens*.

9. A mononucleose infecciosa é causada pelo vírus EBV e é transmissível por secreções orais.

10. Vírus da rubéola

Múltipla escolha

1. a	4. c	7. a	9. c
2. e	5. a	8. c	10. c
3. d	6. e		

Capítulo 24

Revisão

1.

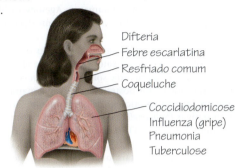

Difteria
Febre escarlatina
Resfriado comum
Coqueluche
Coccidiodomicose
Influenza (gripe)
Pneumonia
Tuberculose

2. A pneumonia por micoplasma é causada pela bactéria *Mycoplasma pneumoniae*. A pneumonia viral pode ser causada por vários vírus diferentes. A pneumonia por micoplasma pode ser tratada com tetraciclinas, enquanto a pneumonia viral não.

3.

Doença	Agente causador	Sintomas
Sistema respiratório superior		
Resfriado comum	Coronavírus, rinovírus, EV-D68	Espirros, secreções nasais excessivas, congestão
Sistema respiratório inferior		
Pneumonia viral	Diversos vírus	Febre, falta de ar, dores no peito
Influenza	*Influenzavirus*	Calafrios, febre, cefaleia e dores musculares
VSR	Vírus sincicial respiratório	Tosse, chiado no peito

O zanamivir e o oseltamivir são usados para o tratamento da gripe (influenza); o palivizumabe, para o tratamento de infecções pelo VSR que apresentam risco à vida.

4.

Doença	Sintomas
Faringite estreptocócica	Faringite e amigdalite
Febre escarlatina	Erupção cutânea e febre
Difteria	Membrana na garganta
Coqueluche	Tosse paroxística
Tuberculose	Tubérculos, tosse
Pneumonia pneumocócica	Pulmões avermelhados, febre
Pneumonia por *H. influenzae*	Semelhante à pneumonia pneumocócica
Pneumonia por clamídia	Febre baixa, tosse e dor de cabeça
Otite média	Dor de ouvido
Legionelose	Febre e tosse
Psitacose	Febre e dor de cabeça
Febre Q	Calafrios e dor no peito
Epiglotite	Epiglote inflamada e com abscesso
Melioidose	Pneumonia

Ver Doenças em foco 24.1, 24.2 e 24.3 para completar a tabela.

5. A inalação de um grande número de esporos de *Aspergillus* ou *Rhizopus* pode causar infecções em pessoas imunossuprimidas, com câncer e diabetes.

6. Não. Muitos organismos diferentes (bactérias gram-positivas, gram-negativas e vírus) podem causar pneumonias. Cada um desses microrganismos é suscetível a diferentes agentes antimicrobianos.

7.

Doença	Áreas endêmicas nos Estados Unidos
Histoplasmose	Estados adjacentes aos rios Mississippi e Ohio
Coccidioidomicose	Sudoeste americano
Blastomicose	Vales do rio Mississippi e área dos Grandes Lagos
Pneumonia por *Pneumocystis*	Ubíqua

Ver Doenças em foco 24.3 para completar a tabela.

8. No teste da tuberculina, derivado de proteína purificada (PPD) de *M. tuberculosis* é injetado na pele. Endurecimento e vermelhidão na área ao redor do sítio da injeção são indicativos de uma infecção ativa ou imunidade à tuberculose.

9. a. *Staphylococcus aureus*
   b. *Streptococcus pyogenes*
   c. *S. pneumoniae*
   d. *Corynebacterium diphtheriae*
   e. *Mycobacterium tuberculosis*
   f. *Moraxella catarrhalis*
   g. *Bordetella pertussis*
   h. *Burkholderia pseudomallei*
   i. *Legionella pneumophila*
   j. *Haemophilus influenzae*
   k. *Chlamydophila psittaci*
   l. *Coxiella burnetti*
   m. *Mycoplasma pneumoniae*

10. *Bordetella pertussis*

Múltipla escolha

1. a	3. e	5. c	7. a	9. b
2. d	4. a	6. b	8. e	10. d

Capítulo 25

Revisão

1.

	Agente causador	Modo de transmissão
Intoxicação por aflatoxina	*Aspergillus flavus*	Ingestão da toxina
Criptosporidiose	*Cryptosporidium hominis*	Ingestão
Oxiurose	*Enterobius vermicularis*	Ingestão
Tricuríase	*Trichuris trichiura*	Ingestão

Ver Doenças em foco 25.5 para completar a tabela.

2.

Agente causador	Alimentos suspeitos	Prevenção
V. parahaemolyticus	Ostras, camarão	Cozinhar o alimento
V. cholerae	Água	
E. coli O157	Água, vegetais, carne moída	Cozinhar o alimento
C. jejuni	Frango	Cozinhar o alimento
Y. enterocolitica	Carne, leite	Cozinhar o alimento
C. perfringens	Carne	Refrigeração após o cozimento
B. cereus	Pratos contendo arroz	Refrigeração após o cozimento
S. aureus	Cremoso, salgado	Refrigeração dos alimentos
S. enterica	Ovos, aves, vegetais	Cozinhar o alimento
Shigella spp.	Água, contaminação ambiental fecal	Desinfecção

Ver Doenças em foco 25.2 para completar a tabela.

3.

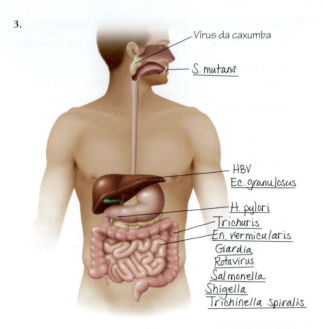

Vírus da caxumba

S. mutans

HBV
Ec. granulosus

H. pylori
Trichuris
En. vermicularis
Giardia
Rotavirus
Salmonella
Shigella
Trichinella spiralis

4. Certas linhagens de *E. coli* podem produzir uma enterotoxina ou invadir o epitélio do intestino grosso. A bactéria *E. coli* produz vitamina K e ácido fólico que podem ser usados por humanos e produzem bacteriocinas que inibem os patógenos.

5. Toxina produzida por fungos.

6. Todas as quatro são causadas por protozoários. As infecções são adquiridas pela ingestão de água contaminada com protozoários. A giardíase é caracterizada por diarreia prolongada. A disenteria amebiana é a mais grave das disenterias, apresentando sangue e muco nas fezes. *Cryptosporidium* e *Cyclospora* causam doenças severas em pessoas imunocomprometidas.

7. **Intoxicação bacteriana:** os microrganismos se proliferam nos alimentos desde o momento de sua preparação até seu consumo. Isso normalmente ocorre quando os alimentos são

guardados sem refrigeração ou conservados de forma inapropriada. Os agentes etiológicos (*Staphylococcus aureus* ou *Clostridium botulinum*) devem produzir uma exotoxina. Início: 1 a 48 horas. Duração: Alguns dias. Tratamento: Agentes antimicrobianos não são efetivos. Os sintomas do paciente devem ser tratados.

Infecção bacteriana: microrganismos viáveis são ingeridos com água ou alimentos. Os organismos podem estar presentes durante a preparação do alimento e sobreviver ao processo de cozimento, ou ser inoculados posteriormente, pela manipulação do alimento. Os agentes etiológicos normalmente são bactérias gram-negativas (*Salmonella, Shigella, Vibrio* e *Escherichia*) que produzem endotoxinas. O *Clostridium perfringens* é uma bactéria gram-positiva que causa infecção alimentar. Início: 12 horas a 2 semanas. Duração: Mais longa do que a intoxicação, uma vez que os microrganismos estão se multiplicando no paciente. Tratamento: Reidratação.

8.

Doença	Sítio	Sintomas
Caxumba	Glândulas parótidas	Inflamação das glândulas parótidas e febre
Hepatite A	Fígado	Anorexia, febre, diarreia
Hepatite B	Fígado	Anorexia, febre, dores nas articulações, icterícia
Gastrenterite viral	Trato gastrintestinal inferior	Náuseas, diarreia, vômitos

Ver Doenças em foco 25.3 e 25.4 para completar a tabela.

9. Cozinhar bem a carne. Eliminar a fonte de contaminação para bovinos e suínos.

10. *Giardia*

Múltipla escolha

1. d	3. e	5. e	7. b	9. a
2. e	4. b	6. b	8. e	10. d

Capítulo 26

Revisão

1.

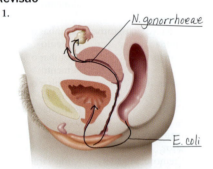

N. gonorrhoeae

E. coli

2. Infecções do trato urinário podem ser adquiridas através de higiene pessoal inadequada e também por contaminação durante procedimentos médicos. Elas frequentemente são causadas por patógenos oportunistas.

3. A proximidade entre o ânus e a uretra e o comprimento relativamente curto da uretra podem permitir a contaminação da bexiga em mulheres. As infecções gastrintestinais também constituem um fator de predisposição para a cistite em mulheres.

4. A *Escherichia coli* causa aproximadamente 75% das infecções. Vias de entrada incluem o trato urinário inferior ou infecções sistêmicas.

5.

Doença	Sintomas	Diagnóstico
Vaginose bacteriana	Odor de peixe	Odor, pH, células-guia
Gonorreia	Dor ao urinar	Isolamento de *Neisseria*
Sífilis	Cancro	FTA-ABS
DIP	Dor abdominal	Cultura do patógeno
UNG	Uretrite	Ausência de *Neisseria*
LGV	Lesão, aumento dos linfonodos	Observação da *Chlamydia* nas células
Cancroide	Úlcera inchada	Isolamento de *Haemophilus*

Ver Doenças em foco 26.2 e 26.3 para completar a tabela.

6. Sintomas – sensação de ardor, vesículas, micção dolorosa. Etiologia – vírus herpes simples tipo 2 (às vezes tipo 1). Quando as lesões não estão presentes, o vírus está latente e transmissível.

7. *Candida albicans* – prurido intenso; corrimento espesso e amarelado, com aspecto de queijo. *Trichomonas vaginalis* – Corrimento amarelo e profuso, de odor desagradável.

8.

Doença	Prevenção de doenças congênitas
Gonorreia	Tratamento dos olhos do recém-nascido
Sífilis	Prevenção e tratamento da doença materna
UNG	Tratamento dos olhos do recém-nascido
Herpes genital	Parto cesáreo durante infecção ativa

9. *Chlamydia trachomatis*

Múltipla escolha
1. b   3. a   5. d   7. c   9. b
2. e   4. c   6. c   8. b   10. a

Capítulo 27

Revisão
1. O coala deve possuir um órgão que abriga uma grande população de microrganismos capazes de degradar a celulose.
2. O *Penicillium* deve produzir penicilina para reduzir a competição com bactérias de crescimento mais rápido.
3. a. aminoácidos
   b. SO_4^{2-}
   c. plantas e bactérias
   d. H_2S
   e. NADH, necessário para a síntese de carboidratos e outras macromoléculas
   f. S^0
4. O fósforo deve estar disponível para todos os organismos.
5.

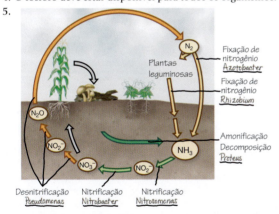

6. Cianobactérias: com os fungos, as cianobactérias atuam como o parceiro fotoautotrófico em um líquen; elas também podem fixar o nitrogênio no líquen. Com *Azolla*, elas fixam nitrogênio. Micorrizas: fungos que crescem dentro e sobre as raízes de plantas superiores; aumentam a absorção de nutrientes.
Rhizobium: nos nódulos radiculares de legumes; fixam nitrogênio.
Frankia: nos nódulos radiculares de amieiros, roseiras e outras plantas; fixam nitrogênio.
7. Sedimentação
Tratamento por floculação
Filtração em areia (ou em carvão ativado)
Cloração
O volume de tratamento antes da cloração depende da quantidade de matéria inorgânica e orgânica na água.

8. a. 2   d. 2   g. 3
   b. 1   e. 3
   c. 2   f. 2
9. Biodegradação do esgoto, herbicidas, óleo ou bifenilos policlorados (PCBs).
10. Cianobactérias (*Anabaena*).

Múltipla escolha
1. a   3. b   5. c   7. b   9. e
2. b   4. b   6. c   8. b   10. c

Capítulo 28

Revisão
1. Microbiologia industrial é a ciência que utiliza microrganismos para gerar produtos ou executar um processo. A microbiologia industrial oferece (1) substâncias químicas, como os antibióticos, os quais não estariam disponíveis de outro modo, (2) processos para remover ou destoxificar poluentes, (3) alimentos fermentados que têm melhor sabor ou maior validade e (4) enzimas necessárias à manufatura de diversos produtos.
2. O objetivo da esterilização comercial é eliminar organismos que causam deterioração dos alimentos e doenças. O objeto da esterilização hospitalar é a esterilização completa.
3. O ácido nas amoras prevenirá o crescimento de alguns micróbios.
4. Leite $\xrightarrow{\text{Bactérias lácticas}}$ Coalho + Soro do leite
   ↓   ↓
   Queijo   Resíduo

Queijos duros são maturados por bactérias do ácido láctico que crescem anaerobicamente no interior da massa (coalho). Queijos moles são maturados por fungos que crescem aerobicamente na parte externa da massa.
5. Os nutrientes devem estar dissolvidos na água; a água também é necessária para a hidrólise. O malte é a fonte de carbono e energia que as leveduras fermentarão para produzir o álcool. O malte contém glicose e maltose obtidas a partir da ação da amilase sobre o amido contido nas sementes (p. ex., cevada).
6. Um biorreator fornece as seguintes vantagens sobre os frascos simples:
   ■ Volumes maiores de cultura podem ser cultivados.
   ■ Instrumentação processual pode ser utilizada para o monitoramento e controle de condições ambientais críticas, como pH, temperatura, oxigênio dissolvido e aeração.
   ■ Sistemas de esterilização e higienização são projetados no próprio local.
   ■ Oferece a possibilidade de sistemas de coleta e amostragem asséptica para amostragens realizadas durante o processo.
   ■ Características aprimoradas de aeração e homogeneização que resultam em uma melhora do crescimento celular e em uma densidade final de células elevada.
   ■ Possibilidade de elevado grau de automação.
   ■ Melhoria dos processos de reprodutibilidade.
7. (1) Enzimas não geram resíduos perigosos. (2) Enzimas funcionam sob condições razoáveis; por exemplo, elas não requerem altas temperaturas ou acidez. (3) O uso de enzimas elimina a necessidade de se usar petróleo na síntese química de solventes, como álcool e acetona. (4) Enzimas são biodegradáveis. (5) Enzimas não são tóxicas.

8. A produção do álcool etílico a partir do milho; ou de metano a partir do processamento do esgoto. Álcoois e hidrogênio são produzidos por fermentação; metano é produzido por respiração anaeróbica.

9.

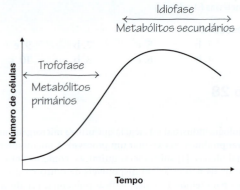

10. *Saccharomyces cerevisiae*

1. c	3. e	5. b	7. e	9. b
2. b	4. c	6. c	8. a	10. a

Apêndice A

Vias metabólicas

Figura A.1 **Ciclo de Calvin-Benson para o metabolismo fotossintético do carbono.** ❶-❸ A fixação inicial e a redução do carbono ocorrem, gerando os compostos de três carbonos gliceraldeído-3-fosfato e di-hidroxiacetona-fosfato, ❹ que são interconversíveis. Ⓐ-Ⓓ Em média, 2 de cada 12 moléculas de três carbonos são usadas na síntese de glicose. ❺ Dez de cada 12 moléculas de três carbonos são usadas para gerar ribulose-5-fosfato por meio de uma série complexa de reações. ❻ A ribulose-5-fosfato é, então, fosforilada à custa do ATP, formando ribulose-1,5-difosfato, a molécula receptora a partir da qual a sequência se iniciou. (Ver Figura 5.26 para uma versão simplificada do ciclo de Calvin-Benson.)

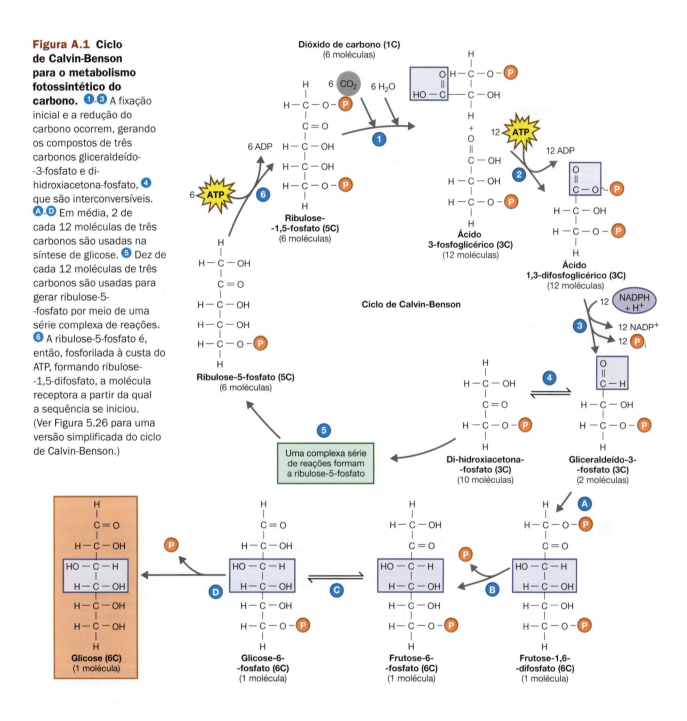

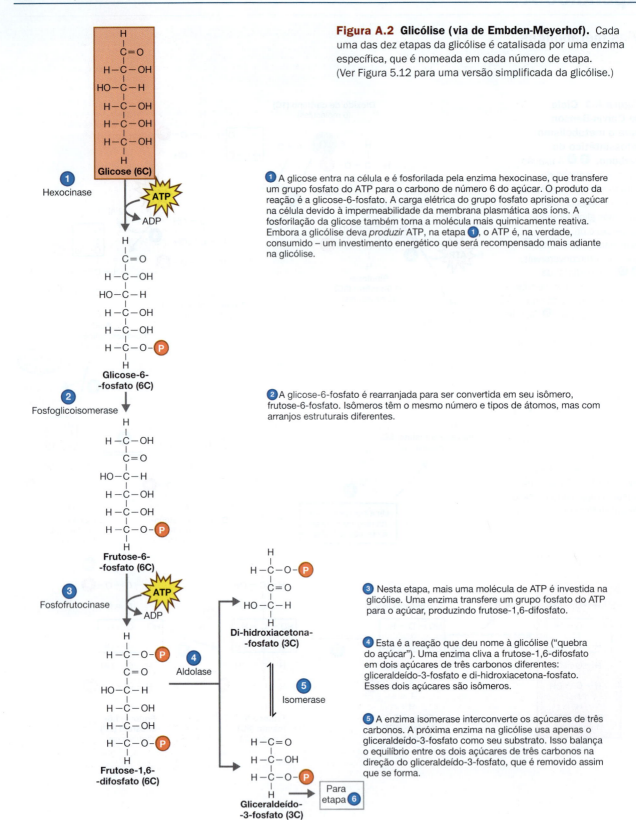

Figura A.2 Glicólise (via de Embden-Meyerhof). Cada uma das dez etapas da glicólise é catalisada por uma enzima específica, que é nomeada em cada número de etapa. (Ver Figura 5.12 para uma versão simplificada da glicólise.)

1 A glicose entra na célula e é fosforilada pela enzima hexocinase, que transfere um grupo fosfato do ATP para o carbono de número 6 do açúcar. O produto da reação é a glicose-6-fosfato. A carga elétrica do grupo fosfato aprisiona o açúcar na célula devido à impermeabilidade da membrana plasmática aos íons. A fosforilação da glicose também torna a molécula mais quimicamente reativa. Embora a glicólise deva *produzir* ATP, na etapa **1**, o ATP é, na verdade, consumido – um investimento energético que será recompensado mais adiante na glicólise.

2 A glicose-6-fosfato é rearranjada para ser convertida em seu isômero, frutose-6-fosfato. Isômeros têm o mesmo número e tipos de átomos, mas com arranjos estruturais diferentes.

3 Nesta etapa, mais uma molécula de ATP é investida na glicólise. Uma enzima transfere um grupo fosfato do ATP para o açúcar, produzindo frutose-1,6-difosfato.

4 Esta é a reação que deu nome à glicólise ("quebra do açúcar"). Uma enzima cliva a frutose-1,6-difosfato em dois açúcares de três carbonos diferentes: gliceraldeído-3-fosfato e di-hidroxiacetona-fosfato. Esses dois açúcares são isômeros.

5 A enzima isomerase interconverte os açúcares de três carbonos. A próxima enzima na glicólise usa apenas o gliceraldeído-3-fosfato como seu substrato. Isso balança o equilíbrio entre os dois açúcares de três carbonos na direção do gliceraldeído-3-fosfato, que é removido assim que se forma.

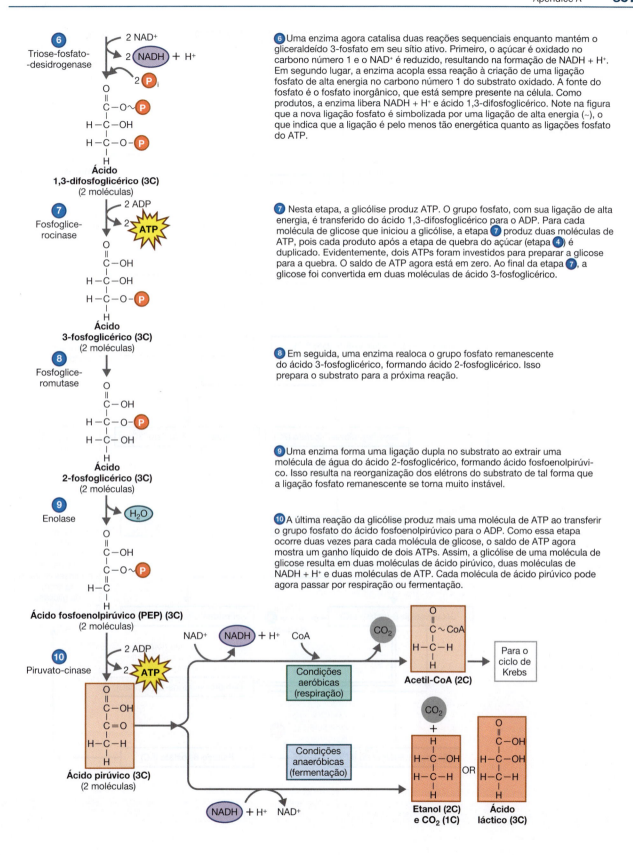

6 Triose-fosfato-
-desidrogenase

2 NAD⁺
2 NADH + H⁺
2 Pᵢ

O
‖
C—O∼P
H—C—OH
H—C—O-P
|
H
Ácido
1,3-difosfoglicérico (3C)
(2 moléculas)

7 Fosfoglice-
rocinase

2 ADP
2 ATP

O
‖
C—OH
H—C—OH
H—C—O-P
|
H
Ácido
3-fosfoglicérico (3C)
(2 moléculas)

8 Fosfoglice-
romutase

O
‖
C—OH
H—C—O-P
H—C—OH
|
H
Ácido
2-fosfoglicérico (3C)
(2 moléculas)

9 Enolase

H₂O

O
‖
C—OH
C—O∼P
‖
H—C
|
H
Ácido fosfoenolpirúvico (PEP) (3C)
(2 moléculas)

10 Piruvato-cinase

2 ADP
2 ATP

O
‖
C—OH
C=O
H—C—H
|
H
Ácido pirúvico (3C)
(2 moléculas)

NAD⁺ NADH + H⁺ CoA

CO₂

Condições
aeróbicas
(respiração)

O
‖
C∼CoA
H—C—H
|
H
Acetil-CoA (2C)

Para o
ciclo de
Krebs

CO₂
+

Condições
anaeróbicas
(fermentação)

H
H—C—OH
H—C—H
|
H
Etanol (2C)
e CO₂ (1C)

OR

O
‖
C—OH
H—C—OH
H—C—H
|
H
Ácido
láctico (3C)

NADH + H⁺ NAD⁺

6 Uma enzima agora catalisa duas reações sequenciais enquanto mantém o gliceraldeído 3-fosfato em seu sítio ativo. Primeiro, o açúcar é oxidado no carbono número 1 e o NAD⁺ é reduzido, resultando na formação de NADH + H⁺. Em segundo lugar, a enzima acopla essa reação à criação de uma ligação fosfato de alta energia no carbono número 1 do substrato oxidado. A fonte do fosfato é o fosfato inorgânico, que está sempre presente na célula. Como produtos, a enzima libera NADH + H⁺ e ácido 1,3-difosfoglicérico. Note na figura que a nova ligação fosfato é simbolizada por uma ligação de alta energia (∼), o que indica que a ligação é pelo menos tão energética quanto as ligações fosfato do ATP.

7 Nesta etapa, a glicólise produz ATP. O grupo fosfato, com sua ligação de alta energia, é transferido do ácido 1,3-difosfoglicérico para o ADP. Para cada molécula de glicose que iniciou a glicólise, a etapa **7** produz duas moléculas de ATP, pois cada produto após a etapa de quebra do açúcar (etapa **4**) é duplicado. Evidentemente, dois ATPs foram investidos para preparar a glicose para a quebra. O saldo de ATP agora está em zero. Ao final da etapa **7**, a glicose foi convertida em duas moléculas de ácido 3-fosfoglicérico.

8 Em seguida, uma enzima realoca o grupo fosfato remanescente do ácido 3-fosfoglicérico, formando ácido 2-fosfoglicérico. Isso prepara o substrato para a próxima reação.

9 Uma enzima forma uma ligação dupla no substrato ao extrair uma molécula de água do ácido 2-fosfoglicérico, formando ácido fosfoenolpirúvi-co. Isso resulta na reorganização dos elétrons do substrato de tal forma que a ligação fosfato remanescente se torna muito instável.

10 A última reação da glicólise produz mais uma molécula de ATP ao transferir o grupo fosfato do ácido fosfoenolpirúvico para o ADP. Como essa etapa ocorre duas vezes para cada molécula de glicose, o saldo de ATP agora mostra um ganho líquido de dois ATPs. Assim, a glicólise de uma molécula de glicose resulta em duas moléculas de ácido pirúvico, duas moléculas de NADH + H⁺ e duas moléculas de ATP. Cada molécula de ácido pirúvico pode agora passar por respiração ou fermentação.

Figura A.3 Via das pentoses-fosfato. Essa via, que opera simultaneamente com a glicólise, fornece uma rota alternativa para a oxidação da glicose e desempenha um papel na síntese de moléculas biológicas, dependendo das necessidades da célula. Os destinos possíveis dos vários intermediários são mostrados nas caixas à direita. (Ver Capítulo 5.)

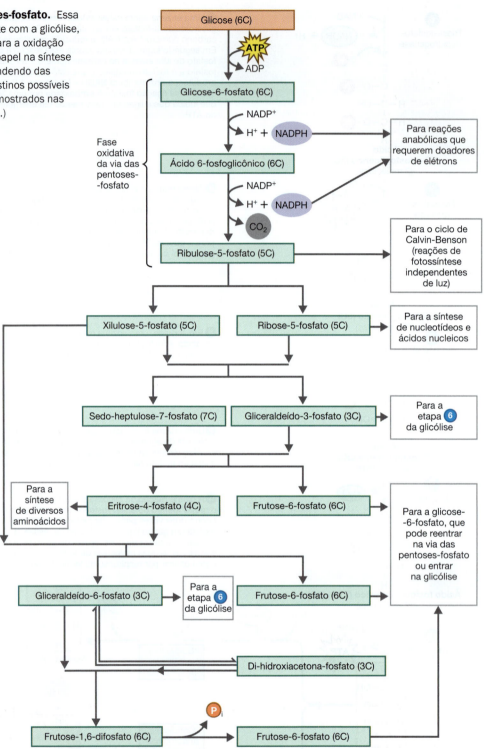

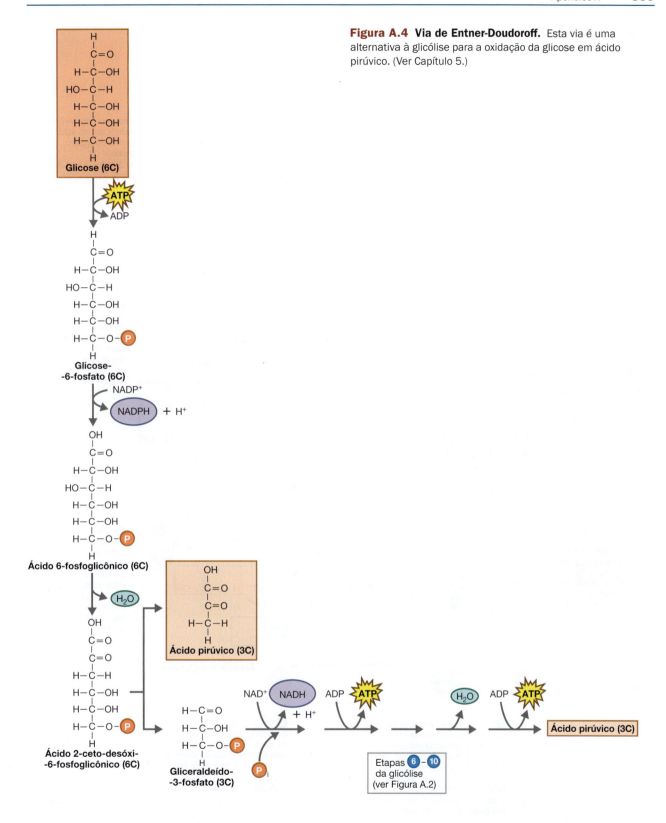

Figura A.4 Via de Entner-Doudoroff. Esta via é uma alternativa à glicólise para a oxidação da glicose em ácido pirúvico. (Ver Capítulo 5.)

Figura A.5 Ciclo de Krebs.
Ver Figura 5.13 para obter uma
versão simplificada.

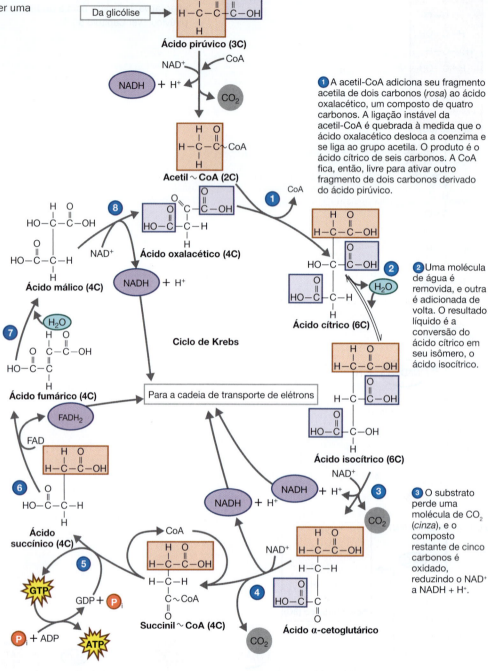

❶ A acetil-CoA adiciona seu fragmento acetila de dois carbonos (*rosa*) ao ácido oxalacético, um composto de quatro carbonos. A ligação instável da acetil-CoA é quebrada à medida que o ácido oxalacético desloca a coenzima e se liga ao grupo acetila. O produto é o ácido cítrico de seis carbonos. A CoA fica, então, livre para ativar outro fragmento de dois carbonos derivado do ácido pirúvico.

❷ Uma molécula de água é removida, e outra é adicionada de volta. O resultado líquido é a conversão do ácido cítrico em seu isômero, o ácido isocítrico.

❸ O substrato perde uma molécula de CO_2 (*cinza*), e o composto restante de cinco carbonos é oxidado, reduzindo o NAD^+ a $NADH + H^+$.

❹ Uma molécula de CO_2 (*cinza*) é perdida; o composto restante de quatro carbonos é oxidado pela transferência de elétrons para o NAD^+, formando $NADH + H^+$, e, em seguida, é ligado à CoA por uma ligação instável.

❺ A fosforilação em nível de substrato ocorre nessa etapa. A CoA é deslocada por um grupo fosfato, que é então transferido ao GDP, formando guanosina-trifosfato (GTP). O GTP é semelhante ao ATP, que é formado quando o GTP doa um grupo fosfato ao ADP.

❻ Em outra etapa oxidativa, dois hidrogênios são transferidos para o FAD, formando $FADH_2$. A função dessa coenzima é semelhante à do $NADH + H^+$, mas o $FADH_2$ armazena menos energia.

❼ As ligações ao substrato são rearranjadas nessa etapa pela adição de uma molécula de água.

❽ A última etapa oxidativa produz outra molécula de $NADH + H^+$ e regenera o ácido oxalacético, que recebe um fragmento de dois carbonos da acetil-CoA para mais uma volta do ciclo.

Apêndice B

Expoentes, notação exponencial, logaritmos e tempo de geração

Expoentes e notação exponencial

Tanto números muito grandes quanto números muito pequenos, como 4.650.000.000 e 0,00000032, são complicados para se trabalhar. É mais conveniente expressar esses números pela notação exponencial, ou seja, como potência de 10. Por exemplo, $4,65 \times 10^9$ está expresso em notação exponencial padrão, ou notação científica: 4,65 é o *coeficiente*, e 9 é a potência, ou *expoente*. Na notação exponencial padrão, o coeficiente é sempre um número entre 1 e 10, e o expoente pode ser positivo ou negativo.

Para alterar um número para a notação exponencial, siga duas etapas. Primeiro, determine o coeficiente, movendo a vírgula decimal até que exista apenas um dígito diferente de zero à esquerda dela. Por exemplo,

$$0,0000003\,2$$

O coeficiente é 3,2. Após, determine o expoente, contando o número de casas que você moveu o ponto decimal. Se você o movimentou à esquerda, o expoente é positivo. Se você o moveu à direita, o expoente é negativo. No exemplo, você moveu o ponto decimal sete casas para a direita, de modo que o expoente é -7. Assim,

$$0,00000032 = 3,2 \times 10^{-7}$$

Agora, suponha que você esteja trabalhando com um número grande, em vez de um número muito pequeno. As mesmas regras se aplicam, mas o valor exponencial será positivo, em vez de negativo. Por exemplo,

$$4.650.000.000 = 4,65 \times 10^9$$

Para multiplicar números escritos em notação exponencial, multiplique os coeficientes e *adicione* os expoentes. Por exemplo,

$$(3 \times 10^4) \times (2 \times 10^3) =$$
$$(3 \times 2) \times (10^{4+3}) = 6 \times 10^7$$

Para dividir, divida o coeficiente e *subtraia* os expoentes. Por exemplo,

$$\frac{3 \times 10^4}{2 \times 10^3} = \frac{3}{2} \times 10^{4-3} = 1,5 \times 10^1$$

Os microbiologistas utilizam a notação exponencial em muitas situações. Por exemplo, a notação exponencial é usada para descrever o número de microrganismos em uma população. Esses números frequentemente são muito grandes (ver Capítulo 6). Outra aplicação da notação exponencial é expressar concentrações de substâncias químicas em uma solução – substâncias químicas, como os componentes de um meio (Capítulo 6), os desinfetantes (Capítulo 7) ou os antibióticos (Capítulo 20). Esses números frequentemente são muito pequenos. A conversão de uma unidade de medida para outra no sistema métrico requer a multiplicação ou a divisão por uma potência de 10, o que é mais fácil de se realizar em notação exponencial.

Logaritmos

O **logaritmo (log)** é a potência para a qual uma base numérica é elevada para produzir um determinado número. Normalmente, trabalhamos com logaritmos na base 10, abreviados como $\log_{10}$.

O primeiro passo para descobrir o $\log_{10}$ de um número é escrevê-lo em notação exponencial padrão. Caso o coeficiente seja exatamente 1, o $\log_{10}$ é simplesmente igual ao expoente. Por exemplo,

$$\log_{10} 0,00001 = \log_{10} (1 \times 10^{-5})$$
$$= -5$$

Caso o coeficiente não seja 1, como na maioria dos casos, a função logarítmica de uma calculadora deve ser utilizada para determinar o logaritmo.

Os microbiologistas utilizam logs para calcular níveis de pH e para representar graficamente o crescimento de populações microbianas em cultura (ver Capítulo 6).

Calculando o tempo de geração

À medida que as células se dividem, a população aumenta exponencialmente. Numericamente, isso é igual a 2 (porque uma célula se divide em duas) elevado ao número de vezes que a célula se dividiu (gerações).

$$2^{\text{número de gerações}}$$

Para calcular a concentração final de células:

Número inicial de células $\times$ $2^{\text{número de gerações}}$ = Número de células

Por exemplo, se 5 células pudessem se dividir 9 vezes, o resultado seria

$$5 \times 2^9 = 2.560 \text{ células}$$

Para calcular o número de gerações de uma cultura, o número de células deverá ser convertido em logaritmo. Valores-padrão de logaritmos são baseados em 10. O log de 2 (0,301) é utilizado porque uma célula se divide em duas.

$$\text{Número de gerações} = \frac{\log \text{ número de células (final)} - \log \text{ número de células (inicial)}}{0,301}$$

Para calcular o tempo de geração de uma população:

$$\frac{60 \text{ min/h} \times \text{horas}}{\text{número de gerações}} = minutos/geração$$

Como exemplo, calcularemos o tempo de geração de 100 células bacterianas em crescimento por 5 horas e com produção de 1.720.320 células:

$$\frac{\log 1.720.320 - \log 100}{0,301} = 14 \text{ gerações}$$

$$\frac{60 \text{ min/h} \times 5 \text{ horas}}{14 \text{ gerações}} = 21 \text{ minutos/geração}$$

Uma aplicação prática para o cálculo é a determinação do efeito em cultura de um novo conservante de alimentos. Suponha que 900 microrganismos da mesma espécie foram cultivados sob as mesmas condições do último exemplo, exceto pelo fato de que o conservante foi adicionado ao meio de cultura. Após 15 horas, havia 3.276.800 células. Calcule o tempo de geração e decida se o conservante inibiu o crescimento.

Resposta: 75 min/geração. O conservante inibiu o crescimento.

Apêndice C

Métodos para a coleta de amostras clínicas

Para diagnosticar uma doença, frequentemente é necessária a obtenção de uma amostra de um material que possa conter o microrganismo patogênico. As amostras devem ser coletadas assepticamente. Os recipientes das amostras devem ser identificados com o nome do paciente, o número do quarto (caso esteja hospitalizado), a data, o horário e os medicamentos administrados. As amostras devem ser transportadas imediatamente ao laboratório para cultura. Atrasos no transporte podem determinar o crescimento de alguns organismos e a produção de substâncias tóxicas que podem destruir outros organismos. Patógenos tendem a ser fastidiosos e morrem quando não são mantidos em condições ambientais ótimas.

No laboratório, amostras de tecidos infectados são cultivadas em meios diferenciais e seletivos na tentativa de isolar e identificar quaisquer patógenos ou organismos que, em geral, não são encontrados em associação com esses tecidos.

Precauções universais*

Os seguintes procedimentos devem ser utilizados por todos os profissionais da saúde, incluindo estudantes, cujas atividades envolvam o contato com pacientes, com sangue ou com outros fluidos corporais. Esses procedimentos foram criados para minimizar os riscos de transmissão de HIV ou Aids em um ambiente de cuidados da saúde, mas a adesão a essas orientações minimiza a transmissão de *todas* as infecções associadas aos cuidados de saúde.

1. Luvas devem ser utilizadas para a manipulação de sangue ou fluidos corporais, membranas mucosas e pele lesionada ou para manusear itens ou superfícies sujas de sangue ou fluidos corporais. Trocar as luvas após o contato com cada paciente.
2. As mãos e outras superfícies cutâneas devem ser lavadas imediatamente e de modo intenso se contaminadas com sangue ou outros fluidos corporais. Lavar as mãos imediatamente após a remoção das luvas.
3. Máscaras e equipamentos protetores para os olhos ou para a face devem ser utilizados durante procedimentos que possam gerar gotículas de sangue ou de outros fluidos corporais.
4. Uniformes ou aventais devem ser utilizados em procedimentos que possam gerar respingos de sangue ou de outros fluidos corporais.
5. Para prevenir acidentes com agulhas, as seringas não devem ser reencapadas, propositalmente dobradas ou quebradas, ou manuseadas de qualquer outra maneira. Após a utilização de seringas e agulhas descartáveis, lâminas de bisturi e outros utensílios afiados, esses itens devem ser descartados em recipientes resistentes a perfurações.
6. Embora a saliva não tenha sido associada à transmissão do HIV, peças bucais, reanimadores e outros dispositivos de ventilação devem estar disponíveis para uso em áreas onde a reanimação de pacientes possa ser necessária. A reanimação emergencial por respiração boca a boca deve ser minimizada.
7. Profissionais da saúde que apresentam lesões ou dermatites exsudativas devem evitar qualquer contato direto com os pacientes, bem como o manuseio de equipamentos destinados ao cuidado deles.
8. Profissionais da saúde gestantes aparentemente não apresentam maior risco de infecção por HIV quando comparadas às profissionais da saúde não gestantes; entretanto, caso uma profissional da saúde desenvolva a infecção por HIV durante a gestação, a criança apresentará risco de infecção. Em razão desse risco, profissionais da saúde gestantes devem estar especialmente familiarizadas às precauções e devem aderir estritamente a elas a fim de minimizar o risco de transmissão do HIV.

---

*Fonte: Centers for Disease Control and Prevention e National Institutes of Health. *Biosafety in Microbiological and Biomedical Laboratories.*

Instruções para procedimentos específicos de coleta

Cultura de feridas ou abscessos
1. Limpe a área com um *swab* estéril umedecido em salina estéril.
2. Desinfete a área com etanol a 70% ou solução iodada.
3. Se o abscesso não tiver se rompido espontaneamente, o médico deverá abri-lo com o auxílio de um bisturi estéril.
4. Limpe o primeiro pus superficial.
5. Toque o pus com um *swab* estéril, cuidando para que o tecido circundante não seja contaminado.
6. Recoloque o *swab* em seu recipiente e o identifique apropriadamente.

Cultura de orelhas
1. Limpe a pele e o canal auditivo com tintura de iodo a 1%.
2. Toque a área infectada com um *swab* de algodão estéril.
3. Recoloque o *swab* em seu recipiente.

Cultura de olhos
1. Esse procedimento normalmente é realizado por um oftalmologista.
2. Anestesie o olho com uma aplicação tópica de uma solução estéril de anestésico.
3. Lave o olho com uma solução salina estéril.
4. Colete o material da área infectada com o auxílio de um *swab* de algodão estéril. Retorne o *swab* a seu recipiente.

Hemocultura
1. Feche as janelas da sala para evitar contaminações.
2. Limpe a pele no entorno da veia selecionada com um *swab* de algodão embebido em tintura de iodo a 2%.
3. Remova o iodo seco com uma gaze umedecida em álcool isopropílico a 80%.
4. Drene alguns mililitros de sangue venoso.
5. Faça um curativo asséptico no local da punção.

Urocultura
1. Dê ao paciente um recipiente estéril.
2. Instrua o paciente a descartar um pequeno volume de urina antes da coleta (para eliminar bactérias indesejadas da microbiota da pele) e, em seguida, a coletar uma amostra de urina do jato médio.
3. A amostra de urina pode ser armazenada sob refrigeração (4-6 °C) por até 24 horas.

Cultura de fezes
Para o exame bacteriológico, apenas uma pequena amostra é necessária. Ela pode ser obtida pela inserção de um *swab* estéril no reto ou nas fezes. O *swab* deve ser acondicionado em um tubo contendo meio enriquecido estéril para ser transportado até o laboratório. Para o exame de parasitas, uma pequena amostra pode ser coletada durante a defecação matinal. A amostra deve ser acondicionada em meio preservativo (álcool polivinílico, glicerol tamponado, salina ou formalina) para exame microscópico de ovos ou parasitas adultos.

Cultura de escarro
1. Uma amostra matinal é mais adequada, uma vez que os microrganismos terão se acumulado durante o sono do paciente.
2. O paciente deve lavar intensamente a boca para a remoção dos alimentos e da microbiota normal.
3. O paciente deve tossir profundamente e expectorar em um frasco de vidro estéril de boca larga.
4. Deve-se cuidar para que os profissionais da saúde não sejam contaminados.
5. Se houver pouco escarro (p. ex., em um paciente com tuberculose), a aspiração do estômago pode ser necessária.
6. Bebês e crianças tendem a engolir o escarro. Uma amostra fecal pode ter algum valor nesses casos.

Apêndice D

Origens das palavras utilizadas em Microbiologia

a-, an- ausência, falta. Exemplos: abiótico, na ausência de vida; anaeróbico, na ausência de ar.

actino- raio. Exemplo: actinomicetos, bactérias que formam colônias em forma de estrela (com raios).

-ade condição de, estado. Exemplo: imunidade, a condição de resistência a doenças ou infecções.

aer- ar. Exemplos: aeróbico, na presença de ar; aerar, adicionar ar.

albo- branco. Exemplo: *Streptomyces albus* produz colônias brancas.

ameb- mudar. Exemplo: ameboide, movimento que envolve mudança de formas.

amil- amido. Exemplo: amilase, uma enzima que degrada o amido.

ana- para cima. Exemplo: anabolismo, acumulação.

anfi- ao redor. Exemplo: anfitríquio, tufos de flagelos em ambas as extremidades de uma célula.

anti- em oposição à, prevenção. Exemplo: antimicrobiano, uma substância que impede o crescimento microbiano.

arque- antigo. Exemplo: arqueobactérias, bactérias "antigas", consideradas como a primeira forma de vida.

asco- bolsa. Exemplo: asco, uma estrutura em forma de bolsa contendo esporos.

aur- ouro. Exemplo: *Staphylococcus aureus*, colônias com pigmentação dourada.

auto- próprio. Exemplo: autotrófico, autoalimentador.

-ável/-ível capaz de. Exemplo: viável, ter a capacidade de viver ou existir.

bacilo- um pequeno bastão. Exemplo: *Bacillus*, em forma de bastão.

basid- base, pedestal. Exemplo: basídio, uma célula que contém esporos.

bdell- sanguessuga. Exemplo: *Bdellovibrio*, uma bactéria predatória.

bio- vida. Exemplo: biologia, o estudo da vida e dos organismos vivos.

blast- brotamento. Exemplo: blastósporos, esporos formados por brotamento.

bovi- gado. Exemplo: *Mycobacterium bovis*, uma bactéria encontrada em bovinos.

brevi- curto. Exemplo: *Lactobacillus brevis*, uma bactéria com células curtas.

butir- manteiga. Exemplo: ácido butírico, formado na manteiga, responsável pelo odor rançoso.

campylo- curvado. Exemplo: *Campylobacter*, bastonete curvo.

carcin- câncer. Exemplo: carcinogênico, um agente causador de câncer.

-cario uma noz. Exemplo: eucarioto, uma célula com um núcleo envolto por membrana.

caseo- queijo. Exemplo: caseoso, parecido com queijo.

caul- um talo. Exemplo: *Caulobacter*, bactérias pedunculadas.

ceno- compartilhado. Exemplo: cenócito, uma célula com muitos núcleos não separados por septos.

cerato- córneo. Exemplo: ceratina, a substância córnea que compõe a pele e as unhas.

chryso- dourado. Exemplo: *Streptomyces chryseus*, colônias douradas.

ciano- azul. Exemplo: cianobactérias, organismos pigmentados azul-esverdeados.

-cida que mata. Exemplo: bactericida, um agente que mata bactérias.

cílio- cílio. Exemplo: cílios, uma organela parecida com um cabelo.

cist- bexiga. Exemplo: cistite, inflamação da bexiga.

cit- célula. Exemplo: citologia, o estudo das células.

clamido- cobertura. Exemplo: clamidoconídios, conídios formados dentro da hifa.

cleisto- fechado. Exemplo: cleistotécio, asco completamente fechado.

cloro- verde. Exemplo: clorofila, molécula de pigmentação verde.

co-, con- em conjunto. Exemplo: concêntrico, com um centro em comum, juntos no centro.

cocos- uma baga. Exemplo: cocos, uma célula esférica.

col-, colo- cólon. Exemplos: cólon, intestino grosso; *Escherichia coli*, uma bactéria encontrada no intestino grosso.

conídio- poeira. Exemplo: conídios, esporos desenvolvidos na extremidade final da hifa aérea, nunca internos.

coryne- taco. Exemplo: *Corynebacterium*, células em forma de taco.

cromo- coloração. Exemplos: cromossomo, estrutura facilmente corada; grânulos metacromáticos coloridos intracelulares.

-cul forma pequena. Exemplo: partícula, uma pequena parte.

-cut pele. Exemplo: Firmicutes, bactérias com parede celular firme, gram-positivas.

de(s)- desfazer, reverter, perder, remover. Exemplo: desativação, tornar-se inativo.

di-, diplo- duas vezes, em dobro. Exemplo: diplococos, pares de cocos.

dia- através, entre. Exemplo: diafragma, a parede através ou entre duas áreas.

dis- difícil, defeituoso, doloroso. Exemplo: disfunção, função perturbada.

ec-, ex-, ecto para fora, longe de. Exemplo: excretar, remover materiais do corpo.

-écio uma casa. Exemplos: peritécio, um asco com uma abertura que envolve esporos; ecologia, o estudo das relações entre organismos e entre um organismo e seu ambiente (domicílio, casa).

en-, em- dentro, para dentro. Exemplo: encistado, envolto em um cisto.

entero- intestino. Exemplo: *Enterobacter*, uma bactéria encontrada no intestino.

eo- amanhecer, cedo. Exemplo: *Eobacterium*, uma bactéria fossilizada de 3,4 bilhões de anos.

epi- em cima, sobre. Exemplo: epidemia, número de casos de uma doença acima do número normalmente esperado.

erit(ro)- vermelhidão. Exemplo: eritema, vermelhidão da pele.

especi- coisas particulares. Exemplos: espécies, o menor grupo de organismos com propriedades semelhantes; especificar, indicar exatamente.

espiro- bobina, espiral. Exemplo: espiroqueta, uma bactéria com uma célula enovelada.

espor- esporo. Exemplo: esporângio, uma estrutura que contém esporos.

esquizo- dividir. Exemplo: esquizomicetos, organismos que se reproduzem por divisão e um nome antigo para bactérias.

estafilo- cacho em forma de uva. Exemplo: *Staphylococcus*, uma bactéria que forma aglomerados de células.

estrepto- torcido. Exemplo: *Streptococcus*, uma bactéria que forma cadeias torcidas de células.

eu- bem, apropriado. Exemplo: eucarioto, uma célula adequada.

exo- exterior, camada externa. Exemplo: exógeno, de fora do corpo.

extra- de fora, além. Exemplo: extracelular, fora das células de um organismo.

fago- comer. Exemplo: fagócito, uma célula que envolve e digere partículas ou células.

-fila folha. Exemplo: clorofila, o pigmento verde das folhas.

filo-, -fil gostar, preferência. Exemplo: termófilo, um organismo que prefere altas temperaturas.

firmi- forte. Exemplo: *Bacillus firmus* forma endósporos resistentes.

-fito planta. Exemplo: saprófita, uma planta que obtém nutrientes da decomposição da matéria orgânica.

flagelo- um chicote. Exemplo: flagelo, uma projeção de uma célula; nas células eucarióticas, ele puxa as células como um chicote.

flav- amarelo. Exemplo: as células de *Flavobacterium* produzem pigmento amarelo.

-foro porta, carrega. Exemplo: conidióforo, uma hifa que carrega conídios.

frut- fruta. Exemplo: frutose, açúcar de frutas.

galacto- leite. Exemplo: galactose, monossacarídeo do açúcar do leite.

gamet- unir. Exemplo: gameta, uma célula reprodutiva.

gastr- estômago. Exemplo: gastrite, inflamação do estômago.

gel- endurecer. Exemplo: gel, um coloide solidificado.

-gen um agente que inicia. Exemplo: patógeno, qualquer agente que produz doenças.

-gênese formação. Exemplo: patogênese, produção de doenças.

germe, germin- brotamento. Exemplo: germe, parte de um organismo capaz de se desenvolver.

-gonia reprodução. Exemplo: esquizogonia, fissão múltipla produzindo muitas células novas.

gracili- fino. Exemplo: *Aquaspirillum gracile,* uma célula fina.

halo- sal. Exemplo: halófilo, um organismo que pode viver em altas concentrações de sal.

haplo- um, único. Exemplo: haploide, metade do número de cromossomos ou um conjunto.

hema-, hemato-, hemo- sangue. Exemplo: *Haemophilus,* uma bactéria que requer nutrientes dos glóbulos vermelhos.

hepat- fígado. Exemplo: hepatite, inflamação do fígado.

herpes rastejar. Exemplo: lesões de herpes, ou herpes-zóster, parecem se arrastar pela pele.

hetero- diferente, outro. Exemplo: heterotrófico, obtém nutrientes orgânicos de outros organismos; outro alimentador.

hidro- água. Exemplo: hidratação, acréscimo de água corporal.

hiper- excesso. Exemplo: hipertônico, com maior pressão osmótica em comparação a outro.

hipo- abaixo, deficiente. Exemplo: hipotônico, com menor pressão osmótica em comparação a outro.

hist- tecido. Exemplo: histologia, estudo dos tecidos.

hom-, homo- mesmo. Exemplo: homofermentador, organismo que produz apenas ácido láctico a partir da fermentação de um carboidrato.

im- não. Exemplo: impermeável, não permitindo a passagem.

inter- entre. Exemplo: intercelular, entre as células.

intra- dentro. Exemplo: intracelular, dentro da célula.

io- violeta. Exemplo: iodo, um elemento químico que produz um vapor violeta.

-ise, -ose condição de. Exemplos: lise, condição de afrouxamento; simbiose, condição de convivência.

iso- igual. Exemplo: isotônico, com a mesma pressão osmótica quando comparado a outro.

-ite inflamação. Exemplo: colite, inflamação do intestino grosso.

lact- leite. Exemplo: lactose, o açúcar do leite.

lepr- escamosa. Exemplo: lepra (hanseníase), doença caracterizada por lesões cutâneas.

lepto- fino. Exemplo: *Leptospira,* espiroqueta fino.

leuco- branco. Exemplo: leucócito, um glóbulo branco.

lip, lipo- gordura, lipídeos. Exemplo: lipase, uma enzima que degrada as gorduras.

-lise afrouxando, quebrar. Exemplo: hidrólise, decomposição química de um composto em outros compostos como resultado da absorção de água.

lofo- tufo. Exemplo: lofotríquio, que tem um grupo de flagelos em um lado de uma célula.

-logia estudo de. Exemplo: patologia, o estudo das mudanças na estrutura e função desencadeadas por uma doença.

luc-, luci- luz. Exemplo: luciferina, uma substância em certos organismos que emite luz quando ativada pela enzima luciferase.

lute-, luteo- amarelo. Exemplo: *Micrococcus luteus,* colônias amarelas.

macro- grande. Exemplo: macromoléculas, moléculas grandes.

mendosi- aptidão. Exemplo: mendosicutes, arqueobactérias sem peptidoglicano.

mening- membrana. Exemplo: meningite, inflamação das membranas do cérebro.

meso- meio. Exemplo: mesófilo, um organismo cuja temperatura ideal está na faixa intermediária.

meta- além, entre, transição. Exemplo: metabolismo, mudanças químicas que ocorrem dentro de um organismo vivo.

mico-, -micetoma, -myces um fungo. Exemplo: *Saccharomyces,* fungo do açúcar, um gênero de levedura.

micro- pequenez. Exemplo: microscópio, um instrumento usado para que objetos pequenos pareçam maiores.

mixo- lodo, muco. Exemplo: Myxobacteriales, uma ordem de bactérias produtoras de limo.

-mnem memória. Exemplos: amnésia, perda de memória; anamnésia, retorno da memória.

mol- macio. Exemplo: Mollicutes, uma classe de eubactérias sem parede.

-monas uma unidade. Exemplo: *Methylomonas,* uma unidade (bactéria) que utiliza metano como fonte de carbono.

mono- sozinho, único. Exemplo: monotríquio, possui um flagelo.

morfo- forma. Exemplo: morfologia, o estudo da forma e estrutura dos organismos.

multi- muitos. Exemplo: multinuclear, possui vários núcleos.

mur- parede. Exemplo: mureína, um componente das paredes celulares bacterianas.

mus-, muri- camundongo. Exemplo: tifo murino, uma forma endêmica de tifo em camundongos.

mut- mudar. Exemplo: mutação, uma mudança repentina nas características.

necro- cadáver. Exemplo: necrose, morte celular ou morte de uma porção do tecido.

-nema fio. Exemplo: O *Treponema* possui células longas em forma de fio.

nigr- preto. Exemplo: *Aspergillus niger,* um fungo que produz conídios pretos.

ob- antes, contra. Exemplo: obstrução, impedimento ou bloqueio.

oculo- olho. Exemplo: monocular, pertencente a um olho.

-oide semelhante, parecido. Exemplo: cocoide, semelhante a um coco.

oligo- pequenos, poucos. Exemplo: oligossacarídeo, um carboidrato composto por alguns poucos (7-10) monossacarídeos.

-oma tumor. Exemplo: linfoma, um tumor dos tecidos linfáticos.

ondul- ondulação. Exemplo: ondulado, subindo e descendo, apresentando uma aparência ondulada.

-onte ser, existir. Exemplo: esquizonte, uma célula que existe como resultado da esquizogonia.

orto- direto, reto. Exemplo: ortomixovírus, um vírus que possui um capsídeo tubular reto.

pan- tudo, universal. Exemplo: pandemia, uma epidemia que afeta uma grande região.

para-   ao lado, perto. Exemplo: parasita, um organismo que "se alimenta ao lado" de outro.

peri-   ao redor. Exemplo: peritríquio, projeções de todos os lados.

phaeo-   marrom. Exemplo: Phaeophyta, alga marrom.

pil-   um fio de cabelo. Exemplo: *pilus*, uma projeção de uma célula semelhante a um fio de cabelo.

pio-   pus. Exemplo: piogênico, formador de pus.

plancto-   errante, viajante. Exemplo: plâncton, organismos flutuando ou vagando na água.

plast-   formado. Exemplo: plastídio, um corpo formado dentro de uma célula.

-pneia   respirar. Exemplo: dispneia, dificuldade em respirar.

pod-   pé. Exemplo: pseudópode, uma estrutura semelhante a um pé.

poli-   muitos. Exemplo: polimorfismo, várias formas.

post-   depois, atrás. Exemplo: posterior, um lugar atrás de uma parte (específica).

pre-, pro-   antes de. Exemplo: procarioto, uma célula com o primeiro núcleo.

pseudo-   falso. Exemplo: pseudópode, pé falso.

psicro-   frio. Exemplo: psicrófilo, um organismo que cresce melhor em baixas temperaturas.

-ptera   asa. Exemplo: Diptera, a ordem das moscas verdadeiras, insetos com duas asas.

quin-   movimento. Exemplo: estreptoquinase, uma enzima que lisa ou move a fibrina.

rabdo-   bastão, vara. Exemplo: rabdovírus, um vírus alongado em forma de bala.

rin-   nariz. Exemplo: rinite, inflamação das membranas mucosas do nariz.

rizo-   raiz. Exemplos: *Rhizobium*, uma bactéria que cresce nas raízes das plantas; micorriza, um fungo que cresce dentro ou sobre as raízes das plantas.

rodo-   vermelho. Exemplo: *Rhodospirillum*, uma bactéria de pigmentação vermelha em forma de espiral.

roe-   rói. Exemplo: roedores, a classe de mamíferos com dentes roedores.

rubro-   vermelho. Exemplo: *Clostridium rubrum*, colônias de pigmentação vermelha.

rumin-   garganta. Exemplo: *Ruminococcus*, uma bactéria associada ao rúmen (esôfago modificado).

sacaro-   açúcar. Exemplo: dissacarídeo, um açúcar que consiste em dois açúcares simples.

sapr-   podre. Exemplo: *Saprolegnia*, um fungo que vive em animais mortos.

sarco-   carne. Exemplo: sarcoma, um tumor do músculo ou do tecido conjuntivo.

scolec-   verme. Exemplo: escólex, a cabeça de uma tênia.

-scopia, -scópico   observador. Exemplo: microscópio, um instrumento usado para observar coisas pequenas.

semi-   metade. Exemplo: semicircular, com a forma de meio círculo.

sept-   apodrecer. Exemplo: séptico, presença de bactérias que podem causar decomposição.

septo-   partição. Exemplo: septo, uma parede cruzada em uma hifa fúngica.

serr-   entalhado. Exemplo: serrilhado, com uma borda entalhada.

sidero-   ferro. Exemplo: *Siderococcus*, uma bactéria capaz de oxidar o ferro.

sifon-   tubo. Exemplo: Siphonaptera, a ordem das pulgas, insetos com bocas tubulares.

sim-, sin-   junto, com. Exemplos: sinapse, a região de comunicação entre dois neurônios; síntese, união.

soma-   corpo. Exemplo: células somáticas, células do corpo que não são gametas.

-stase   prisão, fixação. Exemplo: bacteriostase, cessação do crescimento bacteriano.

sub-   sob, embaixo. Exemplo: subcutâneo, logo abaixo da pele.

super-   acima, em cima. Exemplo: superior, a qualidade ou o estado de estar acima dos outros.

talo-   corpo da planta. Exemplo: *thallus*, um fungo macroscópico inteiro.

-taxia   tocar. Exemplo: quimiotaxia, resposta à presença (toque) de substâncias químicas.

taxo-   arranjo ordenado. Exemplo: taxonomia, a ciência que lida com a organização de organismos em grupos.

tener-   delicado. Exemplo: Tenericutes, o filo que contém eubactérias sem parede.

term-   calor. Exemplo: *Thermus*, uma bactéria que cresce em fontes termais (até 75 °C).

tio-   enxofre. Exemplo: *Thiobacillus*, uma bactéria capaz de oxidar compostos contendo enxofre.

-tomia, -tomi   cortar. Exemplo: apendicectomia, remoção cirúrgica do apêndice.

-toni, -tônico   força. Exemplo: hipotônico, com menos força (pressão osmótica).

tox-   veneno. Exemplo: antitoxina, eficaz contra venenos.

trans-   no outro lado, através. Exemplo: transporte, movimentação de substâncias.

tri-   três. Exemplo: trimestre, período de três meses.

tríquio-   fio de cabelo. Exemplo: peritríquio, projeções semelhantes a fios de cabelos das células.

-trix   Ver tríquio.

-trof   comida, nutrição. Exemplo: trófico, referente à nutrição.

-tropi   virar. Exemplo: geotrópico, virado em direção à Terra (atração da gravidade).

uni-   um. Exemplo: unicelular, pertencente a uma célula.

vacin-   vaca. Exemplo: vacinação, injeção de uma vacina (originalmente relativo a vacas).

vacu-   vazio. Exemplo: vacúolos, um espaço intracelular que parece vazio.

vesic-   bexiga. Exemplo: vesícula, uma bolha.

vitr-   vidro. Exemplo: *in vitro*, em meio de cultura em um recipiente de vidro (ou plástico).

-voro   comer. Exemplo: carnívoro, um animal que come outros animais.

xanto-   amarelo. Exemplo: *Xanthomonas*, produz colônias amarelas.

xeno-   estranho. Exemplo: axênico, estéril, livre de organismos estranhos.

xero-   seco. Exemplo: xerófita, qualquer planta que tolera condições de seca.

xilo-   madeira. Exemplo: xilose, um açúcar obtido da madeira.

zigo-   junta, união. Exemplo: zigósporo, um esporo formado a partir da fusão de duas células.

-zima   fermentar. Exemplo: enzima, qualquer proteína nas células vivas que catalisa reações químicas.

zoo-   animal. Exemplo: zoologia, o estudo dos animais.

Apêndice E

Classificação dos procariotos de acordo com o *Bergey's Manual**

Domínio: Archaea
  Filo Thermoproteota (Crenarchaeota)
    Classe: Thermoprotei
      Ordem: Desulfurococcales
        Família: Pyrodictiaceae
          Pyrodictium
      Ordem: Sulfolobales
        Família: Sulfolobaceae
          Sulfolobus
  Filo Euryarchaeota
    Classe: Methanococci
      Ordem: Methanosarcinales
        Família: Methanosarcinaceae
          Methanosarcina
    Classe: Halobacteria
      Ordem: Halobacteriales
        Família: Halobacteriaceae
          Halobacterium
          Haloarcula
    Classe: Thermococci
      Ordem: Termococcales
        Família: Termococcaceae
          Pyrococcus
          Thermococcus
Domínio: Bacteria
  Filo Thermotogota
    Classe: Termotogae
      Ordem: Thermotogales
        Família: Thermotogaceae
          Thermotoga
  Filo Aquificota
    Classe: Aquificae
      Ordem: Desulfurobacteriales
        Família: Desulfurobacteriaceae
          Thermovibrio
  Filo Deinococcota
    Classe: Deinococci
      Ordem: Deinococcales
        Família: Deinococcaceae
          Deinococcus
      Ordem: Thermales
          Thermus
  Filo Chloroflexota
    Classe: Chloroflexi
      Ordem: Chloroflexales
        Família: Chloroflexaceae
          Chloroflexus
  Filo Cyanobacteria
    Classe: Cyanobacteria
        Anabaena
        Microcystis
        Prochlorococcus
        Synechococcus
        Spirulina
        Trichodesmium

Filo Chlorobiota
  Classe: Chlorobia
    Ordem: Chlorobiales
      Família: Chlorobiaceae
        Chlorobium
Filo Pseudomonadota (Proteobacteria)
  Classe: Alphaproteobacteria
    Ordem: Rhodospirillales
      Família: Rhodospirillaceae
        Azospirillum
        Magnetospirillum
        Rhodospirillum
      Família: Acetobacteraceae
        Acetobacter
        Gluconobacter
        Granulibacter
        Stella
    Ordem: Rickettsiales
      Família: Rickettsiaceae
        Rickettsia
      Família: Anaplasmataceae
        Anaplasma
        Ehrlichia
        Wolbachia
    Ordem: Pelagibacterales
      Família: Pelagibacteraceae
        Pelagibacter
    Ordem: Caulobacterales
      Família: Caulobacteraceae
        Caulobacter
    Ordem: Hyphomicrobiales
      Família: Rhizobiaceae
        Agrobacterium
        Rhizobium
      Família: Bartonellaceae
        Bartonella
      Família: Brucellaceae
        Brucella
      Família: Beijerinckiaceae
        Beijerinckia
      Família: Hyphomicrobiaceae
        Hyphomicrobium
      Família: Methylobacteriaceae
        Microvirga
      Família: Nitrobacteraceae
        Bradyrhizobium
        Nitrobacter
        Rhodopseudomonas
  Classe: Betaproteobacteria
    Ordem: Burkholderiales
      Família: Burkholderiaceae
        Burkholderia
        Cupriavidus
        Ralstonia
      Família: Alcaligenaceae
        Bordetella

      Família: Comamonadaceae
        Sphaerotilus
    Não classificado
        Eleftheria
    Ordem: Acidithiobacillales
      Família: Acidithiobacillaceae
        Acidithiobacillus
    Ordem: Methylophilales
      Família: Methylophilaceae
        Methylophilus
    Ordem: Neisseriales
      Família: Neisseriaceae
        Neisseria
        Chromobacterium
    Ordem: Nitrosomonadales
      Família: Nitrosomonadaceae
        Nitrosomonas
      Família: Spirillaceae
        Spirillum
    Ordem: Rhodocyclales
      Família: Zoogloeaceae
        Zoogloea
  Classe: Gammaproteobacteria
    Ordem: Chromatiales
      Família: Chromatiaceae
        Chromatium
      Família: Ectothiorhodospiraceae
        Ectothiorhodospira
    Ordem: Xanthomonadales
      Família: Xanthomonadaceae
        Xanthomonas
    Ordem: Thiotrichales
      Família: Thiotrichaceae
        Beggiatoa
        Thiomargarita
      Família: Francisellaceae
        Francisella
    Ordem: Legionellales
      Família: Legionellaceae
        Legionella
      Família: Coxiellaceae
        Coxiella
    Ordem: Pseudomonadales
      Família: Pseudomonadaceae
        Azomonas
        Azotobacter
        Pseudomonas
      Família: Moraxellaceae
        Acinetobacter
        Moraxela
    Ordem: Vibrionales
      Família: Vibrionaceae
        Aliivibrio
        Vibrio

---

*O *Bergey's Manual of Systematics of Archaea and Bacteria* é a referência para classificação. O *Bergey's Manual of Determinative Bacteriology*, 9ª ed. (1994), deve ser usado para a identificação de bactérias e arqueias cultiváveis.

Ordem: Enterobacteriales
Família: Enterobacteriaceae
Citrobacter
Cronobacter
Enterobacter
Erwinia
Escherichia
Klebsiella
Pantoea
Plesiomonas
Proteus
Salmonella
Serratia
Shigella
Yersinia
Ordem: Pasteurellales
Família: Pasteurellaceae
Haemophilus
Pasteurella
Ordem: Oceanospirillales
Família: Halomonadaceae
Carsonella
Classe: Deltaproteobacteria
Ordem: Desulfovibrionales
Família: Desulfovibrionaceae
Desulfovibrio
Ordem: Bdellovibrionales
Família: Bdellovibrionaceae
Bdellovibrio
Ordem: Myxococcales
Família: Myxococcaceae
Myxococcus
Classe: Epsilonproteobacteria
Ordem: Campylobacterales
Família: Campylobacteraceae
Campylobacter
Família: Helicobacteraceae
Helicobacter

Filo Bacillota (Firmicutes)
Classe: Bacilli
Ordem: Bacillales
Família: Bacillaceae
Bacillus
Geobacillus
Lysinibacillus
Niallia
Família: Listeriaceae
Listeria
Família: Paenibacillaceae
Paenibacillus
Família: Staphylococcaceae
Staphylococcus
Família: Thermoactinomycetaceae
Thermoactinomyces
Ordem: Lactobacillales
Família: Lactobacillaceae
Lactobacillus
Pediococcus

Família: Enterococcaceae
Enterococcus
Família: Leuconostocaceae
Leuconostoc
Família: Streptococcaceae
Lactococcus
Streptococcus
Classe: Clostridia
Ordem: Eubacteriales
Família: Clostridiaceae
Clostridium
Clostridioides
Família: Veillonellaceae
Megasphaera
Veillonella
Família: Lachnospiraceae
Epulopiscium
Lachnospira

Filo Mycoplasmatota (Tenericutes)
Ordem: Mycoplasmatales
Família: Mycoplasmataceae
Mycoplasma
Ureaplasma

Filo Actinomycetota (Actinobacteria)
Classe: Actinobacteria
Ordem: Actinomycetales
Família: Actinomycetaceae
Actinomyces
Ordem: Micrococcales
Família: Micrococcaceae
Micrococcus
Família: Brevibacteriaceae
Brevibacterium
Família: Cellulomonadaceae
Tropheryma
Ordem: Coriobacteriales
Família: Atopobiaceae
Atopobium
Ordem: Corynebacteriales
Família: Corynebacteriaceae
Corynebacterium
Família: Mycobacteriaceae
Mycobacterium
Família: Nocardiaceae
Nocardia
Rhodococcus
Família: Micromonosporaceae
Micromonospora
Ordem: Propionibacteriales
Família: Propionibacteriaceae
Cutibacterium
Propionibacterium
Ordem: Streptomycetales
Família: Streptomycetaceae
Streptomyces
Ordem: Frankiales
Família: Frankiaceae
Frankia

Ordem: Bifidobacteriales
Família: Bifidobacteriaceae
Bifidobacterium
Gardnerella
Filo Planctomycetota
Ordem: Planctomycetales
Família: Planctomycetaceae
Gemmata
Planctomyces
Filo Chlamydiota
Ordem: Chlamydiales
Família: Chlamydiaceae
Chlamydia
Filo Spirochaetota
Classe: Spirochaetes
Ordem: Spirochaetales
Família: Treponemataceae
Treponema
Família: Borreliaceae
Borrelia
Borreliella
Família: Leptospiraceae
Leptospira
Filo Bacteroidota
Classe: Aquificae
Ordem: Aquificales
Família: Aquificeae
Aquifex
Classe: Bacteroidetes
Ordem: Bacteroidales
Família: Bacteroidaceae
Bacteroides
Família: Porphyromonadaceae
Porphyromonas
Família: Prevotellaceae
Prevotella
Classe: Cytophagia
Ordem: Cytophagales
Família: Cytophagaceae
Cytophaga
Classe: Flavobacteria
Família: Flavobacteriaceae
Capnocytophaga
Elizabethkingia
Zobellia
Filo Fusobacteriota
Classe: Fusobacteria
Ordem: Fusobacteriales
Família: Fusobacteriaceae
Fusobacterium
Família: Leptotrichiaceae
Streptobacillus

Glossário

A

abscesso Acúmulo localizado de pus.

abuso de temperatura Armazenamento inadequado dos alimentos em temperaturas que permitem o crescimento de bactérias.

ação oligodinâmica A capacidade de pequenas quantidades de um composto de metal pesado exercer atividade antimicrobiana.

ácido Uma substância que se dissocia em um ou mais íons hidrogênio (H⁺) e em um ou mais íons negativos.

ácido desoxirribonucleico (DNA) O ácido nucleico do material genético de todas as células e de alguns vírus.

ácido micólico Ácidos graxos de cadeia longa e ramificada, característicos de membros do gênero *Mycobacterium*.

ácido nucleico Macromolécula que consiste em nucleotídeos; DNA e RNA são ácidos nucleicos.

ácido ribonucleico (RNA) Classe de ácidos nucleicos que compreende o RNA mensageiro, o RNA ribossomal e o RNA de transferência.

ácido teicoico Polissacarídeo encontrado nas paredes celulares gram-positivas.

acidófila Bactéria que cresce em pH abaixo de 4.

actinobactérias Filo de bactérias gram-positivas, quimio-heterotróficas com uma alta taxa de G + C e uma sequência de rRNA exclusiva.

adenina-nicotinamida-dinucleotídeo *Ver* NAD⁺.

adenocarcinoma Câncer do tecido epitelial glandular.

aderência Fixação de um micróbio ou fagócito a outra membrana plasmática ou superfície.

adesina Proteína que se liga especificamente a carboidratos e que se projeta das células procarióticas; utilizada para aderência, também chamada de ligante.

adjuvante Substância adicionada a uma vacina para aumentar a sua efetividade.

aeróbio Organismo que requer oxigênio molecular (O₂) para o seu crescimento.

aeróbio obrigatório Organismo que requer oxigênio molecular (O₂) para viver.

afinidade Em imunologia, refere-se à força das interações entre antígeno e anticorpo.

aflatoxina Toxina carcinogênica produzida por *Aspergillus flavus*.

ágar Polissacarídeo complexo oriundo de uma alga marinha e utilizado como agente solidificante em meios de cultura.

ágar-nutriente Caldo nutriente contendo ágar.

agente ativo de superfície Qualquer composto que diminua a tensão entre moléculas dispostas na superfície de um líquido; também chamado de surfactante.

agente descolorante Solução utilizada no processo de remoção de um corante.

aglutinação Agrupamento ou aglomeração de células.

agranulócito Leucócito sem a presença de grânulos visíveis no citoplasma quando observado ao microscópio óptico; inclui monócitos e linfócitos.

agranulocitose Destruição imunológica de glóbulos brancos granulocíticos.

alarme Sinal químico que promove uma resposta celular ao estresse ambiental.

álcool Molécula orgânica com o grupo funcional —OH.

aldeído Molécula orgânica que contém o grupo funcional.

$$-C\overset{\displaystyle O}{\underset{\displaystyle H}{<}}$$

alérgeno Antígeno que induz uma resposta de hipersensibilidade.

alergia *Ver* hipersensibilidade.

alga Eucarioto fotossintético; pode ser unicelular, filamentoso ou multicelular, mas não tem os tecidos encontrados nas plantas.

algina Sal sódico de ácido manurônico (C₆H₈O₆); encontrado em algas marrons.

alilaminas Agentes antifúngicos que interferem na síntese de esteróis.

aloenxerto Enxerto tecidual que não é oriundo de um doador geneticamente idêntico (i.e., não é próprio nem de um gêmeo idêntico).

amanitina Toxina polipeptídica produzida por *Amanita* spp., inibe a RNA-polimerase.

Amebae Protozoários caracterizados pela presença de pseudópodes.

aminação Adição de um grupo amino.

aminoácido Um ácido orgânico que contém um grupo amino e um grupo carboxila. Nos alfa-aminoácidos os grupos amino e carboxila são ligados ao mesmo átomo de carbono, chamado de carbono alfa.

aminoglicosídeo Antibiótico que consiste em açúcares aminados e um anel aminociclitol; por exemplo, estreptomicina.

amonificação Liberação de amônia a partir de matéria orgânica nitrogenada pela ação de microrganismos.

AMP cíclico (AMPc) Molécula derivada do ATP, na qual o grupo fosfato apresenta uma estrutura cíclica; atua como mensageiro celular.

ampliação total A ampliação total de uma amostra microscópica, determinada pela multiplicação da ampliação das lentes oculares pela ampliação das lentes objetivas.

anabolismo Todas as reações de síntese em um organismo vivo; construção de moléculas orgânicas complexas a partir de moléculas mais simples.

anaeróbio Organismo que não requer oxigênio molecular (O₂) para o seu crescimento.

anaeróbio aerotolerante Organismo que não utiliza oxigênio molecular (O₂), porém não é afetado pela sua presença.

anaeróbio facultativo Organismo que é capaz de crescer na presença ou na ausência de oxigênio molecular (O₂).

anaeróbio obrigatório Organismo que não utiliza o oxigênio molecular (O₂) e é morto na sua presença.

anafilaxia Reação de hipersensibilidade envolvendo anticorpos IgE, mastócitos e basófilos.

anafilaxia localizada Uma reação de hipersensibilidade imediata que é restrita a uma área limitada de pele ou da membrana mucosa; por exemplo, rinite alérgica, uma erupção cutânea ou asma. *Ver também* anafilaxia sistêmica.

anafilaxia sistêmica Reação de hipersensibilidade que causa vasodilatação e resulta em choque; também chamada de choque anafilático.

análise de perigos e pontos críticos de controle (APPCC) Sistema de prevenção de riscos para a segurança de alimentos.

análogo de nucleotídeo (ou nucleosídeo) Substância química que é estruturalmente similar ao nucleotídeo ou nucleosídeo normal no ácido nucleico, mas que tem propriedades de pareamento de bases alteradas.

ancilóstomo Nematódeo parasita dos gêneros *Necator* ou *Ancylostoma*.

anfitríquio Que tem flagelos em ambas as extremidades da célula.

ângstrom (Å) Unidade de medida igual a 10⁻¹⁰ m, ou 0,1 nm.

Animalia Reino composto de eucariotos multicelulares que não têm parede celular.

ânion Íon com uma carga negativa.

ânion peróxido Ânion de oxigênio que consiste em dois átomos de oxigênio (O₂⁻²).

ânion superóxido *Ver* radical superóxido.

anoxigênico Que não produz oxigênio molecular; típico da fotofosforilação cíclica.

antagonismo Oposição ativa; (1) quando dois fármacos são menos efetivos do que qualquer um deles isoladamente. (2) Competição entre micróbios.

antagonismo microbiano *Ver* exclusão competitiva.

antibiograma Relatório de suscetibilidade a antibióticos de uma bactéria.

antibiótico Agente antimicrobiano, geralmente produzido naturalmente por uma bactéria ou fungo.

antibiótico de amplo espectro Antibiótico que é efetivo contra uma ampla variedade de bactérias gram-positivas e gram-negativas.

anticódon Os três nucleotídeos por meio dos quais um tRNA reconhece um códon no mRNA.

anticorpo Proteína produzida pelo corpo em resposta a um antígeno e capaz de se combinar especificamente a ele.

anticorpo humanizado Anticorpos humanos produzidos por camundongos geneticamente modificados.

anticorpo monoclonal (mAb) Anticorpo específico produzido in vitro por um clone de células B hibridizadas com células cancerosas.

anticorpo monoclonal quimérico Anticorpo geneticamente modificado formado por regiões constantes humanas e regiões variáveis murinas.

anticorpos totalmente humanos Anticorpos monoclonais produzidos em camundongos geneticamente modificados que possuem genes de imunoglobina humanos.

antígeno Qualquer substância que induza a formação de anticorpo; também chamado de imunógeno.

antígeno de histocompatibilidade Antígeno na superfície das células humanas.

antígeno de transplante específico de tumor (TSTA) Antígeno viral na superfície de uma célula transformada.

antígeno H Antígenos flagelares de bactérias entéricas, identificados por testes sorológicos.

antígeno O Antígenos polissacarídicos na membrana externa de bactérias gram-negativas, identificados com testes sorológicos.

antígeno T Antígeno no núcleo de uma célula cancerosa.

antígeno T-dependente Antígeno que estimulará a formação de anticorpos apenas com a assistência das células T auxiliares. *Ver também* antígeno T-independente.

antígeno T-independente Antígeno que estimulará a formação de anticorpos sem a assistência das células T auxiliares. *Ver também* antígeno T-dependente.

antimetabólito Um inibidor competitivo.

antirretroviral Fármaco utilizado no tratamento da infecção pelo HIV.

antissepsia Método químico para a desinfecção da pele ou das membranas mucosas; o composto químico é chamado de antisséptico.

antissoro Fluido derivado do sangue contendo anticorpos.

antitoxina Anticorpo específico produzido pelo corpo em resposta a uma exotoxina bacteriana ou seu toxoide.

aparato lacrimal Glândulas e ductos envolvidos na formação de lágrimas.

Apicomplexa Filo de protozoários caracterizado por organelas apicais especializadas.

apoenzima Porção proteica de uma enzima que requer a ativação por uma coenzima.

apoptose A morte natural programada de uma célula; os fragmentos residuais são eliminados por fagocitose.

aquecimento global Retenção de calor solar por meio de gases na atmosfera.

arcaelo Um apêndice fino da superfície de uma arqueia; usado para locomoção celular; composto de arcaelina. *Ver também* flagelo.

Archaea Domínio de células procarióticas que não possuem peptideoglicano; um dos três domínios.

arranjo 9 + 2 Ligação dos microtúbulos nos flagelos e cílios eucarióticos; nove pares de microtúbulos mais dois microtúbulos.

artroconídio Esporo fúngico assexuado formado pela fragmentação de uma hifa septada.

asco Estrutura semelhante a um saco contendo ascósporos; encontrado nos ascomicetos.

ascósporo Esporo fúngico sexuado produzido em um asco, formado pelos ascomicetos.

assepsia A ausência de contaminação por organismos indesejados.

ativação do complemento A divisão das proteínas inativas do complemento em fragmentos ativos resulta de eventos dentro de uma das três vias. *Ver também* complemento.

ativação do sistema complexo *Ver* ativação do complemento.

átomo A menor unidade da matéria que pode participar de uma reação química.

atríquia Bactéria sem flagelos.

autoclave Equipamento utilizado para esterilização por vapor sob pressão, geralmente operado a 15 psi e 121 °C.

autoenxerto Enxerto de tecido oriundo da própria pessoa.

autotolerância A capacidade do sistema imunológico de reconhecer antígenos produzidos pelas células do corpo.

autotrófico Organismo que utiliza o dióxido de carbono (CO_2) como sua principal fonte de carbono; quimioautotrófico, fotoautotrófico.

auxotrófico Microrganismo mutante que apresenta uma exigência nutricional que está ausente no organismo parental.

azóis Agentes antifúngicos que interferem na síntese de esteróis.

B

Bacillota Filo de bactérias gram-positivas com uma baixa razão G + C que possui uma sequência de rRNA exclusiva.

bacilo (1) Qualquer bactéria em forma de bastão. (2) Quando relacionado ao gênero (*Bacillus*), refere-se às bactérias em forma de bastão, formadoras de endósporo, anaeróbias facultativas e gram-positivas.

bacilo único Refere-se a uma célula em forma de bacilo que geralmente ocorre como uma célula. *Ver também* bacilo.

Bacteria Domínio de organismos procarióticos, caracterizados por paredes celulares de peptideoglicano.

bactéria verde não sulfurosa Bactéria gram-negativa, não pertencente às proteobactérias; anaeróbia e fototrófica; utiliza compostos orgânicos reduzidos como doadores de elétrons para a fixação de CO_2.

bactéria verde sulfurosa Bactéria gram-negativa, não pertencente às proteobactérias; anaeróbia estrita e fototrófica; ausência de crescimento no escuro; utiliza compostos sulfurosos reduzidos como doadores de elétrons para a fixação de CO_2.

bactérias gram-negativas Bactérias que perdem a cor do cristal violeta após a descoloração com álcool-acetona; elas coram-se de vermelho após tratamento com safranina.

bactérias gram-positivas Bactérias que retêm a cor do cristal violeta após a descoloração com álcool-acetona; ela coram-se de roxo-escuro.

bactérias púrpuras não sulfurosas Alfaproteobactérias; anaeróbias estritas e fototróficas; crescem no extrato de levedura no escuro; utilizam compostos orgânicos reduzidos como doadores de elétrons para a fixação de CO_2.

bactérias púrpuras sulfurosas Gamaproteobactérias; anaeróbias estritas e fototróficas; utilizam compostos de enxofre reduzidos como doadores de elétrons para a fixação de CO_2.

bactericida Substância capaz de destruir bactérias.

bacteriemia Condição na qual são encontradas bactérias no sangue.

bacteriocina Peptídeo antimicrobiano produzido pelas bactérias que destrói outras bactérias.

bacterioclorofila Pigmento fotossintético que transfere elétrons por fotofosforilação; encontrada em bactérias fotossintéticas anoxigênicas.

bacteriófago (fago) Vírus que infecta células bacterianas.

bacteriologia O estudo científico dos procariotos, incluindo bactérias e arqueias.

bacteriostase Tratamento capaz de inibir o crescimento bacteriano.

barreira hematencefálica Membranas celulares que permitem que algumas substâncias passem do sangue para o cérebro, ao passo que restringem a passagem de outras.

base Substância que se dissocia em um ou mais íons hidróxido (OH^-) e em um ou mais íons positivos.

basídio Pedúnculo que produz basidiósporos; encontrado nos basidiomicetos.

basidiósporo Esporo fúngico sexuado produzido em um basídio, característico dos basidiomicetos.

basófilo Granulócito (leucócito) que absorve rapidamente corantes básicos e não é fagocítico; tem receptores para a porção Fc de IgE.

Bergey's Manual *Bergey's Manual of Systematics of Archaea and Bacteria*, a referência taxonômica padrão para bactérias; também se refere ao *Bergey's Manual of Determinative Bacteriology*, a referência-padrão para a identificação laboratorial de bactérias.

betalactâmico Estrutura cerne das penicilinas.

betaoxidação A remoção de duas unidades de carbono de um ácido graxo para formar acetil-CoA.

biblioteca genômica Coleção de fragmentos de DNA clonados, criada com a inserção de fragmentos de restrição em uma bactéria, levedura ou fago.

bioaumento O uso de micróbios adaptados à poluição ou geneticamente modificados na biorremediação.

biocida Substância capaz de destruir microrganismos.

biocombustíveis Recursos energéticos produzidos por organismos vivos, geralmente a partir da biomassa; por exemplo, etanol, metano.

bioconversão Mudanças na matéria orgânica causadas pelo crescimento de microrganismos.

biofilme Comunidade microbiana que geralmente se forma como uma camada limosa em uma superfície.

biogênese A teoria de que as células vivas se originam apenas de células preexistentes.

bioinformática A ciência que determina a função dos genes por meio de análises assistidas por computador.

biolixiviação O uso do metabolismo dos micróbios para extrair minerais.

biologia molecular Ciência que estuda o DNA e a síntese de proteínas dos organismos vivos.

bioluminescência A emissão de luz pela cadeia de transporte de elétrons; requer a enzima luciferase.

biomassa Matéria orgânica produzida por organismos vivos e medida pelo seu peso.

biopotenciador Nutrientes, como nitratos e fosfatos, que promovem o crescimento microbiano.

biorreator Recipiente para fermentação no qual as condições ambientais são controladas; por exemplo, temperatura e pH.

biorremediação O uso de micróbios para a remoção de um poluente ambiental.

biotecnologia A aplicação industrial de microrganismos, células ou componentes celulares para a geração de um produto útil.

bioterrorismo O uso de um organismo vivo ou seu produto para a intimidação.

biotipo *Ver* biovar.

biovar Subgrupo de um sorovar cuja classificação tem como base as propriedades bioquímicas ou fisiológicas; também chamado de biotipo.

bisfenol Composto fenólico que contém dois grupos fenóis conectados por uma ponte.

blastoconídio Esporo fúngico assexuado produzido por um brotamento da célula parental.

bolhas Vesículas grandes preenchidas por soro que se formam na pele.

bolores limosos Protozoários que se assemelham a amebas, mas têm ciclos de vida complexos. *Ver* bolores limosos celulares, bolores limosos plasmodiais.

bolores limosos celulares Bolores limosos que vivem vegetativamente como amebas e se agregam para formar esporos.

bolores limosos plasmodiais Bolores limosos que vivem vegetativamente como células multinucleadas produzem esporos.

bronquiolite Infecção dos bronquíolos.

bronquite Infecção dos brônquios.

brotamento (1) Reprodução assexuada que se inicia com a formação de uma protuberância na célula parental, que cresce e se torna uma célula-filha. (2) Liberação de um vírus envelopado através da membrana plasmática de uma célula animal.

bubão Linfonodo aumentado devido a uma inflamação.

bursa de Fabricius Órgão das galinhas responsável pela maturação do sistema imune.

C

cadeia de transporte de elétrons, sistema de transporte de elétrons Uma série de compostos que transferem elétrons de um composto para outro, gerando ATP por fosforilação oxidativa.

caldo nutriente Meio complexo feito de extrato de carne e peptona.

camada eletrônica Região de um átomo onde os elétrons orbitam ao redor do núcleo; corresponde a um nível de energia.

camada limosa Um glicocálice desorganizado e frouxamente ligado à parede celular.

câmara hiperbárica Aparato que mantém materiais em pressões superiores a 1 atmosfera.

cancro Nódulo rígido, cujo centro se ulcera.

capacidade de carga O número de organismos que um ambiente pode suportar.

capnofílico Microrganismo que cresce melhor em concentrações relativamente altas de CO_2.

capsídeo O revestimento proteico de um vírus que circunda o ácido nucleico.

capsômero Subunidade proteica de um capsídeo viral.

cápsula Cobertura externa e viscosa de algumas bactérias, composta de polissacarídeos ou polipeptídeos.

carbapenêmicos Antibióticos que contém um antibiótico β-lactâmico e cilastatina.

carboidrato Composto orgânico formado por carbono, hidrogênio e oxigênio, com o hidrogênio e o oxigênio presentes em uma proporção de 2:1; os carboidratos incluem o amido, os açúcares e a celulose.

carboxissomo Inclusão procariótica contendo ribulose-1,5-difosfato-carboxilase.

carbúnculo Inflamação do tecido sob a pele, devido à infecção.

carcinogênica Qualquer substância que causa câncer.

carga viral plasmática (PVL) Testes que detectam ácido nucleico viral e são usados para quantificar o HIV no sangue.

cárie dentária Cavidade dentária resultante da ação de bactérias causadoras de cáries dentárias.

cariogamia Fusão dos núcleos de duas células; ocorre no estágio sexuado do ciclo de vida fúngico.

caseína Proteína do leite.

catabolismo Todas as reações de decomposição em um organismo vivo; a degradação de compostos orgânicos complexos em outros mais simples.

catabolismo de carboidratos Quebra dos carboidratos.

catalase Enzima que quebra o peróxido de hidrogênio: $2H_2O_2 \rightarrow 2H_2O + O_2$.

catalisador Substância que aumenta a velocidade de uma reação química, mas não é alterada.

cátion Íon carregado positivamente.

CD (grupo de diferenciação) Número atribuído a um epítopo de um único antígeno, por exemplo, proteína CD4, encontrada nas células T auxiliares.

cDNA (DNA complementar) DNA sintetizado *in vitro* a partir de um molde de mRNA.

célula apresentadora de antígeno (APC) Macrófago, célula dendrítica ou célula B que engloba um antígeno e apresenta os fragmentos para as células T.

célula de combustível microbiana Um sistema usado para cultivar bactérias e transferir elétrons de seus sistemas de transporte de elétrons para um fio (eletricidade).

célula de memória Células B ou T de vida longa responsáveis pela resposta de memória, ou secundária.

célula dendrítica Tipo de célula apresentadora de antígenos caracterizada por longas extensões semelhantes a dedos; encontrada no tecido linfoide e na pele.

célula diploide Célula que apresenta dois conjuntos de cromossomos; diploide é o estado normal de uma célula eucariótica.

célula doadora Célula que doa DNA a uma célula receptora durante a recombinação genética.

célula Hfr Célula bacteriana na qual o fator F tornou-se integrado ao cromossomo; Hfr significa alta frequência de recombinação.

célula M Células que capturam e transferem antígenos aos linfócitos nos folículos linfoides agregados.

célula *natural killer* (NK) Célula linfoide que destrói células cancerosas e células infectadas por vírus.

célula receptora Célula que recebe DNA de uma célula doadora durante a recombinação genética.

célula T auxiliar (T_H) Célula T especializada que frequentemente interage com um antígeno antes de a célula B realizar essa interação.

células indicadoras Células vaginais descamadas cobertas por *Gardnerella vaginalis*.

células persistentes Células bacterianas em uma população que escapam da eliminação por antibióticos por estarem dormentes, não porque são mutantes.

células T reguladoras (Treg) Linfócitos que parecem suprimir outras células T.

célula-tronco Célula indiferenciada que dá origem a uma variedade de células especializadas.

célula-tronco embrionária (ESC) Célula de um embrião que apresenta o potencial de se diferenciar em uma ampla variedade de tipos celulares especializados.

células-tronco pluripotentes induzidas (iPSCs) Células-tronco embrionárias produzidas a partir de células-tronco adultas estimuladas com fatores de crescimento.

Centers for Disease Control and Prevention (CDC) Um ramo do serviço de Saúde Pública dos Estados Unidos que atua como fonte central de informações epidemiológicas.

centríolo Estrutura que consiste em nove trincas de microtúbulos, encontrado nas células eucarióticas.

centrossomo Região em uma célula eucariótica que consiste em uma área pericentriolar (fibras proteicas) e em um par de centríolos; envolvido na formação do fuso mitótico.

cera de ouvido Substância cerosa secretada no canal auditivo.

cercária Larva livre-natante dos trematódeos.

cerveja Bebida alcoólica produzida pela fermentação do amido.

cetolídeo Antibiótico macrolídeo semissintético; efetivo contra bactérias resistentes a macrolídeos.

chave dicotômica Esquema de identificação baseado em sucessivas perguntas pareadas; a resposta de uma questão leva a outro par de questões, até que o organismo seja identificado.

chip de DNA ("microarranjo") Plataforma de sílica que contém sondas de DNA; utilizado para a detecção de DNA em amostras sendo testadas.

chip de isolamento (iChip) Uma câmara composta por uma membrana plástica que permite a passagem de moléculas; usada para o cultivo de bactérias em seu ambiente natural.

choque Qualquer queda na pressão arterial que seja potencialmente fatal. *Ver também* choque séptico.

choque endotóxico *Ver* sepse gram-negativa.

choque séptico Queda repentina na pressão arterial, induzida por toxinas bacterianas.

cianobactéria Procariotos fotoautotróficos produtores de oxigênio.

ciclo biogeoquímico A reciclagem de elementos químicos pelos microrganismos para uso por outros organismos.

ciclo de Calvin-Benson A fixação do CO_2 em compostos orgânicos reduzidos; utilizado pelos autotróficos.

ciclo de Krebs Via que converte compostos de dois carbonos em CO_2, transferindo elétrons ao NAD^+ e outros carreadores; também chamado de ciclo do ácido tricarboxílico (CAT) ou ciclo do ácido cítrico.

ciclo do carbono Série de processos que convertem o CO_2 a substâncias orgânicas e estas novamente em CO_2 na natureza.

ciclo do enxofre Os vários estágios de oxidação e redução do enxofre no ambiente, principalmente devido a ação de microrganismos.

ciclo do fósforo Os vários estágios de solubilidade do fósforo no ambiente.

ciclo do nitrogênio Série de processos na natureza que convertem o nitrogênio (N_2) em substâncias orgânicas e estas de volta a nitrogênio na natureza.

ciclo fecal-oral Refere-se a patógenos eliminados nas fezes e ingeridos pela boca de um indivíduo.

ciclo lisogênico Estágios no desenvolvimento viral que resultam na incorporação de DNA viral ao DNA do hospedeiro.

ciclo lítico Mecanismo de multiplicação de um fago que resulta na lise da célula hospedeira.

ciliados Membros de um filo de protozoários caracterizado pela presença de cílios.

cílio Projeção celular relativamente curta de algumas células eucarióticas, composta por nove pares mais dois microtúbulos. *Ver* flagelo.

cinase (1) Enzima que remove um 🅿 de um ATP e o liga a outra molécula. (2) Enzima bacteriana que degrada a fibrina (coágulos sanguíneos).

circRNA Moléculas circulares de RNA formadas por íntrons excisados durante o processamento do RNA.

cirurgia asséptica Técnicas utilizadas em cirurgias para prevenir a contaminação microbiana dos pacientes.

cis Átomos de hidrogênio localizados no mesmo lado da ligação dupla em um ácido graxo. *Ver trans.*

cisterna Saco membranoso achatado no retículo endoplasmático e no complexo de Golgi.

cisticerco Larva de uma tênia encistada.

cistite Inflamação da bexiga, geralmente causada por infecção.

cisto Saco com uma parede distinta contendo fluido ou outro material; também, uma cápsula protetora de alguns protozários.

cisto hidático Cistos de *Echinococcus* contendo novos escólex formados em humanos.

citocina Pequena proteína liberada pelas células humanas que regula a resposta imune; direta ou indiretamente pode induzir febre, dor ou proliferação de células T.

citocinas hematopoiéticas Proteínas que regulam a diferenciação das células-tronco sanguíneas.

citocromo Proteína que atua como carreadora de elétrons na respiração celular e na fotossíntese.

citoesqueleto Microfilamentos, filamentos intermediários e microtúbulos que oferecem suporte e movimento para o citoplasma eucariótico.

citólise A destruição de células, em decorrência de danos às suas membranas celulares, que provoca o extravasamento dos conteúdos celulares.

citometria de fluxo Método para a contagem de células que utiliza um citômetro de fluxo, o qual detecta células pela presença de um marcador fluorescente na superfície da mesma.

citoplasma Em uma célula procariótica, tudo que está localizado internamente à membrana plasmática; em uma célula eucariótica, tudo que está localizado internamente à membrana plasmática e externamente ao núcleo.

citosol A parte fluida do citoplasma.

citóstoma A abertura semelhante a uma boca em alguns protozoários.

citotoxicidade celular dependente de anticorpo (CCDA) A eliminação de células revestidas por anticorpos por células *natural killer* e leucócitos.

citotoxina Toxina bacteriana que destrói as células hospedeiras ou altera as suas funções.

clado Grupo de organismos que compartilham um determinado ancestral comum; uma ramificação em um cladograma.

cladograma Árvore filogenética dicotômica que se ramifica repetidamente, sugerindo a classificação dos organismos com base na sequência temporal na qual os ramos evolutivos surgiram.

clamidoconídio Esporo fúngico assexuado formado dentro de uma hifa.

classe Grupo taxonômico entre filo e ordem.

classificador de células ativado por fluorescência (FACS) Modificação de um citômetro de fluxo que conta e classifica as células marcadas com anticorpos fluorescentes.

clone Uma população de células que surge a partir de uma única célula parental.

clorofila *a* Pigmento fotossintético que transfere elétrons para a fotofosforilação; encontrada em plantas, algas e cianobactérias.

cloroplasto Organela que realiza a fotossíntese nos eucariotos fotoautotróficos.

clorossomo Dobras da membrana plasmática das bactérias verdes sulfurosas contendo bacterioclorofilas.

coagulase Enzima bacteriana que provoca a coagulação do plasma sanguíneo.

coalhada Parte sólida do leite que se separa da parte líquida (soro) durante a produção de queijo, por exemplo.

coco Bactéria esférica ou ovoide.

cocobacilo Bactéria com a forma de um bacilo ovalado.

código genético Os códons no mRNA e os aminoácidos que eles codificam.

códon Sequência de três nucleotídeos no mRNA que especifica a inserção de um aminoácido em um polipeptídeo.

códon sem sentido Códon que não codifica nenhum aminoácido.

códon senso Códon que codifica um aminoácido.

coenzima A (CoA) Coenzima que atua na descarboxilação.

coenzima Q *Ver* ubiquinona.

coenzima Substância não proteica que se associa e ativa uma enzima.

cofator (1) Componente não proteico de uma enzima. (2) Microrganismo ou molécula que atua em conjunto com outros intensificando sinergisticamente ou causando uma doença.

colagenase Enzima que hidrolisa o colágeno.

coliformes Bactérias em forma de bastonete, aeróbias ou anaeróbias facultativas, gram-negativas, não formadoras de endósporos, que fermentam a lactose, formando ácido e gás dentro de 48 horas a 35 °C.

colônia Massa visível de células microbianas que se forma a partir de uma célula ou de um grupo de células do mesmo micróbio.

coloração Processo de se corar uma amostra com um corante para a sua observação em um microscópio ou para visualização de estruturas específicas.

coloração ácido-resistente Coloração diferencial utilizada para a identificação de bactérias que não sofrem descoloração por álcool-ácido.

coloração de Gram Coloração diferencial que classifica as bactérias em dois grupos, gram-positivas e gram-negativas.

coloração diferencial Coloração que distingue objetos com base em suas reações ao procedimento de coloração.

coloração negativa Procedimento que resulta em bactérias incolores contra um fundo corado.

coloração primária A primeira coloração utilizada em uma técnica de coloração múltipla, como a coloração de Gram.

coloração simples Método de coloração de microrganismos que utiliza um único corante básico.

colorações especiais Técnicas para coloração de partes específicas de uma célula, por exemplo, endósporo, flagelos.

comensalismo Relação simbiótica na qual dois organismos vivem em associação e um é beneficiado, ao passo que o outro não é beneficiado, nem prejudicado.

competente Característica do estado fisiológico no qual uma célula receptora pode capturar e incorporar um grande fragmento de DNA doador.

complemento Grupo de proteínas séricas envolvidas na fagocitose e lise de bactérias.

complexo antígeno-anticorpo A combinação de um antígeno ao seu anticorpo específico; a base da proteção imune e de muitos testes diagnósticos.

complexo de ataque à membrana (MAC) Proteínas do complemento C5-C9, que, juntas, produzem lesões nas membranas celulares, que levam à morte das células.

complexo de Golgi Organela envolvida na secreção de determinadas proteínas.

complexo de histocompatibilidade principal (MHC) Os genes que codificam antígenos de histocompatibilidade; também conhecido como complexo do antígeno leucocitário humano (HLA).

complexo de silenciamento induzido por RNA (RISC) Complexo que consiste em proteínas e uma molécula de siRNA ou miRNA que se liga ao mRNA complementar, impedindo a transcrição do mRNA.

complexo do antígeno leucocitário humano (HLA)   Antígenos de superfície de células humanas. *Ver também* complexo de histocompatibilidade principal.

complexo enzima-substrato   A união temporária entre uma enzima e seu substrato.

composição de bases do DNA   Percentual molar de guaninas e citosinas no DNA de um organismo.

compostagem   Método de descarte de resíduos sólidos, geralmente material de origem vegetal, pela estimulação de sua decomposição por micróbios.

composto   Substância composta de dois ou mais elementos químicos diferentes.

composto inorgânico   Pequena molécula que não contém carbono e hidrogênio.

composto orgânico   Molécula que contém carbono e hidrogênio.

compostos de amônio quarternário (quat)   Detergentes catiônicos que possuem quatro grupos orgânicos ligados a um átomo de nitrogênio central; utilizados como desinfetantes.

concentração bactericida mínima (CBM)   A menor concentração de um agente quimioterápico que destruirá os microrganismos testados.

concentração inibitória mínima (CIM)   A menor concentração de um agente quimioterápico que impedirá o crescimento dos microrganismos testados.

condensador   Sistema de lentes localizado abaixo da platina do microscópio que direciona os raios luminosos através da amostra.

configuração eletrônica   O arranjo de elétrons em camadas ou níveis de energia em um átomo.

congelamento-dessecação   *Ver* liofilização.

congênita   Refere-se a uma condição existente ao nascimento; pode ser herdada ou adquirida no útero.

conídio   Esporo assexuado produzido em cadeia a partir de um conidióforo.

conidióforo   Hifa aérea que abriga conidiósporos.

conidiósporo   *Ver* conídio.

conjugação   A transferência de material genético de uma célula para outra envolvendo contato célula a célula.

conjuntiva   Mucosa que reveste as pálpebras e cobre a superfície externa branca do globo ocular.

contactor biológico rotativo   Método de tratamento secundário do esgoto no qual grandes discos são rotacionados, enquanto são parcialmente submersos em um tanque de esgoto, expondo o material a microrganismos e condições aeróbias.

contagem de placa   Método para determinar o número de bactérias em uma amostra por meio da contagem do número de unidades formadoras de colônias em um meio de cultura sólido.

contagem diferencial de leucócitos   O número de cada tipo de leucócito em uma amostra de 100 leucócitos.

contagem microscópica direta   Enumeração de células pela observação em um microscópio.

contaminação cruzada   Transferência de patógenos de um fômite para outro.

contracoloração   Segunda coloração aplicada a um esfregaço que cria um contraste em relação à primeira coloração.

conversão fágica   Alteração genética na célula hospedeira em decorrência de uma infecção por um bacteriófago.

conversão lisogênica   A aquisição de novas propriedades por uma célula hospedeira infectada por um fago lisogênico.

corante ácido   Sal em que a cor está no íon negativo; utilizado na coloração negativa.

corante básico   Sal no qual a cor é gerada pelo íon positivo; utilizado para colorações bacterianas.

corpo elementar   A forma infecciosa das clamídias.

corpo reticulado   Estágio de crescimento intracelular das clamídias.

corpúsculo de inclusão   Grânulo ou partícula viral no citoplasma ou núcleo de algumas células infectadas; importante na identificação de vírus que causam infecção.

correpressor   Molécula que se liga a uma proteína repressora, permitindo que o repressor se associe a um operador.

córtex   A cobertura fúngica protetora de um líquen.

crise   A fase da febre caracterizada por vasodilatação e sudorese.

CRISPR (repetições palíndrômicas curtas agrupadas regularmente espaçadas)   Sequências repetidas de DNA direcionadas à edição de genes usando uma nuclease associada ao CRISPR (CAS) para clivar pedaços específicos de DNA.

crista mitocondrial   Dobramento da membrana mitocondrial interna.

cromatina   Filamento de DNA não condensado presente em uma célula eucariótica interfásica.

cromatóforo   Invaginação da membrana plasmática onde a bacterioclorofila está localizada nas bactérias fotoautotróficas; também chamado de tilacoide.

cromossomo   Estrutura que carreia a informação hereditária; os cromossomos contêm genes.

cromossomo bacteriano   Uma molécula de DNA, geralmente circular.

crossing over **(entrecruzamento)**   Processo pelo qual uma porção de um cromossomo é trocada com uma porção de outro cromossomo.

cultura   Microrganismos que crescem e se multiplicam em um recipiente contendo meio de cultura.

cultura de células   Células eucarióticas crescem em meios de cultura; também chamada de cultura de tecido.

cultura de enriquecimento   Meio de cultura utilizado para a realização de um isolamento preliminar que favorece o crescimento de um microrganismo em particular.

curva de crescimento bacteriano   Gráfico indicando o crescimento de uma população bacteriana ao longo do tempo.

curva de crescimento de ciclo único   Método de estudo do ciclo de vida de um vírus que se baseia na infecção de todas as células de uma cultura e acompanhamento de um ciclo infeccioso.

cutícula   A cobertura externa dos helmintos.

D

DI_{50} O número de microrganismos necessários para se produzir uma infecção demonstrável em 50% da população hospedeira de teste.

dálton (Da)   *Ver* unidade de massa atômica.

defecação   Descarga de fezes (conteúdo do intestino grosso).

defensinas   Pequenos peptídeos antibióticos produzidos por células humanas.

degeneração   Redundância do código genético; ou seja, a maioria dos aminoácidos são codificados por diversos códons.

degerminação   A remoção de microrganismos de uma área; também chamada de degermação.

degranulação   A liberação do conteúdo dos grânulos secretores de mastócitos ou basófilos durante a anafilaxia.

deleção clonal   A eliminação de células B e T autorreativas.

demanda bioquímica de oxigênio (DBO)   Medida da matéria orgânica biodegradável na água.

deriva antigênica   Pequena variação na composição antigênica dos vírus influenza que ocorre com o tempo.

dermatófito   Fungo que causa micose cutânea.

dermatomicose   Infecção fúngica da pele; também conhecida como tinha ou micose.

derme   A porção mais interna da pele.

desaminação   A remoção de um grupo amino de um aminoácido para formar amônia. *Ver também* amonificação.

desbridamento   Remoção cirúrgica de tecido necrótico.

descarboxilação   A remoção de —COOH de um ácido orgânico, libera CO_2.

desidrogenação   A perda de átomos de hidrogênio em um substrato.

desinfecção   Qualquer tratamento utilizado em objetos inanimados para destruir ou inibir o crescimento de microrganismos; a substância química utilizada é chamada de desinfetante.

desnaturação   Mudança na estrutura molecular de uma proteína geralmente tornando-a não funcional.

desnitrificação   A redução do nitrogênio em nitrato para nitrito ou gás nitrogênio.

desnudamento   A separação do ácido nucleico viral de seu envoltório proteico.

desoxirribose   Açúcar de cinco carbonos contido em nucleotídeos de DNA.

dessecação   Remoção de água.

dessensibilização   A prevenção de respostas inflamatórias alérgicas.

dessulfurização   Remoção de enxofre de um composto orgânico.

destilação   O processo de purificação de um líquido, por exemplo, água ou álcool, por evaporação e condensação.

deterioração por acidez plana   Deterioração termofílica de produtos enlatados sem a produção de gás.

deterioração termofílica anaeróbica   Deterioração de alimentos enlatados devido ao crescimento de bactérias termofílicas.

determinante antigênico   Região específica na superfície de um antígeno contra a qual os anticorpos são formados; também chamado de epítopo.

determinante r   Grupo de genes para resistência a antibióticos carreados nos fatores R.

diapedese   O processo pelo qual os fagócitos se movem para fora dos vasos sanguíneos.

diarreia Fezes soltas e aquosas.

difosfato de adenosina (ADP) Substância formada quando o ATP é hidrolisado e energia é liberada.

difusão Movimento líquido de moléculas ou íons de uma área de alta concentração para uma área de baixa concentração.

difusão facilitada O movimento de uma substância através de uma membrana plasmática de uma área de alta concentração para uma área de baixa concentração; mediada por proteínas transportadoras.

digestor de lodo anaeróbico Digestão anaeróbica utilizada no tratamento secundário do esgoto.

diluição seriada O processo de diluição de uma amostra diversas vezes.

dimorfismo sexual A aparência distintamente diferente de organismos adultos machos e fêmeas.

dimorfismo A propriedade de apresentar duas formas de crescimento. *Ver também* dimorfismo sexual.

dioico Refere-se a organismos nos quais os órgãos dos diferentes sexos estão localizados em indivíduos distintos.

diplobacilo Bacilos que se dividem e permanecem associados aos pares.

diplococo Cocos que se dividem e permanecem associados aos pares.

dirofilariose Nematódeo *Dirofilaria immitis*.

disbiose Um desequilíbrio do microbioma no corpo humano (como o trato gastrintestinal), levando a condições adversas de saúde.

disenteria Doença caracterizada por fezes aquosas e frequentes contendo sangue e muco.

dissacarídeo Açúcar composto por dois açúcares simples, ou monossacarídeos.

dissimilação Processo metabólico no qual os nutrientes não são assimilados, mas, sim, excretados na forma de amônia, sulfeto de hidrogênio, e assim por diante.

dissociação A separação de um composto em íons positivos e negativos em uma solução. *Ver também* ionização.

DL₅₀ A dose letal para 50% dos hospedeiros inoculados em um determinado período.

DNA antissenso DNA que é complementar ao DNA que codifica uma proteína; o transcrito do RNA antissenso se hibridiza com o mRNA que codifica a proteína e inibe a síntese proteica.

DNA complementar (cDNA) DNA sintetizado *in vitro* a partir de um molde de mRNA.

DNA recombinante (rDNA) Molécula de DNA produzida combinando-se o DNA oriundo de duas fontes diferentes.

DNA-polimerase Enzima que sintetiza DNA copiando um molde de DNA.

doença Estado anormal no qual parte ou todo o organismo não está adequadamente ajustado ou é incapaz de realizar as suas funções normais; qualquer alteração a partir de um estado de saúde.

doença aguda Doença em que os sintomas se desenvolvem rapidamente, porém apresentam curto período de duração.

doença autoimune Dano aos próprios órgãos devido à ação do sistema imune.

doença contagiosa Doença que se dissemina facilmente de uma pessoa para outra.

doença do enxerto contra o hospedeiro (DECH) Condição que ocorre quando um tecido transplantado apresenta uma resposta imune ao tecido do receptor.

doença endêmica Doença que está constantemente presente em determinada população.

doença epidêmica Doença adquirida por muitos hospedeiros em uma determinada área, em um curto período de tempo.

doença esporádica Doença que ocorre ocasionalmente em uma população.

doença infecciosa emergente (DIE) Doença nova ou modificada que apresenta um aumento em sua incidência ou um potencial de aumento desta em um futuro próximo.

doença infecciosa notificável Doença que os médicos devem reportar ao Serviço de Saúde Pública dos Estados Unidos; também chamada de doença relatável.

doença infecciosa Uma mudança no estado de saúde quando um patógeno cresce em um hospedeiro.

doença latente Doença caracterizada por um período de ausência de sintomas em que o patógeno está inativo.

doença não transmissível Doença que não é transmissível de uma pessoa a outra.

doença pandêmica Epidemia que ocorre em todo o mundo.

doença periodontal *Ver* periodontite.

doença subaguda Doença que apresenta sintomas que são intermediários entre a doença aguda e a crônica.

doença transmissível Qualquer doença que pode ser disseminada de um hospedeiro para outro.

dogma central Em biologia, usado para descrever o fluxo de informações genéticas do gene para a proteína.

domínio Classificação taxonômica baseada em sequências de rRNA; acima do nível de Reino.

DRIEC Características da inflamação: dor, rubor, imobilidade, edema e calor.

dupla-hélice Refere-se às duas fitas adjacentes e antiparalelas de DNA que formam uma espiral.

duração Em referência à infecção, é o tempo médio que os indivíduos têm uma doença desde o diagnóstico até a cura ou a morte.

E

ecologia O estudo das inter-relações entre os organismos e seu ambiente.

edema Acúmulo anormal de líquido intersticial nos tecidos, causando edema.

edição de genes Uma técnica para se adicionar, deletar ou inserir DNA em um cromossomo usando enzimas bacterianas.

efeito citopático (ECP) Efeito visível em uma célula hospedeira, causado por um vírus, que pode resultar em danos ou morte da célula hospedeira.

elemento químico Substância fundamental composta de átomos que possuem o mesmo número atômico e se comportam da mesma maneira quimicamente.

elementos formados Em referência ao sangue, aos eritrócitos, leucócitos e plaquetas.

elementos genéticos móveis Segmentos de DNA (p. ex., plasmídeos) que podem se mover entre cromossomos ou entre células.

elemento-traço Elemento químico necessário em pequenas quantidades para o crescimento.

eletroforese em gel A separação de substâncias (como proteínas séricas ou DNA) com base em sua velocidade de migração por um campo elétrico.

elétron Partícula negativamente carregada em movimento ao redor do núcleo de um átomo.

eletroporação Técnica pela qual DNA é inserido em uma célula utilizando-se uma corrente elétrica.

elevador ciliar Células ciliadas da mucosa do trato respiratório inferior que movem as partículas inaladas para fora dos pulmões.

ELISA (ensaio imunoadsorvente ligado à enzima) Grupo de testes sorológicos que utiliza reações enzimáticas como indicadores.

embolhamento (*blebbing*) Abaulamento da membrana plasmática à medida que uma célula morre.

empacotamento asséptico Conservação de alimentos comerciais por meio do acondicionamento de alimentos estéreis em embalagens estéreis.

emulsificação Produzir uma suspensão de dois líquidos, como óleo e água.

enantema Erupção nas membranas mucosas. *Ver também* exantema.

encefalite Infecção do cérebro.

endocardite Infecção do revestimento do coração (endocárdio).

endocitose Processo pelo qual um material é transportado para o interior de uma célula eucariótica.

endocitose mediada por receptor Tipo de pinocitose no qual moléculas ligadas a proteínas na membrana plasmática são englobadas por invaginações da membrana.

endoflagelo *Ver* filamento axial.

endógeno Produzido a partir do interior de um organismo, por exemplo, infecção causada por um patógeno oportunista oriundo da microbiota normal de um indivíduo.

endolito Organismo que vive dentro de rochas.

endósporo Estrutura dormente que se forma no interior de algumas bactérias.

endotoxina Parte da porção externa da parede celular (lipídeo A) da maioria das bactérias gram-negativas; liberada quando a célula é destruída.

energia de ativação A energia de colisão mínima necessária para a ocorrência de uma reação química.

engenharia de tecidos Cultivo de órgãos a partir das células de uma pessoa.

ensaio clínico Pesquisa para determinar se um tratamento é eficaz e seguro para humanos.

ensaio do lisado de amebócitos de Limulus (LAL) Teste que detecta a presença de endotoxinas bacterianas.

ensaio imunoadsorvente ligado à enzima *Ver* ELISA.

entérica O nome comum dado a uma bactéria que pertence à família Enterobacteriaceae.

enterotoxina Exotoxina que causa gastrenterite, como aquelas produzidas por *Staphylococcus*, *Vibrio* e *Escherichia*.

envelope A cobertura externa que circunda o capsídeo de alguns vírus.

envelope nuclear A membrana dupla que separa o núcleo do citoplasma em uma célula eucariótica.

enxertos Transferência de um tecido de uma parte do corpo para outra ou de uma pessoa para outra.

enzima Molécula que catalisa as reações bioquímicas em um organismo vivo, geralmente uma proteína. *Ver também* ribozima.

enzima de restrição Enzima que corta a fita dupla de DNA em regiões específicas entre os nucleotídeos.

eosinófilo Granulócito cujos grânulos absorvem o corante eosina.

epidemiologia A ciência que estuda quando e onde as doenças ocorrem e como elas são transmissíveis.

epidemiologia analítica Comparação entre um grupo doente e um grupo saudável para determinar a causa de uma doença.

epidemiologia descritiva A coleta e a análise de todos os dados relacionados à ocorrência de uma doença para determinar a sua causa.

epidemiologia experimental O estudo de uma doença por meio de experimentos controlados.

epiderme A porção externa da pele.

epiglote Aba de cartilagem que cobre a traqueia durante a alimentação.

epiglotite Infecção da epiglote.

epíteto específico O segundo nome, ou nome da espécie, em uma nomenclatura científica binomial. *Ver também* espécie.

epítopo *Ver* determinante antigênico.

ergot Toxina produzida nos escleródios do fungo *Claviceps purpurea*, que causa o ergotismo.

eritrócito Célula sanguínea que contém hemoglobina, também chamada de glóbulo vermelho.

esclerócio Massa compacta de micélio endurecido do fungo *Claviceps purpurea* que preenche flores de centeio infectadas; produz a toxina ergot.

escólex A cabeça de uma tênia, contém ventosas e possivelmente ganchos.

esferoplasto Bactéria gram-negativa tratada de forma que sua parede celular tenha sido danificada, resultando em uma célula esférica.

esfregaço Um filme fino de material contendo microrganismos, espalhado sobre a superfície de uma lâmina.

especiaria Parte da planta, como a semente ou a casca, usada para aromatizar ou conservar alimentos.

espécie O nível mais específico na hierarquia taxonômica. *Ver também* espécie bacteriana; espécies eucarióticas; espécie viral.

espécie procariótica População de células que compartilham determinadas sequências de rRNA; nos testes bioquímicos convencionais, refere-se a uma população de células com características similares.

espécie viral Grupo de vírus que compartilham a mesma informação genética e nicho ecológico.

espécies eucarióticas Grupo de organismos intimamente relacionados que podem se reproduzir por meio do cruzamento entre eles.

especificidade Porcentagem de resultados falso-positivos gerados por um teste diagnóstico.

espectro de atividade microbiana A gama de tipos distintamente diferentes de microrganismos afetados por um antimicrobiano; uma ampla gama refere-se a um amplo espectro de atividade.

espectro de hospedeiro Espectro de espécies, linhagens ou tipos celulares que um patógeno pode infectar.

espícula Complexo proteína-carboidrato que se projeta da superfície de determinados vírus.

espícula Uma das duas estruturas externas presente em um verme redondo macho utilizada para guiar o esperma.

espícula HA (hemaglutinina) Projeções antigênicas da bicamada lipídica externa dos vírus influenza.

espícula NA (neuraminidase) Projeções antigênicas da bicamada lipídica externa dos vírus influenza.

espiral *Ver* espirilo e espiroqueta.

espirilo (1) Bactéria helicoidal em forma de saca-rolhas. (2) Quando escrito como gênero (*Spirillum*), refere-se a bactérias aeróbias, helicoidais, que possuem tufos de flagelos polares.

espiroqueta Bactéria em forma de saca-rolhas com filamentos axiais.

esporângio Saco contendo um ou mais esporos.

esporangióforo Hifa aérea que suporta um esporângio.

esporangiósporo Esporo fúngico assexuado, formado dentro de um esporângio.

esporo Estrutura reprodutiva formada por fungos e actinomicetos. *Ver também* endósporo.

esporo assexuado Célula reprodutiva produzida por mitose e divisão celular (eucariotos) ou fissão binária (actinomicetos).

esporo sexuado Esporo formado pela reprodução sexuada.

esporogênese *Ver* esporulação.

esporozoíto Trofozoíto de *Plasmodium* encontrado nos mosquitos, infeccioso para os seres humanos.

esporulação Processo de formação de esporos e endósporos; também chamada de esporogênese.

esqueleto de carbono Cadeia ou anel básico de átomos de carbono em uma molécula; por exemplo,

$$\begin{array}{c}|\quad|\quad|\\ -\text{C}-\text{C}-\text{C}-\\ |\quad|\quad|\end{array}$$

esquizogonia Processo de fissão múltipla, no qual um organismo se divide, produzindo muitas células-filhas.

estafilococos Cocos agrupados em formato de cacho de uva ou lâminas amplas.

estágio de anel Trofozoíto jovem de *Plasmodium* que se assemelha a um anel dentro de uma hemácia.

estereoisômeros Duas moléculas constituídas pelos mesmos átomos, organizadas da mesma maneira, mas que diferem em suas posições relativas; imagens especulares; também chamados de isômero D e isômero L.

estéril Livre de microrganismos.

estéril Um agente esterilizante.

esterilização A remoção de todos os microrganismos, incluindo endósporos.

esterilização comercial Processo de tratamento de produtos enlatados que tem o objetivo de eliminar os endósporos de *Clostridium botulinum*.

esterilização por ar quente Esterilização pelo uso de um forno com aquecimento a 170 °C por aproximadamente 2 horas.

esteroide Grupo específico de lipídeos, incluindo colesterol e hormônios.

estreptobacilos Bacilos que permanecem unidos em cadeias após a divisão celular.

estreptococos (1) Cocos que permanecem unidos em cadeias após a divisão celular. (2) Quando escrito como gênero (*Streptococcus*), refere-se a bactérias gram-positivas, catalase-negativas.

estreptolisina Enzima hemolítica, produzida por estreptococos.

estrutura de fixação A base ramificada da haste de uma alga.

etambutol Agente antimicrobiano sintético que interfere na síntese de RNA.

etanol

$$\begin{array}{c}\text{H}\quad\text{H}\\ |\quad\;|\\ \text{H}-\text{C}-\text{C}-\text{OH}\\ |\quad\;|\\ \text{H}\quad\text{H}\end{array}$$

etiologia O estudo da causa de uma doença.

eucarioto Célula cujo DNA está localizado no interior de um núcleo distinto envolto por uma membrana.

euglenoides Protozoários, como *Euglena*, com dois flagelos emergindo de uma bolsa anterior.

Euglenozoa Filo de protozoários flagelados que inclui heterotróficos e autótrofos.

Eukarya Todos os eucariotos (animais, plantas, fungos e protistas); membros do domínio Eukarya.

eutrofização A adição de matéria orgânica e subsequente remoção de oxigênio de um corpo de água.

exantema Erupção cutânea. *Ver também* enantema.

exclusão competitiva O crescimento de alguns micróbios impede o desenvolvimento de outros.

éxon Região de um cromossomo eucariótico que codifica uma proteína.

exotoxina Toxina proteica liberada de células bacterianas vivas, em sua maioria gram-positivas.

expansão clonal A proliferação de células B após a seleção clonal.

expressa Em genética, refere-se à produção de RNA e/ou proteína a partir de um gene.

extensamente resistente a fármacos (XDR) Cepas de *M. tuberculosis* resistentes à isoniazida, rifampicina, fluoroquinolonas e pelo menos a mais um fármaco.

extremidades cegas Fragmentos de DNA resultantes de uma clivagem com endonuclease de restrição que corta as duas fitas da dupla-hélice no mesmo local.

extremidades coesivas Fragmentos de DNA resultantes da ação de uma endonuclease de restrição que cliva ambas as fitas da dupla-hélice em diferentes locais.

extremófilo Microrganismo que vive em ambientes que apresentam extremos de temperatura, acidez, alcalinidade, salinidade ou pressão.

extremozimas Enzimas produzidas pelos extremófilos.

F

FAD Flavina-adenina-dinucleotídeo; coenzima que atua na remoção e na transferência de íons hidrogênio (H^+) e elétrons de moléculas de substrato.

fago *Ver* bacteriófago.

fago temperado Fago capaz de lisogenia.

fagócitos Uma célula capaz de capturar e digerir partículas prejudiciais ao corpo.

fagocitose A ingestão de partículas por células eucarióticas.

fagolisossomo Um vacúolo digestivo.

fagossomo Um vacúolo alimentar de um fagócito; também chamado de vesícula fagocítica.

fagoterapia Uso de bacteriófagos para o tratamento de infecções bacterianas.

fagotipagem Método de identificação bacteriana utilizando linhagens específicas de bacteriófagos.

faloidina Toxina peptídica produzida por *Amanita phalloides*, afeta a função da membrana plasmática.

FAME Éster metílico de ácido graxo; identificação de micróbios pela presença de ácidos graxos específicos.

família Grupo taxonômico entre ordem e gênero.

faringite Infecção da faringe.

fármaco de primeira linha Um fármaco que é a primeira escolha para se tratar uma infecção.

fármaco de segunda linha Um fármaco usado para o tratamento de *M. tuberculosis* resistentes.

fármaco sintético Agente quimioterápico preparado a partir de substâncias químicas em um laboratório.

fascíola Verme pertencente à classe Trematoda.

fase de crescimento exponencial *Ver* fase log.

fase de declínio logarítmico *Ver* fase de morte.

fase de morte O período de declínio logarítmico em uma população bacteriana; também chamada de fase de declínio logarítmico.

fase estacionária O período em uma curva de crescimento bacteriano em que o número de células em divisão é equivalente ao número de células que está morrendo.

fase lag Intervalo de tempo em uma curva de crescimento bacteriano durante o qual não é observado crescimento.

fase log O período de crescimento bacteriano ou de aumento logarítmico do número de células; também chamada de fase de crescimento exponencial.

fator de crescimento orgânico Composto orgânico essencial que um organismo é incapaz de sintetizar.

fator de necrose tumoral alfa (TNF-α) Polipeptídeo liberado por fagócitos em resposta a endotoxinas bacterianas.

fator de predisposição Qualquer coisa que torne o corpo mais suscetível a uma doença ou altera o curso dessa doença.

fator de resistência (R) Plasmídeo bacteriano que carreia genes que determinam resistência a antibióticos.

fator de transferência de resistência (FTR) Grupo de genes que codificam para replicação e conjugação dos fatores R.

fator F (fator de fertilidade) Plasmídeo encontrado na célula doadora em uma conjugação bacteriana.

fator Rh Antígeno presente nas hemácias de macacos Rhesus e da maioria dos seres humanos; a presença desse fator torna as células Rh^+.

fator V NAD^+ ou $NADP^+$.

fator X Substâncias da fração heme da hemoglobina.

febre Temperatura corporal anormalmente alta.

fenol Também chamado de ácido carbólico.

OH

fenólico Derivado do fenol utilizado como desinfetante.

fenótipo As manifestações externas do genótipo ou da composição genética de um organismo.

fermentação Degradação enzimática de carboidratos, na qual o receptor final de elétrons é uma molécula orgânica, o ATP é sintetizado por fosforilação ao nível do substrato, e o O_2 não é necessário.

fermentação alcoólica Processo catabólico, iniciado pela glicólise, que produz álcool etílico para reoxidar o NADH.

fermentação do ácido láctico Processo catabólico que se inicia com a glicólise, que produz ácido láctico para reoxidar o NADH.

fermentação malolática A conversão de ácido málico em ácido láctico por bactérias do ácido láctico.

ferritina Uma das várias proteínas de seres humanos que se ligam ao ferro capaz de reduzir a disponibilidade do ferro para os patógenos.

fibrinolisina Uma cinase produzida pelos estreptococos.

filamento axial Estrutura para motilidade encontrada nos espiroquetas; também chamada de endoflagelo.

filo Classificação taxonômica entre reino e classe.

filogenia A história evolutiva de um grupo de organismos; as relações filogenéticas são relações evolutivas.

filtração A passagem de um líquido ou gás através de um material semelhante a uma tela; um filtro de 0,45 μm remove a maioria das bactérias.

filtro biológico Método de tratamento secundário do esgoto no qual o esgoto é pulverizado por meio de braços rotativos em um leito de pedras ou materiais similares, expondo o esgoto a condições altamente aeróbias e a microrganismos.

filtro de ar particulado de alta eficiência (HEPA) Material semelhante a uma tela que remove partículas maiores do que 0,3 μm do ar.

filtro de membrana Material semelhante a uma tela com poros pequenos o suficiente para reter microrganismos; um filtro de 0,45 μm retém a maioria das bactérias.

fímbria Apêndice de uma célula bacteriana utilizado para fixação.

FISH Hibridização por fluorescência in situ; uso de sondas de rRNA para a identificação de micróbios sem a cultura dos mesmos.

fissão binária Reprodução de células procarióticas pela divisão em duas células-filhas.

fita antissenso (fita −) RNA viral que não atua como mRNA.

fita senso (fita +) RNA viral que pode atuar como mRNA.

fitoplâncton Fotoautotróficos de livre flutuação.

fixação (1) Na preparação de lâminas, o processo de adesão de uma amostra a uma lâmina. (2) Em relação a elementos químicos, a combinação de elementos de forma que um elemento crítico possa entrar na cadeia alimentar. *Ver também* ciclo de Calvin-Benson; fixação de nitrogênio.

fixação de carbono A síntese de açúcares utilizando carbonos presentes em moléculas de CO_2. *Ver também* ciclo de Calvin-Benson.

fixação de complemento Processo no qual o complemento se combina com um complexo antígeno-anticorpo.

fixação de nitrogênio A conversão do nitrogênio (N_2) em amônia.

flagelo Apêndice delgado, localizado na superfície de uma célula; utilizado para a locomoção celular; composto por flagelina nas células bacterianas, composto de 9 + 2 microtúbulos nas células eucarióticas. *Ver também* arcaelo.

flagelo polar Flagelo em uma ou ambas as extremidades de uma célula.

flambagem Processo de esterilização de uma alça de inoculação, mantendo-a sob uma chama.

flavina-adenina-dinucleotídeo *Ver* FAD.

flavoproteína Proteína contendo a coenzima flavina; atua como um carreador de elétrons na cadeia de transporte de elétrons.

floculação A remoção de material coloidal durante o processo de purificação da água, adicionando-se uma substância química que provoca a aglutinação dessas partículas.

florações de algas nocivas Crescimento rápido de algas ou cianobactérias produtoras de toxinas.

florescência de alga Crescimento abundante de algas microscópicas produzindo colônias visíveis na natureza.

fluorescência Capacidade de uma substância de emitir luz de uma determinada cor quando exposta a uma luz de outra cor.

fluxo citoplasmático O movimento do citoplasma em uma célula eucariótica.

fluxo contínuo Fermentação industrial na qual células são cultivadas indefinidamente com a contínua adição de nutrientes e remoção de produtos e resíduos.

FMN   Mononucleotídeo de flavina; coenzima que atua na transferência de elétrons na cadeia de transporte de elétrons.

foliculite   Infecção dos folículos pilosos que, frequentemente, se manifesta como espinhas.

folículos linfoides agregados   Órgãos linfoides na parede intestinal; placas de Peyer.

fômite   Objeto não vivo que pode disseminar uma infecção.

forma L   Células procarióticas sem parede celular; podem retornar ao estado provido de parede.

fosfato de dinucleotídeo de adenina-nicotinamida   *Ver* NADP$^+$.

fosfolipídeo   Lipídeo complexo composto de glicerol, dois ácidos graxos e um grupo fosfato.

fosforilação   A adição de um grupo fosfato a uma molécula orgânica.

fosforilação em nível de substrato   A síntese de ATP pela da transferência direta de um grupo fosfato de alta energia de um composto metabólico intermediário para um ADP.

fosforilação oxidativa   Síntese de ATP acoplada ao transporte de elétrons.

fossas sépticas   Um tanque subterrâneo para o tratamento primário de esgoto, usado em áreas rurais.

fotoautotrófico   Organismo que utiliza a luz como fonte de energia e o dióxido de carbono (CO_2) como fonte de carbono.

fotofosforilação   Produção de ATP em uma série de reações redox; elétrons derivados da clorofila iniciam as reações.

fotofosforilação acíclica   Movimento de um elétron da clorofila para o NAD$^+$; fotofosforilação de plantas e cianobactérias.

fotofosforilação cíclica   O movimento de um elétron da clorofila por uma série de receptores de elétrons e de volta à clorofila; anoxigênica; fotofosforilação de bactérias verdes e púrpuras.

foto-heterotrófico   Organismo que utiliza a luz como fonte de energia e uma fonte orgânica de carbono.

fotoliase   Enzima que quebra dímeros de timina na presença de luz visível.

fotossíntese   A conversão da energia luminosa do sol em energia química; a síntese de carboidrato a partir do dióxido de carbono (CO_2) dependente de luz.

fotossistemas   Sistemas de captura de luz nas membranas tilacoides, ou membrana plasmática de alguns procariotos.

fototaxia   Movimento em resposta à presença de luz.

fototrófico   Organismo que utiliza a luz como sua fonte primária de energia.

fragmentos de Okazaki   Fitas curtas de DNA que são produzidas a partir da cópia da fita descontínua durante a síntese de DNA.

fungo   Organismo que pertence ao reino Fungi; eucarioto quimio-heterotrófico absortivo.

furúnculo   Infecção de um folículo piloso.

fusão   A fusão das membranas plasmáticas de duas células diferentes, resultando em uma célula contendo citoplasma de ambas as células originais.

fusão de protoplasto   Método de fusão de duas células primeiramente pela remoção de suas paredes celulares; utilizada na engenharia genética.

G

gamaglobulina   A fração sérica contendo imunoglobulinas (anticorpos); também chamada de globulina do soro imune.

gameta   Célula reprodutiva masculina ou feminina.

gametócito   Célula protozoótica masculina ou feminina.

gangrena   A morte de tecido mole resultante da perda de suprimento sanguíneo.

gastrenterite   Inflamação do estômago e intestino.

gene   Segmento de DNA (sequência de nucleotídeos no DNA) que codifica um produto funcional.

gene constitutivo   Um gene que é expresso continuamente.

gênero   O primeiro nome da nomenclatura científica (binomial); o táxon entre família e espécie.

genética   A ciência da hereditariedade e da função gênica.

genética reversa   Análise genética que se inicia com um fragmento de DNA e prossegue com a determinação da sua função.

gengivite   Infecção leve das gengivas. *Ver* periodontite.

genoma   Uma cópia completa da informação genética de uma célula.

genômica   O estudo dos genes e suas funções.

genótipo   Composição genética de um organismo.

genotoxina   Uma substância química que danifica o DNA ou o RNA.

geração espontânea   A ideia de que a vida poderia surgir espontaneamente a partir de matéria inanimada.

germicida   *Ver* biocida.

germinação   O processo de iniciação do crescimento a partir de um esporo ou endósporo.

glicocálice   Polímero gelatinoso ao redor de uma célula.

glicolipídeo   Um lipídeo contendo um ou mais carboidratos anexados.

glicólise   A principal via de oxidação da glicose em ácido pirúvico; também chamada de via de Embden-Meyerhof.

glicoproteína   Uma proteína contendo um ou mais carboidratos anexados.

globulina de soro imune anti-humana (anti-HISG)   Um anticorpo que reage especificamente com anticorpos humanos.

globulina de soro imune   *Ver* gamaglobulina.

glóbulos brancos   *Ver* leucócito.

goma   Massa de tecido com aspecto emborrachado, característica da sífilis terciária.

gp120   Glicoproteína da espícula no envelope do HIV, anexada à gp41.

gp41   Glicoproteína da espícula no envelope do HIV, anexada à gp120.

grânulo de enxofre   *Ver* inclusão.

grânulo metacromático   Grânulo que armazena fosfato inorgânico e se cora de vermelho com a aplicação de certos corantes azuis; característico de *Corynebacterium diphtheriae*. Coletivamente conhecido como volutina.

granulócito   Leucócitos que apresentam grânulos visíveis no citoplasma quando visualizados em um microscópio óptico; inclui neutrófilos, basófilos e eosinófilos.

granuloma   Uma porção de tecido inflamado contendo macrófagos.

grânulos polissacarídicos   Armazenamento de energia intracelular.

granum   Pilha de membranas dos tilacoides.

granzimas   Proteases que induzem a apoptose.

gravidade   De uma doença refere-se à sua presença e extensão no corpo.

grupo acetila

grupo amino   —NH$_2$.

grupo carboxila

grupo fosfato   Porção de uma molécula de ácido fosfórico ligada a alguma outra molécula, Ⓟ,

grupo funcional   Arranjo de átomos em uma molécula orgânica que é responsável pela maioria das propriedades químicas dessa molécula.

grupo sulfidrila   —SH.

H

HAART (terapia antirretroviral altamente ativa)   Combinação de fármacos utilizada no tratamento da infecção pelo HIV.

halófilo   Organismo que requer uma alta concentração de sal para o seu crescimento.

halófilo facultativo   Organismo capaz de crescer em concentrações de sal de 1 a 2%, mas esse não é um requisito.

halófilo obrigatório   Organismo que requer altas pressões osmóticas, como altas concentrações de NaCl.

halogênio   Um dos seguintes elementos: flúor, cloro, bromo, iodo ou astato.

hapteno   Substância de baixa massa molecular que não induz a formação de anticorpos sozinha, mas induz quando combinada a uma molécula carreadora.

haste   Estrutura de suporte semelhante a um caule de algas multicelulares e basidiomicetos.

helminto   Vermes chatos ou redondos parasitas.

hemácias   *Ver* eritrócito.

hemaglutinação   Aglutinação de hemácias.

hemaglutinação viral   A capacidade de determinados vírus de provocar a aglutinação de hemácias in vitro.

hematopoiese   A formação de células sanguíneas.

hemoflagelado   Flagelado parasita encontrado no sistema circulatório de seu hospedeiro.

hemoglobina Proteína carreadora de O_2, encontrada nos glóbulos vermelhos.

hemolisina Enzima que lisa hemácias.

hepatite Inflamação do fígado.

hermafrodita Apresenta ambas as capacidades reprodutivas, masculina e feminina.

heterocisto Célula grande presente em determinadas cianobactérias; sítio de fixação de nitrogênio.

heterolático Descrição de um organismo que produz ácido láctico e outros ácidos ou álcoois como produtos finais da fermentação; por exemplo, Escherichia.

heterotrófico Organismo que requer uma fonte orgânica de carbono; também chamado de organotrófico.

hialuronidase Enzima secretada por determinadas bactérias que hidrolisa o ácido hialurônico e auxilia na disseminação de microrganismos a partir de seu sítio inicial de infecção.

hibridização de ácidos nucleicos O processo de combinação de fitas complementares simples de DNA ou RNA.

hibridização de colônia A identificação de uma colônia contendo um gene desejado utilizando uma sonda de DNA complementar ao gene.

hibridização DNA-DNA Processo no qual duas moléculas complementares de DNA de fita simples complementam o par de bases para formar uma molécula de fita dupla.

hibridoma Célula produzida a partir da fusão de uma célula B produtora de anticorpos com uma célula cancerosa.

hidrólise Reação de decomposição na qual substâncias químicas reagem com o H^+ e o OH^- de uma molécula de água.

hidróxido OH^-; o ânion que forma uma base.

hidroxila —OH; covalentemente ligada a uma molécula forma um álcool.

hifa Filamento longo de células em fungos ou actinomicetos.

hifa cenocítica Filamento fúngico que não se divide em unidades uninucleadas semelhantes a células, pois não possui septos.

hifa septada Hifa que consiste em unidades uninucleadas semelhantes a células.

hipersensibilidade Reação imune alterada e exacerbada que induz alterações patológicas; também chamada de alergia.

hipersensibilidade tardia Hipersensibilidade mediada por células.

hipertermófilo Organismo cuja temperatura ótima de crescimento é, no mínimo, 80 °C; também chamado de termófilo extremo.

histamina Substância liberada pelas células teciduais que provoca vasodilatação, permeabilidade capilar e contração dos músculos lisos.

histócito *Ver* macrófago em repouso.

histona Proteína associada ao DNA nos cromossomos eucarióticos.

holoenzima Enzima que consiste em uma apoenzima e um cofator.

homolático Descrição de um organismo que produz apenas ácido láctico a partir da fermentação; por exemplo, *Streptococcus*.

hospedeiro Organismo infectado por um patógeno. *Ver também* hospedeiro definitivo; hospedeiro intermediário.

hospedeiro comprometido Hospedeiro cuja resistência à infecção encontra-se debilitada por outra condição.

hospedeiro definitivo Organismo que abriga a forma adulta, sexualmente madura, de um parasita.

hospedeiro intermediário Organismo que abriga o estágio larval ou assexuado de um helminto ou protozoário.

I

identificação numérica Esquemas de identificação bacteriana que atribuem números aos valores de teste.

idiofase O período na curva de produção de uma população de células industrial no qual os metabólitos secundários são produzidos; período de crescimento estacionário que se segue a uma fase de crescimento rápido. *Ver também* trofofase.

IgA Classe de anticorpos encontrada em secreções.

IgD Classe de anticorpos encontrada em células B.

IgE Classe de anticorpos envolvida nas hipersensibilidades.

IgG Classe de anticorpos mais abundante no soro.

IgM A primeira classe de anticorpos a surgir após a exposição a um antígeno.

iluminação de campo claro *Ver* microscópio de campo claro.

iluminador Uma fonte de luz, como para um microscópio.

impressão digital do DNA (*fingerprinting* de DNA) Análises de DNA por eletroforese de seus fragmentos de restrição enzimática.

imunidade *Ver* imunidade adaptativa, imunidade inata.

imunidade adaptativa A capacidade, adquirida durante a vida de um indivíduo, de produzir anticorpos ou células T específicos.

imunidade ativa adquirida artificialmente A produção de anticorpos pelo organismo em resposta a uma vacinação.

imunidade ativa adquirida naturalmente Produção de anticorpos em resposta a uma doença infecciosa.

imunidade celular (mediada por células) Resposta imune que envolve a ligação de células T a antígenos apresentados nas células apresentadoras de antígenos; as células T diferenciam-se, então, em diversos tipos de células T efetoras.

imunidade coletiva A presença de imunidade na maior parte de uma população.

imunidade humoral Imunidade produzida por anticorpos dissolvidos nos fluidos corporais, mediada por células B; também chamada de imunidade mediada por anticorpos.

imunidade inata Defesas do hospedeiro que oferecem proteção contra qualquer tipo de patógeno. *Ver também* imunidade adaptativa.

imunidade passiva adquirida artificialmente A transferência de anticorpos humorais formados por um indivíduo a um indivíduo suscetível pela injeção de um antissoro.

imunidade passiva adquirida naturalmente A transferência natural de anticorpos humorais, por exemplo, pela transferência transplacentária.

imunização *Ver* vacinação.

imunocomplexo Agregado circulante de antígeno-anticorpo capaz de fixar complemento.

imunodeficiência A ausência de uma resposta imune adequada; pode ser congênita ou adquirida.

imunodeficiência adquirida (imunodeficiência secundária) A incapacidade, adquirida durante a vida de um indivíduo, de produzir anticorpos ou células T específicos, devido a fármacos ou doenças.

imunodeficiência congênita (imunodeficiência primária) A incapacidade, devido ao genótipo de um indivíduo, de produzir anticorpos ou células T específicos.

imunoeletroforese Identificação de proteínas por separação eletroforética seguida de testagem sorológica.

imunoensaio enzimático (EIA) *Ver* ELISA.

imunofluorescência *Ver* técnica de anticorpo fluorescente.

imunógeno *Ver* antígeno.

imunoglobulina (Ig) Proteína (anticorpo) produzida em resposta a um antígeno e que pode reagir com esse antígeno. *Ver também* globulina.

imunoglobulina humana contra a raiva (RIG) Soro de pessoas que foram vacinadas contra a raiva.

imunologia O estudo das defesas de um hospedeiro a um patógeno.

imunopatologia O estudo das hipersensibilidades.

imunoterapia Utilizar o sistema imune para atacar células cancerosas, pela intensificação da resposta imune normal ou pela utilização de anticorpos específicos que carreiam toxinas. *Ver também* imunotoxina.

imunoterapia subcutânea alérgeno-específica *Ver* dessensibilização.

imunotoxina Agente imunoterapêutico que consiste em um elemento tóxico ligado a um anticorpo monoclonal.

incidência Fração de uma população que contrai uma doença durante um determinado período de tempo.

inclusão Material mantido dentro de uma célula, que consiste frequentemente em depósitos de reserva.

inclusão lipídica *Ver* inclusão.

índice de refração Um número que fornece a capacidade de flexão da luz de uma substância.

indução *Ver* indução de prófago.

indução de prófago Excisão do DNA do prófago de um cromossomo hospedeiro.

infecção O crescimento de microrganismos no corpo.

infecção adquirida em hospital *Ver* infecção associada a cuidados da saúde.

infecção adquirida na comunidade Infecção contraída fora do ambiente de saúde.

infecção assintomática Quando não há sinais ou sintomas.

infecção associada aos cuidados de saúde (IACS) Infecção que se desenvolve durante a estadia de um paciente em uma unidade de cuidados da saúde e que não estava presente no momento de sua admissão.

infecção crônica Doença que se desenvolve lentamente e pode persistir ou recorrer por longos períodos.

infecção focal   Infecção sistêmica que se inicia como uma infecção local.

infecção latente   Condição na qual um patógeno permanece no hospedeiro por longos períodos sem produzir doença.

infecção leveduriforme   Doença causada pelo crescimento de determinadas leveduras em um hospedeiro suscetível.

infecção local   Infecção na qual os patógenos são limitados a uma pequena área do corpo.

infecção primária   Uma infecção aguda que causa a doença inicial.

infecção secundária   Infecção causada por um micróbio oportunista após uma infecção primária ter debilitado as defesas do hospedeiro.

infecção sexualmente transmissível (IST)   Infecções transmitidas por contato sexual. Anteriormente chamadas de doenças sexualmente transmissíveis (DST).

infecção sistêmica (generalizada)   Infecção disseminada por todo o organismo.

infecção subclínica   Infecção que não causa uma doença perceptível; também chamada de infecção inaparente.

infecção viral persistente   Processo de doença que ocorre gradualmente durante um longo período.

inflamação   Resposta do hospedeiro ao dano tecidual, caracterizada por rubor, dor, calor e edema e, algumas vezes, perda de função.

inflamação aguda   Os sinais e sintomas da inflamação se desenvolvem rapidamente.

inflamação crônica   Os sinais e sintomas da inflamação se desenvolvem lentamente e podem durar vários meses ou anos.

ingestão   O primeiro estágio da digestão que consiste na captura de partículas de alimentos através de uma abertura, como boca, pseudópodes ou citóstoma.

inibição alostérica   Processo pelo qual a atividade de uma enzima é modificada devido a uma ligação ao sítio alostérico.

inibição do produto final   *Ver* inibição por retroalimentação.

inibição por contato   A interrupção do movimento e da divisão das células animais como resultado do contato com outras células.

inibição por retroalimentação   Inibição de uma enzima em uma determinada via pelo acúmulo do produto final da via; também chamada de inibição do produto final.

inibidor competitivo   Substância química que compete com o substrato normal pelo sítio ativo de uma enzima. *Ver também* inibidor não competitivo.

inibidor de entrada   Agente antiviral que se liga ao vírus ou receptor impedindo a entrada em uma célula hospedeira.

inibidor de fusão   *Ver* inibidor de entrada.

inibidor de maturação   Um agente antiviral que impede a montagem final dos vírions.

inibidor não competitivo   Substância química inibidora que não compete com o substrato pelo sítio ativo da enzima. *Ver também* inibição alostérica; inibidor competitivo.

inibidor não nucleosídeo   Fármaco que se liga e inibe a ação da enzima transcriptase reversa do HIV.

iniciador de RNA   Fita curta de RNA, utilizada na iniciação da síntese da fita atrasada de DNA e para iniciar a reação em cadeia da polimerase.

Iniciativa Nacional do Microbioma (INM)   Um projeto para caracterizar as comunidades microbianas encontradas em diferentes ambientes, por exemplo, solo, água, corpo humano.

inóculo   Micróbios introduzidos em um meio de cultura para iniciar o seu crescimento.

insaturado   Ácido graxo que apresenta uma ou mais ligações duplas.

interferon (IFN)   Grupo específico de citocinas. Os IFNs alfa e beta são proteínas antivirais produzidas por determinadas células animais em resposta a uma infecção viral. O IFN-γ estimula a atividade dos macrófagos.

interleucina (IL)   Substância química que provoca a proliferação de células T. *Ver também* citocina.

intoxicação   Condição resultante da ingestão de uma toxina produzida por micróbios.

intoxicação paralítica por mariscos   Intoxicação causada pela ingestão de moluscos contendo saxitoxinas.

íntron   Região em um gene eucariótico que não codifica uma proteína ou mRNA.

intumescimento   Condição que surge quando o lodo flutua, em vez de sedimentar, no tratamento secundário do esgoto.

invasina   Proteína de superfície produzida por *Salmonella* Typhimurium e *Escherichia coli* que rearranja os filamentos de actina adjacentes no citoesqueleto de uma célula hospedeira.

iodóforo   Complexo de iodo e um detergente.

íon   Átomo ou grupo de átomos carregados negativa ou positivamente.

ionização   A separação (dissociação) de uma molécula em íons.

isoenxerto   Enxerto tecidual oriundo de uma fonte geneticamente idêntica (i.e., de um gêmeo idêntico).

isômero   Uma ou duas moléculas que apresentam a mesma fórmula química, mas estruturas diferentes.

isômero D   Arranjo de quatro átomos ou grupos diferentes ao redor de um átomo de carbono. *Ver* isômero L.

isômero L   Arranjo de quatro átomos ou grupos diferentes ao redor de um átomo de carbono. *Ver* isômero D.

isótopo   Forma de um elemento químico na qual o número de nêutrons no núcleo é diferente das outras formas daquele elemento.

isquemia   Decréscimo localizado do fluxo sanguíneo.

K

koji   Fermentação microbiana no arroz; geralmente *Aspergillus oryzae*; utilizado na produção de amilase.

L

lactoferrina   Uma das várias proteínas de seres humanos que se ligam ao ferro capaz de reduzir a disponibilidade do ferro para os patógenos.

lagoa de oxidação   Método de tratamento secundário de esgoto pela atividade microbiana em lagoas de água rasa e parada.

lâmina   Estrutura plana, semelhante a uma folha, de algas multicelulares.

laringite   Infecção da laringe.

larva   Estágio sexualmente imaturo de um helminto ou artrópode.

lectina   Proteína celular que se liga a carboidratos; não é um anticorpo.

lectina de ligação à manose   Uma proteína que se liga à manose.

lentes objetivas   Em um microscópio óptico composto, as lentes mais próximas à amostra.

lentes oculares   Em um microscópio óptico composto, as lentes mais próximas do observador; também chamadas de oculares.

leucocidinas   Substâncias produzidas por algumas bactérias que podem destruir neutrófilos e macrófagos.

leucócito   Célula branca do sangue. Também chamada de glóbulo branco.

leucócito polimorfonuclear (PMN)   *Ver* neutrófilo.

leucotrieno   Substância produzida por mastócitos e basófilos que aumenta a permeabilidade dos vasos sanguíneos e auxilia na ligação dos fagócitos aos patógenos.

levedura   Fungo unicelular, não filamentoso.

levedura de brotamento   Após a mitose, uma célula de levedura se divide de forma assimétrica, produzindo uma pequena célula (broto) a partir da célula parental.

levedura de fissão   Após a mitose, uma célula de levedura que se divide uniformemente, produzindo duas novas células.

ligação covalente   Ligação química na qual os elétrons de um átomo são compartilhados com outro átomo.

ligação de hidrogênio   Ligação entre um átomo de hidrogênio covalentemente ligado a um oxigênio ou nitrogênio e outro átomo de oxigênio ou nitrogênio covalentemente ligado.

ligação dissulfeto   Ligação covalente que une dois átomos de enxofre.

ligação éster   Ligação entre ácidos graxos e glicerol em fosfolipídeos bacterianos e eucarióticos:

$$----C-O-\overset{\overset{\displaystyle O}{\|}}{C}----$$

ligação éter   Ligação entre ácidos graxos e glicerol em fosfolipídeos de arqueias: ---- C—O—C----

ligação iônica   Ligação química formada quando átomos ganham ou perdem elétrons de seus níveis de energia mais externos.

ligação peptídica   Ligação que une o grupo amino de um aminoácido ao grupo carboxila de um segundo aminoácido com a perda de uma molécula de água.

ligação química   Força atrativa entre átomos, formando uma molécula.

ligante   *Ver* adesina.

lignina   Polímero fenólico nas paredes celulares das plantas, encontrado na madeira.

linfangite Inflamação dos vasos linfáticos.

linfócito Leucócito envolvido nas respostas imunes específicas.

linfócito B (célula B) Tipo de linfócito; diferencia-se em plasmócitos secretores de anticorpos e células de memória.

linfócito T (célula T) Tipo de linfócito que se desenvolve a partir de uma célula-tronco processada no timo, responsável pela imunidade celular. *Ver também* LTC (linfócito T citotóxico); células T auxiliares; células T reguladoras.

linhagem Células geneticamente diferentes dentro de um clone. *Ver* sorovar.

linhagem celular contínua Células animais que podem ser mantidas in vitro por um número indefinido de gerações.

linhagem celular diploide Células eucarióticas são cultivadas *in vitro*.

linhagem celular primária Células teciduais humanas que crescem por apenas algumas gerações *in vitro*.

liofilização Congelar uma substância e sublimar o gelo em um vácuo; também chamada de congelamento-dessecação.

lipase Enzima que degrada triglicerídeos em seus componentes, glicerol e ácidos graxos.

lipídeo Molécula orgânica não solúvel em água, incluindo triglicerídeos, fosfolipídeos e esteróis.

lipídeo A Componente da membrana externa gram-negativa; endotoxina.

lipopolissacarídeo (LPS) Molécula que consiste em um lipídeo e um polissacarídeo, formando a membrana externa da parede celular gram-negativa.

líquen Relação mutualística entre um fungo e uma alga ou uma cianobactéria.

líquido cerebrospinal (LCS) Líquido circulante no cérebro e na medula espinhal entre a pia-máter e a aracnoide-máter.

lise osmótica Ruptura da membrana plasmática em decorrência da entrada de água no interior da célula.

lise (1) Destruição de uma célula pela ruptura da membrana plasmática, resultando na perda de citoplasma. (2) Em uma doença, um período de declínio gradual.

lisogenia Estado no qual o DNA de um fago é incorporado à célula hospedeira sem lise.

lisossomo Organela contendo enzimas digestórias.

lisozima Enzima capaz de hidrolisar paredes celulares bacterianas.

lodo Matéria sólida obtida do esgoto.

lofotríquio Ter dois ou mais flagelos em uma extremidade da célula.

LTC (linfócito T citotóxico) Célula T CD8$^+$ ativada; destrói células que apresentam antígenos endógenos.

luciferase Enzima que recebe elétrons das flavoproteínas e emite um fóton luminoso na bioluminescência.

M

macrófago Célula fagocítica; um monócito maduro. *Ver* macrófago em repouso; macrófago errante.

macrófago ativado Macrófago que aumentou a sua capacidade fagocítica e outras funções após a exposição a mediadores liberados pelas células T em decorrência da estimulação por antígenos.

macrófago em repouso Macrófago que está localizado em um determinado órgão ou tecido (p. ex., fígado, pulmões, baço ou linfonodos); também chamado de histiócito.

macrófago errante Macrófago que sai da corrente sanguínea e migra para um tecido infectado.

macrófago fixo *Ver* macrófago em repouso.

macrófago livre *Ver* macrófago errante.

macrolídeo Antibiótico que inibe a síntese proteica; por exemplo, eritromicina.

macromolécula Grande molécula orgânica.

macropinocitose Captura de moléculas através de invaginações da membrana plasmática devido à actina, em eucariotos. *Ver* pinocitose, endocitose mediada por receptor.

mácula Lesão cutânea plana e avermelhada.

magnetossomo Inclusão de óxido de ferro, produzida por algumas bactérias gram-negativas, que atua como um ímã.

maltagem A germinação de grãos ricos em amido, resultando na produção de glicose e maltose.

malte Grãos de cevada germinados contendo maltose, glicose e amilase.

maré vermelha Uma florescência de dinoflagelados planctônicos.

marginação O processo pelo qual os fagócitos se fixam ao revestimento dos vasos sanguíneos.

massa atômica O número total de prótons e nêutrons no núcleo de um átomo.

massa molecular A soma das massas atômicas de todos os átomos que compõem uma molécula.

mastócito Tipo de célula encontrado ao longo do corpo que contém histamina e outras substâncias que estimulam a vasodilatação.

matriz mitocondrial Fluido mitocondrial.

mediadores vasoativos Compostos que causam vasodilatação e aumento da permeabilidade dos vasos sanguíneos

medula O corpo de um líquen consistindo em algas (ou cianobactérias) e fungos.

meio complexo Meio de cultura em que a composição química exata não é conhecida.

meio de cultura Material nutriente preparado para o crescimento de microrganismos em laboratório.

meio de transporte Meio utilizado para manter os organismos vivos desde o momento da coleta das amostras até os ensaios em laboratório; geralmente utilizado para amostras clínicas.

meio diferencial Meio de cultura sólido que facilita a distinção de colônias do organismo desejado.

meio quimicamente definido Meio de cultura em que a composição química exata é conhecida.

meio redutor Meio de cultura contendo ingredientes que removem o oxigênio dissolvido do meio, permitindo o crescimento de anaeróbios.

meio seletivo Meio de cultura projetado para suprimir o crescimento de microrganismos indesejados e favorecer o crescimento daqueles de interesse.

meiose Processo de replicação de uma célula eucariótica que resulta em células com a metade do número de cromossomos da célula original.

membrana ondulante Flagelo altamente modificado de alguns protozoários.

membrana plasmática (citoplasmática) Membrana seletivamente permeável que envolve o citoplasma de uma célula; a camada externa das células animais, interna à parede celular em outros organismos.

membranas mucosas As células epiteliais que revestem as aberturas do corpo, incluindo o trato intestinal, abrem-se para o exterior; também chamada de mucosa.

meningite Inflamação das meninges, as três membranas que recobrem o cérebro e a medula espinal.

meningoencefalite Infecção das meninges e do cérebro.

merozoíto Trofozoíto de *Plasmodium* encontrado em hemácias ou células hepáticas.

mesófilo Organismo que cresce em temperaturas entre cerca de 10 e 50 °C; um micróbio que prefere temperaturas moderadas.

mesossomo Prega irregular na membrana plasmática de uma célula procariótica que consiste em um artefato da preparação para a microscopia.

metabolismo A soma de todas as reações químicas que ocorrem em uma célula viva.

metabólito primário Produto de uma população celular industrial gerado durante o período de rápido crescimento logarítmico. *Ver também* metabólito secundário.

metabólito secundário Produto de uma população celular industrial gerado após o microrganismo ter concluído a maior parte do seu período de crescimento rápido e se encontrar na fase estacionária do ciclo de crescimento. *Ver também* metabólito primário.

metabolômica O estudo das pequenas moléculas presentes dentro e ao redor das células em crescimento.

metacercária Estágio encistado de uma fascíola em seu hospedeiro intermediário final.

metagenômica O estudo dos genomas de organismos ainda não cultivados por meio da coleta e do sequenciamento do DNA de amostras ambientais.

metano O hidrocarboneto CH_4, um gás inflamável formado pela decomposição microbiana da matéria orgânica; gás natural.

metilase Enzima que adiciona grupos metila ($-CH_3$) a uma molécula; a citosina metilada é protegida da digestão por enzimas de restrição.

metilato Adição de um grupo metila $-CH_3$ a um composto.

método de disco-difusão Teste de difusão em ágar para determinar a suscetibilidade microbiana a agentes quimioterápicos; também chamado de teste de Kirby-Bauer.

método de inoculação em profundidade Método de inoculação em meio nutriente sólido que consiste em homogeneizar bactérias em um meio derretido, o qual, por sua vez, é vertido em uma placa de Petri para solidificar.

método de inoculação em superfície Método de contagem em placa na qual um inóculo é espalhado sobre a superfície de um meio de cultura sólido.

método do esgotamento em placa Método de isolamento de uma cultura pelo estriamento dos microrganismos sobre a superfície de um meio de cultura sólido.

método do número mais provável (NMP) Determinação estatística do número de coliformes por 100 mL de água ou 100 g de alimento.

métodos rápidos de identificação Ferramentas de identificação bacteriana que realizam diversos testes bioquímicos simultaneamente.

micélio Massa de filamentos longos de células que se ramificam e se entrelaçam, geralmente encontrada em bolores.

micobactérias de crescimento lento *Mycobacterium* spp. com um tempo de geração de mais de 20 horas, levando semanas para produzir colônias.

micobactérias de crescimento rápido *Mycobacterium* spp. com um tempo de geração de 4 a 8 horas, produzindo colônias em 3 a 4 dias.

micologia O estudo científico dos fungos.

micorriza Fungo crescendo em simbiose com raízes de plantas.

micose Infecção fúngica.

micose cutânea Infecção fúngica da epiderme, unhas ou pelos.

micose sistêmica Infecção fúngica em tecidos profundos.

micose subcutânea Infecção fúngica do tecido abaixo da pele.

micose superficial Infecção fúngica localizada nas células epidérmicas superficiais e ao longo dos pelos.

micotoxina Toxina produzida por um fungo.

microaerófilo Organismo que apresenta um melhor crescimento em ambientes que possuem uma concentração de oxigênio molecular (O_2) menor do que aquela normalmente encontrada no ar.

microarranjo Sondas de DNA ligadas a uma superfície de vidro, utilizadas na identificação de sequências nucleotídicas em uma amostra de DNA.

microbiologia aquática O estudo dos microrganismos e suas atividades em águas naturais.

microbiologia forense A análise de micróbios no decorrer de uma investigação criminal.

microbioma Todos os microrganismos em um ambiente.

microbioma da Terra Vida microbiana na Terra.

microbiota A coleção de micróbios que vivem dentro ou sobre um organismo ou ambiente.

microbiota normal Os microrganismos que colonizam um hospedeiro sem causar doença; também chamada de flora normal.

microbiota transitória Os microrganismos que se encontram presentes em um animal por um curto período de tempo sem causar doença.

microinjeção Uso de uma pipeta de vidro fina para injetar diretamente em uma célula.

micrômetro (µm) Unidade de medida igual a 10^{-6} m.

micro-onda Radiação eletromagnética com comprimento de onda entre 10^{-1} e 10^{-3} m.

micropinocitose *Ver* pinocitose.

microrganismo Organismo vivo muito pequeno para ser visualizado a olho nu; inclui bactérias, fungos, protozoários e algas microscópicas; também inclui os vírus.

micro-RNA (miRNA) Pequeno RNA de fita simples que impede a tradução de um mRNA complementar.

microscopia confocal Microscópio óptico que utiliza corantes fluorescentes e laser para produzir imagens bi e tridimensionais.

microscopia de força atômica (MFA) *Ver* microscopia de varredura por sonda.

microscopia de varredura por sonda Técnica microscópica utilizada para a obtenção de imagens das formas moleculares, para a caracterização de propriedades químicas e para determinar variações de temperatura em uma amostra.

microscopia de varredura por tunelamento *Ver* microscopia de varredura por sonda.

microscopia óptica Um microscópio que usa luz visível para visualizar um objeto.

microscopia óptica de super-resolução Usa luz *laser* para obter uma resolução mais alta do que a microscopia óptica normal.

microscópio acústico de varredura (MAV) Microscópio que utiliza ondas de ultrassom de alta frequência para penetrar superfícies.

microscópio de campo claro Microscópio que utiliza luz visível para iluminação; as amostras são visualizadas contra um fundo branco.

microscópio de campo escuro Microscópio que possui um dispositivo que dispersa a luz do iluminador, de forma que a amostra aparece clara contra um fundo escuro.

microscópio de contraste de fase Microscópio óptico composto que permite a visualização de estruturas no interior das células pelo uso de um condensador especial.

microscópio de contraste de interferência diferencial (CID) Instrumento que fornece uma imagem ampliada e tridimensional.

microscópio de dois fótons Microscópio óptico que utiliza corantes fluorescentes e luz de comprimento de onda longo.

microscópio de fluorescência Microscópio que utiliza uma fonte de luz ultravioleta para iluminar amostras que fluorescem.

microscópio eletrônico Microscópio que utiliza elétrons, em vez de luz, para produzir uma imagem.

microscópio eletrônico de transmissão (MET) Microscópio eletrônico que apresenta alto poder de ampliação (10.000 a 100.000 ×) de secções finas de uma amostra.

microscópio eletrônico de varredura (MEV) Um microscópio eletrônico que fornece imagens tridimensionais da amostra ampliada de 1.000-10.000 ×.

microscópio óptico composto Instrumento com dois conjuntos de lentes que utiliza a luz visível como fonte de iluminação.

Microsporidia Filo de fungos que não possuem mitocôndrias e são parasitas intracelulares obrigatórios.

microtúbulo Tubo oco feito da proteína tubulina; a unidade estrutural do flagelo e dos centríolos eucarióticos.

miracídio A larva ciliada livre-natante de um verme que eclode de um ovo.

mitocôndria Organela que contém enzimas do ciclo de Krebs e a cadeia de transporte de elétrons.

mitose Processo de replicação de uma célula eucariótica no qual os cromossomos são duplicados; geralmente seguida da divisão do citoplasma da célula.

MMWR *Morbidity and Mortality Weekly Report;* publicação do CDC contendo dados sobre doenças notificáveis e tópicos de interesse especial.

modelo do mosaico fluido Forma de se descrever o arranjo dinâmico dos fosfolipídeos e das proteínas que constituem a membrana plasmática.

mol Quantidade de uma substância química igual às massas atômicas de todos os átomos em uma molécula dessa substância.

molécula Combinação de átomos formando um composto químico específico.

molécula polar Molécula que tem uma distribuição desigual de cargas.

monócito Leucócito precursor de um macrófago.

monoico Apresenta ambas as capacidades reprodutivas, masculina e feminina.

monômero Molécula pequena que se combina coletivamente para formar polímeros.

monomórfico Que tem uma única forma; a maioria das bactérias sempre se apresenta com uma forma geneticamente determinada. *Ver também* pleomórfico.

mononucleotídeo de flavina (FMN) *Ver* FMN.

monossacarídeo Açúcar simples que consiste em 3 a 7 átomos de carbono.

monotríquio Que tem um único flagelo.

morbidade (1) Incidência de uma doença específica. (2) A condição de se estar doente.

mordente Substância adicionada a uma solução de coloração que aumenta a intensidade da coloração.

mortalidade Número de mortes em decorrência de uma doença de notificação obrigatória específica.

motilidade A capacidade de um organismo de locomover-se por si próprio.

motilidade de contração Movimentos curtos associados aos *pili*.

motilidade por deslizamento Motilidade associada ao *pili*.

muco Substância aquosa contendo polissacarídeos e glicoproteínas, produzida pelas membranas mucosas.

mucosa *Ver* membranas mucosas.

mudança antigênica Grande mudança genética nos vírus influenza que causa alterações nos antígenos H e N.

mudança de classe Capacidade de uma célula B de produzir uma classe diferente de anticorpo contra um antígeno.

mutação Qualquer alteração na sequência de bases nitrogenadas do DNA.

mutação de fase de leitura Mutação causada pela adição ou deleção de uma ou mais bases no DNA.

mutação de troca de sentido (*missense*) Mutação que resulta na substituição de um aminoácido em uma proteína.

mutação espontânea Mutação que ocorre sem um mutágeno.

mutação pontual *Ver* substituição de base.

mutação sem sentido Substituição de base no DNA, que resulta em um códon sem sentido.

mutagênese sítio-dirigida Técnicas utilizadas para se modificar um gene em um local específico, a fim de produzir o polipeptídeo desejado.

mutágeno Agente no meio ambiente que desencadeia mutações.

mutualismo Tipo de simbiose em que ambos os organismos ou populações são beneficiados.

N

NAD⁺ Coenzima que atua na remoção e na transferência de íons hidrogênio (H⁻) e elétrons de moléculas de substrato.

NADP⁺ Coenzima similar ao NAD⁺.

nanômetro (nm) Unidade de medida igual a 10^{-9} m, ou 10^{-3} μm.

nanotecnologia Geração de produtos de tamanhos moleculares ou atômicos.

necrose Morte tecidual.

neutralização Reação antígeno-anticorpo que inativa uma exotoxina bacteriana ou vírus.

neutrófilo Granulócito altamente fagocítico; também chamado de leucócito polimorfonuclear (PMN) ou polimorfo.

nêutron Partícula não carregada no núcleo de um átomo.

nitrificação A oxidação do nitrogênio em amônia, produzindo nitrato.

nitrosamina Agente carcinogênico formado pela combinação de nitrito e aminoácidos.

nível de biossegurança (NB) Orientações de segurança para se trabalhar com microrganismos vivos em um laboratório, existem quatro níveis, denominados NB-1 a NB-4.

nível de energia Energia potencial de um elétron em um átomo. *Ver também* camada eletrônica.

nódulo radicular Crescimento semelhante a um tumor encontrado nas raízes de determinadas plantas que contém bactérias simbióticas fixadoras de nitrogênio.

nomenclatura binomial O sistema que confere dois nomes (gênero e epíteto específico) para cada organismo; também chamada de nomenclatura científica.

núcleo (1) A parte de um átomo que consiste em prótons e nêutrons. (2) A parte de uma célula eucariótica que contém o material genético.

nucleoide Região em uma célula bacteriana que contém o cromossomo.

nucléolo Região do núcleo eucariótico onde o rRNA é sintetizado.

nucleosídeo Composto que consiste em uma base purina ou pirimidina e um açúcar-pentose.

nucleotídeo Composto que consiste em uma base purina ou pirimidina, um açúcar de cinco carbonos e um fosfato.

número atômico O número de prótons no núcleo de um átomo.

número de *turnover* O número de moléculas de substrato convertidas em produto, por molécula enzimática, por segundo.

O

óleos essenciais (OEs) Óleos voláteis extraídos de plantas; possuem o odor da planta.

oligossacarídeo Carboidrato constituído por 2 a aproximadamente 20 monossacarídeos.

oncogene Um proto-oncogene mutado que pode provocar transformação maligna.

oocisto Zigoto encistado de um protozoário apicomplexo que se divide, formando o próximo estágio infeccioso.

Opa Proteína da membrana externa bacteriana; células que possuem Opa produzem colônias opacas.

operador Região do DNA adjacente aos genes estruturais que controla a transcrição destes.

óperon Os sítios do operador e do promotor e os genes estruturais que eles controlam.

óperon induzível Um óperon cuja expressão gênica aumenta na presença de um indutor.

óperon repressível Óperon no qual a transcrição é impedida por um repressor.

opsonização A intensificação da fagocitose pelo revestimento dos microrganismos com determinadas proteínas séricas (opsoninas); também chamada de aderência imune.

ordem Classificação taxonômica entre classe e família.

organela Estrutura envolta por membrana, localizada no interior das células eucarióticas.

organismo indicador Microrganismo, como um coliforme, cuja presença indica condições como contaminação fecal de alimentos ou da água.

osmose Movimento líquido das moléculas de solvente através de uma membrana seletivamente permeável de uma área de baixa concentração de soluto para uma área de alta concentração de soluto.

oxidação Remoção de elétrons de uma molécula.

oxidação-redução Reação acoplada na qual uma substância é oxidada e outra é reduzida; também chamada de reação redox.

oxigênico Que produz oxigênio, como na fotossíntese das plantas e das cianobactérias.

oxigênio singlete Oxigênio molecular altamente reativo (O_2^-).

oxiúro Um nematódeo parasita do gênero *Enterobius*.

ozônio O_3.

P

PAMP (padrões moleculares associados a patógenos) Moléculas presentes em patógenos e que não são próprias.

pápula Elevação pequena e sólida da pele.

parasita Organismo que obtém nutrientes de um hospedeiro vivo.

parasitas intracelulares obrigatórios O micróbio que só pode se multiplicar em uma célula hospedeira, geralmente se refere a um vírus, Rickettsia, Ehrlichia ou Microsporidia.

parasitismo Relação simbiótica na qual um organismo (o parasita) explora outro (o hospedeiro) sem oferecer qualquer benefício em troca.

parasitologia O estudo científico de protozoários e vermes parasitas.

parede celular A cobertura externa da maioria das células de bactérias, fungos, algas e plantas; em bactérias é constituída de peptideoglicano.

pares de bases O arranjo das bases nitrogenadas nos ácidos nucleicos com base na ligação de hidrogênio; no DNA, os pares de bases são A-T e G-C; no RNA, os pares de bases são A-U e G-C.

partícula semelhante a um vírus Vacina que consiste em proteínas virais reunidas em um capsídeo sem ácido nucleico.

pasteurização de alta temperatura e curto tempo (HTST) Pasteurização a 72 °C por 15 segundos.

pasteurização Processo de aquecimento moderado para a eliminação de microrganismos ou patógenos específicos responsáveis pela deterioração.

patogênese A forma pela qual uma doença se desenvolve.

patogenicidade A capacidade de um microrganismo de causar doença superando as defesas do hospedeiro.

patógeno Organismo causador de doença.

patógeno oportunista Microrganismo que normalmente não causa doença, mas que pode se tornar patogênico sob determinadas circunstâncias.

patologia O estudo científico de uma doença.

película (1) A cobertura flexível de alguns protozoários. (2) A espuma na superfície de um meio líquido.

penicilinas Grupo de antibióticos produzido pelo *Penicillium* (penicilinas naturais) ou pela adição de cadeias laterais ao anel betalactâmico (penicilinas semissintéticas).

peptídeo antimicrobiano (AMP) Antibiótico que é bactericida e tem um amplo espectro de atividade; *ver* bacteriocina.

peptideoglicano Molécula estrutural das paredes celulares bacterianas que consiste em moléculas de *N*-acetilglicosamina, ácido *N*-acetilmurâmico, cadeia lateral tetrapeptídica e cadeia peptídica lateral.

perforina Proteína que faz poros na membrana de uma célula-alvo, liberada por linfócitos T citotóxicos.

pericardite Inflamação do pericárdio, o saco que envolve o coração.

período de convalescença Período de recuperação, quando o organismo retorna ao seu estado anterior à doença.

período de declínio Momento em que os sinais e sintomas desaparecem.

período de doença Período em que a doença é mais grave.

período de eclipse O período durante a multiplicação viral em que não estão presentes vírions completos, infecciosos.

período de incubação O intervalo de tempo entre a infecção real e o aparecimento dos primeiros sinais ou sintomas da doença.

período prodrômico O tempo após o período de incubação quando os primeiros sintomas da doença aparecem.

periodontite Infecção das gengivas. *Ver* gengivite.

periplasma Região da parede celular gram-negativa entre a membrana externa e a membrana citoplasmática.

peristaltismo   Constrição ondulatória e relaxamento dos músculos do intestino.

peritríquio   Possuir flagelos distribuídos por toda a célula.

permeabilidade seletiva   Propriedade da membrana plasmática de permitir a passagem de determinadas moléculas e íons, ao passo que restringe outras moléculas.

peroxidase   Enzima que destrói o peróxido de hidrogênio:
$$H_2O_2 + 2H + 2H_2O.$$

peroxigênio   Classe de desinfetantes esterilizantes que agem por oxidação.

peroxissomo   Organela que oxida aminoácidos, ácidos graxos e álcool.

pH   Símbolo para a concentração de íons hidrogênio (H^+); medida da acidez ou alcalinidade relativa de uma solução.

pielonefrite   Infecção do rim.

pilus   Apêndice de uma célula bacteriana utilizado para conjugação e motilidade deslizante.

pinocitose   Englobamento de moléculas através de invaginações da membrana plasmática, em eucariotos. *Ver* endocitose mediada por receptor, micropinocitose.

piocianina   Pigmento azul-esverdeado produzido por Pseudomonas aeruginosa.

pirimidinas   Classe de bases de ácidos nucleicos que inclui uracila, timina e citosina.

placa   Zona clara em uma monocamada bacteriana resultante da lise por fagos. *Ver também* placa dentária.

placa dentária   Uma combinação de células bacterianas, dextrana e detritos que se aderem ao dente.

placas réplicas   Método de inoculação de vários meios mínimos de cultura sólidos, a partir de uma placa original, a fim de produzir o mesmo padrão de colônias em cada placa.

plâncton   Organismos aquáticos de livre flutuação.

Plantae   Reino composto de eucariotos multicelulares com paredes celulares de celulose.

plaqueta   Fragmento citoplasmático de células especializadas da medula óssea; circulam no sangue e são responsáveis pela coagulação sanguínea.

plasma   Gases excitados utilizados para a esterilização. *Ver também* plasma sanguíneo, plasma linfático.

plasma linfático   Fluido encontrado nos vasos linfáticos que é retirado dos tecidos.

plasma sanguíneo   A porção líquida do sangue na qual os elementos formados estão suspensos.

plasmídeo   Pequena molécula de DNA circular que se replica independentemente do cromossomo.

plasmídeo conjugativo   Plasmídeo procariótico que carreia genes que codificam para o *pilus* sexual e para a transferência do plasmídeo para outra célula.

plasmídeo de dissimilação   Plasmídeo contendo genes que codificam a produção de enzimas que desencadeiam o catabolismo de determinados açúcares e hidrocarbonetos incomuns.

plasmídeo T   Plasmídeo de *Agrobacterium* que carreia genes que induzem tumores em plantas.

plasmídeo Ti   Um plasmídeo indutor de tumor que pode ser incorporado ao cromossomo de uma planta hospedeira; encontrado em Agrobacterium.

plasmócito   Uma célula na qual uma célula B ativada se diferencia; os plasmócitos produzem anticorpos específicos. Também chamado de célula plasmática.

plasmódio (*Plasmodium*)   (1) Massa multinucleada de protoplasma, como em micetozoários plasmodiais. (2) Quando escrito como gênero, refere-se ao agente causador da malária.

plasmogamia   Fusão do citoplasma de duas células; ocorre no estágio sexuado do ciclo de vida fúngico.

plasmólise   Perda de água por uma célula em um meio hipertônico.

pleomórfico   Que apresenta muitas formas, característico de determinadas bactérias.

pluripotente   Célula que pode se diferenciar em muitos tipos diferentes de células teciduais.

pneumonia   Inflamação dos pulmões.

polímero   Molécula que consiste em uma sequência de moléculas similares, ou monômeros.

polipeptídeo   (1) Uma cadeia de aminoácidos. (2) Um grupo de antibióticos.

polissacarídeo   Um carboidrato que consiste em 8 ou mais monossacarídeos unidos por síntese por desidratação.

polissacarídeo central   Componente açúcar da membrana externa gram-negativa.

polissacarídeo O   Açúcares que se estendem para fora da membrana externa gram-negativa.

ponto de morte térmica (PMT)   Temperatura necessária para destruir todas as bactérias em uma cultura líquida em 10 minutos.

porinas   Tipo de proteína na membrana externa das paredes celulares gram-negativas que permite a passagem de moléculas pequenas.

poro anal   Sítio em determinados protozoários para a eliminação de resíduos.

poro nuclear   Abertura no envelope nuclear pela qual os materiais entram e saem do núcleo.

porta de entrada   Via pela qual um patógeno ganha acesso ao organismo.

porta de saída   Via pela qual um patógeno deixa o organismo.

portador   Organismo (geralmente se refere a seres humanos) que abriga patógenos e os transmitem para outras pessoas.

portador assintomático   Uma pessoa que carreia um patógeno e não apresenta sinais ou sintomas de infecção pode nunca apresentar sinais ou sintomas.

portador convalescente   Uma pessoa que carreia um patógeno durante o período de convalescença.

portador de incubação   Uma pessoa portadora de um patógeno que está em fase de incubação.

portadores crônicos   Indivíduos que foram infectados e se recuperaram de uma doença, mas ainda podem transmitir a doença por um longo período de tempo.

portadores passivos   Indivíduos que podem ser contaminados devido ao contato com pacientes ou fluidos corporais.

postulados de Koch   Critérios utilizados para determinar o agente causador de doenças infecciosas.

prebióticos   Substâncias químicas que promovem o crescimento de bactérias benéficas no organismo.

precauções baseadas na transmissão   Precauções usadas para prevenir a transmissão de uma infecção a partir de indivíduos com uma infecção conhecida ou suspeita.

precauções universais   Procedimentos usados para reduzir a transmissão de micróbios em ambientes de saúde e residenciais.

precauções-padrão   Precauções mínimas, como a lavagem das mãos, para se evitar a transmissão de uma infecção.

pressão osmótica   Força com a qual um solvente se move de uma solução de baixa concentração de soluto para uma solução de alta concentração de soluto.

prevalência   A fração de uma população que possui uma doença específica, em um determinado período de tempo.

príon   Agente infeccioso que consiste em uma proteína autorreplicativa, que não tem ácidos nucleicos detectáveis.

probióticos   Micróbios inoculados em um hospedeiro que ocupam um nicho e previnem o crescimento de patógenos.

procarioto   Célula cujo material genético não está envolto por um envelope nuclear.

produção em lote   Processo industrial no qual células são cultivadas por um período de tempo após o qual o produto é coletado.

produto final   A substância química final após uma série de reações enzimáticas.

produtor primário   Organismo autotrófico, quimiotrófico ou fototrófico que converte o dióxido de carbono em compostos orgânicos.

prófago   DNA fágico inserido no DNA da célula hospedeira.

profilático   Qualquer coisa utilizada na prevenção de uma doença.

profilaxia pós-exposição (PPE)   Fármacos ou anticorpos administrados após exposição potencial a um patógeno ou toxina.

profilaxia pré-exposição (PrEP)   Agentes antivirais para prevenir uma infecção, geralmente se referem ao HIV.

proglótide   Segmento corporal de uma tênia contendo tanto órgãos masculinos quanto femininos.

Projeto Microbioma Humano   Projeto para a caracterização das comunidades microbianas encontradas no corpo humano.

promotor   Sítio de iniciação da transcrição do RNA, em uma fita de DNA, pela RNA-polimerase.

prostaglandina   Substância semelhante a um hormônio que é liberada por células danificadas; intensifica a inflamação.

prosteca   Pedúnculo ou broto protuberante em uma célula procariótica.

protease   Enzima que digere proteínas (enzimas proteolíticas).

proteína   Molécula grande contendo carbono, hidrogênio, oxigênio e nitrogênio (e enxofre); algumas proteínas possuem uma estrutura helicoidal e outras são folhas pregueadas.

proteína antiviral (AVP)   Proteína produzida em resposta ao interferon que bloqueia a multiplicação viral.

proteína M   Proteína termorresistente e ácido-resistente da parede celular e fibrilas estreptocócicas.

proteína transportadora   Proteína carreadora localizada na membrana plasmática.

proteína unicelular   Proteínas derivadas de microrganismos e produzidas para consumo humano e de outros animais.

proteínas de fase aguda   Proteínas séricas cujas concentrações se alteram em pelo menos 25% durante a inflamação.

proteínas de ligação ao ferro   Proteínas que ligam ao ferro. *Ver também* ferritina, hemoglobina, sideróforo de transferrina.

proteômica   A ciência que determina todas as proteínas expressas em uma célula.

protista   Termo utilizado para eucariotos unicelulares e multicelulares simples; geralmente protozoários e algas.

próton   Partícula positivamente carregada no núcleo de um átomo.

proto-oncogene   Um gene eucariótico normal envolvido no crescimento e na divisão celular. *Ver* oncogene.

protoplasto   Bactéria gram-positiva ou célula vegetal tratada para a remoção da parede celular.

protozoário   Organismos eucarióticos unicelulares; geralmente quimio-heterotróficos.

provírus   DNA viral que está integrado ao DNA da célula hospedeira.

pseudo-hifa   Uma cadeia curta de células fúngicas que resulta da ausência de separação das células-filhas após o brotamento.

Pseudomonadota   Um filo contendo bactérias gram-negativas, quimio-heterotróficas, que possuem uma sequência de rRNA característica.

pseudópode   Extensão de uma célula eucariótica que auxilia na locomoção e na alimentação.

psicrófilo   Organismo que cresce melhor em temperaturas de cerca de 15 °C e não cresce em temperaturas acima de 20 °C; um micróbio que prefere temperaturas frias.

psicrotrófico   Organismo capaz de crescer em temperaturas entre 0 e 30 °C.

purinas   Classe de bases de ácidos nucleicos que inclui adenina e guanina.

pus   Acúmulo de fagócitos mortos, células bacterianas mortas e fluidos.

pústula   Pequena elevação da pele preenchida por pus.

Q

queratina   Proteína encontrada na epiderme, nos pelos e nas unhas.

química   A ciência das interações entre átomos e moléculas.

quimioautotrófico   Organismo que utiliza uma substância química inorgânica como fonte de energia e o CO_2 como fonte de carbono.

quimiocina   Citocina que induz, por quimiotaxia, a migração de leucócitos para áreas infectadas.

quimio-heterotrófico   Organismo que utiliza moléculas orgânicas como fonte de carbono e energia.

quimiosmose   Mecanismo que utiliza um gradiente de prótons através de uma membrana citoplasmática para gerar ATP.

quimiotaxia   Movimento em resposta à presença de uma substância química.

quimioterapia   Tratamento de uma doença com substâncias químicas.

quimiotrófico   Organismo que utiliza reações de oxidação-redução como fonte primária de energia.

quinina   Substância liberada de células teciduais que causa vasodilatação.

quorum sensing   A capacidade das bactérias de se comunicarem e coordenarem um comportamento por meio de moléculas sinalizadoras.

R

R   Utilizado para representar grupos não funcionais de uma molécula. *Ver também* fator de resistência.

R_0   Número reprodutivo; o número médio de pessoas que contrairão uma doença a partir de um indivíduo infectado.

radiação ionizante   Radiação de alta energia que possui um comprimento de onda inferior a 1 nm; causa ionização. Os raios X e gama são exemplos.

radiação não ionizante   Radiação de comprimento de onda curto que não causa ionização; a radiação ultravioleta (UV) é um exemplo.

radical hidroxila   Forma tóxica do oxigênio (OH·), formada no citoplasma pela ação da radiação ionizante e pela respiração aeróbia.

radical superóxido   Ânion tóxico (O_2^-) com um elétron não pareado.

radura   Símbolo indicando que um alimento foi irradiado, ☢.

RE liso   Retículo endoplasmático sem ribossomos.

RE rugoso   Retículo endoplasmático com ribossomos em sua superfície.

reação de Arthus   Inflamação e necrose no sítio de inoculação de um soro exógeno, devido à formação de imunocomplexo.

reação de condensação   Reação química na qual uma molécula de água é liberada; também chamada de síntese por desidratação.

reação de decomposição   Reação química na qual ligações químicas são quebradas, gerando porções menores de uma molécula maior.

reação de precipitação   Reação entre antígenos solúveis e anticorpos multivalentes, formando agregados visíveis.

reação de síntese   Reação química em que dois ou mais átomos se combinam, formando uma nova molécula maior.

reação de troca   Reação química que apresenta componentes de síntese e de decomposição.

reação dependente de luz (clara)   Processo pelo qual energia luminosa é utilizada na conversão de ADP e fosfato em ATP. *Ver também* fotofosforilação.

reação em cadeia da polimerase (PCR)   Técnica que utiliza a enzima DNA-polimerase para a produção de múltiplas cópias de um molde de DNA *in vitro*. *Ver também* cDNA.

reação endergônica   Reação química que requer energia.

reação exergônica   Reação química que libera energia.

reação química   O processo de geração ou quebra de ligações entre átomos.

reação redox   *Ver* oxidação-redução.

reação reversível   Reação química na qual os produtos finais podem prontamente reverter às moléculas originais.

reação independente de luz (escura)   Processo pelo qual elétrons e energia do ATP são utilizados na redução do CO_2 em açúcar. *Ver também* ciclo de Calvin-Benson.

reações mediadas por células tardias   *Ver* hipersensibilidade tardia.

reações tipo I   *Ver* anafilaxia.

reações tipo II (citotóxicas)   Reação alérgica envolvendo antígeno ligado à célula, anticorpo e complemento.

reações tipo III   Reação alérgica envolvendo antígeno solúvel, anticorpo e complemento.

receptor   Molécula de ligação para um patógeno na célula hospedeira.

recombinação genética   O processo de junção de fragmentos de DNA de fontes diferentes.

rédia   Estágio larval de um trematódeo que se reproduz assexuadamente, produzindo cercárias.

redução   Adição de elétrons a uma molécula.

refração   A capacidade de flexão da luz de um meio.

reino   Classificação taxonômica entre domínio e filo.

rejeição hiperaguda   Rejeição muito rápida de um tecido transplantado, geralmente observada no caso de tecidos oriundos de fontes não humanas.

relógio molecular   Linha do tempo evolutiva com base nas sequências nucleotídicas contidas nos organismos.

renina   Enzima que forma coalhos como parte de qualquer produto oriundo da fermentação de laticínios; originalmente obtida do estômago de bezerros, hoje é produzida por bolores e bactérias.

reparo de incompatibilidade   Remoção e substituição de um nucleotídeo incorreto no DNA.

reparo por excisão de nucleotídeos   Reparo do DNA envolvendo a remoção de nucleotídeos defectivos e a substituição por outros funcionais.

repetições curtas em *tandem* (STRs)   Sequências repetitivas de 2 a 5 nucleotídeos.

replicação semiconservativa   Processo de replicação do DNA no qual cada molécula de DNA de fita dupla contém uma fita original e uma fita recém-sintetizada.

repressão catabólica   Inibição do metabolismo de fontes alternativas de carbono pela glicose.

reservatório da infecção   Fonte contínua de infecção.

resistência   Capacidade de prevenir doenças por meio das imunidades inata e adaptativa.

resistência a antibióticos   Antibióticos anteriormente eficazes têm menos efeito contra bactérias.

resistência a múltiplos fármacos (MDR)   Cepas de *M. tuberculosis* resistentes à isoniazida e à rifampicina.

resistência genética   Uma característica herdada em uma pessoa que fornece resistência a uma doença.

resolução Capacidade de distinguir detalhes delicados por meio de um instrumento de ampliação; também chamado de poder de resolução.

respiração Série de reações redox em uma membrana que gera ATP; o receptor final de elétrons geralmente é uma molécula inorgânica.

respiração aeróbica Respiração na qual o receptor final de elétrons na cadeia de transporte de elétrons é o oxigênio molecular (O_2).

respiração anaeróbica Respiração na qual o receptor final de elétrons na cadeia de transporte de elétrons é uma molécula inorgânica diferente do oxigênio molecular (O_2); por exemplo, um íon nitrato ou CO_2.

resposta de memória Um rápido aumento no título de anticorpos seguido da exposição a um antígeno, após a resposta primária àquele antígeno; também chamada de resposta anamnéstica ou secundária.

resposta primária Produção de anticorpos em resposta ao primeiro contato com um antígeno. *Ver também* resposta de memória.

resposta secundária *Ver* resposta de memória.

retículo endoplasmático (RE) Rede membranosa em células eucarióticas que conecta a membrana plasmática à membrana nuclear.

retorta Dispositivo para a esterilização comercial de alimentos enlatados que utiliza vapor sob pressão; funciona pelo mesmo princípio de uma autoclave, mas é um dispositivo muito maior.

ribointerruptor Parte de uma molécula de mRNA que se liga a um substrato; pode alterar a estrutura do mRNA e regular a síntese do mRNA.

ribose Açúcar de cinco carbonos que faz parte de moléculas ribonucleotídicas e RNA.

ribossomo O sítio de síntese proteica em uma célula, composto de RNA e proteína.

ribotipagem Classificação ou identificação de bactérias com base nos genes do rRNA.

ribozima Enzima que consiste em RNA e atua especificamente em fitas de RNA para remoção dos íntrons e junção dos éxons remanescentes.

rizina Hifa semelhante a uma raiz que ancora um fungo a uma superfície.

rizóbio Membros das Pseudomonadota que fixam nitrogênio nos nódulos radiculares das leguminosas.

RNA mensageiro (mRNA) Tipo de molécula de RNA que direciona a incorporação de aminoácidos em proteínas.

RNA-polimerase dependente de RNA Enzima viral que copia o RNA produzindo RNA complementar.

RNA ribossomal (rRNA) Tipo de molécula de RNA que forma os ribossomos.

RNA transportador (tRNA) Tipo de molécula de RNA que carreia os aminoácidos aos sítios ribossomais onde eles serão incorporados em proteínas.

RNAi RNA de interferência; interrompe a expressão gênica na transcrição, utilizando um RNA interferente curto para produzir uma fita dupla de RNA.

S

S (unidade de Svedberg) Indica a taxa de sedimentação relativa durante ultracentrifugações em alta velocidade.

sal Substância que se dissolve em água, formando cátions e ânions, sendo que nenhum deles é H^+ ou OH^-.

saliva Fluido, principalmente água, produzido pelas glândulas salivares.

sanitização Remoção de micróbios de utensílios de cozinha e de áreas de manipulação de alimentos.

saprófita Organismo que obtém nutrientes da matéria orgânica morta.

saquê Bebida alcoólica proveniente da fermentação do arroz.

sarcina (1) Grupo de 8 bactérias que permanecem unidas sob a forma de um cubo após a sua divisão. (2) Quando escrito como gênero, refere-se a cocos anaeróbios gram-positivos.

sarcoma Câncer de tecidos moles (p. ex., músculos).

saturação (1) Condição na qual o sítio ativo de uma enzima é ocupado pelo substrato ou produto durante todo o tempo. (2) Em um ácido graxo, significa ausência de ligações duplas.

saxitoxina Neurotoxina produzida por alguns dinoflagelados.

sebo Substância oleosa secretada pelas glândulas sebáceas (óleo).

secreções vaginais Fluido e células eliminados da vagina.

seleção artificial A escolha de um organismo para crescimento a partir de uma população devido às suas características desejáveis.

seleção clonal Ativação de clones de linfócitos em resposta à ligação específica do antígeno-receptor.

seleção natural Processo pelo qual organismos com determinadas características hereditárias são mais propensos a sobreviver e se reproduzir do que organismos com outras características.

seleção negativa (indireta) Processo de identificação de mutações pela seleção de células que não crescem utilizando o método de placa réplica.

seleção positiva (direta) Procedimento de seleção de células mutantes por meio de seu crescimento.

seleção tímica A eliminação de células T que não reconhecem antígenos próprios (complexo de histocompatibilidade principal).

sensibilidade Porcentagem de amostras positivas detectadas corretamente por um teste diagnóstico.

sepse Presença de uma toxina ou organismo patogênico no sangue e no tecido.

septicemia A proliferação de patógenos no sangue, acompanhada de febre; muitas vezes causa danos aos órgãos.

septo Parede transversal em uma hifa fúngica.

sequência de inserção (SI) O tipo mais simples de transpóson.

sequenciamento de RNA ribossomal (rRNA) Determinação da ordem das bases nucleotídicas em um rRNA.

sequenciamento *shotgun* Técnica para determinação da sequência nucleotídica do genoma de um organismo.

sideróforo Proteínas bacterianas ligadoras de ferro.

silenciamento gênico Mecanismo que inibe a expressão gênica. *Ver* RNAi.

simbiose A convivência de dois organismos ou populações diferentes.

sinal Alteração devido a uma doença que a pessoa consegue observar e mensurar.

sincício Célula gigante multinucleada resultante de determinadas infecções virais.

síndrome Grupo específico de sinais ou sintomas que acompanham uma doença.

sinergismo O princípio de que a eficácia de dois fármacos utilizados simultaneamente é maior do que o uso individual de cada um deles.

síntese por desidratação *Ver* reação de condensação.

sintoma Alteração em uma função corporal que é sentida por um paciente como resultado de uma doença.

sinusite Infecção dos seios nasais.

siRNA Pequeno RNA de interferência; um intermediário no processo do RNAi, no qual a longa molécula de RNA de fita dupla foi clivada em uma molécula de RNA de fita dupla menor (~21 nucleotídeos).

sistema cardiovascular Sistema orgânico consistindo em coração, sangue e vasos sanguíneos.

sistema de grupo sanguíneo ABO A classificação das hemácias com base na presença ou ausência dos antígenos carboidratos A e B.

sistema de iodo ativado Processo utilizado no tratamento de esgoto secundário, no qual lotes de esgoto são mantidos em tanques altamente aerados; para assegurar a presença de micróbios eficientes na degradação do esgoto, cada lote é inoculado com porções de lodo provenientes de um lote refinado.

sistema digestório Sistema orgânico, incluindo o canal digestivo e fígado, vesícula biliar e outras estruturas acessórias.

sistema dual Em imunologia, usado para descrever os papéis dos componentes humorais e celulares na imunidade adaptativa.

sistema fagocítico mononuclear Sistema de macrófagos em repouso localizados no baço, no fígado, nos linfonodos e na medula óssea vermelha.

sistema genital (reprodutivo) feminino Sistema orgânico que inclui ovários, trompas uterinas, útero e vagina.

sistema genital (reprodutivo) masculino Sistema orgânico que inclui os testículos e a uretra.

sistema linfoide Sistema de mamíferos composto por vasos linfáticos, linfonodos e tecido linfoide.

sistema nervoso central (SNC) O encéfalo e a medula espinal. *Ver também* sistema nervoso periférico.

sistema nervoso periférico (SNP) Os nervos que conectam as partes periféricas do corpo ao sistema nervoso central.

sistema respiratório inferior Sistema orgânico composto pela traqueia, brônquios e alvéolos pulmonares.

sistema respiratório superior Sistema orgânico composto pela traqueia, brônquios, alvéolos pulmonares, ouvido médio e tubas auditivas.

sistema reticuloendotelial *Ver* sistema fagocítico mononuclear.

sistema urinário Sistema orgânico composto por rins, ureteres, bexiga e uretra.

sistemática A ciência que organiza os grupos de organismos em uma hierarquia.

sítio A (amino) Durante a síntese proteica, o primeiro local de ligação em um ribossomo para um tRNA ligado a um aminoácido.

sítio alostérico   Sítio de uma enzima ao qual um inibidor não competitivo se liga.

sítio ativo   Região de uma enzima que interage com o substrato.

sítio de ligação ao antígeno   Sítio em um anticorpo que se liga a um determinante antigênico.

sítio E (de *exit*, "saída")   Durante a síntese proteica, o sítio final de ligação do tRNA a partir do qual o tRNA deixa o ribossomo.

sítio P (peptídeo)   Durante a síntese proteica, o segundo sítio de ligação em um ribossomo para o tRNA, que está ligado à crescente cadeia polipeptídica.

sítio privilegiado (tecido)   Área do corpo (ou um tecido) que não induz uma resposta imune.

snRNP   Pequena ribonucleoproteína nuclear. Pequeno transcrito de RNA associado a proteína que se associa ao pré-mRNA para a remoção dos íntrons e junção dos éxons.

solução hipertônica   Solução que apresenta uma concentração maior de solutos do que uma solução isotônica.

solução hipotônica   Solução que apresenta uma concentração menor de solutos do que uma solução isotônica.

solução isotônica   Solução na qual, após a imersão de uma célula, a pressão osmótica é igual através das membranas celulares.

soluto   Substância dissolvida em outra substância.

solvente   Meio de dissolução.

sonda de DNA   Fita simples, curta e marcada de DNA ou RNA utilizada para detectar a sua fita complementar em uma amostra de DNA.

soro   (1) A porção líquida do leite que se separa do coalho. (1) O líquido que permanece após a coagulação do plasma sanguíneo; contém anticorpos (imunoglobulinas).

soroconversão   Uma alteração na resposta de um indivíduo a um antígeno em um teste sorológico.

sorologia   O ramo da imunologia que estuda o soro sanguíneo e as reações antígeno-anticorpo *in vitro*.

sorotipo   *Ver* sorovar.

sorovar   Variação dentro de uma espécie; também chamado de sorotipo.

Southern blotting   Técnica que utiliza sondas de DNA para detectar a presença de um DNA específico em fragmentos de restrição separados por eletroforese.

substância polimérica extracelular (SPE)   Glicocálice que permite que as bactérias se fixem a várias superfícies.

substituição de base   A substituição de uma única base no DNA por outra base, causando uma mutação; também chamada de mutação pontual.

substrato   Qualquer composto com o qual uma enzima reage.

suco gástrico   Fluido digestivo secretado pelas células do estômago.

superantígeno   Antígeno que ativa muitas células T diferentes, estimulando, assim, uma resposta imune intensa.

superbactéria   Bactéria resistente a uma grande quantidade de antibióticos.

superinfecção   O crescimento de um patógeno que desenvolveu resistência a um antimicrobiano em uso; o crescimento de um patógeno oportunista.

superóxido-dismutase (SOD)   Enzima que destrói o superóxido: $O_2^- + O_2^- + 2H^+ \rightarrow H_2O_2 + O_2$.

surfactante   *Ver* agente ativo de superfície.

suscetibilidade   A ausência de resistência a uma doença.

T

talo   A estrutura vegetativa ou corpo completo de um fungo, líquen ou alga.

tampão   Substância que tende a estabilizar o pH de uma solução.

taquizoíto   Forma de trofozoíto de crescimento rápido de um protozoário.

taxa de letalidade por casos   A proporção de indivíduos diagnosticados com uma doença que morrem dessa doença dentro de um determinado período de tempo.

taxa de letalidade por infecção   Calcula-se dividindo o número de mortes atribuídas a uma doença pelo número total de indivíduos infectados.

taxa de morbidade   Número de pessoas afetadas por uma doença em um determinado período de tempo em relação à população total.

taxa de mortalidade   Número de mortes em decorrência de uma doença em um determinado período de tempo em relação à população total.

taxa de mutação   A probabilidade de um gene sofrer mutação cada vez que a célula se divide.

taxa de reação   Velocidade de uma reação química.

taxia   Movimento em resposta a um estímulo ambiental.

taxonomia   A ciência da classificação dos organismos.

táxons   Subdivisões utilizadas para classificar os organismos, por exemplo, domínio, reino, filo.

TCRs (receptores de células T)   Moléculas nas células T que reconhecem antígenos.

técnica de anticorpo fluorescente (AF)   Ferramenta diagnóstica que utiliza anticorpos marcados com fluorocromos que são visualizados em um microscópio de fluorescência; também chamada de imunofluorescência.

técnicas assépticas   Técnicas laboratoriais utilizadas para minimizar a contaminação.

tecnologia do DNA recombinante (rDNA)   Produção e manipulação de material genético *in vitro*; também chamada de engenharia genética.

telômero   Regiões não codificantes de DNA, localizadas nas extremidades dos cromossomos eucarióticos.

temperatura máxima de crescimento   A maior temperatura na qual uma espécie consegue crescer.

temperatura mínima de crescimento   A menor temperatura na qual uma espécie consegue crescer.

temperatura ótima de crescimento   Temperatura na qual uma espécie cresce melhor.

tempestade de citocina   Produção exacerbada de citocinas; pode causar danos ao corpo humano.

tempo de geração   Tempo necessário para que uma célula ou população dobre seu número.

tempo de morte térmica (TMT)   O período de tempo necessário para destruir todas as bactérias em um meio líquido em uma determinada temperatura.

tempo de redução decimal (TRD)   O tempo (em minutos) necessário para destruir 90% de uma população bacteriana em uma determinada temperatura; também chamado de valor D.

tênia   Verme chato pertencente à classe Cestoda.

teoria celular   Todos os organismos vivos são compostos de células e surgem de células preexistentes.

teoria da colisão   O princípio de que as reações químicas ocorrem devido ao ganho de energia gerado pela colisão das partículas.

teoria do germe da doença   O princípio de que os microrganismos causam doenças.

teoria endossimbiótica   Modelo para a evolução dos eucariotos que sugere que as organelas surgiram a partir de células procarióticas vivendo no interior de um hospedeiro procarioto.

terapia gênica   O tratamento de uma doença pela substituição de genes anormais.

terçol   Folículo ciliar infectado.

terminador   O local em uma fita de DNA que determina onde a transcrição termina.

termodúrico   Resistente ao calor.

termófilo   Organismo cuja temperatura ótima de crescimento é entre 50 e 60 °C; um micróbio que prefere temperaturas mais altas.

termófilo extremo   *Ver* hipertermófilo.

teste AF indireto   Teste de anticorpo fluorescente (AF) que detecta a presença de anticorpos específicos.

teste cutâneo de tuberculina   Teste cutâneo utilizado para detectar a presença de anticorpos contra *Mycobacterium tuberculosis*.

teste de absorção de anticorpos treponêmicos fluorescentes   *Ver* teste FTA-ABS.

teste de aglutinação direta   O uso de anticorpos conhecidos para a identificação de um antígeno desconhecido ligado a uma célula.

teste de aglutinação em lâmina   Método de identificação de um antígeno combinando-o a um anticorpo específico em uma lâmina.

teste de aglutinação indireta (passiva)   Teste de aglutinação que utiliza antígenos solúveis ligados a látex ou outras partículas pequenas.

teste de Ames   Procedimento que utiliza bactérias para a identificação de agentes potencialmente carcinogênicos.

teste de amplificação de ácidos nucleicos (NAAT)   Teste para a identificação de um organismo sem o cultivo do mesmo por meio da produção de cópias (amplificação) das sequências de ácido nucleico que são específicas para o organismo a ser detectado.

teste de anticorpo fluorescente direto (AFD)   Teste de anticorpo fluorescente que detecta a presença de um antígeno.

teste de diluição em caldo   Método de determinação da concentração inibidora mínima que utiliza diluições seriadas de um antimicrobiano.

teste de imunodifusão   Teste que consiste em reações de precipitação que ocorrem em um meio de gel de ágar.

teste de inibição da hemaglutinação viral   Teste de neutralização no qual anticorpos contra determinados vírus impedem que estes induzam a aglutinação de hemácias *in vitro*.

teste de Kirby-Bauer *Ver* método de disco-difusão.

teste de oxidase Teste que detecta a enzima que oxida o citocromo c.

teste de uso-diluição Método utilizado para se determinar a eficiência de um desinfetante por meio de diluições seriadas.

teste diagnóstico rápido (TDR) Teste que permite o diagnóstico de uma doença dentro de alguns minutos.

teste do anel de precipitina Teste de precipitação realizado em um tubo capilar.

teste E Teste de difusão em ágar que determina a sensibilidade a um antibiótico utilizando uma tira plástica impregnada com concentrações variadas do antimicrobiano.

teste fermentativo Método utilizado para determinar se uma bactéria ou levedura fermenta um carboidrato específico; geralmente é realizado em caldo de peptona contendo o carboidrato, um indicador de pH e um tubo invertido para aprisionar o gás formado.

teste FTA-ABS (teste de anticorpo treponêmico fluorescente, absorvido) Um teste que utiliza um anticorpo marcado com corante fluorescente para detectar anticorpos contra *T. pallidum* no sangue de um paciente.

teste imuno-histoquímico rápido (TIR) Utiliza anticorpos monoclonais para detectar nucleoproteínas do vírus da raiva no tecido cerebral.

teste rápido de reagina plasmática (RPR) Teste sorológico para sífilis.

teste VDRL Teste rápido de triagem para detectar a presença de anticorpos contra *Treponema pallidum*. (VDRL significa Laboratório de Pesquisa em Doenças Venéreas, de Venereal Disease Research Laboratory.)

testes genéticos Técnicas para a determinação de quais genes estão presentes no genoma de uma célula.

testes sorológicos Técnicas para a identificação de um microrganismo com base em sua reação com anticorpos.

teterinas Um agente antiviral que impede a liberação de vírus de uma célula infectada.

tétrade Grupo de quatro cocos.

tilacoide Membrana contendo clorofila em um cloroplasto. Um tilacoide bacteriano também é conhecido como cromatóforo.

tintura Uma solução em álcool aquoso.

título Estimativa da quantidade de anticorpos ou vírus em uma solução; determinado por meio de diluição seriada e expresso como a recíproca da diluição.

título de anticorpo A quantidade de anticorpo presente no soro.

TLR (receptor do tipo Toll) Proteína transmembrana de células imunes que reconhece os patógenos e ativa uma resposta imune contra eles.

tonsilite Infecção das tonsilas.

toxemia A presença de toxinas no sangue.

toxicidade seletiva A propriedade de alguns agentes antimicrobianos de serem tóxicos para um microrganismo e atóxicos para o hospedeiro.

toxicose por ácido domoico Intoxicação amnésica por marisco devido à toxina pseudo-nitzschia.

toxigenicidade A capacidade de um microrganismo de produzir uma toxina.

toxina Qualquer substância tóxica produzida por um microrganismo.

toxina A-B Exotoxina bacteriana composta por dois polipeptídeos.

toxina Shiga Exotoxina produzida por *Shigella dysenteriae* e *E. coli* êntero-hemorrágica.

toxinas que rompem a membrana Toxinas bacterianas que rompem as membranas das células hospedeiras.

toxoide Toxina inativada.

tradução O uso de um mRNA como molde para a síntese de proteínas.

trans Átomos de hidrogênio localizados em lados opostos da ligação dupla em um ácido graxo. *Ver cis.*

transaminação A transferência de um grupo amino de um aminoácido para outro ácido orgânico.

transcrição O processo de síntese de RNA a partir de um molde de DNA.

transcriptase reversa Uma DNA-polimerase RNA-dependente; enzima que sintetiza uma molécula de DNA complementar a partir de um molde de RNA.

transdução Transferência de DNA de uma célula para outra por um bacteriófago. *Ver também* transdução generalizada; transdução especializada.

transdução especializada O processo de transferência de um fragmento de DNA celular adjacente a um prófago para outra célula.

transdução generalizada Transferência de fragmentos cromossômicos bacterianos de uma célula para outra através de um bacteriófago.

transferência horizontal de genes Transferência de genes entre dois organismos na mesma geração. *Ver também* transferência vertical de genes.

transferência vertical de genes Transferência de genes de um organismo ou célula para a sua progênie.

transferrina Uma das várias proteínas de seres humanos que se ligam ao ferro capaz de reduzir a disponibilidade do ferro para os patógenos.

transformação (1) Processo pelo qual genes são transferidos de uma bactéria para outra como DNA "nu" em solução. (2) A alteração de uma célula normal em uma célula cancerosa.

translocação de grupo Em procariotos, o transporte ativo no qual uma substância é quimicamente alterada durante o transporte através da membrana plasmática.

transmissão aérea Refere-se à transmissão de patógenos via aérea.

transmissão biológica A transmissão de um patógeno de um hospedeiro para outro quando o patógeno se reproduz em um vetor.

transmissão de origem alimentar Refere-se à transmissão de patógenos por meio de alimentos.

transmissão fecal-oral *Ver* ciclo fecal-oral.

transmissão mecânica Processo pelo qual os artrópodes transmitem infecções ao carrear os patógenos em suas patas e outras partes do corpo.

transmissão pela água Refere-se à transmissão de patógenos por meio de água potável ou contato com a água.

transmissão por contato A disseminação de uma doença por contato direto ou indireto ou através de gotículas.

transmissão por contato direto Método de disseminação de uma infecção de um hospedeiro para outro por meio de algum tipo de associação íntima entre eles.

transmissão por contato indireto A disseminação de patógenos por fômites (objetos não vivos).

transmissão por gotícula Transmissão de uma infecção através de pequenas gotículas de líquido que abrigam microrganismos.

transmissão por veículo Transmissão de um patógeno através de um reservatório inanimado.

transpiração Fluido secretado pelas glândulas sudoríparas.

transporte ativo Movimento global de uma substância através de uma membrana contra um gradiente de concentração; requer gasto de energia pela célula.

transpóson Pequeno fragmento de DNA que pode se mover de uma molécula de DNA para outra.

tratamento 12D Processo de esterilização que resulta na redução do número de endósporos de *Clostridium botulinum* da ordem de 12 ciclos logarítmicos.

tratamento de temperatura ultraelevada (UHT) Método para o tratamento de alimentos utilizando altas temperaturas (140-150 °C) durante períodos muito curtos, a fim de tornar o alimento estéril para que ele possa ser armazenado em temperatura ambiente.

tratamento primário do esgoto A remoção dos sólidos do esgoto, permitindo que este sedimente e seja mantido temporariamente em tanques ou lagoas.

tratamento secundário do esgoto Degradação biológica da matéria orgânica presente em águas residuais após o tratamento primário.

tratamento terciário do esgoto Método de tratamento de resíduos que se segue ao tratamento secundário convencional do esgoto; os poluentes que não são biodegradáveis e nutrientes minerais são removidos, geralmente por processos químicos ou físicos.

tratamentos equivalentes Diferentes métodos que têm o mesmo efeito no controle do crescimento microbiano.

tricurídeo Um nematódeo parasita, *Trichuris trichiura*.

trifosfato de adenosina (ATP) Importante fonte de energia intracelular.

trofofase O período na curva de produção de uma população celular industrial no qual os metabólitos primários são formados; um período de rápido crescimento logarítmico. *Ver também* idiofase.

trofozoíto A forma vegetativa de um protozoário.

turbidez A opacidade de uma suspensão.

U

ubiquinona Carreador não proteico de baixa massa molecular de uma cadeia de transporte de elétrons; também chamada de coenzima Q.

UFC (unidades formadoras de colônias) Colônias bacterianas visíveis em meio sólido.

UFP (unidades formadoras de placas) Placas visíveis em uma cultura bacteriana, causadas pela lise de células bacterianas por bacteriófagos.

ultracongelamento Preservação de culturas bacterianas em temperaturas de –50 a –95 °C.

unidade de massa atômica (uma) Unidade de massa para átomos, íons ou moléculas; é igual a 1 g/mol.

urina Resíduos de nitrogênio, sais e água na bexiga.

V

vacina Preparação de um antígeno que induz imunidade ativa adquirida artificialmente, sem produzir doenças.

vacina atenuada Vacina contendo microrganismos vivos atenuados (enfraquecidos).

vacina BCG Uma linhagem viva e atenuada de Mycobacterium bovis utilizada para conferir imunidade contra a tuberculose.

vacina conjugada Vacina constituída pelo antígeno desejado e outras proteínas.

vacina de ácidos nucleicos Vacina composta de DNA ou mRNA, geralmente na forma de um plasmídeo.

vacina de células diploides humanas (HDCV) Vacina produzida a partir do vírus da raiva cultivado em cultura de células humanas.

vacina de DNA Injeção de DNA em células animais para que as células produzam o antígeno que estimulará o sistema imunológico.

vacina de mRNA Injeção de mRNA nas células animais para que as células sejam induzidas a produzir um antígeno que estimule o sistema imunológico.

vacina de polissacarídeo Vacina que consiste em uma cápsula polissacarídica de um micróbio.

vacina de subunidades Vacina que consiste em um fragmento antigênico.

vacina DTaP Vacina combinada utilizada para indução de imunidade ativa, contendo toxoide diftérico e tetânico e fragmentos celulares de *Bordetella pertussis*.

vacina inativada Uma vacina que consiste em micróbios inteiros mortos.

vacina recombinante Vacina produzida por meio de técnicas de DNA recombinante.

vacina vetorial recombinante Vacina de DNA que possui como vetor um vírus recombinante.

vacinação Processo de indução de imunidade pela administração de uma vacina; também chamada de imunização.

vacúolo Inclusão intracelular, em células eucarióticas, circundada por uma membrana plasmática; em células procarióticas, essa inclusão é circundada por uma membrana proteinácea.

vacúolo de gás Inclusão procariótica para compensação da flutuabilidade.

valência A capacidade de combinação de um átomo ou molécula.

valor D *Ver* tempo de redução decimal.

variação antigênica Alteração nos antígenos de superfície que ocorrem em uma população microbiana.

variolação Método antigo de vacinação utilizando material infectado oriundo de um paciente.

vasodilatação Dilatação ou alargamento dos vasos sanguíneos.

vegetativo Refere-se a células envolvidas na obtenção de nutrientes, em vez de na reprodução.

vermes chatos Animais pertencentes ao filo Platyhelminthes (platelmintos).

vermes redondos Animais pertencentes ao filo Nematoda.

vesícula (1) Pequena elevação da pele preenchida por soro. (2) Corpúsculos ovais lisos formados nas raízes de plantas por micorrizas.

vesícula de membrana externa (VME) Estrutura contendo enzimas oriunda da membrana externa gram-negativa.

vesícula de transferência Sacos ligados à membrana que movem as proteínas do complexo de Golgi para regiões específicas da célula.

vesícula extracelular (VE) Estrutura contendo enzimas produzida a partir da membrana plasmática gram-positiva, secretada para o meio ambiente.

vesícula secretora Vesícula envolta por membrana, produzida pelo retículo endoplasmático (RE); transporta material sintetizado no citoplasma.

vesícula transportadora Sacos ligados à membrana que movem as proteínas do RE rugoso para o complexo de Golgi.

vesículas de armazenamento Organelas que se formam a partir do complexo de Golgi; contêm proteínas produzidas no RE rugoso e processadas no complexo de Golgi.

vetor (1) Plasmídeo ou vírus utilizado na engenharia genética para inserir genes em uma célula. (2) Artrópode que carreia organismos causadores de doenças de um hospedeiro para outro.

vetor bifuncional Plasmídeo que pode existir em várias espécies diferentes; utilizado na engenharia genética.

via alternativa *Ver* ativação do complemento.

via anfibólica Uma via que é tanto anabólica quanto catabólica.

via clássica *Ver* ativação do complemento.

via da lectina *Ver* ativação do complemento.

via das pentoses-fosfato Via metabólica que pode ocorrer simultaneamente à glicólise para a produção de pentoses e NADH sem a produção de ATP; também chamada de via hexose-monofosfato.

via de Embden-Meyerhof *Ver* glicólise.

via de Entner-Doudoroff Via alternativa para a oxidação da glicose a ácido pirúvico.

via metabólica Sequência de reações catalisadas enzimaticamente que ocorre em uma célula.

via parenteral Porta de entrada de patógenos por sua deposição direta em tecidos abaixo da pele e das membranas mucosas.

vibrião Bactéria curva em forma de vírgula.

Vibrio Bastonete gram-negativo curvo anaeróbio facultativo e móvel.

vigilância baseada em águas residuais (WBS) Amostragem de águas residuais não tratadas em busca de um patógeno específico para se determinar se as infecções estão aumentando ou diminuindo em uma área.

vigilância imune A resposta imune do organismo a um câncer.

viremia A presença de vírus no sangue.

vírion Partícula viral completa, totalmente desenvolvida.

viroide RNA infeccioso.

virologia O estudo científico dos vírus.

virulência O grau de patogenicidade de um microrganismo.

vírus Agente parasita intracelular filtrável que consiste em um ácido nucleico circundado por uma capa proteica.

vírus complexo Vírus com uma estrutura complicada, como um bacteriófago.

vírus não envelopado Vírus sem um envelope lipídico.

vírus oncogênicos Vírus capazes de produzir tumores; também chamados de oncovírus.

vírus oncolítico Vírus que infecta e mata células tumorais ou desencadeia uma resposta imunológica contra células tumorais.

virusoide Um viroide envolto em uma capa proteica.

volutina Armazenamento de fosfato inorgânico em uma célula procariótica. *Ver também* grânulo metacromático.

vômito A eliminação de conteúdo do estômago pela boca.

W

Western blotting Técnica que utiliza anticorpos para detectar a presença de proteínas específicas separadas por eletroforese.

X

xenobióticos Substâncias químicas sintéticas que não são prontamente degradadas por microrganismos.

xenoenxerto (produto de xenotransplante) Enxerto tecidual oriundo de outra espécie.

Z

zigósporo Esporo fúngico sexuado, característico dos zigomicetos.

zigoto Célula diploide produzida pela fusão de dois gametas haploides.

zona bentônica Sedimento encontrado no fundo de um corpo de água.

zona de inibição Área que apresenta ausência de crescimento bacteriano ao redor de um agente antimicrobiano no método de disco-difusão.

zona limnética Zona superficial de uma área de água aberta distante da costa.

zona litorânea Região ao longo da costa de um oceano ou de um grande lago onde existe uma vegetação considerável e a luz penetra até o fundo.

zona profunda A água mais profunda, localizada abaixo da zona limnética em um corpo de água continental.

zoonose Doença que ocorre principalmente em animais domésticos e selvagens, mas que pode ser transmissível para os seres humanos.

zoósporo Esporo assexuado de algas; tem dois flagelos.

Créditos

Créditos de texto e ilustrações

Todos os créditos de texto são declarados na própria página, a não ser que especificado de outra forma.

Todas as ilustração são de Imagineering STA Media Services, a não ser que especificado de outra forma.

Fig. 8.7: *Lidando com Genes* por Paul Berg e Maxine Singer. Reimpresso com permissão de University Science Books, © 1992.

Fig. 25.20: Data from Soil-transmitted helminth infections. Fact sheet No 366. April, 2014. Reimpresso com permissão da Organização Mundial da Saúde.

Créditos das fotografias

Capítulo 1 Abertura: Steve Gschmeissner/Science Source; **Na clínica:** Alohaflaminggo/Shutterstock; **Fig. 1.1:** Scimat/Science Source; **Explorando o microbioma:** Premaphotos/Alamy Stock Photo; **Fig. 1.2a:** Juergen Berger/ Science Source; **Fig. 1.2b:** Biophoto Associates/Science Source; **Fig. 1.2c:** Andrew Syred/Science Source; **Fig. 1.2d:** Biophoto Associates/Science Source; **Fig. 1.2e:** BSIP SA/Alamy Stock Photo; **Fig. 1.3a:** Mary Evans Picture Library/Chronicle/Alamy Stock Photo; **Fig. 1.3b:** Christine Case/Skyline College; **Fig. 1.3c:** INTERFOTO/Personalities/Alamy Stock Photo; **Fig. 1.4:** Tek Image/Science Source; **Fig. 1.5 (de cima para baixo):** The History of Medicine (NLM); KRUIF, Paul de. Mikrobenjäger. Orell Füssli, Zürich, 1927; Performing an 1871 surgery in the Lister Surgery Theatre, Edinburgh, Scotland; **Fig. 1.6:** St. Mary's Hospital Medical School/Science Source; **Fig. 1.7 (de cima para baixo):** Bettmann/Getty Images; Philippe Wojazer/ Reuters; Jin Liwang/Xinhua/Alamy Stock Photo; dpa picture alliance/Alamy Stock Photo; **Fig. 1.8a:** Melian/Erin Silversmith/Rama; **Fig. 1.8b:** Biophoto Associates/Science Source; **Fig. 1.9:** Rockefeller Archive Center; **Fig. 1.10:** Scimat/Science Source.

Capítulo 2 Abertura: Eye of Science/Science Source; **Na clínica:** MBI/ Shutterstock; **Explorando o microbioma:** HZI/Manfred Rohde.

Capítulo 3 Abertura: Juergen Berger/Science Source; **Na clínica:** Alex Judik/123RF; **Fig. 3.1a:** Vereshchagin Dmitry/Shutterstock; **Caso clínico:** From: Discovery by Jaworski of Helicobacter pylori and its pathogenetic role in peptic ulcer, gastritis and gastric cancer, JW Konturek. *Journal of Physiology and Pharmacology*, 2003 Dec; 54 Suppl 3:23–41; **Fig. 3.2 (da esquerda para a direita):** BugGuide/Tom Murray; Dr. Tony Brain/ Science Source; Scimat/Science Source; Eye of Science/Science Source; Torunn Berge/Science Source; **Fig. 3.4:** L. Brent Selinger/Pearson Education; **Fig. 3.5:** M. I. Walker/Science Source; **Fig. 3.6:** Hans L Rieder/Tuberculosis Consultant Services; **Fig. 3.7b:** CDC; **Fig. 3.8:** Anne Aubusson-Fleury, Centre de Génétique Moléculaire, CNRS; **Fig. 3.9:** Anne Aubusson-Fleury, Centre de Génétique Moléculaire, CNRS; **Fig. 3.10:** Anne Aubusson-Fleury, Centre de Génétique Moléculaire, CNRS; **Fig. 3.11:** Good, MS; Wend, CF; Bond, LJ; McLean, JS; Panetta, PD; Ahmed, S; Crawford, SL; Daly, DS. "An estimate of biofilm properties using an acoustic microscope." *Ultrasonics, Ferroelectrics and Frequency Control, IEEE Transactions*, Volume 53, Issue 9, Sept. 2006 Page(s): 1637–1648. Figure 5B, page 1642; **Fig. 3.12a:** Douglas Bray/Pearson Education; **Fig. 3.12b:** Andrew Syred/Science Source; **Caso clínico:** Eye of Science/Science Source; **Fig. 3.13a:** Torunn Berge/Science Source; **Fig. 3.13b:** Courtesy of Zhifeng Shao, Shanghai Jiao Tong University; **Tabela 3.2 (de cima para baixo):** L. Brent Selinger/Pearson Education; M. I. Walker/Science Source; CDC; Anne Aubusson-Fleury, Centre de Génétique Moléculaire, CNRS; Good, MS; Wend, CF; Bond, LJ; McLean, JS; Panetta, PD; Ahmed, S; Crawford, SL; Daly, DS. "An estimate of biofilm properties using an acoustic microscope." *Ultrasonics, Ferroelectrics and Frequency Control, IEEE Transactions*, Volume 53, Issue 9, Sept. 2006 Page(s): 1637–1648. Figure 5B, page 1642; Douglas Bray/Pearson Education; Andrew Syred/Science Source; Torunn Berge/Science Source; Courtesy of Zhifeng Shao, Shanghai Jiao Tong University; **Fig. 3.14b:** ASM/Science Source; **Caso clínico:** Francis Mégraud; **Explorando o microbioma:** Audrey Borg, AP-HM, IHU Méditerranée Infection, Marseille/France; **Fig. 3.15:** Richard J. Green/Science Source; **Fig. 3.16a:** L. Brent Selinger/Pearson Education; **Fig. 3.16b:** CDC/Courtesy of Larry Stauffer, Oregon State Public Health Laboratory; **Fig. 3.16c:** CDC/Dr. W.A. Clark; **Questões para estudo:** Biophoto Associates/Science Source.

Capítulo 4 Abertura: Scimat/Science Source; **Na clínica:** Maxim ibragimov/ Shutterstock; **Fig. 4.1a:** Eye of Science/Science Source; **Fig. 4.1b:** Gopal Murti/Science Source; **Fig. 4.1c:** Scimat/Science Source; **Fig. 4.1d:** David McCarthy/Science Source; **Fig. 4.2a, b:** PR Courtieu/BSIP SA/Alamy Stock Photo; **Fig. 4.2c:** CNRI/Science Source; **Fig. 4.2d:** Gary Gaugler/Science Source; **Fig. 4.3:** Dr. James Feeley/CDC; **Fig. 4.4a:** London School of Hygiene & Tropical Medicine/Science Source; **Fig. 4.4b:** Dr. Gary Gaugler/ Science Source; **Fig. 4.4c:** Stem Jems/Science Source; **Fig. 4.5a:** Horst Volker & Heinz Schlesner/Institut fur Allgemeine Mikrobiologie, Kiel; **Fig. 4.5b:** H. W. Jannasch/Woods Hole Oceanographic Institution; **Fig. 4.6:** Biophoto Associates/Science Source; **Fig. 4.7a:** Hazel Appleton/Health Protection Agency Centre for Infections/Science Source; **Fig. 4.7b:** Kwangshin Kim/ Science Source; **Fig. 4.7c:** Laboratory of Molecular Biophysics, University of Oxford/Science Source; **Fig. 4.7d:** Michael Abbey/Science Source; **Fig. 4.9b:** Lee D. Simon/ Science Source; **Fig. 4.9c:** Christine Case/Skyline College; **Fig. 4.10a:** Cnri/Pixels.com; **Fig. 4.11:** Kwangshin Kim/Science Source; **Tabela 4.1:** L. Brent Selinger/Pearson Education; **Fig. 4.14a:** Dr. Kari Lounatmaa/ Science Source; **Fig. 4.15:** Biophoto Associates/Science Source; **Fig. 4.16b:** Christine Case/Skyline College; **Fig. 4.20:** Courtesy of Richard Frankel; **Fig. 4.21b:** Dr. Tony Brain/Science Source; **Explorando o microbioma:** CDC/Dr. Mae Melvin; **Fig. 4.22b:** Science History Images/Alamy Stock Photo; **Fig. 4.22c:** Scott Camazine/Alamy Stock Photo; **Fig. 4.23a:** David M. Phillips/Science Source; **Fig. 4.23b:** Aaron J. Bell/Science Source; **Fig. 4.24a:** David M. Phillips/Science Source; **Fig. 4.25a (de cima para baixo):** Don W. Fawcett/Science Source; David M. Phillips/Science Source; **Fig. 4.26a:** Biophoto Associates/Science Source; **Fig. 4.27a:** Don W. Fawcett/Science Source; **Fig. 4.28a:** Dr. Jeremy Burgess/Science Source.

Capítulo 5 Abertura: Steve Gschmeissner/Science Photo Library/Getty Images; **Na clínica:** Tmcphotos/Shutterstock; **Visão geral (em sentido horário a partir da parte superior esquerda):** Garry DeLong/Science Source (detalhe) Scimat/Science Source; Roman Sigaev/Alamy Stock Photo (detalhe) Eye of Science/Science Source; Graficart.net/Alamy Stock Photo (detalhe) Biophoto Associates/Science Source; Martin Bond/Science Source (detalhe) Eye of Science/Science Source; **Fig. 5.11:** Jovan Nikolic/Shutterstock; **Explorando o microbioma:** Science Source; **Fig. 5.22:** Christine Case/ Skyline College; **Fig. 5.23:** Christine Case/Skyline College; **Fig. 5.24:** Christine Case/Skyline College; **Foco clínico:** Christine Case/Skyline College.

Capítulo 6 Abertura: Scimat/Science Source; **Na clínica:** Juan Carlos Tinjaca/ Shutterstock; **Fig. 6.5:** Christine Case/Skyline College; **Fig. 6.7:** Janice Haney Carr/CDC; **Fig. 6.9:** Anaerobe Systems (www.anaerobesystems.com); **Fig. 6.10:** Christine Case/Skyline College; **Fig. 6.11:** Christine Case/Skyline College; **Fig. 6.12:** James Gathany/CDC; **Caso clínico:** Christine Case/ Skyline College; **Fig. 6.13:** Christine Case/Skyline College; **Fig. 6.14b:** Dr. Karl Lounatmaa/Science Source; **Fig. 6.17:** Patrick Polito; microbiologist, Moog Medical Devices Group; **Explorando o microbioma:** Scimat/Science Source; **Fig. 6.18:** Christine Case/Skyline College; **Fig. 6.20a:** Kevin M. Rosso; **Fig. 6.20b:** Christine Case/Skyline College.

Capítulo 7 Abertura: Charles D. Humphrey/CDC; **Na clínica:** Lisa F. Young/ Shutterstock; **Fig. 7.1 (de cima para baixo):** Dmitry Zimin/Shutterstock; Donatas1205/Shutterstock; **Fig. 7.3:** Christine Case/Skyline College; **Fig. 7.6:** Christine Case/Skyline College; **Explorando o microbioma:** Christine Case/Skyline College; **Fig. 7.8:** CDC; **Foco clínico:** Todd Parker, Ph.D., Assoc Director for Laboratory Science, Div of Preparedness and Emerging Infections at CDC.

Capítulo 8 Abertura: Gopal Murti/Science Source; **Na clínica:** Tyler Olson/ Shutterstock; **Visão geral (de cima para baixo e da esquerda para a direita):** Torunn Berge/Science Source; James Cavallini/Science Source; Steve Gschmeissner/Science Source; Science Source; Leonard Lessin/Science Source; **Fig. 8.1:** Dr. Gopal Murti/Science Source; **Fig. 8.6a:** Biology Pics/ Science Source; **Fig. 8.7:** Photo Researchers/Science History Images/Alamy Stock Photo; **Fig. 8.10:** Professor Oscar Miller/Science Source; **Foco clínico:** Cynthia Goldsmith/CDC; **Explorando o microbioma:** Dr. L. Caro/Science Source; **Fig. 8.25b:** Dr. Gopal Murti/Science Source; **Caso clínico:** L. Brent Selinger/Pearson Education; **Fig. 8.29a:** Eye of Science/Science Source; **Fig. 8.29b:** Omikron/Science Source.

Marcas registradas citadas

Guia taxonômico de doenças

Bactérias e as doenças que elas causam

Pseudomonadota

Alphaproteobacteria

		Capítulo
Anaplasmose	*Anaplasma phagocytophilum*	23
Brucelose	*Brucella* spp.	23
Doença da arranhadura do gato	*Bartonella henselae*	23
Erliquiose	*Ehrlichia* spp.	23
Riquetsiose/febre maculosa	*Rickettsia* spp.	23
Tifo	*R. prowazekii*	23
Tifo (murino) endêmico	*Rickettsia typhi*	23

Betaproteobacteria

Coqueluche (pertússis)	*Bordetella pertussis*	24
Doença inflamatória pélvica	*N. gonorrhoeae*	26
Febre por mordedura do rato	*Spirillum minor*	23
Gonorreia	*Neisseria gonorrhoeae*	26
Infecções associadas aos cuidados de saúde	*Burkholderia* spp.	15
Melioidose	*Burkholderia pseudomallei*	24
Meningite	*N. meningitidis*	22
Oftalmia neonatal	*N. gonorrhoeae*	21

Gammaproteobacteria

Cancroide	*Haemophilus ducreyi*	26
Cistite	*Escherichia coli*	26
Cólera	*Vibrio cholerae*	25
Conjuntivite	*H. influenzae*	21
Dermatite	*Pseudomonas aeruginosa*	21
Epiglotite	*H. influenzae*	24
Febre paratifoide	*Salmonella enterica* Paratyphi	25
Febre Q	*Coxiella burnetii*	24
Febre tifoide	*Salmonella enterica* Typhi	25
Gastrenterite	*E. coli*	25
Gastrenterite	*V. parahaemolyticus*	25
Gastrenterite	*Yersinia enterocolitica*	25
Gastrenterite	*Y. pseudotuberculosis*	25
Legionelose	*Legionella pneumophila*	24
Meningite	*H. influenzae*	22
Mordeduras de animais	*Pasteurella multocida*	23
Otite externa	*Pseudomonas aeruginosa*	21
Otite média	*H. influenzae*	24
Otite média	*Moraxella catarrhalis*	24
Peste	*Y. pestis*	23
Pielonefrite	*E. coli*	26
Pneumonia	*H. influenzae*	24
Salmonelose	*Salmonella enterica*	25
Shigelose (disenteria bacilar)	*Shigella* spp.	25
Tularemia	*Francisella tularensis*	23

Campylobacterota

Campilobacteriose	*Campylobacter jejuni*	25
Gastrite, úlceras pépticas	*Helicobacter pylori*	25

Bacillota

Clostridia

Botulismo	*Clostridium botulinum*	22
Gangrena	*Clostridium perfringens*	23
Gastrenterite	*Clostridioides difficile*	25
Gastrenterite	*Clostridium perfringens*	25
Tétano	*Clostridium tetani*	22

Bacilli

Antraz	*Bacillus anthracis*	23
Cáries dentárias	*Streptococcus mutans*	25
Cistite	*Staphylococcus saprophyticus*	26
Endocardite	Estreptococos alfa-hemolíticos	23
Endocardite bacteriana	*Staphylococcus aureus*	23
Erisipela	*Streptococcus pyogenes*	21
Escarlatina	*Streptococcus pyogenes*	24
Faringite estreptocócica	*S. pyogenes*	24
Fascite necrosante	*Streptococcus pyogenes*	21
Febre reumática	*S. pyogenes*	23
Foliculite	*Staphylococcus aureus*	21
Gastrenterite	*B. cereus*	25
Impetigo	*Staphylococcus aureus, Streptococcus pyogenes*	21
Infecção por MRSA	*Staphylococcus aureus*	21
Intoxicação alimentar	*Staphylococcus aureus*	25
Listeriose	*Listeria monocytogenes*	22
Meningite	*Streptococcus agalactiae*	23
Meningite	*Streptococcus pneumoniae*	22
Otite média	*S. pneumoniae*	24
Pericardite	*S. pyogenes*	23
Pneumonia	*S. pneumoniae*	24
Sepse gram-negativa	*Klebsiella, Pseudomonas aeruginosa*	23
Sepse gram-positiva	*Streptococcus agalactiae, Enterococcus* spp.	23
Sepse puerperal	*S. pyogenes*	23
Síndrome da pele escaldada	*Staphylococcus aureus*	21
Síndrome do choque tóxico	*Staphylococcus aureus, Streptococcus pyogenes*	21
Vaginose	*Megasphaera* sp.	26

Mycoplasmatota

Pneumonia	*Mycoplasma pneumoniae*	24
Uretrite	*Chlamydia trachomatis, Mycoplasma genitalium*	26

Actinomycetota

Abscesso	*Mycobacterium abscessus*	5
Acne	*Cutibacterium acnes*	21
Difteria	*Corynebacterium diphtheriae*	24
Hanseníase	*M. leprae*	22
Pneumonite	Micobactérias de crescimento rápido	24
Tuberculose	*M. tuberculosis. M. bovis*	24
Úlcera de Buruli	*M. ulcerans*	21
Vaginose	*Gardnerella vaginalis, Atopobium vaginae*	26

Chlamydiota

Conjuntivite de inclusão	*Chlamydia trachomatis*	21
Doença inflamatória pélvica	*C. trachomatis*	26
Linfogranuloma venéreo	*C. trachomatis*	26
Pneumonia	*C. pneumoniae*	24
Psitacose	*C. psittaci*	24
Tracoma	*C. trachomatis*	21
Uretrite	*C. trachomatis*	26

Spirochaetota

Doença de Lyme	*Borreliella burgdorferi, B. mayonii*	23
Febre recorrente	*Borrelia* spp.	23
Leptospirose	*Leptospira interrogans*	26
Sífilis	*Treponema pallidum*	21, 26

Bacteroidota

Choque séptico	*Capnocytophaga canimorsus*	17
Doença periodontal	*Porphyromonas* spp.	25
Gengivite necrosante aguda	*Prevotella intermedia*	25
Sepse gram-negativa	*Elizabethkingia* spp.	23

Fusobacteriota

Febre por mordedura de rato	*Streptobacillus moniliformis*	23

Fungos e as doenças que eles causam

Mucoromycota

Infecções oportunistas	*Mucor, Rhizopus*	24

Microsporidia

Infecções oportunistas	*Encephalitozoon intestinalis*	Figura 12.8

Ascomycota

Aspergilose	*Aspergillus fumigatus*	24
Blastomicose	*Blastomyces dermatitidis*	24
Candidíase	*Candida albicans*	21, 26
Coccidioidomicose	*Coccidioides immitis*	24
Esporotricose	*Sporothrix schenkii*	21
Histoplasmose	*Histoplasma capsulatum*	24
Intoxicação por aflatoxina	*Aspergillus flavus*	25
Intoxicação por ergot	*Claviceps purpurea*	25
Micose, pé de atleta	*Microsporum, Trichophyton, Epidermophyton*	21
Pneumonia por *Pneumocystis*	*Pneumocystis jirovecii*	24
Sepse	*Candida auris*	23

Basidiomycota

Caspa	*Malassezia furfur*	21
Meningite	*Cryptococcus* spp.	22
Micotoxina		25

Protozoários e as doenças que eles causam

Diplomonadida

Giardíase	*Giardia duodenalis*	25

Parabasalia

Tricomoníase	*Trichomonas vaginalis*	26

Euglenozoa

Doença de Chagas	*T. cruzi*	23
Leishmaniose	*Leishmania* spp.	23
Meningoencefalite	*Naegleria fowleri*	22
Tripanossomíase africana	*Trypanosoma brucei*	22

Apicomplexa

Babesiose	*Babesia microti*	23
Ciclosporíase	*Cyclospora cayetanensis*	25
Cistoisosporíase	*Cystoisospora belli*	19
Criptosporidiose	*Cryptosporidium* spp.	25
Malária	*Plasmodium* spp.	23
Toxoplasmose	*Toxoplasma gondii*	23

Amoebozoa

Ceratite	*Acanthamoeba* spp.	21
Disenteria amebiana	*Entamoeba histolytica*	25
Encefalite amebiana granulomatosa	*Acanthamoeba* spp., *Balamuthia mandrillaris*	22

Ciliophora

Disenteria	*Balantidium coli*	12

Algas e as doenças que elas causam

Diatomáceas e dinoflagelados

Ciguatera	*Gambierdiscus toxicus*	15
Intoxicação amnésica por mariscos	*Pseudo-nitzschia*	15
Intoxicação paralítica por mariscos	*Alexandrium*	15, Figura 27.10
Síndrome da doença humana-*Pfiesteria*	*Pfiesteria*	12

Oomycota

Ferrugem da batata	*Phytophthora*	12
Saprolegniose	*Saprolegnia*	Figura 12.16

Helmintos e as doenças que eles causam

Platelmintos

Esquistossomíase	*Schistosoma* spp.	23
Hidatidose	*Echinococcus granulosus*	25
Infecções por tênias	*Diphyllobothrium latum, Taenia* spp.	25
Verme do pulmão	*Paragonimus* spp.	Figura 12.26

Nematoda

Ancilostomíase	*Necator americanus, Ancyclostoma duodenale*	25
Ascaridíase	*Ascaris lumbricoides*	25
Cegueira do rio	*Onchocerca volvulus*	21
Filariose linfática	*Wuchereria bancrofti*	15
Oxiurose	*Enterobius vermicularis*	25
Tricuríase	*Trichuris trichiura*	25
Triquinelose	*Trichinella spiralis*	25

Artrópodes e as doenças que eles causam

| Escabiose | *Sarcoptes scabiei* | 21 |
| Pediculose | *Pediculus humanus* | 21 |

Vírus e as doenças que eles causam

Vírus de DNA de fita dupla

Adenoviridae

| Conjuntivite | *Mastadenovirus human mastadenovirus* | 21 |
| Resfriado comum | *Mastadenovirus human mastadenovirus* | 21 |

Herpesviridae

Ceratite	*Simplexvirus human alphaherpesvirus 1*	21
Herpes genital	*Simplexvirus human alphaherpesvirus 2*	26
Herpes labial	*Simplexvirus human alphaherpesvirus 1*	21
Herpes neonatal	*Simplexvirus human alphaherpesvirus 1 ou 2*	26
Herpes-zóster	*Varicellovirus human alphaherpesvirus 3*	21
Infecções por citomegalovírus	*Cytomegalovirus human betaherpesvirus 5*	23
Linfoma de Burkitt	*Lymphocryptovirus human gammaherpesvirus 4*	23
Mononucleose infecciosa	*Lymphocryptovirus human gammaherpesvirus 4*	23
Roséola	*Roseolovirus betaherpesvirus 6 e 7*	21
Sarcoma de Kaposi	*Rhadinovirus human gammaherpesvirus 8*	19
Varicela	*Varicellovirus human alphaherpesvirus 3*	21
Varíola	*Orthopoxvirus variola virus*	21

Papovaviridae

| Verrugas | *Alphapapillomavirus species 10* | 21 |
| Verrugas genitais | *Alphapapillomavirus species 10* | 26 |

Poxviridae

Molusco contagioso	*Molluscipoxvirus molluscum contagiosum virus*	21
MPOX	*Orthopoxvirus mpxv*	21
Varíola	*Orthopoxvirus variola virus*	21

DNA de fita simples

Parvoviridae

| Quinta doença | *Erythroparvovirus primate erythroparvovirus 1* | 21 |

DNA de fita dupla usa transcriptase reversa

| Hepatite B | *Orthohepadnavirus hepatitis B virus* | 25 |

Vírus de RNA de fita dupla

Reoviridae

| Gastrenterite | *Rotavirus* spp. | 25 |

Vírus de RNA de fita simples +

Coronaviridae

Covid-19	*Coronavirus SARS coronavirus 2*	24
MERS	*Coronavirus Middle East respiratory syndrome-related coronavirus*	24
Resfriado comum	*Coronavirus* spp.	24
SARS	*Coronavirus Severe acute respiratory syndrome-related coronavirus*	24

Caliciviridae

Gastrenterite	*Norovirus*	25

Flaviviridae

Dengue	*Flavivirus dengue virus*	23
Doença do vírus Zika	*Flavivirus zika virus*	22
Encefalite	*Flavivirus* spp.	22
Febre amarela	*Flavivirus yellow fever virus*	23
Hepatite C	*Hepacivirus hepacivirus C*	25

Hepeviridae

Hepatite E	*Orthohepevirus orthohepevirus A*	25

Matonaviridae

Rubéola	*Rubivirus rubellae*	21

Picornaviridae

Doença da mão-pé-boca	*Enterovirus enterovirus A*	21
Hepatite A	*Hepatovirus hepatovirus A*	25
Mielite flácida aguda	*Enterovirus enterovirus D*	24
Poliomielite	*Enterovirus enterovirus C*	22
Resfriado comum	*Enterovirus rhinovirus*	24

Togaviridae

Chikungunya	*Alphavirus chikungunya virus*	22
Encefalite	*Alphavirus* spp.	22

Vírus de RNA de fita simples –

Encefalite por *Lyssavirus*	*Lyssavirus* spp.	22
Raiva	*Lyssavirus rabies lyssavirus*	22

Vírus de RNA de fita simples, produzem DNA

Retroviridae

Aids	*Lentivirus HIV 1, Lentivirus HIV 2*	19

Virusoides e as doenças que eles causam

Hepatite D	*Deltavirus*	25

Príons e as doenças que eles causam

Encefalopatias espongiformes transmissíveis		22

Índice